RANQI LUNJI FADIANCHANG SHEJI SHOUCE

燃气轮机发电厂

设 计 手 册

中国电力建设工程咨询中南有限公司 组编

彭 恒 主编

中国电力出版社
CHINA ELECTRIC POWER PRESS

内 容 提 要

本手册全面介绍了燃气轮机及其联合循环电厂设计所需的知识与资料，分为总体设计、机务、电控、经济四篇，共三十二章。内容涵盖了燃气轮机发电厂工程设计几乎所有专业范围，可满足工程主要工艺系统设计人员在可行性研究和初步设计阶段的资料需求。本手册具有内容全面、资料较新、实用性强的特点，是目前国内燃气轮机电厂设计领域系统性较强的一本工具书。

本手册主要供设计单位从事燃气轮机及其联合循环电厂设计人员使用，也可作为施工安装、运行管理单位相关人员及高等院校相关专业师生的参考书。

图书在版编目（CIP）数据

燃气轮机发电厂设计手册/彭恒主编；中国电力建设工程咨询中南有限公司组编 . —北京：中国电力出版社，2020.6

ISBN 978-7-5198-3705-1

Ⅰ.①燃…　Ⅱ.①彭…　②中…　Ⅲ.①燃气轮机—发电厂—设计—手册　Ⅳ.①TM62-62

中国版本图书馆 CIP 数据核字（2019）第 206516 号

出版发行：中国电力出版社
地　　址：北京市东城区北京站西街 19 号（邮政编码 100005）
网　　址：http：//www.cepp.sgcc.com.cn
责任编辑：杨伟国（63412366）　董艳荣
责任校对：黄　蓓　李　楠　郝军燕　常燕昆　于　维
装帧设计：王红柳
责任印制：吴　迪

印　　刷：三河市万龙印装有限公司
版　　次：2020 年 6 月第一版
印　　次：2020 年 6 月北京第一次印刷
开　　本：787 毫米×1092 毫米　16 开本
印　　张：78.5　插页 7 张
字　　数：2293 千字
印　　数：0001—1500 册
定　　价：498.00 元

本书编写组

主　编　彭　恒

副主编　冯道显　邓应华

编写人（以编写章节先后顺序排序）

中国电力建设工程咨询中南有限公司

　　　　李　辰　徐　龙　黄映红　冯　祺　叶慧蓉　李时宇　张海涛　刘飞龙

　　　　陈　杰　刘汝杰　赵启成　陈汉友　张　林　宋江波　谭海燕　林　敏

　　　　刘川燕　卢　伟　魏　琨　施先志　徐兆兰　王　锐　李铭远　李卓然

中机国际工程设计研究院有限责任公司

　　　　李　靖　刘建新

中国电力工程顾问集团中南电力设计院

　　　　刘　勇

审核人

中国电力工程顾问集团中南电力设计院

　　　　尹炎林　白　鑫　李汉峰　冯　春　刘香阶　李晓一　魏　兴　刘经燕

　　　　周代表　尹　丽　龙仕军

中国电力工程顾问集团华北电力设计院

　　　　钟文英

中国电力工程顾问集团东北电力设计院

　　　　黄春联

深圳深南电燃机工程技术有限公司

　　　　王仁东　张云龙　郑先功

上海电气燃气轮机有限公司

　　　　唐　健

中国机械设备工程股份有限公司

　　　　杨连海　姜凤阳　樊震宇　张建平　宋健伟

**燃气轮机发电厂
设计手册**

序

我国是一个以燃煤发电为主的国家。长期以来，燃气轮机发电在我国发电领域中的占比一直较低，到现在装机容量的比例也只有 5% 左右。随着新能源规模的日益增加和国家对分布式能源的政策鼓励，作为调峰和分布式能源主力的燃气轮机发电，还有很大的发展潜力。

正是由于国内市场不够发达，相较于燃煤电厂方面汗牛充栋的各种书籍，有关燃气轮机电厂的书籍资料少得可怜。20 世纪末，我还在中南电力设计院（简称中南院）任发电公司总经理，当时组织大家做燃气轮机发电厂工程设计时，书店里几乎找不到有关的书籍，相关的很多技术资料主要通过与国外设备制造商交流来获得。尽管后来陆续有了一些燃气轮机电厂的书籍面世，但主要由高校老师和电厂技术人员编写，内容一般集中在技术原理、设备介绍和运行维护方面，鲜有较完整的工程设计方面的资料。

进入 21 世纪以来，随着国家"走出去"政策、"一带一路"倡议的实施，中国机械设备工程股份有限公司（CMEC）作为国内领先的国际电力工程公司，承接了大量的国外燃气轮机电厂的 EPC 项目，机组类型涵盖"B 级"到"H 级"的各类重型燃气轮机和轻型航改机，这期间，中南院和中国电力建设工程咨询中南有限公司（CMEC 与中南院合作成立的股份公司，简称中南公司）为 CMEC 做了大量的设计和咨询工作，而 CMEC 所属的中机国际工程设计研究院（简称中机国际）在轻型燃气轮机电厂和分布式能源项目设计方面也做出了自己的特色。

为了提升燃气轮机电厂工程设计技术水平，中南公司提出对燃气轮机发电厂工程设计技术进行研究和总结，我觉得非常有意义，鼓励他们在总公司立项并积极开展工作。在中南院和中机国际的支持下，中南公司经过几年的努力，终于完成了研究课题，这本《燃气轮机发电厂设计手册》即是最重要的成果。

该手册是一本全面介绍燃气轮机发电厂工程设计的工具书，内容丰富、系统、新颖，具有很强的实用性，相信它的面世，将为广大从事相关业务的工程技术人员提供有益的帮助。

中国机械设备工程股份有限公司总工程师
李宝琳
2020 年 4 月 28 日

前言

燃气轮机电厂在我国已发展多年，由于燃料成本的高涨，大部分已从当年的辉煌陷入靠电价补贴运行或停产的状况。正因为市场的萎缩，有关燃气轮机电厂的书籍远远少于燃煤电厂，目前国内已出版的燃气轮机电厂书籍大多偏重于介绍燃气-蒸汽联合循环的原理、主机设备和运行流程，而有关燃气轮机电厂工程设计方面的书却很少。随着国家几大燃气输送管线的建成和日益严格的环保要求，国内燃气轮机电厂建设将重新进入一个高峰，而国家"走出去"战略也为中国工程公司承包国外燃气轮机电厂建设创造了许多的机会，在这种形势下，广大电力建设工作者们非常需要一本关于燃气轮机电厂设计的、各专业内容全面的工具书，以解燃眉之需。本手册正是为此目的而编写的。

本手册分为总体设计、机务、电控、经济四篇，共三十二章。内容涵盖了燃气轮机单循环、联合循环发电厂工程设计各个专业，可满足工程主要工艺系统设计人员在可行性研究和初步设计阶段的资料需求。其主要特点有：

（1）内容全面。电厂类型涵盖单循环电厂、联合循环电厂、热电联产电厂、分布式能源站等；设备涉及工业重型燃气轮机、轻型航改机，立式、卧式余热锅炉，单、双、三压汽轮机及各类辅助设备等；专业涵盖总图、机务、电气、水工、消防、化学、环保、技经等。

（2）资料较新。本手册所有设备资料均由制造厂最新提供，所有案例均选自近年来新建的项目，各专业技术内容均符合国家最新的标准和规范规程。

（3）实用性强。本手册完全针对设计院工程设计需要编写，所有内容都是各专业设计人员在设计过程中必须了解和用到的，并附有大量的工程案例，具有很强的实用性。

本手册由中国电力建设工程咨询中南有限公司组织编写，中机国际工程设计研究院有限责任公司、中国电力工程顾问集团中南电力设计院参与编写，编写人员均为多年从事燃气轮机电厂设计工作的资深工程师，审核人员为中国电力工程顾问集团中南电力设计院、华北电力设计院、东北电力设计院、深圳深南电燃机工程技术有限公司、上海电气燃气轮机有限公司、中国机械设备工程股份有限公司的相关技术专家。本手册中许多案例资料来自各设计单位的实际项目，设备资料均由相关设备厂家提供。第一章、第二章由彭恒、李靖编写，

第三章由李辰、刘勇、徐龙编写，第四章由黄映红、冯祺编写，第五章由叶慧蓉、李时宇编写，第六章由张海涛、刘飞龙、陈杰、刘汝杰编写，第七章由李时宇编写，第八章由叶慧蓉、李时宇编写，第九章由彭恒、张海涛编写，第十章由彭恒、赵启成编写，第十一章由冯道显、叶慧蓉、李时宇、刘汝杰编写，第十二章由陈汉友、张林编写，第十三章、第十五章由张林编写，第十四章由冯道显、刘汝杰编写，第十六章由邓应华、宋江波编写，第十七章、第二十章、第二十三章由刘建新编写，第十八章由邓应华、谭海燕编写，第十九章由邓应华编写，第二十一章由林敏、宋江波编写，第二十二章由魏琨编写，第二十四章、第二十五章、第二十六章由林敏编写，第二十七章由刘川燕、卢伟编写，第二十八章由魏琨、谭海燕编写，第二十九章、第三十章由施先志、王锐、李铭远、李卓然编写，第三十一章、第三十二章由徐兆兰编写。全书由彭恒、冯道显、邓应华负责统稿。中国电力建设工程咨询中南有限公司汪海玲、毛军女士做了大量的翻译及文件整理工作，在此表示衷心感谢！

本手册主要供设计单位从事燃气轮机及其联合循环电厂设计人员使用，也可作为施工安装、运行管理单位相关人员及高等院校相关专业师生的参考书。

由于业务工作繁忙，时间有限，不妥之处在所难免，恳请广大读者多多指正。

本书编写组

2019 年 8 月

第一篇

总体设计篇

第一章 概 论

第一节 行业发展概况及趋势

一、燃气轮机发电行业发展概况

（一）燃气轮机发电历史及现状

燃气轮机是从 20 世纪 50 年代开始出现在发电工业领域。但是由于当时的单机容量小，热效率又比较低，因而在电力系统中只能作为紧急备用电源和调峰机组使用。1960 年左右，欧美的大电网都曾发生过电网瞬时解列的大停电事故，这些事故促使人们认识到电网中有必要配备一定容量的燃气轮发电机组，因为燃气轮机具有快速"无外电源启动"的特性，它能保证电网运行的安全性和可恢复性。

20 世纪 80 年代后，由于燃气轮机的单机功率和热效率都有很大程度的提高，特别是燃气-蒸汽联合循环机组渐趋成熟，再加上世界范围内天然气资源的进一步开发，燃气轮机及其联合循环机组在世界电力系统中的地位发生了明显的变化，它们不仅可以用作紧急备用电源和尖峰负荷机组，而且还能携带基本负荷和中间负荷。

近年来，有利于天然气消费的因素在不断增强，而从经济和环境的因素考虑，天然气发电已成为天然气利用的第一选择。1970—2012 年，全世界天然气发电量的年均增长率在 5％以上。天然气发电在总发电量中所占份额从 1973 年的 12.1％增加到了目前的 23％以上。

从发达国家的情况来看，天然气已成为美国最重要的电力供应来源，20 世纪 90 年代至今，天然气发电在美国得到迅速发展。1995－2014 年，美国天然气发电量的年均增速高达 9.5％，在总发电量中的比例也由 14％增长至 28％。自美国引导页岩气革命以来，其天然气发电量不断上涨，2000—2012 年，美国天然气发电量增长了 96％。2015 年 4 月，美国天然气发电量首次超过燃煤发电量，达到总发电量的 31％（燃煤发电量为 30％）。日本 70％的天然气用于发电，占其国内发电总量的 28％；欧洲天然气发电比例也超过 20％。

此外，近年来随着全球范围内的能源与动力需求结构，特别是电力系统的放松控制以及环境保护等要求的变化，以中、小型和微型燃气轮机为核心的分布式能源系统和电源装置正迅猛崛起，大有与大、中型燃气轮机共占市场的趋势。从而为中、小型和微型燃气轮机在电力工业中的推广应用，提供一个崭新的机遇和市场。

我国早期的天然气发电主要是油气田附近自备电厂的燃气发电，到 1999 年，天然气发电装机容量为 7.2GW，分布在 80 多家小型的燃气电厂，占全国总装机容量的 2％。自 2000 年起，随着电力负荷特性的变化以及天然气"西气东输"工程的建设和广东省液化天然气工程的实施，天然气发电迅速发展。近年来，我国天然气发电装机不断增加，截至 2016 年底，我国天然气发电装机容量达到 7008 万 kW，占全国总装机容量的 4.3％；发电量为 1881 亿 kW·h，占全国总发电量的 3.1％。截至 2017 年底，我国天然气发电装机容量约为 7570 万 kW，同比增长 8％；发电量为 2026 亿 kW·h，同比增长 7.7％，占全国总发电量的 3.2％。根据我国《天然气发展"十三五"规划》，到 2020 年，我国天然气发电装机容量将达到 1.1 亿 kW，在发电总装机容量中的百分比将超过 5％。

目前，我国天然气发电主要分布在珠三角、长三角、东南沿海、京津地区等经济发达、一次能源匮乏、经济承受能力较强的省市。此外，中南地区也有部分燃气电厂，西部地区的油气田周围有少量自备燃气电厂。近年，随着我国雾霾天气环境压力不断加大，山西、山东、宁夏、重庆等地区也陆续有燃气电厂投产，其分布将更加广泛。我国天然气发电装机主要分布状况见图1-1。

我国天然气分布式能源起步较晚，仅北京、上海、广东、四川等地发展相对较快。十几年来，我国已建了40多个天然气分布式能源项目，约半数在运行，半数因电力并网、效益或技术等问题处于停顿状态。目前已建成投运的、影响力较大的项目主要有北京奥运媒体村、中关村软件园、上海浦东国际机场、环球国际金融中心、北京燃气集团大楼、上海理工大学、广州大学城、四川大陆希望集团深监绿色能源中心、湖南长沙黄花机场等。

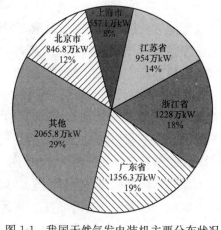

图1-1 我国天然气发电装机主要分布状况

（二）燃气轮机制造业的发展

世界上生产工业重型燃气轮机的主导厂家只有美国通用电气（GE）、德国西门子（Siemens）、日本三菱、法国阿尔斯通及意大利安萨尔多等几家。2015年9月，法国阿尔斯通能源业务被GE收购，目前只剩下4家。作为一项多种技术集成的高技术产品，工业用燃气轮机的发展可分为三个阶段。

1. 第一阶段

1939年秋，瑞士研制出世界首台4MW燃气轮发电机组。1949年世界首套燃气-蒸汽联合循环发电装置投入运行。20世纪50年代初，透平初温只有600～700℃，当时主要靠耐热材料性能的改善，平均每年上升约10℃；20世纪60年代后，借助于空气冷却技术，透平初温平均每年升20℃；到了20世纪80年代，已把初温升至800～1000℃。

第一阶段技术的特点：单轴重型结构（航改机除外）、初期高温合金、简单空冷技术、亚音速压气机、机械液压式或模拟式电子调节系统。

性能参数特征：透平初温小于1000℃，压比为4～10，简单循环效率小于30%。

2. 第二阶段

从20世纪70年代开始，充分吸收先进的航空技术和传统的汽轮机技术，沿着传统的途径不断提高性能，开发出一批"F""FA""3A"型技术，它代表着20世纪工业燃气轮机的最高水平：透平初温达到1260～1326℃，压比为10～30，简单循环效率为36%～40%，联合循环效率为55%～58%。

第二阶段技术特征：轻重结合结构、超级合金和保护涂层、先进的空冷技术、低污染燃烧、数字式微机控制系统、联合循环总能系统。

性能参数特征：透平初温小于1430℃，简单循环效率小于40%，联合循环效率小于60%。

3. 第三阶段

第三阶段的主要特征是采用更有效的全空气冷却技术使燃气轮机出力大大提高，使联合循环效率突破60%。其实现的奥妙在于数个领域尖端技术的运用：叶片空气动力学（在设计上借鉴了航空引擎的技术）、对传热机理更为透彻的理解、改善热通道部件的设计以减少温度和热应力分布的梯度、使用更为复杂的冷却通路实现更为有效的空气分布（比如过去可能使用500个圆形的冷却孔，而现在采用的是几千个泪滴形冷却孔进行冷却）、使用更好的隔热涂层，以及通过现有的空冷燃气轮机机群获得的丰富运行经验。

2008年3月，德国西门子第一台8000H机组正式并网发电，其简单循环功率达到375MW，成为世界上首台单循环效率达到40%、联合循环效率超过60%的燃气轮机。

GE公司的"H级"燃气轮机和三菱重工的"J"型燃气轮机也是相当于第三阶段水平的燃气轮机，透平初温为1426～1600℃。压比为23：1，有四级动力透平，简单循环效率达到41%，联合循环效率达到61%。

其中 GE 公司的 9HA.02 及三菱重工的 M701J 型燃气轮机简单循环功率分别达到 571MW 及 470MW。

轻型燃气轮机方面，有航改型轻型燃气轮机和工业轻型燃气轮机两种类型。航改型轻型燃气轮机由航空发动机改型而来，主要生产厂家有 GE、罗尔斯·罗伊斯（R&R）、普惠（P&W）三大企业。近年来，俄罗斯、乌克兰等国借助苏联强大的航空工业基础，也在加紧进行航机改型工作，推出了一批轻型燃气轮机，如俄罗斯 NPO Saturn 公司、乌克兰 Zorya-Mashproekt 公司。工业轻型燃气轮机是专门针对工业动力驱动和发电而设计的，生产厂有美国索拉、德莱赛兰（Dresser-Rand，2014 年被 Simens 收购）、德国曼恩（Man）、日本川崎（Kawasaki）、新西兰 OPRA 等。

我国燃气轮机技术的研发工作起步于 20 世纪 50 年代后期。20 世纪 60～70 年代初，上海电气电站设备有限公司汽轮机厂（上海电气）、哈尔滨汽轮机厂有限责任公司、东方汽轮机有限公司和南京汽轮电机（集团）有限责任公司都曾以产学研联合的方式，自行设计和生产过燃气轮机，透平进气初温为 700℃等级，与当时的世界水平差距不大。后来由于能源政策等诸多原因，燃气轮机技术的发展速度一直很慢。

改革开放以后，沿海经济发展较快的地区建设了一批燃气轮机电厂，从国外引进了一批中、小型燃气轮发电机组，包括美国 GE 公司的 6B，瑞士 ABB 的 13D 以及美国普惠的 FT8 燃气轮机，以柴油、原油或重油为燃料，绝大多数采用燃气-蒸汽联合循环方式发电。

"十五"期间，为了推进大型燃气-蒸汽联合循环发电技术的应用，积极发展我网的燃气轮机产业，国家发展和改革委员会确定"组织国内市场资源，集中招标，引进技术，促进国内燃气轮机产业发展和制造水平提高"的战略目标，实施以市场换技术的重大举措，对规划批量建设的燃气轮机电站项目进行"打捆"式设备招标采购，同时引进先进的大型燃气轮机制造技术。由国外燃气轮机制造商与国内制造企业组成联合体，投标竞争国内一定批量燃气-蒸汽联合循环电站项目的设备订单。联合体内部由外方转让大型燃气轮机制造技术，国内制造企业根据引进技术的消化吸收速度、生产能力、获得的订单台数及交货周期等因素，制定自主化制造的进程和方案，分阶段实施，逐步实现燃气-蒸汽联合循环电站设备制造的本地化、自主化。从 2002 年起，通过"打捆"招标，我国已形成三个联合体，分别从国外三家著名燃气轮机制造商引进"F"级燃气轮机技术：由上海电气（集团）总公司与西门子公司合作，生产 V94.3A 型燃气轮机；哈尔滨动力设备股份有限公司与 GE 公司合作，生产 PC9351（FA）型燃气轮机；东方电气集团与三菱公司合作，生产 M701F 型燃气轮机。迄今为止，重型燃气轮机自主化依托项目的设备"打捆"招标已经进行了三批，共包括 25 个电站项目的 59 台燃气轮发电机组。

另外，1983 年，在原机械工业部的主持下，南京汽轮电机集团（简称南汽）与美国 GE 公司建立了合作生产关系，由 GE 公司提供转子、叶片、燃烧室和控制系统四大部套，南汽负责制造其余部件、总装和空载试车。南汽于 1988 年完成了首台 MS6001B(6B) 燃气轮机组的试制，1991 年，合作生产的首台 MS6001B 机组在深圳投入运行。南汽的 6B 燃气轮机生产一直延续至今，除了供应国内市场外，还出口到亚洲、非洲国家。6B 机组在我国燃气轮机电站中数量最多，达 80 余台（套），因其可烧重油，一度曾广为应用。但随着环保要求的日益提高和机组性能相对较落后，该型机组已逐渐淡出我国发电市场，不少机组停运或转卖到国外。2005 年南汽与 GE 公司合作生产出第一台 9E 机组，成为目前该厂推向国内外燃气轮机市场的主要机型。目前我国 9E 机组也有 80 余台（套），与 6B 相当，但其利用率比 6B 高。除天然气外，9E 机组还可烧重油或合成气。从运行可靠性和燃料适应性等方面考虑，9E 机组已成为热电联供电站的首选机组之一。

尽管多年来我国四大主机厂与国外燃气轮机制造商合作生产了一大批燃气轮机，但核心技术及知识产权始终掌握在外方手里。为了改变这种状况，2014 年 5 月，上海电气和意大利安萨尔多公司签署协议，由上海电气出资 4 亿欧元参股意大利安萨多尔公司 40％股权。根据合作框架，上海电气入股后，安萨尔多现有所有的燃气轮机自主研发技术与能力都将与上海电气共享，上海电气将很快具备工业重型燃气轮机的研发设计能力。按计划，双方还将在我国建立燃气轮机领域的两家合资公司，实现从研发、制造、销售到服务的全产业链覆盖。当然，上海电气与安萨尔多公司的合作也意味着与西门子的合作基本结束。

我国轻型燃气轮机工业主要集中在航空系统，40 多年来航空发动机工业已经建成拥有 7 个制造厂、4 个研究设计所和 14 万职工的航空发动机产业。研制生产了 20 多个型号的航空发动机，共 5 万多台。

20 世纪 70 年代开始，410 厂、331 厂、120 厂等在航空发动机基础上改型生产了 WJ-5G、WJ-6G、WP-6G、WZ-6G 等型号的工业燃气轮机共 100 多台套，用于油田、石化、邮电等部门。

1986 年国家计划委员会、经济委员会批准航空部与美国普惠公司合作开发 FT-8 燃气轮机，功率为 25MW，效率为 38.4%，是当时世界上同功率等级中效率最高的。我国负责制造低压压气机、燃气透平、燃烧室、机匣、成套件等零部件，约占整机工作量的 30%。到目前为止该机组在国内已销售 9 套，国外销售的 100 多台机组中也有我国生产的零部件。主要用于发电和管线驱动。

20 世纪 90 年代，国家决定引进乌克兰的 GT25000 舰用燃气轮机，由 403 厂负责燃气发生器国产化，哈尔滨汽轮机厂有限责任公司（简称哈汽厂）制造燃气透平，703 所负责成套；沈阳发动机设计研究所（606 所）与沈阳黎明发动机制造公司（410 厂）合作，在先进的航空发动机基础上，改型研制了功率为 7MW、热效率为 31% 的 QD70 型轻型燃气轮机。

目前，国内主要生产航改型燃气轮发电机组的生产厂主要有：

（1）北京黎明航发动力科技有限公司。生产 QD20、QD70、QD128、QD185 及 RO110 型燃气轮机。

（2）中航世新燃气轮机股份有限公司。生产采用国产主机的 QD128 型燃气轮发电机组及采用 GE 公司 GE10-1 主机的 QD100 型燃气轮发电机组。

（3）株洲中航动科南方燃气轮机成套制造安装有限公司。生产采用国产 WJ6G1 主机的 QDR20 型燃气轮发电机组及采用西门子 SGT400 主机的 QDR129 型燃气轮发电机组。

（4）华电通用轻型燃机设备有限公司。由华电集团下属华电分布式能源工程技术有限公司与美国通用电气（中国）有限公司与 2012 年 7 月在上海合资成立，主要生产制造 GE 公司的 LM2500 型和 LM6000 型航改型燃气轮机。

（三）我国发展燃气-蒸汽联合循环发电的意义

1. 调整能源结构的需要

长期以来，我国的能源结构以煤为主，是世界上最大的燃煤国，但煤炭储量仅占世界的 11%，人口却占了世界的 21%，全球煤炭探明储量可采 230 年，而我国只能采 90 年。我国石油仅为世界的 2.4%，只能采 20 年，全球可采 48 年，因此寻求新能源迫在眉睫。

地球上已探明的天然气储量超过 140 万亿 m^3，年采 2 万多亿立方米，可采 68 年，海洋学家发现在大洋深处存在大量的"可燃冰"，预计其数量可支撑人类百年的能源要求。我国常规天然气地质资源量为 52 万亿 m^3，最终可采资源量约 32 万亿 m^3。截至 2015 年底，累计探明地质储量 5.2 万亿 m^3。总体上分析，我国天然气资源丰富，发展潜力较大。2010 年我国天然气产量为 948 亿 m^3，储采比约为 40，处于勘查开发快速发展阶段。鄂尔多斯盆地、四川盆地、塔里木盆地和南海海域是我国四大天然气产区，合计探明剩余技术可采储量和产量分别约占全国的 78%、73%，是今后开采天然气的重要地区。我国还有丰富的煤层气资源。截至 2015 年底，煤层气探明地质储量为 3062.5 亿 m^3。我国页岩气资源也比较丰富。据初步预测，截至 2015 年底，已探明地质页岩气可采资源储量为 1302 亿 m^3。目前，我国在四川、重庆、云南、湖北、贵州、陕西等地开展了页岩气试验井钻探，已钻井 62 口，24 口获天然气流，初步证实我国页岩气具有较好的开发前景。根据国务院办公厅《能源发展战略行动计划（2014—2020 年）》，我国将建设 8 个年产量百亿立方米级以上的大型天然气生产基地。到 2020 年，将累计新增常规天然气探明地质储量 5.5 万亿 m^3，年产常规天然气 1850 亿 m^3。页岩气产量力争超过

300 亿 m³。煤层气产量力争达到 300 亿 m³。

邻国俄罗斯拥有世界最丰富的天然气资源，可采储量占世界的 40％，天然气出口占世界的 30％，东西伯利亚有可靠地质含量 8 千亿 m³。我国于 2014 年已与俄罗斯签署大规模的管道气购销协议，每年可向我国出口 300 亿 m³。中亚哈萨克斯坦、土库曼斯坦、乌兹别克斯坦均有丰富的天然气资源，每年可通过天然气管线向我国出口 400 亿 m³。国际上还有不少国家生产液化天然气和液化石油气出口。我国天然气基干管网架构已逐步形成（见表 1-1），截至 2015 年底，天然气主干管道长度达 6.4 万 km，一次输气能力达 2800 亿 m³/年，基本形成"西气东输、北气南下、海气登陆"的供气格局。西北、西南天然气陆路进口战略通道建设取得重大进展，中亚天然气管道 A、B 线已顺利投产。

表 1-1　　　　　　　　　　　　我国主要天然气长输管线一览表

长输管线	全长(km)	管径(mm)	压力(MPa)	工期	年设计输量(亿 m³/年)	气源	途经	所属公司
西气东输一线	4200	1016	10	2002 年 7 月— 2004 年 10 月	170	新疆塔里木盆地	新疆、甘肃、宁夏、陕西、山西、河南、安徽、江苏、上海、浙江 10 个省、自治区、直辖市	中石油
西气东输二线（干线）	4918	1219	10	2008 年 2 月— 2012 年 12 月	300	土库曼斯坦、哈萨克＋国内补充	新疆、甘肃、宁夏、陕西、河南、湖北、江西、湖南、广东、广西等 14 个省、自治区、直辖市	中石油
西气东输三线（干线）	5220	1219、1016	10	2012 年 10 月— 2015 年	300	新增土库曼斯坦、乌兹别克斯坦、哈萨克＋国内补充	新疆、甘肃、宁夏、陕西、河南、湖北、湖南、江西、福建、广东 10 个省、自治区、直辖市	中石油
川气东送（干线）	2170	1016	10	2007 年 3 月— 2009 年 6 月	120	川东北普光首站	四川、重庆、湖北、江西、安徽、江苏、浙江、上海 6 省 2 市	中石化
陕京（一、二、三线）	3188	660、1016	6.4、10	1992 年— 2011 年 1 月	303	苏里格气田、子洲-米脂气田、榆林气田、靖边气田、长北气田、克拉 2 气田、涩北气田，以及大牛地气田	陕西、内蒙古、山西、河北、北京、天津 5 省、自治区、直辖市	中石油
秦皇岛-沈阳	475	1016	10	2009 年 5 月— 2011 年 6 月	80	华北管网（陕京线）转供的西部天然气	河北、辽宁两省	中石油
大连-沈阳	423	711	10	2010 年 6 月— 2011 年 6 月	84	大连液化天然气（LNG）站进口的卡塔尔 LNG	辽宁	中石油
大唐阜新煤制	334	800/550、450/400	6.3	2010 年 3 月— 2013 年	40	内蒙古东部褐煤为原料制出的天然气	内蒙古、辽宁	中石油
冀宁联络线（干线）	900	1016、711	10	2004 年底— 2005 年 12 月	110		河北、山东、江苏 3 省	中石油
泥宁兰管线	929	660	6.4	2000 年 5 月— 2001 年 10 月	20	青海气田和兰根线河口反输	新疆、青海、甘肃	中石油
长-呼（干线）	485	457～159	6.4～2.0	2011 年 3—11 月	60	长庆气田	内蒙古鄂尔多斯市、包头市、呼和浩特市	内蒙古天然气股份
忠武输气管线（干线）	760	711	6.4	2003 年 8 月～ 2004 年 12 月	30	四川盆地天然气资源	内蒙古鄂尔多斯市、包头市、呼和浩特市	中石油

续表

长输管线	全长(km)	管径(mm)	压力(MPa)	工期	年设计输量(亿 m³/年)	气源	途经	所属公司
淮武输气管线	475	610	6.3	2005 年第三季度—2006 年 12 月	15		河南、河北	中石油
中国-中亚	1833	610(双线)	6.3	2007 年 8 月—2010 年 9 月	400	土库曼斯坦、哈萨克斯坦	土库曼斯坦、乌兹别克斯坦、哈萨克	中石油中亚天然气管道
中缅油气	1727	1016	10	2010 年 9 月—2013 年 10 月	120	皎漂沦 Shwe 气田	缅甸、云南、贵州、广西	中石油
中卫-贵阳联络线	1636	1016	10	2011 年 4 月—2013 年 10 月	150		宁夏、甘肃、陕西、四川、贵州	中石油
海峡西岸经济区	3600	610	6.3	2009—2020 年	200	福建 LNG（印尼东固）	福建	中海油

在此背景下，国务院办公厅《能源发展战略行动计划（2014—2020 年)》提出：要优化能源结构，降低煤炭消费比重，提高天然气消费比重，适度发展天然气发电。在京津冀鲁、长三角、珠三角等大气污染重点防控区，有序发展天然气调峰电站，结合热负荷需求适度发展燃气-蒸汽联合循环热电联产。

2. 高效利用能源的需要

汽轮机发电机组由于其自身设备及系统的限制，热效率已很难有突破性的提高。根据统计，常规亚临界机组的典型主蒸汽压力/主蒸汽温度/再热蒸汽温度为 16.7MPa/538℃/538℃，其热效率约为 38%；常规超临界机组的主蒸汽压力为 24MPa，主蒸汽温度为 580～600℃，对应的热效率为 41%；超超临界机组的主蒸汽压力为 25～31MPa，主蒸汽温度和再热蒸汽温度为 580～600℃。常规超临界机组比亚临界机组的热效率高 2%～3%，而超超临界机组比常规超临界机组的热效率高 4% 以上。在超超临界机组参数范围的条件下，主蒸汽压力每提高 1MPa，机组的热耗可下降 0.13%～0.15%；主蒸汽温度每提高 10℃，热耗可下降 0.25%～0.3%；再热蒸汽温度每提高 10℃，热耗可下降 0.15%～0.2%。如果增加再热次数，采用二次再热，则其热耗可下降 0.14%～0.16%。国内已投运的 1000MW 超超临界机组目前在上海外高桥三厂运行，其主蒸汽和再热蒸汽参数为 25.86MPa/600℃/600℃，设计热耗值为 7320kJ/(kW·h)。国外最先进的汽轮发电机组主蒸汽参数为 34.3MPa/649℃/593℃/593℃，热效率为 44.9%，这是目前常规汽轮机发电机组所能达到的最高热效率。

而燃气-蒸汽联合循环发电机组的热效率则远好于这一数据。我国南京汽轮电机厂与 GE 公司合作生产的 PG6581B 型 42MW 燃气轮发电机组简单循环时热效率为 32%，如配置国产余热锅炉和汽轮机，组成 58MW 等级的联合循环，其热效率可达 48%；PG9171E 型 126MW 燃气轮机发电机组简单循环时热效率为 34%；联合循环出力为 189MW，其热效率可达 52%。F 级燃气轮机联合循环效率达到 56%，H 级燃气轮机联合循环效率更是高达 63%。常规汽轮机发电机组与联合循环发电机组的热效率比较见表 1-2。

表 1-2　　　　　常规汽轮机发电机组与联合循环发电机组的热效率比较　　　　　%

蒸汽参数	简单循环电厂					联合循环电厂	
	汽轮机电厂				燃气轮机电厂	目前	今后
	超高压	亚临界	超临界	超超临界			
热效率	34～35	37～38	40～41	43～44	32～42	53～63	63 以上

目前，国家大力推广的天然气分布式能源系统，是近年来兴起的利用小型燃气轮机设备向用户提供能源供应的新的能源利用方式。由于兼具发电、供热（冷）等多种能源服务功能，分布式能源可以有效地实现能源的梯级利用，达到更高能源综合效率，通常可达 70%～90%。而芬兰、丹麦的一些区域热电分布式能源系统的能源综合利用率已接近 95%。

因此，从能源的高效利用考虑，我国有必要发展燃气-蒸汽联合循环电厂。

3. 保障电网安全和稳定的需要

从电网的稳定和安全角度来看，由于燃气轮机具备频繁启停、快速启动的能力，可以起到调峰和快速恢复供电的作用。燃气轮机单循环机组冷启动至满负荷只需 8～9min，联合循环机组启动只需 30～40min，大大优于汽轮机，因而成为调峰和紧急供电的最优选择。

历史上，1960 年左右，欧美的大电网都曾发生过电网瞬时解列的大停电事故。2003 年 8 月 14 日，美国东北部和加拿大联合电网发生严重的停电事故，也是世界电力发展史上最大的一次事故，数百台发电机组停运，电网解列，停电范围达 24000km²，涉及美国 8 个州及加拿大，此次停电共损失 6180 万 kW 负荷，影响了 5000 多万人的正常生活。经济学家估计，此次停电事故给美国经济造成的损失每天高达 250 亿～300 亿美元。巨大的直接经济损失与无法计量的间接损失警示人们必须高度重视电力安全，电力安全是最大的经济来源。

但是在此次大停电事故后的恢复过程中却可以注意到，由于美国的简单循环燃气轮机电厂集中分布在美国东部，在密西西比河以东地区，占总数的 81.1%，所以"8·14"美加大停电事故发生后 12h 49min，负荷已恢复 66.5%；纽约州在当天午夜时已部分恢复供电；纽约城在停电 24h 后全面恢复供电，恢复过程中水电与燃气轮发电机组（尤其是简单循环燃气轮发电机组）发挥了重要作用。

随着国家调整能源结构，大力发展新能源计划的实施，大量的风电厂和太阳能电厂已经或将要建成并网，到 2020 年，光伏装机将达到 1 亿 kW 左右，风电装机将达到 2 亿 kW。而风电和太阳能受天气变化及白天黑夜影响很大，给电网稳定性带来很大的冲击，需要配套相应的调峰能力。根据有关国家研究，每 7～8MW 的风电、太阳能发电就需要 1MW 能快速启停的可靠调峰容量配套才能满足电网调度要求，这些调峰容量需要伴随风电、太阳能的开发同步建设。我国电网原本普遍缺少调峰容量，对可再生能源发电配置的新调峰机组需求比其他国家比例还要高些，按上述计算，仅此一项就需要 4000 万 kW 左右的燃气轮机发电配套。

欧美工业发达国家经验表明：为了确保电网安全和调峰，燃气轮机在电网中的装机份额一般不低于 8%，目前我国燃气轮机的装机占比仅 4%，还有巨大的发展空间。

4. 保护环境的需要

从环保的角度看，煤电的污染排放（SO_2、NO_x）问题非常严重，至今尚未获得有效的控制，这已成为我国电力工业实施可持续发展战略的"瓶颈"环节。因此，除了发展燃煤电站的环保装置（脱硫、脱硝）外，还必须发展洁净煤发电技术，并有条件地调整我国的能源结构，即用优质的清洁燃料——例如天然气，来替换部分发电用的燃煤。燃烧天然气的燃气轮机及其联合循环发电机组则是目前提高能源资源利用效率，并彻底解决环境污染问题的首选技术。

燃气轮机发电由于采用天然气做燃料，同时使用了低氮氧化物排放的燃烧室技术，所以可以大大减少有害气体及废料的排放。与燃煤发电相比，燃气轮机发电二氧化硫（SO_2）、固体废弃物、粉尘和污水排放几乎为零，二氧化碳（CO_2）减少 60%，氮氧化物（NO_x）减少 65% 以上（见表 1-3），有助于减少酸雨形成，减缓地球温室效应，彻底改善环境质量。

对于天然气分布式能源而言，除了上述优点外，由于省去了大容量远距离高压输电线的建设，不仅减少了高压输电线的电磁污染，而且减少了高压输电线的线路走廊和相应的土地占用，减少了对线路下树木的砍伐，节省了土地面积，耗水量也减少60%以上，实现了绿色经济。

表1-3 煤电和天然气发电的排放指标对比表 g/(kW·h)

序号	排放物	燃煤发电	天然气发电
1	二氧化硫	2.3~7.0	0.0019~0.0023
2	二氧化碳	813~852	313~443
3	氮氧化物	2.7~3.803	1.02~1.24
4	悬浮颗粒	0.19~0.41	0.006~0.048

因此，大力发展燃气轮机发电，对于我国改善环境质量具有重要的意义。

5. 提升我国燃气轮机制造能力，降低电力供应成本的需要

尽管燃气轮机发电有诸多优于燃煤发电的优势，但我国燃气轮机发电行业却一直举步维艰，其核心症结在于我国燃气轮机制造业水平落后和天然气价格太高。

发电成本通常由三部分构成：固定投资成本（即电厂建造成本）、运行维护成本和燃料成本。

根据美国能源情报署（Energy Information Administration，EIA）2012年的数据，美国燃煤机组的单位产能成本是燃气轮发电机组的3.2倍，燃气电厂的固定投资成本优势非常显著。主要原因在于：一方面，美国政府制订的一系列环保政策直接和间接地抬高了燃煤电厂的建造成本；另一方面，随着燃气轮机抗高温材料和进气冷却技术的不断突破，燃气轮发电机组的发电效率不断提高，单位产能的建造成本随之下降。2000—2005年，美国发电装机容量从8.12亿kW增长到9.78亿kW，其中燃气发电装机容量从2.20亿kW增长到3.83亿kW（约占同期新增装机容量的98%），增幅达74%。同期美国天然气价格不仅大幅高于煤炭，也高于世界其他地区。2000—2005年，美国亨利中心天然气平均价格为5.03美元/kJ，同期美国电厂用煤平均价格仅为1.24美元/kJ，包括英国NBP、德国平均进口价格和日本LNG进口价格在内的天然气平均价格为4.06美元/kJ，这表明天然气价格高企并没妨碍投资者对燃气电厂的青睐。

气电综合发电成本低于煤电的情况同样出现在英国。英国能源与气候变化部（Department of Energy and Climate Change，DECC）的最新数据显示，燃气发电的综合成本比燃煤发电低11%。

相比之下，中国燃气轮发电机组的造价仅仅比燃煤机组低12%，这是因为目前全球重型燃气轮机市场几乎被欧美三大燃气轮机主机制造商（通用电气、西门子、三菱重工）垄断。2001年以来，我国通过"以市场换技术"的方式积极与国外燃气轮机制造厂合作，把燃气轮机的国产化率提高到了70%以上，但是核心技术没有取得突破，关键热部件仍需进口且价格较高，导致燃气轮机设备购置和养护成本一直居高不下。而燃煤机组由于几乎全套采用国内自主生产的产品，固定成本大大低于国外进口机组。此消彼长，造成国内燃气轮机电厂固定投资几乎与燃煤机组持平。

三大燃气轮机主机制造商不仅垄断了新机市场，也垄断了服务市场。我国燃气轮机的调试、检修、维护等工作几乎全部由国外燃气轮机制造企业完成，每年动辄要付出上亿元的费用，部分燃气轮机维修费用甚至超过设备采购费用。以浙江某天然气电厂为例，其与国外燃气轮机制造商签订的运行维护费用达0.03元/(kW·h)，占燃气轮机上网标杆电价的近7%，是燃煤机组维修费用平均水平的3.4倍。相比之下，美国同等条件下的燃气轮发电机组维修费用仅为燃煤机组的25%。

从燃料价格看，2016年1月我国工业用天然气平均价格为3.5元/m³，相当于13.5美元/kJ，同期电煤价格只有326.67元/t，相当于2.4美元/kJ，气价是煤价的5.6倍；而同期美国天然气价格只有2.5美元/kJ，与美国动力煤价几乎相当。由于燃料成本占到发电成本的80%，国内天然气的高气价使得燃气轮机电厂完全无法与燃煤电厂竞争。

解决问题的关键应该从两方面着手，首先，要尽快提高国产燃气轮机的自主研发能力，制造出具

有自主知识产权的燃气轮机产品，从而大大降低燃气轮机电厂的固定投资成本。其次，国家应尽快加快天然气开采量及进口量，调整定价机制，利用市场供需的力量降低天然气价格，使天然气发电综合成本降低到与燃煤发电相当的水准。

而要提高国产燃气轮机制造能力，必须有足够的市场给予支撑。我国燃煤发电机组之所以能发展到今天几乎独霸国内市场的水平，与多年来高速发展的燃煤发电规模息息相关。如果国家大力推广燃气轮机发电市场，必将推动我国燃气轮机制造业的加速发展，使我国真正成为比肩发达国家的机械装备制造大国，同时，也将大大降低燃气轮机发电厂的固定投资和运行维护费用，使其具备与燃煤电厂的竞争能力。

二、燃气轮机发电厂的特点及作用

（一）燃气轮机发电厂的分类与基本构成

燃气轮机发电厂可以有多种分类方法，常见的分类方法如下。

（1）按电厂规模分：可分为中、小型燃气轮机电厂，大型燃气轮机电厂。

1）中、小型燃气轮机电厂一般采用单机容量小于或等于50MW的航改型燃气轮机或小型工业燃气轮机。

2）大型燃气轮机电厂的单机容量一般大于50MW，通常采用工业重型燃气轮机。

（2）按热力循环特点分：可分为简单循环电厂和联合循环电厂。

由燃气轮机和发电机独立组成的循环系统称为简单循环。燃气轮机排出的高温排气直接通过烟囱排入大气，不进行任何利用。其优点是装机快、启停灵活，多用于电网调峰和交通、工业动力系统；缺点是效率较低。

如果利用燃气轮机排气余热在余热锅炉中将水加热变成高温、高压的过热蒸汽，再将蒸汽引入汽轮机膨胀做功，则构成了燃气-蒸汽联合循环。燃气-蒸汽联合循环由于增加了汽轮机的出力，同样燃料消耗产生的发电量通常要比简单循环高1/3以上，大大提高了燃气轮发电机组的效率。

而联合循环根据燃气轮机和汽轮机的配置不同，又可分为"一拖一"方式和"多拖一"方式。

"一拖一"方式采用一台燃气轮机、一台余热锅炉和一台汽轮机搭配形成一套机组。在采用"一拖一"方案布置的联合循环发电机组中，如果将发电机、汽轮机和燃气轮机连接在同一根轴上，则这类机组称为单轴机组。这类机组占地面积小、联合循环效率高，目前F级和H级燃气轮机均采用这种类型；而如果汽轮机和燃气轮机各自带自己的发电机，则这类机组称为多轴机组。

"多拖一"方式一般是多台燃气轮机、锅炉与一台汽轮机搭配形成一套机组。采用"二拖一"方案布置的机组共有3台发电机，两台燃气轮机各带一台发电机。而两台余热锅炉出口的蒸汽并入母管后，输送到公用的一台汽轮机中做功，带动另一台发电机旋转发电。这种结构方式由于燃气轮机、汽轮机在不同的轴系，因此也可称为多轴联合循环发电机组。这种布置方式可以使得机组的运行组合方式更为灵活，以满足对负荷的不同需求。同样，还有"三拖一""四拖一"的布置形式。

（3）按照燃料类型分：可分为液体燃料电厂、气体燃料电厂、双燃料电厂。

液体燃料电厂通常以重油或轻油为燃料；气体燃料电厂则以天然气、液化天然气、液化石油气、煤制气、工艺气体等作为燃料。一些电厂采用既可烧天然气又可烧重油的双燃料燃气轮机组，并配置相应的燃料处理系统，以便在一种气源短缺的情况下仍然可以运行发电。

（二）燃气轮机发电厂的特点

相比燃煤电厂来说，燃气轮机电厂具有以下一些优点：

（1）燃气-蒸汽联合循环供电效率远远超过燃煤的汽轮机电站。

（2）国际上，燃气-蒸汽联合循环交钥匙工程的投资费用约为912美元/kW，它要比带有烟气脱硫的燃煤汽轮机电站的投资费用（1100~1400美元/kW）低很多。

（3）建设周期短，可以按"分阶段建设方针"建厂，资金利用最有效。

（4）用地和用水都比较少。

（5）运行高度自动化，每天都能启停。

（6）运行的可用率高达 $85\%\sim95\%$。

（7）便于快速无外电源启动。

（8）由于采用天然气或液体燃料，污染排放问题解决得很彻底，一般无飞尘，CO_2 和 NO_x 都很少，特别是在燃烧天然气时，还可以大大地减少 CO_2 的排放量，如表 1-3 所示。当然，解决污染问题的功劳应归之于所用的洁净燃料的特性。

（三）燃气轮机发电厂在电网中的作用

由于燃气轮机具有快速启动的特点，而联合循环又有具备高效率的特征，因此，燃气轮机发电厂在电网中根据需要，既可以承担调峰负荷，又可以承担中间负荷及基本负荷。

根据 ISO-3997《燃气轮机采购》的定义：燃气轮机及其联合循环机组的运行模式可以分为六大类，各种运行模式的年运行小时数、使用率、点火启动次数和每次启动后的平均运行小时数等参数的范围如表 1-4 所示。

表 1-4　　　　　　　　　　　　燃气轮机及其联合循环机组的运行模式分类

运行模式代号		A	B	C	D	E	F
负荷特征		连续满负荷	基本负荷	中间负荷	基本/尖峰交替负荷	每日启停	尖峰负荷
参数范围	年运行小时数（h）	8000~8600	6000~8000	3000~6000	2000~3000	2000~4000	200~800
	使用率（%）	90~100	70~90	35~70	20~50	20~50	2.2~10
	年启动点火次数（次）	3~40	20~80	10~60	40~120	250~300	50~150
	年运行小时数与年启动点火次数之比	>200	60~400	60~400	30~60	10~18	3~8
	快速启动次数（次）				0~5	0~10	0~20
	年跳闸次数（次）	0~8	1~8	1~6	1~6	1~6	1~6

为了简便起见，把表 1-4 中的 A 和 B 模式合并称为基本负荷，将 C~E 模式合并称为中间负荷，将小于 2000h/a 的运行模式称为尖峰负荷，那么燃气轮机及其联合循环机组的运行模式可以简化为表 1-5。

表 1-5　　　　　　　　　　　　燃气轮机及其联合循环机组的简化模式

运行模式 参数范围	基本负荷	中间负荷	尖峰负荷
年运行小时数（h/a）	>6000	2000~6000	<2000
每次启动后运行小时数（h/次）	>60	>10	>10

机组应采用何种运行模式与燃料价格、建设投资、机组性能、电价、电力结构和负荷需求等多种因素有关，对每一工程都需要进行全面而细致的分析，由于我国的天然气价格偏高，除了承担尖峰负荷的电厂采用简单循环的燃气轮机外，承担中间负荷和基本负荷的电厂只允许采用联合循环机组。

三、燃气轮机发电厂技术发展趋势

（一）高参数

为了提高燃气轮机电厂的整体效率，燃气轮机制造商一直在追求高参数的道路上不断突破，主要表现在燃气轮机大容量、高初温、高排放温度、高压比等方面。图 1-3 显示了三菱燃气轮机从 D 系列发展到 J 系列的参数变化过程。从图 1-2 中可以看出，从 M701DA 发展到 M701J，进气初温从 1250℃

提高到 1600℃，燃气轮机出力从 144MW 提高到 470MW，而燃气轮机联合循环效率从 51.3％提高至 61.7％。目前，各厂家推出的最大机型参数见表 1-6。

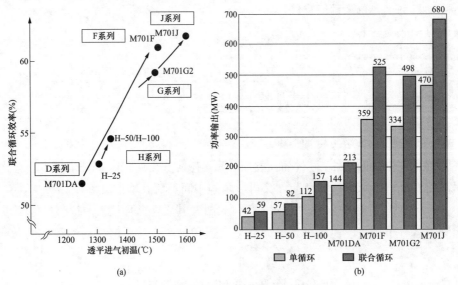

图 1-2　三菱公司各系列燃气轮机的参数

(a) 关系曲线；(b) 柱状图

表 1-6　　　　　　　　　　　　　　　　各厂家推出的最大机型参数

生产商	机型	单/联合循环出力（MW）	透平进气初温（℃）	透平排气温度（℃）	压比	联合循环效率（％）	投运时间
Siemens	SGT8000H	400/600	1427	625	19.2	＞60	2011 年
GE	9HA.02	571/838	1430	652	23.8	64.1	2017 年
Mitsubishi	M701J	470/680	1600	638	23	61.7	2017 年

　　燃气轮机的参数提高需要在冷却方式、流道、叶型、材料、涂层、控制等方面不断进行改进和优化。如三菱 M701J 型燃气轮机燃烧器先后采用蒸汽冷却技术及全空气冷却技术，透平采用日本国家工程中心开发的高性能空气膜冷却技术及先进的热力涂层技术，使透平进气初温从 1500℃（M501G 型燃气轮机）提高到 1600℃；压缩机采用先进的 3D 设计技术进行优化，减少了气流的冲击波损失和摩擦损耗。而 GE 的 9HA 型燃气轮机和 Simens 的 SGT8000H 型燃气轮机从运行灵活性考虑一开始就采用了全空冷技术，也将透平进气初温大幅提高。目前各家机构都在努力研发新技术，希望将透平入口温度提高至 1700℃，联合循环效率达 70％。

　　（二）低排放

　　燃气轮机排放的污染物包括高温燃烧形成少量的氮氧化物 NO_x、燃料中的碳因不完全燃烧而产生少量的一氧化碳（CO）、未燃尽的烃（UHC）、燃烧产物二氧化碳（CO_2）、燃料中的其他杂质（如硫）在燃烧过程中生成的污染物（如 SO_x）等。

　　其中二氧化碳是一种温室效应污染气体，但它是不可避免的。减少 CO_2 的唯一途径就是提高燃气轮机的热效率，即为产生同样的出力而尽量消耗较少的燃料。

　　SO_x 也是不能靠改善燃烧过程加以控制的。只能通过对燃料进行预处理（脱除杂质）或对燃烧产物进行处理来加以消除。对燃气轮机而言，更主要的措施是控制燃料品质。

　　多年来，燃气轮机发电厂控制污染物排放的主要重点放在 NO_x 和 CO 上，即通过控制燃气轮机的燃烧过程来减少 NO_x 和 CO 排放。通常采用的方法有三种：

　　（1）选择性催化还原反应器（SGR）法。它可以脱除 90％因扩散燃烧火焰而产生的 $200\sim500\times10^{-6}$（体积分数）的 NO_x。但是，其投资费用很高，大约是燃气轮机价格的 20％；催化反应器的寿命仅为

4～8年，而且不能燃用含硫量高于1000mg/kg的燃料，否则催化剂会中毒而失效。因而该方法使用得不甚普遍。

（2）扩散型燃烧室喷水/蒸汽法。对于采用单个燃料喷嘴的燃烧室来说，借用喷水或喷蒸汽的方法很难使燃烧天然气时 NO_x 的排放量降低到小于 42×10^{-6}（体积分数）的水平［烧油时为 70×10^{-6}（体积分数）］。而需要的喷水量是燃料消耗量的 $50\% \sim 70\%$，水质还必须经过预先处理，严防 Na、K 盐的混入，否则会导致燃气透平叶片的腐蚀。这种方法不仅会增大水处理设备的投资和运行费用，还会使机组的热效率下降 $1.8\% \sim 2.0\%$。燃烧室的检修间隔和使用寿命也都会缩短。但是它却能使机组的功率增大 3% 左右。因而自1980年以后，这个方法已在燃气轮机中普遍使用。虽然其运行维护费用较高，但方法简便，NO_x 的排放量也能够满足当时指标不是很高的法定污染限制。

（3）干式低排放（DLE）燃烧室法。干式低排放（DLE）燃烧室采用均相贫预混的湍流火焰传播燃烧方法，经过大量的试验研究，目前普遍已经能使天然气燃烧室的 NO_x 排放量降低到 25×10^{-6}（体积分数），先进形式已经能够降低到 $5 \sim 9 \times 10^{-6}$（体积分数）的水平。

以下是目前部分燃气轮机采用 DLE 的排放水平：

1）GE 公司各型燃气轮机排放参数，其中 MS7001H 型燃气轮机采用 GE 最先进的 DLN2.6＋干式低排放燃烧器，NO_x、CO 排放值均达到 9×10^{-6}（体积分数）。

2）西门子燃气轮机采用超级低氮燃烧系统（ULN），NO_x 排放值低于 9×10^{-6}（体积分数），CO 排放低于 10×10^{-6}（体积分数）。

3）三菱 J 系列燃气轮机（基于 $15\%O_2$）NO_x 排放值低于 25×10^{-6}（体积分数），CO 排放低于 9×10^{-6}（体积分数）。

4）阿尔斯通 GT13E2 型燃气轮机采用新的 AEV 燃烧器设计，以天然气为燃料，$70\% \sim 100\%$ 负荷运行时 NO_x 排放从原来的 25×10^{-6}（体积分数）降到 15×10^{-6}（体积分数），50% 负荷运行时 NO_x 排放低于 25×10^{-6}（体积分数）。以 2 号轻油为燃料，$70\% \sim 100\%$ 负荷运行时 NO_x 排放达到 25×10^{-6}（体积分数）。

5）俄罗斯 NPO Saturn 公司 GTD-110 型燃气轮机以天然气为燃料，$50\% \sim 100\%$ 负荷运行时 No_x 排放低于 25×10^{-6}（体积分数）；$90\% \sim 100\%$ 负荷运行时 CO 排放低于 8×10^{-6}（体积分数）。

6）日立 H-80 型燃气轮机以（$15\%O_2$）天然气为燃料时 NO_x 排放达到 15×10^{-6}（体积分数）。

7）川崎 L30A 型 30MW 级燃气轮机 NO_x 排放低于 $15mg/m^3$，$50\% \sim 100\%$ 负荷运行时 CO 排放低于 25×10^{-6}（体积分数）。

（三）运行灵活性

由于燃气轮机电厂常常用于调峰，负荷变化幅度大和频繁启停成为常态，所以对燃气轮机运行灵活性要求较高，主要体现于低负荷下的高运行效率、负荷的快速调节和快速启动能力几方面。对于航改机和小型燃气轮机而言，这些性能较好满足；而对于大型燃气轮机来说，则需要很高的技术。几种大型燃气轮机的负荷调节参数见表 1-7。

表 1-7　　　　　　　　　　　几种大型燃气轮机的负荷调节参数

项目	联合循环（热）启动到满负荷时间（min）	联合循环负荷变化速率（MW/min）	联合循环负荷稳定运行下限（%）	联合循环部分负荷运行效率（%）
9HA.02	23	60	＜40	＞60（87负荷下）
M701J	30（单循环）	58（单循环）	50（单循环）	55（50负荷下）
SGT5-8000H	40（30min 达到 500MW 以上）	30min 内负荷降至 100MW 以下或停机	50	

（四）数字化电厂

1. 数字化电厂的定义

（1）数字化电厂是以智能 P&ID 及三维技术等数字化设计手段建立的虚拟化数字模型电厂为基础、

以电厂自动控制系统为手段，以综合信息管理系统为运营平台的大集成，数字化电厂的先进信息技术可以归纳为现场总线技术＋三维模型＋大数据平台。

（2）从电厂信息化管理者的角度出发，数字化电厂可以理解为生产数字化、管理信息化和信息可视化的综合体现，范畴覆盖生产、经营管理、安全、健康和环境等全业务范围。

2. 数字化电厂的建设特点

数字化电厂的建设特点是三维建模＋现场总线技术＋大数据平台＋机器人。在基建期三维建模进行多专业综合碰撞检查、三维电缆敷设，实现各类材料精准统计，辅助现场基建过程施工及设计优化，为基建期节约成本；现场总线控制系统（FCS）采用开发的、全数字化和双向、多站的通信网络，使自动控制系统的效能产生巨大飞跃，同时降低设计、施工、调试、维护和系统扩展等费用；利用大数据技术对海量数据深度挖掘，预测分析，提前预警，优化运行；机器人在危险区域巡检、智能巡检等发挥重要作用。

3. 数字化电厂的结构

（1）管理决策层。在 ERP 系统、三维基础上开发扩展智能专家系统和辅助决策系统，主要数据来源于过程级的实时和非实时数据库，积累、汇总相关信息，进行综合分析和加工，帮助企业优化资源配置，为企业生产经营管理、人力资源信息管理、财务信息管理、设备维护管理、仓储管理、基建管理、技改及技术成果管理等提供分析报告和决策依据，本层主要相关软件为 ERP。

（2）运营管理层。通过数字化电厂平台，集成电厂 ERP、OA 等系统，以安全运行为重点，以设备检修为基础，以完成发电量为目标，进行计划管理、设备管理、物资管理、燃料管理、项目管理、质量管理、安全管理、财务管理、档案管理、人力资源管理，优化电厂的生产计划和策略，协调各部分运转，实现电厂高效、安全、经济运行。

（3）生产监控层。此层主要通过大数据管理平台在现有 SIS 系统、智能设备管理平台基础上开发整合，主要功能包括收集来源于现场实时采集的数据库和历史数据库，开展设备故障诊断、设备寿命预测、机组优化监控、厂级性能计算等，SIS 系统能最大程度地获得信息，有效、经济地发挥设备、系统的作用。该层主要包括大数据平台（数据管理平台）、智能设备管理系统、电厂点巡检系统、分散控制系统（DCS）与工业电视联动系统、摄像头、无人机、机器人立体巡检系统、能源使用分析系统。

（4）生产过程控制层。它包括锅炉、汽轮机、DCS、自动发电控制（AGC）/自动电压控制 AVC 和辅助车间集中网络化的辅助车间控制系统，主要完成对设备运行实施数据的采集、转换、存储、监视、操作系统及设备，侧重点为操作和监视；形成 SIS 所需的数据信息，收集并上传。该层数字化电厂主要应用于机组一键启停（APS）、升压站监控系统（NCS）及厂内电气监控管理系统（ECMS）的数字化及一体化。

（5）设备原件层。它包括现场总线应用、现场控制的被控对象，如电动机开关柜、电动门配电箱、变送器、热电阻、热电偶等，将过程参量转换成国际标准电流、电压信号或者采用现场总线方式把数字量信号直接送入 DCS，从而满足运行人员对机组监控的要求。

图 1-3 所示为数字化电厂网络拓扑图。

4. 数字化电厂的应用

GE 公司自 2016 年自称为"全球数字化工业公司"。GE 公司迈向数字化转型的第一步是实现设备的自动化和数字化，并着手分析收集的数据。掌握设备数据是实现主动管理设备并缩短停机时间的前提。通过数据分析，得出了对工业设备管理全新的认识，包括设备状况如何、怎样运作、故障发生前有哪些迹象等。

西门子数字化解决方案包括依托数字双擎、三维可视化技术、数据分析技术，提高电厂运行的可靠性、可用性、经济性与安全性；通过 IOT、云平台和人工智能算法远程管理机群，提高机组可用性；运用 VR/AR 技术在全球范围内，实时连接服务团队与主设备制造商；全面的网络安全解决方案。

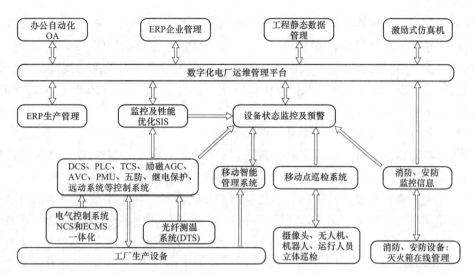

图 1-3　数字化电厂网络拓扑图

PLC—可编程逻辑控制器；TCS—透平控制系统；PMU—相量测量装置；五防—防止误分、误合断路器，防止带负荷拉、
合隔离开关或手车触头，防止带电拉（合）接地线（接地开关），防止带接地线（接地开关）合断路器（隔离开关），
防止误入带电间隔；NCS—网络监控系统；ECMS—厂用电监控管理系统；DTS—调度员培训仿真系统

三菱日立也在 2017 年正式推出了旗下数字化解决方案 MHPS-TOMONI。所有 JAC 燃气轮机将配备 MHPS-TOMONI。MHPS-TOMONI 利用大数据、精确分析和人工智能，与客户合作解决复杂难题，实现电厂运行优化和灵活性，以应对能源市场，降低发电成本，提升环保能力。

在国内，新技术被广泛应用到各种电厂场景中。

华能桐乡燃气轮机热电、深圳钰湖电厂开展了机器人巡检；京能高安屯燃气热电利用三维虚拟现实技术，实现场景自由漫游、设备检修指导、操作规程模拟、事故演练教学、生产流程、动画演示，还可实现多人联机模拟。

在机群数字化方面，2017 年下半年，华润电力与西门子签署协议，为华润旗下机群部署集成化联网远程运营中心（ROC），在华润电力某大区试点建设，2018 年底，完成 19 台发电机组（总装机容量 9.6GW）的接入，通过 MindSphere 集成和联网，集成先进的数据分析、联网和网络安全与远程监控、可视化、分析和数据解读等功能，提高机群透明度，进行资产诊断和运营优化。

2017 年 12 月，中国大唐集团公司与 GE 公司战略合作的三大中心之一 ——“北京国际电力数据监测诊断中心”全面上线。对大唐集团 6 家电厂 13 台机组机群进行管理，这些电厂分布在深圳、江苏、浙江等地。超过 10875 个传感器不间断监测电厂总体与主要部件情况，每天产生 2.3GB 数据。智慧信号（SmartSignal）、监测与诊断系统（M&D）将传感器采集的实时数据与相应工况下的正常情况进行比对，如有异常则发出预警信息。事件管理系统（Case Management System）随后筛选预警信息，将需要注意的事件编入标准化处理流程，防止关键故障恶化。热效率分析和优化系统（Emap）实时监测燃气轮机效率，每 5min 就能获得全厂、机组、机组内透平、压气机以及主要辅机的效率，帮助运维人员寻找“效率短板”。

（五）天然气分布式能源

分布式能源是相对于传统的集中供电方式而言，是指将冷热电系统以小规模、小容量（数千瓦至 50MW）、模块化、分散式的方式布置在用户附近，可独立地输出冷、热、电能的系统。分布式能源的先进技术包括太阳能利用、风能利用、燃料电池和天然气冷热电三联供等多种形式，其中燃气冷热电三联供因其技术成熟、建设简单、投资相对较低，已经在国际上得到了迅速的推广。

分布式能源的起源可追溯到 20 世纪 80 年代。早在 1882 年，美国纽约出现了以工厂余热发电满足自身与周边建筑电热负荷的需求，成为分布式能源最早的雏形。热电联供（CHP）的不断发展，至今已成为世界普遍采用的一项成熟技术。热电联供根据能量梯级利用原理，把燃料燃烧释放的能量先发电，再将排放的余热（可占燃料总能量的60%以上）充分利用，满足用户热负荷需求。热电联供方式相对于传统的发电和供热的热电分供方式而言，一次能源利用效率有大幅度的提高。之后余热利用进一步用于空调或制冷，发展成冷热电三联供（Combine Cooling，Heating&Power，CCHP）能源系统，一次能源利用效率可达80%以上。

目前国内投入运行的燃气轮机 CCHP 几个典型案例有：

（1）广州大学城能源站项目。采用 2 台普惠公司的 FT8-3wift（2×78MW）燃气轮机联合循环机组发电，利用余热锅炉尾部烟气制备热媒水，余热锅炉尾部热水加热器把热媒水从 60℃加热到 90℃，一部分热媒水送到大学城热水制备站的水水热交换器加热高质水，向大学城用户提供热水；另一部分作为能源站集控楼和办公楼中央空调溴化锂机组的热源。在热媒水的热量不能满足大学城需求的情况下，从余热锅炉抽低压蒸汽，供大学城热水制备站汽水热交换器制备热水用。现已向广州大学城区域内的 11 所大学及大学城能源站周围用户约 20 万人提供全部生活热水、空调冷冻水和部分电力。系统包括燃气轮机发电机组发电、汽轮发电机组发电、余热锅炉供低压蒸汽和利用余热锅炉尾部烟气制备热媒水几个环节，实现了能源的梯级利用，综合能源利用效率达 70%。

（2）新都华润雪花啤酒天然气分布式能源项目。由 1 台 6MW 级燃气轮机＋1 台 20t/h 补燃式余热锅炉＋2 台 20t/h 燃气锅炉＋1 台 1MW 级热水型溴化锂机组组成；燃气轮机发电后产生的余热（废热烟气、500℃左右）通过余热锅炉产生蒸汽供给用户；剩余的余热部分（热水、100℃左右）再通过溴化锂机组产生冷水（8℃左右）供给用户，最终实现能源的梯级利用，即天然气燃烧的高温用于发电、中低温用于供热和制冷。此外，设计了两台燃气锅炉，用于调峰和备用。项目向啤酒厂提供生产所需的电力、蒸汽、冷水，实现冷、热、电三联供，能源综合利用率达 82.34%。

（3）江西华电九江工程。该项目是国内第一个投产的区域型冷热电三联供分布式能源站工程。总装机规模为 87MW，是由 2 台 LM2500 航改型燃气轮机和 1 台 25MW 抽凝式汽轮机组成的"二拖一"燃气-蒸汽联合循环发电机组工程。项目最大对外供热能力为每小时 70t，余热利用空调最大供冷能力为 5862kW，额定工况下全厂热效率可达 71.86%。

（4）华电泰州医疗城分布式能源站项目。该项目于 2013 年 12 月并网，采用 2 台 QDR20 型燃气轮机（2MW）＋2 台余热锅炉（单台 6.5t/h）＋1 台溴冷剂（制冷功率 3489kW）的配置。实现发电、制冷、制热以及生活用热水供应。机组年上网电量可达 2500 万 kW·h，电能消纳方式为全部上网，综合利用效率达 81%。

华电南宁华南城分布式能源项目是目前国内最大的分布式能源站，设计建设 3 套 LM6000PD＋SPRINT 燃气-蒸汽联合循环机组，其中一期工程 2 套已建成并于 2014 年 9 月投入运行，在发电的同时，从汽轮机抽取部分蒸汽供溴化锂机组供冷，锅炉烟气余热用于产生热水，对外供冷、供暖、供汽、供热水。年发电量为 10 亿 kW·h，年供能量为 170 万 GJ。综合能源利用效率在 78%左右。

南充市嘉陵工业园 40MW 天然气分布式能源项目发电装机容量为 43.2MW，采用 3 台 14.4MW 燃气轮机，同时，配套 3 台 28t/h 单压余热锅炉、2 台 25t/h 燃气锅炉、1 台蒸汽蓄热器、1 台空气加热器和 1 台溴化锂机组。项目年供电量为 28148.43 万 kW·h，年供热量为 166.28 万 GJ，年供冷量为 5.06 万 GJ，能源综合利用率为 86.06%。

（六）整体煤气化联合循环发电（intergraded gasification combined cycle，IGCC）

1. IGCC 的发展

IGCC 是当今国际上最引人注目的新型、高效的洁净煤发电技术之一。IGCC 发电系统把环境友好的煤气化技术和高效的燃气-蒸汽联合循环发电技术相结合，实现了煤炭资源的高效、洁净利用，具有高效、洁净、节水、燃料适应性广、易于实现多联产等优点，并且与未来二氧化碳近零排放、氢能经济长远可持续发展目标相容，是 21 世纪洁净煤发电技术的重要发展方向之一。

IGCC 主要由煤的气化与净化部分（气化炉、空分装置、煤气净化设备）和燃气-蒸汽联合循环发电部分（燃气轮机发电系统、余热锅炉、汽轮机发电系统）组成。典型的 IGCC 发电工艺流程如图 1-4 所示，IGCC 的工艺过程如下：煤经气化成为中低热值煤气，经过净化，除去煤气中的硫化物、氮化物、粉尘等污染物，变为清洁的气体燃料，然后进入燃气轮机的燃烧室燃烧，加热气体工质以驱动燃气轮机做功，燃气轮机排气进入余热锅炉加热给水，产生过热蒸汽驱动汽轮机做功。

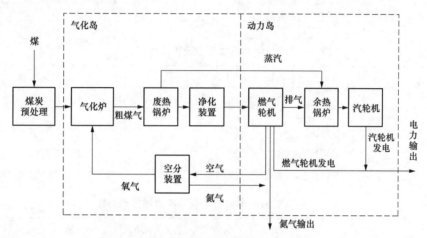

图 1-4　典型的 IGCC 发电工艺流程

表 1-8 给出了国内外已投运的主要燃煤 IGCC 电站的简况，Tampa、Wabash River、Buggenum、Puenollano 是 20 世纪 90 年代中期世界上投运的 4 座典型电厂，Nakoso、华能天津 GreenGen、Edwardsport 是 21 世纪新投入运行的 3 座 IGCC 电厂。

表 1-8　　　　　　　　　　　　　国内外已投运的主要燃煤 IGCC 电厂的简况

项目	投运时间（年）	装机容量（MW）	气化炉	燃气轮机	净效率（%）	造价
荷兰 Buggenum 电站	1994	253	Shell	V94.2	43.2	1865 $/kW
美国 WabashRiver 电站	1995	262	E-gas（Destec）	7FA	40	1678 $/kW
美国 Tempa	1996	260	Texaco	7FA	37.8	2428 $/kW
西班牙 Puertollano 电站	1998	335	Prenflo	V94.3	45	2073 $/kW
日本 Nakoso 发电所	2007	250	MHI	M701D	42.9	
华能天津 GreenGen	2012	250	TPRI	SGT5-2000E	42.7	13800 元/kW
美国 Edwardsport 电站	2013	618	Texaco	7F	42	5750 $/kW

2. IGCC 技术优点

（1）供电效率高。IGCC 电厂将煤气化和高效的联合循环发电技术有机结合起来，实现了能量的梯级利用，极大地提高了燃煤技术的发电效率。目前，国际上运行的商业化 IGCC 电厂的供电净效率最高已达 43%，比常规亚临界燃煤电站效率高 5%～7%，与超超临界机组供电效率相当，见表 1-9。随着燃气轮机的发展，由 G、H 级组成的 IGCC 供电效率可以达到 52%。

表 1-9　　　　　　　　　　　　IGCC 发电机组与常规燃煤机组的效率比较

项目	IGCC 系统		亚临界超临界		超超临界	
容量（MW）	E 级 200	F 级 400	300	600	660	1000
发电效率（%）	48.2	52.0	41.2	43.4	44.6	45.5
厂用电率（%）	15.64	15.00	7.00	6.00	5.70	5.00
供电效率（%）	40.7	44.2	38.3	40.8	42.1	43.2
发电标煤耗 [g/(kW·h)]	254.9	236.2	298	283.1	275.3	270.0
供电标煤耗 [g/(kW·h)]	302.1	277.9	320.4	301.1	291.8	284.3

（2）环保特性好。IGCC 电厂对合成煤气采用"燃烧前脱除污染物"技术，合成煤气气流量小（大约是常规燃煤火电尾部烟气量的 1/10），便于处理。IGCC 系统脱硫、脱硝和粉尘净化设备的造价较低，效率较高，大大降低了污染物的排放浓度，其各种污染物排放量都远远低于国内外先进的环保标准，可以与燃烧天然气的联合循环电厂相媲美。

表 1-10 列出了不同机组污染物产生及排放水平，表 1-11 列出了超超临界（USC）机组循环流化床（CFB）机组与 IGCC 机组单位发电量污染物排放量对比。

表 1-10 不同机组污染物产生及排放水平 mg/m³

污染物	产生浓度			排放浓度		
	USC	CBF	IGCC	USC	CBF	IGCC
SO_2	1672.94	1672.94	1.40	83.65	66.92	1.40
NO_x	450.00	250.00	52.00	90.00	100.00	52.00
烟尘	28000.00	21000.00	0.35	28.00	21.00	0.35

表 1-11 USC 与 IGCC 机组单位发电量污染物排放量对比 g/(kW·h)

机组型号	发电标煤耗	污染物					
		SO_2		NO_x		烟尘	
		产生	排放	产生	排放	产生	排放
USC	273.5	4.3760	0.2188	1.1771	0.2354	73.2411	0.0732
IGCC	253.8	0.0061	0.0061	0.2260	0.2260	0.0015	0.0015
降低量	19.7	4.3699	0.2127	0.9511	0.0094	73.2396	0.0717
降低比例（%）	7.20	99.86	97.22	80.80	4.01	99.998	97.92

（3）燃料适应性好。IGCC 电厂的煤种适应性非常广泛，褐煤、烟煤、贫煤、高低硫煤、炼油渣、生物废料等都适应（对干粉进料，可以使用无烟煤），但已经设计完成的气化炉对燃料有一定的选择性。目前，IGCC 电厂的燃料已经扩展为石油焦、泥煤等。IGCC 技术发展迅速，运行良好，极具商业竞争力。

（4）节水。由于 IGCC 机组中蒸汽循环部分占总发电量约 1/3，使 IGCC 机组比常规火力发电机组的发电水耗大大降低，为同容量同种冷却方式常规燃煤机组的 1/2～2/3。

（5）具有实现多联产和资源综合利用的前景。IGCC 项目可以拓展为供电、供热、供煤气、供气和提供化工原料的多联产生产方式。IGCC 项目本身就是煤化工与发电的结合体，通过煤的气化，使煤得以充分综合利用，实现电、热、液体燃料、城市煤气、化工品等多联供。从而使 IGCC 项目具有延伸产业链、发展循环经济的技术优势。

（6）为较经济地去除 CO_2 创造条件。在 IGCC 发电系统中，通过对合成煤气中 CO 转换并进行 CO_2 脱除，可实现 CO_2 零排放，是目前现有发电技术减排温室气体最可行、经济的方法。

3. IGCC 的发展制约因素

IGCC 发电技术的发展是未来煤炭能源系统的基础，应用前景广泛，市场潜力巨大，加快 IGCC 发电技术的应用和推广具有战略意义。但目前，IGCC 技术的发展仍受以下几点原因的制约：

（1）投资高。从表 1-12 可以看出，目前美国 IGCC 电厂造价约为 5500 美元/kW，而超超临界燃煤电厂的造价约为 3000 美元/kW；国内华能天津 PowerGen 250MW 电厂投资达到 13800 元/kW，而同期 300MW 超超临界燃煤电厂的造价约为 4000 元/kW，IGCC 的投资仍然远远高于常规燃煤电厂的投资。主要原因是首次设计制造，采用非标设备较多；单机建设、公共系统分摊费用较高；没有成熟经验可供借鉴，调试费用较高。

表 1-12   IGCC 电厂与常规燃气轮机电厂成本比较

项目	IGCC 电站		燃气轮机组电站	
年利用时间（h）	4500	6500	4500	6500
年供电量（GW·h）	367.4	530.7	390.7	564.3
年总成本（万元）	200325	233711	289538.4	399135.6
单位成本［元/(kW·h)］	0.5450	0.4400	0.7411	0.7073

然而，从发电成本来看，华能 IGCC 电厂的电力生产模块与常规燃气轮机电厂相似。合成气制备模块经过进一步完善，接近设计指标后，其制气完全成本约为 3 元/m^3，与天然气价格相比具有明显优势，尤其在目前天然气严重短缺的形势下，优势将更为突出。

（2）操作灵活性低和变负荷性能差。首先气化装置只能在负荷范围 50%～100% 运行，造成了 IGCC 电厂的变负荷范围窄；其次，IGCC 电厂的变负荷速率不可以太高，一般认为调解负荷率为 3%/min 左右（常规燃煤电厂为 8%/min）；再次，IGCC 电厂启动时间长，热启动需要 1.5h～2d，冷启动大概需要 2～3d；最后，受燃气轮机部分负荷效率低的影响，IGCC 电厂部分负荷时效率降低大。

（3）可用率低。目前世界示范 IGCC 电厂的可用率在 70%～85%，而大型燃煤电厂的汽轮机、锅炉和发电机设备可用率已超过 95%。相信随着技术的不断成熟，IGCC 电厂的可用率可望得到进一步提高。

第二节   燃气轮机发电厂建设相关政策及行业标准

一、我国燃气轮机发电厂建设相关政策

（一）国家和地方政府主要鼓励政策

1. 2014 年 11 月国务院办公厅发布《能源发展战略行动计划（2014—2020 年）》

优化能源结构，降低煤炭消费比重，提高天然气消费比重。到 2020 年，非化石能源占一次能源消费百分比达到 15%，天然气百分比达到 10% 以上，煤炭消费比重控制在 62% 以内。适度发展天然气发电。在京津冀鲁、长三角、珠三角等大气污染重点防控区，有序发展天然气调峰电站，结合热负荷需求适度发展燃气-蒸汽联合循环热电联产。

2. 2014 年 9 月 19 日国家发展改革委发布《国家应对气候变化规划（2014—2020 年）》

到 2020 年，中国天然气消费量在一次能源消费中的比重将达到 10% 以上，利用量将达到 3600 亿 m^3。

3. 2015 年 5 月国务院发布《中国制造 2025》

推动大型高效超净排放煤电机组产业化和示范应用，进一步提高超大容量水电机组、核电机组、重型燃气轮机制造水平。

4. 2016 年 12 月 26 日国家能源局发布《电力发展"十三五"规划（2016—2020 年）》

有序发展天然气发电，大力推进分布式气电建设：充分发挥现有天然气电站调峰能力，推进天然气调峰电站建设，在有条件的华北、华东、南方、西北等地区建设一批天然气调峰电站，新增规模达到 500 万 kW 以上。适度建设高参数燃气-蒸汽循环热电联产项目，支持利用煤层气、煤制气、高炉煤气等发电。推广应用分布式气电，重点发展热电冷多联供。"十三五"期间，全国气电新增投产 5000 万 kW，2020 年达到 1.1 亿 kW 以上，百分比超过 5%，其中热电冷多联供为 1500 万 kW。

5. 2013 年 8 月 13 日国家发展改革委发布《分布式发电管理暂行办法》

该办法将"综合能源利用效率高于 70% 且电力就地消纳的天然气热电冷联供"作为分布式发电，

根据有关法律法规及政策规定，对符合条件的分布式发电给予建设资金补贴或单位发电量补贴。享受补贴的分布式发电包括风力发电、太阳能发电、生物质发电、地热发电、海洋能发电等新能源发电。其他分布式发电的补贴政策按相关规定执行。

6. 2012 年 8 月 13 日国家发展改革委发布《天然气利用政策》

天然气分布式能源项目（综合能源利用效率在 70% 以上，包括与可再生能源的综合利用）、天然气热电联产项目为天然气利用优先类用户；陕、蒙、晋、皖等十三个大型煤炭基地所在地区建设基荷燃气发电项目［煤层气（煤矿瓦斯）发电项目除外］为禁止类用户；其余天然气发电为允许类用户。

7. 2013 年 2 月上海市发布《上海市天然气分布式供能系统和燃气空调发展专项扶持办法》

对分布式供能项目按照 1000 元/kW 给予设备投资补贴，对年平均能源综合利用效率达到 70% 及以上且年利用小时在 2000h 及以上的分布式供能项目再给予 2000 元/kW 的补贴。每个项目享受的补贴金额最高不超过 5000 万元。

8. 2014 年 3 月长沙市发布《长沙市促进天然气分布式能源发展暂行办法》

政府投资的重大基础设施建设项目冷热电负荷需求较大的，应在可行性研究报告中科学论证天然气分布式能源的可行性，并优先考虑使用天然气分布式能源供给方案。具备安装使用条件的，应优先使用天然气分布式能源系统。对在长沙市国家节能减排财政政策综合示范期内获取核准批复的天然气分布式能源项目给予设备投资补贴，补贴资金主要由长沙市国家节能减排财政政策综合示范奖励资金安排，补贴标准为 3000 元/kW，每个项目享受的补贴金额最高不超过 5000 万元。

9. 2014 年 12 月青岛市发布《青岛市加快清洁能源供热发展的若干政策》

鼓励多种清洁能源供热方式联合使用和能源梯级利用，积极推进天然气分布式能源、大型热电联产机组循环水和工业余热利用等供热，对新建天然气分布式能源供热项目，按照 1000 元/kW 的标准给予设备投资补贴，年平均能源综合利用效率达到 70% 及以上的再给予 1000 元/kW 的补贴。每个项目享受的补贴金额最高不超过 3000 万元。

10. 2016 年 3 月邯郸市发布《邯郸市人民政府关于在主城区公共建筑实行清洁能源分布式供能系统的若干意见》

市主城区内所有政府性投资和国有投资新建 1 万 m² 及以上公共建筑的用热、用冷，都要采用清洁能源分布式供能；鼓励非政府投资的同类建筑优先使用清洁能源分布式供能。对通过合同能源管理实施的清洁能源分布式供能项目，按照财政部、国家税务总局《关于促进节能服务产业发展增值税、营业税和企业所得税政策问题的通知》（财税〔2010〕110 号）、财政部《节能减排补助资金管理暂行办法》（财建〔2015〕161 号）等有关规定执行相关优惠政策和资金补贴。对符合条件的节能服务公司实施合同能源管理项目，取得的营业税应税收入，暂免征收营业税；节能服务公司实施符合条件的合同能源管理项目，将项目中的增值税应税货物转让给用能企业，暂免征收增值税。对符合条件的节能服务公司实施合同能源管理项目，符合企业所得税税法有关规定的，自项目取得第一笔生产经营收入所属纳税年度起，第一年至第三年免征企业所得税，第四年至第六年按照 25% 的法定税率减半征收企业所得税。

（二）燃气轮机电厂项目建设前期工作程序及开工建设前的准备工作程序

1. 项目前期工作程序

（1）投资方按照国家和省政府制定的能源发展战略规划，拟定火力发电厂投资发展规划。

（2）投资方就火力发电厂规划相关事宜与各级政府进行沟通协调，与地方政府签订战略合作投资开发协议。

（3）投资方委托具有资质的设计院开展项目初步可行性研究报告（含铁路专用线）的编制工作。从技术及经济的角度对项目进行初步论证。（内容包括选出几个可推荐的拟选厂址）

（4）投资方取得初步可行性研究阶段各级政府及各职能部门同意项目建设的相关批文。

（5）初步可行性研究报告编制完成后，投资方组织上报国家电力规划设计总院审查，并取得电力规划设计总院审查意见，项目具备上报省内评优条件（相当于具备上报路条条件）。

（6）项目通过投资方内部立项决策程序。

（7）根据电力规划设计总院对初步可行性研究报告审查意见及投资方立项决策意见，向省、市发展改革委（能源局）上报项目评优报告，由省发展改革委（能源局）根据国家发展改革委（能源局）下达的各省《火电项目规划建设指导意见》，组织区域内拟建火电建设项目优选评议工作。

（8）由省发展改革委根据省内火电项目评优结果（公示后），上报国家发展改革委，国家发展改革委批复后，项目进入国家电力规划（相当丁取得路条）。

（9）根据电力规划设计总院对初步可行性研究报告审查意见及投资方立项决策意见，投资方委托设计院开展项目可行性研究（含铁路专用线）工作（内容包括对拟选厂址进行全面技术经济比较，提出厂址推荐意见）。

（10）投资方委托具有资质的单位编制项目可研阶段所需的环保、国土、水资源、水土保持、输电规划、接入系统、地震、地质、社会稳定风险、安全预评价、节能评价、文物、职业病、综合利用等二十多个专题报告。

（11）投资方向国家、省、市相关主管部门提出对专题报告审查的申请，由其组织专家组进行审查，并取得国家、省、市相关主管部门对专题报告的审查意见。

（12）投资方取得国家、省、市相关主管部门对项目核准所需批复文件（包括国家环保部、国土资源部、水利部、国家电网有限公司、国家安全局等批文）。

（13）可行性研究报告编制完成及相关专题报告和部分批文取得后，投资方组织上报电力规划设计总院进行预审查，并取得电力规划设计总院审查纪要。

（14）投资方根据可研审查纪要组织完善可研阶段各项工作内容（取得项目核准所需所有支持性文件），委托设计单位编制项目可行性研究报告收口版，组织上报电力规划设计总院审查，取得项目可行性研究报告审查意见。

（15）投资方组织编制项目核准申请报告并上报省发展改革委、国家发展改革委。

（16）取得国家发展改革委项目核准批复文件。

2. 项目开工建设前的准备工作程序

（1）初步设计及施工图设计（含铁路）招标，签订设计合同，开展勘测设计工作，并同时编制主机招标文件。

（2）主机（燃气轮机、汽轮机、锅炉及发电机）招标，签订合同后开展相关工作。

（3）初步设计审查及收口工作，并取得国家电力规划总院审查意见。

（4）开展征地拆迁调查、测量、核算及补偿等相关工作。

（5）开展司令图设计、现场详勘及现场试桩等工作，并完成现场五通一平施工图设计工作。

（6）开展五通一平施工招标工作，签订合同后开始场地平整施工及基础土方开挖。

（7）开展主体施工图纸设计审查工作。

（8）开展项目主体施工招标工作，确定施工队伍后编制详细的施工组织设计，做好开工建设的准备工作。并同时启动五批次辅助性设备招标工作。

二、常用燃气轮机发电厂设计规范

由于历史原因，我国火力发电厂设计规范多以燃煤电厂设计内容为主，只有少部分规范的适用范围明确了包括燃气轮机发电厂。以下是常用的一些设计规范及规定：

（1）DL/T 5174《燃气-蒸汽联合循环电厂设计规定》。

(2) QDG1-A005《大型燃气-蒸汽联合循环机组设计导则》。

(3)《热电联产项目可行性研究技术规定》计基础〔2001〕26 号。

(4) GB 50229《火力发电厂与变电站设计防火标准》。

(5) DL/T 5204《发电厂油气管道设计规程》。

(6) DL/T 891《热电联产电厂热力产品》。

(7) DL/T 904《火力发电厂技术经济指标计算方法》。

(8) DL/T 5473《燃气-蒸汽联合循环发电工程建设预算项目划分导则》。

(9) 火力发电工程建设预算编制与计算规定（2013 版）。

(10) 其他电气、公用、土建等专业可以参照火力发电厂相关专业设计规范设计。

第三节　设计阶段划分及内容深度

一、燃气轮机电厂设计阶段划分

国内燃气轮机发电厂设计流程一般可划分为 4 个阶段，即初步可行性研究（项目建议书）、可行性研究、初步设计和施工图设计。

初步可行性研究（pre—feasibility study，PS），也称预可行性研究，是根据地区电力负荷增长要求和中、长期电力发展规划，对项目方案进行初步的技术、财务、经济、环境和社会影响评价，对项目是否可行做出初步判断。研究的主要目的是判断项目是否有生命力，是否值得投入更多的人力和资金进行可行性研究，并据此做出是否进行投资的初步决定。

可行性研究（feasibility study，FS）是业主单位委托专业咨询机构，在项目投资决策前，通过对拟建项目有关的技术、工程、经济、环境社会等方面的情况和条件进行调查、研究和分析，并对项目建成后可能取得的财务、经济效益及社会环境影响进行预测和评价，从而提出项目是否值得投资的研究结论，为项目投资决策提供可靠的依据。其主要内容包括：①项目建设的必要性分析；②电力及热力市场调查分析；③厂址选择论证；④技术方案设想；⑤项目实施建议；⑥投资估算及财务分析、风险分析；⑦研究结论与建议。

初步设计（preliminary design）是以审定批准的可行性研究报告为依据，根据项目的各种基础资料，从技术上和经济上，对电厂进行系统全面规划和设计，论证技术上的先进性、可能性及经济上的合理性，作出投资概算并编制初步设计文件。它必须满足以下基本要求：①确定电厂主要工艺系统的流程、控制方式、设备布置方案以及主要经济和性能指标，并作为施工图设计的依据；②满足政府有关部门对初步设计专项审查的要求；③满足项目主要辅助设备的采购要求；④满足业主控制建设投资的要求；⑤满足业主进行施工准备的要求。

施工图设计（detail design）是以批准的初步设计全部文件和初步设计审查意见为依据，根据国家和电力行业颁发的有关规范、规程、规定和标准，对电厂进行全面的详细设计和计算，做出最终的施工图及设备材料清册。它必须满足以下要求：①作为辅助设备和材料订货的依据之一；②供施工准备和生产准备使用等；③作为工程施工的依据。

二、初步可行性研究报告内容深度

（一）初步可行性研究报告

1. 概述

（1）任务依据。应说明本项目的任务来源和委托单位。

（2）项目概况。应说明本项目的建设目的、地点、规划容量及本期建设的规模等特点。扩建和改建项目，尚应叙述老厂的简况。

（3）工作过程。应简述工作时间、地点及工作过程，包括与政府相关部门、委托单位及协作单位之间的工作联系和配合。

（4）工作组织。应说明参加本项目的工作人员及所在单位、专业、职务和职称。

2. 电力系统

（1）应简述项目所在区域国民经济和社会现况和发展规划，并应说明电力系统的现状及电力发展规划。

（2）电力负荷预测及电力电量平衡（包括已核准和较确定的电源项目），推荐机组年利用小时。

（3）应说明本项目建设规模及在电力系统中的作用。

（4）应说明发电厂与电力系统连接方案的设想，出线电压等级、方向和回路数（有条件时，应注明线路大约公里数）。

（5）应从电力系统的角度，说明本项目建设的必要性。

3. 热负荷分析

（1）应说明供热系统的现状、发展和区域（或企业）的热力规划或热电联产规划。

（2）收集或预测近、远期热负荷的大小和特性。

（3）初步确定热电厂的供热介质（工业用汽和/或采暖热水、制冷用汽）和供热范围，并初步确定供热参数和供热量。对机组选型提出初步建议。并说明存在的主要问题及对下阶段工作的建议。

（4）应从满足供热需求方面，说明本项目建设的必要性。

4. 燃料供应

（1）燃料来源。应分析研究发电厂燃料可能来源、品种、参数等，结合发电厂的建设规模和进度，提出电厂燃料的推荐来源，应从资源配置角度说明电厂使用燃料的合理性，并应取得燃料供应原则协议。并说明存在的主要问题及对下阶段工作的建议。

（2）燃料品质。应收集分析推荐燃料的品质资料，气体燃料的品质包括成分分析、有害元素含量，各种物理特性如压力、温度、露点、热值、Wobbe 指数等；液体燃料的品质资料包括组分、黏度、相对密度、闪点、灰熔点、发热量等指标。

（3）燃料运输。应分析厂址所在区域的交通运输概况及厂址的自然条件，结合电厂燃料的运输数量，初步确定燃料的运输方式、运距。

5. 建厂条件

（1）厂址概述。应说明各厂址所在地区概况，包括厂址地理位置、厂址附近自然环境、自然保护区、风景名胜区、城乡规划、厂址地形地貌、文物古迹、地下矿藏资源、军事设施及机场，厂址按规定的设计重现期的江、河、水库（湖泊）等洪水位（或高潮位）和最高内涝水位等情况，提出厂址（包括厂区、水源地、补给水管线、码头、铁路、公路、施工生产生活区等）拟用地规模、用地现状及类型，说明土地利用总体规划及本项目土地利用的合理性，厂外设施与厂区的距离及厂址范围内初步的拆迁量和土石方工程量。

（2）交通运输。应说明厂址周围的铁路、水路和公路的现状，规划情况和运输条件，拟采用运输方案的合理性，存在的主要问题及对下阶段工作的建议。必要时委托有资质的单位对发电厂大件设备运输进行专题论证。

当采用铁路运输时，应论述铁路运输能力和相邻线路的技术标准、专用线接轨站和接轨点、专用线建设标准和长度、发电厂所需燃料运输引起铁路技术改造的内容，并应取得铁道部门原则同意接轨的文件。

当采用铁水联运时，应论述铁路运输通道的距离及运力、可能的燃料中转港情况及能力、航道、燃料码头的建设条件和建设规模及存在的主要问题，并应取得海事及航管主管部门原则同意使用航道和建设码头的文件。

当采用公路运输时，应论述厂址附近的公路情况、发电厂所需燃料运输引起公路技术改造的内容、是否需要建设燃料运输专用公路。

（3）水文气象。应充分收集当地水文气象资料和进行现场踏勘，统计分析各厂址的水文气象条件，绘制风玫瑰图，对水源、内涝、防洪（潮）、波浪、河床（岸滩）演变等影响建厂的主要水文气象条件提出估算成果与定性的分析判断，对推荐的各厂址方案提出存在的主要问题及对下阶段工作的建议。

（4）水源。

1）应说明各厂址的供水水源及水质，冷却方式、冷却水量、补给水量，其他工业用水与生活用水需水量。应说明拟采用供水水源的合理性，是否符合所在地区水资源利用总体规划的要求，各供水水源须取得水行政主管部门原则同意使用该水源的文件，并初步明确允许取水量。

2）应充分收集各供水水源的水文资料、当地现状与规划条件下各行业用水量情况、水资源利用规划、水利工程现状及规划等资料，初步分析现状及规划条件下设计保证率枯水年份发电厂用水的可靠性，经比较提出推荐的供水水源方案、存在的主要问题及对下阶段工作的建议。

3）当发电厂用水与工农（牧）业及城市用水有矛盾时，应提出可行的解决矛盾的初步方案和意见。当发电厂建设需要新建水库或对现有水库进行改造时，应由有资质的设计单位编制新建或改造水库的初步可行性研究报告，并经相关主管部门审查确定。

4）在允许开采地下水的地区，如拟采用地下水水源时，应收集已有的水文地质资料，初步分析水源地地下水储量、补给量、可开采量等参数，必要时要提出水文地质初勘报告。

5）当采用再生水作为补给水源时，应收集城市用水量、污水排放量、处理规模、处理工艺和再生水的水量、水质及其变化情况，初步分析现状及规划水平年发电厂取水的可靠性。按照现行规定，应有适当容量的备用水源，须初步说明再生水备用水源方案。

6）当采用海水淡化方案，必要时提出海水淡化专题论证。

7）对采用直流冷却供水系统的发电厂，应对发电厂温排放作出初步的分析判断，必要时提出初步专题论证报告。

（5）厂址区域稳定与工程地质。

应收集分析区域稳定、地震、地形、地貌、水文地质、矿产资源、文物古迹及当地的工程地质与岩土工程等资料，通过现场踏勘，进一步了解地质构造、地基土的性质、不良地质现象、地下水情况、压覆矿产资源及文物古迹的情况。分析区域构造断裂与历史地震资料以及场地的岩土性质和不良地质现象，对场地的稳定性和厂址的工程地质条件、地基类型以及环境地质问题作出基本评价，提出是否适宜建厂与下阶段应查清和解决的问题。

6. 工程设想

（1）应论证发电厂规划容量及分期建设规模、机组参数、容量与机组类型的选择以及建设进度的初步设想。

（2）应论述发电厂总体规划（包括交通运输、水源等）、燃料供应、供水、岩土工程、供热、电气主接线等与初步投资估算有关的初步工程设想。

其他单项工程，可参照编写。

7. 环境和社会影响

（1）应叙述厂址所在地区的环境、生态和水土保持现状。

（2）应说明地方环境保护主管部门的意见和要求。

（3）根据国家环境保护的有关法规、规定，结合当地气象、地形、地貌、周围环境和电厂燃料、水等条件的情况，进行环境影响与生态影响综合分析和水土保持初步分析，初步预测工程对环境可能造成的影响，并提出拟采取的环境保护及治理措施的初步设想，存在的主要问题及对下阶段工作的建议。

（4）应说明项目建成后对社会的正、负面影响。

8. 厂址方案与技术经济比较

（1）应论述各厂址方案的优缺点。

（2）应对各厂址方案的规划容量和本期建设规模进行技术经济比较，包括电厂与送出工程的投资和运行费用，对厂址方案进行初步的排序。

9. 初步投资估算及财务与风险分析

（1）应按现行《电力工程投资估算指标》《电力工程概算定额》《电力工程费用性质划分标准及预算编制办法》等有关文件，参考《火电工程限额设计参考造价指标》或类似工程，采用投资分析法或估算编制法，对推荐的两个及以上方案分别进行初步投资估算。推荐采用投资分析法，编制推荐厂址方案初步投资估算。

（2）应按现行的电力建设项目经济评价有关文件，对推荐厂址方案进行财务评价分析测算经济效益，并对总投资、年利用小时及燃料价格等要素变化进行敏感性分析。必要时可进行其他风险分析，测算工程上网电价（或投资回报）与清偿能力。

（3）对总投资、年利用小时及燃料价格等要素变化进行敏感性分析，并根据工程情况，必要时可进行市场、资源、技术、工程和资金筹措等方面的风险分析。

10. 结论及存在的问题

（1）应综述建厂的必要性，对各厂址方案是否具备建厂条件和经济上是否合理作出结论，新建工程应对各厂址方案进行综合择优排序，推荐两个及以上厂址方案作为开展可行性研究的厂址方案。

（2）应论述推荐厂址方案存在的主要问题及对下阶段工作的建议。

（二）初步可行性研究报告附件

（1）具有管理权限的地方政府原则同意建厂的文件。

（2）具有管理权限的土地主管部门原则同意厂址（包括厂区、水源地、交通运输设施）用地的文件。

（3）具有管理权限的城市规划部门原则同意建厂的文件。

（4）具有管理权限的主管部门原则同意使用岸线的文件。

（5）具有管理权限的水行政主管部门原则同意取水的文件。

（6）燃料产销集团同意供应燃料的原则协议。

（7）具有管理权限的环保部门原则同意建厂的文件。

（8）具有管理权限的其他主管部门原则同意的文件，包括机场、军事设施、压覆矿藏、文物保护、水产保护、铁路接轨及承运、航运码头、航道以及供热等。

（9）利用城市再生水时，还应取得与污水处理部门的供水协议及地（市、盟）级污水处理主管部门的文件。

（三）附图

（1）多个厂址的总体规划图（1∶50000）：包括厂址地理位置、厂区、水源、交通运输以及周边环境（如机场、自然保护区）条件等。

（2）各厂址接入系统示意图。

（3）各厂址的总体规划图（1∶10000）：包括厂区、水源、交通运输等，附厂址技术经济指标。

三、可行性研究内容深度

（一）可行性研究报告

1. 总论

（1）项目背景。应说明项目所在地区的电力发展规划情况，本项目在地区（省级）规划中的地位和作用，初步可行性研究阶段的工作情况和审查意见。对扩建、改建工程项目，尚应简述已有工程的简况。

（2）投资方及项目单位概况。应说明项目各投资方资产性质、项目单位筹建情况及建设资金的来源。

（3）研究范围与分工。应说明可行性研究的工作范围（含有关专题研究项目），并说明项目单位另行委托专门研究的项目及进展情况。当多个设计单位共同完成时，应说明主体设计单位和参加设计单位。

（4）工作简要过程及主要参加人员。应简述工程项目开展的时间、地点和过程以及参加单位主要参加人员的专业、职务和职称。

（5）项目概况。说明拟建项目所在地概况、报告编制依据、发电厂规划容量及本期建设规模、建厂外部条件及主要设计原则、投资规模及主要技术经济指标。

（6）主要结论及问题和建议。应从电力市场和热负荷需求等方面简述工程项目建设的必要性，并从厂址外部条件的落实情况、资源利用、环境保护以及社会与经济影响等简要说明工程项目实施的可行性，概括论述主要结论及问题和建议。

2. 电力系统

（1）应阐述本项目所在地区的国民经济和社会发展状况、能源资源概况、电力系统现况（包括负荷、电源、电网现况及其存在的主要问题）。如为电力外送项目，尚应说明相关地区的国民经济和社会发展状况、能源资源概况、电力系统现况。

（2）负荷预测。应根据电力系统规划、项目接入系统设计及其评审意见或依据国民经济和社会发展规划，分析负荷增长因素及其发展趋势，提出负荷预测方案及负荷特性，对本项目所在地区和受电地区负荷预测应做详细的叙述。

（3）电力电量平衡计算分析。

1）应对项目所在电网及受电电网（外送电源项目）所采用的电源项目进行总体描述及分析。

2）应进行项目所在电网、地区及消纳地区自本项目第一台机组投产前至少一年至设计水平年的逐年和远景年的电力电量平衡计算，对外送项目还应对受电电网进行电力电量平衡计算。对电力系统中的不确定因素和变化因素应作敏感性分析。

3）根据电力平衡计算结果及分析，校核本项目的合理装机规模、机组投产时间及消纳范围。

4）根据电量平衡计算结果及分析，确定本项目的设计年利用小时数。

5）根据系统调峰情况，分析系统对本项目的调峰要求。

（4）项目建设的必要性。根据电力系统规划、市场分析，结合项目在电力系统中的地位和作用以及项目所在地区的国民经济和社会发展等方面的特点，论述项目建设的必要性。

（5）项目与系统的连接。在电力系统规划设计或项目送出规划设计的基础上，进行必要的潮流、稳定、短路、工频过电压等电气计算和技术经济比较，提出项目接入系统方案，确定本项目的出线电压等级、出线回路数。

（6）系统对项目主接线的要求。应根据项目规划容量、分期建设情况、供电消纳范围、厂址条件、出线电压等级和出线回路数以及系统安全运行对发电厂的要求，按照既简化发电厂接线、节约投资，又满足运行可靠性和灵活性要求的原则，通过技术经济比较，对项目主接线提出要求。

3. 热负荷分析

（1）说明本项目所在地区供热热源分布、供热方式及热网概况，当地环境的基本现状及存在的主要问题。根据城市总体规划、供热规划及热电联产规划，说明项目在当地（或区域）供热规划中的位置、承担的供热范围及供热现状、与其他热源的关系。结合能源有效利用等方面的特点，论述项目建设的必要性。

（2）按工业和民用分别阐述供热范围内现状热负荷、近期热负荷、规划热负荷的大小和特性，说明热负荷的调查情况及核实方法。考虑热网损失和工业企业最大用汽同时使用系数后，核定本项目的设计热负荷，绘制年持续热负荷曲线。

（3）确定热电厂的供热介质（工业用汽和/或采暖热水、制冷用汽），并确定供热参数和供热量。

（4）说明本项目与备用和调峰锅炉的调度运行方式，并说明存在的主要问题及对下阶段工作的建议。

（5）说明对配套的城市供热管网和工业用汽输送管网的建设要求。

4. 燃料供应

（1）项目单位与设计单位应对项目拟定的燃料来源进行调查，收集燃料来源及可供数量，燃料品质、价格、运输距离及运输方式等资料，分析论证燃料在品种、质量、性能与数量上能否满足项目建设规模、生产工艺的要求，提出推荐意见，必要时进行专题论证。项目单位应与拟选择的燃料供应企业签订燃料供应协议文件。对于燃用天然气、液化天然气（LNG）的发电厂，应说明与厂外天然气、液化天然气管线接口的位置和参数（管径、压力）。设计燃料品质资料需经项目单位的主管部门确认。

（2）当发电厂建成投产初期采用其他燃料过渡时，应对过渡燃料进行相应的论证。

（3）根据本期工程拟采用的燃料品质资料及机组年利用小时数，计算单台机组、本期建设机组和发电厂规划容量机组的小时、日、年消耗量。对扩建工程应有原有机组的小时、日、年消耗量。

（4）应结合燃料（供应点、运量及路径）情况，对发电厂燃料运输可能采取的运输方式（单独或联合）进行多方案的技术经济比较，经论证提出推荐方案，必要时应提出专题报告。

5. 厂址条件

（1）厂址概述。

1）厂址地理位置。说明厂址所在行政区中的位置及该区的人文状况和社会经济简况。

2）厂址自然条件。厂址（含水源、铁路专用线或码头、进厂道路等）所在区域的地形地貌、用地类型及面积、拆迁工程内容和工程量、工程地质、地震地质、地震基本烈度、地下矿藏资源、水文气象、出线走廊、厂区自然地面标高等情况。

3）厂址周围环境。厂址与城乡规划、开发区、居民区、名胜古迹、文物保护区、自然保护区、大中型工矿企业、河流、湖泊、水库、铁路、公路、机场、通信设施、军事设施等的关系及可能存在的相互影响。

（2）交通运输。

1）铁路。说明厂址附近国家或地方企业铁路线的现状及规划情况、车站分布及与厂址的关系。如发电厂燃料采用铁路运输，应说明燃料运输的路径、运输里程、运输能力和可能承担的运量以及相邻线路的技术标准；发电厂燃料铁路专用线的接轨站及可能引起的改造工程量、专用线等级、走向及沿线情况、牵引质量和列车进厂方式、厂内配线、机车配置、运行管理方式、交接地点等。燃料铁路专用线可行性研究报告应委托有资质的单位进行编制，并应通过有关主管部门组织的审查。

2）水路。说明厂址附近水路运输现状及规划情况，港口分布及与厂址的关系。如发电厂燃料采用水路运输，应说明燃料水路运输的路径、运输里程、中转港口、可能采用的船型及承担的运量；发电厂燃料运输航道及专用码头的位置、等级、形式和泊位数。航道和专用燃料码头可行性研究报告应委托有资质的单位进行编制，并应通过有关主管部门组织的审查。

3）公路。说明厂址附近公路现状及规划情况。如发电厂燃料采用公路运输，应说明运输路径、路况、可能采用的车型及通过能力，由发电厂至附近路网新建燃料专用公路的长度和等级，必要时应委托有资质的单位编制公路燃料可行性研究报告。

4）对于燃用天然气、液化天然气的发电厂，应说明其采用的运输方式和接卸设施等条件。

5）燃料运输应取得相关协议文件。

6）对大件设备运输条件进行分析论证，必要时应委托有资质的单位编制大件设备运输专题研究报告。

（3）水文及气象。

1）应分析说明各工程点的设计洪（潮）水位，必要时应分析说明相应浪爬高；受内涝影响时应分析设计内涝水位，难以确定时可根据调查历史最高内涝水位分析确定。在河道管辖区内兴建建（构）筑物时，应委托有相应资质的单位编制防洪影响评价报告，并取得水行政主管部门的审查意见和同意文件。

2）水管线应按设计要求分析说明相应标准的设计洪水要素。

3）工程点位于河道或岸边时，应进行设计河段河床演变的查勘与分析，判别河床和岸边的稳定性。

4）对于气象，应按 DL/T 5084《电力工程水文技术规程》和 DL/T 5158《电力工程气象勘测技术规程》的有关规定，统计气压、气温、湿度、降水、蒸发、风及其他有关气象要素的特征值。

对于采用空冷机组的发电厂，应统计如下特殊的气象要素：

a. 典型年逐时干球温度累积频率曲线及计算成果表。

b. 最近 10 年全年各风向频率、平均风速、最大风速及风玫瑰图。

c. 最近 10 年热季各风向频率、平均风速、最大风速及风玫瑰图。

d. 最近 10 年热季风速不小于 4、5、6m/s 且气温不低于 24～28℃各风向频率、平均风速、最大瞬时风速分布表。

（4）水源。发电厂水源必须落实可靠。应委托有资质的单位编制水资源论证报告并通过评审，取得经水行政主管部门批复的取水许可申请书。在掌握可靠和充分的资料基础上，必要时通过技术经济比较，提出发电厂拟采用的供水水源和冷却方式（直流、循环、空冷等），并根据冷却水需水量及补充水需水量，说明各厂址的供水水源。

1）当采用地下水源时，应进行水文地质勘探、抽水试验等工作，说明水源地位置、范围、水文地质条件，提出地下水资源量及允许开采量。

2）当采用江、河地表水源时，应在分析说明现状及规划条件下取水河段保证率 97％、99％的设计枯水流量、枯水位；应进行河势、行洪等方面的分析论证工作；应说明河流冰况、漂浮物及污染情况等，论证发电厂水源及取水设施的可行性，必要时应进行水工模型试验；应根据审批权限取得相应水行政主管部门对发电厂建设取排水构筑物的意见；通航河道应进行航运影响论证，并取得航道管理部门同意发电厂建设取排水构筑物的文件。

3）当在已建水库、闸上或不闭塞湖泊取水时，应说明其设计特征参数、调度运行方式、泥沙来源及淤积等情况，分析说明现状和规划条件下保证率为 97％的可供水量和相应水位、保证率为 99％的枯水位。应分析取水点的岸边稳定性。应取得有关主管部门同意发电厂建设取排水构筑物的文件。

4）当发电厂自建专用水库时，应编制水库或闸坝的可行性研究报告，并取得水行政主管部门的审查意见。

5）当在闭塞湖泊取水时，应根据现状及规划用水分析说明湖泊最大消落深度、消落时间及平衡水位，提出频率 97％、99％设计枯水年的设计水位。

6）当在滨海与潮汐河口地区取水时，应分析说明频率为 97％和 99％的设计低潮位，以及潮汐、波浪、海流、泥沙、岸滩演变、盐度及水温等情况；在潮汐河口地区还应包括潮流过程、盐水楔运动及冰坝壅水等相关情况。必要时应进行相关专题论证。

对于工程海域，应进行海域使用论证，并应取得海洋行政主管部门同意用海的文件。当有航运时，应说明航道管理部门对发电厂建设取排水构筑物的意见，必要时应进行航运影响专题论证。

7）当采用城市自来水时，应核实自来水厂的取水保证率和批复取水规模，应说明自来水厂取水、净化规模及管网输水能力，城市现状、规划用水量及水量富余情况，当地市政管理部门对发电厂用水的意见及供水协议落实情况。

8）当采用城市再生水水源时，应说明城市污水厂与厂址的相对位置及距离，污水厂现状和规划来水量、水质情况，污水厂规划容量、建设规模、处理工艺及运行情况，水量保证程度及出水水质情况，有无其他用户，市政管理部门对发电厂用水的意见及供水协议落实情况。此外，还应说明备用水源的可行性及落实情况，其工作内容及深度可参照同类水源进行。

9）对采用直流循坏冷却的发电厂，应根据取、排水构筑物的布置和水功能区划管理的要求，论证温排水的影响。在水文条件复杂的水域应进行温排水的试验研究工作，并取得相关评审意见以及水行政主管部门或海洋主管部门的同意文件。

10）对发电厂拟用水源应按设计需要提出水质分析资料。

（5）地震、地质及岩土工程。对厂址的地震地质和工程地质等方面的区域地质背景资料进行研究分析，确定厂址区域地质构造发育程度，查明厂址是否存在活动断裂以及危害厂址的不良地质现象，对其危害程度和发展趋势作出判断，并提出防治的初步意见。对可能影响厂址稳定的地质问题进行研究和预测，对于有可能导致地质灾害发生或位于地质灾害易发区的工程，应委托有资质的单位进行地质灾害危险性评估工作，提出场地稳定性和适宜性的评价意见，并报主管部门备案。

根据 GB 18306《中国地震动参数区划图》的规定，确定厂址的地震动参数及相应的地震基本烈度。对于位于地震动参数区划分界线、某些地震研究程度和资料详细程度较差的边远地区、位于复杂工程地质条件区域等特殊的工程，应委托有资质的单位进行地震安全性评价工作，厂址区域的地震动参数应采用地震主管部门对工程场地地震安全性评价报告的批复意见。

当地震基本烈度等于或大于 7 度时，对有断裂问题的厂址进行实地调查和专门研究，分析断裂的活动性，对厂址稳定性作出评价。

根据土层的剪切波速试验资料，确定厂址的建筑场地类别。当厂址地震基本烈度等于或大于 6 度，地基土为饱和粉土或砂土时，应进行地震液化判别。

初步查明厂区的地形地貌特征，厂区的地层成因、时代和主要地层的分布及物理力学性质，地下水类型、埋藏条件及其变化规律等，提出主要建（构）筑物地基方案建议。

厂址有压覆矿产资源情况时，应查明压覆矿产类别、储量、深度、开采价值及其影响；有压覆文物、古墓等情况时，应探明情况并提出处理意见。

（6）厂址比较与推荐意见。应根据建厂的基本条件和电力系统的要求，对 2 个及以上厂址方案进行综合技术经济比较，并提出推荐厂址的意见和规划容量的建议。

6．工程设想

（1）全厂总体规划及厂区总平面规划。

1）全厂总体规划。应对厂址规划容量及本期建设规模的用地范围，需使用的水域和岸线，防（排）洪规划，铁路专用线、进厂道路的引接及路径，专用码头、水源地、施工区和施工单位生活区的规划布置，取排水管沟的走向，出线走廊以及环境保护等方面所采取的措施进行统筹规划，提出全厂用地、拆迁工程量、土石方工程量以及铁路专用线、公路和循环水取排水管线长度等厂址主要技术经济指标。

2）厂区总平面规划。应进行厂区总平面规划方案的技术经济比较，提出初步推荐意见。内容应包括主厂房区方位及固定端朝向、出线方向、冷却设施、配电装置、生产辅助及附属建筑、综合管理及公共福利建筑等各区域的平面规划布置，铁路专用线、进厂道路的引入方位，以及主要管沟（循环水进排水）走廊规划布置等；提出厂区总平面规划各项技术经济指标。

3）厂区竖向规划。应根据厂址区域防洪排涝标准，并结合厂区自然地形条件，提出厂区竖向设计方案。对位于山区或丘陵地带以及自然地形条件比较复杂的发电厂，应提出降低土石方工程量的措施；必要时应结合主厂房等主要生产建（构）筑物的地基处理方案，对土石方工程量及用地等方面进行技术经济比较。

（2）装机方案。根据国家产业政策、系统要求、厂址条件及大件运输条件，对装机方案及扩建规模进行论证，提出装机方案推荐意见，必要时提出机组选型报告。

当为供热机组时，应根据核实后的设计热负荷及其热负荷特性，论证所选机组形式及其供热参数的合理性。应对全厂年平均总热效率、年平均热电比等条件是否符合国家有关规定的要求进行说明。

（3）主机技术条件。应对主设备以下主要技术条件进行论证，并提出推荐意见。

1）是否联合循环，联合循环机组采用单轴还是多轴机组形式。

2）燃气轮机燃烧初温等级、出力及效率、NO_x 排放要求。

3）余热锅炉炉型，水循环方式，单压、双压或三压，有无再热，有无补燃；热力参数。

4）汽轮机结构形式（高中压是否合缸、缸数及排汽数）、热力参数（如单或双背压、进汽及背压参数）、汽轮机的最高热耗值、给水泵驱动方式（电动或汽动）、凝汽器管材等。当为供热机组时，尚应有机组抽汽方式、抽汽参数与供热量等内容。

5）发电机的冷却方式、与汽轮机容量配合选择的原则、按系统要求应具有的短路比、进相、调峰与短时失磁异步运行能力以及励磁系统的选型等。

6）燃气轮机、余热锅炉、汽轮机参数匹配的环境条件。

7）随主设备配套提供的热工自动化系统或仪表的范围、规模和主要技术要求。

（4）热力系统。

1）应拟定原则性热力系统并对系统做相应的描述。提出主要设备选择意见。

2）拟定厂内供热系统并对系统做相应的描述，对供热系统主要设备的规格、型号、数量等进行研究比选，提出主要设备选择意见。

（5）电气部分。

1）主变压器。根据厂址条件及大件运输条件，对主变压器形式选择三相变压器或单相变压器组提出推荐意见。

2）电气主接线。根据发电厂接入系统方案，综合本期工程和规划容量，对电气主接线方案提出推荐意见。对装设发电机出口断路器的设计方案应有论证。

3）对高压启动/备用电源引接设计方案提出推荐意见。

4）提出高压厂用电接线方案的原则性意见。

5）结合厂用电接线设计方案，对各工艺系统负荷供电设计方案提出意见。

6）结合厂区总平面规划布置，对电气构筑物布置、高压配电装置形式以及网络继电器室等的设计方案和规模提出意见。

7）对扩建工程，应充分利用（老厂）已有设备（施），对扩建或改造设计方案提出意见。

（6）燃料供应系统。根据本期建设规模和规划容量、燃气轮机组形式、燃料种类、耗量、参数、厂外燃料送进方式的条件，拟定卸油、（液化）气和燃料供应管道系统的主要设计原则，进行多方案技术经济比较，提出推荐意见及主要设备选择意见。扩建发电厂应简述原有供应系统的主要设备规范及实际运行情况；对利用原有供应设施进行改造的发电厂，应说明改造内容并简述施工过渡措施。

（7）化学部分。

1）应根据原水水质资料，拟定原则性锅炉补给水处理系统方案。

2）提出循环冷却水处理方案。对采用循环供水的发电厂，根据水源条件，提出原则性循环冷却水补充水处理方案。

3）根据循环冷却水质，提出凝汽器选材意见。

4）提出原则性工业废水处理方案。

5）对氢冷发电机组，根据外购氢气条件，确定供氢方案。

（8）热工自动化部分。

1）应提出拟采用的主要控制方式和控制水平、全厂热工自动化系统规划方案。

2）应说明管理信息系统 MIS（含基建）、监控信息系统 SIS 的设想。

3）对拟采用的编码系统进行说明。

（9）主厂房布置。应对主厂房主要设计尺寸及主辅机设备布置提出建议，并对不同的布置格局进行比较和做必要的说明。

（10）建筑结构部分。

1）应说明主厂房等主要生产建（构）筑物的布置、结构选型及选材，必要时应进行主厂房结构选型的专题论证。

2）应根据工程地质勘测报告，提出各主要生产建（构）筑物所采用的地基、基础方案。当采用人工地基时，应进行多方案的技术经济比较论证，提出初步推荐方案。对辅助及附属建（构）筑物地基与基础的方案进行研究，提出初步的推荐方案。如建（构）筑物基础下遇有溶洞、古墓等复杂地基，应提出处理方案。

3）应简要说明附属生产以及厂前公共设施建筑面积。

（11）供排水系统及冷却设施。

1）应比较并拟定供水系统方案，说明冷却方式、冷却水量及补充水量。应对供水系统进行初步优化并根据优化成果，提出初步的设计冷却水温、冷却倍率、循环水总管管径、凝汽器面积等的推荐意见。提出主要设备选择意见，说明供、排水管道的走向。初步拟定采取的各项节水措施，进行初步的全厂水量平衡设计，提出发电厂耗水指标。应提出水工主要建（构）筑物的结构设计方案及地基处理方案。

2）对采用直流供水系统的发电厂，应说明泵房及取、排水口位置，初步拟定取、排水形式及规模。

3）对采用循环供水系统的发电厂，应说明冷却塔面积的推荐意见，说明取水口位置，初步拟定取水形式及规模，说明补给水管管径、根数、材质、长度、厂内蓄水池容积及净化设施处理规模。

4）对采用空冷系统的发电厂，应对直接空冷系统（含机械通风和自然通风）与间接空冷系统（表面式凝汽器和混合式凝汽器）进行初步优化，并进行技术经济比较，提出配置方案及推荐意见；应提出设备招标主要原则。对辅机循环冷却水系统进行初步优化，并提出配置方案及推荐意见。

（12）消防系统。根据现行消防设计规范，提出消防设计原则。

7. 环境及生态保护与水土保持

可研报告应进行厂址环境现状分析，对发电厂建设的环境影响进行预测（含污染物排放、水土流失影响范围等）。按国家颁布的有关环境保护与水土保持的法令、政策、标准和规定，提出项目建设的防治措施原则（包括大气污染防治、生活污水和工业废水处理、噪声污染防治、水土流失控制以及相应的工程费用），污染物排放量和总量控制指标以及公众参与的结论意见。根据环境影响报告书和水土保持方案的批复意见，调整环境治理和水土保持措施。

8. 劳动安全

（1）可研报告中应说明发电厂和毗邻企业或居民区之间存在的潜在危险因素和影响，相互间安全距离是否符合相关标准要求。

（2）可研报告中应说明发电厂所处地区主要自然灾害的情况以及防护措施。

（3）可研报告编制单位在安全专篇中应说明项目概况、性质、气源、设计能力、工艺流程，使用、储存化学危险品种类和用量，生产过程中可能产生的主要危险因素的种类、部位、形态及危害的范围和程度，生产设备机械化或自动化程度以及防护措施。

9. 职业卫生

（1）项目单位应根据《职业病危害因素分类目录》，确定建设项目的职业病危害因素，并委托具有相应资质的职业卫生技术服务机构开展职业病危害预评价工作。

（2）可研报告编制单位在职业卫生专篇中应说明项目概况、性质、设计能力、工艺流程、使用的原材料，生产过程中可能产生的职业病危害的种类、部位、存在的形态、主要的理化性质和毒性及危害的范围和程度，生产设备机械化或自动化程度以及防护措施。

（3）对于新建发电厂，可研报告编制单位应配合项目单位与当地卫生行政主管部门对地方流行病和自然疫源区状况进行调查，并将结果纳入可研报告，同时提出建设期间和建成运行后的防护措施。

（4）对于扩建发电厂，可研报告编制单位应收集老厂职工产生职业病的情况，并对高发职业病岗位的卫生防护设施状况进行说明，提出整改措施及扩建项目的设计标准和要求。

10. 资源利用

（1）原则要求。发电厂建设中应认真贯彻开发与节约并重、合理利用和优化配置资源的要求。

（2）能源利用。可研报告中应说明当地（省级行政区）一次能源种类、储量及产量（煤炭、石油、天然气等），一次能源利用现状及规划（可自平衡、平衡有余等），本工程所耗燃料来源。并从合理利用和优化配置资源的角度，分析说明本工程燃用燃料的合理性。

（3）土地利用。

1）可研报告中应说明发电厂拟选厂址与土地利用总体规划的关系，拟用地现状，厂址所需永久用地和施工期间所需临时租地的规模、类型以及需征用土地情况等；占用耕地的，需提出对拟征土地进行补充耕地的初步方案。按国家颁布的有关土地政策、法令、标准和规定，提出发电厂工程建设项目对用地的需求规模、测算方法、成本估算、时序安排等。并对是否符合土地利用总体规划或拟调整规划和占用耕地的情况，以及补偿标准和资金落实等情况进行说明。同时应取得建设项目用地的预审意见。

2）可研报告中应根据项目建设方案和土地利用规划，对拟建项目的征地拆迁影响范围进行调查分析，提出拆迁补偿原则及范围和相关费用。

（4）水资源利用。可研报告中应根据国家水资源政策和区域水资源条件，结合批复的工程水资源论证报告，简述工程所采取的主要节水措施及效果。通过与国家规定的相关耗水指标对比分析，说明工程利用水资源的合理性。

（5）建筑材料利用。发电厂建设应贯彻因地制宜、就地取材的方针。在对当地的建筑材料进行调查分析的基础上，说明可利用的当地原材料，简述设计优化节约原材料及积极推广和使用新型节能建筑材料的措施和建议。

11. 节能分析

发电厂设计中应认真贯彻国家节能降耗有关规定，说明项目在设计中所采取的节能降耗措施，明确项目煤耗、油耗、厂用电率等可控指标，论述建筑节能降耗措施，并与国家规定的相关控制指标或项目所在地平均指标进行对比分析，提出项目节能、降耗的结论意见。

12. 人力资源配置

按有关规定和发电厂管理体制以及生产工艺系统的配置，结合项目主管单位对项目的管理模式和要求，提出电厂人力资源配置原则。

13. 项目实施的条件和建设进度及工期

（1）项目实施的条件。应包括施工主要机具、施工场地条件和施工场地规划的设想；大件设备运输的可行性及推荐的运输方式，并提出相应的投资估算；提出施工用电、施工用水、施工通信等引接方案的设想；提出利用地方建筑材料的可行性。

（2）项目实施的建设进度和工期。应包括设计前期工作、现场勘测、专项试验、工程设计、工程审查、施工准备、土建施工、设备安装、调试及投产等项目的进度及工期。

14. 投资估算及财务分析

（1）投资估算。

1）投资估算应能够满足限额设计的要求，起到控制概算的作用。

2）应根据推荐厂址和工程设想的主要工艺系统、主要技术原则及方案，编制发电厂工程建设项目的投资估算。必要时，应对不同厂址方案作投资对比。

3）编制说明应包括编制的原则、依据、主要工艺系统技术特点及采用的主机价格来源等。

4）通过编制建筑安装单位工程估算表编制部分汇总估算表，并编制其他费用计算表、总估算表及价差计算表。引进设备工程还需要编制引进机组价格计算表。

5）对项目投资估算的合理性进行分析，分析影响造价的主要因素，提出控制工程造价的措施和建议。

（2）资金来源及融资方案。

1）资金来源及融资方案说明包括项目资金的来源、筹措方式。

2）项目资本金应明确投资各方的出资比例、币种和分利方式；项目债务资金应明确债务资金条件（包括利率、宽限期、偿还期及担保方式等）。

3）当有多种投融资条件时，应对投融资成本进行经济比较，选择最优的融资方案。

（3）财务分析。

1）主要财务分析指标及简要说明应有下列内容：

a. 财务内部收益率、财务净现值、项目投资回收期。

b. 总投资收益率、项目资本金净利润率。

c. 利息备付率、偿债备付率、资产负债率。

d. 盈利能力、偿债能力、财务生存能力分析。

e. 敏感性分析及说明。

2）应附下列各表：原始数据表、项目投资现金流量表、项目资本金现金流量表、投资各方现金流量表、利润与利润分配表、财务计划现金流量表、资产负债表、建设期利息估算表、流动资金估算表、项目总投资使用计划与资金筹措表、总成本费用估算表、固定资产折旧、无形资产及其他资产摊销估算表、借款还本付息计划表、财务分析指标一览表、敏感性分析汇总表。

3）综合财务分析的结论。包括与国家公布的地区标杆电价及所在电网同类型机组平均上网电价对比说明。

4）电价测算情况。应测算项目经营期平均上网电价或按投资方要求补充其他方式电价测算。

5）计算所采用的原始数据及计算依据。

15. 风险分析

在可行性研究阶段，应从燃料价格变化及市场需求（电力、热负荷）变化角度进行市场风险分析；

从技术的先进性、可靠性及适用性角度进行技术风险分析；从地质条件及水文条件角度进行工程风险分析；从利率、汇率变化角度进行资金风险分析；从国家政策角度进行政策风险分析；从交通运输、原材料供应、供电角度进行外部协作风险分析。并进行风险评估，提出防范风险的对策和措施。

16. 经济与社会影响分析

（1）经济影响分析。应通过分析拟建项目对行业发展和区域经济的影响，判断项目的经济合理性；分析上下游关联项目在项目实施进度、供给可靠性、投资规模等方面的影响，特别应结合项目所在省、自治区、直辖市内已有或拟建项目投资主体，分析评价是否会形成行业地区垄断；论述拟建项目对当地财政收入、关联行业发展、就业机会产生的影响。

（2）社会影响分析。应结合拟建项目在地区总体发展规划中的地位，论述对地方经济发展的贡献、对所占用地方资源（燃料、土地、水资源、岸线、交通、污染物排放指标等）带来的影响，阐述拟建项目的建设及运营活动对项目所在地可能产生的社会影响和社会效益，分析拟建项目能否为当地的社会环境、人文条件所接纳；根据拟建项目所在地各级政府（省、地、市/县）在规划选址、土地征用、排放指标承诺等所出具的支撑性文件和前期工作参与程度，提出协调项目与当地社会关系、促进项目顺利实施的建议。论述地方政府对拟建项目的支持度和存在的问题。

17. 结论与建议

（1）在综合上述项目可行性研究的基础上，应提出主要结论意见（含厂址推荐意见）及总的评价、存在的问题和建议。

（2）主要技术经济指标（按推荐厂址方案）应包括下列内容：

1）总投资（含静态和动态）。

2）单位投资（含静态和动态）。

3）年供电量/年供热量。

4）发电设备年利用小时数。

5）经营期平均含税上网电价/经营期热价。

6）总用地面积。

a. 厂区用地面积。

b. 施工区（含生产和生活区）用地面积。

c. 水源地/净化站用地及供水管线租地面积。

d. 铁路专用线用地面积。

e. 公路（含燃料运输道路）用地面积。

f. 码头用地面积。

g. 其他项目用地面积。

7）拆迁工程量。

8）总土石方量。

a. 厂区土石方量。

b. 施工区土石方量。

c. 铁路、公路、码头土石方量。

d. 取水建筑物（包括水泵房、取排水口、取水枢纽、护岸、专用淡水库）和循环水设施及管路土石方量。

e. 其他项目土石方量。

9）三材（钢材、木材、水泥）用量。

10）全厂热效率/热电比。

11）设计发供电热耗值。

12）百万千瓦耗水指标。

13）发电厂用电率/供热厂用电率。

14）NO_x、烟尘、废水（生活及工业）的排放量。

15）项目投资财务内部收益率（所得税后）。

16）项目资本金财务内部收益率。

17）投资各方财务内部收益率。

18）总投资收益率。

19）项目资本金净利润率。

20）利息备付率。

21）偿债备付率。

22）成本电价。

23）全厂人员指标。

（二）可行性研究报告附件

1. 技术部分应具备的附件

（1）具有管理权限的主管部门和资质的中介咨询机构对项目初步可行性研究报告的审查意见。

（2）与电力系统相关的有关文件：

1）接入系统审查意见。

2）具有管理权限的电网公司对接入系统的批复意见。

（3）省级国土资源主管部门同意工程项目建设用地的初审意见和国土资源部同意通过项目建设用地的预审文件。

当项目拟用地为草原时，按征用或使用草原数量及审批权限，还应取得省级草原行政主管部门或农业部的审批文件。

（4）环境保护与水土保持有关文件：

1）环境保护部对环境影响报告书的批复文件。

2）水利部对水土保持方案的批复文件。

3）省、市级环保主管部门对项目建设的同意文件。

4）省级环保主管部门对项目排放总量的批复文件。

（5）省、自治区、直辖市、计划单列市规划行政主管部门原则同意项目建设选址的文件及建设用地规划选址意见书。

（6）省级地震主管部门对地震安全性评价的批复文件。

（7）省级主管部门对地质灾害危险性评估的批复文件。

（8）对于热电联产项目，应按2011年国家发展和改革委员会令第10号《关于发展热电联产的规定》取得具有管理权限的主管部门对热电联产规划的批复文件。并应取得由供热企业与项目单位签订的供热协议，协议中应包括热负荷、供热参数等。

（9）燃料供应协议。项目单位应与燃料供应企业签订燃料供应协议。

（10）燃料运输及承诺文件。

1）采用铁路运输时，应取得主管铁路局同意承运的文件。当发电厂铁路专用线由国铁接轨时，应取得铁道部同意接轨的行政许可文件；当发电厂铁路专用线与地方或企业铁路接轨时，应取得相应主管部门同意接轨的文件。

2）采用水路运输时，应取得承运单位的运输协议、中转码头的中转协议，必要时取得航道主管部门对航道通过能力的确认文件。

3）采用公路运输时，应取得交通主管部门对道路通过能力的确认文件。如当地公路网不能满足要求时，应取得当地政府承诺对相关道路进行同步扩能改造的文件。

（11）用水文件及协议。

1）取用地下水时，应取得水行政主管部门对发电厂取水许可申请书的批复意见。

2）取用江、河、湖泊地表水时，根据流域管理审批权限，应取得相应级别的水行政主管部门（一般为流域主管部门或省、自治区、直辖市水行政主管部门）对发电厂取水许可申请书的批复意见。

3）取用水库水时，应取得相应级别的水行政主管部门对发电厂取水许可申请书的批复意见并应签订供水协议。

4）利用城市自来水或再生水时，应取得主管部门的同意文件并应签订供水协议。

（12）省级文物主管部门原则同意项目选址的文件。

（13）厂址位于机场、军事设施、通信电台、自然保护区等附近或压覆无开采价值的矿藏时，应取得省级主管部门同意的文件。

（14）当厂址内有拆迁工程时，应取得相应主管部门同意拆迁的文件，文件中应明确赔偿费用。

（15）当在海、江、河岸边滩地及其水域修建码头、取排水等建（构）筑物时，应取得所属管辖的省级海洋、渔业、水利、航道、港政等主管部门同意的文件。

（16）当厂区建在江、河、湖、海滩时，应取得水利（含防汛）、航运、海洋主管部门的同意文件。涉及水产资源或养殖时，尚应取得具有管理权限的有关主管部门的同意文件。

（17）采用外供氢气方案时，应取得供氢协议。

（18）其他有关的协议或同意文件。

2. 财务分析部分应具备的附件

（1）各投资方合资（或合作）协议书复印件或独资项目投资方的出资承诺书复印件。协议中至少应明确项目资本金比例及投资各方的出资比例。

（2）银行贷款承诺函。

（3）县、市级以上土地管理部门关于发电厂所利用的不同类别土地的使用费用及相关费用的参考标准。

（4）按项目协议要求必备的其他有关文件。

（3）可行性研究报告附图。

1）厂址地理位置图（1∶50000 或 1∶100000）。

2）电力系统现状地理接线图。

3）发电厂所在地区电力系统现状地理接线图。

4）设计水平年电力系统地理接线图（推荐方案）。

5）各厂址总体规划图（1∶10000 或 1∶25000，包括防、排洪规划）。

6）厂区总平面规划布置图（含循环水管线布置，1∶2000）。

7）厂区竖向规划布置图（1∶2000，当厂区地形平坦时可与厂区总平面规划布置图合并出图）。

8）原则性热力系统图。

9）原则性燃料系统工艺流程图。

10）原则性化学水处理系统图（含补给水和废水）。

11）电气主接线原则性接线图。

12）全厂自动化系统规划图。

13）水工建筑物总布置图。

14) 供水系统图。

15) 全厂水量平衡图。

16) 直接或间接空气冷却系统图、直接或间接空气冷却器平面布置图、直接或间接空气冷却器纵剖面图。

17) 取水建筑平剖面图。

18) 排水口平剖面图。

19) 地下水源地开采布置图。

20) 主厂房平面布置图。

21) 主厂房剖面布置图。

22) 热网系统图。

23) 施工组织设计总布置图。

24) 其他必要的方案布置图。

6)～24) 图底均以推荐厂址方案为主,辅以比较方案。

四、初步设计内容深度

(一)初步设计的基本要求

(1) 政府主管部门对项目批准或核准的文件以及审定的可行性研究报告是初步设计文件编制的主要依据,设计单位必须认真执行其中所规定的各项原则,并认真执行国家的法律、法规及相关标准。

(2) 设计必须准确掌握设计基础资料。设计基础资料若有变化,应重新取得新的资料,并对设计内容进行复核与修改。

(3) 电力设计院是电厂的总体设计院,对电厂工程建设项目的合理性和整体性以及各设计单位之间的配合协调负有全责,并负责组织编制和汇总项目的总说明、总图和总概算等内容。

(4) 初步设计文件内容深度应满足以下基本要求:

1) 确定电厂主要工艺系统的功能、控制方式、布置方案以及主要经济和性能指标,并作为施工图设计的依据。

2) 满足政府有关部门对初步设计专项审查的要求。

3) 满足主要辅助设备的采购要求。

4) 满足业主控制建设投资的要求。

5) 满足业主进行施工准备的要求。

(5) 送审的初步设计文件包括说明书、图纸和专题报告3部分;说明书、图纸应充分表达设计意图;重大设计原则应进行多方案的优化比选,提出专题报告和推荐方案供审批确定;设计单位在进行多方案优化时宜采用三维设计等先进设计手段。计算书是初步设计工作的主要内容之一,应满足各项设计的要求。

(6) 工程中应积极采用成熟的新技术、新工艺和新方法,初步设计文件应详细说明所应用的新技术、新工艺和新方法的优越性、经济性和可行性。

(7) 初步设计概算应准确反映设计内容,深度应满足控制投资、计划安排及基本建设贷款的需要。

(8) 初步设计说明书和专题报告表达应条理清楚、内容完整、文字简练,图纸表达清晰完整,符合电力行业制图规定。所有文件签署齐全、印制质量良好。

(9) 初步设计文件上报送审时,设计文件内容应完整、齐全,勘测部分及外委项目的全部文件也应一同上报。

(二)初步设计文件卷册目录及内容

初步设计文件通常以卷册形式出版,卷册内容包括说明书、专题论证报告及图纸。计算书一般由设计院自行归档，业主需要时才提供，因此，另外单独成册。

以下是燃气-蒸汽联合循环电厂的卷册目录及内容，单循环燃气轮机电厂可以参照执行。

1. 初步设计文件卷册目录

燃气-蒸汽联合循环电厂的卷册目录见表1-13。

表1-13　　　　　　　　　　　燃气-蒸汽联合循环电厂的卷册目录

卷册	名　　称	卷册	名　　称
第1卷	总的部分	第12卷	环境保护部分
第2卷	电力系统部分	第13卷	水土保持部分
第3卷	总图运输部分	第14卷	消防部分
第4卷	热机部分	第15卷	劳动安全部分
第5卷	电厂化学部分	第16卷	职业卫生部分
第6卷	电气部分	第17卷	节约资源部分
第7卷	仪表与控制部分	第18卷	施工组织大纲部分
第8卷	信息系统及安全防护部分	第19卷	运行组织及设计定员部分
第9卷	建筑结构部分	第20卷	主要设备材料清册
第10卷	采暖通风及空气调节部分	第21卷	工程概算
第11卷	水工部分		

2. 初步设计文件卷册内容

（1）第一卷　总的部分。总的部分说明书章节内容及图纸目录见表1-14。

表1-14　　　　　　　　　　　总的部分说明书章节内容及图纸目录

说　明　书		图纸目录	
章号	内容	序号	内容
第1章	概述	1	厂址地理位置图
第2章	厂址简述	2	厂区总体规划图
第3章	电力负荷、热力负荷及发电厂容量	3	厂区总平面布置图
第4章	主要设计原则及方案	4	燃料系统PID图
第5章	节约资源措施	5	热力及辅助系统P&ID（按分部系统绘制）
第6章	环境保护措施	6	主厂区远景规划布置图
第7章	水土保持措施	7	主厂区平面布置图
第8章	劳动安全与职业卫生	8	主厂房底层平面布置图
第9章	运行组织及设计定员	9	主厂房运转层平面布置图
第10章	电厂标识系统编码说明	10	主厂房横剖面图
第11章	主要技术经济指标	11	全厂水量平衡图
第12章	提高技术水平和设计质量措施	12	供水系统P&ID
第13章	存在问题及建议	13	电厂接入系统方案地理接线图
	附件	14	电气主接线图
		15	全厂自动化系统及计算机网络图
		16	锅炉补给水处理系统P&ID
		17	电厂标识系统统一规定

（2）第二卷　电力系统部分。电力系统部分说明书章节内容及图纸目录见表1-15。

表 1-15　　　　　　　　　　　　电力系统部分说明书章节内容及图纸目录

说　明　书		图纸目录	
章号	内容	序号	内容
第 1 章	电厂在系统中的作用和地位	1	电力系统现状地理接线图
第 2 章	电力需求预测及电力电量平衡	2	电力系统设计年份地理接线图
第 3 章	电厂接入系统方案	3	电厂原则主接线图
第 4 章	电气主接线	4	系统继电保护配置方案及配置图
第 5 章	系统继电保护及安全自动装置	5	系统安全自动装置配置图
第 6 章	系统调度自动化	G	远动信息配置图
第 7 章	系统通信及厂内通信	7	调度通信系统图

（3）第三卷　总图运输部分。总图运输部分说明书章节内容及图纸目录见表 1-16。

表 1-16　　　　　　　　　　　总图运输部分说明书章节内容及图纸目录

说　明　书		图纸目录	
章号	内容	序号	内容
第 1 章	概述	1	厂址地理位置图
第 2 章	全厂总体规划	2	全厂总体规划图
第 3 章	厂区总平面布置	3	厂区总平面布置图
第 4 章	厂区竖向布置	4	厂区竖向布置图
第 5 章	交通运输	5	厂区管线及沟道规划图
第 6 章	厂区管线及沟道规划	6	厂区绿化规划图
第 7 章	厂区绿化规划	7	全厂防排洪规划图
第 8 章	厂区总平面布置方案技术经济比较及推荐意见	8	厂区土（石）方计算图
附件 1	××××专题论证报告	9	主厂房 A 排外、固定端及炉后管沟剖面图
附件 2	××××专题论证报告	10	厂区危险区域划分图

（4）第四卷　热机部分。热机部分说明书章节内容及图纸目录见表 1-17。

表 1-17　　　　　　　　　　　热机部分说明书章节内容及图纸目录

说　明　书		图纸目录	
章号	内容	序号	内容
第 1 章	概述	1	燃气系统 P&ID（包括前处理、调压、增压系统）
第 2 章	燃料	2	燃油系统 P&ID（包括卸油、储油、油处理、供油系统）
第 3 章	燃烧系统及辅助设备选择	3	热力及辅助系统 P&ID（按分部系统绘制）
第 4 章	热力系统及辅助设备选择	4	主厂区远景规划布置图
第 5 章	厂区热网系统及辅助设备选择	5	主厂区平面布置图
第 6 章	系统运行方式	6	主厂区横剖面图
第 7 章	主厂房布置	7	主厂房底层平面布置图
第 8 章	辅助设施	8	主厂房运转层平面布置图
第 9 章	节能节水方案	9	主厂房夹层及以上平面布置图
第 10 章	劳动安全和职业卫生	10	主厂房横剖面图
第 11 章	存在问题及建议	11	设备规范表
附件 1	××××专题论证报告	12	汽轮机大部件摆放图

续表

说 明 书		图 纸 目 录	
章号	内容	序号	内容
附件2	××××专题论证报告	13	热网首站布置图
		14	热力网引出干管平面走向及断面图
		15	供热范围内热用户布置图
		16	热水网水温图
		17	热水网水压图
		18	年热负荷曲线图、年供热量图
		19	直接空气冷却排汽及疏水管道系统图
		20	直接空气冷却排汽管道布置图

（5）第五卷　电厂化学部分。电厂化学部分说明书章节内容及图纸目录见表1-18。

表1-18　　　　　　　　　　电厂化学部分说明书章节内容及图纸目录

说 明 书		图 纸 目 录	
章号	内容	序号	内容
第1章	概述	1	锅炉补给水处理系统 P&ID
第2章	锅炉补给水处理系统（包括热网补给水系统）	2	锅炉补给水处理室平面布置图、剖面布置图
第4章	冷却水处理系统	3	化学加药系统 P&ID
第5章	制（贮）氢站	4	水汽取样系统 P&ID
第6章	热力系统的化学加药	5	主厂房化学设备布置图
第7章	热力系统汽水监督和取样	6	冷却水处理系统 P&ID
第8章	工业废水处理	7	冷却水处理室布置图
第9章	海水淡化处理系统（本章可与锅炉补给水处理系统合并说明）	8	工业废水处理系统图 P&ID
第10章	净油处理设备	9	工业废水处理设备布置图
第11章	化验室及仪器设备配置	10	海水淡化系统 P&ID
第12章	劳动安全和职业卫生	11	海水淡化设备布置图
附件1	××××专题论证报告	12	制（供）氢系统图和布置图
附件2	××××专题论证报告	13	热网补充水处理系统图 P&ID 和布置图

（6）第六卷　电气部分。电气部分说明书章节内容及图纸目录见表1-19。

表1-19　　　　　　　　　　电气部分说明书章节内容及图纸目录

说 明 书		图 纸 目 录	
章号	内容	序号	内容
第1章	概述	1	电气主接线图
第2章	发电机及励磁系统	2	短路电流计算接线图
第3章	电气主接线	3	高低压厂用电原理接线图
第4章	短路电流计算	4	电气建（构）筑物及设施平面布置图
第5章	导体及设备选择	5	各级电压（及厂用电）配电装置平剖面图
第6章	厂用电接线及布置	6	继电器室布置图
第7章	事故保安电源	7	发电机封闭母线平剖面图

说　明　书		图纸目录	
章号	内容	序号	内容
第8章	电气设备布置	8	高压厂用母线平剖面图
第9章	直流电系统及不间断电源	9	保护及测量仪表配置图
第10章	二次线、继电保护及自动装置	10	直流系统图
第11章	过电压保护及接地	11	UPS系统图
第12章	照明和检修网络	12	主厂房电缆桥架通道规划图
第13章	电缆及电缆设施	13	电气计算机监控（测）方案图
第14章	检修及试验		
第15章	阴极保护（需要时说明）		
第16章	节能方案		
第17章	劳动安全和职业卫生		
附件1	××××专题论证报告		
附件2	××××专题论证报告		

（7）第七卷　仪表与控制部分。仪表与控制部分说明书章节内容及图纸目录见表1-20。

表1-20　　　　　　　　　　仪表与控制部分说明书章节内容及图纸目录

说　明　书		图纸目录	
章号	内容	序号	内容
第1章	概述	1	全场自动化控制系统网络结构图
第2章	仪表与控制自动化水平和控制方式、控制室/电子设备间布置	2	集中控制室及电子设备间平面布置图
第3章	仪表与控制系统功能	3	汽机房电缆主通道走向图
第4章	仪表与控制系统及设备选择		
第5章	控制系统的可靠性及实时性		
第6章	电源和气源		
第7章	仪表与控制系统及设备材料选型		
第8章	仪表与控制试验室		

（8）第八卷　信息系统及安全防护部分。信息系统及安全防护部分说明书章节内容及图纸目录见表1-21。

表1-21　　　　　　　　　　信息系统及安全防护部分说明书章节内容及图纸目录

说　明　书		图纸目录	
章号	内容	序号	内容
第1章	概述	1	信息系统及安全防护计算机网络图
第2章	网络规划	2	信息中心机房平面布置示意图
第3章	网络接口		
第4章	厂级信息监控系统（SIS）		
第5章	厂级信息管理系统（MIS）		
第6章	全厂闭路电视系统		
第7章	信息安全防护		

（9）第九卷　建筑结构部分。建筑结构部分说明书章节内容及图纸目录见表1-22。

表 1-22 建筑结构部分说明书章节内容及图纸目录

说 明 书		图 纸 目 录	
章号	内容	序号	内容
第1章	概述	1	主厂房底层平面图
第2章	厂址自然条件及设计主要技术数据	2	主厂房管道层（夹层）平面图
第3章	地基与基础	3	主厂房运转层平面图
第4章	主厂房建筑结构设计	4	主厂房除氧间及各层平面图
第5章	直接空冷构筑物	5	主厂房横剖面图
第6章	烟囱、烟道结构及炉后区域	6	主厂房汽轮机侧立面
第7章	其他主要生产建（构）筑物	7	主厂房固定端立面
第8章	辅助及附属建筑物	8	主厂房锅炉侧立面
第9章	厂区公共福利建筑及厂区建筑	9	集中控制楼各层平面及剖面图
第10章	提出全厂建筑物建筑装修标准	10	主厂房主要承重结构的基础方案图
第11章	新技术、新结构、新材料的应用	11	主厂房横向、纵向结构布置总图
附件1	××××专题论证报告	12	主厂房地下设施规划布置图
附件2	××××专题论证报告	13	汽机房屋面结构布置图
		14	运转层平面结构布置图
		15	除氧层平面结构布置图
		16	管道层平面结构布置图
		17	烟囱结构总图
		18	空冷平台结构布置图
		19	化学水处理室布置图
		20	屋内配电装置平面、立面、剖面图
		21	生产试验楼建筑平面、立面、剖面图
		22	行政办公楼建筑平面、立面、剖面图
		23	新结构方案布置图

（10）第十卷　采暖通风及空气调节部分。采暖通风及空气调节部分说明书章节内容及图纸目录见表 1-23。

表 1-23 采暖通风及空气调节部分说明书章节内容及图纸目录

说 明 书		图 纸 目 录	
章号	内容	序号	内容
第1章	概述	1	主厂房通风示意图（包括通风计算结果）
第2章	采暖加热站及集中制冷站	2	主厂房通风设备平面布置图
第3章	主厂房采暖通风与空调	3	采暖加热站热力系统 P&ID
第4章	集中控制室和电子设备间空调	4	采暖加热站设备平面布置图
第6章	生产建筑、生产辅助及附属建筑的采暖通风与空调	5	集中控制室、电子设备间空调系统 P&ID
第7章	厂区采暖热网及冷网	6	集中控制室、电子设备间空调平面图
第8章	劳动安全与职业卫生	7	空调机房设备、风管平面图
第9章	暖通专业综合指标汇总	8	制冷系统 P&ID
附件1	××××专题论证报告	9	集中制冷站设备平面布置图
附件2	××××专题论证报告	10	厂区采暖（供冷）热网（冷网）管沟（架空、直埋）走向布置（与总图专业合并）

（11）第十一卷　水工部分。水工部分说明书章节内容及图纸目录见表1-24。

表1-24　　　　　　　　　　　　水工部分说明书章节内容及图纸目录

说明书		图纸目录	
章号	内容	序号	内容
第1章	概述	1	水工建（构）筑物布置形势图
第2章	区域自然条件	2	水工建（构）筑物总布置图
第3章	全厂水务管理和水量平衡	3	全厂水量平衡图
第4章	冷却系统选择及布置	4	冷却水系统 P&ID
第5章	取排水建（构）筑物设计及供排水管沟	5	补给水系统 P&ID（包含给水处理系统）
第6章	厂区给排水泵房及给排水管沟	6	冷却水系统高程图（直流系统）
第7章	给水处理	7	取水建（构）筑物平剖面图
第8章	污废水处理	8	取水或深井泵房平剖面图
第9章	厂址防洪及防护工程	9	厂外冷却水管、沟、渠平剖面图
第10章	水工建（构）筑物	10	排水口平剖面图
附件1	××××专题论证报告	11	地下水开采布置图
附件2	××××专题论证报告	12	厂外补给水管平剖面图或路径图
		13	循环水泵房平剖面布置图
		14	循环水管沟、渠布置图
		15	冷却塔平剖面图
		16	直接空冷凝汽器平剖面图
		17	直接空冷系统 P&ID
		18	给水处理系统总平面布置图
		19	综合水泵房平剖面图
		20	生活污水处理系统 P&ID
		21	工业废水处理系统 P&ID
		22	大型雨水泵房平剖面图
		23	工业废水处理间平剖面图
		29	防洪及防护工程平面布置图
		30	防洪及防护工程纵横剖面图

（12）第十二卷　环境保护部分。环境保护部分说明书章节内容及图纸目录见表1-25。

表1-25　　　　　　　　　　　　环境保护部分说明书章节内容及图纸目录

说明书		图纸目录	
章号	内容	序号	内容
第1章	概述	1	全厂总体规划图
第2章	烟气污染防治	2	厂区总平面布置图
第3章	生活污水处理系统及工业废水处理系统	3	全厂水量平衡图
第4章	噪声处理	4	生活污水处理系统图
第5章	水的总平衡及计量	5	工业废水处理系统图
第6章	绿化及生态保护措施	6	全厂绿化规划图
第7章	环境管理及监测	7	全厂噪声等值线分布图
第8章	环保投资费用		
附件1	××××专题论证报告		
附件2	××××专题论证报告		

（13）第十三卷　水土保持部分。水土保持部分说明书章节内容及图纸目录见表1-26。

表 1-26　　　　　　　　　　　水土保持部分说明书章节内容及图纸目录

说　明　书		图 纸 目 录	
章号	内容	序号	内容
第1章	概述	1	水土保持防治措施体系图
第2章	水土流失防治工程措施	2	水土保持防治措施总体布局图
第3章	水土流失防治临时措施	3	土石方调配流向图
第4章	水土保持管理和监测	4	水土保持监测布点图
第5章	水土保持投资概算及防治效果		
附件1	××××专题论证报告		
附件2	××××专题论证报告		

（14）第十四卷　消防部分。消防部分说明书章节内容及图纸目录见表1-27。

表 1-27　　　　　　　　　　　消防保护部分说明书章节内容及图纸目录

说　明　书		图 纸 目 录	
章号	内容	序号	内容
第1章	概述	1	消防给水系统 P&ID
第2章	总平面布置及交通要求	2	气体灭火系统 P&ID
第3章	建（构）筑物防火设计要求	3	泡沫灭火系统 P&ID
第4章	电厂各系统的消防措施	4	消防泵房平剖面图
第5章	消防给水和灭火设施	5	厂区总体规划图
第6章	火灾报警及控制系统	6	厂区总平面布置图
第7章	消防供电	7	主厂房平面图
第8章	采暖通风与空气调节系统的防火措施	8	主厂房立面图
附件1	××××专题论证报告		
附件2	××××专题论证报告		

（15）第十五卷　劳动安全部分。劳动安全部分说明书章节内容及图纸目录见表1-28。

表 1-28　　　　　　　　　　　劳动安全部分说明书章节内容及图纸目录

说　明　书		图 纸 目 录	
章号	内容	序号	内容
第1章	概述	1	全厂总体规划图
第2章	安全工程设计	2	厂区总平面布置图
第3章	劳动安全机构设置及投资		
第4章	结论与建议		
附件1	××××专题论证报告		
附件2	××××专题论证报告		

（16）第十六卷　职业卫生部分。职业卫生部分说明书章节内容及图纸目录见表1-29。

表 1-29　　　　　　　　　　职业卫生部分说明书章节内容及图纸目录

说　明　书		图　纸　目　录	
章号	内容	序号	内容
第 1 章	概述	1	全厂总体规划图
第 2 章	职业卫生工程设计	2	厂区总平面布置图
第 3 章	职业卫生检测机构及投资	3	主厂房通风示意图
第 4 章	结论与建议		
附件 1	××××专题论证报告		
附件 2	××××专题论证报告		

（17）第十七卷　节约资源部分。节约资源部分说明书章节内容见表 1-30。

表 1-30　　　　　　　　　　节约资源部分说明书章节内容

说　明　书	
章号	内容
第 1 章	概述
第 2 章	节约及合理利用能源的措施
第 3 章	节约用水的措施
第 4 章	节约原材料的措施
第 5 章	节约土地的措施

（18）第十八卷　施工组织大纲部分。施工组织大纲部分说明书章节内容见表 1-31。

表 1-31　　　　　　　　　　施工组织大纲部分说明书章节内容

说　明　书		图　纸　目　录	
章号	内容	序号	内容
第 1 章	概述	1	施工总平面布置规划图
第 2 章	施工总平面布置	2	主厂房吊装平面图
第 3 章	主要施工方案与大型机具配备	3	特殊大件吊装剖面图
第 4 章	施工轮廓控制进度	4	施工进度控制网络图

（19）第十九卷　运行组织及设计定员部分。运行组织及设计定员部分说明书章节内容见表 1-32。

表 1-32　　　　　　　　　　运行组织及设计定员部分说明书章节内容

说　明　书	
章号	内容
第 1 章	概述
第 2 章	组织机构、人员编制及指标
第 3 章	机组启动、运行方式及系统启动条件

（20）第二十卷　主要设备材料清册。主要设备材料清册说明书章节内容见表 1-33。

表 1-33 主要设备材料清册说明书章节内容

	说 明 书
章号	内容
第1章	编制说明
第2章	《主要设备材料清册》

(21) 第二十一卷 工程概算。工程概算说明书章节内容见表1-34。

表 1-34 工程概算说明书章节内容

	说 明 书
章号	内容
第1章	说明
第2章	概算书部分
表一甲	发电工程总概算表
表五甲	发电工程概况及主要技术经济指标
表二甲	安装工程专业汇总表
表二乙	建筑工程专业汇总表
表三甲	安装工程概算表
表三乙	建筑工程概算表
表四	其他费用计算表
	安装工程人工、材料、机械价差计算表
	建筑工程人工、材料、机械价差计算

(三) 初步设计计算书

燃气-蒸汽联合循环电厂初步设计计算书目录见表1-35，单循环燃气轮机电厂可参考执行。

表 1-35 燃气-蒸汽联合循环初步设计计算书目录

项 目	内容
一、总图运输部分	(1) 厂址技术经济指标计算。 (2) 厂区总平面布置技术经济指标计算。 (3) 厂区坐标系统计算。 (4) 厂区土（石）方工程量计算
二、热机部分	(1) 燃气系统设备选择及管径计算。 (2) 燃油系统设备选择及管径计算。 (3) 热力系统计算及汽水负荷平衡。 (4) 热力系统主要辅助设备选择计算。 (5) 主要汽水管道设计参数、管材选择、管径壁厚计算及阻力估算。 (6) 主蒸汽、再热蒸汽管道应力计算。 (7) 烟囱口径选择计算。 (8) 热电厂供热经济性分析。 (9) 发电厂经济指标计算。 (10) 空冷排汽管道流动特性及受力分析初步计算（空冷排汽管道属本工程设计范围时计算）
三、电厂化学部分	(1) 电厂化学部分。 (2) 锅炉补给水处理系统计算。 (3) 循环水系统计算。 (4) 海水淡化系统计算

续表

项　目	内容
四、电气部分	(1) 短路电流计算及主设备选择。 (2) 厂用电负荷和厂用电率计算。 (3) 厂用电成组电动机自启动，单台大电动机启动的电压水平校验。 (4) 直流负荷统计及设备选择。 (5) 发电机中性点接地设备的选择（必要时进行）。 (6) 高压厂用电系统中性点接地设备的选择（必要时进行）。 (7) 导线电气及力学计算（必要时进行）。 (8) 内过电压及绝缘配合计算（必要时进行）。 (9) 发电机主母线选择（必要时进行）。 (10) 有关方案比较的技术经济计算（必要时进行）。 (11) 远离主厂房供电线路电压选择计算（必要时进行）
五、建筑结构部分	(1) 主厂房千瓦可比容积计算。 (2) 辅助、附属、生活建筑面积计算。 (3) 主厂房汽机房框排架结构计算。 (4) 汽轮机基础动力分析初步计算（当采用新型基础时）。 (5) 锅炉构架计算（当采用混凝土炉架时）。 (6) 烟囱基础及上部结构计算（新型烟囱时计算）。 (7) 主厂房、汽轮机、锅炉、空冷平台等基础选型和沉降初步计算。 (8) 新结构选型计算。 (9) 各方案经济比较计算
六、采暖通风及空气调节部分	(1) 主厂房通风计算书。 (2) 通风设备选型计算书。 (3) 采暖热负荷估算书。 (4) 空调冷热负荷估算书。 (5) 加热站主要设备选型计算书。 (6) 制冷空调设备选型计算书
七、水工部分	(1) 全厂水量平衡计算书。 (2) 冷却系统优化计算书。 (3) 冷却水系统水力计算书（包括虹吸井水位、循环水泵选型）。 (4) 主要供排水方案技术经济比较计算书。 (5) 给排水处理构筑物选型及容量计算书。 (6) 取水泵、工业水泵选型及容量计算书。 (7) 雨水量计算及雨水泵选型计算书。 (8) 水工建筑物稳定性计算。 (9) 水工建筑物结构工程量计算。 (10) 自然冷却塔结构选型计算。 (11) 水工主要建（构）筑物的地基处理计算
八、消防部分	(1) 消防水量、水压、消防水泵选型计算书。 (2) 泡沫液量、泡沫设备选型计算。 (3) 气体灭火介质用量计算

（四）初步设计专题论证报告

（1）初步设计阶段应对工程中出现的方案优化、比选或新技术、新工艺、新材料和新方法的应用进行专题论证形成专题论证报告。

（2）专题论证报告一般应包括工程概况、相关的外部条件、问题的提出、不同方案论述、各方案技术特点及比较、各方案间的综合经济比较（包括初投资、综合运行费用等），并经过综合技术经济比较提出推荐意见或结论。对于新技术、新工艺、新材料和新方法在工程中的应用还应说明其先进性和可靠性。

（3）专题论证报告应条理清晰、论述完整、数据翔实、结论准确、文字简洁、签署完备。

（4）专题论证报告应附必要的图纸、图片等。

五、施工图设计文件内容

燃气轮机电厂施工图设计必须认真贯彻国家的各项技术方针政策，执行国家和电力行业颁发的有关标准和规范。内容深度应充分体现设计意图，满足订货、施工、运行以及管理等各方面要求。设计说明表达应条理清楚、文字简练。图纸表达应清晰、完整，图例符号应符合 DL5028《电力工程制图标准》的规定。所有文件签署应齐全、印制质量良好。设计文件的表达可借鉴国际同行业的发展水平和发展趋势，与国际通行的惯例、方式接轨。设计文件的编制应考虑数字化等设计手段的进步，采用更为合理和完善的表达方式。计算书是施工图设计过程的中间成品，应作为设计文件由设计单位归档。

以下是施工图设计文件内容概要。

（一）总图运输部分

（1）总图运输部分施工图设计主要指厂区围墙外 1m 以内建（构）筑物的规划与布置，以及厂区内道路、沟道及围护构筑物等的设计。

（2）总图运输部分施工图设计文件主要包括厂区总平面布置、厂区竖向布置、厂区管线综合布置、厂区道路、厂区沟道、厂区围墙（栅）及大门和厂区绿化、规划等设计。

（二）热机部分

（1）热机部分施工图设计主要指电厂热力系统及相关辅助系统的设计。

（2）热机部分施工图设计主要包括以下设计内容：

1）主厂区布置：主要对燃气轮机（房）、汽机房、余热锅炉及炉后烟囱的主厂房区域的管道、设备及设施进行总体布置设计。

2）燃料系统：燃油系统、燃气系统的设计，以及管道、设备和设施的布置、安装设计。

3）汽水系统：主蒸汽系统、再热蒸汽系统、旁路系统、给水系统、凝结水系统、抽汽系统、辅助蒸汽系统、给水泵及汽轮机本体系统、轴封蒸汽系统、润滑油管道系统、疏水排汽系统、循环冷却水系统和凝汽器抽真空系统等的系统设计，以及管道、设备和设施的布置、安装设计。

4）其他辅助系统：包括仪表用和检修用压缩空气系统、启动锅炉系统等的系统设计，以及管道、设备和设施的布置、安装设计。

5）供热机组的热网首站：包括热网加热蒸汽系统、一级热网循环水系统、冷却水系统、热网疏（放）水及回收系统等的系统设计，以及设备和管道的布置、安装设计。

（三）电厂化学部分

（1）电厂化学部分施工图设计主要指电厂水处理、热力系统的化学加药和水汽取样等及其配套的附属系统设计。

（2）电厂化学部分施工图设计主要包括水的预处理系统、水的预脱盐系统、锅炉补给水处理系统、冷却水处理系统、热力系统的化学加药和水汽取样系统、热网补给水及生产回水处理系统、废水处理系统、药品储存和制（贮）氢气站系统等的系统设计，以及设备和管道布置、安装设计。

（四）电气部分

（1）电气部分施工图设计主要指厂内电气系统（含一次、二次）、照明和防雷接地等设计，还包括厂内系统继电保护、自动装置及远动系统设计。

（2）电气部分施工图设计主要包括出线门形架以内的屋外变压器、高压配电装置电气部分设计、主厂房内及主厂房外辅助生产系统厂用电系统设计、二次接线设计、电缆设计、照明设计、全厂防雷接地设计、厂内系统继电保护设计、厂内自动装置和远动系统设计。

（五）仪表与控制部分

（1）仪表与控制部分施工图设计主要指电厂工艺系统及相关设备的检测与控制设计。

（2）仪表与控制部分施工图设计主要包括锅炉设备及辅助系统的检测与控制、汽轮机设备及辅助系统的检测与控制、发电机设备及辅助系统的检测与控制，以及辅助车间和附属设施的检测与控制设计等。

（六）建筑部分

（1）建筑部分施工图设计主要指电厂各类建（构）筑物的建筑设计。

（2）建筑部分施工图设计主要包括主厂房建筑、燃料建筑、水工建筑和辅助附属建筑等建筑设计。

（七）土建结构部分

（1）土建结构部分施工图设计主要指除水工建（构）筑以外电厂建（构）筑结构设计。

（2）土建结构部分施工图设计主要包括主厂房建筑、电气建（构）筑、燃料建（构）筑、电厂化学建（构）筑以及辅助和附属建筑的结构设计。

（八）采暖通风与空气调节部分

（1）采暖通风与空气调节部分施工图设计主要指电厂采暖、空气调节、通风和除尘等设计。

（2）采暖通风与空气调节部分施工图设计主要包括以下设计内容：

1）采暖：采暖加热站系统和采暖管网系统设计，以及设备和管道布置、安装设计。

2）空气调节：空调制冷加热站系统、空调管网系统、空调风系统和空调水系统等的系统设计，以及设备和管道布置、安装设计。

3）通风：自然通风系统和机械通风系统等的系统设计，以及设备和管道布置、安装设计。

（九）水工结构部分

（1）水工结构部分施工图设计主要指厂区内外水工建（构）筑物结构设计。

（2）水工结构部分施工图设计主要包括循环水系统建（构）筑、补给水系统建（构）筑、原水处理建（构）筑、工业和消防水系统建（构）筑、雨水和污水处理系统建（构）筑、除灰系统建（构）筑以及厂区防、排洪构筑物和海边防浪设施的结构设计。

（十）通信部分

（1）通信部分施工图设计主要指系统通信设计及厂内通信设计。

（2）通信部分施工图设计主要包括以下设计内容：

1）系统通信：仅包括载波通信系统设计。

2）厂内通信：生产管理通信、生产调度通信、通信电缆（光缆）网络以及通信机房、通信电源及其他辅助设施设计。

（十一）信息系统部分

（1）信息系统部分施工图设计主要指全厂生产、管理、监控等数据及信息的收集、存储、处理、分析和发布全过程的设计，以及信息系统与实时生产过程控制系统或与外界进行数据交换的接口设计。

（2）信息系统部分施工图设计文件主要包括厂级监控信息系统（SIS）、管理信息系统（MIS）、报价系统、视频监视系统、视频会议系统、门禁管理系统和培训仿真机等的设计。

第二章 建厂条件及设计基础资料

第一节 电力系统及热负荷分析

一、电力系统

（一）电力规划

电力发展规划是国民经济和社会发展规划的一部分，应根据国民经济和社会发展的需要制定。电力发展规划（简称规划）的编制年限一般与国民经济和社会发展规划的年限相一致。

电力发展规划通常分为电力发展短期规划（简称五年规划，时间为 5 年），电力发展中期规划（简称中期规划，时间为 5~15 年）和电力发展长期规划（简称长期规划，时间为 15 年以上）。一般以中期规划为主。

五年规划应根据规划地区国民经济和社会发展五年规划安排，研究国民经济和社会发展五年规划及经济结构调整方案对电力工业发展的要求，找出电力工业与国民经济发展中不相适应的主要问题，按照中期规划所推荐的规划方案。深入研究电力需求水平及负荷特性、电力电量平衡、环境及社会影响等，提出 5 年内电源、电网结构的调整和建设原则，需调整和建设的项目、进度及顺序，进行逐年投融资、设备、燃料及运输平衡，测算逐年电价、环境指标等，开展相应的二次系统规划工作。五年规划原是编制、报批项目建议书的依据，现仍是项目可行性研究报告书的依据，是电力发展规划工作的重点。

中期规划应根据规划地区的国民经济与社会发展目标、流向、发电能源资源开发条件、节能分析、环境及社会影响，电力需求水平及负荷特性、电力提出规划水平年电源和电网布局、结构和建设项目，宜对建设资金、电价水平、设备、燃料及运输等进行测算和分析。中期规划是电力项目开展初步可行性研究工作的依据。

国家对电力发展规划坚持统一规划、分级管理的原则，电力发展规划由政府发展改革部门和电网公司负责，委托工程咨询机构和电力设计部门编制全国，大区和省、市、自治区（直辖市）三级的电力发展规划。各级电力发展规划具有不同的工作重点，下级规划是上级规划的基础、上级规划对下级规划具有指导作用。

电力发展规划报告包括概况、电力需求预测、节能分析、能源与资源、电力需求平衡、电源规划、电网规划、环境及社会影响分析、投融资规划、电价预测分析、综合评价、问题及建议等。

（二）电力负荷预测

1. 电力负荷分类

电力负荷是电力力系统中消耗功率的统称。实用中电力负荷的含义还常常泛指相应的电量（能量），在做发电厂接入系统设计时，需把电力负荷划分为用电负荷、供电负荷和发电负荷。电网需求侧所有用户用电设备消耗的功率总和称为用电负荷，将用电负荷加上电网损耗的功率后称为供电负荷，供电负荷再加上发电厂本身耗的功率即厂用电后称为发电负荷。发电负荷为全社会消耗功率的总和，故也称全社会用电负荷。

发电负荷等于电力系统中所有发电厂同一时刻发出功率的总和，发电负荷扣除发电厂用电后送入电网的功率等于供电负荷，供电负荷扣除电网损耗后等于用电负荷。

2. 电力负荷预测方法

工程上使用较多的负荷预测方法有增长速度法、弹性系数法、GDP 综合电耗法、人均用电法、产业产值单耗及人均生活用电法、负荷密度法和类比法等。

正确预测电力负荷往往十分困难。实用中简单有效的做法往往还是依靠专家们的经验。在进行电力规划时，一般选择以上几种预测方法互相校验后，从本地区电力负荷的历史实绩出发，在国家宏观政策指导下，分析各种影响电力负荷的因素，提出年最大负荷预测值的高、中、低 3 个水平，并推荐其中之一。

3. 负荷预测结果

负荷预测结果应是一整套完整的负荷和电量数据，在地域上既要有总量、又要有分布，最小单元一般应直至 220kV 变电站；在时间上应列出包括研究年在内的一个时间序列。下面是一个区域电网负荷预测结果的参考格式，详见表 2-1～表 2-4。表中方括号内适用于电量统计，但应取消同时率一项。

表 2-1 全区发电负荷（全区发电量）

项 目	年 度			
全区发电负荷（全区发电量）	××	××	…	××
其中××省				
××省				
××省				
⋮				
同时率				

表 2-2 全区供电负荷（或全区供电量）

项 目	年 度			
全区供电负荷（或全区供电量）	××	××	…	××
其中××省				
××省				
××省				
⋮				
同时率				

表 2-3 ××省供电负荷表（××省供电量）

项 目	年 度			
××省供电负荷（或××省供电量）	××	××	…	××
其中××省				
××省				
××省				
⋮				
同时率				

表 2-4 　　　　　　　　　××市（地区）供电负荷［××市（地区）供电量］

项　目	年　度			
××市（地区）发电负荷［或××市（地区）供电量］	××	××	…	××
其中××省				
××省				
××省				
⋮				
同时率				

表 2-1～表 2-4 中的负荷表和表 2-1 括号内代表的全区发电量是必须编制的，其余视情况而定。

表 2-1～表 2-4 中的负荷同时率为总负荷与分负荷之和之比（例如表 2-1 中的全区发电负荷与各省发电负荷之和之比），其值一般小于 1，因表中负荷是指最大负荷，而各分负荷的最大值常常不在同一时间出现，使总负荷一般小于各分负荷之和。

表 2-1～表 2-4 中，时间序列年度应列出上一年、设计水平年、设计水平年以前的逐年和展望年。

发电负荷用于表达一个相当大地域范围内的负荷才有实用意义，例如区域电网、省级电网等。一般市（地区）级电网的负荷不用发电负荷来表达，但有时一个规模较大的市（地区）电网，或地域比邻的几个市（地区）级电网组合后，也可列出其发电负荷值，但其与供电负荷的差值中反映的应是区内实际发电厂的厂用电值。

编制各表时应注意相互间的关联性，例如表中电量和负荷之间，必须满足电量＝负荷×最大负荷利用小时的关系，并通过最大负荷利用小时的历史和预测数值来检验电量、负荷的取值是否适合；表 2-2 中的供电负荷应等于表 2-1 对应项发电负荷值减去发电厂厂用负荷和 220kV 及以上电网的网损值。

表 2-1～表 2-4 表达了负荷与电量、总量与分布之间的一般关系，对不同内容、范围的发电厂接入系统设计，视需要可把某些表格扩展、合并、分割或重组。

（三）电力系统所需的总装机容量

电力系统中各种类型发电厂容量的总和称为系统装机容量，也称系统电源容量。电力系统正常运行中，任何时刻所有发电厂发出的有功功率总和必须与系统发电负荷相平衡，因此系统装机容量理应等于系统最大发电负荷即可。但是，系统运行中不是所有的发电厂都不间断地投入运行，也不是所有的发电厂都按满容量发电，再加上负荷本身具有随机波动的特征和预测误差，因此系统装机容量必须大于系统最大发电负荷，大于部分称系统备用容量。

备用容量可按系统最大发电负荷的 15％～20％考虑，低值适用于大系统，高值适用于小系统。

备用容量一般可分为负荷备用、事故备用和检修备用。

负荷备用是用来调节电力系统中短期负荷随机波动和负荷预测误差而设置的备用容量，使系统运行中能经常保持必要的功率平衡。负荷备用与系统发电负荷大小有关，一般取最大负荷的 2％～5％，大系统用较小值，小系统用较大值。

事故备用是指发电机组发生强迫（故障）停运时，在规定时间内启动，用来补充系统发电容量缺额，避免负荷损失，保证对用户连续供电所需的备用容量。它与系统装机容量、机组台数、单机容量、机组类型及供电可靠性指标等因素有关，一般可取系统发电负荷的 5％～10％，大系统取较小值，小系统取较大值，但不得小于系统最大一台机组的容量。

检修备用是为发电机组能够进行计划检修而设置的备用容量，它与系统年负荷曲线形状、发电机组的台数、单机容量、机组检修周期等因素有关。与前面两种备用容量不同，检修备用是按检修计划事先安排的。机组计划检修分为大修和小修，大修可分期分批安排在一年中系统最小负荷和较小负荷的季节进行，小修可安排在节假日进行，因而往往可以不设检修备用容量，只有在系统负荷季节性低落期间和节假日不能安排所有机组检修时，才需要专门设置检修备用容量。

系统备用容量总是以热态（旋转状态）或冷态存在于系统中，因而系统备用容量经常还用热备用（旋转备用）或冷备用来加以分类。

热备用是系统需要时能立即带上负荷的容量，它一般隐含在旋转着的发电机组之中，是运行机组可能发出的最大功率（一般为额定容量与其实际出力所带负荷之差。一般火力发电厂的锅炉和汽轮机，从冷态停机状态启动到投入运行带上负荷需要一个过程。这一过程短则1~2h，长则超过10h，因此将停运的火电机组作为热备用容量是不行的。热备用容量越大，说明系统运行容量的裕度越大，则越能平抑随机事件引起的功率变化。因此从安全角度，热备用容量越大越好，但从系统运经济性考虑，热备用容量不宜过大，因为过大的热备用将使更多机组低于额定功率运行而偏离最佳运行点，造成系统整体效率低下。系统热备用容量可取最大发电负荷的4%~8%。

系统冷备用容量是指系统中设备完好但处于停止运行状态的发电机组，这些机组可以随时启动或按规定的时间内启动而达到最大可能出力。

根据以上热、冷备用的界定，负荷备用必须是热备用；事故备用的一部分（例如50%及以上）应是热备用，另一部可以是冷备用，只要在规定时间（例如72h内）能启动并带上负荷即可；冷备用可作检修备用，但检修中的容量不属于冷备用。

综上，备用容量的分类可归纳于表2-5中。

表 2-5　　　　　　　　　　　　电力系统备用容量（以最大发电负荷为基准）

负荷备用	事故备用	检修备用
15%~20%		
2%~5%	8%~10%	视情况而定
热备用		冷备用
4%~8%		除热备用外

以上以发电负荷的百分数来确定电力系统备用容量是传统的做法，并由现行电力系统设计技术规程加以规定。在条件许可时，检修备用应通过发电机组检修计划的安排而确定，负荷备用和事故备用应通过发电系统可靠性计算而求得。

备用容量确定以后，系统需要的装机总容量就可以按照系统最大发电负荷加上备用容量的关系进行规划。

电力系统所需装机容量构成见图2-1。

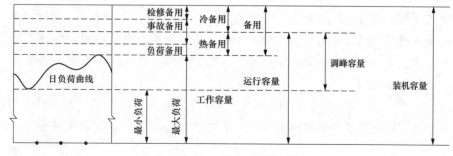

图 2-1　电力系统装机容量构成

（四）电力平衡

电力平衡是用以表达电力系统供需关系的一种常用手段，它以表格形式给出规定的电力系统在时序上电源与负荷间的平衡情况。它不仅可以回答系统中需要多少装机容量、在什么时间投运，而且它是确定发电厂利用小时、发电厂应有的调峰能力和发电厂送电对象的基本的依据。在进行发电厂前期工作中，电力平衡在一般情况下是必须的，而电量平衡则需视系统电源构成和研究问题的需要而定。

1. 确定系统装机容量空间的电力平衡

在论证发电厂建厂必要性时，首先要知道系统是否有装机空间，即了解市场需求。它一般用表 2-6 所示的电力平衡表形式来反映。

表 2-6   省级或区域电力系统电力平衡表

序号	项　目	上一年（实际）	...	××年
一	发电负荷			
二	备用容量			
三	需要装机容量			
四	系统已安排的装机容量			
五	装机容量盈亏（需要新增装机容量）			

列入表 2-6 中平衡的容量应指可以利用的容量，因此，由于发电设备缺陷等原因导致的受阻容量和水电厂的重复容量须扣除。

表 2-6 中时间序列年度同前述负荷表（表 2-1～表 2-4），即列出上一年、水平年、水平年前的逐年和远景展望年，水平年至远景展望年间的逐年可灵活选取。

第二项备用容量在规划阶段可取发电负荷的 15%～20%，近期取大者，远景逐渐减小。

第三项需要装机容量为表 2-6 中"一""二"合计值。

第四项系统已安排的装机容量应以上一年系统装机为基准，加上、减去未来年可能投入的、退役的装机容量。未来年可能投入的容量包括在建容量、国家已核准的容量和计划、规划建设的容量。关于计划、规划建设的容量应以电源规划等为依据，但它常常有许多可变因素而使其存在不确定性，故列入表 2-6 中的这部分容量可根据研究问题的性质有所选择。第四项包括的内容量较多，可另列明细表加以说明，也可在表 2-6 中加以扩展详列。

当年投运的发电设备容量，因运行尚难趋稳，其利用容量一般低于额定容量，可按 40%～60%的额定容量参与平衡。

风电场出力的随机性决定了风电场容量不能全部被利用、只能按部分容量参与电力平衡。它的利用容量应加以论证确定，在缺少风电场有关资料的情况下，可按不参与电力平衡考虑；其他再生能源发电厂因最大出力一般不能与系统最大负荷出现的时间相匹配，可以不计其容量。

被研究的电力系统与周边电力系统之间的电力交换应在表 2-6 中予以考虑，可把电力交换值叠加在第一项发电负荷上或第四项已安排的装机容量上。若计入第一项发电负荷中，则送去外系统电力视为负荷增加，由外系统送入电力视为负荷减少；若计入第四项中，则送去外系统电力看作装机减少，而外系统送入电力看作电源增加。

表 2-6 的电力平衡形式适用于发电厂为区域电厂时。此时发电厂满足其所在地区负荷后还有多余电力继续外送至省级或区域电力系统的其他地区，电力平衡涉及面应为省级或区域电力系统，所采的负荷为发电负荷。

当被研究的发电厂为地区电厂，即发电厂电力全部或绝大部分只向其所在地区供电时，则确定装机空间时采用如表 2-7 形式的电力平衡表。电力平衡涉及的范围可只限于发电厂所在地区，所用负荷为所在地区的供电负荷。

表 2-7 第一项为地区最大供电负荷。第二项地区装机容量中以计入被研究的发电厂为宜。第三项备用容量一般应选地区最大一台机组的容量；当地区系统装机较多时，备用率可取全系统的备用率。第

四项供电出力为发电厂发电出力减去厂用电后向电网供出的电力,其值为第二项地区装机容量减去备用容景后再减去厂用负荷。第五项电力盈亏应为负值或基本平衡,表明地区电力系统计入了被研究电厂的容量后仍然缺电或供需基本平衡,印证了被研究的发电厂为地区电厂。

表 2-7 　　　　　　　　　　　地区电力系统电力平衡表

序　号	项　目	上一年实际	…	××年
一	地区供电负荷			
二	地区装机容量			
三	备用容量			
四	供电出力			
五	电力盈亏			

被研究发电厂是区域电厂还是地区电厂可以通过所在地区的试平衡大致确定,从而决定采用两种平衡表中的哪一类进行电力平衡。

2. 确定系统调峰容量空间的调峰平衡

电能的生产、输送、分配和使用同时完成这一特点,要求电力系统的生产企业,除要求能满足电力系统基荷需求外,还要能根据电力负荷的瞬间变化,即时地调节生产,即调峰。

调峰电源调峰能力一般按以下原则考虑:

(1) 水电机组:100%容量

(2) 抽水蓄能机组:2倍容量

(3) 燃气轮机:100%容量

(4) 供热燃煤机组:~10%容量

(5) 常规燃煤机组:50%容量

(6) 核电:不考虑

确定系统调峰容量空间的调峰平衡表见表 2-8。

表 2-8 　　　　　　　　　确定系统调峰容量空间的调峰平衡表

序号	项　目	上一年（实际）	…	××年	备　注
一	最大发电负荷				
二	最小发电负荷				
三	峰谷差				"一"－"二"
四	旋转备用				取"一"乘以（8%～10%）
五	需调峰容量				"三"＋"四"
六	系统提供调峰能力				
	其中：水电				
	抽水蓄能				
	燃气				
	燃煤				
	…				
七	调峰容量盈亏				"五"－"六"

3. 确定发电厂送电对象和送电容量的电力平衡

发电厂的送电对象和送电容量是发电厂接入系统首先要弄清的问题，用表 2-7 可基本得以解决。表 2-7 是发电厂所在地区的电力平衡，被研究的发电厂一般均纳入表 2-7 中。如平衡结果电力有缺额或基本持平，则被研究的发电厂送电对象无疑就是所在地区，发电厂为地区性电厂。

如平衡结果有较大量电力盈余，说明被研究的发电厂送所在地区后多余电力还将向外地区送电，则发电厂的性质应定位为区域性电厂。为弄清发电厂电力送去所在地外的何地，就需要继续用表 2-6 的形式作发电厂所在地周边或更远地区的电力平衡。电力平衡涉及多大范围、需要做多少个外地区的电力平衡，与被研究发电厂送电远近有关。送电越远，电力平衡涉及的地区越多。所在地区和外地区的电力平衡完成后，把其结果以电力流向图示之。作为一个简单例子，图 2-2 示出了某区域性发电厂送电对象和送电容量的电力流向图。

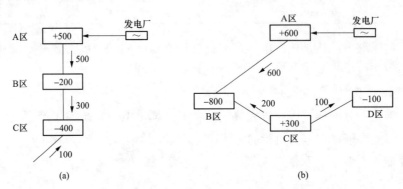

图 2-2 发电厂送电电力流向（MW）
(a) 送至 B 区和 C 区；(b) 送至 B、C、D 区

图 2-2（a）表明发电厂供所在地 A 区负荷后，多余电力送至 B 区和 C 区。图 2-2（b）表明被研究发电厂满足所在 A 区负荷后，3 个距 A 区大致等距离的 B、C、D 区均可作为发电厂外送电力的选择对象，但从 B、C、D 3 区各自的电力平衡可知，外送电力不应送去多余电力的 C 区，也不宜送去电力缺额不大且可以就近从 C 区获取电力的 D 区，被研究发电厂满足所在 A 区负荷后，外送对象应该为 B 区。

图 2-2 只示出了一个年度、一种运行方式的电力流向图。用同样方法可作出其他年度、其他运行方式电力流向图。有了平衡表和流向图，就可以知道哪些地区电力有余，哪些地区电力不足，发电厂的电力是送去哪些地区的，发电厂是地区性电厂还是区域性电厂。这样就为远近结合、统筹兼顾地研究发电厂接入系统提供了最基本、最重要的依据。

图 2-2 中 A 区表示发电厂所在地区，B、C、D 区表示所在地以外的地区，地区内数值表示某一运行方式电力平衡的盈亏值，箭头旁数字表示区间送电容量。

4. 建厂的必要性

通过对上述电力平衡的结果进行分析，可以校核本项目的合理装机规模、机组投产时间及消纳范围。在此基础上，建厂的必要性还应根据被研究发电厂和电力系统的具体情况从以下几个方面扩展加以论述。

（1）取得环境效益、节能效益和社会效益。

（2）拉动地区（所在市、省或大区）经济发展。

（3）改善电源结构和布局。

（4）建设坚强电网，提高电网安全稳定性。

（5）向系统提供无功电源特别是动态无功电源。

(6) 促进发电、电网技术创新和装备产业技术升级。

（五）接入系统

发电厂接入系统是研究发电厂和电网间的关系，是发电厂可行性研究阶段的内容之一，也是电力系统总体规划的有机组成部分，发电厂接入系统设计应与发电厂可行性研究同步进行。

发电厂接入系统方案应根据发电厂的送电对象、送电容量和送电距离，发电厂本期投运容量、规划容量和单机容量，并综合考虑包括电源容量、电压系列、电网结构及短路电流水平等被接入电力系统的基础及发展，结合线路走廊、变电站站址及相关设备供货等因素，经技术经济比较后确定。

发电厂接入系统设计要解决的主要问题是：

(1) 阐述发电厂建设的必要性，明确发电厂在电力系统中的地位和作用。

(2) 研究接入系统方案，其中主要包括发电厂出线电压、出线回路数和接入点（视需要还应研究接入点以外的电网结构）。

(3) 对发电厂电气主接线及有关设备参数提出要求。

1. 发电厂建设的必要性及其在系统中的地位

通过表 2-6 或表 2-7 电力平衡的具体数据可以明确发电厂建设的必要性。通过发电厂送电对象的分析，可以确定发电厂在系统中的地位。如发电厂电力就地消纳，则在系统中就定位为地区性电厂；如发电厂电力满足所在地区负荷需求后，还有相当多的电力送至省内或区域内消纳，或发电厂将全部电力接送至区外消纳，则发电厂在系统中就被定位为区域性发电厂。

发电厂自投运之日起，随着时间推移，送电对象有时会发生转移。例如有些区域性发电厂，当地负荷增长后，其电力将转移至就地消纳而成为地区性发电厂，这就需要在发电厂接入系统设计中远近结合、统筹考虑。

2. 发电厂的出线电压

发电厂接入系统的电压，应根据发电厂的规划容量、分期投入容量、机组容量、发电厂在系统中的地位、发电厂供电范围内电网结构和电网内原有电压等级的配置等因素来确定，遵循分层接入的原则，即一定容量的发电厂和一定单机容量的机组，采用相应的一级电压接入电网。

(1) 单机容置 300MW 及以上机组，发电厂的总容量在 1000MW 及以上的区域性发电厂，根据技术经济比较，接入 220～500kV 电压等级的电网。

(2) 单机容量 200～300MW 的机组，接入 220kV 一级电压的电网。

(3) 单机容量为 100～200MW 的机组，接入 100～220kV 电压电网。

(4) 单机容量 100MW 以下的机组，接入 110kV 电网。

发电厂接入系统的电压等级应尽量少，为简化发电厂电气一次接线创造条件。中型及以上发电厂应采用一级电压，即使需要出两级电压时，在发电厂内也不宜设联络变压器。

3. 发电厂出线回路数及导线截面

发电厂出线回路数及导线截面，应根据电力平衡所确定的发电厂送电对象和送电容量，并根据大致的送电距离、送电线路导线截面和输电能力的有关数据选定，并应把握以下原则：

(1) 应合理加大发电厂送出线路的导线截面，减少发电厂送出线路的回路数，以节约土地资源和减少对环境的影响。

(2) 应按发电厂规划容量一次规划送出线路的回路数和导线截面，建设中分步实施或一次建成。

(3) 在大城市或线路路径困难地段，发电厂送出可采用同塔双回路或多回路的送电线路。

(4) 发电厂每一组送电回路的最大输送功率所占受端总负荷的比例不宜过大。除应保证正常情况下突然失去一回线时系统稳定以外，还须考虑严重故障［例如失去整个通道（所有回路）］时，保持受端系统电压与频率的稳定。

(5) 各类发电厂出线回路数的确定应遵循下述原则：

1) 送出线路原则上应满足"N-1"标准（任一回送出线路退出运行，发电厂应保证稳定运行和满出力送出，剩余送出线路不应过负荷，系统不允许切机、切负荷）。但在过渡年或电网耗资巨大且经技术经济论证后，允许降低送出标准，"N-1"后允许采取切机手段。

2) 供热发电厂，应考虑电网故障后维持供热机组的供热能力，宜以两回线接入系统。

3) 设备利用小时较低的电站，送出线路"N-1"时，一般允许采用切机措施。

根据以上一些原则，在 500kV/220kV 电压系列的电网中，大中型燃气轮机发电厂的容量与出线回路数有一个大致的匹配关系：

a. 单机容量 300MW 及以上，总装机容量 2000MW 左右的发电厂——2～3 回 500kV 出线或 3～4 回 330kV 线路或 4～6 回 220kV 线路。

b. 单机容量 200～300MW 以下，总装机容量 1000MW 左右的发电厂——2～3 回 330kV 线路或 3～4 回 220kV 线路。

c. 单机容量 100MW 左右，总装机容量 500MW 左右的发电厂——2～3 回 220kV 线路。

4. 发电厂接入系统的接入点

(1) 发电厂接入系统接入点的选择，不仅应考虑接入点自身是否具备条件，更要注意所在地区电网、省级电网或区域电网的负荷分布、电源布局的合理性。

(2) 发电厂接入系统的接入点，应使发电厂的送电方向与整个区域内的能流方向、电力流的方向一致，应避免（油）气电倒流、迂回送电。

(3) 应避免发电厂与发电厂之间互相连接，特别是远方大型发电厂之间，应避免在送端联在一起。如技术经济效益较大、需在送端或中途连在一起时，必须能在严重故障时可靠、快速解列。

(4) 在负荷中心或距负荷中心较近的发电厂，应简化发电厂与系统的连接方式，优先采用点对网的接入方式，尽量避免发电厂套在受端系统的环网内。

(5) 在枢纽变电站附近的发电厂，应研究不设高压母线而采用发电机-变压器-线路的单元方式直接接入枢纽变电站的接线方式。

5. 系统对发电厂的要求

一般应拟订出若干个发电厂接入系统设计的方案，经技术经济比选后推荐其中一个。对推荐方案，应有选择地进行自励磁、工频过电压、潜供电流、调相调压和短路电流计算。根据计算结果和电力平衡的有关结论，应从电力系统角度对发电厂提出一些要求：

(1) 发电厂的电气主接线。

(2) 主变压器的阻抗、调压方式、调压范围和分接头等有关数及中性点接地方式（当经电抗接地时，要包括其参数）。

(3) 断路器的遮断容量。

(4) 发电厂内是否装高压并联电抗器及中性点小电抗，并确定高压电抗器容量、台数、装设地点、额定电压及中性点小电抗阻值。

(5) 发电机组励磁方式、功率因数、暂态电抗和是否需调相运行。

(6) 发电厂的调峰能力（需要时应提出发电厂设备利用小时）。

二、热负荷分析

（一）城市供热规划及热电联产规划

1. 城市供热规划

城市供热规划是城市总体规划的组成部分，是对城市总体规划中供热专业规划的深化，是城市集中供热和热电结合项目可行性研究的重要依据。制定科学的城市供热规划并按规划组织实施是避免盲目建设、重复建设，充分发挥城市集中供热整体效益的有效手段。

城市供热规划要在城市总体规划的指导下，按照国家建设部和国家计委发布的《城市供热规划的技术要求》和《城市供热规划的内容深度》的规定编制，并与城市规划部门协调。编制工作由城市建设行政主管部门主持，计划、电力、环保等有关部门参加，必须委托具有相当资质和级别的城市规划和供热专业设计单位进行，经过相当级别的从事供热专业工作的专家论证后，由相应级别的建设行政主管部门批准实施。城市供热规划中如果含热电联产的内容，有关热电联产的内容应按热电联产规划的编制规定要求编制和审查。

城市供热规划的主要内容包括概述、供热现状与热负荷、热源的现状与规划、实现热电联产与集中供热、热力网、热电厂（站）在电力系统中的作用、投资估算与经济效益分析、环境、供热规划的实现、结论及存在问题、附表及附图等。

2. 热电联产规划

热电联产规划是供热规划的重要组成部分。热电联产规划范围和设计水平年应与城市总体发展规划一致。规划期限不少于 5 年。热电联产规划工作应与规划范围内初步确定热电厂厂址和落实建厂条件的工作相互依存，紧密配合，并应符合中长期电力发展规划的要求。

热电联产规划工作由地、市级政府有关主管部门负责，并由具备相应电力设计和咨询资质的中介机构（以下简称编制单位）承担编制工作。热电联产规划由省级政府发展和改革部门组织审查并批准，报国家发展和改革委员会备案。

热电联产规划作用如下：

（1）作为热电联产项目招标选择项目开发商，并开展可行性研究工作的依据。

（2）作为纳入全省（直辖市、自治区）电力工业发展规划及申报国家近期电力发展规划的依据。

（3）作为国家发展和改革委员会核准热电联产项目的依据。

热电联产规划的主要内容包括前言、概述、热负荷与发展规划、电源初步可行性研究和电力发展规划、热源布局和机组选型方案、能源利用效率评价、环境影响评价、投资估算与经济评价、方案比较及结论、建议、附件等。

（二）热负荷调查及核实

热负荷是热电联产工程可行性研究报告阶段重要的基础资料，热负荷的调查核实和计算是可行性研究报告阶段的重要工作。如果城市供热规划或热电联产规划阶段对热负荷调查较充分，其成果也可以作为可行性研究报告的依据。

热负荷按其用途可分成工业热负荷（含生产工艺热负荷、生活热负荷和工业建筑的采暖、通风、空调热负荷）、采暖热负荷、生活热水负荷、溴化锂空调制冷热负荷；按其时间可分成常年性热负荷和季节性热负荷；按近远期可分为现状热负荷（当年或前一年）、近期热负荷（也称设计热负荷，指未来5～10 年）和规划热负荷（也称远景热负荷，指未来 10～15 年）。

1. 工业热负荷

生产热负荷是工业生产企业由于生产需要而产生的热负荷，在生产性现状热负荷的调查中要了解生产企业的用汽参数、用汽量，包括采暖季和非采暖季的最大、平均、最小热负荷值；生产班制；检修时间，是全厂性停产检修，还是轮流检修；用热的规律性，即一天之间的变化情况；主要产品的产量；单位产品的耗热量；对热负荷连续性的要求；产品的市场前景等。另外，还有现有锅炉的台数、型号、建成年月、容量、参数、蒸汽生产量（或锅炉给水量）、回水量；锅炉用煤量，包括年用、月用、日用、班用原煤量，小时的最大与最小的原煤量；原煤低位发热量；年运行时间；采暖或制冷的建筑面积、热指标和计算温度等。生产性现状热负荷可按表 2-9 填写。

表 2-9 工业热负荷调查表

厂名：　　　　　　　　　　　　　　　　　　　　　　　　　　　　　　　　　　　　年 月 日

现有锅炉情况

编号	型号	压力（MPa）	温度（℃）	出力（t/h）	台数	安装时间	上一年度耗煤量（t）	低位发热量（kJ/kg）	人员（人）	生产班制	上一年度运行时间（h）	年用电量（kW·h）	备注
1													
2													
3													
4													
5													

用汽情况（t/h）

现　状									近　期								
采暖期			制冷期			非采暖制冷期			采暖期			制冷期			非采暖制冷期		
最大	平均	最小	最大	平均	最小	最大	平均	最小	最大	平均	最小	最大	平均	最小	最大	平均	最小

现有生产采暖面积（m²）	近期生产采暖面积（m²）	现有非生产采暖面积（m²）	近期非生产采暖面积（m²）

生产检修情况

大　修			小　修		
每年次数	每次耗时（h）	检修方式	每年次数	每次耗时（h）	检修方式

主要产品产量及单耗

名称	年产量（t）	单耗（kJ/t）	名称	年产量（t）	单耗（kJ/t）	名称	年产量（t）	单耗（kJ/t）

调查人：　　　　　　　　　　填表人：　　　　　　　　　　单位公章：

调查人：　　　　　　　　　　填表人：　　　　　　　　　　单位公章：

　　生产工艺性热负荷根据已知条件的不同，有几种不同的计算方法。但其计算结果应是一致的，可以互相校核。

　　(1) 已知热用户的产品产量及单位耗热量的计算方法。用户的生产工艺性热负荷计算式为

$$Q_s = q_s \cdot Z \tag{2-1}$$

式中　Q_s——生产工艺性热负荷，kJ/h；

　　　q_s——产品单位耗热量，kJ/t 或 kJ/z；

　　　Z——单位时间内产品产量，t/h（质量）或 z/h（件数）。

　　有的只有单位产品的综合耗能，那就需要把所含的电能耗剥离出去。

　　对于需要采暖的地区还要考虑生产性采暖热负荷。

　　(2) 已知用户的原煤年消耗量和低位发热量的计算方法。当热用户的产品种类比较多，而单位产品的耗能量又不十分清楚的时候，可由用户年耗煤量（B_1）求出其平均用热量（Q_{sp}）。

$$Q_{sp} = \frac{B_1 Q_{DW} \eta'_{gl} \eta_{gd}}{H_S} \tag{2-2}$$

式中　Q_{sp}——平均热量，GJ/h；

　　　B_1——用户年耗煤量，t；

　　　Q_{DW}——原煤低位发热量，kJ/kg；

　　　η'_{gl}——分散供热锅炉年平均效率，0.3～0.7；

η_{gd}——管道效率，取 0.98；

H_S——用户年用气时间，h。

上述数据都可以从热用户调查核实得来。

η'_{gl} 值不能取值过高，不能过于理想，不能取热力实验值或设计效率值，应取实际运行的年平均效率，要考虑负荷率的不足，甚至停炉，压火等生产班制带来的效率低下的问题。另外，还有锅炉排污量过大的问题，应该深入锅炉房调查核实求得。

当用户的年耗煤量（B_1）中包含着生产用煤量（B_{ls}）和采暖用煤量（B_{ln}）时，则

$$B_1 = B_{ls} + B_{ln} \tag{2-3}$$

$$B_{ln} = \frac{Q_{na}}{Q_{dw}\eta'_{gl}\eta_{gd}} \times 10^{-3} \tag{2-4}$$

式中　B_{ln}——年采暖用煤量，t；

Q_{na}——年采暖热负荷，GJ；

η_{gl}——锅炉效率。

（3）已知锅炉生产的蒸汽量或给水流量的计算方法。用户的用气量（D_S）也可以根据用户的蒸汽流量表数据得出，当用户无蒸汽流量表时，也可根据锅炉的给水流量数据扣除锅炉排污量得出。

$$D_S = D'(1 - \varepsilon_2) \tag{2-5}$$

式中　D_S——用户的用气量，t/h；

D'——用户给水流量，t/h；

ε_2——锅炉排污率，根据调研得出，有的锅炉排污率达 10% 左右。

用气量与用热量之间存在如下换算关系，即

$$Q_{sl} = D_s[i'_{gl} - \overline{t}_{bs} - \psi(\overline{t}_h - \overline{t}_{bs})]10^{-3} \tag{2-6}$$

式中　Q_{sl}——用汽量，GJ/h；

i'_{gl}——用户锅炉出口饱和蒸汽焓，kJ/kg；

$\overline{t}_{bs}$——用户锅炉补充水焓，取 $\overline{t}_{bs} = 60$ kJ/kg；

$\overline{t}_h$——用户凝结水回水焓，kJ/kg；

ψ——热网凝结水回水率，%。

2. 采暖热负荷

采暖设计热负荷可以根据建筑物的建筑面积乘以各类建筑物的采暖耗热指标求出，即

$$Q_n = q_n A_n \times 10^{-6} \tag{2-7}$$

式中　Q_n——采暖设计热负荷，GJ/h；

q_n——采暖热指标，与建筑物的性质有关，见表 2-10；

A_n——采暖建筑物的建筑面积，m^2。

表 2-10　　　　　　　　　　　　　　采暖热指标推荐值　　　　　　　　　　　　　　kJ/hm²

建筑物类型		住宅	居住区综合	学校、办公室	医院、托幼	旅馆	商店	食堂、餐厅	影剧院、展览馆	大礼堂、体育馆
热指标	未采取节能措施	209~230	216~241	216~288	234~288	216~252	234~288	414~504	342~414	414~594
	采取节能措施	144~162	162~198	180~252	198~252	180~216	198~252	360~469	288~378	360~540

注　1. 表中数值适用于我国东北、华北、西北地区。

　　2. 热指标中已包括约 5% 的管网热损失。

3. 通风热负荷

通风设计热负荷为

$$Q_{tk} = K_l Q_n \tag{2-8}$$

式中　Q_{tk}——通风设计热负荷，GJ/h；

K_1——建筑物通风热负荷系数，取 $0.3\sim0.5$；

Q_n——采暖设计热负荷，GJ/h。

4. 空调热负荷

（1）空调冬季热负荷为

$$Q_a = q_a A_k \times 10^6 \qquad (2\text{-}9)$$

式中　Q_a——空调冬季设计热负荷，GJ/h；

　　　q_a——空调热指标，kJ/hm^2，可按表 2-10 取用；

　　　A_k——空调建筑物的建筑面积，m^2。

最小空调冬季热负荷为 $Q_{amin}=0.7Q_a$。

（2）空调夏季热负荷为

$$Q_c = \frac{q_c A_k \times 10^6}{COP} \qquad (2\text{-}10)$$

式中　Q_c——空调夏季设计热负荷，GJ/h；

　　　q_c——空调热指标，GJ/hm^2，可按表 2-11 取用；

　　　COP——吸收式制冷机的制冷系数，可取 $0.7\sim1.2$。

最小空调夏季热负荷为 $Q_{cmin}=0.7Q_c$。

表 2-11　　　　　　　　　　　　空调热指标、冷指标推荐值　　　　　　　　　　　　kJ/hm^2

建筑物类型	热指标 q_a	冷指标 q_c
办公	288~360	288~396
医院	324~432	252~360
宾馆、旅馆	324~432	288~396
商店、展览馆	360~432	450~648
影剧院	414~504	540~720
体育馆	468~684	504~720

注　1. 表中数值适用于我国东北、华北、西北地区。

　　2. 寒冷地区热指标取较小值，冷指标取较大值；严寒地区热指标取较大值，冷指标取较小值。

5. 生活热水负荷

生活热水平均负荷 Q_{shp} 的公式为

$$Q_{shp} = q_{shp} A \times 10^{-6} \ (GJ/h) \qquad (2\text{-}11)$$

q_{shp}——生活热水热指标，应根据建筑物类型，采用实际统计资料，居住区生活热水日平均热指标
　　　　可按表 2-12 取用，GJ/h。

表 2-12　　　　　　　　　　　　居住区生活热水日平均热指标

用水情况	热指标（q_{shp}，kJ/hm^2）
住宅无生活热水设备，只对公共建筑供热水	9~10.8
全部住宅有浴室并提供生活热水	54~72

注　1. 冷水温度较高时采用较小值，冷水温度较低时采用较大值。

　　2. 热指标已包括 10% 的管网损失在内。

生活热水最大负荷为

$$Q_{shmax} = K_3 Q_{shp} \qquad (2\text{-}12)$$

式中　K_3——小时变化系数，根据用热水计算单位数按 GB 50015《建筑给水排水设计规范》规定取
　　　　　用。一般可取 $2\sim3$。

生活热水最小负荷约为 $0.1 Q_{shp}$，仅为散热损失。

6. 热负荷增长预测

在进行热电联产项目可行性研究之前，除收集和反复核实现状热负荷资料外，还必须调查了解近期热负荷和规划热负荷。以确定热电厂的建设规模和分期建设情况。

近期热负荷可分为近期工业热负荷和近期民用热负荷。近期工业热负荷是现有工业热负荷和近期新增加的工业用户或现有用户经过改、扩建工程需要增加的供热量之和。近期民用热负荷是现有民用热负荷和近期新增加的民用热负荷（根据城建部门规划的近期新增加建筑物类型的面积，按相应的热指标，计算其采暖、制冷、生活热水热负荷之和）之和。

规划热负荷是本热电厂供热范围内，规划中拟建项目和城市建设发展建筑面积所需要的工业和民用热负荷。

7. 热负荷的几个系数

在进行热负荷及供热方案的有关计算时，经常要用到如下几个系数。

（1）同时系数 K_4。供热区域内有许多热用户，一个企业内也有许多用热点，它们在生产工艺过程中的最大设计热负荷往往不会同时出现。因此，在计算供热区域（或企业）的最大热负荷时，必须考虑各用户（或各用热点）的同时使用系数，即同时系数为

$$K_4 = \frac{Q_{max}}{\sum Q_{maxi}} \tag{2-13}$$

式中　Q_{max}——区域（企业）最大设计热负荷，GJ/h；

　　　Q_{maxi}——各用户（各用热点）的最大热负荷，GJ/h。

各类企业的同时率：机械工厂可取 $K_4 = 0.85$；造纸厂可取 $K_4 = 0.8 \sim 0.9$。

（2）最大热负荷利用小时数 H_1。计算时段内累积的热负荷总量相对于在该时段内最大热负荷值下的运行小时数，称为最大热负荷利用小时数。

$$H_1 = \frac{Q_h}{Q_{tmax}} \tag{2-14}$$

式中　H_1——最大热负荷利用小时数，h；

　　　Q_h——计算时段内累积的热负荷总量，GJ；

　　　Q_{tmax}——该计算时段内最大热负荷值，GJ/h。

（3）汽轮机年供热利用小时数 H_2。H_2 为汽轮机年供热量与同期内汽轮机额定供热量（扣除自用汽）之比，即

$$H_2 = \frac{D_a}{D_g} \tag{2-15}$$

式中　H_2——汽轮机年供热利用小时数，h；

　　　D_a——汽轮机年供热量，GJ；

　　　D_g——汽轮机额定供热量（扣除自用汽），GJ/h。

（4）发电设备年利用小时数 H_3。供热机组的年发电量与供热机组额定功率的比值即为发电设备年利用小时数，即

$$H_3 = \frac{P_a}{P_r} \tag{2-16}$$

式中　H_3——发电设备年利用小时数，h；

　　　P_a——供热机组的年发电量，kW·h；

　　　P_r——供热机组额定功率，kW。

（5）热化系数 α

热化系数 α 是指供热汽轮机额定供热量与最大设计热负荷之比，即

$$\alpha = \frac{D_g}{Q_{max}} \tag{2-17}$$

式中额定供热量是指扣除热电站自用汽量后的对外供热量，不包括直接经减压减温装置对外的供

热量。

热化系数 α 反映了该供热区的热电合供程度。热化系数 α 的合理值（最佳值）与整个国家经济技术发展水平有关，一般都小于 1。依照我国目前的情况对于以常年热负荷为主的系统，其热化系数一般为 $0.7\sim0.8$，对于以季节热负荷为主的系统，其热化系数一般为 $0.5\sim0.6$。

8. 热负荷资料的整理、分析

热负荷的统计与整理的目的是要找出热用户的用热规律、负荷变化的大小与热电厂供热的联系与差异，使热电厂的设计热负荷与热电厂建成投产后的情况是基本相符的。

（1）按用热规律求出热负荷变化值。热负荷计算中得出的热负荷有的只是平均热负荷或是最大热负荷。热负荷有的是季节性热负荷，有的是常年性热负荷，如果采暖与空调冷负荷都存在的情况，应分明采暖期、制冷期、非采暖非制冷期，求出热负荷的最大、平均、最小值。对于采暖、制冷热负荷的最大、平均、最小值的变化情况可根据室外温度求出。对生产工艺负荷，室外温度的影响要小得多，主要是根据工艺过程加热升温、保温、生产班制情况求出最大、平均、最小热负荷的数值。

（2）折算到热电厂出口的值。

1）热负荷按热量计算，热电厂供出的热负荷应等于用户的热负荷加上热网散热损失。采暖热负荷已在热指标中考虑了。对于其他热负荷，考虑热用户用热的波动性与热负荷有折减问题，因此可以不考虑热网散热损失所造成的热负荷增加。

2）焓值折减。计算用汽量时应考虑用户自供汽多为湿饱和蒸汽，计算中 i'_{gl} 为干饱和蒸汽焓值，而热电厂供出的是过热蒸汽，焓值高。当所需热量一定的情况下，用汽量要减少，因此考虑焓值不同的折减系数。

设焓值折减系数 K_5 为

$$K_5 = \frac{i'_{gl}}{i_c} \tag{2-18}$$

式中　i_c——汽轮机组抽汽或排汽焓，如果实际几台机联合对外供热，则为这几台汽轮机抽汽或排汽的混合焓。

$$D_c = K_5 D_s \tag{2-19}$$

式中　D_c——汽轮机对外供汽量，t/h。

3）负荷折减。统计出用户的热负荷要乘以负荷同时系数（K_4）后，才是要求的热源供出热量。

9. 热负荷汇总

（1）工业热负荷汇总表。调查核实后的工业热负荷经焓值折算后列于表 2-13 中。

表 2-13　　　　　　　　　　　　工业热负荷汇总表

序号	单位名称	用汽压力（MPa）	生产班制	现状热负荷（t/h）									近期热负荷（t/h）									生产天数（天）
				采暖期			非采暖期			非采暖、非制冷期			采暖期			非采暖期			非采暖、非制冷期			
				最大	平均	最小	最大	平均	最小	最大	平均	最小	最大	平均	最小	最大	平均	最小	最大	平均	最小	

（2）采暖热负荷汇总表见表 2-14。

表 2-14　　　　　　　　　　　　采暖热负荷汇总表

地区	面积（m²）	热指标［kJ/(h·m²)］	热负荷（GJ/h）
合计			

（3）空调制冷热负荷汇总表见表 2-15。

表 2-15　　　　　　　　　　　　　　空调制冷热负荷汇总表

地区	面积（m²）	热指标［kJ/(h·m²)］	热负荷（GJ/h）
合计			

（4）生活热水热负荷汇总表见表 2-16。

表 2-16　　　　　　　　　　　　　　生活热水热负荷汇总表

地区	面积（m²）	热指标［kJ/(h·m²)］	热负荷（GJ/h）
合计			

（5）考虑热网损失和工业企业最大用气同时使用系数后，核定的设计热负荷见表 2-17。

表 2-17　　　　　　　　　　　　　　设计热负荷表

时间 负荷	采暖期			制冷期			非采暖、非制冷期		
	最大	平均	最小	最大	平均	最小	最大	平均	最小
工业									
采暖									
空调制冷									
生活热水									
合计									

10．年持续热负荷曲线

热负荷持续时间图是表示不同小时用热量的持续性曲线。热负荷延续时间图对集中供热系统，特别是对以热电厂为热源的集中供热系统的技术经济分析很有用处。是确定热电厂的机组形式、规格和台数、确定热媒的最佳参数、多热源供热系统的热源运行方式等技术和经济问题重要基础资料。

热负荷持续时间图需要有热负荷随室外温度变化曲线和室外气温变化规律的资料才能绘出。

（1）热负荷时间图。热负荷时间图的特点是图中热负荷的大小按照它们出现的先后排列。热负荷时间图中的时间期限可长可短，可以是一天、一个月或一年，相应称为全日热负荷图、月热负荷图和年热负荷图。

1）全日热负荷图。全日热负荷图用以表示整个热源或用户的热负荷在一昼夜中每小时变化的情况。全日热负荷图是以小时为横坐标，以小时热负荷为纵坐标，从零时开始逐时绘制的。

图 2-3 所示是一个典型的热水全日热负荷图。

对常年性热负荷，如前所述，它受室外温度影响不大，但在全天中小时的变化较大，因此，对生产工艺热负荷，必须绘制全日热负荷为设计集中供热系统提供基础数据。

一般来说，工厂生产不可能每天一致，冬夏期间总会有差别。因此，需要分别绘制出冬季和夏季典型工作日的全日生产工艺热负荷图，由此确定生产工艺的最大、最小热负荷和冬

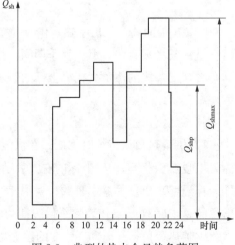

图 2-3　典型的热水全日热负荷图

季、夏季平均热负荷值。

对季节性的供暖、通风等热负荷，它的大小主要取决于室外温度，而在全天中小时的变化不大（对工业厂房供暖、通风热负荷，会受工作制度影响而有些规律性的变化）。通常用它的热负荷随室外温度变化图来反映热负荷变化的规律。

2）年热负荷图。负荷和冬季、夏季平均热负荷值。

年热负荷图是以一年中的月份为横坐标，以每月的热负荷为纵坐标绘制的负荷时间图。图2-4所示为典型全年热负荷的示意图，对季节性的供暖、通风热负荷，可根据该月份的室外平均温度确定，热水供应热负荷按平均小时热负荷确定，生产工艺热负荷可根据日平均热负荷确定。年热负荷图是规划供热系统全年运行的原始资料，也是用来制定设备维修计划和安排职工休假日等方面的基本参考资料。

（2）热负荷随室外温度变化图。季节性的供暖、通风热负荷的大小主要取决于当地的室外温度，利用热负荷随室外温度变化图能很好地反映季节性热负荷的变化规律。图2-5所示为一个居住区的热负荷随室外温度的变化图。图中横坐标 t_w 为室外温度，纵坐标 Q 为热负荷。开始供暖的室外温度定为5℃。建筑物的供暖热负荷应与室内外温度差成正比，因此，$Q_n = f(t_w)$ 为线性关系。图2-5中的线1代表供暖热负荷随室外温度的变化曲线。同理，冬季通风热负荷 Q_t，在室外温度 $5℃ > t_w \geq t'_{w \cdot t}$ 期间内，$Q_t = f(t_w)$ 也为线性关系。当室外温度低于冬季通风室外计算温度 $t'_{w \cdot t}$ 时，通风热负荷为最大值，不随室外温度改变。图2-5中的线2代表冬季通风热负荷随室外温度变化的曲线。

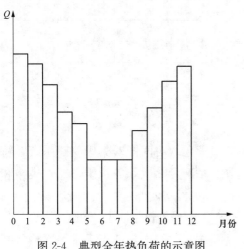

图2-4 典型全年热负荷的示意图

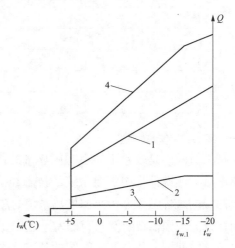

图2-5 热负荷随室外温度变化曲线

1—供暖热负荷随室外温度变化曲线；2—冬季通风热负荷随室外温度变化曲线；
3—热水供应热负荷变化曲线；4—总热负荷随室外温度变化曲线

图2-5中曲线3给出了热水供应随室外气温变化的曲线。热水供应热负荷受室外温度影响较小，因而它呈一条水平直线，但在夏季期间，热水供应的热负荷比冬季低。

将这三条线的热负荷在纵坐标的表示值相加，得图2-5的曲线4。曲线4即为该居住区总热负荷随室外温度变化的曲线。

（3）热负荷持续时间图。

1）供暖热负荷持续时间图。在供暖热负荷延续时间图2-6中，横坐标的左方为室外温度 t_w，纵坐标为供暖热负荷 Q_n；横坐标的右方表示小时数。横坐标 n' 代表供暖期中室外温度 $t_w \leq t'_w$（t'_w 为供暖室外计算温度）出现的总小时数；n_1 代表室外温度 $t_w \leq t_{w \cdot 2}$ 出现的总小时数；n_2 代表室外温度 $t_w \leq t_{w \cdot 1}$ 出现的总小时数；n_{zh} 代表整个供暖期的供暖总小时数。

供暖热负荷持续时间图2-6的绘制方法如下：图左方首先绘出供暖热负荷随室外温度变化曲线图（以直线 $Q'_n - Q'_k$ 表示）。然后，通过 t'_w 时的热负荷 Q'_n 引出一水平线，与相应出现的总小时数 n' 的横坐标

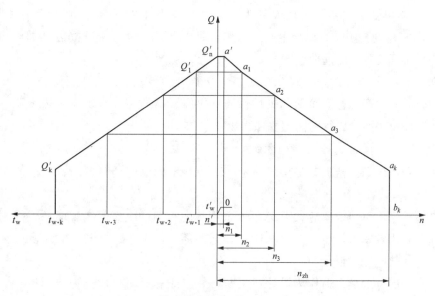

图 2-6　供暖热荷持续时间图的绘制方法

上引的垂直线相交于 a' 点。同理，通过 $t_{w\cdot 1}$ 时的热负荷 Q'_1 引来一水平线，与相应出现的总小时数 n_1 的横坐标上引的垂直线相交于 a_1 点。依此类推，在图 2-6 中连接 Q'_n、a'、a_1、a_2、a_3、…、a_k 等点形成的曲线，得出供暖热负荷持续时间图。图 2-6 中曲线 $Q'_n a' a_1 a_2 a_3 a_k b_k O$ 所包围的面积就是供暖期间的供暖年总耗热量。

通过当地气象部门可以获得当地不同室外温度下相应的延续小时数的气温资料。从而绘制季节性热负荷的延续时间图。

当一个供热系统或居住区具有供暖、通风和热水供应等多种负荷时，也可以根据整个热负荷随室外温度变化的曲线图，按上述同样的绘制方法，绘制相应的总热负荷持续时间图。

2）生产工艺热负荷延续曲线图的绘制方法。生产工艺热负荷延续曲线图的绘制比供暖热负荷延续曲线图要麻烦些，而且与实际的差距也较大。根据我国能源部的有关规定，至少要有冬季和夏季典型日的生产工艺热负荷时间图作为依据，来绘制生产工艺全年热负荷延续曲线图。

图 2-7 左方表示冬季和夏季典型日的生产工艺热负荷图。纵坐标为热负荷，横坐标为一昼夜的小时时刻。如图 2-7 所假设，生产工艺热负荷 Q_a 在冬季和夏季的每天工作小时数为（m_1+m_2）和（m_3+

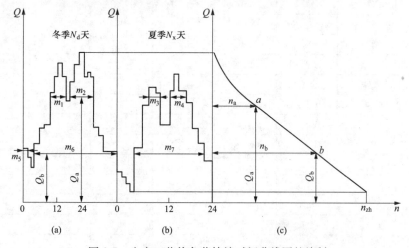

图 2-7　生产工艺热负荷持续时间曲线图的绘制

（a）冬季典型日的热负荷图；（b）夏季典型日的热负荷图；（c）生产工艺热负荷的延续时间曲线图

m_4）小时。假定冬季和夏季的实际工作天数为 N_d 和 N_x，则在横坐标表示延续小时数 $N_a = (m_1 + m_2)N_d + (m_3 + m_4)N_x$ 处，引垂直线交生产工艺热负荷 Q_a 值于 a 点。同此方法类推，则可绘制出按生产工艺热负荷大小排列的延续时间曲线图。

$$N_a = (m_1 + m_2)N_d + (m_3 + m_4)N_x \quad h; \quad n_b = (m_5 + m_6)N_d + m_7 N_x \quad h$$

如热电厂同时具有生产工艺热负荷和民用性质（供暖、通风和热水供应）热负荷，热电厂的总热负荷延续时间曲线图可将两个延续时间图叠加得出。

（三）热电联产项目机组选择及供热方案

（1）应以热电联产规划为依据，坚持以热定电，统筹考虑电网调峰要求、其他热源点的关停和规划建设等情况。

（2）供热电厂年平均总热效率应大于 55%；采用热电冷三联供技术实现能源梯级利用的分布式能源项目，能源综合利用效率不低于 70%。采暖型联合循环项目供热期热电比不低于 60%，供工业用汽型联合循环项目全年热电比不低于 40%。

（3）应以核实后的近期热负荷作为设计热负荷，并以此热负荷特性作为选择机、炉等主要设备的依据。机、炉的选择应进行多方案的计算和比较，列出不少于两个优化方案的热经济指标和汽水平衡表（分别见表 2-18、表 2-19），选择最佳装机方案。

表 2-18　　　　　　　　　　　　　　　　　热经济指标比较

序号	项　目		单位	第一方案			第二方案		
				采暖期	制冷期	非采暖、非制冷期	采暖期	制冷期	非采暖、非制冷期
1	热负荷	热量	GJ/h						
		汽量	t/h						
2	汽轮机进汽量		t/h						
3	抽排汽量		t/h						
4	发电功率		kW						
5	对外供热量		t/h						
6	锅炉减温器供汽量		t/h						
7	锅炉蒸发量		t/h						
8	发电年均标准煤耗		g/(kW·h)						
9	综合厂用电率		%						
10	供热厂用电率		kW·h/GJ						
11	发电厂用电率		%						
12	供电年均标准煤耗		g/(kW·h)						
13	供热年均标准煤耗		kg/GJ						
14	汽轮机年供热量		GJ/a						
15	年发电量		kW·h/a						
16	年供电量		kW·h/a						
17	发电设备利用小时		h						
18	年供热量		GJ/a						
19	全年耗标准煤量		kg/a						
20	热化系数		%						
21	年均全厂热效率		%						
22	年均热电比		%						
23	全年节约标准煤量		t/a						

表 2-19 　　　　　　　　　　　汽 平 衡 表

类别	项目		单位	数值					
				采暖期		制冷期		非采暖、非制冷期	
				最大	平均	平均	最小	平均	最小
锅炉新蒸汽（MPa）	锅炉蒸发量		t/h						
	汽轮机进汽量	1号	t/h						
		2号							
	减压减温用汽量		t/h						
	汽水损失		t/h						
	比较		t/h						
工业用汽（MPa）	汽轮机抽（排）汽量	1号	t/h						
		2号							
	减压减温汽量		t/h						
	供汽量		t/h						
	补给水加热		t/h						
	厂内杂用		t/h						
	比较		t/h						
工业（采暖）用汽（MPa）	汽轮机抽（排）汽量	1号	t/h						
		2号							
	减压减温汽量		t/h						
	供汽量或热网加热用汽		t/h						
	补给水加热用汽		t/h						
	厂内采暖及生活		t/h						
	比较		t/h						

（4）机组选型遵循以下原则：

1）采暖型联合循环项目优先采用"凝抽背"式汽轮发电机组，工业联合循环项目可按"一台抽凝机＋一台背压机"配置汽轮发电机组或采用背压式汽轮发电机组。

2）大型联合循环项目优先选用 E 级或 F 级及以上等级燃气轮机组。

3）选用 E 级燃气轮机组的，单套联合循环机组承担的热负荷应不低于 100t/h。

供热机组单机容量要考虑热负荷的增长和今后的扩建。

（5）供热机组抽汽、排汽的参数要按如下要求确定：

1）工业用抽汽、排汽的参数根据工业热用户对用汽参数的要求、热力网的压降和输送距离等因素确定。

2）采暖、空调制冷和热水供应根据供热介质和参数、输送距离、热力网的压降和温降等因素确定。

第二节　燃　料　供　应

一、燃气轮机燃料种类

（一）气体燃料

1．天然气和液化石油气

（1）天然气和酸燃气。天然气中占主导地位的是甲烷，只有很少量稍重的碳氢化合物（C_nH_m），如乙烷、丙烷和丁烷，以及一些惰性气体。天然气的热值主要处于 $29.8\sim44.7MJ/m^3$（标准状态）范围内，具体的热值取决于天然气中所含碳氢化合物和惰性气体的百分比。天然气是从地下气田中抽取的，这种"原天然气"可能不同程度地含有氮气、二氧化碳、硫化氢和其他杂质，如盐水、沙和泥土。通常在将天然气输送给用户前，天然气供应商会对天然气进行处理，以清除或降低这些成分和杂质。

大部分天然气是以"干气"销售的。按天然气应用的不同方法可分为管输天然气（NG）、液化天然气（LNG）和压缩天然气（CNG）。

含有一定数量氢硫化物污染物的天然气称为酸燃气。氢硫化物可由制气过程处理，也可在燃气轮机燃料系统中加以处理。

（2）液化石油气（LPG）。液化石油气是一种低沸点液化的碳氢化合物燃料，能气化并像气体燃料一样燃烧，可以是液态丙烷、丁烷或其混合物。液化石油气的低热值主要处于 $2300\sim3200Btu/SCF$ [$85.7\sim119.2MJ/m^3$（标准状态）] 范围内。这类燃料的价格比较贵，通常作为备用燃料。液化石油气是以液体形态存储的，液态丙烷极易气化，因此需要在较冷状态下保存。这种燃料在气化后使用时绝不能有液态成分存在，要特别注意保持燃料气温度高于规定的过热度。要有燃料气加热装置和温度检测装置来保证这一要求。液化石油气的密度比空气大，比天然气更大。

2. 气化燃料

其他可用作燃气轮机燃料的气体燃料有由煤、石油焦或液态渣油通过不完全燃烧而得到的燃料气，基本组分为 CO 和 H_2，需经脱硫净化处理才能使用。一般来说，气化燃料的热值较低，使用这些低热值燃料的喷嘴的有效面积应大于使用高热值燃料的喷嘴。气化燃料通常是由氧气气化或空气气化装置生产的。

（1）吹氧气气化燃料。由吹氧气气化装置生产的气化燃料的热值通常在 $7.5\sim14.9MJ/m^3$（标准状态）范围内。这些燃料的氢气含量一般为30％左右（容积百分比），H_2/CO 的摩尔比通常在 $0.5\sim0.8$ 范围内。氧气气化装置生产的气化燃料通常和水蒸气混合使用，以控制 NO_x 的生成，改善循环效率或增加机组出力。如果采用蒸汽注入，蒸汽应通过一个独立的通道注入燃烧室中。这类由氧气气化装置生产的气化燃料一般不适用于干式低 NO_x（DLN）燃烧室。氢气含量高会导致高的火焰传播速度，在DLN预混燃烧系统中会引起回火或发生一次燃烧区中的再点火问题。

（2）鼓风气化燃料。由空气气化装置生产的气化燃料的热值通常在 $3.7\sim5.6MJ/m^3$（标准状态）范围内。这些燃料的氢气含量一般在8％～20％范围内（容积百分比）。H_2/CO 的摩尔比通常在 $0.3:1\sim3:1$ 范围内。这类燃料的使用和处理与吹氧气化的燃料气相同。

在使用气化燃料时，透平总流量中的很大一部分来自燃料气。此外，对由氧气气化得到的气化燃料，还有用于控制 NO_x 生成的稀释用气。要重视燃气轮机和气化岛的整体化，以保证系统的运行性能。无论氧气气化还是空气气化得到的燃料气，其单位容积的热值都很低，需要有特殊的燃料系统和喷嘴。

3. 工艺气

工艺气是化工、冶金等工艺过程的副产品，有的可以用作燃气轮机的燃料。

（1）石油化工的副产气体（例如精炼厂的尾气）。它们通常由 CH_4、H_2、CO 和 CO_2 组成，热值约为 $20MJ/m^3$（标准状态）。由于含有氢气和一氧化碳，这些燃料具有很宽的着火极限。燃气轮机使用这种燃料时，在停机或切换到常规燃料之前，要对燃料系统进行惰性化和净化。当工艺气燃料具有很宽的着火极限时，会在燃气轮机排气状态下自燃，因此，要求在启动时换用常规燃料。

（2）高炉煤气（BFG）。如果只是高炉煤气，其热值会低于燃气轮机应用的最小允许值。这种气体必须与其他燃料气体混合，以将热值提高。焦炉煤气和天然气或者丙烷、丁烷等碳氢化合物，都能用作渗混气体。

（3）焦炉煤气。焦炉煤气有很高的氢气和甲烷含量，可以用作非干式低 NO_x 燃烧系统的燃料。焦炉煤气中通常含有微量的重碳氢化合物，在燃烧时会在燃料喷嘴上引起碳的沉积。因此，在把焦炉煤气箱送到燃气轮机前，应除去这些重的碳氢化合物。

（二）液体燃料

燃油可以概括地分为馏分油和含灰分油。馏分油基本上是不含灰的，只要在贮运过程中处置得当，没有什么杂质，从炼油厂出来马上可以用，不需要再作任何处理。而含灰分油则有相当量的灰分，这种油在燃气轮机中使用前必须作相应处理。

1. 汽油

汽油是质量非常好的油，燃烧性能很好，黏度很低，润滑性不好，同时闪点低，挥发性好，在安全上需要注意。航空汽油的典型馏程为 40～180℃。汽油的辛烷值是汽油抗爆震的指标。

2. 煤油

与汽油相比，煤油馏程温度范围较高，体积较大，润滑性好；蒸气压力低，在高空时由蒸发引起的损失较少。正是这一点决定航空燃气轮机使用煤油而不是汽油。

3. 柴油

柴油比煤油、轻挥发油重些，适合于柴油机的特定要求（主要是十六烷值）。最常用的是二号柴油。

4. 重馏分油

重馏分油常常是炼油厂的副产品，基本上不含灰分。但黏度高，难以雾化，在输送过程中要求加热。

5. 重油（含灰分油）

重油含相当数量的灰分（但与煤的灰分比较又是少的），较重、便宜、黏度非常高。

重油（heavy ail）是一种总称，所谓重油可以是以下几种之一。

（1）渣油：这是最脏最重的，提炼过其他燃油剩下的。

（2）原油（crude dil），其中包括轻馏分，没有提炼过，杂质也较多，但比渣油好些。

（3）混合油可以是渣油混合了部分柴油而形成的，例如我国的远洋货轮油。

我国商品重油有 4 种牌号：20、60、100 号和 200 号重油。它们实质上是原油加工后的各种残渣油和一部分轻油配制而成的混合物。每种重油按照它在 50℃ 时的恩氏黏度来定名，例如 20 号重油在 50℃ 时恩氏黏度不低于 20。应当注意，这些重油并没有规定严格的规格，因此质量难以保证。

我国商品重油的主要成分是残渣油，其化学组成和所用的原油有很大关系。其碳氢化合物主要是烷烃、烯烃和芳香烃。在重油中含灰分、水分、硫分、机械杂质比较多。重油黏度越大，含碳量越高，含氢则越低。重油中含硫危害很大，我国大多数油田中含硫量不算高。重油含水多，不仅热值降低，更重要的是水分气化会影响供油设备的正常运行和火焰稳定。因此在储油罐中用自然沉淀法使油水分离并加以排除。重油掺水乳化则是一种改善燃烧的手段。

过去曾经在工业燃气轮机中使用过轻柴油，现在仍有少量在继续使用，但这不是方向。在工业燃气轮机中使用重油是有前途的，包括使用便宜的、质量差的渣油以及在产油国或产油地等少量场合使用原油。

二、燃料确定的基本原则

燃气轮机发电厂燃料的选择应综合考虑燃料供应来源、燃料输送及运输能力、燃料价格、燃气轮机对燃料的适应性、环境保护要求等因素后确定。

在我国，由于价格较低和天然气输送管网的发展，绝大部分燃气轮机电厂采用天然气作为燃料；一些沿海城市的燃气轮机电厂曾一度采用重油，目前也渐渐由天然气替代；只有一些油田及炼油厂的自备电厂还使用重油；冶金行业一些大型钢铁企业的燃气轮机电厂常采用高炉煤气作为燃料。

天然气是适合几乎所有燃气轮机的燃料，轻柴油能适用于绝大部分燃气轮机，而重油一般只适用于部分 E 级及以下燃气轮机。高炉煤气由于热值很低，主要用于一些专门设计的燃气轮机。

在所有燃料中，以天然气为燃料的燃气轮机 NO_x 排放是最低的，而液体燃料通常 NO_x 排放要高得多，对于排放要求较高的地区，宜采用天然气作为燃料。

三、燃料消耗量估算

燃气轮机燃料消耗量 Be 可根据式（2-20）估算，即

$$Be = (P \times be)/Q_{ar, net} \tag{2-20}$$

式中　　P——燃气轮机功率；

　　　　be——燃气轮机热耗率；

　　　　$Q_{ar, net}$——燃料的低热值。

部分常用的燃气轮机燃料消耗量见表 2-20。

表 2-20　　　　　　　　　　部分常用的燃气轮机燃料消耗量

燃气轮机制造商	燃气轮机型号	天然气		轻油		重油		备注
		功率（MW）	耗量（m³/h，标准状态）	功率（MW）	耗量（kg/h）	功率（MW）	耗量（kg/h）	
GE	6B.03	44	14769	37.5	10093	37.2	10100	
	9E.03	132	40672	121.3	30233	113.4	29293	
	6001FA	70.1	22366	68.7	16954			
	9001F	216	69647	211.6	51236			
	9001FA	226.5	74418	222.0	52496			
	9000HA.01	446	116322					
	9000HA.02	544	139298					（1）天然气低热值：32MJ/m³（标准状态）。（2）轻油低热值：43.05MJ/kg。（3）重油低热值：41.27MJ/kg
Siemens	SGT5-2000E	187	57637					
	SGT5-4000F	329	90269					
	SGT5-8000H	450	123468					
Mitsubishi	M701DA	144	46575					
	M701F	359	100969					
	M701G	334	95086					
	M701J	470	129000					
Ansaldo	AE64.3A	78	23040					
	AE94.2	185	55080					
	AE94.3A	310	83520					

四、与燃料相关的设计基础资料

与燃料相关的设计基础资料主要包括：

（1）燃料的来源及供应能力。

（2）燃料的供应方式：如气体燃料采用管道输送、液体燃料采用水运、汽车或火车槽车运输等。

（3）燃料的成分分析、有害元素含量，各种物理特性如天然气的压力、温度、露点、热值、Wobbe 指数；燃油的密度、黏度等。常见的气体燃料及液体燃料质量分析报告内容分别见表 2-21、表 2-22。国内天然气技术指标见表 2-23；国产 0 号轻柴油指标见表 2-24；常用的 180 号重油典型油质资料见表 2-25。

表 2-21   **气体燃料质量分析报告**

项目	指标名称		单位	数值
	组分			
	甲烷 CH_4（体积分数）		%	
	乙烷 C_2H_6（体积分数）		%	
	丙烷 C_3H_8（体积分数）		%	
	丁烷 C_4H_{10}（体积分数）		%	
	戊烷 C_5H_{12}（体积分数）		%	
1. 化学分析	氢 H_2（体积分数）		%	
	一氧化碳 CO（体积分数）		%	
	二氧化碳 CO_2（体积分数）		%	
	氮 N_2（体积分数）		%	
	氦 He（体积分数）		%	
	氧 O_2（体积分数）		%	
	其他（体积分数）		%	
	低位发热量（标准状态）		kJ/m^3	
2. 发热量	高位发热量（标准状态）		kJ/m^3	
	变化率（±）		%	
	压力范围	最大	kPa	
3. 运行条件		最小	kPa	
	温度范围	最大	℃	
		最小	℃	
	硫化氢		mg/m^3	
4. 污染物	总硫		mg/m^3	
	液态碳氢化合物		mg/m^3	
	碱金属硫酸盐			
5. 物理性能	固体微粒	数量		
		颗粒尺寸范围		
	相对密度（20℃）			

表 2-22   **液体燃料质量报告**

指标名称	单位	数值
油品名称及标号		
碳	%	
氧（质量分数）	%	
硫（质量分数）	%	
氮（质量分数）	%	
氢（质量分数）	%	
钠-钾	mg/kg	
钒	mg/kg	
铅	mg/kg	
铁	mg/kg	
镍	mg/kg	

续表

指标名称	单位	数值
油品名称及标号		
水分（体积分数）	％	
残碳（质量分数）	％	
杂质（质量分数）	％	
灰分（质量分数）	％	
蜡含量（质量分数）	％	
运动黏度（37.8℃）	mm^2/g	
运动黏度（98.9℃）	mm^2/g	
密度	kg/m^3	
闪点	℃	
倾点	℃	
馏程（初馏点、10％、20％、30％、40％、50％、60％、70％、80％、90％、干点）	℃	
冷滤点	℃	
蜡熔点	℃	
低热值 LHV	kJ/kg	

表 2-23　　　　　　　　　　　　国内天然气技术指标

项　　目		一类	二类	三类
高位发热量[①]（MJ/m^3）	≥	36.0	31.4	31.4
总硫（以硫计）[①]（mg/m^3）	≤	60	200	350
硫化氢[①]（mg/m^3）	≤	6	20	350
二氧化碳（％）	≤	2.0	3.0	—
水露点[②③]（℃）		在交接点压力下，水露点应比输送条件下最低环境温度低5℃		

注　一类和三类气体主要用作民用燃料和工业原料或燃料，三类气体主要作为工业用气。

① 本标准中气体体积的标准参比条件是 101.325kPa、20℃。

② 在输送条件下，当管道管顶埋地温度为 0℃时，水露点不高于−5℃。

③ 进入输气管道的天然气、水露点的压力应是最高输送压力。

表 2-24　　　　　　　　　　　　国产 0 号轻柴油指标

性　　质	标　　准	单　　位
密度（20℃）	实测	kg/m^3
运动黏度（20℃）	3.0～8.0	mm^2/s
凝点	≤0	℃
闪点（闭口）	≥55	℃
水分（体积分数）	痕迹	％（V/V）
硫（质量分数）	≤0.2	％
氧化安定性，总不溶物	≤0.025	mg/mL
灰分（质量分数）	≤0.01	％

表 2-25 180 号重油典型油质资料

序号	项 目	单 位	数 值
1	密度（20℃）	kg/m³	0.93～0.97
2	运动黏度（50℃）	mm²/s	130～180
3	闪点（开口）	℃	160～180
4	残碳（质量分数）	%	4.8～8.7
5	水分	%	0.1～1.0
6	灰分	mg/kg	65～400
7	矾	mg/kg	15～50
8	钠｜钾	mg/kg	10·80
9	铅	mg/kg	0～1.0
10	钙	mg/kg	4～7
11	镍	mg/kg	17～30
12	倾点	℃	−3～9
13	低位发热量	kJ/kg	41270
14	碳 C（质量分数）	%	84.42
15	氢 H（质量分数）	%	11.07
16	氧 O（质量分数）	%	2.3
17	氮 N（质量分数）	%	1.41
18	硫 S（质量分数）	%	0.6

第三节 厂 址 选 择

一、厂址选择原则

燃气轮机发电厂的厂址选择，应结合地区电力规划、供热规划及建设规划进行，并根据燃料供应、水源、交通运输、电力和热力负荷、出线、地形、地质、水文、气象、环境保护和综合利用等因素全面考虑，通过技术经济比较确定。

厂址位置应满足工业布局、工矿区或城镇总体规划的要求。企业自备热电厂的厂址应靠近企业的热力和电力负荷中心；燃用液化天然气的电厂一般应靠近液化天然气储配基地；直流供水的电厂，厂址应靠近水源。

此外，在选择厂址时还应遵循以下原则：

（1）水源必须可靠。在确定水源的供水能力时，应掌握当地农业、工业和生活等用水情况，并考虑水利规划时水源变化的影响。当采用地下水作水源时，应取得确切的水文地质资料，开采和储量应落实可靠。

（2）厂址用地应按规划容量确定，分期建设时，应根据建设和施工需要分期使用土地。应注意节约用地，尽量少占良田，减少搬迁。

（3）厂地标高见表 2-26。若低于上述水位时，厂区应有防洪设施，并应在一期工程中一次建成。

表 2-26 发电厂等级、场地标高和防洪标准

发电厂等级	规划容量 （MW）	场地标高对应的防洪标准 （重现期）
Ⅰ	＞2400	≥100、200 年①的高水（潮）位
Ⅱ	400～2400	≥100 年的高水（潮）位
Ⅲ	＜400	≥50 年的高水（潮）位

① 对于风暴潮严重地区的特大型海滨发电厂取 200 年。

山区燃气轮机电厂应有防洪设施，企业自备电厂的防洪标准应与企业的防洪标准一致。

（4）选择厂址时必须掌握厂址范围内可靠的工程地质资料，地质条件宜尽量满足建（构）筑物采用天然地基的要求。对大型燃气轮机电厂，天然地基所需的地基土允许承载力为 $150000\sim180000N/m^3$。

（5）选择厂址时，应避免大量的土石方工程。场地的自然坡度一般为 $0.3\%\sim0.5\%$。采用符合生产工艺要求的特殊布置时，场地的自然坡度可大于 5%。

（6）按规划容量留出出线走廊，高压送电线路不宜跨越建筑物。

（7）考虑施工安装场地，其位置宜在厂房的扩建方向。

（8）燃气轮机电厂厂区与生活区的位置应根据有利生产和方便生活的原则确定，厂区与生活区的距离不宜超过 1km。电厂应位于附近居住区全年最大风频的下风侧。

（9）选择厂址时必须认真考虑环境保护的要求，减少和防止电厂所排放的废水、废气及噪声对环境的污染。厂址距人口稠密区的距离应符合环保部门的有关规定和要求，并考虑一定宽度的卫生防护带，以减轻电厂对厂区附近居民区的影响。

（10）电厂的厂址不应选择在下列地区：

1）滑坡、泥石流或岩溶发育高地带。

2）地震断裂带、烈度九度以上地震区。

3）有开采价值的矿藏上。

4）需要大量拆迁建筑物的地区。

5）文化遗址和风景区。

（11）在确定厂址时，应取得有关部门（如城建、电力、水利、环保、运输、消防等）的书面协议。

二、电厂用地面积

根据对多个燃气轮机电厂调查，燃气轮机单机容量为 100MW 级及以上的燃气轮机电厂用地面积约为 $0.12\sim0.2m^2/kW$，小于 100MW 级的燃气轮机电厂用地面积为 $0.2\sim0.45m^2/kW$。

三、与厂址相关的设计基础资料

1. 厂址位置图和地形图

在可行性研究和初步设计阶段应搜集的地形资料见表 2-27。

表 2-27　　　　　　　　　　可行性研究和初步设计阶段应搜集的地形资料

项　　目	可行性研究	初步设计
城市（地区）供热规划图	比例为 1：10000 或 1：25000。图上示出城市（地区）供热热源的布点和本热源点的位置	
区域（城市供热小区或工矿供热区）位置地形图	比例为 1：5000 或 1：10000。图上示出热电厂的位置、铁路、公路专用线、贮灰场、取水点、居住区、出线走廊位置和区域供热范围	
厂区地形图	比例为 1：1000 或 1：2000。用以规划厂区范围及占地面积	比例为 1：500 或 1：1000。用以布置厂区内建（构）筑物，进一步确定厂区红线

2. 工程地质和水文地质资料

工程地质和水文地质资料的搜集内容见表 2-28。

3. 水文气象资料

水文气象资料的搜集内容见表 2-29。

表 2-28   工程地质和水文地质资料的搜集内容

项目	可行性研究	初步设计
区域地质及地震	（1）建厂地区的地貌、地层、岩性、地质构造资料。 （2）新构造运动的活动迹象。地震基本烈度，地区历史地震资料	继续收集可行性研究（左述）资料，对建厂的危害及稳定性作出评价
工程地质	建厂地区的工程地质资料：土层类别、性质、地基土容许承载力及影响厂区稳定的资料等	对厂区进行初探，以便对厂址的稳定性及适宜性作出正确评价
水文地质	建厂地区地下水类型、特性、分布情况和水质分析资料	地下水对基础的侵蚀性以及对施工的影响程度
建筑经验	厂址附近有何种特殊建（构）筑物，基础类型、埋深、采用地基土的允许承载力等	厂址附近有何种特殊建（构）筑物，基础类型、埋深、采用地基上的允许承受力等，并进一步了解当地施工条件、地方建筑材料供应情况

表 2-29   水文气象资料的搜集内容

项目	可行性研究	初步设计
地面水（河道、水库、湖泊等）	流量、水位、流速、流域、面积、水温、水质、冰情、工农业用水量等情况（包括当前及规划）	历年来最大、最小及平均流量，相应水位，最高、最低及平均水温，全年逐月水质、冰凌大小及结冰厚度，结冰与解冻日期，调节用水及补给关系，工农业用水量情况（包括当前及规划）
地下水（包括泉水、井水、裂隙水）	流量、水质、水温、水位、地下水分布情况及补给关系，工农业用水量情况（包括当前及规划）	历年来流量及相应水位、水质、水温、地下水分布情况及补给关系，工农业用水量情况（包括当前及规划）
气象	历年年平均最高、最低气温；历年年平均相对湿度、绝对湿度；历年年平均气压；历年全年夏季、冬季的盛行风向	各年逐月平均最高、平均最低及平均气温，各年逐月极端最高、极端最低气温；各年逐月平均及最小相对湿度，各年逐月最大、最小及平均绝对湿度；历年各风向频率、平均风速及各年逐月平均风速，历年冬季、夏季各风向频率及平均风速；各年逐月降水量及蒸发量
	（1）历年一般及最大土壤冻结深度及积雪厚度。 （2）地区性气候特点。 （3）历年不同时期室外温度的累计数	

第四节　供　水　水　源

一、水源确定的基本原则

联合循环电厂用水量较大，充足的供水水源是建设电厂的基本条件之一。热电厂的水源一般分为地表水源和地下水源两种。

1. 选择地表水源时应注意的问题

（1）尽可能靠近厂址，有利于取排水，使取排水管沟或渠道最短。

（2）有足够的水深及较好的水质，尽可能不受泥沙、漂浮物、水草繁殖的影响。

（3）具有良好的地质及地形条件，便于建筑施工及长期维护。

（4）注意防止热水回流造成热污染，影响渔业生产。

（5）尽可能不影响航运。

（6）在下述枯水条件下，仍应保证供给全部机组满负荷的冷却水量：

1）从天然河道取水时，按保证率为 95% 的最小流量考虑。

2) 当河道受水库调节时，应按水库的最小放流量考虑，并应取得水库管理部门的书面资料。

3) 当从水库取水时，应按保证率为 95％枯水年考虑。

2. 选择地下水源时应注意的问题

(1) 尽可能靠近厂址。

(2) 有足够的补给水量和扩建的可能。

(3) 标高低、动水位高。

(4) 考虑对其他工业、农业、城市用水的影响，由有关规划和水利部门进行统一规划，合理开采，防止开采过量而造成地下水位区域性下降等后果。

(5) 沿海地区应注意防止海水侵入的问题。

(6) 不易被城市污水和工业废水污染。

(7) 供水量应按枯水年或连续枯水年考虑。

二、供水系统的选择

燃气轮机电厂供水系统的选择，应根据水源条件和规划容量，通过技术经济比较确定。在地表水足够的条件下，采用直流供水系统。地表水可取量不足或采用地下水源时，可采用带有冷却塔的循环供水系统。

电厂的各种用水，应统筹安排、重复使用，以节约用水。

三、燃气轮机电厂用水及消耗量估算

燃气轮机电厂用水主要包括生产工艺用水（锅炉补水、机组循环冷却水补水、燃气轮机燃烧室注水、叶片清洗、燃油清洗等）、生活及消防用水。

(1) 耗水量：火力发电厂耗水量指净耗水量，不包括原水预处理自用水量。

(2) 设计耗水指标：火力发电厂设计耗水指标按夏季频率 10％气温（或水温）条件计算的耗水量除以机组容量求得。

四、与水源相关的设计基础资料

与水源相关的设计基础资料包括水文资料及水质资料，分别见表 2-29 及表 2-30。

表 2-30　　　　　　　　　　　水　质　资　料

工程名称：			取样深度：			取样日期：　年　月　日			
取样位置：			样品外观：			分析日期：　年　月　日			
取样水量：						水样编号：			

项目 \ 单位 数量		mg/L	mg/L(CaCO₃)	mmol/L	项目 \ 单位 数量	mg/L	mg/L(CaCO₃)	mmol/L
阳离子	K⁺＋Na⁺				总固体		—	—
	Ca²⁺				溶解性固体		—	—
	Mg²⁺				悬浮性固体		—	—
	Fe²⁺				电导率（25℃，μS/cm）		—	—
	Fe³⁺				总硬度			
	Al³⁺				碳酸盐硬度			
	NH₄⁺				非碳酸盐硬度			
	Σ							

续表

项目 \ 数量 \ 单位	mg/L	mg/L(CaCO₃)	mmol/L	项目 \ 数量 \ 单位	mg/L	mg/L(CaCO₃)	mmol/L
阴 离 子 Cl^-				酚酞碱度			
SO_4^{2-}				甲基橙碱度			
HCO_3^-				总碱度			
CO_3^{2-}				pH 值			
NO_3^-				游离二氧化碳		—	—
NO_2^-				全硅（SiO_2）		—	—
OH^-				非活性硅（SiO_2）		—	—
				COD_{Mn}		—	—
Σ				其他（根据需要）			

负责人：   校核者：   试验者：

第五节　环境保护与劳动保护

一、燃气轮机电厂对环境的影响及相关保护措施

1. 一般规定

（1）燃气轮机电厂的环境影响评价和环境保护工程设计必须贯彻国家、地方行政当局颁布的有关环境保护的法令、条例、标准和电力行业有关规定。

（2）燃气轮机电厂工程的初步可行性研究阶段应有环境影响简要分析章节；在可行性研究阶段应进行环境影响评价（含水土保持方案）并提出环境影响报告，在可研报告中应有环境保护的章节，提出防治污染的工程设想；在初步设计阶段应有环境保护篇，提出防治污染的工程措施方案（含水土保持方案）。经主管部门审定的环境影响报告书（含水土保持方案）中的污染防治措施如需变更，必须征得原主审部门的同意。

（3）进行环境影响评价所采用的方法、手段，应按有关国家标准和行业标准的规定执行。

（4）燃气轮机电厂设计中应采用清洁工艺，对产生的污染物应提出防治措施和重复利用的要求，处理过程中如有二次污染产生，还应采取相应的治理措施。

（5）燃气轮机电厂应进行绿化。

2. 大气污染防治

（1）燃气轮机电厂的烟气排放应符合 GB 13223《火电厂大气污染物排放标准》的规定和污染物排放总量控制的要求。当地方有特殊规定时，还必须符合地方的有关排放标准。

（2）烟囱的高度应根据烟气对大气环境的影响和燃气轮机或联合循环发电机组排放的烟气特性，通过计算确定。

（3）燃气轮机选型中宜考虑降低氮氧化物的措施。

3. 废水治理

（1）燃气轮机电厂各生产专业场所排出的各种废水和污水，应按清水、污水分流的原则分类收集和输送，并根据其污染程度、复用和排放要求进行处理。排放的水质必须符合建厂所在地区的有关污水排放标准。不符合排放标准的废污水不得排入自然水体或任意处置。

含酸、碱的废水应经中和处理后复用和排放。

燃油处理室、油罐清洗的含油污水应进行油、水分离处理达标后排放。

压气机、燃气轮机叶片及余热锅炉的清洗废水应根据其选用的清洗介质确定排水的处理方法。

燃气轮机电厂的生活污水应处理达标后复用或排放。位于城市的燃气轮机电厂，生活污水宜优先考虑排入城市污水系统，其水质应符合 CJ3082《污水排入城市下水道水质标准》的规定。

（2）采用地表水源的直流或混流供水系统的联合循环燃气轮机电厂，应采取措施防止温排水对受纳水域影响区内的主要水生生物造成有害影响。

4. 噪声防治

（1）燃气轮机电厂噪声对环境的影响必须符合 GB 12348《工业企业厂界环境噪声排放标准》和 GB 3096《声环境质量标准》的规定。

（2）燃气轮机电厂噪声应首先从声源上进行控制，要求设备供应商提供符合国家规定噪声标准要求的设备。对于声源上无法控制的生产噪声应采取有效的隔声、消声、吸声等控制措施。

（3）露天布置的燃气轮机，其罩壳内的向外通风排气装置应采取消声措施。

二、劳动安全与职业卫生

燃气轮机电厂劳动安全与职业卫生措施的设计原则如下：

（1）燃气轮机电厂设计的各项劳动安全与工业卫生措施，应符合有关相关国家标准和 DL 5053《火力发电厂职业安全设计规程》等规定。

（2）燃气轮机电厂的燃气轮机厂房或联合循环发电机组厂房、卸油区域、油罐区、油处理区、天然气调压站、辅助建筑、附属建筑和易爆易燃的危险场所以及地下建筑的防火分区、防火隔离、防火间距、安全疏散和消防通道的设计，均应符合 GBJ16《建筑设计防火规范》、GB 50229《火力发电厂与变电站设计防火规范》、GB 50183《石油天然气工程设计防火规范》等有关规定。

（3）有爆炸危险的设备及有关电气设施、工艺系统和厂房的工艺设计及土建设计必须按照不同类型的爆炸源和危险因素采取相应的防爆防护措施。防爆设计应符合 GBJ16《建筑设计防火规范》、GB 50058《爆炸和火灾危险环境电力装置设计规范》、GB 50217《电力工程电缆设计规范》、GBJ65《工业与民用电力装置的接地设计规范》、DL/T 621《交流电气装置的接地》、DL612《电力工程锅炉压力容器监察规程》、GB 150《钢制压力容器》及其他相关标准、规范的规定。

（4）电气设备的布置应满足带电设备的安全防护距离要求，并应有必要的隔离防护措施和防止误操作措施；应设置防直击雷和安全接地等措施。

防电伤的设计应符合 SDJ5《高压配电装置设计技术规程》、GBJ65《工业与民用电力装置的接地设计规范》、GB 50057《建筑物防雷设计规范》、GB 50060《3kV—110kV 高压配电装置》、DL/T 620《交流电气装置的过电压保护和绝缘配合》、DL/T 621《交流电气装置的接地》、DL 408《电业安全工作规程》、GB/T 4064《电气设备安全设计导则》及其他有关标准、规范的规定。

（5）防机械伤害和防坠落伤害的设计应符合 GB 8196《机械设备防护罩安全标准》、GB 5083《生产设备安全卫生设计总则》、GB 4053《固定式钢梯及平台安全要求》（所有部分）、GBJ101《建筑楼梯模数协调标准》及其他有关标准、规范的规定。

（6）燃气轮机电厂设计中，对生产场所的机械设备应采取防机械伤害措施，所有外露部分的机械转动部件应设防护罩，机械设备应设必要的闭锁装置。

（7）平台、走台（步道）、升降口、吊装孔、闸门井和坑池边等有坠落危险处，应设栏杆或盖板。需登高检查和维修设备处，应设钢平台和扶梯，其上下扶梯不宜采用直爬梯。烟囱、微波塔和冷却塔等处的直爬梯必须设有护笼。

（8）对贮存和产生有害气体或腐蚀性介质等场所及使用含有对人体有害物质的仪器和仪表设备，必须有相应的防毒及防化学伤害的安全防护设施，并应符合 GBZ1《工业企业设计卫生标准》等有关标准、规范的规定。

（9）当汽轮机调速系统和旁路系统的控制油采用抗燃油时，应有必要的安全防护设施。室内空气中有害物的浓度值应符合 GB Z2.1《工业场所有害因素，职业接触限值第 1 部分：化学有害因素的规定》。

（10）燃气轮机电厂设计中，噪声控制应符合 GBJ87《放射防护规定》及其他有关标准的规定；高速转动的动力机械的防振动设计应符合 GB 50040《动力机器基础设计规范》及其他有关标准的规定。

（11）燃气轮机电厂的安全教育室和医疗卫生机构等设置，应根据实际需要和电厂所处的环境条件确定。

第六节　燃气轮机电厂定员标准

一、燃气轮机电厂人员岗位

（一）电厂生产人员

1. 机组运行

（1）集控室。

1）工作范围：燃气轮机、汽轮机、锅炉、发电机主辅设备（包括主厂房消防系统）的监控、巡检操作、表计记录、事故处理等。

2）岗位：包括值长、主值班员、副值班员、巡检操作员。

（2）化学。

1）化学运行。

a. 工作范围：制水、制氢、污水处理、污油处理、循环水处理等设备的监控、巡检操作、表计记录、事故处理及跟班化验等。

b. 岗位：包括主值班员、副值班员。

2）化验。

工作范围：汽、水、油、气品质的取样化验、分析监督及环境保护等。

2. 机组维修（也有很多厂将维修外包）

工作范围如下：

（1）热机：

1）汽轮机、锅炉及其附属设备的临时检修、事故性抢修及维护，维修日常管理。

2）化学、燃油（气）设备的检修，简单机械加工。

3）检修计划、预算、质量检查和验收等检修管理。

（2）电气：

1）发电机及其附属设备（燃料系统低压电气设备除外）的临时检修、事故性抢修及维护，维修日常管理。

2）电气仪表、继电保护装置检修，高压试验，通信设备及远动装置的值班和检修。

3）检修计划、预算、质量检查和验收等检修管理。

（3）热控：机组热工自动控制系统和热工仪表、除灰除尘控制系统及化学控制系统和仪表的检修，检修日常管理。

3. 燃料系统

（1）燃油（气）设备运行。

工作范围：燃油（气）设备的监控、巡检操作、表计记录、事故处理等（包括油库消防和卸油工作）。

岗位：包括班长、主值班员、副值班员。

（2）燃料管理。

工作范围：燃料调度、计划统计。

4．其他

（1）仓库。

工作范围：入库物资的验收、登记、保管、保养、发放等。

（2）车辆。

工作范围：生产急需用车和管理用车的车辆调度、驾驶、安全管理等。

（二）电厂管理人员

定员范围：生产、经营、行政管理工作。

（三）党群工作人员

工作范围：党务、纪检、工会、共青团等党群工作。

（四）服务性管理人员

工作范围：生产、生活福利设施及绿化、清扫等后勤服务管理工作。

二、燃气轮机电厂定员标准

燃气轮机电厂人员数量根据电厂自动化程度和管理水平差异很大，但相对同规模常规火力发电厂要少。目前对两套燃气轮机单机容量250MW级的联合循环燃气轮机电厂定员约100人，两套F级的联合循环燃气轮机电厂定员约120人，3套F级的联合循环燃气轮机电厂定员约150人。

第三章　总　体　布　置

第一节　总　体　规　划

一、总体规划的意义

燃气轮机发电厂的总体规划是指在厂址区域范围内，结合用地条件和周围的环境特点，对电厂的厂区、交通运输、水源地、供排水管线、输电进出线走廊、施工场地、绿化、环境保护、防排洪、水土保持等各项工程设施，进行统筹安排和合理的选择与规划。处理好总体和局部、近期和远期、平面与竖向、地上与地下、物流与人流、运行与施工、内部与外部的关系。

电厂的总体规划工作是具有全面性和战略意义的一项综合性的工作，要有全局观念、动态思维，从工程经济、技术先进、生产安全、发展合理、社会和谐等方面进行全面的衡量和考虑。

二、总体规划的原则

（1）燃气轮机电厂的总体规划应按规划容量、结合当地的相关条件及电力系统的发展规划进行，正确处理近期建设和远期发展的怪兽，不要人为地堵死扩建，留有余地。当电厂分期建设时，必须明确本期建设范围，以逐步达到总体规划的要求，合理利用人力、物力、土地和投资。

（2）燃气轮机电厂的总体规划应按生产工艺流程要求进行，满足电厂的生产、运输、防火、安全、卫生、环保等要求，尽量缩短运输距离、减少厂址占地，降低工程造价。

（3）应与城镇、工业园区等规划相协调，充分考虑电厂与城镇和邻近工业企业在生产、生活、交通运输、加工修配、废料贮存、综合利用、防排洪、消防、施工基地、公共福利、通信照明等设施方面的协作与共建。

（4）正确处理主体工程与配套工程的关系。应特别重视建厂的外部条件（燃料、水、运输、出线等）的规划，使主体工程与配套工程同步进行规划和设计。

（5）处理好厂内与厂外、生产与生活、生产与施工之间的关系。

（6）应根据厂址区域的具体地形条件，做好发电厂的防排洪（涝）规划，并充分利用现有的防排洪（涝）设施；当必须新建时，经比选可因地制宜地采用防排洪（涝）堤、防排洪（涝）沟和挡水墙。防排洪（涝）设施应在初期工程中同步规划。同时，要防止破坏山体，注意水土保持。

（7）进行总体规划时，应注意选择有利于抗震的地形和地段，重要的设施区应处于地质构造相对稳定的地段，并与活动性大断裂有足够的安全距离。

（8）施工区的规划应按电厂规划容量统筹规划，布置紧凑合理，节省用地；施工安装场地宜布置在厂区的扩建端方向，生产区与施工区宜分区明确，以减少电厂扩建时相互干扰；施工生活区宜靠近施工现场，但不得影响电厂的扩建。

（9）总体规划宜为施工期间利用永久性铁路、道路和建（构）筑物等创造条件。

（10）应严格遵守国家有关环境保护的法规、条例的规定，减少电厂排放的粉尘、废气、废水等对环境的污染，同时，对电厂的总体规划，也宜避免受邻近工矿企业散发有害物质的影响。

三、总体规划的主要内容

燃气轮机电厂的全厂总体规划是一项综合性的工作，牵涉多个不同的专业，同时也与设计单位内外多个部门存在关联，需要多方配合协调才能做好全厂总体规划工作。

1. 厂址与邻近城镇、工业企业的关系

搜集厂址所在地城市总体规划或者乡镇体系规划，在此基础上进行全厂总体规划，使之与城市总体规划或者乡镇体系规划相协调，并理清电厂与附近工业企业和村庄的关系，避免或减轻相互之间的不利影响。

2. 厂区规划

根据电厂工程建设规模和规划容量，确定用地规模和可用地范围，调查清楚土地利用现状与类型；确定厂区布置方位，主厂房的朝向、厂区位置、入口位置和进厂方式等。

3. 电厂出线及出线走廊规划

根据接入系统设计的电厂出线电压等级、回路数，规划出线朝向、出线走廊及其宽度。

4. 电厂水源

确定工程采用的冷却方式，根据本期工程建设规模和规划容量的补给水量、水源的位置，计算距电厂的距离、补给水管线的长度以及取水设施用地类型及面积。

5. 电厂燃料供应

根据本期工程和规划容量年需用燃料量及供应方式，确定燃料运输方式，规划运输路径。

6. 电厂防洪、排涝

根据电厂规模确定防洪标准，按照防洪标准确定厂区设计地面标高，确定厂区的防、排洪措施，有内涝的地方，还要确定防涝措施。

7. 厂区排水

确定厂区雨水排除方式，计算厂外排水管线长度；根据电厂生产和生活污水达标排放情况，计算排水管线长度。

8. 施工生产及施工生活区规划

规划施工生产区及施工生活区的位置，确定其用地面积。

第二节 总平面布置

一、总平面布置的主要原则

总平面布置在燃气轮机电厂的设计工作中是具有重要作用的一个组成部分，具有很强的综合性，需要设计人员从全局出发，辩证地对待设计工作中的各种要求，甚至是相互矛盾的要求，主要与各相关专业、相关单位紧密协作，互相配合，在掌握充分资料的基础上，进行多方案比选，择优提出推荐方案。燃气轮机电厂总平面布置的主要原则如下：

（1）厂区总平面布置应按规划容量、本期建设规模及机组配置形式，统一规划，分期建设。改建、扩建发电厂的设计，应充分利用、改造现有设施，并应减少改建、扩建工程施工对生产的影响及原有建筑设施的拆迁。

（2）建（构）筑物的平面和空间组合，应做到分区明确，合理紧凑，生产方便，立面协调，整体性好。辅助厂房和附属建筑宜采用联合布置、多层建筑和成组布置，并应与现有和规划建筑群体相适应。

（3）厂区总平面应以主厂房区为中心，以工艺流程合理为原则，充分利用自然地形、地质条件和施工条件，因地制宜地进行布置。主要建（构）筑物的长轴宜沿自然等高线布置。在地形复杂地段，可结合地形特征、适当改变建（构）筑物的外形，将建（构）筑物合并或分散布置。

（4）主厂房、冷却塔等荷重较大的主要建（构）筑物，宜布置在土层均匀、地基承载力较高的地段。基础埋置较深的建（构）筑物，宜布置在地下水位较低或需填土的低洼地段。需要抗震设防的发电厂，建筑场地宜选择有利的地段，避开不利地段。

（5）主要建筑物和有特殊要求的主要车间的朝向，应为自然通风和自然采光提供良好条件。汽机房、办公楼等建筑物，宜避免西晒。有风沙、积雪的地区，宜采取措施，减少有害影响。

（6）建（构）筑物和露天堆场、作业场地，宜按生产类别成组布置，建（构）筑物边界线宜规整。

（7）运行过程中有易燃或爆炸危险的建（构）筑物和贮存易燃、可燃材料的仓库等，宜布置在厂区的边缘地带。

（8）厂区各公用配电间位置的确定，应根据电源和负荷要求，使电力电缆短捷，并布置在相关的生产分区内，宜与其他车间合并建设。

（9）生产区主要通道宽度，应按规划容量并根据通道两侧建（构）筑物防火和卫生要求、工艺布置、人流和车流、各类管线敷设宽度、绿化美化设施布置、竖向布置以及预留发展用地等经计算确定。

（10）厂区总平面布置应考虑消防、防振、防噪声要求。在满足工艺要求的前提下，宜使防振要求高的建筑物与振动源保持一定的距离。

（11）在节约集约用地的前提下，厂区外形力求规整。

二、总平面布置的主要内容

燃气轮机电厂的总平面布置包括主厂房区、配电装置区、贮油区（或调压站区）、冷却设施区、污水及废水处理区、化学水处理区、各辅助及附属建筑等。

燃气轮机电厂的总平面布置，是在已定厂址和总体规划的基础上，根据工艺流程和使用要求，结合当地各种自然条件进行的。

总平面布置应满足防火、卫生和环境保护等主要方面的规定，因地制宜地综合各种因素，抓住主要矛盾，统筹安排全厂建（构）筑物的位置；全面地处理好平面与竖向的关系；合理规划地上地下管线、交通运输及绿化。总平面布置要为安全生产、方便管理、节省投资、节约用地创造有利条件。

总平面布置应满足当地的法律法规和技术标准，保证电厂的安全可靠、经济适用，满足可持续发展的要求，以合理的投资满足业主的经济需求和社会需求。

第三节　燃气轮机及建（构）筑物布置

一、主厂房区

燃气轮机电厂的主厂房区主要是指燃气轮机、汽机房和余热锅炉等。燃气轮机电厂主厂房区的布置根据简单循环和联合循环的区别，采取不同的布置形式。

简单循环燃气轮机电厂的布置按燃气轮机及发电机为一组，组与组之间宜平行布置，也可纵向成直线对称或顺向布置。在简单循环燃气轮机电厂布置中，应根据工程条件考虑扩建联合循环的可能性。

（1）联合循环燃气轮机电厂的布置有多轴和单轴配置两种形式：

1）多轴配置按燃气轮机及所带发电机为一组。燃气轮机轴向排气，组与组之间宜平行布置，余热锅炉同轴线连续布置；燃气轮机侧向排气，组与组之间可纵向直线布置。汽轮机及所带发电机为另一组，可平行或垂直于燃气轮发电机组布置或与燃气轮发电机组同一直线布置。

2）单轴配置的联合循环发电机组，组与组之间宜平行布置。

（2）主厂房区的布置要注意以下要求：

1）应根据全厂总体规划，合理考虑扩建条件，使高压输电线进出线方便，固定端或主立面宜朝向电厂主要出入口方向。

2）应适应电厂生产工艺流程特点，以主厂房区为中心，充分利用自然地形、地质条件，使燃料输送便利，交通运输通畅，厂内外管线连接短捷。

3）宜利用地质均匀、地基稳定和承载力较高的地段。

4）应考虑设备特点和施工条件等的影响，合理布置，当有两台及以上机组同时施工时，主厂房区域布置应具有平行连续施工的条件。

5）燃气轮机或联合循环发电机组（房）宜靠近冷却水源及配电装置。

6）宜远离厂外噪声敏感区。

7）炎热地区宜使汽机房面向夏季盛行风向。

二、燃料储存及处理区

燃气轮机电厂按燃料区分，有燃油和燃气两种。燃油的燃气轮机电厂按燃料运输方式有铁路运输、汽车运输和管道运输；燃气的燃气轮机电厂主要为管道运输。

（1）燃油设施的布置、与周边设施的安全防护距离应符合 GB 50074《石油库设计规范》中的有关规定，并应满足下列要求：

1）应单独布置。

2）宜布置在靠近燃气轮机侧，地势较低的边缘地带，如有安全防护设施，也可布置在地形较高处；

3）应便于铁路、公路及管道的引接和燃料输送，缩短输送距离，减少转运和降低提升高度。燃油设施当采用铁路运油时，应位于厂内铁路装卸线的尽端。

4）宜布置在厂区主要建（构）筑物最小频率风向的上风侧。

（2）燃气电厂的天然气接收站、门站、调压站等燃气设施的布置，应符合 GB 50028《城镇燃气设计规范》中的有关规定，并满足下列要求：

1）应单独布置。

2）应布置在明火设备或散发火花设施最小频率风向的下风侧。

3）宜布置在靠近燃气轮机的厂区边缘地段。

4）当室内布置时，其泄压部位应避免面对人员集中场所和主要交通道路。

5）宜靠近天然气总管进厂的合理方向和各用户支管较短的地点。

6）天然气放空管的布置应满足 GB 50183《石油天然气工程设计防火规范》中的相关规定。

（3）地上储罐应按下列规定成组布置：

1）甲 B、乙和丙 A 类液体储罐可布置在同一油罐组内；丙 B 类液体储罐宜独立设置罐组。

2）沸溢性液体储罐不应与非沸溢性液体储罐同组布置。

3）立式储罐不宜与卧式储罐布置在同一个储罐组内。

4）储存 Ⅰ、Ⅱ 级毒性液体的储罐不应与其他易燃和可燃液体储罐布置在同一个罐组内。

（4）同一个罐组内储罐的总容量应符合下列规定：

1）固定顶储罐组及固定顶储罐和外浮顶、内浮顶储罐的混合罐组的容量不应大于 120000m³，其中浮顶用钢质材料制作的外浮顶储罐、内浮顶储罐的容量可按 50％ 计入混合罐组的总容量。

2）浮顶用钢质材料制作的内浮顶储罐组的容量不应大于 360000m³；浮顶用易熔材料制作的内浮顶储罐组的容量不应大于 240000m³。

3）外浮顶储罐组的容量不应大于 600000m³。

（5）同一个罐组内的油罐数量应符合下列规定：

1）当最大单罐容量大于或等于 10000m³ 时，储罐数量不应多于 12 座。

2）当最大单罐容量大于或等于 1000m³ 时，储罐数量不应多于 16 座。

3）单罐容量小于1000m³或仅储存丙B类液体的罐组，可不限储罐数量。

（6）地上储罐组内，单罐容量小于1000m³的储存丙B类液体的储罐不应超过4排；其他储罐不应超过2排。

（7）地上储罐组内相邻储罐之间的防火距离不应小于表3-1的规定。

表3-1 地上储罐组内相邻储罐之间的防火距离

储罐液体类别	单罐容量不大于300m³，且总容量不大于1500m³的立式储罐组	固定顶储罐（单罐容量）			外浮顶、内浮顶储罐	卧式储罐
		≤1000m³	>1000m³	≥5000m³		
甲B、乙类	2m	0.75D	0.6D		0.4D	0.8m
丙A类	2m	0.4D			0.4D	0.8m
丙B类	2m	2m	5m	0.4D	0.4D与15m的较小值	0.8m

注 1. 表中D为相邻油罐中较大储罐的直径。
    2. 储存不同油品的储罐、不同形式的储罐之间的防火距离，应采用较大值。

（8）地上储罐组应设防火堤。防火堤内的有效容积，不应小于罐组内一个最大储罐的容量。

（9）地上立式储罐的罐壁至防火堤内堤脚线的距离，不应小于罐壁高度的一半。卧式储罐的罐壁至防火堤内堤脚线的距离，不应小于3m。依山建设的储罐，可利用山体兼做防火堤，储罐的罐壁至山体的距离最小可为1.5m。

（10）地上储罐组的防火堤的实高应高于计算高度0.2m，防火堤高于堤内设计地坪不应小于1.0m，高于堤外设计地坪或消防车道路面（按较低者计）不应大于3.2m。地上卧式储罐的防火堤应高于堤内设计地坪不小于0.5m。

三、电气设备

屋内、外配电装置的布置应符合下列要求：

（1）进出线方便，与城镇规划相协调，宜避免相互交叉和跨越永久性建筑物；架空电力线路不应跨越爆炸危险场所及屋顶为易燃材料的建筑物，不宜跨越其他主要建筑物，跨越永久性建筑物时，应满足带电距离最小高度要求，建筑物屋顶应采取相应的防火措施。

（2）靠近主变压器布置，当技术经济论证合理时，也可布置在其他位置或厂区围墙之外。

（3）宜布置在循环水冷却设施冬季盛行风向的上风侧，并位于产生有腐蚀性气体及粉尘的建（构）筑物常年最小频率风向的下风侧。

（4）不同电压等级的配电装置都需扩建时，最高一级电压配电装置的扩建方向，宜与主厂房扩建方向一致。

（5）主变压器应靠近发电机布置；当技术经济论证合理时，主变压器可布置在屋外配电装置场内。主变压器就地检修时，附近应有必要的检修场地。

（6）网络控制楼宜靠近配电装置。

（7）公用配电间应根据电源和负荷要求确定位置，缩短电力电缆长度，并布置在相关的生产分区内，宜与其他车间合并建设。

（8）屋内、外配电装置的布置应以进出线条件便利为原则，避免线路交叉。

四、冷却设施区

燃气轮机电厂的冷却设施区主要是冷却塔及其泵房。冷却塔塔型的选择可采用自然通风冷却塔，带调峰负荷的联合循环机组及在高温高湿地区或在其他特殊情况下，可采用机械通风冷却塔，在严重缺水地区可采用空冷塔或空冷凝汽器。按照目前常见燃气轮机组的容量，采用机械通风冷却塔冷却效果好、占地少、造价低，燃气轮机电厂一般多采用机械通风冷却塔。

当采用机械通风冷却塔，单侧进风时，进风面宜面向夏季主导风向；双侧进风时，进风面宜平行于夏季主导风向，并应注意噪声对周围环境的影响。机械通风冷却塔之间的间距：长轴位于同一直线上的相邻塔排净距不小于 4m，长轴不在同一直线上相互平行布置的塔排净距不小于塔的进风口高的 4 倍。周围进风的机械通风冷却塔之间的净距不小于冷却塔进风口高的 4 倍。

冷却塔与周围建（构）筑物应保持足够的距离，一方面避免或减少周围建（构）筑物对冷却塔通风的不利影响，另一方面避免或减少冷却塔散发的水雾对周边电器设备及厂内、外道路等的不利影响。

五、辅助厂房及设施

（1）辅助厂房的布置应按功能特点分区，组成联合建筑或采用成组布置。

（2）再生水深度处理站宜单独布置或与蓄水池及综合水泵房设施集中布置，也可设在给水水源与供水集中的地点。

（3）氢气站、贮氢罐、供氢站布置应符合下列要求：

1）应为单独布置。

2）宜布置在主要生产设备区全年最小频率风向的上风侧，并应远离有明火或散发火花的地点。

3）宜布置在厂区边缘且不窝风的地段，泄压面不应面对人员集中的地方和主要交通道路。

4）宜留有扩建余地。

（4）全厂空气压缩机室宜集中布置在主厂房区域附近，并考虑噪声对环境的影响。贮气罐宜设在空气压缩机室外较阴凉的一面。

（5）综合水泵房和蓄水池的位置，宜设在给水水源与供水集中的地点。净化站宜位于厂区边缘、环境洁净、给水管线短捷，且与主要用户支管距离短的地段。工业废水处理间、地埋式生活污水处理设施宜布置在厂区全年最小频率风向上风侧，厂区边缘且地势较低的地带。煤水处理间宜布置在煤场附近。事故油池宜布置在变压器集中的区域。

（6）泡沫站应布置在燃油罐区附近，可与燃油罐区周围的建筑物组成联合建筑，并应布置在储油罐组防火堤外的非防爆区。

（7）供热首站宜靠近汽机房固定端侧、A 排外布置或热网管道引至用户方向厂区围墙内布置。

（8）污水和废水处理设施宜布置在地势较低和管路短捷的地区，并宜位于常年盛行风向的下风侧。

六、附属建筑物

（1）附属建筑物平面与空间组合应与周围环境和城镇建设相协调。

（2）附属建筑物布置应符合下列要求：

1）满足功能要求，有利管理，面向城镇主要交通道路或居住区。

2）集中布置在厂区主要出入口附近。

3）按不同功能和使用要求组成多功能的多层联合建筑，宜采用厂前一幢楼布置。

4）位于油罐区、酸罐区、碱罐区、氢气站等散发粉尘和有害物质最小频率风向的下风侧。

5）综合办公楼宜布置在厂内外联系均较方便的地段。

（3）材料库宜靠近检修维护车间或成组联合布置，采用多层建筑。

（4）发电厂消防站或消防车库的布置，应符合下列要求：

1）消防站宜避开厂区主要人流道路，并宜远离易燃、易爆区，宜位于厂区全年最小频率风向的下风侧。

2）消防车库宜单独布置；如确因条件困难，必须与汽车库合建时，两者应有独立的出入口。

3）消防车出口的布置应使消防车驶出时不与主要车流、人流交叉，并便于进入厂区主要干道。消防车库的正门，距厂区道路边线不宜小于 15m。

（5）汽车库应结合工程条件进行布置，可单独成区。在满足防火要求的前提下宜与其他建筑联合、毗邻布置；也可结合地形采用双层车库或地下车库。应便于车辆出入、避免与主要人流通道交叉，并宜有单独的出入口。汽车库附近宜有一定面积的露天停车场和检修场。

（6）室外停车场的布置，应符合 GB 50067《汽车库、修车库、停车场设计防火规范》和 GBJ 22《厂矿道路设计规范》的有关规定，并应符合下列要求：

1）生活用车的停车场宜设置在厂区主入口外，布置应以占地面积小、疏散方便、保证安全为原则。

2）生产管理用车的停车场应充分利用厂前建筑区空地，结合绿化规划进行布置。

3）生产管理用车的停车场可与厂外停车场合并建设。合并建设时，应分区布置，如有特殊车型，应按实际车辆外廓尺寸进行设计。

4）4 停车场的出入口位置及数量应根据停车容量及交通组织确定，且不应少于 2 个，其净距宜大于 30m；条件困难或停车容量小于 50 辆时，可设一个出入口，但其进出口应满足双向行驶的要求。出入口应符合行车视距的要求。

（7）电厂可根据需要设置非机动停车场，宜设置在厂区主入口外，可与厂外停车场合并布置，但应相互分隔，分别设置出入口。

七、围墙和出入口

（1）厂区主要出入口宜设在厂区固定端，可采用侧入式或端入式并面向城镇及公路干道。入厂主干道宜选择建筑环境立面较好的方位。

（2）发电厂出入口应使人流、车流分隔，便于厂外运输线路连接。

（3）厂区至少应设两个出入口。

（4）厂区周边围墙、变压器场地、屋外配电装置区、燃油设施区、制（供）氢站区围墙结构形式及高度按表 3-2 执行。

表 3-2　　　　　　　　　　　　　　　　围墙结构形式及高度

名　称	结构形式	高度（m）	说　明
厂区围墙	非燃烧体实体围墙	2.2	有装饰要求时，可设 2.2m 高围栅
变压器场地	围栅	1.5	兼做厂区围墙时，按厂区围墙标准
屋外配电装置区	围栅	1.8	
燃油设施区	非燃烧体实体围墙	1.8	兼做厂区围墙时，按 2.5m 高非燃烧体实体围墙设置
制（供）氢站区	非燃烧体实体围墙	2.5	
天然气调压站	围栅	1.8	

八、厂区地坪

（1）屋外配电装置区内宜根据工艺要求设置操作地坪。屋外配电装置区地坪可采用碎石、卵石铺砌或混凝土方砖、灰土封闭处理措施，也可适当绿化。

（2）变压器检修范围内的场地宜做混凝土地坪。

（3）卸酸碱场地宜采用块石、花岗岩或耐酸混凝土铺砌地坪。

（4）油罐区汽车卸油场地应采用现浇混凝土地面。

九、建（构）筑物的间距

（1）燃气轮机电厂生产的火灾危险性应根据生产中使用或产生的物质性质及其数量等因素分类，储存物品的火灾危险性应根据储存物品的性质和储存物品中的可燃物数量等因素分类。燃气轮机电厂常见的建（构）筑物的火灾危险性分类及其耐火等级见表 3-3。

表 3-3　　　　　　　　　　建（构）筑物的火灾危险性分类及其耐火等级

建（构）筑物名称	火灾危险性分类	耐火等级
主厂房（汽机房、燃机房、余热锅炉、集中控制室）	丁	二级
网络控制楼、微波楼、继电器室	丁	二级
屋内配电装置楼（内有每台充油量＞60kg 的设备）	丙	二级
屋内配电装置楼（内有每台充油量≤60kg 的设备）	丁	二级
屋内配电装置楼（无油）	丁	二级
屋外配电装置（内有含油设备）	丙	二级
油浸变压器室	丙	一级
柴油发电机房	丙	二级
岸边水泵房、中央水泵房	戊	二级
生活、消防水泵房	戊	二级
冷却塔	戊	三级
稳定剂室、加药设备室	戊	二级
油处理室	丙	二级
化学水处理室、循环水处理室	戊	二级
供氢站	甲	二级
天然气调压站	甲	二级
空气压缩机室（无润滑油或不喷油螺杆式）	戊	二级
空气压缩机室（有润滑油）	丁	二级
天桥	戊	二级
天桥（下面设置电缆夹层时）	丙	二级
变压器检修间	丙	二级
排水、污水泵房	戊	二级
检修间	戊	二级
取水建（筑）物	戊	二级
给水处理构筑物	戊	二级
污水处理构筑物	戊	二级
电缆隧道	丙	二级
特种材料库	丙	二级
一般材料库	戊	二级
材料棚库	戊	三级
消防车库	丁	二级

注　1. 除本表规定的建（构）筑物外，其他建（构）筑物的火灾危险性及耐火等级应符合 GB 50016《建筑设计防火规范》的有关规定。

　　　2. 当油处理室处理重油及柴油时，火灾危险性应为丙类；当处理原油时，火灾危险性应为甲类。

　　　3. 当特种材料库储存氢、氧、乙炔等气瓶时，火灾危险性应为甲类。

（2）燃气轮机电厂各建（构）筑物的间距，不应小于表 3-4 的规定。

发电厂各建(构)筑物的最小间距

表3-4　　　　　　　　　　　　　　　　　　　　　　　　　　　　　　　m

序号	建筑物名称		乙类建筑耐火等级 单、多层 一、二级	丙、丁、戊类建筑耐火等级 单、多层 一、二级	丙、丁、戊类建筑耐火等级 单、多层 三级	丙、丁、戊类建筑耐火等级 单、多层 四级	丙、丁、戊类 高层 一、二级	屋外配电装置	主变压器或屋外厂用变压器油量 V1(t/台) 5≤V1≤10	10<V1≤50	V1>50	自然通风冷却塔	机械通风冷却塔	燃气-蒸汽联合循环主厂房	卸煤装置或露天贮煤场	天然气调压站	制氢车间、供氢间	贮氢罐总容量 V2(m³) V2≤1000	1000<V2≤10000	贮油罐 罐区总容量 V3(m³) V3≤50	50<V3≤200	200<V3≤1000	1000<V3≤5000	液氨罐总容积 V4(m³) 单罐容积 V5(m³) V5≤20 V4≤50	20<V5≤50 50<V4≤200	50<V5≤100 200<V4≤500	100<V5≤200 500<V4≤1000	行政生活服务建筑(单、多层) 一、二级	三级	铁路中心线 厂外	厂内	厂外道路(路边)	厂内道路(路边) 主要	次要	围墙
1	乙类建筑耐火等级单、多层	一、二级						25	25			30⑤		10	15 贮存褐煤25	12		25		15	20	20	25	24	27	30	34		25						5
2	丙、丁、戊类 建筑耐火等级	一、二级	10	10	12	14	13	25	12 15 20	15 20 25	20 25 30	15~30③	40~60④	10	15	12	12	15	20	12	15	20	25	14 17 21 24	15 19 23 27	15 17 21 30	19 25 30	10 15 20 25	12 20 25 30	有出口时5~6 无出口时3	5~6	无出口时 1.5,有出口但不通行汽车时3,通行车辆时6~9(根据车型)	主要	次要	5
	单、多层	三级	12	12	14	16	15	30						12																					
	单、多层	四级	14	14	16	18	17							14																					
	高层	一、二级	13	13	15	17	14							13																					
3	屋外配电装置		25	25	15	20	20	—	—	—	—	30⑤	30	10	—	15	25	25	30	30	35	40	50	30 34 38 42	34 38 42 45			25							
4	主变压器或屋外厂用变压器油量 V1(t/台)	5<V1≤10		12	12	14	12																												
		10<V1≤50		15	15	20	15																												
		V1>50		20	20	25	20																												
5	自然通风冷却塔		15	15	20	25	15					0.5D①	40~50⑤	20	25~30③		20	20	25	15	20	25	30	30	30	34		20	30	35		湿冷塔10 同冷塔5	5	5	10
6	机械通风冷却塔		20	20	25	30	25					40~50⑤	②	25	40~45⑦	25	25	25	30	20	25	30	35	27	38	42		25	35	湿冷塔35 同冷塔5	湿冷塔15 同冷塔5	15			
7	燃气-蒸汽联合循环主厂房		15	12	14	16	13	13	10		50	20	25	30	注7	30	32	20	20	15	25	30		25	27	30	34	10	12	有出口时5~6、无出口时3		无出口时不通行汽车5时3进行车5~6、无出口时3	1.5		5
8	卸煤装置或露天贮煤场 W(t)	10<W≤500	15	15	20	25	15	15	10		25	20	40~45⑦	15贮存褐煤25	15贮存褐煤25	注8		20	注8	25	25	25	30	25	30	34		25							5
		5000≤W≤10000	20	20	25	30	20																												
		W≥10000	25	25	30	40	25																												
9	露天卸煤杆装置或贮煤堆 W(t)		15	15	20	25	15					20	25	30	注7	25		D①		25	25	25	40					40							8
10	天然气调压站		12	12	14	16	12				30	12	12	12	15存储煤25	—	12	15	20	15	20	20	25					25	25		20	20	5		5
11	制氢车间、供氢间		12	12	14	15	12				30	12	15	15	20存储煤25	12		20	20	15	20	25	30					25	25		20	20	5		5
12	贮氢罐区总容量 V2(m³)	V2≤1000	15	15	20	25	18	12		30	30	15	15	25	20存储煤25	25	25			15	20	24	30					30	30	25		15			8
		1000<V2≤10000	25	25	30	40	25				35	30	35	30	40存储煤25	30	30			25	25	30	42					32	38		国铁50 国铁25		10		10
13	贮油罐罐区总容量 V3(m³)	50<V3≤200	12	12	15	20	12					20	30	25			30				25	24	34					25 32 38				15			
		200<V3≤1000	15	15	20	25	15					注9																				20			
		1000<V3≤5000	20	20	25	30	20																												

续表

序号	建筑物名称		乙类建筑火灾等级 单、多层 一二级	三级	高层 一二级	三级	丙丁戊类建筑火灾等级 单、多层 一二级	三级	四级	高层	屋外配电装置	主变压器或屋外厂用变压器油量 V1(t/台) 5≤V1≤10	10<V1≤50	V1>50	自然通风冷却塔	机械通风冷却塔	燃气-蒸汽联合循环主厂房	卸煤装置或露天贮煤场	天然气调压站	制氢车间、供氢间	贮氢罐总容积 V2(m³) V2≤1000	1000<V2≤10000	贮油罐区总容量 V3(m³) V3≤50	50<V3≤200	200<V3≤1000	1000<V3≤5000	液氨罐总容积 V4(m³) V4≤50	50<V4≤200	200<V4≤500	500<V4≤1000	行政生活服务建筑(单、多层) 一二级	三级	铁路中心线 厂外 国铁	厂内	厂外道路(路边)	厂内道路(路边) 主要	次要	围墙
14	液氨储罐总容积 V4(m³)	V4≤50	30				丙丁类2.4 14 17	21	14		34				湿冷塔30 间冷塔25		24		30	30	24		注10				注10				30		国铁45	20	25			10⑧
	单罐容积 V5(m³) 50<V4≤200		34				丙丁类27 15 19	23	15		38						27	25	34	34	27				34						34		国铁53	25				10
	200<V4≤500		38				丙丁类30 15 21	27	17		42						30		38	38	30				38						38		国铁60	30	20	15		
	500<V4≤1000		42				丙丁类34 19 23	30	19		45						34	30	42	42	34				42						42			35				
15	行政生活服务建筑(单、多层)	一、二级	25				12 14	13	15		15	10	15	20	湿塔30 冷塔35,间35⑤	25	10	10	15	30	24	25	25	25		6 7		34	38		6 7	9 10	有出口时5~6 无出口时3		1.5,有出口时通行汽车时3	主要	次要	5
		三级	25				14 16	15	19			12	20	25			12				27	30	25	32	38		7 8											
16	围墙		5				5				—				15	5				5				10⑧					5				无出口时通行汽车时 2		1.0			—

注：

1. 液氨储罐与建(构)筑物防火间距按本表液氨罐总容积和单罐容积较大者确定。本表中液氨储罐…《火力发电厂油罐区烟气脱硝设计技术规程》DL/T 5480中的有关规定执行。
2. 表中的贮油罐指地上固定顶储罐。贮油罐、贮油罐区内各建(构)筑物…外道路边缘的最小净距应从架上固定端算起。
3. 生产工艺有特殊要求的防爆电装置变压器的最小间距应从…外道路(路)边的有关规定执行。
4. 与屋外配电装置变压器的最小间距应从…外道路边缘的最小净距应从架上固定端算起。
5. 表中贮氢罐总容积大于20000t时,宜作分级处理…各储之间的防火间距不应小于四级耐火等级建筑物间距的较大值。
6. 表中油罐总储量大于2000t时,宜作分级处理,各储之间的防火间距不应小于四级耐火等级建筑物间距的较大值。
7. 秸秆堆场总储存容积大于20000t时,宜作分级处理…不应小于本表相应储存大堆场与四级耐火等级建筑物间距的较大值。
8. 秸秆堆场与建(构)筑物最小间距小于12m时,贮油罐…不应小于四级耐火等级建筑物间距。
9. 按现行国家标准《石油库设计规范》GB 50074 的有关规定执行。
10. 按现行行业标准《火力发电厂烟气脱硝设计技术规程》DL/T 5480 的有关规定执行。
11. 表中制氢站(房)、供氢站,贮氢罐…警卫等非布置执行。
12. 表中行政生活服务建筑是指生产行政办公楼、食堂、浴室、宿舍、俱乐部、消防车库、警卫、传达室等建筑物。
13. 表中自然通风冷却塔间距按…必要时可通过模型试验确定其间距。
14. 表中最小间距的计算方法应符合本规范附录 A 的有关规定。

① 取相邻冷却塔的直径。当采用塔群布置时…塔间净距可为0.45D,但散热器塔内水平布置的…限可减少。对于逆流式自然通风冷却塔进风口高度的4倍…冷却塔进风口高度。在场地条件受…
② 长轴位上的相邻塔…长轴中不在一直线上相互平行布置的冷却塔之间的距离可用小于4m,长轴中不在…径以…并不应小于40～50m,散热器横向排布的长度,…
③ 自然通风湿式冷却塔与机械通风湿式冷却塔之间的净距不宜小于0.5倍自然通风冷却塔高度或棱排的4倍。
④ 在非严寒地区采用40m,严寒地区采用40m,湿式冷却塔与屋外配电装置与屋外配电装置间距宜小于60m,机械通风冷却塔与屋外…必要时通过专项研究确定。
⑤ 不包括汽机房,湿式冷却塔与建(构)筑物采用30m…单冷却塔与建(构)筑物采用30m,水工区控制楼用30m,机械通风冷却塔与建(构)筑物采用30m,同体量也很大的建(构)筑物…与建(构)筑物的间距宜采用建筑物的间距的较大值。
⑥ 当湿式冷却塔与屋外配电装置或贮存秸秆堆场的最小距离…当冷却塔位于全年盛行风下风侧时用…0.4倍冷却塔高度,位于塔…
⑦ 卸煤装置或露天贮煤场及贮煤筒仓外壁…外道路路边的最小间距不应小于20m;机械通风冷却塔与厂外铁路中心线和厂外道路边应为20m。
⑧ D为相邻冷却塔直径。
⑨ 露天贮煤场与消防车道的边沿防火间距不应小于5m。
⑩…
⑪…

（3）在执行发电厂各建筑物、构筑物的最小间距（见表3-4）的同时，还应遵守下列规定：

1）两座厂房相邻较高的一面外墙为防火墙时，或相邻两座高度相同的一、二级耐火等级建筑中的相邻任一侧外墙为防火墙且屋顶的耐火极限不小于1.00h，其最小间距不限，但甲类厂房之间不应小于4m。

2）两座丙、丁、戊类建筑物相邻两面的外墙均为非燃烧体且无外露的燃烧体屋檐，当每面外墙上的门窗洞口面积之和各不超过该外墙面积的5%且门窗洞口不正对开设时，其防火间距可减少25%。

3）甲、乙类厂房与民用建筑（单、多层）之间的防火间距不应小于25m；距重要的公共建筑，甲类厂房最小间距不应小于50m，乙类厂房的最小间距不宜小于50m。

4）戊类厂房之间的防火间距，可按表3-4减少2m。

5）两座一、二级耐火等级厂房，当相邻较低一面外墙为防火墙且较低一座厂房的屋顶无天窗，屋盖耐火极限不低于1h时；或当相邻较高一面外墙的门窗等开口部分设有甲级防火门、窗或防火分隔水幕或按相应要求设有防火卷帘时其防火间距可适当减少，但甲、乙类厂房不应小于6m，丙、丁、戊类厂房不应小于4m。

6）数座耐火等级不低于二级的厂房（除高层厂房和甲类厂房外），其火灾危险性为丙类，占地面积总和不超过8000m²（单层）或4000m²（多层），或丁、戊类不超过10000m²（单层、多层）的建筑物，可成组布置。组内建筑物之间的距离，当高度不超过7m时，不应小于4m；超过7m时，不应小于6m。

组与组或组与相邻建筑的防火间距，应根据相邻两座中耐火等级较低的建筑，按表3-4执行。

7）油浸变压器与汽机房、燃机房、屋内配电装置楼、主控楼、集中控制楼及网控楼的间距不应小于10m。

当上述建筑物墙外5m以内布置有变压器时，在变压器外轮廓投影范围外侧各3m内的外墙上不应设置门、窗、洞口和通风孔，且该区域外墙应为防火墙；当墙外5~10m范围内布置有变压器时，在上述外墙上可设置防火门，变压器高度以上可设防火窗。

屋外油浸变压器之间的间距由安装工艺确定。

8）架空高压电力线边导线应在考虑最大计算风偏影响后，边导线与丙、丁、戊类建（构）筑物的最小净空距离，110kV为4m，220kV为5m，330kV为6m，500kV为8.5m，750kV为11m，1000kV为15m。高压输电线不宜跨越永久性建筑物，当必须跨越时，架空高压电力线应在考虑最大计算弧垂情况后，导线与建筑物的最小垂直距离，110kV为5m，220kV为6m，330k为7m，500kV为9m，750kV为11.5m，1000kV为15.5m。并应对建筑物屋顶采取相应的防火措施。

架空高线与甲类厂房、甲类仓库、可燃材料堆垛，甲、乙类液体储罐、可燃、助燃气体储罐的最小水平距离不应小于杆塔高度的1.5倍，与丙类液体储罐的最小水平距离不应小于杆塔高度的1.2倍。

9）间接空冷塔的塔间净距及与其他建筑物之间的距离应符合下列规定：

a. 散热器塔内卧式布置时，间接空冷塔塔间净距宜不小于4倍进风口高度且不小于0.5倍冷却塔直径，与其他建筑物的距离宜不小于2倍的进风口高度；场地特别受限时宜通过模型试验研究确定。冷却塔直径计算点应为塔底零米标高斜支柱中心处，冷却塔进风口高度应为冷却塔零米至风筒底部间垂直高度。

b. 散热器塔周立式布置时，间接空冷塔塔间净距宜不小于冷却塔进风口高度的3倍，与其他建构筑物的间距宜不小于1.5倍进风口高度，场地特别受限时通过模型试验研究确定。冷却塔直径计算点应为散热器外围直径，冷却塔进风口高度应为冷却三角进风高度。

c. 间接空冷塔与其他建筑物之间的距离应满足冷却塔的通风要求，并应满足管、沟、道路、建筑物的防火和防爆要求，以及冷却塔和其他建筑物的施工和检修场地要求。

10）自然通风冷却塔与机械通风冷却塔之间的距离不宜小于自然通风冷却塔进风口高度的 2 倍加 0.5 倍机械通风冷却塔或塔排的长度，并不小于 40～50m，必要时可通过模型试验确定其间距。

空冷平台与机力通风冷却塔的净距不宜小于空冷凝汽器平台和机力通风冷却塔进风口高度之和。

备注：对机力通风湿冷塔和机力通风空冷塔均适用。

11）湿式自然通风冷却塔与主厂房之间的距离不宜小于 50m。在改、扩建厂及场地困难时可适当缩减，当冷却塔淋水面积小于或等于 3000m² 以下时，不小于 24m；大于 3000m² 时，不小于 35m，且不小于进风口高度的 2 倍。

12）冬季采暖室外温度在 0℃ 以上的地区，机械通风湿式冷却塔与屋外配电装置和道路之间的距离应按 3-4 数值减少 25％；冬季采暖室外计算温度在 −20℃ 以下的地区机械通风湿式冷却塔与相邻设施（不包括屋外配电装置和散发粉尘的原料、燃料及材料堆场、道路）之间的间距应按 3-4 数值增加 25％，当设计规定在寒冷季节不使用冷却塔时，其间距不增加。

小型机械通风冷却塔与相邻设施之间的间距可适当减少。

13）露天卸煤装置或贮煤场与冷却塔之间的距离，当冷却塔位于粉尘源全年盛行风下风侧时用大值，位于上风侧时用小值。

14）管道支架柱或单柱与道路边的净距不小于 1m。

15）厂内道路边缘至厂内铁路中心线间距不小于 3.75m。

16）总事故贮油池至火灾危险性为丙、丁、戊类生产建（构）筑物（一、二级耐火等级）的距离不应小于 5m，至生活建筑物（一、二级耐火等级）的距离不应小于 10m。

17）A 排外贮油箱防火间距按变压器防火间距考虑。

18）燃油库区泡沫站与储油罐的防火间距不应小于 20m。

19）空冷平台和运煤栈桥下方布置建（构）筑物时，其建（构）筑物的外墙和屋面板应采取相应的防火措施。

20）当变压器位于空冷平台下方时，在变压器水平轮廓外 2m 投影范围内上方应采取相应的防火隔离措施。

21）燃油处理室处理的油品为重油时，与其他建构（筑）物的间距按丙类二级考虑。

22）与厂区围墙外相邻建筑的间距应满足相应建筑的防火间距要求。

23）天然气放空管排放口与厂内明火或散发火花地点的防火间距不应小于 25m，与非防爆厂房之间的防火间距不应小于 12m。

第四节　交　通　运　输

一、燃气轮机电厂常用运输方式

燃气轮机电厂的燃料主要有两大类，气体燃料和液体燃料，燃气轮机不能直接燃用固体燃料。气体燃料通常包括天然气（包括液化天然气）、液化石油气（LPG）、气化气和工艺气。液体燃料主要为石油类产品，主要包括轻油、原油和重油。

燃油的燃气轮机电厂的燃油运输以铁路运输、水路运输和管道运输最为常见。对于较小容量的燃油燃气轮机电厂，用于燃气轮机启动前和停机时冲洗的轻油，当油源较近时可采用汽车运油。

燃气的燃气轮机电厂的天然气运输一般采用管道运输。

IGCC 电厂的主要物料运输为燃煤的运入，可以采用铁路运输和水路运输，距离煤矿较近的坑口电厂也可以采用公路运输，供煤点集中的坑口电厂还可以采用带式运输。

燃气轮机电厂的铁路、道路、水运码头的规划和设计，应根据电厂本期和规划容量，生产、施工和生活需要，城镇或工业区规划，路网发展，河流开发和海港规划，并结合厂址自然条件和总平面布置，从近期出发，考虑远景统筹规划，达到顺畅、安全、经济、合理。

燃气轮机电厂的燃料、材料及设备运输应因地制宜，根据技术经济比较，选择铁路、水路、公路、管道（皮带）或水陆联运方式。同一个电厂内应减少运输种类。

二、铁路

燃气轮机电厂的铁路主要运输燃油，IGCC 电厂则主要运输燃煤。铁路的设计应符合 GB 50012《Ⅲ、Ⅳ级铁路设计规范》，GB 50091《铁路车站及枢纽设计规范》中的相关规定。

1. 厂外铁路专用线的设计应符合的要求

（1）铁路专用线除由国家或地方铁路线接轨外，也可从其他工业企业的专用线上接轨。接轨点的位置应根据运量、货流和车流方向、发电厂位置及当地条件等进行综合比选确定，应减少对接轨站的作业干扰及拆迁改造。

（2）铁路专用线不应在国家铁路区间线路上接轨，并宜避免切割接轨站正线；在繁忙干线和时速200km 及以上客货混跑干线上接轨时，还应考虑铁路专用线与正线设置立交疏解的条件。

（3）铁路专用线的设计应根据沿线地形、地质、水文等自然条件，进行多方案比选。应注意节约用地，少占农田，避免修建大、中型桥梁及隧道，做到线路短捷、工程量小。

（4）铁路专用线的设计应与沿线城镇建设、农田水利、交通运输及工业企业相协调，便于合作建设，共同使用，避免与主要人流、货流交叉。

（5）线路的限制坡度，应根据铁路等级、牵引种类、地形条件和运输要求比选确定，并应考虑与相邻铁路牵引质量相协调。

线路的限制坡度不应超过表 3-5 的规定。

表 3-5	线路最大坡度		%
铁路等级	牵引种类		
	内燃	电力	
Ⅲ	1.8	2.5	
Ⅳ	3.0	3.0	

在采用限制坡度将引起巨大工程的地段，经比选可采用加力牵引坡度。加力牵引坡度的设计应符合 GB 50012《Ⅲ、Ⅳ级铁路设计规范》中的相关规定。

（6）铁路区间线路最小曲线半径应根据工程条件和设计行车速度比选确定，但不得小于表 3-6 的规定。

表 3-6	铁路区间线路最小曲线半径			m
路段设计行车速度（km/h）	120	100	80	60、40
最小曲线半径　一般地段	1200	800	600	500
困难地段	800	600	500	300

注　行车速度低于 40km/h，按调车办理。

改建既有线最小曲线半径应结合既有铁路标准比选确定，在困难条件下，改建将引起巨大工程时，个别小半径曲线可保留。

2. 厂内卸油铁路的布置应符合的要求

（1）铁路卸油线应为尽端式，宜位于厂区边缘地带。

（2）铁路卸油线应为平直线，确有困难时，可设在半径不小于 600m 的曲线上。

（3）铁路卸油线上列车的始端车位车钩中心线至前方铁路道岔警冲标的安全距离不应小于 31m，始端车位车钩中心线至装卸线车挡的安全距离不应小于 20m。

（4）卸油栈台应设置在铁路卸油设施的一侧，铁路卸油线的中心线至卸油栈台边缘的距离，自轨面算起 3m 以下不应小于 2m，3m 以上不应小于 1.85m。

（5）卸油地段线路应采用整体结构，并设蒸汽清洗设施及排油沟。

三、道路

燃气轮机电厂的道路分为厂外道路和厂内道路。厂外道路为电厂厂区与厂外公路、城市道路、车站、港口、原料基地、其他厂矿企业等相连接的对外道路，或与本厂外部各种辅助设施（水源地、变电站等）的辅助道路；厂内道路为厂区的内部道路。

1. 厂外道路

燃气轮机电厂的厂外道路位于城市道路网规划范围内的，按城市道路设计规范设计；位于公路网规划范围内的，按公路设计规范执行；位于上述规划范围外的厂外道路设计，按 DL/T 5032《火力发电厂总图运输设计规程》设计。

燃气轮机电厂的主要进厂道路应按三级厂矿道路标准建设，并宜与相连接的公路或城市道路标准相协调。厂区至厂外排水设施、水源地、码头之间，以及沿厂外管线等设置的维护检修道路可利用现有道路或按四级厂矿道路标准建设，在交通量小或困难路段，也可按辅助道路标准建设。厂外道路的主要技术指标宜按 GBJ 22《厂矿道路设计规范》的规定执行，厂外道路各项主要技术指标可按表 3-7 的规定采用。

表 3-7   厂外道路各项主要技术指标

厂外道路等级	三级		四级	辅助道路
计算行车速度（km/h）	40	30	20	15
路面宽度（m）	7.0	6.5	6.0	3.5
路基宽度（m）	8.5	7.5	7.0	4.5
极限最小圆曲线半径（m）	60	30	15	15
一般最小圆曲线半径（m）	100	65	30	—
不设超高的最小圆曲线半径（m）	600	350	150	—
停车视距（m）	40	30	20	15
会车视距（m）	80	60	40	
最大纵坡（%）	7	8	9	9

2. 厂内道路

燃气轮机电厂的厂内道路设计，按 GBJ 22《厂矿道路设计规范》执行，并符合下列要求：

（1）厂内各建筑物之间，应根据生产、消防和生活的需要设置行车道路。

（2）主设备区、配电装置区、油罐区、燃油处理室及天然气调压站周围应设环形道路或消防车通道。

（3）厂区主要出入口处主干道行车部分路面宽宜采用 6~7m，主设备区周围的环形道路路面宽度宜采用 6m，厂内大件运输道路路面宽度宜采用 6m，厂区支道路面宽度宜采用 3.5~4m。

（4）厂内道路宜采用水泥混凝土或沥青路面。

（5）厂内道路主要技术指标按表 3-8 执行。

表 3-8　　　　　　　　　　　　　　　　厂内道路主要技术指标

项　目		参　数
路面宽度（m）	主干道	7.0
	次干道	6.0～7.0
	支　道	3.5～4.0
	引　道	①
	人行道	1.0～2.0
最小转弯半径（m）	受场地限制时（如升压站内）	6.0
	行驶单辆汽车（1～8t）	9.0
	行驶单辆汽车（10～15t）	12.0
	单辆4～8t汽车拖带一辆2～3t挂车载重15～25t平板挂车	15.0
	载重40～60t平板挂车	18.0
最大纵坡（%）	主干道	6.0
	次干道	8.0
	支道、引道	9.0
计算行车速度（km/h）	主干道	20
	次干道	20
	支道	15
最小计算视距（m）	会车视距	40（30）
	停车视距	20（15）
	交叉口停车视距	20

注　1. 主干道——厂区主要入口通往主厂房或办公楼的入厂主要道路；或交通运输繁忙的全厂性主要道路。

　　2. 次干道——连接各生产区的道路及主厂房四周之环行道路。

　　3. 支道——车辆和行人都较少的道路以及消防道路等。

　　4. 引道——车间、仓库等出入口与主、次干道或支道相连接的道路。

　　5. 人行道——只有行人来往的道路。

　　6. 在场地困难时，次干道最大纵坡可增加1%；主干道、支道、引道可增加2%，但在海拔2000m以上地区不得增加；在寒冷、冰冻、积雪地区不应大于8%。

　　7. 最小计算视距括号内的数值用于支路。

①　车间引道宽度应与车间大门宽度相适应，转弯半径不小于6m。

四、水路

燃气轮机电厂码头位置的选择应符合下列要求：

（1）根据城乡规划、电厂总体规划、运输货物种类、运输量、船型、工艺布置统一考虑。当码头布置在厂区以外或需与其他企业共同使用码头时，应与规划部门及有关企业协调，落实建设的可能性以及建设费用、建成后的运行方式，取得必要的协议。并保证码头与发电厂厂区之间有良好的交通运输通道。

（2）根据选址区域地形、地质、地震、地貌、水文、气象等自然条件进行综合分析研究。

（3）选在河床（海岸）稳定、水流平顺、有天然掩护、波浪和水流作用小、泥沙运动较弱、水深适中、水域较宽的河段。无天然掩护条件，采用开敞式码头时，宜选在天然水深条件较好，波浪、水流对船体影响较小、离岸较近的水域。在冰冻地区应考虑冰凌对港口的影响，并应避免选择在游荡性的河段上建码头。

（4）选在地质条件良好，无活动性断裂带地段。对于软土地带，宜避开软土层较厚的地段建设码头。

（5）充分利用水域、陆域条件，综合规划码头、循环水取、排水口位置，新建电厂应通过模型试验和数模计算验证确定。

燃气轮机电厂码头布置应符合下列要求：

（1）码头布置按发电厂规划容量，统筹安排水域和陆域各项设施。宜以近期为主，远近结合，留有与总体规划相适应的泊位扩建条件。改、扩建码头时，充分利用既有设施。

（2）码头的总体设计应节约用地，合理使用岸线。

（3）码头宜布置在循环水取水口的下游，并与循环水排水口之间保持必要的距离，防止循环水排水直接冲击船只。

（4）卸油码头宜建在其他相邻码头或建、构筑物的下游。

（5）当岸线长度受到限制时，在设有可靠的安全措施条件下，经技术经济论证合理，可采用多功能综合码头。

（6）河港及海港码头的位置，宜缩短与陆域连接的引桥长度。引桥宽度需按规划容量留出输油管道廊道及检修通道。

（7）内河码头前沿停泊水域，不应占用主航道。

五、管道

1. 管道输油

管道输油是一种可靠的输油方式。电厂距离炼油厂15km以内时，可采用管道将油从炼油厂输送到电厂。一般情况下，管道输送的基建投资与运行费用只有铁路运输的1/5～1/2。对于燃用高黏度的燃料油的大容量电厂来说，即使距离炼油厂较远，经过技术经济比较，也可以考虑采用管道输油。输油管线选线时一般应遵循下述原则：

（1）线路应尽量取直，少转弯，以利缩短长度。

（2）沿线穿越铁路、公路、河流等障碍的工程量要小。

（3）线路尽量不经过低洼宜浸水的地带、局部盐碱地及其他对管线腐蚀性大的地带，应尽量走高而平坦的地带。

（4）尽量少占耕地，不破坏沿线已有的各种建筑物。

（5）为了线路的安全，管线距离较大的居民点、转输油站、油库不应太近，一般应在200m以外。

（6）避免管线沿铁路平行敷设；避开溢洪区和积洪区，与堤防平行敷设时，应保持一定距离。

2. 管道输气

燃烧天然气的电厂设计时，需与天然气主管部门商定并取得协议，统一规划和设计输气管道。

电厂调压站进口的天然气压力，一般为0.59～0.78MPa。由地区配气站到发电厂调压站的输气管道，在发电厂达到规划容量时，不应少于两条，可分期建设。当其中一条停用时，其余管道的通流能力，在采取措施后应能满足全厂锅炉额定蒸发量时所需耗气量的70%～100%。小型发电厂可采用一条输气管道。

天然气管道的敷设方式可分为埋地和架空两种敷设方式。从管理维护及不影响交通、农业耕作等出发，输气管线大多采用埋地敷设。只有在土石方量很大而又无取土条件的地段或一些临时性的管线才采用架空敷设。跨越河流时可采取水底、架桥、吊桥等方式。

第五节 竖 向 布 置

一、竖向布置主要原则

竖向布置是确定场地以及厂内各建（构）筑物与场地高程的关系，是规划场地设计中一个重要的有机组成部分，它与总平面布置密切联系，不可分割。必须兼顾总体平面和竖向的使用功能要求，统一考虑和处理规划设计与实施过程中的各种矛盾与问题，才能保证场地建设与使用的合理性、经济性。做好场地的竖向设计，对于降低工程成本、加快建设进度具有重要的意义。

竖向布置需综合考虑的因素较多，如厂区总平面布置、场地地形及地质条件、工艺流程要求、厂外交通运输的衔接、厂内交通运输组织的顺畅、最高设计水位的影响、厂区排水条件、地基处理费用、施工及安装条件、湿陷性黄土以及膨胀土地区的特殊要求等，在竖向布置的具体过程中，应根据项目的实际情况进行竖向设计。燃气轮机电厂的竖向布置主要原则如下：

（1）厂区竖向布置必须与厂区总平面布置统一考虑，应与全厂总体规划中的道路、铁路、码头、地下和地上工程管线、厂址范围内的场地标高及相邻企业的场地标高相适应。

（2）厂区场地设计标高应考虑与电厂等级相对应的厂址场地防洪标准，见表3-9。

表 3-9　　　　　　　　　　　发电厂的等级防洪标准

发电厂等级	规划容量 （MW）	防洪标准 （重现期）
Ⅰ	≥2400	≥100、200 年一遇的高水（潮）位*
Ⅱ	400～2400	≥100 年一遇的高水（潮）位
Ⅲ	<400	≥50 年一遇的高水（潮）位

＊对于风暴潮严重地区的特大型的海滨发电厂取 200 年。

如低于表 3-9 要求的标准时，厂区必须有防洪围堤或其他可靠的防洪设施。

（3）厂区竖向布置应根据生产工艺流程要求，结合厂区地形、地质、水文气象、交通运输等条件综合考虑，综合确定平坡式或阶梯式的竖向布置方式，避免深挖高填。

（4）改建、扩建工程的竖向布置，在充分了解并落实现有厂区或场地的竖向布置及排水条件的前提下，结合本期工程的总平面及竖向布置统筹确定场地设计标高，使全厂统一协调，并妥善处理场地衔接处的边坡、道路、管线及排水系统。

（5）厂区竖向布置应充分利用和保护天然排水系统及植被，边坡开挖应防止滑坡、塌方。

（6）根据地形、地质、地下水位、厂外排水口标高等因素综合考虑，合理设计厂区场地的排水系统，力求场地排水畅通。

二、竖向布置主要内容

1. 合理选择竖向布置方式

竖向布置方式可分为平坡式布置方式和阶梯式布置方式，根据场地的自然地形条件进行选用。

厂区场地平坦，自然地形坡度不超过 3% ，一般采用平坡式竖向布置。根据厂址所在区域的地形条件以及排水方向，确定电厂的总体排水点及排水方向。结合场地范围、厂内各区块的建（构）筑物布置、区块周边的道路布置，以及场地总体排水方向确定各个区块的排水方向，并合理选择坡向及坡度。在场地建筑布置密集区，排水坡度一般为 0.5%～2% ，最小坡度不小 0.3% ，最大坡度不宜大于 6% 。湿陷性黄土（膨胀土）地区，场地应避免积水，建筑周边场地设计排水坡不宜小于 2% 。

如能通过提高场地坡度，满足场地之间连接、工艺流程、交通组织及场地排水等要求时，应尽可能不设置阶梯；当厂区场地条件受限制，且自然地形综合坡度超过 3% 时，为节省场地平整土（石）方工程量，可以考虑采用阶梯式竖向布置方式。

阶梯的划分应考虑生产需要、交通运输的便利和地下设施布置的合理，满足建（构）筑物的布置要求，对于生产联系密切的建（构）筑物应布置在同一台阶或相邻台阶上。在实际工程设计中，一般按照电厂的功能分区，如主厂房区、配电装置区、冷却设施区、燃料储存区、附属及辅助生产设施区等，结合场地自然地形和地质条件划分阶梯。将工艺流程联系密切的车间尽量规划在同一阶梯内，在同一阶梯内，一般仍采用平坡式布置方式。一般台阶纵轴线应沿自然地形等高线布置，场地设计坡向宜与地形坡向一致。

在两台阶交接处，根据地质条件充分考虑边坡稳定的措施，尽量减少台阶的数量。根据地形和地质条件，利用道路、边坡或挡土墙等连接方式。边坡连接方式的土建工程量相对较小，节约投资，但占地面积相对较大；挡土墙连接可以在一定程度上节约用地，但土建工程量相对较大，投资相对较高。阶梯高差应按生产、交通运输要求，及地形、地质条件综合确定，不宜大于5m。

2. 防洪设施

（1）对位于海滨的发电厂，其防洪堤（或防浪堤）的滴定标高应按表3-9防洪标准（重现期）的要求加重现期为50年累计频率1%的浪爬高和0.5m的安全超高确定。

（2）对位于江、河、湖旁的发电厂，其防洪堤的堤顶标高应高于频率为1%的高水位0.5m；当受风、浪、潮影响较大时，尚应再加重现期为50年的浪爬高。防洪堤内采取排水措施时可以考虑越浪。防洪堤的设计尚应取得当地水利部门的同意。

（3）在有内涝的地区建厂时，防涝围堤堤顶标高应按百年一遇的设计内涝水位（当难以确定时，可采用历史最高内涝水位）加0.5m的安全超高确定。如有排涝设施时，则按设计内涝水位加0.5m的安全超高确定。

（4）在山区的发电厂，应考虑防山洪和排山洪的措施，防排设施应按频率为1%的山洪设计。

（5）围堤或防排洪设施宜在初期工程中按规划的规模一次建成。

（6）在不设大堤或围堤的厂区，主厂房区域的室外地坪设计标高应高于设计高水位的0.5m。

3. 设计标高的确定

（1）主厂房室内零米标高根据设计频率水位标高、自然地形、工程地质、直流供水的经济性、土石方量等因素确定。冷却塔水位及循环水泵房室内零米高程与汽机房内的地坪相适应或结合地形确定高差。

（2）生产建构筑物室内地坪标高高出室外地坪标高150~300mm，并根据地质条件考虑建筑物沉降的影响。

（3）厂区主要出入口的路面标高宜高出厂外路面标高。当低于厂外路面标高时，应有可靠的截、排水设施。

4. 厂区排水

厂区场地应有雨水排水系统，场地雨水排除方式应根据竖向布置、工程地质、地下水位、建筑密度、地下管沟布置、道路布置、环境状况和地质条件等因素合理选择。场地排水方式一般可分自然排水、明沟排水和安管排水等形式。

（1）自然排水一般适用于下列情况：

1）厂址规模较小，厂区自然排水条件较好。

2）雨量较小，土壤渗水性强的地区。

（2）明沟排水一般适用于下列情况：

1）阶梯式布置的场地。

2）厂区边缘地段或埋设下水道较为困难的岩石地段。

3）易堵塞下水道地段。

（3）暗管排水一般适用于下列情况：

1）场地平坦或地下水位较高等不适宜采用明沟排水的场地。

2）建（构）筑物的布置密度较高，地下工程管线复杂的地段。

3）城市型道路或场地集水井排水。

5. 边坡

当场地有放坡条件且无不良地质作用时，宜采用坡率法。采用坡率法应符合 GB 50330《建筑边坡工程技术规范》中的有关规定，坡率允许值按下列条件确定。

挖方边坡的坡率允许值应根据工程经验，按工程类比的原则并结合已有稳定边坡的坡率值分析确定。当无经验且边坡整体稳定、地质环境条件简单时，对土质均匀良好、地下水贫乏的土质挖方边坡的坡率允许值可按表 3-10 确定；对无外倾软弱结构面的岩质挖方边坡，其坡率允许值可按表 3-11 确定。

表 3-10 土质边坡坡率允许值

边坡土体类别	状态	坡率允许值（高宽比）	
		坡高小于 5m	坡高 5～10m
碎石土	密实	1：0.35～1：0.50	1：0.50～1：0.75
	中密	1：0.50～1：0.75	1：0.75～1：1.00
	稍密	1：0.75～1：1.00	1：1.00～1：1.25
黏性土	坚硬	1：0.75～1：1.00	1：1.00～1：1.25
	硬塑	1：1.00～1：1.25	1：1.25～1：1.50

注 1. 碎石土的充填物为坚硬或硬塑状态的黏性土。

2. 对于砂土或充填物为砂土的碎石土，其边坡坡率允许值应按砂土或碎石土的自然休止角确定。

表 3-11 岩质边坡坡率允许值

边坡岩体类型	风化程度	坡率允许值（高宽比）		
		$H < 8m$	$8m \leqslant H < 15m$	$15m \leqslant H < 25m$
I 类	未（微）风化	1：0.00～1：0.10	1：0.10～1：0.15	1：0.15～1：0.25
	中等风化	1：0.10～1：0.15	1：0.15～1：0.25	1：0.25～1：0.35
II 类	未（微）风化	1：0.10～1：0.15	1：0.15～1：0.25	1：0.25～1：0.35
	中等风化	1：0.15～1：0.25	1：0.25～1：0.35	1：0.35～1：0.50
III 类	未（微）风化	1：0.25～1：0.35	1：0.35～1：0.50	—
	中等风化	1：0.35～1：0.50	1：0.50～1：0.75	—
IV 类	中等风化	1：0.50～1：0.75	1：0.75～1：1.00	—
	强风化	1：0.75～1：1.00	—	—

注 1. H—边坡高度。

2. 边坡岩体分类按 GB 50330《建筑边坡工程技术规范》中的有关规定划分。

3. IV 类强风化包括各类风化程度的极软岩。

4. 全风化岩体可按土质边坡坡率取值。

对于由填土压实而形成的整体稳定的新边坡，当符合表 3-12 的要求时，可不设置支挡结构。位于斜坡上的填土，应验算其稳定性。当自然地面坡度大于 20% 时，应采取防止填土可能沿坡面滑动的措施，并应避免雨水沿斜坡排泄。

表 3-12 压实填土边坡坡率允许值

填土类型	坡率允许值（高宽比）		压实系数
	坡高小于 8m	坡高 8～15m	
碎石、卵石	1：1.50～1：1.25	1：1.75～1：1.50	
砂夹石（碎石、卵石占全重 30%～50%）	1：1.50～1：1.25	1：1.75～1：1.50	
土夹石（碎石、卵石占全重 30%～50%）	1：1.50～1：1.25	1：2.00～1：1.50	0.94～0.97
粉质黏土，黏粒含量≥10% 的粉土	1：1.75～1：1.50	1：2.25～1：1.75	

6. 土石方平衡

厂区及施工生活区土石方宜达到挖填平衡，运距最短。若明显不平衡时应选择合理的弃土场地或取土场地，并应考虑覆土还田的可能性。

土石方平衡的计算是一项比较繁琐、复杂、影响因素较多的综合平衡工作。受总平面布置方案、地形及地质条件、地基处理方案、施工过程中的变更等多方面因素影响，最终的挖、填土石方量很难达到绝对平衡。受地形资料的相对准确性以及计算精度的限制，一般情况下，挖方或填方量超过 10 万 m³ 时，挖、填土石方量之差宜小于 5%；挖方或填方量小于 10 万 m³ 时，挖、填土石方量之差宜小于 10%；否则，应对已设定的标高适当调整。

就单个电厂项目而言，土石方平衡计算的目的是力求挖、填土石方量最小，并达到基本平衡。结合厂址所在区域的发展或电厂相关配套项目的需求，当厂址附近有其他大型工程或电厂配套码头、铁路、道路需要填土或弃土时，应进行综合考虑，不一定强求厂区及施工区土石方平衡。

土石方平衡计算时，应关注如下主要问题：

(1) 在挖填转换时，土壤松散或压实引起的增减量，松散系数可按表 3-13 选用。

表 3-13 土壤的松散系数

土的分类	土的级别	土壤的名称	最初松散系数 K_1	最后松散系数 K_2
一类土 (松散土)	I	略有黏性的砂土；粉末腐殖土及疏松的种植土，泥炭（淤泥、种植土、泥炭除外）	1.08～1.17	1.01～1.03
		植物性土、泥炭	1.20～1.30	1.03～1.04
二类土 (普通土)	II	潮湿的黏性土和黄土，软的盐土和碱土；含有建筑材料碎屑、碎石、卵石的堆积土和种植土	1.14～1.28	1.02～1.05
三类土 (坚土)	III	中等密实的黏性土或黄土，含有碎石、卵石或建筑材料的潮湿的黏性土或黄土	1.24～1.30	1.04～1.07
四类土 (砂砾坚土)	IV	坚硬密实的黏性土或黄土，含有碎石、砾石（体积在 10%～30%，重量在 25kg 以下的石块）的中等密实黏性土或黄土，硬化的重盐土，软泥灰岩（泥灰岩、蛋白石除外）	1.26～1.32	1.06～1.09
		泥灰石、蛋白石	1.33～1.37	1.11～1.15
五类土 (软土)	V～VI	硬的石炭纪黏土，胶结不紧的砾岩，软的、节理多的石灰岩及贝壳石灰岩，坚实的白垩，中等坚实的页岩、泥灰岩		
六类土 (次坚土)	VII～IX	坚硬的泥质页岩，坚实的泥灰岩，角砾状花岗岩，泥灰质石灰岩，黏土质砂岩，云母页岩及砂质页岩，风化的花岗岩、片麻岩及正常岩，滑石质的蛇纹岩，密实的石灰岩，硅质胶结的砾岩，砂岩，砂质石灰质页岩	1.30～1.45	1.10～1.20
七类土 (坚岩)	X～XII	白云岩，大理石，坚实的石灰岩，石灰质及石英质的砂岩，坚硬的砂质页岩，蛇纹岩，粗粒正长岩，有风化痕迹的安山岩及玄武岩，片麻岩，粗面岩，中粗花岗岩，坚实的片麻岩，粗面岩，辉绿岩，玢岩，中粗正常岩		
八类土 (特坚石)	XIV～XVI	坚实的细粒花岗岩，花岗片麻岩，闪长岩，坚实的玢岩，角闪岩，辉长岩，石英岩，安山，玄武岩，最坚实的辉绿岩，石灰岩及闪长岩，橄榄石质玄武岩，特别坚实的辉长岩，石英岩及玢岩	1.45～1.50	1.20～1.30

注 挖方转化为虚方时，乘以最初松散系数；挖方转化为填方时，乘以最后松散系数。

(2) 需要进行地基土换填时。

(3) 建（构）筑物基槽余土。

(4) 使用生产废料作为场地回填材料。

(5) 利用场地开挖的砂、石作为建筑材料。

(6) 场地内有不能用于回填的淤泥、腐殖土、膨胀土等。

(7) 厂外公路、码头、铁路专用线的余土或缺土。

第六节 管 线 布 置

一、管线布置方式的选择

管线综合布置应从整体出发，结合规划容量、厂区总平面布置、竖向布置和绿化设计以及管线性质、施工维修等基本要求统一规划，使管线之间、管线与建（构）筑物之间在平面和竖向上相互协调，交叉合理，考虑安全，有利厂容。

当发电厂分期建设时，厂区内的主要管架、管线和管沟应按规划容量统一规划，集中布置，并留有足够的管线走廊。主要管、沟布置不应影响电厂将来的扩建和发展。

管线布置可采取直埋、管沟、地面及架空 4 种敷设方式，一般基于下列条件选择管线的敷设方式。

（1）应充分考虑管径、安装、运行维修要求以及管道内介质特性。对于易燃、易爆、易腐蚀及易冻等管线有其特定的敷设要求。如氢气管、乙炔管易爆，从安全运行考虑，宜直埋或架空敷设。供热管、蒸汽管可地上架空敷设。酸碱管易腐蚀，宜采用沟道敷设。

（2）考虑厂区工程地质和地下水位的影响。在湿陷性黄土地区布置管道时，应防止上、下水管的渗透和漏水，以免建（构）筑物基础下沉，遭受破坏。有条件时应尽量采用地上敷设，也可采用管沟方式。厂区管沟尽量避免布置在填方区，必要时需进行局部处理。

（3）管线敷设路径上的特殊位置。对于架空管线或管架，应避免跨越厂区主要出入口。管线或管架跨越道路或铁路时，必须考虑运输、净空、荷载等要求。

（4）厂址所在地区的气象条件。

（5）场地条件及景观要求。

（6）邻近的管线条件。

（7）电厂本期与规划容量的关系。

（8）厂区竖向布置对管线敷设的影响。

二、管线布置一般要求

管线布置时应根据当地自然条件、管内介质特性、管径、工艺流程以及施工与维护等因素和技术要求经综合比较后确定。

1. 管线敷设方式要求

（1）为节约用地，便于检修，方便管理，凡有条件集中架空布置的管线和当地下水位较高、地基土壤具有腐蚀性或基岩埋深较浅且不利于地下管沟施工的区域及改、扩建工程场地狭窄、厂区用地不足时，宜优先采用综合管架进行敷设。在地下水位较低、有条件集中地下敷设的管线，也可采用综合地下管廊进行敷设。

（2）生产、生活、消防给水管和雨水、污水排水管等宜直埋地下敷设。

（3）氢气管、天然气管、供回油管、热力管等宜架空敷设，氢气管和天然气管不宜地沟敷设。

（4）酸液和碱液管可敷设在地沟内，也可架空敷设。对发生事故时有可能扩大灾害的管道，不宜同沟敷设。

（5）厂区内的电缆可采用直埋、地沟、排管、隧道或架空敷设。电缆不应与其他管道同沟敷设。

互无影响的管线可同沟、同壁布置，也可沿建（构）筑物或其他支架上敷设。

地下管线、管沟与建（构）筑物、铁路、道路及其他管线的水平距离及交叉时的垂直距离，应根据地下管线及管沟的埋深、建（构）筑物的基础构造及施工、检修等因素综合确定。架空管线与道路、铁路或其他管线交叉布置时，应按规定保持必要的安全净空。

管、沟之间，管、沟与铁路，道路之间应减少交叉，交叉时宜垂直相交，困难时交叉角不宜小于45°，并应满足建筑限界的要求。

2. 架空管线及地下管线的布置要求

（1）流程合理并便于施工及检修。

（2）当管道发生故障时，不致发生次生灾害，特别是防止污水渗入生活给水管道和有害、易燃气体渗入其他沟道和地下室内，不应危及邻近建（构）筑物基础的安全。

（3）避免遭受机械损伤和腐蚀。

（4）避免管道内液体冻结。

（5）电缆沟及电缆隧道应防止地面水、地下水及其他管沟内的水渗入，并应防止各类水倒灌入电缆沟及电缆隧道内；应设有排除内部积水的技术措施。

（6）电缆沟及电缆隧道在进入建筑物外或在适当的距离及地段应设防火隔墙，电缆隧道的防火隔墙上应设防火门。

管、沟布置应与道路或建筑红线相平行，一般宜布置在道路行车部分外。主要管、沟应布置在用户较多的道路一侧，或将管线分类布置在道路两侧。

3. 管线综合布置按下列顺序自建筑红线向道路侧布置

（1）电力电缆。

（2）热力管道。

（3）各种工艺管道或架空管架。

（4）生产及生活等上水管道。

（5）生活污水管道。

（6）消防水管道。

（7）雨水排水管道。

（8）照明及电信杆柱。

管线布置时，各种废水及污水管道宜尽量与上水管道分开，并沿道路两侧布置或其间留有必要的安全防护距离。

具有可燃性、爆炸危险性及有毒介质的管道不应穿越与其无关的建（构）筑物、生产装置、辅助生产及仓储设施、贮罐区等。

改、扩建工程增加的管线应以不影响原有管线使用为原则，必要时应采取相应的过渡措施。

管线在综合布置时，在可能的条件下要尽量永临结合，方便施工，节约投资。

4. 各种管线、管沟在布置中产生矛盾时符合的规定

（1）有压力的让自流的。

（2）管径小的让管径大的。

（3）柔性的让刚性的。

（4）工程量小的让工程量大的。

（5）新建的让原有的。

（6）施工及检修方便的让不方便的。

（7）临时的让永久的。

（8）无危险的让有危险的。

三、地下管线

（1）地下管线的布置应符合下列要求：

1）各种管线不应穿越可燃、易燃液体及气体沟道。

2）地下管线、管沟不得平行布置在铁路路基下。

3）直埋式的地下管线，不应平行重叠布置。

4）管线宜减少埋深，并避免管道内的液体冻结。

5）非绝缘管线不宜穿越电缆沟、隧道，必须穿越时应有绝缘措施。

6）地下管线交叉布置时，应符合以下技术要求：

a. 给水管道布置在排水管道之上。

b. 可燃、易燃气体管道除热力管道外应在其他管道上面交叉通过。

c. 电缆应在热力管道下面其他管道上面通过。

d. 具有酸性或碱性的腐蚀性介质管道，应布置在其他管沟下面。

e. 在电缆隧道和电缆沟道中，禁止有可燃或易燃、易爆液（气）体管道穿越。

（2）地下管线、管沟不得布置在建（构）筑物的基础压力影响范围内，并不宜平行敷设在道路下面。当布置受限、用地紧张时，可将不需经常检修或检修时不需大开挖的管道、管沟平行敷设在道路路面或路肩下面。

（3）当供油管道采用沟道敷设时，在燃油罐至燃油泵房以及燃油泵房至主厂房之间的油管沟内，应有防止火灾蔓延的隔断措施。

（4）电缆沟（隧）道通过厂区围墙或和建（构）筑物的交接处，应设防火隔断（防火隔墙或防火门），其耐火极限不应低于 4h。隔墙上穿越电缆的空隙应采用非燃材料密封。其他沟道排水不应排入电缆沟（隧）道内。

（5）地下沟道底面应设置纵、横向排水坡度，其纵向坡度不宜小于 0.3%，横向坡度一般为 1.5%。并在沟道内有利排水的地点及最低点设集水坑和排水引出管。排水点间距不宜大于 50m，集水坑坑底标高应高于下水井的排水出口顶标高 200～300mm。当沟底标高低于地下水位时，沟道应有防水措施。

地下沟（隧）道宜采用自流排水，当集水坑底面标高低于下水道管面标高时，可采用机械排水。

（6）地下沟道应根据结构类型、工程地质和气温条件设置伸缩缝，缝内应有防水、止水措施。

各类沟道伸缩缝间距可按表 3-14 采用。

表 3-14   混凝土、钢筋混凝土与砖地沟伸缩缝间距   m

地沟温度条件			混凝土地沟		钢筋混凝土地沟
			现浇地沟（配构造筋）	现浇地沟（无构造筋）	整体地沟
不冻土层内			25	20	30
冻土层内	年最高最低平均气温差	<35℃	20	15	20
		>35℃	15	10	15

（7）不宜或不应敷设在同一沟道内的管线可按表 3-15 确定。

表 3-15   不宜或不应同沟敷设的管线

管线名称	不宜同沟	不应同沟
热力管（伴热管除外）	燃油管	冷却水管、酸碱管、电缆
供水管	排水管	燃油管、酸碱管、电缆
燃油管	给水管、压缩空气管、热力管（伴热管除外）	酸碱管、电缆
电力、通信电缆	压缩空气管	燃油管、酸碱管、热力管

（8）通行和半通行隧道的顶部设安装孔时，孔壁应高出设计地面 0.15m。并应加设盖板。两人孔最大间距一般不宜超过 75m。且在隧道变断面处，不通行时，间距还应减小，一般至安装孔最大距离为 20～30m。

（9）地下管线至与其平行的建（构）筑物、铁路、道路及其他管线的水平距离，应根据工程地质、基础形式、检查井结构、管线埋深、管道直径、管内输送物质的性质等因素综合确定。

地下管线之间最小水平净距，见表 3-16。

地下管线与建（构）筑物之间的最小水平净距，见表 3-17。

表 3-16　地下管线之间最小水平净距

m

项　目		给水管（mm）				排水管（mm）			热力管（沟）	天然气管	压缩空气管	氢气管、氨气管	电力电缆		通信电缆		油管	酸、碱、氯管
		<75	75~150	200~400	>400	生产废水管与雨水管<800（污水管<300）	生产废水管与雨水管800~1500（污水管400~600）	生产废水管与雨水管>1500（污水管>600）					直埋电力电缆	电缆沟、排管	直埋电缆	电缆管道		
给水管（mm）	<75	—	—	—	—	0.7	0.8	1.0	0.8	1.5	0.8	0.8	1.0	0.8	0.5	0.5	1.0	1.0
	75~150	—	—	—	—	0.8	1.0	1.0	1.0	1.5	1.0	1.0	1.0	1.0	0.5	0.5	1.0	1.0
	200~400	—	—	—	—	1.0	1.2	1.5	1.2	1.5	1.2	1.2	1.0	1.2	1.0	1.0	1.5	1.5
	>400	—	—	—	—	1.0（1.2）	1.2（1.5）	1.5（2.0）	1.5	1.5	1.5	1.5	1.0	1.5	1.2	1.2	1.5	1.5
排水管（mm）	生产废水管与雨水管<800（污水管<300）	0.7	0.8	1.0	1.0（1.2）	—	—	—	1.0	2.0	0.8	0.8	1.0	1.0	1.0	0.8	1.0	1.0
	生产废水管与雨水管800~1500（污水管400~600）	0.8	1.0	1.2	1.2（1.5）	—	—	—	1.2	2.0	1.0	1.0	1.0	1.2	1.0	1.0	1.2	1.5
	生产废水管与雨水管>1500（污水管>600）	1.0	1.0	1.5	1.5（2.0）	—	—	—	1.5	2.0	1.2	1.2	1.0	1.5	1.0	1.0	1.5	1.5
热力管（沟）		0.8	1.0	1.2	1.5	1.0	1.2	1.5	—	2.0	1.0	1.5	2.0	1.5	1.0	1.0	1.5	1.5
天然气管		1.5	1.5	1.5	1.5	2.0	2.0	2.0	2.0	—	1.5	1.5	1.5	1.5	1.5	1.5	1.5	1.5
压缩空气管		0.8	1.0	1.2	1.5	0.8	1.0	1.2	1.0	1.5	—	1.5	1.0	1.5	0.8	1.0	1.5	1.2
氢气管、氨气管		0.8	1.0	1.2	1.5	0.8	1.0	1.2	1.5	1.5	1.5	—	1.0	1.5（1.0）	0.8	1.0	1.5	1.5
电力电缆	直埋电力电缆	1.0	1.0	1.0	1.0	1.0	1.0	1.0	2.0	1.5	1.0	1.0	—	0.5	0.5	0.5	1.0	1.0
	电缆沟、排管	0.8	1.0	1.2	1.5	1.0	1.2	1.5	1.5	1.5	1.5	1.5（1.0）	0.5	—	0.5	0.5	1.2	1.2
通信电缆	直埋电缆	0.5	0.5	1.0	1.2	1.0	1.0	1.0	1.0	1.5	0.8	0.8	0.5	0.5	—	0.5	1.0	1.5
	电缆管道	0.5	0.5	1.0	1.2	0.8	1.0	1.0	1.0	1.5	1.0	1.0	0.5	0.5	0.5	—	1.0	1.2
油管		1.0	1.0	1.5	1.5	1.0	1.2	1.5	1.5	1.5	1.5	1.5	1.0	1.2	1.0	1.0	—	1.5
酸、碱、氯管		1.0	1.0	1.5	1.5	1.0	1.5	1.5	1.5	1.5	1.2	1.5	1.0	1.2	1.5	1.2	1.5	—

注：
1. 表列间距均自管壁、沟壁或电缆的防护设施的外缘或最外一根电缆算起。
2. 当热力管（沟）与电力电缆穿管敷设时，应采取隔热措施，特殊情况下，可酌减隔热措施，间距不限。
3. 局部地段电力电缆穿保护管或埋隔板后与给水管不能满足间距本表规定时，间距可酌减到 0.5m，与穿管通信电缆管道的间距可减少到 0.1m。
4. 表列数据系按给水管在污水管上方制定的。生活饮用水给水管与污水管间距应按本表数据增加 50%；生产废水管与污水管间距可减少 20%。
5. 当给水管与排水管共同埋设的土壤为砂土类时，且给水管在排水管下类，给水管与排水管间距不应小于 0.5m。
6. 仅供采暖用的热力沟与电力电缆、通信电缆及本表中各类管与本表数据增加 20%。
7. 110kV 级及以上的直埋电力电缆之间的间距可按 35kV 数据增加 50%。
8. 表中天然气管指设计压力大于 0.8MPa 的次高压 A 及高压 B 及中低压天然气管，压力小于或等于 0.8MPa 的次高压天然气管与其他管道与天然气管线之间的距离按 GB 50028《城镇燃气设计规范》的有关规定执行。
9. 括号内为管沟外壁的距离。
10. 括号系指公称直径。
11. 表中"—"表示间距未作规定，可根据具体情况确定。

表 3-17　地下管线与建（构）筑物的最小水平净距　　　　m

项目	给水管（mm）			排水管（mm）			热力沟（管）	天然气管	压缩空气管	氢气管、氨气管	油管、酸、碱、氢管	直埋电力电缆	电缆沟（管）	通信电缆
	<150	200~400	>400	生产废水管与雨水管<800 污水管<300	生产废水管与雨水管800~1500 污水管400~600	生产废水管与雨水管>1500 污水管>600								
建（构）筑物基础外缘	1.0	2.5	3.0	1.5	2.0	2.5	1.5	13.50①	1.5	3.0、2.0④	3.0	0.6	1.5	0.5⑦
铁路（中心线）	3.3	3.8	3.8	3.8	4.3	4.8	3.8	5.0、6.0、8.0②	2.5	2.5⑤	3.8	3.0（10.0）③	2.5⑤	2.5
道路	0.8	1.0	1.0	0.8	0.8	1.0	0.8	1.0	0.8	0.8	1.0	1.0⑥	0.8	0.8
管架基础外缘	0.8	1.0	1.0	0.8	1.0	1.2	0.8	2.0	0.8	0.8	2.0	0.5	0.8	0.5
通信照明杆柱（中心）	0.5	1.0	1.0	0.8	1.0	1.2	0.8	1.0	0.8	0.8	1.0	1.0⑦	0.8	0.5
围墙基础外缘	1.0	1.0	1.0	0.8	1.0	1.0	1.0	1.0	1.0	1.0	1.5	0.5	1.0	0.5
排水沟基础外缘	0.8	0.8	1.0	0.8	0.8	1.0	0.8	1.0	0.8	0.8	1.0	1.0⑥	1.0	0.8
高压电力杆柱或塔基础外缘	0.8	1.5	1.5	1.2	1.5	1.8	1.2	③	1.2	2.0	2.0	4.0⑥	1.2	0.8

注：
1. 表列间距除注明者外，管线均自管壁、沟壁或防护设施的外缘或最外一根电缆算起；道路为城市型时，自路面边缘算起，为公路型时，自路肩边缘算起。
2. 表列埋地管道与建（构）筑物基础外缘的间距，均指埋地管道与建（构）筑物的基础外缘的间距。当埋地管道埋深大于建（构）筑物基础深度时，应按土壤性质计算角度确定，但不得小于表列数值。
3. 表中天然气管指设计压力大于0.8MPa的次高压A及高压天然气管，其与建（构）筑物间的距离除了符合GB 50028《城镇燃气设计规范》的有关规定外，管道的安全设计还应满足GB 50251《输气管道工程设计规范》的要求。压力小于或等于0.8MPa的次高压B及中低压天然气管的净距要求按GB 50028《城镇燃气设计规范》的有关规定执行。
① 指建筑物外墙面（出地面处）的距离。当按GB 50251《输气管道工程设计规范》采取有效安全防护措施加增或减壁后，距建筑物的距离可适当减小，但距建（构）筑物基础外缘的距离不应小于3.0m。
② 天然气管与铁路路堤坡脚时的最小水平净距：压力 $p \leq 1.6$MPa 时，1.6MPa$<p\leq$2.5MPa 时，为5.0m；$p>$2.5MPa 时，为8.0m。
③ 天然气管与架空输电线路边导线的最小水平距离：在最大风偏情况下，3kV 以下为1.5m，3~10kV 为2m，35~110kV 为4m，220kV 为5m，330kV 为6m，500kV 为7.5m，750kV 为9.5m，1000kV 为13m。
④ 氢气管、氨气管，距有地下室的建筑物基础和通行沟道外缘的水平间距为3.0m，距无地下室的建筑物基础外缘的水平间距为2.0m。
⑤ 指距铁路轨道外缘的距离，括号内为减少50%。
⑥ 特殊情况下，可酌减少50%。
⑦ 通信电缆管道距建（构）筑物基础外缘的距离要求和电缆沟建（构）筑物的距离要求相同。

（10）地下管线（或管沟）穿越铁路、道路时，应符合下列要求：

1）管顶至铁路轨底的垂直净距不应小于1.2m。

2）管顶至道路路面结构层底的垂直净距不应小于0.5m。

3）穿越铁路、道路的管线当不能满足上述要求时，应加防护套管（或管沟），其两端应伸出铁路路肩或路堤坡脚以外，且不得小于1m。当铁路路基或道路路边有排水沟时，其套管应延伸出排水沟沟边1m。与铁路和道路交叉的天然气管道套管的两端伸出部分，距铁路边轨不小于3m，距道路路肩不小于2m。

四、地上管线

地上管线布置应符合下列要求：

（1）不影响交通运输、人流通行、消防及检修，并应注意对厂容的影响。

（2）不影响建筑物的自然通风和采光以及门窗的使用。

（3）具有可燃性、爆炸危险性、腐蚀性及有毒介质的管道，不应在与其无生产联系的建筑物外墙或屋顶敷设；不应在存放易燃、可燃物料的堆场和仓库区通过。

（4）架空电力线路，不应跨越爆炸危险场所。不应跨越屋顶为可燃材料的建筑物，不宜跨越其他主要建筑物。

（5）沿建（构）筑物外墙架设的管线，管径宜较小、不产生推力，且建（构）筑物的生产与管内介质相互不能引起腐蚀、易燃等的危险。

（6）多管共架敷设时，管道的排列方式及布置尺寸应满足安全、美观的要求，并便于管道安装和维修，力求管架荷载分布合理和避免相互影响。

（7）氢气管、氨气管、天然气管宜布置在综合管架上层，腐蚀性介质的管道宜布置在管架下层，电缆桥架不宜平行敷设在热力管道的上方。

（8）低支架敷设的管线，应符合下列要求：

1）应布置在不妨碍交通、人流较少的厂区边缘地带，避免分隔厂区。

2）低支架敷设的管底外壁与地面的净距不宜小于0.5m，困难情况下可燃或易燃易爆管道不应小于0.35m，其他管道不应小于0.3m，以避免地面水对管道的侵蚀。

3）沿高差较大的边坡布置时，不应影响边坡的稳定。

4）厂区架空管线之间的最小水平净距，见表3-18。厂区架空管线交叉时的垂直净距不宜小于0.25m，其中电缆与其他管线交叉时的垂直净距不宜小于0.5m。

表3-18 　　　　　　　　　　　　**架空管线之间的最小水平净距** 　　　　　　　　　　　　　　m

名　称	热力管	氢气管	氨气管	天然气管	燃油管	电缆
热力管（蒸汽压力不超过1.3MPa）	—	0.25	0.25	0.5	0.25	1.0[①]
氢气管	0.25	—	0.5	0.5	0.5	1.0
氨气管	0.25	0.5	—	0.5	0.5	1.0
天然气管	0.5	0.5	0.5	—	0.5	0.5
燃油管	0.25	0.5	0.5	0.5	—	0.5
电缆	1.0[①]	1.0	1.0	0.5	0.5	—

注　1. 表内所列管道与给水管、排水管、不燃气体管、物料管等其他非可燃或易燃易爆管道之间的水平净距不宜小于0.25m，但当相邻管道直径较小，且满足管道安装维修的操作安全时可适当缩小距离，但不应小于0.1m。

　　2. 当热力管道为工艺管道伴热时，间距不限。

① 电力电缆与热力管净距不小于1.0m，控制电缆与热力管净距不小于0.5m。

架空管架（管线）跨越铁路、道路的垂直净距不应小于表3-19要求，架空管架（管线）与建（构）

筑物之间的最小水平净距见表 3-20，厂区架空原油、天然气管与建（构）筑物之间的最小水平净距见表 3-21。

表 3-19　　　　　　　　架空管架（管线）跨越铁路、道路的最小垂直净距　　　　　　　　　　m

名　称		最小垂直净距
铁路轨顶	可燃或易燃、易爆液（气）体管道	6.0
	其他一般管线	5.5
道路路面		5.0①
人行道路面		2.5

注　1. 表中距离除注明外，管线自防护设施的外缘算起，管架自最低部分算起。

　　2. 架空管架（管线）跨越电气化铁路的最小垂直净距为 6.6m。

① 有大件运输要求或在检修期间有大型起吊设施通过的道路，应根据需要确定；在困难地段，可采用 4.5m。

表 3-20　　　　　　　架空管架（管线）与建筑物、构筑物之间的最小水平净距　　　　　　　　m

建筑物、构筑物名称	最小水平净距
建筑物有门窗的墙壁外边或凸出部分外边	3.0
建筑物无门窗的墙壁外边或凸出部分外边	1.5
铁路中心线	3.8 或按建筑限界
道路	1.0
人行道外沿	0.5
厂区围墙（中心线）	1.0
照明、通信杆柱中心	1.0

注　1. 表中距离除注明者外，管架从最外边线算起；道路为城市型时，自路面边缘算起，为公路型时，自路肩边缘算起。

　　2. 本表不适用于低架式、地面式及建筑物支撑式。

　　3. 可燃或易燃、易爆液（气）体管道的管架与建（构）筑物之间的最小水平净距应符合有关规范的规定。

表 3-21　　　　　　厂区架空原油、天然气管与建筑物、构筑物之间的最小水平净距　　　　　　m

名　称	原油管、天然气管
甲、乙类生产厂房或散发火花设施	10
丙、丁、戊类生产厂房	6.0①
铁路中心线	6.0
架空电力线路	本段最高杆（塔）高度②
道路路面边缘	1.5
厂区围墙（中心线）	1.5
照明及通信杆柱（中心线）	1.0

① 当场地受限制时，架空天然气管道在按照 GB 50251《输气管道工程设计规范》的规定采取了有效的安全防护措施或增加管道壁厚后，可适当缩短与丙、丁、戊类生产厂房之间的水平净距，但不得小于 3m。

② 指开阔地区。当路径受限制时，在最大风偏情况下，厂区架空原油、天然气管与架空电力线路边导线的最小水平距离：110kV 为 4m，220kV 为 5m，330kV 为 6m，500kV 为 7.5m，750kV 为 9.5m，1000kV 为 13m。

第七节　燃气轮机电厂布置示例

燃气轮机发电站，采用天然气、燃料油或工业伴生气作为燃料，是高效、清洁发电技术的体现。

根据发电形式的不同，燃气轮机电站大致可分为简单循环和燃气-蒸汽联合循环两种类型。

随着燃气轮机技术的不断发展，燃气轮机产品不断升级换代，在世界范围内环保意识的增强，燃气轮机电站已经逐步成为世界电力工业的重要组成部分。

对于燃气轮机电站来说，没有了燃煤电站的输煤系统、除灰渣系统及脱硫系统等，动力岛的占地面积比例大，主要包括主厂房、集控室、余热锅炉、变压器等；辅助性生产和行政办公建筑物占地面积较少，如化水车间、工业消防水泵房、检修维护间等。以下为部分工程总平面布置案例：

一、单循环燃气轮机电站案例

（1）某工程本期建设 8×6B 单循环燃气轮机电站，建设容量为 330MW，后期将扩建至联合循环，采用 2×406B 的形式。燃料采用单燃料-天然气，补给水源采用厂内打井。电气出线电压等级为 330kV，电厂各工艺系统原则上按本期规模确定，总平面和配电装置区域兼顾规划容量，为后期扩建留有空间。

厂区主要建设项目有主厂区、天然气调压站区域、水处理设施区、配电装置区及其他辅助建构筑物区域。厂区围墙内占地面积约 14.3hm²。某单循环燃气轮机电站总平面布置如图 3-1 所示。

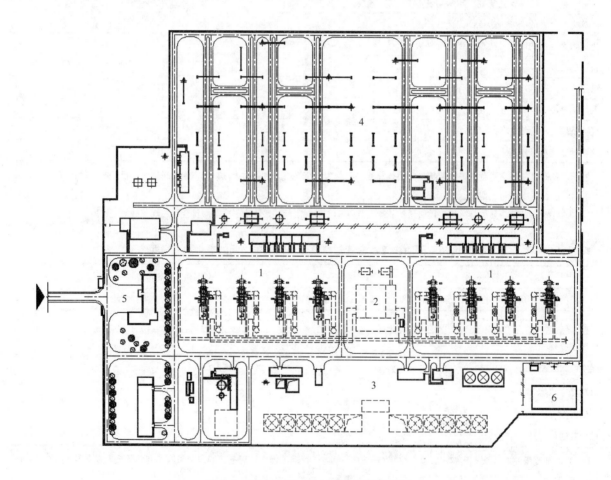

图 3-1　某单循环燃机电站总平面布置图

1—燃气轮机；2—汽机房；3—循环水泵房及冷却塔；4—屋外配电装置；5—行政办公楼；6—天然气调压站

（2）某电厂本期建设 4 套 9E 燃气轮机，建设容量约为 520MW，后期将扩建至联合循环电站。燃料采用单燃料-天然气，水源采用厂内打井。电气出线电压等级为 330kV，电厂各工艺系统原则上按本期规模确定。

厂区主要建设项目有主厂区、天然气调压站区域、水处理设施区、配电装置区及其他辅助建构筑物区域。厂区围墙内占地面积约 9.3hm²。某单循环燃气轮机电站总平面布置如图 3-2 所示。

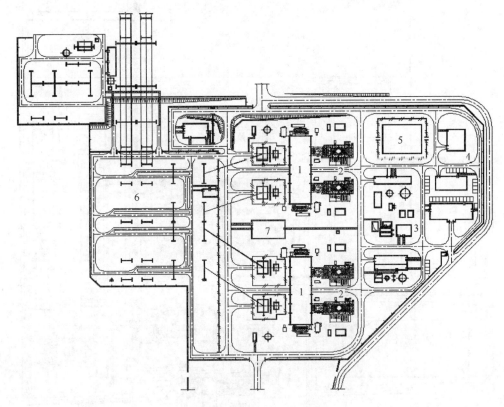

图 3-2 某单循环燃机电站总平面布置图
1—燃气轮机；2—余热锅炉；3—水处理区域；4—材料库；5—天然气调压站；6—屋外配电装置；7—集控楼

二、联合循环电站实例

（1）某电厂本期建设 1×206FA 燃气轮机，建设容量为 220MW，不考虑扩建。燃料采用双燃料-天然气及重油，水源采用厂内打井。电气出线电压等级为 330kV，电厂各工艺系统原则上按本期规模确定。施工区域位于主厂房北侧。

厂区主要建设项目有主厂区、油储罐区、水处理设施区、配电装置区及其他辅助建构筑物区域。厂区围墙内占地面积约 10.2hm²。某联合循环燃气轮机电站总平面布置如图 3-3 所示。

（2）某电厂本期建设 3×106B 燃气轮机。燃料采用双燃料-天然气及轻柴油，水源采用厂内打井，机组采用空冷器冷却。配电装置不在承包商的工作范围内，电厂各工艺系统原则上按本期规模确定。厂区主要建设项目有主厂区、天然气调压站区域、油罐区、水处理设施区、配电装置区及其他辅助建构筑物区域。厂区围墙内占地面积约 2.3hm²。某联合循环燃气轮机电站总平面布置如图 3-4 所示。

（3）某电厂本期建设 2×209E 燃气轮机。燃料采用单燃料-天然气，水源采用厂内打井，机组采用带机械通风冷却塔的二次循环冷却。电气出线电压等级为 330kV，电厂各工艺系统原则上按本期规模确定。厂区主要建设项目有主厂区、天然气调压站区域、油罐区、水处理设施区、配电装置区及其他辅助建构筑物区域。厂区围墙内占地面积约 17.4hm²。某联合循环燃气轮机电站总平面布置如图 3-5 所示。

（4）某电厂本期建设 1×109F 燃气轮机。燃料采用单燃料-天然气，水源采用厂内打井，机组采用河水直流一次循环。电厂各工艺系统原则上按本期规模确定。

厂区主要建设项目有主厂区、天然气调压站区域、水处理设施区、配电装置区及其他辅助建构筑物区域。厂区围墙内占地面积约 5.4hm²。某联合循环燃机电站总平面布置如图 3-6 所示。

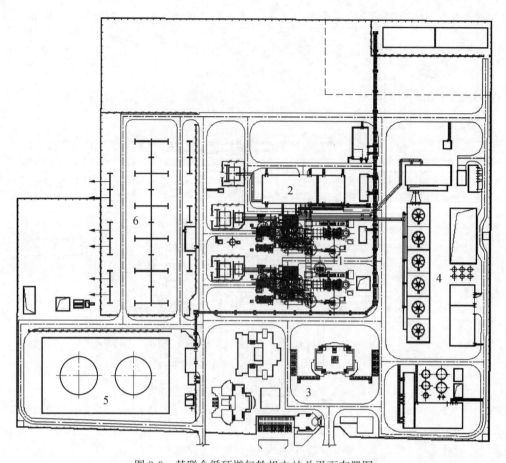

图 3-3　某联合循环燃气轮机电站总平面布置图

1—6FA 燃气轮机；2—汽轮机；3—行政办公楼；4—机械通风冷却塔；5—油罐区；6—屋外配电装置

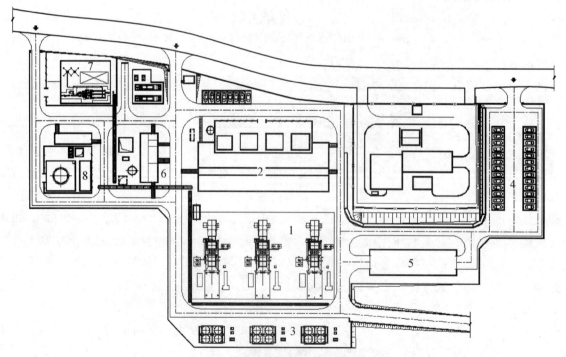

图 3-4　某联合循环燃气轮机电站总平面布置图

1—6B燃气轮机；2—汽轮机；3—空气冷却器；4—停车场；5—材料库检修间；6—水处理区；7—天然气调压站；8—油罐区

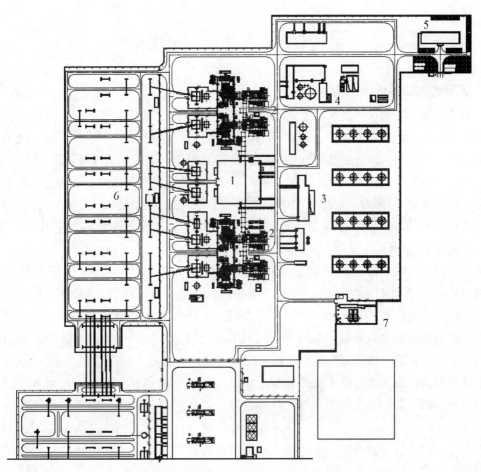

图 3-5 某联合循环燃气轮机电站总平面布置图

1—汽轮机；2—9E 燃气轮机；3—机械通风冷却塔及循泵房；4—水处理区域；5—行政办公楼；6—屋外配电装置区；7—天然气调压站

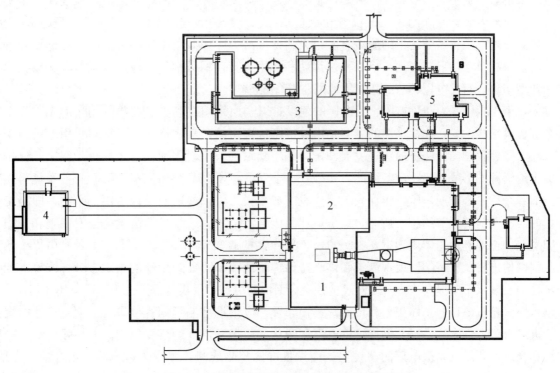

图 3-6 某联合循环燃气轮机电站总平面布置图

1—9F 燃气轮机；2—汽轮机；3—化学水处理车间；4—循环水泵房；5—行政办公楼

第八节 厂区建设用地指标

一、厂区节约集约用地的主要原则

（1）厂址选择是一项政策性和技术性都很强的工作，影响的因素错综复杂，除其自身的建厂条件外，有时还要受其他工业、交通运输、城乡规划、环境保护、文物古迹、矿产资源、机场净空以及国防军事设施等因素的制约。因此必须因地制宜，全面综合地进行比较。《中华人民共和国土地管理办法》第三十六条中规定："非农业建设必须节约使用土地，可以利用荒地的，不得占用耕地；可以利用劣地的，不得占用好地"。因此，应将使用土地的优劣作为厂址比选的重要条件。发电厂的厂址选择，对于同样具备建厂条件，且技术经济条件差别不大的各厂址，应优先选择利用非耕地、劣地的厂址，放弃占用耕地和好地的厂址。

（2）可行性研究阶段是根据建厂外部条件进行厂址比选和确定厂址，因此，可行性研究阶段应根据各厂址用地的类别（如农用地、建设用地、未利用地等）及用地规模，结合自然地形地质条件，在进行厂区总平面规划布置时，应按照《中华人民共和国土地管理法》《建设项目用地预审管理办法》以及国家有关土地利用的方针和政策，提出节约集约用地的初步措施。初步设计阶段是根据可行性研究审查意见所确定的厂址的自然地形与地质条件，按照工艺流程合理、功能分区明确、紧凑布置的原则，对厂区总平面布置进行多方案的技术经济比较后确定厂区总平面布置。因此，在初步设计阶段应通过设计优化和用地分析，提出节约集约用地的具体措施，以体现有效利用土地资源和建设项目用地的科学性和合理性。

（3）发电厂建设项目应大力推广节地技术，积极采用有利于节约集约用地的先进设备和生产工艺流程及结构形式。发电厂是由高压配电装置，主厂区（包括汽轮机、燃气轮机、余热锅炉等）及冷却设施，化学水处理设施，废、污水处理设施，以及其他辅助生产和附属建筑组成的工艺系统。对于一般发电厂来讲，根据工艺系统布置的需要，主厂区、冷却设施区及厂内燃料区的用地规模基本上是固定的，而高压配电装置区却因采用的设备和工艺系统以及结构形式的不同，其用地规模也大不相同，因此，对高压配电装置区节约集约用地有着很大的挖掘潜力。如果高压配电装置能够在选择先进设备和生产工艺流程及结构形式方面，依靠科技创新和技术进步，积极推广和应用先进节地的新技术、新工艺和新型结构，对发电厂的节约集约用地是非常有效的。

过去，由于我国国力条件有限，发电厂的建设难以全面采用有利于节约集约用地的先进设备和生产工艺流程及结构形式，往往采用的方案是由经济条件决定的，其代价是以增加建设用地规模来换取经济效益。随着我国国民经济的快速发展和国力的不断增强，建设用地供需矛盾更加突出，保护不可再生的土地资源的形势日趋严峻，因此，处理好科学发展与资源节约和工程经济性的关系显得尤为重要。当前和今后一个时期，国家将加大工程建设的成本投入，以换取对土地资源的节约，即当工程项目建设的经济性与资源节约相矛盾时，经济应让路于资源节约。这是贯彻落实科学发展观和《国务院关于印发全国土地利用总体规划纲要（2006—2020 年）的通知》（国发〔2008〕33 号）中提出的"必须从我国国情出发，以科学发展观为统领，坚持保护耕地和节约集约用地的根本方针，统筹土地利用与经济社会发展，不断提高土地资源对经济社会全面协调可持续发展的保障能力"的具体体现。

（4）燃气轮机电厂的总体规划和厂区总平面布置，应按批准的规划容量进行全面、合理的统筹规划，远近结合，合理布置，这是燃气轮机电厂厂区总平面布置设计的重要原则。为加强发电厂布置的整体性和合理性，燃气轮机电厂的建设用地应按批准的规划容量，根据工艺流程，结合地形、地貌、地质特征一次规划好。当按规划容量分期建设时，近期建设用地应尽量集中，需要多少，征用多少，并尽量避免带征地，更不应征而不用。

应当指出，对于规划容量中分期建设的项目，有的建筑受地形、地质条件限制或生产工艺和厂区总平面布置的需要，必须预留在初期工程的厂区范围内，如材料库、化学水处理设施、循环水泵房等。若预留到下期工程的厂区，将造成布置分散和分区不明确，给运行管理带来不便，增加工程建设投资，还将造成厂区总平面布置的不合理，反而增加了工程建设用地面积。对于为后期工程必须预留的用地，应作为本期工程施工场地加以充分利用。

发电厂的建设一般要求宜按规划容量进行场地平整，并综合考虑厂区（包括基槽开挖余土）、施工区及厂外配套设施的土石万平衡。这是由于当土石方不能平衡时，会导致取、弃多余土石方而额外占用场地，造成土地资源的浪费，应尽量避免。因此，本条提出了严格控制取、弃土用地的要求。

（5）超过原规划容量扩建或改建的工程项目，原有老厂的布置格局已定，各厂的具体条件又各不相同，情况复杂，故本条对改、扩建工程如何充分利用土地和既有设施，提出了原则规定。

（6）经对绝大多数电厂用地进行调查分析，发现辅助生产及附属建筑的用地面积仍然偏大，一般占厂区面积的22%～27%，分析其原因除布置不够紧凑外，主要是因为较少采用联合布置、成组布置和多层建筑。

在厂区总平面布置中，采用联合布置、成组布置和多层建筑，并已积累了一定的经验，如取消厂前区后，将发电厂生产和行政管理及公共福利建筑合并为一栋综合楼布置；工业、生活、消防水泵房合并为综合泵房；工业废水、雨水及生活污水泵房合并为排水泵房；材料库、材料棚库、特种材料库及检修维护间等成组布置；循环水供、排水管沟与主变压器、热管道支架等立体交叉布置。

架空管线集中共架布置可有效地利用空间，减少厂区用地，在燃气轮机电厂中已广泛采用；埋地管线共沟布置，因涉及安全、管理、投资等问题，需进行分析比较，有条件时采用。

（7）在确保安全运行和技术经济合理的前提下，提倡当有条件时应与邻近工业企业或其他单位协作，联合建设厂外供排水系统、交通运输设施和生活服务项目等，以利于节约集约用地，提高土地利用率。

（8）根据我国国情和交通情况，将生产办公与行政管理及部分职工生活设施等建筑集中布置在厂区主入口附近，形成厂前建筑区是符合我国实际情况的。因此，厂前建筑区便成了全厂生产办公、行政管理和职工活动的中心，也是连接外界和发电厂生产区的地段，担负着对生产、生活实行管理和服务的双重任务。随着发电厂容量的不断增大和自动化水平的提高，发电厂的定员相应减少，厂前建筑区的用地也得到控制。应有效地控制厂前建筑区用地规模，防止出现片面追求大广场、大厂前建筑区，以及通过不合理压缩其他辅助生产和附属建筑区用地而增加厂前建筑区用地的现象。

（9）厂前建筑、冷却塔周围、屋外高压配电装置内、各建筑物的房前屋后、道踏两侧、地下设施地面、架空构筑物下以及挡墙护坡面、带征的边角、死角地等均可作为绿化的场地，以此满足GB 50660《大中型火力发电厂设计规程》规定的绿地率不大于厂区用地面积的20%。提高绿化水平的有效途径为挖掘现有场地的潜力，不应专为绿化而任意增加用地。

二、厂区用地基本指标

1. 基本指标的技术条件

燃气-蒸汽联合循环发电厂厂区建设用地基本指标按表3-22所对应的技术条件确定。

2. 基本指标

燃气-蒸汽联合循环发电厂厂区建设用地基本指标是以满足表3-22所列基本指标的技术条件为基础经组合确定的。各种技术条件下的厂区建设用地基本指标应符合相应的规定。

采用直流供水（技术条件一）的燃气-蒸汽联合循环发电厂厂区建设用地基本指标，不应超过表3-23的规定。

表 3-22 　　　　　　　　　燃气-蒸汽联合循环发电厂厂区建设用地基本指标的技术条件

序号	项目名称	技 术 条 件				
		一	二	三	四	五
1	供水系统	直流冷却系统	自然通风冷却	机械通风冷却	直接空冷系统	间接空冷系统
2	装机	2套、3套、4套、6套及8套机组				
3	动力装置	E级多轴（1+1）、（2+1），F级单轴（1+1），F级多轴（1+1）、（2+1）				
4	配电装置	110kV 或 220kV 为启动电源；220kV 屋外中型、双母线布置				
5	燃料	天然气				
6	天然气调压站	E级燃气轮机：配2套、4套、8套机组；F级燃气轮机：配2套、3套、4套、6套、8套机组				
7	工业、生活、消防水	常规水泵房、水池及贮水箱				
8	化学水处理	全膜法 EDI，全离子交换，膜法预脱盐加离子交换除盐（反渗透加一级除盐加混床），循环水加酸、加阻垢剂、加氯				
9	水预处理	不设				
10	制氢站或供氢站	F级燃气轮机：标准状态下，制氢站出力为 5～10m³/h、3.20MPa 的 1 套或 2 套设置，供氢站按贮氢罐组考虑				
11	启动锅炉房	1～2 台燃油或燃气炉及配套设施				
12	废、污水处理	工业废水集中处理，其他分散处理：生活污水采用生物处理，含油污水采用隔油、浮选处理				
13	再生水深度处理	不设				
14	其他辅助生产及附属建筑	空气压缩机站、雨水泵站、生产试验室、检修维护间、材料库、汽车库、消防车库等				
15	厂前建筑	行政办公楼、检修宿舍、夜班宿舍、招待所、职工食堂、浴室等				
16	地形	厂区地形坡度小于 3%				
17	地震、地质	地震基本烈度 7 度及以下，非湿陷性黄土地区和非膨胀土地区				
18	气候	非采暖区				

表 3-23 　　　　　　　　　　厂区建设用地基本指标（技术条件一）

档次	机组类型	单元机组构成	机组容量（MW）	厂区用地（hm²）			单位装机容量用地（m²/kW）
				生产区	厂前建筑	合计	
1	E级多轴	2×（1+1）或1×（2+1）	400	6.64	0.50	7.14	0.178
		4×（2+1）或2×（2+1）	800	8.00	0.60	8.60	0.107
		4×（1+1）+4×（1+1）或 2×（2+1）+2×（2+1）	1600	13.94	0.80	14.74	0.092
2	F级单轴	2×（1+1）	800	7.40	0.55	7.95	0.093
		3×（1+1）	1200	8.59	0.60	9.19	0.077
		4×（1+1）	1600	10.35	0.60	10.95	0.068
		3×（1+1）+3×（1+1）	2400	14.81	0.80	15.61	0.065
		4×（1+1）+4×（1+1）	3200	17.94	0.80	18.74	0.059
3	F级多轴	2×（1+1）或1×（2+1）	800	7.69	0.55	8.24	0.103
		4×（1+1）或2×（2+1）	1600	10.99	0.60	11.59	0.072
		4×（1+1）+4×（1+1）或 2×（2+1）+2×（2+1）	3200	19.21	0.80	20.01	0.063

采用自然通风冷却塔循环供水（技术条件二）的燃气-蒸汽联合循环发电厂厂区建设用地基本指标，不应超过表 3-24 规定。

表 3-24 厂区建设用地基本指标（技术条件二）

档次	机组类型	单元机组构成	机组容量（MW）	厂区用地（hm²）			单位装机容量用地（m²/kW）
				生产区	厂前建筑	合计	
1	E级多轴	2×(1+1)或1×(2+1)	400	7.18	0.50	7.68	0.192
		4×(2+1)或2×(2+1)	800	10.36	0.60	10.96	0.137
		4×(1+1)+4×(1+1)或 2×(2+1)+2×(2+1)	1600	18.67	0.80	19.47	0.122
2	F级单轴	2×(1+1)	800	9.76	0.60	10.36	0.130
		3×(1+1)	1200	12.37	0.60	12.97	0.108
		4×(1+1)	1600	15.52	0.60	16.12	0.101
		3×(1+1)+3×(1+1)	2400	22.36	0.80	23.16	0.097
		4×(1+1)+4×(1+1)	3200	26.02	0.80	26.82	0.084
3	F级多轴	2×(1+1)或1×(2+1)	800	10.06	0.60	10.66	0.133
		4×(1+1)或2×(2+1)	1600	16.16	0.60	16.76	0.105
		4×(1+1)+4×(1+1)或 2×(2+1)+2×(2+1)	3200	27.29	0.80	28.09	0.088

采用机械通风冷却塔循环供水（技术条件三）的燃气-蒸汽联合循环发电厂厂区建设用地基本指标，不应超过表 3-25 规定。

表 3-25 厂区建设用地基本指标（技术条件三）

档次	机组类型	单元机组构成	机组容量（MW）	厂区用地（hm²）			单位装机容量用地（m²/kW）
				生产区	厂前建筑	合计	
1	E级多轴	2×(1+1)或1×(2+1)	400	6.64	0.50	7.14	0.178
		4×(2+1)或2×(2+1)	800	8.57	0.60	9.17	0.115
		4×(1+1)+4×(1+1)或 2×(2+1)+2×(2+1)	1600	14.95	0.80	15.75	0.098
2	F级单轴	2×(1+1)	800	8.54	0.60	9.14	0.114
		3×(1+1)	1200	10.43	0.60	11.03	0.092
		4×(1+1)	1600	12.94	0.60	13.54	0.085
		3×(1+1)+3×(1+1)	2400	18.49	0.80	19.29	0.080
		4×(1+1)+4×(1+1)	3200	23.12	0.80	23.92	0.075
3	F级多轴	2×(1+1)或1×(2+1)	800	8.83	0.60	9.43	0.118
		4×(1+1)或2×(2+1)	1600	13.58	0.60	14.18	0.089
		4×(1+1)+4×(1+1)或 2×(2+1)+2×(2+1)	3200	24.39	0.80	25.19	0.079

采用直接空冷（技术条件四）的燃气-蒸汽联合循环发电厂厂区建设用地基本指标，不应超过表 3-26 的规定。

采用间接空冷（技术条件五）的燃气-蒸汽联合循环发电厂厂区建设用地基本指标，不应超过表 3-27 的规定。

表 3-26   厂区建设用地基本指标（技术条件四）

档次	机组类型	单元机组构成	机组容量（MW）	厂区用地（hm²）			单位装机容量用地（m²/kW）
				生产	厂前建筑	合计	
1	E级多轴	2×(1+1)或1×(2+1)	400	6.64	0.50	7.14	0.178
		4×(2+1)或2×(2+1)	800	8.21	0.60	8.81	0.110
		4×(1+1)+4×(1+1)或2×(2+1)+2×(2+1)	1600	14.39	0.80	15.19	0.095
2	F级单轴	2×(1+1)	800	7.63	0.55	8.18	0.102
		3×(1+1)	1200	8.98	0.60	9.58	0.080
		4×(1+1)	1600	10.82	0.60	11.42	0.071
		3×(1+1)+3×(1+1)	2400	15.48	0.80	16.28	0.068
		4×(1+1)+4×(1+1)	3200	18.90	0.80	19.70	0.062
3	F级多轴	2×(1+1)或1×(2+1)	800	7.91	0.55	8.46	0.105
		4×(1+1)或2×(2+1)	1600	11.46	0.60	12.06	0.075
		4×(1+1)+4×(1+1)或2×(2+1)+2×(2+1)	3200	20.17	0.80	20.97	0.066

表 3-27   厂区建设用地基本指标（技术条件五）

档次	机组类型	单元机组构成	机组容量（MW）	厂区用地（hm²）			单位装机容量用地（m²/kW）
				生产区	厂前建筑	合计	
1	E级多轴	2×(1+1)或1×(2+1)	400	7.25	0.50	7.75	0.193
		4×(2+1)或2×(2+1)	800	11.31	0.60	11.91	0.149
		4×(1+1)+4×(1+1)或2×(2+1)+2×(2+1)	1600	20.56	0.80	21.36	0.133
2	F级单轴	2×(1+1)	800	9.62	0.60	10.22	0.128
		3×(1+1)	1200	11.51	0.60	12.11	0.101
		4×(1+1)	1600	15.05	0.60	15.65	0.098
		3×(1+1)+3×(1+1)	2400	20.65	0.80	21.45	0.089
		4×(1+1)+4×(1+1)	3200	27.34	0.80	28.14	0.088
3	F级多轴	2×(1+1)或1×(2+1)	800	9.91	0.60	10.51	0.131
		4×(1+1)或2×(2+1)	1600	15.69	0.60	16.29	0.102
		4×(1+1)+4×(1+1)或2×(2+1)+2×(2+1)	3200	28.61	0.80	29.41	0.092

第四章　建筑结构及采暖通风与空气调节

第一节　主要建（构）筑物建筑结构设计

一、建筑结构设计的主要内容

燃气轮机发电厂的建筑结构设计主要包括地基与基础设计，动力基础设计，主厂房以及其他主要生产、辅助及附属建（构）筑物设计，建筑装修标准，建筑外观、消防、采光及通风、热工节能、防水防噪声防尘、防腐设计。

燃气轮机发电厂的建（构）筑物包括主厂房建（构）筑物、电气建（构）筑物、燃料建（构）筑物、化学建（构）筑物、水工建筑物以及其他辅助及附属建（构）筑物。主厂房包括汽机房、燃机房、余热锅炉房、集中（主）控制楼等部分。电气建（构）筑物包括变压器基础及油池、网络继电器楼、通信室、电气试验室、屋外配电装置或屋内配电装置楼。燃料建（构）筑物包括天然气调压站、燃油泵房、油罐基础。化学建（构）筑物包括锅炉补给水车间、化验楼、循环水处理车间、废水处理车间、制氢站或供氢站。水工建（构）筑物包括取水建筑物及水泵房、冷却塔等。辅助及附属建（构）筑物包括生产行政楼、警卫传达室、材料库、检修间、汽车库、消防车库、食堂、值班宿舍等。

二、地基与基础设计

1. 设计原则

地基与基础设计应根据工程地质勘察资料，结合燃气轮机发电厂各类建（构）筑物的使用要求，充分采纳吸收项目所在地区的建设经验，综合考虑结构类型、项目所在地区的材料情况及施工条件等因素，通过技术经济比较后，确定安全、经济、合理的地基基础形式。

2. 地基基础设计等级

根据地基复杂程度、建筑物规模和功能特征以及由于地基问题可能造成建筑物破坏或影响正常使用的程度，分为三个设计等级，设计时应根据具体情况，按表 4-1 选用。

表 4-1　　　　　　　　　　　　　　　地基基础设计等级

设计等级	建筑和地基类型
甲级	主厂房（包括汽轮发电机基础、燃气轮机基础、余热锅炉炉架基础）、集中（主）控制楼、网络通信楼、220kV 及 220kV 以上的屋内配电装置楼、空气冷却器支架、跨度大于 30m 的厂房建筑、场地及地质条件复杂的建（构）筑物
乙级	除甲级、丙级以外的其他生产建筑、辅助及附属建筑物
丙级	机炉检修间、材料库、机车库、汽车库、材料棚库、警卫传达室、厂区围墙、自行车棚及临时建筑

3. 地基计算

根据建筑物地基基础设计等级及长期荷载作用下地基变形对上部结构的影响程度，地基基础设计应符合 GB 50007《建筑地基基础设计规范》和 DL 5022《火力发电厂土建结构设计技术规程》的规定。

4. 软弱地基

软弱地基是指由淤泥、淤泥质土、冲填土、杂填土或其他高压缩性土层构成的地基。设计时可采取下列措施减少地基变形，使建筑物适应地基变形：

（1）在主厂房与毗邻建筑物的连接处、主厂房框排架与汽轮发电机基础之间以及其他结构形式差异较大的建构筑物之间设置沉降缝。

（2）对单层建筑物采用排架或三铰拱架等静定结构。

（3）预先估计建筑物的沉降量并留有调整措施，例如加大起重机与结构间的净空等。

（4）对预估沉降量较大的建筑物，适当提高建筑物室内地坪和有关部位的标高。

（5）加强基础的刚度和强度，采用条形、十字交叉条形或筏板基础。

软件地基处理方案需根据各地区的经验以及燃气轮机发电厂设计中比较成熟的工艺或方法，考虑地质条件、上部结构类型、技术经济、施工工期以及对环境的影响等因素，综合比较选择适宜的桩基或浅层地基处理方案。

具体的地基处理方法可参考 DL/T 5024《电力工程地基处理技术规程》的规定。

5. 山区地基

山区燃气轮机发电厂的建（构）筑物场地应避开有潜在威胁或直接危害的滑坡、泥石流、崩塌地段。地基设计时应考虑以下因素：

（1）厂区内断层破碎带的影响。

（2）场地内因挖方、填方、堆载和卸载等对山坡稳定性的影响。

（3）场地内岩溶、土洞的分布及发育程度。

（4）建筑地基不均匀性。

（5）地面水、地下水对地基稳定及基础的影响。

燃气轮机发电厂主厂房、集中控制楼、空气冷却器等主要建（构）筑物，以及荷载较大或变形控制要求较高的大型建筑，均应布置在地基条件较好的地段。对土岩组合地基，宜采用梁、板跨越或桩基等地基处理措施；对岩溶、土洞发育程度较强的地基宜采用钻孔灌注桩、人工挖孔灌注桩和地下水疏导措施，桩端应全断面嵌入岩体中；当岩溶、土洞发育程度不强且埋藏较浅或出露的地基，可对溶洞、土洞采取清理后灌注混凝土或梁、板跨越等处理措施。一般建（构）筑物可采用压实填土、褥垫法等地基处理措施，对溶洞、土洞可采取清理置换或梁、板跨越等处理措施。

6. 湿陷性黄土地基

对建在湿陷性黄土地基上的建（构）筑物，应遵循 GB 50025《湿陷性黄土地区建筑规范》的有关规定进行地基处理，采取以地基处理为主的综合措施，防止地基湿陷对建（构）筑物产生危害。

7. 基础

建（构）筑物基础的形式应根据地基变形量、地基承载力或单桩承载力以及设备基础布置情况，并结合上部结构特点或使用要求合理确定，可依次采用柱下独立基础、条形基础或筏板基础。

当地下水、地基土或其他介质对基础混凝土有侵蚀性时，应采取防止侵蚀的措施，如增加混凝土的密实性、在混凝土表面涂防护层、在混凝土中掺入外加剂或选用抗侵蚀性的水泥等。

三、动力基础设计

（一）概述

汽轮发电机、燃气轮机、泵、空气压缩机等机器的基础，承受着由机器的不平衡扰力引起的振动和机器的自重，如果其振动过大，将会使机器无法正常运转，甚至损坏机器和影响临近的设备、仪器和人员的正常工作和生活，严重的还会危及建筑物的安全。因此，动力基础设计是为了限制基础的振动幅值，以满足机器本身和附近设备、仪器的正常运转的需求。

动力基础的结构形式主要有三种：

（1）大块式基础。如图 4-1（a）所示，这种形式应用最普遍，具有基础自身刚度大，动力计算时可不考虑基础的变形，按刚体考虑的特点。

（2）框架式基础。如图 4-1（b）所示，一般用于高、中频机器，如汽轮发电机基础。

（3）墙式基础。如果 4-1（c）所示，当机器要求安装在离地面一定高度时采用这种形式。

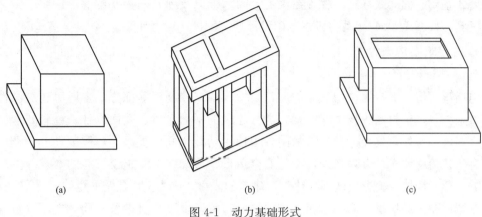

图 4-1　动力基础形式

（a）大块式；（b）框架式；（c）墙式

（二）地基

为了避免不均匀沉降，动力基础下的地基土，应具有均匀的压缩性。砂土对振动比较敏感，如果动力基础的持力层为砂土，尤其是松散至中密的砂土，即使基础的振动加速度不大，也可能产生不均匀的动沉陷，从而造成机器不能正常运转，甚至会导致周围建筑物基础产生不均匀沉降。一般在松散至中密的砂土上建造振动较大的动力基础时，宜采用桩基或其他地基处理方式对地基进行加固。

（1）当基础建造在岩石地基上，岩层符合 GB 50040《动力机器基础设计规范》的有关规定时，可采用锚杆基础或单独基础。

（2）当地基土为高、中压缩性黏土时，应加强地基和基础的刚度，并采取有效措施减少基础的不均匀沉降。当地基土为高压缩性时，宜采用桩基或其他人工地基。

（3）当底板设置在碎石土及风化基岩地基上时，应考虑施工时温度作用的影响，底板下宜设置隔离层。

（三）汽轮发电机基础

1. 汽轮发电机基础类型

多轴布置的汽轮发电机基础，可采用钢筋混凝土框架结构或大块式钢筋混凝土基础，一般采用框架式基础。

2. 汽轮发电机基础动力分析方法

汽轮发电机基础应具有良好的动力性能。汽轮发电机基础动力特性分析方法有共振法和振幅法。共振法只对汽轮发电机基础进行自由振动分析，使基础自振频率避开一定的区域（工作转速、临界转速等）；振幅法不仅要求进行自由振动分析，还要进行强迫振动计算，使计算振动线位移或振动速度不超过规定的限值，我国采用的是振幅法，具体计算和构造符合 GB 50040《动力机器基础设计规范》的要求。

3. 燃气轮机基础

燃气轮发电机组或单轴配置的联合循环发电机组的基座宜采用大块式钢筋混凝土基础或钢筋混凝土框架式基础。一般采用大块式钢筋混凝土基础。

大块式基础按 GB 50040《动力机器基础设计规范》进行动力计算，其动力特性除了与设备的扰力和基组的质量有关外，还与基础底面积有关。底面积越大，阻尼比就越大，其动力特性就越好。同样混凝土量的情况下，应尽可能加大底面积，相应减小埋深，以此来加大阻尼比，从而使动力特性更好。

4. 主要辅助设备基础

燃气轮机发电厂除了汽轮发电机和燃气轮发电机外，还有很多辅助设备，包括泵、空气压缩机等。

辅机基础按结构形式根据辅机用途、容量大小、制造厂要求、地基以及工艺布置等不同情况可采用大块式基础、墙式基础、框架式基础、放置在楼盖上的基础以及弹簧隔振基础等。这些设备多数是简谐运动的旋转机器，按 GB 50040《动力机器基础设计规范》进行动力计算。

四、主厂房建筑结构设计

1. 主厂房建筑设计

主厂房包括汽机房、燃机房、余热锅炉房、集中（主）控制楼等部分。主厂房建筑设计应结合周围环境、自然条件、建筑材料、技术等因素，进行建筑的平面布置、立面设计、色彩处理以及围护形式与材料的选择，妥善处理好建（构）筑物的各项使用功能之间的关系，与周围环境协调。主厂房建筑布置应符合工艺流程要求，合理布局，满足安全运行、检修维护及施工安装的要求。主厂房立面处理应简洁大方、色彩明快，充分反映现代化工业建筑的风格，成为全厂建筑的主体。

主厂房布置主要是燃机房、汽机房和余热锅炉的布置，由于主机设备不同，主厂房布置有单轴和多轴布置两种形式。DL/T 5174《燃气-蒸汽联合循环电厂设计规定》规定：

（1）汽机房应室内布置。

（2）燃气轮机可采用室内或室外布置；对环境条件差（如海边电站）、严寒地区或对设备噪声有特殊要求的燃气轮机电厂，其燃气轮机宜采用室内布置；燃气轮机采用外置式燃烧器，也宜采用室内布置；单轴配置的大容量联合循环发电机组，宜室内布置，各大燃气轮机厂家均不推荐露天布置；多轴配置的联合循环发电机组，由于对燃气轮机电厂对环境和辅助设施要求比较苛刻，同时考虑到噪声控制成本的增加以及检修维护的成本、可行性和方便性，目前国内的联合循环机组中，除部分 E 级燃气轮机和少数 F 级燃气轮机采用露天布置外，大部分为燃气轮机室内布置，其中，经过经济技术比较，多轴布置的 F 级燃气轮机室内布置相对露天布置造价更低，更适宜采用室内布置；当燃气轮机室外布置时，辅助设备应根据环境条件和设备本身的要求设置防雨、伴热或加热设施。

（3）余热锅炉宜露天布置，当燃气轮机电厂地处严寒地区时，余热锅炉采用室内布置或采用紧身封闭；有时考虑到景观和噪声要求，余热锅炉也可采用室内布置或采用紧身封闭。

北京地区近年来新建的联合循环电厂，余热锅炉本体及其辅助模块多采用室内布置或紧身装置，如太阳宫燃气热电冷联供工程、草桥燃气联合循环热电厂Ⅱ期工程、西北热电中心京能燃气热电工程、东北热电中心京能燃气热电厂工程等，其中太阳宫燃气热电冷联供工程是北京 2008 年奥运规划项目，是奥运场馆配套设施，因此，采用紧身封闭的方案也是综合考虑奥运景观和噪声的要求。

主厂房建筑设置采暖系统时，建筑围护结构和门窗的热工设计宜符合建筑热工和节能的要求，并应采取保温、隔热、防结露、防蒸汽泄漏等措施。

主厂房建筑墙体材料应因地制宜，采用环保、节能的建筑墙体材料。外墙应根据地区气候特征要求，采取保温、隔热、防水和防潮等措施。

主厂房应按生产需要和防火要求组织垂直交通：主厂房内最远工作地点到外部出口或楼梯的距离不应超过 50m；主厂房的疏散楼梯不应少于 2 个，其位置、宽度应满足安全疏散和使用方便的要求；主厂房的疏散楼梯可分为敞开式楼梯间；至少应有一个楼梯通至各层、屋面且能直接通向室外，另一个可为室外楼梯；主厂房空冷岛应设置不少于 2 个通至地面的疏散楼梯，疏散楼梯宜设置在空冷岛外沿，其间距宜不超过两台机汽机房的长度。

主厂房应按生产需要和防火要求，组织水平交通：主厂房各车间的安全出口均不应少于 2 个，安全出口可利用通向相邻车间的门作为第二安全出口，但每个车间地面层必须有一个直通室外的出口；汽机房底层按工艺要求设置纵向通道，通道宽度不应小于 1.50m，当通行汽车时，宽度不应小于 3.50m，通道两端应与厂房室外出口连接；厂房长度每隔 100m 左右，在运转层和底层应增设中间横向通道；主厂房固定端宜设人流主要出入口，汽机房横向通道或底层中间检修场处宜设设备主要出入口，当变压器在汽机房内检修时，大门尺寸应满足主变压器运输的需要。

当汽机房侧墙外 5m 以内布置有变压器时，在变压器外轮廓投影范围外侧各 3m 内的汽机房外墙上不应设置门、窗和通风孔；当汽机房侧墙外 5~10m 范围内布置有变压器时，在上述外墙上可设甲级防火门。变压器高度以上可设防火窗，其耐火极限不应小于 0.9h。当汽机房外 10m 范围内布置有变压器时，在变压器外轮廓投影范围外侧各 3m 内的汽机房外墙的耐火极限不应低于 3h。

主厂房应采用保温、气密、水密、抗风压、隔声、节能、防结露等性能优良的建筑门窗。主厂房开窗面积应满足主厂房采光和通风的需要，窗的布置和构造形式应方便使用、安全、易于清洗和维修。

在人员集中的适当位置应设集中的卫生间及清洗设施，其规模数量应考虑运行、检修人员的需要。卫生间宜有天然采光和自然通风，有条件时宜分设前室。

汽机房运转层楼面面层宜采用不吸水、不吸污、耐磨蚀、易清洁、高强度、防滑的地砖、橡（塑）胶地板、花岗岩或其他材料。有腐蚀性介质作用的房间和地段，其楼板、内墙、楼地面、门窗均应具有抗腐蚀措施，并根据需要设置楼地面的集水、排水设施。

集中控制楼为多层（独立）建筑，根据需要可设置集中（单元）控制室、计算机房、电子设备室、热工设备维修间、电缆夹层、配电间、蓄电池室、不停电电源室、直流盘室、空调机房、工具间等，还包括工程师室、办公室、会议室、更衣室等附属用房。

2. 主厂房结构设计

主厂房结构形式应综合考虑材料供应、自然条件、施工条件、维护便利和建设进度等因素，使结构安全适用、经济合理。

主厂房结构可采用钢筋混凝土框架结构、钢结构。燃气轮机或联合循环发电机组厂房宜采用钢结构。汽轮机厂房框（排）架宜采用钢筋混凝土结构，有条件时可采用钢结构或组合结构。

主厂房结构布置应尽量简单、整齐合理、受力明确，充分考虑工艺布置及扩建条件。结构单元划分宜尽量与机组单元划分一致。扩建主厂房，应与老厂房布置相协调。

钢筋混凝土框架结构纵向温度伸缩缝的最大间距，现浇结构不宜超过 75m，装配式结构不宜超过 100m。钢结构厂房的纵向温度伸缩缝的最大间距不宜大于 150m。位于气候干燥、夏季炎热且暴雨频繁地区的结构，可按照使用经验适当减小温度伸缩缝的间距。温度伸缩缝处应设置双柱、双屋架（屋面梁），两侧楼面梁板、吊车梁及外墙结构宜采用悬挑结构。

主厂房屋面承重结构可采用钢屋架、实腹钢梁或空间网架结构。屋架形式可选用梯形屋架、平行弦屋架或下承式屋架等。当跨度大于或等于 18m，且小于 30m 时，主厂房屋面承重结构宜采用钢屋架、实腹钢梁或空间网架结构。当跨度大于或等于 30m 时，宜采用钢屋架或钢网架结构。

主厂房屋盖宜采用压型钢板加保温防水层或自防水复合压型钢板的轻型有檩系屋盖，也可采用钢屋架、压型钢板底模轻质钢筋混凝土现浇板有檩系屋盖；采用钢屋架有檩系屋盖或空间网架结构时，屋面板可采用小型预制板结构；屋面梁采用实腹钢梁时，屋面宜采用压型钢板轻型结构。

厂房围护结构的选择应与承重结构体系相适应，可采用空心砖、砌块砖或钢筋混凝土墙板，钢结构厂房宜根据气候条件采用保温或不保温金属压型钢板围护。

钢筋混凝土主厂房内吊车梁可采用钢筋混凝土结构、预应力钢筋混凝土结构或钢结构。钢结构主厂房内吊车梁宜采用钢结构。

五、其他主要生产、辅助及附属建（构）筑物设计

（一）电气建（构）筑物设计

燃气轮机发电厂电气建构筑物包括变压器基础及油池、网络继电器楼、通信室、电气试验室、屋外配电装置或屋内配电装置楼。

电气设备房间上层有水房间的楼面应有可靠的防水措施。卫生间不能布置在电气设备房间的楼层上方。屋内水落管不宜设在电气设备房间内。当采用内排水方式时，雨水管应采取封闭措施。

网络继电器楼建筑可设置继电器室、电缆夹层、蓄电池室、配电室、消防设备间、工具室等。网络继电器楼各层及电缆夹层的安全出口不应少于2个，且其中一个安全出口可通往室外楼梯。网络继电器室的建筑设计要求，如采光、噪声控制标准、隔热保温、防火及室内装修等均应与集中控制室相同。当网络继电器楼靠近高压输电设施时，应采取屏蔽措施。

通信室可设置通信机房、交换机房、值班观察室等。通信室可设在办公楼或网络继电器楼内。通信室不宜靠近散发灰尘或噪声的场所。通信机房、交换机房应采用防静电活动地板，架空高度300mm左右。

电气试验室可设置测量仪表试验室、高压试验室和继电保护试验室等。测量仪表试验室宜设在办公楼内或其他远离振动、烟尘和强磁干扰的场所。高压试验室宜布置在高压配电装置附近或与电气检修间相邻。继电保护试验室宜设在办公楼或网络继电器楼内。

屋内配电装置楼各层的安全出口不应少于2个。当屋内配电装置楼长度超过60m时，应设中间安全出口。屋内配电装置间室内横向隔断墙应采用不燃性材料，隔断墙上的门应采用不燃烧材料的双向弹簧门。屋内配电装置间与充油电气设备间的门应为乙级防火门。

屋外配电装置可采用钢管或格构式钢结构，镀锌防腐。

变压器基础及油池宜采用大块式钢筋混凝土基础。

（二）燃料建（构）筑物设计

燃气轮机发电厂燃料建（构）筑物包括天然气调压站、燃油泵房、油罐基础。

燃油泵房宜设置油泵房、控制室、检修间、更衣室，根据需要还可设置变压器室、配电室。燃油泵房墙裙、地面及设备基础面层宜采用耐油污材料，地面还应有防滑措施，墙裙高度宜为1.50m。配电室毗邻燃油泵房时，配电室地坪应高于燃油泵房地坪不小于20mm。燃油泵房宜采用钢筋混凝土排架或框架承重结构。

油罐基础形式宜采用护坡式、外环墙式基础。当场地或地基条件受限时，可采用油罐下钢筋混凝土环墙式基础。油罐基础应避免直接建在软硬不均匀的地基上。地上钢油罐的地基宜在原土上设置砂垫层，其顶面应铺设沥青砂隔绝层。油罐基础中部应比四周高，以防地基沉降后中部凹处积油，水不能排尽。油罐区防火堤宜采用砖、毛石或混凝土结构，应能承受液体的静压，且不应渗漏。

（三）化学建（构）筑物设计

燃气轮机发电厂化学建（构）筑物包括锅炉补给水车间、化验楼、循环水处理车间、废水处理车间。

锅炉补给水处理车间根据需要可设置水处理室、酸碱计量间、酸碱贮存间、石灰间、加氨间、水泵间、空压机房、中和泵房、控制室、化验室、办公室、会议室和维修间、库房、配电间、变压器间、卫生间等。当锅炉补给水处理车间为独立建筑时，化验室、控制室及其他辅助用房宜布置成多层建筑，并毗邻布置在水处理间的端部或侧面。控制室需便于观察水处理间。化验室需满足通风要求，尽量避免东西向布置以及避免靠近有振动的地段和散发有害气体的房间和设施。酸碱计量间地面、酸碱贮槽及周围走道应采用防腐面层和隔离层。酸碱计量间的设备基础应做防腐的覆面处理。排水沟道和沟盖板需采用耐酸碱材料、采用耐酸碱材料覆面处理或采用玻璃钢格栅。酸碱计量间宜采用耐酸碱的门窗或涂耐酸碱涂料，不得采用空腹钢门窗和彩板门窗。当锅炉补给水处理车间全部或局部采用钢结构体系时需对钢柱、钢梁及支撑构件等进行防腐处理。

循环水处理车间根据需要可设置磷酸盐计量间、磷酸盐贮存间、磷酸盐溶解间、浓硫酸计量间、浓硫酸贮存间、加氯间、化验室、办公室、库房、卫生间等。磷酸盐计量间、磷酸盐贮存间、磷酸盐溶解间、浓硫酸计量间、浓硫酸贮存间、加氯间等需采取相应的防腐措施，如地面、墙面、顶棚、门窗洞口、沟盖板及沟道、设备基础等需采用耐腐的材料或耐腐材料覆面和隔离层，门窗采用耐酸门窗，不得采用空腹钢门窗和彩板门窗。

（四）水工建（构）筑物设计

燃气轮机发电厂水工建构筑物包括取水建筑物及水泵房、冷却塔等。

1. 取水建筑物及水泵房

取水建筑物和水泵房的地基，应根据工程地质和水文地质勘测资料、结构类型、施工和使用条件等要求进行设计，尽量采用天然地基。当有充分的技术经济论证时，方可采用人工地基。

在下列条件下，取水建筑物和水泵房通过技术经济比较，可采用沉井结构：

（1）埋置较深。

（2）地下水位较高，土壤易产生涌流或塌陷。

（3）场地狭窄，受附近建筑物或其他因素限制，不适宜采用大开挖施工。

（4）土壤渗透性大，排水困难。

水泵房电气操作层和立式水泵电动机层的地面，宜采用水磨石地面。进出设备的大门，可选用钢架木门或电动卷帘门。窗采用塑钢窗或铝合金窗。

2. 冷却塔

（1）冷却塔的塔形选择，应根据循环水的水量、水温、水质和循环水系统的运行方式等使用要求，并结合下列因素及具体工程条件，通过技术经济比较确定：

1）当地的气象、地形和地质等自然条件。

2）材料和设备的供应情况。

3）场地布置和施工条件。

4）冷却塔与周围环境的相互影响。

（2）自然通风冷却塔的塔筒宜采用双曲线型钢筋混凝土薄壳结构；塔筒的几何尺寸应满足循环水的冷却要求，并应结合结构、施工等因素通过技术经济比较确定。双曲线型自然通风冷却塔塔筒基础可参照下列条件，通过技术经济比较确定：

1）大、中型塔，宜采用环板基础。

2）中、小型塔在天然地基较差的条件下，宜采用倒 T 形基础。

3）当地基为岩石时，宜采用单独基础。

（3）由于大型冷却塔的施工进度影响着整个工程建设周期，尤其在寒冷地区，由于混凝土结构可施工时间有限，为不影响整个建设周期以及考虑到混凝土结构在寒冷地区性能劣化较快，因此在寒冷地区，可采用钢架镶板结构。

（4）机械通风冷却塔宜采用预制或现浇的钢筋混凝土框架结构，围护结构可采用钢筋混凝土墙板或其他轻质墙板。自然通风和机械通风冷却塔的淋水装置构架，宜采用钢筋混凝土结构。

（5）冷却塔采用槽式和池式配水时，水槽和配水池宜采用钢筋混凝土结构。当采用管式或管槽式配水时，其管材宜采用塑料或钢管。

（6）风筒式自然通风冷却塔塔筒基础在环向应设置不少于 4 个沉降观测点；当地基较差时，配水竖井也需设置沉降观测点。机械通风冷却塔，也宜设置沉降观测点。

六、辅助及附属建（构）筑物设计

燃气轮机发电厂辅助及附属建构筑物包括生产行政楼、警卫传达室、材料库、检修间、汽车库、消防车库、食堂、值班宿舍等。

1. 生产行政楼

生产行政楼包括生产行政办公用房、培训中心、档案室等，可单独布置也可与其他建筑联合布置。

办公楼建筑面积不宜超过 $2000m^2$。

生产行政楼需根据使用要求、用地面积、结构选型等条件确定开间和进深。办公室的净高不需高于 2.60m，走道净高不宜低于 2.20m。走廊为内走廊时，净宽不宜小于 1.80m；走廊为外走廊时，净宽不宜小于 1.50m。办公室内任何一点至最近的安全出口的直线距离不能超过 30m。公共卫生间距最远工作点距离不应大于 50m，宜布置在建筑的次要面或朝向较差的位置。五层及五层以上的生产行政楼应设电梯。

2. 警卫传达室

警卫室可根据需要布置监控值班室、休息室，传达室包括收发室、接待室、指标休息室及卫生间等。根据出入口的使用和管理需要，警卫室、传达室可合并或分开布置。警卫传达室与大门、厂牌（墙）、围墙等为一体，在建筑平面、立面设计时统一规划。主入口警卫传达室建筑面积不宜大于 $50m^2$；次入口警卫传达室建筑面积不宜大于 $20m^2$。

3. 材料库

材料库包括一般器材库、特种材料库、办公室、卫生间等。库区布置应集中、紧凑、方便，并留有扩建余地及足够的室外装卸场及堆场。材料库建筑面积不应超过 $1000m^2$。

一座材料库的安全出口不应少于 2 个，当一座仓库的占地面积小于或等于 $300m^2$ 时，可设一个安全出口。仓库内每个防火分区通向疏散走道、楼梯或室外的出口不宜少于 2 个，当防火分区的建筑面积不大于 $100m^2$ 时，可设置 1 个。通向疏散走道或楼梯的门应为乙级防火门。

材料库应满足水平、垂直交通运输的要求，卸货间需设置起吊设施，库房内根据需要设置单轨吊，当材料库为三层以上建筑时，可设货梯用于垂直运输。

特种材料应根据材料特征性分库。当与其他库房毗邻时，各库房必须用防火墙隔开，有各自的出入口。防火墙两侧门窗间的最小水平距离不应小于 2m，门一般采用平开门，向外开启。

4. 检修间

检修间包括修配车间、储藏间、办公室、更衣室、卫生间等。检修间建筑面积不宜超过 $600m^2$。

5. 试验室

实验室包括金属试验室、电气试验室、仪表与控制试验室、化学试验室。试验室建筑面积包括试验室、储存间、办公室、更衣室、卫生间等。建筑面积不超过表 4-2 的要求。

表 4-2　　　　　　　　　　　试验室建筑面积　　　　　　　　　　　　　　　　　　　m^2

名　称	建筑面积
金属试验室	100
电气试验室	300
仪表与控制试验室	300
化学试验室	450

6. 监（检）测站

监（检）测站包括环境监测站、劳动安全和职业卫生监测站，建筑面积不宜超过 $80m^2$。

7. 汽车库

城市燃气轮机发电厂可利用辅助及附属建筑物综合体地下空间设置地下车库。地下车库可按全厂定员 40%、每人 $30m^2$ 计算建筑面积。

8. 食堂

食堂供全厂职工和外来大修人员使用，建筑面积包括餐厅、厨房、备餐间、储藏间、办公室、卫生间等。食堂建筑面积不应超过 $400m^2$。

9. 值班宿舍

值班宿舍宜布置在厂区内较为安静且无各种污染源的地区，并接近厂内各项生活设施。值班宿舍除居室外还需设置管理室和卫生间。职工宿舍建筑面积不应超过 800m²。

七、全厂建筑物建筑装修标准

燃气轮机发电厂的装修设计可分为外部装修和内部装修。

燃气轮机发电厂的内部装修应遵循"经济、实用、美观"的原则，确保电厂发电的主要功能的前提下，再营造一个洁净、舒适、愉悦心情的工作环境。

建筑物的室内装修应按 GB 50222《建筑内部装修设计防火规范》的规定，墙面、地面及天棚应根据各部分不同的使用要求进行装修处理，符合有关防火及使用要求。

建筑物的外装修应简洁、明快，并与周围环境相协调，外装修材料的选用，应注意与厂房结构形式及工艺要求等协调。

建筑物的室内外装修应符合 DL/T 5029《火力发电厂建筑装修设计标准》的规定。

八、抗震设计

燃气轮机发电厂的抗震设计应符合 GB 50011《建筑抗震设计规范》和 DL 5022《火力发电厂土建结构设计技术规程》的有关规定。

九、建筑外观设计

作为工业建筑的燃气轮机发电厂的建筑设计，除了满足生产功能要求外，还需适当地从建筑美学的角度考虑，创造更加舒适的生产或生活的室内外环境，体现以人为本、环境和谐的社会理念。

全厂建筑设计效果的关键是全厂以及与周围环境的协调统一。具体可以从以下几个方面考虑：

（1）在满足工艺要求的前提下，选择合适的建筑物比例和尺寸大小，处理好建筑的主次关系。

（2）选取与周围环境协调的色彩搭配，颜色的比例、尺度，使建筑色彩明快、简洁、统一。

（3）巧妙地利用工艺走向、设备空间、材料特性等设计出新颖的造型。

（4）利用建筑材料的特性，实现经济美观的效果。比如压型钢板可以加工成曲面板材，建筑师利用这个特性，在主厂房的立面女儿墙或转角等位置设计出弧面的效果，从而使主厂房建筑的线条更加流畅、美观。

十、建筑消防设计

燃气轮机发电厂作为特殊的工业建筑，很多情况与一般的工业建筑不同，面积大，人员较少，因此，燃气轮机电厂各建筑物的防火设计，应满足 GB 50229《火力发电厂与变电站设计防火规范》的要求。

十一、建筑采光、通风设计

1. 建筑采光设计

建筑物宜优先考虑天然采光。采光口的设置应充分和有效地利用天然光源，并结合人工照明综合考虑。采光方式以侧窗为主，当厂房跨度较大时，可考虑采用侧窗和顶部混合采光等方式。燃机房、汽机房及联合循环机组厂房采光口不宜过大，且应不受设备遮挡的影响，侧窗设计应考虑建筑节能和便于清洁，避免设置大面积玻璃，台风地区还应兼顾安全性。各类控制室宜采用天然采光和人工照明相结合的方式，设计时应避免控制屏表面和操作台显示器屏幕面产生眩光及视线方向上形成的眩光。

2. 建筑通风设计

燃气轮机发电厂通风设计分为自然通风和机械通风两种。一般建筑物宜采用自然通风，墙上和楼层上的通风孔应合理布置，避免气流短路和倒流，并应减少气流死角。主厂房一般采用自然进风，机械排风。当采用空冷机组时，空冷平台下方形成的负压区域对主厂房一层的进风方式会造成一定的影响，需要进行综合分析，确定主厂房的进风方式。

十二、建筑热工、节能设计

燃气轮机发电厂建筑应根据厂址所在地理、气候等条件，确定保温与节能设计原则，节约建筑采暖和空调能耗，提高能源利用效率，改善室内环境，具体可从以下几个方面考虑。

1. 建筑外墙及围护结构的节能措施

燃气轮机发电厂建筑物墙体，宜采用多孔砖、混凝土空心墙板、复合墙板、金属墙板等。有保温要求的建筑外墙及围护结构需选择使用自重轻、传热系数小、保温性能好的建筑材料，增强建筑外墙的保温隔热性能，从而有效地较少通过外墙的传热，达到节能的效果。主厂房及其他钢结构建筑围护墙体采用金属保温复合墙板，并根据标准 GB 50189《公共建筑节能设计标准》中规定的外墙传热系数值，运用 GB 50176《民用建筑热工设计规范》的要求计算墙体的最小保温层厚度。同时，对墙板之间的连接缝隙和变形缝等部位采用密封条进行密封处理，对冷桥部位采取保温处理措施，尽量减少围护结构传热。其他钢筋混凝土框架结构的外墙采用砖、混凝土、中间复合轻质保温材料或采用加气混凝土、泡沫混凝土墙体、内外侧水泥砂浆抹面层以及其他重质材料饰面层等做法。

建筑外墙可以采用浅色外墙表面，反射太阳辐射热。对于朝西的房间，其窗上安装遮阳装置，实现冬暖夏凉的生产、工作环境。

2. 门窗的节能措施

门窗是建筑能耗散失的主要途径之一。因此，在保证日照、采光、通风、观景的前提下，尽量减少外门窗洞口的面积，达到节能的目的。

同时，提高门窗的气密性，采用密闭性能良好的门窗，采取加装密封条等措施，提高门窗气密性，防止空气对流传热，玻璃或非透明面板四周采用弹性好、耐久的密封条密封或注密封胶密封。经常有人员通行的外门设置门斗，对于设备或车辆进出的大门采用保温钢板门，并对门周边采用密封条密封或其他减少冷空气渗透的措施。

采用热阻大、能耗低的节能材料制造的新型保温节能门窗。合理控制窗墙比，尽量减少空调房间两侧温差大的外墙面积及窗面积。

3. 屋顶的节能措施

屋面保温隔热工程是建筑节能的重要组成部分。建筑屋面保温层厚度根据 GB 50189《公共建筑节能设计标准》计算确定。同时，为防止屋面保温层受潮，应采取相应的措施，屋顶保温材料宜选用密度小、导热系数低、憎水性好的高效保温材料。

十三、建筑防水、防噪声、防尘设计

1. 防水、排水设计

（1）燃机房、汽机房及联合循环机组厂房等建筑物底层及有经常冲洗要求的楼、地面，应考虑由组织排水。

（2）燃油泵房、油处理室等建（构）筑物的地坪应耐油污、防滑，且易冲洗、清洁。

（3）所有室内沟道、隧道、地下室和地坑等应有妥善的排水设计和可靠的防排水设施。不能保证自流排水时，可采用机械排水并防止倒灌，不应将电缆沟道作为地面冲洗水和其他水的排水通道。

（4）建筑物屋面宜采用现浇钢筋混凝土结构（装配整体结构屋面需加整浇层），并选用优质防水材料及有组织排水。

2. 防噪声设计

（1）对生产过程中设备产生的噪声，应从声源上进行控制，对燃气轮发电机组、余热锅炉房、汽机房等场所的设备进行噪声控制，并采用隔声、消声、吸声等控制措施。

（2）应对振动源进行控制，防止振动的危害，并采取隔振措施。

（3）燃气轮机发电厂各建筑物的室内噪声控制设计标准不应超过表 4-3 所列的噪声限制值。

表 4-3 各类工作场所的噪声标准

工作场所	噪声限制值〔dB（A）〕
各类生产车间和作业场所的工作地点（每天连续接触噪声 8h）	90
各类生产车间的值班室、休息室（室内背景噪声级）	70
巡回检测室（正常工作状态）	70
集中控制室、主控制室、通信室、计算机室，其他控制室（室内背景噪声级）	60
生产行政办公室、会议室、化验室、实验室（室内背景噪声级）	60
车间所属办公室、化验室（室内背景噪声级）	70

室内噪声控制要求较高的房间，当室外噪声级较高时，其围护结构应具有隔声性能，使墙、门、窗、楼板、顶棚等各围护结构的隔声量相接近。除采取隔声措施外，室内壁面、顶棚等可进行吸声处理。

十四、防腐设计

建（构）筑物防腐设计应按照预防为主和防护结合的原则，根据环境条件、生产过程中产生的介质的腐蚀性、生产管理水平、后期的维修条件等，因地制宜，综合选择防腐蚀措施，确保结构的安全性和耐久性。具体的防腐蚀措施可参见 GB 50046《工业建筑防腐蚀设计规范》中的规定。

第二节 主厂房采暖通风与空气调节

一、概述

燃气-蒸汽联合循环电站内采暖、通风与空调调节，是对电站内相关建筑物通过相关技术手段调节其建筑物内的环境条件，调节其建筑物内的环境温度、湿度及其空气质量，保证建筑内能够达到电站运行所需要的基本条件。调节建筑物的基本技术手段有供暖、通风和空调调节，对建筑物内的环境进行加热、改善室内空气质量，降低室内环境温度等作用，下面详细描述各系统的基本功能和方法。

二、主厂房采暖设计

（一）燃机房采暖设计

1. 燃机房采暖的特点

（1）燃机房围护结构保温性能及蓄能性差，热负荷大。

（2）燃机房平面温度场不均匀，靠墙温度低，建筑中央温度高。

（3）建筑物门窗冷风渗透量大，门窗开启、大修时冷风渗透耗热量大。

（4）燃机房采暖负荷需考虑由于燃机房冬季防止爆炸性气体聚集而设的通风所产生的新风负荷。

2. 燃机房采暖原则的确定

（1）燃机房停止运行时。根据 DL/T 5174—2003《燃气-蒸汽联合循环电站设计规定》的要求：燃机房或联合循环发电机组厂房采暖宜按照维持室内温度＋5℃计算维护结构热负荷。计算时不考虑设备、管道散热量。

（2）燃机房正常运行时。机组正常运行时，由于燃机房内燃气轮机本体、管道以及其他设备均有较大的发热量，一般能够保证室内 10～16℃的温度。但由于设备集中布置在厂房中央，加上厂房保温性能差，所以容易造成厂房内中央区域集中温度高，厂房四周外墙周围较低，厂房四周受到室外空气温度影响较大，因此，采暖设备要求布置在靠外墙，用于补偿围护结构耗热量。

3. 燃机房非正常工况下供热负荷计算

在实际设计中应考虑一些非正常工况，如厂房高，会有一定的"烟囱"效应，维修时大门经常开启、室外冷风渗透造成冷风渗透负荷大等不可预见的因素。

（二）汽机房采暖

汽机房的采暖特点、采暖原则与燃气轮机房的基本一致，这里就不再重复。汽机房的采暖与燃煤电站的汽机房的做法基本一致。

（三）主厂房采暖负荷计算

1. 围护结构采暖负荷计算方法

围护结构的基本耗热量，根据 DL/T 5174—2003《燃气-蒸汽联合循环电厂设计规定》的相关规定，室内采暖温度应按照 5℃ 计算。基本耗热量包括外墙耗热量、外窗耗热量、大门耗热量、屋面耗热量、地面耗热量。

2. 附加耗热量

（1）高度附加耗热量。

（2）冷风渗透附加耗热量。

（3）主厂房建筑耗热量。可按式（4-1）计算，即

$$Q = 1.65 \sum KA(t_i - t_o) \tag{4-1}$$

式中　　Q——建筑耗热量，W；

　　　　K——围护结构传热系数，W/(m²·℃)；

　　　　A——各围护结构面积，m²；

　　t_i、t_o——室内外供暖计算温度，℃。

（四）主厂房非正常运行条件下供热负荷计算

主厂房不仅需要在机组正常运行时保持室内一定的温度，更加需要在机组非正常运行期间（如机组启动期间、停止运行期间和机组大修期间）保证室内温度，防止室内设备及管道结冻，损坏设备、设施。

非正常运行条件下供热负荷与常规供热负荷的区别在于建筑内缺失机组正常运行的设备（管道）发热量，同时由于机组非正常运行（检修或调试）进出主厂房的人员加大，大大加大了大门开启的次数和时间，因此，冷风渗透的加热量是主厂房非正常运行条件下供热负荷的主要负荷。

各种常规规模大门冷风渗透量及其加热量见表 4-4。

表 4-4　　　　　　　　　　各种常规规格大门冷风渗透量及其加热量

开启大门尺寸 （m×m）	大门面积 （m²）	平均开启面积 （m²）	进风风速 （m/s）	冷风渗透量 （kg/h）	冷风渗透加热量 （MW）
2.1×1.2	2.52	0.63	4.5	14240	0.2
3.3×2.1	6.93	1.73	4.5	39100	0.55

注　1. 假定大门开启平均时间为 2h，大门平均开启系数为 0.25。

　　2. 室外采暖设计温度：$t_o = -20℃$。

（五）主厂房采暖热媒与热源

根据 DL/T 5035—2016《火力发电厂采暖通风与空气调节技术规程》的基本规定："高温高压和超高压火力发电厂的采暖热媒宜采用热水，不宜直接采用汽轮机抽汽作为较大采暖系统的热媒"和 DL/T

5174—2003《燃气-蒸汽联合循环电厂设计规定》的规定："燃气轮机电厂厂区内采暖热媒宜采用热水"。燃气轮发电厂采暖热媒宜采用热水，如电站为供热电站，热水可直接引接机务专业换热首站，如无机务专业换热首站，可在厂区内自建一个仅供全厂采暖的换热站，换热站可设在汽机房附近。热媒温度可采用130/70℃、110/70℃、95/70℃，热媒温度参数、室外采暖计算温度及负荷大小进行技术经济性比较，然后确定最终参数。

根据 DL/T 5174—2003《燃气-蒸汽联合循环电厂设计规定》条文说明，燃气轮机电厂一般设有启动锅炉，采暖所需热源可由启动锅炉提供。在集中采暖地区的燃气轮机电厂选用启动锅炉时，必须考虑集中采暖的负荷。

（六）采暖设备的选择

在燃气轮机电站采暖常采用余热锅炉蒸汽或采用启动锅炉产生的蒸汽，采暖系统采暖用蒸汽多采用低压蒸汽，常规采用0.4～0.6MPa饱和蒸汽或过热蒸汽，蒸汽温度为140～165℃，如采用蒸汽采暖或采用蒸汽为热源的热水采暖换热设备，设备密封材料需做特别注明，防止高温破坏密封材料，影响设备使用周期。

1. 热网加热器

热网加热器的容量和设备数量应该根据采暖、通风和生活热负荷选择，一般不考虑备用，但系统中任何一台设备停止运行时，余下的设备应该能够满足60％～75％热负荷的要求（严寒地区取上限）；热网加热站的设计需保证厂区负荷的预留增量有对应增加的布置位置；加热器的选型需综合考虑热源和被加热介质的温度、压力、流量等多个方面的因素，经过经济技术比较选取最终技术参数，技术参数需充分考虑系统安全运行。

2. 热网循环水泵

根据热网循环水泵调节方式不同可分为中央质调节、中央质-量调节（分为连续变流量调节和分阶段改变流量调节）、变频调节。

（1）中央质调节。热网循环水泵总流量需要按照设计流量115％选取水泵，设备数量不少于两台，水泵扬程需按照1.15倍的采暖系统热网阻力的总和。

（2）中央质-量调节（连续变流量调节）。此类配置热网循环水泵的采暖系统，水泵配置的方式与中央质调节方式相同。

（3）中央质-量调节（分阶段改变流量调节）。此类采暖热网循环水泵宜选用不同性能的泵组，系统配置根据需要选择。分阶段变流量调节推荐系统配置见表4-5。

表4-5　　　　　　　　　　分阶段改变流量调节的热网循环水泵泵组合　　　　　　　　　　　%

热网规模	循环水泵组合	流量（t/h）	扬程（MPa）	耗电量比
中小型热水网 （循环水量小于200t/h）	一台大流量循环水泵	100	1.00	100
	一台小流量循环水泵	75	0.56	42
大型热网	一台大流量循环水泵	100	1.00	100
	一台中流量循环水泵	80	0.64	51
	一台小流量循环水泵	60	0.36	22
	一台大流量循环水泵	100	1.00	100
	两台小流量循环水泵	2×60	0.36×2	2×22

（4）系统流量、扬程变化较大，此类采暖热网系统，流量和扬程变化较大，可根据系统特性选择变频水泵实时调节，系统可选择一台或两台水泵运行。

工程中常规使用采暖循环水泵的型号见表4-6。

表 4-6 工程中常规使用采暖循环水泵的型号

型号	介质温度（℃）	流量范围（t/h）	扬程范围（MPa）	电功率（kW）	生产厂家
R 型	≤230	7.2～450	0.208～0.72	1.5～90	上海水泵厂
IS 型	≤230	3.75～460	0.054～1.25	0.75～110	全国各泵厂
S、Sh 型	≤230	140～12500	0.10～1.25	18.5～1250	沈阳、上海水泵厂
PHK-Y 型	≤230	7.4～660	0.29～2.01	～400	上海水泵厂
ISG、IRG 型	80～120	1.1～700	0.08～0.80	1.1～75	上海凯泉、康大水泵厂
KDW、KDWR、KDWD 型	80～120	4.4～700	0.09～0.80	1.1～90	上海凯泉、康大水泵厂

3. 补给水泵

补给水泵的流量根据补水量和事故补水量等多个因素确定，一般取热网补水量的 5 倍左右。

补给水泵一般设置为两台，互为备用。补给水泵的扬程为补水泵定压点压力加 30～50kPa 的安全余量。

4. 凝结水回收装置

（1）凝结水箱。如供热采用电厂内高温高压蒸汽时，容易形成二次蒸汽，凝结水箱应选择使用能够承受压力的卧式桶形水箱，凝结水箱的容量常规设置为采暖负荷最大凝结水流量的 50%，凝结水水箱的有效容积应按水箱总容积的 80% 计算。

（2）凝结水泵。按回收冷凝水流量、温度和冷凝水回收系统阻力确定冷凝水泵流量、耐温和扬程，在装置吸入段应设置过滤器及故障时的自动排水功能。

多台冷凝水泵同时工作时，应至少设有一台备用泵；当任何一台冷凝水泵停止运行时，其余冷凝水泵的总容量应不小于冷凝水回收总量的 110%。常规凝结水泵安装数量和容量参考表见表 4-7。

表 4-7 常规凝结水泵安装数量和容量参考表

凝结水台数（台）	凝结水泵容量（m³/h）			
	间断工作		连续工作	
	单台容量	总容量	单台容量	总容量
2	1.5L	3L	1.1L	2.2L
3	0.8L	2.4L	0.6L	1.8L
4	0.6L	2.4L	0.4L	1.6L

注 L 等于采暖系统凝结水总流量。

5. 热风幕

根据 DL/T 5035—2016《火力发电厂采暖通风与空气调节技术规程》要求，符合下列条件时宜设热风幕：位于严寒地区的公共建筑和生产厂房，当开启频繁的主要通道外门不可能设置门斗或前室，且每班的开启时间超过 40min 时；不论是否位于严寒地区和外门开启时间长短，当生产或使用要求不允许降低室内温度，且又不可能设置门斗或前室时；位于非寒冷、严寒地区的公共建筑和生产厂房，经过技术经济比较合理时。

由于电厂主厂房（燃机房和汽机房）大门尺寸大，大门开启时间常常超过 40min，由于大门过大，无法设置门斗，按照 DL/T 5035—2016《火力发电厂采暖通风与空气调节技术规程》规定，主厂房室内不允许低于 5℃，因此，无论严寒地区还是寒冷地区，为防止大门开启的冷风渗透，加热这部分的冷风，大门应设置热风幕。

（1）光排管散热器。光排管散热器耐高温、高压，不宜堆积灰尘，但这种散热器散热面积小，材料消耗量大，散热器成本高，一般不宜使用。

（2）钢制散热器。钢制散热器用钢管焊接组合成，这种散热器耐高温、高压，散热面积也大，散热器材料消耗不大，散热器成本低，广泛地使用在电站的采暖系统工程中。

6. 阀门类

阀门主要性能见表 4-8。

表 4-8 阀门主要性能表

名称	型号	温度（℃）	压力（MPa）	DN（mm）	用途
闸阀	ZT15-10	120	1.0	15～65	用于热水、蒸汽系统的关断，不宜作调节用
	Z44T-10	200	1.0	50～450	
	Z45-10	120	1.0	50～500	
	Z44H-1.6	450	1.6	200～400	
截止阀	J11W-10T	225	1.0	15～65	用于蒸汽、热水系统的关断，不宜作为调节作用
	J41H-16	225	1.6	65～200	
	J41Q-25Q	300	2.5	15～80	
	J41H-40	400	4.0	15～250	
蝶阀	D71X-1.0/1.6	120	1.0（1.6）	40～300	用于热水系统的关断，不能作为调节用
	D371X-1.0/1.6	120	1.0（1.6）	200～600	
	D771X-0.6/1.6	120	1.0（1.6）	100～600	
球阀	Q11F-6T（16）	100	0.6（1.6）	15～50	用于热水系统的关断，不宜作为调节用
	Q41F-6C	200	0.6	15～100	
	Q41F-16	100	1.6	15～125	
	Q44F-16Q	150	1.6	32～150	
止回阀	H41T-16	200	1.6	25～600	用于蒸汽、热水垂直管道上
	H44T-10	200	1.0	50～600	用于蒸汽、热水水平直通管道上
	H41X-1.6	80	1.6（2.5）	50～350	用于热水水平、垂直管道上
	DH76X-1.0/1.6	120	1.0（1.6）	40～600	用于热水水平直通管道上
疏水器	CS14AF-16Q	200	1.6	15～50	可调节恒温疏水器，用于蒸汽系统
	CS14BF-16Q	200	1.6	15～50	
	CS44-16Q	200	1.6	15～50	
	CS11H-16Q	300	1.6	15～50	自由浮球式疏水器，用于蒸汽系统
	CS41H-16Q	300	1.6	15～100	
	CS41H-40	300	4.0	15～50	

（七）主厂房采暖设计中常见的问题

暖通专业应与土建建筑专业配合，解决建筑物维护结构的形式和性能有关问题，保证建筑物的技术经济学，既保证建筑的节能性，又保证建筑物的经济性。

对于严寒地区和寒冷地区，采暖设计应考虑电站启动时期和设备大修期时期的非正常工况条件下的运行，防止主厂房解冻，损坏设备。

主厂房暖风机数量应有 30% 以上的富余，蒸汽作为热源的暖风机管路出口应设置两个 50% 容量的并列的疏水器。

主厂房内采暖管道不应穿过配电室等电气房间，如必须穿过这类房间时，管道必须采用焊接，不应设有接头。

（八）采暖管网

电站采暖管网应考虑扩建的需要，主管应考虑总体容量一次建成。

厂内采暖热网一般采用地沟敷设，采暖热网常与全厂综合管网综合布置。如果采暖热网采用直埋形式敷设时，埋地敷设管道的埋设深度应以管道不受损坏为原则，并应考虑最大冻土深度和地下水位等影响。管顶距地面不宜小于 0.5m；在室内或室外有混凝土地面的区域，管顶距地面不宜小于 0.3m。通过机械车辆的通道下不宜小于 0.7m 或采用套管保护。

当采暖热网采用架空布置时，管道距离地面的净高不小于 0.3m。当通过道路时管道距离地面的净高不小于 4.5m。

敷设热网时，其坡度应随地沟自然坡度敷设，并在各最高点和最低点分别装设放气阀和排水阀。放气阀不小于 DN15，防水管道的管径的设计原则为在管内平均流速为 1m/s 时，在 1h 内能放空该段内存的水。

三、主厂房通风

（一）燃气轮机厂房通风特点及其原则

1. 燃气轮机厂房通风的特点

（1）燃气轮机运行时同时产生大量余热，燃料有可能被泄漏（如油气、天然气等可燃性气体）。因此，在燃气轮机房室内布置时，无论从安全生产还是卫生方面，必须及时通风换气。

（2）联合循环电站汽机房室内设备散热量大，通风换气量大，一台 100MW 汽机房的通风散热量约为 $53 \times 10^4 kg/h$。

2. 燃气轮机厂房通风原则的确定

（1）根据 GB 50019《工业建筑采暖通风与空气调节设计规范》的相关要求，消除工业厂房余热、余湿的通风，宜采用自然通风；如果自然通风达不到卫生或生产要求时，应采用机械通风或自然与机械通风结合的通风。

（2）通风系统进风口应设置在室外空气质量好的地方，如室外空气质量无法达到要求可设置机械送风装置，送风装置设置过滤装置。

（3）如电站设置在海边有台风威胁或项目所在地有飓风威胁，排风系统宜选用屋顶风机等风荷载小的排风装置。

（4）如电站设置有集中供暖，进风宜采用有关断功能的外门、窗；排风装置可采用电动阀，保证室内温度。

（5）燃机房在集中供热地区时，冬季应设置一定的通风量，保证排除爆炸性气体。

3. 燃气轮机厂房通风负荷计算

燃气轮机厂房通风的任务是排除机房内爆炸性气体，排除室内设备散热量，但由于排除设备散热量的通风量大于排除爆炸性气体的通风量，所以计算排除室内设备散热量的通风量能够满足要求。计算通风的方法有如下几种：

（1）热平衡法。通过测试进出风口的温度、风速来确定进、排风量，由此计算排风所带走的热量，这个热量就是燃气轮机设备发热量。

燃机房设备散热量的计算公式为

$$Q_{re}^t = 0.28 c \left[L_{ex}^t (t_{ex}^t - t_0) \right] \tag{4-2}$$

式中 Q_{re}^t——燃气轮机房设备散热量，W；

c——空气比热熔，kJ/(kg·℃)；

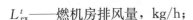

L_{ex}^t——燃机房排风量，kg/h；

t_{ex}^t——燃机房排风温度，℃；

t_0——进风温度，即室外环境温度，℃。

（2）机组效率。设备散热量是设备的热损失，影响电厂机组效率很重要的因素，所以设备发热量可用燃气轮机和汽轮机容量的百分比来计算。燃气轮机电站设备发热量可根据设备厂家的相关资料计算。

（3）其他方法。根据 DL/T 5174—2003《燃气-蒸汽联合循环电厂设计规定》条文说明描述：根据燃气轮机制造厂资料，每套容量为 350MW 燃气轮机室内布置时，燃气轮机、汽轮机和管道发散到厂房内散热量每台机为 860kW，燃气轮机罩壳内散热量为 205kW，汽轮机罩壳内的散热量为 170kW，发电机罩壳内的散热量为 35kW。由此可以看出，燃气轮机室内布置时设备发热量比较小，仅为相当容量火电机组的 1/3 左右，因此，当设备发热量不清楚时，通风量可按每小时 5～7 次的换气量估算，当设备发热量明确后，应进行核实。

（二）燃气轮机厂房通风计算

燃气轮机厂房通风换气量计算公式为

$$L_v^t = \frac{3.6 \times 10^6 Q_{re}^t}{h_{ex}^t - h_{in}^t} \tag{4-3}$$

式中　L_v^t——燃机房通风量，kg/h；

Q_{re}^t——燃机房设备散热量，MW；

h_{ex}^t、h_{in}^t——燃机房排风口、进风口空气焓值，kJ/kg。

（三）燃气轮机厂房通风方案

1. 自然进风、自然排风方案

此种通风方案是全面通风方式，靠室内外空气的温差产生的热压来诱导空气流动，燃气轮机厂房属于高热车间，室内散热量大，底层冷空气被加热形成热空气，空气加热后密度降低，导致厂房产生负压，厂房内形成与室外的压差，室外空气进入厂房底层，热空气上升后从上部排出室外。

2. 自然进风、机械排风方案

自然进风、机械排风系统实际上是负压通风系统。它靠屋顶风机的动力排除厂房内热空气，并自然导致从厂房底层、运转层进风。这种通风方式，通风计算很简单，在设计中不用考虑热压、风压，但应复核最大进风风速。可以利用通风换气量，选择屋顶通风设备数量，但在选择风机数量时风量应附加 15% 左右。

3. 机械进风、自然排风方案

此种通风系统是正压通风系统，室外空气经过过滤、处理后直接送入燃气轮机厂房的工作地带，消除余热、余湿后热空气经过厂房顶部排出室外。夏季送风装置过滤、冷却处理空气后送入室内，由于经过处理的空气送入室内，送风温度降低，送排风温差加大，整个系统的通风量相对降低，送风经过过滤处理，送入厂房内的空气质量提高，对于项目处于沙漠地区或环境条件较差的地区有大的帮助。此种通风方式为适用于夏季干燥地区。

4. 机械进风、机械排风方案

机械进风、机械排风系统是全面通风系统。室外空气经过空气处理系统处理后送入厂房内，消除余热、余湿后，经过屋顶排风设备排出室外。这种通风系统适用于夏季炎热地区。此种通风方案与其他通风系统对比，能提高排风能力，更有效地排除室内的热湿空气，改善气流组织。但由于该系统都是由风机提供动力，所以能耗高，初投资也高。

以上几种通风方案的比较见表 4-9。

表 4-9   通风方案的比较

通风方式		自然进风、机械排风	自然进风、机械排风	机械进风、自然排风	机械进风、机械排风
项目	初投资	良好	良好	良好	较差
	运行成本	最好	良好	良好	较差
	运行管理	最好	良好	良好	较差
	运行效果	最差	较差	良好	最好

5. 直接蒸发冷却送风装置

直接蒸发冷却是通过水的蒸发达到冷却的目的。当水蒸发后，达到带走周围环境中热量而实现降低周围空气温度的目的，并不通过电力制冷降温。利用自然现象达到降温的目的。

蒸发冷却与空气的湿度有关。当相对湿度为 100% 时，干球温度才等于湿球温度，而其他条件下，干球温度比湿球温度高，干、湿球温度差就是蒸发冷却的动力。在蒸发冷却过程中，干、湿球温差越大，蒸发冷却效果越好，蒸发冷却过程中与蒸发冷却用的水的水温无关。

下面列举几个较为典型地区的干湿球差，见表 4-10。

表 4-10   几个较为典型地区的干湿球差

城市名称	大气压力 (hPa)	相对湿度 (%)	干球温度 (℃)	湿球温度 (℃)	干湿球温差 (℃)	城市名称	大气压力 (hPa)	相对湿度 (%)	干球温度 (℃)	湿球温度 (℃)	干湿球温差 (℃)
北京	998.6	64	30	24.5	5.5	上海	1005.3	67	32	26.5	5.5
乌鲁木齐	906.7	31	29	23	6.0	呼和浩特	989.4	49	26	18.5	7.5
榆林	889.6	44	28	19	9.0	武汉	1001.7	63	33	27	6.0
海口	1002.4	67	32	27	5	沈阳	1000.6	64	28	23	5.0

（四）燃气轮机厂房通风设计中的若干问题

（1）自然通风开窗面积、排风位置、排风口形式等需与建筑专业、电气专业和其他专业沟通，落实是否能够便于开启孔洞。

（2）对于寒冷地区和严寒地区的电站，进、排风口位置不能仅仅考虑夏季通风效果，还应充分考虑冬季供暖的问题，在满足夏季通风的条件下，尽可能减少开窗面积。

（3）如厂房进深大，应考虑其他方式送风，避免厂房内存有通风死角，必要时可以设移动式风机。

四、主厂房区域控制室通风与空气调节

（一）主厂房区域控制室室内空气参数确定

根据 DL/T 5035—2016《火力发电厂供暖通风与空气调节设计规范》的相关规定，集中控制室、单元控制室、电子设备间、计算机和继电器室应设置空气调节装置。

集中控制室、单元控制室、电子设备室、计算机室和继电器室的室内设计参数应根据工艺专业的要求确定，如无明确要求的可按照表 4-11 选用。

表 4-11   室内空气设计参数

房间名称	夏季				冬季		
	温度 (℃)	相对湿度 (%)	工作区风速 (m/s)	送风温差 (℃)	温度 (℃)	相对湿度 (%)	工作区风速 (m/s)
电子设备室	26±1.0	50±10	≤0.5	≤9	20±1.0	50±10	≤0.2
继电器室、SIS室、MIS室	24～28	40～65	≤0.3	5～10	18～22	40～65	≤0.2
集中（单元）控制室、工程师室、打印室	24～28	40～65	≤0.3	5～10	18～22	40～65	≤0.2
低温仪表盘架间	26	—	—	—	18	—	—
交接班室、会议室、仪表室等	26	—	—	—	18	—	—

（二）空调负荷计算

空调负荷的基本组成有空调房间的热（冷）负荷，空调房间的湿负荷、新风负荷以及系统附加负荷。

在燃气轮机电站项目中，主厂房控制室空调负荷主要有维护结构的负荷和设备散热负荷及新风负荷，其中维护结构负荷和设备散热形成的负荷为控制室空调的主要负荷。

通过空调房间维护结构传热形成的空调负荷的计算公式为

$$Q_{ro} = KA(t_{zs} - t_{in}) \tag{4-4}$$

式中　Q_{ro}——通过维护结构传热形成的空调负荷，W；

　　　K——传热系数，W/(m² · ℃)；

　　　A——围护结构传热面积，m²；

　　　t_{zs}——夏季空调室外计算逐时综合温度，℃；

　　　t_{in}——空调房间室内设计计算温度，℃。

空调房间室内电气设备及电子仪表散热形成的空调负荷的计算公式为

$$Q_{el} = n_1 n_2 n_3 P \tag{4-5}$$

式中　Q_{el}——空调房间内电气设备及电子仪表的散热量，W；

　　　n_1——同时使用系统，应由工艺专业提出，一般情况下取 0.5～1.0；

　　　n_2——利用系数，应由工艺专业提出，一般情况下取 0.7～0.9；

　　　n_3——小时平均实耗功率与设计最大功率之比，应由工艺专业提出，一般情况下取 0.5～0.85。

　　　其他类型负荷可根据各负荷特点进行计算；

　　　P——空调房间内电气设备及电子仪表的安装功率，W。

按照上述方法逐个计算出各类空调负荷后，累计相加后得出空调系统空调房间负荷。

（三）空调系统的确定

1. 空调系统选择原则

（1）空调系统的分类。

1）按照空气处理设备的设置，空调系统可分为集中式和非集中式空调系统。

2）按负担空调系统负荷的介质可分为全空气系统、空调-水系统和制冷剂系统。

（2）空调系统的选择原则。在空调设计中，确定空调系统形式的主要原则是满足空调房间的功能要求，同时要考虑选择系统的初投资、运行费用、运行操作维护条件等因素。在此基础上应尽量选择形式简单、布置紧凑、维护方面的空调系统。

根据燃气轮机电站的特点、项目所在地气候特点等多个因素确定空调系统的形式原则：

1）如电站采用联合循环运行，集中控制室、电子设备间、单元控制室采用集中布置时，空调系统可采用全年性全空气集中空调系统。

2）其他工艺专业就地控制室、工艺设备间以及办公室等舒适性空调房间，应优先考虑采用空气-水系统，如全厂没有设集中制冷站时，可采用制冷剂空调系统。

3）如电厂总容量达到 500MW 以上时，可全厂设置集中制冷站，统一为全厂空调系统提供冷源。

2. 全空气空调系统

全空气空调系统是指完全由空气来承担房间的冷负荷的系统。对全年性系统而言，冬季空调系统运行时室内送热风，补充室内热损失，维持室内设计温度；在夏季，空调系统向室内送风，吸收室内热、湿负荷，维持室内设计温、湿度。

（1）全空气调节系统的参数计算。

1）房间送风量。

a. 空调房间送风量。夏季送风状态点以及送风量：根据计算出的空调房间的热、湿负荷，计算出

热湿比为

$$\varepsilon = \frac{Q}{W} \tag{4-6}$$

式中　Q——空调房间冷负荷，W；

　　　W——空调房间湿负荷，g/s(kg/h)。

b. 确定室内设计参数。在图 4-2 上确定室内状态点 I，并查出室内状态点的空气参数焓值 h_{in} 和含湿量 d_{in}。

c. 送风温差的确定。根据室内温度允许波动范围确定送风温差，详见表 4-12。

表 4-12　　　　　　　　　　　空调房间送风温差与换气次数

室温允许波动范围（℃）	送风温差（℃）	换气次数（次/h）
±0.1~0.2	2~3	15~20
±0.5	3~6	>8
±1.0	6~10	≥5
>±1	人工冷源：≤15； 天热冷源：最大值	

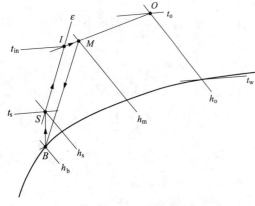

图 4-2　空调系统空气处理过程焓湿图

B—表冷器空气最终状态点；O—室外空气状态点；

I—室内空气状态点；M—混合空气状态点；

S—送风状态点；t_w—室外空气湿球温度；ε—热焓比；

t_{in}—室内空气干球温度；t_s—送风温度；

h_o—室外空气焓值；h_m—混合空气焓值；

h_s—送风空气焓值；h_b—表冷器空气终点空气焓值

d. 确定送风温度 t_s。根据室内设计温度和选定的温差确定送风温度 t_s；在焓湿图上经室内状态点 I 做 ε 的平行线，与 t_s 温度线相交求出送风状态点 S，然后查出状态参数 t_s 和 d_s。

e. 确定送风量 L。其计算式为

$$L = \frac{3.6Q}{h_{in} - h_s} \tag{4-7}$$

或　　　$$L = \frac{1000W}{d_{in} - d_s}$$

式中　L——计算送风量，kg/h；

　　　Q——计算冷负荷，W；

　　　W——计算湿负荷，kg/h；

　　　h_{in}——室内设计状态点的空气焓值，kJ/kg；

　　　h_s——送风状态点的空气焓值，kJ/kg；

　　　d_{in}——室内设计状态点的空气含湿量，g/kg；

　　　d_s——送风状态点的空气含湿量，g/kg。

2）冬季送风状态及送风量。对于燃气轮机电站项目，冬季室内空调负荷一般小于夏季空调室内负荷，冬季空调送风温差又高于夏季送风温差，相对于全年空调系统，冬季的送风风量一般小于夏季风量，因此一般系统能够满足夏季送风风量即能够满足系统要求。

3）空调系统送风量。将整个系统各房间空调送风量叠加，同时考虑系统漏风量即为系统送风量。

系统的漏风量可按照风管的漏风量和设备漏风量分别计算，风管漏风量一般按照风量的 10% 计算，设备漏风量按照系统风量的 5% 计算。

空调系统新风量的确定：根据 DL/T 5035—2016《火力发电厂供暖通风与空气调节设计规范》的相关规定，空气调节系统的新风量不应小于下列三项风量中最大的值：

a. 电子计算机室等无人值班房间的空气调节系统总送风量的 5%，其他空气调节系统总送风量的 10%。

b. 满足卫生要求需要的每人 $30m^3/h$ 的新鲜空气量。

c. 保持室内正压所需要的风量，正压值宜采用 5Pa 左右。

全年性空气调节系统，当周围环境较好时，过渡季宜大量使用新风。

（2）全年空气调节系统送、回风形式的确定。

1）空调系统宜采用一次回风，当采用天热、冷源时可采用直流系统。

2）当空调房间室内无可开启的外窗或过渡季节大量使用新风时，空调系统应考虑排风出路；过渡季节大量使用新风时，室内正压值不应超过 50Pa。大量使用回风系统，应考虑室内空气能全部排换。

（3）空调风管设计。空调风管设计原则如下：

1）空调风管应考虑施工和安装方便，外形美观，系统阻力小，节省材料。矩形风管的宽高比宜在 2.5 以下。

2）风管材料应考虑适用、经济、阻力低以及便于施工，同时需考虑防火、耐火的要求，在电站项目普遍适用镀锌钢板。

3）考虑到经济性、噪声要求的总风管一般风速控制在 $8\sim12m/s$，无风口的支管风速一般控制在 $6\sim8m/s$，支风管风速控制在 $3\sim5m/s$。

风管断面的面积计算式为

$$A = \frac{L}{3600v} \tag{4-8}$$

式中　　A——计算风管断面面积，m^2；

　　　　L——风管内的空气流量，m^3/h；

　　　　v——设计的风管流速，m/s。

3. 风机盘管空调系统

除了全空气空调系统外，还有另一种常用的空调方式：风机盘管空调系统。

（1）风机盘管系统的特点。

1）系统灵活，施工方便，运行管理简便。

2）投资低，初投资低。

3）系统独立性强，组合形式多。

4）由于该系统需有冷冻水与空气换热，所以对于有特殊房间，水管不能进入的区域不适用该系统。

（2）风机盘管空调系统的设计原则。

1）由于风机盘管系统是一个空调房间的室内空气循环的系统，所以需要考虑系统的新风补充装置，常规的新风补充方式有自然渗透和空气处理机组机械送风系统。新风系统是为了保证空调房间卫生条件，一般新风系统不负责承担室内空调负荷。

2）风机盘管机组的选择。风机盘管按照结构形式可分为立式、卧式、立柱式、壁挂式等，按照安装方式可分为明装式和暗装式。设计时可根据工艺建筑空调房间的需求选择不同形式的风机盘管。对于汽水化验室、热工实验室等房间，可以选择立式明装风机盘管；对于办公室等装修较好的房间，可使用卧式暗装风机盘管。

3）风机盘管水系统的选择。由于风机盘管是由于空气和载冷剂进行热交换，所以一个很好的水系统是十分重要的。常规的水系统有三种：双管制系统、三管制系统和四管制系统。

（四）空气处理机系统

1. 空气冷却处理

空气冷却处理一般有两种形式：表面冷却器冷却空气和喷水室冷却空气。

2. 空气加热

当新风或新风与回风混合后焓值小于或等于 10.5kJ/kg 时，宜设置新风预热器。当新风与回风混合后，其过程线不超过相对湿度为 100% 的饱和曲线，也可以不设置预热器。空气预热的最终温度，一般取 +5℃。当空气预热器采用热水为热媒时，必须考虑空气预热器的防冻措施。在实际工程实例中，在不以采暖加热为目的的加热器，空气加热器较多采用电加热器。采用电加热器进行加热的系统中，需设有超温保护装置。

3. 空气加湿和除湿

（1）空气加湿处理。全空气空调系统在低湿度地区运行时，特别在冬季运行时，一般需要对空气进行加湿处理。加湿的方法有多种，在实际工程中较多采用的集中加湿的办法主要有蒸汽加湿、喷水加湿、直接蒸发冷却加湿等几种。

由于燃气轮机电站蒸汽基本来自余热锅炉或启动锅炉产生的蒸汽，其锅炉补给水多经过化学水处理过，添加过较多化学物质，长期经过此类蒸汽加湿进入室内后对人体健康有一定的影响，在实际工程中推荐使用电热（极）式加湿器或高压水加湿。

（2）空气除湿处理。当空调系统在高湿环境下运行时，有时为了满足空调房间的室内设计参数要求，需要对空气进行除湿处理。与加湿处理一样，对空气进行除湿的方法也有很多，如通风除湿、升温除湿、制冷除湿、吸附（干燥剂）法等。在空调系统中，如没有特别的要求，一般采用制冷除湿，利用表冷器，将含有高湿度空气通过表冷器，让空气降温至饱和状态冷凝后去除空气中含有的水分。当空气中含湿量降低到需要的含湿量后再进过二次加热，加热至送风状态。一般情况下，表冷器既能起到降温的目的，又能兼做空气减湿设备。

4. 空气的净化

燃气轮机电站属于工业项目，项目所在地区往往处于一个较为恶劣的区域，因此对于环境要求较高的控制室、电子设备间等空调房间，空气净化是十分重要的一项设计内容。

空调系统的室外新风和室内回风，在进入换热器前需进行过滤处理，以保护换热器的换热效率；空气通过过滤器时，空气风速应控制在 0.4～1.2m/s；为保证空调系统运行的可靠性，应在空气器两端设置压差控制元器件，保证空调系统运行。

5. 空调系统防噪

为了满足房间噪声的控制要求，空调系统中可采用如下措施：

（1）空调系统中的动力设备需采用低噪声型，如风机类等。

（2）在空调系统中尽量设置消声器或消声段，仅可能把机组产生的噪声消除或减弱，防止机组噪声向空调房间扩散。

（3）控制风管风速。一般风管风速控制在 10m/s 以内。

6. 空气处理机组

空气处理机组是全空气空调系统的关键设备。在燃气轮机电站项目中，空气处理机组一般用于电站内较为重要的空调房间，一般具有以下功能：

（1）控制新、回风比例。电站内设计全空气空调系统区域基本上是集中控制室、电子设备间等。由于该房间一般设置在主厂房内，房间相对封闭，自然补新风的条件差，因此该系统必须充分考虑新风功能。为了有足够的新风进入系统，组合式空气机组一般设有新、回风组合段，通过新、回风调节阀调节新风比例。

（2）空气净化。由于燃气轮机电站属于工业建筑，厂区周围一般环境较为恶劣，新风补入时带有较大的含尘量，对于电子设备间等对房间空气质量较高的房间需设有良好的净化功能，一般设置有初效＋中效过滤器。

除了新、回风混合段和过滤段外，常规的空气处理机组还包含加湿段、加热段、冷却表冷段、风机段和消声段等。

五、主厂房区域冷源的选择和比较

空调冷源可分为天然冷源和人工冷源，在选择冷源时，如项目有天然冷源可用应充分利用天热冷源；如项目客观条件下无天然冷源可用，采用人工制冷。使用人工冷源成为空调系统不可缺少的一个选项。

对于空调负荷集中、负荷需求较大的区域可设置集中制冷站，集中制冷方便管理、技术经济相对更加合理。集中制冷站一般设置在负荷中心、建筑物底层，有良好的起吊检修空间。一般集中制冷站内设备采用多台布置，保证系统的可靠性。采用一个较为合适的制冷机组是设计集中制冷站中较为重要的一个环节。

（一）冷水机组的选择

1. 溴化锂冷水机组

燃气轮机电站项目，电站采用简单循环运行时，烟气排放带有较高温度，带有较高的热能，充分利用烟气余热，使得电站能够节能运行。

空调工程中常用的溴化锂冷水机组主要采用蒸汽为动力，但由于燃气轮机电站单循环运行是无蒸汽运行，可考虑采用热水为动力运行。在燃气轮机电站联合循环时，可采用余热锅炉产生的蒸汽作为动力运行。当制冷系统采用溴化锂时，节省了电能。由于溴化锂机组的制冷能效比一般低于电制冷，如电厂内无余热时，不建议采用溴化锂冷水机组。在选择溴化锂冷水机组时，应以双效型为主。

2. 螺杆式冷水机组

螺杆式制冷压缩机属于容积式气体压缩机组。螺杆式冷水机组就是以螺杆式制冷压缩机为动力，制取低温冷水作为空调系统作为冷媒，螺杆式冷水机组的优点是结构紧凑、运行平稳、制冷效率较高、运行调节方便、机组运行寿命长；螺杆式冷水机组是空调系统主要冷源之一。

3. 活塞式冷水机组

活塞式制冷是最为传统的制冷方式，模块冷水机组是近期出现的活塞压缩式空调冷水机组。它的特点是每台机组中包含若干个单元制冷机，可根据负荷变化投入运行。这种机组调节方便，占地小，但活塞式制冷机组因其结果复杂，零部件多，设备运行保养费用高，维修量大。

4. 离心式冷水机组

（1）离心式冷水机组是传统制冷机组，这种制冷机负担负荷大，能获得较高的制冷效率，但这种机组负荷调节性能低。

（2）集中制冷站确定冷水机组的台数时，根据空调系统的功能要求和所选制冷机的形式综合考虑，在负荷波动较大的情况下，综合考虑冷水机组的台数和形式是十分重要的。一般情况下冷水机组不宜选用单台，也不宜选用台数太多，设备备用系数一般不大于 1.5。

（3）冷水机组在布置时应尽量布置在室内，严寒地区水冷式冷水机组必须布置在室内，集中制冷站可以和集中加热站共建，放置在一个房间内。风冷式冷水机组应尽量布置在建筑物的屋面，节省土建成本。

（4）冷水机组布置时需参见厂家资料，冷水机组四周需理由足够的维修检修空间，机房内需做好良好的排水和防水措施。

（二）冷却水系统

任何制冷系统在运行时都要排除冷凝热。空调制冷工程中最常用的排除冷凝热的方式有水冷和风冷两种。无论采用哪一个方式，都要保证制冷系统高效运行。

风冷系统比较简单，但冷却效率比水冷低，冷凝器设备比较庞大，而且使用环境受限。因此，风冷方式仅适用于制冷量较小的机组。当冷水机组的制冷量较大或设计集中供冷冷源时，可采用水冷冷却方式，提高机组运行效率。

冷却水系统由冷却水循环水泵、供/回水管道、冷却水塔以及补水装置组成。

1. 冷却水塔

相对于民用建筑，燃气轮机电站项目空调冷却水系统的设置可考虑采用直流冷却水或二次循环冷却水。在电站项目中，如电站采用二次循环冷却水系统时，空调冷却水可考虑与其共建，如引接供水专业冷却水不方便时，暖通专业可单独设置冷却水塔，冷却水塔是冷却水系统中十分重要的设备。

2. 冷却水补水

循环冷却水系统由于将制冷机组冷凝传递给大气，冷却装置的气水交换过程中，会有相当数量的冷却水飘入大气中，因此循环冷却水系统的补水量较大，一个合适的补水方式是十分重要的。常规的补水方式有利用现有水源，直接通过管道补入冷却塔；在冷却塔布置位置，现有水源压力不足以进入冷却水塔，在原有管道系统中增加一套增压装置使得补水进入冷却塔。

第三节　辅助建筑采暖通风与空气调节

一、电气设备房间通风与空气调节

（一）厂用配电装置室

设在主厂房和控制楼的厂用配电装置室夏季室内环境温度不宜高于 35℃，设在其他建筑的厂用配电装置室夏季室内环境温度不宜高于 40℃。

厂用配电装置室应设置不少于 6 次/h 的事故排风，事故排风机可兼作通风机用。

1. 通风量计算

（1）室内无干式变压器时，排风量按下述方法计算：

1）低压厂用配电装置室，排风量按换气次数不小于 12 次/h。

2）高压厂用配电装置室（380 以上），排风量应取下述两项的大值：换气次数不小于每小时 12 次，排除室内全部设备余热所需的排风量。

（2）室内有干式变压器时，排风量应取下述两项的大值：

1）换气次数 12 次/h。

2）排除室内全部设备余热所需的排风量。

2. 通风系统的选择

根据工艺要求、当地气象条件和周围环境条件选择以下 3 种通风方式：自然进风、机械排风；机械通风、机械排风；机械降温送风、机械排风。

如以上 3 种通风方式仍然无法满足要求，可采用人工制冷方式或其他方式降温。

3. 通风系统的布置

（1）通风系统进风口尽可能设在空气洁净、非太阳直射区，如采用机械送风，需设过滤。

（2）通风系统进风口、排风口需设防雨、防虫等防护网，防止异物进入室内。

（3）排风机出口宜设风动百叶。

（4）通风系统应与火灾报警系统联锁，当火灾发生时，应能自动切断电源。

（二）蓄电池室

蓄电池是一种具有可逆的电化学能量转换功能并可以进行充电、放电多次循环使用的直流电源设备。蓄电池主要用于电气二次的控制和保护、事故照明、UPS 室及直流油泵等。

1. 防酸隔爆式蓄电池室及调酸室的通风系统设计规定

(1) 室内空气不允许再循环，其通风系统不应与其他通风系统合并设置。

(2) 蓄电池室的通风换气量应按室内空气中最大含氢量的体积浓度不超过 1% 计算，且换气次数不应少于每小时 6 次，蓄电池室的排风机不应少于 2 台。

(3) 调酸室的通风换气次数不宜少于每小时 5 次。

(4) 蓄电池室的送风机和排风机不应布置在同一通风机房内；当送风设备为整体箱式时，可与排风设备布置在同一个房间。

(5) 蓄电池室冬季送风温度不宜高于 35℃，并应避免热风直接吹向蓄电池。

(6) 蓄电池室排风系统的吸风口应设在上部，调酸室的吸风口应设在上部和下部，上部吸风口上缘距顶棚平面或屋顶的距离不应大于 0.1m，下部吸风口应靠近地面，其下缘与地面距离不应大于 0.3m。

(7) 蓄电池室排风管的出口应接至室外。

2. 阀控密封式蓄电池室的供暖通风与空调系统设计要求

(1) 夏季室内温度不宜超过 30℃，冬季室内温度不宜低于 20℃。

(2) 当室内未设置氢气浓度检测仪时，通风系统应符合下列规定：

1) 平时通风系统排风量应按换气次数每小时不少于 3 次计算；事故排风系统排风量应按换气次数每小时不少于 6 次计算；平时通风用排风机的风量宜按 2×100% 配置，事故排风机可由两台平时通风用排风机共同保证。

2) 当室内需要采取降温措施时，应采用直流式降温通风系统。

(3) 当室内设置氢气浓度检测仪时，通风系统应符合下列规定：

1) 事故排风系统排风量应按换气次数每小时不少于 6 次计算。

2) 事故排风机应与氢气浓度检测仪联锁，当空气中氢气体积浓度达到 1% 时，事故通风机应能自动投入运行。

3) 当室内需要采取降温措施时，降温设备可采用防爆型空气调节装置，并应与氢气浓度检测仪联锁。

(4) 蓄电池室排风系统的吸风口应设在上部，吸风口上缘距顶棚平面或屋顶的距离不应大于 0.1m。

(5) 排风系统不应与其他通风系统合并设置，排风应排至室外。

1) 蓄电池室通风系统的进风宜过滤，室内应保持负压。当采用机械进风、机械排风系统时，排风量至少应比送风量大 10%。送风口应避免直吹蓄电池组。

2) 当蓄电池室的顶棚被梁分隔时，每个分隔均应设置吸风口。

3) 布置于蓄电池室内的通风机和空气调节装置的选型应符合 GB 50058《爆炸和火灾危险环境电力装置设计规范》的规定，且防爆等级不应低于氢气爆炸混合物的类别、级别、组别（ⅡCT1）。通风机及电动机应直接连接。室内不应装设开关和插座。

4) 蓄电池室冬季围护结构耗热量宜由散热器供暖系统承担。冬季连续运行的排风热损失应补偿。

5) 散热器与蓄电池之间的距离不应小于 0.75m。散热器应采用耐腐蚀、便于清扫的散热器，室内不得有丝扣接头和阀门。

6) 供暖通风沟道不应敷设在蓄电池室的地下。供暖、通风管道不宜穿越蓄电池室的楼板。

7) 通风系统的设备、风管及其附件应采取防腐措施。

（三）GIS 电气配电室

(1) 六氟化硫（SF_6）是一种性能优良的气体绝缘与灭弧介质，已日益广泛地应用于电气设备中。

采用 SF_6 的电气设备全称"SF_6 全封闭组合电器",电气专业一般用 GIS 表示。

（2）SF_6 电气设备室及其设备检修室应设置机械通风，室内空气不允许再循环。室内空气中 SF_6 的含量不得超过 $6000mg/m^3$。

（3）SF_6 电气设备室正常运行时的通风换气次数按每小时不小于 2 次计算。吸风口应设置在室内下部。

（4）SF_6 电气设备室应设事故排风装置。事故排风宜由经常使用的下部排风系统和上部排风系统共同保证。事故通风量按换气次数每小时不少于 4 次计算。

（5）SF_6 电气设备室内的（包括与其相通的）地下电缆隧道或电缆沟，应设机械通风系统，通风量按换气次数每小时不少于 2 次计算，通风系统设计范围按只考虑至地下电缆隧道室外的第一道防火墙为止。吸风口应设在电缆隧道下部。

（6）SF_6 电气设备室通风设备、管道及其附近应考虑防腐措施。

（四）柴油发电机室

（1）柴油发电机室应设机械通风，通风量按照夏季排风温度不超过 40℃ 计算，且换气次数不小于 10 次/h。

（2）柴油发电机室机械通风系统进风量应为排放量与柴油机燃烧所需风量之和。

（3）集中采暖地区的柴油发电机室，进风百叶窗应采用可调节型。

（4）柴油发电机室通风系统的通风机及电动机应为防爆型的，并应直接连接。

二、化学水处理建筑的供暖、通风与空气调节

燃气轮机电站采用联合循环运行时，汽-水系统和燃煤电站一样，同样需要经过处理，保证水系统的各项指标达到工艺要求。

（一）化学水处理建筑

（1）化学水处理建筑通常有电渗析室或反渗透室、蒸发器间、过滤器间、离子交换器间等，另外还包括控制室、分析化验间等。

（2）控制室、仪表间、化验室、电渗析室、反渗透间等房间，按维持室内 18℃ 设计供热系统；过滤器间、离子交换器间，按维持室内 16℃ 设计供热系统，化学水处理设备间供热热媒应采用热水。

（3）因为过滤器、离子交换器内水温为 35～40℃，其表面积较大，又不进行保温处理，会向室内散发大量热能，在进行供热系统设计时，宜考虑设备散热量，进行热平衡计算。

（4）当系统停止运行时，过滤器间等房间最低温度不低于 5℃，防止房间内管道结冰冻结，设备受损。此时房间设计供热时，不计算设备发热量。

（二）酸碱库

1. 采暖

（1）与酸液比较，碱液的冰冻点温度较高，因此酸库和碱库的冬季室内设计供热温度的要求不一样，应根据工艺布置方案确定。

（2）碱库冬季室内供热设计温度为 16℃，酸库冬季室内供热设计温度为 10℃，如酸碱共库时，冬季室内供热设计温度为 16℃。

（3）酸碱库冬季供热采暖系统热媒宜采用 110/70℃、95/70℃。

2. 通风

（1）因为酸库排风系统为非定期的间断运行，所以供热系统设计时，只补偿维护结构热损失，不考虑酸库排风造成的冷风渗透补偿加热量。

（2）碱库不易挥发，因此碱库一般采用自然通风。盐酸液易挥发，刺激性的腐蚀性很强，所以盐酸库应设置机械排风系统。

（3）盐酸库的排风量按换气次数不少于 15 次/h 确定，室内空气不允许再循环。为保证室内负压，实际排风量应比送风量大 15％左右。

（4）寒冷以及严寒地区，盐酸库排风系统虽短期间断运行，但大量无组织的冷风渗透仍会导致室内局部温度过低，因此，应设计单独的补送热风装置，以避免局部温度过低，保证酸碱再生系统安全运行。

（5）酸液蒸汽密度大于空气，排风系统吸风口应靠近地面，设风道与排风机连接。吸风口底标高距地面一般为 200mm 左右。

（6）用于酸碱库通风系统风机、风道及其配件等应防腐，电动机应选择全封闭式。

（三）凝结水精处理

1. 采暖

（1）凝结水精处理间通常设置在汽机房内，当主厂房（包含汽机房和燃机房）设置供热系统后，不用再为凝结水处理间单独设置供热系统，如凝结水精处理间单独布置时，应按维持室内 18℃设置供热系统。

（2）热媒宜采用 110/70℃、95/70℃。

（3）散热器为高压铸铁散热器或钢制散热器。

2. 通风

凝结水精处理宜采用自然通风。

3. 空气调节

凝结水精处理控制室根据工艺要求设置空气调节系统。控制室室内设计参数：温度为 26～28℃，湿度小于或等于 70％。

（四）油处理建筑

1. 采暖

（1）油处理系统的任务是去除油中有害物质，对油进行脱水、脱气、除酸、除油泥等。

（2）过滤间、再生间及油罐间等均按冬季室内采暖温度 16℃设计。

（3）热媒宜采用 110/70℃、95/70℃。

（4）散热器为高压铸铁散热器或钢制散热器。

2. 通风

（1）油处理建筑通风设机械通风，通常采用自然进风、机械排风系统，排风口宜靠近有害气体散发处。

（2）排风量按换气次数不少于 10 次/h 确定。室内空气不允许再循环。通风机及配用电动机应为防爆式，并直接连接。

（五）化验室、实验室

1. 采暖

（1）试验室、化验室包括天平室、精密仪器室、热计量室、微量分析室、水分析室等，室内供热温度均按 16℃设计供热系统。

（2）热媒宜采用 110/70℃、95/70℃。

（3）散热器为高压铸铁散热器或钢制散热器。

2. 通风

（1）试验室、化验室应根据工艺要求设计通风装置，通常采用自然进风、机械排风系统。排风量按换气次数不少于 6 次/h 确定。

（2）根据通风柜工作口风速要求及工作口面积确定的通风柜排风量，均大于试验室或化验室 6 次/h

换气通风量的要求。因此，设置了通风柜的试验室、化验室，可利用通风柜排风。

3. 空气调节

（1）天平室、精密仪器室、热计量室、微量分析室等房间，可根据工艺要求设置空调装置。空调可采用分体立柜式空调机组，如厂内设有集中制冷系统，也可采用空气处理机。

（2）夏季空调室内设计参数：温度为 26～28℃，湿度小于或等于 70%。

（六）循环水加氯处理间

1. 采暖

（1）加氯间、充氯瓶间按室内温度 16℃设计供热系统。

（2）加氯间、充氯瓶间排风系统为非定期间断运行，供热系统设计时，只补偿围护结构热损失，不考虑排风造成的冷风渗透补偿加热量。

（3）热媒宜采用 110/70℃、95/70℃。

（4）散热器为高压铸铁散热器或钢制散热器。

2. 通风

（1）氯瓶补液及加氯计量泵运行时，会产生氯液泄漏。氯液易挥发，具有很强的刺激性和腐蚀性，应设置机械排风系统。

（2）加氯间、充氯瓶间应设置自然进风、机械排风系统。排风吸风口一般距地面 200mm 左右，排风口需高出屋面。

（3）通风系统设备、管道及其配件需考虑防腐措施。

三、其他设施的通风与空气调节

（一）油泵房

燃气轮机电站，燃料常使用重油，油泵房是电站常规配置的重要部分。

1. 采暖

（1）为了便于运输，油泵房内输油管的重油需加热至 160～170℃，轻油加热至 40～50℃。因此，泵房内工艺设备散热量较大，一般泵房内不需供热，在寒冷地区或严寒地区，设置值班供热。

（2）通风所带着的热量，可由新风机组补偿。

（3）供热热媒一般采用加热燃油的 0.8～1.3MPa 蒸汽，经过减压至 0.3～0.5MPa 之后再使用。

2. 通风

（1）油泵房为地上建筑时，宜采用自然通风；油泵房为地下建筑时，应采用机械通风。

（2）在寒冷地区，冬季利用自然通风造成室内温度过低时，可改为机械通风，新风在冬季运行时，经过加热后送入室内。

（3）油泵房通风量选择下面两个计算结果较大的数值：排除余热所产生的风量，按换气次数不少于 10 次/h 的通风量。

（4）油泵房的通风应符合室内空气中含油量不超过 350mg/m³ 及体积浓度不超过 0.2% 的要求。

（5）当冬季采用热风系统时，可按 10 次/h 换气次数确定的风量选择新风机组，而排风量应比送风量大 10%～20%。

（二）启动锅炉房

1. 采暖

（1）启动锅炉房供热热媒为 0.2～0.4MPa 的高压蒸汽或 110/70/95/70℃ 的高温热水；

（2）启动锅炉房采暖主要布置散热器，如布置散热器无法满足要求，可适当补充暖风机进行补充。

2. 通风与空气调节

（1）启动锅炉房宜采用自然通风，底层及运作层从侧窗或进风百叶窗进风，排风从屋顶通风器或通风天窗排风。

（2）启动锅炉房控制室设置分体式空调机。

（三）水泵房

1．采暖

（1）冬季利用电动机排出的热空气作为泵房供热用，若电动机散热量不足时，可设置其他供热方式。

（2）进行泵房冬季供热热平衡计算时，电动机散热量应按照冬季最少运行台数考虑。全部水泵停止运行时，室内温度不应低于5℃，防止解冻损坏设备。

2．通风

（1）水泵配用电动机布置在泵房地上部分时，按电动机本身的要求决定通风方式；当风冷电动机容量大于1000kW时，宜采用机械通风。

（2）水泵配用电动机布置在泵房地下部分时，应采用机械通风。

（3）当水泵房采用机械通风时，宜将风管接在水泵电动机的排风口上。

燃气轮机发电厂

设计手册

第二篇

机 务 篇

第五章 热力系统及主机布置

第一节 热力系统及性能指标计算

一、燃气轮机的热力循环

燃气轮机循环可分为简单循环、回热循环、间冷循环、再热循环和闭式循环。

1. 理想简单循环

燃气轮机理想简单循环，设定燃气轮机中的工质是理想气体，气体的热力性质和流量不变，且热力过程无损耗。

理想简单循环的热力过程见图 5-1 中的 $p\text{-}V$（压-容）图和 $T\text{-}S$（温-熵）图。1-2 是气体在压气机中被等熵压缩，2-3 是气体在燃烧室中被等压加热，3-4 是气体在透平中等熵膨胀做功，4-1 是气体排入大气后被等压冷却。

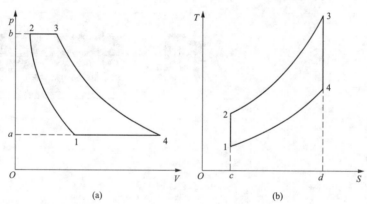

(a)   (b)

图 5-1 理想简单循环 $p\text{-}V$（压-容）图和 $T\text{-}S$（温-熵）图
(a) $p\text{-}V$ 图；(b) $T\text{-}S$ 图

燃气轮机循环通常用两个重要指标确定循环参数，即比功和热效率。比功是工质经过循环，单位质量工质对外界所做的功，单位为 kJ/kg。对于一台燃气轮机来说，比功表明了单位工质流量输出功的大小。热效率是工质经过工作循环，把进入循环的热量转变为输出功的百分数，热效率高即热量利用效率高，反之则低。

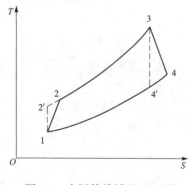

图 5-2 实际简单循环 $T\text{-}S$ 图

2. 实际简单循环

实际的燃气轮机循环与理想循环存在着较大的差异。其差异在于：

（1）实际简单循环中各个过程都存在着损失。

（2）作为工质的燃气和空气在循环过程中热力性质会发生变化。

此外，还有其他损失，例如，燃气轮机的进气和排气压力损失、轴承摩擦和辅助传动设备耗功等的机械损失。

实际简单循环的 $T\text{-}S$ 图见图 5-2。

燃气轮机简单循环中最高温度 T_3^* 与最低温度 T_1^* 之比称为温比 τ，即

$$\tau = T_3^* / T_1^*$$

式中　　T_3^*——燃烧室出口高温烟气初温；

　　　　T_1^*——大气环境温度。

提高烟气初温 T_3^* 或降低大气环境温度 T_1^* 均能提高循环热效率，而烟气初温 T_3^* 随着技术水平的不断发展而提高。

3．回热循环

燃气轮机的排气温度很高，简单循环的机组排气温度一般为 $470\sim600℃$，如果能有效地将这一高温气体热量加以回收，可提高循环热效率。如采用高温排气加热从压气机出口的冷空气，提高它进入燃烧室的温度，相应地可减少燃烧室中燃料量，从而提高燃气轮机循环热效率。因此，在燃气轮机中加装回热器 R，可实现上述循环过程，这就是回热循环。回热循坏示意图见图 5-3。

图 5-3 中：

(1) 1-2 为空气在压气机中的压缩过程。

(2) 2-2a 为空气在回热器中的加热过程。

(3) 2a-3 为空气和燃料在燃烧室中的混合燃烧过程。

(4) 3-4 为燃气在燃气轮机中膨胀做功、排气过程。

(5) 4-4a 为燃气在回热器加热压缩空气过程。

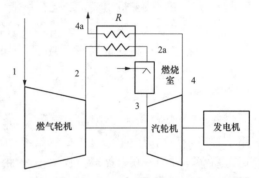

图 5-3　带回热循环燃气轮机

但是采用回热循环系统后，回热器的体积和尺寸较大，运行中回热器需频繁清洗导致维护费用增加。而简单燃气轮机经过几十年发展其热效率提高至 40％左右，再就是燃气-蒸汽联合循环和燃气轮机联供系统也得到了很大发展，因此，采用回热循环系统的实例较少。

4．间冷循环

在压缩过程中，将工质引至冷却器冷却后，再返回压缩机中继续压缩以完成压缩过程，这种循环方式称为间冷循环。间冷循环通过冷却压缩中间过程的工质温度，从而减少了压缩耗功，有效地提高循环比功，并提高燃气轮机效率。

理论上当间冷次数无穷多时，压缩过程变为等温压缩，压缩耗功降至最低，循环比功增加最多。而实际的间冷循环，间冷器存在着传热温差；工质在间冷器中有压力损失，使得各段中的压比要比理想的高些，才能在压缩终了达到所需的压力。由于这二项因素减少了采用间冷后的比功增大量，只有在选取较高的压比时，才能使比功增加较多，且能获得较高的效率。

5．再热循环

在工质膨胀过程中，将工质引出至再热燃烧室中加热后，再回到燃气轮机中继续膨胀做功以完成膨胀过程，这种循环方式称为再热循环。

理论上当再热次数无穷多时，膨胀过程变为等温膨胀，膨胀功达到最大，循环比功增加最多。实际的再热循环，再热燃烧室中有压力损失和不完全燃烧损失，影响了循环比功的增加和效率增加。当再热循环中选取较高的压比时，可以使比功增加多且获得较高的效率。

与间冷循环相比，虽然再热循环的比功可增加得更多，效率也高一些，但是由于再热燃烧室内温度过高导致火焰筒冷却的设计难度增加，另外还需增加再热燃烧室燃料的调节控制系统。所以在采用了间冷循环就能满足增大比功的要求时，无须设置再热循环。当无法满足增大比功的要求时，才将再热循环和间冷循环结合应用。

6．闭式循环

燃气轮机中采用燃烧室直接加热压缩后的工质，产生高温烟气进入透平膨胀做功后排至大气，该循环系统称为开式循环。

当工质与外界隔绝而被循环使用时称为闭式循环。在燃气轮机闭式循环中，采用气体锅炉或加热器来间接加热工质，并设置冷却器来冷却透平中膨胀做功后的工质。

闭式循环与开式循环相比，优点在于：

（1）燃料种类多样，不仅可采用天然气和燃油，还可以采用煤和核能来加热工质。

（2）工质除采用空气外，还可采用其他气体，以适应特殊工作的需要。例如，利用二氧化碳工质进行发电。

（3）工质循环工作，因而循环的最低工作压力可以高于或低于大气压力。把最低压力选定为高于大气压力，可以减少透平机械通流部分尺寸，从而压气机和燃气轮机的尺寸可以小很多，包括气体锅炉的尺寸也可以减小，以减少整台机组的尺寸。

（4）可采用改变工质的质量流量，使机组效率随功率下降的变化程度缓慢，以使机组效率在部分负荷时基本不变，改善机组变工况运行性能。

闭式循环也有其不足之处，一是气体锅炉尺寸大，造价很高；二是间接加热工质使得提高燃气初温受限于传热金属材料的最高使用温度，因而机组效率的提高也受到限制。

二、燃气-蒸汽联合循环

（一）典型联合循环

燃气-蒸汽联合循环工作过程是在燃气轮机循环的基础上，通过余热锅炉利用燃气轮机排气加热锅炉给水，将余热锅炉产生的过热蒸汽送入汽轮机中膨胀做功。汽轮机排汽进入凝汽器中放热冷凝，冷凝后工质循环利用。联合循环模式不仅增加了总输出功率，又利用了燃气轮机排气余热，极大地提高了联合循环热效率。

图 5-4 所示为燃气-蒸汽联合循环的 T-S 图，其循环过程如下：

（1）1-2 为空气在压气机中的压缩过程。

（2）2-3 为空气和燃料在燃烧室内的燃烧过程。

（3）3-4 为燃气在燃气轮机中的膨胀做功过程。

（4）4-5-1 为燃气轮机排气放热过程。

（5）6-11 为给水压缩过程。

（6）11-7-8-9 为给水及水蒸气吸热过程。

（7）9-10 为水蒸气在汽轮机中膨胀做功过程。

（8）10-6 为汽轮机排汽冷凝放热过程。

根据循环利用燃气排放热量的方式和蒸汽锅炉结构形式的不同，燃气-蒸汽联合循环可以分为不补燃余热锅炉型联合循环、有补燃余热锅炉型联合循环、增压锅炉型联合循环。根据燃气轮机做功工质的不同，分为程氏双流体联合循环和湿空气透平联合循环（Humid Air Turbine，HAT）。

1. 不补燃余热锅炉型联合循环

不补燃余热锅炉型联合循环系统如图 5-5 所示，燃气轮机的排气进入余热锅炉，给水被排气余热加

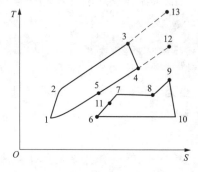

图 5-4　燃气-蒸汽联合循环 T-S 图

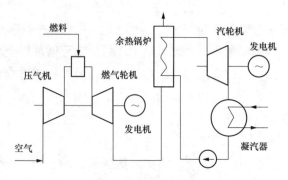

图 5-5　不补燃余热锅炉型联合循环系统

热，从工况点 11（见图 5-4）加热升温为过热蒸汽。燃气轮机排气温度 T_4 会限制余热锅炉产生的蒸汽初温 T_s，即 $T_9 < T_4$，产生的蒸汽流量受到燃气轮机排气余热容量的限制，因此，汽轮机组的发电功率远小于燃气轮机的功率，汽轮机的发电功率约占联合循环机组总功率的 1/3。

不补燃余热锅炉型联合循环的主要优点有：

（1）热能转换效率高。当燃气轮机的燃气初温为 1000℃时，联合循环热效率可达 40％～45％。当燃气轮机的初温提高到 1200～1300℃时，热效率可以达到 50％以上。目前，配置西门子公司 8000H 级燃气轮机的联合循环机组，热效率已超过 60％。

（2）基本投资费用低，结构简单，锅炉和厂房都很小。

（3）运行可靠性高，现已能做到 90％～98％的运行可用率。

（4）启动快，在 10～20min 内便能使联合循环发出 2/3 的功率，80min 内可带满负荷。

2. 有补燃余热锅炉型联合循环

有补燃余热锅炉型联合循环系统如图 5-6 所示，除了燃气轮机的排气进入余热锅炉之外，还设置了补燃装置，补燃装置即可设在燃气轮机的排气烟道中，也可设在余热锅炉中。

温度为 T_4 的燃气轮机排气（见图 5-4）进入余热锅炉，并被补燃装置加热到了 T_{12}，进而被冷却降温到 T_5。给水在这个过程中被加热，给水加热过程为 11-7-8-9，变为压力和温度更高的过热蒸汽。在这个循环过程中由于 $T_{12} > T_4$，因而蒸汽初温 T_9 可以高于 T_4，同时蒸汽量增加，从

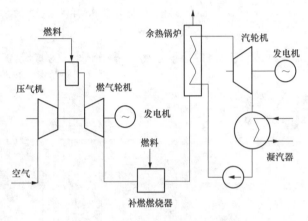

图 5-6　补燃余热锅炉型联合循环

而提高汽轮机的发电功率。根据燃气轮机的排气温度和电厂发电量要求，可确定一个使机组效率最高的最佳补燃量，补燃可采用煤或其他廉价燃料。

有补燃余热锅炉型联合循环的主要优点是：

（1）装置的尺寸小、占地少、投资低。

（2）运行方式灵活。安装了旁路烟道，燃气轮机可以单独运行。当夏天气温高致使机组出力不足时可以投入补燃装置以提高整个机组的出力。当燃气轮机故障时，可以利用补燃装置，保证汽轮机系统单独运行。

（3）补燃装置燃料可以采用煤或其他劣质燃料。

（4）蒸汽参数不受燃气轮机排气温度的限制，可以采用效率较高的汽轮机与之匹配，提高联合循环机组的总功率。

3. 增压锅炉型联合循环系统

增压锅炉型联合循环系统如图 5-7 所示。该方案中，燃气轮机的燃烧室与蒸汽循环的增压锅炉合二为一，由压气机送来的温度为 T_2 的空气（见图 5-4），首先在增压锅炉中与燃料混合燃烧并加热到 T_{13}，燃气在锅炉中先经过放热过程 13-3 来加热给水，使给水经历过程 11-7-8-9 变成过热蒸汽，然后进入汽轮机膨胀做功。温度降低至 T_3 的燃气从增压锅炉排出引至燃气轮机膨胀做功，燃气轮机的排气进入排气换热器来加热给水，使其沿过程线 6-11 升温。

增压锅炉型联合循环的特点是空气在增压机中被压缩到 0.6～1MPa 后，进入增压锅炉（又称 Velox 锅炉）与燃料混合燃烧。将增压锅炉和燃气轮机的燃烧室合二为一，增压锅炉传热面积大大减少，锅炉体积可减小至 1/6～1/5，其金属耗量、厂房投资等大大降低。增压锅炉启动时间只需 7～8min，当燃气轮机的初温提高到 1300℃后，带增压锅炉联合循环的热效率可超过 50％。

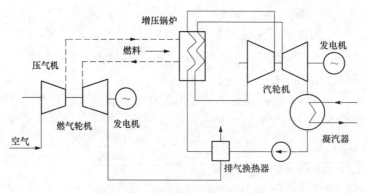

图 5-7　增压锅炉型联合循环

（二）联合循环机组的性能分析指标与热平衡计算

1. 联合循环的热效率计算

（1）燃气轮机的能量平衡。图 5-8 所示为常规的有补燃的余热锅炉型燃气-蒸汽联合循环系统图。

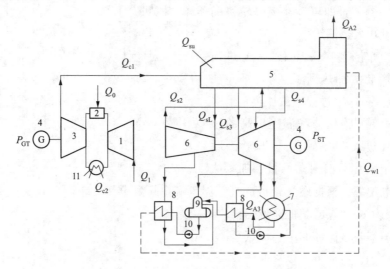

图 5-8　常规的有补燃的余热锅炉型燃气-蒸汽联合循环系统图

1—压气机；2—燃烧室；3—燃气轮机；4—发电机；5—余热锅炉；6—汽轮机；7—凝汽器；
8—给水加热器；9—除氧器；10—给水泵；11—空气冷却器

燃气轮机的能量平衡式为

$$Q_1 + Q_0 \eta_{r1} = P_{GT}^0 + Q_{A1} + Q_{c1} + Q_{c2} \tag{5-1}$$

式中　Q_1——进入压气机的空气携带的热能；

　　　Q_0——燃料燃烧释放的热量；

　　　η_{r1}——燃烧室效率；

　　　P_{GT}^0——燃气轮机的轴端功率；

　　　Q_{A1}——燃气轮机对外泄漏的空气所携带的热量；

　　　Q_{c1}——燃气轮机排气带出的热量；

　　　Q_{c2}——燃气轮机的空气冷却器带出的热量。

燃气轮机的发电功率 P_{GT} 为

$$P_{GT} = P_{GT}^0 \eta_{Gm} \eta_{Gg} \tag{5-2}$$

式中　η_{Gm}——燃气轮机的机械效率；

　　　η_{Gg}——燃气轮发电机组的发电机效率。

燃气轮机的循环效率为

$$\eta_{\mathrm{GT}}^0 = \frac{P_{\mathrm{GT}}^0}{Q_0} \tag{5-3}$$

（2）余热锅炉能量平衡。余热锅炉能量平衡式为

$$Q_{\mathrm{cl}} + Q_{\mathrm{su}} + Q_{\mathrm{wl}} = Q_{\mathrm{sl}} + Q_{\mathrm{rh}} + Q_{\mathrm{s4}} + Q_{\mathrm{A2}} \tag{5-4}$$

$$Q_{\mathrm{su}} = AQ_0\eta_{\mathrm{r2}} \tag{5-5}$$

$$Q_{\mathrm{rh}} = Q_{\mathrm{s3}} - Q_{\mathrm{s2}} \tag{5-6}$$

式中　Q_{su}——锅炉补燃放热量；

$\qquad Q_{\mathrm{wl}}$——余热锅炉给水带入的热量；

$\qquad Q_{\mathrm{sl}}$——主蒸汽带出的热量；

$\qquad Q_{\mathrm{rh}}$——再热蒸汽吸热量；

$\qquad Q_{\mathrm{s4}}$——低压蒸汽带出的热量；

$\qquad Q_{\mathrm{A2}}$——余热锅炉排气带出的热量；

$\qquad A$——补燃室燃料消耗量与燃气轮机燃烧室燃料消耗量之比；

$\qquad \eta_{\mathrm{r2}}$——余热锅炉燃烧效率；

$\qquad Q_{\mathrm{s3}}$——再热蒸汽带出的热量；

$\qquad Q_{\mathrm{s2}}$——再热蒸汽带入的热量。

（3）汽轮机的能量平衡式为

$$Q_{\mathrm{sl}} + Q_{\mathrm{rh}} + Q_{\mathrm{s4}} = P_{\mathrm{ST}}^0 + Q_{\mathrm{wl}} + Q_{\mathrm{A3}} \tag{5-7}$$

式中　P_{ST}^0——汽轮机轴端功率；

$\qquad Q_{\mathrm{A3}}$——凝汽器带走的热量。

汽轮机的发电功率为

$$P_{\mathrm{ST}} = P_{\mathrm{ST}}^0 \eta_{\mathrm{Sm}} \eta_{\mathrm{Sg}} \tag{5-8}$$

式中　η_{Sm}——汽轮机的机械效率；

$\qquad \eta_{\mathrm{Sg}}$——汽轮机组的发电机效率。

汽轮机的循环效率为

$$\eta_{\mathrm{ST}}^0 = \frac{P_{\mathrm{ST}}^0}{Q_{\mathrm{sl}} + Q_{\mathrm{s4}} - Q_{\mathrm{wl}} + Q_{\mathrm{rh}}} \tag{5-9}$$

（4）联合循环热效率 η_{cof}。

1）有补燃的联合循环热效率为

$$\eta_{\mathrm{cof}} = \frac{P_{\mathrm{GT}} + P_{\mathrm{ST}}}{Q_0(1+A)} = \frac{Q_0\eta_{\mathrm{GT}} + (Q_{\mathrm{sl}} + Q_{\mathrm{s4}} - Q_{\mathrm{wl}} + Q_{\mathrm{rh}})\eta_{\mathrm{ST}}}{Q_0(1+A)} = \frac{\eta_{\mathrm{GT}} + C\eta_{\mathrm{ST}}}{1+A} \tag{5-10}$$

其中：

$$C = \frac{Q_{\mathrm{sl}} + Q_{\mathrm{s4}} - Q_{\mathrm{wl}} + Q_{\mathrm{rh}}}{Q_0} = \frac{Q_{\mathrm{cl}} + Q_{\mathrm{su}} - Q_{\mathrm{A2}}}{Q_0} = \frac{Q_{\mathrm{cl}} - Q_{\mathrm{A2}}}{Q_0} + A\eta_{\mathrm{r2}} \tag{5-11}$$

$$\eta_{\mathrm{GT}} = \eta_{\mathrm{GT}}^0 \eta_{\mathrm{Gm}} \eta_{\mathrm{Gg}}, \quad \eta_{\mathrm{ST}} = \eta_{\mathrm{ST}}^0 \eta_{\mathrm{Sm}} \eta_{\mathrm{Sg}}$$

2）无补燃的联合循环热效率。对于无补燃的联合循环机组，$A = 0$，则发电效率为

$$\eta_{\mathrm{co}} = \eta_{\mathrm{GT}} + C\eta_{\mathrm{ST}} \tag{5-12}$$

将式（5-11）代入式（5-12），可得

$$\eta_{\mathrm{co}} = \eta_{\mathrm{GT}} + \frac{Q_{\mathrm{cl}} - Q_{\mathrm{A2}}}{Q_0}\eta_{\mathrm{ST}} \tag{5-13}$$

由式（5-10）和式（5-13）可知，影响燃气-蒸汽联合循环机组发电效率 η_{cof} 和 η_{co} 的因素有 η_{GT}、η_{ST}、η_{r1}、η_{r2}、η_{GT}^0。

2. 联合循环的功比率

燃气-蒸汽联合循环的功比率为汽轮机的发电功率与燃气轮机发电功率的比值，其公式为

$$\frac{P_{ST}}{P_{GT}} = C \frac{\eta_{ST}}{\eta_{GT}} \tag{5-14}$$

当燃气轮发电机组不设置空气冷却器时，$Q_{c2}=0$，$Q_{A1}=0$。

（1）有补燃时的功比率为

$$\frac{P_{ST}}{P_{GT}} = \left(A\eta_{r2} + \frac{Q_{c1}-Q_{A2}}{Q_0}\right) \frac{\eta_{ST}}{\eta_{GT}} \tag{5-15}$$

（2）无补燃时的功比率为

$$\frac{P_{ST}}{P_{GT}} = \left(\frac{Q_{c1}-Q_{A2}}{Q_0}\right) \frac{\eta_{ST}}{\eta_{GT}} \tag{5-16}$$

（3）联合循环的发电效率也可表示为

$$\eta_{cof} = \frac{\eta_{GT}\left(1+\dfrac{P_{ST}}{P_{GT}}\right)}{1+A} \tag{5-17}$$

（三）参数的选择

1. η_{GT} 的选择

联合循环机组热效率计算公式中，η_{GT} 与选用燃气轮机的铭牌效率 η_{GT}^n 是有区别的，这是因为联合循环机组中设置了余热锅炉，致使燃气轮机的排气压力升高，从而降低了燃气轮机效率。一般情况下，η_{GT} 大约比 η_{GT}^n 低 1%～1.5%。

2. A 值的选择

带补燃的余热锅炉中最多可喷入的燃料量受到燃气轮机排气中剩余空气量的限制。燃气轮机燃烧系统过剩空气系数为 a，则燃气轮机排气中剩余空气量为 $a-1$。再考虑到补燃装置内燃烧不可能完全耗尽燃气轮机排气中剩余氧气，此处过剩空气系数取 1.1～1.2，所以 A 的极限值约为 $(a-1)/(1.1～1.2)$。

随着燃气轮机初温 T_3 的升高，过剩空气系数 a 值逐渐降低，A 值减小，即可喷入的燃料量将随之减少。当 T_3 保持一定值，随着压气机压缩比的增大，a 值相应地增大，A 值增大，即可喷入的燃料量将增加。此外，燃气轮机排气中所含的剩余氧气的体积浓度和排气温度 T_4 也是影响 A 值的主要因素，当剩余氧气的体积浓度越高时，排气温度可取较低值。

（四）补燃式联合循环

1. 补燃对联合循环机组发电功率的影响

在选定燃气轮机机型和联合循环机组配置方式的前提下，如果需要较大幅度地提高联合循环发电功率，有效的措施为采用补燃方式。采用补燃方式，可以增加余热锅炉产生的蒸汽量，提高蒸汽参数，从而选用较高蒸汽参数的汽轮机，汽轮机发电功率 P_{ST} 可以比燃气轮机发电功率 P_{GT} 大很多倍，整套联合循环机组功率将大大提高。例如：德国 Gersteinwerk 联合循环电站的机组配置：V93 型燃气轮机的功率为 55.6MW，汽轮机采用 18MPa（绝对压力）/530℃亚临界参数机组，燃料为天然气。在余热锅炉设置了补燃装置后，补燃装置 A 值为 3.67，P_{ST}/P_{GT} 达到了 6.527，联合循环发电功率可达到 418MW。

但是随着燃气轮机燃气初温和效率的提高，燃料倍率值 A 会逐渐减小，因而联合循环发电功率增大的幅度也会随之减小。

2. 补燃对联合循环效率的影响

根据式（5-10）和式（5-13），可以得到带补燃和无补燃的联合循环发电效率的差值为

$$\Delta\eta_{\text{co}}=\frac{A\ (\eta_{\text{r2}}\eta_{\text{ST}}-\eta_{\text{co}})}{1+A}\tag{5-18}$$

由式（5-18）可见，当 $\eta_{\text{r2}}\eta_{\text{ST}}>\eta_{\text{co}}$ 时，设置补燃装置可提高联合循环效率；反之，则联合循环效率下降。

提高 η_{r2} 的方法是使过量空气系数减小，实现低氧燃烧，把燃气轮机排气中氧气尽可能完全燃烧。提高 η_{ST} 的方法是提高汽轮机的进汽参数。

随着燃气轮机初温和 η_{GT} 值提高，其所配的汽轮机进汽参数和 η_{ST} 提高的可能性大大减小，设置补燃装置反而会使联合循环效率降低。当燃气轮机初温大于 900℃ 后，设置补燃将使联合循环机组热效率降低。

目前，只有在热电联产的联合循环机组中，有一部分余热锅炉设置补燃装置以保证热负荷和电负荷可以独立地调节。其他联合循环机组已很少采用补燃装置的联合循环方案了。

3. 补燃对联合循环变工况特性的影响

补燃式联合循环方案能够改善联合循环变工况特性。因为在这种方案中汽轮机的功率占比大，当整套机组的功率降低时，将燃气轮机始终维持在 T_3 定值的高效率工况运行，通过减少向余热锅炉补燃燃料（即 A 值减小）的方法，来降低汽轮机的功率，因此联合循环在部分负荷工况下的热效率必然可以提高。

在联合循环机组整个负荷的变化范围内，若保证燃气轮机在高的初温下保持 100% 负荷不变，则联合循环效率的变化趋势就会相当平缓。

4. 补燃条件

在考虑补燃能提高联合循环热效率的基础上，当燃气轮机排气中所含的剩余氧气含量以及排气温度足够的条件下，余热锅炉才应采用补燃。只有保证了一定的排气温度及氧含量，才能在余热锅炉中建立稳定的燃烧火焰。例如，当燃气轮机排气中含有 12% 体积的氧气，只有当排气温度高于 600℃ 时，设置补燃装置才是合适的。此外，排气中氧的含量越高，需保持稳定的燃烧火焰的排气温度就越低。

（五）燃气-蒸汽联合循环发电机组特点

与燃煤发电机组相比，燃气-蒸汽联合循环发电机组具有如下优点：

（1）发电效率高：由于燃气-蒸汽联合循环利用了燃气轮机排气的余热，实现了能量的二次利用，机组整体效率均在 50% 以上。同等容量的燃煤发电机组效率为 34%～41%。

（2）投资省：通常新建联合循环电厂投资费用为 2900～3300 元/kW，同等容量的新建燃煤电厂投资费用为 3800～4500 元/kW。

（3）建设工期短：通常新建联合循环电厂第 1 套机组的建设工期为 14～20 个月，新建燃煤电厂第 1 台机组的建设工期为 20～24 个月。

（4）占地面积少：联合循环电厂占地面积为燃煤电厂占地面积的 40%～60%。

（5）燃料适应性强：燃气轮机可以燃用多种燃料，如重油、轻油、高炉煤气、焦炉煤气、煤制气等。同一台机组能燃用不同的液体和气体燃料。

（6）启动快、运行方式灵活：从冷态启动到满负荷只需几分钟到几十分钟，联合循环机组冷态启动到满负荷时间仅需 3h 左右，远远低于同级别燃煤电厂启动时间。燃气轮机在严寒地区也容易启动。由于燃气轮机组具有启动快的特点，因而运行方式灵活，既可以带基本负荷运行，也可以调峰运行。

（7）自动化程度高、运行可靠：联合循环电厂自动化程度高，可大大减少运行人员，便于遥控。

（8）节省厂用电、水、润滑油：燃气轮机单循环机组不用水做工质，冷却水用量很少，可在缺水地区运行。联合循环机组中汽轮机功率约占总功率的 1/3，因此用水量略大于同容量燃煤电厂的 1/3。厂用电消耗很少，宜作无电源启动。厂用电和润滑油耗量只占燃料费的 1%，而燃煤电厂占到 6%。

（9）环境污染少：联合循环发电机组大多采用天然气燃料，排气洁净，无灰渣和粉尘排放，仅需对 NO_x 排放浓度限制采取措施。即使是燃用重油的机组，无灰渣排放，且粉尘、SO_x、NO_x 和 CO 排放浓度远低于燃煤电厂。

（10）维修快、设备简单、磨损件少：由于联合循环电厂系列化、标准化、通用化程度高，运行可靠性可达 99.5%，可用性可达 95%。

但是，燃气-蒸汽联合循环电厂的不足之处在于电厂运行费用较高，应具备燃料供应条件等。

三、全厂性能指标计算

（一）燃气-蒸汽联合循环热效率

燃气-蒸汽联合循环热效率是指联合循环发电机组发电量的当量热量与供给燃料热耗量的百分比，即

$$\eta_{lh} = \frac{P_{lh}}{G_f Q_{ar,\ net}} \tag{5-19}$$

由于联合循环将燃气轮机循环和汽轮机循环组合在一起，其效率还可以用式（5-20）表示，即

$$\eta_{lh} = \eta_{rj} + \frac{(100 - \eta_{rj})\eta_{yg}\eta_q}{10000} \tag{5-20}$$

式中　η_{lh}——燃气-蒸汽联合循环的热效率，%；

P_{lh}——燃气-蒸汽联合循环功率，MW；

G_f——每小时加给燃气轮发电机的燃料量，t/h；

$Q_{ar,net}$——燃料的低位发热量；

η_{rj}——燃气轮发电机组热效率，%；

η_{yg}——余热锅炉热效率，%；

η_q——联合循环中汽轮发电机热效率，%。

（二）供热指标

1. 供热比

供热比是指统计期内汽轮机组向外供出的热量与汽轮机组热耗量的百分比，不适用于锅炉向外直供蒸汽的情况，即

$$\alpha = \frac{\sum Q_{gr}}{\sum Q_{sr}} \times 100 \tag{5-21}$$

式中　α——供热比，%；

$\sum Q_{gr}$——统计期内汽轮机组向外供出的热量，GJ；

$\sum Q_{sr}$——统计期内汽轮机组总热耗量，GJ。

2. 供热发电比

供热发电比是指统计期内汽轮机组向外供出的热量与发电量的比值，即

$$I = \frac{\sum Q_{gr}}{W_f \times 10^{-3}} \tag{5-22}$$

式中　I——供热发电比，GJ/(MW·h)；

$\sum Q_{gr}$——统计期内汽轮机组向外供出的热量，GJ；

W_f——发电量，kW·h。

3. 热电比

热电比是指统计期内电厂向外供出的热量与供电量的当量热量的百分比，即

$$R = \frac{\sum Q_{wgr}}{3600 W_g \times 10^{-6}} \times 100 \tag{5-23}$$

$$W_g = W_f - W_{cy} \times 100 \qquad (5\text{-}24)$$

式中　R——热电比,%;

　　$\sum Q_{wgr}$——电厂对外供出的热量,GJ;

　　W_g——供电量,kW·h;

　　W_{cy}——统计期内厂用电量,kW·h。

（三）厂用电率

1. 纯凝汽电厂生产厂用电率

纯凝汽电厂生产厂用电率指统计期内纯凝汽电厂厂用电量与发电量的百分比,即

$$L_{cy} = \frac{W_{cy}}{W_f} \times 100 = \frac{W_h - W_{kc}}{W_f} \times 100 \qquad (5\text{-}25)$$

式中　L_{cy}——生产厂用电率,%;

　　W_{cy}——统计期内厂用电量,kW·h;

　　W_h——统计期内总耗用电量,kW·h;

　　W_{kc}——统计期内按规定应扣除的电量,kW·h。

下列用电量不计入厂用电的计算:

（1）新设备或大修后设备的烘炉、暖机、空载运行的电量。

（2）新设备在未正式移交生产前带负荷试运行期间耗用的电量。

（3）计划大修以及基建、更改工程施工用的电量。

（4）发电机作调相机运行时耗用的电量。

（5）厂外运输用自备机车、船舶等耗用的电量。

（6）输配电用的升、降压变压器（不包括厂用变压器）、变波机、调相机等消耗的电量。

（7）非生产用（修配车间、副业、综合利用等）的电量。

2. 供热电厂生产厂用电率和供热耗电率

（1）供热厂用电率。供热厂用电率是指统计期内供热用的厂用电量与发电量的百分比,即

$$L_{rcy} = \frac{W_r}{W_f} \times 100 \qquad (5\text{-}26)$$

$$W_r = \frac{\alpha}{100}(W_{cy} - W_{cr}) + W_{cr} \qquad (5\text{-}27)$$

式中　L_{rcy}——供热厂用电率,%;

　　W_r——供热耗用的厂用电量,kW·h;

　　W_{cr}——纯热网用的厂用电量,如热网循环泵等只与供热有关的设备用电量,kW·h。

（2）发电厂用电率。发电厂用电率是指统计期内发电用的厂用电量与发电量的百分比,即

$$L_{fcy} = \frac{W_d}{W_f} \times 100 \qquad (5\text{-}28)$$

$$W_d = W_{cy} - W_r \qquad (5\text{-}29)$$

式中　L_{fcy}——发电厂用电率,%;

　　W_d——发电用的厂用电量,kW·h。

（3）供热电厂生产厂用电率。供热电厂生产厂用电率是指统计期内供热电厂的发电厂用电率与供热厂用电率之和,即

$$L_{cy} = L_{fcy} + L_{rcy} \qquad (5\text{-}30)$$

（4）供热耗电率。供热耗电率是指统计期内机组每对外供热 1GJ 的热量所消耗的电量,即

$$L_{rhd} = \frac{W_r}{\Sigma Q_{gr}} \qquad (5-31)$$

式中　L_{rhd}——供热耗电率，kW·h/GJ。

3. 综合厂用电率

综合厂用电率是指统计期内考虑有外购电情况下全厂发电量和上网电量的差值与全厂发电量的百分比，即

$$L_{zh} = \frac{W_f - W_{gk} + W_{wg}}{W_f} \qquad (5-32)$$

式中　L_{zh}——综合厂用电率，%；

　　　W_{gk}——全厂的关口电量，kW·h；

　　　W_{wg}——全厂的外购电量，kW·h。

（四）电厂效率

1. 管道效率

管道效率是指汽轮机从锅炉得到的热量与锅炉输出的热量的百分比，即

$$\eta_{gd} = \frac{\Sigma Q_{sr}}{\Sigma Q_l} \times 100 \qquad (5-33)$$

式中　η_{gd}——管道效率，%；

　　　ΣQ_l——统计期内的锅炉输出总热量，指主、再热蒸汽等管道锅炉侧出口蒸汽所包含的热量，GJ。

2. 综合热效率

综合热效率是指统计期内供热量和供电量的当量热量之后与总标准煤耗量对于热量的百分比。

正平衡计算式为

$$\eta_0 = \frac{\Sigma Q_{gr} + 3600 W_g \times 10^{-6}}{7000 R_h \times B_b \times 10^{-3}} \times 100 \qquad (5-34)$$

反平衡计算式为

$$\eta_0 = \frac{\eta_g}{100} \times \frac{\eta_{gd}}{100} \times \left[\frac{\alpha}{100} + \left(1 - \frac{\alpha}{100}\right) \frac{\eta_q}{100} \right] \times 100 \qquad (5-35)$$

式中　η_0——综合热效率，%；

　　　R_h——热工当量值，根据 GB/T 2589—2008《综合能耗计算通则》，取 4.1868kJ/kcal；

　　　B_b——统计期内耗用标准煤量，t；

　　　7000——标准煤热量，kcal（1kcal＝4.1868kJ）。

第二节　燃气-蒸汽联合循环机组选型

一、联合循环机组选型

（一）联合循环方式

在建设投资规模和上网电量允许的情况下，优先选择燃气-蒸汽联合循环机组，已提高机组热效率和降低电价成本。如果由于资金落实情况以及地区用电需要或单机容量较小，年利用小时数较少时，经技术经济比较后可先建成简单循环，再建成联合循环。

当选定燃气轮机的型号后，应根据燃料费用、投资费用、建造周期和环境污染限制值 4 项因素来选择汽轮机系统方案。对于燃料费用高、环境污染限制要求很高的地区，应优先选择三压、一次再热、亚临界参数的蒸汽循环机组。对于燃料费用较低、环境污染限制要求不太高的地区，宜选择结构简单、建设周期短的双压、无再热、亚临界参数的蒸汽循环机组。

（二）联合循环机组工况

机组额定工况是指在电站当地年平均气象条件，即对应的环境温度、大气压力和相对湿度的气象绝对压力件下的运行工况，即按机组全年的运行模式确定。该工况下燃气轮机发出的功率或联合循环机组发出的功率称为额定功率。

机组 ISO 工况是指在 ISO 工况气象条件，即环境温度 15℃、大气压力 101.3kPa（绝对压力）和相对湿度 60％的气象条件下的运行工况。该工况下燃气轮机发出的功率或联合循环机组发出的功率称为标准功率。

冬季工况是指在电站当地多年冬季最冷月的日最低平均温度气象条件，即对应的环境温度、大气压力和相对湿度的气象条件下的运行工况。该工况下燃气轮机发出的功率或联合循坏机组发出的功率称为最大功率。

夏季工况是指在电站当地多年夏季最热月的日最高平均温度气象条件，即对应的环境温度、大气压力和相对湿度的气象条件下的运行工况。该工况下燃气轮机发出的功率或联合循环机组发出的功率称为最小功率。

燃气轮机或联合循环机组的性能考核指标是指额定工况的性能指标，同时应评估燃气轮机或联合循环机组在设计预定运行条件下即 ISO 工况、冬季工况和夏季工况的主要性能参数。

（三）联合循环机组容量

1. 联合循环机组容量的影响因素

应根据电力发展规划、机组在电网中的作用、可使用的燃料情况等因素来确定燃气轮机或联合循环机组容量。在电网中承担变动负荷的机组，在设计寿命期内，设备和系统的性能应能满足快速反应的要求。

2. 燃气轮机

电网容量大、地区用电负荷高的燃气轮机电厂宜选用效率高的 F 级或 H 级燃气轮机，反之则宜选用 E 级或 B 级燃气轮机。如电厂容量较大、机组年利用小时数较高、燃用重质油燃料的联合循环机组，燃气轮机则应选用重型燃气轮机。燃气轮机容量的选择还应校核燃料供应的充足性和可靠性。

3. 余热锅炉

余热锅炉容量应根据燃气轮机排气参数和汽轮机蒸汽参数确定。余热锅炉应能在燃气轮机各种可能的运行工况下，有效地吸收燃气轮机排气热量，向汽轮机提供符合其要求的蒸汽参数。

4. 汽轮机

常规燃煤电厂的设计准则是锅炉的最大连续蒸发量应满足汽轮机的最大进汽量，但是联合循环机组的设计准则是不一样的，无补燃的联合循环电厂设计准则是根据余热锅炉产生的蒸汽量来选择汽轮机。

汽轮机的最大进汽量应与相应的余热锅炉在冬季工况条件下对应的最大蒸发量相匹配。如果是多台余热锅炉配置一台汽轮机，汽轮机的最大进汽量应与相应的余热锅炉最大蒸发量之和相匹配。特别应注意的是，汽轮机的最大进汽量应考虑由于制造误差和汽轮机整个寿命期内老化时所需增加的进汽量。汽轮机的额定工况应与额定条件下余热锅炉的工况相对应，即在设计进口蒸汽参数条件下，保证达到额定出力和热耗率。同时汽轮机还应能接纳 ISO 工况、冬季工况和夏季工况条件下余热锅炉产生的蒸汽，此时汽轮机的出力不应受限制。

（四）联合循环机组配置方式

联合循环机组宜采用一台燃气轮机设置一台余热锅炉，联合循环每个单元则应只配置一台汽轮机。

联合循环机组主要有"一拖一"和"二拖一"两种模式，"三拖一"的模式也可以采用。"一拖一"

是指一台燃气轮机配一台余热锅炉和一台汽轮机；"二拖一"是指 2 台燃气轮机分别配一台余热锅炉，和一台汽轮机。"一拖一"联合循环又分为单轴配置和双轴配置，单轴配置是指燃气轮机和汽轮机同轴带动同一发电机，双轴配置是指燃气轮机和汽轮机分别用各自的轴带动各自的发电机。

1. "一拖一"单轴配置

单轴配置只需一台较大容量的发电机，与多轴配置相比，相应的电气设备少、系统简单、设备初投资较少。启动方式灵活多样，以变频电动机方式启动燃气轮机时可取消专门设置的启动电动机；如有启动汽源时则直接利用汽轮机来启动燃气轮机。

但单轴配置机组也有不足之处，当汽轮机和燃气轮机之间不设离合器时，当汽轮机故障时，整台机组需停机。由于燃气轮机和汽轮机等都处于同一根轴上，抽汽量过大会影响推力轴承的受力，从而影响整个轴系的稳定性，故单轴配置的机组供热能力小。由于受燃气轮机控制系统的限制，余热锅炉与机组的控制不易实现一体化，控制系统相对复杂。

2. "一拖一"双轴配置

采用"一拖一"双轴配置，燃气轮机、余热锅炉可以独立运行，并通过减温减压来保证供热，供热可靠性较高。与单轴配置相比供热能力大，可以实现中压缸背压运行，使供热能力最大。燃气轮机和汽轮机可以采用不同的控制系统，控制系统相对简单。

该配置机组的缺点：与"一拖一"单轴配置机组相比，效率略低；多一台发电机增加了造价；占地也较大。

3. "二拖一"多轴配置

采用"二拖一"配置的机组效率要比"一拖一"配置的机组效率高；供热能力大，可以实现中压缸背压运行。供热可靠性高，控制系统相对简单。

该配置机组的缺点：因为共用一台汽轮机，所以在机组调峰运行时，当一台燃气轮机停运或低负荷运行，汽轮机组运行经济性较差。此外，当汽轮机停运，供热只能通过减温减压来提供，经济性较差。两台余热锅炉需并汽运行，带负荷时 2 台燃气轮机需协调运行，运行操作相对复杂。

4. 选择原则

3 种配置方式各有优缺点，应根据拟建电厂的总装机容量、场地情况、电网要求承担的负荷性质以及资金情况等因素，经过技术经济分析比较后确定。

对电力需求迫切的地区，因为资金的投入因素或电网的电力负荷要求，需要电厂建设分阶段进行，宜选择多轴配置的联合循环机组，燃气轮机可先简单循环，后期再进行联合循环。另外，多轴配置的联合循环机组，具有运行灵活、热效率高的特点，E 级燃气轮机联合循环机组和供热机组应选用多轴配置方案。

单轴配置机组具有投资较省、系统简单的特点，F 级和 H 级燃气轮机联合循环机组宜优先选用单轴配置方案，单轴配置时应在燃气轮机和汽轮机之间设置离合器，以提高机组运行灵活性。

（五）联合循环机组热力系统优化

联合循环的效率和燃气轮机与汽轮机的效率有关。

对于燃气轮机，提高燃气透平的进口温度，控制燃气轮机的进排气压降，选择一个合适的压比是提高其效率的主要措施。虽然燃气轮机热效率对总效率影响最大，但并不成正比关系。在燃气轮机透平进口温度一定时，高压比的燃气轮机效率比低压比的燃气轮机效率高，但是高压比的燃气轮机排气温度较低，其后续汽轮机的热力循环效率必然降低。因此取较低压比而效率不是最高的燃气轮机，可使汽轮机循环效率提高，从而使联合循环总效率提高，这是联合循环机组燃气轮机选择的关键点。

燃气轮机确定后，为了尽可能提高联合循环热效率，必须优化余热锅炉和汽轮机的热力循环。影响余热锅炉和汽轮机热力循环效率的因素如下：

（1）余热锅炉节点温差和接近点温差。

（2）余热锅炉的蒸汽压力和蒸汽温度。

（3）余热锅炉再热蒸汽系统的选择。

（4）蒸汽循环的除氧方式和给水加热。

（5）余热锅炉的排烟温度。

（6）进入余热锅炉末端热交换器的给水温度。

1. 余热锅炉节点温差和接近点温差

节点温差是指余热锅炉蒸发器入口处燃气轮机排气的温度与饱和水温度之间的差值。节点温差是两种换热介质之间的最小温差，该温差保证了蒸发过程顺利进行。节点温差的取值将影响燃气轮机排气余热利用率、汽水循环热效率、投资费用和运行效益。

接近点温差是指余热锅炉省煤器出口的水温与相应压力下饱和水温度之间的差值。接近点温差则是防止省煤器在低负荷时出现沸腾，保证省煤器安全运行的裕度指标。

节点温差和接近点温差对余热锅炉换热面积的选取起着决定性作用，在选型设计中应从联合循环热效率和投资费用两方面来综合平衡考虑，优化选择。

根据 JB/T 8953.1—1999《燃气-蒸汽联合循环设备采购 基本信息》中规定，单压余热锅炉的节点温差为 15℃；双压和三压余热锅炉的节点温差为 10℃。省煤器的接近点温差为 5℃。

2. 余热锅炉的蒸汽压力和蒸汽温度

根据燃气轮机排气温度的高低，按梯级利用燃气余热的原则，余热锅炉可以设置为单压、双压、三压或带再热的多压系统，最大限度地回收利用燃气轮机排气余热，以进一步提高循环热效率。但蒸汽压力分级数、蒸汽参数需根据燃气轮机、余热锅炉和汽轮机的特性和总体经济性确定。一般当燃气轮机排气温度低于 538℃ 时，不宜选用再热循环系统。当排气温度高于 580℃ 时，应考虑选用双压或三压再热循环系统。在单台汽轮机功率不低于 200MW 时，可以考虑将主蒸汽参数提高到亚临界参数。

（1）余热锅炉的蒸汽压力。蒸汽压力的选择与汽轮机容量有关，一般联合循环机组中主蒸汽压力要低于同等容量的燃煤汽轮机。

蒸汽参数的优化应综合考虑高压蒸汽压力对蒸汽的焓降、汽轮机效率、高压蒸汽和低压蒸汽流量及汽轮机末级叶片排汽湿度的影响。通常在次高压到高压范围内，150MW 级的汽轮机推荐高压蒸汽压力取 10MPa（绝对压力）左右，在汽轮机功率更大时可将高压蒸汽参数提高到 16.5MPa（绝对压力）、565℃ 的亚临界参数。

低压蒸汽膨胀做功效率与其压力的关系是随着低压蒸汽压力的升高而下降，对于三压余热锅炉的低压蒸汽压力应取较低值。因为蒸汽压力过低时，汽轮机的焓降小，且蒸汽容积流量增大较多，需增大通流面积，所以低压蒸汽压力一般不低于 0.3MPa（绝对压力）。

西门子公司和 GE 公司建议的余热锅炉蒸汽压力值分别见表 5-1 和表 5-2。

表 5-1 　　　　　　　　　　　　　　　西门子公司建议的蒸汽压力

蒸汽循环方式	汽轮机功率（MW）	主蒸汽压力（绝对压力，MPa）	再热蒸汽压力（绝对压力，MPa）	低压蒸汽压力（绝对压力，MPa）
单压循环	30～200	4.0～7.0	—	—
双压循环	30～300	5.5～8.5	—	0.5～0.8
三压再热循环	50～300	11.0～14.0	2.0～3.5	0.4～0.6

表 5-2   GE 公司建议的蒸汽压力

蒸汽循环方式	汽轮机功率 P_{ST}(MW)	主蒸汽压力（绝对压力，MPa）	低压蒸汽压力（绝对压力，MPa）
单压循环	全部	4.13	—
双压无再热循环	≤40	5.64	0.55
	$40<P_{ST}<60$	6.61	0.55
	≥60	8.26	0.55
三压再热循环	>60	9.98	0.28

（2）余热锅炉的蒸汽温度。余热锅炉蒸汽温度应与燃气轮机排气温度有合理的温差，同时还应考虑燃气轮机排气温度变化的影响、汽轮机部件热应力和使用条件等。高压蒸汽的温度取决于选定的热端温差，热端温差是指沿烟气流动方向过热器入口烟气温度与过热器出口蒸汽温度的差值，热端温差越小，蒸汽过热度越大。通常高压主蒸汽温度比入口的烟气温度低 25～40℃。中压蒸汽温度和低压蒸汽温度则比它们各自所在烟气流道上游方向的烟气温度低约 11℃。

西门子公司建议的余热锅炉蒸汽温度值见表 5-3。

表 5-3   西门子公司建议的蒸汽温度

蒸汽循环方式	汽轮机功率（MW）	主蒸汽温度（℃）	再热蒸汽温度（℃）	低压蒸汽温度（℃）
单压循环	30～200	480～540	—	—
双压循环	30～300	520～565	—	200～260
三压再热循环	50～300	520～565	520～565	200～230

GE 公司则建议所有余热锅炉的主蒸汽和再热蒸汽温度均取 538℃；对于低压蒸汽温度，双压无再热锅炉取比过热器前的燃气轮机排气温度低 10℃，双压带再热锅炉取 305℃，三压带再热锅炉取 260℃。

综合来讲，首先根据电厂所处的气象条件，计算出燃气轮机排气温度，并根据余热锅炉的布置形式，进行温度修正；再根据排气温度确定余热锅炉的蒸汽温度范围，比较锅炉材料和余热锅炉效率的经济性，通过技术经济比较，最终确定各级蒸汽温度。

3. 余热锅炉再热蒸汽系统的选择

余热锅炉由单压变为双压和三压，由无再热向再热发展，联合循环的热效率都会有一定的提升。通常采用再热系统后，联合循环效率比无再热系统要提高 0.6%～0.7%。三压再热联合循环效率要比单压无再热联合循环效率提高约 3%。

但是，三压再热系统所需锅炉的换热面积却比三压无再热系统要小，这是因为有了再热系统后，通过省煤器和高压蒸发器的水、汽质量流量减少，而这两个受热面是余热锅炉的主要受热面；另外，再热系统使热力系统中凝结水流量减少，使锅炉冷端的换热面积也减小。这样导致通过带再热余热锅炉的排烟温度会比无再热时有所升高。

蒸汽循环方式的选择应综合平衡电厂的投资成本和运行成本的经济性，一般应考虑以下因素：

（1）燃气轮机型号。

（2）燃料品种。

（3）燃料费用。

（4）余热锅炉的排烟温度。

（5）机组承担负荷的性质。

燃料为单一天然气的电厂，燃料中硫含量极其低，锅炉的排烟温度可以降低到 100℃ 以下，因而锅炉宜选用多压蒸汽系统，降低锅炉排烟温度，提高排气余热利用率。

燃料费用较高和年利用小时数较高的电厂，应选用三压再热蒸汽循环，以提高机组热效率，减少电厂运行费用。

当燃气轮机排气量大、排气温度高、废热能量大时，应选用三压再热蒸汽循环。例如 F 级燃气轮机排气温度在 581～609℃之间，排气量大，一般选用三压再热循环的余热锅炉。

当燃气轮机排气温度较低、排烟量不大或者燃料有重油等含硫成分高的燃料时，余热锅炉排烟温度不能设定得太低。在燃料很便宜的地区，且对联合循环效率要求不高的电厂，可以选用单压或双压无再热的循环系统以降低电厂投资。

4. 蒸汽循环的除氧方式和给水加热

(1) 凝汽器真空除氧。当燃料采用含硫量极微的天然气的联合循环机组时，宜选用带除氧功能的凝汽器，利用凝汽器真空进行除氧。除过氧的低温给水送至余热锅炉尾部的给水预热器，这些给水在给水预热器中吸收低温烟气的热量，使锅炉排烟温度降低到 80～90℃。

(2) 带整体除氧器的余热锅炉蒸汽系统。当燃料采用含硫量较高的重质燃料油的联合循环机组时，较低的给水温度引起锅炉尾部受热面酸腐蚀的概率大大增加，因此应选用带整体除氧器的蒸汽系统。将低压蒸发器设置在高压省煤器后，利用低压蒸发器产生的蒸汽来加热给水并进行除氧，除氧给水箱直接作为余热锅炉的低压汽包，低压汽包和除氧器合二为一。带整体除氧器的蒸汽系统优点如下：

1) 可以降低余热锅炉的排烟温度。

2) 除氧器无须从汽轮机抽汽过来，增大了汽轮机的做功能力，简化了系统，并提高了联合循环效率。

3) 除氧给水系统与余热锅炉一体化后，可降低总体投资，布置更加紧凑。

(3) 蒸汽循环的给水加热。与常规燃煤电厂的汽水循环系统相比，联合循环电厂的其中一个不同点是给水加热方式。

常规燃煤电厂采用汽轮机多级抽汽来加热给水，使给水温度提升到较高温度。这部分抽汽用于加热给水后，一方面通过减少汽轮机排汽量来提高汽轮机高压部分效率和末级余速损失，另一方面又减少了汽轮机冷源损失，因此能获得较高的循环热效率。

联合循环电厂中余热锅炉尾部不需安装空气预热器，给水加热在余热锅炉内进行，以尽可能地利用燃气轮机的排气余热。为了尽可能地降低余热锅炉排烟温度，与常规燃煤电厂相反，送至余热锅炉的给水温度通常较低。

5. 余热锅炉的排烟温度

在环境温度一定的情况下，当燃气轮机排气温度选定后，降低余热锅炉排烟温度是提高锅炉效率的主要措施之一。排烟温度与燃料中硫含量、蒸汽系统布置形式和节点温差等有密切关系。

余热锅炉排烟温度主要受限于燃料中含硫量的大小，排烟温度应高于烟气的酸露点和水露点。对于无硫烟气，应以不在尾部换热管上结露为原则，即管壁温度应比水露点高 10℃左右。天然气中含硫量极微，其露点温度在 43～53℃之间，天然气为单一燃料的电厂其排烟温度可以很低。以重油或原油为燃料的电厂，排烟温度则应根据燃料中的含硫量来确定。为防止余热锅炉烟气侧低温腐蚀和黏灰，一般，排烟温度应高于烟气的酸露点或水露点 10℃。

烟气酸露点的主要影响因素有燃料含硫量、SO_2 向 SO_3 的转化率、过剩空气系数等。假定 S 转换成 SO_2 的转换率是 5%，SO_2 转换为 SO_3 的转换率是 8%，酸露点温度 t 和 SO_3 体积含量 V、排气中水分 α 的关系见表 5-4。

表 5-4 　　　　　　　　　　　　　　　烟气酸露点温度 t 和 V、α 的关系

体积含量 $V(\%)$	酸露点温度 $t(℃)$		
	$\alpha=15\%$	$\alpha=10\%$	$\alpha=5\%$
0.008	159	152	142
0.004	153	146	136
无硫	59.7	52.5	40.4

燃料中含硫量为 2‰时，推荐的排烟温度取值为 160～180℃；燃料中含硫量为 1‰时，推荐的排烟温度取值为 150～170℃；燃料为天然气时，排烟温度取值按 100℃，如不含硫时可适当降低。如果能采用使用寿命长的优质耐腐蚀材料，排烟温度在上述推荐数值基础上可以适当降低，这样有利于提高锅炉的余热利用率。

6. 进入余热锅炉末端热交换器的给水温度

根据不同的余热锅炉排烟温度，在锅炉的末端可装设凝结水预热器，以进一步降低排烟温度；对排烟温度较高的余热锅炉，末端应安装低压省煤器或蒸发器。

热交换器内水的温度越低，越有利于提高汽水过程的效率，这与常规电厂有所不同。联合循环机组不需要回热系统，故采用带除氧功能的凝汽器或凝结水被直接送到除氧器进行除氧，这样可降低进入锅炉的给水温度，充分利用排气余热，提高锅炉效率。在确定给水温度时，应根据烟气的酸露点温度确定，给水温度应高于酸露点温度且留有一定的裕度，防止锅炉尾部换热管腐蚀现象的发生。

余热锅炉工质吸热由过热段、蒸发段和省煤器段组成，给水温度越低，增加了省煤器段吸热量，越有利于降低排烟温度。因此，在联合循环机组中如无特殊要求，很少会采用汽轮机抽汽来加热凝结水，即使为防止低温腐蚀提高进入余热锅炉的给水温度，也将热交换器设置在余热锅炉内，从而吸收烟气中热量。余热锅炉的给水用汽轮机凝结水是经济可行的，刻意去提高余热锅炉给水温度是不经济的，一般，给水温度提高 10℃，排烟温度提高 4～5℃。

（六）热电联供机组

联合循环热电联供机组应根据城市供热规划和城市热电联产规划，按照"以热定电"的原则，进行技术经济比较，选择与之相适应的联合循环机组。

供热式机组的形式、容量和台数，应根据近期热负荷和规划热负荷的大小和运行特性，按照"以热定电"的原则，进行综合比较后确定。燃气轮机、余热锅炉和汽轮机的台数设置，应以供热的连续性和可靠性及系统运行的灵活性为原则进行确定。

对于需要供热的机组，可选用带补燃的余热锅炉来满足热负荷及供热参数的要求。

（1）如果热负荷属于常年持续稳定运行性质，可按全年基本热负荷优先选用背压式汽轮机或抽汽背压式汽轮机。

（2）如果热负荷属于部分持续稳定运行和部分变化波动运行的性质，可选用背压式汽轮机或抽汽背压式汽轮机承担基本稳定的热负荷，选用抽凝式汽轮机承担其余变化波动的热负荷。

（3）如果热负荷属于变化波动较大的性质，可全部选用抽凝式汽轮机，同时应满足全厂年平均热效率大于 55％和年平均热电比大于 30％的要求。

二、燃气轮机、余热锅炉、汽轮机之间的匹配

对于不补燃的燃气-蒸汽联合循环机组，影响机组发电效率的 3 个主要因素分别是燃气轮机的循环效率、余热锅炉效率和汽轮机效率。通常在设计联合循环时，首先应选择功率和效率都能满足设计要

求的燃气轮机作为设计出发点，然后再从整机的效率要求、投资费用等角度，来考虑余热锅炉的形式和汽轮机系统方案的合理选配。

1. 燃气轮机与余热锅炉的匹配

应根据燃气轮机排气特性来设计余热锅炉，余热锅炉的蒸汽参数和压力级数应与汽轮机统一考虑，进行热力系统优化计算来确定。余热锅炉的额定工况应与燃气轮机在额定工况下的排气参数（流量、压力、温度）相匹配，且应处于最佳效率范围。另外，还需计算和校核余热锅炉在 ISO 工况、冬季工况和夏季工况下的蒸汽压力、温度、流量和锅炉效率，以优化整个联合循环机组运行条件。

如果燃气轮机的燃料采用重质燃料油时，余热锅炉应选用立式锅炉以便于吹灰。余热锅炉应设置吹灰系统、锅炉水清洗系统和清洗后废水收集系统，以保证受热面清洁，不影响传热效果，并能有效防止腐蚀。

2. 余热锅炉与汽轮机的匹配

在燃气轮机各种可能的运行工况下，汽轮机应能接纳余热锅炉产生的全部蒸汽。通常冬季气温低时燃气轮机出力将增大，但其排烟温度降低从而导致余热锅炉和汽轮机出力减少，这时联合循环机组的出力增加幅度没有燃气轮机出力的增幅大；夏季气温高时，燃气轮机出力和余热锅炉、汽轮机出力的变化正好与之相反，所以汽轮机选择应能适应于电厂的各种运行条件。

此外，余热锅炉工质侧的参数应与汽轮机的参数相匹配。

余热锅炉过热器出口最大蒸汽压力减去主蒸汽管道压力损失即为汽轮机进口最大蒸汽压力。一般，余热锅炉出口的主蒸汽压力应比汽轮机主汽门前压力高约 3%，汽轮机最高进汽温度应比余热锅炉出口主蒸汽温度低 1~2℃。

具有再热循环系统的机组，汽轮机再热汽门进口最高蒸汽压力为汽轮机高压缸排汽最高压力减去再热管道和再热器的压力损失，高压缸排汽到锅炉再热器进口的蒸汽压降按高压缸排汽压力的 2.0%~2.5% 选取，再热器出口到汽轮机进口蒸汽压降为 2.5%~3.0%，再热器压降按 5% 选取，即整个再热循环系统压降按高压缸排汽压力的 10% 选取。汽轮机再热汽门进口蒸汽最高温度应比余热锅炉再热器出口蒸汽最高温度低 1~1.5℃。

余热锅炉低压蒸汽最大压力减去低压蒸汽管道压力损失即为汽轮机低压蒸汽进口最大压力。一般，低压蒸汽管道压力降取 3%，低压蒸汽管道的温降为 0.5~1.0℃。

3. 烟气阻力

余热锅炉的烟气侧阻力损失不仅与锅炉自身设计和结构密切相关，还会影响到燃气轮机的输出功率和效率。一般，燃气轮机的排气压力每升高 1%，其功率会下降 0.5%~0.8%。采用联合循环机组即在燃气轮机下游侧安装余热锅炉将会使燃气轮机功率下降 1.2%~1.5%。

虽然降低节点温差和选用多压蒸汽系统可以提高锅炉性能，但是由于传热面积增加而导致烟气阻力增大，即燃气轮机功率和联合循环效率将下降。因此，应综合考虑优化选择蒸汽系统及参数和余热锅炉烟气侧阻力这两项影响因素，力求找到最佳平衡点。为了降低烟气阻力，可以选择翅片管作为换热元件，以增强换热效果和提高传热效率，并能减少锅炉的金属耗量和提高锅炉适应负荷变化的能力。

根据 JB/T 8953.1—1999《燃气-蒸汽联合循环设备采购 基本信息》条文，推荐的单压、双压和三压余热锅炉的烟气阻力取值分别为 2.5kPa、3.0kPa、3.3kPa。

4. 发电机容量

燃气轮发电机和燃气轮机的容量选择条件应相互协调。在额定工况下简单循环的燃气轮发电机额定功率应与燃气轮机额定功率相匹配。燃气轮发电机的最大连续功率应与燃气轮机在冬季工况下在基本负荷运行方式的最大功率相匹配。同样，多轴联合循环机组中的汽轮发电机的额定功率和最大连续功率应分别与汽轮机的额定和最大连续功率相匹配。

单轴联合循环机组应计及同轴汽轮机相应的功率。

三、联合循环机组选型步骤

（一）燃气轮机选择

设计联合循环机组时，首先应根据机组容量、燃料供应、机组承担负荷的性质和机组年利用小时数、拟需要的电厂投资等条件，拟定联合循环机组台数配置，初步估算单台燃气轮机功率和效率范围，确定燃气轮机型号。通常汽轮机功率占整个联合循环机组总功率的比率为 1/3 左右，故由联合循环机组功率要求即可推算出燃气轮机功率，从而选定燃气轮机型号。

联合循环电站中常用的燃气轮机型号和配置见表 5-5。

表 5-5　　　　　　　　　　　　　　　　　　推荐的燃气轮机型号选择

装机容量 P（MW）	GE	SIEMENS	三菱	上海电气
$P \leqslant 60$	1-1-1, 6B. 03	—	—	—
$60 < P \leqslant 75$	1-1-1, 6F. 01	1-1-1, SGT-800	—	—
$75 < P \leqslant 200$	1-1-1, 6F. 03 1-1-1, 9E. 03 2-2-1, 6F. 01	2-2-1, SGT-800	—	1-1-1, AE64.3A
$200 < P \leqslant 300$	2-2-1, 6F. 03	1-1-1, SGT-2000E	1-1-1, M701D	1-1-1, AE94.2 2-2-1, AE64.3A
$300 < P \leqslant 400$	2-2-1, 9E. 03			
$400 < P \leqslant 500$	1-1-1, 9F. 03（04，05）	1-1-1, SGT-4000F	1-1-1, M701F4 2-2-1, M701D	1-1-1, AE94.3A
$500 < P \leqslant 600$	1-1-1, 9HA. 01 3-3-1, 9E. 03	1-1-1, SGT-8000H 2-2-1, SGT-2000E		2-2-1, AE94.2
$600 < P \leqslant 1000$	1-1-1, 9HA. 02 2-2-1, 9F. 03（04，05）	2-2-1, SGT-4000F	1-1-1, M701J/M701JAC 2-2-1, M701F4	2-2-1, AE94.3A
$P > 1000$	2-2-1, 9HA. 01/9HA. 02	2-2-1, SGT-8000H	2-2-1, M701J/M701JAC	

说明：表 5-5 中 1-1-1 表示 1 台燃气轮机和 1 台余热锅炉，配 1 台汽轮机；2-2-1 表示两台燃气轮机和两台余热锅炉，配 1 台汽轮机；3-3-1 表示 3 台燃气轮机和 3 台余热锅炉，配 1 台汽轮机。

联合循环机组配置方式一般有 1-1-1、2-2-1 和 3-3-1，其中 3-3-1 的机组配置方式用得比较少，故表 5-5 中 3-3-1 的机组配置方式罗列很少。

（二）余热锅炉选择

当燃气轮机选定后，忽略由于余热锅炉结构的微小差异如排气温度不同导致锅炉总受热面积的差别、烟气和工质阻力损失的微小变化，同时暂不考虑厂用电耗量可能的变化，力求使余热锅炉的当量效率与汽轮机的热效率乘积最大，即汽轮发电机端输出功率最大，根据这一目的来确定热力循环的蒸汽主要参数。

根据燃气轮机排气温度和余热锅炉高、低压端节点温差推荐值，选定高压蒸汽和再热蒸汽温度和高、低压端的接近点温差，以及汽轮机设计背压。同时应确定汽轮机高、中、低压各通流部分的内效率值、余热锅炉与汽轮机之间各汽水管道的压降和温降数值。依据这些选定参数，设计余热锅炉时需要优化选择的蒸汽参数有高压、再热和低压蒸汽压力和低压蒸汽温度。

根据燃气轮机制造厂推荐的蒸汽参数取值范围，合理假定高压蒸汽、再热蒸汽和低压蒸汽压力的定值，在推荐的低压蒸汽温度取值范围内分别选定若干个温度值，计算出不同温度条件下余热锅炉排气温度和当量效率，从中找出机组效率最高点对应的蒸汽温度即为最优值。

选定了低压蒸汽温度后，接下来确定低压蒸汽压力的最优值。同样地在已经假定的高压蒸汽和再热蒸汽压力值不变的条件下，在推荐的低压蒸汽压力取值范围内分别选定若干个压力值，计算并找出最优的低压蒸汽压力取值。

依次进行再热蒸汽和高压蒸汽压力的设计取值计算并选定最优数值，由此余热锅炉选型参数确定完毕。

（三）汽轮机选择

联合循环中汽轮机热力循环的能量来源于燃气轮机的排气余热。当燃气轮机选定型号后，燃气轮机发电功率和燃料耗热量已确定，尽可能地使汽轮机发电功率最大化是提高联合循环机组效率的重要原则。汽轮机发电功率最大化即是选择优化的循环参数和循环方式，以提高汽轮机热效率。但是汽轮机发电功率只占联合循环机组总功率的 1/3 左右，任意提高循环参数和加大汽水系统的复杂性，致使汽轮机系统投资增加和影响其运行灵活性，最终效果可能是得不偿失。因此，优化参数选择和循环方式，需要在这两者之间找到适当的平衡点。

1. 高压蒸汽和再热蒸汽参数

高压蒸汽和再热蒸汽的温度已由燃气轮机排气温度决定，对于汽轮机的朗肯循环，蒸汽初参数的压力与温度间有一个合适的配合关系，蒸汽的压力即由这种合适配合关系确定。这个蒸汽压力的范围是比较广的，选择高压蒸汽压力时，需要综合考虑两方面的影响，其一是对汽轮机功率的影响，即对余热锅炉产汽量和蒸汽在汽轮机中绝热膨胀的焓降影响；其二是对汽轮机排汽湿度的影响。

随着高压蒸汽压力的提高，汽轮机内蒸汽焓降会增大，即汽轮机功率增加。当压力增加到某一个值后，焓降的增大程度会逐渐变缓。随着高压蒸汽压力提高，余热锅炉的蒸汽产量会下降，汽轮机的漏汽损失和湿度都会增大，其结果是蒸汽产量与焓降的乘积达到峰值，然后再下降。也就是说此时通过加大蒸汽焓降来提高汽轮机功率，已经抵不上因蒸汽流量减小和漏汽损失、湿汽损失加大而致使汽轮机功率降低。因此对于选定的燃气轮机来说，所配置的汽轮机必然存在一个最佳进汽压力，选择的原则应是蒸汽产量和焓降的乘积为最大值，即此时汽轮机功率最大。

对应于不同功率等级的汽轮机，最佳进汽压力值并不是固定不变的。汽轮机功率较小时，如进汽压力过高则进汽的容积流量较小，通流部件的喷嘴和动叶高度会较短，这样造成二次流损失增加和内效率下降，因此压力应选择较低值。相应地对于功率较大的汽轮机，应选择较高的进汽压力，必要时可采用再热循环系统，来减小排汽湿度，提高末级叶片的效率和工作寿命。当然，燃气轮机的运行条件、燃料种类和费用、大气环境、余热锅炉的布置形式等也会对进汽压力产生影响。

2. 低压蒸汽参数

在双压蒸汽循环中，由余热锅炉产生的高压蒸汽流量是随着该蒸汽压力的升高而不断减小的，但是低压蒸汽流量却会增大。因此，低压蒸汽压力的选择也受到高压蒸汽压力取值的影响。

3. 循环方式

计算和实践表明，在相同燃料品种和相同环境温度条件下，与单压无再热循环机组相比，双压循环机组的功率要高约 4.5% 以上，热效率高约 1.7%；三压再热循环机组的功率要高约 6%，热效率高约 3%。

GE 公司在设计联合循环机组时，通常是根据燃气轮机排气温度来选择蒸汽循环方式。例如，当排气温度低于 538℃时，不宜选用再热循环方案，也就是说可选用单压、双压或者是三压的循环方式。当排气温度达到 593℃ 及以上时，应考虑选用三压再热的蒸汽循环方式。GE 公司并未对排气温度介于 538～593℃ 之间的联合循环机组循环方式提出建议，可以确定的是，宜选用再热循环方式，是选用双压还是三压则需要结合机组的运行条件等因素综合分析后再确定。一般，汽轮机功率较大、燃料价格较高、负荷需求较高的地区所建机组适合于选用三压再热循环方式。

4. 设计排汽背压

汽轮机的排汽压力由电厂所在地冷却水源条件决定。冷却水源充足且经济可行时，一般采用一次循环冷却系统，这样排汽背压较低，有利于提高汽轮机效率；冷却水源量不足或受水源条件限制时，一般采用二次循环冷却系统如自然通风冷却系统或强制机力通风冷却系统；冷却水量极少甚至没有时，则应采用空气冷却系统如直接空冷系统或间接空冷系统。燃煤电厂汽轮机的排汽背压设计也与此相同。但是与燃煤电厂汽轮机相比，联合循环中汽轮机一般不设回热加热器，所有蒸汽都在凝汽器中凝结，故凝汽器换热面积会比同等功率的燃煤汽轮机要大一些，相应的循环冷却水量也应增加。

四、联合循环机组选型范例

目前，工程中应用得较多的燃气轮机机型有 B 级、E 级和 F 级。B 级燃气轮机代表产品是 GE 公司生产的 6B.03 型，透平转子进口温度为 1140℃，排气温度在 548℃ 左右，燃气轮机功率小，转速高，属于工业用燃气轮机。通常 E 级燃气轮机是指透平转子进口温度在 1100℃ 左右的燃气轮机，主要有 GE 公司的 9E.03 型、SIEMENS 公司的 SGT-2000E 型、三菱公司的 M701D 型等，E 级改进型燃气轮机主要有 GE 公司的 PG9231EC 型等。F 级燃气轮机是指透平转子进口温度在 1300℃ 左右的燃气轮机，主要有 GE 公司的 9F.03 型和 9F.05 型、SIEMENS 公司的 SGT-4000F 型、三菱公司的 M701F 型等。

2011 年 7 月，西门子公司生产的第一台 SGT5-8000H 型燃气轮机投入商业运行，标志着燃气轮机技术应用进入了一个新时代。燃气轮机发电功率为 375MW，效率为 41%，燃气轮机排气温度达 625℃，联合循环效率不低于 60%。

在联合循环机组选型过程中，由于 6B.03 和 SGT-800 型燃气轮机功率小，主要应用于工业项目或小型采暖供热电站，故可以根据用途和热负荷需要等确定机型配置，热力循环方式采用双压无再热系统。电站用得较多的燃气轮机机型有 E 级燃气轮机如 SGT-2000E 和 9E.03，F 级燃气轮机如 9F.03 和 SGT-4000F 等，这些联合循环机组配置时可供选择的方案很多，如机组台数配置可采用"一拖一"或"二拖一"甚至是"三拖一"方案，热力循环方式可采用双压、双压再热、三压、三压再热或者提高高压蒸汽参数，以及蒸汽参数的选择等。现选取 SGT-2000E、9E.03 和 9F.03 3 种燃气轮机机型，以一台套燃气轮机和余热锅炉、配一台汽轮机的配置方式进行计算分析，以论证热力循环方式适用的范围和最优蒸汽参数，作为推荐的选型方式。

（一）E 级燃气轮机

1. SGT-2000E 型机组计算

以西门子公司的 SGT-2000E 型燃气轮机为例，在 ISO 工况下燃气轮机发电功率为 171.1MW，排气流量为 1895.9t/h，排气温度为 544℃。拟选择不同参数和蒸汽循环方式的余热锅炉和汽轮机配置方案，组合为 6 种配置方案如下：

（1）双压循环方案，高压蒸汽压力选定 7.43MPa（绝对压力），温度选定 515℃。

（2）双压再热循环方案，高压蒸汽压力选定 11.25MPa（绝对压力），温度选定 515℃。

（3）双压、亚临界、带再热循环方案，高压蒸汽压力选定 19.39MPa（绝对压力），温度选定 528℃。

（4）三压循环方案，高压蒸汽压力选定 8.88MPa（绝对压力），温度选定 515℃。

（5）三压再热循环方案，高压蒸汽压力选定 11.25MPa（绝对压力），温度选定 518℃。

（6）三压、亚临界、带再热循环方案，高压蒸汽压力选定 19.39MPa（绝对压力），温度选定 528℃。

通过 Thermoflow 25 GT-PRO 25 程序计算后得出表 5-6。

表 5-6　　　　　　　　　　　　　　SGT-2000E 型联合循环机组性能计算结果表

项　　目	双压	双压再热	亚临界双压再热	三压	三压再热	亚临界三压再热
燃气轮机发电功率（MW）	171.1	171.1	171.1	171.1	171.1	171.1
燃气轮机效率（%）	35.28	35.28	35.28	35.28	35.28	35.28
余热锅炉排烟温度（℃）	118	122	122	88	98	98
汽轮机功率（MW）	81.7	86.7	85.9	87.4	91.0	91.4
汽轮机排汽背压（kPa）	5.9	5.9	5.9	5.9	5.9	5.9
联合循环机组总功率（MW）	252.8	257.8	257.0	258.5	262.1	262.5
联合循环机组厂用电（MW）	5.0	5.3	5.8	5.5	5.7	6.3
联合循环机组供电功率（MW）	247.8	252.5	251.2	253	256.4	256.2
联合循环机组热效率（%）	52.12	53.16	52.98	53.29	54.04	54.12
联合循环机组净效率（%）	51.08	52.06	51.78	52.15	52.86	52.82

2. 9E.03 型机组计算

以 GE 公司的 9E.03 型号的燃气轮机为例，在 ISO 工况下燃气轮机发电功率为 127.8MW，排气流量为 1493.6t/h，排气温度为 549℃。同样选择 6 种不同形式的余热锅炉和汽轮机配置方案，分别为：

（1）双压循环方案，高压蒸汽压力选定 7.43MPa（绝对压力），温度选定 520℃。

（2）双压再热循环方案，高压蒸汽压力选定 10.22MPa（绝对压力），温度选定 520℃。

（3）双压、亚临界、带再热循环方案，高压蒸汽压力选定 19.39MPa（绝对压力），温度选定 520℃。

（4）三压循环方案，高压蒸汽压力选定 8.88MPa（绝对压力），温度选定 520℃。

（5）三压再热循环方案，高压蒸汽压力选定 10.22MPa（绝对压力），温度选定 520℃。

（6）三压、亚临界、带再热循环方案，高压蒸汽压力选定 19.39MPa（绝对压力），温度选定 520℃。

通过 Thermoflow 25 GT-PRO 25 程序计算后，得出表 5-7。

表 5-7　　　　　　　　　　　　　　9E.03 型联合循环机组性能计算结果表

项　　目	双压	双压再热	亚临界双压再热	三压	三压再热	亚临界三压再热
燃气轮机发电功率（MW）	127.8	127.8	127.8	127.8	127.8	127.8
燃气轮机效率（%）	34.61	34.61	34.61	34.61	34.61	34.61
余热锅炉排烟温度（℃）	117	118	118	88	97	97
汽轮机功率（MW）	66.7	69.5	69.3	69.7	72.7	73.5
汽轮机排汽背压（kPa）	5.9	5.9	5.9	5.9	5.9	5.9
联合循环机组总功率（MW）	194.5	197.3	197.1	197.5	200.5	201.3

续表

项　　目	双压	双压再热	亚临界双压再热	三压	三压再热	亚临界三压再热
联合循环机组厂用电量（MW）	4.1	4.2	4.7	4.4	4.4	5.0
联合循环机组供电功率（MW）	190.4	193.1	192.4	193.1	196.1	196.3
联合循环机组热效率（%）	52.4	53.14	53.07	53.18	54.0	54.20
联合循环机组净效率（%）	51.30	52.01	51.81	52.00	52.82	52.85

3. 计算结果

从表 5-6 和表 5-7 所列的计算结果中可以看出：

随着热力循环系统蒸汽压力的提高，以及循环系统由双压变为三压、由无再热向再热方式发展，联合循环的净效率都有一定程度的提高。

（1）不论是双压循环还是三压循环系统，采用再热循环后，联合循环机组的供电功率和净效率均会提升，供电功率可以提高 1.3%～1.9%，净效率可以提高 0.7%～1.0%。采用再热循环后，蒸汽参数会提高，循环的平均初温有所增高，且蒸汽乏汽的湿度显著减小，因此汽轮机的内效率增加较多；虽然采用再热循环系统将使余热锅炉排烟温度升高而降低锅炉当量效率，但是汽轮机内效率的增幅要大于锅炉当量效率的降幅，因此，整个机组的功率和循环效率将增加。

（2）当由双压循环优化到三压循环系统后，供电功率可以提高 1.4%～2.1%，净效率可以提高 0.7%～1.1%。随着循环系统由双压向三压发展，流经余热锅炉的烟气阻力会增大，从而导致燃气轮机循环效率和功率呈略微下降的趋势；但是余热锅炉的当量效率增量较大，致使蒸汽流量增幅较大，进而汽轮机功率增幅较大；此外，汽轮机循环效率也会有较大幅度的增加，所以整个机组的供电功率和净效率会增加。其中 SGT-2000E 型机组的功率和效率提升幅度要大一点，这是因为 SGT-2000E 型燃气轮机功率和效率均比 9E.03 型要大，因而余热锅炉和汽轮机效率也相对较高的缘故，所以对于 SGT-2000E 型联合循环机组增加一级蒸汽循环系统对机组净效率的提升效果要更好。

再将双压再热循环方案与三压无再热循环方案对比可见，机组供电功率和净效率基本相同，但是三压无再热循环方案所需增加的余热锅炉换热面积要比双压再热循环方案所需增加的换热面积大得多，因此，在选择提高机组供电功率和净效率的措施上，应优先选用带再热循环系统的方案。

（3）在双压再热循环方案中，当高压蒸汽压力和温度参数提高后，联合循环的供电效率反而下降了 0.2%～0.28%，机组供电功率也呈下降趋势。在三压再热循环方案中，提高高压蒸汽压力和温度后，联合循环机组的供电功率和供电效率则呈微量波动性变化。这是因为当高压蒸汽压力为 12～12.5MPa（绝对压力）时，机组的供电功率和净效率达到最大值，再提高高压蒸汽压力，机组的供电功率和净效率将呈下降趋势。故对于双压再热循环系统方案，E 级燃气轮机联合循环机组的高压蒸汽压力不宜超过 12.5MPa（绝对压力）。

（4）联合循环机组净效率的提高都是以增大余热锅炉的换热面积和增大各水泵组的电耗为代价的，因此需根据燃料费用、机组承担负荷的性质、余热锅炉的排烟温度等，进行技术经济比较后再选择热力循环系统方式。

（5）三压再热循环方案所需要的余热锅炉换热面积反而要比三压无再热循环方案小，这是因为再热循环方案会导致通过高压省煤器和高压蒸发器的质量流量减少，而高压省煤器和高压蒸发器的换热面积是带再热循环余热锅炉中换热面积的主要部分。此外，与非再热的循环相比，再热循环中凝结水的流量减少，使带再热循环余热锅炉冷端的换热面积也比较小。

（6）对于同样的热力循环系统方案来讲，虽然 SGT-2000E 型燃气轮机效率较高，但排气温度要比

9E.03 型的排气温度低 5℃，采用双压无再热循环方案机组效率反而略低。采用再热循环方案或三压循环方案后，机组效率优势才体现出来。由此可见，燃气轮机较高的排气温度有利于提高高压蒸汽参数，改善汽轮机的效率进而提高联合循环机组净效率。

由此可以得出，E 级燃气轮机可选用双压无再热系统或双压再热系统，高压蒸汽压力不宜超过12.5MPa（绝对压力）。如果对机组供电功率和净效率要求很高的电厂，也可经技术经济比较后，条件合适时可选用三压再热系统。

（二）F 级燃气轮机

以 GE 公司的 9F.03 型燃气轮机为例，在 ISO 工况下燃气轮机发电功率为 263.5MW，排气流量为2384.9t/h，排气温度为 602℃。采用"一拖一"循环方案，燃气轮机功率较小，故蒸汽循环参数宜选用亚临界及以下参数。拟选择的不同参数和蒸汽循环方式的余热锅炉和汽轮机配置方案，组合为 3 种配置方案如下：

（1）双压、带再热循环方案，高压蒸汽压力选定 11.25MPa（绝对压力），温度选定 568℃。

（2）三压无再热循环方案，高压蒸汽压力选定 9.9MPa（绝对压力），温度选定 568℃。

（3）三压、高压、带再热循环方案，高压蒸汽压力选定 9.74MPa（绝对压力），温度选定 568℃。

（4）三压、超高压、带再热循环方案，高压蒸汽压力选定 12.7MPa（绝对压力），温度选定 568℃。

（5）三压、亚临界、带再热循环方案，高压蒸汽压力选定 18.27MPa（绝对压力），温度选定 568℃。

（6）三压、亚临界、带再热循环方案，高压蒸汽压力选定 18.78MPa（绝对压力），温度选定 582℃。

（7）三压、亚临界、带再热循环方案，高压蒸汽压力选定 19.24MPa（绝对压力），温度选定 582℃。

通过 Thermoflow 25 GT-PRO 25 程序计算后得出表 5-8。

表 5-8　　　　　　　　9F.03 型联合循环机组性能计算结果表

项目	双压再热	三压无再热	高压、三压再热	超高压、三压再热	亚临界三压再热	亚临界三压再热	亚临界三压再热
燃气轮机发电功率（MW）	263.9	263.7	263.5	263.5	263.5	263.5	263.5
燃气轮机效率（%）	37.62	37.58	37.53	37.53	37.53	37.53	37.53
高压蒸汽压力（绝对压力，MPa）	11.25	9.9	9.74	12.7	18.27	18.78	19.24
高压蒸汽温度（℃）	568	568	568	568	568	582	582
余热锅炉排烟温度（℃）	140	88	95	94	93	94	92
汽轮机功率（MW）	137.0	142.9	146.5	147.7	149.3	150.0	149.1
汽轮机排汽背压（kPa）	4.1	4.1	4.1	4.1	4.1	4.1	4.1
联合循环机组总功率（MW）	401.0	406.7	410.0	411.2	412.8	413.5	412.6
联合循环机组厂用电（MW）	7.2	7.7	7.3	7.9	9.1	9.1	9.6
联合循环机组供电功率（MW）	393.8	399.0	402.7	403.3	403.7	404.4	403.0
联合循环机组热效率（%）	57.15	57.94	58.39	58.57	58.79	58.89	58.76
联合循环机组净效率（%）	56.13	56.84	57.35	57.44	57.50	57.59	57.40

从表 5-8 所列的计算结果中可以看出：

随着热力循环系统蒸汽压力和温度的提高，以及循环系统由双压变为三压，联合循环的供电功率和机组净效率都有一定程度的提高。

(1) 对于 9F.03 燃气轮机联合循环机组的双压循环系统，采用再热循环后，机组的供电功率和净效率均会提升，但提高幅度不到 0.1%。如选用三压循环系统，采用再热循环后，联合循环机组的供电功率和净效率均会提升，供电功率可以提高 0.9%～1.4%，净效率可以提高 0.51%～0.75%。

采用再热循环后，蒸汽参数会提高，循环的平均初温有所增高，且蒸汽乏汽的湿度显著减小，因此汽轮机的内效率增加较多；虽然采用再热循环系统将使余热锅炉排烟温度升高而降低锅炉当量效率，但是因为汽轮机内效率的增幅要大于锅炉当量效率的降幅，所以整个机组的功率和循环效率将增加。对于 9F.03 型机组，由于燃气轮机容量较大，采用双压循环方案致使余热锅炉和汽轮机效率均较低，因而采用再热循环系统后，机组供电功率和净效率提升幅度非常小。

(2) 当由双压循环优化到三压循环系统后，供电功率提高幅度仅 1.3%，净效率可以提高 0.76%。随着循环系统由双压向三压发展，流经余热锅炉的烟气阻力会增大，从而导致燃气轮机循环效率和功率呈略微下降的趋势；此外，余热锅炉的当量效率增量较大，致使蒸汽流量增幅较大，进而汽轮机功率增幅较大，整个机组的供电功率增幅也较大。由于双压循环未能充分利用燃气轮机的排气余热，致使排烟温度高达 140℃，因而余热锅炉当量效率较低；因为三压循环的汽轮机循环效率会略有提高，所以三压循环机组的净效率会增加。

再将双压再热循环方案与三压无再热循环方案对比可见，即使高压蒸汽压力降低了 1.36MPa，三压无再热循环机组的供电功率仍提高了 1.3%，净效率提高了 0.71%，但是三压无再热循环方案所需增加的余热锅炉换热面积要比双压再热循环方案多 41% 左右，因此，在选择提高机组供电功率和净效率的措施上，应优先选用带再热循环系统的方案。

(3) 在三压再热循环方案中，提高高压蒸汽压力和温度后，联合循环机组的供电功率和净效率均呈增长趋势。但是当高压蒸汽压力为 19.24MPa（绝对压力）时，机组的供电功率和净效率反而下降，即当高压蒸汽压力达到 18.78MPa（绝对压力），再提高高压蒸汽压力，机组的供电功率和净效率将呈下降趋势。故对于三压再热循环系统方案，9F.03 燃气轮机联合循环机组的高压蒸汽压力不宜超过 18.78MPa（绝对压力）。

(4) 联合循环机组净效率的提高都是以增大余热锅炉的换热面积和增大各水泵组的电耗为代价的，因此需根据燃料费用、机组承担负荷的性质、余热锅炉的排烟温度等，进行技术经济比较后再选择热力循环系统方式。

(5) 三压再热循环方案所需要的余热锅炉换热面积要比三压无再热循环方案略大，在高压蒸汽压力相同情况下，增加幅度仅 2%。这是因为再热循环方案会导致通过高压省煤器和高压蒸发器的质量流量减少，而高压省煤器和高压蒸发器的换热面积是带再热循环余热锅炉中换热面积的主要部分。此外，与非再热的循环相比，再热循环中凝结水的流量减少，使带再热循环余热锅炉冷端的换热面积也比较小。当提高高压蒸汽压力后，余热锅炉换热面积增加幅度为 10%～25%。

由此可以得出，F 级燃气轮机应选用三压再热系统，高压蒸汽压力不宜超过 18.78MPa（绝对压力）。

五、典型联合循环机组参数表

一般地，联合循环电站采用天然气为燃料者占很大比例，故编制的表格是以天然气作为单一燃料。为了便于比较不同形式机组的性能参数，表 5-9～表 5-11 只列出联合循环机组在 ISO 工况下的性能参数，并按照燃气轮机级别的分类进行列表。

表5-9

ISO工况，E级燃气轮机联合循环典型机组参数表

项 目	单位	6B.03	6F.01	6F.03	9E.03	SGT-800	SGT-2000E	M701D	AE64.3A	AE94.2
型号 / 制造厂		南汽	南汽	南汽	南汽	SIEMENS	SIEMENS	三菱	上海电气	上海电气
一、燃气轮机（1套燃气轮机-余热锅炉，1台汽轮机）										
发电功率	MW	41.58	49.04	77.64	127.8	49.1	168.8	143.4	75.95	181.12
转速	r/min	5163	7266	5231	3000	6608	3000	3000	3000	3000
排气温度	℃	544.9	595	597.6	549	563.6	544	539.8	570.1	546.4
排气流量	t/h	521.7	452.3	768.1	1493.6	483.0	1893.4	1707	774.0	1988.6
排气压力（绝对压力）	kPa	104.1	104.1	104.3	104.3	104	104	—	104.3	104.3
二、余热锅炉										
汽水系统形式		双压无再热	双压无再热	双压无再热	双压无再热	双压无再热	双压无再热	双压无再热	双压无再热	双压无再热
高压蒸汽流量	t/h	68.5	68.7	116.1	190.9	30.6	232.9	207.3	105.0	244.1
高压蒸汽压力（绝对压力）	MPa	3.92	6.70	9.31	5.97	10.30	8.61	6.86	7.07	8.49
高压蒸汽温度	℃	450.0	542.0	542.0	521	540	524.2	518	552.1	532.0
低压蒸汽流量	t/h	8.0	5.7	13.8	35.1	6.6	53.9	46.6	18.9	62.8
低压蒸汽压力（绝对压力）	MPa	1.40	1.48	0.84	0.61	0.70	0.62	0.60	0.66	0.62
低压蒸汽温度	℃	195.1	335.9	253.3	252.8	268	272.5	275	269.1	223.7
高压省煤器给水温度	℃	197.0	199.6	174.3	163.6	—	163.7	163.5	163.2	159.2
凝结水温度	℃	45.0	47.8	46.0	41	31	46.3	32.5	33.3	33.4
排烟温度	℃	115.0	100.4	82.4	98.7	104.3	100	98.8	90.6	95.9
除氧器工作压力（绝对压力）	MPa	1.32	1.42	0.75	0.56	0.64	0.56	0.56	0.60	0.58
三、汽轮机（单缸、单流、纯凝式）										
高压蒸汽流量	t/h	68.5	68.7	116.1	190.9	30.6	232.9	207.3	105.0	244.1
低压蒸汽流量	t/h	8.0	5.7	13.8	35.1	6.6	53.9	46.6	18.9	62.8
排汽背压（绝对压力）	kPa	9.6	11	10	7.8	4.5	10	4.5	5.0	5.0
发电功率	MW	19.88	22.30	39.18	66.76	23.1	82.66	77.20	39.1	93.41
四、机组性能参数										
机组发电功率	MW	61.46	71.34	116.82	194.56	72.2	251.46	220.6	114.99	274.53
机组发电热耗（LHV）	kJ/(kW·h)	7276	6682	6705	7043	6604	7055	7021	6798	6710
机组发电热效率	%	49.48	53.87	53.69	51.11	54.51	51.02	51.27	52.95	53.65

表 5-10　　　　　　　ISO 工况，F 级燃气轮机联合循环典型机组参数表

项　目	单位	1 套燃气轮机-余热锅炉，1 台汽轮机					
一、燃气轮机							
型号		9F.03/04	9F.05	9F.06	SGT-4000F	M701F4	AE94.3A
制造厂		GE	GE	GE	SIEMENS	三菱	上海电气
发电功率	MW	261.46	294.1	337.9	285.87	287.11	305.37
转速	r/min	3000	3000	3000	3000	3000	3000
排气温度	℃	595	648	628	583.7	611	580.7
排气流量	t/h	2392	2379	2669.5	2481.4	2423	2681.6
排气压力（绝对压力）	kPa	104	104	104	103.9	—	104.6
二、余热锅炉							
汽水系统形式		三压再热	三压再热	三压再热	三压再热	三压再热	三压再热
高压蒸汽流量	t/h	291.9	335.9	349	324.0	295.6	293.0
高压蒸汽压力（绝对压力）	MPa	12.65	12.69	12.69	14.23	12.65	13.65
高压蒸汽温度	℃	566.6	566	566	557.5	568	562.7
再热蒸汽流量	t/h	330.3	361.1	383.6	367.4	341.4	333.0
再热蒸汽压力（绝对压力）	MPa	3.0	3.0	3.0	3.50	3.0	3.17
高温再热蒸汽温度	℃	566.2	566	566	557.4	568	552.3
低温再热蒸汽流量	t/h	281.2	324.6	337.4	312.0	283.0	272.4
低温再热蒸汽温度	℃	365.8	378	378	357.2	376	359.2
中压蒸汽流量	t/h	49.1	36.5	46.13	55.2	58.2	60.6
中压蒸汽压力（绝对压力）	MPa	3.16	3.34	3.34	3.74	3.14	3.35
中压蒸汽温度	℃	297.2	297	297	341.0	270	336.2
低压蒸汽流量	t/h	41.4	31.7	41.4	44.4	39.7	53.8
低压蒸汽压力（绝对压力）	MPa	0.41	0.48	0.48	0.48	0.47	0.48
低压蒸汽温度	℃	300.1	300	300	242.0	237.8	241.5
高压省煤器给水温度	℃	228	232	232	154.4	155.3	153.1
凝结水温度	℃	29.4	29.4	29.4	40.4	41.1	42.2
排烟温度	℃	90	88	89	93.4	94.1	86.6
除氧器工作压力（绝对压力）	MPa	0.38	0.5	0.5	0.40	0.40	0.40
三、汽轮机							
形式		高中压合缸，低压缸双流					
高压蒸汽流量	t/h	291.9	335.9	349	324.0	295.6	293.0
再热蒸汽流量	t/h	330.3	361.1	383.6	367.4	341.4	333.0
低压蒸汽流量	t/h	41.4	31.7	41.4	44.4	39.7	53.8
排汽背压（绝对压力）	kPa	4.1	4.1	4.1	7.5	7.8	8.3
发电功率	MW	147.6	163.5	174.3	157.65	149.68	143.24
四、机组性能参数							
机组发电功率	MW	409.1	457.6	512.2	443.52	436.79	448.61
机组发电热耗（LHV）	kJ/(kW·h)	6262	6091	6026	6207	6094	6302
机组发电热效率	%	57.48	59.10	59.74	57.99	59.07	57.12

　　说明：GE 公司 7HA 系列燃气轮机主要应用于电网频率为 60Hz 的电力区域，如美国、加拿大、南美洲的北部地区、沙特和韩国等；9HA 系列燃气轮机则应用于电网频率为 50Hz 的电力区域，如欧洲、非洲、澳大利亚中东、中国和俄罗斯等，这些区域的电力市场倾向于较大容量的装机容量，因此，GE 公司将 H 级燃气轮机产品分为 7HA 系列和 9HA 系列。

六、典型热平衡图

　　图 5-9～图 5-16 是燃气轮机联合循环典型热平衡图。这些热平衡图基于 Thermoflow 公司的旗舰产品 GT-PRO 模块 25 版计算得到。GT PRO 软件可对于燃气-蒸汽联合循环系统进行初步设计，用户可以通过设定热工参数来设计设备硬件和整个电厂系统。可得到完整的文本和图形形式的热平衡计算报告、电厂概要图、热力系统图、多种的计算报告书。GT-PRO 具备完备的燃气轮机数据库可供选择，其中燃气轮机数据库涵盖频率 50Hz 和 60Hz 两种频率，出力从 10MW 到 400MW 常用的几乎所有机型，还可自定义燃气轮机，同时增加了部分内燃机型号。

表5-11　H级燃气轮机联合循环典型机组参数表

项目	单位	1套燃气轮机-余热锅炉，1台汽轮机						2套燃气轮机-余热锅炉，1台汽轮机							
型号		7HA.01	7HA.02	9HA.01	9HA.02	SGT5-8000H	SGT6-8000H	M701J	M701JAC	7HA.01	7HA.02	9HA.01	9HA.02	SGT5-8000H	SGT6-8000H
一、燃气轮机															
发电功率	MW	271.6	334.7	394.4	502.5	375	274	464.6	446.5	543.2	669.4	789.3	1005	750	572
转速	r/min	3600	3600	3000	3000	3000	3600	3000	3000	3600	3600	3000	3000	3000	3600
排气温度	℃	624	640	628	664	625	620	644	625	624	640	628	664	625	620
排气流量	t/h	2064.6	2470	2971.1	3504	2952	2196	3197	3193	4129	4940	5942	7008	5904	4392
热效率	%	40.0	40.0	40.5	40.8	41.0	40.6	41.0	40.6	40.0	40.0	40.5	40.8	41.0	40.6
二、余热锅炉															
汽水系统形式		三压再热、亚临界						三压再热、亚临界或超临界							
高压蒸汽流量	t/h	263.1	333.7	379.6	499.4	358.7	269.5	421.7	414.6	523.6	664.4	759.3	998.8	714.7	536.8
高压蒸汽压力对绝对压力	MPa	17.26	17.26	18.27	18.27	17.2	17.2	18.27	18.27	17.26	17.25	18.27	18.27	17.2	17.2
高压蒸汽温度	℃	602	602	602	622	600	595	612	602	602	602	602	622	600	595
三、汽轮机															
形式		高中压合缸、双流低压缸						高中压合缸、双流低压缸							
排汽背压绝对压力	kPa	4.1	4.1	4.1	4.1	4.5	4.5	5.1	5.1	4.1	4.1	4.1	4.1	4.5	4.5
发电功率	MW	139.2	176.4	198.9	251.0	189.9	140.2	233.3	222.9	284.6	356.2	399.1	508.2	384.2	295.3
四、机组性能参数															
机组发电功率	MW	410.8	511.1	593.3	753.5	564.9	414.2	697.9	669.4	827.8	1025.6	1188.4	1513.2	1134.2	867.3
机组发电热耗（LHV）	kJ/(kW·h)	5955	5900	5914	5889	5833	5871	5984	5919	5911	5880	5909	5865	5811	5852
机组发电效率	%	60.46	61.02	60.87	61.13	61.71	61.31	60.16	60.82	60.90	61.22	60.92	61.38	61.95	61.51

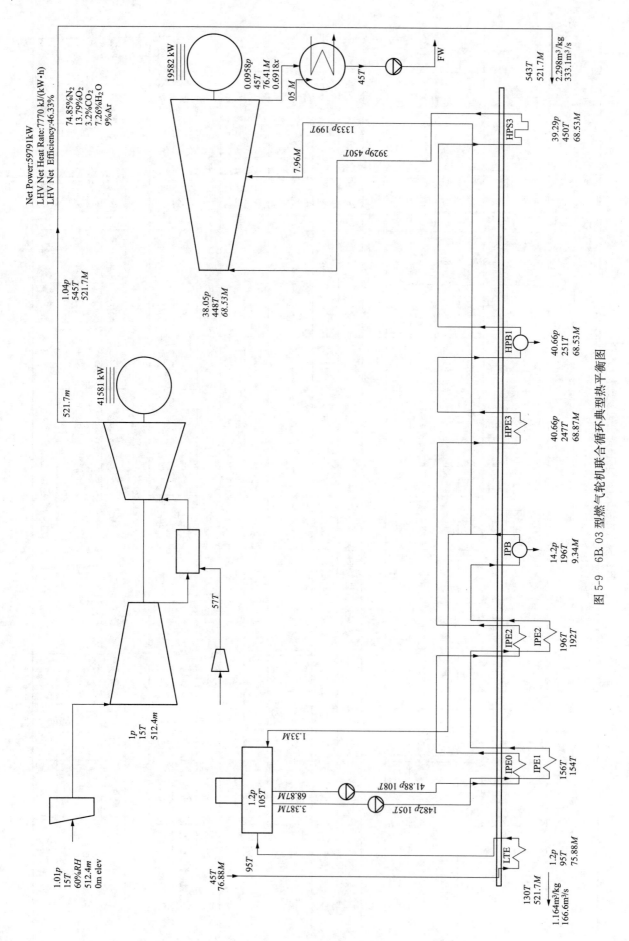

图 5-9　6B.03 型燃气轮机联合循环典型热平衡图

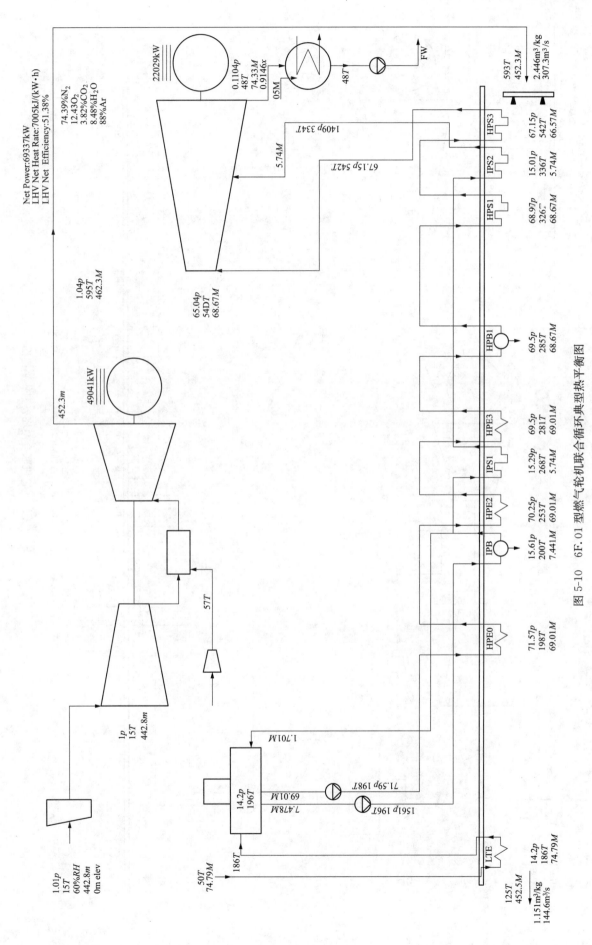

图 5-10 6F. 01 型燃气轮机联合循环典型热平衡图

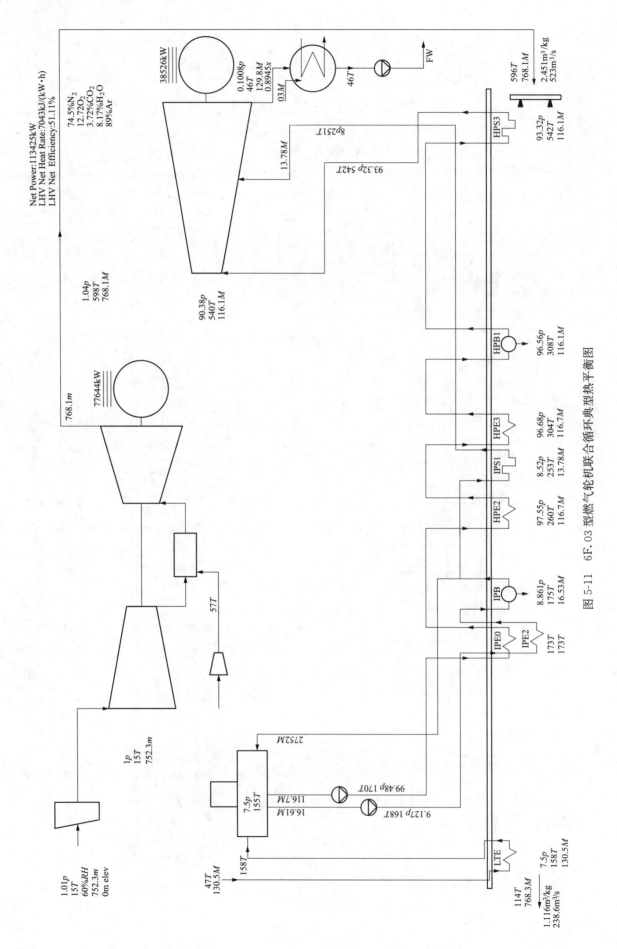

图 5-11 6F. 03 型燃气轮机联合循环典型热平衡图

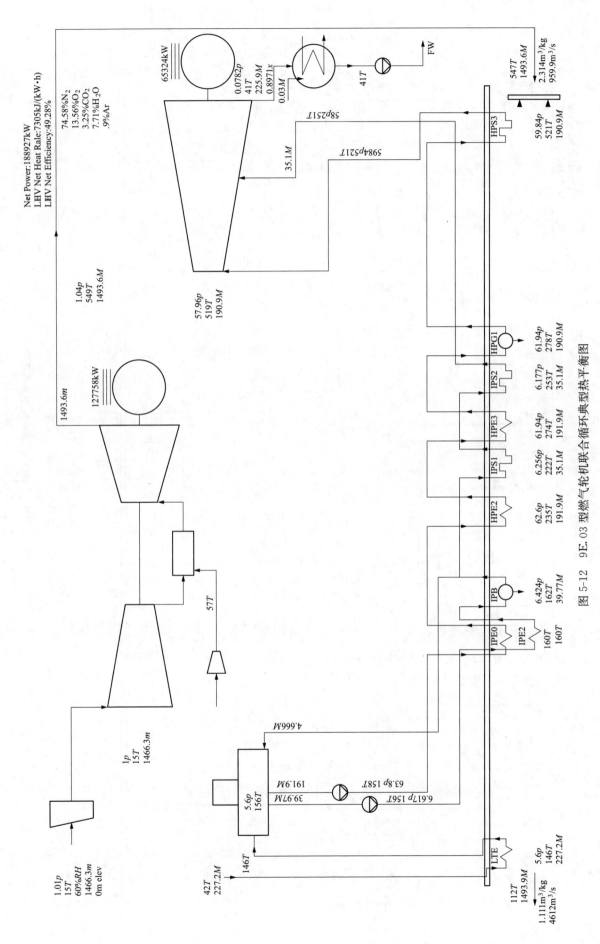

图 5-12　9E. 03 型燃气轮机联合循环典型热平衡图

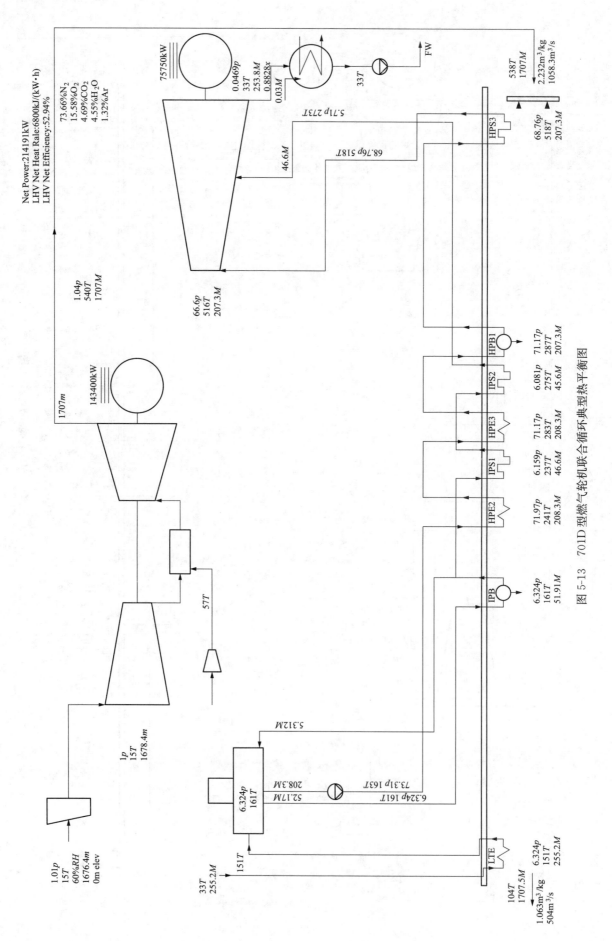

图 5-13　701D 型燃气轮机联合循环典型热平衡图

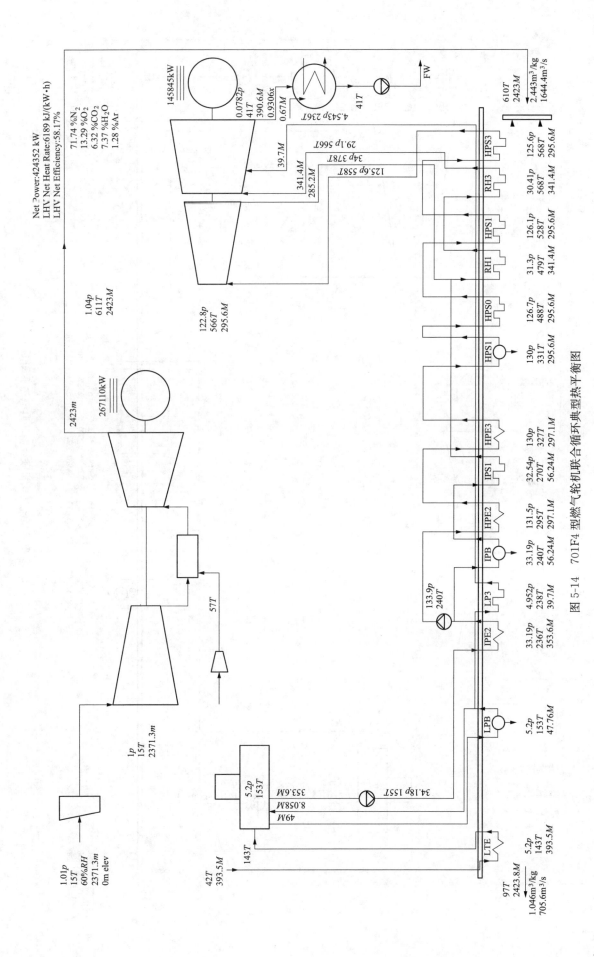

图 5-14　701F4 型燃气轮机联合循环典型热平衡图

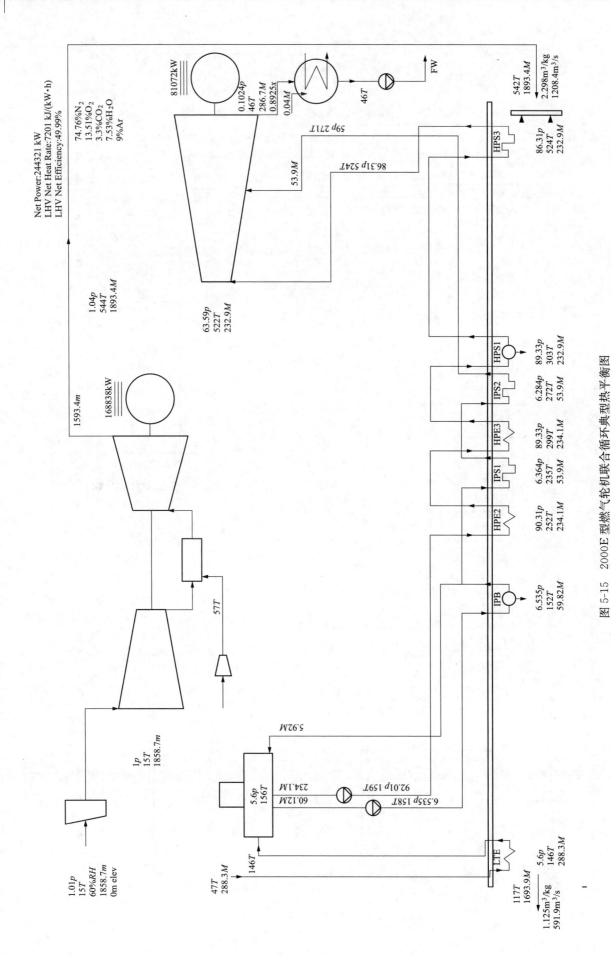

图 5-15 2000E 型燃气轮机联合循环型典型热平衡图

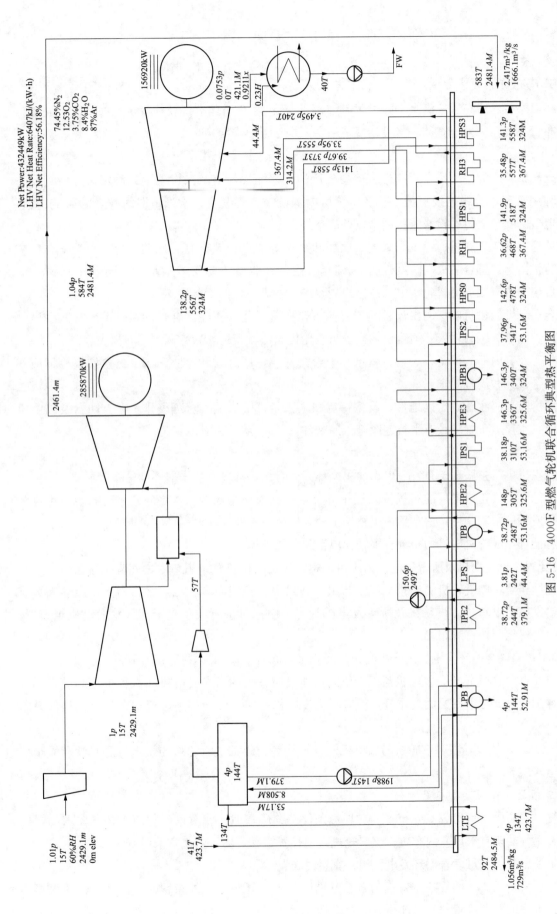

图 5-16　4000F 型燃气轮机联合循环典型热平衡图

说明：图 5-9～图 5-16 中 p—绝对压力，单位为 bar（1bar=0.1MPa）；T—温度，单位为℃；M—水或蒸汽的质量流量，单位为 kg/s；m—空气或烟气的质量流量，单位为 kg/s；RH—空气相对湿度；elev—海拔，m；x—蒸汽干度，%；Net Power—净功率，%；Net Power—净功率，%；LHV Net Heat Rate—基于低位发热量的净热耗，kJ/(kW·h)；LHV Net Efficiency—基于低位发热量的净效率，%；FW—给水；LTE—低压省煤器；IPE—中压省煤器；HPE—高压省煤器；LPB—低压蒸发器；IPB—中压蒸发器；HPB—高压蒸发器；IPS—中压过热器；HPS—高压过热器；RH—再热器

第三节 主 厂 房 布 置

一、主厂房布置的要求

燃气轮机电站主厂房布置应满足 DL/T 5174《燃气-蒸汽联合循环电厂设计规定》的要求，并参考厂家的推荐布置方案。为便于查阅，将设计规范中主厂房布置要求摘录如下。

1. 一般规定

(1) 燃气轮机电厂的主厂房布置应适应电力生产的工艺流程要求及按设备形式确定，并做到设备布局和空间利用合理，管线连接短捷、整齐，厂房内部设施布置紧凑、恰当，巡回检查的通道畅通，为燃气轮机电厂的安全运行、检修维护创造良好的条件。

(2) 主厂房内的空气质量、通风、采光、照明和噪声等应符合现行有关标准的规定；设备布置应采取相应的防护措施，符合防火、防爆、防尘、防潮、防腐、防冻、防噪声等有关要求。

(3) 主厂房布置应根据燃气轮机电厂总体规划要求，考虑扩建的可能性。

(4) 联合循环燃气轮机电厂的主设备布置时应进行布置优化。在经济合理的条件下，宜减少燃气轮机与余热锅炉间排气压力损失，缩短余热锅炉与汽轮机间蒸汽管道，减少蒸汽压力损失。

(5) 主厂房及其内部的设备、表盘、管道和平台扶梯等色调应柔和、协调。平台扶梯及栏杆应齐全、可靠，符合设计和规程要求。

(6) 主厂房布置应注意到厂区地形、设备特点和施工条件等影响，合理安排。在有两台及以上机组连续施工时，主厂房布置应具有平行连续施工的条件。

2. 布置形式

(1) 燃气轮机电厂主厂房的布置应根据简单循环和联合循环的区别，采取不同的布置形式。

(2) 简单循环燃气轮机电厂的布置按燃气轮机及发电机为一组，组与组之间宜平行布置，也可纵向成直线对称或顺向布置。主厂房布置还应根据工程条件考虑扩建为联合循环的可能性。

(3) 联合循环燃气轮机电厂的布置有多轴和单轴配置两种形式：

1) 多轴配置按燃气轮机及所带发电机为一组。燃气轮机轴向排气，组与组之间宜平行布置，余热锅炉同轴线连续布置；燃气轮机侧向排气，组与组之间可纵向直线布置，也可平行布置，余热锅炉宜垂直于燃气轮发电机组布置。汽轮机及所带发电机为另一组，可平行或垂直于燃气轮发电机组布置，或与燃气轮发电机组同一直线布置。

2) 单轴配置的联合循环发电机组，组与组之间宜平行布置。单轴配置可分为两种形式：

a. 按余热锅炉、燃气轮机、发电机与汽轮机同一轴线为一组的，在发电机和汽轮机之间设有同步离合器。这神配置形式可为底层低位布置，但应考虑发电机抽转子时横向平移或整台吊出的检修设施和场地。

b. 按余热锅炉、燃气轮机、汽轮机与发电机同一轴线为一组的，汽轮机与发电机之间没有同步离合器，可为运转层高位布置。

3. 燃气轮机及其辅助设备布置

(1) 燃气轮机可采用室内或室外布置。对环境条件差、严寒地区或对设备噪声有特殊要求的燃气轮机电厂，其燃气轮机宜采用室内布置；燃气轮机采用外置式燃烧器，则也宜采用室内布置。

(2) 单轴配置的大容量联合循环发电机组，宜室内布置。

(3) 燃气轮机的相关辅助设备应就近布置在其周围。当燃气轮机室外布置时，辅助设备应根据环境条件和设备本身的要求设置防雨、伴热或加热设施。

4. 余热锅炉及其辅助设备布置

（1）余热锅炉宜露天布置。当燃气轮机电厂地处严寒地区时，余热锅炉可室内布置或采用紧身封闭。

（2）余热锅炉的辅助设备、附属机械及余热锅炉本体的仪表、阀门等附件露天布置时，应根据环境条件和设备本身的要求考虑采取防雨、防冻、防腐等措施。

5. 汽轮机布置

（1）汽轮机应室内布置。当汽轮机为轴向或侧向排汽时，汽轮机应低位布置；当汽轮机为垂直向下排汽时，汽轮机应高位布置。

（2）辅助设备布置应符合以下规定：

1）汽轮机的主油箱、油泵及冷油器等设备宜布置在汽轮机房零米层并远离高温管道。

对汽轮机主油箱及油系统必须考虑防火措施，在主厂房外侧的适当位置，应设置事故油箱（坑），其布置标高和油管道的设计，应能满足事故时排油畅通的需要。事故油箱（坑）的容积不应小于一台最大机组油系统的油量。事故放油门应布置在安全及便于快速操作的位置，并有 2 条人行通道可以到达。

2）除氧器给水箱的安装标高，应满足各种工况下，给水泵不发生汽蚀的要求。

（3）凝汽器胶球清洗装置宜布置在凝汽器旁。

6. 控制室布置

（1）联合循环燃气轮机电厂，宜设机炉电集中控制室。

（2）集中控制室宜布置在汽轮机房侧的集控楼内，或布置在 2 套或 4 套联合循环机组中间的集控楼建筑内。集控楼宜分层布置自动控制设备、计算机室、继电器室、电缆夹层、空调设备及其他工艺设施和必要的生活设施等。集控楼内应有良好的空调、照明、防尘、防振和防噪声等措施。

（3）集控楼及集中控制室的出入口应不少于 2 个，集控室净空高度应不小于 3.2m。

7. 维护检修

（1）燃气轮机电厂单轴配置机组的主厂房和多轴配置机组的燃气轮机房、汽机房内，应在适当位置设置检修场和放置检修工具的场所。

（2）机组为纵向直线布置时，每 2 台（套）机组宜设置一个检修场；机组为平行（横向）布置时，每 4 台（套）机组宜设置一个检修场。检修场大小可按大件吊装及汽轮机翻缸的需要确定。

（3）主厂房内应设置桥式起重机，起重设备的起重量宜根据检修时起吊的最重件确定。起重设备的安装标高，应按所需起吊设备的最大起吊高度确定。

（4）主厂房内各主、辅机应有必要的检修起吊空间安放场地和运输通道，并满足发电机抽转子、凝汽器抽管的空间。厂房设置纵向通道时宜贯穿直通，通道宽度应不小于 1.5m，满足设备，运输要求，并在两端设置大门。另外，在零米层中间检修场处宜设置大门，并与厂区道路相连通。

（5）室外布置的燃气轮机及其辅助设备的周围，应留有起吊运输设备进出的道路，以及将发电机转子吊出的检修位置，并留有足够检修零部件堆放的场地。

（6）余热锅炉及其辅助设备应考虑设备检修起吊设施或检修起吊的空间位置；其周边宜方便起吊运输设备通行和检修零部件堆放。

（7）起重机或移动式起吊设施的起吊能力应满足被检修的最重大件起吊和移动放置的要求。

（8）主要阀门应方便操作和维修，必要时应设置操作、维修用平台。

二、联合循环的多种布置方案

图 5-17 所示为联合循环机组的多轴布置方案，它既可以用 1 台燃气轮机、1 台余热锅炉及 1 台汽轮机匹配（即"1＋1＋1"多轴布置方案），也可以用两台、3 台甚至多台燃气轮机和相应数量的余热锅

炉及1台汽轮机相匹配（即"2＋2＋1"方案，"3＋3＋1"方案和"$x＋x＋1$"方案），但燃气轮机与汽轮机都分别配备有由各自驱动的发电机的分轴关系。

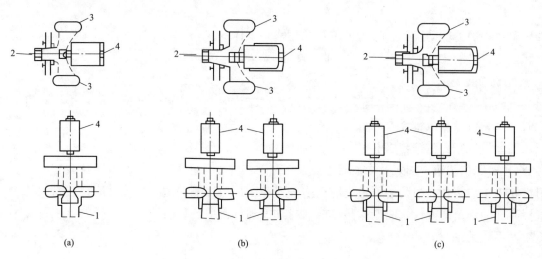

图 5-17　联合循环机组的多种布置方案示意图

(a)"一拖一"；(b)"二拖一"；(c)"三拖一"

1—燃气轮机；2—汽轮机；3—凝汽器；4—发电机

这种方案的优点：

(1) 由于燃气轮机的安装周期较短，因而在联合循环电厂的整个建设周期内，当燃气轮机及其所驱动的发电机组安装完毕后（此时汽轮机及其发电系统尚在安装之中），就可以投入生产来回收资金，有利于提高电厂建设资金的周转率和效益。

(2) 当汽轮机故障检修时，燃气轮机仍能独立运行，有利于提高整个电厂的可用率。

(3) 燃气轮机与汽轮机为非共轴关系，当燃气轮机的排气管道与余热锅炉之间安装有旁通烟道时，燃气轮机可快速启动，在 20～25min 之内就能带满负荷，因而，这种布轴关系的联合循环机组能够满足调峰的要求。图 5-18 所示为多轴联合循环机组的启动时间关系曲线。

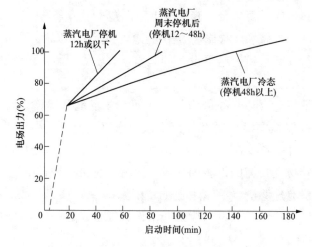

图 5-18　多轴布置联合循环启动时间示意图

由图 5-18 可知：不论汽轮机处于热态（停机 12h 或以下）、温态（停机 12～48h）或冷态（停机大于 48h），燃气轮机都能在 20～25min 内完成快速启动，并携带整个联合循环机组 2/3 的负荷。所剩余的 1/3 负荷的携带时间与汽轮机所处的热力状态有关。显然，这类布轴关系的联合循环机组是能够满足调峰运行要求的。

（4）当多轴布置方案中采用多台燃气轮机和多台余热锅炉的配置关系时，联合循环的总功率不仅比较大，而且有利于改善整个电厂在部分负荷工况下的供电效率。因为在部分负荷工况时，可以停运若干台燃气轮机和余热锅炉，使燃气轮机总是能够在较高的燃气初温条件下运行。图 5-19 所示为 4 台燃气轮机与 1 台汽轮机组成的联合循环中部分负荷的效率变化曲线。

该机组减小全电厂总负荷的顺序是：在负荷大于 75% 时，4 台燃气轮机同时运行，相互之间平行地减小负荷；在 75% 负荷时，可立即停运 1 台燃气轮机；在 50% 负荷之前，其余 3 台燃气轮机同时运行，相互之间也平行地减小负荷；50% 负荷时，可停运第二台燃气轮机。依次类推，随着负荷的进一步下降，逐次

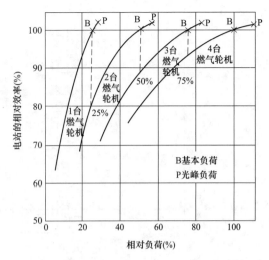

图 5-19 "4＋4＋1" 多种布置联合循环部分负荷效率曲线示意图

减少燃气轮机的运行台数。显然，对于这种运行方式来说，负荷在 75%、50% 和 25% 时的热效率大体上是与满负荷时的热效率相同的。因而，由多台燃气轮机组成的联合循环的部分负荷效率特性是良好的。

但多轴布置方案联合循环的缺点是需要配置多台发电机及其配电系统，特别是在配置多台燃气轮机时，蒸汽系统、给水系统及其控制系统都比较复杂，因为每一台燃气轮机必须配备各自的余热锅炉，给水系统必须保证向各台余热锅炉供水的均匀性；当各台燃气轮机及其所属的余热锅炉逐次停运时，仍需保证对同一台汽轮机供给蒸汽的均匀性，这些因素都会使蒸汽系统、给水系统的布置复杂化，相应的整机调节控制系统也必然较为复杂。上述因素还会增大厂房的面积，最终使建厂的比投资费用增高。

图 5-20 所示为 GE 公司生产的一组 S209FA 多轴布置方案的平面图。两台燃气轮机各自带 1 台发电机和 1 台余热锅炉，但共用 1 台汽轮机，汽轮机再自带 1 台发电机。

三、联合循环的单轴布置方案

图 5-21 所示为联合循环机组的单轴布置方案。此时，燃气轮机、汽轮机及发电机串联在一根轴上，并共用一台发电机，为了便于发电机转子可以从轴向抽出进行检修，通常发电机被布置在汽轮机的排汽端，而汽轮机则介于燃气轮机与发电机之间，这种方案只能用于单台燃气轮机、单台余热锅炉及单台汽轮机匹配的情况，即 "1＋1 ＋ 1" 单轴布置方案。当平行地有 x 组这种单轴布置机组时，则可以记为 xx"1 ＋ 1 ＋ 1" 单轴布置方案。

1. 联合循环的单轴布置方案的优点

（1）燃气轮机与汽轮机共有 1 台发电机及其配电系统，可以节省设备费用，也便于全电厂的调节控制。

（2）节省机组的厂房布置面积。

（3）当厂区有现成的蒸汽源时，可以利用汽轮机作为燃气轮机的启动机。但用发电机作为启动机来启动燃气轮机时，则需配置备用的蒸汽锅炉，以便在启动时供应蒸汽来冷却蒸汽透平。

总体来讲，这种单台燃气轮机与单台汽轮机匹配的单轴布置方案，相对于单台燃气轮机与单台汽轮机匹配的多轴布置方案而言，可以节省比投资费用 10% 左右；安装工期可缩短 1～2 个月，一般被认为是一种先进的布轴方案。

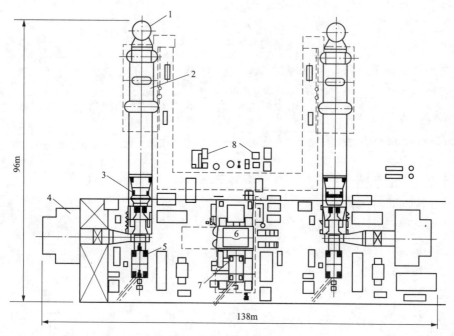

图 5-20　S209FA 联合循环多种布置示意图

1—烟囱；2—余热锅炉；3—燃气轮机；4—进气装置；5—燃气轮机的发电机；

6—汽轮机；7—汽轮机的发电机；8—辅助设备

2. 联合循环的单轴布置方案的缺点

（1）在建厂过程中，虽然燃气轮机的安装周期比较短，但由于无法越过汽轮机直接驱动发电机而工作，因而全厂只能在安装周期比较长的汽轮机安装完毕后才能投产运行。相对于多轴布置方案来说，资金周转率会下降，投资的收效期也会被拖后。

（2）汽轮机故障时，燃气轮机无法单独运行。

（3）整台机组不能快速启动，联合循环机组用作调峰运行的适应性将被严重恶化，图 5-22 中给出了这类布轴方案的启动时间关系曲线。

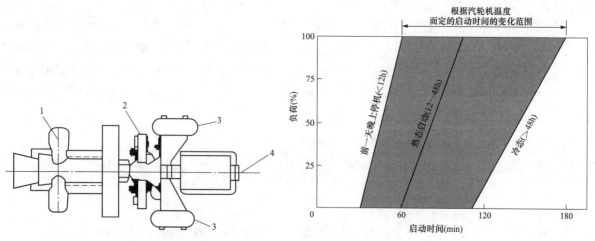

图 5-21　联合循环单轴布置示意图

1—燃气轮机；2—汽轮机；3—凝汽器；4—发电机

图 5-22　单轴布置方案启动时间关系示意图

3. 改为带 3S 离合器单轴布置方案

为了解决启动时间过长，无法适应调峰运行要求的矛盾，可以把单轴联合循环机组的布置关系改为图 5-23 所示的方案。

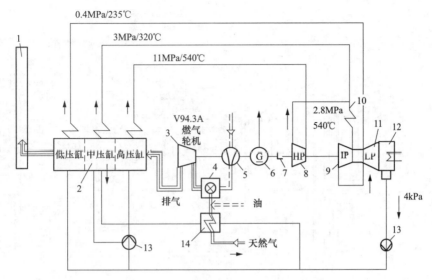

图 5-23　带 3S 离合器单轴布置方案

1—烟囱；2—三压式余热锅炉；3—燃气轮机；4—燃烧室；5—压气机；6—发电机；7—3S 离合器；8—汽轮机高压缸；
9—汽轮机中压缸；10—再热器；11—汽轮机低压缸；12—凝汽器；13—水泵；14—天然气预热器

在这种布置方案中，共用的发电机被改置到燃气轮机的压气机与汽轮机高压缸之间，而在发电机与汽轮机高压缸之间则安置一台 3S 离合器。显然，这种布置方式可以保证燃气轮机与汽轮机主轴脱开，使燃气轮机按简单循环方式启动，即在 20～25min 之内完成启动和携带 2/3 联合循环总负荷的任务，以适应调峰运行的要求。与此同时，可以使余热锅炉的管簇系统以及汽轮机系统逐渐预热升温。当汽轮机的主轴转速增高到与发电机的转速相同时，3S 离合器会自动啮合上，汽轮机就可以开始携带负荷。当然，这种方案也能满足汽轮机安装完毕之前或者当汽轮机故障时，燃气轮机可以单独运行的要求。

同时这种布置方案也有如下缺点：

（1）发电机被置于燃气轮机与汽轮机之间，无法从轴向抽取发电机转子。不利于检修工作。检修时必须起吊整台发电机。

（2）增设 3S 离合器，需要增加比投资费用。相对于单台燃气轮机和单台汽轮机的多轴布置方案而言，该单轴布置方案的比投资费用只能节省 5%～8%。

（3）汽轮机不能再当作启动机使用。在大容量的联合循环电厂中，既可以采用多台燃气轮机配置多台余热锅炉和 1 台汽轮机的多轴布置方案，也可以采用多套由 1 台燃气轮机配置 1 台余热锅炉和 1 台汽轮机的单轴布置方案。据统计，前一种方案的比投资费用会比后者低 10%～15%。燃气轮机台数越多时，多轴方案的比投资费用会降低得越明显，这一点与由单台燃气轮机组成的多轴布置方案和单轴布置方案的比投资费用的对比关系刚好相反。

图 5-24 所示为 GE 公司生产的一台 S109FA 联合循环机组单轴布置方案示意图。

单轴布置必须注意：对于单轴布置方案的联合循环机组来说，由于轴系很长，在做布局设计时，需要充分重视转子的动态性能设计，即研究整个转子（包括燃气轮机转子、汽轮机转子以及发电机转子）的弯曲振动（临界转速和振动的敏感性）和扭振（固有频率以及发电机短路时的最大瞬时扭矩）特性。

应该指出，在目前，对轴系的选择方面有一种新趋势，即由于燃料价格的上扬，各发电公司为了追求联合循环机组的高效率，以降低其发电成本，对于多轴布置方案的联合循环机组来说，也不太愿

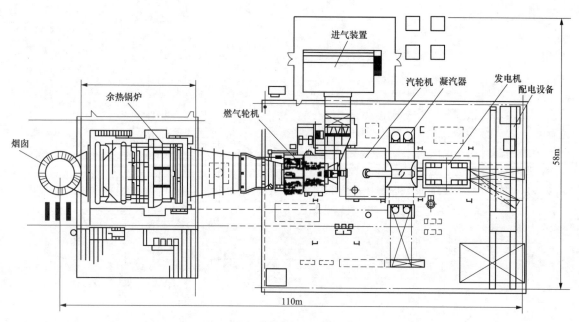

图 5-24　S109FA 联合循环机组单轴布置方案示意图

意在汽轮机安装完毕之前就让燃气轮机按简单循环方式先投入运行。这样也就没有必要在燃气轮机的排气扩压器与余热锅炉之间设置旁路烟囱了。

一般来说，热电联产型联合循环宜选择多轴布置方案，因为当燃气轮机故障时，能有条件使用其他蒸汽来源来保证汽轮机的运行和供热。

四、主厂房布置事例

（一）B 级燃气轮机联合循环机组

B 级燃气轮机联合循环机组通常采用多轴布置方式。通常燃气轮机和余热锅炉采用露天布置，汽轮机采用室内布置。燃气轮机通常可不设检修行车，检修时采用汽车起重机。汽轮机设检修行车。

B 级燃气轮机通常为侧向排气，余热锅炉布置在燃气轮机侧面，可以垂直于燃气轮机轴线，也可以90°转向后平行于燃气轮机轴线。汽机房可以灵活布置在燃气轮机和余热锅炉周边。集中控制室和电气设备间可以布置在汽机房辅跨、可以布置在端头，也可以根据要求设置独立的集控楼，布置在厂区范围内。

图 5-25 为一套 S206B 联合循环机组主厂房布置示意图。该项目燃气轮机为 GE 公司 PG6581B（现 6B.03）型机组，余热锅炉为双压无再热立式余热锅炉，汽轮机为南京汽轮机厂产的 L36-6.7 型联合循环汽轮机组。联合循环机组配置为"2+2+1"。燃气轮机和余热锅炉均为室外露天布置，汽轮机布置在室内。燃气轮机、余热锅炉、汽机房均轴线平行布置。两台燃气轮机中心线之间的间距为 22m，燃气轮机主体长度 48m，包含发电机抽转子长度，宽度为 15m。燃气轮机与相邻余热锅炉中心线的间距为 13m。余热锅炉包括旁路烟囱长度 28m、宽度 12m。汽机房跨度为 16m，柱距为 6.5m，总长 39m。检修场地布置在发电机侧，运转层标高 8m，中间层标高 4m，汽机房设一台 60t 行车。

图 5-26 所示为一套 S206FA 联合循环机组主厂房布置示意图。该项目燃气轮机为 GE 公司的 PG6111FA（现 6F.03）型机组，余热锅炉为双压无再热卧式余热锅炉，汽轮机为西门子公司的 SST-900 型汽轮机。联合循环机组配置为"2+2+1"。燃气轮机和余热锅炉均为室外露天布置，汽轮机布置在室内。燃气轮机、余热锅炉、汽机房均轴线平行布置。两台燃气轮机中心线之间的间距为 38m，燃

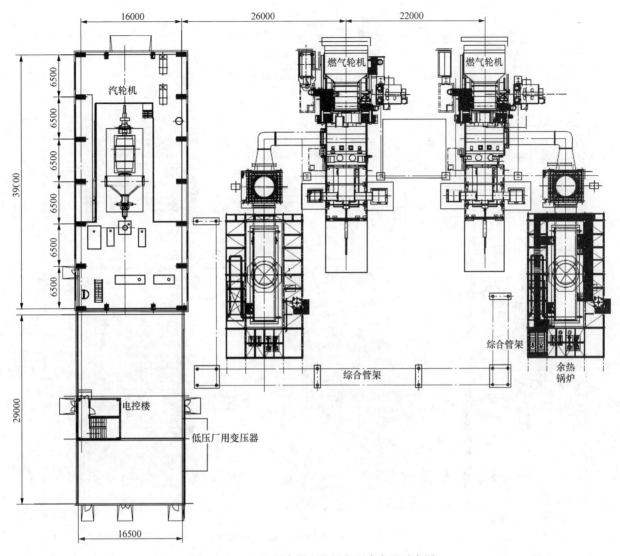

图 5-25　S206B 联合循环机组主厂房布置示意图

气轮机为轴向排气，余热锅炉布置在燃气轮机排气出口。燃气轮机至余热锅炉烟囱中心线长度约为 70m，包括检修在内宽度为 28.5m。汽机房跨度为 21m，柱距为 7m，总长 41m。检修场地布置在发电机侧，运转层标高 8m，不设中间层，汽机房设一台 50t 行车。

（二）E 级联合循环机组

1. E 级燃气轮机联合循环机组布置要点

（1）燃气轮机宜采用带封闭罩壳的露天布置，并应有防噪声和防振动措施，能符合相关标准、规范的要求。

（2）余热锅炉宜采用露天布置，余热锅炉布置的位置应根据燃气轮机排气方向而定，有沿燃气轮机轴向布置也有与燃气轮机垂直布置。

（3）汽轮机宜采用室内布置，汽机房的位置尽量靠近余热锅炉。当汽轮机为轴向排汽时，应低位布置，不设运转层；当汽轮机为向下排汽时，应高位布置，设运转层。

（4）联合循环的燃气轮机电厂应设集中控制室。简单循环的燃气轮机电厂控制室可就地布置也可多台燃气轮机的控制室集中布置。

E 级联合循环机组中，最为多见的是"2+2+1"联合循环，即 2 台燃气轮机、2 台余热锅炉和一

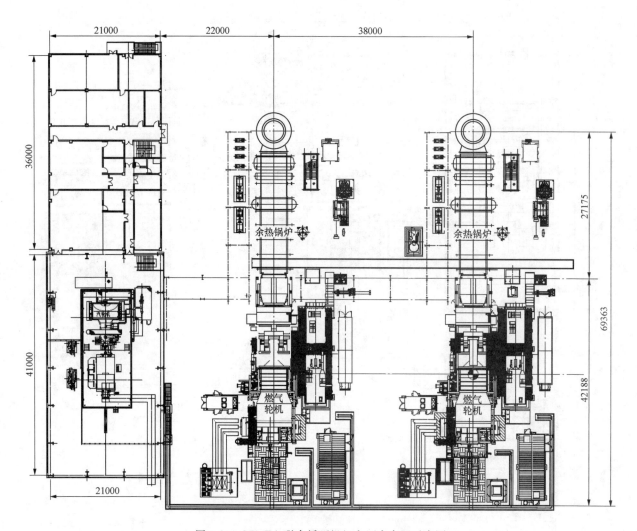

图 5-26 S206FA 联合循环机组主厂房布置示意图

台汽轮机。由于燃气轮机出力一般为汽轮机出力的 2 倍，所以，当采用"2＋2＋1"布置方式时，汽轮机与燃气轮机的发电机可采用同容量的发电机，便于维护检修，减少备品备件种类。

如果燃气轮机为侧向排气，余热锅炉中心线与燃气轮机中心线垂直，燃气轮机可露天布置，汽轮机室内布置，可采用如下三种布置方式（见图 5-27）。

方案一：燃气轮机布置在同一轴线上，汽机房和控制室平行布置在 2 个余热锅炉之间。

方案二：燃气轮机布置在同一轴线上，发电机之间留出抽芯位置，汽机房和控制室平行布置在余热锅炉外侧。

方案三：余热锅炉布置在同一轴线上，燃气轮机平行布置，汽机房和控制室平行布置在 2 个燃气轮机之间。

如果燃气轮机为轴向排气，则余热锅炉与燃气轮机在同一轴线上，燃气轮机可露天布置，汽轮机室内布置，可采用图 5-28 所示布置方式。

2. 9E 机组

图 5-29 所示为一套 209E 联合循环机组主厂房布置示意图。该项目燃气轮机为 GE 公司 PG9171E（现 9E.03）型机组，余热锅炉为双压无再热卧式余热锅炉，汽轮机为凝汽式机组。联合循环机组配置为"2＋2＋1"。燃气轮机、余热锅炉为露天布置，汽轮机为室内布置。两台燃气轮机轴线平行，间距

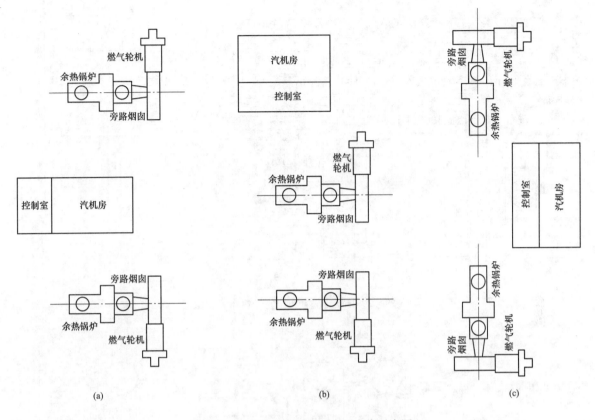

图 5-27　E级联合循环机组布置方案示意图

（a）方案一；（b）方案二；（c）方案三

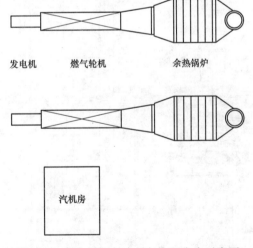

图 5-28　燃气轮机轴向排气布置方案示意图

为 25m。余热锅炉与燃气轮机平行布置，余热锅炉中心线与燃气轮机轴线间距为 17m。从旁路烟囱至主烟囱长度为 34m。汽机房跨度为 22m，长度为 50m，运转层标高 10m，中间层标高 5m。汽机房设一台 60t 行车，轨顶标高 19.55m。单独设置集控楼。

3. SGT5-2000E 机组

图 5-30 所示为 2 套 SGT5-2000E "一拖一" 联合循环机组主厂房布置图。该项目燃气轮机为西门子公司 SGT5-2000E 型机组，余热锅炉为双压无再热卧式余热锅炉，汽轮机为凝汽式机组。联合循环

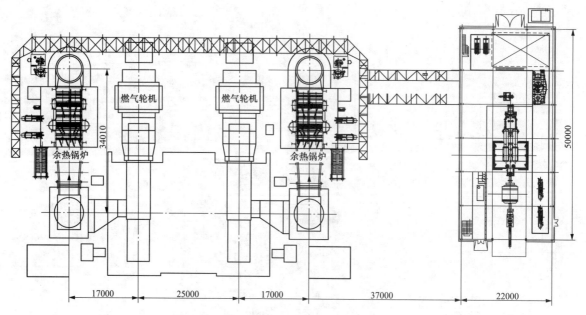

图 5-29　209E 联合循环机组主厂房布置示意图

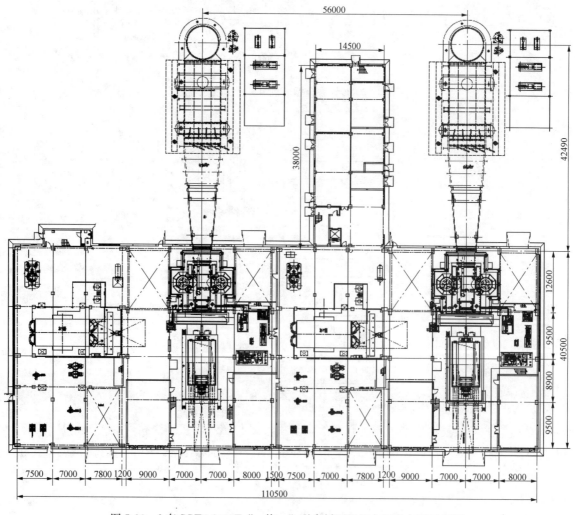

图 5-30　2 套 SGT5-2000E "一拖一" 联合循环机组主厂房布置示意图

配置为"1＋1＋1"。燃气轮机为室内布置；余热锅炉为露天布置，汽轮机为室内布置。燃气轮机和汽轮机布置在同一厂房内，轴线平行，间距为30m。两台燃气轮机轴线间距为56m。燃气轮机为轴向排气，余热锅炉布置在燃气轮机排气出口。从排气出口至主烟囱长度为42.5m。主厂房跨度为40.5m，长度为110.5m，汽轮机横向高位布置，运转层标高9m，中间层标高4.5m。汽轮机设一台行车，轨顶标高19.25m。燃气轮机低位横向布置，燃气轮机中心线标高2.7m，燃气轮机设一台行车，轨顶标高18.9m。集控楼单独设置。

(三) F级联合循环机组

1. F级燃气轮机联合循环机组单轴布置要点

(1) 原则上按燃气轮机制造厂商的典型布置，将燃气轮机、汽轮机、发电机为室内布置，并应有防噪声和防振动措施，能符合相关标准、规范的要求，余热锅炉宜采用露天布置。

(2) 当发电机布置在燃气轮机和汽轮机之间时，桥式起重机起吊重量应按起吊整台发电机考虑；燃气轮机厂房按低位布置。当发电机布置在汽轮机末端时，桥式起重机起吊重量按最大检修件起吊重量考虑，燃气轮机厂房设运转层按高位布置考虑。

(3) 余热锅炉布置。余热锅炉按总体结构可分为卧式余热锅炉和立式余热锅炉。传热管垂直安装，汽流水平流动的锅炉为卧式锅炉；汽流向上流动的锅炉为立式锅炉。一般自然循环采用卧式锅炉，强制循环采用立式锅炉。

自然循环炉的换热器模块、检查室及烟囱都是沿长度方向排列，它的入口烟道较长，约31m（包括燃气轮机排气通道部分）；立式强制循环炉的换热器模块沿烟气流向水平层叠，锅炉的烟囱置于炉顶，不占地方，故强制循环余热锅炉的长度较短，约25m。

(4) 对于多台单轴布置机组，推荐单台机组的横向尺寸作为桥式起重机的跨度，桥式起重机沿单台机组轴向行走，每台单轴机组宜设一台桥式起重机。若将单轴机组的纵向尺寸作为桥式起重机的跨度，桥式起重机沿多台单轴机组横向行走，3台及以下单轴机组宜设一台桥式起重机。

2. F级燃气轮机联合循环机组多轴布置要点

(1) 原则上按燃气轮机厂商的典型布置，将燃气轮机、发电机室内布置，并应有防噪声和防振动措施，能符合相关标准、规范的要求，余热锅炉宜采用露天布置，汽轮机室内布置，可布置在两台燃气轮机厂房之间或另设位置。

(2) 桥式起重气轮机可按燃气轮机厂房和汽轮机厂房分别设置桥式起重机，也可将燃气轮机厂房和汽轮机厂房合并设置一台桥式起重机，应根据具体的布置情况，经技术经济比较确定，桥式起重机起吊重量应按最大检修件起吊重量考虑。

(3) 室内布置的汽轮机，当汽轮机为轴向排汽时应低位布置，不设运转层；当汽轮机为向下排汽时，应高位布置，设运转层。

1) 单轴布置。该项目采用西门子F级机型，主厂房布置图见图5-31～图5-32。

该项目为2套350MW等级的燃气-蒸汽联合循环发电机组。联合循环机组采用单轴配置形式，每套机组安装1台燃气轮机、1台余热锅炉、1台汽轮机和1台发电机。燃气轮机为西门子的设备。燃气轮机的型号为SGT5-4000F（原V94.3A）。余热锅炉采用三压、再热、自然循环、无补燃、卧式余热锅炉。

a. 主厂房布置。西门子的单轴联合循环机组的发电机布置在燃气轮机和汽轮机的中间，为冷端布置。汽轮机为双缸、再热、凝汽式、轴向排汽。凝汽器与汽轮机布置在同一平面上。因此，汽机房为单层布置。

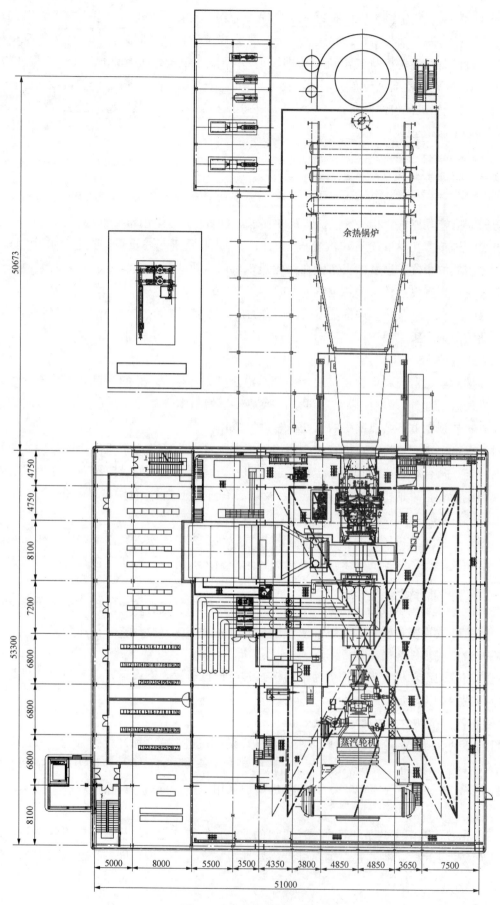

图 5-31　主厂房平面布置图

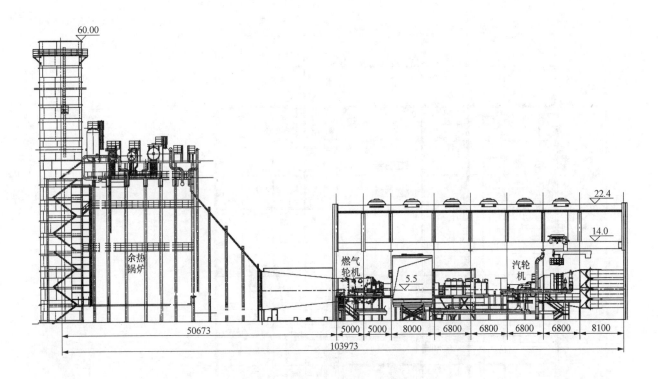

图 5-32 主厂房横断面布置图

机岛主厂房依次布置有燃气轮机、发电机、汽轮机、凝汽器。燃气轮机的辅助设备主要布置在 0.00m 9 轴-10 轴之间，汽轮机辅助设备主要布置在 0.00m 3 轴-5 轴之间，10 轴-11 轴留有检修运输通道。燃气轮机进气装置布置在毗屋屋顶上。

燃气轮机中心线离主厂房地面 5.5m，主厂房长 53.3m，跨度 29m，高 22.4m。并设有 9m 跨度的毗屋。

2 台机组共用一个控制室，控制室独立于主厂房外。

b. 主厂房内检修起吊设施。为了设备检修的方便，主厂房内每台机组安装 1 台 370t 的电动桥式起重机。行车跨度 29m，行车轨顶标高约 13.7m。由于发电机中间布置，故发电机检修时，转子无法抽出，行车容量考虑了发电机转子检修时的最大重量。

2）多轴布置。图 5-33～图 5-34 是一套 SGT5-4000F "一拖一" 联合循环机组主厂房平断面布置图。该项目燃气轮机为西门子 SGT5-4000F 型机组，余热锅炉为三压再热卧式余热锅炉，汽轮机为西门子轴向排汽机组。联合循环机组配置为 "1+1+1"。燃气轮机室内布置，余热锅炉为露天布置，汽轮机为室内布置。燃气轮机和汽轮机布置在一个厂房内，采用不同柱距。轴线平行，间距为 32m。燃气轮机为轴向排气，余热锅炉布置在燃气轮机排气出口。从排气出口至主烟囱长度为 64.7m，包含旁路烟囱在内。燃气轮机房跨度为 44.2m，长度为 50m。汽机房跨度为 24.5m，长度为 52.5m，汽轮机纵向低位布置，运转层标高为 4.5m。汽轮机设一台 65t 行车，轨顶标高 13.7m，跨度 22.8m。燃气轮机低位布置，燃气轮机中心线标高 4.35m，燃气轮机设一台 140t 行车，轨顶标高 14m，跨度 11.5m。在汽机房端部外单独设置集控楼。

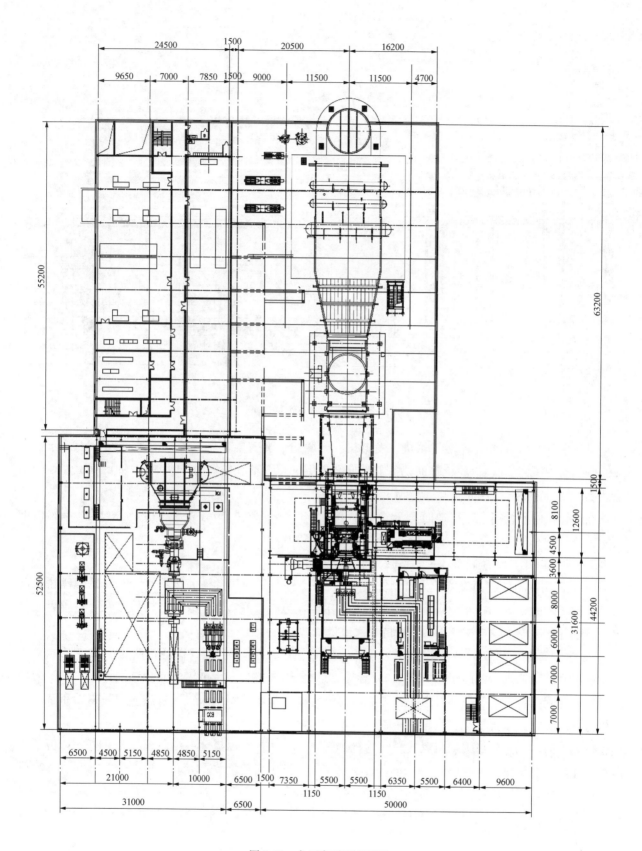

图 5-33　主厂房平面布置图

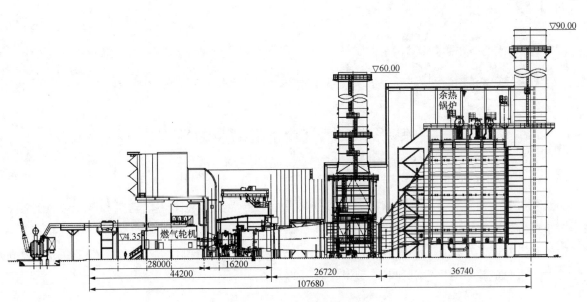

图 5-34　主厂房断面布置图

第六章　燃气轮发电机组及辅助系统

第一节　燃气轮机类型及参数

一、燃气轮机类型简介

燃气轮机有多种分类方式，按结构形式可分为重型燃气轮机、轻型燃气轮机和微型燃气轮机；按功率大小可分为大中型燃气轮机、小型燃气轮机、微型燃气轮机；按用途可分为航空燃气轮机、舰船燃气轮机和电站燃气轮机，见图 6-1。本书仅讨论用于发电的燃气轮机，如今全球各制造厂商的电站燃气轮机大致可分成重型燃气轮机和航改型燃气轮机两大类。

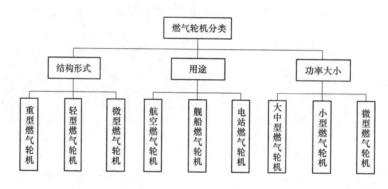

图 6-1　燃气轮机的分类

（一）重型燃气轮机

重型燃气轮机是遵循传统汽轮机理论设计的燃气轮机，透平进口燃气初温（T_3）是代表燃气轮机性能的关键参数，T_3 的进一步提高有赖于材料科学、冷却技术和制造工艺的新突破。重型燃气轮机按照其透平进口燃气初温进行划分，大致可分为 E 级（1100℃）、F 级（1200℃）和 H 级（1400℃）。目前最先进的 H 级燃气轮机的燃气初温已经达到 1430℃，透平初温为 1500～1700℃ 的燃气轮机正在开发中。

目前，世界上生产重型燃气轮机的厂商主要有通用电气（GE）、西门子（Siemens）、三菱日立（MHPS）和安萨尔多（Ansaldo），其中 GE 公司开发和制造的重型燃气轮机包括 6B、6F、7E、9E、7F、9F、7HA、9HA 系列和原阿尔斯通（Alstom）GT13E2 系列；Siemens 开发和制造的重型燃气轮机包括 SGT5-2000E（原 V94.2）、SGT5-4000F（原 V94.3A）、SGT5-8000H 和 SGT6-2000E（原 V84.2）、SGT6-5000F（原西屋 W501F）、SGT6-8000H 等机型；MHPS 开发和制造的重型燃气轮机有 M501/M701 系列，包括 M501D/F/G/J 和 M701D/F/G/J 机型；Ansaldo 在收购了阿尔斯通燃气轮机业务后，能够生产的重型燃气轮机包括 AE94.3A、AE64.3A、AE94.2 系列燃气轮机以及原阿尔斯通的 GT26、GT24、GT36 系列燃气轮机。

1. 设计特点

重型燃气轮机是按照恶劣的工作条件和能在现场进行修理而设计和制造的燃气轮机，其设计遵循传统的汽轮机设计理念。恶劣工作条件包括既能燃用天然气和轻柴油，部分型号也能烧重油或渣油等劣质燃料；不能在现场修理的部件只限于某些高温部件和整装转子，是目前发电厂中应用最广泛的机组。

重型燃气轮机零部件较为厚重，尺寸较大，设计时不以减轻重量为主要目标，而是在少用贵重金属材料的情况下，达到长期安全、稳定工作的目的，单位功率的质量为 $2\sim5kg/kW$，使用寿命长（一般按至少工作 10 万 h 来设计），同时能达到较高的效率，单循环效率超过 34%，目前最先进的 H 级燃气轮机的单循环效率已超过 43%。

2. 结构特点

重型燃气轮机大多具有以下结构特点：

（1）重型燃气轮机一般采用单轴设计，静子水平分为上下两半，称为水平中分结构，可在现场装拆分解和大修；转子采用滑动轴承支承，以达到很长的工作寿命。

（2）燃气轮机的发电机驱动有两种方式：冷端驱动和热端驱动。发电机由压气机端驱动，为冷端驱动，又称前端驱动；由透平排气端连接驱动的方式称为热端驱动，又称后端驱动。

目前，单轴电站燃气轮机中最常见的布置是将压气机的高压端对着燃气透平高压端。这样的结构很紧凑，气流流程短，并能平衡一部分压气机和透平的轴向推力，而且透平端或者压气机端都可以作为发电机功率的输出端。当发电机为冷端驱动时，机组工作时轴系中心稳定；透平排气采用轴向排气方式，易于与余热锅炉组合连接，且烟气流动阻力小，循环效率高。但冷端驱动机组的压气机传递的扭矩大，转子强度要求高。大部分重型燃气轮机均采用冷端输出方式，如西门子（Siemens）、三菱日立电力系统株式会社（MHPS）、原阿尔斯通（Alstom）重型燃气轮机以及 GE 公司的 F、H 型燃气轮机。

燃气轮机采用发电机热端驱动，虽然有利于减小压气机转子的传扭负载，但透平排气通常采用侧向排气方式，不利于排气扩压机闸与余热锅炉的连接。采用热端驱动的燃气轮机较少，主要应用于 GE 公司的 B、E 型重型燃气轮机。

（3）大多数重型燃气轮机采用双轴承的支撑方案，两个轴承分别位于压气机和燃气透平转子两端，这样可以使燃气轮机总体结构最为简单。使用三轴承支撑方案的燃气轮机代表是 GE 公司的 9E 系列燃气轮机，这是由于其转子刚性不够好的缘故，三轴承的支撑方案虽然改善转子刚性，可以使压气机后几级的径向间隙减小，略微提高压气机的效率，但是多了一个轴承将使机组的结构复杂化，特别是对三个轴承的同心度要求很高，否则会因轴承之间同心度的偏差而影响转子的临界转速。

（二）轻型燃气轮机

轻型燃气轮机有航改型燃气轮机和工业型燃气轮机两种。

航改型燃气轮机是将航空发动机衍生改进为工业用途燃气轮机，广泛用于发电、天然气输送和舰船推进等领域，其主要特点是结构轻巧、启停迅速、燃气初温高、机组效率高。航空型燃气轮机一般用较好的材料制造，采用模块式集装箱型，质量轻，单位功率的质量一般低于 $0.2kg/kW$，系统高度集成，组装率高，运输和安装都很方便，占地面积小，建设和安装工期短，因此广泛应用于海洋平台、油气田和边远地区以及输油管道和输气管道的加压站，以及调峰机组和热电联供联合循环电站。现场不能解体修理，要求运回工厂或者维修中心大修。

结构方面，航改型燃气轮机与重型燃气轮机有较多的不同之处。航改型燃气轮机转子一般采用多轴设计，这将大大缩短启动时间（3~10min），增加启停灵活性，且启停不损伤寿命；一般采用滚动轴承支撑，静子采用轴向装配方式，即整个静子不是水平中分的，仅局部静子例如压气机气缸分为两半以便拆装。

燃料适应性方面，航改型燃气轮机只能燃用天然气或轻柴油，无法燃用重油、原油及其他劣质油。

效率方面，航改型燃气轮机单循环效率一般较高，但由于其排烟温度低，联合循环效率与重型燃气轮机相当。

维护方面，航改型燃气轮机与重型燃气轮机有较大差异。航改型燃气轮机小修时不需要对燃烧器进行更换，只需每 4000h 进行孔探检查，但大修时必须运回工厂或维修中心。针对此情况，有些航改型燃气轮机厂商会提供燃气轮机现场更换或租赁的服务。

目前世界上航改型燃气轮机的生产商主要有 GE 公司航空发动机分部（GE Aero Energy Products）开发和制造的 LM 系列燃气轮机，Siemens 公司开发和制造的 Avon、RB211 与 Trent（原英国罗尔斯·罗伊斯 Rolls-Royce）系列燃气轮机以及美国普拉特·惠特尼（Pratt & Whitney）开发和制造的 FT8、FT4000 型燃气轮机等，俄罗斯和乌克兰也有公司能够生产航改型燃气轮机。

GE 公司航空型燃气轮机有 LMS100、LM2500、TM2500 和 LM6000 4 个系列，包括十余种型号，输出功率在 23.2～114MW 之间，其中 LMS100 是世界上单循环效率最高的燃气轮机，达到了约 44%。

Siemens 公司的航改型燃气轮机有 Avon 200、RB211 和 Trent 60 等型号，ISO 工况输出功率范围在 16～66MW 之间，可用于发电，也可用于机械驱动。

美国普拉特·惠特尼公司的 FT8 为一台航改型燃气轮机驱动一台发电机，ISO 工况输出功率约为 25.49MW，FT8 Twin 为两台 FT8 航改型燃气轮机共同驱动一台发电机，ISO 输出功率约为 51.19MW。

输出功率为 10MW 以下的燃气轮机还被称为小型燃气轮机，有航改型燃气轮机，也有工业型燃气轮机。小型燃气轮机的型号很多，供货厂家也很多，主要有原阿尔斯通的 Typhoon 型燃气轮机、意大利 Nuovo pignone 的 PGT 型燃气轮机和德国 MAN GHH 的 THM 型燃气轮机、加拿大普拉特·惠特尼的 ST6L 和 ST 型燃气轮机、英国罗尔斯·罗伊斯和 Allison 的 501KB 燃气轮机和美国 Allied signal 的 AES 型燃气轮机与美国索拉的 Saturn/centaur/Taurus/mars/Titan 型燃气轮机，以及乌克兰 Mashproet 的 UGT 型燃气轮机与日本 Ebrara 的 PW 型燃气轮机等，其中 Typhoon 型、PGT 型和 THM 型为按工业用设计的燃气轮机，其他都是从航空发动机转化而来的航空型小燃气轮机。

小型燃气轮机以天然气或轻柴油为燃料，质量轻，尺寸小，运输和移动都比较方便，排气流量小，排气温度高；具有快速启动和快速达到满负荷的能力，特别适合于小型热电联供，既可满足城镇居民生活用热需要，又可满足工业生产用汽需要，热能利用效率在 80% 以上，用途非常广泛，所以最近几年，在经济发达地区，如欧洲和日本，特别在中欧和北欧，在纺织、化工、造纸和医药、食品、陶瓷等中小工业供热和城镇居民生活采暖和热水供应中，大量使用小型燃气轮机替代原来的燃煤热电和燃油小锅炉，不但可以提高能源利用效率，降低供热成本，而且还可以极大地改善环境。

二、燃气轮机系列简介

目前有很多，这里仅列举在役和在产的燃气轮机中用量较多，及在燃气轮机发展史上比较有代表性的部分燃气轮机系列。

（一）典型燃气轮机汇总

目前，世界应用最广泛的重型燃气轮机集中在通用电气（GE）、西门子（Siemens）、三菱日立电力系统株式会社（MHPS）和安萨尔多（Ansaldo）等公司，其重型燃气轮机性能参数参见表 6-1 和表 6-2。常见的轻型燃气轮机和航改机见表 6-3。

表 6-1　　　　　**50Hz 重型燃气轮机 ISO 工况性能参数一览表（天然气，ISO）**

厂家	型号	功率 （MW）	效率 （%）	热耗率 [kJ/(kW·h)]	燃气初温 （℃）	排气温度 （℃）	NO$_x$ 排放 （mg/m³）	国内供货商
通用 电气 （GE） 公司	6B.03	44	33.5	10741	1149	551	4	南京汽轮 机厂
	6F.01	54	38.4	9369	1370	603	25	
	6F.03	82	36.0	9938	1330	606	15	
	9E.03	132	34.6	10403	1124	544	5	
	9E.04	145	37.0	9717	1124	542	15	—
	GT13E2	203	38.0	9474	1111	501	15	—
	9F.03	265	37.8	9517	1327	596	15	哈尔滨电 气集团
	9F.04	287	38.7	9295	1327	622	15	
	9F.05	314	38.2	9422	1371	640	25	
	9F.06	359	41.9	8595	1389	611	15	
	9HA.01	446	43.1	8346	1430	629	25	
	9HA.02	544	43.9	8194	1430	636	25	
西门子 公司	SGT-800	54	39.1	9205	—	563	—	—
	SGT5-2000E	187	36.2	9945	1177	536	25	
	SGT5-4000F	329	40.7	8846	1316	600	25	
	SGT5-8000H	425	>40	<9000	>1400	640	25	
三菱 日立 电力系统 株式会社	H-25	41	36.2	9951	—	569	—	东方电气 集团
	H-50	57	37.8	9509	—	564	—	
	M701DA	144	34.8	10350	1250	542	25	
	M701F	385	41.9	8592	1400	631	15	
	M701G	334	39.5	9110	1500	587	25	
	M701J	478	42.3	8511	1500	630	25	
	M701JAC	493	42.9	8391	—	642	—	
安萨 尔多 公司	AE64.3A	78	36.3	9924	1190	573	25	上海电气集团
	AE94.2	185	36.2	9944	1075	541	25	
	AE94.3A	325	40.1	8977	1250	589	25	
	GT26	345	41.0	8780	1255	616	25	
	GT36-S5	500	41.5	8675	>1400	624	25	
巴拉特 公司	PG6001B	43	33.1	10870	—	542	—	—
	MS6001FA	77.4	35.5	10140	—	596	—	
	MS9001E	130.4	34.4	10445	—	547	—	
	MS9001FB	297	38.9	9265	—	640	—	
伊朗电站项 目管理公司 （MAPNA）	MGT-40	42.2	32.2	11179	—	548	—	
	MGT-70（3）	183	36	10000	—	544	—	

表 6-2   **60Hz 重型燃气轮机 ISO 工况性能参数一览表（燃用天然气）**

厂家	型号	额定功率 (MW)	效率 (%)	热耗率 [kJ/(kW·h)]	燃气初温 (℃)	排气温度 (℃)	NO_x 排放 (mg/m³)
GE 公司	6B. 03	44	33.5	10741	1149	551	4
	6F. 01	54	38.4	9369	1370	603	25
	6F. 03	82	36.0	9938	1330	606	15
	7E. 03	91	33.9	10614	1124	552	4
	7F. 04	198	38.6	9327	1327	622	9
	7F. 05	241	39.8	9042	1371	643	12
	7F. 06	271	41.7	8629	1371	590	9
	7HA. 01	289	41.9	8598	1430	627	25
	7HA. 02	372	42.5	8461	1430	638	25
西门子 公司	SGT-800	54	39.1	9205	—	563	—
	SGT6-2000E	117	35.2	10239	1177	532	25
	SGT6-5000F	250	39.3	9160	1316	600	25
	SGT6-8000H	310	>40	<9000	>1400	645	25
三菱 日立 电力 系统株式会社 (MHPS)	H-25	41	36.2	9951		569	
	H-50	57	37.8	9509	—	564	
	M501DA	114	34.9	10320	1250	543	25
	M501F	185	37	9740	1400	613	25
	M501G	276	39.8	9046	1500	617	15
	M501GAC	283	40	9000	1500	617	15
	M501J	330	42.1	8551	1500	636	25
	M501JAC	370	42.6	8451	—	655	—
安萨尔多 公司	AE64. 3A	78	36.3	9924	1190	573	25
	GT24	179	37.5	9600	1255	630	25
	GT36-S6	340	41.0	8780	>1400	630	25

表 6-3   **常见的轻型燃气轮机和航改机**

厂家	型号	额定功率 (MW)	频率 (Hz)	效率 (%)	热耗率 [kJ/(kW·h)]	压气机压比	转速 (r/min)	排气温度 (℃)	排气流量 (kg/s)	NO_x 排放 (mg/m³)
西门子 公司	SGT-100	5.1	50/60	30.2	11914	14.0	17384	545	19.5	25
		5.4	50/60	31.0	11613	15.6	17384	531	20.6	25
	SGT-200	6.8	50/60	31.5	11481	12.2	11053	466	29.3	25
	SGT-300	7.9	50/60	30.6	11773	13.7	14010	542	30.2	15
	SGT-400	12.9	50/60	34.8	10355	16.8	9500	555	39.4	15
		14.3	50/60	35.5	10178	18.9	9500	540	44.0	15
	SGT-500	19.1	50/60	33.7	10690	13.0	3600	369	97.9	42
	SGT-600	24.5	50/60	33.6	10720	14.0	7700	543	81.3	15
	SGT-700	32.8	50/60	3720.0	9675	18.7	6500	533	95.0	15
	SGT-750	39.8	50/60	40.3	8922	24.3	6100	468	115.4	15

续表

厂家	型号	额定功率 (MW)	频率 (Hz)	效率 (%)	热耗率 [kJ/(kW·h)]	压气机压比	转速 (r/min)	排气温度 (℃)	排气流量 (kg/s)	NO$_x$排放 (mg/m³)
西门子公司	SGT-800	47.5	50/60	37.7	9547	20.1	6608	541	132.8	15
		50.5	50/60	38.3	9389	21.0	6608	553	134.2	15
		54.0	50/60	39.1	9206	21.4	6608	563	135.5	15
	Industrial 501-KB5S	4.0	50/60	29.7	12137	10.3	14200	560	15.4	25
	Industrial 501-KB7S	5.4	50/60	32.3	11151	13.9	14600	494	21.3	25
	Industrial 501-KH5	6.6	50/60	41.2	8741	10.3	14600	530	18.4	25
	Industrial Avon 200 *	16.3	50/60	30.1	11943	—	5500	426	81.0	—
		17.0	50/60	31.2	11511	—	4950	420	81.0	—
	Industrial RB211-G62 DLE	27.2	50/60	36.4	9903	20.6	4800	501	—	—
	Industrial RB211-GT62 DLE	29.8	50/60	37.6	9589	21.7	4800	503	—	—
	Industrial RB211-GT61 DLE	32.1	50/60	39.3	9158	21.6	4850	509	—	—
	Industrial RB211-GT30 DLE	31.9	50	37.3	9644	22.6	3000	504	—	—
	Industrial RB211-GT30 non-DLE	32.1	50	37.5	9611	22.9	3000	503	—	—
	Industrial Trent 60 DLE	53.1	50	42.0	8487	34.5	3000	433	—	—
	Industrial Trent 60 DLE ISI	63.5	50	43.2	8322	37.9	3000	417	—	—
	Industrial Trent 60 WLE	66.0	50	41.4	8693	39.1	3000	425	—	—
	Industrial Trent 60 WLE ISI	66	50	41.5	8669	39.0	3600	416	—	—
	Industrial RB211-GT30 DLE	32.5	60	38.3	9397	22.3	3600	500	—	—
	Industrial RB211-GT30 non-DLE	33.1	60	38.5	9361	22.7	3600	501	—	—
	Industrial Trent 60 DLE	54.0	60	42.5	8464	33.6	3600	431	—	—
	Industrial Trent 60 DLE ISI	61.8	60	43.4	8300	36.2	3600	421	—	—
	Industrial Trent 60 WLE	62.9	60	41.3	8723	37.4	3600	429	—	—
	Industrial Trent 60 WLE ISI	65.7	60	41.1	8760	38.0	3600	426	—	—

续表

厂家	型号	额定功率 (MW)	频率 (Hz)	效率 (%)	热耗率 [kJ/(kW·h)]	压气机压比	转速 (r/min)	排气温度 (℃)	排气流量 (kg/s)	NO$_x$排放 (mg/m³)
通用电气 (GE)公司	LMS100PA+	114	50	43.3	8319	—	3000	422	—	—
		117	60	44	8191	—	3600	416	—	—
	LMS100PB+	108	50	43.9	8204	42.4	3600	421	—	—
		109	60	44.1	8172	42.4	3600	418	—	—
	TM2500	34.3	50	35.3	10197	24.5	3000	517	—	—
		37.1	60	37.2	9676	24.7	3600	510	—	—
	LM2500	23.8	50	33.9	10606	19	3000	530	—	—
	LM2500 DLE	22.4		35.4	10156	18.1	3000	547	—	—
	LM2500+	30		35.5	10153	23.1	3000	493	—	—
	LM2500+ DLE	31.1		37.2	9674	23.6	3000	539	—	—
	LM2500+G4	34.5		35.3	10208	24.6	3000	519	—	—
	LM2500+G4 DLE	33.4		37.2	9671	24	3000	552	—	—
	LM2500	24.8	60	35.1	10264	19	3600	525	—	—
	LM2500 DLE	23.2		36.6	9830	18	3600	539	—	—
	LM2500+	31.8		36.9	9761	23.1	3600	490	—	—
	LM2500+ DLE	31.9		38.8	9269	23.1	3600	525	—	—
	LM2500+G4	37.1		37.2	9675	24.7	3600	510	—	—
	LM2500+G4 DLE	34.5		39.2	9188	23.6	3600	535	—	—
	LM6000 SAC (52)	46		40.3	8923	29.6	3600	440	—	—
	LM6000 SAC (52) Sprint	52		40.4	8908	31.3	3600	455	—	—
	LM6000 SAC (59)	56		40.0	8993	33.5	3905	471	—	—
	LM6000 SAC (59) Sprint	59	50/60	39.8	9053	34.0	3905	481	—	—
	LM6000 SAC (50)	45		42.1	8542	29.8	—	461	—	—
	LM6000 SAC (50) Sprint	50		42.1	8555	31.4	—	463	—	—
	LM6000 SAC (57)	53		41.7	8625	32.1	3905	500	—	—
	LM6000 SAC (57) Sprint	57		41.3	8710	34.0	3905	490	—	—
麦哲伦公司 (Magellan)	OGT2500	3.67	50/60	26.7	12780	12	1500/1800	460	—	—
	OGT6000	6.2	50/60	30.2	11299	14	3000/3600	425	—	—
	OGT8000	8.3	50/60	32.2	10597	17	3000/3600	477	—	—
	OGT16000	15.5	50/60	30.7	11115	13	3000/3600	350	—	—
	OGT15000	16.5	50/60	34.2	9977	20	3000/3600	420	—	—
	OGT25000	25.6	50/60	35.5	9612	21	3000/3600	485	—	—
三菱日立 电力系统 株式会社	H-25	41.03	50/60	36.2	9432	17.9	7280	569	—	—
	H-50	57.45	50/60	37.8	9013	19.5	5040	564	—	—
奥普拉 涡轮机公司	OP16-3A	1.85	50	24.7	13800	6.7	26000	573	—	—
	OP16-3B DLE	1.85	50	24.7	13800	6.7	26000	573	—	—
	OP16-3C	1.85	50	24.7	13800	6.7	26000	573	—	—

续表

厂家	型号	额定功率（MW）	频率（Hz）	效率（%）	热耗率[kJ/(kW·h)]	压气机压比	转速（r/min）	排气温度（℃）	排气流量（kg/s）	NO_x排放（mg/m³）
普惠燃气轮机公司	FT8 MOBILEPAC	30.9	50/60	36.7	9312	21.3	3600	491	—	—
	FT8 SWIFTPAC 25DLN	25.5	50/60	38.1	8960	19.5	3000/3600	458	—	—
	FT8 SWIFTPAC 50DLN	51.2	50/60	38.3	8905	19.5	3000/3600	458	—	—
	FT8 SWIFTPAC 30	30.9	50/60	36.6	9327	21.3	3000/3600	491	—	—
	FT8 SWIFTPAC 60	62.1	50/60	36.8	9281	21.3	3000/3600	491	—	—
	FT4000 SWIFTPAC 60	70.8	50/60	41.3	8269	37.6	3000/3600	418	—	—
	FT4000 SWIFTPAC 120	141.6	50/60	41.4	8248	37.5	3000/3600	418	—	—
索拉燃气轮机公司（Solar Turbine）	Saturn20	1.2	50/60	24.3	14405	6.7	22300	507	—	—
	Centaur40	3.5	50/60	27.9	12240	10.1	15000	443	—	—
	Centaur50	4.6	50/60	29.3	11630	10.6	16500	510	—	—
	Mercury50	4.6	50/60	38.5	8865	9.9	15000	366	—	—
	Taurus 60	5.7	50/60	31.2	10830	12.2	14300	510	—	—
	Taurus 65	6.3	50/60	32.9	10375	15.0	15000	549	—	—
	Taurus 70	8.0	50/60	34.3	9955	17.6	11000	507	—	—
	Mars 100	11.4	50/60	32.9	10365	17.7	9500	485	—	—
	Titan 130	16.5	50/60	35.2	9605	17.1	8500	491	—	—
	Titan250	21.8	50/60	38.9	8775	24.1	7000	463	—	—
曼恩（MAN）	MGT6100	6.6	50/60	32.2	10610	15.0	1500/1800	505	—	—
	THM1304-10N	10.1	50/60	29.2	11690	10.0	1500/1800	490	—	—
	THM1304-12N	12	50/60	30.5	11170	11.0	1500/1800	515	—	—

（1）E 级燃气轮机主要有 GE 公司的 7E.03、9E.03/04 系列和原 Alstom 的 GT13E2 系列、Siemens 公司的 SGT5-2000E 和 SGT6-2000E 系列、MHPS 公司的 M501D 和 M701D 系列，以及 Ansaldo 公司的 AE94.2 系列，这类燃气轮机透平的进气温度为 1100～1250℃，输出功率基本都超过了 100MW，最大的达到 203MW，单循环发电效率为 33.9%～38%，联合循环发电效率为 51.4%～55.3%，具体性能参数对比见表 6-4 和表 6-5。这类燃气轮机是各公司按照传统设计制造的产品，技术上成熟、可靠，单机容量不太大，适合用于以每日启停方式跟踪负荷变化的联合循环机组。

表 6-4　　　　　　　　　　常见 E 级燃气轮机性能对比（50Hz）

厂家	GE				Siemens	MHPS	Ansaldo
型号	9E.03	9E.04	GT13E2（2005）	GT13E2（2012）	SGT5-2000E	M701DA	AE94.2
压比	13.1	13.3	18.2	18.2	12.8	14	12
额定功率（MW）	132	145	203	203	187	144	185
效率（%）	34.6	37	38	38	36.2	34.8	36.4
热耗率[kJ/(kW·h)]	10403	9717	9474	9474	9945	10350	9902
额定转速（r/min）	3000	3000	3000	3000	3000	3000	3000
排气温度（℃）	544	542	501	501	536	542	541
排气流量（t/h）	—	—	—	—	2009	1631	1998

续表

厂家			GE		Siemens	MHPS	Ansaldo
NO$_x$ 排放（mg/m³）		15	15	25	25	25	25	25
"一拖一"联合循环	输出功率（MW）	204	215	264	289	275	212.5	278
	效率（%）	53.3	54.9	55.0	55.0	53.3	51.4	546
"二拖一"联合循环	输出功率（MW）	410	433	530	581	551	426.6	562
	效率（%）	53.7	55.3	55.2	55.2	53.3	51.6	55.2

表 6-5   常见 E 级燃气轮机性能对比 （60Hz）

厂家		GE	Siemens	MHPS
型号		7E.03	SGT6-2000E	M501DA
压比		13	12	14
额定功率（MW）		91	117	114
效率（%）		33.9	35.2	34.9
热耗率 [kJ/(kW·h)]		10614	10239	10320
额定转速（r/min）		3600	3600	3600
排气温度（℃）		552	532	543
排气流量（t/h）		—	1325	1274
NO$_x$ 排放（mg/m³）		4	25	25
"一拖一"联合循环	输出功率（MW）	142	174	167.4
	效率（%）	52.5	52.2	51.4
"二拖一"联合循环	输出功率（MW）	287	347	336.2
	效率（%）	53.0	52.2	51.6

    GE 公司 6B.03 燃气轮机由于其透平初温达到了 1149℃，也被 GE 公司归类为 E 级燃气轮机。但平时讨论 E 级燃气轮机时一般不将其考虑在内。经过几十年的发展，6B.03 燃气轮机额定出力达到了 44MW，单循环发电效率为 33.5%，联合循环发电效率约为 52%，氮氧化物的排放最低能降到 4mg/m³，广泛应用于炼油厂、天然气液化、热电联产和工业用电，具体参数见表 6-6。

表 6-6   6B 燃气轮机性能参数表 （50/60Hz）

厂家		GE
型号		6B.03
频率（Hz）		50/60
压比		12.7
额定功率（MW）		44
效率（%）		33.5
热耗率 [kJ/(kW·h)]		10741
额定转速（r/min）		5163
排气温度（℃）		551
排气流量（t/h）		—
NO$_x$ 排放（mg/m³）		4
"一拖一"联合循环	输出功率（MW）	68
	效率（%）	51.5
"二拖一"联合循环	输出功率（MW）	137
	效率（%）	52

（2）F级燃气轮主要有 GE 的 6F、7F 和 9F 系列，Siemens 公司的 SGT5-4000F 和 SGT6-5000F 系列，MHPS 公司的 M501F/M701F 系列，Ansaldo 公司的 AE64.3A、AE94.3A 以及原阿尔斯通的 GT26/GT24 等型号，其中 GE 公司的 6F 系列和 Ansaldo 公司的 AE64.3A 系列燃气轮机因其功率较小，又称为"小 F 级"燃气轮机。F 级燃气轮机透平转子的进气温度为 1200～1350℃，小 F 级燃气轮机的输出功率为 52～82MW，单循环效率为 36.2%～38.4%，联合循环效率可达到 58.2%，具体见表 6-7；其余 F 级燃气轮机输出功率为 179～345MW，单循环效率为 37.5%～41.9%，联合循环发电效率可达 62.3%，具体见表 6-8 及表 6-9。这些燃气轮机是 20 世纪 90 年代中期以来开发的新一代燃气轮机，单机容量较大，效率较高，适合用于带基本负荷运行的联合循环机组，是目前市场上的主力机组，自投放市场后不断进行消除缺陷、优化改良工作，时至今日，在出力、效率、可靠性等方面得到了大幅提升。

表 6-7　　　　　　　　　　　　小 F 级重型燃气轮机性能对比（50/60Hz）

厂家		GE		Ansaldo
型号		6F.01	6F.03	AE64.3A
压比		21.4	16.4	18.3
额定功率（MW）		54	82	78
效率（%）		38.4	36	36.3
热耗率 [kJ/(kW·h)]		9369	9938	9924
额定转速（r/min）		7266	5231	3000
排气温度（℃）		603	606	573
排气流量（t/h）		—	—	774
NO_x 排放（mg/m³）		25	15	25
"一拖一"联合循环	输出功率（MW）	81	125	118
	效率（%）	57.7	56	54.9
"二拖一"联合循环	输出功率（MW）	163	252	240
	效率（%）	58.2	56.5	56

表 6-8　　　　　　　　　　　　F 级重型燃气轮机性能对比（50Hz）

厂家		GE				Siemens	MHPS	Ansaldo	
型号		9F.03	9F.04	9F.05	9F.06	SGT5-4000F	M701F	AE94.3A	GT 26
压比		16.7	16.9	18.3	19.5	20	21	19.5	33.4
额定功率（MW）		265	287	314	359	329	385	325	345
效率（%）		37.8	38.7	38.2	41.9	40.7	41.9	40.1	41
热耗率 [kJ/(kW·h)]		9517	9295	9422	8595	8846	8592	8977	8780
额定转速（r/min）		3000	3000	3000	3000	3000	3000	3000	3000
排气温度（℃）		596	622	640	611	600	631	589	616
排气流量（t/h）		—	—	—	—	2610	2628	2700	2574
NO_x 排放（mg/m³）		15	15	25	15	25	15	25	25
"一拖一"联合循环	输出功率（MW）	409	432	493	532	475	566	480	505
	效率（%）	58.9	59.9	60.7	62.2	59.7	61	59.5	60.5
"二拖一"联合循环	输出功率（MW）	819	866	989	1067	950	1135	960	1010
	效率（%）	59.0	60.1	60.9	62.3	59.7	61.2	59.5	60.5

表 6-9　　　　　　　　　　　F 级重型燃气轮机性能对比 （60Hz）

厂家	GE			Siemens	MHPS	Ansaldo
型号	7F. 04	7F. 05	7F. 06	SGT6-5000F	M501F	GT24
压比	16. 7	18. 6	22. 1	18. 9	16	32
额定功率（MW）	198	241	271	250	185	179
效率（%）	38. 6	39. 8	41. 7	39. 3	39. 8	37. 5
热耗率 $[kJ/(kW \cdot h)]$	9327	9042	8629	9160	9740	9600
额定转速（r/min）	3600	3600	3600	3600	3600	3600
排气温度（℃）	622	643	590	598	613	630
排气流量（t/h）	—	—	—	2117	1684.8	—
NO_x 排放（mg/m³）	9	12	9	25	25	25
"一拖一" 联合循环 输出功率（MW）	305	376	396	370	285.1	—
"一拖一" 联合循环 效率（%）	59. 7	60. 3	61. 2	58. 2	57. 1	—
"二拖一" 联合循环 输出功率（MW）	615	756	797	746	572.2	—
"二拖一" 联合循环 效率（%）	60. 1	60. 3	61. 5	58. 7	57. 3	—

（3）H 级燃气轮机从 20 世纪 90 年末期开始开发，到如今主要机型有 GE 公司的 7HA 和 9HA 系列、Siemens 公司的 SGT5-8000H 和 SGT6-8000H 系列、MHPS 公司的 M501J 和 M701J 系列，以及 Ansaldo 公司的 GT36 系列（原 Alstom），现有 H 级燃气轮机单循环输出功率最高都达到了 400MW，其中 9HA. 02 燃气轮机输出功率更是高达 519MW，燃气轮机透平转子进气温度都超过了 1420℃，热通道和热部件采用蒸汽冷却，单循环发电效率为 40%～43.9%，联合循环发电效率达 61%～63.7%，见表 6-10 及表 6-11。经过多年的发展，H 级燃气轮机技术日趋成熟，除了 Ansaldo 公司的 GT36 系列燃气轮机仍处于试验阶段外，其余三大厂商 H 级燃气轮机都已经进入商业运行阶段。

表 6-10　　　　　　　　　　　H 级重型燃气轮机性能对比 （50Hz）

厂家	GE		Siemens	MHPS	Ansaldo
型号	9HA. 01	9HA. 02	SGT5-8000H	M701J	GT36S-5
压比	23. 5	23. 8	20	23	25
额定功率（MW）	446	544	425	478	500
效率（%）	43. 1	43. 9	>40	42. 3	41. 5
热耗率 $[kJ/(kW \cdot h)]$	8346	8194	<9000	8511	8675
额定转速（r/min）	3000	3000	3000	3000	3000
排气温度（℃）	629	636	640	630	624
排气流量（t/h）	—	—	—	—	—
NO_x 排放（mg/m³）	25	25	25	25	25

续表

厂家		GE		Siemens	MHPS	Ansaldo
"一拖一" 联合循环	输出功率（MW）	659	804	630	701	720
	效率（%）	63.4	63.5	61	62.3	61.5
"二拖一" 联合循环	输出功率（MW）	1320	1613	1265	—	1444
	效率（%）	63.5	63.7	61	—	61.5

表 6-11   **H 级重型燃气轮机性能对比（60Hz）**

厂家		GE		Siemens	MHPS	Ansaldo
型号		7HA.01	7HA.02	SGT6-8000H	M501J	GT36-S6
压比		21.6	23.1	20	25	24
额定功率（MW）		289	372	310	330	340
效率（%）		41.9	42.5	>40	42.1	41
热耗率 [kJ/(kW·h)]		8598	8461	<9000	8551	8780
额定转速（r/min）		3600	3600	3600	3600	3600
排气温度（℃）		627	638	645	636	630
排气流量（t/h）		—	—	—	—	—
NO_x 排放（mg/m³）		25	25	25	25	25
"一拖一" 联合循环	输出功率（MW）	436	560	460	484	500
	效率（%）	62.1	63.1	61	62	61.3
"二拖一" 联合循环	输出功率（MW）	877	1122	930	971	1004
	效率（%）	62.4	63.2	61	62.2	61.3

（二）GE 公司

GE 公司是目前世界上燃气轮机种类最齐全的厂商之一，拥有完善的燃气轮机产品链，覆盖发电、舰船推进、机械驱动等诸多领域。其中发电用重型燃气轮机由 GE 能源集团负责研发和生产，航改型燃气轮机由 GE 航空集团负责研发和生产，GE 公司内部不同燃气轮机部门相互共享燃气轮机在研究和制作等方面的成果。

GE 公司重型燃气轮机的性能参数见表 6-12，航改型燃气轮机的性能参数见表 6-13。

1. 6B.03

燃气轮机出力为 44MW 级的 6B.03 燃气轮机结实、耐用、可靠，是中小规模发电厂受欢迎的解决方案之一，具有超过 94.6% 的可用率和 99% 的可靠性。6B.03 燃气轮机在全世界已有超过 1200 台的业绩，累计运行超过 6 千万 h，初投资低、维护成本低是其一大特点。6B.03 燃气轮机使用范围广泛，包括简单循环、余热回收、联合循环以及机械驱动。

表6-12 GE公司重型燃气轮机性能参数汇总表

频率	型号	额定功率(MW)	效率(%)	热耗率[kJ/(kW·h)]	压气机级数(级)	压气机压比	透平级数(级)	透平转速(r/min)	燃气初温(℃)	排气温度(℃)	NO_x排放(mg/m³)	国内供货商
50Hz	6B.03	44	33.5	10741	17	12.7	3	5163	1149	551	4	南京汽轮机厂
	6F.01	54	38.4	9369	12	21.4	3	7250	1370	603	25	
	6F.03	82	36	9938	18	16.4	3	5235	1330	606	15	
	9E.03	132	34.6	10403	17	13.1	3	3000	1124	544	5	
	9E.04	145	37	9717	17	13.3	4	3000	1124	542	15	—
	GT13E2	203	38	9474	21	18.2	5	3000	1111	501	15	—
	9F.03	265	37.8	9517	18	16.7	3	3000	1327	596	15	哈尔滨电气集团
	9F.04	287	38.7	9295	18	16.9	3	3000	1327	622	15	
	9F.05	314	38.2	9422	18	18.3	3	3000	1371	640	25	
	9F.06	359	41.9	8595	14	19.5	4	3000	1389	611	15	
	9HA.01	446	43.1	8346	14	23.5	4	3000	1430	629	25	
	9HA.02	544	43.9	8194	14	23.8	4	3000	1430	636	25	
60Hz	6B.03	44	33.5	10741	17	12.7	3	5163	1149	551	4	
	6F.01	54	38.4	9369	12	21.4	3	7250	1370	603	25	
	6F.03	82	36	9938	18	16.4	3	5235	1330	606	15	
	7E.03	91	33.9	10614	17	13	3	3600	1124	552	4	
	7F.04	198	38.6	9327	18	16.7	3	3600	1327	622	9	
	7F.05	241	39.8	9042	14	18.6	3	3600	1371	643	12	
	7F.06	271	41.7	8629	14	22.1	4	3600	1371	590	9	
	7HA.01	289	41.9	8598	14	21.6	4	3600	1430	627	25	
	7HA.02	372	42.5	8461	14	23.1	4	3600	1430	638	25	

表 6-13   GE 公司航改型燃气轮机性能参数汇总表

型号	频率（Hz）	功率（MW）	热耗率［kJ/(kW·h)］	热效率（%）	排气温度（℃）
LMS100PA＋	50	114	8319	43.3	422
	60	117	8191	44	416
LMS100PB＋	50	108	8204	43.9	421
	60	109	8172	44.1	418
TM2500	50	34.3	10197	35.3	517
	60	37.1	9676	37.2	510
LM2500	50	23.8	10606	33.9	530
LM2500 DLE		22.4	10156	35.4	547
LM2500＋		30	10153	35.5	493
LM2500＋ DLE		31.1	9674	37.2	539
LM2500＋G4		34.5	10208	35.3	519
LM2500＋G4 DLE		33.4	9671	37.2	552
LM2500	60	24.8	10264	35.1	525
LM2500 DLE		23.2	9830	36.6	539
LM2500＋		31.8	9761	36.9	490
LM2500＋ DLE		31.9	9269	38.8	525
LM2500＋G4		37.1	9675	37.2	510
LM2500＋G4 DLE		34.5	9188	39.2	535
LM6000 SAC（52）	50/60	46	8923	40.3	440
LM6000 SAC（52）Sprint		52	8908	40.4	455
LM6000 SAC（59）		56	8993	40.0	471
LM6000 SAC（59）Sprint		59	9053	39.8	481
LM6000 SAC（50）		45	8542	42.1	461
LM6000 SAC（50）Sprint		50	8555	42.1	463
LM6000 SAC（57）		53	8625	41.7	500
LM6000 SAC（57）Sprint		57	8710	41.3	490

    6B.03 燃气轮机易于安装和维护、结构紧凑、占地小，预组装燃气轮机模块和辅机使运输更容易和现场安装更快，从订单到运行总时长低至 6 个月；具备黑启动能力，适合不稳定的电网环境；可以频繁启动，在极端和偏远的条件下可以保持在线运行，可以用作调峰电源或者用来驱动透平压缩机等转动机械，也能够快速地被安装，满足应急的电力需求。在联合循环应用中，6B.03 燃气轮机结实、耐用、可靠，发电效率超过 51.5%；在热电联产应用中，它可产生 80MW 的热量输出而无需补燃，可以提供压力高达 11MPa 的蒸汽负荷。发电具体性能参数见表 6-14。国内生产和提供 6B.03 燃气轮机的是南京汽轮机厂。表 6-15 是南京汽轮机厂提供的 6B.03 燃气轮机在燃用某 180 号重油时的性能参考。重油成分见表 6-16。

表 6-14   **6B.03 燃气轮机性能参数表（ISO，天然气）**

类　型	项　目	参数
简单循环性能	简单循环净出力（MW）	44
	简单循环净效率（%，低位热值）	33.50
燃气轮机参数	压气机压比	12.7
	发电机冷却方式	空冷
	燃烧室数量（个）	10
	压气机级数（级）	17
	透平级数（级）	3
	额定转速（r/min）	5163
	排烟温度（℃）	551
	保证排放的最小负荷（%）	50
	燃气轮机升负荷率（MW/min）	20
	韦伯指数允许变化范围（%）	＞＋/－30
	启动时间（常规启动/调峰启动，min）	12/10
1×1 联合循环性能	联合循环净出力（MW）	68
	联合循环净热耗率［kJ/(kW·h)，低位热值］	6984
	联合循环净效率（%，低位热值）	51.5
	保证排放的最小全厂负荷（%）	59
	全厂升负荷率（MW/min）	20
	启动时间（热态快速启动，min）	30
	推荐循环形式	双压无再热
	高压蒸汽压力（MPa）	7
	高压蒸汽温度（℃）	540
2×1 联合循环性能	联合循环净输出功率（MW）	135
	联合循环净热耗率［kJ/(kW·h)，低位热值］	6963
	联合循环净效率（%，低位热值）	51.7
	保证排放的最小全厂负荷（%）	29
	全厂升负荷率（MW/min）	40
	启动时间（热态快速启动，min）	30

表 6-15   **6B.03 燃气轮机燃用重油时性能参数表（ISO）**

大气温度（℃）	15	15
大气压力（kPa）	101.3	101.3
大气相对湿度（%）	60	60
进口压力损失（Pa）	635	635
排气压力损失（Pa，ISO 工况）	627	627
燃料温度（℃）	130	130
燃气轮机功率（kW）	37204	38392
燃气轮机热耗率［kJ/(kW·h)］	11556	11778
燃料耗量（t/h）	10.100	10.623
注水量（t/h）	0	5.298
燃气轮机排气温度（℃）	518	515.9

续表

大气温度（℃）	15	15
燃气轮机排气流量（t/h）	525.3	531
燃气轮机排气成分（体积分数,%）		
Ar	0.91	0.9
N_2	75.9	74.63
O_2	14.53	13.99
CO_2	4.05	4.19
H_2O	4.61	6.3
NO_x（mg/m^3，标准状态）	616	220

表 6-16　　　　　　　　　　　　　　燃气轮机燃用重油成分

分析项目		单位	含量	分析项目		单位	分析结果
光谱分析	K	mg/kg	4.0	比重	25.2℃	无	0.9715
	Na	mg/kg	36.9		20.0℃	无	0.9759
	Mg	mg/kg	5.0	黏度	50℃	mm^2/s	157
	V	mg/kg	2.0		100℃	mm^2/s	20.0
	Pb	mg/kg	1.3		13 cst	℃	111.5
	Ca	mg/kg	44.7	水分（质量分数）		%	0.7
	Fe	mg/kg	11.9	含硫量（质量分数）		%	0.5
	Ni	mg/kg	22.0	正庚烷不溶物（质量分数）		%	1.6
	Si	mg/kg	8.9	灰分（质量分数）		%	484
	Zn	mg/kg	0.0	残炭（质量分数）		%	9.8
低位热值		kJ/kg	42566				

（1）结构及布置。6B.03 燃气轮机采用发电机热端驱动，侧向排气，双轴承支撑。机组采用模块化布置方式，长约 36.8m，宽约 7.3m，高约 10.4m，质量约 318t。燃气轮机室外布置，也可室内布置，前置模块、空气处理站、CO_2 消防柜、控制室等布置在燃气轮机本体周围，见图 6-2。

（2）燃料适应性及排放。在燃气轮机行业内，6B.03 燃气轮机是气体和液体燃料灵活性方面的领先者，支持双燃料运行。使用标准燃烧器时，6B.03 燃气轮机可使用的燃料范围非常广，干式低氮燃烧器支持低成本的气体和液体燃料，包括工艺过程气体、低热值气体、含氢气量高达 30% 的气体燃料、纯乙烷、纯丙烷和含 50% 氮的气体。标准燃烧室支持含氢量高达 95% 的气体燃料，含钒达 200mg/kg 的重油、石脑油、生物乙醇、甲醇、合成气和钢铁厂气体。6B.03 燃气轮机燃用天然气时，使用干式低氮燃烧器（DLN1+ Low NO_x），NO_x 排放可以控制在 15mg/kg 以内，使用超低干式燃烧器（DLN1+ Ultra Low NO_x），NO_x 排放可以控制在 9mg/kg 以内，甚至可以低于 5mg/kg。现有燃气轮机的燃烧系统经升级改造后，也可达到 5mg/kg NO_x 排放。通过现场测试，6B.03 机组在使用 DLN 燃烧系统时的调峰能力达 5s 以内 20MW。

（3）燃料要求。供应的气体燃料应符合美国通用电气公司规范 GEI-41040《重型燃气轮机燃气规范》的要求，相关内容详见本手册第九章 燃料供应系统。

（4）用水要求。6B.03 燃气轮机采用闭式循环水冷却方式，冷却水质为除盐水，耗量约 295t/h，要求供水温度小于 38℃，供水压力为 0.4～0.6MPa，冷却水应符合 GE 公司 91-410704G《燃气轮机闭式冷却水系统推荐用冷却水》规范要求。

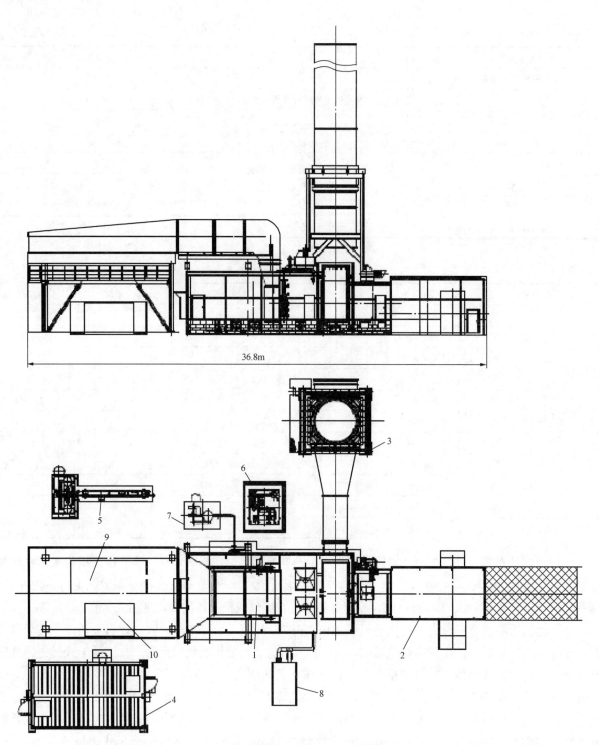

图 6-2　6B.03 型燃气轮发电机组布置参考图

1—燃气轮机；2—发电机；3—排气烟囱；4—控制室；5—前置模块；6—DLN 模块；

7—油气分离器；8—88TK 风机；9—二氧化碳消防柜；10—空气处理站

压气机清洗用水应符合 GE 公司 GEK-103623d《燃气轮机压气机水清洗》规范的要求。

水质要求如下：

1）可溶和不可溶固态物：$\leqslant 100\mathrm{mg/kg}$。

2）Na＋K 含量：$\leqslant 25\mathrm{mg/kg}$。

3）pH 值：$6.5\sim 7.5$。

4）用水量：$8\mathrm{m^3/}$次。

（5）检修周期。表6-17给出的是6B.03燃气轮机在理想状态下燃烧室、高温通道和大修检查间隔，其理想状态是指以天然气为燃料、基本负荷运行、无注水注蒸汽、干式低NO_x排放燃烧室以及无非正常停机。具体检修间隔按GE公司GER-3620《重型燃气轮机运行维护手册》规定执行。

表6-17　　　　　　　　　　　　　　6B.03 燃气轮机检修间隔

检查类型	检查间隔	
	运行小时数（h）	启动次数（次）
燃烧室	12000	450
高温通道	24000	1200
大修	48000	2400

影响检修间隔的因素包括：

1）燃料紧急遮断。

2）负荷设定。

3）启动周期。

4）尖峰负荷运行。

5）高温通道部件设计。

2. 7E、9E、GT13E2

稳定可靠的9E.03重型燃气轮机可以在各种恶劣的环境下提供可靠的动力，并且适合各种负荷工况和应用，在工业和发电应用中累积了超过700台和3000万h的运行业绩。在保持9E.03燃气轮机简单实用的基础上，9E.04重型燃气轮机作为升级产品可以提供更高的出力和性能，从而能够在降低每千瓦发电成本的同时，提供一个具有高可用率、高可靠性以及高耐用性的发电解决方案。7E.03在60Hz E级燃气轮机中同样处于行业领先地位，具有超过98.3%的高可靠性。在收购Alstom后，GE公司吸收了GT13E2燃气轮机的技术，进一步巩固了E级燃气轮机的市场。表6-18给出的是GE公司50Hz的E级燃气轮机性能参数表，包括9E.03、9E.04和GT13E22005、GT13E22012共4种机型，表6-19给出的是GE公司60Hz的E级燃气轮机7E.03的性能参数表。国内能够生产和提供9E.03型燃气轮机是南京汽轮机厂，表6-20是南京汽轮机厂提供的9E.03燃气轮机在燃用表6-16中的180号重油时的性能数据。

表6-18　　　　　　　　　　　GE 公司 E 级燃气轮机性能参数表（50Hz）

项目		9E.03	9E.04	GT13E22005	GT13E22012
简单循环性能	简单循环净出力（MW）	132	145	185	203
	简单循环净热耗率［kJ/(kW·h)，LHV］	10403	9717	9524	9474
	简单循环净效率（%，LHV）	34.6%	37.0%	37.8%	38.0%
燃气轮机参数	压气机压比（X∶1）	13.1	13.3	16.9	18.2
	发电机冷却方式	空冷	空冷	空冷	空冷
	燃烧室数量	14	14	72（EV燃烧器）	48（EV燃烧器）
	压气机级数（级）	17	17	21	16
	透平级数（级）	3	4	5	5
	额定转速（r/min）	3000	3000	3000	3000
	排烟温度（℉）	1012	1007	941	934
	排烟温度（℃）	544	542	505	501

续表

项目		9E.03	9E.04	GT13E22005	GT13E22012
燃气轮机参数	保证排放的最小燃气轮机负荷（%）	35	35	30	30
	燃气轮机升负荷率（MW/min）	50	16	12/25	14/36/68
	基本负荷（标准状态，15%O₂）下 NOₓ 排放（mg/m³）	5	15	25	15
	最小运行负荷下的 CO 排放（mg/m³）	25	25	80	25
	Wobbe 指数允许变化范围（%）	>±30	>±30	>±20	>±20
	启动时间（常规启动/调峰启动，min）	30/10	30/10	25/15	25/15/10
1X1联合循环性能	联合循环净出力（MW）	204	215	264	289
	联合循环净热耗率 [kJ/(kW·h)，LHV]	6751	6552	6551	6548
	联合循环净效率（%，LHV）	53.3%	54.9%	55.0%	55.0%
	保证排放的最小全厂负荷（%）	45%	46%	39%	39%
	全厂升负荷率（MW/min）	50	16	12	14
	启动时间（热态快速启动，min）	38	38	80	80
	推荐循环形式	双压无再热	双压无再热	双压无再热	双压无再热
	高压蒸汽压力（MPa）	7.5	7.5	7.5	7.5
	高压蒸汽温度（℉/℃）	986/530	986/530	923/495	914/490
2X1联合循环性能	联合循环净出力（MW）	410	433	530	581
	联合循环净热耗率 [kJ/(kW·h)，LHV]	6703	6509	6527	6518
	联合循环净效率（%，LHV）	53.7	55.3	55.2	55.2
	保证排放的最小全厂负荷（%）	22	22	19	19
	全厂升负荷率（MW/min）	100	25	24	28
	启动时间（热态快速启动，min）	38	38	80	80
	推荐循环形式	双压无再热	双压无再热	双压无再热	双压无再热
	高压蒸汽压力（MPa）	7.5	7.5	7.5	8.0
	高压蒸汽温度（℉/℃）	986/530	986/530	923/495	914/490

表 6-19　　　　　GE 公司 7E.03 型燃气轮机性能参数表（60Hz）

简单循环性能	简单循环净出力（MW）	91
	简单循环净热耗率 [kJ/(kW·h)，LHV]	10614
	简单循环净效率（%，LHV）	33.9%
燃气轮机参数	压气机压比（X:1）	13.0
	发电机冷却方式	空冷
	燃烧室数量	10
	压气机级数（级）	17
	透平级数（级）	3
	额定转速（r/min）	3600
	排烟温度（℉）	1026
	排烟温度（℃）	552
	保证排放的最小燃气轮机负荷（%）	35
	燃气轮机升负荷率（MW/min）	40

续表

燃气轮机参数	基本负荷（标准状态，15%O_2）下NO_x排放（mg/m^3）	4
	最小运行负荷下的CO排放（mg/m^3）	25
	Wobbe指数允许变化范围（%）	$> \pm 30$
	启动时间（常规启动/调峰启动，min）	23/10
1X1联合循环性能	联合循环净出力（MW）	142
	联合循环净热耗率［$kJ/(kW \cdot h)$，LHV］	6863
	联合循环净效率（%，LHV）	52.5
	保证排放的最小全厂负荷（%）	45
	全厂升负荷率（MW/min）	40
	启动时间（热态快速启动，min）	35
	推荐循环形式	双压无再热
	高压蒸汽压力（MPa）	8.0
	高压蒸汽温度（℉/℃）	1004/540
2X1联合循环性能	联合循环净出力（MW）	287
	联合循环净热耗率［$(kJ/kW \cdot h)$，LHV］	6793
	联合循环净效率（%，LHV）	53.0
	保证排放的最小全厂负荷（%）	22
	全厂升负荷率（MW/min）	80
	启动时间（热态快速启动，min）	35
	推荐循环形式	双压无再热
	高压蒸汽压力（MPa）	8.0
	高压蒸汽温度（℉/℃）	1004/540

表 6-20 　　　　　　　　　　　9E.03 燃气轮机燃用重油时性能参数表（ISO）

大气温度（℃）	15	15
大气压力（kPa）	450	450
大气相对湿度（%）	60	60
进口压力损失（Pa）	872	872
排气压力损失（Pa，ISO工况）	1243	1243
燃料温度（℃）	130	130
燃气轮机功率（kW）	113355	116622
燃气轮机热耗率［$kJ/(kW \cdot h)$］	11000	11222
燃料耗量（t/h）	29.293	30.747
注水量（t/h）	0	14.774
燃气轮机排气温度（℃）	518.8	516.9
燃气轮机排气流量（t/h）	1501.9	1517.4
Ar（体积分数，%）	0.92	0.88
N_2（体积分数，%）	75.88	74.64
O_2（体积分数，%）	14.44	13.92
CO_2（体积分数，%）	4.11	4.24
H_2O（体积分数，%）	4.66	6.32
NO_x（mg/m^3，标准状态）	496	200

（1）结构及布置。9E 燃气轮机采用发电机热端驱动，侧向排气，三轴承支撑。机组采用模块化布置方式，9E.03 质量约 862t，9E.04 质量约 772t。9E.03 透平级数为 3 级，9E.04 使用了重新设计的 4 级透平，也完全适用于现有的 9E.03 机组的升级。这一改进使得出力提高 10%，联合循环效率提高 2.4 个百分点。

燃气轮机可室外布置，也可室内布置，前置模块、空气处理站、CO₂ 消防柜、控制室等布置在燃气轮机本体周围，烟囱布置在燃气轮机侧面，见图 6-3。

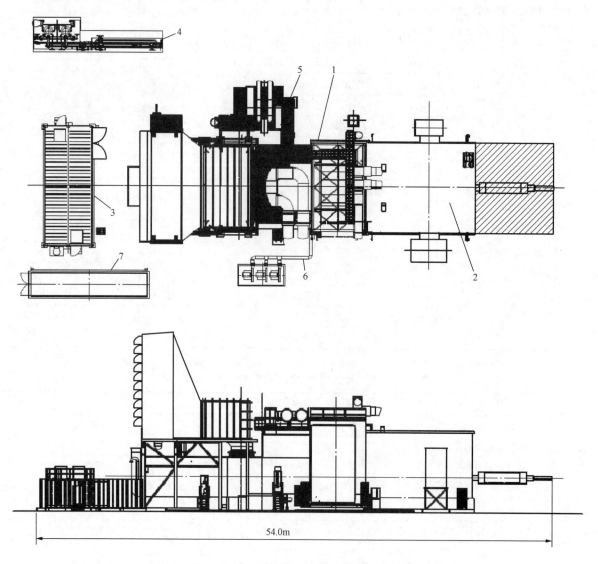

图 6-3 9E 型燃气轮发电机组布置参考图

1—燃气轮机；2—发电机；3—控制室；4—前置模块；5—DLN 模块；6—透平冷却风机；7—CO₂ 消防柜

（2）燃料适应性及排放。

GE 的 E 级燃气轮机也是气体和液体燃料灵活性方面的领先者，支持双燃料运行，且可以带负荷时在线从一种燃料切换到另一种燃料。干式低氮燃烧器（DLN）也有在 9E 燃气轮机上应用，可以使 NO_x 排放控制在 $15mg/m^3$ 以内，如果使用超低干式低氮燃烧系统（DLN1＋ Ultra Low NO_x），NO_x 排放可以低至 $5mg/m^3$ 以内。标准燃烧室支持天然气、轻油、重油、石脑油、原油、渣油，以及多种中、低热值的合成气，包括炼油、钢铁行业产生的合成气等。

（3）燃料要求。对于 GE 公司 E 级燃气轮机，供应的气体燃料应符合 GE 公司规范 GEI-41040《重型燃气轮机燃气规范》的要求，相关内容详见本手册第九章 燃料供应系统。

（4）用水要求。GE 的 E 级燃气轮机采用闭式循环水冷却方式，冷却水质为除盐水，耗量约 420t/h，要求供水温度小于 38℃，供水压力为 0.4～0.6MPa，冷却水应符合 GE 公司 91-410704G《燃气轮机闭式冷却水系统推荐用冷却水》规范。不同型号 E 级燃气轮机冷却水耗量略有差异。

（5）检修周期。表 6-21 给出的是 9E.03 燃气轮机在理想状态下燃烧室、高温通道和大修检查间隔，其理想状态是指以天然气为燃料、基本负荷运行、无注水注蒸汽、干式低 NO_x 排放燃烧室以及无非正常停机。具体检修间隔按 GE 公司 GER-3620《重型燃气轮机运行维护手册》规定执行。

表 6-21   GE 公司 9E 级燃气轮机检修间隔

检查类型	检查间隔	
	运行小时数（h）	启动次数（次）
标准燃烧室	8000	900
DLN 燃烧室	12000	450
高温通道	32000	1200
大修	48000	2400

影响检修间隔的因素如下：

1）燃料紧急遮断。

2）负荷设定。

3）启动周期。

4）尖峰负荷运行。

5）高温通道部件设计。

3. 7F、9F、6F

自从 1987 年生产第一台 7F 型燃气轮机后，经过一系列的演变发展，时至今日，GE 的 F 级燃气轮机有 9 种型号，包括 60Hz 的 7F 系列（7F.04、7F.05 和 7F.06）、50Hz 的 9F 系列（9F.03、9F.04、9F.05 和 9F.06），以及小 F 级燃气轮机 6F 系列（6F.01/6F.03、50/60Hz），以满足不同用户的需求。目前 GE 的 F 级燃气轮机已有超过 5 千万 h 的运行业绩，装机数量已超过 1200 台，涉及全世界超过 58 个国家，机组可靠性超过 99%，广泛应用于各种环境条件和运行工况中。

9F 系列从 7F 系列演变而来，经过长期的技术改进，9F.03（原 9FA）的出力目前已达到 265MW，9F.04 作为 9F.03 的升级版，出力提高到了约 287MW，而 9F.05（原 9FB）的出力更是达到了 314MW。9F.06 是 GE 公司在开发 H 级燃气轮机时，将 H 级燃气轮机的某些技术应用于 F 级燃气轮机，使其出力达到了 359MW，效率达到 41.9%。由于 9F.06 与 H 级燃气轮机在结构特性上的相似，机组性能未来甚至可以升级到 9H 等级。

6F.03 型燃气轮机是从 7F 系列演变而来的，出力约为 82MW，而 6F.01 型燃气轮机则是从 6C 燃气轮机演变而来的，通过系统升级和冷却密封等技术的研发改进，6F.01 的单循环效率达到 38%，联合循环效率达到 58%，是迄今为止 100MW 以下燃气轮机在联合循环领域的最高峰之一。

目前国内南京汽轮机厂能够生产 6F 系列燃气轮机，哈尔滨电气集团能够生产 9F 系列燃气轮机。

表 6-22～表 6-24 给出了 GE 公司 F 级燃气轮机的基本性能参数。

表 6-22 　　　　　　　　　GE 公司 9F 级燃气轮机性能参数表（50Hz）

	项目	9F.03	9F.04	9F.05	9F.06
简单循环性能	简单循环净出力（MW）	265	287	314	359
	简单循环净热耗率［kJ/(kW·h)，LHV］	9517	9295	9422	8595
	简单循环净效率［％，LHV］	37.8	38.7	38.2	41.9
燃气轮机参数	压气机压比（X∶1）	16.7	16.9	18.3	19.5
	发电机冷却方式	氢冷	氢冷	氢冷	氢冷
	燃烧室数量	18	18	18	16
	压气机级数（级）	18	18	18	14
	透平级数（级）	3	3	3	4
	额定转速（r/min）	3000	3000	3000	3000
	排烟温度（℉）	1104	1151	1184	1132
	排烟温度（℃）	596	622	640	611
	保证排放的最小燃气轮机负荷（％）	35	35	35	38
	燃气轮机升负荷率（MW/min）	22	23	24	65
	基本负荷（15％O_2）下 NO_x 排放（mg/m³）	15	15	25	15
	最小运行负荷下的 CO 排放（mg/m³）	24	24	24	9
	Wobbe 指数允许变化范围（％）	＞±15	＞±15	＞±10	＞±15
	启动时间（常规启动/调峰启动，min）	23/20	23/20	23/20	23/12
1X1 联合循环性能	联合循环净出力（MW）	409	432	493	532
	联合循环净热耗率［Btu/(kW·h)，LHV］	5792	5692	5619	5489
	联合循环净热耗率［kJ/(kW·h)，LHV］	6111	6006	5928	5791
	联合循环净效率（％，LHV）	58.9	59.9	60.7	62.2
	保证排放的最小全厂负荷（％）	46	45	46	49
	全厂升负荷率（MW/min）	22	22	24	65
	启动时间（热态快速启动，min）	30	30	30	＜30
	推荐循环形式	三压有再热	三压有再热	三压有再热	三压有再热
	高压蒸汽压力（MPa）	16.5	16.5	18.5	18.5
	高压蒸汽温度（℉/℃）	1080/582	1085/585	1112/600	1085/585
	再热蒸汽温度（℉/℃）	1058/570	1085/585	1112/600	1058/570
2X1 联合循环性能	联合循环净出力（MW）	819	866	989	1067
	联合循环净热耗率［kJ/(kW·h)，LHV］	6097	5989	5911	5777
	联合循环净效率（％，LHV）	59.0	60.1	60.9	62.3
	保证排放的最小全厂负荷（％）	21	22	23	23
	全厂升负荷率（MW/min）	44	44	48	130
	启动时间（热态快速启动，min）	39	39	39	＜30
	推荐循环形式	三压有再热	三压有再热	三压有再热	三压有再热
	高压蒸汽压力（MPa）	16.5	16.5	18.5	18.5
	高压蒸汽温度（℉/℃）	1085/585	1085/585	1112/600	1085/585
	再热蒸汽温度（℉/℃）	1058/570	1085/585	1112/600	1058/570

表 6-23   **GE 公司 7F 级燃气轮机性能参数表 (60Hz)**

	项目	7F.04	7F.05	7F.06
简单循环性能	简单循环净出力 (MW)	198	241	271
	简单循环净热耗率 [kJ/(kW·h), LHV]	9327	9042	8629
	简单循环净效率 (%, LHV)	38.6	39.8	41.7
燃气轮机参数	压气机压比 (X:1)	16.7	18.6	22.1
	发电机冷却方式	氢冷	氢冷	氢冷
	燃烧室数量	14	14	12
	压气机级数 (级)	18	14	14
	透平级数 (级)	3	3	4
	额定转速 (r/min)	3600	3600	3600
	排烟温度 (℉)	1151	1189	1094
	排烟温度 (℃)	622	643	590
	保证排放的最小燃气轮机负荷 (%)	49	43	30
	燃气轮机升负荷率 (MW/min)	30	40	55
	基本负荷 (标准状态, 15%O_2) 下 NO_x 排放 (mg/m³)	9	12	9
	最小运行负荷下的 CO 排放 (mg/m³)	9	9	9
	Wobbe 指数允许变化范围 (%)	±7.5	±7.5	±7.5
	启动时间 (常规启动/调峰启动, min)	21/11	21/11	21/10
1X1 联合循环性能	联合循环净出力 (MW)	305	376	396
	联合循环净热耗率 [kJ/(kW·h), LHV]	6030	5972	5881
	联合循环净效率 (%, LHV)	59.7	60.3	61.2
	保证排放的最小全厂负荷 (%)	58	48	36
	全厂升负荷率 (MW/min)	30	40	55
	启动时间 (热态快速启动, min)	28	25	<30
	推荐循环形式	三压有再热	三压有再热	三压有再热
	高压蒸汽压力 (MPa)	12.1	15.8	14.5
	高压蒸汽温度 (℉/℃)	1085/585	1085/585	1070/577
	再热蒸汽温度 (℉/℃)	1085/585	1085/585	1060/571
2X1 联合循环性能	联合循环净出力 (MW)	615	756	797
	联合循环净热耗率 [kJ/(kW·h), LHV]	5989	5972	5854
	联合循环净效率 (%, LHV)	60.1	60.3	61.5
	保证排放的最小全厂负荷 (%)	27	24	17
	全厂升负荷率 (MW/min)	60	80	110
	启动时间 (热态快速启动, min)	28	25	<30
	推荐循环形式	三压有再热	三压有再热	三压有再热
	高压蒸汽压力 (MPa)	16.5	16.5	16.5
	高压蒸汽温度 (℉/℃)	1085/585	1085/585	1070/577
	再热蒸汽温度 (℉/℃)	1085/585	1085/585	1060/571

表 6-24　　　　　　　　　　　GE 公司 6F 级燃气轮机性能参数表（50/60Hz）

	项目	6F.01	6F.03
简单循环性能	简单循环净出力（MW）	54	82
	简单循环净热耗率 [kJ/(kW·h), LHV]	9369	9939
	简单循环净效率（%, LHV）	38.4	36.2
燃气轮机参数	压气机压比（X:1）	21.4	16.4
	发电机冷却方式	空冷	空冷
	燃烧室数量	6	6
	压气机级数（级）	12	18
	透平级数（级）	3	3
	额定转速（r/min）	7250	5235
	排烟温度（℉）	1117	1123
	排烟温度（℃）	603	606
	保证排放的最小燃气轮机负荷（%）	40	52
	燃气轮机升负荷率（MW/min）	12	7
	最小运行负荷下的 CO 排放（mg/m³）	9	9
	Wobbe 指数允许变化范围（%）	>±10	+10, -15
	启动时间（常规启动/调峰启动，min）	12/10	29/-
1X1 联合循环性能	联合循环净出力（MW）	81	125
	联合循环净热耗率 [kJ/(kW·h), LHV]	6242	6428
	联合循环净效率（%, LHV）	57.7	56.0
	保证排放的最小全厂负荷（%）	49	60
	全厂升负荷率（MW/min）	12	7
	启动时间（热态快速启动，min）	30	45
	推荐循环形式	三压无再热	三压无再热
	高压蒸汽压力（MPa）	12	12
	高压蒸汽温度（℉/℃）	1050/566	1050/566
2X1 联合循环性能	联合循环净出力（MW）	163	252
	联合循环净热耗率 [kJ/(kW·h), LHV]	6188	6372
	联合循环净效率（%, LHV）	58.2	56.5
	保证排放的最小全厂负荷（%）	24	29
	全厂升负荷率（MW/min）	24	13
	启动时间（热态快速启动，min）	30	35
	推荐循环形式	三压无再热	三压无再热
	高压蒸汽压力（MPa）	12	12
	高压蒸汽温度（℉/℃）	1050/566	1050/566

（1）结构及布置。不同于 6B 和 E 级燃气轮机采用热端驱动方式，GE 公司 F 级燃气轮机采用发电机冷端驱动，双轴承支撑，轴系中心稳定，透平排气采用轴向排气，易于余热锅炉组合联合，且烟气流动阻力小，循环效率高。机组采用模块化布置方式，6F 系列燃气轮机本体质量约 80t，发电机质量约 140t，9F 系列燃气轮机本体质量约 300t，不同型号燃气轮机重量会略有差异。燃气轮机可室外布置，也可室内布置，前置模块、空气处理站、CO₂ 消防柜、控制室等布置在燃气轮机本体周围，烟囱布置在燃气轮机尾部，布置参考图见图 6-4 及图 6-5。

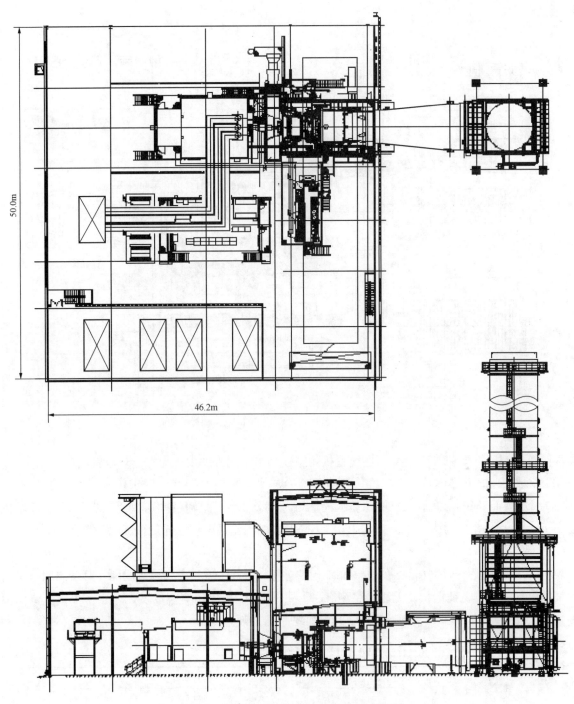

图 6-4 7F&9F 燃气轮发电机组布置参考图

（2）燃料适应性及排放。GE 公司 F 级燃气轮机支持双燃料运行，在以天然气为主燃料时，可以轻质柴油作为辅助燃料，当天然气供应发生故障时，机组可自动切换到轻油燃烧，使燃气轮机不因燃料供应故障而停机，进一步保证了机组的可靠性和可用性。机组也可根据要求，在一定条件下使用双燃料混合燃烧。此外 F 级燃气轮机可以燃用低热值燃料，从而扩大了发电厂的燃料使用范围和灵活性。

（3）燃料要求。对于 F 级燃气轮机，供应的气体燃料应符合 GE 公司规范 GEI-41040 的要求，相关内容详见本手册第九章 燃料供应系统。

（4）用水要求。GE 公司 6F 燃气轮机采用闭式循环水冷却方式，冷却水质为除盐水，6F.01 冷却水耗量约 360t/h，6F.03 冷却水耗量约 490t/h，要求供水温度小于 38℃，供水压力为 0.4～0.6MPa，

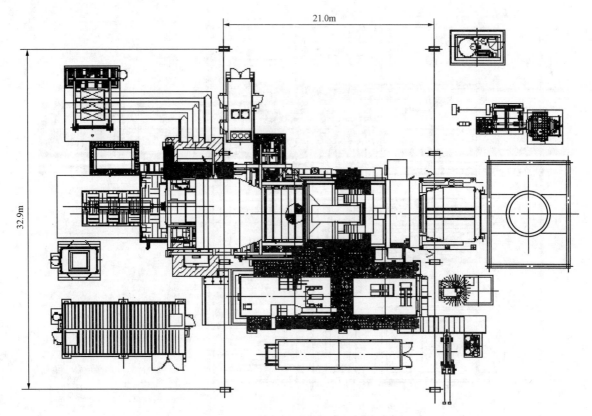

图 6-5　6F 燃气轮发电机组布置参考图

冷却水应符合 GE 公司 91-410704G《燃气轮机闭式冷却水系统推荐用冷却水》规范要求。

　　GE 公司 7F 和 9F 燃气轮机发电机氢气冷却器冷却水耗量约 550t/h，要求供水温度小于 38℃，供水压力为 0.3～0.5MPa；润滑油模块冷却水耗量约为 230t/h，其余辅机冷却水耗量约 65t/h，要求供水温度小于 60℃，供水压力为 0.45～0.8MPa。不同型号燃气轮机冷却水耗量可能会略有差异。

　　（5）检修周期

　　表 6-25 给出的是 9F 燃气轮机在理想状态下燃烧室、高温通道和大修检查间隔，其理想状态是指以天然气为燃料、基本负荷运行、无注水注蒸汽、干式低 NO_x 排放燃烧室以及无非正常停机。具体检修间隔按 GE 公司 GER-3620《重型燃气轮机运行维护手册》规定执行。

表 6-25　　　　　　　　　　　　　　GE 公司 F 级燃气轮机检修间隔

检查类型	检查间隔	
	运行小时数（h）	启动次数（次）
标准燃烧室	8000	900
DLN 燃烧室	12000	450
高温通道	32000	1200
大修	48000	2400

　　影响检修间隔的因素如下：

　　1）燃料紧急遮断。

　　2）负荷设定。

　　3）启动周期。

　　4）尖峰负荷运行。

5）高温通道部件设计。

4.7H 和 9H

GE 公司在 2001 年推出目前世界上最大最高效的重型燃气轮机 9H，截至 2016 年 3 月，GE 公司的 H 型燃气轮机已实现 82 台技术选型，包括 33 台订单，在全球发电市场得到广泛的认可。

GE 公司 H 级燃气轮机透平初温超过 1430℃，先进的透平空冷系统、空气动力学设计和密封系统，以及经过验证合金材料，是保证 H 级燃气轮机性能的关键。

燃料适用性方面，H 级燃气轮机支持双燃料系统，可燃用气体和液体燃料，包括天然气、页岩气、液化天然气和轻质柴油等。

2015 年 10 月，哈尔滨电气集团与 GE 公司联合组建重型燃气轮机合资公司，双方各占 50％股权，业务将全面覆盖 9F 级和 9HA 级燃气轮机的本地化制造，包括转子和热通道的生产制造。

表 6-26 和表 6-27 给出的是 GE 公司 H 级燃气轮机的性能参数。

表 6-26　　　　　　　　　　　　GE 公司 9H 级燃气轮机性能参数表（50Hz）

项　目		9H.01	9H.02
简单循环性能	简单循环净出力（MW）	446	544
	简单循环净热耗率［kJ/(kW·h)，LHV］	8346	8194
	简单循环净效率（％，LHV）	43.1	43.9
燃气轮机参数	压气机压比（X∶1）	23.5	23.8
	发电机冷却方式	氢冷	氢冷
	燃烧室数量（个）	16	16
	压气机级数（级）	14	14
	透平级数（级）	4	4
	额定转速（r/min）	3000	3000
	排烟温度（℉）	1164	1177
	排烟温度（℃）	629	636
	保证排放的最小燃气轮机负荷（％）	30	30
	燃气轮机升负荷率（MW/min）	65	88
	基本负荷（标准状态，$15\%O_2$）下 NO_x 排放（mg/m³）	25	25
	最小运行负荷下的 CO 排放（mg/m³）	9	9
	Wobbe 指数允许变化范围（％）	±15	±15
	启动时间（常规启动/调峰启动，min）	23/23	23/23
1X1 联合循环性能	联合循环净出力（MW）	659	804
	联合循环净热耗率［kJ/(kW·h)，LHV］	5679	5669
	联合循环净效率（％，LHV）	63.4	63.5
	保证排放的最小全厂负荷（％）	38	38
	全厂升负荷率（MW/min）	65	88
	启动时间（热态快速启动，min）	<30	<30
	推荐循环形式	三压有再热	三压有再热
	高压蒸汽压力（MPa）	18.5	18.5
	高压蒸汽温度（℉/℃）	1112/600	1112/600
	再热蒸汽温度（℉/℃）	1085/585	1112/600

项　目		9H.01	9H.02
2X1联合循环性能	联合循环净出力（MW）	1320	1613
	联合循环净热耗率［kJ/(kW·h)，LHV］	5669	5606
	联合循环净效率（%，LHV）	63.5	63.7
	保证排放的最小全厂负荷（%）	18	18
	全厂升负荷率（MW/min）	130	176
	启动时间（热态快速启动，min）	<30	<30
	推荐循环形式	三压有再热	三压有再热
	高压蒸汽压力（MPa）	18.5	18.5
	高压蒸汽温度（℉/℃）	1112/600	1112/600
	再热蒸汽温度（℉/℃）	1085/585	1112/600

表 6-27　　　　　　　　　GE 公司 7H 级燃气轮机性能参数表（60Hz）

项　目		7H.01	7H.02
简单循环性能	简单循环净出力（MW）	289	372
	简单循环净热耗率［kJ/(kW·h)，LHV］	8598	8461
	简单循环净效率（%，LHV）	41.9	42.5
燃气轮机参数	压气机压比（X:1）	21.6	23.1
	发电机冷却方式	氢冷	氢冷
	压气机级数（级）	14	14
	透平级数（级）	4	4
	额定转速（r/min）	3600	3600
	排烟温度（℉）	1161	1181
	排烟温度（℃）	627	638
	保证排放的最小燃气轮机负荷（%）	25	30
	燃气轮机升负荷率（MW/min）	50	50
	基本负荷（标准状态，15%O_2）下 NO_x 排放（mg/m³）	25	25
	最小运行负荷下的 CO 排放（mg/m³）	9	9
	Wobbe 指数允许变化范围（%）	±10	±10
	启动时间（常规启动/调峰启动，min）	21/10	21/10
1X1联合循环性能	联合循环净出力（MW）	436	560
	联合循环净热耗率［kJ/(kW·h)，LHV］	5799	5706
	联合循环净效率（%，LHV）	62.1	63.1
	保证排放的最小全厂负荷（%）	33	38
	全厂升负荷率（MW/min）	50	50
	启动时间（热态快速启动，min）	<30	<30
	推荐循环形式	三压有再热	三压有再热
	高压蒸汽压力（MPa）	18	18
	高压蒸汽温度（℉/℃）	1112/600	1112/600
	再热蒸汽温度（℉/℃）	1085/585	1085/585

续表

项 目		7H. 01	7H. 02
2X1联合循环性能	联合循环净出力（MW）	877	1122
	联合循环净热耗率 [kJ/(kW·h), LHV]	5767	5695
	联合循环净效率（%, LHV）	62.4	63.2
	保证排放的最小全厂负荷（%）	16	18
	全厂升负荷率（MW/min）	100	100
	启动时间（热态快速启动, min）	<30	<30
	推荐循环形式	三压有再热	三压有再热
	高压蒸汽压力（MPa）	18	18
	高压蒸汽温度（℉/℃）	1112/600	1112/600
	再热蒸汽温度（℉/℃）	1085/585	1085/585

（1）结构及布置。GE公司H级燃气轮机采用发电机冷端驱动，双轴承支撑，透平排气采用轴向排气，易于余热锅炉组合联合，且烟气流动阻力小，循环效率高。机组模块化程度更高，结构更为紧凑，使得现场安装和焊接的工作量大大减少，还能减少约60%的控制电缆，占地也仅比F级燃气轮机增加约10%。

与常规联合循环机组不同的是，GE公司H级燃气轮机、汽轮机和余热锅炉被集于一体，又互相依赖。控制系统控制着锅炉、汽轮机和燃气轮机之间的蒸汽流动，同时控制向燃气轮机输送的冷却蒸汽。图6-6所示为9HA燃气轮机一拖一多轴布置的效果图。

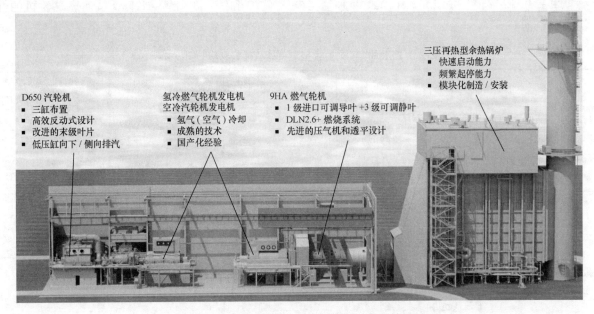

图6-6 9H燃气轮发电机组联合循环布置效果图

（2）燃料适应性及排放。GE公司H级燃气轮机支持双燃料系统，可燃用气体和液体燃料，包括天然气、页岩气、液化天然气和轻质柴油等。供应的燃料应符合GE公司相关规范的要求。

（3）检修周期。表6-28给出的是9H燃气轮机在理想状态下燃烧室、高温通道和大修检查间隔，其理想状态是指以天然气为燃料、基本负荷运行、无注水注蒸汽、干式低NO_x排放燃烧室以及无非正常停机。燃料、空气中有害元素含量等应符合规范。具体检修间隔按GE公司相关规定执行。

表 6-28　　　　　　　　　　　GE 公司 H 级燃气轮机检修间隔

检查类型	检查间隔	
	运行小时数（h）	启动次数（次）
小修	12500	450
中修	25000	900
小修	37500	1350
大修	50000	1800

影响检修间隔的因素如下：

1）燃料紧急遮断。

2）负荷设定。

3）启动周期。

4）尖峰负荷运行。

5）高温通道部件设计。

5. LM2500

LM2500 系列燃气轮机是 GE 公司于 20 世纪 60 年代以 TF39 发动机为蓝本研制的航改型燃气轮机，最主要的用途是作为军用舰艇的动力装置，在厂用发电、油气管线、海上平台、热电联产以及联合循环中也有广泛的应用。产品包括 LM2500、LM2500＋和 LM2500＋G4，而每一款还提供常规燃烧器和低氮燃烧器两种选择，LM2500 系列燃气轮机拥有超过 2100 台的发货数量以及超过 7500 万 h 的运行经验，运行最长的机组已经超过 23.6 万 h，拥有大于 99％的可靠性、大于 98％的可用率和大于 99％的启动成功率，是过去 40 年里销售业绩最好的航改型燃气轮机之一。国内华电通用公司能够生产和提供 LM2500 和 LM2500＋G4 两种型号。表 6-29 和表 6-30 是 LM2500 系列燃气轮机的性能参数表。

表 6-29　　　　　　　GE 公司 LM2500 系列航改型燃气轮机性能参数表（50Hz）

项　目		LM2500	LM2500 DLE	LM2500＋	LM2500＋DLE	LM2500＋G4	LM2500＋G4 DLE
简单循环性能	简单循环净出力（MW）	23.8	22.4	30	31.1	34.5	33.4
	简单循环净热耗率［Btu/(kW·h)，LHV］	10053	9626	9624	9169	9676	9166
	简单循环净热耗率［kJ/(kW·h)，LHV］	10606	10156	10153	9674	10208	9671
	简单循环净效率（%，LHV）	33.90	35.40	35.50	37.20	35.30	37.20
燃气轮机参数	排烟温度（℉）	986	1017	920	1003	966	1026
	排烟温度（℃）	530	547	493	539	519	552
	保证排放的最小燃气轮机负荷（%）	50	50	50	50	50	50
	燃气轮机升负荷率（MW/min）	30	30	30	30	30	30
	基本负荷（标准状态，15%O₂）下 NOₓ 排放（mg/m³）	25	15	25	25	25	25
	基本/最小运行负荷下的 CO 排放（mg/m³）	25/25	25/25	25/25	25/25	25/25	25/25
	Wobbe 指数允许变化范围（%）	±25	±25	±25	±25	±25	±25
	启动时间（常规启动/调峰启动，min）	10/10	10/10	10/10	10/10	10/10	10/10
1X1 联合循环性能	联合循环净出力（MW）	34.2	32.8	41.5	44	48.2	47.7
	联合循环净热耗率［kJ/(kW·h)，LHV］	7325	6892	7312	6736	7263	6693
	联合循环净效率（%，LHV）	49.10	52.20	49.20	53.40	49.60	53.80

续表

项　目		LM2500	LM2500 DLE	LM2500+	LM2500+ DLE	LM2500+ G4	LM2500+ G4 DLE
1X1联合循环性能	保证排放的最小全厂负荷（%）	33	33	34	34	34	34
	全厂升负荷率（MW/min）	30	30	30	30	30	30
	启动时间（热态快速启动，min）	30	30	30	30	30	30
	推荐循环形式	双压无再热	双压无再热	双压无再热	双压无再热	双压无再热	双压无再热
2X1联合循环性能	联合循环净出力（MW）	68.6	65.8	83.2	88.2	96.8	95.7
	联合循环净热耗率［kJ/(kW·h)，LHV］	7297	6865	7287	6711	7238	6668
	联合循环净效率（%，LHV）	49.30	52.40	49.40	53.60	49.70	54.00
	保证排放的最小全厂负荷（%）	17	17	17	17	17	17
	全厂升负荷率（MW/min）	60	60	60	60	60	60
	启动时间（热态快速启动，min）	30	30	30	30	30	30
	推荐循环形式	双压无再热	双压无再热	双压无再热	双压无再热	双压无再热	双压无再热

表6-30　　　　　　　　　　GE公司LM2500系列航改型燃气轮机性能参数表（60Hz）

项　目		LM2500	LM2500 DLE	LM2500+	LM2500+ DLE	LM2500+ G4	LM2500+ G4 DLE
简单循环性能	简单循环净出力（MW）	24.8	23.2	31.8	31.9	37.1	34.5
	简单循环净热耗率［kJ/(kW·h)，LHV］	10264	9830	9761	9269	9675	9188
	简单循环净效率（%，LHV）	35.10	36.60	36.90	38.80	37.20	39.20
燃气轮机参数	排烟温度（℉）	977	1002	914	978	950	995
	排烟温度（℃）	525	539	490	525	510	535
	保证排放的最小燃气轮机负荷（%）	50	50	50	50	50	50
	燃气轮机升负荷率（MW/min）	30	30	30	30	30	30
	基本负荷（标准状态，15%O_2）下NO_x排放（mg/m³）	25	15	25	25	25	25
	基本/最小运行负荷下的CO排放（mg/m³）	25/25	25/25	25/25	25/25	25/25	25/25
	Wobbe指数允许变化范围（%）	±25	±25	±25	±25	±25	±25
	启动时间（常规启动/调峰启动，min）	10	10	10	10	10	10
1X1联合循环性能	联合循环净出力（MW）	35	33.2	43	43.9	50.3	47.7
	联合循环净热耗率［kJ/(kW·h)，LHV］	7221	6811	7184	6645	7099	6583
	联合循环净效率（%，LHV）	49.90	52.90	50.10	54.20	50.70	54.70
	保证排放的最小全厂负荷（%）	34	34	35	35	35	35
	全厂升负荷率（MW/min）	30	30	30	30	30	30
	启动时间（热态快速启动，min）	30	30	30	30	30	30
	推荐循环形式	双压无再热	双压无再热	双压无再热	双压无再热	双压无再热	双压无再热
2X1联合循环性能	联合循环净出力（MW）	70.2	66.6	86.3	88.2	100.9	95.7
	联合循环净热耗率［kJ/(kW·h)，LHV］	7195	6785	7161	6622	7076	6560
	联合循环净效率（%，LHV）	50.00	53.10	50.30	54.40	50.90	54.90
	保证排放的最小全厂负荷（%）	17	17	17	17	18	18
	全厂升负荷率（MW/min）	60	60	60	60	60	60
	启动时间（热态快速启动，min）	30	30	30	30	30	30
	推荐循环形式	双压无再热	双压无再热	双压无再热	双压无再热	双压无再热	双压无再热

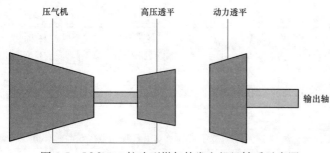

图 6-7　LM2500 航改型燃气轮发电机组轴系示意图

（1）结构及布置。LM2500 航改型燃气轮机采用双轴设计（见图 6-7），17 级压气机、2 级高压透平和 6 级动力透平，发电机热端驱动，侧向或顶部排气。燃气轮机及辅机采用模块化布置方式，CO_2 消防柜、控制室等布置在燃气轮机本体周围，成套机组占地约 20m×9m，高约 10.2m。LM2500 布置参考图见图 6-8。

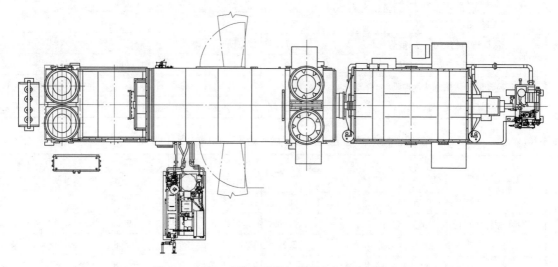

图 6-8　LM2500 航改型燃气轮发电机组布置参考图

（2）燃料适应性及排放。LM2500 航改型燃气轮机支持双燃料运行，可以燃用天然气和轻质柴油，也可以燃用石脑油、丙烷、焦炉煤气、乙醇以及液化天然气等。使用标准燃烧器时，可以通过注水或注蒸汽的方式降低 NO_x 的排放，对气体燃料，注水或注蒸汽时 NO_x 排放约为 $25mg/m^3$，对液体燃料，注水时 NO_x 排放约为 $42mg/m^3$；使用干式低氮燃烧器（DLE）时，燃用气体燃料时 NO_x 排放可以低至 $15mg/m^3$，而燃用液态燃料时的 NO_x 排放约为 $100mg/m^3$。

（3）燃料要求。供应的天然气应符合 GE 公司 A5.1《气体燃料规范》的要求，相关内容详见本手册第九章 燃料供应系统。

（4）用水要求。LM2500 航改型燃气轮机润滑油冷却器及发电机润滑油冷却器一般采用闭式循环水冷却方式，也可采用开式循环水冷却方式，但须保证清洁度，且低温停机后必须及时排空换热器，防止冷冻结冰。冷却水耗量约 33t/h，要求供水温度小于 35℃，水质应满足 GE 公司相关规范要求。

压气机清洗用水应符 GE 公司 A5.5《水洗水质要求》，温度为 38～66℃，离线水洗耗水量约为 0.3t/次，在线水洗耗水量每天不超过 0.4t。

（5）检修周期。表 6-31 给出的是 LM2500 航改型燃气轮机在理想状态下燃烧室、高温通道和大修检查间隔，具体检修间隔按 GE 公司相关规定执行。

表 6-31　　　　　　　　　　　　　　　LM2500 系列燃气轮机检修间隔

检查类型	运行小时数（h）	停机时间
燃烧系统	4000	16h
高温通道	25000	4 天
大修	50000	4 天

6. LM6000

LM6000 航改型燃气轮机系列是 GE 公司以航空发电机 CF6 为蓝本研制的燃气轮机，可提供 43-57MW 的电力，广泛应用于发电、油气管线、海上平台、热电冷联产以及联合循环中，拥有超过 1200 台的装机数量和超过 3300 万 h 的运行业绩，可靠性超过 99.8％，可用率超过 98.3％，启动成功率超过 99％。经过不断改进，LM6000 系列拥有超过 10 种型号，在此仅介绍其中应用较多的 LM6000-PC、LM6000-PG 以及 LM6000-PF 和 LM6000-PF＋型号，国内华电通用公司能够生产和提供其中的 LM6000-PF 型号。表 6-32 给出的是 LM6000 系列航改型燃气轮机层性能参数。

表 6-32   **GE 公司 LM6000 系列航改型燃气轮机性能参数表（50/60Hz）**

	项 目	LM6000 SAC（52）	LM6000 SAC（52）Sprint	LM6000S AC（59）	LM6000S AC（59）Sprint	LM6000 DLE（50）	LM6000 DLE（50）Sprint	LM6000 DLE（57）	LM6000 DLE（57）Sprint
简单循环性能	简单循环净出力（MW）	46	52	56	59	45	50	53	57
	简单循环净热耗率 [kJ/(kW·h), LHV]	8924	8908	8993	9053	8542	8555	8625	8710
	简单循环净效率（%, LHV）	40.3	40.4	40.0	39.8	42.1	42.1	41.7	41.3
燃气轮机参数	排烟温度（°F）	824	851	879	897	861	865	932	914
	排烟温度（℃）	440	455	471	481	461	463	500	490
	保证排放的最小燃气轮机负荷（%）	25	—	25	—	50	—	50	—
	燃气轮机升负荷率（MW/min）	50	—	50	—	50	—	50	—
	基本负荷（标准状态，15%O₂）下 NO$_x$ 排放（mg/m³）	25	—	25	—	15	—	15	—
	基本/最小运行负荷下的 CO 排放（mg/m³）	89/150	—	94/150	—	25/70	—	25/25	—
	Wobbe 指数允许变化范围（%）	±20	—	±20	—	±25	—	±25	—
	启动时间（常规启动/调峰启动，min）	5/5	—	5/5	—	5/5	—	5/5	—
1X1 联合循环性能	联合循环净出力（MW）	58.6	66	73	76	58	64	70	74
	联合循环净热耗率 [kJ/(kW·h), LHV]	6935	6911	6895	6912	6520	6583	6441	6575
	联合循环净效率（%, LHV）	51.9	52.1	52.2	52.1	55.2	54.7	55.9	54.7
	保证排放的最小全厂负荷（%）	19	—	19	—	37	—	37	—
	全厂升负荷率（MW/min）	50	—	50	—	50	—	50	—
	启动时间（热态快速启动，min）	30	—	30	—	30	—	30	—
	推荐循环形式	双压无再热	双压无再热	双压无再热	双压无再热	双压无再热	双压无再热	双压无再热	双压无再热
2X1 联合循环性能	联合循环净出力（MW）	118	133	146	153	117	129	140	149
	联合循环净热耗率 [kJ/(kW·h), LHV]	6916	6891	6874	6891	6500	6563	6420	6555
	联合循环净效率（%, LHV）	52.1	52.2	52.4	52.2	55.4	54.8	56.1	54.9
	保证排放的最小全厂负荷（%）	19	—	19	—	19	—	18	—
	全厂升负荷率（MW/min）	100	—	100	—	100	—	100	—
	启动时间（热态快速启动，min）	30	—	30	—	30	—	30	—
	推荐循环形式	双压无再热	双压无再热	双压无再热	双压无再热	双压无再热	双压无再热	双压无再热	双压无再热

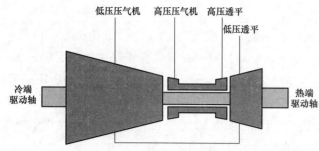

图 6-9　LM6000 航改型燃气轮发电机组轴系示意图

（1）结构及布置。LM6000 航改型燃气轮机采用双轴设计，有 5 级低压压气机和 14 级高压压气机、2 级高压透平和 5 级低压透平，同时支持冷端驱动和热端驱动，这就允许在一台发电机或压缩机组的相对两端按照两台 LM6000 型燃气轮机进行双装置功率输出，轴系示意图见图 6-9。燃气轮机及辅机采用模块化布置方式，CO_2 消防柜、控制室等布置在燃气轮机本体周围，成套机组主模块占地约 20m×6m，高约 13m。LM6000 燃气轮机组布置参考图见图 6-10。

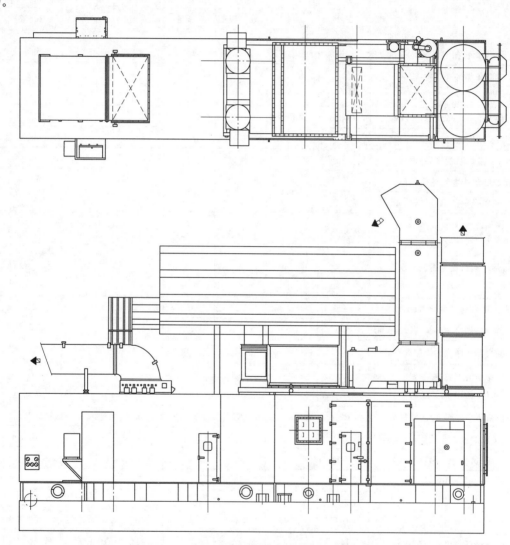

图 6-10　LM6000 航改型燃气轮发电机组布置参考图

Sprint 系统是 LM6000 独有的技术，通过分布在低压级的 23 个低压喷嘴和高压级的 24 个高压喷嘴，向压气机中注入雾化除盐水，提高高温环境下的输出功率和效率，除盐水耗量 4～5t。图 6-11 所示为 LM6000 航改型燃气轮发电机组 Sprint 模块图例。

（2）燃料适应性及排放。LM6000 航改型燃气轮机支持双燃料运行，可以燃用天然气和轻质柴油，也可以燃用石脑油、丙烷、焦炉煤气、煤层甲烷、乙醇以及液化天然气等。LM6000-PC 及 LM6000-PG 使用标准单环管燃烧室，可以通过注水或注蒸汽的方式降低 NO_x 的排放，对气体燃料，注水或注蒸汽

时 NO_x 排放约为 $25mg/m^3$，对液体燃料，注水时 NO_x 排放约为 $42mg/m^3$；LM6000-PF 和 LM6000-PF＋使用双燃料干式低氮燃烧室，燃用气体燃料时 NO_x 排放可以低至 $15mg/m^3$，而燃用液态燃料时的 NO_x 排放约为 $65mg/m^3$。

（3）燃料要求。供应的天然气应符合 GE 公司《A5.1 气体燃料规范》的要求，相关内容详见本手册第九章 燃料供应系统。

（4）用水要求。LM6000 航改型燃气轮机润滑油冷却器及发电机润滑油冷却器一般采用闭式循环水冷却方式，也可采用开式循环水冷却方式，但须保证清洁度，且低温停机后必须及时排空换热器，防止冷冻结冰。冷却水耗量为 90t/h，要求供水温度小于 35℃，水质应满足 GE 公司相关规范的要求。

压气机清洗用水应符 GE 公司《A5.5 水洗水质要求》，温度为 38～66℃，离线水洗耗水量约为 0.38t/次，在线水洗耗水量每天不超过 0.4t。

（5）检修周期。表 6-33 给出的是 LM6000 航改型燃气轮机在理想状态下燃烧室、高温通道和大修检查间隔，具体检修间隔按 GE 公司相关规定执行。

图 6-11 LM6000 航改型燃气轮发电机组 Sprint 模块图例

表 6-33　　　　LM6000 系列燃气轮机检修间隔

检查类型	运行小时数（h）	停机时间
燃烧系统	4000	16h
高温通道	25000	4 天
大修	50000	4 天

7. LMS100

LMS100 航改型燃气轮机系列是 GE 公司以航空发电机 CF6 为蓝本研制的燃气轮机，可提供 112～115MW 的电力，推出十余年来拥有 53 台的装机数量和超过 40 万 h 的运行业绩，可靠性超过 99.7%，单循环效率高达 44%，是迄今为止效率最高的燃气轮机之一，应用于发电、油气管线、海上平台、热电冷联产以及联合循环中。表 6-34 给出的是 LMS100 系列航改型燃气轮机层性能参数。

表 6-34　　　　　　GE 公司 LMS100 系列航改型燃气轮机性能参数表（50/60Hz）

项　目		50Hz	60Hz
简单循环性能	简单循环净输出功率（MW）	112	118
	简单循环净热耗率 ［kJ/(kW·h)，LHV］	8448	8169
	简单循环净效率（%，LHV）	42.6	44.1
燃气轮机参数	排烟温度（℉）	792	777
	排烟温度（℃）	422	414
	保证排放的最小燃气轮机负荷（%）	25	25
	燃气轮机升负荷率（MW/min）	50	50
	基本负荷（标准状态，$15\%O_2$）下 NO_x 排放（mg/m^3）	25	15
	基本/最小运行负荷下的 CO 排放（mg/m^3）	95/250	95/250
	Wobbe 指数允许变化范围（%）	±20	±20
	启动时间（常规启动/调峰启动，min）	8/8	8/8

续表

项　目		50Hz	60Hz
1X1联合循环性能	联合循环净输出功率（MW）	135	137
	联合循环净热耗率［kJ/(kW·h)，LHV］	6998	6970
	联合循环净效率（%，LHV）	51.4	51.7
	保证排放的最小全厂负荷（%）	13	13
	全厂升负荷率（MW/min）	50	50
	启动时间（热态快速启动，min）	30	30
	推荐循环形式	双压无再热	双压无再热
2X1联合循环性能	联合循环净输出功率（MW）	271	275
	联合循环净热耗率［kJ/(kW·h)，LHV］	678	6950
	联合循环净效率（%，LHV）	51.6	51.8
	保证排放的最小全厂负荷（%）	6	6
	全厂升负荷率（MW/min）	100	100
	启动时间（热态快速启动，min）	30	30
	推荐循环形式	双压无再热	双压无再热

（1）结构及布置。LMS100航改型燃气轮机采用独特的三转子设计，低压转子由6级低压压气机和2级低压透平组成，高压转子由14级高压压气机和2级高压透平组成，输出功率的转子由5级动力透平组成，轴系示意图见图6-12。在低压压气机和高压压气机之间装备有一个安装在发动机外的中间冷却器，见图6-13，冷却低压压气机输出的被增压的炽热气流，减少了高压压气机的压缩功，使循环压比增加到42∶1，减少高压压气机的进口温度，增加了质量流量，并降低了压气机排气温度，从而为透平提供了温度更低的冷却空气。更有效的冷却允许以更高的燃气初温运行（约为1380℃），却不增加金属的温度（与燃气初温为1243℃的LM6000相当）。级间冷却用水可以与电厂公用水系统综合设计（除盐水、区域供热、给水加热等）。

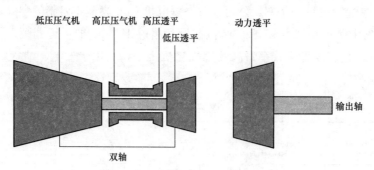

图6-12　LMS100航改型燃气轮发电机组轴系示意图

LMS100航改型燃气轮机及辅机采用模块化布置方式，布置参考图见图6-14。

（2）燃料适应性及排放。LMS100航改型燃气轮机支持双燃料运行，可以燃用天然气和轻质柴油，也可以燃用石脑油、丙焦炉煤气、乙醇以及液化天然气等，可在全载下实现双燃料切换。使用标准单环管燃烧室，可以通过注水或注蒸汽的方式降低NO_x的排放，对气体燃料，注水或注蒸汽时NO_x排放约为$25mg/m^3$，对液体燃料，注水时NO_x排放约为$42mg/m^3$；干式低氮燃烧室（DLE）仅适用于天然气，NO_x排放可以低至$25mg/m^3$。

（3）燃料要求。供应的天然气应符合GE公司A5.1《气体燃料规范》的要求，相关内容详见本手册第九章 燃料供应系统。

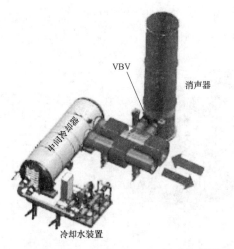

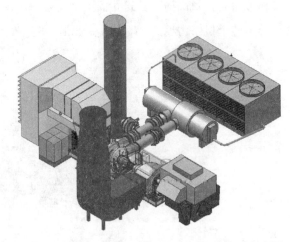

图 6-13　LMS100 航改型燃气轮机组级间冷却系统示意图　　图 6-14　LMS100 航改型燃气轮发电机组布置参考图

（4）检修周期。表 6-35 给出的是 LMS100 航改型燃气轮机在理想状态下燃烧室、高温通道和大修检查间隔，具体检修间隔按 GE 公司相关规定执行。

表 6-35　　　　　　　　　　　　　　LMS100 燃气轮机检修间隔

检查类型	运行小时数（h）	停机时间
燃烧系统	4000	16h
高温通道	25000	4 天
大修	50000	4 天

8. TM2500

TM2500 发电机组采用了 LM2500 原型航改型燃气轮机的特性，将能源提供在需求点或附近位置，因而被大家称之为"轮子上的发电厂"，可以作为基本负荷电厂安装期间的替代者，也可作为抗灾救援、机组跳机、由于可再生能源导致的电网不稳定性、设备维护的备用机组。TM2500 型燃气轮机的核心是 CF6 航空发动机，机组被安装在四轴拖车上，由两节车厢组成，见图 6-15 和图 6-16，可以由陆运、

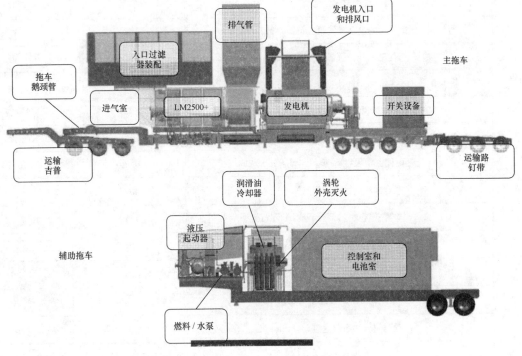

图 6-15　TM2500 航改型燃气轮机示意图（1）

海运和空运送达目的地,可在几周内送达有需求的地区,并且从第一批交货起算只需 11 天即可投入商业运行。整个机组占地约 27.7m×8.2m,机组噪声水平约为 90dB。

图 6-16 TM2500 航改型燃气轮机示意图 (2)

TM2500 发电机组可提供 33.6～35.9MW 的电力,燃气轮机具有良好的燃料适应性,支持双燃料运行,允许使用天然气、轻质柴油、凝析油等作为燃料,在燃用天然气时,NO_x 的排放约为 51mg/m³(标准状态),燃用液体燃料时,通过注水可将 NO_x 排放控制在 86mg/m³(标准状态)。具体性能参数见表 6-36。

表 6-36　　　　GE 公司 TM2500 系列航改型燃气轮机性能参数表 (50/60Hz)

	项 目	50Hz	60Hz
简单循环性能	简单循环净输出功率(MW)	34.3	37.1
	简单循环净热耗率 [kJ/(kW·h),LHV]	10197	9676
	简单循环净效率(%,LHV)	35.3	37.2
燃气轮机参数	排烟温度(°F)	962.7	950
	排烟温度(℃)	517	510
	保证排放的最小燃气轮机负荷(%)	50	50
	燃气轮机升负荷率(MW/min)	30	30
	基本负荷(标准状态 15%O_2)下 NO_x 排放(mg/m³)	25	25
	基本/最小运行负荷下的 CO 排放(mg/m³)	15/275	15/275
	Wobbe 指数允许变化范围(%)	±20	±20
	启动时间(常规启动/调峰启动,min)	10/10	10/10
1X1 联合循环性能	联合循环净输出功率(MW)	48.4	50.5
	联合循环净热耗率 [kJ/(kW·h),LHV]	7229	7072
	联合循环净效率(%,LHV)	49.8	50.9
	保证排放的最小全厂负荷(%)	35	36
	全厂升负荷率(MW/min)	30	30
	启动时间(热态快速启动,min)	30	30
	推荐循环形式	双压无再热	双压无再热

续表

项　目		50Hz	60Hz
2×1联合循环性能	联合循环净输出功率（MW）	97.2	101.3
	联合循环净热耗率［kJ/(kW·h), LHV］	7203	7049
	联合循环净效率（%, LHV）	50.0	51.1
	保证排放的最小全厂负荷（%）	35	35
	全厂升负荷率（MW/min）	60	60
	启动时间（热态快速启动, min）	30	30
	推荐循环形式	双压无再热	双压无再热

（三）西门子公司（Siemens）

西门子公司是世界最大的综合性机电设备制造企业公司之一，1847年，由维尔纳·冯·西门子创建。西门子公司是在法兰克福证券交易所和纽约证券交易所上市的公司，其业务遍布全球200多个国家，在全世界拥有大约600家工厂、研发中心和销售办事处，员工约34万人。2008年1月，公司重组，将之前的十大业务部门整合为能源、工业、医疗以及基础设施与城市四大板块，下设17个业务部门，业务领域涉及通信与信息、自动化与控制、电力、交通、医疗、照明及金融、房地产等。2014年西门子公司宣布，以30亿欧元向博世集团出售其持有的合资企业——博世西门子家用电器集团（博西家电）50%的股份，届时，西门子将彻底退出家电领域，从而专注于工业、能源、医疗等核心业务。

西门子发电与天然气集团隶属于西门子公司，主要负责能源业务板块，是全球能源和电力工业组件及系统的领先供应商，为电力公司、独立发电商、工程总包（EPC）公司和工业客户（如石油和天然气行业）提供广泛的产品和解决方案，帮助他们实现环保和高效的利用化石燃料或可再生能源生产电力，以及提供可靠的石油和天然气运输。在2001年收购了德国机器制造公司——Demag Delaval公司后，西门子发电集团将其产品范围延伸至工业涡轮领域。2003年，西门子公司收购了阿尔斯通公司的工业涡轮业务，并成立了西门子公司独资的业务集团。将西门子发电集团的产品和服务进一步延伸到了石油天然气领域。目前，西门子发电与天然气集团拥有功率范围覆盖5MW到400MW各类型燃气轮机在内的完整的产品系列和服务。

西门子公司重型燃气轮机的性能参数如表6-37所示，航改型燃气轮机及工业燃气轮机的性能参数如表6-38所示。

表6-37　　　　　　　　　　　　Siemens公司重型燃气轮机性能参数汇总表

频率	50Hz			60Hz		
型号	SGT5-2000E	SGT5-4000F	SGT5-8000H	SGT6-2000E	SGT6-5000F	SGT6-8000H
额定功率（MW）	187	329	425	117	250	310
效率（%）	36.2	40.7	>40	35.2	39.3	>40
热耗率［kg/(kW·h)］	9945	8846	<9000	10239	9160	<9000
压气机级数（级）	16	15	13	17	13	13
压气机压比	12.8	20	20	12	18.9	20
透平级数（级）	4	4	4	4	4	4
透平转速（r/min）	3000	3000	3000	3600	3600	3600
燃气初温（℃）	1177	1316	>1400	1177	1316	>1400
排气温度（℃）	536	600	640	532	600	645
NOx 排放（mg/m³）	25	25	25	25	25	25

表 6-38   **Siemens 公司工业 & 航改型燃气轮机性能参数汇总表**

类型	型号	额定功率 (MW)	频率 (Hz)	效率 (%)	热耗率 [kJ/(kW·h)]	压气机 压比	转速 (r/min)	排气温度 (℃)	排气流量 (kg/s)	NO$_x$排放 (mg/m³)
工业型	SGT-100	5.1	50/60	30.2	11914	14.0	17384	545	19.5	25
		5.4	50/60	31.0	11613	15.6	17384	531	20.6	25
	SGT-200	6.8	50/60	31.5	11481	12.2	11053	466	29.3	25
	SGT-300	7.9	50/60	30.6	11773	13.7	14010	542	30.2	15
	SGT-400	12.9	50/60	34.8	10355	16.8	9500	555	39.4	15
		14.3	50/60	35.5	10178	18.9	9500	540	44.0	15
	SGT-500	19.1	50/60	33.7	10690	13.0	3600	369	97.9	42
	SGT-600	24.5	50/60	33.6	10720	14.0	7700	543	81.3	15
	SGT-700	32.8	50/60	3720.0	9675	18.7	6500	533	95.0	15
	SGT-750	39.8	50/60	40.3	8922	24.3	6100	468	115.4	15
	SGT-800	47.5	50/60	37.7	9547	20.1	6608	541	132.8	15
		50.5	50/60	38.3	9389	21.0	6608	553	134.2	15
		54.0	50/60	39.1	9206	21.4	6608	563	135.5	15
航改型	Industrial 501-KB5S	4.0	50/60	29.7	12137	10.3	14200	560	15.4	25
	Industrial 501-KB7S	5.4	50/60	32.3	11151	13.9	14600	494	21.3	25
	Industrial 501-KH5	6.6	50/60	41.2	8741	10.3	14600	530	18.4	25
	Industrial Avon 200	16.3	50/60	30.1	11943	—	5500	426	81.0	—
		17.0	50/60	31.2	11511	—	4950	420	81.0	—
	Industrial RB211-G62 DLE	27.2	50/60	36.4	9903	20.6	4800	501	—	—
	Industrial RB211-GT62 DLE	29.8	50/60	37.6	9589	21.7	4800	503	—	—
	Industrial RB211-GT61 DLE	32.1	50/60	39.3	9158	21.6	4850	509	—	—
	Industrial RB211-GT30 DLE	31.9	50	37.3	9644	22.6	3000	504	—	—
	Industrial RB211-GT30 non-DLE	32.1	50	37.5	9611	22.9	3000	503	—	—
	Industrial Trent 60 DLE	53.1	50	42.0	8487	34.5	3000	433	—	—
	Industrial Trent 60 DLE ISI	63.5	50	43.2	8322	37.9	3000	417	—	—
	Industrial Trent 60 WLE	66.0	50	41.4	8693	39.1	3000	425	—	—

续表

类型	型号	额定功率（MW）	频率（Hz）	效率（%）	热耗率[kJ/(kW·h)]	压气机压比	转速（r/min）	排气温度（℃）	排气流量（kg/s）	NO$_x$排放（mg/m³）
航改型	Industrial Trent 60 WLE ISI	66	50	41.5	8669	39.0	3600	416	—	—
	Industrial RB211-GT30 DLE	32.5	60	38.3	9397	22.3	3600	500		
	Industrial RB211-GT30 non-DLE	33.1	60	38.5	9361	22.7	3600	501		
	Industrial Trent 60 DLE	54.0	60	42.5	8464	33.6	3600	431		
	Industrial Trent 60 DLE ISI	61.8	60	43.4	8300	36.2	3600	421		
	Industrial Trent 60 WLE	62.9	60	41.3	8723	37.4	3600	429		
	Industrial Trent 60 WLE ISI	65.7	60	41.1	8760	38.0	3600	426		

1. SGT5-2000E 和 SGT6-2000E

SGT5-2000E 型燃气轮机剖视图如图 6-17 所示。

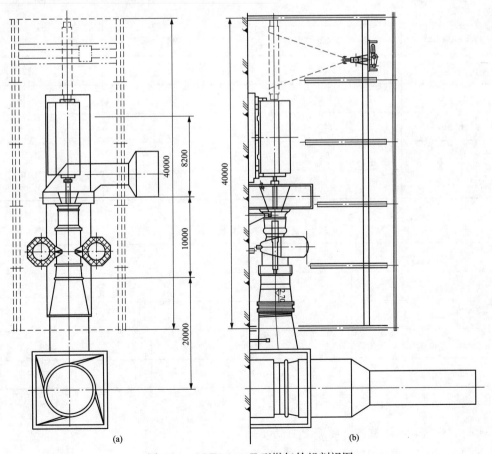

图 6-17　SGT5-2000E 型燃气轮机剖视图

（a）SGT5-2000E 俯视图；（b）SGT5-2000E 侧视图

结构形式为轴流式、单轴重型工业燃气轮机。

SGT5-2000E 性能数据见表 6-39，SGT6-2000E 性能数据见表 6-40，尺寸及质量见表 6-41。

表 6-39   **SGT5-2000E 性能数据**

项　目	SGT5-2000E	联合循环	
		1×1	2×1
功率（MW）	187	275	551
热耗率 [kJ/(kW·h)]	9945	6755	6755
热效率（%）	36.2	53.3	53.3
增压比	12.8	—	—
输出转速（r/min）	3000	—	—
排气流量（kg/s）	558	—	—
排气温度（℃）	536	—	—

表 6-40   **SGT6-2000E 性能数据**

项　目	SGT5-2000E	联合循环	
		1×1	2×1
功率（MW）	117	174	347
热耗率 [kJ/(kW·h)]	10239	6893	6901
热效率（%）	35.2	52.2	52.2
增压比	12.0	—	—
输出转速（r/min）	3600	—	—
排气流量（kg/s）	368	—	—
排气温度（℃）	532	—	—

表 6-41   **尺寸及质量**

项　目	SGT5-2000E	SGT6-2000E
长度（mm）	10300	9100
宽度（mm）	4000	3300
高度（mm）	4000	3300
质量（kg）	189000	108000

2. SGT5-4000F 和 SGT6-5000F

SGT5-4000F 燃气轮机剖视图如图 6-18 所示。

结构形式为轴流式、单轴重型工业燃气轮机。

SGT5-4000F 性能数据见表 6-42，SGT6-5000F 性能数据见表 6-43，尺寸及质量见表 6-44。

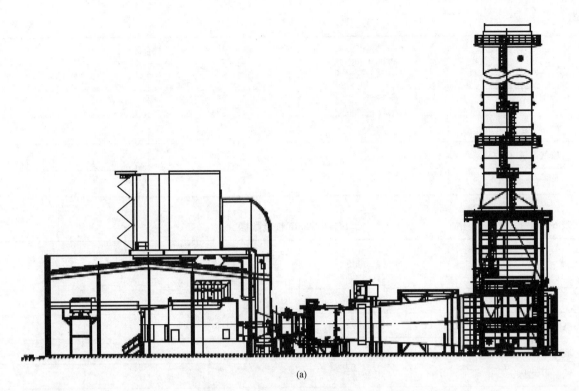

(a)

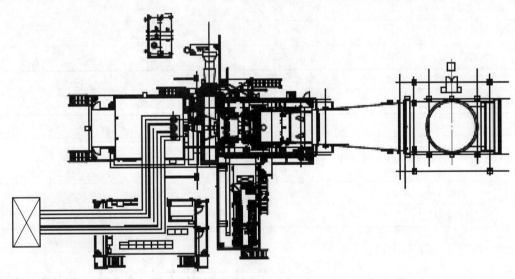

(b)

图 6-18　SGT5-4000F 型燃气轮机剖视图
（a）侧视图；（b）俯视图

表 6-42　　　　　　　　　　　　　　　　　**SGT5-4000F 性能数据**

项　　目	SGT5-4000F	联合循环	
		1×1	2×1
功率（MW）	329	475	950
热耗率 [kJ/(kW·h)]	8846	6030	6030
热效率（%）	40.7	59.7	59.7

续表

项 目	SGT5-4000F	联合循环	
		1×1	2×1
增压比	20	—	—
输出转速（r/min）	3000	—	—
排气流量（kg/s）	—	—	—
排气温度（℃）	600	—	—

表 6-43   **SGT6-5000F 性能数据**

项 目	SGT6-5000F	联合循环	
		1×1	2×1
功率（MW）	250	370	746
热耗率 [kJ/(kW·h)]	9160	6186	6133
热效率（%）	39.3	58.2	58.7
增压比	18.9	—	—
输出转速（r/min）	3600	—	—
排气流量（kg/s）	—	—	—
排气温度（℃）	600	—	—

表 6-44   **尺寸及质量**

项 目	SGT5-4000F	SGT6-5000F
长度（mm）	10800	10100
宽度（mm）	5200	4000
高度（mm）	4800	4600
质量（kg）	312000	219000

3. SGT5-8000H 和 SGT6-8000H

SGT5-8000H 性能数据见表 6-45，SGT6-8000H 性能数据见表 6-46，尺寸及重量见表 6-47。

表 6-45   **SGT5-8000H 性能数据**

项 目	SGT5-8000H	联合循环	
		1×1	2×1
功率（MW）	425	630	1265
热耗率 [kJ/(kW·h)]	<9000	5910	5910
热效率（%）	>40.0	61.0	61.0
增压比	20	—	—
输出转速（r/min）	3000	—	—
排气流量（kg/s）	—	—	—
排气温度（℃）	640	—	—

表 6-46   SGT6-8000H 性能数据

项　目	SGT6-8000H	联合循环	
		1×1	2×1
功率（MW）	310	460	930
热耗率 [kJ/(kW·h)]	<9000	5920	5910
热效率（%）	>40.0	61.0	61.0
增压比	20	—	—
输出转速（r/min）	3600	—	—
排气流量（kg/s）	—	—	—
排气温度（℃）	645	—	—

表 6-47   尺寸及质量

项　目	SGT5-8000H	SGT6-8000H
长度（mm）	12600	10500
宽度（mm）	5500	4300
高度（mm）	5500	4300
质量（kg）	445000	289000

4. SGT-100（50/60Hz）

结构形式为轴流式、单轴和双轴、后输出轴工业燃气轮机。

发电用途机型性能数据见表 6-48，SGT-100 发电设备尺寸及质量见表 6-49。

表 6-48   发电用途机型性能数据

型号	基本负荷（MW）	热耗率 [kJ/(kW·h)]	增压比	热效率（%）	输出转速（r/min）	排气流量（kg/s）	排气温度（℃）
SGT-100	5.1	11914	14.0	30.2	17384	19.5	545
SGT-100	5.4	11613	15.6	31.0	17384	20.6	531

表 6-49   SGT-100 发电设备尺寸及质量

长度（mm）	11000
宽度（mm）	2900
高度（mm）	3600
质量（kg）	61325

5. SGT-200（50/60Hz）

结构形式为轴流式、单/双轴、后输出轴工业燃气轮机。

SGT-200 性能数据见表 6-50，发电用 SGT-200 尺寸及质量见表 6-51。

表 6-50   SGT-200 性能数据

型号	功率（MW）	热耗率 [kJ/(kW·h)]	增压比	输出转速（r/min）	排气流量（kg/s）	排气温度（℃）
SGT-200（发电）	6.8	11418	12.2	11053	29.3	466

表 6-51　　　　　　　　　　　　　　　**发电用 SGT-200 尺寸及质量**

长度（带机组固定控制系统，mm）	12500
长度（不带机组固定控制系统，mm）	10900
宽度（mm）	2400
高度（至装置箱体顶部，mm）	3400
质量（kg）	56245

6. SGT-300（50/60Hz）

结构形式为轴流式、单轴工业用燃气轮机。

SGT-300 性能数据见表 6-52，发电用 SGT-300 尺寸及质量见表 6-53。

表 6-52　　　　　　　　　　　　　　　　**SGT-300 性能数据**

型号	功率（MW）	热耗率 [kJ/(kW·h)]	增压比	输出转速（r/min）	排气流量（kg/s）	效率（%）	排气温度（℃）
发电	7.9	11773	13.7	14010	30.2	30.6	542
机械驱动	8.4	10265	13.8	11500-12075	29.7	35.1	491
	9.2	10104	14.5	11500	30.5	35.6	512

注　ISO 条件下。

表 6-53　　　　　　　　　　　　　　　**发电用 SGT-300 尺寸及质量**

长度（mm）	11800
宽度（mm）	2900
高度（mm）	3500
质量（kg）	59000

7. SGT-400（50/60Hz）

结构形式为轴流式、双轴工业燃气轮机。

SGT-400 性能数据见表 6-54，发电用 SGT-400 尺寸及质量见表 6-55。

表 6-54　　　　　　　　　　　　　　　　**SGT-400 性能数据**

型号	功率（MW）	热耗率 [kJ/(kW·h)]	增压比	输出转速（r/min）	排气流量（kg/s）	效率（%）	排气温度（℃）
SGT-400	12.9	10355	16.8	9500	39.4	34.8	555
	14.3	10178	18.9	9500	44.0	35.4	540

注　ISO 条件下。

表 6-55　　　　　　　　　　　　　　　**发电用 SGT-400 尺寸及质量**

长度（mm）	14000
宽度（mm）	3100
高度（mm）	4300
质量（kg）	83824

8. SGT-500（50/60Hz）

结构形式为轴流式、双轴重型燃气轮机。

发电用 SGT-500 性能数据见表 6-56，发电用 SGT-500 尺寸及质量见表 6-57。

表 6-56				发电用 SGT-500 性能数据			
型号	功率 (MW)	热耗率 [kJ/(kW·h)]	增压比	热效率 (%)	输出转速 (r/min)	排气流量 (kg/s)	排气温度 (℃)
发电	19.1	10690	13.0	33.7	3600	97.9	369

表 6-57	发电用 SGT-500 尺寸及质量
长度 (mm)	20600
宽度 (mm)	4000
高度 (mm)	4000
质量 (kg)	210000

9. SGT-600（50/60Hz）

结构形式为轴流式、双轴工业燃气轮机。

发电用 SG7-600 性能数据见表 6-58，发电用 SGT-600 尺寸及质量见表 6-59。

表 6-58		发电用 SGT-600 性能数据		
项　目	SGT-600	联合循环		
		SCC 600 1×1	SCC 600 2×1	
功率（MW）	24.5	35.9	73.3	
热耗率 [kJ/(kW·h)]	10720	7220	7071	
热效率（%）	33.6	49.9	50.9	
增压比	14			
输出转速（r/min）	7700			
排气流量（kg/s）	81.3			
排气温度（℃）	543			

表 6-59	发电用 SGT-600 尺寸及质量
长度 (mm)	18800
宽度 (mm)	4600
高度 (mm)	4000
质量 (kg)	150000

10. SGT-700（50/60Hz）

结构形式为轴流式、双轴工业燃气轮机。

发电用 SGT-700 性能数据见表 6-60，发电用 SGT-700 尺寸及质量见表 6-61。

表 6-60		发电用 SGT-700 性能数据		
项　目	SGT-700	联合循环		
		SCC 7001×1	SCC 7002×1	
功率（MW）	32.8	45.2	91.6	
热耗率 [kJ/(kW·h)]	9675	6876	6778	
热效率（%）	37.2	52.3	53.1	
增压比	18.7	—	—	
输出转速（r/min）	6500	—	—	
排气流量（kg/s）	95.0	—	—	
排气温度（℃）	533	—	—	

表 6-61　　　　　　　　　　　　发电用 SGT-700 尺寸质量

长度（mm）	18800
宽度（mm）	4600
高度（mm）	4000
质量（kg）	169000

11. SGT-750（50/60Hz）

结构形式为轴流式、双轴工业燃气轮机。

发电用 SGT-750 性能数据见表 6-62，发电用 SGT-750 尺寸及质量见表 6-63。

表 6-62　　　　　　　　　　　　发电用 SGT-750 性能数据

项　　目	SGT-750	联合循环	
		SCC 7501×1	SCC 7502×1
功率（MW）	39.8	51.6	103.7
热耗率 [kJ/(kW·h)]	8921	6760	6718
热效率（%）	40.3	53.3	53.6
增压比	24.3	—	—
输出转速（r/min）	6100	—	—
排气流量（kg/s）	—	—	—
排气温度（℃）	468	—	—

表 6-63　　　　　　　　　　　　发电用 SGT-750 尺寸及质量

长度（mm）	20300
宽度（mm）	4800
高度（mm）	4100
质量（kg）	175000

12. SGT-800（50/60Hz）

结构形式为轴流式、单轴重型工业燃气轮机。

SGT-800 性能数据见表 6-64，联合循环性能数据见表 6-65，SGT-800 尺寸及质量见表 6-66。

表 6-64　　　　　　　　　　　　SGT-800 性能数据

功率（MW）	47.5	50.5	54.0
热耗率 [kJ/(kW·h)]	9547	9389	9206
热效率（%）	37.7	38.3	39.1
增压比	20.1	21.0	21.4
输出转速（r/min）	6608	6608	6608
排气流量（kg/s）	132.8	134.2	135.5
排气温度（℃）	541	553	563

表 6-65　　　　　　　　　　　　联合循环性能数据

项　　目	1×1			2×1		
净功率（MW）	66.6	71.4	75.9	135.4	143.6	153.7
净热耗率 [kJ/(kW·h)]	6693	6530	6427	6583	6494	6349
净热效率（%）	53.8	55.1	56.0	54.7	55.4	56.7

表 6-66	SGT-800 尺寸及质量	
长度（mm）	27900	19600
宽度（mm）	7300	4700
高度（mm）	15100	15300
质量（kg）	290000	320000

13. Industrial 501-K

Industrial 501-K 性能数据见表 6-67，尺寸及质量见表 6-68。

表 6-67	Industrial 501-K 性能数据		
项　　目	Industrial 501-KB5S	Industrial 501-KB7S	Industrial 501-KH5
功率（MW）	4.0	5.4	6.6
热耗率 [kJ/(kW·h)]	12137	11151	8741
热效率（%）	29.7	32.3	41.2
增压比	10.3	13.9	10.3
输出转速（r/min）	14200	14600	14600
排气流量（kg/s）	15.4	21.3	18.4
排气温度（℃）	560	494	530

表 6-68	尺寸及质量
长度（mm）	9000
宽度（mm）	2700
高度（mm）	3100
质量（kg）	35000

14. Industrial Avon 200

Industrial Avon 200 性能数据见表 6-69。

表 6-69	Industrial Avon 200 性能数据	
项　　目	Industrial Avon 2648	Industrial Avon 2656
功率（MW）	16.347	17.007
热耗率 [kJ/(kW·h)]	11943	11511
输出转速（r/min）	5500	4950
排气流量（kg/s）	81	81
排气温度（℃）	426	420
重量（kg）	22680	23580

15. Industrial RB211

Industrial RB211 性能数据见表 6-70、表 6-71，尺寸及质量见表 6-72。

表 6-70　　　　　　　　　　　发电用 Industrial RB211 性能数据 (1)

型号	GT30 60Hz	GT30 50Hz	GT30 DLE 60Hz	GT30 DLE 50Hz
功率（MW）	33.1	32.1	32.5	31.9
热耗率 [kJ/(kW·h)]	9361	9611	9397	9644
热效率（%）	38.5	37.5	38.3	37.3
增压比	22.7	22.9	22.3	22.6
输出转速（r/min）	3600	3000	3600	3000
排气流量（kg/s）	—	—	—	—
排气温度（℃）	501	503	500	504

表 6-71　　　　　　　　　　　发电用 Industrial RB211 性能数据 (2)

型号	G62 DLE	GT62 DLE	GT61 DLE
功率（MW）	27.2	29.8	32.1
热耗率 [kJ/(kW·h)]	9903	9589	9158
热效率（%）	36.4	37.6	39.3
增压比	20.6	21.7	21.6
输出转速（r/min）	4800	4800	4850
排气流量（kg/s）	91.0	95.0	94.0
排气温度（℃）	501	503	509

表 6-72　　　　　　　　　　　　　尺寸及质量

项目	发电用
长度（mm）	16000
宽度（mm）	3300
高度（mm）	5400
质量（kg）	150000

16. Industrial Trent 60

发电用 Industrial Trent 60 DLE 性能数据见表 6-73，发电用 Industrial Trent 60 WLE ISI 性能数据见表 6-74，发电用 Industrial Trent 60 联合循环性能数据见表 6-75，机械驱动 Industrial Trent 60 性能数据见表 6-76，尺寸及质量见表 6-77。

表 6-73　　　　　　　　　　　发电用 Industrial Trent 60 DLE 性能数据

项目	50Hz	50Hz ISI	60Hz	60Hz ISI
功率（MW）	53.1	63.5	54.0	61.8
热耗率 [kJ/(kW·h)]	8487	8322	8464	8300
热效率（%）	42.0	43.2	42.5	43.4
增压比	34.5	37.9	33.6	36.2
输出转速（r/min）	3000	3000	3600	3600
排气流量（kg/s）	155.0	177.0	158.0	168.0
排气温度（℃）	433	417	431	421

表 6-74 发电用 Industrial Trent 60 WLE ISI 性能数据

项　目	50Hz	60Hz
功率（MW）	66.0	65.7
热耗率 [kJ/(kW·h)]	8669	8760
热效率（%）	41.5	41.1
增压比	39.0	38.0
输出转速（r/min）	3000	3600
排气流量（kg/s）	180.0	172.0
排气温度（℃）	416	426

表 6-75 Industrial Trent 60 联合循环性能数据

项目	DLE 50Hz	DLE 50Hz ISI	WLE 50Hz	WLE 50Hz ISI	DLE 60Hz	DLE 60Hz ISI	WLE 60Hz	WLE 60Hz ISI
功率（MW）	65.3	77.7	81.2	82.9	66.4	77.5	78.0	80.3
热耗率 [kJ/(kW·h)]	6718	6736	6998	7022	6725	6727	6998	7093
热效率（%）	53.6	53.4	51.4	51.0	53.5	53.5	51.4	50.7

表 6-76 机械驱动 Industrial Trent 60 性能数据

型　号	DLE	WLE
功率（MW）	54.2	62.3
热耗率 [kJ/(kW·h)]	8256	8524
热效率（%）	43.9	42.2
增压比	34.3	36.1
输出转速（r/min）	3400	3400
排气流量（kg/s）	154.3	164.5
排气温度（℃）	426	427

表 6-77 尺寸及质量

项　目	发电用	机械驱动
长度（mm）	29600	12000
宽度（mm）	4600	4700
高度（mm）	18900	5000
质量（kg）	208000	105000

（四）安萨尔多公司（Ansaldo）和上海电气电站集团

安萨尔多公司坐落于意大利的热那亚州（Genova），隶属于意大利芬梅卡尼卡集团（Finmeccanica），是一家拥有 150 多年历史、全能型的工业公司，拥有悠久的重工业研发及制造的历史，堪称"意大利的克虏伯公司"。安萨尔多是全球最优秀的综合机电工程公司之一，在能源、自动控制及运输领域有着丰富的经验。安萨尔多此前跟西门子（Siemens）进行过燃气轮机技术合作，后转向自主研发，拥有了独立技术，主打欧洲市场，拥有 AE64.3A（原 Siemens V64.3A）、AE94.2（原 Siemens V94.2）和 AE94.3A（原 Siemens V94.3A）3 种机型。

2013 年，芬梅卡尼卡集团将安萨尔多能源 84.8％股权出售给意大利政府下属的国家战略基金 FSI，到了 2015 年 5 月，上海电气集团斥资 4 亿欧元，收购了安萨尔多 40％的股权，成为中国燃气轮机发展史上的一个里程碑。同年 11 月，两家注册于上海的合资公司宣告成立，分别为上海电气燃气轮机有限公司和上海安萨尔多燃气轮机科技有限公司。前者从事燃气轮机的研发、生产和技术服务，而后者则负责生产和维修燃气轮机的核心零件高温热部件，两家公司的注册资本为 6 亿元与 1.8 亿元，上海电气集团分别持股 76％和 64％。根据规划，工厂将拥有年产 40 台燃气轮机的能力。同一时间，GE 公司正式完成阿尔斯通能源板块的收购案，也意外影响到了上海电气与安萨尔多的合作进程。出于欧盟反垄断方面的考虑，GE 公司向安萨尔多出售阿尔斯通 GT26、GT36 燃气轮机产品线的各种资产，因此上海电气在中国市场也将同步销售并维护这两款 F 级和 H 级的阿尔斯通燃气轮机。

在全球市场划分上，上海电气集团侧重亚洲、澳洲和拉美市场，安萨尔多侧重环地中海、美洲市场，由中方出资或资助的、中国金融机构资金支持项目由上海电气集团承接。

安萨尔多公司和上海电气的燃气轮机的性能参数见表 6-78。

表 6-78 安萨尔多和上海电气的燃气轮机性能参数表

频率	50Hz					60Hz	
型号	AE64.3A	AE94.2	AE94.3A	GT26	GT36-S5	AE64.3A	GT36-S6
额定功率（MW）	78	185	325	345	500	78	340
效率（％）	36.3	36.2	40.1	41	41.5	36.3	41
热耗率 [kg/(kW·h)]	9917	9944	8977	8780	8674	9917	8780
压气机级数（级）	15	16	15	22	15	15	15
压气机压比	18.3	12	19.5	35	25	18.3	24
透平级数（级）	4	4	4	4	4	4	4
透平转速（r/min）	3000	3000	3000	3000	3000	3000	3600
燃气初温（℃）	1190	1075	1250	1255	＞1400	1190	＞1400
排气温度（℃）	573	541	576	616	624	573	630
NO_x 排放（mg/m³）	25	25	25	25	25	25	25

1. AE94.2

AE94.2 是一款 E 级燃气轮机，技术源于西门子的 V94.2（现 SGT-2000E），出力约为 187MW。1993 年至今，已安装运行超过 110 台，拥有超过 710 万 h 的运行业绩，遍布非洲、亚洲、美洲、欧洲以及中东地区。AE94.2 型燃气轮的性能参数见表 6-79。

表 6-79 AE94.2 燃气轮机性能参数表（天然气，ISO 工况）

简单循环性能	简单循环净出力（MW）	185
	简单循环净热耗率 [kJ/(kW·h)，LHV]	9944
	简单循环净效率（％，LHV）	36.20
燃气轮机参数	压气机压比（X∶1）	12
	发电机冷却方式	空冷
	燃烧室数量	2
	压气机级数（级）	16
	透平级数（级）	4
	额定转速（r/min）	3000
	排烟温度（℃）	541
	排烟流量（kg/s）	555
	保证排放的最小燃气轮机负荷（％）	45％

续表

燃气轮机参数	燃气轮机升负荷率（MW/min）	30
	基本负荷（标准状态 15%O_2）下 NO_x 排放（mg/m³）	25
	最小运行负荷下的 CO 排放（mg/m³）	15
	启动时间（min）	<20
1×1 联合循环性能	联合循环净输出功率（MW）	280
	联合循环净热耗率 [kJ/(kW·h)，LHV]	6475
	联合循环净效率（%，LHV）	55.60
	保证排放的最小全厂负荷（%）	60
	推荐循环形式	双压无再热
	高压蒸汽压力（MPa）	8.4
	高压蒸汽温度（℃）	528.4
2×1 联合循环性能	联合循环净输出功率（MW）	563
	联合循环净热耗率 [kJ/(kW·h)，LHV]	6428
	联合循环净效率（%，LHV）	56.0
	保证排放的最小全厂负荷（%）	60
	推荐循环形式	双压无再热
	高压蒸汽压力（MPa）	8.4
	高压蒸汽温度（℃）	528.4

（1）结构及布置。AE94.2 型燃气轮机为单轴、冷端驱动重型燃气轮机，16 级压气机，4 级透平，燃烧系统为垂直固定在燃气轮机两侧的两个对称布置筒形多燃烧器燃烧室，每个燃烧室配 8 个燃烧器，透平排出的烟气通过轴向的排气扩散器排出。燃气轮机本体尺寸为 9.58m×3.9m×3.7m（不含燃烧筒），质量约为 187t，燃烧筒质量约 23.4t。燃气轮机可室外布置，也可室内布置，前置模块、空气处理站、CO_2 消防柜、控制室等布置在燃气轮机本体周围，参考布置图见图 6-19。

（2）燃料适应性及排放。AE94.2 型燃气轮机支持双燃料运行，可以燃用天然气、柴油、乙醇、石脑油、原油、重油等，除了标准的 AE94.2 燃气轮机外，安萨尔多还推出了一款 AE94.2K 燃气轮机，以适应氢含量较高的燃料、工艺过程气体、高炉煤气、生物质等低热值燃料（8～13MJ/kg）。使用干式低氮燃烧器燃用天然气时，NO_x 的排放可低于 51mg/m³（标准状态），燃用轻柴油时，NO_x 可低于 185mg/m³（标准状态）。

（3）燃料要求。供应的燃料应符合安萨尔多和上海电气集团的相关规范要求，相关内容详见本手册第九章 燃料供应系统。

（4）用水要求。AE94.2 型燃气轮机采用闭式循环水冷却方式，冷却水质为除盐水，耗量约为 280t/h，要求供水温度小于 38℃，供水压力为 0.3～0.5MPa，冷却水应符合安萨尔多和上海电气集团相关规范。

压气机清洗用水应符合上海电气公司《压气机水洗模块推荐运行规程》的要求，如下：

1）压力：0.4～0.8MPa。

2）温度：≤38 ℃。

3）pH 值：5～8。

4）过滤度：<5μm。

5）电导率：≤0.5μs/cm（25℃）。

6）硬度：约为 0。

7）用水量：1.2m³/次。

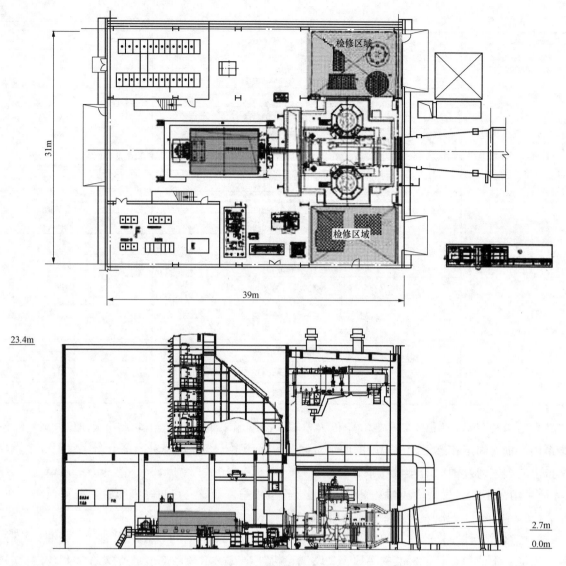

图 6-19　AE94.2 型燃气轮发电机组布置参考图

（5）检修周期。表 6-80 给出的是 AE94.2 型燃气轮机在理想状态下燃烧室、高温通道和大修检查间隔，其理想状态是指以天然气为燃料、基本负荷运行、无注水注蒸汽、干式低 NO_x 排放燃烧室以及无非正常停机。燃料、空气中有害元素含量等应符合规范。具体检修间隔按上海电气集团相关规定执行。

表 6-80　　　　　　　　　　　　　　　　AE94.2 型燃气轮机检修间隔

检查类型	检查内容	检查间隔
		运行小时数（h）
小修	燃烧室、透平第一级和末级叶片，压气机第一级、排气扩散段、过滤室和进气道	8000
热通道检查	燃烧室、透平、过滤室和进气道	33000
大修	吊出静止部件，彻底检查压气机和透平各级	66000

2. AE94.3A

AE94.3A 是一款 F 级燃气轮机，技术源于西门子的 V94.3（现 SGT-4000F），出力约为 325MW。1999 年至今，已安装运行超过 70 台，拥有超过 320 万 h 的运行业绩，遍布非洲、亚洲、欧洲以及中东地区。AE94.3A 型燃气轮的性能参数见表 6-81。

表 6-81　　　　　　　**AE94.3A 燃气轮机性能参数表（天然气，ISO 工况）**

简单循环性能	简单循环净出力（MW）	325
	简单循环净热耗率［kJ/(kW·h)，LHV］	8977
	简单循环净效率（%，LHV）	40.10
燃气轮机参数	压气机压比（X∶1）	19.5
	发电机冷却方式	氢冷
	燃烧室数量（个）	24
	压气机级数（级）	15
	透平级数（级）	4
	额定转速（r/min）	3000
	排烟温度（℃）	576
	排烟流量（kg/s）	750
	保证排放的最小燃气轮机负荷（%）	43
	燃气轮机升负荷率（MW/min）	22
	基本负荷（标准状态，$15\%O_2$）下 NO_x 排放（mg/m^3）	25
	最小运行负荷下的 CO 排放（mg/m^3）	15
	启动时间（min）	＜25
1×1联合循环性能	联合循环净输出功率（MW）	480
	联合循环净热耗率［kJ/(kW·h)，LHV］	6050
	联合循环净效率（%，LHV）	59.50
	保证排放的最小全厂负荷（%）	50
	推荐循环形式	三压有再热
	高压蒸汽压力（MPa）	13.57
	高压蒸汽温度（℃）	562
	再热蒸汽温度（℃）	552
2×1联合循环性能	联合循环净输出功率（MW）	960
	联合循环净热耗率［kJ/(kW·h)，LHV］	6050
	联合循环净效率（%，LHV）	59.50
	保证排放的最小全厂负荷（%）	50
	推荐循环形式	三压有再热
	高压蒸汽压力（MPa）	13.57
	高压蒸汽温度（℃）	562
	再热蒸汽温度（℃）	552

（1）结构及布置。AE94.3A 型燃气轮机为单轴、冷端驱动的重型燃气轮机，双轴承支撑，15 级压气机，3 级扭力盘，4 级透平，采用环形燃烧室，配备 24 个干式低 NO_x 燃烧器，透平排出的烟气通过轴向的排气缸以大气压排出。燃气轮机本体尺寸为 10.8m×5.05m×4.9m，重量约为 316.5t。燃气轮机可室外布置，也可室内布置，前置模块、空气处理站、CO_2 消防柜、控制室等布置在燃气轮机本体周围，参考布置图见图 6-20。

（2）燃料适应性及排放。AE94.3A 型燃气轮机支持双燃料运行，可以燃用天然气和轻质柴油。使用干式低氮燃烧器燃用天然气时，NO_x 的排放可低于 $51mg/m^3$（标准状态），燃用轻柴油时，NO_x 可低于 $154mg/m^3$（标准状态）。

（3）燃料要求。供应的燃料应符合安萨尔多和上海电气公司的相关规范要求，相关内容详见本手

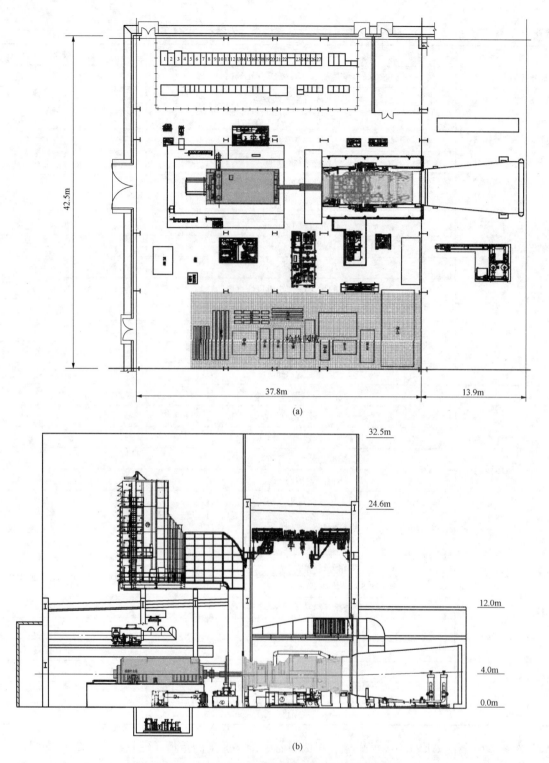

图 6-20　AE94.3A 型燃气轮发电机组布置参考图

(a) 平面布置参考图；(b) 断面图

册第九章 燃料供应系统。

（4）用水要求。AE94.3A 型燃气轮机采用闭式循环水冷却方式，冷却水质为除盐水，耗量约 620t/h，要求供水温度小于 38℃，供水压力为 0.3～0.5MPa，冷却水应符合安萨尔多和上海电气公司相关规范。

压气机清洗用水应符合上海电气公司"压气机水洗模块推荐运行规程"的要求，如下：

1）压力：0.4~0.8MPa。

2）温度：≤38℃。

3）pH 值：5~8。

4）过滤度：<5μm。

5）电导率：≤0.5μS/cm（25℃）。

6）硬度：0。

7）用水量：1.2m³/次。

（5）检修周期。表 6-82 给出的是 AE94.3A 型燃气轮机在理想状态下燃烧室、高温通道和大修检查间隔，其理想状态是指以天然气为燃料、基本负荷运行、无注水注蒸汽、干式低 NO_x 排放燃烧室以及无非正常停机。燃料、空气中有害元素含量等应符合规范要求。具体检修间隔按上海电气公司相关规定执行。

表 6-82   AE94.3A 型燃气轮机检修间隔

检查类型	检 查 内 容	检查间隔 运行小时数（h）
小修	燃烧室、透平第一级和末级叶片，压气机第一级、排气扩散段、过滤室和进气道	8000
热通道检查	燃烧室、透平、过滤室和进气道	33000
大修	吊出静止部件，彻底检查压气机和透平各级	66000

3. AE64.3A

AE64.3A 是一款小 F 级的重型燃气轮机，技术源于西门子的 V64.3，支持 50Hz 和 60Hz 运行，出力约为 78MW。1991 年至今，已安装运行超过 40 台，拥有超过 215 万 h 的运行业绩，遍布非洲、亚洲、美洲、欧洲以及中东地区。AE64.3A 型燃气轮的性能参数见表 6-83。

表 6-83   AE64.3A 燃气轮机性能参数表（天然气，50/60Hz，ISO 工况）

简单循环性能	简单循环净输出功率（MW）	78
	简单循环净热耗率 [kJ/(kW·h)，LHV]	9917
	简单循环净效率（%，LHV）	36.30
燃气轮机参数	压气机压比（X：1）	18.3
	发电机冷却方式	空冷
	燃烧室数量（个）	24
	压气机级数（级）	15
	透平级数（级）	4
	额定转速（r/min）	5413
	排烟温度（℃）	573
	排烟流量（kg/s）	215
	保证排放的最小燃气轮机负荷（%）	45
	燃气轮机升负荷率（MW/min）	7
	基本负荷（标准状态，15%O_2）下 NO_x 排放（mg/m³）	25
	最小运行负荷下的 CO 排放（mg/m³）	15
	启动时间（min）	<20

续表

1×1联合循环性能	联合循环净输出功率（MW）	118
	联合循环净热耗率［kJ/（kW·h），LHV］	6557
	联合循环净效率（%，LHV）	54.90
	保证排放的最小全厂负荷（%）	60
	推荐循环形式	双压无再热
	高压蒸汽压力（MPa）	7.34
	高压蒸汽温度（℃）	567
2×1联合循环性能	联合循环净输出功率（MW）	240
	联合循环净热耗率［kJ/（kW·h），LHV］	6428
	联合循环净效率（%，LHV）	56.00
	保证排放的最小全厂负荷（%）	60
	推荐循环形式	双压无再热
	高压蒸汽压力（MPa）	73.4
	高压蒸汽温度（℃）	567

（1）结构及布置。AE64.3A 型燃气轮机为单轴、冷端驱动的重型燃气轮机，双轴承支撑，15 级压气机，4 级透平，采用环形燃烧室，配备 24 个干式低 NO_x 燃烧器，透平排出的烟气通过轴向的排气缸以大气压排出，发电机通过中间轴和齿轮箱与燃气轮机转子的压气机端相连，齿轮箱将燃气轮机 5413r/min 的转速降低为发电机的 3000r/min 或 3600r/min。燃气轮机本体尺寸为 5.9m×3.1m×3.1m，重量约为 60.6t。燃气轮机可室外布置，也可室内布置，前置模块、空气处理站、CO_2 消防柜、控制室等布置在燃气轮机本体周围，参考布置图见图 6-21。

（2）燃料适应性及排放。AE64.3A 型燃气轮机支持双燃料运行，可以燃用天然气和轻质柴油。使用干式低氮燃烧器燃用天然气时，NO_x 的排放可低于 51mg/m³（标准状态），燃用轻柴油时，NO_x 可低于 154mg/m³（标准状态）。

（3）燃料要求。供应的燃料应符合安萨尔多和上海电气公司的相关规范要求，相关内容详见本手册第九章 燃料供应系统。

（4）用水要求。AE64.3A 型燃气轮机采用闭式循环水冷却方式，冷却水质为除盐水，耗量约为 570t/h，要求供水温度小于 38℃，供水压力为 0.3～0.5MPa，冷却水应符合安萨尔多和上海电气公司相关规范要求。

压气机清洗用水应符合上海电气公司"压气机水洗模块推荐运行规程"的要求，如下：

1）压力：0.4～0.8MPa。

2）温度：≤38℃。

3）pH 值：5～8。

4）过滤度：<5μm。

5）电导率：≤0.5μS/cm（25℃）。

6）硬度：0。

7）用水量：1.2m³/次。

（5）检修周期。表 6-84 给出的是 AE64.3A 型燃气轮机在理想状态下燃烧室、高温通道和大修检查间隔，其理想状态是指以天然气为燃料、基本负荷运行、无注水注蒸汽、干式低 NO_x 排放燃烧室以及无非正常停机。燃料、空气中有害元素含量等应符合规范。具体检修间隔按上海电气公司相关规定执行。

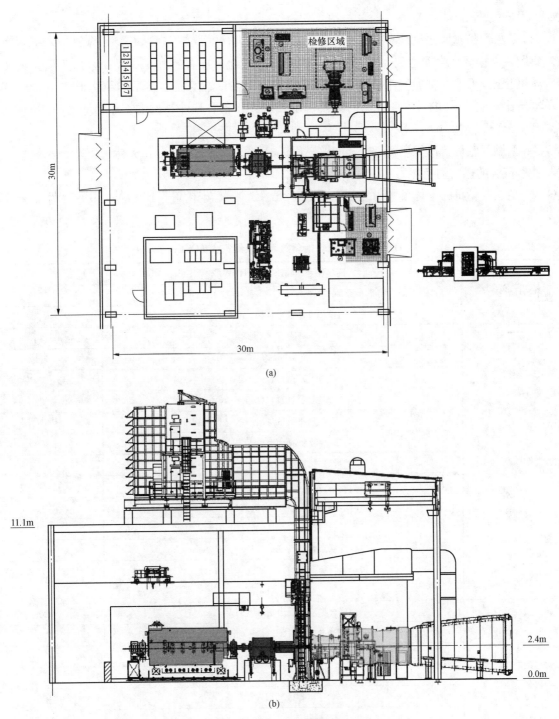

图 6-21　AE64.3A 型燃气轮发电机组布置参考图

（a）平面布置参考图；（b）断面图

表 6-84 　　　　　　　　　　　　　　AE64.3A 型燃气轮机检修间隔

检查类型	检查内容	检查间隔
		运行小时数（h）
小修	燃烧室、透平第一级和末级叶片，压气机第一级、排气扩散段、过滤室和进气道	8000
热通道检查	燃烧室、透平、过滤室和进气道	33000
大修	吊出静止部件，彻底检查压气机和透平各级	66000

4. GT26（原阿尔斯通）

GT26 是法国阿尔斯通设计与制造的一款 F 级燃气轮机，支持 50Hz 运行，如今属于安萨尔多和上海电气集团，单循环出力能达到 345MW，已安装运行 96 台，拥有超过 450 万 h 运行业绩。与其他重型燃气轮机相比，GT26 型燃气轮机有一些显著的特点：在单缸双支点转子的结构形式中实现再热循环、单缸压比达到 33.4 的基本亚音速的高效率压气机、装备有特殊结构的 EV 燃烧器的环形燃烧室、整体焊接转子。

GT26 型燃气轮机支持双燃料运行，能够燃用天然气、轻质柴油、液化天然气以及合成气，拥有运行中及基本符合的燃料切换能力。

GT26 型燃气轮机的本体尺寸约为 12.6m×4.8m×5.4m，运输重量约 370t，其具体性能参数如下表 6-85 所示。

表 6-85　　　　　　　　　　GT26 燃气轮机性能参数表（天然气，ISO 工况）

简单循环性能	简单循环净输出功率（MW）	345
	简单循环净热耗率 [kJ/(kW·h)，LHV]	8780
	简单循环效率（%，LHV）	41.00
燃气轮机参数	压气机压比（X:1）	35
	发电机冷却方式	氢冷
	燃烧室数量（个）	2 级 EV 燃烧室
	压气机级数（级）	22
	透平级数（级）	5
	额定转速（r/min）	3000
	排烟温度（℃）	616
	排烟流量（kg/s）	715
	保证排放的最小燃气轮机负荷（%）	10
	燃气轮机升负荷率（MW/min）	33
	基本负荷（标准状态，15%O_2）下 NO_x 排放（mg/m³）	15
	最小运行负荷下的 CO 排放（mg/m³）	10
	启动时间（min）	<15
1×1 联合循环性能	联合循环净输出功率（MW）	505
	联合循环净热耗率 [kJ/(kW·h)，LHV]	5950
	联合循环净效率（%，LHV）	60.50
	保证排放的最小全厂负荷（%）	15
	推荐循环形式	三压再热
	高压蒸汽压力（MPa）	13.57
	高压蒸汽温度（℃）	562
	再热蒸汽温度（℃）	552
2×1 联合循环性能	联合循环净输出功率（MW）	1010
	联合循环净热耗率 [kJ/(kW·h)，LHV]	5950
	联合循环净效率（%，LHV）	60.50
	保证排放的最小全厂负荷（%）	15
	推荐循环形式	三压再热
	高压蒸汽压力（MPa）	13.57
	高压蒸汽温度（℃）	562
	再热蒸汽温度（℃）	552

5. GT36（原阿尔斯通）

GT36 是法国阿尔斯通设计与制造的一款 F 级燃气轮机，支持 50Hz 和 60Hz 运行，50Hz 单循环出力能达到 500MW，60Hz 单循环出力能达到 340MW，单循环效率超过 41%，具体性能参数见表 6-86。GT36 型燃气轮机如今属于安萨尔多和上海电气集团，目前仍处于测试阶段，即将投入商业运行。

表 6-86　　　　　　　　　GT36 燃气轮机性能参数表（天然气，ISO 工况）

	频　率	50Hz	60Hz
简单循环性能	简单循环净输出功率（MW）	500	340
	简单循环净热耗率 [kJ/(kW·h)，LHV]	8674	8780
	简单循环净效率（%，LHV）	41.50	41.0
燃气轮机参数	压气机压比（X:1）	25	24
	压气机级数（级）	15	15
	透平级数（级）	4	4
	额定转速（r/min）	3000	3600
	排烟温度（℃）	624	630
	排烟流量（kg/s）	1010	700
	基本负荷（标准状态，15%O_2）下 NO_x 排放（mg/m³）	25	25
	最小运行负荷下的 CO 排放（mg/m³）	10	10
1×1 联合循环性能	联合循环净输出功率（MW）	720	500
	联合循环净热耗率 [kJ/(kW·h)，LHV]	5854	5873
	联合循环净效率（%，LHV）	61.5	61.3
	推荐循环形式	三压再热	三压再热
2×1 联合循环性能	联合循环净输出功率（MW）	1444	1004
	联合循环净热耗率 [kJ/(kW·h)，LHV]	5854	5873
	联合循环净效率（%，LHV）	61.5	61.3
	推荐循环形式	三压再热	三压再热

（五）三菱日立株式会社（MHPS）

作为日本的大型企业之一，三菱重工业株式会社（三菱重工）的前身是成立于 1857 年的德川幕府长崎锻造公司，1868 年长崎锻造公司转变为长崎钢铁公司，然后长崎钢铁公司转变为长崎船厂。1870 年成立的 Tsumo 商社，是最初使用三菱这个名字的贸易集团——1873 年的三菱商社的主体。1917 年，三菱船舶与动力株式会社（MSE）成立，3 年后，三菱国际内燃气轮机株式会社从 MSE 中分离出来。1928 年，三菱国际内燃气轮机株式会社转变为三菱航空株式会社，1934 年又与 MSE 合并为三菱重工。第二次世界大战期间三菱重工重组，另外成立三菱工具制造株式会社。1950 年，三菱重工又分为 3 家：西日本重工、中日本重工、东日本重工，这 3 家公司分别转变为三菱船舶与动力株式会社、真宗三菱重工、日本三菱重工。1964 年，这些公司重新联合成立了三菱重工。1970 年，自动化部分从三菱重工分离出来成立了三菱发动机公司。

三菱重工燃气轮机的发展是从引进技术开始的，20 世纪 60 年代初，三菱重工向美国西屋公司（后并入西门子公司）购买了生产燃气轮机的许可证，1963 年开始生产第 1 台燃气轮机，该机组燃气初温只有 732℃，功率 5MW 左右，三菱通过对引进技术的消化吸收，1984 年生产出当时世界上效率最高的 M701D 燃气轮机联合循环机组，透平进口温度为 1150℃。1986 年又自主开发了 1250℃ 等级的 MF111 型机组，功率为 15MW，也是当时世界上燃气初温最高的燃气轮机。三菱从此结束了引进模仿国外技术，走上自我发展和创新的道路，但在燃气轮机开发及生产中仍沿用西屋公司传统的大型燃气轮机的设计特点，如拉杆盘式结构的转子，双支点轴承的布置，外缸的刚性连接和受热部分的双层结构，环管形燃烧室和轴向排气等。

2014 年 2 月，三菱重工业株式会社能源业务与日立株式会社能源业务合并，成立三菱日立电力系统株式会社（MHPS），结合了两家公司常年积累的高端设计和制造技术，使得 MHPS 的燃气轮机市场份额大幅提高。

1. H-25

结构形式为轴流式、单轴、后输出轴。H-25 简单循环性能数据见表 6-87，H-25 联合循环性能数据见表 6-88。

表 6-87　　　　　　　　　　　　　　　H-25 简单循环性能数据

项目	H-25（28）	H-25（32）	H-25（35）	H-25（42）
输出功率（MW）	28.1	32.3	37.6	42.0
热耗率 [kJ/(kW·h)]	10527	10338	10288	9664
效率（%）	34.2	34.8	37.6	42.0
转速（r/min）	7280	7280	7280	7280
空气流量（kg/s）	90	96	112	111
排气温度（℃）	552	561	556	556
尺寸（m）	6.8×3.8×4.2	7.3×3.8×3.8	7.7×3.8×3.9	7.9×3.8×3.9
质量（t）	60	50	53	55

表 6-88　　　　　　　　　　　　　　　H-25 联合循环性能数据

项目	类型	H-25（28）	H-25（32）	H-25（35）	H-25（42）
输出功率（MW）	1×1	41.5	47.2	54.9	59.1
效率（%）		50.9	51.3	51.4	52.8
输出功率（MW）	2×1	84.1	95.6	111.0	119.8
效率（%）		51.6	52.0	52.0	53.6

2. H-50

结构形式：轴流式、单轴、后输出轴。发电用 H-50 性能数据见表 6-89。

表 6-89　　　　　　　　　　　　　　　发电用 H-50 性能数据

项目	联合循环		
	H-50	1×1	2×1
输出功率（MW）	57.4	82.0	166.3
热耗率 [kJ/(kW·h)]	9508	6607	6515
效率（%）	37.8	54.4	55.2
转速（r/min）	5040×6410		
空气流量（kg/s）	151		
排气温度（℃）	564		
尺寸（m）	8.4×3.8×3.9		
质量（t）	75		

3. H-100

结构形式：轴流式、单轴、后输出轴。H-100 简单循环性能数据见表 6-90，H-100 联合循环性能数据见表 6-91。

表 6-90 H-100 简单循环性能数据

项　　目	H-100(100)50Hz	H-100(100)60Hz	H-100(110)50Hz
输出功率（MW）	99.0	101.0	112.4
热耗率 [kJ/(kW·h)]	9806	9531	9417
效率（%）	36.7	37.8	38.2
空气流量（kg/s）	292	289	308
排气温度（℃）	534	527	538
尺寸（m）	12.1×4.5×5.4	12.1×4.5×5.4	12.9×4.5×6.3
质量（t）	175	175	216

表 6-91 H-100 联合循环性能数据

项　　目	类型	H-100(100)50Hz	H-100(100)60Hz	H-100(110)50Hz
输出功率（MW）	1×1	143.2	143.5	157.0
效率（%）		53.5	53.9	54.4
输出功率（MW）	2×1	288.1	288.7	317.3
效率（%）		53.8	54.2	55.0

4. M501D（60Hz）和 M701D（50Hz）

结构形式：轴流式、单轴、前输出轴重型工业燃气轮机。M501D 性能数据见表 6-92，M701D 性能数据见表 6-93。

表 6-92 M501D 性能数据

项　　目	联合循环		
	M501DA	1×1	2×1
输出功率（MW）	113.95	167.4	336.2
热耗率 [kJ/(kW·h)]	10318		
效率（%）	34.9	51.4	51.6
转速（r/min）	3600		
空气流量（kg/s）	354		
排气温度（℃）	543		
尺寸（m）	11.4×4.5×4.8		
质量（t）	190		

表 6-93 M701D 性能数据

项　　目	联合循环		
	M701DA	1×1	2×1
输出功率（MW）	144.1	212.5	426.6
热耗率 [kJ/(kW·h)]	10350		
效率（%）	34.8	51.4	51.6
转速（r/min）	3000		
空气流量（kg/s）	453		
排气温度（℃）	542		
尺寸（m）	11.9×5.0×5.3		
质量（t）	240		

5. M501F（60Hz）和 M701F（50Hz）

结构形式：轴流式、单轴、前输出轴重型工业燃气轮机。M501F 性能数据见表 6-94，M701F 性能数据见表 6-95。

表 6-94　　　　　　　　　　　　　　　　　M501F 性能数据

项　　目	联合循环		
	M501F	1×1	2×1
输出功率（MW）	185.4	285.1	572.2
热耗率 [kJ/(kW·h)]	9738		
效率（%）	37.0	57.1	57.3
转速（r/min）	3600		
空气流量（kg/s）	468		
排气温度（℃）	613		
尺寸（m）	11.6×5.2×4.9		
质量（t）	225		

表 6-95　　　　　　　　　　　　　　　　　M701F 性能数据

项　　目	联合循环		
	M701F	1×1	2×1
输出功率（MW）	385	566	1135
热耗率 [kJ/(kW·h)]	8592		
效率（%）	41.9	62.0	62.2
转速（r/min）	3000		
空气流量（kg/s）	730		
排气温度（℃）	611		
尺寸（m）	14.3×5.8×6.1		
质量（t）	415		

6. M501G（60Hz）和 M701G（50Hz）

结构形式为轴流式、单轴、前输出轴重型工业燃气轮机。M501G 性能数据见表 6-96，M701G 性能数据见表 6-97。

表 6-96　　　　　　　　　　　　　　　　　M501G 性能数据

项　　目	联合循环		
	M501G	1×1	2×1
输出功率（MW）	267.5	398.9	800.5
热耗率 [kJ/(kW·h)]	9210		
效率（%）	39.1	58.4	58.6
转速（r/min）	3600		
空气流量（kg/s）	612		
排气温度（℃）	617		
尺寸（m）	12.9×5.1×5.5		
质量（t）	295		

表 6-97   **M701G 性能数据**

项目	联合循环		
	M701G	1×1	2×1
输出功率（MW）	334	498	999.4
热耗率［kJ/(kW·h)］	9110		
效率（%）	39.5	59.3	59.5
转速（r/min）	3600		
空气流量（kg/s）	755		
排气温度（℃）	587		
尺寸（m）	14.4×66.2×6.7		
质量（t）	490		

7. M501J（60Hz）和 M701J（50Hz）

结构形式为轴流式、单轴、前输出轴重型工业燃气轮机。M501J 性能数据见表 6-98，M701J 性能数据见表 6-99。

表 6-98   **M501J 性能数据**

项目	联合循环		
	M501J	1×1	2×1
输出功率（MW）	330	484	971
热耗率［kJ/(kW·h)］	8551		
效率（%）	42.1	62.0	62.2
转速（r/min）	3600		
空气流量（kg/s）	620		
排气温度（℃）	636		
尺寸（m）	14.4×5.4×5.7		
质量（t）	320		

表 6-99   **M701J 性能数据**

项　　目	M701J	1×1 联合循环
输出功率（MW）	478	701
热耗率［kJ/(kW·h)］	8511	
效率（%）	42.3	62.3
转速（r/min）	3000	
空气流量（kg/s）	893	
排气温度（℃）	638	
尺寸（m）	16.7×6.5×6.9	
质量（t）	550	

（六）MAN Turbo 公司

MAN Turbo 公司是德国 MAN 公司的直属子公司，是全球领先的涡轮机械原始设备供应商。MAN Turbo 公司是在原 4 家公司的基础上发展而来的。1988 年，MAN GHH 接管伊斯帕诺-西扎（Hispano-Suiza）公司的 THM 系列燃气轮机的生产工作。1996 年 3 月，德国 GHH 和 BORSIG 两家公司合并成立 GHH BORSIG 涡轮机械公司，生产各种涡轮机械，广泛应用于世界各地石油和化工领域，产品有轴流式压缩机、离心式压缩机、工业气体螺杆压缩机、工业膨胀机（回收能量用）、工业汽轮机、工业燃气轮机等。1997 年，MAN 公司收购 GHH BORSIG 涡轮机械公司，并于 1999 年 10 月成立 MAN 涡轮机械集团，GHH BORSIG 涡轮机械公司随后被改组为股份公司，并改名为 MAN GHH BORSIG 公司，直属于 MAN 公司。2002 年，MAN GHH BORSIG 公司收购苏尔寿公司的涡轮机械业务。2004 年 10 月，更名为 MAN Turbo 公司。

1. THM 1203A

结构形式：轴流-离心组合式、双轴重型工业燃气轮机。THM 1203A 性能数据见表 6-100。

表 6-100　　　　　　　　　　　　　　　　**THM 1203A 性能数据**

发电用途	
输出功率（MW）	5.76
发电效率（%）	22.5
热耗率 [kJ/(kW·h)]	16020
排气参数	
排气流量（kg/s）	35.2
排气温度（℃）	515

2. THM 1304

结构形式：轴流-离心组合式、双轴重型工业燃气轮机。发电用途机型性能数据见表 6-101，联合循环性能数据见表 6-102，THM 尺寸及质量见表 6-103。

表 6-101　　　　　　　　　　　　　**发电用途机型性能数据**

项目	THM1304-9	THM1304-10	THM1304-11	THM1304-12
输出功率（MW）	8.64	9.32	10.76	11.52
发电效率（%）	27.7	28.0	29.8	30.6
热耗率 [kJ/(kW·h)]	13020	12840	12090	11780

表 6-102　　　　　　　　　　　　　**联合循环性能数据**

项　目	THM1304-11	THM1304-12
燃气轮机组组成（台数×型号）	2×1304-11	2×1304-12
燃气轮机总输出功率（MW）	21.52	23.05
汽轮机输出功率（MW）	11.4	11.4
机组净热耗率 [kJ/(kW·h)]	7910	7554
机组净效率（%）	45.5	47.5（估计值）

注　一台汽轮机，双压力余热锅炉，冷凝器压力 6.9kPa。

表 6-103　　　　　　　　　　　　　　**THM 1304 尺寸及质量**

发电设备	参　数
长度（m）	16100
宽度（m）	2740
高度（m）	6400
质量（kg）	77004

（七）川崎重工业株式会社

川崎重工集团以川崎重工业株式会社（川崎重工）为核心企业，由日本内外近100家关联企业构成。川崎重工集团制造的产品包括飞机、铁路车辆、摩托车、船舶、能源设备、各种产业机械、土木工程机械、钢结构等，遍布陆海空各个领域。川崎重工是日本工业用燃气轮机制造业的先驱，具有自行开发的丰富的产品系列，创造了众多的业绩和巨大的市场份额。另外，川崎重工近年来开发了功率为20MW级的燃气轮机L20A，由此实现了功率至50MW级的热电联供系统的系列化。

1. L20A

结构形式为轴流式、单轴、前输出轴。

简单循环性能数据见表6-104，尺寸及重量见表6-105。

表6-104　　　　　　　　　　　　　简单循环性能数据

额定功率（MW）	18.5
热耗率 [kJ/(kW·h)]	10495
空气流量（kg/s）	57.8
涡轮进口温度（℃）	1250
排气温度（℃）	545
热效率（简单循环，%）	34.3
热效率（联合循环，%）	47.1
NO_x 排放（15%O_2、燃用天然气，mg/m³）	<23

注　ISO条件下。

表6-105　　　　　　　　　　　　　尺寸及质量

长度（m）	6.6
宽度（m）	2.2
高度（m）	2.7
质量（kg）	14000

2. M1A/M1T 系列

结构形式为离心式、单轴（M1T-33 为双轴）、前输出轴。性能数据见表6-106、表6-107。

表6-106　　　　　　　　　　　　　性　能　数　据

型号	输出功率（MW）	热耗率 [kJ/(kW·h)]	增压比	热效率（%）	排气流量（kg/s）	排气温度（℃）
M1A-11	1.240	15546	9.3	23.2	8.1	464
M1A-13	1.474	14862	9.4	24.2	8.0	520
M1A-13CC	1.302	16587	7.6	21.7	7.7	553
M1A-13CC（蒸汽）	2.299	11247	8.9	32.0	8.6	579
M1A-13D	1.490	15093	9.5	24.0	7.9	530
M1A-13X	1.424	15182	9.6	23.7	7.9	525
M1A-23	2.053	14548	11.4	24.8	9.8	569
M1T-13	2.903	15093	9.4	23.9	16.1	520
M1T-13D	2.930	15234	9.5	23.6	15.9	530
M1T-23	4.050	14674	11.4	24.5	19.6	569

注　ISO条件，简单循环，气体燃料，发电机组性能。

表 6-107 性能数据（包括室内型排气消声器和控制面板）

机组类型	燃气轮机型号	长×宽×高（m×m×m）	质量（t）
GPS1250	M1A-01	7.6×4.0×8.6	15.7
GPS1500	M1A-03	7.6×4.0×8.6	16.7
GPS1750	M1A-06	7.6×4.0×8.6	18.2
GPS2000	MIA-23（a）	8.0×6.6×9.15	26.0
GPS2500	MIT-01（b）	8.0×6.6×9.15	26.5
GPS3000	MIT-03	8.3×6.6×9.15	28.0
GPS3500	MIT-06	8.3×6.6×9.15	28.0
GPS4000	MIT-23	9.1×7.0×10.35	40.2
GPS4500	M1T-23S	9.1×7.0×10.35	41.2
GPB/GPC15D	M1A-13D（1台）	16×11×—	—
GPB/GPC15X	M1A-13X（1台）	16×11×—	—
GPB/GPC30D	M1T-13D（2台）	19×12.5×—	×

注 表中 GPB/GPC 发电机组系统的参数包括控制室、气体压缩机、冷却塔、余热锅炉、余热锅炉给水泵和挡板阀。

3. M7A

结构形式为轴流式、单轴、前输出轴。

性能数据见表 6-108，热电联供机组性能数据见表 6-109，联合循环机组性能数据见表 6-110。

表 6-108 性能数据

型号	M7A-01	M7A-01D	M7A-02	M7A-02D	M7A-03D
额定功率（MW）	5.512	5.470	6.912	6.740	7.800
热耗率 [kJ/(kW·h)]	12165	12185	11806	11890	10750
增压比	12.7	13.1	15.9	15.9	15.6
排气流量（kg/s）	21.17	21.17	26.99	26.99	26.99
排气温度（℃）	545	542	522	513	523

注 ISO 条件，简单循环。

表 6-109 热电联供机组性能数据

型号	燃气轮机	功率（MW）	蒸汽产量（t/h）
GPC60	M7A-01	5.841	11.9～13.7
GPC60DLE	M7A-01D	5.684	13.2～13.7
GPC70	M7A-02	6.958	15.1～16.0
GPC70DLE	M7A-02D	6.712	15.3～16.2
GPC80DLE	M7A-03D	7.230	15.7～16.5

表 6-110 联合循环机组性能数据

型号	配置	功率（MW）	热耗率 [kJ/(kW·h)]	总效率（%）
GPCS80	1×M7A-01+1×S/T[①]	7.9	8902	40.4
GPCS100	1×M7A-02+1×S/T	9.0	8720	41.3
GPCS160	2×M7A-01+1×S/T	16.4	8576	42.0
GPCS200	2×M7A-02+1×S/T	18.7	8336	43.2

① S/T 为蒸汽/涡轮。

4. S1/S2 系列

结构形式为离心式、双轴、前输出轴工业燃气轮机。

GPS 系列性能数据见表 6-111，GPB 性能数据见表 6-112，MPG 性能数据见表 6-113，TPG 性能数据见表 6-114，S2A-01 用于 GPC006V 热电联供性能数据见表 6-115。

表 6-111　　　　　　　　　　　　　　　　　GPS 系列性能数据

燃气轮机型号	燃气轮机转速 (r/min)	机组型号	机组功率 (MW)	发电机功率 (MW)	长度 (mm)	宽度 (mm)	高度 (mm)	质量 (t)
S1A-03	53000	MPG250	0.200	0.25	3100	1800	5100	4.1
S1T-03	53000	MPG500	0.4	0.5	4770	3500	5500	7.5
S2A-01	31500	MPG750	0.6	0.75	4950	3800	5700	10.5

表 6-112　　　　　　　　　　　　　　　　　GPB 性能数据

燃气轮机型号	燃气轮机转速 (r/min)	机组型号	机组功率 (MW, 15℃)	机组功率 (MW, 30℃)	长度 (mm)	宽度 (mm)	高度 (mm)	质量 (t)
S2A-01	31500	MPB06	0.6~0.61	0.5~0.51	500~510	2800	5500	8.4

表 6-113　　　　　　　　　　　　　　　　　MPG 性能数据

燃气轮机型号	燃料消耗量 (L/h)	机组型号	机组功率 (MW, 40℃)	长度 (mm)	宽度 (mm)	高度 (mm)	质量 (t)
S1A-03	125	MPG250	0.18	6200	2000	2600	<8
S1T-03	240	MPG500	0.35	6500	2000	2700	<8
S2A-01	305	MPG750	0.6	11000	2500	3500	<20

表 6-114　　　　　　　　　　　　　　　　　TPG 性能数据

燃气轮机型号	机组型号	机组功率 (MW)	燃料箱容积 (L)	长度 (mm)	宽度 (mm)	高度 (mm)	质量 (t)
S1A-03	TPG250	0.2	500	7140	2500	3740	11.0
S1T-03	TPG500	0.4	500	7740	2500	3760	14.5
S2A-01	TPG750	0.6	1000	9340	2500	3740	19.5

表 6-115　　　　　　　　　　　S2A-01 用于 GPC06 热电联供性能数据

项目		天然气	液体燃料
机组功率 (MW)		0.61	0.51
燃料消耗量 (m^3/h)		280	272
水蒸气量 (kg/h)		2480	2550
热水量 (MJ/h)		461	—
蒸汽空调装置	制冷能力 (t)	570	590
	制热能力 (MJ/h)	6243	1530
	热水 (MJ/h)	461	—
长度 (mm)		11500	11500
宽度 (mm)		2000	2000
高度 (mm)		2100	2100

（八）普惠公司（PW Power）

普惠公司是世界上三大航空发动机制造商之一，而普惠动力系统公司（Pratt&Whitney Power Systems，PWPS）是普惠公司的地面动力系统分部，生产 500kW～60 MW 的系列工业燃气轮机，从 20 世纪 60 年代初开始生产工业燃气轮机，至今已经生产各类工业燃气轮机几千台套，是世界上轻型工业燃气轮机的主要生产厂家之一。

FT8 轻型工业燃气轮机是普惠动力系统公司的主要产品，单台 ISO 功率为 30MW。FF8 燃气轮机的核心机来自普惠已经销售了 14000 多台并累积运行约 1 亿 h 的 JT8D 商用发动机。FT8 燃气轮机具有较高的效率、安装简便、占地小、启动快速、部分负荷性能好和运行灵活等特点，广泛用于发电（简单热电联供和机械驱动）。目前在世界上已经有 400 多台 FF8 机组在运行，累计运行超过 300 万 h。FT8 系列燃气轮机性能数据见表 6-116。

表 6-116　　FT8 系列燃气轮机性能数据

频率	型号	额定功率 （MW）	效率 （%）	热耗率 kJ/(kW·h)	压气机压比	透平转速 （r/min）	排气温度 （℃）
50Hz	FT8 MOBILEPAC	28.5	34.7	10375	21.2	3000	496
50/60Hz	FT8 SWIFTPAC 25 DLN	25.5	38.1	9453	19.5	3000/3600	458
	FT8 SWIFTPAC 50 DLN	51.2	38.3	9395	19.5	3000/3600	458
	FT8 SWIFTPAC 30	30.9	36.6	9840	21.3	3000/3600	491
	FT8 SWIFTPAC 60	62.1	36.8	9791	21.3	3000/3600	491
	FT4000 SWIFTPAC 60	70.8	41.3	8724	37.6	3000/3600	418
	FT4000 SWIFTPAC 120	141.6	41.4	8702	37.5	3000/3600	418
60Hz	FT8 MOBILEPAC	30.9	36.7	9824	21.3	3600	491

第二节　燃气轮机的变工况

一、概述

（一）燃气轮机的工况

（1）设计工况：在给定的设计参数下，按照设计要求，计算所得的基准工况。

设计工况给定的设计参数一般为项目现场的年平均气象参数和其他现场条件。设计工况下的主要性能参数包括基本负荷的现场（设计）额定出力、热效率，燃气轮机的排气流量、压力、温度。常规将此运行工况下的燃气轮机排气参数作为选择蒸汽循环及其参数的边界条件。

（2）额定工况：在规定的条件下，燃气轮机发出额定功率的工况。

国际上规定，压气机进气口（全压、温度和相对湿度）和在透平排气法兰处（静压）为标准大气值，即压力 101.3kPa、温度 15℃、相对湿度 60% 为额定工况（ISO 工况）。设备冷却水或空气温度为 15℃。同时透平温度、转速、燃料为标准参数条件，且燃气轮机处于新的和清洁状态下。对于具体的运行机组，制造厂必须向用户提供 ISO 条件下的机组运行参数。

（3）变工况：偏离设计工况或额定工况的其他运行工况。

燃气轮机在负荷、转速、大气或其他参数偏离设计状态下工作都可称为燃气轮机变工况运行。它包括稳定的非设计工况（如部分负荷或气候变化时的平衡工况）和不稳定的过渡工况（如启动、加减负荷等）两种。

（二）变工况简介

燃气轮机部分负荷运行属于燃气轮机变工况范畴，它的特点是机组在新的负荷条件下达到稳定平衡，也就是在任一部分负荷时，燃气轮机中的一切参数，包括气温、气压、转速、功率等，都不随时间而变。因此，部分负荷是一种稳定工况。

燃气轮机的平衡、稳定是相对的，有条件的。外界负荷、燃料量、大气温度的变化或管道局部阻力的改变等都会破坏燃气轮机的原有平衡工作。例如，电网所需的电力随着电动机等负载对功率需求的变化而变化，使得燃气轮机的输出功率随之而变。在燃气轮机设计过程中，大气温度一般取为定值，但实际运行中大气温度是经常变化的，由此会引起压气机进口空气状态的变化，使燃气轮机偏离设计工况，这是导致燃气轮机在变工况下工作的另一个重要因素。此外，当部件性能变化后燃气轮机也处于变工况下工作。例如压气机或透平叶片在磨损或积垢后，其性能恶化，效率降低，导致燃气轮机的性能发生变化，这时一般表现为机组达不到设计的功率和效率，也是属于变工况的范畴。还有其他的一些原因，例如燃料的热值发生变化等也使机组处于变工况下工作。

对于一台燃气轮机除掌握其设计工况性能外，还必须掌握变工况性能，这样在设计时才能正确地选择燃气轮机的方案和参数，使用时才能正确地选取机型和运行操作。此外，了解燃气轮机在变工况下参数的变化规律，还为控制系统设计提供依据。

变工况研究的重点在于提高燃气轮机的稳态和动态特性的品质，使机组能够安全、可靠运行。燃气轮机的稳态和动态性能主要用下列三个指标进行分析、比较。

1. 经济性

燃气轮机部分工况下经济性的好坏是用热效率来衡量的。一般来说，燃气轮机在部分工况下的热效率总是要比设计工况下的低。人们总希望燃气轮机的热效率 η_e 在部分工况时下降少一些，也即要求 η_e 随负荷功率 N_e 的下降尽量平缓一些。从图 6-22 可见，曲线 2 比曲线 1 所表示的变工况经济性要好一些。一般，燃气轮机经济性的改善和热力循环方案与轴系组合方案的复杂程度有关。

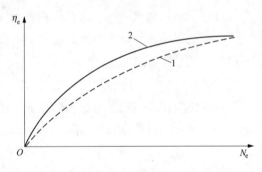

图 6-22　燃气轮机输出功率效率曲线

2. 稳定性

燃气轮机在变工况运行时，稳定性的好坏主要反应在压气机是否喘振上。

当压气机远离设计工况时，在压气机工作叶栅进口处会出现偏大的气流正冲角，这样会导致压气机进入喘振工况。从而使整台燃气轮机处于不稳定的工作状态，压气机内的气体发生轴向振荡，同时还会使机组伴随有强烈的振动。因而，燃气轮机在压气机喘振工况下运行是非常危险的。

通常，燃气轮机转速下降过多、气体流量过小或机组在过渡过程（如启动、加速等）时燃料供应量配合不当，都可能引起压气机喘振。因此，燃气轮机在各种部分工况和过渡过程下，压气机都应该不进入喘振工况，这样才能确保机组能稳定、可靠地工作。

3. 加载性

燃气轮机过渡工况（包括启动、加速、停机等）中，加载性的好坏反映了机组能否迅速改变工况的能力，通常以时间的长短来衡量。

对于负荷工况经常发生迅速变动的燃气轮机来说，例如担任调峰负荷的燃气轮发电机组，必须适应经常变动的外界负荷的要求，因此这类机组的加载性能要求较高。

本节将着重叙述燃气轮机变工况的影响因素，以及在外部条件变化等平衡工况下的性能变化。研究此类变工况的目的如下：

(1) 求得工况变动后燃气轮机的主要热力参数以及热经济指标（如热耗率和出力）。

(2) 提供机组运行特性曲线，使运行人员了解机组的变工况性能，并能根据特性曲线在具体情况下选用适当的运行方式或措施。此种情况下燃气轮机性能的变化一般采用燃气轮机厂家提供的热力特性曲线进行计算。

二、燃气轮机变工况性能的影响因素

影响燃气轮机变工况性能的因素有很多，主要包括机组负荷、环境条件（包括大气温度、大气压力和大气湿度）、燃料特性、燃气轮机进出口压损等。

(一) 机组负荷

每一种热力机械在设计工况下运行时都表现出最佳的状态，热耗、效率等参数也是最佳的，一旦机组偏离设计工况或者变负荷运行时那些性能参数就会急剧变差。同时燃气轮机的负荷还影响到了机组燃料的消耗量、排气流量和排气温度等参数变化。

燃气轮机的效率和透平前燃气初温有着密切联系，燃气初温的下降必然导致机组效率的下降，通常把燃气初温的变化作为判断燃气轮机工况经济性的一个重要指标。当部分负荷工况下进入压气机的空气流量基本维持不变时，只能通过减少燃料量来实现负荷的降低，这样进入燃烧室的空气流量与燃料流量的比值增大，从而使得燃气初温下降，随之也带来压气机压比的下降，导致机组效率的下降。

因此，为了改善机组在部分负荷下运行的经济性下降问题，压气机需要采用进口可转导叶（IGV），不论是简单循环的还是联合循环的燃气轮发电机组，当机组负荷下降时，通过逐渐关小可转导叶，使得空气流量下降，而保持透平前燃气初温保持在设计值不变，从而维持机组在额定效率下运行，这样就可以改善机组部分负荷下的经济性。

(二) 大气参数

由于燃气轮机属于定容积的动力设备，热力循环通常为工质取自大气的开式循环，所有压气机的空气质量流量直接影响到燃气轮机的性能表现，也影响到联合循环机组的性能表现。压气机的空气质量流量的主要影响因素为大气温度、大气压力和相对湿度。

1. 大气温度的影响

当进气温度上升时，其功率和效率下降，热耗率随之上升。

(1) 环境温度变化影响燃气轮机性能的主要原因如下：

1) 大气温度升高，即使机组的转速和透平前的燃气初温保持恒定，压气机的压缩比（压气机出口气体压力与进口气体压力之比）也会有所下降，这导致透平做的比功（单位质量工质所做的功）减少，而透平的排气温度却有所升高，引起燃气轮机的功率和效率均下降。

2) 大气温度升高，压气机的压缩比降低，但压气机所消耗的比功却增加，使得燃气轮机的净出力减少，效率下降。

3) 大气温度升高，空气的比容增加、密度降低，导致压气机吸入的空气质量流量减少，使与之相配合的燃料量减少，从而引起燃气轮机的功率减少。

根据燃气轮机变工况运行理论，当进气温度下降时，会使机组进气密度上升，燃气轮机功率随之上升；燃气轮机输出比功 W_n 为燃气轮机比功 W_t 减去压气机所消耗的比功 W_c，即

$$W_n = W_t - W_c \tag{6-1}$$

由热力学知道，气体温度越低，其分子运动的速度也越低，达到同样压比所需的压缩功也就越小。在等熵压缩时，压气机所消耗的比功与气体初温成正比，即

$$W_c = C_p T_1 [\pi(k-1)/k - 1] \tag{6-2}$$

式中　k——绝热指数；

C_p——空气的比定压热容；

T_1——大气初温；

π——压比。

因此，气温下降时，压气机所消耗的比功 W_c 下降，燃气轮机输出比功 W_n 上升，即燃气轮机效率随之上升；反之亦然。

大气温度对于简单循环的燃气轮机及其联合循环的出力和效率都有相当大的影响。对于单轴燃气轮机，随着大气温度的升高，燃气轮机的出力和效率都将有所下降。对于压气机是独立涡轮驱动的双轴和三轴的燃气轮机而言，在保持燃气初温不变的条件下，当进口空气温度升高时，压气机所需要功率必然增加，这样压气机的功率相对不足，压气机达不到设计转速度，机组在低于设计转速下平衡，于是空气流量进一步减少，机组功率也就进一点下降。因此，双轴和三轴燃气轮机的功率受大气温度影响的程度比单轴机组更大。

以燃气轮机出力和热耗标准进气温度 15℃ 为基准，若大气温度上升到 35℃ 时，重型燃气轮机的出力大约为设计值的 86%，热耗上升到设计值的约 103%。而轻型燃气轮机的功率输出大约降低到 80%，热耗率上升到设计值的 105% 左右。大气温度变化对高压比的轻型燃气轮机的影响程度要大于对重型燃气轮机的影响。

（2）对于联合循环来说，环境温度变化带来的影响如下：

1）随着大气温度的升高，对联合循环性能影响最大的燃气轮机输出功率和效率都有所下降。

2）随着大气温度的升高，冷却水温也会相应升高。汽轮机的背压就会升高，采用冷却塔二次循环冷却的比采用直流冷却的受气温影响更大，汽轮机的输出功率和效率会有所下降。

3）燃气轮机排气温度的升高因素，部分抵消了排入余热锅炉的烟气量的减少因素，使汽轮机做功能力的减少有所缓和。

综合这三方面的因素，联合循环出力和热耗受大气温度的影响比燃气轮机简单循环要和缓一些。图 6-23 所示为各种环境温度下燃气轮机和联合循环的输出功率与额定出率的比率以及各种环境温度下的热耗与额定热耗的比率。一般，当压气机进口的空气干球温度从 30℃ 下降到 20℃ 时，燃气轮机单循环的输出功率增加约 6.1%，热耗率下降约 0.35%；联合循环的输出功率增加约 4.8%，热耗率下降约 0.12%。

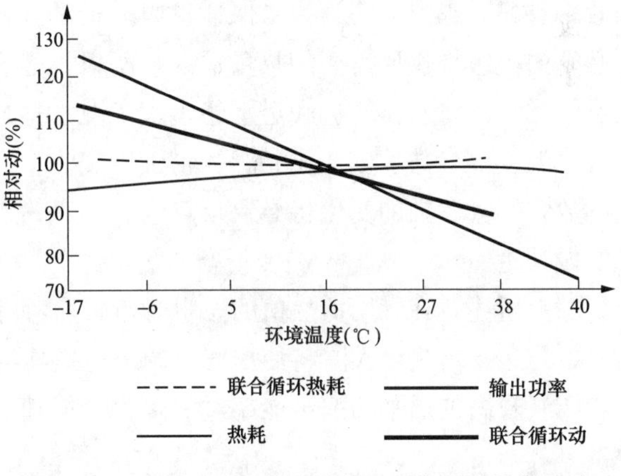

图 6-23　环境温度对燃气轮机和联合循环性能影响

2. 大气压力的影响

大气压力主要取决于机组所在地海拔高度，也受所在地气压波动的影响。通常，燃气轮机都是按大气压力为 0.1013MPa 的标准状态进行设计的。燃气轮机的功率则与吸入的空气质量流量成正比，而空气的质量流量又与吸气压力成正比。因此，燃气轮机的功率与大气压力成正比。但是，如果大气的温度保持恒定不变，大气压力的变化不会导致燃气轮机效率的增或减，即大气压力对燃气轮机效率的影响为零。

在大气温度、机组转速以及燃气透平前的燃气温度均保持恒定不变的前提下，燃气轮机排气的质量流量以及余热锅炉中可用于蒸汽发生过程的余热，同样也会随大气压力按正比关系发生变化。如果蒸汽循环的效率不变，在联合循环中汽轮机的功率也将与大气压力成正比。由此可见，在联合循环中由于燃气轮机和汽轮机的功率都与大气压力成正比，因而，联合循环的总功率必然也与大气压力成正比。

由于喷入的联合循环的燃料量与压气机吸入的空气质量流量成正比，也就是与大气压力成正比，因而，联合循环的效率将与大气压力无关，即大气压力变化时，联合循环效率将恒定不变。

3. 大气湿度的影响

大气的湿度关系到从压气机吸入到燃气轮机中去的空气中所含水蒸气的含量，也影响湿空气的比热容值，相应地会影响到压气机的压缩功、透平的膨胀功以及燃烧室中燃料量的摄入量，从而影响到燃气轮机的功率和效率。

研究表明，当大气温度为$-23 \sim 37℃$时，相对湿度对于燃气轮机的比功和效率均无影响。这是由于大气温度很低时，即使相对湿度为100%时，大气中所含的水蒸气的数量仍然是很少的（即绝对湿度值很小），其影响是可以忽略不计的。只是当大气温度大于$37℃$后，相对湿度的增加将使燃气轮机的净比功增大，而热效率却有所下降。

综上所述，在大气温度、湿度和压力三个条件中，温度和湿度随当地的气候和季节变化较大。温度和湿度两者中，温度对燃气轮机性能的影响尤其突出。

4. 燃料特性

燃气轮机燃用的燃料对电站的环境特性、经济性、安全性和可靠性等都有很大的影响。天然气和轻油分别是气、液体燃料中品质较高的燃料，能够保护燃料系统的设备，延长其寿命，因此，燃气轮机额定工况所使用的燃料多为天然气和轻油，大型燃气轮机通常具备燃用天然气或轻柴油的双燃料系统。燃用天然气要比燃用轻柴油增加$2\% \sim 3\%$的输出功率，这是因为天然气的燃烧产物中有较高的比热，其原因在于氢碳比较高的甲烷可产生较多的水蒸气含量。当燃用天然气时，在含氧量为15%时，烟气的NO_x排放浓度小于或等于$18.7mg/m^3$，但燃用轻柴油时，必须在燃烧室内注水才能使烟气的NO_x排放浓度小于或等于$31.36mg/m^3$。

当燃气轮机燃用热值较低的天然气或轻油的气体燃料时，将对燃气轮机及其联合循环的输出功率和效率有显著影响。因为为了保证机组运行的经济性和安全性，经常会保持燃气初温为额定值，这样就必须向机组提供所需要的热量输入，所以当燃料的热值降低时，就必须加大燃料的流量。燃料质量流量的增加，将对压气机和透平的运行工况点造成影响，从而造成到燃气轮机的输出功率、排气流量和排气温度等参数发生变化。燃气轮机排气流量和排气温度的变化进而会影响到进入余热锅炉中的燃气参数，燃气参数的变化将导致余热锅炉中蒸汽温度、蒸汽压力和蒸汽流量的变化，进而会影响汽轮机的做功量。

综上所述，在燃用低热值的燃料时，必须考虑的几个副作用是：

（1）透平流量增大。将使压气机的压比提高，从而影响压气机喘振限值。

（2）较高的透平功率可能超过故障力矩限值。在许多情况下，可能需要更大的发电机和其他附属设备。

（3）燃料的体积大，要加大燃料管道及阀的尺寸（从而增加费用）。低或中等热值的煤气，经常以高温供应，因而其流量进一步增加。

（4）较低热值的气体，在供至燃气轮机入口前，常含有大量水分。这增加了燃烧物质的导热系数，从而增加透平中的金属温度。

（5）随着热值的降低，烧料所需要的空气增多。燃烧温度较高的燃气轮机，燃用低热值的气体将有困难。

此外，机组的清洁程度对机组的性能（效率、输出功率）也有较大的影响。而燃用不同燃料对机组积垢的影响也不同，天然气比较干净，几乎不对燃气轮机的清洁度造成影响，轻柴油次之，而原油和重油由于燃烧后燃气中灰分较多，在透平的热流通道中积垢很快，因此对机组性能影响最大，需要定期进行清洗以恢复机组的性能。

5. 进排气压力损失

为保证安全、可靠地运行并减少环境噪声，燃气轮机的空气进口处装有空气过滤器和消声器，排气处也装有消声器。用于联合循环时，排气管道上安装有余热锅炉，有时为提高夏季的输出功率加装了入口空气冷却器。此外，在排气道上还有连接管、弯头和排气烟囱等。所有这些措施都会使燃气轮机的进气和排气造成压力损失，降低它的性能。

在保持最大出力不变时，进气压力损失会使空气比容增加，流量减少，压气机耗功增大，导致机组输出功率和效率下降。表 6-117 给出了 9E 型燃气轮机进气压力损失对性能的影响。

表 6-117　　　　　　　　　　　　9E 型燃气轮机进气压力损失对性能的影响

压气机进口压降（kPa）	相对输出功率（%）	相对热耗值（%）	排气温度（%）
+1	−1.42	+0.45	+1.1

排气压力损失增大减小了透平中的膨胀比，透平输出功率下降，同样会导致机组输出功率和效率下降。另外，进气和排气压力损失对排气温度都有影响，压损增加，排气温度会升高。进气、排气压力损失与燃气轮发电机组输出功率和热耗均呈线性关系，进气压损每升高 1kPa，机组输出功率下降 1.5%～2%、热耗率上升 0.5%～1%；排气压损每增加 1kPa，机组输出功率下降 0.6%～1%、热耗率上升 0.6%～1%。另外，排气温度也会相应升高。

6. 机组老化因素

随着机组运行时间的增加，机组的寿命随之减少，机组的性能也会出现不同程度的下降，通常表现为机组热耗率的增加或热效率的降低，这种现象称为机组的老化。机组老化的例子有很多，比如，压气机和透平的叶片在机组运行过程都会出现不同程度的磨损，这会改变机组的通流形状和面积，使机组的运行偏离设计工况，最终都会导致机组性能出现偏差。每台机组通常都有完整的维修计划和寿命周期，在它寿命周期的不同阶段性能会有所区别。合理的机组维修计划对延长机组的寿命、提高机组的性能有积极作用。因此，机组的性能还要受到机组维修计划的影响。本节研究的联合循环机组均为新建电厂，总的点火时间不满 1 万 h，机组性能受寿命减少的影响较弱。

7. 其他影响因素

除了上面提到内容外，影响燃气轮机及联合循环变工况性能的因素还包括发电机的频率和功率、冷却介质、余热锅炉的排烟温度和流量、蒸汽循环形式等。

三、部分燃气轮机变工况修正曲线介绍

燃气轮机制造厂提供的热力特性曲线一般包括燃气轮机性能曲线和修正曲线图，是制造厂根据计算和试验结果绘制而成的。

1. 燃气轮机的性能曲线

燃气轮机的性能曲线反映了燃气轮机输出功率和热耗量的设计百分比关系。图 6-24 所示为某 B 型燃气轮机的性能图，图 6-25 所示为某 E 型燃气轮机的性能图，图 6-26 所示为某 F 型燃气轮机的性能图。

燃气轮机性能曲线不仅给出了燃气轮机输出功率与热耗量的一般关系，还给出了环境温度对输出功率和热耗的影响。由于燃气轮机的型号不同，其性能图也略有差异，但整体趋势是相似的，即输出功率越大，热耗量越大，环境温度的降低会导致输出功率和热耗的增加，在 ISO 工况下，输出功率和热耗均为 100%，而当环境温度降为 0°F（即−17.8℃）时，图 6-24 中的 B 型燃气轮机输出功率可达到 110%，相应的热耗量增至 107%，图 6-25 中的 E 型燃气轮机输出功率可达到 120%，相应的热耗量增至 115%，图 6-26 中的 F 型燃气轮机输出功率可达到 110%，相应的热耗量也达到 110%；而当环境温度上升至 120°F（即 48.9℃）时，B 型燃气轮机出力降到 ISO 工况下的 80%，相应的热耗量降至 84%，

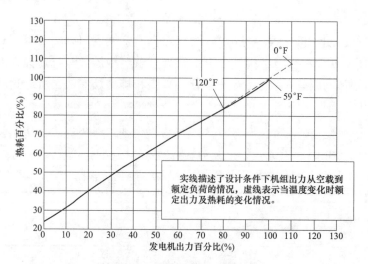

图 6-24　B 型燃气轮机性能曲线

注：华氏温度换算成摄氏温度：℉＝℃×9/5＋32。

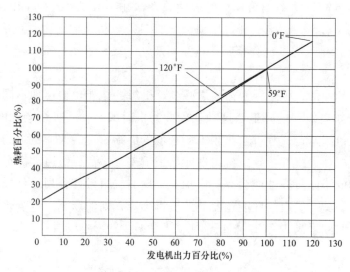

图 6-25　E 型燃气轮机性能曲线

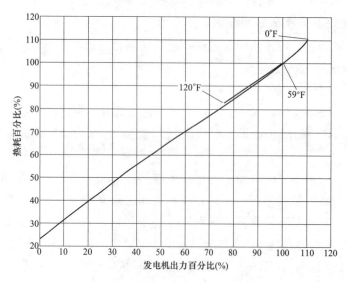

图 6-26　F 型燃气轮机性能曲线

E 型燃气轮机输出功率也降至 80％，相应的热耗量降至 115％，F 型燃气轮机输出功率将至 76％，其相应的热耗将至 83％。

当燃气轮机处于稳定的非 ISO 工况时，必须对其性能曲线进行修正，燃气轮机制造厂一般都会提供相应的性能修正曲线。如图 6-27～图 6-31 所示为 GE 公司某 6B 型燃气轮机的性能修正曲线，其中图 6-27 所示为压气机进口空气温度修正曲线，图 6-28 所示为大气湿度修正曲线，图 6-29 所示为海拔修正曲线，图 6-30 所示为发电机功率因数和冷却器进水温度修正曲线，图 6-31 所示为燃气轮机老化修正曲线，下面一一进行分析。

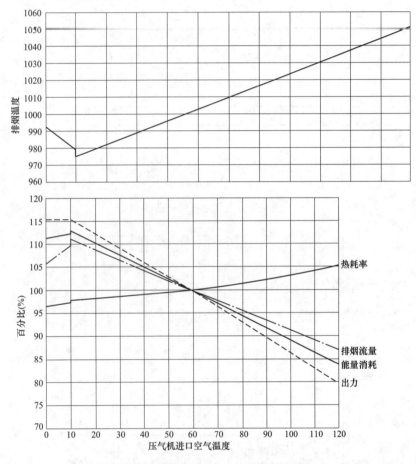

图 6-27　压气机进口空气温度修正曲线

上面说过，一般在燃气轮机电站中，压气机进口大气温度的变化对燃气轮机的性能影响最大。从图 6-27 中也可以看出，环境温度升高时，空气流量降低，导致燃气轮机的输出功率和效率降低，热耗量也降低，而热耗率增加，排气温度也升高；而当环境温度降低时则相反，燃气轮机的输出功率和效率提高，热耗量增加，而热耗率降低，排气温度也降低。而这种趋势也并非一成不变，在环境温度为 10℉（即－12.2℃）时会出现一个转折点。当环境温度从 10℉ 降至 0℉（即－17.8℃）时，燃气轮机输出功率基本不变，维持在 ISO 工况下输出功率的 115％ 左右，热耗率略有下降，由 98％ 降至 96％，空气流量从 110％ 下降至 106％，排气温度从 976℉（即 524℃）上升至 992℉（533℃），最终热耗量还略有下降，从 113％ 降至 111％。

大气湿度的变化对燃气轮机热耗率和输出功率的影响与压气机进口空气温度影响趋势类似，如图 6-28 所示，大气湿度增加，机组出力降低，热耗率增加。但水分变化对工质热物性影响很小，因为空气中水分含量少，30℃ 时饱和状态下的水分含量才 2.7％，作为 ISO 工况条件的相对湿度为 60％，水分含量 0.64％，即使空气中水分含量为 0，机组输出功率仅仅提高了 0.1％，热耗率降低 0.2％；而当

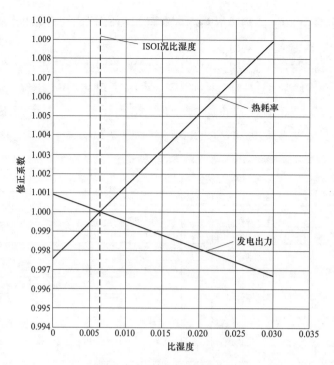

图 6-28　大气湿度修正曲线

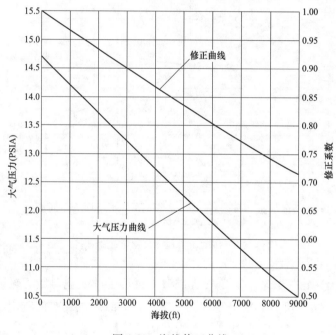

图 6-29　海拔修正曲线

注：1ft=0.3048m。

湿度增加，水分含量升高至 3％时，机组的输出功率为 ISO 工况的 99.7％，只降低了 0.3％，热耗率也只增加了不到 0.9％，对燃气轮机的性能影响很小，因此可略去不计。仅在大气湿度很高和湿度很大时才考虑湿度变化的影响。

　　不同的海拔高度带来不同的大气压力和环境温度。从图 6-29 中知道，温度升高会导致燃气轮机输出功率和效率均降低；反之，当温度降低时，燃气轮机出力和效率增加。大气压力的变化将影响空气流量，大气压力升高时空气流量增加，燃气轮机出力提高；反之，大气压力降低时燃气轮机输出功率也降低。当燃气轮机使用地区的海拔升高时，环境温度和大气压力均降低，压力的降低使输出功率下降，而温度的降低使燃气轮机出力增加，从而减缓了输出功率下降的幅度。

图 6-27～图 6-29 分析了大气参数的变化影响将燃气轮气轮机的性能，除此之外，燃气轮机制造厂还会提供发电机功率因数及冷却器进水温度和燃气轮机的老化对燃机输出功率有影响修正曲线，如图 6-30～图 6-31 所示。

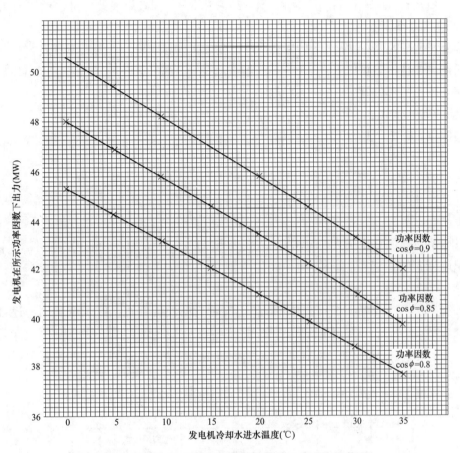

图 6-30　发电机功率因数和冷却器进水温度修正曲线

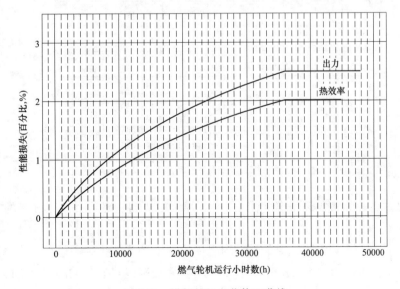

图 6-31　燃气轮机老化修正曲线

发电机功率因数及冷却器进水温度对机组输出功率的影响也比较大，其他条件不变时，发电机功率因数大则燃气轮机功率高。而降低冷却器进水温度将显著提高机组输出功率。从图6-30中可以看出，在相同的发电机功率因数下，冷却器进水温度为0℃时的燃气轮机出力比进水温度为35℃时高约9MW，因此在实际运行时应尽量降低冷却器进水温度。

随着燃气轮机工作时间的增加必然会导致老化而使燃气轮机输出功率和效率降低。一般情况下，燃气轮机厂家都会提供老化修正曲线来大概判断机组效率的降低程度并决定是否进行维护。如图6-31所示，当燃气轮机运行36000h后，输出功率损失约为2.5%，而效率损失也将达到2%。

2. 燃气轮机热力特性曲线应用举例

现以GE公司生产的6B型燃气轮机为例，进行变工况计算。

燃气轮机的主要技术数据如下：

(1) 额定功率：41.69MW。

(2) 转速：3000r/min。

(3) 环境温度：59℉（15℃）。

(4) 环境湿度：60%。

(5) 海拔：0m。

(6) 冷却器进水温度：27℃。

(7) 发电机功率因数：0.85。

求该燃气轮机在环境温度为32℉（0℃），湿度为50%，海拔为500m，发电机功率因数为0.85，冷却器进水温度为15℃，运行10000h时的实际功率。

解：

图6-32～图6-35所示为GE公司提供的6B燃气轮机的性能修正曲线，可利用上述各线图求解问题，查图步骤如下：

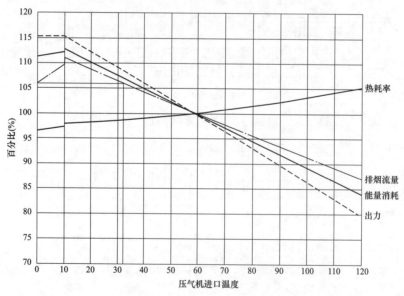

图6-32　压气机进气温度为0℃时燃气轮机功率修正系数

(1) 从图6-32中，可以查得环境温度为0℃时，燃气轮机的功率是ISO工况下的106%，即修正系数$P_{tep}=106\%$。

(2) 图6-28中可以看出，大气湿度的变化对燃气轮机的功率变化影响很小，取修正系数$P_{hum}=1$。

(3) 海拔500m相当于1500ft，图6-33中，可以查得此海拔对燃气轮机功率的影响，即修正系数$P_{alt}=94.7\%$。

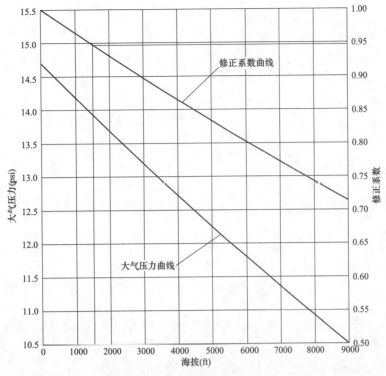

图 6-33　海拔 500m 时燃气轮机功率修正系数

注：145psi＝1MPa。

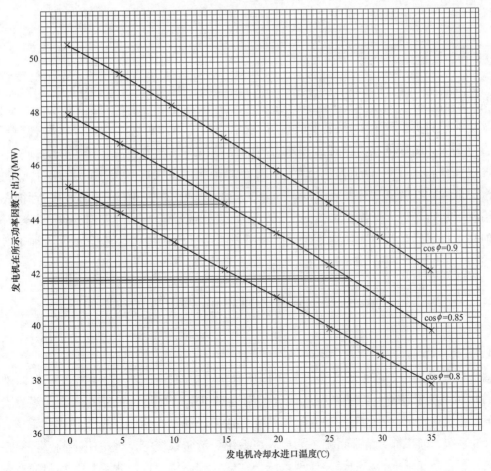

图 6-34　发电机功率因数及冷却器进水温度变化修正系数

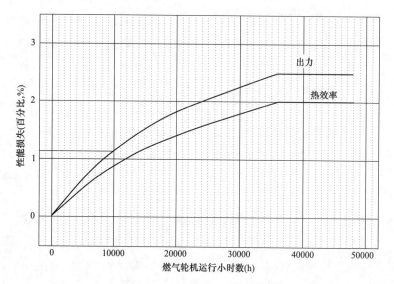

图 6-35　机组运行 10000h 燃气轮机功率修正系数

（4）发电机冷却器进水温度由 27℃变为 15℃时，燃气轮机的功率如图 6-34 所示，查得功率变化为 $\Delta P = 2.8\text{MW}$。

（5）查图 6-35 可得，燃气轮机运行 10000h 后，功率损失大约为 ISO 工况下功率的 1.2%，即修正系数 $P_{\text{fire}} = 98.8\%$。

由以上几项结果，得出本工况下的燃气轮发电机组的实际功率为

$$P' = (P_{\text{ISO}} \times P_{\text{tep}} \times P_{\text{hum}} \times P_{\text{alt}} \times P_{\text{fire}}) + \Delta P$$
$$= (41.69 \times 1.06 \times 1 \times 0.947 \times 0.988) + 2.8$$
$$= 41.35 + 2.8$$
$$= 44.15(\text{MW}) \tag{6-3}$$

影响燃气轮机运行的因素涉及机组负荷变化、大气条件（大气温度、空气湿度、大气压力）、进排气压力损失、燃料类型等诸多方面。在这些因素中，大气条件对燃气轮机及其联合循环的出力与热耗率的影响最大，随后依次为循环冷却水温度和流量、进气压力损失、排气压力损失、海拔、大气绝对湿度。此外，入口空气的冷却、燃气轮机性能老化、压气机和透平叶片积垢或磨损的影响、抽汽和补汽对燃气轮机及其联合循环的性能也有一定的影响。燃气轮机厂家提供的性能图和各种修正曲线会给机组运行管理人员提供很多的便利，偏离设计或额定工况时只需根据现场实际情况查图表即可。但是现场实际运行情况非常复杂，这类图表的结果仅供参考，还需通过各种手段进行精确测量和试验。

第三节　燃气轮机辅助系统及设备

一、概述

一台燃气轮发电机组，除了燃气轮机本体即压气机、燃烧室、燃气透平和发电机以外，还必须配备必要的附属系统及设备。辅助系统的设计、制造对机组的可用、可靠、安全、高效有着直接的影响。对于工业燃气轮机，一般需配备的附属系统包括启动和盘车系统、进气和排气系统、燃料供给系统、润滑油系统、通流部分清洗系统、消声隔声系统、消防系统等。视机组不同，可能还有进口导叶可调系统、雾化空气系统、重油燃料处理系统、空气处理系统、冷却水系统、加热通风系统等。表 6-118 所示是常见的燃气轮机辅助系统。

表 6-118   常见燃气轮机辅助系统

系统名称	9F	SGT5-4000E	M701F	9E	6B
附件驱动				√	√
启动系统	√	√	√	√	√
盘车系统	√	√	√	√	√
润滑油系统	√	√	√	√	√
液压油系统	√	√	√	√	√
燃料系统	√	√	√	√	√
水洗系统	√	√	√	√	√
进气系统	√	√	√	√	√
排气系统	√	√	√	√	√
消声隔声系统	√	√	√	√	√
消防系统	√	√	√	√	√
进口导叶可调系统					
冷却与密封空气系统	√		√	√	√
冷却水系统		√			
加热通风系统	√	√	√	√	√
空气干燥系统		√			
空气处理系统	√	√		√	√

注 √表示在上述的一些系统和设备中，由于所用的附属设备不同，有的还需配备另外的系统和设备。例如启动机，当用柴油机时需配以液力变矩器以改善其扭矩特性，而当用液压马达时，则需配以高压油系统。

对于一台燃气轮机，各附属系统的完善和可靠与否，严重影响其安全运行。从现有的机组使用情况来看，大多数的故障发生在附属系统，有的甚至造成重大事故。因此，在设计附属系统及选用附属设备时，必须细致、周到。

二、燃气轮机的启动和盘车系统

在燃气轮机的启动过程中，启动系统的主要功能有：①将燃气轮机从静止状态启动到盘车转速；②将燃气轮机转速加速到点火转速并保持到点火成功；③将燃气轮机加速到自持转速（该转速下燃气轮机输出净的正功率）。

燃气轮机在启动时必须先利用外界动力源（启动机）带动转子达到一定转速，因为燃气轮机的转子不转动时，空气不往燃气轮机中流动，燃烧室中的空气未经压缩，在这种情况下，如果在燃烧室喷油燃烧并不能使透平产生功率，转子也不会转动，而燃气轮机将被烧毁。当启动机带动转子但转速很低时，即使在燃烧室中喷油燃烧并保持燃气温度为启动过程最大允许值，燃气轮机还是不能启动，因为转速很低时，压气机增压比、压气机和透平的效率都很低，透平产生的功率小于压气机所需要的功率。只有当燃气轮机的转速达到一定转速时，透平前燃气温度保持启动过程最大允许值时可以使燃气轮机稳定地工作，这个转速称为最小稳定工作转速或自持转速。

（一）启动机

启动机是启动设备的核心，首要要求具有足够的功率和良好的转矩特性。所谓良好的转矩特性是指在低转速条件下启动机具有较大的转矩，这样，才能使沉重的主机（燃气轮机及其发电机，有时甚至包括汽轮机）从静止状态启动并加速。目前，单轴燃气轮机的起动机功率为主机额定功率的 2%～5%。主机的结构越笨重，所需的启动机功率就越大。启动机自身扭矩性能差时，需要变扭矩设备在改善。目前，大中型燃气轮发电机组所用的启动机有下列几种：

（1）交流电动机。其扭矩性能较差，需配以变扭矩设备，常用的是加装液力变矩器或液压马达来改善电动机扭矩性能，使其与主机在启动过程中的启动扭矩特性相匹配。大中型燃气轮机中的启动机经常采用交流电动机。

（2）内燃机，主要是柴油机。它的优点是不需要较大容量的外界电源，有利于机组在外界无电网的地区运行，适用性较强；缺点是结构比较复杂，在冷天较难启动，启动时一般需要暖机时间，需要增设液力变扭器。当柴油机在液力变矩器的帮助之下逐步升速时，可以实现如图 6-36 所示的启动特性。此时，在低转速条件下柴油机可以向燃气轮机转子施加足够大的转矩。机组在较低的转速 n 为 $10\% \sim 15\% n$。（主机的额定转速）下可以进行点火，这样，就能充分利用燃气轮机的自发功率帮助升速。

（3）变频器和主发电机启动：一般同步发电机在接入交流电源后，可以当交流电动机使用。但是，交流电动机的转速难调，启动后升速很快，因此主机的点火转速很高，不仅不易点火成功，而且难于利用燃气轮机在升速时的自发功率。因此，需要增设变频器与交流电源相连接。变频器的作用是改变输给主发电机的交流电的频率，使其从低频逐渐向 50Hz（或 60Hz）过渡，这样，交流电动机的转速就可以调节，犹如直流电动机那样。由此，可以实现如图 6-37 所示的启动特性。

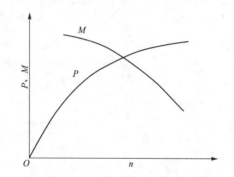
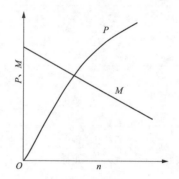

图 6-36　柴油机与液力变矩器配合工作的启动特性　　图 6-37　变频器与主发动机联合工作时的启动特性

P—功率；M—扭矩；n—转速

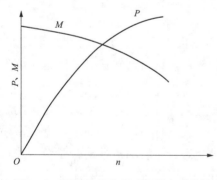

图 6-38　以汽轮机为启动机的启动特性

（4）单轴联合循环机组汽轮机启动。在有备用蒸汽源的前提下，单轴联合循环机组可以直接利用其中的汽轮机作为启动机来启动整台机组。这种启动方式的启动特性如图 6-38 所示，当燃气轮机的转速低于正加速扭矩的转速时，联合循环装置的转速和加速由汽轮机蒸汽控制阀控制，随着转速的升高，逐步转换到受燃气轮机的燃料阀控制。这种启动方式的优点是简单方便，可以省去一般常用的启动机，节省设备投资费用；缺点是要具备外蒸汽源。这对于拟扩建的老电站或者已有多台联合循环的电站来说是可现实的。

对于究竟选用哪一种启动机，取决于多种因素，不能一概而论。不同的燃气轮机可根据不同的情况来选用不同的启动机。

（二）液力变矩器

在启动设备中液力变矩器能够为机组的启动解决以下两个问题，即：①在机组刚启动时，使柴油机（或交流电动机）的输出轴与机组的主轴脱离传动关系，保证柴油机（或交流电动机）能够单独首先启动起来；②当柴油机（或交流电动机）启动成功并加速到相当高的转速时，使柴油机（或交流电动机）能够通过液力变矩器以较大的转矩传送给机组的转子，以便使机组能够安全、经济启动和加速。

（三）离合器

启动机工作的特点是在开始启动时带动主机转动加速，当主机转速达到脱扣转速时，启动机就与主机分离，随即停止工作。当下次启动机组时，启动机再与主机合上而投入工作。因此，启动机与主机之间必须有离合器，仅发电机的励磁机兼作启动机时除外。所用的离合器一般都是能自动分离的超越离合器，常用离合器形式有 4 种。

(1) 滚棒式离合器。主要用于小功率燃气轮机中。

(2) 爪式离合器。主要用于大型燃气轮机中，其啮合和分离由启动程序来自动控制。

(3) 棘轮式离合器。离合动作是完全自动的。

(4) 3S 离合器。在某些燃气轮机或联合循环中，于燃气轮机的主轴与主发电机轴之间还装有调相用的 3S 离合器。3S 离合器的全名是同步自换挡离合器（Synch-Self-Shifting），它是一种依靠自身机构的作用，而无须借助于人工或其他辅助动力设备，完全自动地实现啮合或脱离啮合，从而使动力输入设备与输出设备连接起来或分离开来的设备，是广泛应用于燃气轮机的启动/盘车系统以及作为单轴燃气-蒸汽联合循环发电机组的汽轮机和发电机的联轴器。

图 6-39 给出了 SIEMMENS 公司的 SGT5-4000F 联合循环中 3S 离合器的布局关系。它被布置在主发电机与汽轮机之间，可以使汽轮机退出运行，而确保燃气轮机单独工作；也可以在燃气轮机单独启动运行后，根据汽轮机的暖机情况，使汽轮机与主发电机连接，转入联合循环的工作状态。

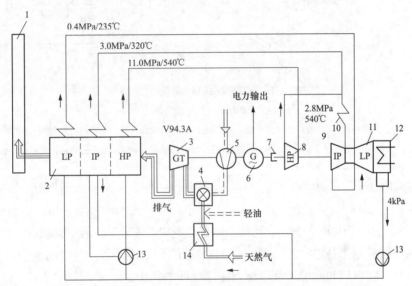

图 6-39 SGT5-4000F 联合循环中 3S 离合器的布局关系

1—烟囱；2—余热锅炉；3—燃气透平；4—燃烧室；5—压气机；6—主发电机；
7—3S 离合器；8—高压蒸汽透平；9—重压蒸汽透平；10—再热器；
11—低压蒸汽透平；12—凝汽器；13—水泵；14—天然气预热器

在 GE 公司设计的 9E 燃气轮发电机组中，已采用 3S 离合器来使燃气轮机的盘车系统的输出齿轮与燃气轮机启动设备的输出轴以及燃气轮机的主轴（通过辅助齿轮箱）连接在一起。这种离合器不仅能自动地实现盘车系统与燃气轮机主轴的连接或分开，而且能按照控制设备的要求，自动地实现启动设备与燃气轮机主轴的连接或分开。

（四）辅助齿轮箱

在电站燃气轮机中，往往设置一个驱动用的辅助齿轧箱。辅助齿轮箱的功用有三个：一是将高转速燃气轮机主轴转速降低至 3000r/min 或 3600r/min，以满足 50Hz 或 60Hz 电网需求；二是在机组启动时，启动/盘车系统通过它向燃气轮机传递启动扭矩；三是当机组进入正常运行状态后，通过它由燃气轮机来拖动机组的关键辅机，即主燃油泵、主润滑油泵、主液压油泵以及主雾化空气压缩机进行工作，并使燃气轮机和启动装置切断或连接。

图 6-40 所示是 6B 燃气轮机的辅助齿轮箱。由图 6-40 中看出，齿轮箱为水平中分结构，1 号轴、2 号轴和 3 号轴装在水平中分面处，4 号轴则装在齿轮箱下半箱体中。其中 3 号轴分外侧与内侧，它实际上是两根独立的轴，转速各不相同。因此，齿轮箱中实际上有 5 根独立的传动轴，图 6-40（b）所示为各个轴的传动关系示意。其中 1 号轴为主动轴，上面装有一个小齿轮传动 2 号轴，通过 2 号轴再传动 3 号外、3 号内和 4 号轴。按照现场实际需要传动的辅机数量，可从上述的辅机中去掉其中一个或数个，并用端盖把齿轮箱上该传动轴的输出端封住。

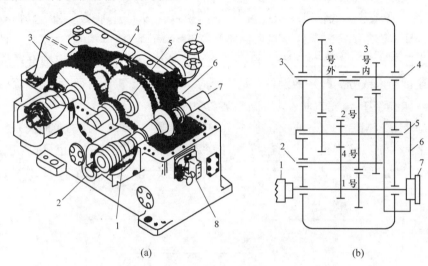

图 6-40 6B 燃气轮机的辅助齿轮箱

（a）示意图；（b）传动关系图

1—启动离合器；2—主液压油泵传动轴；3—主燃油泵传动轴；4—主雾化空气压缩机传动轴；

5—水泵传动轴及水泵；6—主润滑油泵；7—辅助齿轮箱传动轴；8—手动危机遮断器

燃气轮机的主轴是通过爪式启动离合器与启动设备中的液力变矩器的输出轴相连的。在燃气轮机的启动过程中，由于液力变矩器和启动离合器的作用，可以把启动机提供的启动扭矩传递给燃气轮机的主轴，并能在机组转速升高到自持转速时，爪式启动离合器自动脱扣，使启动机与主轴脱离传动关系。

齿轮箱中各轴所用齿轮都是斜齿轮，每根轴的两端采用一侧有推力的滑动轴承，润滑油从燃气轮机的润滑油母管引来，润滑后的润滑油从齿轮箱底部流回油箱中。

此外，燃气轮机的机械超速螺栓保安装置也安装在辅助齿轮箱上。有的机组在辅助齿轮箱中还装有液压棘轮式的盘车装置，它是通过齿轮来驱动燃气轮机上的主轴作间歇性盘车运动的。

（五）盘车装置

一般的工业型燃气轮机，由于气缸和转子的结构较为厚重，使停机后的冷却需很长的时间。在冷却过程中，气缸内的气体由于热气上升和冷气下降，形成气缸中上部气体温度高于下部的现象，使转子上下热膨胀不均匀而产生弯曲变形。到机组完全冷却后，按理该变形随着温度的均匀能自行消除。但有的机组，由于冷却时间长使变形时间长，以及结构上的因素而造成残留的永久变形。这时，机组若再启动运行将产生很大的振动。对于无残留变形的机组来说，若停机后不久，机组还未完全冷却就启动，即所谓热态起动，则将因转子暂时的弯曲变形而产生很大的振动。这种现象已为很多实例所证实。为消除该现象，可在机组停机后转动转子，使它始终处于温度较均匀的情况下冷却，这就是盘车。

应指出，大量结构轻巧的机组，例如航空燃气轮机、小功率燃气轮机、和结构接近于航空燃气轮机的工业型燃气轮机（例如 Solar 公司的机组），都无盘车装置。原因是它们结构轻巧，整个机组冷却得快，且零件薄，易冷却均匀，使得在停机后的整个冷却过程中，转子的暂时弯曲变形即使有也很小，而在完全冷却后则不会残留永久变形。因此，盘车装置主要用于结构较笨重的工业型燃气轮机中。盘车的时间一般较长，例如 24h 左右，长的甚至达 70h。

此外，盘车装置还有一附带用途，即帮助启动机来启动主机。转子由静止状态开始转动时所需力矩最大，故启动时若先由盘车装置带着主机转子旋转，则可使启动机较容易地带动主机转子，由此还可适当减小启动机的功率。此外，机组停机后用孔探仪检查动叶时，可用盘车装置带动转子旋转，以观察整列动叶。

现用的盘车装置有连续盘车和间歇盘车两种。

1. 连续盘车

连续盘车即燃气轮机停机后，由盘车电动机带动主机转子连续旋转，以达到均匀冷却的目的。由于盘车的目的是均匀冷却，转子需很慢地转动即可，一般每分钟数转，这样只需较小功率的电动机。该电动机为直流的，由自备直流电源（蓄电池）供电，使在外界电源中断时仍能可靠地盘车。

由于盘车的转速很低，而电动机转速很高，传动减速比很大，故常用蜗轮蜗杆减速器，再配合圆柱齿轮来传动主机转子。与启动装置一样，盘车装置与主机转子之间也需有离合器。由于盘车装置还需帮助启动，故也要求能自动离合。在启动装置中介绍过的三种离合器，原则上可适用于盘车装置。

还有用可离合的一对圆柱齿轮来传动的结构。这时主动齿轮与轴之间用螺栓连接，即该齿轮能轴向移动，一般由程序控制籍外力推动主动齿轮与从动齿轮啮合而盘车，这时螺栓螺传扭作用，且其螺栓方向使齿轮始终啮合。而在启动时，当装在主机转子上的从动齿轮的转速高于主动齿轮的转速时，主动齿轮就被从动齿轮带动绕着螺栓轴发生相对旋转，这时螺栓的方向正好使主动齿轮做反向的轴向移动，于是自动退出啮合状态。

2. 间歇盘车

既然连续盘车的转速很低，那么是否能间隔一定时间，例如几分钟使主机旋转一定角度呢？实践证明，这同样能达到盘车的目的。与连续盘车相比较，间歇盘车消耗能量较少，但需一专门程序来控制。

上述用直流电动机为动力的连续盘车装置，在用专门的控制系统来控制电动机的供电后，就可成为间歇盘车装置。

（六）柴油机启动系统

以某联合循环电站启动系统为例，简要介绍柴油机启动系统。柴油机本身需要用一台 125V 的直流启动电动机 88DS 来启动。直流启动马达的电源取自电站中的蓄电池组。柴油机轴除了直接驱动液力变扭器，把启动扭矩通过启动离合器，传送给机组辅助齿轮箱中的主轴外，还驱动柴油机工作系统中所装备的扫气泵、主燃油泵、润滑油泵，控制泵以及冷却水泵等进行工作。液力变扭器工作时所必需的注液泵也是由柴油机轴拖动的。通过皮带的传递，它还驱动启动雾化空气压缩机工作。

柴油机的惰转转速是 (600 ± 100) r/min，最高转速为 2300r/min。当柴油机把燃气轮机的转速升高到 $20\%n_0$ 后，燃气轮机就可以喷油点火。当机组的转速升高到 $60\%n_0$ 时，启动离合器就能自动脱开。此后，柴油机在低转速下继续惰转 5min 后，就可以停止运转。柴油机燃烧所需要的空气是通过两台废气涡轮增压器供给的。外界空气经空气滤清器过滤后，在废气涡轮增压器中增压，然后流过柴油机的跳闸电磁阀 20DDT，经扫气泵进一步增压后，送到两冲程柴油机的气缸中去参加燃烧。而柴油机的排气，在通过废气涡轮增压器中的涡轮后，被排送到机组的排气通风系统中去。

在燃气轮机的底盘中装有一个柴油机用燃油箱。燃油流经底阀、过滤器和止回阀后，被柴油机本身拖动的燃油供给泵抽吸和增压，使燃油储存到装在柴油机上的浮动油箱中去。这个浮动油箱与大气相通，其溢油可以流回柴油机用燃油箱。柴油机的主燃油泵则通过过滤器，从浮动油箱中抽油，最后把燃油输送给柴油机的喷油嘴系统，以便分别喷到气缸中去进行燃烧。喷油量的多少是由柴油机的调速器来控制的。

柴油机润滑油箱中的润滑油，除了被曲轴甩带，供给柴油机自身润滑外，还流经过滤器、润滑油泵和冷油器，被送到柴油机的润滑油系统中去。随后，经控制泵和两个电磁四通阀 20DA-1 和 20DA-2 的作用，控制节流油动机中润滑油的流向，以便调整调速器的位置，达到控制喷油量，也就是柴油机转速和功率的目的。

启动柴油机既能适应机组正常启动的要求，也能满足机组快速启动的要求。在正常启动时，加速电磁阀 20DA-1 控制着柴油机的转速升速率和最终转速整定值（2150r/min）。在快速启动中，加速电磁阀 20DA-2 则被用来控制柴油机的转速升速率和最终转速整定值（2300r/min）。如前所述，操纵节流油动机工作的液压操作油是由控制泵供应的，利用安全阀 VR-13，可以使液压操作油的压力控制在（10.9±0.35)MPa 以下。

通过柴油机的停车电磁阀 20DV 和跳闸电磁阀 20DT 的作用，可以及时地终止向柴油机供应燃油和空气，以便使柴油机停止工作。

通过压力开关 63DM 和 63QD，以及透平仪表盘上的表计，可以对柴油机中燃油压力和润滑油压力的过低现象进行监视。当燃油压力低于（0.56±0.035)MPa、润滑油压力低于（0.53+0.035)MPa 时，63DAY 和 63Qb 将迫使柴油机停止工作。

在柴油机中专门设置了一套闭式淡水冷却系统，用来向柴油机的气缸冷却水套和润滑油冷却器提供冷却用淡水。淡水冷却水泵是由柴油机本身驱动的，它能保证冷却用淡水在闭式系统中连续循环。由气缸冷却水套中出来的高温淡水将在柴油机冷却水的换热器中进行散热冷却。这个换热器的冷却水则是由机组的冷却水系统供应的。柴油机的转速一般可以用机械式转速表或测速发电机来测量。

（七）静态变频启动系统

1. 简述

纵观国内外近年来投产的一些大型燃气轮发电机组，如华电（北京）热电有限公司郑常庄燃气热电工程新建 2×254MW 燃气-蒸汽联合循环供热机组，其启动装置配套使用 ABB 的（静态变频器(static frequency converter，SFC)；深圳前湾电厂发电一期工程为 3×390MW 单轴燃气-蒸汽联合循环机组，其 M701F 型燃气轮机启动装置配套使用日本三菱电机的 SFC；上海漕泾热电厂 2 套 300MW 9FA 燃气-蒸汽联合循环机组，国华余姚燃气发电机组，浙能镇海发电厂及杭州半山发电厂的 S109FA 燃气-蒸汽联合循环机组的启动装置配套使用 GE 公司的静态变频启动装置。大型的燃气轮机生产厂商如 GE、Siemens、三菱、ABB 等，都有自己的静态启动装置，并通过多年的研发和运行实践，在技术上相当成熟。再加上其维护简单，运行成本低，得到广泛认可。

静止变频器按其主回路供电方式的不同可分为有降压变压器的高-低-高型变频器和无降压变压器的高-高型变频器；按整流器和逆变器线路之间的耦合方式的不同分为交-直-交型变频器和交-交型变频器；按中间直流耦合组合方式的不同分为电抗器耦合方式的电流型变频器和电容器耦合方式的电压型变频器。由于燃气轮机组在对静止变频器的动态响应性能方面无特殊苛刻的要求，因此，目前燃气轮机电厂中的静止变频器的主回路都普遍采用由晶闸管、平波电抗器构成的交-直-交型电流源变频器。因此，静止变频器根据使用的晶闸管整流桥和逆变桥的形式可选用 6 脉冲整流桥、6 脉冲逆变桥形式或 12 脉冲整流桥、6 脉冲逆变桥形式（如图 6-41、图 6-42 所示）。

在静止变频器的脉波数的选择过程中一般参考系统对谐波的要求和投资的性价比进行选择。目前国际上没有一个专用于 SFC 谐波评估的标准，大多数借用 IEEE 519《电力谐波控制的推荐规程和要求》来作为 SFC 谐波的评估依据。理论上说，脉波数越高，SFC 的低频段次谐波就越少，系统谐波耦合点的谐波量的大小，与该点所在的系统短路容量及谐波源的工作方式有关。系统短路容量越大承受的谐波量就越大，对谐波源的要求就越低，谐波源的工作时间越短，考核谐波的标准也就相对降低。因此，在实际进行 SFC 选择时，脉波数的确定依据有两个原则：一是所在系统的短路容量，二是工作时间长短。对于燃气轮机电厂，由于 SFC 一般连接于电厂 6kV 母线，且都为短时工作方式（启动时间不超过 30min），按 IEEE 519《电力谐波控制的推荐规程和要求》的要求，6 脉波就能满足要求。

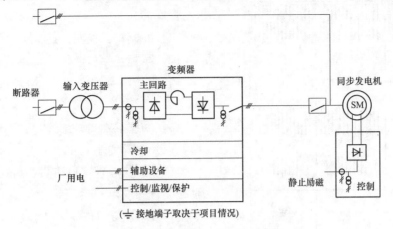

图 6-41　静止变频器 SFC 6/6-脉波配置

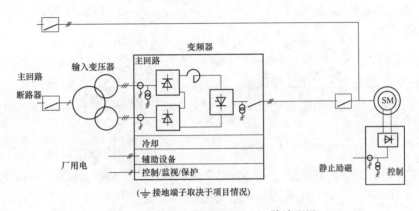

图 6-42　静止变频器 SFC 12/6-脉波配置

2. LCI 静态启动系统

（1）系统组成。GE 公司采用 LCI 静态启动系统，其主要部件是静态变频器 LS2100，图 6-43 所示为 LS2100 系统单线图。LS2100 能提供两种功率转换的选择，分别用于 GE 公司的 7F 和 9F 两种系列的燃气轮机启动。LS2100 通过机组高速数据网络和其他的 GE 公司设备进行通信，包括 GE 公司控制系统的 TOOLBOX、透平控制 MarkⅥ、LS2100 启动器控制和人机界面。

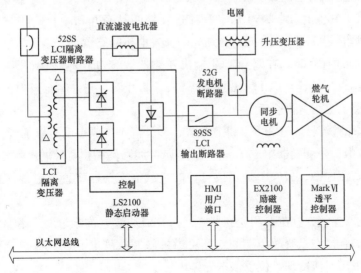

图 6-43　LS2100 系统单线图

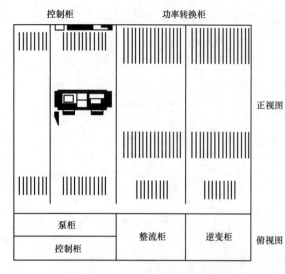

图 6-44 LCI 系统机柜排列图

LS2100 包含的硬件都布置在以下 3 个柜子里（见图 6-44）。

1）控制柜：控制、通信、I/O 板等功能；

2）泵柜：存放液体冷却系统的各种元件，包括主、备用冷却泵、冷却介质容器、过滤器和去离子设备。

3）功率转换柜，安装功率转换电路和控制回路，以及电源的输入和功率的输出设备。

（2）工作原理。LCI 静态启动系统利用 EX2100 励磁装置为发电机转子提供励磁，用 LCI 静态变频装置为发电机定子提供变频电源，使得发电机转换成机组启动的变频调速同步电动机。

LCI 电源来自三相三绕组隔离变压器。变压器电源取自电网或高压厂用母线，二次侧为 2080V，分别为星型和三角形接线。隔离变压器初级绕组连接到 LCI 隔离变断路器 52SS。每个次级绕组与 LCI 的 2 个三相全控整流桥连接，然后串联输出作为逆变桥的直流电源。这种布置便于提供故障保护，减少系统干扰和对地电气隔离的阻抗。二次侧星型和三角形接线是为了裂相，以便使输出直流更平坦；另外 2 个三相全控整流桥串联有助于降低整流桥的耐压。

整流器和逆变器通过直流滤波电抗器连接在一起。LCI 逆变器的输出接到交流线路电抗器。交流线路电抗器用于补偿发电机断路器电容。交流线路电抗器输出连接到输出熔丝（CLF）。熔丝输出接到 LCI 输出 89SS，最后连接或断开发电机定子绕组的电路。

静态启动系统与 MarkVI 转速控制系统和 EX2100 数字励磁系统完全结合。Mark VI 控制装置提供运行、转矩和速度设置点信号给 LCI，LCI 以闭环控制方式运行，给发电机定子提供变频电源。EX2100 受 LCI 控制，在启动期间调节励磁电流。通过控制励磁和定子电流，LCI 将发电机加速或减速至启动过程所需的速度。

正常情况下，LCI 静态变频装置由 Mark VI 进行控制，LCI 隔离变压器断路器由 Mark VI 发出信号进行断开和闭合。当 LCI 静态变频装置与 MarkVI 未进行联锁时，也可由 LCI 静态变频装置发出断开和闭合 LCI 隔离变压器断路器的命令。

LCI 输出断路器 89SS 也由 Mark VI 启动程序逻辑控制其断开和闭合，并与发电机断路器互有联锁。在闭合 LCI 输出隔离开关 89SS 之前，必须先断开发电机断路器。

根据 Mark VI 启动顺序逻辑，在闭合 LCI 输出断路器 89SS 前，必须断开发电机中性点接地断路器。待燃气轮机点火达自持转速，LCI 输出断路器 89SS 断开后，允许闭合发电机中性点接地 89DN 电动断路器，发电机断路器方可并网合上。

LCI 有三相 12 脉冲整流器和三相 6 脉冲逆变器。LCI 静态变频启动装置的硬件组成包括：

1）功率变换设备由 2 个变换器组成。一个是 12 脉冲线路侧相位可控的电源整流器，将 AC 线路电源整流成电压可控的直流电源；另一个是相位可控的负载侧逆变器将直流电源变换成频率可控的交流电源。

2）直流滤波电抗器连接在整流器和逆变器之间。直流滤波电抗器帮助平滑直流电流，消除变换器和逆变器频率之间的耦合。在系统故障期间，还可通过限制故障电流提供保护。直流滤波电抗器是干燥型空气芯电抗器，采用对流冷却，位于保护壳体内。

3）交流线路电抗器为三相交流电抗器，连接在 LCI 输出和 CLF 输出熔丝之间。

4）发电机中性点接地电动隔离开关由 Mark VI 启动顺序逻辑控制其闭合和断开。在 LCI 断路器闭合之前，此隔离开关必须是断开的。

5）LCI 控制板位于 LS 2100 的控制柜内，包括 1 个微处理器系统。微处理器提供以下控制逻辑：点火和启动程序、诊断和保护功能、加速、励磁系统接口、I/O 信号接口等。另有板面安装仪表和运行人员操作设备。微处理器和有关测量仪表的电源来自三相 415V 交流电源。

（3）冷却系统。液体冷却系统位于 LS2100 控制柜的后面，冷却系统把发热器件的热量送到远处的热交换器，把热量交换给外循环的冷却介质，其流程图见图 6-45。

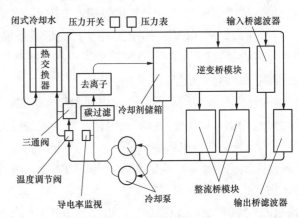

图 6-45　LCI 冷却系统流程图

1）液体冷却系统是闭式的，具有以下特点：

a. 冷却介质是水和丙乙二醇的混合物（在户外防冻）。

b. 能自动切换的主备用循环泵，具有独立的阀门，方便在线检修。

c. 纯度监视报警、介质阻抗和温度的数字显示，介入报警和跳闸回路。

d. 介质容器有过流量报警、低液位报警和跳闸。

冷却原理：电源变换电桥产生的热耗散在闭式液体冷却系统内。该回路用的冷却介质是去离子水和丙乙二醇的混合物。冷却剂用冷却泵泵入。冷却剂通过功率变换电桥，流到液体/液体热交换器，冷却后再回到冷却泵吸入口。

2）PLC 安装在 LCI 柜内，与泵仪表板内的仪表接口并控制冷却泵。液体冷却报警和状态用硬线连接，从 PLC 输出接到 LCI 微处理器 I/O。LCI 控制逻辑内用此信息。LCI I/O 也用硬线与 Mark VI、EX2100 和发电机控制屏接口连接。

3）主要设备：

a. 冷却剂贮箱：冷却剂系统备有一个位于泵回路内的贮箱。当系统温度变化时此箱用作缓冲箱。它也用于提供冷却剂泵的吸入压头。功率变换电桥有一个通往该箱的恒定排气口。排气管路安装有限流孔板限制流量。

b. 冗余冷却泵：系统备有两个 100% 冗余冷却剂泵。运行人员用泵仪表板门上的选择开关，人工选择先行泵。当先行是滞后泵时，不选择泵。

c. 热交换器：热交换器用水冷却闭环冷却系统中的冷却剂，热交换器进口管道内的三通温度调节阀控制 LCI 冷却剂温度。调节阀自行执行并让 LCI 冷却剂在低负荷条件通过旁路不经过热交换器。

当电源和负荷电桥产生的热量增大时，调节阀门开大，让更多的冷却剂流过热交换器并减少旁路流量。

d. 冷却剂调节：闭环冷却剂系统纯度由安装的去离子滤筒保持。可调节的供应管道连接到冷却负荷上游的冷却剂泵排出联箱。冷却剂首先通过过滤器，再通过限流孔板。孔板可调节流量至 0.044L/s。冷却剂再经过去离子滤筒。被调节的冷却剂再流到与系统余液混合的箱内。

系统纯度由温度补偿电阻率测量仪表监控。此表测量负载电桥和箱之间恒定排气管道内冷却剂的电阻率。正常运行的冷却剂电阻率超过 0.01MΩ/m。当去离子滤芯作用变差时，冷却剂质量下降。当冷却剂达 0.01MΩ/m 时，电阻率测量仪表将报警，当冷却剂质量降到 2kMΩ/m 时驱动装置跳闸。达到报警设置点时，在冷却剂质量达到跳闸设置点之前大约需 24h。

（4）启动过程。图 6-46 所示为静态变频器的启动过程曲线。启动过程包括：

1）启动：机组在启动前应先盘车。然后，LCI 将加速机组达到清吹转速。机组保持在清吹转速，直到要求完成的清吹时间。

2）摆频吹洗：清吹转速将按摆频速度控制。摆频速度设置点是 Mark VI 控制系统内的一种编程功能，燃气轮机 Mark VI 控制选择清吹转速时选择此功能。摆频方法是闭环速度控制，从 LCI 内引出闭环控制的速度反馈信号。

最大清吹速度为 26.8% 额定转速，最小清吹速度为 24.8% 额定转速。

3）点火：Mark VI 控制逻辑用于导出清吹结束信号。当完成清吹程序时，燃气轮机控制系统给出点火速度设置点到 LCI。LCI 断开到发电机定子的电流，并让机组滑行，转速降到点火转速。达到点火转速时，启动点火程序。

4）燃气轮机暖机：燃烧系统内探测到火焰时，燃气轮机控制系统启动暖机计时器。在等待该计时器超时过程中，LCI 将机组转速保持在点火速度设置点。

5）加速：在暖机周期结束时，Mark VI 将 LCI 转速设置点设置到 100% 转速。LCI 再帮助加速机组。LCI 跟踪按系统特性定义的电流与转速变化率的关系曲线。当机组向 100% 转速加速时，燃气轮机闭环加速控制将控制机组的加速。在大约 81% 速度时，LCI 电流按电流与转速变化率关系曲线规定递减；在 90% 速度时，LCI 与发电机端子断开，燃气轮机继续加速到 100% 转速。

6）LCI 退出运行：当转速达到 95% 时，LCI 退出，LCI 的电动隔离开关断开，发电机中性点接地开关合上。励磁设置按正常运行方式运行。

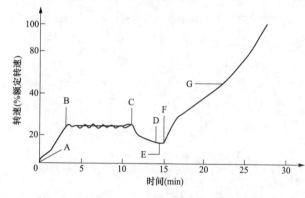

图 6-46　LCI 标准启动过程曲线

A—设置速度基准到清吹速度；B—启动摆频吹洗；C—吹洗结束，设置速度基准到点火转速；D—点火启动；E—暖机周期；F—暖机结束，设置速度基准到 100% 速度；G—闭环加速控制

LCI 标准启动过程曲线如图 6-46 所示。

（5）补充说明。

1）LCI 不仅用于机组启动，还用于机组离线水洗的转速控制。

2）液体冷却系统在使用中应注意防止被冷却器件的温差结露带来的电气绝缘降低引发的故障，特别是在湿度较大的地区。LS 2100 系统的运行环境与它的性能以及使用寿命有着相当大的联系。如果系统运行环境恶劣不仅会造成卡件的损坏，严重的还可能影响卡件功能，从而影响机组的启动。

由于 LS 2100 采用的是大功率晶闸管，在运行状况下控制小室内部的温度上升很快。而 GE 公司要求的室内环境温度为 40℃ 以下。LS 2100 的一些辅助模块均为电子设备，温度急剧上升可能会导致测量数据不正确、芯片工作状态不稳定、电子元器件老化加速等一系列的问题，而当问题集中时就可能引发机组启动失败。

LS 2100 系统设在一个密闭的小室内，依靠空调设备来调节温度。正常运行时湿度保持在一个适当的范围。短时间重复启动时，特别是雨季和冬季的大雾季节里，当 LS 2100 停止运行后由于空调的作用小室温度下降非常快，某些卡件暴露在潮湿骤冷的环境中会产生凝露。当短时的停运结束重新启动时，一些外部接点状态改变后，则会引起芯片损坏、密封式继电器引脚带电误动作、电源模块凝露引发短路使电源消失等。因此，在短暂停机时需维持 EX2000 密闭小室的湿度。即使不能保持在制造厂要求的 95% 湿度无冷凝的要求，也必须保证小室环境温度不出现剧烈变化。

3）"撬棒"原理：在电气应用中，主要用作过电压保护。当被保护设备发生过电压时，"撬棒"电路动作，最快速、最直接地将过电压降至零，从而触发原设备的过电流保护动作，使得原设备切断电源。

（八）常见机型启动装置配置

一般来说，6FA、7FA、9E、9FA/B系列燃气轮机都配备变频启动器或中压启动电动机来辅助燃气轮机在脱扣前能高速盘车，6B系列燃气轮机一般配置中压启动电动机或柴油机作为启动装置。具体配备取决于燃气轮机的转动惯量和系统的扭矩要求，见表6-119。

表 6-119　　　　　　　　　　　　　　**常见燃气轮机启动方式**

机型	变频启动装置 SFC（LCI）	启动电动机
普通 6B 型燃气轮机		√
6F 型燃气轮机	√	
7F 型燃气轮机	√	
9E 型燃气轮机		√
9F 型燃气轮机	√	

三、燃气轮机进气、排气系统

（一）燃气轮机进气系统

燃气轮机进气系统的功能是将空气导入压气机进口。通常，在燃气轮机的进气管道上装有进气过滤系统、进气消声器、膨胀节，近年来，也有的机组在进气管道上装有冷却系统。

1. 进气管道系统

对进气管道系统的首要要求是气流压损小，其次是使压气机进口气流均匀。因而进气管道的流速一般比较低，为15～30m/s，且管路较短和转弯较少。下面就进气管路的一些结构和特点进行叙述。

（1）结构形式。无论是户外快装的燃气轮机，还是安装在较大的厂房中的燃气轮机，进气管均有两种形式。一是用管道连接的结构，另一是与厂房建筑合为一体的结构。下面以户外快装机组为例说明。

用管道连接的实例见图6-47。从图6-47可以看出，进气通道由空气过滤器形成的进气室、消声器、过渡管、连接管等组成，结构较简单，但相对于燃气轮机本体来说尺寸较大，尤其是进气室由于过滤器的进气流速低而较庞大，它们都用专门的支架支承在地面上。当燃气轮机安装在较大的厂房时，进气管道视机组在厂房中的布置不同，有的要长一些，有的则较短。

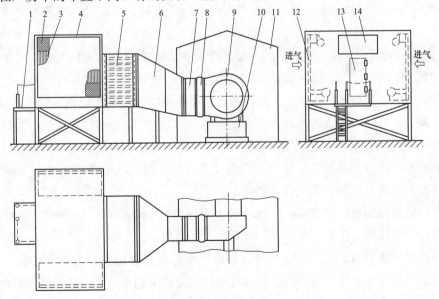

图 6-47　用管道连接的燃气轮机进气系统

1—平台；2—筛网；3—垂直百叶窗；4—进气室；5—消声器；6—过渡管；7—连接管；8—挠性连接段；
9—压气机进气蜗壳；10—燃气轮机底盘；11—快装式厂房；12—滚筒式过滤器；13—检修门；14—旁通门

用管道连接的结构，使用于压气机各种不同的进气方向，例如自上部、下部、侧面或轴向进气均可。图 6-47 显示的为侧面进气。

与厂房合为一体的结构示例见图 6-48。将其与图 6-47 进行比较，都由空气过滤器和消声器所组成，不同的是管道与厂房构件合为一体。其过滤器为毛毡介质的阻式过滤器，一块块的毛毡排列成曲折状以增大过滤面积和减少压力损失。空气经水平百叶窗流入空气进气室，由下及上流经过滤器，然后转过 180° 向下流经中间的片式阻性消声器，最后进入压气机的喇叭形轴向进口。该过滤器的空气取自下而上的流动方式，可以减慢过滤器介质的污脏速度。从该例可以看出，压气机都是轴向进气。其他实用性的进气系统，压气机一般也都采用轴向进气方式。

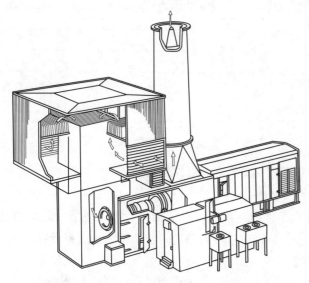

图 6-48　与厂房合一的燃气轮机进气系统

（2）进气室。

图 6-47 和图 6-48 的进气系统都是由空气过滤器组成的进气室，原因是空气过滤器由于流速低而面积大，在做成专门的进气室后便于整体运输和安装。在进气室的设计中，除恰当地布置过滤器外，还要注意以下几个问题。

1）是进气室体积较大，各侧的面积大，工作时由于过滤器有压力损失，使进气室内外存在一定的压差，该压差作用在面积较大的进气室壁面上将形成较大的向内压力。显然，在过滤器因污脏或冬季结冰发生堵塞时，该内向压力因压差急剧增大而增大，为了保护壁面和过滤器不致承压过高而损坏，必须有安全措施。进气室上的旁通门就是专为此设计的，它的内外压差超过一定值后自动打开，空气即通过旁通门无阻挡地流入，内外压差减至很低数值，起到保护进气室和过滤器的作用。图 6-47 所示的进气室的旁通门，在压差超过 1.176kPa 的时候即自动打开。

2）为便于进入检修，例如更换过滤介质或拆下介质进行清洗，进气室上都有供人进出的检修门。图 6-48 示例中的检修门没有画出来，通过检修门人可以进入进气室的底部，以便一块块地拆下过滤介质毛毡进行清洗。

3）进气室离地的高低，对压气机进口的清洁程度有很大的影响，即对压气机叶片的侵蚀寿命有较大的影响。例如图 6-47 所示的进气室离地面高为 1524mm，另一台装在它旁边的另一型号机组的进气室离地面高为 6283mm，是前者的 4 倍。显然，两台机组周围的环境条件是一致的。同时，两台机组均用冲击式滚筒过滤器。在运行一段时间后，发现前者的压气机叶片显著磨损，而后者基本上没有磨损，原因是灰沙的分布随着离地高度的变化而不同，离地面低处浓度较大、且颗粒尺寸大，离地面高时，刚好相反。虽然两台机组处于同环境下运行，但由于风沙的缘故，使前者进入压气机的空气含有较多且颗粒尺寸较大的灰沙，从而腐蚀压气机叶片。

因此，进气室应离地面适当的高度，在风沙较大的地方应离地高些，必要时还需配合应用惯性分离器，将其置于冲击式或阻式过滤器的前面，以除去大量的风沙。

（3）连接管道时的注意点。通常，进气室和管道等都是单独支撑固定的。运行时，由于气温高低的变化和燃气轮机热膨胀等，使连接管道与压气机进口之间产生相对位移，故此处以用挠性连接为宜。

2. 空气过滤系统布置方式

在管路中气流有转弯时，应取圆弧形通道，必要时内部还要加导流片，以减少流动损失和使气流均匀。管路中要减少或避免采用扩压流道。为了成型方便，一般管道通路的截面形状为矩形，故管路上常有大面积的片面部分。为使它具有一定的刚性，不致被内外压差压瘪和被气流急振而发生振动，所用钢板不宜过薄，一般为 3～5mm，甚至更厚。必要时，还需在外表加筋来增强刚性。数万千瓦的大功率机组尤其要注意这一问题。

燃气轮机是以空气为工质的热机，由于机组的有效焓降较小，因而空气流量是比较大的。例如 GE 公司的 9FA 燃气轮机，空气的流量为 605kg/s。因此，空气的状况（即所含有害杂质的情况）对燃气轮机的安全可靠工作有很大的影响。

（1）空气对燃气轮机的损害。在空气中或多或少包含有各种无机物和有机物颗粒杂质，在燃气轮机通流部分中将产生下述几种不良作用：

1）侵蚀。即颗粒杂质不断冲刷叶片，致使叶片发生磨蚀，这在压气机靠后面的级中最为显著，其最终的结果将导致发生叶片折断的重大事故。

2）积垢。当空气中含有碳氢化合物烟雾或有一定黏合能力的其他颗粒时，它们就会在压气机叶片上堆积起来形成垢物，使其效率、压比、流量等均降低。在沿海或海洋环境条件下，由于空气中含有海水，因而将发生积盐现象。

3）腐蚀。当空气中含有盐粒时，就有可能对叶片等发生腐蚀作用。显然，在海洋环境下这一问题较突出。若空气中有其他的腐蚀性成分，也可能发生腐蚀现象。

上述 3 种情况一般是不会同时发生的，而是其中的一项或两项。例如，侵蚀和积垢一般不会同时发生，因那些对叶片有侵蚀冲刷能力的颗粒必然使有黏合能力的颗粒一旦黏在叶片上，随即就被冲刷掉。而积垢和腐蚀现象往往同时发生。对于电站燃气轮机，灰尘颗粒对叶片的侵蚀是较为突出的问题，对机组的寿命有很大影响。

一般认为，直径在 $10\mu m$ 以上的灰尘颗粒是对叶片造成侵蚀的主要原因。而直径在 $5\mu m$ 以下的灰尘颗粒，则可能导致积垢，因为存在于空气中易形成积垢的燃烧产物微粒尺寸为 $0.001～5\mu m$。面颗粒直径为 $5～10\mu m$ 时是一过渡区，有人认为它是所谓的"有益"灰尘，它虽对叶片有一定的侵蚀作用，但却能不断地冲刷叶片使之不会积垢。在了解了上述情况后，就可能对空气的过滤器提出恰当的要求。显然，为了避免侵蚀，应将 $10\mu m$ 以上的颗粒滤除，$5～10\mu m$ 的亦宜滤除，这是现代的空气滤清设备较容易达到的。但对易形成积垢的微小尘粒则只能滤除部分，越细微的越难滤除，故在含有黏性细灰的大气环境中运行时，采用滤清设备后并不能防止压气机叶片积垢，这时还需配以清洗通流部分的方法来除垢。

对用于海洋条件的过滤设备，要求把海水和盐全部除尽亦是不可能的。目前对海水过滤器的要求，是从对透平叶片的硫化腐蚀研究后得到的。当空气含盐量在 0.01mg/kg 以内时，配以叶片表面涂层，可大大提高叶片的硫化腐蚀寿命。因此规定滤清后的空气含盐量应在 0.01mg/kg 以内。对压气机来说，在空气含盐量较低的情况下，仍然会发生积盐和腐蚀问题，积盐以定期水洗来解决，腐蚀靠叶片表面涂层或用耐海水腐蚀的材料，如镍铬不锈钢或钛合金来解决。

（2）空气过滤器的形式。目前电站燃气轮机一般采用常规三级过滤设备或脉冲空气自清洗过滤装置两种方式。表 6-120 列出了两种过滤方式性能的比较。

表 6-120 　　　　　　　　　　　不同进气过滤装置的性能比较

项目	过滤级数	阻力	效率	抗湿性	滤芯寿命（h）	维护费用	初投资	可靠性
常规三级式	3 级	较高	较高	差	500～1000	高	低	低
脉冲式	1 级	较低	高	好	3000～5000	低	高	高

1）常规三级过滤装置。常规三级过滤装置包括惯性分离器、预过滤器、精过滤器 3 部分，如图 6-49 所示。

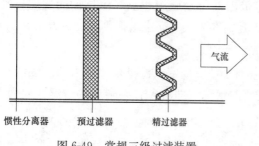

惯性分离器 　预过滤器　　精过滤器

图 6-49　常规三级过滤装置

惯性分离器的工作原理是空气在流经分离器时被转弯或旋转，靠惯性撞击把灰尘颗粒分离出来而将其除去，故称为惯性分离器。它不仅能分离空气中的灰尘，同时能分离水滴。目前用于电站燃气轮机的惯性分离器形状为百叶窗式或旋风管式，大多采用金属材料做成，如用钢板或铝板，也有用塑料的。此外，为获得好的工作性能，常把百叶窗做成一定的组合形式，或者改变百叶窗栅板的流道形状。

百叶窗式惯性分离器与门窗上的百叶窗是一样的，当空气流经栅板时转弯向上，灰尘颗粒和水滴因惯性被分离出来，并靠自身的重量向下跌落。显然，这种简单的分离器主要对那些尺寸较大的颗粒和水滴起分离作用，那些尺寸较小的则有部分甚至大多数随空气流入，故分离效果较差。为了改善分离效果，人们设计了 V 形百叶窗式惯性分离器，简称 V 形分离器，其结构和工作状况见图 6-50。它由两排布置成 V 形的百叶窗组成，底槽的一端接一抽气机抽气。为使空气在百叶窗的出口处能平顺地向下流动，减少流动损失，采用了加导流片的栅板，其形状见图 6-51。空气自顶部进入分离器的 V 形腔，再流经两侧的百叶窗，颗粒和水滴即被分离出来。由于 V 形腔的底部在抽气，使腔中空气较快地向底槽流动，带动分离出来的颗粒和水滴流入底槽并随抽气被不断抽走。与简单百叶窗相比较，分离效果显著改善。已投入使用的 V 形分离器，对尺寸为 $5\mu m$ 以上的颗粒的过滤效率在 90% 以上。

旋风管式惯性分离器是一种有旋流叶片的管子，空气流入其中发生强烈的旋转把灰尘颗粒甩至外缘而被分离，其结构和工作原理见图 6-52。因此，旋风管中的气流在中间是清洁的，靠近管子壁面的气流是污脏的。与 V 形分离器一样，用抽气机把聚集在壁面的污脏空气抽走，把旋风管中间清洁的空气导入压气机进口，即达到了良好分离的目的。

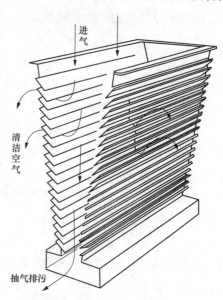

进气

清洁空气

抽气排污

图 6-50　V 形分离器及其工作状况

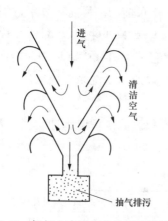

进气

清洁空气

抽气排污

图 6-51　栅板上有导流片的 V 形分离器

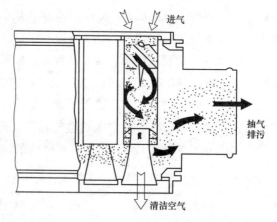

进气

抽气排污

清洁空气

图 6-52　旋风管式惯性分离器

为了在较短的距离内就达到良好的分离效果，旋风管的直径做得较小，因此，必须多个旋风管并列使用，以达到较大的流量，图 6-53 所示的即是。有一种用于燃气轮机的旋风管式分离器，做成与框式过滤器相似的扁方体，在 $0.5m^2$ 的平面内布置了 138 个旋风管，分离器的厚度即旋风管和中间引气管的总长度，为 165mm，对较污脏空气的过滤效率为 92%～95%，对较清洁空气的过滤效率为 80%。

回流式旋风管分离器的结构和工作情况见图 6-53。空气在分离器中不仅旋转，且折转 180°后向上流出，分离出来的污物自底部进入适当的容器或排污装置。它的优点是不需排污抽气。但它的放置位置必须如图 6-53 所示，即排污口要向下以便排污，故布置的灵活程度要差些。其次是空气的流动损失要大些。回流式旋风管分离器现仅在个别机组中应用。

预过滤器位于惯性分离器和精过滤器之间，是可拆卸的玻璃纤维衬垫式的。玻璃纤维过滤器衬垫是由交织的玻璃纤维条带经热定型胶结在一起形成一定厚度、有弹性的衬垫。在预过滤器中浸透防水物质的玻璃纤维组成的聚结剂层，它的作用是把小的水滴汇集为大的水滴，并在衬垫的前表面流走，或者悬浮地保持在衬垫之内直到水滴被蒸发掉。

精过滤器（高效介质过滤器）位于惯性分离器和预过滤器的下游。过滤器介质可分为两大类：一种是高效木浆纤维滤纸，为了增强防潮性能，一般在制造过程中浸渍了含量小于或等于 20% 的树脂；另一种由超细的玻璃纤维组成。

在同等的过滤面积下，超细玻璃纤维的透气度比高效木浆纤维滤纸大 3～4 倍，因而整个过滤系统的面积可相应减少，而且针对不同的环境，过滤精度可做的较高。由于玻璃纤维防潮性能特别强，故受湿度影响较小。但该滤材耐破度较差，设计时只能将最终阻力设定较低（635Pa），所以在相对灰尘大的环境适应性差，寿命较短。

图 6-53　回流式旋风管式分离器

两种过滤介质装在由扁钢或塑料做成的方框内，在框的前后两边装有金属丝网防止介质脱落，这样就形成了所谓的框式过滤器。为了增加过滤面积，通常过滤介质做成波浪形或褶皱形，图 6-54 所示为框式过滤器的实例。框式过滤器的过滤面积不是最大的，典型的为 594mm×594mm，使用时将其一块块地装在框架上，形成足够多的过滤面积以与空气流量相适应。

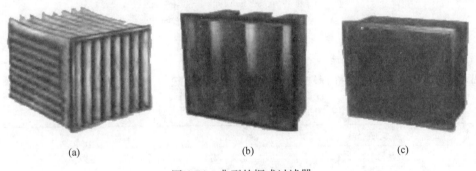

(a)　　　　　　　　　　(b)　　　　　　　　　　(c)

图 6-54　典型的框式过滤器
(a) 袋式预过滤器；(b) 无隔板精过滤器；(c) 有隔板精过滤器

常规三级过滤装置一般采用立式 V 形二面迎风进气方式，主要缺点是抗湿性差，受潮后灰尘集结形成糊状，使进气压损迅速上升；滤芯容易破损，使用寿命较短。

各种类型的框式过滤器，进口空气流速一般均为 2～2.5m/s，否则阻力损失将变得较大。过滤器的压力损失，刚使用时为 49～98Pa，而污脏后则可能达到 147Pa 以上，这时即需清洗或更换。通常，粘在过滤介质上的粉尘形成对气流和其他粉尘的附加障碍物，使过滤器的气流阻力增大，过滤效率也略有提高，但阻力增大使气流量减少，能耗增加。运行经验表明，预过滤器和精过滤器的更换倍比关系为 3∶1，即预过滤器更换 3 次，精过滤器更换 1 次。

2）脉冲空气自清洗过滤装置。当使用为强度高、密实的滤材时，大量粉尘在滤材表面结痂，这种痂状物俗称"痂饼"。如果使用反向脉冲气流能使"痂饼"脱落，气流阻力随之回落。带有脉冲反吹系统的过滤装置也称为"自洁式过滤器",如图 6-55 所示。过滤元件为刚性滤筒,见图 6-56,圆筒式过滤器一般采用高效木浆纤维滤纸,耐破度较好,可以直接采用一级过滤系统。

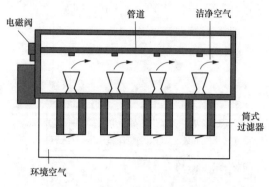

图 6-55 脉冲空气自清洗过滤装置

脉冲空气自清洗过滤装置工作压力为 0.7MPa,流量为 0.91m³/min,一般以压气机排气抽气为气源,通过微处理器控制,根据时间或压差设定轮流反吹过滤器,使过滤器处于较洁净状态,进气压损较低。此外由于压气机排气温度较高,在雨季还可以烘干滤芯,起到保护作用,它适用于沙漠、颗粒尘埃较多的地区,是一种比较理想的过滤装置。

脉冲空气自清洗过滤装置分悬吊灯笼式底部进气(见图 6-55)和立式二面迎风进气(见图 6-57)两种方式。悬吊灯笼式底部进气系统脉冲清灰效果好,但占地面积大。立式二面迎风进气系统一般安装位置较高,通常加装惯性分离器,采用如图 6-56(a)所示滤芯;不足之处是因滤芯卧式安装,上部滤芯吹出灰尘使下部滤芯二次污染,脉冲效果减弱。

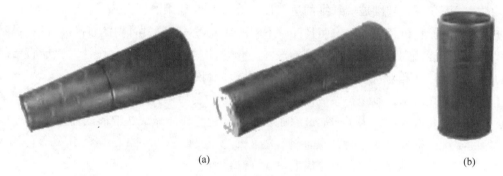

(a)   (b)

图 6-56 典型的圆筒式过滤器

(a) 卧式圆筒过滤器;(b) 悬吊式圆筒过滤器

3) 不同环境下推荐进气过滤系统。

表 6-121 给出了不同工作环境推荐选用的进气过滤系统比较。

表 6-121   不同工作环境推荐选用的进气系统

工作环境	工业地区	沿海地区	沙漠地区	多雨、潮湿地区
颗粒类型	工业粉尘、油性烟尘	盐粒、盐雾、粉尘	硬质细尘、细粒	丝状物、粉尘、细粒
浓度(mg/kg)	0.008~0.77	0.008~0.77	0.023~7.73	0.08~5
颗粒直径(μm)	0.05~50	0.3~30	0.5~100	0.5~50
推荐进气系统	常规、脉冲	常规、脉冲	脉冲	常规

在某些特殊场合,还可用其他方法除尘。例如在热带且有充足地下水的地区,燃气轮机采用蒸发式冷却器来降低进口空气温度时,若把冷却水流动设计成水帘(即水膜)的状态,空气流过水帘时灰尘即被水清洗掉而随水流走。该法对除去盐粒特别有效。

3. 进气系统布置方式

空气过滤系统从外形分类,可分为卧式和立式两大类,立式结构简单,一般安装吊挂式圆筒过滤器。这种结构相对简单,无雨棚、百叶囱、集灰槽、安全门,直接单级过滤。空气反脉冲清灰效果好,初始阻力较低,但占地面积大。常见立式空气进气系统吊装式过滤器安装固定类型有滑轨式,如南京汽轮电机(集团)有限责任公司 MS6001 和 9E 机型等,这样类型特点为滤芯安装简便快捷,只要将滤芯一个接一个地推入轨道即可。缺点是安装滑轨久易变形，可能导致整套过滤器产生部分密封不严，使空气短路。因此，GB 公司 6B 型燃气轮机空气滤芯三爪固定式和 GE 公司部分燃气轮机螺杆固定类型，密封性能好，但安装时间较轨道式要长。卧式空气过滤系统一般安装位置较高，可使用圆筒式和方形过滤器，占地面积相对小，但由于工作场所狭小，滤器安装位置高，给更换过滤器增加了难度。

燃气轮机在工作时需要大流量的空气，如 6B 型标准流量为 110m³/s（标准状态），9F 型机组标准流量为 526.7m³/s（标准状态），这样大流量空气必须进行先过滤，滤除空气中的粉尘，因其空气流量大，故导致空气进气系统装置庞大，但基本结构则比较简单，除装置墙体外，主要有雨棚、百叶窗、防护网、集灰槽、过滤器（粗、精）、消声器、过渡段、脉冲控制阀、压差表、安全门等组成。

以某联合循环电站进气系统为例，其进气系统规范见表 6-122。

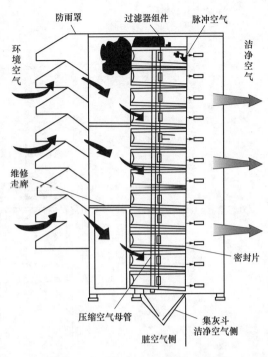

图 6-57 立式二面迎风进气过滤装置

表 6-122 燃气轮机进气系统规范

项　目	单位	要　求
过滤器类型		自清洗
设计气流量	m³/s	526.7
过滤器元件数量	个	700
过滤器元件平均气流量	kg/s（或 m³/s）	0.921
设计空气流速	m/s	0.016
收尘容量	kg/m²	0.244
过滤器材料预计寿命	h	17520～35040，取决于环境
滤尘效率		大于 5μm 的颗粒为 98%
位置		入口消声器段是联合模块罩壳入口散热器系统的一部分。现限定消声为 2.4m（8 英尺）
类型		平行隔板式
噪声衰减	dB	98
设计气流量	m³/s	526.7
挡板间流速	m/s	26
挡板类型		平行隔板式
消声器数量	台	36

图 6-58 所示为空气进气系统分道布置图。进气系统包括带防风雨罩的过滤器、采用高效过滤器的自动清洗过滤系统和进口风管系统。过滤器室位于进口风管支撑结构的顶部。进口风管系统与进口抽气加热组件一起装在进口风管支撑结构上。空气进入过滤室，并继续通过过渡段、消声器、进口加热组件、拦污网、IGV（进气导流叶片），通过进口压力测量装置后进入压气机。

当过滤器两侧的压力降大于预定值时，差压开关动作，激活反脉冲型自动清洗系统。自动程序控

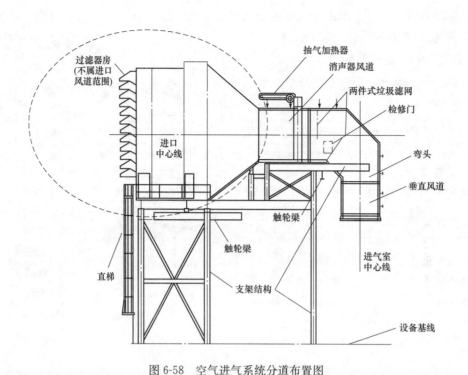

图 6-58 空气进气系统分道布置图

注：这只是一种进口风道的可能配置。有关其他配置，参见进口风道系统设计标准。

制装置按特殊顺序清扫滤芯。自动程序控制装置操纵一系列电磁阀，每台电磁阀控制一小部分过滤器的清扫。清扫期间，每个电磁阀释放瞬时脉冲的高压空气。该脉冲用形成的瞬时反向气流冲击过滤器，使积聚的灰尘破散，跌落到灰斗中，并在完成清扫循环后排出来。当过滤器两侧的压降小于预定值时，差压开关动作，清扫循环结束。

（二）燃气轮机排气系统

燃气轮机排气系统的作用与进气管路相反，是将机组排出的燃气导入一定高度的空中，使其远离燃气轮机，较少影响周围环境，并不再被压气机吸入。排气管路中的主要部件是排气消声器、烟囱和连接管道。对排气管道的首先要求也是气流压力损失较小，其次是烟囱相对于空气进气室来说，应处于常年的下风位置，以防高温排气被吸入。由于排气温度比空气高很多，若取与进气管路相同的流速，将使排气管路的截面尺寸很大，故一般均取较高的流速，例如 50m/s 左右。

1. 烟囱

燃气轮机的排气烟囱较粗大且多数不高。烟囱粗大是由于排气量大所致。不太高的原因有两个：一是气流流速较高，使流动损失大于烟囱抽吸抽吸力，即烟囱高时流动损失大，这时金属耗量也增大；二是燃气轮机的排气较清洁，不像一般燃煤锅炉那样烟气中含有大量的飞灰，只允许用高烟囱将其排至较高处，以扩散到较远的地方。因而燃气轮机的烟囱，一般只需要适当的高度就可以了。烟囱的截面形状有矩形和圆形两种，前者与片式消声器相配较好。

烟囱可布置在燃气轮机顶部或侧旁。布置在顶部的有些实际上无烟囱，即排气经消声器后排至大气。有的仅将消声器周围壁面在其出口处稍加延长，适当提高排气口的高度。户外快装机组，大多取布置在顶部的方案，排气道一般是矩形截面。这种布置在顶部的排气通道，包括排气消声器在内应专门支撑，使其重量不在透平排气蜗壳上。

2. 排气管道

由于燃气透平与排气管道都是热部件，因而管道与排气蜗壳出口的连接处，需用能吸收热膨胀的挠性连接，例如广泛应用的波形膨胀节。其实，与燃气轮机相连接的管道，一般要考虑热膨胀的补偿问题，妥善地进行设计，确保机组安全运行。

对于无回热的机组，排气蜗壳与排气管道之间还可以采用如图 6-59 所示的结构。图 6-59（a）所示为不直接接触的结构，为不使排气漏出，在排气蜗壳后，接一喷口使气流加速，使喷口出口处的气流压力低于周围气压，把周围空气吸引过来。其优点是结构简单，同时抽吸空气能起到使厂房通风的作用；缺点是喷口加速后的气流需扩压，增大了气流的阻力损失，其次是排气噪声自缝隙漏出，增加了厂房内的噪声级。图 6-59（b）则在排气蜗壳与排气管道之间加了弹性板带，靠板带夹紧而相互接触。显然，图 6-59（b）仍然是不密封的，即仍要求排气口加装喷口起抽吸作用。相对于图 6-59（a）来说，图 6-59（b）经接连处漏出的噪声要少一点。

与进气管路一样，排气管路也需使壁面有足够的刚性。管道壁厚也与进气管路一样，必要时也需要在外表加筋。此外，在拐弯处也以取弧形通道为宜。

由于排气消声器的截面积一般都比排气蜗壳出口大，因而进入排气消声器时流道的截面积要扩张，即出现扩压流动。该扩压流动在设计时应取适当长度，使扩压角在许可范围内以减少流动损失。

在燃气-蒸汽联合循环中，若要求在锅炉因检修而停止实用时燃气轮机仍能单循环运行，可在排气管路中加装旁通烟囱，其示意图见图 6-60。在旁通烟囱与烟道连接处有阀门，它平时位于旁通烟囱断开的位置，排气均流至锅炉中。当锅炉停止使用时，转动该阀门把通向锅炉的管道截断，排气即自旁通烟囱排入大气。当锅炉需要再投入使用时，转动阀门把旁通烟囱断开即可。

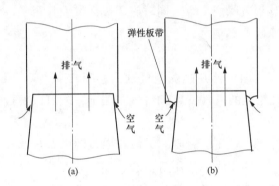

图 6-59　排气管道的两种连接方式
（a）方式 1；（b）方式 2

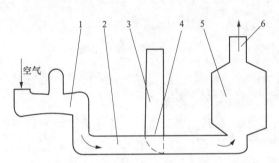

图 6-60　联合循环的烟道系统
1—燃气轮机；2—排气烟道；3—旁通烟囱；
4—阀门；5—余热锅炉；6—烟囱

（三）燃气轮机进排气消声系统

1. 燃气轮机的噪声

与其他很多机器一样，燃气轮机的噪声也是由多个纯音组成的连续频谱。压气机进口处以高频成分居多，故噪声尖锐刺耳，透平排气口处不太尖锐刺耳。

燃气轮机的噪声主要是气流激振而产生的，包括气流流过叶片等产生的摩擦和涡流引起的激振、气流突然转弯和节流引起的激振、静叶或动叶出口气流尾迹形成的不均匀流场在下列动叶或静叶进口引起的激振等；其次，才是因机械振动、齿轮传动等所引起的噪声。

在采取措施防治噪声时，必须确定出允许的标准。显然，在不同的场合，所允许的标准是不一样的。例如对车间来说，是要求噪声不致引起耳聋和其他疾病，当然若能降低至不感到厌烦的程度更好。而对于周围环境，特别是住宅区则应保持安静的环境。

目前国际上规定的听力保护标准是：每天工作 8h，允许连续噪声的声级为 90dB（A）。工作时间减半，允许噪声声级提高 3dB（A）。即每天工作 4h，允许 93dB（A）；每天工作 2h，允许 96dB（A）；每天工作 1h，允许 99dB（A）。以 115dB（A）为高限，即为了保护听力，在任何情况下不得超过 115dB

（A）。我国现行的是 8h 工作制，故燃气轮机控制台处噪声最高不得超过 90dB（A）。一般的燃气轮机控制台都设置在专门的控制室内，这时常从交谈不太困难和使人不感到厌倦的要求出发，把控制室噪声限制在 65～70dB（A）之内。

为使生活和工作环境不受噪声干扰而保持宁静，国际上还规定了这些场所的噪声允许标准：其中规定住宅区室外噪声的允许标准为 35～45dB（A）。

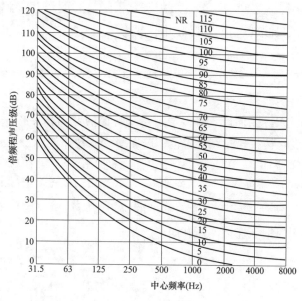

图 6-61　噪声评价曲线

图 6-61 所示的噪声评价曲线，给出了各个频带的噪声允许标准。图 6-62 中的 N 即噪声评价数，对大多数的噪声（航空噪声除外）来说，$N = L_A - 5$，即噪声评价数为测得的 A 声级减去 5dB。

由图 6-62 示例的燃气轮机噪声频谱可看出，显然高出上述的噪声允许标准很多，必须设法降低。有人在研究如何从燃气轮机内部气流的过程来降低噪声，并取得了一定成果。

目前，在燃气轮机中广泛应用的是在进排气管路中加装消声器，以大大削弱自进排气口向外辐射的噪声声级，同时应用吸声壁及加罩的办法来隔声和消声。

2. 消声器

消声器是削弱空气动力性噪声的主要设备，它允许气流通过，但能阻碍声音的传播，把它装在燃气轮机的进气管路和排气管路上，就可以有效地降低传至周围环境的噪声。

对消声器的主要要求：一是具备较好的消声频率特性，即在所需要的消声频率范围内有足够大的消声量；二是气体流动的阻力损失要小；三是结构简单、体积小、使用寿命长、加工方便等。燃气轮机所用的消声器，一般是根据进排气管路的布置情况、进排气的噪声频谱等来设计或选用的，以使其在上述三方面均达到较好的指标。

消声器按其工作原理可分为抗性消声器、阻性消声器、阻抗复合消声器、微穿孔板消声器等。在燃气轮机中，现广泛应用的是阻性消声器，它是下面我们叙述的重点。

（1）抗性消声器。它是根据声波滤波原理制成的，可以使某些频率或频段的噪声反射回声源或得到大幅度的吸收，它的作用类似交流电路中的滤波器。分扩张室消声器和共振消声器两种。

扩张室消声器又称膨胀室消声器，由连管和扩张室组成，见图 6-62。当声波波长比消声器各部分尺寸大得多时，管道内的空气因声波振动像活塞一样运动，而扩张室像空气弹簧，它们之间尺寸的不同组合，可使某些频率成分的噪声衰减而起消声作用。其原理与力学中的减振器、电学中的滤波器类似。一个扩张室只使某些频率的噪声得到最大的衰减。该被衰减的频率高低，取决于扩张室与连管的截面积比值即扩张比，以及扩张室的长度。为了使多个频率的噪声都能得到大的衰减，就需设计成多个相串联的不同尺寸的扩张室，从而形成了图 6-62 所示的多个扩张室的结构。图 6-62（b）内插管型，与图 6-62（a）基本型相比可获得较平坦的消声特性，从而增进消声效果。

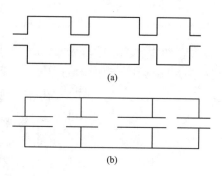

图 6-62　扩张室消声器
（a）基本型；（b）内插管型

在气流管路上加装共振腔后就形成了共振消声器，见图 6-63。该共振腔中气体有其固有频率，它由共振腔及孔颈尺寸大小来共同决定，当噪声的频率和它一致时就使之发生共振，于是消耗声能，达到消声的目的。显然，共振消声器仅对频率与共振吸声结构固有频率一致的及其附近的噪声消声量最大。实用的共振消声器，在共振腔与气流道之间是穿孔板，该板厚度为 1.5～10mm，小孔直径为 2～5mm，穿孔率（穿孔面积与总表面积之比）为 0.5%～5%，共振腔深为 100～250mm。改变共振腔的深度或改变穿孔率，都将使其固有频率发生变化。为使多种频率的噪声能得到衰减，可和扩张室消声器一样，用多个不同固有频率的共振腔吸声结构相串联使用。

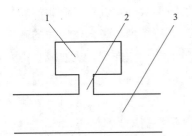

图 6-63　共振消声器
1—共振腔；2—连接孔颈；3—气流管路

共振消声器和扩张室消声器的优点是对低中频有良好的消声性能、构造简单和耐温等；缺点是消声频带窄，对高频消声效果差。此外，气流管路的弯头也有消声作用，它是使声波反射回声源来消声的，亦属抗性消声的范围。

（2）阻性消声器。它用多孔性的吸声材料做成，当声波进入这些小孔后，引起小孔中的气体和材料细小的纤维发生振动，由于摩擦和黏滞阻力，使相当一部分声能转化为热而被吸收掉。在燃气轮机消声器中广泛应用的吸声材料为泡沫塑料、矿渣棉、超细玻璃棉。其中泡沫塑料仅用于压气机进口，矿渣棉和超细玻璃棉者在进排气道中均可应用。这些材料中以矿渣棉价格最便宜，但它易扎在皮肤上使人难受，故国内主要用超细玻璃棉，其次是泡沫塑料。

由于这种多孔性材料的小孔很小，波长较长的低频噪声较难激起孔内气体振动，故它对低频噪声的吸收效果差，这是阻性消声器的一个弱点。不过，可采取措施来适当改善，例如把材料的厚度增加到足够的数值后，其低频的吸声效果将得到较多的改善。

由于阻性消声器是用吸声材料吸声的办法来消声的，因而增大吸声材料与气体（即与声波）的接触面积将使消声效果增加。大家知道，在同样的通道长度和截面积下，圆形管道的表面积最小，方形通道的表面积增大，矩形通道的表面积再增大，狭矩形（即矩形的两个邻边相差很大）通道的表面积更大，故目前燃气轮机消声器多数用狭矩形通道。图 6-64 所示为单个狭矩形通道的阻性消声器，吸声材料用玻璃棉或矿渣棉并装在穿孔护面板内，该板穿孔率大于 20%。若用泡沫塑料时就不需用该护面板了。

狭矩形消声器的消声量为

$$\Delta L = 2\varphi \frac{l}{\alpha}(\text{dB}) \tag{6-4}$$

式中　l——消声器长度，m；

　　　α——狭矩形宽度，m；

　　　φ——消声系数，dB。

$$\varphi = 4.34 \frac{1-\sqrt{1-a}}{1+\sqrt{1-a}} \tag{6-5}$$

式中　a——吸声材料的吸声系数。

式（6-4）可用于设计时估算，即按所需消声量来估算消声器的长度。从式（6-4）看出，消声量正比于消声器长度，长度越长消声量越大。其次是消声量反比于通道宽度 a，即越窄效果越好。与通道高度 h 则无关。其实，在 a 减少后，为保持通道截面积不变 h 将增高，使吸声面积加大而增大了消声量。

吸声系数取决于吸声材料，它由实验确定。通常在高中频的宽广频带范围内有高的吸声系数，这就决定了阻性消声器的特性，对高中频噪声的消声效果很好。其次还可看出，增大吸声材料的厚度可增加吸声效果，其中以低频的较显著些。因而增加吸声材料的厚度，可改善阻性消声器对低频的消声效果。狭矩形通道截面尺寸的确定，必须与气流量及流速相联系来考虑，首要的是流速的取定。流速高时能减小截面积，从而减少消声器尺寸。但流速过高后气流将因发生湍流、薄板振动而产生所谓次生噪声，它削弱了消声器的消声量。因为流速过高使阻力损失过大，所以流速有一高限，对燃气轮机来说，消声器中的流速与进、排气管道中的相近，进气消声器中为 20～30m/s，一般在 20m/s 以内；排气消声器中为 40～60m/s。

考虑到消声和流阻两者的要求，狭矩形的通道宽度 a 不能过宽或过窄，过宽后消声量小，过窄后流动，阻力损失增大。由于用单个狭矩形通道做成的消声器，其形状从总体来看是不合理的。故实用中采用多个并列的狭矩形通道截面的消声器，见图 6-65，这样可将消声器设计得合理而实用。从图 6-65 看出，这种消声器是由多片长为 l、高为 h、厚为 T 的消声片组成，称为片式消声器。目前在燃气轮机中大量应用的就是这种消声器。通常进气消声器的消声片厚为 50～150mm，排气消声器的消声片要厚些，有的厚达 300mm 以上，以便加强对中低频噪声的消声效果。片距一般与片厚相近。

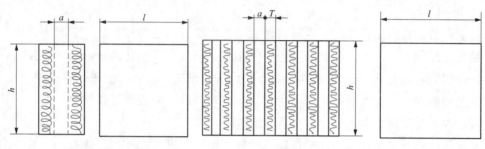

图 6-64　狭矩形的阻性消声器　　　　图 6-65　片式阻性消声器

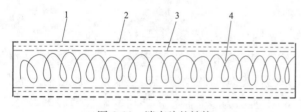

图 6-66　消声片的结构

1—护面穿孔板；2—铁丝网；3—玻璃纤维布；4—超细玻璃棉

片式消声器中消声片的结构示例见图 6-66。它是用超细玻璃棉做成的消声片，其两侧均为穿孔率在 20％以上的穿孔板，小孔直径为 5～8mm，孔距为 10～15mm，板厚为 1～2mm。穿孔率需大于 20％的原因是让声波充分射入吸声材料中，不然会被护面板反射部分而削弱消声效果。为防止玻璃棉被气流吹走，在它与护面板之间加了玻璃纤维布和铁丝网。对位于消声器两侧最外面的消声片，只需在气流侧的板用穿孔板，消声片的厚度也可薄些。

当压气机进口用泡沫塑料作吸声材料时，则是将其粘在底板上，外表就不加护面板了，让其直接与气流接触。

为改善消声器的消声效果，可以改变沿声波传播方向的通道形状。图 6-67 中示有几种形状，图 6-67（a）即一般常见的直通的流道，图 6-67（b）为曲折流道，图 6-67（c）为声流式，其流道也是曲折的。图 6-67（b）及图 6-67（c）能改善吸声效果，但流动损失有所增加，其中声流式的结构还显得复杂一些，因而目前大量应用的是直通的流道。在小流量的机组中，常采用管式阻性消声器，一般做成圆管状，见图 6-68（a）。有的较大功率机组的排气消声器也用圆管式，但由于直径较大，故在中心再加圆柱形的消声体，以增强消声效果，该圆柱体以热对中的结构与外筒相连接而被固定，

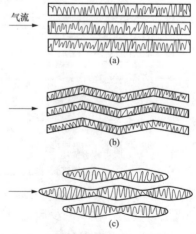

图 6-67　阻性消声器的几种气流通道形式

(a) 形式 1；(b) 形式 2；(c) 形式 3

见图 6-68（b）。

　　透平排气的噪声，中低频的声级要比压气机的高很多。为了改善这些频率范围的消声效果，可采用不同厚度消声片分段组合的结构，以消声片厚的一段来增大对中低频的消声效果。图 6-69 所示为一个由两段消声片组成的排气消声器，第一段片厚达 390mm，对低频消声效果较好，但由于该段中流速较高，达 61m/s，使流动损失较大及次生噪声较强。狭矩形宽度较大，仅靠它来消声是不理想的，因而长度设计得较短，在其后再设立第二段来继续消声。因面积增大，流速降全 43m/s，消除了第一段中的缺点。此外，在第一段后的面积突然扩张和进入第二段的面积突然收缩，使两段之间的空腔形成一扩张室消声器，获得了对低频噪声的少量消声量，但却增加了流动损失。经测定，在消声器前噪声的总声级为 127dB（A），消声器后为 109dB（A）。

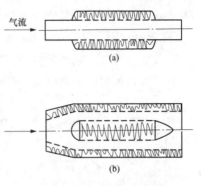

图 6-68　管式阻性消声器

(a) 形式 1；(b) 形式 2

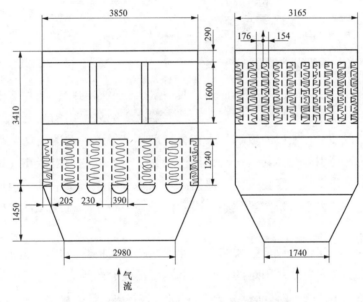

图 6-69　2 万 kW 燃气轮机的排气消声器

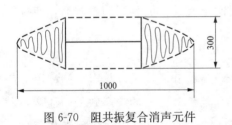

图 6-70　阻共振复合消声元件

　　（3）阻抗复合消声器。为了改善消声器的性能，使其从低频至高频的宽阔范围内都有好的消声效果，可把阻性消声器与抗性消声器适当组合起来，形成阻抗复合消声器。其中抗性的主要消中低频噪声，阻性的则主要消高频噪声。阻抗复合消声器，一般都是阻性和共振腔相组合的形式，主要用于一些鼓风机等的送风机械中，而在燃气轮机中用得还不多。图 6-70 所示为燃气轮机中应用的一例。图 6-70 所示相当于一个消声片，其两端是阻性消声器，中间两腔是共振消声器。整个消声器用多个该消声元件呈数排且交叉排列，使从低频到高频都有符合需要的消声量。

　　（4）微穿孔板消声器。它用微穿孔板吸声材料做成，是一种新型的消声器，还在不断地研究和发展。所谓微穿孔板，是指板厚及穿孔直径均在 1mm 以内、穿孔率为 ±(1%～3%) 的金属板。将其配以空腔由密布的微穿孔的高声阻和空腔的共振来实现吸声。经实验发现单层微穿孔板吸声结构的吸声系数不理想，而用双层微穿孔板后则获得了很大的改善，使在较广的频率范围内有高的吸声系数。在改变该两层微穿孔板的穿孔率和两个腔的深度后，可得到多种不同的组合形式，使在不同的频率范围内有高的吸声系数。例如，腔深小的对高频噪声的吸声效果好些，而腔深大的对低频的效果好些。图 6-71 所示为一双层微穿孔板吸声结构示意及其吸声系数，两层微穿孔板的穿孔率 P、孔径 d、板厚 t、腔深等的数值均示于图 6-71 中，它在 $125\sim1000\mathrm{Hz}$ 的 3 个倍频程范围内有高的吸声系数。

用微穿孔板吸声结构做成的消声器即微穿孔板消声器，目前实用的是双层微穿孔板吸声结构。微穿孔板消声器与阻性消声器一样，可做成片式和圆筒形，图 6-72 所示为一片式的例子。

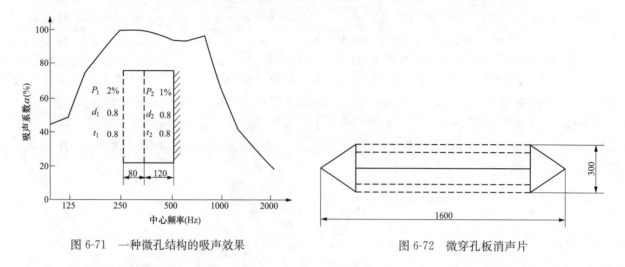

图 6-71　一种微孔结构的吸声效果　　　　　图 6-72　微穿孔板消声片

当用多片微穿孔消声片来构成多个狭矩形通道时，整个消声器的结构和片式阻性消声器相似。与用超细玻璃棉做成的阻性消声器相比较，微穿孔板消声器有着经久耐用的显著优点。原因是阻性消声器在气流长期的吹拂和侵蚀下，外层的玻璃纤维布会被破坏，导致内部的玻璃棉被吹走。在透平排气消声器中，由于气体流速高和温度高，这一问题显得较为突出，以致消声器在使用一段时间后，因消声片内部变空而失去消声作用。微穿孔板消声器则无该问题，用来做透平排气消声器是很合适的。另外，微穿孔板穿孔率低、孔很小、摩擦系数小，因而流动损失较小，且次声噪声较小，可允许较高的流速。

微穿孔板消声器的一个问题是数量巨大的小孔加工问题。在板厚与孔径相同且尺寸小于 1mm 时，小孔要用冲压的办法来加工得到是很困难的。目前虽然可用电火花等先进的工艺加工得到，但成本较高。可以预料，随着加工工艺的不断进展，这一问题将得到解决，那时微穿孔板消声器将会得到推广。

目前，微穿孔板消声器已开始用于透平排气道中。例如，前述的 1000kW 机组，有一台加装的排气消声器，第一段为微穿孔板消声片，第二段为超细玻璃棉的阻性声流式。加装该消声器后，使排气出口处噪声总声级由 112dB（A）降至 100dB（A）。

3. 隔声

消声器是解决气流噪声向外传播的问题。对厂房内来说，要降低噪声则是采取隔声措施。用吸声壁（与阻性消声片类似）做成箱体状的隔声罩把机组罩在里面，就能获得良好的隔声效果。通常，燃气轮机的温度较高部位的外表，常用矿渣棉、石棉等做成的绝热层包起来，以减少散热损失和防止运行人员触及高温外表而烫伤。显然，该绝热层对机体向周围辐射的噪声还起阻尼作用，即起隔声作用。但不少机组，部分外表有很多管道等设备，难以用绝热层包裹，这时该部位一般就不包了。例如，不少航机改装的燃气轮机，燃气发生器部分往往如此。因此，在机组需加隔声罩，该罩常兼起隔热作用。

由于燃气轮机一般都是集中控制，厂房内只需运行人员定期巡视即可，故厂房内对降低噪声的要求可低些，机组可不加隔声罩。这时主要是控制室的隔声，应使其降低至 $65\sim70\mathrm{dB}$（A）以内。至于户外快装机组，箱式快装厂房就是一个大的隔声罩，故机组本身外表无隔声罩，主要的也是控制室的隔声问题。

噪声在大气中的传播存在着自然衰减的现象，例如在 100m 的距离内可使声级衰减 50dB 以上。因此，当把机组安装在离开要求低噪声的区域，例如住宅区足够的距离后，即能靠大气的自然衰减来满足这些区域需保持宁静的要求。

（1）把机组布置在离住宅区 100m 以外的场所，使住宅区的噪声低于 45dB（A）。这时消声器仍按 N85 曲线的要求，或更高一些评价曲线的要求来设计。

（2）控制噪声的辐射方向、即合理安排机组的进、排气口方向。例如在海洋平台上，可将进、排气口朝向平台外，使高中频噪声较少地辐射至平台上。在地面上，机组的排气口均向上，同时把排气口设计得离地面高些，高中频噪声向地面的辐射就少，这时消声器就简单一些，在较大的尺寸时也可用圆筒形的消声器。

（3）绿化环境，在厂区周围多种树，特别是种密叶的树木，利用树林来吸收噪声，形成防噪声的绿化带。

四、燃气轮机进气冷却系统

（一）燃气轮机进气冷却技术介绍

从燃气轮机变工况知识可知，当环境温度升高时，燃气轮机的出力随之显著降低，热耗增加。由此产生了人为降低燃气轮机进气温度的技术——燃气轮机进气冷却技术，并在实践中得到了广泛应用。对于一座 300MW 的联合循环电站，在夏季 35℃ 高温下，将进气冷却到 10℃，联合循环的出力将增加约 40MW。因此，在压气机进气道上加装空气冷却系统，在夏季能够经济地增加基本负荷期间的发电出力。

燃气轮机进气冷却技术概括起来可以分为两大类：蒸发式冷却和制冷式冷却。蒸发式冷却是一种直接接触式的冷却方式，根据冷却器结构的不同分为介质式蒸发冷却和喷雾式冷却；制冷式冷却根据冷源获取方式的不同分为压缩式制冷冷却、吸收式制冷冷却、蓄冷冷却和液化天然气（LNG）冷能冷却。

1. 蒸发式冷却

蒸发式冷却的原理是利用水在空气中蒸发时吸收潜热，从而降低空气温度。当未饱和空气与水接触时，两者之间便会发生传热、传质过程，结果是空气的显热变为液态水蒸发时所吸收的潜热，从而使其温度降低。蒸发冷却过程是一个定焓过程，其利用水的蒸发潜热，在饱和绝热的过程中，将入口空气从干球温度降低到接近湿球温度。采用蒸发式冷却，空气中的携水率增大（一般燃气轮机厂商有允许携水率的规定），将加重压气机的负荷并使其性能受到影响。通常这类系统的后面要有水分分离器或收集器。同时还要求喷入的水质具有足够的纯净度，原因是微量的杂质就会引起燃气轮机叶片的腐蚀。蒸发式冷却基本过程如图 6-73 所示，水不断喷向空气，湿空气相对湿度和含湿量不断提高，当相对湿度达到 100% 时，蒸发降温过程停止。

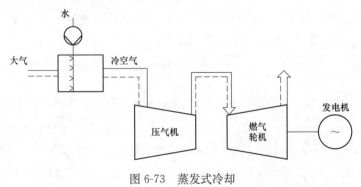

图 6-73　蒸发式冷却

（1）介质式蒸发冷却。介质式蒸发冷却又称为水洗式冷却（Air Washer），冷却装置与带填料层的喷水室结构相似。将水膜式蒸发冷却器置于空气过滤器后，燃气轮机进气与水膜接触从而达到水洗降温加湿的目的。经冷却后的空气，相对湿度（RH）可达 95%。介质式蒸发冷却对进气阻力影响较大。

水洗式冷却进气冷却装置是由冷却水泵、冷却器、除水板、水箱及 PVC 管道等设备组成。其主要工作流程见图 6-74。

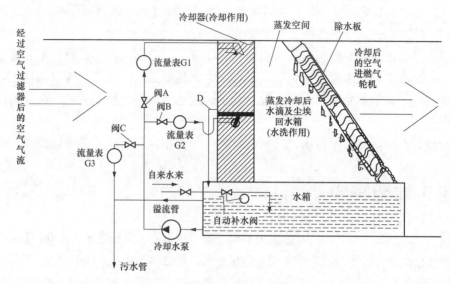

图 6-74　介质式蒸发冷却工作流程图

水洗式冷却进气冷却装置的工作原理如下：

1）冷却水泵将水箱中的水输送出，经出水管分成 3 路，分别由阀 A、阀 B 和阀 C 控制，其中对阀 A 进行调节，保证上层冷却器的水流充足，满足对空气进行冷却降温的需要；流经阀 A 的冷却水从冷却器的顶部向四周流动，并沿冷却器上部如水帘洒下，与经过进气系统空气过滤器后的空气在此进行热交换，使空气得到冷却清洁之后，冷却水经管 D 流回蒸发冷却装置的水箱。流经阀 B 的冷却水从中部冷却器沿四周流动，并沿中部冷却器的顶部如水帘洒下，与气流相互作用，此时水变成蒸发状态，并与空气进行热交换，使空气在此也得到冷却清洁之后冷却水流回到水箱，其中上下层冷却空气由一层不锈钢板隔开并由不锈钢板起到固定上下层冷却器的作用。阀 C 出口经污水管排出，目的是保证蒸发冷却装置水箱有充足的换水量，保持水箱中冷却水在一定的低温状态，并把与空气进行热交换的热量带走，冷却水由自动补水阀自动调节，以保证冷却水箱一定的水位。在自动调节失灵时，多余的水经溢流管及排污管排出。如补水量不足且低于报警水位，系统将发出水位低位报警，并自动停用冷却装置系统。

2）空气经过蒸发冷却器，与冷却水进行热交换，空气温度降低，含湿量增大，同时相对湿度增加，在蒸发空间处于空气和水汽"蒸发"的混合状态，并流向除水板，经除水板的除水挡水作用除却其中的水滴，水滴由于重力的作用而落入冷却水箱，同时空气中的微小尘埃也随水滴落入水箱。在这里，冷却装置同时起到了对进气空气进行"水洗除尘"的辅助作用。

3）空气经冷却装置后其温度降低，密度增大，增加了进气的空气量，提高了燃气轮发电机组的输出功率。

（2）喷雾式冷却。20 世纪 80 年代末，国际上首次出现了燃气轮机进气冷却用的雾化式蒸发冷却器。这种冷却器将水高细度雾化后，喷入空气流中，利用水雾化后表面积急剧增大的特点来强化蒸发冷却效果，可以将空气冷却至饱和点附近，具有很高的冷却效率，并且阻力损失较小。雾滴径一般在 2～5μm，经过冷却后的空气，其相对湿度达 97%～100%。同时，进气喷雾冷却可以与湿压缩技术结合，该技术也被称为过喷间冷，即在喷雾冷却中人为增加喷雾量，使实际的喷水量超出完全蒸发所需的水量，这些多出来的水雾将直接注入压气机进口，使压缩空气在压气机级间得到进一步冷却，从而使整台燃气轮机效率得到提高。目前国际上先进的雾化式冷却系统普遍采用这种燃气轮机进气冷却与湿压缩技术结合的过喷间冷技术，其主要工作系统如图 6-75 所示。

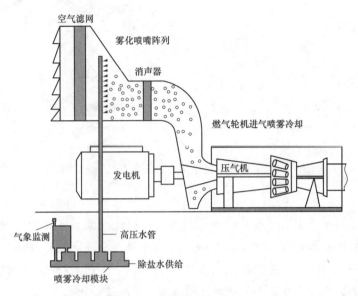

图 6-75　喷雾式冷却工作系统

冷却装置的工作原理如下：

喷雾式蒸发冷却系统是利用水的自然蒸发来实现空气降温的。向空气中不断喷水加湿，水雾会不断蒸发，当空气的相对湿度小于 100% 时，空气的湿球温度始终小于干球温度，因此随着空气相对湿度的提高，空气的干球温度会下降。当相对湿度达到（实际上只能接近，无法达到）100% 时，这种蒸发降温的过程，即进气冷却部分停止，这时空气的干球温度等于空气在新的水蒸气压力条件下的湿球温度。

随后，过喷的未蒸发的水进入压气机水滴与空气在压气机中直接接触，发生热量传递和质量传递，空气在被压缩的同时被冷却，实现湿压缩。燃气轮机性能得到较大改善。

2. 制冷式冷却

制冷式冷却是在燃气轮机压气机进口处设置一个翅片式表面换热器，空气在管外翅片侧流动，冷源在管内流动。与常规管翅式换热器不同，这种换热器要考虑空气中冷凝水的分离、收集与排放。电制冷机及吸收机则通过产生冷冻水作用于入口空气，使空气温度降低，相对湿度升高而含湿量保持不变，直至到达露点温度。当温度进一步降低时，空气中的水蒸气开始冷凝，空气含湿量减少，温度进一步降低，相对湿度接近 100%，空气达到饱和状态。空气冷却过程见图 6-76。在图 6-76 中，a 点表示环境条件，c 点表示要把空气冷却到的进气状态。随着空气通过表面式换热器把显热传给冷源，空气的相对湿度增加，空气温度逐渐降低到露点温度（b 点）。如果要把空气温度降低到露点温度以

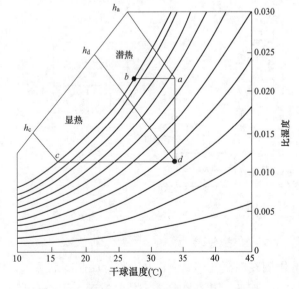

图 6-76　制冷式冷却过程

下，除了这部分显热外，还需要空气中水蒸气凝结时的潜热。从 b 点到 c 点空气中的水蒸气开始凝结，使得 c 点的湿度达到 100%（处于饱和状态）。a-b 和 b-c 分别表示显热和潜热。

（1）压缩式制冷。压缩式制冷用得最多的是电制冷，其原理如图 6-77 所示。

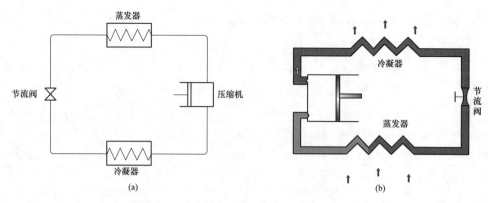

图 6-77 电压缩制冷原理图

(a) 流程图；(b) 示意图

　　液体制冷剂在蒸发器中吸收被冷却的物体热量之后，汽化成低温低压的蒸汽，被压缩机吸入、压缩成高压高温的蒸汽后排入冷凝器，在冷凝器中向冷却介质（水或空气）放热，冷凝为高压液体，经节流阀节流为低压低温的制冷剂，再次进入蒸发器吸热汽化，达到循环制冷的目的。这样，制冷剂在系统中经过蒸发、压缩、冷凝、节流 4 个基本过程完成一个制冷循环。

　　采用压缩制冷循环，向冷却器提供冷源，冷源的获得以消耗机械功（电力）为代价，燃气轮机压气机进气在换热器内被冷却水或吸收剂冷却。

　　(2) 吸收式制冷。吸收式制冷系统与压缩式制冷系统相似，但它没有运动的压缩机。由发生器、冷凝器、蒸发器、吸收器、循环泵、节流阀等部件组成，工作介质包括制取冷量的制冷剂和吸收、解吸制冷剂的吸收剂，两者组成工质对。常用的工质对有氨水和水/溴化锂。

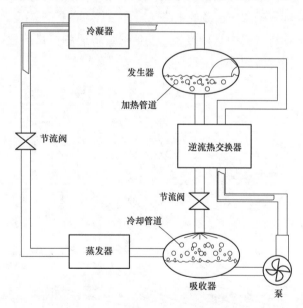

图 6-78 吸收式制冷的系统流程

　　吸收制冷的系统流程见图 6-78 所示。

　　1) 吸收式制冷的基本原理一般分为以下 5 个步骤：

　　a. 利用工作热源（如水蒸气、热水及燃气等）在发生器中加热由溶液泵从吸收器输送来的具有一定浓度的溶液，并使溶液中的大部分低沸点制冷剂蒸发出来。

　　b. 制冷剂蒸气进入冷凝器中，又被冷却介质（水或空气）冷凝成制冷剂液体，再经节流器降压到蒸发压力。

　　c. 制冷剂经节流进入蒸发器中，吸收被冷却系统中的热量而激化成蒸发压力下的制冷剂蒸气。

　　d. 在发生器中经发生过程剩余的溶液（高沸点的吸收剂以及少量未蒸发的制冷剂）经吸收剂节流器降到蒸发压力进入吸收器中，与从蒸发器出来的低压制冷剂蒸气相混合，并吸收低压制冷剂蒸气并恢复到原来的浓度。

　　e. 吸收过程往往是一个放热过程，故需在吸收器中用冷却水来冷却混合溶液。在吸收器中恢复了浓度的溶液又经溶液泵升压后送入发生器中继续循环。

　　吸收式制冷系统是利用低位热能进行制冷，而不是以消耗电力作为代价进行制冷，这对余热相对较大的燃气轮机而言是一突出的优点。通常情况下，吸收式制冷系统所需的热量约占燃气轮机透平余热的 5％左右，因此，对提高机组的经济性极为有利。其另一个特点就是在制冷负荷较大时，其效率可维持在较高的水平，这对燃气轮机的进气冷却非常有利，尤其是对那些气温变化较大的地区。

2）吸收式制冷分类。在燃气-蒸汽联合循环电站，余热锅炉尾部烟气蕴含丰富余热，如果有效利用，则可以大大提高能源利用率。吸收制冷根据其结构有单级和双级之分，根据所采用的制冷剂不同分为氨吸收制冷和溴化锂（LiBr）吸收制冷两种形式。氨吸收式制冷虽然可以获得较低的制冷温度，但其现场安装工艺性强，设备庞大，造价高，防爆等级要求较高，且即使低浓度的氨也很有毒性，因此一般考虑采用溴化锂吸收式制冷技术。废气温度在 350～400 ℃以上选用双效机组，350 ℃以下选用单效机组。其应用方式主要有两种：蒸汽或热水型溴化锂吸收式制冷、热管废热利用型溴化锂吸收式制冷。

a. 蒸汽或热水型溴化锂吸收式制冷。蒸汽或热水型溴化锂吸收式制冷是利用联合循环电站中余热锅炉（HRSG）排烟制取蒸汽或热水作为溴化锂制冷机的热源，制取冷冻水，用以冷却燃气轮机进口空气。由于该冷却方式利用的是低品位的热能，可以充分利用电站余热，且蒸汽或热水型溴化锂吸收式制冷技术比较成熟，所以发展较快，应用较多。

1997 年，我国首台自主设计生产的燃气轮机进气冷却装置在深圳金岗投入运行，其生产过程如图 6-79 所示。

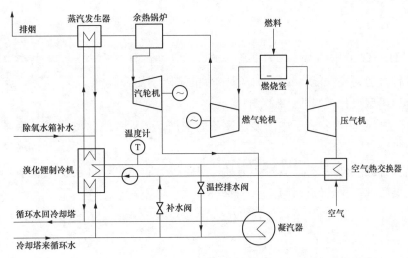

图 6-79　深圳金岗 6B 型燃气轮机进气冷却系统

b. 热管废热利用型溴化锂吸收式制冷。热管废热利用型溴化锂吸收式制冷是通过热管换热器将烟气中的废热直接传递给溴化锂制冷机的发生器，而无须在 HRSG 中加装蒸汽发生器。利用热管作为烟气余热回收的传热元件，可使溴化锂机组充分利用余热，且减少发生器体积。热管是一种新型、高效的传热元件，其导热是借助于饱和工质的汽化与凝结换热而实现的，相变传热只需极小的温差，且传递的是潜热，传热强度很大。从热量数量的传递来看，热管可以比一般固体导热大几个数量级，研究表明，外径相同的热管和铜棒相比，热管的传送热量约为铜棒的几百倍。其工作过程如图 6-80 所示。

热管换热器有很多种类型。考虑到现场安装位置的灵活性，用于联合循环电站废热利用型溴化锂制冷装置，可采用分离式热管换热器，其特点是：蒸发段和凝结段互相分开，它们之间通过专门的汽、液导管连通而形成工质的闭合循环回路。热管内的工作液体在蒸发段被加热变成蒸汽通过汽导管上升到凝结段，被管外流过的冷流体（溴化锂稀溶液）冷却而凝结为液体，凝结液沿液导管下降到蒸发段，继续被

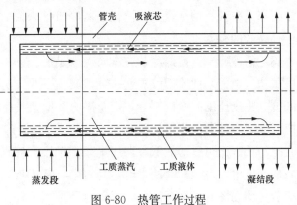

图 6-80　热管工作过程

加热蒸发。如此不断循环达到传输热量的目的。废热热管型溴化锂吸收式制冷原理如图 6-81 所示。

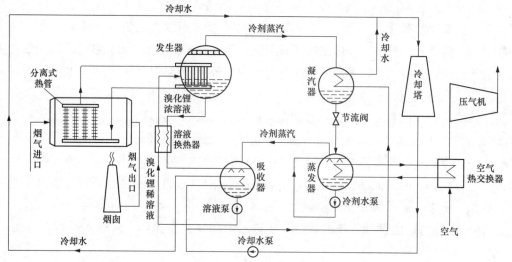

图 6-81　废热热管型溴化锂吸收式制冷原理

联合循环电站 HRSG 的排烟温度一般低于 200℃，故可将分离式热管换热器与单效溴化锂吸收式制冷相结合，热管材料选为高性能、长寿命、低成本的水碳钢热管。

采用热管废热利用型溴化锂吸收式制冷的优点：

a）发生器直接吸收废热，省去了中间换热设备的费用，而且采用分离热管换热器费用比其他换热设备低，可节省初投资。

b）考虑到热管的传热极限和热管安装不方便，热管设计时留足够多余量。热管损坏率在 10％以下时，对总的传热效果影响不大，因此换热器寿命很长。

c）热管仅将余热锅炉烟气的热量传递到发生器中，制冷机与烟气不直接接触，有效防止了烟气对主体设备的腐蚀，运行时仅需要定期检修热管元件。因热管换热器由各个独立的热管元件组成的，故即使设备运行时单根热管元件损坏，整个设备仍可照常运行。

d）热管废热溴化锂制冷运行费用极低，仅为一般制冷设备运行费用的 5％左右。

e）因气侧热阻占主导地位，热管换热器可在烟气侧加装肋片，以强化传热。

f）通过大幅度地调整加热段与放热段的面积比例，即可大幅度地调节加热段壁温，以避开管壁的低温腐蚀。能否进一步回收烟气余热，主要考虑到下列因素：

（a）回收一定热量的传热面积不要太大，即余热回收设备不要太庞大。

（b）冷热介质流过余热回收设备的动力消耗不要太大。

（c）能否避开烟气露点，使余热回收设备有较好的抗低温腐蚀性能。如上所述，热管换热器在这几个方面都具有独特的优点，与溴化锂制冷机结合回收联合循环电站余热以冷却燃气轮机进口空气，是可行且高效的。

（3）蓄冷冷却。蓄冷冷却在本质上也是压缩制冷冷却，蓄冷冷却技术的出现正是基于压缩制冷耗费机械功（电能）的原因发展起来的。其主要是充分利用电网的峰谷差电价，即在电网低谷时期，利用低价电驱动压缩制冷机制冷，把获得的冷量储藏在蓄冷装置中；到电网高峰期，制冷装置停止运行，再把蓄冷装置储藏的冷量释放出来，用以冷却燃气轮机进气，降低进气温度，增加出力，提高效率。蓄冷冷却一方面可以增加低谷期用电量，扩大高峰期发电，起到调整电网负荷的作用；另一方面蓄冷用的是低价电，电网高峰期发电是高价电，从中可以取得电的差价利润，达到双重效果。冰蓄冷制冷冷却示意图如图 6-82 所示。

（4）液化天然气（LNG）冷能冷却。LNG 的温度是－160℃，处于超低温状态，使用前必须在 LNG 接收站再气化为天然气，在气化过程中释放的大量冷能是可以回收利用的。其主要方式是利用中间传热介质（乙二醇水溶液）通过两级换热器将 LNG 冷能传递给燃气轮机入口处空气，达到冷却燃气轮机进口空气的目的。LNG 冷能回收冷却进气如图 6-83 所示。

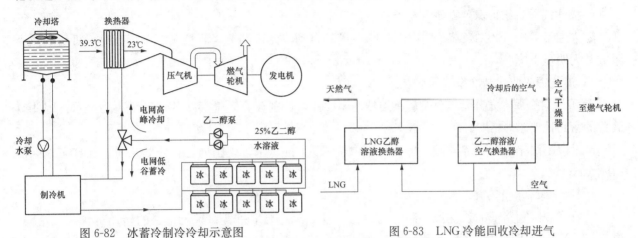

图 6-82　冰蓄冷制冷冷却示意图　　　　　　　图 6-83　LNG 冷能回收冷却进气

（二）燃气轮机进气冷却方式

1. 燃气轮机进气冷却方式比较

如前所述的几种冷却方式中，机械压缩制冷消耗电量，减少了机组的调峰能力，且制冷效率低负荷时下降较大，这种方式现在应用很少；蓄冷冷却适用分时电价地区，且整体能源利用效率降低、系统复杂、投资大，不予考虑；LNG 冷能利用可以充分利用 LNG 所储存的冷能，不需要额外的热源，但由于 LNG 仅作为备用燃料，无法保证 LNG 冷能的长期稳定供给，也不合适。

以下对喷雾式蒸发冷却及溴化锂吸收式制冷这两种燃气轮机进气冷却方式进行分析。

（1）喷雾式蒸发冷却。喷雾式蒸发冷却可以把空气温度冷却到接近湿球温度，空气越干燥，冷却效果越好。喷雾冷却对水质要求较高，因为随着水的蒸发，补充水进入，矿物质会逐渐增多，这些矿物质会沉淀在介质上，从而降低蒸发速度，同时矿物质还会随着空气进入燃气轮机，进而沉积在透平叶片上，对透平造成腐蚀。

喷雾冷却最大的优点是投资小，在资金不足的情况下，可以优先考虑选用，特别适合于气候干燥、炎热的地区；但冷却能力较小，增发的电量较少。

广东地区高温、高湿，采用蒸发冷却方式蒸发冷却潜力不高。据文献报道，广东地区燃气轮机进气采用蒸发冷却时，年平均冷却潜力为 3.3℃，月平均值变化不大；相对湿度为 70%～80% 时，蒸发冷却潜力为 4～6℃；在炎热的 5～10 月份，由于相对湿度大且变化小，因而相应期间的蒸发冷却潜力不高，平均值为 3.4℃。由此可以看出，喷雾式蒸发冷却对广东地区燃气轮机的进气冷却幅度很小，对联合循环机组出力的改善不明显，投资的价值不大，因此燃气轮机进气冷却系统不适合采用喷雾式蒸发进气冷却方式。

（2）溴化锂吸收式制冷。溴化锂吸收制冷装置是以热能作为补偿来实现制冷的装置。

1）溴化锂吸收式制冷的优点：

a. 以水作为制冷剂，溴化锂作为吸收剂，因此无臭、无味、无毒，对人体无危害，对大气臭氧层无破坏作用。

b. 对热源要求不高。一般压力在 0.02MPa 的低压蒸汽或 70℃ 以上的热水均能满足要求，特别适用于有废汽、废热水可以利用的地方，有利于能源的综合利用。

c. 整个装置基本上是换热器的组合体，除泵外没有其他转动部件，振动及噪声都很小，运转平稳，对基建要求不高。

d. 结构简单、制造方便。

e. 整个装置处于真空状态下运行，无爆炸危险。

f. 操作简单，维护保养方便，益于实现自动化控制。

g. 能在 $10\% \sim 100\%$ 负荷范围内进行制冷量的自动、无级调节，而且在部分负荷时，机组的热力系数并无明显下降。

2）溴化锂吸收式制冷系统的缺点：

a. 溶液对金属，尤其是黑色金属有强烈的腐蚀性，特别在有空气存在的情况下更为严重，因此对装置的密封性要求严格。

b. 因为用水作为制冷剂，故一般只能制取 $7℃$ 以上的冷水；就国内运行经验来看，在广东地区能得到 $15℃$ 的进气。

c. 所需循环水量较大。

吸收式制冷利用低品位热源，制冷温度低，进气冷却幅度可调，且无重要的转动部件，无污染，噪声小，运维费用低，是目前大型燃气-蒸汽联合循环机组进气冷却系统的主要应用方式。

蒸汽压缩式制冷循环如图 6-84 所示，吸收式制冷循环如图 6-85 所示。

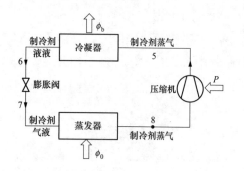

图 6-84　蒸汽压缩式制冷循环

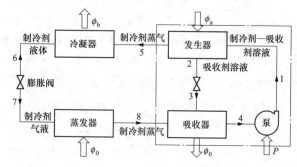

图 6-85　吸收式制冷循环

2. 燃气轮机进气冷却方式的选择

燃气轮机进气冷却方式的选择主要依据以下准则：

（1）技术成熟，设备可靠性高，系统运行稳定性强。

（2）适合项目当地气候条件，冷却效果好。

（3）系统设计符合机组的主机设计特点、运行模式，对机组热力系统的影响小，改造风险小。

（4）综合考虑项目的投资、收益，注重项目的经济效益。

综合权衡以上分析的优劣特点，针对实际情况，推荐燃气轮机进气冷却系统采用溴化锂吸收式制冷方式。

改善燃气轮机性能，提高燃气轮机电站出力的方法有蒸汽/水回注、压气机进气冷却、燃料预热、多压余热锅炉/汽轮机组合、余热锅炉管式燃烧器补燃等。在诸多方法与措施之中，在高温天气条件下，给燃气轮机加装进气冷却装置，是最有成效、最可靠、最安全、最立竿见影的方法。它根本不触动燃气轮机本体，只不过改变了燃气轮机运行的进气环境，降低了燃气轮机的进气温度，使燃气轮机的性能达到设计标准甚至高于设计标准。

3. 燃气轮机进气冷却系统主要设备厂家介绍

（1）直接接触式冷却主要设备。直接接触式冷却是通过高压泵和安装在进气道空气过滤器下游的雾化喷嘴制造喷雾，在进气道内喷雾蒸发使进气空气温度冷却至湿球温度。在过去 10 年间，高压进气喷雾凭借其低成本和高效的出力增加变得越来越普及。

高压进气喷雾冷却系统如图 6-86 所示。

（2）制冷式冷却主要设备。

1）制冷主机。

a. 离心式冷水机组。离心式冷水机组是利用电作为动力源，氟利昂制冷剂在蒸发器内蒸发吸收载冷剂水的热量进行制冷，蒸发吸热后的氟利昂湿蒸汽被压缩机压缩成高温高压气体，经水冷冷凝器冷凝后变成液体，经膨胀阀节流进入蒸发器再循环。从而制取 7～12℃冷冻水供空调末端进行空气调节。

离心式冷水机组示意图如图 6-87 所示。

图 6-86　高压进气喷雾冷却系统　　　　　图 6-87　离心式冷水机组示意图

代表厂家有美国 YORK 公司、美国 Trane 公司、美国开利公司以及麦克维尔公司等。

a) 机组特点：采用两组后倾式全封闭铝合金叶轮的制冷压缩机。

b) 半封闭电动机：以液态冷媒冷却，恒温高效。

c) 工作原理：叶片高速旋转，速度变化产生压力，为速度式压缩机。

d) 运动部件少，故障率低，可靠性高。

e) 性能系数值高，一般在 6.1 以上。

f) 15％～100％负荷运行可实现无级调节，节能效果更加明显。

离心式冷水机组冷量衰减主要由水质引起。机组的冷凝器和蒸发器皆为换热器，如传热管壁结垢，则机组制冷量下降，但是冷凝器和蒸发器在厂家设计过程中，已考虑方便清洗，其冷量随着使用时间的长久，冷量衰减很少，几乎没有。离心式冷水机组单机制冷量范围为 550～3000t，能效比 COP 为 6.05～6.22。

b. 溴化锂冷水机组。

a) 制冷原理：溴化锂制冷机即溴化锂吸收式制冷机，用溴化锂水溶液为工质，其中水为制冷剂，溴化锂为吸收剂。溴化锂属盐类，为白色结晶，易溶于水和醇，无毒，化学性质稳定，不会变质。溴化锂水溶液中有空气存在时对钢铁有较强的腐蚀性。溴化锂吸收式制冷机因用水为制冷剂，蒸发温度在 0℃以上，仅可用于空气调节设备和制备生产过程用的冷水。这种制冷机可用低压水蒸气或 75℃以上的热水作为热源，因而对废气、废热、太阳能和低温位热能的利用具有重要的作用。

溴化锂制冷机组示意图如图 6-88 所示。

b) 代表厂家：长沙远大、江苏双良、大连三洋、清华同方川崎等。

c) 机组特点：以热能为动力，无须耗用大量电能，而且对热能的要求不高；整个制冷装置除功率很小的屏蔽泵外，没有其他运动部件，振动小、噪声低，运行比较安静；以溴化锂溶液为工质，制冷机又在真空状态下运行，无臭、无毒、无爆炸危险，安全可靠，被誉为无公害的制冷设备，有利于满足环境保护的要求；冷量调节范围宽；对外界条件变化的适应性强；安装简便，对安装基础的要求低；制造简单，操作、维修保养方便。但该机组对真空环境要求高，在真空度无法满足要求的情况下，溶液腐蚀性极高，影响设备寿命。

2）冷却设备。

a. 开式冷却塔。

a）工作原理：冷却塔（the cooling tower）是用水作为循环冷却剂，从一系统中吸收热量排放至大气中，以降低水温的装置；其冷却原理是利用水与空气流动接触后进行冷热交换产生蒸汽，蒸汽挥发带走热量达到蒸发散热、对流传热和辐射传热等原理来散去工业上或制冷空调中产生的余热来降低水温的蒸发散热装置，以保证系统的正常运行，装置一般为桶状，故名为冷却塔。

开式冷却塔示意图如图 6-89 所示。

图 6-88　溴化锂制冷机组示意图

图 6-89　开式冷却塔示意图

b）代表厂家：江苏双良，新菱、菱电等。

c）设备特点：外置式水轮机具有独特、理性化设计，安装在冷却塔风筒外面，便于维护维修保养，结构与传统冷却塔电动机、减速箱相同，取消传统电动机的机械噪声和故障率，运转平稳，可靠性高。随着季节的变化，冷却系统会有所变化。外置式水轮机独特设计 3 个制动阀使风机转速随循环水流量的增减而增减，风量也随之增减，使冷却塔的气水比稳定在最佳状态，达到最佳运行效果。

b. 表冷器。

a）作用：空气处理机组的风机盘管表冷器，通过里面流动的空调冷冻水（冷媒水）把流经管外换热翅片的空气冷却，风机将降温后的冷空气送到使用场所供冷，冷媒水从表冷器的回水管道将所吸收的热量带回制冷机组，放出热量、降温后再被送回表冷器吸热、冷却流经的空气，不断循环。

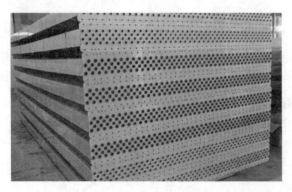

图 6-90　表冷器示意

表冷器示意如图 6-90 所示。

b）代表厂家：江苏双良。

c）设备特点：表冷器采用铝管铝翅片四排管、六排管管束。铝管铝翅片管束具有如下特点：

ⓐ传热效率高，换热元件的基管和翅片均为纯铝（99.5%）制成。铝的导热系数是钢导热系数的 4 倍，传热效率高于钢制换热器。

ⓑ空气侧阻力小，通过优化，翅片上采用开缝扰流结构在增强换热的同时降低了空气层的阻力。

ⓒ质量轻，铝的密度是钢密度的 35%，安装费

用和运输费用都比较低，土建造价也可减少。

ⓓ抗腐蚀能力强，表面形成稳定的氧化层，抗腐蚀性能好，避免了双金属腐蚀。

钢制散热器停机时需要充氮气保护，系统复杂，维护费用高。

c. 蓄冷罐。水蓄冷技术利用峰谷负荷差，在低谷负荷时段将冷量存储在水中，在白天用电高峰时段使用储存的低温冷冻水提供用冷。当冷负荷使用时间与非负荷使用时间和电网高峰和低谷同步时，就可以将负荷高峰时间的负荷用冷量转移至负荷低谷时使用，达到调峰的目的。目前使用最成熟和有效的蓄冷方式是自然分层。

蓄冷罐示意如图 6-91 所示。

五、燃气轮机的润滑油系统

润滑油系统是任何一台燃气轮机中都必备的一个重要的工作系统，其作用是在机组的启动、正常运行以及停机过程中，向正在运行中的燃气轮机、传动装置及其附属设备，供应数量充足的、温度和压力合适的、清洁的润滑油，以确保机组的安全、可靠运行；防止发生轴瓦烧毁、转子轴颈过热弯曲、高速齿轮法兰变形等严重事故发生。

图 6-91　蓄冷罐示意

（一）润滑油系统要求

润滑油系统的作用是供给各轴承和齿轮等需润滑的部件以充足的、清洁的、压力、温度、黏度等符合要求的润滑油，对它们进行润滑和冷却，以确保安全工作。对其要求主要有下述几方面。

（1）合适的润滑油。对润滑油的首要要求是能起润滑作用，同时它应具有防腐、抗氧化的能力和长的使用寿命，不应含有无机酸、强碱、水分和对设备或润滑油有害的其他杂质。对滑油的主要物理性能要求是：

1）合适的黏度。对滑动轴承来说，滑油黏度过低，不利于油膜的形成，黏度过高也不利其工作。对滑油管路来说，黏度过高则流动阻力过大，不易流动。润滑油的黏度与其温度密切有关。在现用的润滑油和润滑油系统的工作温度范围内，进口润滑油的黏度大致为 $10\sim50m^2/s$；

2）高的闪点。闪点是润滑油蒸发的蒸汽和空气混合物被火焰点燃时的最低润滑油温度。显然，润滑油的闪点应高，这样不易燃烧。现用润滑油的闪点一般在 165℃ 以上。

3）低的凝固点。现用润滑油的凝固点一般低于 −10℃。

4）低的中和点。滑油的含酸量是以中和点的大小来表示，即中和 1g 滑油中的酸所需的氢氧化钾的毫克量。该值高后将对管道及金属产生腐蚀。

5）滑油经氧化试验测定的寿命不能低于 1000h。

6）应通过防锈试验。

（2）合适的滑油温度及压力。通常进入轴承的滑油温度为 35∼55℃。而供油压力取决于轴承的要求，在一定程度上供油压力代表了供油量的多少，过低则表明供油量不足。一般的供油压力为 78∼147kPa（表压），也有的比该范围低些或高些。对于滚动轴承，所用润滑油的黏度要比滑动轴承的低，而允许的工作温度则要高一些，例如进油温度为 50∼80℃，回油温度为 110∼120℃；同时其供油压力也高些。在航机上还要求在较低的温度下润滑油不凝固，例如 −40℃。故航机所用的滑油与一般工业型机组不同。

（3）足够的清洁。这里有两个含义，一是在运行中不让其他的有害成分混入润滑油中，例如水。另一是油中的颗粒杂质在进入轴承前应滤清，不然将把轴承及轴颈表面拉毛。通常要求进入轴承的润滑油，含有的颗粒杂质的尺寸小于 5μm。

（4）在任何情况下都能确保滑油的连续供应而不中断。

（5）滑油管路布置合理，便于安装和检查。管路连接可靠，不漏油，能确保机组安全运行。

（二）润滑油系统的主要部件

1. 油箱

首要的是容量，油箱体积大，不仅贮油量多，还有利于分离油中的空气及机械杂质等。但体积过大将造成设备笨重的缺点。通常，油箱中的容量应够主油泵 4～8min 之用，或循环倍率（所有的滑油量在每小时中通过油箱的次数）为 7.5～15。

油箱一般布置在燃气轮机底部，使回油能自然流入油箱。有的机组还用一抽汽风机，不断地把油箱中润滑油雾气和空气的混合物抽出，使油箱中保持数百帕斯卡的负压，回油流动更为畅通。

油箱内应有加热器。通常是用电阻加热器，以便冬季启动机组时加热润滑油，使之达到可以运行的温度。

为保证安全，油箱中应有液位低限、高限报警装置和液位指示器。

2. 油泵

主油泵常用的是齿轮泵和螺杆泵，其优点是吸油可靠，供油量与润滑油管路阻力高低基本无关，因此能保证可靠供油。该两种泵中，螺杆泵运行平稳、噪声低、寿命长，但加工较困难。另有一些采用全液压调节系统的机组，用离心油泵作转速信号发生器，这时刻泵可兼作主油泵。

一般的机组，主油泵均由燃气轮机直接带动，因而在启动和停机时润滑油的供给不能确保。其次当主油泵一旦发生故障时供油也可能中断。再次是应保证盘车时的供油。因此，在滑油系统中一般都设置有辅助油泵，它在机组启动和停机时或主油泵发生故障时投入使用，确保滑油的供给。辅助油泵一般用交流电动机带动。

为进一步确保供油的安全，在滑油系统中还设有事故油泵，用直流电动机带动，由自备直流电源供电。当主油泵和辅助油泵都发生故障时，机组跳闸紧急停机，该事故油泵即自动投入，以保证停机过程及停机后盘车的供油。该油泵用直流电动机带动，目的是使它不受外界交流电源的影响，以确保电的供给。由于事故泵仅在故障时投入，使停机和盘车时供油不中断，故容量一般较小。除上述有 3 种不同润滑油泵的润滑油系统外，还有下面几种情况。

滑油系统中无交流辅助油泵，直流油泵兼作上述的辅助油泵及事故油泵用，这时又称预润滑-后润滑油泵，即在启动和停机时自动投入。当主油泵发生故障时，该油泵也同样能自动投入。显然，这种直流油泵的供油量要比上述仅作事故油泵的大很多。该油泵也由自备的直流电源供电。

当机组采用滚动轴承时，供油的要求可不像滑动轴承那样在刚起动时就要求充足的供油，停机时亦然。这时只需有燃气轮机带动的主油泵就能使机组安全运行。机组启动时，随着转速的升高，供油量逐渐增大；停机时则逐渐减少，能满足轴承安全工作的要求。当主油泵发生故障时机组即自动停机。

在航空燃气轮机中，由于结构紧凑使轴承座腔室很小，一律用回油泵把润滑过轴承和齿轮等的润滑油抽回至油箱。这种回油方式，油箱的布置位置可任意，更重要的是可确保在各种飞行状况下能可靠地回油，特别是战斗机的俯冲和翻滚等。经回油泵抽回的是油气混合物，因而回油泵的抽吸能力必然要比主油泵大得多，一般为主油泵流量的 3～4 倍。回油泵通常是多个并列工作，把各处油腔的回油分别抽回至油箱中。当回油流回滑油箱时，应通过油气分离器以去除其中的气体。当航机改装用于地面后，采用回油泵的滑油系统也被保留了下来。

3. 冷油器

润滑油流过滑动轴承润滑和冷却后，温升高的在 20℃ 以上，流经齿轮箱的温升则可能达 30℃ 或更多。因此，必须冷却滑油以保证合适的供油温度。目前广泛应用管式冷油器来冷却滑油。常用的有水冷和气冷两种。气冷以风扇吹风冷却，优点是不需冷却水系统，但冷却器体积较大。在用水冷的冷油器时应使润滑油的压力高于冷却水的压力，以免冷油器内部万一渗漏的水漏入滑油中。冷油器一般都配有温度控制设备，以便随着冷却剂温度的变化来调节冷却剂的数量，以保持冷却后出口润滑油的温度恒定不变。

在航空燃气轮机中，广泛采用燃油来冷却润滑油。这是由于机组采用滚动轴承，润滑油流量比较小的缘故。有的仅靠燃油泵的供油就能对润滑油进行充足的冷却；有的则是在用燃油来冷却的冷油器同时，再加一用空气来冷却的冷油器，以达到所需的冷却要求。前者可不用体积较大的空气冷油器，后者只需用一个体积不大的空气冷油器。此外，这种冷却滑油的方案还附带的预热了燃烧室的供油。

4. 油滤

润滑油流经各轴承、齿轮箱、管路等流回油箱时，总难免有些杂质混入，其中包括一些机械磨损的金属屑。这些杂质中颗粒尺寸大于 $5\mu m$ 的将对轴承工作带来危害，必须用专门的油滤将这些有害的颗粒杂质滤除。

在经过一段时间运行后，油滤的滤芯将逐渐污脏，到一定程度后就需清洗或更换。用细金属丝编织的滤芯是拆出清洗，用纸式滤芯的则是更换新的滤芯。为使油滤在清洗或更换时，仍能保证润滑油的供应而不致停机，一般都用并联的两个油滤，两者的进、出口均用三通阀相连接，运行时使用其中一个，另一个备用。当正在使用的油滤需清洗或更换滤芯时，可操作进、出口三通阀同时动作，切换用另一个油滤。在该油滤芯清洗或更换完毕后作为备用，直至另一油滤芯需清洗或更换时切换使用。油滤如此交替使用，就能不影响机组的连续正常运行。

通常是从润滑油流过油滤的压力降落增加的情况，来确定油滤芯是否需清洗或更换，因而在每个油滤的进、出口均装有压力表或连通按压差计，当压差增长到规定值即滤芯污脏后发出警报，手动切换油滤来清洗或更换。油滤的压差最大允许值视油系统及油滤的不同，在较大的范围内变化。如有的是 68kPa，有的则是 137kPa。

关于从滑油系统分流至调节控制系统的用油，则需要更清洁的油，不然将引起调节控制系统工作发生不稳定现象。因而这部分滑油还需经另外的油滤过滤，把 $0.5\mu m$ 以上的颗粒杂质滤去。为便于在运行中清洗或更换油滤芯，有的也与上述一样，采用并联的两个油滤以相互切换使用。

此外，在油箱中各个油泵的吸入口都装有滤网，以保护油泵的安全工作。在回油流入的一侧也装有滤网。

在航空燃气轮机中，其供油路上往往装有多道油滤。在回油管路上，如回油总管处一般装有磁性铁屑检测器（简称磁堵），借以吸住进入润滑油系统中的微小铁屑，并以此来判断轴承等的磨损情况。有的机组的磁堵，还能预先发出机组可能损坏的警告信号。

5. 调压阀

一般的润滑油系统，有一部分油要供给调节控制系统，它需要高的压力，使主油泵的供油压力比润滑所需的高很多。因此，向轴承的供油压力必须经调压阀降低油压，以供给轴承所需的较低的稳定油压。调压阀是自动控制的，由于它起减压作用，故常称减压阀。

6. 润滑油管路

首先要合理选择油管的直径。为了减少流动损失，进油管按滑油流速 $1\sim1.5m/s$ 来确定管径。回油管路流速不超过 0.5m/s，以利于油回流。为合理分配各轴承的进油量，可在各轴承进口加装节流孔板或针型阀，节流速度取 7m/s 左右。在试车时，通过改变其孔径的大小或阀的开度来调整各轴承的进油量，以达到合理分配的目的。

此外，在管路设计时应使其布置合理。例如，进油管路全布置在机组的一侧，回油管路则布置在另一侧。

六、燃气轮机的清洗系统

（一）清洗的目的

一般的燃气轮机，空气进口都要加装过滤设备，以除去空气中的灰尘等杂质。但清洁只能是相对的，总还有少量灰尘要进入压气机，这当中若包含有带黏性的灰尘，就会在压气机叶片上形成积垢。当压气机叶片积垢后，其效率和空气流量下降，特别是效率下降显著，从而导致机组出力下降，油耗增大。例如，在一条天然气输送管道上，设有 23 个增压站，拥有 11 种型号共 52 台燃气轮机。运行中随着时间的推移，普遍发生功率下降的现象，分析其原因发现大多数是由于压气机叶片积垢所致，个别严重的可使功率下降达 20%。造成这些压气机积垢的原因是大气状况及周围环境条件，还有是压气机前轴承座密封有混油现象，润滑油漏入通流部分中而促使垢物的形成。

在海洋环境下运行，例如舰船、海洋平台等，吸入的空气中含有海水细滴及雾气等，它们将在通流部分形成积盐，同时腐蚀金属表面。积盐实质就是积垢，它同样使机组功率降低，而且速度比较快。例如有的机组在运行 103h 后，功率下降达 5%～6%，有的更严重。

此外，压气机积垢后，将使喘振边界靠近机组运行线，从而降低了喘振裕度。

如何来解决这一问题呢？人们从生产实践中摸索到了对付的办法，即对通流部分进行清洗来除去垢物，以恢复机组的出力。这种清洗办法是在机组不解体的情况下，在运行中或停机后进行的。

透平通流部分也存在积垢的问题，它的积垢原因与燃料的状况密切相关。对此也可以用清洗的办法来去除。但由于透平积垢对性能的影响不如压气机那样敏感，且透平的积垢问题首要的是从燃料的清洁或处理的角度来设法解决。因而通流部分的清洗问题，人们把更多的注意力放在压气机上。

（二）几种清洗方法和设备

1. 颗粒冲刷清洗

用比叶片金属材料软但却有一定硬度的颗粒，在机组运行时送至压气机入口，靠它对垢物的冲刷和摩擦来剥落垢物。目前较常用的冲刷材料是一些植物的果壳或果核，它们有一定的硬度，流过燃烧室时即被烧掉。常用的果壳或果核有核桃壳、榛子壳、桃核、杏核等，用时需将其捣碎，颗粒尺寸为 1.5～4mm。还有的用稻谷。这些果核壳的优点是对垢物的剥离效果好，却不损伤叶片而危及机组的工作。它们在 300～600℃下燃烧时不产生焦油，其灰分熔点高，不致在透平通流部分中形成积垢。

除用果核壳外，还可用其他的材料，例如炭精粉。还有的建议用一种化工上用过已失效的触媒剂，其成分大约是 85% 的硅石、15% 的氧化铝矾土，颗粒尺寸 40～80μm。

清洗时颗粒的加入量，目前是各种各样的，视各自的运行经验而定。例如，一台 2.5 万 kW 双轴燃气轮机清洗高压压气机时，用 20kg 核壳颗粒在 2～3s 内加入，另一台 8000kW 燃气轮机，清洗压气机一次需核壳颗粒 8.1kg，在 3min 内逐渐加入。再一台 3500kW 船用燃气轮机，用颗粒清除压气机积盐，是在 1min 内分 3 次加入，每次 2.2kg，共 6.6kg。在船用燃气轮机中，有的建议是定期清洗，例如每天以 0.2kg 颗粒来清洗。

清洗时颗粒的加入方法有多种。一种是把颗粒放入置于进气管道上方的漏斗中，其底部有管道通向进气管，需清洗时把该管道上的阀门打开，颗粒由于自身重量及压气机进口的吸力作用而进入压气机通流部分。该法应注意颗粒加入空气进气管的位置，使颗粒能均匀地进入压气机通流部分。

另一种是把上述方法的漏斗做成密封的，并通以压气机出口的高压空气。清洗时打开高压气路管道阀门和漏斗下部管道的阀门，颗粒即被迅速吹入压气机。上述在 2～3s 内加入颗粒的机组就是用的本办法。

再一种是用压缩空气引射的办法使颗粒进入压气机。图 6-92 所示是这种装置的一个例子，它靠引射器喉部形成的较高真空把颗粒吸入后再扩压，然后将其吹送至空气进气管中，引来的压缩空气压力为 274kPa（表压），流量 0.34m³/min，送入的颗粒数量 2.6kg/min。图 6-92 中注明了各段管径的大小，引射器后管径由于颗粒的吸入而变粗，以利于其流动。而围绕空气进气管的管子直径是变化的，目的是使四处入口的颗粒数量趋于均匀。这种方法不需密闭容器，设备布置可较紧凑，相对上两种方法来说似乎好些。

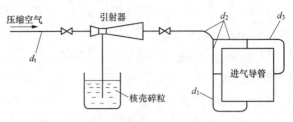

图 6-92　颗粒冲刷清洗引射装置

管径：$d_1=12.7\text{mm}$；$d_2=19\text{mm}$

核壳颗粒清洗是在机组运行时进行的，它们进入燃烧室中即被烧掉，故仅用于清洗压气机。实践证明，它清除压气机积垢是较有效的。但对透平采用冷却叶片的机组，若用该法来清洗压气机时，则可能因颗粒流入冷却叶片而堵塞孔道，因而不宜用之。当压气机叶片有表面防腐蚀涂层时，该法也不宜用。

当机组的轴承座采用压气机引气来密封润滑油时，用该办法来清洗压气机就可能使颗粒进入润滑油。解决的办法是在密封空气的导管上加装过滤器，以滤除密封空气中的颗粒。该过滤器可并接于旁通路上，平时密封空气不通过，清洗时操作阀门切换使用过滤器，清洗完毕后再切换不用，这时可拆开过滤器以便清洁。有的也可以是不加过滤器而在管路上加放空阀，清洗时该阀门打开将空气放至大气，清洗完后再关闭，使轴承座恢复用空气来密封。

2. 不停机的液体清洗

机组在低负荷下运行时，喷入专门的清洗液来清洗压气机。由于压气机的垢物一般含有油类等有机质，只用软水来清洗是不行的，必须在水中加入有机溶剂，例如煤油。在冬季时，需再添加甲醇或酒精等抗结冰剂。用时需将这些混合液搅拌均匀成乳状液，然后自压气机进口处的喷口喷入。国外使用的有 Rochem 公司的"Fyre-washSB"溶剂基清洗液。

图 6-93 所示为一台 1.4 万 kW 燃气轮机液体清洗的喷口布置。该压气机为喇叭形轴向进口，前两排喷口用于不停机清洗，每排 10 个孔，孔径为 1.5mm。每次清洗用清洗液 225L，放在不断搅拌的储存罐中，用一个专门泵将其泵至各个喷口，压力为 171kPa，流量为 24L/min，故喷液清洗时间需时 11min，之后还要运行 10min，以干燥压气机。

也可以把压缩空气通入储存罐，靠空气的压力将清洗液压至喷口喷入，其情况与图 6-93 所示的类似，如图 6-94 所示。

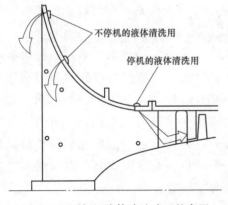

图 6-93　压气机液体清洗喷口的布置

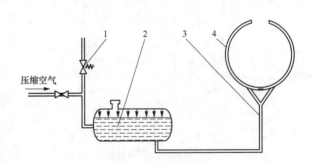

图 6-94　液体清洗装置

1—安全阀；2—压力罐；3—连接软管；4—喷射环

该清洗方法仅对压气机前面一些级有效，后面的级由于清洗液被加热蒸发而很少有作用，其次前面级中清洗下来的污物可能被烤干而积在后面的热部件上，因而这种清洗方法的效果不如颗粒冲刷清洗。与下面叙述的停机清洗效果相比也较差。

当机组在海洋条件下使用时，若是在运行中来喷水清洗压气机中的积盐，则清洗下来的盐将被带到透平中，使透平中的热腐蚀现象加剧。因此，宜在停机后喷水清洗积盐。

3. 停机后液体清洗

停机后液体清洗又称浸湿清洗、转动清洗，是在停机后用启动机带动机组转动，自压气机进口喷入清洁液清洗，需时较长，所用清洁液和上述不停机时用的不同，是在软水中加入专门的清洁液，在冬季也需加添甲醇或酒精等抗结冰剂。也可用热水与清洁剂相混合来作清洁液。如果垢物是盐，例如在海洋条件运行的机组，则可以只用水来清洗。

这种清洗方法的清洗过程可分几个阶段，例如下述 4 个阶段。

(1) 浸湿及浸透阶段喷入少量的清洁液使各处垢物均被浸湿，以利于清洗。

(2) 清洗阶段：喷入较多的清洁液进行清洗除垢。

(3) 漂洗阶段：喷入较多的水来漂洗。

(4) 干燥阶段：使机组内所有液体均排出。

上述 4 个阶段均需用启动机带动机组转子转动，并把压气机后底部排传孔打开用容器在下面接着，从排出的清洁液的污脏程度来判断是否已清洗干净。此外，有的还建议拆除点火器及燃料喷嘴，以防其被污脏。

有的机组把浸湿与清洗两者合在一起，即只清洗、漂洗及干燥 3 个阶段。在一些船用燃气轮机中，水洗除盐只有清洗及干燥两个阶段。

这种清洗方法由于空气流动慢，清洗液在压气机中停留时间长，且不存在蒸发问题，因而可获得良好的清洗效果。图 6-94 所示为这种清洗装置的示例，它用压缩空气将压力罐中的清洁液压至喷射环，从喷射环上均布的小孔喷向压气机进口。安全阀使压力罐中的压力不超过 137kPa（表压），清洗时打开引气管上的阀门，清洁液即喷至压气机进口。喷射环为可拆装的，清洗时装上，清洗后拆除。这种喷射环的结构也可用于不停机的液体清洗，但因机组正在运行中，这时喷射环的伸缩装置必须安全可靠。

该清洗方法也可用固定的喷口布置，图 6-94 中最里面的一排孔即是。它共 6 个孔，孔径 1.8mm，各喷口的方向见图示，目的是使喷入的清洁液分布较均匀。

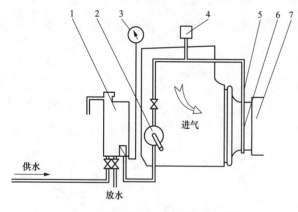

图 6-95 除盐水洗装置

1—计量水箱；2—手摇泵；3—液位计；4—压力开关；
5—连接软管；6—喷射圆环；7—压气机进气机匣

图 6-95 所示为一台 2.8 万 kW 船用燃气轮机的水洗除盐装置，以手摇泵把蒸馏水送至进气管上固定的喷射圆环处的喷口喷入，在管路上部的压力开关可表明清洗是否在进行。该装置中计量水箱的容量是 27.3L。

停机清洗所需的清洁液的数量，视机组的大小、结垢的情况、清洁液的成分和清清洗经验来确定，例如有的是 20L 左右，有的在 100L 以上。

与上面两种清洗力法不同，停机清洗可用于清洗透平，这时需在透平进口也加装喷口以喷入清洗液。有的机组为简化设备，把其燃油喷嘴设计成能兼作清洁喷口用。

总的来说，在线清洗辅之以计划停机时的离线清洗。可以保证燃气轮机持续高效地运行。一般当机组的功率比相同条件下降低 2% 时，就该考虑在线清洗。例如，在污染环境条件下工作的一台 GT11D5 型燃气轮机，每 72h 进行一次在线清洗，并补充以每隔 500h 进行一次冷态的离线清洗，运行效果就很好。又如一台 ABBGT13E 型燃气轮机，安装了 40 个在线清洗喷嘴，11 个离线清洗喷嘴，在不减少燃气轮机输出功率的情况下，每周对压气机进行一次在线清洗，并在计划停机时，在冷态下对燃气轮机进行离线清洗，也能获得良好的运行效果。

七、燃气轮机消防与报警系统

火灾检测与保护由火灾检测系统和灭火系统两部分组成。燃气轮机灭火采用的办法是将机组隔间内空气中的氧含量从 21% 的大气正常体积浓度降低到制止燃烧所必需的浓度，通常为 15% 的体积浓度以下。为了将氧含量减到 15% 左右，要将浓度大于或等于隔间容量的 34% 的二氧化碳（CO_2）输入受保护的隔间内，并且在排放开始后 1min 之内要达到此浓度。考虑到暴露于高温金属上的易燃物具有潜在的复燃危险，还要设置 CO_2 的持续排放装置，以使灭火浓度能长期保持。

燃气轮机灭火系统可以采用高压二氧化碳灭火系统，也可以采用低压二氧化碳灭火系统。它们的区别在于 CO_2 储罐的储气压力不同。大型机组常采用低压二氧化碳灭火系统。一旦发生火情时，它将 CO_2 从低压储罐输送到所需的燃气轮机隔间。此低压储罐位于机组底盘外的模块上，储罐内装有饱和二氧化碳。通常控制盘装在该模块上。与机组互连的管道将 CO_2 从模块输送到燃气轮机隔间，接入底盘内的 CO_2 管道，并通过喷嘴排放。

该系统有两个独立的分配系统：一个是初始排放，另一个是持续排放。触发后的一段时间内有足够量的 CO_2 从初始排放系统流进燃气轮机隔间，以迅速地集聚起灭火所需的浓度（通常为 34%）。然后由持续排放系统逐渐地添加更多的 CO_2 以补偿隔间泄漏，保持 CO_2 浓度（通常为 30%）。二氧化碳的流量由每个隔间的初始和持续排放管的管径和排放喷嘴的喷口尺寸控制。初始排放系统的喷口大，可迅速排放 CO_2，以便快速达到上面提到的灭火浓度。持续排放系统的喷口较小，允许有较慢的排放速率，能长时间地保持灭火浓度，以减少火情重燃的可能。

第四节　燃气轮机选型及整体布置

一、燃气轮机选型

燃气轮机电站主机机型与电站性能密切相关，是决定电站的供电效率、发电成本和运行可用率等的关键，也是决定发电装置竞争力高低的核心问题。燃气轮机选型是个涉及面很广的复杂问题，必须全面考虑燃料问题与环境保护、电站容量与运行模式、可供选择的燃气轮机机型热力特性与运行可靠性、可维护性以及价格等众多方面，最后还要通过综合经济评估比较。

（一）机组热力性能特性

燃气轮机的热力性能是其发展应用的前提，长期以来，燃气轮机的发展是围绕提高热力性能为主要目标进行的。主机选型时用户首先关注机组的热力性能是可以理解的。20 世纪 50、60 年代，燃气轮机发展初期透平初温（T_3）只有 $600\sim700℃$，效率只有 20% 左右，最大单机功率只有几万千瓦，显然还难以与汽轮机发电机组相比，当时燃气轮机在发电部门多作为尖峰、紧急备用以及移动电站使用。20 世纪下半叶欧美大电网发生过几次大故障，使人们认识到电网中配备一定数量的具有快速"黑启动"能力的燃气轮机组的必要性。20 世纪 80 年代以后，通过不断提高透平初温，相应地增大压气机压比和完善有关部件，许多国家逐步开发出一批 F 型技术高性能的工业燃气轮机：$T_3=1300℃$ 左右，简单循环最大功率为 265MW、效率 $\eta_{sc}=36\%\sim40\%$，单机联合循环最大功率约为 400MW、效率 $\eta_{cc}=55\%\sim58\%$。21 世纪初借助蒸汽冷却技术把 T_3 提高到 $1430℃$，开发出新一代产品：单机容量已达 334MW，简单循环的燃气轮机热效率达 43.86%，超过大功率、高参数的汽轮机电站的热效率，联合循环效率 η_{cc} 更是突破了 60% 大关。显然，其热力性能在许多场合就足以与传统的汽轮机电站相竞争。特别是烧石油或天然气时，联合循环电站优势明显，从能源利用率、运行可靠性以及环保性能等方面看，它都是燃用天然气的火电动力的最佳选择。许多国家还专门规定燃用天然气（含 LNG）的电站必须选用联合循环发电装置。

面对世界庞大的燃气轮机市场与广阔的发展前景，世界燃气轮机制造产业与产品发展迅速，到 20

世纪 90 年代生产燃气轮机的厂家就有 100 多家，生产的产品型号有数百种。鉴于燃气轮机为技术密集的高技术产品，加之市场竞争激烈，企业间的吞并时有发生。目前生产发电用的大中（重）型燃气轮机制造厂商主要是美国通用电气（GE）、日本三菱（MHI）、西门子（Siemens）、安萨尔多（Ansaldo）以及俄罗斯列宁格勒金属工厂等，形成世界范围的高度垄断局面。

在进燃气轮机电站燃气轮机选型时，首先要详细了解制造厂商相应机型的型号、参数性能、结构特点、运行维护要求以及价格成本等。对于热力性能指标来说，一般厂商会给出规定条件下的额定值，这时选型原则比较明确：对基本负荷和中间负荷用途，在适合拟用的燃料前提下，优先选择热效率高（即燃料耗量低）和可利用性高的型号；对于备用尖峰负荷和尖峰负荷用途，要综合考虑额定工况、变工况、启动过程以及备用待机状态等情况下的热力性能与燃料耗量，优先选择加速加载性好、热效率又高的机型。后一类用途中，对于每年只运行几百小时的、特别是小型机组，通常强调效率是无意义的。在燃气轮机选型时，对其热力性能方面的考虑还应注意下面几点：

（1）机组热效率和燃料成本结合的综合经济性。单方面考虑热效率高低常常是不全面的，一般需把机组热效率和燃用的燃料成本结合起来更全面权衡机组的经济性。因此有时地理因素先于热效率，如有些地区的用户注重燃气轮机对燃用廉价原油和重油的能力与相应的长热部件寿命性能。

（2）热力循环系统优化的问题。影响燃气轮机热力性能的因素很多：透平初温 T_3、压气机压比 ε、回热度 σ（若采用回热循环）等热力参数，压气机、透平、燃烧室等部件效率，进、排气道等各部分流阻损失等。其中许多参数受设计制造时技术和设计水平制约，一般要根据设计和技术条件选取，如透平初温 T_3 就是根据高温材料和冷却技术来确定的，而压气机压比 ε 则是通过热力循环设计优化分析来确定的。循环分析表明，燃气轮机对应于每一个确定的 T_3 都存在一个效率最高的最佳压比 ε_{opt} 和一个比功最大的最佳压比 ε_{optW}，而且 $\varepsilon_{opt} > \varepsilon_{optW}$。所以，在 T_3 已定的情况下，航空或机车等交通用途的燃气轮机常选 ε_{optW}，使机组做得轻而小；而对于基本负荷的发电用的机型，热效率是关键，则选择压比 ε 尽量接近于 ε_{opt}。值得注意的是，现有发电用的大中型燃气轮机的压比却是选择比 ε_{opt} 低得多的、更接近于 ε_{optW} 的值，这是因为设计时考虑到它们多用于组成联合循环装置，这时燃气轮机的排热得到较充分回收利用，联合循环系统的效率最高的压气机压比值大幅度降低，且与简单循环的最大比功的最佳压比值 ε_{optW} 几乎相等。所以，燃气轮机选型时不必在乎燃气轮机简单循环时的效率 η_{sc} 高低，η_{sc} 高的燃气轮机机型组成的联合循环装置的效率 η_{cc} 常常不是最高的。

（3）机组的全工况或变工况热力特性。实际上，随着环境大气条件、外界负荷或系统本身等变化，燃气轮机及其联合循环装置总是处于非设计工况下运行，全面考虑各种可能运行区域的特性，就更为重要和实用。主要包括：

1）随大气条件变化的机组变工况特性：燃气轮机的工质来自大气环境又排回大气，其输出功率对大气条件，特别是对大气温度 t_a 非常敏感。大气温度 t_a 总在变化，随着 t_a 的升高，燃气轮机及其联合循环相对于额定的输出功率都会下降，但联合循环的功率减小要比燃气轮机平缓，燃气轮机效率下降、而联合循环的效率稍有增加；反之，当 t_a 下降时，两者的输出功率都会增加，燃气轮机效率提高、联合循环效率稍有降低。至于大气压力 p_a 则与机组安装地区的海拔有密切关系，燃气轮机及其联合循环的功率都与大气压力成正比，而两者的效率与 p_a 无关。但当分析机组安装地点的海拔对燃气轮机性能影响时，要考虑大气温度 t_a 和压力 p_a 两个因素的综合影响。

2）随外界负荷变化的变工况热力特性。燃气轮机是通过调节燃料量，也就是调节透平初温 T_3 来适应外界负荷变化，而不像汽轮机那样是通过改变蒸汽工质质量流量来改变功率，所以机组热经济性随负荷变化而变化就非常明显。图 6-96 所示为燃气轮机及其联合循环效率随负荷变化曲线。燃气轮机及其联合循环的效率随负荷变化的关系曲线很相似，当负荷降低到 50% 以下时两者的效率都将大幅度下降，通常在 50% 负荷工况时机组的效率只有额定设计值 η_0 的 70%～80%。因此，要通过各种办法，如改变运行模式和调度方式等，使外界负荷大变动时每台燃气轮机组的输出功率还能维持在高效率区运行。

（二）燃料与环境因素

1. 燃料问题

燃气轮机燃用的燃料对电站的环境特性，还有经济性、安全性和可靠性等都有很大的影响，燃气轮机选型时需全面考虑可供燃用的燃料问题，包括燃料的来源、供应量、质量以及候选机组对其适应性与要求等。燃气轮机非常适合燃用气体燃料和从高级的航空煤油到低级渣油的液体燃料。燃气轮机可设计成燃用气体燃料或液体燃料，或者可燃用两种燃料并在运行中切换或不切换。但并非所有燃气轮机都设计成可以燃用多种燃料，而且所用燃料的品质会严重影响燃气轮机装置的运行、维护和成本。如果燃料有良好的特性，则可改善燃气轮机的运行性能和维护要求。如果透平进口温度很高或要求大修间隔较长时，这些性能就显得格外重要。据此，燃料的最佳选择应考虑获得燃料

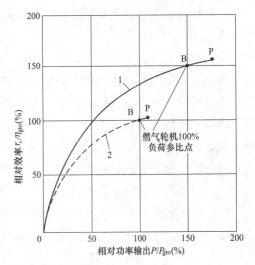

图 6-96　燃气轮机及其联合循环效率随负荷变化曲线

的资源、价格、燃气轮机维护和初置费用等综合因素。燃气轮机采购选型时应明确拟使用的燃料的所有规范和化学分析，包括预计的杂质含量和燃料成分的变化范围以及燃料切换（若需要）的顺序及其他有关操作要求，并与制造厂协商一致，使得拟选的主机机型更好地适应拟用的燃料品质及其可能的变化。经验表明，主机选型时下列几点是要认真考虑。

（1）燃料及处理系统功能与范围：气体燃料是由不同组分（可燃和不可燃的）混合组成的燃料气。由于气体燃料中所含液体可能对燃气机轮产生危害，应保证燃料从进入燃气轮机的燃料管接口起至燃料喷嘴均为气态，所以需要装设分离器或加热器等专用设备。制造厂应将可允许的气体燃料的最高和最低温度、压力以及气体燃料含固体粒子所要求的净化程度告知用户。

（2）燃料的净比能及其变动范围：气体燃料的净比能（低位热值）和供应压力和温度及其波动的幅值和周期等，对保证机组稳定、安全运行和达到规定的性能指标等都是重要的，如果预计在稳定运行期间净比能等参数不能保持在规定范围，其变化范围和变化速率要预先提出，以便配置专用设备来保证燃气轮机仍能正常地进行调节。因此，从燃气轮机使用的角度，以净比能来划分气体燃料的类型是比较合适的，有关标准把燃气轮机燃用的气体燃料按热值（<4～186MJ/m³）分为 5 类：①45～186MJ/m³ 为很高热值燃料气；②30～45MJ/m³ 为高热值燃料气；③11～30MJ/m³ 为中热值燃料气；④4～11MJ/m³ 为低热值燃料气；⑤小于 4MJ/m³ 为很低热值燃料气。多数燃气轮机机型都能较好地直接燃用包括天然气和合成天然气在内的前 3 类气体燃料，而对许多机型的燃烧部件与系统加以适当改动，也可燃用其他 2 类低热值的气体燃料。

（3）燃料中成分及有害杂质的含量与控制：燃气轮机热部件的运行寿命对燃料中所含的有害物质非常敏感，对于可能存在气体燃料中的腐蚀性介质，如硫化氢、二氧化硫、三氧化硫、总硫、碱金属和氯化物，应给予特别注意，并考虑合适的控制和处理措施。

（4）燃料供应可靠性与供应量变动范围：当天然气供应有保证时，或靠近气田和 LNG 接收站，可考虑选择单燃料系统；若天然气供应发生故障时，使用备用燃料继续运行比停机更为经济时，选择双燃料系统才是合适的，并相应考虑场地与油罐建设问题。另外，拟用的气体燃料对机组启动和停机来说，其可燃性极限范围太窄、太宽或点火性能太差时，则在启动和停机过程考虑采用备用燃料。

总之，在主机采购选型时，用户与制造厂应根据燃料的供应情况和燃气轮机机型的适应性，对拟

用的燃料规范和与燃料相关的系统设计与设备供应等问题协商一致。

2. 环境问题

在可持续发展成为共识的今天，选型时对环境问题更应给予充分的重视。燃气轮机动力装置发生的噪声振动、大气污染、热污染和场地污染等，可能会对运行人员和环境产生有害的影响，因此要采取相关的措施，使它们符合国家或当地有关标准和规范。如要确定燃气轮机机房内和燃气轮机动力装置所在附近区域内可以接受的噪声级；应控制燃气轮机排气化学污染程度和氧化氮总含量，并考虑排气对大气的热影响等；在选择冷却系统及设计参数时应考虑地方法规可能会限制冷却水的最高排放温度、由排放水引起的最大温升，以及排放到河、湖或其他水体中的热负荷等规定。另外，在进行场地的土建设计时，应考虑在机组运行失常、火灾或设备发生故障情况下对场地周围提供安全保护措施，按有关标准或规范对燃料贮存或装卸设备可能的泄漏采取安全措施。场地的选择也应考虑当地主要风向和排烟对邻近建筑物的影响。

所以在选择机型及其燃料时，要考虑当地对现场环境的要求和满足这些要求所需增添的设备和相关的成套设计以及由此引起的成本增加问题等。环保要求越高，设备初投资增加就越大。目前，燃气轮机燃用天然气时 NO_x 排放量能控制在 $25mg/m^3$，甚至能达到 $10mg/m^3$；当燃用柴油时为 $42mg/m^3$。因此，很多厂家配置干式低 NO_x 燃烧室（DLN 燃烧系统），还有在余热锅炉中安装选择性催化还原装置（SCR 装置），但都要相应地增加机组初投资成本。

（三）机组经济性

电站的经济性常常成为工程立项的重要依据，而机组价格常常成为采购谈判的重点，限制机组的选型。但是，价格是一个多范畴的问题，除技术因素外，还有市场和社会因素的影响，如国情、市场行情、厂家竞争因素、产品批量等都会在不同程度上影响价格的起伏波动。各生产厂家经营策略会有所不同，新设计的机型为了进入市场，价格较低，一旦被市场接受后，价格又会随之上升，早期设计的老机型，面临淘汰前后，其削价幅度就会比较大。再如多套捆绑购买时，常会产生"规模效应"，导致价格下降。

对于同一功率等级、效率高的机型一般总是对应于高的初始价格，但高效率电站的投资回收年限通常将缩短，会弥补初投资大的缺点，还会节约能源、降低环境污染，各方面的效益都比较好，通常总是列为优选的机型。在进行选型热经济分析时，单位功率价格随机组功率和热效率的变化关系最为重要。一般情况下，随着燃气轮机功率等级的增加，单位功率的价格将会下降。如 1995 年以美元为计算单位，按容量划分的燃气轮发电机组单位功率的参考价格：1～5MW 功率等级，在 400～800 美元/kW 之间；5～25MW 功率等级，在 350～500 美元/kW 之间；25～60MW，在 250～375 美元/kW；60～110MW，则降到 180～300 美元/kW；当功率大于 240MW 后，比价格就减少为 170～210 美元/kW。

机组供货范围不同将使价格变化很大，一般手册上公开的价格是指设备的平均预算价格，包括烧天然气的带底盘的燃气轮机、气冷（或氢冷）发电机、罩壳、进排气管道、排气消声器、标准的控制系统、火焰保护、启动系统以及传统的燃烧系统等。

另外，联合循环装置的构成和轴式对价格也有影响，如单机（1 台燃气轮机-1 套余热锅炉-1 台汽轮机）配置的单位功率价格，比 2 台燃气轮机-2 套余热锅炉-1 台汽轮机的配置轴式的要高；每台燃气轮机和汽轮机各自带动发电机的多轴设计联合循环的单位功率价格，比单轴联合循环设计的要高。

（四）机组可靠性、可用性和可维护性

长期以来，受到重视的是热力性能和价格，而对燃气轮机组的可靠性、可用性和可维护性等运用性能（RAM）未给予足够注意。但半个世纪的应用发展表明，RAM 性能才是机组成本、效益、安全可靠性的关键因素和反映设计、制造、运行服务等综合质量的重要指标。它在整个寿命期内，影响使用性能和多大程度上满足用户的需求，并影响设备利用率与运行维修成本。对于发电设备用户来说，衡量产品运行与维修质量常用的 RAM 指标如下：

（1）可靠性（Reliability）：机组成功地完成预期运行功能的概率，即

$$RE = (1 - FOH/PH)100\%$$ (6-6)

式中　PH——指定周期时数或总的消逝时数（如一年 8760h）；

　　　FOH——在 PH 中总的故障停机时数。

（2）可用性（Availability）：燃气轮机动力装置处于备用状态及使用状态的时间之和占总的消逝时间的百分比，即

$$AV = (1 - UH/PH)100\%$$ (6-7)

式中　UH——在指定周期内机组总的不可用时间，包括故障停机、启动失败及计划维修停机。

（3）故障停机率（FOR）：由于故障，机组不能有效做功时间的百分数，即

$$FOR = FOH/(FOH + SH)$$ (6-8)

式中　SH——在指定周期内，正常运行总时数。

（4）启动可靠性（SR）：在规定时间内（一般为 20~30min）机组成功启动的概率，即

$$SR = SS/AS$$ (6-9)

式中　SS——在规定时间内成功启动的次数；

　　　AS——进行的总启动次数。

（5）故障间平均时间（MTBF）：两次故障间机组平均运行的时数，即

$$MTBF = SH/FO$$ (6-10)

式中　FO——在指定周期内正常运行时，机组故障停机次数。

（6）单位发电量维修成本（TMCP）：单位发电量花费的平均总维修费用。

不同标准或公司对 RAM 性能定义和具体计算是大同小异的。但对于不同用途，各性能指标的重要性却有很大区别。一般，最常用是可靠性、可用性和启动可靠性 3 个指标。对于连续基本负荷机组，可用性特别重要；而对尖峰负荷，启动可靠性就要求很高。

用户不仅要很好地了解设备 RAM 性能本身，更重要的还要了解影响它们的因素，包括运行维修人员素质与培训、运行操作与规程、定期检修与大纲，以及备品配件等，特别要注意：

1）燃料类型与品质控制。燃料种类对机组维修影响极大，重质液体燃料将释放更多辐射热，故燃烧系统中热部件温度较高，并常含有腐蚀性元素，对热部件寿命是不利的；轻质蒸馏油的有害杂质含量很小，但可能从运输和储藏时带入；燃用气体燃料时，最大问题是防止液态碳氢物混入燃烧系统。因此，制定合适的燃料规范、抽样检验分析程序和燃料及其处理系统维护是很必要的。

2）运行模式。运行模式（负荷、连续运行时间和启动次数）对 RAM 性能与机组维修影响也很大。若不是频繁启动和快速变化负荷，连续负荷运行时，机组寿命会很长；而快速频繁变负荷和经常启停，都使热部件承受巨大热应力变化，从而减小维修间隔时间和部件寿命。控制系统的重要职能之一，就是把这类影响降到最小程度。

3）维修的实施。按期正确地实施机组维修对提高 RAM 性能极为重要。维修间隔时间不是固定不变的，要根据用户过去经验和机组各关键因素发展趋势加以调整。计划、管理、备品以及工具等是影响停机维修时间长短的重要因素。热部件的状况和运行参数变化情况则是用户计划检验的依据。备品配件的准备及其可换用性对停机时间也有影响。拆装工具和技术应给予足够重视，如停机检查热部件时，拆拧螺栓花费工时常占 25% 总停机时间。

4）支持系统。进排气系统、启动系统、控制系统、滑油及其冷却系统、燃料及其处理系统、空气雾化系统、输配电系统、防火保安系统、喷水（或蒸汽）系统等支持系统综合构成燃气轮机运行环境，而它们也是影响 RAM 性能的重要因素，对提高 MTBF 和降低维修运行成本都起很大作用。应强调的

是空气质量的重要性，据统计，70%～80%性能降低是由压气机叶片沉积污染引起，而合适的清洗可大大减轻和恢复这种损失。

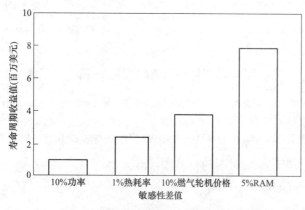

图 6-97 装置性能对经济效益的敏感性

所以主机选型时应重视 RAM 性能及其对机组经济性的影响。经验表明 RAM 性能比热力性能和价格对发电设备总经济效益的影响更为敏感。图 6-97 所示为 MS7001F 型燃气轮机在功率利用系数为 70%时，寿命周期效益随装置性能参数变化情况的实例研究结果：当机组功率增大 10%时，经济收益约增 1 百万美元；热耗率降 1%时，经济收益为 2 百万美元；机组价格下降 10%，相当于 4 百万美元；而 5%RAM 指标提高（2%故障停机率和 3%计划停机率的下降），收益价格为 8 百万美元。

（五）电站容量与运行模式

1. 电站负荷的需求

一般，电站选址和容量是由地区电源规划和具体工程与地理条件确定的，在制定电源规划时必然要考虑地区发展对当前与将来电力需求、燃料供应状况以及电站规模经济等问题。也就是说，在地区或电网有足够电源需求和拟用的燃料有保证的情况下，尽量选择更大容量的联合循环机组、建设大容量的电站，以降低电站比投资和发电成本。而且，由于达到一定容量的经济规模时，有可能借助制造厂技术和工艺许可，自己组织部分备品配件的生产，使维修工作本地化，从而降低维修成本和及时保证机组的可靠运行。

目前，国外大型联合循环电站采用统一规划，分期实施的建设方式，而且多采用模块组合形式，即同一个电站采用尽量少的机型（1 种、最多 2 种型号的机型）、数量较多的机组模块组合成大容量电站。这样，有利于分期建设的可操作性与前后连接协调问题，也有利于人员培训与操作管理等。但对主机选型的要求更高，需考虑问题更多，如机型成熟性、可能发展情况及前后机组相容协调配合等。图 6-98 所示为韩国 Seoinchon 电站联合循环装置模块组合的布置图。

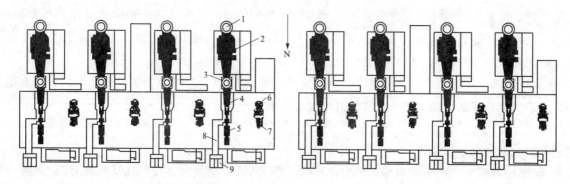

图 6-98 韩国 Seoinchon 电站联合循环装置模块组合布置图

1—烟囱；2—余热锅炉；3—烟道旁通阀；4—燃气轮机；5—燃气轮发电机；

6—汽轮机；7—汽轮发电机；8—进气道；9—空气过滤器

另外，应该指出的是，燃气轮机选型时还要特别注意燃气轮机自身的热力学固有特性和负荷变化规律。与常规的汽轮机电站不同，燃气轮机是以空气为工质的开式循环内燃式的热机，其输出功率对大气条件变化比较敏感，且机组热经济性随负荷变化而变化也很明显，选型时对燃气轮机的全工况特性应有足够考虑。

2. 运行模式

由于燃气轮机的运行模式不同，燃气轮机运行的额定参数值将要改变，所以标准额定功率等性能指标要与规定的各种运行模式相关联。除特殊情况（运行模式由用户和制造厂双方另行商定的）外，燃气轮机的标准额定功率须按国际标准或国标规定划分的某一种运行工作类型（备用尖峰负荷 A、尖峰负荷 B、半基本负荷或中间负荷 C、基本负荷 D 型）和某一种年平均启动次数等级（Ⅰ、Ⅱ、Ⅲ、Ⅳ、Ⅴ级）组合的运行模式来共同规定。制造厂应在 ISO 标准参考条件下，按下列运行方式申报两种标准额定功率：①尖峰负荷额定功率为 B 型Ⅱ级（每年运行 2000h 和平均启动 500 次）；②基本负荷额定功率为 D 型Ⅲ级（每年运行 8670h 和平均启动 25 次）。对于发电用燃气机轮机，上述额定功率可分别称为"标准尖峰负荷"和"标准基本负荷"。且对上述两种情况，制造厂应说明要求检查和维修的类别、周期和等级。有的制造厂商是按每次启动的运行小时数来划分运行模式，如 GE 公司将每次启动运行少于 10h 定义为尖峰负荷；每次启动运行 10～50h 定义为中间负荷；每次启动运行大于 50h 定义为基本负荷。有些燃气轮机可能是几种工作类型组合在一起的方式运行，这时应当对每种工作类型的给定负荷值规定预计运行小时数。超出给定负荷值的运行方式的运行，将大大影响检查周期和维修工作量。

燃气轮机启动时间比传统的汽轮机组要短得多，启停机动性好，早就是承担调峰与备用负荷的首选机型。随着燃气轮机联合循环发电装置的单机容量和热效率明显提高，目前联合循环装置也广泛用于承担中间和基本负荷。如对 GE 公司 159 台运行模式进行调查统计表明，半数以上都是带基本负荷。

电站选择何种运行模式是与燃料价格、建设投资、电价、电力结构以及电力负荷需求等有关。如接近气田地区，联合循环机组适用于承担基本负荷和中间负荷；天然气价格偏高时燃气轮机适用于备用尖峰和尖峰负荷，联合循环则适用于中间或尖峰负荷。但是，对承担不同运行模式的电站，燃气轮机选型准则是不同的，一般原则是，对于承担备用尖峰与尖峰负荷任务时，应选择机组加速性和加载性都好的机型，选用价格高的燃料常常是合理的，因为其全年燃料费用较少，还可使动力装置（包括可能需要的燃油处理和供油设备）初置费用降低；对于承担基本与中间负荷、利用率高的机组选用廉价燃料更有利。但不是所有机型都能燃用廉价燃料（如重油、渣油），特别是新一代高初温的型号产品对燃料品质要求都很高，好在它们的热效率也都很高，燃用天然气时联合循环装置供电效率高达 55％以上，通常能做到技术可行与经济合理。另外，对利用率低的航改型燃气轮机组常要较轻等级燃油，而工业型燃气轮机能用较重等级的燃油。

（六）总结

主机选型与电站性能密切相关，是决定电站的供电效率、发电成本和运行可用率等的关键，而它又是个涉及面很广的复杂问题。研究表明，联合循环电站的燃气轮机选型的核心问题是"3E"和 RAM 性能，即热力性能（效率）、环境（与燃料密切相关）、经济性和可靠性、可用性和可维护性（RAM）。进行联合循环电站燃气轮机主机选型时，必须综合权衡和全面考虑可供选择的燃气轮机型热力特性、拟用的燃料资源、品质和环境影响、保护要求规则，机组经济性和价格，运行可靠性、可用性、可维护性以及电站容量与机组功率等级与运行模式等众多方面问题，最后还是要通过综合评估来进行比较筛选确定。

二、燃气轮机的整体布置

目前，电站燃气轮机的发展趋势是提高燃气初温，并使整个压气机与透平的转子连在一起组成整体转于和整体气缸的结构，组合的整体转子采用双支承的结构方案。这就要求尽量缩短转子的轴向尺寸，以便提高转子的刚性。因此，目前在单轴电站燃气轮机中最常见的排列方式是：把压气机的高压端对着燃气透平高压端。这样的结构很紧凑，气流流程短，并能平衡一部分压气机和透平的轴向推力，而且透平端或压气机端都可以作为机组功率的输出端。

当发电机由温度变化较小的压气机端驱动（冷端输出），机组工作时轴系中心稳定；透平排气采用轴向排气方式，易于与余热锅炉组合连接，且烟气流动阻力小，循环效率高但冷端驱动机组的压气机传递的扭矩大，转子强度要求高。冷端输出方式普遍用于西门子公司，原阿尔斯通的重型燃气轮机，GE公司近年推出的F、H系列燃气轮机也采用这种方式。

采用透平排气端连接发电机的方式通常叫作热端输出，如GE公司的6B、9E系列燃气轮机就是采用这种方式。

当燃气轮机同时采用逆流式燃烧室结构时，就更能进一步缩短机组的轴向尺寸，见图6-99。又如采用单管或双管燃烧室，则燃烧室可布置在透平进气口的上方或侧面（见图6-100），这将使机组的外形尺寸或高温燃气管道的长度有所增加。

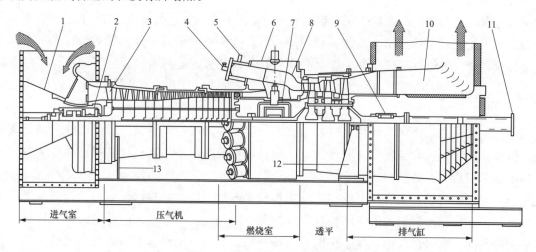

图 6-99　9E 燃气轮机剖面图

1—进气蜗壳；2—1 号支持推力联合轴承；3—压气机进口可转导叶；4—燃料喷嘴；5—点火装置；6—火焰筒；
7—2 号轴承；8—过滤段；9—3 号轴承；10—排气扩压器；11—负荷联轴器；12—脚型支架；13—挠性板

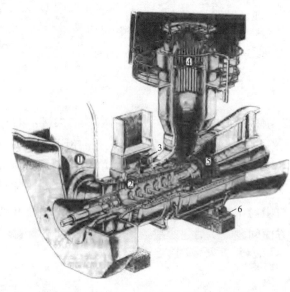

图 6-100　原 Alstom GTI3E 燃气轮机轴侧图

1—进气蜗壳；2—压气机；3—防喘放气阀；
4—圆筒形燃烧室；5—透平；6—后支承

至于分轴燃气轮机的排列方式可见图6-101的FT8航机改型燃气轮机的结构示例。八级低压压气机由两级低压透平驱动，七级高压压气机则由单级气冷式高压透平驱动，它们互相是以高压端对高压端的方式连住一起，两者组成一个燃气发生器（没有功率输出轴），安装在低压透平后面的四级动力透平带动发电机，对外输出功率。

对于联合循环机组，不同的轴系布置也将对全厂布置带来影响，以GE公司9F.05型重型燃气轮机为例，若主机配置要求为2套"一拖一"联合循环机组，燃气轮机可以采用上进气，也可以采用侧进气，燃气轮机与汽轮机可以单轴布置，也可以多轴布置。

图6-102所示为单轴上进气方案的主厂房布置示意图，燃气轮机为GE公司9F.05型燃气轮机，汽轮机为A650汽轮机，发电机为450H发电机，采用联合大厂房布置，燃气轮机高位布置，运转层高5.5m，两台吊车与机组轴线垂直，汽轮机与发电机共用吊车，两台燃气轮机共用吊车，整个动力岛占地约为127m×133m。

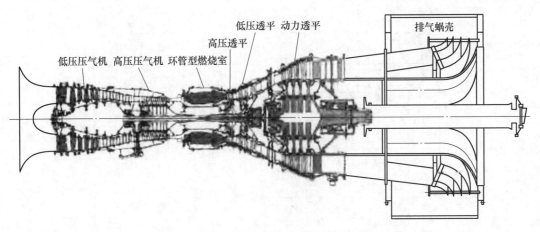

图 6-101　FT8 航改型燃气轮机的剖面图

低压压气机　高压压气机　环管型燃烧室

高压透平

低压透平　动力透平

排气蜗壳

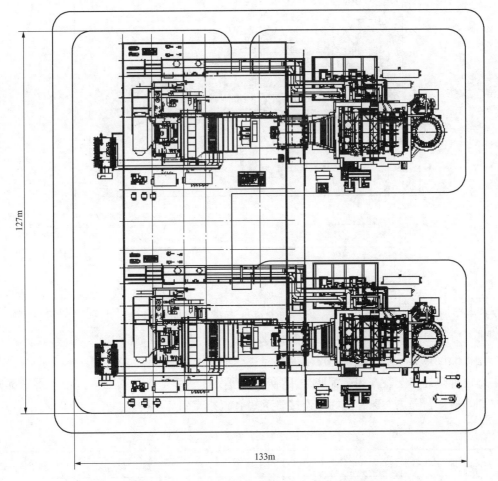

127m

133m

图 6-102　单轴上进气方案主厂房布置示意图

　　图 6-103 所示为单轴侧进气方案的主厂房布置示意图，燃气轮机为 GE 公司 9F.05 型燃气轮机，汽轮机为 A650 汽轮机，发电机为 450H 发电机，燃气轮机高位布置，两个单独厂房，整个动力岛占地约 160m×133m。

　　图 6-104 所示为多轴上进气方案的主厂房布置示意图，燃气轮机为 GE 公司 9F.05 型燃气轮机，汽轮机为 A650 汽轮机，采用联合大厂房，燃气轮机高位布置，与汽轮机中心线高度均为 5.5m，两台吊车与机组轴线垂直，燃气轮机、汽轮机共用电动双梁桥式起重机，4 台发电机共用吊车，整个

动力岛占地约为 $146m \times 130m$。

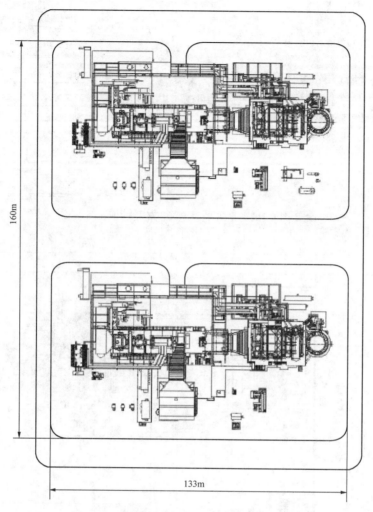

图 6-103　单轴侧进气方案主厂房布置示意图

　　3 种方案主厂房对比如表 6-123 所示。单轴上进气方案占地面积最小，但是主厂房高度高，容积最大；单轴侧进气方案虽然占地面积大，但容积反而最小。表中所列 3 种方案燃气轮机均为室内高位布置，若燃气轮机低位布置或室外布置，占地面积与容积也将不同。

　　无论采用何种布置和安装方式，都应力求紧凑合理，安全可靠，安装维修方便。要求部件对中准确，热胀自如，冷却、隔热、保温良好；连接管道短、直；支架负荷均匀。

表 6-123　　　　　　　　　　　　　　　各方案主厂房对比

项　目	单位	单轴上进气		多轴上进气		单轴侧进气
占地面积（长×宽）	m	133×127		130×146		133×160
占地面积	m²	16891		18980		21280
主厂房长度	m	117.7	117.7	127	127	54.5
主厂房宽度（烟囱至主变压器方向）	m	17	29.5	16.74	22	28
主厂房高度	m	30.9	19	27.3	14.5	19
容积	m³	127430.95		109408.3		57988

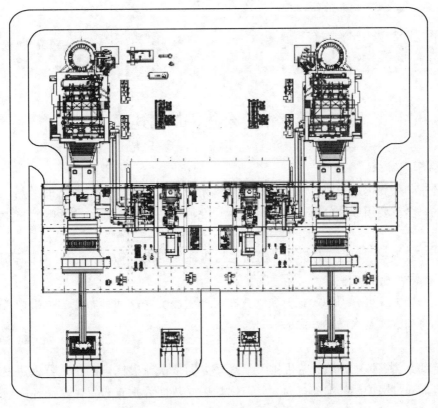

图 6-104　多轴上进气方案主厂房布置示意图

第七章 余热锅炉及辅助系统

第一节 余热锅炉简述

一、余热锅炉的分类

在联合循环中，余热锅炉是回收燃气轮机的排气余热，加热给水产生蒸汽的换热设备。是联合循环中热力循环的一个重要组成部分，其结构与布置、性能以及蒸汽参数等会影响到整个联合循环系统的性能。

余热锅炉的形式很多，根据工作介质、压力、构造、布置形式等进行划分，有如下几种分类形式。

（一）按布置方式分类

余热锅炉按布置方式可分为卧式布置和立式布置两大类。在这两种布置的锅炉中，烟气的流动方向、换热管束的排列方式及水循环方式是不同的。

1. 卧式布置

在卧式布置的余热锅炉中，燃气轮机排气沿水平方向依次流过锅炉的过热器、蒸发器和省煤器等各部受热面，最后通过锅炉尾部烟囱排向大气。锅炉中受热面为垂直布置，水循环一般采用自然循环方式。对于燃用天然气等清洁燃料的机组，一般采用卧式布置自然循环的余热锅炉。

2. 立式布置

在立式布置的余热锅炉中，燃气轮机排气沿垂直方向依次流过余热锅炉各部受热面，并经炉顶的烟囱排出。锅炉中的受热面管束为水平布置，余热锅炉的烟囱布置在锅炉顶部，与锅炉一体，布置紧凑。同时，锅炉需要更多的支撑钢结构和布置多层平台，钢结构耗量大。水循环一般采用带循环泵的强制循环方式。水平布置的受热面吹灰比较方便，因此在燃用重质燃料油等非清洁燃料时，一般采用便于吹灰的立式余热锅炉。

（二）按水循环方式分类

余热锅炉按水循环方式分为自然循环和强制循环两大类。自然循环和强制循环都具有负荷适应性广、性能稳定、适宜快速启停的特性。

自然循环余热锅炉中受热面的管束一般是垂直布置，依靠上升管和下降管内的汽水密度差自然形成水循环。强制循环余热锅炉则在水循环中引入循环水泵，汽包下部引出的水经水泵加压后进入蒸发器，依靠循环水泵产生的动力进行水循环。一般强制循环锅炉的受热面是水平布置的。

在大型 F 级、H 级燃气轮机联合循环机组中，也有采用强制循环的卧式余热锅炉。

（三）按压力等级分类

余热锅炉安装汽水系统压力等级可以分为单压、双压和三压系统。单压系统是指余热锅炉工质侧对外只输出一个压力等级的工质。双压和三压系统是指余热锅炉工质侧对外输出两个和三个压力等级的工质。

单压系统比较简单，排烟温度比较高，回收的热量有限，通常用于燃气轮机容量比较小的机组。双压和三压可以回收更多的热量，使联合循环效率和输出功率都能提高。通常 9E 级及以下燃气轮机配双压系统，9F 级燃气轮机配三压再热系统。

（四）按有无补燃分类

按有无补燃设备余热锅炉分为补燃型余热锅炉和无补燃型余热锅炉。补燃是指在余热锅炉中设置燃烧系统，补入一定量的燃料进行燃烧，以提高进入余热锅炉受热面的总体热量。提高余热锅炉的参数和蒸发量。

在燃气轮机初温低于900℃时，补燃可以提高联合循环效率。现在使用的燃气轮机初温已大幅提高，因此纯发电联合循环机组中不采用补燃。对于热电不匹配的有特定需求的热电联产机组，可以采用补燃以提高机组的供热能力。

（五）按有无汽包分类

按有无汽包余热锅炉分为汽包炉和直流炉。直流炉中给水一次性通过锅炉各受热面，不经过汽包进行汽水分离。具有快速启动、快速响应负荷的特点。直流炉适用于采用超临界参数的余热锅炉。大型 H 级联合循环机组中，余热锅炉高压系统通常采用直流方式。

二、余热锅炉的主要性能参数

（一）余热锅炉效率

余热锅炉效率 η_{hr} 是指余热锅炉对燃气轮机排气热量的利用程度。余热锅炉本质上是换热器，热源是燃气轮机排气的显热，以对流换热为主。余热锅炉效率是一个综合性能指标，与余热锅炉的汽水循环形式、节点温差、排烟温度等参数密切相关。采用多压汽水系统、降低节点温差、降低排烟温度等方式都可以提高余热锅炉效率。同时也增加了余热锅炉的换热面积。因此，余热锅炉效率应从联合循环的整体效率和投资费用等方面全面考虑，优化选择。

（二）节点温差

节点温差是指余热锅炉中沿烟气流动方向蒸发器出口烟气的温度与汽包工作压力下饱和温度的差值。如图 7-1 所示，图中 ΔT_p 为节点温差。节点温差是余热锅炉工质与烟气之间的最小温差。节点温差是余热锅炉蒸发过程能进行的保证。降低节点温差，可以提高余热利用率。但同时增加了换热面积和烟气侧的流动阻力。研究表明，当节点温差减少时，蒸发器面积按指数关系增加，而蒸汽产量只按线性关系增加，如图 7-2 所示。因此，节点温差不能无限制地减少。通常可取 8～20℃。

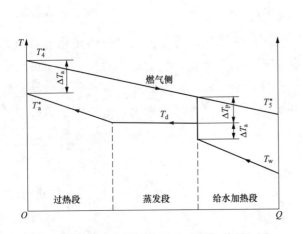

图 7-1 单压余热锅炉的 T-Q（温度-热量）图

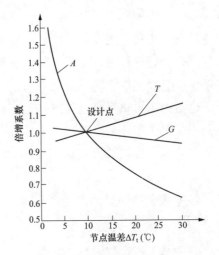

图 7-2 节点温差与换热面积、蒸汽产量的关系
T—温度；G—蒸汽产量；A—换热面积

（三）接近点温差

接近点温差是指余热锅炉中汽包工作压力下饱和温度与省煤器出口水温之间的差值，见图 7-1 中 ΔT_a。接近点温差不能为零或负值。因为在燃气轮机低负荷时，燃气轮机排气温度降低，接近点温差随之减少。如果为零或负值，则省煤器会出现汽化，传热恶化，造成省煤器过热甚至损坏。同时当节点温差选定后，降低接近点温差有利于减少余热锅炉面积和投资费用，见图 7-3。因此，有必要使接近点

温差保持在一定范围内，通常接近点温差可取 4～20℃。

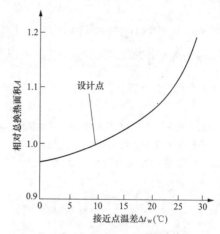

图 7-3　接近点温差与换热面积的关系

（四）热端温差

热端温差是指沿烟气流动方向过热器入口烟气温度与过热器出口蒸汽温度之间的差值。热端温差降低，过热器吸热量增加，蒸发器和省煤器吸热量减少，锅炉蒸发量下降，同时锅炉换热面积增加。通常热端温差可取25～40℃。

（五）排烟温度

余热锅炉的排烟损失是锅炉损失中最大一项。降低排烟温度可以提高余热锅炉利用效率。余热锅炉排烟温度与蒸汽系统形式、节点温差及燃料中硫含量等有密切关系。

在联合循环中，通常单压系统锅炉排烟温度为 160～200℃，双压系统锅炉排烟温度为 120～160℃，三压系统锅炉排烟温度为 80～120℃。

为防止余热锅炉尾部烟气侧低温腐蚀和黏灰，一般要求锅炉排烟温度高于烟气酸露点 10℃左右。对于无硫烟气，则要求尾部换热管上不结露，要求管壁温度高于水露点 10℃左右。

在燃用不含硫的天然气时，采用三压系统，锅炉排烟温度可以低至 80℃。

（六）烟气阻力

余热锅炉的烟气侧阻力不仅与锅炉本身有关，而且与燃气轮机输出功率有关。增加换热面积，锅炉烟气阻力增加，同时燃气轮机背压增加，燃气轮机输出功率下降。通常燃气轮机背压每增加 1％，燃气轮机功率会下降 0.5％～0.8％。相比简单循环，联合循环中加装余热锅炉后，燃气轮机功率会下降 1.2％～1.5％。根据联合循环设备采购国际规定，余热锅炉及烟道的阻力要求单压为 2.5kPa，双压为 3.0kPa，三压为 3.3kPa。

（七）再热系统

随着燃气轮机技术发展，燃气轮机初温提高，单机功率增大，排气温度也增加。大型 F 级燃气轮机排气温度接近或超过 600℃。余热锅炉普遍采用三压再热系统。研究表明采用再热系统，相比无再热系统联合循环效率可以提高 0.6％～0.7％。同时三压再热系统的换热面积相比三压无再热系统要小。这是由于再热系统会导致高压省煤器和高压蒸发量流量减少，而高压省煤器和高压蒸发器的换热面积是再热循环的余热锅炉中换热面积的主要部分。同时，再热系统也使循环中凝结水流量减少，使余热锅炉冷端的换热面积也减少。相比之下，再热系统的排烟温度比无再热系统会有所提高。

三、各等级余热锅炉的典型产品

（一）余热锅炉的选型原则

1. 总体布置

余热锅炉总体布置可以选择立式和卧式布置，一般立式为强制循环锅炉，卧式为自然循环锅炉。立式和卧式的选择主要从以下几个方面来考虑：

（1）占地面积。一般来讲，立式布置占地面积少，但对大型余热锅炉，立式和卧式区别不大。

（2）燃料种类。一般来讲，在燃气轮机燃烧重质含尘燃料时，如重油、原油等，为便于吹灰，采用立式布置较为合适。

（3）投资与运行成本。立式布置金属耗量大，配套辅机设备多，投资和运行成本稍高于卧式布置。

立式和卧式余热锅炉的比较见表 7-1。

项　目	卧式（自然循环）	立式（强制循环）
水循环自平衡能力	较好	有限
冷态启动时间	较长	短
占地面积	较大	小
系统与操作	简单	较复杂
厂用电	少	多
可用率	高	较自然循环低2%
燃气轮机工况适应性	广	窄
疏水与排气	彻底	不易彻底
清灰	难	易
运行及维护	方便	较复杂
运输	容易	较困难

表 7-1　　　　　　　　　　　　　　立式和卧式余热锅炉的比较

2. 汽水系统

余热锅炉的汽水系统布置与燃气轮机的排气温度、排气流量和成分有关。随着燃气轮机发展，燃气轮机功率、排气温度和排气流量都大幅提高。余热锅炉也从早期的单压无再热系统，发展到三压再热系统，最大限度地提高燃气轮机排气余热利用率。

一般情况下，9E级及以下机组，通常采用双压无再热系统。9F级及以上机组，通常采用三压再热系统。

3. 蒸汽参数

（1）余热锅炉和汽轮机参数匹配。当燃气轮机选定之后，应根据燃气轮机的排气参数及当地气象条件等，选择合理的余热锅炉参数，以使得汽轮机做功最大。进而使联合循环机组整体效率最大化。在此同时选择的参数，也要保证余热锅炉能够安全稳定运行。

余热锅炉的蒸汽参数应与汽轮机的参数相匹配。汽轮机的进口最大蒸汽压力为余热锅炉过热器出口最大蒸汽压力减去主蒸汽管道损失，通常余热锅炉出口压力应比汽轮机主汽门前压力高约3%。汽轮机最高进汽温度比余热锅炉过热器出口最高蒸汽温度低1.0~2℃。

如果有再热系统，再热系统总压降约为10%，即汽轮机再热蒸汽进口压力比汽轮机出口冷端再热蒸汽压力低10%。其中余热锅炉再热器压降约为5%。汽轮机再热器进口压力比余热锅炉再热器出口压力低2.5%~3.0%。汽轮机再热器进口蒸汽温度比余热锅炉再热器出口温度低1.0~1.5℃。

（2）余热锅炉蒸汽温度。余热锅炉的蒸汽温度与燃气轮机的排气温度存在热端温差，热端温差越小，蒸汽过热度越大。热端温差的选择要考虑燃气轮机排气温度的变化的影响，以及汽轮机的进汽条件和汽轮机部件热应力等限制条件。中低压蒸汽的温度则与汽轮机进口处的蒸汽温度相匹配。

通常高压主蒸汽温度比余热锅炉进口的烟气温度低25~40℃。中低压蒸汽温度则比它们各自所在余热锅炉的上游方向的烟气温度低11℃左右。为提高效率，9E级机组的余热锅炉热端温差可以降到18℃左右。

（3）余热锅炉的蒸汽压力。余热锅炉的蒸汽压力选择涉及余热锅炉与汽轮机参数的匹配，与汽轮机容量有关。蒸汽压力的选择需要综合考虑多方面的因素：

1）整个联合循环性能的影响。

2）汽轮机效率的影响，高压低流量会引起汽轮机高压部分内效率下降，得不偿失。

3）余热锅炉蒸汽产量的影响，力求使汽轮机做功最大。

4）汽轮机排汽湿度的影响。

通常来讲，联合循环中高压蒸汽的压力优化后都不是很高，多数采用高压和次高压参数。单压锅炉，则采用中压参数居多。150MW 级汽轮机推荐高压蒸汽压力在 10MPa 左右。在汽轮机容量更大，燃气轮机排气温度高，采用多压再热系统，配合 9F 级及以上燃气轮机时，汽轮机功率较大时，主蒸汽压力可以采用亚临界 16.5MPa。

联合循环低压蒸汽过程的效率与其压力的关系是随着低压蒸汽压力的升高而下降的。三压低压系统的压力应取较低值。但同时注意，压力过低，汽轮机低压部分焓降过低，同时蒸汽体积流量增大，需增大低压部分通流面积。通常低压蒸汽压力应不低于 0.3MPa。

（4）燃气轮机推荐参数。蒸汽参数的选择是与某特定项目的汽轮机性能相匹配的。不同的汽轮机选择的蒸汽参数也有差异。西门子公司和 GE 公司建议的蒸汽参数规范见表 7-2～表 7-4。

表 7-2　　　　　　　　　　　　　　西门子公司建议的蒸汽参数规范

循环形式	汽轮机功率（MW）	主蒸汽		再热蒸汽		二次蒸汽	
		压力（MPa）	温度（℃）	压力（MPa）	温度（℃）	压力（MPa）	温度（℃）
单压循环	30～200	4.0～7.0	480～540				
双压循环	30～300	5.5～8.5	500～565			0.5～0.8	200～260
三压再热循环	50～300	11～14	520～565	2.0～3.5	520～565	0.4～0.6	200～230

表 7-3　　　　　　　　　　GE 公司建议的单压和双压循环的蒸汽参数规范

项目	单压循环	双压循环			双压再热循环
汽轮机功率（MW）	全部	≤40	>40 且<60	≥60	>60
主蒸汽压力（MPa）	4.13	5.64	6.61	8.26	9.98
主蒸汽温度[1]（℃）	538	538	538	538	538
再热蒸汽压力（MPa）					2.06～2.75
再热蒸汽温度（℃）					538
二次蒸汽压力（MPa）		0.55	0.55	0.55	0.55
二次蒸汽温度（℃）		比过热器前燃气温度低 11℃			305

[1]　主蒸汽温度应比燃气轮机排气温度低 30℃。

表 7-4　　　　　　　　　　　　GE 公司建议的三压循环的蒸汽参数规范

项目	三压无再热循环			三压再热循环
汽轮机功率（MW）	≤40	>40 且<60	≥60	>60
主蒸汽压力（MPa）	5.85	6.88	8.60	9.98
主蒸汽温度（℃）	538	538	538	538
再热蒸汽压力（MPa）				2.06～2.75
再热蒸汽温度（℃）				538
中压蒸汽压力（MPa）	0.69	0.83	1.07	2.06～2.75
中压蒸汽温度（℃）	270	280	300	305
低压蒸汽压力（MPa）	0.17	0.17	0.17	0.28
低压蒸汽温度（℃）	160	170	180	260

GE 公司建议在设计联合循环时，一般根据燃气轮机排气温度来选择蒸汽循环方案。当排气温度低于 538℃时，不宜采用再热系统。蒸汽系统可以是单压或者多压系统。当排气温度高于 593℃时，则应采用三压再热系统。如同时汽轮机功率较大，可以考虑采用 16.5MPa、565℃亚临界参数。

GE 公司建议通常不论是单压、双压及三压有无再热系统，建议主蒸汽和再热蒸汽温度为 538℃。对于低压蒸汽温度，双压无再热系统取比过热器前的烟气温度低 10℃，对双压再热系统取 305℃，三压再热系统取 260℃。

4. 排烟温度和烟气阻力

排烟温度的选择和蒸汽系统及烟气露点温度有关，如前所述，通常单压系统锅炉排烟温度为 160～200℃，双压系统锅炉排烟温度为 120～160℃。三压系统锅炉排烟温度为 80～120℃。在燃料中含硫分时，需要核算酸露点，保证排烟温度高于酸露点 10℃。

余热锅炉及烟道的阻力通常可取单压为 2.5kPa，双压为 3.0kPa，三压为 3.3kPa。有特殊要求时，需要锅炉厂商核算。

5. SCR 脱硝系统

余热锅炉可以配置选择性催化还原（SCR）脱硝系统，用于 NO_x 排放要求高的地方。目前，主流燃气轮机厂商均配置了先进低氮燃烧技术，环保排放可以满足相关现行国际通行排放标准。在余热锅炉中设置 SCR 装置进一步脱硝的工程比较少。若需设置 SCR 装置，SCR 反应温度为 280～420℃，通常布置在余热锅炉高温段，如布置在高压蒸发器和高压省煤器之间。

关于环保部分详细内容可以参见本手册第十三章。

（二）各等级燃气轮机余热锅炉典型参数

1. 6B 级燃气轮机

6B 级燃气轮机产品国内生产的包括 GE 公司的 6B.03、6F.01、6F.03，上海电气生产的安萨尔多公司的 AE64.3A。燃气轮机功率范围为 40～80MW。配套的余热锅炉均采用双压无再热系统。余热锅炉典型参数见表 7-5，其中 GE 公司燃气轮机配套余热锅炉采用杭州锅炉集团公司产品，安萨尔多燃气轮机配套余热锅炉采用上海电气产品。燃气轮机计算工况为 ISO 工况，燃料为 CH_4，供参考。

表 7-5　　　　　　　　　　　　　　6B 级燃气轮机配套余热锅炉典型参数

名　称		单位	参　　数			
燃气轮机型号			6B.03	6F.01	6F.03	AE64.3A
厂家			南汽	南汽	南汽	上海电气
工况			ISO	ISO	ISO	ISO
输出功率		kW	41581	49041	77644	75946
排气温度		℃	544.9	595	597.6	570.1
排气流量		t/h	521.7	452.3	768.1	774.0
排气压力		kPa	104.1	104.11	104.3	104.32
排气成分	Ar	%	0.9	0.88	0.89	0.88
	N_2	%	74.86	74.39	74.51	74.65
	O_2	%	13.79	12.43	12.72	13.08
	CO_2	%	3.2	3.82	3.72	3.50
	H_2O	%	7.26	8.48	8.17	7.91
余热锅炉参数						
厂家			杭锅	杭锅	杭锅	上海电气
汽水系统形式			双压无再热	双压无再热	双压无再热	双压无再热
布置形式			卧式	卧式	卧式	卧式
高压蒸汽最大蒸发量		t/h	68.53	68.67	116.13	105.01
高压蒸汽压力		MPa	3.82	6.60	9.21	6.97

续表

余热锅炉参数					
高压蒸汽温度	℃	450.00	542.00	542.00	552.1
低压蒸汽最大蒸发量	t/h	7.96	5.74	13.78	18.86
低压蒸汽压力	MPa	1.30	1.38	0.74	0.56
低压蒸汽温度	℃	195.11	335.94	253.33	269.1
低压省煤器凝结水再循环量	t/h	—	—	3.12	31.99
高压省煤器给水温度	℃	197.00	199.61	174.28	163.24
高压省煤器进口压力	MPa	4.10	7.83	9.78	7.99
凝结水温度	℃	45.00	47.78	46.00	33.3
排烟温度	℃	115.00	100.36	82.40	90.6
高压过热器减温水量	t/h	0.43	0.20	3.34	0
除氧器工作压力	MPa	0.12	1.42	0.75	0.60
锅炉排污率	%	0.00	0.00	0.00	1
锅炉外形尺寸（长×宽×高）	m×m×m	25×10×40	25×10×40	32×7×45	25×8×24

(1) 6B.03 余热锅炉介绍。6B.03 余热锅炉为双压、卧式、无补燃、自然循环燃气轮机余热锅炉，与 6B 级燃气轮机相匹配，是燃气-蒸汽联合循环电站的主机之一。6B.03 余热锅炉总图见图 7-4，该锅炉适用于煤层气或天然气为设计燃料的燃气轮机排气条件，其主要优点有：

1）采用优化的标准设计，模块化结构，布置合理，性能先进，高效节能。

2）适应燃气轮机频繁启停要求，调峰能力强，启动快捷。

3）采用自然循环方式，水循环经过程序计算，安全可靠，系统简洁，运行操作方便、可靠。

4）采用高效传热元件——开齿螺旋鳍片管，解决了小温差、大流量、低阻力传热困难的问题。

5）采用全疏水结构，锅炉疏排水方便、彻底。

6）锅炉采用单排框架结构，全悬吊形式，受力均匀，热膨胀自由，密封性能好。

7）采用内保温的冷护板形式，散热小，热膨胀量小。

8）锅炉受热面及烟道、护板在考虑现场安装条件的基础上，尽量加大模块化程度，工艺精良，安装方便，周期短。

9）锅炉受热面采用错列布置，可以在规定的烟气压降范围内提供最优化的热交换，并提供了有效的清理空间。

10）优化选择各受热面内工质压降，工质沿锅炉宽度方向流速分布均匀。

本锅炉可按露天布置设计，锅炉为正压运行，各区段烟通道系统均能承受燃气轮机正常运行的排气压力及冲击力。

燃气轮机排出的烟气通过进口烟道进入锅炉本体，依次水平横向冲刷各受热面模块，再经出口烟道由主烟囱排出。沿锅炉宽度方向各受热面模块均分成一个单元。

(2) 6F.01 余热锅炉介绍。6F.01 余热锅炉为双压、卧式、无补燃、自然循环燃气轮机余热锅炉，与 6F.01 级燃气轮机相匹配，是燃气-蒸汽联合循环电站的主机之一。6F.01 余热锅炉总图见图 7-5，该锅炉适用于天然气为设计燃料的燃气轮机排气条件，其主要优点有：

1）采用优化的标准设计，模块化结构，布置合理，性能先进，高效节能。

2）适应燃气轮机频繁启停要求，调峰能力强，启动快捷。

3）采用自然循环方式，水循环经过程序计算，安全可靠，系统简洁，运行操作方便、可靠。

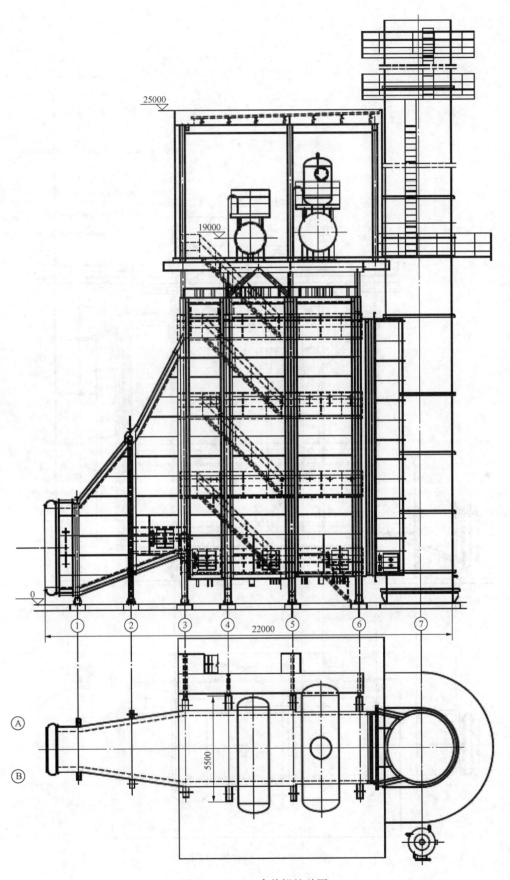

图 7-4   6B.03 余热锅炉总图

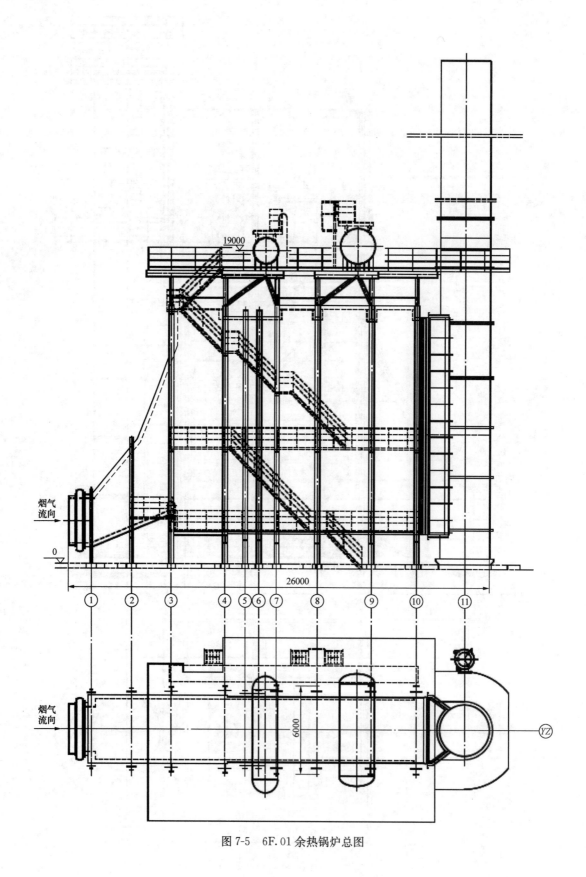

图 7-5　6F.01 余热锅炉总图

4）采用高效传热元件——开齿螺旋鳍片管，解决了小温差、大流量、低阻力传热困难的问题。

5）采用全疏水结构，锅炉疏排水方便、彻底。

6）锅炉采用单排框架结构，全悬吊形式，受力均匀，热膨胀自由，密封性能好。

7）采用内保温的冷护板形式，散热小，热膨胀量小。

8）锅炉受热面及烟道、护板在考虑现场安装条件的基础上，尽量加大模块化程度，工艺精良，安装方便，周期短。

9）锅炉受热面采用错列布置，可以在规定的烟气压降范围内提供最优化的热交换，并提供了有效的清理空间。

10）优化选择各受热面内工质压降，工质沿锅炉宽度方向流速分布均匀。

本锅炉可按室内布置设计。锅炉为正压运行，各区段烟通道系统均能承受燃气轮机正常运行的排气压力及冲击力。

燃气轮机排出的烟气通过进口烟道进入锅炉本体，依次水平横向冲刷各受热面模块，再经出口烟道由主烟囱排出。沿锅炉宽度方向各受热面模块均分成一个单元。

（3）6F.03 余热锅炉介绍。6F.03 余热锅炉为双压、卧式、无补燃、自然循环燃气轮机余热锅炉，与 GECC106F.03 型燃气轮机相匹配，是燃气-蒸汽联合循环电站的主机之一。6F.03 余热锅炉总图见图 7-6，该锅炉适用于以天然气为设计燃料的燃气轮机排气条件，其主要优点有：

1）采用优化的标准设计，模块化结构，布置合理，性能先进，高效节能。

2）适应燃气轮机频繁启停要求，调峰能力强，启动快捷。

3）采用自然循环方式，水循环经过程序计算，安全可靠，系统简洁，运行操作方便、可靠。

4）采用高效传热元件——开齿螺旋鳍片管，解决了小温差、大流量、低阻力传热困难的问题。

5）采用全疏水结构，锅炉疏排水方便、彻底。

6）锅炉采用单排框架结构，全悬吊形式，受力均匀，热膨胀自由，密封性能好。

7）采用内保温的冷护板形式，散热小，热膨胀量小。

8）锅炉受热面及烟道、护板在考虑现场安装条件的基础上，尽量加大模块化程度，工艺精良，安装方便，周期短。

9）锅炉受热面均采用错列布置，可以在规定的烟气压降范围内提供最优化的热交换，并提供了有效的清理空间。

10）优化选择各受热面内工质压降，工质沿锅炉宽度方向流速分布均匀。

锅炉可按室外布置设计。锅炉为正压运行，各区段烟通道系统均能承受燃气轮机正常运行的排气压力及冲击力。

锅炉本体受热面采用模块结构，由垂直布置错列螺旋鳍片管和进出口集箱组成，以获得最佳的传热效果和最低的烟气压降。燃气轮机排出的烟气通过进口烟道进入锅炉本体，依次水平横向冲刷各受热面模块，再经出口烟道由主烟囱排出。沿锅炉宽度方向各受热面模块为一个单元。

2. 9E 级燃气轮机

9E 级燃气轮机产品国内生产的包括 GE 公司的 9E.03，上海电气生产的安萨尔多公司的 AE94.2、西门子公司的 SGT5-2000E，东方电气生产的三菱公司的 701D 燃气轮机。功率范围为 120~185MW 等级。配套的余热锅炉通常采用双压无再热系统。余热锅炉典型参数如下，其中 GE、西门子公司燃气轮机配套余热锅炉采用杭州锅炉集团公司产品，安萨尔多燃气轮机配套余热锅炉采用上海电气产品。三菱公司燃气轮机配套余热锅炉采用东方菱日锅炉有限公司（原东方日立锅炉有限公司）产品。燃气轮机计算工况为 ISO 工况，燃料为 CH_4，供参考。9E 级燃气轮机配套余热锅炉典型参数见表 7-6。

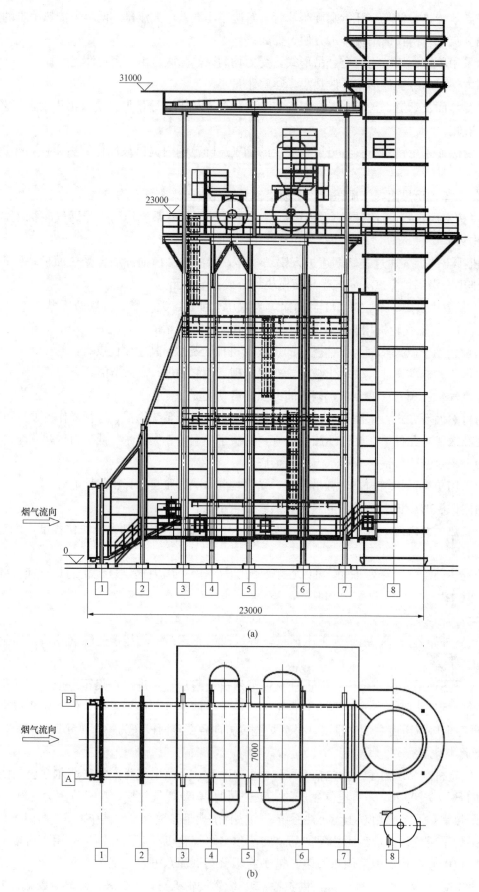

图 7-6　6F.03 余热锅炉总图

（a）断面图；（b）平面图

表 7-6   **9E 级燃气轮机配套余热锅炉典型参数**

名称	单位	参 数				
燃气轮机型号		9E.03	2000E	701D	701D	AE94.2
厂家		南汽	西门子	三菱	三菱	上海电气
工况		ISO	ISO	10.1C 设计工况高炉煤气	ISO	ISO
输出功率	kW	127758	168838		143400	181118
排气温度	℃	549	544	543	539.8	546.4
排气流量	t/h	1493.6	1893.4	1476	1707	1988.6
排气压力	kPa	104.29	104	86.5	—	104.32
排气成分					（重量比）	
Ar	%	0.9	0.9	0.75	1.32	0.88
N₂	%	74.58	74.76	71.9	73.66	74.81
O₂	%	13.56	13.51	11.2	15.58	13.53
CO₂	%	3.25	3.3	10.5	4.89	3.29
H₂O	%	7.71	7.53	5.6	4.55	7.49
余热锅炉参数						
厂家		杭锅	杭锅	杭锅	东方菱日	上海电气
布置形式		卧式	卧式	卧式	卧式	卧式
汽水系统形式		双压无再热	双压无再热	双压无再热	双压无再热	双压无再热
高压蒸汽最大蒸发量	t/h	190.9	232.9	177	207.3	244.04
高压蒸汽压力	MPa	5.87	8.51	7.3	6.76	8.39
高压蒸汽温度	℃	521	524.2	523	518	532.0
低压蒸汽最大蒸发量	t/h	35.1	53.9	33.3	46.6	62.78
低压蒸汽压力	MPa	0.51	0.52	0.71	0.5	0.52
低压蒸汽温度	℃	252.8	272.5	271	275	223.7
低压省煤器凝结水再循环量	t/h	15.9	39.4	—	58.12	82.53
高压省煤器给水温度	℃	163.6	163.7	119（低压 118）	163.5	159.23
高压省煤器进口压力	MPa	6.34	9.2	7.9（低压 0.91）	8.01	9.41
凝结水温度	℃	41	46.3	52.0	32.5	33.4
排烟温度	℃	98.7	100	130.9	98.8	95.9
高压过热器减温水量	t/h	0.1	1.87	0.7	0	0
除氧器工作压力	MPa	0.56	0.56	0.08	0.65	0.58
锅炉排污率	%	0.00	0.00	0.00	0.5%	1
锅炉外形尺寸（长×宽×高）	m×m×m	34×8×60	34×9×60	31×8×31	30.3×8.8×27	33×10×34

（1）9E.03 余热锅炉介绍。9E.03 余热锅炉为双压、无补燃、卧式、自然循环余热锅炉，与 GE PG9171E 型燃气轮机相匹配，是燃气-蒸汽联合循环电站的主机之一。9E.03 余热锅炉总图见图 7-7，该锅炉适用于以天然气为设计燃料的燃气轮机排气条件。

其主要优点有：

1）采用优化的标准设计，锅炉本体为悬吊结构，模块化结构，布置合理，性能先进，高效节能。

2）适应燃气轮机频繁启停要求，调峰能力强，启动快捷。

3）采用自然循环方式，水循环经过程序计算，安全可靠，系统简洁，运行操作方便、可靠。

4）采用高效传热元件——开齿螺旋鳍片管，解决了小温差、大流量、低阻力传热困难的问题。

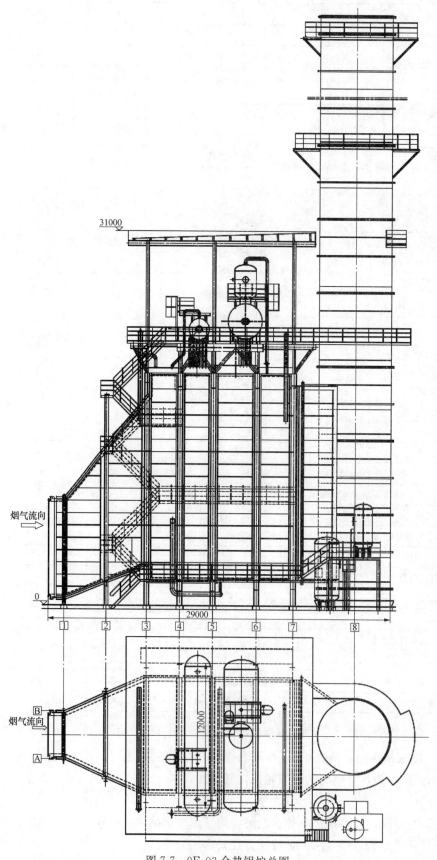

图 7-7　9E.03 余热锅炉总图

5）采用全疏水结构，锅炉疏排水方便、彻底。

6）锅炉采用单排框架结构，全悬吊形式，受力均匀，热膨胀自由，密封性能好。

7）采用内保温的冷护板形式，散热小，热膨胀量小。

8）锅炉受热面及烟道、护板在考虑现场安装条件的基础上，尽量加大模块化程度，工艺精良，安装方便，周期短。

9）末级过热器材质采用 12Cr1MoVG 材料，在两级过热器之间布置有高压蒸汽减温器，减温器的能力满足各个工况运行的温度控制要求，且不超过 521℃。

10）为减轻烟道低温端酸露点或水露点腐蚀，低温区（给水加热器）有 6 排采用 ND 钢材质。此外，在给水加热器的进、出口之间布置有再循环管道，以维持给水加热器的进口温度，防止低温腐蚀。

11）优化选择各受热面内工质压降，工质沿锅炉宽度方向流速分布均匀。

9E.03 余热锅炉按露天布置，炉顶加防雨罩设计，另外，高压给水泵及再循环泵按室内布置设计，泵房采用钢结构。锅炉和烟气通道均可按地震烈度设防。锅炉为正压运行，各区段烟通道系统均能承受燃气轮机正常运行的排气压力及冲击力。燃气轮机排出的烟气通过进口烟道进入锅炉本体，依次水平横向冲刷各受热面模块，再经出口烟道由主烟囱排出。沿锅炉宽度方向各受热面模块均分成两个单元。

（2）SGT-2000E 余热锅炉介绍。SGT-2000E 余热锅炉为双压带除氧器、卧式、无补燃、紧身封闭、自然循环燃气轮机余热锅炉，与 2000E 型燃气轮机相匹配，是燃气-蒸汽联合循环电站的主机之一。SGT-2000E 余热锅炉总图见图 7-8，该锅炉适用于以天然气为设计燃料的燃气轮机排气条件，其主要优点有：

1）采用优化的标准设计，模块化结构，布置合理，性能先进，高效节能。

2）适应燃气轮机频繁启停要求，调峰能力强，启动快捷。

3）采用自然循环方式，水循环经过程序计算，安全可靠，系统简洁，运行操作方便可靠。

4）采用高效传热元件——开齿螺旋鳍片管，解决了小温差、大流量、低阻力传热困难的问题。

5）采用全疏水结构，锅炉疏排水方便、彻底。

6）锅炉采用单排框架结构，全悬吊形式，受力均匀，热膨胀自由，密封性能好。

7）采用内保温的冷护板形式，散热小，热膨胀量小。

8）锅炉受热面及烟道、护板在考虑现场安装条件的基础上，尽量加大模块化程度，工艺精良，安装方便，周期短。

9）锅炉受热面除高压锅热器外均采用错列布置，可以在规定的烟气压降范围内提供最优化的热交换。

10）优化选择各受热面内工质压降，工质沿锅炉宽度方向流速分布均匀。

本锅炉可按室外布置设计，锅炉和烟气通道均壳按地震烈度设防。锅炉为正压运行，各区段烟通道系统均能承受燃气轮机正常运行的排气压力及冲击力。

燃气轮机排出的烟气通过进口烟道进入锅炉本体，依次水平横向冲刷各受热面模块，再经出口烟道由主烟囱排出。沿锅炉宽度方向各受热面模块均分成两个单元。

（3）701D 余热锅炉介绍。701D 余热锅炉为双压带自身除氧、卧式、无补燃型、自然循环燃气轮机余热锅炉，与 MHI 的燃用高炉煤气的 M701D 型燃气轮机相匹配，是燃气-蒸汽联合循环电站的主机之一。701D 余热锅炉总图见图 7-9，该锅炉适用于以高炉煤气等清洁燃料为设计燃料的燃气轮机排气条件，其主要优点有：

1）采用优化的标准设计，模块化结构，布置合理，性能先进，高效节能。

2）适应燃气轮机频繁启停要求，调峰能力强，启动快捷。

3）采用自然循环方式，水循环经过程序计算，安全可靠，系统简洁，运行操作方便可靠。

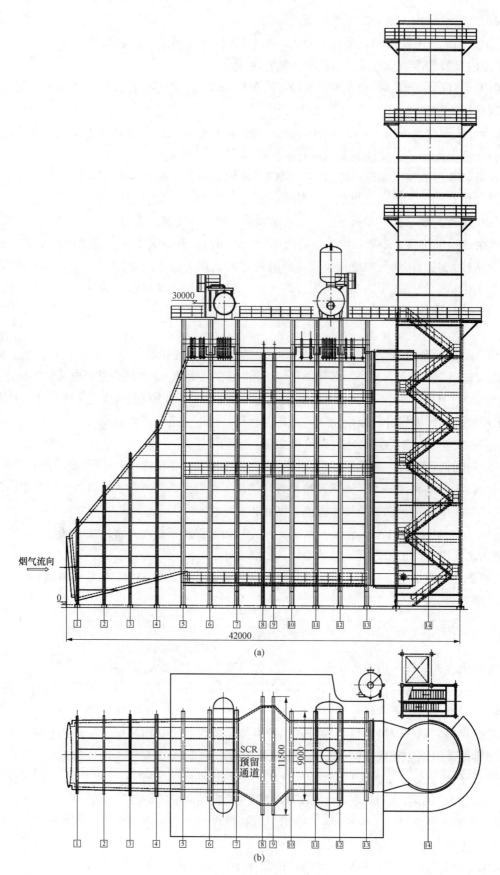

30000

烟气流向

0

42000

(a)

SCR
预留
通道

11500

9000

(b)

图 7-8　SGT-2000E 余热锅炉总图
（a）断面图；（b）平面图

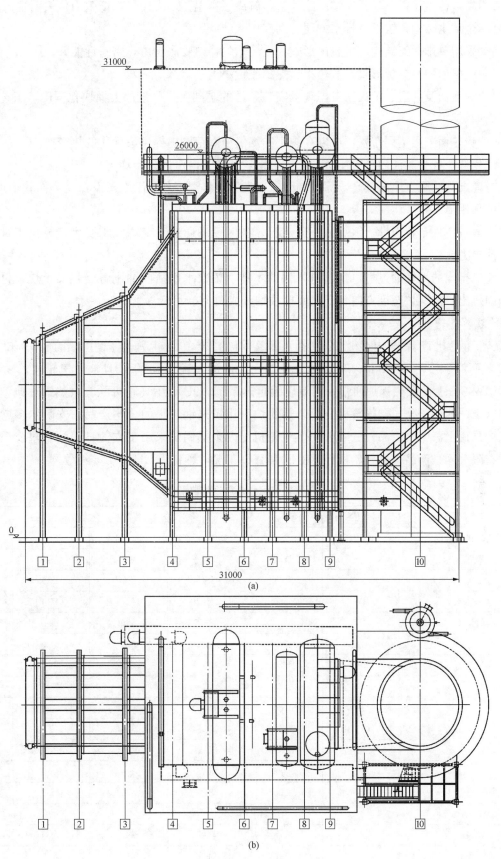

图 7-9　701D 余热锅炉总图

（a）断面图；（b）平面图

4）采用高效传热元件——开齿螺旋鳍片管，解决了小温差、大流量、低阻力传热困难的问题。

5）采用全疏水结构，锅炉疏排水方便、彻底。

6）锅炉采用单排框架结构，全悬吊形式，受力均匀，热膨胀自由，密封性能好。

7）采用内保温的冷护板形式，散热小，热膨胀量小。

8）锅炉受热面及烟道、护板在考虑现场安装条件的基础上，尽量加大模块化程度，工艺精良，安装方便，周期短。

9）锅炉受热面采用错列布置，可以在规定的烟气压降范围内提供最优化的热交换。

10）优化选择各受热面内工质压降，工质沿锅炉宽度方向流速分布均匀。

11）考虑烟气酸露点温度较高，除控制除氧蒸发器工作温度外，除氧蒸发器受热面管子可采用 ND 钢，鳍片可采用 NS 钢。

锅炉一般按室外布置设计，锅炉为正压运行，各区段烟通道系统均能承受燃气轮机正常运行的排气压力及冲击力。

燃气轮机排出的烟气通过进口烟道进入锅炉本体，依次水平横向冲刷各受热面模块，再经出口烟道由主烟囱排出。沿锅炉宽度方向各受热面模块均分成两个单元。

3. 9F 级燃气轮机

9F 级燃气轮机产品国内生产的包括 GE 公司的 9F.03，上海电气生产的安萨尔多公司的 AE94.3A，西门子公司的 SGT5-4000F，东方电气生产的三菱公司的 701F4 燃气轮机。功率范围为 255～310MW。配套的余热锅炉通常采用双压无再热系统。9F 级燃气轮机配套余热锅炉典型参数见表 7-7，其中 GE、西门子公司燃气轮机配套余热锅炉采用杭州锅炉集团公司产品，安萨尔多燃气轮机配套余热锅炉采用上海电气产品。三菱公司燃气轮机配套余热锅炉采用东方菱日锅炉有限公司（原东方日立锅炉有限公司）产品。燃气轮机计算工况为 ISO 工况，燃料为 CH_4，供参考。

表 7-7　　　　　　　　　　　9F 级燃气轮机配套余热锅炉典型参数

名称		单位	参数				
燃气轮机型号			9F.03	4000F	701F4	701F4	AE94.3A
厂家			哈汽	西门子	三菱	三菱	上海电气
工况			ISO	ISO	ISO	ISO	ISO
输出功率		kW	255600	285870		287110	305367
排气温度		℃	603.7	583.7	596	611	580.7
排气流量		t/h	2370.3	2481.4	2619	2423	2681.6
排气压力		kPa	105.3	103.9	91.6		
排气成分						重量比	
	Ar	%	0.89	0.87	0.93	1.28	0.87
	N_2	%	74.60	74.44	74.3	71.74	74.47
	O_2	%	12.60	12.53	12.2	13.29	12.57
	CO_2	%	3.85	3.75	3.9	6.32	3.73
	H_2O	%	8.06	8.4	8.6	7.37	8.37
余热锅炉参数							
厂家			杭锅	杭锅	杭锅	东方菱日	上海电气
布置形式			卧式	卧式	卧式	卧式	卧式
汽水系统形式			三压再热	三压再热	三压再热	三压再热	三压再热
高压蒸汽最大蒸发量		t/h	282.7	323.99	295	295.6	292.97

续表

余热锅炉参数						
高压蒸汽压力	MPa	9.72	14.13	13.6	12.55	13.55
高压蒸汽温度	℃	566.6	557.50	568	568	562.7
再热蒸汽最大蒸发量	t/h	311.4	367.37	350	341.4	333.0
再热蒸汽压力	MPa	2.10	3.40	3.72	2.9	3.07
再热蒸汽温度	℃	566.2	557.39	568	568	552.3
冷再蒸汽流量	t/h	271.0	312.00	277	283	272.41
冷再蒸汽温度	℃	365.8	357.22	295	376	359.2
中压蒸汽最大蒸发量	t/h	39.65	55.21	73.0	58.2	60.59
中压蒸汽压力	MPa	2.26	3.64	3.91	3.04	3.25
中压蒸汽温度	℃	296.8	341.00	326	270	336.2
低压蒸汽最大蒸发量	t/h	41.2	44.40	56.2	39.7	53.78
低压蒸汽压力	MPa	0.31	0.38	0.41	0.37	0.38
低压蒸汽温度	℃	298.2	242.00	245	237.8	241.5
低压省煤器凝结水再循环量	t/h	206.9	68.52	163	65.37	91.70
高压省煤器给水温度	℃	151.8	154.44	155	155.3	153.14
高压省煤器进口压力	MPa		15.37	16.2	13.55	14.80
中压省煤器给水温度	℃	149.7	154.44	154	154.7	151.58
中压省煤器进口压力	MPa		4.52	4.41	4.19	5.73
凝结水温度	℃	35.1	40.39	35.8	41.1	42①
排烟温度	℃	85.9	93.42	130.9	94.1	86.6
高压过热器减温水量	t/h		0.20	0.7	0	0
除氧器工作压力	MPa	0.50	0.40	0.08	0.52	0.43
锅炉排污率	%		0.00	0.00	0.5	1
锅炉外形尺寸（长×宽×高）	m×m×m	37.6×20.2×34.7	37×12×60	46×35×39	42.7×13×28.7	40×13×37

① 考虑性能加热器回水影响。

(1) 9F.03 余热锅炉介绍。9F.03 余热锅炉为三压、再热、卧式、自然循环燃气轮机余热锅炉，与 S109FA 型燃气轮机相匹配，是燃气-蒸汽联合循环电站的主机之一。9F.03 余热锅炉总图见图 7-10，该锅炉适用于以天然气为设计燃料的燃气轮机排气条件，其主要优点有：

1）采用优化的标准设计，模块化结构，布置合理，性能先进，高效节能。

2）适应燃气轮机频繁启停要求，调峰能力强，启动快捷。

3）采用自然循环方式，水循环经过程序计算，安全可靠，系统简洁，运行操作方便、可靠。

4）采用高效传热元件——开齿螺旋鳍片管，解决了小温差、大流量、低阻力传热困难的问题。

5）采用全疏水结构，锅炉疏排水方便、彻底。

6）锅炉采用单排框架结构，全悬吊形式，受力均匀，热膨胀自由，密封性能好。

7）采用内保温的冷护板形式，散热小，热膨胀量小。

8）锅炉受热面及烟道、护板在考虑现场安装条件的基础上，尽量加大模块化程度，工艺精良，安装方便，周期短。

9）锅炉的过热器和再热器受热面采用顺列布置，其余受热面采用错列布置，可以在规定的烟气压降范围内提供最优化的热交换，并提供了有效的清理空间。

10）优化选择各受热面内工质压降，工质沿锅炉宽度方向流速分布均匀。

锅炉可按室外布置设计。锅炉为正压运行，各区段烟通道系统均能承受燃气轮机正常运行的排气压力及冲击力。燃气轮机排出的烟气通过进口烟道进入锅炉本体，依次水平横向冲刷各受热面模块，再经出口烟道由主烟囱排出。沿锅炉宽度方向各受热面模块均分成3个独立的管屏。

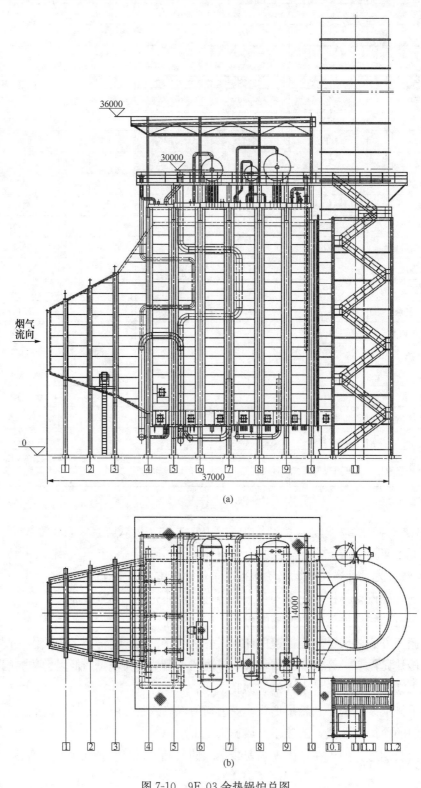

图 7-10　9F.03 余热锅炉总图

（a）断面图；（b）平面图

（2）SGT5-4000F 余热锅炉介绍。SGT5-4000F 余热锅炉为三压、再热、卧式、无补燃、自除氧、带紧身封闭钢架、自然循环燃气轮机余热锅炉，与 SGT5-4000F 型燃气轮机相匹配，是燃气-蒸汽联合循环电站的主机之一。SGT5-4000F 余热锅炉总图见图 7-11，该锅炉适用于以天然气为设计燃料的燃气轮机排气条件，其主要优点有：

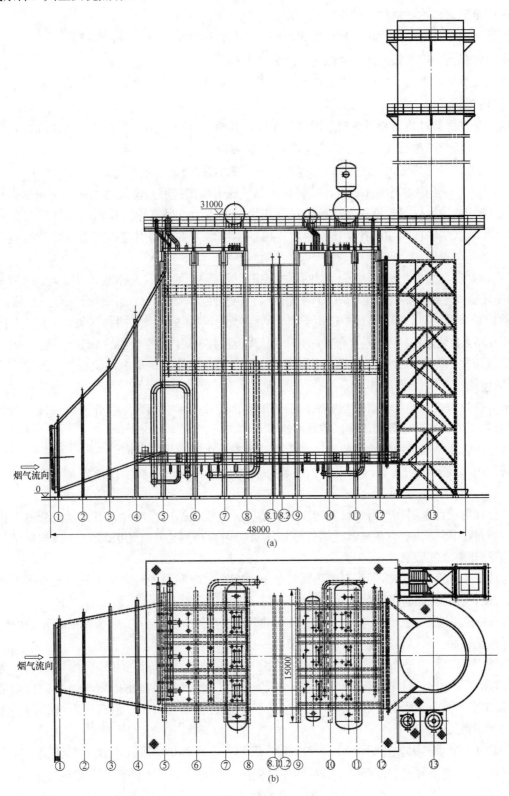

图 7-11　SGT5-4000F 余热锅炉总图

（a）断面图；（b）平面图

1）采用优化的标准设计，模块化结构，布置合理，性能先进，高效节能。

2）适应燃气轮机频繁启停要求，调峰能力强，启动快捷。

3）采用自然循环方式，水循环经过程序计算，安全可靠，系统简洁，运行操作方便、可靠。

4）采用高效传热元件——开齿螺旋鳍片管，解决了小温差、大流量、低阻力传热困难的问题。

5）采用全疏水结构，锅炉疏排水方便、彻底。

6）锅炉采用单排框架结构，全悬吊形式，受力均匀，热膨胀自由，密封性能好。

7）采用内保温的冷护板形式，散热小，热膨胀量小。

8）锅炉受热面及烟道、护板在考虑现场安装条件的基础上，尽量加大模块化程度，工艺精良，安装方便，周期短。

9）锅炉受热面的过热器和再热器采用顺列布置，其余受热面采用错列布置，可以在规定的烟气压降范围内提供最优化的热交换，并提供了有效的清理空间。

10）优化选择各受热面内工质压降，工质沿锅炉宽度方向流速分布均匀。

SGT5-4000F 余热锅炉可室布置设计，锅炉和烟气通道均按地震烈度设防。锅炉为正压运行，各区段烟通道系统均能承受燃气轮机正常运行的排气压力及冲击力。燃气轮机排出的烟气通过进口烟道进入锅炉本体，依次水平横向冲刷各受热面模块，再经出口烟道由主烟囱排出。沿锅炉宽度方向各受热面模块均分成 3 个单元。

（3）701F4 余热锅炉介绍。701F4 余热锅炉为三压、再热、卧式、无补燃、自除氧、带紧身封闭钢架、自然循环燃气轮机余热锅炉，与 M701F4 型燃气轮机相匹配，是燃气-蒸汽联合循环电站的主机之一。701F4 余热锅炉总图见图 7-12，该锅炉适用于以天然气为设计燃料的燃气轮机排气条件，其主要优点有：

1）蒸发器为自然循环、管子垂直布置；下降管正确设计并确保汽水混合物的循环和受热面管子的冷却。

2）受热面管子为顺列或错列布置，其作用是在规定的烟气压降范围内提供最优化的热交换，并提供了有效的清理空间。

3）每个受热面模块的管子直径和节距都是按最优化的热交换而选定的，并同时保证了过热器能有效地冷却及省煤器管内有合理的流速以防止磨损。

4）受热面管子全部采用螺旋鳍片管，鳍片为开齿型，用高频焊接成型。

5）锅筒内部装置中一次蒸汽分离为挡板惯性分离，二次蒸汽分离为钢丝网加波形板（chevron）分离。

6）护板保温设计采用烟气密封良好的冷护板结构。护板包括内保温并带有可随热膨胀自由滑动的内衬板，内衬板用抓钉固定，在高紊流烟气区域，每块内衬板周边还装有压条，这种护板结构可以最大限度地消除热膨胀的影响。

7）为减少受热面管子的振动，在受热面管子上装有纵向中间隔板；防止烟气流经管子形成的涡流频率引起共振，在受热面管子上装有横向隔板。

8）所有的模块为顶部悬吊结构，这样可以使受热面管子在各种不同温度条件下都能向下自由膨胀。

9）所有受热面管束可以通过下集箱进行彻底的疏水。

701F4 余热锅炉可室外布置设计，锅炉和烟气通道均按地震烈度设防。锅炉为正压运行，各区段烟通道系统均能承受燃气轮机正常运行的排气压力及冲击力。燃气轮机排出的烟气通过进口烟道进入锅炉本体，依次水平横向冲刷各受热面模块，再经出口烟道由主烟囱排出。沿锅炉宽度方向各受热面模块均分成 3 个单元。

（4）AE94.3A 余热锅炉介绍。AE94.3A 余热锅炉为三压再热、卧式布置、无补燃、自然循环燃气轮机余热锅炉。它主要由进口烟道、锅炉本体（受压件模块、非受压件模块、和钢架护板）、出口烟道及烟囱、高中低压锅筒、管道、平台扶梯、管系钢架、给水泵组、旁路除氧器、定排连排扩容器等部件组成。锅炉按露天布置设计，AE94.3A 余热锅炉总体布置见图 7-13、图 7-14。

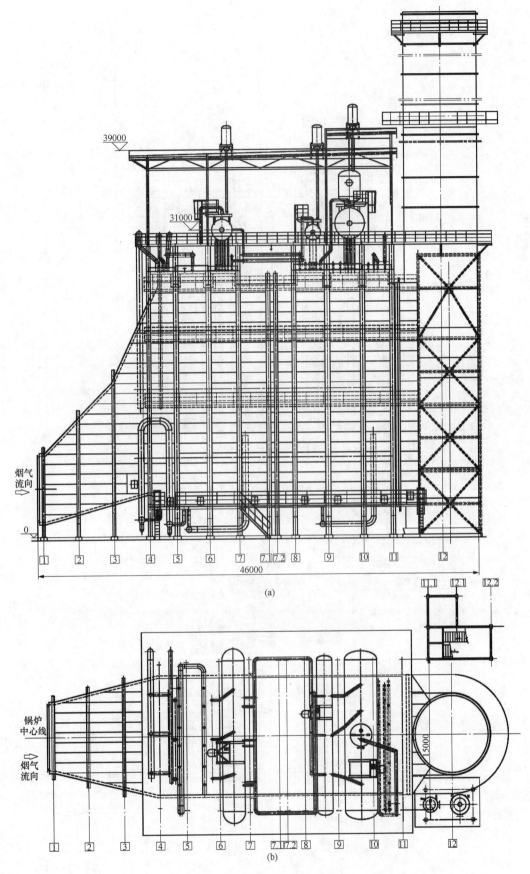

图 7-12　701F4 余热锅炉总图

（a）断面图；（b）平面图

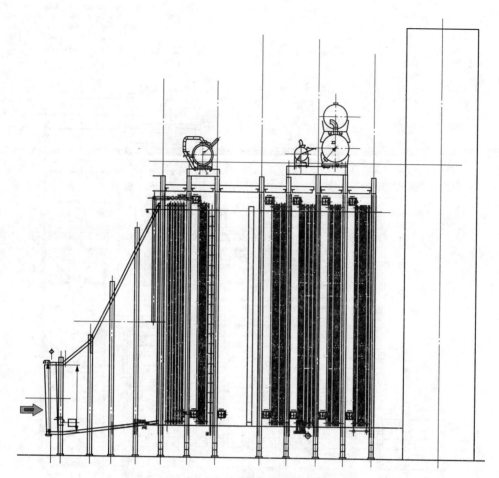

图 7-13　AE94.3A 余热锅炉断面图

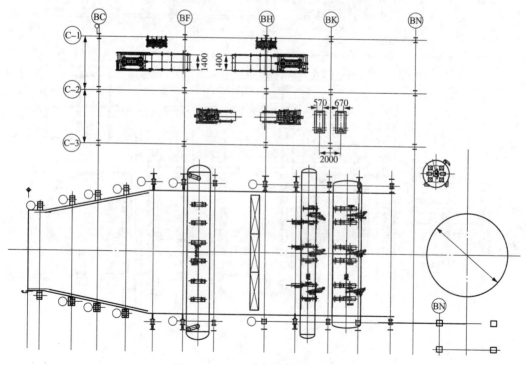

图 7-14　AE94.3A 余热锅炉平面图

高压系统主要由高压给水管道、高压省煤器、高压蒸发器、高压过热器、高压锅筒、高压减温器组成。

中压系统主要由中压给水管道、中压省煤器、中压蒸发器、中压锅筒和中压过热器以及再热器组成。

低压系统主要由给水加热器、给水加热器再循环、低压蒸发器、低压锅筒和低压过热器组成。

受热面各部件呈间列布置，受热面管屏采用 HARP 型结构。一定数量的管屏组成模块。模块共分 15 块，烟道宽度方向分别为 A、B、C 共 3 列，沿烟气流向分别为 Ⅰ、Ⅱ、Ⅲ、Ⅳ、Ⅴ 共 5 个区域。各受压件模块组成见表 7-8。

表 7-8　　　　　　　　　　　　　　　　各受压件模块组成

项目	区域Ⅰ	区域Ⅱ	区域Ⅲ	区域Ⅳ	区域Ⅴ
受热面名称	高压过热器 1	高压蒸发器	高压省煤器 2	高压省煤器 4	给水加热器 1
	再热器 1	中压过热器	中压蒸发器	高压省煤器 5	给水加热器 2
	高压过热器 2	高压省煤器 1	低压过热器	低压蒸发器	
	再热器 2		高压省煤器 3		
	高压过热器 3		中压省煤器		

锅炉采用单排框架结构，除汽包由钢架支撑在烟道顶部的钢架上，其余均为悬吊结构，受力均匀，热膨胀自由，密封性能好。锅炉从进口烟道至尾部烟囱外侧总长约为 36.892m，宽度（钢架外侧）约为 14.038m。高、中、低压锅筒位置相应在各蒸发受热面的上方，标高分别为高压汽包—30260mm，高压汽包—29960mm，高压汽包—30085mm。

管系钢架从炉前往炉后长度为 30.75m，宽度为 13.3m，顶部标高分别为 7000 mm 和 10000 mm。旁路除氧器设置标高为 11970mm。

高压过热蒸汽和再热蒸汽减温采用两级减温方式。高压一级减温器位于高压过热器 1 和高压过热器 2 之间，末级减温器位于出口主蒸汽管道上。再热一级减温器位于两级再热器之间，末级减温器位于再热器出口蒸汽管道上。

进口烟道与燃气轮机接口中心标高为 5500mm，内直径为 6500mm。受热面烟道高度约为 20700mm，宽度约为 10650mm。

烟囱内直径为 7.6m，顶部标高为 60m。

余热锅炉还配有给水泵组、启动旁路除氧器、除氧器泵和定排连排扩容器、炉内烟气隔板、烟气消声隔板、烟囱消声器和烟囱挡板等辅助设备。

第二节　余热锅炉本体的辅助系统

一、烟风系统

余热锅炉烟风系统见图 7-15。

燃气轮机排气经余热锅炉进口烟道、受热面及烟囱排入大气，没有风机等辅助设备。

余热锅炉的烟囱采用低合金高强度钢制造，并考虑一定的腐蚀余量，保证 25 年的使用寿命。烟囱高度一般为 60m 或根据环保要求确定。烟囱内设置烟气挡板，其作用是保持余热锅炉温度、保存热量，以便随时快速热启动余热锅炉，以加快启动时间。挡板设计应考虑在故障时，如烟道中有超压的趋势可自动打开，当余热锅炉停运时，可保护受热面免受雨水冲袭。烟道挡板宜采用电动驱动机构。烟囱内应设计消声器，以降低噪声水平，满足环保要求。

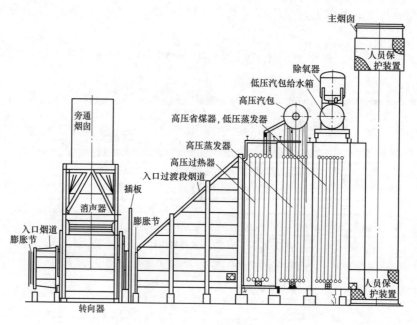

图 7-15　余热锅炉烟风系统

　　如果联合循环机组有简单循环运行要求，则会设置烟气旁路装置。烟气旁路装置设置在燃气轮机的排气烟道与余热锅炉进口之间。旁路装置由烟气挡板、烟气消声器旁路烟道及其钢架、隔离盲板和膨胀节等组成。烟囱旁路装置通常由余热锅炉厂商整体提供。

　　旁路装置有如下作用：

　　（1）提高联合循环机组的运行灵活性。特别是对中小型机组和调峰电站。可以实现燃气轮机简单循环运行，也可以实现部分负荷运行。便于机组快速启动和调峰。

　　（2）通过旁路装置调节可以控制进入余热锅炉的烟气量。由于燃气轮机启动很快，余热锅炉热惯性大，启动时控制进入烟气量可以减少燃气轮机排气对余热锅炉的热冲击。减少余热锅炉的启动热应力。

　　（3）提供系统的运行安全性。通过旁路可以快速切断蒸汽循环的热源，实现余热锅炉降负荷或汽轮机甩负荷。

　　（4）停运时关闭调节挡板，有利于锅炉保温，便于短时停机后快速启动。

　　旁路装置的关键是烟气挡板装置，烟气旁路的调节和操作都由烟气挡板来实现。烟气挡板结构主要有百叶窗式和单片式，如图 7-16 所示。

　　百叶窗式挡板是在燃气轮机排气出口三通烟道的主烟道和旁路烟道上各装一对百叶窗式挡板，实现烟气通道的切换。为保证工作安全，运行时两对电动百叶窗式挡板互相联锁控制。百叶窗式挡板机构简单，烟气采用填料密封，泄漏量约为 1%。用在中小型燃气轮机旁路系统中。

　　单片式挡板通过单块挡板来同时调节余热锅炉进口烟道和旁路烟道两个通道的烟气。通常，在挡板的每一边上装有不锈钢弹性板组成密封装置，同时配置密封风机，密封风机提供一定压头的空气防止烟气泄漏，其压力高于燃

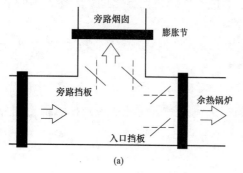

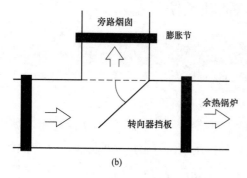

图 7-16　烟道挡板示意图
（a）百叶窗式挡板；（b）单片式挡板

气轮机排气压力,以保证密封效果。单片式挡板具有工作可靠性高、密封性能好的特点。密封效率可达 100%。驱动装置有液压控制、电动控制和电液控制 3 种方式。

旁路装置推荐采用液压控制单片式挡板,并要求能固定在全闭、30%~40%开、全开 3 个位置。

二、汽水系统

余热锅炉汽水系统根据余热锅炉所产生的蒸汽压力分为单压无再热、双压无再热、双压有再热、三压无再热、三压有再热 5 种形式。

余热锅炉汽水系统各种形式中辅助设备并不多,主要是除氧器、给水泵及凝结水再循环泵。

联合循环机组与常规燃煤机组不同,联合循环机组通常不设置回热加热器,利用燃气轮机的排气余热,在余热锅炉中完成给水加热,尽可能地利用余热,降低排烟温度。由于没有回热系统,给水除氧方式主要有,带整体除氧器和真空除氧两种。

(一) 带整体除氧器

带整体除氧器的余热锅炉是利用低压蒸发器产生除氧蒸汽,而余热锅炉低压汽包则作为除氧水箱。将除氧器和低压汽包合二为一。特别适合于燃用含硫量较高的燃料。这种除氧方式,不需要从汽轮机抽汽,增大了汽轮机的做功能力,提高了联合循环效率。另外,将除氧器与余热锅炉一体化,降低了总体投资,布置也更紧凑,见图 7-17。

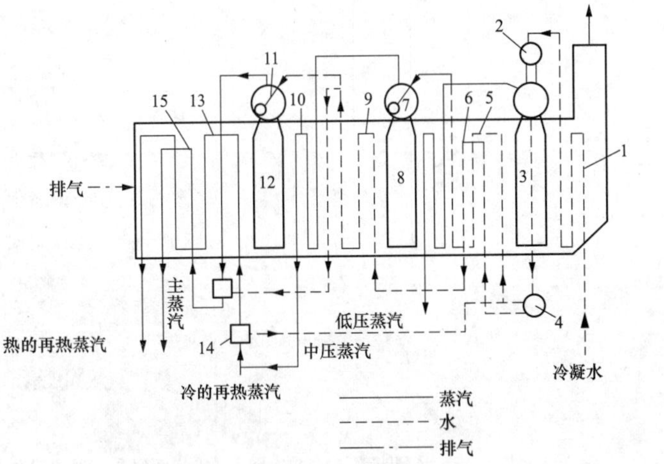

图 7-17　带整体除氧器的示意图

1—冷凝水加热器;2—整体除氧器;3—低压蒸发器;
4—给水传送泵;5—中压省煤器;6—高压省煤器(第一级);
7—中压锅筒;8—中压蒸发器;9—高压省煤器(第二级);
10—中压过热器;11—高压锅筒;12—高压蒸发器;
13—再热器;14—温度控制器;15—高压过热器

(二) 真空除氧

真空除氧通常在凝汽器中进行。在燃用几乎不含硫的清洁燃料时,最理想的除氧方式是采用凝汽器真空除氧。这些经过除氧的凝结水可以在余热锅炉尾部进一步吸收热量,将余热锅炉排烟温度降到 80~90℃,见图 7-18。

西门子公司建议在凝结水预热器下游还配置旁路除氧器,用于启动阶段去掉凝结水中较多的 O_2 和 CO_2,见图 7-19。

阿尔斯通公司采用独立的真空除氧器,见图 7-20。

除氧系统的选用原则如下:

(1) 除氧器可采用余热锅炉低压汽包自除氧,也可采用低压加热除氧或凝汽器真空除氧。

(2) 除氧器的总容量应根据最大给水消耗量选择,宜优先采用一台余热锅炉配

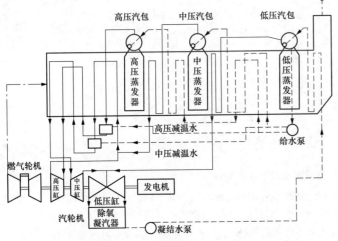

图 7-18　凝汽器真空除氧示意图

置一台除氧器,给水箱兼作余热锅炉低压汽包,也可以 2 台余热锅炉配置一台除氧器。

(3) 给水箱的有效储水量宜为 5~10min 的余热锅炉最大连续蒸发量时的给水消耗量。

(4) 除氧器的启动汽源可以来自启动锅炉、厂用辅助蒸汽系统或余热锅炉本身。正常运行时,除

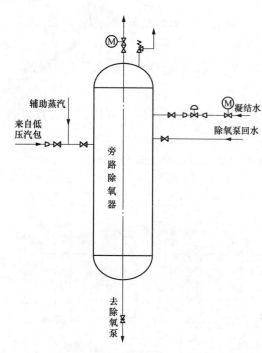

图 7-19　旁路除氧器系统

氧器加热蒸汽宜优先采用来自余热锅炉自身蒸汽。

（5）除氧器及其有关系统的设计应有可靠的防止除氧器过压爆炸的措施，并符合电厂压力式除氧器有关安全技术的规定。

（6）当凝汽器采用真空除氧时，凝汽器出口凝结水含氧量符合要求及不高于 0.014mg/L，可不设除氧器。

9F 级联合循环机组推荐采用凝汽器真空除氧方式。9E 级及以下通常采用带整体除氧器的除氧方式。

三、吹灰系统

在燃用天然气等清洁燃料时，余热锅炉通常不配置吹灰系统。在燃用重油、原油等重质燃料时，余热锅炉各受热面表面会积灰，使受热面传热热阻和烟气流动阻力增加，降低传热效率，甚至影响余热锅炉安全运行。因此，需要配置必要的吹灰装置。

余热锅炉的吹灰方式一般有蒸汽吹灰和燃气冲击波吹灰，也可以采用压缩空气作为吹灰介质。吹灰周期根据受热面情况决定。吹灰装置通常由余热锅炉厂商配套提供。

（一）蒸汽吹灰

蒸汽吹灰一般采用固定旋转式和伸缩旋转式（摆动）吹灰装置，吹灰介质为过热蒸汽，吹灰阀前压力为 1.96～3.92MPa，蒸汽温度不高于 350℃，有效吹灰半径为 1.0～1.5m。

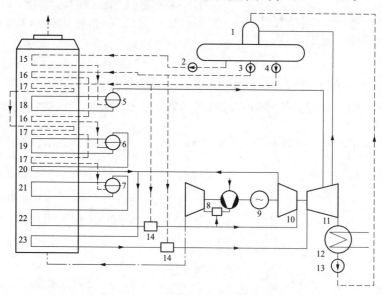

图 7-20　ALSTOM 公司 KA26-1 联合循环热力系统

1—真空除氧器；2—低压给水泵；3—中压给水泵；4—高压给水泵；5—低压汽包；6—中压汽包；7—高压汽包；
8—燃气轮机；9—发电机；10—汽轮机高压缸；11—汽轮机中低压缸；12—凝汽器；13—凝结水泵；14—减温器；
15—低压省煤器；16—中压省煤器；17—高压省煤器；18—低压蒸发器；19—中压蒸发器；20—中压过热器；
21—高压蒸发器；22—高压过热器；23—再热器

蒸汽吹灰枪布置方式有吹灰管垂直于受热面管的横向布置和平行于受热面管的纵向布置两种。

（二）燃气冲击波吹灰

燃气冲击波吹灰是利用可燃气体（乙炔、天然气、煤气、液化气等）在发生器内爆炸产生冲击波，通过冲击波和声波的双重作用，对受热面的灰垢进行强有力的冲刷和振动，利用波能将积灰带走，达到吹灰的目的。燃气压力为 0.02～0.15MPa，作用距离为 2～10m。

四、保温及护板

余热锅炉本体保温通常采用护板炉墙保温。根据烟气的性质有内保温、外保温和内外相结合的保温方式。通常对清洁燃料的烟气采用内保温冷护板形式，如燃用天然气的烟气，钢架梁柱和护板结合为一体，为带有内保温的墙板结构。

对燃用重质燃料的烟气，如燃用重油、原油等燃料的烟气，采用外保温形式。

护板炉墙保温由内衬、固定螺栓组、保温材料、钢丝网和墙板（壳体）等组成。锅炉本体保温一般采用轻质耐火纤维材料和轻质保温材料，内衬由小块衬板搭接而成，有利于热膨胀，搭接的方向应顺着烟气的流向。

管道的保温一般采用块状或纤维成形材料，如无石棉硅酸钙、水玻璃膨胀珍珠岩、陶瓷纤维等。

第三节 余热锅炉的水泵选型

一、给水泵选型

（一）给水泵选型原则

（1）应根据余热锅炉蒸汽压力的要求，分设不同压力等级的给水泵。

（2）根据电厂运行模式经过技术经济比较可采用带中间抽头的给水泵。

（3）根据机组调峰的要求，通过技术经济比较确定采用定速或调速给水泵。

（4）当采用调速给水泵时，给水管路调节系统应适当简化；若采用的调速泵具有全程调节性能及良好的运行实绩时，给水主管路可不设置给水调节阀。

（二）给水泵容量及台数选择

（1）在每一个给水系统中，给水泵出口的总流量（不包括备用给水泵），应不小于系统所连接的全部余热锅炉最大给水量及高压旁路减温喷水量之和的 110％。

（2）当一台余热锅炉配置一台除氧器时，可按余热锅炉的给水量配两台 100％容量的电动给水泵。当两台余热锅炉配置一台除氧器时，可配 3 台同容量电动给水泵，其中一台泵备用。

（三）给水量扬程

给水泵的扬程应按下列各项之和计算：

（1）除氧器给水箱出口到省煤器进口介质流动总阻力（按余热锅炉最大连续蒸发量时的给水量计算），并加 20％的裕量。

（2）余热锅炉省煤器进口联箱处的正常水位与除氧器给水箱正常水位间的水柱静压差。

（3）余热锅炉最大连续蒸发量时，省煤器入口的给水压力。

二、部分给水泵产品样本

本部分选取了部分给水泵产品样本，供设计人员参考。产品样本选自荏原机械淄博有限公司（简称荏原博泵）、上海凯士比泵有限公司（简称上海 KSB）、中国电建集团上海能源装备有限公司（原上海电力修造总厂）、沈阳鼓风机集团核电泵业有限公司（简称沈泵）等主要给水泵厂家。

（一）荏原机械淄博有限公司给水泵

1. 高压给水泵

荏原机械淄博有限公司高压给水泵用于余热锅炉给水泵为 SS/SSD 系列泵，该系列泵为卧式、单壳体、节段式、多级结构，SS 首级叶轮为单吸结构，SSD 首级叶轮为双吸结构；适用于联合循环高压给水、锅炉给水、矿井排水、化工流程、其他高压场合。泵的标准结构示意图如图 7-21 所示。

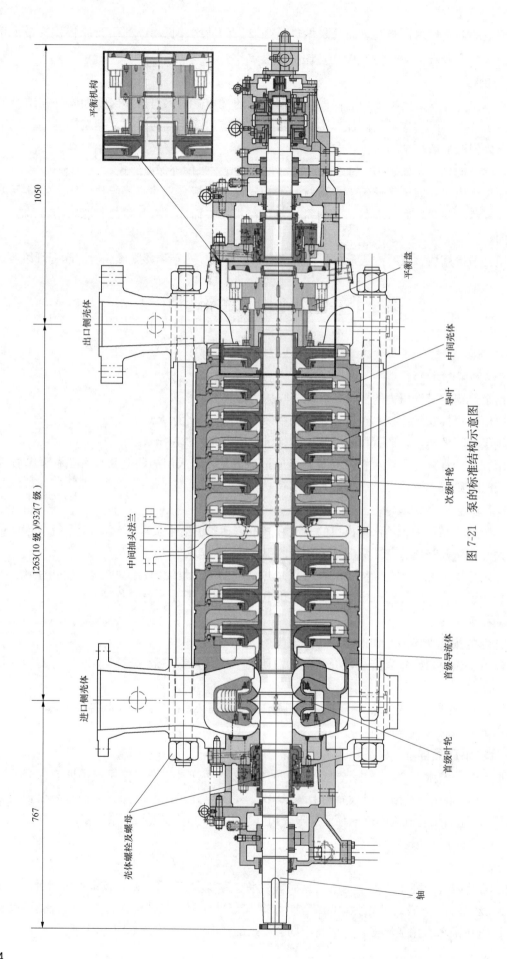

平衡机构

1050

出口侧壳体

平衡盘

中间壳体

导叶

次级叶轮

首级导流体

首级叶轮

壳体螺栓及螺母

进口侧壳体

1263(10 级)/932(7 级)

767

轴

图 7-21　泵的标准结构示意图

中间抽头法兰

SS/SSD 系列泵的性能参数见表 7-9。

表 7-9 **SS/SSD 系列泵的性能参数**

名　　称	数　　据
流量	至 720m³/h
扬程	至 2500m
出口压力	至 23.5MPa
静水压试验压力	至 35.3MPa
标准转速	2950r/min（50Hz） 3550r/min（60Hz）
最大许用转速	7000r/min
旋转方向	从驱动端看，叶轮顺时针方向旋转
温度范围	至 250℃
叶轮形式	闭式
进出口方式（标准结构）	顶进顶出
法兰标准	ANSI 2500
轴封形式	机型密封或填料密封

泵的特征如下：

(1) 壳体中心线支撑，重工位设计。

(2) 高效率，高可靠性。

(3) 柔性设计，适用介质广泛。

(4) 所有部件可最大程度实现互换。

(5) 低 NPSH。

泵的材质选用见表 7-10。

表 7-10 **泵的材料选用表**

部件名称	材质 JIS/ASTM-AISI		
	碳钢	铬钢/13%	不锈钢/316S
泵体	SCPH2/A216WCB	A487 CA6NM	SCS14A/A743 CF8M
中段泵壳	S30C/AISI1030	SCS420J1 AISI420	SCS316/AISI316
叶轮	A487 CA6NM	A487 CA6NM	SCS14A/A743 CF8M
轴	SUS420J1/AISI420	SUS420J1/AISI420	SUS316/AISI316
中段轴套	SUS420J2/AISI420	SUS420J2/AISI420	SUS316/AISI316
泵体耐磨环	A743 CA40	A743 CA40	SUS316/AISI316
泵体螺栓	SCM435/AISI4135	SCM435/AISI4135	SUM435/AISI4135

注 根据需要也可选用其他材料。

SS/SSD 系列泵型谱见图 7-22、图 7-23。图 7-22、图 7-23 中 50×40 表示泵进、出口尺寸，3、4、5 数字表示级数。

泵的外形尺寸图见图 7-24，外形尺寸见表 7-11。

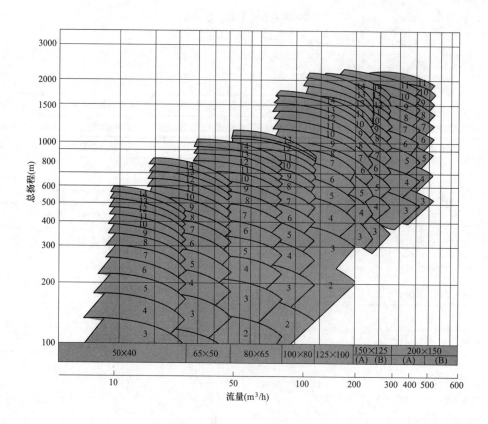

图 7-22　50Hz SS/SSD 系列泵型谱图

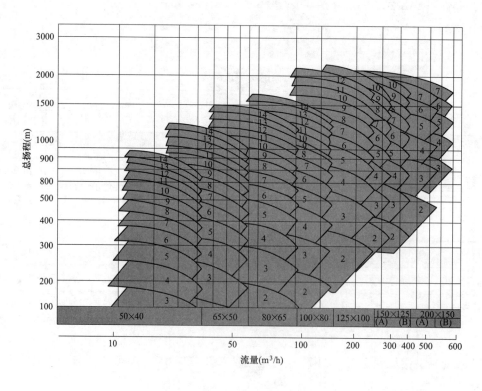

图 7-23　60Hz SS/SSD 系列泵型谱图

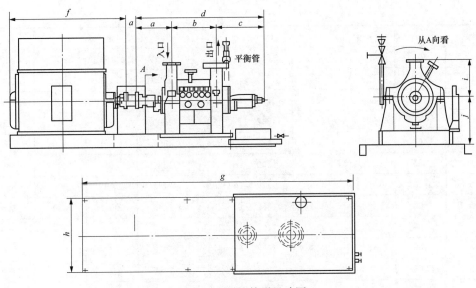

图 7-24　泵的外形尺寸图

表 7-11　　　　　　　　　　　　　　泵的外形尺寸表　　　　　　　　　　　　　　mm

型号	级数	a	b	c	d	e	f	g	h	i	j
50× 40 SS	6	410	338	391	1139	160	1000	2100	600	240	450
	7	410	390	391	1191	160	1000	2200	600	240	450
	8	410	442	391	1243	160	1000	2300	600	240	450
	9	410	494	391	1295	160	1000	2300	600	240	450
	10	410	546	391	1347	160	1000	2400	600	240	450
	11	410	598	391	1399	160	1100	2500	600	240	450
	12	410	650	391	1451	160	1100	2600	600	240	450
	13	410	702	391	1503	160	1200	2700	600	240	450
	14	410	754	391	1555	160	1200	2700	600	240	450
65× 50 SS	5	419	328	392	1139	160	1100	2200	700	270	450
	6	419	384	392	1195	160	1100	2300	700	270	450
	7	419	440	392	1251	160	1200	2400	700	270	450
	8	419	496	392	1307	160	1200	2500	700	270	450
	9	419	552	392	1363	160	1200	2600	700	270	450
	10	419	608	392	1419	160	1400	2700	700	270	500
	11	419	664	392	1475	160	1400	2800	700	285	500
	12	419	720	392	1531	160	1400	2900	700	285	500
	13	419	776	392	1587	160	1400	3000	700	285	500
	14	419	832	392	1643	160	1400	3100	700	285	500
80× 65 SS	4	424	287	406	1117	160	1200	2300	700	300	500
	5	424	351	406	1181	160	1200	2400	700	300	500
	6	424	415	406	1245	160	1400	2600	700	300	500
	7	424	479	406	1309	160	1400	2700	700	300	500
	8	424	543	406	1373	160	1500	2900	800	300	550
	9	461	607	454	1522	160	1500	3000	800	320	550
	10	461	671	454	1586	160	1500	3100	800	320	550

型号	级数	a	b	c	d	e	f	g	h	i	j
80× 65 SS	11	461	735	454	1650	160	1500	3200	800	320	550
	12	461	799	454	1714	160	1500	3200	800	320	550
	13	461	863	454	1778	160	1500	3300	800	320	550
	14	461	927	454	1842	160	1500	3400	800	320	550
100× 80 SS	3	466	250	456	1172	200	1384	2500	800	350	500
	4	466	320	456	1242	200	1384	2600	800	350	500
	5	466	390	456	1312	200	1485	2700	800	350	550
	6	466	460	456	1382	200	1485	2800	800	350	550
	7	466	530	456	1452	200	1485	2900	800	350	550
	8	466	600	456	1522	200	1485	3000	800	350	550
	9	466	670	456	1592	200	1485	3000	800	350	550
	10	466	740	456	1662	200	1485	3100	900	350	550
	11	466	810	456	1732	200	1485	3200	900	350	550
	12	466	880	456	1802	200	1485	3200	900	350	550
	13	500	977	514	1991	200	1485	3300	900	410	550
	14	500	1049	514	2063	200	1485	3400	900	410	550
125× 100 SS	6	505	565	505	1575	200	1500	3000	900	430	550
	7	505	650	505	1660	200	1500	3100	900	430	550
	8	540	748	546	2134	200	1800	4700	900	450	600
	9	540	833	546	2219	200	1800	4800	900	450	600
	10	591	918	855	2364	200	1900	5000	1000	450	650
	11	591	1003	855	2449	200	2000	5200	1000	450	650
	12	591	1088	855	2534	200	2000	5300	1000	450	650
	13	591	1173	855	2619	200	2100	5500	1100	450	650
	14	591	1258	855	2704	200	2200	5700	1100	450	650
150×125 (A) SS	5	680	540	962	2182	220	1500	4400	1200	580	850
	6	680	628	962	2270	220	1500	4500	1200	580	850
	7	680	716	962	2358	220	1500	4600	1200	580	850
	8	680	804	962	2446	220	1900	5100	1200	580	850
	9	680	892	962	2534	220	2000	5300	1200	580	850
	10	680	980	962	2622	220	2000	5400	1200	580	850
	11	650	1068	962	2680	220	2100	5500	1200	585	850
	12	650	1156	962	2768	220	2100	5600	1200	585	850
	13	650	1244	962	2856	220	2200	5800	1200	585	850
	14	650	1332	962	2944	220	2200	5900	1200	585	850
150×125 (B) SS	5	662	540	962	2164	220	1800	4700	1200	580	850
	6	662	628	962	2252	220	1900	4900	1200	580	850
	7	662	716	962	2340	220	2000	5100	1200	580	850
	8	662	804	962	2428	220	2000	5200	1200	580	850
	9	662	892	962	2516	220	2100	5400	1200	580	850
	10	662	980	962	2604	220	2200	5600	1200	580	850

续表

型号	级数	a	b	c	d	e	f	g	h	i	j
150×125 (B) SS	11	662	1068	962	2692	220	2300	5700	1200	585	850
	12	662	1156	962	2780	220	2300	5800	1200	585	850
	13	662	1244	962	2868	220	2300	5900	1200	585	850
	14	662	1332	962	2956	220	2300	6000	1200	585	850
200×150 (A) SS	4	675	485	946	2106	220	2100	5000	1300	710	900
	5	675	580	946	2201	220	2100	5100	1300	710	900
	6	675	675	946	2290	220	2300	5400	1300	710	950
	7	675	770	946	2391	220	2300	5500	1300	710	950
	8	675	865	946	2486	220	2300	5600	1300	710	950
	9	675	960	946	2581	220	2300	5700	1300	710	950
	10	675	1055	946	2676	220	2300	5700	1300	710	1000
	11	675	1150	946	2771	220	2500	6000	1300	710	1000
200×150 (B) SS	5	675	620	946	2241	220	2300	5300	1300	710	950
	6	675	725	946	2346	220	2300	5400	1300	710	950
	7	675	830	946	2451	220	2300	5500	1300	710	950
	8	675	935	946	2556	220	2300	5600	1300	710	950
	9	675	1040	946	2661	220	2500	5900	1300	710	950
	10	675	1145	946	2766	220	2500	6000	1300	710	1000
	11	675	1250	946	2871	220	2500	6100	1300	710	1000

2. 中压给水泵

中压给水泵为 MSS 系列，MSS 系列泵为卧式、单壳体、节段式多级水泵。具有结构简单、运行可靠、效率高等特点；适用于锅炉给水、工艺流程供水、城市高压供水等。其特征如下：

（1）高效率区宽。

（2）效率高、可靠性高。

（3）结构简单、维修方便。

（4）低 NPSH。

（5）结构紧凑、成本低。

（6）制造周期短。

MSS 系列泵的性能参数见表 7-12。

表 7-12   MSS 系列泵的性能参数表

名 称	数 值
入口口径（mm）	50～150
流量（m³/h）	10.8～324
最大许用工作压力（MPa）	至 5.74
最大许用入口压力（MPa）	至 2.45
净水压试验压力（MPa）	8.62
最大运行温度（℃）	165
适合输送介质比重	0.8 及以上

MSS 系列泵的结构见图 7-25。

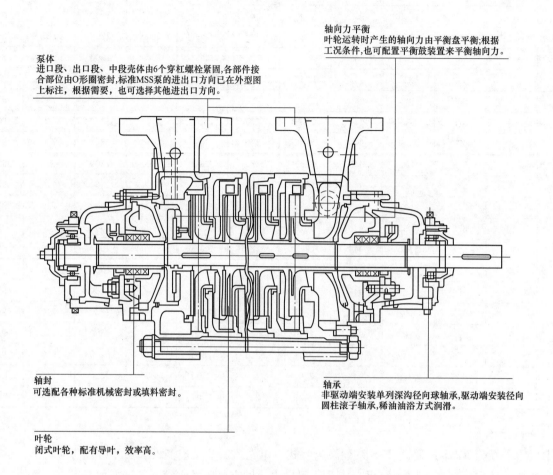

轴向力平衡
叶轮运转时产生的轴向力由平衡盘平衡;根据
工况条件,也可配置平衡鼓装置来平衡轴向力。

泵体
进口段、出口段、中段壳体由6个穿杠螺栓紧固,各部件接
合部位由O形圈密封,标准MSS泵的进出口方向已在外型图
上标注,根据需要,也可选择其他进出口方向。

轴封
可选配各种标准机械密封或填料密封。

轴承
非驱动端安装单列深沟径向球轴承,驱动端安装径向
圆柱滚子轴承,稀油油浴方式润滑。

叶轮
闭式叶轮,配有导叶,效率高。

图 7-25　MSS 系列泵结构示意图

MSS 系列泵的材料选用见表 7-13。

表 7-13　　　　　　　　　　　MSS 系列泵的材料选用表

部件名称	材　料
进口段	铸铁或球墨铸铁
出口段	铸钢
中段壳体	铸铁或球墨铸铁
叶轮	球墨铸铁
导叶	球墨铸铁
轴	Cr-Mo 钢
轴套	13％铬钢
穿杠螺栓	Cr-Mo 钢

注　1. 介质情况发生变化时,材质也应相应变化。

　　2. 13％Cr 钢与 18∶8 不锈钢是可选材质。

MSS 系列泵的型谱图见图 7-26、图 7-27。图 7-26、图 7-27 中数字表示叶轮级数，括号内数字表示功率（kW），该型谱仅用于初步选型。其命名方式见图 7-28。

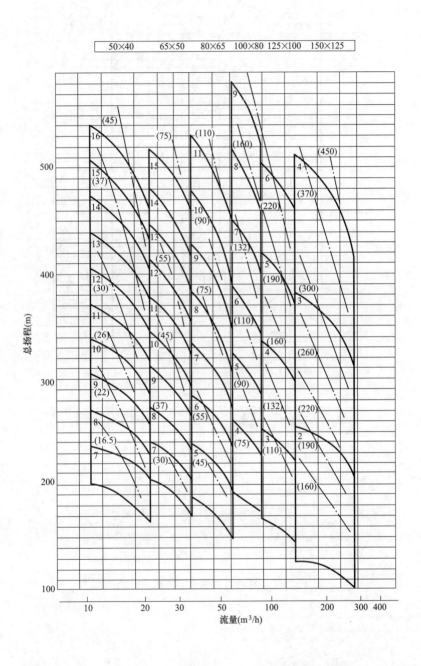

图 7-26　50Hz（转速 2950r/min）MSS 系列泵型谱图

MSS 系列泵的外形尺寸示意图见图 7-29，尺寸见表 7-14。

（二）上海凯士比泵有限公司（KSB）给水泵

上海 KSB 用于联合循环电站的给水泵产品为其 HGC、HGM 系列泵。HG 型泵为单吸或双吸进口的卧式节段式多级离心泵，泵的进、出水壳体采用高强度的铸锻件结构，进、出口法兰焊接在泵体上，泵的吸入口和排出口通常向上，特殊需要可以向下或水平布置。

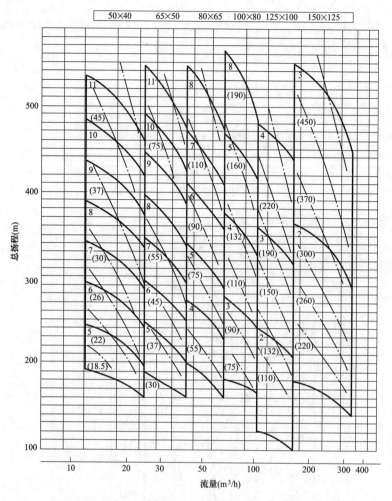

图 7-27　60Hz（转速 3550r/min）MSS 系列泵型谱图

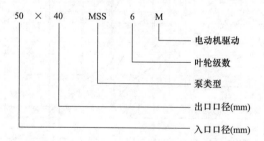

图 7-28　MSS 系列泵命名方式示意图

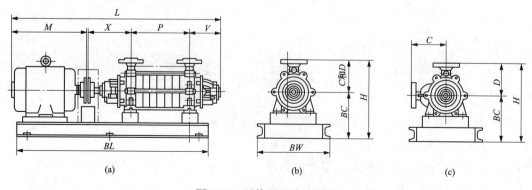

图 7-29　泵外形尺寸示意图

（a）主视图；（b）型号 50×40～100×80；（c）型号 125×100～150×125

表 7-14   MSS 系列泵的外形尺寸表

型号	级数	X (mm)	P (mm)	Y (mm)	BC (mm)	C (mm)	D (mm)	H (mm)	t (mm)	ML (mm)	L (mm)	BL (mm)	BW (mm)	质量 (kg)
50×40	5	270	265	202	325	190	190	515	3	664	1404	1160	370	200
	6	270	310	202	345	190	190	535	3	770	1555	1300	430	220
	7	270	355	202	395	190	190	585	3	985	1815	1420	560	240
	8	270	400	202	395	190	190	585	3	985	1860	1480	560	250
	9	270	445	202	395	190	190	585	3	985	1905	1520	560	260
	10	270	490	202	425	190	190	615	3	1104	2069	1600	620	280
	11	270	535	202	425	190	190	615	3	1104	2114	1650	620	290
	12	270	580	202	395	190	190	585	3	985	2040	1650	560	290
	13	270	625	202	395	190	190	585	3	985	2085	1700	560	300
	14	270	670	202	395	190	190	585	3	985	2130	1750	560	320
	15	270	715	202	395	190	190	585	3	985	2175	1800	560	330
	16	270	760	202	425	190	190	615	3	1104	2339	1860	630	340
65×50	5	305	293	222	400	200	200	600	3	985	1808	1400	640	210
	6	305	345	222	430	200	200	630	3	1104	1979	1480	640	230
	7	305	397	222	430	200	200	630	4	1155	2083	1600	640	250
	8	305	449	222	430	200	200	630	4	1155	2135	1650	640	260
	9	305	501	222	430	200	200	640	4	1155	2187	1700	640	280
	10	305	553	222	465	200	200	665	4	1194	2278	1770	700	290
	11	305	605	222	465	200	200	665	4	1194	2330	1820	700	300
	12	305	657	222	430	200	200	630	4	1155	2343	1850	640	300
	13	305	709	222	430	200	200	630	4	1155	2395	1900	640	320
	14	305	761	222	430	200	200	630	4	1155	2447	1950	640	340
	15	305	813	222	430	200	200	630	4	1155	2499	2000	640	360
80×65	4	305	269	222	435	225	225	660	4	1154	1954	1470	640	230
	5	305	327	222	470	225	225	695	4	1194	2052	1550	710	250
	6	305	385	222	470	225	225	695	4	1255	2171	1650	710	280
	7	305	443	222	470	225	225	695	4	1400	2374	1950	790	320
	8	305	501	222	470	225	225	695	4	1400	2432	2000	790	340
	9	305	559	222	470	225	225	695	4	1255	2345	1830	710	370
	10	305	617	222	470	225	225	695	4	1255	2403	1880	710	390
	11	305	675	222	470	225	225	695	4	1400	2606	2170	760	420
100×80	3	350	230	245	495	250	250	745	4	1255	2084	1550	720	380
	4	350	295	245	495	250	250	745	4	1400	2294	1850	800	400
	5	350	360	245	495	250	250	745	4	1400	2359	1930	800	430
	6	350	425	245	535	250	250	745	4	1389	2413	1980	800	450
	7	350	490	245	495	250	250	745	4	1400	2489	2050	800	560
	8	350	555	245	495	250	250	745	4	1400	2554	2120	800	590
	9	350	620	245	535	250	250	745	4	1389	2608	2180	800	620

续表

型号	级数	X (mm)	P (mm)	Y (mm)	BC (mm)	C (mm)	D (mm)	H (mm)	t (mm)	ML (mm)	L (mm)	BL (mm)	BW (mm)	质量 (kg)
125×100	2	350	165	258	500	300	280	780	4	1400	2177	1730	800	480
	3	350	235	258	540	300	280	820	4	1389	2326	1800	810	510
	4	350	305	258	540	300	280	820	8	1389	2310	1870	810	550
	5	350	375	258	540	300	280	820	8	1389	2380	1940	810	570
	6	350	445	258	540	300	280	820	8	1389	2450	2010	810	700
150×125	2	390	205	289	595	350	315	910	8	1420	2312	2020	820	800
	3	390	290	289	640	350	315	955	8	1550	2529	2320	930	860
	4	390	375	289	640	350	315	955	10	1380	2444	2250	930	920

注 质量包括泵和底座。

泵体中段由高强度穿杠螺栓连接，密封采用 O 形圈或金属面硬密封；进、出水段和吸入室及泵盖之间的静密封采用金属缠绕垫密封。

HG 型泵的轴向力采用平衡盘或平衡鼓承受，残余轴向力及特殊工况下的附加轴向力由推力轴承承受。根据需要，平衡盘平衡的泵可增加启停装置。

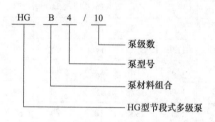

图 7-30 HG 型泵的命名方式示意图

HG 型泵两端的轴密封采用填料密封或机械密封。轴承采用滚动轴承、滑动轴承及瓦块式推力轴承，其润滑采用油环润滑或强制油润滑。泵可以在不拆卸进、出口管路时更换轴承、密封及平衡装置。

HG 型泵的命名方式示意图见图 7-30。

泵的设计特点如下：

（1）先进的组合模块化设计，零部件具有高度的可互换性。

（2）快速的装配和拆卸设计，减少了大修和检查时间。

（3）高效率、高可靠性、低成本的组合。

（4）良好的汽蚀性能。

（5）良好的轴向力平衡设计，可保证泵在非正常运行条件下平衡盘和平衡盘座不至于磨损或咬死。

（6）安全的泵体密封设计。

（7）KSB 独特的结构强度设计和抽芯式设计。运行泵的单级扬程达 8MPa，出口压力可达 42MPa，并且使轴承和转子组成的芯包部件不受温度变化的影响，具有优秀的抗热冲击性能。

（8）高强度的泵壳锻件结构和高质量材料以及多种选择的进、出口法兰和接管设计，提供了泵很高的许用接管载荷，并且可随时满足用户特殊情况下系统的特定要求。

（9）根据用户要求，可增加中间抽头及最小流量系统。

HG 型泵材料选择见表 7-15，HG 型泵体结构示意见图 7-31。

表 7-15　　　　　　　　　　　　HG 型泵材料选择表

材料结构	HGB			HGC					
泵尺寸	HG2	HG3	HG4	HG2	HG3 (<17MPa)	HG3 (>17MPa)	HG4	HG5	HG6
最大压力（MPa）	14	14	19.5	24	17	27	29	30	26
pH 值（25℃）/含氧量（mg/m³）	8～9/0.03～0.15 或 >9.0/<0.1			7～8/0.05～0.25 或 8～9/0.03～0.15 或 >0.9/<0.1					

续表

进水室	—	ZG230~450	—	—	20Cr13	
吸入段	ZG230~450	16Mn	A743 CA6NM		16Mn 堆焊	
压出段	16Mn		16Mn 堆焊		20Cr13	
中段	20		20Cr13			
壳体部件	45	20Mn	20Cr13			
导叶	A743 CA15					
轴	45 镀铬		17-4PH 镀铬			
叶轮	A743 CA15 特殊热处理					
轴承体	HT250					
密封壳体	45		20Cr13			
泵体密封环	RWA350					
节流套	—	17-4PH	—	17-4PH		
轴套	1Cr18Ni9Ti					
平衡盘	17-4PH					
平衡盘座	RWA350					
平衡鼓	—	17-4PH	—	—	—	17-4PH
穿械 螺栓	≤15MPa：42CrMo；>15MPa：1.6772					

注 1. 最大出口压力按 $T=20℃$，流量 $Q=0$ 计算。

2. 此表仅适用于转速 2950r/min。

3. 超出以上范围需向厂家核实。

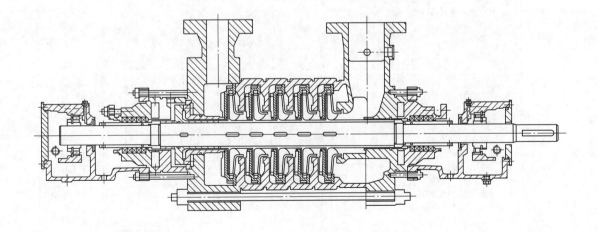

图 7-31　HG 型泵体结构示意图

HG 型泵的型谱图见图 7-32，性能参数表见表 7-16。

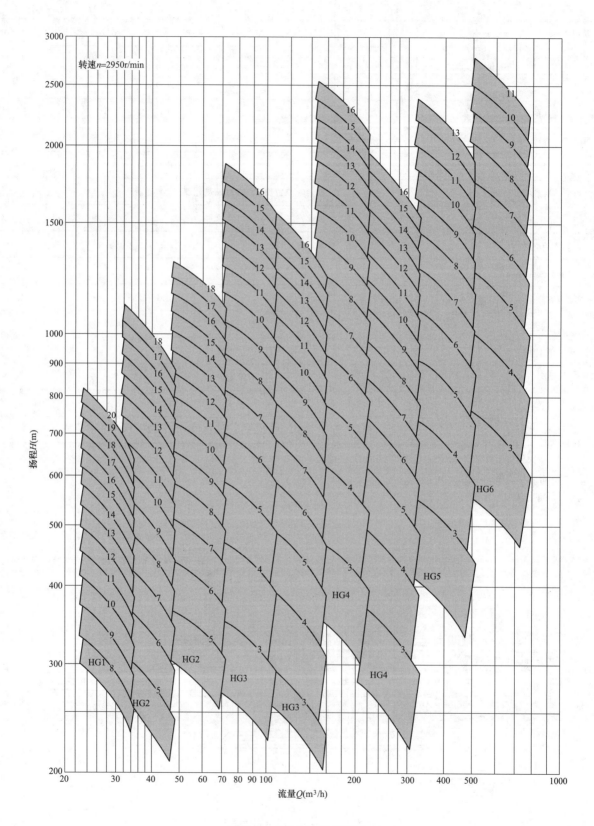

图 7-32　HG 型泵的型谱图

表 7-16   **HG 型泵的性能参数表**

泵型号	流量 （m³/h）	扬程 （m）	转速 （r/min）	轴功率 （kW）	效率 （%）	NPSH （m）	温度 （℃）	水力模型	叶轮直径/ 出口宽度 D/B(mm/mm)
HG2/5		258.5		40.7					
HG2/6		310.2		48.9					
HG2/7		361.5		57					
HG2/8		413.6		65.3					
HG2/9		465.3		73.3					
HG2/10	40	517	2950	81.5	65.2	4.0	120	3.1	214/6.7
HG2/11		568.7		90					
HG2/12		620.4		97.8					
HG2/13		672.1		106					
HG2/14		723.8		114.1					
HG2/15		775.3		122.2					
HG2/5		322.5		69.1					
HG2/6		387		82.8					
HG2/7		451.5		96.7					
HG2/8		516		110.5					
HG2/9		580.5		124.3					
HG2/10	60	645	2950	138.2	72	3.4	120	4.1	227/8.5
HG2/11		709.6		151.9					
HG2/12		774		165.8					
HG2/13		838.5		179.5					
HG2/14		903		193.4					
HG2/15		967.5		207.2					
HG3/3		294		98.5					
HG3/4		392		131.2					
HG3/5		490		164					
HG3/6		588		196.8					
HG3/7		686		229.6					
HG3/8		784		262.4					
HG3/9	90	882	2950	295.2	69.1	4.1	120	5.0	283/8.6
HG3/10		980		327.9					
HG3/11		1078		360.8					
HG3/12		1176		393.5					
HG3/13		1274		426.4					
HG3/14		1372		459.1					
HG3/15		1470		491.9					

泵型号	流量 (m^3/h)	扬程 (m)	转速 (r/min)	轴功率 (kW)	效率 (%)	NPSH (m)	温度 (℃)	水力模型	叶轮直径/ 出口宽度 D/B(mm/mm)
HG3/3		234		77.2					
HG3/4		312		103					
HG3/5		390		128.7					
HG3/6		468		154.4					
HG3/7		546		180.2					
HG3/8		624		205.9					
HG3/9	90	702	2950	231.7	70	4.1	120	5.1	259/9.7
HG3/10		780		257.4					
HG3/11		858		283.2					
HG3/12		936		308.9					
HG3/13		1014		334.6					
HG3/14		1092		360.4					
HG3/15		1170		386.1					
HG3/3		252		112.8					
HG3/4		336		150.3					
HG3/5		420		187.9					
HG3/6		504		225.5					
HG3/7		588		263.1					
HG3/8		672		300.7					
HG3/9	133	756	2950	338.3	76.3	4.4	120	6.1	266/12.5
HG3/10		840		375.8					
HG3/11		924		413.4					
HG3/12		1008		451					
HG3/13		1092		488.6					
HG3/14		1176		526.2					
HG3/15		1260		563.8					
HG4/3		438		272.9					
HG4/4		581		362					
HG4/5		730		454.8					
HG4/6		876		545.7					
HG4/7		1022		636.7					
HG4/8		1168		727.6					
HG4/9	185	1314	2950	818.6	76.3	6.3	120	7.0	327/12.5
HG4/10		1460		909.5					
HG4/11		1606		1000.5					
HG4/12		1752		1091.4					
HG4/13		1898		1182.4					
HG4/14		2044		1273.3					
HG4/15		2190		1364.3					

续表

泵型号	流量 (m^3/h)	扬程 (m)	转速 (r/min)	轴功率 (kW)	效率 (%)	NPSH (m)	温度 (℃)	水力模型	叶轮直径/ 出口宽度 D/B(mm/mm)
HG4/3		330		200.9					
HG4/4		440		267.9					
HG4/5		550		334.8					
HG4/6		660		401.8					
HG4/7		770		468.8					
HG4/8		880		535.7					
HG4/9	90	990	2950	602.7	78	6.3	120	7.1	297/14.0
HG4/10		1100		669.7					
HG4/11		1210		736.6					
HG4/12		1320		803.6					
HG4/13		1430		870.6					
HG4/14		1540		937.5					
HG4/15		1650		1004.5					
HG4/3		282		166.1					
HG4/4		376		221.5					
HG4/5		470		276.9					
HG4/6		564		323.3					
HG4/7		658		387.7					
HG4/8		752		443					
HG4/9	185	846	2950	498.4	80.6	6.3	120	7.2.2	271/15.3
HG4/10		940		553.8					
HG4/11		1034		609.2					
HG4/12		1128		664.6					
HG4/13		1222		719.9					
HG4/14		1316		775.3					
HG4/15		1410		830.7					
HG4/3		435		340.8					
HG4/4		580		454.4					
HG4/5		725		567.9					
HG4/6		870		681.5					
HG4/7		1015		795.1					
HG4/8		1160		908.7					
HG4/9	235	1305	2950	1022.3	77	6.6	120	8.0	328/15.4
HG4/10		1450		1135.9					
HG4/11		1595		1249.5					
HG4/12		1740		1363.1					
HG4/13		1885		1476.7					
HG4/14		2030		1590.2					

续表

泵型号	流量 (m³/h)	扬程 (m)	转速 (r/min)	轴功率 (kW)	效率 (%)	NPSH (m)	温度 (℃)	水力模型	叶轮直径/ 出口宽度 D/B(mm/mm)
HG4/15		2175		1703.8					
HG4/3		327		285.3					
HG4/4		436		380.3					
HG4/5		545		475.4					
HG4/6		654		570.5					
HG4/7		763		665.6					
HG4/8		872		760.7					
HG4/9	275	981	2950	855.7	81.5	7.2	120	8.1.3	300/17
HG4/10		1090		950.8					
HG4/11		1199		1045.9					
HG4/12		1308		1141					
HG4/13		1417		1236					
HG4/14		1526		1331.1					
HG4/15		1635		1426.2					
HG5/3		520.5		565.6					
HG5/4		694		754.1					
HG5/5		867.5		942.6					
HG5/6		1041		1131.1					
HG5/7		1214.5		1319.6					
HG5/8	345	1388	2950	1508.1	81.5	8	120	9.0	360/16.9
HG5/9		1561.5		1696.7					
HG5/10		1735		1885.2					
HG5/11		1908.5		2073.7					
HG5/12		2082		2262.2					
HG5/3		432		432.7					
HG5/4		576		577					
HG5/5		720		721.2					
HG5/6		864		865.4					
HG5/7		1008		1009.7					
HG5/8	320	1152	2950	1153.9	82	7.2	120	9.1.2	329/18.7
HG5/9		1296		1298.2					
HG5/10		1440		1442.4					
HG5/11		1584		1586.9					
HG5/12		1728		1730.9					

续表

泵型号	流量 (m³/h)	扬程 (m)	转速 (r/min)	轴功率 (kW)	效率 (%)	NPSH (m)	温度 (℃)	水力模型	叶轮直径/ 出口宽度 D/B(mm/mm)
HG5/3		334.8		331.3					
HG5/4		446.4		441.8					
HG5/5	320	558	2950	552.2	83	7.2	120	9.2.2	303/20.0
HG5/6		669.6		662.6					
HG5/7		781.2		773.1					
HG5/8		892.8		883.5					
HG5/9		1004.4		994					
HG5/10		1116		1104.4					
HG5/11		1227.6		1214.8					
HG5/12		1339.2		1325.3					
HG5/3		576		734.6					
HG5/4		768		979.5					
HG5/5		960		1224.4					
HG5/6		1152		1469.3					
HG5/7	400	1344	2950	1714.2	80.5	9	120	10.00	303/20.0
HG5/8		1536		1959					
HG5/9		1728		2203.9					
HG5/10		1920		2448.8					
HG5/11		2112		2693.7					
HG5/3		517.5		640.1					
HG5/4		690		853.5					
HG5/5		862.5		1066.9					
HG5/6		1035		1280.3					
HG5/7	400	1207.5	2950	1493.7	83	9	120	10.0	358/20.3
HG5/8		1380		1707.1					
HG5/9		1552.5		1920.4					
HG5/10		1725		2133.8					
HG5/11		1897.5		2347.2					
HG5/12		2070		2560.6					
HG5/3		312		424					
HG5/4		416		565.3					
HG5/5		520		706.6					
HG5/6		624		847.9					
HG5/7	450	728	2950	989.3	85	11.0	120	10.2.2	305/24.5
HG5/8		832		1130.3					
HG5/9		936		1271.9					
HG5/10		1040		1413.2					
HG5/11		1144		1554.6					
HG5/12		1248		1695.9					

泵型号	流量 (m³/h)	扬程 (m)	转速 (r/min)	轴功率 (kW)	效率 (%)	NPSH (m)	温度 (℃)	水力模型	叶轮直径/ 出口宽度 D/B(mm/mm)
HG6/3		591		937					
HG6/4		788		1249.3					
HG6/5		985		1561.6					
HG6/6		1182		1873.9					
HG6/7	525	1379	2950	2186.2	85	10.3	120	11.1.2	385/21.9
HG6/8		1576		2498.5					
HG6/9		1773		2810.9					
HG6/10		1970		3123.2					
HG6/3		687		1307					
HG6/4		916		1742.6					
HG6/5		1145		2178.3					
HG6/6	630	1374	2950	2614	85	11.0	120	12	412/23.4
HG6/7		1603		3049.6					
HG6/8		1832		3485.3					
HG6/9		2061		3920.9					
HG6/3		480		1074.5					
HG6/4		640		1432.6					
HG6/5		800		1790.8					
HG6/6	750	960	2950	2148.9	86	14.0	120	13.1.2	368/29.7
HG6/7		1120		2507.1					
HG6/8		1280		2865.2					
HG6/9		1440		3223.4					

注 以上数据仅供参考。

（三）沈阳鼓风机集团核电泵业有限公司给水泵

用于联合循环电站的给水泵为其 DG 型锅炉给水泵。DG 型锅炉给水泵作为高压锅炉给水或其他高压清水泵用，输送介质温度不超过 160℃。

性能范围为：

（1）流量：100～580m³/h。

（2）扬程：740～2150m。

DG 型泵为单壳体节段式多级离心泵。吸入口和出口均垂直向上。用穿杠把中段、吸入段和吐出段连接成一体，各段之间静止结合面主要靠金属面密封，同时设有 O 形胶圈作为辅助密封。DGB 型高压泵的吸入段、中段、吐出段采用锻件。

DG 型泵的轴封采用软填料密封，用冷却水冷却，也可根据用户需要采用机械密封。

DG 型泵转子由泵两端的滑动轴承来支撑。轴承强制润滑，泵本身配带油系统。

DG 型泵转子的轴向推力用平衡盘来平衡。且带有止推轴承，用于承受由于工况变化而产生的残余轴向力，在平衡室体和吸水管之间装有回水管。

DG 型泵通过弹性联轴器由电动机驱动，也可根据用户需要配带齿型联轴器、膜片联轴器、液力耦合器。原动机可采用给水泵汽轮机或电动机驱动。从电机端看，泵为顺时针方向旋转。

DG 型泵选用材料表见表 7-17。

表 7-17   DG 型泵泵体材料选用表

部件名称	材　料
吸入段	碳钢或铬钢
吐出段	碳钢或铬钢
导叶	碳钢或铬钢
叶轮	碳钢或铬钢
轴	铬钒钢或铬钢
密封环	铬钒钢或铬钢
导叶套	铬钒钢或铬钢

DG 型泵体结构图见图 7-33、图 7-34。

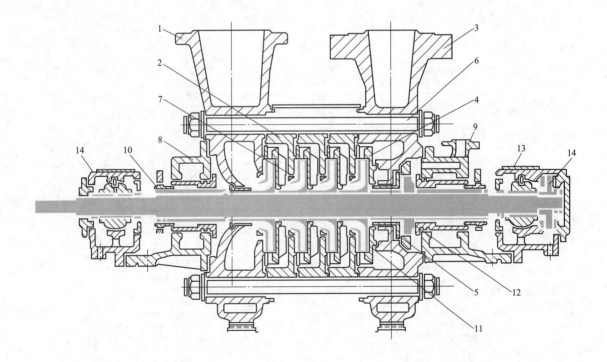

图 7-33　DG 型高压锅炉给水泵结构图

1—吸入段；2—中段；3—吐出段；4—导叶；5—平衡衬套；6—拉紧螺栓；7—泵体密封环；8—首盖；
9—尾盖；10—泵轴；11—叶轮；12—平衡盘；13—轴承；14—推力轴承

DG 型泵的性能曲线见图 7-35～图 7-42，性能曲线为一级的性能，级数增加时流量不变，扬程按比例增加。

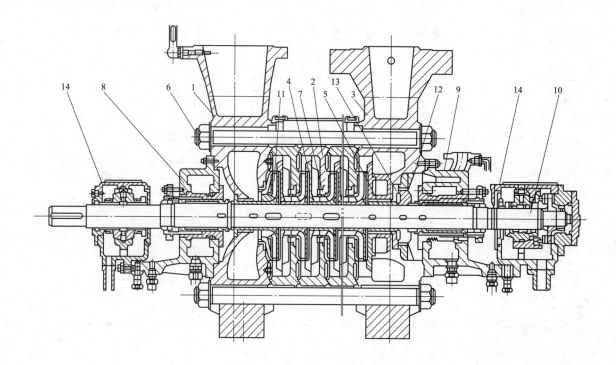

图 7-34　DGB 型高压锅炉给水泵结构图

1—吸入段；2—中段；3—吐出段；4—导叶；5—平衡衬套；6—拉紧螺栓；7—泵体密封环；
8—首盖；9—尾盖；10—泵轴；11—叶轮；12—平衡盘；13—平衡板；14—轴承

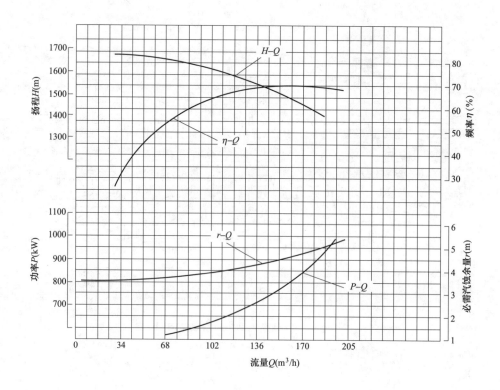

图 7-35　1DG-12 性能曲线

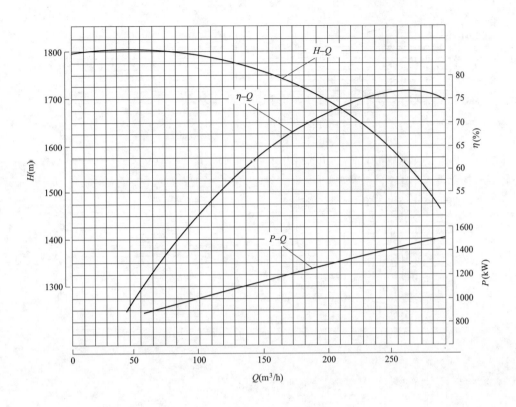

图 7-36 2DG–10/2DGB-10 性能曲线

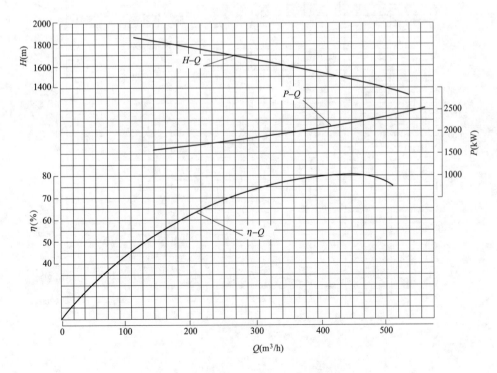

图 7-37 3DG–10/3DGB-10 性能曲线

385

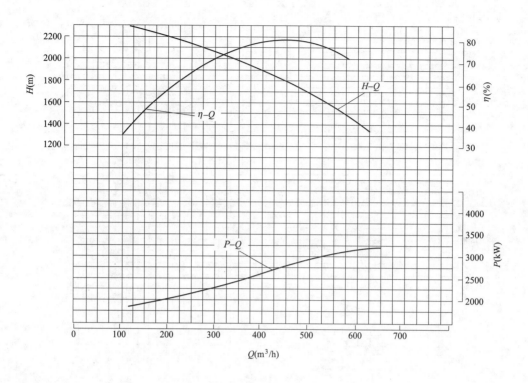

图 7-38　4DG-8C 性能曲线

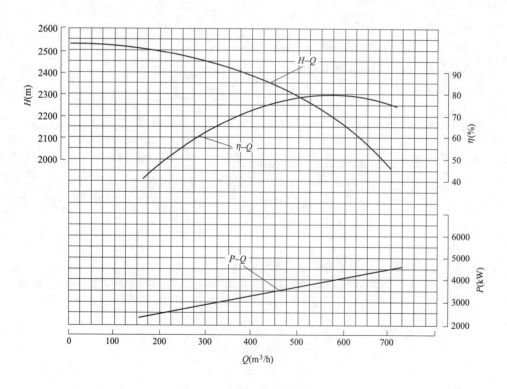

图 7-39　5DGB-10 性能曲线

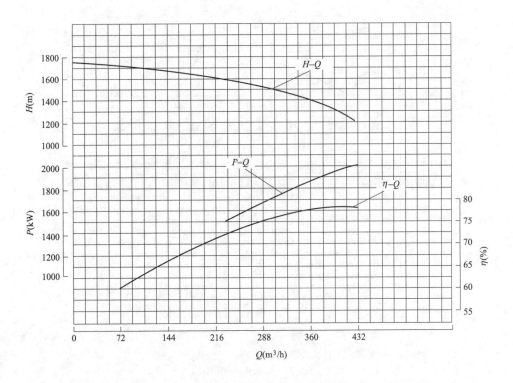

图 7-40　DG270-140B 性能曲线

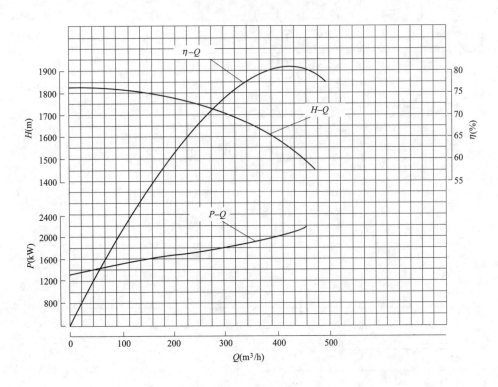

图 7-41　DG270-140C 性能曲线

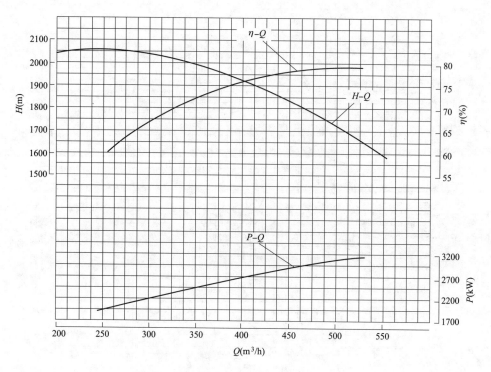

图 7-42　DG450-180 性能曲线

DG 型泵的性能参数表见表 7-18。

表 7-18　　　　　　　　　　**DG 型泵的性能参数表**

泵型号	流量 （m³/h）	扬程 （m）	转速 （r/min）	配带功率 （kW）		效率 （%）	汽蚀余量 （m）	叶轮直径 （mm）	泵重 （kg）
				轴功率	功率				
1DG-12	120	1560	2980	750	1000	68	3.4	300	3580
	140	1540		816		72	4.1		
	170	1450		946		71	4.7		
2DG-10 2DGB-10	200	1680	2980	1280	1600	71.5	6.5	348	4800
	270	1515		1480		72.6			
	280	1480		1495		75.6			
3DG-10 3DGB-10	360	1660	2985	2087	2500	78	8	340	4800
	440	1560		2337		80			
	496	1470		2483		80			
4DG-8C	450	1810	2985	2773	3200	80	12	391	7000
	500	1680		2933		78			
	575	1480		3175		73			
5DG-10	500	2300	2985	3916	4800	80	6.5	404	7000
	570	2150		4121		81			
	630	2080		4489		79.5			
DG270-140B	270	1570	2985	1565	2000	74	6.5	335	4800
	320	1500		1730		76			
	360	1422		1790		78			

续表

泵型号	流量 (m³/h)	扬程 (m)	转速 (r/min)	配带功率 (kW) 轴功率	配带功率 (kW) 功率	效率 (%)	汽蚀余量 (m)	叶轮直径 (mm)	泵重 (kg)
DG270-140C	270	1750	2985	1839	2300	70	6.5	340	4800
	360	1640		2036		79			
	440	1490		2260		79			
DG450-180C	400	1975	2985	2780	3200、4000	77.5	12	391	7000
	450	1900		2950		79			
	500	1815		3130		79			
DG450-180	400	1920	4600	2700	3200	75	23.5	290	3200
	450	1825		2870		78			
	500	1700		2935		79			

DG 型给水泵外形安装尺寸图见图 7-43、图 7-44，尺寸表见 7-19、表 7-20。尺寸供选型时参考。

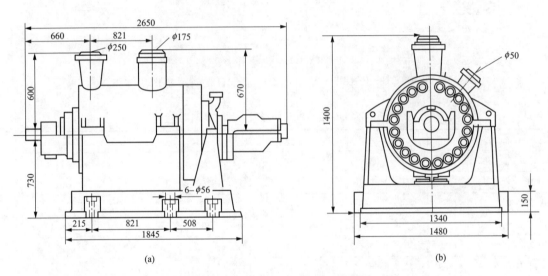

图 7-43　DG450-180 型给水泵外形安装尺寸图

(a) 主视图；(b) 侧视图

表 7-19　　　　　　　　　　　**DG/DGB 型给水泵外形安装尺寸表（1）**

泵型号	D_1	D_2	D_3	n_2-d_2	D_4	D_5	D_6	D_7	n_3-d_3	D_8	D_9	D_{10}	n_4-d_4	α
1DG-12	152	250	300	8—ϕ26	102	162	235	300	8—ϕ33	40	110	145	4—ϕ18	22.5°
2DGB-10	250	370	425	12—ϕ30	175	213	394	475	12—ϕ48	40	110	145	4—ϕ18	22.5°
3DGB-10	250	370	425	12—ϕ30	175	213	394	475	12—ϕ48	40	110	145	4—ϕ18	22.5°
4DG-8C	300	430	485	16—ϕ30	225	265	483	580	12—ϕ58	50	135	175	4—ϕ23	22.5°
5DGB-10	300	430	485	16—ϕ30	225	265	483	580	12—ϕ58	50	135	175	4—ϕ23	45°
DG270-140B	250	370	425	12—ϕ30	175	213	394	475	12—ϕ48	40	110	145	4—ϕ18	22.5°
DG270-140C	250	370	425	12—ϕ30	175	213	394	475	12—ϕ48	40	110	145	4—ϕ18	22.5°
DG450-180C	300	430	485	16—ϕ30	225	265	483	580	12—ϕ58	50	135	175	4—ϕ23	0°

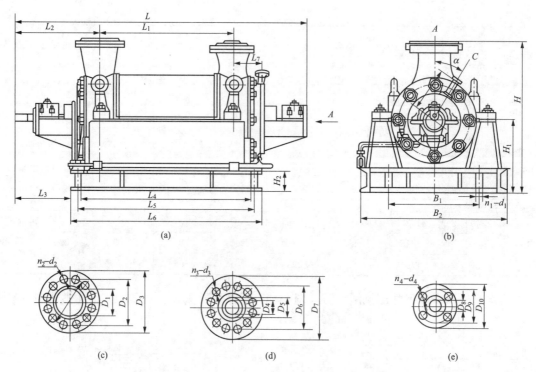

图 7-44 DG/DGB 型给水泵外形安装尺寸图
（a）主视图；（b）侧视图；（c）入口法兰；（d）出口法兰；（e）平衡回水法兰

表 7-20 　　　　　　　　　　　　　　DG/DGB 型给水泵外形安装尺寸表（2）

泵型号	L	L_1	L_2	L_3	L_4	L_5	L_6	B_1	B_2	H	H_1	H_2	n_1-d_1
1DG-12	2637	1178	669	531		1451	1551	756	1076	1040	600	180	$4-\phi50$
2DGB-10	2778	1289	746.5	621		1570	1670	1000	1300	1325	675	180	$4-\phi50$
3DGB-10	2775	1289	744	569		1570	1670	910	1300	1325	675	180	$4-\phi50$
4DG-8C	2750	1145	820	565		1660	2000	1080	1390	1500	800	200	$4-\phi56$
5DGB-10	2819	1430	693	458	1800	1900	2240	1080	1390	1500	800	150	$4-\phi56$
DG270-140B	2775	1289	746.5	533.5	1633	1740	1930	910	1219	1325	675	150	$4-\phi48$
DG270-140C	2775	1289	746.5	533.5	1633	1740	1930	910	1219	1325	675	150	$4-\phi48$
DG450-180C	3057	1386	872	617	1800	1900	2040	1080	1390	1500	800	150	$4-\phi56$

（四）中国电建集团上海能源装备有限公司给水泵

中国电建集团上海能源装备有限公司为原上海电力修造总厂，是国内主要锅炉给水泵生产厂家之一。目前没有单独开发联合循环用给水泵系统，配套提供了 3 个电厂，包括金陵电厂燃气轮机高中压合泵（FT9Y36M）、华能石洞口电厂燃气轮机高中压合泵（FT7K40M）、萧山电厂燃气轮机高中低合泵（FK6G32RAM）余热锅炉的给水泵。其中华能石洞口燃机和金陵燃机采用了给水泵直接由电动机驱动的运行方式。

华能石洞口电厂燃气轮机使用的 FT7K40M 型给水泵是针对燃气轮机余热锅炉特殊运行方式开发的新产品。其结构示意见图 7-45。

FTK40M 型给水泵为卧式、水平、节段式离心泵。泵壳包括进水段、出水段及中段，由 8 个穿杠螺栓施加一定的预紧力来密封，螺栓的预紧采用液压工具。进出口管均采用法兰连接。

FT7K40M 型给水泵为刚性转子，适应在部分汽化状态（即湿态）下短暂运行而无损坏。泵轴材料采用 2Cr13。为了满足燃气轮机余热锅炉给水泵室外布置的特点，该泵与外界有接触的进出水段、中间

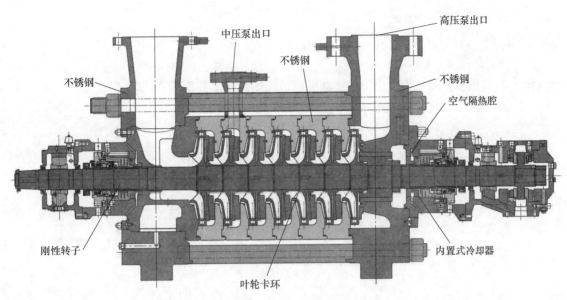

图 7-45　FT7K40M 型给水泵结构示意图

泵壳采用不锈钢铸造，避免了采用普通碳钢容易腐蚀的缺点。导轮采用不锈钢精铸，使其抗冲刷的能力大大增强。叶轮密封环、导叶套为沉淀硬化不锈钢，采用深度很浅的平顶齿形的节流槽设计，不易磨损和发生咬合事故，在增加节流阻力的同时提高了转子刚度。

给水泵在中间泵壳上设置有中间抽头管以满足系统中压泵的要求，可以按照用户提供的参数，在设计时选择合理的抽取位置满足要求。

泵的水力平衡装置为单平衡鼓装置，平衡鼓装在轴的末级叶轮后面。剩余推力由推力轴承承受。泵轴由一对普通圆柱形径向滑动轴承所支承，轴承为巴氏合金内衬强制油润滑型，润滑油来自主润滑油系统。泵装有机械密封，该机械密封为平衡型，由有弹簧支承的动环和水冷却的静环所组成，采用空气绝热腔的方式来隔离给水泵内的热传递，在设计上比常规水冷却套更简易方便。从而使机械密封旋转部分周围的温度较低。给水泵无须暖泵。

配套的 3 个电厂的给水泵性能参数见表 7-21。

表 7-21　　　　　　　　　　　配套的 3 个电厂的给水泵性能参数表

技术指标	单位	FT7K40M	FT9Y36M	FK6G32RAM
扬程	m	1500	1400	1500
流量	m³/h	400	440	570
使用电厂		石洞口燃气轮机电厂	金陵燃气轮机电厂	萧山燃气轮机电厂
转速	r/min	2985	2985	4121
型式		节段式	节段式	多级双筒体式

第四节　排污设备的计算及选择

一、余热锅炉排污量

锅炉排污量与蒸发量之比称为锅炉排污率，即

$$p = \frac{D_{pw}}{D} \times 100(\%)$$

(7-1)

式中 p——锅炉排污率；

    D_{pw}——锅炉排污量，t/h；

    D——锅炉蒸发量，t/h。

给水带入的盐量应与排污水带出的盐量和蒸汽带走的盐量之和相平衡，即

$$(D + D_{pw}) \times S_{gs} = D_{pw} \times S_{sl} + D \times S_q \qquad (7\text{-}2)$$

式中 S_{gs}——给水含盐量，mg/L；

    S_{sl}——锅水含盐量，mg/L；

    S_q——蒸汽含盐量，mg/L。

将式（7-1）代入式（7-2），整理后就得到锅水含盐量、给水含盐量、蒸汽含盐量和排污率的关系，即

$$S_{sl} = \frac{100 + p}{p} \times S_{gs} - \frac{100}{P} \times S_q \qquad (7\text{-}3)$$

当蒸汽含盐量 S_q 很小可忽略不计时，根据式（7-3），排污率可表达为

$$p = \frac{S_{gs}}{S_{sl} - S_{gs}} \times 100(\%) \qquad (7\text{-}4)$$

由此可知，允许的锅水含盐量一定时，给水含盐量增大，排污率就增大；允许的锅水含盐量较低时，排污量也增大。

锅水含盐量与给水含盐量之比，也就是锅水含盐量对给水含盐量的倍数，称为锅水浓缩度，以 m 表示，即

$$m = \frac{S_{sl}}{S_{gs}} \qquad (7\text{-}5)$$

因此，锅炉排污率也可用 m 表示为

$$p = \frac{1}{m - 1} \times 100(\%) \qquad (7\text{-}6)$$

锅水浓缩度增加，排污率就降低。在自然循环锅炉上常采用两段蒸发，在盐段进行排污，这就可提高排污锅水的浓度，以降低排污率。

因为排污率增加就意味着工质和热量损失增加，所以电厂中对锅炉的排污率有一定的限制。对于以除盐水为补充水的机组，凝汽式机组排污率不超过1%，供热电厂排污率不超过2%，但最小不宜小于0.3%。

通常连续排污量应取余热锅炉蒸发量的1%，或者根据锅炉厂资料。

二、余热锅炉排污系统

（一）系统组成

余热锅炉排污系统由连续排污扩容器、水位调节阀、定期排污扩容器、疏水阀、排污阀及相关管道仪表等组成。锅水含盐浓度最大的区域在汽包正常运行水位以下100mm处，通常连续排污管装在汽包正常水位下200mm处，以防水位波动时排不出水。排污管沿汽包长度布置，管上开小孔或小槽，锅水沿小孔或小槽进入排污管排出汽包。定期排污管从沉淀物聚集最多的汽包底部引出。定期排污主要排出汽包下部的软渣和锈皮等，安装在汽包底部。余热锅炉的定期排污和连续排污系统和设备应满足如下要求：

（1）对汽包锅炉，宜采用一级连续排污扩容系统。连续排污扩容系统应有切换至定期排污扩容器的旁路。

（2）定期排污扩容器的容量应考虑锅炉事故放水的需要。

通常余热锅炉排污系统采用单元制，即每台余热锅炉配置一套排污系统。

余热锅炉排污系统如图 7-46 所示。

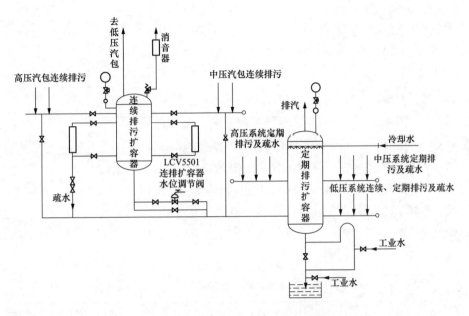

图 7-46　余热锅炉排污系统示意图

高、中压汽包内的不合格锅水通过连续排污阀和定期排污阀分别排至连续排污扩容器和定期排污扩容器内。排污水经过连续排污扩容器进行一级扩容和汽水分离后，通过水位调节阀进入定期排污扩容器，连续排污扩容器的二次蒸汽引入低压汽包回收蒸汽。在连续排污扩容器故障的情况下，可打开连续排污扩容器两侧的旁路阀，排污水可直接进入定期排污扩容器。定期排污扩容器除接收高、中压汽包的连续排污水外，还接收高、中压系统的疏水和低压汽包连续排污水、定期排污水及疏水，定期排污扩容器的二次蒸汽直接排空，排污水排入余热锅炉废水池（地沟）。

（二）扩容器容量计算

排污扩容器的容积与排污水量有关。扩容器内可分为汽容积和水容积两部分，汽容积决定于排污水的汽化量，而水容积较小，计算时可取为汽容积的 $20\%\sim30\%$。排污扩容器的容积计算式为

$$V=V_v+V_w=\frac{D_{bl}\times D_f\times v}{R}+(20\%\sim30\%)\times V_v \tag{7-7}$$

式中　V——扩容器总容积，m^3；

　　　V_v——扩容器汽容积，m^3；

　　　V_w——扩容器水容积，m^3；

　　　D_{bl}——锅炉排污水量，t/h；

　　　D_f——每 kg 排污水汽化量；

　　　v——扩容器压力下的蒸汽比容，m^3/kg；

　　　R——扩容器单位容积下允许极限强度，$m^3/(m^3\cdot h)$。

排污水的汽化量计算式为

$$D_f=h_d\times\eta-\frac{h_s}{x\times r} \tag{7-8}$$

式中　h_d——汽包压力下的饱和水焓，kJ/kg；

　　　η——汽包到扩容器间管道散热损失系数，可取 0.98；

h_s——扩容器压力下的饱和水焓，kJ/kg；

x——扩容器的蒸汽干度，可取 $0.97\sim0.98$；

r——扩容器压力下的气化潜热，kJ/kg。

其中 R，连续排污扩容器可取 $800\sim1000\mathrm{m^3/(m^3\cdot h)}$，定期排污扩容器可取 $2000\mathrm{m^3/(m^3\cdot h)}$。实际选用时，应根据厂家规格选取比计算值大一挡的产品。

（三）排污扩容器规格

排污扩容器分为立式扩容器和卧式扩容器两种。余热锅炉常采用的是立式扩容器。扩容器由外壳、多根进水管和汽水分离装置组成，此外还可加装人孔和冷却水管。常用扩容器结构见图7-47。

目前工程实践中，制造厂通常依照设计单位的外部尺寸及接口要求图纸设计设备外形。本部分设备外形及尺寸规格供参考。

部分扩容器规格见表7-22、表7-23。

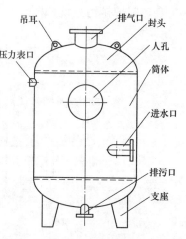

图 7-47　立式扩容器外形示意图

表 7-22　　　　　　　　　　　　　　　部分定期扩容器规格

序号	项目	型 号			
		DP-0.8	DP-3.5	DP-7.5	DP-12
1	容积（m³）	0.8	3.5	7.5	12
2	设计压力（MPa）	0.7	0.7	0.7	0.7
3	工作压力（MPa）	0.02	0.55	0.02	0.15
4	设计温度（℃）	317	317	317	317
5	工作温度（℃）	317	317	317	317
6	外径×高度（mm×mm）	$\phi912\times2300$	$\phi1520\times2905$	$\phi2024\times3474$	$\phi2024\times5000$
7	排污水进口管径 DN2	80	100	150	200
8	废热水出口管径 DN3	80	125	150	200
9	二次蒸汽出口管径 DN1	200	250	300	400
10	净重（kg）	571	1430	2779	3516

表 7-23　　　　　　　　　　　　　　　部分连续扩容器规格

序号	项目	型 号								
		LP-0.5	LP-0.75	LP-1	LP-1.5	LP-2	LP-2.5	LP-3	LP-4	LP-5.5
1	容积（m³）	0.5	0.75	1	1.5	2	2.5	3	4	5.5
2	设计压力（MPa）	0.25	0.25	0.25	0.25	1	0.25	1	0.25	0.75
3	工作压力（MPa）	<0.2	0.2	0.2	0.2	0.7	0.2	0.7	0.2	0.55
4	设计温度（℃）	250	250	250	250	350	250	350	260	317
5	工作温度（℃）	250	250	250	250	320	250	320	260	317
6	外径×高度（mm×mm）	$\phi562\times3296$	$\phi662\times3566$	$\phi712\times4034$	$\phi862\times3215$	$\phi1024\times4034$	$\phi1012\times4661$	$\phi1224\times4252$	$\phi1516\times3933$	$\phi1520\times4600$
7	净重（kg）	513	679	797	1066	2026	1542	2822	2453	3147

第五节　余热锅炉的补燃

一、简述

余热锅炉补燃系统分外补燃和内补燃两种，见图 7-48。

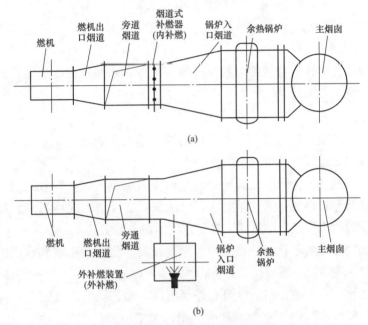

图 7-48　带补燃装置余热锅炉布置示意图

（a）内补燃余热锅炉布置图；（b）外补燃余热锅炉布置图

　　补燃燃料可以采用燃油或天然气。所谓外补燃系统即在锅炉系统外部设有专用的燃烧室，燃烧室中布置有受热面，补燃用空气由补燃风机提供，燃料与补燃空气混合后在补燃燃烧室内燃烧，热烟气进入烟道中与燃气轮机排气混合，将燃气轮机排气加热到预定温度后进入余热锅炉。在提高烟气温度的同时，又产生了部分蒸汽。其优点是补燃量可以设计得较大，当燃气轮机停止运行时，也可以利用外补燃装置的燃烧维持锅炉运行。但缺点是投资较高，运行维护不便，特别是燃烧室水冷壁与其他受热面的匹配及调控问题使得锅炉结构变得较为复杂。

　　内补燃装置一般安装于锅炉入口烟道中，燃料直接喷入烟道中与燃气轮机排气混合燃烧，利用燃气轮机排烟中的过余氧气作为燃料的氧化剂，锅炉入口烟道的内部空间作为补燃燃烧室，不必另设燃烧室和燃烧风机。内补燃装置系统简单，设备投资少，易于调控，运行维护方便。在所需补燃量较小的余热锅炉中较为适用。

　　下文介绍一种以天然气为燃料的内补燃装置的设计及特点。补燃系统由补燃器本体、炉前燃料系统及其调控系统构成，补燃器本体安装于锅炉入口烟道前方，监控系统与余热锅炉控制系统相连。补燃器后面设置锅炉入口烟道，同时用作补燃燃烧室，由于工作温度较高，所以在该烟道的设计中，要采用特殊的耐热保温结构，这也是带补燃余热锅炉与普通余热锅炉的区别之一。

二、补燃装置参数计算

（一）氧气消耗量的计算

对于内补燃系统，由于燃烧用氧气来源于燃气轮机排气中的残氧，需根据氧的消耗量来计算。

$$V'_{O_2} = 0.01 \times [0.05CO + 0.5H_2 + 1.5H_2S + \sum (m + 0.25n)CmHn] \tag{7-9}$$

式中　　　V'_{O_2}——燃烧 $1m^3$ 气体燃料所需要的氧气量，m^3/m^3；

CO、H_2、H_2S——燃料中各组分的含量，m^3/m^3；

　　　　m、n——分子量。

对于燃烧产物三原子气体及水蒸气的理论生成量可采用下述公式，即

$$V_{RO_2} = 0.01(CO_2 + CO + H_2S + \sum mCmHn) \tag{7-10}$$

$$V_{H_2O} = 0.01(H_2S + H_2 + \sum 0.5nCmHn) \tag{7-11}$$

式中　V_{RO_2}——三原子气体生成量，m^3/m^3；

　　V_{H_2O}——水蒸气生成量，m^3/m^3。

在补燃后烟气成分计算中要将氧气的消耗及三原子气体和水蒸气的生成量考虑进去，计算出补燃后的烟气焓温表，用于锅炉热力计算。

（二）最大补燃量的确定

在补燃装置的设计中，最大补燃量是一项重要指标，必须先确定后，才能进行补燃器本体及其系统的设计。最大补燃量主要受以下几个因素的制约：

（1）补燃后的最大产汽量。蒸汽量的大小受到用汽设备的制约，产汽量过大，可能无法消耗。同时，追求过高的产汽量使得补燃燃料消耗量过大，余热锅炉的经济性受到影响。在选择蒸汽量时要考虑到燃气轮机不同负荷时对蒸汽参数的需求，确定合理的最大需求量。

（2）补燃后最高烟气温度的限制。补燃后烟气温度过高，将直接影响到烟道的结构、保温、热损失和使用寿命等指标，一般情况下该温度最好不超过700℃。

（3）氧气总量的限制。由于内补燃装置没有外部供风，燃烧用的氧气完全来自燃气轮机排气中的残氧，因此，最大燃料量就受到燃气中含氧量的限制。对于一般的燃气锅炉，为了使燃料充分燃烧，要保证实际供氧量超过理论所需要的氧气量，即取一个大于1的过量空气系数，这样，在利用燃气中残氧作为氧化剂燃烧时，同样要考虑到一个过量氧气系数，该系数应不小于1.1。因此，烟气中可供燃烧的氧气量可用下式计算，即

$$V_{O_2} = r_{O_2} \times V/\alpha \tag{7-12}$$

式中　V_{O_2}——可供燃烧的氧气量，m^3/h；

　　r_{O_2}——烟气中氧气的含量；

　　V——流经补燃器的烟气量，m^3/h；

　　α——过量氧气系数。

在计算出 V_{O_2} 之后，可以计算出在没有外加空气的情况下最大可能的燃料消耗量为

$$B_3 = V_{O_2}/V'_{O_2} \tag{7-13}$$

根据前面3种情况分别计算出各自情况下的燃料最大值后，取三者的最小值作为补燃装置的最大补燃量的设定值。

（三）最小补燃量的确定

最小补燃量直接影响着系统的结构设计和调控系统设计。当补燃器喷嘴结构确定之后，相应的燃料调节比就已基本确定，因此，对于每个喷嘴都存在着保证稳定燃烧的最小燃料量。如果在结构上不能保证装置在该范围内稳定燃烧时，则必须从系统上解决这一问题。

三、补燃装置的结构及系统

内置烟道式补燃器安装于燃气轮机排气烟道中，利用补燃器后部的烟道内空间作为燃烧和混合空间。带补燃装置的烟道布置及结构应该满足来流均匀、混合充分和耐热保温等要求。补燃装置做成一体快装式，在通流截面上均匀布置有燃烧喷嘴和相应的配风导向器，各喷嘴的布置考虑了相互引燃和联焰，保证稳定燃烧。由于燃气在烟道中的流速较高，气体燃料的密度较小，如果配风导向器设置得

不好，极容易点不着火或燃烧不稳定，因此在该装置设计中，采用了特殊的旋流配风结构，既保证了燃料与氧气很好的混合，同时又保证了稳燃。

补燃系统由补燃器本体、主燃气管道、点火管道、排放管道和阀门仪表等组成，在管道中设有自立式压力调节阀、气动关断阀、流量调节阀和阻火器。主燃气管道在进入补燃器本体前分为两路，并设有控制阀门，使得补燃燃料量可调范围增加一倍。当需要的补燃量较大时，所有喷嘴都投入工作，而当所需补燃量较小时，为避免燃料流量小造成燃烧不稳定，装置可以自动关断部分喷嘴，保证工作喷嘴的稳定工作。装置设有电点火式点火燃烧器，点火用空气来源于点火风机或仪表风，点火燃烧器燃料量较少，设为长明灯式，保证主燃烧器燃烧可靠。管道上还设有排放管，当装置停止工作时，可以将管道中的余气放掉，保证设备工作安全、叫靠。

四、补燃装置的特点

该型补燃装置主要具有如下特点：

（1）结构简单，现场安装周期短。补燃装置本体模块化出厂，并集成有自动点火器和火焰监视器，安装使用方便。

（2）操作简便，工作安全可靠。在燃烧系统中设有自动调压装置、自动火焰检测、熄火保护和漏气检测装置等一系列安全保护措施，可以实现全自动运行，减轻了操作人员的劳动强度。

（3）机动性强，启动速度快。这对于启停频繁的燃气轮机电站余热锅炉尤为重要。

（4）运行费用省。补燃装置运行利用了燃气轮机排气中的过余氧气，没有另设鼓风机，节省了运行电耗和初始设备投资。

随着联合循环发电技术的发展，补燃技术应用并不多，对热电不匹配的项目，进行经技术经济比较，确需采用补燃型余热锅炉时，可以按需求同厂家密切配合开展设计。

第八章 汽轮机及辅助设备

第一节 汽轮发电机组

一、概述

汽轮机是一种将水蒸气的热能转换为机械功的旋转式动力机械。它具有单机功率大、效率高、运转平稳、单位功率制造成本低、使用寿命长等优点，在现代工业中得到广泛应用。

汽轮机是发电用的原动机。在现代化石燃料电站、核电站以及联合循环电站中，都采用以汽轮机为原动机的汽轮发电机组，如图 8-1 所示。

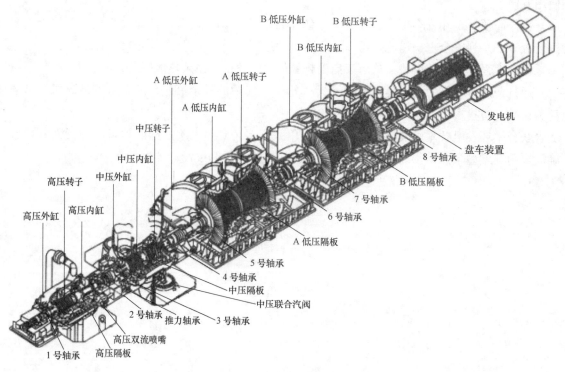

图 8-1 汽轮发电机组

由于汽轮机能变速运行，因此可以用它直接驱动各种泵、风机、压缩机和船舶螺旋桨等。此外，还可以利用汽轮机的排汽或中间抽汽满足生产的供热需要。

（一）提高机组经济性

1. 提高蒸汽参数，采用中间再热

提高蒸汽初参数和再热参数是提高机组经济性的重要手段，但该手段的实施常常受到材料技术发展的制约。

2. 改进汽轮机通流设计

目前，应用可控涡设计和全三维气动热力分析计算力核心的汽轮机通流部分设计方法已趋于成熟，以弯扭联合成型全三维叶片为代表的通流设计已进入工业化实用阶段。实践证明，这些新技术对提高汽轮机的效率有显著效果，已成为世界各汽轮机制造厂开发和试验研究的方向之一。

（二）提高自动化水平

大功率汽轮发电机组的运行工况比较复杂，安全可靠性要求比较高，因此，汽轮机的调节控制系统既要操作调整方便、自动化程度高，又要调节品质好、控制精度高，更要安全可靠、可用率高。当前汽轮机调节控制系统的发展趋势是采用以微型计算机为基础的数字式电液控制系统，既能完成转速调节、功率调节和机炉协调控制功能，还能按限定的机组部件热应力等允许条件，实现自动启动、升速、同步并网、负荷变化、阀门管理和运行工况监测、图像显示及记录打印，以及事故追忆和部件故障诊断等功能，其特点是集控制、监测、保护和数据处理为一体，满足各种运行工况的需要，保证机组的安全经济运行。

（三）汽轮机总体设计的主要任务

1. 机组主要参数确定

根据余热锅炉设计参数，拟定汽轮机进汽级数和汽缸个数及各级进汽压力，合理确定各级进汽温度。根据电厂所处环境的供水水源条件和当地气象条件，确定汽轮机冷却方式和各种运行工况下排汽的背压值。根据拟定的进汽参数、汽轮机结构和排汽背压、发电机效率等，进行汽轮发电机组热平衡的计算，得出汽轮发电机的发电功率和热耗等参数。

2. 机组各种系统的确定

（1）热力系统。根据余热锅炉的主要参数，经济合理地确定机组的热力系统，选择中间再热级数，再热蒸汽压力和压力损失，确定各缸级数等。

（2）控制、监视和保护系统。根据对机组运行方式的要求，合理选择汽轮机的控制、监视和保护系统，确定控制保护逻辑和液压系统的设计。

（3）润滑油系统。根据制造厂的经验和传统，结合机组的具体要求设计润滑油系统。确定轴承的耗油量，油泵、油箱及冷油器的容量和类型，以及润滑油管道的形式，例如套装油管道和组合油箱等。

（4）汽封系统。根据制造的经验和传统，结合机组的具体要求设计汽封系统（非自密封式汽封系统或自密封式汽封系统）。

（5）疏水及通风系统。确定系统和选择阀门类型。

（6）滑销及锚固系统。确定机组死点和相对于基础的膨胀方式，选择汽缸和轴承座的推拉装置结构形式等。

3. 合理确定主机结构

确定汽轮机高温部件的使用材料、进汽结构、轴数、汽缸数、排汽口数、汽缸层数和各缸叶片类型，确定轴承形式和数目，确定轴端汽封和轴承座类型（座缸式轴承座或落地式轴承座）。

4. 确定启动运行方式和配汽方式

确定主汽阀、调节阀的布置，支承方式及其与蒸汽管道的死点及膨胀补偿方式。

汽轮机常用的调节方式有节流调节、旁通调节、喷嘴调节和滑压调节。

采用节流调节的汽轮机由于没有调节级、结构简单，对负荷变化的适应性较好，机组运行可靠性较高。但因其部分负荷下经济性较差，节流调节适用于辅助性的小功率汽轮机，以及承担基本负荷且设计功率等于额定功率的大型容量汽轮机。

旁通调节是一种使汽轮机过负荷的辅助性调节方式，一般与节流调节联合使用。旁通调节汽轮机过负荷工作时，效率显著下降，这是因为一部分新蒸汽在旁通阀中产生节流损失，且各旁通级理想焓降相应减小致汽轮机效率下降。

采用喷嘴调节的汽轮机，调节级的喷嘴分成若干个独立的组，每个调节阀控制一组喷嘴，因此调节级为部分进汽。在部分负荷下，喷嘴调节机组的经济性高于节流调节机组，但是此时调节级叶片处于最恶劣的应力状态。

滑压调节又分为纯滑压调节、节流滑压调节和复合滑压调节，为了克服机组在较高负荷时采用滑压调节不经济的缺点，复合滑压调节弥补了这项不足。即高负荷采用定压喷嘴调节，低负荷区域采用滑压调节，极低负荷区域采用低压力的定压节流调节，从而使机组的整个负荷变化范围内，可保持较高效率，又具有一定的负荷反应速度。

承担尖峰负荷的机组宜采用具有双列调节级的喷嘴调节；承担基本负荷的机组因其负荷较稳定，宜采用节流调节或具有单列调节级的喷嘴调节；旁通调节因其在大于经济负荷或较低负荷下效率下降过多，一般不选用。由于燃气轮机联合循环电站的燃气轮机发电功率约占总功率的2/3，负荷调节主要由燃气轮机承担，汽轮机跟随燃气轮机-余热锅炉运行，所以汽轮机宜采用全周进汽、节流调节。

5. 确定汽轮机与凝汽器的连接（刚性连接或挠性连接）。

汽轮机与凝汽器的连接方式分为刚性连接和柔性连接。

大容量机组为保证汽轮机排汽缸与凝汽器喉部连接处的严密性，此处采用焊接连接，凝汽器下部即采用弹簧支承。当排汽缸受热膨胀时，靠底部支承弹簧的压缩变形实现热补偿。刚性连接时，排汽缸的真空吸力全部作用在汽轮机基础上。

较小容量机组在排汽缸与凝汽器喉部之间的连接采用不锈钢波形膨胀节连接，凝汽器则放置在刚性基础上，当排汽缸受热膨胀变形时，通过膨胀节实现垂直方向的热补偿。柔性连接时，排汽缸的真空吸力大部分作用于膨胀节上。

二、汽轮机分类及型号编制方法

（一）汽轮机分类

汽轮机种类众多，可以按照进汽参数、工作原理、热力特性、结构特点等进行分类，详见表8-1。

表 8-1   汽轮机分类

分类原则	形　式
按工作原理分	冲动式汽轮机
	反动式汽轮机
按热力特性分	凝汽式汽轮机
	背压式汽轮机
	抽汽式汽轮机
	抽汽背压式汽轮机
	中间再热式汽轮机
	多压式汽轮机
按蒸汽流向分	轴流式汽轮机
	辐流式汽轮机
按排列方式分	单轴汽轮机
	多轴汽轮机

汽轮机还可以按其他方式进行分类，如按气缸数目可分为单缸、双缸、多缸、合缸汽轮机；按排汽冷却方式的不同，有空冷（干冷）、水冷（湿冷）汽轮机之分；按负荷特性的差异又分为基本负荷机组、尖峰机组、二班制汽轮机组等。

（二）汽轮机型号的编制方法

汽轮机产品的型号由3部分组成，依次分别标识形式和功率、蒸汽参数、变型次序，各部分之间用短横线隔开，表示方法如图8-2所示。

汽轮机型号的第一部分包括两段。第一段是汽轮机的形式代号，用大写汉语拼音字母标示，各代

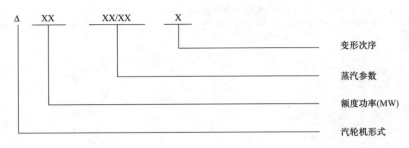

图 8-2　汽轮机型号的表示方法

号见表 8-2；第二段标识汽轮机的额定功率，数值单位 MW。

表 8-2　　　　　　　　　　　　　　　　　　形式代号表示法

代号	形式	代号	形式
N	凝汽	B	背压
C	抽汽凝汽	CB	抽汽背压
CC	双抽汽凝汽		

型号的第二部分标识蒸汽参数。蒸汽绝对压力（MPa）及蒸汽温度（℃）按先压力后温度的次序排列，两数字间用斜线"/"分开，见表 8-3。

表 8-3　　　　　　　　　　　　　　　　　　蒸汽参数表示方式

形　式	参数表示方式
凝汽式	主蒸汽压力/蒸汽温度
中间再热凝汽式	主蒸汽压力/蒸汽温度/再热温度
抽汽凝汽式	主蒸汽压力/抽汽压力
双抽汽凝汽式	主蒸汽压力/高压抽汽压力/低压抽汽压力
背压式	主蒸汽压力/排汽压力
抽汽背压式	主蒸汽压力/抽汽压力/排汽压力

三、蒸汽参数、容量系列与规范

（一）蒸汽参数、容量系列

蒸汽参数通常按容量分挡。容量小的机组参数较低，随着容量的增加，参数随之增高。现代大功率机组采用的主蒸汽参数越来越高，从高温高压机组已发展到超超临界参数的机组。

目前，电站汽轮机已经采用了按蒸汽参数、功率等级相匹配的产品系列，常用的固定式发电用汽轮机的容量与参数规范见表 8-4、表 8-5。

表 8-4　　　　　　　　　　　　　　　　　非再热式汽轮机主蒸汽参数系列

类　别	主蒸汽压力（MPa）	主蒸汽温度（℃）
低压	1.28	340
次中压	2.35	390
中压	3.43	435，450，470
次高压	4.90	435，450，470
	5.88	460，470
高压	8.8	535

表 8-5	再热式汽轮机主蒸汽参数及再热温度系列	
类别	主蒸汽压力（MPa）	主蒸汽温度/再热温度（℃/℃）
超高压	12.7 13.2	535/535，537/537，538/538，540/540
亚临界	16.7 17.8	535/535，537/537，538/538，540/540
超临界	24.2	566/566，566/569

（二）背压的选择

在循环初参数相同的情况下，降低汽轮机的背压（或提高凝汽器的真空度），可使放热平均温度降低，循环效率提高。但是，降低背压将导致汽轮机低压部分的蒸汽湿度增大，降低汽轮机的相对内效率并减少叶片寿命，同时，随着增大的排汽比体积将使末级排汽面积和凝汽器尺寸相应增大，金属消耗和设备投资增加。对于一定的末级排汽面积，若过分降低背压，反而会使其经济性降低。

1. 湿冷汽轮机背压

湿冷汽轮机背压的数值应根据冷却水温和供水方式、排汽流量和末级叶片特性、汽轮机及凝汽设备的造价和运行费用等因素，结合产品系列和总体布置合理地确定。

湿冷汽轮机设计背压应按年平均水温进行优化。我国大部分地区的平均冷却水温为 20℃，凝汽器压力通常采用 4.9kPa（用江河湖海水冷却的开式循环）到 5.4kPa（用冷却塔循环水冷却的闭式循环）。当平均冷却水温为 25℃时，凝汽器压力约为 6.4kPa。

湿冷汽轮机背压（或凝汽器的真空度）是由凝汽器的传热面积、冷却水温度和冷却水量决定的。因此，湿冷汽轮机背压的选取要综合汽轮机、凝汽器和冷却水量等多方面的因素进行技术经济优化而定。最佳背压的选择最终由制造厂和电站设计共同优化决定。

2. 空冷汽轮机背压

空冷汽轮机背压是综合考虑了当地大气温度情况、空冷系统设计特性与投资、汽轮机排汽端设计性能和投资、年运行费用等因素在内的综合优化的结果，旨在保证机组在全年范围内，投资与运行费用之间达到最高的综合技术经济性。

（三）转速

由于发电机的极数只能成对地增加或减少，所以大型电站汽轮机的转速通常选用两挡：

（1）对 50Hz 电网，为 3000r/min 或 1500r/min。

（2）对 60Hz 电网，为 3600r/min 或 1800r/min。

3000r/min 和 3600r/min 称全转速机组；1500r/min 和 1800r/min 称半转速机组。在给定的蒸汽初参数和背压条件下，汽轮机的极限功率与转速平方成反比，因此降低汽轮机转速是提高汽轮机功率的有效措施。

（四）机电炉参数容量的匹配

燃气轮机和发电机、余热锅炉、汽轮机和发电机以及其他辅机是组成整个联合循环电站的重要设备，它们之间关系密切，相互牵连，其参数和容量应合理匹配。

就蒸汽参数而言，汽轮机进口最大蒸汽压力为余热锅炉过热器出口最大蒸汽压力减去管道压力损失，汽轮机最高进汽温度比余热锅炉过热器出口最高蒸汽温度低 1.0~2.0℃。若设有再热蒸汽循环系统，汽轮机中压缸进口最高蒸汽压力为余热锅炉再热器出口最高蒸汽压力减去高温再热管道压力损失；汽轮机中压缸进口最高蒸汽温度比余热锅炉再热器出口最高蒸汽温度低 0.5~1.0℃。汽轮机低压缸进口最高蒸汽压力为余热锅炉低压过热器出口最高蒸汽压力减去管道压力损失；汽轮机低压缸进口最高蒸汽温度比余热锅炉低压过热器出口最高蒸汽温度低 0.5～1.0℃。汽轮机末级动叶片出口压力，在没有低压缸排汽蜗壳性能资料的条件下，一般可近似假定为凝汽器颈部的进口压力。

汽轮机的额定工况应对应于设计预定运行条件下余热锅炉的设计额定工况，在设计进口蒸汽参数工况下，保证达到规定的设计额定出力和热耗率。汽轮机还应接纳预定运行的月最高、最低平均气象参数条件下余热锅炉产生的蒸汽，并应校验相应条件下汽轮机的发电功率。

发电机、主变压器和其他辅机的容量匹配，应满足汽轮机最大连续功率的需要。

四、联合循环汽轮机

（一）原理、系统和特点

1. 基本原理

联合循环汽轮机是利用余热锅炉产生的高温高压蒸汽来做功的动力机械。它一般由以下部分构成：汽轮机、凝汽器及循环水系统、凝结水泵、蒸汽旁路系统、汽封和疏水冷却系统、汽轮机控制和保安系统、蒸汽截止阀和调节阀以及蒸汽管道和阀门等。

联合循环用的汽轮机和常规火电站汽轮机在原理和结构上基本相同，但因为联合循环汽轮机的蒸汽来自余热锅炉，所以它有与常规火电站汽轮机不同的一些特点。

2. 与常规汽轮机的不同点

（1）汽轮机的功率及参数不仅受当地冷却水温的影响，主要还取决于燃气轮机的排气参数和联合循环中燃气轮机配置的数量。

联合循环按结构配置可分类为"一拖一"和"多拖一"两种系统。所谓"一拖一"系统是指 1 台燃气轮机及余热锅炉配 1 台汽轮机的系统；"多拖一"系统则是指多（数）台燃气轮机及余热锅炉配 1 台汽轮机的系统。汽轮机的功率大约为燃气轮机总功率的 1/3～1/2。一般"一拖一"联合循环汽轮机的功率都较小，如 GE 公司的 109FA 型联合循环汽轮机的额定功率为 133MW。而"多拖一"联合循环汽轮机的功率则要大得多，如 GE 公司的 209FA 型联合循环（2 台 FA 级燃气轮机及余热锅炉配 1 台汽轮机）汽轮机的额定功率为 280MW。

由于燃气轮机的性能受大气条件的影响较大，所以即使配同一型号的燃气轮机，在不同地点安装时，汽轮机的功率和参数也会有很大差别。

（2）不采用汽轮机的抽汽来加热给水。为了充分利用燃气轮机排出的燃气热能，联合循环汽轮机一般不采用抽汽加热给水，而尽量将给水的加热全部放在余热锅炉中去完成，以使余热锅炉的排烟温度尽可能降低（对采用天然气这种不含硫燃料的联合循环，余热锅炉排烟温度最低可达 80～90℃）。

（3）多压进汽。联合循环用汽轮机为得到较高的余热回收效率，热力循环一般采用非再热多压式或再热多压式（三压）的进汽方式。对多种机型的计算表明：联合循环由单压改为双压，可以使循环效率提高 2.1%～3.7%；从双压改为三压，效率也略有增加，但得益减少，只增加 0.4%～0.8%；如增加再热将会使联合循环效率再增加 1.6%～1.7%。当然，由单压改多压，或增加再热，都将相应增加电站的造价，必须权衡经济上的得失。

（4）与同功率常规火电站汽轮机相比，高压缸的蒸汽流量较小，而低压缸的蒸汽流量较大。与同功率常规火电站汽轮机相比较，多压式汽轮机的叶片通道中没有设抽汽口，反而有新的蒸汽流量加入，因此联合循环多压汽轮机的高压缸通流能力较小，而低压缸的通流能力偏大。常规火电站汽轮机中，排入凝汽器的蒸汽流量约为高压主蒸汽流量的 70% 左右，而对联合循环多压式汽轮机，排入凝汽器的蒸汽流量约比主蒸汽流量大 30%（见表 8-6），因此设计的排汽面积应加大，末级叶片比同功率常规火力发电厂汽轮机要长。

表 8-6　　　　　　　联合循环汽轮机与常规火力发电厂汽轮机主蒸汽及排汽流量的比较

项　目	联合循环汽轮机 （三压再热）	常规火力发电厂汽轮机 （再热）
功率（MW）	135	135
主蒸汽流量（kg/h）	281800	396500
低压缸排汽流量（kg/h）	369700	271304
排汽流量/主蒸汽流量	1.3119	0.684

（5）全周进汽、滑压运行。通常，联合循环汽轮机发出的功率仅占整个电厂的 1/3 左右，如果电厂的功率调节由汽轮机单独承担，一方面调节范围有限，另一方面也不经济。因此，汽轮机一般不直接参加电网的一次调频和二次调频，整个电厂的一、二次调频通过燃气轮机功率的调整来完成。

汽轮机的运行方式和调节特点紧密相连，由于上述特点，联合循环汽轮机普遍采用"机跟炉"的运行方式，这种方式体现在汽轮机设计上是采用全周进汽，不设调节级，采用变压（滑压）运行，压力随蒸汽流量的变化而变化。这不仅提高了通流效率，也使汽轮机有了更好的变工况性能。

滑压运行一般在额定负荷的 50%～100% 的范围内实施；部分负荷采用滑压运行时，较低的压力可以使余热锅炉多吸收一些热量，从而使汽轮机的功率比定压运行时有所增加，另外还可以降低低压缸后几级叶片的蒸汽湿度。

（6）采用非抽汽式除氧器或带除氧的凝汽器。非抽汽式除氧器，一般指利用余热锅炉的热量或其他热源（如辅助锅炉）去加热除氧器中的给水，而不是像常规火力发电厂用汽轮机，采用抽汽来加热给水；通常联合循环汽轮机在运行中，还经常采用凝汽器完成给水除氧的功能，而在启动过程中增加非抽汽式的启动除氧器，以保证在启动和低负荷运行时也有可靠的除氧功能。

（7）要求适应调峰、两班制运行和快速启动。为适应快速启动，汽轮机通流和结构设计上要做特殊考虑，例如采用大刚性的单层结构气缸，使气缸能快速膨胀；胀差小、大圆角、小应力集中的整锻转子，以适应较大的温度差；提高末级叶片根部的反动度，以适应大的变工况运行等。

（8）大容量旁路系统。因联合循环发电机组在启动时余热锅炉产生蒸汽的压力、温度随燃气轮机负荷增加对应地上升，初期的低压低温蒸汽不能引入汽轮机中，而是通过旁路系统进入凝汽器以防止汽轮机热应力的产生。

大多数联合循环汽轮机为适应快速启停的运行要求，以及凝汽器能接受汽轮机事故工况时余热锅炉所产生的全部蒸汽量，汽轮机的旁路大多设计为 100% 容量。机组解列及停机时也能把蒸汽通过旁路引入凝汽器中。

（二）功率和参数的选择

1. 参数选择的原则

联合循环汽轮机功率的确定和参数的选择受燃气轮机排气参数的限制。汽轮机参数选择的任务是在燃气轮机确定的情况下，尽量提高蒸汽循环的功率和效率，同时兼顾设备的制造成本应在可以接受的范围内。提高蒸汽循环的功率的措施有多压蒸汽循环、提高汽轮机的进汽参数、选择效率高的叶型以提高汽轮机的内效率等。

2. 主蒸汽温度的确定

F 级燃气轮机的排气温度在 590℃ 左右，考虑采用常用的汽轮机高温材料，汽轮机的高压主蒸汽温度大多取为 538℃ 或 566℃；由于再热蒸汽压力较低，再热温度可以选择 566℃。燃气轮机排气温度低于 538℃ 一般不考虑采用再热。

3. 主蒸汽压力的选择

如果提高主蒸汽压力，其他条件相同，则产生蒸汽量减少，热交换量相应减少，余热锅炉效率降低。然而，对多压汽轮机而言，适当提高主蒸汽压力，由于供给了较高热量的蒸汽，会提高蒸汽循环的效率。但由于容积流量减少，使高压部分叶片长度下降，从而使叶片端部二次流损失增加，也会引起汽轮机内效率的下降，同时，由于压力升高，高压汽封漏汽和低压缸末几级的蒸汽湿度都将加大，使汽轮机效率进一步下降。对联合循环汽轮机，应存在热效率最大的压力，它根据各种条件变化而变化。

同时，提高主蒸汽压力还会增加汽轮机的质量，从而增加制造成本，运行的灵活性也会受到影响。

因此，对一定功率等级的汽轮机，当选定了高压蒸汽温度后，应通过综合技术经济比较来选择蒸汽压力。

各主要联合循环设备制造厂商都提出了各自联合循环汽轮机的参数规范。表8-7是根据燃气轮机的初温考虑的主蒸汽压力的大致范围。

表 8-7 主蒸汽（余热锅炉出口）压力

组合形式	"一拖一"型	"多拖一"型
1100℃级	6.86～7.85MPa（双压）	6.86～7.85MPa（双压）
	8.83～10.79MPa（三压）	13.73MPa以上（三压）
1500℃级	13.73MPa左右（三压）	13.73MPa以上（三压）

主蒸汽（余热锅炉）压力的决定还要考虑到燃气轮机的流量、汽轮机与燃气轮机的组合和汽轮机末级湿度等多种因素。

4. 中压进汽和再热压力

再热压力对汽轮机出力没有显著影响。因为中压进汽管与汽轮机的冷端再热管路相连接，再热压力将最终决定中压蒸汽压力值。热再热压力影响再热系统的容积流量，因此对余热锅炉和汽轮机的设计有重大影响。联合循环的热再热压力取决于中压汽轮机第一级喷嘴通流面积的设定。对 GE 公司的207FA 型联合循环（2 台 7FA 燃气轮机配单台汽轮机）所配置的 D11 系列汽轮机，基本负荷工况的热再热压力为 2.3MPa，而在配 209FA 型联合循环（2 台 9FA 燃气轮机配单台汽轮机）时，热再热压力则为 2.52MPa。这些结果常接近于联合循环汽轮机功率的最佳值。

5. 低压进汽压力

低压进汽压力值也是应进行优化的一个参数，它还包括确定在蒸汽流道中放置低压进汽口的位置。一般，选择使用中压排汽作为来自余热锅炉低压过热器的蒸汽进入汽轮机的连接点。这一位置有利于中压和高压两部分流道的高效率设计和标准化。在中低压分缸的结构中，连通管压力即为中压排汽压力，也是低压进汽压力。低压进汽压力与余热锅炉低压汽包压力直接相关，它影响到余热锅炉受热面积的大小并最终确定余热锅炉排烟温度和整个底部循环的热效率。作为上述这些不同考虑的结果，即优化低压进汽/连通管压力的目标是最大汽轮机出力、最小的整台汽轮机和其附属装置（BOP）的成本、对联合循环和余热锅炉的最小影响，以及最大的汽轮机通流和整个联合循环的效率。

（三）排汽面积和末级叶片高度的选择

1. 排汽面积

当蒸汽离开凝汽式汽轮机的末级时，可能以动能的形式携带相当大的有用功至凝汽器中。汽轮机设计需要在减少排汽损失和增加汽轮机设备投资成本间的平衡方面作排汽面积的选择。

离开排汽环面的轴向速度（下称排汽速度）选择过低时，由于叶栅内部非设计工况效率低和角度偏离的影响，总排汽损失比轴向余速损失分量要大得多。大部分设计都将排汽速度控制在 150～

300m/s 的范围内。大于 300m/s 时其他附加损失会加大。

联合循环汽轮机低压缸排往凝汽器的蒸汽容积流量比常规火力发电厂汽轮机低压缸的排汽容积流量大得多（见表 8-8）。

表 8-8　　　　联合循环汽轮机与常规火力发电厂汽轮机各部分蒸汽容积流量的比较

135MW 汽轮机		三压再热联合循环汽轮机（A）	常规火力发电厂再热汽轮机（B）	容积流量比（A/B）
主蒸汽	压力（MPa）	10.1	13.24	0.96
	温度（℃）	538	535	
	质量流量（kg/h）	281800	396500	
	容量流量（m³/s）	2.705	2.821	
再热蒸汽	压力（MPa）	3.35	2.23	0.65
	温度（℃）	566	535	
	质量流量（kg/h）	310200	324918	
	容量流量（m³/s）	9.768	14.869	
排向凝汽器的蒸汽	压力（MPa）	5.2	5.2	1.35
	温度（℃）	33.6	33.6	
	蒸汽湿度（%）	8.7	8.42	
	质量流量（kg/h）	369700	271304	
	容量流量（m³/s）	2547.541	1882.9	

如表 8-8 中数据所示：对功率为 135MW 左右的汽轮机，联合循环三压再热汽轮机的排汽容积流量约为常规火力发电厂汽轮机的 1.35 倍。这是因为常规火力发电厂汽轮机通常有多级抽汽用于加热给水，而在联合循环汽轮机中，不仅没有抽汽口，反而要在下游部位加入大量低压蒸汽的缘故；同时，末级叶片所产生的功率也加大，约为整个汽轮机功率的 15%（常规火力发电厂汽轮机的末级叶片只占 10% 左右），因此，末级叶片和排汽环形面积的选取对汽轮机的效率和运行的安全性影响很大。

对于联合循环汽轮机，排汽流量不仅受冷却水温和背压的影响，还受燃气轮机功率变化的影响，由于不同的大气条件，全年燃气轮机最大功率的变化在 10% 以上。所以，在设计中，需考虑使排汽压力/排汽速度保持在合理范围内，即使排汽面积的选择在汽轮机全年运行的综合经济性最高。

汽轮机排汽容积流量和排汽速度受到两个因素的影响，即直接受凝汽器的质量流量（燃气轮机/余热锅炉生产蒸汽）和与排汽压力有关的容积流量的影响。比如，在低环境温度下，燃气轮机输出功率和余热锅炉产生蒸汽的质量流量均可高于电厂额定点。同时，凝汽器（排汽）压力又与冷却水温直接有关，在较低周围空气/冷却水温度下凝汽器压力下降，使排汽速度大大高于额定值。

在高环境温度条件下，燃气轮机空气流量和余热锅炉产生蒸汽质量流量会下降，由此降低了进入汽轮机的质量流量，并降低了排汽速度。同时，高周围空气温度和/或高循环水温增加了排汽压力，原因是比容的降低更进一步降低了排汽速度。这与常规火力发电厂汽轮机凝汽器与低蒸汽流量相联系的降低凝汽器负荷导致产生低排汽压力的情况有点不同。总之，联合循环汽轮机设计应对联合循环运行方面的特点有所了解，将汽轮机设计成能满足全部要求的范围内安全而高效地运行。其他变化，比如在余热锅炉中增加补燃和热电联产应用中过程（冷却）蒸汽流量的变化等因素，也都必须在排汽尺寸中加以考虑。

2. 末级叶片高度的选择

末级叶片运行的经济性和可靠性是各汽轮机制造厂商长期追求的目标，一只成熟的长叶片都要经过精心的设计和复杂的实验研究过程，在以后的使用过程中，一般不会再去改变它的几何尺寸。大多数制造厂商都挑选出一组不同高度的长叶片，并采用多排汽口的组合来满足不同排汽流量的需求。例如：GE 公司为 209FA 型联合循环的 D11 型汽轮机采用了 2 只末级叶片，末级叶片的高度分别为851mm 和 1067mm。三菱公司为 50Hz 的联合循环汽轮机推出了一组末级长叶片，末级叶片的高度和使用范围见表 8-9。

表 8-9　　　　　　　　　三菱公司联合循环汽轮机末级叶片的配置（50Hz）

序号	高度（mm）	功率（MW）	
		单排汽	双排汽
1	762		<150
2	899	<180	260～440
3	1029	180～260	>440
4	1219		>440

表 8-10 列出了 GE 公司用在 50Hz 联合循环汽轮机的末级动叶（LSB）系列。值得注意的是几种适用于在高背压下运行的动叶。这些设计的高可用性提供了电站选址时的灵活性。采用空气冷却凝汽器的电厂可能需要选择这些适应高背压的末叶片。

表 8-10　　　　　　　　　GE 公司应用于联合循环汽轮机的末级动叶（50Hz）

频率	长度		节径		并行流道数的排汽环形面积			
					1	1	2	2
Hz/(r/min)	In	mm	In	mm	Ft²	m²	Ft²	m²
50/3000	15①	381	64.2	1631	21.0	1.95	—	—
50/3000	17.5	445	70.0	1778	26.9	2.50	—	—
50/3000	22H①	559	88.0	2235	42.2	3.92	84.4	7.84
50/3000	26	660	91.0	2310	51.6	4.79	103.2	9.59
50/3000	33.5	851	99.5	2530	72.7	6.75	145.4	13.51
50/3000	42	1067	110.4	2804	101.2	9.40	202.4	18.80
50/3000	48②	1219	120.0	3048	125.7	11.68	251.4	23.36

① 适合于排汽压力增大的范围。
② 限制应用于再热循环机组。

由于联合循环汽轮机低压缸末级叶片的负荷和排汽流量较大，对叶片的气动性能和强度与振动性能应该有更严格的要求；并应具有良好的防水蚀性能。对于调峰运行（特别是季节调峰和两班制运行）的机组，还应要求末级叶片具有良好的小容积流量下的气动特性和阻尼减振特性。

研究汽轮机出力与排汽压力的关系可以清楚得出，具有较大环形面积的汽轮机在低背压下具有较好的性能。而具有较小排汽端环形面积的汽轮机在高背压下有较好的性能。

（四）典型联合循环汽轮机参数

表 8-11 列出了典型联合循环汽轮机参数，包括南京汽轮电机（集团）有限责任公司（简称南汽）、美国 GE 公司（简称 GE）、哈尔滨汽轮机有限公司（简称哈汽）、东方汽轮机有限公司（简称东汽）、上海电气电站设备有限公司汽轮机厂（简称上汽）等联合循环汽轮机的设计参数和结构尺寸。

表 8-11　典型联合循环汽轮机设计参数和结构尺寸表

产品代号	机组配置	汽轮机形式	额定功率 (MW)	高压蒸汽 (t/h /MPa /°C)	中压蒸汽 (t/h /MPa /°C)	低压蒸汽 (t/h /MPa /°C)	排汽压力 (kPa)	末级叶片长度 (mm)	运行层标高 (m)	汽轮机本体总重 (t)	最大检修件重 (t)	外形尺寸 (长×宽×高) (mm×mm×mm)	机组中心线至运行层高度 (mm)	制造厂
Z587	6B "一拖一"	单压、单缸单排汽、多轴	18	68.5/ 3.43/440	—	—	5.02	不详	8.0	72	—	6628×4890× 3685	900	南汽
Z559	6B "二拖一"	单压、单缸单排汽、多轴	36.1	132/ 6.7/465	—	—	10.5	不详	8.0	85	—	7005×5040× 3685	900	南汽
—	6B "二拖一"	双压非再热、单缸单排汽、多轴	38	120/ 6.2/482	—	2/ 1.46/289	5.1	不详	8.0	—	—	6135×4035× 3455	—	GE
Z710	9E "一拖一"	双压非再热、单缸单排汽、多轴	60	178.5/ 5.6/527	—	33/ 0.56/255	8.08	660	8.0	150	25	5290×3590× 3530	800	南汽
138号	9E "一拖一"	双压非再热、单缸单排汽、多轴	60	180/ 5.6/530	—	32/ 0.56/255	8.0	668	8.0	128	23	8200×6900× 3400*	800	哈汽
140号	9E "一拖一"	双压非再热、单缸单排汽、多轴	82	225/ 8.0/530	—	46/ 0.65/255	6.5	855	9.0	173	35	9000×7700× 4000*	800	哈汽
157号	9E "二拖一"	双压非再热、双缸双排汽、多轴	124	360/ 7.0/530	—	65/ 0.65/255	8.0	710/730/855	10.0	341	45	16000×8000× 5400*	900	哈汽
161号	9E "三拖一"	双压非再热、双缸双排汽、多轴	188	530/ 8.3/530	—	96/ 1.2/255	8.0	900	12.6	366	45	16000×8000× 5400*	900	哈汽
D10号、158号、158A号	9FA "一拖一"	三压再热、双排汽	140	280/ 9.6/565	306/ 2.18/565	46/ 0.3/310	6.0	660/851/900	11.0	405	58.6	18000×7500× 6300*	914.4	哈汽
152号	9FA "二拖一"	三压再热、双缸双排汽、多轴	275	560/ 11.5/565	630/ 2.55/565	92/ 0.4/310	5.3	1000	12.6	490	45	17500×7600× 6800*	1067	哈汽
D78A	E级 "一拖一"	双压、单缸单排汽	78	201.2/ 7.6/508	—	49/ 0.57/232	11.8	660	8.0	145	55	7950×6900× 4850*	800	东汽
D90A	6FA "五拖二"	双压、单缸、多轴排汽	90	274.5/ 8.04/534	—	31.25/ 0.62/271	10.2	660	9.0	160	50	9000×7700× 4600*	800	东汽

续表

产品代号	机组配置	汽轮机形式	额定功率 (MW)	高压蒸汽 (t/h /MPa /℃)	中压蒸汽 (t/h /MPa /℃)	低压蒸汽 (t/h /MPa /℃)	排汽压力 (kPa)	末级叶片长度 (mm)	运行层标高 (m)	汽轮机本体总重 (t)	最大检修件重 (t)	外形尺寸 (长×宽×高)(mm×mm×mm)	机组中心线至运行层高度 (mm)	制造厂
D100D	E级 "二拖一"	双压、单缸单排汽、多轴、空冷	100	326.8/ 9.97/537	—	53.76/ 1.6/304.3	28.0	410	9.0	185	50	9000×7700× 4600*	900	东汽
D125E	E级 "二拖一"	双压、单缸单排汽、多轴	125	359/ 10.36/537	—	80/ 0.61/238	12.0	736	9.0	205	38	9900×6900× 4800*	950	东汽
D200W	E级 "三拖一"	双压、双缸双排汽、多轴	200	523.2/ 8.538/522	—	111.4/ 0.624/300	6.57	736	10.0	310	75	15400×7800× 5300*	1099	东汽
D130A	FA级 "一拖一"	三压再热、双缸双排汽	130	264.9/ 11.11/565	317.3/ 2.72/565	36.7/ 0.442/227.6	11.8	570	9.0	235	57	13200×7640× 5200*	950	东汽
D150L	FB级 "一拖一"	三压再热、双缸双排汽	150	294.3/ 12.29/566	356.5/ 2.99/566	52.3/ 0.496/246.1	5.1	660	9.0	240	57	13200×7640× 5200*	950	东汽
TCF1	4000F "一拖一"	三压再热、单缸单轴轴排、多轴	140.6	276.1/ 12.823/563	317.9/ 2.918/551	56.6/ 0.352/258.6	4.8	1146	轴向排汽, 5.5	292	56.5	10970×6120× 6072	1000	上汽
168	F级 "一拖一"	三压再热、双缸、轴排、单轴	135.8	273/ 12.63/550	328.5/ 3.094/550	53.7/ 0.365/240.9	6.38	1146	轴向排汽, 5.5	285	50.6	10150×6120× 6072	900	上汽
169	F级 "二拖一"	三压再热、双缸双排汽、多轴	278.8	538/ 12.875/550	636/ 3.095/543	84.5/ 0.644/239.8	4.9	690	12.6	400	77	16800×7200× 9200	1067	上汽
C880	F级 "一拖一"	三压再热、双缸双排汽、多轴	140.7	280.5/ 13.22/555.6	324.5/ 3.34/550.7	51.5/ 0.5/244.6	5.2	410	12.6	365	51.3	16100×7100× 8900	900	上汽
D880	F级 "一拖一"	三压再热、双缸、轴排、单轴	149.9	289.5/ 13.078/565	326/ 3.04/556.1	51/ 0.446/237.9	6.45	1146	轴向排汽, 5.5 或 6.5	300	48.6	10970×6120× 6072	900	上汽

注 表中的压力指绝对压力。
* 数据中高度值为到运行平台层的高度。

第二节　汽轮机本体辅助系统

一、汽轮机油系统及装置

汽轮机油系统为汽轮发电机组启动、运行、停机提供相应的压力油源，是保证汽轮发电机组安全和无事故运行的关键系统。机组在运行中即使是短暂的中断供油，也会造成严重的设备事故，油系统的漏油也易引起失火。

汽轮机油系统包括润滑油系统、顶轴油系统、氢冷发电机的密封油系统、液压油系统和保安油系统。随着技术的发展，大型汽轮机数字电液调速系统大多采用独立的高压抗燃油系统。

汽轮机油系统的主要作用是供给汽轮发电机组各轴承的润滑和冷却用油，为主油泵、轴承、盘车装置及联轴器提供用油，为发电机氢密封空侧提供密封用油，为保安部套提供压力油和安全油，以及为顶轴油装置提供油源。

汽轮机油系统有供油母管和回油母管，各个轴承采用节流孔板的方式从供油母管取油，具备控制分配、合理使用、保证调整能力，以达到安全、可靠地有效用油。各轴承进口孔板前的油压有 0.08～0.12MPa 及 0.176MPa 两个等级。油温应满足各种不同轴承的设计要求。油系统的清洁度在机组投运前应达到制造厂提出的要求和标准。

（一）汽轮机油系统的供油方式

汽轮机油系统一般有以下三种供油方式：主油泵-射油器、主油泵-油轮泵和电动主油泵直接供油等。

1. 主油泵-射油器供油方式

该供油方式有单台配置（一个射油器）和双台配置（两个射油器）两种方式。同时，又有主油泵供调节保安用油和主油泵不供调节保安用油两种方式，系统原理见图 8-3 和图 8-4。

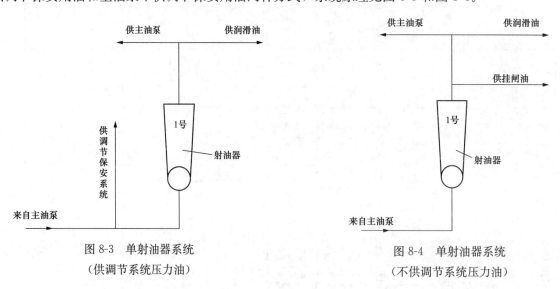

图 8-3　单射油器系统　　　　　　　　　图 8-4　单射油器系统

（供调节系统压力油）　　　　　　　　（不供调节系统压力油）

主油泵-射油器供油系统成熟可靠，已在大、中型机组中广泛应用，但效率偏低。

2. 主油泵-油轮泵供油方式

正常运行时，汽轮机主轴直接驱动主油泵，主油泵出口压力油进入油轮泵，压力油油压下降驱动油轮泵旋转，带动增压油泵工作，增压油泵从主油箱吸油，升压后供主油泵进口吸入油。油轮泵排油（乏油）经冷油器后供润滑油（见图 8-5），也可以采用增压油泵供油和油轮泵排油联合供油（见图 8-6）。

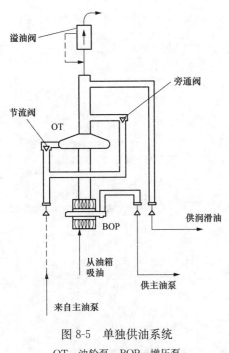

图 8-5　单独供油系统
OT—油轮泵；BOP—增压泵

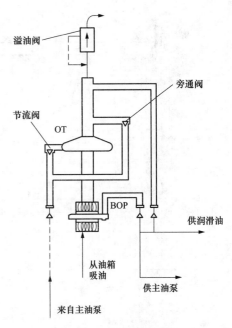

图 8-6　联合供油系统
OT—油轮泵；BOP—增压泵

为了满足系统油压的需要，一般需要对油轮泵进行现场调整，油轮泵上设有 3 个阀门——节流阀、旁通阀、溢流阀，各阀的主要作用分别为节流阀调整增压油泵的运行点，旁通阀补偿润滑油母管油压，溢流阀调整母管油压。

油轮泵供油系统的可靠性和效率高，在大、中型机组中已得到越来越广泛的应用。

3. 电动主油泵供油方式

该供油方式常见于变转速工作的小功率汽轮机中，目前大功率汽轮机中也开始应用。主油泵不采用汽轮机组主轴驱动，而是由电动机直接驱动，它布置在集装油箱里。采用这种供油方式时，一般设有 3 个油泵。两台互为备用的电动主油泵和一台直流事故油泵，其他的设备，如切换阀、冷油器与上述两供油系统相同。正常工作时，电动主油泵的出口油经过一个压力调节阀后供润滑油，同时在系统中应有保护手段，以保证油泵切换时油压的稳定性。

（二）不同供油方式效率的比较

（1）射油器的效率。射油器是一种安全可靠的喷射式泵，为了保证射油器设计的可靠性，制造厂采用试验特性线进行设计计算，通过试验台试验完成复核、校正。射油器的效率一般不超过 20%。

（2）油轮泵的效率。油轮泵由油轮机和增压油泵组成。增压油泵根据设计流量、压力选型，是成熟的液力机械，其效率 $\eta_{BOP} > 50\%$；油轮机属水轮机型液力机械，其效率 $\eta_{OT} > 50\%$，因此，油轮泵的效率 $\eta = \eta_{OT} \eta_{BO} > 30\%$。

油轮泵的效率一般为射油器效率的 1.5 倍或者更大，可靠性与泵类机械基本相同，而噪声和振动优于射油器。

（三）汽轮机油系统设备简介

为了说明系统设备的配置，可选择一个具有代表性的油系统，该系统的供油元件为主油泵-射油器，它较为全面地反映了汽轮发电机组的各种需求以及往返流程，见图 8-7。

1. 油泵

汽轮机油系统要为机组启动、停机及失去厂用电时提供润滑油，则需设置交流润滑油泵和直流事故油泵。由于汽轮机油系统的供油元件不同，有的供油系统还设有高压辅助油泵或主油泵入口供油泵。

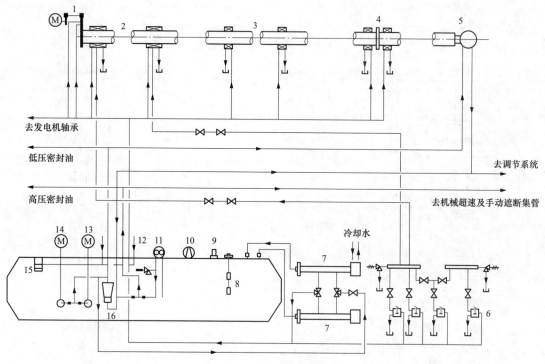

图 8-7　汽轮机油系统

1—盘车装置；2—低压缸轴承；3—高中压缸轴承；4—推力轴承；5—主油泵；6—顶轴油泵；7—冷油器；
8—液位开关；9—除雾器；10—除雾风机；11—氢密封备用泵；12—回油套管；13—交流辅助油泵；
14—直流辅助油泵；15—回油滤网；16—射油器

（1）交流润滑油泵。该油泵的主要作用是供汽轮机组盘车油；汽轮机润滑油压低时补充提供润滑油；当调速液压油系统独立时，在机组启动时向盘车装置和轴承提供润滑油。

（2）直流事故油泵。当系统发生事故或失去厂用电，从而使润滑油压降低到最低限值时，直流事故油泵投入运行以保证机组安全停机。

（3）高压辅助油泵。该油泵的主要作用是当机组启动或者主油泵事故时，代替主油泵提供工作油。

（4）主油泵。该油泵的作用是在机组运行过程中提供润滑油。

2. 主油箱

现代大功率机组中主油箱基本上都采用集装油箱。采用集装油箱可缩小供油系统的占地空间，减少向系统外漏油的可能性，提高系统的安全性，同时，布置方便、安装简单。在集装油箱上一般集成了电动辅助油泵、汽轮机油系统的主供油部件射油器或油轮泵（BOP＋OT）、滤网、电加热器、油烟分离器、排油烟风机、油位指示器等，同时还可集成切换阀、氢密封油泵、低润滑油压遮断装置等设备。有的机组还集成有冷油器、双联过滤器等有关部套。

集装油箱不仅是系统装油的容器，而且还具有沉淀杂质、分离油烟气体和水分的功能。油箱的存油容量一般是按每小时内油系统的循环油量进入油箱进行循环的倍率 K（一般取值为 8～12）来衡量，同时油箱的存油容量还应考虑当机组失去厂用电时，润滑油系统得不到冷却的情况下，满足整个机组安全惰走停机而不烧瓦。

3. 冷油器

润滑轴承的润滑油吸收了轴承摩擦耗功所产生的热量后油温上升。为使进入轴承的油温一直保持在规定的 40～50℃ 范围内，必须在油系统中设置冷油器，以不断带走润滑油所吸收到的热量。

冷油器的设计必须满足如下基本要求：在最恶劣的工作条件下（即夏季最高冷却水温）仍能把润

滑油冷却到规定的油温范围之内；如采用凝汽器循环水总管的自然水，冷油器冷却系统的水阻应小于凝汽器的水阻。

冷油器的材质一般根据冷却水的水质情况来决定，冷却水管的材质一般有铜、不锈钢、钛 3 种。

冷油器按结构形式可分为两类，即板式冷油器和管式冷油器。对于板式冷油器，其特点是传热系数高、结构紧凑、价格较高；而管式冷油器，其特点是结构简单、易于拆卸、布置方式灵活等。

根据内部的换热管形式不同，冷油器可分为光管式、低螺纹管式和翅片管式。在这 3 种管式冷油器中，光管式结构最简单，其余两种制造成本较高，对循环水水质要求也较高，但它们的优势是在同样的外形尺寸下可以具有更大的换热面积。

考虑到系统的完善性，一般每台机组都配置两台 100％ 容量的冷油器，一台运行，一台备用，两台冷油器之间用切换阀连接。

4. 切换阀

切换阀一般为筒状板式结构，其作用是在两台冷油器并联时，可使两台冷油器相互切换运行。润滑油从切换阀下部入口进入，经冷油器冷却后，由切换阀上部出口进入轴承润滑油供油母管，阀芯所处的位置决定了相应冷油器的投入状况。

根据现场布置情况，切换阀有布置在油箱内部的，也有布置在油箱外部的。

5. 顶轴油装置

大功率汽轮发电机组的轴承或部分重载轴承设有静压轴承，顶轴油装置为轴承提供高压油。当机组轴系在盘车或低速转动时，顶轴油泵从汽轮机油系统吸油，其出口高压油进入轴承，建立静压油膜，浮起转子，从而起到减少摩擦、防止低速碾瓦、降低盘车启动力矩的作用。

顶轴油装置一般按静压轴承所需的压力、流量，选配顶轴油泵、电动机、管路及相应的附件构成装置。

顶轴油装置有分散单元制及母管供油制两种配置方式。分散单元制为每个轴承配备一套顶轴油装置；母管供油制中各轴承共用一套顶轴油泵，与电动机、管路及相应附件集成组合装置，高压油通过母管经由各支管的调节阀、单向阀进入轴承。单向阀与轴承间装有压力表，用以监测轴承工作时的油膜压力。目前，大功率汽轮发电机组中大多都采用母管供油制。

6. 套装油管路

大型汽轮机一般采用套装油管路，即压力供油管套装在回油管内。该套装方式是将输送压力油和轴承供油的若干根小管道套在一根大口径的回油总管内，大小管道之间的通道作为回油管道，这样既能防止高压油漏入汽机房，又能使管道相对集中，减少管道所占空间，结构紧凑、便于布置。套管内的回油为半管流动，管内上半部为油烟通道，由装于油箱上的排油烟风机抽吸出油烟并排向大气。回油管向回油方向的倾斜度为 3：100。

7. 油净化装置

汽轮机油系统在机组运行过程中会因混入汽、水和其他杂质而使油质逐渐变坏，对机组轴承和调节保安系统的工作产生不良影响，从而影响到机组的安全运行。因此，在系统中必须设置一个与供油系统并联运行的油净化装置，以便能连续不断地从油箱中抽出一部分工作油进行过滤和净化处理，然后再送回油箱。以达到提高油质，确保机组安全运行和延长汽轮机用油的寿命及降低发电成本的目的。

油净化装置有真空加热式、高速离心式、聚结分离式 3 大类。高速离心式是通过油液的高速旋转，油液中的颗粒污染物与水分产生离心力克服油液的黏滞力而甩出，从而使水从油液中脱出，对于乳化水、溶解水和较细的颗粒污染物，该类装置效果不理想；真空加热式是利用道尔顿分压原理，根据油液和水分蒸发度不同，先将油液加热，使油液中所含有的水分因为容器中建立起的高度真空而发生汽化、分离并排除；聚结分离式是应用物理化学的方法，通过过滤材料的亲水性，将油液中的微小水珠聚结成大的水珠而脱落，油液随后通过分离材料，该材料具有增长性，只让油液通过，而不让水分通过，因此可将油液中的水分分离出来。

油净化装置的主要技术指标有：

（1）出口油中含水量小于 0.05%。

（2）对 5~30μm 的杂质，过滤精度为 94%~98%。

（3）推荐每小时净化的油量为油箱存油量的 10%~20%。

（四）汽轮机油系统的冲洗

汽轮机的冲洗用油应是汽轮机制造厂规定的工作油，冲洗油量必须保证油泵循环良好，冲洗油压不得超过系统额定压力的 10%。

油冲洗时应增大冲洗油的流量，所有阀门均处于最大开度，并拆除一切不必要的限制油量的部件，如节流孔板、过滤器、滤芯等，而用临时短管连接起来。

油冲洗的常用方法有高速循环热油法、油温变化法、振动或捶击管道法、注空气法等。每种方法都有自己的优缺点，油冲洗方法需要根据项目实际情况来选择确定，完整的冲洗程序通常是几种方法的综合运用。

（五）汽轮机油的油质要求

在汽轮机油系统中，由于油质的好坏直接影响汽轮机的安全运行，因此，电厂必须使用汽轮机制造厂规定的油，一般情况下不允许代用。好的润滑油应具有以下品质：

（1）优异的抗氧化安定性及热稳定性。

（2）优良的黏温性和适当的黏度。

（3）优良的低温操作性能。

（4）优异的抗乳化性能。

（5）优良的抗泡沫性能。

（6）优良的防锈性和防腐性。

（7）优良的空气释放性能。

二、汽轮机汽封系统

汽轮机的汽封系统要为汽轮机在启动、运行、停机各种工况下提供合适的端部轴封密封汽源；引导和回收汽轮机轴端汽封，高、中压主汽门和调节门阀杆的泄漏蒸汽及汽-气混合物，以防止蒸汽泄漏进入厂房；此外，还要防止空气漏入低压缸内影响机组真空度。汽轮机汽封进水、进冷汽、进杂质均会使汽轮机运行产生异常反应，甚至导致汽轮机转子弯曲。因此，汽封系统设计的好坏，与汽轮机的经济性和安全可靠性密切相关。

汽封系统一般由供应汽封系统的汽源（新蒸汽、辅助蒸汽、冷端再热蒸汽或除氧器汽平衡管蒸汽）、控制汽源的调节阀门站及其控制系统、控制蒸汽温度的减温装置、轴封加热器及保持汽封加热器内微真空度的抽气装置、汽轮机汽封蒸汽进口滤网以及安全阀等组成。

（一）汽封系统的分类

1. 开式汽封系统

开式汽封系统是不引导和回收泄漏蒸汽的系统，汽封漏汽从冒汽管漏入厂房，该系统仅用于低参数小功率的汽轮机，目前已不再使用。

2. 闭式汽封系统

闭式汽封系统是引导和回收汽轮机端汽封、阀杆等正常泄漏蒸汽的系统。

汽封系统的抽气装置和汽封加热器，使端部汽封密封段后以及阀杆漏汽密封段后的抽汽-气腔室保持微真空压力（约 96kPa）。抽汽-气腔室空气侧吸入空气，蒸汽侧漏入蒸汽，汽-气混合物被引导至汽封加热器，泄漏出的蒸汽凝结放热被回收，空气及不凝结气体则被抽气装置抽排入大气。闭式汽封系统又分为非自密封汽封系统和自密封汽封系统两大类。

（1）非自密封汽封系统。从除氧器汽平衡管来的蒸汽由两根汽封供汽母管，两个汽封压力调节阀各自单独向高、中和低压轴封供汽，高、中压轴封有两段漏汽均引至轴封加热器，不凝结的气体由轴封排气风机抽吸排出。另外，还接有新蒸汽供汽管，通过压力调节阀以适应机组热态启动的需要。

（2）自密封汽封系统。大型汽轮机一般均采用自密封汽封系统。自密封汽封系统是指在机组正常运行时，由高、中压缸轴端汽封的漏汽经喷水减温后作为低压轴端汽封供汽的汽轮机汽封系统，多余漏汽经溢流站溢流至凝汽器。在机组启动或低负荷运行阶段，汽封供汽由外来蒸汽提供。自动化控制系统能充分可靠地完成外供、自给切换、平衡补偿的系统要求，具备经济性好、安全、可靠、工况适应性好的特点。系统见图8-8。

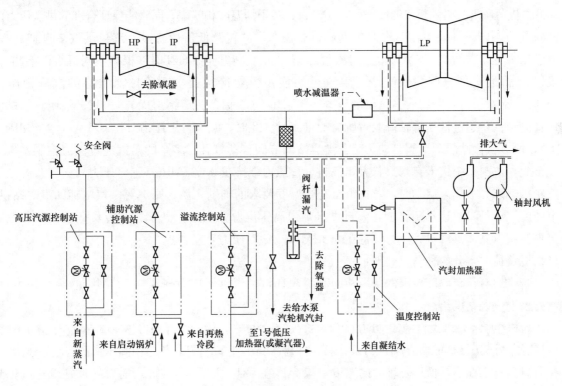

图8-8　自密封汽封系统

自密封系统可减少汽轮机轴封的分段数，缩短转子的长度；可克服用一个汽源同时向高、低压轴封供汽时流量分配不均的矛盾，使系统运行安全、可靠；不需要除氧器汽平衡管供汽，有利于除氧器滑压运行的要求。

（二）自密封汽封系统组成、运行及要求

1. 系统组成

系统中除汽轮机轴端汽封和阀杆的漏汽和供汽、抽汽（气）管路外，还包括3个压力控制站（即高压汽源控制站、辅助汽源控制站和溢流控制站）及一个温度控制站。高压汽源控制站用以控制启动时来自新汽的各轴端汽封供汽量；辅助汽源控制站用以控制启动时来自余热锅炉/启动锅炉（或老厂母管汽）或再热冷段（高压缸排汽）蒸汽的各轴端汽封供汽量；溢流控制站用以控制正常运行时溢流到凝汽器的多余蒸汽量。在低压轴端汽封供汽母管上设置有温度控制站，用以控制来自凝结水泵至减温器的喷水量，使减温后的蒸汽参数满足低压轴端汽封的供汽要求。

控制站一般采用DCS控制，根据供汽母管的压力或温度信号由DCS控制各气动或电动调节阀。调节阀能接受4～20mA的信号，并能提供4～20mA的阀位反馈信号。电动阀门要求采用一体化的电动执行机构。

供汽母管上设有弹簧式安全阀，以防止系统超压。系统中设置一台汽封加热器以回收漏汽-气混合物的热量和两台离心式引风机（其中一台为备用），以建立抽汽腔室的真空度。此外，为防止杂质进入轴端汽封，在供汽管上还装有蒸汽过滤器。为降低进入低压汽封的供汽温度，以避免汽封体和转子受热变形，在低压轴端汽封的供汽母管上装有喷水减温器。

对超临界机组汽封系统，由于蒸汽参数提高对系统的阀门、管道材料提出了新的要求，同时系统要求无铜离子，因此，汽封加热器管材必须选择不锈钢。

2. 系统运行及要求

根据汽轮机的不同启动工况，其汽封系统供汽参数也应满足启动工况的要求。最重要的是在不同的启动工况下，供各轴端汽封的供汽温度与各轴端汽封处转子的温度相匹配，同时能保证合理的供汽压力。

汽轮机冷态启动时采用辅助汽源站供汽；在盘车、冲转及低负荷阶段，汽封供汽来自辅助汽源，供汽母管压力维持在约 0.125MPa（绝对压力）。当机组负荷升至某负荷时（根据不同机组而不同），再热冷段已能满足全部汽封供汽要求，供汽可切换由再热冷段提供，并自动维持供汽母管压力为 0.127MPa（绝对压力）左右；当负荷增至 60％以上时（根据各机组情况而异），高、中压缸轴端漏入供汽母管的蒸汽量超过低压缸轴端汽封所需的供汽量。此时，蒸汽母管压力升至 0.13～0.135MPa（绝对压力），所有供汽站的调节阀自动关闭，溢流站调节阀自动打开，多余的蒸汽通过溢流控制站排至凝汽器。至此，汽封系统进入自密封状态，汽封母管压力维持在 0.131MPa（绝对压力）。

汽轮机热态和极热态启动时，若机组有符合温度要求的辅助汽源，则汽封供汽由辅助汽源站供给；若机组辅助汽源的参数达不到要求，汽封供汽则由高压汽源站供给。盘车、冲转及低负荷阶段汽封供汽来自主汽供汽站，供汽母管压力维持在 0.12MPa（绝对压力）左右。

机组甩负荷时，分两种情况处理：

（1）若机组有符合温度要求的备用辅助汽源，汽封供汽母管压力降至 0.125MPa（绝对压力），汽封供汽由辅助汽源站供给。

（2）若机组无备用辅助汽源或辅助汽源的参数达不到要求，辅助汽源和再热冷段供汽不能利用，汽封供汽母管压力降至 0.12MPa（绝对压力），则高压供汽调节阀自动打开，供汽由高压汽源控制站供给。

在所有运行工况下，低压缸轴封的温度一般允许在 121～177℃。因此，需要在通往低压缸轴封的供汽母管中进行喷水减温，由温度信号通过 DCS 来控制温度站的调节阀开度，温度调节站自动维持低压汽封腔室处温度范围。喷水源一般为凝结水泵后的凝结水。

汽封辅助蒸汽的温度要求：汽轮机冷态时，汽封母管压力下的最高蒸汽温度为 260℃，汽封母管压力下的最低蒸汽温度为 150℃；汽轮机热态时，汽封母管压力下的最高蒸汽温度为 375℃，汽封母管压力下的最低蒸汽温度为 208℃。

（三）汽封系统控制站

1. 高压汽源控制站

高压汽源控制站由调节阀和截止阀组成。

（1）调节阀。由于高压蒸汽的供汽点选在汽轮机主汽阀前的新蒸汽管上，所以调节阀阀门的额定参数应为主蒸汽参数。阀门的流量特性以选用等百分比特性为宜，通流能力 C_v 值应比系统计算要求的通流能力高出 20％～30％。

（2）截止阀。截止阀应为电动式，阀门的通流能力不得小于调节阀的通流能力。

2. 辅助汽源控制站

辅助汽源控制站由调节阀、截止阀和旁路阀组成。

（1）调节阀。调节阀的额定参数应为汽轮机再热冷段的最高蒸汽参数。其流量特性和通流能力的要求同高压汽源控制站。

（2）截止阀和旁路阀。截止阀和旁路阀应为电动式，阀门的通流能力不得小于调节阀的通流能力。

有些机组的辅助汽源采用老厂母管蒸汽和启动锅炉蒸汽时，可另设一个冷段再热汽源控制站，汽源为高压缸排汽；也可将此两路汽源接入同一调节阀，共用同一汽源控制站。此时，调节阀选型按同时满足多种汽源参数考虑。

3. 溢流控制站

溢流控制站由调节阀、截止阀和旁路阀组成：

（1）调节阀。调节阀的额定参数应为供汽母管安全阀的动作压力。其流量特性和通流能力的要求同高压汽源控制站。

（2）截止阀和旁路阀。截止阀可采用手动或电动驱动方式，旁路阀应采用电动式，这些阀门的通流能力与调节阀的相同即可。

4. 温度控制站

温度控制站由调节阀、截止阀、旁路阀和喷水减温器组成。

调节阀的额定设计压力取为凝结水泵后的凝结水最高压力，选用小流量调节阀，阀门通流能力和流量特性的要求同高压汽源控制站。截止阀和旁路阀均可为手动，并选用与调节阀相同的通流能力。

喷水减温器的关键在于选择合适的喷嘴形式，使喷出的凝结水能充分雾化，减温喷嘴雾化效果的好坏直接关系到机组的安全运行，雾化效果不好，不但减温效果差，而且大量未雾化的水流极易造成汽轮机进水事故和管道系统的水击振荡，对机组安全会构成威胁。常见的喷嘴形式有旋流式和离心式。试验表明，离心式喷嘴的雾化效果较好，一般喷水压差达 $0.8\sim1.0$MPa 时，射流即能雾化。

由于喷水减温器结构等的原因，雾化水珠的汽化率不可能达到 100%，在进行喷水流量计算时应考虑这一因素。在系统设计时，喷水减温器的安装位置距低压轴封的距离应大于 $13\sim15$m，喷水后必须有 3m 以上的直管段，喷水减温器后必须设置足够大的连续疏水管。

5. 安全阀

为确保机组安全运行，供汽母管上应设置安全阀。一旦控制系统发生事故，高压汽源控制站和辅助汽源控制站的调节阀全开，溢流控制站的气动调节阀关闭，供汽母管的蒸汽压力会升高，其压力限值一般为 $0.24\sim0.3$MPa（绝对压力）。此时，安全阀的排放能力应满足在 0.3MPa 事故状态下，能排放高压汽源控制站和辅助汽源控制站的调节阀所能通过的最大流量，以便有时间去排除故障。

安全阀数量一般为一个，其整定压力推荐为 $0.24\sim0.3$MPa（绝对压力）。

（四）汽封系统管道的布置

（1）供汽管道应朝来汽方向倾斜，其倾斜率为 1/50，以便供汽管上的阀门关闭时，管内的凝水可疏向来汽管；否则，在每个阀门进口处都应设带节流孔板的连续疏水管。

（2）汽封、阀杆漏汽及汽气混合物管道应朝介质流动方向倾斜，其倾斜率为 1/50。

（3）管道应避免 U 形布置现象，并在管道的低位点处均应设置疏水点。

（4）使用喷水减温时，就在减温器出口汽管上装设连续疏水装置，使之能排出喷水阀全开时喷入汽封管内的全部水量。

（5）从主蒸汽、低温再热蒸汽和辅助汽源接出的汽封供汽管应从垂直段上或水平管道的顶部接出。

（五）汽封加热器

汽封加热器是一个热交换器，其作用是从汽气混合物中回收凝结水，并由轴封抽气器将空气排出，从而在汽封加热器中建立抽出汽封和阀杆的漏汽所必需的微真空。一般用主凝结水作为汽封加热器的加热介质。

1. 选材及使用

汽封加热器一般采用卧式 U 形管表面式换热器。冷却管材料通常采用不锈钢管，管子除胀接外还需与管板采用密封焊；也有用 HSn-70-1 锡黄铜冷却管的，但由于汽封加热器内氨腐蚀较严重，影响铜管使用寿命，因此，不推荐使用铜管。

2. 水位要求

壳体内的水位应设指示器及监视装置。对于卧式换热器，必须特别注意蒸汽侧凝结水不得淹没冷却管，否则会使传热急剧恶化。

（六）汽封系统抽气设备

汽封抽气设备是汽封系统中的一个重要设备，它是用来维持汽轮机轴封腔室为一定负压值的。通常，汽封系统抽气设备有 3 种形式，即轴封排气风机、射汽式汽封抽气器和射水抽气器。

1. 轴封排气风机

轴封排气风机采用离心式风机作为汽封抽气设备来抽吸经汽封加热器热交换后剩余的汽气混合物，并使加热器内维持一定的负压。它具有系统简单、操作方便、运行可靠、效率高、经济性好等优点，在汽轮机汽封系统中普遍采用。

轴封排气风机是一种高扬程、小流量的离心式通风机。风机的扬程（或称全压升）取 8kPa 为宜（因轴封抽气腔室中的压力一般为 0.096MPa）。

轴封排气风机的容量理论上应根据汽轮机轴封和阀杆密封处漏入加热器的空气量和不凝结气体量来确定。

轴封排气风机进口汽-气混合物的温度要求一般不超过 60℃，此时，汽-气混合物中的蒸汽含量占 10% 左右。

轴封排气风机与电动机无论是单独放置还是安装在汽封加热器的壳体上，均应有公共底盘。风机的进口必须高于汽封加热器的汽-气混合物出口管，它们之间的连接管要求尽量平直和短近。排气风机的进口处应装设蝶阀，以调节汽封加热器内的真空度。此外，风机的进出风管道和阀门的重量不应作用在风机上，风机的本体和管道的低位点必须设置疏水管。

2. 射汽式汽封抽气器

射汽式汽封抽气器由一个射汽抽气器和两级加热器组成。这种汽封抽气设备由于要消耗蒸汽，因此其效率低，经济性差，设备投资大，系统也显复杂，特别是对于大功率汽轮机更为不利。因此，在汽轮机汽封系统中不推荐采用射汽式汽封抽气器。

3. 射水抽气器

射水抽气器利用主射水抽气器的余压将汽封加热器出口的汽-气混合物接至凝汽器的主射水抽气器扩压管出口的排水管上，接口至射水池水面应保持一定的距离，才能利用射水抽气器的排水余压来抽吸汽封系统中汽-气混合物。

由于汽-气混合物被抽入射水抽气器排水管，将会改变排水的密度，因此，这种抽吸汽封汽-气混合物的方式将使排水管的虹吸作用减弱。当汽-气混合物量与排水量之比升高到一定程度时，就要影响射水抽气器吸入室真空，降低其抽吸能力。另外，由于汽-气混合物温度较高，因此，其进入排水管会使射水抽气器工作水温升高，加速喷嘴的结垢，还将导致射水抽气器抽吸能力降低。因此，大功率汽轮机汽封系统中一般不用射水抽气器。

（七）汽封系统调节阀

汽封系统的控制和调节主要是对汽封供汽母管蒸汽压力的控制和调节。常用的调节阀有电动调节阀和气动调节阀。

1. 电动/气动调节阀

电动调节阀是用电动执行机构对阀门进行调节。通过 DCS 输出的 4～20mA 或 0～10mA 的直流电信号进入定位器（该定位器是一种连续作用式定位器）。定位器接受来自 DCS 的信号后，经运算、综合后输出电信号，由电动执行器的伺服放大器把电信号进行功率放大，驱动电动执行机构中的电动机转动，再经减速器减速，带动输出轴回转或产生上下位移，以改变调节阀的开度，从而达到对供汽母管蒸汽压力的调节。调节阀还可以附有手轮，可以进行手动操作。

气动调节阀的执行元件是气动薄膜。气动调节阀的控制系统由压缩空气动力源、减压阀、过滤器、气动执行器等组成。根据供汽母管的压力信号，经压力变送器将压力转换成电信号，送入 DCS，并由 DCS 输出 4～20mA 的电信号送入气动执行器，在气动执行器内通过电-气转换器转换成一个气信号与一个给定的气压进行比较、运算、放大，输出一个气源去控制调节阀上的气动薄膜，在薄膜上产生推力，从而推动阀芯移动，调整调节阀的开度。

一般，压缩空气的压力为 0.6MPa（绝对压力）左右，经减压阀后，送出一个压力恒定的符合要求压力的空气源，过滤器用于消除压缩空气的水分、油雾和杂质。

由于气动调节阀结构简单、动作可靠，具有防爆、防燃、抗腐蚀等特点，因此已成为汽封系统广泛采用的调节阀形式。

气动调节阀有气关式和气开式。汽轮机汽封系统采用的调节阀要求具有 3 断（断电、断气、断信号）保护功能，即辅助汽源控制站和高压汽源控制站调节阀采用气关式，一旦出现断电、断气、断信号之一即关闭调节阀；溢流控制站和温度控制站采用气开式，一旦出现断电、断气或断信号之一，调节阀即打开。这样能保证系统安全、可靠地运行。电动调节阀必须具有手轮机构，当 3 断要求时，手动操作。

2. 流量特性

调节阀的流量特性是在阀两端压差保持恒定的条件下，介质流经调节阀的流量与开度之间的关系。调节阀的流量特性有线性特性、等百分比特性及抛物线特性 3 种。

（1）线性特性。线性特性的相对行程和相对流量成直线关系，单位行程的变化所引起的流量变化值是不变的。流量大时，流量相对值变化小；流量小时，流量相对值变化大。

（2）等百分比特性。等百分比特性的相对行程和相对流量不成直线关系，在行程的每一点上，单位行程变化所引起的流量变化与此点的流量值成正比，流量变化的百分比是相等的。因此，等百分比特性的优点是流量小时，流量变化小；流量大时，流量变化大。也就是在不同开度上，具有相同的调节精度。

（3）抛物线特性。抛物线特性的流量按行程的二次方比例变化，大体具有线性和等百分比特性的调节精度。

从上述 3 种特性的分析来看，调节性能以等百分比特性为好，调节稳定。但是选用哪一种调节特性的调节阀，应根据介质工作环境、需要的调节精度和投资高低来确定。

三、汽轮机疏水系统

汽轮机疏水系统应能确保机组在启动、停机、升/降负荷运行时，或在异常情况下及时地排除汽轮机本体、本体阀门及其管道内的凝结水，从而防止由于汽轮机进水而造成汽缸变形、转子弯曲、动静部件相碰磨，甚至引起叶片断裂等严重事故的发生。因此，汽轮机疏水系统是一个确保机组安全、可靠地运行的至关重要的系统。

为防止发生汽轮机进水事故，与汽轮机相连的高、中、低压蒸汽等密切相关的蒸汽的疏水系统均应作为一个整体考虑。随着机组和电网容量的增大以及电网负荷结构变化需要，对汽轮机疏水系统提出了更高的要求，疏水系统的投运应能自动控制和联锁保护，并在主控室内有运行状态的显示和遥控操作。因此，系统的控制阀门应采用电动或气动操作的阀门。

1. 典型疏水系统

图 8-9 所示为一个典型汽轮机汽缸及其蒸汽导管疏水系统，整个系统由各疏水支管、母管、疏水阀、疏水扩容器等组成。

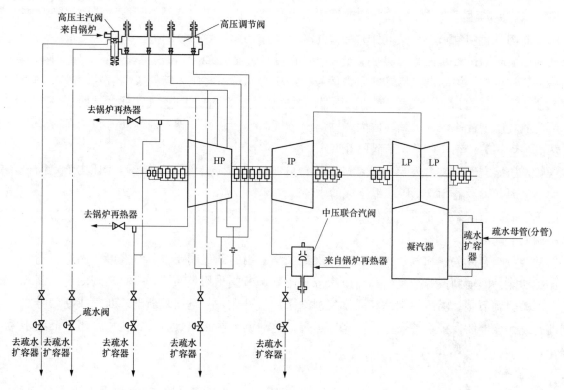

图 8-9　典型汽轮机汽缸及其蒸汽导管的疏水系统

按各疏水点的压力高低，将系统中各点疏水分别汇集于疏水母管，并与疏水扩容器相连接，各疏水点的疏水经支管、母管，通过疏水扩容器逐次得到扩容、消能，最后进入凝汽器。对于能级较低的疏水，如汽封加热器的疏水也可直接进入凝汽器。

2. 疏水系统设计导则

疏水系统的设计应遵照美国机械工程师学会标准（ASMETDP-1）《预防发电厂汽轮机过水事故导则》和 DL/T 834—2003《火力发电厂汽轮机防进水和冷蒸汽导则》中的有关规定进行设计。

（1）汽轮机本体以及与汽轮机相连接的所有管道中都要防止不正常的积水，在机组启动、停机和正常运行的各种工况下都必须及时将水排除。

（2）汽轮机本体及其蒸汽管道的每个低位点都应设置疏水管。对于没有明显低位点的长距离水平管道的疏水管应设置在沿管道顺流方向的末端。

（3）水由汽封供汽系统进入汽缸会造成严重事故，特别对高、中压汽缸的汽封更具危险性。因此，在汽封系统的高压汽源供汽站、辅助汽源供汽站、溢流站以及供汽母管的低位点都应设置带有节流孔板的连续疏水管或自动疏水器，以便经常性疏水。

（4）对于采用喷水减温器的汽封系统，在喷水减温器后的汽封母管上，应装有连续疏水装置，单独接至汽封加热器或主凝汽器。该疏水装置应能排出喷水减温器全开时喷入的全部水量。对汽轮机本体及其管道疏水的疏水阀采用气动或电动操作阀，根据运行工况的需要可自动打开或关闭，也能在控制室远方操作，并设置一手动截止阀，以备动力阀故障时使用。

（5）疏水支管应按疏水点位置和运行压力相近的原则分组接入相应的疏水总管，以期把不同压力的疏水间的相互干扰减少到最低程度。疏水总管（联箱）应有足够大的通流面积，以保证在各疏水阀门同时打开的情况下，总管内的压力仍低于各疏水支管的最低压力，使最低压力的疏水仍能进入总管。

（6）汽轮机本体及其管道的疏水最后排入凝汽器，其进入方式如下：

1）疏水在进入凝汽器之前，先通过疏水扩容器扩容、消能，然后再将水和闪蒸蒸汽分别从凝汽器的热井最高水位以上和凝汽器喉部接入。这种方式被普遍采用。

2）对一些能级较低的疏水，如汽封加热器疏水，可直接引入凝汽器。此时，应在凝汽器壳体内的疏水管出口处合理设置挡板，其疏水管出口的自由通道面积至少应为该疏水管通流面积的 1.5 倍，并应防止挡板脱落击伤凝汽器管束。

3）在某些情况下，也可将一些能级较高的疏水直接引入凝汽器。

（7）疏水温度高于或等于 150℃时，疏水管应采用热套管结构与疏水扩容器或凝汽器壁相连接，以避免因热应力过大而引起的裂纹。

（8）疏水扩容器的结构形式：

1）圆筒压力容器式。该扩容器设计压力较高，但需要设计成大容积时，占厂房空间大，布置不方便。

2）挎篮式疏水扩容器。腰形扩容器，可悬挂在凝汽器侧壁上，其设计压力较低，容易作成大容积，便于疏水扩容器和疏水管道的布置，在大型汽轮机上广泛采用。

3）背包式疏水扩容器。背包式疏水扩容器利用凝汽器侧壁作为扩容器的一个侧壁板，悬挂在凝汽器侧壁上，其设计压力较低，容易作成大容积，便于疏水扩容器和疏水管道的布置，在大型汽轮机上广泛采用。

（9）汽轮机疏水系统应通过汽轮机的调节控制系统实现自动控制疏水。在机组启动之前自动开启所有疏水阀；当机组带负荷到额定负荷的 10%～30%时，按疏水点压力和温度的实际情况先后自动关闭各疏水阀，并在主控室用灯光显示；停机时，当机组负荷减到额定负荷的 30%～10%时，依次开启各疏水阀，一直到汽轮机冷却为止，并在主控室用灯光显示；汽轮机甩负荷时，立即自动开启所有疏水阀。

（10）疏水系统中所有动力操纵阀均应设置手动按钮，在自动控制失灵时可在主控室手动操作控制。

（11）某些重要的蒸汽管道上应设置热电偶，根据管道上、下方热电偶温度计的温差来检测管道内是否积水，同时发出报警信号，以便督促运行人员尽早发现并及时采取措施，但这只能作为一个辅助手段，不能代替前述的疏水设施和装置。

（12）汽轮机主蒸汽系统的疏水包括汽轮机主汽阀前的主汽管及主汽阀和调节阀后接到汽缸去的导汽管的疏水，所有这些疏水管和疏水阀的内径均不应小于 25mm。

（13）对经验证易于造成进水事故并会导致严重后果的部位的疏水装置应特别予以注意，应考虑当任何一个设备或信号发生故障或失灵时，都不应造成汽轮机进水事故。

（14）造成汽轮机进水事故的水源之一是冷段再热管内的积水。积水通常来自再热减温和一级旁路系统的喷水装置。这一水源的水量较大，采用常规的疏水方式设置疏水管和疏水阀不足以迅速排除这些进水，因此，应设计一个信号，让运行人员能及早发现和切断水流进入汽缸。

除常规的疏水装置外，一般可在冷段再热汽管上最靠近汽轮机的低位疏水点处另外装设一个带有水位信号发讯装置的直径不小于 150mm 的疏水罐。疏水罐的高度应能满足安装两个水位传感器的调整范围。疏水罐上应安装一根直径不小于 50mm 的疏水管道和一只等直径全通道的自动动力驱动阀门，此阀门应能在主控室内进行操作，并且在主控室内有全开和全关的位置指示。

疏水罐上至少要安装两个水位传感器。当水位达第一水位（高水位）时，全开疏水阀，并在主控室内发出报警信号，指明疏水阀已全开；当水位达高-高水位时，在主控室内发出高-高水位报警信号。

（15）汽轮机发生进水事故的另一个主要原因是汽轮机抽汽至除氧器的抽汽管道的疏水系统发生故障。因此，对该管系的设计应有独立的防进水自动保护手段，包括安装除氧器的事故疏水系统、汽轮机与除氧器之间抽汽管道上的自动关断阀。

（16）当疏水阀全开时，大多数疏水支管末端出现声速，进口端流速远大于常见的 30～50m/s，这已被疏水管破裂造成强迫停机故障所证实。在疏水系统中，疏水阀与疏水管间设置一个停机时可清理的节流组件装置已在许多电厂成功运行。这种装置既能保证疏水畅通，又能使疏水支管内的介质流速控制在 30～50m/s。

（17）超临界机组的应用，会带来系统阀门、管道设计参数及材质的变化。

3. 疏水系统管道连接及布置

（1）各疏水管道的布置应朝疏水流动的方向连续倾斜，以免管道积水。

（2）连续疏水管上的节流孔板应布置在易于拆卸、清洗的位置。

（3）接到凝汽器壳体上的所有疏水管和疏水总管（联箱）都必须布置在凝汽器热井最高水位以上的部位。

（4）接入疏水总管的疏水支管应与总管的轴向中心线成 45°夹角，疏水支管要按压力顺序排列，压力最高的疏水支管应接在离总管出口处最远的地方。

（5）从汽封加热器等容器来的连续疏水不能接至疏水总管，必须直接接至凝汽器。

（6）从汽轮机或其他容器向凝汽器排汽的排汽管不应接向汽轮机疏水管，而必须直接接至凝汽器，并向凝汽器方向设坡度以免低点集水。

4. 疏水系统阀门

疏水系统中疏水阀的工作条件最恶劣。疏水阀在承受汽液两相流冲蚀的同时还需保证关闭的严密性。为满足快速响应要求，疏水阀采用开、关型。按驱动方式分，有气动与电动两种；按结构分，有 Y 形与球形两类。为提高抗汽液两相流的冲蚀能力，在疏水阀密封面都采用堆焊或喷涂耐冲蚀合金材料。疏水阀阀门一般选用与管道对焊连接。

第三节　汽轮发电机组热力系统

一、热力系统范围和组成

1. 热力系统概述

联合循环发电厂的热力系统是将热力过程的主、辅机设备及其管道附件连接成一个整体系统。热力循环方式和主要循环参数的选定已在机组选型配置过程中完成，详见第五章相关内容，接下来需进行的热力系统设计和选择的内容包括主要辅助设备的选型和机组运行方式的确定、其他汽水参数的选定等。合理确定这些因素，密切影响着电厂的技术先进性、机组运行的安全可靠性以及机组造价和运行费用等。

联合循环电厂中机组热力循环过程的工质为汽水，故热力系统也称之为汽水系统，汽水系统的任务是将余热锅炉产生的蒸汽热能输送至汽轮机，通过汽轮发电机组转换为机械能，并将膨胀做功的蒸汽凝结后回收循环使用。

2. 热力系统组成

热力循环系统中，低温给水在余热锅炉中被加热、除氧和受热蒸发成饱和蒸汽，再经过各级过热器加热成高温高压的过热蒸汽，然后输送至汽轮机中膨胀做功。做功后的汽轮机排汽在凝汽器中冷凝成水，经过凝结水泵输送至余热锅炉的低温省煤器，这样组成了汽水的闭合循环。因为在汽水循环过程中不可避免地会有汽水损失，所以需要设置补给水系统以保证汽水循环的量平衡。汽轮机排汽在凝汽器中冷凝成水，需要冷却水来带走排汽热量，故循环冷却水系统也是必不可少的主要系统。

热力循环系统是电厂的重要部分，提高汽水循环的循环效率，减少系统过程的汽水损失，是提高电厂循环热效率的一个重要环节。

联合循环机组的热力系统由余热锅炉本体汽水系统、汽轮机本体热力系统、机炉间的连接管道系统和全厂公用汽水系统4部分组成，供热式机组还有对外供汽或热水的供热系统。

余热锅炉本体汽水系统主要包括锅炉本体的汽水循环系统、各级压力的蒸汽及其减温水系统、给水调节控制系统、给水除氧系统、锅炉排污水和疏放水系统等。汽轮机本体热力系统主要包括循环冷却水系统、轴封系统、本体疏放水系统。机炉间的连接管道系统主要包括各级压力的蒸汽系统、凝结水系统等。全厂公用汽水系统主要包括机炉特殊需要的用汽、启动用汽、采暖用汽、生水和软化水加热系统，辅助设备冷却水系统等。

锅炉本体的汽水循环系统、给水除氧系统和锅炉排污水系统已经在第七章进行了叙述；汽轮机轴封系统和本体疏放水系统在本章第二节进行了叙述。因此本节叙述的热力系统包括蒸汽循环系统、凝结水系统、给水系统、循环冷却水系统和全厂公用汽水系统。

全厂公用汽水系统可分为辅助蒸汽系统、热电厂的供热系统和辅助设备冷却水系统等。

二、全面性热力系统

（一）全面性热力系统概述

1. 定义

实际上电厂运行时应考虑任一设备或管道事故、检修时，不影响燃气轮机、余热锅炉、汽轮机和发电机乃至整个电厂的运行，故必须设置相应的备用设备或管路。另外，热力系统设计还应考虑启动、低负荷运行、正常工况或变工况运行、事故以及停机等各种运行方式，根据这些运行方式变化的需要，应设置作用各不相同的管路及其附件。这些设备、管路及附件组成了电厂全面性热力系统，即以规定符号表明联合循环电厂全厂性的所有热力设备及其汽水管道连接的系统图称为全面性热力系统。全面性热力系统按照设备的实际数量，表明一切必需的连接管道及其附件。从全面性热力系统图可以了解全厂热力设备的实际配置情况和各种运行方式时的切换方式。

2. 组成和工作内容

（1）高压蒸汽和再热蒸汽管道系统。主蒸汽管道系统是指从余热锅炉过热器出口将蒸汽输送到汽轮机主汽门的管道和其他用汽处的各路管道。再热蒸汽管道系统是指汽轮机高压缸排汽口至余热锅炉再热器进口、锅炉再热器出口至汽轮机中压缸进口的管道系统。

（2）中压蒸汽管道系统。从余热锅炉中压过热器出口到低温再热蒸汽管道的管道系统。

（3）低压蒸汽管道系统。从余热锅炉低压过热器出口到汽轮机低压汽门进口的管道系统。

（4）蒸汽旁路管道系统。高压蒸汽管道的分支接到低温再热蒸汽管的管道，中、低压蒸汽管道的分支管分别接到置于凝汽器颈部的减温减压装置的管道。

（5）凝结水管道系统。包括从凝汽器热井或凝结水箱出口到余热锅炉给水加热器进口的输送凝结水的所有管道，以及各种喷水减温水管道、各种设备补水管道等。

（6）给水管道系统。从余热锅炉除氧器出水管到中压、高压省煤器的给水管道，以及各种减温水管道等。

（7）抽真空管道系统。从凝汽器汽侧抽真空管接至真空泵并排入大气的真空管道。

（8）循环冷却水管道系统。来自化学水处理车间的除盐水补至凝汽器热井或凝结水箱，另外还要考虑锅炉连续排污利用系统。

（9）疏水管道系统。指热力系统的各疏水管道，应考虑疏水压力和其膨胀扩容问题，并确定疏水扩容器、疏水箱和疏水泵的容量和形式。

（10）辅助蒸汽管道系统。为机组提供启动汽源，及为一些特殊设备提供加热蒸汽。

（11）供热管道系统。对于热电厂应根据供热需求，选定供热介质，拟定供热参数和方式，再确定热网加热器、加热蒸汽、凝结水疏水和热网水管的连接系统。

(12) 辅助设备冷却水管道系统。该系统为各辅助设备提供冷却水，保证设备正常和安全可靠运行。

(二) 管道系统的种类

1. 母管制系统

母管制系统是将每套机组中多台余热锅炉产生的蒸汽或给水都接入一根汽或水母管，再由该母管接至所配汽轮机和其他用汽或用水处。该系统的优点是运行较灵活，但系统复杂、投资较高。

母管制系统用于多台余热锅炉配置一台汽轮机的联合循环机组。

2. 单元制系统

单元制系统是将每台余热锅炉产生的蒸汽或给水接入所配置的汽轮机及其系统，组成一个单元，各单元之间不设置联络母管。该系统的优点是系统简单、管道短、阀门和附件少，不仅节省投资而且提高了机组运行的安全、可靠性；缺点是运行灵活性较差。

单元制系统用于一台余热锅炉配置一台汽轮机的联合循环机组。当电厂由几套联合循环机组组成时，各套机组的汽水系统之间宜采用单元制系统，以避免系统复杂化和降低机组运行经济性。

(三) 全面性热力系统示例

图 8-10 所示为联合循环机组的全面性热力系统（见文后插页）。

三、汽轮机组的热力系统

(一) 高压蒸汽和再热蒸汽管道系统

因为联合循环电厂的高压蒸汽管道和再热蒸汽管道输送的工质流量大、温度和压力高，所以对管道的金属材料要求很高，对电厂的运行安全性和经济性影响也很大。

1. 系统的功能

高压蒸汽管道系统的主要功能是将高温、高压的蒸汽从余热锅炉过热器出口输送到汽轮机高压主汽门，对于无再热循环机组，高压蒸汽还为汽轮机轴封提供高压汽源。

再热蒸汽管道系统的主要功能是从汽轮机高压缸排汽口将低温再热蒸汽输送到余热锅炉再热器进口，在余热锅炉中被加热后从再热器出口将高温再热蒸汽输送到汽轮机中压主汽门进口。它还可向辅助蒸汽系统提供蒸汽。

2. 系统范围

系统应包括为满足上述功能所需要的所有管道、阀门、仪表、控制装置及其他组件等。

3. 管道系统的类别

多台余热锅炉配置一台汽轮机的联合循环机组应采用母管制系统；一台余热锅炉配置一台汽轮机的联合循环机组则采用单元制系统；当电厂由几套联合循环机组组成时，各套机组的蒸汽系统之间宜采用单元制系统，以避免系统复杂化和降低机组运行经济性。

4. 系统设计准则

系统要能确保从启动到汽轮机最大负荷之间的各种不同负荷下运行所需的蒸汽流量、压力和温度。

(1) 系统设计参数。系统设计以汽轮机冬季工况条件下的热平衡图为基础，并考虑压力、温度的偏差。

设计压力、设计温度的确定及管径和壁厚的选择计算见第十章第二节相关内容或 ANSI/ASME B31.1《动力管道》的相关规定。

(2) 管道设计的基本要求。蒸汽管道设计的基本要求是管道布置力求短且直，能满足系统的运行要求，做到选材正确、流阻最小、走向清楚、补偿良好、支吊合理、防振消声、安装和维修方便等。具体的规定如下：

1) 符合和达到热力系统图上规定的各项条件和运行要求。

2) 工质在管道系统内混合均匀、压力平衡。

3）尽可能降低管道内的流动压力损失。

4）管道要有热膨胀的补偿系统，流量测量装置前、后要有标准规定的直管段。

5）水平管道要有一定的坡度，以保证管道在运行工况时的坡度能顺着汽流方向疏水，并在其最低点设置疏水点。

6）应为管道保温留有足够的空间。

7）对于母管制系统，应尽可能减小进入母管的蒸汽压力和温度偏差。

5. 系统说明

（1）高压蒸汽。

1）管道。

a. 高压蒸汽从余热锅炉高压过热器出口接至汽轮机高压主汽门。

b. 高压主汽门由关断阀和调速汽门组成，执行机构采用液压驱动。关断阀的作用是在汽轮机事故情况下迅速关闭进入汽轮机的高压蒸汽，防止汽轮机超速，以及在正常停机情况使用；调速汽门用于汽轮机转速控制或进行负荷调节。

c. 高压蒸汽管道上应设流量测量装置。

d. 高压蒸汽管管材应根据管道的设计温度选择。当设计温度不高于 425℃时，管材可选用碳钢；当设计温度超过 425℃时，管材应选用合金钢。

2）阀门。余热锅炉高压过热器出口联箱上应设置安全阀和启动排气阀。

在每台余热锅炉的高压蒸汽出口管道上设置一只电动闸阀和备用电动旁路阀。如果是多台余热锅炉配置一台汽轮机，可将各分支管上电动闸阀设置于靠近高压蒸汽母管连接处，并在其下游再设置一只止回阀，闸阀用于该台余热锅炉投入运行前或退出运行后进行隔断，止回阀用于防止运行的余热锅炉之间发生蒸汽串汽现象。

3）疏水系统。

a. 疏水系统的设计应符合 ANSI/ASME TDP-1《防止水对发电用汽轮机造成损坏的推荐导则》的要求或参照 DL/T 834《火力发电厂汽轮机防进水和冷蒸汽导则》的要求。

b. 高压蒸汽管道应设计有足够排放能力的疏水系统，以满足汽轮机启动期间及停机后，及时排出凝结水，防止进入汽轮机；在启动暖管期间，为加快管壁温升，及时将凝结水和冷蒸汽排出。

c. 气动疏水阀在执行机构失去仪用压缩空气时，应能自动开启。

（2）低温再热蒸汽。

1）管道。

a. 低温再热蒸汽从汽轮机高压缸排汽接至余热锅炉再热器进口，通常在一级再热器出口联箱上设置喷水减温器，用于控制再热器出口温度。减温水来自中压给水系统。

b. 高参数汽轮机通常需设置高压缸通风排汽管，在机组启动工况或事故状态下，高压调节汽门关闭而低压旁路投入运行时，可能会出现高压缸排汽流量小而引起高压缸排汽超温现象，此时开启该管路将蒸汽排入凝汽器。

c. 低温再热蒸汽管道上还需分别接出一路蒸汽经调压后供给辅助蒸汽系统，一路蒸汽经减温减压后供给汽轮机轴封用汽。

d. 低温再热蒸汽管道上应设流量测量装置。

e. 低温再热蒸汽管管材应根据管道的设计温度选用碳钢。

2）阀门。

a. 余热锅炉一级再热器进口联箱上应设置弹簧全启式安全阀。

b. 在靠近汽轮机侧的高压缸排汽管上应装设强制型气动止回阀，用于在事故情况下迅速切断蒸汽，防止蒸汽返流至汽轮机引起汽轮机超速。如果是多台余热锅炉配置一台汽轮机，在分接到每台余热锅炉的低温再热蒸汽支管上靠近母管连接处分别再设置一只不带执行机构的止回阀，在该台余热锅炉投入运行前或退出运行后防止蒸汽返流。

c. 在高压缸通风排汽管上应设置一只气动调节阀，调节阀前后通常不设关断阀，如设置关断阀，则必须将关断阀保持在常开状态。

3）疏水。

a. 疏水系统的设计应符合 ANSI/ASME TDP-1《发电用蒸汽轮机防进水损坏的推荐导则》的要求或参照 DL/T 834《火力发电厂汽轮机防进水和冷蒸汽导则》的要求。

b. 汽轮机发生进水损害的事故大多数是因为低温再热蒸汽管道带水所造成的。这些水通常来自再热器喷水管路，即再热器喷水减温器的减温水系统故障时，有过量的减温水进入低温再热蒸汽管道。这些水量通常很大，疏水系统按该水量设计是不合理的，故疏水系统需设置报警信号，以便立即通知运行人员采取措施以防止汽轮机进水。

c. 低温再热蒸汽管道的所有低点均应设置疏水管路，在靠近汽轮机侧附近的低点上，应设置疏水罐，该疏水罐必须设水位调节装置。疏水罐由直径不小于 ϕ159 的钢管制成。

d. 气动疏水阀在执行机构失去仪用压缩空气时，应能自动开启。

（3）高温再热蒸汽。

1）管道。

a. 高温再热蒸汽管道从余热锅炉再热器出口接至汽轮机中压联合汽门。

b. 中压联合汽门由关断阀和调节阀组成，执行机构采用液压驱动。关断阀的作用是在汽轮机事故情况下迅速关闭进入汽轮机的高温再热蒸汽，防止汽轮机超速，以及在正常停机情况使用；调节阀用于汽轮机转速控制或参与负荷调节。

c. 高温再热蒸汽管管材应根据管道的设计温度选用，通常带再热循环的机组，高温再热蒸汽温度不低于 535℃时，管材应选用合金钢。

2）阀门。

a. 锅炉再热器出口联箱上应设置弹簧全启式安全阀和启动排气阀。

b. 在每台余热锅炉的再热蒸汽出口管道上设置一只电动闸阀和备用电动旁路阀。如果是多台余热锅炉配置一台汽轮机，可将各分支管上电动闸阀设置于靠近高温再热蒸汽母管连接处，并在其下游再设置一只止回阀，闸阀用于该台余热锅炉投入运行前或退出运行后进行隔断，止回阀用于防止运行的余热锅炉之间发生蒸汽串汽现象。

3）疏水。

a. 疏水系统的设计应符合 ANSI/ASME TDP-1《发电用蒸汽轮机防进水损坏的推荐导则》的要求或参照 DL/T 834《火力发电厂汽轮机防进水和冷蒸汽导则》的要求。

b. 高温再热蒸汽管道应设计有足够排放能力的疏水系统，以满足汽轮机启动期间及停机后，及时排出凝结水，防止进入汽轮机；在启动暖管期间，为加快管壁温升，及时将凝结水和冷蒸汽排出。高温再热蒸汽管道的所有低点均应设置疏水管路，在靠近汽轮机中压联合汽门的低点上，应设置疏水罐，该疏水罐可不设水位调节装置。

c. 气动疏水阀在执行机构失去仪用压缩空气时，应能自动开启。

（二）中压蒸汽管道系统

1. 系统的功能

中压蒸汽管道系统的主要功能是将中压蒸汽从余热锅炉中压过热器出口输送到余热锅炉侧的低温再热蒸汽管道。

2. 系统范围

系统应包括为满足上述功能所需要的所有管道、阀门、仪表、控制装置及其他组件等。

3. 管道系统的类别

中压蒸汽管道系统设置在余热锅炉区域，与余热锅炉同时运行和退出，故选用单元制管道系统。

4. 系统设计准则

系统要能确保从启动到余热锅炉最大负荷之间的各种不同负荷下运行所需的蒸汽流量、压力和温度。

（1）系统设计参数。系统设计以余热锅炉冬季工况条件下的热力参数为基础，并考虑压力、温度的偏差。

设计压力、设计温度的确定及管径和壁厚的选择计算见第十章第二节相关内容或 ANSI/ASME B31.1《动力管道》的相关规定。

（2）管道设计的基本要求。蒸汽管道设计时，管道布置力求短且直，能满足系统的运行要求，做到选材合适、流阻小、补偿良好、支吊架设计合理、防振消声、安装和维修方便等，即管道设计与高压蒸汽管道系统相同。

5. 系统说明

（1）管道。

1）中压蒸汽管道从余热锅炉中压过热器出口接至余热锅炉侧的低温再热蒸汽管道。

2）中压蒸汽管道上应设置流量测量装置。

3）中压蒸汽管管材应根据管道的设计温度选择，通常中压蒸汽管道设计温度不高于 425℃，管材可选用碳钢。

（2）阀门。余热锅炉中压过热器出口管上应设置安全阀和启动排气阀。

在余热锅炉的中压蒸汽出口管道上设置一只电动闸阀及其备用电动旁路阀、一只液动调节阀。闸阀用于该台余热锅炉投入运行前或退出运行后进行隔断；在中压蒸汽开始并入低温再热管期间，调节阀用于调节中压蒸汽压力，使之与低温再热蒸汽参数相匹配，防止压力波动。

（3）疏水系统。中压蒸汽管道的疏水系统设计根据管道布置确定，需要时应设置疏水管路，并应符合 ANSI/ASME TDP-1《防止水对发电用汽轮机造成损坏的推荐导则》的要求或参照 DL/T 834《火力发电厂汽轮机防进水和冷蒸汽导则》的要求。

（三）低压蒸汽管道系统

联合循环电厂的低压蒸汽管道输送的工质参数较低、工质比容大。

1. 系统的功能

低压蒸汽管道系统的主要功能是将低压蒸汽从余热锅炉低压过热器出口输送到汽轮机低压汽门。

2. 系统范围

系统应包括为满足上述功能所需要的所有管道、阀门、仪表、控制装置及其他组件等。

3. 管道系统的类别

低压蒸汽管道系统与高压蒸汽管道系统类似，也分为母管制系统和单元制系统。

母管制系统用于多台余热锅炉配置一台汽轮机的联合循环机组。单元制系统用于一台余热锅炉配置一台汽轮机的联合循环机组。当电厂由几套联合循环机组组成时，各套机组的低压蒸汽系统之间宜采用单元制系统。

4. 系统设计准则

系统要能确保从启动到汽轮机最大负荷之间的各种不同负荷下运行所需的蒸汽流量、压力和温度。

（1）系统设计参数。

1）系统设计以汽轮机冬季工况条件下的热平衡图为基础，并考虑压力、温度的偏差。

2）设计压力、设计温度的确定及管径和壁厚的选择计算见第十章第二节相关内容或 ANSI/ASME B31.1《动力管道》的相关规定。

（2）管道设计的基本要求。管道布置应力求短且直，能满足系统的运行要求，做到选材正确、流阻小、补偿良好、支吊架设计合理、防振消声、安装和维修方便等。管道设计和布置要求与高压蒸汽管道系统相同。

5.系统说明

（1）管道。

1）低压蒸汽管道从余热锅炉低压过热器出口接至汽轮机低压汽门。

2）低压汽门由关断阀和调节阀组成，执行机构选用液动执行机构。关断阀的作用是在汽轮机事故情况下迅速关闭进入汽轮机的低压蒸汽，防止汽轮机超速，以及在正常停机情况使用；调节阀用于汽轮机转速控制或参与负荷调节。

3）低压蒸汽管道应设置流量测量装置。

4）低压蒸汽管管材应根据管道的设计温度选择，通常低压蒸汽管道设计温度不高于 425℃，管材可选用碳钢。

（2）阀门。

1）余热锅炉低压过热器出口联箱上应设置安全阀和启动排气阀。

2）在每台余热锅炉的低压蒸汽出口管道上设置一只电动闸阀和备用电动旁路阀。如果是多台余热锅炉配置一台汽轮机，可将各分支管上电动闸阀设置于靠近低压蒸汽母管连接处，并在其下游再设置一只止回阀，闸阀用于该台余热锅炉投入运行前或退出运行后进行隔断，止回阀用于防止运行的余热锅炉之间发生蒸汽窜汽现象，影响机组稳定可靠运行。

（3）疏水系统。

1）疏水系统的设计应符合 ANSI/ASME TDP-1《防止水对发电用汽轮机造成损坏的推荐导则》的要求或参照 DL/T 834《火力发电厂汽轮机防进水和冷蒸汽导则》的要求。

2）低压蒸汽管道应设计有足够排放能力的疏水系统，以满足汽轮机启动期间及停机后，及时排出凝结水，防止进入汽轮机。疏水系统应能自动、顺畅地疏水。

（四）蒸汽旁路管道系统

1.旁路系统定义

蒸汽旁路系统是指与汽轮机并联的蒸汽减温减压系统。一般由减温减压装置（减压阀和减温器）、管道、控制机构和其他阀门组成，其作用是将余热锅炉产生的蒸汽不经过汽轮机而引至下游侧的系统管道或凝汽器。蒸汽旁通整台汽轮机，直接引入凝汽器的称为整体旁路；蒸汽旁通汽轮机高压缸、引入下一级压力蒸汽管道的称为高压旁路；蒸汽旁通汽轮机中压缸，引入凝汽器的称为中压旁路；相应地蒸汽旁通汽轮机低压缸，引入凝汽器的称为低压旁路。

联合循环发电机组一般按照热力循环方式来选择蒸汽旁路系统。热力循环为单压循环，则选用一级高压旁路系统；相应地对于双压带再热的热力循环机组，其旁路应为二级旁路系统；对于三压带再热的热力循环机组，其旁路应选用高、中、低压三级旁路系统。

2.系统的功能

（1）调节工况。蒸汽旁路系统在下列工况中用来调节余热锅炉与汽轮机之间的参数匹配和汽量平衡：

1）在机组冷、热态启动和甩负荷时，当锅炉产生的蒸汽量与汽轮机所需要的蒸汽量不一致时，由旁路系统进行调节，使其相匹配。

2）在机组冷、热态启动初期，当余热锅炉出口的蒸汽参数尚未达到汽轮机冲转的要求时，这部分蒸汽可由旁路系统排至凝汽器。

（2）安全保护。旁路系统在下列工况中对机组起到安全保护作用：

1）余热锅炉开始供汽到汽轮机冲转前，通过高压旁路阀向再热器供汽，以冷却保护再热器。

2）汽轮机甩负荷和事故停机时，通过高压旁路阀向再热器供汽，防止再热器超温。并及时排出余热锅炉继续产生的蒸汽，通过蒸汽旁路阀将多余的蒸汽排至凝汽器，保证锅炉和汽轮机的安全。

3）余热锅炉需停炉时，通过旁路系统排出剩余蒸汽，防止锅炉超压和安全阀动作。

4）机组滑压运行时，旁路系统可配合汽轮机实行压力跟踪。

（3）回收工质。在机组启动、停运、事故甩负荷、汽轮机跳闸等工况中，工质可以通过旁路系统排入凝汽器，从而回收工质，减少汽水损失。

3. 系统范围

系统应包括为满足上述功能所需要的所有管道、阀门、仪表、控制装置及其他组件等。

4. 管道系统的类别

蒸汽旁路管道系统采用单元制，即每台余热锅炉应分别设置各自对应的蒸汽旁路系统。其目的是当各压力等级蒸汽在锅炉的产汽量和汽轮机的进汽量不平衡时，能通过不同的蒸汽旁路系统排泄掉多余的汽量；其次在汽轮机启动时，使锅炉产生的各级蒸汽温度和汽轮机的不同缸体金属温度相匹配。

此外，在多台燃气轮机配一台汽轮机的联合循环机组中，当各台燃气轮机启动时，每台余热锅炉产生的蒸汽参数不可能相同，采用单元制的旁路系统，可以使接入母管的蒸汽参数保持一致。

5. 蒸汽旁路容量

蒸汽旁路系统容量是指各级蒸汽在其额定参数下通过旁路装置的最大流量与余热锅炉各级最大蒸汽量之比，以百分数表示，即

$$K_i = \frac{D_{pi}}{D_i} \times 100(\%) \tag{8-1}$$

式中　K_i——高、中、低压旁路的容量，%；

　　　D_{pi}——各级蒸汽在其额定参数下通过旁路装置的最大流量，即旁路阀全开时的蒸汽流量，t/h；

　　　D_i——余热锅炉各级蒸汽的最大蒸发量，t/h。

联合循环机组的蒸汽旁路系统容量选择基于以下3方面考虑：

（1）一般地联合循环电厂承担着电网的调峰负荷，机组需要具备快速启停的能力，因此，旁路系统容量越大越好。

（2）在汽轮机跳闸但燃气轮机仍在最大出力工况下运行时，余热锅炉的连续蒸发量无法迅速减小。如果通过旁路烟囱排除高温烟气，会存在两个问题：其一是旁路烟囱挡板门因其体积庞大，调节锅炉出力的反应不够灵敏，调节性能较差；其二是高温时经常启闭庞大的烟气挡板门易引起挡板门关闭不严，造成烟气泄漏，降低运行经济性。因此，这些蒸汽须通过旁路系统完全排泄掉。

（3）当燃气轮机满负荷运行，汽轮机尚在启动阶段，此时需要通过蒸汽旁路来逐步协调余热锅炉的出力和汽轮机出力的匹配。

综合以上因素，高、中、低压蒸汽旁路应选择100%容量。

6. 系统设计准则

系统要能确保从启动到余热锅炉最大负荷之间的各种不同负荷下运行所需的蒸汽流量、压力和温度，包括汽轮机事故跳闸的运行工况。

（1）系统设计参数。

1）系统设计以余热锅炉冬季工况条件下的蒸汽参数为基础，并考虑压力、温度的偏差。

2）设计压力、设计温度的确定及管径和壁厚的选择计算见第十章第二节相关内容或 ANSI/ASME B31.1《动力管道》的相关规定。

（2）管道设计的基本要求。蒸汽管道布置应力求短且直，做到流阻小、补偿良好、支吊合理、防振消声等。具体的规定与高压蒸汽管道相同。

7. 系统说明

（1）管道。

1）高压旁路蒸汽管道从每台余热锅炉的高压蒸汽支管上接出一路分支，经减温减压后接至该台余热锅炉的低温再热蒸汽支管。

2）中压旁路蒸汽管道从每台余热锅炉的高温再热蒸汽支管上接出一路分支，经减温减压后排入凝汽器内的减温减压装置。

3）低压旁路蒸汽管道从每台余热锅炉的低压蒸汽支管上接出一路分支，经减温减压后排入凝汽器内的减温减压装置。

4）高压旁路装置的减温水来自给水泵出口管道，中压旁路装置的减温水来自给水泵中间抽头的管道，低压旁路装置的减温水则来自凝结水泵出口管道。

5）蒸汽管管材应根据管道的设计温度选择。当设计温度不高于 425℃时，管材可选用碳钢；当设计温度超过 425℃时，管材应选用合金钢。旁路阀出口管段应设置一段不少于 4m 的合金钢管材，以避免未被完全减温的少量高温蒸汽夹杂在汽流中损害管道，防止高速汽流的冲刷腐蚀。

（2）阀门。

1）当旁路阀输送介质的体积流量太大时，可选择两套 50％的旁路阀并联连接。

2）旁路阀的执行机构应根据余热锅炉蒸汽参数高低和容量大小选择，蒸汽参数为亚临界及以上的余热锅炉，旁路阀应选择气动执行机构或液动执行机构；蒸汽参数为超高压及以下的余热锅炉，则可选择电动执行机构。

3）各级旁路阀的减温水阀门应由动力式调节阀及其前后的关断阀组成，并设置一只关断阀作为旁路阀，在调节阀故障检修时使用。

（3）疏水系统。

1）疏水系统的设计应符合 ANSI/ASME TDP-1《防止水对发电用汽轮机造成损坏的推荐导则》的要求或参照 DL/T 834《火力发电厂汽轮机防进水和冷蒸汽导则》的要求。

2）蒸汽旁路系统管道应设计有足够排放能力的疏水系统，以满足汽轮机启动期间及甩负荷和停机后，及时排出凝结水，防止进入汽轮机。

3）中压和低压旁路阀后的管道处于凝汽器的压力之下，管道上宜分别装设一段垂直高度不少于 230mm，公称直径不小于 DN150 的连接管，用于重力疏水，疏水直接排入凝汽器。

4）气动疏水阀在执行机构失去仪用压缩空气时，应能自动开启。

（五）凝结水管道系统

1. 系统的功能

（1）凝结水系统是将凝结水从凝汽器热井或凝结水箱输送至余热锅炉的给水加热器，在此过程中，凝结水被加热、初步除氧和化学处理。此外，凝结水系统还为各类减温器提供减温水、为各类设备提供补充水或密封水等。

（2）凝结水除氧是为了排除氧气和其他不凝结的气体，以防止金属腐蚀及形成气体堵塞。

（3）凝结水通过注入联氨进行化学处理，控制 pH 值，清除残余的氧气，使设备和管道腐蚀减少到最小程度。

2. 系统范围

凝结水管道系统应包括为满足上述功能所需要的所有管道、阀门、仪表、控制装置及其他组件等。

该系统还包括补充水系统、减温水系统、杂项用水系统、凝结水补水箱、凝结水输送泵和有关管道。

3. 管道系统的类别

一套燃气轮机和余热锅炉配置一台汽轮机的联合循环机组，凝结水管道系统选用单元制系统。多台套燃气轮机和余热锅炉配置一台汽轮机的机组，则应选用母管制系统，即凝结水泵出口母管分出若干分支分别接至每台余热锅炉的给水加热器。

4. 系统设计准则

系统要能确保从启动到汽轮机最大负荷之间的各种不同负荷下运行所需的凝结水流量、压力和温度，还应满足蒸汽旁路投入运行时所输送的凝结水流量。

(1) 系统设计参数。

1) 系统设计以汽轮机冬季工况条件下的热平衡图为基础，并考虑压力、温度的偏差。由于蒸汽旁路是按锅炉各压力级的最大连续蒸发量的100%考虑的，凝结水系统还应充分考虑蒸汽旁路系统投入时的凝结水量和温度。

2) 设计压力、设计温度的确定及管径和壁厚的选择计算见第十章第二节相关内容或 ANSI/ASME B31.1《动力管道》的相关规定。

(2) 设备选择。对于每套联合循环机组，凝结水系统主要设备形式和数量的选择原则有：

1) 凝汽器选用表面式换热器，通常为单壳体、单背压形式，当汽轮机功率超过350MW，汽轮机采用两个低压缸时，则可选用双壳体、双背压形式。

2) 凝结水泵选用2台100%容量或3台50%容量的立式筒形水泵，采用离心泵，其中一台为备用水泵。通常采用电动定速泵以节省投资，必要时也可选用变频泵，设置一套变频装置，在各泵间切换运行。

通常联合循环电厂不考虑对外提供工业用汽，故本文不涉及工业供汽机组。对于采暖抽汽式机组，凝结水泵应选用3台50%容量的水泵。

对于每一套凝结水系统，运行的凝结水泵总容量为最大凝结水量的110%，最大凝结水量有两种情况：一是汽轮机冬季最大工况下的凝汽量与进入凝汽器的经常补水量和经常疏水量之和；二是高、中、低压蒸汽旁路在机组最大负荷时同时投入运行，此时进入凝汽器的排汽量之和。最大凝结水量取这两者中的较大值。

凝结水泵的扬程应为下列各项之和：

a. 从凝汽器热井或凝结水箱到给水加热器入口的凝结水管道的介质流动总阻力，并加5%~10%裕量。

b. 给水加热器凝结水入口管与凝汽器热井或凝结水箱最低水位间的水柱静压差。

c. 在余热锅炉最大蒸发量时，给水加热器正常运行压力与凝汽器最高真空的压力之差。

3) 轴封加热器选用1台100%容量的卧式、管壳式换热器，换热管束采用不锈钢TP304。

4) 设置1台凝结水补水箱和2台50%容量的凝结水输送泵。

5. 系统说明

(1) 主凝结水管道。

1) 主凝结水管道从凝汽器热井或凝结水箱的出水管开始，由凝结水泵升压后，经由轴封加热器接至余热锅炉给水加热器进口。

2) 在每台凝结水泵的进水管道上装有隔离用蝶阀、滤网和补偿器。滤网可防止从热井带出的杂质进入泵体内，滤芯可取出清洗。靠近泵进口法兰处装有补偿器。每台泵的出口管道上装有止回阀和电动闸阀各一只。

3) 轴封加热器是一种表面式换热器，凝结水用来冷凝汽轮机轴封漏汽和阀杆漏汽，由排气风机维持微真空状态，两台排气风机为1台运行、1台备用。轴封及阀杆漏汽在轴封加热器的壳侧冷凝，并由风机抽出空气和其他不凝结气体排至大气。凝结水流经轴封加热器的管侧被加热，凝结水管进、出口均设置了隔离阀和旁路阀。

4）在接入余热锅炉给水加热器的进口管道上，分别装有 1 只止回阀和 1 只隔离阀，用于多台余热锅炉所用母管制系统的凝结水隔离和防止水倒流。

5）在凝结水泵出口母管设置了流量测量装置，用于计量该系统的凝结水总流量。在主凝结水管上接出最小流量再循环支管的下游侧也设置流量测量装置，用于计量供给所有配套余热锅炉的凝结水量。此外，在到每台余热锅炉的凝结水管上均设置流量测量装置，用于计量进入各台余热锅炉的凝结水流量。

（2）凝结水最小流量再循环管道。

1）凝结水系统的最小流量再循环管道接自轴封加热器的凝结水出口管道，排入凝汽器。当凝结水系统运行在小流量工况时为了防止凝结水泵发生汽蚀，以及轴封加热器冷却所需要的最小流量，应设置最小流量再循环来保护凝结水泵和轴封加热器，其流量应取两者中的较大值。

2）最小流量再循环管道上设置两只隔离阀和 1 只动力式调节阀，并设置旁路隔离阀。调节阀根据装设在凝结水泵出口母管上的流量测量装置的信号进行调节。

（3）凝结水补水管道。

1）凝结水补水系统为凝结水系统提供补充水和机组启动注水，每套联合循环机组均设置 1 台凝结水补水箱，凝结水补水箱的补充水来自化学除盐水系统。

2）机组启动期间，从凝结水补水箱来的除盐水经过凝结水输送泵升压后，向凝结水系统、余热锅炉、闭式冷却水系统和发电机定子水系统等注水。在凝汽器真空尚未完全建立时，也由凝结水输送泵为系统提供补水。机组正常运行期间，仅依靠凝结水补水箱与凝汽器热井或凝结水箱之间的重力位差和压力差，即可自流经由凝结水输送泵的旁路管为系统补水。当自流补水旁路无法满足补水要求时，凝结水输送泵将启动补水。

3）在凝结水输送泵的进口管道上装有滤网，以防止杂质进入泵体损伤水泵。泵出口管上依次装有止回阀和隔离阀。

4）在启动第一台凝结水泵之前，先启动凝结水输送泵，为凝结水泵提供密封水和闭式冷却水系统提供充水等。凝结水泵运行期间的密封水则来自凝结水泵出口母管。

5）凝结水补水箱还接纳凝汽器热井的溢放水。

6）在凝结水补水管上设置流量测量装置，用于计量系统的补水流量。

7）由于凝结水补水管道输送的介质是未经除氧的除盐水，为防止系统管道及阀门被氧化腐蚀，凝结水补水系统管道、阀门及管件材料应选用不锈钢 06Cr19Ni10。

（4）凝汽器溢放水管道。

1）当凝结水系统运行波动导致凝汽器热井或凝结水箱水位过高时，凝汽器溢放水管道上调节阀将开启，将多余的凝结水排至凝结水补水箱储存。当水位下降到正常水位时，调节阀将逐渐关小直至关闭。

2）凝汽器溢放水管道上装有两只隔离阀和 1 只动力式调节阀，调节阀也设有旁路隔离阀。

3）凝汽器溢放水管道上可设置流量测量装置。

4）由于溢放水管道直接与凝结水补水箱相连，补水箱内介质为未经除氧的除盐水，可能会腐蚀管道和阀门；同时，为了防止溢放水污染水箱里的除盐水，因此凝汽器溢放水管道、阀门及管件等材料应选用不锈钢 06Cr19Ni10。

（5）减温水和杂用水管道。在凝结水泵出口母管上，分别接出几路分支管，根据凝结水需求用户的布置情况，作为减温水、补充水或密封水等分支管，为下列各系统和设备提供凝结水：

1）中压蒸汽旁路减温器、低压蒸汽旁路减温器、轴封蒸汽减温器等喷水。

2) 疏水扩容器喷水。

3) 低压缸喷水、凝汽器水幕保护喷水。

4) 发电机定子冷却水系统补充水。

5) 真空泵汽水分离器的补充水。

6) 闭式冷却水系统补充水。

7) 真空破坏阀的密封水。

（6）凝结水排水管道。

1) 轴封加热器出口的主凝结水管上接出一路支管至循环水排水管，用于新机组启动期间和凝结水系统启动初期排除不合格的凝结水。当凝结水质合格后，再切换到主凝结水管道运行。

2) 凝结水排水管道上依次装有1只隔离阀和1只止回阀。

（六）给水管道系统

1. 系统功能

（1）给水系统是将余热锅炉给水加热器出口的给水经过除氧、分段升压后，分别向中压和高压省煤器提供合格品质和压力的给水。

（2）给水系统还为高压蒸汽减温器、高压旁路蒸汽减温器提供减温水。给水泵中间抽头的给水为再热器减温器提供减温水。

2. 系统范围

给水管道系统应包括为满足上述功能所需要的所有管道、阀门、仪表、控制装置及其他组件等。该系统可分为低压给水、中压给水、高压给水、给水泵再循环系统、高压蒸汽减温水系统、再热蒸汽减温水系统。

3. 管道系统的类别

通常给水系统划归到余热锅炉制造厂的设计和供货范围，给水管道系统选用单元制系统。这种系统简单、投资省，系统本身发生事故的可能性最少，便于集中控制；缺点是相邻单元之间不能互相切换，运行灵活性差，且要设置单独的备用给水泵。

4. 系统设计准则

给水管道系统能满足余热锅炉不同负荷下运行所需的给水流量、压力和温度，还应满足高压蒸汽和再热蒸汽减温水投入运行时所输送的给水流量。

（1）系统设计参数。

系统设计以余热锅炉冬季工况条件下的热平衡图为基础，并考虑压力、温度的偏差。给水系统还应充分考虑高压蒸汽和再热蒸汽减温水投入运行时的给水流量和参数要求。

设计压力、设计温度的确定及管径和壁厚的选择计算见第十章第二节相关内容或 ANSI/ASME B31.1-2007《动力管道》的相关规定。

（2）设备选择。对于每套联合循环机组，给水系统主要设备形式和数量的选择原则如下：

1) 除氧器。除氧器可采用余热锅炉低压汽包自除氧，也可采用低压加热除氧器或凝汽器真空除氧。通常优先选择1台锅炉配1台除氧器，给水箱与低压汽包合为一体，也可两台锅炉配1台除氧器。

除氧器的总容量应根据最大给水消耗量选择，给水箱的有效储水量宜为 5~10min 的余热锅炉最大连续蒸发量时的给水消耗量。

2) 给水泵。当1台锅炉配1台除氧器时，按照余热锅炉的给水量，给水泵选用2台100%容量或3台50%容量的电动给水泵，其中1台为备用泵。

当两台锅炉配1台除氧器时，给水泵选用3台同容量的电动给水泵，其中1台为备用泵。

给水泵选用卧式、多级离心水泵，并选用带液力偶合器的调速给水泵。

对于每一个给水系统，给水泵出口的总流量应不小于系统所连接的全部余热锅炉最大给水量及高压旁路减温水量之和的 110％。如果是再热循环机组，给水泵进口的总流量还应再加上再热器减温水量。

给水泵的扬程应为下列各项之和：

a. 在余热锅炉最大蒸发量时，从给水加热器出口到高压省煤器进口的介质流动总阻力，并加 5％～10％裕量。

b. 省煤器进口管与给水加热器出口管的水柱静压差。

c. 余热锅炉最大蒸发量时，省煤器进口所需的给水压力与给水加热器的运行压力之差。

（3）管道设计的基本要求。给水管道布置力求短且直，做到流阻小、补偿良好、支吊架设计合理、防振消声、安装和维修方便等，以减小给水泵组耗功，提高热经济性。

5. 系统说明

（1）低压给水管道。

1）低压给水管道包括从给水加热器的出口给水管经一组调节阀门站进入低压汽包和低压汽包出水管接至给水泵组入口的管道。低压汽包起着汽水分离器的作用，并兼具给水除氧的功能。低压汽包与低压蒸发器组成循环回路。

2）利用低压汽包进行除氧的机组，在机组启动期间，给水含氧量通常会超过规定值，但当余热锅炉负荷达到约 30％以后，给水含氧量将符合规定值，因此通常联合循环机组将低压汽包和除氧器合为一体，以简化系统，降低投资。如选用 SIEMENS 公司的汽轮机，该公司会要求余热锅炉增加设置旁路除氧器和旁路除氧器水泵，在机组启动和低负荷期间，低压汽包尚不能提供加热蒸汽时，利用相邻机组或启动锅炉的辅助蒸汽来加热旁路除氧器内的给水并进行除氧。当负荷升至低压汽包能自除氧时，旁路除氧器即可退出运行。

3）低压给水调节阀门站由 1 只动力式调节阀和前后各 1 只隔离阀组成，并设有旁路隔离阀。低压给水管道上装有流量测量装置，调节阀的信号需取自低压汽包的水位信号和流量测量装置信号，低压蒸汽的流量测量装置信号亦参与调节，以维持汽包水位稳定。为防止低压汽包蒸汽倒流至低压给水管，在靠近低压汽包侧应装有一组止回阀和电动隔离阀。

4）设置了旁路除氧器系统的机组，除氧器进口水管上装有隔离阀、调节阀和止回阀，在旁路除氧器水泵出口管上，除了止回阀和隔离阀之外，还应装有调节阀。这两只调节阀共同调节和控制旁路除氧器水箱的水位。旁路除氧水泵也设有最小流量再循环管路。

5）在低压给水的旁路管上应装设一组止回阀和电动隔离阀。

6）每台给水泵入口管道上均装有滤网和隔离阀。

（2）中压给水管道。

1）给水泵配置方案通常分为两种，一种是由中压给水泵和高压给水泵分别向中、高压给水系统提供需要的流量和压力，简称分泵型。另一种是选用带中间抽头的多级给水泵，即高压给水泵和中压给水泵合并为一泵，中间抽头为中压给水系统提供需要的流量和压力，简称合泵型。

2）合泵型配置优点是投资较省、系统简单、维护工作量和运行费用低；其缺点是高、中压系统的紧密耦合使控制难度增大。高压给水控制以调节给水泵转速作为基本调节手段，中压给水流量一般是高压给水流量的 20％左右，中压给水控制采用调节阀进行节流调节控制。采用这样的控制策略基本解决高、中压系统的紧密耦合，但中间抽头的选择裕量对给水控制系统产生的扰动较大，需通过改进中压给水控制策略来尽可能减小扰动。分泵型配置优点是给水控制策略较简单。近几年三压型联合循环机组多采用合泵型配置，电厂运行效果良好，所以宜优先采用带中间抽头的给水泵配置。

3）中压给水管道包括从给水泵中间抽头接出的管道进入中压省煤器，被烟气加热后经一组调节阀门站进入中压汽包。中压汽包与中压蒸发器组成循环回路，中压汽包起着汽水分离器的作用。

4）中压给水调节阀门站由1只动力式调节阀和前后各1只隔离阀组成，并设有旁路隔离阀。流量测量装置装设在给水泵中间抽头接出母管上，调节阀的信号需取自中压汽包的水位信号和该流量测量装置信号，中压蒸汽的流量测量装置信号也参与调节，以维持汽包水位稳定。

5）在中压省煤器的进口给水管道上，装有止回阀和隔离阀，防止给水倒流。

6）由于中压给水管道从中压汽包下部接入，不会发生蒸汽倒流现象，所以该管道上无须设置止回阀。

（3）高压给水管道。

1）高压给水管道包括从各台给水泵出口管接入母管，经调节阀门站进入高压省煤器，依次被烟气加热后进入高压汽包。高压汽包与高压蒸发器组成循环回路，高压汽包起着汽水分离器的作用。

2）高压给水调节阀门站由1只动力式调节阀和前后各1只隔离阀组成，并设有旁路隔离阀。流量测量装置装设在调节阀站上游，调节阀的信号需取自高压汽包的水位信号和该流量测量装置信号，高压蒸汽的流量测量装置信号也参与调节，以维持汽包水位稳定。在高压省煤器的进口给水管道上，装有止回阀和隔离阀，防止高压给水倒流。

3）由于高压给水管道从高压汽包下部接入，不会发生蒸汽倒流现象，所以该管道上无须设置止回阀。

（4）给水再循环管道。

1）每台给水泵应设置再循环管路，再循环管一般从止回阀体上接出或从止回阀上游侧接出，经降压后排至该台余热锅炉的凝结水进口管。

2）每一路再循环管道上都应装有隔离阀、调节阀和止回阀，调节阀的控制信号取自给水泵出口母管上的流量测量装置，以保证给水泵运行在水泵允许的最小流量以上范围，防止水泵发生汽蚀现象。

（5）减温水系统。

1）根据规范要求，汽轮机入口处的蒸汽温度波动范围不应超过±5℃。为了满足这一要求及保护过热器和再热器，采用将给水经喷嘴雾化后喷入过热蒸汽和再热蒸汽，以降低和调节蒸汽温度。

2）通常减温器要求减温水的压力应比减温器出口蒸汽压力高约0.5MPa。

3）高压过热器的减温水、高压蒸汽的减温水、高压蒸汽旁路的减温水，都宜从给水调节阀上游侧的给水管道上接出，以保证足够的喷水压力差，减温水能够尽可能完全雾化。

4）再热器和高温再热管的蒸汽压力低，要求的减温水压力也较低，从给水泵中间级的抽头处引出的中压给水压力可满足减温水喷水压力要求。

5）每一路减温水管道上，均需设置动力调节阀和至少1只隔离阀，必要时可增加1只止回阀。

（七）抽真空管道系统

小容量、蒸汽参数较低的机组一般采用射水或射汽抽气器，中等容量或更大容量、高参数的汽轮机组则无一例外地采用水环式真空泵。

1.系统功能

抽真空系统的功能是在汽轮机启动初期，将凝汽器的汽侧空间及其相连接管道和设备中的空气和不凝结气体抽出，以达到凝汽器所需的真空；在机组正常运行期间，排出系统中漏入的空气和积聚的不凝结气体，维持凝汽器运行的真空要求。

2.系统范围

抽真空管道系统应包括为满足上述功能所需要的所有管道、阀门、仪表、控制装置及其他组件等。

3.管道系统的类别

抽真空系统只与汽轮机和凝汽器相关联，所以抽真空管道系统选用单元制系统。

4. 系统设计准则

抽真空管道系统能满足汽轮机各种不同负荷下，抽出凝汽器内的空气及不凝结气体的需要。启动时，全部真空泵并列运行，能满足启动时间的要求。

抽真空系统的设备类型、数量及系统的连接与汽轮机容量、凝汽器壳体数、凝汽器是单背压还是双背压、凝汽器的排汽接口个数等因素有关。抽真空系统设计能力为在泵入口压力为 0.0034MPa（绝对压力），冷却水温为 15℃ 时的抽干空气量不小于按美国 HEI 标准查得的凝汽器干空气泄漏量，应注意此处不包括备用设备的运行能力。

对于每套联合循环机组，抽真空系统主要设备形式和数量的选择原则如下：

（1）350MW 级及以下容量的湿冷和间冷机组。25MW 级及以下的汽轮机组，可选用射汽抽气器或射水抽气器。50～100MW 的汽轮机组，可选用射水抽气器或水环式真空泵；135～350MW 容量的汽轮机组，选用 2 台 100% 容量的水环式真空泵，其中 1 台为备用泵。

（2）350MW 级及以下容量的直接空冷机组，由于空冷系统汽侧空间庞大，空气漏入可能性较大，宜选用两台 100% 容量的水环式真空泵。

（3）600MW 级及以上容量的汽轮机组，对于湿冷和间接空冷机组，可选用 3 台 50% 容量的水环式真空泵；直接空冷机组，不论汽轮机低压缸的个数，选用 3 台 100% 容量的水环式真空泵。

5. 系统说明

（1）对于单背压凝汽器，抽空气口分别从一个或两个凝汽器壳体上部引出，合并后用单管接至真空泵。

（2）对于双背压双壳体凝汽器，抽真空系统可选用 3×50% 容量或 4×50% 容量的真空泵。如选用 3×50% 容量的真空泵，2 台真空泵分别与高、低压凝汽器抽空气口连接，第 3 台泵作为这 2 台泵的公共备用泵，分别与前述 2 台泵的抽真空主管相连接，相应地管道上各装有 1 只气动隔离阀，用于任一台运行泵故障时切换到备用泵运行。如选用 4×50% 容量的真空泵组，高、低压凝汽器抽真空管道独立设置，真空泵组两两互为备用，虽然增加了设备投资，但系统控制起来更简单。

（3）抽空气口位于凝汽器壳体颈部的空气冷却区，凝汽器内部设计应能使汽侧的所有部位的空气和蒸汽混合物连续地、直接地流到抽空气口，汽流路程尽可能短，以减小汽阻和保证凝汽器的真空度。

（4）每个凝汽器抽出接管上均装有真空隔离阀。每个真空泵入口均装有气动或液动隔离阀，便于泵组切换运行，大容量汽轮机组配置的真空泵组入口管上，还增设了 1 只止回阀，防止泵壳内气体倒流而干扰其他泵运行。

（八）主厂房循环冷却水系统

电厂凝汽器的冷却水供水方式通常有直流供水、循环供水、混合供水或空冷系统。本节内容只涉及常规的循环冷却水管道系统，故混合供水和空冷系统的叙述详见第十二章相关内容。

1. 系统功能

循环冷却水系统主要是为凝汽器提供冷却水，使汽轮机排汽凝结成水后循环使用，以回收工质。此外，循环冷却水还为其他辅助设备如闭式冷却水热交换器等提供冷却水。

2. 系统范围

循环冷却水系统包括为满足上述功能所需要的布置在主厂房内的管道、阀门、仪表、控制装置及其他组件等。

3. 管道系统的类别

循环冷却水系统只与汽轮机和凝汽器关联密切，因为每套联合循环机组只设 1 台汽轮机和凝汽器，所以该系统选用单元制系统。

4. 系统设计准则

汽轮机排汽在凝汽器内凝结时所放出的热量由冷却水吸热带走，再排至大气环境。由表面式换热

器的热量平衡关系可得出式（8-2），即

$$D_C(h_c - h'_c) = 4.187 D_w(t_{w2} - t_{w1}) = 4.187 D_w \Delta t \tag{8-2}$$

式中　D_C——进入凝汽器的汽轮机排汽量，kg/h；

　　　　D_w——进入凝汽器的冷却水量，kg/h；

　h_c、h'_c——汽轮机排汽的蒸汽焓和凝结水焓，kJ/kg；

　t_{w1}、t_{w2}——凝汽器进口、出口的冷却水温度，℃。

将式（8-2）变换后得到式（8-3），即

$$\Delta t = \frac{h_c - h'_c}{4.187 \left(\dfrac{D_w}{D_C}\right)} - \frac{h_c - h'_c}{4.187 m} \tag{8-3}$$

比值 $\dfrac{D_w}{D_C}$ 定义为凝汽器的冷却倍率，用符号 m 表示，它表示每凝结 1kg 蒸汽所需要的冷却水量。在凝汽器工作压力范围内（$h_c - h'_c$）数值变化非常小，即 m 值越大，Δt 值越小，凝汽器就可以达到较低的压力，但是这样消耗的冷却水量及循环水泵的耗功也越大。凝汽器的 m 值在 50～120 范围之间，通常应通过技术经济比较来确定最佳的 m 值。

5. 系统说明

对于双流程凝汽器，凝汽器的循环水进口管为两根，分别接入凝汽器前水室的下部接管，流经一半冷却水管束后进入后水室，再流经另一半管束后由前水室上部接管，分别排入两根循环水出口管。

对于单流程凝汽器，两根循环水进口管分别接入凝汽器前水室的接管，流经全部冷却水管束后进入后水室，由后水室的接管分别排入两根循环水出口管。

凝汽器的水室内部均采用隔板分隔，当发生管束泄漏时，可以将这一侧的冷却水管进、出口蝶阀关闭，该侧凝汽器退出运行，即凝汽器仍可在不小于 50% 负荷的工况下运行。

每根循环水进口管道上均装有电动蝶阀和补偿器，如采用直流供水系统，进口管道上还应装有二次滤网，以防止杂质进入冷却水管束导致传热恶化甚至堵塞冷却水管。每根循环水出口管道上也装有电动蝶阀和补偿器。

除了冷却水水质很好，且能证明凝汽器管材内壁不结垢的凝汽器外，其他凝汽器冷却水系统均应设置胶球清洗装置。

四、全厂公用汽水系统

（一）辅助蒸汽系统

1. 系统功能

辅助蒸汽系统的功能是在机组启动前和启动期间、运行期间以及停机后，向本机或邻机的燃油加热、汽轮机轴封等各类辅助设备和生活设施提供符合参数要求的蒸汽，即辅助蒸汽系统为全厂提供公用汽源。

2. 系统范围

辅助蒸汽系统供汽用户多，可按照区域分为余热锅炉房用汽、汽机房用汽、化学水处理系统用汽、其他用汽。

（1）余热锅炉房用汽。

1）燃油加热蒸汽。

2）蒸汽雾化燃烧器用的蒸汽。

3）吹灰器的吹灰蒸汽。

（2）汽机房用汽。汽轮机轴封用汽。

（3）化学水处理系统用汽。

1）化学水处理用汽。

2）化学反渗透用汽。

（4）其他用汽。

1）仪表管道等的防冻伴热用汽。

2）重油伴热用汽。

3）采暖通风设备用汽。

4）其他生活用汽。

3．管道系统的类别

辅助蒸汽系统应采用母管制系统。

4．系统说明

新建的联合循环电厂，应设置1台启动锅炉，启动锅炉的燃料采用与燃气轮机相同的天然气燃料或轻油燃料。启动锅炉的容量应根据电厂的机组容量、启动方式来确定。通常启动锅炉的蒸汽参数为1.37MPa（绝对压力）、350℃。

扩建的联合循环电厂，宜尽量采用原有机组的辅助蒸汽作为汽源，不再增设启动锅炉。

如果有重油作为燃料，当需要用蒸汽伴热来保证重油流动性时，经综合比较后可考虑设置1台小容量锅炉为重油提供伴热用蒸汽。

双压无再热循环的机组，设置高压蒸汽向辅助蒸汽系统提供备用的辅助蒸汽汽源的管路。带再热循环的机组，则优先设置低温再热蒸汽向辅助蒸汽系统提供备用的蒸汽汽源管路，无需将高压蒸汽作为备用的辅助蒸汽汽源。

辅助蒸汽系统的参数一般确定为0.6～1.0MPa（绝对压力）、250～300℃。辅助蒸汽来源有启动锅炉、邻机辅助蒸汽、本机高压蒸汽或低温再热蒸汽，应进行辅助蒸汽汽量平衡计算，计算中可合理考虑辅助蒸汽用户错开时间运行，系统供汽能力应能满足机组各种工况运行的要求。

每台机组设置1台辅助蒸汽联箱，相邻机组的辅助蒸汽联箱用1根辅助蒸汽母管连接。

（二）供热管道系统

供热系统一般分为厂内供热系统和厂外热力网系统。厂内供热系统属于热电厂的范围，厂外热力网系统一般由地区建设部门或工厂企业负责，通常将接口分界点划定在电厂边界处。本节所叙述的内容是指厂内供热系统。

1．热电厂供热方式

热电厂是供热系统的热源。以蒸汽作为供热介质时，可采用以下4种供热方式：

（1）通过减温减压装置由锅炉直接供汽。

（2）由汽轮机抽汽或排汽直接供汽。

（3）通过射汽增压器供汽。

（4）通过蒸发器供给二次蒸汽。

这4种方式中，（2）的热经济性最高。（1）的热经济性最差，在无其他可靠备用热源时才考虑作为备用汽源。（3）仅用在汽轮机抽汽压力低于热用户要求时。（4）需增加蒸发器等设备，用于热用户端凝结水损失量大和受到污染的场合。

联合循环机组主要承担电网尖峰负荷，极少承担电网基本负荷。而生产工艺热负荷通常属于常年性热负荷，且热负荷具有一定的规律性，不适合采用联合循环机组供热。因此，联合循环机组只考虑对外采暖和制冷的热负荷，一般选择用汽轮机抽汽来作为供热方式。

2．供热介质选择

热电厂的供热介质有蒸汽和热水。

蒸汽和热水两种供热介质的优缺点比较见表 8-12。

表 8-12   蒸汽和热水供热介质的优缺点比较

项目	供热介质为蒸汽	供热介质为热水
优点	(1) 可以同时满足蒸汽用户和热水用户需要。 (2) 输送过程中不需要增压设备，不耗电能，靠自身压力就能达到输送要求。 (3) 在使用和输送过程中，不考虑静压，不需要定压系统。 (4) 供热介质温度高，可减少热用户的散热器面积	(1) 热水蓄热能力强，热稳定性好。 (2) 供热负荷调节灵活，可根据室外温度调节供水温度。 (3) 以热电联产方案提供热水，只需从低压抽汽取得，可多发电提高循环热效率。 (4) 输送距离长，一般为 5～10km，设置中继水泵后输送距离更长。 (5) 热损失小
缺点	(1) 凝结水回收困难，热量和工质损失大。 (2) 输送距离短，且输送过程中热损失大	输送过程中电能消耗大

由表 8-12 可见，联合循环机组对外提供采暖热负荷时，适合于采用热水作为供热介质，以减少热量和介质损失，提高循环热效率。

3. 供热介质参数选择

供热介质热水参数分为高温热水和低温热水，高温热水是指供水温度为 110～150℃，回水温度小于或等于 70℃。低温热水是指供水温度为 95℃，回水温度小于或等于 70℃。

联合循环电厂为采暖热负荷的热源，应采用高温热水。电厂采用一级加热时，供水温度取较小值；采用二级加热时，供水温度取较大值。

4. 系统范围

供热管道系统包括加热蒸汽管道系统、热网加热器、凝结水回收系统、热网循环水泵、热网补充水系统，以及这些系统的相关连接管道、阀门和管件、仪表、控制装置及其他组件等。

5. 系统设计准则

(1) 大型集中供热的热力网应采用间接换热，在热电厂内设置热网首站。首站内设置热网加热器和热网凝结水泵、热网循环水泵、补充水定压系统等。

加热器的台数和设备能力的确定应能适应热负荷增长的需要，并考虑供热可靠性。

(2) 热网加热器。基本热网加热器的台数和容量应根据采暖、通风和生活热负荷选择，不设置备用加热器。基本热网加热器进汽压力一般为 0.19～0.26MPa（绝对压力），供给热网的热水温度为 110～120℃。

当任何一台基本热网加热器停止运行时，其余设备应能满足 60%～75% 热负荷的需要，位于严寒地区的电厂应取上限值。根据热负荷增长的可能性和汽轮机采暖抽汽的供汽能力，可考虑预留增加基本热网加热器的位置。

热网尖峰加热器应根据热负荷性质、输送距离、当地气候和热网系统等因素综合比较来确定是否装设。尖峰热网加热器承担热网的尖峰负荷，选用的加热蒸汽参数较高，进汽压力一般为 0.3～0.6MPa（绝对压力），供给热网的热水温度为 120～150℃。

加热器可选用管式或板式。

(3) 各类水泵。热网凝结水泵和热网循环水泵的台数都不应少于两台，其中应有一台备用。热网凝结水泵宜采用变频调速，热网循环水泵可采用调速泵。

补水装置的压力应比补水点管道压力高 30～50kPa，当补水装置同时用于维持管网静态压力时，其压力应满足静态压力的要求。当补给水不能直接补入热网时，应设两台热网补给水泵，其中一台为备用；当补给水在正常运行工况能直接补入热网时，可不设热网补给水泵，但在热网循环水泵停用，不能保证热网所需静压时，应设一台变频调速的热网补给水泵。

闭式热网正常补给水应采用除氧的化学软化水和锅炉排污水，启动或事故时可补充工业水或生活水。闭式热力网补水装置的流量应不小于供热系统循环流量的 2％，事故补水量应不小于热网循环水流量的 4％。

（4）减温减压装置。电厂只有一套联合循环机组时，余热锅炉低压蒸汽母管应设置至热网加热器的加热蒸汽管道，当汽轮机故障停机时，由低压蒸汽母管提供加热蒸汽。该加热蒸汽量至少应满足采暖、通风和生活热负荷的 60％～75％。如低压蒸汽参数不能满足热网加热器的参数要求，可从压力高一级的蒸汽母管上引接，经减温减压装置后接至热网加热器进口母管。减温减压装置不设备用。

电厂有多套联合循环机组，且任何一台汽轮机停用，其余汽轮机能供给采暖、通风和生活热负荷的 60％～75％时，可不设置余热锅炉蒸汽系统至热网加热器的加热蒸汽管道。

（5）管道系统类别。供热管道系统宜采用母管制系统，便于各台汽轮机互为备用供热热源。当各套联合循环机组之间距离很远时，经技术经济分析后投资与收益之比不合适时，供热管道系统可采用单元制。

6. 系统说明

热网循环水泵将热网回水管的低温热水升压后，输送到热网加热器进口，必要时可在热网加热器出口增设二级热网循环水泵。热网循环水泵进口侧管道上装有过滤器。通过热网加热器被加热的高温热水通过热网供水母管输送至厂外供热系统。每台热网加热器的进、出口均设有电动隔离阀，用于加热器检修时隔离用。

热网首站的采暖加热蒸汽取自汽轮机抽汽管道。供热抽汽压力和流量的调节通过汽轮机中、低压缸连通管上的调节蝶阀来控制，或者通过设在汽缸内的旋转隔板来调节。加热蒸汽管道上在靠近汽轮机侧装有气动止回阀和电动闸阀。

供热蒸汽疏水用热网凝结水泵输送到凝汽器热井或凝结水箱。

热网回水的补水来自化学软化水或锅炉排污水。

（三）辅助设备冷却水管道系统

冷却水管道系统分为开式循环冷却水系统和闭式循环冷却水系统。

如果采用的冷却水是需经处理的水源时，宜采用开式和闭式相结合的冷却水系统。如果是以淡水作为冷却水水源，且不需要处理即可作为辅机冷却水时，可采用开式循环冷却水系统。

湿冷机组开式循环冷却水取自循环冷却水系统，空冷机组开式循环冷却水取自辅机冷却塔冷却水系统。开式循环冷却水系统用于向冷却水量较大、对冷却水水质要求不高的设备提供冷却水，同时为闭式冷却水热交换器提供冷却水。

闭式循环冷却水采用除盐水，用于向冷却水量较小，且对水质要求较高的设备提供冷却水。

1. 开式循环冷却水系统

（1）系统功能。开式循环冷却水系统是向对冷却水水质要求不高的各种辅助设备的冷却装置、轴封用水等提供冷却水。

（2）系统范围。开式循环冷却水系统包括开式循环冷却水泵（如果有）、电动滤水器，以及相关的连接管道、阀门和管件等。

开式循环冷却水系统向下列用户提供冷却水：

1）燃气轮机润滑油冷却器。

2）燃气轮发电机空气冷却器。

3）天然气调压站冷却水。

4）汽轮机润滑油冷却器。

5）当发电机采用空气冷却方式时，需冷却设备有发电机空气冷却器。当发电机采用水–氢–氢冷却方式时，需冷却设备有发电机氢气冷却器、发电机氢侧和空侧密封油冷却器、氢气干燥器。

6）凝结水泵电动机空气冷却器。

7）电动给水泵润滑油/工作油冷却器、电动给水泵电动机冷却器。

8）水环式真空泵冷却器。

9）空气压缩机冷却器。

10）闭式冷却水热交换器。

（3）系统设计准则。

1）设计要求及参数。

开式循环冷却水系统的容量应按夏季最高的循环冷却水温度、机组在最大出力工况运行时所需要的全部冷却水量设计。

开式循环冷却水管道系统宜按单元制设置，其优点是系统和运行控制都简单，缺点是投资略高。条件合适时，也可选用母管制系统，按合理、经济、安全的原则选择。

2）设备选择。开式循环冷却水系统根据系统布置来计算、确定需要设置冷却水泵的供水范围。如果需要时应设置 2 台冷却水泵，单台冷却水泵的容量不小于需要升压的冷却水量的 110%。冷却水泵的扬程应考虑以下各项之和：

a. 按最大冷却水量计算的系统管道阻力，另加 5%～10%的裕量。

b. 最高用水点与冷却水泵中心线之间的净压差。

c. 循环水进、出口管道之间的水压差，取负值。

开式循环冷却水系统应设置一台电动滤水器，以保证冷却水水质洁净。如电动滤水器不能在线清洗运行时，应增加设置一台电动滤水器作为备用。

（4）系统说明。

开式冷却水取自循环冷却水进口管道，经过电动滤水器过滤后，向各辅助设备的冷却器提供冷却水。如有需要升压的冷却水设备，则需经过电动滤水器、开式冷却水泵升压后再输送至各冷却器。电动滤水器和冷却水泵进、出口管道上均装有手动或电动蝶阀，当泵出口母管压力低于设定值或运行设备故障时，备用泵自动启动，这些阀门即用于设备切换运行和检修时隔离用。冷却水泵的进口侧装有滤网，当滤网压差超过设定值时，运行泵切换到备用泵，备用泵自动启动。冷却水泵出口侧装有止回阀。

至各辅助设备冷却器的冷却水进、出口管道都装有隔离阀，出口管道上的隔离阀可对水量进行粗调。有些设备对冷却水温度调节要求较高，如汽轮机润滑油冷却器、发电机密封油冷却器等，可在冷却水出口管道上设置动力式调节阀，用来调节冷却水流量，控制其出口冷却水温度。调节阀设有旁路隔离阀，当调节阀故障检修时，冷却水流经旁路阀以维持系统运行。

各辅助设备冷却器的冷却水出口管汇合成母管后，排至循环水出口管。

2. 闭式循环冷却水系统

（1）系统功能。闭式循环冷却水系统是向要求冷却水质较高的各种辅助设备的冷却装置、轴封用水等提供冷却水，并采用闭式循环管路。

（2）系统范围。闭式循环冷却水系统包括闭式循环冷却水泵、闭式冷却水热交换器、膨胀水箱、补充水系统，以及相关的连接管道、阀门和管件等。

联合循环电厂的闭式循环冷却水系统至少应向下列用户提供冷却水：

1）发电机定子水冷却器。

2）凝结水泵轴承冷却器。

3）电动给水泵机械密封冷却水。

4）汽轮机 EH 油冷却器。

5）汽水取样冷却器。

如果冷却水源为海水、中水、苦咸水，或者投资条件允许的话，也可将全部辅助设备的冷却水纳入闭式循环冷却水系统，这样可保证冷却器长期可靠运行，减少维护工作量。

（3）系统设计准则。

1）设计要求及参数。

闭式循环冷却水系统的容量应按夏季最高的循环冷却水温度对应的闭式冷却水温度、机组在最大出力工况运行时所需要的全部冷却水量设计。

闭式循环冷却水系统宜按单元制设置，这样系统简单，运行控制也便利。条件合适时，也可选用母管制系统。

2）设备选择。

闭式冷却水热交换器换热面积应按最高计算冷却水温度来确定。通常系统可设置两台 65% 容量的热交换器，但是当电厂位于年气温温差不大的地区时，则应设置 2 台 100% 容量的热交换器；热交换器材料应与凝汽器管材一致。热交换器闭式循环水侧的运行压力应大于开式循环水侧的运行压力，以防止换热器发生泄漏时，开式水渗漏到闭式水侧，污染闭式冷却水水质。

闭式循环冷却水系统应设置两台闭式循环冷却水泵。单台泵的容量为机组最大冷却水量的 110%。水泵的扬程应不小于按最大冷却水量计算的系统管道阻力，另加 5%～10% 的裕量。

闭式循环冷却水系统应设置一台高位膨胀水箱。

（4）系统说明。

闭式冷却水经过闭式冷却水泵升压后，经过闭式冷却水热交换器被冷却后，向各辅助设备的冷却器提供冷却水。冷却水泵和闭式水热交换器进、出口管道上均装有手动或电动蝶阀，当泵出口母管压力低于设定值或运行设备故障时，备用泵自动启动，这些阀门即用于设备切换运行和检修时隔离用。冷却水泵的进口侧装有滤网，当滤网压差超过设定值时，运行泵切换到备用泵，备用泵自动启动。冷却水泵出口侧装有止回阀。

系统设置的膨胀水箱安装高度不低于系统中最高冷却设备的标高，通常在除氧间的除氧器层。水箱设有一根出水管与闭式冷却水泵进口侧管道相连，以维持系统压力的稳定和保证水泵进口侧的净正吸水头，水箱也能调节系统中水流量的波动，吸纳水的热胀冷缩。水箱水位由来自凝结水补水管道上的调节阀来控制，膨胀水箱顶部通大气，并设有溢流装置和放水管道。

闭式循环冷却水系统启动注水和补充水来自凝结水系统。启动注水由凝结水输送泵的出口管分出一支送至水箱；正常运行期间的补水来自凝结水杂用水母管。

至各辅助设备冷却器的冷却水进、出口管道都装有隔离阀，出口管道上的隔离阀可对水量进行粗调。有些设备对冷却水温度调节要求较高，如发电机定子水冷却器，可在冷却水出口管道上设置动力式调节阀，用来调节冷却水流量，控制其出口冷却水温度。调节阀设有旁路隔离阀，当调节阀故障检修时，冷却水流经旁路阀以维持系统运行。

各辅助设备冷却器的冷却水出口管汇合成母管后，返回至冷却水泵进口侧管道。

为了防止系统中管道和设备发生腐蚀，系统中设有取样和加药管道，以调节和控制水质。取样和加药管道分别位于闭式循环冷却水泵进口母管的分支上。

第四节 凝 汽 器

一、凝汽器的功能

凝汽器是联合循环机组的重要组成部分，是仅次于燃气轮机、余热锅炉、汽轮机和发电机的重要设备。

凝汽器的功能之一是在汽轮机的排汽侧建立并维持高度真空状态。为了提高汽轮机热效率，需要降低汽轮机的排汽压力，从而增大其做功焓降，减少冷源损失。机组循环热效率将随排汽压力的降低而提高，汽轮机的末级组的功率随排汽压力降低而增加。但是，不能理解成真空越高越好，当排汽压力降低至某一值后，排汽压力再降低，由于容积流量过大引起的损失，使末级组的功率不但不增加，反而会减少，此时的排汽压力称为极限排汽压力。

凝汽器的功能之二是回收凝结水。汽轮机排汽在凝汽器内凝结回收可极大地减少机组补水量。

凝汽器相关系统简化图如图 8-11 所示。

二、凝汽器压力

凝汽器压力是指冷却水管束第一排管子高度以上不超过 300mm 处凝汽器的绝对压力。

凝汽器压力的确定：在蒸汽的凝结过程中，蒸汽和冷却水温度随冷却面积的变化如图 8-12 所示。

由图 8-12 和热平衡公式可知，与凝汽器压力 p_e 对应的饱和温度为

$$t_s = t_{w1} + \Delta t + \delta t \tag{8-4}$$

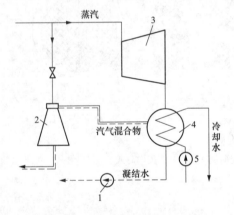

图 8-11 凝汽器相关系统简化图

1—凝结水泵；2—射汽抽气器；3—汽轮机；
4—凝汽器；5—循环水泵

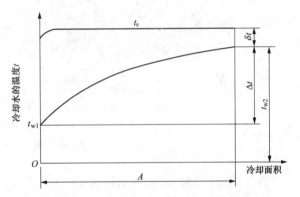

图 8-12 蒸汽和冷却水的温度随冷却面积的变化

t_{w1}—冷却水进口温度；Δt—冷却水的温升；δt—传热端差

对现代凝汽器，冷却倍率 m 值一般在 45～90 范围内。直流供水方式的单流程凝汽器，可选取较大的 m 值；循环供水方式的双流程凝汽器，则应选取较小的 m 值。根据 HEI 标准，传热端差一般在 3～10℃ 范围内，最小的传热端差不小于 2.8℃。

根据 m 和 t_s 值可以确定 p_c 值，不同冷却水温下推荐的凝汽器压力范围见表 8-13。

表 8-13　　　　　　　　　　　　凝汽器压力范围

冷却水温度（℃）	10	15	20	25	27	30
凝汽器压力（绝对压力，kPa）	3～4	4～5	5～6	6～7	7～8	8～10

三、凝汽器的类型

凝汽器按蒸汽凝结方式可分为两大类，即混合式凝汽器和表面式凝汽器。

（一）混合式凝汽器

在混合式凝汽器中，蒸汽和冷却水直接接触而被凝结。混合式凝汽器的优点是结构简单、传热效率高、投资较低，但是其明显的缺点是凝结水和冷却水发生混合，因而冷却水必须是高品质的除盐水。

（二）表面式凝汽器

在表面式凝汽器中，蒸汽和冷却水不直接接触，通过冷却管表面进行热交换而被凝结，因而可以得到纯净的凝结水作为锅炉给水。表面式凝汽器在现代电厂中得到了最广泛的应用，因而本节只对表面式凝汽器进行叙述。

四、凝汽器的布置

凝汽器相对于汽轮机的布置方案主要取决于汽轮机低压缸排汽和汽轮机基础的设计。凝汽器布置在汽轮机下面称为下排汽布置，下排汽布置又分为纵向布置和横向布置；侧向和轴向布置方案可大大降低汽轮机运行层的高度，减少厂房的投资，且低压缸至凝汽器的排汽损失也较小。燃气轮机联合循环机组即可采用下排汽方式，也可采用侧向和轴向排汽方式。

五、表面式凝汽器的结构形式

按照汽流的流动方向，凝汽器结构形式可以分为汽流向下式、汽流向上式、汽流向侧式和汽流向心式4种，如图8-13所示。汽流向侧式和向心式在现代大型凝汽器中应用得很少。

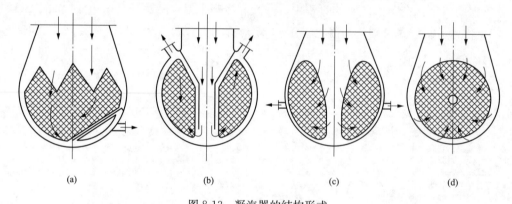

（a）　　　　　　　　（b）　　　　　　　　（c）　　　　　　　　（d）

图 8-13　凝汽器的结构形式
（a）汽流向下式；（b）汽流向上式；（c）汽流向侧式；（d）汽流向心式

六、表面式凝汽器的热力计算

凝汽器热力设计的任务是根据给定的设计条件，通过优化计算，确定经济合理的凝汽器冷却面积和其他结构尺寸。

热力计算的主要问题是确定传热系数。对于单根冷却管或者冷却管为数不多的换热器，利用传热学中在相似理论指导下得到的各种准则关系式，可通过试验得到相当精确的计算关系式。但是凝汽器的冷却管有成千上万根，夹带有空气的蒸汽在真空条件下，在非常庞大的冷却管束中凝结，流体动力因素、工况变化因素等影响着冷却管外侧（蒸汽侧）和内侧（冷却水侧）对流放热的条件，因而管束各区域的冷却管甚至每一根冷却管的传热系数都不相同。基于这点，凝汽器的热力计算方法主要是利用传热学试验和凝汽器工业性试验结果以及运行经验，建立凝汽器热力计算的总传热系数公式，用这种公式进行热力计算的方法称为工程热力计算法或总体传热系数计算法，该计算方法能满足工程设计计算的实际需要和计算精度要求。

此外，还有详细计算法，详细计算法是建立在管束试验研究的基础上，根据试验研究结果将凝汽器的冷却面积按其传热特点分别计算。

（一）热力计算

凝汽器的热力计算通常以汽轮机最大出力工况作为设计点，同时必须校核冷却水最高水温工况及旁路排放工况。

1. 冷却面积

凝汽器冷却面积的计算方法一般有详细计算法和总体传热系数计算法两种。

详细计算法将凝汽器的冷却面积分区，分别计算各区域的平均传热系数、传热温差、平均热负荷，最后计算凝汽器的总冷却面积。

总体传热系数计算法是目前工程中广泛采用的一种方法。该计算法是将凝汽器看成一个整体，利用总面积的假想平均传热系数来确定冷却面积。

根据汽轮机热平衡图，凝汽器的冷却面积 A（单位：m^2）计算公式为

$$A = Q \times 10^3 / (K \Delta t_m) \tag{8-5}$$

式中　Q——凝汽器的热负荷，kW；

　　　K——总体传热系数，$W/(m^2 \cdot K)$；

　　　Δt_m——蒸汽和冷却水之间传热的对数平均温差，K。

由式（8-5）计算得到的冷却面积，应再加上至少 5% 的堵管裕量，如果另有要求的，应按其要求确定。必要的堵管裕量是为了保证在凝汽器运行数年后，当一些管子由于泄漏而被堵塞后，凝汽器仍能保证机组发额定功率。

2. 热负荷

凝汽器的热负荷是指同时排入凝汽器的各类蒸汽传给冷却水的热量。凝汽器的热负荷 Q（单位：kW）可以由冷却水的温升求得，即

$$Q = q_V \rho c (t_{w2} - t_{w1}) = q_V \rho c \Delta t \tag{8-6}$$

式中　q_V——冷却水体积流量，m^3/s；

　　　ρ——冷却水密度，kg/m^3；

　　　c——冷却水的比热容，$kJ/(kg \cdot K)$；

　t_{w1}、t_{w2}——冷却水的进、出口温度，K。

3. 对数平均温差

用总体传热系数进行热力计算时，采用对数平均温差作为蒸汽与冷却水之间的传热温差。

在计算对数平均温差时，假定蒸汽的凝结温度 t_s 沿冷却界面不变，即不考虑汽阻及空气含量对凝结温度的影响。对数平均温差 Δt_m（单位：℃）为

$$\Delta t_m = \frac{t_{w2} - t_{w1}}{\ln \dfrac{t_s - t_{w1}}{t_s - t_{w2}}} = \frac{\Delta t}{\ln \dfrac{\Delta t + \delta t}{\delta t}} \tag{8-7}$$

$$\Delta t = t_{w2} - t_{w1} = Q / (q_V \rho c)$$

$$\delta t = t_s - t_{w2}$$

式中　t_s——蒸汽凝结温度，即凝汽器压力下的饱和温度，℃；

　　　Δt——冷却水的温升，℃；

　　　δt——凝汽器的传热端差，℃。

4. 传热系数

总体传热系数是通过各种不同结构形式的凝汽器在不同工作条件下所得的试验数据而归纳得出，总体传热系数也是假想的。总体传热系数计算方法有美国 HEI 总传热系数和别尔曼总传热系数。我国工程设计中广泛采用美国 HEI 总传热系数计算方法。

HEI 总传热系数计算公式为

$$K = K_0 F_t F_m F_c \tag{8-8}$$

式中　K_0——以冷却管外径和管内流速确定的基本总传热系数；

　　　F_t——冷却水温修正系数；

　　　F_m——冷却管材料与壁厚的修正系数；

　　　F_c——清洁系数，根据冷却水水质条件对凝汽器管材的影响，推荐选取：铜管为 $0.8\sim0.85$，钛管、不锈钢管为 $0.85\sim0.90$。

基本总传热系数 K_0 一般在 $2400\sim5100\text{W}/(\text{m}^2\cdot\text{K})$ 之间，总传热系数 K 数值一般在 $2300\sim4700\text{W}/(\text{m}^2\cdot\text{K})$ 之间。

5. 冷却管的尺寸和数量

电厂凝汽器的冷却管直径选用范围为 $\phi19\sim\phi32$，常用的管径有 $\phi20$、$\phi25$、$\phi28$ 和 $\phi32$。

在一般水质条件下，铜合金管壁厚通常取 1mm，在管束顶部汽流高速区，应选用壁厚 1.2mm 左右的加厚管；对钛和不锈钢管，由于抗腐蚀和抗冲蚀性能优良，壁厚一般取 $0.5\sim0.7\text{mm}$。

冷却管的根数 N（单位：根）计算公式为

$$N = \frac{zq_V}{\frac{\pi}{4}d_1^2 c_w} \tag{8-9}$$

式中　z——流程数；

　　　q_V——冷却水体积流量，m^3/s；

　　　d_1——冷却管内径，m；

　　　c_w——冷却水流速，m/s。

冷却管长度 l（单位：m）计算公式为

$$l = \frac{A}{\pi d_2 N} \tag{8-10}$$

式中　A——凝汽器冷却面积，m^2；

　　　d_2——冷却管外径，m。

冷却管长度的选取要合理。为了便于凝汽器水室的安装，水室必须伸出汽轮机基础横梁之外。但冷却管太长易使凝汽器颈部产生汽流脱流，还可能使凝汽器在长度方向上热负荷不均匀。颈部的扩散角一般不宜超过 $30°$。

6. 冷却水的流程数

冷却水的流程数主要取决于供水条件，可通过凝汽器的优化计算确定。现代大、中型凝汽器一般都采用单流程或双流程，只有一些小型凝汽器可考虑采用三流程或更多的流程。

7. 冷却水流速

冷却水流速的大小主要取决于冷却管的材料、冷却水水质和污染程度以及冷却水进入冷却管的不均匀性，并根据 DL/T 712—2010《发电厂凝汽器及辅机冷却器管选材导则》选取合理的流速。铜合金管设计流速一般在 $1.0\sim2.2\text{m/s}$ 内选取，BFe30-1-1 镍铜管可取 $1.4\sim3.0\text{m/s}$，不锈钢管和钛管的设计流速可取 $2.1\sim3.5\text{m/s}$。

（二）阻力计算

凝汽器水阻是指冷却水流经凝汽器水侧时的压力损失，即冷却水进出口接管处的压力差，它包括冷却水流经凝汽器冷却管束的摩擦损失 Δp_1、冷却水在进入和离开冷却管接管时所引起的管端损失 Δp_2 以及冷却水在水室中的压力损失 Δp_3 3 部分。

通常单壳体双流程凝汽器的水阻为 $45\sim55\text{kPa}$，单壳体单流程凝汽器的水阻为 $25\sim35\text{kPa}$。

七、凝汽器管束的设计

（一）管束布置

管束是凝汽器中最主要的部件，因为汽-水热交换在管束中进行，所以它是影响凝汽器性能的主要因素。布置合理的管束应该具有高的传热系数、很小的汽阻和凝结水过冷度。

冷却水管束的布置是否合理将直接影响凝汽器的工作，它是提高传热效果、减小汽阻和降低凝结水过冷度的一个重要因素。在设计中应遵循下列原则：

（1）在管束之间和管束与壳体壁之间应该有一定宽度的蒸汽通道，使蒸汽自由地流向管束的各个部分而使热负荷较均匀。

（2）管束外围几排管子应适当排列，以便有足够的通流面积，必要时应布置汽流小通道，使蒸汽进入管束时的平均流速不超过 50m/s。为了使蒸汽能深入内层管束，保证冷却管的热负荷均匀，沿汽流方向的管子排数尽可能地少，以减小汽阻。

（3）汽-气混合物向抽气口流动时，其路径要短而直，以降低汽阻。

（4）为了更有效地冷却抽出的空气和残余的未凝结蒸汽，以减小抽气设备的容量，必须划出部分冷却管作为独立的空气冷却区。为了提高空气冷却区的传热效果，汽-气混合物应有较高的流速，但不宜超过 50m/s。

（5）为了减少凝结水的过冷度和含氧量，空气冷却区的布置应尽量使主凝结区落下的凝结水不与含氧量高的汽-气混合物相接触；并设置一定的通道使蒸汽能自由地流向热井，利用排汽加热凝结水。抽气口的位置应离开凝结水远一些，借以减小凝结水的过冷度。

（6）在主凝结区内尽量不设挡板，以避免汽流的紊乱；如必须设置挡板，应根据汽流特性来设置少量挡板。

（二）管子排列方式

管子在管板上的排列方式主要有三角形排列、正方形排列和辐向排列 3 种。

（三）空气冷却区

为了减少汽水损失和抽气设备的容量，管束中都应布置独立的空气冷却区，用于冷却被抽出的汽-气混合物，其冷却面积占全部冷却面积的 7%～10%。抽气口应布置在空气冷却区的冷却水低温段，有些凝汽器在抽气口附近还布置有再冷却区域。

（四）冷却管防振设计

凝汽器冷却管应进行自振频率计算，每一种设计进行频率测定。任何阶次自振频率应避开汽轮机转速或其他可能成为主要振源的机械转速的 25%，凝汽器还应避免发生由于蒸汽流动激发的冷却管振动。这些设计和计算的目的是确保冷却管安全运行。

八、凝汽器的结构设计

（一）壳体

（1）壳体宽度应与管束宽度相适应，以保证有足够的蒸汽通道宽度，使通道进口处的蒸汽流速在 100m/s 左右。对于下排汽式凝汽器，壳体宽度通常还受到汽轮机基础跨距的限制，为便于安装，其宽度应比基础柱之间的跨距小 300mm 以上。

（2）凝汽器壳体结构有足够的刚度和强度要求。能够在充水、高真空运行、安全阀排放及地震力等各种工况的危险组合条件下，其变形不危害凝汽器的安全运行，并能防止来自汽轮发电机组振动的影响。

（3）凡与凝汽器壳体相连的管道接口，工质温度在 150℃ 及以上者均设隔热套管。疏水、疏汽的工质温度超过 400℃ 时，管道接管采用合金钢。

（4）流量分配装置和挡板应具有足够的强度，以防止高速、高温汽流冲击凝汽器管束和内部构件。

（5）管束最下一排冷却管应比地平面高 250～300mm，以保证穿管的顺利进行。

（6）为了便于水室的安装和检修，壳体长度不宜小于汽轮机基础的宽度。

（二）热井

凝汽器的热井是收集凝结水的集水箱，通常位于壳体下部。

热井的有效容积至少应能容纳在汽轮机最大出力工况下 3min 的全部凝结水量。

热井内靠近管板一侧设置凝结水收集槽，收集槽上设置放水门定期放水取样，以监视冷却管与管板胀接严密性，防止循环水漏入凝结水系统而污染凝结水水质。

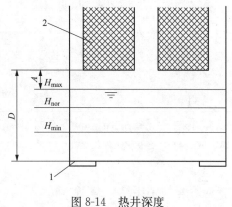

图 8-14　热井深度
1—热井底；2—管束

（1）热井的深度。热井的深度即为管束最下一排冷却管至热井底部的距离，如图 8-14 所示，热井所需的深度 D 至少由以下几部分组成：

1）蒸汽横向流动空间高度 A。

2）最低运行水位 H_{min}。

3）正常运行水位 H_{nor}。

4）高运行水位 H_{max}，比正常运行水位高 100～150mm。

对于多压凝汽器还必须考虑高压区段中凝结水的再热空间和低压区段凝结水流入高压区段所必需的水压头。

（2）热井凝结水出口管。凝结水出口管尺寸取决于凝结水泵的要求。为了减小水泵吸入管道阻力，凝结水出口管中的流速以 0.5～1.0m/s 为宜。

凝结水出水口设置防涡流装置，并在该处设置滤网，设置高度应高出热井底部 50～150mm。

（3）热井中的除氧措施。现代凝汽器由于结构渐趋合理，回热充分，在高于 50% 负荷时，凝结水含氧量保证不超过 20 μg/L。只有在低负荷运行时，由于回热效果差而使含氧量较高。

为了保证良好的除氧性能，已发展了一种鼓泡式除氧热井。鼓泡式除氧热井利用外部的低压蒸汽，通过管道引入凝汽器热井加热凝结水至饱和温度，以达到除氧的目的。

（三）颈部

凝汽器的颈部将汽轮机排汽口与凝汽器壳体连接起来，对凝汽器起到接收、组织和分配蒸汽的作用，凝汽器的颈部一般还要接纳余热锅炉蒸汽旁路系统的排汽等。

颈部一般设计成扩散型，具有一定的扩压作用，使排汽在颈部的压力损失尽量小；出口端进入壳体的汽流速度场均匀，以保证凝汽器冷却管的热负荷均匀，避免因局部蒸汽速度过高而引起冷却管振动；蒸汽旁路系统的末级减温减压装置排汽温度应控制在 80℃ 以下，在减温减压装置内应设置喷水装置，使旁路蒸汽进一步减温减压后进入凝汽器，保证低压缸及末级叶片的安全。

颈部一般都为低碳钢焊接结构，在真空条件下工作，必须能承受 0.1MPa 外压，具有足够的强度和刚度。为防止凝汽器颈部的变形传给汽轮机排汽缸及凝汽器壳体，凝汽器颈部加装足够的纵向和横向用于加强颈部刚性的撑竿。

在凝汽器颈部内还应设置用于汽轮机高温疏水导入所需的特殊膨胀措施，例如汽轮机轴封漏汽等。

（四）水室

凝汽器的水室是引导冷却水进入和离开冷却管管束的部件，水室设计应该使进入冷却管束的水量均匀，并且有足够的强度和刚度。

1. 水室的形式和结构

凝汽器一般采用钢板焊接成水室，水室与前后管板之间采用螺栓连接。

水室的外形和结构主要决定于管板上管束的外形、冷却水流程数、水室内的设计水速、设计压力和水室上冷却水接管的尺寸和位置等设计因素，分别有矩形水室、半圆柱形水室、楔形水室、球形水室和带平侧板的半椭圆柱形水室等。为了使进入冷却管束的水量平均分配，水室应设计成蜗壳式。

水室内的水速应取得小些，一般可取 1.5m/s 左右，以此确定水室深度。但有时为了限制尺寸，水速可取 2.5m/s 左右。当冷却水从水室底部或侧面进入时，为了降低对冷却管管束端部的冲蚀，冷却水进口接管离管板要有足够的距离，一般应大于 250mm。冷却水进、出口接管内的水速一般可在 2～3m/s 范围内选择。

水室设计时应力求避免涡流区和死角，以防止胶球的积聚。每个水室应设置两个人孔，以便清理和检修。

2. 水室的防腐蚀

凝汽器水室一般都由碳钢板焊接而成，在以海水作为冷却水的情况下，为避免海水对水室的腐蚀，应采用整体橡胶衬里加整体硫化，其腐蚀裕度至少应考虑 3mm。

另外，考虑到水室、管板、冷却管和冷却水接管等冷却水系统中各种不同材料的组合极易发生电化学腐蚀，水室中应设置牺牲阳极的电极保护系统，来达到防腐的目的。

（五）管板

管板的宽度应与壳体宽度相适应。

目前一般都采用矩形或梯形管板。

（1）管板的结构。凝汽器管板有单管板和双管板两种结构。近年来，由于钛管凝汽器的出现，钛管与钛管板的连接采用胀接加焊接结构，使密封性更加可靠。

（2）管板的管孔。管孔一般为光孔，管孔在管板的进水侧应倒圆或倒角。但对于钛或不锈钢管板，由于管板与冷却管进行密封焊，其管孔不应倒圆或倒角。JB/T 10085—1999《汽轮机凝汽器技术条件》规定管孔公差为 $(d+0.2)_0^{+0.2}$，管孔的表面粗糙度 Ra 为 $6.3\mu m$，其中 d 为冷却水管公称外径。

（3）管板的厚度。凝汽器管板的厚度一般确定为 25～45mm。

（六）中间管板

凝汽器中间管板的作用首先是作为壳体内部的支撑件，其次它还支承管束和其他一些内部构件。另外，中间管板的跨距，应防止冷却管在凝汽器运行工况下不发生共振及在汽流冲刷下不发生激振，以保证冷却管的安全。

美国 HEI 标准推荐了一种工程上实用的中间管板安全跨距的计算方法。

中间管板的最小厚度应不小于 12mm。每一中间管板穿管孔洞两侧有足够好的导角及内孔光洁度，以防止冷却管在运行中被切断。JB/T 10085—1999 中规定管孔公差为 $(d+0.4)_0^{0.3}$，表面粗糙度 Ra 为 $12.5\mu m$。

（七）凝汽器的热膨胀补偿和支承

1. 颈部补偿器

颈部补偿器应选用不锈钢 U 形补偿器，以保证具有一定的疲劳寿命。

2. 弹簧补偿装置

颈部与排汽口采用刚性连接的凝汽器，底部必须装设支承弹簧，用以补偿凝汽器的热膨胀变形。弹簧形式有碟形和螺旋形两种，电站凝汽器一般都采用螺旋形。

3. 凝汽器的支承形式

凝汽器通过支承座支承在钢筋混凝土基础上，有弹簧支承和刚性支承两种。

采用弹簧支承时，颈部与排汽口为刚性连接，凝汽器的荷重及凝汽器的热膨胀由弹簧承受。弹簧支承的横向位移比较自由，凝汽器一般可以不设死点。

当颈部与排汽口采用补偿器连接时，凝汽器一般采用刚性支承。刚性支承的凝汽器应设热膨胀死点，并限制热膨胀的方向。

（八）旁路系统二级减温减压装置

亚临界及以下参数机组配置的旁路系统，进入凝汽器的蒸汽绝对压力 0.58MPa，温度为 160℃，这样的参数对于凝汽器来说仍然较高。为了保证凝汽器的安全，必须对旁路系统排入的蒸汽进一步减温减压，使旁路排放蒸汽的压力和温度适应凝汽器的要求，即蒸汽绝对压力为 0.0279MPa、温度不高于 80℃。

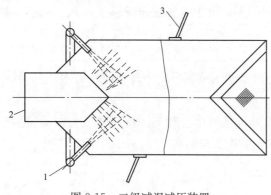

图 8-15 二级减温减压装置
1—冷却水进口；2—蒸汽进口；3—凝汽器颈部

二级减温减压装置通常设置在凝汽器颈部，装置简图如图 8-15 所示。

九、凝汽器的材料

（一）材料的选用

凝汽器主要结构的材料按 JB/T 10085—1999《汽轮机凝汽器技术条件》中表 10 的规定和 DL/T 712《发电厂凝汽器及辅机冷却器管选材导则》的规定。制造凝汽器所用的材料技术要求、质量和规格应符合我国的国家标准、部颁标准的有关规定，还应符合设计图纸上的有关要求。

（二）冷却管

冷却管是凝汽器的主要传热元件。在一定的冷却水水质条件下，凝汽器管的选材应根据管材的耐蚀性和设计使用年限等进行技术经济比较确定。正确选择冷却管束材料是防止腐蚀、保证凝汽器安全可靠运行的重要措施。

目前，凝汽器选用的管材主要有不锈钢管和钛管。铜合金管因其缺乏价格优势，且韧性和拉伸强度较低，已很少选用。

（三）管板

管板与冷却水直接接触，工作条件与冷却管的工作条件一致。以溶解固体小于 2000mg/L 的淡水作为冷却水的凝汽器，可选用碳钢管板；以微咸水或咸水作为冷却水的凝汽器，应选用碳钢＋不锈钢的复合钢板；而对于海水凝汽器，应选用碳钢＋钛的复合钢板以防止海水腐蚀。

十、凝汽器清洗系统

除了冷却水水质很好，且能证明凝汽器管材内壁不结垢的凝汽器外，其他凝汽器冷却水系统均应设置胶球清洗装置。如间接空冷汽轮机的表面式凝汽器不应装设胶球清洗装置。

胶球清洗系统能在运行中对凝汽器冷却水管内壁进行自动清洗，是提高凝汽器真空、延长管束使用寿命、减少人工清洗和检修工作量、提高机组运行经济性、降低燃料费用的有效措施。

当冷却水含有悬浮杂物，易形成单向堵塞时，宜设置反冲洗装置。

十一、多压凝汽器

（一）多压凝汽器的热力特性

随着汽轮机单机容量的增加和排汽口的增多，可采用多压凝汽器。所谓多压凝汽器就是将凝汽器的汽室分隔成 2 个或 2 个以上互不相通的部分，汽轮机各排汽口的排汽分别排入各自的汽室中，冷却水则依次流经各汽室的管束。由于各汽室的冷却水进口温度不同，故各汽室的压力也不同，因而汽轮机的各低压缸分别在不同的排汽压力下运行。凝汽器中冷却水和蒸汽温度的分布如图 8-16 所示。

从图 8-16 中可以看出，在多压凝汽器的传热过程中，冷却水温除了在进口处 t_{w1} 和出口处 t_{w2} 相同之外，沿程的冷却水温均比单压凝汽器低，因此，传热性能将优于单压凝汽器。

对任何凝汽器而言，多压凝汽器的平均压力 p_{cm} 总是小于单压凝汽器的压力 p_c，这使得汽轮机组降低了热耗，提高了机组的热效率和发电功率。

采用多压凝汽器的优点一般有以下几个方面：

(1) 与相同冷却面积和冷却水流量的单压凝汽器相比，多压凝汽器具有更低的平均凝汽器压力，因而可提高机组的热效率和发电功率。冷却水进口温度较高，冷却倍率较小时，采用多压凝汽器的优越性更显著。因此，在缺少冷却水和气温较高的地区采用多压凝汽器是比较有利的。

(2) 当凝汽器压力相同时，采用多压凝汽器可减少面积和（或）冷却水量，因而可减少投资和（或）降低运行费用。

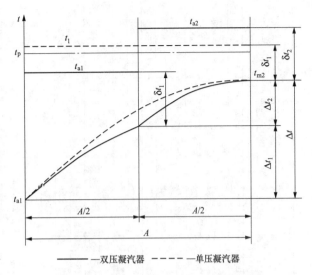

图 8-16　凝汽器中冷却水和蒸汽温度的分布

(3) 由于多压凝汽器将低压段的凝结水引入高压段，并使之加热到高压段所对应的饱和温度，凝结水出口温度的提高减少了汽轮机的抽汽量，增加了机组的发电功率。

在冷却水量和冷却面积相同的条件下，采用多压凝汽器一般可使汽轮机装置效率大致提高 0.15%～0.25%。

（二）多压凝汽器的布置与结构

根据具体条件，多压凝汽器可以是单壳体或多壳体、单流程或双流程、纵向布置或横向布置多种形式。如果多压凝汽器设计成双流程，将使凝汽器水阻增加较多，从而增加运行费用，提高的热效率还抵不上增加的运行费用，因此，多压凝汽器一般设计为单流程。

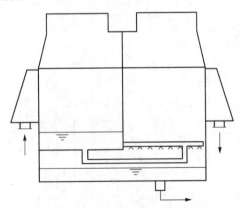

图 8-17　双壳体、双背压、单流程、
横向布置的凝汽器

(1) 多压凝汽器的一个关键问题是凝结水的输送问题，为了充分提高凝结水出口温度以提高循环效率，多压凝汽器低压侧的凝结水一般都应输送到高压侧，并利用喷淋或淋水盘方式使之加热。目前用得最多的是双壳体、双背压、单流程、横向布置的凝汽器，如图 8-17 所示。多压凝汽器中凝结水在高压区段中的回热是非常重要的。一个设计得好的淋水加热装置，能够使低压区段的凝结水在高压段的回热率达到温差的 80% 以上。双壳体双压凝汽器由于水位差和回热装置，其热井要比一般凝汽器高些。

(2) 多压凝汽器的抽气系统通常采用并联抽气系统，即各压力区段采用各自独立的抽气系统。

十二、空冷式凝汽设备

空冷式凝汽设备以空气作为基本冷却介质，基本上不消耗冷却水，因此，可用在缺水或极度缺水地区。空冷式凝汽设备使电站选址有更大的选择范围，更加合理。

空冷式凝汽设备关键是空冷散热器（也称空冷岛），空冷散热器是翅片管式热交换设备，它利用环境空气作冷源，来冷凝或冷却电厂汽轮机排汽，从而完成发电厂的蒸汽动力循环。

空冷式凝汽设备详见第十二章相关内容。

十三、湿冷式凝汽器设计参数汇总表

典型联合循环机组的湿冷凝汽器设计参数汇总表见表 8-14。

表8-14

典型联合循环机组的湿冷凝汽器设计参数汇总表

序号	名称	单位	双压无再热 15~25MW	双压无再热 40~60MW	双压再热 60~100MW	双压无再热 100~125MW	双压无再热 125~150MW	三压再热 125~150MW	三压再热 150~200MW	三压再热 200~250MW	三压再热 250~350MW
	汽轮机形式										
1	凝汽器形式					单壳体，单向排汽		单壳体，对分双流程，表面式			
2	排汽方式		下排汽	下排汽	下排汽	轴向排汽	下排汽	轴向排汽	下排汽	下排汽	下排汽
3	壳体设计压力	MPa	0.35	0.35	0.35	0.35	-0.1/0.1	0.35	0.35	0.45	0.45
4	水室设计压力	MPa	0.35	0.35	0.35	0.35	0.35	0.35	0.35	0.45	0.45
5	总换热面积	m^2	1600	4150	6500	10979	13000	7400	12500	17000	19000
6	传给循环水的净热负荷	kJ/s	36530	101489	154430	276600	246670	235792	272860	336396	435221
7	循环水量	t/h	4000	10080	14820	27499	24700	22742	24704	31890	43700
8	设计端差	°C	3.6	4.11	3.9	3.1	2.5	7.3	3.3	4.6	3.65
9	出口凝结水含氧量	μg/L	20	20	20	15	15	15	15	15	15
10	管内循环水流速	m/s	1.6	2.3	2.0	2.6	2.3	2.2	2.1	2.0	2.3
11	凝汽器汽阻	kPa	0.2	0.2	0.4	0.4	0.4	0.4	0.4	0.4	0.4
12	管子总水阻	kPa	50	50	42	74	60	40	50	50	65
13	凝汽器管子数量	根	3175	6736	9074	12654	10324	8036	14690	19978	22316
	顶部圆周段	根	—	—	550	1140	538	228	320	430	500
	主凝结段	根	—	—	7864	10628	9300	7236	13416	18262	20256
	空冷区	根	—	—	660	886	486	572	954	1286	1560
14	凝汽器管子尺寸 管径×壁厚	mm×mm	φ25×0.5	φ25×0.5	φ25×0.7 / φ25×0.5	φ25.4×0.56 / φ25.4×0.71	φ28.575×0.7 / φ28.575×0.5	φ32×0.7 / φ32×0.5	φ25×0.7 / φ25×0.5	φ25×0.7 / φ25×0.5	φ25×0.7 / φ25×0.5
	有效长度	m	6420	7835	9122	10874	14027	9160	10840	10840	10840
	单根长度	m	6478	7885	9202	10982	14107	9258	10927	10927	10923
15	管板材质/厚度	mm	Q235-A+ TP304/25+4	Q235-A+ TP304/25+4	Q235-A+ TP304/35+5	Q235-A+ TA2/49+5	Q235-A+ TP304/35+5	Q235-A+ TP304/40+4	Q235-A+ TP304/35+3.5	Q235-A+ TP304/35+3.5	Q235-A+ TP304/35+5
16	壳体材料/厚度	mm	Q235-A/18	Q235-A/18	Q235-A/20	Q235-A/16	Q235-A/20	Q235-A/20	Q235-A/20	Q235-A/20	Q235-A/20
17	管子支撑板 厚度	mm	12	18	16	15	16	12	16	16	12
	间隔	mm	1200	750	880	684	720	660	768	768	768
	数量	块	4	9	18	30	19	14	20	26	26
18	凝汽器热井容积	m^3	5	30	20	64.95	50	30	40	60	75
19	凝汽器外形尺寸：长×宽×高	mm×mm×mm	φ3100，8300×4600	10000×3270×4500	12144×5100×8200	13328×7916×9600	17974×8866×7316	13465×9150×9628	15400×8080×7600	15400×9500×11667	15500×9500×10200
20	壳体与汽轮机排汽口连接形式		柔性或刚性								
21	总重 水室（每个）	kg	—	—	5700/2800	—	7300/4800	9978	—	9930	10960
	凝汽器（不充水）	kg	30100	92000	159000	190000	250000	210000	240000	314500	316500
	凝汽器（运行时）	kg	45000	157000	235000	379000	650000	360000	550000	900000	900000
	凝汽器（满水时）	kg	79000	245000	400000	698000	800000	NA	NA	1200000	1500000

注 N/A表示未提供数据或不适用。

第九章 燃料供应系统

第一节 燃气轮机对燃料的要求

为保证燃气轮机的正常运行，对燃料的性质、杂质含量、供应压力及温度等都进行了一般的规范。而不同燃气轮机制造厂又对各厂产品适用的燃料作出更具体或更严格的规范。用户必须对所使用的燃料进行分析，以确定是否满足相应规范的要求。必要时，应将燃料样品提交燃气轮机公司进行分析和评价。

一、燃气轮机对燃料的技术要求

（一）燃气轮机对气体燃料的技术要求

JB/T 5886—2015《燃气轮机气体燃料的使用导则》对燃气轮机气体燃料提出以下技术要求：

1. 杂质

（1）固体颗粒。气体燃料中的固体微粒，其含量需满足设备供应商给出的气体燃料规范中的要求。固体微粒的大小和密度要求为：在 101.3kPa、20℃ 条件下，在空气中的沉降速度大于 6mm/s 的固体微粒不超过总含量的 1%，沉降速度大 10mm/s 的固体微粒不超过总含量的 0.1%。

对球状固体微粒，如果已经给定直径和相对密度，可用斯托克（Stoke）沉降定律计算沉降速度。表 9-1 中列有固体微粒的平均当量球径与对应的极限沉降速度值。

表 9-1 相应于极限沉降速度的粒子直径

沉降速度 (mm/s)	比重 (相对于水)	当量球形粒子直径 (μm)	沉降速度 (mm/s)	比重 (相对于水)	当量球形粒子直径 (μm)
6	2	10	6	4	7
10	2	13	10	4	9

（2）液体。供给燃气轮机的气体燃料中不允许含有液体，液体的进入会造成燃烧室和高温燃气通道部件的损坏。当供给的气体燃料中含有液体时，必须采用相变分离或加热达到燃料所要求的过热度。

在使用气体燃料时，应采取措施，防止在管路中积聚的重烃液体冲进燃料系统。

（3）硫。燃料中含有的硫不仅可能使燃气轮机热通道产生腐蚀，而且对其下游的余热回收设备的使用及环境污染都有影响，因此必须进行严格的限制。

（4）其他。在恒压下，当气体燃料温度下降 10℃ 时，不得有萘、气态水化物、其他固态或半固态碳氢化合物从气体中凝析出来。

2. 着火浓度范围及极限比值

气体燃料的着火浓度范围的上限和下限值应满足设备供应商的要求。燃料着火极限比值标志着燃料在燃烧室中燃烧性能的好坏。这个比值越大，表明燃料越容易点燃，燃烧也越稳定。

3. 组分

（1）应该有一份完整的气体燃料定量分析记录，气体燃料分析记录见表 9-2。

表 9-2 气体燃料分析记录

1. 化学分析			
组分（体积分数，%）			
甲烷 CH_4		一氧化碳 CO	
乙烷 C_2H_6		二氧化碳 CO_2	

1. 化学分析			
组分（体积分数，%）			
丙烷 C_3H_8		氮 N_2	
丁烷 C_4H_{10}		氦 He	
戊烷 C_5H_{12}		氧 O_2	
氢气 H_2		其他	

2. 发热量			
高（位）发热量（kJ/m^3）		变化率±（%）	
低（位）发热量（kJ/m^3）			

3. 运行条件				
压力范围（kPa）	最大		温度范围（℃）	最大
	最小			最小

4. 污染物			
硫化氢（mg/m^3）		碱金属硫酸盐	
总硫（mg/m^3）		固体颗粒	数量
水（mg/m^3）			颗粒尺寸范围
液态碳氢化合物（mg/m^3）			

5. 物理性能	
相对密度（20℃）	

（2）应记录所含硫化氢、总硫的浓度。这样，当需要避免透平叶片材料的高温腐蚀以及燃料控制阀和系统的常温腐蚀时，就可采取必要的预防措施。

（3）气体燃料中碱金属钠、钾、钙等的含量需满足设备供应商给出的气体燃料规范中的要求。因为硫和碱金属在气体燃料中既可以呈气态或液态，还可以呈固态杂质存在，它们在燃烧过程中会结合成有腐蚀性的碱金属硫酸盐。

（4）在配备有余热回收设备以及排放有要求时，应控制气体燃料中的总硫含量。

4. 沃泊指数

燃气轮机能燃用范围很大的气体燃料，但对于一个特定的燃烧室，其能适应的燃料变化范围却是有限的。对于特定的燃料系统而言，不同燃料可互换的条件是单位时间供给的能量应相同，也就是说燃料发热量与燃料供给流量的乘积应保持不变。沃泊指数就是一个衡量气体燃料可互换性的指标。

沃泊指数是在规定压力和温度条件下，气体燃料体积高位发热量与在相同条件下的相对密度的平方根之比。沃泊指数的计算式为

$$LWI = \frac{LHV}{\sqrt{\rho_{fuel}/\rho_{air}}} \qquad (9-1)$$

式中　　LWI——沃泊指数，MJ/m^3；

LHV——气体燃料的低热值，MJ/m^3（0℃，100kPa）；

ρ_{fuel}——燃气密度，kg/m^3（0℃，100kPa）；

ρ_{air}——空气密度，kg/m^3（0℃，100kPa）。

当燃料气供应温度有较大改变时，也会对燃料的容积流量有明显的影响，因此又提出修正沃泊指数的概念，以更好地反映燃料气的可互换性。修正沃泊指数定义为

$$MWI = \frac{LHV}{\sqrt{(\rho_{fuel}/\rho_{air})T}} \qquad (9-2)$$

式中 MWI——修正沃泊指数，MJ/m^3；

T——气体燃料的绝对温度，K。

当采用替换气体燃料（热值或密度有变化）或燃料温度变化时，为了保证燃气轮机正常运行，沃泊指数变化必须限定在一定范围内。设备供应商应给出所供设备燃料沃泊指数的变化范围。

5. 气体燃料的供气压力

气体燃料的供气压力取决于燃气轮机的烈号、燃烧系统设计、气体燃料的性质和机组的现场具体条件。作为机组建议的一部分，制造厂商应提供燃料供应的最低和最高压力要求。

6. 气体燃料最低温度

气体燃料必须保证过热度要求，确保燃气轮机使用的气体燃料完全不含液体。气体燃料的过热度应保证燃料温度有足够的裕度来补偿由于气体燃料通过控制阀等膨胀所引起的温降，以免形成液体或气体燃料水合物。

气体燃料中常见的液体主要是液态碳氢化合物和湿气凝结的水。在不同的压力下，它们分别有各自的露点和规定的过热度要求。两者的过热度加上各自的露点后，较高的那个值就确定了满足过热度要求的最低气体燃料温度，其必须符合制造厂相应的规范。

7. 气体燃料的防火安全

气体燃料各组分都有各自的自燃温度和爆炸浓度极限范围，爆炸的危险取决于空气中气体燃料的浓度和温度的组合状态。

整个气体燃料区域以及到燃气轮机燃烧室前的管路系统均为火灾危险区域。危险区域还包括气体燃料的计量站、控制阀和燃气轮机相关的部位。应按 SY 6503《石油天然气工程可燃气体检测报警系统安全规范》的规定在这些区域设置可燃气体浓度和温度监测、报警系统。

（二）燃气轮机对液体燃料的技术要求

根据 JB/T 5885—2015《燃气轮机液体燃料接收、贮存和管理》，燃气轮机液体燃料在现场时的技术要求见表 9-3。

表 9-3　　　　　　　　　　　　燃气轮机液体燃料在现场时的技术要求

特　性	馏分燃料（无灰）		残渣燃料（生灰）		采样点
	轻（或中间）馏分	重馏分	原油或混合渣油	重质渣油	
	DST0～2	DST3	原油或 RST3	RST4	
运动黏度[①]40℃时最小（mm^2/s）	0.5[②]	1.8	1.8	1.8	交付现场
运动黏度，40℃时最大（mm^2/s）	5.8	30	160	900	
运动黏度，100℃时最大（mm^2/s）	—	4	13	30	
密度，15℃时最大（kg/m^3）	报告值[④]		960[⑤]	960[⑤]	
闪点[③]，最低（℃）			报告值	报告值	
90%馏出温度，最高（℃）	338	—	—	—	
倾点，最高（℃）	−7℃或低于最低环境温度7℃	报告值	报告值	报告值	
冷滤点	报告值				
氢[⑥]（质量分数，%），最低					
残炭（质量分数，%），直接压力雾化（10%残留物）最大	0.25	—	—	—	
残炭（质量分数，%），低压空气雾化（100%样品）最大	1.0	1.0	1.0	—	

续表

特　性		馏分燃料（无灰）		残渣燃料（生灰）		采样点
		轻（或中间）馏分	重馏分	原油或混合渣油	重质渣油	
		DST0～2	DST3	原油或 RST3	RST4	
残炭（质量分数,%）,高压空气雾化（100%样品）		—	—	报告值	报告值	交付现场
机械杂质（质量分数,%）,最大		0.01	0.05	0.05	0.25	
可过滤灰尘,最大（mg/mL）		0.04	0.10	报告值	报告值	
水和沉淀物（体积分数,%）,最大		0.1	0.1	1.0	1.0	
蜡含量（质量分数,%）		—	报告值	报告值	报告值	
蜡熔点（℃）		—	报告值	报告值	报告值	
硫（质量分数,%）,最大		报告值	报告值	报告值	报告值	
十六烷值,最小（仅柴油机启动适用）		40	—			
水分（体积分数,%）,最大		0.1	0.1	1.0⑦	1.0	
灰分（质量分数,×10^{-6}）,最大		100	100	报告值	报告值	
微量金属含量,（质量分数,×10^{-6}）,最大⑧(h)	钠+钾	1	1	1	1	燃气轮机燃料系统前
	铅	1	1	1	1	
	钒⑨（未经处理的）	0.5	0.5	0.5	0.5	
	钒（按镁钒质量比 3/1 处理过的）	—	—	100	500⑨	
	钙	2	2	10	10	
	其他在 5×10^{-6}（质量分数）以上的微量金属	报告值	报告值	报告值	报告值	
环境法规的相关要求	硫（质量分数,%）,最大	满足当地环保要求				
	氮（质量分数,%）,最大	燃料中的氮应满足规范中 NO_x 的总能排放要求				
	氢（质量分数,%）,最大	氢含量的最低水平必须满足烟羽不透明的要求⑥				
	灰+钒（质量分数,×10^{-6}）,最大	残渣燃料灰+钒的含量满足颗粒物排放要求法规⑩				

① 燃料喷嘴处,当采用高压空气雾化时,最大允许黏度为 20mm²/s；采用直接压力雾化或低压空气雾化时,最大允许黏度为 10mm²/s。可以预热燃料来达到这一黏度,但不得超过 135℃（只有残渣燃料才允许加到 135℃）。点火时,燃料的黏度必须在 10mm²/s 或 10mm²/s 以下,如超过此值,会造成点火性能下降、燃烧室出口温度场均匀度变差、燃烧效率降低并容易形成积碳和冒烟。

② 如燃料的黏度在 0.5～1.8mm²/s 范围内,需要应用特殊的油泵。

③ 燃料必须符合所有可采用的闪点标准,当闪点低于最低允许值时,应根据当地的规定或其他使用法规,对设备采用防爆措施。

④ "报告值"是指根据合同要求提供的数值,当现场实测数据偏离该值较大时,用户应与燃气轮机制造商协商。

⑤ 密度 960kg/mm³ 是根据水洗装置的平均燃料脱盐能力提出的,对于密度高于 960kg/mm³ 的燃料,应花费更大的辅助费用,采用高效率的脱盐装置或将该燃料和其他相容性好的馏分油混合,增加燃料和冲洗水的密度差的方式进行脱盐,以达到钠加钾含量所要求的极限。

⑥ 要规定氢的最低含量,从而控制燃烧室火焰辐射,并控制烟雾排放,达到当地的标准要求。优质馏分燃料油的最低氢含量为 12.0%,残渣油为 11.0%（如残炭含量超过 3.5%时,最低氢含量为 11.3%）。

⑦ 经燃料处理后的原油含水量是由燃料处理设备的除水能力决定的,为了最大限度地减少部件受腐蚀的可能性,实际含水量不得超过 1.0%（体积分数）。

⑧ 用灰分总含量小于 3×10^{-6}（质量分数）替代微金属分析是可以接受的。当机器长时间处于备用状态或低负荷运行时,微量金属含量将逐个重新测定。

⑨ 钒的允许含量常因为一些实际因素受到限制,如燃料成本、燃料处理成本和增加的维护成本等。

⑩ 对于总的烟气颗粒排放,当地环境法规中可能仅对原燃料中的灰（不可过滤的）和钒的总和设置一个上限。在钒中加入适量的镁基抑制剂是控制总烟气颗粒排放的主要手段。为了评估排放,以下所有颗粒来源都应加以考虑：钒、添加剂、燃料中的灰和燃料中所有的硫,进气中不可燃烧颗粒,进入的蒸汽或水的固体,燃烧室中未完全燃烧行程的颗粒。

（三）燃料中的当量污染物浓度

燃气轮机要求对透平进口气流中污染物含量进行限制，透平进口气流质量流量为燃料、空气和注入的蒸汽/水的质量流量之和，因此，对透平进口气流中污染物含量的限制也间接地决定了对燃料中同样污染成分的含量限制。两者之间的关系可按如下方法确定：

一般而言，在燃料、空气、注入的蒸汽/水的流量以及在它们所含某微量污染成分之间存在以下的质量平衡关系，即

$$E = F + A + S \tag{9-3}$$

$$(XE)E = (XF)F + (XA)A + (XS)S \tag{9-4}$$

式中 F、A、S、E——燃料、空气、注入蒸汽/水和透平入口处燃气（燃烧产物）的质量流量；

XF、XA、XS、XE——燃料、空气、注入蒸汽/水和透平入口处燃气（燃烧产物）中某污染成分的浓度（$\times 10^{-6}$，质量成分）。

因此，燃料中的当量污染物浓度 XF_e 为

$$XF_e = XE\left(\frac{E}{F}\right) = XE\left(1 + \frac{A}{F} + \frac{S}{F}\right) = XE + XA\left(\frac{A}{F}\right) + XS\left(\frac{S}{F}\right) \tag{9-5}$$

当燃料气热值不同时，同一机组达到一定负载时的燃气/燃料流量比将有所不同。这时要达到同样的排放标准 XE，对燃料自身的污染物含量 XF_e 将有不同的限制。一般而言，低热值燃料允许的污染物浓度更低。

二、燃气轮机气体燃料技术规范

各燃气轮机公司的气体燃料规范对气体燃料的物理特性、组分和杂质含量方面做了规定，以下列出主要的几家制造商的燃料规范特性数据，供设计人员在燃料系统设计时参考。

1. GE 公司重型燃气轮机气体燃料规范

GE 公司重型燃气轮机目前可燃用的气体燃料如表 9-4 所示。

表 9-4　　　　　　　　　　　　　重型燃气轮机目前可燃用的气体燃料

气 体 燃 料		
燃料	低热值（MJ/m³）	主要成分
天然气和液化天然气	29.8～44.7	甲烷
液化石油气	85.7～119.2	丙烷、丁烷
气化气　吹氧气化	3.7～5.6	一氧化碳、氢气、氮气、水蒸气
气化气　鼓风气化	7.5～14.9	一氧化碳、氢气、水蒸气
过程气体燃料	11.2～37.3	甲烷、氢气、一氧化碳、二氧化碳

GE 公司重型燃气轮机气体燃料特性和组分所允许的极限见表 9-5，允许的气体燃料杂质含量见表 9-6。

表 9-5　　　　　　　　　　　　　　燃料特性和组分所允许的极限

气体燃料规范①②			
燃料特性	最大	最小	注　释
气体燃料压力	随机组和燃烧室类型而变化	随机组和燃烧室类型而变化	③
气体燃料温度（℃）	④	随气体燃料压力而变化	④
低热值（MJ/m³）	无	3.7～11.2	⑤

续表

气体燃料规范[①②]

燃料特性		最大	最小	注　释
修正的 Wobbe 指数[⑥] （MWI，%）	一绝对限额	54	40	[⑦]
	一变化范围	+5	−5	[⑧]
可燃性极限比		[⑨]	2.2∶1	按容积计算的富/贫比[⑩]
极限含量 （摩尔百分数，%）	甲烷	100	85	反应物组分的百分比
	乙烷	15	0	反应物组分的百分比
	丙烷	15	0	反应物组分的百分比
	丁烷＋石蜡（C_4^+）	5	0	反应物组分的百分比
	氢	微量	0	反应物组分的百分比
	一氧化碳	微量	0	反应物组分的百分比
	氧	微量	0	反应物组分的百分比
	惰性气体总量 （N_2+CO_2+Ar）	15		（反应物＋惰性气体） 总量的百分比
	芳烃（苯、甲苯等）	报告	0	[⑪]
	硫	报告	0	[⑫]

① 所有燃料的特性必须经满足机组从点火到带基本负荷的要求，除非另有规定。

② 限值适用于气体燃料控制模块的入口，一般为买方的接口。

③ 最低和最高的气体燃料供应压力要求由 GE 公司作为机组建议的一部分提供。

④ 气体燃料的最低温度要求必须经满足燃料过热度的要求，包括对烃和湿气过热度的单独要求；气体燃料的最高允许温度由 GE 公司燃气轮机设计决定，它是根据燃气轮机可靠运行的要求和燃气轮机燃料系统组件温度设计限值确定的。

⑤ 所示热值范围仅供参考。具体的燃料分析必须提供给 GE 公司，以便正确评估。

⑥ 修正的沃泊指数（MWI）的定义见式（9-2）。

⑦ 所示的 MWI 的上、下限是针对标准干式低 NO_x 燃烧系统设计的。使用超出此范围燃料的燃烧系统需要重新设计和研究。对 MWI 刚达下限的含高惰性气体的燃料，不得为改善性能而进行燃料加热。

⑧ 在某些情况下 MWI 的变化超过+5%或−5%也是可以接受的，（例如：与气体燃料加热一体化的机组）。当变化超过 5%时，GE 公司必须对所有的条件加以分析和认可。

⑨ 设有规定最大可燃性极限比。对于可燃比明显超过天然气可燃性极限比的燃料需采用启动燃料。

⑩ 不满足这些限制的燃料应告知 GE 公司，以便作进一步审查。GE 公司会对所有的燃料根据实际情况进行审查。

⑪ 为提高热效率而加热燃料时（例如：燃气温度 $T_{gas}>300℉$），如果含有过量的芳烃就有可能形成焦油。向 GE 公司咨询以获得更详细的资料。

⑫ 本规范对气体燃料中硫的含量不作限制。实验证明，料中硫的容积含量达到 1%时，对氧化/腐蚀的速率影响并不大。高温燃气通道部件的高温腐蚀是通过规定微量金属的限制来控制的。当涉及余热锅炉腐蚀、选择性催化还原剂沉淀物、排放物、系统材料要求、单质硫沉积和硫化铁时应考虑硫的含量。

表 9-6　　　　　　　　　　　　　　**允许的气体燃料杂质含量**

微量金属	透平入口极限值 X_e (mg/kg)		燃料当量杂质含量极限值[①] (mg/kg)				
	燃气轮机型号		燃气轮机型号				
	MS3000 MS5000 B、E 和 F 级	FB、H 级	MS3000 MS5000 B、E 和 F 级			FB、H 级	
			透平进气流量/燃料流量（E/F）			FB、H 级燃气轮机的铅、钒、钙、镁的含量极限值与其他型号燃气轮机的极限值相同	
			50	12	4		
铅	20	20	1.00	0.240	0.080		
钒	10	10	0.5	0.120	0.040		
钙	40	40	2.0	0.480	0.160		
镁	40	40	2.0	0.480	0.160		

续表

钠+钾②						
Na/K=28	20	3	1.00	0.24	0.080	碱金属的含量极限
Na/K=3	10	3	0.50	0.12	0.040	（钠和钾）见 GE 公司
Na/K=<1	6	3	0.30	0.72	0.024	相关标准
颗粒③						
总量	600	600	30	7.2	2.4	颗粒含量要求与 GE
10μm 以上（直径）	6	6	0.3	0.072	0.024	公司协商
液体：不允许含有液体组分，气体燃料必须过热④						

① 标出的杂质含量极限值表示透平进口部分所允许的总极限值。如果类似的杂质出现在压气机进气和燃烧室注汽/水中时，这些极限值要降低。具体应用极限值可与 GE 公司协商。

② 盐水中的钾和钠是通常存在于天然气中的仅有的腐蚀性微量金属杂质。Na/K=28 是海水标称的含盐率。在气化气体燃料和过程气体燃料中也会发现其他微量金属杂质。GE 公司将会根据实际情况进行审查。

③ 设计的前置气体燃料输送系统应能防止固体颗粒产生或进入燃气轮机气体燃料系统。主要包括但不限于颗粒使用过滤器和从过滤器到燃气轮机设备进口段采用无腐蚀（例如：不锈钢）管道。在燃气轮机运行之前，要对气体燃料管道系统进行彻底清扫、冲洗和保养。

④ 供给的气体燃料应完全不含液体，液体的进入会造成燃烧室和高温燃气通道部件损坏。GE 公司要求最靠近 GE 公司速比阀或气体控制阀的调节系统有液体水平指示的信号输入。液位指示被输入燃气轮机控制系统，当液位到达故障液位时发出停机运行信号。该装置是预留的，气体调节系统的供应商应提供信号。

GE 公司对气体燃料的过热度及最低温度提出了要求，以确保燃气轮机的气体燃料完全不含液体。

过热度是气体燃料温度与其烃/湿气露点之间的温差。

防止烃凝结的过热度要求按式（9-6）计算，即

$$T_{sh} = 2.72 \times 10^{-6} p_{gas}^2 - 2.26 \times 10^{-3} p_{gas} \tag{9-6}$$

式中 T_{sh}——烃的过热度要求（高于烃露点的温度），℃；

p_{gas}——燃气轮机控制系统入口的气体燃料供给压力，kPa。

防止生成湿气和氢氧化物的过热度要求按式（9-7）计算，即

$$T_{sm} = 4.15 \times 10^{-3} p_{gas} - 3.89 \tag{9-7}$$

式中 T_{sm}——湿气的过热度要求（高于湿气露点的温度），℃。

过热度加上各自露点后，较高的那个值就确定了满足过热度要求所需的最低气体燃料温度。

通常气体燃料的最高烃露点、湿气露点可向气体燃料供应商咨询。

当最高烃露点低于表 9-7 中的限值时，GE 公司认为烃过热度要求低于湿气过热度要求，最低气体燃料温度由湿气露点＋湿气过热度决定；当最高烃露点高于表 9-7 中的限值时，GE 公司认为燃料气为烃饱和气体，要求以燃料气温度＋烃过热度作为最低要求温度，这个温度值可能大于烃露点＋烃过热度。

表 9-7 烃露点限值

供气压力（MPa）	烃露点限值（℃）
≤3.45	−31.7
3.45～4.14	−37.2
4.14～4.83	−45.6

GE 公司产品型号变更后，其新版的气体燃料规范中已不再列出各机型的燃料压力规定值，改由

GE 公司作为机组建议的一部分提供。表 9-8 是 GE 公司旧燃料规范中列出的不同机型对气体燃料供应压力的规定，仅供设计时参考。

表 9-8　　　　　　　　　　　　　不同机型对气体燃料供应压力的规定

燃气轮机组系列	供气压力 kPa（psi）				允许的最大值
	要求的最小值				
	标准型燃烧室		DLN1 型燃烧室		
	15℃（59°F）	−17.8℃（0°F）	15℃（59°F）	−17.8℃（0°F）	
MS3002J	793（115）	896（130）			1413（205）
MS5001R	1000（145）	1103（160）			1551（225）
MS5002B	1551（225）	1551（225）			1896（275）
MS6001B	1655（240）	1862（270）	1965（285）	2069（300）	2413（350）
MS7001EA	1793（260）	2102（305）	2000（290）	2137（310）	2413（350）
MS7001FA	2137（310）	2379（345）	2413（350）	2551（370）	3103（450）
MS9001E，7 只阀	1896（275）	2206（320）	2241（325）	2413（350）	3103（450）
MS9001E，9 只阀	1723（250）	2102（305）	2069（300）	2241（325）	3103（450）
MS9001F	2069（300）	2275（330）	2275（330）	2379（345）	3103（450）
MS9001FA	2172（315）	2448（355）	2413（350）	2551（370）	3103（450）

　　注　1psi＝6.895kPa。

2. GE 公司轻型航改机气体燃料规范

采用干式低排放（DLE）燃烧系统的航改型燃气轮机的燃料成分限值见表 9-9，燃料杂质含量及特性参数限值见表 9-10。

表 9-9　　　　　　　　　　　　　　燃料成分限值

| 参　　数 | | 要求（DLE 配置） | |
		最小值	最大值
修正的沃泊指数[①]		40[②]	60
甲烷		50%（体积分数）	100%（体积分数）
乙烷（石蜡）	LM2500	0	35%（体积分数）
	LM2500＋G4	0	30%（体积分数）
	LM6000	0	24%（体积分数）
氢气			5%（体积分数）[②]
二烯（例如丁二烯、丙二烯）			不允许含有
其他可燃物[③]			咨询制造商

　　注　1. 如果天然气燃料成分发生重大变化时，应将燃料成分、燃料压力、燃料温度和所期望的引擎使用条件及运行特性的相关详情提交制造商，供其评估和提供建议。

　　　　2. 上述数值和范围适用于气体燃料控制模块的入口。

　　　　3. 供应的燃料气应 100%不含液体。如有液体进入，可导致燃烧和/或高温气体通道部件损坏。

　　　　4. 修正的沃泊指数（MWI）参见式（9-2）。

　① 最大限值石蜡下的修正的沃泊指数。

　② 也可以为其他数值。咨询制造商。

　③ 其他可燃物——一氧化碳、烯烃等。

表 9-10　　　　　　　　　　　　　　燃料杂质含量及特性参数限值

特 性		极限值
颗粒	≤5μm 过滤效率	≥99.5%
	总质量浓度	≤30×10^{-6}
液体		不允许
碱金属硫酸盐当量浓度		≤0.6×10^{-6}
所有来源的钠当量浓度		≤0.2×10^{-6}
过热度		28℃
压力		在流程图中说明

3. 西门子燃气轮机气体燃料规范

燃气轮机入口处天然气组分、污染物及特性要求见表 9-11。对天然气供气参数的要求见表 9-12。

表 9-11　　　　　　　　　燃气轮机入口处天然气组分、污染物及特性要求

项 目	极限值	备 注
气体成分		
CH$_4$（体积含量,%）	≥ 80.0	
C$_2$H$_2$（体积含量,%）	≤ 0.1	④
C$_2$H$_6$（体积含量,%）	≤ 15.0	
C$_n$H$_m$（体积含量,%）	≤ 10.0	C$_n$H$_m$ 的总量（n≥2），不含 C$_2$H$_6$⑤
H$_2$（体积含量,%）	≤ 1	④、⑤
CO（体积含量,%）		通常不是组成部分②
H$_2$O（体积含量,%）		
N$_2$＋ Ar ＋ CO$_2$（体积含量,%）	≤ 20.0	
O$_2$（体积含量,%）	≤ 0.1	
燃料氮（FBN）（体积含量,%）		⑦
其他（体积含量,%）		②
气体杂质		
粉尘（质量含量,×10^6）	≤ 20.0	①、③
粉尘，d≤2μm（质量含量,×10^6）	≤ 18.5	①、③
粉尘，2<d≤10μm（质量含量,×10^6）	≤1.5	①、③
Na ＋ K（质量含量,×10^6）	≤0.3	燃料因子 f=1.0①
Na ＋ K（质量含量,×10^6）	≤1.0	燃料因子 f=1.5①
Ca（质量含量,×10^6）	≤10.0	①

续表

项　目	极限值	备　注
气体杂质		
V（质量含量，$\times 10^6$）	≤0.5	①
Pb（质量含量，$\times 10^6$）	≤1.0	①
H_2S（质量含量，$\times 10^6$）	≤10.0	⑥
总硫（质量含量，$\times 10^6$）	≤20.0	①、⑥

① 允许的极限值必须使用下列公式进行修正，即

$$X_{corr} = LHV(MJ/kg)/42(MJ/kg) \times X_{spec}$$

式中　X_{corr}——修正值；

　　　LHV——低热值；

　　　X_{spec}——标称值。

② 要具体说明。

③ 为确保过滤后所需的纯度，应在燃气轮机燃气系统（MBP）的供应终端上游设置合适的过滤器。必须注意确保不会产生由于过滤单元下游的管线内壁的腐蚀和/或管道中的残留污物引起的颗粒夹带。

④ 氢气（H_2）含量大于 1.0%（体积分数）和/或乙炔（C_2H_2）含量大于 0.1%（体积分数）的气体只能在扩散模式下燃烧。如果这样的燃料以预混合模式燃烧，可能在预混合管道中发生反应，并完全破坏燃烧器。

⑤ 在碳氢化合物含量和/或氢含量增加的燃料情况下，即使在扩散模式下也存在更大的燃烧不稳定性的风险。这是由于形成冷凝和/或较高的火焰速度造成的。

⑥ 硫和硫化氢：

元素硫不允许。本表中所指的硫含量包括在燃料气体中〔硫醇（R-SH）、硫化氢（H_2S）、加臭剂（例如 THT）、硫化碳（COS）等〕硫含量的总和。当总含硫量＞20mg/kg 时，必须对燃气进行至少 60℃的预热（运行公差为±10℃）硫含量较高时，需要额外的操作限制和适应燃气系统。

只要硫化氢（H_2S）的分压保持在 0.3kPa（绝对压力）以下，燃气轮机及其辅助系统就可以在上述定义的参数下无限制地运行。在 3MPa（绝对压力）系统压力和 100×10^{-6}（摩尔）H_2S 下，0.03kPa H_2S 对应于约 20.0mg/kg 的总硫含量。硫化氢的分压由摩尔分数和系统压力的乘积计算，即

$$p_{partial} = p_{total} \times H_2S$$

式中　$p_{partial}$——最大硫化氢分压；

　　　p_{total}——总最大系统压力；

　　　H_2S——硫化氢的摩尔分数。

为了保护涡轮机和热通道部件，硫含量不得超过 20.0mg/kg，是否要求更低的限值要根据环境要求、（余热锅炉催化反应器）合同规定和/或条款未包含在西门子公司能源供应范围内。在相应的硫浓度下，需要对燃气轮机运行模式进行更多的调整。

⑦ 燃料氮（FBN），例如来自气体成分 NH_3、N_2H_4 的氮，其化学结合不如分子氮那样强烈。在通常燃烧的条件下，燃料氮通常容易释放，也就是说，燃料 NO_x 的形成基本上不受温度影响。原则上，来自燃料氮的 NO_x 的形成不能通过注入水或蒸汽来控制。

表 9-12　　　　　　　　　　　　　　对天然气供气参数的要求

项目	气体成分	单位	限值	条　件
压力①	设计值公差	%	±5.0	在最大燃料流量的 0～15
		%	±2.5	在最大燃料流量的 15～100
	变化率（dp/dt）	kPa/s	≤20	
温度②	允许范围	℃	5②	LHV 为 40～50MJ/kg
	凝结点④	K	＞10	混合气露点以上
		K	＞15	水露点以上
	设计值公差	K	±10.0	
	变化率（dT/dt）	K/s	≤0.1	

续表

项目	气体成分	单位	限值	条 件
低热值 LHV③	设计范围	MJ/kg	40～50	在 0～100% 的输出
	设计值公差	%	±5.0	
	变化率（$dLHV/dt$）	%/s	≤0.1	
沃泊指数 LWI⑤	允许的范围	MJ/m³③	40.3～51.0	在 5℃ 的燃气温度下
	设计值公差	%	±5.0	
	变化率（$dLWI/dt$）	%/s	≤0.1	
污染物	化学		参见表 9-11	

① 燃气轮机燃气系统（MBP）供应终点的燃气压力要求取决于燃气的成分、温度、密度以及环境条件（空气温度和电厂地点的海拔高度）。

西门子公司采用特定项目的参数来确定所需的燃气压力，如果合同签订，则将被列入开环/闭环控制设备（SREL）的控制设置列表中。气体系统中的各个项目都需要这个压力参数。

此时确定的燃气压力是"设计值"，适用于所有的燃气轮机工况。换句话说，即使在最不利的条件下也保证极限输出的燃气轮机的操作。指定的公差适用于此压力。

一般来说，最大燃气压力是根据以下燃料参数计算出来的：最大体积流量、最低环境温度（允许的极限载荷）、最大注水量（如适用，例如 NOₓ 控制）、最低低热值（LHV）、最高燃气温度。

未考虑燃气轮机燃料系统制造商供货范围外的设备（例如，燃气调压站和燃气精过滤器）的压降。因此在确定具体地点，例如在电厂的供气端点需要的燃气压力时，必须考虑适当的校正因子。

如果气体供应商无法保证所需的气体压力，则必须提供气体增压站（气体压缩机）。在这种情况下，必须使用绝对无油润滑的气体压缩机，即气体压缩机内与气体燃料接触的所有部件（例如往复式压缩机的活塞）都不需要润滑油。这需要使用合适的材料（例如，PTFE 活塞环）。

② 如果运行温度发生变化，与调试期间设定的温度相比，燃气预热超过 30K，则必须考虑增加排放量以适应硬件要求或重新设置。在最不利的情况下排放将超过（由主管部门规定或在合同中规定的）限定值，因此可能有必要限制燃气轮机的允许出力（例如最大 80% 燃气轮机额定出力）。

无论如何，如果燃料预热在 60℃ 以上，需要根据特定项目向西门子公司进行澄清，因为在这种情况下允许的低热值是受到限制的。如果允许范围扩大，则需要特殊设计的燃气系统，由此带来的额外事项（成本、调整交货期）必须与西门子公司进行澄清。

在运行过程中或发生故障时（燃料预热系统中断），气体温度变化率不得超过规定值。

③ 必须在最小低热值 40.000kJ/kg 和最大低热值 50.035kJ/kg 的之间选择一个"设计值"（根据相应的燃气分析，所述公差应适用于该值）。如果所使用的燃气所确定的低热值处于允许的范围之外，则必须咨询西门子公司。

④ 燃料气体的运行温度应符合②中规定的温度限制，以确保不形成液体和/或固体冷凝物（高级烃、水、硫等）。

⑤ 沃泊指数（LWI）根据式（9-1）计算。

4. 三菱公司重型燃气轮机气体燃料技术规范

三菱公司 M701F3、M701F4 型燃气轮机气体燃料技术规范见表 9-13。

表 9-13　三菱公司 M701F3、M701F4 型燃气轮机气体燃料技术规范（适用于 DLN 燃烧器）

项　目		燃气轮机型号		备　注
		M701F3	M701F4	
成分	甲烷（mol,%）	85～98	80～98	①
	甲烷含量变化量（%）	≤±4	≤±9	
	惰性气体 N、NO₂（mol,%）	≤4	≤4	②
沃泊指数 LWI③	适用值（标准状态）（kJ/m³）	47.3×(1+±15%)	35.5×(1+±15%)	
	变化率（%）	≤±5	≤±5	确定后的燃料
	变化速度（%/min）	≤4	≤5	

项　目		燃气轮机型号		备　注
		M701F3	M701F4	
压力④	数值（MPa）	2.8～4.6	2.8～4.6	
	波动范围（MPa）	≤±0.14	≤±0.14	
	变化速度（MPa/s）	≤0.08	≤0.08	
	连续 2s 内大于 10Hz 的压力波动峰值（MPa）	≤0.001	≤0.001	⑤
温度	过热度（℃）	≥11	≥11	
	推荐最低温度（℃）	>5	>5	
固体颗粒	含量（质量含量×10^{-6}）	<30	<30	
	过滤效率（%）	99.5	99.5	
	最大直径（μm）	≤5	≤5	
油雾和蒸汽	总量（质量含量×10^{-6}）	≤0.5	≤0.5	
硫含量⑥	H_2S（mol，%）	≤5	≤5	不带余热锅炉
	含硫总量（H_2S 及其他硫化物）（mol，%）	≤0.5	≤0.5	带余热锅炉
会产生胶状物的成分	C_4H_6（丁二烯）（体积含量×10^{-6}）	<1	<1	
	$C_6H_5CH{=}CH_2$（苯乙烯）（体积含量×10^{-6}）	<1	<1	
	NO_x（体积含量×10^{-6}）	<0.5	<0.5	天然气和液化天然气一般不含
	茚酮（体积含量×10^{-6}）	<1	<1	
	C_5H_{10}（环戊烷）（体积含量×10^{-6}）	<1	<1	
	C_6H_6（苯）（体积含量×10^{-6}）	<1	<1	
	$C_{10}H_8$（萘）（标准状态，mg/m³）	<50	<50	
	Tar 焦油（标准状态，mg/m³）	<1	<1	
	BTX（苯－甲苯－二甲苯混合物，标准状态，mg/m³）	<1	<1	
微量元素当量浓度⑦	钠和钾（质量含量×10^{-6}）	≤0.5	≤0.5	当 0.5mg/m³ 时需向 MHI 咨询
	矾（质量含量×10^{-6}）	≤0.5	≤0.5	
	铅（质量含量×10^{-6}）	≤2.0	≤2.0	
	钙（质量含量×10^{-6}）	≤10	≤10	
	其他微量金属（质量含量×10^{-6}）	≤2.0	≤2.0	

① 甲烷成分会对燃烧器火焰位置和燃烧特性产生影响。因此，当除去惰性气体以后天然气中的甲烷体积含量不在 80%～98% 时，需要进行燃烧调整。

② 若超出以上限制，应咨询三菱公司。

③ 沃泊指数定义见式（9-1）。如果超过了表中的规定，必须检查燃料供应系统。

④ 一旦确定接口点的压力，在图 9-1 中各种燃气轮机运行模式下都应遵守表中的规定。

⑤ 这个极限需要用压力脉动微小的往复活塞式增压机。若使用燃气增压机时，建议采用离心式或螺杆式增压机。

⑥ 如果燃料中含硫，应当向三菱公司咨询。

⑦ 当量浓度定义见式（9-3）。

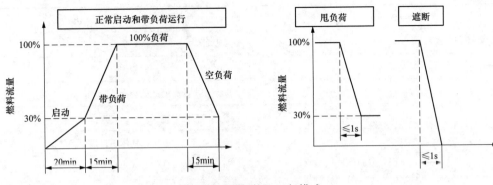

图 9-1　燃气轮机运行模式

5. 安萨尔多公司重型燃气轮机气体燃料规范

安萨尔多公司 F 级燃气轮机气体燃料化学污染物的规定见表 9-14；标准燃烧器对天然气组分的要求见表 9-15；燃气轮机燃料模块入口处气体燃料参数要求见表 9-16。

表 9-14　　　　　　　　气体燃料化学污染物的规定值（燃料权重因子 $f=1$）

污染物		规定值
灰分 （$\times 10^{-6}$，质量分数）	总量	$\leqslant 20$
	粒径 $d < 2\mu m$	$\leqslant 18.5$
	$2 < d < 10\mu m$	$\leqslant 1.5$
	$d > 10\mu m$	0
钒（V，$\times 10^{-6}$，质量分数）		$\leqslant 0.5$
铅（Pb，$\times 10^{-6}$，质量分数）		$\leqslant 1$
锌（Zn，$\times 10^{-6}$，质量分数）		$\leqslant 2$
钙（Ca，$\times 10^{-6}$，质量分数）		$\leqslant 10$
汞（Hg，$\times 10^{-6}$，质量分数）		0
钠（Na，$\times 10^{-6}$，质量分数）		$\leqslant 0.3$
钾（K，$\times 10^{-6}$，质量分数）		
氯（Cl，$\times 10^{-6}$，质量分数）		$\leqslant 0.1$
氟（F，$\times 10^{-6}$，质量分数）		
总硫（S，$\times 10^{-6}$，质量分数）		$\leqslant 20$
硫化氢（H_2S，$\times 10^{-6}$，质量分数）		$\leqslant 10$
硫醇（$\times 10^{-6}$，质量分数）		$\leqslant 10$

表 9-15　　　　　　　　标准燃烧器对天然气组分的要求

气体成分	规定值
CH_4（甲烷，体积分数）	$\geqslant 80\%$
C_2H_6（乙烷，体积分数）	$\leqslant 15\%$
C_nH_m（$n > 2$，体积分数）	$\leqslant 10\%$
$N_2 + Ar + CO_2$（体积分数）	$\leqslant 20\%$
H_2（氢，体积分数）	$\leqslant 1\%$

续表

气 体 成 分	规 定 值
C₂H₂（乙炔，体积分数）	≤0.1%
O₂（体积分数）	≤0.1%
H₂O	选择适当的温度避免冷凝
S	不允许有元素硫
CO	通常天然气中不含，具体项目需要评估
燃料氮 N	NOₓ 不可能由水/蒸汽形成
其他	具体项目需要评估
液态烃、油混合物、冷凝液	0
低热值	（1）设计范围：35000～50035kJ/kg（100% 甲烷），40000～50035kJ/kg（燃气预热时） （2）公差：设计值的±5%。 （3）变化率：≤1% LHV/s
沃泊指数	设计值：37～51MJ/m³ 40.3～51MJ/m³ 公差：设计值的±5%

表 9-16　　　　　　　　　　**燃气轮机燃料模块入口处气体燃料参数要求**

参 数	条 件		规 定 值
质量流量（m）设计值			20kg/s①（参考值）
压力（p）	运行值		2.9MPa③
	公差	0～15%最大燃料流量	设计值的±5%
		15%～100%最大燃料流量	设计值的±3%
	变化率	dp/dt	≤0.05MPa/s
温度（T）②	正常		30℃；任何情况下必须保证高于最大露点温度+25℃
	最大		50℃③
	燃气轮机启动时		≥10℃
	变化率 dT/dt		≤5℃/s

注　如果有维护需要，燃气模块与充氮管线连接。氮气压力只能为 0.3～0.5MPa。

① 适当的质量流量值根据环境和现场条件以及针对特定报价/订单给出的燃料气体成分逐个指定。

② 为了避免可能的碳氢化合物凝结，必须保持混合物的露点温度维持在+ 25℃。无论如何，燃气不得含有任何冷凝物或液体成分。如果满足这个要求，在任何情况下，工作温度应该保持30℃。应使用合适的加热器，但必须小心以免超过最大允许温度。如有必要，加热器应与液体分离器结合使用。

③ 在燃气预热的情况下（只有可预见并包含在特定项目中），燃气的最高温度为120℃，工作压力为3.1MPa。无论如何，必要时必须预见在常温下供应燃气的可能性。如需燃气预热，咨询安萨尔多能源公司以获取更多详细信息。

三、燃气轮机液体燃料规范

1. GE 公司重型燃气轮机液体燃料规范

GE 公司重型燃气轮机对液体燃料的要求见表 9-17。

表 9-17   GE 公司重型燃气轮机对液体燃料的要求

特　性		适用位置①	ASTM② 实验方法	纯蒸馏油③		含灰分油③	
				轻	重	原油和混合渣油	更重的渣油
运动黏度 (cs)	37.8℃ 最小值	交付现场	D-445	0.5*	1.8	1.8	1.8
	37.8℃ 最大值④	交付现场	D-445	5.8	30	160	900
	98.9℃ 最大值④	交付现场	D-445	—	4	13	30
比重（15.6℃，最大值）		交付现场	D-1298	报告	报告	0.96	0.96**
闪点（℃）（最小值）⑤		交付现场	D-93	报告	报告	报告	报告
蒸馏温度（℃）（90%，最大值）		交付现场	D-86	33%	报告	—	—
倾点（℃）（最大值）		交付现场	D-97	最低环境温度以下7℃	报告	报告	报告
氢气（%，质量成分）（最小值）⑧		交付现场	D5291	报告	报告	报告	报告
残炭（%，质量成分）	底部10%，最大值，直接压力雾化	交付现场	D-524	0.25			
	100%样品，最大值，低压空气雾化	交付现场	D-524	1.0	1.0	1.0	
	100%样品，高压空气雾化	交付现场	D-524	—	—	报告	报告
灰分（10^{-6}质量成分）（最大值）		燃烧室	D-482	100	100	报告	报告
微量金属杂质（10^{-4}质量成分）（最大值）⑥	Na+K	燃烧室	⑦	1	1	1	1
	Pb			1	1	1	1
	V（钒，不处理）			0.5	0.5	0.5	0.5
	V（用 Mg/V=3/1 质量处理）			—	—	100	500
	Ca			2	2	10	10
	其他质量成分在 5×10^{-6}以上的微量金属			报告	报告	报告	报告
以下各项适用于具体环保规定存在时							
硫（%，质量成分）（最大值）		交付现场	D-129	符合有关规定			
氮（%，质量成分）（最大值）		交付现场	⑦	燃料氮限制到总 NO₂ 排放符合有关规定			
氢（%，质量成分）（最大值）		交付现场	⑦	可能需要限制最低氢含量以符合排烟透明性的限制⑧			
（灰+V）（%，质量成分）（最大值）		交付现场	⑦	对含灰燃料，灰加钒含量可能限制到满足适用的烟囱颗粒排放规定⑨			

注 原油中的水含量必须按现成处理设备的能力减少到尽可能低的水平，以尽量减少燃料系统部件腐蚀的可能性，任何情况下水含量不得超过 1.0% 容积成分。

① 规定的燃料性质适用于整个系统的不同地点：交付现场指交付到燃气轮机现场的燃料，燃烧室指燃气轮机燃烧室处的燃料。

② 见 ASME 标准手册。

③ 每类中的典型燃料在规范 GEI-41047H《液体燃料规范》中进行讨论。

④ 在燃料喷嘴处的最大允许黏度，对高压空气雾化而言为 20mm²/s，对低压空气雾化和直接压力雾化而言为 10mm²/s。燃料可能需要预热以达到此黏度，但绝不应加热超过 135℃（此最高温度仅允许用于渣油）。燃料在初始点火时的黏度必须等于或低于 10mm²/s。

⑤ 燃料必须符合所有适用的关于闪点的规定。

⑥ 允许以总灰分低于 3×10^{-6}（质量成分）代替微量金属分析。

⑦ 没有标准参考试验。所用方法应取得 GE 公司和用户双方同意。

⑧ 设定最低氢含量是为了控制燃烧室中的火焰辐射，也是为了限制烟排放（当地法规对此有要求时），该极限对纯熟馏油而言为 12.0%，而对含灰燃料而言为 11.0%（当残炭超过 3.5% 时，则为 11.3%）。以上规定均为已假定使用的是合适的燃烧室和燃料雾化系统。当燃料的氢含量低于此极限时，应咨询 GE 公司采取何种适当措施。

⑨ 关于烟囱颗粒物排放的地方法规可能对初始燃料中的总灰分（不可过滤的）加钒的含量规定一个上限。钒与必要的镁抑制剂可能是烟囱颗粒物排放总量中的主要成分。在将这些排放物与法规对比时，可能必须考虑所有以下来源：钒、添加剂、燃料灰分和燃料中的总硫分、进口空气中的不可燃颗粒物、注入蒸汽或水中的固体物，以及燃料不完全燃烧产生的粒子，当需要确定烟囱颗粒物排放时，应咨询 GE 公司。

* 黏度在 0.5～1.8mm²/s 范围内时，可能需要特殊的燃料泵送设备。

** 0.96 的比重是根据用标准水洗系统的平均燃料脱盐能力而定的，比重高于 0.96 的燃料为脱盐到需要的最低钠加钾限制，可用能力更强的脱盐设备（相应更高的运行成本）或靠在燃料中掺入相容的馏分而增大燃料与水的比重差异。

2. GE 公司轻型航改机燃气轮液体燃料规范

GE 公司轻型航改型燃气轮机对液体燃料的要求见表 9-18。

表 9-18　　　　　　　　　　　　GE 公司轻型航改型燃气轮机对液体燃料的要求

特 性	极 限 值	特 性		极 限 值
灰,%,最大值	0.01	黏度,mm^2/s	最低限度	0.5
硫,%,最大值	1.0①		最大值,开始	6.0
钒,mg/kg,最大值	0.2		最大,运行	12.0
钠,钾和锂,mg/kg,最大值	0.2②③④	蒸馏①	10%点,℉(℃)	报告
铅,mg/kg,最大	1.0		50%点,℉(℃)	报告
钙,mg/kg,最大值	2.0		90%点,℉(℃)	675(357)⑪
磷,mg/kg,最大⑤	2.0		终点,℉(℃)	725(385)⑪
氢含量,%,最小	12.7⑥⑦	残炭,%,最大值(100%样品)		1.0
破乳化,min,最大值	20.0	残炭,%,最大值(10%兰式法)		0.25
微粒,mg/L,最大值	2.6	比重		报告
水和沉积物,体积%,最大值	0.10⑧	浊点		报告
闪点,℉,最大值	200℉⑨(93.3℃)	低热值(LHV),BTU/LB		报告
铜腐蚀,最大值	No.1⑩	氮(燃料结合氮),%		报告
沥青质,%,最大值	没有检测到			

① 硫含量较高的燃料可能会燃烧。对 HSRI(热段维修间隔)的影响取决于燃料中的碱金属、入口空气、注入水以及发动机运行时温度。含硫量高的燃料咨询 GE 公司。

② 这个限制被认为包括所有的碱金属,例如钾、锂、钠。然而,实验已经表明钠通常是主要的碱金属。
这个限制还假定入口空气或注入水或蒸汽中的碱金属含量为零。当实际水平大于零时,各种来源钠的总燃料当量不得超过 0.2mg/kg。

③ 对于非船用发动机(LM6000 除外),所有来源的碱金属总量不得超过 0.1mg/kg。

④ 为了确保钠达到所要求水平的灵敏度水平,需要采用原子吸收光谱仪或旋转光谱仪。

⑤ 磷测试仅适用于生物柴油混合物。

⑥ 必须小心使用更黏稠的燃料,以确保满足最低的氢含量。

⑦ 氢含量低于 12.7% 的燃料已被批准用于某些具体限制性应用。这些燃料在批准使用前需要用开发测试程序在适用的发动机型号上测试。沥青质测试只适用于这种燃料。一般而言,含氢量低于 10% 的燃料是不被接受的。

⑧ 对于使用流体力学主燃料控制的船用燃气轮机,限值为 40mg/kg。

⑨ 必须符合法定限制和适用的安全规定;然而,应该指出的是,使用燃料具有超过 200℉(93.3℃)的闪点可能会导致不令人满意的启动特性。启动时可能需要混合点火或使用替代燃料。

⑩ 铜腐蚀测试条件为 212℉(100℃)、2h。

⑪ 如果蒸馏终点温度高于 675℉(357℃),LM6000 SAC 型号不能在高于 15MW 功率的情况下注水。

3. 西门子重型燃气轮机对液体燃料的要求

西门子重型燃气轮机燃油组分、化学特性极限值见表 9-19,污染物含量极限值见表 9-20;燃油供应参数极限值见表 9-21。

表 9-19   燃油组分、化学特性极限值

项 目		单 位	极限值
组分	碳（C，质量分数）	%	报告①
	氢（H，质量分数）	%	报告①
	氧（O，质量分数）	%	报告①
	总硫（S，质量分数）	%	≤0.2
	燃料氮（FBN，质量分数）	%	≤0.015
化学特性	残碳（质量分数）	%	≤0.15
	芳烃（体积分数）	%	报告
	氧化稳定性	mg/mL	≤0.025
	胶质	mg/mL	≤0.07
	酸值（KOH）	mg/g	≤0.1
	其他		报告

① 元素组成［碳（C）、氢（H）和氧（O）］是能量含量，是燃气轮机废气的化学组成，也是燃料燃烧温度的量度。元素组成是通过燃料质量部分的燃烧和吸附所产生的二氧化碳（CO_2）和水（H_2O）来确定的。为了计算燃气轮机的性能（功率输出、效率、废气质量流量和废气温度），需要进行元素（C、H、S、N、O）分析，低热值（LHV）在性能验收测试中需通过分析验证性能保证的相关参数来确定。

表 9-20   污染物含量极限值   mg/kg

污 染 物		极限值①	污 染 物	极限值①
沉积物，颗粒物	总量	≤20.0	钠和钾	≤0.3
	$d<10\mu m$	≤18.0	钒	≤0.5
	$10\leqslant d\leqslant 25\mu m$	≤2.0	铅	≤1.0
	$d>25\mu m$	0	钙	≤10
灰		≤100	氯	≤6.0

① 允许的极限值必须使用以下公式进行修正，即

$$X_{corr} = (LHV/42) \times X_{spec}$$

式中　X_{corr}——修正值；

　　　LHV——低热值，MJ/kg；

　　　X_{spec}——标称值。

表 9-21   燃油供应参数极限值

物理性质		单 位	极限值	备 注
闪点（v_{Fl}）		℃	≥55	①
倾点（v_{PP}）		℃		参阅下面的运行温度
运动黏度		mm^2/s	≤12	②
压力	最小	MPa	≥0.4	
	最大	MPa	≤0.7	

续表

物理性质		单位	极限值	备　注
运行温度	最小	℃	≥5	①
	最小（相对于 v_{pp}）	℃	≥v_{pp}+10	附加要求
	最大	℃	≤45	
	最大（相对于 v_{Fl}）	℃	≤v_{fl}-5	附加要求
低热值 LHV		MJ/kg	≥42.0	
密度	最小	kg/m³	820	在15℃时
	最大	kg/m³	870	在15℃时

① 馏分燃料油的最低运行温度取决于燃烧器允许的黏度和燃料的倾点（v_{PP}）。最低燃油温度需高于倾点至少10℃，且高于5℃。仅许可使用最小过滤温度（冷滤点，v_{CFPP}）低于倾点的燃油。如果燃油温度低于最低温度，可能会出现下列情况：过滤器堵塞，由于吸油管压力不足燃油喷射泵停机，燃油泵损坏。对于标准设计燃油系统终点处的最高燃油温度限制在最小值，低于闪点15℃，另外，对于馏分燃料油需低于45℃。对于闪点低于表中规定的参考值或燃料油温度超过闪点（v_{Fl}）15K的液体燃料油，可以进行操作。在这种情况下，需要额外的防护措施。如果需要采取防爆措施，则电气设备的设计应符合 El-exV 和 DIN 57165 / VDE 0165 或国家电气法规危险场所分类1级，2分区，D组。

② 标准燃油模块设计包括一个离心泵。用于这种燃气轮机设计的常用液体碳氢化合物的黏度下限是未知的。如果超过最大允许黏度，燃油的雾化就会受到影响，从而导致燃烧不彻底，污染物排放增加。最大允许黏度为 $12mm^2/s(cSt)$。

4. 安萨尔多公司重型燃气轮机液体燃料规范

安萨尔多F级燃气轮机液体燃料化学污染物的极限值见表9-22；燃气轮机入口处燃油参数极限值见表9-23。

表 9-22　　　　　　　　　　液体燃料化学污染物的极限值（燃料权重因子 $f=1$）

污染物		规定值	污染物	规定值
沉积物及微粒（轻分馏油，$\times 10^{-6}$，质量成分）	总量	≤20	钙（Ca，$\times 10^{-6}$，质量成分）	≤10
	$d<10\mu m$	≤18.0	汞（Hg，$\times 10^{-6}$，质量成分）	0
	$10\leq d\leq 25\mu m$	≤2.0	蜡（$\times 10^{-6}$，质量成分）	
	$d>25\mu m$	0		
灰分		≤100	氯（Cl，$\times 10^{-6}$，质量成分）	≤6
矾（V，$\times 10^{-6}$，质量成分）		≤0.5	氟（F，$\times 10^{-6}$，质量成分）	
铅（Pb，$\times 10^{-6}$，质量成分）		≤1	氮（N，$\times 10^{-6}$，质量成分）	≤0.015
锌（Zn，$\times 10^{-6}$，质量成分）		≤2.0	硫（S，$\times 10^{-6}$，质量成分）	≤0.2
钠（Na，$\times 10^{-6}$，质量成分）钾（K，$\times 10^{-6}$，质量成分）总量		≤0.3	含酸量（KOH）	≤0.1

表 9-23　　　　　　　　　　燃气轮机入口处燃油参数极限值

性　能	单　位	极　限　值
闪点	℃	由相关规范和标准规定
运动黏度	mm^2/s	≥1.2 ≤12
运行温度	℃	≥v_{pp}+10 ≤v_{fl}-5
注射泵上游压力①	MPa	0.3～0.7
含水量，限制（质量分数）	%	≤0.1
低热值（LHV）	kJ/kg	≥42000
密度（15℃）	kg/m³	最大870

① 喷油泵上游的燃油压力必须在 0.3～0.7MPa 之间。燃油回油管路（燃油模块外）的背压值应始终小于 0.18MPa。

第二节　天　然　气　系　统

一、天然气系统设计

燃气轮机电站天然气燃料供给系统可以分为天然气调压（及前处理）站和前置模块两个部分。调压站一般采用母管制，而前置模块为一机一台配置，即几台前置模块共用一座调压站。图 9-2 所示为天然气供给系统在整个电厂中的位置示意图。它的主要功能是接受从主天然气输送管道来的天然气，经过一系列相应处理后送入燃气轮机进行燃烧，其间，对天然气的处理主要包括体积计量、过滤、加热、调压（增压）以及一些必要的安全设置。通常前置模块由燃气轮机自带，设计单位负责设计前置模块以前的设计，包括调压站及进出管线。

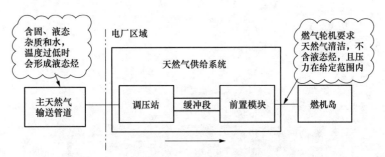

图 9-2　天然气供给系统在整个电厂中的位置示意图

天然气调压站由很多的单元组成，典型的调压站主要包括进口单元、过滤单元、计量单元、露点加热单元、调压（减压、增压）单元、出口单元、氮气置换单元以及放散单元等。常见的天然气（降压）调压站工艺流程见图 9-3。

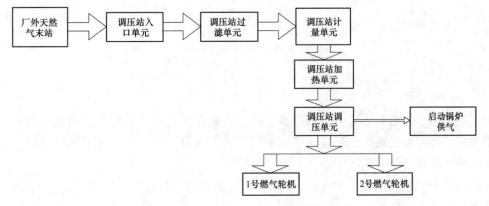

图 9-3　天然气（降压）调压站工艺流程图

天然气增压的调压站通常也称增压站，其工艺流程见图 9-4。

1. 入口单元

进口单元主要包括绝缘接头、紧急关断阀以及温度、压力传感器等附件。绝缘接头的功能为隔离天然气输送管道的电化学腐蚀对调压站的影响。紧急关断阀一般采用气动球阀，关断时间小于或等于 3s，实现在紧急情况下对全厂燃气系统的隔离，紧急关断阀的上下游设置小口径旁路，其作用一方面是减小阀门前后的压差，便于阀门开启；另一方面是减缓天然气的流入速度，从而保护下游的设备。这种对于主管路上的关断阀设置旁路的设计已基本成为天然气供给系统中的标准设计。紧急关断阀与调压站火警和天然气泄漏报警联锁，发生火警时，可就地或远控切断气源。入口单元工艺流程见图 9-5。

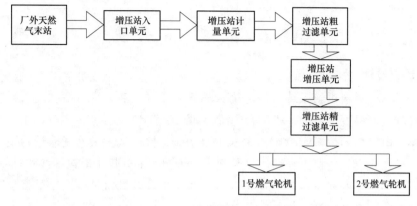

图 9-4　天然气增压站工艺流程图

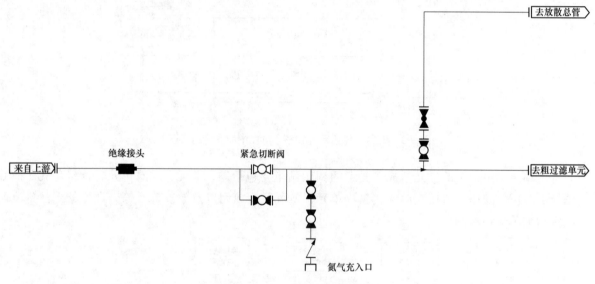

图 9-5　入口单元工艺流程图

2. 过滤单元

由于燃气轮机对于燃料的清洁度要求很高，通常需在天然气调压站中设置两级过滤单元，以去除天然气中较大的固体颗粒及液滴。粗过滤单元采用旋风分离器、精过滤单元采用精过滤器，过滤单元还包括液位控制系统以及手动隔断球阀。

旋风分离器能对天然气中大于 $10\,\mu m$ 的固体、液体颗粒物进行分离，其原理是气体流经一定数量的旋风管，微粒在离心力的作用下被甩出并分离。

精过滤器一般采用滤芯和其他分离器组合而成，可以达到较高精度的过滤效果。如滤芯叶片组合式过滤分离器能 100% 分离掉大于 $8\sim10\,\mu m$ 的液滴，99.5% 分离掉 $0.5\sim8\,\mu m$ 的液滴；对于干的固体粒子，它们能 100% 分离掉大于 $3\,\mu m$ 的微粒，99.5% 分离掉 $0.5\sim3\,\mu m$ 的微粒。过滤分离器一般要求作冗余配置，以满足在线更换滤芯及设备维护功能，可以配置为 $2\times100\%$ 或者 $3\times50\%$。

粗过滤单元流程见图 9-6，精过滤单元流程见图 9-7。

3. 计量单元

计量单元由气体流量计、在线式气相色谱仪和流量计算机组合而成，可以很精确地给出天然气流量、组分、密度、热值等实时数据，可以实现在线连续监控、存储数据、多级管理和日常诊断功能。常用的流量计有两种，一种为超声波流量计，另一种为涡轮流量计。超声波流量计是利用超声波在管道内传输的时间差来实现对气体的计量，它的计量精度高，但价格昂贵且对安装尺寸的要求较大。涡

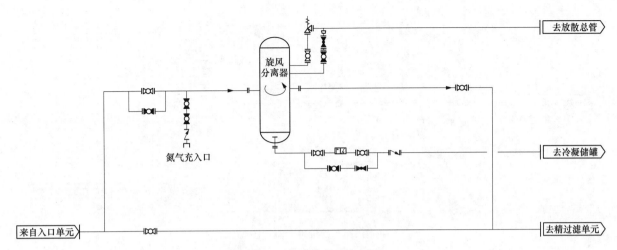

图 9-6　粗过滤单元流程图

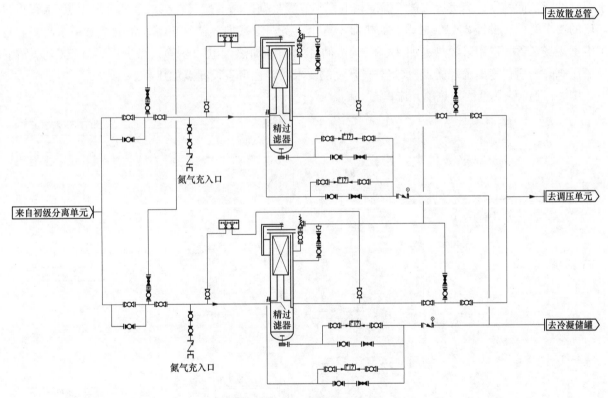

图 9-7　精过滤单元流程图

轮流量计是利用流量表内的叶轮随气体旋转来实现对气体的计量，它的计量精度较高，较之超声波流量计，价格便宜且安装尺寸要求较小，所以，一般工程中选用精度为 0.5 级的涡轮流量计。计量单元一般布置在过滤单元的下游，这样可以保护流量计不被天然气中原有的大的颗粒所损坏，但由于流量计前通常要求长度超过 5 倍管径的直管段，站内布置上有时有一定难度，而且有些燃气供应商要求在电厂燃料入口处计量，因此，对于较清洁的天然气，也常常直接布置在进口单元的后面。

计量单元流程图见图 9-8。

4. 露点加热单元

由于调压阀需要将上游天然气输送管道来的天然气压力调节到满足燃气轮机运行所需的压力，在此过程中，天然气的温度将会相应降低。根据一般工程经验，天然气压力每下降 0.1MPa，温度将会相

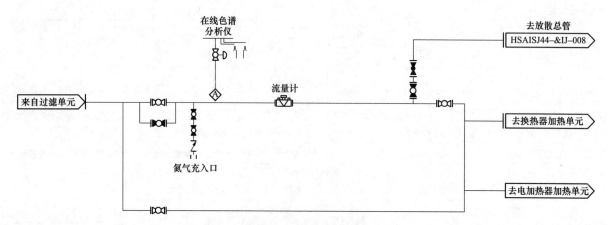

图 9-8　计量单元流程图

应降低 0.4℃，这样，即使天然气的温度在系统进口处位于露点以上，在经过调压阀降压后也有可能由于温度的降低而结露。当进厂天然气温度较低，不能满足调压阀或燃气轮机对天然气烃露点/水露点过热度的要求时，应设置 2×100％露点加热器，一用一备。露点加热器的热源设备通常采用水浴炉，也可根据现场条件，选用采暖热水加热、汽轮机循环水排水加热、电加热等。当进厂天然气温度较高，经调压阀降温后仍能满足烃露点/水露点过热度的要求时，也可不设露点加热器。

图 9-9 所示为典型的加热单元流程图。

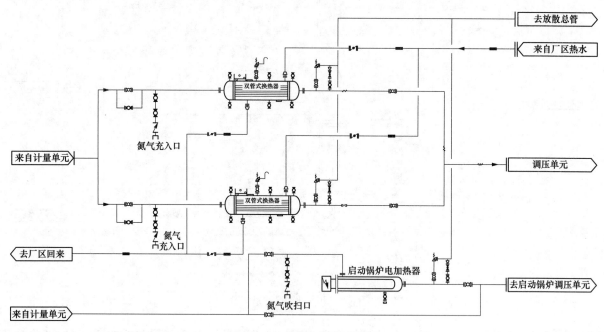

图 9-9　典型的加热单元流程图

5. 调压单元

将输气管道来的天然气降压并稳定在满足燃气轮机正常工作的压力范围，每个调压支路设置两只串联的调压阀（见图 9-10），上游调压阀为主工作阀，下游调压阀为监视调压阀，正常运行时，主调压阀工作，而监视调压阀全开，当主调压阀失效时，主调压阀保持全开状态，监视调压阀自动投入工作，而当监视调压阀失效时，监视调压阀关闭，从而整个调压支路关闭，系统可以切换到备用调压支路。调压阀一般采用自立式调压阀，应在 3％～100％流量范围内连续可调，调压精度和速度应满足燃气轮机要求。

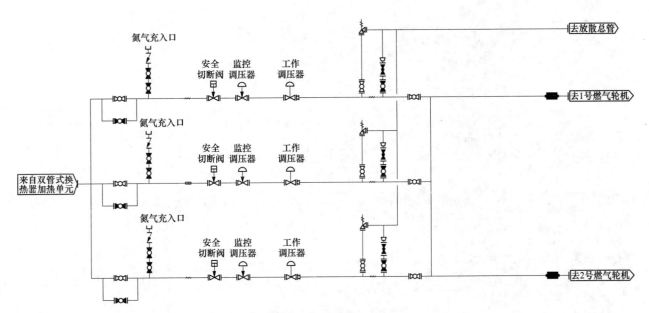

图 9-10　典型调压单元流程图

工作调压阀和监控调压阀的控制气源为天然气，此时的天然气虽然已经经过调压站过滤器处理，但是其中仍然可能含有一定的水蒸气等杂质，在环境温度较低的情况下，水蒸气容易凝结积聚在调压阀的指挥器中，引起调压阀调节特性变差。因此，为调压阀提供控制气源的天然气管道应装有伴热装置。

6. 增压单元（压缩冷却单元）

当天然气供气压力低于燃气轮机要求的入口压力时，应设置增压单元。增压单元由天然气压缩机及后冷却器、储气罐等组成。

最常用的天然气压缩机有往复式和离心式两种，一些工况下也采用螺杆压缩机和轴流式压缩机。往复式压缩机具有排出压力稳定、适应压力范围较宽、流量调节范围较大、热效率高、压比较高（单级压比最高可达 $4\sim5$MPa）、适应性强等优点，但其外形尺寸庞大、笨重，具有排量较小、气流有脉动且噪声大等缺点；离心式压缩机的优点是结构紧凑、尺寸小、质量轻，排气均匀、连续、无周期性脉动，转速高，排量大（可达 $1500\times10^{4}\sim4250\times10^{4}\mathrm{m^{3}/d}$），工作平稳，振动小，使用期限长、可靠，易损件少，可以直接与驱动机联运，便于调节流量和节能，易实现自控等。其缺点是压比较低、热效率较低、流量过小时会产生喘振。一般而言，往复式压缩机主要适应于小排量，高压或超高压条件；离心式压缩机则适用于大流量，中低压条件。

当燃气轮机负荷变动时，特别是燃气轮机启动或甩负荷时，由于压缩机流量调节会有一定滞后，会造成压缩机出口至燃气轮机前置模块间的压力波动，因此，压缩机后的管道及储罐容积的设计非常重要，其总储气容积的大小应保证燃气轮机启动或甩负荷时燃气轮机前置模块入口压力变动值低于燃气轮机要求的限值。

图 9-11 所示为典型增压单元流程图。

7. 出口单元

调压站出口至燃气轮机前置模块间的供气管段上应设一个紧急关断阀，其规格、性能与前置模块的紧急关断阀相同。

8. 放散单元

放散单元由调压站内压力容器及输气管线上的安全放散阀及放散管组成，其设计要求如下：

（1）调压站内所有压力容器和前后有阀门隔断的输气管道上均应设置安全放散阀，每条支路上的

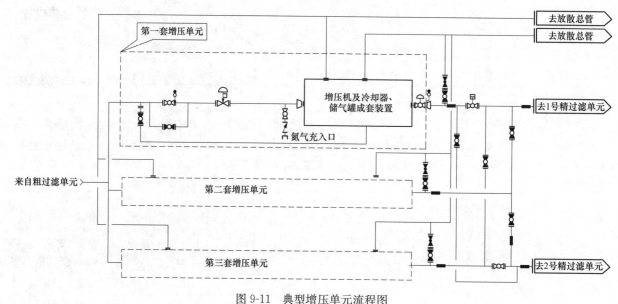

图 9-11 典型增压单元流程图

放散阀的放散能力为该支路调压器能力的 120%。

（2）调压站及管道应设置足够的放散管道，每个放散管上应设两个球型关断阀。放散管应接至竖管排入大气，且竖管出口不能接弯头。

（3）根据布置或安全的具体要求，放散管可以单独排放，也可以部分集中引至放散总管。放散管口应布置在室外，高度应比附近建（构）筑物高出 2m 以上，且总高度不应小于 10m。放散管口应处于接闪器的保护范围内。

（4）当调压站放散系统采用集中放散时，垂直放散总管在满足安全距离的条件下，宜布置在调压站附近。

（5）安全阀出口泄放管直径应按排放背压不大于泄放压力的 10%确定，但不小于安全阀出口直径。连接多个安全阀的泄放管直径，应按所有安全阀同时泄放时产生的背压不大于其中任何一个安全阀的泄放压力的 10%确定，且泄放管截面积应不小于各安全阀泄放支管截面积之和。

9. 氮气置换单元

如果调压站需进行检修工作，首先需将检修部分系统隔绝，并用氮气置换掉天然气。调压站燃气系统上每一个隔绝段均设有氮气接口，每个接口上应设置双隔断阀和一个止回阀，用于隔绝范围内的氮气置换，这样无须停用整个系统，可以缩小隔绝范围，节约天然气和氮气。

二、天然气系统主要设备

燃气轮机电站天然气调压站通常由设备制造商成套提供，目前国内提供天然气调压站设备的主要供应商有大连派思燃气系统股份有限公司和上海飞奥燃气设备有限公司等。

（一）调压站成套设备

由大连派思燃气系统股份有限公司生产的调压站成套设备分为增压站、减压站，是对燃气管网系统中的燃气进行增压或降压而设置的系统装置。是集燃气清洁过滤、增压、减压、计量、温度控制、燃气泄漏报警及数据采集监控等功能于一体的高度集成化系统。其任务是对管网中的天然气进行压力、温度、流量调节和控制，并进行燃料的清洁过滤，为客户及用气设备提供参数稳定、洁净的燃料。调压站主要设备如下：

1. 入口单元

通常由紧急切断阀（ESD）和绝缘接头等组成。

2. 燃气预处理单元

需要根据气质及系统具体情况做出不同的设计和配置。有多种过滤分离设备可供选择,包括尘土过滤器、挡板凝聚式分离器、旋风式分离器、旋风凝聚式分离器和旋风聚酯纤维分离器等。每种形式的应用范围、过滤分离效果不同。典型的过滤分离器为立式,根据现场情况和业主要求也可设计成卧式。压力容器可以根据不同国家和地区标准进行设计和制造。

3. 过滤分离器

过滤分离器是燃气处理单元的关键设备,能够根据客户的气质条件、流量、压力工况、气质要求等工况条件计算、选择配置,量身定做。可以随撬装预处理模块配置供货,也可以单独分体供货。通常过滤分离器采用直立式设计,根据现场条件也可以采用卧式设计。其压力容器叫以根据客户要求,采用 GB 150、国际标准或地区标准进行设计和制造。几种常用的固定分离器见表 9-24。

表 9-24　　几种常用的固定分离器

过滤分离器		旋风聚酯纤维分离器	旋风凝聚式分离器	尘土过滤分离器	旋风分离器	挡板凝聚式过滤分离器
结构形式		第一级 旋风 第二级 纤维质滤芯	第一级 挡板 第二级 凝聚式滤芯		旋流器或旋风子	第一级 挡板 第二级 凝聚式滤芯
分离效率	液体杂质操作范围	15%～100%	0～100%		15%～115%	0～100%
	液体杂质清除效率	99.5%≥12μm	99.9% ≥2μm		99.95%≥10～12μm	99.5%≥2μm
	固体杂质操作范围	0～100%	0～100%	0～100%	15%～115%	0～100%
	固体杂质清除效率	99.5%≥2μm	99.9%≥2μm	99.9% ≥2μm	99.95%≥10～12μm	99.5%≥2μm

4. 减压单元

减压单元用于进气压力高于用气压力的场站,可以选择配置调压器或调节阀,燃气在本单元降压并稳压,满足客户对压力的需求。可根据流量及系统的可靠性来决定调压单元是一路或多路并联。

5. 增压单元

增压单元用于进气压力低于用气压力的场站,根据不同工况选型配置压缩机并进行单元方案设计,燃气在本单元增压并稳压,使压力参数满足客户的工况需求。

6. 流量计量单元

流量计量单元一般配置有体积(或质量)流量计、气质分析仪及流量计算机等。常用流量计有差压式仪表(孔板、文丘里管)、涡轮、超声波等几种形式;气质分析仪包括气相色谱仪、华白数测量仪、热值仪、硫分析仪、水和碳氢化合物露点分析仪等;流量计算机接收流量(体积或质量)、气质压力和温度等参数,进行相关的分析与计算,并将结果就地显示或传送。

7. 电加热器

采用电加热管直接加热天然气,并用可控硅温度控制器来调节天然气出口温度。

8. 水浴式加热炉

水浴炉用于天然气加热和温度调控,主要由炉本体、燃烧器、烟火管、加热盘管、烟囱、控制系统及燃料供应系统等组成,燃料供应系统由常入口切断阀、调压器等组成,根据燃气条件不同可能还需要配置过滤、加热等设备,可以根据工况做出优化设计。其基本工作原理为水浴炉采用燃气为燃料燃烧加热炉内热水,热水通过加热盘管与天然气换热,达到燃气加热的目的。水浴炉加热具有效率高、结构紧凑、系统简单（没有强制循环）、性能可靠等优点。

9. 热水或蒸汽加热器

热水或蒸汽加热器通常采用管壳式换热器，燃气与热媒在加热器内间接换热，天然气温度调节有水系统控制阀调节、燃气旁路调节等多种方式。

10. 电气及控制单元

电气及控制单元可就地设置也可远程设置，该单元一般由上位机、显示屏、流量计算机、程序逻辑控制器（PLC）、其他计算分析模块以及配电柜、UPS 等配电系统等组成。派思可以集成供应现场控制室，现场控制室配置有空调、不间断电源及防静电、防火、防爆设施等。

11. 排污系统

排污系统由分离器及过滤分离器上的排污阀和污液收集系统组成。排污阀可以根据需求配置手动或自动方式。污液收集系统由排污罐及其附属设备组成，可根据客户的需求配置烃泵。

（二）RQ 系列撬装式调压站

上海飞奥燃气设备有限公司 RQ 系列撬装式调压站是专为大型专用用户设计的成套调压装置。设备采用撬装式结构设计，可集成过滤、调压、计量、加臭、供热、站控安全等多种功能组件于一体。具有高精度、高安全性、高可靠性、结构紧凑、造型美观、占地面积小、安装维护方便等特点。RQ 系列撬装式调压站主要性能参数见表 9-25。

表 9-25 RQ 系列撬装式调压站主要性能参数

设备名称	高压调压站	中低压调压站
适用情况	门站、储配站、燃气电厂、大型用户专用调压站	门站、用户专用调压站
适用气质	天然气、人工煤气、液化气、混气	天然气、人工煤气、液化气、混气
设计温度（℃）	−10～60	−10～60
环境温度（℃）	−20～60	−20～60
最大进口压力（MPa）	9.9	1.6
最大出口压力（MPa）	6.5	0.6
最小出口压力（MPa）	0.02	5×10^{-4}
调压精度（%）	±1～2.5	±1～5
关闭压力（MPa）	2～2.5	2～10
最大流量（m³/h）	可达 1650000	可达 270000

（三）天然气压缩机

1. 往复式压缩机

往复式天然气压缩机国际上有 GE、Ariel 等厂商，国内有沈阳气体压缩机股份公司、无锡压缩机股份有限公司等。

GE 高速往复式压缩机各系列产品参数见表 9-26 及图 9-12。

表 9-26 GE 高速往复式压缩机各系列产品参数

型号	列数	冲程（cm）	最大转速（r/min）	单列功率（kW）	活塞杆负荷（kN）	最大压力（MPa）
M	1-2	91.5	1800	44.8	26.7	41.3
H	1-2-4	91.5	1800	74.6	44.5	41.3
CFA	2-4	91.5	1800	108.2	49.0	36.4
A	1-2-4	106.75	1800	149.2	55.6	41.3
RAM	2-4	152.5	1500	443.1	155.8	13.8
MH	2-4-6	183.0	1200	671.4	186.9	41.3
CFR	2-4	152.5	1500	634.1	213.6	13.8
CFH	2-4	183.0	1200	507.3	231.4	41.3
WH	2-4-6	183.0	1200	671.4	244.8	44.8
		213.5	1000	634.1		
WG	2-4-6	183.0	1200	1119	311.5	44.8
		213.5	1000	932.5		

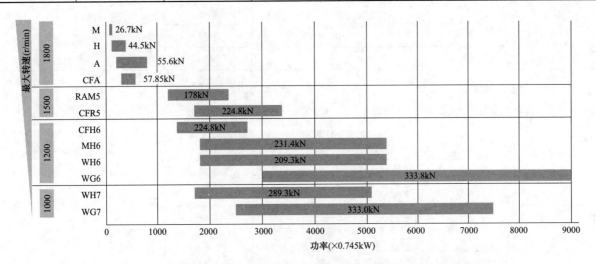

图 9-12 GE 高速往复式压缩机各系列产品功率及最大转速下的连杆负荷

Ariel 往复式压缩机各系列产品参数见表 9-27。

表 9-27 Ariel 往复式压缩机各系列产品参数

型号	列数	额定功率（kW）	最大转速（r/min）	最大长度（mm）	标称宽度（mm）	曲轴中心线，自底部（mm）
JGM/JGP	1	63	1500/1800	940	1575	235
	2	127		864	2108	
JGN/JGQ	1	94/104	1500/1800	940	1575	235
	2	188/209		864	2108	
JG/JGA	2	188/209	1500/1800	838	2032	260
	4	376/418		1473		
JGA	6	626	1800	2184		

续表

型号	列数	额定功率 （kW）	最大转速 （r/min）	最大长度 （mm）	标称宽度 （mm）	曲轴中心线， 自底部（mm）
JGR	2	321	1200	1041	2642	304.8
	4	641		1981		
JGH	2	507	1200	1346	3531	431.8
	4	1014		1346		
JGJ	2	462	1800	1041	2642	304.8
	4	925		1981		
	6	1387		2743		
JGE	2	798	1500	1346	3531	
	4	1596		2489		
	6	2394		3556		
JGK	2	947	1200	1376		431.8
	4	1894		2489	4293	
	6	2841		3556		
JGT	2	969	1500	1346		
	4	1939		2489		
	6	2908		3556		
JGC	2	1544	1000	1702		
	4	3087		2972		
	6	4631		4039		
JGD	2	1544	1200	1702	4699	558.8
	4	3087		2972		
	6	4631		4039		
JGF	2	2070	1200	1702		
	4	4140	1400	2972		
	6	6210		4039		
KBB	4	4972	900	3658		686
	6	7458		4775	5791	
KBV	4	4972	750	3658		
	6	7458		4775		
KBU	2	1939	1200	2184		609.6
	4	3878		3429	4877	
	6	5816		4648		
KBZ	2	1939	1000	2184		
	4	3878		3429		

2. 离心式压缩机

离心式天然气压缩机国际上有 Siemens、MAN、Atlas 等厂商，国内有沈阳鼓风机股份公司、陕西鼓风机股份有限公司等。

（1）STC-GC、GV 型离心式压缩机。由西门子公司生产的 STC-GC 是一种紧凑型整体齿轮式透平压缩机。这种型号的压缩机总共有 9 种系列，其中的大部分可以整体撬装。此型产品同时兼有高压版本 STC-GC（H）。流量范围从 3600m³/h 到 120000m³/h，压比可至 20。压缩级最多为 4 级，采用电动机驱动（定速）。

STC-GV 整体齿轮式压缩机为多轴结构。在大齿轮轴的周围布置不同转速的小齿轮轴，最多可达 8 个压缩级。整个机组的供货范围通常包括主机、级间冷却器和润滑油站。流量从 800m³/h 到 580000m³/h，排气压力可至 20MPa，可按需求选择驱动设备。

（2）RG 系列整体齿轮离心式燃料气压缩机机组。由 MAN 公司生产的 RG 系列整体齿轮离心式气体压缩机机组含压缩机、电动机驱动机、润滑油系统和带就地仪表的干气密封盘。此布置设计使压缩机机组成为完全预装配式的单提撬装机组，内部配管接到底盘边并且电信号接线到接线盒。

气体压缩机由一齿轮箱组成，齿轮箱带有一大齿轮，大齿轮驱动一或两个小齿轮轴，单个齿轮体上的小齿轮轴可布置 1～4 个叶轮。蜗壳和齿轮箱壳体由法兰连接，级间内部通过一外置短管连接，短管双端带有法兰。如果排气温度超过一定限度或需要考虑所吸收功率的大小时，将使用级间冷却。

RG 系列包括了适合不同应用的一系列标准机型。壳体尺寸适应叶轮的直径，其直径为 180～1600mm。单个机器所用级数的多少主要取决于压比的大小，根据需要，压缩机的小齿轮轴可设计成 1～5 个，安装在小齿轮轴上的叶轮可设计成 1～10 个。

RG 系列整体齿轮式压缩机的主要参数如下：

1）流量：1000～500000m³/h。

2）出口压力：可至 25MPa。

3）压缩机功率：可至 60MW。

4）驱动机：电动机或蒸汽透平。

RG 系列压缩机机组主要参数见表 9-28。

表 9-28　　　　　　　　　　　　　RG 系列压缩机机组主要参数

项　目	型　号	功率（kW）	尺寸（L×W×H，m×m×m）	质量（kg）
单级	RG25-1	可达 2000kW	4.9×3.2×3.0	25000
两级	RG31-2	可达 3500kW	6.0×3.7×3.3	33000
三级	RG35-3	可达 5500kW	6.2×3.9×3.8	45000

（3）SG/TPIGT 型离心式压缩机。

由 Atlas 制造的用于电厂燃料气增压的整体齿轮式离心压缩机性能参数见表 9-29。

表 9-29　　　　　　　　　　　　　整体齿轮式离心压缩机性能参数

产品系列	SC	TP	GT
最大吸气压力（MPa，绝对压力）	7	5	80
最大排气压力（MPa，绝对压力）	10	10	20
吸气温度（℃）	−50～200	−40～200	−200～200
有效进气流量范围（m³/h）	250～155000	250～65000	250～400000
最大级数	1	2～6	1～8
处理气体	各类天然气		
叶轮形式	开式	开式	开式/闭式
标准	API672/617		

三、天然气调压站布置

天然气调压站布置基本原则如下：

（1）天然气调压站应独立布置，宜布置在天然气进气方向，且相对空旷安全处；应设计在不易被碰撞或不影响交通的位置，调压站场地四周应设置 1.5m 高的安全栏栅，栏栅离设备距离应符合防火防爆要求。

（2）调压站（包括增压机）宜露天布置或半露天布置，在日照强雨水多的地区，调压站上方宜设顶棚，在严寒及风沙地区，也可采用室内布置，但须考虑通风、防火、防爆、防冻等措施。

（3）调压站或调（增）压装置与其他建（构）筑物的水平净距和调（增）压装置的安装高度应符合 GB 50028《城镇燃气设计规范》的相关要求；设有调（增）压装置的专用建筑耐火等级不低于二级，且建筑物门、窗向外开启，顶部应采取通风措施。

（4）调压站内布置应符合天然气系统设计要求，便于管线安装，并配置必要的检修起吊设备，设置必要的检修场地和通道。

（5）入口模块、清洁模块、加热模块、调压模块（增压模块）、排污收集箱等宜集中布置。流量计的安装应根据流量计的要求，在流量计前后留出足够长的直段。管道布置应便于阀门操作和设备检修。

四、天然气调压站设计实例

1. 4 台 9E.03 燃气轮机调压站

（1）调压站工艺流程见图 9-13。

（2）调压站平面布置见图 9-14。

2. 2 台 6B.03 燃气轮机调压站

（1）调压站工艺流程见图 9-15。

（2）调压站平面布置见图 9-16。

3. 3 台 9E.03 燃气轮机调压站

（1）调压站工艺流程见图 9-17。

（2）调压站平面布置见图 9-18。

4. 2 台 SGT5-4000F 燃气轮机调压站

（1）调压站工艺流程见图 9-19。

（2）调压站平面布置见图 9-20。

5. 2 台 6F.03 燃气轮机调压站

（1）调压站工艺流程见图 9-21。

（2）调压站平面布置见图 9-22。

6. 一台 SGT5-4000F 燃气轮机增压站

（1）增压站工艺流程见图 9-23。

（2）增压站平面布置见图 9-24。

7. 2 台 9E.03 燃气轮机增压站

（1）增压站工艺流程见图 9-25。

（2）增压站平面布置见图 9-26。

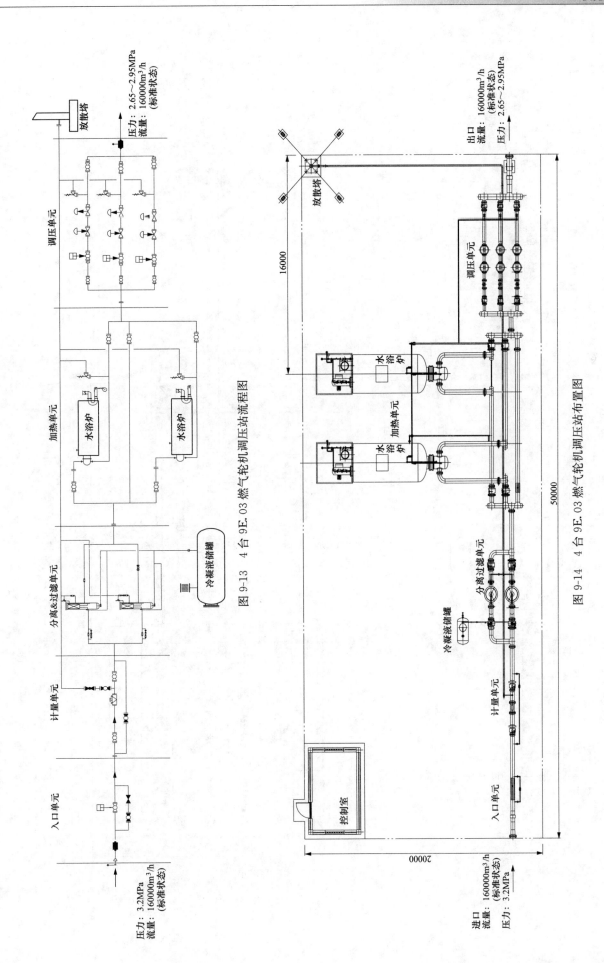

图 9-13 4台 9E.03 燃气轮机调压站流程图

图 9-14 4台 9E.03 燃气轮机调压站布置图

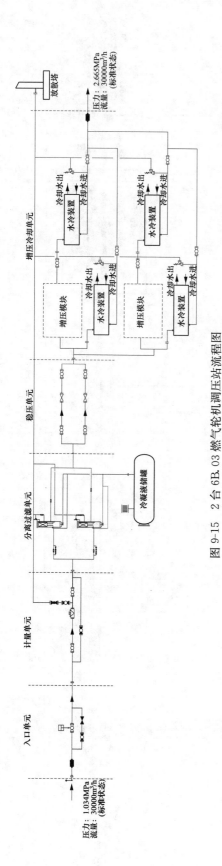

图 9-15 2 台 6B.03 燃气轮机调压站流程图

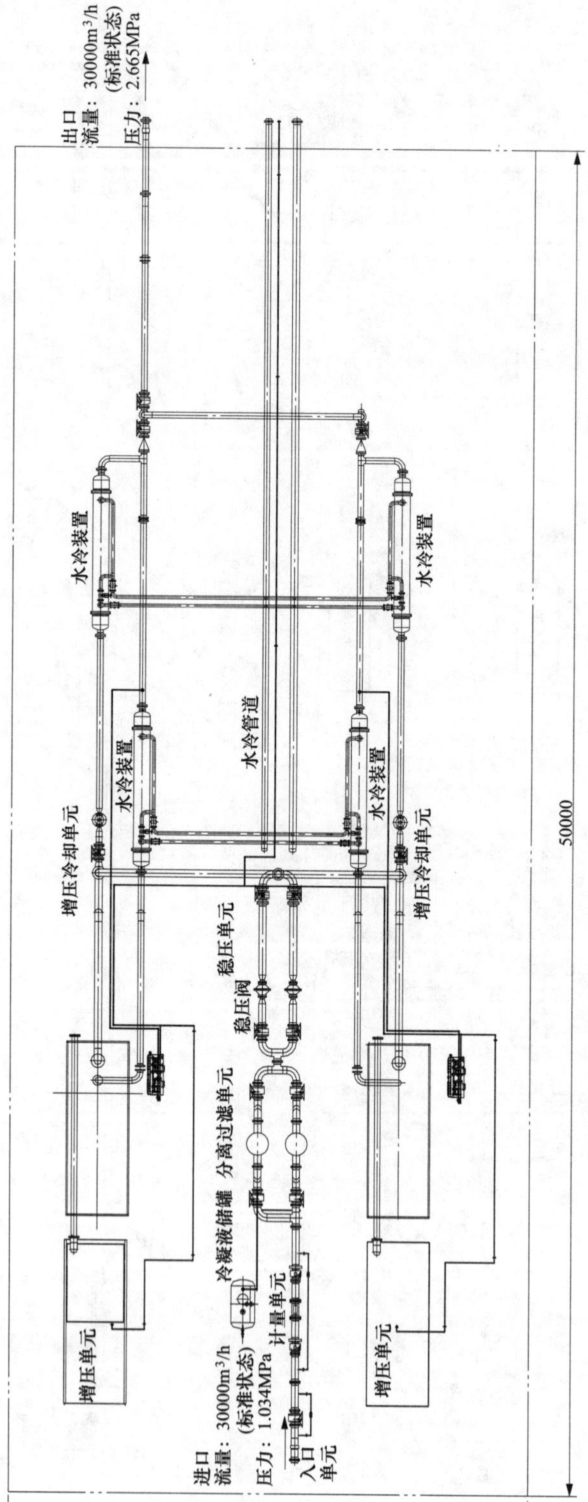

图 9-16 2 台 6B.03 燃气轮机调压站布置图

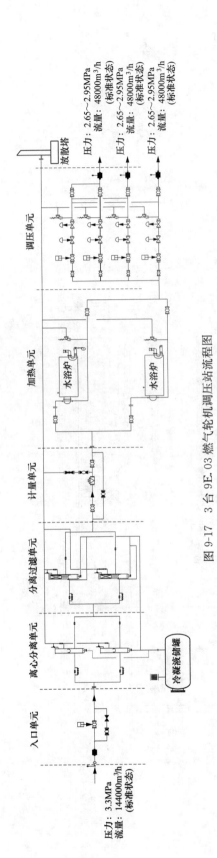

图 9-17　3 台 9E.03 燃气轮机调压站流程图

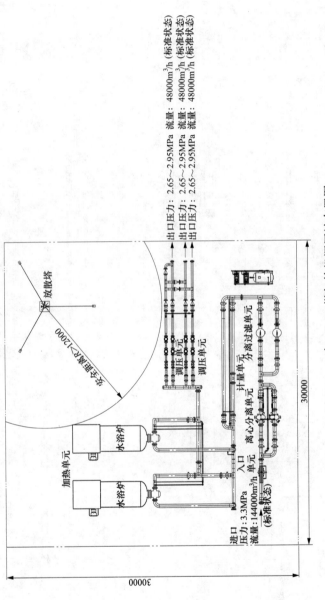

图 9-18　3 台 9E.03 燃气轮机调压站布置图

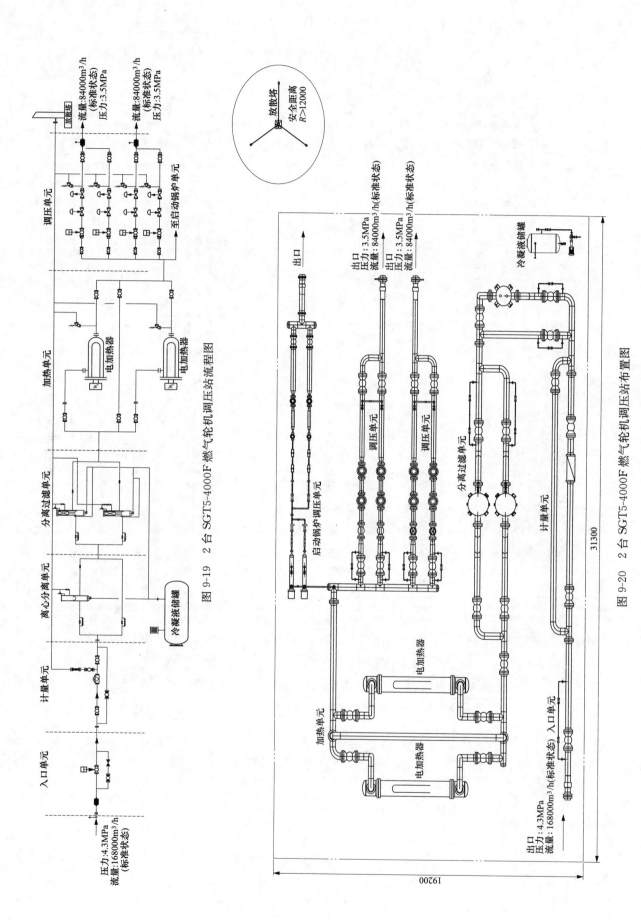

图 9-19　2 台 SGT5-4000F 燃气轮机调压站流程图

图 9-20　2 台 SGT5-4000F 燃气轮机调压站布置图

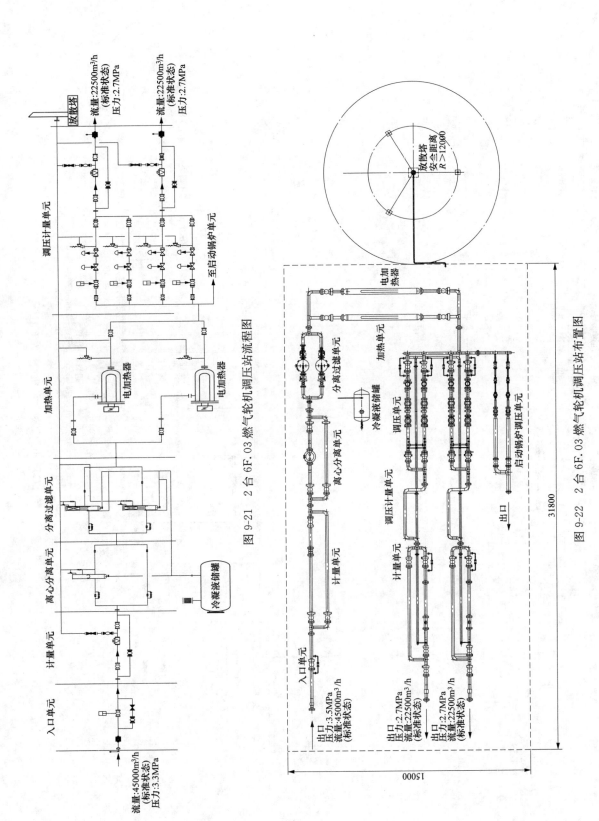

图 9-21 2 台 6F.03 燃气轮机调压站流程图

图 9-22 2 台 6F.03 燃气轮机调压站布置图

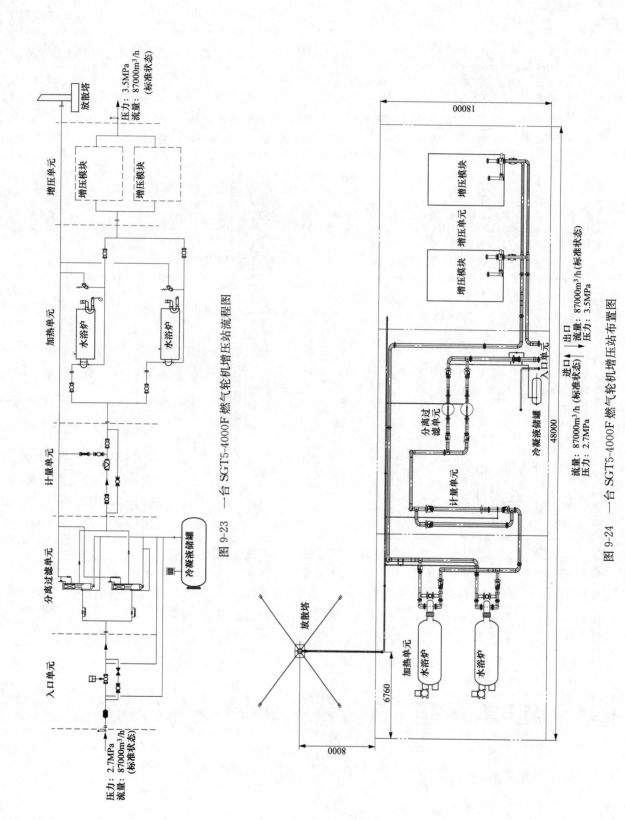

图 9-23　一台 SGT5-4000F 燃气轮机增压站流程图

图 9-24　一台 SGT5-4000F 燃气轮机增压站布置图

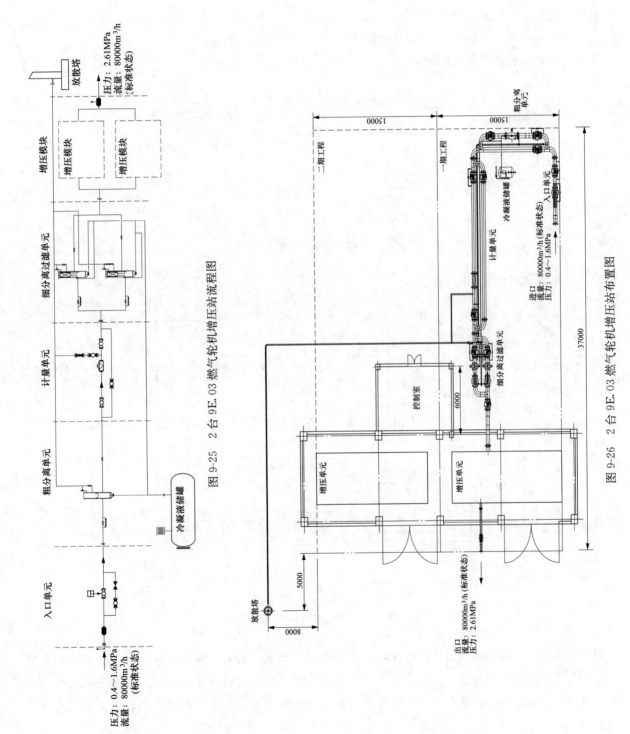

图 9-25 2 台 9E.03 燃气轮机增压站流程图

图 9-26 2 台 9E.03 燃气轮机增压站布置图

第三节 燃 油 系 统

一、燃油系统设计

燃气轮机发电厂液体燃料常用的是轻油和重油，燃油系统主要包括卸油、储油、油处理、输油、回油、含油污水处理以及燃油的加热、伴热、清扫、疏放等设备和管道。

常见的轻油燃料供应流程见图 9-27。

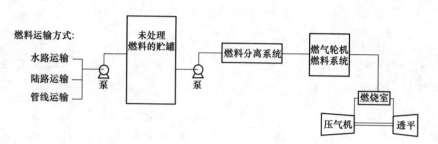

图 9-27　常见的轻油燃料供应流程图

常见的重油燃料供应流程见图 9-28。

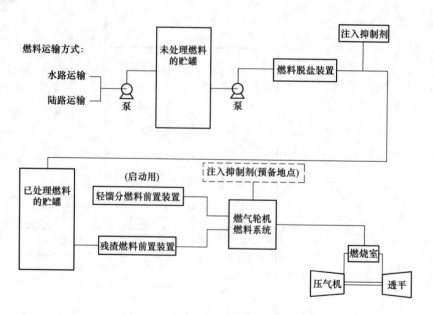

图 9-28　常见的重油燃料供应流程图

燃气轮机电厂的燃油系统设计应根据电厂规划容量、燃油品种和耗油量、来油方式、来油周期等情况，经技术经济比较后确定。对燃用原油或重油的机组，应采用提高加热温度的方法来降低燃油黏度；此外，应备有足够的轻油量，以供燃气轮机启动前和停机时重油系统冲洗用油和点火及稳定燃烧用油。

必要时，轻油系统应考虑加热保温设施，以使油温在冬天能保持在 5℃以上。对于重油燃料，考虑到对燃气轮机和余热锅炉的腐蚀影响及环保的要求，宜采用运动黏度在 50℃时为 $180mm^2/s$ 的重油，其处理前的微量金属极限含量和含硫量等油品品质应符合燃气轮机制造厂对液体燃料的技术要求，并满足当地环保规定。

燃气轮机的燃油系统应设回油管路，以便于油循环。

（一）卸油系统及设施

（1）当水路来油时，卸油码头的容量和设施应根据与交通部门商定的油船吨位及卸油时间确定。

（2）当铁路来油时，卸重油或原油宜采用下卸式并设低位油槽；卸轻油宜采用上卸式。卸油站台的长度可按容纳 12～24 节油槽车设计，卸车时间为 6～12h。

（3）当公路来油时，油槽车台数应根据机组台数和运油周期确定，应满足全厂机组用油的要求。

（4）对于较小容量的燃油燃气轮机电厂，用于燃气轮机启动前和停机时冲洗的轻油，当油源较近时可采用汽车运油，在汽车卸油站由卸油泵直接输入轻油罐；油泵出力按油车容量及按供油协议要求的卸油时间确定。

（5）卸油泵形式应根据油品黏度、卸油方式确定，卸油泵台数不宜少于 2 台（其中一台备用），当一台泵停用时，其余泵的总流量应满足在规定的卸油时间内卸完车、船的装载量。卸油泵的扬程裕量宜为 30%。

油罐车卸油泵的总排油量按式（9-8）计算，即

$$Q = \frac{nV}{t} \tag{9-8}$$

式中　Q——卸油量的总排油量，m^3/h；

　　　n——卸车车位数；

　　　V——单个油罐车的容积，m^3；

　　　t——纯泵卸时间，h。

纯泵卸时间 t 与油罐车进厂停留时间有关，一般停留时间为 4～8h，即在 4～8h 内应卸完全部卸车车位上的油罐车。在整个卸车时间内，辅助作业时间一般为 0.5～1h，加热时间一般为 1.5～3h，纯泵卸时间 t 为 2～4h。

（6）油车、油船来油需加热卸油时，应有控制油品加热温度的措施。加热后，原油温度不应高于 45℃，柴油温度不应高于 50℃，重油温度不应高于 80℃。对重油宜采用蒸汽加热，加热蒸汽温度应小于 250℃。对于重油，卸油栈台上的卸油管道应设蒸汽伴热管道，以降低燃油黏度，便于管道输送。

（7）为了减少油品的蒸发损失和避免发生火灾，甲、乙类油品汽车油罐车的卸油，必须采用密闭方式，并采用快速接头连接。

（8）为了做好电厂燃料物资管理工作，卸油管道上宜装设燃油计量装置和油质分析取样管，以分析燃油中含水率，控制进油质量。

（9）卸油泵的进油管采用单母管低位布置，卸油泵的出口油管为单母管架空布置，扩建时可再设 1 根母管至扩建油罐。

（二）储存系统及设施

（1）当轻油仅作为燃气轮机启动点火前和停机时冲洗用油时，宜设置两座轻油罐，油罐容量按油源条件及机组负荷性质来确定。当燃气轮机全燃轻油时，轻油罐的数量宜不少于 2 座，轻油罐总容量按不低于 10 天总耗油量选用或按油源条件经技术经济比较后确定。

（2）重油罐及原油罐的数量宜不少于 3 座，总贮量（包括净化油罐容量）按不低于 15 天总耗油量选用或按油源条件经技术经济比较后确定。

（3）油罐应采用钢质罐。储存甲 B 或乙 A 类油品，如原油、汽油和煤油等，宜选用浮顶油罐或浮舱式内浮顶油罐，不应选用浅盘式内浮顶油罐。

储存沸点低于 45℃的甲 B 类油品，应选用压力储罐。

（4）油罐的设计压力（内压）应取油罐上部气相空间最大表压力，并同时考虑能承受作用其上的外压力，如风压、雪压、保温材料或其他外加荷载。

对固定顶油罐，设计内压可取 1.2 倍呼吸阀的排放开启压力与罐顶单位面积的重力之差，设计外压应包括罐顶结构自重和附加荷载。

（5）油罐的设计温度应取罐内介质最高温度。当油罐内部（或底部）设有加热器时，应考虑最高调节油温和超温裕量。设计温度应符合下列规定：

1）固定顶油罐的设计温度不高于 250℃。

2）浮动顶油罐的设计温度不高于 90℃。

（6）油罐至输油泵进口管道采用单母管，为保证油罐在任何油位时的输油泵吸入压头，母管宜采用地下布置；输油泵出口至油处理设备的油管道宜采用母管制，管道宜架空布置。

（7）输油泵房宜靠近油罐区。当油处理室至油罐区的距离能满足输油泵吸入压头时，输油泵可布置在油处理室内，不设输油泵房。

（8）输油泵的台数宜为 3 台（3×50％），也可选用 2 台（2×100％），当其中一台停用时，其余油泵的总流量应不小于油处理总量的 110％。泵的流量裕量宜不小于 10％，扬程裕量宜不小于 5％。扬程计算中的输油系统总阻力（不包括位差）裕量宜不小于 30％。当采用螺杆泵时，可增设 1 台检修备用泵。

（9）应根据油质和供油参数要求来确定输油泵形式，当输送的油品黏度小、压头较低且流量较大时，宜采用离心泵；当输送的油品黏度大、压头较高且流量较小时，宜采用螺杆泵。重油输油泵宜选用螺杆泵。

离心油泵布置应符合下列规定：

1）油泵出口应设低负荷再循环管道。

2）油泵中心宜低于油罐底部标高。对于汽车卸油，卸油泵入口管段的最高点应低于汽车卸油口。

3）油泵出口至第一个关断阀之间的管道（包括关断阀）应考虑承受油泵出口最高工作压力，并设置泄压安全阀。

4）油泵用作卸油泵上卸时，应增设真空泵。螺杆泵的出口管路应设安全阀（泵本身带有安全阀者除外）。安全阀的放空管应接至泵的入口管路上，并设事故停机联锁。

（三）输油和回油管道

（1）输油泵入口母管连接方式应根据油质确定，宜采用单母管制，各油罐出油管直接接至母管。

（2）从油罐到卸油或输油母管（位于防火堤外）的支管上，应在防火堤内外两侧各设一个支管防火关断阀，使运行人员在防火堤外就能迅速切断燃油。堤内的支管防火关断阀应尽量靠近油罐，并设安全平台直通关断阀，以便及时关闭油罐，避免油罐内的燃油大量外泄。

（3）与油罐相连接的油管，应设带法兰的金属软管或金属补偿器与油罐连接，以防油罐下沉，破坏管道。热膨胀计算包括油罐本身的径向膨胀和高度膨胀、管道膨胀热位移。金属软管或金属补偿器的补偿量应符合下列规定：

1）水平方向补偿量按水平热膨胀计算。

2）垂直方向补偿量按油罐与管道支墩最大下沉量之差的 1.1 倍与垂直热膨胀之和计算。

（4）设有燃油加热器的输油管道可根据燃油特性选择下列加热回路：

1）单元加热回路：将过滤器、输油泵和燃油加热器串联布置，各单元回路用母管连接。

2）集中加热回路：在输油泵出口（燃油加热器进口）设置母管并联。

（5）当采用螺杆式输油泵时，应在加热器之前的管道上设油压调整旁路，回油至油罐，并在其管道上设压力调节阀。

（6）对于补燃余热锅炉，每台锅炉的供油母管上应设快速切断阀、压力调节阀和流量测量装置。每台锅炉的回油母管上应设流量测量装置。当多台锅炉的回油接至一根回油总管时，每台锅炉的回油母管上应设快速切断阀。

（7）余热锅炉供油管道应设置供油泵调试回油措施，宜在供油母管和回油母管之间设置旁路管道和阀门。

（四）油处理系统

（1）油处理系统主要是脱除重油中 Na、K、V 等离子。脱除重油中 Na、K 等金属离子方法有两种，一种是采用离心机成套处理设备脱除，一种是采用重质燃料油静电处理线成套设备脱除。这两种工艺方法都是用除盐水洗涤重油。除盐水注入重质燃料油中后，通过充分混合将能溶于水的 Na、K 等金属离子溶于水中，然后再进行油水分离，从而获得洁净的重质燃料油。

轻油通常采用一级离心机或静电处理机进行处理，见图 9-29。对于重金属含量符合燃气轮机入口标准的轻质成品油，也可以过滤后不经离心机或静电处理机处理直接使用。

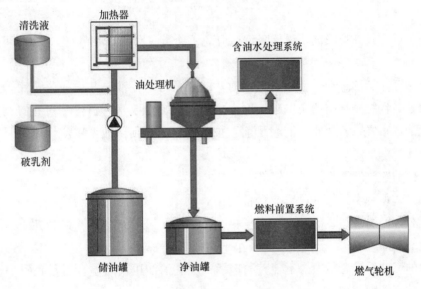

图 9-29　轻油处理流程（一级处理）图

重油一般需要经过二级或二级以上的离心机或静电处理机处理，其流程见图 9-30。

（2）经处理后的燃油，质量标准应满足燃气轮机制造厂对液体燃料的技术要求。油处理设备应不少于 2 条线，当最大处理容量的一条线停用时，其余处理线总的日处理量应不小于全厂燃气轮机总的日耗油量。

（3）油处理后的净化油至净化油罐的管道宜采用母管制。

（五）燃油前置系统

燃油前置系统范围包括净化油罐、净化油前置泵直至燃气轮机选择模块入口止，能将燃油按需要送至燃气轮机。其设计原则如下：

（1）净化油罐宜设置 3 座，一座用于油处理后进油，一座供沉淀 24h，一座供燃气轮机用油，3 座油罐轮换使用。当油罐区有扩建余地时，每座油罐的容量应满足本期燃气轮机一天的总耗油量；当油罐区无扩建余地时，每座油罐的容量应能满足按规划容量时一天的总耗油量。

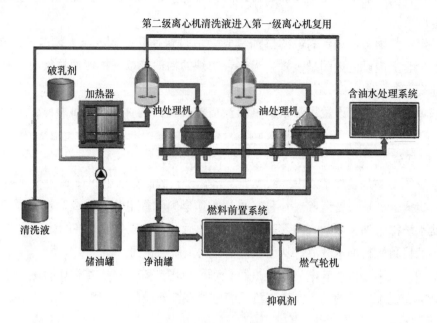

第二级离心机清洗液进入第一级离心机复用

图 9-30 重油处理流程（二级处理）图

净化油罐采用浮球式高位吸油，最低吸油口应高于油罐底部 800mm 以上，以尽可能使送入燃气轮机的燃油清洁。

（2）当净化油罐与储油罐在一个油罐区内时，前置泵可与输油泵共设一座泵房；当油处理室与净化油罐的距离较近，且能满足前置泵的吸头时，也可不设前置泵房，前置泵可布置在油处理室内。前置泵宜靠近净化油罐布置；若如此不能满足前置泵吸头要求，则供油系统应设中继泵，此时前置泵宜靠近燃气轮机布置。

（3）燃气轮机前置泵配置宜按燃气轮机控制要求为单元制。

当燃用轻油时，每台燃气轮机设置 2 台前置泵，其中一台运行、一台备用。当燃用重油时，每台燃气轮机应设置 2 台轻油泵和 2 台重油泵，其中各一台运行、一台备用。油泵流量应不小于燃气轮机耗油量及其回油量之和的 110％，扬程裕量宜不小于 5％。

扬程计算中的燃油系统总阻力（不含燃油选择模块进油油压及高差）裕量宜不小于 30％。前置泵出口应设可切换的高精度滤网。

（4）净化油罐至前置泵管道采用单母管。为保证前置泵的吸入压头要求，母管宜采用地下布置。前置泵出口至燃气轮机前管道宜采用单元制架空布置；当燃气轮机台数较多且管道布置困难时，也可按工程分期采用分段母管制。净化油供油应设回油管，且宜采用母管制。

（5）重油、原油的卸油、贮油及供油系统应有加热、吹扫设施，其设计原则可按 GB 50660—2011《大中型火力发电厂设计规范》中的有关规定。

（六）加热系统

（1）机组重油系统必须设置加热蒸汽，轻油系统则根据所在地的气候条件决定是否设置加热蒸汽，对于冬季最低气温低于或等于 5℃的地区，应设置加热蒸汽，对于冬季最低气温高于 5℃的地区可不设置加热蒸汽。

（2）机组启动期间，燃油系统加热蒸汽应来自辅助蒸汽。通常设置一台辅助锅炉，为机组启动提供加热蒸汽。对于扩建电厂，可以采用原有机组的辅助蒸汽作为启动加热汽源；机组正常运行时，应抽取余热锅炉低压主蒸汽作为加热蒸汽。

（3）蒸汽加热系统的凝结水应回收，通常采用1台封闭式整体集装型凝结水回收装置。

（4）热油在输送过程中不断散热，油品黏度增高，为了保证输油畅通，油管除了保温之外，还需要有伴热措施，目前伴热介质一般采用蒸汽。一般采用外伴热形式，即蒸汽伴热管在油管路外部，贴油管路（但要有一定间隙）敷设。靠管壁的传热补偿油管的散热损失。蒸汽管可以是一根也可以是两根，与油管包在一起进行保温，这种方式便于施工，便于检修，应用比较广泛。

二、设备配置与选择

（一）油泵

1. 油泵的种类及应用范围

油泵的种类有很多，根据用途可分为卸油泵、输油泵和供油泵。

卸油泵一般要求大流量、低扬程。可选用蒸汽往复泵、离心泵、齿轮泵或螺杆泵。

输油泵用于沿输油管线输送油品，可选用蒸汽往复泵、离心泵、齿轮泵或螺杆泵。

供油泵一般要求压力高、流量小，且油压稳定。供油泵一般长时间连续运行，不宜选用低效率的离心泵作供油泵。一般选用齿轮泵或螺杆泵做供油泵。

输送黏性油品时泵的应用范围如图9-29所示。

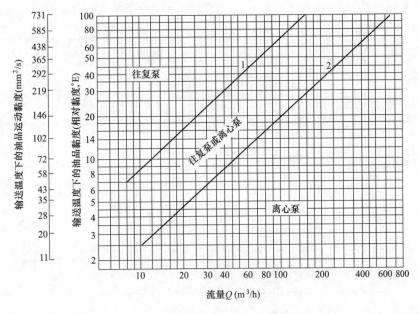

图9-31　输送黏性油品时泵的应用范围

注：离心泵应用的极限范围：在直线1上，泵输油的效率为输水时的45%；

在直线2上，泵输油的效率为输水时的75%。

2. 齿轮油泵

（1）KCB、2CY、YCB系列齿轮油泵。

1）用途。适用于输送不含固体颗粒和纤维，温度不高于300℃，黏度为5～1500mm²/s的润滑油或性质类似润滑油的其他液体。

降低泵的转速，输送介质的黏度可到$5×10^4\text{mm}^2/\text{s}$。

2）应用范围。在输油系统中可用作传输泵、增压泵；在燃油系统中可用作输送、加压、喷射的燃油泵；在一切工业领域中，均可作润滑油泵用。

3）性能参数。KCB、2CY型齿轮泵性能参数见表9-30。

表 9-30　　　　　　　　　　　　KCB、2CY 型齿轮泵性能参数

型号	流量 Q		转速 (r/min)	排出压力 (MPa)	必需汽蚀余量 (m)	效率 η (%)	电动机	
	m³/h	L/min					功率 (kW)	型号
KCB-18.3	1.1	18.3	1400	1.45	5	59	1.5	Y90L-4
2CY-1.1/1.45								
KCB-33.3	2	33.3	1420	1.45	5	59	2.2	Y100L1-4
2CY-2/1.45								
KCB-55	3.3	55	1400	0.33	7	41	1.5	Y90L-4
2CY-3.3/0.33								
KCB-83.3	5	83.3	1420	0.33	7	43	2.2	Y100L1-4
2CY-5/0.33								
KCB-135	8	135	940	0.33	5	46	2.2	Y112M-6
2CY-8/0.33								
KCB-200	12	200	1440	0.33	5	46	4	Y112M-4
2CY-120/0.33								
KCB-300	18	300	960	0.36	5	42	5.5	Y132M2-6
2CY-18/0.36								
KCB-483.3	29	483.3	1440	0.36	5.5	42	11	Y160M-4
2CY-29/0.36								
KCB-633	38	633	970	0.28	6	43	11	Y160L-6
2CY-38/0.28								
KCB-960	58	960	1470	0.28	6.5	43	22	Y180L-4
2CY-58/0.28								
KCB-1200	72	1200	740	0.6	7	43	37	Y280S-8
KCB-1600	96	1600	980				45	Y280S-6
KCB-1800	108	1800	740	0.6	7.5	43	55	Y315S-8
KCB-2500	150	2500	985				75	Y315S-6
KCB-2850	171	2850	740	0.6	8	44	90	Y315L1-8
KCB-3800	228	3800	989				110	Y315L1-6
KCB-4100	246	4100	743	0.6	8	44	132	Y355M1-8
KCB-5400	324	5400	989				160	Y355M1-6
KCB-5600	336	5600	744	0.6	8	44	160	Y355M2-8
KCB-7600	456	7600	989				200	Y355M3-6
KCB-7000	420	7000	744	0.6	8	44	185	Y355L1-8
KCB-9600	576	9600	989				250	Y355L2-6
2CY-1.08/2.5	1.08	18	1420	2.5	5.5	58	2.2	Y100L1-4
2CY-2.1/2.5	2.1	35	1420	2.5	5.5	58	3	Y100L2-4
2CY-3/2.5	3	50	1440	2.5	5.5	59	4	Y112M-4
2CY-4.2/2.5	4.2	70	1440	2.5	5.5	62	5.5	Y132S-4
2CY-7.5/2.5	7.5	125	1440	2.5	5.5	63	7.5	Y132M-4
2CY-12/2.5	12	200	1460	2.5	5.5	61	15	Y160L-4
2CY-21/2.5	21	350	1440	2.5	5.5	60	30	Y200L-4

YCB 型齿轮泵性能参数见表 9-31。

表 9-31 YCB 型齿轮泵性能参数

型号	流量 $Q(\text{m}^3/\text{h})$	转速 (r/min)	排出压力 (MPa)	必需汽蚀余量 (m)	效率 $\eta(\%)$	电动机		
						频率 (Hz)	功率 (kW)	型号
YCB0.6-0.6	0.6	910	0.6	5.5	60	50	0.75	Y90S-6
	1.0	1390				50	0.75	Y80L2-4
	0.7	1130				60	0.75	Y90S-6
	1.2	1710				60	0.75	Y80L2-4
YCB0.6-1.6	0.6	910	1.6	7.0	70	50	1.1	Y90L-6
	1.0	1400				50	1.5	Y90L-4
	0.7	1130				60	1.1	Y90L-6
	1.2	1710				60	1.1	Y90S-4
YCB1.6-0.6	1.6	910	0.6	5.5	63	50	0.75	Y90S-6
	2.5	1400				50	1.1	Y90S-4
	1.9	1130				60	1.1	Y90L-6
	3.0	1710				60	1.5	Y90L-4
YCB1.6-1.6	1.6	940	1.6	7.0	71	50	2.2	Y112M-6
	2.5	1440				50	4	Y112M-4
	1.9	1150				60	2.2	Y112M-6
	3.0	1750				60	4	Y112M-4
YCB3.3-0.6	3.3	940	0.6	5.0	60	50	1.5	Y100L-6
	5.0	1420				50	2.2	Y100L1-4
	4.0	1150				60	1.5	Y100L-6
	6.0	1730				60	2.2	Y100L1-4
YCB3.3-1.6	3.3	960	1.6	7.0	72	50	5.5	Y132M2-6
	5.0	1440				50	7.5	Y132M-4
	4.0	1170				60	4	Y132M1-6
	6.0	1750				60	7.5	Y132M-4
YCB4-0.6	4.0	940	0.6	5.0	60	50	1.5	Y100L-6
	6.0	1420				50	2.2	Y100L1-4
	4.8	1150				60	2.2	Y112M-6
	7.2	1730				60	3	Y100L2-4
YCB4-1.6	4.0	960	1.6	7.0	72	50	5.5	Y132M2-6
	6.0	1440				50	7.5	Y132M-4
	4.8	1170				60	5.5	Y132M-6
	7.2	1750				60	7.5	Y132M-4
YCB8-0.6	8.0	960	0.6	5.0	61	50	3	Y132S-6
	12.0	1440				50	5.5	Y132S-4
	9.6	1170				60	4	Y132M1-6
	14.4	1750				60	5.5	Y132S-4
YCB8-1.6	8.0	970	1.6	7.0	75	50	11	Y160L-6
	12.0	1460				50	15	Y160L-4
	9.6	1170				60	11	Y160L-6
	14.4	1760				60	15	Y160L-4
YCB10-0.6	10.0	960	0.6	5.0	62	50	4	Y132M1-6
	15.0	1440				50	5.5	Y132S-4
	12.0	1170				60	5.5	Y132M2-6
	18.0	1750				60	7.5	Y132M-4

续表

型号	流量 Q（m³/h）	转速 （r/min）	排出压力 （MPa）	必需汽蚀余量 （m）	效率 η（%）	电动机		
						频率（Hz）	功率（kW）	型号
YCB10-1.6	10.0	970	1.6	7.0	76	50	11	Y160L-6
	15.0	1470				50	15	Y160L-4
	12.0	1170				60	11	Y160L-6
	18.0	1770				60	18.5	Y180M-4
YCB20-0.6	20.0	970	0.6	5.0	68	50	7.5	Y160M-6
	24.0	1170				60	7.5	Y160M-6
YCB25-0.6	25.0	970	0.6	5.5	69	50	11	Y160L-6
	30.0	1170				60	11	Y160L-6
YCB30-0.6	30.0	970	0.6	5.5	65	50	11	Y160L-6
	36.0	1170				60	11	Y160L-6
YCB40-0.6	40.0	970	0.6	5.5	66	50	15	Y180L-6
	48.0	1180				60	15	Y180L-6
YCB50-0.6	50.0	970	0.6	5.5	66	50	22	Y200L2-6
	60.0	1180				60	22	Y200L2-6
YCB60	60.0	970	1.0	5.5	65	50	30	Y225M-6
	73.0	1180				60	37	Y250M-6
YCB80	80.0	970	0.6	5.5	65	50	22	Y225M-6
	97.0	1180				60	30	

（2）YCB 型保温齿轮泵。

1）概述。本系列保温齿轮泵适用于输送不含固体颗粒，温度不高于 300℃ 的重油，沥青、树脂、洗涤剂、胶类等各种在常温下有凝固性的介质，并适用于高寒地区室外安装及工艺过程中要求保温的场合。

本系列保温齿轮泵属外啮合齿轮泵，齿形为圆弧加正弦曲线复合而成。输送介质广泛，输出流量及压力稳定。该泵泵体设有保温夹套及进、出接口，可采用导热油、蒸汽、热水、冷水等媒体对输送介质和泵进行加热、保温及冷却。当输送介质的黏度大于 $1500mm^2/s$ 时，应采用减速传动方式。

2）技术参数见表 9-32。

表 9-32 技 术 参 数

型号	口径（mm）	流量（m³/h）	压差（MPa）	转速（r/min）	电动机功率（kW）
YCB0.6-0.6G	φ25	0.6		910	0.75
YCB1.6-0.6G	φ32	1.6		910	0.75
YCB3.3-0.6G	φ40	3.3		940	1.5
YCB4-0.6G	φ50	4		940	1.5
YCB8-0.6G	φ65	8		960	3
YCB10-0.6G	φ65	10	0.6	970	4
YCB20-0.6G	φ80	20		970	7.5
YCB25-0.6G	φ80	25		970	11
YCB30-0.6G	φ100	30		970	11
YCB40-0.6G	φ125	40		970	15
YCB50-0.6G	φ125	50		970	22

3. 离心油泵

（1）CYZ 型自吸式离心油泵。

1）特点：CYZ 型自吸式离心油泵属自吸式离心泵，具有结构简单、操作维护方便、运行平稳、排量大、效率高、便于调节、使用范围广等特点。

2）用途：用来输送汽油、煤油、柴油，航空煤油等石油产品。介质温度在－20～＋80℃，适用于陆地油库、油罐车等储油装置的油料输送。也可以用来输送海水、淡水等。

3）性能参数（试验介质为常温清水）见表 9-33。

表 9-33　　　　　　　　　　　　性能参数（试验介质为常温清水）

序号	型号	流量		扬程 (m)	泵汽蚀余量 (NPSH) (m)	转速 (r/min)	轴功率 (kW)	进出口径 (mm)	电动机	
		m³/h	L/min						型号	功率 (kW)
1	25CYZ-27	3	50	27	3	2900	0.6	25	YB801-2	0.75
2	40CYZ-20	6.3	105	20	3.5	2900	0.88	40×32	YB802-2	1.1
3	40CYZ-40 (50CYZ-40)	10	167	40	3.5	2900	2.8	50×40 (50)	YB112M-2	4
4	50CYZ-12	15	250	12	3.5	2900	1.1	50	YB90S-2	1.5
5	50CYZ-20	18	300	20	3.5	2900	1.8	50	YB90L-2	2.2
6	50CYZ-35	14	233	35	3.5	2900	2.7	50	YB112M-2	4
7	50CYZ-50	12.5	208	50	3.5	2900	4.3	50	YB132S1-2	5.5
8	50CYZ-60	15	250	60	3.5	2900	6.3	50	YB132S2-2	7.5
9	50CYZ-75	20	333	75	3.5	2900	9.9	50	YB160M1-2	11
10	65CYZ-15	30	500	15	4	2900	1.92	65	YB100L-2	3
11	65CYZ-30	25	416	30	4	2900	3.2	65	YB112M-2	4
12	80CYZ-13	35	583	13	4	2900	1.9	80	YB100L-2	3
13	80CYZ-17	43	716	17	4	2900	3.1	80	YB112M-2	4
14	80CYZ-25	50	833	25	4	2900	5.2	80	YB132S2-2	7.5
15	80CYZ-32	50	833	32	4	2900	6.8	80	YB132S2-2	7.5
16	80CYZ-55	60	1000	55	4	2900	15.0	80	YB160L-2	18.5
17	80CYZ-70	60	1000	70	4	2900	20.1	80	YB180M-2	22
18	100CYZ-40	100	1667	40	4	2900	18.3	100	YB180M-2	22
19	100CYZ-40A	100	1667	40	4	1470	18.5	100	YB180L-4	22
20	100CYZ-65	100	1667	65	4	2900	27.7	100	YB200L1-2	30
21	100CYZ-75	70	1167	75	4	2900	24.2	100	YB200L1-2	30
22	150CYZ-55	160	2667	55	5	2900	38.1	150	YB225M-2	45
23	150CYZ-65	170	2833	65	5	1470	51.0	150	YB250M-4	55
24	200CYZ-63	280	4667	63	5	1480	75.1	200	YB280M-4	90
25	80CYZ-125	50	833	125	4	2900	41.3	80	YB250M-2	55
26	100CYZ-125	100	1667	125	4	2900	69.4	100	YB280S-2	75
27	150CYZ-125	150	2500	125	5	2900	93	150	YB315S-2	110
28	200CYZ-125	200	3333	125	5	2900	119.7	200	YB315M-2	132
29	250CYZ-50	400	6666	50	6	1480	77.2	250	YB280M-4	90

（2）AY 单、两级离心油泵。

1）性能范围。

a. 流量：$Q=2.5\sim600m^3/h$。

b. 扬程：$H=30\sim330m$。

c. 温度：$T=-45\sim+420$。

AY 型油泵可用在石油精制、石油化工和化学工业及其他地方输送。

不含固体颗粒的石油、液化石油气和其他介质。

2）型号说明。50AYⅡ 60×2B，250AYSⅢ 150C 说明如下：

50、250——吸入口直径（mm）；

A——第一次改造；

Y——离心油泵；

S——第一级叶轮为双吸；

Ⅱ、Ⅲ——过流部位零件材料代号：Ⅰ类为 HT250，Ⅱ类为 ZG230-450，Ⅲ类为 $ZG_1Cr_{13}Nio$；

60、150——单级扬程（m）；

2——级数。

B、C——叶轮切割次数，顺序以 A、B、…、表示。

3）AY 型单、两级离心油泵性能见表 9-34。

表 9-34   **AY 型单、两级离心油泵性能表**

项 目	流量 $Q(m^3/h)$	扬程 $H(m)$	转速 $n(r/min)$	效率 η (%)	汽蚀余量 NPSH (m)	轴功率 $Pa(kW)$	配带电动机		泵重 (kg)	备注
							型号	功率 (kW)		
40AY40×2	6.25	80	2950	30	2.7	4.5	YB132S$_2$-2	7.5	165	
40AY40×2A	5.85	70	2950	30	2.6	3.7	YB132S$_2$-2	5.5	165	
40AY40×2B	5.4	60	2950	30	2.5	2.9	YB112M-2	4	165	
40AY40×2C	4.9	50	2950	30	2.5	2.2	YB100L-2	3	165	
50AY60	12.5	67	2950	42	2.9	5.4	YB132S$_2$-2	7.5	110	
50AY60A	11	53	2950	39	2.8	4.1	YB132S$_2$-2	5.5	110	
50AY60B	10	40	2950	37	2.8	2.9	YB112M-2	4	110	
50AY60×2	12.5	120	2950	35	2.4	11.7	YB160L-2	18.5	170	
50AY60×2A	12	105	2950	35	2.3	9.8	YB160M$_1$-2	15	170	
50AY60×2B	11.5	89	2950	33	2.2	8.4	YB160M$_1$-2	11	170	
50AY60×2C	11	78	2950	33	2.2	7.1	YB160M$_1$-2	11	170	
65AY60	25	60	2950	52	3	7.9	YB160M$_1$-2	11	150	
65AY60A	22.5	49	2950	51	3	5.9	YB132S$_2$-2	7.5	150	
65AY60B	20	38	2950	49	2.7	4.2	YB132S$_2$-2	5.5	150	
65AY100	25	110	2950	47	3.2	15.9	YB180M-2	22	180	
65AY100A	23	92	2950	46	3.1	12.5	YB160L-2	18.5	180	
65AY100B	21	72	2950	45	3	9.3	YB160M$_2$-2	15	180	
65AY100×2	25	200	2950	47	2.8	29	YB200L$_2$-2	37	280	
65AY100×2A	23	180	2950	46	2.8	24.5	YB200L$_2$-2	37	280	

续表

项　　目	流量 $Q(m^3/h)$	扬程 $H(m)$	转速 $n(r/min)$	效率 η (%)	汽蚀余量 NPSH (m)	轴功率 $Pa(kW)$	配带电动机		泵重 (kg)	备注
							型号	功率 (kW)		
65AY100×2B	21.5	155	2950	45	2.7	20.2	YB200L$_1$-2	30	280	
65AY100×2C	19.5	130	2950	44	2.7	15.7	YB180M-2	22	280	
80AY60	50	60	2950	62	3.2	13.2	YB160L-2	18.5	160	
80AY60A	45	49	2950	61	3.2	9.8	YB160M$_2$-2	15	160	
80AY60B	40	39	2950	60	3.1	7.1	YB160M$_1$-2	11	160	
80AY100	50	100	2950	56	3.1	24.3	YB200L$_2$-2	37	200	
80AY100A	45	85	2950	55	3.1	18.9	YB200L$_1$-2	30	200	
80AY100B	41	73	2950	54	2.9	15.1	YB180M-2	22	200	
80AY100×2	50	200	2950	57	3.6	47.8	YB280S-2	75	350	
80AY100×2A	46	175	2950	55	3.5	39.9	YB250M-2	55	350	
80AY100×2B	43	150	2950	54	3.3	32.5	YB225M-2	45	350	
80AY100×2C	40	125	2950	52	3.3	26.2	YB200L$_2$-2	37	350	
100AY60	100	60	2950	70	4.1	23.3	YB200L$_1$-2	30	170	
100AY60A	90	40	2950	61	4.5	18.8	YB200L$_1$-2	30	170	
100AY60B	79	38	2950	65	3.5	12.6	YB160L-2	18.5	170	
100AY120	100	120	2950	63	4.3	51.9	YB280S-2	75	285	
100AY120A	93	105	2950	61	4	43.6	YB250M-2	55	285	
100AY120B	85	88	2950	59	3.8	34.5	YB225M-2	45	285	
100AY120C	78	75	2950	56	3.6	28.5	YB200L$_2$-2	37	285	

4. 螺杆泵

(1) G 型单螺杆泵。

1) 输送介质。各种黏度的液体，特别是黏稠难输送的介质；液体、气体、固体的混合物。可应用于稠油输送、油气混输等。

2) 工作特点。

a. 适应范围广，可输送一切流动介质甚至非流动物料。

b. 流量、压力稳定，无脉动。

c. 变转速即可改变输出流量，可用作计量投加。

d. 吸入能力强，工作噪声小，无泄漏，无温升。

3) 性能范围：

a. 流量：0.1～150m³/h。

b. 最大压力：单级 0.6MPa，双级 1.2MPa，四级 2.4MPa。

按介质黏度选择泵转速见表 9-35。

表 9-35　　　　　　　　　　　按介质黏度选择泵转速

介质黏液（mm²/s）	1～1000	1000～10000	10000～100000	100000～1000000
转速（r/min）	400～1000	200～400	<200	<100

4）泵的性能参数见表 9-36。

表 9-36   泵的性能参数

型号	压力（0.3MPa）				压力（0.6MPa）			
	转速（min）	流量（m³/h）	轴功率（kW）	电动机	转速（r/min）	流量（m³/h）	轴功率（kW）	电动机
G20-1	970	1.28	0.58	Y100L-6（1.5kW）	970	1.06	0.73	Y100L-6（1.5kW）
	720	0.81	0.45	Y132S-8（2.2kW）	720	0.58	0.56	Y132S-8（2.2kW）
	579	0.50	0.33	YCJ71（1.1kW）	579	0.27	0.41	YCJ71（1.1kW）
	513	0.41	0.29		513	0.22	0.36	
	452	0.33	0.26		452	0.15	0.32	
	393	0.22	0.23		393	0.10	0.28	
G25-1	720	2.45	0.47	Y132S-8（2.2kW）	720	2.2	0.69	Y132S-8（2.2kW）
	570	1.89	0.39	YCJ71（0.75kW）	579	1.6	0.54	YCJ71（1.1kW）
	506	1.63	0.35		513	1.4	0.50	
	445	1.45	0.31		452	1.14	0.45	
	388	1.18	0.28		393	0.9	0.39	
	334	1.0	0.25		339	0.7	0.34	
	284	0.76	0.22		288	0.53	0.31	
G35-1	579	3.9	0.70	YCJ71（1.1kW）	579	3.25	1.06	YCJ71（1.5kW）
	513	3.4	0.61		513	2.8	0.95	
	452	3.0	0.54		452	2.3	0.83	
	393	2.5	0.46		393	1.9	0.73	
	339	2.0	0.42		339	1.5	0.63	
	288	1.6	0.36		288	1.15	0.54	
	217	1.1	0.29					
G40-1	579	7.9	1.06	YCJ71（1.5kW）	587	6.8	1.8	YCJ71（2.2kW）
	513	6.9	0.93		520	5.7	1.61	
	452	5.9	0.82		458	4.8	1.43	
	393	5.1	0.74		399	4	1.21	
	339	4.2	0.63		344	3	1.05	
	288	3.3	0.53		292	2.2	0.9	
	240	2.65	0.47		244	1.6	0.75	
	186	1.7	0.36	YCJ132（1.1kW）				
G50-1	587	15.7	2.42	YCJ71（3kW）	571	13.4	3.61	YCJ80（4kW）
	520	13.8	1.95		504	11.5	3.2	
	458	12.1	1.64		442	9.5	2.75	
	399	10.2	1.45		383	7.5	2.4	
	344	8.8	1.16		327	6	2.02	
	292	7.1	0.96		275	4.4	1.71	
	244	5.6	0.85	YCJ71（2.2kW）	223	2.8	1.46	YCJ80（3kW）
	171	3.5	0.60	YCJ132（2.2kW）				

续表

型号	压力 (0.3MPa)				压力 (0.6MPa)			
	转速 (min)	流量 (m³/h)	轴功率 (kW)	电动机	转速 (r/min)	流量 (m³/h)	轴功率 (kW)	电动机
G60-1	575	23	3.48	YCJ80 (5.5kW)	541	18.8	5.05	YCJ100 (7.5kW)
	507	20.3	2.96		475	16.5	4.58	
	444	17.8	2.47		414	14.4	4.14	
	385	15.4	2.1		357	12.4	3.69	
	329	13.1	1.76	YCJ100 (4kW)	303	10.5	3.56	
	250	10	1.52		252	8.7	3.15	
G70-1	571	31	4.3	YCJ80 (5.5kW)	545	25	7.04	YCJ100 (11kW)
	504	27	3.43		479	21	6.11	
	442	24	2.99		417	17.9	5.47	
	383	20	2.53		360	13.5	4.7	
	327	16.5	2.22		305	9.5	3.99	
	244	12	1.63	YCJ100 (4kW)	250	7.0	2.88	YC100 (7.5kW)
	208	8.8	1.5	YCJ160 (4kW)	194	3.8	2.47	YCJ1807 (7.5kW)
	149	5.2	0.95					
G85-1	346	35	5.8	R802 (11kW)	346	27	8.8	R802 (15kW)
	284	28	5.5		284	20	8	
	248	23	5.0		248	16	7.2	
	212	20	4.8	R702 (7.5kW)	210	13	6.5	R902 (11kW)
	184	16	4.4	R702 (5.5kW)	186	9	5.7	
	162	14	3.9	R802 (5.5kW)	162	8	5	R702 (7.5kW)
G105-1	346	66	10	R802 (15kW)	306	55	13	R902 (18.5kW)
	284	54	8		284	44	11	R802 (15kW)
	248	44	7	R902 (11kW)	248	34	9.5	
	210	35	6		210	28	8.4	R902 (15kW)
	186	29	5		196	22	7	
	162	23	4.4	R702 (7.5kW)	156	16	6	R902 (11kW)
G135-1	321	128	20	R142 (37kW)	325	120	35	R142 (55kW)
	306	122	19	R92 (30kW)	282	95	30	R142 (55kW)
	253	95	16	R92 (22kW)	245	80	26	R132 (37kW)
	212	80	14	R92 (18.5kW)	212	64	23	R92 (30kW)
	187	68	12		187	55	20	
	156	50	10	R902 (15kW)	157	40	16	R92 (22kW)
G20-2	970	1.45	0.9	Y100L-6 (1.5kW)	970	1.35	1.07	Y100L-6 (1.5kW)
	720	1.0	0.7	Y132S-8 (2.2kW)	720	0.92	0.83	Y132S-8 (2.2kW)
	579	0.75	0.65	YCJ71 (1.1kW)	579	0.68	0.76	YCJ71 (1.1kW)
	513	0.62	0.6		513	0.54	0.70	
	452	0.52	0.55		452	0.40	0.65	
	393	0.35	0.47		393	0.28	0.52	

续表

型号	压力（0.3MPa）				压力（0.6MPa）			
	转速 （min）	流量 （m³/h）	轴功率 （kW）	电动机	转速 （r/min）	流量 （m³/h）	轴功率 （kW）	电动机
G25-2	720	2.41	1.14	Y132S-8（2.2kW）	720	2.2	1.43	Y132S-8（2.2kW）
	579	1.86	0.96	YCJ71（1.5kW）	579	1.65	1.18	YCJ71（1.5kW）
	513	1.62	0.85		513	1.4	1.05	
	452	1.44	0.75		452	1.14	0.96	
	393	1.15	0.69		393	0.9	0.86	
	339	0.99	0.61		339	0.7	0.70	
	288	0.81	0.53		288	0.53	0.66	
G35-2	587	3.9	1.7	YCJ71（2.2kW）	587	3.4	2.22	YCJ71（3kW）
	520	3.5	1.61		520	3.0	2.0	
	458	2.9	1.35		458	2.5	1.69	
	399	2.5	1.15		399	2.0	1.5	
	344	2.05	1.08		344	1.6	1.28	
	292	1.7	0.87		292	1.15	1.15	
	244	1.35	0.72		247	0.75	1.0	YCJ80（3kW）
G40-2	571	7.4	2.91	YCJ80（4kW）	571	6.8	3.73	YCJ80（5.5kW）
	504	6.3	2.46		504	5.8	3.35	
	442	5.4	2.19		442	4.9	2.87	
	383	4.5	1.89		383	4.2	2.45	
	327	3.8	1.63		327	3.3	2.15	
	275	3.0	1.36		244	2.0	1.79	
	223	2.2	1.12	YCJ80（3kW）	208	1.6	1.46	YCJ100（4kW）
	196	1.9	1.07	YCJ132（3kW）	180	1.4	1.3	YCJ160（4kW）
G50-2	537	13.7	4.66	YCJ100（7.5kW）	545	13	6.48	YCJ100（11kW）
	472	11.7	3.92		479	10	5.65	
	411	10.0	3.41		417	8.8	4.86	
	355	8.6	2.9		360	7	4.16	
	301	7.2	2.46		305	5.5	3.58	
	250	5.1	2.14		250	3.8	3.02	YCJ100（7.5kW）
	208	3.9	1.6	YCJ60（5.5kW）	194	2.3	2.2	YCJ180（7.5kW）
G60-2	544	18.2	6.2	YCJ100（11kW）	544	16.9	8.67	YCJ100（11kW）
	479	16	5.4		479	14.9	8	
	417	13.9	4.8		417	13	7.47	
	359	12	4.5		359	11.2	6.78	
	303	10.2	3.7	YCJ100（7.5kW）	303	9.5	5.78	
	252	8.4	3.4		252	7.8	5.2	

续表

型号	压力（0.3MPa）				压力（0.6MPa）			
	转速 (min)	流量 (m³/h)	轴功率 (kW)	电动机	转速 (r/min)	流量 (m³/h)	轴功率 (kW)	电动机
G70-2	545	30	9.8	YCJ100 (11kW)	545	26	13.5	YCJ112 (15kW)
	479	26	9.0		479	23	12.8	
	417	22.5	8.1		417	20	12.1	
	360	18	7.5		360	16	9.7	
	305	15	6.7		305	12	8.78	
	254	12	6.1	YCJ112 (11kW)	254	9.2	6.4	YCJ112 (11kW)
	194	7.5	5.0	YCJ180 (7.5kW)	189	3.2	6.0	YCJ200 (11kW)
	121	3.0	4.5		124	2.8	5.2	
G85-2	346	28	10	R802 (15kW)	306	21	10.5	R92 (18.5kW)
	284	21	8.5		284	17	9	R802 (15kW)
	248	17	7.5		248	14	8	
	212	13	6.8	R902 (11kW)	210	10	7.5	R902 (11kW)
	186	10	6		186	8	7	
	156	8	5		156	7	6	
G105-2	306	57	18	R92 (30kW)	321	57	27	R142 (37kW)
	253	42	15	R92 (22kW)	306	50	25	R92 (30kW)
	248	35	12	R802 (15kW)	253	36	19	
	210	28	10	R902 (15kW)	212	25	44	R92 (18.5kW)
	186	22	8.5	R902 (11kW)	186	17	11	R902 (15kW)
	156	17	6.5		156	13	8	
G135-2	325	121	40	R142 (55kW)	325	113	60	R142 (75kW)
	282	98	35	R142 (45kW)	284	90	50	
	245	82	29	R132 (37kW)	248	74	42	R132 (55kW)
	212	67	25	R92 (30kW)	221	64	38	R132 (45kW)
	187	56	23		191	43	28	R132 (37kW)
	157	40	19	R92 (22kW)	176	36	25	

（2）2W.W 双螺杆多相混输泵。

1）性能范围。

a. 最高工作压力：4.0MPa。

b. 流量范围：1～1000m³/h。

c. 温度范围：−20～120℃。

d. 介质黏度：1～3000mm²/s，降低转速可达到 10^6 mm²/s。

介质黏度对双螺杆泵性能影响较大，泵的名义排量是指在特定黏度条件下的排量，为保证泵能在较高效率下工作，在试验不充分时，建议按下列黏度条件选择转速：

介质黏度（mm²/s）	转速（r/min）
<400	1500
400～1200	1000
1200～3600	750

2）应用举例：用作重油、原油输送泵，主机润滑油泵。

3）技术特性：详见表 9-37。

表 9-37 技术特性

型号规格	压力 (MPa)	1450r/min								950r/min				720r/min			
		30mm²/s		75mm²/s		150mm²/s		300mm²/s		450mm²/s		750mm²/s		1500mm²/s		2500mm²/s	
		m³/h	kW	m³/h	kW	m³/h	kW	m³/h	kW	m³/h	kW	m³/h	kW	m³/h	kW	m³/h	kW
2.5-15	0.6	2.4	2.2	3	2.2	3.2	2.2	3.3	2.2	1.8	1.5	1.8	2.2	1.3	2.2	1.3	2.2
	1.0	1.7	2.2	2.6	2.2	2.9	3	3.1	3	1.7	2.2	1.7	2.2	1.2	2.2	1.2	2.2
2.5-20	0.4	3.9	2.2	4.3	2.2	4.4	2.2	4.5	2.2	2.6	1.5	2.6	2.2	1.9	2.2	1.9	2.2
	0.6	3.4	2.2	4	2.2	4.2	2.2	4.3	2.2	2.5	2.2	2.5	2.2	1.8	1.5	1.8	2.2
3.1-22	0.6	7.7	3	3.2	4	8.3	4	8.4	4	4	3	5	4	3.7	3	3.7	4
	1.0	7	4	7.8	5.5	8	5.5	8.1	5.5	4.8	4	4.8	5.5	3.5	4	3.5	5.5
3.1-30	0.4	11.1	3	11.4	3	11.5	4	11.6	5.5	6.9	3	6.9	4	5.1	3	5.1	4
	0.6	10.6	4	11.1	5.5	11.3	5.5	11.4	5.5	6.7	4	6.7	5.5	4.9	4	4.9	5.5
3.4-24	1.6	—	—	7.4	11	9	11	9.8	11	5.7	7.5	5.7	7.5	4.3	7.5	4.3	11
	2.0	—	—	6.5	11	8.5	11	9.5	15	5.5	11	5.5	11	4.1	7.5	4.1	11
	2.5	—	—	5.3	15	7.8	15	9.1	15	5.1	11	5.1	11	3.9	11	3.9	11
3.4-30	1.0	8.3	7.5	11.4	7.5	12.4	11	12.9	11	7.6	7.5	7.6	7.5	5.6	7.5	5.6	7.5
	1.25	6.9	11	10.7	11	12.1	11	12.6	11	7.4	7.5	7.4	11	5.5	7.5	5.5	11
	1.6	5	11	9.9	11	11.5	11	12.3	15	7.1	11	7.1	11	5.3	7.5	5.3	11
3.4-40	0.6	14.8	5.5	16.8	7.5	17.5	7.5	17.8	11	10.6	7.5	10.6	7.5	7.8	7.5	7.8	7.5
	1.0	12.2	11	15.5	11	16.6	11	17.2	11	10	7.5	10	7.5	7.4	7.5	7.4	7.5
3.4-56	0.4	21.8	5.5	23.2	7.5	23.7	7.5	24	11	14.3	5.5	14.4	7.5	10.5	5.5	10.5	7.5
	0.6	20.2	7.5	22.5	11	3.1	11	23.4	11	13.8	7.5	13.9	7.5	10.1	7.5	10.1	7.5
4.0-26	1.6			12.4	15	14.6	15	15.7	18.5	9.3	11	9.3	15	7	11	7	15
	2.0			11.2	15	13.9	18.5	15.3	22	9	15	9	15	6.8	15	6.8	15
	2.5			9.6	18.5	13.1	22	14.8	22	8.6	15	8.6	15	6.6	15	6.6	15
4.0-32	1.0	13.9	11	18.2	15	19.6	15	20.3	15	12.2	11	12.2	15	9.1	11	9.1	11
	1.25	12	15	17.3	15	19.1	15	20	18.5	11.9	11	11.9	15	8.9	11	8.9	15
	1.6			16.1	18.5	18.4	18.5	19.5	22	11.5	15	11.5	15	8.6	11	8.6	15
4.0-44	0.6	24.6	11	27.4	11	28.3	11	28.8	15	17.3	11	17.3	11	12.8	11	12.8	11
	1.0	21.1	15	25.7	15	27.2	15	27.9	18.5	16.6	11	16.6	15	12.3	11	12.3	15
4.0-64	0.4	37.2	11	39.1	11	39.8	11	40.1	15	24.1	11	24.2	11	17.8	11	17.8	11
	0.6	35	11	38	15	38.9	15	39.4	18.5	23.5	11	23.7	11	17.3	11	17.3	11
4.5-30	1.6	17.4	18.5	22.3	22	24	22	24.8	30	14.9	18.5	15	18.5	11.1	18.5	11.2	18.5
	2.0	15.1	22	21.3	30	23.4	30	24.4	30	14.5	22	14.6	22	10.9	18.5	11	22
	2.5	12.3	30	20	30	22.6	30	23.9	30	14.2	22	14.3	22	10.6	18.5	10.6	22
4.5-40	1.0	29.1	18.5	32.4	18.5	33.5	22	34	22	20.5	18.5	20.6	18.5	15.3	15	15.3	18.5
	1.25	27.5	18.5	31.6	22	33	30	33.7	30	20.2	18.5	20.3	22	15	18.5	15.1	22
	1.6	25.3	30	30.6	30	32.3	30	33.3	30	19.9	22	20	22	14.7	18.5	14.8	22
4.5-52	0.6	41.8	15	43.9	15	44.6	18.5	45	22	27.3	15	27.4	18.5	20.3	15	20.3	15
	1.0	38.9	22	42.4	22	43.6	30	44.2	30	26.4	18.5	26.7	18.5	19.7	15	19.7	18.5
4.5-72	0.4	57.3	15	58.8	15	59.3	18.5	59.6	22	36.1	15	36.2	15	26.9	15	26.9	18.5
	0.6	55.5	18.5	57.7	22	58.5	22	58.9	22	35.5	22	35.6	18.5	26.3	18.5	26.3	22

续表

型号规格	压力(MPa)	1450r/min								950r/min				720r/min			
		30mm²/s		75mm²/s		150mm²/s		300mm²/s		450mm²/s		750mm²/s		1500mm²/s		2500mm²/s	
		m³/h	kW	m³/h	kW	m³/h	kW	m³/h	kW	m³/h	kW	m³/h	kW	m³/h	kW	m³/h	kW
5.0-28	2.5	17.3	37	24.7	37	27.2	37	28.4	45	17.1	30	17.3	37	12.9	30	12.9	37
	3.2			23.1	45	26.3	45	27.9	55	16.7	37	17	45	12.7	37	12.8	37
	4.0			21.3	55	25.3	55	27.3	75	16.2	45	16.5	45	12.4	37	12.6	45
5.0-40	1.6	34.6	37	39.5	45	41.1	45	42	45	25.4	30	25.6	37	19.9	30	20	37
	2.0	32.3	37	38.4	45	40.5	45	41.5	45	25.1	37	25.3	37	18.8	37	18.0	87
	2.5	29.4	45	37.1	45	39.7	55	41	55	24.7	37	24.9	37	18.5	37	18.6	37
5.0-52	1.0	50.7	30	53.9	30	55	37	55.5	37	33.8	30	34	30	25.3	30	25.4	30
	1.25	49.1	30	53.1	37	54.4	37	55.1	45	33.5	30	33.7	37	25	30	25.1	37
	1.6	46.9	37	52	45	53.7	45	54.6	55	33.1	37	33.3	37	24.7	30	24.7	37
5.0-64	0.6	66.1	22	68.1	22	68.8	30	69.1	37	42.3	22	42.4	30	31.6	22	31.7	30
	1.0	63.2	30	66.6	37	67.7	37	68.2	45	41.5	30	41.7	30	30.9	30	31	30
5.0-96	0.4	96.7	22	98.1	22	98.6	30	98.8	37	60.3	22	60.4	30	45.1	22	45.1	30
	0.6	89.7	30	96.9	37	97.7	37	98	45	59.6	30	59.7	30	44.4	30	44.5	30
5.5-30	2.5	26.7	45	34.1	45	36.6	55	37.8	75	22.7	45	23	45	17.1	45	17.3	45
	3.2	23	55	32.5	55	35.7	75	37.2	75	22.2	45	22.5	55	16.8	45	17	55
	4.0			30.6	75	34.6	75	36.6	75	21.8	55	22.1	55	16.6	55	16.8	55
5.5-44	1.6	43	45	51.7	45	54.6	55	56	55	33.8	37	34.1	45	25.5	37	25.6	45
	2.0	39	55	49.9	55	53.6	55	55.4	75	33.2	45	33.6	55	25	45	25.2	55
	2.5	34.1	55	47.8	75	52.3	75	54.6	75	32.7	55	33.3	55	24.7	45	24.8	55
5.5-56	1.0	64.3	37	70	37	71.9	45	72.9	55	44.1	37	44.4	45	33	37	33.2	45
	1.25	61.6	45	68.8	45	71.1	55	72.2	75	43.7	37	44	45	32.7	37	32.8	45
	1.6	57.9	55	67	55	70	75	71.5	75	43.1	45	43.4	45	32.3	37	32.4	45
5.5-80	0.6	99.7	30	103	37	104	45	105	45	64	30	64.2	37	48	30	48	37
	1.0	94.6	45	100	55	102	55	103	75	62.8	45	63.1	45	46.9	37	47	45
5.5-120	0.4	146	30	149	37	150	45	150	55	91.8	30	92	37	68.6	30	68.7	37
	0.6	143	45	147	55	148	55	149	55	90.7	37	90.9	45	67.6	37	67.6	45
6.1-36	2.5	40.9	75	51.9	75	55.7	75	57.4	90	33	55	33.4	75	24.9	55	25	75
	3.2	35.4	75	49.5	90	54.2	90	56.6	110	32.4	75	32.9	75	24.5	75	24.7	75
	4.0			46.8	110	52.7	110	55.6	110	31.7	75	32.4	90	24	75	24.3	75
6.1-50	1.6	67.6	55	74.8	75	77.3	75	78.5	75	47.5	55	47.8	75	35.7	55	35.8	75
	2.0	64.2	75	73.3	75	76.3	75	77.8	90	47	75	47.5	75	35.2	55	35.3	75
	2.5	60	75	71.4	90	75.2	90	77.1	110	46.4	75	46.9	75	34.9	55	34.9	75
7.6-56	1.6	124.3	110	141.2	132	147	132	149.7	132	98.8	110	99.3	110	70.9	90	80.1	90
	2.0	116.6	132	137.7	160	144.9	160	148.4	160	97.9	132	98.4	132	70.2	110	70.6	110
	2.5	106.9	160	133.5	200	142.3	220	146.7	220	96.8	132	97.3	132	69.4	110	70.2	110
7.6-80	1.0	200.6	110	211.3	132	214.3	132	217.4	132	143.2	110	143.7	110	104.5	90	105.3	90
	1.25	194.6	132	208.2	132	212.8	132	215.8	132	142.5	132	143	132	104.0	110	104.7	110
	1.6	187	132	205.2	200	211.3	220	214.3	220	141	160	141.5	160	102.9	110	103.4	110

续表

型号规格	压力 (MPa)	1450r/min								950r/min				720r/min			
		30mm²/s		75mm²/s		150mm²/s		300mm²/s		450mm²/s		750mm²/s		1500mm²/s		2500mm²/s	
		m³/h	kW	m³/h	kW	m³/h	kW	m³/h	kW	m³/h	kW	m³/h	kW	m³/h	kW	m³/h	kW
7.6-96	0.6	252.3	90	259.9	90	261.4	90	263.0	90	173.3	90	173.8	90	127.6	75	127.6	75
	1.0	243.2	132	255.4	160	258.4	160	259.9	160	171.2	132	171.7	132	125.8	90	126.5	90
7.6-112	0.6	296.4	110	304.0	110	305.5	110	307.0	110	202.5	90	203	960	149.5	75	150.7	75
	0.8	290.3	132	301.0	132	304.0	132	305.5	132	201.4	110	201.9	110	148.6	75	149.8	75
7.6-160	0.4	410.4	90	416.5	90	418.0	90	419.5	90	275.9	75	276.4	75	205.1	75	205.9	75
	0.6	404.3	132	411.9	132	415.2	132	407.4	132	267.8	132	268.6	132	199.0	90	199.6	90
8.3-64	1.6	170.2	160	191.5	160	199.1	200	202.2	200	133.1	132	133.6	132	96.9	110	97.6	110
	2.0	161.1	220	187.0	220	196.1	250	200.6	250	132.4	160	132.9	160	96.3	132	96.8	132
	2.5	149.6	220	182.4	280	193.0	280	199.1	280	130.2	185	130.7	185	94.7	185	95.6	185
8.3-96	1.0	287.3	160	301.0	200	307.0	220	308.6	220	203.6	132	204.1	132	150.3	110	150.8	110
	1.25	281.2	220	297.9	220	304.0	220	307.0	250	201.3	160	201.8	160	148.6	110	149.2	110
	1.6	270.6	280	293.4	280	301.0	280	304.0	280	200.2	185	200.7	185	147.7	132	148.5	132
8.3-120	0.6	377	132	384.6	132	387.6	132	389.1	132	256.4	110	256.9	110	190.3	75	190.8	75
	1.0	363.3	220	378.5	220	383.0	220	386.1	250	254	160	254.5	160	188.5	110	189.1	110
8.3-144	0.6	453	160	462.1	160	465.1	160	466.6	160	307.5	132	308	132	229.1	90	229.7	90
	0.8	445.4	220	459.0	220	462.1	220	465.1	220	306.3	160	306.8	160	228.1	110	228.9	110
8.3-192	0.4	585.2	132	591.3	132	592.8	132	594.3	132	390.9	110	391.4	110	292.6	75	292.8	75
	0.6	574.6	220	585.2	220	588.2	220	589.8	200	388.7	132	389.2	132	290.6	110	291.3	110
10.5-48	3.2	200	315	230	350	245	400	252	400	168	280	170	280	112	185	114	185
10.5-96	1.6	420	315	440	350	446	400	448	400	290	280	295	280	196	185	198	185
10.5-120	1.0	515	250	530	280	535	280	538	280	358	185	360	200	250	132	252	160
10.5-160	0.8	680	280	696	280	701	315	703	315	475	200	477	200	325	160	328	160
10.5-192	0.6	810	280	830	280	841	315	843	315	568	200	570	200	388	160	390	160
12.6-112	0.4	881	315	893	315	898	355	902	400	591	250	590	315	592	355	598	400
	0.6	868	280	885	355	891	400	897	450	588	280	586	355	589	400	590	450
12.6-67	0.8	534	250	548	315	554	350	558	400	366	250	364	280	278	200	280	250
	1.0	527	280	543	350	550	400	555	450	355	280	362	315	272	250	275	280
7.6-56	1.6	81.8	90	92.9	110	96.7	110	98.5	110	70.2	75	70.3	90	56.4	75	56.4	90
	2.0	76.7	110	90.6	132	95.3	132	97.6	132	69.4	90	69.5	110	55.9	90	55.9	110
	2.5	70.3	110	87.8	132	93.6	132	96.5	132	68.6	110	69.3	110	55.3	90	55.3	110
7.6-80	1.0	132	90	139	90	141	110	143	110	102	75	102	90	81.7	75	81.7	90
	1.25	128	110	137	110	140	132	142	132	101	90	101	110	81.2	90	81.2	110
	1.6	123	132	135	132	139	160	141	160	100	110	100	110	80.4	90	80.4	110
7.6-96	0.6	166	75	171	90	172	90	173	90	124	55	124	75	99	55	99	75
	1.0	160	110	168	132	170	132	171	132	122	75	122	90	97	75	97	90

续表

型号规格	压力(MPa)	1450r/min								950r/min				720r/min			
		30mm²/s		75mm²/s		150mm²/s		300mm²/s		450mm²/s		750mm²/s		1500mm²/s		2500mm²/s	
		m³/h	kW	m³/h	kW	m³/h	kW	m³/h	kW	m³/h	kW	m³/h	kW	m³/h	kW	m³/h	kW
7.6-112	0.6	195	90	200	90	201	90	202	90	144	75	144	75	115	75	115	75
	0.8	191	110	198	110	200	110	201	110	143	75	143	75	114	75	114	75
7.6-160	0.4	270	75	274	75	275	75	276	75	196	22	196	75	157	55	157	75
	0.6	266	110	271	132	273	132	268	132	194	75	194	90	155	75	155	90
8.3-64	1.6	112	132	126	132	131	132	133	132	95.2	110	95.4	110	76.5	90	76.5	90
	2.0	106	132	123	160	129	160	132	160	94.3	110	95	132	75.8	110	75.8	110
	2.5	98.4	160	120	185	127	185	131	185	93.2	132	94.1	185	75	132	75	185
8.3-96	1.0	189	132	198	132	202	132	203	132	145	110	145	110	134	110	134	110
	1.25	185	132	196	160	200	160	202	160	144	110	144	110	115	110	115	110
	1.6	178	160	193	185	198	185	200	185	143	132	143	132	114	132	114	132
8.3-120	0.6	248	110	253	110	255	110	256	110	183	75	183	75	146	75	146	75
	1.0	239	160	249	160	252	160	254	160	181	110	181	110	144	110	144	110
8.3-144	0.6	298	110	304	132	306	132	307	132	202	90	202	90	175	90	175	90
	0.8	293	160	302	160	304	160	306	160	218	110	218	110	174	110	174	110
8.3-192	0.4	385	110	389	110	390	110	391	110	279	75	279	75	222	75	222	75
	0.6	378	132	385	132	387	132	388	132	276	110	276	110	220	110	220	110

（二）油罐和油箱

1. 拱顶油罐（摘自建设部标准图集 02R112《拱顶油罐图集》）

（1）适用范围。本图集中油罐储存介质为柴油及不易挥发的相类似油品。

（2）设计条件。

1）设计压力正压：1960Pa。

2）负压：490Pa。

3）设计温度：−19℃≤t≤90℃。

4）基本风压：686Pa。

5）雪载荷：441Pa。

6）抗震设防烈度：8度（近震）。

7）场地土类型：Ⅱ类。

8）储液密度：≤1000kg/m³。

9）腐蚀裕量：1mm。

10）当介质腐蚀性较强，腐蚀速率超过0.1mm/a时，应根据介质对碳钢腐蚀速率，确定适当的腐蚀裕量，并相应增加油罐壁板及油罐底板的厚度或采取其他防腐措施。

（3）罐体规格尺寸。

1）公称容积：40~10000m³。

2）公称直径：DN3600、31200mm。

顶拱油罐系列基本参数和尺寸见表9-38，油罐基础设计条件见表9-39。

表 9-38 　　　　　　　　　　　　拱顶油罐系列基本参数和尺寸

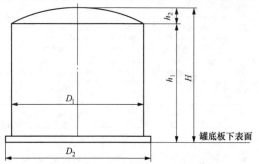

注：1. 计算容积是按罐壁高度和油罐内径计算的圆筒几何容积。

　　2. 罐壁板及罐顶板、罐底板厚度均包括腐蚀裕度。

序号	容积（m³）		油罐内径 D_1(mm)	罐底直径 D_2(mm)	高度（mm）			罐壁厚度（mm）									顶板厚度 mm	底板厚度（mm）		主体材料	油罐总质量（kg）
	公称	计算			壁高 h_2	顶高 h_2	总高 H	底圈	二	三	四	五	六	七	八	九		中幅板	边缘板		
1	40	49	3600	3710	4800	388	5188	5	5	5	5						6	6	6	Q235-A	3630
2	60	72.7	4200	4320	5256	461	5717	5	5	5	5						6	6	6	Q235-A	5330
3	100	110	5200	5320	5256	566	5822	5	5	5	5						6	6	6	Q235-A	6685
4	200	217	6600	6720	6357	731	7088	5	5	5	5						6	6	6	Q235-A	10230
5	300	336	7750	7880	7137	875	8012	5	5	5	5	5					6	7	7	Q235-A	13475
6	400	460	8600	8730	7937	980	8917	5	5	5	5	5					6	7	7	Q235-A	16355
7	500	554	9000	9130	8717	1010	9717	5	5	5	5	5	5				6	7	7	Q235-A	18370
8	700	777	10200	10330	9517	1115	10632	5	5	5	5	5	5				6	7	7	Q235-A	22780
9	1000	1100	11500	11630	10707	1253	11960	6	6	6	6	6	6				6	7	7	Q235-A	31615
10	2000	2176	15800	15920	11107	1728	12835	8	7	6	6	6	6	6			6	7	7	Q235-A	53310
11	3000	3443	18900	19030	12287	2063	14350	11	10	9	8	7	6	6	6		6	7	9	Q235-A	83070
12	5000	5595	23700	23830	12700	2589	15289	12	11	10	9	7	6	6			6	7	9	Q235-A	119070
13	10000	10907	31200	31350	14283	3407	17690	18	16	14	12	11	9	7	7	7	6	7	9	20/Q235-A	220915

表 9-39 　　　　　　　　　　　　　油罐基础设计条件

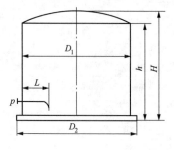 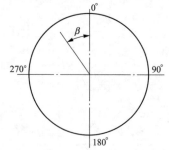

序号	油罐容积（m³）	40	60	100	200	300	400	500	700	1000	2000	3000	5000	10000
1	罐壁最大外直径 D(mm)	3610	4210	5210	6610	7760	8610	9010	10210	11512	15816	18922	23724	31236
2	罐底板外径 D_2(mm)	3710	4320	5320	6720	7880	8730	9130	10330	11630	15920	19030	23830	31350
3	罐壁高度 h(mm)	4800	5250	5250	6350	7130	7930	8710	9510	10700	11100	12280	12691	14274
4	罐体总高度 H(mm)	5188	5717	5822	7088	8012	8917	9717	10632	11960	12835	14350	15289	17690
5	罐体及附件总质量（kg）	3630	5330	6685	10230	13475	16355	18370	22780	31615	53310	83070	119070	220915
6	充水水质量（t）	49	73	111	217	335	460	554	775	1111	2176	3445	5598	10913
7	操作时介质质量（t）													
8	基础坡度‰													
9	基础标高（m）													

续表

序号	油罐容积（m³）	40	60	100	200	300	400	500	700	1000	2000	3000	5000	10000
10	排水管插入长度 L													
11	正北方向与 β 的夹角													
12	基本风压 p													
13	场地土类别													
14	抗震设防烈度													

2. 钢制立式圆筒形固定顶储罐系列（摘自 HG 21502.1—1992《钢制立式圆筒形固定顶储罐系列》）

（1）适用范围：适用于储存石油、石油产品及化工产品。

（2）工作条件：

1）压力：负压：0.3kPa；正压：1.8kPa。

2）温度：150℃。

3）储液密度：≤1000kg/m³。

（3）规格尺寸。

1）公称容积：100～30000m³。

2）公称直径：DN5200～DN44000。

（4）油罐基本参数和尺寸见表 9-40、表 9-41。

表 9-40　　　　钢制立式圆筒形固定顶储罐系列基本参数和尺寸（一）

序号	公称容积（m³）	计算容积 φ	储罐内径（mm）	高度（mm） 罐壁高度	高度（mm） 拱顶高度	高度（mm） 总高	罐壁厚度（mm） 底圈	二	三	四	五	六	七	八	九	十	十一	十二	拱顶板厚	罐底板厚 中幅板	罐底板厚 边缘板	罐体材料	设计温度设计压力（℃/kPa）	储罐总重（kg）
1	100	110	5200	5200	554	5754	6	6	6										5.5	6	6	Q235-A.F	−19～150 −0.5～2	6135
2	200	220	6550	6550	700	7250	6	6	6	6									5.5	6	6	Q235-A.F		9760
3	300	330	7500	7500	805	8305	6	6	6	6									5.5	6	6	Q235-A.F		12760
4	400	440	8250	8250	887	9137	6	6	6	6	6								5.5	6	6	Q235-A.F		15290
5	500	550	8920	8920	972	9892	6	6	6	6	6								5.5	6	6	Q235-A.F		17745
6	600	660	9500	9315	1023	10338	6	6	6	6	6	6							5.5	6	6	Q235-A.F		21840
7	700	770	10200	9425	1112	10537	6	6	6	6	6	6							5.5	6	6	Q235-A.F		23160
8	800	880	10500	10165	1132	11297	6	6	6	6	6	6	6						5.5	6	6	Q235-A.F		25250
9	1000	1100	11500	10650	1241	11891	7	6	6	6	6	6	6						5.5	6	7	Q235-A		30200
10	1500	1645	13500	11500	1468	12968	8	7	6	6	6	6	6						5.5	6	7	Q235-A		40344
11	2000	2220	15780	11370	1721	13091	9	8	7	6	6	6	6						5.5	6	7	Q235-A		52690
12	3000	3300	18900	11760	2049	13809	11	10	8	7	6	6	6						5.5	6	9	Q235-A		76785
13	5000	5500	23700	12530	2573	15103	14	12	10	9	8	7	6	6					5.5	6	9	20R		126195
14	10000	11000	31000	14580	3368	17948	20	18	16	14	12	10	8	7	7				5.5	7	9	20R		232035
15	20000	23500	42000	17000	4546	21546	23	21	19	17	14	11	9	9	9				5.5	7	12	16MnR		473430
16	30000	31300	44000	20600	4788	25388	31	28	26	22	20	17	14	12	10	10	10	10	5.5	7	12	16MnR		642425

注　1. 计算容积按罐壁高度和储罐内径计算的圆筒几何容积。

　　2. 各圈壁板、顶板、底板厚度均包括腐蚀裕量。

　　3. 储液密度 ρ＝1000kg/m³。

表 9-41　　　　　　　钢制立式圆筒形固定顶储罐系列基本参数和尺寸（二）

序号	公称容积 (m³)	计算容积 (m³)	储罐内径 φ (mm)	高度 (mm) 罐壁高度	拱顶高度	总高	罐壁厚度 (mm) 底圈	二	三	四	五	六	七	八	九	十	十一	十二	拱顶板厚	罐底板厚 中幅板	边缘板	罐体材料	设计温度设计压力 (℃/kPa)	储罐总重 (kg)
1	100	110	5200	5200	554	5754	6	6	6										5.5	6	6	Q235-A.F		6135
2	200	220	6550	6550	700	7250	6	6	6	6									5.5	6	6			9760
3	300	330	7500	7500	805	8305	6	6	6	6	6								5.5	6	6			12760
4	400	440	8250	8250	887	9137	6	6	6	6	6								5.5	6	6			15290
5	500	550	8920	8920	972	9892	6	6	6	6	6								5.5	6	6			17745
6	600	660	9500	9315	1023	10338	6	6	6	6	6	6							5.5	6	6			21840
7	700	770	10200	9425	1112	9425	7	6	6	6	6	6							5.5	6	6			23615
8	800	880	10500	10165	1132	11297	7	6	6	6	6	6							5.5	6	6		−19～150 −0.5～2	25720
9	1000	1100	11500	10650	1241	11891	8	7	6	6	6	6							5.5	6	7	Q235-A		31220
10	1500	1645	13500	11500	1468	12968	10	8	7	6	6	6	6						5.5	6	7			42740
11	2000	2220	15780	11370	1721	13091	11	9	8	7	6	6	6						5.5	6	9	20R		56195
12	3000	3300	18900	11760	2049	13809	13	11	9	8	6	6	6						5.5	6	9			80980
13	5000	5500	23700	12530	2573	15103	17	14	12	10	8	6	6						5.5	7	9			135665
14	10000	11000	31000	14580	3368	17948	24	21	19	16	14	11	9	9	9				5.5	7	9	16MnR		249820
15	20000	23500	42000	17000	4546	21546	29	26	22	19	16	13	10	9	9				5.5	7	12			507205
16	30000	31300	44000	20600	4788	25388	36	34	31	28	23	20	17	14	12	10	10	10	5.5	7	12			704910

注　1. 计算容积按罐壁高度和储罐内径计算的圆筒几何容积。

　　2. 各圈壁板、顶板、底板厚度均包括腐蚀裕量。

　　3. 储液密度 $\rho = 1200 \text{kg/m}^3$。

3. 钢制立式圆筒形内浮顶储罐系列（摘自 HG 21502.2—1992）

（1）适用范围：适用于储存易挥发的石油、石油产品及化工产品。

（2）工作条件：

1）压力：0kPa。

2）温度：80℃。

3）储液密度：$\leqslant 1000 \text{kg/m}^3$。

（3）设计载荷。

1）基本风压：0.5kPa。

2）雪载荷：0.45kPa，

3）罐顶附加载荷：0.7kPa，

4）抗震设防烈度：7 度。

（4）规格尺寸。

1）公称容积：100～30000m³；

2）公称直径：DN4500～DN44000。

油罐基本参数和尺寸见表9-42。

表 9-42 油罐基本参数和尺寸

公称容积 (m³)	计算容积 (m³)	储罐内径 φ (mm)	罐壁高度 (mm)	拱顶高度 (mm)	总高 (mm)	底圈	二	三	四	五	六	七	八	九	十	十一	十二	拱顶板厚 (mm)	中幅板 (mm)	边缘板 (mm)	浮盘板厚 (mm)	罐体材料	设计温度/设计压力 (℃/kPa)	储罐总重 (kg)
100	110	4500	7850	477	8327	6	6	6	6	6								5.5	6	6	5	Q235-A.F		8170
200	220	5500	10260	587	10847	6	6	6	6	6	6							5.5	6	6	5			12620
300	320	6500	10650	695	11345	6	6	6	6	6	6							5.5	6	6	5			15980
400	430	7500	10650	805	11455	6	6	6	6	6	6							5.5	6	6	5	Q235-A.F		19280
500	530	8200	11000	881	11881	6	6	6	6	6	6							5.5	6	6	5			22220
600	635	9000	11000	969	11969	6	6	6	6	6	6							5.5	6	6	5			25835
700	764	9200	12500	991	13491	6	6	6	6	6	6							5.5	6	6	5			28720
800	864	10000	12000	1078	13078	6	6	6	6	6	6							5.5	6	6	5		−19~80/0	31925
1000	1140	11500	12000	1254	13254	7	6	6	6	6	6	6						5.5	6	7	5			39430
1500	1650	13000	13500	1405	14905	8	7	6	6	6	6	6						5.5	6	7	5	Q235-A		51425
2000	2186	14500	14350	1569	15919	9	8	7	6	6	6	6						5.5	6	7	5			60950
3000	3360	17000	15850	1841	17691	11	10	8	7	6	6	6						5.5	6	9	5			89485
5000	5360	21000	16500	2278	18778	13	12	11	9	8	7	6	6	6	6			5.5	7	9	5	20R		134485
10000	10700	30000	16500	3260	19760	19	17	15	13	11	9	7	6	6	6			5.5	7	10	5			286520
20000	22400	42000	17500	4546	22046	20	18	16	14	12	10	8	8	8	8			5.5	7	12	5	16MnR		510885
30000	31300	44000	22000	4788	26788	28	25	22	20	18	16	13	11	9	9	9	9	5.5	7	12	5			690270

4. 卧式/立式油罐（建设部标准图集02R111《小型式、卧式油罐图集》）

(1) 适用范围。本图集中的油罐适用于储存工业或民用设施中常用的燃料油。

1) 压力：常压。

2) 温度：−90~200℃。

3) 介质：燃料油（柴油、汽油等）。

(2) 基本参数和尺寸：见表9-43~表9-45。

表 9-43 1m³、3m³ 立式油罐基本参数和尺寸

序号	项目 公称容积 (m³)	筒体主要尺寸 (mm×mm×mm) 直径×高度×壁厚	底板、盖板厚 (mm)	壳体材料	设备金属总质量 (kg)
1	1	1100×1300×5	5	Q235-A	340
2	3	1600×1600×5	6	Q235-A	605

表 9-44 5~100m 卧式油罐基本参数和尺寸

序号	项目 公称容积 (m³)	筒体主要尺寸 (mm×mm×mm) 直径×长度×壁厚	封头壁厚 (mm)	壳体材料	设备金属总质量 (kg)
1	5	1200×4500×6	6	20R	1175
2	10	1600×4900×6	6	20R	1775
3	15	1800×5900×6	6	20R	2345
4	20	2000×6400×6	6	20R	2950

续表

项目 序号	公称容积 （m³）	筒体主要尺寸（mm×mm×mm） 直径×长度×壁厚	封头壁厚 （mm）	壳体材料	设备金属 总质量（kg）
5	25	2200×6400×8	8	20R	4155
6	30	2400×6500×8	8	20R	4680
7	40	2600×7400×8	8	20R	5675
8	50	2800×7800×8	8	20R	6395
9	80	3000×11400×10	10	20R	11290
10	100	3000×14600×10	10	20R	13685

表 9-45　　　　　　　　　　　**5～100m 埋地卧式油罐基本参数和尺寸**

项目 序号	公称容积 （m³）	筒体主要尺寸（mm×mm×mm） 直径×长度×壁厚	封头壁厚 （mm）	壳体材料	设备金属 总质量（kg）
1	5	1200×4500×6	6	20R	1310
2	10	1600×4900×8	8	20R	2435
3	15	1800×5900×8	8	20R	3170
4	20	2000×6400×8	8	20R	3830
5	25	2200×6400×8	8	20R	4300
6	30	2400×6500×10	10	20R	5900
7	40	2600×7400×10	10	20R	7160
8	50	2800×7800×10	10	20R	8170
9	80	3000×11400×10	10	16MnR	12040
10	100	3000×14600×12	12	16MnR	16885

5. 中间油箱（摘自建设部标准图集 02R111《小型式、卧式油罐图集》）

（1）适用范围。适用于二次加压的供油系统，由总油库输油泵送至中间油箱。
设备工作介质为重油，油温小于或等于95℃。容积为 1～5m³。
当油箱贮存轻油时，需增设 Dg100 防火呼吸阀一个。

（2）基本参数和尺寸。中间油箱基本参数和尺寸见表 9-46、表 9-47。

表 9-46　　　　　　　　　　　**1～5m³ 中间油箱基本参数和尺寸（一）**

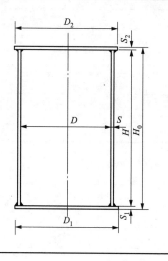

序号	容积（m³）		主要尺寸（mm）						箱壁高	总高	总重（kg）
	公称容积 V_g	设计容积 V_j	箱壁		箱底		箱盖				
			直径 D	厚 S	直径 D_1	厚 S_1	直径 D_2	厚 S_2	H	H_0	
1	1	1.02	900	4.5	925	4.5	925	4	1600	1608.3	206
2	2	2.15	1400	5	1430	6	1430	6	1400	1412	394
3	3	3.22	1600	5	1630	6	1630	6	1600	1612	511
4	5	5.09	1800	5	1830	6	1850	6	2000	2012	693

表 9-47										1～5m³ 中间油箱基本参数和尺寸（二）					

表 9-47　　　　　　　　　1～5m³ 中间油箱基本参数和尺寸（二）

序号	容积（m³）		主要尺寸（mm）									
	公称容积 V_g	设计容积 V_j	箱壁		箱底		箱盖		箱壁高	箱盖高	总高	总重（kg）
			直径 D	厚 S	直径 D_1	厚 S_1	直径 D_2	厚 S_2	H	h	H_0	
1	10	10.1	2200	6	2240	6	2260	5	2600	196	2802	1151
2	20	20.2	2800	6	2840	6	2860	5	3200	248	2654	1936
3	32	31.6	3000	6	3050	8	3060	6	4400	265	4673	3538
4	50	50.2	3600	8	3650	8	3660	6	4800	317	5125	4632

（三）油处理设备

燃气轮机电厂常用的油处理设备主要有离心式及静电式两种。离心式生产厂家主要有德国的 Alfa Laval 公司和 Westfalia 公司，静电式生产厂家主要有法国的 BAKER HUGHES 公司和国内的江苏金门能源装备有限公司。

1. 离心式油分离机

（1）FOCUS 型燃油分离装置。Alfa Laval 公司生产的 FOCUS 型燃油分离装置用于处理燃油中的杂质，主要去除其中的微量金属钠、钾以及水分、固体颗粒。

1）FOCUS 主要处理能力如图 9-32 所示。

2）主要特点：

a. 完全达到燃气轮机入口燃油标准。

b. 有效分离燃油中的水及固体杂质。

c. 运行可靠。

d. 无须预过滤处理。

e. 全自动，无人值守运行。

f. 运行成本较低。

3）FOCUS 型燃油分离装置主要参数及各种消耗指标见表 9-48。

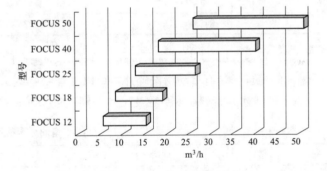

图 9-32　FOCUS 主要处理能力

注：2 号蒸馏油，分离温度为 30℃，处理其他油品需乘以折减系数。

表 9-48　　　　　　　FOCUS 型燃油分离装置主要参数及各种消耗指标

型　号	FOCUS12	FOCUS18	FOCUS25	FOCUS40	FOCUS50
主电源电压（V）	3 相 400/440/480×（1±10％）				
控制电源电压（V）	40 DC/230 AC				
频率（Hz）	50/60×(1±5％)				
供水压力（kPa）	200～600				
油进口压力	吸入油压				
油最大出口压力（kPa）	350	250	350	400	400
最大排污压力	500～700kPa				
最小保护等级	IP54				
电耗（kW）	14.0	15.4	19.5	28.0	28.5
水耗（每排放一次，m³）	0.024	0.040	0.040	0.040	0.040
气耗（每排放一次）	约 1m³，最大流量 0.150m³/min（标准状态）				

4）FOCUS 型燃油分离装置设备尺寸见表 9-49。

表 9-49　　　　　　　　　　　　　　　**FOCUS 型燃油分离装置设备尺寸**

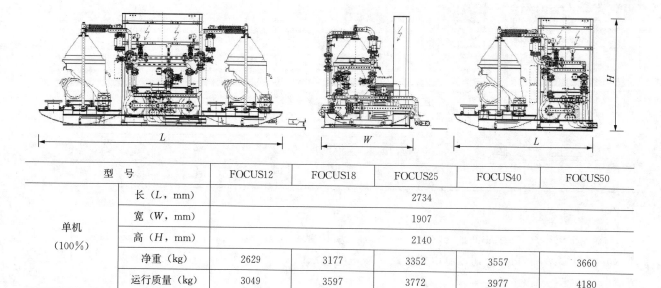

型　号		FOCUS12	FOCUS18	FOCUS25	FOCUS40	FOCUS50
单机 （100%）	长（L，mm）	2734				
	宽（W，mm）	1907				
	高（H，mm）	2140				
	净重（kg）	2629	3177	3352	3557	3660
	运行质量（kg）	3049	3597	3772	3977	4180
双机 （200%） 一用一备	长（L，mm）	4815				
	宽（W，mm）	1907				
	高（H，mm）	2140				
	净重（kg）	4547	5643	5993	6403	6610
	运行质量（kg）	5387	6483	6833	7243	7610

（2）Westfalia OSE 型油分离机。Westfalia 生产的 OSE 型油分离机专门用于柴油机和燃气轮机电厂燃油的处理，装有自动清洗碟片，可以处理密度达 1.01g/mL 的燃油。

OSE 型油分离机基本参数及尺寸分别见表 9-50、表 9-51。

表 9-50　　　　　　　　　　　　　　　**OSE 型油分离机基本参数**

型号		OSE5	OSE10	OSE20	OSE30	OSE40	OSE80	OSE120
电机								
额定功率（kW）	50Hz	4.0	4.0	7.7	1.1	18.5	30.0	
	60Hz	4.6	4.6	8.6	1.1	21.0	35.0	60.0
转速（r/min）	50Hz	3000					1500	1800
	60Hz	3600					1800	1800
类型		IM V1						
保护等级		IP55						
离心泵								
压力（MPa）		0.1	0.1	0.1～0.2		0.2	0.2	0.2～0.3
重量和运输参数								
整机重量（kg）		150	205	320	365	1060	1620	2500
装箱尺寸（长×宽×高，mm）		1100×600×1000	1280×700×1030	1300×870×1030		1800×1000×1400	1800×1050×1600	2000×1500×2100
运输体积（m³）		0.66	0.92	1.17	1.17	2.50	3.00	6.00

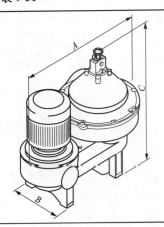

表 9-51   **OSE 型油分离机尺寸**   mm

型号	A	B	C
OSE5	760	401	759
OSE10	846	544	880
OSE20	1005	550	1009
OSE30	1018	580	1015
OSE40	1283	737	1288
OSE80	1611	867	1503
OSE120	1778	1190	1942

2. 重质燃料油静电处理线成套设备

（1）设备组成

重质燃料油静电处理线成套设备由重油输送泵模块、重油-净油换热模块、重油蒸汽加热模块、除盐水-污水换热模块、注水模块、破乳剂与脱金属剂注入模块、静电油水分离器模块、采样收集模块、PLC 中央控制系统、机泵配电开关柜等组成。主要装备如下：

1）重油输送泵模块：选用两台三螺杆泵或双螺杆泵，作为重油输送泵，一用一备。重油泵适宜于输送黏度高的重质油品。重油泵系统由过滤器、重油泵、电动机、泵入口压力开关、泵出口带电接点的压力表、单向阀等组成。过滤器可以过滤重油中的杂质，保证泵的安全运行。泵入口压力开关保证泵在油罐油位低时不会抽空。带电接点的压力表可以在泵出口压力超高时，停泵以保证安全。电动机选用防爆型电动机。以上设备全部布置在一个模块上，见图 9-33。

2）重油-净油换热模块：采用板式换热器，用于回收净化重油余热，板式换热器换热效率高、结构紧凑，与配套的阀门、管线安装在一个模块上，见图 9-34。

3）重油蒸汽加热模块：采用列管式换热器，该换热器用蒸汽加热重油，以达到静电油水分离的最佳温度。重油蒸汽加热器布置在一个模块上，见图 9-35。

图 9-33   重油输送泵模块

图 9-34   重油-净油换热模块

图 9-35   重油蒸汽加热模块

4）除盐水-污水换热模块：采用列管式换热器，该换热器用于污水的热能回收。除盐水-污水换热器布置在一个模块上，见图 9-36。

5）注水模块：二级注水泵、反冲洗泵选用多级离心式水泵，配带防爆式电动机，在泵入口加过滤网，过滤水中的杂质；泵出口安装单向阀，防止液体倒流。一级注水泵选用热水泵，配备防爆电动机，这种热水泵密封采用机械密封，避免了高温热水的泄漏，泵前加过滤网，过滤水中的杂质。泵出口安装单向阀，防止液体倒流。注水泵布置在一个模块上，见图9-37。

6）破乳剂与脱金属剂注入模块：注破乳剂及注脱金属剂注入泵选用计量泵，配备防爆电动机，在泵入口加过滤网，过滤杂质，保证泵的安全。泵出口安装安全阀，防止超压发生事故。计量泵选用双柱塞计量泵，可分别对一、二级破乳剂及脱金属剂注入量进行准确调节。注破乳剂及注脱金属剂注入泵和破乳剂及脱金属剂储罐一起布置在一个模块上，见图9-38。

图9-36 除盐水-污水换热模块

图9-37 注水模块

图9-38 破乳剂与脱金属剂注入模块

7）静电油水分离器模块：静电油水分离器为一个承压的卧式分离罐，电极从左至右布满在分离罐内，分离器上部安装若干台100％阻抗防爆升压变压器，采用高压电引入装置将高压电引入到分离罐内电极上，建立起一个巨大的高压静电场。当重油从分离罐底部向上浮升经过高压静电场时，含盐水滴聚集成大水滴沉降至分离罐底，由排水管引出分离罐外。处理后的不含盐的重油从重油集合管流出分离罐外。油水分离罐为两级串联运行。静电油水分离器模块由分离罐、100％阻抗防爆升压变压器、分离罐内构件以及相应仪表等组成。重油脱除金属离子的过程在该模块完成。油水分离器模块在现场组装完成，见图9-39。

8）采样收集模块：采样收集模块主要由采样器、冷却器、污油箱、液位开关、污油泵等组成，它可以将采样排出的污油及时回收，当污油箱中液位达到一定高度时，液位开关动作，污油泵启动将污油输出，当污油箱中液位低到一定高度时，液位开关动作，污油泵停止，见图9-40。

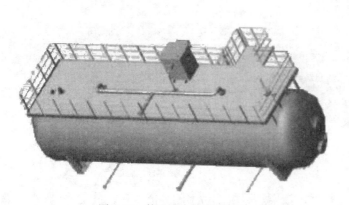

图9-39 静电油水分离器模块

图9-40 采样收集模块

9）PLC 自动控制系统：成套设备选用德国西门子公司的 87-300 和美国，戴尔（DELL）工控机组成自动控制系统。该系统性能可靠、维护方便，可以保证系统的长周期平稳运行。该系统包括 PLC 机柜、备用电源、PLC 主机、操作台、操作站等。

10）机泵配电开关柜（3 台）：为现场所有机泵提供电源的开关柜，可以实现现场所有机泵的启动和停止，装有状态指示灯，可以显示所有机泵的开、停状态。

（2）成套设备性能。

1）重质燃料油处理前后指标见表 9-52。

表 9-52　　　　　　　　　　　　　　　　　重质燃料油处理前后指标

指　标	处　理　前	处　理　后
密度（kg/m³）	≤980	
黏度（50℃，mm²/s）	≤180	
钠＋钾（×10⁻⁶）	≤70	≤0.7
含水率（％体积）	≤1	≤0.5
钙（×10⁻⁶）	≤70	≤5
排水中含油（×10⁻⁶）		≤0.0015

2）成套设备消耗指标见表 9-53。

表 9-53　　　　　　　　　　　　　　　　成套设备消耗指标

消　耗　品	消　耗　量
电耗（kWh/t）	≤2.5
水耗（kg/t）	≤50
蒸汽消耗（kg/t）	≤30
破乳剂消耗（kg/t）	≤0.1
脱金属剂消耗（kg/t）	如果 Ca 含量不高可不加

3）重油静电处理成套设备占地尺寸见表 9-54。

表 9-54　　　　　　　　　　　　　　　重油静电处理成套设备占地尺寸

设　备　名　称	占地尺寸（m）
15m³/h 重油静电处理成套设备	12×16
20m³/h 重油静电处理成套设备	12×16
50m³/h 重油静电处理成套设备	12×22
70m³/h 重油静电处理成套设备	15×26
80m³/h 重油静电处理成套设备	15×26
100m³/h 重油静电处理成套设备	15×35

三、燃油系统设计实例

（1）典型的燃气轮机电站燃油系统流程见图 9-41～图 9-43。

（2）典型油罐区布置见图 9-44。

（3）典型油处理车间布置见 9-45、图 9-46。

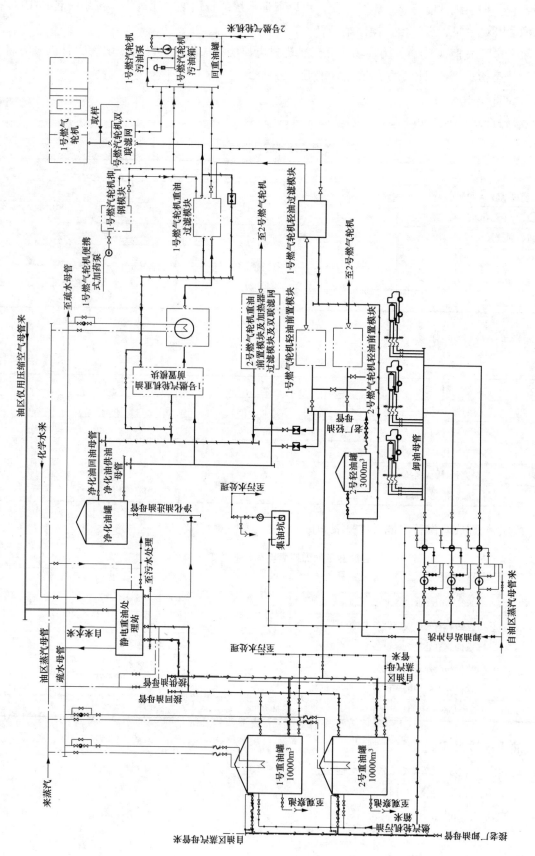

图 9-41 典型燃气轮机燃油系统流程图（一）

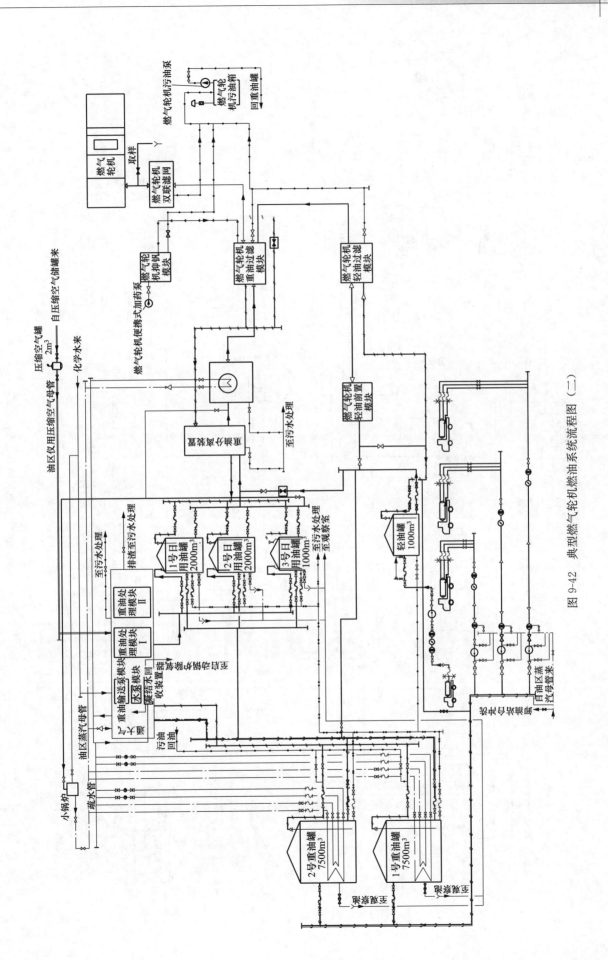

图 9-42 典型燃气轮机燃油系统流程图 (二)

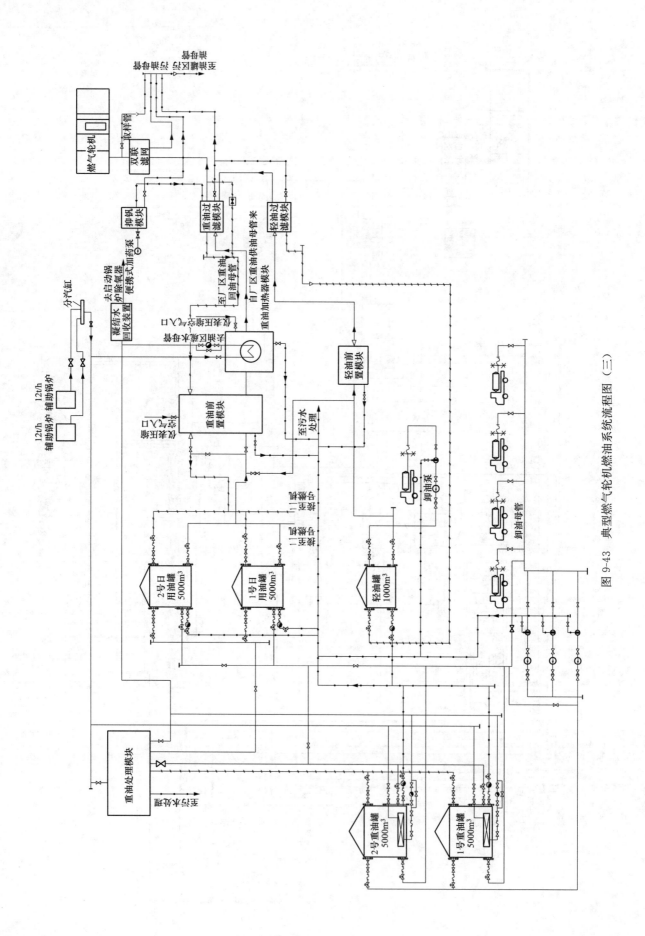

图 9-43 典型燃气轮机燃油系统流程图（三）

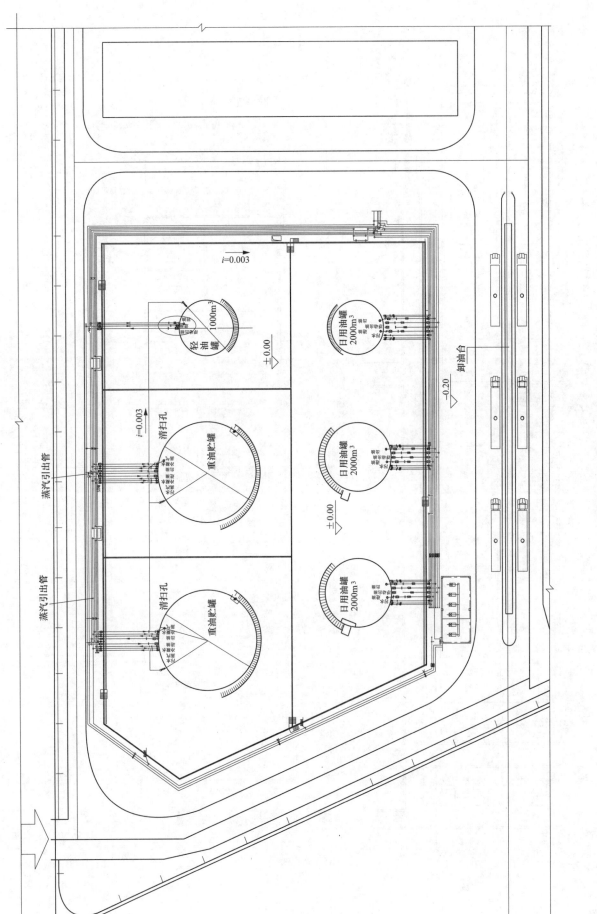

图 9-44　典型油罐区布置图

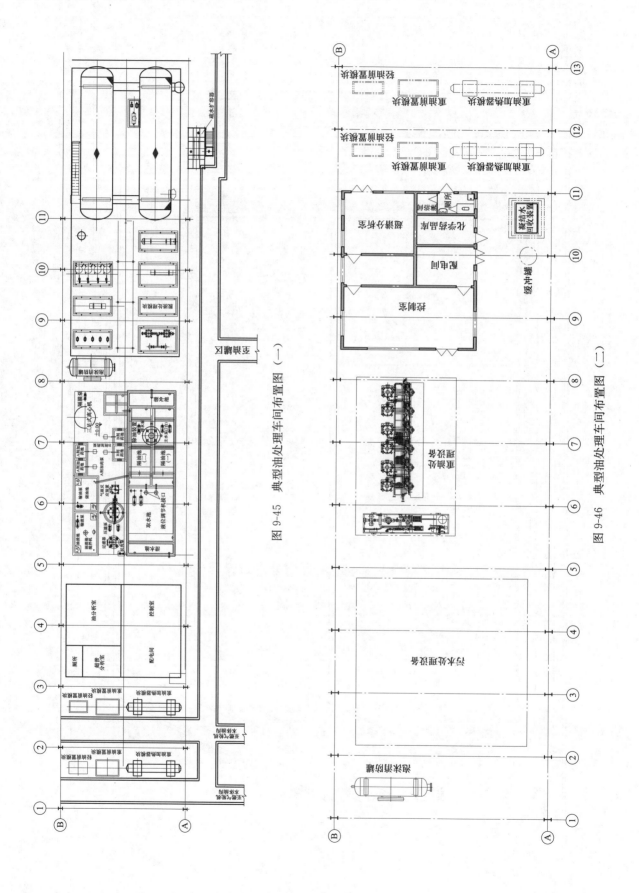

图 9-45 典型油处理车间布置图（一）

图 9-46 典型油处理车间布置图（二）

第十章 压缩空气系统

第一节 压缩空气的应用及消耗量计算

一、燃气轮机电厂压缩空气的应用及要求

燃气轮机发电厂压缩空气的用户主要有燃气轮机本体用气、余热锅炉仪用气、汽轮机仪用气、水工仪用气、机务吹扫用气等。通常燃气轮机本体用气由燃气轮机自带的压缩空气系统提供，其余用气由电厂压缩空气站供应，其负荷按其功能可分为仪表与控制用气和检修作业用气两大类。

（一）仪表与控制用气

仪表与控制用气简称仪用气，为连续供气。且必须保证在燃气轮机停机、汽轮机跳机工况下5～10min的耗气量供应。

仪表与控制气源必须经过除油、除水、除尘、干燥等空气净化处理，其气源品质应符合以下要求：

（1）供气压力：0.5～0.8MPa。

（2）露点：工作压力下的露点温度应比工作环境的下限值低10℃。

（3）含尘：气源中含尘微粒直径应不大于3μm，含尘量应不大于1mg/m³。

（4）含油：气源中油分含量应不大于8mg/kg。

（5）仪表与控制气源中应不含易燃、易爆、有毒、有害及腐蚀性气体或蒸汽。

（二）检修作业用气

检修作业用气简称厂用气，为间歇供气，仅在检修时使用。对压缩空气品质无特殊要求，一般要求空气压缩机出口满足压力需求即可。供气压力通常为0.3～0.7MPa。

二、压缩空气耗量计算

（一）仪表与控制压缩空气消耗量

压缩空气的计算流量应以各用气设备的最大耗气量为依据，即

$$Q = K_1 \sum Q_c$$

式中　Q——计算流量（标准状态），m³/min；

　　K_1——损耗系数，可取1.5；

　　$\sum Q_c$——各用气设备最大耗气量总量（标准状态），m³/min。

对于气动控制设备，其总耗气量可按下列公式计算，即

$$Q_t = Q_j + Q_d$$

式中　Q_t——总耗气量（标准状态），m³/h；

　　Q_j——静态耗气量（标准状态），m³/h；

　　Q_d——动态耗气量（标准状态），m³/h。

对于静态耗气量Q_j，调节型气动执行器静态耗气量可根据定位器的耗气量数值估算，开关型气动执行器耗气量数值可取零。

对于动态耗气量Q_d，可按照下列公式计算，即

$$Q_d = V \times n \times 9.87 \times (273 + 20) \times p / (273 + t)$$

式中　Q_d——动态耗气量，Nm³/h；

V——动作容积，m^3；

n——动作频率，次/h；

p——压缩空气的工作压力，MPa；

t——环境温度，℃。

（二）检修作业用气

厂用检修气仅在检修时使用，用于吹扫及风动工具等，属间歇式用气，其用量难以准确计算，常根据电厂规模及经验确定其耗量，在生产中也可根据运维合理安排使气量能满足使用需求。

（三）压缩空气站容量及机组台数

（1）发电厂压缩空气气源装置运行总容量应能满足仪表与控制气动仪表和设备的最大耗气量。

（2）宜设置 1 台检修备用和 1 台运行备用的空气压缩机；对于较小的机组，也可只设置 1 台备用压缩机。

（3）当压缩机停用时，仪表与控制用压缩空气系统的贮气罐的容量应能维持不小于 5min 的耗气量。

（4）备用压缩机兼厂用检修作业供气。

（5）当压缩空气净化装置采用有热或无热再生吸附干燥器时，其设计运行容量还需分别增加 8%～10%或者 15%～20%再生自耗气量。

（6）在高原地区建设的压缩空气站，其设计容量还应根据所在地区的海拔进行修正，见表 10-1。

表 10-1 高原修正系数表

海拔（m）	0	305	610	914	1219	1524	1829	2134	2438	2743	3048	3658	4572
修正系数	1.0	1.03	1.07	1.10	1.14	1.17	1.20	1.23	1.26	1.29	1.32	1.37	1.43

第二节 压缩空气系统设计

一、压缩空气工艺系统

（一）压缩空气系统的设计方式

现有火力发电厂压缩空气系统的设计大致可分为以下 3 种方式：

（1）按专业需求分散设计，分散布置。

常用方式是燃气轮机区域配有独立空压机，锅炉汽轮机与全厂公用部分共用空气压缩机，每台机组设置一台备用，控制在机组 DCS 系统。

（2）按专业需求分散设计，集中布置。

物理集中，系统分开，集中管理，减少建筑物。空气压缩机的控制系统和空气压缩机的备用量与第一种系统设计方式相同。

（3）按专业需求联合设计、集中布置，出口母管连接，系统运行分开，公用备用空气压缩机。

设全厂空气压缩机站，按专业需求联合设计、集中布置、系统运行分开，空气压缩机出口设母管，母管上设隔离阀，公用备用空气压缩机。所有空气压缩机出口接入总母管，设有保证系统正常运行的措施，如在备用空气压缩机与母管连接处的两侧设置单向阀、电动阀；从母管引出的厂用气管道上也设置电动阀；从母管引出不同数量用途的仪用用气支管分别进入各自的空气干燥设备、储气罐，最终供气至不同的用户。全厂空气压缩机的控制在机组 DCS 系统。

（二）压缩空气站的设计要求

1. 压缩空气站工艺设计

（1）空气压缩机的台数宜为 3～6 台（套），并宜采用同一型号的空气压缩机。在正常负荷下供气压力波动幅度不宜超过 0.05MPa；当负荷变化较频繁时，宜选用 1~2 台具有变容或变频等节能型气量调节功能的空气压缩机。

（2）除排风热量回收利用的情况外，风冷空气压缩机组的空气冷却排风宜排至室外。空气压缩机后应设储气罐，其排气口与储气罐之间应设后冷却器，储气罐宜布置在空气压缩机与干燥净化装置之间。

（3）压缩空气干燥装置应满足用户对空气干燥度及空气处理量和压力的要求；并应设置备用压缩空气干燥装置；压缩空气干燥装置的总处理容量，应能根据站房实际运行负荷进行调节，通常采用压缩空气干燥装置与空气压缩机台数相同或部分压缩空气干燥装置选用变频调节型产品来实现。

吸附式压缩空气干燥装置应设在储气罐后；进入压缩空气干燥装置的压缩空气温度及含油量，应符合压缩空气干燥装置的要求。

（4）压缩空气过滤器的设置，除应满足工艺对压缩空气净化等级的要求外，尚应符合下列要求：应在空气干燥装置前、后设置压缩空气过滤器；要求不能中断供气的用户，应设置备用压缩空气过滤器。压缩机与储气罐之间不应装切断阀，当需要装设切断阀时，在空气压缩机与切断阀之间，必须装设安全阀。压缩机与止回阀之间，必须设置放空管。放空管上应装防喘振调节阀和消声器。

（5）储气罐上必须装设安全阀。储气罐与供气总管之间应装设切断阀。装有压缩空气干燥装置和过滤装置的系统应设气体分析取样阀。空气压缩机的吸气、排气管道及放空管道的布置，应采取减少管道振动对建筑物影响的措施。

2. 压缩空气站组成及设备布置

（1）压缩空气站除机器间外，宜设置辅助间，其组成和面积应根据压缩空气站的规模、空气压缩机的形式、机修体制、操作管理模式及企业内部协作条件等因素确定。螺杆空气压缩机易损件少，备品备件较少，机组自带控制设备，其站房辅助间可简单一些；离心空气压缩机站房除设置一般压缩空气站所需辅助间外，还可设置贮存间、机修间、吸气消声室及生活间等，其组成要复杂一些，面积相应也要大一些。

（2）压缩空气储气罐的布置应符合下列要求：应布置在室外或独立建筑内。储气罐布置在室外时，宜布置在建筑物的阴面，如在阳面设置宜加设遮阳棚。立式储气罐与机器间外墙的净距不应小于 1m，并不宜影响采光和通风。布置在室外的罐组宜设置通透的围栏。在室外布置有困难时，工作压力小于 10MPa、含油等级不低于 3 级的压缩空气储气罐可布置在室内。

（3）螺杆空气压缩机组宜单排布置。机器间通道的宽度应根据设备操作、拆装和运输的需要确定。空气压缩机组机器间通道的净距见表 10-2。

表 10-2 空气压缩机组机器间通道的净距 m

名　称		空气压缩机额定容积流量 $Q(\text{m}^3/\text{min})$		
		$Q<10$	$10 \leqslant Q<40$	$Q \geqslant 40$
机器间的主要通道	单排布置	1.5		2.0
	双排布置	1.5	2.0	
空气压缩机组之间或空气压缩机与辅助设备之间的通道		1.0	1.5	2.0
空气压缩机组与墙之间的通道		0.8	1.2	1.5

（4）当空气干燥净化装置设在压缩空气站内时，宜布置在靠辅助间的一端。

（5）单台压缩机额定容积流量等于或大于 $20\text{m}^3/\text{min}$ 且总安装容量等于或大于 $60\text{m}^3/\text{min}$ 的压缩空气站，宜设检修用起重设备；其起重能力，应按空气压缩机组检修时最重的起吊部件确定。

（6）空气压缩机组的联轴器和皮带传动部分必须装设安全防护设施。空气压缩机的吸气过滤器应安装在便于维修之处；平台和扶梯的设置应根据日常操作和维护的需要确定。压缩空气站内的平台、扶梯、地坑及吊装孔周围均应设置防护栏杆。栏杆的下部应设防护网或板。压缩空气站内的地沟应能排除积水，并应铺设盖板。

（三）压缩空气管道系统设计

1. 仪表与控制用压缩空气配气系统

（1）仪表与控制用压缩空气至主厂房及各辅助车间的供气母管，对 300MW 及以上机组宜采用双母管；对 200MW 及以下机组可采用环状管网或双母管供气。

（2）配气网络中分支配气母管宜采用单母管供气方式或单母管环形供气方式。采用单母管供气方式或单母管环形供气方式的分支配气母管的气源应引自配气网络的供气双母管。

（3）对分散布置或者耗气量波动较大的用气设备宜采用单线配气方式供气。当用气设备布置较为集中时，可根据用气设备的分布情况设置气源分配器，至各用气设备的配气支管从气源分配器引出。

（4）配气网络隔离阀、过滤减压阀等设备配置应符合下列规定：

1）以下地点应装设气源隔离阀门：

a. 供气母管的进气侧。

b. 分支配气母管的进气侧，即供气母管至分支配气母管的供气侧。

c. 各配气支管的进气侧。

d. 各用气仪表及用气设备过滤减压装置前。

2）每个功能独立的用气设备前应安装空气过滤减压阀，各空气过滤减压阀应尽量靠近供气点。对用气点集中的场合，可采用有互为备用的大容量集中过滤减压装置。

3）各用气设备的气源隔离阀应安装在空气过滤减压器上游侧，并尽量靠近各空气过滤减压器。当采用集中过滤减压装置时，集中过滤减压装置的前、后端及集中过滤减压装置下游侧的每个支路上应安装气源隔离阀。

4）用于机组重要保护的用气设备可装设专用的小型储气罐。

（5）配气网络仪表设置应符合下列规定：

1）配气网络中的供气母管，包括至锅炉、汽轮机、化学、除灰、脱硫、脱硝等工艺系统上应安装压力测量装置。

2）配气网络中的配气分支母管上应安装就地压力表。当采用集中过滤减压装置时，其气源引入侧及引出侧应安装就地压力表。

3）仪用压缩空气压力低时应在集中控制室进行报警。

（6）配气网络的管路选择及管路敷设应符合下列规定：

1）配气支管的管径应根据用气设备的选型及耗气量确定，最小宜为 $\phi 8 \times 1 \text{mm}$。

2）分支配气母管的管径选取范围可按照表 10-3 确定，特殊供气点的管径应按照流量要求另行计算选取。

表 10-3　　　　　　　　　　　　分支配气母管的管径选取范围

管径	DN15	DN20	DN25	DN40	DN50	DN65	DN80
供气点数（个）	10	10～15	16～50	51～100	100～150	151～250	250 以上

3）仪用压缩空气供气母管及分支配气母管应采用不锈钢管，至仪表及气动设备的配气支管管路宜采用不锈钢管或紫铜管。

4）仪表控制气源系统管路上的隔离阀门宜采用不锈钢截止阀或球阀。

2．检修作业配气系统

（1）燃气轮机电厂检修作业供气通常采用枝状管网系统。

（2）管材一般采用镀锌钢管。隔离阀门采用普通碳钢截止阀。

3．压缩空气管路的敷设及安装要求

（1）配气网络的供气管路宜采用架空敷设方式，管路敷设时，应避开高温、腐蚀、强烈振动等环境恶劣的位置。供气管路敷设时应有 0.1‰～0.5‰ 的倾斜度，在供气管路某个区域的最低点应装设排污门。

（2）架空敷设的供气管路与其他架空管线的净距应符合 GB 50029《压缩空气站设计规范》中的规定。

（四）燃气轮机电站压缩空气系统举例

燃气轮机电站压缩空气系统举例见表 10-4。

表 10-4 燃气轮机电站压缩空气系统举例

序号	燃气轮机电厂	压缩空气系统设置
1	2 台 6B 燃气轮机联合循环电站	空气压缩机（标准状态，12m³/min，0.85MPa），压缩空气后处理装置，储气罐（8m³，1MPa）
2	2 台 SGT5-2000E 单循环燃气轮机电站	空气压缩机［标准状态，10m³/min，0.85～0.92MPa（绝对压力）］、冷冻式干燥器、高效除油器、粗粉尘过滤器、粉尘精滤器、储气罐（10m³，0.85MPa）
3	2 台 9E 燃气轮机单环扩建联合循环电站	空气压缩机（15.1m³/min，1.0MPa，标准状态），压缩空气后处理装置，储气罐（10m³，1MPa）
4	3 台 LM6000PD sprint 型联合循环电站	3 套 5m³/min、0.85MPa（标准状态，绝对压力）空气压缩机；3 套 5m³/min、0.85MPa（标准状态，绝对压力）；3 套高效除油器，3 套粉尘粗过滤器，3 套粉尘精过滤器，3 套储气罐
5	2 台 PG6111FA 型联合循环电站	2 套 95m³/h、1.0MPa 空气压缩机，2 套 95m³/h、1.0MPa 压缩空气净化过滤装置，2 套 10m³、1.2MPa 储气罐
6	单台 9F.04 燃气轮机联合循环电站	3 套 10m³/min、0.8MPa（标准状态）低油螺杆型空气压缩机，3 套后处理装置，1 套检修用储气罐，1 套仪用储气罐
7	西门子 8000H 燃气轮机联合循环电站	燃气轮机单独配置压缩空气系统；汽轮机及共用部分配置 2 台 10m³/min、0.8MPa（标准状态）低油螺杆型压缩机，2 台 20m³、20 钢贮气罐以及后处理装置

某 90MW 级 "2＋2＋1" 联合循环电站，燃气轮机为 GE 公司 PG6581B 型、户外、重型燃气轮机，余热锅炉为双压立式强制循环余热锅炉，汽轮机为 L36-6.7 型冷凝式、无再热、无抽汽汽轮机，燃料采用天然气。压缩空气系统设置 2 套 MM75 Q-12.1m³/min、0.85MPa（标准状态）螺杆式空气压缩机，2 套 IRGP481 高效除油器，2 套 IR135RC 冷冻式干燥器，2 套 IRDP481 粗粉尘过滤器，2 套 IRHE481 粉尘精滤器，2 套 C-8.0/1.0 仪用储气罐，1 套 C-8.0/1.0 厂用储气罐，1 套 C-10.0/1.0 氮气储罐，1 套 BXN-60X2、Q-60m³/min（标准状态）、0.15/0.74kW 制氮装置。

某 90MW 级联合循环电站压缩空气系统图见图 10-1。

某单循环燃气轮机电站配置为 2 台 PG9171E 型燃气轮机发电机，扩建为联合循环电站，每台燃气轮机配一台卧式、双压、无补燃、自然循环、自带整体式除氧器、露天布置的余热锅炉，增设一台双压、无抽汽、凝汽式汽轮机。压缩空气系统配置为 2 套 GA110WP-10、15.1m³/min（标准状态）、1.0MPa（表压）型空气压缩机，2 套压缩空气后处理装置，2 套 10m³ 储气罐。

2 台 PG9171E 型单循环改联合循环电站压缩空气系统图如图 10-2 所示。

某 175MW 联合循环电站，配置 1 套 PG9171E 型燃气轮机发电机，1 套双压、无补燃、带整体除氧器卧式自然循环余热锅炉，1 套次高压、单缸、双压、单轴抽汽凝汽式汽轮机组。压缩空气系统设置 2 套 OGFD-10/9 型、10m³/min（标准状态）、0.9MPa（绝对压力）空气压缩机，1 套 DE0100 型、

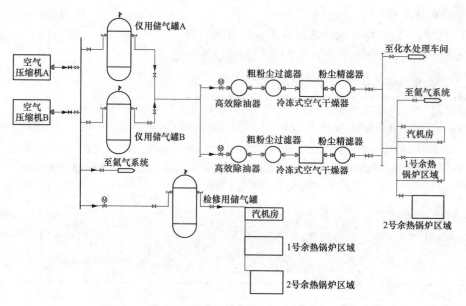

图 10-1　某 90MW 级联合循环电站压缩空气系统图

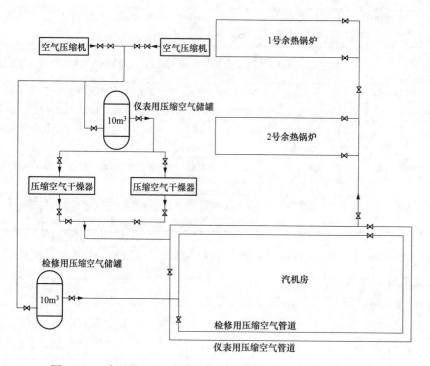

图 10-2　2 台 PG9171E 型单循环改联合循环电站压缩空气系统图

10.2m³/min（标准状态）空气干燥装置，1 套 DF0102-AA 型、12.5m³/min（标准状态）前置过滤器，1 套 DF0102-AR 型、12.5m³/min（标准状态）后置过滤器，2 套 10m³ 压缩空气储气罐。

某 175MW 联合循环电站压缩空气系统图如图 10-3 所示。

二、压缩空气系统的主要设备及选型

（一）空气压缩机

燃气轮机电厂压缩机常用形式为螺杆式压缩机。螺杆式压缩机内部平行布置两个按一定传动比反向旋转而又互相啮合的螺旋形转子，螺杆式压缩机转速高，没有气阀、活塞环等易损件，进、排气均匀，无压力脉动，喷油螺杆压缩机可获得高的单级压力比以及低的排气温度，具有强制输气的特点，

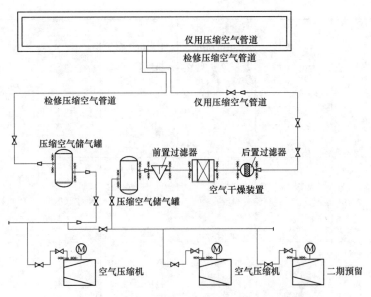

图 10-3　某 175MW 联合循环电站压缩空气系统图

工作点在较大范围内变化时，机械效率变化不大。英格索兰螺杆压缩机型号及规格见表 10-5～表 10-9。

表 10-5　　　　　　　　　　　英格索兰喷油螺杆空气压缩机型号及规格汇总表

型号	排气压力（MPa）	容积流量（m³/min）	主电动机名义功率（kW）	电源电压 V/相数 P（Hz）	冷却方式	外形尺寸（长×宽×高，$L×W×H$，mm×mm×mm）	质量（kg）
UP5-15-7	0.75	2.41	15	380/3/50	风冷	1315×920×1050	509
UP5-15-8	0.85	2.36					
UP5-15-10	1.0	2.07					
UP5-15-14	1.4	1.61					
UP5-18-7	0.75	3.0	18.5	380/3/50	风冷	1315×920×1050	532
UP5-18-8	0.85	2.87					
UP5-18-10	1.0	2.61					
UP5-18-14	1.4	2.01					
UP5-22-7	0.75	3.54	22	380/3/50	风冷	1315×920×1050	540
UP5-22-8	0.85	3.34					
UP5-22-10	1.0	3.11					
UP5-22-14	1.4	2.32					
UP5-30-7	0.75	5.6	30	380/3/50	风冷	1712×1379×1344	1028
UP5-30-8	0.85	5.0					
UP5-30-10	1.0	4.7					
UP5-30-14	1.4	3.9					
ML37-PE	0.75	6.2	37	380/3/50	风冷	1712×1379×1344	1064
MM37-PE	0.85	6.0					
MH37-PE	1.0	5.7					
MXU37-PE	1.4	4.8					

型号	排气压力（MPa）	容积流量（m³/min）	主电动机名义功率（kW）	电源电压 V/相数 P（Hz）	冷却方式	外形尺寸（长×宽×高，$L \times W \times H$，mm×mm×mm）	质量（kg）
ML45	0.75	7.4	45	380/3/50	风冷或水冷	1605×1689×1696	953
MM45	0.85	7.1					
MH45	1.0	6.5					
ML55	0.75	10.1	55	380/3/50	风冷或水冷	1605×1689×1696	1270
MM55	0.85	9.1					
MH55	1.0	8.3					
MJ55	1.14	7.6					
ML55	0.75	13.0	75	380/3/50	风冷或水冷	1605×1689×1696	1315
MM55	0.85	12.1					
MH55	1.0	11.0					
MJ55	1.14	10.2					
ML90	0.75	17.1	90	380/3/50	风冷或水冷	3200×1587×1905	2617
MM90	0.85	15.3					
MH90	1.0	14.0					
ML110	0.75	20.0	110	380/3/50	风冷或水冷	3200×1587×1905	2640
MM110	0.85	19.2					
MH110	1.0	17.5					
ML132	0.75	23.5	132	380/3/50	风冷或水冷	3200×1587×1905	2702
MM132	0.85	22.3					
MH132	1.0	21.0					
ML160	0.75	28.0	160	380/3/50	风冷或水冷	3200×1587×1905	2731
MM160	0.85	26.0					
MH160	1.0	25.0					
ML200	0.75	34.3	200	380/3/50 或 6KV	风冷或水冷	4000×1930×2146 或 4650×1930×2146	4030 或 4830
MM200	0.85	32.9					
MH200	1.0	30.2					
ML250	0.75	43.9	250	380/3/50 或 6KV	风冷或水冷	4000×1930×2146 或 4650×1930×2146	4934 或 5860
MM250	0.85	42.5					
MH250	1.0	38.8					
ML300-2S	0.75	60.2	300	380/3/50 或 6KV	风冷或水冷	4000×1930×2146 或 4650×1930×2146	7190 或 7370
MM300-2S	0.85	56.0					
MH300-2S	1.0	52.1					
MJ300-2S	1.4	44.3					
ML350-2S	0.75	69.2	350	380/3/50 或 6KV	风冷或水冷	4000×1930×2146 或 4650×1930×2146	7630 或 8100
MM350-2S	0.85	64.1					
MH350-2S	1.0	59.5					
MJ350-2S	1.4	50.2					

表 10-6　　　　　　　　　　**UP 系列喷油螺杆空气压缩机技术参数**

机 型				UP2-15	UP5-18	UP5-22	UP5-30
排气压力	代号		MPa	容积流量 (m³/min)	(最低操作压力 0.45MPa)		
	7	0.75		2.41	3	3.54	5.6
	8	0.85		2.36	2.87	3.34	5
	10	1		2.07	2.61	3.11	4.7
	14	1.4		1.61	2.01	2.32	3.9
冷却	冷却方式			风冷			
	后冷却器 CTD (℃)			7	10.5	15	15
	冷却风量 (m³/min)			由主电动机驱动			
	冷却剂容量 (L)			13	13	13	21
主电动机	电机型号			IY160L-4	IY180M-4	IY180L-4	IY200L-4
	名义功率 (kW)			15	18.5	22	30
	服务系数 SF			1.15			
	电机转速 (r/min)			1470	1474	1475	1480
	绝缘等级			F			
	防护等级			IP 55 (TEFC)			
	电源			380V/3PH/50Hz			
	启动方式			Yd			
	额定电流 (A)			28	35	39	56.2
	启动电流 (A)			138	169	184	205
机组	运行温度 (℃)			0～40			
	运行海拔 (m)			<1000			
	传动方式			皮带传动			
	机组噪声			75			69
	气体含油量 (mg/L)			≤3			
	机组外形 (长×宽×高, mm×mm×mm)	底座型		1315×920×1050			1712×1379×1344
		500L 气罐型		2092×914×1760			—
		750L 气罐型		2205×914×1887			—
	机组质量 (kg)	底座型		509	532	540	1028
		500L 气罐型		730	753	761	—
		750L 气罐型		801	824	832	—

表10-7

M 系列喷油螺杆空气压缩机技术参数

机型			M37	M45	M55	M75	M90	M110	M132	M160	M200	M250	M300-2S	M350-2S
排气压力	MPa	代号	容积流量 (m³/min, FAD) （最低操作压力 0.45MPa）											
	0.75	L	6.2	7.4	10.1	13	17.1	20	23.5	28	34.3	43.9	60.2	69.2
	0.85	M	6	7.1	9.1	12.1	15.3	19.2	22.3	26	32.9	42.5	56	64.1
	1	H	5.7	6.5	8.3	11	14	17.5	21	25	30.2	38.8	52.1	59.5
	1.4	J	4.8	—	7.6	10.2	—	—	—	—	—	—	44.3	50.2
冷却（风冷）	冷却风扇功率 (kW)		1.1		4				9				15	
	冷却风量 (m³/min)		110		207				496			585	768	
	排气压损 (Pa)								<58.8					
	机组出口温度 (℃)								t+8					
冷却（水冷）	冷却水量 (m³/h)		—	—	2.3	4.5	8.4	10	13.6	13.6	10.8/14.2	14.8/17.7	16.4/18.2	18.8/21.6
	冷却水压 (MPa)								0.25~0.45					
	进水温度 (℃)				32				46				32/46	
	机组出口温度 (℃)				t+14				t+8				t+10.5	
	排风扇功率 (kW)						0.75						1.1	
低压电动机	型号		IY255 S-4	IY200 L3-2	IY200 M1-4	IY200 M2-4	IY280 M1-4	IY280 M2-4	IY315 M1-4	IY315 M2-4	IY315 M2-4	IY315 M4-4	IY315 M3-4	IY315 L1-4
	名义功率 (kW)		37	45	55	75	90	110	132	160	200	250	300	350
	服务系数 SF								1.15					
	电动机转速 (r/min)				1480				1485			1482	1484	
	电源及启动方式							380V/3P/50HZ Yd						
	额定电流 (A)		65	77	96	129	154	187	229	275	365	453	548	634
	启动电流 (A)		168	210	239	337	398	500	576	671	775	897	1167	1553

续表

项目	参数
高压电动机	
型号	IY3553-4 ／ IY3554-4 ／ IY3556-4 ／ IY4001-4
名义功率 (kW)	200 ／ 250 ／ 300 ／ 350
服务系数 SF	1.15
电动机转速 (r/min)	1482
电源及启动方式	6KV／3P／50Hz 降压或直接启动
额定电流 (A)	29 ／ 35 ／ 42
启动电流 (A)	83 ／ 106 ／ 126
主电动机绝缘等级	F
主电动机防护等级	IP55 ／ IP23/IP54
机组	
运行环境温度 (℃)	2~46
运行海拔 (m)	<1000
传动方式	皮带；齿轮直联
机组噪声 [dB(A)]	69 ／ 76/75 ／ 80/79 ／ 85/82
机组振动 (mm/s)	<7 ／ <9
气体含油量 (mg/L)	≤3 ／ ≤5
冷却剂容量 (L)	21 ／ 22.7 ／ 34.2 ／ 87.4 ／ 120 ／ 204
机组外形尺寸 (mm)	同 UP5-30 ／ 1605×1689×1696 ／ 3200×1587×1905 ／ 低压电动机：4000×1930×2146　高压电动机：4650×1930×2146
机组质量 (kg)	1064 ／ 953 ／ 1270 ／ 1315 ／ 2617 ／ 2640 ／ 2702 ／ 2731 ／ 4030 ／ 4830 ／ 4934 ／ 5860 ／ 7190 ／ 7370 ／ 7630 ／ 8100
最大件质量 (kg)	260 ／ 350 ／ 443 ／ 550 ／ 722 ／ 842 ／ 1070 ／ 1190 ／ 970 ／ 1140 ／ 1800 ／ 1960 ／ 1930 ／ 2400

注：
1. t—环境温度。
2. 英格索兰喷油螺杆空气压缩机执行标准：
(1) 制造标准：按美国英格索兰《Davidson 螺杆空气压缩机工厂制造标准》。
(2) 性能测试标准：FAD 是整个机组出口处、在额定排气压力下的性能。测试标准按 ISO 1217《容积式压缩机验收试验》。测试方法也符合 GB/T 3853《一般用容积式空气压缩机性能试验方法》。
(3) 噪声测试标准：按 CAGI/PNEUROP5.1±2dBA，也符合 GB/T 4980 及 GB/T 7022《容积式压缩机噪声声功率级的测定-工程法及简易法》。

表 10-8　无油螺杆空气压缩机型号及参数

项目				S37	S45	S55	S75	S90	S110	S132	S150	S200	S250	S300
机型				S37	S45	S55	S75	S90	S110	S132	S150	S200	S250	S300
排气压力 Mpa	代号	L	0.75	6	7.6	9.6	12.5	15.9	19.4	22.8	25.9	35	45.2	—
		M	0.85	5.1	6.5	8.6	11.6	13.6	18	21.4	24.6	32.6	41.5	—
		H	1	—	—	7.7	10.7	13	15.3	18.8	22.1	27.4	35.5	43.3
容积流量 (m³/min, FAD) (最低操作压力 0.45MPa)														
冷却	风冷	冷却风扇功率 (kW)		4					7.5					
		冷却风量 (m³/min)		227					368			510	566	
		冷却风温升 (℃)		9	12	14	19	16	19	22	25	19	22	
		后冷却器 CTD (℃)		12.8	13.3	13.9	14	10.5~13	11~14	11~14	11~14	14	14	
		冷却水量 (m³/h)		3.18	3.84	4.32	5.46	7.5	8.64	9.6	10.92	13.62	19.1	21.36
		冷却水压 (MPa)		0.3~1.0										
		进水温度 (℃)		最高 46，测试 27										
	水冷	后冷却器 CTD (℃)			8.3					8.4			5.5	
		排风扇功率 (kW)			0.37					0.75			2.2	
主电动机	型号	ODP		P180L	P200M	P225MR	P250SP	P250MP	P280MP	P280MG	P280MG	PA315M	PA315MU	PA315LU
		TEFC		LS200LU	LS225MK	LS225MU	LS250MK	LS315SP	LS315MP	LS315MR	LS315MR	FLS355LA	FLS355LB	FLS355LC
	名义功率 (kW)			37	45	55	75	90	110	132	150	200	250	300
	服务系数 SF			1.25								1.15		
	电机转速 (r/min)			2925	2930	2940	2955	2955	2970	2950	2955	1475	1475	1475
	绝缘及防护等级			F 级绝缘，IP23 (ODP) /IP55 (TEFV)										
	电源及启动方式			380V/3P/50Hz　Yd										
	额定电流 (A)			74	87	107	144	177	206	246	288	363	465	565
	启动电流 (A)			598	774	816	1134	1420	1636	1731	2000	2585	3055	3462
运行环境温度 (℃)				1.7~46										
运行海拔高度 (m)				<1000										
传动方式				齿轮直联										
机组	机组噪声 [dB (A)]			风冷 76/水冷 76								风冷 79/水冷 76		
	润滑油牌号			润滑油牌号：IRSL200；润滑油压力：0.32MPa										
	润滑油容量 (L)				42				49				91	
	机组外形尺寸 (mm)				2248×1372×1914				2692×1588×风冷 2362/水冷 1841				3048×1930×风冷 2438/水冷 2032	
	机组质量 (风冷/水冷，kg)			2387/2410	2497/2520	2577/2600	2682/2705	3040/3195	3095/3250	3274/3429	3275/3430	4186	4306	4366

注：
1. 无油螺杆空气压缩机组全性能测试标准：按 ISO 1217《容积式压缩机验收试验》。
2. 容积容量 (FAD) 是基于环境温度为 1.7~46℃，吸气压力为 0.1MPa（绝对压力），冷却风温度为 26.7℃。
3. 后冷却器 CTD 是基于进口空气相对湿度为 40%。
4. 噪声测试标准：按 CAGI-PNEUROP S5.1，±3dB(A)。

表 10-9 　　　　　　　　　　　　　　欣达螺杆空气压缩机型号及规格汇总表

型号	电动机功率 （kW）	工作压力 （MPa）	容积流量 （m³/min）	质量 （kg）	噪声 ［dB(A)±3］	外形尺寸（长×宽×高， mm×mm×mm）
SF4D	4	0.8	0.4	100	61	1000×660×520
SFD5.5A	5.5	0.7	0.8	300	63	820×710×1056
SFD5.5B		1	0.67			
SFD5.5C		1.3	0.55			
SFD5.5D		0.8	0.76			
3DF7.5A	7.5	0.7	1.23	350	65	820×710×1056
SDF7.5B		1	1			
SDF7.5C		1.3	0.8			
SDF7.5D		0.8	1.1			
SFC11A	11	0.7	1.9	380	69	880×710×995
SFC11B		1	1.6			
SFC11C		1.3	1			
SFC11D		0.8	1.8			
SFA15A	15	0.7	2.6	450	70	920×860×1400
SFA15B		1	2.15			
SFA15C		1.3	1.6			
SFA15D		0.8	2.4			
SFC18.5A	18.5	0.7	3.2	650	71	1140×960×1500
SFC18.5B		1	2.6			
SFC18.5C		1.3	1.9			
SFC18.5D		0.8	2.9			
SFC22A	22	0.7	3.7	700	72	1140×960×1500
SFC22B		1	3.1			
SFC22C		1.3	2.6			
SFC22D		0.8	3.5			
SFB30A	30	0.7	5.2	850	73	1180×1060×1550
SFB30B		1	4.3			
SFB30C		1.3	3.6			
SFB30D		0.8	4.9			
SFG37A	37	0.7	6.7	950	73	1730×910×1680
SFG37B		1	5.7			
SFG37C		1.3	4.8			
SFG37D		0.8	6.3			
SFA45A	45	0.7	7.8	1050	74	1730×910×1680
SFA45B		1	6.8			
SFA45C		1.3	5.4			
SFA45D		0.8	7.5			
SFC55A	55	0.7	10.5	1890	75	2000×1200×1798
SFC55B		1	8.4			
SFC55C		1.3	7.4			
SFC55D		0.8	9.8			

型号	电动机功率 (kW)	工作压力 (MPa)	容积流量 (m³/min)	质量 (kg)	噪声 [dB(A)±3]	外形尺寸（长×宽×高，mm×mm×mm）
SFC75A	75	0.7	13.5	2000	76	2000×1200×1798
SFC75B		1	11.5			
SFC75C		1.3	9.5			
SFC75D		0.8	12.4			
SF90A	90	0.7	16.5	2200	77	2500×1450×2000
SF90B		1	13.7			
SF90C		1.3	11.5			
SF90D		0.8	16.2			
SF90E		0.5	20			
SF110A	110	0.7	20	2500	80	2500×1450×2000
SF110B		1	17			
SF110C		1.3	14			
SF110D		0.8	19.6			
SFA132A	132	0.7	23.5	2600	80	2500×1450×2000
SFA132B		1	20.5			
SFA132C		1.3	16.6			
SFA132D		0.8	22.5			
SF160A	160	0.7	28.5	3500	80	2700×1600×2000
SF160B		1	24.5			
SF160C		1.3	20.2			
SF160D		0.8	27			
SW185A	185	0.7	33.8	4000	82	3200×1800×2122
SW185B		1	27.5			
SW185C		1.3	22.5			
SW185D		0.8	31.5			
SW200A	200	0.7	36.4	4200	82	3200×1800×2122
SW200B		1	31.2			
SW200C		1.3	26.5			
SW200D		0.8	36.3			
SW220A	220	0.7	39.5	4500	82	3200×1800×2122
SW220B		1	33.6			
SW220C		1.3	28.6			
SW220D		0.8	39			
SW250A	250	0.7	43.5	5800	83	3380×2000×2120
SW250B		1	37			
SW250C		1.3	31.5			
SW250D		0.8	41.5			
SW280B	280	1	43.2	6000	83	3380×2000×2120
SW315A	315	0.7	56	6500	85	3850×2200×2250
SW315D		0.8	55			
SW355A	355	0.7	66	7800	85	4200×2200×2250
SW355D		0.8	65			

注 SF 为风冷系列，SW 为水冷系列。

（二）干燥机

第一代干燥机大多为高能耗无热、微热型，其结构简单、能耗高，随着产品更新换代，对能耗要求进一步提高，逐步被市场淘汰，目前鼓风外加热零气耗和压缩机热零气耗成为市场主流，其再生过程中用气少甚至不用气，余热、热、电、气等低品质再生能源也能被优先采用。

1. 鼓风外加热零排放吸附式干燥器

利用鼓风机抽取环境空气，经电加热器提湿后进入再生塔，对吸附剂进行加热再生，吹冷时采用射流泵回收，避免了微热再生式干燥器在加热和吹冷阶段的耗气损失以及普通鼓风外加热干燥器在吹冷阶段的耗气损失。鼓风外加热零排放吸附式干燥器常规配置有后置除尘过滤器、就地显示仪表、控制柜及传感器、鼓风机及进气过滤器、射流泵、再生气冷却器。鼓风外加热零气耗干燥器技术参数见表 10-10。

表 10-10 鼓风外加热零气耗干燥器技术参数

型号	处理气量 （标准状态， m³/min）	连接尺寸 （mm）	外形尺寸 长×宽×高 （mm×mm×mm）	质量 （kg）	功率 （kW）	冷却水耗量 （t/h）
15	15	DN50	2800×1700×2800	4100	12	—
18	18	DN65	2900×1800×2800	4500	12	—
24	24	DN65	3000×1900×2900	4800	21	—
32	32	DN80	3100×1900×2900	5000	24	—
42	42	DN80	3200×2000×3000	5500	30	—
52	52	DN100	3200×2000×3000	5800	36	—
60	60	DN100	3500×2000×3100	6200	42	—
75	75	DN125	3600×2500×3100	6500	42	—
84	84	DN125	3800×2500×3100	6800	54	—
105	105	DN125	4000×2600×3200	7000	67	2.18
120	120	DN150	4100×2600×3200	7500	78	2.50
140	140	DN150	4200×2700×3450	8500	90	2.90
160	160	DN150	4350×2750×3450	9500	108	3.32
180	180	DN150	4350×2750×3500	11000	126	3.74
200	200	DN200	4400×2800×3600	13000	135	4.16
250	250	DN200	4500×2800×4000	16000	160	5.20
300	300	DN250	5200×2850×4200	21000	163	6.24
350	350	DN250	5500×2850×4500	23000	192	7.28
400	400	DN300	6400×2900×5300	26000	240	8.32

注 技术参数表中处理量为固定工况下（工作压力为 0.7MPa，进气温度小于或等于 38℃，冷却水温度小于或等于 32℃）；标准型额定工作压力为 0.7MPa，允许使用范围为 0.4～1.0MPa。

2. 压缩热再生零排放吸附式干燥器

压缩热再生零排放吸附式干燥器包含系统有压缩机余热利用系统（85%～95%的再生能量来自空气压缩机余热）、再生气回收系统（等压再生零气耗）、辅助加热系统（有效降低出口露点）、吸附干燥过滤系统（提供干燥、无尘的洁净压缩空气）、智能控制管理系统（流程控制、负荷调节、故障监测、远程控制）。压缩热零气耗干燥器技术参数见表 10-11。

表 10-11   压缩热零气耗干燥器技术参数

型号	处理气量 （标准状态， m^3/min）	连接尺寸 （mm）	外形尺寸 （长×宽×高， $mm \times mm \times mm$）	质量 （kg）	功率 （kW）	冷却水耗量 （t/h）
CHD0420	42	DN100	3730×2200×3100	6000	30	16.2
CHD0600	60	DN100	3820×2200×3380	6500	48	26
CHD0800	80	DN150	4280×2750×3500	9000	48	34
CHD1000	100	DN150	4300×2300×3790	9100	54	42
CHD1200	120	DN200	5000×2730×3590	11300	72	51
CHD1600	160	DN200	5800×3100×4000	14000	81	52
CHD1800	180	DN200	4980×2885×4455	19000	84	78.4
CHD2000	200	DN200	6000×3200×4400	21500	96	65
CHD2500	250	DN200	6400×3700×4380	24100	112	106
CHD3000	300	DN250	6600×2900×5180	25000	127	127
CHD3200	320	DN250	6600×3000×5259	26000	127	136
CHD3700	370	DN250	6700×3125×5350	34000	135	157
CHD4000	400	DN300	7200×3810×5620	40000	144	170

注 技术参数表中处理气量为规定工况下（工作压力为 0.7MPa，进气温度为 90~110℃，冷却水温度小于或等于 32℃）；标准型额定工作压力为 0.7MPa，允许使用范围为 0.4~1.0MPa。

（三）过滤器

1. 压缩空气过滤器的技术性能参数

（1）GP 过滤器：去除 1μm 的颗粒物，包括油水混合物，使在 21℃ 条件下，压缩空气中的含油量降至 $0.5mg/m^3$。

（2）HE 过滤器：去除小至 $0.01μm$ 的颗粒物，包括油水混合物，使在 21℃ 条件下，压缩空气中的含油量降至 $0.01~0.5mg/m^3$（推荐与 GP 配套使用）。

（3）AC 过滤器：活性炭过滤器，去除油雾及气味，使压缩空气中的含油量降至 $0.003mg/m^3$（推荐与 HE 配套使用）。

（4）DP 过滤器：去除小至 1μm 的颗粒物（推荐用于再生式过滤器后）。

2. 应用范围

最大进气压力：1.6MPa。

标准设计压力：0.7MPa。

最高进气温度（GP/HE/DP）66℃，最高进气温度（AC）30℃。

空气过滤器的型号及参数见表 10-12。

表 10-12   空气过滤器的型号及参数

过滤器代号	流量（m^3/min）	接口	质量（kg）	滤芯组
19	0.53	G1/4	1	1
40	1.12	G3/8	1.03	1
64	1.8	G1/2	1.1	1
123	3.45	G3/4	2.3	1
216	6.05	G1	2.6	1
275	7.7	G1 1/4	2.9	1

续表

过滤器代号	流量（m³/min）	接口	质量（kg）	滤芯组
350	9.8	G1 1/2	5.4	1
481	13.46	G1 1/2	6.5	1
563	15.76	G2	7.2	1
706	19.76	G2	7.9	1
850	23.8	G2 1/2	14.2	1
1100	30.8	G3	15.2	1
1380	38.63	G3	16.5	1
424	12	DN40	29	1
669	19.8	DN50	37	1
1314	37.2	DN80	64	1
2119	60	DN100	95	3
2755	78	DN100	135	4
4132	117	DN150	177	6
6886	195	DN200	368	10
11018	312	DN250	515	16
16527	468	DN300	684	24

当工作压力为非标准压力时，选用的流量允许做如下修正，见表 10-13。

表 10-13 　　　　　　　　　　　　　修 正 系 数

系统压力（MPa）	0.2	0.3	0.5	0.7	0.9	1.1	1.3	1.5	1.6
修正系数	0.53	0.65	0.85	1	1.13	1.25	1.4	1.46	1.51

（四）储气罐

根据 TSG R0004《固定式压力容器安全技术监察规程》规定，火力发电厂用压缩空气贮气罐属于 D 类压力容器。其设计、制造和使用均受到特种设备管理部门监管。同时，贮气罐的设计和制造必须由具备相应资质的单位承担。

在贮罐设计中材料的使用温度下限应符合表 10-14 规定，综合其经济性，建议按表 10-15 进行材料选择。

表 10-14 　　　　　　常用压缩空气贮气罐壳体用碳素钢和低合金钢使用温度下限

钢号	钢板厚度（mm）	使用状态	冲击试验要求	使用温度下限（℃）
Q245R	<6	热轧、控轧、正火	免做冲击	−20
	6～12		0℃冲击	−20
	12～16			−10
Q345R	<6	热轧、控轧、正火	免做冲击	−20
	6～20		0℃冲击	−20
	20～25			−10
	25～200			0
16MnDR	6～60	正火，正火加回火	−40℃冲击	−40
15MnNiDR	6～60	正火，正火加回火	−45℃冲击	−45
15MnNiNbDR	10～60	正火，正火加回火	−50℃冲击	−50
09MnNiDR	6～120	正火，正火加回火	−70℃冲击	−70
奥氏体型不锈钢				−196

注　表中数据摘自 GB 150.2—2011《压力容器　第 2 部分：材料》。

表 10-15 压缩空气储气罐壳体（受压元件）材料选择推荐表

设计温度	壳体材料	适用条件	备 注
≥−20℃	Q245R、Q345R	设计温度下限符合相关要求	当壳体厚度＜8mm 时采用 Q245R；当壳体厚度≥8mm 时，可采用 Q345R
−20～−40℃	Q345DR	执行低温容器设计规定	
＜−20℃，+40℃后大于−20℃	Q245R、Q345R	按低温低应力工况设计	当壳体厚度＜8mm 时采用 Q245R；当壳体厚度≥8mm 时，可采用 Q345R

配套储气罐规格见表 10-16。

表 10-16 配套储气罐规格（设计温度 150℃）

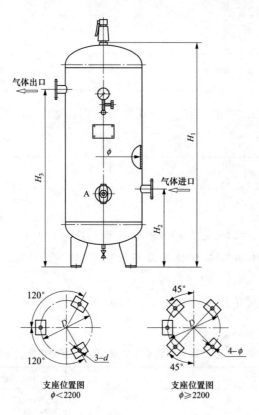

注：当容积 V＜2.0m³ 时，A孔为手孔；当容积 V≥2.0m³ 时，A孔为人孔。

序号	规格	容积 (m³)	设计压力 (MPa)	容器内径 (ϕ)	容器高度	容器质量 (kg)	安全阀接口	排污接口	进气口 H_2	进气口 DN	出气口 H_3	出气口 DN	支座 D	支座 $d×n$
1	0.3/0.8		0.88		1660	159			655		1255			
2	0.3/1.0	0.3	1.1	600	1660	159	RP3/4	R1/2	655	65	1255	65	420	20×3
3	0.3/1.3		1.37		1662	181			656		1256			
4	0.3/1.6		1.76		1662	184			656		1256			
5	0.5/0.8		0.88		2060	189			655		1655			
6	0.5/1.0	0.5	1.1	600	2060	189	RP3/4	R1/2	655	65	1655	65	420	20×3
7	0.5/1.3		1.37		2062	219			656		1656			
8	0.5/1.6		1.76		2062	219			656		1656			

续表

序号	规格	容积 (m³)	设计压力 (MPa)	容器内径 (φ)	容器高度	容器质量 (kg)	安全阀接口	排污接口	进气口		出气口		支座	
									H_2	DN	H_3	DN	D	d×n
9	0.6/0.8	0.6	0.88	700	1980	218	RP3/4	R1/2	680	65	1550	65	490	24×3
10	0.6/1.0		1.1		1982	254			681		1551			
11	0.6/1.3		1.43		1982	254			681		1551			
12	0.6/1.6		1.76		1982	259			681		1551			
13	1.0/0.8	1	0.88	800	2432	332	RP1	R1/2	731	80	1971	80	560	24×3
14	1.0/1.0		1.1		2432	332			731		1971			
15	1.0/1.3		1.43		2432	332			731		1971			
16	1.0/1.6		1.76		2436	432			733		1973			
17	1.5/0.8	1.5	0.88	900	2822	427	RP1	R3/4	736	80	2386	80	630	24×3
18	1.5/1.0		1.1		2822	427			736		2386			
19	1.5/1.3		1.43		2822	427			736		2386			
20	1.5/1.6		1.76		2826	551			738		2388			
21	2.0/0.8	2	0.88	1000	2872	504	RP1	R3/4	761	80	2411	80	700	24×3
22	2.0/1.0		1.1		2872	512			761		2411			
23	2.0/1.3		1.43		2876	657			763		2413			
24	2.0/1.6		1.76		2876	657			763		2413			
25	2.0/0.8B	2	0.88	1100	2657	575	RP1	R3/4	811	80	2121	80	770	24×3
26	2.0/1.0B		1.1		2657	581			811		2121			
27	2.0/1.3B		1.43		2661	739			813		2123			
28	2.0/1.6B		1.76		2661	910			813		2123			
29	2.5/0.8	2.5	0.88	1100	2947	575	RP1	R3/4	811	80	2461	80	770	24×3
30	2.5/1.0		1.1		2947	581			811		2461			
31	2.5/1.3		1.43		2951	739			813		2463			
32	2.5/1.6		1.76		2985	910			830		2480			
33	3.0/0.8	3	0.88	1200	3097	645	RP1	R3/4	856	100	2546	80	840	24×3
34	3.0/1.0		1.1		3097	651			856		2546			
35	3.0/1.3		1.43		3101	833			858		2548			
36	3.0/1.6		1.76		3135	1036			875		2565			
37	4.0/0.8	4	0.88	1400	3226	984	RP11/4	R3/4	933	125	2623	100	1050	24×3
38	4.0/1.0		1.1		3226	993			933		2623			
39	4.0/1.3		1.43		3260	1241			950		2640			
40	4.0/1.6		1.76		3260	1247			950		2640			
41	5.0/0.8	5	0.88	1400	3756	1132	RP11/4	R1	933	125	3033	125	1050	24×3
42	5.0/1.0		1.1		3756	1141			933		3033			
43	5.0/1.3		1.43		3790	1428			950		3050			
44	5.0/1.6		1.76		3790	1432			950		3050			
45	6.0/0.8	6	0.88	1400	4376	1321	P11/2	R1	933	125	3653	125	1050	24×3
46	6.0/1.0		1.1		4376	1330			933		3653			
47	6.0/1.3		1.43		4410	1655			950		3670			
48	6.0/1.6		1.76		4410	1662			950		3670			

续表

序号	规格	容积 (m^3)	设计压力 (MPa)	容器内径 (ϕ)	容器高度	容器质量 (kg)	安全阀 接口	排污 接口	进气口		出气口		支座	
									H_2	DN	H_3	DN	D	$d\times n$
49	8.0/0.8		0.88		3806	1529			1083		2983			
50	8.0/1.0	8	1.1	1800	3806	1534	RP11/2	R1	1083	150	2983	125	1350	30×3
51	8.0/1.3		1.43		3840	1885			1100		3000			
52	8.0/1.6		1.76		3840	2233			1102		3002			
53	10/0.8		0.88		3931	1760			1158		3058			
54	10/1.0	10	1.1	2000	3965	2174	RP2	R1	1175	150	3075	150	1500	30×3
55	10/1.3		1.43		3969	2566			1177		3077			
56	10/1.6		1.76		3973	2967			1179		3079			
57	12.5/0.8		0.88		4031	2013			1208		3108			
58	12.5/1.0	12.5	1.1	2200	4065	2476	RP2	R1	1225	150	3125	150	1650	30×4
59	12.5/1.3		1.43		4069	2924			1227		3127			
60	12.5/1.6		1.76		4077	3825			1231		3131			
61	15/0.8		0.88		4731	2322			1208		3808			
62	15/1.0	15	1.1	2200	4765	2862	RP21/2	R1	1225	150	3825	150	1650	30×4
63	15/1.3		1.43		4769	3387			1227		3827			
64	15/1.6		1.76		4777	4455			1231		3831			
65	20/0.8		0.88		5285	3513			1375		4195			
66	20/1.0	20	1.1	2400	5289	4168	RP3	R1	1377	200	4197	200	1800	36×4
67	20/1.3		1.43		5293	4807			1379		4199			
68	20/1.6		1.76		5297	5465			1381		4201			
69	25/0.8		0.88		6185	4056			1375		5095			
70	25/1.0	25	1.1	2400	6189	4810	RP3	R1	1377	200	5097	200	1800	36×4
71	25/1.3		1.43		6193	5557			1379		5099			
72	25/1.6		1.76		9197	6323			1381		5101			
73	30/0.8		0.88		7145	4843			1400		6030			
74	30/1.0	30	1.1	2500	7149	5745	RP3	R1	1402	200	6032	200	1875	36×4
75	30/1.3		1.43		7153	6652			1404		6034			
76	30/1.6		1.76		7157	7569			1406		6036			

注 d—螺栓孔直径，n—倍数。

第十一章　管道、保温及油漆

第一节　燃油燃气管道设计

一、燃油管道设计

（一）燃油管道设计计算

（1）燃油管道设计要求。燃油管道设计应根据燃油品质、燃油系统和布置条件进行，做到选材正确、经济合理、优化布置、整齐美观，并便于施工和运行维护。

（2）燃油管道设计压力。燃油管道设计压力（表压）必须高于在运行中管内介质可能出现的最大内压力或外压力，且不得小于介质静止或脉动条件下管内的最大内压力。

当燃油管道设有清扫管道时，管道设计压力不得低于清扫介质最高工作压力。

燃油管道的设计压力按下列规定选用：

1）卸油管道。

a. 卸油管道应根据卸油方式确定设计压力。

b. 对自流卸油管道，设计压力应根据油槽车内油面与储油设施的油位差来计算，或按 0.2MPa 取值。

c. 对强力卸油管道，卸油泵进口侧管道可按全真空设计，卸油泵出口侧管道设计压力按卸油泵的最大扬程的 1.1 倍取值。

d. 对油船（或车辆）上装有输油泵的卸油接力泵进、出口管道，卸油接力泵进口侧管道应按油船（或车辆）上输油泵最大扬程的 1.1 倍取值，卸油接力泵出口侧管道设计压力按泵最大扬程与进口侧压力之和的 1.1 倍取值。

e. 对附近炼油厂或企业的管道来油，其设计压力应与上游管道设计参数相同。

2）输油管道。

a. 输油泵进口侧管道，设计压力取用泵吸入口中心线至油罐最高液面的静压柱，且不小于 0.2MPa，也不得低于油罐的设计压力。

b. 输油泵出口侧管道，设计压力取用泵出口阀关闭情况下泵的扬程与进口侧压力之和。当输油母管上设有安全阀时，母管的设计压力不得低于安全阀的开启压力。

c. 如采用二级泵输油系统，管道的设计压力应以泵分段按上述原则确定。

3）回油管道。回油管道设计压力应与上述 2）输油管道相同。

4）放油和污油管道。

放油阀或污油阀之前的管道设计压力按主管设计压力选用；放油阀或污油阀之后的管道设计压力不得低于 0.2MPa。

5）伴热蒸汽管道。伴热蒸汽管道按汽源处管道的设计压力选用。

（3）燃油管道设计温度。

1）燃油管道设计温度必须高于管内介质最高工作温度，按下列规定选用：

a. 对有伴热管（或夹套加热）的情况应通过热力计算确定管壁温度。

b. 对设有燃油加热器的管道，加热器的进口段和出口段应分别确定设计温度，出口段还应考虑加热超温裕量。

c. 对不加热输油的情况应根据环境条件和燃油特性确定最高温度或最低温度，同时应考虑管道是否有保温。

2）设计安装温度可取 20℃。

（4）材料选择

1）燃油管道和油罐材料的选择应考虑使用条件（如设计压力、设计温度、燃油特性和操作特点等）、材料的焊接性能、制造加工工艺及经济合理性，所有钢材的技术要求应符合相关国家标准和行业标准的规定。

2）油罐宜采用镇定钢或半镇定钢制作。对钢材有特殊要求时，应在设计技术文件或图纸中注明。

3）当采用国外钢材时，国外钢材的化学成分指标及力学性能应优于国内同类产品，并满足设计要求。

（5）材料许用应力。钢材的许用应力按相关国家标准或电力行业标准的规定取值，也可参考表 11-1 和表 11-2 取值。

表 11-1　　　　　　　　　　　　　　　国产钢板许用应力

钢号	厚度 （mm）	使用状态	常温强度 指标（MPa）		不同温度下的许用应力（MPa）								
			σ_b	σ_s	20℃	100℃	150℃	200℃	250℃	300℃	350℃	400℃	450℃
Q235-A	3～4	热轧	375	235	113	113	113	105	94	86	77		
	4.5～16		375	235	113	113	113	105	94	86	77		
Q235-B	3～4	热轧	375	235	113	113	113	105	94	86	77		
	4.5～16												
Q235-C	3～4	热轧	375	235	125	125	125	116	104	95	86	79	
	4.5～16												
20R	6～16	热轧， 正火	400	245	133	133	132	123	110	101	92	86	61
	16～36		400	235	133	132	126	116	104	95	86	79	61
Q345R	6～16	热轧， 正火	510	345	170	170	170	170	156	144	134	125	66
	16～36		490	325	163	163	163	159	147	134	125	119	66

注　1. 中间温度的许用应力，可按本表的数据用内插法求得。

2. Q235 钢板的许用应力，已乘质量系数 0.9。

3. σ_b——常温下钢材的标准抗拉强度；σ_s——常温下钢材的标准屈服强度。

表 11-2　　　　　　　　　　　　　　　国产钢管许用应力

钢号	厚度 （mm）	常温强度 指标（MPa）		不同温度下的许用应力（MPa）								
		σ_b	σ_s	20℃	100℃	150℃	200℃	250℃	300℃	350℃	400℃	450℃
10	≤10	335	205	112	112	108	101	92	83	77	71	61
	≤16											
20	≤10	390	245	130	130	130	123	110	101	92	86	61
	≤16	410	235	137	137	132	123	110	101	92	86	61
Q235	≤16	490	320	163	163	163	159	147	135	126	119	66
	17～40	490	310	163	163	163	153	141	129	119	116	66

注　中间温度的许用应力，可按本表的数据用内插法求得。

（6）如果环境温度较低，输油管道会有冷脆开裂问题，因此在施工环境温度低于－20℃时，应对钢管和管道附件材料提出韧性要求。

（7）对长距离输油管道的管径应根据油泵输送压力、阻力损失和管道工程造价进行优化设计确定；对短距离输油管道可按下式计算。

1）对单相流体用泵输送的燃油管道内径，应按下式计算，即

$$D_i = 18.81\sqrt{\frac{Q}{v}}$$ (11-1)

或

$$D_i = 18.81\sqrt{\frac{G}{\rho v}}$$

式中　Q——燃油体积流量，m^3/h；

　　　v——介质流速，m/s；

　　　G——燃油质量流量，t/h；

　　　ρ——介质密度，t/m^3。

2）对单相流体的自流燃油管道内径，应按下式计算，即

$$D_i = 17.25\sqrt{\frac{\lambda QL}{H}}$$

式中　λ——沿程阻力系数；

　　　L——管道计算长度，m；

　　　H——管道始端与终端的高程差，m。

（8）管道壁厚按下式计算，即

$$\delta = \frac{PD_0}{2[\sigma]^t \eta + 2Yp} + c + \alpha$$ (11-2)

式中　δ——设计厚度，mm；

　　　p——设计压力，MPa；

　　　D_0——管子外径，mm；

　　$[\sigma]^t$——设计温度下材料的许用应力，MPa；

　　　η——许用应力修正系数，对无缝钢管，$\eta=1$；

　　　Y——温度对壁厚的修正系数，可取 0.4；

　　　c——管子厚度负偏差，mm；

　　　α——腐蚀余量，对输送轻柴油管道取 1~2，对输送重油或大直径管道取 2~3mm。

（9）确定燃油管道介质流速不仅要考虑阻力，更要考虑防止产生静电。燃油流动速度越快，与管道的摩擦越剧烈，产生静电的电压越高。燃油管道的介质流速应根据燃油黏度、油管直径及输油管路的长短确定。燃油管道的介质流速可按表 11-3 选取，但最低流速不得小于 0.5m/s。

表 11-3　　　　　　　　　　　　　　推荐的燃油管道介质流速表

恩氏黏度（°E）	运动黏度（mm²/s）	泵入口管流速（m/s）		泵出口管流速（m/s）	
		范围	推荐值	范围	推荐值
1~2	1.0~11.5	0.5~2.0	1.5	1.0~3.0	2.5
2~4	11.5~27.7	0.5~1.8	1.3	0.8~2.5	2.0
4~10	27.7~72.5	0.5~1.5	1.2	0.5~2.0	1.5
10~20	72.5~145.9	0.5~1.2	1.1	0.5~1.5	1.2
20~60	145.9~438.5	0.5~1.0	1.0	0.5~1.2	1.1
60~120	438.5~877.0	0.5~0.8	0.8	0.5~1.0	1.0

(10) 燃油管道应进行应力分析计算。管道布置应充分利用自补偿能力，当自补偿不足时，宜设 π 形补偿。

(11) 燃油管道应进行水力计算，水力计算方法可按 DL/T 5054《火力发电厂汽水管道设计规范》的规定进行，应以燃油的介质黏度进行计算。

(12) 长距离输油管道发生水击会危及管道和设备的安全，因此长距离输油管道设计宜作水击分析，并应根据分析结果设置相应的控制和保护装置。在正常操作下，由于水击和其他因素造成的最大应力值不得超过管道设计压力的 10%。

（二）油管清扫和含油污水处理

(1) 当燃用管道需要检修或管内较长时间停油时，需要将管内燃油清扫（吹扫）干净，即为扫线。下列燃油管道应设清扫（扫线）管：

1）进入油罐的卸油管道应在关断阀前设扫线管，把卸油管内残留的油从油罐液面上部吹入罐中。

2）管内会长期积油的部位。

3）需要检修的管段。

(2) 油系统设备的吹扫。

1）燃油过滤器的吹扫。过滤器的吹扫系统见图 11-1，进、出油母管间的连接管用作输油管道的吹扫通道，并起到过滤器的旁通作用（有的系统未设旁通管）。

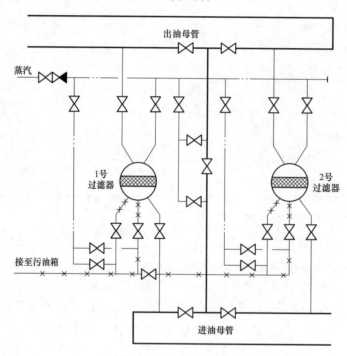

图 11-1　过滤器的吹扫系统

排 1 阀的作用是当 1 号过滤器吹扫时，防止污油倒流至 2 号过滤器的那段排污管里。

单元制系统（如过滤器、泵、加热器串联布置的系统）的吹扫与此系统类似，但多不设旁通管。

吹扫残油排至污油箱。

过滤器也有不带吹扫管的。

2）输油泵的吹扫。输油泵的吹扫系统见图 11-2。进、出油母管间的连接管用作输油管道的吹扫通道（也有不装设的）。

吹扫残油排至贮油罐。

油泵出口止回阀的旁路阀，吹扫时作为旁路通道，油泵热备用时作为引油通道。

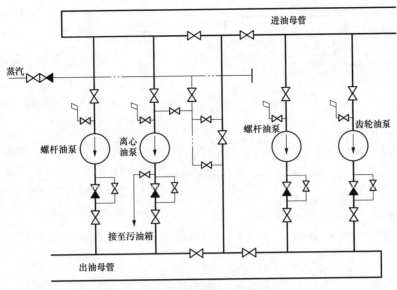

图 11-2　输油泵的吹扫系统

停止运行时的螺杆泵或处于热备用状态的油泵，不进行吹扫，离心泵吹扫的残油一般排至污油箱，如油泵制造厂对进入油泵的介质有温度限制时，当吹扫介质温度超过限制时，则该油泵不宜进行吹扫，例如螺杆泵的允许温度为80℃，就不宜用蒸汽吹扫，仅将残油放净即可。

单元制系统的吹扫与此系统类似。

3）燃油加热器的吹扫。燃油加热器的吹扫系统见图11-3，进、出油母管间的连接管（也可不装设）用作输油管道的吹扫通道。加热器内的放油和吹扫残油均排至污油箱。连接管道上的吹扫残油排至贮油罐。

单元制系统的吹扫以及其他型号加热器的吹扫与此系统原理相同。

（3）储油罐放水管及排污管的吹扫。

1）放水管的吹扫。油罐放完水后，关闭漏斗下部的阀门，打开蒸汽吹扫阀，吹扫残油排入污油箱。详见图11-4。

2）排污管的吹扫。油罐排污完毕后，关闭漏斗下部的阀门，打开吹扫阀，吹扫残油排入污油箱，详见图11-5。

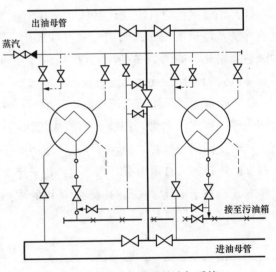

图 11-3　燃油加热器的吹扫系统

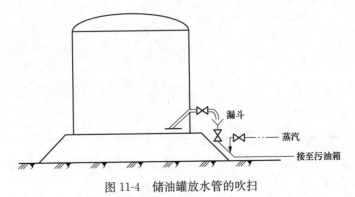

图 11-4　储油罐放水管的吹扫

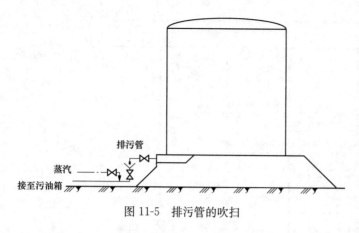

图 11-5　排污管的吹扫

（4）燃油管道清扫（扫线）介质可按下列规定选用：

1）输送轻柴油、原油的管道，其清扫介质宜采用压缩空气。

2）输送重油的管道，其清扫介质可采用蒸汽或压缩空气。

（5）燃油管道采用蒸汽清扫时，蒸汽压力宜为 0.6～0.8MPa，蒸汽温度应小于 250℃（对于轻柴油管可以更低），避免管内燃油碳化。

用蒸汽清扫的扫线管管径可按表 11-4 选用，用压缩空气清扫的扫线管管径可比表 11-4 中数值大一挡。

表 11-4　　　　　　　　　　　　　　用蒸汽清扫的扫线管管径

燃油管道外径（mm）	扫线管外径（mm）	
	输油管线长度≤100m	输油管线长度＞100m
≤89	25	32
108～219	32	45
≥273	45	57

（6）油管敷设应有坡度，其低点必须有放空措施，以便于试运冲洗及停运吹扫后放水用，一般可采用一段短管，用法兰和法兰盖堵死，如图 11-6 所示。放空管的直径可参照表 11-5 选用。蒸汽管的低点或死点需设疏水管或疏水器。

（7）燃油管道采用蒸汽清扫时，应采用固定接头连接方式。为防止燃油倒入蒸汽管，扫线管的蒸汽接入端应串联两个关断

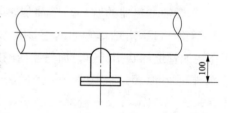

图 11-6　油管放空管

阀、一个止回阀及检查放油管。当蒸汽压力大于燃油管道设计压力时，扫线管上应串联一个节流装置。吹扫管的连接方式常用的有下列几种：对于经常需要吹扫的油管路，多采用图 11-7（a）和图 11-7（b）两种方式。对于不经常吹扫的或事故备用的吹扫点，采用图 11-7（c）的连接方式，吹扫时临时用压力橡胶管连接。

表 11-5　　　　　　　　　　　　　　放空管直径选用表

管道公称直径 DN（mm）	放空管公称直径 DN（mm）	
	蒸　汽	油　品
＜80	25	40
100～150	40	50
200～250	50	80
300～350	80	100
400～450	100	150

（8）清扫管路应从油管上部接入，清扫管上的关断门应尽量靠近油管。清扫管道布置应留有足够的热补偿，管道疏水坡度应大于 0.002。

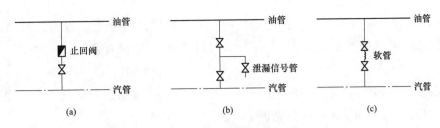

图 11-7　吹扫管的连接方式

(a) 方式一；(b) 方式二；(c) 方式三

（9）燃油系统应设置含油污水处理装置，含油污水处理系统方式、流程、设备选择，在符合国家排放标准的前提下，应通过技术经济比较，并根据工程具体情况，因地制宜地确定。经处理后的排水含油浓度应小于 10mg/L。

（10）含油污水管应设蒸汽清扫，清扫方向朝污油池。污油池内经处理后的净油应通过油泵打回油罐。

（三）油管伴热和保温

（1）燃油在输送过程中不断散热，油品黏度增高，为了保证输油畅通，油管除了保温之外，还需要有伴热措施。伴热的形式有内伴热、外伴热和套管加热 3 种。

1）内伴热。内伴热的蒸汽伴热管放置于油管内部，这种方式加热效果好，蒸汽热能利用率高，但由于伴热管在油管内部，所以当伴热管发生漏汽时不易发现，也不易检修，而且伴热管和油管的胀缩率不一样，在两管接合处又容易产生裂缝，这种方式目前很少采用。

2）外伴热。外伴热的蒸汽伴热管在油管路外部，贴油管路（但要有一定间隙）敷设。靠管壁的传热补偿油管的散热损失。蒸汽管可以是一根也可以是两根，与油管包在一起进行保温，这种方式便于施工，便于检修，应用比较广泛。

3）套管加热。套管加热是在油管外部套以蒸汽管，其加热面积大，不仅能起保温作用，也可以使油品升温。但因其耗用的钢材多，故一般也较少使用。

（2）燃油管道应根据燃油品种、环境温度采用不同的伴热保温方式。

1）重油、原油管道应设伴热保温。

2）当柴油的凝点低于电厂历年最冷月平均气温时，柴油管道可不保温，否则柴油管道应保温，对寒冷地区还应伴热。

（3）对燃油管道进行伴热保温时，可根据实际情况选用蒸汽外伴热或电伴热方式。

当采用蒸汽外伴热时，伴热蒸汽温度应根据燃油特性确定，重油管道的伴热蒸汽温度应低于 250℃，柴油管道的伴热蒸汽温度应低于 200℃，以免燃油吸收过量的热，碳化变质。

（4）蒸汽伴热管的数目和管径与输送油品的凝固点和油管的直径有关，一般可按表 11-6 选择。

表 11-6　　　　　　　　　　　　　　伴热蒸汽管的数量和管径选用表

油管直径（mm）	油品凝固点（℃）					
	<20		20～50		>50	
	直径（mm）	数量	直径（mm）	数量	直径（mm）	数量
57～89	25	1	25	1	25	2
108～159	32	1	32	1	32	2
168～219	32	1	32	2	32	2
245～325	48	1	48	2	48	2
377～630	57	1	57	2	57	2

（5）伴热的燃油管道应有控制燃油温升的措施，如伴热蒸汽管路上设置调节阀等。伴热升温后的燃油温度应根据其闭口闪点确定，轻柴油不应超过 45℃，重柴油不应超过 65℃，重油不宜超过 80℃。

（6）伴热长度较长的管线，应在中间进行疏水，然后再从汽源引进新蒸汽为下一段管线伴热。伴热蒸汽进口与冷凝水出口之间的距离可参见表 11-7。

表 11-7　　　　　　　　　　伴热蒸汽进口与凝结水出口之间的距离选用表

伴热管直径（mm）	0.3MPa 绝对压力蒸汽		1.0MPa 绝对压力蒸汽	
	长度（m）	耗汽量（kg/h）	长度（m）	耗汽量（kg/h）
25	80	10	80	14
32	100	30	130	30
48	300	40	300	100
57	550	125	500	225

（7）伴热长度超过 500m 时，邻近如无蒸汽汽源，应考虑敷设蒸汽母管，以提供油管路的伴热及吹扫用汽。伴热长度在 500m 以内。如果伴热蒸汽进汽与疏水距离不能满足要求时，可以适当加大伴热管管径，而不需敷设蒸汽母管。油管路应尽可能接近蒸汽汽源，汽源应可靠。

（8）为保证进到伴热管的蒸汽为干蒸气，伴热管应由供汽母管顶部引出。

（9）几根伴热管的始端进汽与末端放水如果并联，每根伴热管的始端和末端应装阀门，便于控制和检修。

（10）几根伴热管在长度、管径、蒸汽参数基本一致的情况下才能共用一个疏水器。不同压力的伴热管，其冷凝水应分别排入不同压力冷凝水管网。

（11）疏水器应按排出凝结水量与进口压力差选用。排水量较大，且操作连续、平稳的系统，按计算排水量的 2 倍选用疏水器，如油罐加热器、管道伴热管的冷凝水等。排水量较小或间隔操作的系统，按计算排水量的 4 倍选用疏水器。

（12）在敷设伴热管时应使它和油管间保持一定的间隙，以免伴热管紧贴油管路，在相接触的部分产生较高的温度。对带一根伴热管的油管路以 10mm 左右为宜，对带两根伴热管的油管路应能满足图 11-8 的要求。伴热管与油管用垫铁隔开。位于补偿器处的伴热管在保温层内，应留有适当的间隙，以防止伴热管与油管伸缩不同拉坏保温层。安装伴热管不需专设支架，可在油管上每隔 1.5～2m 焊一直径为 6mm 的钢钩，将伴热管吊在钢钩内，如图 11-8 所示。

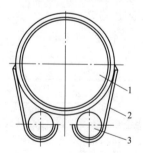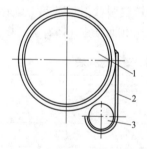

图 11-8　伴热管吊钩简图

1—油管；2—吊钩；3—伴热管

（13）伴热管道应留有足够的热补偿，应按设计温度计算布置 π 形补偿器的距离。伴热管道疏水坡度应大于 0.002。

在油管设计时，已考虑了管道的热补偿，伴热管沿油管敷设，一般可不设单独的补偿器。当伴热管需要设置补偿器时，可按表 11-8 所提供的数据考虑补偿器和固定管卡的数量和距离。

表 11-8   伴热管补偿器尺寸数量和固定管卡间距表

伴热管直径（mm）	油管外径（mm）	固定支架的间距（m）		补偿器数量（个）	a(mm)	b(mm)	R(mm)	L(mm)
		蒸汽温度＝130℃	蒸汽温度＝30℃					
32	108	40	25	5		80	80	300
	159	40	25	4		100	100	370
	168	40	30	4		100	100	370
	219	50	45	4		100	100	370
48	273	60	40	3		120	160	590
	325	70	45	3		120	160	620
57	377	40	30	2		150	200	795
	426	50	35	2		150	200	795
	478	60	40	2	130	150	200	800
	529	80	45	2	130	150	200	800

注　尺寸标注见图 11-9。

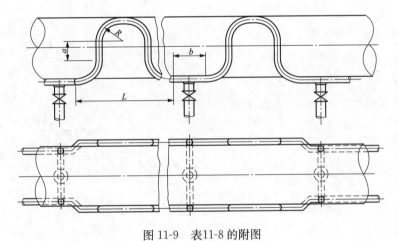

图 11-9　表11-8 的附图

（14）在油管道设置固定支架的位置，伴热管也应设置固定管卡。固定管卡的外形尺寸、使用材料及重量见表 11-9 和表 11-10。

（15）电热带伴热是为补偿管线的散热损失，以便维持管道中的介质温度。它的效率较蒸汽伴热高，可达 80％～90％，并不受管道长度的限制，还可对伴热温度进行调节，施工简单，运行可靠。但是电热带烧断后不易发现，耗电量较大，一般不推荐使用。仅在远离汽源而又必须伴热的管道以及管道的死油段，可采用电热带伴热。

（16）电热带的计算及选择。管道单位长度上的散热量可按下式求得，即

$$P = \frac{\pi\lambda(t_H - t_0) \times \tau}{\eta \times 3.6 \times \ln\dfrac{D}{d}} \quad (\text{w/m}) \tag{11-3}$$

式中　λ——保温材料导热系数，kJ/(m·h·℃)；

　　　t_H——介质维持温度，℃；

　　　t_0——周围环境温度，℃；

　　　τ——补偿热量系数，取 1.3～1.5；

　　　η——电热带效率，取 0.86；

　　　D——保温层外壳直径，mm；

　　　d——管道直径，mm。

表 11-9

带 1 根伴热管的伴热管固定管卡

油管外径 DN	57	76	89	108	133	159	168	194	219	245	273	325	377	426	478	529	630
外形尺寸 (mm) K	70	89	102	121	146	172	181	207	236	262	290	342	394	447	499	550	651
L	20	23	26	33	36	39	41	46	50	54	58	65	70	80	110	142	205
B	50	50	50	50	50	50	50	50	60	60	60	60	60	80	80	80	80
N	13	13	13	13	13	13	13	13	17	17	17	17	17	21	21	21	21
δ	8	8	8	8	8	8	8	8	10	10	10	10	10	12	12	12	12
ϕ	12	12	12	12	12	12	12	12	16	16	16	16	16	20	20	20	20
a	18	18	18	18	18	18	18	18	24	24	24	24	24	30	30	30	30
m	60	60	60	60	60	60	60	60	65	65	65	65	65	70	70	70	70
δ_A	10	10	10	12	12	12	12	12	12	15	15	15	18	18	18	18	18
材料 (mm) 顶部半管卡	50×8 ×110	50×8 ×135	50×8 ×150	50×8 ×180	50×8 ×205	50×8 ×240	50×8 ×250	50×8 ×285	60×10 ×330	60×10 ×365	60×10 ×405	60×10 ×470	60×10 ×545	60×10 ×620	60×10 ×660	60×10 ×700	60×10 ×780
底部半管卡	φ12× 270	φ12× 300	φ12× 320	φ12× 370	φ12× 415	φ12× 460	φ12× 480	φ12× 515	φ16× 585	φ16× 645	φ16× 705	φ16× 865	φ16× 900	φ20× 1000	φ20× 1140	φ20× 1290	φ20× 1565
螺母	M12×2								M16×2					M20×2			
垫圈	12×2								16×2					20×2			
止动卡		φ45×8×10×2①				φ54×10×12×2				φ70×10×15×2				φ76×10×18×2			
止动板	40×40×8×4								50×50×10×4					60×60×12×4			
重量 (kg)	1.177	1.282	1.347	1.600	1.718	1.868	1.917	2.058	3.616	4.131	4.343	4.901	5.452	9.261	9.908	10.58	11.86

注 尺寸标注见图 11-9。

① φ45×8×10×2 为管外径×壁厚×管长×个数。

表 11-10

带两根伴热管的伴热管固定管卡

油管外径 DN		57	76	89	108	133	159	168	194	219	245	273	325	377	426	478	529	630
外形尺寸 (mm)	K	70	89	102	121	146	172	181	207	236	262	290	342	394	447	499	550	651
	L	20	23	26	33	36	39	41	46	50	54	58	65	70	80	110	142	205
	B	50	50	50	50	50	50	50	50	60	60	60	60	60	80	80	80	80
	N	13	13	13	13	13	13	13	13	17	17	17	17	17	21	21	21	21
	δ	8	8	8	8	8	8	8	8	10	10	10	10	10	12	12	12	12
	ϕ	12	12	12	12	12	12	12	12	16	16	16	16	16	20	20	20	20
	a	18	18	18	18	18	18	18	18	24	24	24	24	24	30	30	30	30
	m	60	60	60	60	60	60	60	60	65	65	65	65	65	70	70	70	70
	δ_A	10	10	10	12	12	12	12	12	12	15	15	15	18	18	18	18	18
	C	28.5	38	44.5	54	66.5	79.5	84	97	109.5	122.5	136.5	162.5	183.5	213	249.5	264.5	315
材料 (mm)	顶部半管卡	50×8 ×110	50×8 ×135	50×8 ×150	50×8 ×180	50×8 ×205	50×8 ×240	50×8 ×250	50×8 ×285	60×10 ×330	60×10 ×365	60×10 ×405	60×10 ×470	60×10 ×545	80×12 ×620	80×12 ×660	80×12 ×700	80×12 ×780
	底部半管卡	φ12× 270	φ12× 305	φ12× 330	φ12× 385	φ12× 435	φ12× 485	φ12× 505	φ12× 555	φ16× 620	φ16× 705	φ16× 755	φ16× 845	φ16× 920	φ20× 1085	φ20× 1240	φ20× 1375	φ20× 1660
	螺母			M12×2							M16×2					M20×2		
	垫圈			12×2							16×2					20×2		
	止动卡		φ45×8×10×4①			φ54×10×12×4					φ70×10×15×4					φ76×10×18×4		
	止动板			40×40×8×4						50×50×10×4					60×60×12×4			
重量 (kg)		1.323	1.433	1.499	1.873	1.996	2.151	2.200	2.354	3.941	4.698	4.866	5.314	6.070	10.057	10.741	11.376	12.683

注 尺寸标注见图 11-10。

① φ45×8×10×4 为管外径×壁厚×管长×个数。

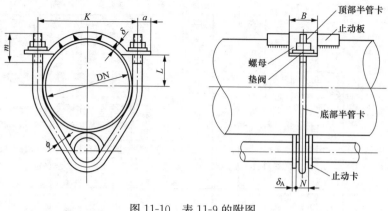

图 11-10　表 11-9 的附图

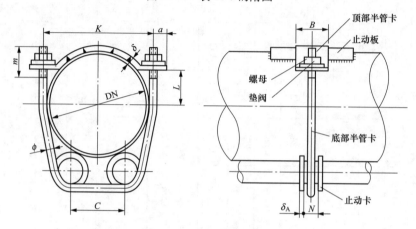

图 11-11　表 11-10 的附图

管线的总散热量为

$$\sum P = PL$$

式中　L——管线全长，m。

由上述计算可以看出，保温材料对耗电量影响很大，因此要求选用导热系数比较小的保温材料，如玻璃棉或硬聚氨酯泡沫塑料等。

选择电热带时，其功率应补偿管线的散热损失。当管线单位长度散热量较大时，可采取数组电热带平行敷设。

电热带适用于伴热介质温度低于 160℃ 的管路，其规格见表 11-11。

表 11-11　　　　　　　　　　　伴热管补偿器尺寸数量和固定管卡间距表

序号	单位功率/电热带长 [(W/m)/m]	额定功率（kW）	操作条件		每根电热带电阻丝约重（kg）	备注
			电压（V）	电流（A）		
1	15/15	0.225	220	1.0	0.0156	圆形
2	25/15	0.375	220	1.7	0.0335	圆形
3	15/25	0.375	220	1.7	0.0335	圆形
4	25/25	0.625	220	2.9	0.068	圆形
5	50/25	1.250	220	5.7	0.184	圆形
6	15/50	0.750	220	3.4	0.190	扁形
7	25/50	1.250	220	5.7	0.26	扁形
8	50/50	2.500	220	11.5	0.526	扁形
9	50/100	5.000	220		1.9	扁形

注　电热带分两种类型，一种是双层玻璃丝绝缘，另一种是双层玻璃丝涂一层有机硅树脂绝缘。

(17) 电热带的安装。

1) 电热带的安装方式一般有直线敷设和螺旋敷设两种，可根据管道热损失和电热带产生的热量来选用。

a. 直线敷设：将电热带置于管线底部，沿管线长度每隔0.5m用玻璃布将电热带敷于管子上。这种方式一般较少采用。

b. 螺旋敷设：将电热带均匀地缠绕在管线上，电热带的缠绕螺距通常要大于1m。此种方式施工方便、灵活，传热均匀。

电热带的缠绕螺距可按下式计算，即

$$h = \frac{\pi DL}{\sqrt{L^2 - I^2}}$$

式中　h——缠绕螺距，m；

　　　D——管道直径，m；

　　　L——选用电热带长度，m；

　　　I——管线长度，m。

电热带伴热安装结构如图11-12所示。

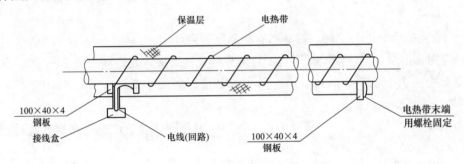

图 11-12　电热带伴热安装结构简图

2) 电热带在安装过程中必须注意：

a. 为了保证电热带的绝缘性能，电热带伴热管线的保温层必须不漏水，保温施工完毕后，严禁踩踏。

b. 电热带直接缠绕于管壁上，缠绕螺距要均匀。除冷引线外，不得任意接长或剪短。

c. 管道表面必须清洁、平整，没有水分、油脂、泥土、尖锐的毛刺等东西。电热带表面与管壁要接触良好，不能拉得太紧，在缠绕过程中不允许有自身重叠或拧紧现象。

d. 为了防止电热带绝缘损坏，施工时必须要密切配合，绕上带子后，立即保温，不得露天过夜，雨天不能施工；施工中遇雨要加以保护。平时电热带要妥善保管，严防受潮。

e. 电热带在缠绕过程中遇到法兰或阀门时，应做特殊处理，可将电热带穿钢管跨过法兰或阀门，如图11-13所示。也可直接缠在法兰阀门上，然后保温，但要注意应便于法兰及阀门的拆卸及防水。当电热带穿过支座时，应适当加大或缩小螺距，使电热带离开支座外边缘100mm以上。

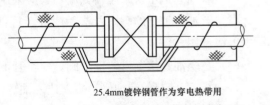

25.4mm镀锌钢管作为穿电热带用

图 11-13　电热带伴热结构简图

f. 电热带缠绕完毕后，在敷设保温层前必须测量绝缘电阻，用500V绝缘电阻表测量，其绝缘电阻不应小于5MΩ。

(18) 油罐的保温设计应根据燃油品种和当地气候条件确定。当燃油的凝点高于当地多年极端最低气温时，应对油罐进行保温。

（19）在高温地区，金属油罐应设置油罐降温措施，如设置罐底冷却水换热器、罐顶淋水装置或在保温层和油罐外壁之间设夹层淋水等。当有多座油罐时，设置燃油倒罐管道也是燃油降温措施之一。

（20）油罐和油管的保温设计还应符合 DL/T 5072《火力发电厂保温油漆设计规程》和 SY 0007《钢制管道及储罐腐蚀控制工程设计规范》的规定。

（四）燃油管道布置

（1）燃油管道的布置应充分考虑管道及设备膨胀量的补偿，布置短捷美观，燃油阀门组宜布置在便于操作的平台上。

（2）燃油管道应架空布置。当受条件限制时，厂内可采用地沟敷设，但应分段封堵；厂外可采用短距离直埋，但须设置检漏设施，并对管道进行防腐处理。当燃油管道埋地穿越道路时应加装套管，且套管内应设支撑，使燃油管道能自由膨胀。

（3）油罐区的管道布置应符合下列规定：

1）油罐区卸油总管（母管）和供油总管（母管）应布置在油罐防火堤之外。

2）进、出油罐防火堤的各类管线、电缆宜从防火堤顶跨越。

3）防火堤内所有管道不得贴地布置，管子外壁（若保温时指保护层外壁）离地净空应不小于200mm。

（4）当燃油管路采用 π 形补偿时，管道布置应满足下列规定：

1）π 形补偿对称轴线至管道固定支架的距离不宜超过管道最大允许间距的 0.6 倍。

2）当管道转弯夹角小于 150°时，管道应采用自补偿；当大于或等于 150°时，管道不宜采用自补偿，在管道转弯处应设固定支架。

3）在燃油管道的热补偿计算中，管材的热态许用应力和弹性模量应选用在燃油管道扫线介质温度下的数值。

（5）燃油管道应在最高点设置放气管，在最低部位设置排油管，排油出口离地面应有一定的高度，严禁把污油直接排入地沟或全厂排水系统。

（6）露天布置的燃油管道，其放油管和放空气管的一次门前管段应尽量缩短，以防凝油堵管。

（7）燃油管道应设置坡度。卸油和供油管道应坡向油泵房，其坡度应不小于下列规定：

1）轻油管道：0.003～0.005。

2）重油管道：0.020。

3）原油管道：0.005。

4）回油管道的坡度应比供油管道的坡度适当加大。

（五）燃油管道附件选择

（1）燃油管道不得采用铸铁阀门，应采用锻钢或铸钢阀门。

（2）燃油管道上的阀门及法兰附件、管件（三通、弯头等）的设计压力按比管道设计压力高一级压力等级选用。

（3）在燃油管道上设置安全阀，应符合下列规定：

1）对于有伴热的卸油管道，在进入油罐前的管段上应设安全阀。

2）两端均有关断阀且充满液体的管段或容器，如停用后介质压力可能上升，应设安全阀。

3）安全阀的泄放量应按操作故障、火灾事故以及其他可能发生的危险情况中最大一种考虑。

4）低温介质管道上的安全阀应有在冬季防止冻堵的措施。

（4）燃油管道阀门垫片应选用耐油垫片，禁止使用塑料垫、橡皮垫（包括耐油橡皮垫）和石棉垫。

（5）油泵进、出口管道上宜装设就地压力表和温度计。

（六）柴油发电机组油管道

（1）电厂保安用柴油发电机组宜布置在单独的建筑物内，其供油系统应按制造厂家的要求进行设计。

（2）柴油发电机组宜设高位油箱，也可同时设低位油箱。油箱的有效容积应满足机组连续满载运行 8h 的用油量。

（3）柴油发电机组油箱供油方式可采用管道供油或独立供油方式。供油管道和回油管道应设置紧急切断用的快关阀。油箱应设油位指示器。

（4）柴油发电机组应设事故放油设施。若采用事故放油池，油池应布置在室外，并满足防火间距要求，采取可靠的防火措施。

（5）柴油发电机组排气管上应装设消声器，排气管室内部分应保温。

（七）燃油系统设备及管道安全防护

（1）燃油系统设备及管道的油漆防腐详见本章第四节。

（2）油罐、油罐区、油泵房及油气管道的防爆、防火、防静电和防雷击的设计应满足 GB 50074《石油库设计规范》、GB 50058《爆炸和火灾危险环境电力装置设计规范》、GB 50229《火力发电厂与变电站设计防火规范》和其他现行相关国家和行业标准的要求。

（3）油罐区内油罐之间的防火间距应符合表 11-12 的要求。

表 11-12　　　　　　　　　　　　　油罐区内油罐之间的防火间距

油品类别	单罐容量（m³）		固定顶油罐			浮顶罐或内浮顶罐	卧式罐
			地上式	半地下式	地下式		
甲、乙类	>1000		0.6D，且不大于20m	0.5D，且不大于20m	0.4D，且不大于15m	0.4D，且不大于20m	不小于0.8m
	≤1000		0.75D				
丙类	A		0.4D，且不大于15m	不限	不限	—	
	B	>1000	5m				
		≤1000	2m				

注　1. D 为最大油罐的直径，m。

　　2. 不同油品、不同形式油罐之间的防火间距，应采用本表规定的较大值。

　　3. 单罐容量不大于1000m³ 的甲、乙类油品的地上式固定顶罐，当消防采用固定冷却方式时，油罐之间的防火间距可不小于0.6D。

　　4. 两排卧式油罐的防火间距不小于3m。

（4）油罐区内建筑物、构筑物之间的防火间距应符合表 11-13 的要求。

表 11-13　　　　　　　　　　　　油罐区内建筑物、构筑物之间的防火间距

序号	建筑物和构筑物名称		油罐				油泵房		汽车卸油管		铁路作业线		装卸码头	隔油池
			5000m³以上	1000m³至5000m³	1000m³及以下	甲乙类油品	丙类油品	甲乙类油品	丙类油品	甲乙类油品	丙类油品	甲乙类油品	丙类油品	150m³以下
			1	2	3	4	5	6	7	8	9	10	11	12
1	油泵房	甲乙类油品	20	15	12	12								
2		丙类油品	15	12	10	12	10							
3	汽车卸油管	甲乙类油品	25	20	15	15								
4		丙类油品	20	15	12	15	12							

续表

序号	建筑物和构筑物名称		油罐				油泵房		汽车卸油管		铁路作业线		装卸码头	隔油池
			5000m³以上	1000m³至5000m³	1000m³及以下	甲乙类油品	丙类油品	甲乙类油品	丙类油品	甲乙类油品	丙类油品	甲乙类油品	丙类油品	150m³以下
			1	2	3	4	5	6	7	8	9	10	11	12
5	铁路作业线	甲乙类油品	25	20	15	8	8	15	15					
6		丙类油品	20	15	12	8	8	15	12					
7	装卸码头	甲乙类油品	50	40	35	15	15	15	15	20	20			
8		丙类油品	35	30	30	15	12	15	12	20	15			
9	隔油池	150m³以下	25	20	15	10	20	15	25	25	20			
10	露开变、配电站	10kV及以下	20	20	20	15	10	20	10	20	10	20	10	15
11		10kV以上	30	30	30	20	15	30	20	30	20	30	20	20
12	独立变配电间		15	15	15	12	10	15	10	15	10	15	10	15
13	消防泵房、车库		35	30	25	12	15	12	15	12	25	20	20	
14	铁路机车走行线		25	25	25	15	12	20	15	20	15	20	15	15
15	有火花的建筑物		35	35	35	20	15	30	20	30	20	40	30	30
16	其他建筑物		25	20	15	12	10	15	10	12	10	15	12	15
17	围墙		15	10	8	10	5	10	5	10	5	—	—	10

注　1. 序号1、2、3的油罐，是指储存甲、乙类油品立式固定顶油罐的单罐容量。

2. 对于浮顶油罐或内浮顶油罐、储存丙类油品的立式固定顶油罐、容量大于50m³的卧式油罐，本表防火间距可减少25%。

（5）在油罐区内预留将来扩建增设油罐的位置时，已建油罐与预留油罐之间的防火间距应比表11-12的规定适当增加，其增加值可取0.15~0.25D，并满足预留油罐施工防火的要求。

（6）油罐区贮存油品的火灾危险性按油品闭杯闪点分类，见表11-14。

表 11-14　　　　　　　　　油品火灾危险性分类

类　别		油品闪点（℃）	油品举例
甲	A	液化烃	液化天然气、液化石油气
	B	<28	原油、汽油
乙	A	28~45	煤油、喷气燃料
	B	45~60	−35号轻柴油
丙	A	60~120	轻柴油、重柴油、20号重油
	B	>120	100号重油、润滑油、变压器油、渣油

工作温度超过其闪点的乙类油品，应视为甲B类；工作温度超过其闪点的丙类油品，应视为乙A类。

（7）油罐区域的电气设施均应选用防爆型，电力线路必须是电缆或暗线，不得采用架空线。

（8）油罐区周围必须设有环形消防通道，应设置满足要求的消防设施。油罐区域应设置隔离围墙或栅栏。

（9）燃油管道和油罐等设备应进行防雷及接地设计，并符合GB 50057《建筑物防雷设计规范》和GB 50058《爆炸和火灾危险环境电力装置设计规范》的有关规定。

（10）燃油系统的卸油设施、油罐等必须设置避雷装置和接地装置，以防雷击和静电。燃油管道、输油软管应设接地。

（11）架空布置的燃油管道应设置可靠的接地装置，每隔 20～25m 接地一次。净距小于 100mm 的平行管道，每隔 20m 用金属线跨桥，净距小于 100mm 的交叉管道也应设跨桥。不能保持良好电气接触的阀门、法兰等管件也应设跨桥。跨桥可采用直径不小于 8mm 的圆钢。

（八）清管、焊接及试验

（1）油气管道安装完毕后，必须进行清管，排出管道内的杂物。

（2）燃油系统管道清管应符合下列规定：

1）燃油系统管道应采用清水冲洗和蒸汽清扫。清扫前止回阀芯、调节阀芯和孔板等应取出；靶式流量计应整体取下，以短管代替。

2）燃油系统管道清扫结束后应进行全系统油循环试验，循环时间宜不少于 2h。

（3）燃油管道、润滑油管道焊接应采用氩弧焊打底焊接工艺，直径小于 50mm 的油管道应采用氩弧焊接。

（4）燃油系统管道设计应考虑机组检修或扩建期间需要对管道动火时的安全隔离措施。

（5）油气管道安装完毕后，必须进行强度试验和严密性试验。

（6）燃油管道安装完毕后应采用清水作介质进行强度试验，强度试验压力（表压）为设计压力的 1.5 倍，且不得小于 0.2MPa，水温宜为 16～40℃。窥视孔等玻璃易碎部件不可一并试压。

（7）在油罐与外部管道连接之前，油罐应做有效容积的灌水试验，用于检查油罐泄漏和基础均匀沉降。

二、燃气管道设计

（一）天然气管道设计

（1）天然气管道设计压力和设计温度应按各管段内天然气最高工作压力和最高工作温度确定。对于气源压力波动大或运行过程中会产生局部高压者，其管道设计压力可按最高工作压力对应的压力等级高一级确定。调压器后的管道设计压力与调压器前管道设计压力相同。

（2）厂内天然气管道管径，一般按天然气流量和输气允许压降计算确定；当压降无法确定时，也可以按天然气流速 15～30m/s 估算管径，然后校核压降是否满足要求。

（3）进厂天然气总管及每台燃气轮机天然气进气管上应设置天然气流量测量装置，进厂输气总管上应装设紧急切断阀，并布置在安全与便于操作的位置。

（4）进厂天然气气源紧急切断阀前总管和厂内天然气供应系统管道上应设置放空管。放空阀、放空竖管的设置和布置原则按 GB 50251《输气管道设计规范》的规定执行。

（5）厂内应设置天然气管道停用时的惰性气体置换系统。置换气体的容量宜为被置换气体总容量的两倍。

（6）厂内天然气系统应设置用于气体置换的吹扫和取样接头及放散管等。根据布置及安全要求，放散管可单独设置，也可部分集中引至放空管。放空气体排入大气应符合环保和防火要求，防止被吸入通风系统、窗口或相邻建筑。

（7）厂内天然气管道的保温油漆及防腐可按 DL/T 5072《火力发电厂保温油漆设计规程》和 SY 0007《钢制管道及储罐腐蚀控制工程设计规范》设计。天然气管道外表面油漆应采用涂刷底漆、中间漆和面漆防腐，油漆品种宜采用环氧类油漆。布置在室外的油气管道漆膜总厚度不得低于 150μm，布置在室内的油气管道漆膜总厚度不得低于 120μm。

埋地的天然气管道应采用特强防腐，可使用熔结环氧粉末防腐层、环氧粉末复合防腐工艺或其他成熟可靠的技术，并设置检漏措施。

当天然气管道较长或土壤电阻率较低时，厂外地下敷设的管道还宜有阴极保护等措施，厂外连接埋地管道处应设置绝缘法兰。

(8) 在主燃料天然气管路上宜设置成分色谱分析仪，在运行时连续分析天然气成分及其摩尔百分比。

(9) 对于有补燃的余热锅炉，在锅炉燃烧器前的输气管道上应设快速关断阀，阀门的布置应尽量靠近燃烧器。

(10) 厂内调压站各支路管道宜平行布置，管道间净距为 $0.7\sim1m$，管道外壁距离地面应大于 $0.6m$，可采用地面支墩支承管道和阀门。

(11) 输气管道跨越道路、铁路的净空高度应符合表 11-15 的规定。

表 11-15 输气管道跨越道路、铁路的净空高度

道 路 类 型	净 空 高 度（m）
人行道路	2.2
公路	5.5
铁路	6.0
电气化铁路	11.0

(12) 天然气管道的布置应根据天然气特性、管径大小和运行维护等因素确定，厂内天然气管道的敷设方式可根据实际情况选择地下布置的埋地敷设、地上布置的高支架架空敷设或低支架沿地面敷设，不应采用管沟敷设。

(13) 直埋天然气管线穿越车行道路时应采用外套管保护。

(14) 为便于拆卸，天然气管道与阀门、设备等连接处应采用法兰连接，其他不拆卸处应采用焊接连接。

(15) 天然气管道布置应设置坡度。顺气流方向时，管道坡度应不小于 0.003；逆气流方向时，管道坡度应不小于 0.005。

(16) 天然气管道及附件材料应选用符合国家标准和石油天然气行业的优质钢材，且具有良好的韧性和焊接性能，并在设计上对材料提出韧性要求。

(17) GB 50229《发电厂与变电站设计防火规范》的要求和其他现行相关国家和行业标准的有关规定。

(18) 天然气管道和储气罐等设备应进行防雷及接地设计，并符合 GB 50057《建筑物防雷设计规范》、GB 50058《爆炸和火灾危险环境电力装置设计规范》、GB 50229《火力发电厂与变电站设计防火规范》和其他现行相关国家和行业标准的要求，天然气管道最小防火间距应符合 GB 50058《爆炸和火灾危险环境电力装置设计规范》有关规定。

(19) 埋地天然气管道应设置转角桩、交叉和警示牌等永久性标志；易于受到车辆碰撞和破坏的管段，应设置警示牌，并采取保护措施。

(20) 天然气管道设计还应符合 GB 50251《输气管道设计规范》和 DL/T 5174《燃气-蒸汽联合循环电厂设计规定》等有关标准的规定。

(二) 工艺计算

(1) 天然气输气管道管径计算。

1) 当输气管道管径不大、距离不长时，管径计算式为

$$D_i = 7.954 \times \left(\frac{Q_s^2 \Delta ZTL}{p_1^2 - p_2^2}\right)^{3/16}$$

2）当输气管道管径较大、距离长、相对高差 $h \leqslant 200\mathrm{m}$ 时，管径计算式为

$$D_i = 14.648 \times \left(\frac{Q_s^2 \lambda \Delta ZTL}{p_1^2 - p_2^2} \right)^{0.2}$$

3）当输气管道管径较大、距离长、相对高差 $h > 200\mathrm{m}$ 时，管径计算式为

$$D_i = 14.648 \times \left\{ \frac{Q_i^2 \Delta ZTL \left[1 + \frac{\alpha}{2L} \sum\limits_{i=1}^{n} (H_i + H_{i-1}) L_i \right]}{p_1^2 - p_2^2 (1 + \alpha h)} \right\}^{0.2}$$

4）对短距离内压降很大，相对高差在 200m 的输气管，应考虑气体动能的变化，可按下式计算，即

$$D_i = 28.653 \times \left[\frac{Q_i^2 \left(\lambda \dfrac{L}{D_i} + 2\ln \dfrac{p_1}{p_2} \right) \Delta ZTL}{p_1^2 - p_2^2} \right]^{0.25}$$

$$a = \frac{2g\Delta}{ZRaT}$$

式中　D_i——输气管道内径，mm；

　　　Q_s——天然气基准体积流量（气体在绝对压力为 101.3kPa，温度为 20℃ 状态下），$\mathrm{m^3/s}$；

　　　Δ——天然气对空气的相对密度；

　　　Z——天然气平均压缩系数；

　　　T——天然气平均绝对温度，K；

　　　L——输气管道长度，m；

　　　λ——管子摩擦系数；

　　　p_1——输气管道起点绝对压力，MPa；

　　　p_2——输气管道终点绝对压力，MPa；

　　　a——系数，$\mathrm{m^{-1}}$；

　　　n——输气管道计算分段数，计算分段是沿输气管道走向划分；

　　　H_i——各计算分段终点标高，m；

　　H_{i-1}——各计算分段起点标高，m；

　　　L_i——各计算分段的长度，m；

　　　h——输气管道端点对起点的相对高差，m；

　　　g——重力加速度，取 $9.807\mathrm{m/s^2}$；

　　　Ra——空气的气体常数，在标准状况下，取 $287.14\mathrm{m^2/(s^2 \cdot K)}$。

（2）天然气输气管道直管壁厚计算式为

$$\delta = \frac{pD_0}{2\sigma_s \phi f \tau}$$

式中　δ——输气管道壁厚，mm；

　　　p——输气管道设计压力，MPa；

　　　D_0——输气管道外径，mm；

　　　σ_s——管子材料最小屈服强度，MPa；

　　　ϕ——焊缝系数；

　　　f——强度设计系数，位于三级地区的工业厂区，可取 0.5；

　　　τ——温度折减系数，当温度小于 120℃ 时，取 1。

钢制天然气管道最小公称壁厚见表 11-16。

表 11-16　　　　　　　　　　　　钢制天然气管道最小公称壁厚

钢管公称直径 DN（mm）	公称壁厚（mm）
DN100～DN150	4.0
DN200～DN300	4.8
DN350～DN450	5.2
DN500～DN550	6.4
DN600～DN700	7.1
DN750～DN900	7.9
DN950～DN1000	8.7
DN1050	9.5

（3）管子摩擦系数可按下式计算，即

$$\frac{1}{\sqrt{\lambda}} = -2.01 lg\left(\frac{K}{3.71D_i} + \frac{2.51}{Re\sqrt{\lambda}}\right)$$

或者按下式简单计算，即

$$\lambda = 0.0135 \times \left(\frac{D_i}{Q_s\Delta}\right)^{0.146}$$

或

$$\lambda = \frac{0.4366}{D_i^{1/3}}$$

式中　K——钢管内壁绝对粗糙度，m；

　　　Re——雷诺数。

（4）管道输送天然气的流速不宜超过 25m/s。

（三）天然气管道安全泄放

（1）在天然气管道上应按照 GB 50251《输气管道设计规范》的规定设置放空管。

（2）天然气的受压设备和容器应设置安全阀。调压站内的安全阀泄放气体可接入同级压力的放散管。

（3）放空管、安全阀泄放管应接至放散竖管排入大气，不得就地排放。放散竖管的通流能力应能满足快速排出管内最大排气的要求。

（4）放散竖管的设置应符合下列规定：

1）放散竖管直径应满足最大放气量的要求；

2）严禁在放散竖管顶端装设弯管；

3）放散竖管应采取稳管加固措施。

（5）输气调压站内所有压力容器和前后有阀门隔断的输气管道上均应设置安全放散阀，每条支路上的放散阀的放散能力为该支路调压器能力的 120%。

（6）输气调压站及管道应设置足够的放散管道，每个放散管上应设两个球型关断阀。放散管应接至竖管排入大气，且竖管出口不能接弯头。

（7）放散管出口的高度应高出 10m 范围内的平台或建筑物顶 2.5mm 以上（当放散管直径大于 DN150 时，高度应为 4m）。放散管出口一般可不设火炬装置、阻火器和消声器。

（8）安全阀出口泄放管直径应按排放背压不大于泄放压力的 10% 确定，但不小于安全阀出口直径。连接多个安全阀的泄放管直径，应按所有安全阀同时泄放时产生的背压不大于其中任何一个安全阀的泄放压力的 10% 确定，且泄放管截面积应不小于各安全阀泄放支管截面积之和。

（四）天然气管道附件选择

（1）天然气管道附件严禁使用铸铁件。应采用锻钢件，其质量应符合有关标准。当管道附件与管道采用焊接连接时，两者材质应相同或相近。

（2）输气管道上的阀门设置应符合下列要求：

1）输气管道干线上应设切断阀，并具有紧急关闭功能。

2）输气管道上的安全阀宜选用先导式安全泄压阀。

3）在防火区内关键部位使用的阀门，应具有耐火性能。

4）在供气管道靠燃气轮机侧应设管道阻火器。

5）需要通过清管器的阀门，应选用全通径阀门。

（3）管道附件与没有轴向约束的直管连接时，对附件应进行承受热膨胀的强度校核计算。

（4）清管器收发筒应由具有制造压力容器资格的厂家制作。

（五）清管及试验

（1）天然气管道应设清管设施，以便天然气管道试压前需进行清管和吹扫。管径 DN100 及以上的管道必须进行清管和吹扫，管径 DN100 以下的管道只进行吹扫。

清管球或清管器的直径一般为管道内径的 1.05 倍，顶球的最大压力不得大于管道工作压力的 1.25 倍。清管次数不得少于两次，清管后无杂质、污水等排出为清管合格。

天然气管道在投入使用前应进行干燥清管，必要时可加入吸湿剂。

（2）吹扫介质宜采用不助燃气体，吹扫流速不宜低于 20m/s，吹扫压力不应大于工作压力。管线应分段吹扫，吹扫应反复数次。

（3）厂内天然气管道安装完毕后，应采用清水作介质进行强度试验，强度试验压力（表压）应为设计压力的 1.5 倍，且不得小于 0.2MPa，试验稳压时间应不少于 4h。

（4）在管道强度试验合格后，应采用水和空气作介质进行严密性试验。先以水作介质进行严密性试验，试验压力为设计压力的 1.05 倍，再以空气为介质做气密性试验，试验压力为 0.6MPa，试验稳压时间应不少于 24h。

（5）当整体试压条件不具备时，可采用安装前的分段水压试验，安装后固定口应进行 100% 无损探伤，检验合格后还应进行严密性试验。

（6）试验用的空气必须是干燥的和无油脂的，水应为无油和清洁干净的。对于不锈钢管采用水作试验介质时，应采用饮用水，且氯离子含量不大于 25mg/L。以气体试压时，应制定有效的安全措施。

三、燃油燃气管道支吊架设计

（一）支吊架设置

（1）油气管道支吊架的布置应符合下列规定：

1）支吊架要根据管道布置情况进行分析设置，布点要合理，选型要适当。

2）支吊架布点时，应使各支吊架荷载均匀，避免个别支吊架荷载过大或脱空。

3）水平管道支吊架布点的最大允许间距应满足刚度条件和强度条件。

4）水平弯管两侧的支吊架，应将其中一个设置在弯管较长的一侧直管上，距弯管起弧点宜为 200～500mm。

5）管道上有集中荷载（如大阀门）时，应计算支吊架的间距，可在阀门下部或附近设置支吊架。

6）支吊架布点应使支管三通处和法兰接头处承受的弯矩最小，可在支管上靠三通附近设置支吊架。

7）支吊架与管道焊缝或法兰之间的净距不得小于 150mm。

8) 支吊架不得影响设备和阀门的运行操作、维护拆卸。

(2) 油气管道支吊架应优先选用标准的、典型通用的零部件，可按汽水管道支吊架典型设计手册选用。

(3) 与设备相连接的管段，应在设备附近设置支吊架，避免设备承受管道的荷载。

(4) 燃油管道、润滑油管道、氢气管道和氧气管道的支吊架管部宜采用管夹式结构，不宜采用焊接吊板。

(5) 不锈钢管道不应直接与碳钢管部焊接或接触，宜在不锈钢管道与管部之间设不锈钢垫板或非金属材料隔垫。

(6) 支吊架连接件的设计应符合下列规定：

1) 螺纹拉杆的最大承载力应根据螺纹根部截面计算。对于 DN≤50mm 的管道，其吊架拉杆直径应不小于 10mm；对于 DN≥65mm 的管道，其吊架拉杆直径应不小于 12mm。

2) 当吊架有水平位移时，对刚性吊架，可活动的拉杆长度应不小于吊点处水平位移的 20 倍；对弹簧吊架，可活动的拉杆长度应不小于吊点处水平位移的 15 倍。不能满足要求时，吊架根部应偏装。

3) 吊架的吊杆应有足够的螺纹长度进行调整。

(7) 支吊架生根在建（构）筑物的构件上时，应符合下列规定：

1) 土建支承构件应有足够的刚度和强度。用于固定支架、限位支架时，梁的最大挠度应不大于 1/500 梁的计算长度；用于其他支架时，梁的最大挠度应不大于 1/250 梁的计算长度。

2) 支吊架对钢梁产生弯矩时，其弯矩值应符合土建相关要求。

3) 钢梁上不应设置荷载较大的单悬臂支吊架，悬臂长度应不大于 800mm。

4) 支吊架在螺栓连接节点附近生根时，生根点距节点不小于 300mm。

5) 在两工字梁之间设置横担（根部）支吊架时，横担梁的长度应考虑安装方便。

（二）支吊架最大允许间距

(1) 水平管道支吊架最大允许间距按刚度条件和强度条件计算，并取两者之中的较小值。

(2) 按刚度条件，均布荷载水平直管道支吊架最大允许间距按下式计算，即

$$L_{max} = 0.112 \times \sqrt[3]{\frac{E_t I}{q}} \tag{11-4}$$

式中　L_{max}——最大允许间距，m；

　　　E_t——管材在设计温度下的弹性模数，kN/mm^2；

　　　I——管子断面惯性矩，cm^4；

　　　q——管子单位长度自重（包括介质重、保温材料重），kN/m。

(3) 按强度条件，均布荷载水平直管道支吊架最大允许间距按下式计算，即

$$L_{max} = 0.4336 \times \sqrt{\frac{W}{q}}$$

式中　W——管子截面抗弯矩，cm^3。

(4) 水平 90°弯管两端支吊架之间的管道展开长度，应不大于直管道最大允许间距的 0.73 倍。

(5) 对有压力脉动的气体管道，计算支吊架最大间距时，应核算管道固有频率，防止管道产生共振。

（三）支吊架荷载计算

(1) 油气管道支吊架荷载计算宜采用计算机应力分析程序计算，也可采用静力矩平衡法计算。

(2) 油气管道支吊架工作荷载应考虑下列各项荷载（但不限于）：

1) 管道重量。

2) 阀门及连接件、零部件重力。

3) 保温结构重力（管道保温时）。

4) 管内介质重力等（如油管的油重）。

(3) 油气管道支吊架结构荷载应包括工作荷载和下列各项荷载（但不限于）：

1) 管道上补偿器、金属软管所产生的作用力。

2) 支吊架约束管道位移所承受的约束反力、滑动支架摩擦阻力。

3) 弹簧支吊架转移荷载。

4) 气体管道若做水压试验或清扫时，应计水重；油管道作水压试验时，应计水重和油重之差。

5) 附加荷载，如风雪荷载、其他临时荷载、管道振动力、排放反力。

6) 地震引起的对支吊架作用力等。

(4) 支吊架结构荷载应多工况分别计算，取最不利荷载组合作为支吊架结构荷载。为了简化计算，支吊架结构荷载可按表 11-17 中的公式计算。

表 11-17　　　　　　　　　　　　　　　　　支吊架结构荷载计算

支吊架形式	垂直结构荷载 F_{jz}		水平结构荷载 F_{jx}
滑动支架、刚性吊架、水平导向支架	两侧为刚性支吊架	$KF_g + F_{bz} + F_{sz} + F_{fz}$	μF_{jz}
	两侧为弹簧支吊架	$KF_g + F_{bz} + F_{sz} + F_{fz} + 0.18\sum F_g$	
固定支架	两侧为刚性支吊架	$KF_g + F_{bz} + F_{sz} + F_{fz}$	$\sum F_{mc} + F_{bx} + F_{fx} + F_{dx}$
	两侧为弹簧支吊架	$KF_g + F_{bz} + F_{sz} + F_{fz} + 0.18\sum F_g$	
弹簧支吊架	热位移向下时	$KF_g + F_{bz} + F_{sz} + F_{fz}$	—
	热位移向上时，按右两式取较大值	$KF_g + F_{bz} + F_{sz} + F_{fz}$ 或 $1.2F_a + F_{bz} + F_{sz} + F_{fz}$	

注　F_{jz}、F_{jx}——垂直方向 z 和水平方向 x 或 y 的结构荷载（N）；

　　　K——工作荷载修正系数，可取 1.4；

　　　F_g——工作荷载，仅为管道重量、阀门及连接件和零部件重力之和（N）；

　　　$\sum F_g$——该支吊架两侧至下一个刚性支吊架之间的所有热位移下的各弹簧支吊架工作荷载总和（N）；

　　F_{bz}、F_{bx}——垂直方向 z 和水平方向 x 或 y 的波形补偿器热位移弹性轴向力和介质内压推力（N）；

　　　F_{sz}——水压试验时，支吊架垂直方向 z 增加的水重（N）；

　　F_{fz}、F_{fx}——垂直方向 z 和水平方向 x 或 y 的附加荷载（N）；

　　　F_{dx}——作用于支吊架上水平方向 x 或 y 的地震力，与风荷载不叠加（N）；

　　$\sum F_{mc}$——固定支吊架两侧的支吊架摩擦力的总和（N）；

　　　F_a——弹簧安装荷载（N）；

　　　μ——活动支架的摩擦系数。钢与钢之间滑动，$\mu=0.3$；钢与聚四氟乙烯板之间滑动，$\mu=0.2$；聚四氟乙烯板之间滑动，$\mu=0.1$；吊架，$\mu=0.1$。

(5) 支吊架的管部、连接件和根部应以结构荷载作为强度计算的依据，弹簧应以工作荷载和热位移选型。

（四）支吊架弹簧选择

(1) 弹簧支吊架的弹簧选择应符合下列要求：

1) 弹簧由冷态到运行工况，弹簧的荷载变化系数应不大于 0.35。

2) 弹簧的安装荷载和工作荷载均不得大于其最大允许荷载。

(2) 弹簧串联安装时，应选用最大工作荷载相同的弹簧串联，热位移值按各弹簧的刚度分配；弹簧并联安装时，支吊架两侧应选用相同型号的弹簧，荷载由并联弹簧平均分担。

(3) 根据支吊架垂直热位移和工作荷载选择弹簧，单个弹簧应符合下列规定。

当热位移向上时，按下式计算，即

$$\Delta Z \leqslant \frac{C}{1+C}\lambda_{max}$$

$$F_g \leqslant \frac{C}{1+C}P_{max}$$

$$F_a \leqslant P_{max}$$

式中　ΔZ——支吊点分配的垂直热位移值，mm；

　　　C——弹簧荷载变化系数，宜为 0.35；

　　　λ_{max}——弹簧最大允许荷载下的变形量，mm；

　　　F_g——弹簧工作荷载，N；

　　　P_{max}——弹簧最大允许荷载，N；

　　　F_a——弹簧安装荷载，N。

（4）当热位移向下时，按下式计算，即

$$\Delta Z \leqslant C\lambda_{max}$$

$$F_g \leqslant P_{max}$$

（5）弹簧的工作高度、安装高度、安装压缩值和安装荷载按下列公式计算。

1）工作高度 H_g 按下式计算，即

$$H_g = H_0 - K_s F_g$$

式中　H_0——弹簧自由高度，mm；

　　　K_s——弹簧系数，mm/H_0。

2）安装高度 H_a 按下式计算，即

$$H_a = H_g \pm \Delta Z$$

热位移向上时用"－"号，向下时用"＋"号。

3）安装压缩值 Δa 按下式计算，即

$$\Delta a = H_0 - H_a$$

4）安装荷载按下式计算，即

$$F_a = F_g \pm \frac{1}{K_s}\Delta Z$$

热位移向上时用"＋"号，向下时用"－"号。

第二节　汽水管道设计

一、设计参数

（一）概述

（1）管道设计应根据压力、温度及管内介质特性等工艺条件，并结合环境、荷载等综合条件进行。

（2）管道及管道附件的设计参数，应根据管道运行中管内介质的压力与温度相耦合时最严重条件下的压力和温度确定。

（3）对于特殊条件的管道设计压力，应按下列规定选用：

1）对于输送气化温度低的流体（液化气体）管道，其设计压力不应小于阀被关闭或流体不流动时在最高环境温度下气化所能达到的最高压力。

2）离心泵出口管道，对于定速泵，其设计压力不应小于泵额定工作特性曲线最高点对应的压力与泵吸入口压力之和；对于调速泵，其设计压力不应小于泵额定转速特性曲线最高点对应的压力与泵吸入口压力之和。

3）减压装置后没有安全阀保护且流体可能被关断或堵塞的管道，其设计压力不应低于减压装置前流体可能达到的最高压力。

4）装有安全阀的管道，管道设计压力不应小于安全阀的最低整定压力。

（二）电厂常用管道设计压力

（1）高压蒸汽管道设计压力应按余热锅炉最大设计工况时过热器出口的额定工作压力选取。

（2）高压缸排汽管道设计压力应按汽轮机最大进汽工况时高压缸排汽压力的1.15倍选取。

（3）汽轮机抽汽管道。

1）调整抽汽管道应按其最高工作压力选取。

2）背压式汽轮机排汽管道应按其最高工作压力选取，但不应小于0.1MPa。

（4）高压给水管道。

1）非调速给水泵出口管道，从前置泵到主给水泵或从主给水泵至锅炉省煤器进口区段，应分别取用前置泵或主给水泵特性曲线最高点对应的压力与该泵进水侧压力之和。

2）调速给水泵出口管道，从给水泵出口至第一个关断阀的管道，设计压力应取用泵在额定转速特性曲线最高点对应的压力与进水侧压力之和；从泵出口第一个关断阀至锅炉省煤器进口区段，应取用泵在额定转速及设计流量下泵提升压力的1.1倍与泵进水侧压力之和。

3）高压给水管道设计压力，应考虑水泵进水温度对压力的修正。

（5）低压给水系统。

1）对于定压除氧系统，应按除氧器额定压力与最高水位时水柱静压之和选取。

2）对于滑压除氧系统，应按汽轮机调节汽门全开工况下除氧器加热抽汽压力的1.1倍与除氧器最高水位时水柱静压之和。

（6）凝结水管道。

1）凝结水泵进口侧管道应按泵吸入口中心线至汽轮机排汽缸接口平面处的水柱静压，此时凝汽器内按大气压力，且应不小于0.35MPa。

2）凝结水泵出口侧管道应按泵出口阀关断情况下泵的提升压力与进水侧压力之和选取，水侧压力取凝汽器热井最高水位与泵吸入口中心线的水柱静压力。

（7）锅炉排污管道。

1）锅炉排污阀前管道，对于定期排污管道，设计压力应不小于汽包上所有安全阀中的最低整定压力与汽包最高水位至管道最低点水柱静压之和；对于连续排污管道，设计压力应不小于汽包上所有安全阀的最低整定压力。

2）锅炉排污阀后管道，当排污阀后的管道装有阀门或堵板等可能引起管内介质压力升高时，其设计压力应按排污阀前管道设计压力的选取原则确定；当排污阀后的管道上未装有阀门或堵板等不会引起管内介质压力升高时，定期排污和连续排污管道的设计压力按表11-18选取。

表11-18 锅炉排污阀后管道设计压力 MPa

锅炉压力	1.750~4.150	4.151~6.200	6.201~10.30	≥10.301
管道设计压力	1.750	2.750	4.150	6.200

（8）给水再循环管道。

1）当采用单元制系统时，进除氧器的最后一道关断阀及其以前的管道，应按相应的高压给水管道的设计压力选取。最后一道关断阀后的管道，对于定压除氧系统，按除氧器额定压力选取；对于滑压除氧系统，按汽轮机调节汽门全开工况下除氧器加热抽汽压力的1.1倍选取。

2）当采用母管制系统时，节流孔板及其以前的管道，按相应的高压给水管道的设计压力选取；节流孔板后的管道，当未装设阀门或介质出路上的阀门不可能关断时，按除氧器的额定压力选取。

（9）安全阀后排汽管道设计压力应根据排汽管道的水力计算结果确定。

（三）电厂常用管道设计温度

管道设计温度应不低于管内介质持续运行的最高工作温度。对于特殊条件管道的设计温度，应符合下述两条要求：与锅炉、各类加热器等换热设备相连接的管道设计温度，应考虑计入换热设备可能出现的温度偏差。对于非金属材料衬里的管道，衬里材料设计温度应取流体的最高工作温度，外层金属的设计温度可通过传热计算或试验确定。

（1）主蒸汽管道设计温度应按余热锅炉过热器出口蒸汽额定工作温度加上锅炉正常运行时允许的温度偏差值，当锅炉制造厂未提供温度偏差时，温度偏差值可取用5℃。

（2）再热蒸汽管道设计温度应符合下述规定：

1）高温再热蒸汽管道应按余热锅炉再热器出口蒸汽额定工作温度加上锅炉正常运行时允许的温度偏差，当锅炉制造厂未提供温度偏差时，温度偏差值可取用5℃。

2）低温再热蒸汽管道应选用汽轮机调节汽门全开工况下高压缸排汽参数，等熵求取在管道设计压力下的相应温度。如制造厂有特殊要求时，则设计温度应选用可能出现的最高工作温度。

（3）低压蒸汽管道。低压蒸汽温度应按管内低压蒸汽的最高工作温度选取。

（4）汽轮机抽汽管道。

1）调整抽汽管道应按抽汽的最高工作温度选取。

2）背压式汽轮机排汽管道取用排汽的最高工作温度。

（5）减温装置后的蒸汽管道设计温度应按减温装置出口蒸汽的最高工作温度选取。

（6）高压给水管道设计温度应按高压加热器后高压给水的最高工作温度选取。

（7）低压给水管道。

1）定压除氧系统应按除氧器额定压力对应的饱和温度选取。

2）滑压除氧器系统应按汽轮机调节汽门全开工况下1.1倍除氧器加热抽汽压力对应的饱和温度选取。

（8）凝结水管道设计温度应按低压加热器后凝结水的最高工作温度选取。

（9）锅炉排污管道。锅炉排污阀前或者当排污阀后管道装有阀门或堵板等可能引起管内压力升高时，排污管道（定期排污或连续排污）的设计温度，取用汽包上所有安全阀中的最低整定压力对应的饱和温度。

锅炉排污阀后不会引起管内压力升高时，排污管道（定期排污或连续排污）的设计温度按表11-19选取。

表 11-19   锅炉排污阀后管道设计温度

锅炉压力（MPa）	1.750～4.150	4.151～6.200	6.201～10.300	≥10.301
管道设计温度（℃）	210	230	255	280

（10）给水再循环管道。对于定压除氧系统，应按除氧器额定压力对应的饱和温度选取；对于滑压除氧系统，应按汽轮机调节汽门全开工况下1.1倍除氧器加热抽汽压力对应的饱和温度选取。

（11）安全阀后排汽管道的设计温度，应根据排汽管道水力计算中相应数据选取。

二、设计基准

（1）管道及管道附件的压力-温度等级除用设计压力和设计温度表示外，还可用公称压力表示。

（2）管道及管道附件的公称压力的应用应符合 GB 1047《管道元件的公称压力》的规定。

（3）对于只标明公称压力的管道及管道附件，除另有规定外，在设计温度下的许用压力计算式为

$$p_t = \mathrm{PN} \frac{[\sigma]^t}{[\sigma]^s}$$

式中　　p_t——在设计温度下的允许工作压力，MPa；

　　　　PN——公称压力，MPa；

　　　　$[\sigma]^t$——在设计温度下材料的许用应力，MPa；

　　　　$[\sigma]^s$——对应公称压力的基准应力，是指材料在指定某一温度下的许用应力，MPa。

（4）许用应力。

1）GB 50764—2012《电厂动力管道设计规范》附录 A 中金属管道材料的许用应力是指许用拉应力，使用时应符合下列规定：

a. 对于焊接的管道及管道组成件用材料，采用 GB 50764—2012 附录 A 的许用应力时，应另外按 GB 50764—2012 表 6.2.1-2 计入焊缝系数。

b. 对于铸造管道组成件用材料，采用 GB 50764—2012 附录 A 的许用应力时，应考虑铸件质量系数，普通铸件质量系数取 0.8，如对铸件进行补充检测，质量系数可提高至表 11-20 的数值，但在任何情况下，质量系数不应超过 1.00。

表 11-20　　　　　　　　　　　　　铸件增加检测后的质量系数

铸件检测方法	E_c
（1）表面机加工后检查	0.85
（2）磁粉或液渗检测	0.85
（3）超声波或射线检测	0.95
上述（1）+（2）项检测	0.90
上述（1）+（3）项或（2）+（3）项检测	1.00

2）许用剪切应力为 GB 50764—2012 附录 A 许用应力的 0.8 倍；支承面的许用压应力为许用压应力的 1.6 倍；许用压应力为 GB 50764—2012 附录 A 表中的许用应力。

（5）确定许用应力的基准。管道用钢材的许用应力，应根据钢材的有关强度特性取下列最小值，即

$$\frac{\sigma_b^{20}}{3}, \frac{\sigma_s^t}{1.5} \ 或 \ \frac{\sigma_{s(0.2\%)}^t}{1.5}, \frac{\sigma_D^t}{1.5}$$

式中　　σ_b^{20}——钢材在 20℃时的抗拉强度最小值，MPa；

　　　　σ_s^t——钢材在设计温度下的屈服极限最小值，MPa；

　　$\sigma_{s(0.2\%)}^t$——钢材在设计温度下残余变形为 0.2％时的屈服极限最小值，MPa；

　　　　σ_D^t——钢材在设计温度下 10^5h 持久强度平均值。

三、金属材料的使用要求

（一）动力管道用钢的基本要求

1. 高温蒸汽管道用钢

（1）应具有足够高的蠕变极限、持久强度、持久塑性和抗氧化性能。蒸汽管道通常以 1×10^5h 或 2×10^5h 的高温持久强度作为强度设计的主要依据，再用蠕变极限进行校核。对于低合金耐热钢，在整个运行期内累积的相对蠕变变形量不应超过 2％；持久强度和蠕变极限的分散范围不超过 ±20％；持久塑性的延伸率不小于 3％～5％。

（2）在高温下、长期运行过程中，组织性能稳定性好。

（3）具有良好的工艺性能，特别是焊接性能要好。

2. 其他管道用钢

(1) 应具有较高的室温和高温强度，这些管道通常以钢材的屈服极限和抗拉强度作为强度设计的依据。

(2) 对所输送流体具有较高的抗腐蚀能力。

(3) 良好的韧性。

(4) 较小的应变时效敏感性。

(5) 具有良好的工艺性能，特别是焊接性能要好。

（二）材料选用基本导则

(1) 应综合考虑材料的使用性能、工艺性能和经济性。

1) 材料的使用性能应根据部件的设计工作温度、受力状况、介质特性及工作的长期性和安全性确定。

2) 材料的工艺性能应根据部件的几何形状、尺寸、制造工艺以及部件失效后的修复方法确定。

(2) 选用的各种金属材料应符合有关国家标准和行业标准的要求。材料制造单位必须保证材料质量，并提供产品合格证及质量证明书，其内容至少包括材料牌号、化学成分、力学性能、热处理工艺及其必要的性能检验结果等资料。

1) 采用国外钢材，应符合以下要求：

a. 钢号应是国外动力管道用钢标准所列的钢号或者化学成分、力学性能、焊接性能与国内允许用于动力管道的钢材相类似，并列入钢材标准的钢号或成熟的动力管道用钢钢号。

b. 应按订货合同规定的技术标准和技术条件进行验收。对照国内锅炉管道用钢标准如缺少检验项目，必要时还应补做所缺项目的检验，合格后方可使用。

c. 首次使用前，应进行焊接工艺评定和成型工艺试验，满足技术要求后才能使用。

d. 强度计算应采用该钢材的技术标准或技术条件所规定的性能数据进行。

e. 未列入标准的钢材或已列入标准的电阻焊管，应经劳动部安全监察机构同意。

2) 钢材生产单位生产国外钢号的钢材时，应完全按照该钢号国外标准的规定进行生产和验收，批量生产前应通过产品鉴定。

3) 采用研制的新钢号试制动力管道之前，钢材制造厂必须对此新材料的试验工作进行技术评定，参加评定的单位应有冶金、制造、使用、安全监察机构、标准等有关部门和单位。评定至少应包括下列内容：

a. 化学成分。应提供确定化学成分上、下限的试验研究数据。

b. 力学性能和组织稳定性。应提供在使用温度范围内（至超过最高允许工作温度50℃）温度间隔为20℃（有实际困难时，可按50℃间隔）的抗拉强度、屈服强度，并提供伸长率、断面收缩率、时效冲击值、室温夏比（V形缺口试样）冲击吸收功、脆性转变温度。

对于工作温度高于350℃的碳素钢、低碳锰钢、低碳锰钒钢以及工作温度高于400℃的其他合金钢，应提供持久强度、蠕变极限及长期时效稳定性数据。

c. 抗氧化性。对于使用温度高于500℃的管道用钢，应提供在使用温度下（包括超过最高允许工作温度20℃）的抗氧化数据。

d. 抗热疲劳性。应提供在相应温度下的弹性模量、平均线膨胀系数和传热系数等。

e. 焊接性能。应提供钢材的焊接性能及焊接接头力学性能数据。

f. 钢材的制造工艺。应提供相应的技术资料，如冶炼、铸造或锻轧、成品热处理等资料。

g. 钢材的热加工性能。应提供相应的技术资料，如热冲压、热卷、热弯、热处理等资料。

4) 新钢号材料批量生产前，必须进行产品鉴定。该鉴定应有冶金、制造、使用、安全监察机构、标准等部门的代表参加。新钢号材料的制造厂应将鉴定意见、试用情况和成批生产的钢材质量稳定性情况报劳动部安全监察机构备案。

（3）使用的焊接材料应符合国家相关标准的规定，使用进口焊接材料应完全按照对应的国外标准的规定进行验收。

（4）选择代用材料时，应该选用化学成分、性能相近或略优者，同时应进行强度校核计算，保证在使用条件下各项性能指标均不低于设计要求。

（5）材料代用应满足强度和结构上的要求，且须经材料代用单位的技术部门（包括设计和工艺部门）同意。采用没有列入国家标准、行业标准的钢材代用时，代用单位应提出技术依据并报省级安全监察机构审批。

（6）制造、安装中使用代用材料，应得到设计单位和使用单位的许可，并由设计单位出具修改通知单。检修中使用代用材料应征得用户金属技术监督专职工程师的同意，并经总工程师批准。

（三）常用管道用钢

常用汽水管道用钢号、特性及其主要应用范围见表11-21。

表 11-21　　　　　　　　　　　常用汽水管道用钢号、特性及其主要应用范围

钢　号	特　性	主要应用范围	类似钢号
20（20G）		壁温≤425℃的蒸汽管道	CT20（ГОСТ）、S20C（JIS）、1020（SAE，AISI）、C22、CK22（DIN）、XC18（NF）、N2024（ČSN）、St45.8/Ⅲ（DIN）
10	具有良好的工艺性能，在530℃以下具有满意的抗氧化性能，但在470～480℃高温下长期运行过程中，会发生珠光体球化和石墨化；无回火脆性	工作压力≤5.9MPa、壁温≤425℃的汽水管道	CT10（ГОСТ）、S10（JIS）、1010（SAE，AISI）、C10、CK10（DIN）
20		工作压力≤5.9MPa、壁温≤425℃的汽水管道	CT20（ГОСТ）、S20C（JIS）、1020（SAE，AISI）、C22、CK22（DIN）、XC18（NF）、N2024（ČSN）、St45.8/Ⅲ（DIN）
Q235A Q235B Q235C	属于普通碳素钢，具有良好的工艺性能，高温长期运行也会发生石墨化、珠光体球化	（1）Q235A：压力p≤1.0MPa；温度t_1=0～300℃的低压流体 （2）Q235B：p≤1.6MPa；t_1=0～300℃的低压流体 （3）Q235C：p≤2.5MPa；t_1=0～400℃的低压流体	1015（SAE，AISI）、SCD3（JIS）、C22（DIN）
Q345	属于低合金钢，具有良好的工艺性能，高温长期运行会发生珠光体球化	输送流体	12MnV 16Mn 16MnRE
15MoG （15Mo3、16Mo）	是成分最简单的低合金热强钢，其热强性和腐蚀稳定性优于碳素钢，而工艺性能仍与碳素钢大致相同。存在的主要问题是在500～550℃长期运行时有产生珠光体球化和石墨化倾向，随其发展会导致钢的蠕变强度和持久强度降低，甚至会导致钢管的脆性断裂。焊接性能良好，焊前需预热，焊后需热处理	壁温≤500℃的蒸汽管道	16M（ЧМТУ）、STBA12、STPA12（JIS）、A209 T1（ASTM）、A335 P1（ASTM）、15Mo3（DIN）、15020（ČSN）
12CrMoG	属低合金耐热钢，在480～540℃下具有足够的热强性和组织稳定性，综合性能良好，无热脆性现象	壁温≤510℃的蒸汽管道	12MX（ГОСТ）、T2、P2（ASME，ASTM）、12CrMo195（德国）、15CD2（法国）

钢号	特性	主要应用范围	类似钢号
15CrMoG	该钢正火后的组织为铁素体、贝氏体和部分马氏体，正火、回火后的组织为铁素体、贝氏体和回火马氏体，其冷加工性能和焊接性能良好，无石墨化倾向。在520℃以下，具有较高的持久强度和良好的抗氧化性能，但超过550℃以后，蠕变极限将显著降低。长期在500～550℃运行，会发生珠光体球化，使强度下降	壁温≤510℃的蒸汽管道	15XM（ЧМТУ）、13CrMo44（DIN）、T12、P12（ASME、ASTM）、STBA22、STPA22(JIS)、15121(ČSN)
12CrMoV	在铬钼钢中加入少量的钒，从而可阻止钢在高温下长期使用过程中合金元素钼向碳化物中的转移，提高钢的组织稳定性和热强性。与12Cr1MoV钢相比，钢中的含铬量较低，但在550℃以下，对力学性能和热强性影响不大，而在高于550℃时，其性能低于12Cr1MoV钢	壁温≤540℃的蒸汽管道	12XMФ（ГОСТ4543）、15123.9（ČSN）、15128(ČSN)、14MoV63(DIN17175)
12Cr1MoVG	该钢属珠光体热强钢。由于钢中加入了少量的钒，可以降低合金元素（如钼、铬）由铁素体向碳化物中转移的速度，弥散分布的钒的碳化物可以强化铁素体基体。该钢在580℃时仍具有高的热强性和抗氧化性能，并具有高的持久塑性。工艺性能和焊接性能较好，但对热处理规范的敏感性较大，常出现冲击韧性不均匀现象。在500～700℃回火时，具有回火脆性现象；长期在高温下运行，会出现珠光体球化以及合金元素向碳化物转移，使热强性能下降	壁温≤555℃的蒸汽管道	12XIMФ（ГОСТ）、13CrMoV42（DIN）、15225(ČSN)、12Cr1MoV(曼内斯曼钢厂)
15Cr1Mo1V（15X1M1Ф）	苏联钢号。与12Cr1MoV钢相比，含钼量有所提高，故热强性能稍高，在450～550℃，其持久强度比12Cr1MoV钢高19.6MPa，570℃时高9.8MPa，但持久塑性稍低于12Cr1MoV钢。该钢在570℃以下长期使用时，组织稳定，且具有良好的抗氧化性能。焊接性能与12Cr1MoV钢相当。存在的问题是有些炉号的冲击值低于标准要求，当钢中含有0.013%～0.08%的残铝对钢的热强性能会有不利影响	壁温≤580℃的蒸汽管道	P24 A405-61T(ASTM)
12Cr2MoG	该钢正火后的组织为贝氏体加少量的马氏体，有时有少量铁素体。长期在高温下运行，将会出现碳化物从铁素体基体中析出并聚集长大现象。500℃的蠕变试验结果表明，在蠕变第一阶段结束时，总伸长率为0.2%；550℃及以上温度，总伸长率为1%～2%；钢的持久塑性比较好	壁温≤570℃的蒸汽管道	10CrMo910（BQB、DIN）、STBA24、STPA24（JIS）、P22（ASME、ASTM）、HT8(SANDVIK)

钢号	特性	主要应用范围	类似钢号
15NiCuMoNb5-6-4（WB36）	15NiCuMoNb5（WB36）为德国梯生钢厂、曼内斯曼钢厂和日本住友金属株式会社生产的 Ni-Cu-Mo 低合金钢。由于钢中含有 Cu，所以提高了钢的抗腐蚀性能。该钢具有较高的强度，室温抗拉强度可达 610MPa 以上，屈服强度≥440MPa，比 20 号钢高 40%，用于锅炉给水管道，可使管壁厚度减薄，从而有利于加工、制造、安装和运行。通常含 Cu 钢具有红脆性，但由于该钢中加入了较多的 Ni，从而消除了红脆性。该钢的焊接性能良好，但不适合冷成形加工	壁温≤500℃的给水管道	
X20CrMoV121（F12）	属 12%铬型马氏体热强钢，具有良好的耐热性能，在空气和蒸汽中抗氧化能力可达 700℃，但工艺性能较差，在锻造轧制和焊接时易产生裂纹。钢的热强性能低于钢 102 和 Π-11 钢	壁温 540～560℃的蒸汽管道	HT9（SANDVIK）、1Х12В2МФ（ГОСТ）、2Х12МФБР（ГОСТ）、X20CrMoWV121（DIN）
10Cr9Mo1VNb（P91）	是美国在 9Cr-1Mo 钢基础上添加微量 V、Nb，调整 Si、Ni 和 Al 添加量后形成的超 9Cr 钢。该钢的高温强度优异，在 550℃ 以上，其设计许用应力为 T9 和 2.25Cr-1Mo 钢的两倍。与 1Cr19Ni9 钢相比，其等强（持久强度）温度为 625℃，抗氧化和抗蒸汽腐蚀性能与 9Cr-1Mo 钢相当	壁温为 600℃以下蒸汽管道	X10CrMoVNb91、（DIN17175）、TUZ10CDVNb09.01（NFA-49213）
X10CrWMoVNb9-2（P92）	X10CrWMoVNb9-2 钢是日本在 P91 钢基础上降低 Mo 量，并添加 2%的 W。E911 钢则是欧洲在 P91 基础上添加 1%W。他们具有比 P91 更高热强性能，抗氧化和抗蒸汽腐蚀性能与 9Cr-1Mo 钢相当	壁温为 620℃以下蒸汽管道	
P122	P122 钢是在早期德国 F12 的基础上通过降碳提高焊接性能以及，以及加 W 取代更多的 Mo 并添加 1.0%Cu 得到的，进一步提高了蠕变强度，并具有一定的韧性。抗氧化和抗蒸汽腐蚀性能高于 P91 钢	壁温为 620℃以下蒸汽管道	

四、管道组成件的选用

（一）一般规定

（1）管道组成件应符合 GB 50764—2012《电厂动力管道设计规范》耐压设计规定，并应符合国家现行标准的规定。

（2）管道组成件间的连接，除需拆卸的以外，应采用焊接连接。

（3）管道组成件的检验应符合 GB 50764—2012 附录 E 的规定。

（4）管道组成件用材料应符合 GB 50764—2012 第 4 章的规定。

（5）弯管弯头、三通、异径管等管道附件的通流能力不应小于相连接管道通流能力的 95%。

（6）螺纹连接方式可用于设计压力小于或等于 1.6MPa、设计温度小于或等于 200℃的输送低压流体用焊接钢管上。

（二）管子

（1）管子直径选择参照下述六、管径选择及计算。

（2）管子强度应符合下述五、关于强度和壁厚的规定。

（3）存在汽水两相流的疏水和再循环管道宜采用 CrMo 合金钢材料，且壁厚宜加厚一级。

（4）无缝钢管用于设计压力大于或等于 6.3MPa 或设计温度大于或等于 400℃时，制造检验应符合 GB 5310《高压锅炉用无缝钢管》的规定，不锈钢管的检验应不低于 GB/T 14976《流体输送用不锈钢无缝钢管》的规定。

（5）低压给水及中压给水管道不得采用焊接钢管。

五、管道组成件的强度

（一）一般规定

本节所列的计算方法是内压下的强度计算，管道组成件的取用厚度不得小于最小厚度。

（二）管子的强度

1. 承受内压的直管最小壁厚计算

对于 $\dfrac{D_o}{D_i} \leqslant 1.7$ 的管子，在设计压力和设计温度下所需的最小厚度 s_m，按下列公式计算。

按管子外径确定壁厚时为

$$s_m = \frac{pD_o}{2[\sigma]^t \eta + 2Yp} + C \tag{11-5}$$

按管子内径确定壁厚时

$$s_m = \frac{pD_i + 2[\sigma]^t \eta C + 2YpC}{2[\sigma]^t \eta - 2p(1-Y)}$$

式中　s_m——管子最小壁厚，mm。

　　　D_o——管子外径，取用包括管径正偏差的最大外径，mm。

　　　η——许用应力的修正系数，对于无缝钢管 $\eta=1.0$；对于纵缝焊接钢管，按有关制造技术条件检验合格者，其 η 值按表 11-22 取用；对于螺旋焊缝钢管，按 GB 3091《低压流体输送用焊接钢管》制造和无损检验合格者，$\eta=0.9$；对于进口焊接钢管，其许用应力的修正系数按相应的管子产品技术条件中规定的数据选取。

　　　Y——温度对计算管子壁厚公式的修正系数，按表 11-23 取用。

　　　C——考虑腐蚀、磨损和机械强度要求的附加厚度。用以补偿因需要机械连接而在管子加工螺纹或开槽等所损失的壁厚，用以提供足够的力学强度，用以考虑腐蚀或磨损。对铸铁应采用下列 C 值：离心浇铸件 $C=3.56$mm；静态浇铸件 $C=4.57$mm。

　　　D_i——管子内径，取用包括管径正偏差和加工过盈偏差的最大内径，加工过盈偏差取 0.25mm。

表 11-22　　　　　　　　　　　　纵缝焊接钢管许用应力修正系数

焊接方式	焊缝形式	η
熔炉对接连续焊	直缝	0.6
电阻焊缝	直缝或螺旋焊缝	0.85
手式电焊或气焊	双面有坡口对接焊缝 100%无损探伤	1.00
	有氩弧焊打底的单面有坡口对接焊缝	0.90
	无氩弧焊打底的单面有坡口对接焊缝	0.75

续表

焊接方式	焊缝形式	η
熔剂层下的自动焊	双面焊接对接焊缝，100%无损探伤	1.00
	单面焊接有坡口对接焊缝	0.85
	单面焊接无坡口对接焊缝	0.80

表 11-23　　　　　　　　　　　　　系数 Y 值

材料	温度（℃）					
	≤482	510	538	566	593	621
铁素体钢	0.4	0.5	0.7			
奥氏体钢	0.4				0.5	0.7
其他韧性金属	0.4					

注　1. 介于表列中间温度的 Y 值可用内插法计算。

　　2. 对于铸铁材料 $Y=0$。

2. 管子的计算壁厚

管子的计算壁厚应按下式进行，即

$$s_c = s_m + c$$

式中　s_c——管子的计算壁厚，mm；

　　　c——管子壁厚负偏差的附加值，mm。

3. 管子壁厚负偏差附加值

管子壁厚负偏差附加值应按下列规定选取：

（1）对于管子规格以外径×壁厚标示的无缝钢管，可按下式确定，即

$$c = F s_m$$

式中　F——管子壁厚负偏差系数，根据管子产品技术条件中规定的壁厚允许负偏差，按公式 $F = \dfrac{m}{100-m}$ 计算，其中 m 为管子产品技术条件中规定的壁厚允许负偏差，取百分数。

（2）对于管子规格以最小内径×最小壁厚标示的无缝钢管，壁厚负偏差值等于零。

（3）对于焊接钢管，采用钢板厚度的负偏差值，但管子壁厚负偏差的附加值不得小于 0.5mm。

4. 管子的取用壁厚

对于以外径×壁厚标示的管子，应根据管子的计算壁厚，按管子产品规格中公称壁厚系列选取；对于以最小内径×最小壁厚标示的管子，应根据管子的计算壁厚，遵照制造厂产品技术条件中有关规定，按管子壁厚系列选取。任何情况下，管子的取用壁厚均不得小于管子的计算壁厚。

管子的取用壁厚应考虑适当的对口加工裕量，考虑对口加工裕量的取用壁厚宜按下列规定：

（1）内径控制管：取用壁厚≥计算壁厚＋0.5×（0.25＋内径正偏差）。

（2）外径控制管：取用壁厚≥计算壁厚＋0.5×外径正偏差。

5. 管子的管径偏差

管子的管径偏差应取用相应的管子产品技术条件规定值。对于管子规格以最小内径×最小壁厚标示的无缝钢管，管径负偏差为零。

6. 承受外压的管子管壁厚度和加强要求

承受外压的管子管壁厚度和加强要求，应符合 GB 150《钢制压力容器》的规定。

（三）弯管弯头的强度

（1）已成形的弯管和弯头（成品）任何一点的实测壁厚，不得小于弯管相应点的计算壁厚，且外

侧壁厚不得小于相连管子允许的最小壁厚 s_m。

(2) 为补偿弯制过程中弯管外侧受拉的减薄量，弯制弯管用的管子厚度应不小于表 11-24 规定的最小壁厚。

表 11-24 弯管弯制前直管的最小壁厚

弯 曲 半 径	推荐弯管前管壁最小厚度
≥6 倍管子外径	$1.06s_m$
5 倍管子外径	$1.08s_m$
4 倍管子外径	$1.14s_m$
3 倍管子外径	$1.25s_m$

注 1. 介于上述弯曲半径间的弯头，允许用内插法计算。

2. s_m 为式（11-2）和式（11-3）计算的直管最小壁厚。

(3) 弯管的弯曲半径宜为外径的 4～5 倍，弯制后的圆度不得大于 5%。弯管圆度指弯管弯曲部分同一截面上最大外径与最小外径之差与公称外径的比值。

(4) 弯管弯头的最小壁厚计算。弯管（弯头）的外弧侧和内弧侧最小壁厚可分别按式（11-6）和式（11-7）计算。

外弧最小壁厚 s_{om} 为

$$s_{om} = \frac{pD_o}{2[\sigma]^t\eta + 2Yp} \times \frac{2R + D_o/2}{2R + D_o} + C \tag{11-6}$$

内弧最小壁厚 s_{im} 为

$$s_{im} = \frac{pD_0}{2[\sigma]^t\eta + 2Yp} \times \frac{2R - D_o/2}{2R - D_0} + C \tag{11-7}$$

式中　p——设计压力，MPa；

　　D_o——管子外径，mm；

　　$[\sigma]^t$——钢材在设计温度许用应力，MPa；

　　η——许用应力的修正系数，按 GB 50764—2012《电厂动力管道设计规范》6.2.1 中规定选取；

　　Y——温度对计算管子壁厚公式的修正系数，按《电厂动力管道设计规范》6.2.1 中规定选取；

　　R——弯管、弯头弯曲半径，mm；

　　C——考虑腐蚀、磨损和机械强度要求的附加厚度，可取 0.5mm，对某些腐蚀、磨损较重的管道还应按实际寿命期内的腐蚀、磨损量增加。

式（11-6）和式（11-7）计算结果，分别是弯管或弯头成型件外侧和内侧允许的最小壁厚，不包括弯制过程中的工艺减薄量和弯制选用管子负偏差的附加值。

(5) 弯管弯头的应力验算。弯管弯头加工成型后，应根据实测最小壁厚按式（11-8）～式（11-11）进行应力核算。

1) 内侧应力。

对控制内径的弯管弯头为

$$\bar{\sigma}_i = \frac{pd_i}{2s_{vi}v_n} \times \frac{2.r - 0.5d_i}{2.r - d_i - s_{vi}} + \frac{p}{2} \leqslant [\sigma]^t \tag{11-8}$$

对控制外径的弯管弯头为

$$\bar{\sigma}_i = \frac{p(d_o - s_{vi} - s_{vo})}{2s_{vi}v_n} \times \frac{2R - 0.5d_o + 1.5s_{vi} - 0.5s_{vo}}{2R - d_o + s_{vi}} + \frac{p}{2} \leqslant [\sigma]^t \tag{11-9}$$

2) 外侧应力。

对控制内径的弯管弯头为

$$\bar{\sigma}_a = \frac{pd_i}{2s_{vo}v_n} \times \frac{2r - 0.5d_i}{2r + d_i + s_{vo}} + \frac{p}{2} \leqslant [\sigma]^t \tag{11-10}$$

对控制外径的弯管弯头为

$$\bar{\sigma}_a = \frac{p(d_o - s_{vi} - s_{vo})}{2s_{vo}v_n} \times \frac{2R + 0.5d_o - 1.5s_{vo} + 0.5s_{vi}}{2R + d_o - s_{vo}} + \frac{p}{2} \leqslant [\sigma]^t \tag{11-11}$$

式中　$\bar{\sigma}_i$——弯头内侧的平均应力，MPa；

d_i、d_o——弯头的内径、外径；

s_{vi}——没有附加值的弯头内侧壁厚，mm；

v_n　焊缝系数，

　r——以内壁为基础弯头的弯曲半径，mm；

s_{vo}——没有附加值的弯头外侧壁厚，mm；

$\bar{\sigma}_a$——弯头外侧的平均应力，MPa；

　R——以外壁为基础弯头的弯曲半径，mm。

弯头示意如图 11-14 所示。

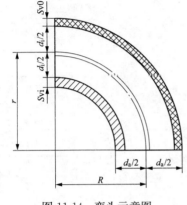

图 11-14　弯头示意图

六、管径选择

(一) 一般规定

(1) 管径的选择应根据运行中可能出现的最大流量和允许的最大压力损失来计算。管道的压力损失应根据已确定的管径和介质流量进行计算。

疏水阀后的疏水管道，应按汽水混合物状态计算，选用管径初压不宜大于疏水阀前蒸汽压力的 40%。

(2) 考虑到管道标准所允许的管径和管道壁厚的偏差，以及管道、附件所采用的阻力系数与实际情况的偏差等影响，在进行管道压力损失计算时，可考虑 5%～10% 的裕量。

(二) 管径的选择

管径的选择应根据流体的性质、流量、流速及管道允许的压力损失等因素确定。

除有其他规定或采取有效措施外，容易堵塞的液体不宜采用公称直径小于 25mm 的管道。

1. 各类介质流速

(1) 管道介质流速推荐按表 11-25 选取。

表 11-25	推荐的汽、水管道介质流速	m/s
介质类别	管道名称	推荐流速
主蒸汽	主蒸汽管道	40～60
中间再热蒸汽	高温再热蒸汽	50～65
	低温再热蒸汽	30～45
其他蒸汽	抽汽或辅助蒸汽管道：过热蒸汽	35～60
	饱和蒸汽	30～50
	湿蒸汽	20～35
	至高、低压旁路阀和减压减温器的蒸汽管道	60～90
给水	高压给水管道	2～6
	中压给水管道	2.0～3.5
	低压给水管道	0.5～2.0

续表

介质类别	管道名称	推荐流速
凝结水	凝结水泵入口管道	0.5~1.0
	凝结水泵出口管道	2.0~3.5
加热器疏水	加热器疏水管道	
	疏水泵入口	0.5~1.0
	疏水泵出口	1.5~3.0
	调节阀入口	1~2
	调节阀出口	20~100
其他水（生水、化学水、工业水等）	离心泵入口管道	0.5~1.5
	离心泵出口管道及其他压力管道	1.5~3.0
	自流、溢流等无压排水管道	<1

在推荐的介质流速范围内选择具体流速时，应注意管径大小、参数高低的影响，对于管径小、介质参数低的管道，宜采用较低值。

（2）润滑油管道流速。汽轮机和发电机的润滑油管道的介质流速应满足汽轮机和发电机的要求，可按表 11-26 选取。

表 11-26 　　　　　　　　　　　推荐的汽轮机和发电机的润滑油管道介质流速　　　　　　　m/s

介质类别	管道名称	推荐流速
润滑油	汽轮机和发电机的润滑油供油管道	1.5~2.0
	汽轮机和发电机的润滑油回油管道	0.5~1.5

2. 管径计算

汽、水管道管径计算如下：

介质为单相流体的管道管径确定，根据推荐的介质流速，按下列公式计算，即

$$D_i = 594.7\sqrt{\frac{Gv}{\omega}} \tag{11-12}$$

或

$$D_i = 18.81\sqrt{\frac{Q}{\omega}} \tag{11-13}$$

式中　D_i——管道内径，mm；

　　　G——介质质量流量，t/h；

　　　v——介质比容，m³/kg；

　　　ω——介质流速，m/s；

　　　Q——介质容积流量，m³/h。

七、管道布置

（一）一般规定

（1）管道的布置应满足工艺流程的要求。

（2）管道的布置应满足安装、运行操作及维修的要求。

（3）应合理规划各工艺系统的管道布置，做到整齐有序，尽可能美观。

（4）厂房内管道的布置应结合设备布置及建筑结构情况进行，充分利用建筑结构设置管道的支吊装置。

（5）厂房外（厂区）管道的布置应考虑道路、消防、环境条件等方面的要求。

（6）管道的布置应按本规范的要求控制管道的振动。

（二）汽水管道

1. 一般规定

（1）汽水管道宜架空布置，当需要埋地布置时应符合下文埋地布置的有关规定。

（2）汽水管道的布置应使管系任何一点的应力值在允许的范围内。应充分利用管系的自补偿能力，在满足管系应力要求的条件下尽量减少补偿管段。应防止出现由于刚度较大或应力较低部分的弹性转移而产生局部区域的应变集中。

（3）汽水管道附件（阀门、流量测量装置、蠕变测量截面等）的布置应便于操作、维护和检测。

（4）蒸汽管道或其他热管道的布置应考虑对易燃、可燃介质管道的影响。

2. 管道的净空高度及净间距

（1）管道跨越各类通道的净空距离，应考虑管道位移影响，并符合下列规定：

1）当管道横跨人行通道上空时，管子外表面或保温表面与通道地面（或楼面）之间的净空距离，应不小于2000mm。当通道需要运送设备时，其净空距离必须满足设备运送的要求。

2）当管道横跨扶梯上空时（见图11-15），管子外表面或保温表面至管道正下方踏步的距离 H 应不小于2200mm，至扶梯倾斜面的垂直距离 h，应根据扶梯倾斜角 θ 的不同，分别不小于表11-27所列数值。

3）当管道在直爬梯的前方横越时，管子外表面或保温表面与直爬梯垂直面之间净空距离，应不小于750mm。

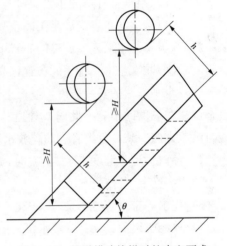

图11-15　管道横跨扶梯时的净空要求

（2）布置在地面（或楼面、平台）上的管道与地面之间的净空距离，应符合下列规定：

表11-27　　　　　　　　　**管子（或保温层）表面至扶梯倾斜面的垂直距离表**

θ（°）	45	50	55	60	65
h（mm）	1800	1700	1600	1500	1400

1）不保温的管道：管子外壁与地面的净空距离，不小于350mm。

2）保温的管道：保温表面与地面的净空距离，除特殊要求外不小于300mm。

3）管子靠地面侧没有焊接要求时，上述净空距离可适当减小。

（3）管道与墙、梁、柱及设备之间的净空距离，应符合下列规定：

1）不保温的管道：管子外壁与墙之间的净空距离不小于200mm。

2）保温的管道：保温表面与墙之间的净空距离不小于150mm。

3）管道与梁、柱、设备之间的局部距离，可按管道与墙之间的净空距离减少50mm。

4）对于平行布置的管道，两根管道之间的净空距离，应符合下列规定：

a. 不保温的管道：两管外壁之间的净空距离，不小于200mm。

b. 保温的管道：两管保温表面之间的净空距离，不小于150mm。

（4）当管道有冷热位移时，在考虑管道位移后应不小于 50mm。

（5）多层管廊的层间距离应满足管道安装要求。

3. 管道布置要求

（1）管道布置中应避免下述情况：

1）介质的主流在三通内变换方向。

2）小管径与大管径或与刚度较大的管子连接，小管径管子应具有足够的柔性。

（2）大容量机组的主蒸汽管道和再热蒸汽管道宜采用单管或具有混温措施的管道布置，当主蒸汽管道、再热蒸汽管道或背压机组的排汽管道为偶数时，宜采用对称式布置。

（3）存在两相流动的管道，当介质流动由下向上时，宜先水平走向，后垂直布置；当介质流动由上向下时，宜先垂直走向，后水平布置。

（4）弯管两端应有直管段。连续弯管两弯管中间应有直管段。其长度应符合弯管标准。

（5）当蒸汽管道或其他热管道布置在油管道的阀门、法兰或其他可能漏油部位的附近时，应将其布置于油管道上方。当必须布置在油管道下方时，油管道与热管道之间，应采取可靠的隔离措施。

（6）与水泵连接管道的布置应符合下列要求：

1）入口管道的布置应满足泵净正吸入压头（气蚀余量）的要求。

2）双吸离心水泵入口管道的布置不应造成两侧流量的偏差。

3）大型贮罐至水泵管道的布置，应能适应贮罐基础与水泵基础沉降的差别。

（7）水平管道的安装坡度，应根据疏放水的要求和防止汽轮机进水的要求确定。并考虑管道冷、热态位移对坡度的影响，此时，管道的位移可按设计压力下的饱和温度计算。蒸汽管道的坡度方向，宜与汽流方向一致。各类管道的疏放水坡度（i 值）应满足下列要求：

1）蒸汽管道：温度小于 430℃时，$i \geqslant 0.002$；温度大于和等于 430℃时，$i \geqslant 0.004$。

2）水管道：$i \geqslant 0.002$。

3）疏水、排污管道：$i \geqslant 0.003$。

4）单元机组前置泵（或给水泵）前的低压给水管道：$i \geqslant 0.15$。

5）各类母管：$i = 0.001 \sim 0.002$。

6）自流管道的坡度应按照式（11-14）计算，即

$$i \geqslant 1000 \frac{\lambda}{D_i} \cdot \frac{\omega_m^2}{2g} \tag{11-14}$$

式中　λ ——管道摩擦系数；

　　　D_i ——管子内径，mm；

　　　ω_m ——管道平均流速，m/s。

7）汽轮机本体疏水管道，应使疏水坡度顺水流方向，且坡度不小于 0.005。

8）汽轮机与汽封联箱之间的汽封系统管道应使疏水坡向联箱，其最小坡度不得小于 0.02。至汽封系统的外部供汽管道必须坡向供汽汽源，其最小坡度不得小于 0.06。

（8）管道的布置不应妨碍设备的维护及检修，应注意以下区域的管道布置：

1）经常需要进行设备维护的区域。

2）设备检修起吊需要的区域，包括整个起吊高度及需要移动的空间。

3）设备内部组件（如换热设备、水泵、凝汽器等）的抽出及设备法兰拆卸需要的区域。

4）设备吊装孔区域。

a. 在水平管道交叉较多的地区，宜按管道的走向划定纵横走向的标高范围，将管道分层布置。

b. 管道的布置，应保证支吊架的生根结构、拉杆、弹簧等与管子保温层不相碰撞。

c. 沿墙布置的管道，不应影响门窗的启闭。

d. 管道穿过安全隔离墙时应加套管。在套管内的管段不得有焊缝，管子与套管间的间隙应以阻燃的软质材料封堵严密。

4. 管道组成件布置要求

（1）两个成型管件相连接时，宜装设一段直管，其长度可按下列规定选用：

1）对于 DN<150 的管道，不小于 150mm；

2）对于 500≥DN≥150 的管道，不小于 200mm；

3）对于 DN>500 的管道，不小于 500mm；

4）当直管段内有支吊架或疏水管接头时，还应根据需要适当加长。

（2）在三通附近装设异径管时，对于汇流三通，异径管应布置在汇流前的管道上；对于分流三通，异径管应布置在分流后的管道上。

（3）水泵入口水平管道上的偏心异径管，当泵入口管道由下向上水平接入泵时，应采用偏心向下布置；当泵入口管道由上向下水平接入泵时，应采用偏心向上布置。

（4）亚临界及以上参数机组的主蒸汽、再热蒸汽管道的合（分）流三通宜采用斜三通或 Y 形三通。

（5）主蒸汽和再热蒸汽管道上的水压试验阀或其他隔离装置应靠近过热器出口和再热器进、出口侧布置。

（6）介质温度为 450℃ 及以上的主蒸汽和高温再热蒸汽管道，应设置蠕变监察段，其位置应在温度较高处和应力较大处的直管上且便于监测的部位，并选择同批来货最薄的管段。测量截面的保温层应采用活动式结构。

（7）在介质温度为 450℃ 以上的主蒸汽和高温再热蒸汽管道上，可在适当位置设置三向位移指示器。

（8）阀门的布置应符合以下规定：

1）便于操作、维护和检修。

2）应按照阀门的结构、工作原理、介质流向及制造厂的要求确定阀门及阀杆的安装方式。

3）重型阀门和较大规格的焊接式阀门，宜布置在水平管道上，门杆宜垂直向上。当必须装设在垂直管道上时应取得阀门制造厂的认可。

4）法兰连接的阀门或铸铁阀门，应布置在管系弯矩较小处。

5）水平布置的阀门，阀杆不宜朝下（有特殊要求除外）。

6）存在两相流动的管系，调节阀（疏水阀）的位置宜接近接受介质的容器。如果条件许可，调节阀应直接与接受介质的容器连接。

7）阀门宜布置在管系的热位移较小位置。

8）抽汽管道的动力止回阀及电动隔断阀应靠近汽轮机抽汽口布置。

（9）阀门手轮的布置应符合以下规定：

1）布置在垂直管段上直接操作的阀门，操作手轮中心距地面（或楼面、平台）的高度，宜为 1300mm。

2）平台外侧直接操作的阀门，操作手轮中心（对于呈水平布置的手轮）或手轮平面（对于呈垂直布置的手轮）离开平台的距离，不宜大于 300mm（见图 11-16）。

3）任何直接操作的阀门手轮边缘，其周围至少应保持有 150mm 的净空距离。

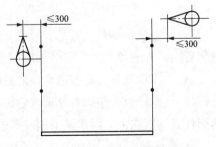

图 11-16　阀门手轮与平台距离

4）当阀门不能在地面或楼面进行操作时，应装设阀门传动装置或操作平台。传动装置的操作手轮座，应布置在不妨碍通行的地方，并且万向接头的偏转角不应超过 $30°$，连杆长度不应超过 $4m$。

（10）流量测量装置（测量孔板或喷嘴）前后应有一定长度的直管段。流量测量装置前后允许的最小直管段长度内，不宜装设疏水管或其他接管座。直管段长度可按表 11-28 查取，但必须满足流量测量元件制造厂的要求。

表 11-28   流量测量装置（测量孔板或喷嘴）前后侧的最小直管段长度

孔径内径比 $\beta(d/D_i)$	流量测量装置前侧局部阻力件形式和最小直管段长度 L_1						流量测量装置后最小直管段长度 L_2（左面所有的局部阻力件形式）
	一个90°弯头或只有一个支管流动的三通	在同一平面内有多个90°弯头	空间弯头（在不同平面内有多个90°弯头）	异径管（大变小，$2D_i \to D_i$ 长度 $\geqslant 3D_i$；小变大 $\frac{1}{2}D_i \to D_i$，长度 $\geqslant 1\frac{1}{2}D_i$）	全开截止阀	全开闸阀	
1	2	3	4	5	6	7	8
0.20	10 (6)	14 (7)	34 (17)	16 (8)	18 (9)	12 (6)	4 (2)
0.25	10 (6)	14 (7)	34 (17)	16 (8)	18 (9)	12 (6)	4 (2)
0.30	10 (6)	14 (7)	34 (17)	16 (8)	18 (9)	12 (6)	5 (2.5)
0.35	10 (6)	14 (7)	36 (18)	16 (8)	18 (9)	12 (6)	5 (2.5)
0.40	14 (7)	18 (9)	36 (18)	16 (8)	20 (10)	12 (6)	6 (3)
0.45	14 (7)	18 (9)	38 (19)	18 (9)	20 (10)	12 (6)	6 (3)
0.50	14 (7)	20 (10)	40 (20)	20 (10)	22 (11)	12 (6)	6 (3)
0.55	16 (8)	22 (11)	44 (22)	20 (10)	24 (12)	14 (7)	6 (3)
0.60	18 (9)	26 (13)	48 (24)	22 (11)	26 (13)	14 (7)	7 (3.5)
0.65	22 (11)	32 (16)	54 (27)	24 (12)	28 (14)	16 (8)	7 (3.5)
0.70	28 (14)	36 (18)	62 (31)	26 (13)	32 (16)	20 (10)	7 (3.5)
0.75	36 (18)	42 (21)	70 (35)	28 (14)	36 (18)	24 (12)	8 (4)
0.80	46 (23)	50 (25)	80 (40)	30 (15)	44 (22)	30 (15)	8 (4)

注   1. 本表所列数字为管子内径 D_i 的倍数。

    2. 本表括号外的数字为"附加极限相对误差为零"的数值；括号内的数字为"附加极限相对误差为 $\pm 0.5\%$"的数值。

    3. d—喷嘴或孔板孔径；D_i—管子内径。

（11）当流量测量装置的孔径未知，且预计该孔径与管子内径之比值在 $0.3 \sim 0.5$ 之间时，流量测量装置前后直管段长度，可分别取不小于管子内径的 20 倍和 6 倍。

（12）流量测量装置前后允许的最小直管段长度内，不宜装设疏水管或其他接管座。

（13）汽轮机旁路阀宜靠近汽轮机布置，旁路阀前后连接管道的布置应符合制造厂的要求。旁路阀的阀杆宜垂直向上。喷水调节阀应靠近旁路阀的喷水入口。

5. 管道疏水、放水和放气点的设置

（1）下列地点应设置经常疏水：

1）经常处于热备用状态的设备（如减压减温器装置等）进汽管段的低位点。

2）蒸汽不经常流通的管道死端，而且是管道的低位点时。

3）饱和蒸汽管道和蒸汽伴热管道的适当地点。

（2）在下列地点应设置启动疏水：

1）按暖管方向分段暖管的管段末端。

2）为了控制管壁升温速度，在主管上端可装设疏汽点。

3）水平管道上每隔 100～150m 处。

4）在装设经常疏水装置处，同时应装设启动疏水和放水装置。

5）所有可能积水而又需要及时疏出的低位点。

（3）管道的放水装置应设在管道可能积水的低位点处。蒸汽管道的放水装置应与疏水装置联合装设。

（4）水管道的最高位点应装设放气装置。对于凸起布置的管段，可根据积存空气的可能，适当装设放气装置。

（5）需进行水压试验的蒸汽管道，其可能集气的最高位点应装设放气装置。对于凸起布置的管段，可根据需要适当装设供水压试验用的放气装置。

（6）对可能造成汽轮机进水的管道疏水设计应符合以下规定：

1）主蒸汽管道。从锅炉过热器出口至汽轮机主汽门之间的主蒸汽管道，每个低位点都应设置疏水，如果主蒸汽管道是分成几路分支管接入汽轮机，每路分支管和总管上都应设置疏水点。在靠近汽轮机主汽门前的每段支管上，应装设疏水点。

2）再热蒸汽管道。每根低温再热蒸汽管道的低位点应设置带水位测点的疏水收集器。如果低温再热蒸汽管道至给水加热器的进汽管道有低位点，在该低位点宜装设疏水收集器。从再热器出口至汽轮机中压主汽门之间的高温再热蒸汽管道，每个低位点都应疏水。

3）汽轮机汽封管道。汽封系统喷水减温器的下游管道上应设置疏水点。

4）至给水泵汽轮机供汽管道的低位点应设疏水，在靠近汽轮机侧的低位点应装设疏水收集器。

5）应符合 DL/T 834《火力发电厂汽轮机防进水和冷蒸汽导则》的有关规定。

（7）管道的疏水、放水装置的设计，应符合下列要求：

1）PN≥4 的管道疏水和放水，应串联装设两个截止阀；PN≤2.5 的管道疏水和放水，宜装设一个截止阀。对于亚临界及以上参数机组的主蒸汽管道、再热蒸汽管道、轴封蒸汽管道、抽汽管道上的疏水阀门，其中一个应为动力驱动阀。

2）经常疏水的疏水装置，对于 PN≥6.3 的管道，宜装设节流装置或疏水阀，节流装置后的第一个阀门，应采用节流阀；对于 PN≤4 的管道，宜采用疏水阀；当管道内蒸汽压力较低，适合用 U 形水封装置时，可用 U 形水封装置代替疏水阀。

3）疏水收集器应由直径不小于 DN150 的管子制作，长度应满足安装水位传感器的要求。疏水收集器下方引出管（DN≥50）装设一个动力驱动的调节阀。

4）管道放水应经漏斗接至放水母管或相应排水点。疏水、放水装置的组合形式按图 11-17～图 11-24 选取。

5）高温管道的局部地方可能因疏水引起较大的温差应力时，应采取适当的措施消除温差应力。

（8）设计中应结合具体情况，减少疏水装置的数量，合

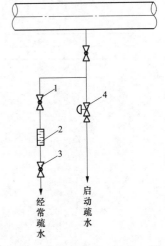

图 11-17　PN≥6.3管道的疏水、放水装置
1—截止阀；2—节流装置；3—节流阀；
4—气动疏水阀

理简化疏水系统。按图 11-25～图 11-28 选取。

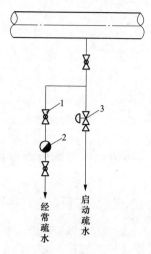

图 11-18　PN4.0 管道的疏水、放水装置

1—截止阀；2—疏水器；3—气动疏水阀

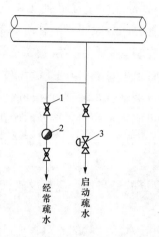

图 11-19　PN≤2.5 管道的疏水、放水装置

1—截止阀；2—疏水器；3—气动疏水阀

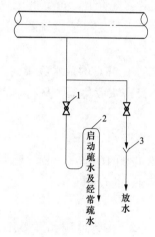

图 11-20　压力很低的 U 形管疏水、放水装置

1—截止阀；2—水封；3—漏斗

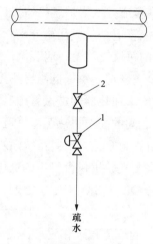

图 11-21　带疏水收集器的疏水

1—气动疏水阀；2—截止阀

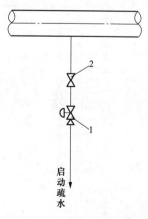

图 11-22　不带疏水收集器的疏水

1—气动疏水阀；2—截止阀

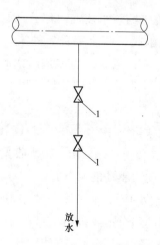

图 11-23　PN≥4.0 管道的放水装置

1—截止阀

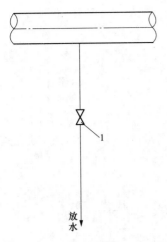

图 11-24 PN＜4.0管道的放水装置
1—截止阀

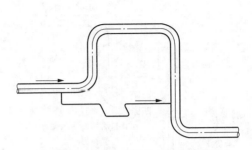

图 11-25 高位至低位的疏水转注

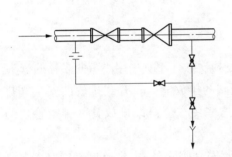

图 11-26 高压至低压的疏水转注

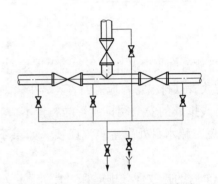

图 11-27 疏水集中处的疏水合并

（9）接至疏水扩容器总管上各疏水管道的布置，应按压力顺序排列（压力低的靠近扩容器侧），并应与总管轴线成 45°角，且出口朝向扩容器。

6. 安全阀（装置）及排放管道

（1）安全阀的布置应符合以下规定：

1）主蒸汽和高温再热蒸汽管道上的安全阀，阀门应距上游弯管（头）起弯点不小于 8 倍管子内径的距离；当弯管（头）是从垂

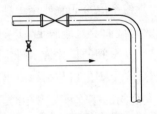

图 11-28 阀门前后疏水转注

直向上而转向水平方向时，其距离还应适当加大。安全阀入口管距上下游两侧〔除下游弯管（头）外〕的其他附件也应不小于 8 倍管子内径的距离。

2）两个或两个以上安全阀布置在同一管道上时，其间距沿管道轴向应不小于相邻安全阀入口管内径之和的 1.5 倍。当两个安全阀在同一管道断面的周向上引出时，其周向间距的弧长应不小于两安全阀入口内径之和。

3）当排汽管为开式排放，且安全阀阀管上无支架时，安全阀布置应尽可能使入口管缩短，安全阀出口的方向应平行于主管（或联箱）的轴线。

4）在同一根主管（或联箱）上布置有多只安全阀时，应考虑在安全阀的所有运行方式下，其排放作用力矩对主管的影响力求达到相互平衡。

5）在被保护的管道、设备与安全阀之间不应设置隔断阀（装置）。

（2）安全阀排放管道的设置可采用以下两种方式：

1）闭式排放。通过直接与安全阀连接的排放管把流体排放到大气，如图 11-29 所示。

2）开式排放。流体排放到不与安全阀相接的排空管，之后排放到大气，如图 11-30 所示。

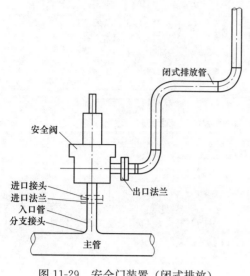

图 11-29　安全门装置（闭式排放）

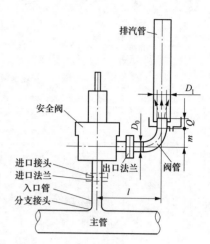

图 11-30　安全门装置（开式排放）

（3）排放管的设置及布置应符合以下规定：

1）排放管（排空管）应短而直，减少管线方向的变换次数。不宜采用小弯曲半径的弯头。

2）闭式排放的安全阀排放管的布置不应影响安全阀的排放能力；开式排放的安全阀排放管的布置必须避免在疏水盘处发生蒸汽反喷。如果不能满足这些要求应修改排放管（排空管）的布置或者规格。

3）安全阀的排放管（排空管）宜引至厂房外（水侧安全阀除外），排出口不应对着其他管道、设备、建筑物以及可能有人到达的场所。排出口应高于屋面（平台）2200mm。

4）每个安全阀宜使用单独排放管。若≥2 个安全阀联合排放，则排放管截面积不应小于排放阀门出口的总截面，且应满足 2）的要求。

5）安全阀的排放管（排空管）应合理设置支吊架装置以承受其排放反力及其他荷载。

6）安全阀出口与第一只出口弯头之间无支架时，两者之间宜直接连接，如有直管段时应尽可能短。安全阀的接管承受弯矩时，必要时应核算安全阀接口处强度。

7）当采用如图 11-30 所示开式系统，且阀门和阀管上无支架时，角式安全阀出口弯头的出口端 a 段应留有一段不小于 1 倍管道内径的直段，且使在运行时排汽管接口与出口弯头的出口段中心线相一致，排汽管中心线与主管中心线成垂直。

8）蒸汽安全阀排放管的低点（安全阀出口处）宜设置疏（放）水管道，管道上不设置阀门。

9）水侧安全阀的排放管可通过漏斗排至放水母管。

7. 地沟内的管道布置

厂房内的汽水管道除特殊情况外不宜布置在地沟内。

（1）如果汽水管道布置在地沟内应符合以下规定：

1）管道的布置应方便检修及更换管道组成件。

2）宜采用单层布置。当采用多层布置时，可将管径小或压力高、有阀门的管道布置在上面。

3）地沟内阀门（或法兰）处，应设置阀门井。阀门井内阀门布置尺寸可参照图 11-31。

（2）地沟内布置的管道，各种净空应符合下列规定：

1）不保温的管道：管子外壁至沟壁的净空距离为 100～150mm；管子外壁至沟底的净空距离不小于 200mm；相邻两管外壁之间的净空距离，垂直方向不小于 150mm，水平方向不小于 100mm。

2）保温的管道，在考虑冷、热位移条件下，除保证上述净空距离外，且保温后的净空距离不小于 50mm。

3）多层布置时，上层管道应有一个不小于 400mm 的水平间距。上述尺寸的关系见图 11-32。

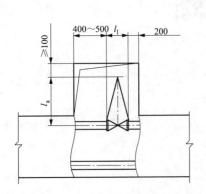

图 11-31　阀门井内阀门布置尺寸

l_1—阀门长度；l_a—阀门中心线至开
启后门杆（或手轮顶端）的长度

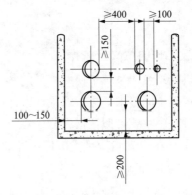

图 11-32　沟内管道布置尺寸

8. 埋地管道

（1）厂房内的汽水管道不宜布置在地下。低压、低温水管道或无压排水管道在必要时可埋地布置。

（2）埋地管道应采取防腐处理。

（3）埋地管道不应穿越设备基础。

（4）穿越检修通道的埋地管道，根据上部可能发生的荷载考虑埋深，一般顶部至路面的高度不宜小于 700mm，必要时应加防护套管。

（5）大直径薄壁管道深埋时，应满足在土壤压力下的稳定性及刚度要求。

（6）厂房外埋地管道应结合冻土层深度、地下水位和管子自身刚度综合考虑。

（三）厂区管道

（1）一般规定。本处所指的厂区管道是布置在主厂房与辅助厂房之间室外布置的管道（不包括主厂房范围内的室外管道）。

（2）布置要求。应根据厂区规划布局以及介质的特性选择管道敷设方式。厂区管道可采用采用架空、地沟或埋地敷设。

1）汽水管道宜采用架空敷设，也可采用地沟敷设。介质温度小于或等于 120℃ 的汽水管道，可无补偿埋地敷设，应按国家现行直埋供热管道标准的规定进行设计与施工。

2）有加热保护的（如伴热）管道不应直接埋地，可设在地沟内。

3）带有隔热层及外护套的管道埋地敷设时，应有足够柔性，在外套内应有内管热胀的余地。

4）管道埋地敷设时，埋深应在冰冻线以下。当无法实现时，应有可靠的防冻保护措施。

5）共沟敷设管道的要求应符合 GB 50187《工业企业总平面设计规范》的规定。

6）地沟敷设的管道设有补偿器、阀门及其他需维修的管道附件时，应将其布置在符合安全要求的井室中，井内应有宽度大于或等于 0.5m 的维修空间。

7）在道路、铁路上方的管道不应安装阀门、法兰、螺纹接头及带有填料的补偿器等可能泄漏的管道附件。

8）埋地管道与铁路、道路及建筑物的最小水平距离应符合 GJJ/T 81《城镇直埋供热管道工程技术规程》和 GB 50187《工业企业总平面设计规范》的规定。

9）管道与管道及电缆间的最小水平间距应符合 GB 50187《工业企业总平面设计规范》的规定。

（3）大直径薄壁管道深埋时，应满足在土壤压力下的稳定性及刚度要求。

（4）露天布置的管道组成件，应有防冻措施。

第三节　设备及管道保温

一、保温工作的意义及依据

燃气轮机电站生产系统中使用大量的热力设备及热力管道，为使电站安全经济发电，对这些设备和管道需要根据不同要求，进行保温（也称绝热）和油漆。

在执行过程中主要参照依据为 GB 4272《设备及管道保温技术通则》、GB 8175《设备和管道保温设计导则》、DL/T 5072《火力发电厂保温油漆设计规程》等。

二、保温设计原则

保温设计应符合减少散热损失、节约能源、提高经济效益、满足工艺要求、改善工作环境、防止烫伤等原则，因此：

（1）具有下列情况之一的设备、管道及其附件必须按不同要求予以保温：

1）外表面温度高于 50℃ 且需要减少散热损失者；

2）要求防冻、防凝露或延迟介质凝结者；

3）工艺生产中不需保温、其外表面温度超过 60℃，而又无法采取其他措施防止烫伤人员的部位。

（2）需要防止烫伤人员的部位应在下列范围内设置防烫伤保温：

1）管道距地面或平台的高度小于 2100mm；

2）靠操作平台水平距离小于 750mm。

（3）除防烫伤要求保温的部位外，下列设备、管道及其附件可不保温：

1）排汽管道、放空气管道；

2）输送易燃易爆介质时，要求及时发现泄漏的设备和管道上的法兰、人孔等附件；

3）工艺要求不能保温的管道和附件。

（4）下列管道宜根据当地气象条件和布置环境设置防冻保温：

1）露天布置的工业水管道、冷却水管道、疏放水管道、补给水管道、除盐水管道、消防水管道、汽水取样管道、厂区杂用压缩空气管道等，对于锅炉启动循环泵的轴承冷却水管道应设伴热保温；

2）安全阀管座、控制阀旁路管、一次表管；

3）燃油管道应根据当地气象条件和燃油特性进行伴热防冻保温。

（5）环境温度不高于 27℃ 时，设备和管道保温结构外表面温度不应超过 50℃；环境温度高于 27℃ 时，保温结构外表面温度可比环境温度高 25℃。对于防烫伤保温，保温结构外表面温度不应超过 60℃。

注：环境温度是指距保温结构外表面 1m 处测得的空气温度。

（6）不保温的和介质温度低于 120℃ 保温的设备、管道及其附件以及支吊架、平台扶梯应进行油漆。

管道外表面（对不保温的）或保温结构外表面（对保温的）应涂刷介质名称和介质流向箭头；设备外表面只涂刷设备名称。

三、保温材料及选择

（一）常用的保温材料技术性能

常用的保温材料制品有微孔硅酸钙制品、岩棉制品、矿渣棉制品、膨胀珍珠岩制品等。各保温材料的特性见表 11-29。

表 11-29　　　　　　　　　　常用保温材料性能表

保温材料		密度（kg/m³）	推荐最高使用温度（℃）	抗压强度（MPa）
硅酸钙制品		170	550	0.4
		220	550	0.5
硅酸铝岩棉复合	硅酸铝岩棉	150	650	—
		150	320	—
岩棉、矿渣棉制品	棉	100	600	—
	缝毡	100	400	—
	板	120	350	—
	管壳	150	350	—
玻璃棉制品	缝毡板管壳	64	300	—
		80	300	—
		45	300	—
憎水膨胀珍珠岩制品		220	400	0.5
复合硅酸盐保温涂料		180（干态）	550	—

（1）微孔硅酸钙制品。其是我国 20 世纪 70 年代初期兴起的一种优质微孔保温材料，首先在大型电厂热力设备和管道上应用，有良好的经济效果。微孔硅酸钙主要原料为硅藻土、石灰膏、石棉纤维、水玻璃和水等。微孔硅酸钙制品的特点：导热系数（热导率）小、密度小、机械强度和使用温度高。

（2）岩棉制品。岩棉是以精选的玄武岩为主要原料，经高温熔融制成的人造无机纤维，是我国 1981 年开始生产的新型保温材料。岩棉制品的特点是密度小、导热系数小、化学稳定性强、不燃性好和使用温度高等。

（3）矿渣棉制品。矿渣棉采用高炉矿渣掺入石灰石或白云石和碎青砖为原料，经熔化、高速离心或高压蒸汽喷吹制成棉丝状的材料，再加黏结剂成型。黏结剂采用沥青和酚醛树脂的矿渣棉制品使用温度低于 250～350℃。采用改性水玻璃等耐高温黏结剂经过型压烘干的矿渣棉制品，使用温度可提高至 550～600℃。

（4）膨胀珍珠岩制品。珍珠岩是一种火山喷出的酸性熔岩急速冷却形成的玻璃质岩石，经破碎、筛分、预热，在 1200～1380℃ 温度下熔烧 0.5～1s，使其体积急剧膨胀，便制得多孔颗粒状优质保温材料，称为膨胀珍珠岩。膨胀珍珠岩可与水泥、水玻璃、沥青等黏结剂压制成各种硬质定型保温材料。

（5）石棉绳小直径热力管道的保温、热力设备膨胀伸缩缝及穿墙管段的密封经常采用石棉绳。石棉绳的绳芯不允许填棉花或氧化镁等物，以免降低其使用温度。

（二）保温材料选择

1. 保温材料及其制品性能要求

（1）保温材料应具有明确的随温度变化的热导率方程式、图或表。对于松散或可压缩的保温材料，应有在使用密度下的热导率值、图或表。

（2）保温材料的主要物理、化学性能除应符合国家现行有关产品标准外，其使用状态下的热导率和密度尚应符合表 11-30 的要求。

表 11-30   保温材料热导率和密度最大值

介质温度（℃）	热导率最大值［W/（m·K）］	密度最大值（kg/m³）		
		硬质保温制品	半硬质保温制品	软质保温制品
450～650	0.11	220	200	150
＜450	0.09			

注 热导率最大值是指保温结构外表面温度为50℃时。

（3）保温材料及其制品至少应符合下列规定：

1）硅酸钙制品应采用耐高温增强纤维，其抗压强度不小于0.4MPa，质量含湿率不大于7.5%，干燥线收缩率不大于2%，在使用温度下不产生裂缝，剩余抗压强度不小于0.32MPa。并采用无石棉制品。

2）纤维类制品（岩棉、矿渣棉、玻璃棉、硅酸铝棉纤维制品）的渣球含量、有机物含量和纤维平均直径应符合相关国家标准的规定。

3）膨胀珍珠岩制品应采用憎水型，其热导率应不大于0.062W/(m·K)（25℃±5℃），憎水率应不小于98%。

4）复合硅酸盐制品宜采用憎水型，其憎水率应不小于98%。

（4）保温材料应按 GB 8624《建筑材料及制品燃烧性能分级》选用不燃类材料，并应符合环保要求。

（5）保温设计采用保温材料的物理、化学性能检验报告必须是由具备国家相应资质的法定检测机构按国家标准检验而提供的原始文件，其报告应列出下列性能：

1）热导率方程式、图或表。对于松散或可压缩的保温材料，为使用密度下的热导率方程式、图或表。

2）密度。对于松散或可压缩的保温材料，为使用状态下的密度。

3）最高使用温度。

4）不燃性。

5）对硬质保温制品，应具有抗压强度、质量含水率、线收缩率和抗折强度等；对软质保温材料及其半硬质制品，应具有渣球含量、纤维平均直径、有机物含量、加热永久线变化、吸湿率、憎水率等。

6）对设备和管道表面无腐蚀。用于奥氏体不锈钢设备和管道上的保温材料，其氯化物、氟化物、硅酸根、钠离子的含量应符合 GB/T 17393《覆盖奥氏体不锈钢用绝热材料规范》的规定。

2. 保温层材料选择

保温层材料选择应符合下列原则：

（1）保温材料及其制品的推荐使用温度应高于设备和管道的设计温度或介质的最高温度；对于要进行吹扫的管道，应高于吹扫介质温度。

（2）在保温材料物理、化学性能满足工艺要求的前提下，应优先选用热导率小、密度小、造价合理、施工方便的保温材料。

（3）保温层材料按下列规定选择：

1）介质温度大于350℃时，应选用耐高温保温材料，或经技术经济比较合理时，也可选择复合保温结构。

2）阀门、弯头等异形件的保温层材料可选择软质保温材料或保温涂料。

3）外径小于38mm管道的保温层材料宜选择普通硅酸铝纤维绳。

4）潮湿环境中（如地沟等）的低温设备和管道的保温层材料宜选择憎水性材料。

（4）硬质保温制品采用干砌或湿砌施工。干砌时，接缝处应铺设或嵌塞导热性能相近的软质保温材料进行严缝处理；湿砌时，接缝处须用导热性能相近的保温胶泥批砌进行严缝处理。

（5）设备和管道保温伸缩缝和膨胀间隙的填塞材料应根据介质温度选用软质纤维状材料，高温时选用普通硅酸铝纤维，中低温时选用岩棉、矿渣棉或玻璃棉等。

3. 保护层材料选择

（1）保护层材料性能应符合下列要求：

1）防水、防潮，抗大气腐蚀性能好。

2）材料本身的化学性能稳定，使用年限长，不易老化变质。

3）强度高，在温度变化及振动情况下不开裂，外形美观。

4）燃烧性能应符合不燃类材料的要求，贮存或输送易燃易爆介质的设备和管道，以及与此类管道邻近的管道，必须采用不燃类材料作保护层。

5）抹面保护层的密度不得大于 $800kg/m^3$，抗压强度不得小于 0.8MPa，烧失量（包括有机物和可燃物）不得大于 12%；抹面干燥后（冷状态下）不得产生裂缝、脱壳等现象，不得对金属产生腐蚀。

（2）保护层材料的选择应根据投资状况、机组容量、布置环境和保温材料的性能等因素综合决定。

（3）火力发电厂的设备和管道及其附件宜采用金属保护层，其他非金属保护层材料如玻璃丝布、玻璃钢和抹面等可以按上述（2）的规定选用。

（4）金属保护层宜选择铝合金板或镀锌铁皮。采用铝合金板时，管道可选用 0.50～1.00mm 厚度，设备和矩形截面烟风道可选用 0.60～1.00mm 厚度。采用镀锌铁皮时，管道可选用 0.35～0.75mm 厚度，设备和矩形截面烟风道可选用 0.50～0.75mm 厚度。大截面矩形烟风道的金属保护层应采用压型板。设计时，应根据设备或管道的尺寸确定金属保护层厚度。

（5）硅酸钙制品采用抹面保护层时，应选用硅酸钙专用抹面材料。

4. 防潮层材料选择

（1）防潮层材料的选择应符合下列要求：

1）防潮层材料应选择具有抗蒸汽渗透性能、防水性能和防潮性能，且吸水率不大于 1% 的材料；

2）防潮层材料的燃烧性能应符合 GB 8624《建筑材料及制品燃烧性能分级》的规定；

3）防潮层材料应选用化学性能稳定、无毒且耐腐蚀的材料，并不得对绝热层和保护层材料产生腐蚀和溶解作用；

4）防潮层材料应选用在夏季不软化、不起泡和不流淌的材料，且在低温使用时不脆化、不开裂、不脱落的材料；

5）涂抹型防潮层材料，其软化温度不应低于 65℃，粘接强度不应小于 0.15MPa，挥发物不得大于 30%。

（2）防潮层的材料以沥青类胶泥中间加玻璃纤维布现场涂抹、合成高分子防水卷材、高聚物改性沥青防水卷材等为主。玻璃纤维布宜选用经纬密度为 10×10 根/cm^2、厚度为 0.10～0.20mm、中间粗格平纹、两边封边，也可采用塑料网格布。

（三）常用保温材料制品规格

1. 保温板

（1）平板：

1）微孔硅酸钙长×宽×厚度为 600mm×300mm×（30～70）mm；

2）膨胀珍珠岩长×宽×厚度为 500mm×250mm×（50、80、100、120）mm，长×宽×厚度为 300mm×200mm×（50、60、70）mm；

3）岩棉长×宽×厚度为 1000mm×250mm×（50、80、100、120）mm；

4）矿渣棉长×宽×厚度为 750mm×500mm×（40、50、60）mm。

（2）弧形板（弧形瓦）：直径 219mm 以上才制成弧形板，其规格为长×厚为 600mm×（40～70）mm。

2. 保温毡（或缝毡）

岩棉及矿渣棉等软性保温材料制成毡（或缝毡），其规格为：

岩棉缝毡长×宽×厚度为（1000～5000）mm×（500～900）mm×（40～70）mm；

矿渣棉缝毡长×宽×厚度为 1000mm×750mm×（30～50）mm。

3. 保温管壳

保温管壳的内径即为热力管道的外径，因此其规格为 $\phi33$、$\phi45$、$\phi57$、$\phi64$、$\phi73$、$\phi89$、$\phi108$、$\phi133$、$\phi159$、$\phi219$、$\phi273$、$\phi325$、$\phi377$、$\phi426$、$\phi480$、…。管壳的厚度为 30、40、50、55、60、70、80、90、100mm。

4. 石棉绳

石棉绳的规格及质量见表 11-31。

表 11-31 　　　　　　　　　　　　　石棉绳的规格及质量

直径（mm）	质量（g/m）	直径（mm）	质量（g/m）
$\phi6\pm0.5$	33	$\phi22\pm1.5$	380
$\phi8\pm0.5$	50.2	$\phi25\pm1.5$	491
$\phi10\pm0.5$	78.5	$\phi32\pm1.5$	804
$\phi13\pm1$	133	$\phi38\pm2$	1134
$\phi16\pm1$	201	$\phi45\pm2$	1590
$\phi19\pm1$	283	$\phi50\pm2$	1962

四、保温厚度计算

（一）保温厚度计算原则

（1）为减少保温结构散热损失，保温层厚度应按经济厚度方法计算，且保温结构外表面散热损失不得超过表 11-32 中给出的允许最大散热损失。当环境温度为 27℃ 及以下时，保温结构外表面温度不应超过 50℃；当环境温度高于 27℃ 时，保温结构外表面温度可比环境温度高 25℃，对于防烫伤保温，保温结构外表面温度不应超过 60℃。

表 11-32 　　　　　　　　　　　　保温结构外表面允许最大散热损失

介质温度（℃）	常年运行工况（W/m²）	季节运行工况（W/m²）	介质温度（℃）	常年运行工况（W/m²）	季节运行工况（W/m²）
50	58	116	400	227	314
100	93	163	450	244	—
150	116	203	500	262	—
200	140	244	550	279	—
250	163	273	600	296	—
300	186	296	650	314	—
350	209	308			

（2）由两种不同保温材料构成的复合保温，其内层厚度应按表面温度方法计算，外层厚度应按经济厚度方法计算。

复合保温内外层界面处温度不应超过外层保温材料推荐使用温度的 90%。

（3）防烫伤保温层厚度应按表面温度方法计算。

（4）在允许温降条件下，输送液体或蒸汽的管道保温层厚度应按热平衡方法计算。

（5）延迟管道内介质冻结的保温层厚度应按热平衡方法计算。

（6）防止空气中湿气在管道外表面凝露的保温层厚度应按表面温度方法计算。

（7）带伴热的燃油管道保温层厚度应按热平衡方法计算。蒸汽伴热的燃油管道保温层厚度可为 20~100mm。

（8）介质烟质系数等于零的设备和管道（如烟道、疏放水管等）保温层厚度应按表面温度方法计算。

（9）外径小于 38mm 管道的保温层厚度，中低温管道可取 20~40mm，高温管道可取 40~70mm。

（二）保温层厚度计算方法

1. 保温层经济厚度计算

（1）平面按式（11-15）计算，即

$$\delta = 1.897\sqrt{\frac{\lambda\tau P_h A_e(t-t_a)}{P_1 S}} - \frac{1000\lambda}{\alpha} \tag{11-15}$$

式中 δ——保温层厚度，mm；

λ——保温层材料热导率，$W/(m \cdot K)$。

τ——年运行时间，h；

P_h——热价，元/GJ；

A_e——介质烟质系数；

t——设备和管道外表面温度，℃；

t_a——环境温度，℃；

P_1——保温层单位造价（复合保温内层单位造价），元/m^3；

S——保温工程投资贷款年分摊率；

α——保温结构外表面传热系数，$W/(m^2 \cdot K)$。

（2）管道按式（11-16）计算，即

$$3.795\sqrt{\frac{\lambda\tau p_h A_e(t-t_a)}{\left(P_1 + \frac{2000}{D_1}P_3\right)S}} = \frac{D_1 \ln\dfrac{D_1}{D_0} + \dfrac{2000\lambda}{\alpha}}{\sqrt{1 - \dfrac{2000\lambda}{\alpha D_1}}} \tag{11-16}$$

$$\delta = \frac{1}{2}(D_1 - D_0) \tag{11-17}$$

式中 P_1——保温层单位造价，元/m^3；

D_1——保温层外径，mm；

D_0——管道外径，mm；

P_3——保护层单位造价，元/m^2。

2. 由两种不同保温材料构成的复合保温的经济厚度计算

（1）平面按下式计算。

1）内层厚度的计算式为

$$\delta_1 = \frac{1000\lambda(t-t_b)}{a(t_s-t_a)} \tag{11-18}$$

式中 δ_1——复合保温内层厚度，mm；

t_b——复合保温内外层界面处温度，℃；

t_s——保温结构外表面温度，℃。

2）外层厚度的计算式为

$$\delta_2 = 1.897\sqrt{\frac{\lambda_2 \tau P_h A_e (t - t_a)}{P_2 S}} - \lambda_2\left(\frac{\delta_1}{\lambda_1} + \frac{1000}{a}\right) \tag{11-19}$$

式中　δ_2——复合保温外层厚度，mm；

　　　λ_2——复合保温外层材料热导率，W/(m·K)；

　　　P_2——复合保温外层单位造价，元/m²；

　　　λ_1——复合保温内层材料热导率，W/(m·K)。

（2）管道按下式计算，即

$$3.795\sqrt{\frac{\lambda_2 \tau P_h A_e (t - t_a)}{\left(P_2 + \dfrac{2000}{D_2}P_3\right)S}} = \frac{D_2 \ln\dfrac{D_2}{D_0} + \dfrac{2000\lambda_2}{\alpha}\left[1 - \dfrac{(\lambda_1 - \lambda_2)(t - t_b)}{\lambda_2(t_s - t_a)}\right]}{\sqrt{1 - \dfrac{2000\lambda_2}{\alpha D_2}}} \tag{11-20}$$

式中　D_2——复合保温外层外径，mm。

1）内层厚度计算式为

$$\left.\begin{array}{l} \ln\dfrac{D_1}{D_0} = \dfrac{2000\lambda(t - t_b)}{\alpha D_2(t_s - t_a)} \\[3mm] \delta_1 = \dfrac{1}{2}(D_1 - D_0) \end{array}\right\} \tag{11-21}$$

2）外层厚度计算式为

$$\delta_2 = \frac{1}{2}(D_2 - D_0) - \delta_1 \tag{11-22}$$

3. 保温层厚度按允许散热密度方法的计算

（1）平面单层保温按下式计算，即

$$\delta = 1000\lambda\left(\frac{t - t_a}{[q]} - \frac{1}{\alpha}\right) \tag{11-23}$$

式中　$[q]$——保温结构外表面运行散热损失，W/m²。

（2）管道单层保温按下式计算，即

$$\left.\begin{array}{l} D_1 \ln\dfrac{D_1}{D_0} = 2000\lambda\left(\dfrac{t - t_a}{q} - \dfrac{1}{\alpha}\right) \\[3mm] \delta = \dfrac{1}{2}(D_1 - D_0) \end{array}\right\} \tag{11-24}$$

（3）平面复合保温按下式计算，即

$$\delta_1 = \frac{1000\lambda_1(t - t_b)}{[q]} \tag{11-25}$$

$$\delta_2 = 1000\lambda_2\left(\frac{t_b - t_a}{[q]} - \frac{1}{\alpha}\right) \tag{11-26}$$

（4）管道复合保温按下式计算，即

$$D_2 \ln\frac{D_2}{D_0} = 2000 \times \left[\frac{\lambda_1(t - t_b) + \lambda_2(t_b - t_a)}{[q]} - \frac{\lambda_2}{\alpha}\right] \tag{11-27}$$

1）内层厚度计算式为

$$\left.\begin{array}{l} \ln\dfrac{D_1}{D_0} = \dfrac{2000\lambda_1(t - t_b)}{[q]D_2} \\[3mm] \delta_1 = \dfrac{1}{2} \times (D_1 - D_0) \end{array}\right\} \tag{11-28}$$

2）外层厚度计算式为

$$\delta_2 = \frac{1}{2}(D_2 - D_0) - \delta_1 \qquad (11\text{-}29)$$

式中　$[q]$——保温结构外表面允许散热密度，按表 11-32 中给出的允许最大散热密度的 90% 取值，$\mathrm{W/m^2}$。

4. 保温层厚度按表面温度方法计算

(1) 平面单层保温按下式计算，即

$$\delta = \frac{1000\lambda(t - t_s)}{\alpha(t_s - t_a)} \qquad (11\text{-}30)$$

(2) 管道单层保温按下式计算，即

$$\left. \begin{aligned} D_1 \ln\frac{D_1}{D_0} &= \frac{2000\lambda(t - t_s)}{\alpha(t_s - t_a)} \\ \delta &= \frac{1}{2}(D_1 - D_0) \end{aligned} \right\} \qquad (11\text{-}31)$$

(3) 平面复合保温按下式计算，即

$$\delta_1 = \frac{1000\lambda_1(t - t_b)}{a(t_s - t_a)} \qquad (11\text{-}32)$$

$$\delta_2 = \frac{1000\lambda_2(t_b - t_s)}{a(t_s - t_a)} \qquad (11\text{-}33)$$

(4) 管道复合保温按下式计算，即

$$D_2 \ln\frac{D_2}{D_0} = \frac{2000}{\alpha(t_s - t_a)}[\lambda_1(t - t_b) + \lambda_2(t_b - t_s)] \qquad (11\text{-}34)$$

1) 内层厚度计算式为

$$\left. \begin{aligned} \ln\frac{D_1}{D_0} &= \frac{2000\lambda_1(t - t_b)}{\alpha D_2(t_s - t_a)} \\ \delta_1 &= \frac{1}{2}(D_1 - D_0) \end{aligned} \right\} \qquad (11\text{-}35)$$

2) 外层厚度计算式为

$$\delta_2 = \frac{1}{2}(D_2 - D_0) - \delta_1 \qquad (11\text{-}36)$$

式中　t_s——保温结构外表面温度，对防烫伤保温，t_s 可取 60℃。

(三) 保温辅助计算

1. 保温结构外表面散热密度计算

保温结构外表面散热密度不得超过表 11-32 中给出的允许最大散热密度损失的 90%。

(1) 平面单层保温按下式计算，即

$$q = \frac{t - t_a}{\dfrac{\delta}{1000\lambda} + \dfrac{1}{\alpha}} \qquad (11\text{-}37)$$

(2) 管道单层保温按下式计算，即

$$q = \frac{t - t_a}{\dfrac{D_1}{2000\lambda}\ln\dfrac{D_1}{D_0} + \dfrac{1}{\alpha}} \qquad (11\text{-}38)$$

$$q_L = \frac{2\pi(t - t_a)}{\dfrac{1}{\lambda}\ln\dfrac{D_1}{D_0} + \dfrac{2000}{\alpha D_1}} \qquad (11\text{-}39)$$

式中　q_L——保温结构线散热损失，W/m。

(3) 平面复合保温按下式计算，即

$$q = \frac{t - t_a}{\dfrac{\delta_1}{1000\lambda_1} + \dfrac{\delta_2}{1000\lambda_2} + \dfrac{1}{\alpha}} \tag{11-40}$$

(4) 管道复合保温按下式计算，即

$$q = \frac{t - t_a}{\dfrac{D_2}{2000}\left(\dfrac{1}{\lambda_1}\ln\dfrac{D_1}{D_0} + \dfrac{1}{\lambda_2}\ln\dfrac{D_2}{D_1}\right) + \dfrac{1}{\alpha}} \tag{11-41}$$

$$q_L = \frac{2\pi(t - t_a)}{\dfrac{1}{\lambda_1}\ln\dfrac{D_1}{D_0} + \dfrac{1}{\lambda_2}\ln\dfrac{D_2}{D_1} + \dfrac{2000}{\alpha D_2}} \tag{11-42}$$

2. 保温结构外表面温度计算

(1) 平面单层保温按下式计算，即

$$t_s = \frac{\dfrac{\delta}{1000\lambda}t_a + \dfrac{1}{\alpha}t}{\dfrac{\delta}{1000\lambda} + \dfrac{1}{\alpha}} \tag{11-43}$$

(2) 管道单层保温按下式计算，即

$$t_s = \frac{\dfrac{1}{\lambda}\ln\dfrac{D_1}{D_0}\cdot t_a + \dfrac{2000}{\alpha D_1}t}{\dfrac{1}{\lambda}\ln\dfrac{D_1}{D_0} + \dfrac{2000}{\alpha D_1}} \tag{11-44}$$

(3) 平面复合保温按下式计算，即

$$t_s = \frac{\dfrac{\delta_1}{1000\lambda_1}t_a + \dfrac{\delta_2}{1000\lambda_2}t_a + \dfrac{1}{\alpha}t}{\dfrac{\delta_1}{1000\lambda_1} + \dfrac{\delta_2}{1000\lambda_2} + \dfrac{1}{\alpha}} \tag{11-45}$$

(4) 管道复合保温按下式计算，即

$$t_s = \frac{\dfrac{1}{\lambda_1}\ln\dfrac{D_1}{D_0}\cdot t_a + \dfrac{1}{\lambda_2}\ln\dfrac{D_2}{D_1}\cdot t_a + \dfrac{2000}{\alpha D_2}t}{\dfrac{1}{\lambda_1}\ln\dfrac{D_1}{D_0} + \dfrac{1}{\lambda_2}\ln\dfrac{D_2}{D_1} + \dfrac{2000}{\alpha D_2}} \tag{11-46}$$

3. 复合保温内外层界面处温度计算

复合保温内外层界面处温度不应超过外层保温材料最高使用温度的 90%。

(1) 平面按下式计算，即

$$t_b = \frac{\dfrac{\delta_1}{1000\lambda_1}t_a + \dfrac{\delta_2}{1000\lambda_2}t + \dfrac{1}{\alpha}t}{\dfrac{\delta_1}{1000\lambda_1} + \dfrac{\delta_2}{1000\lambda_2} + \dfrac{1}{\alpha}} \tag{11-47}$$

(2) 管道按下式计算，即

$$t_b = \frac{\dfrac{1}{\lambda}\ln\dfrac{D_1}{D_0}\cdot t_a + \dfrac{1}{\lambda_2}\ln\dfrac{D_2}{D_1}\cdot t + \dfrac{2000}{\alpha D_2}t}{\dfrac{1}{\lambda_1}\ln\dfrac{D_1}{D_0} + \dfrac{1}{\lambda_2}\ln\dfrac{D_2}{D_1} + \dfrac{2000}{\alpha D_2}} \tag{11-48}$$

（四）保温计算数据选取

1. 设备和管道外表面温度

无内衬的金属设备和管道，其外表面温度取设计温度或介质的最高温度；有内衬的金属设备和管道，应按有保温层存在进行传热计算确定其外表面温度。

2. 环境温度

室内布置的设备和管道的环境温度可取 20℃；室外布置的设备和管道的环境温度，常年运行的可取历年的年平均温度，采暖管道可取历年采暖期间日平均温度。地沟内管道环境温度应按表 11-33 取值。

表 11-33 　　　　　　　　　　　　　地沟内管道环境温度　　　　　　　　　　　　　℃

介质温度	<80	80~110	>110
环境温度	20	30	40

防烫伤保温计算中，环境温度可取历年最热月平均温度。

在校核有工艺要求的保温层厚度计算中，环境温度应按最不利的条件取值。当缺乏气象资料时，环境温度可参考 DL/T 5072—2007《火力发电厂保温油漆设计规程》附录 D 中表 D. 1 取值。

3. 保温材料内外表面温度平均值

保温材料内外表面温度平均值可按下式计算，即

$$t_m = \frac{1}{2}(t + t_s) \tag{11-49}$$

对复合保温其内外层材料的内外表面温度平均值可按下式计算，即

$$t_{m1} = \frac{1}{2}(t + t_b) \tag{11-50}$$

$$t_{m2} = \frac{1}{2}(t_b + t_s) \tag{11-51}$$

式中　t_m——保温材料内外表面温度平均值，℃；

　　　t_{m1}——复合保温内层的内外表面温度平均值，℃；

　　　t_{m2}——复合保温外层的内外表面温度平均值，℃。

4. 保温材料热导率

保温材料及其制品的热导率方程式、图或表应由材料生产厂家提供，并符合相关的规定。对软质保温材料应取安装密度下的热导率。

当缺乏资料时，常用保温材料热导率可按 DL/T 5072—2007《火力发电厂保温油漆设计规程》附录 A 取值。

5. 热价

热价应按当地实际情况取值，当缺乏资料时，热价可按下式计算，即

$$P_h = (1 + A_i)P_b \tag{11-52}$$

式中　A_i——内部收益率（IRR）或利润，可取 15%；

　　　P_b——产热成本，元/GJ。

产热成本包括燃料费、产热设备折旧费、运行维护费及管理费等，应根据工程具体条件计算确定。产热成本也可按下式计算，即

$$P_b = \frac{A_b P_f}{\eta Q_{net,ar}} \tag{11-53}$$

式中　A_b——产热成本系数（考虑产热设备折旧费、运行维护费及管理费等），可取 1.05～1.20（大

容量设备取低值）；

P_f——实际燃料价格，元/t；

η——产热设备效率；

$Q_{net, ar}$——燃料收到基低位发热量，MJ/kg。

6. 介质㶲质系数

介质㶲质系数可按表 11-34 取值或按下式计算，即

$$A_e = \frac{h - h_w - (t_w + 273)(S - S_w)}{h_{st} - h_w - (t_w + 273)(S_{st} - S_w)} \tag{11-54}$$

式中 h——介质比焓，kJ/kg；

h_w——冷却水比焓，kJ/kg；

S——介质比熵，kJ/(kg·K)；

t_w——冷却水温度，℃；

S_w——冷却水比熵，kJ/(kg·K)；

h_{st}——锅炉出口过热蒸汽比焓，kJ/kg；

S_{st}——锅炉出口过热蒸汽比熵，kJ/(kg·K)。

表 11-34　　　　　　　　　　　　　　　介质㶲质系数

设 备 及 管 道	介质㶲质系数
(1) 主蒸汽管道、再热蒸汽管道、高压给水管道； (2) 温度高于 450℃的蒸汽管道； (3) 利用新蒸汽工作的设备和管道	1.0
(1) 抽汽管道、厂用蒸汽管道、轴封供汽管道； (2) 辅助蒸汽管道及其他蒸汽管道； (3) 凝结水管道、中低压给水管道； (4) 凝结水泵、给水泵、除氧器、加热器等； (5) 利用调节或不调节抽汽工作的设备和管道	0.7
(1) 连续排污管道和设备； (2) 减温水管道、再循环水管道及其他水管道； (3) 疏水泵、补给水泵、冷却器、分离器等	0.5
(1) 烟道； (2) 定期排污管道和设备； (3) 设备和管道的疏水、放气、排气管道； (4) 至凝汽器或扩容器（通气）的汽水管道	0

7. 保温层单位造价及保护层单位造价

(1) 保温层单位造价应计算材料费（包括包装费、运输费）、安装费（包括辅助材料费、施工管理费及其他费用）和保温材料损耗附加量及施工余量，可按下式计算，即

$$P_1[\text{或 } P_2] = (1 + A_d)P_m + P_e \tag{11-55}$$

式中 P_1、P_2——保温层单位造价，元/m³；

P_m——保温材料费（包括包装费、运输费），元/m³；

P_e——保温材料的安装费（包括辅助材料费、施工管理费及其他费用），元/m³；

A_d——保温材料损耗附加量及施工余量，可按表 11-35 取值。

保温材料的材料费和安装费应按工程实际情况取值。

表 11-35 　　　　　　　　　　保温材料损耗附加量及施工余量　　　　　　　　　　%

保温材料	保温材料损耗附加量及施工余量
硅酸钙制品	10
硅酸铝复合	5
岩棉、矿渣棉、玻璃棉制品	5
憎水膨胀珍珠岩制品	12
复合硅酸盐保温涂料	5
镀锌铁皮	25
铝合金板	25
玻璃丝布	25
抹面	10

（2）保护层单位造价应计算保护材料和安装费及施工余量。保护层材料费和安装费应按工程实际情况取值。

8. 年运行时间

年运行时间应按工程实际情况取值。常年运行的可按 8000h 计，采暖运行中的采暖期，东北地区按 4000h，华北地区可按 3000h 计，采暖期较长地区应按实际采暖时间计。

9. 保温工程投资贷款年分摊率

保温工程投资贷款年分摊率应以复利计息，可按下式计算，即

$$S = \frac{i(1+i)^n}{(1+i)^n - 1} \tag{11-56}$$

式中　S——保温工程投资贷款年分摊率；

　　　i——年利率（复利）；

　　　n——计息年数，根据不同情况可取 5~10 年。

保温工程投资贷款年分摊率可取 0.17（国外贷款项目可适当提高）。

10. 保温结构外表面热系数

（1）室内的设备和管道保温结构外表面传热系数可按表 11-36 选取。

表 11-36 　　　　　　　　室内的设备和管道保温结构外表面传热系数

保温层外径 （mm）	金属保护层 [W/(m²·K)]	抹面 [W/(m²·K)]	保温层外径 （mm）	金属保护层 [W/(m²·K)]	抹面 [W/(m²·K)]
100	7.81	11.86	300	6.45	10.5
150	7.26	11.31	400	6.15	10.7
200	6.91	10.96	500	5.93	9.98
600	5.76	9.81	1000	5.32	9.37
700	5.62	9.67	1200	5.18	9.23
800	5.51	9.56	1500	5.04	9.08
900	5.41	9.46	平面	5.00	9.00

（2）室外的设备和管道保温结构外表面传热系数应为保护层材料的辐射传热系数与对流传热系数之和，可按下式计算，即

$$\alpha = \alpha_n + \alpha_c \tag{11-57}$$

式中　α——保温结构外表面传热系数，$W/(m^2 \cdot K)$；

　　　α_n——辐射传热系数，$W/(m^2 \cdot K)$；

α_c——对流传热系数，$W/(m^2 \cdot K)$。

1）平面和管道的辐射传热系数可按下式计算，即

$$\alpha_n = \frac{5.67\varepsilon}{t_s - t_a}\left[\left(\frac{273 + t_s}{100}\right)^4 - \left(\frac{273 + t_a}{100}\right)^4\right] \tag{11-58}$$

2）平面的对流传热系数按下式计算，即

$$\alpha_c = (5.93 - 0.015t_a)\frac{\omega^{0.8}}{B^{0.2}} \tag{11-59}$$

3）管道的对流传热系数可按下式计算，即

$$\alpha_c = 72.81\frac{\omega^{0.6}}{D_1^{04}} \tag{11-60}$$

式中 ε——保护层材料黑度，见 DL/T 5072—2007《火力发电厂保温油漆设计规程》附录 E 中表 E5；

ω——室外风速（常年运行的设备和管道取年平均风速，采暖管道取采暖季节的平均风速），m/s；

B——沿风速方向的平壁宽度，m；

D_1——保温层外径（当为复合保温时，应代入 D_2），mm。

11. 保温及保温层材料损耗附加量及施工余量

保温材料损耗附加量及施工余量可按表 11-35 取值。

五、保温结构设计

（一）保温结构的基本要求

1. 一般规定

保温结构一般由保温层和保护层组成，对于地沟内管道以及处在潮湿环境中的低温设备和管道，在保温层外应增设防潮层。保温结构设计是否合理，直接关系到保温效果、投资大小、使用年限及表面整齐美观等问题。在进行保温结构的选择和设计时，应满足下列要求：

（1）保温结构在设计使用寿命内应能保持完整，在使用过程中不允许出现烧坏、腐烂、剥落等现象。

（2）保温结构应有足够的机械强度，在自重、振动、风雪等附加荷载的作用下不致破坏。

（3）保温结构应保温效果好，施工方便，防火、防水，整齐美观。

（4）设备、直管道等无须检修的部位应采用固定式保温结构。管道蠕变监察段、蠕变测点、流量测量装置、阀门、法兰、堵板、补偿器等部位的保温结构应易于拆卸，补偿器的保温不应影响其功能。当以上部件连接管道采用金属保护层时，宜采用可拆卸式保温结构。

（5）在沿海大风地区，室外布置的设备和管道的保温结构应采取适当加固措施。

（6）保温结构的部件设计宜按相关规定选用。

2. 保温层结构要求

（1）保温层厚度宜以 10mm 为分档单位。硬质保温制品最小厚度宜为 30mm。

（2）保温层厚度大于 80mm 时，保温层应分层敷设，每层厚度应大致相等。保温层应采用同层错缝、内外层压缝方式敷设，内外层接缝应错开 100～150mm。水平安装的管道和设备保温最外层的纵缝拼缝位置应尽量远离垂直中心线上方，纵向单缝的缝口朝下。

（3）使用纤维状或颗粒状松散保温材料时，应根据材料的最佳保温密度或保证其在长期运行中不致塌陷的密度而规定其施工压缩量。

（4）管道弯头可采用软质保温材料或保温涂料保温。当采用硬质或半硬质保温制品时，制品应做成虾米弯或半圆瓦（外径小于 89mm 管道的弯头可采用直角弯），弯头两端的直管段上应各留一道伸缩缝。

（5）安全阀后对空排汽管道的保温层应采取加固措施。

（6）矩形大截面烟风道和转动机械的保温宜采用留置空气层的保温结构，当其保温层厚度小于加固肋高度时，也可以对保温层厚度进行调整。

（7）噪声超过85dB（A）的设备应采用吸声材料保温或设置具有隔声作用的保温结构。

（8）保温结构支撑件设计应符合下列规定：

1）立式设备和管道、水平夹角大于45°和卧式设备的底部，其保温层应设支撑件。对有加固肋的烟风道和设备，应利用其加固肋作为支撑件。

2）支撑件的位置应避开阀门、法兰等管件。对设备和立管，支撑件应设在阀门、法兰等管件的上方，其位置不应影响螺栓的拆卸。

3）支撑件所选用的材料应与介质的温度相适应。

4）介质温度小于430℃时，支撑件可采用焊接承重环；介质温度高于430℃时，支撑件应采用紧箍承重环。当不允许直接焊于设备或管道上时，应采用紧箍承重环。直接焊于不锈钢管上时，应加焊不锈钢垫板。

5）采用软质保温材料及其半硬质制品时，为了保证金属保护层外形整齐、美观，应适当设置金属骨架以支撑金属保护层。

6）凡施焊后须进行热处理的设备，其上的焊接支撑件宜在设备制造厂预焊。

7）支撑件的承面宽度应比保温层厚度少10～20mm。

8）支撑件的间距：对设备或平壁，可为1.5～2m；对管道，高温时可为2～3m，中低温时可为3～5m；管道采用软质毡、垫保温时，宜为1m；卧式设备应在水平中心线处设支撑件。

（9）保温结构的固定件设计应符合下列规定：

1）管道、平壁和圆筒设备的保温层，硬质材料保温时，宜用钩钉或销钉固定；软质材料保温时，宜用销钉和自锁垫片固定。

2）保温层固定用的钩钉、销钉可选用$\phi 3 \sim \phi 6$的镀锌铁丝或低碳圆钢制作。

3）直接焊接于不锈钢设备或管道上的固定件，必须采用不锈钢制作，当固定件采用碳钢制作时，应加焊不锈钢垫板。

4）硬质或半硬质保温制品保温时，钩钉、销钉宜根据制品几何尺寸设在缝中作攀系保温层的桩柱之用，钉之间距300～610mm；软质材料保温时，钉之间距不应大于350mm。每平方米面积上钉的个数：侧面不应少于6个，底部不应少于8个。

5）对有振动的地方，钩钉或销钉应适当加粗、加密。

6）凡施焊后须进行热处理的设备，其上的焊接固定件宜在设备制造厂预焊。

（10）保温结构的捆扎件设计应符合下列规定：

1）保温层应采用镀锌铁丝或镀锌钢带捆扎，镀锌铁丝应用双股捆扎。捆扎件规格应符合表11-37的规定。

表11-37　　　　　　　　　　　　捆扎件规格　　　　　　　　　　　　　　　　　mm

管道保温层外径	硬质保温制品	软质材料及其半硬质制品
<200	$\phi 0.8 \sim \phi 1.0$镀锌铁丝	$\phi 1.0 \sim \phi 1.2$镀锌铁丝
200～600	$\phi 1.0 \sim \phi 1.2$镀锌铁丝	$\phi 1.2 \sim \phi 2.0$镀锌铁丝
600～1000	$\phi 1.2 \sim \phi 2.0$镀锌铁丝	$\phi 2.0 \sim \phi 2.5$镀锌铁丝或12×0.5镀锌钢带
>1000	$\phi 2.0 \sim \phi 2.5$镀锌铁丝或12×0.5镀锌钢带	12×0.5镀锌钢带
平面	$\phi 0.8 \sim \phi 1.0$镀锌铁丝或12×0.5镀锌钢带	$\phi 0.8 \sim \phi 1.0$镀锌铁丝或20×0.5镀锌钢带

2) 捆扎间距：硬质保温制品不应大于 400mm，半硬质保温制品不应大于 300mm，软质保温材料不应大于 200mm。每块保温制品上至少要捆扎两道。

3) 保温层分层敷设时应逐层捆扎。

4) 对有振动的部位应适当加强捆扎。

5) 不得采用螺旋式缠绕捆扎。

(11) 采用硬质保温制品的保温层应设置伸缩缝，伸缩缝设计应符合下列规定：

1) 伸缩缝应设置在支吊架、法兰、加固肋、支撑件或固定环等部位。

2) 伸缩缝间距：高温可为 3～4m，中低温可为 5～7m。伸缩缝宽度宜为 20～25mm，高温时取上限，低温时取下限，缝间应满塞软质保温材料。

3) 分层保温时，各层伸缩缝应错开，错缝间距不应大于 100mm。

4) 高温管道的伸缩缝外应设置独立的保温结构。

(12) 下列部位的保温层应留设间隙：

1) 管道阀门、法兰连接处。保温层应留设拆卸螺栓的间隙，间隙中应满塞软质保温材料。

2) 高温蒸汽管道的蠕胀测点处，保温层应留设 200mm 的间隙，间隙中应满塞软质保温材料；

3) 补偿器和滑动支架附近的管道保温层应留设膨胀间隙；

4) 两根相互平行或交叉的管道，其膨胀方向或介质温度不相同时，两管道保护层之间应留间隙；

5) 采用硬质保温制品遇到焊缝时，应按焊缝宽度在硬质保温制品的内壁相应部位抠槽；

6) 保温结构与墙、梁、栏杆、平台、支撑等固定构件和管道所通过的孔洞之间应留设膨胀间隙。

3. 保护层结构要求

(1) 金属保护层的设计应符合下列规定：

1) 硬质保温制品的金属保护层纵向接缝可采用咬接；软质保温材料及其半硬质制品的金属保护层纵向接缝可采用插接或搭接，搭接尺寸不得少于 30mm。插接缝用自攻螺钉或抽芯铆钉固定，搭接缝用抽芯铆钉固定。钉间距宜为 150～200mm。

2) 金属保护层的环向接缝可采用搭接或插接。搭接时一端应压出凸筋，搭接尺寸不得小于 50mm，对垂直管道和斜管用自攻螺钉或柚芯铆钉固定。钉间距可为 200mm，每道缝不应小于 4 个钉。当金属保护层采用支撑环固定时，钉孔应对准支撑环。

3) 水平管道的纵向接缝应设置在管道的侧面，水平管道的环向接缝应按坡度高搭低茬；垂直管道的环向接缝应上搭下茬。

4) 金属保护层应有整体防水功能。室外布置或潮湿环境中的设备和管道，应采用嵌填密封剂或胶泥严缝，安装钉孔处应采用环氧树脂堵孔。安装在室外的支吊架管部穿出金属保护层的地方应在吊杆上加装防雨罩。

5) 大型设备、贮罐保温层的金属保护层，宜采用压型板或做出垂直凸筋，并应采用弹簧连接的金属箍带环向加固。风力较大地区室外布置的大型设备、贮罐应设加固金属箍带，加固金属箍带之间的间距不应大于 450mm。

(2) 直管段上为热膨胀而设置的金属保护层环向接缝，应采用活动搭接形式。活动搭接余量应能满足热膨胀的要求，且不小于 100mm，其间距应符合下列规定：

1) 硬质保温材料，活动环向接缝应与保温层的伸缩缝设置相一致。

2) 软质保温材料及其半硬质制品，活动环向接缝间距：中低温管道为 4000～6000mm，高温管道为 3000～4000mm。

(3) 当采用抹面保护层、管道保温层外径小于 200mm 时，抹面层厚度宜为 15mm；保温层外径大于200mm时，抹面层厚度宜为20mm；平面（平壁）保温时，抹面层厚度宜为25mm。

露天的保温结构，不宜采用抹面保护层。如采用时，应在抹面层上包缠毡、箔或布类保护层，并应在包缠层表面涂敷防水、耐候性涂料。

（4）室内玻璃布保护层可采用聚醋酸乙烯乳液作为玻璃布与抹面间的黏合剂，玻璃布表面应涂敷防水、耐候性涂料。玻璃布环向、纵向至少应搭接50mm。对于水平管道，环向接缝宜顺管道坡向，纵向接缝宜置于管道两侧，缝口朝下。

（5）外径小于38mm管道的保温层为紧密缠绕单层或多层（多层时应反向回绕，缝隙错开）纤维绳时，应在纤维绳外用$\phi1.2$镀锌铁丝反向缠绕加固，再外包0.1mm厚的低碱玻璃布作保护层。

（6）玻璃布保护层不应在室外使用。

（7）室外布置的大截面矩形烟风道的保护层顶部应设排水坡度，双面排水。

4. 防潮层结构要求

（1）防潮层现场涂抹的结构为第一层胶泥、中间层玻璃纤维布或塑料网格布、第二层胶泥的形式。胶泥的厚度每层宜为2～3mm。玻璃纤维布或塑料网格布的环向、纵向接缝搭接不应小于50mm。

（2）防潮层外不得再设镀锌铁丝或钢带等硬质捆扎件。

（二）保温结构的形式

燃气轮机电站中设备和管道的保温结构设计和施工可参照中国建筑标准设计研究院出版的98R418《管道及设备保温》国家建筑标准设计图集。国内一些电厂中常用的保温结构形式介绍如下。

1. 设备保温结构

设备直径等于或小于1m时，可按管道保温结构施工。电厂中常用的设备保温结构形式有胶泥结构、绑扎结构及捆扎结构。

（1）胶泥结构。

胶泥保温结构见图11-33。施工方法：将设备壁清扫干净，焊保温钩钉，间距为250～300mm。刷防腐漆后。将已经调配好的保温胶泥分层进行涂抹，然后外包镀锌铁丝网一层，镀锌铁丝绑扎在保温钩钉上，外面再作15～20mm的保护层。

（2）绑扎结构。

绑扎结构是设备保温中最常用的一种，使用各种预制板或弧形瓦为保温材料。平壁设备保温结构见图11-34～图11-36。

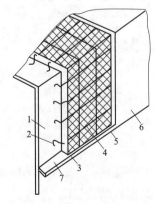

图 11-33　胶泥保温结构图

1—热力设备；2—保温钩钉；3—保温层；4—镀锌铁丝；
5—镀锌铁丝网；6—保护层；7—支承板

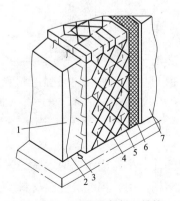

图 11-34　平壁设备保温结构

1—平壁设备；2—防锈漆；3—保温钩钉；4—预制保温板；
5—镀锌铁丝；6—镀锌铁丝网；7—保护层

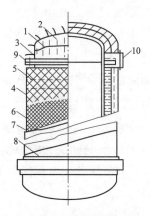

图 11-35　立式圆形设备保温结构

1—立式设备；2—防锈漆；3—保温钩钉；

4—预制保温板；5—镀锌铁丝；6—镀锌铁丝网；

7—保护层；8—色漆；9—法兰；10—法兰保护罩

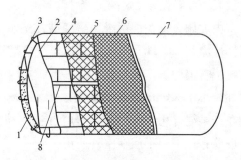

图 11-36　卧式圆形设备保温结构

1—圆形设备；2—防锈漆；3—保温钩钉；

4—保温预制板；5—镀锌铁丝；6—镀锌铁丝网；

7—保护层；8—支承板

施工时保温钩钉的间距应根据保温板材的外形尺寸确定，每块保温板不少于两个。保温板用镀锌铁丝借助保温钩钉交叉绑牢，保温预制板的纵横接缝要错开，接缝及缺损处要用相同保温材料或胶泥填充修补，以保证绝热效果。

（3）捆扎结构。捆扎结构和绑扎结构相似，是用镀锌铁丝或钢带进行捆扎，但这种结构可用于设备不能焊接保温钩钉和支承板时的保温。图 11-37 所示为卧式圆形设备捆扎结构。

2. 管道保温结构

根据选用的保温材料和施工方法不同，管道保温的结构形式可归纳为胶泥结构、填充结构、浇灌结构、包扎结构、缠绕结构、预制品结构 6 种。

（1）包扎结构。利用岩棉毡、矿渣棉毡等软性保温材料时采用包扎结构，见图 11-38。施工时先将按管径裁好的棉毡用镀锌铁丝捆扎，然后外包保护层。捆扎好的保温层外面是否包扎镀锌铁丝网，应根据保护层材料而定，如采用玻璃布或金属板作保护层时，则不需包扎镀锌铁丝网；如采用石棉水泥作保护层时，应包扎镀锌铁丝网。

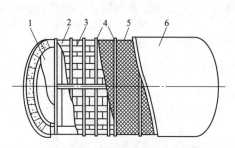

图 11-37　卧式圆形设备捆扎结构

1—卧式圆形设备；2—抱箍；3—预制保温板；

4—镀锌铁丝或钢带；5—镀锌铁丝网；6—保护层

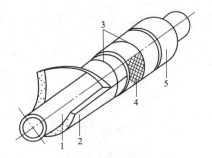

图 11-38　包扎结构

1—管道；2—保温毡或布；3—镀锌铁丝；

4—镀锌铁丝网；5—保护层

包扎结构的优点是适用于任何形状的管道，特别是有振动或温度变化很大的管道使用最为适宜。

（2）缠绕结构。用石棉绳等保温材料，直接缠绕在管道上，其保温结构见图 11-39。

缠绕结构施工简单，便于拆卸检修，适用于小管径、弯管及有振动的管道。

（3）预制品结构。使用微孔硅酸钙、膨胀珍珠岩、矿渣棉、岩棉等预制管壳及弧形瓦作保温层时，应采用预制品结构，见图 11-40。

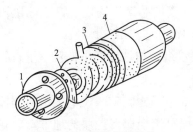

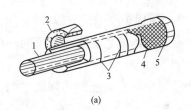

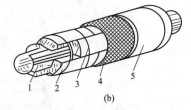

图 11-39　缠绕保温结构　　　　　　　图 11-40　预制品保温结构

1—管道；2—第一层绳（带）状保温材料；　　　（a）半圆形保温管壳；（b）弧形保温瓦

3—第二层绳（带）状保温材料；4—保护层　　1—管道；2—保温层；3—镀锌铁丝；4—镀锌铁丝网；5—保护层

　　预制品结构，施工非常方便，能加快施工进度，并能保证施工质量。

　　施工时用镀锌铁丝将预制保温管壳等直接绑扎在管道上。管壳的纵向缝要错开，接触面处要用石棉泥、胶泥等保温材料黏合，使之纵向、横向缝都没有空隙，减少散热损失。预制保温层材料外面是否设置镀锌铁丝网，应视采用保护层材料而定，当采用玻璃布或金属材料作保护层时可省略镀锌铁丝网。

　　（三）保护层及防潮层

　　1. 保护层

　　（1）概述。

　　1）使用保护层的目的在于：延长保温结构使用寿命；防止雨水及潮湿空气的侵蚀；可使外表面平整、美观，便于涂刷各种色漆。

　　2）保护层必须切实起到保护层的作用，以阻挡环境和外力对保温材料的影响。

　　3）保护层的结构形式应根据保护材料的供应条件、设备和管道所处的环境、保温材料类型等条件决定。根据保护层所用材料不同、施工方法不同，保护层结构目前常用的有 3 大类：①金属保护层；②复合保护层；③抹面保护层。

　　（2）金属保护层。随着我国经济技术水平的提高，节约能源受到极大的重视，有条件时尽量采用金属保护层。

　　一般金属保护层采用 0.35～1.00mm 厚的镀锌铁皮或铝合金板。

　　采用镀锌铁皮时，管道可选用 0.35～0.50mm 厚度，设备和矩形截面烟风道可选用 0.50～0.70mm 厚度。

　　采用铝合金板时，管道可选用 0.50～0.75mm 厚度，设备和矩形截面烟风道可选用 0.60～1.00mm 厚度。

　　对大截面矩形烟风道的金属保护层应采用压型板。

　　1）对于设备和管道采用金属保护层可优先考虑以下部位：

　　a. 主保温层容易受到水和水蒸气侵蚀的部位；

　　b. 使用矿纤或微孔硅酸钙等保温材料难以抹面的部位；

　　c. 在运行过程中经常可能受到机械作用的部位；

　　d. 需要经常检修，可能损坏保温层的部位；

　　e. 可能因漏油而引起着火的部位等。

　　2）金属保护层纵向接缝可采用咬接、插接、搭接。插接缝用自攻螺钉或抽芯铆钉固定，搭接缝用抽芯铆钉固定。钉之间距宜为 200mm。保温层外径大于 600mm 时，纵向接缝也可做成凸筋结构用抽芯铆钉固定。

　　3）金属保护层的环向接缝可采用搭接或插接。搭接时一端应压出凸筋（室内用单凸筋，室外用重叠凸筋），搭接尺寸不得小于 50mm，对垂直管道和斜管用自攻螺钉或抽芯铆钉固定。钉之间距可为 200mm，每道缝不应小于 4 个钉。当金属保护层采用支撑环固定时，钉孔应对准支撑环。

4）水平管道的纵向接缝应设置在管道的侧面，水平管道的环向接缝应按坡度高搭低茬；垂直管道的环向接缝应上搭下茬。

5）金属保护层应有整体防水功能。室外布置或潮湿环境中的设备和管道，应采用嵌填密封剂或胶泥严缝，安装钉孔处应采用环氧树脂堵孔。安装在室外的支吊架管部穿出金属保护层的地方，应在吊杆上加装防雨罩。

6）直管段上为热膨胀而设置的金属保护层环向接缝，应采用活动搭接形式。活动搭接余量应能满足热膨胀的要求，且不小于 100mm，其间距应符合下列规定：

a. 硬质保温材料，活动环向接缝应与保温层的伸缩缝设置相一致；

b. 软质保温材料及其半硬质制品，活动环向接缝应符合表 11-38 的规定。

表 11-38   活动环向接缝间距表

介质温度（℃）	<100	100~320	>320
间距（m）	7~10	4~6	3~4

（3）复合保护层。利用复合保护层材料或两种不同材料重叠包扎的保护层统称为复合保护层。目前常用的复合保护层材料及施工方法如下：

1）复合铝箔（牛皮纸夹筋铝箔、玻璃布铝箔等）：可直接敷设在除棉、缝毡以外的平整保温层外面。接缝处用压敏胶带粘贴。

2）玻璃布乳化沥青涂层：在缠好的玻璃布外表面涂刷乳化沥青，每道用量为 2~3kg/m²。一般涂刷两道，第二道须待第一道干燥后进行。

3）玻璃布：以螺纹状紧缠在保温（或油毡、CPU 卷材）外面，前后均需搭接 50mm。由低处向高处施工，布带两端及每隔 3m 用镀锌铁丝或钢带捆扎。

4）玻璃钢：在缠好的玻璃布外表涂刷不饱和树脂，每道用量为 1~2kg/m²。

5）CPU 卷材：用于潮湿环境下的管道及小型筒体设备保温层外的保护层。可直接卷铺在保温层外，由低处向高处敷设，管道环向、纵向接缝的搭接宽度均为 50mm，可用订书机直接钉上，缝口用 CPU 涂料粘住。

6）油毡：用于潮湿环境下的管道及小型筒体设备保温层外面保护层。可直接卷铺在保温层外，垂直方向由低向高处敷设，环向搭接用稀沥青黏合，水平管道纵向搭缝向下，均搭接 50mm，然后用镀锌铁丝或钢带扎紧，间距为 200~400mm。

7）玻璃钢、铝箔玻璃钢薄板：施工方法同金属保护层，但不压半圆凸缘及折线。环、纵向搭接 30~50mm。搭接处可用抽芯铆钉或自攻螺钉紧固，接缝处宜用黏合剂密封。

8）外径小于 38mm 管道的保温层为紧密缠绕单层或多层（多层时应反向回绕，缝隙错开）纤维绳时，应在纤维绳外用 2mm 镀锌铁丝反向缠绕加固，再外包 0.1mm 厚的低碱玻璃布作保护层。

（4）抹面（涂抹式）保护层。

1）抹面保护层的灰浆应符合下列规定：

a. 容重不得大于 1000kg/m³；

b. 抗压强度不得小于 0.8MPa；

c. 烧失量（包括有机物和可燃物）不得大于 12％；

d. 干燥后（冷状态下）不得产生裂缝、脱壳等现象；

e. 不得对金属产生腐蚀。

2）露天的保温结构，不得采用抹面保护层。当必须采用时，应在抹面层上包缠毡、箔或布类保护层，并应在包缠层表面涂敷防水、耐候性涂料。

3）抹面保护层未硬化前，应防雨淋、水冲。当昼夜室外平面温度低于5℃，且最低温度低于-3℃时，应按冬季施工方案，采取防寒措施。

4）大型设备抹面时，应在抹面保护层上留出纵横交错的方格形或环形伸缩缝。伸缩缝做成4槽，其深度应为5～8mm，宽度应为8～12mm。

5）高温管道的抹面保护层和铁丝网的断缝，应与保温层的伸缩缝留在同一部位，缝内填充毡、棉材料。室外的高温管道应在伸缩缝部位加金属护壳。

6）抹面保护层常用材料为沥青胶泥。

2. 防潮层

（1）需要防潮的管道应在保温层外包沥青胶玻璃布、防水冷胶料玻璃布或改性沥青油毡作防潮层。条件许可时，也可采用聚氯乙烯防水卷材或其他防水材料作防潮层。

沥青胶玻璃布和防水冷胶料玻璃布防潮层应由两层沥青胶或防水冷胶料中间夹一层低碱粗格玻璃布组成。

（2）防潮层外不得再设镀锌铁丝或钢带等硬质捆扎件。

（四）保温结构用辅助材料

在保温结构中，除了使用保温层材料外，还需要大量的捆扎及保护保温层用的各种辅助材料，有镀锌铁丝、钢带、镀锌铁丝网、镀锌薄钢板、铝板和玻璃布等。

第四节 油 漆 与 防 腐

一、油漆

1. 必须进行油漆的情况

（1）不保温的设备、管道及其附件；

（2）介质温度低于120℃的保温设备、管道及其附件；

（3）支吊架、平台扶梯等（现场制作部分）。

2. 不保温的设备和管道

不保温的设备和管道应根据防腐工艺要求和油漆的性能选用油漆，选用的油漆种类、颜色和涂刷度数应符合下列规定：

（1）室内布置的设备和管道，宜先涂刷2度防锈漆，再涂刷1～2度油性调和漆；室外布置的设备和汽水管道，宜先涂刷2度环氧底漆，再涂刷2度醇酸磁漆或环氧磁漆；室外布置的气体管道，宜先涂刷2度云母氧化铁酚醛底漆，再涂刷2度云母氧化铁面漆。

（2）油管道和设备外壁，宜先涂刷1～2度醇酸底漆，再涂刷1～2度醇酸磁漆；油箱、油罐内壁，宜先涂刷2度环氧底漆，再涂刷1～2度铝粉缩醛磁漆或环氧耐油漆。

（3）管沟中的管道，宜先涂刷2度防锈漆，再涂刷2度环氧沥青漆。

（4）循环水管道、工业水管道、工业水箱等设备，宜先涂刷2度防锈漆，再涂刷2度沥青漆；直径较大的循环水管道内壁，宜涂刷2度环氧富锌底漆。

（5）排汽管道应涂刷1～2度耐高温防锈漆。

（6）制造厂供应的设备（如水泵、风机、容器等）和支吊架，若油漆损坏时，可涂刷1度颜色相同的油漆。

3. 保温的设备和管道油漆

保温的设备和管道选用的油漆种类和涂刷度数应符合下列规定：

（1）当介质温度低于 120℃时，设备和管道的表面应涂刷 2 度防锈漆。

（2）除氧器水箱、疏水箱、扩容器、低位水箱、生产回水箱等设备内壁宜涂刷 2 度耐高温的油漆，其他设备和容器内壁的防腐方式应根据工艺要求决定。

4. 支吊架、平台扶梯油漆

（1）现场制作的支吊架，宜先涂刷 2 度防锈漆，再涂刷 1～2 度银灰色调和漆。

（2）室内的钢制平台扶梯，宜先涂刷 2 度防锈漆，再涂刷 1～2 度银灰色调和漆。

（3）室外的钢制平台扶梯，宜先涂刷 2 度云母氧化铁酚醛底漆，再涂刷 2 度云母氧化铁面漆。

二、漆色规定

1. 设备和管道的油漆颜色

设备和管道的油漆颜色可按表 11-39 选择。

表 11-39　　　　　　　　　　　　　　油漆颜色表

管 道 名 称		面漆颜色	色环颜色
主蒸汽、再热蒸汽管道		—	无环
抽汽、背压蒸汽、供热管道		—	红色
其他蒸汽管道		—	红色
凝结水管道	保 温	—	浅绿色
	不保温	浅绿色	无环
给水管道		—	绿色
除盐水、化学补充水管道		浅绿色	白色
疏放水、排水管道		—	绿色
热网水管道		—	褐色
循环水、工业水、射水		黑色	无环
消防水管道		红色	无环
油管道		黄色	无环
冷风道		浅蓝色	无环
热风道		—	蓝色
烟道		—	无环
天然气、高炉煤气管道		蓝色	黑色
空气管道		天蓝色	无环
氧气管道		蓝色	红色
氢气管道		橙色	无环
二氧化碳、氮气管道		浅灰色	红色
乙炔管道		白色	红色
硫酸亚铁和硫酸铝管道		褐色	无环
盐水管道		白色	雪青色
氯气管道		深绿色	白色
氨气管道		黄色	黑色
联氨		橙黄色	红色
酸液		浅灰色	橙色
碱液		浅灰色	雪青色

续表

管道名称	面漆颜色	色环颜色
磷酸三钠溶液	绿色	红色
过滤水	浅蓝色	无环
埋地管道	黑色	无环
工业水箱	黑色	—
除盐水箱、补水箱	浅绿色	—
支吊架	银灰色	—
平台扶梯	银灰色	—

2. 管道色环及介质流向箭头规定

为便于识别，管道的色环、介质名称及介质流向箭头应符合下列规定：

(1) 管道弯头、穿墙处及管道密集、难以辨别的部位，必须涂刷色环、介质名称及介质流向箭头。介质名称可用全称或化学符号标识（见图 11-41）。

(2) 主蒸汽、再热蒸汽管道上监视焊缝处及蠕胀测点，应在保护层外设浅蓝色环。

(3) 管道的色环颜色可按表 11-40 规定漆色。

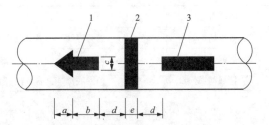

图 11-41　管道的色环、介质名称和
介质流向箭头的位置和形状
1—介质流向箭头；2—色环；3—介质名称

(4) 管道的色环、介质名称和介质流向箭头的位置和形状如图 11-41 所示，图中的尺寸数值见表 11-40，介质流向箭头的尖角为 60°。

表 11-40　　　　　　　　管道的色环、介质名称和介质流向箭头尺寸　　　　　　　　mm

管道外径或保温层外径	a	b	c	d	e
≤100	40	60	30	100	60
101~200	60	90	45	100	80
201~300	80	120	60	150	100
301~500	100	150	75	150	120
>500	120	180	90	200	150

(5) 当介质流向有两种可能时，应标出两个方向的流向箭头。

(6) 介质名称和流向箭头可用黑色或白色油漆涂刷。

(7) 对于外径小于 76mm 管道，当在管道上直接涂刷介质名称及介质流向箭头不易识别时，可在需要识别的部位挂设标牌。标牌上应标明介质名称，并使标牌的指向尖角指向介质流向。

(8) 设备和管道在油漆之前应对金属表面进行除油、除锈处理。

三、防腐

(1) 埋地管道可采用沥青或其他防腐材料防腐。

1) 采用石油沥青防腐时，首先应按表 11-41 确定土壤腐蚀性等级和防腐等级，再按表 11-42 中规定确定防腐结构。

表 11-41 土壤腐蚀性等级和防腐等级项

项目		土壤腐蚀性等级				
		低	中	较高	高	特高
测定方法	土壤电阻率（Ω·m）	>100	20~100	10~20	5~10	<5
	含盐率（%）	<0.01	0.01~0.05	0.05~0.1	0.1~0.75	>0.75
	含水率（%）	<5	5	5~10	10~12	12~25
	极化电流密度（A/m²）	<0.01	0.01~0.25	0.25~0.8	0.8~3	>3
	管盒测量质量损失（g/d）	1	1~2	2~3	3~6	>6
钢的平均腐蚀速度（mm/a）		<0.05	0.05~0.2	0.2~1	0.2~1	>1
防腐等级		普通	普通	加强	加强	特强

表 11-42 埋地管道石油沥青防腐结构

防腐等级	防腐层结构	总厚度（mm）
普通防腐	沥青底漆—沥青 3 层夹玻璃布 2 层—聚氯乙烯塑料薄膜或牛皮纸	6
加强防腐	沥青底漆—沥青 4 层夹玻璃布 3 层—聚氯乙烯塑料薄膜或牛皮纸	8
特强防腐	沥青底漆—沥青 6 层夹玻璃布 5 层—聚氯乙烯塑料薄膜或牛皮纸	12

2）采用环氧煤沥青防腐时，首先应按表 11-41 确定土壤腐蚀性等级和防腐等级，再按表 11-43 中规定确定防腐结构。

表 11-43 埋地管道环氧煤沥青防腐结构

防腐等级	防腐层结构	总厚度（mm）
普通防腐	沥青底漆—沥青 3 层夹玻璃布 2 层	0.6
加强防腐	沥青底漆—沥青 4 层夹玻璃布 3 层	0.8
特强防腐	沥青底漆—沥青 5 层夹玻璃布 4 层	1.0

（2）当埋地管道与水工构筑物、铁路、公路相交时，埋地管道应设特强沥青防腐结构。

在杂散电流作用地区的埋地管道均应按特强沥青防腐结构防腐，也可采取其他保护措施（如阴极保护等）。

（3）经常浸渍于海水中和盐碱地的钢管，应涂刷 2 度环氧煤沥青、氯磺化聚乙烯防腐蚀涂料或进行阴极保护等。

四、油漆和防腐材料耗量指标

设备和管道油漆每度耗漆量可按表 11-44 计算，管道防腐层材料耗量可按表 11-45 计算。

表 11-44 油漆耗量

类别	油漆名称	单位面积每遍耗漆量（kg/m²）
底漆	防锈漆	0.20
	环氧底漆	0.20
	醇酸底漆	0.20
	云母氧化铁酚醛底漆	0.20
	沥青底漆	0.90
	环氧富锌底漆	0.25
	汽包漆	0.20
	耐高温防锈漆	0.22
	清漆（稀释防锈漆用）	按防锈漆 10% 计

续表

类别	油漆名称	单位面积每遍耗漆量（kg/m²）
面漆	油性调和漆	0.12~0.20
	环氧磁漆、铝粉缩醛磁漆	0.18
	醇酸磁漆	0.15
	环氧耐油漆	0.20
	云母氧化铁面漆	0.18
	沥青漆、环氧沥青漆	0.21
	聚醋酸乙烯树脂	0.25~0.45
	氯磺化聚乙烯	0.8~1.7
	松香水（稀释油性调和漆用）	按油性调和漆10%计

表 11-45　　　　　　　　　　　　每米管道石油沥青防腐层材料耗量

管道外径（mm）	底漆（kg）	石油沥青（kg）			玻璃布（m²）			塑料薄膜或牛皮纸（m²）
		普通	加强	特强	普通	加强	特强	
57	0.04	0.9	1.9	2.9	0.3	0.3	0.6	0.3
89	0.06	1.4	3.0	4.6	0.4	0.4	0.8	0.4
108	0.07	1.7	3.6	5.5	0.5	0.5	1.0	0.5
133	0.08	2.1	4.5	6.8	0.6	0.6	1.2	0.6
159	0.10	2.5	5.3	8.0	0.7	0.7	1.4	0.7
219	0.13	3.2	6.8	10.3	0.9	0.9	1.8	0.9
273	0.16	3.9	8.1	12.5	1.1	1.1	2.2	1.1
325	0.19	4.7	10.0	15.0	1.3	1.3	2.6	1.3
377	0.22	5.5	11.5	17.4	1.5	1.5	3.0	1.5
426	0.25	6.3	13.5	20.0	1.7	1.7	3.4	1.7
480	0.28	7.0	15.0	22.5	2.0	2.0	4.0	2.0
530	0.31	7.8	16.7	25.0	2.2	2.2	4.4	2.2
630	0.36	9.4	20.0	30.0	2.6	2.6	5.2	2.6

第十二章 化学水处理

第一节 燃气轮机电厂补给水处理及水汽控制要求

一、概述

燃气轮机电厂补给水水质应满足不同压力等级的余热锅炉对补给水水质的要求，并应满足燃气轮机模块冲洗及燃气轮机注水对补充水水质的要求。电厂锅炉用水的水源一般来自地面水和地下水。地面水中的悬浮物和腐殖酸较多，要经过沉淀、凝聚和过滤处理，兼作生活饮用水时还应做灭菌处理。地下水经过地层的过滤和溶解，通常悬浮物含量较低，而溶解固形物的浓度较高，个别地方还会出现含盐极高的水，因此要经过初步脱盐后再作为锅炉水处理的原水。对于沿海地区可能还要进行预除盐，当水质浑浊，不能满足水处理要求时，可先通过机械过滤器等办法解决。

余热锅炉补给水处理水源主要考虑的溶解杂质有 Ca^{2+}、Na^+、K^+、HCO_3^-、SO_4^{2-}、Cl^- 和溶解气体，还需考虑 Fe^{2+}、Cu^{2+} 和 SiO_3^{2-} 的含量。水的硬度（主要为 Ca^{2+} 和 Mg^{2+}）对锅炉的结垢有直接影响，而其余离子则会使到锅炉的排污率增加。特别是 HCO_3^-、CO_3^{2-} 和 OH^-（锅水碱度）及 Na^+、SiO_3^{2-} 会对蒸汽和锅水的品质造成影响。在中等矿化度（干残渣 $100\sim500mg/L$）及以上的水中，钠离子含量和强酸根离子（SO_4^{2-}、Cl^- 及 NO_3^-）含量较高，它不仅会增加锅炉的排污率，还是造成锅炉腐蚀的重要原因。水中溶解气体（O_2 和 CO_2 等）则是造成锅炉严重腐蚀的主要原因。SiO_2、Fe 和 Cu 的氧化物可以造成汽轮机叶片结垢并发生腐蚀，降低汽轮机的效率和使用寿命；钠盐还可以沉积在锅炉的过热器中，造成管壁过热甚至爆管事故。

考虑目前国家的水质标准中仍沿用硬度、碱度为控制项目，结合化学反应中当量规律在计算中比较方便，本章中使用 mmol/L 的基本单元为阳离子 H^+、$1/2Ca^{2+}$、$1/2Mg^{2+}$、Na^+ 等和阴离子 OH^-、$1/2CO_3^{2-}$、$1/2SO_4^{2-}$、HCO_3^- 等。

二、水汽质量控制标准

目前在水质标准中，以锅炉的蒸汽压力 3.8MPa 为分界，当压力为 3.8MPa 及以下时，采用 GB 1576《工业锅炉水质》标准，因燃气轮机电厂余热锅炉的蒸汽压力基本都大于 3.8MPa，本章描述中水汽标准参照 GB/T 12145《火力发电机组及蒸汽动力设备水汽质量》，描述部分参照 DL 5068《发电厂化学设计规范》，另附 GE 公司提供的单循环燃气轮机用水要求如下。

（1）单循环燃气轮机电厂冷却水水质要求见表 12-1。

表 12-1　　　　　　　　　　　单循环燃气轮机电厂冷却水水质要求

悬浮固体（mg/L）	总的溶解固体（mg/L）	总硬度（mg/L）	Cl^-（mg/L）	SO_4^{2-}（mg/L）
<50	<100(CaCO₃ 计)	<150(CaCO₃ 计)	<50(CaCO₃ 计)	<50(CaCO₃ 计)

（2）单循环燃气轮机电厂在线及离线清洗水水质要求见表 12-2。

表 12-2　　　　　　　　　　　　在线及离线清洗水水质要求

项　　目	水质要求
总固体（mg/L）	100
总碱度（mg/L）	25
其他金属（mg/L）	1.0

续表

项　目	水质要求
pH	6.5～7.5
在线清洗	
总固体（mg/L）	5
总碱度（mg/L）	0.5
pH	6.5～7.5

三、排污率、补充水的要求和计算

（一）排污率的要求和计算

给水在余热锅炉内不断蒸发浓缩，使锅水含盐量增加，超过规定标准时蒸汽的品质就会恶化，影响锅炉的安全运行。因此，要不断地把浓缩的锅水从汽包中含盐浓度较高地段的水面下引出，排污水的温度很高，若排污量太大就会影响锅炉的热效率。按 DL/T 5068《发电厂化学设计技术规程》正常排污率一般不超过下列数值：

（1）根据计算或锅炉厂资料，但不少于 0.3%；

（2）对于除盐水做锅炉补充水的凝器式机组，不宜大于 1.0%；

（3）对于背压供热机组，除盐水作锅炉补充水时，排污率不宜大于 2%，若以软化水或预脱盐水作锅炉补充水时，不宜大于 3%。

（二）锅炉补给水处理水量的统计

锅炉补给水处理系统出力应按发电厂全部正常水、汽损失与启动或事故增加的水、汽损失以及除盐系统自用水量之和确定。发电厂各项水汽损失可按表 12-3 计算。

表 12-3　　　　　　　　　　　　　　补充水量统计表

序号	损失类别	正常损失
1	发电厂厂内水、汽系统循环损失	锅炉额定蒸发量的 2%～3%
2	发电厂汽包锅炉排污损失	根据计算或锅炉厂资料，但不宜小于 0.3%
3	发电厂其他用水、用汽损失	根据工程资料
4	对外供汽损失	根据工程资料
5	闭式热水网损失	热水网水量的 0.5%～1% 或根据工程资料
6	对外供给除盐水量	根据工程资料

注　1. 启动或事故增加的损失宜按全厂最大一台锅炉额定蒸发量的 6%～10% 或不少于 10m³/h 考虑。

　　2. 汽包锅炉正常排污损失不宜超过下列数值：凝汽式电厂为 1%，供热电厂为 2%。

　　3. 发电厂其他用水、用汽及闭式热水网补充水应经技术经济比较，确定合适的供汽方式和补充水处理方式。

　　4. 发电厂闭式辅机冷却水系统损失按冷却水量的 0.3%～0.6% 或按实际消耗量计算。

　　5. 燃气轮机电厂应考虑模块冲洗、燃气轮机注水，补水量可适当加大。

第二节　补给水的预处理

一、概述

因水中存在悬浮物、胶体等杂质，它们在水中都有一定的稳定性。根据它们颗粒的大小，可采取不同的处理方法除去，例如，对于颗粒直径大于 0.1mm 的悬浮物，可依靠重力，用自然沉降法除去；对于颗粒直径小于 0.1mm 的杂质，特别是直径在 1nm～1μm 的胶体颗粒可以通过混凝处理将这些颗粒除去。

天然水通过混凝、沉淀、澄清和过滤等处理，可使水中悬浮物含量降到 5mg/L 以下。因为它们经常作为水处理工艺的第一步，所以在习惯上把它们称为水的预处理。对经预处理后的水，根据用水的要求可再进一步做深度处理。

二、补给水预处理

预处理工艺应根据水源水质、后续处理工艺对水质的要求、处理水量和试验资料，并参考类似工程的运行经验，结合当地条件通过技术经济比较确定。

预处理方式可按下列原则确定：

（1）地表水、海水预处理宜采用混凝、澄清、过滤。悬浮物含量小于 20mg/L 时，可采用接触混凝、过滤处理。

（2）当地表水、海水悬浮物固体和泥沙含量超过所选用澄清池的进水要求时，应设置降低泥沙含量的预沉淀设施。

（3）对于再生水及矿井排水等回收水源，可根据水质特点选择生物反应处理、混凝澄清处理、过滤、杀菌处理等工艺，对于水处理容量较大、碳酸盐硬度高的再生水宜采用石灰混凝澄清处理。石灰处理系统出水应加酸调整 pH 值。

（4）当原水非活性硅含量高，影响机组蒸汽品质时，可采用接触混凝、过滤处理或混凝澄清、膜过滤处理工艺。

（5）地下水应经过滤后使用，当地下水含砂时，应有除砂措施。

（6）原水有机物含量超过后续系统进水要求时，可采用氯化、混凝澄清、活性炭吸收、吸附树脂等处理工艺。

三、水的混凝处理

在给水处理工程中，从原水投加混凝剂开始，直到产生大颗粒的絮凝体并从水中沉淀出来的全过程称为混凝处理过程。由此可知，混凝处理涉及两大问题，即混凝原理和絮凝动力学。混凝原理主要研究水中胶体及悬浮物在混凝剂作用下，如何降低甚至消除胶体的稳定性并聚集成较小絮凝体的过程；絮凝动力学主要研究由于水流速度梯度的紊动性使较小絮凝体相互碰撞形成大絮凝体，即絮凝动力学问题。

助凝剂就是在混凝处理过程中起辅助作用和提高混凝效果的药剂。按其在混凝过程中的作用，可将助凝剂分为三类。

第一类为调节混凝过程 pH 值的酸或碱等物质。混凝过程应在一个最佳的 pH 范围内进行，若原水经投加混凝剂后的 pH 值不能满足这一要求，需借助这类物质保证混凝过程在此最佳 pH 范围内进行。

第二类为破坏有机物和起氧化作用的物质，如氯和臭氧。这类物质能起到改善混凝的作用。

第三类为增大絮凝体及其密度的物质。属于这类物质的有活化硅酸、黏土、粉状活性炭以及一部分有机高分子絮凝剂。

多年的运行经验表明，天然水的混凝剂剂量一般为 0.3～0.7mmol/L。下列混凝剂及助凝剂剂量数据可供设计时选用：

（1）硫酸亚铁（以 $FeSO_4 \cdot 7H_2O$ 计）：42～97mg/L。

（2）三氯化铁（以 $FeCl_3 \cdot 6H_2O$ 计）：27～63mg/L。

（3）硫酸铝［以 $Al_2(SO_4)_3 \cdot 18H_2O$ 计］：33～77mg/L。

（4）聚合铝（以 Al_2O_3 计）：5～8mg/L。

（5）聚合铁（以 Fe^{3+} 计）：5～10mg/L。

（6）聚丙烯酰胺：0.5～1.5mg/L。

四、沉降与澄清处理

水中悬浮颗粒在重力的作用下，从水中分离出来的过程称为沉降（沉淀）。这里所说的悬浮颗粒可以是天然水体中的泥砂、黏土颗粒，也可以是在混凝处理中形成的絮凝体。这些悬浮颗粒在沉降与澄清处理中，常有4种情况：当水中悬浮颗粒浓度较小时，沉降过程可以按絮凝性的强弱分成离散沉降和絮凝沉降；当颗粒浓度较大而且颗粒具有絮凝性时，呈层状沉降；当浓度很大时，颗粒呈压缩状态。

其主要沉淀池及澄清池设计数据参见表12-4～表12-9。

表 12-4   澄清池的设计数据

序号	名称	主要设计数据		备　注
1	机械搅拌澄清池	进水浊度（NTU）	＜5000	（1）澄清池对水质、水量、水温的变化适应性强、运行稳定、投药量少、易于控制。 （2）澄清池清水区上升流速应根据相识条件下电厂或水厂的运行经验或试验资料确定，常温、高浊水不大于0.8mm/s，低温、低浊水不大于0.7mm/s。 （3）池内是否设机械刮泥装置应根据池径大小、底坡大小、进水悬浮物含量及其颗粒组成等因素确定。当池径小于15m，底坡不小于45℃，含沙量不大时，可不设机械刮泥装置。 （4）出水浊度小于10NTU，低温低浊水小于15NTU
		清水区上升流速（mm/s）	一般可采用0.6～0.8，低温低浊水取下限	
		水在池内停留时间（h）	1.2～1.5	
		搅拌叶轮提升流量	为进水量的3～5倍	
		叶轮直径	为第二絮凝室内径的70%～80%，并应设调整叶轮转速和开启度的装置	
		升温速度（℃/h）	＜2	
2	水力循环澄清池	进水浊度（NTU）	＜2000	构造简单，维修工作量小，但对水质、水量、水温变化的适应性较差
		单池生产能力（m³/d）	不宜大于7500	
		清水区上升流速（mm/s）	0.7～1.0，低温低浊水取下限	
		池导流筒（第二絮凝室）有效高度（m）	3～4	
		回流水量	为进水流量的2～4倍	
		池斜壁与水平面的夹角（°）	不宜小于45	
3	斜板澄清池	进水悬浮物（mg/L）	＜500	可应用于给水、工业污水、废水等，其特点是占地小、效率高
		悬浮物去除率（%）	＞95	
		排泥浓度（%）	2～4	
4	接触絮凝沉淀池	进水浊度（NTU）	＜2000	（1）反应时间短，产生矾花大而密实，易于沉降。适应性强，对微污染及低温、低浊度水处理效果好。 （2）上升流速高，表面负荷大
		絮凝时间（min）	5～10	
		上升流速（mm/s）	2.0～3.5	
		有效水深（m）	3.6～4.1	
5	混合反应沉淀池	进水浊度（NTU）	＜2000	单池出力不宜大于7500m³/d
		清水区上升流速（mm/s）	0.7～1.0，低温低浊水取下限	
6	脉冲澄清池	进水浊度（NTU）	＜3000	（1）澄清池对水量、水质、水温变化的适应性较差，对排泥控制要求严格，要求连续运行。 （2）常用形式为真空式、S形虹吸式。 （3）应采用穿孔管配水，上设人字形稳流板。 （4）虹吸式脉冲池的配水总管应设排气装置。此型澄清池不如机械搅拌澄清池处理效果好
		清水区上升流速（mm/s）	0.7～1.0	
		脉冲周期（s）	30～40	
		充放时间比	3∶1～4∶1	
		悬浮层高度（m）	1.5～2.0	
		清水区高度（m）	1.5～2.0	

续表

序号	名称	主要设计数据		备 注
7	悬浮澄清池	进水浊度（NTU）	单层＜3000	（1）运行稳定性差，影响处理效果的因素较多、不易控制。但结构简单造价低 （2）我国西南地区有所应用。 （3）澄清池宜采用穿孔管配水，水进入池前应有气水分离设施。 （4）对低浊水及有机物含量高的水处理效果不好
			双层＞3000	
		清水区上升流速（mm/s）	单层 0.7～1.0	
			双层 0.6～0.9	
		污泥浓缩室上升流速（mm/s）	单层 0.6～0.8	
		强制出水量占总出水量的百分比（%）	单层 20～30	
			双层 25～45	
		单池面积（m²）	＜150	
		矩形每格池宽（m）	＜3	
		清水区高度（m）	1.5～2.0	
		悬浮层高度（m）	2.0～2.5	
		池斜壁与水平面夹角（°）	50～60	
8	气浮池	进水浊度（NTU）	＜100	（1）适于处理含藻类等密度小的悬浮物的原水。 （2）占地少、造价低、净水效率高、泥渣含水率低、运行稳定可靠
		接触室上升流速（mm/s）	10～20	
		分离室向下流速（mm/s）	1.5～2.5	
		单格宽度（m）	＜10	
		池长（m）	＜15	
		有效水深（m）	2.0～2.5	
		溶气压力（MPa）	0.2～0.4	
		溶气罐高（m）	2.5～3.5	
		溶气罐填料高度（m）	1.0～1.5	
		溶气罐截面水力负荷 [m³/(m²·h)]	1.0～1.5	
		回流比（%）	5～10	
		刮渣机行车速度（m/min）	＜5	

表 12-5 　　　　　　　　　　适用于高浊水的澄清池设计数据

序号	名称	主要设计数据			备 注
1	机械搅拌澄清池	进水含沙量（kg/m³）	＜40		（1）出水浊度小于 20NTU，个别为 50NTU。 （2）应设机械刮泥，并设中心排泥坑，排除泥渣，可不另设排泥斗。 （3）应在第一絮凝室内设置第二投药点，其设置高度宜在第一絮凝室的 1/2 高度处。 （4）宜适当加大第一絮凝室面积和泥渣浓缩室容积，并采用具有直壁和缓坡的平底池型
		清水区上升流速（mm/s）	0.6～1.0		
		总停留时间（h）	1.2～2.0		
		回流倍数	2～3		
		排泥浓度（kg/m³）	100～300		
2	水力循环澄清池	进水含沙量（kg/m³）	＜50	＜80	（1）出水浊度小于 20NTU，个别为 50NTU。 （2）凝聚室和分离室下部宜用机械刮泥，直径小于 10m 时可采用穿孔管排泥
		清水区上升流速（mm/s）	0.9～1.1	0.7～0.9	
		总停留时间（h）	1.5～2.0	1.8～2.4	
		凝聚室容积	设计水量停留时间为 15～20min，并满足高浊度水时设计水量，停留 6～7min，加 50%泥渣浓缩 1h 的容积		
		分离室下部泥渣浓缩体积	50%总泥渣量浓缩 1h 的容积		
		进水管出口喷嘴流速（m/s）	2.5～4.0		
		排泥浓度（kg/m³）	100～250	250～350	

表 12-6 澄清池的设计数据（适于高浊水）

序号	名称	主要设计数据					备注
3	双层悬浮澄清池	进水含沙量（kg/m³）	5～10	10～15	15～20	20～25	本表是使用三氯化铁凝聚剂时数据，若使用硫酸铝，上升流速降低一级，泥渣浓度降低10%
		清水区上升流速（mm/s）	0.8～1.0	0.7～0.8	0.6～0.7	0.5～0.6	
		强制出水计算上升流速（mm/s）	0.6～0.7	0.5～0.6	0.4～0.5	0.3～0.4	
		悬浮泥渣浓度（kg/m³）	10～18	18～25	25～33	33～40	
		强制出水量占总出水量的百分数（%）	25～30	30～35	35～45	45	
		泥渣浓缩 1h 的质量浓度（kg/m³）	70～90	90～95	95～105	105～125	
		泥渣浓缩 2h 的质量浓度（kg/m³）	90～145	145～167	167～179	180～204	

注 高浊度水澄清池泥渣浓缩设计参数如下：

（1）泥渣浓缩时间不宜小于 1h。

（2）排泥的质量浓度的设计数据应根据相似条件下的运行经验或试验资料确定。

（3）在无资料时，当泥渣浓缩时间为 1h 时，排泥的质量浓度对于自然沉淀为 $150\sim300kg/m^3$，对投加聚丙烯酰胺凝聚沉淀为 $200\sim350kg/m^3$。

（4）有条件时应采用自动排泥，在排泥闸门前需设调节、检修闸门和高压水反冲管。

表 12-7 水力循环澄清池标准设计出力及主要尺寸

出力 Q（m³/h）	40	60	80	120	160	200	240	320
池径 ϕ（m）	4.2	5.2	6.2	7.2	8.4	9.3	10.4	12.0
池高 H（m）	5.2	5.5	5.8	6.3	6.8	7.0	7.4	8.2
泥斗数（个）	1	1	1	2	2	2	2	2
出水槽形式	环形	环形	环形	环形	环形	环形	辐射	辐射

表 12-8 机械搅拌澄清池标准设计出力及主要尺寸

出力 Q（m³/h）	40	60	80	120	200	320	430	600	800	1000	1330
池径 ϕ（m）	4.0	4.8	5.6	6.9	9.8	12.4	14.5	16.9	19.5	21.8	25.0
池高 H（m）	3.30	3.18	3.08	3.45	5.3	5.50	6.0	6.35	6.85	7.20	7.50
总容积（m³）					315	504	677	945	1260	1575	2095
泥斗数（个）					2	2	2	2	3	3	3
出水槽形式					环形	环形	辐射	辐射	辐射	辐射	辐射

表 12-9 脉冲澄清池标准设计出力及主要尺寸

出力 Q（m³/h）	320	600	1000
池长 L（m）	10.6	16.0	20.0
池宽 B（m）	9.1	10.6	15.0
池顶高 H（m）	4.5	4.8	5.0
至进水室顶高 H'（m）	6.6	7.0	7.2
脉冲发生器形式	钟罩式浮筒切门式	钟罩式	钟罩式

五、过滤处理

过滤与沉淀、澄清处理的目的是相同的，都是水处理工艺中使固-液进行分离的工艺过程。浊度较高的原水（大都是地面水），经沉淀或澄清处理后，可将其浊度降至20mg/L以下，这远远不能满足燃气轮机电厂后续处理对水质的要求，因此，必须再经过过滤处理，将水中浊度进一步降至2～5mg/L以下。

地下水铁、锰含量不满足后续水处理工艺进水要求时，应设置除铁、除锰设施。除锰宜采用接触氧化法，除铁可采用接触氧化法或曝气氧化法。曝气装置将根据原水水质及曝气程度的要求选定。

各类过滤器进水水质规定见表12-10。

表 12-10 各类过滤器进水水质规定

项目	细砂过滤器	双介质过滤器	石英砂过滤器	纤维过滤器	活性炭过滤器
悬浮物（mg/L）	3～5	≤20	≤20	—	—
浊度（NTU）	—	—	—	≤20	≤3

注 1. 活性炭过滤器进水余氯不宜大于1mg/L。

2. 过滤器（池）的滤速参见表12-11。

表 12-11 过滤器（池）的滤速

过滤器（池）形式		滤速（m/h）	
		混凝澄清滤速	接触混凝
精细石英砂或细砂		6～8	
单层滤料	单流	8～10	6～8
	双流	15～18	
双层滤料		10～14	
三层滤料		18～20	
变孔隙过滤		18～21	—
纤维过滤		20～40	—
活性炭过滤器		吸附有机物时：5～10	
		吸附余氯时：≤20	

过滤器（池）的滤料级配和反洗强度参见表12-12。

表 12-12 过滤器（池）的滤料级配和反洗强度表

过滤器（池）形式			滤料			反洗强度［L/(m²·s)］			备注
			种类	粒径 ϕ（mm）	层高（mm）	水反洗	风水合洗		
							空气	水	
重力式过滤器（池）	单层滤料		无烟煤	0.8～1.5	700	10	10	—	历时5～10min，滤料不均匀系数 K_{80}：无烟煤＜1.7，石英砂＜2
			石英砂	0.5～1.2	700	12～15	20	—	
			大理石	0.5～1.2	700	15	—	—	宜用于石灰处理
	双层滤料	普通快滤	无烟煤	0.8～1.8	400～500	13～16	10～15	～10	历时5～10min
			石英砂	0.5～1.2	400～500				
		接触滤池	无烟煤	1.2～1.8	400～600	15～17			历时5～10min
			石英砂	0.5～1.0	400～600				

续表

过滤器（池）形式		滤料			反洗强度 [L/(m²·s)]			备 注
		种类	粒径φ (mm)	层高 (mm)	水反洗	风水合洗 空气	风水合洗 水	
重力式过滤器（池）	三层滤料	无烟煤	0.8~1.6	450~600	16~18	—	—	(1) 不宜采用空气擦洗。 (2) 滤料的相对密度： 1) 无烟煤：1.4~1.6。 2) 石英砂：2.6~2.65。 3) 重质矿石：4.7~5.0。 (3) 历时5~10min。 (4) 滤料不均匀系数 K_{80}： 1) 无烟煤<1.7。 2) 石英砂<1.5。 3) 重质矿石<1.7
		石英砂	0.5~0.8	230				
		重质矿石	0.25~0.5	70				
			0.5~1.0	50				
			1.0~2.0	50				
			2.0~4.0	50				
			4.0~8.0	50				
		砾石	8.0~16	100				
			16~32	本层顶面高度应高出配水系统孔眼100				
	变孔隙过滤	天然海砂	1.2~2.8	1525	15~16	14~15	11~12	历时20min
			0.5~1.0	约50，混入大粒径海砂内，不占高度				
机械过滤器	细砂过滤	石英砂	0.3~0.5	600~800	10~12	27~33	—	水洗历时10~15min，空气擦洗历时3~5min
	单层滤料	石英砂	0.5~1.2	1200	12~15	20	—	历时5~10min
		无烟煤	0.5~1.2	800	10~12	10	—	历时5~10min
	双层滤料	石英砂	0.5~1.2	800	13~16	10~15	8~10	历时5~10min
		无烟煤	0.8~1.8	400				
	三层滤料	无烟煤	0.8~1.6	450~600	16~18			不宜采用空气擦洗
		石英砂	0.5~0.8	230				历时5~10min
		重质矿石	0.25~0.5	70				
			0.5~1.0	50				
			1.0~2.0	50				
			2.0~4.0	50				
			4.0~8.0	50				
		砾石	8.0~16	100				此部分为承托层
			16~32	本层顶面高度应高出配水系统孔眼100				
机械过滤器	纤维过滤	丙纶纤维束		1200~1300		60		上向洗3~5；下向洗6~10
活性炭过滤器				1500~2000	7		10	

注　1. 表中所列为反洗水温20℃的数据，水温每增减1℃，反洗强度相应增减1%。

2. 滤料反洗膨胀率（做设计计算用）：石英砂单层滤料过滤为45%，双层滤料过滤为50%，3层滤料过滤为55%。

3. 当使用表面冲洗设施时，冲洗强度可取低值。

4. 应考虑全年水温、水质变化因素，有适当调整反洗强度的可能。

5. 选择反洗强度时，应考虑所用混凝剂的品种。

6. 选择反洗强度时，3层滤料重力式过滤器底部配水装置宜采用母管支管式，以避免反洗乱层。

7. 设计纤维过滤器时，其进水水质宜控制在5~20NTU。

8. 采用水反洗和压缩空气交替反洗时，水反洗强度应适当降低。

常用几种过滤器主要技术数据表见 12-13～表 12-15。

表 12-13　　双介质过滤器主要技术数据表

设备尺寸		DN1000	DN1250	DN1600	DN2000	DN2200	DN2500	DN3000	DN3200
设计流速 (m/h)	单层	8	8	8	8	8	8	8	8
	双层	12	12	12	12	12	12	12	12
设备出力 (t/h)	单层	6.4	9.8	16	25	30	40	56	64
	双层	9.5	14.7	24	38	46	59	84	96
设备重量 (kg)		1071	1505	2098	3249	3973	5296	7571	8216
运行重量 (kg)		3924	6729	10868	17478	21413	28782	41917	47821

表 12-14　　活性炭过滤器主要技术数据表

设备尺寸	DN1000	DN1250	DN1600	DN2000	DN2200	DN2500	DN3000	DN3200
设计流速 (m/h)	10	10	10	10	10	10	10	10
滤料层高 (mm)	2000	2000	2000	2000	2000	2000	2000	2000
设备出力 (t/h)	8	12	20	31	38	49	70	80

表 12-15　　PCF 孔隙纤维过滤器主要技术数据表

设备型号	PCF-5	PCF-10	PCF-20	PCF-30	PCF-50
设计流速 (m/h)	60～100	60～100	60～100	60～100	60～100
设计流量 (t/h)	5	10	20	30	50
外形尺寸 (mm)	$\phi400 \times 1280$	$\phi400 \times 1780$	$\phi500 \times 2150$	$\phi600 \times 2400$	$\phi1000 \times 3545$
设备型号	MPCF-75	MPCF-100	MPCF-125	MPCF-150	MPCF-200
设计流速 (m/h)	60～100	60～100	60～100	60～100	60～100
设计流量 (t/h)	75	100	125	150	200
外形尺寸 (mm)	$\phi1200 \times 3700$	$\phi1500 \times 3765$	$\phi1500 \times 4160$	$\phi1800 \times 4360$ $\phi2000 \times 3870$	$\phi1800 \times 5230$ $\phi2000 \times 4670$
设备型号	MPCF-250	MPCF-300	MPCF-350	MPCF-400	MPCF-450
设计流速 (m/h)	60～100	60～100	60～100	60～100	60～100
设计流量 (t/h)	250	3000	350	125	450
外形尺寸 (mm)	$\phi2000 \times 5175$ $\phi2200 \times 4825$	$\phi2000 \times 5670$ $\phi2200 \times 5325$	$\phi2200 \times 5825$	$\phi2400 \times 5700$	$\phi2400 \times 6055$

六、超滤和微滤

(一) 超滤

超滤作为膜分离技术的一种，在 20 世纪 60 年代后获得高速发展。在 20 世纪 80 年代，全世界超滤膜生产的年平均增长率在 12% 左右。

超滤是指在外界推动力（压力）作用下截留水中胶体颗粒，而水和小的溶质粒子透过膜的分离过程。超滤膜的膜结构基本上与反渗透膜相同，所不同的是，超滤膜的表皮层较厚（约为 1μm），孔隙孔径在 0.005～0.01μm 之间。在超滤分离过程中，相对分子质量小于 300～500 的溶质易透过膜，超滤膜两侧的渗透压差较小，因此超滤的操作压力较反渗透小得多，一般控制在 0.04～0.7MPa 范围内。

根据超滤微孔孔径的大小，在超滤过程中，溶质被截留的过程可归结为 3 种情况：一是溶质在膜表面和微孔孔壁上被吸附（一次吸附）；二是与微孔孔径大小相当的溶质阻塞在微孔中被除去（阻塞）；三是粒径大于微孔孔径的溶质被机械地截留在膜表面，即发生所谓的"机械筛分"。第三种情况是超滤截留溶质的主要机理。因此，目前国内外的超滤膜规格均以切割相对分子量的大小来划分。

（二）微滤

自 20 世纪 60 年代以来，以天然和人工合成的高分子材料制成的微孔滤膜技术获得了迅速的发展。微孔滤膜作为过滤介质，是高分子材料在一定的条件下形成的一种多孔薄膜。它具有一定的孔径范围（0.1～10μm）。微滤膜具有筛网状结构，近似于一种多层叠起来的筛网，其厚度为 100～150μm。因此，其过滤机理近似于筛分机理，被分离出来的颗粒基本上被截留在膜表面。

微孔过滤的推动力为压力。它主要用于截留颗粒大小在 0.1～10μm 范围的杂质，如病毒、细菌等。因此它的操作压力较小，一般小于 0.3MPa。

微孔胞膜的品种较多。通常可按其表面化学的特征分为亲水性和疏水性两类。目前制成的微孔滤膜的材料主要有聚四氟乙烯、聚丙烯、聚酰胺和纤维素 4 种。

（三）设计要求

超滤、微滤装置的设计将根据进水水质特点、处理水量和水质要求等选择膜材料、膜组件形式和运行方式。超滤、微滤装置的设计应符合下列规定：

（1）超滤、微滤装置的套数不应少于 2 套。

（2）超滤、微滤装置的设计通量应根据水源水质及前处理情况合理确定，压力式超滤、微滤膜通量按照 40～65L/(m² · h) 设计，浸没式超滤、微滤膜通量按照 30～45L/(m² · h) 设计。

（3）超滤、微滤装置的自用水率将根据来水水质及膜厂商推荐数据设计，也可按照下列数值计算：压力式超滤、微滤为 10%；浸没式超滤、微滤为 5%。

（4）超滤、微滤装置运行方式、反洗方式和反洗强度的选择应根据膜的性能、进水水质特性及类似的工程经验确定。

（5）超滤、微滤装置应按照全自动化运行方式设计。

（6）超滤、微滤装置进水要求见表 12-16。

中空纤维超滤膜组件见表 12-17、表 12-18。

表 12-16 超滤、微滤系统的进水要求

项　目		进水水质
水温（℃）		10～40
pH 值（25℃）		2～11
浊度（NTU）	压力式	<5
	浸没式	以膜制造商的设计导则为准

表 12-17 中空纤维超滤膜组件（海德能）

性能参数				
型号		HYDRAcap⊖MAX40	HYDRAcap⊖MAX60	HYDRAcap⊖MAX80
产水量	m³/h	1.7～5.5	2.7～8.6	3.6～11.6
有效膜面积	m²	52	78	105
内径/外径	mm	0.6/1.2		
膜孔径	μm	0.1		
膜结构材料		PVDF 中空纤维		
应用数据				
产水通量范围		20-65GFD/34-110LMH		
最大进水压力		0.5MPa		
最大跨膜压差		0.2MPa		

续表

短时余氯耐受浓度	5000mg/L
余氯耐受限度	750000mg/(L·h)
最高进水温度	40℃
进水 pH 值范围	4～10
清洗 pH 值范围	1～13
运行模式	外压式，全量过滤或错流过滤

表 12-18 中空纤维超滤膜组件（OMEXELL）

膜形式	中空纤维				
平均膜孔径	0.03μm				
膜丝外径	1.3mm				
组件规格	膜有效面积（m²）	重量（湿态）（kg）	组件公称内径 mm（in）	超滤膜公称长度 mm（in）	外形尺寸 （mm×mm）
SFP2640	20	22	150（6）	1000（40）	φ165×1356
SFP2660	33	32	150（6）	1500（40）	φ165×1856
SFP2680	44	44	150（6）	2000（40）	φ165×2356
SFR2860	52	83	200（8）	1500（60）	φ225×1860
SFR2880	70	98	200（8）	2000（60）	φ225×2360
SFD2660	33	32	150（6）	1500（60）	φ165×1856
SFD2860	52	83	200（8）	1500（60）	φ225×1860
SFD2880	70	98	200（8）	2000（80）	φ225×2360

第三节　补给水的除盐

一、概述

水的除盐工艺的选择应根据水源类型、水质特点、机组参数及厂址条件等因素确定。工艺选择应符合下列原则：

（1）原水含盐量高于 400mg/L 时，宜采用反渗透进行前置预脱盐。

（2）对于有机物及活性硅含量高的水源或对给水品质有特殊要求以及根据补水率经核算机组水汽品质无法满足要求时，宜采用反渗透进行前置预脱盐。

（3）采用反渗透做前置预脱盐时，应根据水源含盐量和后续除盐工艺要求选择一级反渗透或二级反渗透处理。

（4）海水淡化工艺的选择参照 GB/T 50619《火力发电厂海水淡化工程设计规范》的有关规定。

（5）当海水淡化水作为工业水系统水源时，是否采用二级反渗透预脱盐工艺应经技术经济比较后确定。

（6）水的除盐工艺包括离子交换器、反渗透法、蒸馏法（多级闪蒸、低温多效蒸馏、压汽蒸馏等）等。

二、离子交换器

对于除去水中离子态杂质，目前用得最为普遍的方法是离子交换。采用离子交换法可制得软化水、脱碱软化水、除盐水及超纯水。

除去溶于水中的各种电解质称为除盐。离子交换除盐是指用 H 型阳树脂将水中各种阳离子交换成 H^+，用 OH 型阴树脂将水中各种阴离子交换成 OH^-，交换生成的 H^+ 和 OH^- 中和生成水，从而达到除盐的目的，如图 12-1 所示。

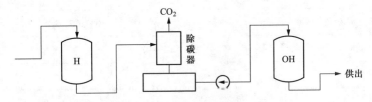

图 12-1　阳阴离子交换器流程图

阳、阴离子交换器的出水水质，应达到电导率小于 $5\mu S/cm$，SiO_2 浓度小于 $100\mu g/L$。一般情况下，其出水电导率为 $1\sim5\mu S/cm$，SiO_2 浓度为 $10\sim30\mu g/L$。

经阳、阴离子交换器出水的水质虽已较好，但还不能满足许多情况下的要求。在混床中，水经过混床的阴、阳离子交换树脂层进行除盐。失效后，先把它们分离并分别再生成 OH 型和 H 型，然后再混合均匀，混床可以看作是由许许多多阴、阳树脂交错排列而组成的多级式复床，其阴、阳离子交换几乎是同时进行的。经 H^+ 交换产生的 H^+ 和经 OH^- 交换产生的 OH^- 可以互相中和，因此交换反应进行得十分彻底，出水水质很好。用强酸性和强碱性树脂组成的混床，其出水残留的含盐量在 $1mg/L$ 以下，电导率在 $0.2\mu S/cm$ 以下，残留的 SiO_2 在 $20\mu g/L$ 以下，pH 值接近中性。

在设计水质下，阳、阴离子交换器的运行周期宜按不小于 24h 设计；阳、阴离子交换器在最差水质时的运行周期应不小于 16h；混合离子交换器运行周期宜按不小于 168h 设计。

阳、阴离子交换器和混合离子交换器的进水指标应符合表 12-19、表 12-20 规定，离子交换器设计参数要求见表 12-21～表 12-28。

表 12-19　　　　　　　　　　　　　阳、阴离子交换器进水要求

项目	单位	进水指标	备　注
水温	℃	5～45	II 型阴树脂、聚丙烯酸阴树脂的进水水温应<35℃
浊度	NTU	对流：<2；顺流：< 5	
游离余氯	mg/L	<0.1	
铁	mg/L	<0.3[①]	对于用硫酸再生的离子交换器，铁可小于 2mg/L
化学耗氧量（KMnO₄ 法）	mg/L	<2	对弱酸离子交换器可适当放宽

① 对于用食盐再生的钠离子交换器，铁小于 0.3mg/L；当阳床采用硫酸作再生剂，进水钡离子含量应小于 0.2mg/L。

表 12-20　　　　　　　　　　　　　混合离子交换器进水水质要求

项　目	单　位	进水水质
电导率（25℃）	μS/cm	<10
二氧化硅	μg/L	<100
碳酸化合物	μmol/L	<20
含盐量	mg/L	<5

表 12-21　　　　　　　　　　　　　　对流再生固定床离子交换器设计参数

设备名称		强酸阳离子交换器		强碱阴离子交换器	钠离子交换器
运行滤速（m/h）		20～30			20～30
小反洗	水源	本级进水			
	树脂膨胀率（%）	50～75		80～100	50～75
	流速（m/h）	5～10			5～10
	时间（min）	10～15			3～5
放水		至树脂层之上			
顶压	无顶压	—			
	气顶压　气压（MPa）	0.03～0.05			
	气顶压　气量 m³/(m²·min，标准状态)	以树脂层上部空间计算，为 0.2～0.3（压缩空气应有稳压措施）			
	水顶压　水压（MPa）	0.05			
	水顶压　水量	流量为再生流量的 1～1.5 倍			
再生	药剂	HCl	H₂SO₄	NaOH	NaCl
	时间（min）	≥30	≥30	≥30	≥30
	浓度（%）	1.5～3	①	1～3	5～8
	流速（m/h）	≤5		≤5	≤5
	耗量（g/mol）	50～55	60～70	60～65	80～100
	温度（℃）	—	—	根据所用的树脂类型	—
置换	流速（m/h）	≤5		≤5	≤5
	时间（min）	30		30	—
小正洗②	流速（m/h）	10～15		7～10	10～15
	时间（min）	5～10		5～10	5～10
正洗	流速（m/h）	10～15		10～15	15～20
	水耗 [m³/(m³·R)]	1～3		1～3	3～6
大反洗	大反洗的时间间隔与进水浊度、周期制水量等因素有关，10～20 个运行周期进行一次，位于反渗透之后的离子交换器可不进行大反洗。大反洗后可视具体情况增加再生剂量 50%～100%				
	流速（m/h）	10～15		8～15	10～15
	时间（min）	20～30		15～20	20～30
工作交换容量 mol/(m³·R)		800～900	500～650	250～300	800～900

①　硫酸分步再生时的浓度、酸量的分配和再生流速，可视原水中钙离子含量占总阳离子含量比例的不同，经计算或试验确定：

当采用两步再生时：第一步浓度为 0.8%～1%，再生剂量不超过总量的 40%，流速为 7～10m/h；第二步浓度为 2%～3%，再生剂用量为总量的 60% 左右，流速为 5～7m/h。

当采用三步再生时：第一步浓度为 0.8%～1%，流速为 8～10m/h；第二步浓度为 2%～4%，流速为 5～7m/h；第三步浓度为 4%～6%，流速为 4～6m/h，第一步用酸为总用酸量的 1/3。

②　对流再生采用水顶压时，可取消小正洗步骤。

表 12-22　　　　　　　　　　　　　　　　对流再生浮动床离子交换器设计参数

设备名称		强酸阳离子交换器		强碱阴离子交换器	钠离子交换器	双室阳离子交换器		双室阴离子交换器
运行滤速（m/h）		30~50		30~50	30~50	30~50		30~50
放水		至树脂层之上						
再生	药剂	HCl	H₂SO₄	NaOH	NaCl	HCl	H₂SO₄	NaOH
	时间（min）	≥30	≥30	≥30	≥30	≥30	≥30	≥30
	浓度（%）	1.5~3	①	0.5~2	5~8	1.5~3	②	0.5~2
	流速（m/h）	5~7		4~6	2~5	5~7		4~6
	耗量（g/mol）	40~50	55~65	~60	80~100	40~50	≤60	≤50
	温度（℃）	—	—	根据树脂类型	—	—		根据树脂类型
置换	时间（min）	20		30	15~20	20		30
	流速（m/h）	同再生流速						
正洗	时间（min）	根据水耗计算确定						
	流速（m/h）	15		15	15	15		15
	水耗 [m³/(m³·R)]	1~2		1~2	1~3	1~2		1~2
成床	流速（m/h）	15~20		15~20	15~20	15~20		15~20
	顺洗时间（min）	3~5		3~5	3~5	3~5		3~5
反洗	周期	体外定期反洗						
	流速（m/h）	10~15		10~15	10~15	10~15		10~15
	时间（min）	至出水澄清						
工作交换容量 [mol/(m³·R)]		800~900	500~650	250~300	800~900	弱型 2000~2500 / 强型 1000~1400	弱型 2000~2500 / 强型 600~750	弱型 600~900 / 强型 400~500

① 硫酸分步再生技术条件见表 12-21 中①；

② 运行滤速上限为短时最大值。

表 12-23　　　　　　　　　　　　　　　　对流再生双室固定床离子交换器设计参数

设备名称		阳离子交换器		阴离子交换器
运行流速（m/h）		25~30		25~30
再生	药剂	HCl	H₂SO₄	NaOH
	时间（min）	≥30	≥30	≥30
	浓度（%）	1.5~3	①	1~3
	流速（m/h）	≤5		≤5
	耗量（g/mol）	40~50	≤60	≤50
置换（逆洗）	流速（m/h）	≤5	8~10	≤5
	时间（min）	30		30
正洗	时间（min）	根据水耗计算确定		
	流速（m/h）	10~15		10~15
	水耗 [m³/(m³·R)]	1~3		1~3
反洗	周期	定期体外反洗		定期体外反洗
	流速（m/h）	10~15		10~15
	时间（min）	—		—
工作交换容量（mol/m³ 树脂）	弱型树脂	2000~2500		600~900
	强型树脂	1000~1400	600~750	400~500

① 硫酸分步再生技术条件见表 12-21 中①。

表 12-24　　　　　　　　　　　　　　　顺流再生固定床离子交换器设计参数

	设备名称	钠离子交换器	弱酸阳离子交换器		弱碱阴离子交换器
	运行滤速（m/h）	20～30	20～30		20～30
反洗	水源	本级进水			
	树脂膨胀率（%）	50～75	50～70		90～100
	流速（m/h）	15	15		5～8
	时间（m/h）	15	15		15～30
再生	药剂	NaCl	HCl	H_2SO_4	NaOH
	时间（min）	≥30	≥30	≥30	≥30
	浓度（%）	5～8	2～2.5	①	2
	流速（m/h）	4～6	4～5		4～5
	耗量（g/mol）	100～120	40	60	40～50
置换	时间（min）	20～40			40～60
	流速（m/h）	5	4～6		4～6
正洗	水耗 [$m^3/(m^3·R)$]	3～6	2～2.5		2.5～5
	流速（m/h）	15～20	15～20		10～20
	时间（min）	～30	10～20		25～30
工作交换容量 [$mol/(m^3·R)$]		900～1000	1800～2300		800～1200

① 硫酸分步再生技术条件见表 12-21 中①。

表 12-25　　　　　　　　　　　　　　　混合离子交换器设计参数

	项　目	数　值		
	运行滤速（m/h）	40～60		
反洗	树脂膨胀率（%）	～100		
	流速（m/h）	10		
	时间（min）	～15		
再生	药剂	HCl	H_2SO_4	NaOH
	时间（min）	15～30	15～30	15～30
	浓度（%）	5	4	4
	流速（m/h）	5	5	5
置换	时间（min）	根据再生方式不同，控制排水的酸、碱度		
	流速（m/h）	4～6		
混脂	气压（MPa）	0.098～0.147		
	气量 [$m^3/(m^2·min)$]	2～3		
	时间（min）	0.5～1.0		
正洗	水耗 [$m^3/(m^3·R)$]	阳树脂 6 / 阴树脂 12		
	流速（m/h）	15～20		
	时间（min）	根据水耗计算确定		

注　运行滤速上限为短时最大值。

表 12-26　　　　　　　　　　　　　离子交换器石英砂垫层的级配与砂层高度

石英砂粒径（mm）	砂层高度（mm）		
	交换器直径（DN≤1600）	交换器直径（1600＜DN＜3000）	交换器直径（DN3000）
1～2	200	200	200
2～4	100	150	150
4～8	100	100	100
8～16	100	150	200
16～32	250	250	300
砂层总厚度	750	850	950

注　石英砂中二氧化硅含量应大于 99％，使用前应用 10％～20％的盐酸溶液浸泡 12～24h。

表 12-27　　　　　　　　　　　顺流再生离子交换器主要技术数据表（石英砂型）

公称直径	DN1000			DN1250			DN1600		
树脂层高（mm）	1250	1600	2000	1250	1600	2000	1250	1600	2000
设备出力（t/h）	15			25			40		
树脂体积（m³）	0.98	1.26	1.57	1.54	1.96	2.45	2.51	3.20	4.02
设备重量（kg）	1278	1365	1468	1696	1820	1920	2190	2350	2533
运行载货（kg）	5149	5671	6279	7699	8509	9437	11925	13206	14391
公称直径	DN1800			DN2000			DN2200		
树脂层高（mm）	1250	1600	2000	1250	1600	2000	1250	1600	2000
设备出力（t/h）	50			65			75		
树脂体积（m³）	3.2	4.07	5.10	3.9	5.02	6.28	4.75	6.08	7.6
设备重量（kg）	2890	3121	3383	3220	3475	3766	4053	4397	4790
运行载货（kg）	16105	17761	19649	19470	21490	23778	23556	26027	28852

公称直径	DN2500		DN2800		DN3000		DN3200	
树脂层高（mm）	1600	2000	1600	2000	1600	2000	1600	2000
设备出力（t/h）	100		125		140		160	
树脂体积（m³）	7.85	9.82	9.85	12.31	11.3	14.13	12.86	16.08
设备重量（kg）	5790	6234	6672	7256	7668	8302	8147	8822
运行载货（kg）	33550	37134	43504	48028	49766	54918	55797	61615

表 12-28　　　　　　　　　　　　　　混合离子交换器主要技术数据表

公称直径	DN800	DN1000	DN1250	DN1500	DN1600	DN1800	DN2000	DN2200	DN2500
阳树脂层高（mm）	500	500	500	500	500	500	500	500	500
阴树脂层高（mm）	700	700	700	1000	1000	1000	1000	1000	1000
设备出力（t/h）	30	45	70	105	120	150	185	225	290
设备重量（kg）	1375	1567	2247	3067	3128	4435	4858	5884	7635
运行载货（kg）	2897	3986	6135	10400	11542	14561	17587	15624	28319

三、膜分离装置

膜分离法是指在某一推动力作用下，利用特定膜的透过性能分离水中离子、分子或胶体。表 12-29

列出的为水处理工艺常用的几种膜分离技术及其推动力。

表 12-29   几种膜分离技术及其推动力

方法	透过的物质	推动力	被截留的物质	膜的作用	有效范围（μm）
微孔过滤	水及溶解物质	压力差（一般为 0.07MPa）	悬浮物质（细菌、病毒等）	对溶质分子，按其大小、形状进行选择性传递	0.02～10
超滤	水和盐类	压力差（一般为 0.07～0.7MPa）	生物，胶体以及大分子物质	对溶质分子，按其大小、形状进行选择性传递	0.001～0.02
电渗析	离子	电位差 1～2V/膜对	所有非离子物质和大分子物质	对水中离子进行选择性传递	0.0001～0.001
反渗透	水	压力差（一般为 0.7～5.6MPa）	悬浮物和溶解物质	对溶液中的溶剂进行选择性传递	

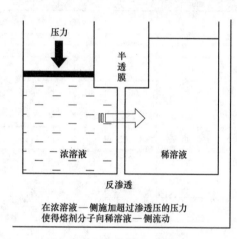

图 12-2 反渗透原理图

（一）反渗透

1. 基本原理

当把相同体积的稀溶液和浓液分别置于一容器的两侧，中间用半透膜阻隔，稀溶液中的溶剂将自然地穿过半透膜，向浓溶液侧流动，浓溶液侧的液面会比稀溶液的液面高出一定高度，形成一个压力差，达到渗透平衡状态，此种压力差即为渗透压。若在浓溶液侧施加一个大于渗透压的压力时，浓溶液中的溶剂会向稀溶液流动，此种溶剂的流动方向与原来渗透的方向相反，这一过程称为反渗透，如图 12-2 所示。

2. 设计要求

当水源的温度低于 10℃，反渗透装置给水应采取加热措施。

反渗透装置要求的进水应根据所选膜的种类，结合膜厂商的设计导则要求，以及类似工程的经验确定。各类不同反渗透膜的进水要求应符合表 12-30 的规定。

表 12-30   反渗透膜的进水要求

项 目	单 位	指 标
pH（25℃）		4～11（运行）
		2～11（清洗）
浊度	NTU	<1.0
淤泥密度指数（SDI_{15}）		<5
游离余氯	mg/L	<0.1[①]，控制为 0.0
铁	mg/L	<0.05（溶氧>5mg/L）[②]
锰	mg/L	<0.3
铝	mg/L	<0.1
水温[③]	℃	5～45

① 同时满足在膜寿命期内总剂量小于 1000h·mg/L。

② 铁的氧化速度取决于铁的含量、水中溶氧浓度和水的 pH 值，当 pH<6，溶氧<0.5mg/L，允许最大 Fe^{2+} 含量<4mg/L。

③ 反渗透装置的最佳设计水温宜为 20～25℃。

反渗透装置宜选用卷式复合膜，淡水反渗透装置的脱盐率和回收率的取值宜符合表 12-31 的规定。

表 12-31   反渗透装置性能要求

项　　目	脱盐率	回收率
第一级反渗透装置	96%～97%（25℃，运行 3 年内）	60%～80%
第二级反渗透装置	90%～95%（25℃）	85%～90%

当反渗透装置的进水为海水反渗透产品水时，水回收率不宜低于 85%。

反渗透装置的出力及套数应根据后续水处理设备的配置、系统对外供水的特点以及工程投资等因素，经技术经济比较后确定。反渗透装置不宜少于 2 套，当有 1 套设备化学清洗或检修时，其余设备应能满足全厂正常用水量的需求。

（1）反渗透膜组件的设计应符合以下规定：

1）反渗透膜的产水通量应根据进水水质、预处理方式及膜元件特性确定，复合膜反渗透装置的设计膜通量宜按表 12-32 的规定选取。

表 12-32   复合膜反渗透装置的设计膜通量

给水类型	地下水	地表水		废水（排污水或再生水）		反渗透产水
		经超/微滤	经介质过滤	经超/微滤	经介质过滤	
设计膜通量 [L/(m²·h)]	23～27	21～24	17～21	16～20	14～17	29～34

2）对于受到污染的水源，宜选用抗污染的复合膜。

3）单级反渗透装置段数配置应根据进水水质、水回收率等因素计算确定，可按一级一段、一级两段或一级三段配置。苦咸水反渗透装置宜按一级两段设计；当水质含盐量低，且回收率要求高时，通过计算可按一级三段设计。

（2）反渗透产水宜设置产水箱，产水箱的容积设计应符合以下规定：

1）产水箱的总有效容积应满足前后系统出力配置及系统运行要求，当反渗透装置的出力与后续处理水量相匹配时，宜按 15～30min 总产水量设计；后续处理若为电除盐工艺，则宜为 5～15min 总产水量；若反渗透产水用于热网补充水时，则应增加 1～2h 热网补充水贮量。

2）当采用碳钢或混凝土内防腐水箱时，产水箱宜设置 2 台，不锈钢产水箱可设置 1 台。当后续处理为膜装置时，宜采用钢制内防腐或不锈钢水箱。

冲洗水泵流量不宜小于单套反渗透装置的产水流量，冲洗水压力不宜小于 0.3MPa。

（二）电除盐

电除盐系统（Electro-de-ionization，continuous electro-de-ionization，EDI）是利用混合离子交换树脂吸附给水中的阴阳离子，同时这些被吸附的离子又在直流电压的作用下，分别透过阴阳离子交换膜而被去除的过程。这一过程中离子交换树脂是被电连续再生的，因此不需要用酸和碱对之再生。这一新技术可以代替传统的离子交换装置，生产出电阻率高达 18MΩ·cm 的超纯水。

当酸碱供应困难或受环保要求限制时，预脱盐产水的后续处理可选用电除盐工艺，电除盐装置进水水质应符合表 12-33 的规定。

表 12-33   电除盐装置进水水质要求

项　　目	单　位	期望值	控制值
水温	℃		5～40
电导率（25℃）	μS/cm	<20	<40
总可交换阴离子	mmol/L	—	0.5
硬度	mmol/L	<0.01	<0.02

续表

项 目	单 位	期望值	控制值
二氧化碳	mg/L	<2	<5
二氧化硅	mg/L	<0.25	≤0.5
铁	mg/L	<0.01	
锰	mg/L	<0.01	
TOC	mg/L	<0.5	
pH（25℃）		5~9	

电除盐装置的设计应满足以下要求：

（1）给水泵、保安过滤器、电除盐装置的连接宜采用单元制连接方式，当采用母管制连接时，电除盐装置进水管宜设流量控制阀。

（2）给水泵宜采取变频控制。

（3）保安过滤器的滤芯过滤孔径不应大于 $3\mu m$。

（4）电除盐回收率应根据进水水质经计算确定，宜为 90％~95％。

（5）每个电除盐模块的给水管、浓水进水管、极水进水管与产水管、浓水出水管、极水出水管均宜设置隔离阀，每个模块的产水管上宜设置取样阀。

（6）电除盐装置宜设计停用后的延时自动冲洗系统，清洗系统应通过固定管道与电除盐装置连接。

（7）每套电除盐装置应设有不合格给水、产水排放或回收措施，浓水宜回收至前级处理的进水贮水箱，极水和浓水排放管上应有气体释放至室外的措施。

（8）电除盐模块设计应确保给水不断流，并应设有断流时自动断电的保护措施；设备及给水、产水、浓水、极水等管道均应有可靠的接地设计。

（9）电除盐装置设计宜采用每一模块单独直流供电方式，当模块数量多时，也可 2~4 块模块配置 1 台整流装置；每一个电除盐模块应设置电流表。

四、除盐水箱

除盐水箱应与除盐系统的出力、机组容量和机组的扩建条件相协调，其总有效容积应满足全厂最大一台锅炉启动或事故阶段的用水量要求，水箱数量不应少于 2 台，并应符合以下规定：

（1）汽包炉凝汽式机组宜为最大一台锅炉 2~3h 的最大连续蒸发量。

（2）背压供热机组宜为 4h 的锅炉正常补水量。

（3）有外供除盐水或外供蒸汽时，除盐水箱宜另计 2h 的外供除盐水或外供蒸汽量。

除盐水箱主要技术参数见表 12-34。

表 12-34　　　　　　　　　　　　　除盐水箱主要技术数据表

序号	有效容积（m³）	公称直径（mm）	箱高（mm）	设备重量（kg）	设备荷重（t）
1	10	2380	2610	1424	12
2	20	3100	3012	2468	25
3	30	3180	3012	3154	35
4	50	4012	4300	4281	60
5	75	4512	5012	5377	90
6	100	5280	5216	6414	114
7	150	6480	5216	8809	178

续表

序号	有效容积（m³）	公称直径（mm）	箱高（mm）	设备重量（kg）	设备荷重（t）
8	200	6480	6506	10126	220
9	250	7150	6506	11374	264
10	300	7712	6856	13374	333
11	400	8012	8226	14262	428
12	500	9512	7861	19384	575
13	800	11012	11081	27225	902
14	1000	12012	9591	30954	1126
15	1500	13520	11568	55589	1650
16	2000	14024	15643	66653	2200
17	3000	16024	16000	98817	3250
18	5000	21150	15600	111235	5550
19	10000	28150	17300	206335	10900

第四节 冷却水处理

用水作冷却介质的系统称为冷却水系统。它通常有两种：一种是直流式冷却水系统；为一种是循环式冷却水系统。

冷却水处理系统的选择应根据冷却方式、冷却系统参数、全厂水量平衡、水源水量及水质等因素经技术经济比较确定。

循环冷却水系统应根据全厂水量、水质平衡确定排污量及浓缩倍数。浓缩倍数设计值宜为3～5倍，节水或环保要求高时，可适当提高。循环冷却水系统水质控制标准宜符合表12-35的规定。

表 12-35　　　　　　　　淡水或苦咸水循环冷却水系统水质控制指标

项　　目	指　　标
pH 值（25℃）	7.5～8.8
悬浮物（mg/L）	100
$\rho(CO_3^{2-} + HCO_3^-)$	400～500
ρSiO_2	150～200
$\rho Mg^{2+} \cdot \rho SiO_2$	60000
$\rho Ca^{2+} \cdot \rho SO_4^{2-}$	2.5×10^6
$\rho(Ca^{2+} + Mg^{2+}) \cdot \rho CO_3^{2-}$	$2 \times 10^6 \sim 4 \times 10^6$
ρCl^-	根据管材决定
COD_{Cr}（mg/L）	≤100
NH_4-N（mg/L）	10，采用铜管凝汽器时为5

注　质量浓度 ρ 的单位是 mg/L，其中 Ca^{2+}、Mg^{2+}、HCO_3^-、CO_3^{2-} 以 $CaCO_3$ 计。

对于海水循环冷却水系统，宜进行动态模拟试验，确定最佳浓缩倍数、合适的药品及其剂量、加药方式等。海水循环冷却系统浓缩倍数的确定还应满足建厂地区海域排水含盐量的限制要求，宜为 1.5～2.0 倍。海水循环冷却水系统的水质控制应根据试验结果确定，也可按照表 12-36 控制。

表 12-36 　　　　　　　　　　　海水循环冷却水系统水质控制指标

项　　目	单　　位	许用值	备　　注
悬浮物	mg/L	30	补充水的悬浮物宜小于 10mg/L
碱度	mmol/L	≤7	根据动态试验确定
硬度	mmol/L	≤300	根据动态试验确定
pH	—	7.5～9.0	
总 Fe	mg/L	≤1.0	
硫酸盐	mg/L	≤6000	
石油类	mg/L	≤5	
COD_{Cr}	mg/L	≤100	

直流冷却水系统有结垢倾向时，可根据具体情况采取水质稳定措施。

一、循环冷却水稳定处理原则

（1）循环水系统补充水碳酸盐硬度小于 3mmol/L 时，可采用加稳定剂法、加酸法。酸宜采用硫酸。

（2）循环水补充水碳酸盐硬度超过 3mmol/L 时，结合浓缩倍数设计值要求，可采用补充水石灰软化法、弱酸树脂离子交换或钠离子交换法，也可采用循环水旁流石灰软化法、石灰-碳酸钠软化法、弱酸树脂离子交换或钠离子交换法、加酸加稳定剂法，同时应与加稳定剂法联合使用。

（3）当循环水排污水必须回用于循环水或补充水的含盐量不能满足循环水的水质控制指标时，经技术经济比较，也可采用反渗透膜处理。

（4）当循环水系统补充水采用再生水时，应按照要求控制水质并进行预处理。

（5）当循环冷却水系统浓缩倍数大于 5 或有严重季节性风沙气候情况，经技术经济比较，可设置循环水旁流过滤处理。

（6）海水循环冷却水处理宜采用加稳定剂法。

循环水旁流过滤处理水量应控制在循环水量的 1%～5% 范围内。

循环水加药种类和加药量应根据模拟试验确定，并应满足冷却水排放及后续水处理系统水质要求。

二、冷却水系统杀菌处理

杀菌剂的选择应根据冷却方式、冷却水量及水质条件等因素确定，可选择二氧化氯、次氯酸钠、氯锭、液氯、非氧化性杀菌剂等药品，杀菌剂与水质稳定剂不应相互干扰。核电站不宜选用液氯作杀菌剂。

杀菌剂加药系统设计宜按以下原则设计：

（1）杀菌剂投加方式可采用间断加药法，对菌藻污染严重的水源，宜进行连续加药处理。加药点位置为循环水泵吸水井或循环水泵房取水口。

（2）直流冷却系统宜采用氧化性杀菌剂加药处理。

（3）对于海水循环冷却系统，宜采用加氧化性杀菌剂和非氧化性杀菌剂联合处理。

（4）对于季节性加药时间较短的电厂，且循环水量较小时，可采用临时加药方式，不设加药设备。

第五节　废水及污水处理

一、工业废水处理

(一) 一般要求

燃气轮机电厂的工业废水处理应设置废水处理设施，将全厂各种生产废水分类收集并储存，选择一定的工艺流程集中进行处理。单机容量 300MW 以上的燃气轮机电厂应设置集中废水处理设施，废水集中处理的优点是设施完善，经处理后水质稳定、便于运行管理。虽然投资高，但对电厂的废水回用和周边的环境保护是一项有力的措施。位于生活饮用水水源保护区、国家重点风景名胜区、珍贵鱼类保护区、海水浴场、水产养殖场附近的发电厂必须设置废水集中处理设施。

(二) 废水集中处理的设计要求

(1) 集中处理设施应能贮存和处理全厂所有机组正常运行及一台最大容量机组在维修或锅炉化学清洗期间所产生的废水。废水储存池的容积要能够容纳经常性废水和最大一次非经常性废水所产生的水量，废水集中处理装置应对不均匀的废水来水量有足够的缓冲能力。

(2) 废水集中处理系统可采用以下流程：

废水贮存池 → 氧化池 → 反应池 → pH值调整池 → 混合池 →
澄清池 → 最终中和池 → 清净水池 → 回收利用或排放

　　↓泥浆
浓缩池 ———水———→ 澄清池或废水贮存池

　　↓泥浆
脱水机 ———水———→ 污水池 → 废水贮存池或原水预处理装置

　　↓泥饼
外运至厂外污泥处置地

废水贮存池 → pH值调整池 → 反应池 → 絮凝池 →
斜管(板)澄清器 → 过滤或其他 → 最终中和池 → 清净水池 → 回收利用或排放

　　↓泥浆
浓缩池 ———水———→

　　↓泥浆
脱水机 ———水———→ 污水池 → 废水贮存池或原水预处理装置

　　↓泥饼
外运至厂外污泥处置地

仅 pH 超标的废水进入废水贮存池后可直接去最终中和池处理，经处理合格后回收利用或排放。

原水预处理排泥进入废水处理系统集中处理时，可直接进到浓缩池，然后进行浓缩脱水处理。

在上述流程中，应注意澄清器或浓缩器的出水自流至下一级处理设备时，需有足够位差，且通畅，否则会造成澄清器或浓缩器运行不正常。

(3) 废水贮存池 (箱) 的设计条件如下：

1) 废水贮存池 (箱) 的总容量宜为经常性废水的一天发生量与非经常性废水最大一次量之和。如废水贮存池兼做回收贮存池用时，可统筹考虑其容量。

2) 废水贮存池 (箱) 可采用钢筋混凝土或碳钢制。其布置方式根据各工程具体情况选择地上、半地下或地下式；当使用钢制废水贮存箱时，应采用地上式布置。

（4）机组排水槽系统

1）机组排水槽用于收集主厂房排水。

2）可根据现场实际情况或类似工程经验确定是否设置机组排水槽以及机组排水槽的数量和容积。

3）机组排水槽废水输送泵的总出力应按机组最大排水量（水温按 60℃ 时计，主要是考虑到土建结构的经济性，材料和输送泵后防腐衬里管道的耐温性能等综合因素）和机组排水槽的容积等因素综合考虑，泵的台数不应少于两台。

4）机组排水槽是否设搅拌设施，可根据工程实际情况确定。如设搅拌设施，材质应具有耐腐、耐温和抗老化性能。

（三）废水处理种类及具体要求

燃气轮机电厂废水处理种类有含酸碱废水、含悬浮物废水、铁铜等金属的废水、锅炉酸洗废水、废水污泥等。其具体处理措施及处理要求参照 DL/T 5046《发电厂废水治理设计规程》执行。

（四）水质监测与控制

废水处理系统的水量水质监测及具体控制要求如下：

（1）在废水集中处理的车间和出口应监测 pH、SS（悬浮固体）、COD 和流量等参数。流量、pH 表宜设在线连续监测仪表。

（2）废水集中处理装置的控制应与电厂总的控制水平相适应。

（3）所有转动机械应能就地和远方控制；水泵的启停采用液位控制；pH 控制、污泥处理宜采用程序控制；车间出水设超标报警，并配置相应的控制程序。

（4）当某个设备出现异常或故障时，设故障报警，并传输到控制室。

（5）对各废水处理系统所需的化验室、仪器、仪表，应全厂统筹考虑。必要时，可另设现场化验室。

（6）自流管、沟的流量测量可采用明渠式测流槽、测流堰，并需修建一段满足相关规范要求的渠道。

（7）压力管道排水流量可采用管道式流量计测量。

（8）电厂应尽量减少废水排放点。电厂对外废水总排放口宜为 1～2 个，设置位置应取得当地环保部门的同意。

（9）总排放口应有人工或自动采样设施，并设置流量计、pH 计、浊度仪、COD 表等在线仪表，其中 pH 计、COD 表应有接入辅助网的输出信号。

二、含油污水治理

（一）一般规定

（1）含油污水处理设施宜布置在油库区附近或废水集中处理站。

（2）含油污水处理设施宜设置调节池，调节池可与隔油池统一考虑，其容积应按污水水质、水量变化情况及处理要求等因素确定。

（3）含油污水宜设置单独的收集和输送设施，不应与其他废水混合处理。含油污水的处理方法和设计参数宜参照类似发电厂的运行数据确定。必要时，可通过试验确定。

（4）主厂房区的含油污水采用集中处理或分散处理，视实际情况而定。

（二）水量和水质

含油污水处理系统主要应收集下列污水：

（1）油罐区内油罐脱水。

（2）含油场所的冲洗污水（包括卸油栈台和油泵房等处）。

（3）含油场所的雨水（包括油罐区防火堤内、整体道床卸油线和卸油栈台的地面雨水等）。

（4）变压器油坑排水。

含油污水水量宜按连续排水量与其中一项最大周期性排水量之和计算或参照类似发电厂的运行数据确定。

新建发电厂的含油污水的进水含油量可按 500～2000mg/L 计算。扩建、改建发电厂宜根据现有运行数据设计。

（三）设计要求

含油污水处理系统设计方案应根据工程建设规模、含油类别、污水水量、水质及排放标准确定。

其具体设计及处理要求参照 DL/T 5046《发电厂废水治理设计规程》执行。

（四）水质监测与控制

（1）含油污水经处理后，宜对其水量水质进行监测。

（2）在含油污水系统出水口，需定期检测的指标为油分、悬浮物、CODcr。

（3）含油污水处理系统宜采用自动化控制，并根据全厂的自动化水平协调考虑。

三、生活污水治理

（一）一般规定

（1）生活污水处理设施的设置及处理深度应结合工程建设规模、工程总体规划、重复利用及排放要求等因素综合确定。一般情况下，生活污水必须经过处理，水质达到 GB 8978《污水综合排放标准》或当地环保标准后才能排放。

（2）有条件时，生活污水应纳入城镇污水处理系统中，由城镇污水处理系统统一处理，排入城镇污水处理系统的生活污水水质应符合 GB/T 31962《污水排入城镇下水道水质标准》的规定。

（3）电厂生活污水主要来源于厂区。如生活区和电厂一并建设时，应考虑生活区的生活污水。

（4）为实现污水资源化，节约用水、保护环境，生活污水经处理后应尽量重复利用，污水经处理后重复利用时，经处理后的水质应符合 GB/T 18920《城市污水再生利用　城市杂用水水质》的规定。

（5）生产性废（污）水不应进入生活污水系统。

（二）水量和水质

生活污水量应结合当地的用水定额、建筑内部给排水设施水平和排水系统普及程度等因素确定。可按当地用水定额的 80%～90% 采用。

生活污水处理设施进口的污水水质设计指标宜根据计算厂区和生活区污水水质指标的加权平均值后确定，见表 12-37。

表 12-37　　　　　　　　　　厂区、生活区污水主要水质指标

项　　目		BOD$_5$（mg/L）	SS（mg/L）	pH 值
厂区生活污水		＜100	＜150	6～9
生活区生活污水	设化粪池	100～150	150～200	6～9
	不设化粪池	150～200	200～250	6～9

（三）设计要求

生活污水处理可采用以下工艺流程：

（1）一级处理：属于物理处理方法，典型的处理流程如下：

生活污水→格栅→沉淀池→出水。

（2）二级处理：可采用生物氧化法如生物膜法、活性污泥法等，典型的处理流程如下：

生活污水→格栅→调节池→初沉池→好氧生物处理→二沉池→消毒→出水。

（3）深度处理：在二级处理之后再进行过滤、吸附等处理方式（如生物滤池、膜处理等），其处理效率会更高，污水的重复利用程度也越高。典型的处理流程如下：

生活污水→格栅→调节池→初沉池→好氧生物处理→二沉池→过滤→消毒→出水。

生活污水污泥的处理流程应根据污泥的最终处置方法选定。首先应考虑用作农田肥料，其处理流程宜采用初沉池污泥与浓缩的剩余活性污泥合并浓缩；有条件时，污泥宜送往水力除灰贮灰场；否则，污泥应进行干化处理。

干化处理的方式应根据污泥量、环境条件等因素，经技术经济比较后确定。

生活污水处理设备应不少于 2 套（格），且并联运行。

生活污水处理系统具体设备、构筑物选型、设计及处理要求参照 DL/T 5046《发电厂废水治理设计规程》执行。

（四）水质监测与控制

生活污水处理系统进、出口处应设置取样口，主要检测内容为 BOD_5、pH、SS、COD 等指标，方便定期检测。

第六节 热力系统的化学加药

一、一般要求

燃气轮机电厂热力系统的化学加药处理设计宜符合以下要求：

（1）高压、超高压锅炉给水宜采用加氨及加联氨或其他化学除氧药剂处理。

（2）汽包锅炉锅水宜采用磷酸盐处理；对于空冷机组，锅水宜采用氢氧化钠处理。

（3）燃气-蒸汽联合循环电厂的高压及超高压余热锅炉机组应在凝结水或给水中加氨及联氨或其他化学除氧剂，中压汽包和高压汽包均应加磷酸盐。

（4）中压及以下参数的锅炉机组，给水宜采用加氨处理，锅水宜采用加磷酸盐处理。

（5）设有闭式循环冷却系统的机组，应设置闭式循环冷却水加药设施，药品可选用联氨、磷酸盐、氨或其他缓蚀剂。

（6）停炉保护加药宜利用给水、凝结水加药设施，也可单独设置加药装置。

当机组蒸汽用于食品加工或采用混合方式加热生活用水时，对于给水和凝结水，不得采用加联氨或投加其他对人体有害物质的处理方式。

二、系统设计要求

1. 燃气轮机电厂的加药点位置设置要求

（1）给水加药点应设在除氧水箱下降管上。

（2）锅水加药点应设在汽包本体。

（3）闭式除盐水加药点宜设在闭式循环水泵出口。

（4）停炉保护加药点宜设在除氧水箱下降管上。

（5）余热锅炉给水加药点宜设在凝结水泵出口。

（6）背压机组加氨点宜设置在锅炉补给水输送管道上。

（7）机组上水泵出口宜设置加氨点。

2. 燃气轮机电厂的加药系统运行控制方式设计原则

（1）凝结水、给水加药宜采用自动运行方式。

（2）凝结水加氨量应根据凝结水流量或加药点后的电导率信号控制调节，给水加氨量应根据给水流量和给水电导率信号控制调节；联氨加药量应根据凝结水或给水流量信号控制调节。

（3）锅水加药宜采用手动调节方式。

（4）闭式冷却水加药宜采用手动调节方式。

加药泵自动调节方式宜采用变频调节。

药液配制可采用手动配制。药液配制用水宜采用除盐水，不应采用闭式除盐冷却水系统来水。

三、设备选择

（1）氨和联氨或其他药剂的加药设备宜分别设置。凝结水和给水加药泵、加氧管路、阀门等应分别设置。

（2）燃气轮机电厂加药系统可按每2台机组1套设置，每台机组应单独设置加药泵，每种加药泵可共用1台备用泵，闭式循环冷却水加药装置可单独设置。加氧装置宜按1机1套设置。停炉保护加药装置可多台机组共用。

（3）需连续加药的药液箱不应少于2台，单台容积应不小于8h的用量。每个加氧点的加氧流量调节阀、流量计、压力表应单独设置。

（4）加药泵的入口侧宜装设过滤装置，加药泵出口管道上应装设稳压器、压力表。

（5）药液箱应有搅拌设施，磷酸盐溶液箱进料口应配有过滤设施，联氨溶液箱应设有计量筒，氨系统应有防止氨气外泄的措施。

第七节　热力系统的水汽取样及监测

一、水汽取样要求

热力系统的水汽监督项目、仪表设置应根据机组容量、形式、参数、热力系统和化学监督的要求确定。

水汽取样点的位置应根据机组水化学工况及加药点的位置确定。

燃气-蒸汽联合循环余热锅炉机组水汽取样点及在线仪表配置宜符合表12-38的要求。

每台机组应设置水汽集中取样分析装置，对于压力无法满足送至集中取样分析装置上的样品水，应设置就地取样降压冷却及仪表等设施。

每一取样点均应设置人工取样设施。

水汽取样系统应有可靠、连续、稳定的冷却水源，冷却水宜来自辅机闭式循环冷却系统，如主厂房未设置辅机闭式循环冷却系统时，可单独设置独立的除盐水冷却装置。

恒温装置冷却后样水温度宜为25℃。取样装置应设有样水超温超压保护和报警措施。

所有在线分析测量值及取样装置运行状况信号，应根据机组控制要求送至相关控制系统。采用海水冷却的亚临界及以上参数的机组，宜设置凝汽器检漏取样装置。

水汽集中取样分析装置的高温架与低温仪表盘架宜分室毗邻布置。布置低温仪表盘架的房间内应设置空调，装设高温架的房间或位置应考虑通风、排水及散热条件。

凝汽器检漏装置取样泵位置应靠近取样点，且不应高于热井，检漏装置分析仪表等设施应就近布置。

水汽取样分析装置的布置位置应远离振动设备，布置在环境清洁和操作方便的场所。

二、水汽取样及监测系统的设计要求

（1）取样分析装置附近应设有排水设施。

（2）每个取样点的取样器形式或数量宜根据主管道介质流态和管径确定；取样器在主管道上的安装方位应与介质类型和主管道的布置方式相适应。取样器入口朝向应正对介质流动方向。蒸汽取样还应符合GB/T 14416《锅炉蒸汽的取样方法》要求。

（3）当蒸汽样品在向集中取样分析装置输送中存在凝结情况时，样品一次冷却设施宜布置在取样点附近。

燃气轮机电厂的水汽取样分析装置宜两台机组集中布置。

表 12-38　　　　　　燃气-蒸汽联合循环机组水汽取样点及在线仪表配置

项目	取样点名称	配置仪表及手工取样	备　注
凝结水	凝结水泵出口	CC、O₂、M	
	凝结水加药点后	SC	用于控制凝结水泵出口加药
给水	省煤器入口	CC、pH、M	锅炉厂应设置取样头
锅水	低压汽包	CC、pH、M	锅炉厂应设置取样头，当低压汽包兼除氧器时，需设置 O₂ 表
	中压汽包	SC、pH、M	锅炉厂应设置取样头
	高压汽包	SC、pH、M	锅炉厂应设置取样头
饱和蒸汽	低压汽包饱和蒸汽	CC、M	锅炉厂应设置取样头
	中压汽包饱和蒸汽	CC、M	
	高压汽包饱和蒸汽	CC、M	
过热蒸汽	低压汽包过热蒸汽	CC、M	锅炉厂应设置取样头
	中压汽包过热蒸汽	CC、M	
	高压汽包过热蒸汽	CC、M	
再热蒸汽	再热器入口和出口	M	锅炉厂应设置取样头，再热器出口和入口样水合并检测
疏水	热网加热器	M	
冷却水	发电机内冷却水	SC、pH、M	可由发电机厂配套设置，但应将仪表信号送至水汽取样监控系统
	取样冷却装置冷却水/闭式循环冷却水	SC、pH、M	

注　1. CC—带有 H 离子交换柱的电导率表；O₂—溶氧表；pH—pH 表；SC—电导率表；M 表示人工取样。

　　2. 燃气-蒸汽联合循环机组的热力系统随机组参数和形式的不同略有不同，设计中应根据热力系统的设备设置确定取样点的设置。

第八节　化验室及仪器

（1）化验室面积和主要仪器设备配置应根据机组类型、参数等因素确定。

（2）化验室的位置应光线充足、通风良好，并远离有污染的药品库，避免受振动、噪声及电磁场的影响。

（3）各化验室应根据职业安全卫生及仪器工作环境的要求等因素设置通风和空气调节装置。

（4）化验室的废液应根据污染性质收集处理。

（5）燃气轮机电厂化验室面积及仪器配置参照 DL/T 5044《火力发电厂试验、修配设备及建筑面积配置导则》的规定设计，见表 12-39 及表 12-40。

表 12-39　　　　　　　　　　　　　　水的化学及放射性分析主要仪器

序号	名称	规　范	数量	
			2 台机组	4 台机组
1	双量程分析天平	(1) 称量：220g；感量：0.1mg。 (2) 称量：80g；感量：0.01mg	1	2
2	分析天平	(1) 称量：220g。 (2) 感量：0.1mg	1	2
3	分析天平	(1) 称量：3kg。 (2) 感量：10mg	2	3
4	电子台秤	(1) 称量：150kg。 (2) 感量：5g	1	2
5	电热干燥箱	(1) 温度范围：室温～250℃。 (2) 恒温波动度：±1℃	2	3
6	电热干燥箱	(1) 温度范围：室温～200℃。 (2) 恒温波动度：温度≤100℃时为±0.2℃，温度≤200℃时为±0.4℃	1	2
7	恒温恒湿箱	(1) 温控范围：0～60℃。 (2) 温控精度±0.3℃。 (3) 湿度调节范围：30%～98%	2	3
8	箱形高温炉	最高温度：1100℃	1	2
9	恒温水浴锅	(1) 工作温度：室温～100℃。 (2) 温控精度：±0.1℃	1	2
10	微波炉	输出功率约 700W	2	4
11	电热板	(1) 加热区域 $\phi200$，最高温度约 600℃。 (2) 温控精度：±5℃	3	6
12	自动滴定仪	(1) 最大流续滴定容积：20mL。 (2) 滴定速度：0.02mL/min～60mL/min。 (3) 滴定管分辨率：1/20000	1	2
13	便携式氧表	(1) 测量范围：0～20mg/L。 (2) 灵敏度：0.01μg/L	2	4
14	搅拌器	(1) 搅拌量：20L。 (2) 转速：60～2000r/min	3	6
15	瓶式深水采样器	(1) 样深度：4m。 (2) 采样瓶容量：500mL	4	8
16	余氯比色计	(1) 测量范围：0.2～4mg/L。 (2) 比色盘解析度：0.1mg/L	2	4
17	便携式 pH 计/电导率仪	(1) 电导测量范围：0～3000mS/cm。 (2) 相对精度：0.01uS/cm。 (3) pH 测量范围：0～14；相对精度为±0.002	3	6
18	台式 pH 计/电导率仪	(1) 电导测量范围：0～3000mS/cm；相对精度为 0.01uS/cm。 (2) pH 测量范围：0～14；相对精度为±0.001	1	2
19	浊度仪	(1) 测量范围：0～4000NTU。 (2) 准确度：浊度≤1000NTU 时为±2%，浊度≤4000NTU 时为±5%	1	2

序号	名称	规　范	数量	
			2 台机组	4 台机组
20	紫外-可见光分光光度计	(1) 波长范围：190～900nm。 (2) 波长精度：±0.3nm (3) 基线稳定性：0.004ABS/h，平坦度为 0.001ABS	1	2
21	石墨炉带火焰原子吸收分光光度计	(1) 石墨炉部分检出极限：Si 为 2ug/kg，Na 为 0.1ug/kg，Cs 为 0.1ug/kg，Ca 为 0.1ug/kg。 (2) 火焰部分检出极限：Li 为 10ug/kg，Fe 为 20ug/kg，Cu 为 20ug/kg，Na 为 1ug/kg	1	2
22	离子色谱仪	(1) 阴离子最低检测限：F^- 为 0.02 $\mu g/L$，CH_3COO^- 为 0.4 $\mu g/L$，$HCOO^-$ 为 0.2$\mu g/L$，Cl^- 为 0.05$\mu g/L$，SO_4^{2-} 为 0.1$\mu g/L$。 (2) 阳离子最低检测限：Na^+ 为 0.05$\mu g/L$	2	4
23	正压式过滤器	配有带 200mL 料筒的 47mm 直径圆膜片过滤器和配有带 2L 料筒的 142mm 直径圆膜片过滤器	2	4
24	震荡筛分器	(1) 筛网直径：200mm。 (2) 振幅范围：0.2～3mm	2	4
25	高纯水仪	(1) 流量：2L/min。 (2) 出水水质要求：电导>18MΩ，总硅<3$\mu g/L$，Na<0.1$\mu g/L$，Cl<0.1$\mu g/L$，F<0.1$\mu g/L$，SO_4<0.2$\mu g/L$	2	3
26	电冰箱	300L	1	2

表 12-40　　　　　　　　　　　　　　　　油分析主要仪器

序号	名称	规　范	数量	
			2 台机组	4 台机组
1	电热干燥箱	(1) 温度范围：室温～250℃。 (2) 恒温波动度：±1℃	3	5
2	电热干燥箱	(1) 温度范围：室温～200℃。 (2) 恒温波动度：±0.2℃	1	2
3	分析天平	(1) 称量：220g。 (2) 感量：0.1mg	2	3
4	自动滴定仪	(1) 最大流续滴定容积 20mL。 (2) 滴定速度：0.02～60mL/min。 (3) 滴定管分辨率：1/20000	2	2
5	开口闪点测试仪	(1) 最高测试温度：400℃。 (2) 误差：±1%	1	1
6	闭口闪点测试仪	(1) 最高测试温度：370℃。 (2) 误差：±1%	1	1
7	运动黏度仪	0.8～1.5mm²/s	1	2
8	界面张力仪	(1) 测量范围：1～999mN/m。 (2) 灵敏度：0.1mN/m	1	2
9	介质损耗及体积电阻率仪	(1) 温控范围：5～120℃，精确度为±0.5℃。 (2) 测量范围：2.5MΩm～20TΩm	1	2

序号	名称	规　　范	数量	
			2台机组	4台机组
10	耐压仪	(1) 电压测试范围：0～99.9kV。 (2) 电压上升速率：0.5/1/2/3/5	1	2
11	微量水分测定仪	(1) 测量范围：10μg～100mg。 (2) 灵敏度：0.1μg	2	3
12	气相色谱仪	检测限：H_2 为 0.2mg/L，$C_2H_2/C_2H_4/C_2H_6/CH_4$ 为 0.1mg/L，CO 为 0.5mg/L，CO_2 为 15mg/L	2	3
13	颗粒度仪	粒度尺寸范围：2～400um	1	1
14	超声波清洗器	(1) 容积：22.5L。 (2) 超声频率：40kHz	1	1
15	震荡仪	(1) 振荡频率：(275±3) 次/min。 (2) 振荡幅度：35mm	1	1
16	液相锈蚀仪	(1) 控温范围：0～100℃。 (2) 控温精度：±1℃	1	1
17	破乳化度测定仪	(1) 控温范围：室温～100℃。 (2) 控温精度：±0.5℃	1	1
18	油料分析光谱仪	24 个标准通道	1	1
19	色度仪	测量范围：0.5～8 色度单位	1	2

第九节　工　程　实　例

一、孟加拉西莱特 90MW 联合循环电站

（一）概述

孟加拉西莱特 90MW 循环电站为"2+2+1"联合循环。燃气轮机为 GE 公司 PG6581B 型、户外、重型燃气轮机；余热锅炉为韩国 DOOSAN 重工双压立式强制循环余热锅炉；汽轮机为中国南京汽轮电机（集团）有限公司 L36-6.7 型汽轮机。

1. 主机概述

（1）燃气轮机。

1）制造厂：法国 GE。

2）形式：户外、重型、单轴。

3）型号：PG6581B。

4）燃料：天然气。

5）功率：36080kW。

6）数量：2 套。

7）排烟温度：656.6℃。

8）天然气耗量：8.71t/h。

（2）余热锅炉。

1）制造厂：韩国 DOOSAN 重工/哈尔滨 703 研究所。

2）形式：双压、立式、强制循环。

3）数量：2套。

4）高压蒸汽流量：70.99t/h。

5）高压蒸汽温度：468℃。

6）高压蒸汽压力：6.9MPa（绝对压力）。

7）低压蒸汽流量：10.08t/h。

8）低压蒸汽温度：143.6℃。

9）低压蒸汽压力：0.4MPa（绝对压力）。

10）给水温度：104℃。

（3）汽轮机。

1）制造厂：南京汽轮电机（集团）有限公司。

2）形式：冷凝式、无再热、无抽汽。

3）型号：L36-6.7。

4）数量：1套。

5）主汽阀前蒸汽流量：140t/h。

6）主汽阀前蒸汽温度：465℃。

7）主汽阀前汽压力：6.7MPa（绝对压力）。

8）背压：14.5kPa（绝对压力）。

9）冷却水温度：38℃。

10）转速：3000r/min。

11）功率：37646kW。

（4）发电机。

1）数量：1台。

2）制造商：南京汽轮发电机厂。

3）转速：3000r/min。

4）冷却方式：空冷。

2. 机组水汽质量标准

（1）给水质量标准见表12-41。

表 12-41 给水质量标准

项目	硬度	溶氧	铁	铜	pH 值	N_2H_4	Oil
单位	μmol/L	μg/L	μg/L	μg/L		μg/L	mg/L
标准值	≤2.0	≤7	≤30	≤5	9.0～9.5	10～50	≤0.30

（2）蒸汽质量标准见表12-42。

表 12-42 蒸汽质量标准

项目	钠	二氧化硅	导电率	铁	铜
单位	μg/kg	μg/kg	μS/cm	μg/kg	μg/L
标准值	≤10	≤20	≤0.3	≤20	≤5

（3）锅水质量标准见表12-43。

表 12-43 锅水质量标准

项目	含盐量	二氧化硅	PO₄³⁻	pH 值	导电率
单位	mg/L	mg/L	mg/L		μS/cm
标准值	≤100	≤2.0	2～10	9.0～10.5	<150

3. 设计水质

除盐水处理系统原水采用当地河水，水质见表 12-44。

表 12-44 原水水质标准

项目	单位	数值	项目	单位	数值
全固形物	mg/L	79.2	pH 值	mg/L	7.3
溶解固形物	mg/L	71.2	Total SiO₂	mg/L	16
悬浮物	mg/L	8	COD	mg/L	2.6
导电率	μS/cm	119.4	游离 CO_2	mg/L	2.2
总硬度（$CaCO_3$）	mg/L	45.4	总碱度（$CaCO_3$）	mg/L	55.2
碳酸盐硬度（$CaCO_3$）	mg/L	45.4	甲基橙碱度（$CaCO_3$）	mg/L	55.2
K^+	mg/L	1.43	Cl^-	mg/L	2.6
Na^+	mg/L	7.7	SO_4^{2-}	mg/L	3
Ca^{2+}	mg/L	10.7	HCO_3^-	mg/L	67
Mg^{2+}	mg/L	4.5	NO_3^-	mg/L	—
Fe^{2+}	mg/L	0.25	NO_2^-	mg/L	—
Al^{3+}	mg/L	0.1			
NH_4^+	mg/L	0.26			

4. 化水系统设计范围

化学水处理包括以下系统：

（1）除盐水处理系统。

（2）化学加药系统。

（3）汽水取样系统。

（4）循环冷却水加药系统。

（二）除盐水处理系统

1. 除盐水处理系统工艺流程及设备出力

（1）工艺流程：清水→双层滤料过滤器→过滤水箱→过滤水泵→活性炭过滤器→阳离子交换器→除碳器→中间水箱→中间水泵→阴离子交换器→混合离子交换器→除盐水箱→除盐水泵→用水点。

（2）水处理系统设备正常出力为 15t/h。

（3）混床出水满足以下水质：

1）导电率小于 0.2μS/cm（25℃）。

2）二氧化硅小于 20μg/L。

2. 水汽损失

水汽损失见表 12-45。

表 12-45 水 汽 损 失

项目	数据	两台炉汽水损失	
		正常状态（t/h）	事故状态（t/h）
水汽循环损失	最大一台锅炉蒸发量的 3%	4.9	4.9
启动及事故损失	最大一台锅炉蒸发量的 10%		8.1
锅炉排污	锅炉蒸发量的 0.3%	0.5	0.5
其他		5	5
总计		10.4	18.5

根据全厂汽水损失，除盐水处理系统出力为 10.4t/h，考虑系统自用水量，系统设备出力为 15t/h。

3. 运行控制方式

（1）除盐水处理系统采用自动控制，同时连续再生既可程序控制，也可远方盘上操作。运行人员在就地控制室即可对系统启停、正常运行进行安全、有效的控制及监督。

（2）工艺系统自动运行及再生采用 PLC 控制。

（3）系统设有两台双层滤料过滤器，一台运行、一台备用。过滤器可根据时间每天进行一次反洗；或当过滤器进出口压差大于 0.5kg/cm² 时，停止运行，开始反洗程序。

（4）系统设有两台活性炭过滤器，一台运行、一台备用。过滤器可根据时间每天进行一次反洗；或当过滤器进、出口压差大于 0.5kg/cm² 时，停止运行，开始反洗程序。

（5）系统设计满足远方操作、PLC 程序控制或就地人工操作等运行方式。系统中阳床、阴床采用串联，共两列，一列运行、一列备用；两台混床采用并联方式，一台运行、一台备用。

4. 废水处理系统

水处理系统产生的再生废水及各设备、水箱排水排至废水池，经空气搅拌，酸碱中和至 pH 值为 6～9 后排放。

5. 除盐水处理设备综合数据表

除盐水处理设备综合数据见表 12-46。

表 12-46 除盐水处理设备综合数据

项目	单位	双层滤料过滤器	活性炭过滤器	阳床	阴床	混床
设备直径	mm	1800	1400	900	900	700
截面积	m²	2.54	1.54	0.63	0.63	0.38
正常流速	m/h	9.0	9.7	23.8	23.8	39.5
正常流量	m³/h	23	15	15	15	15
填料（树脂）层高	mm	800/400	2000	1000	1200	500/1000
填料（树脂）体积	m³	2.0/1.0	3.1	0.63	0.76	0.2/0.4
再生周期				11h	12h	12days
30%酸耗量/次	kg			93		51.3
30%酸耗量/年	t			59.24		1.46
40%碱耗量/次	kg				31	96
40%碱耗量/年	t				18.1	2.74

（三）化学加药系统

化学加药系统通过调节锅炉给水、锅水，从而降低热力系统内的腐蚀、结垢。主要包括以下系统：

（1）联氨加药系统。

（2）氨加药系统。

（3）磷酸盐加药系统。

1. 氨加药装置

通过加氨调节 pH 值，避免给水凝结水管道设备腐蚀。加氨量根据给水流量自动控制。该装置同时提供闭冷水系统加氨，以避免闭式冷却系统管路结垢。设备配置如下：

（1）两台氨溶解箱：$V=0.5m^3$、$\phi800$。

（2）两台氨计量泵：$Q=25L/h$、$p=1.2MPa$。

（3）两台氨吸收器：$V=0.2m^3$。

2. 联氨加药装置

系统通过往给水中加联氨以减少热力系统中的氧腐蚀。加联氨量根据给水流量自动控制。设备配置如下：

（1）两台联氨溶解箱：$V=0.5m^3$、$\phi800$。

（2）两台联氨计量泵：$Q=25L/h$、$p=1.2MPa$。

（3）两台联氨吸收器：$V=20L$、$\phi200$。

3. 磷酸盐加药装置

系统通过投加 Na_3PO_4 和碱至汽包，以避免锅炉管路中硬度累积。设备采用手动加药。设备配置如下：

（1）两台磷酸盐溶液箱：$V=0.5m^3$、$\phi800$。

（2）1 台碱溶解箱：$V=0.5m^3$、$\phi800$。

（3）3 台磷酸盐计量泵：$Q=18L/h$、$p=10.3MPa$。

（4）3 台磷酸盐计量泵：$Q=25L/h$、$p=1.2MPa$。

（四）汽水取样系统

1. 系统设计说明

汽水取样分析系统通过对蒸汽、给水、饱和蒸汽、主蒸汽及其他设备水汽循环系统化学监督，控制药品投加，从而保证系统汽水品质。

两台锅炉、一台汽轮机共用一套取样装置，该装置分为仪表架、减温减压架。

2. 取样点的设置和仪表的配置

取样点的设置和仪表的配置见表 12-47。

表 12-47　　　　　　　　　　　　　取样点的设置和仪表的配置

序号	取样点位置	取样仪表
1	凝结水（1.4MPa，54℃）	溶氧、阳导、pH、人工取样
2	给水泵出口（9.5MPa，104℃）	溶氧、人工取样
3	锅炉 A 省煤器进口（9.1MPa，104℃）	阳导、pH、人工取样
4	锅炉 B 省煤器进口（9.1MPa，104℃）	阳导、pH、人工取样
5	锅炉 A 低压汽包锅水（0.7MPa，165℃）	比导电率、pH、人工取样
6	锅炉 A 低压饱和蒸汽（0.7MPa，165℃）	阳导、人工取样
7	锅炉 A 高压锅水（7.22MPa，288℃）	比导电率、pH、人工取样
8	锅炉 A 高压饱和蒸汽（7.22MPa，288℃）	阳导、人工取样
9	锅炉 A 过热蒸汽出口（6.9MPa，468℃）	阳导、人工取样
10	锅炉 B 低压汽包锅水（0.7MPa，165℃）	比导电率、pH、人工取样

序号	取样点位置	取样仪表
11	锅炉 B 低压饱和蒸汽（0.7MPa，165℃）	阳导、人工取样
12	锅炉 B 高压锅水（7.22MPa，288℃）	比导电率、pH、人工取样
13	锅炉 B 高压饱和蒸汽（7.22MPa，288℃）	阳导、人工取样
14	锅炉 B 过热蒸汽出口（6.9MPa，468℃）	阳导、人工取样
15	闭冷水（0.6MPa，41～49℃）	比导电率、人工取样
16	除氧器出口	人工取样

（五）循环水加药系统

1. 循环水加氯系统

为抑制循环冷却水系统中各种有机物、微生物、细菌滋生，系统设有两套次氯酸钠发生装置。每套次氯酸钠发生装置出力为 4kg/h。系统加药至冷却塔。

2. 阻垢剂加药装置

为控制循环水系统结垢及腐蚀问题，提供一套阻垢剂加药装置。阻垢剂加药装置包括两台溶液箱、三台计量泵。系统加药至冷却塔。

（1）两台阻垢剂溶解箱：$V=0.5m^3$、$\phi800$。

（2）两台阻垢剂计量泵：$Q=167L/h$、$p=1.0MPa$。

（六）化验室设备

本期工程提供全厂所需化验设备、工具、玻璃器皿等。

二、尼日利亚奥贡燃气联合循环电站

（一）概述

尼日利亚奥贡燃气联合循环电站工程安装 2 套燃气轮机联合循环机组，每套机组包括 2 台 PG9171E 型燃气轮机、2 台余热锅炉、1 台汽轮机，总出力为 750MW。

1. 机组概述

（1）燃气轮机。

1）型号：PG9171E。

2）负荷出力：127.1MW。

3）数量：4 台。

4）制造厂：GE。

（2）燃气轮机发电机。

1）数量：4 台。

2）制造厂：GE。

3）冷却方式：空冷。

（3）余热锅炉。

1）型式：双压、无补燃、无再热、自带整体式除氧器、立式自然循环、半露天布置。

2）数量：4 台。

3）高压蒸汽温度：523℃。

4）高压蒸汽压力：7.2MPa（表压）。

5）高压蒸汽流量：179t/h。

6）低压蒸汽温度：257.5℃。

7）低压蒸汽压力：0.65MPa（表压）。

8）低压蒸汽流量：39.5t/h。

（4）汽轮机。

1）型式：双压、双缸、凝汽式。

2）数量：2台。

3）汽轮机出力：125MW。

4）高压蒸汽温度：520℃。

5）高压蒸汽压力：7.0MPa（相对压力）。

6）高压蒸汽流量：358.22t/h。

7）低压蒸汽温度：255.5℃。

8）低压蒸汽压力：0.65MPa（相对压力）。

9）低压蒸汽流量：79t/h。

10）汽轮机背压：4.5kPa（相对压力）。

（5）发电机。

1）数量：2台。

2）出力：125MW。

3）冷却方式：空冷。

2. 机组水汽质量标准

（1）给水质量标准见表 12-48。

表 12-48　　　　　　　　　　　　　　　　给水质量标准

项目	硬度	溶氧	铁	铜	pH 值	N_2H_4	油
单位	μmol/L	μg/L	μg/L	μg/L		μg/L	mg/L
标准值	≤2.0	≤7	≤30	≤5	9.0～9.5	10～50	≤0.30

（2）蒸汽质量标准见表 12-49。

表 12-49　　　　　　　　　　　　　　　　蒸汽质量标准

项目	钠	二氧化硅	导电率	铁	铜
单位	μg/kg	μg/kg	μS/cm	μg/kg	μg/L
标准值	≤10	≤20	≤0.3	≤20	≤5

（3）锅炉锅水质量标准见表 12-50。

表 12-50　　　　　　　　　　　　　　　　锅炉锅水质量标准

项目	含盐量	二氧化硅	PO_4^{2-}	pH 值	导电率
单位	mg/L	mg/L	mg/L		μS/cm
标准值	≤100	≤2.0	2～10	9.0～10.5	<150

（4）燃气轮机冲洗水质量要求见表 12-51。

表 12-51　　　　　　　　　　　　　　　　燃气轮机冲洗水质量要求

项目	含盐量	碱性金属及其他热腐蚀金属	pH 值
单位	mg/L	mg/L	
标准值	≤5	≤0.5	6.5～7.5

（5）燃气轮机进气冷却装置用水见表 12-52。

表 12-52 燃气轮机进气冷却装置用水

电导率	μS/cm	＜50
总溶解固体	mg/L	＜30
总碱度（CaCO₃）	mg/L	＜15
钙硬（CaCO₃）	mg/L	＜15
铁	mg/L	＜0.1
铜	mg/L	＜0.05
锰	mg/L	＜0.05
油	mg/L	＜2.0
悬浮固体	mg/L	＜5
pH		7～8.5

3. 水源及水质

电厂用水水源水质见表 12-53。

表 12-53 电厂用水水源水质

分析项目	单位	含量	分析项目	单位	含量
全固形物	mg/L	83.95	pH 值		7.45
溶解固形物	mg/L	81.05	游离 CO_2	mg/L	3.49
悬浮物	mg/L	2.90	总硅	mg/L	26.46
总硬度	mmol/L	0.77	胶体硅	mg/L	7.17
碳酸盐硬度	mmol/L	0.77	总碱度	mmol/L	0.99
非碳酸盐硬度	mmol/L	0	甲基橙碱度	mmol/L	0.99
电导率（25℃）	μS/cm	122.5	酚酞碱度	mmol/L	0
			COD（$K_2Cr_2O_7$）	mg/L	7.96
阳离子			阴离子		
K^+	mg/L	2.85	F^-	mg/L	0.096
Na^+	mg/L	10.37	Cl^-	mg/L	8.43
Ca^{2+}	mg/L	9.81	SO_4^{2-}	mg/L	2.99
Mg^{2+}	mg/L	3.40	HCO_3^-	mg/L	60.39
$1/2Fe^{2+}+1/3Fe^{3+}$	mg/L	1.45	PO_4^{3-}	mg/L	0
Ba^{2+}	mg/L	0	OH^-	mg/L	0
Sr^{2+}	mg/L	0	NO_3^-	mg/L	0.59
SUM K	mg/L	27.88	SUM A	mg/L	72.50

4. 电厂化学水处理设计范围

电厂化学水处理系统包括以下子系统：

（1）锅炉补给水处理系统。

（2）工业废水处理系统。

（3）给水/锅水加药系统。

（4）水汽取样系统。

（5）循环冷却水处理系统。

（6）锅炉清洗废水处理。

（7）化验室。

（二）锅炉补给水处理系统

1. 锅炉补给水处理系统流程及出水水质

水处理系统流程为供水来原水→原水箱→原水泵→管式过滤器→活性炭过滤器→浮动床阳离子交换器→除碳器→中间水箱→中间水泵→浮动床阴离子交换器→混合离子交换器→除盐水箱→除盐水泵→厂内用户。

混床出水满足：

（1）硬度：≈0。

（2）导电率（25℃）：≤0.1μS/cm。

（3）二氧化硅：≤10μg/L。

2. 机组水汽损失及水处理系统出力

机组水汽损失见表12-54。

表 12-54　　　　　　　　　　　　　　　　　机组水汽损失

损失类别	损 失	正常量（t/h）
水汽循环损失	锅炉最大连续蒸发量的2%	17.49
锅炉排污损失	锅炉最大连续蒸发量的1%	8.75
闭冷水补水量		12.27
燃气轮机进气冷却装置用水		48
其他		2
合计		89

根据表12-54，除盐水正常损失量为89t/h。考虑设备的自用水量，设备的选择按20%的富余量考虑，选择设备出力为107t/h。

3. 主要设备参数

锅炉补给水处理系统主要设备选择见表12-55。

表 12-55　　　　　　　　　　　　　　锅炉补给水处理系统主要设备选择

序号	设备名称	型号和规格	单位	数量
1	原水箱	容积 $V=150m^3$	台	2
2	原水泵	流量 $Q=60\sim120m^3/h$	台	2
3	管式过滤器	$\phi612\times6$	台	2
4	活性炭过滤器	$\phi2824\times12$，高度 $H=2000$	台	3
5	浮动床阳离子交换器	$\phi1820\times10$，高度 $H=2000$	台	2
6	除碳器	$\phi1612\times6$，高度 $H=2000$	台	2
7	中间水箱	DN2800，容积 $V=10m^3$	台	2
8	中间水泵	流量 $Q=60\sim120m^3/h$	台	2
9	浮动床阴离子交换器	$\phi2020\times10$，高度 $H=2700$	台	2
10	混合离子交换器	$\phi1820\times10$，阳床高度 $H_{CA}=500$，阴床高度 $H_A=1000$	台	2
11	除盐水箱	容积 $V=1500m^3$	台	1

4. 综合数据表

综合数据表见表 12-56。

表 12-56　　　　　　　　　　　　　　　　　综合数据表

项目	单位	浮动床阳离子交换器	除碳器	浮动床阴离子交换器	混合离子交换器
设备台数	台	2	2	2	2
设备直径	m	1.8	1.6	2.0	1.8
设备截面积	m²	2.55	2	3.14	2.54
正常流速	m/h	40	60	35	45
正常出力	m³/(h·台)	107	107	107	107
设计工作交换容量	mol/m³ 树脂	800	—	300	
树脂或填料层高	mm	2000	2000	2700	阳床：500 阴床：1000
填料、树脂体积	m³	5.1	4	8.478	阳床：1.27 阴床：2.54
运行周期	h	22	—	24	264
再生比耗	g/mol	65		60	HCl：80 NaOH：100
再生剂用量	kg/(次·台)	962	—	394	30%HCl：340 40%NaOH：636

5. 锅炉补给水处理系统连接方式和操作方式

（1）系统的连接方式。

2 台管式过滤器、3 台活性炭过滤器分别为并联连接方式，正常工况下，管式过滤器 1 台运行，1 台备用；活性炭过滤器 2 台运行 1 台备用。一级除盐设备（浮动床阳离子交换器、除碳器、浮动床阴离子交换器）为串联连接方式，2 台混合离子交换器采用并联连接方式，正常工况下，一级除盐设备一列运行，1 列备用；混合离子交换器 1 台运行，1 台备用。

本工程按合同要求设置 1 台 1500m³ 的不锈钢除盐水箱，提供机组启动、事故、酸洗、冲洗等状态下的用水。

（2）运行控制方式。

1）锅炉补给水处理系统采用自动控制和监测的运行方式。通过安装在控制室内的控制盘上的控制系统实现完全自动运行，操作人员在控制室内的操作员站对系统的运行进行监督和控制。控制系统通过系统配置的各项分析和测量仪表，自动按程序控制各设备的运行、反洗、清洗、再生、启动、停运、加药等。同时，对系统的各项操作也可进行人工干预。

2）过滤器反洗条件：管式过滤器进出口压差大于或等于 0.1MPa，或出水浊度大于 2mg/L，或运行时间超过 24h 时停运反洗。活性炭过滤器运行时间超过 24h 时进行反洗。

3）一级除盐设备再生条件：阴床出口导电率大于 5μS/cm 时，或二氧化硅大于 100μg/L 时，或周期制水量达到预定值时一级除盐设备停运再生。

4）混床再生条件：出口电导率大于 0.1μS/cm 时，或二氧化硅＞10μg/L 时，或周期制水量达到预定值时进行再生。

6. 药品储存、运输及废液处理

水处理系统再生用酸碱由汽车运输，用卸酸（碱）泵卸入酸（碱）高位贮存槽。工业盐酸浓度为 31%，氢氧化钠浓度为 40%。本工程水处理车间室外设有 2 个 25m³ 高位酸贮罐和 2 个 25m³ 高位碱贮罐。

过滤器反洗水和离子交换器再生废水经中和后排至相邻的工业废水处理站废水池集中处理。

7. 系统用压缩空气

水处理系统仪表、阀门及混床混脂用压缩空气为无油干燥压缩空气，来自全厂空气压缩机室，水处理车间室外设有 2 个 $6m^3$ 的压缩空气贮罐。

（三）工业废水处理系统

工业废水处理站处理电厂产生的各项化学废水，如化学水处理车间的酸碱废水、过滤器反洗废水、锅炉酸洗废水等，使其达到规定的排放标准。

工业废水处理系统连续处理能力为 25t/h。

1. 废水处理系统流程

工业废水处理系统流程为废水贮存池→废水泵→废水沉淀箱→排放泵→废水监测池→清净水泵→排放。

排泥系统流程为废水沉淀箱泥浆→污泥泵→污泥坑→人工定期清理。

2. 废水排放标准

经废水处理系统处理后，工业废水要达到下列排放要求：

（1）pH：6～9。

（2）TSS（总悬浮固体）：≤15mg/L。

（3）浊度：≤75NTU。

（四）给水/锅水加药处理

1. 加氨处理

本工程设 2 套加氨装置，氨加入点设在除氧器下降管上。

给水加氨采用自动控制方式，由给水管路上 pH 表（安装于汽水取样架）和给水泵流量表送出的 4～20mA 模拟信号与加氨泵联锁实现。

每套加氨装置主要设备：

（1）溶液箱：$V=1m^3$、2 台。

（2）计量泵：$Q=0～20L/h$、$p=1.6MPa$、3 台。

2. 加联氨处理

本工程设 2 套加联氨装置，联氨加入点设在除氧器下降管上。

给水加联氨采用自动控制方式，由给水泵流量表送出的 4～20mA 模拟信号与加联氨泵联锁实现。

每套加联氨装置主要设备如下：

（1）溶液箱：$V=1m^3$、2 台。

（2）计量泵：$Q=0～20L/h$、$p=1.6MPa$、3 台。

3. 锅水加磷酸盐处理

本期工程设 4 套加磷酸盐装置，磷酸盐直接由不同压力的计量泵分别加入余热锅炉的高、低压汽包。

锅水加磷酸盐采用自动控制方式，由磷酸根表送出的 4～20mA 模拟信号与加药泵联锁实现。

每套加磷酸盐装置主要设备如下：

（1）溶液箱：$V=1m^3$、2 台。

（2）高压计量泵：$Q=0～20L/h$、$p=15MPa$、2 台。

（3）低高压计量泵：$Q=0～10L/h$、$p=2.0MPa$、2 台。

4. 闭式冷却水加药处理

为了防止闭式冷却水系统的腐蚀，对闭式冷却水进行加缓蚀剂处理。缓蚀剂加入点设在闭式冷却水泵出口管上。本工程设 1 套加缓蚀剂装置。

加缓蚀剂采用手动控制方式。

加缓蚀剂装置主要设备如下：

（1）溶液箱：$V=0.5m^3$、1 台。

（2）计量泵：$Q=0\sim20L/h$、$p=1.6MPa$、2 台。

（五）水汽取样系统

水汽取样及分析系统监控水汽循环中给水、凝结水、锅水、饱和蒸汽、过热蒸汽的品质，据此控制化学加药量并保证机组的安全运行。

本工程共设置 2 套水汽取样装置。一套取样装置由两部分组成：降温减压架和仪表屏。

取样点及仪表配置见表 12-57。

表 12-57 取样点及仪表配置

项 目	取样点	仪 表
凝结水	凝结水泵出口	CC、pH、O_2、M
给水	除氧器出口	O_2、M
	高压省煤器入口	CCSC、pH、O_2、M
锅水	汽包低压锅水	SC、pH、PO_4^{3-}、M
	汽包高压锅水	SC、pH、PO_4^{3-}、M
蒸汽	低压过热蒸汽	CC、pH、SiO_2、M
	高压过热蒸汽	CC、pH、SiO_2、M
	低压饱和蒸汽	CC、M
	高压饱和蒸汽	CC、M
冷却水	全厂闭式循环除盐冷却水	M

注 CC—带有 H 离子交换柱的电导率仪；O_2—溶氧表；pH—pH 表；SC—比电导率表；M—表示人工取样；PO_4^{3-}— PO_4^{3-} 表；SiO_2—硅表。

汽水取样装置信号送入 PLC 控制系统。

（六）循环冷却水加药系统

为防止循环水系统生物的滋生和附着，设置一套 $2\times10kg/h$ 电解食盐制次氯酸钠发生装置对循环水系统进行杀生处理。加药点设在循环水泵房前池内，次氯酸钠发生装置布置于循环水加药间。

根据循环水量及水质情况，次氯酸钠采用冲击式投加，冲击投加量为 $1\sim3mg/L$，投加次数为每天 3 次，每次持续 $1\sim2h$。

1. 杀生剂加药装置主要设备

杀生剂加药装置主要设备见表 12-58。

表 12-58 杀生剂加药装置主要设备

名 称	型号及规范	单位	数量
清水箱	$V=3m^3$、$\phi1400\times2100mm$	台	1
清水泵	$Q=12.5m^3/h$、$p=0.20MPa$	台	2
稀盐水箱	$V=3m^3$、$\phi1400\times2100mm$	台	1
稀盐水泵	$Q=3.6m^3/h$、$p=0.18MPa$	台	2
次氯酸钠发生器	$Q=10kg/h$	台	2
次氯酸钠贮存罐	$V=45m^3$、$\phi3000\times8530mm$	台	2

续表

名称	型号及规范	单位	数量
次氯酸钠加药泵	$Q=29m^3/h$、$p=0.32MPa$	台	2
生活水加药泵	$Q=0\sim3.8L/h$、$p=0.7MPa$	台	2
酸洗箱	$V=1m^3$、$\phi900\times1700mm$	台	1
酸洗泵	$Q=3.6m^3/h$、$p=0.18MPa$	台	1
风机（标准状态）	$Q=31910m^3/h$、$p=0.20MPa$	台	2
浓盐水箱	$V=15m^3$、$\phi2800\times3400mm$	台	2

2. 阻垢加药系统

为防止循环水系统结垢，设一套阻垢剂加药装置，加药点设在循环水泵房前池内。

阻垢剂加药装置主要设备见表 12-59。

表 12-59　　　　　　　　　　　　　阻垢剂加药装置主要设备

名称	型号及规范	单位	数量	备注
阻垢剂加药箱	$V=2m^3$	台	2	带搅拌机
阻垢剂加药泵	$Q=250L/h$、$p=0.2MPa$	台	2	

（七）锅炉清洗废水处理

锅炉清洗排水通过管道排至机组排水槽，由废水泵送至工业废水处理站处理。

（八）化验室

本期工程提供一套化验室仪器及设备用于电厂水和油的分析。

第十三章 水 工

第一节 水源及取水建（构）筑物

一、水源的分类及选择

（一）水源的分类

1. 地下水源

地下水源包括潜水（无压地下水）、深层地下水（承压地下水）、泉水。

2. 地表水源

地表水源包括江河水、湖水、海水及水库水。

地下水与地表水的比较见表 13-1。

表 13-1   地下水与地表水的比较表

水源	优 点	缺 点
地下水源	（1）取水条件及取水构筑物构造简单，占地面积小，建设投资低，便于施工和运行管理。 （2）通常地下水无需澄清处理。水处理工艺比地表水简单，故处理构筑物投资和运行费用较省。 （3）受污染的可能性小，水质水温较稳定	（1）通常地下水径流量较小，硬度高，作为电厂用水需特别处理。 （2）取水构筑物分散布置。 （3）需对地下水源进行大量的水文地质勘查
地表水源	（1）通常地表水源流量大，硬度低。 （2）取水构筑物集中布置，便于集中管理。 （3）水文资料丰富，取水较地下水容易	（1）取水条件及取水构筑物复杂，建设投资大。 （2）水处理工艺复杂，投资和运行费用高。 （3）水质随外部条件变化

3. 城市再生水水源

城市生活污水经生化及深度处理后的生活污水即为城市再生水，可作为电厂冷却水的补充水。

（二）水源选择的原则

（1）电厂水源选择应符合下列要求：

1）水量安全可靠。

2）原水水质较好。

3）采用直流、混流或混合供水系统的电厂宜靠近水源。

4）应考虑水源的综合利用及取排水对水域的影响。

5）应考虑其他用户对电厂取水水质、水量和水温的影响。

6）取排水设施的设置应能满足保护区及水功能区划的要求。

7）滨海发电厂所在地的淡水资源不能满足要求时，可采用海水淡化工艺制取淡水。

8）生活用水水源宜采用城市自来水或地表水。

9）扩建工程应充分利用已建机组的排水。

10）缺水地区或环保不允许外排水时，淡水循环水系统的排水可作为其补充水及化学补给水处理系统的水源。

（2）缺水地区新建、扩建电厂生产用水严禁取用地下水，应严格控制使用地表水，优先利用城市再生水和其他废水。

（3）当有不同的水源可供电厂选用时，应根据水量、水质和水价等因素经技术经济比较确定。采用单一水源可靠性不能保证时，应另设备用水源。

（4）当采用地表水作为水源时，在下述情况下，仍应保证其满负荷运行所需的水量：

1）当从天然河道取水时，应按保证率为97％的最小流量考虑；对于带调峰负荷的联合循环发电机组，可按保证率为95％的最小调节流量考虑；同时均应扣除取水口上游必须保证的工农业规划用水量和河道水域生态用水量。

2）当河道受水库、湖泊、闸调节时，应按其保证率为97％的最小调节流量考虑；对于带调峰负荷的联合循环发电机组，可按保证率为95％的最小调节流量考虑；同时均应扣除取水口上游必须保证的工农业规划用水量和生态用水量。

3）当从水库、湖泊、闸坝取水时，应按保证率为97％的枯水年最小供水量考虑；对于带调峰负荷的联合循环发电机组，可按保证率为95％的最小调节流量考虑。

（5）当采用天然河道作为水源时，应对包括地下河段在内的河流的水文特性进行全面分析，并应根据河流的深度、宽度、流速、流向，包括悬移质及推移质的泥沙和河床地形及其稳定等因素，结合取水形式对河道在设计保证率时的可取水量及排水回流进行充分论证，当不能得到可靠的分析论证结论时应进行物理模型试验。

（6）当电厂自建专用水库或拦河闸坝取水时，对于单机容量在125MW及以上的电厂，其洪水设计标准不应低于100年的重现期，校核洪水标准不应低于1000年的重现期；对于单机容量在125MW以下的电厂，其洪水设计标准不应低于50年的重现期，校核洪水标准不应低于100年的重现期。

（7）当采用海水作为水源时，应对滨海水文、当地港航现状与规划、水域功能区划和环境保护要求、海生物资源等进行全面的调查研究，并应结合海岸类型、海床地质、海流流向、泥沙运动等因素对取水水质、取排水对当地海产资源及排水对海水水质与海域生态的影响进行分析论证，根据工程特点和水源条件可分阶段进行数值模拟计算和物理模型试验。

（8）当采用地下水作为水源时，应根据该地区目前及必须保证的各项规划用水量，按枯水年或连续枯水年进行水量平衡计算后确定取水量，取水量不应大于允许开采量。

（9）当采用城市再生水作为水源时，应根据污水处理厂现状和规划来水量及水质情况、处理工艺及运行情况、出水水量及出水水质情况、其他用户情况等分析确定可供电厂使用的水量，并应达到设计保证率的要求。若不能确定再生水源的供水保证率，则应设置备用水源。当再生水有多处来源，且水量充足时，可不设备用水源，否则应按本手册中取水保证率要求设置备用水源。备用水源的供水量应根据市政污水收集系统及污水处理厂的检修及故障失常情况确定。备用水量应经水资源论证确定。

二、地下水取水

（一）地下水取水构筑物的位置

（1）地下水取水构筑物的位置应根据水文地质条件选择，并应符合下列要求：

1）宜选在满足电厂生产用水水质要求的富水地段；

2）宜靠近电厂；

3）地下水由河道补给时宜靠近河道；

4）应考虑施工、运行管理和维护的方便；

5）与其他水源地相互干扰应较小。

（2）当地下水水源地距厂区较远需要专人管理时，在水源地应设值班室和其他生产、生活及通信等辅助设施。地下水取水井及水泵房设在厂外时，宜设围护设施。

（二）地下水取水构筑物形式的选择

（1）地下水取水构筑物形式的选择，应根据水文地质条件及邻近水源地运行经验，并参照表13-2，通过技术经济比较确定。

表 13-2 地下水取水构筑物适用条件

序号	取水构筑物形式	适 用 条 件
1	管井	含水层厚度大于4m，其底板埋藏深度大于8m
2	大口井	含水层厚度为5m左右，其底板埋藏深度小于15m
3	渗渠	含水层厚度小于5m，其底板埋藏深度小于6m
4	泉室	有泉水露头，且覆盖层厚度小于5m

（2）井群的运行应尽量采用集中控制。

（3）在河滩地及河道中修建地下水取水构筑物时，应根据水文及地质条件分析河床的稳定性，并应考虑防止冲刷的措施。基础在最大冲刷深度以下的埋置深度不应小于1.5m。

（4）岩溶泉水常出露在标高较低的河床中，开采比较困难，可根据水文地质条件，在附近洪水位以上区域布置管井取水。

（5）大量开采地下水时（特别是岩溶地区）为了防止由于长期开采可能引起的地面变形，应根据水文地质资料中的水位下降值，合理考虑运行方式。

（6）在循环冷却系统中，采用管井取水作为补给水源时，宜设置备用井。备用井的数量按20%考虑，对于不足一口的备用井，则按一口设置。

（三）管井

目前常用理论公式计算单井出水量，往往与实际出水量有较大的偏差。为此在设计管井时应尽量满足理论公式的适用条件，尤其要取得试验井的实测资料来校正设计值。

1. 单井出水量计算

单井出水量计算公式详见《给水排水设计手册》城镇给水部分的单井出水量的公式。

2. 井群布置与出水量计算

（1）井群布置。一般宜按直线排列。在潜水含水层中，应尽量沿垂直于地下水流方向布置。当井群沿河布置时，应考虑河岸冲刷影响，与河岸保持一定的距离。当井间相互干扰使单井出水量减少超过25%～30%时，要按影响半径两倍计算井的间距。具体距离应根据含水层的富水性、抽水设备、集水方式、基建投资和运行管理费用等因素确定。当缺乏资料时，可参照表13-3确定。

表 13-3 井的最小间距 m

单井出水量	100～300（m^3/h）	20～100（m^3/h）	20以下（m^3/h）
裂隙岩层	200～300	100～150	50
松散岩层	150～200	50～100	50

（2）出水量计算。出水量计算公式详见《给水排水设计手册》城镇给水部分的井群出水量的公式。

（四）大口井

大口井适用于地下水埋藏较浅，含水层较薄及不宜打管井的地层取水。它具有能就地取材、施工简单和能使用卧式离心泵等优点。井深一般不大于15m，井径应根据水量、抽水设备布置和施工条件等因素确定，一般可为5～8m，但不宜大于10m。

大口井出水量计算详见《给水排水设计手册》城镇给水部分大口井出水量的公式。

（五）渗渠

1. 位置选择

渗渠位置应选择在：

（1）水流较急、有一定冲刷力的直线或凹岸非淤积河段，并尽可能靠近主流。

（2）含水层较厚并无不透水夹层地带。

（3）河床稳定、河水较清，水位变化较小地段。

2. 平面布置

（1）在河滩下平行于河流布置（或略成一斜角）见图 13-1。一般用于含水层较厚，潜水充沛，河床较稳定，水质较好，集取河床潜流水和岸边地下水的情况。其优点为施工较为容易，不易淤塞，检修方便，出水量变化较小。渗渠与河流水边线的距离，在含水层为卵石或砾石时，一般不宜小于 25m；对于较浑浊的河水，为了保证出水水质，上述距离可适当加大；对于稳定河床，可小于上述距离。

（2）在河滩下垂直于河流布置见图 13-2。适用于岸边地下水补给来源较差，而河床含水层较厚、透水性良好，且潜流水比较丰富的情况。优点是施工、检修方便、施工费用较低，缺点是出水量受河水季节变化影响较大。

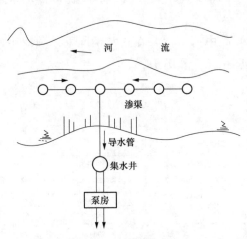

图 13-1 在河滩下平行于河流布置

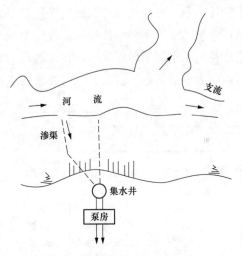

图 13-2 在河滩下垂直于河流布置

（3）在河床下垂直于河流布置见图 13-3。适用于河流水浅，冬季结冰取地面水有困难，且河床含水层较薄，河床透水性较弱，仅集取河床渗透水的情况。优点是出水量较大，缺点是施工、检修困难，滤层易淤塞，需要经常清洗、翻修。

（4）在河床下平行与垂直于河流布置见图 13-4。平行与垂直组合布置适用于地下水和潜流水均丰富，含水层较厚，兼取地下水、河床潜流水和河床渗透水的情况。为防止由于距离较近，产水量相互影响，两条渗渠夹角宜大于 120°，为了使两条渗渠混合水浊度在雨季尽可能小些，垂直河流那条渗渠宜布置短些，平行河流那条渗渠宜布置长些。

3. 渗渠出水量计算

渗渠出水量计算详见《给水排水设计手册》城镇给水部分渗渠出水量的公式。

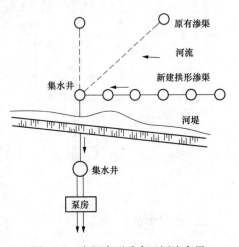

图 13-3 在河床下垂直于河流布置

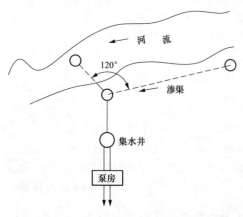

图 13-4 在河床下平行与垂直于河流布置

4. 渗渠设计注意问题

（1）渗渠出水正常与否与使用年限长短、位置选择、埋设深度、人工滤层颗粒级配及施工质量有关。因此，在设计渗渠时应详细调查设置位置河床的淹没、冲刷、淤积情况和含水层渗透性、颗粒组成，必要时应通过钻探和挖深井取得有关资料。施工时应严格按设计的人工滤层级配分层铺设，回填渗渠管沟时应用原来施工渗渠时挖出的原土。对于用土围堰施工的渗渠，完工后应将土围堰拆除干净，以免改变河床水流方向。

（2）设计时应考虑备用渗渠或地面水进水口，以保证事故或检修时供水不致中断。

（3）提升渗渠出水的水泵设备能力应充分考虑到丰水、枯水期的水量变化影响。

（4）避免渗渠埋设在排洪沟附近，以防堵塞和冲刷。

（六）工程实例

某工程拟新建 3×6B 系列（42MW）燃气发电机组，本期所有水工建筑物按照燃气轮机单循环机组要求设计，不考虑扩建条件。燃气轮机设备循环冷却水由干式空气冷却器提供，循环冷却水系统为闭式循环系统。全厂年平均补给水量合计为 $3m^3/h$。

电厂补给水水源采用深井水，在厂区内打两口深井，其中一口深井在正常情况下单独使用，另外一口深进作为事故状态下备用井。深井泵房平剖面图参见图 13-5 和图 13-6。

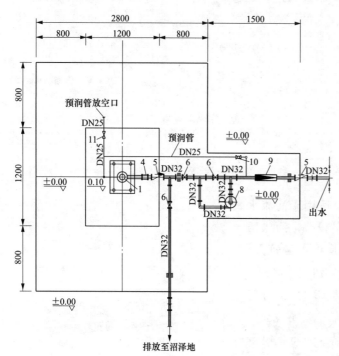

主要设备一览表					
编号	名称及型号	主要性能及规范	单位	数量	备注
1	4SD8/16型深井泵	扬程=88~26m 功率=2.2kW 流量为Q=2.4~9.6m³/h	套	1	
2	扬水管	φ76	m	61	
3	滤水管	L=900mm	套	1	
4	可曲挠橡胶接头	DN65	个	1	
5	止回阀	HH44X-10 DN32	个	2	
6	手动球阀	DN32 PN=1.0MPa	套	3	
7	电动球阀	DN32 PN=1.0MPa	套	2	
8	XLCZ-20型旋流除砂器	Q=10~30m³/h	套	1	
9	LXS型水表	DN32	套	1	
10	Q11F-21T型球形阀	DN25	套	1	
11	X13W-10W型旋塞阀	DN25	套	1	
12	压力表	0~1.0MPa	个	1	
13	测水位管	DN20	m	63	塑料管

图 13-5 深井泵平面布置图

三、地表水取水

（一）原则

地表水取水建（构）筑物和泵房的设计原则详见 DL/T 5339《火力发电厂水工设计规范》的地表水取水建筑物和泵房部分的相关规定。

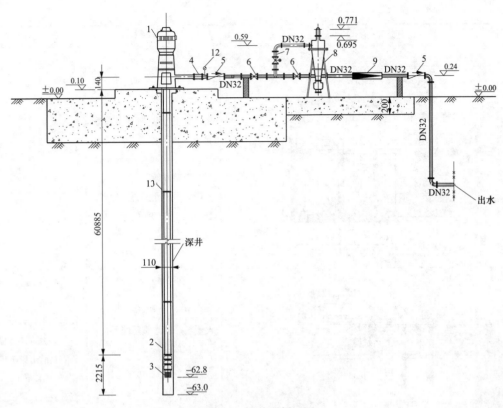

图 13-6　深井泵剖面图

注：1～9、12、13 解释同图 13-5。

（二）取水建（构）筑物的形式及适用条件

1. 固定式取水建（构）筑物

固定式取水构筑物的形式、特点和适用条件列于表 13-4。

表 13-4　　　　　　　固定式取水构筑物的型式、特点和适用条件

类型	形式	特点	适用条件
一、岸边式取水构筑物			
合建式	合建式根据具体条件，一般可有下列两种形式	（1）集水井与泵房合建，设备布置紧凑，总建筑面积较小。 （2）吸水管路短，运行安全，维护方便	（1）河岸坡度较陡，岸边水流较深，且地质条件较好以及水位变幅和流速较大的河流。 （2）取水量大和安全性要求较高的取水构筑物
	（1）底板呈阶梯布置 1—进水间；2—进水室；3—吸水室；4—进水孔； 5—格栅；6—格网；7—泵房；8—阀门井	（1）集水井与泵房呈阶梯形布置。 （2）可减小泵房深度，减少投资。 （3）水泵启动需采用抽真空方式，启动时间较长	具有岩石基础或其他较好地质，可采用开挖施工

类型	形式	特点	适用条件
	一、岸边式取水构筑物		

一、岸边式取水构筑物

类型	形式	特点	适用条件
合建式	（2）底板呈水平布置（采用卧式泵） 145.50 最高水位 ▽146.00 138.51 最低水位 ▽135.50 4400 3200 10300 3000	（1）集水井与泵房布置在同一高程上。 （2）水泵可设于低水位下，启动方便。 （3）泵房较深、巡视检查不便，通风条件差	在地基条件较差，不宜作阶梯布置以及安全性要求较高、取水量较大的情况，可采用开挖或沉井法施工
分建式	1 2 3 4.50 4.67▽ ▽ 0.03▽ -3.30▽ ▽-0.65 1—进水间；2—引桥；3—泵房	（1）泵房可离开岸边，设于较好的地质条件下。 （2）维护管理及运行安全性较差，一般吸水管布置不宜过长	（1）在河岸处地质条件较差，不宜合建时。 （2）建造合建式对河道断面及航道影响较大时。 （3）水下施工有困难，施工装备力量较差时
自流管取水	集水井与水泵房合建的布置： ▽10.00 10.50 1.50 0.70 0.30 3.20 2 2.30 55.00 集水井与水泵房分建的布置：12.50 -0.70 ▽3.55 4.60 4 0.38 1.10 2 1.65 3 -3.00 255.0 10.00 1—取水头部；2—自流管；3—集水井；4—水泵房	（1）集水井设于河岸上，可不受水流冲刷和冰凌碰击，亦不影响河床水流。 （2）进水头部伸入河床，检修和清洗不方便。 （3）在洪水期，河流底部泥砂较多，水质较差，建于高浊度水河流的集水井，常沉积大量泥砂，不易清除。 （4）冬季保温、防冻条件比岸边式好	（1）河床较稳定，河岸平坦，主流距河岸较远，河岸水深较浅。 （2）岸边水质较差。 （3）水中悬浮物较少
虹吸管取水	210.0 6 192.0 4 5 186.0 3 178.0 171.45 2 1 170.00 167.0 175.00 1—取水头部；2—低水位虹吸进水管；3—高水位自流管；4—真空系统；5—集水井；6—水泵房	（1）在非洪水期，利用自流管取得河心较好的水；而在洪水期利用水层上进水孔口取得上层水质较好的水。 （2）比单用自流管进水安全可靠	（1）河岸较平坦，枯水期主流离岸边又较远的情况下。 （2）洪水期含砂全较大

二、河床式取水构筑物

662

类型	形式	特点	适用条件
	二、河床式取水构筑物		
桥墩式取水	32.00 ▽29.28 ▽19.50 19.00 17.31 20.30 1 9.60 8.00 −14.00 1—集水井；2—水泵房；3—引桥	（1）取水构筑物建在河心，需较长引桥，由于减少了水流断面，使构筑物附近造成冲刷，故基础埋置较深。 （2）施工复杂，造价较高，维护管理不便。 （3）影响航运	（1）取水量较大，岸坡较缓，不宜建岸边取水时。 （2）河道内含砂量高，水位变幅较大。 （3）河床地质条件较好
湿井式取水	▽最高水位 4 2 1 最低水位3 5 1—集水井；2—高水位自流管；3—低水位自流管；4—立式电动机；5—深井水泵	（1）泵房下部为集水井，上部（洪水位以上）为电动机操作室，运行管理方便。 （2）采用深井泵可减少泵房面积。 （3）水泵检修麻烦，井筒淤沙难以清除。 （4）在河水含沙量和沙粒粒径较大时，需采用防沙深井泵或采取相应措施（如用斜板取水头部）	水位变幅大（大于10m）。尤其是骤涨骤落（每小时水位变幅大于2m），水流流速较大
淹没式取水	▽最高水位 3 2 4 最低水位 ▽ 5 1—集水井；2—水泵房；3—廊道；4—出水管；5—格栅	（1）集水井、泵房位于常年洪水位以下，洪水期处于淹没状态。 （2）泵房深度线、土建投资较省。 （3）泵房通风条件差，噪声大，操作管理及设备检修运行不方便。 （4）洪水期格栅难以起吊、冲洗	（1）河岸地基较稳定。 （2）水位变幅大，但洪水期时间较短，长时期为平、枯水期水位的河流。 （3）含沙量较少的河流
	三、斗槽式取水构筑物		
顺流式取水	取水口	（1）斗槽中水流方向与河流流向一致。 （2）由于斗槽中流速小于河水的流速，当河水正向流入斗槽时，其动能迅速转化为位能，在斗槽进口处形成壅水与横向环流。 （3）由于大量的表层水流进入斗槽。流速较小，大部分悬移质泥沙能下沉；河底推移质泥沙能随底层水流出斗槽。故进入斗槽泥沙较少，潜冰较多	含砂量较多的河流

续表

类型	形式	特点	适用条件
三、斗槽式取水构筑物			
逆流式取水		(1) 斗槽中水流方向与河流流向相反。 (2) 水流顺着堤坝流过时，由于水流的惯性，在斗槽进口处产生抽吸作用，使斗槽进口处水位低于河流水位。 (3) 由于大量的底层水流进入斗槽，故能防止漂浮物及冰凌进入槽内，并能使进入斗槽中的泥沙下沉，潜冰上浮，故泥沙较多，潜冰较少	冰凌情况严重，含沙量较少的河流
双向进水或用闸门控制进流的双向斗槽		(1) 具有顺流式和逆流式斗槽的特点。 (2) 当夏秋汛期河水含沙量大时，可利用顺流式斗槽进水，当冬春冰凌严重时，可利用逆流式斗槽进水	冰凌情况严重，同时泥沙量亦较多的河流

2. 移动式取水构筑物

移动式取水构筑物的特点及适用条件见表 13-5。

表 13-5   **移动式取水构筑物的特点及适用条件**

形式	特点	适用条件
缆车式取水	(1) 施工技术较固定式简单，水下工程量小，施工期短。 (2) 投资小于固定式，而大于浮船式。 (3) 比浮船式稳定，能适应较大风浪 (4) 生产管理人员较固定式多，移车困难，安全性差。 (5) 只能取岸边表层水，水质较差。 (6) 泵车内面积和空间较小，工作条件较差	(1) 河水水位涨落幅度较大，在 10～35m 之间，涨落速度不大于 2m/h。 (2) 河床比较稳定，河岸工程地质条件较好，且岸坡有适宜的倾角（一般在 10°～30°之间为宜）。 (3) 河流漂浮物少，无冰凌，不易受漂木、浮筏、船只撞击。 (4) 河段顺直、靠近主流。 (5) 由于牵引设备的限制，泵车不宜过大，故取水量有一定的限度
浮船式取水	(1) 工程用材少、投资小，无复杂水下工程、施工简便、工期短。 (2) 船体构造简单、便于隐蔽、能适应战备需要。 (3) 在河流水文和河床等资料不全或已知条件发生变化的情况下，有较高的适应性。 (4) 水位涨落变化较大时，除摇臂式接头形式外，多接头布置方式需要更换接头，移动船位或采用中继浮船方式，管理比较复杂，前者有短时停水，连续性差的缺点，后者投资较大。 (5) 船体维修养护频繁，不耐冲撞、对风浪适应性差，供水安全性也差	(1) 河流水位变幅度在 10～35m 或更大范围，水位变化速度不大于 2m/h，枯水期水深不大于 1m 且水流平稳，风浪较小，停泊条件良好的河段。 (2) 河床较稳定，岸边有较适宜倾角的河段，当联络管采用阶梯式接头时，岸坡角度以 20°～30°为宜，当联络管采用摇臂式接头时，岸坡角度可达 60°或更陡些。 (3) 无冰凌、漂浮物少，无浮筏、船只和漂木等物体撞击可能的河流
潜水泵直接取水	(1) 施工简单且方便，水下工程量小。 (2) 投资较省	(1) 临时供水。 (2) 漂浮物和泥砂含量较少。 (3) 取水规模小

（三）取水建（构）筑物的布置要求

（1）对于单台机组容量在 125MW 及以上的电厂，岸边水泵房 0.00m 层入口地面的设计标高应为频率 1％洪水位（或潮位）＋频率 2％浪高＋超高 0.5m；对于单台机组容量在 125MW 以下的电厂，岸边水泵房 0.00m 层入口地面的设计标高应为频率 2％洪水位（或潮位）＋频率 2％浪高＋超高 0.5m。

对风浪较大的海域岸边水泵房，在采取防浪措施后，可降低泵房的 0.00m 层标高，必要时，可通过物理模型试验确定。

对于单台机组容量在 125MW 及以上的电厂，其 0.00m 层标高不应低于频率 0.1％洪水位；对于单台机组容量在 125MW 以下的电厂，其 0.00m 层标高不应低于频率 1％洪水位，否则水泵房应有防洪措施。

当设计洪水位与校核洪水位相差很大时，水泵房 0.00m 层标高可经分析论证后合理确定。

频率 2％浪高应为重现期 50 年波列累积频率 1％的波浪作用在泵房前墙的波峰面高度。波峰面高度可按 JTS145-1《内河航运工程水文规范》和 JTS145-2《海港水文规范》的有关规定计算确定。

（2）取水建筑物 0.00m 层标高应根据水位历时过程、取水建筑物形式、设备布置和运行操作条件等因素确定。非淹没式取水建筑物 0.00m 层标高，对于单机容量在 125MW 及以上的电厂宜按频率 1％洪水位或高潮位设计；对于单机容量在 125MW 以下的电厂宜按频率 2％洪水位或高潮位设计。

（3）对于单机容量在 125MW 及以上的电厂，取水建筑物和水泵房应按保证率为 97％的低水位设计，并以保证率 99％的低水位校核；对于单台机组容量在 125MW 以下的电厂，取水建（构）筑物和水泵房应按保证率为 95％的低水位设计，并以保证率 97％的低水位校核。直流供水系统的取水建筑物和水泵房在设计低水位条件下的取水量及当时的水温条件下，能保证汽轮机在设计功率工况下安全连续运行，且运行背压不超过汽轮机的允许最高背压。

（4）取水建（构）筑物最低层进水孔底槛高于河床的高度应根据河流水文和泥沙特性及河床稳定等因素确定；但侧面进水孔底槛高于设计河床不应小于 0.5m，当水深较浅、河床稳定、取水量不大且水质较清时，可采用 0.3m。顶部进水的淹没式取水建筑物的进水孔宜高于河床 1.0～1.5m。

在海湾或水库、湖泊中取水时，进水孔底槛标高应根据泥沙淤积及运动情况确定。

（5）虹吸式取水建（构）筑物的进水孔在设计最低水位下的淹没深度不应小于 1.0m。顶面进水的淹没式取水建（构）筑物的进水孔在设计最低水位下的最小淹没深度应保证为 0.5～1.0m，取水量较小的取水口可采用下限值；侧面进水时不得小于 0.3m。

确定取水建（构）筑物的进水孔淹没深度时还应考虑航运、结冰、风浪及热水回流等因素对设计最低水位（最低潮位）的影响。

（6）取水建（构）筑物的进水口应设格栅。非淹没式栅条间隙可采用 50～100mm，并应设有起吊设施和清除格栅上漂浮物及防止冰渣和冰絮阻塞取水口的措施。当水流中漂浮物过多时，可设置格栅式清污机，也可在格栅前设置浮排或采取其他措施。

淹没式取水头部格栅间距应根据具体工程条件确定，可采用 200mm。

（7）浮船（趸船）式泵站的布置应符合 DL/T 5339《火力发电厂水工设计规范》的相关内容规定。

（8）排水口的位置、形式应根据排水对受纳水体的环境影响、对取水温升的影响、对水生物的影响等因素综合确定。

（9）排水口的出口流速和水流方向应考虑不冲刷河岸和不影响航行安全，排水口应采取防冲刷、消能、加固措施。当排水建（构）筑物紧靠河道、湖泊或海湾的航道时，出口流速不宜大于 0.5m/s，并根据需要设置标志。在航运水域设置的排水口应有当地航运管理部门的书面同意文件。

（四）水力计算

具体计算内容和要求详见 DL/T 5339《火力发电厂水工设计规范》的地表水取水构筑物部分的相关规定。

（五）泵房布置

（1）泵房具体布置的要求详见 DL/T 5339《火力发电厂水工设计规范》的地表水取水构筑物和水泵房部分的相关规定。

（2）循环水泵的选择。

1）供水系统宜采用母管制或扩大单元制，当燃气轮机电厂的汽轮机单机容量为 100MW 及以上时，也可采用单元制供水系统。每台汽轮机可配置 2 台或 3 台循环水泵，其总出力应为机组的最大计算用水量。在设备条件许可，并经技术经济比较合理时，水泵可采用静叶可调或采用变速电动机驱动。采用母管制供水系统时，安装在集中水泵房中的循环水泵，当达到规划容量时不应少于 4 台，且可不设备用，可根据工程情况分期安装。水泵的总出力应满足冷却水的最大计算用水量。

2）循环水泵参数的选择方法和标准

a. 循环水泵的设计参数应通过循环水系统冷端优化计算确定。

b. 季节循环水量可通过循环水泵的最佳运行台数进行选择，运行循环水量占总循环水量的百分比可按表 13-6 采用。

表 13-6 运行循环水量百分数 %

水泵装置台数	水量百分数			
	运行 1 台	运行 2 台	运行 3 台	运行 4 台
2	60	100	—	—
3	40	75	100	—
4	30	60	85	100

3）循环水泵扬程的确定应考虑如下因素。

a. 对于水位变幅不大的河流和潮差小的海域（最大变幅一般小于 4m），循环水泵的设计水位可采用多年平均水位/潮位或平均低水位/潮位，根据工程具体情况确定。

b. 当河流的水位变幅或海域的潮差较大，保证率 97% 的水位或潮位与多年平均水位或潮位相差较大时，在保证率 97% 的水位/潮位与多年平均水位/潮位之间优选确定。

c. 在保证率 97% 的低水位条件下，循环水泵的出水流量应保证汽轮机排汽背压不超过汽轮机满负荷运行的最高允许值。按这一水位的出流量计算汽轮机的背压时，应考虑该水位对应的水温及排水的影响。

4）循环水泵选择中应注意的问题。

a. 循环水泵在额定工况下运行时，其效率应处于最佳效率范围内。扬程流量曲线在从设计流量到零流量之间应逐步平稳上升，不能有转折点，水泵在任何条件下均能稳定运行。在水源水位变幅较大时，宜选用流量-扬程特性曲线较陡的循环水泵。

b. 循环水泵从单泵运行点到两泵并联运行点的运行范围，其效率应处于高效率区。当多台水泵并联运行时，每台泵将平均分担总流量，在并联运行中各泵的流量差在整个运行范围内不宜超过 5%。

c. 各种运行工况条件下，无论是多泵并联运行或单泵运行，循环水泵均应具有较小的气蚀余量，设计淹没深度宜留有一定安全裕度，保证水泵的叶轮、导叶等通流部位不产生气蚀、振动现象。

d. 循环水泵在各种运行条件下（包括水泵在关闭扬程下运行和反转时）产生的所有力与力矩，包括由于地震及温度变化引起的力与力矩，均由水泵机组本体承受，经底座传给运转层楼板的水泵基础，水泵外部出水管的力与力矩不传到水泵本体上。

5）循环水泵出口可不装止回阀。水泵出口阀门可根据系统布置和水泵性能采用液压缓闭止回蝶阀或电动蝶阀，且水泵和出口阀门的电动机应有联锁装置。循环水泵之间应设联锁装置，也可分组联锁。当水泵出口无止回阀时，水泵的电动机与水泵出口电动阀门应采用联锁装置。

6）循环水系统宜采用转速低、抗汽蚀性能好的循环水泵。当采用海水作冷却水时，循环水泵主要部件应根据具体情况采用不同的耐海水腐蚀的材料、涂料，并可采用阴极保护防腐措施。有条件时，清污设备、冲洗泵、排水泵和阀门等与海水直接接触的部件，也应选用耐海水腐蚀的材料。

7）根据国内外经验，循环水泵主要部件选用的材料如表 13-7 所示。

表 13-7　　　　　　　　　　　　　　　　循环水泵主要部件可选用的材料表

部件名称	清水	海水	部件名称	清水	海水
叶轮	ZG1Cr13、ZG06Cr13-NiMo、ZG310-570、铸青铜	ZG0Cr18Ni12Mo2Ti、ZG0Cr18Ni9、铸 Ni-Al 青铜、双相不锈钢	壳体	HT-250、Q235A·F、16Mn	ZG0Cr18Ni9、高镍奥氏体球墨铸铁、耐海水合金铸铁
轴	优质碳素结构钢 35、优质碳素结构钢 45、2Cr3	2Cr13、0Cr8Ni9、1Cr-8Ni12Mo2Ti、双相不锈钢	淹没轴承	耐磨橡胶、含氟塑料、陶瓷	耐磨橡胶、含氟塑料、陶瓷
轴套	1Cr8Ni9 Ti、ZG310-570 表面镀铬	1Cr8Ni12Mo2Ti、0Cr-13、双相不锈钢	泵支座	HT-250、Q235A·F、16Mn	HT-250、Q235A·F、16Mn
密封环	ZG1Cr13、HT-250	OCr18Ni9、高镍奥氏体球墨铸铁			

（3）补给水泵的选择。

1）集中取水的补给水泵台数不宜少于 3 台，其中 1 台为备用。

2）补给水泵的型号及台数应根据水量变化、扬程要求、水质情况、泵组的效率、电源条件等综合考虑确定。

3）水泵的选择应符合节能要求。当流量或扬程变幅较大时，经技术经济比较，可采用大、小泵搭配或变速调节等方式满足要求。

4）水泵之间宜设联锁装置，可分组联锁。高扬程、长距离压力输水的水泵，其出水管上宜选用两阶段关闭的液压操作阀。

5）补给水泵房总出水管上应设置计量装置，泵进、出口应设置压力监测装置。

（六）工程实例

1. 循环水泵房

某工程位于市中心位置，取水河段的大堤紧靠临江大道的长江景观平台，且该河段是航运停泊码头，建设岸边式取水泵房难以实现，本期考虑利用电厂现有的浮船取水。工程安装一台 PG9171E 燃气轮机、一台双压余热锅炉及一台 60MW 调整抽汽凝汽机。循环水系统方案为一次升压直流供水系统，循环水泵的配置方式为 4 台循环水泵配 1 套联合循环机组，基本运行方式：冷季运行 2 台大流量循环水泵或 2 台小流量循环水泵和 1 台大流量循环水泵；热季运行 2 台大流量循环水泵和 1 台小流量循环水泵。其中 1 台小流量循环水泵或大流量循环水泵在运行时作为备用。此外，在抽汽工况下，循环水量根据抽汽量的不同进行调节循环水泵的台数即可。

循环水系统设计工况凝汽量按 226.15t/h（包括给水泵汽轮机凝汽量），循环水量见表 13-8。

表 13-8　　　　　　　　　　　　　　循环水用水量

机组容量（MW）	凝汽量（t/h）	凝汽器循环水量（t/h）		辅机用水（t/h）	其他用水（t/h）	总计（t/h）	
		热季	冷季			热季	冷季
1×175	226.15	13570	10177	1750	207	15527	12134

注　表中辅机冷却用水包括了发电机氢气冷却器用水等由循环水系统供给的用水项目。

循环水泵房（取水囤船）平剖面图详见图 13-7～图 13-9。

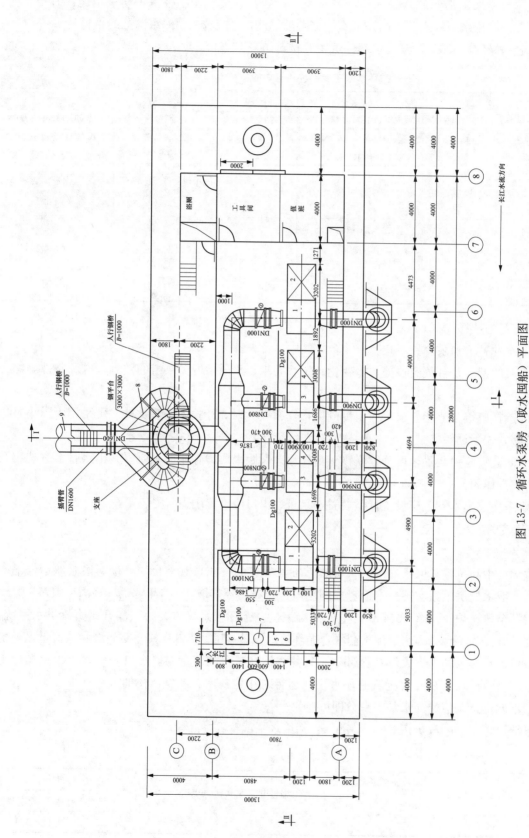

图 13-7 循环水泵房（取水囤船）平面图

1、2—大流量循环水泵及电动机；3、4—小流量循环水泵及电动机；5、6—水环式真空泵及电动机；7—气水分离器，8—万向摇臂接头，9—摇臂管

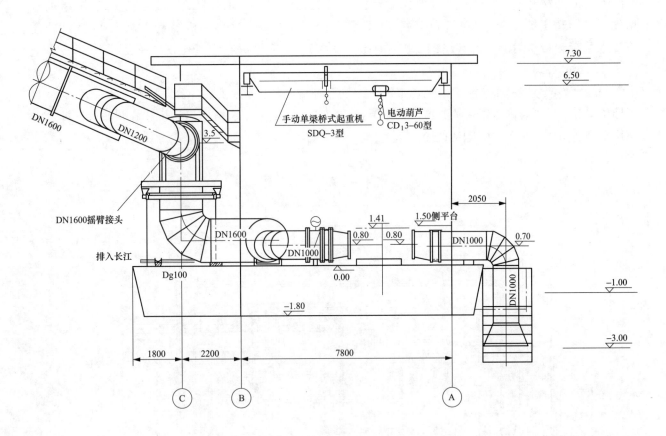

图 13-8　循环水泵房（取水囤船）（Ⅰ-Ⅰ）剖面图

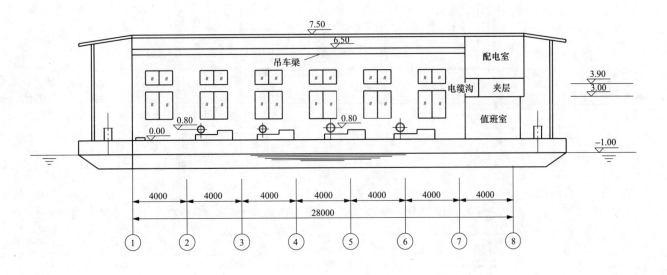

图 13-9　循环水泵房（取水囤船）（Ⅱ-Ⅱ）剖面图

2. 补给水水泵房

某工程安装 2 套 209E 燃气联合循环发电机组，总装机容量为 750MW。每套联合循环机组由

2 台燃气轮机发电机、2 台余热锅炉和 1 台汽轮发电机组成。本工程同时考虑预留二期扩建机组用地，二期暂定扩建 1 套 209E 和 1 套 109E 联合循环电站，二期总装机容量约为 500MW。循环冷却水系统为带机力通风冷却塔的二次循环供水系统。本期机组在设计工况条件下平均补给水量约为 1640m³/h。

补给水为河水，补给水泵房内规划布置 5 台 50% 补给水泵，本期安装 3 台，其中 1 台一二期共用，远期预留 2 台。泵房内布置两条流道，每条流道均配置平板钢闸门、格栅清污机和旋转滤网。补给水泵房平剖面图详见图 13-10 及图 13-11。

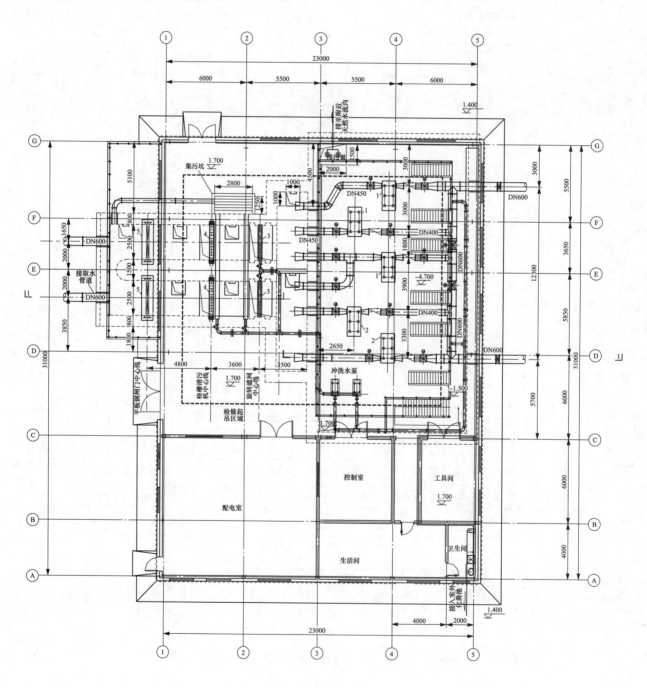

图 13-10　补给水泵房平面图

1—本期补给水泵；2—远期预留补给水泵；3—旋转滤网；4—清污机；5—平板钢闸门

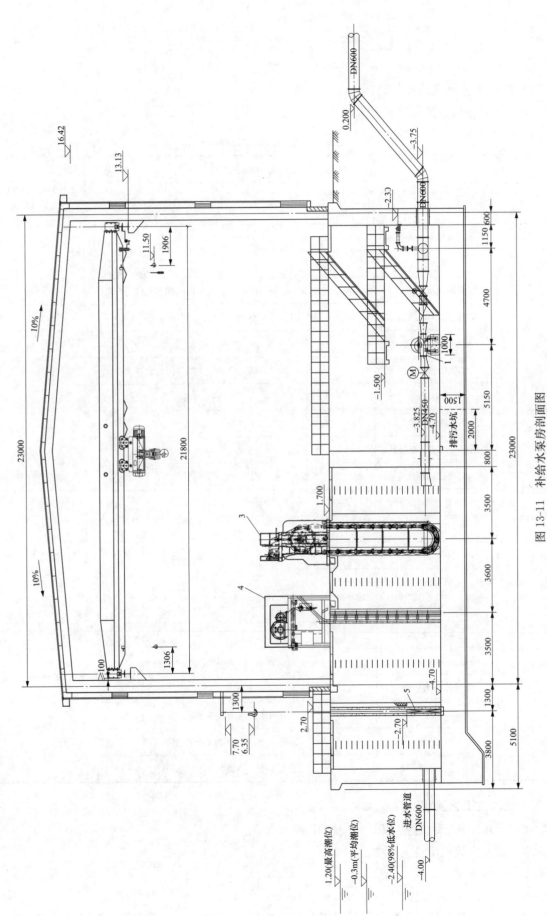

图 13-11　补给水泵房剖面图

1—本期补给水泵；2—远期预留补给水泵（见图 13-10）；3—旋转滤网；4—清污机；5—平板钢闸门

第二节 净 水 处 理

一、净水处理工艺及构筑物的选择

净水处理工艺及构筑物的选择见表13-9。

表 13-9　　　　　　　　　　　　　　净水处理工艺及构筑物的选择

净水工艺		构筑物名称	适用条件		出水浊度（NTU）
			进水含砂量（kg/m³）	进水浊度（NTU）	
预沉	自然沉淀	平流式或辐射式预沉池	10～30		
	混凝沉淀	斜管预沉池	10～120		
混凝沉淀		平流式沉淀池		一般小于5000，短时间内允许10000	
		斜管（板）沉淀池		500～1000，短时间内允许3000	
澄清		机械搅拌澄清池		一般小于3000，短时间内允许3000～5000	一般为5以下
		水力循环澄清池		一般小于500，短时间内允许2000	
		脉冲澄清池		一般小于3000	
		悬浮澄清池（单层）		一般小于3000	
		悬浮澄清池（双层）		3000～10000	
		高密度沉淀池		50～10000	
普通过滤		快滤池		一般不大于5	一般为1以下
		双层滤池			
		虹吸滤池			
		无阀滤池			
		压力滤池			
接触过滤		接触双层滤池		一般不宜超过25	
		接触无阀滤池			
		接触式压力滤池			
消毒		液氯		有条件供应液氯地区	
		次氯酸钠		适用于中、小型燃气轮机电厂	
		二氧化氯		适用于中、小型燃气轮机电厂	

二、净水处理的工艺流程选择

燃气轮机电厂的净水工艺流程常用的有以下几种：

(1) 原水→混凝沉淀或澄清→过滤。

(2) 原水→接触过滤。

(3) 原水→混凝→沉淀→过滤。

混凝沉淀或澄清之后的河水一般可以满足燃气轮机电厂工艺冷却水水质要求，采用过滤工艺的净水处理一般可满足燃气轮机电厂化学水处理工艺进水的水质要求。上述净水处理工艺再增加消毒工艺，即可满足燃气轮机电厂生活用水的水质要求。

具体各工艺的设计及计算内容详见《给水排水设计手册》城镇给水部分的相关内容。

第三节　燃气轮机电厂用水量及水质要求

燃气轮机电厂的用水量主要有燃气轮发电机组的冷却水和辅机的冷却水、锅炉补给水（即化学水处理用水）和生活消防用水量。

（1）燃气轮机电厂冷却水系统用水，应符合下列要求：

1）直流供水系统的水源含沙量不宜大于 $50kg/m^3$；

2）循环供水系统补充水水质应符合 DL/T 5339《火力发电厂水工设计规范》的规定；

3）采用再生水作为燃气轮机电厂循环供水系统的补充水时，处理后的再生水应符合 GB/T 19923《城市污水再生利用工业用水水质》的水质要求；

4）间接空冷系统的补给水宜为除盐水；

5）空冷系统的散热器外表面冲洗系统水源可采用除盐、软化水或一级反渗透出水。

（2）燃气轮机电厂化学水处理系统用水应符合 DL/T 5068《火力发电厂化学设计技术规程》的规定。

（3）热力系统用水应符合 GB 50660《大中型火力发电厂设计规范》的规定。

（4）采暖通风与空气调节系统的补水及循环水水质应符合 GB/T 29044《采暖空调系统水质》的规定。

（5）其他杂用水，宜符合下列要求：

1）生活杂用水水质和卫生防护应符合 GB/T 18920《城市污水再生利用城市杂用水水质》的规定；

2）浇洒道路和绿化用水可采用工业水、生活水和处理后的生活污水等；

3）冲洗车间地面、冲洗汽车和冲洗设备等用水可采用工业水、生活水、处理后的工业废水和生活污水等；

4）发电厂主厂房区域以外的设备冷却水采用工业水时，应重复利用；

（6）发电厂生活用水水质应符合 GB 5749《生活饮用水卫生标准》的规定。

一、凝汽器用水量

凝汽器的冷却水量应结合循环水系统优化按最佳的冷却倍数确定。

循环水系统的优化计算目的是通过技术经济比较确定最优方案，在优化计算时要考虑冷却水量、凝汽器换热面积、循环水泵的配置、进出水管的大小、冷却塔的淋水面积等变化的因素，使得汽轮机组在上述条件下取得最优的效率。一般地说，冷却水量的增加可使汽轮机组的背压降低，从而使汽轮机组的出力提高；但同时也增加了循环水泵的容量，电耗增加。因此，可以将其调整至某一倍率，使汽轮机组提高的出力与循环水泵增加的电耗之差为最大，该时的冷却倍率为最佳冷却倍率。

二、空气冷却器及油冷却器用水量

燃气轮发电机组设备冷却通常采用空冷或油冷，具体所需水量由汽轮机专业根据实际工程需要提出。

三、其他生产用水量

除空气冷却器及油冷却器以外的其他辅机的冷却水量包括给水泵冷却用水、取样冷却器冷却用水、各种轴承冷却用水、射水抽气器用水、液力耦合器用水、暖通空调冷却水等。上述用水量均由各专业根据实际工程需要提出。

四、冷却设备的补充水量

冷却设备在运行中，冷却水由于受到大气温度等因素影响而产生蒸发损失、受风影响而产生的风吹损失、冷却水长期闭式循环后循环水浓缩形成的排污损失，以及采用冷却池的渗漏损失等，分别以计算确定。湿式冷却塔的蒸发损失、风吹损失和排污损失的计算，应符合 GB/T 50102《工业循环水冷却设计规范》的规定。

五、生活、消防用水量

1. 燃气轮机电厂的生活用水

（1）生产人员生活用水量宜采用 35L/（人·班），其小时变化系数采用 2.5。

（2）生产人员淋浴用水可采用 40～60L/（人·班），其延续时间为 1h。

燃气轮机电厂最大班职工人数按职工总人数的 80％计，浴室设计计算人数，可按最大班人数的 93％计。

（3）住宅区生活用水同 GB 50013《室外给水设计规范》中的居民生活用水定额标准。

（4）浇洒道路及绿地用水，应根据路面种类、绿化、气候和土壤条件确定，可采用 2.0L/（m²·d）。

（5）冲洗汽车用水量，按如下标准确定：

1）小轿车 250～400L/（d·台）。

2）大轿车、载重汽车 400～600L/（d·台）。

3）冲洗汽车的用水量不在最大小时用水量时使用，每辆汽车的冲洗时间为 10min，同时冲洗汽车数可按 1～2 台计算。

（6）暖通用水，主要是机炉集中控制室、主控制室、电气控制室及需要空调的地方的空调用水，详细计算由暖通专业提供。

2. 消防用水量

详见第十五章的相关内容。

六、燃气轮机电厂用水指标

1. 燃气轮机电厂耗水量参考指标

（1）燃气-蒸汽联合循环机组循环供水系统设计耗水指标。编制组调研了 13 个燃气-蒸汽联合循环机组采用循环供水系统的设计耗水指标在 0.209～0.466m³/（s·GW）之间，其中单机容量小于 300MW 的 9 个燃气-蒸汽联合循环机组循环供水系统设计耗水指标在 0.209～0.465m³/（s·GW）之间，单机容量大于或等于 300MW 的 4 个燃气-蒸汽联合循环机组循环供水系统设计耗水指标在 0.35～0.466m³/（s·GW）之间。综合考虑目前的节水设计，规定单机容量小于 300MW 燃气-蒸汽联合循环机组循环供水系统设计耗水指标小于或等于 0.40m³/（s·GW）；单机容量大于或等于 300MW 燃气-蒸汽联合循环机组循环供水系统设计耗水指标小于或等于 0.35m³/（s·GW）。

（2）燃气-蒸汽联合循环机组直流供水系统耗水指标。编制组调研了 2 个燃气-蒸汽联合循环机组采用直流供水系统的设计耗水指标在 0.020～0.021m³/（s·GW）之间，燃气-蒸汽联合循环机组直流供水系统的设计耗水指标比燃煤火力发电厂直流供水系统的要低，主要是化学用水、部分工业水和生活用水。综合考虑目前的节水设计，规定单机容量小于 300MW 燃气-蒸汽联合循环机组直流供水系统设计耗水指标小于或等于 0.06m³/（s·GW）；单机容量大于或等于 300MW 燃气-蒸汽联合循环机组直流供水系统设计耗水指标小于或等于 0.05m³/（s·GW）。

（3）不同类型燃气轮机电厂耗水量参考指标见表 13-10。

表 13-10   不同类型燃气轮机电厂耗水量参考指标

项目	项目一	项目二	项目三	项目四	项目五	项目六
项目所在地	赤道几内亚	尼日利亚	巴基斯坦	湖北武昌	白俄罗斯	广东深圳
机组配置	3×6B	4×9E	2+2+1	1+1+1	1+1+1	2+1+1
燃气轮机型号	PG6581B	PG9171E	6111FA	PG9171E	SGT5-4000F	M701F4
机组形式	单循环	单循环	联合循环	联合循环	联合循环	联合循环
燃气轮机燃料	天然气	天然气	天然气/轻柴油	天然气	天然气	天然气
单台燃气轮机 ISO 功率（MW）	41.35	129.5	70.88	123.4	285.8	324.3
电站总输出功率（MW）	124.05	518	219.03	182.73	426.42	893.854
循环水冷却水系统形式	闭式循环系统（干式空冷器）	闭式循环系统（干式空冷器）	带机力通风逆流冷却塔的二次循环水系统	直流供水系统	直流供水系统	带机力通风逆流冷却塔的二次循环水系统
水源	地下水	河水	地下水	长江	河水	城市污水处理厂再生水，水库水作为再生水的备用水源
耗水量（补水量，t/h）	3	24	380/443	153	45	984.1

2. 燃气轮机电厂用水水质指标

燃气轮机电厂用水水质指标见表 13-11。

表 13-11   燃气轮机电厂用水水质指标

编号	名称	意义	引起后果	一般要求
1	全固形物	水中含有一切物质的总数，全固形物＝悬浮物＋溶解性固体	能引起汽水共沸，因而加大锅炉排污量	
2	悬浮物	不溶解于水的物质，由砂石、有机物组成	能引起汽水共沸，因而加大锅炉排污量	越小越好
3	溶解性固体	为溶解于水中物质的总数	能引起汽水共沸，因而加大锅炉排污量	900mg/L 以下
4	灼烧减量	代表溶解固形物中的有机物及挥发物含量	能引起汽水共沸，因而加大锅炉排污量	越小越好
5	矿物质残渣	溶解于水中矿物质的总和	能引起汽水共沸，因而加大锅炉排污量	越小越好
6	耗氧量	代表水中有机物含量	能引起汽水共沸，因而加大锅炉排污量	越小越好
7	全硬度	水中钙镁、重碳酸盐及硫酸盐总和	使锅炉结垢	<14mmol/L
8	暂时硬度	水中钙镁、重碳酸盐的总数	使锅炉及凝汽器管子结垢	≤2.8mmol/L，超过即需处理
9	永久硬度	水中钙镁、硫酸盐、硝酸盐及氯化物的总数	使锅炉及凝汽器管子结垢	
10	碱度	水中重碳酸根、硫酸根及氢氧根的总数	使锅炉有苛性脆化或造成结垢	≤2.8mmol/L
11	pH 值	表示水的酸碱性	可造成金属设备的腐蚀	>7.0
12	游离的 CO_2	呈溶解气体状态存在于水中的 CO_2，地下水中比地面水多	可造成金属设备的腐蚀	越小越好
13	氯离子 Cl^-	氯化物数量	使锅炉设备腐蚀及恶化汽水品质	越小越好
14	硫酸根 SO_4^-	水中硫酸盐数量	恶化蒸汽品质	越小越好

编号	名称	意 义	引起后果	一般要求
15	硝酸根 NO_3^-	本离子如与氨离子同时存在,用作饮用水时需作细菌分析,因为水已经被污染	对人体有害	越小越好
16	重碳酸和碳酸离子 HCO_3^- 或 CO_3^{2-}	表示水中碱性物的存在	生垢	越小越好
17	亚硝酸根 NO_2^-	含有本离子的水,不宜作饮用水	对环境有害	越小越好
18	氨离子 NH_4^+	本离子如与硝酸根离子同时存在,用作饮用水时需作细菌分析,因为水已经被污染	对人体有害	越小越好
19	二氧化硅 SiO_2	一般地下水含量较大	可造成锅炉过热器管、汽轮机通流面积结垢	$\leqslant 15mg/L$
20	氧化铁和氧化铝 Fe_2O_3、Al_2O_3 或 R_2O_3		造成锅炉泥渣,并加大排污量	越小越好
21	钙离子 Ca^{2+}		结垢	
22	钠离子 Na^+		恶化蒸汽	
23	镁离子 Mg^{2+}		结垢	
24	透明度	观察水中悬浮物体含量的另一种方法	影响锅水及软化设备的出力	越小越好
25	颜色和色度	观察水中有机物含量的一种方法	对人体有害,并可使软化剂失效	越小越好
26	硫化氢 H_2S		有腐蚀性	越小越好

七、燃气轮机电厂水量平衡设计及节水措施

(1) 水量平衡设计应通过各项工程措施,采用资源利用率高、污染物排放量少的清洁生产工艺,实现合理用水、节约水资源,减少废水的排放量和控制废水中污染物的浓度,防止排水污染环境的目标。

(2) 水量平衡设计应根据厂址水源、建厂条件、水资源论证报告和环境评价报告,对发电厂的各类用水和排水进行全面规划、综合平衡和优化,确定合理的用水流程和水处理工艺,提高重复用水率、减少污水排放量和控制设计耗水指标。

(3) 在各阶段水量平衡设计应符合下列要求:

1) 可行性研究报告应提出水务管理设计原则和规划。

2) 初步设计文件应提出水务管理方案和节水具体措施。

3) 施工图设计应落实水量平衡设计方案和各项节水措施。

(4) 水量平衡设计应包括以下内容:

1) 采用节水型的工艺系统和设备。

2) 计算各项用水量、用水时间和平均耗水量,以及用水和排水的水质,进行水量平衡设计。

3) 制定用水系统流程。

4) 监测控制设备选择与配备。

(5) 电厂各类排水应循环使用、梯级使用、处理后回用;按照清污分流原则分类回收和重复利用,排水水质和温度可以满足工艺要求的应直接回用,其他排水可处理后再利用。

(6) 水量平衡图宜采用方框图的形式,图中应示出各类水用户、废水回收处理设施、各种水的来源、流程和流向,标出各点的水流量;对于一个划定的水平衡体系,其总进水量与总排水量及总损失水量应平衡。

(7) 水量平衡各项水量宜按各系统最高日平均时水量编制。

(8) 水量平衡图宜按设计工况分季节编制。

(9) 电厂的用水和排水系统应按水务管理需求配置水量、水温和水质监测装置。

（10）电厂水平衡测试应符合 GB/T 12452《企业水平衡测试通则》和 DL/T 606.5《火力发电厂能量平衡导则 第 5 部分：水平衡试验》的规定。

（11）电厂节水设计中应采取流量联锁控制措施，保持补给水、回用水与电厂内各系统用水的平衡；储水设施应设置防止溢流的措施，用水量变化大的供水系统宜采用变频调速水泵、大小泵组合或流量调节阀等方式进行流量调节。

（12）实例工程的水量平衡图。

1）直流供水系统。

某工程安装一台 PG9171E 燃气轮机、一台双压余热锅炉及一台 60MW 调整抽汽凝汽机。循环水系统方案为一次扬压直流供水系统，循环水泵的配置方式为 4 台循环水泵配 1 套联合循环机组，基本运行方式：冷季运行 2 台大流量循环水泵或 2 台小流量循环水泵和 1 台大流量循环水泵；热季运行 2 台大流量循环水泵和 1 台小流量循环水泵。其中 1 台小流量循环水泵或大流量循环水泵在运行时作为备用泵。此外，在抽汽工况下，循环水量根据抽汽量的不同进行调节循环水泵的台数即可。循环水系统设计工况凝汽量按 226.15t/h（包括冷水泵汽轮机凝汽量）设计及循环冷却倍率热季 60 倍，冷季 45 倍计算水量。该工程的水量平衡图详见图 13-12。

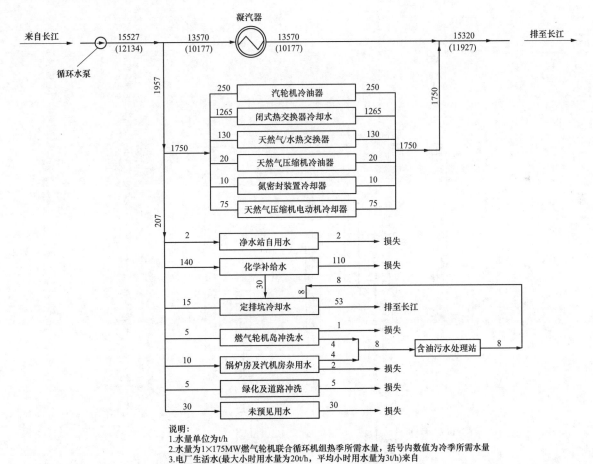

图 13-12　水量平衡图（直流供水系统）

2）循环供水系统。某工程建设 2×400MW 级燃气热电联供机组，汽轮机凝汽冷却采用带机械通风冷却塔的二次循环供水系统。循环冷却水补充水采用经深度处理后的城市污水处理厂再生水，并以茜坑水库水作为再生水的备用水源。化学水处理系统水源为茜坑水库，需水量为 303t/h（含老厂除盐水及供气损失）。生活用水取自城市自来水管网。循环水系统按最小抽汽工况凝汽量 291.5t/h（单机）及循环冷却倍率热季 60 倍、冷季 51 倍计算水量。纯凝工况的水量平衡图详见图 13-13。

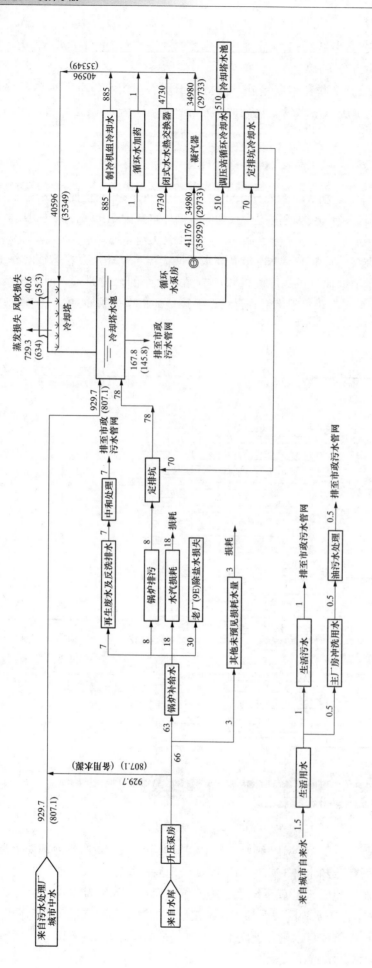

图 13-13 水量平衡图（循环供水系统）

说明：

1. 本图为 2×400MW 级燃气—蒸汽联合循环供热机组水量平衡图。

2. 热季循环水冷却倍率为 43.3 倍，冷季循环水冷却倍率为 36.8 倍。括号内为冷季用水量有变化时的水量。

3. 本工程热季补充水量为 997.2m³/h，其中扣除一期除盐水损失 30m³/h 及化学水系统自用水量 7m³/h，折合耗水指标为 0.333m³/(s.GW)（对应纯凝工况）；冷季补充水量为 874.6m³/h，其中扣除一期除盐水损失 30m³/h 及化学水系统自用水量 7m³/h，折合耗水指标为 0.291m³/(s.GW)（对应冬季平均气象条件下纯凝工况）。

4. 图中数字单位为 m³/h。

5. 浓缩倍率为 4.5。

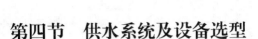
第四节 供水系统及设备选型

一、概述

汽轮机做功后的乏汽，需经过汽轮机凝汽设备冷却为凝结水。按冷却方式，冷却系统可以分为湿式冷却系统（水冷系统）和干式冷却系统（空冷系统）两大类。

二、湿式冷却系统

（一）湿式冷却系统基本形式

1. 按供水方式分类

湿式冷却系统可分为直流供水系统、再循环供水系统、混合供水系统3种基本形式。这3种基本形式的分类是传统的工程分类方法。不同类型的主要供水系统适用条件及优缺点参见表13-12。

表 13-12   不同类型的主要供水系统适用条件及优缺点

供水系统类型		示　图	适用条件及优缺点
直流供水系统	循环水泵安装在厂区内的集中水泵房中		（1）水源至汽轮机间引水渠沿线地形平坦。 （2）水源水位变幅不大，最低水位较高。 （3）一般用于从渠道取水
	循环水泵安装在岸边水泵房内		（1）水源水位低、变幅大。 （2）供水距离不远，管道不太长。 （3）运行较方便。 （4）一般用于江、河、海上取水
循环供水系统	带有冷却塔的循环供水		在水源缺少、厂区面积较小的地区
	带有冷却池的循环供水		（1）厂址附近有天然湖泊、洼地。 （2）有充足的补充水源

续表

供水系统类型	示　图	适用条件及优缺点
混合供水系统 冷却塔和直流供水的混合系统	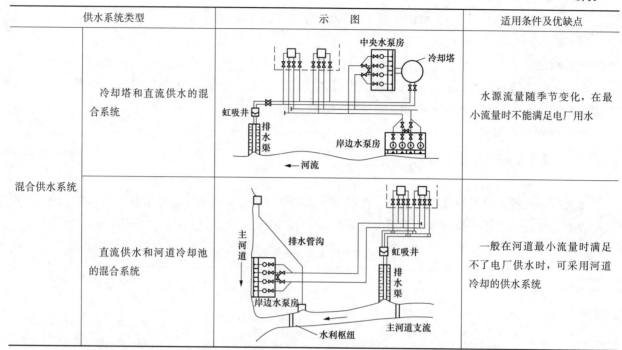	水源流量随季节变化，在最小流量时不能满足电厂用水
直流供水和河道冷却池的混合系统		一般在河道最小流量时满足不了电厂供水时，可采用河道冷却的供水系统

(1) 直流供水系统。直流供水就是冷却水直接从水源取得，通过凝汽器加热后一去不复返地排到水源中去。通常河流流量大，供水高度在 20～25m 以下，输水距离在 0.8～1.1km 以内采用直流供水系统是经济合理的。

当水源在某一时期水量不足时，回流部分热水与冷水掺混后供凝汽器用水，通常称为混流供水系统，该系统为直流供水系统的特例。

(2) 再循环供水系统。供水水源流量不足，或者由于主厂房距水源太远，又比水源高出很多，采用直流供水系统不经济时，可采用再循环供水系统。再循环供水系统的冷却水进入凝汽器加热后，再送到冷却塔或冷却池中冷却，冷却后重复进入凝汽器，如此进行再循环。从水源只取来补充系统中损失的水量。

(3) 混合供水系统。供水水源大部分时间流量能满足直流供水量，仅在个别季节水量不足，而取水又较方便经济时，可采用混合供水系统，该系统兼有直流和再循环供水系统特点。在水源水量丰富时，采用直流供水方式运行；在水源水量不足时，采用直流和再循环混合方式运行；在水源最枯时全部采用再循环供水方式运行。

2. 按循环水散热途径及水体水文特点分类

按循环水散热途径及水体水文特点系统可分为水面冷却和水滴水膜冷却两种形式。

水面冷却是指利用水库、湖泊、河道、人工水池、港湾、海洋各种自由水面冷却。

水滴水膜冷却是指利用冷却塔、喷溅装置等各种冷却装置将水体变成水滴水膜后冷却。

河道冷却分为单向流河道和双向流河道冷却。

(1) 单向流河道。单向流河道宽度一般小于 250m。

1) 当上游来水量/电厂取（排）水量为零时，属河网水面冷却，相当于带形冷却池，如部分取用运河水的电厂。

2) 当上游来水量/电厂取（排）水量大于 5 时，属直流供水，排水直接流向排水口下游，如取水口无热水回流，取水直接引取上游来水。

3) 当上游来水量/电厂取排水量大于 0、小于或等于 5 时，有可能全部热水流至排水口下游；也有可能部分热水流至排水口下游，剩余部分热水上溯至取水口或更远。其流动特性及排水口上下游分流量视河道水力条件有所不同。

（2）双向流河道。双向流河道的河段内有上游来水量，也有自下而上的潮流量。

上述分类方法与传统的工程分类方法是相互关联的，并无明确界线，如在采用混流供水系统时，部分排水回流到取水口，这时如上游来水较少，排水向取水口的上下游扩散，冷却后的底层冷水进入取水口，这时的混流供水系统已向河道冷却转化了。

直流供水系统的排水虽然不回流到取水口，但排水的热量在河道的下游最终通过热传递散发到大气中去，仍属于水面冷却的一种方式。而再循环供水的冷却池也属于水面冷却的范畴。因而各形式的系统之间并无非常严格的分界。

（二）湿式冷却系统主要参数

湿式冷却系统可以用冷却水温、背压、初始温差初步概括冷却系统的规模。因此，这3个参数可作为基本参数。

1. 基本参数的定义

（1）设计冷却水温 t_1。汽轮机在额定工况时的背压称为额定背压，对应的凝汽器冷却水入口处的水温称为设计冷却水温。

（2）背压 p_c。背压即指凝汽器压力，根据 JB/T 10085《汽轮机凝汽器技术条件》的规定，它是指在凝汽器壳体内，第一排冷却水管上方 300mm 内的蒸汽通道处所维持的绝对静压力，工程中常用符号 p_c 表示。设计冷却水温下相应的背压即为工程的设计背压。

（3）初始温差 ITD。

根据 JB/T 10085《汽轮机凝汽器技术条件》的规定，初始温差是指汽轮机排汽温度与冷却水进口温度的差值。常用符号 ITD 表示。湿式冷却系统的 ITD 值是由冷却水的冷却倍数和凝汽器的参数（主要指凝汽器面积、管材、冷却水管流速等）确定的，因此 ITD 值也可表示冷却系统的规模，ITD 值大则冷却系统规模小，ITD 值小则冷却系统规模大。

2. 设计冷却水温 t_1、背压 p_c、初始温差 ITD 的确定原则

本小节所述内容适用于湿式冷却系统，湿式冷却系统包括直流供水系统和带湿式冷却塔的再循环供水系统。

（1）背压 p_c 和初始温差 ITD 值。根据 JB/T 10085《汽轮机凝汽器技术条件》的规定，设计水温分为 15℃、20℃、25℃ 3 档，并推荐了各档水温凝汽器压力的变化范围，相应的 ITD 值见表 13-13。

表 13-13　　　　　　　　　　　　不同设计水温下凝汽器的参数

设计冷却水温 t_1（℃）	背压 p_c（kPa）	排气温度 t_c（℃）	$ITD = t_c - t_1$（℃）
15	4	29	14
	5	32.8	17.8
20	5	32.8	12.8
	6	36.2	16.2
25	6.5	37.6	12.6
	7.5	40.3	15.3

由上 13-13 表可知，在我国冷却系统的 ITD 值在 12～17℃ 之间。

日本一些大型电厂海水直流供水系统，由于海水水位变幅较小，许多电厂采用引水明渠将水引到汽机房前，循环水泵分机组布置在汽机房前。排水也用排水明渠排走。因而循环水系统阻力和静扬程都较低，故循环水冷却倍率可选用较大值（例如循环水冷却倍率 $m = 75～80$，冷却水温升 $\Delta t = 6～$

7℃）；因此，这种系统的 ITD 值较低。下限值约为 9℃，上限值约为 15℃；平均值约为 12℃。

（2）设计冷却水温 t_1 的确定原则。以往多数工程按 GB/T 754《汽轮机主要参数系列》，电厂设计冷却水温统一取 20℃。我国幅员辽阔，各工程统一规定用一个设计冷却水温值，会使汽轮机的低压缸叶片选型趋于单一、脱离厂址实际自然条件，造成汽轮机的实际运行背压偏离设计值。因此，普遍公认工程选用的设计冷却水温 t_1 应接近或直接采用工程的全年平均运行水温更为合理。

1）直流供水系统的设计冷却水温。当采用直流或混流供水系统时，汽轮机的额定背压对应的冷却水温宜按扣除无效低温后的全年平均水温确定，设计水温宜根据累年各月平均水温统计资料，并宜按水温 8℃以上加权平均法计算；冷却水的最高计算温度应按累年水温最高时期频率为 10％的日平均水温确定，累年水温最高时期可采用夏季 3 个月，并应将温排水对取水水温的影响计算在内；混流供水系统还应按累年最小月平均流量时的运行工况进行校核计算。

表 13-14 给出了我国部分主要江河及沿海各季节水温。

表 13-14　　　　　　　　　　　我国江河及沿海水温　　　　　　　　　　　℃

地区	夏	春秋	冬	寒冬	年平均
长江上游	23	20	15	11	18
长江中游	27	20	13	9	18
长江下游	27	20	13	8	18
东北江河	18	11	3	2	9
黄河上游	21	14	4	0	10
黄河北岸	23	16	7	0	11
渤黄河沿岸	25	17	7	1	14
浙闽沿岸	25	20	16	12	19
南海沿岸	27	23	20	15	22

由表 13-14 可知，我国大部分地区的年平均水温为 20℃左右；但东北地区江河、黄河上游地区和黄海北部地区年平均水温只有 10℃左右，在渤海、黄海沿岸年平均水温为 14℃；因此，在这些地区，电厂设计选用的汽轮机低压缸末级叶片长度应适应较低设计冷却水温的要求。

当有热水回流时，设计冷却水温还需考虑排水对取水温度的影响，温升值应通过模型试验确定。

2）再循环供水系统的设计冷却水温。采用再循环供水系统时，设计冷却水温由冷却塔出塔水温而定。冷却水温的计算依据是全年的气象条件。设计干球温度宜根据累年各月平均气象参数统计资料，并宜按气温 2℃以上加权平均法计算，设计大气压力和相对湿度宜取全年各月平均值；确定冷却水的最高计算温度应符合下列规定：

a. 宜采用按湿球温度频率统计方法计算的频率为 10％的日平均气象条件；

b. 主要用于夏季调峰的电厂宜留有适当的裕度；

c. 气象资料应采用最近 5 年炎热时期的逐日平均值，每年最炎热时期可以 3 个月计算。

3）其他供水系统的设计冷却水温。当采用混合供水系统时，汽轮机的额定背压对应的冷却水温宜按河流丰水时段平均水温确定，冷却水的最高计算温度可按河流累年水温最高时期频率为 10％的日平均水温及与河流枯水时段相应的最高月平均气温时的气象条件计算得到的高值确定。

当采用冷却池循环供水系统时，汽轮机的额定背压对应的水温宜按累年平均水温和相应的气象条件计算，确定冷却水的最高计算温度宜符合下列规定：深水型冷却池宜采用累年平均的年最热月月平均自然水温和相应的气象条件；浅水型冷却池宜采用累年平均的年最炎热连续 15 天平均自然水温和相应的气象条件。

（三）主要设备及设施

1. 供水系统中的供水管、沟及渠

供水系统中的供水管、沟及渠的设计和计算内容详见 DL/T 5339《火力发电厂水工设计规范》中的输水管、沟和渠道部分的相关规定。

2. 虹吸井

在直流供水系统中利用虹吸作用可以降低循环水泵的工作水头。虹吸装置就是将凝汽器排水管接入到排水虹吸井内，见图 13-14。虹吸井内设有溢流堰保证一定的水位造成虹吸所必要的水封，在排水管顶点设抽真空装置，因而具有保证虹吸作用的可能，这样循环水泵的供水高度将比不利用虹吸高度的供水系统降低得多。

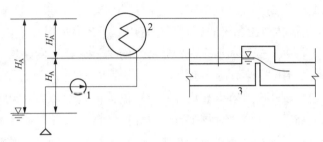

图 13-14　虹吸系统示意图

1— 循环水泵；2—凝汽器；3—虹吸井；

H'_A—虹吸作用未形成前水泵供水的几何高度；

H_A—水泵供水的几何扬程；H''_A—虹吸作用的利用高度

当采用虹吸井时，虹吸利用高度应根据当地最低气压、凝汽器换热后最高水温和凝汽器出口至虹吸井溢流堰之间的水流阻力，通过计算确定。但凝汽器出口最高点的绝对压力不宜低于 20kPa，可采用 20～30kPa。虹吸利用高度，一般采用 6.5～7.0m。

3. 湿式冷却塔

湿式冷却塔是凝汽冷却系统中冷却设备的一种。湿式冷却塔中的被冷却介质（循环冷却水）与冷却介质（空气）直接接触，被冷却介质在敞开的环境中运行，暴露于大气，所以属于敞开式冷却设备。

湿式冷却塔及其循环水系统，在运行、控制、操作、维护等方面都较为简单，运行中循环冷却水的损耗量也不太多（大约为循环水总量的 2.0%），对补充水源的水量、水质要求不高，一般工程条件都能满足，投资费用也相对较低，因此，目前被国内外电厂中广泛采用。我国南方地表水源较为丰富，有条件采用直流冷却水系统的地区，近年来随着经济的发展，工农业用水量骤增，环境保护对水质、水温的要求也越来越高，因此在这些地区的火力发电厂采用湿式冷却塔的也日趋增多。

按塔内空气流动动力分类，湿式冷却塔可以分为自然通风冷却塔、机械通风冷却塔和辅助通风冷却塔。

冷却塔的设计参数选定和具体计算过程内容详见 DL/T 5339《火力发电厂水工设计规范》的相关规定。

4. 凝汽器

在凝汽式汽轮机组的热力循环中，凝汽设备起着冷源的作用，其主要任务是将汽轮机排汽凝结成水并在汽轮机排汽口建立与维持一定的真空度。

（1）基本设计原则。电站凝汽器的基本要求及设计原则可归纳如下：

1）要确保凝汽器的安全可靠性、较长的运行寿命、足够的年运行小时数。其中，提高冷却水侧零部件结构的水密性最为重要。为此要根据动力装置形式、系统设计要求和冷却水质，合理地选择冷却管与管板的材料。目前大型凝汽器除了继续采用传统的经改进的铜合金冷却管外，耐蚀性良好的较昂贵的铜镍合金管、不锈钢管、铁管获得了越来越广泛的应用。近代复合板技术已逐步推广应用于凝汽器管板。冷却管与管板的连接，除了继续采用通常的光孔胀接外，开槽管孔的胀接、胀接加封焊是提高水密性的有效措施。为了进一步提高水密性，还可考虑采用带充水密封腔室的管板结构以及双管板结构。此外，在加工制造、安装和运行阶段制定有效、严格的检漏措施，采用能保证管板面上冷却水流均匀分布的特殊线型的水室，对整个冷却水系统采取适当的防腐保护措施等，对确保水密性也有重要意义。通过试验研究、总结运行经验或模仿设计，采取措施防止零部件受高速流体冲蚀破坏，预防冷却管振动事故，选择合理的热膨胀补偿措施，是确保凝汽器汽侧安全、可靠的主要问题。充分利用凝汽器热井的空间，选用、设计合理有效的除氧结构，保证各种运行工况下凝结水出口含氧量保持在允许范围内，对整个凝结水给水系统管道设备和锅炉（或蒸汽发生器）的安全运行有重要意义。

2）必须强调指出，由于凝汽器作为辅助设备往往不为人们所重视，其研究试验工作开展比较晚，因此，提高其经济性的潜力远比汽轮机大。如果说目前试图通过提高汽轮机效率来降低其造价比如1%，需要付出昂贵的试验研究费用，那么通过提高凝汽器传热系数来降低1%的造价所需付出的代价将小得多。提高大型凝汽器经济性的主要途径有两条，一条是通过优化设计确定凝汽器热力设计参数（凝汽器压力 p_c、冷却水温 t_1、冷却管内流速 v_m、冷却倍率 m 等），另一条是通过试验研究或模仿设计，合理排布冷却管和选择管束，以提高传热系数，减小壳侧阻力，减小凝结水过冷度。此外，提高凝汽器的气密性，合理配置、设计抽气器，改善冷却水泵的调节性能，为冷却水侧配置较为先进的清洗设备，减小冷却水阻等对改善凝汽器运行经济性都有重要意义。

3）对于凝汽器还必须根据制造厂具体情况和交通条件，采取合理的运输方式，要制定严格的工地安装程序以及详细的验收试验要求和运行管理规程。

（2）热力计算。

循环水系统优化设计的目的是结合工程具体条件对系统进行综合优化，选择汽轮机冷端参数、凝汽器参数、循环水量及冷却塔几何尺寸等合理的组合方案。

凝汽器热力计算是循环水系统优化设计的重要组成部分。热力计算内容主要对不同凝汽器面积方案、冷却倍数方案，在再循环供水时还要对不同冷却塔面积方案进行组合后求出年总费用最小方案。因此，在各种组合条件下，凝汽器面积和冷却水量是已知的，凝汽器热力计算就是求凝汽器压力。

凝汽器的设计参数选定和具体计算内容参见《电力工程水务设计手册》凝汽器部分的内容或由专业制造厂提供。

5. 凝汽器热力计算实例

已知：汽轮机的排气量 $D_c = 379.25 \text{kg/s}$，凝汽器面积 $A = 2 \times 17000 \text{m}^2$，双背压设计，冷却水温 $t_1 = 23℃$，冷却水流量 $W = 101451 \text{m}^3/\text{h}$，冷却管内流速为 $v_w = 2.39 \text{m/s}$，冷却管材料为钛合金，管外径及壁厚为 $\phi 32 \times 0.5$，清洁系数 F_c 取 0.85，计算凝汽器总传热系数及背压。

先按 HEI 总传热系数的计算公式 $K = K_0 F_t F_m F_c$（式中：F_t 为冷却水温修正系数，F_m 为冷却管材料及壁厚修正系数），计算总传热系数 K。

根据给定的冷却管径及流速查表得到基本总传热系数 $K_0 = 4124 \text{W}/(\text{m}^2 \cdot ℃)$。

根据给定的冷却水温查图得低、高压侧冷却水温修正系数 $F_{t1} = 1.016$，$F_{t2} = 1.039$。

根据给定的冷却管材料及壁厚，查冷却管材料与壁厚的修正系数表，得冷却管材料及壁厚修正系数 F_{m1} 为 0.95。

由以上系数可计算，低压侧总传热系数为

$K_1 = K_0 F_{t1} F_{m1} F_c = 4124 \times 1.016 \times 0.95 \times 0.85 = 3383 \left[\text{W}/(\text{m}^2 \cdot ℃) \right]$

高压侧总传热系数为

$K_2 = K_0 F_{t2} F_{m2} F_c = 4124 \times 1.039 \times 0.95 \times 0.85 = 3461 \left[\text{W}/(\text{m}^2 \cdot ℃) \right]$

低压侧终端温差为

$$TTD_1 = \frac{\Delta t}{\exp\left(\dfrac{K_1 A_1}{1163 W}\right) - 1} = \frac{3}{\exp\left(\dfrac{3383 \times 17000}{1163 \times 101451}\right)} = 4.56(℃)$$

高压侧终端温差为

$$TTD_2 = \frac{\Delta t}{\exp\left(\dfrac{K_2 A_2}{1163 W}\right) - 1} = \frac{3}{\exp\left(\dfrac{3461 \times 17000}{1163 \times 101451}\right)} = 4.45(℃)$$

低压侧饱和蒸汽温度为

$$t_{s1} = t_1 + \Delta t_1 + TTD_1 = 23 + 3 + 4.58 = 30.58 \ (℃)$$

高压侧饱和蒸汽温度为

$$t_{s2} = t_2 + \Delta t_2 + TTD_2 = 26 + 3 + 4.45 = 33.45 \ (℃)$$

查饱和水蒸气压力表得

低压侧饱和蒸气压 $p_{c1} = 4.35\text{kPa}$。

低压侧饱和蒸气压 $p_{c2} = 5.16\text{kPa}$。

（四）湿式冷却系统优化

冷却系统优化是根据电厂厂址的气象条件和供水条件，对循环水系统的冷却倍率、冷却塔的淋水面积、凝汽器面积等机组冷端参数，采用对各个可变参数的不同组合，通过水力、热力和优化计算，进行多方案的综合比较，以选取技术、经济条件合理的综合方案和配置。目前湿冷系统的优化计算均依托于相关软件完成，整个计算一般执行以下主要原则：

（1）湿式冷却系统的优化计算应符合的要求：

1）应结合系统布置，采用对各个可变参数的不同组合，通过水力、热力及经济计算，进行多方案的比较。

2）汽轮机背压以及凝汽器和水泵参数的优选应与制造厂密切配合。

3）在冷却水最高计算温度的工况下，应保证汽轮机的背压不超过满负荷运行的最高允许值，计算时，凝汽量宜采用汽轮机在相应背压时的数值。

4）直流、混流供水系统应根据累年月平均水位、水温和温排水影响，并结合汽轮机特性和系统布置进行优化计算，确定汽轮机背压、凝汽器面积、冷却水量、循环水泵和进排水管沟的经济配置。

5）循环或混合供水系统应根据累年月平均的气象条件，并结合汽轮机特性和系统布置进行优化计算，确定汽轮机背压、凝汽器面积、冷却水量、循环水泵、进排水管沟、冷却塔的选型及经济配置。

（2）湿冷系统优化计算前，根据工程具体情况，对下列内容宜事先通过技术经济比较与分析确定最优方案：

1）取水地点及取水方式。

2）取水建筑物及水泵房的形式和材料。

3）水能回收方式。

4）补给水水源的选择。

5）冷却塔的塔型和位置等。

（3）湿冷系统的优化计算应根据工程具体条件，对下列主要参数在一定变化幅度内作为变量进行组合计算：

1）冷却水量。

2）凝汽器的换热面积、流程数、壳体与背压个数，凝汽器内冷却水管的材质、管径、壁厚、根数和长度等。

3）循环水泵及所配电动机的规格、台数。

4）进排水管、沟的材料、断面尺寸、条数。

5）取、排水建筑物的规模。

6）自然通风冷却塔的高度、淋水面积、进风口高度等主要几何尺寸，机械通风冷却塔的风机规格、格数和有关几何尺寸，冷却塔塔内供水高度、填料形式、填料高度及布置。

（4）优化过程的水力、热力计算应符合下列规定：

1）当采用直流或混流供水系统时的水文条件和当采用循环或混合供水系统时的水文和气象条件应

按本手册要求进行计算。

2）凝汽器冷却水管内的允许流速可按表 13-15 的规定选取。

表 13-15   凝汽器冷却水管内允许流速

管　　材	允许流速（m/s）	
	最低	最高
H68A（普通黄铜）	1.0	2.0
HSn70-1、HSn70-1B、HSn70-1AB（锡黄铜）	1.0	2.2
HAL77-2（铝黄铜）	1.0	2.0
BFe30-1、BFe10-1（白铜）	1.4	3.0
06Cr19Ni10、022Cr19Ni10、06Cr17Ni12Mo2、022Cr17Ni12Mo2、06Cr19Ni13Mo3、022Cr19Ni13Mo3、06Cr18Ni11Ti3（不锈钢）		2.5
TA1、TA2（钛）	1.0	—

3）凝汽器端差不应小于 2.8℃。

4）季节循环水量可通过循环水泵的最佳运行台数进行选择，运行循环水量占总循环水量的百分数可按表 13-16 采用。

表 13-16   运行循环水量百分数

水泵装置台数	水量百分数（%）			
	运行 1 台	运行 2 台	运行 3 台	运行 4 台
2	60	100	—	—
3	40	75	100	—
4	30	60	85	100

5）宜采用汽轮机在额定进汽量下的排汽参数。

（5）优化过程的经济计算宜符合 DL/T 5339《火力发电厂水工设计规范》的相关规定。

（五）工程实例

1. 概述

某工程位于湖北省武汉市，安装 2 套 S109E 型燃气—蒸汽联合循环供热机组，按"一拖一，多轴"配置，每套机组包括 1 台 PG9171E 型燃气轮机（带 1 台发电机）、1 台余热锅炉、1 台抽凝式汽轮机（带 1 台发电机）。电厂循环水采用带机力通风冷却塔二次循环系统，补给水水源取自厂址附近的地表水。

2. 基础资料及设备参数

（1）气象资料。根据武汉气象站 1981—2012 年气象资料统计的逐月气象特征值见表 13-17。

表 13-17   武汉气象站逐月气象要素统计

月份 项目	1	2	3	4	5	6	7	8	9	10	11	12	年
最高气温（℃）	22	29.1	32.4	35.1	36.1	37.5	39.3	39.6	37.6	33.9	30.4	22.5	39.6
最低气温（℃）	−12.8	−9.8	−3.3	1.7	8.1	13	19	16.4	10.5	1.5	−3.1	−9.6	−12.8
平均气温（℃）	3.9	6.5	10.8	17.5	22.6	26.2	29.2	28.4	24.0	18.2	11.9	6.1	17.1
平均气压（hPa）	1024.2	1020.7	1017	1011.4	1007.1	1002.2	1000.5	1003.2	1010	1016.9	1020.7	1024.4	1013.2
平均相对湿度（%）	75.1	74.5	74.1	72.9	73.0	76.4	75.3	76.4	73.7	74.2	74.5	73.0	74.4
平均风速（m/s）	1.4	1.5	1.7	1.6	1.6	1.5	1.8	1.7	1.6	1.3	1.3	1.3	1.5

最热季频率 $P=10\%$ 气象条件

武汉气象站 2001 年以后停止观测湿球温度，根据武汉气象站 2008—2012 年逐日平均干球温度、相对湿度、平均气压和平均风速资料推算出湿球温度，再进行频率计算，得到最近 5 年（2008—2012 年）炎热季节（6—8 月）10% 的日平均湿球温度为 27.2℃。其相对应的日平均干球温度、相对湿度、平均气压和平均风速见表 13-18。

表 13-18　　　　　　　　　　　　　　武汉气象站 10% 的湿球温度相应的气象条件

项目	日平均干球温度（℃）	相对湿度（%）	平均气压（hPa）	平均风速（m/s）
2008 年 7 月 15 日	31.4	72	999.8	1.4
2008 年 7 月 17 日	32	69	998.6	1.4
2008 年 8 月 21 日	32.2	68	999.4	2
2009 年 8 月 26 日	33.2	63	1002.9	1.7
2010 年 7 月 28 日	30.6	77	999.4	1.7
2011 年 8 月 14 日	31.5	72	999.7	3.3
2012 年 7 月 20 日	29.5	84	1002.2	1.9
2012 年 7 月 28 日	31.6	71	1001	1.9

（2）主要设备参数。本工程的汽轮机冷端优化计算根据以下各项基础资料进行。

1）汽轮机参数。本工程共安装 2 台抽凝式汽轮机，凝汽量见表 13-19、表 13-20。

表 13-19　　　　　　　　　　　　　　汽轮机组参数表（纯凝工况）

编号	项目	单位	额定工况	冬季工况	夏季工况
1	发电机端功率	MW	GTG：124.924　STG：64.043	GTG：142.471　STG：65.773	GTG：106.878　STG：59.088
2	汽轮机排汽背压（绝对压力）	kPa	7.2	4	12.2
3	汽轮机排汽量	t/h	224.46	234.73	215.04
4	汽轮机排汽焓	kJ/kg	2335.8	2319.5	2378.9

注　GTG—燃气轮发电机，STG—汽轮发电机。

表 13-20　　　　　　　　　　　　　　汽轮机组参数表（供热工况）

编号	项目	单位	采暖期最大抽汽	制冷期最大抽汽	非采暖制冷期最大抽汽
1	发电机端功率	MW	GTG：134.495　STG：36.788	GTG：115.353　STG：31.599	GTG：124.824　STG：37.426
2	汽轮机排汽背压（绝对压力）	kPa	4.7	6	4.8
3	汽轮机排汽量	t/h	87.59	69.23	91.1
4	汽轮机排汽焓	kJ/kg	2377.5	2443.3	2375.4
5	补水量	t/h	140	145	130

2）凝汽器方案。考虑实际情况凝汽器已订货，凝汽器冷却面积不参与优化。其参数如下：

a. 总有效面积：7000m²。

b. 设计清洁系数：0.85。

c. 总水阻：5.05kPa。

d. 管子材料：TP316。

e. 管子规格及数量。

a）顶部圆周段：$\phi 22 \times 0.7$mm，440 根。

b）主凝结段：$\phi 22 \times 0.5$mm，10250 根。

c）空冷区：$\phi 22 \times 0.7$mm，720。

f. 管子尺寸。

a）有效长度：8880mm。

b）单根长度：8975mm。

3）冷却塔方案。该工程为逆流式机械通风冷却塔方案。

该工程噪声控制要求：厂界昼间和夜间噪声均满足 GB 12348《工业企业厂界噪声标准》Ⅲ类标准要求，周边敏感点满足Ⅱ类标准要求。三类厂界噪声排放限值：昼间为 65db（A），夜间为 55db（A）。

常规逆流式机力通风冷却塔，风机叶片转动的噪声和冷却塔淋水噪声较大。由于电厂位于武汉市东湖技术开发区，常规机力通风冷却塔方案难以满足周边办公和居住对噪声的要求。冷却塔噪声治理采取在进风口、排风口加消声装置的措施，安装消声装置后，冷却塔的阻力增加。因此，在冷却塔风机的选择上，预留一定的通风阻力。

根据该工程汽轮机单机出力情况，两台汽轮机配 6 座逆流式机械通风冷却塔，双侧进风。单塔淋水面积按 2 个、风机直径按 2 个进行组合配置。优化计算中不同淋水面积的冷却塔的有关参数列于表 13-21。

表 13-21   逆流式机械通风冷却塔参数

序号	平面尺寸（m×m）	淋水面积（m²）	风机直径（m）
1	18.8×18.8	353	10.06/9.75
2	19.2×19.2	369	10.06/9.75

按照以上组合，计算出不同淋水面积冷却塔的各月平均及频率为 10% 气象条件下的冷却水温、端差、背压及微增功率，结果用于优化计算。

3. 优化计算过程

（1）参选方案的组合和各项技术参数的计算。

1）该工程为扩大单元制循环供水系统运行方式。根据气象条件，针对循环水泵运行工况按 1 年 2 季（热季、冷季）变倍率运行方式的计算结果进行比较分析，以确定较为合理的运行方式。

变倍率采用全年分热季、冷季两季运行方式，冷季与热季水量比选取 0.85。

热季（4、5、6、7、8、9、10 月共 7 月）为 1 台机组运行 2 台循环水泵，冷季（1、2、3、11、12 月共 5 月）为 2 台机组运行 3 台循环水泵。在经济比较中，计算年微增功率时，也按照以上的运行方式按月分别计算。

循环水管径采用 DN1600、DN1800 两种。

2）经济比较计算中的某些变量限制条件。

a. 凝汽器端差不小于 2.8℃，小于 2.8℃时取 2.8℃。

b. 凝汽器冷却水管内的允许流速为 1.0～2.2m/s。

c. 在夏季频率为 10% 气象条件下，冷却水温裕度为 3 ℃ 的运行背压应能满足机组满发的最高允许背压要求。

（2）经济分析及比较。

1）优化计算方法。在优化计算中技术经济评价方法采用年费用最小法。即将一建设项目多种可能实施的方案，以每一方案的一次投资，与此方案实施后在预测到的经济服务年限内逐年支付的运行费用，按动态经济规律将投资与运行费用均换算到指定年（投产年），再在经济服务年限内等额均摊，最终比较各方案的年均摊值，取最小费用的方案作为最优方案。

2）基本技术经济参数。根据该工程的技术经济条件，计算各参选方案采取的基本技术经济参数：

a. 机组年利用小时数：4340h。

b. 循环水钢管造价：5610 元/m（DN1600），6120 元/m（DN1800）。

c. 年固定费用率：17.96%。

d. 发电单位成本：0.551 元/(kW·h)。

e. 循环水泵、电动机综合效率：0.836（电动机 0.95，泵 0.88）。

f. 循环水泵耗电电价：0.551 元/(kW·h)。

g. 汽轮机微增出力变化而少发电量的费用（燃料费用）为发电标准气耗×标气价＝0.171m³/(kW·h)×2.582 元/m³＝0.4415 元/(kW·h)。

（3）年费用计算。年费用的计算包括年固定费用及年运行费用。其中，年固定费用为参加优化的所有项目的总投资乘以年固定费用率的值，年运行费用为循环水泵年运行电费与年微增电费的和。

根据以上的资料，对机组的不同塔型、冷却倍率等冷端参数进行方案组合，通过计算可以得到各方案的年费用。通过对各方案的排序和比较，获得最佳方案。

各方案应满足的校核条件：

1）凝汽器冷却水管流速限制条件。冷却水管材料采用不锈钢管，其最大允许流速为 2.4m/s，最小流速应大于 1.0m/s。由此可计算出机组与对应的凝汽器在不同的冷却倍率下管内流速是否满足要求。不满足流速限制条件的方案组合须排除在外。

2）汽轮机背压限制条件。优化得出的参数应按汽轮机夏季纯凝工况（凝汽量 D_k＝224.46t/h）在夏季最炎热 3 个月湿球温度统计频率 P＝10% 气象条件下（干球温度 θ＝31.5℃，相对湿度 ϕ＝72%，大气压力 p＝1000.38hPa）对不同循环水冷却倍率、不同冷却塔淋水面积组合下的冷却塔出水温度、凝汽器端差、汽轮机背压进行校核计算，以保证机组在该工况和组合下能满发(夏季最高满发背压 p_K＜11.80kPa)，不满足上述限制条件的方案组合须排除在外。

（4）年费用计算结果。按照以上组合，计算出不同淋水面积冷却塔的各月平均及频率为 10% 气象条件下的冷却水温、端差、背压及微增功率，结果用于优化计算。对各方案组合年费用计算的结果进行排序，详见表 13-22。

表 13-22　　　　　　　　　　　　　年 费 用 表

序号	机力塔尺寸（m²）	风机直径（m）	冷却倍率	循环水管径（mm）	年均背压（kPa）	年均水温（℃）	年总费用（万元）
1	18.8×18.8	10.06	60	1600	6.60	25.0	732.70
2	18.8×18.8	9.75	60	1600	6.68	25.2	735.62
3	19.2×19.2	9.75	55	1600	6.81	25.0	738.43
4	19.2×19.2	10.06	60	1800	6.54	24.8	742.01
5	19.2×19.2	10.06	55	1800	6.92	24.6	747.64

（5）计算结果比较分析。以上优化计算中微增功率收益采用燃料费用计算，占发电成本的 80.1%。以计算采用的经济指标，从表 13-22 的年费用值可看出，对不同的方案组合，机力塔数量为 6 座（18.8m×18.8m，风机直径为 10.06m）、冷却倍率为 60/51 倍、循环水管径为 DN1600 配置方案组合的年费用最低。

4. 优化结果推荐方案

综上所述，对于该工程带机力塔的循环供水系统，考虑到不同情况下年费用的计算结果，以及在年费用相差不大等因素下，循环水系统在设计阶段推荐冷端配置组合为：

（1）机力塔数量：6 座，18.8m×18.8m（风机直径为 10.06m）。

(2) 凝汽器面积：$2 \times 7000 \mathrm{m}^2$。

(3) 冷却倍率：60/51（循环水泵运行工况 1 年 2 季）。

(4) 循环水管径：DN1600。

对以上推荐的冷端配置组合，冷却塔年平均出水温度（凝汽器入口冷却水温）为 25℃，计算的年平均背压为 6.6kPa。

在夏季校核条件下的冷却水温为 32℃，对应的背压为 9.26kPa，冷端条件完全可保证机组满发。

当 1 座机力塔故障，冷端运行组合为机力塔数量 5 座、冷却倍率 60/51 倍，在夏季校核条件下的冷却水温为 33.09℃，对应的背压为 9.8kPa，冷端条件完全可保证机组满发。

三、干式冷却系统

（一）概述

对于单循环燃气轮机电厂，在缺水地区冷却水系统（主要包括燃气轮机冷却水及发电机空气冷却器用水）常采用干式空冷器（fin-fan cooler）的闭式循环系统。该空冷器系统由芯组、风机、膨胀水箱、循环水泵及管道等附件组成。同时每套空冷器均配置扶梯、扶手、检修平台，以便设备维护之需。空冷传热元件采用纯铜结合铝翅片的紧凑型管片系统，冷却系统为密闭循环系统，管内冷却液为纯水加防腐剂，冷却液将燃气轮机组的热量带入干式空冷器，最终通过风机驱动，由空气带走热量。干式空冷器的翅片表面采用 BLYGOLD（百锂高）防腐涂层，以防止空气中的盐分对翅片的腐蚀，保证空冷器的长效稳定工作。该系统的设备一般由专业厂家成套供货。

对于联合燃气轮机电厂，干式冷却系统是汽轮机的排汽或凝结排汽用的冷却水被送入由翅片管束组成的冷却器管内，由横掠翅片管外侧的空气吸收热量后进行凝结或冷却的整套设施。管内流体不与空气直接接触，而湿式冷却的塔内空气直接与冷却水接触并靠蒸发和对流冷却。故干式冷却系统可节省湿式冷却系统的蒸发、风吹和排污损失的水量，因而干式冷却系统在干旱地区得到较快发展。

（二）分类及特点

干式冷却系统分类如下：

$$干式冷却系统 \begin{cases} 直接干式冷却系统 \\ 空气冷却凝汽器（ACC） \begin{cases} 机械通风 \\ 自然通风（NDC） \end{cases} \\ 间接干式冷却系统 \begin{cases} 表面式凝汽器（ISC） \\ 混合式凝汽器（IMC） \end{cases} \\ （自然通风） \end{cases}$$

1. 机械通风直接干式冷却系统（ACC）

机械通风直接干式冷却系统是以布置在主厂房外的空气冷却凝汽器（air cooled condenser，ACC）代替布置在汽轮机下方的常规的水冷却凝汽器。到目前为止，所有投产的 ACC 系统都是以机械通风方式供给凝结排汽用的空气。凝汽器由许多翅片管组成。大型空气冷却凝汽器及风机布置在汽机房外侧高度为 $20 \sim 45 \mathrm{m}$ 的上方，不影响变压器及出线的布置。

机械通风直接干式冷却系统的热力系统简图见图 13-15。

汽轮机排汽通过粗大的排汽管道送到室外的空气冷却凝汽器内。轴流风机使空气流过凝汽器翅片管束的外侧，将排汽冷凝为水。凝结水靠重力自流汇集于布置在下方的凝结水箱内，由凝结水泵送回汽轮机的回热系统。

直接干式冷却系统的排汽管道和空气冷却凝汽器内部容积巨大，处于高真空的状态，且焊接接口很多。因而系统的密封性是关键问题之一。设计中要尽量减少阀门和连接法兰的数量，阀门要采用真空密封型的，焊接工艺要有严格的质量保证，抽真空系统要有足够的容量。

启动抽真空系统一般采用射汽抽气器。一般要求能使空气冷却凝汽器内部的压力（绝对压力）在 30min 内由大气压降至 30kPa，在 60min 内降低至 10kPa。真空保持系统可用水环式真空泵，也可采用射汽

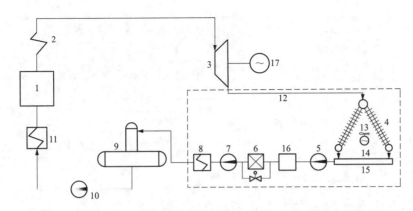

图 13-15　直接干式冷却系统的热力系统简图

1—锅炉；2—过热器；3—汽轮机；4—空气凝汽器；5—凝结水泵；6—凝结水精处理装置；

7—凝结水升压泵；8—低压加热器；9—除氧器；10—给水泵；11—高压加热器；12—汽轮机排汽管道；

13—轴流冷却风机；14—立式电动机；15—凝结水箱；16—除铁器；17—发电机

抽气器。

直接干式冷却系统的优点是只有一个凝汽冷却设备，系统简单，投资较低；采用机械通风可使通过翅片管束的空气流速较大，而使管束的数量减少；通过风机的启停及不同转速的运转可使空气流量随气温及凝结水温变化而灵活调节，因而防冻性能可靠，成为寒冷地区干式冷却系统首选方案。

直接干式冷却系统的缺点是风机耗电较大，占汽轮机出力的 2.5%～3.0%；机械的维修量也较大；风机噪声防治问题较复杂；排放的热空气如布置不当有时可能回流到风机的进风口，影响凝汽效率。

2. 自然通风直接干式冷却系统（NDC）

NDC 系统以自然通风塔塔内外空气密度差产生的抽力而形成的空气流动代替 ACC 系统的风机送风。空气冷却凝汽器安装在塔的进风口以上。其热力系统除空气流通部分外，与图 13-15 基本相同。

NDC 系统是针对上述 ACC 系统存在的缺点而提出的干式冷却系统。以自然通风代替机械通风，节省了风机电耗；也减少了维修工作量；没有噪声和热空气回流等问题。但是也带来了一些新问题，如进塔空气量的调节没有 ACC 系统灵活，因而存在系统防冻性能的可靠性问题；自然通风的空气流量受塔高的限制，使通过翅片管束的空气流速较低，进而使管束面积增大和投资增加；大风地区风对风筒式干冷塔凝汽冷却效果的影响尚待进一步明确；在汽机房前布置巨大的自然通风塔的总平面布置问题等。

目前 NDC 系统尚处于探索阶段，尚无系统投入运行的业绩。但制造厂商、业主及咨询设计单位对该系统都很关注，并提出许多解决问题的方案，如采用大截面单排翅片管的凝汽器，加大逆流凝汽器部分面积，以加强系统的防冻性能；采用在进风口和/或翅片管束下安装百叶窗，塔内布置冷空气旁路系统以调节通过翅片管束的空气流量等。近年来有的工程的招标书及报价书都将 NDC 系统作为可考虑的系统方案。

3. 带喷射混合凝汽器的间接干式冷却系统（IMC）

带喷射混合凝汽器的间接干式冷却系统（IMC）为匈牙利 EGI 的海勒所创建，因此也称海勒系统。其简单的热力系统如图 13-16 所示。

IMC 系统主要由喷射式凝汽器和装有福哥型冷却器的干冷塔构成。由外表面经过防腐处理的圆形铝管、套以铝翅片的管束所组成的"Λ"形排列的冷却器，称为缺口冷却三角，在缺口处装上百叶窗就成为一个冷却三角。系统中的冷却水是高纯度的中性水（pH＝6.8～7.2）。中性冷却水进入凝汽器直接与汽轮机排汽混合并将其冷凝。受热后的冷却水绝大部分由冷却水循环泵送至干式冷却塔冷却器，经与空气对流换热冷却后通过调压水轮机将冷却水再送至喷射式凝汽器进入下一个循环，受热的循环冷

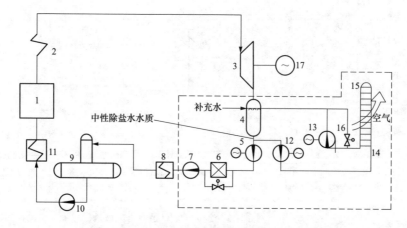

图 13-16　IMC 干式冷却机组原则性汽水系统

1—锅炉；2—过热器；3—汽轮机；4—喷射式凝汽器；5—凝结水泵；6—凝结水精处理装置；

7—凝结水升压泵；8—低压加热器；9—除氧器；10—给水泵；11—高压加热器；12—冷却水循环泵；

13—调压水轮机；14—全铝制散热器；15—干式冷却塔；16—旁路节流阀；17—发电机

却水的极少部分经凝结水精处理装置处理后送至汽轮机回热系统。

IMC 系统中的调压水轮机有两个功能：一是通过调节水轮机导叶开度来调节喷射式凝汽器喷嘴前的水压，保证形成微薄且均匀的水膜，减少排汽通道阻力，使冷却水与排汽充分接触换热；另一是回收能量，减少冷却水循环的功率消耗。

调压水轮机在 IMC 系统中的连接方式有两种：一种是在许多干式冷却电厂已采用过的立式水轮机与立式异步交流发电机连接；另一种是卧式水轮机与卧式冷却水循环泵、卧式电动机同轴连接。后一种连接方式可以在工程中使用，但目前尚未见投运的实例。水轮机的两种连接方式各有其优缺点，可视实际情况选用。

海勒式间接空冷系统的优点是以微正压的低压水系统运行，较易掌握；在系统设计合理和运行良好的条件下，机组热耗率较低。缺点是设备多、系统复杂、冷却水循环泵的泵坑较深、自动控制系统复杂、全铝制散热器的防冻性能差。

目前混合式凝汽器间接空冷系统在国内应用较少，不再展开做详细说明。

4. 带表面式凝汽器的间接干式冷却系统（ISC）

ISC 干式冷却机组原则性汽水系统如图 13-17 所示。

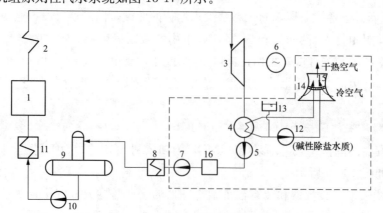

图 13-17　ISC 干式冷却机组原则性汽水系统

1—锅炉；2—过热器；3—汽轮机；4—表面式凝汽器；5—凝结水泵；6—发电机；7—凝结水升压泵；

8—低压加热器；9—除氧器；10—给水泵；11—高压加热器；12—循环水泵；13—膨胀水箱；

14—全钢制冷却器；15—干式冷却塔；16—除铁器

ISC干式冷却机组原则性汽水系统是在海勒式间接干式冷却系统的运行实践基础上发展起来的。鉴于海勒式间接干式冷却系统采用的喷射式凝汽器,其运行端差实际值和表面式凝汽器端差相比较没有明显的减小;在喷射式凝汽器中,循环冷却水与锅炉给水是连通的,由于锅炉给水品质控制严格,系统中要求设凝结水精处理装置;对高参数大容量的火电机组给水水质控制和处理尤为困难,于是在单机容量300MW级和600MW级火电机组发展了ISC间接干式冷却系统。

ISC间接干式冷却系统由表面式凝汽器与干式冷却塔构成。该系统与常规的湿冷系统基本相仿,不同之处是用干式冷却塔代替湿冷塔,用除盐水代替循环水,用密闭式循环冷却水系统代替开敞式循环冷却水系统。

在ISC间接干式冷却系统回路中,由于冷却水在温度变化时体积发生变化,故需设置膨胀水箱。

膨胀水箱顶部和充氮系统连接,使膨胀水箱水面上充满一定压力的氮气,既可对冷却水容积膨胀起到补偿作用,又可避免冷却水与空气接触,保持冷却水品质不变。

在空气冷却塔底部设有贮水箱,并设置两台输送泵,可向冷却塔中的冷却器充水。

ISC空气冷却系统的冷却器由椭圆形钢管外缠绕椭圆形翅片或套嵌矩形钢翅片的管束组成。椭圆形钢管及翅片外表面进行整体热浸锌处理。

ISC间接干式冷却系统采用自然通风方式冷却,冷却器装在自然通风冷却塔中。

ISC间接干式冷却系统类似于湿冷系统,其优点是节约厂用电;设备少,冷却水系统与汽水系统分开,两者水质可按各自要求控制;冷却水量可根据季节调整,在高寒地区、在冷却水系统中可充以防冻液防冻。缺点是干式冷却塔占地面积大,基建投资多;系统中需进行两次换热,且都属表面式换热,使全厂热效率有所降低。

5. 直接和间接干式冷却系统传热比较

直接干式冷却装置(ACC装置)与间接干式冷却装置之间最明显的差别在于采用冷凝蒸汽的两种不同冷却介质。

ACC装置内的汽轮机排汽流入空气冷却翅片冷却器管束,在恒温下凝结;间接干式冷却系统内的翅片管冷却器布置在自然通风冷却塔外侧四周或塔内,冷却器内的冷却水被管外空气冷却后流回表面式或喷射式凝汽器内,使汽轮机排汽冷凝。实质上ACC装置是以大气作为排汽的冷却介质(直接冷却过程),间接干式冷却系统以水为冷却介质,间接干式冷却系统是水向大气排放热量,水冷却后再去冷却排汽(间接冷却过程)。

综上所述,间接干式冷却系统内包括两个传热过程(汽轮机排汽冷凝和冷却水与空气的传热过程),其总传热对数平均温差LMTD要比ACC的小。为了达到同样的冷凝效果,只能增大冷却器热交换面积和(或)增加冷却风量。在散热量一定的条件下,导致间接干式冷却装置冷却面积增大30%左右。这就是直接干式冷却系统的投资比间接干式冷却系统低的主要原因。

(三)干式冷却系统主要参数

干式冷却系统需优化的参数和尺寸很多,其中主要参数是初始温差、汽轮机冷端参数及临界水费。

1. 初始温差

初始温差(ITD)是汽轮机排汽温度与环境空气温度之差值,表示系统最大温差。直接干式冷却ITD值一般在25~45℃范围内选择,间接干式冷却ITD值一般在20~45℃范围内选择。在设计气温下选用较大的ITD值,使冷却系统规模较小,投资较少,但汽轮机排汽背压较高,热耗率也相应提高。在给定的经济因素下,有一个年总费用最低的优化ITD值。

2. 汽轮机冷端参数

因为干式冷却系统的汽轮机背压较高,所以选用较短的末级叶片(500~800mm),排汽负荷率一般在25~45MW/m²较大范围内变化。末级叶片长度和叶型优化,既要满足夏季满发背压的要求,又要兼顾历时较长的寒冷季节较低的阻塞背压，并使全年加权平均汽轮机热效率最高。汽轮机冷端参数一般与 ITD 以及冷却系统规模和匹配锅炉容量同时一起进行优化。

3. 临界水费

干式冷却系统较湿式冷却系统约节约 2/3 的用水量，单位电量的节约用水约为 1.4kg/(kW·h)。根据背压及排汽面积不同，干式冷却汽轮机的热耗率较湿冷汽轮机增加 5%～8%。根据工程条件的不同，干式冷却系统的全厂投资较湿式冷却的增加 5%～10%。工程中选用干式冷却系统还是湿冷系统主要取决于临界水费值。临界水费的定义为采用干式冷却系统与湿式冷却系统相比较，每节约 1m³ 补给水所增加的年总费用，年总费用包括投资的年固定分摊费及年运行费。当供水费大于临界水费时，宜采用干式冷却系统。例如需远距离输水和高扬程升压时，则供水费可能大于临界水费。在缺水地区有时还要考虑节水的社会效益。

如神木电厂（4×600MW）曾考虑从府谷取奥灰岩溶水 2m³/s，做湿式冷却系统的补给水的方案，地形高差达 500m、管线长 91km，需三级打水。比较结果，湿式冷却系统比干式冷却系统全厂多投资 2 亿元左右。因此在缺水地区建造坑口大型干式冷却电厂在投资及运行费用上可能都是合理的。

（四）主要设备及计算

1. 主要设备的介绍和计算内容

主要设备的介绍和计算内容详见《电力工程水务设计手册》中干式冷却系统部分的内容。

2. 干式冷却系统热力计算

干式冷却系统的设计和计算详见 DL/T 5339《火力发电厂水工设计规范》的有关规定。

目前干式冷却系统的热力计算主要是依托于专业计算软件或制造厂家完成。

（五）干式冷却系统优化

1. 概述

（1）干式冷却系统（空冷系统）形式的选择应根据当地气象条件、总平面布置、环境保护要求、防冻度夏、机组运行要求等因素，经技术经济比较论证确定。

（2）满足下列条件中之一时，可采用排烟口与间接干冷塔（空冷塔）合并设置的排烟空冷塔：

1）经论证采用排烟干冷塔（空冷塔）技术经济更优。

2）厂址所在地对烟囱有限高要求。

3）经论证采用排烟空冷塔对烟气污染物扩散更有利，且在机组的各种运行工况下都能满足环保要求。

（3）干式冷却系统（空冷系统）的设计气温宜根据典型年干球温度统计，宜按 5℃ 以上年加权平均法计算设计气温并向上取整，5℃ 以下按 5℃ 计算。主机空气冷却系统夏季计算气温可根据典型年干球温度统计表，在不超过 200h 的气温范围内取值确定。

（4）干冷塔（空冷塔）、直接空冷平台应远离电厂内露天热源，并避开露天热源热季下风侧。

（5）直接空冷平台及间接空冷塔宜布置在粉尘源的全年主导风向上风侧或侧风向。

（6）能够适应间接干冷塔（空冷塔）内环境的低矮设施或地下构筑物，可结合相关工艺系统布置及总平面布置的要求设置于间接干冷塔（空冷塔）内。

2. 干式冷却系统优化

一般来讲，采用空冷系统后，电厂初投资增加 5%～10%。分析原因，主要是空气冷却系统采用了价格昂贵的散热器，要想降低空冷系统的投资，就要减少散热器的面积，这就意味着要提高汽轮机的背压，背压增大必然导致汽轮机的能耗增加，提高了运行费用。优化计算的目的就是根据建厂地区气象条件、机组制造参数及噪声要求，电厂的性质特点和其他实际情况，以空冷系统 ITD 值（或冷却面积）为主要变量，以年总费用为目标函数，进行多方案比较，寻求符合电厂实际的最佳方案，使空冷系统的投资和能量利用的匹配达到最佳。

初始温差（Initial Temperature Difference，ITD）是指汽轮机排汽饱和温度与环境空气温度之差。ITD 基本反映了空冷系统投资和运行费用的关系。在设计条件下的 ITD 值的确定是以电厂所在地区气象条件为依据，通过空冷系统的一次投资和运行费用优化确定的。提高 ITD 值汽轮机背压就会提高，能耗增加，运行费用增加，但空冷凝汽器散热面积减少，一次投资减少，反之亦然。

在实际工程中空冷优化计算常采用"年费用最小法"，即根据电厂所在地区的气象条件及厂址条件，初步选出多种可能实施的方案，按动态经济规律将每个方案的初投资在经济年限内等额均摊到每年的年费用中去，然后再计算每个方案的发电量。将投资的年费用与发电量差额折算的费用相加，求出各年的年投资费用，取年投资费用最小的方案最优。

目前，整个干式冷却系统的优化需依托于专业软件和制造厂家的配合共同完成。

（六）工程范例

某工程安装 2 套 S109E 型燃气-蒸汽联合循环供热机组，按"一拖一，多轴"配置，每套机组包括 1 台 PG9171E 型燃气轮机（带 1 台发电机）、1 台余热锅炉、1 台抽凝式汽轮机（带 1 台发电机）。电厂循环水采用机械通风直接干式冷却系统（ACC），补给水水源取自厂区的海水淡化车间的淡水。

1. 基础资料

该工程基础设计资料参见表 13-23。

表 13-23　　　　　　　　　　　　　　　基础设计资料

项　目	单　位	数　据
环境气温（干球）	℃	20～35
湿球气温（最大）	℃	34.2
汽轮机排汽流量	t/h	465
汽轮机排汽焓值	kJ/kg	2386
环境风速	km/h	12
大气压力	hPa	1011
相对湿度	%	65～100

2. 设计参数

经初步优化后选取的直接空冷系统的主要参数参见表 13-24。

表 13-24　　　　　　　　　　　　　直接空冷系统的主要参数

项　目	单　位	数　据	备　注
设计环境气温	℃	27	在设计环境气温下空冷机组保证达到设计背压
设计背压	kPa	27	
ITD	℃	39.7	空冷岛汽轮机的设计工况（通常选取 TMCR 工况）
汽轮机排汽流量	t/h	465	
翅片管特征尺寸	mm	219×19	
翅片特征尺寸	mm	200×19	
翅片管总面积	m²	455056	
风机台数	台	12	单套机组
风机直径	m	10.363	
风机电动机功率	kW	132	
风机电动机电压	kW	380	
风机转速	r/min	1500	

3. 直接空冷系统布置

汽轮机低压缸排汽口下方设计一个排汽装置，排汽装置出口与主排汽管道连接。排汽主管道为两条直径为 DN5000mm、管外部加加固环的焊接钢管，排汽主管道水平穿过汽机房至 A 列外，从每根排汽主管上接出 4 根 DN2600mm 的垂直上升支管，上升至空冷凝汽器顶部高度后，水平与每组空冷凝汽器的蒸汽分配管连接。

空冷凝汽器总体上在汽机房 A 列外，且平行 A 列高架布置在空冷凝汽器平台上，平台高约 21m。直接空冷系统布置见图 13-18、图 13-19 和图 13-20。

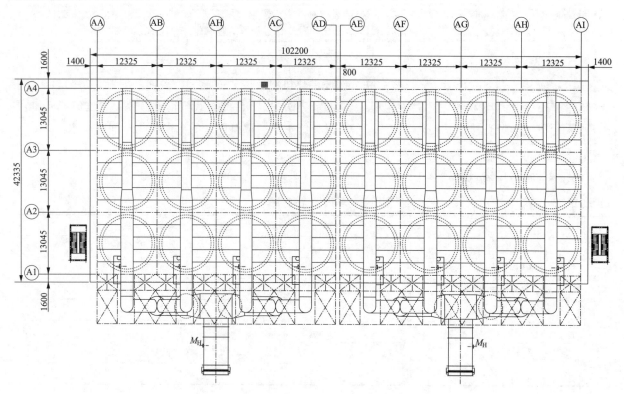

图 13-18　直接空气冷却系统平面布置图

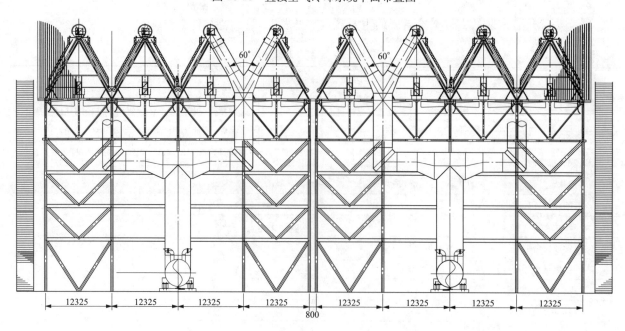

图 13-19　直接空气冷却系统剖面图 01

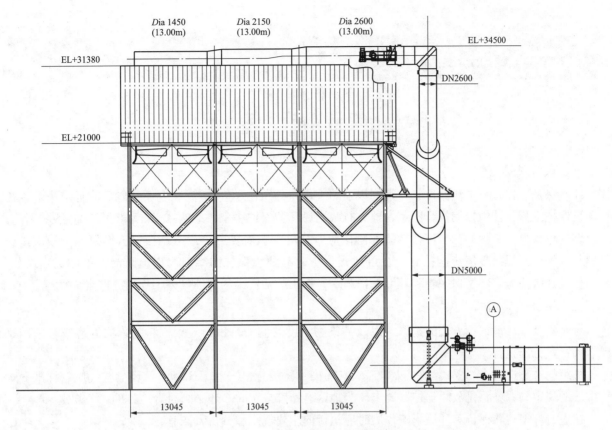

图 13-20　直接空气冷却系统剖面图 02

注：Dia 表示排气管的直径，单位为 mm；EL 表示标高，单位为 mm；图中尺寸标注单位为 mm；A 表示为主厂房的 A 轴。

　　每台汽轮机组配置 12 个空冷凝汽器冷却单元，按 4 组 3 排布置，空冷凝汽器管束分为顺流管束和逆流管束。每个空冷凝汽器冷却单元配置一台轴流式风机，每台机组共配置 12 台风机。

　　凝结水分别由各组空冷凝汽器底部的凝结水联箱接出，通过凝结水管道收集至凝结水箱，由凝结水泵送入回热系统。

　　抽真空管道接自每个冷却单元逆流空冷凝汽器的上部，运行中不断地把空冷凝汽器中的空气和不凝结气体抽出，保持系统真空。抽真空设备由 2 台水环式真空泵组成，机组启动时 2 台泵同时运转，正常运行时 1 台泵运行，保持系统真空。

　　空冷散热器运行一段时间后，翅片表面会存积灰尘和泥垢，影响空冷凝汽器散热性能，因此每年应冲洗空冷凝汽器外表面 1～2 次，将沉积在空冷凝汽器翅片间的灰、泥垢清洗干净，保持空冷凝汽器良好的散热性能。拟设计采用高压水冲洗。拟考虑设移动式冲洗装置两套，每台机一套。冲洗装置由高压水泵、高压连接软管、喷嘴以及导轨等组成，清洗水压为 15MPa 左右。

第十四章 环境保护

第一节 概 述

一、设计依据

环境保护工作是一项法律性、政策性很强的工作，必须在燃气-蒸汽联合循环电厂的环境影响评价和环境保护工程设计中贯彻执行国家、地方行政当局环境保护法令、条例、标准和电力行业有关规定。

燃气轮机电厂工程的初步可行性研究阶段应有环境影响简要分析章节；在可行性研究阶段应进行环境影响评价并提出环境影响报告，在可研报告中应有环境保护的章节，提出防治污染的工程设想；在初步设计阶段应有环境保护卷和环境保护篇章，提出防治污染的各项具体工程措施方案。

二、设计时采用的环保标准

对大气及水环境评价方法的选取，以及污染物浓度的监测、污染气象资料的收集等应按有关国家标准和行业标准执行。

机组的选型应符合 GB 13223《火电厂大气污染物排放标准》和 GB 3095《环境空气质量标准》烟气排放的规定和污染物排放总量控制要求。当地区有特殊规定时，还必须符合地方的有关规定。

在进行环境现状评价和环境影响预测时应执行的主要规定和分析方法有：

(1) GB 13223《火电厂大气污染物排放标准》。

(2) GB 3095《环境空气质量标准》。

(3) HJ/T 2.1～2.3《环境影响评价技术导则》。

(4) GB/T 13201《制定地方大气污染物排放标准的技术方法》。

(5) DLGJ 102《火力发电厂环境保护设计规定》。

(6) HJ/T 13《火电厂建设项目环境影响报告书编制规范》。

(7) GB/T 3839《制定地方水污染物排放标准的技术原则与方法》。

(8) 有关水质参数的检测分析方法按 GB 3838《地表水环境质量标准》的表 4 "地表水环境质量标准基本项目分析方法" 执行。

(9) 燃气轮机电厂噪声对周围环境的影响应遵循现行的有关工业噪声标准。根据《中华人民共和国环境噪声污染防治法》，城市各类区域的环境噪声应符合 GB 3096《声环境质量标准》要求；电厂向周围生活环境排放的噪声应符合 GB 12348《工业企业厂界环境噪声排放标准》要求。

(10) 燃气轮机电厂设计中应采用清洁工艺，对产生的污染物应提出防治措施和重复利用的要求，处理过程中如有二次污染物产生，还应采取相应的治理措施。

(11) 燃气轮机电厂设计中，应将厂区绿化与整个工程设计相结合。

第二节 烟气污染物防治

一、烟气污染物的种类

燃气轮机烟气污染物由燃料燃烧后产生，主要为 NO_x、SO_2，最后经余热锅炉烟囱排入大气。目前我国现行的燃气轮机组的排放标准见表 14-1。对国家大气污染物排放标准中未作规定，而省、自治区、直辖市制定的地方排放标准有规定的项目或地方标准严于国家排放标准的项目则应执行地方排放标准。

表 14-1   我国现行的燃气轮机组的排放标准（烟气黑度除外） mg/m^3

序号	燃料	污染物项目	适用条件	限值	污染物排放监控位置
普通地区	油	烟尘	全部	30	烟囱或烟道
		二氧化硫	新建燃气轮机组	100	烟囱或烟道
			现有燃气轮机组	200	烟囱或烟道
		氮氧化物（以 NO_2 计）	全部	120	烟囱或烟道
		烟气黑度（林格曼黑度，级）	全部	1	烟囱排放口
	气	烟尘	天然气燃气轮机组	5	烟囱或烟道
			其他气体燃料燃气轮机组	10	烟囱或烟道
		二氧化硫	天然气燃气轮机组	35	烟囱或烟道
			其他气体燃料燃气轮机组	100	烟囱或烟道
		氮氧化物（以 NO_2 计）	天然气燃气轮机组	50	烟囱或烟道
			其他气体燃料燃气轮机组	120	烟囱或烟道
		烟气黑度（林格曼黑度，级）	全部	1	烟囱排放口
重点地区	油	烟尘	全部	20	烟囱或烟道
		二氧化硫	全部	50	烟囱或烟道
		氮氧化物（以 NO_2 计）	全部	120	烟囱或烟道
		烟气黑度（林格曼黑度，级）	全部	1	烟囱排放口
	气	烟尘	全部	5	烟囱或烟道
		二氧化硫	全部	35	烟囱或烟道
		氮氧化物（以 NO_2 计）	全部	50	烟囱或烟道
		烟气黑度（林格曼黑度，级）	全部	1	烟囱排放口

燃气轮机电厂烟囱高度的确定，可参考 GB 13223 及 GBAT13201《制定地方大气污染物排放标准的技术方法》，根据燃气轮机的实际排放量，并结合燃气轮机排放的烟气特性，计算简单循环运行时的烟囱高度（即旁路烟囱高度），以及联合循环发电机组运行时的烟囱高度（即余热锅炉烟囱），以使燃气轮机电厂的 NO_x、SO_2 满足排放标准和环境质量标准。

燃气轮机产生的氮氧化物与燃料的含氮量、燃烧温度及燃烧时的含氧量有关，其中燃烧温度和燃烧时的氧含量与氮氧化物的产生量密切相关，但目前较难精确地计算燃气轮机产生的氮氧化物的浓度，仅根据同类型机组推算或参照《环境统计手册》中 NO_x 排放量计算方法进行估算。

燃气轮机排放的 NO_x 由燃料型氮氧化物和温度型氮氧化物组成，因此可通过改进燃烧技术和燃烧设备等方法来控制氮氧化物的产生。目前控制氮氧化物排放的方式有湿法和干法，湿法采用向燃烧室喷注除盐水或喷注蒸汽，一般可使氮氧化物由 300mg/kg 降低至 65mg/kg、42mg/kg 或更低；干法采用贫油、空气再循环等燃烧技术和多喷嘴等改进的燃烧设备，一般可使氮氧化物降至 30mg/kg。

二、烟气污染物的防治措施

对于以天然气作为燃料的燃气轮机，主要的产物是 CO_2 和 H_2O，不产生粉尘和灰渣，也基本消除了 SO_2 的产生，然而 NO_x 的产生确实不可避免的，需要采取措施加以控制。

（一）燃烧室中 NO_x 控制技术

由于天然气中含氮量很小，燃气轮机所产生的燃料型 NO_x 不会太多，这点与燃煤机组有较大的差别。此外，由于燃气轮机燃烧温度高，过剩空气系数大，主要产生热力型 NO_x。通常，控制燃烧的方式对于热力 NO_x 排放有很好的抑制作用。因此，通过改进燃烧器，控制燃烧方式，控制适当的燃烧温度和过剩空气系数，可以有效地减少燃气轮机 NO_x 的产生。

1. 喷水/蒸汽

无论气体燃料还是液体燃料的"扩散燃烧"，其一大特点就是：在火焰锋面上总有过量空气系数 α_f ＝1（即燃料与空气按化学当量配比），燃烧温度可以达到很高的理论燃烧温度，高于热 NO_x 的起始生成温度 1650℃。因而，按这种方式组织的燃烧过程，必然会产生数量较多的热 NO_x 污染物。

为了解决这类燃烧过程中 NO_x 排放量超过环保要求的问题，采用了在高负荷条件下，向扩散燃烧的燃烧室中喷射一定数量的水或水蒸气的措施。这时虽然火焰区过量空气系数仍然等于 1，但掺入的水蒸气却从整体上降低了燃烧区的温度，从而一定程度地起到了抑制 NO_x 生成的作用。

但是，对于采用单个燃料喷嘴的燃烧室来说，借用喷水或喷蒸汽的方法很难使燃烧天然气 NO_x 的排放量降低到小于 42×10^{-6}（体积分数）的水平［烧油时为 70×10^{-6}（体积分数）］。而需要的喷水量大约是燃料消耗量的 50%～70%，水质还必须经过预先处理，严防 Na、K 盐的混入，否则会导致燃气透平叶片的腐蚀，这种方法不仅会增大水处理设备的投资和运行费用，还会使机组的热效率下降 1.8%～2.0%；燃烧室的检修间隔和使用寿命也都会缩短。但是它却能使机组的功率增大 3% 左右。因而自 1980 年以后该方法已在燃气轮机中普遍使用。虽然其运行维护费用较高，但方法简便，NO_x 的排放量也能够满足当时指标不是很高的法定污染限制。

2. 干式低排放（DLE）燃烧室

（1）干式低排放燃烧室的设计。随着环境污染情况的日益严重和法定污染物排放标准的日益严格，喷水或蒸汽的"湿法"已不符要求，而且有若干副作用，在缺水的环境中更是完全不能使用。因此有必要发展一种不喷水（或蒸汽）的干式低污染（主要是 NO_x 和 CO）燃烧技术，这已成为工业型燃气轮机发展的一个新的准则。这种抑制生成 NO_x 的新途径，就是摒弃常规燃烧室中的扩散燃烧方式，而改用均相贫预混的湍流火焰传播燃烧方法，把燃料蒸气（或天然气）与氧化剂（空气）预先混合成为均相的、稀释（贫燃料）的可燃混合物，然后使之连续通过以湍流方式相对于气流向上游传播的（相对于燃烧室空间的位置则是固定的）火焰面以进行燃烧。这时，火焰面的燃烧温度取决于燃料和空气的实际掺混比例，而不再只能是 α_f＝1 时的理论燃烧温度了。通过对燃料与空气掺混比例的控制，使火焰面的温度始终低于 1650℃，就能够控制"热 NO_x"的生成低于 $50mg/m^3$。

上述方法称为干式低 NO_x（Dry Low NO_x，DLN）燃烧技术。后来这种概念扩大到要同时抑制其他污染物的生成，因而又称为"干式低排放"（Dry Low Emission，DLE）燃烧技术。经过大量的试验研究，目前普遍已经能使烧天然气燃烧室的 NO，排放量降低到 25×10^{-6}（体积分数），先进形式已经能够降低到 $5\sim9\times10^{-6}$（体积分数）的水平。

所谓均相贫预混的湍流火焰传播燃烧方法是指把燃料蒸气（或天然气）与氧化剂（空气）预先混合成为均相的、稀释（贫燃料）的可燃混合物，然后使之连续通过以湍流方式相对于气流向上游传播的（相对于燃烧室空间的位置则是固定的）火焰面以进行燃烧。这时，火焰面的燃烧温度取决于燃料和空气的实际掺混比例，而不再只能是 α_f＝1 时的理论燃烧温度了。通过对燃料与空气掺混比例的控制，使火焰面的温度始终低于 1650℃，就能够控制"热 NO_x"的生成低于 $50mg/m^3$（标准状态）。

1）新的技术问题。上述均相预混燃烧的概念和燃气轮机燃烧室中传统应用的扩散燃烧是有根本差别的，扩散燃烧利用的许多促进燃烧强化、稳定、完全的因素都受到了抑制，从而带来了一系列新的技术问题：

a. 均相预混可燃混合物的可燃极限范围是比较狭窄的，而且在低温条件下火焰传播速度比较低，火焰稳定困难，容易熄火。

b. 均相预混燃烧方式会出现"回火"问题。一般气体燃料和燃烧空气要先在预混室中完全掺混，再到火焰筒燃烧区去燃烧，但有时火焰会退入预混室中，结果是在空气入口（一般在一个旋流器的出口）转化成扩散火焰，从而破坏了原来建立预混燃烧的意图。

c. 一定流量和速度的预混气体在一定形状空间中的输运会引发气流振荡，特别是几个相邻的喷嘴以同样状态工作时会发生共振，结果是发生振荡燃烧现象，即燃烧室压力发生较大幅度的脉动并伴随噪声，这在燃气轮机工作中是必须避免的。

d. 负荷调节遇到困难。当燃气轮机负荷在大范围内变动时，空气流量并不与所需的燃料流量成比例地变化，总体上不能始终满足低排放所需要的贫预混配比。而当采取燃料分级供应措施时，又为控制系统的设计提出了更复杂的要求。

e. CO 排放量的变化与 NO_x 是不一致的，必须加以兼顾。

2）采取的措施。为了解决这些问题，特别是为了能够适应燃气轮机负荷变化范围很广的特点，设计干式低污染燃烧室时，还要采取以下一些措施：

a. 合理地选择均相预混可燃混合物的掺混比例和火焰温度。有人建议，对于天然气来说，按火焰温度为 1700～1800K 标准来选择燃料/空气的混合比是比较合适的。这样才有可能使燃烧室的 NO_x 和 CO 的排放量都比较低，如图 14-1 所示。

b. 适当增大燃烧室的直径或长度，以适应火焰温度较低时火焰传播速度比较低的特点。

c. 合理地控制均相预混可燃混合物从调节阀门喷口到燃烧区之间的输运时间（即可燃混合物的喷射压比），避免与燃烧室火焰筒的共振周期重合，以防止振荡燃烧现象的发生。

d. 采用分级燃烧方式以扩大负荷的变化范围。分级燃烧又有串联式分级燃烧和并联式分级燃烧两大类，其原理如图 14-2 所示。

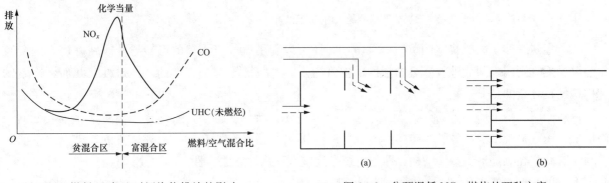

图 14-1　燃料-空气比对污染物排放的影响

图 14-2　贫预混低 NO_x 燃烧的两种方案
（a）串联式分级燃烧；（b）并联式分级燃烧

如图 14-2（a）所示，在串联式的分级燃烧室中设置 2～3 个彼此串联的燃烧区，每个燃烧区中都分别供给一定数量的空气和燃料。不论机组的负荷量如何变化，流经每个燃烧区的空气量几乎是恒定的。但供入各燃烧区的燃料量却是根据机组负荷量的变化而不断改变。通常，在机组的启动和低负荷工况下，只向第一级燃烧区供给燃料。一般，仍然维持扩散燃烧火焰状态就能保证低负荷工况下燃烧火焰的稳定性。随着负荷的增高，逐渐向第2级和第3级燃烧区供应燃料。第1级燃烧区将维持恒温运行状态，第2级和第3级燃烧区内则将维持变温度的均相预混可燃混合物的火焰传播燃烧方式。在串联分级燃烧的燃烧室中，各级燃烧区内燃烧温度的变化关系（也就是燃料供应量的变化关系）如图 14-3 所示。由于在串联式的分级燃烧室中，所有级的燃烧过程都是一级紧随着前一级的燃烧区进行的。因而每一级内的可燃物质都能获得充分的预热，这样就能改善均相预混可燃混合物的火焰传播速度和贫油熄火极限，即降低第2和第3级燃烧区内可燃混合物的贫油熄火温度。

显然串联分级燃烧方式可以提高低负荷工况下一级燃烧区内的燃烧温度，并使气流的速度减小，有利于改善不同工况下 CO 的燃尽程度和燃烧火焰的稳定性。当然，在高负荷工况下，把均相预混可燃混合物的燃烧温度控制在 1800K 以下，就能达到控制 NO_x 排放量的目的。

如图 14-2（b）所示，在并联式的分级燃烧室中，可以设置许许多多个彼此并联的燃烧区，每个燃烧区中也都分别供给一定数量的空气和燃料。它们的燃烧过程都是按均相预混可燃气体的火焰传播方式进行组织的，燃烧温度也被限定在 1800K 以下就能达到控制 NO_x 排放量的目的。显然，并联燃烧区的数目越多，并联分级燃烧室的负荷可调范围就越广。在低负荷工况下，由于只有部分数量的并联燃烧区仍在贫油熄火温度以上的高温（1800K 左右）条件下运行，因而燃烧火焰的稳定性和 CO 的燃尽程度都能得到保证。容易想象，其熄火特性要比串联式分级燃烧的差。相对而言，串联式分级燃烧室的结构要比并联式的长。

e. 无论是串联还是并联方案，均可在中心区设置一个值班燃烧器（或称为"引导燃烧器"），它始终维持一小股高温的扩散燃烧火焰，既可在低负荷工况（包括启动点火工况）下防止燃烧室熄火，又可以在很宽的燃烧室负荷变化范围内作为一个稳定的点火源来保证各级贫预混火焰的稳定。这种设计概念可用图 14-4 表示。

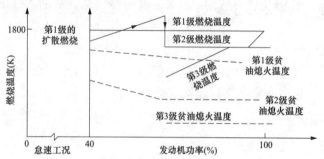

图 14-3　典型的三级串联燃烧室中燃烧区温度随负荷的变化

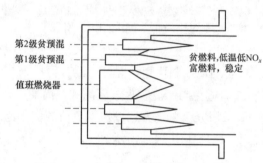

图 14-4　DLE 燃烧室的设计概念

f. 为了进一步扩大燃烧室的负荷可调范围，还可以利用压气机入口的可转导叶或在燃烧室的旋流器前设置配气阀门来调节进入分级燃烧区的空气流量。这些措施都是有效的，但这种变几何燃烧室的结构是比较复杂的。

目前 DLE（或 DLN）燃烧技术还处于发展中，不像传统的扩散燃烧室那样已经有了比较典型的结构形式，而是呈现出丰富多彩的结构形态。另外，DLE 往往是在原有的扩散燃烧室的基础上改型而形成的，因此，在燃烧室的整体结构方面与传统燃烧室有互换性或兼容性。

下面以举例的方法介绍正在使用的各种实际结构。

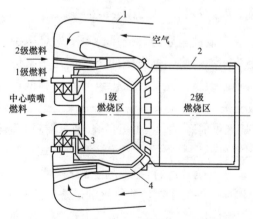

图 14-5　RB211 机组的串联分级 DLE 燃烧室示意
1—外壳；2—火焰筒；3——级预混区；4—二级预混区

（2）RB211 串联分级的 DLE 燃烧室。图 14-5 所示为 RB211 燃气轮机组的回流分管式 DLE 燃烧室的一个火焰筒的示意。燃烧区由三部分组成。图中的一级燃烧区实际上又分成中心扩散燃烧区和一级预混燃烧区两部分。中心部分由值班喷嘴供应燃料而形成扩散燃烧，燃烧稳定性良好，在低于 40% 的负荷和机组启动时工作。虽然这时 NO_x 排放严重，但燃气轮机在这种工况工作时间短，总燃气排放量也较小，造成的环境污染并不大。

当负荷高于 40% 时，一级助燃空气由并列的两个旋转方向相反的径向旋流器向中心供入，而一级燃料则在两个旋流器的入口处喷入空气中，然后在一级预混区内混合均匀后进入火焰筒前部的一级燃烧区燃烧。二级助燃空气通过周围环形通道供入火焰筒后部，而二级燃料则在二级预混区内与空气交叉流动而混合均匀再进入二级燃烧区。

随着负荷的变化，一级燃料量精确控制到保持 1 级燃烧区温度为 1527℃不变。2 级燃烧区由于有其前方流来的高温的 1 级燃气，稳定工作范围变宽，燃烧温度随负荷会有一定程度的变化。经过在燃气轮机组上实验，这种结构在燃用天然气时，额定工况下的污染物排放可控制在：NO_x 为 $44mg/m^3$，CO 为 $4mg/m^3$。

（3）LM6000 机组的并联分级 DLE 燃烧室。图 14-6 所示为 LM 6000 机组直流环形 DLE 燃烧室的剖面示意。火焰筒由内、中、外 3 个同心的环形燃烧区组成，各区产生的燃气在后部混合均匀后流入透平。一次助燃空气通过许多个轴向旋流器和预混段后分别供入 3 个燃烧区中。外环和中环各有 30 个旋流器，内环有 5 个旋流器。每个旋流器又由旋转方向相反的内外两圈组成。燃料通过外圈的空心叶片供入，从叶片的出气边处排出而与空气混合。混合均匀的贫预混可燃物再进入燃烧区燃烧。燃气轮机组不同负荷下各燃烧区的工作情况是：大于 50％负荷时，3 个燃烧区同时工作；25％～50％负荷时，只有中环、外环两个燃烧区投入，而内环燃烧区停止工作；5％～25％负荷时，则只有内环、中环两个燃烧区投入，而外环停

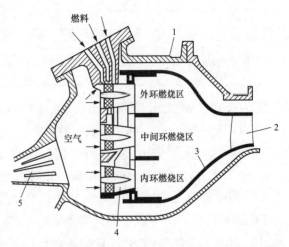

图 14-6　LM6000 机组的并联分级 DLE 燃烧室示意
1—外壳；2—透平喷嘴；3—火焰筒；
4—预混区；5—压气机出口扩压器

止工作；小于 5％负荷时，只有间环燃烧区单独工作。运行中根据燃气轮机组的运行要求，同时控制低压压气机进口可调叶片以及高、低压压气机之间的放气来调整进入燃烧区的空气量，而各燃烧区的燃料供应量则按照燃烧的要求进行调节，使不同负荷下各燃烧区的燃烧温度基本保持不变。在燃气轮机组上测试，额定工况下的污染物排放可控制在：NO_x 为 $32mg/m^3$，CO 为 $7mg/m^3$，未燃烃（UHC）质量分数为 1×10^{-6}。

（4）GE 公司为重型燃气轮机设计的 DLN 燃烧室。表 14-2 表示 GE 公司各燃气轮机机型的排放水平，按机型分为 3 组。

表 14-2　　　　　　　　　　干式低 NO_x 机型一览表　　　　　　　$\times10^{-6}$（体积分数）

燃气轮机型号	燃　气			燃　油		
	NO_x	CO	稀释剂	NO_x	CO	稀释剂
MS 3002（J）-RC	33	25	干式	—	—	—
MS 3002（J）-SC	42	50	干式	—	—	—
MS 5001P	25	50	干式	65	20	水
MS 5001R	42	50	干式	65	20	水
MS 5002C	42	50	干式	65	20	水
MS 6001B	9	25	干式	42	30	水
MS 7001B/E	25	25	干式	42	30	水
MS 7001EA	9	25	干式	42	30	水
MS 9001E	15	25	干式	42	20	水
MS 6001FA	25	15	干式	42/65	20	水/水蒸气
MS 7001FA	25	15	干式	42/65	20	水/水蒸气

燃气轮机型号	燃 气			燃 油		
	NO_x	CO	稀释剂	NO_x	CO	稀释剂
MS 7001FB	25	15	干式	42	20	水
MS 7001H	9	9	干式	42/65	30	水/水蒸气
MS 9001EC	25	15	干式	42/65	20	水/水蒸气
MS 9001FA	25	15	干式	42/65	20	水
MS 9001FB	25	15	干式	42	20	水
MS 9001H	25	15	干式	42	20	水

第一组包括 MS3002J、MS5001/2 以及 MS6001B，其中 6B DLN-1 是这一组中的旗舰产品，它可以满足 NO_x 达到 $9×10^{-6}$（体积分数）的要求，如此低的 NO_x 排放在 MS3002 和 MS5001/2 机型上一般难以实现，因为此类机型的燃烧温度较低，达到如此低的 NO_x 排放值时，CO 排放会超标。第二组包括 MS7001B/E、MA7001EA 及 MS9001E 等机型，其中 7EA DLN-1 机型可满足 $9×10^{-6}$（体积分数）的 NO_x 排放要求，是此类机型中的旗舰产品。第三组包括了所有使用 DLN-2 型的机型，如 FA、EC 和 H 机型，其中 7EA 是其中的旗舰产品。

1）DLN-1 型燃烧室的研发最早开始于 1970 年，其目的是为了满足美国环保法案中关于 $15\%O_2$ 浓度下燃气轮机 $75×10^{-6}$（体积分数）的排放要求，该产品在 1980 年于休斯敦燃烧与能源实验室通过了相关测试。随着相关排放要求的提高，DLN 型相关产品也不断改进，以满足排放要求。

图 14-7 中给出了 GE 公司设计的在 MS7001EA 机组上使用的干式低 NO_x（DLN-1）燃烧室的结构图。

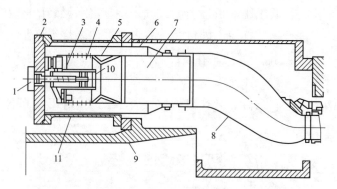

图 14-7　MS7001EA 机组上使用的 DLN-1 燃烧室示意

1—二级燃烧区的燃料喷嘴；2—一级燃烧室的燃料喷嘴和燃烧室的前端盖；3—帽盖和中心体组合件；
4—一级预混区；5—文丘里组合件；6—导流衬套；7—二级燃烧区；8—过渡段；9—压气机的排气机壳；
10—值班燃烧器的旋流器；11—燃烧室外壳

由图 14-7 可知，它是一种两级串联式的预混稀释态的 DLN-1 燃烧室。第一级燃烧区（或预混室）是由 6 个彼此分隔开的燃烧空间组成的，每个燃烧空间都装设各自的旋流器和第一级燃烧区的燃料喷嘴。通过中心体组合件，装设一个第二级燃烧区的燃料喷嘴和旋流器。在文透里组合件之后则是第二级燃烧区。在第一级和第二级燃烧区的火焰管壁上仍然采用常规的气膜冷却方式。需要用火焰监察器对第一级和第二级燃烧区分别进行监察。这种燃烧室既可以燃烧天然气，也可以燃烧轻质液体燃料。这种燃烧室在 $50\%～100\%$ 负荷范围内，烧天然气时可将 NO_x 排放控制在 $25mg/m^3$（标准状态）的水平。

2）随着 F 级技术的引进，透平前温度已达到 1350℃，在贫预混燃烧方式下可供冷却用的空气份额更少了，因此发展了 DLN-2 型燃烧室。与原来的 DLN（DLN-1）型相比取消了需要冷却空气的中心体和文丘里组合件，而仍然保持 $25×10^{-6}$（体积分数）的 NO_x 排放水平。这种燃烧室目前在 GE 公司的各种机组上得到了广泛应用。下面对它做较详细的介绍。DLN-2 燃烧系统示意如图 14-8 所示。

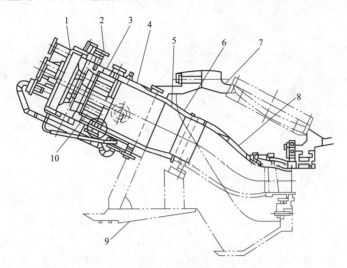

图 14-8　DLN-2 型燃烧系统示意

1—燃料喷嘴和燃烧室顶盖组件；2—第四次燃料注射；3—前外套；4—后外套；5—火焰筒；

6—导流筒；7—机匣；8—过渡段冲击冷却外套；9—压气机排气机匣；10—预混室

　　它是一种单级双模式燃烧室，可用气体和液体燃料工作。用气体燃料时，低负荷（小于 50％ 负荷）按扩散模式工作，而高负荷（大于 50％ 负荷）则按预混模式工作。用气体燃料也可以在整个负荷范围内都用扩散模式运行，而用喷水/蒸汽来抑制 NO_x 水平。用液体燃料时，则始终按扩散模式运行，而用喷水/蒸汽来抑制 NO_x 水平。

　　每个燃烧室只有一个燃烧区，由火焰筒和筒盖组件形成，火焰筒组件前方有 5 个伸出的圆筒形预混管，分别套在 5 个燃料喷嘴组件（安装在燃烧室顶盖上的喷嘴组件外形如图 14-9 所示）外围而构成 5 个周向分布于火焰筒顶部的预混室。在低排放模式运行时，90％ 的气体燃料从喷嘴柱体（单个喷嘴剖视图如图 14-10 所示）外围径向喷射杆上的喷孔喷出，与经旋流器进入预混室的空气混合在预混室中经过彻底混合的燃料和空气以高速射入燃烧区，在那里进行贫燃料的低 NO_x 燃烧。旋流器造成的涡流在从预混室进入燃烧区时突然

图 14-9　DLN-2 燃料喷嘴与燃烧室顶盖组件

扩张和破裂，构成了火焰稳定机制。这种设计与 DLN-1 型的第二级相似。设有一个第 4 次燃料总管，将其余的燃料通过位于燃烧室外套与火焰筒之间周围分布的径向喷射杆射入。

　　从图 14-10 可见，喷嘴中同心布置了不同的燃料、空气和水的管道。燃烧室顶盖则起到对各种流体分配的作用。有 4 个喷嘴的扩散管道是由一根顶盖内部加工出来的总管供给气体燃料的，称为"一次"通道。这 4 个相同喷嘴的预混燃料气则通过另外一个"二次"内部总管供给。剩下一个喷嘴的预混管道由"三次"燃料系统供给，该喷嘴的扩散通道则一直用压气机排气清吹而不供给燃料。

　　a. 有 4 股燃料流由 4 个燃料控制系统分别控制，它们是：

　　a）一次燃料——扩散燃料气。由处于发动机外侧 4 个喷嘴旋流器组件上的扩散燃料气孔喷出。

　　b）二次燃料——预混燃料气。由外侧 4 个喷嘴上喷射杆的燃料气孔喷出。

　　c）三次燃料——预混燃料气。由位于发动机内侧的单个喷嘴的喷射杆燃料气孔喷出。

　　d）四次燃料——小量燃料。在各燃料喷嘴旋流器入口处喷入空气流中。

　　b. DLN-2 燃烧系统可在以下几种不同的模式下运行。

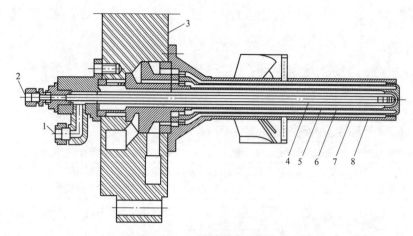

图 14-10　DLN-2 燃料喷嘴组件示意

1—进水口；2—液体燃料进口；3—燃烧室顶盖组件；4—液体燃料管道；5—水管道；
6—雾化空气管道；7—扩散燃料气管道；8—预混燃料气管道

a）一次模式——燃料仅供给 4 个喷嘴的一次管道，扩散火焰。应用于从点火至 81％折合转速。

b）贫-贫模式——一次（扩散）及三次（预混）燃料喷嘴供气。应用于从 81％折合转速至某一预选的燃烧参考温度。在整个运行范围内，一次燃料量的比例作为燃烧参考温度的函数进行调节。必要时，可在燃气轮机的整个负荷范围内按贫-贫模式运行。选定"贫-贫基本开"即将预混运行锁定而使得机组可在贫-贫模式下带到基本负荷。

c）预混过渡模式——在贫-贫模式与预混模式之间的过渡状态。一次和二次气体燃料控制阀在此模式下调整到它们在下一个模式的最终位置。预混分配阀也调整到保持一个固定的三次流量分配。

d）值班预混模式——燃料供给一次、二次和三次燃料喷嘴。此模式在温度控制不投入条件下运行时，作为介于在贫-贫模式与预混模式之间的一种中间模式，它也作为预混模式之外的自动选择模式，而在不要预混运行时，可选择值班预混模式并可运行到基本负荷。在此运行模式下，一次、二次和三次燃料的分配是固定的。

e）预混模式——燃料供给二次、三次和四次燃料管道。在火焰筒内存在预混火焰。预混运行的最小负荷由燃烧参考温度和 IGV（压气机进口导叶）的位置设定。其典型范围为 50％～65％，只要燃烧参考温度不超过 1204℃，即可进行由预混至值班预混的模式转换或其逆过程。最佳的排放性能是在预混模式下得到的。

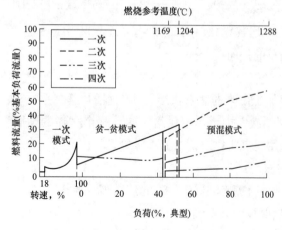

图 14-11　DLN-2 运行中燃料供应量的分配

f）三次 FSNL（全速空载）模式——在 12.5％负荷以上断路器跳闸的情况下启动此模式。燃料仅供给三次喷嘴，而机组在 FSNL 模式下至少再运行 20s，然后过渡到贫-贫模式。

图 14-11 上显示了 DLN-2 运行中燃料供应量的分配。燃料供给的分级取决于燃烧参考温度和 IGV 温度控制运行模式。

DLN-2 控制系统调节一次至四次燃料系统之间的燃料量分配。而每一燃料系统的燃料分配则是燃烧参考温度和 IGV 位置控制模式的函数。改变燃料分配即可在燃烧室中得到扩散、值班预混或预混火焰。气体燃料系统（见图 14-12）包括燃料气截止/比例阀、一次气体控制阀、二次气体控制阀、预混分配阀和四次气体控制阀。截止/比例阀的作用是在控制阀人口维持预定的压力。

一次、二次和四次控制阀按照 SPEED-TRON-IC™控制系统来的燃料指令调节燃气轮机所需要的气体燃料流量。

图 14-13 显示了装有 DLN-2 系统的 7FA/9FA 燃气轮机在烧气体燃料和烧液体燃料（带注水）时的排放性能。

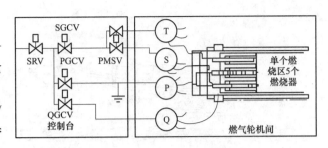

图 14-12　DLN-2 的气体燃料系统

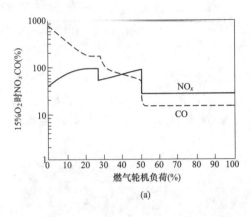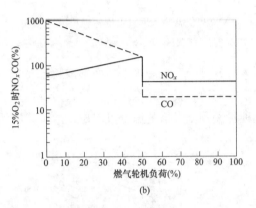

图 14-13　装有 DLN-2 系统的 7FA/9FA 燃气轮机的排放性能
(a) 7FA 燃气轮机；(b) 9FA 燃气轮机

由图 14-13 可见，烧天然气时当负荷超过 50% 后，DLN 燃烧室才有可能使 NO_x 的排放含量控制在 $25×10^{-6}$（体积分数）而 CO 控制在 $9×10^{-6}$（体积分数）左右。在烧柴油时，只有向燃烧室喷水或喷蒸汽，才能使 NO_x 的排放含量控制在 $42×10^{-6}$（体积分数）左右。

DLN-2 型燃烧系统自 1994 年 2 月已投入商业运行，GE 公司已在 F 型燃气轮机上获得了应用干式低 NO_x 燃烧室的充分经验。随后他们又开发了 DLN-2.6 系统，通过进一步减少冷却空气量和进一步降低火焰温度，而成功地达到了把 NO_x 和 CO 的排放含量控制在不大于 $9×10^{-6}$（体积分数）。

目前我国引进的 PG9351FA 机组中实际采用的是 DLN-2.0$^+$ 型燃烧室，其基本结构与 DLN-2 型雷同，但取消了第四次燃料的喷入，即取消了图 14-12 中的 QGCV 控制阀、Q 输气联管以及相应喷气口。当机组从点火到 95% 额定转速之间运行时，每个燃烧室中 5 个喷嘴的 5 个扩散喷气口 D5 均供气，共同形成稳定的扩散火焰；当机组在 95% 额定转速至 871℃基准燃烧温度（TTRF1）之间运行时，5 个扩散喷气口和 1 个预混喷气口联合供气燃烧，处于 D5＋PM1 预先导预混燃烧模式；当机组在 871℃ TTRF1 至 1248.9℃ TTRF1 之间运行时，5 个扩散喷气口（D5）、1 个预混喷气口（PM1）以及其余的 4 个预混喷气口（PM4）联合供气燃烧，称为 D5＋PM1＋PM4 先导预混燃烧模式；当机组在 1248.9℃ 至基本负荷之间运行时，仅 PM1＋PM4 五个预混喷气口联合供气燃烧，燃烧室处于全预混燃烧模式下工作。当机组突甩负荷时，燃烧室仅个 PM1 喷气口供气燃烧，15s 后自动切换到 D5 扩散燃烧模式。

(5) ABB 公司设计的环境型（EV）燃烧器。ABB 公司设计的 EV（Environmental 环境）型燃烧室是一种并联式的分级燃烧的 DLN 燃烧室。可以在一个圆筒形燃烧室的头部并联地配置 19～54 个 EV 型燃烧器，也可以在一个环形燃烧室中配置许多排的 EV 型燃烧器。

在这种燃烧室中，EV 型燃烧器是彼此并联的、最基本的均相预混燃烧方式的燃烧单元。图 14-14 给出了在一个 EV 型燃烧器甲燃烧空气、天然气以及液体燃料供入锥体内，逐渐形成均相预混可燃气体的旋流的情况。

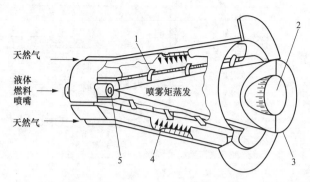

图 14-14 EV 型燃烧器中天然气、液体燃料以及燃烧空气的混合情况

1—燃烧空气；2—中心回流区；3—火焰前锋；4—天然气喷嘴；5—液体燃料雾化

由图 14-15 可见，EV 型燃烧器是由两个彼此错开一定位置的半锥体组成的。由于错位，就在两个半锥体的搭接处形成两个相对的开缝［如图 14-15（a）所示］，燃烧空气就从这两道开缝沿切线方向进到锥体中去。由于沿轴线方向旋流半径逐渐加大，所以形成旋转气流的旋流强度也逐渐加强。如图 14-14 和图 14-15（b）所示，天然气从开缝边上的许多小孔向内喷出，逐渐掺混到旋转气流中去，从而形成稀相的均匀预混可燃气体。这股均相预混可燃气体的旋流在进入燃烧室空间时，就会在锥体的出口边处生成一个回流区，构成维持火焰传播的稳定点火源。试验表明，这种稀相预混火焰的温度可以比扩散火焰的温度低 500℃，因而具有降低 NO_x 排放含量的效应。

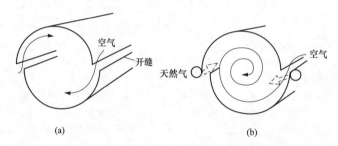

图 14-15 EV 型燃烧器中因空气进入和天然气喷射所形成的旋转气流示意

（a）由两个半锥体错位而成的两个进气开缝；（b）由天然气和空气形成的均相预混可燃气体的旋转气流

当燃烧柴油时，液体燃料从安装在锥体根部中心的喷油嘴中喷出，经过雾化、蒸发，也逐渐与进入的空气组成可燃混合物。但液体燃料不可能在锥体出口处完全蒸发成为蒸气，因而所形成的火焰仍然带有相当程度的扩散火焰的性质，火焰温度要比烧天然气时的预混火焰高。这时为了控制 NO_x 的排放量，必须向锥体内的混合区段喷射一定数量的水或水蒸气。

为了扩大负荷可调范围，就必须增多并联的燃烧器数目。在 GT-13E2 燃气轮机中，共装有 72 个 EV 型燃烧器，分成 4 排错列，每排 18 个，布置情况如图 14-16 所示。随着负荷的变化，投入工作的燃烧器的数目则如图 14-16 所示。

燃烧天然气时，装有 EV 燃烧器的燃烧室的 NO_x 排放含量可以达到 25×10^{-6}（体积分数）燃烧柴油时经喷水后，则能达到 42×10^{-6}（体积分数）的水平。

（6）Siemens 公司设计的干式低 NO_x 的混合型燃烧器。图 14-17 给出了 Siemens 公司设计的干式低 NO_x 的混合型燃烧器，在一个燃气轮机的燃烧室中可以并联地安装多个这样的燃烧器。

该燃烧器的设计思想是：①用气体燃料或液体燃料在燃烧器的中心部位建立一个值班扩散火焰。供给值班火焰的燃料量是恒定的，不随机组工况的改变而变化。这样就能在燃烧器根部形成一个稳定的点火源，以确保在任何负荷下不会发生火焰熄灭的故障。②当燃烧气体燃料时，可以在值班火焰的外侧再供给一定数量的气体燃料，它与供给值班火焰的那股气体燃料，共有一个轴向的空气旋流器，以便在低负荷工况下于燃烧器的中心部位形成一个稳定的扩散火焰。当燃烧液体燃料时，可以增大值班火焰的供油量，它本身就是一个扩散火焰。③在高负荷工况下，气体燃料或已经汽化了的液体燃料供入外围的角向旋流器，与经该旋流器进入的空气混合形成均相预混的可燃混合物，随后在中心火焰之外的燃烧空间中以湍流火焰传播方式进行燃烧。由于这种火焰的温度比较低，故能控制"热 NO_x"

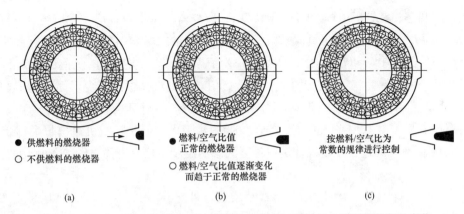

图 14-16　GT-13E2 燃气轮机中 EV 燃烧器的布置以及投入情况随负荷的变化

（a）从点火到 50％负荷工况时的运行情况；（b）50％～70％负荷工况时的运行情况；（c）70％～100％负荷工况时的运行情况

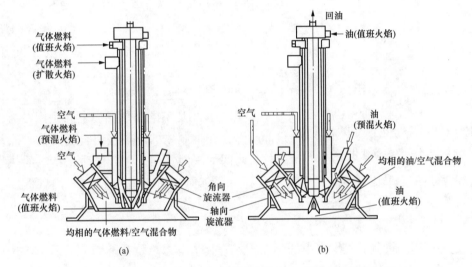

图 14-17　Siemens 公司的干式低 NO_x 混合型燃烧器

（a）燃烧气体燃料时的配气情况；（b）燃烧液体燃料时的配气情况

的生成，该火焰的燃烧稳定性则是依靠位于中心部位的两层扩散火焰来保证的。

图 14-18 给出了 Siemens 公司的上述混合型燃烧器在按扩散火焰方式或预混火焰方式工作时，燃烧区内不同余气系数（也就是反应温度）的波及范围。$\alpha = 1.0$ 时的理论燃烧温度为 2100℃，$\alpha = 2.1$ 时的平均温度为 1390℃。从图 14-18 中可以明显地看到，当改为预混火焰的燃烧方式后，$\alpha < 1.0$ 和 $1.0 < \alpha < 1.6$ 的范围将大大缩小，那时，大部分地区为 $\alpha > 1.6$ 的低温燃烧区，这必将有利于减少"热 NO_x"的生成。

图 14-19 给出了采用混合型 DLN 燃烧器的燃气轮机排气中，NO_x 和 CO 含

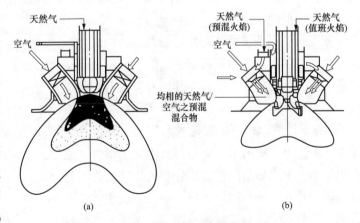

图 14-18　Siemens 公司的混合型燃烧器在不同火焰状态下余气系数的分布

（a）扩散火焰的燃烧情况；（b）预混火焰的燃烧情况

量随机组负荷的变化关系。从机组的启动工况到 ISO 条件下的 50％负荷工况时，燃气轮机压气机的进

口导叶应处于关闭状态。在这一阶段内，混合型 QLN 燃烧器将按扩散火焰方式运行。从图 14-19 中可以看到，在 50％负荷之前，随着机组负荷的增高，燃气透平的初温 t_3^* 将升高，燃烧区的平均温度也将增高，因而燃烧室的排气中，NO_x 将随之增大而 CO 将迅速下降。当机组的负荷超过 50％后，压气机的进口导叶和前几级可调导叶将逐渐打开，它将使 t_3^* 值基本上维持恒定不变，而燃烧器则已转为均相预混火焰方式。因而，NO_x 的排放量迅速下降，达到 25×10^{-6}（体积分数）的水平，由于那时燃烧火焰的温度已经超过 1100℃，致使 CO 仍能维持在很低的水平上。但是，当机组携带尖蜂负荷时，即负荷超过 100％后，由于 t_3^* 超过了额定设计值，预混火焰的温度将略有升高，致使 NO_x 的排放量也稍有增大的趋势。

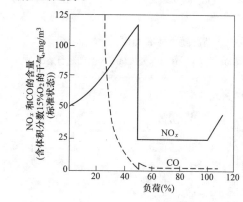

图 14-19　混合型 DLN 燃烧器排气中 NO_x 和 CO 含量随机组负荷的变化

经过改进，目前，Siemens 公司设计的混合型 DLN 燃烧器在燃烧天然气时，已能把 NO_x 和 CO 的排放量控制到 9×10^{-6}（体积分数）的新水平。

上述混合型 DLN 燃烧器已被应用于 Siemens 公司生产的燃气轮机系列上，例如：V94.3、V84.3 和 V64.3 型燃气轮机中都采用 2 个圆筒形燃烧室，每个燃烧室上配置的 DLN 燃烧器的个数分别为 8、6、3 个。在新设计的 V94.3A 型燃气轮机上已经改用环形燃烧室，它带有 24 个周向布置的混合型 DLN 燃烧器。该燃烧室的环形燃烧空间是用敷有氧化物陶瓷涂层的高温合金钢制成的遮热板组合而成的。冷却空气将通过遮热板之间的气隙排出。它既能防止高温的热燃气排出燃烧空间，又能在遮热板上形成一层冷却气膜。当 $t_3^* = 1350$℃时，遮热板内壁的最高壁温为 850℃，使用寿命很好。

3. 催化燃烧技术

催化燃烧是最近引入燃气轮机燃烧中的环保技术。其基本思想是在燃烧室的适当部位引入催化燃烧组件（模块），催化燃烧的特性是具有化学恒温作用。催化燃烧组件实际上是由金属薄片衬底构成的蜂窝结构，衬底上涂敷催化剂，可燃混合物通过时与催化剂有很大的接触面积。催化剂组件由多个截面区域组成，每个区域具有专门的功能以达到特定的燃烧温度，因此不论可燃混合物浓度如何，即使燃料-空气比很高，在催化剂组件中进行无焰燃烧时也可以控制在较低的反应温度，从而将 NO_x 的产生控制在极低的水平。

催化燃烧室要求的气流速度较低，结构尺寸较大，从而必须牺牲高燃烧强度的性能。但随之而来的是总压损失的减低，而且与其他复杂的低污染燃烧系统相比，结构相对简单，制造成本也较低。图 14-20 所示是 FT403F 燃气轮机采用的一种催化燃烧室，由于火焰筒的尺寸比原型机增大了很多，故将原来的 8 个火焰筒的直流式分管燃烧室改为回流式，仍然是 8 个火焰筒，但尺寸加大。催化燃烧系统由 4 部分组成，即前置燃烧器、燃料注入器、催化剂组件和燃尽区。前置燃烧器用于燃气轮机启动和加速阶段，可以采用传统的扩散燃烧，也可以采用干式低排放（DLE）系统以降低这一阶段的污染物产生。燃料注入器控制燃料与助燃空气的流量，

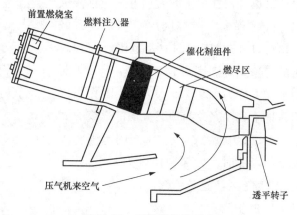

图 14-20　催化燃烧室示意

并使其均匀混合好的可燃气体在催化剂组件中进行无焰燃烧生成高温燃气，未燃烧的残余燃料还可以

在燃尽区中完全燃烧，从而将 CO 和未燃烃的水平大为降低。预计催化燃烧室在出口燃气温度为 1500℃时，NO_x 可控制在 $4\sim6mg/m^3$（标准状态）。

（二）余热锅炉 SCR 烟气脱硝技术

1. SCR 烟气脱硝系统的原理

由于非催化还原（SNCR）烟气脱硝技术要求的反应温度高，且还原剂 NH_3 的氧化反应难以避免，NH_3 的消耗和逃逸都很大，故不适应于燃气轮发电机组烟气脱硝。

选择性催化还原（SCR）是在催化剂作用下，利用还原剂 NH_3，在相对较低的温度下，有选择性地将 NO_x 还原成 N_2，而几乎不发生 NH_3 的氧化反应，从而提高了的选择性，减少了 NH_3 的消耗。主要的反应式为

$$4NO + 4NH_3 + O_2 \Longrightarrow 4N_2 + 6H_2O$$
$$2NO_2 + 4NH_3 + O_2 \Longrightarrow 3N_2 + 6H_2O$$
$$6NO + 4NH_3 \Longrightarrow 5N_2 + 6H_2O$$
$$6NO_2 + 8NH_3 \Longrightarrow 7N_2 + 2H_2O$$

SCR 烟气脱硝于 20 世纪 70 年代末首先在日本开发成功，而后在欧洲和美国相继投入工业应用，目前已经成为世界范围内大型锅炉烟气脱硝的主流工艺，反应示意见图 14-21。

2. 余热锅炉 SCR 烟气脱硝系统

当机组采用低 NO_x 燃烧技术，仍达不到排放标准要求时，燃气-蒸汽联合循环机组需要设置烟气脱硝系统。SCR 系统由三个单元组成：液氨流量控制单元（AFCU）、氨喷射单元（AIG）和 SCR 催化还原单元，AFCU 单元包括液氨储罐、液氨泵和流量计等，功能是控制氨流量，保证合理的 NH_3/NO_x 比例；AIG 单元包括抽烟风机、蒸发混合塔和烟道内的喷嘴等，作用是保证氨和烟气混合的均匀性。

SCR 单元为反应提供场所，使 NO_x 的反应能在一定温度下发生，并且控制其他副反应的进行。

燃气轮机的 SCR 脱硝系统通常位于余热锅炉高压蒸发器模块之间，脱硝装置在余热锅炉中的位置示意如图 14-22 所示，氨气喷射格栅（AIG）放置在 SCR 反应器上游的一个合适位置。从燃气轮机排出的烟气沿图 14-22 中箭头所示方向前进，依次经过余热锅炉的换热面和脱硝系统喷氨格栅、催化剂，烟气中的 NO_x 在催化剂的作用下，被还原剂 NH_3 还原成 N2，然后通过烟囱排入大气。烟道设置足够的测点接管座，便于试运行和运行中进行测量（温度测量和采样）。还要安装足够的管座用于监控系统的启动，管座的布置方式满足运行和试验测量需要。

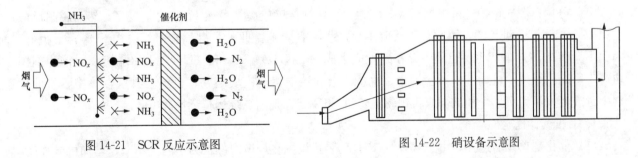

图 14-21　SCR 反应示意图　　　　　　　　图 14-22　硝设备示意图

3. 余热锅炉 SCR 烟气脱硝的特点

与燃煤机组相比，燃气轮发电机组的烟气参数差别较大，因此在脱硝装置的设置、脱硝剂的选择等方面也有相应的区别。北京某热电厂新建一套"二拖一"（2×350MW 级）燃气-蒸汽联合循环热电机组，配套进行 SCR 法烟气脱硝装置，燃气轮机燃烧的天然气成分见表 14-3，余热锅炉中烟气脱硝装置入口烟气参数见表 14-4。常规燃煤机组（以北京地区某电厂为例）进入 SCR 系统烟气成分见表 14-5。

表 14-3   天然气成分

序号	项目	单位	数值
1	CH_4	%	95.95
2	C_2H_6	%	0.91
3	C_3H_8	%	0.14
4	CO_2	%	3
5	H_2O	%	0.0062
6	H_2S（标准状态）	mg/m^3	3.04

表 14-4   燃气轮发电机组 SCR 入口烟气参数

序号	项目	单位	数值
1	干烟气量	t/h	2417.04
2	干烟气密度	kg/m^3	1.31
3	烟温	℃	596
4	烟气成分		
5	N_2	%	74.71
6	O_2	%	11.96
7	Ar	%	0.89
8	CO_2	%	4.15
9	H_2O	%	8.23
10	NO_x（标准状态，$15\%O_2$）	mg/m^3	25
11	SO_2（标准状态）	mg/m^3	1.6

表 14-5   某燃煤机组 SCR 入口烟气污染物含量

序号	项目	单位	数值
1	NO_x（标准状态）	mg/m^3	392.51
2	SO_2（标准状态）	mg/m^3	895.37
3	烟尘（标准状态）	mg/m^3	1157.36

由此可见，燃气轮发电机组烟气成分较为简单，清洁度较高。虽然 H_2O 含量较高，然而脱硝反应是在 300～400℃ 下进行的，因此对于反应不会产生不良影响。此外，燃气轮机烟气中 SO_2 含量很低，因此不会存在 SO_3 的产生，也就不存在副反应生成物（NH_4）$_2SO_4$ 和（NH_4）HSO_4 沉积对催化剂模块产生影响；燃气轮机烟气中不含烟尘，也就不会导致催化剂模块堵塞，也不会有重金属物质使催化剂中毒或者失活。可见，相比燃煤机组燃气轮机 SCR 烟气脱硝系统运行环境较好。

4. 工程设计优化

（1）催化剂单元的选择。由于常规 SCR 脱硝装置设置在烟道内部，为了防止堵塞、增加机械强度，通常将催化剂固定在不锈钢板表面或制成蜂窝陶瓷状，形成了不锈钢波纹板式和蜂窝陶瓷的结构形式。

板式催化剂通常是将催化剂原料（载体、活性成分）与助催化剂均匀地碾压在不锈钢板上，切割并压制成带有褶皱的钢板，经煅烧后组装成模块。

蜂窝式催化剂是将催化剂原料与陶瓷辅料搅拌，混合均匀，按所要求的孔径制成蜂窝状长方体，进行干燥和煅烧，经切割成一定长度的蜂窝式催化剂单体后组装成模块。

可见板式和蜂窝式催化剂的主要成分与催化反应原理相同，只是结构形式有所区别。相比板式催化剂，蜂窝式催化剂有更大的比表面和活性成分以及较小的压力损失，由于燃气轮机烟气中烟尘含量很低，不担心催化剂的堵塞问题，因此，蜂窝式催化剂对燃气轮发电机组更有优势。

适合燃气轮机的蜂窝式催化剂不同于常规燃煤机组的催化剂。燃气轮机催化剂孔径应远小于煤机催化剂。然而由于孔径的缩小，催化剂模块的压力损失会相应地增加，进而影响机组整体效率，通常孔径为 21mm，压降在 400Pa 左右。

（2）AIG 系统的选择。由于燃气轮机催化剂模块面积较大、体积较小，要保证脱硝反应的充分进行，脱硝剂 NH_3 与烟气混合的均匀性有着至关重要的作用。因此，建议在进行 AIG 系统设计的时候，采用气冷态流动模型试验并结合三维两相流动数值计算来进行喷氨嘴和导流板的设计。此外，还应在喷氨装置和催化剂模块之间留有合适的混合距离，这对于烟道的长度有一定的影响，需要结合余热锅炉的形式综合比较，合理选择喷氨装置的布置位置。

第三节　污水处理系统

与燃煤电厂相比，燃气-蒸汽联合循环电厂没有输煤、除灰和脱硫系统，在节约用水的同时，废水的消纳利用能力也大大减小，在燃煤电厂可回收利用于输煤冲洗、脱硫等系统的废水，如循环水排污水、酸碱废水等，在燃气轮机电厂则不能，因此，其处理和处置措施也会不同。由于水在使用过程中会因浓缩或掺入杂质而被污染，如直接排放，不仅会造成水资源的浪费，还将对环境造成不同程度的污染，因此，必须对燃气-蒸汽联合循环电厂各种废水进行分类收集和处理，最大限度地回收利用，对排水量及排水水质进行控制管理。

一、废水来源

燃气-蒸汽联合循环电厂的废水主要包括循环水系统排污水，化学水处理系统产生的再生水、反渗透浓水，锅炉排污水，燃气轮机空气压缩机清洗排水，含油污水，生活污水，雨水。

二、废水处理及处置

电厂废水处理按照分类收集、分离处理的原则，对不同的污水进行专门收集处理后，进行回用或排放。为了节约用水，应采取先进的废水处理工艺，尽量提高废水回收利用率，回用水的水质应满足用水系统的供水水质要求；电厂应采取先进的工艺系统，尽量减少废水排放量，即使不能回收利用的废水，也要进行处理后达标排放，排放水的水质应满足环境评价批复意见的要求。

通常情况下，每个收集处理系统将安装一套连续监测系统，以测量具体污水的相应参数。万一测量值不满足相应的回用或排放限值，报警信号将传输至主控室，按预先确定的方案进行处置，如强化处理过程控制、降低机组出力、停止废水排放等。连续监测系统也将提供采样点，取样送至电厂实验室进行分析，同时允许政府主管部门进行取样分析。

第四节　噪　声　治　理

燃气轮机发电厂的噪声对环境的影响必须符合 GB 14098《燃气轮机噪声》、GB 12348《工业企业厂界环境噪声排放标准》和 GB 3096《声环境质量标准》的规定。GB 14098 提出确定离机组（或其外厢）1m 处允许噪声级需预先知道操作者在距燃气轮机、被驱动设备、辅助设备或其外厢的主要表面 1m 处噪声环境中（或者在距机组或其外厢的主要表面 1m 最大噪声部位处）的每个工作日总暴露时间，然后查表，就可确定离机组或其外厢的主要表面 1m 处平均噪声级或最大噪声级的允许值。不同暴露时间的允许噪声级见表 14-6。

表 14-6 不同暴露时间的允许噪声级

每个工作日总暴露时间（h）	允许噪声级［dB（A）］
8	85 ～90
4	88 ～93
2	91 ～96
1	94 ～99
1/2	97 ～102
1/4	100～105
1/8	103～108

一、噪声源

燃气轮机电厂的噪声源主要分为主厂房区域、余热锅炉区域、机力通风冷却塔区域、变压器区域、各辅助设备车间等多个功能区域。

1. 主厂房区域

主厂房区域噪声源包括燃气轮机本体、燃气轮机进风口及进风口管道、燃气轮机辅机、燃气轮机过渡段、汽轮机本体、汽轮机辅机等。

2. 余热锅炉区域

余热锅炉区域噪声包括锅炉本体、锅炉给水泵区、锅炉顶部、锅炉排汽（气）口、锅炉烟囱等产生的噪声。

3. 机力通风冷却塔区域

机力通风冷却塔区域噪声包括由顶部轴流风机产生的旋转噪声和涡流噪声；电动机及传动部件产生的机械噪声；由风机、电动机及减速机引起冷却塔塔壁及顶部平台振动，产生固体传声噪声、淋水噪声。

4. 变压器区域

变压器区域包括主变压器、厂用变压器和启动/备用变压器。电力变压器噪声主要有两部分：铁芯磁致伸缩振动引起的电磁噪声、冷却风扇产生的机械噪声与气流噪声。

5. 其他区域

其他区域噪声包括厂区内的综合水泵房、循环水泵房、天然气调压站、化学水车间以及化学加药间等的泵、风机以及通风系统的进出口产生的噪声。

二、主要设备防噪、降噪措施

燃气轮机电厂的噪声应首先从声援上进行控制，要求设备供应商提供符合国家规定噪声标准要求的设备。对于声源上无法控制的生产噪声应采取有效的隔声、消声、吸声和减振等控制措施。

1. 主厂房区域

（1）燃气轮机降噪装置设计，以隔声设计为主，同时应满足消防、通风散热、防爆设计的要求。重型燃气轮机的本体降噪装置，宜采用隔声罩壳。

（2）置于主厂房之内的燃气轮机，宜通过主厂房整体的隔声设计解决噪声排放问题。主厂房墙体的隔声量视主厂房与厂界和敏感目标的位置关系确定，其隔声量在 30～50dB 之间。

（3）敞开式布置的燃气轮机，应尽量布置于厂区中央远离敏感目标的位置，并可采用四面隔声屏障构成隔声维护结构降低噪声排放，隔声屏障的隔声量宜大于 25dB。

（4）对于燃气轮机烟道扩散段处采取复合隔声、吸声墙体围护措施，燃气轮机进风口设置消声百叶装置降低噪声排放，燃气轮机罩壳通风机加装消声器。

（5）主厂房进风口设置进风消声器，屋顶排风口设置机械排风消声器，采用隔声门窗，墙面、屋面、门窗与通风消声器需注意降噪量匹配，同时孔洞缝隙采取隔声封堵措施，避免漏声导致的降噪效果下降。

（6）非轻质厂房基础，0m 层至夹层高度的主厂房墙体宜采用砌块墙体。运转层标高之上的墙体宜采用隔吸声复合墙体。

（7）燃气轮机、汽轮机、余热锅炉之间的高温蒸汽管道，宜采用保温隔声包扎降低管道低频噪声。

2. 余热锅炉区域

（1）余热锅炉降噪装置，宜采用整体隔声设计。隔声维护结构宜采用负荷隔吸声墙体，墙体的隔声量宜大于 40dB。

（2）锅炉顶部汽包平台设置隔声间。

（3）隔声间通风系统的进风口设置进风消声器，屋顶风机设置排风消声器。

（4）给水泵房门、窗采用隔声门窗。

（5）墙体、门窗及进排风消声器隔声量充分匹配，避免降噪措施不足和过度。

（6）烟囱本体做隔声包扎（一般为隔热包扎），烟囱内设置消声器，要求烟囱排烟口 1m 处噪声值不大于 75dB（A）。

（7）针对锅炉排汽（气）放空，由设置专门的消声器进行降噪。

（8）孔洞缝隙采取隔声封堵措施，避免漏声导致的降噪效果下降。

3. 冷却塔区域

（1）冷却塔的降噪装置设计应以阻力损失在冷却塔设计的允许范围内为首要设计目标，在确保冷却塔热工性能的基础上，满足声学性能的要求。

（2）自然通风冷却塔进风口，距离厂界超过 50m 且厂界外没有敏感目标的，可采用隔声屏障等降噪措施；机力通风冷却塔进风口，宜采用进风消声器作为降噪装置，出风口宜采用出风口消声器作为降噪装置。

（3）冷却塔的进风消声器设计指标应根据冷却塔允许的阻力损失范围确定，消声量宜大于 20dB。

（4）机力通风冷却塔的排风消声器设计指标应根据冷却塔允许的阻力损失范围确定，消声量宜大于 15dB。

（5）在冷却塔的雨区装设消声填料，以吸收淋水的动能，减小淋水声。

（6）机力通风冷却塔两端的进风口设置高消声量消声器，降低淋水噪声及风机噪声反向传播噪声的排放。

（7）机力通风冷却塔风机顶部排风口设置排风消声器，降低风机噪声及通过填料上传的淋水噪声。

（8）机力通风冷却塔的风机电动机及减速箱设置减振系统，降低电动机及减速箱振动引起的固体传声的噪声。

4. 变压器区域

（1）主变压器宜选择噪声不大于 70dB（A）的主变压器。在有特殊要求的情况下，可选择噪声低于 65dB（A）的变压器。

（2）变压器区域降噪设计应充分利用防火墙的降噪效果。

（3）对每个变压器修建隔声小间将其封闭，通风散热孔需采取消声装置。修建隔声小间时应考虑留出检修所需的距离。若有困难时，可将隔声小间用轻型材料的可拆卸或推拉式隔声屏代替，变压器检修时可暂时将其移走。

（4）若没有条件修建封闭的隔声小间，应在变压器外修建针对变压器中、低频特性的复合隔声吸声屏障。

（5）进行变压器降噪装置设计时，应充分考虑满足安全带电距离。

5. 辅助车间及附属设施区域

（1）采用室内布置的设备，设备产生的噪声主要是通过建筑物透声或门窗及通风系统向外传播。该类区域降噪措施为设置隔声门、窗，通风系统设置进、排风消声器等。

（2）天然气调压站的管道、阀门宜采用阻尼隔声包扎，降低噪声排放。调压站整体宜采用半封闭隔声结构，并严格按照 GB 50016《建筑设计防火规范》的要求完成泄压设计。

（3）各类风机和泵类宜选用低噪声设备，同时根据情况设计降噪装置。

（4）各类高温高压蒸汽管道宜采用隔热隔声阻尼包扎，在确保隔热效果的同时，降低其噪声与振动。

燃气轮机发电厂主要设备噪声水平见表 14-7。

表 14-7 　　　　　　　　　　　　　　**燃气轮机发电厂主要设备噪声水平**

设备名称	常见噪声 dB（A）	低噪声 dB（A）	备注
重型燃气轮机	85～95	75～85	距离罩壳外 1m
分布式航改机	95～105	85～90	距离机器本体 1m
燃气轮机进风口	76～82	75～80	距离进风口 1.5m
汽轮机	≥92	85～90	距离机组 1m
厂房屋顶风机	80～85	75～80	距离风机轴线 45°方向 1m
余热锅炉本体	75～80	72～75	距离机组 1m
余热锅炉给水泵	85～90	80～85	距离机组 1m
余热锅炉烟囱	≥70	65～70	加消声器后
变压器	68～75	65～70	距离机组 1m
天然气调压站（压缩机）	≥105	≤100	距离管线 1m
各类泵	85～90	80～85	距离设备 1m

第五节　环境管理与监测

燃气轮机电厂环境保护监测的任务是对电厂外部环境的监测、对工业污染源的监督和管理。电厂应设置环境监测站，并符合 DL/T 414《火电厂环境监测技术规范》的有关规定。

电厂应安装烟气连续监测系统，监测项目和方法等应符合 HJ/T 75《固定污染源烟气排放连续监测技术规范》的有关规定。烟气连续监测系统排放监测点宜设置在烟尘或每台锅炉净烟气的烟道上。

电厂废水外排口应装设水量、水质监测装置，并应设置专门标志。当电厂废水与循环水排入同一受纳水体时，在征得地方环境保护管理部门同意后，可合并对外排放，但应在合并前装设水量、水质监测装置。

基于燃气轮机电厂定员少、设备系统简单的特点，环境保护管理机构可由电厂统一安排人员进行兼职管理；可委托电力试验研究院（所）或地方环境监测站定期进行监测，并将其纳入日常的环境管理工作。

第十五章　消　防

第一节　概　述

燃气轮机电厂的消防系统的设计与电厂类型、本期建设规模、规划容量、已建机组容量等因素相关，同时还应落实电厂与城市、农村及邻近工矿企业的关系，电厂厂区配置等信息，综合研究确定电厂消防系统的配置、设计依据及主要设计原则。

整个燃气轮机电厂消防系统主要包括总平面布置及交通要求、建（构）筑物防火设计、电厂各系统消防设计、消防给水和灭火设施、火灾报警及控制系统、消防供电、采通通风与空气调节系统防火措施等内容。本章内容仅包括电厂各系统消防设计、消防给水和灭火设施内容，其余内容参见本手册其他相关章节。

第二节　电厂各系统消防设计

一、概述

（一）消除给水系统的一般规定

（1）消防给水系统必须与燃气轮机电厂的设计同时进行。消防用水应与全厂用水统一规划，水源应有可靠的保证。

（2）100MW 机组及以下的燃气轮机电厂消防给水宜采用与生活用水或生产用水合用的给水系统。125MW 机组及以上的燃气轮机电厂消防给水应采用独立的消防给水系统。

注：本节提到的机组容量数据，对于多轴配置的联合循环燃气轮机电厂，除燃气轮发电机组外，燃气轮机电厂的火灾自动报警装置、固定灭火系统的设置，应按汽轮发电机组容量对应执行相关规定；对于单轴配置的联合循环燃气轮机电厂，应按单套机组容量对应执行相关规定。）

（3）消防给水系统的设计压力应保证消防用水总量达到最大时，在任何建筑物内最不利点处，水枪的充实水柱不小于 13m。

注：①在计算水压时，应采用喷嘴口径 19mm 的水枪和直径 60mm、长度 25m 的有衬里消防水带，每支水枪的计算流量不应小于 5L/s；②消火栓给水管道设计流速不宜大于 2.5m/s。

（4）厂区内消防给水水量应按同一时间内发生火灾的次数及一次最大灭火用水量计算。建筑物一次灭火用水量应为室外和室内消防用水量之和。

（5）厂区内应设置室内、外消火栓系统。消火栓系统、自动喷水灭火系统、水喷雾灭火系统等消防给水系统可合并设置。

（二）消防措施的一般规定

（1）机组容量为 50～135MW 的燃气轮机电厂，在电缆夹层、控制室、电缆隧道、电缆竖井及屋内配电装置处应设置火灾自动报警系统。

（2）机组容量为 200MW 级以上但小于 300MW 的燃气轮机电厂，应按表 15-1 的规定设置火灾自动报警系统。

（3）机组容量为 300MW 及以上的燃气轮机电厂应按表 15-2 的规定设置固定灭火系统。

表 15-1　　　　　　　　　　　主要建（构）筑物和设备火灾自动报警系统

建（构）筑物和设备	火灾探测器类型
一、集中控制楼、网络控制楼	
（1）电缆夹层	感烟或缆式线型感温
（2）电子设备间	吸气式感烟或点型感烟
（3）计算机房	吸气式感烟或点型感烟
（4）控制室	吸气式感烟或点型感烟
（5）继电器室	吸气式感烟或点型感烟
（6）配电装置室	感烟
二、微波楼和通信楼	感烟
三、汽机房	
（1）汽轮机油箱	缆式线型感温或火焰
（2）电液装置（抗燃油除外）	缆式线型感温或火焰
（3）氢密封油装置	缆式线型感温或火焰
（4）汽轮机轴承	感温或火焰
（5）汽轮机运转层下及中间层油管道	缆式线型感温
（6）给水泵油箱	缆式线型感温
（7）配电装置室	感烟
四、锅炉房	
锅炉本体燃烧器	缆式线型感温
五、其他	
（1）柴油发电机室及油箱	感烟
（2）点火油罐	缆式线型感温
（3）汽机房架空电缆处	缆式线型感温
（4）锅炉房零米以上架空电缆处	
（5）汽机房至主控楼电缆通道	缆式线型感温
（6）电缆交叉、密集及中间接头部位	缆式线型感温
（7）电缆竖井	缆式线型感温或感烟
（8）主厂房内主蒸汽管道与油管道交叉处	缆式线型感温

表 15-2　　　　　主要建（构）筑物和设备火灾自动报警系统与固定灭火系统

建（构）筑物和设备	火灾探测器类型	灭火介质及系统形式
一、集中控制楼、网络控制楼		
（1）电缆夹层	吸气式感烟或缆式线型感温和点型感烟组合	水喷雾、细水雾或气体
（2）电子设备间	吸气式感烟或缆式线型感温和点型感烟组合	固定式气体或其他介质
（3）控制室	吸气式感烟或点型感烟	—
（4）计算机房	吸气式感烟或点型感烟组合和点型感烟组合	固定式气体或其他介质
（5）继电器室	吸气式感烟或点型感烟组合和点型感烟组合	固定式气体或其他介质
（6）DCS工程师室	吸气式感烟或点型感烟组合和点型感烟组合	固定式气体或其他介质
（7）配电装置室	吸气式感烟或点型感烟组合和点型感烟组合	固定式气体或其他介质
二、微波楼和通信楼	感烟	

续表

建（构）筑物和设备	火灾探测器类型	灭火介质及系统形式
三、汽机房		
（1）汽轮机油箱	缆式线型感温或火焰	水喷雾
（2）电液装置（抗燃油除外）	缆式线型感温或火焰	水喷雾或细水雾
（3）氢密封油装置	缆式线型感温或火焰	水喷雾或细水雾
（4）汽轮机轴承	感温或火焰	—
（5）汽轮机运转层下及中间层油管道	缆式线型感温	水喷雾或雨淋
（6）给水泵油箱（抗燃油除外）	缆式线型感温	水喷雾、雨淋或细水雾
（7）配电装置室	感烟	—
（8）电缆夹层	吸气式感烟或点型感烟组合和点型感烟组合	水喷雾、细水雾或气体
（9）汽轮机贮油箱（主厂房内）	缆式线型感温或火焰	水喷雾或细水雾
（10）电子设备间	吸气式感烟或点型感烟组合和点型感烟组合	固定式气体或其他介质
（11）汽机房架空电缆处	缆式线型感温	—
四、锅炉房		
（1）锅炉本体燃烧器	缆式线型感温	雨淋或水喷雾
（2）锅炉房零米以上架空电缆处	缆式线型感温	
五、变压器		
（1）主变压器	感温	水喷雾或其他介质
（2）启动/备用变压器	感温	水喷雾或其他介质
（3）联络变压器	感温	水喷雾或其他介质
（4）高压厂用变压器	感温	水喷雾或其他介质
六、其他		
（1）柴油发电机室及油箱	感烟和感温组合	水喷雾、细水雾及其他介质
（2）油浸变压器室	缆式线型感温	
（3）屋内高压配电装置	感烟	—
（4）汽机房至主控楼电缆通道	缆式线型感温	—
（5）电缆竖井、电缆交叉、密集及中间接头部位	缆式线型感温	灭火装置
（6）主厂房内主蒸汽管道与油管道（在蒸汽管道上方）交叉处	感温	灭火装置
（7）办公楼〔设置有风道（管）的集中空气调节系统且建筑面积大于 $3000m^2$〕	感烟	自动喷水
（8）油罐区	缆式线型感温	泡沫灭火或其他介质
（9）油处理室	感温	—
（10）电缆隧道	缆式线型感温	水喷雾、细水雾或其他介质
（11）消防水泵房的柴油机驱动消防泵泵间	感温	水喷雾、细水雾或自动喷水
（12）供氢站	可燃气体	—

注　对于设置固定灭火系统的场所，宜采用两种同类或不同类的探测器组合探测方式。

（4）机组容量为300MW以下的燃气轮机电厂，当油浸变压器容量为 $9×104kV·A$ 及以上时，应设置火灾探测报警系统、水喷雾灭火系统或其他灭火系统。

二、各系统消防措施

（一）燃料系统的消防措施

在天然气调压站周围设置消火栓灭火系统并配置相应的灭火器。室内天然气调压站应设可燃气体泄漏报警装置。

天然气气质应分别符合 GB 50251《输气管道工程设计规范》及燃气轮机制造厂对天然气气质各项指标（包括温度）的规定和要求。

1. 天然气管道设计要求

（1）厂内天然气管道宜高支架敷设、低支架沿地面敷设或直埋敷设，在跨越道路时应采用套管。

（2）除必须用法兰与设备和阀门连接外，天然气管道管段应采用焊接连接。

（3）进厂天然气总管应设置紧急切断阀和手动关断阀，并且在厂内天然气管道上应设置放空管、放空阀及取样管。在两个阀门之间应提供自动放气阀，其设置和布置原则应按 GB 50251《输气管道工程设计规范》的有关规定执行。

（4）天然气管道试压前需进行吹扫，吹扫介质宜采用不助燃气体。

（5）天然气管道应以水为介质进行强度试验，强度试验压力应为设计压力的 1.5 倍；强度试验合格后，应以水和空气为介质进行严密性试验，试验压力应为设计压力的 1.05 倍；再以空气为介质进行气密性铺验，试验压力为 0.6MPa。

（6）天然气管道的低点应设排液管及两道排液阀，排出的液体应排至密闭系统。

2. 燃油系统设计要求

燃气轮机电厂的油罐区设计需符合 GB 50074《石油库设计规范》的有关规定。

燃油系统采用柴油或重油时，应符合如下规定：

（1）锅炉点火及助燃用油品火灾危险性分类应符合 GB 50074《石油库设计规范》的有关规定。

（2）从下部接卸铁路油罐车的卸油系统，应采用密闭式管道系统。

（3）加热燃油的蒸气温度，应低于油品的自燃点，且不应超过 250℃。

（4）储存丙类液体的固定顶油罐应设置通气管。

（5）油罐的进、出口管道，在靠近油罐处和防火堤外面应分别设置隔离阀。油罐区的排水管在防火堤外应设置隔离阀。丙类液体和可燃、助燃气体管道穿越防火墙时，应在防火墙两侧设置隔离阀。

（6）油罐的进油管宜从油罐的下部进入，当工艺布置需要从油罐的顶部接入时，进油管宜延伸到油罐的下部。

（7）管道不宜穿过防火堤。当需要穿过时，管道与防火堤间的缝隙应采用防火堵料紧密填塞，当管道周边有可燃物时，还应在堤体两侧 1m 范围内的管道上采取绝热措施；当直径大于或等于 32mm 的可燃或难燃管道穿过防火堤时，除填塞防火堵料外，还应设置阻火圈或阻火带。

（8）容积式油泵安全阀的排出管，应接至油罐与油泵之间的回油管道上，回油管道不应装设阀门。

（9）油管道宜架空敷设。当油管道与热力管道敷设在同一地沟时，油管道应布置在热力管道的下方。

（10）油管道及阀门应采用钢质材料。除必须用法兰与设备和其他部件相连接外，油管道管段应采用焊接连接。严禁采用填函式补偿器。

（11）燃烧器油枪接口与固定油管道之间宜采用带金属编织网套的波纹管连接。

（12）在每台燃气轮机的供油总管上，应设置快速关断阀和手动关断阀。

（13）油系统的设备及管道的保温材料应采用不燃烧材料。

（14）油系统的卸油、贮油及输油的防雷、防静电设施，应符合 GB 50074《石油库设计规范》的有关规定。

（15）在装设波纹管补偿器的燃油管道上宜采取防超压的措施。

燃油系统采用原油时应采取特殊消防措施。

燃气轮机供油管道应串联两只关断阀或其他类似关断阀门，并应在两阀之间采取泄放这些阀门之间过剩压力的措施。

（二）燃气轮机本体的消防措施

燃气轮机设备（燃气轮机、齿轮箱、发电机等）和控制室，宜采用全淹没气体灭火系统，并应设置火灾自动探测报警系统。燃气轮机设备的灭火及火灾自动探测报警系统宜随燃气轮机和发电机组设备成套供应。全淹没气体灭火系统中，应在喷放灭火剂前使燃气轮机停机，并关闭门、通风挡板及自动停止通风机和关闭其他孔口。全淹没气体灭火系统的设计应有足够的保持气体浓度时间。

在燃气轮机燃烧部位上应安装火焰探测器，以便探测火焰或启动时点火，如果火焰熄灭，就应迅速（宜小于 1s）切断燃料；如果在正常启动时间内未完成点火，控制系统就应停止启动并关闭燃料阀门。

燃气轮机设备当使用水喷雾消防系统时，应符合下列要求：

（1）燃气轮机轴承座的水喷雾系统应根据机组的几何形状设置，以避免由于水流造成的设备损坏。

（2）裸露油管道和燃气轮机底部地面可能集聚漏泄油的区域，应设置自动喷淋或喷雾水消防系统。

（3）水消防系统的喷嘴不应对着燃气轮机的外罩或燃烧室。

（4）在有水流时，燃料阀门应能自动关闭。

根据调查，国内已有燃气轮机电厂燃气轮机本体均采用全淹没气体消防系统，且绝大多数电厂为 CO_2 灭火系统（小厂多为高压 CO_2 灭火系统，大厂也有采用低压 CO_2 灭火系统）。国内已有燃气轮机电厂的燃气轮机和发电机组本体消防均由燃气轮机制造厂商配套供应。

（三）电气系统的消防措施

1. 变压器及其他带油电气设备

屋外油浸变压器及屋外配电装置与各建（构）筑物的防火间距应符合 GB 50229《火力发电厂与变电站设计防火规范》的规定。

燃气轮机电厂的变压器按规范要求一般设置水喷雾灭火系统，并设置两种不同类型的火灾探测器，以防止灭火系统的误动作。系统具有自动控制、手动控制、机械应急控制 3 种启动方式：当一类探测器动作时，报警至集控室；当另一类探测器亦动作时，则自动启动雨淋阀直接喷水雾灭火，压力开关提供系统动作信号至集控室。探测器在一次运行后能完全自动复位。在防护区适当位置设有手动按钮，可以直接打开雨淋阀并报警至集控室。另外，雨淋阀组还设有一手动阀，可就地手动启动消防系统。

变压器区设有事故油池，当变压器故障时，可将绝缘油排入事故油池，隔离火源，避免火灾蔓延。事故油池的设计满足如下规定：

（1）屋内单台总油量为 100kg 以上的电气设备，应设置贮油或挡油设施。挡油设施的容积宜按油量的 20％设计，并应设置能将事故油排至安全处的设施。当不能满足上述要求时，应设置能容纳全部油量的贮油设施。

（2）屋外单台油量为 1000kg 以上的电气设备，应设置贮油或挡油设施。挡油设施的容积宜按油量的 20％设计，并应设置将事故油排至安全处的设施，当不能满足上述要求且变压器未设置水喷雾灭火系统时，应设置能容纳全部油量的贮油设施。

（3）当设置有油水分离措施的总事故贮油池时，其容量宜按最大一个油箱容量的 60％确定。

（4）贮油或挡油设施应大于变压器外廓每边各 1m。

（5）贮油设施内应铺设卵石层，其厚度不应小于 250mm，卵石直径宜为 50～80mm。

2. 电缆及电缆敷设

容量为 300MW 及以上机组的主厂房、燃油及其他易燃易爆场所宜选用 C 类阻燃电缆。

建（构）筑物中电缆引至电气柜、盘或控制屏、台的开孔部位，电缆贯穿隔墙、楼板的空洞应采用电缆防火封堵材料进行封堵，其防火封堵组件的耐火极限不应低于被贯穿物的耐火极限，且不应低于 1h。

（四）油系统的消防措施

油系统的防护范围为燃气轮机的润滑油模块、燃气轮机控制油模块、汽轮机主油箱、汽轮机润滑油净化装置、汽轮机 EH 集装装置、汽轮机润滑油贮油箱和柴油发电机等。

主厂房内除设有消火栓系统外，针对含油设备的消防，相应设置水喷雾灭火或自动喷水灭火系统，并配置移动灭火器。

汽轮发电机组油系统除汽机调节油采用抗燃油外，在油系统的设计中应符合下列规定：

（1）汽轮机主油箱应设置排油烟机，排油烟管道应引至厂房外无火源处且避开高压电气设施。

（2）汽轮机的主油箱、油泵及冷油器设备，宜集中布置在汽机房零米层机头靠 A 列柱侧处并远离高温管道。

（3）在汽机房外，应设密封的事故排油箱（坑），其布置标高和排油管道的设计，应满足事故发生时排油畅通的需要，事故排油箱（坑）的容积不应小于 1 台最大机组油系统的油量。

（4）压力油管道应采用无缝钢臂及钢制阀门，并应按高一级压力选用。除必须用法兰与设备和部件连接外，应采用焊接连接。

（5）200MW 及以上容量的机组宜采用组合油箱及套装油管，并宜设单元组装式油净化装置。

（6）油管道应避开高温蒸汽管道，不能避开时，应将其布置在蒸汽管道的下方。

（7）在油管道与汽轮机前轴封箱的法兰连接处，应设置防护槽和将漏油引至安全处的排油管道。

（8）油系统管道的阀门、法兰及其他可能漏油处敷设有热管道或其他载热体时，载热体管道外面应包敷严密的保温层，保温层外面应采用镀锌铁皮或铝皮做保护层。

（9）油管道法兰接合面应采用质密、耐油和耐热的垫料，不应采用塑料垫、橡皮垫和石棉垫。

（10）在油箱的事故排油管上，应设置两个钢制阀门，其操作手轮应设在距油箱外缘 5m 以外的地方，并应有两个以上的通道。操作手轮不得加锁，并应设置明显的"禁止操作"标志。

（11）油管道及其附件的水压试验压力应符合下列规定：

1）调节油系统试验压力为工作压力的 1.5～2 倍。

2）润滑油系统的试验压力不应低于 0.5MPa。

3）回油系统的试验压力不应低于 0.2MPa。

（12）300MW 及以上容量的汽轮机调节油系统，宜采用抗燃油。

第三节　消防给水和灭火设施

一、消防给水系统

（一）概述

燃气轮机电厂同一时间的火灾次数为一次。厂内消防给水水量应按发生火灾时一次最大灭火用水量计算。建筑物一次灭火用水量应为室外和室内消防用水量之和。

（二）室外消防用水量的计算规定

（1）建（构）筑物室外消防一次用水量不应小于表 15-3 的规定。

表 15-3 建（构）筑物室外消防一次用水量 L/s

项目	建构筑物体积（m³）					
耐火等级	建筑物名称	1501～3000	3001～5000	5001～20000	20000～50000	>50000
二级	主厂房	15	20	25	30	35
	特种材料库	15	25	25	35	—
	其他建筑	15	15	20	25	30
三级	其他厂房或一般材料库	10	15	20	25	35
	其他建筑	15	20	25	30	—

注 1. 消防用水量应按消防需水量最大的一座建筑物或一个防火分区计算。成组布置的建筑物应按消防需水量较大的相邻两座计算。

2. 甲、乙类建（构）筑物的消防用水量应符合 GB 50016《建筑设计防火规范》的有关规范。

3. 变压器室外消火栓用水量不应小于 10L/s。

4. 当建筑物内有自动喷水、水喷雾、消火栓及其他消防用水设备时，一次灭火用水量应为上述室内需要同时使用设备的全部消防水量加上室外消火栓用水量的 50％计算确定，但不得小于本表规定。

（2）油罐区的消防用水量应符合 GB 50151《低倍数泡沫灭火系统设计规范》、GB 50196《高倍数、中倍数泡沫灭火系统设计规范》和 GB 50074《石油库设计规范》的有关规定。

（3）消防用水与生活用水合并的给水系统，在生活用水达到最大小时用水时，应确保消防用水量（消防时淋浴用水可按计算淋浴用水量的 15％计算）。

（4）主厂房、油罐区周围的消防给水管网应为环状。

（5）油罐宜设移动式冷却水系统。

（6）室外消防给水管道和消火栓的布置应符合 GB 50016《建筑设计防火规范》的有关规定。

（7）在道路交叉或转弯处的地上式消火栓附近，宜设置防撞设施。

（三）室内消防给水

1. 下列建筑物或场所应设置室内消火栓

（1）主厂房。包括汽机房和锅炉房的底层、运转层，除氧器层，锅炉燃烧器各层平台。

（2）集中控制楼、主控制楼、网络控制楼、微波楼、继电器室、屋内高压配电装置（有充油设备）。

（3）柴油发电机房。

（4）生产、行政办公楼，一般材料库，特殊材料库。

（5）汽车库。

2. 下列建筑物或场所可不设置室内消火栓

屋内高压配电装置（无油），油浸变压器检修间，油浸变压器室，供、卸油泵房，油处理室，岸边水泵房、中央水泵房，生活消防水泵房，稳定剂室，加药设备室，进水、净水构筑物，冷却塔，化学水处理室，循环水处理室，供氢站，消防车库，贮氢罐，空气压缩机室（有润滑油），热工、电气、金属实验室，天桥，排水、污水泵房，各分场维护间，污水处理构筑物，电缆隧道，材料库棚，机车库，警卫传达室。

室内消火栓的用水量应根据同时使用水枪数量和充实水柱长度由计算确定，但不应小于表 15-4 的规定。

（四）室内消防给水管道、消火栓和消防水箱

1. 室内消防给水管道的设计要求

（1）室内消火栓超过 10 个且室外消防用水量大于 15L/s 时，室内消防给水管道至少应有 2 条进水管与室外管网连接，并应将室内管道连接成环状管网，与室外管网连接的进水管道，每条应按满足全部用水量设计。

表 15-4 　　　　　　　　　　　　　　　　室内消火栓系统用水量

建筑物名称	高度、层数、体积	消火栓用水量 (L/s)	同时使用水枪数量 (支)	每根竖管最小流量 (L/s)
主厂房	高度≤24m、体积≤10000m³	5	2	5
	高度≤24m、体积>10000m³	10	2	10
	高度>24～50m	15	3	15
	高度>50m	20	4	15
集中控制楼、网控楼、 微波楼、电气控制室	高度≤24m、体积≤10000m³	10	2	10
	高度≤24m、体积>10000m³	15	3	10
办公楼、其他建筑	层数≥5 或体积>10000m³	15	3	10
一般材料库、特殊材料库	高度≤24m、体积≤5000m³	5	1	5
	高度≤24m、体积>5000m³	10	2	10

　注　消防软管卷盘的消防用水量可不计入室内消防用水量。

（2）主厂房内应设置水平环状管网，消防竖管应引自水平环状管网成枝状布置。

（3）室内消防给水管道应采用阀门分段，对于单层厂房、库房，当某段损坏时，停止使用的消火栓不应超过 5 个；对于办公楼、其他厂房、库房，消防给水管道上阀门的布置，当超过 3 条竖管时，可按关闭 2 条设计。

（4）消防用水与其他用水合并的室内管道，当其他用水达到最大流量时，应仍能供全部消防用水量。洗刷用水量可不计算在内。

（5）合并的管网上应设置水泵接合器，水泵接合器的数量应通过室内消防用水量计算确定。主厂房内独立的消防给水系统可不设水泵接合器。

室内消火栓给水管网与自动喷水灭火系统、水喷雾灭火系统的管网应在报警阀或雨淋阀前分开设置。

2. 室内消火栓的布置要求

（1）消火栓的布置应保证有 2 支水枪的充实水柱同时到达室内任何部位；建筑高度小于或等于 24m 且体积小于或等于 5000m³ 的材料库，可采用 1 支水枪充实水柱到达室内任何部位。

（2）水枪的充实水柱长度应由计算确定。对于主厂房及二层或二层以上且建筑高度超过 24m 的建筑，充实水柱长度不应小于 13m；对于超过 4 层且建筑高度小于或等于 24m 的建筑，水枪的充实水柱长度不应小于 10m；对于其他建筑，水枪的充实水柱长度不宜小于 7m。

（3）消防给水系统的静水压力不应超过 1.2MPa，当超过 1.2MPa 时，应采用分区给水系统。当消火栓栓口处的出水压力超过 0.5MPa 时，应设置减压设施。

（4）室内消火栓应设在明显易于取用的地点，栓口距地面高度宜为 1.1m，其出水方向宜向下或与设置消火栓的墙面呈 90°角。

（5）室内消火栓的间距应由计算确定。主厂房内消火栓的间距不应超过 30m。

（6）应采用同一型号的配有自救式消防水喉的消火栓箱，消火栓水带直径宜为 65mm，长度不应超过 25m，水枪喷嘴口径不应小于 19mm。

（7）主厂房的最高处应设检验用的压力显示装置。

（8）当室内消火栓设在寒冷地区非采暖的建筑物内时，可采用干式消火栓给水系统，但在进水管上应安装快速启闭阀，在室内消防给水管路最高处应设自动排气阀。

（9）带电设施附近的消火栓应配备喷雾水枪。

3. 消防水箱的设置要求

主厂房宜设置消防水箱。消防水箱的设置应符合下列要求：

(1) 设在主厂房最高处，且为重力自流水箱。

(2) 消防水箱应储存 10min 的消防用水量。当室内消防用水量不超过 25L/s 时，经计算消防储水量超过 12m³ 时，可采用 12m³；当室内消防用水量超过 25L/s，经计算水箱消防储水量超过 18m³ 时，可采用 18m³。

(3) 消防用水与其他用水合并的水箱，应采取消防用水不作他用的技术措施。

(4) 火灾发生时由消防水泵供给的消防用水，不应进入消防水箱。

4. 临时高压给水系统

当设置高位消防水箱确有困难时，可设置符合下列要求的临时高压给水系统：

(1) 系统由消防水泵、稳压装置、压力监测及控制装置等构成。

(2) 由稳压装置维持系统压力，着火时，压力控制装置自动启动消防泵。

(3) 稳压泵应设备用泵。稳压泵的工作压力应高于消防泵工作压力，其流量不宜少于 5L/s。

二、自动喷水和水喷雾灭火系统

(一) 闭式自动喷水灭火系统

闭式自动喷水灭火系统一般由火灾探测系统、管网系统、报警装置、加压装置等组成。火灾发生后，建筑物内温度上升，当室温升高到足以使闭式喷头温感原件爆破或熔化脱落时，喷头即自动喷水灭火，同时报警装置通过水力警铃发出报警信号。

1. 分类

闭式自动喷水灭火系统分类一般有湿式、干式、预作用、重复启闭预作用等。

闭式自动喷水灭火系统的主要组件、设计和计算详见 GB 50084《自动喷水灭火系统设计规范》的有关规定。

2. 系统设计及计算

通常的系统设计和计算过程如下：

(1) 根据构筑物或设备的危险等级、设计喷水强度、设计作用面积，初步选取喷头型号。

(2) 布置喷头和管道。

(3) 试算设计作用面积内喷水强度是否满足要求，如达不到强度要求，可调整喷头布置或喷头型号。

(4) 达到喷水强度后，进行水力计算。

(5) 根据水力计算结果选取合适的供水设备。

在实际工程中一般采用专业的软件，如《消防工程 CAD》，进行系统设计、计算并可以导出相关计算表格。

(二) 开式自动喷水灭火系统

开式自动喷水灭火系统通常用于燃烧猛烈、蔓延迅速的某些严重危险建筑物或场所。

分类如下：

1. 按其喷水形式分类

(1) 雨淋系统：用于扑灭大面积火灾，在火灾燃烧猛烈、蔓延快的部位使用。

(2) 水幕系统：用于阻火、隔火、冷却防火隔绝物和局部灭火。

2. 按淋水管网的充水与否分类

(1) 开式充水系统：用于易燃易爆的特殊危险的场所。要求快速动作，高速灭火。

开式充水系统的淋水管网内长期充满水。该系统适用于工业尤其是易燃易爆的危险场所，要求快速动作，高速灭火。系统雨淋阀后的管网中充满水，喷头向上安装。

(2) 开式空管系统：用于一般火灾危险的场所。

开式空管系统的淋水管网在非消防时处于无水状态。该系统适用于民用建筑中的一般火灾危险场所。系统雨淋阀后的淋水管网中为常态气体，喷头向下安装。

开式自动充水灭火系统设置的房间应保证冬季室温在 4.0℃ 以上。

开式自动喷水灭火系统的主要组件、设计和计算详见 GB 50084《自动喷水灭火系统设计规范》的有关规定。

（三）水喷雾灭火系统

1. 原理及应用范围

水喷雾灭火的作用是利用高压水经过各种形式的雾化喷头，可喷射出雾状水流，雾状水粒的平均粒径一般在 $100 \sim 700 \mu m$ 之间。水雾喷在燃烧物上，一方面进行冷却，另一方面使燃烧物和空气隔绝，产生窒息面起灭火作用。水喷雾灭火系统的作用机理体现在表面冷却、窒息、乳化、稀释作用 4 个方面。

水喷雾灭火系统可用于扑救固体火灾、闪点高于 60℃ 的液体火灾和电气火灾，并可用于可燃气体和甲、乙、丙类液体的生产、输送、贮存、装卸等设施的防护冷却。

（1）下列场所宜采用水喷雾灭火系统：单台容量在 40MV·A 及以上的厂矿企业油浸电力变压器、单台容量在 90MV·A 及以上的电厂油浸电力变压器或单台容量在 125MV·A 及以上的独立变电站油浸电力变压器。

（2）高层建筑内的下列房间应设置水喷雾灭火系统：

1）燃油、燃气的锅炉房。

2）可燃油油浸电力变压器室。

3）充可燃油的高压电容器和多油开关室。

4）自备发电机房。

2. 系统组成及计算

水喷雾灭火系统的主要组件、设计和计算详见 GB 50219《水喷雾灭火系统技术规范》的有关规定。

通常的系统设计和计算过程如下：

（1）根据设备的危险等级、设计喷水强度、设计作用面积，初步选取喷头型号。

（2）布置喷头和管道。

（3）试算设计作用面积内喷水强度是否满足要求，如达不到强度要求，可调整喷头布置或喷头型号。

（4）达到喷水强度后，进行水力计算。

（5）根据水力计算结果选取合适的供水设备。

在实际工程中一般采用专业的软件，如《消防工程 CAD》，进行系统设计、计算并可以导出相关计算表格。

三、消防水量和水压计算

（一）设计规定

厂区内消防给水水量应按同一时间内发生火灾的次数及一次最大灭火用水量计算。建筑物一次灭火用水量应为室外和室内消防用水量之和。

（二）工程实例

1. 工程概况

湖北武汉某工程安装 2 套 S109E 型燃气-蒸汽联合循环供热机组，总容量为 $2 \times 185 MW$，按"一拖一、多轴"配置，每套机组包括 1 台 PG9171E 型燃气轮机（带 1 台发电机）、1 台余热锅炉、1 台抽凝式汽轮机（带 1 台发电机）。

为保证消防系统供水的安全可靠及便于系统的监测和自动化，确保消防水不作他用，在消防时不因其他用水及卫生器具泄漏而影响水量和水压，同时为了满足现行消防规程、规范的要求，本工程设置独立消防给水系统。

本工程水消防的主要保护对象为天然气站区、汽机房、燃机区、中央控制楼、变压器、辅助车间及附属建筑物等主要建（构）筑物及设备。

2. 消防水量和水压计算

电厂主要建（构）筑物消防用水量计算见表15-5，从表15-5中可见最大消防需水量为90L/s，最大消防用水量为主厂房消防用水396m³，因此消防水保有量不少于396m³。

表 15-5 消防用水量

序号	消防对象		消防标准	消防用水量（L/s）	总消防水量（L/s）	火灾延续时间（h）	延续时间内消防用水量（m³）	备注
1	主厂房	室内消火栓	同时使用5支水枪，每支流量为5L/s	25	55	2	396	
		室外消火栓	同时使用3支水枪，每支流量为10L/s	30		2		
2	主变压器	水喷雾	喷雾强度：20L/(min·m²)	80	90	0.4	187.2	
		室外消火栓	同时使用2支水枪，每支流量为5L/s	10		2		
3	辅助建筑物	室内消火栓	同时使用2支水枪，每支流量为5L/s	10	30	2	216	
		室外消火栓	同时使用2支水枪，每支流量为10L/s	20		2		

电厂主要建（构）筑物消防给水水压计算见表15-6，从表15-6中可见最大消防水压为79m。

表 15-6 消防水压计算表

序号	消防设施所需水头 ×10⁴Pa		主厂房		变压器水喷雾	附属辅助建筑物		备注
			室外	室内		外部	内部	
1	着火点高度（m）		25	9.00	10	12.5	6.5	
2	消防水池最低水位（m）		−4.0	−4.0	−4.0	−4.0	4.0	
3	水枪	直径（mm）	19	19		19	19	
		实际流量（L/s）	5.0	5.7		5.0	5.7	
		充实水柱（×10⁴Pa）	11.3	13		11.3	13	
		出口需要水头（×10⁴Pa）	15.4	35		15.4	35	
4	水龙带	直径（mm）	65	65		65	65	
		长度（m）	80	30		120	50	
		水头损失（×10⁴Pa）	3.44	1.68		5.16	2.79	
5	固定喷头需要水头×10⁴Pa				50			
6	管网水头损失（×10⁴Pa）		10	10	15	10	10	
7	合计（×10⁴Pa）		57.84	59.68	79.0	47.06	58.29	

根据以上计算，本工程设1台电动消防水泵、1台柴油机消防水泵、1套稳压装置（含2台稳压泵

及 1 座隔膜式气压罐）。消防泵及稳压装置可在控制室及就地启动，消防泵一旦启动只可在就地停泵。在控制室的消防控制盘上显示有消防泵的运行状态，控制室内设消防警铃和报警装置，室内消火栓箱内的报警按钮可人工向控制室发送报警信号并启动消防给水泵。

（1）电动消防水泵主要技术参数：

1）流量：90L/s。

2）扬程：80m。

3）数量：1 台。

4）配电动机参数：

a. 功率：100kW。

b. 电压：220V。

（2）柴油机消防泵主要技术参数：

1）流量：90L/s。

2）扬程：80m。

3）数量：1 台。

（3）稳压泵主要技术参数：

1）流量：18m³/h。

2）扬程：90m。

3）数量：一套（含主备用泵组及气压罐）。

四、消防水泵房及消防水池

1. 一般规定

（1）消防水泵房应设直通室外的安全出口。

（2）一组消防水泵的吸水管不应少于 2 条；当其中 1 条损坏时，其余的吸水管应能满足全部用水量。吸水管上应装设检修用阀门。

（3）消防水泵应采用自灌式引水。

（4）消防水泵房应有不少于 2 条出水管与环状管网连接，当其中 1 条出水管检修时，其余的出水管应能满足全部用水量。试验回水管上应设检查用的放水阀门、水锤消除、安全泄压及压力、流量测量装置。

（5）消防水泵应设置备用泵。机组容量为 125MW 以下燃气轮机电厂的备用泵的流量和扬程不应小于最大一台消防泵的流量和扬程。

（6）机组容量为 125MW 及以上燃气轮机电厂，宜设置柴油驱动消防泵作为消防水泵的备用泵，其性能参数及泵的数量应满足最大消防水量、水压的需要。

（7）燃气轮机电厂应设消防水池。容积大于 500m³ 的消防水池应分格并设公用吸水设施。消防水池的设计应符合 GB 50016《建筑设计防火规范》的有关规定。

（8）当冷却塔数量多于 1 座且供水有保证时，冷却塔水池可兼作消防水源。

（9）消防水泵房应设置与消防控制室直接联络的通信设备。

（10）消防水泵房的建筑设计应符合 GB 50016《建筑设计防火规范》的有关规定。

2. 工程实例

深圳某燃气轮机电厂拟建设 2 套 M701F4 型燃气-蒸汽联合循环机组，总容量为 2×400MW，按"一拖一、多轴"配置，图 15-1 所示为该电厂消防水泵间平面布置图。该工程共安装电动消防泵一台，柴油机消防泵一台，并设稳压装置一套，均安装在综合水泵房内，泵参数见表 15-7。

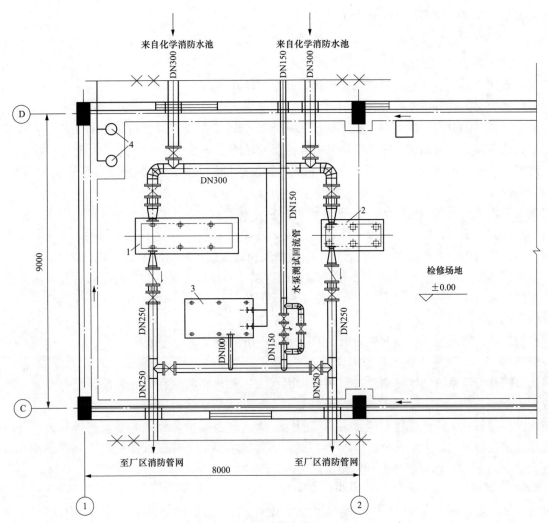

图 15-1　某电厂消防水泵间平面布置图

1—柴油机消防泵；2—电动消防泵；3—稳压装置（带气压罐）；4—潜水泵

表 15-7　　　　　　　　　　　　　消防水泵主要技术参数

名　称	流　量 (L/s)	扬　程 (m)	数量 (台)	配套电动机（柴油机）		
				（轴）功率 (kW)	电压 (V)	数量 (台)
柴油机消防泵	100	95	1	150		1
电动消防泵	100	95	1	150	380	1
稳压泵	5	100	2	10	380	2

　　火灾时自动或人工启动电动消防泵，当电动泵启动失败后，柴油机驱动消防泵立即自动投入运行。当电动消防泵计划检修时，可指定柴油机消防泵为消防主泵。消防泵及稳压泵可在集中控制室及就地启动，消防泵一旦启动只可在就地停泵。在集中控制室的消防控制盘上显示有消防泵的运行状态，控制室内设消防警铃和报警装置，室内消火栓箱内的报警按钮可人工向控制室发送报警信号并启动消防泵。

五、气体灭火系统

（一）概述

　　在燃气轮机电厂应用比较广泛的气体灭火系统主要为二氧化碳灭火系统、七氟丙烷灭火系统和 IG541 气体灭火系统。例如：在经常有人的场所如工程师站、计算机室、控制室等一般设置 IG541 气体灭火系统或者七氟丙烷灭火系统；无人值守的场所如电子设备间、配电间、电缆夹层等场所设置 CO_2

气体灭火系统。下面分别对三种气体灭火系统分别进行介绍。

（二）二氧化碳灭火系统

1. 作用机理及适用场所

二氧化碳灭火系统主要是通过窒息来灭火，其次是冷却。

二氧化碳灭火系统分全淹没灭火系统和局部应用灭火系统（二氧化碳灭火系统特有）。全淹没灭火系统应用于扑救封闭空间内的火灾，局部应用灭火系统应用于扑救不需要封闭空间条件的具体保护对象。二氧化碳全淹没灭火系统不应用于经常有人停留的场所。

在燃气轮机电厂中，二氧化碳灭火系统主要用于发电机组的消防保护及无人值守的电气类房间，形式为全淹没。

对于全淹没灭火系统的防护区，应符合下列条件：

（1）对气体、液体、电气火灾和固体表面火灾，在喷放二氧化碳前不能自动关闭的开口，其面积不应大于防护区总内表面积的3％，且开口不应设在底面。否则按局部应用灭火系统设计。

（2）对固体深位火灾（如纸张、棉花），除泄压口以外的开口，在喷放二氧化碳前应自动关闭。

（3）防护区的围护结构及门窗的耐火极限不应低于0.50h，吊顶的耐火极限不应低于0.25h；围护结构及门窗的允许压强不宜小于1200Pa。

（4）防护区用的通风机械和通风管道中的防火阀，在喷放二氧化碳前应自动关闭。

2. 高压系统和低压系统设计及计算

高压系统和低压系统的区别主要在于两种灭火系统二氧化碳的储存，分为高压储存装置和低压储存装置。

高压储存装置应由储存容器、容器阀、单向阀、灭火剂泄漏检测装置和集流管等组成，并应符合下列规定：储存容器的压力不应小于15MPa，储存容器或容器阀上应设泄压装置，其泄压动作压力应为19MPa±0.95MPa；储存装置的环境温度应为0～49℃。

低压储存装置应由储存容器、容器阀、安全泄压装置、压力表、压力报警装置和制冷装置组成，并应符合下列规定：储存容器的压力不应小于2.5MPa，并应采取良好的绝热措施。储存容器上至少应设置两套安全泄压装置，其泄压动作压力应为2.38MPa±0.12MPa；储存装置的高压报警压力设定值应为2.2MPa，低压报警压力设定值应为1.8MPa；储存装置应远离热源，其位置应便于再充装，其环境温度宜为−23～49℃。

二氧化碳灭火系统设计、计算详见GB 50193《二氧化碳灭火系统设计规范》的有关规定。

（三）七氟丙烷灭火系统

1. 简介

七氟丙烷灭火系统主要是通过抑制作用，就是灭火药剂遇高温时自行分解，并与空气中的氧气发生化学反应，使空气中游离氧的数量减少，终止燃烧链，使燃烧不能继续。其灭火剂浓度较低。

七氟丙烷灭火系统由储存装置、阀门与喷嘴、管道及附件组成。

2. 七氟丙烷灭火系统的设计及计算

七氟丙烷灭火系统设计、计算详见GB 50370《气体灭火系统设计规范》的有关规定。

通常的系统设计和计算过程如下：

步骤1：分析防护区。

步骤2：计算保护空间实际容积。

步骤3：计算灭火剂设计用量。

步骤4：设定灭火剂喷放时间。

步骤5：设定喷头布置与数量。

步骤6：选定灭火剂储存容器规格及数量。

步骤7：给出系统管网计算图。

步骤 8：计算管道平均设计流量。

步骤 9：选择管网管道通径。

步骤 10：计算充装率。

步骤 11：计算管网管道内容积。

步骤 12：选用额定增压压力。

步骤 13：计算全部贮存容器气相总容积。

步骤 14：计算"过程中点"贮存容器内压力。

步骤 15：计算管路损失。

步骤 16：计算高程压头。

步骤 17：计算喷头工作压力。

步骤 18：验算设计计算结果。

皆满足，合格。

步骤 19：计算喷头等效孔口面积及确定喷头规格。

在实际工程中一般采用专业的软件，如《消防工程 CAD》，进行系统设计、计算并可以导出相关计算表格。

（四）IG541 灭火系统

1. 作用机理

IG541 灭火系统主要是通过窒息来灭火，当 IG541 气体喷洒到防护区后，防护区内氧的浓度降到 10%～14%，氧气浓度低于 12%时，燃烧将不能维持。

IG541 灭火系统由储存装置、阀门与喷嘴、管道及附件组成。

2. IG541 灭火系统的设计及计算

IG541 灭火系统设计、计算详见 GB 50370《气体灭火系统设计规范》的有关规定。

通常的系统设计和计算过程如下：

步骤 1：根据保护区的特性，确定灭火设计浓度。

步骤 2：计算保护空间实际容积。

步骤 3：计算灭火剂设计用量。

步骤 4：设定灭火剂喷放时间。

步骤 5：选定灭火剂储存容器规格及储存压力级别。

步骤 6：计算管道平均设计流量。

步骤 7：选择管网管道通径。

步骤 8：计算系统剩余量及其增加的储瓶数量。

步骤 9：计算减压孔板前压力。

步骤 10：计算减压孔板后压力。

步骤 11：计算减压孔板孔口面积。

步骤 12：计算流程损失。

步骤 13：计算喷头等效孔口面积。

在实际工程中一般采用专业的软件，如《消防工程 CAD》，进行系统设计、计算并可以导出相关计算表格。

六、泡沫灭火系统

1. 概述

本小节将主要介绍应用于燃气轮机电厂（油系统）油罐区的低倍数泡沫灭火系统的设计。

低倍数泡沫灭火系统可分为固定式、半固定式、移动式和喷淋 4 类。其中固定式又有液上、液下、半液下喷射泡沫灭火系统 3 种，主要用于室外油罐或溶剂罐的灭火。其工作过程是油罐或溶剂罐起火后，用自动或手动装置启动水泵，打开泵出口阀门，由环泵式泡沫比例混合器将水和泡沫液以一定的比例混合，再通过管道输送到位于油罐内壁上方（液上）或管道中间（液下）的泡沫产生器，形成的空气泡沫覆盖于油面之上，将火窒息。

移动式泡沫灭火系统：由消防车或机动消防泵、泡沫比例混合器、移动式泡沫产生装置，用水带连接组成的灭火系统。

移动式泡沫灭火系统主要是作为固定式、半固定式泡沫灭火系统的辅助灭火设施，可设置在室外油罐区，也可设在地下汽车库。当设在地下汽车库时，水源可取自室内消火栓，每层宜设置移动式泡沫管枪2支。平时泡沫管枪、存有泡沫液的贮罐、泡沫比例混合器、水带等应集中存放在便于取用的地点。

泡沫-水喷淋和泡沫喷雾系统是低倍数泡沫灭火的又一种类型。它是通过喷头将泡沫均匀地喷洒在物体表面，用以在灭火初期保护或扑救由易燃、可燃液体引起的火灾。比如油泵房、燃油锅炉房、地下汽车库等。这些场合主要是油类引起的火灾，又由于易燃、可燃物品堆放复杂，使得泡沫流动受到阻挡，故设置泡沫喷淋系统比较适宜。

2. 固定式泡沫灭火系统的设计及计算

泡沫灭火系统设计、计算详见 GB 50151《泡沫灭火系统设计规范》和 GB 50074《石油库设计规范》的有关规定。

通常的系统设计和计算过程如下：

步骤1：防火堤的设置及核算。

步骤2：泡沫混合液流量计算。

步骤3：泡沫液总贮量计算。

步骤4：比例混合器的选择。

步骤5：泡沫混合液泵的选择。

步骤6：水泵的选择。

步骤7：消防水量计算。

在实际工程中一般采用专业的软件，如《消防工程CAD》，进行系统设计、计算并可以导出相关计算表格。

七、灭火器配置

（一）适用范围

灭火器配置场所是指存在可燃的气体、液体和固体物质，有可能发生火灾，需要配置灭火器的所有场所。灭火器配置场所，可以是建筑物内的一个房间，如办公室、会议室、实验室、资料室、阅览室、配电室、厨房、餐厅、客房、厂房、库房以及计算机房等；也可以是构筑物所占用的一个区域，如可燃物露天堆场、油罐区等。本文中所述灭火器系指各种类型、规格的手提式灭火器和推车式灭火器。

（二）灭火器配置的原则和设计步骤

1. 灭火器的配置原则

1）灭火器的配置必须符合不同火灾种类和危险等级的最小配置规格。

2）一个灭火器配置场所内的灭火器不应少于2具。每个设置点的灭火器不宜多于5具。

3）灭火器的灭火剂充装量和灭火级别是不连续的。计算时出现两种规格的中间值时，应选配较大规格的灭火器。

4）选择灭火器的规格应考虑使用人员的素质。

2. 设计步骤

灭火设计、计算详见 GB 50140《建筑灭火器配置设计规范》的有关规定。

（三）工程实例

表15-8为某1×175MW燃气轮机联合循环电站部分建筑物的灭火器配置情况。

表 15-8　某燃气轮机联合循环电站部分建筑物的灭火器配置

建筑名称	可燃物	干粉(ABC)灭火器 手提式	CO₂灭火器 推车式	泡沫灭火器 推车式	泡沫灭火器 推车式	设计需要灭火器具数	实际配置灭火器具数 ABC 手提式	实际配置灭火器具数 ABC 推车式	实际配置灭火器具数 CO₂ 推车式	实际配置灭火器具数 泡沫 推车式	实际配置级别	备注 手提式灭火器配置方式
汽机房												
0.000m层												
汽轮机区域及配电室	油类及电气设备等	4kg	20kg	10kg	20L	19	16	1	1	0	1118	每处2具，分两排布置
化学加药间等	电气设备等	4kg	20kg	10kg	20L	3	8	0	0	0	≤40	每处2具
4.000m层												
汽轮机区域及配电室	油类及电气设备等	4kg	20kg	10kg	20L	19	16	1	1	0	1118	每处2具，分两排布置
直流屏室及工具间等	电气及一般可燃物	4kg	20kg	10kg	20L	4	6	0	0	0	12	每处2具
8.000m层												
汽轮机区域	油类及电气设备等	4kg	20kg	10kg	20L	13	14	0	0	0	770	每处2具，分两排布置
集控室及电子设备间等	电气设备等	5kg	20kg	10kg	20L	13	8	2	2	0	1188	每处2具，分两排布置
燃机房	可燃气体及一般可燃物	4kg	20kg	10kg	20L	20	16	2	0	0	1246	每处2具，分两排布置
SEMS仪表间	一般可燃物	2kg				1	2				2	每处2具
天然气调压站	可燃气体	5kg	20kg	10kg	20L		8	1	1	0	350	每处2具
增压机室	电气设备等	4kg				2	4				220	每处2具
供热计量间	电气设备等	4kg					2	0			110	每处2具
燃气轮机主变压器，厂用变压器区域	油类	5kg	20kg				12	2			≥434	每处2具，备1m黄沙箱及消防铲2把
汽轮机主变压器，公用区域	油类	5kg	20kg				12	2			≥434	每处2具，备1m黄沙箱及消防铲2把

八、消防车

（一）消防车配置标准

根据 DL /T 5174《燃气-蒸汽联合循环电厂设计规定》的有关规定，燃气轮机电厂消防车的配置应优先考虑与当地有关部门协作联防的条件，当厂址区域无消防协作条件时应专门配置消防车。其配置数量宜符合下列规范：

1. 燃油的燃气轮机电厂

（1）油品总储量小于 20000m³ 时为 1 辆。

（2）油品总储量为 20000～40000m³ 时为 2 辆。

（3）油品总储量大于 40000m³ 时不少于 2 辆。

2. 燃用天然气的燃气轮机电厂

（1）机组总容量小于 600MW 时为 1 辆。

（2）机组总容量为 600MW～1200MW 时为 2 辆。

（3）机组总容量大于 1200MW 时不少于 2 辆。

设有消防车的燃气轮机电厂，厂内应考虑设置消防车库。

（二）消防车的型号及性能

1. 我国主要消防车型号及其性能

我国主要消防车型号及其性能见表 15-9。

表 15-9　　　　　　　　　　我国主要消防车型号及其性能

消防车型号	基本技术数据	供水设施	流量（L/s）	射程（m）
豪沃 21t 水罐、泡沫消防车（MG5380GXFSG210B、MG5380GXFPM210B）	（1）外形尺寸：11500mm × 2500mm × 3600mm。（2）灭火剂装载量：21t。（3）最高车速：≥90km/h	CB10P80 或 PSP1250（美国大力）	常压（1MPa）：80 中压（2MPa）：40	75
曼（MAN）18t 水罐、泡沫消防车	（1）外形尺寸：10700mm × 2500mm × 3650mm。（2）灭火剂装载量：18t。（3）最高车速：140km/h	—	常压（1MPa）：100 中压（2MPa）：50	80
奔驰 16t 水罐、泡沫消防车（MG5310GXFSG160A、MG5310GXFPM160A）	（1）外形尺寸：11895mm × 2480mm × 3500mm。（2）灭火剂装载量：16t。（3）最高车速：≥85km/h	CB10P80 或 PSP1250（美国大力）	常压（1MPa）：80 中压（2MPa）：40	75
东风 153（6t）水罐、泡沫消防车	（1）外形尺寸：7850mm × 2500mm × 3350mm。（2）灭火剂装载量：6t。（3）最高车速：≥90km/h	—	常压（1MPa）：40 中压（2MPa）：20	50
五十铃 A 类泡沫消防车（MG5160GXFAP45X 型）	（1）外形尺寸：8135mm × 2500mm × 3180mm。（2）灭火剂装载量：4t。（3）最高车速：110km/h	KSP1000	65（1.0MPa）	60
曼 A 类泡沫消防车（JDX5150GXFAP24 型）	（1）外形尺寸：7622mm × 2360mm × 3200mm。（2）灭火剂装载量：3.2t。（3）最高车速：110km/h	KSP1000	65（1.0MPa）	60

续表

消防车型号	基本技术数据	供水设施	流量（L/s）	射程（m）
豪派 A 类泡沫消防车 （MX5270GXFAP110A 型）	（1）外形尺寸：9500mm × 2490mm × 3500mm。 （2）灭火剂装载量：8t。 （3）最高车速：102km/h	PSD	98（1.0MPa）	65
奔驰 5t 干粉消防车 （MG5230TXFGF50B 型）	（1）外形尺寸：9000mm × 2500mm × 3500mm。 （2）灭火剂装载量：5t。 （3）最高车速：85km/h	PF30/PF40	30（PF30 型）， 40（PF40 型）	≥35（PF30 型）， ≥40（PF40 型）
斯太尔王干粉 泡沫联用消防车 （MX5250TXFGP100S 型）	（1）外形尺寸：9000mm × 2500mm × 3500mm。 （2）灭火剂装载量：5.5t （3）最高车速：≥90km/h	PL48/PS80W	常压（1MPa）：60 中压（2MPa）：30	60
ZLJ5330JXFYT30（奔驰）型 云梯消防车	（1）外形尺寸：13400mm × 2496mm × 3950mm。 （2）水罐容积：2800L。 （3）最高车速：85km/h。 （4）额定工作高度：30.5m	PSP1500	60	70
XZJ5330JXFCDZ53（奔驰）型 登高平台消防车	（1）外形尺寸：13430mm × 2500mm × 3990mm。 （2）最高车速：85km/h。 （3）额定工作高度：53m	—	50	65
XJZ5290JXFJP32 （斯太尔王）型 举高喷射消防车	（1）外形尺寸：11800mm × 2490mm × 3995mm。 （2）最高车速：90km/h。 （3）额定工作高度：32m	KSP1000	50	60
XZJ5140JXFJP25（东风）型 举高喷射消防车	（1）外形尺寸：9700mm × 2500mm × 3800mm。 （2）最高车速：85km/h。 （3）额定工作高度：25m	—	40	50

2. 国外主要消防车型号及其性能

国外主要消防车型号及其性能参见表 15-10。

表 15-10　　　　　　　　　国外主要消防车型号及其性能

消防车型号	基本技术数据	供水设施	流量（L/s）	射程（m）
马基路斯 30m 云梯消防车	外形尺寸： 10000mm×2480mm×3300mm 额定工作高度：23m	—	50	—
博浪涛 101m 登高平台消防车	最大工作高度：101m		63	—
博浪涛 42m 登高平台消防车	（1）外形尺寸：11700mm×3950mm×2500mm。 （2）最大工作高度：42m	DARIEYPSM1500	63	—

续表

消防车型号	基本技术数据	供水设施	流量（L/s）	射程（m）
森田 30m 举高喷射消防车	（1）外形尺寸：11300mm×2495mm×3900mm。 （2）最大工作高度：30m	—	63	60
美国大力龙 A 类泡沫消防车	（1）水罐容积：4000L。 （2）泡沫液罐容积：200L	—	常压（1MPa）：95 中压（2MPa）：48	—
法国威龙（VMR）180 重型泡沫消防车	（1）外形尺寸：10800mm×2500mm×3800mm。 （2）水罐容积：8000L。 （3）泡沫液罐容积：10000L	—	167	120
德国 FEUERWEHR 多功能 A 类泡沫消防车	（1）外形尺寸：6200mm×2500mm×3000mm。 （2）水罐容积：3000L	—	—	40

第三篇

电 控 篇

第十六章　电气主接线

第一节　电气主接线特点及要求

一、电气主接线的特点

电气主接线是电厂电气设计的核心，跟电力系统以及电厂本身运行的可靠性、灵活性和经济性都有非常密切的关系，对电厂内电气设备选择、配电装置布置、继电保护和控制方式都有较大影响。因此，必须正确处理好各方面的关系，全面分析有关影响因素，通过技术经济比较，合理确定主接线方案。

二、电气主接线的要求

主接线应满足可靠性、灵活性和经济性三项基本要求。

（一）可靠性

供电可靠性是电力生产和分配的首要要求，电气主接线应首先满足可靠性的要求。可靠性的具体要求包括：

（1）断路器检修时，不宜影响对系统的供电。

（2）断路器或母线故障以及母线检修时，宜减少停运的回路数和停运时间，并要保证对一级负荷及全部或大部分二级负荷的供电。

（3）发生单一故障或检修时，应避免发电厂全部停运。

（二）灵活性

主接线应满足调度、检修及扩建时的灵活性。

（1）调度时，应可以灵活地投入和切除发电机、变压器和线路，调配电源和负荷，满足系统在事故运行方式、检修运行方式以及特殊运行方式下的系统调度要求。

（2）检修时，可以方便地停运断路器、母线及其继电保护设备，进行安全检修而不致影响电力网的运行和对用户的供电。

（3）扩建时，可以容易地从初期接线过渡到最终接线。

（三）经济性

主接线应在满足可靠性、灵活性要求的前提下做到投资省，运行费用低，节省占地，减少损耗。

三、电气主接线设计主要依据

在选择电气主接线时，应按以下两点作为主要设计依据：

1. 发电厂的地位和作用

按照燃气轮机发电厂的地位和作用，燃气轮机发电厂主要分成以下两类：一类是大型燃气轮机发电厂，其同一般的大型火力发电厂一样可作为地区电网的主力调峰电厂；另一类相对容量较小，可作为热电联供或热、电、冷多联供的民生工程电厂，可联合循环纯发电运行，在采暖季节，可对城市集中供热，甚至配备如溴化铝装置，在夏季进行城市集中供冷。

第一类大型燃气轮机发电厂宜采用 220～500kV 电压接入地区主电网，第二类容量较小的热电联供或热、电、冷多联供电厂一般采用 110～220kV 电压接入城市供电网络。

2. 电力系统设计对电气主接线的具体要求

（1）出线的电压等级、回路数、出线方向、每回路输送容量和导线截面等。

（2）对发电机的要求，包括发电机功率因素及对励磁系统的要求。

（3）主变压器的主抽头调压范围及阻抗要求。

（4）无功补偿装置的形式、数量、容量和运行方式的要求。

（5）系统的短路容量或归算的电抗值。

（6）高压变压器中性点接地方式及接地点的选择。

（7）系统内过电压数值及限制内过电压措施及厂内高压配电装置设备的要求。

（8）为保证大系统的稳定性，提出对大机组超高压电气主接线可靠性的特殊要求。

（9）与系统的连接方式及推荐的电气主接线。

第二节　高压配电装置电气主接线基本形式及适用范围

高压配电装置的电气主接线按有无汇流母线，分为有汇流母线和无汇流母线接线两大类。

有汇流母线分为单母线和双母线，按是否分段又分为单母线、单母线分段、双母线和双母线单（双）分段接线。

无汇流母线接线包括发电机-变压器-线路组接线、桥型接线、角型接线等。

大型燃气轮机发电厂如采用超高压接入系统，电气主接线采用3/2断路器接线。

一、单母线接线及单母线分段

单母线接线如图 16-1 所示，单母线分段接线如图 16-2 所示。

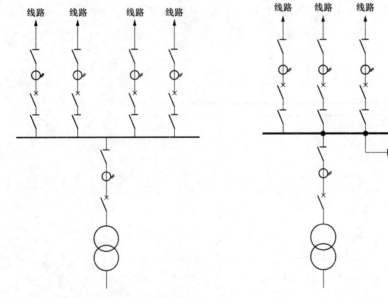

图 16-1　单母线接线　　　　　　　　　图 16-2　单母线分段接线

（一）优点

（1）接线简单清晰、设备少、操作方便，对 6～35kV 配电装置，便于采用成套配电装置。

（2）采用断路器把母线分段后，对重要用户可以从不同段引出两个回路，有两个电源供电。

（3）采用断路器把母线分段后，当一段母线发生故障，分段断路器自动将故障段切除，保证正常段母线不间断供电和不致使重要用户停电。

（二）缺点

（1）单母线接线不够灵活可靠，母线上的任意一个元件故障或检修，该段母线的配电装置停电。

（2）对单母线分段接线，当出线的同一负荷为双回路时，为保证供电可靠性将同一负荷的双回路分接在两段母线时，常使架空线路出现交叉跨越。

（3）单母线分段扩建时需向两个方向均衡扩建。

（三）适用范围

（1）单母线接线一般适用于一台发电机变压器的以下三种情况：

1）6～10kV 配电装置的出线回路数不超过 5 回。

2）35～63kV 配电装置的出线回路数不超过 3 回。

3）110～220kV 配电装置的出线回路数不超过两回。

（2）单母线分段一般适用于两台发电机变压器的以下三种情况：

1）6～10kV 配电装置的出线回路数为 6 回及以上。

2）35～63kV 配电装置的出线回路数为 4～8 回。

3）110～220kV 配电装置的出线回路数为 3～4 回。

二、双母线接线及双母线分段

将线路和变压器有选择性分接在两组母线上，在两组母线上进行功率分配，两组母线通过母联开关可并联运行。

按是否分段，双母线接线又分为双母线接线（不分段）、双母线单分段接线、双母线双分段接线。

（一）双母线接线

双母线接线见图 16-3。

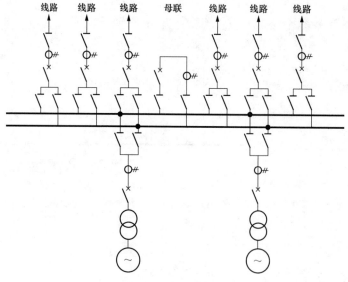

图 16-3　双母线接线

1. 优点

（1）供电可靠。通过两组母线隔离开关的倒换操作，可以轮流检修一组母线而不致使供电中断；一组母线故障后，能迅速恢复供电；检修任一回路的母线隔离开关，只停该回路。

（2）调度灵活。各个电源和各回路负荷可以任意分配到某一组母线上，能灵活地适应系统中各种运行方式调度和潮流变化的需要。

（3）扩建方便。向双母线的左右任何一个方向扩建，均不影响两组母线的电源和负荷均匀分配，不会引起原有回路的停电。

另外，对于扩建工程，可以方便扩建成双母线单分段或双分段接线。

（4）便于试验。当个别回路需要单独进行试验时，可将该回路分开，单独接至一组母线上。

2. 缺点

（1）相对于单母线，增加一组母线和一个母联回路，每个进出线回路需增加一组母线隔离开关。

（2）当母线故障时，仍需要对连接在该母线上的所有回路停电；母线检修时，隔离开关作为倒换操作电器，容易误操作，为了避免隔离开关误操作，需在隔离开关和断路器之间装设连锁装置。

3. 适用范围

适应于出线回路数较多或母线上电源较多、输送和穿越功率较大、母线故障后要求迅速恢复供电、母线或母线设备检修时不允许影响对用户的供电，或者系统运行调度对接线的灵活性有要求等条件，各级电压采用的具体条件如下：

（1）35～63kV 配电装置，当出线回路数超过 8 回时或连接的电源较多、负荷较大时。

（2）110～220kV 配电装置，出线回路数为 5 回及以上时或当 110～220kV 配电装置，在系统中居重要地位，出线回路数为 4 回及以上时。

（3）330～500kV 配电装置，当进出线回路小于 6 回且电网根据远期发展有特殊要求。

（二）双母线分段接线

双母线单分段接线见图 16-4，双母线双分段接线见图 16-5。

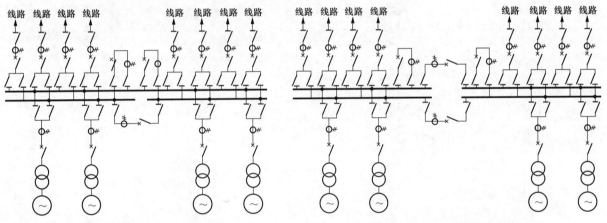

图 16-4　双母线单分段接线　　　　　　　图 16-5　双母线双分段接线

双母线根据需要分段时，分段原则是：

（1）当 220kV 进出线回路数为 10～14 回时，在一组母线上用断路器分段。

（2）当 220kV 进出线回路数为 15 回及以上时，两组母线均用断路器分段。

（3）为了限制 220～500kV 母线短路电流或系统解列运行的要求，可根据需要将母线分段。

在双母线单分段和双分段接线，均装设两个母联断路器。

三、发电机变压器线路单元制接线和发电机变压器线路扩大单元制接线

发电机变压器线路单元制接线见图 16-6，发电机变压器线路扩大单元制接线见图 16-7。

1. 优点

接线简单、设备少，不需高压配电装置。

2. 缺点

线路故障或检修时，发电机组停运。

3. 适用范围

发电厂装机数量不多且距离接入的变电站距离很近，根据接入系统方案设计，可以在厂内不设高

压配电装置时采用。

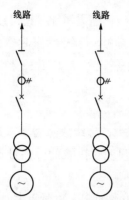

图 16-6　发电机变压器线路单元制接线

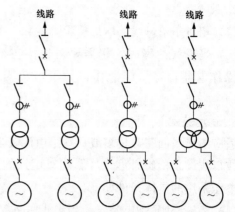

图 16-7　发电机变压器线路扩大单元制接线

四、桥型接线

桥型接线按照桥断路器在出线断路器的内侧或外侧，又分为内桥接线和外桥接线，见图 16-8 和图 16-9。另外，对两台机组，两回出线的高压配电装置，如果需要从系统取得备用电源，桥型接线也可扩展为扩大桥型接线，见图 16-10、图 16-11。

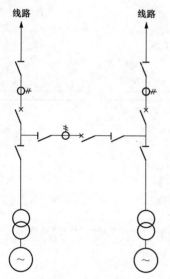

图 16-8　内桥接线

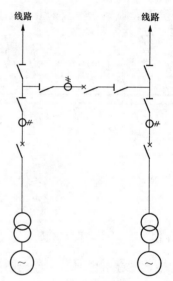

图 16-9　外桥接线

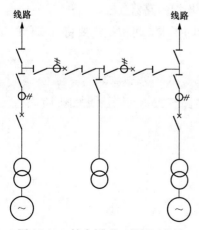

图 16-10　扩大桥型（外桥）接线

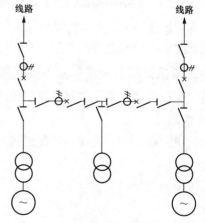

图 16-11　扩大桥型（内桥）接线

1. 优点

高压断路器数量少，对桥型接线，4 个回路只需 3 台断路器；对扩大桥型接线，4 个回路需要 4 台断路器。

2. 缺点

（1）对内桥接线，在没有装设发电机出口断路器的条件下发电机组的投入和切除较复杂，需动作两台断路器，导致一回线路的暂时停运。

（2）对外桥接线，线路的投入和切除较复杂，需动作两台断路器，导致一台发电机组的暂时停运。

（3）桥断路器检修时，两个回路需解列运行。

（4）对内桥接线，当出线断路器检修时，线路需较长时期停运，发电机组需短时停运。

（5）扩大桥型接线与桥型接线基本一致。

3. 适用范围

适用于只有两台机和两回出线的发电厂。

对线路长度较长，发电机组不经常启停的燃气轮机电厂，适用于内桥接线；线路较短，发电机组频繁启停的燃气轮机电厂，则适合于外桥接线；另外，线路有穿越功率时，也宜采用外桥形接线。

扩大桥型接线与桥型接线基本一致。

五、角形接线

各断路器互相连接而成一个环形，发电厂的发电机-变压器组进线和出线连接在环形的各个角，典型的三角形接线、四角星接线、五角型接线见图 16-12～图 16-14。

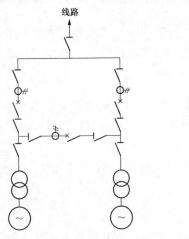

图 16-12　三角型接线

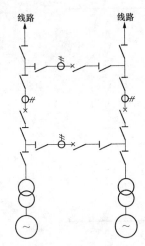

图 16-13　四角型接线

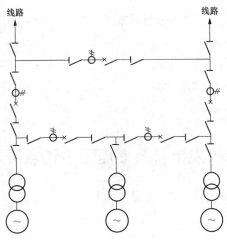

图 16-14　五角型接线

1. 优点

（1）投资省，平均每回路只需装设一台断路器。

（2）接线成闭合环形，在闭环运行时，可靠性、灵活性较高。

（3）每回路由两台断路器供电，任一台断路器检修，不需中断供电，也不需旁路设施。隔离开关只作为检修时隔离之用，以减少误操作可能性。

（4）占地面积小。多角形接线占地面积约是普通中型双母线带旁路母线接线的 40%，对地形狭窄地区和地下洞内布置较合适。

2. 缺点

（1）任一台断路器检修时，都成开环运行，从而降低了接线的可靠性。因此，断路器数量不能太多（否则检修概率增大，开环运行增多可靠性下降），故进出线回路数要受到限制。

（2）每一进出线回路都连接着两台断路器，每一台断路器又连着两个回路，从而使继电保护和控制回路较单、双母线接线复杂。

（3）对调峰电站，为提高运行可靠性，避免经常开环运行，一般开、停机需由发电机出口断路器承担，由此需增设发电机出口断路器、增加投资，并增加了主变压器空载运行损耗。

3. 适用范围

适用于最终进出线为 3～5 回的 110kV 及以上配电装置。不宜用于有再扩建可能的发电厂中。

六、3/2 断路器接线

两个回路（发电机变压器或线路）间隔共用 3 台断路器，组成一个完整串，接在高压配电装置两个高压母线段，典型的 3/2 断路器接线见图 16-15。

1. 优点

（1）供电可靠性高，母线及连接的设备发生故障不停任何线路和变压器。

（2）操作方便，当一组母线停电时仅需要操作与母线相连的断路器，各回路不需要切换。

2. 缺点

（1）投资高，相对双母线接线，断路器和电流互感器等设备的数量较多。

（2）保护接线相对比较复杂，切除每个回路时需要操作两台断路器。

3. 适用范围

单机容量大，采用 500kV 接入系统的燃气轮机发电厂高压配电装置可采用。

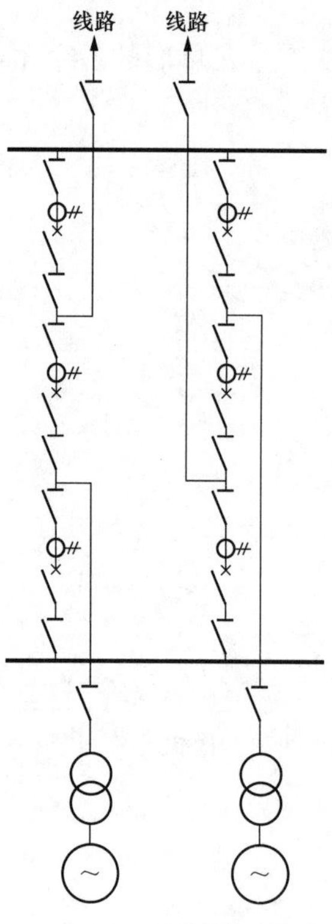

图 16-15　3/2 断路器接线

第三节　发电机及变压器中性点接地方式

一、电力网中性点接地方式

电力网中性点的接地方式有以下几种：

（一）中性点非有效接地

1. 中性点不接地

中性点不接地方式最简单，单相接地时允许带故障运行 2h，供电连续性好，接地电流仅为故障回路的线路及设备的电容电流。

发生单相接地故障时，非故障相的对地电压，升高到线电压，导致系统的过电压水平高，要求设备有较高的绝缘水平，不宜用于 110kV 及以上电网。在 6～63kV 电网中，采用中性点不接地方式，但电容电流不能超过允许值，否则接地电弧不易自熄，易产生较高的弧光间歇接地过电压，波及整个电网。

2. 中性点谐振接地

当接地电容电流超过允许值时，可采用消弧线圈补偿电容电流，保证接地电弧瞬间熄灭，以消除弧光间歇接地过电压。

3. 中性点经电阻接地

中性点经电阻接地方式与经消弧线圈接地方式相比，改变了接地电流相位，加速泄放回路中的残余电荷，促使接地电弧自熄，从而降低弧光间隙接地过电压，同时可提供足够的电流和零序电压，使接地保护可靠动作。

（二）中性点有效接地

中性点有效接地方式也叫中性点直接接地。

有效接地方式的单相短路电流很大，线路或设备须立即切除，增加了断路器负担，降低供电连续性。但由于过电压较低，绝缘水平可下降，减少了设备造价，特别是在高压和超高压电网，经济效益显著。

有效接地适用于 110kV 及以上电网中。

二、主变压器中性点接地方式

电力网中性点的接地方式决定了主变压器中性点的接地方式。

（1）主变压器的 110～500kV 侧一般采用中性点直接接地方式。

1）有效接地系统并非该系统所有变压器中性点均直接接地，变压器中性点接地点的数量应使电网所有短路点的综合零序电抗与综合正序电抗之比 X_0/X_1 为正值且小于 3，零序电阻 R_0/X_1 尚应大于 1，以使单相接地短路电流不超过三相短路电流。

2）为便于运行调度灵活选择接地点方式，110kV 及 220kV 部分高压变压器的中性点可经隔离开关接地，330～500kV 主变压器中性点绝缘宜预留将来接入电抗器的可能。

3）选择接地点时应保证任何故障形式都不应使电网解列成为中性点非有效接地系统。

（2）主变压器 35～63kV 侧一般采用中性点不接地或经消弧线圈接地方式。

35～63kV 电网，当单相接地故障电流不大于 10A 时，可采用中性点不接地方式，但当单相接地故障电流大于 10A 且又需要在接地故障条件下运行时，应采用中性点谐振接地方式。

三、发电机中性点接地方式

发电机中性点应根据机组容量以及接地故障电流允许值采用不同的接地方式，一般为非直接接地。

发电机定子绕组发生单相接地故障时，接地点流过的电流是发电机本身及其引出回路所连接元件（主母线、厂用分支线、主变压器低压绕组等）的对地电容电流，通俗地说就是发电机电压回路的对地电容电流。

单相接地电流不超过以表 16-1 中的值时，可采用中性点不接地方式。

表 16-1 发电机单相接地故障

发电机额定电压 (kV)	发电机额定容量 (MW)	电流允许值 (A)	发电机额定电压 (kV)	发电机额定容量 (MW)	电流允许值 (A)
6.3	≤50	4	13.8～15.75	125～200	2*
10.5	50～100	3	≥18	≥300	1

* 对额定电压为 13.8～15.75kV 的氢冷发电机，电流允许值为 2.5A。

当超过允许值时，将烧伤定子铁芯，进而损坏定子绕组绝缘，引起匝间或相间短路，故需要在发电机中性点采取经消弧线圈或高电阻接地的措施，以保护发电机免遭损坏。

1. 发电机中性点不接地方式

（1）单相接地电流应不超过表 16-1 允许值。

（2）发电机中性点应装设电压为额定相电压的避雷器，防止三相进波在中性点反射引起过电压；在出线端应装设电容器和避雷器，以削弱进入发电机的冲击波陡度和幅值。

（3）适用于 125MW 及以下的中小机组。

2. 发电机中性点经消弧线圈接地方式

（1）消弧线圈可接在发电机的中性点或高压厂用变压器的中性点。

（2）适用于单相接地电流大于允许值，且不要求瞬时切机的情况。

3. 采用发电机中性点经高电阻接地方式

（1）发电机中性点经高电阻接地后，可达到：

1）限制过电压不超过 2.6 倍额定相电压。

2）限制接地故障电流不超过 10～15A。

3）为定子接地保护提供电源，便于检测。

（2）为减小电阻值，一般把二次侧带有小电阻的单相配电变压器接入中性点，部分引进机组也有不带配电变压器而直接接入数百欧姆高电阻的情况。

（3）发生单相接地时，总的故障电流不宜小于 3A，以保证接地保护不带时限立即跳闸停机。

（4）适用于 200MW 及以上的大机组。

第四节 燃气轮机电厂电气主接线典型方案

一、案例一

图 16-16 所示为国内某燃气热电冷多联供的联合循环项目，全厂装设 2 套"一拖一"联合循环发电机组，发电机通过升压变压器，连接到 220kV 高压配电装置，220kV 系统采用双母线接线，2 回出线与 220kV 电力系统连接，燃气轮机发电机出口装设断路器。

二、案例二

图 16-17 所示为国内某燃气联合循环项目，全厂装设 2 套"一拖一"联合循环发电机组，每套联合循环机组的燃气轮机和汽轮机发电机采用发电机变压器扩大单元接线，升压至 220kV 通过一回 220kV 线路，输送至 8km 外的 220kV 变电站，燃气轮机发电机出口装设断路器。

三、案例三

图 16-18 所示为国外某燃气联合循环项目，扩建工程，全厂装设 1 套"一拖一"联合循环发电机组，每套联合循环机组的燃气轮机和汽轮机发电机通过升压变压器升压至 330kV 后采用 3/2 断路器接线，接入已有的 330kV 配电装置，燃气轮机发电机出口装设断路器。

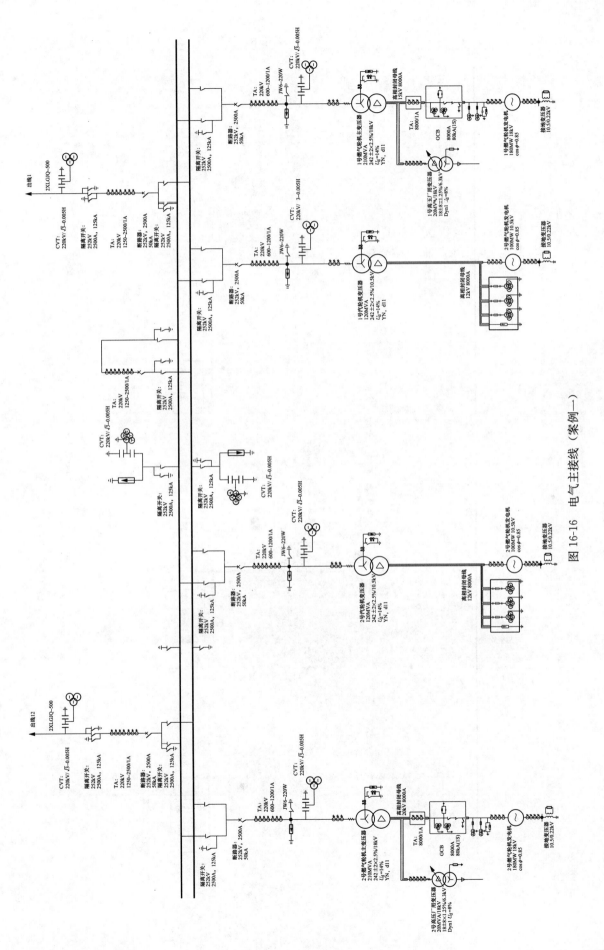

图 16-16　电气主接线（案例一）

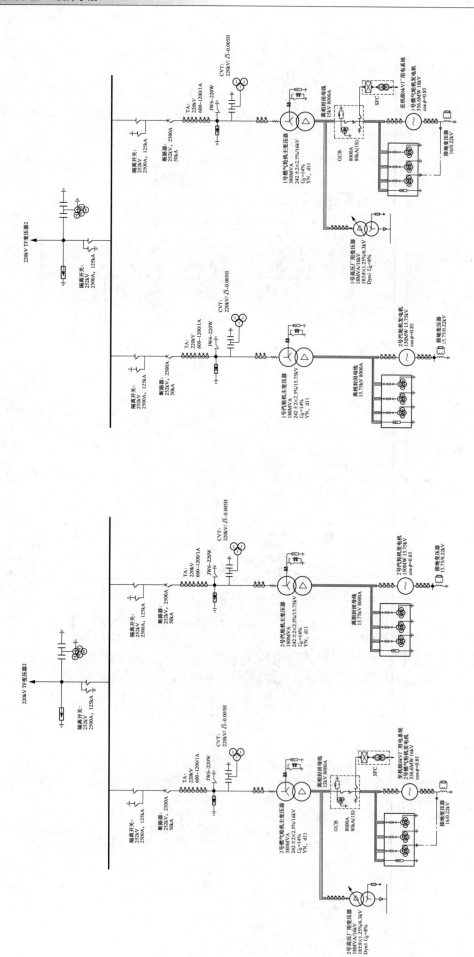

图 16-17 电气主接线（案例二）

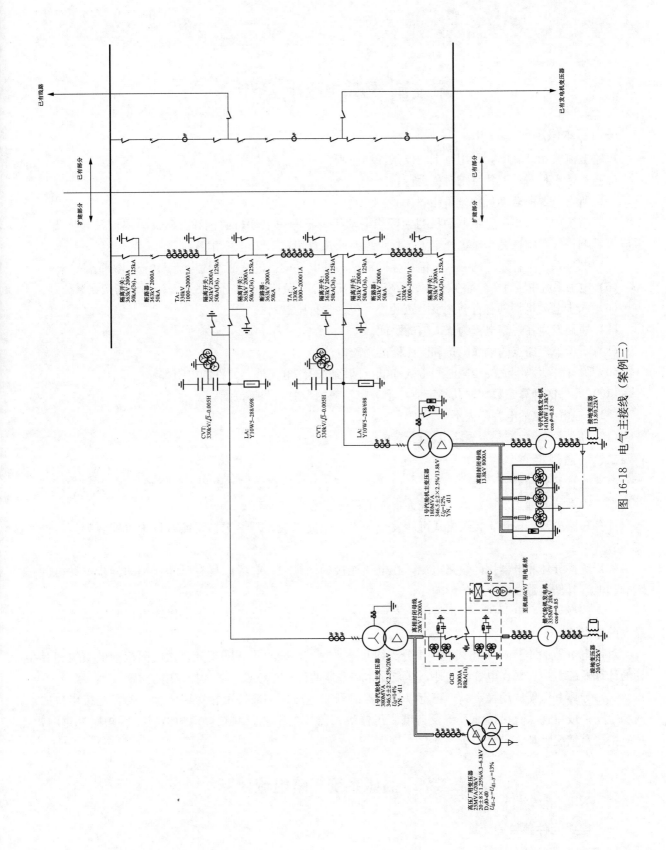

图 16-18 电气主接线（案例三）

第十七章　短路电流计算

第一节　短路电流计算条件

一、基本假定

短路电流实用计算中，采用以下假设条件和原则：

（1）正常工作时，三相系统对称运行。

（2）所有电源的电动势相位角相同。

（3）系统中的同步和异步电动机均为理想电动机，不考虑电动机磁饱和、磁滞、涡流及导体集肤效应等影响；转子结构完全对称；定子三相绕组空间位置相差 120°电气角度。

（4）电力系统中各元件的磁路不饱和，即带铁芯的电气设备电抗值不随电流大小发生变化。

（5）电力系统中所有电源都在额定负荷下运行，其中 50％负荷接在高压母线上，50％负荷接在系统侧。

（6）同步电动机都具有自动调整励磁装置（包括强行励磁）。

（7）短路发生在短路电流为最大值的瞬间。

（8）不考虑短路点的电弧阻抗和变压器的励磁电流。

（9）除计算短路电流的衰减时间常数和低压网络的短路电流外，元件的电阻都略去不计。

（10）元件的计算参数均取其额定值，不考虑参数的误差和调整范围。

（11）输电线路的电容略去不计。

（12）用概率统计法制定短路电流运算曲线。

二、一般规定

（1）验算导体和电器动稳定、热稳定以及电器开断电流所用的短路电流，按工程的规划容量计算，并考虑电力系统的远景发展规划（一般为本期工程建成后 5～10 年）。

计算短路电流，按正常接线方式可能发生的最大短路电流，不考虑在切换过程中可能并列运行的接线方式。

（2）选择导体和电器用的短路电流，在电气连接的网络中，应考虑具有反馈作用的异步电动机的影响和电容补偿装置放电电流的影响。

（3）选择导体和电器时，对不带电抗器回路的计算短路点，应选择在正常接线方式时短路电流为最大的地点。

对带电抗器的 6～10kV 出线与厂用分支线回路，除其母线与母线隔离开关之间隔板前的引线和套管的计算短路点应选择在电抗器前外，其余导体和电器的计算短路点一般选择在电抗器后。

（4）导体和电器的动稳定、热稳定以及电器的开断电流，一般按三相短路验算。若发电机出口的两相短路，或中性点直接接地系统及自耦变压器等回路中的单相、两相接地短路较三相短路严重时，则应按严重情况计算。

第二节　高压系统短路电流计算

一、电路元件参数的计算

1. 基准值计算

高压短路电流计算一般只计及各元件（即发电机、变压器、电抗器、线路等）的电抗，采用标幺值计算。为了计算方便，通常取基准容量 $S_j=100\mathrm{MVA}$ 或 $S_j=1000\mathrm{MVA}$，基准电压 U_j 一般取用各级的平均电压，即

$$U_j=U_P=1.05U_e \tag{17-1}$$

式中　U_P——平均电压；

　　　U_e——额定电压。

当基准容量 $S_j(\mathrm{MVA})$ 与基准电压 $U_j(\mathrm{kV})$ 选定后，确定基准电流 $I_j(\mathrm{kA})$ 与基准电抗 $X_j(\Omega)$

基准电流为

$$I_j=\frac{S_j}{\sqrt{3}U_j} \tag{17-2}$$

基准电抗为

$$X_j=\frac{U_j}{\sqrt{3}\,I_j}=\frac{U_j^2}{S_j} \tag{17-3}$$

常用基准值如表 17-1 所示。

表 17-1 　　　　　　　　　　　**常用基准值**（$S_j=100\mathrm{MVA}$）

基准电压 $U_j(\mathrm{kV})$	3.15	6.3	10.5	15.75	18	37	69	115	230	345	525
基准电流 $I_j(\mathrm{kA})$	18.33	9.16	5.50	3.67	3.21	1.56	0.84	0.502	0.251	0.167	0.11
基准电抗 $X_j(\Omega)$	0.0992	0.397	1.10	2.48	3.24	13.7	47.6	132	529	1190	2756

2. 各元件参数标幺值的计算

电路元件的标幺值为有名值与基准值之比，计算公式为

$$U^*=\frac{U}{U_j} \tag{17-4}$$

$$S^*=\frac{S}{S_j} \tag{17-5}$$

$$I^*=\frac{I}{I_j}=I\frac{\sqrt{3}U_j}{S_j} \tag{17-6}$$

$$X^*=\frac{X}{X_j}=X\frac{S_j}{U_j^2} \tag{17-7}$$

采用标幺值后，相电压和线电压的标幺值是相同的，单相功率和三相功率的标幺值也是相同的，某些物理量还可以用标幺值相等的另一些物理量来代替，如 $I^*=S^*$。

电抗标幺值和有名值的变换公式如表 17-2 所示。

表 17-2 　　　　　　　　　　　**电抗标幺值和有名值的变换公式**

序号	元件名称	标幺值	有名值（Ω）	备　　注
1	发电机 电动机	$X''_d=\dfrac{X''_d\%}{100}\times\dfrac{S_j}{P_e/\cos\Phi}$	$X''_d=\dfrac{X''_d\%}{100}\times\dfrac{U_j^2}{P_e/\cos\Phi}$	X''_d——电机次暂态电抗百分值，%； P_e——电机额定容量；MW； S_j（MVA）——基准容量； U_j——基准电压
2	变压器	$X_d=\dfrac{U_d\%}{100}\times\dfrac{S_j}{S_e}$	$X_d=\dfrac{U_d\%}{100}\times\dfrac{U_e^2}{S_e}$	U_d——变压器短路电压的百分值，%； S_e（MVA）——最大容量绕组的额定容量，MVA； U_e——变压器额定电压，kV； S_j——基准容量，MVA

序号	元件名称	标幺值	有名值（Ω）	备注
3	电抗器	$X_k^* = \dfrac{X_k\%}{100} \times \dfrac{U_e}{\sqrt{3}\,I_e} \times \dfrac{S_j}{U_j^2}$	$X_k = \dfrac{X_k\%}{100} \times \dfrac{U_e}{\sqrt{3}\,I_e}$	X_k——电抗器的百分电抗值，%，分裂电抗器的自感电抗计算方法与此相同； U_e——电抗器额定电压，kV； I_e——电抗器额定电流，kV； S_j——基准容量，MVA； U_j——基准电压，kV
4	线路	$X^* = X\dfrac{S_j}{U_j^2}$	$X = 0.145\lg\dfrac{D}{0.789r}$ $D = \sqrt[3]{d_{ab}d_{ac}d_{cb}}$	r——导线半径，cm； D——导线相间的几何均距，cm； d——相间距离

从某一基值容量 S_{1j} 的标幺值化到另一基值容量 S_{2j} 的标幺值为

$$X_2^* = X_1^* \frac{S_{2j}}{S_{1j}} \tag{17-8}$$

从某一基值电压 U_{1j} 的标幺值化到另一基值电压 U_{2j} 的标幺值为

$$X_2^* = X_1^* \frac{U_{1j}^2}{U_{2j}^2} \tag{17-9}$$

从已知系统短路容量 S_d''，求该系统的组合电抗标幺值为

$$X^* = \frac{S_j}{S_d''} \tag{17-10}$$

3. 变压器及电抗器的等值电抗计算

三绕组变压器、自耦变压器、分裂变压器及分裂电抗器的等值电抗计算公式如表 17-3 所示。

表 17-3　　三绕组变压器、自耦变压器、分流绕组变压器及分裂电抗器的等值电抗计算公式

名称		接线图	等值电抗	等值电抗计算公式	符号说明
双绕组变压器	低压侧有两个分裂绕组			低压绕组分裂 $X_1 = X_{1-2} - 1/4 X_{2'-2''}$ $X_{2'} = X_{2''} = 1/2 X_{2'-2''}$	X_{1-2}——高压绕组与总的低压绕组间的穿越电抗； $X_{2'-2''}$——分裂绕组间的分裂电抗
				普通单相变压器低压两个绕组分别引出使用 $X_1 = 0$ $X_{2'} = X_{2''} = 2X_{1-2}$	
绕组变压器 自耦变压器	不分裂绕组			$X_1 = \dfrac{1}{2}(X_{1-2} + X_{1-3} - X_{2-3})$ $X_2 = \dfrac{1}{2}(X_{1-2} + X_{2-3} - X_{1-3})$ $X_3 = \dfrac{1}{2}(X_{1-3} + X_{2-3} - X_{1-2})$	X_{1-2}——高中压绕组间的穿越电抗； X_{1-3}——高低压绕组间的穿越电抗； X_{2-3}——中低压绕组间的穿越电抗

续表

名称		接线图	等值电抗	等值电抗计算公式	符号说明
绕组变压器 耦变压器	低压侧有两个分裂绕组			$X_1 = \frac{1}{2}(X_{1-2} + X_{1-3'} - X_{2-3'})$ $X_2 = \frac{1}{2}(X_{1-2} + X_{2-3'} - X_{1-3'})$ $X_1 = \frac{1}{2}(X_{1-3'} + X_{2-3'} - X_{1-2} - X_{3'-3''})$ $X_{3'} = X_{3''} = \frac{1}{2}X_{3-3'}$	X_{1-2}——高中压绕组间的穿越电抗； $X_{3'-3''}$——分裂绕组间的分裂电抗； $X_{1-3'} = X_{1-3'}$——高压绕组与分裂绕组间的穿越电抗； $X_{2-3'} = X_{2-3'}$——中压绕组与分裂绕组间的穿越电抗
裂电抗器	仅由一臂向另一臂供给电流			$X = 2X_k(1 + f_0)$	X_k——其中一个分支的电抗
	由中间向两臂或由两臂向中间供给电流			$X_1 = X_2 = X_k(1 - f_0)$ （两臂电流相等）	
	由中间和一臂同时向另一臂供给电流			$X_1 = X_2 = X_k(1 + f_0)$ $X_3 = -X_k f_0$	f_0——互感系数，取 $0.4 \sim 0.6$； X_3——互感电抗

三绕组变压器的容量组合有 100/100/100、100/ 100/50 及 100/50/100 三种方案，自耦变压器也有后两种组合方案。通常，制造单位提供的三绕组变压器的电抗已经归算到以额定容量为基准的数值，对未归算的变压器阻抗，在计算时应归算到额定容量。

普通电抗器的电抗由每相的自感决定，等值电路用自身的电抗表示。由于电抗器的绕组间的互感很小，可看作 $X_1 = X_2 = X_0$。分裂电抗器是在绕组中部有一个抽头，将绕组分成匝数相等的两部分。由于电磁交链，将使分裂电抗器在不同的工作状态下呈现不同的电抗值，计算时应根据运行方式和短路点的位置，选择计算公式。

4. 线路电抗估算

缺少资料时，各类线路电抗按表 17-4 估算。

表 17-4　　　　　　　　　　　　各类线路元件的电抗估算值

序号	元件名称		电抗平均值			备注
			X_1''或 $X_1(\%)$	$X_2(\%)$	$X_0(\%)$	
1	6～10kV 三芯电缆		$X_1 = X_2 = 0.08\Omega/\text{km}$		$X_0 = 0.35X_1$	
2	20kV 三芯电缆		$X_1 = X_2 = 0.11\Omega/\text{km}$		$X_0 = 0.35X_1$	
3	35kV 三芯电缆		$X_1 = X_2 = 0.12\Omega/\text{km}$		$X_0 = 3.5X_1$	
4	110kV 和 220kV 单芯电缆		$X_1 = X_2 = 0.18\Omega/\text{km}$		$X_0 = (0.8 \sim 1.0)X_1$	
5	无避雷线的架空输电线路	单回路	单导线为 $X_1 = X_2 = 0.4\Omega/\text{km}$ 双分裂导线为 $X_1 = X_2 = 0.31\Omega/\text{km}$ 四分裂导线为 $X_1 = X_2 = 0.29\Omega/\text{km}$		$X_0 = 3.5X_1$	
6		双回路			$X_0 = 5.5X_1$	系每回路值
7	有钢质避雷线的架空输电线路	单回路			$X_0 = 3X_1$	
8		双回路			$X_0 = 4.7X_1$	系每回路值
9	有良导体避雷线的架空输电线路	单回路			$X_0 = 2X_1$	
10		双回路			$X_0 = 3X_1$	系每回路值

注　X_1—正序阻抗；X_2—负序阻抗；X_0—零序阻抗。

二、网络变换

（一）网络变换基本公式

网络变换基本方法的公式如表 17-5 所示。

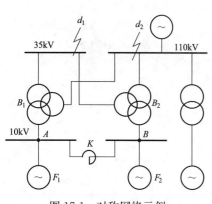

图 17-1　对称网络示例

（二）常用网络电抗变换公式

常用网络电抗变换的简明公式如表 17-6 所示。

（三）网络的简化

1. 对称网络的简化

在网络简化中，对短路点具有局部对称或全部对称的网络，同电位的点可以短接，其间的电抗可以略去。

例如，在图 17-1 中，如果 F_1 与 F_2、B_1 与 B_2 相同，那么计算 d_1 与 d_2 点短路电流时，A 点和 B 点具有相同的电位。因此，完全可以将 F_1 与 F_2、B_1 与 B_2 并联，将电抗器 K 的电抗 X_K 视为零，将 A、B 两点直接短接。

表 17-5　网络变换基本方法的公式

序号	变换名称	变换符号	变换前的网络	变换后的网络	变换后网络元件的阻抗	变换前网络中的电流分布
1	串联	+			$X_Z = X_1 + X_2 + \cdots + X_n$	$I_1 = I_2 = \cdots = I_n = I$
2	并联	∥			$X_Z = \dfrac{1}{\dfrac{1}{X_1}+\dfrac{1}{X_2}+\cdots+\dfrac{1}{X_n}}$　当只有两支时　$X_Z = \dfrac{X_1 X_2}{X_1 + X_2}$	$I_n = I\dfrac{X_Z}{X_n} = IC_n$
3	三角形变成等值星形	△Y			$X_L = \dfrac{X_{LM} X_{NL}}{X_{LM}+X_{MN}+X_{NL}}$ $X_M = \dfrac{X_{LM} X_{MN}}{X_{LM}+X_{MN}+X_{NL}}$ $X_N = \dfrac{X_{MN} X_{NL}}{X_{LM}+X_{MN}+X_{NL}}$	$I_{LM} = \dfrac{I_L X_L - I_M X_M}{X_{LM}}$ $I_{MN} = \dfrac{I_M X_M - I_N X_N}{X_{MN}}$ $I_{NL} = \dfrac{I_N X_N - I_L X_L}{X_{NL}}$
4	星形变成三角形	Y△			$X_{LM} = X_L + X_M + \dfrac{X_L X_M}{X_N}$ $X_{MN} = X_M + X_N + \dfrac{X_M X_N}{X_L}$ $X_{NL} = X_N + X_L + \dfrac{X_N X_L}{X_M}$	$I_L = I_{LM} - I_{NL}$ $I_M = I_{MN} - I_{LM}$ $I_N = I_{NL} - I_{MN}$
5	四角形变成有对角线的四边形	+/◇			$X_{AB}=X_A X_B \sum Y$ $X_{BC}=X_B X_C \sum Y$ $X_{AC}=X_A X_C \sum Y$ … 式中　$\sum Y = \dfrac{1}{X_A}+\dfrac{1}{X_B}+\dfrac{1}{X_C}+\dfrac{1}{X_D}$	$I_A = I_{AC} + I_{AB} - I_{DA}$ $I_B = I_{BD} + I_{BC} - I_{AB}$ …

序号	变换名称	变换前的网络	变换后的网络	变换后网络元件的阻抗	变换前网络中的电流分布
6	有对角线的四边形变换为四角形，满足下列条件：$$y_{AB}y_{CD}=y_{AC}y_{BD}=y_{AD}y_{BC}$$			$$X_A=\cfrac{1}{\dfrac{1}{X_{AB}}+\dfrac{1}{X_{AC}}+\dfrac{1}{X_{DA}}+\dfrac{X_{BD}}{X_{AB}X_{DA}}}$$ $$X_B=\cfrac{1}{\dfrac{1}{X_{AB}}+\dfrac{1}{X_{BC}}+\dfrac{X_{AC}}{X_{BD}}+\dfrac{X_{AC}}{X_{AB}X_{BC}}}$$ $$X_C=\cfrac{1}{1+\dfrac{X_{AB}}{X_{BC}}+\dfrac{X_{AB}}{X_{BD}}+\dfrac{X_{AC}}{X_{BC}}}$$ $$X_D=\cfrac{1}{1+\dfrac{X_{AB}}{X_{AC}}+\dfrac{X_{AB}}{X_{BD}}+\dfrac{X_{BD}}{X_{AD}}}$$	$$I_{AB}=\frac{I_A X_A-I_B X_B}{X_{AB}}$$ $$I_{CB}=\frac{I_C X_C-I_B X_B}{X_{BC}}$$ $$\cdots$$
7	有对角线的四边形变换为等值网络，满足下列条件：$$y_{AB}y_{CD}=y_{AC}y_{BD}$$			计算 X_A、X_B、X_C、X_D 的公式同上 $$X_E=\left(\frac{X_{AC}X_{BD}}{X_{AD}X_{BC}}-1\right)\times$$ $$\cfrac{X_{AB}}{\left(1+\dfrac{X_{AB}}{X_{BC}}+\dfrac{X_{AC}}{X_{BD}}\right)\left(1+\dfrac{X_{AB}}{X_{AC}}+\dfrac{X_{BD}}{X_{AD}}\right)}$$	$$I_{AB}=\frac{I_A(X_A+X_E)-I_B X_B+I_D X_E}{X_{AB}}$$ $$I_{DC}=\frac{I_D(X_D+X_E)-I_C X_C+I_A X_E}{X_{DC}}$$ $$I_{CB}=\frac{I_C X_C-I_B X_B}{X_{BC}}$$ $$I_{AD}=\frac{I_D X_D-I_A X_A}{X_{DA}}$$ $$I_{AC}=\frac{I_A(X_A+X_E)-I_C X_C+I_D X_E}{X_{AC}}$$ $$I_{BD}=\frac{I_B X_B-I_D(X_D+X_E)-I_A X_E}{X_{BD}}$$
8	一般条件下，由有对角线的四边形变换为等值网络			计算 X_A、X_B、X_C、X_D 及 X_E 的公式同上 $$X_F=\cfrac{1}{\dfrac{1}{X_{CD}}-\dfrac{X_{AB}X_{BD}}{X_{AC}X_{BD}}}$$	计算 X_{AB}、X_{CB}、X_{AC}、X_{DA} 及 X_{BD} 的公式同上 $$I_{DC}=\frac{I_F X_F}{X_{DC}}$$

表 17-6　常用网络阻抗变换的简明公式

序号	变换前的网络	变换后的网络	变换后网络元件的阻抗	适用接线图实例
1			$X_{1d} = X_1$ $X_{2d} = \dfrac{Y_1}{X_6 + \dfrac{X_2X_5}{Y_1\sum Y} + \dfrac{X_4X_5}{Y_2\sum Y}}$ $X_{3d} = \dfrac{X_3X_5}{\dfrac{X_2X_5}{Y_1\sum Y} + \dfrac{X_4X_5}{Y_2\sum Y}}$ $X_{4d} = \dfrac{Y_2}{X_7 + \dfrac{X_2X_8}{Y_1\sum Y} + \dfrac{X_4X_8}{Y_2\sum Y}} + \dfrac{X_4+X_8}{Y_2}$ 式中： $Y_1 = X_2X_6 + X_5X_6 + X_2X_5$ $Y_2 = X_4X_7 + X_7X_8 + X_4X_8$ $\sum Y = \dfrac{1}{X_3} + \dfrac{X_2+X_5}{Y_1} + \dfrac{X_4+X_8}{Y_2}$	注：1. 三卷变压器的 $U_{dⅢ}\% = 0$。 2. 对以上接线图任一母线短路均可采用
2			$X_{1d} = X_1$ $X_{2d} = \dfrac{Y_1}{\dfrac{X_5X_9}{Y_3} + \dfrac{X_2X_5}{Y_1\sum Y} + \dfrac{X_4X_5}{Y_2\sum Y}}$ $X_{3d} = \dfrac{X_3X_3 + X_6X_7}{Y_3\left(\dfrac{X_2}{Y_2\sum Y} + \dfrac{X_4}{Y_2\sum Y}\right)}$ $X_{4d} = \dfrac{Y_2}{\dfrac{X_7X_9}{Y_3} + \dfrac{X_2X_8}{Y_1\sum Y} + \dfrac{X_4X_8}{Y_2\sum Y}} + \dfrac{X_4+X_8}{Y_2}$ 式中： $Y_1 = \dfrac{X_2X_6X_9}{Y_3} + \dfrac{X_5X_6X_9}{Y_3} + X_2X_5$ $Y_2 = \dfrac{X_4X_7X_9}{Y_3} + \dfrac{X_7X_8X_9}{Y_3} + X_4X_8$ $Y_3 = X_6 + X_7 + X_9$ $\sum Y = \dfrac{Y_3}{X_3X_3 + X_6X_7} + \dfrac{X_2+X_5}{Y_1} + \dfrac{X_4+X_8}{Y_2}$	注：三卷变压器的 $U_{dⅢ}\% = 0$

续表

序号	变换前的网络	变换后的网络	变换后网络元件的阻抗	适用接线图实例
2			$X_{1d} = X_1$ $$X_{2d}=\cfrac{Y_1}{X_6+\cfrac{X_5}{X_9\sum Y}+\cfrac{X_2X_5}{Y_1\sum Y}+\cfrac{X_4X_5}{Y_2\sum Y}}$$ $$X_{3d}=\cfrac{X_3X_5}{\cfrac{X_5}{X_9\sum Y}+\cfrac{X_2X_5}{Y_1\sum Y}+\cfrac{X_4X_5}{Y_2\sum Y}}$$ $$X_{4d}=\cfrac{Y_2}{X_7+\cfrac{X_8}{X_9\sum Y}+\cfrac{X_2X_8}{Y_1\sum Y}+\cfrac{X_4X_8}{Y_2\sum Y}}$$ 式中: $Y_1=X_2X_6+X_5X_6+X_2X_5$ $Y_2=X_4X_7+X_7X_8+X_4X_8$ $\sum Y=\dfrac{1}{X_9}+\dfrac{X_2+X_5}{Y_1}+\dfrac{X_4+X_8}{Y_2}$	注：三卷变压器的 $U_{d\text{III}}\%=0$
3			$X_{1d} = X_1$ $$X_{2d}=X_2+\dfrac{X_4(X_5+X_6)}{Y_1}+\dfrac{X_4X_6(X_4X_5+Y_1X_2)}{Y_1(Y_1X_3+X_5X_6)}$$ $$X_{3d}=X_3+\dfrac{X_6(X_5+X_4)}{Y_1}+\dfrac{X_4X_6(X_6X_5+Y_1X_2)}{Y_1(Y_1X_2+X_4X_5)}$$ 式中: $Y_1=X_4+X_5+X_6$	

2. 并联电源支路的合并

如图 17-2 所示的并联电源支路可按下式进行合并，即

$$
\left.\begin{array}{l}
E_z = \dfrac{E_1 Y_1 + E_2 Y_2 + E_3 Y_3 + \cdots + E_n Y_n}{Y_1 + Y_2 + Y_3 + \cdots + Y_n} \\[4mm]
X_z = \dfrac{1}{Y_1 + Y_2 + Y_3 + \cdots + Y_n}
\end{array}\right\}
\tag{17-11}
$$

如果只有两个电源支路，则

$$
\left.\begin{array}{l}
E_z = \dfrac{E_1 X_1 + E_2 X_2}{X_1 \mid X_2} \\[4mm]
X_z = \dfrac{X_1 X_2}{X_1 + X_2}
\end{array}\right\}
\tag{17-12}
$$

式中　　　　　E_z——合成电势；

　　　　　　　X_z——合成电抗；

E_1、E_2、…、E_n——各并联电源支路的电动势；

Y_1、Y_2、…、Y_n——各并联分支回路的电纳，分别为各并联分支回路电抗 X_1、X_2…、X_n 的倒数。

3. 合成电抗的分解

若需从总的合成电抗 X_z 中分出某一电抗 X_1，则其余各电抗的合成电抗 X_{z-1}（见图 17-3）按式 (17-13) 计算，即

$$
X_{z-1} = \frac{X_1 X_z}{X_1 - X_z}
\tag{17-13}
$$

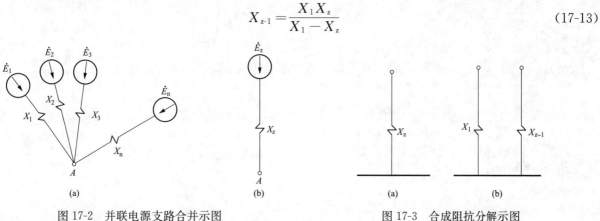

图 17-2　并联电源支路合并示图　　　　　　　图 17-3　合成阻抗分解示图

（a）合并前等效电路；（b）合并后等效电路　　　　（a）分解前等效电路；（b）分解后等效电路

4. 分布系数

求得短路点到各电源间的总组合电抗以后，为了求出短路点到各电源的转移电抗及网络内电流分布，可利用分布系数 c。将短路处的总电流当作单位电流，则可求得每支路中电流对单位电流的比值，这些比值称为分布系数，用符号 c_1、c_2、…、c_n 代表。

任一电源 n 和短路点 d 间的转移电抗 X_{nd}，可由该以源的分布系数 c_n 和网络的总组合电抗 X_Σ 来决定，即

$$
X_{nd} = \frac{X_\Sigma}{c_n}
\tag{17-14}
$$

任一电源供给的短路电流 I_z，也可由该电源的分布系数 c_n 和短路点的总短路电流 I_d 来决定，即

$$
I_z = c_n I_d
\tag{17-15}
$$

现以图 17-4 为例，说明为

$$
X_4 = \frac{X_1 X_2}{X_1 + X_2}
$$

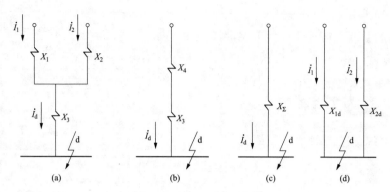

图 17-4　求分布系数示图

(a) 合并前等效电路；(b) 并联电阻合并后等效电路；(c) 串联电阻合并后等效电路；(d) 按分布系数分解后的等效电路

$$X_\Sigma = X_3 + X_4 = X_3 + \frac{X_1 X_2}{X_1 + X_2}$$

$$c_1 = \frac{X_4}{X_1} = \frac{X_2}{X_1 + X_2}$$

$$c_2 = \frac{X_4}{X_2} = \frac{X_1}{X_1 + X_2}$$

则

$$X_{1d} = \frac{X_\Sigma}{c_1} \qquad I_1 = c_1 I_d$$

$$X_{2d} = \frac{X_\Sigma}{c_2} \qquad I_2 = c_2 I_d$$

式中　c_1、c_2、$\cdots$、c_n——分布系数；

　　　　X_{nd}——任一电源 n 和短路点 K 间的转移电抗；

　　　　X_Σ——总组合电抗；

　　　　I_z——任一电源供给的短路电流；

　　　　I_d——短路点的总短路电流。

对于一个点，其所有支路的电流分布系数之和为 1，这就很容易判别分布系数是否计算正确。

如在此例中有

$$c_1 + c_2 = \frac{X_2}{X_1 + X_2} + \frac{X_1}{X_1 + X_2} = \frac{X_1 + X_2}{X_1 + X_2} = 1$$

5. 多支路星形网络化简（$\sum Y$ 法）

若各电源点的电动势是相等的，即电源点间的转移电抗中将不会有短路电流流过，根据这样的概念，在网络变化中应用由多支路星形变为具有对角线的多角形公式推导出 $\sum Y$ 法。则

$$X_{nd} = X_n \sum Y \tag{17-16}$$

在实用计算中，利用式（17-16）及倒数法（即合成电抗为各并联电抗倒数和之倒数）则会使计算极为简便。

以图 17-5 为例，令

$$\left.\begin{array}{l} \sum Y = \dfrac{1}{X_1} + \dfrac{1}{X_2} + \cdots + \dfrac{1}{X_n} + \dfrac{1}{X} \\[2mm] W = X \sum Y \end{array}\right\} \tag{17-17}$$

则　　　　　　　　$X_{1d} = X_1 W \quad X_{2d} = X_2 W \quad X_{nd} = X_n W$

6. 等值电源的归并

(1) 按个别变化计算

当网络中有几个电源时，可将条件相类似的发电机，按下述情况连接成一组，分别求出至短路点的转移电抗：

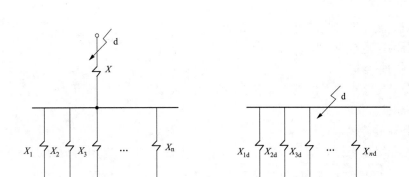

图 17-5 $\sum Y$ 法示图

（a）简化前的等效电路；（b）简化后的等效电路

1）同型式，且至短路点的电气距离大致相等的发电机。

2）至短路点的电气距离较远，即计算电抗 $X_{js} > 1$ 的同一类型或不同类型的发电机。

3）直接连接于短路点上的同类型发电机。

（2）按同一变化计算。当仅计算任意时间 t 的短路电流周期分量 I_{zt}，各电源的发电机形式、参数相同且距短路点的电气距离大致相等时，可将各电源合并为一个总的计算电抗，即

$$X_{js} = X_{\Sigma}^* \frac{S_{e\Sigma}}{S_j} \tag{17-18}$$

则

$$I_{zt} = I_{zt}^* I_{e\Sigma} \tag{17-19}$$

式中　X_{Σ}^*——各电源合并后的计算电抗标幺值；

　　$S_{e\Sigma}$——各电源合并后总的额定容量，MVA；

　　I_{zt}^*——各电源合并后的 t 秒短路电流周期分量标幺值；

　　$I_{e\Sigma}$——各电源合并后总的额定电流，kA。

三、三相短路电流周期分量计算

（一）无限大电源供给的短路电流

当供电电源为无穷大或计算电抗（以供电电源为基准）$X_{js} \geqslant 3$ 时，不考虑短路电流周期分量的衰减，则

$$\left.\begin{aligned}
X_{js} &= X_{\Sigma}^* \frac{S_e}{S_j} \\[2mm]
I_{\Sigma}^* &= I''^* = I_{\infty}^* = \frac{1}{X_{\Sigma}^*} \\[2mm]
I_z &= \frac{I_e}{X_{js}} = \frac{U_p}{\sqrt{3}\,X_{\Sigma}} = \frac{I_j}{X_{\Sigma}^*} = I''^* I_j \\[2mm]
S'' &= \frac{S_e}{X_{js}} = \frac{S_j}{X_{\Sigma}^*} = I''^* S_j
\end{aligned}\right\} \tag{17-20}$$

式中　X_{js}——额定容量 S_e 下的计算电抗；

　　X_{Σ}^*——各电源合并后的计算电抗标幺值；

　　S_e——电源的额定容量，MVA；

　　S_j——基准容量；

　　I_{Σ}^*——短路电流周期分量的标幺值；

　　I''^*——0 秒短路电流周期分量的标幺值；

　　I_{∞}^*——时间为∞短路电流周期分量的标幺值；

I_z——短路电流周期分量的有效值，kA；

I_e——电源的额定电流，kA；

U_p——电网的平均电压，kV；

X_Σ——电源对短路点的等值电抗有名值，Ω；

I_j——基准电流；

S''——短路容量，MVA。

式（17-20）是忽略了电阻，如果回路总电阻 $R_\Sigma \geqslant X_\Sigma/3$ 时，电阻对短路电流有较大的作用。此时，必须用阻抗的标幺值 $Z_\Sigma^* = \sqrt{X_\Sigma^{*2} + R_\Sigma^{*2}}$ 来代替式（17-20）中的 X_Σ^*。

（二）有限电源供给的短路电流

先将电源对短路点的等值电抗 X_Σ^*，归算到以电源容量为基准的计算电抗 X_{js}，然后按 X_{js} 值查相应的发电机运算曲线（见图 17-6～图 17-10），或查相应的发电机运算曲线数字表（见表 17-7、表 17-8），即可得到短路电流周期分量的标幺值 I^*。

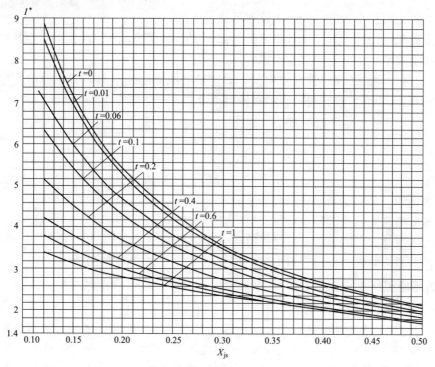

图 17-6 发电机运算曲线（一）（$X_{js}=0.12\sim0.50$）

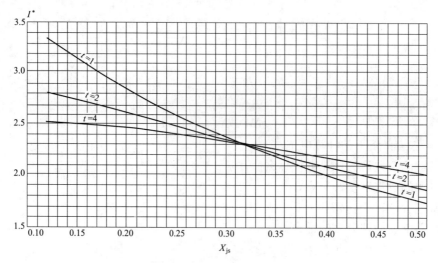

图 17-7 发电机运算曲线（二）（$X_{js}=0.12\sim0.50$）

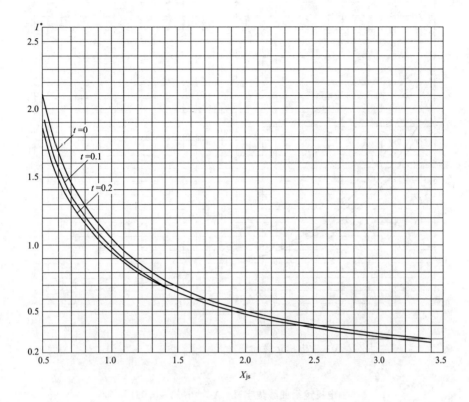

图 17-8　发电机运算曲线（三）（X_{js}＝0.50～3.45）

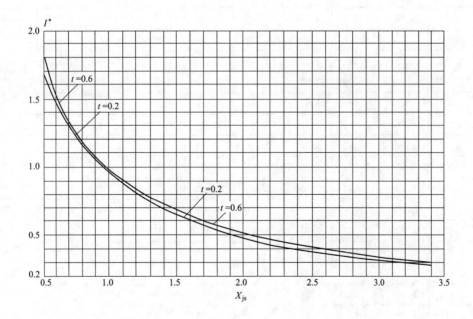

图 17-9　发电机运算曲线（四）（X_{js}＝0.50～3.45）

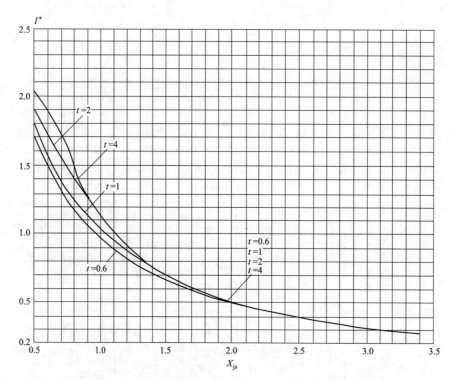

图 17-10　发电机运算曲线（五）（$X_{js} = 0.50 \sim 3.45$）

表 17-7　　　　　　　　　　发电机运算曲线数字表（$X_{js} = 0.12 \sim 0.95$）

X_{js} ╲ $t(s)$	0	0.01	0.06	0.1	0.2	0.4	0.5	0.6	1	2	4
0.12	8.963	8.603	7.186	6.400	5.220	4.252	4.006	3.821	3.344	2.795	2.512
0.14	7.718	7.467	6.441	5.839	4.878	4.040	3.829	3.673	3.280	2.808	2.526
0.16	6.763	6.545	5.660	5.146	4.336	3.649	3.481	3.359	3.060	2.706	2.490
0.18	6.020	5.844	5.122	4.697	4.016	3.429	3.288	3.186	2.944	2.659	2.476
0.20	5.432	5.280	4.661	4.297	3.715	3.217	3.099	3.016	2.825	2.607	2.462
0.22	4.938	4.813	4.296	3.988	3.487	3.052	2.951	2.882	2.729	2.561	2.444
0.24	4.526	4.421	3.984	3.721	3.286	2.904	2.816	2.758	2.638	2.515	2.425
0.26	4.178	4.088	3.714	3.486	3.106	2.769	2.693	2.644	2.551	2.467	2.404
0.28	3.872	3.705	3.472	3.274	2.939	2.641	2.575	2.534	2.464	2.415	2.378
0.30	3.603	3.536	3.255	3.081	2.785	2.520	2.463	2.429	2.379	2.360	2.347
0.32	3.368	3.310	3.063	2.909	2.646	2.410	2.360	2.332	2.299	2.306	2.316
0.34	3.159	3.108	2.891	2.754	2.519	2.308	2.264	2.241	2.222	2.252	2.283
0.36	2.975	2.930	2.736	2.614	2.403	2.213	2.175	2.156	2.149	2.109	2.250
0.38	2.811	2.770	2.597	2.487	2.297	2.126	2.093	2.077	2.081	2.148	2.217
0.40	2.664	2.628	2.471	2.372	2.199	2.045	2.017	2.004	2.017	2.099	2.184
0.42	2.531	2.499	2.357	2.267	2.110	1.970	1.946	1.936	1.956	2.052	2.151
0.44	2.411	2.382	2.253	2.170	2.027	1.900	1.879	1.872	1.899	2.006	2.119
0.46	2.302	2.275	2.157	2.082	1.950	1.835	1.817	1.812	1.845	1.963	2.088
0.48	2.203	2.178	2.069	2.000	1.879	1.774	1.759	1.756	1.794	1.921	2.057
0.50	2.111	2.088	1.988	1.924	1.813	1.717	1.704	1.703	1.746	1.880	2.027

续表

X_{js} \ $t(s)$	0	0.01	0.06	0.1	0.2	0.4	0.5	0.6	1	2	4
0.55	1.913	1.894	1.810	1.757	1.665	1.589	1.581	1.583	1.635	1.785	1.953
0.60	1.748	1.732	1.662	1.617	1.539	1.478	1.474	1.479	1.538	1.699	1.884
0.65	1.610	1.596	1.535	1.497	1.431	1.382	1.381	1.388	1.452	1.621	1.819
0.70	1.492	1.479	1.426	1.393	1.336	1.297	1.298	1.307	1.375	1.549	1.734
0.75	1.390	1.379	1.332	1.302	1.253	1.221	1.225	1.235	1.305	1.484	1.596
0.80	1.301	1.291	1.249	1.223	1.179	1.154	1.159	1.171	1.243	1.424	1.474
0.85	1.222	1.214	1.176	1.152	1.114	1.094	1.100	1.112	1.186	1.358	1.370
0.90	1.153	1.145	1.110	1.039	1.055	1.039	1.047	1.060	1.134	1.279	1.279
0.95	1.091	1.084	1.052	1.032	1.002	0.990	0.998	1.012	1.087	1.200	1.200

表 17-8　　　　　　　　　　发电机运算曲线数字表（$X_{js}=1.00\sim3.45$）

X_{js} \ $t(s)$	0	0.01	0.06	0.1	0.2	0.4	0.5	0.6	1	2	4
1.00	1.035	1.028	0.999	0.981	0.954	0.945	0.954	0.968	1.043	1.129	1.129
1.05	0.985	0.979	0.952	0.935	0.910	0.904	0.914	0.928	1.003	1.067	1.067
1.10	0.940	0.934	0.908	0.893	0.870	0.866	0.876	0.891	0.966	1.011	1.011
1.15	0.898	0.892	0.869	0.854	0.833	0.832	0.842	0.857	0.932	0.961	0.961
1.20	0.860	0.855	0.832	0.819	0.800	0.800	0.811	0.825	0.898	0.915	0.915
1.25	0.825	0.820	0.799	0.786	0.769	0.770	0.781	0.796	0.864	0.874	0.874
1.30	0.793	0.788	0.768	0.756	0.740	0.743	0.754	0.769	0.831	0.836	0.836
1.35	0.763	0.758	0.739	0.728	0.713	0.717	0.728	0.743	0.800	0.802	0.802
1.40	0.735	0.731	0.713	0.703	0.688	0.693	0.705	0.720	0.769	0.770	0.770
1.45	0.710	0.705	0.688	0.678	0.665	0.671	0.682	0.697	0.740	0.740	0.740
1.50	0.686	0.682	0.665	0.656	0.644	0.650	0.662	0.676	0.713	0.713	0.713
1.55	0.663	0.659	0.644	0.635	0.623	0.630	0.642	0.657	0.687	0.687	0.687
1.60	0.642	0.639	0.623	0.615	0.604	0.612	0.624	0.638	0.664	0.664	0.664
1.65	0.622	0.619	0.605	0.596	0.586	0.594	0.606	0.621	0.642	0.642	0.642
1.70	0.604	0.601	0.587	0.579	0.570	0.578	0.590	0.604	0.621	0.621	0.621
1.75	0.586	0.583	0.570	0.562	0.554	0.562	0.574	0.589	0.602	0.602	0.602
1.80	0.570	0.567	0.554	0.547	0.539	0.548	0.559	0.573	0.584	0.584	0.584
1.85	0.554	0.551	0.539	0.532	0.524	0.534	0.545	0.559	0.566	0.566	0.566
1.90	0.540	0.537	0.525	0.518	0.511	0.521	0.532	0.544	0.550	0.550	0.550
1.95	0.526	0.523	0.511	0.505	0.498	0.508	0.520	0.530	0.535	0.535	0.535
2.05	0.500	0.497	0.486	0.480	0.474	0.485	0.496	0.504	0.507	0.507	0.507
2.10	0.488	0.485	0.475	0.469	0.463	0.474	0.485	0.492	0.494	0.494	0.494
2.15	0.476	0.474	0.464	0.458	0.453	0.463	0.474	0.481	0.482	0.482	0.482
2.20	0.465	0.463	0.453	0.448	0.443	0.453	0.464	0.470	0.470	0.470	0.470
2.25	0.455	0.453	0.443	0.438	0.433	0.444	0.454	0.459	0.459	0.459	0.459
2.30	0.445	0.443	0.433	0.428	0.424	0.435	0.444	0.448	0.448	0.448	0.448
2.35	0.435	0.433	0.424	0.419	0.415	0.426	0.435	0.438	0.438	0.438	0.438

续表

t(s) X_{js}	0	0.01	0.06	0.1	0.2	0.4	0.5	0.6	1	2	4
2.40	0.426	0.424	0.415	0.411	0.407	0.418	0.426	0.428	0.428	0.428	0.428
2.45	0.417	0.415	0.407	0.402	0.399	0.410	0.417	0.419	0.419	0.419	0.419
2.50	0.409	0.407	0.399	0.394	0.391	0.402	0.409	0.410	0.410	0.410	0.410
2.55	0.400	0.399	0.391	0.387	0.383	0.394	0.401	0.402	0.402	0.402	0.402
2.60	0.392	0.391	0.383	0.379	0.376	0.387	0.393	0.393	0.393	0.393	0.393
2.65	0.385	0.384	0.376	0.372	0.369	0.380	0.385	0.386	0.386	0.386	0.386
2.70	0.377	0.377	0.369	0.365	0.362	0.373	0.378	0.378	0.378	0.378	0.378
2.75	0.370	0.370	0.362	0.359	0.356	0.367	0.371	0.371	0.371	0.371	0.371'
2.80	0.363	0.363	0.356	0.352	0.350	0.361	0.364	0.364	0.364	0.364	0.364
2.85	0.357	0.356	0.350	0.346	0.344	0.354	0.357	0.357	0.357	0.357	0.357
2.90	0.350	0.350	0.344	0.340	0.338	0.348	0.351	0.351	0.351	0.351	0.351
2.95	0.344	0.344	0.338	0.335	0.333	0.343	0.344	0.344	0.344	0.344	0.344
3.00	0.338	0.338	0.332	0.329	0.327	0.337	0.338	0.338	0.338	0.338	0.338
3.05	0.332	0.332	0.327	0.324	0.322	0.331	0.332	0.332	0.332	0.332	0.332
3.10	0.327	0.326	0.322	0.319	0.317	0.326	0.327	0.327	0.327	0.327	0.327
3.15	0.321	0.321	0.317	0.314	0.312	0.321	0.321	0.321	0.321	0.321	0.321
3.20	0.316	0.316	0.312	0.309	0.307	0.316	0.316	0.316	0.316	0.316	0.316
3.25	0.311	0.311	0.307	0.304	0.303	0.311	0.311	0.311	0.311	0.311	0.311
3.30	0.306	0.306	0.302	0.300	0.298	0.306	0.306	0.306	0.306	0.306	0.306
3.35	0.301	0.301	0.298	0.295	0.294	0.301	0.301	0.301	0.301	0.301	0.301
3.40	0.297	0.297	0.293	0.291	0.290	0.297	0.297	0.297	0.297	0.297	0.297
3.45	0.292	0.292	0.289	0.287	0.286	0.292	0.292	0.292	0.292	0.292	0.292

有名值按式（17-2）计算，即

$$\left. \begin{array}{l} I'' = I''^* I_e \\ I_{zt} = I_{zt} I_e \end{array} \right\} \tag{17-21}$$

若发电机的形式和容量不相等，电源归并按同一计算法时，查容量占多数的那种类型的发电机运算曲线。

（三）有限电源供给短路电流的修正

1. 时间常数所引起的修正

当电源的发电机时间常数与制订运算曲线时的标准时间常数有较大差别（见表17-9），使得计算结果误差超过5%时，为提高计算精度，可对周期分量进行修正计算。

当 $t \leqslant 0.06s$ 时，周期分量处于次暂态过程，可用下面换算过的时间 t'' 代替实际短路时间 t 来查曲线，以求得 t 秒实际短路电流。

$$t'' = \frac{T''_d(B)}{T'_d} t \tag{17-22}$$

$$\left. \begin{array}{l} T''_d(B) = \frac{X''_d(B)}{X'_d(B)} T''_{d0}(B) \\ T''_d = \frac{X''_d}{X'_d} T''_{d0} \end{array} \right\} \tag{17-23}$$

式中　T''_d、$T''_d(B)$——发电机的短路次暂态时间常数；

$\qquad$ X''_d、$X''_d(B)$——发电机的次暂态电抗；

$\qquad$ X'_d、$X'_d(B)$——发电机的暂态电抗；

$\qquad$ T''_{d0}、$T''_{d0}(B)$——发电机的开路次暂态时间常数。

式中带有标号（B）者是标准参数；不带标号（B）者是发电机的实际参数。

当 $t>0.06\mathrm{s}$ 时，周期分量处于暂态过程，可用下面换算过的时间 t' 代替实际短路时间 t 来查曲线，以求得 t 秒的实际短路电流。

$$t' = \frac{T'_d(B)}{T'_d}t \tag{17-24}$$

$$\left.\begin{array}{l} T'_d(B) = \dfrac{X'_d(B)}{X_d(B)}T'_{d0}(B) \\[3mm] T'_d = \dfrac{X'_d}{X_d}T'_{d0} \end{array}\right\} \tag{17-25}$$

式中　T'_{d0}、$T'_{d0}(B)$——发电机的开路暂态时间常数；

$\qquad$ X'_d、$X'_d(B)$——发电机的暂态电抗；

$\qquad$ X_d、$X_d(B)$——发电机的同步电抗；

$\qquad$ T'_d、$T'_d(B)$——发电机的短路暂态时间常数。

同步发电机的"标准参数"见表 17-9。

表 17-9　　　　　　　　　　　　　　　　同步发电机的标准参数

$X_d(B)$	$X'_d(B)$	$X''_d(B)$	$T'_{d0}(B)$	$T''_{d0}(B)$	$T'_d(B)$	$T''_d(B)$
1.9040	0.2150	0.1385	9.0283	0.1819	1.0195	0.1172

2. 励磁电压顶值所引起的修正

制定运算曲线时，强励顶值倍数取 1.8 倍，励磁时间常数取 0.25s，一般情况下不必进行修正。当实际机组励磁方式特殊，其励磁电压顶值倍数大于 2.0 倍时，短路电流增加的部分可用式（17-26）计算，即

$$\Delta I^*_{zt} = (U_{1max} - 1.8)\Delta K_1 I^*_{zt} \tag{17-26}$$

式中　ΔI^*_{zt}——强励倍数大于 1.8 时，引起短路电流增量的标幺值；

$\qquad$ U_{1max}——实际机组的强励顶值倍数；

$\qquad$ ΔK_1——励磁顶值校正系数，可由表 17-10 查取；

$\qquad$ I^*_{zt}——根据计算电抗查运算曲线所得的 t 秒周分量标幺值。

表 17-10　　　　　　　　　　　　　　　发电机励磁顶值校正系数 ΔK_1

$t(\mathrm{s})$	计算电抗 X_{js}	ΔK_1	备　注
0.6	$\leqslant 0.15$	0.1	
1	$\leqslant 0.5$	0.2	
2	$\leqslant 0.55$	$0.3 \sim 0.4$	X_{js} 小者用较大的 ΔK_1 值
4	$\leqslant 0.55$	$0.4 \sim 0.5$	

四、三相短路电流非周期分量计算

（一）单支路的短路电流非周期分量

一个支路的短路电流非周期分量可按式（17-27）计算。

起始值为

$$i_{\mathrm{fz0}} = -\sqrt{2}\,I''\qquad\qquad(17\text{-}27)$$

t 秒值为

$$i_{\mathrm{fzt}} = i_{\mathrm{fz0}}\,\mathrm{e}^{\frac{\omega t}{T_{\mathrm{a}}}}\qquad\qquad(17\text{-}28)$$

式中　i_{fz0}、i_{fzt}——0 秒和 t 秒短路电流非周期分量，kA；

$\quad\omega$——角频率，$\omega = 2\pi f = 314.16$；

$\quad T_{\mathrm{a}}$——衰减时间常数，$T_{\mathrm{a}} = \dfrac{X_{\Sigma}}{R_{\Sigma}}$；

$\quad f$——工频频率。

（二）多支路的短路电流非周期分量

复杂网络中各独立支路的 T_{a} 值相差较大时，采用多支路叠加法计算短路电流的非周期分量，衰减时间常数 T_{a} 相近的分支可以归并化简。复杂网络常常能够近似地化简为具有 3～4 个独立分支的等效网络，多数情况下甚至可以化简为 2 个分支等效网络，一支是系统支路，通常 $T_{\mathrm{a}} \leqslant 15$；另一支路是发电机支路，通常 $15 < T_{\mathrm{a}} < 80$。

两个及以上支路的短路电流非周期分量为各个支路的非周期分量的代数和。可按式（17-29）计算。

起始值为

$$i_{\mathrm{fz0}} = -\sqrt{2}\,(I_1'' + I_2'' + \cdots + I_n'')\qquad\qquad(17\text{-}29)$$

t 秒值为

$$i_{\mathrm{fzt}} = -\sqrt{2}\,\left(I_1''\mathrm{e}^{-\frac{\omega t}{T_{\mathrm{a1}}}} + I_2''\mathrm{e}^{-\frac{\omega t}{T_{\mathrm{a2}}}} + \cdots + I_n''\mathrm{e}^{-\frac{\omega t}{T_{\mathrm{an}}}}\right)\qquad\qquad(17\text{-}30)$$

式中　I_1''、I_2''、I_n''——各支路短路电流周期分量起始值；

$\quad T_{\mathrm{a1}}$、T_{a2}、T_{an}——各支路衰减时间常数。

（三）等效衰减时间常数 T_{a}

在进行各个支路衰减时间常数计算时，在各个支路不同的 T_{a} 值相近的情况下，可利用极限频率法进行归并。这时，其电抗应取归并到短路点的等值电抗（归并时，假定各元件的电阻为零）；其电阻应取归并到短路点的等值电阻（归并时，假定各元件的电抗为零）。

在做粗略计算时，T_{a} 可直接选用表 17-11 中推荐的数值。在做精确计算时，可根据式（17-30）求出的 i_{fzt} 代入式（17-28），反算 T_{a} 值。

表 17-11　　　　　　　　　　**不同短路点等效时间常数的推荐值**

短路点	T_{a}
发电机端	80
高压侧母线（主变压器在 100MVA 以上）	40
高压侧母线（主变压器在 10～100MVA 之间）	35
远离发电厂的短路点	15
发电机出线电抗器之后	40

在求算短路点的等效衰减时间常数时，如果缺乏电力系统各元件本身的 R 或 X/R 数据，可选用表 17-12 所列推荐值。

表 17-12　　　　　　　　　　**电力系统各元件的 X/R 值**

名　称	变化范围	推荐值
75MW 及以上发电机	65～120	90
75MW 以下的发电机	40～95	70
变压器 100～360MVA	17～36	25

续表

名　称	变化范围	推荐值
变压器 10～90MVA	10～20	15
电抗器 1000A 及以下	15～52	25
电抗器大于 1000A	40～65	40
架空线路	0.2～14	6
三芯电缆	0.1～1.1	0.8

五、冲击电流及热效应计算

（一）冲击电流

三相短路发生后的半个周期（$t = 0.01$s），短路电流的瞬时值达到最大，称为冲击电流 i_{ch}，其值按式（17-31）计算，即

$$\left.\begin{array}{l} i_{ch} = \sqrt{2} K_{ch} I'' \\ K_{ch} = 1 + e^{-\frac{0.01\omega}{T_a}} \end{array}\right\} \tag{17-31}$$

式中　K_{ch}——冲击系数，可按表 17-13 选用。

表 17-13　　　　　　　　　　　　不同短路点的冲击系数

短路点	K_{ch} 推荐值	$\sqrt{2} K_{ch}$
发电机端	1.90	2.69
发电厂高压侧母线及发电机电压电抗器后	1.85	2.62
远离发电厂的地点	1.80	2.55

（二）全电流

短路电流全电流计算按式（17-32）进行，即

$$I_{ch} = I'' \sqrt{1 + 2(K_{ch} - 1)^2} \tag{17-32}$$

（三）热效应计算

1. 基本公式

短路电流在导体和电器中引起的热效应 Q_t 按式（17-33）计算，即

$$Q_t = \int_0^t i_d t^2 dt = \int_0^t (\sqrt{2} I_{zt} \cos\omega t + i_{fz0} e^{-\frac{\omega t}{T_a}})^2 dt$$

$$\approx Q_z + Q_f \tag{17-33}$$

式中　i_{dt}——短路电流瞬时值，kA；

$\quad\quad t$——短路持续时间；

$\quad\quad I_{zt}$——短路电流周期分量有效值，kA；

$\quad\quad i_{fz0}$——短路电流非周期分量 0 秒值，kA；

$\quad\quad Q_z$——短路电流周期分量引起的热效应，kA$^2 \cdot$s；

$\quad\quad Q_f$——短路电流非周期分量引起的热效应，kA$^2 \cdot$s。

2. 短路电流周期分量热效应 Q_z

短路电流周期分量引起的热效应 Q_z 按式（17-34）计算，即

$$Q_z = \frac{I''^2 + 10 I_{zt/2}^2 + I_{zt}^2}{12} t \tag{17-34}$$

式中　$I_{zt/2}$——短路电流在 $t/2$ 秒时的周期分量有效值，kA。

当为多支路向短路点供给短路电流时，I''、$I_{zt/2}$ 和 I_{zt} 分别为各个支路短路电流之和。

3. 短路电流非周期分量热效应 Q_f

短路电流非周期分量引起的热效应 Q_f 按式（17-35）计算，即

$$Q_f = \frac{T_a}{\omega}(1 - e^{-\frac{2\omega t}{T_a}})I''^2 = TI''^2 \tag{17-35}$$

式中　T——等效时间，s，为简化工程计算，可按表 17-14 查得。

表 17-14　　　　　　　　　　　　非周期分量等效时间　　　　　　　　　　　　　　　　s

短路点	T	
	$t \leqslant 0.1$	$t > 0.1$
发电机出口及母线	0.15	0.2
发电厂升高电扭母线及出线发电机电压电抗器后	0.08	0.1
变电站各级电压母线及出线	0.05	

注　T—等效时间，s；

　　t—短路持续时间，s。

当为多支路向短路点供给短路电流时，仍不能用叠加法则。在用式（17-35）计算时，I'' 应取各支路短路电流之和，T_a 取多支路的等效衰减时间常数。

4. 校验热效应的计算时间

校验热效应的计算时间为短路持续时间 t，按式（17-36）计算，即

$$t = t_b + t_d \tag{17-36}$$

式中　t_b——继电保护动作时间，s；

　　t_d——断路器全分闸时间，s。

六、不对称短路电流计算

（一）对称分量法的基本关系

不对称短路计算一般采用对称分量法。三相网络内任一组不对称量（电流、电压等）都可以分解为三组对称分量。由于三相对称网络中对称分量的独立性，即正序电动势只产生正序电流和正序电压降，负序和零序亦然。因此，可利用重叠原理，分别计算，然后从对称分量中求出实际的短路电流或电压值。

对称分量的基本关系如表 17-15 所示。

表 17-15　　　　　　　　　　　　对称分量的基本关系

电流 I 的对称分量		电压 U 的对称分量		算子"a"的性质
相量	$\dot{I}_a = \dot{I}_{a1} + \dot{I}_{a2} + \dot{I}_{a0}$ $\dot{I}_b = a^2\dot{I}_{a1} + a\dot{I}_{a2} + \dot{I}_{a0}$ $\dot{I}_c = a\dot{I}_{a1} + a^2\dot{I}_{a2} + \dot{I}_{a0}$	电压降	$\Delta\dot{U}_1 = \dot{I}_1 j X_1$ $\Delta\dot{U}_2 = \dot{I}_2 j X_2$ $\Delta\dot{U}_0 = \dot{I}_0 j X_0$	$a = e^{j120°} = -\dfrac{1}{2} + j\dfrac{\sqrt{3}}{2}$ $a^2 = e^{j240°} = -\dfrac{1}{2} - j\dfrac{\sqrt{3}}{2}$ $a^3 = e^{j360°} = 1$ $a^2 + a + a = 0$
序量	$\dot{I}_{a0} = \dfrac{1}{3}(\dot{I}_a + \dot{I}_b + \dot{I}_c)$ $\dot{I}_{a1} = \dfrac{1}{3}(\dot{I}_a + a\dot{I}_b + a^2\dot{I}_c)$ $\dot{I}_{a2} = \dfrac{1}{3}(\dot{I}_a + a^2\dot{I}_b + a\dot{I}_c)$	短路处电压分量	$\dot{U}_{K1} = \dot{E} - I_{K1} j X_{1\sum}$ $\dot{U}_{K2} = -I_{K2} j X_{2\sum}$ $\dot{U}_{K0} = -I_{K0} j X_{0\sum}$	$a^2 - a = \sqrt{3}\, e^{-j90°} = -j\sqrt{3}$ $a - a^2 = \sqrt{3}\, e^{j90°} = j\sqrt{3}$ $1 - a = \sqrt{3}\, e^{-j30°} = \sqrt{3}\left(\dfrac{\sqrt{3}}{2} - j\dfrac{1}{2}\right)$ $1 - a^2 = \sqrt{3}\, e^{j30°} = \sqrt{3}\left(\dfrac{\sqrt{3}}{2} + j\dfrac{1}{2}\right)$

注　1. 表中对称分量用电流 I 表示出，电压 U 的关系与此相同。

　　2. 1、2、0 表示正、负、零序。

　　3. 乘以算子"a"即使向量旋转正 $120°$（逆时针方向）。

　　4. E 为支路电动势。

（二）序网的构成

将不对称分量分解为正序（顺序）、负序（逆序）和零序三组对称分量，彼此间的差别在于相序不同。其对应的网络称为序网。

1. 正序网络

正序网络与前面所述三相短路时的网络和电抗值相同。

2. 负序网络

负序网络所构成的元件与正序网络完全相同，只需用负序阻抗 X_2 代替正序阻抗 X_1 即可。

（1）对于不旋转的静止电力机械元件（变压器、电抗器、架空线路、电缆线路等），则

$$X_2 = X_1 \tag{17-37}$$

（2）对于旋转电动机的负序阻抗一般由制造厂提供。若无此数据，可按式（17-38）估算，即

$$X_2 = \frac{X''_d + X''_q}{2} \approx (1 \sim 1.22) X''_d \tag{17-38}$$

式中　X''_d——纵轴次暂态电抗；

　　　X''_q——横轴次暂态电抗。

3. 零序网络

零序网络由元件的零序阻抗所构成，零序电压施于短路点，各支路均并联于该点。在作零序网络时，首先须查明有无零序电流的闭合回路存在，这种回路至少在短路点连接的回路中有一个接地中性点时才能形成。设备的零序阻抗由制造厂提供。若发电机或变压器的中性点是经过阻抗接地的，则必须将该阻抗增加 3 倍后再列入零序网络。

如果在回路中有变压器，那么零序电流只有在一定条件下才能由变压器一侧感应至另一侧。变压器的零序阻抗 X_0 与构造及接线有关，如表 17-16 和表 17-17 所示。

电抗器的零序阻抗 $X_0 = X_1$。

表 17-16　　　　　　　　　　　　　双绕组变压器的零序阻抗

序号	接线图	等 值 电 抗		
		等值网络	三个单相 三相四柱 或壳式	三相三柱式
1	绕组Ⅱ 任意链接	U_0 $X_Ⅰ$ $X_Ⅱ$	$X_0 = \infty$	$X_0 = \infty$
2		U_0 $X_Ⅰ$ $X_Ⅱ$ $X_{\mu 0}$	$X_0 = X_Ⅰ + \cdots$	$X_0 = X_Ⅰ + \cdots$
3	Ⅰ Ⅱ	U_0 $X_Ⅰ$ $X_Ⅱ$ $X_{\mu 0}$	$X_0 = \infty$	$X_0 = X_Ⅰ + X_{\mu 0}$

序号	接线图	等值网络	三个单相三相四柱 或壳式	三相三柱式
			等 值 电 抗	
4	（接线图 I、II）	（等值网络 X_I、X_{II}、U_0、$X_{\mu 0}$）	$X_0 = X_1$	$X_0 = X_I + \dfrac{X_{II} X_{\mu 0}}{X_{II} + X_{\mu 0}}$
5	（接线图 Z、II）	（等值网络 X_I、X_{II}、U_0、$X_{\mu 0}$、$3Z$）	$X_0 = X_1 + 3Z$	$X_0 = X_I + \dfrac{(X_{II} + 3Z) X_{\mu 0}}{X_{II} + 3Z + X_{\mu 0}}$
6	短路点（接线图 Z、I、II、Y）	（等值网络 X_I、X_{II}、$3Z$、U_0、$X_{\mu 0}$）	$X_0 = X_1 + 3Z$	$X_0 = X_I + \dfrac{(X_{II} + 3Z + \cdots) X_{\mu 0}}{X_{II} + 3Z + X_{\mu 0} + \cdots}$

注　1. $X_{\mu 0}$ 为变压器的零序励磁电抗。三相三柱式 $X_{*\mu 0} = 0.3 \sim 1.0$，通常在 0.5 左右（以额定容量为基准）；三个单相、三相四柱式或壳式变压器 $X_{\mu 0} \approx \infty$。

　　2. X_I、X_{II} 为变压器各绕组的正序电抗，两者大致相等，约为正序电抗 X_1 的 $1/2$。

表 17-17　　三绕组变压器的零序电抗

序号	接线图	等值网络	等值电抗
1	（接线图 I、III、II）	（等值网络 U_0、X_I、X_{II}、X_{III}）	$X_0 = X_I + X_{III}$
2	（接线图 I、III、II）	（等值网络 U_0、X_I、X_{II}、X_{III}）	$X_0 = X_I + \dfrac{X_{III}(X_{II} + \cdots)}{X_{III} + X_{II} + \cdots}$
3	（接线图 I、III、Z、II）	（等值网络 U_0、X_I、X_{II}、$3Z$、X_{III}）	$X_0 = X_I + \dfrac{X_{III}(X_{II} + 3Z + \cdots)}{X_{III} + X_{II} + 3Z + \cdots}$
4	短路点（接线图 I、III、II）	（等值网络 U_0、X_I、X_{II}、X_{III}）	$X_0 = X_I + \dfrac{X_{III} X_{II}}{X_{III} + X_{II}}$

注　1. X_I、X_{II}、X_{III} 为三绕组变压器等值星形各支路的正序电抗。

　　2. 直接接地 $Y_0 Y_0 Y_0$ 和 $Y_0 Y_0 \triangle$ 接线的自耦变压器与 $Y_0 Y_0 \triangle$ 接线的三绕组变压器的等值回路是一样的。

　　3. 当自耦变压器无第三绕组时，其等值回路与三个单相或三相四柱式 $Y_0 Y_0$ 接线的双绕组变压器是一样的。

　　4. 当自耦变压器的第三绕组为 Y 接线，且中性点不接地时（即 $Y_0 Y_0 Y$ 接线的全星形变压器），等值网络中的 X_{III} 不接地，接地电抗 $X_{III} = \infty$。

（三）合成阻抗

计算不对称短路，首先应求出正序短路电流。正序短路电流的合成阻抗标幺值可由式（17-39）计算，即

$$
\left.
\begin{aligned}
&X^* = X_{1\Sigma} + X_{\Delta}^{(n)} \\
&\text{三相短路：} X_{\Delta}^{(3)} = 0 \\
&\text{两相短路：} X_{\Delta}^{(2)} = X_{2\Sigma} \\
&\text{单相短路：} X_{\Delta}^{(1)} = X_{2\Sigma} + X_{0\Sigma} \\
&\text{两相接地短路：} X_{\Delta}^{(1,1)} = \frac{X_{2\Sigma} X_{0\Sigma}}{X_{2\Sigma} + X_{0\Sigma}}
\end{aligned}
\right\}
\tag{17-39}
$$

式中　$X_{1\Sigma}$——正序网络的合成阻抗标幺值，即三相短路时合成阻抗的标幺值；

　　$X_{2\Sigma}$——负序网络的合成阻抗标幺值；

　　$X_{0\Sigma}$——零序网络的合成阻抗标幺值；

　　$X_{\Delta}^{(n)}$——附加阻抗，与短路类型有关，上角符号表示短路的类型。

计算电抗的算式为

$$
X_{\mathrm{js}}^{(n)} = \left(1 + \frac{X_{\Delta}^{(n)}}{X_{1\Sigma}}\right) X_{\mathrm{js}}^{(3)} = X^* \frac{S_{\mathrm{e}}}{S_{\mathrm{j}}}
\tag{17-40}
$$

（四）正序电流

各种短路形式的正序短路电流 $I_{\mathrm{d1}}^{(n)}$ 的计算方法与三相短路电流相同，可以采用同一计算法，也可采用个别计算法。按个别计算法计算时，各电源分配系数按正序网络求得；按同一计算法计算时，其误差 δ，将随着短路的不对称度越来越小，即 $\delta^{(1)} < \delta^{(2)} < \delta^{(1,1)} < \delta^{(3)}$。

当计算电抗 $X_{\mathrm{js}}^{(n)} \geqslant 3$ 时，可按系统为无穷大计算，比照式（17-20），其标幺值为

$$
I_{*\mathrm{d1}}^{(n)} = \frac{1}{X_{1\Sigma} + X_{\Delta}^{(n)}}
\tag{17-41}
$$

在有限电源系统中，按 $X_{\mathrm{js}}^{(n)}$ 直接查发电机运算曲线，即得不对称短路的正序电流标幺值 $I_{*\mathrm{d1}(t)}^{(n)}$。

正序电流的有名值为

$$
I_{\mathrm{d1}(t)}^{(n)} = I_{*\mathrm{d1}(t)}^{(n)} I_{\mathrm{e}}
\tag{17-42}
$$

（五）合成电流

短路点的短路合成电流按下式计算，即

$$
\left.
\begin{aligned}
&I_{\mathrm{d}}^{(n)} = m I_{\mathrm{d1}}^{(n)} \\
&\text{三相短路：} m = 1 \\
&\text{两相短路：} m = \sqrt{3} \\
&\text{单相短路：} m = 3 \\
&\text{两相接地短路：} m = \sqrt{3}\sqrt{1 - \frac{X_{2\Sigma} X_{0\Sigma}}{(X_{2\Sigma} + X_{0\Sigma})^2}}
\end{aligned}
\right\}
\tag{17-43}
$$

式中　m——I_{d} 与正序电流之比值。

在非直接接地电网中，两相接地短路电流的计算方法与两相短路的情况相同。

主要计算公式归纳见表 17-18。在估算时，常取 $X_1 \approx X_2$。此时，表 17-18 所列计算公式可进一步简化。$t = 0$ 时和短路点很远时的两相短路电流可简化为

$$
I^{(2)} = \frac{\sqrt{3}}{2} I^{(3)}
$$

表 17-18   序网组合表

短路种类	符号	序网组合	$I_{d1}=\dfrac{E}{X_{1\Sigma}+X_{\Sigma}^{(n)}}$ 中的 $X_{\Sigma}^{(n)}$	$I_{d}=mI_{d1}$ 中的 m
三相短路	(3)	（序网图）	0	1
二相短路	(2)	（序网图）	$X_{2\Sigma}$	$\sqrt{3}$
单相短路	(1)	（序网图）	$X_{2\Sigma}+X_{0\Sigma}$	3
二相接地短路	(1, 1)	（序网图）	$\dfrac{X_{2\Sigma}X_{0\Sigma}}{X_{2\Sigma}+X_{0\Sigma}}$	$\sqrt{3}\sqrt{1-\dfrac{X_{2\Sigma}X_{0\Sigma}}{(X_{2\Sigma}+X_{0\Sigma})^{2}}}$

在计算非周期分量时，非周期分量的衰减时间常数，理论上是不同的，但一般取 $T_{a}^{(1)}\approx T_{a}^{(2)}\approx T_{a}^{(1,\,1)}\approx T_{a}^{(3)}$。

在计算不对称短路的冲击电流时，由于不对称短路处的正序电压相当大，异步电动机的反馈电流可以忽略不计。

（六）各相电流及电压

为了解在不对称短路时各相电流和电压的变化，可按表 17-19 所列公式进行计算。其相量图见图 17-11 和图 17-12。

表 17-19   不对称短路各相电流、电压计算公式汇总表

序号	短路处的待求量		二相短路	单相短路	二相接地短路
1	a 相正序电流	$\dot{I}_{a1}=$	$\dfrac{\dot{E}_{a\Sigma}}{j\,(X_{1\Sigma}+X_{2\Sigma})}$	$\dfrac{\dot{E}_{a\Sigma}}{j\,(X_{1\Sigma}+X_{2\Sigma}+X_{0\Sigma})}$	$\dfrac{\dot{E}_{a\Sigma}}{j\left(X_{1\Sigma}+\dfrac{X_{2\Sigma}X_{0\Sigma}}{X_{2\Sigma}+X_{0\Sigma}}\right)}$
2	a 相负序电流	$\dot{I}_{a2}=$	$-\dot{I}_{a1}$	$\dot{I}_{a1}$	$-\dot{I}_{a1}\dfrac{X_{0\Sigma}}{X_{2\Sigma}+X_{0\Sigma}}$
3	零序电流	$\dot{I}_{0}=$	0	$\dot{I}_{a1}$	$-\dot{I}_{a1}\dfrac{X_{2\Sigma}}{X_{2\Sigma}+X_{0\Sigma}}$
4	a 相电流	$\dot{I}_{a}=$	0	$3\dot{I}_{a1}$	0
5	b 相电流	$\dot{I}_{b}=$	$-j\sqrt{3}\,\dot{I}_{a1}$	0	$\left(a^{2}-\dfrac{X_{2\Sigma}+aX_{0\Sigma}}{X_{2\Sigma}+X_{0\Sigma}}\right)\dot{I}_{a1}$
6	c 相电流	$\dot{I}_{c}=$	$\sqrt{3}\,\dot{I}_{a1}$	0	$\left(a-\dfrac{X_{2\Sigma}+a^{2}X_{0\Sigma}}{X_{2\Sigma}+X_{0\Sigma}}\right)\dot{I}_{a1}$
7	a 相正序电压	$\dot{U}_{a1}=$	$jX_{2\Sigma}\dot{I}_{a1}$	$j\,(X_{2\Sigma}+X_{0\Sigma})\,\dot{I}_{a1}$	$j\left(\dfrac{X_{2\Sigma}X_{0\Sigma}}{X_{2\Sigma}+X_{0\Sigma}}\right)\dot{I}_{a1}$
8	a 相负序电压	$\dot{U}_{a2}=$	$jX_{2\Sigma}\dot{I}_{a1}$	$-jX_{2\Sigma}\dot{I}_{a1}$	$j\left(\dfrac{X_{2\Sigma}X_{0\Sigma}}{X_{2\Sigma}+X_{0\Sigma}}\right)\dot{I}_{a1}$

续表

序号	短路处的待求量		短路种类		
			二相短路	单相短路	二相接地短路
			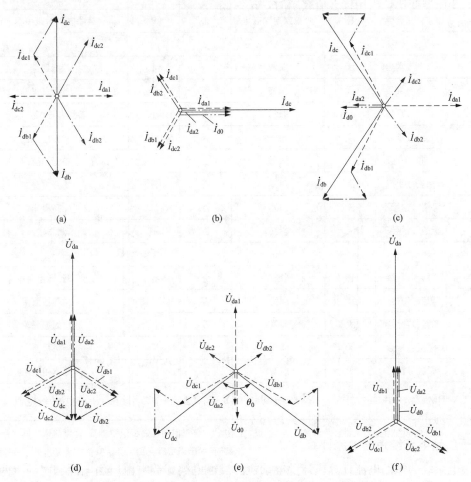		
9	零序电压	$\dot{U}_0 =$	0	$jX_{0\Sigma}\dot{I}_{a1}$	$j\left(\dfrac{X_{2\Sigma}X_{0\Sigma}}{X_{2\Sigma}+X_{0\Sigma}}\right)\dot{I}_{a1}$
10	a 相电压	$\dot{U}_a =$	$2jX_{2\Sigma}\dot{I}_{a1}$	0	$3j\left(\dfrac{X_{2\Sigma}X_{0\Sigma}}{X_{2\Sigma}+X_{0\Sigma}}\right)\dot{I}_{a1}$
11	b 相电压	$\dot{U}_b =$	$-jX_{2\Sigma}\dot{I}_{a1}$	$j\left[(a^2-a)X_{2\Sigma}+(a^2-1)X_{0\Sigma}\right]\dot{I}_{a1}$	0
12	c 相电压	$\dot{U}_c =$	$-jX_{2\Sigma}\dot{I}_{a1}$	$j\left[(a-a^2)X_{2\Sigma}+(a-1)X_{0\Sigma}\right]\dot{I}_{a1}$	0
13	电流相量图		见图 17-11（a）	见图 17-11（b）	见图 17-11（c）
14	电压相量图		见图 17-11（d）	见图 17-11（e）	见图 17-11（f）

注 1. $\dot{I}_{ac}$、$\dot{I}_{db}$、$\dot{I}_{dc}$ 短路点的 a 相、b 相、c 相短路合成电流。

2. 1、2、0 表示正、负、零序。

3. X_Σ 合成阻抗。

图 17-11 不对称短路在短路处的电压电流相量图

（a）二相短路电流相量图；（b）单相短路电流相量图；（c）二相接地短路电流相量图；

（d）二相短路电压相量图；（e）单相短路电压相量图；（f）二相接地短路电压相量图

在计算时，尚需注意以下 3 个问题：

（1）某点剩余电压的相量等于短路点电压向量 $\dot{U}_d$ 加上该点至短路点的电压降相量。

$$\left.\begin{array}{l} \dot{U}_1 = \dot{U}_{d1} + j\dot{I}_1 X_1 \\ \dot{U}_2 = \dot{U}_{d2} + j\dot{I}_2 X_2 \\ \dot{U}_0 = \dot{U}_{d0} + j\dot{I}_0 X_0 \end{array}\right\} \tag{17-44}$$

$\dot{U}_{d1}$、$\dot{U}_{d2}$、$\dot{U}_{d0}$ 计算公式见表 17-15。

（2）对 $Y\triangle$ 接线的变压器，常用的是 $Y\triangle$-11。此时，$\triangle$ 侧的正序电流和正序电压比 Y 侧超前 30°，而负序电流和负序电压滞后 30°。零序电流不通，零序电压为零。电流、电压表示式为

$$\dot{I}_{\triangle 1} = K\dot{I}_{Y1}\angle 30° = K\dot{I}_{Y1}(0.866 + j0.5)$$

$$\dot{I}_{\triangle 2} = K\dot{I}_{Y2}\angle -30° = K\dot{I}_{Y2}(0.866 - j0.5)$$

$$\dot{U}_{\triangle 1} = \frac{1}{K}\dot{U}_{Y1}\angle 30° = \frac{1}{K}\dot{U}_{Y1}(0.866 + j0.5) \tag{17-45}$$

$$\dot{U}_{\triangle 2} = \frac{1}{K}\dot{U}_{Y2}\angle -30° = \frac{1}{K}\dot{U}_{Y2}(0.866 - j0.5)$$

式中　K——变压器变比，当用标幺值表示时，$K=1$。

相量图如图 17-12 所示。

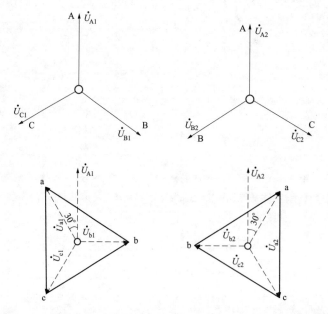

图 17-12　在 $Y\triangle$-11 式变压器连接中，正序和负序电压相角的移动

（3）在 YY 和 $\triangle\triangle$ 接线组合中，一般常用的是 YY-12、$\triangle\triangle$-12，此时两侧电流、电压的相位一致。在 Y_9Y_0-12 的接线组合中，必须在两侧计入零序分量。

七、高压厂用电系统短路电流计算

6kV 厂用电系统的短路电流计算应计及电动机的反馈电流，即它由厂用电源和电动机两部分供给，并按相角相同取算术和进行计算。对于厂用电源供给的短路电流，其周期分量在整个短路过程中可认为不衰减，其非周期分量可按厂用电源的衰减时间常数计算。对于异步电动机的反馈电流，其周期分

量和非周期分量可按相同的等效衰减时间常数计算。

（一）三相短路电流周期分量的起始值

$$
\left.
\begin{aligned}
I'' &= I''_{\mathrm{B}} + I''_{\mathrm{D}} \\
I''_{\mathrm{B}} &= \frac{I_{\mathrm{j}}}{X_x + X_{\mathrm{B}}} \\
I''_{\mathrm{D}} &= K_{\mathrm{d, D}} I_{\mathrm{e, D}} \times 10^{-3} \\
&= K_{\mathrm{d, D}} \frac{P_{\mathrm{e, D}}}{\sqrt{3} U_{\mathrm{e, D}} \eta_{\mathrm{D}} \cos\Phi_{\mathrm{D}}} \times 10^{-3}
\end{aligned}
\right\}
\tag{17-46}
$$

式中　I''——短路电流周期分量的起始有效值，kA；

　　　I''_{B}——厂用电源短路电流周期分量的起始有效值，kA；

　　　I''_{D}——电动机反馈电流周期分量的起始有效值，kA；

　　　I_{j}——基准电流，kA；

　　　X_{x}——系统电抗标幺值，$X_{\mathrm{x}} = \dfrac{S_{\mathrm{j}}}{S_{\mathrm{x}}}$；

　　　S_{j}——基准容量，MVA；

　　　S_{x}——厂用电源引接点的短路容量，MVA；

　　　X_{B}——厂用变压器或电抗器的电抗标幺值，对变压器 $X_{\mathrm{B}} = \dfrac{(1 - 7.5\%) U_{\mathrm{d}}\%}{100} \times \dfrac{S_{\mathrm{j}}}{S_{\mathrm{e}}}$，对电抗器

　　　　　$X_{\mathrm{B}} = \dfrac{X_{\mathrm{k}}\%}{100} \times \dfrac{U_{\mathrm{ek}}}{\sqrt{3} I_{\mathrm{ek}}} \times \dfrac{S_{\mathrm{j}}}{U_{\mathrm{j}}^2}$；

　　　$U_{\mathrm{d}}\%$——以高压厂用变压器额定容量 S_{e} 为基准的变压器阻抗百分值；

　　　X_{k}——电抗器的电抗百分值；

　　　U_{ek}——电抗器额定电压；

　　　I_{ek}——电抗器额定电流；

　　　$K_{\mathrm{d,D}}$——电动机平均的反馈电流倍数，一般 10 万 kW 及以下机组的厂用电动机取 5，12.5 万 kW
　　　　　及以上机组的厂用电动机取 5.5～6.0；

　　　$I_{\mathrm{e,D}}$——计及反馈的电动机额定电流之和，A；

　　　$P_{\mathrm{e,D}}$——计及反馈的电动机额定功率之和，kW；

　　　$U_{\mathrm{e,D}}$——电动机的额定电压，kV；

　$\eta_{\mathrm{D}}\cos\Phi_{\mathrm{D}}$——电动机平均的效率和功率因数乘积，一般取 0.8。

（二）短路冲击电流

$$
\begin{aligned}
i_{\mathrm{ch}} &= i_{\mathrm{ch, B}} + i_{\mathrm{ch, D}} \\
&= \sqrt{2}(K_{\mathrm{ch, B}} I''_{\mathrm{B}} + 1.1 K_{\mathrm{ch, D}} I''_{\mathrm{D}})
\end{aligned}
\tag{17-47}
$$

式中　i_{ch}——短路冲击电流，kA；

　　　$i_{\mathrm{ch,B}}$——厂用电源的短路冲击电流，kA；

　　　$i_{\mathrm{ch,D}}$——电动机的反馈冲击电流，kA；

　　　$K_{\mathrm{ch,B}}$——厂用电源短路电流的冲击系数，可取表 17-20 所列数值；

　　　$K_{\mathrm{ch,D}}$——电动机反馈电流的冲击系数，一般 100000kW 及以下机组的厂用电动机取 1.4～1.6，
　　　　　125000kW 及以上机组的厂用电动机取 1.7。

表 17-20 厂用电源非周期分置的衰减时间常数和冲击系数值

项　目	电抗器	双绕组变压器		分裂绕组变压器
		$U_d\% \leqslant 10.5$	$U_d\% > 10.5$	
时间常数 T_B（s）	0.045	0.045	0.06	0.06
冲击系数 $K_{ch,B}$	1.80	1.80	1.85	1.85

（三）t 秒三相短路电流

$$\left.\begin{aligned} I_{zt} &= I_{zt,B} + I_{zt,D} \\ &= I''_B + K_{tD}I''_D \\ I_{fzt} &= I_{fzt,B} + I_{fzt,D} \\ &= \sqrt{2}(K_{tB}I''_B + K_{tD}I''_D) \end{aligned}\right\}$$ (17-48)

式中　I_{zt}——t 秒短路电流的周期分量有效值，kA；

　I_{fzt}——t 秒短路电流的非周期分量值，kA；

　$I_{zt,B}$——t 秒厂用电源短路电流的周期分量有效值，kA；

　$I_{fzt,B}$——t 秒厂用电源短路电流的非周期分量值，kA；

　$I_{zt,D}$——t 秒电动机反馈电流的周期分量有效值，kA；

　$I_{fzt,D}$——t 秒电动机反馈电流的非周期分量值，kA；

　K_{tD}——电动机反馈电流的衰减系数，$K_{tD} = e^{-t/T_D}$，取表 17-21 的数值；

　K_{tB}——厂用电源非周期分量的衰减系数，$K_{tB} = e^{-t/T_B}$，取表 17-21 的数值；

　t——短路电流计算时间，它包括主保护动作时间和断路器固有分闸时间。用于校验断路器开断电流时，中速断路器（如 SN10-10 系列）取 0.11s，慢速断路器（如 SN1-10 和 SN2-10 系列）取 0.15s；

　T_D——电动机反馈电流的衰减时间常数，125000kW 及以上机组的厂用电动机一般取 0.062s；

　T_B——厂用电源非周期分量的衰减时间常数，s，取表 17-21 的数值。

对于 10 万 kW 及以下机组的厂用电动机，可不计算 $I_{zt,D}$ 和 $I_{fzt,D}$ 两项。

表 17-21 厂用电源非周期分置和电动机反馈电流的衰减系数

T(s)		K_{tD}或K_{tB}	
		当 t 为下列值时（s）	
		0.11	0.15
T_B	0.045	0.09	0.04
	0.06	0.16	0.08
T_D	0.062	0.17	0.09

（四）三相短路电流热效应

$$Q_t = \int_0^t i^2 dt$$

$$= I''^2_B(t + T_B) + 4I''_B I''_D\left[\frac{T_D}{2}(1 - e^{\frac{t}{T_D}}) + \frac{T_B T_D}{T_B + T_D}\right] + 1.5I''^2_D T_D$$ (17-49)

$$i = i_B + i_D$$

$$= \sqrt{2}I''_B(-\cos\omega t + e^{-\frac{t}{T_B}}) + \sqrt{2}I''_D e^{-\frac{t}{T_D}}(-\cos\omega t + 1)$$

式中　Q_t——短路电流热效应，kA² · s，简化计算式见表 17-22；

　i——短路电流瞬时值，kA；

i_B——厂用电源短路电流瞬时值，kA；

i_D——电动机反馈电流瞬时值，kA；

t——短路电流热效应计算时间，s。用于校验电缆热稳定最小截面时，包括主保护动作时间在内，中速断路器可取 0.15s，慢速断路器可取 0.2s。

表 17-22 Q_t **简化计算式**

$t(s)$	$T_B(s)$	$T_D(s)$	$Q_t(kA^2 \cdot s)$
0.15	0.045	0.062	$0.195I''^2_B + 0.22I''_B I''_D + 0.09I''^2_D$
	0.06		$0.21I''^2_B + 0.23I''_B I''_D + 0.09I''^2_D$
0.2	0.045	0.062	$0.245I''^2_B + 0.22I''_B I''_D + 0.09I''^2_D$
	0.06		$0.26I''^2_B + 0.24I''_B I''_D + 0.09I''^2_D$

对于 10 万 kW 及以下机组，可不计电动机反馈电流热效应的作用，短路电流热效应的计算式为

$$Q_t = \int_0^t i^2 \mathrm{d}t$$
$$= I''^2_B(t + T_B) \tag{17-50}$$

第十八章 导体及设备选择

第一节 导体和设备选择的依据及原则

一、技术条件

导体和设备选择，应能使其在长期正常工作条件下和发生一定的过电压、过电流的情况下保持正常运行。各种电气设备的一般技术条件如表 18-1 所示。

表 18-1　　　　　　　　　　　　　选择导体和设备的一般技术条件

序号	设备名称	额定电压 (kV)	额定电流 (A)	额定容量 (kVA)	机械荷载 (N)	额定开断电流 (kA)	短路稳定性		电晕	绝缘水平
							热稳定	动稳定		
1	高压断路器	√	√		√	√	√	√		√
2	隔离开关	√	√		√		√	√		√
3	敞开式组合设备	√	√		√		√	√		√
4	负荷开关	√	√		√		√	√		√
5	熔断器	√	√		√	√				√
6	电压互感器	√			√					√
7	电流互感器	√	√		√		√	√		√
8	限流电抗器	√	√		√		√	√		√
9	消弧线圈	√	√	√	√					√
10	避雷器	√			√					√
11	封闭电器	√	√		√	√	√	√		√
12	穿墙套管	√	√		√		√	√		√
13	绝缘子	√			√			√①		√
14	软导体		√				√		√	
15	硬导体		√		√		√	√	√	

① 悬式绝缘子不校验动稳定。

（一）长期工作条件

1. 电压

选用的设备允许最高工作电压不得低于该回路的最高运行电压 U_g，即

$$U_{max} \geqslant U_g \tag{18-1}$$

三相交流 3kV 及以上设备的最高电压见表 18-2。

2. 电流

选用的设备额定电流 I_e 不得低于所在回路在各种可能运行方式下的持续工作电流 I_g，即

$$I_e \geqslant I_g \tag{18-2}$$

不同回路的持续工作电流可按表 18-3 中所列原则计算。

表 18-2 额定电压与设备最高电压 kV

受电设备或系统额定电压	供电设备额定电压	设备最高电压
3	3.15	3.5
6	6.3	6.9
10	10.5	11.5
与发电机配套的受电设备的额定电压,可采用供电设备额定电压	13.8(发电机)	与发电机配套的受电设备最高电压由供需双方研究确定。但发电机断路器、隔离开关等的额定电压可在各专业标准中具体规定
	15.75(发电机)	
	18(发电机)	
	20(发电机)	
35		40.5
63		69
110		126
220		252
330		363
500		550

表 18-3 回路持续工作电流

回路名称		计算工作电流	说　明
出线	带电抗器出线	电抗器额定电流	
	单回路	线路最大负荷电流	包括线路损耗与事故时转移过来的负荷
	双回路	1.2～2 倍一回线的正常最大负荷电流	包括线路损耗与事故时转移过来的负荷
	环形与一台半断路器接线回路	两个相邻回路正常负荷电流	考虑断路器事故或检修时,一个回路加另一最大回路负荷电流的可能
	桥型接线	最大元件负荷电流	桥回路尚需考虑系统穿越功率
变压器回路		1.05 倍变压器额定电流	(1) 根据在 0.95 额定电压以上时其容量不变 (2) 带负荷调压变压器应按变压器的最大工作电流
		1.3～2.0 倍变压器额定电流	按要求承担另外一台变压器事故或转移负荷时
母线联络回路		1 个最大电源元件的计算电流	
母线分段回路		分段电抗器额定电流	(1) 考虑电源元件事故跳闸后能保证该段母线负荷 (2) 分段电抗器一般发电厂为最大一台发电机额定电流的 50%～80%
旁路回路		需旁路的回路最大额定电流	
发电机回路		1.05 倍发电机额定电流	当发电机冷却气体温度低于额定值时,允许提高电流为每低 1℃ 加 0.5%,必要时可按此计算
电动机回路		电动机的额定电流	

3. 机械荷载

所选设备端子的允许荷载应大于设备引线在正常运行和短路时的最大作用力。设备机械荷载的安全系数,由制造部门在产品制造中统一考虑。套管和绝缘子的安全系数不应小于表 18-4 所列数值。

表 18-4 导体和绝缘子的安全系数

类别	荷载长期作用时	荷载短时作用时
套管、支持绝缘子及其金具	2.5	1.67
悬式绝缘子及其金具[①]	4	2.5

续表

类　别	荷载长期作用时	荷载短时作用时
软导线	4	2.5
硬导线②	2.0	1.67

① 1h 机电试验荷载，而不是破坏载荷。若是后者，安全系数则分别应为 5.3 和 3.3。
② 硬导体应为破坏应力，而不是屈服点应力。若是后者，安全系数则分别是 1.6 和 1.4。

（二）短路稳定条件

1. 校验的一般原则

（1）按最大可能通过的短路电流进行动、热稳定校验。校验的短路电流一般取三相短路电流，若发电机出口的两相短路，或中性点直接接地系统及自耦变压器等回路中的单相、两相接地短路较三相短路严重时，则应按严重情况校验。

（2）用熔断器保护的设备可不验算热稳定。当熔断器有限流作用时，可不验算动稳定。用熔断器保护的电压互感器回路，可不验算动、热稳定。

2. 短路的热稳定条件

$$I_t^2 t > Q_{dt} \tag{18-3}$$

式中　Q_{dt}——在计算时间 t_{js} 秒内，短路电流的热效应，$kA^2 \cdot s$；

　　　I_t——t 秒内导体和设备允许通过的热稳定电流有效值，kA；

　　　t——导体设备允许通过的热稳定电流时间，s。

校验短路热稳定所用的计算时间 t_{js}，按下式计算，即

$$t_{js} = t_b + t_d \tag{18-4}$$

式中　t_b——继电保护装置后备保护动作时间，s；

　　　t_d——断路器的全分闸时间，s。

采用无延时保护时，t_{js} 可取表 18-5 中的数据。该数据为继电保护装置的启动机构和执行机构的动作时间、断路器的固有分闸时间以及断路器触头电弧持续时间的总和。当继电保护装置有延时整定时，则应按表 18-5 中数据加上相应的整定时间。

表 18-5　　　　　　　校验热效应的计算时间　　　　　　　　　s

断路器开断速度	断路器的全分闸时间 t_d	计算时间 t_{js}
高速断路器	<0.08	0.1
中速断路器	0.08~0.12	0.15
低速断路器	>0.12	0.2

实际工程中设备允许通过的热稳定电流时间由设备厂给出，其还应符合相关设备标准的规定。

3. 短路的动稳定条件

$$\left.\begin{array}{l} i_{ch} \leqslant i_{df} \\ I_{ch} \leqslant I_{df} \end{array}\right\} \tag{18-5}$$

式中　i_{ch}——短路冲击电流峰值，kA；

　　　i_{df}——设备允许的极限通过电流峰值，kA；

　　　I_{ch}——短路全电流有效值，kA；

　　　I_{df}——设备允许的极限通过电流有效值，kA。

（三）绝缘水平

在工作电压和一定的过电压的作用下，设备的内、外绝缘应保证必要的可靠性。

设备的绝缘水平应按电网中出现的各种过电压和保护设备相应的保护水平来确定。当所选设备的绝缘水平低于国家规定的标准数值时，应通过绝缘配合计算，选用适当的过电压保护设备。

二、环境条件

（一）温度

选择设备用的环境温度按表 18-6 选取。

表 18-6 　　　　　　　　　　　　　　　　选择导体和设备的环境温度

类别	安装场所	最　　　高	最　　　低
设备	屋外 SF₆ 绝缘设备	年最高温度	累年极端低温
	屋外其他设备	年最高温度	年最低温度
	屋内电抗器	该处通风设计最高排风温度	
	屋内其他设备	该处通风设计温度，当无资料时，可取最热月平均最高温度加 5℃	
裸导体	屋外	最热月平均最高温度	
	屋内	该外通风设计温度，当无资料时，可取最热月平均最高温度加 5℃	

注　1. 年最高（或最低）温度为一年中所测得的最高（或最低）温度的多年平均值。

　　2. 最热月平均最高温度为最热月每日最高温度的月平均值，取多年平均值。

普通高压设备在环境最高温度为 +40℃ 时，允许按额定电流长期工作。当设备安装点的环境温度高于 +40℃（但不高于 +60℃）时，每增高 1℃，建议额定电流减少 1.8%；当低于 +40℃ 时，每降低 1℃，建议额定电流增加 0.5%，但总的增加值不得超过额定电流的 20%。

普通高压设备一般可在环境最低温度为 −30℃ 时正常运行。在高寒地区，应选择能适应环境最低温度为 −40℃ 的高寒设备。

在年最高温度超过 40℃，而长期处于低湿度的干热地区，应选用型号后带"TA"字样的干热带型产品。

（二）日照

日照对屋外电气设备的影响，由制造部门在产品设计中考虑，当缺乏数据时，按设备额定电流的 80%。

在计算导体日照附加温升时，日照强度取 $0.1W/cm^2$，风速取 0.5m/s。

（三）风速

选择导体和设备时所使用的最大风速，可取离地 10m 高、30 年一遇的 10min 平均最大风速。最大设计风速超过 35m/s 的地区，可在屋外配电装置的布置中采取措施。阵风对屋外设备及电瓷产品的影响，应由制造部门在产品设计中考虑，可不作为选择设备的条件。

考虑到 500kV 设备体积比较大，而且重要，宜采用离地 10m 高，50 年一遇 10min 平均最大风速。

对于台风经常侵袭或最大风速超过 35m/s 的地区，除向制造部门提出特殊订货外，在设计布置时应采取有效防护措施，如降低安装高度、加强基础固定等。

（四）冰雪

在积雪和覆冰严重的地区，应采取措施防止冰串引起瓷件绝缘对地闪络。

隔离开关的破冰厚度一般为 10mm。在重冰区（如云贵高原，山东河南部分地区，湘中、粤北重冰地带以及东北部分地区），所选隔离开关的破冰厚度，应大于安装场所的最大覆冰厚度。

（五）湿度

选择导体和电气设备的湿度，采用当地相对湿度最高月份的平均相对湿度（相对湿度是指在一定温度下，空气中实际水汽压强值与饱和水汽压强值之比；最高月份的平均相对湿度是指该月中日最大相对湿度值的月平均值）。对湿度较高的场所（如水泵房等），应采用该处实际相对湿度。当无资料时，可取比当地湿度最高月份平均值高5％的相对湿度。

一般高压设备可使用在＋20℃、相对湿度为90％的环境中（电流互感器为85％）。当相对湿度超过一般产品使用标准时，应选用湿热带型高压设备。这类产品的型号后面一般都标有"TH"。

湿热带型高压设备的使用环境条件见表18-7。

表 18-7 湿热带型高压设备的使用环境条件

环 境 因 素		额 定 值
空气温度	最高（℃）	40
	最低（℃）	0
空气最大相对湿度（％）		95（25℃时）
黑色物体表面最高温度（℃）		80
太阳辐射最大强度[J/(cm² · min)]		5.86
凝露		有
含盐空气		有
霉菌		有
最大降雨强度（mm/10min）		50
海拔（m）		≤1000

注 湿热型高压电气设备分为屋外和屋内两种，屋外使用的产品，要考虑太阳辐射、雨雾的因素。在沿海地区，仅屋外存在盐雾，才作为特殊污秽考虑。

（六）污秽

在距海岸1～2km或盐场附近的盐雾场所，在火力发电厂、炼油厂、冶炼厂、石油化工厂和水泥厂等附近含有由工厂排出的二氧化硫、硫化氢、氨、氯等成分烟气、粉尘等场所，在潮湿的气候下将形成腐蚀性或导电的物质。污秽地区内各种污物对电气设备的危害取决于污秽物质的导电性、吸水性、附着力、数量、比重及距物源的距离和气象条件。在工程设计中，根据污秽情况选用下列措施：

（1）增大电瓷外绝缘的有效泄漏比距，选用有利于防污的材料或电瓷造型，如采用硅橡胶、大小伞、大倾角、钟罩式等特制绝缘子。

（2）采用热缩增爬裙增大电瓷外绝缘的有效爬电距离。

（3）采用SF_6全封闭组合电器（GIS）或屋内配电装置。

典型环境污秽特征见现场污秽度评估示例见表18-8。

表 18-8 典型环境污秽特征给现场污秽度评估示例

示例	典型环境描述	现场污秽度分级评估	污秽类型[3]
E1	很少人类活动，植被覆盖好，且： （1）距海、沙漠或开阔干地>50km[1]。 （2）距大中城市50km以上。 （3）距离上述污染源更短距离内，但污染源不在积污期主导风上	a（非常轻）[2]	A A A

续表

示例	典型环境描述	现场污秽度分级评估	污秽类型③
E2	人口密度为 500～1000 人/km² 的农业耕作区，且： (1) 距海、沙漠或开阔地带大于 50km。 (2) 距大中城市 15～50km。 (3) 重要交通干线沿线 1km 内。 (4) 距上述污染源更短距离内，但污染源不在积污期主导风上。 (5) 工业废气排放强度小于 1000 万 m³/km²（标准状态）。 (6) 积污期干旱少雾少凝露的内陆盐碱（含盐量小于 0.3%）地区	b（轻）	A A A A A A
E3	人口密度为 1000～10000 人/km² 的农业耕作区，且： (1) 距海、沙漠或开阔地带大于 10km。 (2) 距大中城市 15～20km。 (3) 重要交通干线沿线 0.5km 及一般交通线 0.1km 内。 (4) 距上述污染源更短距离内，但污染源不在积污期主导风上。 (5) 包括乡镇在内的工业废气排放强度不大于 1000 万～3000 万 m³/km²（标准状态） (6) 近海轻盐碱和内陆中等盐碱（含盐量小于 0.3%～0.6%）地区	c（中）	A A A A A A
E4	距离上述 E3 污染源更远（距离在 b 级污区的范围内），但： (1) 在长时间（几星期或几月）干旱无雨后，常常发生雾或毛毛雨。 (2) 积污期后期可能出现持续大雾或融冰雪的 E3 类地区。 (3) 灰密为等值盐密 5～10 倍的地区	c（中）	A A A
E5	人口密度为 10000 人/km² 的居民区或交通枢纽，且： (1) 距海、沙漠或开阔地带在 3km 内。 (2) 距独立化工及燃煤工业源 0.5～2km。 (3) 乡镇工业密集区及重要交通干线沿线 0.2km。 (4) 重盐碱（含盐量 0.6%～1.0%）地区	d（重）	A A/B A/B A A
E6	距比上述 E5 污染源更长的距离（与 c 级污区对应的距离），但： (1) 在长时间（几星期或几月）干旱无雨后，常常发生雾或毛毛雨。 (2) 积污期后期可能出现持续大雾或融冰雪的 E5 类地区。 (3) 灰密为等值盐密 5～10 倍的地区	d（重）	A A A
E7	(1) 沿海 1km 和含盐量大于 1.0% 的盐土、沙漠地区。 (2) 在化工、燃煤工业源区内及此类独立工业园 0.5km。 距污染源的距离等同于 d 级污区，且： 1) 直接受到海水喷溅或浓盐雾。 2) 同时受到工业排放物如高电导废气、水泥等污染和水汽湿润	e（非常重）	A/B A/B B A/B

① 台风影响可能是距海岸 50km 以外的更远距离处测得较高的等值盐密值。

② 在当前大气环境条件下，我国中东部地区不宜设"a 非常轻"污秽区。

③ 污秽类型。

    A 类：指沉积在绝缘子表面上的有不溶成分的固体污秽，湿润时该沉淀物导电，这种类型的最好表征方法是进行等值盐密和灰密测量。A 类污秽最常见于内陆地区、荒漠地区或工业污秽地区，当沿海地区形成的干盐层迅速被露、薄雾、雾或毛毛雨等湿润时，也可出现 A 类污秽。

    B 类：沉积在绝缘子上的不溶成分很少或者是没有不溶成分的液体电解质，这种类型污秽的最好表征方法是进行电导或泄漏电流测量。B 类污秽最常见于沿海地区，由盐水或导电雾沉降在绝缘子表面形成，其他来源包括喷洒农作物、化学雾以及酸雨等。

统一爬电比距的选取根据污秽度分级评估结果，按图 18-1 进行。

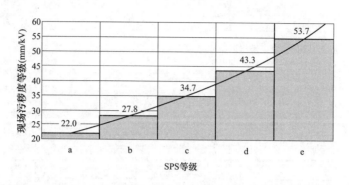

图 18-1　统一爬电比距 RUSCD 与现场污秽度分级 SPS 等级的关系

（七）海拔

设备的一般使用条件为海拔不超过 1000m。海拔超过 1000m 的地区称为高原地区。

高原环境条件的特点主要是气压低、气温低、日温差大、绝对湿度低、日照强。对设备的绝缘、温升、灭弧、老化等的影响是多方面的。

在高原地区，由于气温降低足够补偿海拔对温升的影响，因而在实际使用中其额定电流值可与一般地区相同。

对安装在海拔高度超过 1000m（但低于 4000m）地区的设备外绝缘，其试验电压应乘以系数 K，计算公式为

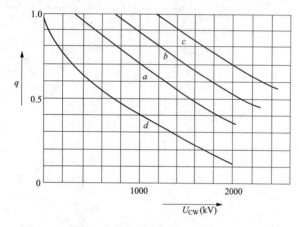

图 18-2　指数 q 与配合操作冲击耐受电压 U_{cw} 的关系
a—相对地绝缘；b—纵绝缘；c—相间绝缘；
d—棒-板间隙（标准间隙）

$$K = e^{q(H-1000)/8150} \qquad (18-6)$$

式中　H——海拔，m；

q——修正指数，q 取下列确定值：对于雷电冲击电压、短时工频电压，q 值取 1；对于操作冲击电压，q 值按照图 18-2 确定。

（八）地震

地震对设备的影响主要是地震波的频率和地震振动的加速度。一般设备的固有振动频率与地震振动频率很接近，应设法防止共振的发生，并加大设备的阻尼比。地震振动的加速度与地震烈度和地基有关，通常用重力加速度的倍数表示。

选择设备时，应根据当地的地震烈度选用能够满足地震要求的产品。设备的辅助设备应具有与主设备相同的抗震能力。根据有关规程的规定，地震基本烈度为 8 度及以上地区的一般设备和 7 度及以上地区的重要设备，应该校验其抗震能力。在安装时，应考虑支架对地震力的放大作用。在 7 度及以上地区，设备应能承受的地震力可按表 18-9 所列加速度值和设备的质量进行计算。

表 18-9　　　　　　　　　计算设备承受的地震力时用的加速度值

地震烈度（度）	7	8	9
地面水平加速度	0.1g	0.2g	0.4g
地面垂直加速度	0.05g	0.1g	0.2g

第二节　主要导体的选择

一、硬导体

（一）导体选型

1. 导体材料的基本特性

导体通常由铜、铝、铝合金及钢材料制成，各种导体材料的基本特性如表 18-10 所示。

载流导体一般使用铝或铝合金材料，铜导体一般在下列情况下才使用：

（1）位于化工厂（其排出大量腐蚀性气体对铝质材料有影响者）附近的屋外配电装置。

（2）发电机出线端子处位置特别狭窄以及铝排截面太大穿过套管有困难时。

（3）持续工作电流在 4000A 以上的矩形导体，由于安装有要求且采用其他形式的导体有困难时。

表 18-10　　　　　　　　　　导体材料的基本特性

基本特性	材料名称			
	铜	铝	铝镁合金	钢
20℃时的电阻率（Ω·m）	0.0179	0.0290	0.0458	0.1390
20℃时的电阻温度系数（1/℃）	0.00385	0.00403	0.0042	0.00455
密度（g/cm³）	8.89	2.71	2.68	7.85
熔点（℃）	1083	653		1536
比热容［J/(kg·K)］	384.3	929.5		452.2
导热系数［W/(m·K)］	386.44	217.71		80.38
温度线膨胀系数（℃）	16.42×10^{-6}	24×10^{-6}	23.8×10^{-6}	12×10^{-6}
抗拉强度（N/mm²）	210～250	>120	300	>280
伸长率（%）	>3	>3	24	>25
最大允许应力（N/mm²）	140	70	170	160
弹性模数（N/mm²）	100000	70000	70000	200000
允许最高加热温度（℃）	300	200		600

2. 导体形式及适用范围

选择导体除满足工作电流、机械强度和电晕要求外，导体形状还应满足下列要求：

（1）电流分布均匀（即集肤效应系数尽可能低）；

（2）散热良好（与导体放置方式和形状有关）；

（3）有利于提高电晕起始电压；

（4）安装、检修简单，连接方便。

目前常用的硬导体形式有矩形、槽形和管形等。

（1）矩形导体。单片矩形导体具有集肤效应系数小、散热条件好、安装简单、连接方便等优点，一般适用于工作电流 $I \leqslant 2000A$ 的回路中。

因为多片矩形导体集肤效应系数比单片导体的大，所以附加损耗增大。因此，载流量不是随导体片数增加而成倍增加的，尤其是每相超过三片以上时，导体的集肤效应系数显著增大。在工程实用中多片矩形导体适用于工作电流 $I \leqslant 4000A$ 的回路。当工作电流为 4000A 以上时，导体则应选用有利于交流电流分布的槽形或圆管形的成型导体。

（2）槽形导体。槽形导体的电流分布比较均匀，与同截面的矩形导体相比，其优点是散热条件好、机械强度高、安装也比较方便。尤其是在垂直方向开有通风孔的双槽形导体比不开孔的方管形导体的载流能力大9%～10%；比同截面的矩形导体载流能力约大35%。因此，在回路持续工作电流为4000～8000A时，一般可选用双槽形导体，大于上述电流值时，由于会引起钢构件严重发热，故不推荐使用。

（3）管形导体。管形导本是空芯导体，集肤效应系数小，且有利于提高电晕的起始电压。户外配电装置使用管形导体，具有占地面积小、架构简明、布置清晰等优点。但导体与设备端子连接较复杂，用于户外时易产生微风振动。

（二）导体截面的选择和校验

1. 按回路持续工作电流选择导体

$$I_{xu} \geqslant I_g \tag{18-7}$$

式中　I_g——导体回路的持续工作电流，A；

　　　I_{xu}——相应导体安装环境条件下的长期允许的载流量，其值见表18-11～表18-14。表中载流量是按导体允许工作温度+70℃、环境温度+25℃、导体表面涂漆、无日照、海拔1000m及以下条件计算的，其他情况需将表18-1～表18-14中所列载流量值乘以相应的校正系数，见表18-15。

表 18-11　　　　　　　　　　　矩形铝导体长期允许载流量　　　　　　　　　　　　　　A

导体尺寸 $h \times b$ (mm×mm)	单条		双条		三条		四条	
	平放	竖放	平放	竖放	平放	竖放	平放	竖放
40×4	480	503						
40×5	542	562						
50×4	586	613						
50×5	661	692						
63×6.3	910	952	1409	1547	1866	2111		
63×8	1038	1085	1623	1777	2113	2379		
63×10	1168	1221	1825	1994	2381	2665		
80×6.3	1128	1178	1724	1892	2211	2505	2558	3411
80×8	1274	1330	1946	2131	2491	2809	2863	3817
80×10	1427	1490	2175	2373	2774	3114	3167	4222
100×6.3	1371	1430	2054	2253	2633	2985	3032	4043
100×8	1542	1609	2298	2516	2933	3311	3359	4479
100×10	1728	1803	2558	2796	3181	3578	3622	4829
125×6.3	1674	1744	2446	2680	2079	3490	3525	4700
125×8	1876	1955	2725	2982	3375	3813	3847	5129
125×10	2089	2177	3005	3282	3725	4194	4225	5633

注　1. 载流量是按最高允许温度+70℃、环境温度+25℃、无风、无日照条件计算的。

　　　2. 表中导体尺寸中 h 为宽度，b 为厚度。

　　　3. 表中当导体为四条时，平放、竖放第2、3片间距离皆为50mm。

　　　4. 同截面铜导体载流量为表中铝导体载流量的1.27倍。

表 18-12　槽型铝导体长期允许载流量及计算用数据

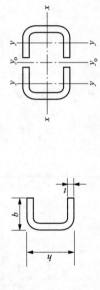

h (mm)	b (mm)	t (mm)	r (mm)	双槽导体截面 S (mm²)	集肤效应系数 k_f	导体载流量 (A)	截面系数 W_y (cm³)	惯性矩 I_y (cm⁴)	惯性半径 r_y (cm)	截面系数 W_y (cm³)	惯性矩 I_y (cm⁴)	惯性半径 r_y (cm)	双槽焊成整体时 截面系数 W_{y0} (cm³)	惯性矩 I_{y0} (cm⁴)	惯性半径 r_{y0} (cm)	静力矩 S_{y0} (cm³)	共振最大允许距离 (cm) 双槽实连时绝缘子间距	双槽不实连时绝缘子间距
75	35	4	6	1040	1.012	2280	2.52	6.2	1.09	10.1	41.6	2.83	23.7	89	2.93	14.1		
75	35	5.5	6	1390	1.025	2620	3.17	7.6	1.05	14.1	53.1	2.76	30.1	113	2.85	18.4	178	114
100	45	4.5	8	1550	1.02	2740	4.51	14.5	1.33	22.2	111	3.78	48.6	243	3.96	28.8	205	125
100	45	6	8	2020	1.038	3590	5.9	18.5	1.37	27	135	3.7	58	290	3.85	36	203	123
125	55	6.5	10	2740	1.05	4620	9.5	37	1.65	50	290	4.7	100	620	4.8	63	228	139
150	65	7	10	3570	1.075	5650	14.7	68	1.97	74	560	5.65	167	1260	6.0	98	252	150
175	80	8	12	4880	1.103	6600	25	144	2.4	122	1070	6.65	250	2300	6.9	156	263	147
200	90	10	14	6870	1.175	7550	40	254	2.75	193	1930	7.65	422	4220	7.9	252	285	157
200	90	12	16	8080	1.237	8800	46.5	294	2.7	225	2250	7.6	490	4900	7.9	290	283	157
225	105	12.5	16	9760	1.285	10150	66.5	490	3.2	307	3400	8.5	645	7240	8.7	390	299	163
250	115	12.5	16	10900	1.313	11200	81	660	3.52	360	4500	9.2	824	10300	9.84	495	321	200

注　1. 载流量是按最高允许温度+70℃、基准环境温度+25℃、无风、无日照条件计算的。
2. 上表截面尺寸中，h 为槽形铝导体高度，b 为宽度，t 为壁厚，r 为弯曲半径。

表 18-13 　　　　铝镁硅系（6063）管型母线长期允许载流量及计算用数据

导体尺寸 D/d (mm)	导体截面 (mm²)	导体最高允许温度为下值时的载流量（A）		截面系数 W (cm³)	惯性半径 r_i(cm)	惯性矩 J (cm⁴)
		+70℃	+80℃			
30/25	216	578	624	1.37	0.976	2.06
40/35	294	735	804	2.60	1.33	5.20
50/45	273	925	977	4.22	1.68	10.6
60/54	539	1218	1251	7.29	2.02	21.9
70/64	631	1410	1428	10.2	2.37	35.5
80/72	954	1888	1841	17.3	2.69	69.2
100/90	1491	2652	2485	33.8	3.36	169
110/100	1649	2940	2693	41.4	3.72	228
120/110	1806	3166	2915	49.9	4.07	299
130/116	2705	3974	3661	79.0	4.36	513
150/136	3145	4719	4159	107	5.06	806
170/154	4072	5696	4952	158	5.73	1339
200/184	4825	6674	5687	223	6.79	2227
250/230	7540	9139	7635	435	8.49	5438

注　1. 最高允许温度为+70℃的载流量，是按基准环境温度+25℃、无风、无日照、辐射散热与吸热系数为 0.5、不涂漆条件计算的。

　　2. 最高允许温度+80℃的载流量，是按基准环境温度+25℃、日照 0.1W/cm²、风速 0.5m/s 且与管型母线垂直、海拔 1000m、辐射散热系数与吸热系数为 0.5、不涂漆条件计算的。

　　3. 导体尺寸中，D 为外径，d 为内径。

表 18-14 　　　　铝镁系（LDRE）管形导体长期允许载流量及计算用数据

导体尺寸 D/d (mm)	导体截面 (mm²)	导体最高允许温度为下值时的载流量（A）		截面系数 W (cm³)	惯性半径 r_i(cm)	惯性矩 J (cm⁴)
		+70℃	+80℃			
30/25	216	491	561	1.37	0.976	2.06
40/35	294	662	724	2.60	1.33	5.20
50/45	273	834	877	4.22	1.68	10.6
60/54	539	1094	1125	7.29	2.02	21.9
70/64	631	1281	1284	10.2	2.37	35.5
80/72	954	1700	1654	17.3	2.69	69.2
100/90	1491	2360	2234	33.8	3.36	169
110/100	1649	2585	2463	41.4	3.72	228
120/110	1806	2831	2663	49.9	4.07	299
130/116	2705	3655	3274	79.0	4.36	513
150/136	3145	4269	3720	107	5.06	806
170/154	4072	5052	4491	158	5.73	1339
200/184	4825	5969	5144	223	6.79	2227
250/230	7540	8342	6914	435	8.49	5438

注　1. 最高允许温度为+70℃的载流量，是按基准环境温度+25℃、无风、无日照、辐射散热与吸热系数为 0.5、不涂漆条件计算的。

　　2. 最高允许温度为+80℃的载流量，是按基准环境温度+25℃、日照 0.1W/cm²、风速 0.5m/s 且与管型母线垂直、海拔 1000m、辐射散热系数与吸热系数为 0.5、不涂漆条件计算的。

　　3. 导体尺寸中，D 为外径，d 为内径。

表 18-15　　　　　　　　裸导体载流量在不同海拔高度及环境温度下的综合校正系数

导体最高允许温度（℃）	适用范围	海拔高度（m）	实际环境温度（℃）						
			+20	+25	+30	+35	+40	+45	+50
+70	屋内矩形、槽形、管形导体和不计日照的屋外软导线		1.05	1.00	0.94	0.88	0.81	0.74	0.67
+80	计及日照时屋外软导线	1000 及以下	1.05	1.00	0.95	0.89	0.83	0.76	0.60
		2000	1.01	0.96	0.91	0.85	0.79		
		3000	0.97	0.92	0.87	0.81	0.75		
		4000	0.93	0.89	0.84	0.77	0.71		
	计及日照时屋外管形导体	1000 及以下	1.05	1.00	0.94	0.87	0.80	0.72	0.63
		2000	1.00	0.94	0.88	0.81	0.74		
		3000	0.95	0.90	0.84	0.76	0.69		
		4000	0.91	0.86	0.80	0.72	0.65		

2. 按经济电流密度选择导体

除配电装置的汇流母线以外，对于全年负荷利用小时数较大、母线较长（长度超过 20m）、传输容量较大的回路（如发电机至主变压器和发电机至主配电装置的回路），均应按经济电流密度选择导体截面，并按下式计算，即

$$S_j = \frac{I_g}{j} \tag{18-8}$$

式中　S_j——经济截面，mm^2；

I_g——回路的持续工作电流，A；

j——经济电流密度，A/mm^2。

铜铝导线经济电流密度见图 18-3。

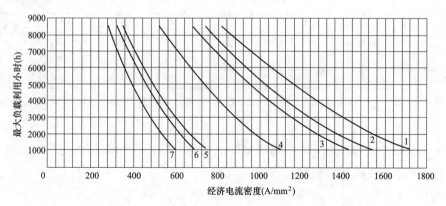

图 18-3　铜铝母线经济电流密度

1—矩形铜母线；2—共箱铜母线；3—封闭母线；4—铝合金管型母线；5—矩形铝母线；6—铝绞线；7—共箱铝母线

3. 对导体截面进行校验

（1）按电晕条件校验。对 110kV 及以上电压的母线应按电晕电压校验：见本节二、4。

（2）按短路热稳定校验。

$$S \geqslant \frac{\sqrt{Q_d}}{C} \tag{18-9}$$

式中　S——导体的载流截面，mm^2；

Q_d——短路电流的热效应，$A^2 \cdot s$；

C——与导体材料及发热温度有关的系数，其值见表 18-16。

表 18-16 短路前导体温度为 +70℃ 时的热稳定系数 C 值

导体材料	短路时导体最高允许温度（℃）	C
铜	300	171
铝及铝镁合金	200	87
钢（不与设备直接连接时）	400	67
钢（与设备直接连接时）	300	60

若导体短路前的温度不是 +70℃ 时，C 值可按式（18-10）计算或由表 18-17 查得，即

$$C = \sqrt{K \ln \frac{\tau + t_2}{\tau + t_1} \times 10^{-4}} \qquad (18\text{-}10)$$

式中 K——常数，铜为 522×10^6，铝为 222×10^6，$W \cdot S/(\Omega \cdot cm^4)$；

τ——常数，铜为 235℃，铝为 245℃；

t_1——导体短路前的发热温度，℃；

t_2——短路时导体最高允许温度，铝及铝镁合金可取 200℃，铜导体取 300℃。

表 18-17 不同工作温度下 C 值

工作温度（℃）	50	55	60	65	70	75	80	85	90	95	100	105
硬铝及铝镁合金	95	93	91	89	87	85	83	81	79	77	75	73
硬铜	181	179	176	174	171	169	166	164	161	159	157	155

（3）按短路动稳定校验。导体短路时产生的机械应力一般均按三相短路验算。若在发电机出口的两相短路或中性点直接接地系统中自耦变压器回路中的单相或两相接地短路较三相短路严重时，则应按严重情况验算，最大应力不高于表 18-18 的允许应力。

表 18-18 常用硬导体最大允许应力 MPa

导体材料	铜/硬铜	铝及铝合金						
		1060	IR35	1035	3A21	6063	6061	6R05
		H112	H112	H112	H18	T6	T6	T6
最大允许应力	12000/17000	3000	3000	3500	10000	12000	11500	12500

注 表内所列数据为计及安全系数后的最大允许应力，安全系数一般取 1.7（对应于材料破坏应力）或 1.4（对应于屈服点的应力）。

（4）按机械共振条件校验。为了避免母线危险的共振，并使作用于母线上的电动作用力减小，应使母线的自振频率避开产生共振的频率范围。

二、软导线

（一）一般要求

（1）配电装置中软导线的选择，应根据环境条件（环境温度、日照、风速、污秽、海拔）和回路负荷电流、电晕、无线电干扰等条件，确定导线的截面和导线的结构形式。

（2）在空气中含盐量较大的沿海地区或周围气体对铝有明显腐蚀的场所，应选用防腐型铝绞线。

（3）当负荷电流较大时，应根据负荷电流选择较大截面的导线。当电压较高时，为保持导线表面的电场强度，导线最小截面必须满足电晕的要求，可增加导线外径或增加每相导线的根数，即采用多根分裂导线。

（4）对于 220kV 及以下的配电装置，电晕对选择导线截面一般不起决定作用，故可根据负荷电流

选择导线截面。导线的结构形式可采用单根钢芯铝绞线或由钢芯铝绞线组成的复导线。

（5）对于330kV及以上的配电装置，电晕和无线电干扰则是选择导线截面及导线结构形式的控制条件。扩径导线具有单位质量轻、电流分布均匀、结构安装上不需要间隔棒、金具连接方便等优点，而且没有分裂导线在短路时引起的附加张力。故330kV配电装置中的导线宜采用空心扩径导线。

（6）对于500kV配电装置，单根空心扩径导线已不能满足电晕等条件的要求，而分裂导线虽然具有导线拉力大、金具结构复杂、安装麻烦等缺点，但因它能提高导线的自然功率和有效地降低导线表面的电场强度，所以500kV配电装置宜采用由空心扩径导线或铝合金绞线组成的分裂导线。

（二）导线截面的选择和校验

屋外配电装置中的软导线可按下列条件分别进行选择和校验：

1. 按回路持续工作电流选择

$$I_{xu} \geqslant I_g \tag{18-11}$$

式中　I_g——导体回路持续工作电流，A；

　　I_{xu}——相应于导体在某一运行温度、环境条件下长期允许工作电流。

各类铝导线载流量见表18-19~表18-24，若导体所处环境条件与表中载流量计算条件不同时，载流量应乘以相应的修正系数，见表18-15。分裂导线见式（18-12）。

表18-19 JL型铝绞线长期允许载流量

导线规格号	最高允许温度为下值时的载流量（A）	
	+70℃	+70℃
10	55	81
16	77	109
25	106	144
40	147	194
63	204	260
100	284	348
125	334	402
160	399	470
200	468	542
250	549	626
315	647	725
400	770	846
450	833	908
500	899	972
560	975	1046
630	1062	1128
710	1156	1218
800	1261	1316
900	1372	1419
1000	1480	1519
1120	1606	1635
1250	1740	1759
1400	1884	1887
1500	1981	1974

注　1. 最高允许温度为+70℃的载流量，是按基准环境温度为+25℃、无风、无日照、导线表面黑度为0.9条件计算的。

　　2. 最高允许温度为+80℃的载流量，是按基准环境温度为+25℃、风速0.5m/s、日照0.1W/m²、海拔1000m、导线表面黑度为0.9条件计算的。

　　3. 绞线其他性能参数见GB/T 1179《圆线同心绞架空导线》。

表 18-20　　　　　　　　　　JLHA2（JLHA1）型铝合金绞线长期允许载流量

导线规格号	最高允许温度为下值时的载流量（A）	
	+70℃	+80℃
16	79	110
25	108	146
40	152	197
63	210	263
100	293	354
125	343	408
160	410	478
200	480	551
250	564	636
315	665	737
400	788	856
450	857	924
500	925	988
560	1002	1062
630	1092	1147
710	1189	1238
800	1297	1338
900	1410	1443
1000	1521	1544
1120	1651	1662
1250	1789	1786

注　1. 最高允许温度为+70℃的载流量，是按基准环境温度为+25℃、无风、无日照、导线表面黑度为0.9条件计算的。

　　　2. 最高允许温度为+80℃的载流量，是按基准环境温度为+25℃、风速0.5m/s、日照0.1W/m²、海拔1000m、导线表面黑度为0.9条件计算的。

　　　3. 绞线其他性能参数见 GB/T 1179《圆线同心绞架空导线》。

表 18-21　　　　JL/G1A、JL/G1B、JL/G2A、JL/G2B、JL/G3A 型铝合金绞线长期允许载流量

导线规格号［钢比（%）］	最高允许温度为下值时的载流量（A）	
	+70℃	+80℃
16（17）	79	111
25（17）	109	147
40（17）	152	198
63（17）	211	265
100（17）	293	355
125（6）	338	405
125（16）	345	410
160（6）	403	473
160（16）	411	480
200（6）	473	546
200（16）	483	553

续表

导线规格号［钢比（%）］	最高允许温度为下值时的载流量（A）	
	+70℃	+80℃
250（10）	561	634
250（16）	568	639
315（7）	658	732
315（16）	670	741
400（7）	781	854
400（13）	789	859
450（7）	846	917
450（13）	855	923
500（7）	913	981
500（13）	923	989
560（7）	990	1055
560（13）	1002	1064
630（7）	1078	1139
630（13）	1090	1147
710（7）	1175	1231
710（13）	1188	1240
800（4）	1273	1324
800（8）	1282	1330
800（13）	1294	1338
900（4）	1386	1429
900（8）	1395	1434
1000（4）	1496	1530
1120（4）	1622	1646
1120（8）	1635	1654
1250（4）	1756	1767
1250（8）	1767	1773

注　1. 最高允许温度为+70℃的载流量，是按基准环境温度为+25℃、无风、无日照、导线表面黑度为0.9条件计算的。

　　2. 最高允许温度为+80℃的载流量，是按基准环境温度为+25℃、风速0.5m/s、日照0.1W/m²、海拔1000m、导线表面黑度为0.9条件计算的。

　　3. 绞线其他性能参数见GB/T 1179《圆线同心绞架空导线》。

表 18-22　　JLHA2/G1A、JLHA2/G1B、JLHA2/G2A、JLHA2/G2B（JLHA1/G1A、
JLHA1/G1B、JLHA1/G3a型铝合金绞线长期允许载流量

导线规格号［钢比（%）］	最高允许温度为下值时的载流量（A）	
	+70℃	+80℃
16（17）	81	112
25（17）	112	149
40（17）	156	201
63（17）	217	269
100（6）	296	356

续表

导线规格号［钢比（%）］	最高允许温度为下值时的载流量（A）	
	+70℃	+80℃
125（6）	347	411
125（16）	354	416
160（6）	414	481
160（16）	423	487
200（6）	485	554
200（16）	497	563
250（10）	576	644
250（16）	583	649
315（7）	675	744
315（16）	688	753
400（7）	800	864
400（13）	809	870
450（7）	869	932
450（13）	880	939
500（7）	938	998
500（13）	950	1005
560（7）	1018	1073
560（13）	1030	1081
630（4）	1101	1153
630（13）	1120	1166
710（4）	1201	1246
710（13）	1221	1260
800（4）	1310	1347
800（8）	1318	1352
900（4）	1424	1453
900（8）	1434	1458
1000（8）	1548	1563
1120（8）	1680	1682

注 1. 最高允许温度为+70℃的载流量，是按基准环境温度为+25℃、无风、无日照、导线表面黑度为0.9条件计算的。

2. 最高允许温度为+80℃的载流量，是按基准环境温度为+25℃、风速0.5m/s、日照0.1W/m²、海拔1000m、导线表面黑度为0.9条件计算的。

3. 绞线其他性能参数见GB/T 1179《圆线同心绞架空导线》。

表 18-23　　　　　**耐热铝合金绞线（导电率60%IACS）长期允许载流量**　　　　　A

标称截面［铝/钢（mm²/mm²）］	最高允许温度（℃）								
	+70	+80	+90	+100	+110	+120	+130	+140	+150
400/50	783	853	949	1034	1112	1184	1251	1314	1374
500/65	918	983	1096	1197	1288	1373	1451	1526	1597
630/80	1088	1144	1278	1398	1506	1606	1700	1788	1873

续表

标称截面［铝/钢］（mm²/mm²）］	最高允许温度（℃）								
	+70	+80	+90	+100	+110	+120	+130	+140	+150
800/100	1279	1323	1481	1622	1749	1867	1978	2082	2181
1440/120	1938	1925	2167	2381	2576	2756	2925	3084	3236

注 1. 最高允许温度为+70℃的载流量，是按基准环境温度为+25℃、无风、无日照、导线表面黑度为0.9条件计算的。

　　2. 最高允许温度为+80~150℃的载流量，是按基准环境温度为+25℃、风速0.5m/s、日照0.1W/m²、海拔1000m、导线表面黑度为0.9条件计算的。

　　3. 绞线其他性能参数见GB/T 1179《圆线同心绞架空导线》。

表18-24　　　　　　　　　　　扩径导线主要技术参数及长期允许载流量

项目	截面（mm²）			外径（mm）	拉断力（N）	弹性系数（N/mm²）	线胀系数（1/℃）	20℃直流电阻（Ω/km）	导线载流量（A）		单位质量（kg/km）
	铝	钢	总						70℃	80℃	
扩径钢芯铝绞线											
LGJK-300	301	72	373	27.4	143000	86500	18.1×10⁻⁶	0.100	669	729	1420
LGJK-630	630	150	780	48	206000	71000	18.1×10⁻⁶	0.04666	1247	1251	2985
LGJK-800	800	150	950	49	215000	67000	18.1×10⁻⁶	0.03656	1422	1422	3467
LGJK-1000	1000	150	1150	51	225000	63800	19.3×10⁻⁶	0.02948	1612	1603	3997
LGJK-1250	1250	150	1400	52	235000	60800	19.9×10⁻⁶	0.02317	1833	1818	4712
铝钢扩径空心导线											
LGKK-600	587	49.5	636	51	152000	73000	19.9×10⁻⁶	0.0506	1230	1223	2690
LGKK-900	906.4	84.83	991.23	49	209000	59900	20.4×10⁻⁶	0.03317	1493	1493	3620
LGKK-1400	1387.8	106	1493.8	57	295000	59200	20.8×10⁻⁶	0.02163	1976	1934	5129
特轻型铝合金线											
LGJQT-1400	1399.6	134.3	1533.9	51	336000	57300	20.4×10⁻⁶	0.02138	1892	1882	4962

注 1. 最高允许温度为+70℃的载流量，是按基准环境温度为+25℃、无日照、导线表面黑度为0.9条件计算的。

　　2. 最高允许温度为+80℃的载流量，是按基准环境温度为+25℃、风速0.5m/s、日照0.1W/m²、海拔1000m及以下、导线表面黑度为0.9条件计算的。

2. 按经济电流密度选择

同硬导体式（18-8）。

3. 按短路热稳定校验

短路热稳定要求的导线最小截面计算方法同式（18-3）。

4. 按电晕电压校验

110kV及以上电压的线路、发变电站母线均应以当地气象条件下晴天不出现全面电晕为控制条件，使导线安装处的最高工作电压小于临界电晕电压；海拔高度不超过1000m，在常用相间距离情况下，如导体型号或外径不小于表18-25所列数值时，可不进行电晕校验。

表18-25　　　　　　　　　　可不进行电晕校验的最小导体型号及外径

标称电压（kV）	110	220	330		500		
线外径（mm）	10.26	23.26	38.42	2×24.8	2×39.14	3×28.2	
管形导体外径（mm）	φ20	φ30	φ40		φ60		

（三）分裂导线的选择

1. 分裂导线的特点

在超高压配电装置中，如果单根软导线或扩径导线满足不了大的负荷电流及电晕、无线电干扰要求，则采用分裂导线比较经济。而且比采用硬管母线的抗震能力强。分裂导线材料可选用普通的钢芯铝绞线、耐热铝合金绞线及其他型号的软导线。

分裂导线的分裂形式可根据负荷电流的大小和电压高低分为水平双分裂、水平三分裂、正三角形分裂、四分裂等。水平三分裂导线比正三角形排列的载流量约低 6.5%，而导线表面最大电场强度约高 4.5%，只是金具连接较简单。因此，500kV 配电装置只在载流量相对较小、T 接引下线较多的进出线回路中采用三分裂水平排列的方式，对于载流量较大的主母线采用三分裂正三角形排列的方式。

不同排列方式的分裂导线，由于存在邻近热效应，故分裂导线载流量应考虑其导线排列方式、分裂根数、分裂间距等因素的影响，导线实际载流量应按 n 根单导线的载流量和乘以相应的邻近效应系数 B。

$$I = nI_{xu}\frac{1}{\sqrt{B}} \tag{18-12}$$

$$B = \left\{1 - \left[1 + \left(1 + \frac{1}{4}Z^2\right)^{-\frac{1}{4}} + \frac{10}{20 + Z^2}\right] \times \frac{Z^2 d_0}{(16 + Z^2)d}\right\}^{-\frac{1}{2}} \tag{18-13}$$

$$Z = 4\pi\lambda\frac{s}{\rho + 1} \tag{18-14}$$

式中　n——每相导线分裂根数；

I_{xu}——单根导线长期允许工作电流，A；

B——邻近效应系数；

d_0——次导线外径，cm；

d——分裂导线的分裂间距，cm；

λ——次导线 $1cm^2$ 的电导，铝 $\lambda = 3.7 \times 10^{-4}$；

s——次导线计算截面，mm^2；

ρ——绞合率，一般取 0.8。

2. 分裂间距和次导线的最小直径

分裂导线的分裂间距主要根据电晕校验结果确定。500kV 配电装置的双分裂导线及正三角形排列的三分裂导线，分裂间距一般取 $d = 40cm$，水平三分裂导线分裂间距取 $d = 20cm$。

次导线最小直径应根据电晕、无线电干扰条件确定。根据计算，三分裂正三角形排列和双分裂水平排列，在分裂间距均为 40cm 的条件下，500kV 配电装置次导线最小直径分别为 2.95cm 和 4.4cm。考虑到我国导线生产规格及一定的安全裕度，三分裂和双分裂的次导线最小直径宜分别取 3.02cm 和 5.1cm。

第三节　高压电气设备的选择

一、高压断路器

（一）参数选择

断路器及其操动机构应按表 18-26 所列技术条件选择，并按表中使用环境条件校验。

表 18-26 断路器参数选择

项　目		参　数
技术条件	正常工作条件	电压、电流、频率、机械荷载
	短路稳定性	动稳定电流、热稳定电流和持续时间
	承受过电压能力	对地和断口间的绝缘水平，外绝缘泄漏比距
	操作性能	开断电流、短路关合电流、操作循环、操作次数、操作相数、分合闸时间及同期性、对过电压的限制、某些特需的开断电流、操动机构形式
环境	环境条件	环境温度、日温差[①]、最大风速[①]、相对湿度[②]、污秽[①]、海拔、地震烈度
	环境保护	噪声、电磁干扰

①　当在屋内使用时，可不校验。

②　当在屋外使用时，可不校验。

表 18-26 中的一般性项目按本章第一节有关要求选择，并补充说明以下：

（1）断路器的额定关合电流，不应小于短路冲击电流值。

（2）关于分合闸时间，对于 110kV 以上的电网，当电力系统稳定要求快速切除故障时，断路器分闸时间不大于 0.04s。当采用单相重合闸或综合重合闸时，应选用能分相操作的断路器。

（3）断路器额定短时耐受电流等于额定短路开断电流。耐受时间额定值，对 500kV 系统为 2s，对 110～330kV 为 3s。

（4）当断路器的两端为互不联系的电源时，设计中应按以下要求校验：

1）断路器断口间的绝缘水平应满足另一侧出现工频反相电压的要求。

2）在失部下操作时的开断电流不超过断路器的额定反相开断性能。

3）断路器同极断口间的公称爬电比距与对地公称爬电比距之比取 1.15～1.3，当断路器起联络作用时，其同极断口间的公称爬电比距与对地公称爬电比距之比应选取较大的数值，一般不低于 1.2。

当缺乏上述技术参数时，应要求制造部门进行补充试验。

（二）形式选择

断路器形式的选择，除应满足各项技术条件和环境条件外，还应考虑便于施工调试和运行维护，一般可按表 18-27 所列原则选型。

表 18-27 断路器的选型

安装使用场所		可选择的主要形式	需注意的技术特点
发电机回路	小型机组	真空	额定电流、短路电流和非周期分量均较大，无重合闸要求，注意真空断路器开断直流分量的实际水平
	大中型机组	SF$_6$	额定电流大，短路电流大，非周期分量可能超过周期分量、要求开断电流大，热稳定、动稳定要求高
配电装置	35kV 及以下	SF$_6$ 断路器	多用于屋内成套高压开关柜内
		真空断路器	
	63～220kV	SF$_6$ 断路器	开断 220kV 空载长线时，过电压水平不应超过允许值，开断无重燃，有时断路器的两侧为互不联系的电源
	330kV 及以上	SF$_6$ 断路器	当采用单相重合闸或综合重合闸时，断路器应能分项操作，考虑适应多种开断的要求，断路器要能在一定程度上限制操作过电压，开断无重燃，分合闸时间要短
并联电容器组		真空断路器、SF$_6$ 断路器	操作较频繁，注意校验操作过电压倍数，开断无重燃
高压电动机		真空断路器	注意校验操作过电压倍数或采取其他限压措施

（三）机械荷载

断路器接线端子允许的水平机械荷载列于表 18-28。

表 18-28 断路器接线端子应能承受的机械荷载

额定电压（kV）	额定电流（A）	水平拉力（N）		垂直力（向上及向下，N）
		纵向	横向	
40.5～72.5	≤1250	750	400	500
	≥1600	750	500	750
126	≤2000	1000	750	750
	≥2500	1250	750	1000
252～363	1250～4000	1500	1000	1250
550	2000～4000	2000	1500	1500

（四）发电机出口断路器的特殊要求

（1）为减少发电机出口断路器三相不同期合、分而产生的负序电流对发电机的影响，发电机断路器宜选用机械三相联动操作机构，三相不同时合闸时间不大于 10ms，不同期分闸时间不大于 5ms。

（2）选择发电机出口断路器时必须校验发电机出口断路器的直流分断能力。校验发电机断路器开断能力，要分别校验系统源和发电源侧在主触头分离时的对称短路电流值、非对称短路电流值及非对称短路时的直流分量值。

（3）发电机断路器要具备失步开断能力，其额定失步开断电流应为额定短路开断电流的 25% 或 50%；应校验各种失步状态下的电流值，必要时应采用适当的措施（如装设电流闭锁装置）以保障发电机断路器开断时的电流不超过额定失步开断电流；全反相条件下的开断可以不作为发电机断路器的失步开断校核条件。

二、高压隔离开关

（一）参数选择

隔离开关及其操作机构应按表 18-29 所列技术条件选择，并按表中使用环境条件校验。

表 18-29 隔离开关参数选择

项 目		参 数
技术条件	正常工作条件	电压、电流、频率、机械荷载
	短路稳定性	动稳定电流、热稳定电流和持续时间
	承受过电压能力	对地和断口间的绝缘水平、泄漏比距
	操作性能	分合小电流、旁路电流和母线环流，单柱式隔离开关的接触区，操作机构
环境条件	环境	环境温度、最大风速①、覆冰厚度①、相对湿度②、污秽①、海拔高度、地震烈度
	环境保护	电磁干扰

① 当在屋内使用时，可不校验。

② 当在屋外使用时，可不校验。

（二）形式选择

高压隔离开关的形式，应根据配电装置的布置特点和使用要求等因素确定。

国产隔离开关的形式特点见表 18-30。大电流封闭母线配用封闭型隔离开关。

表 18-30　　　　　　　　　　　　　隔离开关的形式特点

型　号		简　图	特　点	适用范围
屋内	GN₁、GN₅		单极，600A 以下，用钩棒操作	屋内配电装置，成套高压开关柜
	GN₂		三极，价格高于 GN₆	
	GN₆、GN₁₉		三极，可前后连接，可平装、立装、斜装，价格较便宜	
	GN₈		在 GN₆ 基础上，用绝缘套管代替支柱绝缘子	
	GN₁₀		单极，大电流 3000～13000A，可手动、电动操作	大电流回路，发电机回路
	GN₁₁		三极，15kV，200～600A，用手动操作	
	GN₁₈、GN₂₂		三极，10kV，大电流 2000～3000A，机械锁紧	
	GN₁₄		单极插入式结构，带封闭罩，20kV，大电流 10000～13000A，电动操作	
屋外	GW₄		220kV 及以下，系列较全，双柱式，可高型布置，质量较轻，可手动、电动操作	220kV 及以下各型配电装置常用
	GW₅		35～110kV，V 形，水平转动，可正装、斜装	常用于高型、硬母线布置及屋内配电装置
	GW₆（剪刀式）GW₁₆（单臂折叠式）	单臂折叠式剪刀式	220～500kV，单柱，钳夹，可分相布置，有剪刀式和单臂折架式	垂直开启式隔离开关，多用于硬母线布置或作为母线隔离开关
	GW₇		220～500kV，三柱式，中间水平转动，单相或三相操作，可分相布置	多用于 330kV 及以上屋外中型配电装置

续表

型 号		简 图	特 点	适用范围
屋外	GW₁₂、GW₁₇		220～500kV，双柱或三柱，钳夹，水平断口，单臂折叠	220～500kV 配电装置非硬母线连接的各种场合

注 不同的制造厂家，隔离开关型号内的设计序号会有所不同。

（三）操作机构选择

（1）屋内式 8000A 以下隔离开关一般采用手动操作机构；8000A 及以上，宜采用电动机构。

（2）屋外式 220kV 及以上电压等级隔离开关和接地开关一般采用电动操作机构，且可就地手动操作。

（四）机械荷载

屋外隔离开关接线端的机械荷载不应大于表 18-31 所列数值。机械荷载应考虑母线（或引下线）的自重、张力、风力和冰雪等施加于接线端的最大水平静拉力。当引下线采用软导线时，接线端机械荷载中不需再计入短路电流产生的电动力。但对采用硬导体分裂导线或扩径空心导线的设备间连线，则应考虑短路电动力。

表 18-31 屋外隔离开关接线端允许的水平机械荷载

额定电压（kV）	额定电流（A）	双柱式和三柱式隔离开关		单柱式隔离开关		垂直力 F_c（N）
		水平纵向负荷 F_a(N)	水平横向负荷 F_b(N)	水平纵向负荷 F_a(N)	水平横向负荷 F_b(N)	
40.5～72.5	≤2500	800	500	800	500	750
	>2500	1000	750	1000	750	750
126	≤2500	1000	750	1000	750	1000
	>2500	1250	750	1250	750	1000
252	≤2500	1250	750	1500	1000	1000
	>2500	1500	1000	2000	1500	1250
363	≤4000	2000	1500	2500	2000	1500
550	≤4000	3000	2000	4000	2000	2000

注 1. 安全系数：静态不低于 3.5，短时动态不低于 1.7。
　　2. 如果机械荷载计算值超过本表规定值，应与制造部门协商确定。

三、互感器

选择电流、电压互感器应满足继电保护、自动装置和测量仪表的要求。

（一）电流互感器

1. 参数选择

电流互感器应按表 18-32 所列技术条件选择，并按表中使用环境条件校验。

表 18-32	电流互感器的参数选择	
项 目		参 数
技术 条件	正常工作条件	一次回路电压、一次回路电流、二次回路电流、二次侧负荷、准确度等级、暂态特性、继电保护及测量、机械荷载、正常工作条件下的温升
	短路稳定性	动稳定倍数、热稳定倍数
	承受过电压能力	绝缘水平、泄漏比距
使用环境条件		环境温度、最大风速①、相对湿度②、污秽①、海拔、地震烈度、系统接地方式

① 当在屋内使用时，可不校验。

② 当在屋外使用时，可不校验。

表 18-32 中的一般项目按要求进行选择，并补充说明如下：

（1）电流互感器的二次额定电流有 5A 和 1A 两种，一般情况推荐采用 1A。

（2）电流互感器额定的二次负荷标准值，按 GB 1208—2006《电流互感器》的规定，为下列数值之一：2.5、5、10、15、20、25、30、40、50VA，为了适应使用的需要可以选用高于 50VA 的 60、80、100VA。当额定电流为 5A 时，相对应的额定负荷阻抗值为 0.1、0.2、0.4、0.6、0.8、1.0、1.2、1.6、2.0、2.4、3.2、4.0Ω。当一个二次绕组的容量不能满足要求时，可将两个二次绕组串联使用。

（3）电流互感器额定的一次电流标准值，按 GB 1208—2006《电流互感器》的规定，为下列数值之一：

10、12.5、15、20、25、30、40、50、60、75A 以及他们的十进位倍数或小数，有下标线者为优先值。

（4）二次级的数量决定于测量仪表、保护装置和自动装置的要求。一般情况下，测量仪表与保护装置宜分别接于不同的二次绕组，否则应采取措施，避免互相影响。

2. 形式选择

（1）35kV 及以下屋内配电装置的电流互感器，根据安装使用条件及产品情况，采用树脂浇注绝缘结构。

（2）35kV 及以上配电装置一般采用油浸瓷箱式、树脂浇注、SF₆ 气体绝缘结构或光纤式的独立式电流互感器。在有条件时，如回路中有变压器套管、穿墙套管，应优先采用套管电流互感器，以节约投资、减少占地。

（3）选用母线式电流互感器时，应注意校核窗口允许穿过的母线尺寸。

3. 一次额定电流选择

（1）当电流互感器用于测量时，其二次额定电流应尽量选择得比回路中正常工作电流大 1/3 左右，以保证测量仪表的最佳工作，并在过负荷时使仪表有适当的指示。

（2）电力变压器中性点电流互感器的一次额定电流应按大于变压器允许的不平衡电流选择，一般情况下，可按变压器额定电流的 30% 进行选择。

（3）为保证自耦变压器零序差动保护装置各臂正常工作电流平衡，供该保护用的高、中压侧和中性点电流互感器的变比均应一致，一般按电流较大的中压侧额定电流来选择。

（4）在自耦变压器公共绕组上作过负荷保护和测量用的电流互感器，应按公共绕组的允许负荷电流选择。此电流通常发生在低压侧开断，而高-中压侧传输自耦变压器的额定容量时。此时，公共绕组上的电流为中压侧和高压侧额定电流之差。

（5）中性点非直接接地系统中的零序电流互感器，在发生单相接地故障时，通过的零序电流较中性点直接接地系统的小得多，为保证保护装置可靠动作，应按二次电流及保护灵敏度来校验零序电流互感器的变比，当标准产品的变比不能满足要求时，应向制造厂特殊订货。

对中性点直接接地或经电阻接地系统，由接地电流和电流互感器准确限值系数确定互感器额定一次电流，由二次负荷和电流互感器的容量确定二次额定电流。

同时需注意，电缆式零序电流互感器的窗口应能通过一次回路的所有电缆；母线式零序电流互感器的母线截面应按一次同路的电流选择，其窗口尚应考虑有一根继电保护用的二次电缆要从窗口穿过。

（6）发电机横联差动保护用的电流互感器一次电流，应按下列情况选择：

1）安装于各绕组出口处时，一般按定子绕组每个支路的电流选择。

2）安装于中性点连接线上时，可按发电机允许的最大不平衡电流选择。根据运行经验，此电流一般取发电机额定电流的20%～30%。

4. 短路稳定校验

动稳定校验是对产品本身带有一次回路导体的电流互感器进行校验，对于母线从窗口穿过且无固定板的电流互感器可不校验动稳定。热稳定校验则是验算电流互感器承受短路电流发热的能力。

5. 关于准确度和暂态特性

测量用电流互感器的标准准确级为0.1、0.2、0.5、1、3、5。

对于0.1、0.2、0.5级和1级，在二次负荷为额定负荷的25%～100%之间的任一值时，其额定频率下的电流误差和相位差应不低于表18-33所列的限值。

表 18-33   电流互感器的准确级次和误差限值

准确级	电流误差（±%） 在下列额定电流（%）时				相位差，在下列额定电流（%）时							
					±(′)				±crad			
	5	20	100	120	5	20	100	120	5	20	100	120
0.1	0.4	0.2	0.1	0.1	15	8	5	5	0.45	0.24	0.15	0.15
0.2	0.75	0.35	0.2	0.2	30	15	10	10	0.9	0.45	0.3	0.3
0.5	1.5	0.75	0.5	0.5	90	45	30	30	2.7	1.35	0.9	0.9
1	3.0	1.5	1.0	1.0	180	90	60	60	5.4	2.7	1.8	1.8

用于电度计量的电流互感器，要根据电力系统测量和计量系统的实际需要合理选择电流互感器的类型，要求在加大工作电流范围内做准确测量时，可选用S类（0.2s或0.5s）电流互感器，为保证二次电流在合适的范围内，可采用复变比或二次绕组带抽头的电流互感器。

电能计量用仪表与一般测量仪表在满足准确级的条件下，可共用一个二次绕组。

对0.2s和0.5s，在二次负荷为额定负荷的25%～100%之间的任一值时，其额定频率下的电流误差和相位差应不低于18-34所列的限值。

表 18-34   电流互感器的准确级次和误差限值

准确级	电流误差（±%） 在下列额定电流（%）时					相位差，在下列额定电流（%）时									
						±(′)					±crad				
	1	5	20	100	120	1	5	20	100	120	1	5	20	100	120
0.2s	0.75	0.35	0.2	0.2	0.2	30	15	10	10	10	0.9	0.45	0.3	0.3	0.3
0.5s	1.5	0.75	0.5	0.5	0.5	90	45	30	30	30	2.7	1.35	0.9	0.9	0.3

注 本表仅用于额定二次电流为5A的互感器。

对3级和5级，在二次负荷为额定负荷的50%～100%之间的任一值时，其额定频率下的电流误差和相位差不应超过表18-35的限值。

表 18-35 电流互感器的准确级次和误差限值

准确级	电流误差（±%），在下列额定电流（%）时	
	50	120
3	3	3
5	5	5

对 330kV 及以上电压等级用于继电保护的电流互感器，应考虑短路暂态的影响，宜选用暂态特性好的电流互感器（如带有小气隙铁芯的 TPY 级），对某些保护装置本身具有克服电流互感器暂态饱和影响的能力，则可按保护装置的具体要求，选用 P 类电流互感器，对 220kV 及以下电压等级用于继电保护的电流互感器，可不考虑短路暂态的影响，选用 P 类电流互感器，对某些重要回路可适当提高所选互感器的准确限值系数或饱和电压，以减缓暂态影响。

（二）电压互感器

1. 参数选择

电压互感器应按表 18-36 所列技术条件选择，并按表中环境条件校验。

表 18-36 电压互感器的参数选择

项 目		参 数
技术条件	正常工作条件	一次回路电压、二次电压、二次负荷、准确度等级、继电保护和测量的要求、电容式电压互感器用于兼用于载波通信时的高频特征、机械荷载
	承受过电压能力	绝缘水平、泄漏比距
环境条件		环境温度、最大风速①、相对湿度②、污秽①、海拔、地震烈度

① 当在屋内使用时，可不校验。

② 当在屋外使用时，可不校验。

2. 形式选择

（1）3～35kV 屋内配电装置一般采用树脂浇注绝缘结构的电磁式电压互感器；35kV 屋外配电装置，宜采用油浸绝缘结构电磁式电压互感器。当需要零序电压时，一般采用三相五柱电压互感器或三个单相式电压互感器。

（2）110kV 及以上配电装置，当容量和准确度等级满足要求时，一般采用电容式电压互感器。

（3）兼作为泄能用的电压互感器，应选用电磁式电压互感器。

（4）SF₆ 全封闭组合电器的电压互感器选用电磁式电压互感器。

3. 接线方式选择

在满足二次电压和负荷要求的条件下，电压互感器应尽量采用简单接线。

电压互感器的各种接线方式及其适用范围见表 18-37。

表 18-37 电压互感器的接线及使用范围

序号	接线图	采用的电压互感器	使用范围	备注
1		二个单相电压互感器接成 V-V 形	用于表计和继设备的线圈接入 a-b 和 c-b 两相间电压	

序号	接线图	采用的电压互感器	使用范围	备注
2		三个单相电压互感器接成星形-星形。高压侧中性点不接地	用于表计和继电器的线圈接入相间电压和相电压。此种接线不能用来供电给绝缘检查电压表	
3		三个单相电压互感器接成星形-星形。高压侧中性点接地	用于供电给要求相间电压的表计和继电器以及供电给绝缘检查电压表。如果高压侧系统为中性点直接接地,则可接入要求相电压的测量表计;如果高压侧系统中性点与地绝缘或经阻抗接地,则不允许接入要求相电压的测量表计	
4		一个三相三柱式电压互感器	用于表计和继电器的线圈接入相间电压和相电压。此种接线不能用来供电给绝缘检查电压表	不允许将电压互感器高压侧中性点接地
5		一个三相五柱式电压互感器	主二次绕组连接成星形以供电给测量表计、继电器以及绝缘检查电压表。对于要求相电压的测量表计,只有在系统中性点直接接地时才能接入。附加的二次绕组接成开口三角形,构成零序电压过滤器供给保护继电器和接地信号(绝缘检查)继设备	应优先采用三相五柱式电压互感器,只有在要求容量较大的情况下或110kV以上无三相式电压互感器时,才采用三个单相三绕组电压互感器
6		三个单相三线圈电压互感器		

当发电机采用附加直流的定子绕组100%接地保护装置,且利用电压互感器向定子绕组注入直流时,因为该装置一般是接在电压互感器的一次侧中性点与大地之间,故所有接于发电机电压侧的电压互感器一次侧中性点都不得直接接地。如要求接地时,必须经过电容器接地,以隔断直流。

当发电机采用零序电压式匝间保护时,供该保护装置专用的电压互感器一次侧中性点应与发电机中性点直接连接,不得直接接地。

4. 电压选择

电压互感器的额定电应按表18-38选择。

表 18-38　　　　　　　　　　　　　　　电压互感器的额定电压选择

型式	一次电压（V）		二次电压（V）	第三绕组电压（V）	
单相	接于一次线电压上（如 V/V 接法）	U_x	100	—	
	接于一次相电压上	$U_x/\sqrt{3}$	$100/\sqrt{3}$	中性点非直接接地系统	$100/\sqrt{3}$、$100/\sqrt{3}$
				中性点直接接地系统	100
三相	U_x		100	$100/3$	

注　U_x—系统额定电压。

5. 准确度及二次负荷

测量用电压互感器的准确级，以额定电压及该准确级所规定的额定负荷的最大允许电压误差百分数来标称，测量用标准准确级为 0.1、0.2、0.5、1.0、3.0，在额定频率和 80%～120% 额定电压之间的任一电压和功率因素为 0.8（滞后）的二次负荷在 25%～100% 间的任意值下，电压互感器的电压误差和相位差不超过表 18-39 所列的限值。

表 18-39　　　　　　　　　　　测量用电压电压误差和相位差的限值

准确级	电压误差 ±%	相位差	
		±（′）	±crad
0.1	0.1	5	0.15
0.2	0.2	10	0.3
0.5	0.5	20	0.6
1.0	1.0	40	1.2
3.0	3.0	不规定	不规定

注　当具有两个分开的二次绕组的互感器时，由于它们之间有相互影响，用户应规定各个绕组的输出范围，每一输出范围的上限值应符合标准的额定输出值，每个绕组在其输出范围内须满足各自的准确级要求，此时，另一绕组则带有其输出范围上限值的 0～100% 之间的任一负荷。为证明是否符合此要求，可以只在极限值上进行试验，当未规定输出范围时，即认为每一绕组的输出范围是其额定输出的 25%～100%。如果某一绕组只有偶然的短时负荷，或者仅作剩余电压绕组使用时它对其余绕组的影响可以忽略不计。

保护用电压互感器的准确级，是以在 5% 额定电压到额定电压因素对应的电压范围内，最大允许的电压误差的百分数标称，其后标以字母 "P" 表示，标准的准确级为 3P 和 6P。

当电负荷在 25%～100% 的额定负荷任一值，且功率因素为 0.8（滞后）时，其电压误差和相位差的限值不超过表 18-40 所列的数值。

表 18-40　　　　　　　　　　　保护用电压电压误差和相位差的限值

准确级	电压误差 ±%	相位差	
		±（′）	±crad
3P	3.0	120	3.5
6P	6.0	240	7.0

注　具有两个分开的二次绕组的互感器，由于它们之间有相互影响，用户应规定各个绕组的输出范围，每一输出范围的上限值应符合标准的额定输出值，每个绕组在其输出范围内须满足各自的准确级要求，此时，另一绕组则带有其输出范围上限值的 0～100% 之间的任一负荷。为证明是否符合此要求，可以只在极限值上进行试验，当未规定输出范围时，即认为每一绕组的输出范围是其额定输出的 25%～100%。

在功率因素 0.8（滞后）时，额定输出标准值为 10、15、25、30、50、75、100、150、200、250、300、400、500VA，其中下横线者为优先值，对三相互感器而言，其额定输出值是指每相的额定输出。

四、六氟化硫全封闭组合设备

六氟化硫全封闭组合设备应按表 18-41 所列技术条件选择，并按表中环境条件校验。

表 18-41 　　　　　　　　　　　　　　六氟化硫全封闭组合设备的参数选择

项目		参　　数
技术条件	正常工作条件	电压、相数、电流、频率、机械荷载、绝缘气体和灭弧室气体压力、漏气量、组成元件的各项技术参数、接线方式
	短路稳定性	动稳定电流、热稳定电流和持续时间
	承受过电压能力	绝缘水平、泄漏比距
	操作性能	开断电流、短路关合电流、操作循环、操作次数、操作相数、分合闸时间、操作机构
环境条件		环境温度、日温差①、最大风速①、相对湿度②、污秽①、海拔、地震烈度

① 当在屋内使用时，可不校验。

② 当在屋外使用时，可不校验。

元件技术要求如下：

1. 断路器

断路器的灭弧室一般多为单压式。断口布置有两种形式，水平布置时，可以在断路器的两侧检修断口，能够减小配电装置的高度，宜在屋外或对增大配电装置宽度影响不大的场所使用；垂直布置时，检修时需将灭弧室吊出，配电装置室要求一定的高度，但宽度可以缩小，特别适用于地下开关站。

断路器的操动机构一般采用液压或弹簧机构。

2. 封闭式隔离开关

封闭式隔离开关有直动式和转动式两种，这与敞开式的差别较大。隔离开关元件布置在直线段时，一般选用转动式（动触杆与操动机构成 90°布置，通过蜗轮传动）；布置在直角转角段时，一般选用直动式（动触杆与操动机构布置在一条线上，直接传动）。

为监视断口工作状态，外壳需设置观察窗。为保证运行安全，还可增设接地的金属屏，当触头分离之后，将它插入到断口之间。

3. 接地开关和快速接地开关

为保证检修安全，在断路器的两侧和母线等处，皆应装有手动或电动的接地开关。

快速接地开关的作用相当于接地短路器，可就地和远方控制。一般下列情况需要装设快速接地开关：

（1）停电回路的最先接地点。用来防止可能出现的带电误合接地造成封闭设备的损坏。

（2）利用快速接地开关来短路封闭设备内部的电弧，防止事故扩大。一般为分相操作，投入时间不小于接地飞弧后 1s。

4. 电流互感器

电流互感器主要采用套管型电磁式电流互感器，其二次绕组有计量、测量用和保护用三种，还有环氧树脂浇注和非浇注型之分。

5. 电压互感器

GIS 设备采用的电压互感器主要是电磁式电压互感器，电磁式电压互感器具有结构简单、体积小、容量大、精度高、绝缘性能稳定可靠、能释放线路和母线上残余电荷等优点，在使用上要注意参数的匹配，以免发生铁磁谐振，在产品搬运时，以免因过快地加速或减速损坏绕组的层间绝缘。

对 GIS 进、出线电压互感器，根据场地情况，可以采用常规电容式电压互感器，布置在进、出线套管出线侧。

6. 避雷器

采用氧化锌避雷器，GIS 内部的氧化锌避雷器，采用罐式结构，适应 GIS 的各种布置型式，布置在主母线或进、出线侧。

对 GIS 进、出线电压互感器，根据场地情况，可以采用常规瓷柱式电压互感器，布置在进出线套管出线侧。

7. 母线

母线有分相式和共体式。分相式的母线结构简单、相间电动力小、可避免相间短路；三相共体式的外壳损耗小、外壳加工量小、占地少。目前，110kV 采用三相共体式，500kV 及以上用分相式，其间两种形式均有。

为了消除温度应力和分期安装的需要，在适当位置应装设伸缩节。母线分段一般是一个隔位宽度作成一个单元段。

8. 引线套管与电缆终端

与架空线连接，一般用充以六氟化硫气体的六氟化硫套管。

与变压器连接，一般用六氟化硫油套管。

与电缆出线连接，采用电缆终端连接，GB/T 22381《额定电压 72.5kV 及以上气体绝缘金属封闭开关设备与冲流体及挤包绝缘电力电缆的连接 冲流体及干式绝缘电缆终端》对其制作规格和分工有明确的规定，接口处的电缆终端盒由 GIS 工厂制造和组装，电缆头则由电缆厂供货和组装。

第四节 主 变 压 器

一、主变压器容量

（一）具有发电机电压母线接线的主变压器

连接在发电机电压母线与系统之间的主变压器容量，应按下列条件计算：

（1）当发电机电压母线上负荷最小时，能将发电机电压母线上的剩余有功和无功容量送入系统，但不考虑稀有的最小负荷情况。

（2）当发电机电压母线上最大一台发电机组停用时，能由系统供给发电机电压的最大负荷。

（3）根据系统经济运行的要求（如充分利用丰水季节的水能），而限制本厂输出功率时，能供给发电机电压的最大负荷。

（4）对装设两台变压器的发电厂，当其中一台主变压器退出运行时，另一台变压器应能承担 70%的容量。

（二）单元接线的主变压器

发电机与主变压器为单元连接时，主变压器的容量按发电机的最大连续输出容量扣除本机组不能被高压启动/备用变压器替代的高压厂用工作变压器计算负荷后的容量进行选择，变压器在正常使用条件下连续输送额定容量时绕组的平均温升不超过 65K。

二、主变压器形式

（一）相数选择

（1）主变压器采用三相或单相，主要考虑变压器的制造条件、可靠性要求及运输条件等因素。

（2）在运输条件不受限制时，均采用三相变压器，对运输条件需要采取措施的工程，通过技术经济比较确定。

（二）绕组数量选择

（1）单机容量 125MW 及以下的发电厂，当有两种升高电压向用户供电或与系统连接时，宜采用三绕组变压器，每个绕组的通过容量应达到该变压器额定容量的 15% 及以上。两种升高电压的三绕组变压器一般不超过两台。

（2）对于 200MW 及以上的机组，其升压变压器一般不采用三绕组变压器。如高压和中压需要联络时，宜设置专门的联络变压器。

三、主变压器阻抗及调压方式

（一）主变压器阻抗的选择

主变压器阻抗的选择要考虑如下原则：

（1）各侧阻抗值的选择必须从电力系统稳定、潮流方向、无功分配、继电保护、短路电流、系统内的调压手段和并联运行等方面进行综合考虑，并应以对工程起决定性作用的因素来确定。

（2）对双绕组普通变压器，一般按标准规定值选择。

（3）对燃气轮机电厂采用的三绕组主变压器，一般是采用升压型结构，绕组排列顺序为自铁芯向外依次为中、低、高，所以高、中压侧阻抗最大。

（二）主变压器电压调整方式的选择

变压器的电压调整是用分接开关切换变压器的分接头，从而改变变压器变比来实现的。切换方式有两种：不带电切换，称为无激励调压，调整范围通常在 ±5% 以内；另一种是带负载切换，称为有载调压，调整范围可达 30%。

对接于出力变化大的电厂的主变压器，一般采用有载调压方式。

对升压结构的发电厂主变压器，调压开关的位置布置在主变压器高压侧中性点侧，优点是调压绕组及调压装置的工作电压低，绝缘水平要求较低。三相变压器可使用三相分接开关，分接抽头电流较小，因而造价低、可靠性高。

四、主变压器冷却方式

主变压器一般采用的冷却方式有自然风冷却，强迫油循环风冷却，强迫油循环水冷却，强迫、导向油循环冷却。

小容量变压器一般采用自然风冷却。大容量变压器一般采用强迫油循环风冷却。在发电厂水源充足的情况下，为了压缩占地面积，大容量变压器也有采用强迫油循环水冷却方式的。

强迫油循环水冷却方式散热效率高，节约材料，减少变压器本体尺寸。其缺点是这种冷却方式要有一套水冷却系统和有关附件，冷却器的密封性能要求高，维护工作量较大。

近来随着变压器制造技术的发展，在大容量变压器中，采用了强迫油循环导向冷却方式。它是用潜油泵将冷油压入线圈之间、线饼之间和铁芯的油道中，因此冷却效率更高。

当变压器采用强迫油循环冷却方式时，对冷却系统的供电应可靠，一般采用分别连接在不同母线上的两回路独立电源供电，并能实现自投。对各个冷却器的工作、辅助或备用等运行状态，亦能根据变压器的负荷、温度等情况，自动进行调整。当冷却器因故障全停时，须经一定延时，跳开各侧断路器，使变压器退出运行。

第十九章　厂用电设计

第一节　厂用电接线

一、厂用电接线总的要求

厂用电设计应考虑工程项目的现状和发展规划，妥善处理工程分期建设引起的问题，积极慎重地采用新技术和新设备，做到技术先进，经济合理，保证机组安全经济运行，满足运行、检修、施工等多方面的要求。

厂用电接线应满足以下要求：

（1）对于较大的机组应保证机组厂用电系统的单元性，一台（套）机组的故障和停运不影响另外一套机组的正常运行。

（2）充分考虑机组启动和停运过程中的供电要求，一般应配置可靠的启动（备用）电源。

（3）充分研究考虑电厂在分期建设和连续施工过程中厂用电系统的运行方式，特别要注意对公用负荷的影响；要便于过渡，尽量少改接线和更换设备。

（4）应根据机组的容量及工艺要求，设置相应的交流事故保安电源。当全厂停电时，可以快速启动和自动投入，向保安负荷供电，还要设置电能质量指标合格的交流不间断电源装置，保证机组热工控制系统负荷供电。

二、厂用电负荷

厂用电负荷是指电厂运行中自身需要消耗的电负荷，既包括机组负荷，也包括全厂的公用负荷。

按其对人身安全和设备安全的重要性，分为0类负荷和非0类负荷；按照电能生产工程中的重要性，非0类负荷又可分为Ⅰ、Ⅱ、Ⅲ类负荷。按运行方式可分为经常连续、经常短时、经常断续、不经常连续、不经常短时和不经常断续6种类型。

（一）按重要性分类

（1）停电将直接影响到人身和重大设备安全的厂用电负荷，为0类负荷；除此之外的负荷为非0类负荷。

（2）0类负荷按其重要性程度和对电源的要求不同分为：

1）0Ⅰ类负荷：在机组运行期间，以及停机（包括事故停机）过程中，甚至在停机以后的一段时间内，应由交流不间断电源（UPS）连续供电的负荷，既交流不停电负荷。

2）0Ⅱ类负荷：在发生全厂停电或者在机组失去厂用电时，为了保证机组的安全停运，或者为了防止危及人身安全等原因，应在停电时继续由直流电源供电的负荷，既直流保安负荷；

3）0Ⅲ类负荷：在发生全厂停电或在单元机组失去厂用电时，为了保证机组的安全停运，或者为了防止危及人身安全等原因，应在停电时继续由交流保安电源供电的负荷。

（3）非0类负荷的分类，按其在电能生产过程中的重要性不同分为：

1）Ⅰ类负荷：短时停电可能影响设备正常使用寿命，使生产停顿或者发电量大量下降的负荷；

2）Ⅱ类负荷：允许短时停电，但停电时间过长，有可能影响设备正常使用寿命或正常生产的负荷。

3）Ⅲ类负荷：长时间停电不会影响生产的负荷。

（二）厂用负荷供电方式

在进行工程设计时，应与机务、供水、化水、热控和暖通等相关工艺专业配合，确定厂用负荷的特性分类、辅机电动机控制地点及联锁等供电要求。表 19-1 为主要负荷的特征表，其中仅包括主要厂用负荷的分类，其控制地点和联锁要求是指一般情况。

表 19-1   常用厂用负荷特征参考表

序号	名 称	供电类别	是否易于过负荷	控制地点	有无连锁要求	运行方式	备注
一	交流不停电负荷						
1	电子计算机	0Ⅰ	否			经常、连续	
2	热工保护	0Ⅰ	否			不经常、短时	
3	热工检测和信号	0Ⅰ	否			经常、断续	
4	自动控制和调节装置	0Ⅰ	否			经常、断续	
5	电动执行机构	0Ⅰ	否			经常、断续	
6	调度通信	0Ⅰ	否			经常、连续	
7	远动通信	0Ⅰ	否			经常、连续	
二	事故保安电源						
1	汽轮机直流润滑油泵	0Ⅱ	否	集控室	有	不经常、短时	
2	发电机氢密封直流油泵	0Ⅱ	否	集控室	有	不经常、短时	对氢冷发电机
3	汽轮机（燃气轮机）交流润滑油泵	0Ⅲ	否	集控室（燃气轮机控制室）	有	不经常、连续	
4	发电机氢（空）侧密封交流油泵	0Ⅲ	否	集控室	有	经常、连续	对氢冷发电机
5	汽轮机（燃气轮机）顶轴油泵	0Ⅲ	否	集控室（燃气轮机控制室）	有	不经常、连续	
6	燃气轮机排气框架冷却风机	0Ⅲ	否	燃气轮机控制室	有	经常、连续	
7	燃气轮机透平部件冷却风机	0Ⅲ	否	燃气轮机控制室	有	经常、连续	
8	燃气轮机润滑油排烟风机	0Ⅲ	否	燃气轮机控制室	有	经常、连续	
9	燃气轮机控制室空调	0Ⅲ	否	燃气轮机控制室	否	经常、连续	
10	载波机逆变装置	0Ⅱ				经常、连续	
11	汽轮机（燃气轮机）盘车装置	0Ⅲ	否	集控室	有	不经常、连续	
12	热工自动化阀门	0Ⅲ	否	集控室	有	经常、短时	
13	柴油发电机自用电	0Ⅲ				不经常、连续	
14	主厂房应急照明	0Ⅲ				经常、连续	
15	充电装置	0Ⅲ				不经常、连续	
16	不间断电源装置电源	0Ⅲ				经常、连续	
17	烟囱障碍照明灯	0Ⅲ				经常、连续	
18	消防通道电动卷帘门	0Ⅲ				不经常、连续	
19	电梯	0Ⅲ				经常、短时	
三	燃气轮机部分						
1	辅助液压油泵	Ⅱ	否	燃机控制室	有	不经常、短时	
2	燃气轮机功率输出舱冷却风机	Ⅰ	否	燃机控制室	有	经常、连续	
3	燃气轮机启动电动机扭矩/转速调节电动机	Ⅲ	否	燃机控制室	有	不经常、连续	

续表

序号	名称	供电类别	是否易于过负荷	控制地点	有无连锁要求	运行方式	备注
4	燃气室通风风机电动机	I	否	燃机控制室	有	经常、连续	
5	排气室冷却风机	I	否	燃机控制室	有	经常、连续	
6	空气处理模块	I	否	燃机控制室	有	经常、连续	
7	清洗模块	II	否	燃机控制室	有	不经常、短时	
四	余热锅炉部分						
1	电动给水泵	I	否	集控室	有	经常、连续	
2	旁路除氧器水泵	I	否	集控室	有	经常、连续	
五	汽轮发电机组本体部分						
1	主油箱排烟风机	II	否	集控室	无	经常、连续	
2	汽封冷却器排气风机	I	否	集控室	有	经常、连续	
3	润滑油箱电加热器	III	否	就地	无	不经常、连续	
4	抗燃油泵	I	否	集控室	有	经常、连续	
5	抗燃油循环泵	II	否	集控室	有	经常、连续	
6	抗燃油箱电加热器	III	否	就地	无	不经常、连续	
7	发电机定子冷却水泵	I	否	集控室	有	经常、连续	定子绕组水冷发电机
六	汽轮发电机组辅助系统部分						
1	凝结水泵	I	否	集控室	有	经常、连续	
2	汽轮机油净化装置	I	否	集控室	有	经常、连续	
3	胶球清洗泵	III	否	就地	无	不经常、短时	
4	电动滤水器	II	否	集控室	有	经常、连续	
5	闭式冷却水泵	I	否	集控室	有	经常、连续	
6	开式冷却水泵	I	否	集控室	有	经常、连续	
7	水环式真空泵	I	否	集控室	有	经常、连续	
8	水室真空泵	III	否	集控室	有	不经常、连续	
9	润滑油输送泵	II	否	集控室	无	不经常、连续	
10	燃气轮机润滑油输送泵	II	否	集控室	有	不经常、连续	
11	排污泵	II	否	就地	有	不经常、连续	
12	仪用空气压缩机	I	否	集控室	有	经常、连续	
13	直接空冷凝汽器冷却风机	I	否	集控室	有	经常、连续	
七	电气及公共部分						
1	主变压器强油循环风冷电源	I	否	就地	有	经常、连续	
2	交流励磁机备用励磁电源	I	否	集控楼	有	不经常、连续	
3	硅整流装置通风机	I	否	就地励磁屏	有	经常、连续	
4	备用励磁机	I	否	集控楼	有	不经常、连续	
5	通信电源	I	否			经常、连续	
6	励磁启励电源	II	否	集控楼	无	不经常、短时	
7	离相封闭母线微正压空压机	II	否	就地	无	经常、短时	
8	高压厂用变压器冷却风机	II	否	就地	有	经常、连续	
9	高压启动/备用变压器冷却风机	II	否	就地	有	经常、连续	

序号	名称	供电类别	是否易于过负荷	控制地点	有无连锁要求	运行方式	备注
八	供水系统部分						
1	消防水泵	Ⅰ	否	集控楼或就地	有	不经常、短时	
2	循环水泵	Ⅰ	否	集控楼或就地	有	经常、连续	
3	真空泵	Ⅱ	否	就地	有	经常、短时	
4	补给水泵	Ⅱ	否	就地	无	经常、连续	
5	生活水泵	Ⅱ	否	就地	有	经常、连续	
6	冷却塔风机	Ⅱ	否	集控楼	无	经常、连续	
7	雨水泵	Ⅱ	否	就地	有	不经常、连续	
8	旋转滤网	Ⅲ	否	就地		经常、连续	
9	旋转滤网冲洗水泵	Ⅲ	否	就地		不经常、短时	
九	化水处理系统部分						
1	清水泵	Ⅰ或Ⅱ	否	水控制室或就地	有	经常、连续	
2	中间水泵	Ⅰ或Ⅱ	否	水控制室或就地	有	经常、连续	
3	除盐水泵	Ⅰ或Ⅱ	否	水控制室或就地	有	经常、连续	
4	除碳风机	Ⅰ或Ⅱ	否	水控制室或就地	有	经常、连续	
5	加药泵	Ⅱ	否	水控制室或就地	有	经常、连续	
6	自用水泵	Ⅱ	否	水控制室或就地	无	经常、短时	
7	废水泵	Ⅱ	否	水控制室或就地	有	经常、短时	
8	罗茨风机	Ⅱ	否	水控制室或就地	无	经常、短时	
9	混床酸（碱）计量泵	Ⅱ	否	水控制室或就地	无	经常、短时	
10	阳床酸计量泵	Ⅱ	否	水控制室或就地	无	经常、短时	
11	阴床碱计量泵	Ⅱ	否	水控制室或就地	无	经常、短时	
12	（磷酸）盐溶液泵	Ⅱ	否	水控制室或就地	有	经常、短时	
13	混床自用泵	Ⅱ	否	水控制室或就地	有	经常、短时	
14	覆盖自用水泵	Ⅱ	否	水控制室或就地	有	经常、短时	
15	（活性炭）反洗泵	Ⅱ	否	水控制室或就地	有	经常、短时	
16	辅料泵	Ⅱ	否	就地	有	经常、短时	
17	碱液稀释泵	Ⅱ	否	就地	有	经常、短时	
18	覆盖护膜泵	Ⅱ	否	就地	有	经常、短时	
19	水池搅拌机	Ⅱ	是	就地	有	经常、短时	
20	酸（碱）磁力泵	Ⅱ	否	就地	无	经常、短时	
21	次氯酸钠注入泵	Ⅱ	否	就地	有	经常、短时	
22	盐酸注入泵	Ⅱ	否	就地	有	经常、短时	
23	循环水加稳定剂升压泵	Ⅱ	否	就地	有	经常、短时	
24	空气压缩机	Ⅱ	否	就地	无	经常、短时	
25	循环水加氯升压泵	Ⅱ	否	就地	有	经常、短时	
十	废水处理系统						
1	废水处理输送泵	Ⅱ	否	水控制室或就地	无	经常、连续	
2	pH调整池搅拌机	Ⅱ	否	水控制室或就地	无	经常、连续	
3	澄清池（浓缩池）刮泥机	Ⅱ	是	水控制室或就地	无	经常、连续	

续表

序号	名称	供电类别	是否易于过负荷	控制地点	有无连锁要求	运行方式	备注
4	焚烧液输送泵	Ⅱ	否	水控制室或就地	无	经常、连续	
5	澄清池（浓缩池）排泥泵	Ⅱ	是	水控制室或就地	无	经常、连续	
6	污泥泵	Ⅱ	是	水控制室或就地	无	经常、连续	
7	污泥脱水机	Ⅱ	否	水控制室或就地	无	经常、短时	
8	冲洗水泵	Ⅱ	否	水控制室或就地	无	经常、短时	
9	污水泵	Ⅱ	否	水控制室或就地	无	经常、短时	
10	酸（碱）计量泵	Ⅱ	否	水控制室或就地	无	经常、短时	
11	回水排放水泵	Ⅱ	否	水控制室或就地	无	经常、短时	
12	次氯酸钠溶液输送泵（计量泵）	Ⅱ	否	水控制室或就地	无	经常、短时	
13	凝聚剂输送泵（计量泵）	Ⅱ	否	水控制室或就地	无	经常、短时	
14	杂用搅拌风机	Ⅱ	否	水控制室或就地	无	经常、短时	
15	混合槽（中和槽）搅拌机	Ⅱ	否	水控制室或就地	无	经常、短时	
16	凝聚剂搅拌机	Ⅱ	是	水控制室或就地	无	经常、短时	
17	次氯酸钠搅拌机	Ⅱ	否	水控制室或就地	无	经常、短时	
18	汽水集中取样冷却输泵	Ⅱ	否	水控制室或就地	有	经常、连续	
十一	辅助系统						
1	油泵房设备	Ⅰ	否	就地	无	经常、连续	
2	制氢站设备	Ⅱ	否	就地	无	经常、连续	
3	天然气调压站设备	Ⅰ	否	就地	无	经常、连续	
4	油处理设备	Ⅲ	否	就地	无	经常、连续	
5	修配厂设备	Ⅲ	否	就地	无	经常、连续	
6	试验室设备	Ⅲ	否	就地	无	经常、连续	
7	电焊机	Ⅲ	否	就地	无	不经常、断续	
8	起重机械	Ⅲ	否	就地	无	不经常、断续	
十二	暖通、建筑						
1	中央空调机组	Ⅱ	否	集控室	有	经常、连续	
2	屋顶通风机	Ⅱ	否	就地	有	经常、连续	
3	事故通风机	Ⅱ	否	就地	无	不经常、连续	
4	通风机	Ⅲ	否	就地	无	经常、连续	
5	采暖供水泵	Ⅲ	否	就地	无	经常、连续	
6	电动卷帘门	Ⅲ	否	就地	无	不经常、短时	当电动卷帘门不作为消防通道时

注　1. "经常"与"不经常"，是指厂用负荷的使用机会；"连续""短时"与"断续"是指每次使用时间的长短。

2. 经常——与正常生产密切相关，每天都要使用的负荷。

3. 不经常——正常不用，仅在检修、事故或机组启停期间使用的负荷。

4. 连续——每次连续带负荷运行时间 2h 以上的负荷。

5. 短时——每次连续带负荷运行时间 2h 以内，10min 以上的负荷。

6. 断续——每次使用从带负荷到空载或停止，反复周期地工作，每个工作周期不超过 10min 的负荷。

三、厂用电压等级

燃气轮机发电厂厂用电电压等级一般采用 6kV 作为高压厂用电压，低压厂用电系统采用 380/220V 电压等级，厂用电动机的电压一般按容量选择：

（1）200kW 以上的电动机一般采用 6kV。

（2）200kW 及以下的电动机，一般采用 380V。

四、厂用电系统中性点接地方式

（一）高压厂用电系统的中性点接地方式

1. 中性点不接地方式

（1）主要特点。

1）发生单相接地故障时，流过故障点的电流为电容性电流。

2）当厂用电系统单相接地电容电流小于 10A 时，可不跳闸，允许运行 2h，为处理故障赢得时间。

3）当厂用电系统发生单相接地故障时，健全相将产生较高的过电压。

4）实现有选择性的接地保护比较困难。

5）无需中性点接地装置。

（2）适用范围。单相接地电容电流小于 10A 的高压厂用电系统。

2. 中性点高电阻接地方式

（1）主要特点。

1）选择适当的电阻值，可以抑制单相接地故障时健全相的过电压倍数不超过额定相电压的 2.6 倍，避免事故扩大。

2）单相接地故障时，故障点将流过一固定值的电阻性电流，控制接地总电流小于 10A，保护动作于信号，便于排查故障点。

3）可直接采用接入大电阻的方式，也可采用二次侧接小电阻的配电变压器接地方式来达到预期要求。

4）当高压厂用变压器的二次侧为 D 接线时，必须设置 YD 接地的专用接地变压器。

（2）适用范围。为了降低间歇性电弧接地过电压水平和便于寻找接地故障点的情况，适用于高压厂用电系统接地电容电流小于 7A。

（3）接地设备的选择。

1）厂用变压器二次侧为 Y 接线时，采用二次侧接小电阻的单相配电变压器接地方式的原理接线如图 19-1 所示。

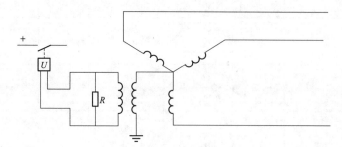

图 19-1　厂用变压器二次侧为 Y 接线时，中性点经高电阻接地的原理接线

a. 二次侧电阻

$$R = \frac{1}{9\pi f_e C n^2} \tag{19-1}$$

$$P = 9.42 f_e C U_e^2 \times 10^{-3} \tag{19-2}$$

式中　R——接地电阻最大允许值，Ω；

　　　f_e——额定频率，Hz；

　　　C——厂用电系统单相对地电容，μF；

　　　n——接地变压器一次侧与二次侧电压之比；

　　　P——接地电阻容量（最小允许值），kW；

　　　U_e——接地变压器一次侧电压，kV。

b. 计算接地故障电流 I_F 的公式为

$$I_F = \sqrt{\left(\frac{U_e \times 10^3}{\sqrt{3} R n^2}\right)^2 + \left(\sqrt{3} U_e \times 2\pi f_e C \times 10^{-3}\right)^2} \tag{19-3}$$

如 $I_F > 10$A，则不能采用高电阻接地。

c. 接地变压器。接地变压器一次侧电压不低于高压厂用电系统额定相电压，二次侧额定电压决定于变压器供货和接地继电器技术规范，一般取 $100 \sim 120$V。

由于中性点经高电阻接地系统允许带单相接地故障运行，所以接地变压器的容量应大于接地电阻的容量。

2）厂用变压器二次侧为 D 接线时，中性点经高电阻接地的原理接线如图 19-2 所示。厂用电系统的中性点通过 YD 三相接地变压器（或由三台单相变组成）接地。接地变压器一次侧 Y 中性点直接接地，二次侧在 D 开口接适当容量的电阻。接地变压器一般连接在母线的进线开关侧。

a. 二次侧电阻

$$R = \frac{1}{\pi f_e C n^2} \tag{19-4}$$

$$P = 9.42 f_e C U e^2 \times 10^{-3} \tag{19-5}$$

b. 计算接地故障电流计算。同式（19-3）。

c. 接地变压器。采用 3 台单相变压器时，每台单相变压器的容量不小于 57.7% 的电阻容量。

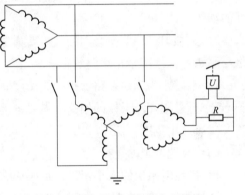

图 19-2　厂用变压器二次侧为△接线时，
中性点经高电阻接地的原理接线

3. 中性点低电阻接地方式

（1）主要特点。

1）当厂用电系统单相接地电容电流大于 7A 但小于 10A 时，可采用不接地方式以维持供电的连续性，但接地电弧不能自动清除，会产生较高的过电压，并易发展为多相短路，故也可采用中性点低电阻接地方式，当厂用电系统单相接地电容电流大于 10A 时应采用中性点中低电阻接地方式，动作于跳闸。

2）抑制单相接地故障时健全相的过电压倍数不超过额定相电压的 2.6 倍，避免事故扩大。

3）选择适当的接地电阻，在发生单相接地故障时，适当放大故障电流，以便选择简单、灵敏而有选择性的保护，并动作于跳闸。

4）当高压厂用变压器的二次侧为 D 接线时，必须设置 YD 接地的专用接地变压器。

（2）适用范围。适用于高压厂用电系统接地电容电流大于 7A。

（3）接地设备的选择。

1）电阻器电阻值计算式为

$$R = \frac{U_e}{\sqrt{3} I_R} \times 10^3 \tag{19-6}$$

式中　R——接地电阻器电阻值，Ω；

　　　U_e——高压厂用电系统额定线电压，kV；

　　　I_R——选定的单相接地电流，A。

2）电阻器额定电压计算式为

$$U_R \geqslant 1.05 \frac{U_e}{\sqrt{3}} \tag{19-7}$$

3）电阻器功率计算式为

$$P = I_R U_R \tag{19-8}$$

（二）低压厂用电系统的中性点接地方式

1. 中性点高电阻接地方式

（1）主要特点。

1）单相接地故障时可以避免开关立即跳闸和电动机停运；也防止了由于熔断器一相熔断造成的电动机两相运转，提高了厂用电系统的运行可靠性。

2）单相接地故障时，单相接地电流值在小范围内变化，可以采用简单的接地保护装置实现有选择性的动作。

3）必须另设照明检修网络，需要增加照明和其他单相负荷供电的供电变压器，但也清除了动力网络与照明、检修网络相互间的影响。

4）不需要为满足短路保护的灵敏度而放大馈线电缆截面。

5）对采用交流操作的回路，需要设置控制变压器。

（2）适用范围。低压厂用电系统均可采用。

（3）接地电阻的选择。

1）接地电阻值的大小，以满足所选的接地指示装置为原则，但应不超过带单相接地运行的允许电流值（一般按 10A 考虑）。当采用发光二极管的高阻接地指示灯时，选用接地电阻为 44Ω，额定电流为 8.9A。

2）一般情况下最大容性电流为 1A，最大阻性电流为 5.23A，总的电流最大值为 5.32A。

3）计算单相接地故障发生在距离变压器最远处的接地电流最小值。按长 300m（由 5% 电压降确定）、3×4mm^2 铜芯电缆截面 1.39Ω，并计入保护接地电阻 10Ω，则接地电流最小值为 $\frac{220}{44 + 1.39 + 10}$ = 3.97(A)

4）由于接地电流值保持在 3.97～5.23A 范围内，满足接地指示灯发亮的要求。

2. 中性点直接接地方式

（1）主要特点。

1）单相接地故障时。

a. 中性点不发生偏移，阻止了相电压出现不对称和超过 250V。

b. 保护装置应立即动作于跳闸，电动机停止运转。

c. 对于采用熔断器保护的电动机，由于熔断器一相熔断可导致电动机两相运转而烧毁。

d. 为了获得足够的灵敏度，又要躲开电动机启动电流，往往不能利用自动开关的过流瞬动脱扣器，必须加装零序电流互感器组成的单相短路保护。

e. 对于熔断器保护的电动机，为了满足馈线电缆末端单相接地短路电流大于熔体额定电流 4 倍的要求，需加大电缆截面或改为四芯电缆，采用自动开关作保护电器。

2）动力和照明、检修回路可以共用。

a. 低压厂用网络比较简单。

b. 照明检修网络的故障容易影响动力回路的正常运行，降低了厂用电系统的可靠性。

c. 大型低压电动机启动时影响照明体的工作。

d. 用于辅助厂房采用交流操作的场合，可以省去在每一个回路上安装控制变压器的费用。

（2）适用范围。低压厂用电系统均可采用。

五、厂用电源的引接

（一）高压厂用工作电源引接方式

高压厂用工作电源一般由对应机组的燃气轮机出口引接。

对于联合循环发电机组，汽轮发电机组及余热锅炉的厂用工作电源，一般由连接在燃气轮机出口的高压厂用工作变压器提供。

高压厂用备用电源，主要有两种选择方案：

（1）设置一台专门的高压备用变压器，电源引至厂内的高压配电装置，技术经济合理时，也可由外部电源引专用线路供电。

（2）在机组内部或者两台机组之间设置两台互为备用的高压厂用工作变压器，相互提供备用电源。

高压厂用工作电源和备用电源引接，可根据主机容量及配置和布置方案，采用以下几种常见方案：

1. 联合循环发电工程，如图19-3～图19-8所示。

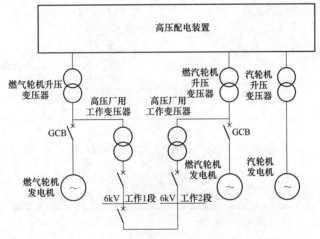

图 19-3 典型"二拖一"配置方案接线形式1

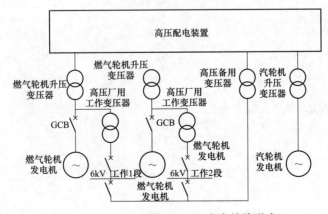

图 19-4 典型"二拖一"配置方案接线形式2

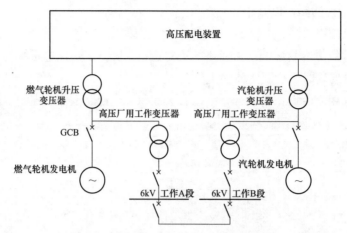

图 19-5　典型"一拖一"配置方案接线形式 1

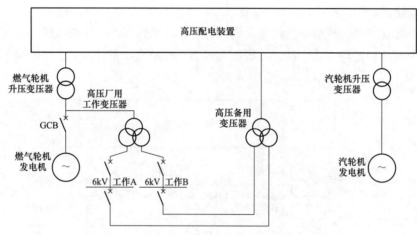

图 19-6　典型"一拖一"配置方案接线形式 2

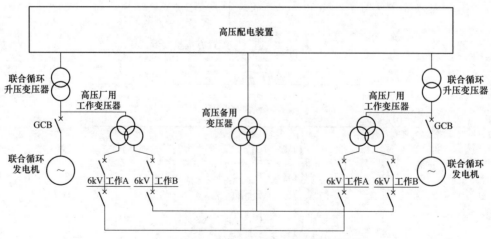

图 19-7　典型单轴布置联合循环配置方案接线形式

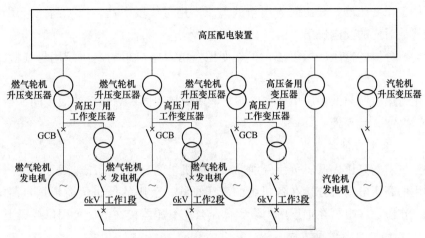

图 19-8　典型多轴布置联合循环配置方案接线形式

2. 单循环发电工程如图 19-9、图 19-10 所示。

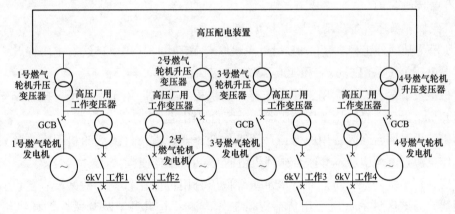

图 19-9　单循环配置方案接线形式 1

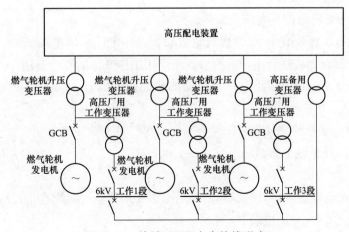

图 19-10　单循环配置方案接线形式 2

（二）低压厂用工作电源及备用电源引接方式

（1）低压厂用工作变压器一般由对应机组的高压厂用母线段引接，当无高压厂用母线段时，可由发电机电压主母线或对应的发电机出口引线。

（2）按燃气轮机分段的低压厂用母线，工作变压器由对应机组的高压厂用母线段或对应的燃气轮机出口引接。

（3）低压厂用备用电源与低压厂用工作电源，应避免接入同一高压母线段或同一高压电源。

（三）厂用负荷的供电方式

1. 主厂房内厂用电负荷供电方式

主厂房内单元机组的高压、低压负荷分别接入对应机组的高压、低压母线工作段。

主厂房内公用的高压电动机分接在各机组的高压母线，公用的低压负荷根据负荷情况，可分接在各机组低压母线工作段上，也可在主厂房内设置低压公用变压器接在低压公用母线段上。

2. 远离主厂房厂用电负荷供电方式

远离主厂房的高压电动机，根据负荷情况一般分接在各机组的高压工作母线上，必要时也可设高压公用集中段接在高压公用集中段母线上。

远离主厂房的供水、化水、油泵房、天然气调压站等辅助车间低压负荷，根据总平面布置，在就地设互为备用的低压厂用变压器供电。

（四）厂用电接线实例

1. 209E 机组联合循环机组厂用电接线案例一

图 19-11 所示为某国外工程 2 套 209E 燃气轮机联合循环电厂厂用电接线，主要特点：

（1）厂用电电压等级采用 6.6kV 和 400/230V 两级。

（2）每套机组设置两台高压厂用工作变压器，提供机组高压厂用工作电源，电源引至燃气轮机发电机出口，两套机组设置 1 台高压备用变压器，为两台机组提供高压备用电源。

（3）每套机组设置两台互为备用的低压厂用工作变压器，为两台燃气轮机组和汽轮发电机组的工作负荷提供工作电源，电源引至本套联合循环机组的 6.6kV 工作段。

（4）主厂房、化学水处理车间、补给水泵房等低压公用负荷比较集中的区域，各设置两台互为备用的低压变压器，为该区域的低压公用负荷提供工作电源，电源引至两套联合循环机组的 6.6kV 工作段。

（5）循环水泵房设置 3 台低压变压器，2 台运行、1 台备用，为循环水泵房的低压负荷提供工作电源。

2. 209E 机组联合循环机组厂用电接线案例二

图 19-12 所示为另外 2 套某国外 209E 燃气轮机联合循环电厂厂用电接线图，与图 19-11 最大的差别是不设高压备用变压器，每套联合循环的两台高压厂用工作变压器互为备用。

另外，根据业主的要求，设置了供电厂黑启动的柴油发电机组，通过保安变压器，柴油发电机组同时作为保安电源。

3. 西门子 STG5-4000F 机组"一拖一"联合循环机组厂用电接线案例

图 19-13 所示为某国外工程 1 套西门子 STG5-4000F 机组"一拖一"燃气轮机联合循环电厂厂用电接线，主要特点：

1 套联合循环发电机组设置一台分裂结构的高用工作变压器，同时设置 1 台高压备用变压器，电源引至电厂电压相对较低的 110kV 配电装置。

低压厂用电系统也采用专用备用变压器。

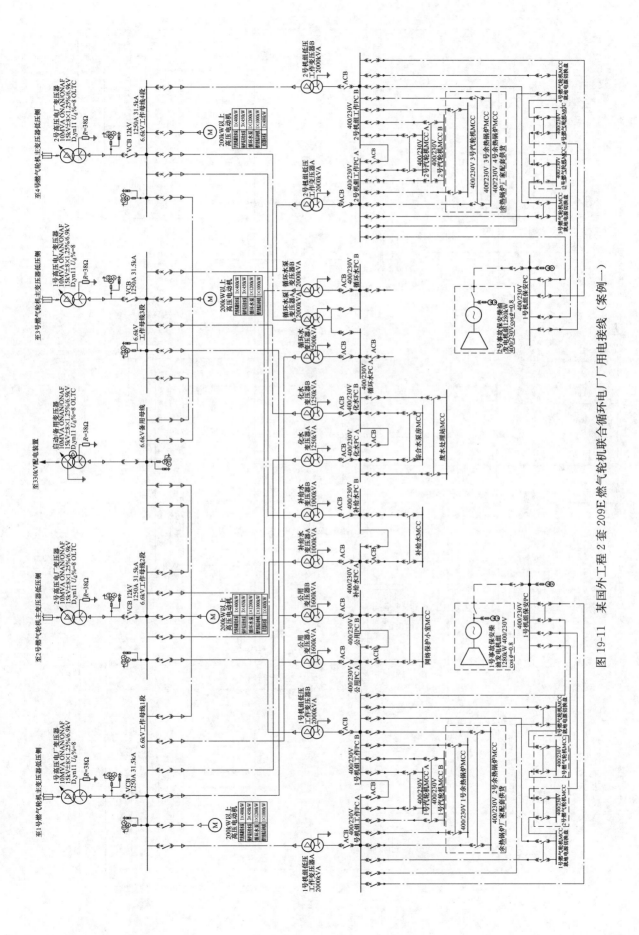

图 19-11　某国外工程 2 套 209E 燃气轮机联合循环电厂厂用电接线（案例一）

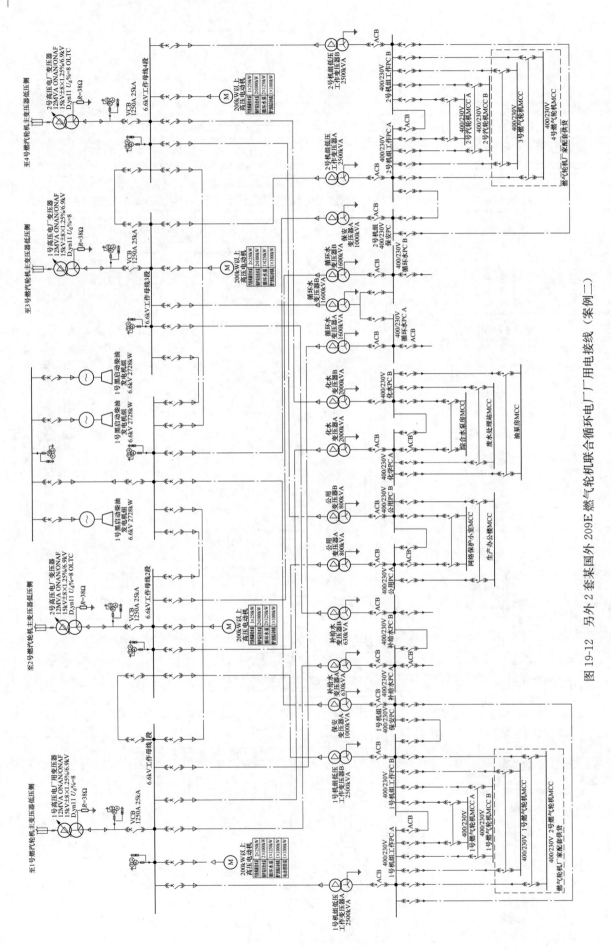

图 19-12 另外 2 套某国外 209E 燃气轮机联合循环电厂厂用电接线（案例二）

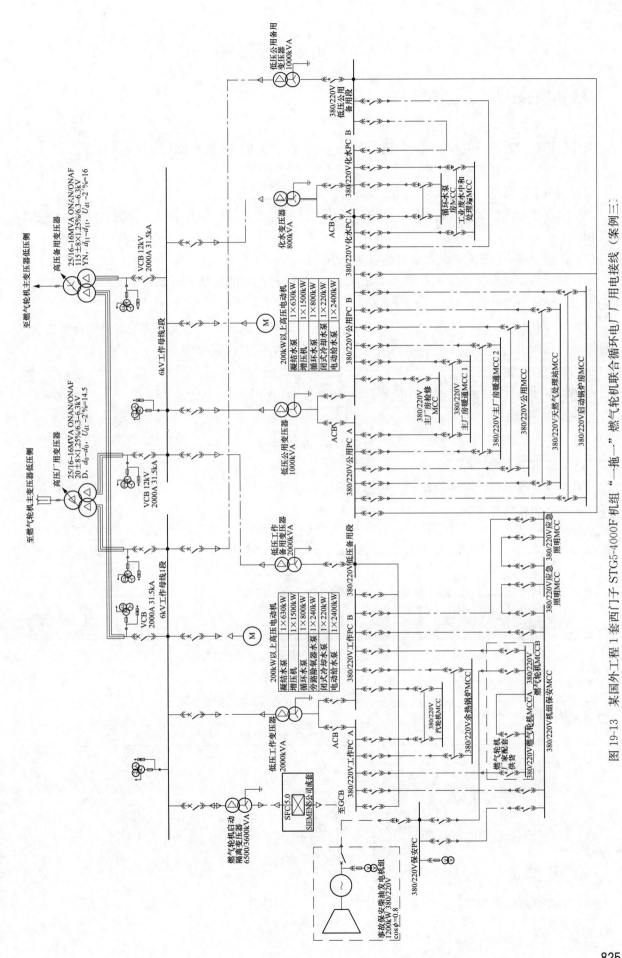

图 19-13　某国外工程 1 套西门子 STG5-4000F 机组 "一拖一" 燃气轮机联合循环电厂厂用电接线（案例三）

第二节　厂用变压器选择

一、负荷计算

（一）负荷计算原则

选择厂用电源容量，应对厂用电负荷进行统计，并按辅机可能出现的最大运行方式计算：

（1）连续运行的负荷应予计算。

（2）当机组运行时，不经常连续运行的负荷也应予计算。

（3）经常短时或经常断续运行的负荷应予计算，计算时考虑对厂用变压器温升的实际效应做适当的折扣。

（4）不经常短时和不经常断续运行的负荷不予计算。

（5）同一厂用电源供电的互为备用的设备，只计算运行部分的容量，不同厂用电源供电的互为备用的设备，计算全部的容量。

（6）对于分裂变压器，其高、低压绕组中通过的负荷应分别计算，当两个低压绕组接有互为备用的设备时，高压绕组的容量只计算其运行部分，但低压绕组的容量都要计算。

（二）计算方法

厂用电负荷计算根据辅机特点，可选择换算系数法和轴功率法

1. 换算系数法

$$S_{\mathrm{C}} = \sum (KP) \tag{19-9}$$

式中　S_{C}——计算负荷，kVA；

　　　K——换算系数，可参考表 19-2 取值；

　　　P——负荷计算功率。

表 19-2　　　　　　　　　　　　　　　换算系数表

机组容量	换算系数 K	
	≤125MW	≥200MW
给水泵	1.0	1.0
循环水泵	0.8	1.0
凝结水泵	0.8	1.0
其他高压电动机	0.8	0.85
其他低压电动机	0.8	0.7
直接空冷机组空冷风机	1.25	
静态负荷	加热器取 1.0，电子设备取 0.9	

负荷 P 计算如下。

（1）连续运行的电动机为

$$P = P_{\mathrm{e}} \tag{19-10}$$

（2）短时及断续运行的电动机为

$$P = 0.5 P_{\mathrm{e}} \tag{19-11}$$

式中　P_{e}——电动机额定功率。

（3）中央修造厂为

$$P = 0.14 \sum P + 0.4 \sum_{5} P \tag{19-12}$$

式中 $\sum P$——全部电动机额定功率总和；

$\sum_5 P$——其中最大的 5 台电动机额定功率总和。

(4) 照明负荷为

$$S_C = \sum K_t P_a \frac{1+\alpha}{\cos\Phi} \tag{19-13}$$

式中 K_t——同时率，主厂房为 $0.8\sim1$；

P_a——照明器安装功率；

α——照明器附件损耗，白炽灯、卤钨灯取 0，气体放电灯取 0.2；

$\cos\Phi$——照明器功率因素，白炽灯、卤钨灯取 1，气体放电灯取 0.9。

2. 轴功率法

轴功率法计算公式为

$$S_C = K_t \sum \frac{P_z}{\eta\cos\Phi} \tag{19-14}$$

式中 K_t——同时率，取 $0.9\sim0.95$；

P_z——最大运行的轴功率；

η——对应轴功率的电动机效率；

$\cos\Phi$——对应轴功率的电动机功率因素。

二、容量选择

(一) 容量选择的原则

(1) 高压厂用变压器容量应按高压电动机厂用计算负荷与低压厂用电的计算负荷之和选择。

(2) 明备用的低压变压器容量宜留有 10% 的裕度，暗备用的低压厂用变压器可不留裕度。

(3) 高压厂用备用变压器的容量不小于最大一台高压厂用工作变压器的容量。

(二) 计算公式

1. 高压厂用变压器和高压厂用备用变压器

(1) 对双绕组变压器为

$$S_B \geqslant S_g + S_d \tag{19-15}$$

(2) 对分裂变压器。

1) 低压侧分裂绕组为

$$S_{2B} \geqslant S_{2BJ} = S_g + S_d \tag{19-16}$$

2) 高压绕组为

$$S_B \geqslant \sum S_{2BJ} - S_s \tag{19-17}$$

式中 S_B——双绕组变压器或分裂变压器高压侧绕组额定容量；

S_g——最大运行方式条件下高压电动机计算容量；

S_d——最大运行方式条件下低压负荷计算容量；

S_{2B}——分裂变压器分裂绕组额定容量；

S_{2BJ}——分裂变压器分裂绕组计算容量；

S_s——最大运行方式条件下分裂绕组两分支重复计算容量。

2. 低压厂用变压器

(1) 对采用暗备用的低压厂用变压器的容量 $S \geqslant S_d$。 \hfill (19-18)

(2) 对采用明备用的低压厂用变压器的容量 $S \geqslant 1.1 S_d$。 \hfill (19-19)

第三节 厂用电设备的选择

一、一般要求

（1）正常运行条件下适用各种操作要求，故障时安全迅速而有选择性地切除故障。

（2）布置在室内的设备采用无油化设备，高压开关设备采用真空断路器，低压厂用变压器一般采用干式变压器，布置在室外的高低压厂用变压器采用油浸式变压器。

（3）高压开关设备满足短路动稳定、热稳定的要求。

二、厂用高压电气设备

1. 厂用高压开关设备的形式

高压厂用电气设备采用高压成套开关装置，高压成套装置由多台高压开关柜组成，开关柜内配置控制、测量和保护设备。厂用高压开关柜采用手车式高压开关柜，断路器安装在可移出的小车上，断路器两侧使用插头与母线和出线侧的固定导体部分连接，断路器（或 TV）安装在手车上，可以移出柜外检修，开关柜的各个功能区采用金属或绝缘板分隔，以限制故障的蔓延。典型的手车式高压开关柜（断路器馈线柜）结构见图 19-14。

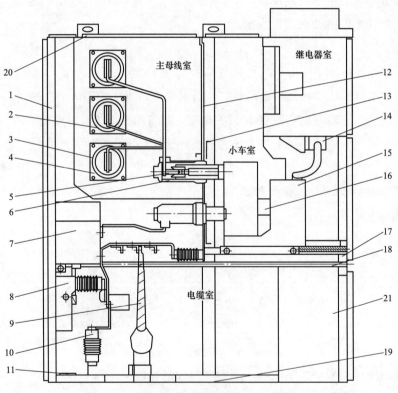

图 19-14 典型的手车式高压厂用开关柜结构

1—外壳；2—支母线；3—母线套管；4—主母线；5—静触头；6—触头盒；7—电流互感器；8—接地开关；
9——次电缆；10—避雷器；11—接地主干线；12—隔板；13—活动帘板；14—二次插头；15—小车；
16—除湿电加热器；17—水平隔板；18—接地开关操作机构；19—柜底板；20—泄压装置；21—二次电缆槽

2. 厂用高压开关设备的参数

目前，国内主要生产高压真空断路器的厂家众多，真空断路器的型号主要有 ZN 系列（有的厂家 VS1 系列），国外品牌的型号有 SIEMENS 的 3AH 3AE、ABB 的 VD4 等，表 19-3 罗列了部分适用于燃气轮机发电厂中压真空断路器设备的技术参数，适用燃气轮机发电厂高压厂用电系统选用。

表 19-3   真空断路器厂用的技术参数

型号	ZN 系列		3AE 系列		VD4 系列	
额定电压（kV）	12		12		12	
额定电流（A）	630 1250 (1600) (2000) (2500)	(630) 1250 16002000 2500	630 800 1250 1600 2000 2500	800 1250 1600 2000 2500 3150	630 1250 16002000 2500	630 1250 16002000 2500
额定短路开断电流（kA）	25	31.5	25	31.5	25	31.5

注　国内各生产厂家生产的 ZN 系列号有差异，有的可提供表内所有规格的产品，有的不能提供括号内的产品规格。

三、厂用低压电气设备选择

1. 低压开关设备的形式

厂用低压配电设备，采用低压成套配电装置，由低压厂用母线、低压开关、仪表以及互感器等组成，按照一定的技术要求进行装配，用来接收、分配电能，并通过控制系统，实现对厂用电设备的运行控制。

按结构型式，厂用低压配电装置可分为固定式和抽出式低压配电装置。

固定式低压配电装置的所有回路设备，采用固定安装的形式，安装在开关柜内，不同的回路可分隔在不同的单元间，也可多个回路不加隔离安装在开关柜内的同一个单元内；抽出式低压配电装置内的设备，按照不同的回路，安装在不同单元隔室的可抽出部件内，设备具有较高的可靠性、安全性和互换性。

燃气轮机发电厂低压厂用电系统一般采用抽出式低压配电装置。

2. 低压电器选择及校验

不同低压电器的选择及校验条件见表 19-4。

表 19-4   低压电器选择及校验条件

设备名称	按回路工作电压	按回路工作电流	按短路分断能力	按短路动稳定	按回路启动电流	备　注
刀开关及组合开关	$U_e \geqslant U_g$	$I_e \geqslant I_g$[①]		$\geqslant i_{ch}$[②]		i_{ch} 为短路电流峰值
熔断器及限流型塑壳断路器	$U_e \geqslant U_g$	$I_e \geqslant I_g$	$\geqslant I_z(0.01)$		见表 19-5	$I_z(0.01)$ 为计及反馈电流的 0.01s 短路电流周期分量的有效值
动作时间大于 4 个周波的断路器	$U_e \geqslant U_g$	$I_e \geqslant I_g$	$\geqslant IB''$			IB'' 为不计及反馈电流的短路电流周期分量的有效值
动作时间小于 4 个周波的断路器	$U_e \geqslant U_g$	$I_e \geqslant I_g$	$\geqslant I_z(t)$		③	$I_z(t)$ 为计及反馈电流的 t 秒短路电流周期分量的有效值

注　U_e、I_e 分别是设备的额定电压、额定电流，U_g、I_g 分别是设备的工作电压、工作电流。

① 组装于柜内或抽屉内的设备应计及温升的影响，其额定值应予以修正，通常取 0.7～0.9 的修正系数。

② 刀开关及组合开关，与有限流作用的熔断器和断路器组合时，可按限流后的 i_{ch} 校验。

③ 接触器或启动器一般不能满足短路动稳定要求，当与限流作用的熔断器或塑壳断路器组合时能够得到 a 型（允许接触器本身损坏，可能更换某些零件或更换整台设备）和 c 型保护（允许触头熔焊并可以更换）。

表 19-5 熔断器及断路器脱扣器选择整定公式

回路名称	单台电动机回路	馈线干线（两式中取大者）	
		最大一台电动机启动	集中成组自启动
熔断器熔件额定电流	$I_e \geqslant \dfrac{I_Q}{a}$	$I_e \geqslant \dfrac{I_{Q1}}{a} + \sum\limits_2^n I_{gi}$	$I_e \geqslant \dfrac{\sum I_Q}{a}$
断路器	$I_z \geqslant K I_Q$	$I_z \geqslant 1.35\left(I_{Q1} + \sum\limits_2^n I_{gi}\right)$	$I_z \geqslant 1.35\sum I_Q$

注　I_e——熔件额定电流，A；

　　I_z——脱扣器整定电流，A；

　　I_Q——电动机启动电流，A；

　　I_{Q1}——最大 1 台电动机启动电流，A；

　　$\sum\limits_2^n I_{gi}$——除最大 1 台电动机外的其他回路计算电流合计，A；

　　$\sum I_Q$——馈线干线回路要求自启动的所有电动机自启动电流，A；

　　a——熔断器熔体选择系数，对一台（单台）电动机启动取 2.5～3，对馈线干线要求自启动的回路取 1.5（A）；

　　K——可靠系数，动作电流大于 0.02s 取 1.35，小于 0.02s 的取 1.7～2。

第四节　厂用电动机

一、形式选择

（1）厂用电动机，一般采用鼠笼式交流异步电动机。

（2）厂用电动机的防护等级，应与周围的环境条件相适应，对有爆炸危险的场所，应采用防爆电动机。

（3）当用于海拔 2000m 以上地区时，应选用有防电晕等措施的专用高原高压电动机。

（4）用于热带和湿热带地区，应选用相应标准的电动机。

二、电压选择

通常选用 6kV 和 380V 两级电压，200kW 以上的电动机，采用 6kV 电动机；200kW 及以下的电动机，采用 380V 电动机。

三、容量选择

电动机的容量按所需要的轴功率选择，按下式计算，即

$$P_e \geqslant K \cdot K_t \cdot K_h \cdot P_z \tag{19-20}$$

式中　P_e——电动机额定功率，kW；

　　K——机械储备系数，一般取 1.2（或根据工艺特性选取）；

　　P_z——对应电动机驱动的辅机设备机械轴功率；

　　K_t——温度修正系数，见表 19-5；

　　K_h——海拔高度修正系数，当电动机用于海拔 1000m 以上时，如使用地点环境温度随海拔增高而递减、并满足式（19-21）的要求，则电动机容量不作修正；若不满足，按式（19-21）不等号之前的部分计算，每增加 1℃，电动机降容 1%。

$$\frac{h-1000}{100}\Delta\theta - (40-\theta) < 0 \tag{19-21}$$

　　h——海拔，m；

θ——使用地点最高环境温度，无资料是按最高月平均的最高温度加 5℃；

$\Delta\theta$——海拔每升高 100m 电动机温升的递增值，为电动机温升的 1‰（℃）。

电动机温度修正系数 K_t 见表 19-6。

表 19-6 电动机温度修正系数 K_t

冷却空气温度（℃）	25	30	35	40	45	50
修正系数 K_t	1.1	1.08	1.05	1	0.95	0.875

第二十章　交流事故保安电源

第一节　交流事故保安负荷

火力发电厂的厂用电负荷按其对人身安全和设备安全的重要性，可分为 0 类负荷和非 0 类负荷。厂用电负荷的重要性由其所属的工艺系统确定。停电将直接影响到人身或重大设备安全的厂用电负荷，称为 0 类负荷，除此之外的厂用电负荷均可视作非 0 类负荷。

0 类负荷的分类按其重要性程度及对电源的要求不同应遵守以下原则：

(1) 0 I 类负荷：在机组运行期间，以及停机（包括事故停机）过程中，甚至在停机以后的一段时间内，应由交流不间断电源（UPS）连续供电的负荷，即交流不停电负荷。

(2) 0 II 类负荷：在发生全厂停电或在单元机组失去厂用电时，为了保证机组的安全停运，或者为了防止危及人身安全等原因，应在停电时继续由直流电源供电的负荷，即直流保安负荷。

(3) 0 III 类负荷：在发生全厂停电或在单元机组失去厂用电时，为了保证机组的安全停运，或者为了防止危及人身安全等原因，应在停电时继续由交流保安电源供电的负荷，即交流保安负荷。

一、交流事故保安负荷的分类

(一) 旋转电动机负荷

(1) 燃气轮机顶轴油泵和盘车电动机。一般在机组停机后 20min 启动，连续运转 6～8h。

(2) 燃气轮机交流润滑油泵，在事故停机时，由于机组惰行，主油泵不起作用，润滑油压力降低到某定值后，自动启动交流润滑油泵。交流润滑油泵是事故停机后最先启动的电动机之一，并在整个停机过程中连续运行，直到盘车终止后还需要运行 2h。

(3) 空（氢）侧交流密封油泵。当发电机为氢冷却时，空侧交流密封油泵在事故停机后最先启动，在整个过程中连续运行。

(4) 燃气轮机排气框架冷却风机，透平部件冷去风机，润滑油排烟风机。

(5) 电动阀门。必须作为事故保安负荷的电动阀门为数极少，如真空破坏阀、抽气逆止阀等。因为这些阀门容量很小，运行时间很短，在统计事故保安系统的总容量时不予计入。

(二) 静止负荷

1. 蓄电池的浮充电装置

蓄电池的充电装置在发电厂事故停电的情况下，所承担的负荷约为装置额定容量的 30%～50%。

2. 事故照明

中小容量燃气轮机电厂，事故照明主厂房部分采用直流蓄电池供电，辅助车间可采用自带蓄电池的照明灯具。

大容量电厂，由于事故照明需供电的范围大，电源容量要求大，除部分特别重要的事故照明由直流供电外，大部分事故照明由保安电源供电。

3. 其他与机组运行安全关系密切的设备

例如：重要设备的通风、冷却电源，电梯电源，部分热工控制保护电源，部分电气控制电源等。这些设备有的是由双路电源供电的，其中一路电源要由保安段供电，从而提高了供电的可靠性。

4. 交流不间断供电的负荷即 UPS 负荷

(1) 计算机系统、微机保护、微机远动装置和各种变送器。

（2）汽轮机电调装置。

（3）机组的保护联锁装置。

（4）程序控制装置。

（5）主要的热工测量仪表等。

以上 UPS 负荷要求电源中断时间小于 5ms。

UPS 的供电电源分为工作电源和旁路电源，其中工作电源接入保安电源，旁路电源接入机组工作段。

二、典型机组的交流事故保安负荷举例

表 20-1 列举了某联合循环燃气轮机电厂一台 9E 燃气轮机组的交流事故保安负荷的名称和容量。

表 20-1 　　　　　　　　　　　　燃气轮机组交流事故保安负荷统计表

序号	名称	额定电压	额定容量（kW）	安装台数	连续台数	计算功率	启动电流
1	集控楼 125V 直流系统 1 号充电器电源	400/230	72	1	1	72	
2	集控楼 125V 直流系统 2 号充电器电源	400/230	72	1	1	72	
3	集控楼 UPS 工作电源	400	80	1	1	80	
4	集控楼电子设备间热控配电箱	400/230	40	1	1	40	
5	柴油发电机组机房防爆型轴流风机	400	0.37	4	4	1.48	
6	柴油机房日用油箱间防爆型轴流风机	400	1	1	1	1	
7	柴油机房配电室轴流风机	400	0.37	1	1	0.37	
8	柴油机房自用电	400/230	15	1	1	15	
9	柴油机房应急照明箱	400/230	0.27	1	1	0.27	
10	1 号汽机房交流辅助油泵电动机	400	56	2	1	56	707.27
11	1 号汽机房盘车电动机	400/230	15	1	1	15	
12	余热锅炉电梯	400/230	8.3	2	1	8.3	
13	天然气调压站保安总负荷	400/230	35	1	1	35	
14	余热锅炉保安负荷	400/230	50	2	2	100	
15	余热锅炉应急照明箱（包括航空障碍照明）	400/230	15	2	2	30	
16	集中控制楼应急照明箱 CCB－EL01	400/230	2.55	1	1	2.55	
17	集控楼热控电源柜	230	12	1	1	12	
18	机岛保安 MCC	400/230	200	1	1	200	
	合计计算功率 ΣP （kW）			27		742.22	

第二节　事故保安电源设置方案、接线方式及容量选择

一、柴油发电机组的特点

（一）柴油发电机组介绍

柴油机是热机的一种，它的基本作用就是把燃烧发出的热能转化为可使用的机械能。按能量转变的形式柴油机应该属于内燃机的一种。其特点是让燃料在机器的气缸内燃烧，生成高温高压的燃气，利用这个燃气作为工作物质去推动活塞做功。即燃料燃烧形成工质的过程直接在工作室内进行。

柴油机气缸中点燃燃料的方式是利用气体受压缩后温度升高的现象，在压缩冲程中强力压缩气缸

中的新鲜空气，使其温度升高到超过柴油自燃的温度，然后喷入柴油自行发火燃烧做功，因此，柴油机又称压燃式内燃机。柴油机的效率为 28%～40%。

柴油机组的电气系统由发电机、励磁机、励磁调节装置、低压配电设备和电气二次系统（控制、保护、测量表计）组成。

柴油发电机的启动方式一般为电启动。电启动方式的电源，一般采用全密封免维护阀控铅酸蓄电池，蓄电池的浮充装置具备小电源浮充和快速充电的双速自动充电功能。蓄电池的容量满足连续启动 6 次的用电量要求。

除自动控制的要求外，柴油发电机还有就地控制屏控制和主机组单元控制室 DCS 远方强制启动/停机控制方式。就地控制与 DCS 控制能通过设在就地控制屏上的切换开关选择。

（二）柴油发电机组的特点

（1）柴油发电机组的运行不受电力系统运行的影响，是独立的可靠电源。机组启动迅速，可满足发电厂中允许短时间断供电的交流事故保安负荷的要求。

（2）可靠性高。此电源设备以及配电故障概率较低，在正常维护下投入成功率较高。

（3）电能质量满足要求。设备在正常运行状态与负荷启动情况下的电压，其频率都可以满足电厂用电的要求。

（4）柴油发电机组应可长期运行，满足长时间事故停电的供电要求。

（5）柴油发电机组结构紧凑，辅助设备较为简单，热效率较高。电源在投入使用后，其维护工作量比较小，经济性较好。

二、交流事故保安电源电气接线

（一）交流事故保安电源设置原则

根据 DL/T 5174—2003《燃气-蒸汽联合循环电厂设计规定》：

（1）单轴及多轴配置的联合循环发电机组宜按每套发电机组容量等级的要求配置交流保安电源。

（2）简单循环及联合循环的发电机容量为 200MW 级及以上时，应设置交流保安电源。

（3）调峰的燃气轮发电机组且盘车电动机需交流电源时，应设置交流保安电源。

（4）发电机容量小于 200MW 级的非调峰用燃气轮机应根据制造厂的要求，决定交流保安电源的设置。

（二）交流事故保安电源接线的基本原则

（1）专用柴油发电机组与燃气轮发电机组成对应性配置。

（2）交流保安电源的电压及中性点接地方式应与低压厂用系统取得一致。一般每台机组设置一段事故保安母线，单母线接线。当事故负荷中具有一台以上的互为备用的电动机时，应接在不同的保安母线段上。每台机组的交流事故保安负荷应由本机组的保安母线段集中供电。

（3）交流事故保安母线段除了由柴油发电机组取得保安电源外，还需由厂用电取得正常工作电源，以满足机组正常运行情况下需要运行的保安负荷的供电要求。

（4）在机组发生事故停机后，接线应具有能尽快从正常厂用电源切换到柴油发电机供电的装置。

（5）柴油发电机组的电气接线应能保证机组在紧急事故状态下快速自启动，并能适应无人值班的运行方式。

（三）交流事故保安电源基本接线方式

1. 二机一套的接线

两台机组共用一套柴油发电机组，每台机组设置单独的事故保安段，采用单母线对事故保安负荷集中供电，适用于 200MW 发电机组。柴油发电机组容量为 500kW，每台机组设置单独的事故保安段，采用单母线对事故保安负荷集中供电。二机一套的交流事故保安电源系统接线如图 20-1 所示。

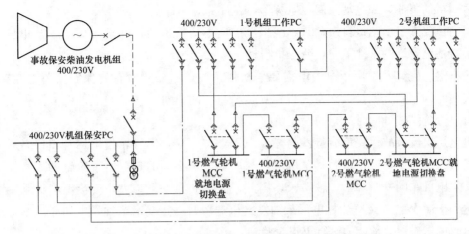

图 20-1　二机一套的交流事故保安电源系统接线

2．一机一套的接线

每台机组设置一套柴油发电机组，提供机组安全停机所必需的交流电源。柴油发电机直接连接到保安动力中心，由保安动力中心再分别供电给汽轮机、锅炉及其他保安电动机控制中心。汽轮机和锅炉均设置一段保安电动机控制中心，保安电动机控制中心设三回进线一回来自保安动力中心，另两回来自汽轮机或锅炉动力中心。保安电动机控制中心正常时由相应的动力中心供电，当其正常电源失电后经延时确认后自动启动柴油发电机组，当转速和电压达到额定值时，柴油发电机出口开关自动合闸，保安动力中心带电，并联锁自投失去正常电源的保安电动机控制中心的保安进线开关，向其供电。保安负荷顺序自动投入，以保证柴油发电机组的频率和电压保持在允许范围内。一机一套的交流事故保安电源系统接线如图 20-2 所示。

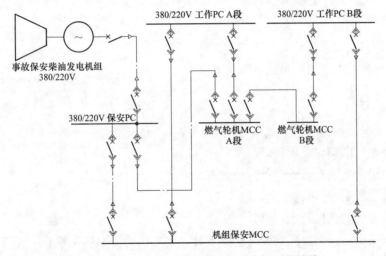

图 20-2　一机一套的交流事故保安电源系统接线

三、柴油发电机组容量选择及电压降计算

（一）容量选择的基本原则

（1）柴油发电机组的长期允许容量应能满足机组安全停机最低限度连续运行的负荷也即最大同时运行的停机负荷的需要。

（2）用成组启动或自启动时的最大有功功率校验柴油机的短时过载能力。

（3）事故保安负荷中的短时不连续运行负荷，在计算柴油发电机组的容量时，不予考虑。仅在校验机组过负荷能力时计及。

（4）短暂运行的负荷，如电动阀门、电梯等，在计算时不计及。

（5）机组容量要满足电动机自启动时母线最低电压不得低于额定电压的75％。当电压不能满足要求时，可在运行情况允许的条件下将负荷分批启动。

在燃气轮机电厂机组发生厂用电失电需要停机停炉时，不需要所有的保安负荷都立刻同时投入，也是按照一定的时间序列分批投入。在进行保安负荷统计时，对于在时间上能错开的保安负荷也不应全部计算，可以分阶段统计同时运行的保安负荷。

燃气轮机电厂交流事故保安负荷特性与燃煤电厂类似，只是燃气轮机电厂辅机设备较少，发电机组的事故保安负荷也不大，但是，燃气轮机电厂与燃煤电厂不同的是，由于单轴的燃气轮机组燃气轮机、汽轮机、发电机在同一个轴上，轴系长，因此，整个润滑油系统大，交流润滑油泵容量远大于燃煤电厂，能达到160kW，在燃气轮机电厂柴油发电机选型时一定要对柴油发电机带负荷启动一台最大容量的电动机时的短时过负荷能力进行重点校验。

（二）计算公式

（1）确定柴油发电机组额定容量的公式为

$$S_{fe} \geqslant S_c$$

$$P_{fe} \geqslant P_c$$

$$Q_{fe} \geqslant Q_c$$

式中　　S_{fe}、P_{fe}、Q_{fe}——表示柴油发电机组额定视在功率（kVA）、有功功率（kW）和无功功率，kvar；

　　　　　S_c、P_c、Q_c——表示长期连续运行负载的额定视在功率（kVA）、有功功率（kW）和无功功率，kvar。

（2）校验发电机短时过载能力的公式为

$$S_{fe} \geqslant \frac{S_{Qm}}{K_{GF}}$$

式中　　S_{Qm}——成组启动或自启动时负荷的最大值，kVA；

　　　　K_{GF}——发电机短时过负荷系数，取1.5。

（3）确定柴油机容量的公式为

$$P_{CYH} \geqslant P_{Qm} \times \frac{1}{K_{GCY}} \times \frac{1}{\eta_{CY}} \times \frac{1}{K_q}$$

式中　　P_{CYH}——柴油机的额定功率，kW；

　　　　P_{Qm}——成组启动或自启动时负荷最大有功功率，kW；

　　　　K_{GCY}——柴油机1h过负荷能力，取1.1；

　　　　η_{CY}——柴油机的机械效率，取0.95；

　　　　K_q——当机组运行在非标准大气状况下时，柴油机的功率修正系数。在工程中，可近似按海拔每增高1000m，柴油机功率下降10％考虑。

（4）计算电压降的公式。当考虑发电机电压校正器的作用时，可认为发电机在成组启动或单台电动机启动时引起的电压变动与发电机已带负荷几乎无关。

对于凸极电动机，启动最大负荷时的电压降（％）为

$$\Delta U\% = \left[1 - \frac{Z\sqrt{R^2 + (X_{q*} + X)^2}}{(X'_{d*} + X)(X_{q*} + X) + R^2} \right] \times 100\%$$

$$Z = \frac{S_{fe}}{S_{zqm}}$$

$$S_{zqm} = \sqrt{P_{zqm}{}^2 + Q_{zqm}{}^2}$$

式中　　Z——最大启动负荷的等效阻抗（标幺值）；

　　　　R——最大启动负荷的等值电阻，$R = Z\cos\Phi_{zqm}$，其中 $\cos\Phi_{zqm} = \rho_{zqm}/S_{zqm}$；

　　X_{q*}——发电机的横轴电抗（标幺值）；

　　　　X——最大启动负荷的等值电抗，$X = Z\sin\Phi_{zqm}$，其中 $\sin\Phi_{zqm} = \rho_{zqm}/S_{zqm}$；

　　X'_{d*}——发电机的暂态电抗（标幺值）；

　　S_{zqm}——最大启动负荷的容量，kVA；

　　P_{zqm}——最大启动负荷的有功容量，kW；

　　Q_{zqm}——最大启动负荷的容量，kvar。

（5）计算自启动电压降的近似公式：在工程计算中，往往会遇到发电机参数不全或负荷资料不详细的情况，在这种情况下可以采用近似计算法求得自启动电压降的近似值（％）。

近似计算公式为

$$\Delta U\% = \left(\frac{X_{dm}}{X_{dm} + X_e}\right) \times 100\%$$

$$X_{dm} = \frac{1}{2}(X''_d + X'_d)$$

$$X_e = P_{fe}/P_{Qm}$$

式中　　X'_d——发电机的暂态电抗；

　　　　X''_d——发电机的暂态电抗。

（三）计算用参数的确定

在计算柴油发电机组容量及电压降时所需用的计算参数在表 20-2 中列出。

表 20-2　　　　　　　　　　　　　　　　计算用参数

计算用参数	电动机负荷		静止负荷
	正常运行状态	启动状态	
功率因数	0.86	0.4	0.8
效率	0.89		0.95
负荷率	0.8		0.3～0.5
启动电流倍数		6.6	

四、柴油发电机组机房布置

应急柴油发电机组是由制造厂提供的较完整的成套单元设备，平时备用，无人值班。在应急运行的情况下，也具有一定的独立性。为了便于维护管理，一般在发电厂内单独设置一个附属车间。

柴油发电机室在工程总体布置中，应布置在通风较好，并尽量接近保安负荷中心的地区。但因柴油机运行时噪声大、振动大、排出废气污染环境，故在布置上要考虑对周围环境的影响，如应与集控室保持一定距离。

柴油发电机组的主辅机设备和配电设备、控制屏大多放置在一起。目前国内大多厂家成套提供静音箱式柴油发电机组，适用于单台小容量的场合。多台大容量的柴油发电机组一般设置有专用机房，其安装布置要求如下：

（1）柴油发电机组及其辅助设备的布置首先应满足设备安装、运行和维护的需要，要有足够的操作间距、检修场地和运输通道。

（2）在机组设备布置时应认真考虑通风、给排水、供油、排烟以及电缆等各类管线的布置，要尽量减少管线的长度，避免交叉，减少弯曲。

（3）机房的面积应根据机组的数量、功率的大小和今后扩容等因素考虑。在满足要求的前提下，尽量减少电站的建筑面积，做到经济合理。

（一）单台柴油发电机组在机房内的布置形式

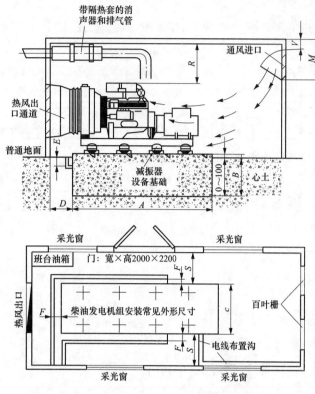

图 20-3　单台机组机房设备布置参考图

由于应急柴油发电机组的连续运行时间较短，所以辅助系统可以简化，机组设备设在同一间机房内。图 20-3 所示是单台机组的设计示意图。这类容量的柴油发电机组大多采用 24V 电压启动的方式，发电机的控制箱独立设置在机组的操作侧，冷却系统采用带风扇散热水箱闭式水冷却循环，机头冷却水箱和排风扇经排风罩与室外相通，直接将风冷后的热空气排至室外，进风一般应在机组的后面或侧后部经百叶栅进入，以避免热风短路。

（二）多台柴油发电机组在机房内的布置形式

大容量的柴油发电机组辅助设备比较齐全，一般分为机房、控制室和辅助房间三大部分。机组设置在机房内，与机组关系密切的油罐、水箱和进排风机等辅助设备设在机房附近。发电机组控制屏、配电屏和机组操作台等设在控制室内。其常见的布置方式见图 20-4。

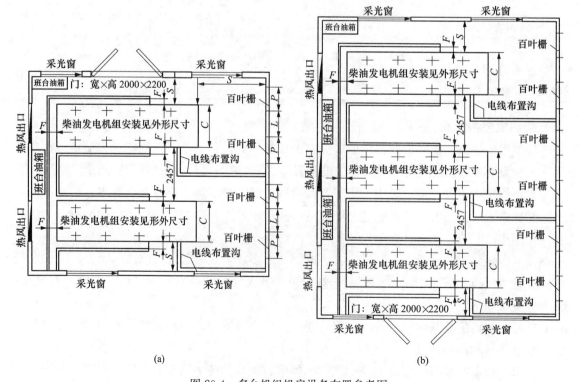

(a)　　　　　　　　　　　　　　　　　(b)

图 20-4　多台机组机房设备布置参考图

（a）两台柴油发电机组机房设备布置参考图；（b）3 台柴油发电机组机房设置布置参考图

（三）机组在机房内布置尺寸的一般原则

（1）发电机组的进、排风管道和排烟管道架空敷设在机组两侧靠墙 2.2m 以上的空间内。排烟管道一般敷设在机组的背面。

（2）机组的安装、检修、搬运通道，在平行布置的机房中安排在机组的操作面；在垂直布置的机房中，安排在发电机端；对于双列平行布置的机房，则安排在两排机组之间。

（3）柴油发电机房的高度，主要考虑机组安装或检修时，利用预留吊钩用手动葫芦起吊活塞连杆组和曲轴等零部件所需的高度。

（4）与柴油发电机组引接的电缆、水、油等管道应分别设置在机组两侧的地沟内，地沟净深一般为 0.5～0.8m，并设置必要的支架，以防电缆漏电。

（5）布置尺寸不包括压缩空气启动机组的启动设备和其他辅助设备所需的面积。一般空气压缩机单独设置机房。

（四）机组控制屏等控制设备的布置要求

发电机控制屏、低压配电屏等设备的布置与一般低压配电要求相同，应符合有关的标准和设计规范，其基本要求如下：

（1）操作人员能清晰地观察控制屏和操作台的仪表和信号指示，并便于控制操作。

（2）屏前、屏后应有足够的安全操作和检修距离。单列布置的配电屏屏前通道应不小于 1.5m，双列对面布置的屏前通道应不小于 2.0m，屏后的检修距离不小于 1.0m。配电屏顶部的最高点据房顶应不小于 0.5m。

（3）如果机组设有操作台，机组操作台的台前操作距离不小于 1.2m，如设在配电屏前，控制台与屏之间的距离为 1.2～1.4m。

（4）配电屏的附近和上方不得设置水管、油管道或通风管道。

五、柴油发电机组二次接线

柴油发电机组的二次接线应能保证机组在紧急事故状态下快速自启动，并能适应无人值班的运行方式。

（一）基本要求

（1）保安电源宜采用以下切换方式：

1）正常切换宜采用手动并联切换。

2）事故切换，正常工作电源故障或误跳时，备用电源应自动投入，同时发出柴油发电机启动指令，如备用电源投入不成功，应自动投入柴油发电机电源。

3）在厂用电源恢复正常后，手动切换恢复厂用电源的供电，手动将机组停机。

（2）柴油发电机应装设自动启动和手动启动装置，并满足以下要求：

1）保安段工作电源消失后自动投入备用电源，自动启动装置应同时发出柴油发电机自动启动命令。若自启动连续 3 次失败，应发出停机信号，并闭锁自起动回路。

2）柴油发电机的手动启动宜在柴油发电机附近的就地控制屏上进行操作。

3）柴油机旁应设置紧急停机按钮。

4）启动电源或气源的容量应能满足 6 次启动的要求。

（3）柴油发电机组的控制开关应具有"就地""维护""自启动""试验" 4 个位置。

1）开关在"自启动"位置时，厂用电源一旦消失，机组应迅速可靠自启动。

2）开关在"就地"位置时，控制回路的自启动部分应退出工作。此时可在柴油机组上操作机组的启停。

3）开关在"试验"位置时，在厂用电源正常的情况下，能启动机组，但发电机出口开关不合。

4) 开关在"维护"位置时，应向集控室发一信号，同时闭锁手动启动和自动启动方式，才允许检修设备。

（4）机组的辅助油泵、水泵等辅机电动机，应具有满足工艺要求的自动控制接线。

（5）机组应具有下列保护装置：

机组应具有发电机过电流保护、欠电压保护，对于容量在 800kW 以上的机组，可设置差动保护（这些保护动作可使主开关跳闸）。对于中性点不接地系统的机组，还应设置接地保护信号装置。

此外，还有冷却水温度高、润滑油压低、润滑油温高等保护动作于信号的装置。

（6）柴油发电机的测量应满足以下要求：

1) 就地控制屏上应装设可显示电流、电压、功率因数、有功功率和频率及启动电源直流电压的表计或装置。

2) 单元控制室计算机监控系统应采集柴油发电机电流、电压、频率、有功功率。

（7）机组一般装设下列信号：

在机房内的机组控制屏上设置有本体及润滑油、循环水、压缩空气等辅助系统所需的信号。

（8）柴油发电机的电气联锁应满足以下要求：

1) 柴油发电机宜在就地装设同期并列装置。

2) 正常工况下，包括柴油发电机带载试验时，保安段的厂用工作电源与柴油发电电源；

3) 事故状态下，保安段的厂用工作电源与柴油发电机之间应采用串联断电切换。

（9）单元控制室内应设置柴油发电机及其分支断路器的位置状态及事故信号。

（二）机组自启动控制接线逻辑方框图

以图 20-1 所示的电气接线图为例，图 20-5 表示机组自起动控制逻辑方框图。

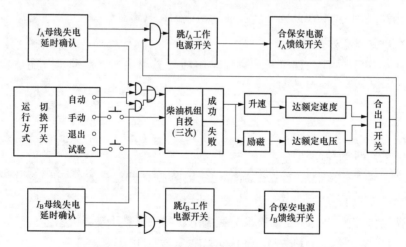

图 20-5 柴油发电机组自启动逻辑方框图

动作过程简述如下：

在电厂正常运行时，将机组的运行方式切换开关置于"自动"位置。当 I_A 段母线工作电源失电后，经过延时确认（躲开备用电源自投的时间，为 3～5s。对于备用电源手动投入的接线，只需躲开馈线开关的切断故障时间 1～2s）后，启动柴油机组。当机组的转速、电压达到额定值时，合发电机出口开关。此时，如果 I_A 段母线工作电源仍未恢复正常，则待发电机出口断路器合闸后，跳 I_A 段母线工作电源开关，合保安电源 I_A 段母线馈线开关。

第二十一章　电气设备布置

　　电厂的总布置设计要为安全生产、方便管理、节省投资、节约用地创造各种条件，并注意建（构）筑物群体的协调，从整体出发，美化环境。有了好的总体布置，就能够在生产过程中，充分发挥先进工艺设备的作用，达到较高的经济效益。

　　电工建（构）筑物（包括高压配电装置及其出线、变压器、无功补偿装置及控制楼等）总布置设计是在拟定的厂址和总体规划的基础上，根据电气生产工艺流程和使用的要求，结合当地各种自然条件进行的。要全面处理好总平面布置、竖向布置以及道路交通等问题。

第一节　电工建（构）筑物的总平面布置

一、电工建（构）筑物总平面布置的基本原则

（一）满足电气生产工艺流程要求

　　电工建（构）筑物总平面布置首先要满足电气主接线的要求，力求导线、电缆和交通运输线路短捷、通顺，避免迂回，尽可能减少交叉。

　　在电工建（构）筑物总平面布置中要特别注意解决好以下两个环节：

　　（1）首先要把占地面积大的高压配电装置的方位确定好。其方位确定得好坏，直接影响到高压进、出线的布置，关系到整个电厂的有利条件能否得到充分利用和涉及主要和辅助建（构）筑物的布置是否合理。

　　（2）要为全厂电气设备的控制中心——主控制楼或网络控制楼选择良好的位置，利于运行人员监视、控制，保证电气设备的安全运行。

（二）慎重确定最终规模，妥善处理分期建设

　　最终规模包括出线回路数、主变压器、高压并联电抗器、串联补偿装置、调相机、静止补偿装置等的数量和容量。最终规模偏大或偏小都将导致总平面布置的不合理，偏大造成浪费，偏小则布置拥挤、混乱，影响安全运行。

　　初期建设的电工建（构）筑物要尽量集中布置，以便于分期购地和利于扩建。要减少前后期工程施工与运行方面的相互干扰，为后期工程建设创造较好的施工条件。

　　在条件许可时，尽量不堵死突破最终规模而再扩建的可能性。当突破时，可能在总布置上有某些不够合理的地方。

（三）布置紧凑合理，尽量节约用地

　　总平面布置要尽可能减少占地面积，充分利用荒地、劣地、坡地，少占或不占良田，还应注意少拆迁房屋建筑，减少人口迁移。因此：

　　（1）布置要紧凑、合理，在满足运行、检修和防火、防污等要求的前提下，尽量压缩电工建（构）筑物的间距。

　　（2）按照工程不同特点，分别采用分相中型、高型、半高型、屋内型等节约用地的配电装置和组合式电气设备。

　　（3）推广多层联合布置。控制楼、通信楼、试验室和检修间等功能相近或互有联系的电工建（筑）物宜为多层联合布置。

（四）结合地形地质，因地制宜布置

1. 注意场地的不同自然地形，选择相应的布置方式

（1）尽量使高压配电装置等主要建（构）筑物的长轴沿自然等高线布置，以减少基础埋置深度和便于场地排水。

（2）因地制宜，选用不同的配电装置布置形式，避开不利地形。

（3）位于山区的电厂电工建筑物不宜紧靠山坡，否则应有防止塌方、危及电气设备和建（构）筑物的有效措施。

2. 按照各建（构）筑物对工程和水文地质的要求，选择场地内地质构造相对有利的地段

（1）屋内配电装置、主控制楼、主变压器、并联电抗器、调相机等的主建（筑）物及大型设备均应布置在土质均匀、地基承载力较大地段。

（2）电工建（构）筑物区应避开断层、滑坡、滚石、洞穴、冲沟、岸边冲刷区及塌陷区等不良地质构造的地段。

（3）在地震地建（构）筑物应布置在对抗震有利的地段，如稳定的岩石、坚实的土质、平坦的地形等。

（五）符合防火规定，预防火爆事故

为保障电工建（构）筑物的安全运行，总布置要根据 GB 50016《建筑设计防火规范》的要求，结合各电工建（构）筑物在生产或贮存物品过程中的火灾危险性类别及其应达到的最低耐火等级，按规定的电工建（构）筑物的防火间距进行设计。为防止储有大量绝缘油的变压器等充油电气设备的火灾和爆炸事故的蔓延和扩大，除应校核防火间距外，并应设置蓄油坑和总事故贮油池。

道路设计要考虑消防车通行，使消防车能迅速达到火灾地点，及时扑灭火灾。

（六）注意风向朝向、有利环境保护

我国大部分地区属季风气候区，夏季盛行偏南风，冬季盛行偏北风，两者风频相近，与欧洲和苏联盛行西风不同。作总平面布置时，要具体分析当地的风向玫瑰图，按照建构筑物布置的不同要求及相互间的不利影响，分别按季节或常年的盛行风向或最小频率风向（指盛行风向对应轴两侧频率最小的风向）考虑布置位置。

（1）烟囱排污常年都有害。因此，屋外配电装置宜布置在烟囱常年最小风频的下风侧或盛行风向的上风侧。

（2）冷却塔散发的水汽，冬季危害较大，因此，屋外配电装置宜布置在冷却塔冬季盛行风向的上风侧。

（3）为防止火灾蔓延，储油设施等易爆易燃装置宜布置在主要建（构）筑物常年盛行风向的下风侧或最小风频的上风侧。

（4）厂区位于封闭盆地时，因为四周有群山屏障，静风频率较高，大气中有害物质不易被风带走或扩散，所以布置时要使污源相对集中，与电工建（构）筑物尽量保持较大距离。

（5）控制楼要有良好的自然采光、通风和朝向，宜坐北朝南。

（七）控制噪声

电厂电工建筑物的总布置设计应重视控制噪声，在满足工艺要求的前提下，宜使主要工作和生活场所避开噪声源，以减轻噪声的危害。

要求安静的电工建（构）筑物的室内连续噪声级，不应超过表 21-1 的规定。电工值班休息室窗外 1m 处的连续噪声级不应超过 55dB（A）。

表 21-1　　　　　　　　　　要求安静的电工建筑物室内连续允许噪声级　　　　　　　　　　dB（A）

工作场所	一般允许连续噪声级	最高允许连续噪声级
控制室、通信室、计算机室	55	65
办公室	60	70
有人值班的生产建筑（每工作日接触噪声时间为 8h）	85	90

　　电工建（构）筑物附近为居民区时，则其围墙处的连续噪声级，昼间不应超过 65dB（A），夜间不应超过 55dB（A）。

　　电厂主厂房内汽轮机、锅炉及其附属设备的噪声比较严重，机务及热控设计人员应考虑限制其噪声影响，并保证位于汽轮机、锅炉中心的单元集控室安静。至于主控制楼及网络控制楼，则除了 6MW 及以下小机组外，均应布置在高压配电装置场地内（离开主厂房），以避开其噪声影响。

　　控制电工建（构）筑物区的噪声，首先要选用低噪声设备，并在总平面布置中遵守下列布置原则：

　　（1）主变压器、电抗器、调相机、静止补偿装置、空气压缩装置、冷却塔等噪声源不宜与控制室、通信室、办公室等要求安静的建筑物平行相对布置（可以采用一列式布置，使端墙起到良好的隔声作用），以避免噪声的直射影响。

　　（2）改善门窗布置位置，以减轻噪声的传播影响。

　　（3）噪声源在可能条件下，宜于集中布置在对安静区域影响较小的地段，如常年盛行风向的下风侧或最小风频的上风侧。

　　（4）当电工建（构）筑物附近有居民区时，噪声源不宜靠围墙布置。

　　（5）当采取上述措施不能满足防噪声要求时，则应加大噪声源与要求安静建筑物的距离。对于变压器、电抗器等，噪声衰减值 ΔL（与离噪声设备外壳 1m 处相比）可采用以下方法计算：

　　当 $r=1\sim5\text{m}$ 时，则

$$\Delta L = 0.3 - 6.1\lg r \quad (\text{dB}) \tag{21-1}$$

　　当 $r>5\text{m}$ 时，则

$$\Delta L = 7.1 - 16\lg r (\text{dB}) \tag{21-2}$$

式中　r——离噪声设备外壳的距离，m。

　　（八）合理分区、方便管理

　　由于某些电厂规模大、人员多，在考虑节约用地（如利用工艺布置出现的凸出、凹进或不规则的剩余场地）的原则下，宜有明确分区，一般分为生产区和厂前区。

　　生产区域包括各级电压配电装置、主变压器、调相机、静止补偿装置、控制楼等；厂前区包括传达室、行政管理室、给排水建筑、材料库、汽车库、食堂等。

　　生产区的控制楼，有条件时宜适当靠近厂前区，位于生产区和厂前区之间。主控制楼主立面面向进厂大门，以方便内、外联系和全所管理，并易取得良好的观瞻效果。

　　厂前区与生产区之间宜设置不低于 1.5m 高的围栅。电厂的四周应设置高为 2.3m 的封闭实体围墙，围墙应根据节约角地和便于保卫原则力求规整。

　　（九）有利于交通运输及检修活动

　　交通运输是总布置设计的一个重要部分。初期和最终的全厂总平面布置要充分适应电工建（构）筑物和设备的交通运输，以及消防和巡视等的使用要求，做到安全方便和经济合理。在总平面布置上还要为变压器等电气设备留有必要的就地检修场地。

（十）电工建（构）筑物与外部条件相适应

1. 注意山区与平原地区布局的不同点

电工建（构）筑物布置在平原地区时，具有交通方便、进出线顺畅、土石方量少、布置灵活不受地形限制、有较好的扩建条件、容易获得较佳设计及运行效果等优点。但建设在山区时则与此相反，往往紧邻山坡、地位狭窄、高差较大，相应需要设排洪沟，防止滑坡，压缩配电装置占地面积以及作阶梯布置等。

2. 电工建（构）筑物与城镇和工业区规划相适应

电工建（构）筑物布置在城镇及工业区时，要符合城镇或工业区规划的要求。面临城镇街道、公路或旅游区时，建筑物的体型和立面应与周围环境相协调。位于工业污秽及沿海盐雾地区时，应有防污染措施。

3. 合理安排架空出线走廊

电厂的高压进出线，往往要占有出线走廊，集中在一起出线。此时，为防止出线困难，须注意以下几点：

（1）高压线路不应跨越已建或规划的居民区、工厂、车站以及其他永久性建筑，尽量避免通过严重污秽区和靠近重要通信线路、广播电视台等，避免对通信的干扰。

（2）高压配电装置布置要适应高压出线走廊方位。出线间隔的排列顺序，要避免出线交叉。

（3）配电装置的出线门型架与线路终端塔间的水平转角和距离，应根据门型架宽度和结构，校验受力状况和安全净距。

（4）为节约出线走廊的占地面积，压缩出线走廊宽度，可以采用双回路杆塔或多回路杆塔。

（5）高压电缆线路的费用较贵，仅在架空出线走廊狭窄，或难以取得在技术经济上合理时，才采用电缆。

二、电工建构筑物的间距

（一）防火间距

防火间距按建（构）筑物的火灾危险性类别及最低耐火等级确定。

1. 电工建（构）筑物的火灾危险性类别

生产的火灾危险性应根据生产中使用或产生的物质性质及其数量等因素，分为甲、乙、丙、丁、戊类。甲类危险性最大，电厂电工及其附属建（构）筑物的火灾危险性都属于丙、丁、戊类。

2. 电工建（构）筑物的最低耐火等级

建（构）筑物的耐火等级由建筑构件的燃烧性能和最低耐火极限决定，分为一、二、三、四级。

一、二级耐火等级的建筑物防火条件好，其层数一般不限。电厂电工及其附属建（构）筑物的最低耐火等级，除冷却塔和空气压缩机室外，都属于一、二级耐火等级。

（二）电工建构筑物与冷却设施的间距

电厂冷却水用水量大，冷却塔一般均装设除水器以减轻水雾污染。电厂电工建（构）筑物与冷却设施的间距见表 21-2。

表 21-2 发电厂电工建构筑物与冷却设施的间距 m

冷却设施名称	屋外配电装置和变压器	一、二、三级耐火等级建筑物
自然通风冷却塔	40	30
机力通风冷却塔	60	35

注 当冷却塔不设除水器时，与建（构）筑物的距离可根据具体情况适当放大。

配电装置位置的选择宜避开自然通风冷却塔和机力通风冷却塔的水雾区及其常年盛行风向的下风侧。一般情况下，配电装置布置在自然通风冷却塔冬季盛行风向的上风侧时，配电装置构架边距自然通风冷却塔零米外壁的距离应不小于 25m；配电装置布置在自然通风冷却塔冬季盛行风向的下风侧时，配电装置构架边距自然通风冷却塔的距离应不小于 40m。

配电装置构架边距机力通风冷却塔零米外壁的距离，非严寒地区应不小于 40m，严寒地区应不小于 60m。

（三）电工建（构）筑物与厂内道路路边的间距

电工建（构）筑物与厂内道路路边的间距见表 21-3。

表 21-3　　　　　　　　　　　电工建（构）筑物与厂内道路路边的间距　　　　　　　　　　　　　m

建（构）筑物名称	厂内道路（路边）
丙、丁、戊类生产建筑 一、二、三级耐火等级	无出口时，1.5； 有出口，但无车道时，3.0； 有出口，有引道时，6～8
屋外配电装置	①
总事故贮油池	1
厂内生活建筑	无出口时，1.5； 有出口时，3.0
围墙	1

① 屋外配电装置与道路路边的距离不宜小于 1.5m，在困难条件下不应小于 1m。

第二节　电工建（构）筑物的竖向布置及道路

一、竖向布置

在总平面布置中要考虑竖向布置的合理性，而在竖向布置中往往又需要对总平面布置进行局部修正，统筹处理好两者关系是搞好总布置的重要环节。

竖向布置任务是善于利用和改变建设场地的自然地形，以满足生产和交通运输的需要，便于场地排水，为建（构）筑物基础埋设深度创造合适条件，并且力求土石方工程量和人工支挡构筑物的工程为最少，挖填方基本平衡。

电工建（构）筑物的竖向布置，要处理好以下两个方面的问题：

1. 合理确定电工建（构）筑物各部分的场地标高

首先，厂址标高应高于百年一遇的高水位，否则应有可靠的防洪设施。位于山区和内涝地区时，应有防排山洪和内涝措施。

（1）高压配电装置占地面积大，对升压站的竖向布置起决定性的作用，首先应结合地形、交通道路、排水和土石方平衡等因素，综合确定屋外配电装置的设计标高。

（2）控制楼是电气设备的控制中心，不仅平面布置要合理，而且竖向布置也须互相协调以便于巡视和控制电缆的联系。当控制楼结合厂前区布置时，还应同厂前区竖向布置相适应。

（3）调相机配备有冷却设施，当采用二次循环供水时，机房地坪标高应接近冷却设施水面标高；采用直流供水时，应尽量降低机房标高以求经济运行；低位布置的调相机应尽量使地下设施在地下水位以上，同时还应便于道路引接。

（4）厂内场地标高应高于或局部高于厂外地面。电工建（构）筑物场地设计坡度一般为 0.2%～2%，在困难地段，局部不应小于 0.3% 以利场地排水，局部最大坡度不宜超过 6%，必要时宜有防冲刷措施。主要生产建筑物的室内地坪标高应高出室外 0.3m 以上，辅助建筑物的室内地坪标高应高出室外 0.15m 以上。

（5）建（构）筑物的长轴宜平行于自然等高线布置，以节约土石方，减少基础工程量和便于场地排水。屋外配电装置平行于母线方向的坡度一般不大于 1%，两端架构标高差不宜超 1~1.5m，当采用硬管母线时，还要适当减少。同一配电装置的纵向和横向坡度不能同时太大，以免隔离开关操作困难，应尽量采用单向放坡。

（6）厂区自然坡度大于 5%~8% 时，宜采用阶梯式布置，以减少土石方工程量，电厂根据全厂总布置的要求确定。台阶宜按生产区域进行划分，应满足建（构）筑物和设备布置的要求，例如各级电压配电装置、主控制楼、主变压器可分别作为一个台阶，以便于运行检修、设备运输和管线敷设。台阶数量应尽量减少，每个台阶的高差不大于 3.5~4m，不小于 1.5m。台阶位置的确定应注意滑坡、危岩等不良地质的影响。相邻台阶的连接有放坡和设置挡土墙两种形式，可按实际情况确定，也可两种形式结合使用。

2. 场地排水要畅通

（1）电工建（构）筑物的场地，一般采用地面散流和明沟排水，有条件时也可采用雨水下水系统排水。采用地面散流排水时，要通过围墙下部的排水孔将水排出，采用明沟排水时，明沟宜沿道路布置，并尽量减少与道路交叉。

（2）屋外配电装置内，被地面电缆沟拦截场地的雨水，宜在电缆沟上设置渡槽或采用雨水下水道方式排除。为防止雨水夹带泥沙流入电缆沟内，沟壁一般高出地面 0.1~0.15m。

（3）当电工建（构）筑物区无法采用自流排水时，应设机械排水设施。

二、道路

厂内交通运输是否方便，决定于道路设计是否合理。道路分三级：

Ⅰ级：主要道路。由大门至控制楼、主变压器、调相机房的道路，需行驶大型平板车。

Ⅱ级：次要道路。除主要道路外，需要行驶汽车的道路。

Ⅲ级：巡视及人行小道。

1. 布置原则

（1）道路应结合生产和厂前区的划分进行布置，充分适应各电工建（构）筑物交通运输、消防、巡视和设备检修的使用要求，并且也作为各建（构）筑物间的分界标志。

（2）道路布置要力求规则，与主要建（构）筑物平行，并宜环形贯通。当环形有困难时，应具备回车条件，如在道路尽端设 12m×12m 回车场或在尽端设"T"形或"十"字路口，以取代回车场。

（3）道路设计标高及纵坡应与场地的竖向布置相适应，一般应与场地排水坡向保持一致，便于运输和排水。当采用阶梯布置时，要结合地形设置道路，通过道路把各个阶梯连成整体。

（4）主要道路与高压线，一般要处于不同方向或相互错开，尽可能避免穿越高压线。

（5）穿越道路的电缆隧道或沟应有足够强度，以保证行车安全。

2. 路面设计

（1）升压站内道路路面宽度一般为 3.5m，以行驶 40t 以下吊车及消防车；220~500kV 电工建（构）筑物区的主要道路，考虑大型平板车的通行，可放宽至 4~5m；巡视小道一般宽为 0.7~1m；屋外配电装置内需要进行巡视、操作和检修的设备四周，应铺砌宽度为 0.8~1m 的小岛式混凝土地坪。

（2）行驶汽车道路的弯曲半径，一般不小于 7m（内缘），通行平板车的路段弯半径要根据不同平板车的类型确定。

（3）道路一般采用混凝土路面或沥青表面处治和沥青灌入式路面。

第三节　高压配电装置布置

一、高压配电装置布置的设计原则与要求

（一）总的原则

（1）高压配电装置的设计应贯彻国家法律、法规。执行国家的建设方针和技术经济政策，符合安全可靠、运行维护方便、经济合理、环境保护的要求。

（2）高压配电装置的设计应根据电力负荷性质、容量、环境条件、运行维护等要求，合理地选用设备和制定布置方案。在技术经济合理时应选用效率高、能耗小的电气设备和材料。

（3）高压配电装置的设计应根据工程特点、规模和发展规划，做到远、近结合，以近期为主。

（4）高压配电装置的设计必须坚持的要求有：

1）节约用地。节约用地是我国的战略性方针。配电装置少占地、不占良田和避免大量开挖土石方，是一条必须认真贯彻的重要政策。

2）运行安全和操作巡视方便。配电装置布置要整齐、清晰，并能在运行中满足对人身和设备的安全要求。即使配电装置一旦发生事故，也能将事故限制到最小范围和最低程度，并使运行人员在正常操作和处理事故的过程中不致发生意外情况，以及在检修维护过程中不致损害设备。此外，还应重视运行维护时的方便条件，如合理确定电气设备的操作位置，设置操作巡视通道，便利与主（网络）控制室联系等。

3）便于检修和安装。对于各种形式的配电装置，都要妥善考虑检修和安装条件。如为高型及半高型布置时，要对上层母线和上层隔离开关的检修、试验采取适当措施；设置设备搬运道路、起吊设施和良好的照明条件等。此外，配电装置的设计还必须考虑分期建设和扩建过渡的便利。

4）节约材料，降低造价。配电装置的设计还应采取有效措施，减少三材消耗，努力降低造价。

（二）最小安全净距

（1）屋外配电装置的最小安全净距宜以金属氧化物避雷器的保护水平为基础确定。其屋外配电装置的最小安全净距不应小于表 21-4 所列数值。电气设备外绝缘体最低部位距地小于 2500mm 时，应装设固定遮栏。

表 21-4　　　　　　　　　　　屋外配电装置的最小安全距离　　　　　　　　　　　　mm

符号	适用范围	图号	系统标称电压（kV）								
			3～10	15～20	35	66	110J	110	220J	330J	500J
A_1	带电部分至接地部分之间。 网状遮栏向上延伸线距地 2.5m 处与遮栏上方带电部分之间	图 21-1、 图 21-2	200	300	400	650	900	1000	1800	2500	3800
A_2	不同相带电部分之间。 断路器和隔离开关的断口两侧引线带电部分之间	图 21-1、 图 21-3	200	300	400	650	1000	1100	2000	2800	4300
B_1	设备运输时，其设备外廓至无遮拦带电部分之间。 交叉的不同时停电检修的无遮拦带电部分之间。 栅状遮栏至绝缘体和带电部分之间[①] 带电作业时带电部分至带电部分之间[②]	图 21-1、 图 21-2、 图 21-3	950	1050	1150	1400	1650	1750	2550	3250	4550

符号	适用范围	图号	系统标称电压（kV）								
			3～10	15～20	35	66	110J	110	220J	330J	500J
B_2	网状遮栏至带电部分之间	图 21-2	300	400	500	750	1000	1100	1900	2600	3900
C	无遮栏裸导体至地面之间。 无遮栏裸导体至建（构）筑物顶部之间	图 21-2、 图 21-3	2700	2800	2900	3100	3400	3500	4300	5000	7500
D	平行的不同时停电检修的无遮栏带电部分之间。 带电部分至建（构）筑物的边沿部分之间	图 21-1、 图 21-2	2200	2300	2400	2600	2900	3000	3800	4500	5800

注 1. 110J、220J、330J、500J 是指中性点有效接地系统。

2. 海拔超过 1000m 时，A 值应进行修正。

3. 本表所列各值不适用于制造厂的成套配电装置。

4. 500kV 的 A_1 值，分裂软导线至接地部分之间可取 3500mm。

① 对于 220kV 及以上电压，可按绝缘体电位的实际分布，采用相应的 B_1 值进行校验。此时，允许栅状遮栏与绝缘体的距离小于 B_1 值，当无给定的分布电位时，可按线性分布计算。校验 500kV 相间通道的安全净距，也可用次原则。

② 带电作业时，不同相或交叉的不同回路带电部分之间，其 B_1 值可取 （A_1+750）mm。

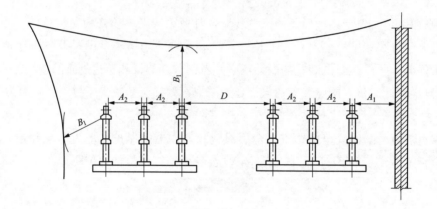

图 21-1　屋外 A_1、A_2、B_1、D 值校验图

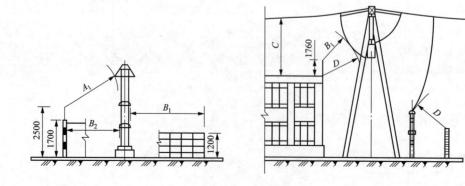

图 21-2　屋外 A_1、B_1、B_2、C、D 值校验图

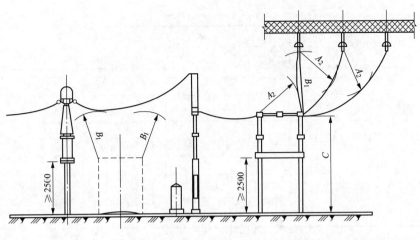

图 21-3 屋外 A_2、B_1、C 值校验图

（2）屋外配电装置使用软导线时，在不同条件下，带电部分至接地部分和不同相带电部分之间的最小安全净距，应据表 21-5 进行校验，并采用其中最大数值。

表 21-5　　　　　　　　　　　不同条件下的计算风速和安全净距　　　　　　　　　　　mm

条件	校验条件	计算风速 (m/s)	A 值	系统标称电压 (kV)						
				35	66	110J	110	220J	330J	500J
雷电电压	雷电过电压和风偏	10①	A_1	400	650	900	1000	1800	2400	3200
			A_2	400	650	1000	1100	2000	2600	3600
操作电压	操作过电压和风偏	最大设计风速的 50%	A_1	—	—	—	—	1800	2500	3500
			A_2	—	—	—	—	2000	2800	4300
工频电压	（1）最大工作电压、短路和风偏（取 10m/s 风速）。	10 或最大设计风速	A_1	150	300	300	450	600	1100	1600
	（2）最大工作电压和风偏（取最大设计风速）		A_2	150	300	500	500	900	1700	2400

①　在气象条件恶劣的地区（如最大设计风速为 35m/s 及以上，以及雷暴时风速较大的地区）用 15m/s。

（3）屋内配电装置的安全净距不应小于表 21-6 所列数值。电气设备外绝缘体最低部位距地小于 2300mm 时，应装设固定遮拦。

表 21-6　　　　　　　　　　屋内配电装置的最小安全距离　　　　　　　　　　mm

符号	适用范围	系统标称电压 (kV)								
		3	6	10	15	20	35	66	110J	220J
A_1	（1）带电部分至接地部分之间。 （2）网状和板状遮拦向上延伸线距地 2.3m 处与遮拦上方带电部分之间	75	100	125	150	180	300	550	850	1800
A_2	（1）不同相带电部分之间。 （2）断路器和隔离开关的断口两侧引线带电部分之间	75	100	125	150	180	300	550	900	2000
B_1	（1）栅状遮拦至带电部分之间。 （2）交叉的不同时停电检修的无遮拦带电部分之间	825	850	875	900	930	1050	1300	1600	2550

符号	适用范围	系统标称电压（kV）								
		3	6	10	15	20	35	66	110J	220J
B_2	网状遮拦至带电部分之间①	175	200	225	250	280	400	650	950	1900
C	无遮拦裸导体至地（楼）面之间	2500	2500	2500	2500	2500	2600	2850	3150	4100
D	平行的不同时停电检修的无遮拦带电部分之间	1875	1900	1925	1950	1980	2100	2350	2650	3600
E	通向屋外的出线套管至屋外通道的路面	4000	4000	4000	4000	4000	4000	4500	5000	5500

注 1. 110J、220J 是指中性点有效接地系统。

　　2. 海拔超过 1000m 时，A 值应进行修正。

　　3. 通向屋外配电装置的出线套管至屋外地面的距离，不应小于表 21-4 中所列屋外部分之 C 值。

① 当为板状遮栏时，其 B_2 值可取 (A_1+30)mm。

（4）配电装置中，相邻带电部分的额定电压不同时，应按较高的额定电压确定其最小安全净距。

（5）屋外配电装置带电部分的上面或下面，不应有照明、通信和信号线路架空跨越或穿过。屋内配电装置的带电部分上面不应有明敷的照明、动力线路或管线跨越。

二、环境条件

（1）屋外配电装置中电气设备和绝缘子，应根据当地的污秽分级等级采取相应的外绝缘标准，见表 21-7。

表 21-7 　　　　　　　　　　　　　　　电厂污秽分级标准

污秽等级	污 秽 特 征	盐密（mg/cm²）	爬电比距（cm/kV）	
			220kV 及以下	330kV 及以上
0	大气清洁地区及离海岸盐场 50km 以上无明显污秽地区	—		
I	大气轻度污秽地区。工业区和人口低密集区、离海岸盐场 10～50km 地区。在污闪季节中干燥少雾（含毛毛雨）或雨量较多时	≤0.06	1.60 (1.84)	1.60 (1.76)
II	大气中度污秽地区。轻盐碱和炉烟污秽地区、离海岸盐场 3～10km 地区，在污闪季节中潮湿多雾（含毛毛雨）但雨量较少时	0.06～0.10	2.00 (2.30)	2.00 (2.20)
III	大气污染较严重地区。重雾和重盐碱秽地区、离海岸盐场 1～3km 地区，工业和人口密度较大地区，离化学污染源和炉烟污秽 300～1500m 的较严重污秽地区	0.10～0.25	2.50 (2.88)	2.50 (2.75)
IV	大气特别严重污染地区。离海岸盐场 1km 以内，离化学污染源和炉烟污秽 300m 以内的地区	0.25～0.35	3.10 (3.57)	3.10 (3.41)

注 1. 电厂爬电比距计算时取系统最高工作电压。括号内数字为按额定电压计算值。

　　2. 对电站设备 0 级（220kV 及以下爬电比距为 1.48cm/kV，330kV 及以上爬电比距为 1.55cm/kV），目前保留作为过渡时期的污秽等级。

　　3. 对处于污秽环境中用于中性点绝缘和经消弧线圈接地系统的电力设备，其外绝缘水平一般可按高一级选取。

（2）选择导体和电气设备的环境温度（周围空气温度）应符合表 21-8 的规定。

表 21-8 选择导体和电气设备的环境温度（周围空气温度）

类别	安装场所	环境温度（周围空气温度）	
		最高	最低
裸导体	屋外	最热月平均最高温度	
	屋内	该处通风设计温度	
电气设备	屋外	年最高温度	年最低温度
	屋内	该处通风设计最高排风温度	

注　1. 年最高（年最低）温度为一年中所测得的最高（或最低）温度的多年平均值。

　　2. 最热月平均最高温度为最热月每日最高温度的月平均值，取多年平均值。

　　3. 选择屋内裸导体及其他电气设备的环境温度（周围空气温度），若该处无通风设计温度资料时，可取最热月平均最高温度加 5℃。

（3）选择导体和电气设备的环境相对湿度，应采用当地湿度最高月份的平均相对湿度。在湿热带地区应采用湿热带型电气设备产品。在亚湿热带地区可采用普通电气设备产品，但应根据当地运行经验采取防护措施，如加强防潮、防凝露、防水、防锈、防霉及防虫害等。

（4）周围环境温度低于电气设备、仪表和继电器的相对允许温度时，应装设加热装置或采取其他保温设施。在积雪、覆冰严重地区，应采取防止冰雪引起事故的措施。隔离开关的破冰厚度，应不小于安装场所的最大覆冰厚度。

（5）选择 330kV 及以下屋外配电装置的导体和电气设备时的最大风速，可采用离地 10m 高，30 年一遇 10min 平均最大风速。选择 500kV 屋外配电装置的导体和电气设备时的最大风速，宜采用离地 10m 高，50 年一遇 10min 平均最大风速。最大设计风速超过 35m/s 的地区，在屋外配电装置的布置中，应采取相应措施。

（6）配电装置的抗震设计应符合相关规定。

（7）海拔超过 1000m 的地区，配电装置应选择适用于高海拔的电气设备、电瓷产品，其外绝缘强度应符合高压电气设备绝缘试验电压的有关规定。

（8）配电装置设计应重视对噪声的控制，降低有关运行场所的连续噪声级。配电装置紧邻居民区时，其围墙外侧的噪声标准应符合相关规定。

配电装置中的主要噪声源是主变压器、电抗器和电晕放电，其中以前者最为严重，故设计时必须注意主变压器与主（网）控制楼（室）及办公楼等的相对位置和距离，尽量避免平行相对布置。

当邻近配电装置的环境有防噪声要求时，噪声源不应靠近围墙布置，并保持足够的间距，以满足对噪声的要求。

（9）330kV 及以上的配电装置内设备遮拦外的静电感应场强水平（离地 1.5m 空间场强），不宜超过 10kV/m，少部分地区可允许达到 15V/m。

配电装置围墙外侧（非出线方向，围墙外为居民区时）的静电感应场强水平（离地 1.5m 空间场强），不宜大于 5kV/m。

在高压输电线路或配电装置的母线下和电气设备附近有对地绝缘的导电物体时，由于电容耦合感应而产生电压。当上述被感应物体接地时，就产生感应电流，这种感应统称为静电感应。

关于静电感应的限制措施，在设计配电装置时可做如下考虑：

1）尽量不要在电气设备上方设置软导线。由于上面没有带电导线，静电感应强度较小便于进行设备检修。

2）对平行跨导线的相序排列要避免或减少同相布置，尽量减少同相母线交叉与同相转角布置。因为同相区附近电场直接叠加，场强增大。

3）当技术经济合理时，可适当提高电气设备及引线的安装高度。

4）控制箱等操作设备应尽量布置在较低场强区，以便于运行和检修人员靠近。

5）在电场强度大于 10kV/m 且人员经常活动的地方，必要时可增设屏蔽线或设备屏蔽环等。

（10）330kV 及以上电压等级的配电装置应重视对无线电干扰的控制。在选择导线和电气设备时应考虑降低整个配电装置的无线电干扰水平。配电装置围墙外 20m 处（非出线方向）的无线电干扰水平不宜大于 50dB。

在超高压配电装置内的设备、母线和设备间连接线，由于电晕产生的电晕电流具有高次谐波分量，形成向空间辐射的高频电磁波，从而对无线电通信、广播和电视产生干扰。

为了增加载流量和限制电晕无线电干扰，超高压配电装置的母线采用扩径空芯导线、多分裂导线和大直径铝管等。

为了防止超高压电气设备所产生的电晕干扰影响无线电通信和接收装置的正常工作，应在设备的高压导电部件上设置不同形状和数量的均压环或罩，宜改善电场分布，并将导体和瓷件表面的场强限制在一定数值内，使它们在一定电压下基本不发生电晕放电，同时对设备的无线电干扰运行值做出规定。

（11）110kV 及以上电压等级的电气设备及金具在 1.1 倍最高相电压下，晴天夜晚不应出现可见电晕，110kV 及以上电压等级导体的电晕临界电压应大于导体安装处的最高工作电压。

三、配电装置形式与布置

（一）形式选择

（1）配电装置形式的选择，应根据设备选型及进、出线方式，结合工程实际情况，因地制宜，并与电厂总体布置相协调，通过技术经济比较确定。在技术经济合理时，应优先采用占地少的配电装置形式。

（2）一般情况下，330kV 及以上电压等级的配电装置宜采用屋外中型配电装置。110kV 和 220kV 电压等级的配电装置宜采用屋外中型配电装置或屋外半高型配电装置。

（3）3～35kV 电压等级的配电装置宜采用成套式高压开关柜配置形式。

（4）Ⅳ级污秽地区、大城市中心地区、土石方开挖工程量大的山区的 110kV 和 220kV 配电装置，宜采用屋内配电装置，当技术经济合理时，可采用气体绝缘金属封闭开关设备（GIS）配电装置。

（5）Ⅳ级污秽地区、海拔大于 2000m 地区的 330kV 及以上电压等级的配电装置，当技术经济合理时，可采用气体绝缘金属封闭开关设备（GIS）配电装置或 HGIS 配电装置。

（6）地震烈度为 9 度及以上地区的 110kV 及以上电压等级的配电装置宜采用气体绝缘金属封闭开关设备（GIS）配电装置。

（二）布置

（1）配电装置的布置应结合接线方式、设备形式及电厂的总体布置综合考虑。

（2）220～500kV 电压等级，一台半断路器接线，当采用软母线或管型母线配双柱式、三柱式、双柱伸缩式或单柱式隔离开关时，屋外敞开式配电装置应采用中型布置。断路器宜采用三列式、单列式或"品"字形布置。

（3）220～500kV 电压等级，双母线接线，当采用软母线或管型母线配双柱式、三柱式、双柱伸缩式或单柱式隔离开关时，屋外敞开式配电装置应采用中型布置。断路器宜采用单列式或双列式布置。

（4）35～110kV 电压等级，双母线接线，当采用软母线配双柱式或单柱式隔离开关时，屋外敞开式配电装置应采用中型布置。断路器宜采用单列式或双列式布置。

（5）110kV 电压等级，双母线接线，当采用管型母线配双柱式隔离开关时，屋外敞开式配电装置宜采用半高型布置。断路器宜采用单列式布置。

（6）35～110kV 电压等级，单母线接线，当采用软母线配普通双柱式隔离开关时，屋外敞开式配电装置应采用中型布置。断路器宜采用单列式或双列式布置。

（7）110～220kV 电压等级，双母线接线，当采用管型母线配双柱式、三柱式隔离开关时，屋外敞开式配电装置应采用双层布置。断路器宜采用双列式布置。

（8）110～500kV 电压等级，当采用气体绝缘金属封闭开关设备（GIS）配电装置时，GIS 配电装置应采用户外低式布置，当环境条件特殊时，也可采用户内布置。

（9）110kV 及以上配电装置当采用管型母线时，管型母线宜选用单管结构。其固定方式可采用支持式或悬吊式。当地震烈度为 8 度及以上时，宜采用悬吊式。

支持式管型母线在无冰、无风状态下的挠度不宜大于（0.5～1.0）D（D 为导体直径），悬吊式管型母线的挠度可放宽。

采用支持式管型母线时还应分别对端部效应、微风振动及热胀冷缩采取措施。

（三）通道与围栏

（1）配电装置的通道的布置，应考虑便于设备的操作、搬运、检修和试验。

220kV 及以上屋外配电装置的主干道应设置环形通道和必要的巡视小道，如成环有困难时应具备回车条件。

500kV 屋外配电装置，可设置相间道路。如果设备布置、施工安装、检修机械等条件允许时，也可不设相间道路。

（2）110kV 半高型、高型布置的屋外配电装置，当操作机构布置在零米时，上层可不设置维护通道。

（3）普通中型布置的屋外配电装置内的环形道路及 500kV 配电装置内如需设置相间运输检修道路时，其道路宽度不宜小于 3000mm。

（4）配电装置内的巡视道路应根据运行巡视和操作需要设置，并充分利用地面电缆沟的布置作为巡视路线。

（5）屋内配电装置采用金属封闭开关设备时，室内各种通道的最小宽度（净距），不宜小于表 21-9 所列数值。

表 21-9　　　　　　　　　配电装置室内各种通道的最小宽度（净距）　　　　　　　　　　mm

布置方式	通道分类		
	维护通道	操作通道	
		固定式	移开式
设备单列布置时	800	1500	单车长＋1200
设备双列布置时	1000	2000	双车长＋900

注　1. 通道宽度在建筑物的墙柱个别突出处，允许缩小 200mm。
　　2. 手车式开关柜不需进行就地检修时，其通道宽度可适当减小。
　　3. 固定式开关柜靠墙布置时，柜背离墙距离宜取 50mm。
　　4. 当采用 35kV 开关柜时，柜后通道不宜小于 1000mm。

（6）室内油浸变压器外廓与变压器室四壁的净距不应小于表 21-10 所列数值。

对于就地检修的室内油浸变压器，室内高度可按吊芯所需的最小高度再加 700mm、宽度可按变压器两侧各加 800mm。

表 21-10 室内油浸变压器外廓与变压器室四壁的最小净距 mm

变压器容量	1000kVA 及以下	1250kVA 及以上
变压器与后壁、侧壁之间	600	800
变压器与门之间	800	1000

(7) 设置于室内的无外壳干式变压器，其外廓与四周墙壁的净距不应小于 600mm。干式变压器之间的距离不应小于 1000mm，并应满足巡视维修的要求。对全封闭型干式变压器可不受上述距离的限制，但应满足巡视维护的要求。

(8) 电厂的屋外配电装置，其周围宜设置高度不低于 1500mm 的围栏，并在其醒目的地方设置警示牌。

(9) 配电装置中电气设备的栅状拦高度不应小于 1200mm，栅状遮拦最低栏杆距至地面的净距，不应大于 200mm。

(10) 配电装置中电气设备的网状遮拦高度，不应小于 1700mm，网状遮拦网孔不应大于 40mm×40mm。

(11) 在安装有油断路器的屋内间隔内除设置网状遮拦外，对就地操作的断路器及隔离开关，应在其操作机构处设置防护隔板，宽度应满足人员的操作范围，高度不低于 1900mm。

(12) 屋外裸母线桥，当其他物体有可能落在母线上时，应根据具体情况采取防护措施。

（四）防火与蓄油设施

(1) 35kV 及以下屋内配电装置当未采用金属封闭开关设备时，其油断路器、油浸电流互感器和电压互感器，应设置在两侧有实体隔墙（板）的间隔内；35kV 以上屋内配电装置的带油设备应安装在有防爆隔墙的间隔内。总油量超过 100kg 的屋内油浸变压器，应安装在单独的变压器间，并应有灭火设施。

(2) 屋内单台电气设备的油量在 100kg 以上，应设置储油设施或挡油设施。挡油设施的容积宜按容纳 20％油量设计，并应有将事故油排至安全处的设施，当不能满足上述要求时，应设置能容纳 100％油量的储油设施。排油管的内径不应小于 150mm，管口应加装铁栅滤网。

(3) 屋外充油电气设备单台油量在 1000kg 以上时，应设置储油或挡油设施。当设置有容纳 20％油量的储油或挡油设施时，应有将油排到安全处所的设施，且不应引起污染危害。当不能满足上述要求时，应设置能容纳 100％油量的储油或挡油设施。储油或挡油设施应大于设备外廓每边各 1000mm。储油设施内应铺设卵石层，其厚度不应小于 250mm，卵石直径宜为 50~80mm。

当设置有总事故储油池时，其容量宜按最大一个油箱容量的 100％确定。

(4) 厂区内升压站单台容量为 90000kVA 及以上油浸变压器应设置水喷雾灭火系统、合成泡沫喷淋系统、排油充氮系统或其他灭火装置。水喷雾、泡沫喷淋系统应具备定期试喷的条件。对缺水或严寒地区，当采用水喷雾、泡沫喷淋系统有困难时，也可采用其他固定灭火设施。

(5) 油量为 2500kg 及以上的屋外油浸变压器之间的最小间距应符合表 21-11 的规定。

表 21-11 屋外油浸变压器之间的最小间距 m

电压等级	最小间距
35kV 及以下	5
66kV	6
110kV	8
220kV 及以上	10

(6) 当油量为 2500kg 及以上的屋外油浸变压器之间的防火间距不满足表 21-11 的要求时，应设置防火墙。

（7）防火墙的耐火极限不宜小于 4h，防火墙的高度应高于变压器油枕，其长度应大于变压器储油池两侧各 1000mm。

（8）油量在 2500kg 及以上的屋外油浸变压器或电抗器与本回路油量为 600kg 及以上且 2500kg 以下的带油电气设备之间的防火间距不应小于 5000mm。

（9）在防火要求较高的场所，有条件时宜选用非油绝缘的电气设备。

（五）敞开式配电装置

（1）配电装置的布置，导体、电气设备、架构的选择，应满足在当地环境条件下正常运行、安装检修、短路和过电压时的安全要求，并满足规划容量要求。

（2）配电装置回路的相序排列宜一致。一般按面对出线，从左到右、从远到近、从上到下的顺序，相序为 A、B、C。对屋内硬导体及屋外母线桥裸导体应有相色标志，A、B、C 相色标志应为黄、绿、红 3 色。对于扩建工程应与原有配电装置相序一致。

（3）配电装置内的母线排列顺序，一般靠变压器侧布置的母线为Ⅰ母，靠线路侧布置的母线为Ⅱ母；双层布置的配电装置中，下层布置的母线为Ⅰ母，上层布置的母线为Ⅱ母。

（4）110kV 及以上的屋外配电装置最小安全距离，一般不考虑带电检修。如确有带电检修需求，最小安全净距应满足带电检修的工况。

（5）110～220kV 配电装置母线避雷器和电压互感器宜合用一组隔离开关；330kV 及以上进、出线和母线上装设的避雷器及进、出线电压互感器不应装设隔离开关，母线电压互感器不宜装设隔离开关。

（6）330kV 及以上电压等级的线路并联电抗器回路不宜装设断路器或负荷开关。330kV 及以上电压等级的母线并联电抗器回路应装设断路器和负荷开关。

（7）66kV 及以上的配电装置，断路器两侧的隔离开关靠断路器侧、线路隔离开关靠线路侧、变压器进线隔离开关的变压器侧，应配置接地开关。66kV 及以上电压等级的并联电抗器的高压侧应配置接地开关。

（8）对屋外配电装置，为保证电气设备和母线的检修安全，每段母线上应装设接地开关或接地器；接地开关或接地器的安装数量应根据母线上电磁感应电压和平行母线的长度以及间隔距离进行计算确定。

（9）330kV 及以上电压等级的同杆架设或平行回路的线路侧接地开关，应具有开合电磁感应和静电感应电流的能力，其开合水平应按具体工程情况经计算确定。

（10）110kV 及以上配电装置的电压互感器配置，可以采用按母线配置方式，也可以采用按回路配置方式。

（11）220kV 及以下屋内配电装置设备采用低式布置时，间隔应设置防止误入带电间隔的闭锁装置。

（12）充油电气设备的布置，应满足带电观察油位、油温时安全、方便的要求；并便于抽取油样。

（13）配电装置的布置位置，应使厂内道路和低压电力、控制电缆的长度最短。电厂内宜避免不同电压等级的架空线路交叉。

（六）GIS 配电装置

（1）对于气体绝缘金属封闭开关设备（GIS）配电装置，接地开关的配置应满足运行检修的要求。

与 GIS 配电装置连接并需单独检修的电气设备、母线和出线，均应配置接地开关。一般情况下，出线回路的线路侧接地开关和母线接地开关应采用具有关合动稳定电流能力的快速接地开关。110～220kV GIS 配电装置母线避雷器和电压互感器可不装设隔离开关。

（2）GIS 配电装置避雷器的配置，应在与架空线路连接处装设避雷器。该避雷器宜采用敞开式，其接地端应与 GIS 管道金属外壳连接。GIS 母线是否装设避雷器，需经雷电侵入波过电压计算确定。

（3）GIS 配电装置感应电压不应危及人身和设备的安全。外壳和支架上的感应电压，正常运行条件下不应大于 24V，故障条件下不应大于 100V。

（4）在 GIS 配电装置间隔内，应设置一条贯穿所有 GIS 间隔的接地母线或环形接地母线。将 GIS 配电装置的接地线引至接地母线，有接地母线再与接地网连接。

（5）GIS 配电装置宜采用多点接地方式，当选用分相设备时，应设置外壳三相短接线，并在短接线上引出接地线通过接地母线接地。

（6）外壳的三相短接线的截面应能承受长期通过的最大感应电流，并应按短路电流校验。当设备为铝外壳时，其短接线宜采用铝排；当设备为钢外壳时，其短接线宜采用铜排。

（7）GIS 配电装置每间隔应分为若干个隔室，隔室的分隔应满足正常运行条件和间隔原件设备的检修要求。

四、各种电压等级配电装置

装配式屋内配电装置的特点是将母线、隔离开关、断路器等电气设备上下重叠布置在屋内，这样可以改善运行和检修条件。同时，由于屋内配电装置布置紧凑，可以大大缩小占地面积。

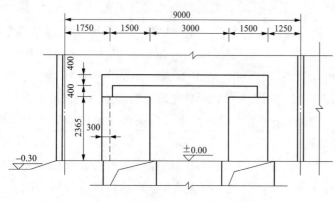

图 21-4　双母线 6kV 屋内配电装置

（一）6～10kV 配电装置

双母线 6kV 屋内配电装置如图 21-4 所示。

6～10kV 配电装置一般均为屋内布置。当出线不带电抗器时，一般采用成套开关柜单层布置；当出线带电抗器时，可采用三层或两层装配式布置；也有采用两层装配与成套混合式布置的。

6～10kV 三层及两层装配式配电装置通过设计、施工及运行的长期实践，所暴露的问题和缺点较多，主要有土建结构复杂，留孔及埋件很多，建筑、安装的施工工作量大，工期长，运行巡视费时，操作不便，不利于事故处理等。如使用成套开关柜（或装配与成套混合式）布置，可使配电装置的结构大为简化，大大减少了建筑、安装工作量，缩短建设周期，也便利了运行操作。

（二）35kV 配电装置

35kV 屋内配电装置的布置有成套开关柜布置和装配式布置两种，与屋外配电装置比较，在经济上两者总投资基本接近，因屋内式电气投资较屋外式略少，而土建投资又稍高于屋外式；但屋内式具有节约用地、便于运行维护、防污性能好等优点，因此在选型时一般采用屋内配电装置。

（三）110kV 配电装置

1. 110kV 屋内配电装置

单母线带旁路 110kV 屋内配电装置如图 21-5 所示。

（1）主设备的选型。我国现有 110kV 屋内配电装置所采用的断路器以少油式为最多。少油断路器价格较低，维护方便。

隔离开关 GW5 型，因其底座较小，且适用于正装、斜装等各种安装方式，在屋内布置时可使空间得到充分利用。

对于电流互感器尽量不用独立式的，在满足表计准确度要求和二次负荷允许的范围内，可在穿墙套管或电缆终端盒上装设套管式电流互感器。

（2）母线和引下线的选用。以往设计的 110kV 屋内配电装置，其中有些工程的母线及引下线均用铝管，由于它们的固定和连接比较复杂，安装检修均感不便，且铝管引下线因温度变化和操作时所产生的应力，会使隔离开关棒式绝缘子的端部晃动甚至断裂，故引下线宜选用钢芯铝绞线。而母线则可

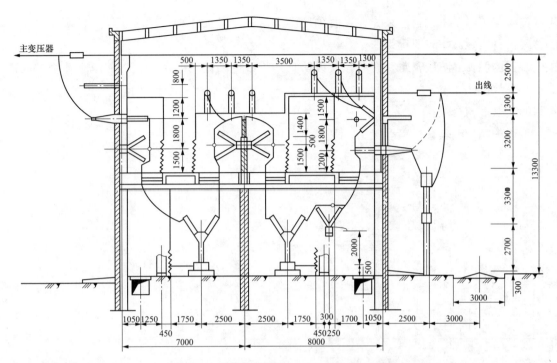

图 21-5　单母线带旁路 110kV 屋内配电装置

根据具体情况选用铝管或钢芯铝绞线。当母线采用铝管时，出于挠度的要求，所选铝管母线的断面会有所增大，比采用钢芯铝绞线的铝材消耗量约增加 30%。

（3）母线的相间距离。目前我国 110kV 屋内配电装置所采用的母线相间距离有 1.2~1.5m 不等，其中以 1.25m 为最多，各工程的运行情况均良好。考虑到引下线选用钢芯铝绞线，铝管母线的相间距离以采用 1.25m 为宜。当将母线最大弧垂放大到 0.2m，使导线的水平张力不大于 2400N，此时母线相间距离需放大为 1.3m。

（4）间隔宽度。我国 110kV 屋内配电装置的间隔宽度大部分为 6.0~6.6m。间隔宽度除满足设备带电部分对各侧保持一定的安全净距以及操作、检修等要求外，主要决定于电气设备的选型。

（5）穿墙套管的辅助设施。我国北方雨水较少，积聚在穿墙套管上的污秽物不易冲刷，遇上小雨或雾天就易发生闪络，因此一般应设置雨篷。但在南方因降水量较大，且较频繁，污秽物不会积聚很多，运行情况较好，则认为设置雨篷的必要性不大。是否需要设置，需根据具体气象条件和污秽物质情况确定。

穿墙套管的贮油器（或称油封）应装设在便于监视油位及运行中加油方便的地方，当为两层布置时，一般安装在楼层通道内。

穿墙套管应设有取油样的设施，取样阀门一般装设在底层离地 1.2m 处，并应防止漏油。

（6）检修要求。110kV 屋内配电装置的设备多为就地检修。在安装或大修时，主要是在间隔内搭临时脚手架。为便于设备的起吊，应在楼板下适当位置设置吊环。同时，在楼板引线孔洞的两侧要留出挑耳，以便在安装检修时铺设挑板，并用以搁置起吊轻型设备的横梁。

对穿墙套管可在屋檐或雨篷下设置吊环以利安装和检修。

为便于楼层隔离开关的检修，设计时在每组隔离开关靠引下线孔洞侧要留出足够的宽度，使之能竖立靠梯上人。

（7）通风和采光。配电装置要具备良好的通风和采光设施，以改善运行检修条件。

配电装置的通风一般采用自然通风和事故通风。自然通风多用百叶窗。事故通风采用排风机，为保证发生事故时可靠工作，该风机应能在配电装置室外合闸操作。

屋内配电装置尽量考虑自然采光,一般采用固定窗,并以细孔钢丝网进行保护。所设窗户还可作为断路器等设备故障爆炸时泄压用。

配电装置的门窗缝隙应密封,通风孔应设防护网,以免因雨雪、风沙、污秽或小动物进入而造成污染或引起事故。

2.110kV 屋外配电装置

(1)普通中型配电装置。单母线 110kV 屋外配电装置如图 21-6 所示。

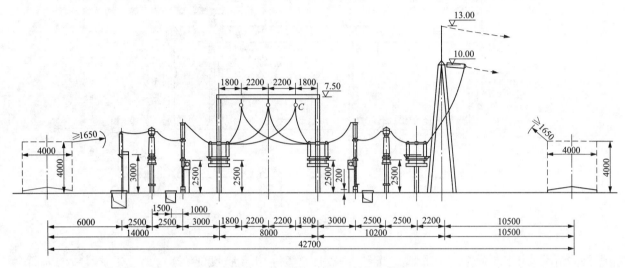

图 21-6 单母线 110kV 屋外配电装置

普通中型配电装置是将所有电气设备都安装在地面设备支架上,母线下不布置任何电气设备。因为采用软母线的该型配电装置在我国已有 30 多年的运行历史,所以各地电业部门无论在运行维护还是安装检修方面都积累了比较丰富的经验。

自 60 年代中期开始,我国已有工程采用了 110kV 管形母线配电装置,其主要特点如下:

1)母线采用铝锰合金管,以棒型支柱绝缘子支撑,其弧垂很小,没有电动力和风力引起的摇摆,可以压缩相间和相对地的距离,同时又采用了合并架构,从而减少了占地面积。

2)铝管母线对架构不产生拉力荷载,因此可简化土建结构,节省三材(钢材、木材、水泥),降低土建造价。

3)铝管母线基本成一直线,布置比较清晰,且能降低母线高度,给巡视维护带来方便。

(2)半高型配电装置。半高型配电装置是将母线及母线隔离开关抬高,将断路器、电流互感器等电气设备布置在母线的下面。该型配电装置具有布置紧凑清晰、占地少、钢材消耗与普通中型接近等特点,且除设备上方有带电母线外,其余布置情况均与中型布置相似,能适应运行检修人员的习惯与需要。

(3)高型配电装置。高型配电装置的特点是将母线和隔离开关上下重叠布置,母线下面没有电气设备。该型配电装置的断路器为双列布置,两个回路合用一个间隔,因此可大大缩小占地面积,但其钢材耗量较大,土建投资较多,安装检修及运行维护条件均较差,故在 110kV 电压等级中采用较少。

(4)形式选择。各型 110kV 配电装置中屋外半高型能大幅度节约用地,能够满足施工、运行和检修的要求,并有多年使用经验,各项经济指标也较先进。因此,在设计 110kV 配电装置时,除污秽地区、市区和地震烈度为 8 度及以上地区外,一般宜优先选用屋外半高型配电装置。

由于屋内配电装置防污效果较好,又能大量节约用地,故采用屋内配电装置是一项有效的防污措施。此外,大、中城市市区的土地费用昂贵,征地困难,线路走廊也受到限制,故市区内的 110kV 配电装置也宜选用屋内型。

110kV 屋外高型配电装置由于钢材耗量大,土建费用多,安装检修和运行维护条件较差,所以一般不予采用。同时，在地震烈度较高的地区，也不宜采用高型布置。

110kV 屋外中型配电装置因占地面积过多，故不推荐采用，只有在地震烈度为 8 度及以上地区或土地贫瘠地区，才可考虑采用。

（四）220kV 配电装置

1. 220kV 屋内配电装置

由于屋内装配式的 220kV 电气设备体积较大，需要建造庞大的配电装置楼，致使建筑费用及三材消耗增加很多，仅个别工程采用了 220kV 屋内装配式配电装置。

2. 220kV 屋外配电装置

（1）中型配电装置。其分为普通中型布置和分相中型布置两种。对于普通中型布置，其母线下不布置任何电气设备；而分相中型布置的特点是将母线隔离开关直接安装在各相母线的下面。

分相中型配电装置是将母线隔离开关直接布置在各相母线的下方，有的仅一组母线隔离开关采用分相布置，有的所有母线隔离开关均采用分相布置，可以节约用地，简化架构，节省三材，故已基本上取代普通中型布置。

双母线 220kV 屋外配电装置如图 21-7 所示。

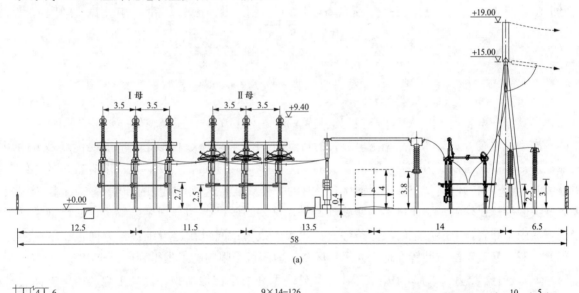

(a)

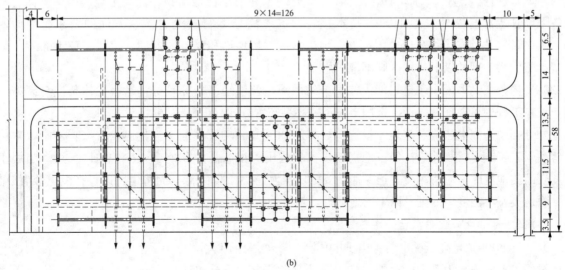

(b)

图 21-7 双母线 220kV 屋外配电装置

（a）断面图；（b）平面图

220kV 电流互感器重量大，且不能拆卸运输，还有断路器等其他电气设备都要考虑搬运，故 220kV 配电装置一般均设有环形搬运道，其宽度为 3~3.5m。

普通中型布置的搬运道路多设在断路器和主母线之间，而分相中型布置则多设在断路器和电流互感器之间。在后一种方式中，为了保证导线对地高度和设备搬运时的带电距离，需将电流互感器的支架高度抬高到 3.5m，并对断路器和电流互感器之间的连线采用铝管母线或采用以带角度的线夹向上支撑的软导线。同时，为使所搬运的设备与两侧带电设备保持足够的安全距离，并考虑到不超过设备端子的允许水平拉力，断路器和电流互感器之间的连接导线长度应不大于 10m。

双母线带旁路 220kV 屋外配电装置如图 21-8 所示。

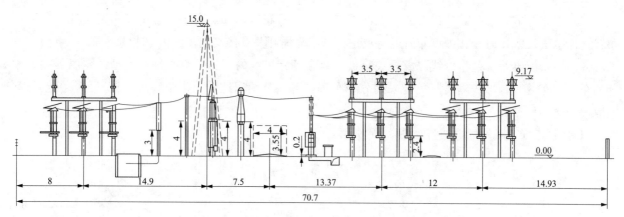

图 21-8　双母线带旁路 220kV 屋外配电装置

（2）半高型配电装置。220kV 半高型配电装置的特点与 110kV 电压级相似。

（3）高型配电装置。220kV 高型配电装置的特点与 110kV 电压级相似。它的主要优点是节约用地的效果显著，其占地面积仅为普通中型的 50% 左右；同时，由于布置紧凑，也可省较多的电缆、钢芯铝绞线及绝缘子串。但高型布置消耗钢材多，有的工程甚至高达普通中型的 300%，且上层母线及母线隔离开关的检修比较困难。通过多年实践和改进，这些问题已得到合理妥善解决，如耗钢量已下降到接近普通中型布置，上层设施的检修条件有了较大的改善；同时在运行维护等方面也作了较多的考虑。因此，220kV 高型配电装置在地少人多地区及场地面积受限制的工程得到广泛应用。

（4）形式选择。各型 220kV 配电装置中，屋外高型在缩小占地面积、提高土地利用率方面有较显著的效果，其造价与屋外其他形式也基本接近，也能满足运行安全、检修方便的要求。因此，当 220kV 配电装置地处农作物高产地区、人多地少地区或场地面积受到限制时，宜采用高型布置。但在地震基本烈度为 8 度及以上的地区则不宜采用。

220kV 屋外半高型配电装置也能大幅度节约用地，各项经济指标较好，运行检修条件与高型布置相似，故在工程中可根据具体情况选用半高型或高型布置方式。

屋外分相中型配电装置在占地、投资、三材消耗等方面均较普通中型优越，且布置清晰，架构简化，有利于施工、运行和检修，但占地仍较多，故适用于在非高产和地多人少的地区采用。当用于地震烈度较高的地区时，应将因设置道路而抬高的电流互感器予以降低，而将道路改设在配电装置外围。因此，除地震基本烈度为 8 度及以上的地区外，均可采用。

（五）330~500kV 配电装置

330kV 和 500kV 超高压配电装置由于电压高、外绝缘距离大，电气设备的外形尺寸也高大，使得配电装置的占地面积甚为庞大。此外，在超高压配电装置中，静电感应、电晕及无线电干扰和噪声等问题也更加突出，330kV 和 500kV 配电装置的这些共同特点，使得它们的布置可以相互借鉴。

一个半断路器接线 330kV 屋外配电装置如图 21-9 所示。

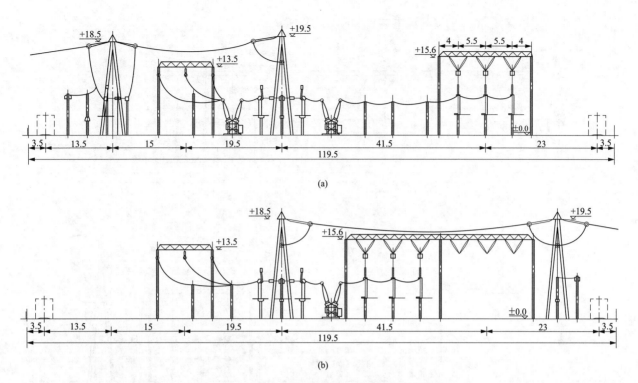

图 21-9　一个半断路器接线 330kV 屋外配电装置

(a) 断面图 1；(b) 断面图 2

根据上述特点，对此设计提出如下要求：

（1）按绝缘配合的要求，合理选择配电装置的绝缘水平和过电压保护设备，并以此作为设计配电装置的基础。

（2）为节约用地，要重视占地面积为整个配电装置总面积 50%～60% 的母线及隔离开关的选型及布置方式。

（3）配电装置中的电气设备都比较高大和笨重，设备的安装起吊和检修搬运已不能以人工操作为主要方式，而必须采用机械化的安装搬运措施，如设置液压升降检修车，配备起重机、汽车等施工检修机械。为了使这些检修和搬运机械能顺利到达设备附近并进行作业，在配电装置中除设有横向环形道路外，还在每个间隔内的设备相间设置纵向环形道路。横向环形道路是按道路两侧设备及导线带电时进行运输的原则设置的，而相间纵向环形道路则可以按本间隔回路带电或停电进行运输的方式考虑，具体工程究竟采用哪种方式，主要按是否需要带电检修设备的要求确定。当回路停电运输时，间隔内的设备支架高度只需按保证 C 值考虑；而若为回路带电运输，则需保证运输及检修机械对断路器等带电部分的安全净距。

（4）配电装置中的静电感应、电晕、无线电干扰和噪声等方面都有一些特殊要求和限制措施。

（六）气体绝缘金属封闭开关设备（GIS）配电装置

1. GIS 的特点

（1）占用面积和空间小。

（2）运行可靠性高。暴露的外绝缘少，因而外绝缘事故少；内部结构简单，机械故障机会减少；外壳接地，无触电危险。

（3）运行维护工作量小。平时不需要冲洗绝缘子；设备检修周期长。

（4）环境保护好。无静电感应和电晕干扰，噪声水平低。

（5）适应性强。因为重心低、脆性元件少，所以抗震性能好；因为是全封闭，不受外界环境影响，还可用于高海拔地区和污秽地区。

一个半断路器接线 500kV 屋外配电装置如图 21-10 所示。

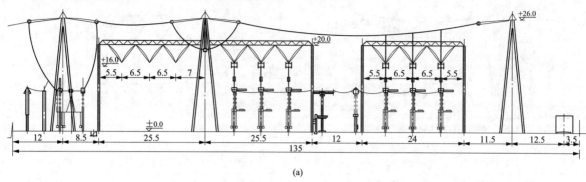

(a)

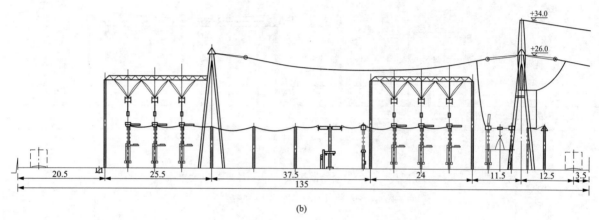

(b)

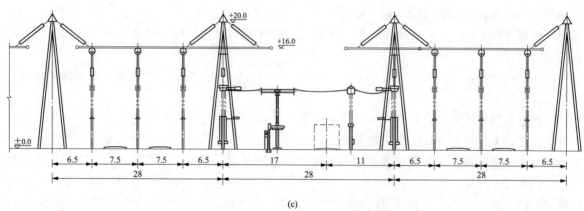

(c)

图 21-10　一个半断路器接线 500kV 屋外配电装置

(a) 断面图 1；(b) 断面图 2；(c) 断面图 3

(6) 安装调试容易。

2. 应用条件

在技术经济比较合理时，GIS 设备宜用于下列情况的 110kV 及以上电网：

(1) 深入市内的电厂。

(2) 布置场所特别狭窄地区。

(3) 重污秽地区。

(4) 高海拔地区。

(5) 高烈度地震区。

3. GIS 配电装置的布置

双母线接线 220kV 屋内 GIS 如图 21-11 所示。

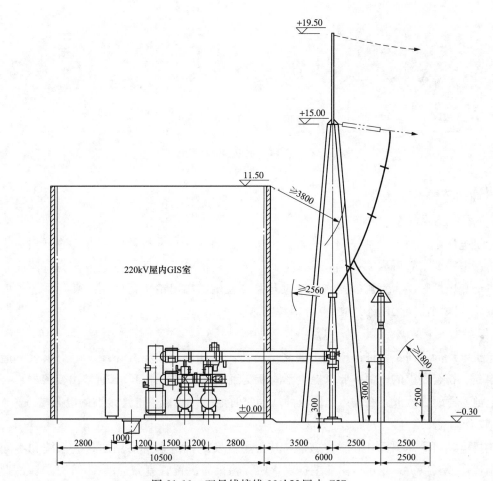

图 21-11　双母线接线 220kV 屋内 GIS

（1）布置特点。GIS 设备由各个独立的标准原件组成，各元件间都可以通过法兰连接起来，故具有积木式的特点。

（2）主要尺寸的确定。GIS 设备的进、出线端部带电体通常暴露于空气中，其最小安全净距（A、B、C、D 值）应按敞开式的规定。其余带电体均密封于金属壳体内，各元件间的距离主要是根据安装、检修、试验和运行维护等的需要而确定的。

屋内 GIS 配电装置两侧应设置安全检修和巡视的通道，主通道宜靠近断路器侧，宽度宜为 2000～3500mm；巡视通道不应小于 1000mm。

（3）同一间隔 GIS 配电装置的布置应避免跨土建结构缝。屋内 GIS 配电装置应设置起吊设备，其容量应能满足起吊最大检修单元要求，并满足设备检修要求。

第二十二章 直流系统及不间断交流电源

第一节 概 述

一、设计的范围

（一）直流系统组成

燃气轮机电厂中，为了供给控制、信号、保护、自动装置、事故照明、直流油泵和交流不停电电源装置等的用电，要求有可靠的直流电源。为此，燃气轮机电厂通常用蓄电池作为直流应急电源；同时，为了将交流电源转换为直流电源并且通过开关设备供给输出给负荷使用，直流系统还应当配置相应的充电装置、断路器（熔断器）、配电屏柜和监测设备。

（二）不间断交流电源（UPS）组成

燃气轮机电厂为了向不允许停电的重要交流负荷，例如计算机监控系统、电力仪表、通信设备等提供不会中断、符合要求的电源，要求提供不间断交流电源（UPS）。UPS通常由变流器、开关和储能装置（蓄电池）等组合构成，在输入电源故障或消失时能维持负载供电连续性的电源设备。

（三）设计的范围

燃气轮机电站可分简单循环和联合循环，其中燃气发电机组本身使用的直流系统和不间断交流电源可以由制造厂成套供货；也可以由业主提供，燃气轮机岛设置直流分屏和UPS分屏。因此，对于燃气轮机电厂而言，直流系统和不间断交流电源的设计范围其实主要为除了燃气发电机组本身外的，用于燃气轮机主变压器、厂用变压器、汽轮发电机组和高压配电装置的直流系统及不间断交流电源。

二、设计的原则

（一）直流系统设计原则

燃气轮机电厂直流系统设计的主要原则：

（1）直流系统通常采用110、220V两种电压，48V及以下的直流电源，可采用由220V或110V蓄电池组供电的电力用DC/DC变换装置。

（2）接线方式：直流系统通常采用单母线或者单母线分段的接线方式。两组蓄电池间经联络开关进行连接，可允许两组蓄电池短时并列运行。

（3）为简化接线、提高直流系统运行的可靠性，蓄电池组均不设端电池。蓄电池容量范围为100～3000Ah，对220V直流系统蓄电池个数可以取104～107只；对110V直流系统蓄电池个数可以取52～53只；蓄电池容量与个数根据工程具体情况通过计算确定。

（4）直流屏柜内的操作可采用开关或组合开关，保护采用熔断器或者直流断路器。母线为绝缘铜母线。根据经验值，220kV直流系统通常应能承受20kA的短路电流，110V直流系统通常应能承受10kA的短路电流，其最终短路电流值需根据电力行业直流系统设计技术规程计算确认。

（5）直流系统除了在每段直流主母线和每条分馈线的直流母线上应装设微机绝缘监测装置以防止接地故障外，每组蓄电池可设置一套微机监控装置；直流系统通过微机监控装置与电气计算机监控系统通信。

（6）直流屏柜含馈线屏、联络柜、充电整流柜，均统一采用密封式、前后开门，屏柜尺寸为800mm×600mm×2260mm（宽×深×高）。

（二）不间断交流电源（UPS）设计原则

燃气轮机电厂不间断交流电源（UPS）的主要原则：

（1）简单循环燃气轮机电厂当采用单元制控制方式时，除了燃气发电机组成套的 UPS 外，每台机组宜配置 1 套 UPS。主厂房公用控制系统的不间断负荷，可根据控制系统的要求，设置全厂公用 UPS 供电。

（2）联合循环燃气轮机电厂除每台燃气发电机组成套的 UPS 外，每套联合循环还应配置 1 套 UPS 给热工仪表供电。另外，当每套联合循环机组为多台燃气轮机带汽轮发电机组，并且单套联合循环总容量不低于 300MW 时，如果控制系统需要 2 路互为备用不间断电源，每套联合循环可按 2 套 UPS 配置。

（3）升压站内网络继电器室的 UPS 宜与网络直流系统合并考虑，采用直流和交流一体化不间断电源设备，也可设置独立的 UPS。

（4）远离主厂房的辅助车间或相对独立的计算机监控系统，宜根据负荷情况设置独立的 UPS。

（5）发电厂管理信息系统（Management Information System，MIS）宜装设独立 UPS。

第二节　直　流　系　统

一、直流系统接线

（一）直流系统电压

（1）燃气轮机电站的直流电源系统电压应根据用电设备类型、额定容量、供电距离和安装地点等确定合适的系统电压。直流电源系统标称电压应满足如下要求：

1）专供控制负荷的直流电源系统电压宜采用 110V，也可采用 220V。

2）专供动力负荷的直流电源系统电压宜采用 220V。

3）控制负荷和动力负荷合并供电的直流电源系统电压可采用 220V 或 110V。

4）扩建和改建工程，宜与已有厂（站）直流电压一致。部分燃气轮机电厂内部为了统一全厂直流系统电压，各个蓄电池也可采用相同的电压等级。

（2）在正常运行情况下，直流母线电压应为直流电源系统标称电压的 105%。

（3）在均衡充电运行情况下，直流母线电压应满足如下要求：

1）专供控制负荷的直流电源系统，不应高于直流电源系统标称电压的 110%。

2）专供动力负荷的直流电源系统，不应高于直流电源系统标称电压的 112.5%。

3）对控制负荷和动力负荷合并供电的直流电源系统，不应高于直流电源系统标称电压的 110%。

（4）在事故放电末期，蓄电池组出口端电压不应低于直流电源系统标称电压的 87.5%。

（二）蓄电池组

（1）蓄电池形式选择应符合下列要求：

1）直流电源宜采用阀控式密封铅酸蓄电池，也可采用固定型排气式铅酸蓄电池。

2）小型燃气轮机电站、110kV 及以下变电站可采用镉镍碱性蓄电池。

（2）铅酸蓄电池应采用单体为 2V 的蓄电池，直流电源成套装置组柜安装的铅酸蓄电池宜采用单体为 2V 的蓄电池，也可采用 6V 或 12V 组合电池。

（3）蓄电池组组数配置应符合下列要求：

1）单机容量在 125MW 以下的燃气轮机电站，当发电机台数为 2 台及以上时，全厂宜装设 2 组控制负荷和动力负荷合并供电的蓄电池。其他情况下可装设 1 组蓄电池。

2）单机容量为 200MW 级及以下的燃气轮机电站，当控制系统按单元机组设置，每台机组宜装设 2 组控制负荷和动力负荷合并供电的蓄电池。

3）F级和H级燃气轮机电站，除燃气轮机制造厂成套提供的蓄电池外，全厂还应装设2组控制负荷和动力负荷合并供电的蓄电池；也可装设3组蓄电池，其中2组对控制负荷供电，另1组对动力负荷供电。

（4）燃气轮机电站配套升压站设有电力网络计算机监控系统时，220kV及以上配电装置应独立设置2组控制负荷和动力负荷合并供电的蓄电池组。当高压配电装置设有多个网络继电器室时，也可按继电器室分散装设蓄电池组。110kV配电装置或变电站可装设2组蓄电池。

（5）110kV及以下变电站宜装设1组蓄电池，对于重要的110kV变电站也可装设2组蓄电池。

（6）220～750kV的升压站应装设2组蓄电池。

（三）充电装置

充电装置形式通常选用高频开关电源模块型充电装置，也可选用相控式充电装置。

（1）当直流系统采用1组蓄电池时，充电装置的配置应符合下列规定：

1）采用相控式充电装置时，通常配置2套充电装置。

2）采用高频开关电源模块型充电装置时，通常配置1套充电装置，也可配置2套充电装置。

（2）当直流系统采用2组蓄电池时，充电装置配置应符合下列规定：

1）采用相控式充电装置时，通常配置3套充电装置。

2）采用高频开关电源模块型充电装置时，通常配置2套充电装置，也可配置3套充电装置。

（四）接线方式

（1）当直流系统采用1组蓄电池时，其接线方式应符合下列要求：

1）1组蓄电池配置1套充电装置时，宜采用单母线接线。

2）1组蓄电池配置2套充电装置时，宜采用单母线分段接线，2套充电装置应接入不同母线段，蓄电池组应跨接在两段母线上。

3）1组蓄电池的直流电源系统，宜经直流断路器与另一组相同电压等级的直流电源系统相连。正常运行时，该断路器应处于断开状态。

1组蓄电池、1套充电装置典型接线示意图如图22-1所示，1组蓄电池、2套充电装置典型接线示意图如图22-2所示。

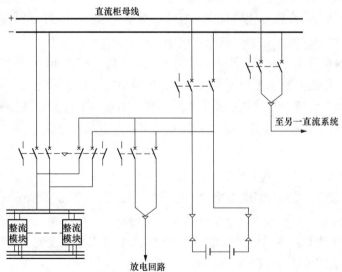

图22-1 1组蓄电池、1套充电装置典型接线示意图

（2）当直流系统采用2组蓄电池时，其接线方式应符合下列要求：

1）直流电源系统应采用两段单母线接线，两段直流母线之间应设联络电器。正常运行时，两段直流母线应分别独立运行。

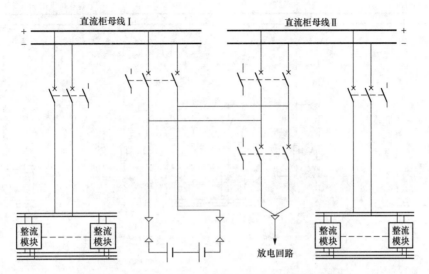

图 22-2　1 组蓄电池、2 套充电装置典型接线示意图

2）2 组蓄电池配置 2 套充电装置时，每组蓄电池及其充电装置应分别接入相应母线段。

3）2 组蓄电池配置 3 套充电装置时，每组蓄电池及其充电装置应分别接入相应母线段。第 3 套充电装置应经切换电器对 2 组蓄电池进行充电。

4）2 组蓄电池的直流电源系统，应满足在正常运行中二段母线切换时不中断供电的要求。在切换过程中，2 组蓄电池应满足标称电压相同，电压差小于规定值，且直流电源系统均处于正常运行状态，允许短时并联运行。

2 组蓄电池、2 套充电装置典型接线示意图如图 22-3 所示，2 组蓄电池、3 套充电装置典型接线示意图如图 22-4 所示。

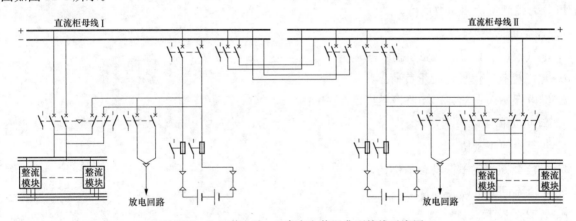

图 22-3　2 组蓄电池、2 套充电装置典型接线示意图

（3）当两个直流电源系统间设有联络线时，对燃气轮机电站控制专用直流电源系统和升压站直流电源系统，联络开关可采用隔离开关；对燃气轮机电站动力专用直流电源系统和动力控制合并供电的直流电源系统，联络开关应选用直流断路器。

（4）蓄电池组和充电装置应经隔离和保护电器接入直流电源系统。

（5）铅酸蓄电池组通常不设降压装置，有端电池的镉镍碱性蓄电池组应设有降压装置。碱性镉镍蓄电池，由于其标称电压为 1.20V，根据蓄电池选择原则得到的蓄电池组的个数，无法同时满足在浮充电、事故放电默契和均衡充电等运行工况下，直流母线电压均能在允许范围之内，因此，必须设计有降压装置，对直流母线电压进行调整。其降压装置，推荐接入蓄电池组和直流母线之间，这样可以

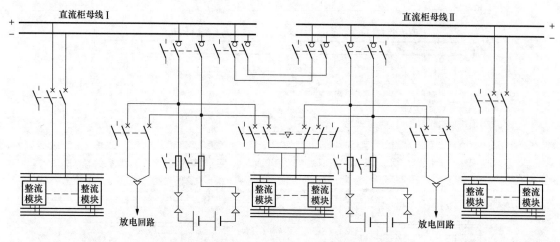

图 22-4　2 组蓄电池、3 套充电装置典型接线示意图

不设控制母线，从而简化接线和提高可靠性。

（6）每组蓄电池均应设有专用的试验放电回路。试验放电设备经隔离和保护电器直接与蓄电池组出口回路并接，主要为了试验时蓄电池组可以方便地退出，简化操作步骤和接线，避免误操作，同时不影响直流母线的运行，提高了可靠性。由于蓄电池试验放电的次数不多，为提高试验设备的利用率，可不用固定连接，所以放电装置一般采用移动式设备，便于多组蓄电池公用。

（7）直流电源系统应采用不接地方式。

二、直流负荷

（一）直流负荷分类

（1）考虑到不同负荷的要求，为便于在设计中选择直流系统电压和蓄电池的容量，将直流负荷按功能可分为控制负荷和动力负荷。

1）控制负荷主要包括：

a. 电气控制、信号、测量负荷。

b. 热工控制、信号、测量负荷。

c. 继电保护、自动装置和监控系统负荷。

2）动力负荷主要包括：

a. 各类直流电动机。

b. 高压断路器电磁操动合闸机构。

c. 交流不间断电源装置。

d. DC/DC 变换装置

e. 直流应急照明负荷。

f. 热工动力负荷。

（2）为了便于在设计中选择充电装置和蓄电池的容量，直流负荷按性质分为经常负荷、事故负荷和冲击负荷。

1）经常负荷是要求直流系统在正常和事故工况下均应可靠供电的负荷，主要包括：

a. 长明灯。

b. 连续运行的直流电动机。

c. 逆变器。

d. 电气控制、保护装置等。

e. DC/DC 变换装置。

f. 热工控制负荷。

2）事故负荷是要求直流系统在交流电源系统事故停电时间内可靠供电的负荷，主要包括：

a. 事故中需要运行的直流电动机。

b. 直流应急照明。

c. 交流不间断电源装置。

d. 热工动力负荷。

3）冲击负荷是指在短时间内施加的较大负荷电流。冲击负荷出现在事故初期（1min）称初期冲击负荷，出现在事故末期或者事故过程中称随机负荷（5s），主要包括：

a. 高压断路器跳闸。

b. 热工冲击负荷。

c. 直流电动机启动电流。

（二）直流负荷统计

（1）燃气轮机电站直流负荷统计应符合下列规定：

1）装设 2 组控制专用蓄电池组时，每组负荷应按全部控制负荷统计。

2）装设 2 组动力和控制合并供电蓄电池组时，每组负荷应按全部控制负荷统计，动力负荷宜平均分配在两组蓄电池上；其中直流应急照明负荷，每组应按全部负荷的 60%（变电站和有保安电源的发电厂可按 100%）统计。

3）事故后恢复供电的高压断路器合闸冲击负荷按随机负荷考虑。

4）两个直流电源系统间设有联络线时，由于该联络是为了保证安全而设立的，仅为临时和紧急备用，因此每组蓄电池仍按各自所连接的负荷考虑，不因互联而增加负荷容量的统计。

（2）事故停电时间应符合下列规定：

1）与电力系统连接的燃气轮机电站，在全站事故停电时，据调查 30min 左右即可恢复站用电，为了保证事故处理有充裕时间，蓄电池容量应按站用交流电源事故停电时间 1h 计算。

2）不与电力系统连接的孤立燃气轮机电站，考虑在事故停电时间内，很难立即处理恢复站用电，操作相对复杂，因此蓄电池容量通常按站用交流电源事故停电时间至少 2h 计算。

（3）事故初期（1min）的冲击负荷应按如下原则统计：

1）备用电源断路器应按备用电源实际自投断路器台数统计。

2）低电压、母线保护、低频减载等跳闸回路应按实际数量统计。

3）电气及热工的控制、信号和保护回路等应按实际负荷统计。

（4）事故停电时间内，恢复供电的高压断路器合闸电流（随机负荷），应按断路器合闸电流最大的 1 台统计，并应与事故初期冲击负荷之外的最大负荷或出现最低电压时的负荷相叠加。

（5）直流负荷统计计算时间应符合表 22-1 的规定。

表 22-1   直流负荷统计计算时间表

序号	负荷名称		经常	事故放电计算时间						随机
				初期	持续（h）					
				1min	0.5	1.0	1.5	2.0	3.0	5s
1	控制、保护、监控系统	与系统连接的燃气轮机电站	√	√		√				
		孤立燃气轮机电站	√	√				√		
2	高压断路器跳闸			√						
3	高压断路器自投			√						

续表

序号	负荷名称		经常	事故放电计算时间						随机
				初期	持续（h）					
				1min	0.5	1.0	1.5	2.0	3.0	5s
4	恢复供电高压断路器合闸									√
5	直流润滑油泵①	25MW 及以下机组		√	√					
		50~300MW 机组		√		√				
		600MW 机组		√			√			
6	交流不间断电源	与系统连接的燃气轮机电站				√				
		升压站 有人值班		√		√				
		升压站 无人值班		√				√		
		孤立燃气轮机电站		√			√			
7	直流长明灯	与系统连接的燃气轮机电站	√			√				
		孤立燃气轮机电站	√	√				√		
8	直流应急照明	与系统连接的燃气轮机电站		√		√				
		孤立燃气轮机电站						√		
9	DC/DC 变换装置	采用一体化电源向通信负荷供电②	√	√						

注 表中"√"表示具有该项负荷时，应予以统计的项目。

① 直流润滑油泵供电的计算时间是根据汽轮发电机惰走时间而决定的。据调查，不同容量汽轮发电机惰走时间：12~25MW 为 17~24min；50~125MW 为 18~28min；200~300MW 为 22~29min，600MW 为 80~85min，因此 200MW 及以下按 0.5h 计算是可以满足要求的，对于大容量联合循环机组，虽然装设保安电源，但是为保证安全和可靠，事故停电时间仍按 1.0h 和 1.5h 统计。

② 通信用 DC/DC 变换装置的事故放电时间应满足通信专业的要求，一般为 2~4h。

（6）直流负荷统计时负荷系数应符合表 22-2 的规定。

表 22-2 　　　　　　　　　　　直流负荷统计负荷系数表

序号	负 荷 名 称	负荷系数	备注
1	控制、保护、继电器	0.6	
2	监控系统、智能装置、智能组件	0.8	
3	高压断路器跳闸	0.6	
4	高压断路器自投	1.0	
5	恢复供电高压断路器合闸	1.0	
6	直流润滑油泵	0.9	
7	氢（空）密封油泵	0.8	
8	升压站交流不间断电源	0.6	
9	发电厂交流不间断电源	0.6	
10	DC/DC 变换装置	0.8	
11	直流长明灯	1.0	
12	直流应急照明	1.0	
13	热控直流负荷	0.6	

三、设备选择

(一) 蓄电池组

1. 蓄电池个数选择的总体原则

(1) 无端电池的铅酸蓄电池组应根据单体电池正常浮充电电压值和直流母线电压为 1.05 倍直流电源系统标称电压值来确定。

(2) 有端电池的镉镍碱性蓄电池组应根据单体电池正常浮充电电压值和直流母线电压为 1.05 倍直流电源系统标称电压值来确定基本电池个数；同时应根据该电池放电时允许的最低电压值和直流母线电压为 1.05 倍直流电源系统标称电压值确定整组电池个数。

2. 蓄电池参数选择

(1) 蓄电池个数应满足在浮充电运行时，直流母线电压为 $1.05U_n$ 的要求，蓄电池个数应按下式计算，即

$$n = 1.05 \frac{U_n}{U_f}$$

式中 U_n——直流电源系统标称电压，V；

U_f——单体蓄电池浮充电电压，V。

(2) 蓄电池均衡充电电压应根据蓄电池个数及直流母线电压允许的最高值选择单体蓄电池均衡充电电压值。单体蓄电池均衡充电电压值 U_c 应符合以下要求：

1) 对于控制负荷，单体蓄电池均衡充电电压值不应大于 $1.10U_n/n$。

2) 对于动力负荷，单体蓄电池均衡充电电压值不应大于 $1.125U_n/n$。

3) 对于控制负荷和动力负荷合并供电，单体蓄电池均衡充电电压值不应大于 $1.10U_n/n$。

(3) 蓄电池放电终止电压应根据蓄电池个数及直流母线电压允许的最低值选择单体蓄电池事故放电末期终止电压。单体蓄电池事故放电末期终止电压应按下式计算，即

$$U_m \geqslant 0.875U_n/n$$

式中 U_m——单体蓄电池放电末期终止电压，V；

n——蓄电池个数。

3. 蓄电池浮充电压

蓄电池浮充电压应根据厂家推荐值选取，当无产品资料时可按：

(1) 固定型排气式铅酸蓄电池的单体浮充电电压值宜取 2.15~2.17V。

(2) 阀控式密封铅酸蓄电池的单体浮充电电压值宜取 2.23~2.27V。

(3) 中倍率镉镍碱性蓄电池的单体浮充电电压值宜取 1.42~1.45V。

(4) 高倍率镉镍碱性蓄电池的单体浮充电电压值宜取 1.36~1.39V。

4. 单体蓄电池放电终止电压

单体蓄电池放电终止电压应根据直流电源系统中直流负荷允许的最低电压值和蓄电池的个数来确定，但不得低于产品规定的最低允许电压值。

5. 单体蓄电池均衡充电电压

单体蓄电池均衡充电电压应根据直流电源系统中直流负荷允许的最高电压值和蓄电池的个数来确定，但不得超出产品规定的电压允许范围。

6. 蓄电池容量选择应符合的规定

(1) 应满足全厂（站）事故全停电时间内的放电容量。

(2) 应满足事故初期（1min）直流电动机启动电流和其他冲击负荷电流的放电容量。

(3) 应满足蓄电池组持续放电时间内随机冲击负荷电流的放电容量。

7. 蓄电池容量选择计算应符合的规定

(1) 按事故放电时间分别统计事故放电电流，确定负荷曲线。

(2) 根据蓄电池形式、放电终止电压和放电时间，确定相应的容量换算系数（K_C）。

(3) 根据事故放电电流，按事故放电阶段逐段进行容量计算。当有随机负荷时，应叠加在初期冲击负荷或第一阶段以外的计算容量最大的放电阶段。

(4) 选取与计算容量最大值接近的蓄电池标称容量（C_{10} 或 C_5）作为蓄电池的选择容量。

（二）充电装置

1. 充电装置的技术特性应符合的要求

(1) 应满足蓄电池组的充电和浮充电要求。

(2) 应为长期连续工作制。

(3) 应具有稳压、稳流及限压、限流特性和软启动特性。

(4) 应有自动和手动浮充电、均衡充电及自动转换功能。

(5) 充电装置交流电源输入宜为三相输入，额定频率为 50Hz。

(6) 1 组蓄电池配置 1 套充电装置的直流电源系统，充电装置宜设置 2 路交流电源。1 组蓄电池配置 2 套充电装置或 2 组蓄电池配置 3 套充电装置时，每个充电装置宜配置 1 路交流电源。

(7) 充电装置主要技术参数应符合表 22-3 的规定。

表 22-3　　　　　　　　　　　充电装置的主要技术参数表

项　目	相　控　型	高频开关电源模块型
稳压精度	≤±1	≤±0.5%
稳流精度	≤±2	≤±1%
纹波系数	≤1	≤0.5%

(8) 高频开关电源模块基本性能要求如下：

1) 均流：在多个模块并联工作状态下运行时，各模块承受的电流应能做到自动均分负载，实现均流；在 2 台及以上模块并联运行时，其输出的直流电流为额定值时，均流不平衡度不应大于 ±5% 额定电流值。

2) 功率因数：功率因数不应小于 0.90。

3) 谐波电流含量：在模块输入端施加的交流电源符合标称电压和额定频率要求时，在交流输入端产生的各高次谐波电流含有率不应大于 30%。

4) 电磁兼容应满足 GB/T 19826《电力工程直流电源设备通用技术条件及安全要求》的有关规定。

2. 充电装置额定电流的选择应满足的条件

(1) 应满足浮充电要求，浮充输出电流应按蓄电池自放电电流与经常负荷电流之和计算。浮充输出电流应按下式计算：

1) 铅酸蓄电池为

$$I_r \geqslant 0.01 I_{10} + I_{jc}$$

式中　I_r——充电装置额定电流，A；

　　　I_{10}——铅酸蓄电池 10h 放电率电流，A；

　　　I_{jc}——直流电源系统的经常负荷电流，A。

2) 镉镍碱性蓄电池为

$$I_r \geqslant 0.01 I_5 + I_{jc}$$

式中　I_5——镉镍碱性蓄电池 5h 放电率电流，A。

（2）应满足蓄电池充电要求，充电时蓄电池脱开直流母线，充电输出电流应按下式计算：

1）铅酸蓄电池为

$$I_r = 1.0 \sim 1.25 I_{10}$$

2）镉镍碱性蓄电池为

$$I_r = 1.0 \sim 1.25 I_5$$

（3）应满足蓄电池均衡充电要求，蓄电池充电时仍对经常负荷供电，均衡充电输出电流：

铅酸蓄电池为

$$I_r = 1.0 \sim 1.25 I_{10} + I_{jc}$$

镉镍碱性蓄电池为

$$I_r = 1.0 \sim 1.25 I_5 + I_{jc}$$

3. 充电装置输出电压选择的计算

充电装置输出电压选择应按下式计算，即

$$U_r = n U_{cm}$$

式中　U_r——充电装置的额定电压，V；

　　　n——蓄电池组单体个数；

　　U_{cm}——充电末期单体蓄电池电压，固定型排气式铅酸蓄电池为 2.70V；阀控式铅酸蓄电池为 2.40V；镉镍碱性蓄电池为 1.70V。

4. 充电装置回路设备选择

充电装置回路设备选择应符合表 22-4 的规定。

表 22-4　　　　　　　　　　　　充电装置回路设备选择表

项　目	参　　数							
充电装置额定电流（A）	10	20	25	30	40	50	60	80
熔断器及隔离开关额定电流（A）	63						100	
直流断路器额定电流（A）	32			63			100	
电流表测量范围（A）	0~30		0~50		0~80		0~100	
充电装置额定电流（A）	100	120	160	200	250	315	400	500
熔断器及隔离开关额定电流（A）	160		200		300		400	630
直流断路器额定电流（A）	225				400		630	
电流表测量范围（A）	0~150		0~200		0~300		0~400	0~500

注　充电装置额定电流不包括备用模块。

5. 充电装置的输出电压调节范围

充电装置的输出电压调节范围应满足蓄电池放电末期和充电末期电压的要求，并按表 22-5 的规定取值。

6. 高频开关电源模块选择配置原则应符合的规定

（1）1 组蓄电池配置 1 套充电装置时，应按额定电流选择高频开关电源基本模块。当基本模块数量为 6 个及以下时，设置 1 个备用模块；当基本模块数量为 7 个及以上时，设置 2 个备用模块。

（2）1 组蓄电池配置 2 套充电装置或 2 组蓄电池配置 3 套充电装置时，应按额定电流选择高频开关电源基本模块，不设备用模块。

（3）高频开关电源模块数量宜根据充电装置额定电流和单个模块额定电流选择，模块数量宜控制在 3~8 个模块。

表 22-5　　　　　　　　　　　充电装置输入/输出电压和电流调节范围表

交流输入		相　数		三　相
		额定频率		$50\times(1\pm2\%)$ Hz
		额定电压		$380\times(85\%\sim120\%)$ V
直流输出	额定值	电压		220V 或 110V
		电流		10A、20A、30A、40A、50A、60A、80A、100A、160A、200A、250A、315A、400A、500A
	恒流充电	电压调节范围	阀控式铅酸蓄电池	$(90\%\sim120\%)U_n$
			固定型排气式铅酸蓄电池	$(90\%\sim135\%)U_n$
			镉镍碱性蓄电池	$(90\%\sim135\%)U_n$
		电流调节范围		$(20\%\sim100\%)I_n$
	浮充电	电压调节范围	阀控式铅酸蓄电池	$(95\%\sim115\%)U_n$
			固定型排气式铅酸蓄电池	$(95\%\sim115\%)U_n$
			镉镍碱性蓄电池	$(95\%\sim115\%)U_n$
		电流调节范围		$(0\sim100\%)I_n$
	均衡充电	电压调节范围	阀控式铅酸蓄电池	$(105\%\sim120\%)U_n$
			固定型排气式铅酸蓄电池	$(105\%\sim135\%)U_n$
			镉镍碱性蓄电池	$(105\%\sim135\%)U_n$
		电流调节范围		$(0\%\sim100\%)I_n$

注　U_n—直流电源系统标称电压；I_n—充电装置直流额定电流。

7. 高频开关电源模块配置和数量选择

高频开关电源模块配置和数量选择应分为以下两种方式：

（1）方式 1：每组蓄电池配置一组高频开关电源，其模块选择按下式计算，即

$$n=n_1+n_2$$

式中　n_1——基本模块的数量，个；

　　　n_2——附加模块的数量，个；

　　　n——高频开关电源模块选择数量，当模块选择数量不为整数时，可取邻近值。

基本模块的数量为

$$n_1=\frac{I_r}{I_{me}}$$

式中　I_r——充电装置电流，A；

　　　I_{me}——单个模块额定电流，A。

附加模块的数量按下式计算，即

$$n_2=1\ （当\ n_1\leqslant6\ 时）$$
$$n_2=2\ （当\ n_1\geqslant7\ 时）$$

（2）方式 2：1 组蓄电池配置 2 组高频开关电源或 2 组蓄电池配置 3 组高频开关电源，其模块选择按下式计算，即

$$n=\frac{I_r}{I_{me}}$$

（三）电缆

（1）直流电缆选择和敷设应符合 GB 50217《电力工程电缆设计规范》中的有关规定。直流电源系统明敷电缆应选用耐火电缆或实施了规定的耐火防护措施的阻燃电缆。控制和保护回路直流电缆应选

用屏蔽电缆。

（2）蓄电池组引出线为电缆时，电缆宜采用单芯电力电缆；当选用多芯电缆时，其允许载流量可按同截面单芯电缆数值计算。蓄电池电缆正极和负极不应共用一根电缆，该电缆宜采用独立通道，沿最短路径敷设。

（3）蓄电池组与直流柜之间连接电缆截面选择应符合下列规定：

1）蓄电池组与直流柜之间连接电缆长期允许载流量的计算电流，应大于蓄电池 1h 放电率电流。

2）电缆允许电压降不宜大于直流电源系统标称电压的 1%；其计算电流应取蓄电池 1h 放电率电流或事故放电初期（1min）冲击负荷放电电流两者中的大者。

（4）高压断路器电磁操动机构合闸回路电缆截面的选择应符合下列规定：

1）当蓄电池浮充运行时，应保证最远 1 台高压断路器可靠合闸所需电压，其允许电压降可取直流电源系统标称电压的 10%～15%。

2）当事故放电直流母线电压在最低电压值时，应保证恢复供电的高压断路器能可靠合闸所需电压，其允许电压降应按直流母线最低电压值和高压断路器允许最低合闸电压值之差作为允许电压降值，不宜大于直流电源系统标称电压的 6.5%。

（5）采用集中辐射形供电方式时，直流柜与直流负荷之间的电缆截面选择应符合下列规定：

1）电缆长期允许载流量的计算电流应大于回路最大工作电流。

2）电缆允许电压降应按蓄电池组出口端最低计算电压值和负荷本身允许最低运行电压值之差作为允许电压降值，宜取直流电源系统标称电压的 3%～6.5%。

（6）采用分层辐射形供电方式时，直流电源系统电缆截面选择应符合下列规定：

1）根据直流柜与直流分电柜间之间距离确定电缆允许的电压降，宜取直流电源系统标称电压的 3%～5%。其回路计算电流应按分电柜最大负荷电流选择。

2）当直流分电柜布置在负荷中心时，与直流终端断路器之间允许电压降宜取直流电源系统标称电压的 1%～1.5%。

3）根据直流分电柜布置地点，可适当调整直流分电柜与直流柜、直流终端断路器之间的允许电压降，但应保证直流柜与直流终端断路器之间允许总电压降不大于标称电压的 6.5%。

（7）直流柜与直流电动机之间的电缆截面选择应符合下列规定：

1）电缆长期允许载流量的计算电流应大于电动机额定电流。

2）电缆允许电压降应按蓄电池组出口端最低计算电压值和电动机允许最低启动电压值之差值选取，不宜大于直流电源系统标称电压的 6.5%。其计算电流按 2 倍电动机额定电流选取，当电动机有特殊要求情况除外。

（8）2 台机组之间 220V 直流电源系统应急联络断路器之间采用电缆连接时，互联电缆压降不宜大于直流电源系统标称电压的 5%，其计算电流可按负荷统计表中 1h 放电电流的 50%选择。

（四）蓄电池试验放电装置

（1）试验放电装置的额定电流应符合下列要求。

1）铅酸蓄电池应为 $1.10～1.30I_{10}$。

2）镉镍碱性蓄电池应为 $1.10～1.30I_5$。

（2）试验放电装置宜采用电热器件或有源逆变放电装置。

（五）直流屏柜

（1）直流柜宜采用加强型结构，防护等级不宜低于 IP20。布置在交流配电间内的直流柜防护等级应与交流开关柜一致。

（2）直流柜外形尺寸宜采用 800mm×600mm×2200mm（宽×深×高）。

（3）直流柜正面操作设备的布置高度不应超过 1800mm，距地高度不应低于 400mm。

（4）直流柜内采用微型断路器的直流馈线，应经端子排出线。

（5）直流柜内母线宜采用阻燃绝缘铜母线，应按蓄电池 1h 放电率电流选择截面，并应进行额定短时耐受电流校验和按短时最大负荷电流校验，其温度不应超过绝缘体的允许事故过负荷温度。蓄电池回路设备及直流柜主母线设备通常可按表 22-6 和表 22-7 进行选择。

表 22-6   固定型排气式和阀控式密封铅酸蓄电池回路设备选择

蓄电池容量（Ah）	100	200	300	400	500	600
回路电流（A）	55	110	165	220	275	330
电流测量范围（A）	100	200		300	400	
放电试验回路电流（A）	12	24	36	48	60	72
主母线铜导体截面积（mm²）	50×4			60×6		
蓄电池容量（Ah）	800	1000	1200	1500	1600	1800
回路电流（A）	440	550	660	825	880	990
电流测量范围（A）	600	800		1000		
放电试验回路电流（A）	96	120	144	180	192	216
主母线铜导体截面积（mm²）	60×6			80×8		
蓄电池容量（Ah）	2000	2200	2400	2500	2600	3000
回路电流（A）	1100	1210	1320	1375	1430	1650
电流测量范围（A）	1500			2000		
放电试验回路电流（A）	240	264	288	300	312	360
主母线铜导体截面积（mm²）	80×8			80×10		

注 容量为 100Ah 以下的蓄电池，其母线最小截面积不宜小于 30mm×4mm。

表 22-7   中倍率镉镍碱性蓄电池回路设备选择

蓄电池容量（Ah）	10	20	30	50	60	80	100
回路电流（A）	7	14	21	35	42	56	70
熔断器及隔离开关额定电流（A）	63					100	
直流断路器额定电流（A）	32			63			100
电流测量范围（A）	20		40		50	100	
放电试验回路电流（A）	2	4	6	10	12	16	20
主母线铜导体截面积（mm²）	30×4				50×4		

（6）直流柜内母线及其相应回路，应能满足直流母线出口短路时额定短时耐受电流要求。蓄电池短路电流的数值，决定于内阻的大小，而内阻又与产品形式、生产厂家、生产工艺和原材料等有关，当厂家未提供阀控铅酸蓄电池短路电流时，多数情况下直流柜内元件应符合下列要求：

1）阀控铅酸蓄电池容量为 800Ah 以下的直流电源系统，可按 10kA 短路电流考虑。

2）阀控铅酸蓄电池容量为 800～1400Ah 的直流电源系统，可按 20kA 短路电流考虑。

3）阀控铅酸蓄电池容量为 1500～1800Ah 的直流电源系统，可按 25kA 短路电流考虑。

4）阀控铅酸蓄电池容量为 2000Ah 的直流电源系统，可按 30kA 短路电流考虑。

5）阀控铅酸蓄电池容量为 2000Ah 以上时，应进行短路电流计算。

（7）直流柜体应设有保护接地，接地处应有防锈措施和明显标志。直流柜底部应设置接地铜排，截面积不应小于 100mm²。

（8）蓄电池柜内隔架最低距地不宜小于 150mm，最高距地不宜超过 1700mm。

（9）直流柜及柜内元件应满足 GB/T 19826《电力工程直流电源设备通用技术条件及安全要求》的相关规定。

（六）直流电源成套装置

（1）直流电源成套装置包括蓄电池组、充电装置和直流馈线。根据设备体积大小，可合并组柜或分别设柜。

（2）直流电源成套装置宜采用阀控式密封铅酸蓄电池、高倍率镉镍碱性蓄电池或中倍率镉镍碱性蓄电池。蓄电池组容量应符合下列规定：

1）阀控式密封铅酸蓄电池容量应为 300Ah 以下；

2）高倍率镉镍碱性蓄电池容量应为 40Ah 及以下；

3）中倍率镉镍碱性蓄电池容量应为 100Ah 及以下。

（七）DC/DC 变换装置

（1）DC/DC 变换装置的技术特性应满足以下要求：

1）应为长期连续工作制，并具有稳压性能，稳压精度不大于±6％额定电压值。

2）对直流母线反灌纹波电压有效值系数不应超过 0.5％。

3）具有输入异常和输出限流保护功能，故障排除后可自动恢复工作。

4）具有输出过电压保护功能，故障排除后可人工恢复工作。

（2）DC/DC 变换装置和直流充电装置（AC/DC）、交流逆变装置（DC/AC）一样，都是由电力电子元件构成，其过载能力有限。当通信负荷出现大电流过载冲击或馈线回路发生短路故障时，DC/DC 变换器的输出限流保护动作，有可能造成母线电压跌落使得通信设备失电。因此，如何保证在负载出现过载或短路故障时，能可靠地分断故障回路的馈线开关，使 DC/DC 变换器的输出电压维持在正常的范围内连续可靠供电，是在工程应用中所面临的主要问题。DC/DC 变换装置在选择时应满足馈线短路时直流断路器可靠动作，并具有选择性。DC/DC 电源系统配置应符合下列规定：

1）为了保证馈线开关的过流保护能够动作，总输出电流不宜小于馈线回路中最大直流断路器额定电流的 4 倍。

2）宜加装储能电容。为增强 DC/DC 电源输出冲击电流的能力，保证馈线开关的速断保护能够可靠动作，通常可以加装储能电容。在加装储能电容后，短路发生时会提供额外的附加冲击电流；但是因为电容放电电流与回路中的电气参数有关，故当附加冲击电流达到一定限值后，即使进一步增大储能电容的容量，也只能起到延长电容放电时间的作用。

3）为了降低断路器脱扣动作值，B 型微断的瞬时脱扣范围为 $4\sim7I_n$，适用于保护短路电流较小的负载，因此馈线断路器宜选用 B 型脱扣曲线的直流断路器。

（3）每套 DC/DC 变换装置的直流电源通常采用单电源供电。

（八）直流电动机启动设备

（1）联合循环燃气轮机的直流油泵电动机电力回路应装设限制启动电流的启动电阻或其他限流设备，使直流电动机平滑启动。发电机直流油泵电动机传统启动方式是采用直流接触器切换电阻方式，即在直流电动机的电枢回路中串入大功率电阻，通过电阻降压来限制电动机的启动电流；当电动机电流或转速达到一定值时，通过直流接触器将电阻旁路。这种传统直流电动机启动方式的优点是：回路简单，造价低；其缺点是：①对直流电源系统造成较大冲击；②直流接触器经常发生触头烧损问题。目前，部分厂家推出了一种由大功率电力电子器件和 PWM 控制技术实现的直流电动机软启动控制柜，克服了传统启动方式的缺点，增加了智能功能，可实现直流电动机的平滑启动。

（2）直流电动机启动电阻的额定电流，可取该电动机的额定电流。

（3）直流电动机的启动电阻宜将启动电流限制在额定电流的 2 倍。当启动有特殊要求时，启动电流可按实际参数计算。为了缩短启动时间，燃气轮机配套直流电动机启动电流倍数实际上普遍偏大，有的远超 2 倍，达到 4～6 倍，因此，业主方在设计直流系统的时候应当注意，如果忽略或者没有经验的话，会造成如下问题：

1）业主蓄电池容量选择不够。

2）业主供货的直流电缆（直流主屏至直流电动机）截面偏小。

3）燃气轮机配套直流电动机本体接线端子太小或者启动柜接线端子太小，无法匹配业主供货的直流电缆（直流主屏至直流电动机）截面，从而造成现场无法施工。

四、设备布置

（一）直流设备布置

（1）对于单循环以及联合循环多轴布置的燃气轮机而言，燃气轮发电机组自带直流系统，通常布置于相应的集装箱模块内。

（2）对于单轴布置的联合循环机组，燃气轮发、电机和汽轮机为一组整体，自带直流系统，一般布置于相应的主厂房车间内。

（3）对于多轴布置的联合循环机组，汽轮发电机组的直流系统通常布置于相应的汽机房或电控楼内。

（4）直流电源进线柜、直流馈线柜、充电装置柜宜布置在蓄电池室附近专用的直流电源室、电气继电器室或电气控制室内，这样可以减少由蓄电池出口至直流柜母线之间的电压降，以保证直流母线的电压水平，该电缆截面也不致选择太大。

（5）直流电源成套装置柜（含蓄电池柜）可布置在继电器室或配电间内，室内应保持良好通风。

（6）直流分电柜宜布置在该直流负荷中心附近。

（7）直流柜前后应留有运行和检修通道，通道宽度见表 22-8。

表 22-8　　　　　　　　　　　　　运行和检修通道宽度表

距离名称	采用尺寸（mm）	
	一般	最小
柜正面至柜正面	1800	1400
柜正面至柜背面	1500	1200
柜背面至柜背面	1500	1000
柜正面至墙	1500	1200
柜背面至墙	1200	1000
边柜至墙	1200	800
主要通道	1600～2000	1400

（8）直流配电间环境温度宜为 15～30℃，室内相对湿度为 30%～80%，不得凝露；温度变化率小于 10℃/h。

（9）蓄电池室内应设有运行和检修通道。通道一侧装设蓄电池时，通道宽度不应小于 800mm；两侧均装设蓄电池时，通道宽度不应小于 1000mm。

（二）阀控式密封铅酸蓄电池组的布置

（1）容量在 300Ah 及以上时应设专用的蓄电池室。专用蓄电池室宜布置在 0m 层。

（2）胶体式阀控式密封铅酸蓄电池宜采用立式安装；贫液吸附式的阀控式密封铅酸蓄电池可采用卧式或立式安装。

（3）蓄电池安装宜采用钢架组合结构，多层叠放。应便于安装、维护和更换蓄电池。台架的底层距地面为150～300mm，整体高度不宜超过1700mm。

（4）同一层或同一台上的蓄电池间宜采用有绝缘的或有护套的连接条连接，不同一层或不同一台上的蓄电池间宜采用电缆连接。

（三）固定型排气式铅酸蓄电池组和镉镍碱性蓄电池组的布置

（1）固定型排气式铅酸蓄电池组和容量为100Ah以上的中倍率镉镍碱性蓄电池组应设置专用蓄电池室。专用蓄电池室宜布置在0m层。

（2）蓄电池应采用立式安装，宜安装在瓷砖台或水泥台上，台高为250～300mm。台与台之间应设有运行和检修通道，通道宽度不得小于800mm。蓄电池与大地之间应有绝缘措施。

（3）中倍率镉镍碱性蓄电池组的端电池宜靠墙布置。

（4）蓄电池有液面指示计和比重计的一面，应朝向运行和检修通道。

（5）在同一台上的蓄电池间宜采用有绝缘的或有护套的连接条连接，不在同一台上的电池间采用电缆连接。

（6）蓄电池的裸露导电部分间的距离，当其两部分间的正常电压（非充电时）超过65V但不大于250V时，不应小于800mm；电压超过250V时，不应小于1000mm。导线与建筑物或其他接地体之间的距离不应小于50mm，母线支持点间的距离不应大于2000mm。

五、专用蓄电池室对相关专业的要求

（一）专用蓄电池室对相关专业总的技术要求

（1）蓄电池室位置应选择在无高温、无潮湿、无振动、少灰尘、避免阳光直射的场所，并尽量靠近直流配电间或布置有直流柜的电气继电器室。

（2）蓄电池室内的窗玻璃应采用毛玻璃或涂以半透明油漆的玻璃，阳光不应直射室内。

（3）蓄电池室应采用非燃性建筑材料，顶棚宜做成平顶，不应吊天棚，也不宜采用折板或槽形天花板。

（4）蓄电池室内照明灯具应为防爆型，且应布置在通道的上方，地面最低照度应为30Lx，事故照明最低照度应为3Lx。蓄电池室内照明线宜采用穿管明敷，室内不应装设开关和插座。

（5）基本地震烈度为7度及以上地区，蓄电池组应有抗震加固措施。

（6）蓄电池室走廊墙面不宜开设通风百叶窗或玻璃采光窗。采暖和降温设施与蓄电池间的距离，不应小于750mm。蓄电池室内采暖散热器应为焊接的钢制采暖散热器，室内不允许设有法兰、丝扣接头和阀门等。

（7）蓄电池室内应有良好的通风设施，通风电动机应为防爆式。

（8）蓄电池室的门应向外开启，应采用非燃烧体或难燃烧体的实体门，门的尺寸不应小于750mm×1960mm（宽×高）。

（9）蓄电池室不应有与蓄电池无关的设备和通道。与蓄电池室相邻的直流配电间、电气配电间、电气继电器室的隔墙不应留有门窗及孔洞。

（10）蓄电池组的电缆引出线应采用穿管敷设，且穿管引出端应靠近蓄电池的引出端。穿金属管外围应涂防酸（碱）油漆，封口处应用防酸（碱）材料封堵。电缆弯曲半径应符合电缆敷设要求，电缆穿管露出地面的高度可低于蓄电池的引出端子200～300mm。

（11）直流电源成套装置柜（含蓄电池柜）布置的房间宜装设对外机械通风装置。

（二）阀控式密封铅酸蓄电池组对相关专业的要求

（1）蓄电池室内温度宜为15～30℃。

（2）当蓄电池组采用多层迭装，且安装在楼板上时，楼板强度应满足荷重要求。

（三）防酸式铅酸蓄电池组和镉镍碱性蓄电池组对相关专业的要求

（1）蓄电池室应为防酸（碱）、防火、防爆建筑，入口宜经过套间或储藏室，设有储藏硫酸（碱）液、蒸馏水及配制电解液器具的场所。还应便于蓄电池的气体、酸（碱）液和水的排放。

（2）蓄电池室内的门、窗、地面、墙壁、天花板、台架均应进行耐酸（碱）处理，地面应采用易于清洗的面层材料。

（3）蓄电池室内温度宜为 5～35℃。

（4）蓄电池室的套间内应砌水池，水池内外及水龙头应做耐酸（碱）处理，管道宜暗敷，管材应采用耐腐蚀材料。

（5）蓄电池室内的地面应有约 0.5% 的排水坡度，并应有泄水孔。蓄电池室内的污水应进行酸碱中和或稀释并达到环保要求后排放。

第三节 交流不间断电源

一、UPS 接线

（一）UPS 接线

（1）UPS 宜由一路交流主电源、一路交流旁路电源和一路直流电源供电。

（2）主厂房内的 UPS 交流主电源和交流旁路电源应由不同厂用母线段引接。对于设置有交流保安电源的燃气轮机电站，交流主电源应由保安电源引接。电厂其他 UPS 交流主电源可由就近站用或厂用电源引接。

（3）主厂房内的 UPS 直流电源可由站内的直流系统引接也可由 UPS 自带蓄电池组柜安装。当直流电源由站内直流系统引接时，UPS 输入/输出回路应装设隔离变压器，直流回路应装设止回二极管。

（4）冗余配置的 2 套 UPS 的交流电源宜由不同厂用或站用电源母线引接；2 套 UPS 宜分别设置旁路装置，2 台并联或并联冗余的 UPS 宜共用 1 套旁路装置。

（5）UPS 旁路应设置隔离变压器，当输入电压变化范围不能满足负载要求时，旁路还应设置自动调压器。

（6）交流不间断电源系统母线应采用单母线接线，其母线接线应符合以下规定：

1）一台或两台并联 UPS 构成的不间断电源系统，宜采用单母线接线，如图 22-5 所示。

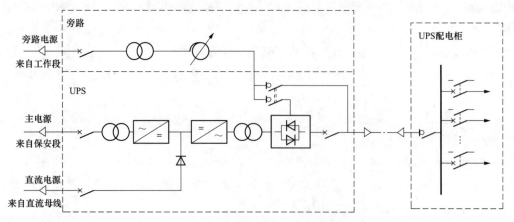

图 22-5 1 台 UPS 构成的不间断电源系统接线图

2）双重化冗余配置的两套 UPS 构成的不间断电源系统，应采用两段单母线，如图 22-6～图 22-8 所示。

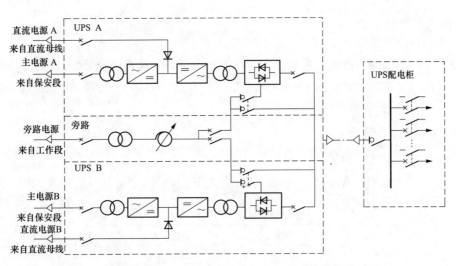

图 22-6　并联 UPS 构成的不间断电源系统接线图

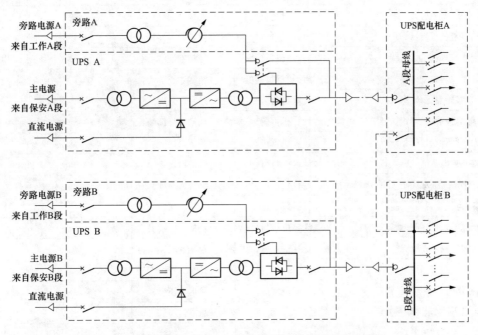

图 22-7　双重化冗余 UPS 构成的不间断电源系统接线图

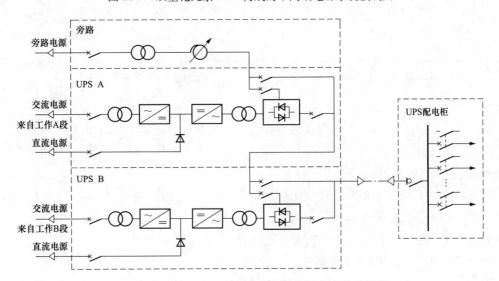

图 22-8　串联冗余 UPS 构成的不间断电源系统接线图

（二）配电网络设计

（1）交流不间断电源系统宜采用辐射供电方式。

（2）当发电厂内不间断负荷供电距离较远且相对集中时，可就近设置分配电柜（箱）供电。

（3）厂内升压站网络继电器室的 UPS，可采用直流和交流一体化不间断电源设备，也可设置独立的 UPS，并按负荷要求设置分配电柜（箱）供电。

二、UPS 负荷统计及计算

（一）负荷分类

UPS 负荷分为计算机负荷和非计算机负荷，燃气轮机电站常用 UPS 负荷见表 22-9。

表 22-9   燃气轮机电站常用 UPS 负荷

负荷名称	负荷类型	运行方式	功率因数[①]	备注
分散控制系统（DCS）	计算机负荷	经常、连续	0.98	
汽轮机数字电液控制系统（DEH）	计算机负荷	经常、连续	0.95	适用于联合循环
汽轮机紧急跳闸系统（ETS）	计算机负荷	经常、连续	0.95	适用于联合循环
汽轮机监视仪表（TSI）	非计算机负荷	经常、连续	0.90	
电磁阀	非计算机负荷	经常、连续	0.65	适用于失电动作型
热工仪表、变送器	非计算机负荷	经常、连续	0.70	
厂级监控信息系统（SIS）	计算机负荷	经常、连续	0.80	
管理信息系统（MIS）	计算机负荷	经常、连续	0.80	
辅助车间程序控制系统	计算机负荷	经常、连续	0.90	
电气监控管理系统（ECMS）	计算机负荷	经常、连续	0.95	适用于电气监控
电力网络计算机监控系统（NCS）	计算机负荷	经常、连续	0.95	适用于升压站
电气变送器	非计算机负荷	经常、连续	0.70	
故障录波装置、电能计费系统	计算机负荷	经常、连续	0.80	
时钟同步系统	计算机负荷	经常、连续	0.80	
火灾报警系统	非计算机负荷	经常、连续	0.80	
调度数据网络和安全防护设备	计算机负荷	经常、连续	0.95	
RTU、同步向量测量装置	非计算机负荷	经常、连续	0.90	
系统主机或服务器	计算机负荷	经常、连续	0.98	
操作员工作站	计算机负荷	经常、连续	0.90	
工程师工作站	计算机负荷	不经常、连续	0.90	
网络打印机	计算机负荷	不经常、间断	0.60	

① 各负荷的功率因数应以设备制造厂提供的参数为准，当设备制造厂不能提供参数时可取表中数值。

（二）负荷统计

（1）计算 UPS 容量时，应对不间断负荷进行统计，按 UPS 可能出现的最大运行方式计算，统计计算应遵守下列原则。

1）连续运行的负荷应予以计算。

2）当机组运行时，对于不经常而连续运行的负荷，应予以计算。

3）经常而短时及经常而断续运行的负荷，应予以计算。

4）由同一 UPS 供电的互为备用的负荷只计算运行的部分。

5）互为备用而由不同 UPS 供电的负荷，应全部计算。

（2）当 UPS 采用三相输出时，单相负荷应均匀分配到 UPS 三相上，分别计算每相负荷。

（三）负荷计算

根据各负载的铭牌容量、功率因数和换算系数，按式（22-1）计算负载的总有功功率，按式（22-2）计算负载的总无功功率（当负载为容性时，其无功功率取负值），然后按式（22-3）计算负载的总视在功率，并按式（22-4）计算负荷综合功率因数，即

$$P_c = \sum KS_i \cos\Phi_i \tag{22-1}$$

式中　P_c——计算负荷有功功率，kW；

　　　K——换算系数，可取表 22-10 数值；

　　　S_i——负载铭牌容量，kV·A；

　　$\cos\Phi_i$——单个负载功率因数。

$$Q_c = \sum KS_i \sqrt{1 - \cos\Phi_i^2} \tag{22-2}$$

式中　Q_c——计算负荷无功功率，kvar。

$$S_c = \sqrt{P_c^2 + Q_c^2} \tag{22-3}$$

式中　S_c——计算负荷，kV·A。

$$\cos\Phi_{av} = \frac{P_c}{S_c} \tag{22-4}$$

式中　$\cos\Phi_{av}$——负荷综合功率因数。

当 UPS 所连接负载类型一致或各负载功率因数相近时，也可按式（22-5）进行负荷计算，即

$$S_c = \sum (KS_i) \tag{22-5}$$

表 22-10　　　　　　　　　　　　**常用交流不间断负荷容量换算系数**

序号	负 荷 名 称	换 算 系 数
1	分散控制系统（DCS）	0.5
2	汽轮机数字电液控制系统（DEH）	0.5
3	汽轮机紧急跳闸系统（ETS）	0.5
4	汽轮机监视仪表（TSI）	0.5
5	热工电磁阀	0.6
6	热工仪表、变送器	0.8
7	辅助车间程序控制系统	0.8
8	电能计费系统	0.8
9	时钟同步系统	0.8
10	火灾报警系统	0.8
11	电气变送器	0.8
12	系统主机或服务器	0.7
13	操作员工作站	0.7
14	交换机及网络设备	0.7
15	工程师工作站	0.5
16	网络打印机	0.5

（四）容量选择

根据计算负荷，按式（22-6）计算 UPS 容量，根据计算容量，选择大于或等于该计算容量的 UPS 容量作为选择容量，即

$$S = K_k \frac{S_c}{K_f K_d} \tag{22-6}$$

式中　S——UPS 计算容量，$kV \cdot A$。

　　　K_k——可靠系数，取 1.25。

　　　S_c——计算负荷，$kV \cdot A$。

　　　K_f——功率校正系数，取 0.8～1.0；当负载综合功率因数与 UPS 额定输出功率因数不同时，宜按制造厂提供的负载能力进行容量校正，也可按照表 22-11 的数值进行容量校正。

　　　K_d——降容系数。当 UPS 安装地点海拔高度大于 1000m 时，应降容使用，宜按制造厂提供的降容要求或表 22-12 的数值进行容量校正。

另外，当装设 2 台 UPS 时，2 台 UPS 容量宜一致，并按计算容量较大的 1 台 UPS 选择。三相输出型 UPS 当三相负载不平衡时，应按最大相负荷选择 UPS 容量。

表 22-11　　　　　　　　　　　　　　　　　**功率校正系数**

负荷特性	容　性		阻　性	感　性					
负荷综合功率因数	0.80	0.90	1.00	0.95	0.90	0.85	0.80	0.70	0.60
功率校正系数（K_f）	0.55	0.74	0.80	0.84	0.89	0.94	1.00	0.84	0.75

表 22-12　　　　　　　　　　　　　　　　　**降容系数**

海拔高度（m）	1000	1500	2000	2500	3000	3500	4000	4500	5000
降容系数（K_d）	1.00	0.95	0.91	0.86	0.82	0.78	0.74	0.70	0.67

三、设备选择

（一）UPS 主机

（1）UPS 应采用在线式，且最好采用单相输出。

（2）当 UPS 直流电源由电厂直流系统引接时，其直流电压允许变化范围应适应直流系统变化的要求；直流输入回路应配置逆止二极管，止回二极管反向击穿电压不应低于输入直流额定电压的 2 倍。UPS 内部与直流有直接电气联系的回路应浮空。

（3）当 UPS 设置独立蓄电池组时，蓄电池组的标称电压不宜高于 500V。

（4）UPS 交流主电源输入宜采用三相三线制输入，容量小于 10kVA 的 UPS 交流输入可采用单相输入。交流输入端的开关设备应满足厂用电系统的动、热稳定性要求。

（二）UPS 旁路

（1）旁路隔离变压器及自耦调压器应采用干式自然风冷结构。

（2）当 UPS 为单相输出时，旁路宜采用 380V 二相二线制输入，也可采用 220V 单相输入；当 UPS 输出为三相时，其旁路应采用 380V 三相输入。

（3）自耦调压器宜配置自动调压装置，电压调节范围应满足输入电压变化范围的要求。

1）选择隔离变压器短路阻抗时，应校验 UPS 配电系统上下级断路器（或熔断器）之间的选择性。

2）旁路静态开关宜采用电子和机械混合型转换开关，其切换时间不应大于 5ms。

3）手动维修旁路开关应具有同步闭锁功能。

（三）自带蓄电池

UPS 蓄电池通常采用阀控式密封铅酸蓄电池或防酸式铅酸蓄电池，蓄电池标称电压为 2V、6V 或

12V，使用寿命通常不低于 5 年。

蓄电池事故放电电流按 UPS 额定容量计算，与电力系统连接的燃气轮机电站，蓄电池的备用时间通常按 0.5h 计算；孤立的燃气轮机电站，蓄电池的备用时间通常按 1h 计算。

对于 UPS 自带的蓄电池组，由于其直流电压允许范围一般与厂（站）直流电压变化范围不同，因此蓄电池的个数应根据电池单体电压和 UPS 输入直流电压允许范围计算。

另外，蓄电池放电试验装置可由电站直流系统统一设置。

（四）断路器

当 UPS 采用单相输出时，电源及馈线回路应采用二极断路器，当 UPS 为三相输出时，电源及三相负载回路应采用四极断路器，单相负载回路则通产采用二极断路器。

（五）电缆

UPS 配电回路应选用耐火电缆，通常采用铜芯。

电缆截面应按电缆长期允许载流量和回路允许电压降两个条件选择，且其热稳定电流应与断路器或熔断器配合。电缆截面选择符合下列规定：

（1）UPS 主机或旁路至主配电柜的电缆截面，建议按 UPS 额定电流选择，电压降不宜超过系统标称电压的 0.5%。

（2）主配电柜至分配电柜的电缆截面，应根据回路最大负荷电流选择，电压降不宜超过系统标称电压的 1%。

（3）主配电柜及分配电柜馈线回路电缆，应根据回路最大负荷电流、并按用电设备允许电压降选择。

当 UPS 为单相输出时，馈线回路宜采用三芯电缆；当 UPS 为三相输出时，由于负载电流中三次谐波电流在中性线存在叠加效应，三相负载馈线回路宜采用五芯电缆，且中性线的截面不应小于相线截面；单相负载馈线回路宜采用三芯电缆。

四、主要技术指标

（一）输入参数

（1）交流输入电压允许范围：$-15\%\sim+15\%$。

（2）直流输入电压允许范围：$-20\%\sim+15\%$。

（3）输入频率允许范围：$\pm5\%$。

（4）输入电流谐波失真：不应大于 5%。

（二）输出参数

（1）输出电压稳定性：稳态 $\pm2\%$，动态 $\pm5\%$。

（2）输出频率稳定性：稳态 $\pm1\%$，动态 $\pm2\%$。

（3）输出电压波形失真度：非线性负载不应大于 5%。

（4）输出额定功率因数：0.8（滞后）。

（5）输出电流峰值系数：不宜小于 3。

（6）过负荷能力：不应低于 125%/10min，150%/1min，200%/5s。

（三）综合指标

（1）旁路切换时间：不应大于 5ms。

（2）整机效率：不宜小于 90%。

（3）噪声：不宜大于 65dB（A）。

（4）防护等级：不宜低于 IP20。

（5）平均故障间隔时间（Mean Time Between Failure，MTBF）：不应小于 25000h。

五、设备布置及环境要求

（一）设备布置

交流不间断电源设备的布置应结合燃机房布置予以确定，以节省电缆用量和便于运行维护，并避开潮湿、水蒸气、导电尘埃或强电磁干扰的场所。

发电厂单元机组 UPS 的主机柜、旁路柜和主配电柜通常设置专用的 UPS 配电室或与直流屏共用配电室，辅助系统 UPS 可布置于相应电子设备间或控制室内。升压站的 UPS 屏柜可与直流屏共用配电室，也可布置于临近的控制保护设备室。

独立配置的蓄电池组可组屏与 UPS 主机柜共同布置在配电室内，也可采用蓄电池支架安装方式布置于专用的蓄电池室内。UPS 分配电柜（箱）应布置在不间断负荷的中心附近。

（二）环境要求

交流不间断电源配电室应设置空气调节装置，温度变化率不宜大于 $10℃/h$，相对湿度通常为 $30\%\sim80\%$，任何情况下无凝露。当交流不间断电源设备与蓄电池不同室布置时，UPS 装置室内温度通常为 $5\sim35℃$。当交流不间断电源设备与蓄电池同室布置时，室内温度宜为 $15\sim30℃$，以满足蓄电池的使用要求。

第二十三章 二次接线、继电保护及监控

第一节 二 次 接 线

一、控制、信号及测量

（一）燃气轮机电站控制系统二次接线的常规要求

（1）强电控制系统电源额定电压可选用直流 110V 或 220V。电气一次设备与计算机监控设备之间宜采用硬接线方式。数字化电气设备与计算机监控系统可采用数据通信方式。计算机监控系统断路器（隔离开关）分、合闸命令应能自复位。

（2）断路器的控制回路应满足下列规定：

1）应能电源监视，并宜监视跳、合闸绕组回路的完整性。

2）应能指示断路器合闸与跳闸的位置状态，自动合闸或跳闸时应能发出报警信号。

3）合闸或跳闸完成后应使命令脉冲自动解除。

4）有防止断路器"跳跃"的电气闭锁装置，宜使用断路器机构内的防跳回路。

5）接线应简单、可靠，使用电缆芯最少。

（3）燃气轮机电站在计算机监控系统操作的断路器和隔离开关，计算机监控系统应有状态显示，本体机构箱可由双灯制接线的灯光监视回路或状态显示指示。在合闸位置时红灯亮，跳闸位置时绿灯亮。

断路器控制电源消失及控制回路断线应发出报警信号。

（4）在配电装置就地操作的断路器可只装设监视跳闸回路的位置继电器，用红、绿灯作为位置指示灯。事故时向控制室发出信号。

（5）为适应保护双重化配置的要求，220kV 及以上断路器应配置两组跳闸线圈。具有两组独立跳闸系统的断路器应由两组蓄电池的直流电源分别供电。两套保护的出口继电器触点，应分别接至对应的一组跳闸绕组。断路器的两组跳闸回路都应设有断线监视。

（6）发电机变压器组的高压侧断路器、变压器的高压侧断路器、并联电抗器断路器、母线联络断路器、母线分段断路器和采用三相重合闸的线路断路器均宜选用三相联动的断路器。

（7）当电气主接线为一个半断路器接线时，为使二次接线运行、调试方便，每串的二次接线宜分成五个安装单位。当为线线串时，每条出线作为一个安装单位，每台断路器各为一个安装单位；当为线路变压器串时，变压器、出线、每台断路器各为一个安装单位。当线路接有并联电抗器时，并联电抗器可单独作为一个安装单位；也可与线路合设一个安装单位。母线设备可作为一个安装单位。

（8）高压隔离开关宜在远方控制。110kV 及以下供检修用的隔离开关和接地开关可就地操作。

（9）隔离开关、就地开关和母线接地开关都必须有操作闭锁措施，严防电气误操作。电气防误操作闭锁回路的电源应单独设置。

（10）液压或空气操动机构的断路器，当压力降低至规定值时，应相应闭锁重合闸、合闸及跳闸回路。对液压操动机构的断路器，不宜采用压力降低至规定值后自动跳闸的接线。弹簧操动机构的断路器应有弹簧储能与否的闭锁及信号。

（11）分相操作的断路器机构应有非全相自动跳闸回路，并能够发出断路器非全相信号。

（12）对具有电流或电压自保持的继电器，如防跳继电器等，在接线中应标明极性。

（13）电厂中重要设备和线路的继电保护和自动装置应有监视操作电源的回路，并发出报警信号至计算机监控系统。

（14）对断路器及远方控制的隔离开关，宜在就地设远方/就地切换开关。

（二）燃气轮机电站信号系统二次接线的常规要求

（1）电气信号系统宜由计算机监控系统实现。采用计算机监控方式的信号系统，由数据采集、画面显示及声光报警等部分组成。计算机监控的信号分成状态信号和报警信号。

信号数据可通过硬接线方式或通过与装置通信方式采集，通信方式应保证信号的实时性和通信的可靠性，重要的信号应通过硬接线方式实现。

报警信号由事故信号和预告信号组成。电站在发生事故和预警时在监视显示器上弹出信号并发出音响，事故信号和预告信号的画面显示和报警信号音响应有所区分。

（2）单元控制方式的燃气轮机电站电气信号系统应与全厂控制系统的规划协调一致。非单元制方式的电气信号可接入电气计算机监控系统。

（3）接入电气计算机监控系统的信号应按安装单位进行接线。110kV以上同一安装单位的信号应接入同一测控装置。公用系统信号接入专用公用测控单元。

接入DCS的电气信号，同一安装单位信号较多时公共端设置宜兼顾DCS测点数量，避免不同卡件公共端并接。

（4）计算机监控的报警信号系统应能够避免发出可能瞬间误发的信号（如电压回路断线、断路器三相位置不一致等）。

（5）在配电装置就地控制的元件，就地装置控制设备如与监控系统通信组网，则按间隔以数据通信方式发信号至监控系统。如未与监控系统组网则可按各母线段分别发送总事故和预告信号。

（6）在计算机监控系统控制的断路器、隔离开关、接地开关的状态量信号，参与控制及逻辑闭锁的开关状态量应接入开、闭两个状态量。断路器及隔离开关状态发生改变时，对应图形将变为闪光人工复归后解除。

（7）继电保护及自动装置的动作信号和装置故障信号应接入计算机监控系统。燃气轮机发电机、变压器、厂用电系统保护及其断路器等设备的信号接入全厂的计算机监控系统。系统保护及安全自动装置和断路器等设备的信号应接入网络监控系统。

（8）继电保护及自动装置动作后应能在计算机监控和就地及时将信号予以复归。

（9）非单元控制方式的各燃气轮机控制系统中，宜设有与汽轮机控制系统之间相互联系的信号。

（10）交流事故保安电源、交流不间断电源、直流系统的重要信号应能在控制室内显示，无人值班升压站相关信号也能发至远方集控中心。

（三）燃气轮机电站测量系统二次接线的常规要求

（1）燃气轮机电站测量系统的设置应符合GB/T 50063《电力装置电测量仪表装置设计规范》的有关规定。

（2）电气计算机监控系统的交流测量宜采用交流采样方式，监控系统由于特殊要求或无法交流采样的信号可通过变送器直流采样。电站计算机监控系统可与电气二次仪表测量共用变送器。

DCS所需的变送器应满足机组控制、测量的需要，并且变送器电源的设置应避免电源消失，整个机组测量信号消失。

采用直流采样的测量回路，监控系统的量程应与变送器输出参数一致，变送器的输出参数应满足监控系统输入要求。

（3）测量回路的交流回路额定电流可选1A或5A，交流电压回路为100V。

（4）直流、UPS等设备在计算机监控系统内的测量信号可通过直流采样方式或通过数据通信的方式实现。

二、二次回路设备选择及配置

（一）控制和信号设备的选择

（1）控制开关的选择应符合该二次回路额定电压、额定电流、分断电流、操作频繁率、电寿命和控制接线等的要求。

（2）位置指示灯及其附加电阻的选择应按照1.1倍额定电压时回路电流不大于发光二极管的额定电流。

（3）跳、合闸位置继电器的选择应符合下列规定：

1）母线电压为1.1倍额定值时，通过跳、合闸绕组或合闸接触器绕组的电流不应大于其最小动作电流和长期热稳定电流。

2）母线电压为85％额定值时，加在位置继电器线圈的电压不应小于其额定值的70％。

（4）断路器的跳、合闸继电器，电流启动电压保持的防跳继电器以及自动重合闸出口中间继电器和其串接信号继电器的选择应符合下列规定：

1）线圈的额定电压可等于供电母线额定电压；如用较低电压的继电器串接电阻降压时，继电器线圈上的压降应等于继电器电压线圈的额定电压；串接电阻的一端应接负电源。

2）额定电压工况下，电流线圈的额定电流的选择应与跳、合闸绕组或合闸接触器绕组的额定电流相配合，继电器电流自保持线圈的额定电流不宜大于跳、合闸线圈额定电流的50％，并保证串接信号继电器电流灵敏度不低于1.4。

3）跳、合闸中间继电器电流自保持线圈的电压降不应大于额定电压的5％，电流启动电压保持"防跳"继电器的电流启动线圈的电压降不应大于额定电压的10％。

（5）具有电流和电压线圈的中间继电器，其电流和电压线圈应采用正极性接线。电流与电压线圈间的耐压水平不应低于1000V、1min的试验标准。

（6）串联信号继电器与跳闸出口中间继电器并联电阻的选择应符合下列规定：

1）额定电压时信号继电器的电流灵敏系数不宜小于1.4。

2）0.8倍额定电压时信号继电器线圈的电压降不应大于额定电压的10％。

3）选择中间继电器的并联电阻时，应使保护继电器触点的断开容量不大于其允许值；应不超过信号继电器串联线圈的热稳定电流。

（7）重瓦斯保护回路并联信号继电器或附加电阻的选择应符合下列规定：

1）并联信号继电器的额定电压等于供电母线额定电压。

2）当用附加电阻代替并联信号继电器时，附加电阻的选择应符合上述（6）中1）3）的规定。

（8）直接跳闸的重要的回路应采用动作电压在额定直流电源电压的55％～70％范围以内的中间继电器，并要求其动作功率不低于5W。

（二）二次回路的保护设备

（1）二次回路的保护设备备用于切除二次回路的短路故障，并作为回路检修、调试时断开交、直流电源之用。二次电源回路宜采用自动开关，但当自动开关开断水平、动热稳定无法满足要求时，保护设备应选用熔断器。

（2）对具有双重化快速主保护和断路器具有双跳闸线圈的安装单位，其控制回路和继电保护、自动装置回路应分设独立的自动开关或熔断器，并由不同蓄电池组供电的直流母线段分别双重化主保护供电。控制回路、继电保护、自动装置屏内电源消失时应有报警信号。

（3）凡两个及以上安装单位公用的保护或自动装置的供电回路，应装设专用的自动开关或熔断器。

（4）一般情况下［上面（2）和（3）除外］，控制、保护和自动装置供电回路自动开关或熔断器的配置应符合下列规定：

1）当本安装单位仅含一台断路器时，控制、保护及自动装置宜分别设自动开关或熔断器。

2）当一个安装单位含几台断路器时，应按断路器分别设自动开关或熔断器；公用保护和公用自动装置及其他保护或自动控制装置按保证正确工作的条件，宜采用辐射型供电，各回路设独立的自动开关。

（5）控制回路的自动开关或熔断器应有监视，可用断路器控制回路的监视装置进行监视。保护、自动及测控装置回路的自动开关或熔断器应有监视，其信号应接至计算机监控系统。

（6）电压互感器二次回路保护的配置应符合下列规定：

1）电压互感器回路中，除接成开口三角的剩余绕组和另有规定者（如电磁式自动调整励磁装置用电压互感器）外，应在其出口装设自动开关。如自动调整励磁装置已考虑电压互感器失电闭锁强励磁措施，应装设自动开关。

2）电能计量表电压回路宜在电压互感器出线端装设专用自动开关。

3）电压互感器二次侧中性点引出线上不应装设保护设备。

4）电压互感器接成开口三角的剩余绕组的试验芯出线端应装设自动开关。

（7）设备所需交流操作电源宜装设单独的自动开关或熔断器，并加以监视。

（8）熔断器额定电流的选择应符合下列规定：

1）熔断器额定电流应按回路的最大负荷电流选择，并满足选择性的要求。干线上熔断器熔件的额定电流应较支线上的大 $2\sim3$ 级。

2）选择电压互感器二次侧熔断器时，其最大负荷电流应考虑到双母线仅一组运行时，两组电压互感器的全部负荷由一组电压互感器供给的可能情况。

（9）自动开关额定电流的选择应符合下列规定：

1）自动开关额定电流应按回路的最大负荷电流选择，并满足选择性的要求；干线上自动开关脱扣器的额定电流应较支线上的大 $2\sim3$ 级。

2）电压互感器二次侧自动开关的选择应符合下列规定：

a. 自动开关瞬间脱扣器的动作电流，应按大于电压互感器二次回路的最大负荷电流来整定。

b. 当电压互感器运行电压为 90% 额定电压时，二次电压回路末端经过渡电阻短路，加于继电器线圈上的电压低于 70% 额定电压时，自动开关应瞬时动作。

c. 自动开关瞬时脱扣器断开短路电流的时间不应大于 $20\mathrm{ms}$。

d. 自动开关应附有常闭辅助触点用于空气开关跳闸时发出报警信号。

（三）小母线和二次回路标号

（1）各安装单位的控制、信号电源宜由电源屏或电源分屏的馈线以辐射状供电，供电线应设保护及监视设备。

（2）控制屏及保护屏顶上的小母线不宜超过 28 条，最多不应超过 40 条。小母线宜采用直径 6mm 的绝缘铜棒。

当屏顶上不能装设小母线时，也可通过端子排连接。端子排宜单独成组排列。

（3）小母线的色别、符号和回路标号应符合 DL/T 5136—2012《火力发电厂、变电站二次接线设计技术规程》附录的有关规定。二次直流回路的数字标号、二次交流回路的数字标号应符合 DL/T 5136—2012《火力发电厂、变电站二次接线设计技术规程》附录的有关规定。

（四）端子排

（1）端子排应由阻燃材料构成。端子的导电部分应为铜质。安装在潮湿地区的端子排应当防潮。

（2）安装在屏上每侧的端子距地不宜低于 350mm。

（3）端子排配置应满足运行、检修、调试的要求，并适当与屏上的设备的位置相对应。

每个安装单位应有其独立的端子排。同一屏上有几个安装单位时，各安装单位端子排的排列应与屏面布置相配合。

（4）每个安装单位的端子排可按下列回路分组，并由上而下（或由左至右）按下列顺序排列：

1）交流电流回路按每组电流互感器分组，同一保护方式的电流回路宜排在一起。

2）交流电压回路按每组电压互感器分组。

3）开关量输入量信号回路按装置分组。

4）控制回路按控制对象原则分组。

5）其他回路按励磁保护、自动调整励磁装置的电流和电压回路、远方调整及连锁回路等分组。

6）转接端子排排列顺序为本安装单位端子、其他安装单位的转接端子、最后排小母线兜接用的转接端子。

（5）当一个安装单位的端子过多或者一个屏仅有一个安装单位时，可将端子排组地布置在屏的两侧。

（6）屏上二次回路经过端子排连接应符合下列规定：

1）屏内与屏外二次回路的连接，同一屏上各安装单位之间的连接以及转接回路等均应经过端子排。

2）屏内设备与直接接在小母线上的设备（如熔断器、电阻、刀开关等）的连接宜经过端子排。

3）各安装单位主要保护的正电源应经过端子排。保护的负电源应在屏内设备之间接成环形，环的两端应分别接至端子排；其他回路均可在屏内连接。

4）电流回路应经过试验端子，预告及事故信号回路和其他需断开的回路（试验时断开的仪表等）宜经过特殊端子或试验端子。

（7）每一个安装单位的端子排应编有顺序号，并宜在最后留 2~5 个端子作为备用。当条件许可时，各组端子排之间也宜留 1~2 个备用端子。在端子排组两端应有终端端子。

正、负电源之间以及经常带电的正电源与合闸或跳闸回路之间的端子排应以一个空端子隔开。

直流端子与交流端子要有可靠的隔离。

（8）一个端子的每一端宜接一根导线，导线截面不宜超过 6mm²。

（9）屋内、外端子箱内端子排列应按交流回路、交流电压回路和直流回路等成组排列。

（10）每组电流互感器的二次侧宜在配电装置端子箱内经过端子连接成星形或三角形等接线方式。

（11）强电与弱电回路的端子排宜分开布置，如有困难时，强、弱电端子之间应有明显的标志，应设隔离措施。如弱电端子排上要接强电电缆芯时，端子间应设加强绝缘的隔板。

（12）强电设备与强电端子的连接和端子与电缆芯的连接应用插接或螺栓连接，弱电设备与弱电端子间的连接可采用焊接。屏内弱电端子与电缆芯的连接宜采用插接或螺栓连接。

（五）控制电缆

（1）控制电缆的敷设和选型应符合 GB 50217《电力工程电缆设计规范》的有关规定。微机型继电保护装置及微机测控装置二次回路的电缆均使用屏蔽电缆。

（2）应采用铜芯控制电缆和绝缘导线。按机械强度要求，强电回路导体截面不应小于 1.5mm²，弱电回路导体截面不应小于 0.5mm²。

（3）继电保护用电流互感器二次回路电缆截面的选择应保证互感器误差不超过规定值。计算条件应为系统最大运行方式下最不利的短路形式，并应计及电流互感器二次绕组接线方式、电缆阻抗换算系数、继电器阻抗换算系数及接线端子接触电阻等因素。对系统最大运行方式如无可靠根据，可按断路器的断流容量确定最大短路电流。

（4）测量仪表装置用电流互感器的准确级次，按照该电流互感器二次绕组所串接的准确度要求最高的仪表选择，并符合 GB/T 50063《电力装置电测量仪表装置设计规范》的规定。电流互感器二次回路电缆截面的选择，按照一次设备额定运行方式下电流互感器额定的误差不超过上述条件下选定的准确级次。计算条件应为电流互感器一次电流为额定值、一次电流三相对称平衡，并应计及电流互感器二次绕组接线方式、电缆阻抗换算系数、仪表阻抗换算系数和接线端子接触电阻及仪表保安系数诸因素。

（5）继电保护和自动装置用电压互感器二次回路电缆截面的选择应保证最大负荷时，电缆的压降不应超过额定二次电压的 3%。

（6）电测量仪表用电压互感器二次回路电缆截面的选择应符合下列规定：

1）常用测量仪表回路电缆的电压降不应大于额定二次电压的 3%。

2）Ⅰ、Ⅱ类电能计量装置的电压互感器二次专用回路压降不宜大于电压互感器额定二次电压的 0.2%。

3）其他电能计量装置二次回路压降不应大于额定二次电压的 0.5%。

4）当不能满足上述要求时，电能表、指示仪表电压回路可由电压互感器端子箱单独引接电缆，也可将保护和自动装置与仪表回路分别接自电压互感器的不同二次绕组。

（7）控制回路电缆截面的选择应保证最大负荷时，控制电源母线至被控设备间连接电缆的电压降不应超过额定二次电压的 10%。

（8）当控制电缆的敷设长度超过制造长度时，或由于屏、台的搬迁而使原有电缆长度不够时，或更换电缆的故障段时，可用焊接法连接电缆。焊接法连接电缆时在连接处应设有连接盒。有可能时，也可用其他屏上的端子排连接。

（9）控制电缆宜采用多芯电缆，应尽可能减少电缆根数。当芯线截面为 $1.5mm^2$ 或者 $2.5mm^2$ 时，电缆芯数不宜超过 24 芯。当芯线截面为 $4mm^2$ 级以上时，电缆芯数不宜超过 10 芯。弱电控制电缆不宜超过 50 芯。

（10）对双重化保护的电流回路、电压回路、直流电源回路、双套跳闸绕组的控制回路等，两套系统不应合用一根多芯电缆。强、弱电信号不应合用一根多芯电缆。

（11）7 芯及以上的芯线截面小于 $4mm^2$ 的较长控制电缆应留有必要的备用芯。但同一安装单位的同一起止点的控制电缆不必再每根电缆中留有备用芯，可在同类性质的一根电缆中预留备用芯。

（12）应尽量避免将一根电缆中的各芯线接至屏上两侧的端子排，若为 6 芯及以上时，应设单独的电缆。

（13）对较长的控制电缆应尽量减少电缆根数，同时也应避免电缆芯的多次转接。

在同一根电缆中不宜有两个及以上安装单位的电缆芯。

（14）控制电缆的绝缘水平宜采用 0.45/0.75kV 级。

（15）信号电缆屏蔽层的选型应符合下列规定：

1）开关量信号电缆可选用外部总屏蔽。

2）高电平模拟信号电缆宜选用对绞芯外部总屏蔽，必要时也可用对绞芯分屏蔽。

3）低电平模拟信号或脉冲信号宜选用对绞芯分屏蔽，必要时也可选用对绞芯分屏蔽加外部总屏蔽。

（16）燃气轮机电站与升压站设备间联系所采用的光缆应根据传输距离及速率选择多模或单模铠装光缆。

（17）电缆耐火及阻燃的选择应符合下列规定：

1）主厂房及易燃易爆场所宜用阻燃电缆。

2）直流、UPS、保安电源系统电缆应选用耐火电缆。

3）在外部火势作用一定时间内需维持通电的下列场所或回路，明敷的电缆应实施耐火防护或选用具有耐火性的电缆：

a. 消防、报警、应急照明、断路器操作直流电源和发电机组紧急停机的保安电源等重要回路。

b. 计算机监控、双重化继电保护、保安电源或应急电源等双回路合用同一通道未相互隔离时的其中一个回路。

三、同期及备自投

（一）同期

1. 概述

燃气轮机投入电力系统同步并列的基本要求：

（1）投入瞬间发电机的冲击电流和冲击力矩不超过允许值。

（2）系统能把被投入的发电机拉入同步。

两系统之间进行准同步的条件很严格，必须满足相位相同、频率相等和电压相等的要求。

通常情况下可要求燃气轮机设备厂在就地的单元控制室或者在全厂集中控制室内会装设自动准同步装置和带有同步闭锁的手动准同步装置，同期并列点除了燃气轮机出口断路器外，如果厂内主变压器高压侧还设有断路器，该断路器也应当作为同期并列点设计考虑。

2. 同步电压取得方式

为满足同步条件，同步系统涉及电压互感器接线、接线方式、二次电压和同步点两侧电压网络的相序及相位等因素。单相同步电压的取得一般有如下方式：

（1）发电机出口断路器（GCB），同期：采用 GCB 两侧 TV 主二次绕组 TV 线电压 U_{bc}（100V）。

（2）发电机主变压器（Yd11 接线）高压侧断路器同期：

1）主变压器高压侧采用母线 TV 开口三角辅助绕组的电压（$-U_{c}$，100V）；此电压需要与高压配电装置母线 TV 开口三角辅助绕组的试验芯电压一致。

2）主变压器低压侧采用低压侧 TV 主二次绕组 TV 线电压 U_{bc}（100V）。

3. 自动准同步装置

自动准同步装置操作方便，工作可靠，已广泛用于燃气轮机电站的同步系统中。通常每一台燃气轮机组应设一套自动准同步装置。同时，微机自动准同期装置还应安装独立的同期鉴定闭锁继电器。

（二）备自投

（1）在下列情况下，燃气轮机电站应装设备用电源的自动投入装置（以下简称自动投入装置）：

1）具有备用电源的发电厂厂用电源和变电站站用电源。

2）由双电源供电，其中一个电源经常断开作为备用的电源。

（2）自动投入装置的功能设计应符合下列要求：

1）除满足备用电源快速切换外，应保证在工作电源或设备断开后，才投入备用电源或设备；

2）工作电源或设备上的电压，不论何种原因消失，除有闭锁信号外，自动投入装置均应动作；

3）自动投入装置应保证只动作一次。

（3）备用电源自动投入装置，除第 2 条的规定外，还应符合下列要求：

1）当一个备用电源同时作为几个工作电源的备用时，如备用电源已代替一个工作电源后，另一工作电源又被断开，必要时，自动投入装置仍能动作。

2）有两个备用电源的情况下，当两个备用电源为两个彼此独立的备用系统时，应装设各自独立的自动投入装置；当任一备用电源能作为全厂各工作电源的备用时，自动投入装置应使任一备用电源能对全厂各工作电源实行自动投入。

3）自动投入装置在条件可能时，宜采用带有检定同步的快速切换方式，并采用带有母线残压闭锁的慢速切换方式及长延时切换方式作为后备；条件不允许时，可仅采用带有母线残压闭锁的慢速切换方式及长延时切换方式。

4）当厂用母线速动保护动作、工作电源分支保护动作跳闸时，应闭锁备用电源自动投入。

（4）应校核备用电源或备用设备自动投入时过负荷及电动机自启动的情况，如过负荷超过允许限度或不能保证自启动时，应有自动投入装置动作时自动减负荷的措施。

（5）当自动投入装置动作时，如备用电源或设备投于故障，应有保护加速跳闸。

四、控制屏（台）及继电器屏的屏面布置

（1）在计算机监控方式下，应急操作的按钮宜布置在操作员站（台）上。

（2）硬接线手动控制方式屏（台）布置应符合下列规定：

1）控制屏（台）的布置应满足监视和操作、调节方便、模拟接线清晰的要求；相同的安装单位，其屏面布置应一致。

2）测量仪表宜与模拟接线相对应，A、B、C相按纵向排列，同类安装单位功能相同的仪表一般布置在相对应的位置。

3）各屏光字牌的高度应一致：光字牌宜设在屏的上方，要求上部取齐；也可设在中间，要求下部取齐。

4）对屏台分开的结构，经常监视的显示仪表、操作设备宜设在台上，一般显示仪表及光字牌宜布置在屏上；测量仪表宜布置在屏上电气主接线模拟线上。

5）屏上仪表最低位置不宜小于 1.5m，如果不能满足要求时，可将屏垫高。

6）操作设备与其安装单位的模拟接线相对应。功能相同的操作设备应布置在相应的位置上，操作方向全厂必须一致。

7）采用灯光监视时，红、绿分别布置在控制开关的右上侧及左上侧。

8）800mm 宽的控制屏或台上，每行控制开关不宜超过 5 个，经常操作的设备宜布置在离地面 800～1500mm。

（3）继电器屏的屏面布置应符合下列规定：

1）继电器屏布置应在满足试验、运行方便的条件下，适当紧凑。

2）相同安装单位的屏面布置宜对应一致，不同安装单位的继电器装在一块屏上时，宜按纵向划分，其布置宜对应一致。

3）当设备或元件装设两套主保护装置时，宜分别布置在两块屏上。

4）对由单个继电器构成的继电器保护装置，调整、检查工作较少的继电器布置在屏上部，较多的布置在屏中部；宜按如下次序由上至下排列：电流、电压、中间、时间继电器等布置在屏的上部，方向、差动、重合闸等继电器布置在屏的上部。

5）组合式继电器插件箱宜按出口分组的原则，相同出口的保护装置放在一块箱内或上、下紧靠布置。一组出口的保护装置停止工作时，不得影响另一组出口的保护装置运行。

6）各屏上设备安装的横向高度应整齐一致。

7）各屏上信号继电器宜集中布置，安装水平高度应一致。高度不宜低于 600mm。

8）试验部件与连接片，安装中心线离地面不宜低于 300mm。

9）对正面不开门的继电器屏，屏的下面离地 250mm 处宜设有孔洞，供试验时穿线之用。

（4）微机测控屏的屏面布置应符合下列规定：

1）屏内装置安装高度不宜低于 800mm。

2）屏内装置机箱应采用必要的防静电及放电磁辐射干扰的措施。机箱的不带电金属部分在电气上应连成一体，并可靠接地。

3）屏面应满足装置发热元件的通风散热要求。

第二节　继　电　保　护

一、发电机保护

（1）电压在3kV及以上，容量在600MW级及以下的发电机（含汽轮发电机及燃气发电机），应按照本条的规定，对下列故障及异常运行状态，装设相应的保护。

1）定子绕组及其引出线的相间短路故障。

2）定子绕组接地。

3）定子绕组匝间短路。

4）发电机外部相间短路。

5）定子绕组过电压。

6）定子绕组过负荷。

7）转子表层（负序）过负荷。

8）GCB闪络保护。

9）转子一点接地保护。

10）励磁绕组过负荷。

11）励磁回路接地。

12）励磁变过流、速断。

13）定子铁芯过励磁。

14）发电机逆功率。

15）频率失常。

16）失步。

17）发电机突然加电压。

18）发电机启停（燃气轮机发电机启动过程作为电动机运行，应采用低频过流保护）。

19）其他故障和异常运行，例如励磁系统故障、励磁变超温、燃气轮机本体保护、发电机非电量保护等。

（2）上述各项保护，宜根据故障和异常运行状态的性质及动力系统具体条件，按规定分别动作于：

1）停机。断开发电机断路器、灭磁，对汽轮发电机，还要关闭主汽门、锅炉电负荷。

2）解列灭磁。断开发电机断路器、灭磁、汽轮机甩负荷、锅炉甩负荷。

3）解列。断开发电机断路器，甩负荷。

4）减出力。将原动机出力减到给定值。

5）缩小故障影响范围。例如断开预定的其他断路器。

6）程序跳闸。对汽轮发电机首先关闭主汽门，待逆功率继电器动作后，再跳发电机断路器并灭磁（燃气轮机发电机不需要考虑程序跳闸动作类型）。

7）减励磁。将发电机励磁电流减至给定值。

8）励磁切换。将励磁电源由工作励磁电源系统切换到备用励磁电源系统。

9）厂用电源切换。由厂用工作电源供电切换到备用电源供电。

10）分出口。动作于单独回路。

11）信号。发出声光信号。

（3）对发电机定子绕组及其引出线的相间短路故障，应按下列规定配置相应的保护作为发电机的主保护。

1）1MW 及以下单独运行的发电机，如中性点侧有引出线，则在中性点侧装设过电流保护；如中性点侧无引出线，则在发电机端装设低电压保护。

2）1MW 及以下与其他发电机或与电力系统并列运行的发电机，应在发电机端装设电流速断保护。如电流速断灵敏系数不符合要求，可装设纵联差动保护；对中性点侧没有引出线的发电机，可装设低压过流保护。

3）1MW 以上的发电机，应装设纵联差动保护。

4）对 100MW 以下的发电机-变压器组，当发电机与变压器之间有断路器时，发电机与变压器宜分别装设单独的纵联差动保护功能。

5）对 100MW 及以上发电机变压器组，应装设双重主保护，每一套主保护宜具有发电机纵联差动保护和变压器纵联差动保护功能。

6）在穿越性短路、穿越性励磁涌流及自同步或非同步合闸过程中，纵联差动保护应采取措施，减轻电流互感器饱和及剩磁的影响，提高保护动作可靠性。

7）纵联差动保护，应装设电流回路断线监视装置，断线后动作于信号。电流回路断线允许差动保护跳闸。

8）以上规定装设的过电流保护、电流速断保护、低电压保护、低压过流和差动保护均应动作于停机。

（4）发电机定子绕组的单相接地故障的保护应符合以下要求：

1）发电机定子绕组单相接地故障电流允许值按制造厂的规定值，如无制造厂提供的规定值，可参照表 23-1 中所列数据。

表 23-1 发电机定子绕组单相接地故障电流允许值

发电机额定电压（kV）	发电机额定容量（MW）	接地电流允许值（A）
6.3	≤50	4
10.5	50～100	3
13.8～15.75	125～200	2①
18～20	300～600	1

① 氢冷发电机为 2.5。

2）与母线直接连接的发电机：当单相接地故障电流（不考虑消弧线圈的补偿作用）大于允许值（参照表 23-1）时，应装设有选择性的接地保护装置。

保护装置由装于机端的零序电流互感器和电流继电器构成。其动作电流按躲过不平衡电流和外部单相接地时发电机稳态电容电流整定。接地保护带时限动作于信号，但当消弧线圈退出运行或由于其他原因使残余电流大于接地电流允许值，应切换为动作于停机。

当未装接地保护，或装有接地保护但由于运行方式改变及灵敏系数不符合要求等原因不能动作时，可由单相接地监视装置动作于信号。

为了在发电机与系统并列前检查有无接地故障，保护装置应能监视发电机端零序电压值。

3）发电机-变压器组：对 100MW 以下发电机，应装设保护区不小于 90% 的定子接地保护；对 100MW 及以上的发电机，应装设保护区为 100% 的定子接地保护。保护带时限动作于信号，必要时也可以动作于停机。

为检查发电机定子绕组和发电机回路的绝缘状况，保护装置应能监视发电机端零序电压值。

（5）对发电机定子匝间短路，应按下列规定装设定子匝间保护：

1）对定子绕组为星形接线、每相有并联分支且中性点侧有分支引出端的发电机，应装设零序电流型横差保护或裂相横差保护、不完全纵差保护。

2）50MW及以上发电机，当定子绕组为星形接线，中性点只有3个引出端子时，根据用户和制造厂的要求，也可装设专用的匝间短路保护。

（6）对发电机外部相间短路故障和作为发电机主保护的后备，应按下列规定配置相应的保护，保护装置宜配置在发电机的中性点侧：

1）对于1MW及以下与其他发电机或与电力系统并列运行的发电机，应装设过流保护。

2）1MW以上的发电机，宜装设复合电压（包括负序电压及线电压）启动的过电流保护。灵敏度不满足要求时可增设负序过电流保护。

3）50MW及以上的发电机，宜装设负序过电流保护和单元件低压启动过电流保护。

4）自并励（无串联变压器）发电机，宜采用带电流记忆（保持）的低压过电流保护。

5）并列运行的发电机和发电机-变压器组的后备保护，对所连接母线的相间故障，应具有必要的灵敏系数。

6）以上规定装设的以上各项保护装置，宜带有两段时限，以较短的时限动作于缩小故障影响的范围或动作于解列，以较长的时限动作于停机。

7）对于按（8）2）装设了定子绕组反时限过负荷及反时限负序过负荷保护，且保护综合特性对发电机-变压器组所连接高压母线的相间短路故障具有必要的灵敏系数，并满足时间配合要求，可不再装设（6）2）的后备保护。保护宜动作于停机。

（7）对发电机定子绕组的异常过电压，应按下列规定装设过电压保护：

对于100MW及以上的汽轮发电机，宜装设过电压保护，其整定值根据定子绕组绝缘状况决定。过电压保护宜动作于解列灭磁或程序跳闸。

（8）对过负荷引起的发电机定子绕组过电流，应按下列规定装设定子绕组过负荷保护：

1）定子绕组非直接冷却的发电机，应装设定时限过负荷保护，保护接一相电流，带时限动作于信号。

2）定子绕组为直接冷却且过负荷能力较低（例如低于1.5倍、60s），过负荷保护由定时限和反时限两部分组成。

a. 定时限部分：动作电流按在发电机长期允许的负荷电流下能可靠返回的条件整定，带时限动作于信号，在有条件时，可动作于自动减负荷。

b. 反时限部分：动作特性按发电机定子绕组的过负荷能力确定，动作于停机。保护应反应电流变化时定子绕组的热积累过程。不考虑在灵敏系数和时限方面与其他相间短路保护相配合。

（9）对不对称负荷、非全相运行及外部不对称短路引起的负序电流，应按下列规定装设发电机转子表层过负荷保护：

1）50MW及以上A值（转子表层承受负序电流能力的常数）大于10的发电机，应装设定时限负序过负荷保护。保护与（6）3）的负序过电流保护组合在一起。保护的动作电流按躲过发电机长期允许的负序电流值和躲过最大负荷下负序电流滤过器的不平衡电流值整定，带时限动作于信号。

2）100MW及以上A值小于10的发电机，应装设由定时限和反时限两部分组成的转子表层过负荷保护。

a. 定时限部分：动作电流按发电机长期允许的负序电流值和躲过最大负荷下负序电流滤过器的不

平衡电流值整定，带时限动作于信号。

b. 反时限部分：动作特性按发电机承受短时负序电流的能力确定，动作于停机。保护应能反应电流变化时发电机转子的热积累过程。不考虑在灵敏系数和时限方面与其他相间短路保护相配合。

（10）对励磁系统故障或强励时间过长的励磁绕组过负荷，100MW 及以上采用半导体励磁的发电机，应装设励磁绕组过负荷保护。

1）300MW 以下采用半导体励磁的发电机，可装设定时限励磁绕组过负荷保护，保护带时限动作于信号和降低励磁电流。

2）300MW 及以上的发电机其励磁绕组过负荷保护可由定时限和反时限两部分组成。

a. 定时限部分：动作电流按正常运行最大励磁电流下能可靠返回的条件整定，带时限动作于信号和降低励磁电流。

b. 反时限部分：动作特性按发电机励磁绕组的过负荷能力确定，并动作于解列灭磁或程序跳闸。保护应能反应电流变化时励磁绕组的热积累过程。

（11）对 1MW 及以下发电机的转子一点接地故障，可装设定期检测装置。1MW 及以上的发电机应装设专用的转子一点接地保护装置延时动作于信号，宜减负荷平稳停机，有条件时可动作于程序跳闸。对旋转励磁的发电机宜装设一点接地故障定期检测装置。

（12）对励磁电流异常下降或完全消失的失磁故障，应按下列规定装设失磁保护装置：

1）不允许失磁运行的发电机及失磁对电力系统有重大影响的发电机应装设专用的失磁保护。

2）对汽轮发电机，失磁保护宜瞬时或短延时动作于信号，有条件的机组可进行励磁切换。失磁后母线电压低于系统允许值时，带时限动作于解列。当发电机母线电压低于保证厂用电稳定运行要求的电压时，带时限动作于解列，并切换厂用电源。有条件的机组失磁保护也可动作于自动减出力。当减出力至发电机失磁允许负荷以下，其运行时间接近于失磁允许运行限时时，可动作于程序跳闸。

（13）300MW 及以上发电机，应装设过励磁保护。保护装置可装设由低定值和高定值两部分组成的定时限过励磁保护或反时限过励磁保护，有条件时应优先装设反时限过励磁保护。

1）定时限过励磁保护：

a. 低定值部分：带时限动作于信号和降低励磁电流。

b. 高定值部分：动作于解列灭磁或程序跳闸。

2）反时限过励磁保护：

反时限特性曲线由上限定时限、反时限，下限定时限 3 部分组成。上限定时限、反时限动作于解列灭磁，下限定时限动作于信号。

反时限的保护特性曲线与发电机的允许过励磁能力相配合。

汽轮发电机装设了过励磁保护可不再装设过电压保护。

（14）对发电机变电动机运行的异常运行方式，200MW 及以上的汽轮发电机，宜装设逆功率保护。对燃汽轮发电机，应装设逆功率保护。保护装置由灵敏的功率继电器构成，带时限动作于信号，经汽轮机允许的逆功率时间延时动作于解列。

（15）对低于额定频率带负载运行的 300MW 及以上汽轮发电机，应装设低频率保护。保护动作于信号，并有累计时间显示。

对高于额定频率带负载运行的 100MW 及以上发电机，应装设高频率保护。保护动作于解列灭磁或程序跳闸。

（16）300MW 及以上发电机宜装设失步保护。在短路故障、系统同步振荡、电压回路断线等情况下，保护不应误动作。

通常保护动作于信号。当振荡中心在发电机变压器组内部，失步运行时间超过整定值或电流振荡次数超过规定值时，保护还动作于解列，并保证断路器断开时的电流不超过断路器允许开断电流。

（17）对 300MW 及以上汽轮发电机，发电机励磁回路一点接地、发电机运行频率异常、励磁电流异常下降或消失等异常运行方式，保护动作于停机，宜采用程序跳闸方式。采用程序跳闸方式，由逆功率继电器作为闭锁元件。

（18）对于发电机启停过程中发生的故障、断路器断口闪络及发电机轴电流过大等故障和异常运行方式，可根据机组特点和电力系统运行要求，采取措施或增设相应保护。对 300MW 及以上机组宜装设突然加电压保护。

（19）对于 100MW 及以上容量的发电机-变压器组装设数字式保护时，除非电量保护外，应双重化配置。当断路器具有两组跳闸线圈时，两套保护宜分别动作于断路器的一组跳闸线圈。

（20）对于 100MW 级及以上发电机组应装设双重化的电气量保护，对非电气量保护应根据主设备配套情况，有条件的也可双重化配置。

（21）自并励发电机的励磁变压器宜采用电流速断保护作为主保护，过电流保护作为后备保护。对交流励磁发电机的主励磁机的短路故障宜在中性点侧的 TA 回路装设电流速断保护作为主保护，过电流保护作为后备保护。对于采用静态变频启动装置（SFC）的燃气轮机，还应装设 SFC 变压器保护，并应考虑在启动过程中防止发电机差动保护、频率保护和逆功率保护误动的措施。

二、变压器保护

（1）对变压器的下列故障及异常运行状态，应按本条的规定装设相应的保护装置。

1）绕组及其引出线的相间短路和中性点直接接地或经小电阻接地侧的接地短路。

2）绕组的匝间短路。

3）外部相间短路引起的过电流。

4）中性点直接接地或经小电阻接地电力网中外部接地短路引起的过电流及中性点过电压。

5）过负荷。

6）过励磁。

7）中性点非有效接地侧的单相接地故障。

8）油面降低。

9）变压器油温、绕组温度过高及油箱压力过高和冷却系统故障。

（2）0.4MVA 及以上室内油浸式变压器和 0.8MVA 及以上油浸式变压器，均应装设瓦斯保护。当壳内故障产生轻微瓦斯或油面下降时，应瞬时动作于信号；当壳内故障产生大量瓦斯时，应瞬时动作于断开变压器各侧断路器。

带负荷调压变压器充油调压开关也应装设瓦斯保护。

瓦斯保护应采取措施，防止因瓦斯继电器的引线故障、振动等引起瓦斯保护误动作。

（3）对变压器的内部、套管及引出线的短路故障，按其容量及重要性的不同，应装设下列保护作为主保护，并瞬时动作于断开变压器的各侧断路器：

1）电压在 10kV 及以下、10MVA 及以下的变压器，通常采用电流速断保护；对 2MVA 及以上变压器，当灵敏性不符合要求时，应装设纵差保护。保护瞬时动作于变压器各侧断路器跳闸。

2）电压在 10kV 以上、容量在 10MVA 及以上的变压器，采用纵差保护。对于电压为 10kV 的重要变压器，当电流速断保护灵敏度不符合要求时也可采用纵差保护。

3）电压为 220kV 及以上的变压器装设数字式保护时，除非电量保护外，应采用双重化保护配置。当断路器具有两组跳闸线圈时，两套保护宜分别动作于断路器的一组跳闸线圈。

（4）纵联差动保护应满足下列要求：

1）应能躲过励磁涌流和外部短路产生的不平衡电流。

2）在变压器过励磁时不应误动作。

3）在电流回路断线时应发出断线信号，电流回路断线允许差动保护动作跳闸。

4）在正常情况下，纵联差动保护的保护范围应包括变压器套管和引出线，如不能包括引出线时，应采取快速切除故障的辅助措施。在设备检修等特殊情况下，允许差动保护短时利用变压器套管电流互感器，此时套管和引线故障由后备保护动作切除；如电网安全稳定运行有要求时，应将纵联差动保护切至旁路断路器的电流互感器。

（5）对外部相间短路引起的变压器过电流，变压器应装设相间短路后备保护。保护带延时跳开相应的断路器。相间短路后备保护宜选用过电流保护、复合电压（负序电压和线间电压）启动的过电流保护或复合电流保护（负序电流和单相式电压启动的过电流保护）。

1）35～66kV 及以下中小容量的降压变压器，宜采用过电流保护。保护的整定值要考虑变压器可能出现的过负荷。

2）110～500kV 降压变压器、升压变压器和系统联络变压器，相间短路后备保护用过电流保护不能满足灵敏性要求时，宜采用复合电压起动的过电流保护或复合电流保护。

（6）对降压变压器、升压变压器和系统联络变压器，根据各侧接线、连接的系统和电源情况的不同，应配置不同的相间短路后备保护，该保护宜考虑能反映电流互感器与断路器之间的故障。

1）单侧电源双绕组变压器和三绕组变压器，相间短路后备保护宜装于各侧。非电源侧保护带两段或三段时限，用第一时限断开本侧母联或分段断路器，缩小故障影响范围；用第二时限断开本侧断路器；用第三时限断开变压器各侧断路器。电源侧保护带一段时限，断开变压器各侧断路器。

2）两侧或三侧有电源的双绕组变压器和三绕组变压器，各侧相间短路后备保护可带两段或三段时限。为满足选择性的要求或为降低后备保护的动作时间，相间短路后备保护可带方向，方向宜指向各侧母线，但断开变压器各侧断路器的后备保护不带方向。

3）低压侧有分支，并接至分开运行母线段的降压变压器，除在电源侧装设保护外，还应在每个分支装设相间短路后备保护。

4）如变压器低压侧无专用母线保护，变压器高压侧相间短路后备保护对低压侧母线相间短路灵敏度不够时，为提高切除低压侧母线故障的可靠性，可在变压器低压侧配置两套相间短路后备保护。该两套后备保护接至不同的电流互感器。

5）发电机-变压器组在变压器低压侧不另设相间短路后备保护，而利用装于发电机中性点侧的相间短路后备保护，作为高压侧外部、变压器和分支线相间短路后备保护。

6）相间后备保护对母线故障灵敏度应符合要求。为简化保护，当保护作为相邻线路的远后备时，可适当降低对保护灵敏度的要求。

（7）与 110kV 及以上中性点直接接地电网连接的变压器，对外部单相接地短路引起的过电流，应装设接地短路后备保护，该保护宜考虑能反映电流互感器与断路器之间的接地故障。

1）在中性点直接接地的电网中，如变压器中性点直接接地运行，对单相接地引起的变压器过电流，应装设零序过电流保护，保护可由两段组成，其动作电流与相关线路零序过电流保护相配合。每段保护可设两个时限，并以较短时限动作以缩小故障影响范围；或者动作于本侧断路器，以较长时限动作以断开变压器各侧断路器。

2）对 330、500kV 变压器，为降低零序过电流保护的动作时间和简化保护，高压侧零序一段只带一个时限，动作于断开变压器高压侧断路器；零序二段也只带一个时限，动作于断开变压器各侧断路器。

3）对自耦变压器和高、中压侧均直接接地的三绕组变压器，为满足选择性要求，可增设零序方向元件，方向宜指向各侧母线。

4）普通变压器的零序过电流保护，宜接到变压器中性点引出线回路的电流互感器；零序方向过电流保护宜接到高、中压侧三相电流互感器的零序回路；自耦变压器的零序过电流保护应接到高、中压侧三相电流互感器的零序回路。

5）对自耦变压器，为增加切除单相接地短路的可靠性，可在变压器中性点回路增设零序过电流保护。

6）为提高切除自耦变压器内部单相接地短路故障的可靠性，可增设只接入高、中压侧和公共绕组回路电流互感器的星形接线电流分相差动保护或零序差动保护。

（8）在110、220kV中性点直接接地的电力网中，当低压侧有电源的变压器中性点可能接地运行或不接地运行时，对外部单相接地短路引起的过电流，以及对因失去接地中性点引起的变压器中性点电压升高，应按下列规定装设后备保护：

1）全绝缘变压器。应按（7）1）规定装设零序过电流保护，满足变压器中性点直接接地运行的要求。此外，应增设零序过电压保护，当变压器所连接的电力网失去接地中性点时，零序过电压保护经0.3～0.5s时限动作断开变压器各侧断路器。

2）分级绝缘变压器。为限制此类变压器中性点不接地运行时可能出现的中性点过电压，在变压器中性点应装设放电间隙。此时应装设用于中性点直接接地和经放电间隙接地的两套零序过电流保护。此外，还应增设零序过电压保护。用于中性点直接接地运行的变压器按（7）1）的规定装设保护。用于经间隙接地的变压器，装设反应间隙放电的零序电流保护和零序过电压保护。当变压器所接的电力网失去接地中性点，又发生单相接地故障时，此电流电压保护动作，经0.3～0.5s时限动作断开变压器各侧断路器。

（9）10～66kV系统专用接地变压器应按变压器保护的第（3）中1）2）（5）的要求配置主保护和相间后备保护。对低电阻接地系统的接地变压器，还应配置零序过电流保护。零序过电流保护宜接于接地变压器中性点回路中的零序电流互感器。当专用接地变压器不经断路器直接接于变压器低压侧时，零序过电流保护宜有三个时限，第一时限断开低压侧母联或分段断路器，第二时限断开主变低压侧断路器，第三时限断开变压器各侧断路器。当专用接地变压器接于低压侧母线上，零序过电流保护宜有两个时限，第一时限断开母联或分段断路器，第二时限断开接地变压器断路器及主变压器各侧断路器。

（10）一次侧接入10kV及以下非有效接地系统，绕组为星形——星形接线，低压侧中性点直接接地的变压器，对低压侧单相接地短路应装设下列保护之一：

1）在低压侧中性点回路装设零序过电流保护。

2）灵敏度满足要求时，利用高压侧的相间过电流保护，此时该保护应采用三相式，保护带时限断开变压器各侧。

（11）0.4MVA及以上数台并列运行的变压器和作为其他负荷备用电源的单台运行变压器，根据实际可能出现过负荷情况，应装设过负荷保护。自耦变压器和多绕组变压器，过负荷保护应能反应公共绕组及各侧过负荷的情况。

过负荷保护可为单相式，具有定时限或反时限的动作特性。对经常有人值班的厂站过负荷保护动作于信号；在无经常值班人员的变电站，过负荷保护可动作跳闸或切除部分负荷。

（12）对于高压侧为330kV及以上的变压器，为防止由于频率降低和/或电压升高引起变压器磁密过高而损坏变压器，应装设过励磁保护。保护应具有定时限或反时限特性并与被保护变压器的过励磁特性相配合。定时限保护由两段组成，低定值动作于信号，高定值动作于跳闸。

（13）对变压器油温、绕组温度及油箱内压力升高超过允许值和冷却系统故障，应装设动作于跳闸或信号的装置。

（14）变压器非电气量保护不应启动失灵保护。

三、厂用电动机保护

（1）电压为 3kV 及以上的异步电动机和同步电动机，对下列故障及异常运行方式，应装设相应的保护：

1）定子绕组相间短路。

2）定子绕组单相接地。

3）定子绕组过负荷。

4）定子绕组低电压。

5）同步电动机失步。

6）同步电动机失磁。

7）同步电动机出现非同步冲击电流。

8）相电流不平衡及断相。

（2）对电动机的定子绕组及其引出线的相间短路故障，应按下列规定装设相应的保护：

1）2MW 以下的电动机，装设电流速断保护，保护宜采用两相式。

2）2MW 及以上的电动机或 2MW 以下，但电流速断保护灵敏系数不符合要求时，可装设纵联差动保护。纵联差动保护应防止在电动机自启动过程中误动作。

3）上述保护应动作于跳闸，对于有自动灭磁装置的同步电动机保护还应动作于灭磁。

（3）对单相接地，当接地电流大于 5A 时，应装设单相接地保护。

（4）单相接地电流为 10A 及以上时，保护动作于跳闸；单相接地电流为 10A 以下时，保护可动作于跳闸，也可动作于信号。

（5）下列电动机应装设过负荷保护：

1）运行过程中易发生过负荷的电动机，保护应根据负荷特性，带时限动作于信号或跳闸。

2）起动或自起动困难，需要防止起动或自启动时间过长的电动机，保护动作于跳闸。

（6）下列电动机应装设低电压保护，保护应动作于跳闸：

1）当电源电压短时降低或短时中断后又恢复时，为保证重要电动机自启动而需要断开的次要电动机。

2）当电源电压短时降低或中断后，不允许或不需要自启动的电动机。

3）需要自启动，但为保证人身和设备安全，在电源电压长时间消失后，须从电力网中自动断开的电动机。

4）属Ⅰ类负荷并装有自动投入装置的备用机械的电动机。

（7）2MW 及以上电动机，为反应电动机相电流的不平衡，也作为短路故障的主保护的后备保护，可装设负序过流保护，保护动作于信号或跳闸。

（8）对同步电动机失步，应装设失步保护，保护带时限动作；对于重要电动机，动作于再同步控制回路，不能再同步或不需要再同步的电动机，则应动作于跳闸。

（9）对于负荷变动大的同步电动机，当用反应定子过负荷的失步保护时，应增设失磁保护。失磁保护带时限动作于跳闸。

（10）对不允许非同步冲击的同步电动机，应装设防止电源中断再恢复时造成非同步冲击的保护。

保护应确保在电源恢复前动作。重要电动机的保护，宜动作于再同步控制回路。不能再同步或不需要再同步的电动机，保护应动作于跳闸。

第三节　电气监控系统

根据燃气轮机电站规模及具体类型，电气监控系统可设置为在 DCS 的监控、升压站电力网络部分的计算机监控和电厂电气监控管理系统 3 种方式。通常规模为 300MW 及以上简单循环燃气轮机电厂宜装设发电厂电气监控管理系统（ECMS）。

一、监控的范围

（1）采用 ECMS 或 DCS 时监控范围包括机组时，监控对象可包括下列设备：

1）发电机-变压器组或发电机-变压器线路组。

2）发电机励磁系统。

3）厂用高压电源，包括单元工作变压器和启动/备用或公用/备用变压器。

4）主厂房低压变压器及低压母线分段，辅助厂房低压变压器高压断路器，主厂房 PC 至 MCC 馈线。

5）柴油发电机程序控制启动命令。

（2）ECMS 与升压站网络监控系统统一规划时，电厂升压站电力网络部分的监控对象包括下列设备：

1）电站配套的输电线、母线设备、并联电抗器。

2）升压站（变电站）联络变压器。

3）升压站（变电站）站用电系统。

4）升压站（变电站）消防水泵的启动命令。

5）并联电容器、并联电抗器。

（3）ECMS 监控范围还包括以下设备：

1）低压 PC 至 MCC 馈线开关。

2）低压 PC 系统中至非旋转负荷线开关。

3）选择可控开关时的 MCC 进线开关。

4）选择可控开关时的 MCC 系统中至非旋转负荷馈线开关。

5）独立的电气自动装置。

二、电气监控系统的网络结构和配置

（1）ECMS 宜采用分层分布式结构，设站控层、通信管理层、现场层。

（2）当 ECMS 采用监控方式时，各网络层宜采用双网、双冗余配置，并按照机组、公用系统分别组网；当 ECMS 采用监测功能时，现场宜采用单网，通信管理层以及站控层的网络可采用单网或双网。

（3）高压厂用电系统应每回路设置一台现场测控装置。高压厂用电系统的现场测控装置可以由保护、测控一体化设备构成。

（4）380V PC 系统应按每回设置一台测控装置，可采用断路器的脱扣器测控装置，也可以由保护、测控一体化设备构成。

（5）380V MCC 系统电动机馈线宜按每回路设置一台测控装置，而对 MCC 非旋转负荷馈线，可多回路设置一台测控单元，但当系统设计为监控时，应按没回路设置一台测控装置。

（6）通信管理站应根据监控系统的总体要求进行配置，当采用监控方式时，通信管理站应冗余配置；采用监测方式时，通信管理站可采用单机配置。

高压厂用电配电装置通信管理站宜按段配置。380V 宜按不同系统 PC 段分别设置通信管理站。

（7）通信管理站宜独立组屏，安装于发电厂各个配电室内，也可集中安装在电子设备间或附近的继电器室内。

三、监控系统设备布置

（一）一般规定

（1）主控制室、集中控制室、升压站网络控制室应按规划设计容量在第一期工程中一次建成。

对于多台套的单循环及联合循环燃气轮机，除了在每一台燃气轮机附近会设有就地控制室外，全厂还应设有一个主控制室或者集中控制室，对燃气轮机、汽轮发电机以及辅助系统进行监控。控制室如果与燃气轮机、汽轮机控制集中规划，电气操作员则宜与燃气轮机、汽轮机操作员站布置于同一房间。

（2）控制室的布置应与总平面布置、建筑、照明、暖通等专业密切配合，应便于运行人员互相联系，便于监视屋外配电装置，以获得良好的运行条件。

（3）在计算机监控方式下，主控制室和继电器可集中布置，也可分开布置。集中布置的控制室和继电器室应分室布置，少人值班的变电站控制室也可与继电器室统一布置。

（4）集中布置的继电器应按规划设计容量在第一期工程中一次建成。屏柜的布置应按电压等级和功能相对集中。各安装单位的屏柜的布置宜与配电装置排列次序相对应，应使控制电缆最短，敷设时交叉最少。二次设备采用分散布置的变电站或升压站，宜在各配电装置设继电器小室。分散布置的继电器小室应根据工程建设情况分批建成。

（5）屋外配电装置的继电器室和继电器小室应尽量靠近配电装置布置，使控制电缆最短。

（6）控制室、继电器室的布置要有利于防火和有利于紧急事故时人员的安全疏散，出入口不宜少于 2 个，其净空高度不宜低于 3.2m。

（7）控制室内应布置与设备操作监视有关的终端设备，辅助屏柜等设备应布置于继电器室或电子设备间内。

（8）控制室、继电器室的屏间距离和通道宽度要考虑运行维护及控制、保护装置调试方便。

（9）初期工程屏（台）的布置应结合远景规划，充分考虑分期扩建的便利，布置紧凑成组，避免凌乱无章。

（10）在计算机监控方式下不应设置后备控制屏。

（11）监控系统的显示画面接线应与实际布置相对应。模拟母线的色别应符合相关规定。

（12）控制屏和继电器屏宜采用宽 800mm、深 600mm、高 2200mm 的屏。继电器屏宜选用柜式结构，控制屏（台）宜选用屏后设门的结构。

（13）在离操作台 800mm 处的地面上应饰有警戒线。警戒线的颜色应为黄色，线宽宜为 50mm。

（14）当配电装置采用开关柜时，其线路和母线设备的继电保护装置和电能表设在就地开关柜上。

（二）主控制室的布置

（1）非单元制控制方式下，主控制室内应布置电气监控系统操作员站、微机五防工作站、打印机等设备。主控制室如与热工控制室统一考虑，则电气设备的布置应与热控设备协调一致。

（2）工程师站可布置于独立的工程师站房间中或与热工工程师站统一考虑。

（3）有人值班的变电站在主控制楼设主控制室和计算机室，主控制室与计算机室宜毗邻布置。

主控制室布置的设备有计算机监控系统操作员站、五防工作站、图像监视系统监视器等。

计算机室布置的设备主要有计算机监控系统主机、工程师站、远动工作站、数据网络接口设备、图像监视系统主机柜、继电保护及故障信息管理子站、配电柜、同步相量测量（PMU）子站、时钟同步柜等设备。

（三）集中控制室及单元控制室的布置

（1）采用集中控制方式的燃气轮机电站，操作员站可按燃气轮机、汽轮机、电气及辅助系统值班方式布置。

当升压站网络监控放在第一单元控制室时，网络操作员站、微机五防工作站及相应打印机宜布置在第一单元控制室。

（2）电气与汽轮发电机组有关的保护屏、自动装置屏、无功电压自动调整柜、同步相量测量屏（PMU）、故障录波器屏、电能量表屏、计算机监控设备等宜与汽机房内电子设备间的布置统一考虑，也可布置在独立的继电器室。操作员站的网络设备宜布置于控制室附近。

对分散控制系统（DCS）的控制方式，电气操作员站、工程师站的布置应与热控专业相协调。

第二十四章　过电压保护及接地

第一节　雷电过电压保护

一、直击雷的保护范围和保护措施

（一）应装设直击雷保护装置的设施

燃气轮机电厂的直击雷过电压保护可采用避雷针或避雷线，下列设施应装设直击雷保护装置：

（1）屋外配电装置，包括组合导线和母线廊道。

（2）烟囱、冷却塔等高建筑物。

（3）油处理室、燃油泵房、露天油罐及其架空管道、装卸油台、易燃材料仓库。

（4）天然气调压站、天然气架空管道及其露天贮罐。

（二）主厂房、主控制室和配电装置室的直击雷过电压保护

主厂房、主控制室和配电装置室的直击雷过电压保护应符合下列要求：

（1）主厂房、主控制室和配电装置室可不装设直击雷过电压保护。为保护其他设备而装设的避雷针，不宜装在独立的主控制室和35kV及以下电气设备间的屋顶上。采用钢结构或钢筋混凝土结构有屏蔽作用的建筑物的电气设备间可装设直击雷保护装置。

（2）强雷区的主厂房、主控制室和配电装置室宜有直击雷保护。

（3）主厂房如装设直击雷保护装置或为保护其他设备而在主厂房上装设避雷针，应采取加强分流（用扁钢将所有避雷针水平连接起来，并与主厂房柱内钢筋焊接成一体。在适当地方接引下线，一般应每隔10～20m引一根。引下线数目尽可能多些）、防止反击［设备的接地点远离避雷针接地引下线的入地点、避雷针接地引下线远离电气设备，并宜在电机出口处装设一组旋转电机用金属氧化物避雷器（MOA）］。

（4）主控制室、配电装置室和35kV及以下电气设备间的屋顶上如装设直击雷保护装置时，应将屋顶金属部分接地；钢筋混凝土结构屋顶，应将其钢筋焊接成网接地；非导电结构的屋顶，应采用避雷带保护，该避雷带的网格应为8～10m，每隔10～20m应设接地引下线，该接地引下线应与主接地网连接，并应在连接处加装集中接地装置。

（5）峡谷地区的电厂宜用避雷线保护。

（6）已在相邻建筑物保护范围的建筑物或设备，可不装设直击雷保护装置。

（7）屋顶上的设备金属外壳、电缆金属外皮和建筑物金属构件均应接地。

（8）露天布置的GIS的外壳可不装设直击雷保护装置，外壳应接地。对其引出线敞露部分或露天母线等，则应设直击雷保护装置。

（三）有易燃物、可燃物设施的建（构）筑物的保护

电厂有爆炸危险且爆炸后会波及电厂内主设备或严重影响发供电的建（构）筑物（如易燃油泵房、露天易燃油贮罐、厂区内的架空易燃油管道、装卸油台和天然气管道以及露天天然气贮罐等），应用独立避雷针保护，采取防止雷电感应的措施。

1. 避雷针与设备间尺寸

避雷针与易燃油贮罐和天然气等罐体及其呼吸阀等之间的空气中距离，避雷针及其接地装置与罐

体、罐体的接地装置和地下管道的地中距离应符合式（24-1）、式（24-2）的要求。避雷针与呼吸阀的水平距离不应小于 3m，避雷针尖高出呼吸阀不应小于 3m。避雷针的保护范围边缘高出呼吸阀顶部不应小于 2m。避雷针的接地电阻不宜超过 10Ω。在高土壤电阻率地区，接地电阻难以降到 10Ω，且空气中距离和地中距离符合式（24-1）、式（24-2）的要求时，可采用较高的电阻值。避雷针与 5000m³ 以上贮罐呼吸阀的水平距离不应小于 5m，避雷针尖高出呼吸阀不应小于 5m。对于有排放压力的情况，还应符合 GB 50057《建筑物防雷设计规范》的规定。

2. 接地要求

露天贮罐周围应设闭合环形接地体，接地电阻不应超过 30Ω，无独立避雷针保护的露天贮罐不应超过 10Ω，接地点不应少于两处，接地点间距不应大于 30m。架空管道每隔 20～25m 应接地 1 次，接地电阻不应超过 30Ω。易燃油贮罐的呼吸阀、易燃油和天然气贮罐的热工测量装置应与贮罐的接地体用金属线相连的方式进行重复接地。不能保持良好电气接触的阀门、法兰、弯头的管道连接处应跨接。

（四）避雷针、避雷线的装设原则及其接地装置的要求

（1）独立避雷针（线）宜设独立的接地装置。在非高土壤电阻率地区，接地电阻不宜超过 10Ω。当有困难时，该接地装置可与主接地网连接。但为了防止经过接地网反击 35kV 及以下设备，要求避雷针与主接地网的地下连接点至 35kV 及以下设备与主接地网的地下连接点之间，沿接地极的长度不得小于 15m。经 15m 长度，一般能将接地极传播的雷电过电压衰减到对 35kV 及以下设备不危险的程度。

独立避雷针不应设在人经常通行的地方，避雷针及其接地装置与道路或出入口等的距离不宜小于 3m，否则应采取均压措施或铺设砾石或沥青地面。

（2）110kV 及以上的配电装置，可将避雷针装在配电装置的架构或房顶上，在土壤电阻率大于 1000Ω·m 的地区，宜装设独立避雷针。装设非独立避雷针时，应通过验算，采取降低接地电阻或加强绝缘等措施，防止造成反击事故。

66kV 的配电装置，可将避雷针装在配电装置的架构或房顶上，在土壤电阻率大于 500Ω·m 的地区，宜装设独立避雷针。

35kV 及以下高压配电装置架构或房顶不宜装避雷针，因其绝缘水平很低，雷击时易引起反击。

装在架构上的避雷针应与接地网连接，并应在其附近装设集中接地装置。装有避雷针的架构上，接地部分与带电部分间的空气中距离不得小于绝缘子串的长度或非污秽区标准绝缘子串的长度。

除变压器门型架构外，装设在其他构架上的避雷针与主接地网的地下连接点至变压器外壳或中性点的接地线与主接地网的地下连接点之间，沿接地极的长度不得小于 15m。

除非经过计算采用特殊的防反击措施，在变压器的门型架构上，不应装设避雷针、避雷线。这是因为门型架构距变压器较近，装设避雷针后，架构的集中接地装置距变压器金属外壳接地点在地中距离很难达到不小于 15m 的要求。

（3）机械通风冷却塔和装有避雷针和避雷线架构附近的电源线应符合下列要求：

1）机械通风冷却塔上电动机的电源线、装有避雷针和避雷线的架构上的照明灯电源线，均应采用直接埋入地下的带金属外皮的电缆或穿入金属管的导线。电缆外皮或金属管埋地长度在 10m 以上时，方可与 35kV 及以下配电装置的接地网或低压配电装置相连接。

2）不得在装有避雷针、避雷线的构筑物上架设未采取保护措施的通信线、广播线和低压线。

（4）独立避雷针、避雷线与配电装置带电部分间的空气中距离以及独立避雷针、避雷线的接地装置与接地网间的地中距离应符合下列要求：

1）独立避雷针与配电装置带电部分、电厂电力设备接地部分、架构接地部分之间的空气中距离，应符合下式的要求，即

$$S_a \geqslant 0.2R_i + 0.1h_j \tag{24-1}$$

式中　S_a——空气中距离，m；

　　　R_i——避雷针的冲击接地电阻，Ω；

　　　h_j——避雷针校验点的高度，m。

2）独立避雷针的接地装置与电厂接地网间的地中距离，应符合下式的要求，即

$$S_e \geqslant 0.3R_i \tag{24-2}$$

式中　S_e——地中距离，m。

3）避雷线与配电装置带电部分、电厂电力设备接地部分以及架构接地部分间的空气中距离应符合下式要求：

对一端绝缘、另一端接地的避雷线为

$$S_a \geqslant 0.3R_i + 0.16 \times (h + \Delta l) \tag{24-3}$$

式中　Δl——避雷线上校验的雷击点与最近接地支柱的距离，m；

　　　h——避雷线支柱的高度，m。

对两端接地的避雷线为

$$S_a \geqslant \beta' [0.2R_i + 0.1 \times (h + \Delta l)] \tag{24-4}$$

式中　β'——避雷线分流系数。

避雷线分流系数可按下式计算，即

$$\beta' = \frac{1 + \dfrac{\tau_t R_i}{12.4 \times (l_2 + h)}}{1 + \dfrac{\Delta l + h}{l_2 + h} + \dfrac{\tau_t R_{ih}}{6.2 \times (l + h)}} \tag{24-5}$$

式中　l_2——避雷线上校验的雷击点与另一端支柱间的距离，m；

　　　I——避雷线两支柱的距离，m；

　　　τ_t——雷电流的波头长度，可取 2.6μs。

避雷线的接地装置与电厂接地网间的地中距离对一端绝缘另一端接地的避雷线，应按式（24-3）校验；对两端接地的避雷线，应符合下式的要求，即

$$S_e \geqslant 0.3\beta' R_i \tag{24-6}$$

除上述要求外，S_a 不宜小于5m，S_e 不宜小于3m。对66kV及以下配电装置，包括组合导线、母线廊道，应降低感应过电压，当条件许可时，应增大 S_a。

二、配电装置的侵入雷电波保护

（一）保护措施

配电装置对侵入雷电波的过电压保护采用避雷器及与避雷器相配合的进线保护段等保护措施。

进线保护段的作用是防止进入配电装置的架空线路在近区遭受直接雷击，利用其阻抗来限制雷电流幅值和利用其电晕衰耗来降低雷电波陡度，并通过进线段上避雷器的作用，使之不超过绝缘配合所要求的数值。

（二）雷电侵入波过电压保护

252kV＜U_m（系统最高电压）≤800kV（范围Ⅱ）的高压配电装置的雷电侵入波过电压保护应符合的要求。

（1）2km架空进线保护段范围内的杆塔耐雷水平，应符合表24-1的要求，并应采取措施减少近区雷击闪络。

表 24-1 　　　　　　　　　　　　有地线线路的反击耐雷水平　　　　　　　　　　　　　　　kA

项　目	范围Ⅰ				范围Ⅱ		
系统标称电压（kV）	35	66	110	220	330	500	750
单回线路	24~36	31~47	56~68	87~96	120~151	158~177	208~232
同塔双回线路	—	—	50~61	79~92	108~137	142~162	192~224

注 1. 反击耐雷水平的较高和较低值分别对应线路杆塔冲击接地电阻 7Ω 和 15Ω。

2. 雷击时刻工作电压为峰值且与雷击电流反极性。

3. 电厂进线保护段杆塔耐雷水平不宜低于表中的较高数值。

（2）配电装置的雷电侵入波过电压保护用金属氧化物避雷器（MOA）的设置和保护方案，宜通过仿真计算确定。雷电侵入波过电压保护用的 MOA 的参数选择详见第三节。

（3）电厂的雷电安全运行年不宜低于表 24-2 所列数值。

表 24-2 　　　　　　　　　　　　　　电厂的雷电安全运行年

统标称电压（kV）	330	500	750
安全运行年（a）	10	15	20

（4）变压器和高压并联电抗器的中性点经接地电抗器接地时，中性点上应装设 MOA 保护。

（三）7.2kV≤U_m（系统最高电压）≤252kV（范围Ⅰ）的高压配电装置的雷电侵入波过电压保护应符合的要求

（1）为防止或减少近区雷击闪络，对未沿全线架设地线的 35~110kV 架空输电线路，应在配电装置 1~2km 的进线段架设地线。220kV 架空输电线路 2km 进线保护段范围内以及 35~110kV 线路 1~2km 的进线保护段范围内的杆塔耐雷水平，应符合表 24-1 的要求。

（2）未沿全线架设地线的 35~110kV 线路，其配电装置的进线段应采用图 24-1 所示的保护接线。在雷季，配电装置 35~110kV 进线的隔离开关或断路器经常断路运行，同时线路侧又带电时应在靠近隔离开关或断路器处装设一组 MOA。

（3）全线架设地线的 66~220kV 配电装置，当进线的隔离开关或断路器经常断路运行，同时线路侧又带电时，宜在靠近隔离开关或断路器处装设一组 MOA。

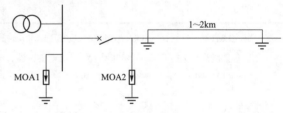

图 24-1　35~110kV 配电装置的进线保护接线

（4）为防止雷击线路断路器跳闸后待重合时间内重复雷击引起配电装置电气设备的损坏，多雷区及运行中已出现过此类事故的地区的 66~220kV 敞开式配电装置，线路断路器的线路侧宜装设一组 MOA。

（5）电厂 35kV 及以上电缆进线段，电缆与架空线的连接处应装设 MOA，其接地端应与电缆金属外皮连接。对三芯电缆，末端的金属外皮应直接接地〔见图 24-2（a）〕；对单芯电缆，应经金属氧化物电缆护层保护器（CP）接地〔见图 24-2（b）〕。电缆长度不超过 50m 或虽超过 50m，但经校验，装一组 MOA 即能符合保护要求时，图 24-2 中可只装 MOA1 或 MOA2。电缆长度超过 50m，且断路器在雷季经常断路运行时，应在电缆末端装设 MOA。全线电缆-变压器组接线的配电装置内是否装设 MOA，应根据电缆另一

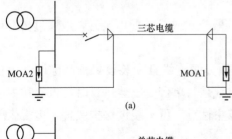

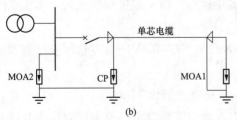

图 24-2　具有 35kV 及以上电缆段的配电装置进线保护接线

（a）三芯电缆段的进线保护接线；

（b）单芯电缆段的进线保护接线

端有无雷电过电压波侵入的可能，经校验确定。

（6）具有架空进线的 35kV 及以上电厂敞开式高压配电装置中 MOA 的配置应符合下列要求：

1）35kV 及以上装有标准绝缘水平的设备和标准特性 MOA 且高压配电装置采用单母线、双母线或分段的电气主接线时，MOA 可仅安装在母线上。MOA 至主变压器间的最大电气距离可按表 24-3 确定。对其他设备的最大电气距离可相应增加 35％。MOA 与主保护设备的最大电气距离超过规定值时，可在主变压器附近增设一组 MOA。配电装置所有 MOA 应以最短的接地线与配电装置的主接地网连接，同时应在其附近装设集中接地装置。

表 24-3 MOA 至主变压器间的最大电气距离 m

系统标称电压（kV）	进线长度（km）	进线路数			
		1	2	3	≥4
35	1.0	25	40	50	55
	1.5	40	55	65	75
	2.0	50	75	90	105
66	1.0	45	65	80	90
	1.5	60	85	105	115
	2.0	80	105	130	145
110	1.0	55	85	105	115
	1.5	90	120	145	165
	2.0	125	170	205	230
220	2.0	125（90）	195（140）	235（170）	265（190）

注 1. 全线有地线进线长度取 2km，进线长度在 1～2km 时的距离可按补差法确定。

　　2. 标准绝缘水平指 35、66、110kV 及 220kV 变压器、电压互感器标准雷电冲击全波耐受电压分别为 200、325、480kV 及 950kV。括号内的数值对应的雷电冲击全波耐受电压为 850kV。

2）在（三）（4）的情况下，线路入口 MOA 与被保护设备的电气距离不超过规定值时，可不在母线上装设 MOA。

3）架空进线采用同塔双回路杆塔，有同时遭受雷击的可能，确定 MOA 与变压器最大电气距离时，进线路数应计为一路，且在雷季中宜避免将其中一路断开。

（7）对于 35kV 及以上具有架空或电缆进线、主接线特殊的敞开式或 GIS 配电装置，应通过仿真计算确定保护方式。

（8）有效接地系统中的中性点不接地的变压器，中性点采用分级绝缘且未装设保护间隙时，应在中性点装设中性点 MOA。中性点采用全绝缘，配电装置为单进线且为单台变压器运行时，也应在中性点装设 MOA。不接地、谐振接地和高电阻接地系统中的变压器中性点，可不装设保护装置，多雷区单进线配电装置且变压器中性点引出时，宜装设 MOA。

（9）自耦变压器应在其两个自耦合的绕组出线上必须装设 MOA，该 MOA 应装在自耦变压器和断路器之间，并采用图 24-3 的 MOA 保护接线。

（10）35～220kV 配电装置，应根据其重要性和进线路数，在进线上装设 MOA。

（11）应在与架空线路连接的三绕组变压器的第三开路绕组或第三平衡绕组以及电厂双绕组升压变压器当发电机断开由高压侧倒送厂用电的二次绕组的三相上各安装一支 MOA，以防止由变压器高压绕组雷电波电磁感应传递的过电压对其他各相应绕组的损坏。

（12）6kV 和 10kV 配电装置的雷电侵入波过电压的保护应符合下列要求：

1）6kV 和 10kV 配电装置，应在每组母线和架空进线上分别装设电站型和配电型 MOA，并应采用图 24-4 的所示的保护接线。MOA 至 6～10kV 主变压器的最大电气距离宜符合表 24-4 所列数值。

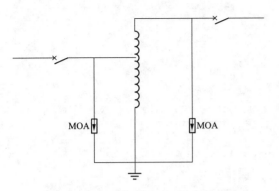

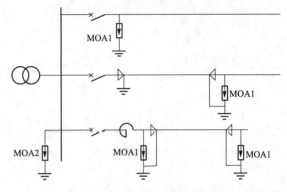

图 24-3　自耦变压器的 MOA 保护接线　　　　图 24-4　6kV 和 10kV 配电装置雷电侵入波过电压的保护接线

表 24-4　　　　　　　　　　　MOA 至 6～10kV 主变压器的最大电气距离

雷季中经常运行的进线回路数	1	2	3	≥4
最大电气距离（m）	15	20	25	30

2）架空进线全部在厂区内，且受到其他建筑物屏蔽时，可只在母线上装设 MOA。

3）有电缆段的架空线路，MOA 应装设在电缆头附近，其接地端应和电缆金属外皮相连。各架空进线均有电缆段时，MOA 与主变压器的最大电气距离不受限制。

4）MOA 应以最短的接地线与配电装置的主接地网连接，可通过电缆金属外皮连接。MOA 附近应装设集中接地装置。

（四）GIS 的雷电侵入波过电压保护应符合下列要求

（1）66kV 及以上无电缆段进线的气体绝缘配电装置（GIS）保护（见图 24-5）应符合下列要求：

1）应在 GIS 管道与架空线路的连接处装设 MOA，其接地端应与管道金属外壳连接。

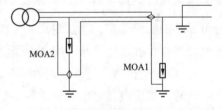

图 24-5　无电缆段进线的 GIS 保护

2）变压器或 GIS 一次回路的任何电器部分至 MOA1 间的最大电气距离对 66kV 系统不超过 50m 时，对 110kV 及 220kV 系统不超过 130m 时，或当经校验装一组 MOA 即能符合保护要求时，可只装设 MOA1。

3）连接 GIS 管道的架空线路进线保护段的长度不应小于 2km，且应符合杆塔处地线对边导线的保护角要求。

（2）66kV 及以上进线有电缆段的 GIS 的雷电侵入波过电压保护应符合下列要求：

1）在电缆段与架空线路的连接处应装设 MOA，其接地端应与电缆的金属外皮连接。

2）三芯电缆段进 GIS 的保护接线［见图 24-6（a）］，末端的金属外皮应与 GIS 管道金属外壳连接接地。

3）对单芯电缆段进 GIS 的保护接线［见图 24-6（b）］，应经金属氧化物电缆护层保护器（CP）［见图 24-6（b）］。

4）电缆末端至变压器或 GIS 一次回路的任何电气部分间的最大电气距离不超过前述（四）（1）的规定值可不装设 MOA2。当超过时，经校验装一组 MOA 能符合保护要求，图 24-5 可不装设 MOA2。

5）对连接电缆段的 2km 架空线路应装设地线。

（3）进线全长为电缆的 GIS 配电装置内是否装设 MOA，应根据电缆另一端有无雷电过电压侵入波，经校验确定。

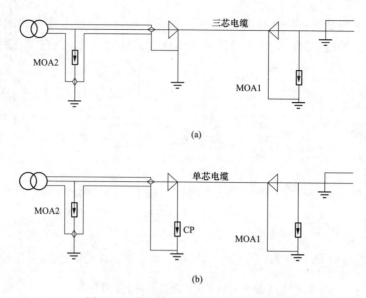

图 24-6 有电缆段进线的 GIS 保护接线

(a) 三芯电缆段进 GIS 的保护接线；(b) 单芯电缆段进 GIS 的保护接线

三、旋转电机的过电压保护

对旋转电机防雷电波的主要困难是其冲击绝缘水平很低，在同一电压等级的电气设备中，以旋转电机的冲击绝缘水平为最低，且没有标准规定其确切的数据。

为了防止发电机匝间绝缘的损坏，必须将雷电侵入波的陡度限制在 5kV/μs 以下。同时也就降低了避雷器残压与发电机上电压的差值。一般采用电容器来限制雷电侵入波陡度。

（1）一般原则。不通过变压器、与架空线直接连接的旋转电机（包括发电机、同期调相机、变频机和电动机，简称直配电机），对该类旋转电机的保护方式，应根据电机容量、雷电活动的强弱及对运行可靠性的要求确定。通常应采取完善的进线保护，以及 MOA 和电容器来保护电机的主绝缘（包括中性点绝缘）和匝间绝缘，使之不受侵入雷电波的损坏。

1）旋转电机雷电过电压用 MOA 选择要求如下：

旋转电机雷电过电压保护用 MOA 的相对地的额定电压，对应接地故障清除时间不大于 10s 时，不应低于旋转电机额定电压的 1.05 倍；接地故障清除时间大于 10s 时，不应低于旋转电机额定电压的 1.3 倍。旋转电机用 MOA 的持续运行电压不宜低于 MOA 额定电压的 80%。旋转电机中性点用 MOA 的额定电压，不应低于相应相对地 MOA 额定电压的 $1/\sqrt{3}$。

2）容量为 25000kW 及以上的旋转电机，应在每台电机出线处装设一组旋转电机 MOA。25000kW 以下的旋转电机，MOA 应靠近电机装设，MOA 可装在电机出线处；当接在每一组母线上的电机不超过两台时，MOA 可装在每组母线上。

3）当旋转电机的中性点能引出且未直接接地时，应在中性点上装设旋转电机中性点 MOA。

4）保护旋转电机用的地线，对边导线的保护角不应大于 20°。

5）为减少短路冲击时电动力对绝缘的损伤和动稳定破坏，以及频繁发生的弧光接地过电压对绝缘的有害影响，60000kW 以上的旋转电机，不应与架空线路直接连接。

6）为保护旋转电机匝间绝缘和防止感应过电压，装在每相母线上的电容器，包括电缆段电容在内应为 0.25~0.5μF；对于中性点不能引出或双排非并绕绕组的电机，应为 1.5~2μF。电容器宜有短路保护。

（2）单机容量不小于 25000kW 且不大于 60000kW 的旋转电机，宜采用图 24-7 所示的保护接线。进线电缆段宜直接埋设在土壤中，以充分利用土壤对金属外皮中雷电流的衰减作用；当进线电缆段未直接埋设时，可将电缆金属外皮多点接地，即除两端接地外，再在两端间的 3~5 处接地，以加强外皮分流。电缆进线段上的 MOA 的接地端，应与电缆的金属外皮和地线连在一起接地，接地电阻不应大于 3Ω。

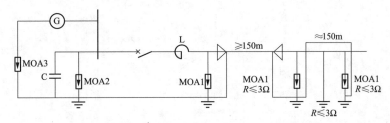

图 24-7　25000～60000kW 旋转电机的保护接线

MOA1—配电 MOA；MOA2—旋转电机 MOA；MOA3—旋转电机中性点 MOA；G—发电机；

L—限制短路电流用电抗器；C—电容器；R—接地电阻

（3）单机容量不小于 6000kW 且小于 25000kW 的旋转电机，宜采用图 24-8 所示的保护接线。在多雷区，可采用图 24-7 所示的保护接线。

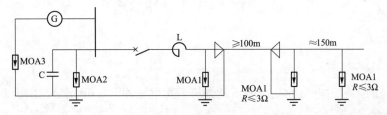

图 24-8　6000～25000kW（不含 25000kW）旋转电机的保护接线

（4）单机容量不小于 6000kW 且不大于 12000kW 的旋转电机，出线回路中无限流电抗器时，宜采用有电抗线圈的图 24-9 所示的保护接线。

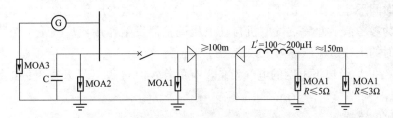

图 24-9　6000～12000kW 旋转电机的保护接线

（5）单机容量不小于 1500kW 且小于 6000kW 或少雷区 60000kW 及以下的旋转电机可采用图 24-10 所示的保护接线。在进线保护段长度内，应装设避雷针或地线。

（6）单机容量为 6000kW 及以下的旋转电机可采用图 24-11 有电抗线圈或限流电抗器的保护接线。

（7）无架空直配线的发电机，当发电机与升压变压器之间的母线或组合导线无金属屏蔽部分的长度大于 50m 时，对于无架空直配线的发电机应采取防止感应过电压的措施。可在发电机回路或母线的每相导线上装设不小于 $0.15\mu F$ 的电容器或旋转电机用的 MOA；或装设旋转电机用 MOA。

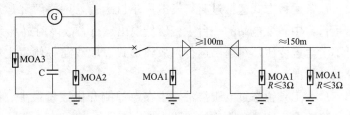

图 24-10　1500～6000kW（不含 6000kW）旋转电机和少雷区

注：60000kW 及以下旋转电机的保护接线。

（8）在多雷区，经变压器与架空线路连接的非旋转电机，当变压器高压侧的系统标称电压为 66kV 及以下时，为防止雷电过电压经变压器绕组的电磁传递而危及电机的绝缘，宜在电机出线上装设一组

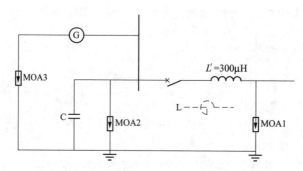

图 24-11　6000kW 及以下旋转电机的保护接线

旋转电机用 MOA。变压器高压侧的系统标称电压为 110kV 及以上时，电机出线上是否装设 MOA 可经校验确定。

第二节　内过电压保护

一、工频过电压

（一）工频过电压的性质

基本概念：所说的工频过电压的基准电压就是最高相电压即（1.0p.u.），应为 $U_m/\sqrt{3}$（μ_m 指系统最高电压有效值）。

工频过电压的频率为工频或接近工频，幅值不高，在中性点非有效接地的系统，约为工频电压的 $\sqrt{3}$ 倍，不接地最高可达 $1.1\times\sqrt{3}$ 倍；在中性点有效接地的系统中，一般不宜超过 1.4 倍。

工频过电压常发生在故障引起的长线切合过程中。在发电机暂态电势 E'_d 为常数时，工频过电压处于暂态状态，持续时间不超过 1s。由于在 0.1～1s 以内，工频过电压仅变化 2%～3%，一般多取 0.1s 左右的暂态数值作为参考值。此后，发电机自动电压调整器发生作用，E'_d 变化，在 2～3s 以后，系统进入稳定状态。此时的工频过电压称为工频稳态过电压。

工频过电压对 220kV 及以下电网的电气设备没有危险，但对 330kV 及以上的电网影响很大，需要采取措施予以限制。

（二）工频过电压的计算

产生工频过电压的主要原因是空载长线的电容效应、不对称接地故障、发电机突然甩负荷等。对它们分别计算的结果，通常可与在内过电压模拟台上模拟的结果吻合的较好，并且接近系统调试验证的结果。

正常运行方式包括过渡年发电厂单机运行，网络解环运行等。非正常运行方式包括联络变压器退出运行，中间变电站的一台主变压器退出运行，故障时局部系统解列等，但单相变压器组有备用相时，可不考虑该变压器组退出运行。故障形式可取线路一侧发生单相接地三相断开或仅发生无故障三相断开两种情况。

最大工频暂态过电压常常发生在电源侧开机数量最少、系统等值电抗较大、无限制措施，且因接地故障而甩大容量负荷后的线路末端。

1. 空载长线电容效应引起的工频过电压

空载长线上将流过线路的电容电流，并在线路感抗上引起工频电压升高。有源电源与空载长线相连的电压升高值可按式（24-7）进行计算，即

$$U'_g = \frac{E'_d}{\cos\alpha l - \dfrac{X_s}{Z_b}\sin\alpha l} \tag{24-7}$$

式中　U_g'——空载线路末端工频暂态电压，kV；

　　　E_d'——送端系统的等值暂态电势，kV；

　　　X_s——送端系统的等值电抗，Ω；

　　　Z_b——线路波阻抗，330kV 时 $Z_b=310\Omega$，500kV 时 $Z_b=280\Omega$；

　　　α——相位系数，一般 $\alpha\approx0.06°/\text{km}$；

　　　l——输电线路长，km。

2. 单相接地引起的工频过电压

单相接地是常见的故障形式，而且健全相上出现较高工频过电压的概率也较大。它同时又是确定阀型避雷器灭弧电压的依据。

单相接地时健全相上的工频过电压可按下式计算，即

$$\left.\begin{aligned} U_{B,C}&=c_d U_A\\ c_d&=\sqrt{3}\frac{\sqrt{1+K+K^2}}{2+K}\\ K&=\frac{X_0}{X_1} \end{aligned}\right\} \tag{24-8}$$

式中　$U_{B,C}$——健全相的工频电压，kV；

　　　c_d——接地系数；

　　　U_A——故障相在故障前的电压，kV；

　　　K——零序电抗相对系数；

　　　X_0——系统零序电抗；

　　　X_1——系统正序电抗。

对于中性点不接地电网，X_0 为容抗，其值较大，一般 $K\leqslant20$，健全相最大接地系数 $c_d<1.1$。对于装有消弧线圈的电网，K 的绝对值很大，健全相的接地系数接近1，即 $c_d\approx1$。

对于中性点有效接地电网，为使单相短路电流小于三相短路电流，K 应大于 $1\sim1.5$，实际一般 K 为 $1.5\sim2.5$，很少超过 $3\sim3.5$，接地系数为 $0.6<c_d<0.75$。

只限制大气过电压的避雷器，其灭弧电压一般按接地系数选择。不同电网的 K 值所对应的电网实际情况参见表 24-5。

表 24-5	对应于不同 K 值的电网情况		
$K=X_0/X_1$	大致相应的电网实际情况	灭弧电压占线电压的百分数	备　注
$-\infty$ 以内附近	消弧线圈接地，欠补偿	105%～110%	包括电机
$-\infty\sim-20$	中性点不接地	100%～110%	
$-20\sim-1$	中性点不接地；但三相对地接有大电容，或中性点经大电容接地	＞110%	一般系统不易碰到，需按具体情况确定
$0\sim1$	中性点有效接地的电机	58%	中性点不接地的电机应采用 110% 的避雷器
$1\sim2.5$	中性点有效接地的变压器占电网总容量的 1/2 以上，且接地的变压器有 D 绕组	75%	
$2.5\sim3.5$	中性点有效接地的变压器占电网总容量的 1/2～1/3，且接地的变压器有 D 绕组	80%	
$3.5\sim+\infty$	中性点有效接地的变压器占电网总容量的 1/3 以下	100%	如用 80% 的避雷器，易引起爆炸
$+\infty$ 以内附近	消弧线圈接地，过补偿	100%	包括电机

3. 突然甩负荷引起的工频过电压

发电机突然甩负荷，根据磁链不变原理，开断瞬间暂态电势 E_d' 保持原有数值不变。E_d' 的大小由甩负荷前的运行状态决定，可按下式估算，即

$$E_d' = U_m \sqrt{\left(1 + \frac{P \tan \Phi}{S_f} X_s^*\right)^2 + \left(\frac{P}{S_f} X_s^*\right)^2} \qquad (24\text{-}9)$$

式中　E_d'——甩负荷前的发电机暂态电势，kV；

　　　U_m——母线电压，kV；

　　　P——线路输送功率，kW；

　　　Φ——功率因数角；

　　　S_f——发电机视在功率，kVA；

　　　X_s^*——送端系统等值电抗标幺值。

从式（24-9）可以看出，输送功率 P 越大、功率因数角越小，发电机的 E_d' 越高。将式（24-9）代入式（24-7）可以得到线路末端的工频暂态过电压。

发电机在甩负荷后，还会由于发电机超速运转，使系统频率 f 增至原来的 n 倍。随着 f 的增加，电势 E_d'、相位系数 α 及送端系统等值电抗 X_s 均会成比例地上升，一般在 $1 \sim 2s$ 达到最大值，从而影响工频过电压的稳态值。若不计电压调整器的作用，工频过电压 U_g' 可按下式进行计算，即

$$U_g' = \frac{n E_d'}{\cos(n\alpha l) - \frac{n X_s}{Z_b} \sin(n\alpha l)} \qquad (24\text{-}10)$$

（三）工频过电压的允许水平

工频过电压的允许水平应结合电网实际，通过技术经济比较合理地确定。允许水平如果定得太低，就需要增加过多的并联补偿容量；定得太高，又会提高电网的绝缘水平和对设备的要求。故应权衡内过电压水平、基准绝缘水平、避雷器技术性能、设备投资等因素，做出最佳选择。

（1）工频过电压幅值应符合下列要求：

1）范围 I（$7.2kV \leqslant U_m \leqslant 252kV$）中的不接地系统工频过电压不应大于 $1.1\sqrt{3}$ p.u.。

2）中性点谐振接地、低电阻接地和高电阻接地系统工频过电压不应大于 $\sqrt{3}$ p.u.。

3）110kV 和 220kV 系统，工频过电压不应大于 1.3p.u.。

（2）对范围 II（$252kV < U_m \leqslant 800kV$）的工频过电压，在设计时应结合工程条件加以预测，预测系统工频过电压应符合下列要求：

1）正常输电状态下甩负荷和在线路受端有单相接地故障情况下甩负荷宜作为主要预测工况。

2）对同塔双回输电线路宜预测双回运行和一回停运的工况。除预测单相接地故障外，可预测双回路同名或异名两相接地故障情况下甩负荷的工况。

（3）范围 II 的工频过电压应符合下列要求：

1）线路断路器的厂侧的工频过电压不宜超过 1.3p.u.。

2）线路断路器的线路侧的工频过电压不宜超过 1.4p.u.，其持续时间不应大于 0.5s。

3）当超过上述要求时，在线路上宜安装高压并联电抗器加以限制。

（四）工频过电压的限制措施

限制工频过电压是一个系统问题。所采取的各项措施应与系统专业和继电保护专业配合，权衡比较，综合考虑。

设计时应避免 110kV 及 220kV 有效接地系统中偶尔形成局部不接地系统产生较高的工频过电压，其措施应符合下列要求：

（1）当形成局部不接地系统，且继电保护装置不能在一定时间内切除 110kV 和 220kV 变压器的低、中压电源时，不接地的变压器中性点应装设间隙。当因接地故障形成局部不接地系统时，该间隙应动作；系统以有效接地系统运行发生单相接地故障时，间隙不应动作。间隙距离还应兼顾雷电过电压下保护变压器中性点标准分级绝缘的要求。

（2）当形成局部不接地系统，且继电保护装置设有失地保护可在一定时间内切除 110kV 和 220kV 变压器的三次、二次绕组电源时，不接地的中性点可装设无间隙 MOA，应验算其吸收能量。该避雷器还应符合雷电过电压下保护变压器中性点标准分级绝缘的要求。

二、操作过电压

（一）操作过电压的性质

基本概念：谐振过电压、操作过电压和特快速瞬态过电压（VFTO）的基准电压（1.0p.u.）应为 $\sqrt{2}U_\mathrm{m}/\sqrt{3}$。

电网中的电容、电感等储能元件，在发生故障或操作时，由于其工作状态发生突变，将产生充电再充电或能量转换的过渡过程，电压的强制分量叠加以暂态分量形成操作过电压。其作用时间约在几毫秒到数十毫秒之间。

操作过电压的幅值和波形与电网的运行方式、故障类型、操作对象有关，再加上操作过程中其他多种随机因素的影响，使得对操作过电压的定量分析很困难，大多依靠实测统计和模拟研究。

故障形态不同或操作对象不同，产生过电压的机理也不同。因而所采取的针对性限制措施也各异。

（二）操作过电压的允许水平

操作过电压是决定电网绝缘水平的依据之一，特别是在超高压电网中，有时起着决定性的作用。

（1）范围 I 系统中操作过电压要求的架空线路和变电站的绝缘子串和空气间隙的绝缘强度，宜以最大操作过电压为基础，将绝缘强度作为随机变量加以确定，计算用相对地最大操作过电压的标幺值应按表 24-6 的规定选取。

表 24-6　　　　　　　　　范围 I 系统计算用相对地最大操作过电压的标幺值

系　　统	操作过电压的标幺值（p.u.）
35kV 及以下低电阻接地系统	3.0
66kV 及以下非有效接地系统（不含低电阻接地系统）	4.0
110kV 及 220kV 系统	3.0

（2）范围 I 系统，相间操作过电压可取相对地过电压的 1.3～1.4 倍。

（3）范围 II 架空线路确定其操作过电压要求的绝缘强度时，应采用将过电压幅值和绝缘强度作为随机变量的统计法。每回线路的操作过电压闪络率对 330、500kV 和 750kV 线路分别不宜高于 0.05 次/a、0.04 次/a 和 0.03 次/a。

（4）范围 II 配电装置绝缘子串、空气间隙的操作冲击绝缘强度，宜以避雷器操作冲击保护水平为基础，将绝缘强度作为随机变量加以确定。

（5）电气设备内、外绝缘操作冲击绝缘水平，宜以避雷器操作冲击保护水平为基础，采用确定性法确定。外绝缘也可采用统计法。

确定相间绝缘时，两相的电位宜分别取相间过电压的 +60% 和 -40%。

（三）间歇电弧过电压及其限制

1. 间歇电弧过电压的性质

中性点不接地电网，发生单相接地时流过故障点的电流为电容电流。经验表明，在 3～10kV 电网的电容电流超过 30A、35kV 及以上电网的电容电流超过 10A 时，接地电弧不易自行熄灭，常形成熄灭和重燃交替的间歇性电弧。因而导致电磁能的强烈振荡，使故障相、非故障相和中性点都产生过电压。

这种过电压一般不超过 $3.0U_m/\sqrt{3}$，极少达到 $3.5U_m/\sqrt{3}$，低于绝缘的耐受水平。但它波及全电网，持续时间长，易发展成为相间故障，特别是对绝缘较弱的旋转电机构成威胁，影响安全运行。

具有限流电抗器、电动机负荷，且设备参数配合不利的 6kV 和 10kV 某些不接地系统，发生单相间歇性电弧接地故障时，可能产生危及设备相间或相对地绝缘的过电压。对这种系统根据负荷性质和工程的重要程度，可进行必要的过电压预测。

2. 限制措施

在 3～10kV 电网的单相接地电流超过 30A 或 35kV 及以上电网超过 10A 时，可在中性点和大地之间接入消弧线圈，以减少单相接地电流，促成电弧自熄，防止发展成相间短路或烧损设备。在大型发电机回路和 6～10kV 电网，也可采用高电阻接地的方式。

消弧线圈并不能限制间歇性电弧过电压的最大值，甚至在某些情况下可使过电压值更大。但它可使燃弧时间大为缩短，减少重燃次数，从而降低高幅值过电压出现的概率。

（四）开断空载变压器过电压及其限制

1. 开断空载变压器过电压的性质

空载变压器的激磁电流很小。因此在开断时不一定在电流过零时熄弧，而在某一数值下被强制切断。这时，储存在电感线圈上的磁能将转化成为充电于变压器杂散电容上的电能，并振荡不已，使变压器各电压侧均出现过电压。

当变压器的铁芯材料为热轧硅钢片、线圈形式为连续式线圈时，激磁电流多为额定电流的百分之几，杂散电容约为数千 pF，开断空载变压器过电压较高，一般不超过 $4.0U_m/\sqrt{3}$；当变压器采用冷轧硅钢片、纠结式线圈时，激磁电流一般不超过额定电流的百分之一，杂散电容也较大，因而过电压一般不超过 $3.0U_m/\sqrt{3}$。

2. 限制措施

对冷轧硅钢片、纠结式线圈、220kV 及以下电压的变压器，一般不需对开断空载变压器过电压进行保护。除此以外，均应采取保护措施。

开断空载变压器过电压的能量很小，其对绝缘的作用不超过雷电冲击波的作用，但需注意：

（1）避雷器应接在断路器和变压器之间，在非雷雨季节也不得断开。

（2）如果变压器的高低压侧电网中性点接地方式一致，避雷器可在高压侧或低压侧只装一组。如果中性点接地方式不一致，而且利用低压侧的避雷器保护高压侧时，低压侧应装磁吹避雷器。

（3）对 6～10kV 容量较小的干式变压器，当采用真空断路器时，可在一次侧加设 0.1μF 左右的电容器。若将电容器安装在低压侧，电容值应取 $0.1K^2$（K 为变压器的变比）。

（4）灭弧性能较差的断路器，或者断路器断口间装设有 1 万 Ω 以上的高阻值并联电阻，或者变压器的某一电压侧连接有大于 100m 的电缆时，开断空载变压器过电压会大为降低。但在工程设计中不宜采用上述方法作为专门的限制措施。

（五）开断高压电动机过电压及其限制

1. 开断高压电动机过电压的性质

开断高压电动机也是开断感性负载。它可能产生 3 种类型的过电压：截流过电压、三相同时开断过电压、高频重燃过电压。

截流过电压主要发生在电动机空载运行开断时，而更高的过电压则发生在电动机启动或制动过程中开断。因为，此时电动机的磁场储能要大得多。振荡频率高于 1kHz，过电压幅值可高达 5～6 倍。

三相同时开断过电压和高频重燃过电压多产生在使用截流能力很强的真空断路器的情况下。因为三相同时开断，必然有两相的截流值很大，所以实际上也是一种截流过电压的表现形式。

高频重燃过电压是由于开断后产生的高频振荡，使断路器发生多次重燃造成的。其频率高达 $10^5 \sim 10^6$ Hz，陡度极大，幅值随着重燃次数的增加而提高，可达 4～5 倍。

开断高压电动机过电压容易损坏断路器，并严重危害电动机的主绝缘和匝间绝缘。电动机容量越小，这种过电压越高。当 6kV 电动机容量小于 200kW 时，或者采用真空断路器时应采取保护措施。

2. 限制措施

（1）在电动机与断路器之间装设旋转电机用 MOA。MOA 的参数应与电动机的绝缘水平相配合。

（2）当采用真空断路器或采用截流值较高的少油断路器开端高压感应电动机时，宜在电动机与断路器之间装设能耗极低的 R-C 阻容吸收装置。其作用是消耗过电压的能量，并限制重燃时的高频电流。

三、谐振过电压

（一）谐振过电压的性质

电网中的电感、电容元件，在一定电源的作用下，并受到操作或故障的激发，使得某一自由振荡频率与外加强迫频率相等，形成周期性或准周期性的剧烈振荡，电压振幅急剧上升，出现严重谐振过电压。

谐振过电压的持续时间较长，甚至可以稳定存在，直到破坏谐振条件为止。谐振过电压可在各级电网中发生，危及绝缘，烧毁设备，破坏保护设备的保护性能。

各种谐振过电压可以归纳为 3 种类型：线性谐振、铁磁谐振和参数谐振。

限制谐振过电压的基本方法，一是尽量防止它发生，这就要在设计中做出必要的预测，适当调整电网参数，避免谐振发生。二是缩短谐振存在的时间，降低谐振的幅值，削弱谐振的影响。一般是采用电阻阻尼进行抑制。

（二）线性谐振过电压及其限制

1. 线性谐振过电压的特点

（1）参与谐振的各电参量均为线性。电感元件不带铁芯或带有气隙的铁芯，并与电容元件组成串联回路。

（2）谐振发生在电网自振频率与电源频率相等或相近时。

（3）多为空载线路不对称接地故障的谐振、消弧线圈补偿网络的谐振和某些传递过电压的谐振等。

2. 消弧线圈补偿网络的消谐

消弧线圈网络在全补偿运行状态（脱谐度 $\nu = 0$），当发生单相接地、网络中出现零序电压时，便发生消弧线圈与导线对地电容的串联线性谐振。一般线路的阻尼率不超过 5%。因此，这种谐振将会使中性点位移达 0.5p. u. 。

消除串联线性谐振的方法是采用欠补偿或过补偿运行方式。

一般装在电网的变压器中性点的消弧线圈，以及具有直配线的发电机中性点的消弧线圈采用过补偿方式（即脱谐度 $\nu < 0$）。这样可以保证在线路进行切除操作时或发生线路断线时，使容抗更大，不会产生谐振。

对于采用单元连接的发电机中性点的消弧线圈，一般采用欠补偿方式（$\nu > 0$）。这是因为单元接线的网络容抗比较固定，也不易发生断线；而采用欠补偿方式，发电机回路电容量较大，对于限制电容耦合传递过电压有利。

3. 变压器传递过电压的限制

变压器的高压侧发生不对称接地故障、断路器非全相或不同期动作而出现零序电压时，将通过电容耦合传递至低压侧。此时低压侧的传递过电压 U_2 为

$$U_2 = U_0 \frac{C_{12}}{C_{12} + 3C_0} \tag{24-11}$$

式中　U_0——高压侧出现的零序电压，kV；

　　C_{12}——高低压绕组之间的电容，μF；

　　C_0——低压侧相对地电容，μF。

传递过电压具有工频性质，将会危及绝缘或损坏避雷器。

避免产生零序过电压是防止变压器传递过电压的根本措施。这就要求尽量使断路器三相同期动作、避免在高压侧采用熔断器设备等。

在低压侧每相加装 0.1μF 以上的对地电容，加大式（24-11）中的 C_0，是一种可靠的限制方法。

（三）铁磁谐振过电压及其限制

1. 铁磁谐振过电压的特点

（1）谐振回路由带铁芯的电感元件（如空载变压器、电压互感器）和系统的电容元件组成。因铁芯电感元件的饱和现象，使回路的电感参数呈非线性。

（2）共振频率可以等于电源频率（基波共振），也可为其简单分数（分次谐波共振）或简单倍数（高次谐波共振）。

（3）在一定的情况下可自激产生，但大多需要有外部激发条件。回路中事先经历过足够强烈的过渡过程的冲击扰动。它可突然产生或消失。当激发消除后，常能自保持。

（4）在一定的回路损耗电阻的情况下，其幅值主要受到非线性电感本身严重饱和的限制。

2. 断线引起的铁磁谐振过电压的限制

电网因断线、断路器非全相动作、熔断器一相或两相熔断等而造成非全相运行时，电网电容与空载或轻载运行的变压器的励磁电感可能组成多种多样的串联谐振回路，产生基频、分频或高频谐振。它可使电网中性点位移、绝缘闪络、避雷器爆炸。

限制断线引起的铁磁谐振过电压的措施如下：

（1）在线路上不采用熔断器。

（2）采取措施，保证断路器不发生非全相拒动，或在发生拒动时，利用保护装置作用于上一级跳闸。

（3）在中性点接地电网中，操作中性点不接地的负载变压器时，将变压器中性点临时接地。

3. 电磁式电压互感器引起的铁磁谐振过电压的限制

中性点不接地系统中，由于电压互感器突然合闸，一相或两相绕组出现涌流，线路单相弧光接地时出现暂态涌流以及发生传递过电压时，可能使电磁式电压互感器三相电感程度不同地产生严重饱和，形成三相或单相共振回路，激发各次谐波谐振过电压。其中以分频谐振过电压危害最大，严重时可使电压互感器过热爆炸。

可采用下列措施消除由于电压互感器饱和引起的铁磁谐振过电压。

（1）选用励磁特性较好的电磁式电压互感器，或只用电容式电压互感器。

（2）在零序回路中加阻尼电阻。电压互感器开口三角绕组为零序电压绕组，在此绕组两端装设 $R \leqslant 0.4X_m$ 的电阻（X_m 为互感器在线电压作用下归算至三角绕组上的单相绕组的励磁阻抗）。当只在网内一台电压互感器装设电阻时，应为网内所有电压互感器励磁阻抗的并联值。这种情况可能使电阻阻值过小，超过电压互感器的容量负担。此时，可通过低周波继电器，以便只在发生分频谐振时将电阻短时接入三角绕组；也可用零序过电压继电器将电阻投入 1min，然后再自动切除。

（3）增大对地电容，可以破坏谐振条件。在 10kV 及以下母线上，装设中性点接地的星形接线电容器组（或用一段电缆代替架空线），使对地容抗 X_{c0} 满足下式，即

$$\frac{X_{C0}}{X_m} < 0.01 \tag{24-12}$$

（4）在电压互感器一次绕组的中性点或开口三角绕组装设专用消谐器。

（四）参数谐振过电压及其限制

1. 参数谐振过电压的特点

（1）与电容组成谐振回路的电感参数作周期性变化（如凸极发电机的同步电抗在 $X_d \sim X_q$ 之间的周期性变化，x_d 指直轴同步电抗，x_q 指交轴同步电抗），变化频率一般为电源频率的偶数倍。

（2）谐振所需能量由改变电感参数的原动机供给，它不仅可补偿回路中电阻的损耗，并且使回路的储能越积越多，保证了谐振的发展。

（3）谐振电压与电流理论上能趋于无穷大。但实际常受电感铁芯磁饱和的影响，使回路自动偏离谐振条件。

2. 自励磁过电压的限制

电网中的发电机在不同情况下运行，同步电抗在 $X_d \sim X_q$ 或义 $X_d' \sim X_q'$（X_d' 指直轴暂态电抗，X_q' 指交轴暂态电抗）之间周期性变化。如果发电机的外电路具有容抗性质（例如仅带有空载线路），而且参数配合得当，即使励磁电流很小，也可激发工频参数谐振，引起发电机端电压和电流急剧上升，而产生自励磁过电压。它是参数谐振过电压的一种。由于变压器和发电机的磁饱和限制，这种过电压一般不超过 $1.5 \sim 2\text{p.u.}$，但其作用时间很长。设计中可采用下列措施消除自励磁过电压：

（1）采用快速自动调节励磁装置，一般能消除过电压和过电流上升速度很慢（以秒计）的同步自励磁，但不能消除上升速度极快的异步自励磁。

（2）设置必要的自动装置或保护装置，保证对空载线路的充电合闸在大容量系统侧进行，不在孤立电机侧进行。

（3）增加投入发电机的容量，使其大于空载线路的充电功率，破坏产生自励磁的条件。若变压器容量 P_b 与发电机容量 P_f 相等，则产生自励磁的条件为

$$\left.\begin{aligned}\tan\alpha l &> \dfrac{\dfrac{P_f}{P_n}}{X_d\% + X_b\%}\\[2mm]\tan\alpha' &> \dfrac{\dfrac{P_f}{P_n}}{X_q\% + X_b\%}\end{aligned}\right\} \tag{24-13}$$

式中　　α——相位移，取 $0.06°/\text{km}$；

　　　　l——线路长度，km；

　　　　P_f——发电机总容量，kW；

　　　　P_n——线路自然功率，kW；

$X_d\%$、$X_q\%$——发电机电抗；

　　$X_b\%$——变压器漏抗。

第三节　配电装置的绝缘配合

一、绝缘配合的目的和原则

（一）绝缘配合的目的

绝缘配合就是根据系统中可能出现的各种电压和保护装置的特性，来确定设备的绝缘水平；或者根据已有设备的绝缘水平，选择适当的保护装置，以便把作用于设备上的各种电压所引起的设备损坏

和影响连续运行的概率，降低到经济上和技术上能接受的水平。也就是说，绝缘配合是要正确处理各种电压、各种限压措施和设备绝缘耐受能力三者之间的配合关系，全面考虑造价、维修费用以及故障损失 3 个方面。

（二）绝缘配合的原则

1. 绝缘配合的一般原则

（1）不同系统，因结构不同以及在不同的发展阶段，可以有不同的绝缘水平。

（2）谐振过电压对电气设备和保护装置的危害极大，应在设计和运行中避免和消除出现谐振过电压的条件。在绝缘配合中不考虑谐振过电压。

（3）配电装置中的自恢复绝缘（绝缘子串、空气间隙）和非自恢复绝缘的绝缘强度，在过电压各种波形作用下，均应高于保护设备的保护水平，并考虑各种因素，留有适当的裕度。不考虑各种绝缘之间的自配合。

（4）由于过电压保护的方法不同，一般不考虑线路绝缘与配电装置绝缘之间的配合问题。但绝缘水平超过标准很多的线路（如降压运行的线路），应验算配电装置避雷器的电流是否超过额定配合电流。超过时，应在进线段首端采取保护措施。

（5）污秽地区配电装置的外绝缘应按规定加强绝缘或采取其他措施。

（6）高海拔地区配电装置的外绝缘，宜首先采用加强保护的办法，选择性能优良的避雷器。其次再加强绝缘或选用高原电器。

2. 220kV 及以下配电装置的绝缘配合特点

（1）一般由雷电过电压决定绝缘水平，并按避雷器的冲击保护水平进行选择。外绝缘常由泄漏比距控制。

（2）由于绝缘水平在正常情况下能够耐受操作过电压的作用，因此一般不采用专门限制内部过电压的措施，也不要求避雷器在内过电压下动作。但采用降低绝缘水平者，需另做绝缘配合计算。

（3）旋转电机的绝缘水平，应以专用磁吹避雷器 3kA 残压为基础进行绝缘配合，亦可选用相应的 MOA。

（4）配电装置（包括电气设备）的绝缘水平，以普通阀型避雷器 5kA 残压为基础进行绝缘配合。当选用了性能优良的磁吹避雷器或 MOA 时，经过计算，允许采用降低一级绝缘的电气设备。

3. 330kV 及以上配电装置的绝缘配合特点

（1）在绝缘配合中，操作过电压将起主导作用。因此，应对工频过电压和操作过电压采取限制措施。

（2）采用开断性能优良的断路器（或带并联电阻的断路器）和并联电抗器将操作过电压限制到预定水平，作为主保护。采用磁吹避雷器或 MOA 作为后备保护。因此，避雷器作为确定绝缘水平的基础，并应具备防护内过电压的能力。

（3）用于操作、雷电过电压绝缘配合的波形应符合下列要求：

1）对于范围 I 系统，操作冲击电压波的波形应取波前时间 250μs，波尾时间 2500μs。

2）对于范围 II 系统，操作过电压的波前时间大于 250μs，宜按工程条件预测的结果选取。电气设备绝缘配合操作冲击电压的波形应取波前时间 250μs，波尾时间 2500μs。

3）雷电冲击电压的波形应取波前时间 1.2μs，波尾时间 50μs。

（4）进行雷电过电压绝缘配合时，一般应以避雷器 10kA 的残压为基础。当 500kV 仅装有一组避雷器时，则应以 20kA 的残压为基础。

（5）电气设备的绝缘水平，应同时具有耐受工频过电压、操作过电压和雷电过电压的能力。并经过计算，分别给出相应的试验电压，或在已有的标准中选择相应的数值。

（三）绝缘配合的方法

为确定电网的绝缘水平，采用的方法有确定性法（惯用法）、统计法和简化统计法。

1. 确定性法（惯用法）

惯用法是一种传统的方法，适用于非自恢复绝缘和 220kV 及以下电压等级的系统。按惯用法进行绝缘配合时，需要确定作用于工具、装置及设备上的最大过电压，工具、装置及设备绝缘强度的最小值，以及它们两者间的裕度。在确定裕度时，由于过电压幅值、波形和绝缘强度都是随机变量，应尽量考虑可能出现的不确定因素，但不要求估计绝缘可能击穿的故障率。按这一原则选定绝缘水平常有较大裕度。

2. 统计法

统计法适用于 330kV 及以上电压等级的系统，是把过电压和绝缘强度都看作是随机变量，并试图对其故障率进行定量。按统计法进行绝缘配合时，应通过对工具、装置及设备绝缘强度和作用于其上过电压的统计分析，并根据所允许的最大故障率设计绝缘水平，而且将允许的最大故障率作为绝缘设计的一个安全指标。

当对某种过电压计算绝缘故障率时，需要给出此过电压与工具、装置及设备的绝缘特性两者各自的分布规律。绝缘故障率的准确度取决于过电压出线概率和绝缘放电概率的准确程度。改变敏感的影响因素，使故障率达到可以被接受的程度，在技术经济比较的基础上，合理地确定绝缘水平。这种方法不仅能定量地给出绝缘配合的安全程度，还可以按照设备折旧费、运行费及事故损失费三者总和最小的原则进行优化设计。

统计法的困难在于随机因素较多，某些随机因素的统计规律还有待积累资料与认识，低概率密度部分的资料比较难取得。目前算出的故障率，通常比实际的大很多，还有待在应用中不断完善。

3. 简化统计法

由于绝缘统计法和计算较为复杂，故障率计算可采用简化统计法。

简化统计法假定：过电压和绝缘放电概率都是已知标准偏差的高斯分布。国际电工委员会（IEC）及中国国家绝缘配合标准，推荐采用出现的概率为 2% 的过电压作为统计（最大）过电压 U_s，再取闪络概率为 10% 的电压作为绝缘的统计耐受电压 U_w，在不同的统计安全系数 $\gamma = U_w/U_s$ 的情况下，计算出绝缘的故障率。根据技术经济比较，在成本与故障率间协调，定出可以接受的故障率，从而确定绝缘水平。

简化统计法与惯用法同样简单易行，并有现成曲线可查。虽然故障率的数值不一定很准确，但便于在工程上作方案比较，因而应用很广泛。

二、避雷器选择

（一）避雷器选型的一般原则

（1）根据被保护对象选择避雷器类型。

（2）按系统中长期作用在避雷器上的最高电压确定避雷器的持续运行电压。

（3）估算通过避雷器的雷电放电电流幅值，选择避雷器的标称放电电流。

（4）根据被保护设备的额定雷电冲击耐受电压和操作冲击耐受电压，按照绝缘配合系数的要求，留够绝缘裕度，确定避雷器雷电冲击保护水平和操作冲击保护水平。

（二）避雷器参数的选择

在选择避雷器形式时，应充分考虑被保护电器的绝缘水平和使用特点、避雷器的安装地点、工频过电压水平、通流容量等技术参数的不同要求选型。

1. 避雷器的持续运行电压

由于 MOA 没有串联间隙，正常工频相电压要长期施加在金属氧化物的电阻片上。为了保证一定的使用寿命，长期施加于避雷器上的运行电压不得超过避雷器的持续运行电压。

避雷器的持续运行电压不得低于电力系统最高运行电压，即

$$U_c \geqslant U_m / \sqrt{3} \tag{24-14}$$

式中　U_c——MOA 的持续运行电压有效值，kV；

$U_m / \sqrt{3}$——系统最高相电压有效值，kV。

对于电容器组，应为电容器组的额定电压。因为电容器组回路中串联有电抗器，它使电容器的端电压高于系统的最高相电压。

持续运行电压决定了避雷器长期工作的老化性能。

2. 避雷器的额定电压

避雷器额定电压是指施加避雷器端子间的最大允许工频电压有效值，应根据设备上可能出现的允许暂时过电压的幅值、持续时间以及避雷器的工频电压耐受时间特性选择。

有效接地和低电阻接地系统，接地故障清除事件不大于 10s 时，额定电压可按式（24-15）选取；非有效接地系统，接地故障清除事件大于 10s 时，额定电压可按式（24-16）选取。

$$U_R \geqslant U_T \tag{24-15}$$

$$U_R \geqslant 1.25 U_T \tag{24-16}$$

式中　U_R——避雷器的额定电压，kV；

U_T——系统的暂时过电压，kV。

当系统工频电压符合"第二节一、（三）（1）（3）"的规定时，各种系统 MOA 的持续运行电压和额定电压可按表 24-7 选择。

表 24-7　　　　　　　　　　　MOA 持续运行电压和额定电压

系统中性点接地方式		持续运行电压（kV）		额定电压（kV）	
		相地	中性点	相地	中性点
有效接地	110kV	$U_m / \sqrt{3}$	$0.27U_m / 0.46U_m$	$0.75U_m$	$0.35U_m / 0.58U_m$
	220kV	$U_m / \sqrt{3}$	$0.10U_m(0.27U_m / 0.46U_m)$	$0.75U_m$	$0.35kU_m(0.35U_m / 0.58U_m)$
	330～750kV	$U_m / \sqrt{3}$	$0.10U_m$	$0.75U_m$	$0.35kU_m$
非有效接地	不接地	$1.10U_m$	$0.64U_m$	$1.38U_m$	$0.80U_m$
	谐振接地	U_m	$U_m / \sqrt{3}$	$1.25U_m$	$0.72U_m$
	低电阻接地	$0.80U_m$	$0.46U_m$	U_m	$U_m / \sqrt{3}$
	高电阻接地	U_m	$U_m / \sqrt{3}$	$1.25U_m$	$U_m / \sqrt{3}$

注　1. 110、220kV 中性点斜线的上、下方数据分别对应系统无和有失地的条件。

2. 220kV 括号外、内数据分别对应变压器中性点经接地电抗器接地和不接地。

3. 220kV 变压器中性点经接地电抗器接地和 330～750kV 变压器或高压并联电抗器中性点经接地电抗器接地，当接地电抗器的电抗与变压器或高压并联电抗器的零序电抗之比等于 n 时，k 为 $3n/(1+3n)$。

4. 本表不适用于 110、220kV 变压器中性点不接地且绝缘水平低的系统。

3. 避雷器的标称放电电流

避雷器标称放电电流指避雷器能够持续承受通过而不损坏的雷电流幅值。标称放电电流是用来划分避雷器等级的，具有 8/20 波形的雷电冲击电流峰值。避雷器的标称放电电流分 1、1.5、2.5、5、10kA 和 20kA 共 6 个等级，即氧化锌阀片在这个电流下可以可靠地工作而本身不会损坏。

确定避雷器的额定电压后，可对照避雷器分类表查出相应的避雷器标称放电电流等级。一般，保护 110～220kV 设备的避雷器选 10kA；保护 35kV 以下设备的避雷器选 5kA；变压器中性点避雷器选 1.5kA。

4. 避雷器的残压

残压可以说是氧化锌避雷器中最重要的参数，避雷器的残压指压敏电阻器两端所能承受的最高电压值，它表示在规定的冲击电流通过压敏电阻时两端所产生的电压峰值。简单来说就是，当电压来的时候，被保护的设备所能承受的最高电压。

避雷器的残压根据选定的设备绝缘全波雷电冲击耐压水平（BIL）和规定的绝缘配合系数来确定。

5. 避雷器的雷电冲击保护水平

避雷器的雷电冲击保护水平取以下两个值中较高的一个：规定冲击电流下的最大残压、全波冲击最大放电电压。

6. 避雷器的操作冲击保护水平

对于需要保护操作过电压的避雷器，应确定其操作冲击保护水平，并取以下两个值中较高的一个：操作冲击波下的残压、操作冲击波下最大放电电压。

第四节 接 地 装 置

一、一般规定和要求

（一）一般规定

（1）为保证人身和设备的安全，电力系统、装置或设备应按规定接地。接地装置应充分利用自然接地极接地，但应校验自然接地极的热稳定性。接地按功能可分为系统接地、保护接地、雷电保护接地和防静电接地。

（2）电厂内，不同用途和不同额定电压的电气装置或设备接地，除另有规定外应使用一个总的接地网。接地网的接地电阻应符合其中最小值的要求。

（3）设计接地装置时，应计及土壤干燥或降雨和冻结等季节变化的影响，接地电阻、接触电位差和画布电位差在四季中均应符合技术要求。但雷电保护接地的接地电阻，可只采用在雷季中土壤干燥状态下的最大值。

（二）保护接地的范围

（1）电力系统、装置或设备的下列部分应接地：

1）有效接地系统中部分变压器的中性点和有效接地系统中部分变压器、谐振接地、低电阻接地以及高电阻接地系统的中性点所接设备的接地端子。

2）高压并联电抗器中性点接地电抗器的接地端子。

3）电机、变压器和高压电器等的底座和外壳。

4）发电机中性点柜的外壳、发电机出线柜、封闭母线的外壳和变压器、开关柜等（配套）的金属母线槽等。

5）气体绝缘金属封闭开关设备的接地端子。

6）配电、控制和保护用的屏（柜、箱）等的金属框架。

7）电厂电缆沟和电缆隧道内，以及地上各种电缆金属支架等。

8）屋内外配电装置的金属架构和钢筋混凝土构架，以及靠近带电部分的金属围栏和金属门。

9）电力电缆接线盒、终端盒的外壳，电力电缆的金属护套或屏蔽层，穿线的钢管和电缆桥架等。

10）装有地线（架空地线，又称避雷线）的架空线路杆塔。

11）装在配电线路杆塔上的开关设备、电容器等电器装置。

12）高压电气装置传动装置。

13）附属于高压电气装置的互感器的二次绕组和铠装控制电缆的外皮。

（2）附属于高压电气装置和电力生产设施的二次设备等的下列金属部分可不接地：

1）在木质、沥青等不良导电地面的干燥房间内，交流标称电压 380V 及以下、直流标称电压 220V 及以下的电气装置外壳，但当维护人员有可能同时触及电气设备装置外壳和接地物件时除外。

2）安装在配电屏、控制屏和配电装置上的电测量仪表、继电器和其他低压电器等的外壳，以及当发生绝缘损坏时在支持物上不会引起危险电压的绝缘子金属等。

3）安装在已接地的金属架构上，且保证电气接触良好的设备。

4）标称电压为 220V 及以下蓄电池室内的金属框架。

二、电厂的接地网

1. 电厂的接地网设计的一般要求

（1）设计人员应掌握工程地点的地形地貌、土壤的种类和分层情况，并应实测或搜集厂址土壤及江、河、湖泊等的水的电阻率、地质电测部门提供的地层土壤电阻率分布资料和关于土壤腐蚀性能的数据，应充分了解厂址处较大范围土壤的不均匀程度。

（2）设计人员应根据有关建筑物的布置、结构、钢筋配置情况，确定可利用作为接地网的自然接地极。

（3）设计人员应根据当前和远景的最大运行方式下一次系统电气接线、母线连接的送电线路状况、故障时系统的电抗和电阻比值等，确定设计水平年的最大接地故障不对称电流有效值。

（4）设计人员应计算确定流过设备外壳接地导体（线）和经接地网入地的最大接地故障不对称电流有效值。

（5）接地网的尺寸及结构应根据厂址土壤结构和其电阻率，以及要求的接地网的接地电阻值初步拟定，并宜通过数值计算获得接地网的接地电阻值和地电位升高，且将其与要求的限值比较，并通过修正接地网设计使其满足要求。

（6）设计人员应通过计算获得地表面的接触电位差和跨步电位差分布，并应将最大接触电位差和最大跨步电位差与允许值加以比较。不满足要求时，应采取降低措施或采取提高允许值的措施。

（7）接地导体（线）和接地极的材质和相应的截面，应计及设计使用年限内土壤对其的腐蚀，通过热稳定校验确定。

（8）设计人员应根据实测结果校验设计。当不满足要求时，应补充与完善或增加防护措施。

2. 接地电阻与均压要求

保护接地要求的电厂接地网的接地电阻，应符合下列要求：

（1）有效接地系统和低电阻接地系统，应符合下列要求：

接地网的接地电阻宜符合下列公式的要求，且保护接地接至电厂低压变压器的低压侧应采用 TN 系统，低压电气装置应采用（含建筑物钢筋的）保护总等电位联结系统，即

$$R \leqslant 2000/I_G \tag{24-17}$$

式中　R——采用季节变化的最大接地电阻，Ω；

　　I_G——计算用经接地网入地的最大接地故障不对称电流有效值，A。

I_G 应采用设计水平年最大运行方式下在接地网内、外发生接地故障时，经接地网流入地中并计及直流分量的最大接地故障电流有效值。对其进行计算时，还应计算系统中各接地中性点间的故障电流分配，以及避雷线中分走的接地故障电流。

当接地网的接地电阻不符合式（24-17）的要求时，可通过技术经济比较适当增大接地电阻。必要

时，经专门计算，且采取的措施可确保人身和设备安全可靠时，接地网地电位可提高至 5kV 乃至更高。

（2）不接地、谐振接地和高电阻接地系统，应符合下列要求：

接地网的接地电阻应符合下列公式的要求，但不应大于 4Ω，且保护接地接至电厂低压变压器的低压侧应采用（含建筑物钢筋的）保护总等电位联结系统，即

$$R \leqslant 120/I_\mathrm{g} \tag{24-18}$$

式中　R——采用季节变化的最大接地电阻，Ω；

　　　I_g——计算用的接地网入地的对称电流，A。

谐振接地系统中，计算电厂接地网的入地对称电流时，对于装有自动跟踪补偿消弧装置（含非自动调节的消弧线圈）的电厂电气装置的接地网，计算电流等于接在同一接地网中同一系统各自动跟踪补偿消弧装置额定电流总和的 1.25 倍；对于不装自动跟踪补偿消弧装置的电厂电气装置的接地网，计算电流等于系统中断开最大一套自动跟踪补偿消弧装置或系统中最长线路被切除时的最大可能残余电流值。

三、接地电阻计算

（一）土壤和水的电阻率

工程设计应以实测的土壤电阻率为依据。

土壤电阻率在一年中是变化不定的，设计中采用的计算值为

$$\rho = \psi \rho_0 \tag{24-19}$$

式中　ψ——季节系数，见表 24-8；

　　　ρ_0——实测土壤电阻率，Ω·m。

表 24-8　　　　　　　　　　　根据土壤性质决定的季节系数

土壤性质	深度（m）	ψ_1	ψ_2	ψ_3
黏土	0.5~0.8	3	2	1.5
黏土	0.8~3	2	1.5	1.4
陶土	0~2	2.4	1.36	1.2
砂砾盖于陶土	0~2	1.8	1.2	1.1
园地	0~3	—	1.32	1.2
黄沙	0~2	2.4	1.56	1.2
杂以黄沙的砂砾	0~2	1.5	1.3	1.2
泥炭	0~2	1.4	1.1	1
石灰石	0~2	2.5	1.51	1.2

水电阻率在不同温度时略有变化。在缺乏水电阻率的温度修正系数时，当水温在 3~35℃ 之间变化时，可用下式计算，即

$$\rho_\mathrm{t} = \rho_\mathrm{c} \mathrm{e}^{0.025(t_\mathrm{c}-t)} \tag{24-20}$$

式中　ρ_t——水温为 t_c（℃）的水电阻率实测值；

　　　ρ_c——水温为 t（℃）的水电阻率值。

（二）等值土壤电阻率的选取

在具体工程中电厂不同地点和不同深度的土壤电阻率是不相同的。在计算接地电阻时如何选取一个等值的土壤电阻率进行计算是每个工程中都要解决的问题。

对于不同深度处不同的 ρ 值，可以选取接地体预计的埋设深度处的 ρ 值。

对于在水平方向不同点的 ρ 值可以这样选取：

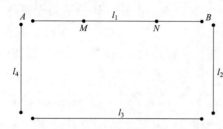

图 24-12 测量接地网接地电阻的示意图

（1）根据工程具体情况，设一接地网如图 24-12 所示。图 24-12 中 $l_1 \sim l_4$ 为接地网四周每边的长度。

（2）在地网的一边上（如 l_1）A、B 两点加入测量电流，在电压极 $[MN]_1$ 将测出一个 ρ_1 值，改变至 $[MN]_2$ 距离又测得一个对应的 ρ_2 值。以此类推。在此测量 ρ 的电流极的距离应与地网的边上对应。

（3）在未来地网的四周每边都分别测出 ρ_1、ρ_2、ρ_3、ρ_4，MN 之间的距离相应可取为 1、2、3、6m，然后取平均值，即

$$\rho_{l1} = \frac{\rho_1 + \rho_2 + \rho_3 + \rho_4}{4} \tag{24-21}$$

其他各边的 ρ_{l2}、ρ_{l3}、ρ_{l4} 值依次求出。

（4）用长度方向的加权，求得等值 ρ_Σ，即

$$\rho_\Sigma = \frac{l_1 + l_2 + l_3 + l_4}{\dfrac{l_1}{\rho_{l1}} + \dfrac{l_2}{\rho_{l2}} + \dfrac{l_3}{\rho_{l3}} + \dfrac{l_4}{\rho_{l4}}} \tag{24-22}$$

（5）装设避雷针的集中接地装置，可在网内预期装设避雷针的附近提出若干个不用的测点，测出各点之 ρ 值。

（6）上述各不同的测点和测量方法应在计算前提供给测量部门，按此要求进行测量。

（三）自然接地极接地电阻的估算

通常自然接地极的扩散电阻可按下述公式计算，即

1. 架空避雷线

$n < 20$ 时，则

$$R_m = \sqrt{Rr}\, \mathrm{cth}\!\left(\sqrt{\frac{r}{R}}\, n\right) \tag{24-23}$$

$n \geqslant 20$ 时，则

$$R_m = \sqrt{Rr} \tag{24-24}$$

其中

$$r = \frac{\rho_{bl} L}{S} \tag{24-25}$$

$\mathrm{cth}\!\left(\sqrt{\dfrac{r}{R}}\, n\right)$ 为双曲线函数，也即

$$\mathrm{cth}(x) = \frac{\mathrm{e}^x + \mathrm{e}^{-x}}{\mathrm{e}^x - \mathrm{e}^{-x}}$$

式中　n——带避雷线的杆塔数；

R_m——架空避雷线的接地电阻，Ω；

R——有避雷线的每基杆塔工频接地电阻，Ω；

r——一挡避雷线的电阻，Ω；

ρ_{bl}——避雷线电阻率，钢线的 $\rho_{bl} = 0.15 \times 10^{-6}\,\Omega \cdot m$；

L——挡距长度，m；

S——避雷线截面积，mm^2。

2. 埋地管道（管道系统长度 $<$ 2km 时）

$$R = \frac{\rho}{2\pi l} \ln \frac{l^2}{2\phi h} \tag{24-26}$$

式中　ρ——土壤电阻率，$\Omega \cdot m$；

　　　l——接地极长度，m；

　　　ϕ——管道的外半径，m；

　　　h——接地极几何中心埋深，m。

3. 电缆外皮（及系统长度>2km 的管道）

$$R = \sqrt{r_t r_1} \operatorname{cth}\left(\sqrt{\frac{r_1}{r_t}} l\right) K \tag{24-27}$$

式中　r_t——沿接地极直线方向每纵长 1m 的土壤扩散电阻，一般 $r_t = 1.69\rho$（ρ 为埋设电缆线路的土壤电阻率，$\Omega \cdot m$）；

　　　r_1——电缆外皮的交流电阻，$\Omega \cdot m$；三芯动力电缆的 r_1 值见表 24-9；

　　　l——埋于土中电缆的有效长度，m；

　　　K——考虑麻护层的影响而增大扩散电阻的系数，见表 24-10，对水管 $K=1$。

表 24-9　　　　　　　　　　　　　　电力电缆外皮的电阻 r_1（埋深 70cm）

电缆规格		1m 长铠装电缆皮的电阻（$\Omega/m \times 10^{-6}$）				
		电压（kV）				
		3	6	10	20	35
铠装	3×70	14.7	11.3	10.1	4.4	2.6
	3×95	12.8	10.9	9.4	4.1	2.4
	3×120	11.7	9.7	8.5	3.8	2.3
	3×150	9.8	8.5	7.1	3.5	2.2
	3×185	9.4	7.7	6.6	3	2.1

注　对于中性点接地的电力网的 r_1 按本表增大 $10\% \sim 20\%$ 计算。

表 24-10　　　　　　　　　　　　　　　　　系数 K 值

土壤电阻率（$\Omega \cdot m$）	50	100	200	500	1000	2000
K	6.0	2.6	2.0	1.4	1.2	1.05

当有多根电缆敷设在一处时，其总扩散电阻按下式计算，即

$$R' = \frac{R}{\sqrt{n}} \tag{24-28}$$

式中　R——每根电缆外皮的扩散电阻，Ω；

　　　n——敷设在一处的电缆根数。

4. 基础接地

对整个厂房的钢筋混凝土基础的工频接地电阻（基础钢筋连续焊接成网，并与厂区地网多点连接），可用等效平板法计算。当土壤是均质时，则

$$R = \frac{K\rho_1}{\sqrt{ab}} \tag{24-29}$$

式中　K——系数；

　　　ρ_1——顶层土壤的电阻率，$\Omega \cdot m$；

　　　a、b——矩形平板的长、宽，即建筑物的长和宽，m。

式（24-29）适用装配式整体式基础。对于桩基式基础其 R 按式（24-29）算出后增加 10%。

整个厂区基础接地极的工频接地电阻由下式确定，即

$$R_{zh} = \beta R \tag{24-30}$$

式中　β——与建筑密度相关的系数；

　　　R——电厂总平面范围内的等效平板的工频接地电阻，根据式（24-29）求出，但这时 a 和 b 分别为电厂总平面的长和宽。

（四）人工接地极工频接地电阻的计算

人工接地极通常由垂直埋设的棒形接地极和水平接地极组合而成。棒形接地极可以利用钢管、槽钢、角钢等制成。水平接地极可以利用扁钢、圆钢等制成。

（1）均匀土壤中垂直接地极的接地电阻。

当 $l \geqslant d$ 时，接地电阻可按下式计算，即

$$R_v = \frac{\rho}{2\pi l}\left(\ln\frac{8l}{d} - l\right) \tag{24-31}$$

式中　ρ——土壤电阻率，$\Omega \cdot m$；

　　　l——垂直接地极长度，m；

　　　d——接地极的直径，m。

对于扁钢 $d = b/2$，b 为扁钢宽度；对于角钢，$d = 0.71\sqrt[4]{b_1 b_2 (b_1^2 + b_2^2)}$，$b_1$、$b_2$ 为角钢边长；对于等边角钢 $d = 0.84b$。

（2）均匀土壤中不同形状水平接地极的接地电阻为

$$R_h = \frac{\rho}{2\pi L}\left(\ln\frac{L^2}{hd} + A\right) \tag{24-32}$$

式中　R_h——水平接地极的接地电阻，Ω；

　　　L——水平接地极的总长度，m；

　　　h——水平接地极的埋设深度，m；

　　　d——水平接地极的直径或等效直径，m；

　　　A——水平接地极的形状系数。

（3）均匀土壤中以水平接地极为主边缘闭合的复合接地极（接地网）的接地电阻为

$$R_n = \alpha_1 R_e \tag{24-33}$$

$$\alpha_1 = \left(3\ln\frac{L_0}{\sqrt{S}} - 0.2\right)\frac{\sqrt{S}}{L_0} \tag{24-34}$$

$$R_e = 0.213\frac{\rho}{\sqrt{S}}(1 + B) + \frac{\rho}{2\pi L}\left(\ln\frac{S}{9hd} - 5B\right) \tag{24-35}$$

$$B = \frac{1}{1 + 4.6\dfrac{h}{\sqrt{S}}} \tag{24-36}$$

式中　R_n——任意形状边缘闭合接地网的接地电阻，Ω；

　　　R_e——等值（即等面积、等水平接地极总长度）方形接地网的接地电阻，Ω；

　　　L_0——接地网的外缘边线总长度，m；

　　　S——接地网的总面积，m^2；

　　　d——水平接地极的直径或等效直径，m；

　　　h——水平接地极的埋设深度，m；

　　　L——水平接地极的总长度，m。

（4）均匀土壤中人工接地极工频接地电阻的简易计算可按表 24-11。

表 24-11 接地电阻估算式

接地极型式	估算式	备　注
垂直式	$R \approx 0.3\rho$	长度 3m 左右的接地极
单根水平式	$R \approx 0.03\rho$	长度 60m 左右的接地极
复合式（接地网）	$R \approx 0.5\dfrac{\rho}{\sqrt{S_\Sigma}}=0.28\dfrac{\rho}{r}$ 或 $R \approx \dfrac{\rho}{4\sqrt{\dfrac{S_\Sigma}{\pi}}}+\dfrac{\rho}{l_\Sigma}=\dfrac{\rho}{4r}+\dfrac{\rho}{l_\Sigma}$	S_Σ——大于 100m^2 的闭合接地网的总面积； 　r——与接地网面积 S_Σ 等值的圆的半径，即等效半径，m； 　l_Σ——接地极的总长度，m

（五）接地极冲击接地电阻

1. 单独接地极的冲击接地电阻 R_i

$$R_i = \alpha R \tag{24-37}$$

式中　α——单独接地极的冲击系数；

　R——单独接地极的工频接地电阻，Ω。

单独接地极接地电阻的冲击系数的计算如下：

（1）垂直接地极为

$$a = 2.75\rho^{-0.4}(1.8+\sqrt{L})\left[0.75-\exp(-1.5I_i^{-0.2})\right] \tag{24-38}$$

（2）单端流入冲击电流的水平接地极为

$$a = 1.62\rho^{-0.4}(5.0+\sqrt{L})\left[0.79-\exp(-2.3I_i^{-0.2})\right] \tag{24-39}$$

（3）中部流入冲击电流的水平接地极为

$$a = 1.16\rho^{-0.4}(7.1+\sqrt{L})\left[0.78-\exp(-2.3I_i^{-0.2})\right] \tag{24-40}$$

式中　I_i——流过单独接地极的冲击电流，kA；

　ρ——土壤电阻率，$\Omega \cdot \text{m}$。

计算中所用的土壤电阻率应取雷季中最大可能的数值，即

$$\rho = \rho_0 \varphi \tag{24-41}$$

式中　ρ_0——雷季中无雨时所测得的土壤电阻率，$\Omega \cdot \text{m}$；

　φ——土壤干燥时的季节系数，应按表 24-12 的规定取值。

表 24-12 土壤干燥时的季节系数

埋深（m）	φ 值	
	水平接地极	2～3m 的垂直接地极
0.5	1.4～1.8	1.2～1.4
0.8～1.0	1.25～1.45	1.15～1.3
2.5～3.0	1.0～1.1	1.0～1.1

2. 复合接地极的冲击接地电阻

当接地装置由较多水平接地极或垂直接地极组成时，为减少相邻接地极的屏蔽作用，垂直接地极的间距不应小于其长度的 2 倍；水平接地极的间距不宜小于 5m。

（1）由 n 根等长水平放射形接地极组成的接地装置，其冲击接地电阻可按下式计算，即

$$R_i = \frac{R_{hi}}{n} \times \frac{1}{\eta_i} \tag{24-42}$$

式中　R_{hi}——每根水平放射形接地极的冲击接地电阻，Ω；

η_i——计及各接地极间相互影响的冲击利用系数。

表 24-13 接地极的冲击利用系数 η_i

接地体形式	接地导体的根数	冲击利用系数	备 注
n 根水平射线 （每根长 10～80m）	2	0.83～1.00	较小值用于较短的射线
	3	0.75～0.90	
	4～6	0.65～0.80	
以水平接地体连接的 垂直接地体	2	0.80～0.85	$\dfrac{D（垂直接地体间距）}{l（垂直接地体长度）}=2\sim3$ 式中 D——垂直接地体间距; l——垂直接地体长度。 较小值用于 $D/l=2$ 时
	3	0.70～0.80	
	4	0.70～0.75	
	6	0.65～0.70	
自然接地体	拉线棒与拉线盘间	0.60	
	铁塔的各基础间	0.40～0.50	
	门型、各种拉线杆塔的各基础间	0.70	

（2）由水平接地极连接的 n 根垂直接地极组成的接地装置，其冲击接地电阻可按下式计算，即

$$R_i = \frac{\dfrac{R_{vi}}{n} \times R'_{hi}}{\dfrac{R_{vi}}{n} + R'_{hi}} \times \frac{1}{\eta_i} \qquad (24\text{-}43)$$

式中 R_{vi}——每根垂直接地极的冲击接地电阻，Ω；

R'_{hi}——水平接地极的冲击接地电阻，Ω。

四、接触电压和跨步电压

（一）接触电压和跨步电压及其允许值

1. 接触电压和跨步电压的概念

当接地短路电流流过接地装置时，大地表面形成分布电位，在地面上离设备水平距离为 0.8m 处与沿设备外壳、架构或墙壁离地面的垂直距离为 1.8m 处两点间的电位差，称为接触电势；人们接触该两点时所承受的电压称为接触电压。接地网网孔中心对接地网接地体的最大电位差称为最大接触电势；人们接触该两点时所承受的电压称为最大接触电压。

地面上水平距离为 0.8m 的两点间的电位差称为跨步电势；人体两脚接触该两点时所承受的电压称为跨步电压。接地网外的地面上水平距离 0.8m 处对接地网边缘接地体的电位差称为最大跨步电势；人体两脚接触该两点时所承受的电压称为最大跨步电压。

实际上，人体受电击时，常常是在离设备较远处接触到被接地的与接地网同电位的设备外壳、支架、操动机构、金属遮栏等物件。因此，计算接触电势时，采用所谓网孔电势，即指接地网方格网孔中心地面上与接地网的电位差。对长条网孔而言，是指相当于方格网孔中心地面上的地方与接地网的电位差。接地网内的最大接触电势，发生在边角网孔上，对长条网孔接地网而言，发生在相当于方格网孔边角孔的地方。最大跨步电势发生在接地网外直角处，且距接地网外缘距离为 $(h_p - 0.4)$ 和 $(h_p + 0.4)$ 的两点间（h_p 为埋深，m）。

由于接地网内绝大部分地区的接触电势都要比进角网孔的接触电势小；在边角网孔地区，通常并没有布置什么设备，而是作为交通道路，堆放备品，贮存材料等用。因此，只要在这些边角网孔的地区，适当加强均压厂或敷设高电阻率的地面层，就可以相当安全的采用次边角网孔的接触电势，即指用边角网孔沿接地网对角线相邻的网孔电势来设计。

对方格网孔而言，次边角网孔电势比边角网孔电势小 30% 左右；对长条网孔而言，小 20% 左右。

2. 接触电势和跨步电势的允许值

110kV 及以上有效接地系统和 6～35kV 低电阻接地系统发生单相接地或同点两相接地时，电厂接地网的接触电位差和跨步电位差不应超过由下列公式计算所得的数值，即

$$U_t = \frac{174 + 0.17\rho_s C_s}{\sqrt{t_s}} \qquad (24\text{-}44)$$

$$U_s = \frac{174 + 0.7\rho_s C_s}{\sqrt{t_s}} \qquad (24\text{-}45)$$

式中 U_t——接触电位差允许值，V；

   U_s——跨步电位差允许值，V；

   ρ_s——地表层的电阻率，m；

   C_s——表层衰减系数，m；

   t_s——接地故障电流持续时间，与接地装置热稳定校验的接地故障等效持续时间 t_e 取相同值，s。

6～66kV 不接地、谐振接地和高电阻接地的系统，发生单相接地故障后，当不迅速切除故障时，电厂接地装置的接触电位差和跨步电位差不应超过由下列公式计算所得的数值，即

$$U_s = 50 + 0.05\rho_s C_s \qquad (24\text{-}46)$$

$$U_s = 50 + 0.2\rho_s C_s \qquad (24\text{-}47)$$

（二）接触电势和跨步电势的计算

1. 入地短路电流的计算

当在电厂内发生接地短路时，流经接地装置的电流可按下式计算，即

$$I = (I_{max} - I_z)(1 - K_{f1}) \qquad (24\text{-}48)$$

当在电厂外发生接地短路时，流经接地装置的电流可按下式计算，即

$$I = I_z(1 - K_{f2}) \qquad (24\text{-}49)$$

式中 I——入地短路电流，A；

   I_{max}——接地短路时的最大接地短路电流，A；

   I_z——发生最大接地短路电流时，流经电厂接地中性点的最大接地短路电流，A；

 K_{f1}、K_{f2}——电厂内、外短路，避雷线的工频分流系数。

计算用的入地短路电流取上两式中较大的 I 值。

2. 接地装置的电位

发生接地故障时，接地装置的电位按下式计算，即

$$E_w = IR \qquad (24\text{-}50)$$

式中 I——计算用入地短路电流，A；

   R——接地装置（包括人工接地网及与其连接的所有其他自然接地体）的接地电阻，Ω。

3. 接地网的最大接触电势

发生接地短路时，接地网地表面的最大接触电势，即网孔中心对接地网接地体的最大电势按下式计算，即

$$E_{tm} = K_t E_w \qquad (24\text{-}51)$$

式中 E_{tm}——最大接触电势，V；

   K_t——接触系数。

当接地体的埋深 $h = 0.6～0.8m$ 时，可按下式计算，即

$$K_t = K_n K_d K_s \qquad (24\text{-}52)$$

式中 K_n、K_d、K_s——系数可采用表 24-14 所列数值。

表 24-14   **系数 K_n、K_d、K_s**

接地网形式系数	长孔接地网	方孔接地网	备 注
均压带根数影响系数 K_n	$0.97/n+0.096$	$1.03/n+0.047$	当 $n \leqslant 9$ 时，单方向计算根数 n 应按图 24-13 选取
	$0.545/n+0.137$	$0.55/n+0.105$	当 $n \geqslant 10$ 时，n 值也按图 24-13 选取
均压带直径影响系数 K_d	1.0	$1.2 \sim 10d$	各种接地体的等效直径 d(m) 应按式（24-31）计算
接地网面积影响系数 K_s	$1.23 \sim 0.23(40\sqrt{s})$		当 $\sqrt{s} \geqslant 16$ 时

注 S—接地网的面积，m^2。

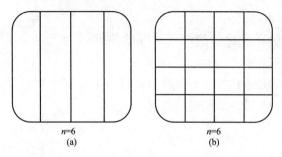

$n=6$ $n=6$
(a)   (b)

图 24-13 长孔和方孔接地的示意图
(a) 长孔接地网；(b) 方孔接地网

4. 接地网的最大跨步电势

发生接地短路时，接地网外的地表面的最大跨步电势可按下式计算，即

$$E_{sm} = K_s E_w \tag{24-53}$$

式中 E_{sm}——最大跨步电势，V；

       K_s——跨步系数。

（三）接触电势和跨步电势的计算

当人工接地网的地面上局部地区的接触电势和跨步电势超过规定值，因地形、地质条件的限制扩大接地网的面积有困难，全面增设均压带又不经济时，可采取下列措施：

（1）在经常维护的通道、操作机构四周、保护网附近局部增设 $1 \sim 2m$ 网孔的水平均压带，可直接降低大地表面电位梯度，此方法比较可靠，但需增加钢材消耗。

（2）铺设砾石地面或沥青地面，用以提高地表面电阻率，以降低人身承受的电压。此时地面上的电位梯度并不改变。

1）采用碎石、砾石或卵石的高电阻率路面结构层时，其厚度不小于 $15 \sim 20cm$。电阻率可取 $2500\Omega \cdot m$。

2）采用沥青混凝土结构层时，其厚度为 4cm，电阻率取 $500\Omega \cdot m$。

3）为了节约，也可将沥青混凝土重点使用。如只在经常维护的通道、操作机构的四周、保护网的附近铺设，其他地方可用砾石或碎石覆盖。

采用高电阻率路面的措施，在使用年限较久时，若地面的砾石层充满泥土或沥青地面破裂时，则不安全。因此，定期维护是必要的。

具体采用哪种措施，应因地制宜地选定。

五、接地装置的布置

1. 接地网布置的一般原则

（1）电厂的接地网应充分利用以下自然接地极。

1）埋设在地下的金属管道（易燃和有爆炸介质的管道除外）。

2）金属井管。

3）与大地有可靠连接的建筑物及构筑物的金属结构和钢筋混凝土基础。

4）水工建筑物及类似建筑物的金属结构和钢筋混凝土基础。

5）穿线的钢管、电缆的金属外皮。

6）非绝缘的架空地线。

（2）不论电厂采用何种形式的人工接地体，如井式接地、深钻式接地、引外接地等，都应敷设以水平接地体为主的人工接地网。对面积较大的接地网，降低接地电阻主要靠大面积水平接地体。它既有均压、减小接触电势和跨步电势的作用，又有散流作用。

一般情况下，电厂接地网中的垂直接地体对工频电流散流作用不大。防雷接地装置可采用垂直接地体，作为避雷针、避雷线和避雷器附近加强集中接地和散泄雷电流之用。

电厂接地网除应利用自然接地极外，应敷设已水平接地极为主的人工接地网，并应符合下列要求：

1）人工接地网的外缘应闭合，外缘各角做成圆弧形，圆弧的半径不宜小于均压带间距的 1/2。接地网内应敷设水平均压带。接地网的埋深深度不宜小于 0.8m。在冻土地区应敷设在冻土层以下。

2）接地网均压带可采用等间距或不等间距布置。

3）35kV 及以上配电装置接地网的边缘经常有人出入的走道处，应铺设沥青路面或在地下装设 2 条与接地网相连的"帽檐式"均压带，可显著降低跨步电压和接触电压。在现场有操作需要的设备处，采用高电阻率的路面结构层（如铺设沥青、绝缘水泥或鹅卵石）作为安全措施，要比埋设帽檐形辅助均压带方便。具体采用哪种方式应因地制宜。

（3）配电变压器的接地装置宜敷设成闭合环形，以防止因接地网流过中性线的不平衡电流在雨后地面积水或泥泞时接地装置附近的跨步电压引起行人和牲畜的触电事故。

（4）当利用自然接地极和引外接地装置时，应采用不少于 2 根导线在不同地点与水平接地网相连接。

（5）电厂的接地网应与 110kV 及以上架空线路的地线直接相连，并应有便于分开的连接点。6～66kV 架空线路的地线不得直接和电厂配电装置架构相连。电厂接地网应在地下与架空线路地线的接地装置相连，连接线埋在地中的长度不应小于 15m。

2. 接地体的选择

（1）人工接地体的规格。人工接地极，水平敷设时可采用圆钢、扁钢；垂直敷设时，可采用角钢或钢管。腐蚀较重地区采用铜或覆铜钢材时，水平敷设的人工接地极可采用圆钢、扁钢、铜绞线、覆铜钢绞线、覆铜圆钢或覆铜扁钢；垂直敷设的人工接地极可采用圆钢或覆铜圆钢。

由于裸铝导体易腐蚀，所以在地下一般不采用裸铝导体作为接地体或接地线。不得使用蛇皮管、保温管的金属网或外皮以及低压照明网络的导线铝皮作接地线。

接地网采用钢材时，按机械强度要求的钢接地材料的最小尺寸，应符合表 24-15 的要求。接地网采用铜或覆铜钢材时，按机械强度要求的铜或覆铜钢材料的最小尺寸，应符合表 24-16 的要求。

表 24-15   钢接地体和接地线的最小规格

种 类	规格及单位	地 上	地 下
圆钢	直径（mm）	8	8/10
扁钢	截面（mm²）	48	48
	厚度（mm）	4	4
角钢	厚度（mm）	2.5	4
钢管	管壁厚度（mm）	2.5	3.5/2.5

注 1. 地下部分圆钢的直径，其分子、分母数据分别对应于架空线路和电厂的接地网。

    2. 地下部分钢管的壁厚，其分子、分母数据分别对应于埋于土壤和埋于室内混凝土地坪中。

    3. 架空线路杆塔的接地极引出线，其截面不应小于 50mm²，并应热镀锌。

表 24-16 铜或覆铜钢接地材料的最小尺寸

种 类	规格及单位	地 上	地 下
铜棒	直径（mm）	8	水平接地极为 8
			垂直接地极为 15
扁钢	截面（mm²）	50	50
	厚度（mm）	2	2
铜绞线	截面（mm²）	50	50
覆铜圆钢	直径（mm）	8	10
覆铜钢绞线	直径（mm）	8	10
覆铜扁钢	截面（mm²）	48	48
	厚度（mm）	4	4

敷设在大气和土壤中有腐蚀性场所的接地体和接地引下线，应根据腐蚀的性质经过技术经济比较采取热镀锌等防腐措施。接地网的防腐蚀设计，应符合下列要求：

1）计及腐蚀影响后，接地装置的设计使用年限，应与地面工程的设计使用年限一致。

2）接地装置的防腐蚀设计，宜按照当地的腐蚀数据进行。

当无当地数据时，可暂按下列数据：

对镀锌或镀锡的扁钢、圆钢，埋于地下的部分，其腐蚀速度取 0.065mm/年（指总厚度），但对于焊接处必须采取防腐蚀措施，如涂沥青等。

无防腐蚀措施的接地线，其腐蚀速度取（指两侧总厚度）：

a. $\rho=50\sim300\Omega\cdot m$ 地区，扁钢取 0.1～0.2mm/年，圆钢取 0.3～0.4mm/年；

b. $\rho>300\Omega\cdot m$ 以上地区，扁钢取 0.1～0.05mm/年，圆钢取 0.3～0.07mm/年；

c. $\rho<50\Omega\cdot m$ 地区及重盐碱地区，应专门研究解决。

3）接地网可采用钢材，但应采用热镀锌。镀锌层应有一定的厚度。接地导体（线）与接地极或接地极之间的焊接点，应涂防腐材料。

4）腐蚀较重地区的 330kV 及以上电厂以及腐蚀严重地区的 110kV 电厂，通过技术经济比较后，接地网可采用铜材或覆铜钢材或其他防腐蚀措施。

5）对于敷设在屋内或地面上的接地线，一般均应采取防腐措施，如镀锌、镀锡或涂防腐漆。这样可不必按埋于地下条件考虑，只留少量裕度即可，但对埋于电缆沟或其他极潮湿地区的接地线，应按埋于地下的条件考虑。

（2）电厂接地装置的热稳定校验，应符合下列要求：

1）在有效接地系统及低电阻接地系统中，电厂电气装置接地导体（线）的截面，应按接地故障（短路）电流进行热稳定校验。接地导体（线）的最大允许温度和接地导体（线）截面的热稳定校验，应符合以下要求，即

$$S_g=\frac{I_g}{C}\sqrt{t_e} \tag{24-54}$$

式中　S_g——接地导体（线）的最小截面，mm²；

I_g——流过接地导体（线）的最大接地故障不对称电流有效值，按工程设计水平年系统最大运行方式确定，A；

t_e——接地故障的等效持续时间，s；

C——接地导体（线）材料的热稳定系数，根据材料的种类、性能及最大允许温度和接地故障前接地导体（线）的初始温度确定。

在校验接地导体（线）的热稳定时，I_g 应采用表 24-17 所列数值。接地导体（线）的初始温度，取 40℃。

表 24-17 　　　　　　　　　　　校验接地导体（线）热稳定用的 I_g 值

系统接地方式	I_g	
有效接地	三相同体设备：单相接地故障电流	
	三相分体设备：单相接地或三相接地流过接地线的最大接地故障电流	
低电阻接地	单相接地故障电流	

对钢和铝材的最大允许温度分别取 400℃ 和 300℃。钢和铝材的热稳定系数 C 值分别取 70 和 120。

铜和覆铜钢材采用放热焊接方式是的最大允许温度，应根据土壤腐蚀的严重程度经验算分别取 900、800℃ 或 700℃。爆炸危险场所，应按专用规定选取。铜和覆铜钢材的热稳定系数 C 值可采用表 24-18 给出的数值。

表 24-18 　　　　　　　校验铜和铜镀钢材接地导体（线）热稳定用的 C 值

最大允许温度（℃）	铜	导电率 40％镀铜钢绞线	导电率 30％镀铜钢绞线	导电率 20％镀铜钢绞线
700	249	167	144	119
800	259	173	150	124
900	268	179	155	128

热稳定校验用的时间可按下列要求计算：

电厂的继电保护装置配置有两套速动主保护、近接地后备保护、断路器失灵保护和自动重合闸时，t_e 应按下式取值，即

$$t_e \geqslant t_m + t_f + t_o \tag{24-55}$$

式中　　t_m——主保护动作时间，s；

t_f——断路器失灵保护动作时间，s；

t_o——断路器开断时间，s。

配有一套速动主保护、近或远（或远近结合的）后备保护和自动重合闸时，有或无断路器失灵保护时，t_e 应按下式取值，即

$$t_e \geqslant t_o + t_r \tag{24-56}$$

式中　　t_r——第一级后备保护的动作时间，s。

2）校验不接地、谐振接地和高电阻接地系统中，电气装置接地导体（线）在单相接地故障时的热稳定，敷设在地上的接地导体（线）长时间温度不应高于 150℃，敷设在地下的接地导体（线）长时间温度不应高于 100℃。

3）接地装置接地极的截面，不宜小于连接至该接地装置的接地导体（线）截面的 75％。

3. 接地井的设置

接地井的主要作用，是在一部分接地装置与其他部分的接地装置需分开单独测量时使用。为了便于分别测量接地电阻，有条件时可在下列地点设接地井：

（1）对接地电阻有要求的单独集中接地装置。

（2）屋外配电装置的扩建端。

（3）若干对降低接地电阻起主要作用的自然接地体与总接地网连接处。

（4）接地装置与线路的非绝缘架空地线相连处。

为降低电厂的接地电阻，其接地装置应尽量与线路的非绝缘架空地线相连，但应有便于分开的连

接点，以便测量接地网的接地电阻。可在避雷线上与构架间加装绝缘件，并在避雷线与地网之间装设可拆的连接端子，其中属于线路设计范围的部分，应向线路设计部门提出要求。

4. 接地装置的敷设

（1）为减少相邻接地体的屏蔽作用，垂直接地体的间距不宜小于其长度的 2 倍，水平接地体的间距不宜小于 5m。

（2）接地体与建筑物的距离不宜小于 1.5m。

（3）围绕屋外配电装置、屋内配电装置、主控制楼、主厂房及其他需要装设接地网的建筑物，敷设环形接地网。这些接地网之间的相互连接不应少于 2 根干线。对有效接地系统及低电阻接地系统的电厂，各主要分接地网之间宜多根连接。

为了确保接地的可靠性，接地干线至少应在 2 点与地网相连接。自然接地体至少应在 2 点与接地干线相连接。

（4）室内接地线沿建筑物墙壁水平敷设时，离地面宜保持 250～300mm 的距离。接地线与建筑物墙壁间应有 10～15mm 的间隙。

（5）接地线应防止发生机械损伤和化学腐蚀。与公路、铁道或化学管道等交叉的地方，以及其他有可能发生机械损伤的地方，对接地线应采取保护措施。

在接地线引进建筑物的入口处，应设标志。

（6）接地线的连接需注意以下几点：

1）接地线连接处应焊接。如采用搭接焊，其搭接长度必须为扁钢宽度的 2 倍或圆钢直径的 6 倍。

2）在潮湿的和有腐蚀性蒸气或气体的房间内，接地装置的所有连接处应焊接。该逢接处如不宜焊接，可用螺栓连接，但应采取可靠的防锈措施。

3）直接接地或经消弧线圈接地的主变压器、发电机的中性点与接地体或接地干线连接，应采用单独的接地线。其截面及连接宜适当加强。

4）电力设备每个接地部分应以单独的接地线与接地干线相连接。严禁在一个接地线中串接几个需要接地的部分。

（7）接地网中均压带的间距 D 应考虑设备布置的间隔尺寸、尽量减小埋设接地网的土建工程量及节省钢材。视接地网面积的大小，一般可取 5、10m。对 330kV 及 500kV 大型接地网，也可采用 20m 间距。但对经常需巡视操作的地方和全封闭电器则可局部加密（如取 $D=2\sim3$m）。

第二十五章 电缆及电缆设施

第一节 电缆分类及选型

一、电缆分类及型号标记

电缆可按用途、绝缘及缆芯材料分类，并可从型号标记中区分出来。

电缆型号由拼音及数字组成，拼音表示电缆用途及绝缘、缆芯材料；数字表示铠装及外护层材料。其形式及标记如下：

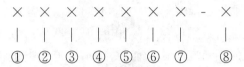

其中：

① 用途：电力电缆不表示，控制电缆为 K，绝缘线为 B，电子计算机为 DJ，软线为 R，移动电缆为 Y。

② 绝缘：纸绝缘为 Z，聚氯乙烯为 V，聚乙烯为 Y，交联聚乙烯为 YJ，橡皮为 X。

③ 缆芯：铜芯不表示，铝芯为 L。

④ 内护层：铝为 Q，聚氯乙烯为 V，聚乙烯为 Y。

⑤ 特征：不滴流为 D，屏蔽为 P，无特征不表示。

⑥ 铠装层：分 5 种，以 0～4 为标记，见表 25-1。

表 25-1   铠装层及外被层标记

标　记	铠装层	外被层
0	无	无
1		纤维绕包（麻被）
2	双钢带	聚氯乙烯护套
3	细圆钢丝	聚乙烯护套
4	粗圆钢丝	

⑦ 外被层：分 5 种，以 0～4 表示，见表 25-1。

⑧ 电压：以数字表示，以 kV 为单位。

举例："VLV22-1"表示 1kV 铝芯聚氯乙烯绝缘聚氯乙烯护套内钢带铠装电力电缆。

二、电缆型号选择

（一）缆芯材料选择

控制、通信电缆应选用铜芯，电力电缆可选用铜芯或铝芯，但用于下列情况的电力电缆应选用铜导体：

（1）电机励磁、重要电源、移动式电气设备等需保持连接具有高可靠性的回路。

（2）振动剧烈、有爆炸危险或对铝有腐蚀等严酷的工作环境。

（3）耐火电缆。

（4）紧靠高温设备布置。

（5）人员密集场所。

（二）缆芯绝缘类型

（1）电缆绝缘类型的选择，应符合下列规定：

1）在符合工作电压、工作电流及其特征和环境条件下，电缆绝缘寿命不应小于常规预期使用寿命。

2）应根据运行可靠性、施工和维护的简便性以及最高允许工作温度与造价等因素选择。

3）应符合电缆耐火与阻燃的要求。

4）应符合环境保护的要求。

（2）常用电缆的绝缘类型的选择，应符合下列规定：

1）低压电缆宜选用聚氯乙烯或交联聚乙烯型挤塑绝缘类型，当环境保护有要求时，不得选用聚氯乙烯绝缘电缆。

2）高压交流电缆宜选用交联聚乙烯型绝缘类型，也可选用自容式充油电缆。

3）500kV 交流海底电缆线路可选用自容式充油电缆或交联聚乙烯型绝缘电缆。

4）高压直流输电电缆可选用不滴流浸渍纸绝缘、自容式充油类型和适用高压直流电缆的交联聚乙烯绝缘类型，不宜选用普通交联聚乙烯绝缘类型。

（3）移动式电气设备等经常弯移或有较高柔软性要求的回路，应选用橡皮绝缘等电缆。

（4）放射线作用场所应按绝缘类型的要求，选用交联聚乙烯或乙丙橡皮绝缘等耐射线辐照强度的电缆。

（5）60℃以上高温场所应按经受高温及其持续时间和绝缘类型要求，选用耐热聚氯乙烯、交联聚乙烯或乙丙橡皮绝缘等耐热型电缆；100℃以上高温环境宜选用矿物绝缘电缆。

高温场所不宜选用普通聚氯乙烯绝缘电缆。

（6）年最低温度在−15℃以下应按低温条件和绝缘类型要求，选用交联聚乙烯、聚乙烯、耐寒橡皮绝缘电缆。低温环境不宜选用聚氯乙烯绝缘电缆。

（7）在人员密集的公共设施或有低毒性要求的场所，应选用交联聚乙烯或乙丙橡皮等不含卤素的绝缘电缆，不应选用聚氯乙烯绝缘电缆。

（8）对 6kV 及以上的交联聚乙烯电缆，应选用内、外半导电屏蔽层与绝缘层三层共挤工艺特征的型式。

（三）缆芯护层类型

（1）电缆护层的选择，应符合下列规定：

1）交流系统单芯电力电缆，当需要增强电缆抗外力时，应选用非磁性金属铠装层，不得选用未经非磁性有效处理的钢制铠装。

2）在潮湿、含化学腐蚀环境或易受水浸泡的电缆，其金属套、加强层、铠装上应有聚乙烯外护层，水中电缆的粗钢丝铠装应有挤塑外护层。

3）在人员密集场所或有低毒性要求的场所，应选用聚乙烯或乙丙橡皮等无卤素的外护层。不应选用聚氯乙烯外护层。

4）除年最低温度在−15℃以下低温环境或药用化学液体浸泡场所，以及有低毒性要求的电缆挤塑外护层宜选用聚乙烯等烟、无卤材料外，其他可选用聚氯乙烯外护层。

5）用在有水或化学液体浸泡场所的 3～35kV 重要回路或 35kV 以上的交联聚乙烯绝缘电缆，应具有符合使用要求的金属塑料复合阻水层、金属套等径向防水构造海底电缆宜选用铅护套，也可选用铜护套作为径向防水措施。

6）外护套材料应与电缆最高允许工作温度相适应。

7）应符合电缆耐火与阻燃的要求。

（2）自容式充油电缆的加强层类型，当线路未设置塞止式接头时，最高与最低点之间的高差应符合下列规定：

1）仅有铜带等径向加强层时，允许高差应为 40m；当用于重要回路时，宜为 30m。

2）径向和纵向均有铜带等加强层时，允许高差应为 80m；当用于重要回路时，宜为 60m。

（3）直埋敷设时电缆护层的选择，应符合下列规定：

1）电缆承受较大压力或有机械损伤危险时，应具有加强层或钢带铠装。

2）在流砂层、回填土地带等可能出现位移的土壤中，电缆应具有钢丝铠装。

3）白蚁严重危害地区用的挤塑电缆，应选用较高硬度的外护层，也可在普通外护层上挤包较高硬度的薄外护层，其材质可采用尼龙或特种聚烯烃共聚物等，也可采用金属套或钢带铠装。

4）除上述 1）3）规定的情况外，可选用不含铠装的外护层。

5）地下水位较高的地区，应选用聚乙烯外护层。

6）35kV 以上高压交联聚乙烯绝缘电缆应具有防水结构。

（4）空气中固定敷设时电缆护层的选择，应符合下列规定：

1）小截面挤塑绝缘电缆直接在臂式支架上敷设时，宜具有钢带铠装。

2）在地下客运、商业设施等安全性要求高且鼠害严重的场所，塑料绝缘电缆应具有金属包带或钢带铠装。

3）电缆位于高落差的受力条件时，多芯电缆应具有钢丝铠装，交流单芯电缆应符合前述的规定。

4）敷设在桥架等支撑较密集的电缆，可不需要铠装。

5）当环境保护有要求时，不得采用聚氯乙烯外护层。

6）除应按上述（1）1）3）4）的规定，以及 60℃ 以上高温场所应选用聚乙烯等耐热外护层的电缆外，其他宜选用聚氯乙烯外护层。

（5）移动式电气设备等经常弯移或有较高柔软性要求回路的电缆，应选用橡皮外护层。

（6）放射线作用场所的电缆，应具有适合耐受放射线辐照强度的聚氯乙烯、氯丁橡皮、氯磺化聚乙烯等外护层。

（7）保护管中敷设的电缆，应具有挤塑外护层。

（8）水下敷设时电缆护层的选择，应符合下列规定：

1）在沟渠、不通航小河等不需铠装层承受拉力的电缆，可选用钢带铠装。

2）在江河、湖海中敷设的电缆，选用的钢丝铠装形式应满足受力条件。当敷设条件有机械损伤等防护要求时，可选用符合防护、耐蚀性增强要求的外护层。

3）海底电缆宜采用耐腐蚀性好的镀锌钢丝、不锈钢丝或铜铠装，不宜采用率铠装。

（9）路径通过不同敷设条件时电缆护层的选择，应符合下列规定：

1）线路总长未超过电缆制造长度时，宜选用满足全线条件的同一种或差别小的一种以上形式。

2）线路总长超过电缆制造长度时，可按相应区段分别选用适合的不同形式。

（四）电缆绝缘水平

（1）交流系统中电力电缆导体的相间额定电压，不得低于使用回路的工作线电压。

（2）交流系统中电力电缆导体与绝缘屏蔽或金属套之间额定电压的选择，应符合下列规定：

1）中性点直接接地或经低电阻接地的系统，接地保护动作不超过 1min 切除故障时，不应低于 100% 的使用回路工作相电压。

2）对于单相接地故障可能超过 1min 的供电系统，不宜低于 133% 的使用回路工作相电压；在单相接地故障可能持续 8h 以上或发电机回路等安全性要求较高时，宜采用 173% 的使用回路工作相电压。

（3）交流系统中电缆的耐压水平，应满足系统绝缘配合的要求。

（4）直流输电电缆绝缘水平应能承受极性反向、直流与冲击叠加等的耐压考核；交流聚乙烯绝缘电缆应具有抑制空间电荷几句及其形成局部高场强等适应直流电场运行的特性。

（五）控制电缆及其金属屏蔽

（1）双重化保护的电流、电压，以及直流电源和跳闸控制回路等需增强可靠性的两套系统，应采用各自独立的控制电缆。

（2）下列情况的回路，相互间不应合用同一根控制电缆：

1）交流电流和交流电压回路、交流和直流回路、强电和弱电回路。

2）低电平信号与高电平信号回路。

3）交流断路器双套跳闸线圈的控制回路以及分相操作的各相弱电控制回路。

4）由配电装置至继电器室的同一电压互感器的星形接线和开口三角形接线回路。

（3）弱电回路的每一对往返导线，应置于同一根控制电缆。

（4）来自同一电流互感器二次绕组的三相导体及其中性导体应置于同一根控制电缆。

（5）来自同一电压互感器星形接线二次绕组的三相导体及其中性导体置于同一根控制电缆。来自同一电压互感器开口三角形接线二次绕组的2（或3）根导体置于同一根控制电缆。

（6）控制电缆金属屏蔽选择应符合下列规定：

1）强电回路控制电缆，除位于高压配电装置或与高压电缆紧邻并行较长需抑制干扰外，可不含金属屏蔽。

2）弱电信号、控制回路的控制电缆，当位于存在干扰影响的环境又不具备有效抗干扰措施时，应具有金属屏蔽。

3）微机型继电保护及计算机监控系统二次回路的电缆应采用屏蔽电缆。

4）控制和保护设备的直流电源电缆应采用屏蔽电缆。

（7）控制电缆金属屏蔽类型的选择，应按可能的电气干扰影响，计入综合抑制干扰措施，并应满足降低干扰或过电压的要求，同时应符合下列规定：

1）位于110kV以上配电装置的弱电控制电缆，宜选用总屏蔽或双层式总屏蔽。

2）用于集成电路、微机保护的电流、电压和信号接点的控制电缆，应选用屏蔽型。

3）计算机监控系统信号回路控制电缆的屏蔽选择，应符合下列规定：

a. 开关量信号，可选用总屏蔽。

b. 高电平模拟信号，宜选用对绞线芯总屏蔽，必要时也可选用对绞线芯分屏蔽。

c. 低电平模拟信号或脉冲量信号，宜选用对绞线芯分屏蔽，必要时也可选用对绞线芯分屏蔽复合总屏蔽。

4）其他情况，应按电磁感应、静电感应和地电位升高等影响因素，选用适宜的屏蔽形式。

5）电缆具有钢铠、金属套时，应充分利用其屏蔽功能。

（8）控制电缆金属屏蔽的接地方式，应符合下列规定：

1）计算机监控系统的模拟信号回路控制电缆屏蔽层，不得构成两点或多点接地，应集中式一点接地。

2）集成电路、微机保护的电流、电压和信号的控制电缆屏蔽层，应在开关安置场所与控制室同时接地。

3）除上述情况外的控制电缆屏蔽层，当电磁感应的干扰较大时，宜采用两点接地；静电感应干扰较大时，可采用一点接地。

双重屏蔽或复合式总屏蔽，宜对内、外屏蔽分别采用一点、两点接地。

4）两点接地的选择，还宜在暂态电流作用下屏蔽层不被烧熔。

（9）强电控制回路导体截面不应小于 1.5mm^2，弱电控制回路导体截面不应小于 0.5mm^2。

（六）电力电缆截面选择

电缆截面应满足持续允许电流、短路热稳定、允许电压降等要求，当最大负荷利用小时大于 5000h 且长度超过 20m 时，还应按经济电流密度选取。

多芯电力电缆导体最小截面，铜导体不宜小于 2.5mm^2，铝导体不宜小于 4mm^2。

敷设与水下的电缆，当需导体承受拉力且较合理时，可按抗拉要求选择截面。

最大工作电流作用下的电缆导体温度，不得超过电缆使用寿命的允许值。持续工作回路的电缆导体工作温度、最大短路电流和短路时间作用下的电缆导体温度，应符合表 25-2 的规定。

表 25-2　　　　　　　　　　　常用电力电缆导体的最高允许温度

电　　缆			最高允许温度（℃）	
绝缘类别	形式特征	电压（kV）	持续工作	短路暂态
聚氯乙烯	普通	≤6	70	160
交联聚乙烯	普通	≤500	90	250
自容式充油	普通牛皮纸	≤500	80	160
	半合成纸	≤500	85	160

1. 按 100% 持续工作电流选择

敷设在空气中和土壤中的电缆允许载流量按下式计算，其载流量按照下列使用条件差异影响计入校正系数后的实际允许值应大于回路的工作电流，即

$$KI_{xu} \geqslant I_g \tag{25-1}$$

式中　I_{xu}——电缆在标准敷设条件下的额定载流量，A；

　　　　I_g——计算工作电流，A；

　　　　K——不同敷设条件下综合校正系数，空气中单根敷设 $K=K_t$，空气中多根敷设 $K=K_tK_1$，空气中穿管敷设 $K=K_tK_2$，土壤中单根敷设 $K=K_tK_3$，土壤中多根敷设 $K=K_tK_3K_4$；

　　　　K_t——环境温度不同于标准敷设温度时的校正系数，35kV 及以下电缆在不同环境温度时的载流量校正系数见表 25-3；

　　　　K_1——空气中并列敷设电缆的校正系数，空气中单层多根并行敷设时电缆载流量的校正系数见表 25-4，电缆桥架上无间距多层并列电缆载流量的校正系数见表 25-5；

　　　　K_2——空气中穿管敷设时的校正系数，电压为 10kV 及以下、截面为 95mm^2 及以下取 0.9，截面为 $120\sim185\text{mm}^2$ 取 0.85，详见表 25-6；

　　　　K_3——直埋敷设电缆因土壤热阻不同的校正系数，详见表 25-7；

　　　　K_4——土中直埋多根并行敷设时电缆载流量的校正系数见表 25-8。

表 25-3　　　　　　　　　35kV 及以下电缆在不同环境温度时的载流量校正系数

敷设位置		空　气　中				土　壤　中			
环境温度（℃）		30	35	40	45	20	25	30	35
电缆导体最高工作温度（℃）	60	1.22	1.11	1.0	0.86	1.07	1.0	0.93	0.85
	65	1.18	1.09	1.0	0.89	1.06	1.0	0.94	0.87
	70	1.15	1.08	1.0	0.91	1.05	1.0	0.94	0.88
	80	1.11	1.06	1.0	0.93	1.04	1.0	0.95	0.90
	90	1.09	1.05	1.0	0.94	1.04	1.0	0.96	0.92

除表 25-3 以外的其他环境温度下载流量的校正系数可按下式计算，即

$$K = \sqrt{\frac{\theta_m - \theta_2}{\theta_m - \theta_1}} \qquad (25\text{-}2)$$

式中　θ_m——电缆导体最高工作温度，℃；

　　　θ_1——对应于额定载流量的基准环境温度，℃；

　　　θ_2——实际环境温度，℃。

表 25-4　　　　　　　　　空气中单层多根并行敷设时电缆载流量校正系数

并列根数		1	2	3	4	5	6
电缆中心距	$S=d$	1.00	0.90	0.85	0.82	0.81	0.80
	$S=2d$	1.00	1.00	0.98	0.95	0.93	0.90
	$S=3d$	1.00	1.00	1.00	0.98	0.97	0.96

注　1. S—电缆中心间距；d—电缆外径。

　　2. 按全部电缆具有相同外径条件制订，当并列敷设的电缆外径不同时，d 值可近似地取电缆外径的平均值。

　　3. 不适用于交流系统中使用的单芯电力电缆。

表 25-5　　　　　　　　　电缆桥架上无间距多层并列电缆载流量的校正系数

叠置电缆层数		一	二	三	四
桥架类别	梯架	0.80	0.65	0.55	0.50
	托盘	0.70	0.55	0.50	0.45

注　呈水平状并列电缆数不少于 7 根。

表 25-6　　　　　　　　　1～6kV 电缆户外明敷无遮阳时载流量的校正系数

电缆截面（mm²）				35	50	70	95	120	150	185	240
电压（kV）	1	芯数	三	—	—	—	0.90	0.98	0.97	0.96	0.94
	6		三	0.96	0.95	0.94	0.93	0.92	0.91	0.90	0.88
			单	—	—	—	0.99	0.99	0.99	0.99	0.98

注　运用本表系数校正对应的载流量基础值，是采取户外环境温度的户内空气中电缆的载流量。

表 25-7　　　　　　　　　不同土壤热阻系数时电缆载流量的校正系数

土壤热阻系数（K·m/W）	分类特征（土壤特性和雨量）	校正系数
0.8	土壤很潮湿，经常下雨。如湿度大于 9% 的沙土，湿度大于 10% 的沙-泥土等	1.05
1.2	土壤潮湿，规律性下雨。如湿度大于 7% 但小于 9% 的沙土，湿度为 12%～14% 的沙-泥土等	1.0
1.5	土壤较干燥，雨量不大。如湿度为 8%～12% 的沙-泥土等	0.93
2.0	土壤干燥，少雨。如湿度大于 4% 但小于 7% 的沙土，湿度为 4%～8% 的沙-泥土等	0.87
3.0	多石地层，非常干燥。如湿度小于 4% 的沙土等	0.75

表 25-8　　　　　　　　　土中直埋多根并行敷设时电缆载流量的校正系数

并列根数		1	2	3	4	5	6
电缆之间净距（mm）	100	1	0.9	0.85	0.8	0.78	0.75
	200	1	0.92	0.87	0.84	0.82	0.81
	300	1	0.93	0.90	0.87	0.86	0.85

注　不适合于三相交流系统单芯电缆。

（1）除上述规定的情况外，电缆按 100％持续工作电流确定电缆导体允许最小截面时，应经计算或测试验证，计算内容或参数选择应符合下列规定：

1）含有高次谐波负荷的供电回路电缆或中频负荷回路使用的非同轴电缆，应计入集肤效应和邻近效应增大等附加发热的影响。

2）交叉互联接地的单芯高压电缆，单元系统中三个区段不等长时，应计入金属层的附加损耗发热的影响。

3）敷设于保护管中的电缆，应计入热阻影响；排管中不同孔位的电缆还应分别计入互热因素的影响。

4）敷设于封闭、半封闭或透气式耐火槽盒中的电缆，应计入包含该型材质及其盒体厚度、尺寸等因素对热阻增大的影响。

5）施加在电缆上的防火涂料、包带等覆盖层厚度大于 1.5mm 时，应计入其热阻的影响。

6）沟内电缆埋砂且无经常性水分补充时，应按砂质情况选取大于 2.0K·m/W 的热阻系数计入电缆热阻增大的影响。

电缆持续允许载流量的环境温度，应按使用地区的气象温度多年平均值确定，并应符合表 25-9 的规定。

表 25-9   电缆持续允许载流量的环境温度   ℃

电缆敷设场所	有无机械通风	选取的环境温度
土中直埋	—	埋深处的最热月平均温度
水下	—	最热月的日最高水温平均值
户外空气中、电缆沟	—	最热月的日最高温度平均值
有热源设备的厂房	有	通风设计温度
	无	最热月的日最高温度平均值另加 5℃
一般性厂房、室内	有	通风设计温度
	无	最热月的日最高温度平均值另加 5℃
户内电缆沟	无	最热月的日最高温度平均值另加 5℃
隧道		
隧道	有	通风设计温度

（2）电缆导体工作温度大于 70℃的电缆，计算持续允许载流量时，应符合下列规定：

1）数量较多的该类电缆敷设与未装机械通风的隧道、竖井时，应计入对环境温升的影响，此时不能按表 25-9 直接采取仅加 5℃。

2）电缆直埋敷设在干燥或潮湿土壤中，除实施换土处理能避免水分迁移的情况外，土壤热阻系数取值不宜小于 2.0K·m/W。

（3）通过不同散热区段的电缆导体截面的选择，应符合下列规定：

1）回路总长未超过电缆制造长度时，应符合下列规定：

a. 重要回路，全厂宜按其中散热较差区段条件选择同一截面。

b. 非重要回路，可对大于 10m 区段散热条件按段选择截面，但每回路不宜多于 3 种规格。

c. 水下电缆敷设有机械强度要求需增大截面时，回路全长可选同一截面。

2）回路总长超过电缆制造长度时，宜按区段选择电缆导体截面。

2. 对非熔断器保护回路，应按满足短路热稳定条件确定电缆导体允许最小截面

（1）固体绝缘电缆导体允许最小截面，由下列公式确定，即

$$S \approx \frac{\sqrt{Q}}{C} \times 10^2 \tag{25-3}$$

式中　S——电缆导体截面，mm^2；

　　　Q——短路热效应。

$$C = \frac{1}{\eta} \sqrt{\frac{JQ}{\alpha K \rho} \ln \frac{1 + \alpha(\theta_m - 20)}{1 + \alpha(\theta_p - 20)}} \tag{25-4}$$

$$\theta_p = \theta_o + (\theta_H - \theta_o) \left(\frac{I_p}{I_H}\right)^2 \tag{25-5}$$

式中　η——计入包含电缆导体充填物热容影响的校正系数，对 $3 \sim 10kV$ 电动机馈线回路，宜取 0.93，其他情况可按 $\eta = 1$；

　　　J——热功当量系数，取 1.0；

　　　α——20℃时电缆导体的电阻温度系数，铜芯为 0.003931/℃，铝芯为 0.004031/℃；

　　　K——电缆导体的交流电阻与直流电阻之比值，可由表 25-10 选取；

　　　ρ——20℃时电缆导体的电阻系数，铜芯为 $0.0184 \times 10^{-4} \Omega \cdot cm^2/cm$，铝芯为 $0.031 \times 10^{-4} \Omega \cdot cm^2/cm$；

　　　θ_m——短路作用时间内电缆导体允许最高温度，℃；

　　　θ_p——短路发生前的电缆导体最高工作温度，℃；

　　　θ_o——电缆所处的环境温度最高值，℃；

　　　θ_H——电缆额定负荷的电缆导体允许最高工作温度，℃；

　　　I_p——电缆实际最大工作电流，A；

　　　I_H——电缆的额定负荷电流，A。

表 25-10　　　　　　　　　　　　　　　　　K 值选择用表

电缆类型		6～35kV 挤塑					自充式充油		
导体截面（mm^2）		95	120	150	185	240	240	400	600
芯数	单芯	1.002	1.003	1.004	1.006	1.010	1.003	1.011	1.029
	多芯	1.003	1.003	1.008	1.009	1.021	—	—	—

除电动机馈线回路外，均可取 $\theta_p = \theta_H$。

Q 值确定方式，应符合下列规定：

1）对电厂 $3 \sim 10kV$ 厂用电动机馈线回路，当机组容量为 100MW 及以下时，则

$$Q = I^2(t + T_b) \tag{25-6}$$

式中　I——系统电源供给短路电流的周期分量起始有效值，A；

　　　T_b——系统电源非周期分量的衰减时间常数，s；

　　　t——短路持续时间，s。

2）对电厂 $3 \sim 10kV$ 厂用电动机馈线回路，当机组容量大于 100MW 时，Q 的表达式见表 25-11。

表 25-11　　　　　　　机组容量大于 100MW 时电厂电动机馈线回路 Q 值表达式

$t(s)$	$T_b(s)$	$T_d(s)$	Q 值（$A^2 \cdot s$）
0.15	0.045	0.062	$0.195I^2 + 0.22II_d + 0.09I_d^2$
	0.06		$0.21I^2 + 0.23II_d + 0.09I_d^2$
0.2	0.045	0.062	$0.245I^2 + 0.22II_d + 0.09I_d^2$
	0.06		$0.26I^2 + 0.24II_d + 0.09I_d^2$

注　1. T_d—电动机反馈电流的衰减时间常数，s；I_d—电动机供给反馈电流的周期分量起始有效值之和，A。

　　2. 对于电抗器或短路阻抗 $U_o\%$ 小于 10.5 的双绕组变压器，取 $T_b = 0.045s$，其他情况取 $T_b = 0.06s$。

　　3. 对中速断路器，t 可取 0.15s，对慢速断路器，t 可取 0.2s。

除电厂 3～10kV 厂用电动机馈线外的情况为

$$Q = I^2 t \tag{25-7}$$

（2）选择短路计算条件，应符合下列规定：

1）计算用系统接线，应采用正常运行方式，且宜按工程建成后 5～10 年发展规划。

2）短路点应选取在通过电缆回路最大短路电流可能发生处。

3）宜按三相短路计算。

4）短路电流的作用时间，应取保护动作时间与断路器开断时间之和。对电动机等直馈线，保护动作时间应取主保护时间；其他情况，宜取后备保护时间。

（3）自充式充油电缆导体允许最小截面应满足下式，即

$$S^2 + \left(\frac{q_0}{q}S_0\right)S \geqslant \left[\alpha K\rho I^2 t / Jq \cdot \ln\frac{1+\alpha(\theta_m - 20)}{1+\alpha(\theta_p - 20)}\right] \times 10^4 \tag{25-8}$$

式中　q——电缆导体的单位体积热容量，铝芯取 2.48J/（cm³·℃），铜芯取 3.4J/（cm³·℃）；

　　　q_0——绝缘油的单位体积热容量，可取 1.7J/（cm³·℃）；

　　　S_0——不含油道内绝缘油的电缆导体中绝缘油充填面积，mm²。

除对变压器回路的电缆可按最大工作电流作用时的 θ_p 值外，其他情况宜取 $\theta_p = \theta_H$。

3. 按电压损失校验

对供电距离较远、容量较大的电缆线路或电缆-架空混合线路，应校验其电压损失。最大工作电流作用下连接回路的电压降，不得超过该回路的允许值。

各种用电设备允许电压降如下：

高压电动机小于或等于 5％；低压电动机一般小于或等于 5％，个别特别远的电动机小于或等于 10％；电焊机回路小于或等于 10％；起重机回路交流小于或等于 15％，直流小于或等于 20％。

对于使用次数很少的用电设备，其电压偏移的允许范围可适当放宽，以免过多地耗费投资。

（1）计算公式。

三相交流为

$$\Delta U\% = \frac{173}{U}I_g L(r\cos\Phi + x\sin\Phi) \tag{25-9}$$

单相交流为

$$\Delta U\% = \frac{200}{U}I_g L(r\cos\Phi + x\sin\Phi) \tag{25-10}$$

直流线路为

$$\Delta U\% = \frac{200}{U}I_g LR \tag{25-11}$$

式中　U——线路工作电压，三相为线电压，单相为相电压，V；

　　　I_g——计算工作电流，A；

　　　L——线路长度，km；

　　　r——单缆单位长度的电阻，Ω/km；

　　　x——电缆单位长度的电抗，Ω/km；

　　　Φ——功率因数；

　　　R——电缆单位长度的直流阻抗，Ω/km。

（2）计算表格。三相线路可直接根据导线截面及负荷功率因数查表得出每 kW·km（或 MW·km）电压损失百分数，再按下式求总的电压损失，即

$$\Delta U\% = \Delta u\% PL \tag{25-12}$$

式中　$\Delta u\%$——每 kW·km 或 MW·km 电压损失的百分数，％，分别见表 25-12、表 25-13；

P——线路负荷，kW 或 MW；

L——线路长度，km。

表 25-12   **0.38kV 三相铝芯电缆线路电压损失表**

电缆截面 (mm²)	当 cosΦ 等于下列数值时每 kW·km 电压损失（%）					
	0.2	0.7	0.75	0.8	0.85	0.9
16	1.71	1.55	1.54	0.585	1.58	1.52
25	1.19	1.01	1.002	0.996	0.99	0.985
35	0.9	0.733	0.726	0.720	0.714	0.708
50	0.77	0.596	0.590	0.581	0.579	0.672
70	0.56	0.390	0.384	0.378	0.372	0.365
95	0.47	0.300	0.293	0.287	0.282	0.275
120	0.42	0.247	0.241	0.234	0.228	0.222
150	0.38	0.207	0.201	0.194	0.189	0.182
185	0.35	0.177	0.170	0.164	0.158	0.152

注 表中缆芯电阻按缆芯温度为 50℃ 计算。

表 25-13   **6、10kV 三相铝芯电缆线路电压损失**

线路电压 (kV)	芯数×截面 (mm²)	当 cosΦ 等于下列数值时每 kW·km 电压损失（%）		
		0.7	0.8	0.9
6	3×16	6.25	6.2	6.14
	3×25	4.09	4.03	3.97
	3×35	2.98	2.92	2.86
	3×50	2.44	0.37	2.31
	3×70	1.61	1.55	1.48
	3×95	1.24	1.18	1.12
	3×120	1.03	0.97	0.91
	3×150	0.87	0.81	0.75
	3×185	0.75	0.69	0.63
	3×240	0.63	0.57	0.51
10	3×16	2.25	2.23	2.21
	3×25	1.47	1.45	1.43
	3×35	1.07	1.05	1.03
	3×50	0.88	0.85	0.83
	3×70	0.58	0.56	0.53
	3×95	0.45	0.43	0.4
	3×120	0.37	0 35	0.33
	3×150	0.31	0.29	0.27
	3×185	0.27	0.25	0.23
	3×240	0.23	0.2	0.18

注 表中缆芯电阻按缆芯温度为 50℃ 计算。

4. 按经济电流密度选择

当最大负荷利用小时大于 5000 且线路长度超过 20m 时，应按经济电流密度选择电缆截面，即

$$S = \frac{I_g}{j} \tag{25-13}$$

式中　I_g——计算工作电流，A；

　　　　j——经济电流密度，A/mm²。

5. 电缆中性导体截面

（1）1kV 及以下电源中性点直接接地时，三相四线制系统的电缆中性导体或保护接地中性导体截面，不得小于按线路最大不平衡电流持续工作所需最小截面；有谐波电流影响的回路，尚宜符合下列规定：

1）气体放电灯为主要负荷的回路，中性导体截面不宜小于相导体截面。

2）存在告辞谐波电流时，计算中性导体的电流应计入谐波电流的效应。当中性导体电流大于相导体电流时，电缆相导体截面应按中性导体电流选择。当三相平衡系统中存在谐波电流，4 芯或 5 芯电缆内中性导体与相导体材料相同和截面相等时，电缆载流量的降低系数应按表 25-14 的规定确定。

表 25-14　　　　　　　　　　　　　　电缆载流量的降低系数

相电流中 3 次谐波分量 （%）	降低系数	
	按相电流选择截面	按中性导体电流选择截面
0～15	1.0	—
>15，且≤33	0.86	—
>33，且≤45	—	0.86
>45	—	1.0

注　1. 当预计有显著（大于 10%）的 9、12 次等高次谐波存在时，可用一个较小的降低系数。

　　2. 当在相与相之间存在大于 50% 的不平衡电流时，可用更小的降低系数。

（2）1kV 及以下电源中性点直接接地时，配置中性导体、保护接地中性导体或保护导体系统的电缆导体截面的选择，应符合下列规定：

1）中性导体、保护接地中性导体的截面，应符合上述的规定；配电干线采用单芯电缆作为保护接地中性导体时，导体截面应符合下列规定：

a. 铜导体，不小于 10mm²；

b. 铝导体，不小于 16mm²。

2）采用多芯电缆的干线，其中性导体和保护导体合一的铜导体截面不应小于 2.5mm²。

3）保护导体的截面，应满足回路保护电器可靠动作的要求，并应符合表 25-15 的要求。

表 25-15　　　　　　　　按热稳定要求的保护导体允许最小截面　　　　　　　　mm²

电缆相芯线截面	保护导体允许最小截面
$S \leqslant 16$	S
$16 < S \leqslant 35$	16
$35 < S \leqslant 400$	$S/2$
$400 < S \leqslant 800$	200
$S > 800$	$S/4$

注　S 为电缆相导体截面。

电缆外的保护导体或不与电缆相导体共处于同一外护物的保护导体最小截面应符合表 25-16 的规定。

表 25-16 　　　　　　　　　　　　保护导体允许最小截面 　　　　　　　　　　　　　　　mm²

保护导体材质	机 械 损 伤 防 护	
	有	无
铜	2.4	4
>15，且≤33	16	16

6. 其他

（1）交流供电回路有多根电缆并联组成时，各电缆宜等长，敷设方式宜一致，并应采用相同材质、相同截面的导体；具有金属套的电缆，金属材质和构造截面也应相同。

（2）电力电缆金属屏蔽层的有效截面应满足在可能的短路电流作用下最高温度不超过外护层的短路最高允许温度。

（3）敷设于水下的高压交联聚乙烯绝缘电缆应具有纵向阻水构造。

第二节 电 缆 敷 设

一、敷设电缆的一般要求

（1）电缆的路径选择，应符合下列规定：

1）应避免电缆遭受机械性外力、过热、腐蚀等危害；

2）满足安全要求条件下，应保证电缆路径最短；

3）应便于敷设、维护；

4）宜避开将要挖掘施工的地方；

5）充油电缆线路通过起伏地形时，应保证供油装置合理配置。

（2）决定电缆构筑物尺寸时，除考虑扩建规模外，还应留出不少于 20% 的备用支（托）架或排管孔眼。

（3）电缆支持点之间的距离不能超过表 25-17 数值。

表 25-17 　　　　　　　　　　　　电缆支持点间的最大允许距离 　　　　　　　　　　　　　　mm

敷设方式	铠装电缆		钢丝铠装电缆	全塑电缆
	电力电缆	控制电缆		
水平敷设	1000	800	3000	400
垂直敷设	1500	1000	6000	1000

（4）电缆应在下列地点用夹头固定：

1）垂直敷设时在每个支架上。

2）水平敷设在首末两端、转弯及接头处。

（5）电缆的金属外皮、支托架及保护管均应可靠接地。

（6）电缆在任何敷设方式及其全部路径条件的上下左右改变部位，均应满足电缆允许弯曲半径要求，并应符合电缆绝缘及其构造特性的要求，一般不得小于表 25-18 的数值。自容式铅包充油电缆，其允许弯曲半径可按电缆外径的 20 倍计算。

表 25-18 电缆的允许弯曲半径（电缆外径的倍数）

电缆形式			多芯	单芯
聚氯乙烯绝缘			10	10
橡皮绝缘	非裸铅包或钢铠护套		10	10
	裸铅包护套		15	15
	钢铠护套		20	20
交联聚氯乙烯（35kV 及以下）			15	20
油浸纸绝缘	铅包	铠装	15	25
		无铠装	20	25
	铝包	外径在 40mm 以下时	25	25
		外径在 40mm 以上时	36	30

（7）垂直或沿陡坡敷设的电缆，在最高最低点之间的最大允许高度差见表 25-19。

表 25-19 电力电缆敷设的最大允许高差

电缆类型	额定电压	结构形式	允许敷设高差		备 注
			铅包	铝包	
油浸纸绝缘电缆	3kV 及以下	无铠装	20	20	当实际敷设高差超过所列数值，应选用塞止式接头或另选用其他类型电力电缆
		有铠装	25	25	
	6～10kV	有铠装或无铠装	15	20	
	20～35kV	有铠装或无铠装	5	—	
油浸纸滴干绝缘电缆	1～10kV	统铅包型	100	100	
		分相铅包型	300	—	
不滴流浸渍纸绝缘电缆	1～10kV	全部形式	不受限制		当实际敷设高差超过 200m 时，应加固定，以承受电缆本身重量
聚氯乙烯绝缘电缆	1、6kV	全部形式	不受限制		当实际敷设高差超过 200m 时，应加固定，以承受电缆本身重量
交联聚乙烯绝缘电缆	6～35kV	全部形式	不受限制		当实际敷设高差超过 200m 时，应加固定，以承受电缆本身重量

（8）用于下列场所、部位的非铠装电缆，应采用具有机械强度的管或罩加以保护：

1）非电气人员经常活动场所的地坪以上 2m 内、地中引出的地坪以下 0.3m 深电缆区段。

2）可能有载重设备移经电缆上面的区段。

带避雷针的投光灯，其引线应用裸钢带铠装电缆，要在土中直埋 10m 以上再进入电缆沟，潮湿地区该电缆应穿入金属管内。

（9）除架空绝缘型电缆外的非户外型电缆，户外使用时，宜采取罩、盖等遮阳措施。

（10）电缆敷设在有周期性振动的场所，应采取下列措施：

1）在支持电缆部位设置由橡胶等弹性材料制成的衬垫。

2）电缆蛇形敷设不满足伸缩缝变形要求是，应设置伸缩装置。

（11）在有行人通过的地坪、堤坝、桥面、地下商业设施的路面，以及通行的隧洞中，电缆不得敞露敷设于地坪或楼梯走道上。

（12）在工厂、建筑物的风道中，严禁敷设敞露式电缆。

（13）明敷的电缆不宜平行敷设在热力管道的上部。电缆与管道之间无隔板防护时的允许最小净距除应满足相关规定外，尚应符合表 25-20 的规定。

表 25-20   电缆与管道之间无隔板防护时的允许最小净距   mm

电缆与管道之间走向		电力电缆	控制和信号电缆
热力管道	平行	1000	500
	交叉	500	250
其他管道	平行	150	100

注   1. 计及最小净距时，应从热力管道保温层外表面算起。

      2. 表中与热力管道之间的数值为无隔热措施时的最小净距。

（14）同一通道内电缆数量较多时，若在同一侧的多层支架上敷设，应符合下列规定：

1）宜按电压等级由高到低的电力电缆、强电至弱电的控制和信号电缆、通信电缆"由上而下"的顺序排列。

当水平通道中含有 35kV 以上高压电缆，或为满足引入柜盘的电缆符合允许弯曲半径要求时，宜按"由下而上"的顺序排列。

在同一工程中或电缆通道延伸于不同工程的情况，均应按相同的上下排列顺序配置。

2）支架层数受通道空间限制时，35kV 及以下的相邻电压级电力电缆，可排列于同一层支架；少量 1kV 及以下电力电缆在采取防火分隔和有效抗干扰措施后，也可与强电控制、信号电缆配置在同一层支架上。

3）同一重要回路的工作与备用电缆应配置在不同层或不同侧的支架上，并应实行防火分隔。

（15）同一层支架上电缆排列的配置，宜符合下列规定：

1）控制和信号电缆可紧靠或多层叠置。

2）除交流系统用单芯电力电缆的同一回路可采取品字形（三叶形）配置外，对重要的同一回路多根电力电缆，不宜叠置。

3）除交流系统用单芯电缆情况外，电力电缆的相互间宜有 1 倍电缆外径的空隙。

（16）交流系统用单芯电力电缆的相序配置及其相间距离应符合下列规定：

1）应满足电缆金属套的正常感应电压不超过允许值。

2）宜使按持续工作电流选择电缆截面最小。

3）未呈品字形配置的单芯电力电缆，有两回线及以上配置在同一通路时，应计入相互影响。

4）当距离较长时，高压交流系统三相单芯电力电缆宜在适当位置进行换位，保持三相电抗相均等。

（17）交流系统用单芯电力电缆与公用通信线路相距较近时，宜维持技术经济上有利的电缆路径，必要时可采取下列抑制感应电势的措施：

1）使电缆支架形成电气通路，且计入其他并行电缆抑制因素的影响。

2）对电缆隧道的钢筋混凝土结构实行钢筋焊接连通。

3）沿电缆线路适当附加并行的金属屏蔽线或罩盒等。

（18）抑制对弱电回路控制和信号电缆电气干扰强度措施，除应满足相关规定外，还可采取下列措施：

1）与电力电缆并行敷设时，相互间距在可能范围内宜远离；对电压高、电流大的电力电缆间距宜更远。

2）敷设于配电装置内的控制和信号电缆，与耦合电容器或电容式电压互感器、避雷器或避雷针接地处的距离，宜在可能范围内远离。

3）沿控制和信号电缆可平行敷设屏蔽线，也可将电缆敷设于钢制管或盒中。

（19）在隧道、沟、浅槽、竖井、夹层等封闭式电缆通道中，不得布置热力管道，严禁有可燃气体或可燃液体的管道穿越。

（20）爆炸性气体危险场所敷设电缆，应符合下列规定：

1）在可能范围宜保证电缆距爆炸释放源较远，敷设在爆炸危险较小的场所，并应符合下列规定：

可燃气体比空气重时，电缆应埋地或在较高处架空敷设，且对非铠装电缆采取穿管或置于托盘、槽盒中等机械性保护。

可燃气体比空气轻时，电缆宜敷设在较低处的管、沟内。

采用电缆沟敷设时，电缆沟内应充砂。

2）电缆在空气中沿输送可燃气体的管道敷设时，宜配置在危险程度较低的管道一侧，并应符合下列规定：

a. 可燃气体比空气重时，电缆宜配置在管道上方。

b. 可燃气体比空气轻时，电缆宜配置在管道下方。

3）电缆及其管、沟穿过不同区域之间的墙、板孔洞处，应采用防火封堵材料严密堵塞。

4）电缆线路中不应有接头。

（21）1kV 及以下电源中性点直接接地且配置独立分开的中性导体和保护导体构成的 TN-S 系统，采用独立于相导体和中性导体以外的电缆作保护导体时，同一回路的该两部分电缆敷设方式，应符合下列规定：

1）在爆炸性气体环境中，应敷设在同一路径的同一结构管、沟或盒中。

2）除上述情况外，宜敷设在同一路径的同一构筑物中。

（22）电缆的计算长度，应包括实际路径长度和附加长度。附加长度，宜计入下列因素：

1）电缆敷设路径地形等高差变化、伸缩节或迂回备用裕量。

2）35kV 以上电缆蛇形敷设时的弯曲状影响增加量。

3）终端或接头制作所需剥截电缆的预留段、电缆引至设备或装置所需的长度。35kV 及以下电缆敷设度量时的附加长度，应符合表 25-21 的规定。

表 25-21　　　　　　　　　35kV 及以下电缆敷设度量时的附加长度　　　　　　　　　　　m

项目名称		附加长度
电缆终端的制作		0.5
电缆接头的制作		0.5
由地坪引至各设备的终端处	电动机（按接线盒对地坪的实际高度）	0.5～1.0
	配电屏	1.0
	车间动力箱	1.5
	控制屏或保护屏	2.0
	厂用变压器	3.0
	主变压器	5.0
	磁力启动器或事故按钮	1.5

注　对厂区引入建筑物，直埋电缆因地形及埋设的要求，电缆沟、隧道、吊架的上下引接，电缆终端、接头等所需的电缆预留量，可取图纸量出的电缆敷设路径长度的 5%。

（23）电缆的订货长度，应符合下列规定：

1）长距离的电缆线路宜采用计算长度作为订货长度；对 35kV 以上单芯电缆，应按相计算；线路采取交叉互联等分段连接方式时，应按段开列。

2）对 35kV 及以下电缆用于非长距离时，宜计及整盘电缆中截取后不能利用的剩余段的因素，按

计算长度计入 $5\%\sim10\%$ 的裕量，作为同型号规格电缆的订货长度。

3）水下敷设电缆的每盘长度，不宜小于水下段的敷设长度。有困难时，可含有工厂制的软接头。

二、电缆构筑物形式及特点

常用电缆构筑物有电缆隧道、电缆沟、排管、壕沟（直埋）、吊架及桥架等，此外还有主控、集控室下面电缆夹层及垂直敷设电缆的竖井等。

（1）电缆沟具有投资省、占地少、走向灵活且能容纳较多电缆等优点。缺点是检修维护不便，容易积灰、积水。

（2）电缆隧道能容纳大量电缆，具有敷设、检修和更换电缆方便等优点。缺点是投资大、耗材多、易积水。

（3）电缆排管能有效防火，但施工复杂，电缆敷设、检修和更换不方便，且因散热不良需降低电缆载流量。

（4）电缆直埋施工方便，投资省，散热条件好。但检修更换电缆不方便，不能防止外来机械损伤和各种水土侵蚀。

（5）架空电缆桥架不存在积水问题，提高了电缆可靠性；简化了底下设施，避免了与地下管沟交叉碰撞；有效利用有限空间；封闭式槽架有利于防火、防爆和抗干扰。但施工、检修和维护都较困难；与架空管道交叉多；架空电缆受外界火源（油、煤粉起火）影响的概率较大。

三、电缆敷设方式选择

电缆敷设方式的选择，应视工程条件、环境特点和电缆类型、数量等因素，以及满足运行可靠、便于维护和技术经济合理的要求选择，不应强求统一。

（1）电缆直埋敷设方式的选择，应符合下列规定：

1）同一通道少于 6 根的 35kV 及以下电力电缆，在厂区通往远距离辅助设施或城郊等不易经常性开挖的地段，宜采用直埋。

2）厂区内地下管网较多的地段，可能有熔化金属、高温液体溢出的场所，待开发有较频繁开挖的地方，不宜采用直埋。

3）在化学腐蚀或杂散电流腐蚀的土壤范围内，不得采用直埋。

（2）电缆穿管敷设方式的选择，应符合下列规定：

1）在有爆炸性环境明敷的电缆、露出地坪上需加以保护的电缆，以及地下电缆与公路、铁路交叉时，应采用穿管。

2）地下电缆通过房屋、广场的区段，以及电缆敷设在规划中将作为道路的地段时，宜采用穿管。

3）在地下管网较密的工厂区或道路挖掘困难的通道等电缆数量较多时，可采用穿管。

4）同一通道采用穿管敷设的电缆数量较多时，宜采用排管。

（3）下列场所宜采用浅槽敷设方式：

1）地下水位较高的地方。

2）通道中电力电缆数量较少，且在不经常有载重车通过的户外配电装置等场所。

（4）电缆沟敷设方式的选择，应符合下列规定：

1）在化学腐蚀液体或高温熔化金属溢流的场所，或在载重车辆频繁经过的地段，不得采用电缆沟。

2）经常有工业水溢流、可燃粉尘弥漫的厂房内，不宜采用电缆沟。

3）在厂区、建筑物内地下电缆数量较多但不需要采用隧道，同时不属于上述情况时，宜采用电缆沟。

4）有爆炸、火灾环境中的电缆应充砂。

（5）电缆隧道敷设方式的选择，应符合下列规定：

1）同一通道的地下电缆数量多，电缆沟不足以容纳时应采用电缆隧道。

2）同一通道的地下电缆数量多，且位于有腐蚀性液体或经常有地面水溢流的场所，或含有 35kV 以上高压电缆以及穿越公路、铁路等地段，宜采用隧道。

3）受客观条件影响，与较多电缆沿同一路径有非高温的水、气和通信电缆管线共同配置时，可在公用性隧道中敷设电缆。

（6）垂直走向的电缆宜沿墙、柱敷设；当数量较多，或含有 35kV 以上高压电缆时，应采用竖井。

（7）电缆数量较多的控制室、继电保护室等处，宜在其下部设置电缆夹层。电缆数量较少时，也可采用有活动盖板的电缆层。

（8）在地下水位较高的地方，化学腐蚀液体溢流的场所，厂房内应采用支持式架空敷设。建筑物或厂区不宜地下敷设时，可采用架空敷设。

（9）明敷且不宜采用支持式架空敷设的地方，可采用悬挂式架空敷设。

（10）厂区内架空桥架敷设方式不宜设置检修通道。

（11）主厂房内一般为：

1）凡引至集控室的控制电缆宜架空敷设。

2）6kV 电缆宜用隧道或排管敷设，地下水位较高处也可架空或用排管敷设。

3）380V 电缆当两端设备在零米时，宜用隧道、沟或排管敷设（锅炉房不应用沟）；当一端设备在上，另端设备在下时，可部分架空敷设；当地下水位较高时，宜架空敷设。

主厂房至主控室或网控室电缆一般用隧道，当有天桥相连时，尽可能在天桥下设电缆夹层。

从隧道、沟及托架引至电动机或启动设备的电缆，一般敷设于黑铁管或塑料管中。每管一般敷一根电力电缆，部分零星设备的小截面电缆允许沿墙用墙式夹头固定。

第三节　各种电缆敷设方式的布置及要求

一、直埋敷设

（1）直埋敷设电缆的路径选择，宜符合下列规定：

1）应避开含有酸、碱强腐蚀或杂散电流电化学腐蚀严重影响的地段。

2）无防护措施时，宜避开白蚁危害地带、热源影响和易遭外力损伤的区段。

（2）直埋敷设电缆方式，应符合下列规定：

1）电缆应敷设于壕沟里，并应沿电缆全长的上、下紧邻侧铺以厚度不小于 100mm 的软土或砂层。

2）沿电缆全长应覆盖宽度不小于电缆两侧各 50mm 的保护板，保护板宜采用混凝土。

3）当采用电缆穿波纹管敷设于壕沟时，应沿波纹管顶全长浇注厚度不小于 100mm 的素混凝土，宽度不应小于管外侧 50mm，电缆可不含铠装。

（3）电缆直埋敷设于非冻土地区时，埋置深度应符合下列规定：

1）电缆外皮至地下构筑物基础，不得小于 0.3m。

2）电缆外皮至地面深度，不得小于 0.7m；当敷设于耕地下时，应适当加深，且不宜小于 1.0m。

（4）电缆直埋敷设于冻土地区时，应埋入冻土层以下；当受条件限制时，应采取防止电缆受到损伤的措施。

（5）直埋敷设的电缆不得平行敷设于地下管道的正上方或正下方。

电缆与电缆、管道、道路、构筑物等之间允许最小距离，应符合表 25-22 的规定。

表 25-22　　　　　　电缆与电缆、管道、道路、构筑物等之间的容许最小距离　　　　　　m

电缆直埋敷设时的配置情况		平行	交叉
控制电缆之间		—	0.5[①]
电力电缆之间或与 控制电缆之间	10kV 及以下电力电缆	0.1	0.5[①]
	10kV 以上电力电缆	0.25[②]	0.5[①]
电缆与地下管沟	热力管沟	2[③]	0.5[①]
	油管或易（可）燃气管道	1	0.5[①]
	其他管道	0.5	0.5[①]
电缆与建筑物基础		0.6[③]	—
电缆与道路边		1.0[③]	—
电缆与排水沟		1.0[③]	—
电缆与树木的主干		0.7	—
电缆与 1kV 及以下架空线电杆		1.0[③]	—
电缆与 1kV 以上架空杆塔基础		4.0[③]	—

① 用隔板分隔或电缆穿管时不得小于 0.25m。

② 用隔板分隔或电缆穿管时不得小于 0.1m。

③ 特殊情况时，减小值不得大于 50%。

（6）直埋敷设的电缆与铁路、道路交叉时，应穿保护管，保护范围应符合下列规定：

1）与铁路交叉时，保护管应超出路基面宽各 1m，或者排水沟外 0.5m。埋设深度不应低于路基面下 1m。

2）与道路交叉时，保护管应超出道路边各 1m，或者排水沟外 0.5m。埋设深度不应低于路面下 1m。

3）保护管应有不低于 1% 的排水坡度。

（7）直埋敷设的电缆引入构筑物，在贯穿墙孔处应设置保护管，管口应实施阻水堵塞。

（8）直埋敷设电缆的接头配置，应符合下列规定：

1）接头与邻近电缆的净距，不得小于 0.25m。

2）并列电缆的接头位置宜相互错开，且净距不得小于 0.5m。

3）斜坡地形处的接头安置，应呈水平状。

4）重要回路的电缆接头附近宜采用留有备用量方式敷设电缆。

（9）直埋敷设电缆回填土的土质应对电缆外护层无腐蚀性。

二、保护管敷设

（1）电缆保护管内壁应光滑无毛刺。应满足机械强度和耐久性的要求，且应符合下列规定：

1）采用穿管方式抑制对控制电缆的电气干扰时，应采用钢管。

2）交流单芯电缆以单根穿管时，不得采用未分隔磁路的钢管。

一般选用水煤气管，明敷应镀锌，腐蚀性场所选用 PVC 塑料管。

（2）暴露出在空气中的电缆保护管的选择，应符合下列规定：

1）防火或机械性要求高的场所宜采用钢管，并应采取涂漆、镀锌或包塑等适合环境耐久要求的防腐处理。

2）需要满足工程条件自熄性要求时，可采用阻燃型塑料管。部分埋入混凝土中等有耐冲击的使用场所，塑料管应具备相应承压能力，且宜采用可挠性的塑料管。

（3）地中埋设的保护管，应满足埋深下的抗压和耐环境腐蚀性的要求。管枕配置跨距，宜按管路底部未均匀夯实时满足抗弯矩条件确定；在通过不均匀沉降的回填土地段或地震活动频发地区，管路纵向连接应采用可挠式管接头。

同一通道的电缆数量较多时，宜采用排管。

（4）保护管管径与穿过电缆数量的选择，应符合下列规定：

1）每管宜只穿 1 根电缆。除重要性场所外，对一台电动机所有回路或同一设备的低压电动机所有回路，可在每管合穿不多于 3 根电力电缆或多根控制电缆。

2）管的内径不宜小于电缆外径或多根电缆包络外径的 1.5 倍，排管的管孔内径，不宜小于 75mm。

（5）单根保护管使用时，宜符合下列规定：

1）每根电缆保护管的弯头不宜超过 3 个，直角弯不宜超过 2 个。

2）地下埋管距地面深度不宜小于 0.5m，距排水沟底不宜小于 0.3m。

3）并列管相互间宜留有不小于 20mm 的空隙。

（6）使用排管时，应符合下列规定：

1）管孔数宜按发展预留适当备用。

2）导体工作温度相差大的电缆，宜分别配置于适当间距的不同排管组。

3）管路顶部土壤覆盖厚度不宜小于 0.5m。

4）管路应置于经整平夯实土层且有足以保持连续平直的垫块上；纵向排水坡度不宜小于 0.2%。

5）管路纵向连接处的弯曲度，应符合牵引电缆时不致损伤的要求。

6）管孔端口应采取防止损伤电缆的处理措施。

（7）较长电缆管路中的下列部位，应设置工作井：

1）电缆牵引张力限制的间隔处。

2）电缆分支、接头处。

3）管路方向较大改变或电缆从排管转入直埋处。

4）管路坡度较大且需防止电缆滑落的必要加强固定处。

三、电缆构筑物敷设

（1）电缆构筑物的尺寸应按满足全部容纳电缆的允许最小弯曲半径、施工作业与维护空间确定，电缆的配置应无碍安全运行，并应符合下列规定：

1）隧道内通道净高不宜小于 1.9m；与其他管沟交叉的局部段，净高可降低，但不应小于 1.4m。

2）工作井可采用封闭式或可开启式；封闭式工作井的净高不宜小于 1.9m。

3）电缆夹层室的净高不得小于 2.0m，但不宜大于 3.0m。在电缆配置上供人员活动的短距离空间不得小于 1.4m。

4）电缆隧道、封闭式工作井内通道的净宽尺寸不宜小于表 25-23 所列值。

表 25-23　　　　　　　　　　电缆隧道、封闭式工作井内通道的净宽尺寸　　　　　　　　　　mm

电缆支架配置方式	开挖式隧道	非开挖式隧道	封闭式工作井
两侧	1000	800	1000
单侧	900	800	900

5）电缆沟内通道的净宽尺寸不宜小于表 25-24 所列值。

表 25-24 电缆沟内通道的净宽尺寸 mm

电缆支架配置方式	具有下列沟深的电缆沟		
	<600	600~1000	>1000
两侧	1000	800	1000
单侧	900	800	900

（2）电缆支架、梯架或托盘的层间距离，应满足能方便地敷设电缆及其固定、安置接头的要求，且在多根电缆同置于一层情况下，可更换或增设任一根电缆及其机头。电缆支架、梯架或托盘的层间距离的最小值可按表 25-25 确定。

表 25-25 电缆支架、梯架或托盘的层间距离的最小值 mm

电缆电压级和类型、敷设特征		支架或吊架	梯架或托盘
控制电缆明敷		120	200
电力电缆明敷	6kV 以下	150	250
	6~10kV 交联聚乙烯	200	300
	35kV 单芯	250	300
	35kV 三芯	300	350
	110~220kV、每层 1 根以上		
	330、500kV	350	400
电缆敷设于槽盒中		$h+80$	$h+100$

注　h 为槽盒外壳高度。

（3）电缆支架、梯架或托盘的最上层、最下层布置尺寸，应符合下列规定：

1）最上层支架距隧道、封闭式工作井顶部或盖板或顶板（或梁底）的净距允许最小值，应满足电缆引接至上侧柜盘时的允许弯曲半径要求，且不宜小于表 25-25 的规定，采用梯架或托盘时，不宜小于表 25-25 的规定再加 80~150mm。

2）最下层支架、梯架或托盘距隧道、工作井底部或沟底净距不宜小于 100mm。

电缆夹层内最下层支架、梯架或托盘距地坪、楼板的最小净距不宜小于表 25-26 的规定。

表 25-26 最下层支架、梯架或托盘距地坪、沟道底部的最小净距 mm

电缆敷设场所及其特征		垂直净距
电缆夹层	非通道处	200
	至少在一侧不小于 800mm 宽通道处	1400

（4）对电缆沟隧道、封闭式工作井底部低于地下水位以及电缆隧道和工业水管沟交叉时，宜加强电缆隧道、封闭式工作井的防水处理以及电缆穿隔密封的防水构造措施。

（5）电缆沟应满足防止外部进水、渗水的要求，且应符合下列规定：

1）电缆沟底部低于地下水位、电缆沟和工业水管沟并行临近时，宜加强电缆沟防水处理以及电缆穿隔密封的防水构造措施。

2）电缆沟和工业水管沟交叉时，电缆沟宜位于工业水管沟的上方。

3）室内电缆沟盖板宜与地坪齐平，室外电缆沟的沟壁宜高出地坪 100mm。考虑排水时，可在电缆沟上分区段设置现浇钢筋混凝土渡水槽，也可采取电缆沟盖板低于地坪 300mm，上面铺以细土或砂。

（6）电缆沟、隧道应实现排水通畅，且应符合下列规定：

1）电缆沟、隧道的纵向排水坡度不应小于 0.5%。

2）沿排水方向适当距离宜设置集水井及其泄水系统，必要时应实施机械排水。

3）电缆隧道底部沿纵向宜设置泄水边沟。

（7）电缆沟沟壁、盖板及其材质构成，应满足承受荷载和适合环境耐久的要求。可开启的沟盖板的单板重量，不宜超过 50kg。

（8）靠近带油设备附近的电缆沟沟盖板应密封。

（9）电缆隧道、封闭式工作井应设置安全孔，安全孔的设置应符合下列规定：

1）沿隧道纵长不应少于 2 个。隧道的安全孔间距不宜大于 75m。

隧道首末端无安全门时，宜在不大于 5m 处设置安全孔。

2）对封闭式工作井，应在顶盖板处设置 2 个安全孔。位于公共区域的工作井，安全孔井盖的设置宜使非专业人员难以启开。

3）安全孔至少应有一处适合安装机具和安置设备的搬运，供人员出入的安全孔直径不得小于 700mm。

4）安全孔内应设置爬梯，通向安全门应设置步道或楼梯等设施。

5）在公共区域露出地面的安全孔设置部位，宜避开道路，其外观宜与周围环境景观相协调。

（10）高落差地段的电缆隧道中，通道不宜呈阶梯状，且纵向坡度不宜大于 15°，电缆接头不宜设置在倾斜位置上。

（11）电缆隧道宜采取自然通风。当有较多电缆导体工作温度持续达到 70℃ 以上或其他影响环境温度显著升高时，可装设机械通风，但风机的控制应与火灾自动报警系统联锁，一旦发生火灾时应可靠地切断风机电源。长距离的隧道宜分区段实行相互独立的通风。

长距离的隧道，宜适当分区段实行相互独立的通风。

（12）采用机械通风系统的电缆夹层，风机的控制应与火灾自动报警系统联锁，一旦发生火灾时应可靠地切断风机电源。

（13）电缆夹层的安全出口不应少于 2 个，其中 1 个安全出口可通往疏散通道。

（14）非拆卸式电缆竖井中，应有人员活动的空间，且宜符合下列规定：

1）未超过 5m 高时，可设置爬梯，且活动空间不宜小于 800mm×800mm。

2）超过 5m 高时，宜设置爬梯，且每隔 3m 宜设置楼梯平台。

3）超过 20m 高且电缆数量多或重要性要求较高时，可设置简易式电梯。

第四节　电缆的防火措施

电缆火灾事故可直接烧坏大量电缆和设备，造成大面积停电。为了杜绝这类恶性事故的发生，工程设计中应重视和做好电缆防火工作，认真贯彻落实各项防火阻燃措施。

一、火灾起因

电缆火灾事故中，有四分之三是外部失火引起的，有四分之一是电缆本身故障自燃的，这些起因有：

（1）汽轮机油系统漏油遇高温管起火。

（2）带油电气设备故障喷油起火。

（3）电焊火花引燃。

（4）锅炉防爆门爆破引燃。

（5）电缆接头及终端盒故障自燃。

（6）电缆绝缘老化、受潮、过热引起短路自燃。

二、防火对策

对电缆可能着火蔓延导致严重事故的回路、易受外部影响波及火灾的电缆密集场所，应设置适当的防火分隔，并应按工程重要性、火灾概率及其特点和经济合理等因素，采取下列安全措施：

（1）实施防火分隔。

（2）采用阻燃电缆。

（3）采用耐火电缆。

（4）增设自动报警和/或专用消防装置。

（一）离开热源和火源

（1）缆道尽可能离开蒸汽及油管道，电缆与各种管道最小允许距离见表25-22。当小于表25-22中距离时，则应在接近或交叉段前后1m处采取保护措施。

（2）可燃气体或可燃液体的管沟中不应敷设电缆。如无隔热措施，热管沟中也不应敷设电缆。

（3）有爆炸和着火的场所（如油泵房等）不应架空明敷电缆。

（二）隔离易燃易爆物

（1）非阻燃性电缆用于明敷时，在易受外因波及而着火的场所，宜对该范围内的电缆实施防火分隔；对重要电缆回路，可在适当部位设置阻火段实施阻止延燃。

防火分隔或阻火段，可采取在电缆上施加防火涂料、阻火包带；当电缆数量较多时，也可采用耐火电缆槽盒或阻火包等。

如汽机头部及高温管道附近，应采用防火槽盒、罩盖等保护电缆。

非阻燃性电缆用于明敷时，在接头两侧电缆各约3m区段和该范围内邻近并行敷设的其他电缆上，宜采用防火涂料或阻火包带实施阻止延燃。

（2）靠近高压电流、电压互感器等含油设备的电缆沟，该区段沟盖板宜密封。

（3）自容式充油电缆明敷在要求实施防火处理的环境时，可采取埋砂敷设。

（三）防火分隔方式的选择应符合的规定

（1）电缆构筑物中电缆引至电气柜、盘或控制屏、台的开孔部位，电缆贯穿隔墙、楼板的孔洞处，工作井中电缆管孔等均应实施防火封堵。

（2）在电缆沟、隧道及架空桥架中的下列部位，宜设置防火墙或阻火段：

1）公用电缆沟、隧道及架空桥架主通道的分支处。

2）多段配电装置对应的电缆沟、隧道分段处。

3）长距离电缆沟、隧道及架空桥架相隔约100m，或隧道通风区段处，厂、站外相隔约200m处。

4）电缆沟、隧道及架空桥架至控制室或配电装置的入口、厂区围墙处。

（3）与电力电缆同通道敷设的控制电缆、非阻燃通信光缆，应采取穿入阻燃管或耐火电缆槽盒，或采取在电力电缆和控制电缆之间设置防火封堵板材。

（4）在同一电缆通道中敷设多回路110kV及以上电压等级电缆是，宜分别不知在通道的两侧。

（5）在电缆竖井中，宜按每隔7m或建（构）筑物楼层设置防火封堵。

（四）电缆的选择

（1）在火灾概率较高、灾害影响较大的场所，明敷方式下电缆的选择应符合下列规定：

1）主厂房、燃油系统及其他易燃易爆场所，宜选用阻燃电缆。

2）地下变电站应选用低烟、无卤阻燃电缆。

3）其他重要的工业与公共设施供配电回路，宜选用阻燃电缆或低烟、无卤阻燃电缆。

（2）阻燃电缆的选用，应符合下列规定：

1）电缆多根密集配置时的阻燃电缆，应符合相关规定，并应根据电缆配置情况、所需防止灾难性事故和经济合理的原则，选择适合的阻燃性等级和类别。

2）在同一通道中，不宜把非阻燃电缆和阻燃电缆并列配置。

（3）在外部火势作用一定时间内需维持通电的下列场所或回路，明敷的电缆应实施防火分隔或采用耐火电缆：其他重要公共建筑设施等需有耐火要求的回路。

（4）在油罐区、高温场所等其他耐火要求高且敷设安装和经济合理时，可采用矿物绝缘电缆。

（五）明敷电缆的耐火防护选择

明敷电缆实施耐火防护方式，应符合下列规定：

（1）电缆数量较少时，可采用防火涂料、包带加于申缆卜或把申缆穿于耐火管中。

（2）对同一通道中电缆较多时，宜敷设于耐火电缆槽盒内，也可敷设于同一侧支架的不同层或同一通道的两侧，但层间和两侧间应设置防火封堵板材，其耐火极限不应低于 1h。

（六）分隔不同机组及系统

（1）每条缆道所通过的电缆，一般应符合以下原则：

1）发电机容量为 200MW 及以上时，为一台机电缆。

2）发电机容量为 100～125MW 时，为 1～2 台机电缆。

3）发电机容量为 100MW 以下时，为 2～3 台机电缆。

（2）同一机组双套辅机之间及工作、备用电源之间尽可能分道敷设。当只能敷设于同一缆道时，则应分别布置于有耐火板分隔的不同支（托）架或缆道两侧支架上。

（3）全厂性重要公用负荷（如有Ⅰ类负荷的水泵房及消防泵等），其同类负荷不应全部集中在同一缆道内，当无法分开时，则应采取以下措施：

1）沟内应用耐火墙板分隔或填沙。

2）部分电缆敷于耐火槽盒或穿管。

3）部分电缆涂刷防火涂料或包防火带。

4）动力与控制电缆应敷设于不同支、托架上并用耐火板或罩盖分隔。

（七）防止电缆故障自燃

（1）防止电缆构筑物积灰、积水，必要时采用架空或穿管敷设。

（2）保证电缆头制作工艺，在电缆头集中处用耐火板分隔，在接头盒附近的电缆涂刷防火涂料。

（3）高温处选用耐热电缆，个别重要回路如消防、报警、事故照明等部分选用难燃电缆或进行难燃处理。

（4）控制隧道温度，必要时（损耗达 150～200W/m）设置机械通风。

（5）明敷在厂房内或沟、隧道内电缆不应带麻被层。

（八）设置灭火和消防报警装置

（1）在安全性要求较高的电缆密集场所或封闭通道中，宜配备适于环境的可靠动作火灾自动探测报警装置。明敷充油电缆的供油系统，宜设置反映喷油状态的火灾自动报警和闭锁装置。

（2）在地下公共设施的电缆密集部位、多回充油电缆的终端设置处等安全性要求较高的场所，可装设水喷雾灭火等专用消防设施。

第二十六章 电 气 照 明

第一节 照明方式、种类及照度标准

一、照明方式

照明按其装设方式可分为一般照明、局部照明和混合照明。

（一）一般照明

不考虑特殊部位的需要，为照亮整个场地而设置的照明称为一般照明。

对于工作位置密度较大而对光照方向无特殊要求或生产工艺上不适宜的场所或受生产技术条件限制、不适合装设局部照明或采用混合照明不合理时，宜装设一般照明，如屋外配电装置（包括组合导线和母线廊道）等。

（二）局部照明

为满足某些部位（通常限定在很小范围，如工作台面）的特殊需要而设置的照明称为局部照明。

对于局部地点要求照度高并对照射方向有一定要求时，除装设一般照明外，尚应装设局部照明。在一个工作场所内不应只装设局部照明。

（三）混合照明

由一般照明和局部照明组成的照明称为混合照明。

（1）对于照度要求较高、工作位置密度不大，采用一般照明不合理的场所宜采用混合照明。

（2）对于工作位置需要较高的照度并对照射方向有特殊要求的场所，宜采用混合照明。在这种情况下，混合照明中的一般照明，其照度值应按该场所视觉工作等级混合照明照度值的 5%～10% 选取，但一般不宜低于 20lx。

二、照明种类

电厂的照明种类可分为正常照明、应急照明、警卫照明和障碍照明。

（一）正常照明

正常生产、工作情况下使用的照明称为正常照明。

它一般可单独使用，也可与应急照明同时使用。警卫照明、高耸建筑物或构筑物照明也属正常照明，只是其用途较为特殊。

工作场所均应设置正常照明。

（二）应急照明

在正常照明电源因故障失效的情况下，供人员疏散、保障安全或继续工作用的照明称为应急照明。应急照明包括备用照明、安全照明和疏散照明。

工作场所下列情况应设置应急照明：

（1）当正常照明因故障熄灭后，需确保正常工作或活动继续进行的场所，应设置备用照明。

（2）当正常照明因故障熄灭后，需要确保处于潜在危险之中的人员安全的场所，应设置安全照明；电厂内一般无设置安全照明的场所。

（3）当正常照明因故障熄灭后，需要确保安全出口和疏散通道能被有效辨认和应用，使人们安全撤离的场所，应设置疏散照明。

电厂宜装设应急照明的工作场所可参看表 26-1。

表 26-1　　　　　　　　　　　　　　电厂装设应急照明的场所

工作场所		备用照明	疏散照明	工作场所		备用照明	疏散照明
汽机房及其辅助车间	汽机房运转层	√		电气车间	主控制室	√	
	汽机房底层设备	√			网络控制室	√	
	加热器平台	√			集中控制室	√	
	发电机出线小室	√			单元控制室	√	
					继电器室	√	
					屋内配电装置	√	
供水系统	循环水泵房	√			主厂房厂用配电装置	√	
	消防水泵房	√			蓄电池室	√	
通道楼梯及其他	控制楼至主厂房天桥		√		计算机主机室	√	
	生产办公楼至主厂房天桥		√		通信室	√	
	主要通道、主要出入口		√		保安电源、不停电电源、柴油发电机房及其配电室	√	
	主要楼梯间		√		直流配电室	√	

应急照明，当直流供电时，应采用能瞬时可靠点燃的白炽灯或发光二极管；当交流供电时，宜采用荧光灯或发光二极管。

主控制室、网络控制室、集中控制室、单元控制室的主环内，应装设直流长明方式的备用照明。

（三）警卫照明

有警戒任务的场所，应根据警戒范围的要求设置警卫照明。

（四）障碍照明

有危及航行安全的建筑物、构筑物上，应根据航行要求设置障碍照明。

三、照度标准

电厂各生产车间、辅助建筑、交通运输及露天工作场所作业面上的照明标准值应符合表 26-2～表 26-4 的规定。

表 26-2　　　　　　　　　　电厂各生产车间和工作场所工作面上的照度标准值

生产车间和工作场所		参考平面及其高度	照度标准值（lx）	统一眩光值 UGR	显色指数 Ra	备注
汽轮机部分	汽机房运转层	地面	200	—	60	
	高、低压加热器平台	地面	100	—	60	
	发电机出线小室	地面	100	—	60	
	汽机房底层	地面	100	—	60	
电气热控部分	汽轮机控制室、集中控制室、单元控制室	0.75m 水平面	300	19	80	
	主控制室	0.75m 水平面	500	19	80	
	继电器室、电子设备间	0.75m 水平面	300	22	80	
	高、低压厂用配电装置室	地面	200	—	80	
	6～220kV 屋内配电装置	地面	200	—	80	
	变压器室、电容器室	地面	100	—	60	
	蓄电池室	地面	100	—	60	
	电缆夹层	地面	30	—	60	
	电缆隧道	地面	15	—	60	
	不停电电源室（UPS）、柴油发电机室	地面	200	25	60	

	生产车间和工作场所	参考平面及其高度	照度标准值（lx）	统一眩光值 UGR	显色指数 Ra	备注
通信部分	通信蓄电池室	0.75m 水平面	100	—	60	
	电力载波机室、微波、特高频通信室及广播站（室）	0.75m 水平面	300	19	80	
水工部分	循环水泵房、消防水泵房	地面	100	—	60	
	循环水泵房控制室	0.75m 水平面	300	22	80	
	工业水泵房、生活水泵房、机力塔风机室等，空冷设备间	地面	100	—	60	
	空冷平台	地面	30	—	40	
辅助车间厂房部分	电气试验室、热工试验间	0.75m 水平面	200	22	80	
	空气压缩机室	地面	150	—	60	
	天然气调压站	地面	100	—	60	
	重油泵房、燃油泵房	地面	100	—	60	
	燃油泵控制室	地面	300	—	80	

表 26-3　　　　　　　　　　　电厂辅助建筑的照度标准值

房间名称	参考平面及其高度	照度标准值（lx）	UGR	Ra	备注
办公室、资料室、会议室	0.75m 水平面	300	19	80	
工艺室、绘图室	0.75m 水平面	500	19	80	
阅览室、陈列室	0.75m 水平面	300	19	80	
医务室	0.75m 水平面	300	19	80	
食堂、车间休息室、单身宿舍	0.75m 水平面	200	22	80	
浴室、更衣室、厕所、盥洗室	地面	100	—	60	
楼梯间	地面	30	—	60	
门厅	地面	100	—	60	
有屏幕显示的办公室	0.75m 水平面	500	19	80	防光幕反射

表 26-4　　　　　　　电厂厂区露天工作场所及交通运输线上的照度标准值

场所	房间名称	参考平面及其高度	照度标准值（lx）	UGR	Ra	备注
屋外工作场所	屋外配电装置变压器瓦斯继电器、油位指示器、隔离开关断口部分、断路器的排气指示器	作业面	20	—	—	
	变压器和断路器的引出线、电缆头、避雷器、隔离开关和断路器的操作机构、断路器的操作箱	作业面	20	—	—	
	屋外成套配电装置（GIS）	地面	20	—	—	
站台	视觉要求较高的站台	地面	15	—	20	
	卸油卸货站台及一般站台	地面	10	—	—	
其他构筑物	水位标尺、闸门位置指示器、水箱标尺	作业面	10	—	—	
	机力塔步道平台	作业面	15	—	—	
道路和广场	主干道	地面	100	—	—	
	次干道	地面				
	厂前区	地面	300			

电厂照明的照度标准值，应按以下系列分级：0.5、1、3、5、10、15、20、30、50、75、100、150、200、300lx 和 500lx。

（1）当采用高强气体放电灯作为一般照明时，在经常有人工作的车间，其照度值不宜低于 50lx。

（2）应急照明的照度值，按表 26-2 中一般照明照度值的 10%～15%选取。

（3）主要通道上疏散照明的照度值，不应低于 0.5lx。

（4）主控制室、单元控制室、集中控制室、网络控制室主环内的应急照明照度，按正常照明照度值的 30%选取，而直流应急和其他控制室照明照度按 10%和 15%选取。

（5）主控制室、网络控制室、单元控制室、集中控制室及与其相邻且相通的距出入口 10m 左右范围内与走廊通道、楼梯间的照度值之比，不宜超过 5 倍。

（6）经常有人值班的无窗车间，应按表 26-4 照度值提高一级选取。

第二节　光源、灯具的选择与布置

一、光源的种类及选择

（一）光源的种类

电光源按照其发光物质分类，可分为固体发光光源和气体发光光源两大类。详细分类见表 26-5。

表 26-5　　　　　　　　　　　　　　光源分类表

电光源	固体发光光源	热辐射光源		白炽灯
				卤钨灯
		电致发光光源		场致发光灯（EL）
				发光二极管（LED）
	气体放电发光光源	辉光放电灯		氖灯
				霓虹灯
		弧光放电灯	低气压灯	荧光灯
				低压钠灯
			高气压灯	高压汞灯
				高压钠灯
				金属卤化物灯
			超高气压灯	超高压汞灯
			大跨度放电气压	碳弧灯
				光谱光源
				氙灯
			无极灯	高频/低频

不同场所应根据其对照明的要求，使用场所的环境条件和光源的特点合理选用。照明光源的安装容量由照度计算的结果确定。

（二）光源的选择原则

电厂应根据视看对象、环境特点等，优先选用光效高、寿命长的光源，如细管径直管荧光灯、紧凑型荧光灯和金属卤化物等、高压钠灯、发光二极管。采用荧光灯时，宜采用一般显色指数（Ra）大于 80 的三基色荧光灯。

（1）高度较低的房间，宜采用细管径直管荧光灯、紧凑型荧光灯和小功率金属卤化物灯。

（2）高度较高的工业厂房，宜按照生产使用要求，采用金属卤化物灯或高压钠灯，也可采用大功率细管径荧光灯。

（3）除对电磁干扰有严格要求且其他光源无法满足的特殊场所外，室内外照明不应采用普通照明白炽灯。

（4）无窗厂房的照明光源，宜采用荧光灯、发光二极管、无极荧光灯等能快速启动的光源，当房间高度在5m及以上时，可以采用金属卤化物灯或大功率细管径荧光灯或者无极荧光灯。

（5）在蒸汽浓度较大或灰尘较多的场所，宜采用透雾能力强的高压钠灯。

（6）道路、屋外配电装置等场所的照明光源，宜采用高压钠灯，也可采用金属卤化物灯或者发光二极管。

（三）光源的选择原则

各种光源的适用场所及示例见表26-6。

表 26-6 各种光源的适用场合及示例

光源名称	适 用 场 所	示 例
白炽灯	（1）要求照度不高的生产厂房、仓库。 （2）局部照明事故照明。 （3）要求频闪效应小的场所，开、关频繁的地方。 （4）需要避免气体放电灯对无线电设备或测试设备产生干扰的场所。 （5）需要调光的场所	汽机房、柴油机房，蓄电池室、配电室、机械加工车间、修理间，办公室、仓库、宿舍、厂区道路及其他场所等
卤钨灯	（1）照度要求较高，显色性要求较好，且无振动的场所。 （2）要求频闪效应小的场所。 （3）需要调光的场所	汽机房、检修间、装配车间、精密机械加工车间及礼堂等
荧光灯	（1）悬挂高度较低，又需要较高照度的场所。 （2）需要正确识别色彩的场所	主控制室、单元控制室、计算机房、表面处理、计量仪表间、修理间、装配间、设计室、阅览室、办公室等
混光灯	照度要求高，对光色有要求且悬挂较高的场所	汽机房、机械加工车间及厂区道路等
管形氙灯	宜用于要求照明条件较好的大面积场所，或在短时间需要强光照明的地方，一般悬挂高度在20m以上	屋外配电装置、施工场地等
金属卤化物灯	厂房高，要求照度较高、光色较好的场所	汽机房、机械加工车间等
高压钠灯	（1）需要照度高，但对光色无特殊要求的场所。 （2）多烟尘的车间。 （3）潮湿多雾场所	喷水池、厂区道路、其他堆物场及屋外配电装置等

（四）混光光源

在同一场所内，当一种光源的光色不能满足生产要求时，可用两种及以上的光源在同一个灯具内进行混光。

混光灯具一般采用发光强度高、两种不同的气体放电灯作光源。例如荧光高压汞灯与高压钠灯和卤钨灯、高压钠灯与金属卤化物灯和卤钨灯等。

二、灯具的选择与布置原则

（一）分类

根据国际照明委员会（CIE）的定义，灯具是透光、分配和改变光源光分布的器具，包括除光源外所有用于固定和保护光源所需的全部零、部件及与电源连接所必需的线路附件。

照明灯具可以按照使用光源、安装方式、使用环境及使用功能等进行分类。

（1）根据使用的光源分类，主要有白炽灯灯具、荧光灯灯具、高强气体放电灯灯具等，其分类和选型见表 26-7。

表 26-7 灯具使用的光源分类和选型

光源分类	白炽灯灯具	荧光灯灯具	高强气体放电灯灯具
配光控制	较易	难	较易
眩光控制	较易	易	较难
调光	容易	较难	难
适用场所	光效低、发热量大，不适用于高照度场所，可用于照度低、开关频繁、要求暖色调的场所及装饰照明	用于高度较低的公共及工业建筑场所	用于高度较高的公共及工业建筑场所

（2）根据灯具的安装方式分类，主要有吊灯、吸顶灯、壁灯、嵌入式灯具、暗槽灯、台灯、落地灯、发光顶棚、高杆灯、草坪灯等。

（3）根据灯具设计的支撑面的材料可以分为可移动式灯具和手提灯，适宜于安装在普通可燃材料表面的固定式灯具及适宜于安装在非可燃性材料表面的固定式灯具，易燃材料表面不适宜直接安装灯具。在普通可燃材料表面必须安装带有相关特定标识的特殊灯具。

（4）根据其特殊场所使用环境，可以分为多尘、潮湿、腐蚀、火灾危险和爆炸危险等场所使用的灯具。

（5）根据灯具的功能分类：

1）按照防尘、防固体异物和防水等级分类。

2）按照防触电保护形式分类。

3）按照光学特性或功能进行分类。

（二）选择

灯具应根据使用环境条件、光强分布、房间用途、限制眩光等进行选择。在满足上述技术条件下，应选用效率高、维护检修方便的灯具。

1. 按环境条件选择灯具

根据工作场所的环境条件选择灯具的形式时，需注意温度、湿度、振动、污秽、腐蚀等情况。

（1）在特别潮湿的场所，应采用防潮灯具或带防水灯头的开启式灯具。

（2）在有腐蚀性气体和蒸汽的场所，宜采用耐腐蚀材料制成的密闭式灯具。若采用开启式灯具时，各部分应有防腐蚀防水措施。

（3）在高温场所，宜采用散热性能好、耐高温的灯具。

（4）在有尘埃的场所，应按防尘的相应防护等级选择适宜的灯具。

（5）在装有锻锤、大型桥式吊车等振动、摇摆较大的场所使用的灯具，应有防震和防脱落措施。

（6）在易受机械损伤、光源自行脱落可能造成人员伤害或财物损失的场所使用的灯具，应有防护措施。

（7）在有爆炸和火灾危险场所使用的灯具，应符合国家有关规定。

2. 按光强分布特性选择灯具

选择灯具尚须注意各种不同形式灯具的光强分布特性，以便获得最佳的照明效果。

（1）灯具安装高度在 6～15m 时，一般选用集中配光的直射灯具（如窄配光深照型等）。高度在 15～30m 时，一般选用深照灯或其他高光强灯具。

（2）灯具安装高度在 6m 及以下时，一般选用宽配光深照型灯具或余弦配光的灯具（如配照型）。

（3）当灯具上方有需要观察的对象时，一般选用上半球有光通分布的漫射型灯具（如乳白玻璃圆球罩灯)。

(4) 屋外大面积工作场所,一般选用投光灯、长弧氙灯及其他高光强灯具。

3. 效率高的灯具选择

效率高的灯具选择在满足眩光限制和配光要求条件下,应选用效率高的灯具。

4. 灯具配光的选择

灯具配光的选择应按室形指数选用配光合理的灯具,灯具的配光应符合表 26-8 的规定。

表 26-8 灯具配光的选择

室形指数(RI)	灯具最大允许距离比(L/H)	配光种类
1.7≤RI<5.0	1.5~2.5	宽配光
0.8<RI<1.7	0.8~1.5	中配光
0.5<RI≤0.8	0.5~1.0	窄配光

注 L—灯具的间距;H—灯具的计算高度。

5. 灯具选择的其他原则

(1) 控制室照明灯具已符合下列原则:

1) 小型控制室及无人值班的控制室,宜采用嵌入式或吸顶式荧光灯。

2) 大、中型控制室,宜采用嵌入式阻燃格栅荧光灯光带,间接照明。

3) 控制室不应采用花式吊灯照明。

4) 大、中型控制室可采用调光控制。

(2) 计算机室及具有 CRT 的控制室宜选用表面亮度低的灯具或采用间接照明灯具。

(3) 大型仓库应采用防燃灯具,光源宜选用高强气体放电灯。

(4) 应急灯的选择,应满足下列要求:

1) 按不同环境要求可选用开启式、防水防尘式、隔爆式。

2) 自带蓄电池的应急灯放电时间,应按不低于 60min 计算;其中,消防相关灯的放电时间,应按不低于 90min 计算。

6. 镇流器选择的原则

(1) 自镇流荧光灯应配用电子整流器。

(2) 直管型荧光灯应配用电子整流器或节能型电感镇流器。

(3) 高压钠灯、金属卤化物等配用节能型电感镇流器;在电压偏差较大的场所,宜配用恒功率镇流器;功率较小者可配用电子整流器。

(4) 采用的镇流器应符合该产品的国家能效标准。

7. 灯具布置的一般原则

(1) 室内照明灯具布置。室内照明灯具的布置,可采用均匀布置和选择性布置两种形式。

1) 照明灯具布置应满足下列要求:

a. 使整个房间或房间的部分区域内照度均匀。

b. 光线的投射方向,应能满足生产工艺的要求,光线不应被设备遮挡。

c. 应限制直接眩光和反射眩光。

d. 应与建筑相互协调。

e. 应便于维护和安全检修。

2) 灯具布置应注意以下问题:

a. 灯具与带电体应保证安全净距。配电室的母线上方、水池等处不应装设灯具。装有行车的场所，灯具沿口不得低于屋架、桁架或檩的下弦。

b. 生产厂房灯具一般采用均匀布置。常用方案有正方形、矩形或一般平行四边形及菱形。

c. 除均匀布灯外，灯具还可进行选择性布置。对汽轮机本体等需要特别观察、加强照度的部位或需要消除阴影的场所，可装设局部照明。为提高垂直照度，可采用顶灯和壁灯相结合的布置，但一般不采用只设壁灯而不设顶灯的布置。

d. 灯具的间距（L）和灯具的计算高度（H）之比值应恰当。当 L/H 值小时，照度的均匀度好，但灯具数量增多；当 L/H 值过大时，照明均匀度差。均匀布置照明灯具的 L/H 值见表 26-8。

（2）室外照明灯具布置。在下列地点均应装设室外照明：各级电压配电装置、经常通行的主干道路、较重要的仓库及厂区边界的警卫线等。

1）屋外配电装置照明可采用集中布置、分散布置或集中与分散相结合的布置方式。

当采用集中布置时，宜采用双面或多面照射，采用投光灯或高强气体放电灯，宜装在灯塔上，有条件时应利用附近的高建筑物。

当采用分散布置时，宜采用灯柱方式或安装于地面的泛光照明方式，可利用配电装置构架装设灯具，但必须有足够的安全距离，并应考虑安全检修条件。

2）露天油库区，可在其防火堤外设置照明灯杆，当油罐容量较大且数量较多时，也可设置投光灯照明。

3）厂区道路照明灯具布置，应与总布置相协调，宜采用单列布置。厂前区入厂干道也可采用双列布置。灯杆距离宜为 30～40m，交叉路口或岔道口应有照明。

4）布置照明灯杆时，应避开上下水道、管沟等地下设施，并与消防栓保持 2m 距离。灯杆（柱）距路边的距离宜为 1～1.5m。

8. 照明灯具及其附属装置的安装

（1）照明灯具安装应牢固，更换灯泡方便，不应将灯具及其附件安装在高温设备表面或有工业气流冲击的地方。

（2）质量超过 3kg 的灯具及其附件，安装时应采取加强措施。

（3）灯具及其镇流器等发热部位，当靠近可燃物表面时，应采取散热等防火措施。

（4）灯具的引入线，应采用多股铜芯软线；在建筑物内时，其截面不应小于 0.5mm²，在建筑物外时，其截面不应小于 1.0mm²。温度较高灯具的引入线，宜采用耐热绝缘导线或其他措施。

（5）生产车间不宜采用软线吊灯。

（6）厂区道路照明除回路应有短路保护外，每个照明灯具还应安装就地单独短路保护。

（7）局部照明灯具的安装，宜采用可拆卸方式。

（8）采用 I 类灯具时，灯具的外露可导电部分应可靠接地。

（9）安全特低电压供电应采用安全隔离变压器，其二次侧不应做保护接地。

第三节 照 度 计 算

一、照度计算的方法

已知照明器的形式、布置、数量及光源的容量，可以计算工作面上某点的照度值；反之，已知规定的照度值，也可根据照明器的形式、布置、反射条件等情况，确定光源的容量和照明器的数量。

计算照度的基本方法有利用系数法和逐点计算法两种。在工程设计中，常可根据实际经验确定大多数厂房和房间的照明器容量和数量，也可用单位容量估算法进行估算。

（1）采用一般照明或分区一般照明的工作场所，符合下列条件时，可用利用系数法计算照度。

1）室内照明灯具均匀布置。

2）一般工作场所水平工作面的照度计算。

（2）生产过程中需要监视维护的下列重要场所，宜用逐点计算法校验其照度值：

1）主控制室、网络控制室、单元控制室、计算机室控制屏、台上垂直面和倾斜面。

2）主厂房、水泵房等重要设备或重要观察点。

3）有特殊要求需要较精确验算工作面照度的场所。

（3）屋外配电装置等室外工作场所照明照度计算宜采用等照度曲线法。

（4）道路照明照度计算宜用逐点计算法。

二、利用系数法

平均照度的计算通常应用利用系数法，该方法考虑了由光源直接投射到工作面上的光通量和经过室内表面相互反射后再投射到工作面上的光通量。利用系数法适用于灯具均匀布置、墙和天棚反射系数较高、空间无大型设备遮挡的室内一般照明，但也适用于灯具均匀布置的室外照明，该方法计算比较准确。

1. 计算平均照度的基本公式

$$E_{av} = N\varphi UK/A \tag{26-1}$$

式中　E_{av}——工作面上的平均照度，lx；

　　　N——光源数量；

　　　U——利用系数；

　　　φ——光源光通量，lm；

　　　K——灯具的维护系数；

　　　A——工作面面积，m^2。

2. 利用系数 U

利用系数是投射到工作面上的光通量与自光源发射出的光通量之比。

$$U = \varphi_1/\varphi \tag{26-2}$$

式中　φ_1——自光源发射，最后投射到工作面上的光通量，lm。

3. 室内空间的表示方法

利用系数是投射到工作面上的光通量与自光源发射出的光通量之比。

室空间比为

$$RCR = 5h_r \times (l+b)/(l \times b) \tag{26-3}$$

顶棚空间比为

$$CCR = 5h_c \times (l+b)/(l \times b) = h_c \times RCR/h_r \tag{26-4}$$

地板空间系数为

$$FCR = 5h_f \times (l+b)/(l \times b) = h_f \times RCR/h_r \tag{26-5}$$

室形系数为

$$RI = (l \times b)/[(l+b) \times h_{re}] \tag{26-6}$$

式中　h_r——室空间高，m；

　　　b——室宽，m；

　　　l——室长，m；

　　　h_c——顶棚空间高，m；

　　　h_f——地板空间高，m；

h_{re}——照明器至计算面高度，m。

当房间不是正六面体时，因为墙的面积 $A_q = 2h_r(l+b)$，地面积 $A_d = l \times b$，则式（26-3）可改写为

$$RCR = 2.5A_q/A_d \tag{26-7}$$

4. 有效空间反射比和墙面平均反射比

为使计算简化，将顶棚空间视为位于灯具平面上，且具有有效反射比 ρ_{cc} 的假想平面。同样，将地板空间视为位于工作面上，且具有有效反射比 ρ_{fc} 的假想平面，光在假想平面上的反射效果同实际效果一样。有效空间反射比可由式（26-8）计算，即

$$\rho_{eff} = \rho A_0/(A_s - \rho A_s + \rho A_0) \tag{26-8}$$

式中 ρ_{eff}——有效空间反射比；

ρ——空间表面平均反射比（n 个表面以表面面积为权重的加权平均值）；

A_0——空间开口平面面积，m^2；

A_s——空间表面面积，m^2。

为简化计算，把墙面看成一个均匀的漫射表面，将窗子或墙上的装饰品等综合考虑，求出墙面平均反射比来体现整个墙面的反射条件。墙面平均反射比可由式（26-9）计算，即

$$\rho_{wav} = [\rho_w(A_w - A_s) + \rho_g A_g]/A_w \tag{26-9}$$

式中 A_w、ρ_w——墙（包括窗）的总面积（m^2）和墙面反射比；

A_g、ρ_g——玻璃窗或装饰物的面积（m^2）和玻璃窗或装饰物的反射比。

5. 利用系数（U）表

利用系数表是灯具光强分布、灯具效率、房间形状、室内表面发射比的函数，计算比较复杂。为此常按一定条件编制灯具利用系数表（见表 26-9）以供设计使用。

表 26-9　　　　　　　利用系数表（JFC42848 型灯具 $L/h = 1.63$）

有效顶棚反射比（%）	80				70				50				30				0
墙反射比（%）	70	50	30	10	70	50	30	10	70	50	30	10	70	50	30	10	0
地面反射比（%）	10				10				10				10				0
RCR/RI8.33/0.6	0.40	0.29	0.23	0.18	0.38	0.28	0.22	0.18	0.35	0.27	0.21	0.17	0.32	0.25	0.20	0.17	0.14
RCR/RI6.25/0.8	0.47	0.37	0.30	0.26	0.45	0.36	0.30	0.25	0.41	0.34	0.28	0.24	0.38	0.31	0.27	0.23	0.20
RCR/RI5.0/1.0	0.52	0.43	0.36	0.31	0.50	0.41	0.35	0.30	0.46	0.38	0.33	0.29	0.42	0.36	0.31	0.28	0.24
RCR/RI4.0/1.25	0.57	0.48	0.41	0.36	0.54	0.46	0.40	0.36	0.50	0.43	0.38	0.34	0.46	0.40	0.36	0.32	0.29
RCR/RI3.33/1.5	0.60	0.52	0.46	0.41	0.58	0.50	0.44	0.40	0.53	0.47	0.42	0.38	0.49	0.44	0.40	0.36	0.32

查表时允许采用内插法计算。表 26-9 所列的利用系数是在地板空间反射比为 0.1 时的数值，若地板空间反射比不是 0.1 时，则应用适当的修正系数进行修正。如计算精度要求不高，也可不作修正。

表 26-9 中有效顶棚反射比及墙面反射比均为零的利用系数，用于室外照明计算。

6. 应用利用系数法计算平均照度的步骤

应用利用系数法计算平均照度的步骤如下：

（1）填写原始数据。

（2）由式（26-3）～式（26-5）计算空间比。

（3）由式（26-8）求有效顶棚空间比。

（4）由式（26-9）计算墙面平均反射比。

（5）查灯具维护系数（见表 26-10）。

（6）由利用系数表查利用系数（厂家样本）。

（7）由式（26-1）计算平均照度。

表 26-10　　　　　　　　　　　　　照明灯具维护系数

环境污染特征	工 作 场 所	灯具擦洗次数（次/年）	维护系数
清洁	主控制室、网络控制室、单元控制室、集中控制室、办公室、室内配电装置、汽机房、仪表间、实验室、计算机室	1	0.70
一般	装配车间、材料库、水（油）处理室、水泵房等	1	0.65
污染严重	木工车间、通风机室、灰浆泵房等	2	0.55
室外	厂前区、厂内主干道、屋外配电装置等	1	0.65

三、单位容量估算法

$$\left.\begin{aligned}
\text{总的照明容量} \quad \sum P &= P_s S \\
\text{单位面积容量} \quad P_s &= \frac{\sum P}{S} \\
\text{单个照明器容量} \quad P &= \frac{\sum P}{N}
\end{aligned}\right\} \tag{26-10}$$

式中　$\sum P$——总的照明容量，W；

$\quad$ P_s——单位面积照明容量，W/m^2；

$\quad$ S——房间面积，m^2；

$\quad$ P——每个照明器容量，W；

$\quad$ N——照明器的数量。

四、投光灯的选择和照度计算

选择投光灯，要先对投光灯进行布置，确定投光灯的平面位置，数量和安装高度，然后进行照度的计算。

1. 投光灯安装高度

在实际工程设计中，要先行确定投光灯的最小允许高度 H_{min}，确保投光灯光线处于观察者视线以上，以消除或避免眩光。H_{min} 值按下式计算，即

$$H_{min} \geqslant \sqrt{\frac{I_0}{300}} \tag{26-11}$$

式中　H_{min}——投光灯最小允许安装高度，m；

$\quad$ I_0——单个投光灯的轴线光强最大值，cd。

2. 投光灯的数量和总容量

确定投光灯的数量和总的装置容量，可按光通量法或单位容量估算法进行计算。

（1）按光通量法计算时，先选定投光灯高度和单个投光灯容量，再求投光灯的数量。

$$N = \frac{EKS}{F\eta uz} \tag{26-12}$$

式中　N——投光灯的数量；

$\quad$ E——规定的照度值，lx；

$\quad$ K——照度补偿系数；

$\quad$ S——照明场所的面积，m^2；

F——选定的某一容量的投光灯光源的光通量，lm；

η——投光灯的效率，$\eta=0.35\%\sim0.38\%$；

u——利用系数，当大面积照明时 $u=0.9$；

z——最小照度系数，为平均照度值（E_{pj}）与最小照度值（E_{min}）之比，一般可取 0.75。

（2）按单位容量法计算时，先根据单位面积容量求取总面积需要容量，再按假定的单个投光灯容量，求安装总容量，即

$$P=mP_sS=0.25P_sS \qquad (26\text{-}13)$$
$$P_s=KE$$

式中　P——所需投光灯总容量，W；

m——投光灯系数，一般 $m=0.2\sim0.28$；

P_s——单位容量，W/m^2。

第四节　照明网络供电

一、照明网络供电电压

正常照明网络电压应为 380/220V。

应急交流照明网络电压应为 380/220V。

应急直流照明网络电压应为 220V 或 110V。

（1）照明灯具端电压的偏移，不应高于额定电压的 105%，也不宜低于其额定电压的下列数值：

1）对视觉要求较高的主控制室、单元控制室、集中控制室、计算机房、主厂房、生产办公楼等室内照明为 97.5%。

2）其他辅助厂房等一般工作场所的室内照明以及露天工作场所的照明为 95%。对远离供电电源的工作场所，难以满足要求时，可降低到 90%。

3）应急照明、道路照明、警卫照明及电压为 12～24V 的照明为 90%。

（2）下列场所采用 24V 及以下的低压照明：

1）供一般检修用携带式作业灯，其电压应为 24V。

2）供锅炉本体、金属容器内检修用携带式作业灯，其电压应为 12V。

3）隧道照明电压宜采用 24V。如采用 220V 电压时，应有防止触电的安全措施，并应敷设灯具外壳专用接地线。

（3）生产车间的照明器，当其安装高度在 2.2m 及以下，且具有下列条件之一时，应当有防止触电的安全措施或采用 24V 及以下的电压：

1）特别潮湿的场所。

2）高温场所。

3）具有导电灰尘的场所。

4）具有导电地面的场所。

二、正常照明网络供电

（1）正常照明网络的供电方式：

1）当低压厂用电的中性点为直接接地系统，且单机容量为 200MW 以下机组时，主厂房的正常照明由动力和照明网络共用的低压厂用变压器供电。

2）当低压厂用电的中性点为非直接接地系统或单机容量为 200MW 及以上机组时，主厂房的正常照明由集中照明变压器供电，也可采用分散设置的方式，或者根据实际情况不设照明变压器。

3）辅助车间的正常照明宜采用与动力系统共用变压器供电。

（2）由集中照明变压器供电的主厂房正常照明母线，应采用单母线接线，每台机组设一台或两台正常照明变压器。

照明备用变压器可按下列方式设置：

1）正常照明变压器互为备用。

2）用检修变压器兼做照明备用变压器。

3）当低压厂用电系统为直接接地系统时，可用低压厂用备用变压器兼做照明备用变压器。

（3）集中照明变压器和分散照明变压器供电方式应注意以下问题：

1）集中照明变压器可由厂用高压或厂用低压系统供电。

2）分散照明变压器宜由就近的低压厂用系统供电。分散照明变压器的单台容量不宜大于 50kVA。

3）集中照明变压器和分散照明变压器宜采用 Dy11 接线。

（4）室内照明和室外照明应分别设照明干线。

三、应急照明网络供电

（1）单机容量为 200MW 及以上机组的单元控制室、集中控制室、网络控制室及柴油发电机室的应设直流和交流应急照明，当正常照明电源消失时，起到备用照明的作用。

（2）容量为 200MW 及以上机组的应急交流回路的供电应满足以下要求：

1）当正常照明采用集中变压器或分散照明变压器时，电源应由保安段供电。

2）当两台机组为一集中控制室时，集中控制室的应急照明，应由两台机组的交流应急照明电源分别向集中控制室供电。

3）重要辅助车间的交流应急照明，应由保安段供电，或直接由主厂房集中交流应急照明变压器供电。

（3）交流应急照明变压器的容量、台数可按下列原则选择：

1）主厂房集中交流应急照明变压器的容量，可按单台正常集中照明变压器容量的 20% 选取。200MW 及以上机组每台机设一台交流应急照明变压器，交流应急照明变压器不设备用变压器。

2）当主厂房及重要的辅助车间采用分散交流应急照明变压器时，单台容量宜为 5～15kVA。

（4）单机容量为 200MW 以下的电厂的正常/应急直流照明，应由直流系统供电。应急照明与正常照明可同时点燃，正常时由低压 380/220V 厂用电供电，事故时自动切换到蓄电池直流母线供电。

主控制室与集中控制室的应急照明，除长明灯外，也可正常时由低压 380/220V 厂用电供电，事故时自动切换到蓄电池直流母线供电。

应急照明切换装置应布置在方便操作的地方。

远离主厂房的重要辅助车间应急照明，宜采用应急灯。

四、照明供电线路

（1）照明主干线路。

1）正常照明主干线宜采用三相加 N 线，其回路中 N 线宜与相线等截面。

2）应急照明主干线路：当经交直流切换装置供电的应采用两线制（两相）；当由保安电源供电的应急交流线路，应采用三相四线制。

3）照明主干线路上连接的照明配电箱数量不宜超过 5 个。

（2）照明分支线路宜采用单相加 N 线加 PE 线；对距离较长的道路照明与连接照明器较多的场所，也可采用三相加 N 线加 PE 线。

（3）距离较远的 24V 及以下的低压照明线路，已采用单相两线制，也可采用 380/220V 线路，经降压变压器以 24V 及以下电压分段供电。

(4) 厂区道路照明供电线路，应与室外照明线路分开。建筑物入口门灯可由该建筑物内的照明分支线路供电，但应加装单独的开关。

(5) 室内照明线路，每一个单相分支回路的工作电流不宜超过16A。

(6) 对高强气体放电灯的照明回路，每一单相分支回路电流不宜超过25A，并应按启动及再启动特性，选择保护电器与检验线路的电压损失值。

(7) 插座回路宜与灯回路分开，每回路宜设漏电保护装置。

(8) 应急照明网路中，不应装设插座。

(9) 在气体放电灯的频闪效应对视觉作业有影响的场所，应采用下列措施之一：

1) 采用高频电子镇流器；

2) 相邻灯具分接在不同相序里。

五、照明负荷计算

1. 照明线路负荷计算公式

(1) 照明分支线路负荷为

$$P_{js} = \sum P_z (1+\alpha) \tag{26-14}$$

式中　P_{js}——照明计算负荷，kW；

P_z——正常照明或应急照明装置容量，kW；

α——镇流器及其他附件损耗系数。白炽灯、卤钨灯，$\alpha=0$；气体放电灯，无极灯，$\alpha=0.2$；发光二极管 $\alpha=0.1$。

(2) 照明主干线路负荷为

$$P_{js} = \sum K_x P_z (1+\alpha) \tag{26-15}$$

式中　K_x——照明装置需要系数，见表26-11。

表 26-11　　　　　　　　　照明装置需要系数 K_x

工作场所	K_x 值	
	正常照明	应急照明
主厂房	0.90	1.00
主控制楼、屋内配电装置	0.85	1.00
修配车间	0.85	
办公楼，试验室、材料库	0.80	
屋外配电装置	1.00	

(3) 照明负荷不均匀分布时负荷为

$$P_{js} = \sum K_x \times 3P_{max} (1+\alpha) \tag{26-16}$$

式中　P_{max}——最大一相照明装置容量，kW。

2. 照明变压器容量选择

$$S_t \geqslant \sum \left(K_t P_z \frac{1+\alpha}{\cos\Phi} \right) \tag{26-17}$$

式中　S_t——照明变压器额定容量，kVA；

K_t——照明负荷同时系数，见表26-12；

$\cos\Phi$——光源功率因数，白炽灯、卤钨灯 $\cos\Phi=1$，气体放电灯、无极灯、发光二极管 $\cos\Phi=0.9$，高强气体放电灯 $\cos\Phi=0.85$。

表 26-12 照明负荷同时系数 K_t

工作场所	K_t 值	
	正常照明	事故照明
汽机房	0.8	1.0
锅炉房	0.8	1.0
主控制楼	0.8	0.9
屋内配电装置	0.3	0.3
屋外配电装置	0.3	
辅助生产建筑物	0.6	
办公楼	0.7	
道路及警卫照明	1.0	
其他露天照明	0.8	

六、照明线路导线截面选择

（1）照明线路导线截面应按线路计算电流进行选择，按允许电压损失、机械强度允许的最小导线截面进行校验，并应与供电回路保护设备相互配合。

选择导线截面可按下列步骤进行。

1）按线路计算电流选择导线截面。线路计算电流应满足下列条件，即

$$I_{cy} > I_{js} \tag{26-18}$$

式中　I_{cy}——导线持续允许载流量，A；

I_{js}——照明线路计算电流，A。

导线在不同环境温度时的载流量校正系数，见表 26-13。

表 26-13 导线载流量温度校正系数　　℃

线芯工作温度	环 境 温 度								
	5	10	15	20	25	30	35	40	45
80	1.17	1.13	1.09	1.04	1.0	0.95	0.90	0.85	0.80
65	1.22	1.17	1.12	1.06	1.0	0.94	0.87	0.79	0.71
60	1.25	1.20	1.13	1.07	1.0	0.93	0.85	0.76	0.66
50	1.34	1.26	1.18	1.09	1.0	0.90	0.78	0.63	0.45

当照明负荷为一种光源时，线路计算电流可按下式计算：

a. 单相照明线路：

a）对白炽灯、卤钨灯有

$$I_{js} = \frac{P_{js}}{U_{exg}} \tag{26-19}$$

式中　I_{js}——照明线路计算电流，A；

P_{js}——线路计算负荷，kW；

U_{exg}——线路额定相电压，kV。

b）对气体放电灯、无极灯、发光二极管有

$$I_{js} = \frac{P_{js}}{U_{exg}\cos\Phi} \tag{26-20}$$

式中　$\cos\Phi$——灯的功率因数。

b. 三相四线照明线路：

　　a）对白炽灯、卤钨灯有

$$I_{js} = \frac{P_{js}}{\sqrt{3}U_{ex}} \qquad (26-21)$$

式中　U_{ex}——线路额定线电压，kV。

　　b）对气体放电灯、无极灯、发光二极管有

$$I_{js} = \frac{P_{js}}{\sqrt{3}U_{ex}\cos\Phi} \qquad (26-22)$$

　　c. 当照明负荷为两种光源时，线路计算电流可按下式计算，即

$$I_{js} = [(I_{js1}\cos\Phi_1 + I_{js2}\cos\Phi_2)^2 + (I_{js1}\sin\Phi_1 + I_{js2}\sin\Phi_2)^2]^{\frac{1}{2}} \qquad (26-23)$$

式中　I_{js1}、I_{js2}——两种光源的计算电流，A；

　$\cos\Phi_1$、$\cos\Phi_2$——两种光源的功率因数。

　　对气体放电灯、无极灯、发光二极管，取 $\cos\Phi_1 = 0.9$，$\sin\Phi_1 = 0.436$；对白炽灯、卤钨灯，取 $\cos\Phi_2 = 1$，$\sin\Phi_2 = 0$。

　　2）按线路允许电压损失校验导线截面。

　　a. 单相线路电压损失计算为

$$\Delta U\% = \frac{2}{U_a}(r_0\cos\Phi + x_0\sin\Phi)\sum I_{js}L \times 100\% \qquad (26-24)$$

式中　$\Delta U\%$——线路电压损失，%；

　　　　U_a——线路额定相电压，V；

　r_0、x_0——线路单位长度的电阻与电抗，Ω/km；

　　　$\cos\Phi$——线路功率因数；

　　　　L——线路长度，km；

　　　　I_{js}——线路计算电流，A。

　　b. 线路单位长度电抗 x_0 可按下式计算，即

$$x_0 = 0.145\lg\frac{2L'}{D} + 0.0157\mu \qquad (26-25)$$

式中　L'——导线间的距离，对三相线路为导线间的几何均距，380V 及以下的三相架空线路，可取

　　　　　　$L' = 0.5m$；

　　　　D——导线直径，m；

　　　　μ——导线相对导磁率，对有色金属 $\mu = 1$。

　　c. 三相四线平衡线路电压损失计算式为

$$\Delta U\% = \frac{1.73}{U_{ex}}(r_0\cos\Phi + x_0\sin\Phi)\sum I_{js}L \times 100\% \qquad (26-26)$$

式中　U_{ex}——线路额定线电压，V。

　　d. 电压损失的简化计算：当线路负荷的功率因数 $\cos\Phi = 1$，且负荷均匀分布时。电压损失计算公式可简化为

$$\Delta U\% = \frac{\sum M}{CS} \times 100\% \qquad (26-27)$$

$$\sum M = \sum P_{js}L$$

式中　$\Delta U\%$——线路电压损失百分值；

　　　　$\sum M$——线路的总负荷力矩，kW·m；

S——导线截面，mm^2；

C——电压损失计算系数，与导线材料、供电系统、电压有关，见表 26-14；

P_{js}——线路计算功率，kW；

L——线路长度，km。

表 26-14   **电压损失计算系数 C**

线路额定电压 （V）	供电系统类别	C 值计算式	C 值 铜	C 值 铝
380/220	三相四线	$10\gamma U_{ex}^2$	70	41.6
380/220	二相三线	$10\gamma U_{ex}^2/2.25$	31.1	18.5
380	单相交流或直流两线系统	$5\gamma U_{ex}^2$	35	20.8
220			11.7	6.96
110			2.94	1.74
36			0.32	0.19
24			0.14	0.083
12			0.035	0.021

注 1. 线芯工作温度为 50℃。

    2. γ 为电导率，铜线 $\gamma=48.5m/(\Omega \cdot mm^2)$；铝线 $\gamma=28.8m/(\Omega \cdot mm^2)$。

e. 按线路允许电压损失校验导线截面积，计算式为

$$\Delta U_y\% \geqslant \Delta U\% \tag{26-28}$$

式中 $\Delta U_y\%$——线路允许电压损失，%；

      $\Delta U\%$——线路的电压损失，%。

3）按机械强度允许的最小导线截面进行校验，可参见表 26-15。

表 26-15   **机械强度允许的最小导线截面**

导线用途及敷设方式		芯线最小截面（mm^2） 铜芯软线	铜线	铝线
照明灯具引线	工业厂房	0.5	0.8	2.5
	民用建筑	0.4	0.5	1.5
	室 外	1.0	1.0	2.5
移动式用电设备	生产用	1.0		
	生活用	0.2		
绝缘导线明敷设	固定间距			
	1m 以下（室内）		1.0	2.5
	1m 以下（室外）		1.5	2.5
	1~2m（室内）		1.0	2.5
	1~2m（室外）		1.5	2.5
	3~6m		2.5	4.0
	7~10m		2.5	6.0
绝缘导线作进户线	档距为 10m 以下		2.5	4.0
	档距为 10~25m		4.0	6.0
厂区道路照明线路	绝缘导线穿管敷设	1.0	1.0	2.6
	裸导线架空敷设		6.0	16
接地线	裸线明敷设		4.0	6.0
	绝缘导线明敷设		1.5	2.5

4）导线和电缆的允许载流量，不应小于回路上熔丝的额定电流或自动空气开关脱扣器的整定电流。

（2）由专门支路供电的插座回路，插座数量不宜超过 15 个。

（3）中性线（N 线）截面按下列条件选择：

1）单相线路中，中性线截面应与相线截面相同。

2）三相四线制线路中，当负荷为白炽灯或卤钨灯时，中性线截面应按相线截面选择；当负荷为气体放电灯时，中性线截面积应满足不平衡电流及谐波电流的要求，且不小于相线截面积。

3）在可能逐相切断的三相线路中，中性线截面积应与相线截面积相等，如数条线路共用一条中性线时，其截面积应按最大负荷相的电流选择。

（4）按下列工作场所环境条件选择导线种类：

1）在有爆炸或火灾危险、潮湿、振动、维护不便以及比较重要的场所，应采用铜芯绝缘导线。

2）高温工作场所，应采用铜芯耐高温绝缘导线。

（5）照明分支回路中的保护地线（PE 线）截面的选择，应与中性线截面相同。

（6）照明配电干线和分支线，应采用铜芯绝缘电线或电缆，分支线截面不应小于 2.5mm^2。

七、照明线路的敷设与控制

（1）电厂生产车间的照明分支线路，宜采用铜芯绝缘导线穿管敷设。

（2）在有爆炸危险或有可能受到机械损伤的场所，照明线路应采用铜芯绝缘导线穿厚壁钢管敷设。潮湿的场所以及有酸、碱、盐腐蚀的场所，照明管线应采用阻燃塑料管敷设或热镀锌钢管敷设。

露天场所的照明线路，宜采用铜芯绝缘导线穿镀锌钢管或采用铠装护套电缆敷设。

（3）照明线路穿管敷设时，导线（包括绝缘层）截面积的总和不应超过内截面积的 40%，或管子内径不小于导线束直径的 1.4～1.5 倍。

（4）管内敷设多组照明导线时，导线的总数不应超过 6 根。在有爆炸危险的场所，管内敷设的导线根数不应超过 4 根。

（5）不同电压等级和不同照明种类的导线，不应共管敷设。

（6）集中控制的照明分支线路上，不应连接插座和其他电气设备。

（7）屋外配电装置、组合导线和母线桥的上方和下方，不应有照明架空线路穿过。

（8）明敷的照明分支线路，在引至开关、插座等部位时，应有防止机械损伤的保护措施。

（9）层高在 5m 以上的场所可采用金属配线槽或金属管路架空敷设，采用金属配线槽敷设时，灯具可选用荧光灯。

八、照明配电箱选择与布置

（1）照明配电箱应按照明种类、明装、暗装、电流、电压、有无进出线开关、工作场所环境条件与控制方式进行选择。

照明配电箱内操作与保护电器，宜采用带电磁脱扣器的空气断路器。

（2）在有爆炸危险的场所，不应装设照明配电箱。应将其装设在附近正常环境的场所，该照明配电箱的出线回路，应装设双极开关。

（3）插座回路和交直流切换箱中的馈线回路应采用双极断路器，插座回路还应配漏电保护。

（4）多灰尘与潮湿场所应装设外壳防护等级为 IP54 的照明配电箱；特别潮湿与有腐蚀气体的场所，不宜装设照明配电箱。

（5）照明配电箱的布置，应靠近负荷中心，并便于操作维护。

（6）照明配电箱的安装高度，宜为箱底距地面 1.5m。

（7）照明配电箱应留有适当的备用出线回路。

九、照明网络接地

（1）电厂照明装置的接地应符合第 24 章的相关规定。

（2）电厂照明网络的接地类型，已采用 TN-C-S 系统。即照明配电箱的电源线中，其中性线（N 线）和保护地线（PE 线）合并，照明配电箱以后分支线的中性线（N 线）和保护地线（PE 线）分开。

（3）下列照明装置应接地：照明配电柜、照明配电箱、照明变压器（携带式或固定式）及其支架、电缆接线盒的外壳、导线与电缆的金属外壳、金属保护管、需要接地的灯具、照明灯杆、插座、开关的金属外壳等。

正常照明配电箱与配电屏（包括专用屏）的保护线母线（PE 线），应就近接入接地网，电源进线中的 N 线应就近接入接地网。

（4）二次侧为 24V 及以下的降压变压器，严禁采用自耦降压变压器，其二次侧不应做保护接地。

（5）照明网络的接地电阻不应大于 4Ω。照明箱进线电源中性线（N 线）的重复接地电阻不应大于 10Ω。

（6）当应急照明直接由蓄电池供电或经切换装置后由蓄电池直流供电时，其照明配电箱中性线（N 线）也即直流的负极母线不应接地。箱子外壳应接于专用接地线。

在有爆炸和火灾危险的场所，应符合相关规定。

（7）照明网络的保护接地中性线（PEN 线）必须有两端接地，可按下列方式接地：

1）在具有一个或若干个并接进线照明配电箱的建筑物内，可将底层照明配电箱的工作中性线（N 线）母线、PE 母线与外壳同时接入接地装置。

2）当建筑物或构筑物无接地装置时，可就近设独立接地装置，其接地电阻不应大于 30Ω。

3）当建筑物与构筑物的照明配电箱进线设有室外进户线支架时，宜将保护接地中性线（PEN 线）与支架同时和接地网相连。

4）中性点直接接地的低压架空线的保护接地中性线（PEN 线），其干线和分支线的终端以及沿线每隔 1km 处，应重复接地（但距接地点不超过 50m 者除外）。重复接地应尽量利用自然接地体。

第二十七章 仪表和控制

第一节 概 述

一、仪控系统的设计范围

联合循环发电机组主要由燃气轮机、余热锅炉和汽轮机三大部分组成，因此，燃气-蒸汽联合循环机组的控制由燃气轮机、余热锅炉、汽轮机、辅助系统和公用系统等的控制系统构成。通常采用分布式控制系统（或习惯称为集散控制系统，简称 DCS）实现对整个发电机组的过程控制，完成对各系统的协调控制功能。一般而言，燃气轮机的控制设备都由燃气轮机的供应厂家提供，汽轮机及某些辅助系统的控制系统（例如 DEH、ETS）也由汽轮机的供应厂家提供。往往把余热锅炉、其他一些辅助系统的控制功能部分交由 DCS（Distributed Control System）来实现。由此构成了整个燃气-蒸汽联合循环发电机组的控制系统。一个单轴燃气-蒸汽联合循环发电机组各控制系统与相应受控对象之间的关系如图 27-1 所示。

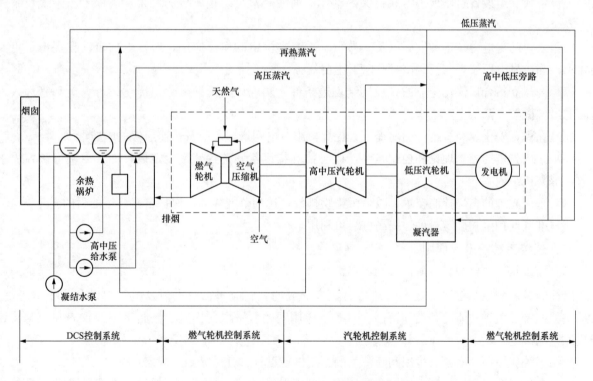

图 27-1 各控制系统与联合循环发电机组受控对象的关系

按照燃气轮机和余热锅炉类型的不同，联合循环电厂可能有不同的配置方案，对仪表和控制系统也会有不同的要求。按适用范围，其仪表和控制系统内容有以下 4 个方面：

（1）燃气轮机控制系统。

（2）汽轮机及辅助系统控制系统。

（3）余热锅炉控制系统。

（4）辅助车间控制系统。

二、仪控系统的设计任务

发电厂仪表与控制设计的任务是为发电厂精心装设一套生产过程自动化系统，它应具有检测、信号报警、控制及联锁保护等功能。

1. 检测

为机组正常运行、在线性能计算和经济分析提供实时数据，对工艺系统或设备的参数、物理量、控制、联锁保护提供检测信号，为运行人员监视生产工况提供信息。

2. 信号报警

当运行参数超出规定值或工况异常时报警，提醒运行人员注意，以便及时采取相应措施，保证设备运行正常。

3. 控制

包括模拟量控制和顺序控制（开关量控制）两种。模拟量控制是以工艺过程的介质参数为被调量，自动控制在所规定的范围内，保证发电厂运行的安全性和经济性。顺序控制可实现锅炉、汽轮机及其辅助设备启、停或开、关，对某一工艺系统或主要辅机按一定规律进行控制。

顺序控制分机组级、功能组级、子功能组级和执行级4级。

4. 联锁保护

发电厂运行过程中，当工艺系统的某一部分出现异常情况或事故时，按照一定的逻辑规律和要求，对一个设备或一组设备自动地进行联锁保护动作，消除异常及防止事故的发生，确保工艺系统设备和人身安全。

近年来，随着电力技术的发展以及高参数、大容量机组的广泛应用，对发电厂自动化提出了更高的要求。当今发电厂仪表与控制应具有以下主要任务：

（1）为建立符合现代化企业的管理机制创造条件，实现计算机网络化，优化运行人员和管理人力资源的最佳配置，降低生产成本。

（2）在保证安全、经济生产的前提下，提高机组对电网增减负荷及快速启停的响应能力。

（3）采用先进的控制理论和控制策略，改善控制精度，调整各变量设定值，使其更接近被控需求参数，提高机组效率。

（4）采用先进的燃烧控制技术，减少污染物排放，达到节能降耗、保护自然环境的目的。

（5）准确地预报和确定事件，提高机组可利用率。

三、仪控系统的设计原则

控制原则是电厂控制系统所依据和遵循的概念或原理的总和。它是从对特定火力发电厂需求的研究、以往经验的积累、对当前技术的评估而逐步形成的。它应包括对火力发电厂自动化水平的考虑、所提供的控制和监视功能的种类和范围、对各种应用问题所采取的措施、控制策略及仪表和控制装置选型原则的确定。

控制系统应按照"安全、可用和经济"的原则进行设计，并遵循如下规定：

（1）必须遵照发电厂控制系统的设计要求，满足机组安全、经济、环保运行和启停的要求，体现国家的经济政策和技术政策，针对机组特点进行设计。

（2）在仪表与控制系统设计中，选用技术先进、质量可靠的设备和元器件。全厂各控制系统和同类型仪表设备的选型宜统一。随主辅机设备本体成套供货的仪表和控制设备满足机组运行、自动化系统的功能及接口要求。

（3）按照联合循环机组运行的要求，宜在少量就地操作和巡回检查人员的配合下，具有较高的自动化水平，能在集中控制室内实现机组的启动、运行工况监视和调整、停机及事故处理。控制室应以操作员站为监视控制中心，配备少量紧急操作开关和按钮，对燃气-蒸汽联合循环机组应实现炉、机、电集中控制。

（4）按照联合循环机组"分层分散"控制的要求，可将模拟量控制划分为协调控制、子回路控制和执行操作三级，可将开关量控制划分为机组级控制、功能组控制、子功能组控制和驱动操作四级。积极鼓励采用经过审定的标准设计、典型设计、通用设计和参考设计。

（5）按照联合循环机组安全、有效运行的要求，应选用"技术先进、质量可靠"的设备和元件，如选用新产品、新技术，则应为经过试验而获得成功的；如涉及重大设备的选用，则应该在设计采用前，完成技术、经济性能比较、咨询和评价。

（6）DCS、仪表及控制设备采用低功耗环保型产品。

（7）控制设备的选择应结合工程具体条件采用合理、节能的驱动方式和控制方式。

（8）发电厂各控制系统时钟应同步。

（9）基于计算机的控制系统应进行安全防护，以抵御黑客、病毒、恶意代码等对系统的破坏、攻击以及非法操作。

第二节　仪控系统设计的内容

一、初步设计的内容

（一）文字部分

（1）设计所依据的文件、协议。

（2）根据电厂规模大小和总体布置确定控制室规模和位置，并在有关专业图中予以表示。

（3）根据热力系统和工艺要求以及制造厂提供的主、辅机的可控条件，确定控制方式。

（4）确定计算机控制系统的总体网络框架。

（5）确定自动调节项目和调节系统。

（6）确定热工检测及联锁内容。

（7）确定仪表和自动调节设备的选型。

（8）确定仪表与控制试验室的面积和设备。

（9）列出热控主要设备明细表（包括热工试验室所需设备）。

（10）确定与相关专业（工艺、电气、暖通、给排水等）的技术资料及接口界面。

（11）控制室面积。

（12）应有控制系统及仪表费用概算，包括控制系统及仪表、仪表盘（箱）、仪表与控制试验室主要设备、主要安装材料等的费用（由技经专业负责）。

（二）图纸部分

（1）集中控制室及电子设备间布置图。

（2）全厂自动化系统网络图。

（3）主厂房电缆桥架主通道图。

（4）主厂房和主要辅助车间工艺PID图。

二、施工图设计的内容

（一）文字部分

（1）设计所依据的文件、协议。

（2）设计范围。

（3）控制方式及控制系统的组成。

（4）对于计算机控制系统应描述软件的基本组成及所应实现的功能。

（5）按照自动检测、控制与调节、报警与联锁的顺序写明详细的内容。

（6）控制系统与其他水、暖、电等专业中设备的接口形式及条件。

（7）线缆敷设方式及路径，仪表及设备安装的要求。

（8）对于特殊的仪表应给予说明。

（9）其他内容包括图例符号、接地要求、设备供货范围分界等。

（二）图纸部分

（1）图纸目录。

（2）热工检测及调节设备明细表。

（3）材料表。

（4）节流装置订货咨询书。

（5）工艺系统控制测量流程图及 I/O 点表。

（6）计算机控制总体网络框架图。

（7）仪表供电原理图。

（8）供气原理图（气动仪表）。

（9）仪表单元接线图。

（10）仪表盘面布置图。

（11）各类控制系统和装置接线图。

（12）导管清册。

（13）电缆清册。

（14）各类控制室、电子设备间、就地盘箱柜架布置图。

第三节 控 制 方 式

一、机组自动化水平

自动化水平是指电厂自动化的程度，是仪表与控制设备的配置与功能水平、控制方式、控制室布置、主辅机设备可控性、运行组织、电厂管理水平和人员素质水平等多方面的综合体现。电厂自动化水平将直接影响电厂的建设投资、人员配置和运行管理水平、电厂运行的安全性和经济性，从而影响电厂的竞争力。它的确定取决于：

（1）电厂的性质和其在电力系统中的地位。

（2）电厂的管理模式和投资额度。

（3）电厂主要发电设备和系统的可控性。

（4）机组运行方式和对自动化的要求。

（5）控制技术和仪表控制装置的现状和发展。

（一）联合循环机组的自动化水平

（1）联合循环机组应具有较高的自动化水平，应能在极少量就地巡检人员的配合下，在集中控制室内实现对整个联合循环机组启动、正常运行、停止和紧急事故处理等各种运行工况的监视和控制。随主设备成套供货的燃气轮机就地控制室一般仅用于燃气轮机的就地启停和调试。

（2）联合循环电厂宜采用分散控制系统（DCS）对联合循环机组进行监控，监控范围包括余热锅炉、热力系统等工艺系统，以及发电机-变压器组和厂用电源系统，对于非单轴联合循环机组，监控范围还包括汽轮机。

（3）联合循环机组分散控制系统（DCS）宜采用物理分散布置方案。根据项目所选用的分散控制系统的网络拓扑结构特点和供货商的成功应用经验，确定采用远程控制站或远程 I/O 的分散方案。

（二）多台联合循环机组的自动化水平

（1）一般情况下，每套联合循环机组宜采用 1 套分散控制系统（DCS）进行监控。

（2）当全厂规划容量为多台联合循环机组时，也可根据每期工程建设的联合循环机组数量，考虑设置多台联合循环机组集中监控分散控制系统（DCS），即每期工程建设的联合循环机组，可采用 1 套DCS 进行集中监控，或在各台联合循环机组 DCS 之上设置集中控制 DCS 操作员站进行集中监控，配备统一的值班运行人员。

（三）联合循环电厂辅助车间的自动化水平

（1）大型联合循环电厂中，主要辅助车间的控制系统，宜选用分散控制系统（DCS），也可以采用可编程序逻辑控制器（PLC）。

（2）当选用 DCS 作为控制系统时，宜与联合循环机组 DCS 选型一致，并可接入 DCS 公用网，在联合循环机组集中控制室进行统一监控。

（3）当选用 PLC 作为控制系统时，各辅助系统的 PLC 选型宜保持一致，同时宜设置全厂辅助控制网络，在联合循环机组集中控制室进行统一监控。

（4）对于某些辅助车间，如天然气调压站、制氢站、启动锅炉房等，其控制系统多由主设备供货商成套提供。但 PLC 选型应尽量一致，并通过通信接口接入 DCS 公用系统或全厂辅助控制网。

二、全厂控制方式

控制方式是指运行人员监视和控制机组所采用的方法，其主要内容是决定监控设备（操作员站、控制盘）的布置位置和能完成的监控任务。应以确保机组安全、使发电厂控制系统和设备在电厂全生命周期内以最佳状态运行、减少控制点及运行人员和管理人员数量、提高劳动生产率为主要原则；同时，控制方式的选择要有利于减少不必要的投资。

（一）机组的控制方式

（1）大型联合循环机组应采用机组集中控制方式，实现在一个集中控制室中对燃气轮机、余热锅炉、汽轮机、发电机、热力系统及相关辅助系统的监视和控制。

（2）当全厂规划方案为多台联合循环机组时，宜尽可能地采用集中控制方式；当全厂多台联合循环机组采用分期建设时，也可选择集中控制方式。

（3）在一个控制室中集中控制的机组数量，可根据项目的规划容量或同期建设的机组数量确定。按照国内目前建设要求，一般情况下集中控制的联合循环机组数量为 2~4 台，原则上不超过 10 台。

（二）辅助车间的控制方式

联合循环机组的辅助车间数量相对较少，一般有下列辅助车间：

（1）锅炉补给水处理系统。

（2）工业废水处理系统。

（3）工业水系统。

（4）循环水泵房。

（5）综合水泵房。

（6）启动锅炉房。

（7）循环水处理系统。

（8）制氢站。

（9）天然气调压站。

（10）油泵房。设计中根据上述辅助车间与机组运行关系及布置的地理位置，可考虑合并监控点（设就地辅助监控点）或合并到集中控制室进行监控。

在就地辅助监控点可设置操作员站，用于调试及现场故障的紧急处理。

如果辅助车间采用可编程序逻辑控制器（PLC），并设置有全厂辅助车间控制网，在联合循环机组集中控制室内应设置单独的操作员站和值班人员，对全厂辅助车间进行集中监控，正常运行时实现就地无人值班。

如果辅助车间采用分散控制系统（DCS）进行监控，在联合循环机组集中控制室内可根据辅助车间规模设置单独的公用系统 DCS 操作员站和值班人员，或由接在机组 DCS 网络的机组操作员站和值班人员负责，对全厂辅助车间进行集中监控，正常运行时实现就地无人值班。

当循环冷却水冷却系统为单元制时，即一套机组对应一套循环冷却水系统，可以纳入每套机组分散控制系统（DCS）进行实时控制。当循环冷却水系统为扩大单元制供水系统时，机组的供水系统间设有联络管并装设隔离门，当要从相邻供水系统部分供水时无法进入每套机组的 DCS 控制，可在循环水泵房配套 PLC 控制装置，对实时参数进行监控。

当采用天然气为燃料时，根据燃气轮机设备需要配备调压站和加热装置，在调压站内配置有调压器、紧急切断阀、过滤器、手动关断阀及进出口压力表等。并设有内装式超高/超低压切换阀、安全放散阀等安全保障措施，并设置就地燃气流量计和流量结算器。需要远传信号的，可向设备制造厂提出相关技术要求。

三、控制系统全厂配置

（一）控制系统网络结构

（1）燃气轮机控制系统由燃气轮机制造厂随机配供。除了燃气轮机控制系统的配置，将会有以下几种形式：

1）采用燃气轮机同类型控制系统配置余炉岛、汽轮机岛、辅机岛。

2）采用燃气轮机同类型控制系统配置汽轮机岛，其他设备的控制系统由通用 DCS 完成。

3）除了燃气轮机岛控制系统，其他设备控制系统全部配置在通用 DCS 中。

（2）一套联合循环系统，采用多种型号控制产品，存在弊端较多。例如接口多，产品水平不一，技术门类多，备件品种多等问题。燃气轮机联合循环机组一体化控制（即 ICS 集成控制系统）的优点则很多，下面列出一体化控制的主要优点：

1）网络架构简洁，减少不同系统之间的网关环节，数据流畅。

2）工程师仅要掌握一套控制系统技术，便于充分掌握系统核心技术。

3）减少工厂网络接口数量，便于建设和维护，增加可靠性。

4）可以大大减少库存备品备件数量，备品备件可以全厂通用。

5）软件通用，移植便利，便于整体控制水平提升。

6）网络拓扑配置裁剪简单，工厂扩建或者维护可以灵活调整。

7）全厂数据共享，不断通过后期维护提升工厂智能化、自动化水平。

8）系统升级换代便利，维护简单。

9）便于与上层信息网络、Internet 网络互连。

10）数字化环境一致，易于实现数字化工厂。

（3）现代燃气-蒸汽联合循环电厂的控制系统网络结构，一般是按照单元机组设备岛热力系统类别为对象配置控制系统，每个控制子系统设置现场层、控制层、监控层 3 个网络层次，之后可将所有子系统的信息传递到信息层。每个层面都设置相应的总线和特定测控职能。

1）现场层：负责对现场各种设备和热力系统的测控任务，现场控制系统/智能装置一般包括现场总线设备、现场仪表、PLC、嵌入式智能装置等。随着技术进步，现场层的测控功能将会不断提升和扩展，给现场一组非智能设备配置现场总线自动化设备，数据采集和现场控制在就地完成，除了采用了现场测控可以节约大量信号电缆外，还可以减少网络传输带来的各种故障，具有实时、分散、可靠等特点。

2）控制层：对于相对集中的一些设备和系统，可以集中配置若干子控制系统，以便完成子组、成组控制任务，通过信号电缆采集现场数据，同时接收第三方设备发送来的数据。通过控制器的可组态软件，来完成各种测量和快速地完成控制任务。控制层是核心控制系统，按照测点、泵、阀、开关、子组、成组等设备群来划分测控功能，一般厂级的联锁保护也必须通过这个层面来完成。

通常，每台燃气轮机的现场控制室会配置一套现场监控站（现场监测点），便于燃气轮机的现场调试和巡检操控。从网络结构来讲它属于控制层设备，仅仅是它的物理位置向下延伸，将监控站放置到现场而已。

3）监控层：实现集中监视和操控任务的层面，也常常被称为人机界面（HMI），监控层需要SCADA监控软件作为界面功能软件。一般监控层面有显示、操作、报警、趋势、报表五大功能。另外，监控站与工程师站可以合并在一起，通常工程师站是单独设置，工程师站除了具备监控站的全部功能外，工程师站还应该具备系统配置、图形化软件编程、画面配置等功能。

4）信息层：该层面完成厂级生产数据汇总、信息管理、厂级优化、设备管理等功能，可以与企业信息网 MIS/ERP 和外部 Internet 网络连接、传送和保管生产信息和机组的主要状态数据历史资料。燃气-蒸汽联合循环电厂控制系统总体方块图如图 27-2 所示。

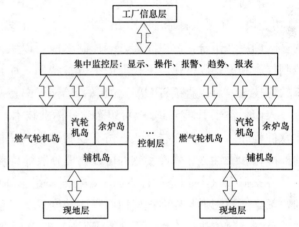

图 27-2 燃气-蒸汽联合循环电厂控制系统总体方块图

（二）软件技术

1. 监控软件

监控软件是人机对话的 HMI 界面，通常监控软件也被称为 SCADA 软件，它们被安装在工业计算机里，HMI 数据通道与控制器连接在一起，按照双方约定的通信协议进行通信互动。实现 HMI 五大界面功能，现在的 HMI 层面还会包含第三方通信和特殊的数据处理功能。

HMI 的界面进行实时显示和操控，实时数据显示刷新时间是 $1\sim2s$；报警时间设置在毫秒级；趋势时间范围可以设置时、天、周、月；报表时间可以按照运行班次设置循环周期，也可以按照周、月、年企业管理需求进行设置。

监控软件门类较多，优劣差别较大，它们的本质都是用于 HMI 的几种常规功能。随着计算机硬件/软件技术不断发展，3D 软件技术将会逐步引入监控软件，一些好的报表处理和逼真的报警处理方式也会随之出现。

2. 组态软件

作为 DCS，它的智能控制器和网络设置的物理位置是分散的，人们编制的可组态软件同样是运行在分散的控制器里，每个控制器运行的应用软件内容和处理任务均不相同，一个电厂完整的控制任务被分配在若干分散的控制器中完成，通过网络对分散的控制器数据进行交换、整合。

DCS 的图形化可组态功能，是把计算机技术与工业控制应用连接起来的桥梁。人们不需要用计算机语逐字逐句地来编制复杂的控制程序。人们只需要使用易读易懂的 SAMA 图，通过调用类似 SAMA 图元素的可组态图形功能块（Function Block，FB）进行编程、生成应用程序。图形化编程工具使得应用工程师直接将控制思想转化为图形化控制程序，再由计算机自动将图形化程序转换成为计算机可以执行的代码，就是具体控制程序——应用程序。

可组态功能基于 IEC 61131-3《可编程序控制器 第三部分：编程语言》，运行在 PC 机环境下，使得 DCS/PLC 制造商与用户双方均可得益。用户可以调用 SAMA 图对应的标准图形可组态软件功能块 FB，把系列不同和相同的可组态功能块用线条连接起来，就编制成 SAMA 图相对应的控制程序。

DCS 厂家设计出可组态软件包，将 SAMA 图表示的控制功能块转化为可组态软件功地块 FB，应用工程师只要调用这些功能块，把它连接在一起，就能够具备独特的控制功能。这种可组态软件还具有离线组态、在线修改、在线仿真功能。图形化组态程序转换成为代码之后，通过编译，把软件下装到控制器中，在工程师站上可以看到组态程序的逻辑状态，反复完善，用于大型复杂过程控制的软件即可调试完成。

一般通用 DCS 具备 30～100 个不同数量的 FB 软件功能块，还可以通过开放的语言空间自己编写 FB 功能块，还可以将标准 FB 功能块组合搭建成多功能模块，同样可以反复调用。DCS 的 FB 功能块的多次调用和组合，可以完成许多控制功能，以致可以完成硬件设备无法实现的功能。它直接把一些控制仪表和设备软件化。不仅降低了设备费用，而且提高控制功能和增加了可靠性。目前最先进可组态软件技术，可以直接将 CAD 做出的 SAMA 图转换成为控制程序代码。

人们得益于 IEC 61131-3 可组态软件标准技术，可以简单地实现复杂控制逻辑，通过离线编制图形化软件程序，也可以在线修改、仿真控制逻辑，使得控制逻辑功能和校核看得见摸得着。硬件和软件的标准化和人性化、硬件和软件可以物理分散等特点，使得 DCS 技术得以蓬勃发展。

各家 DCS 的可组态软件界面不尽相同，组态环境操作系统也可能不同，但是其本质的功能是一致的，都是通过图形化界面把应用原程序转变成为控制器执行代码，这是计算机技术进步回馈给人类的智慧精髓。每位热控工程师要熟悉 IEC 61131-3 标准内涵，熟悉机组设备热力循环的运作原理，熟悉控制逻辑原理和完善逻辑的方法，这样可以通过可组态技术，不断完善提升联合循环电厂自动化水准。

3. 应用软件

应用程序是具体实现电厂各项控制功能的程序，是针对联合循环电厂的自动化刚性需求、安全生产、可靠运行而设计。这些程序操控那些维系机组热力系统平衡的电动机、执行结构、阀门、开关等，同时依靠应用程序来完成对现场数据监测和报警保护等功能。应用程序运行在控制器的环境里，按照控制操作系统允许的运行周期，实时地分周期分任务运行这些应用程序，上传下达，一方面对被控制设备进行操控，另一方面将采集和处理的数据在 HMI 上显示。

可组态软件是依据 SAMA 图进行编程，SAMA 图是控制工程师进行技术交流的一种公认的图符或者说工程语言，是美国科学仪器制造协会（Scientific Apparatus Maker's Association）所采用的绘制图例，它易于理解，能清楚地表示各种控制功能，广为自动控制系统所应用。它使用各种图符如加、减、乘、除、微分、积分、或门、与门、切换、最大值、最小值、上限幅、下限幅等，能够将控制系统要进行何种运算处理，它受何种控制，何种制约等内容表达出来，使得控制工程师一目了然，理解该控制系统进行了伺服逻辑处理机制，也可让其他工程师很方便地进行交流、完善，从而获得更好的控制效果。

一般经验丰富的应用工程师通过对热力过程需求的理解，就可以编制出控制原理图，也就是 SAMA 图。新建电厂用户和设计院会提供 PID 图和测点清单给 DCS 工程公司，PID 图是专门描述各个热力系统测量点位置和基本控制要求的图纸。通过这些图纸资料的书面要求，确定 DCS 最终将要达到的自动化目标。

PID 图上标注了每个测点位置和位号，测点清单将这些测点按照系统分类集中排列在起，对每个测点作出详细描述量程、趋势、单位、报警限值等信息，SAMA 图和组态程序的编制，以及 HMI 画面程序编制，均需要测点位号和相关信息。

每一位应用工程师应该熟知管辖的热力系统、测点、位号、画面和有关控制逻辑功能。在新建电厂商业运营后，通过可组态功能，可以不断完善各个测点的测量精度，和优化各个控制回路的逻辑关系。当然，每位控制工程师需要在电厂授权之后，才可以去做这些测控方面的完善和优化工作。

无论是 HMI 的应用程序，还是控制的应用程序，一旦通过测试和试验运行，不允许随意更改，需要按照机组编号和版本号严格保管好应用程序。如果需要增加减少测控项目，需要设计院和 DCS 制造方共同参与完成更改任务。应用程序是控制系统执行的代码文件，控制工程师应该严格保持逻辑图与代码文件一致性。

燃气轮机的应用控制程序比较复杂，尤其是轮机部分和燃烧部分，一般由燃气轮机制造厂家提供机组的控制系统以及逻辑参数，外围配置的控制系统通过指定的方式与其连接。

四、控制室及电子设备间的布置

（一）集中控制室的布置

（1）控制室应根据管理模式、控制系统规模、功能要求等设置功能房间和辅助房间。控制室的功能房间和辅助房间宜按下列原则设置：

1）功能房间宜包括集控室、工程师室、电子设备间空调机室、备件室等。

2）辅助房间宜包括交接班室、会议室、更衣室、办公室、资料室、休息室、卫生间等。

（2）控制室的功能房间面积应根据控制系统的操作站、机柜和仪表盘等设备数量及布置方式确定。辅助房间的面积应根据实际需要确定。

控制室布置应符合下列要求：

1）集控室宜与电子设备间、工程师室相邻布置，并有门相通。

2）集控室、工程师室与辅助房间相邻时，不宜有门相通。

联合循环机组的集中控制室，宜布置在单独的电气控制楼或生产综合楼，标高宜与主厂房汽轮机运转层平台相一致。根据联合循环机组的布置方式，电气控制楼可以布置在多台联合循环机组的中间位置，或靠近主厂房的固定端。

对于两机一控的机组控制室，中间位置宜布置两台联合循环机组的 DCS 操作员站和公用系统的 DCS（或辅控网）操作员站，两边分别布置燃气轮机控制系统操作员站。

当集中控制室控制的联合循环机组超过 3 台以上时，如果没有设置多台机组 DCS 集中控制网络和操作员站，则集中控制室的操作员站宜依次排列各台联合循环机组 DCS 操作员站，公用系统 DCS 操作员站（或辅控网操作员站）可以考虑布置在主操作员站的中间或一侧。

当集中控制室控制的联合循环机组超过 3 台以上时，如果设置了多台机组 DCS 集中控制网络和操作员站，则中间位置宜布置集中控制 DCS 操作员站、公用系统 DCS 操作员站（或辅控网操作员站），两边分别布置各台联合循环机组控制系统 DCS 操作员站。各台燃气轮机控制系统操作员站可以布置在集中控制室的侧面或后面。

（二）燃气轮机就地控制室的布置

根据燃气轮机的布置方式及供货商的经验，可以考虑设置燃气轮机就地控制室，也可以不单独设置，而与联合循环机组控制室合用。一般情况下，单独设置的燃气轮机就地控制室的布置有以下两种方案：

（1）燃气轮机就地控制室位于燃气轮机房运转层。控制室内布置燃气轮机监视、控制和保护系统控制柜，以及用于调试和事故处理的燃气轮机操作员站/工程师站。

（2）燃气轮机就地控制室位于燃气轮机零米。控制室内布置燃气轮机监视、控制和保护系统控制柜，以及用于调试和事故处理的燃气轮机操作员站/工程师站。

（三）电子设备间的布置

联合循环机组分散控制系统（DCS）的电子设备间有条件时宜采用分散布置。一般情况下宜按下列区域和系统进行分散布置：

（1）余热锅炉系统。

（2）厂用电源系统。

（3）汽轮机系统。

辅助车间（当辅助车间控制系统采用 DCS 时）。

一般情况下，余热锅炉附近设有水泵小间，因此余热锅炉系统的 DCS 电子设备间一般布置在水泵间或余热锅炉附近的其他房间内。汽轮机及热力系统部分的 DCS 控制柜可分散布置在汽轮机运转层平台的控制小间。厂用电源系统的 DCS 控制柜宜布置在相应的开关柜附近。

采用辅助车间联网的控制方式，按照各辅助车间的地理位置，在比较重要的辅助车间（如化学水车间）设置就地辅助监控点，布置 DCS 控制柜、操作员站和工程师站，相邻辅助车间可采用远程 I/O 方式，将 I/O 控制柜分别布置在各车间内。

对电子设备间内屏柜的布置应尽量使屏间以及其他设备间连接的控制电缆根数最少、长度最短、敷设时交叉最少。电子设备间内机柜布置距离宜符合表 27-1。当控制室的某壁有凸出物或柱子时，应按屏和这些凸出部分的实际距离校验。

表 27-1 电子设备间机柜布置距离

距离名称	正常距离（mm）	最小距离（mm）
机柜门—墙	1200	1000
机柜面—墙	1400	1200
机柜门—机柜门	1500	1300
机柜面—机柜门	1400	1200
机柜面—机柜面	1600	1400

注 机柜面是指装有操作、显示等仪表装置的柜面。

第四节　仪表检测与仪表选型

一、仪表检测

热工检测的任务是对生产过程中的各种变量和参数进行监视测量，向自动化系统提供所需的输入信号，以使其完成控制、监视、报警、联锁和保护等功能，并让值班人员能及时了解主、辅机设备及系统的运行情况，保证机组安全、经济运行。

（一）过程变量的测量

电厂热力过程是用各种变量或参数来描述的，这些变量或参数统称为热工参数或热工变量。它主要包括各类工艺介质的压力、差压、温度、流量、物位、化学成分，以及必要的环境参数等。

此外，电厂中许多辅机（电动阀门和转动机械）是与生产过程直接相关的，表征其工作状态的物理值如转速、振动、轴位移等，以及阀门的启闭状态或开度，锅炉火焰强度等参数也应当进行测量和监视，它们属于非热工变量，但均被包括在火电厂检测的范畴之内。

测量是以确定被测变量的量值为目的的操作。通常利用某种物理或其他现象把被测变量转换成容易度量和观察的或便于远传的信号以便就地显示、远距离传送或用于其他功能。

测量仪表是单独地或连同其他设备一起来进行测量的装置总称。测量仪表有许多分类方法：

（1）按其功能和用途可划分为一次仪表和二次仪表。一次仪表包括检出元件或敏感元件、传感器、变送器。二次仪表是指利用一次仪表信号完成其他功能的仪表，包括记录仪表、指示仪表、调节仪表等。

（2）按被测变量的种类（压力、温度、流量等）划分为压力仪表、温度仪表、流量仪表等。

（3）按输出信号类别（模拟信号、开关量信号等）划分为模拟量仪表、开关量仪表。

（4）按仪表安装位置划分为就地仪表、远传仪表、盘装仪表等。

工程应用中测量仪表的命名通常是以上分类的综合，例如压力变送器、差压开关、就地压力指示表等。

传感器是感受被测变量，并按一定规律将其转换成统一性质输出量的装置或器件。它通常包括检出元件和转换元件。变送器是输出为标准信号（例如 4~20mA DC 或 1~5V DC 电信号）的传感器。

模拟量仪表是以被测量值的连续函数输出或显示的仪表，开关量仪表是提供接点输出的仪表，主要用于报警和保护联锁。

随着 DCS 在火力发电厂应用经验的积累，常规二次仪表已经基本上取消，其显示、记录、调节等功能均由 DCS 完成。因此，在火力发电厂检测仪表设计中，往往不再特别关注和严格区分测量仪表的类别，以及二次显示仪表的选型，关注更多的是测量方法和一次仪表的选择。

（二）检测仪表的设置

检测仪表的设置应符合下列规定：

（1）在满足安全、经济运行要求的前提下，检测仪表的设置应与各主辅机配套供货的仪表统一协调，并应避免重复设置。

（2）应设置检测仪表反映主设备及工艺系统在正常运行、启停、异常及事故工况下安全、经济运行的参数。

（3）运行中需要进行监视和控制的参数应设置远传仪表。

（4）供运行人员现场检查和就地操作所必需的参数应设置检测仪表。

（5）用于经济核算的工艺参数应设置检测仪表。

（6）在爆炸危险气体和/或有毒气体可能释放的区域，应根据危险场所的分类，设置爆炸危险气体报警仪和/或有毒气体检测报警仪。

（7）保护系统的检测仪表应三重或双重化设置，重要模拟量控制回路的检测仪表宜双重或三重化设置。

（8）测量油、水、蒸汽等的二次仪表不应引入控制室。

（9）测量危险爆炸气体的一次仪表严禁引入控制室。

（三）检测和仪表系统设计

火力发电厂检测项目按其对机组安全、经济运行的重要程度可划分为主要参数、重要参数、辅助参数及机组性能试验参数。

1. 测点分类

对应的测点也可分为主要测点、重要测点、辅助测点和试验测点。

（1）主要测点。它是对安全、经济运行或仅对安全运行必不可少参数的测点。

（2）重要测点。它是与经济分析或核算有关参数的测点。

（3）辅助测点。它是为分析上述两类测点所检测参数中的问题而需要检测相关参数的测点，及仅为启动过程中特别需要监视参数的测点。

（4）试验测点。它是由设备制造厂商和承担机组性能考核的单位为性能、效率考核而提出需装设的测点。

2. 检测仪表设置时应遵循的准则

（1）DCS 各控制子系统需要同样信号时，除触发机组跳闸保护信号的仪表单独设置外，一般可合用而不再重复装设，例如每一高压加热器装设冗余的水位（差压）变送器既用于水位调节，也用于水位高、低值的联锁和水位指示。

（2）模拟量控制和联锁保护回路中主要参数的变送器、测量元件应冗余配置，如汽包水位、汽轮机第一级压力等变送器应三重冗余配置。给水和蒸汽流量、主蒸汽和再热蒸汽温度、除氧器压力和水位等变送器、测温元件应二重冗余配置等。

（3）用于联锁、保护、报警的开关量信号通常直接来自压力开关等开关量仪表的输出，可确保信号的独立性和可靠性。随着 DCS 可靠性的改善和模拟量变送器性能的提高，采用变送器替代开关量仪表，也成为一种很好的方案。变送器输出的模拟量信号由 DCS 数据处理后，用于联锁逻辑或报警，可设置多种定值，满足多个逻辑的需要，可实现控制、保护、报警合用变送器，减少测点及一次仪表的配置。

（4）为使检测信号在各种工况下均能准确反映实际的被测量，根据被测量的物理特性，下列一次测量信号应考虑补偿（补偿测点可与检测测点合用）：

1）汽包水位的汽包压力补偿。

2）给水流量的给水温度补偿。

3）送风量的温度补偿。

4）主蒸汽流量的蒸汽压力和温度补偿（当测量此参数时）。

（5）应配置运行人员现场检查所必需的就地检测仪表，如就地水位计、压力表和温度计等。

（6）集中控制室装设的后备常规显示仪表和报警光字牌，其输入信号不宜取自 DCS 的输出。

（7）随主辅设备本体成套供应及装设的检测仪表（包括转动设备的轴承振动监测仪表），应在设备招标文件和采购合同中确定。

二、仪表选型

（一）仪表选型原则

（1）所选择的仪表，应满足技术先进、质量可靠、经济合理，避免选用陈旧落后可能被淘汰的产品。

（2）仪表的功能、材质、结构形式和安装方式，应充分考虑工艺介质的特点（如温度、压力、腐蚀性、黏滞性等），满足工艺专业提出的技术要求，并应方便操作，易于观察、维护。

（3）仪表的显示方式，如记录、指示、积算等要满足工艺专业的要求。一般说来，对要求进行经济核算的参数，可选择累计型仪表，对工艺操作有直接指导意义的参数（如主蒸汽压力、流量等），可选择记录型仪表，便于查询参数的变化，对于要求进行自动调节的参数，为便于参数整定，宜选择记录型仪表。

（4）仪表的量程应根据工艺参数实际要求的显示范围或实际变化的范围加以确定。温度、压力、水位、流量等仪表，其量程的选择都有其特殊性，应按具体要求确定。

（5）仪表的精确度，应按工艺要求和不同的测量和控制对象来选择。对于仅供操作的被测参数，其显示仪表的精确度可为 1.5 级。对于需进行经济核算的参数，其显示仪表的精确度应为 I 级或高于 I 级。

（6）仪表的结构形式应与仪表工作的环境条件相适应

1）在爆炸危险场所工作的电动仪表和开关类仪表，应根据危险场所的等级和危险介质的级别和组别选择相应的防爆结构型仪表。

2）在湿热地区工作的仪表，仪表的结构应能防湿和防霉。

3）安装在室外露天的仪表，一般应设保护箱。

4）在寒冷地区工作的仪表，如所测量的工作介质可能结冻时，应有保温或伴热的措施。

5）测量腐蚀性介质（如盐水，酸、碱液）的仪表，其材质应为抗腐蚀的，如无法满足，则应在设计时考虑相应的防护措施。

（7）对操作安全、稳定运行有重要意义的工艺参数，应设置双重或多重不同功能的仪表。如锅炉汽包水位，一般都设置了两套至三套不同类型的水位流量仪表，以确保锅炉的安全运行。

（二）自动检测仪表的选型

1. 温度仪表的选择

（1）就地直读式温度仪表。

1）双金属温度计。读数清晰、主观性好，其刻度盘直径有 100mm 和 150mm 两种。结构形式有轴向式、径向式、角型等，应根据观察方位、安装条件等因素决定。

2）玻璃液体温度计。测量精度较高，但观察不直接，可以在外部环境条件较好，振动较小的场合使用。

3）压力式温度计。适用于远距离测量和有振动的场所。

（2）集中检测温度仪表的选择。

1）检测元件（热电阻或热电偶）通常按被测温度范围来选择。

2）同一测温点的温度要求接入两台以上显示或调节仪表和信号报警仪表时，应选用双元件的热电阻或热电偶。

3）在要求响应速度快的场合，宜选用快速响应热电偶或铠装热电偶。

4）当热电偶的冷端温度不稳定，影响系统的测量精确度时，应采用冷端温度补偿。

5）测量元件的保护套，应根据温度、压力和介质的特性加以选择。

（3）测温元件的选择。各类测温元件的选择，可参考表 27-2。

表 27-2　　　　　　　　　　　　　　　各类测温元件的选择

型　式	名　称	特　性
就地直读式	有机液体温度计	精确度高、易损坏、观察不便
	双金属温度计	精确度一般、耐用、观察方便
	压力式温度计	精确度一般、耐用、观察方便、可装远距离显示表
远距离传送式	热电阻	精确度较高、不耐震
	铜热电阻	$-50\sim+150℃$
	铂热电阻	$-200\sim+650℃$
	镍热电阻	$-60\sim+180℃$
	热电偶	
	铜-康铜	$-200\sim+400℃$
	铁-康铜	$-200\sim+800℃$
	镍铬-考铜	$0\sim+800℃$，较便宜，灵敏度高，可在还原气体中使用
	镍铬-康铜	$-200\sim+900℃$，较便宜，灵敏度高，可在还原气体中使用
	镍铬-镍硅（铝）	$-200\sim+1300℃$，较便宜，线性好，可在还原气体中使用
	铂铑 10-铂	$0\sim+1600℃$，价格贵，不能在还原气体中使用
	铂铑 30-铂	$0\sim+1800℃$，价格贵，不能在还原气体中使用

2. 压力仪表的选择

(1) 压力表量程的选择。

1) 测量稳定压力时，正常工作压力应为量程的 2/3～1/3。

2) 测量脉动压力时，正常工作压力应为量程的 1/2～1/3。

(2) 就地指示压力表的选择。就地指示压力表的选择可参照表 27-3。

表 27-3   就地指示压力表的选择

名 称	应用范围 $[MPa(kgf/cm^2)]$
弹簧管压力表	0.06 (0.6) 以上
膜盒压力表	$-0.04～0.06(-0.4～0.6)$
膜片压力表	0.06～2.5(0.6～25)
弹簧管真空压力表	$-0.1～0(-1～0)$

1) 压力表精确度等级选择：弹簧管压力表、膜盒压力表、膜片式力表，一般情况下宜选用 1.5 级，也可为 2.5 级。

2) 压力表外形尺寸选择就地指示压力表，一般径向不带边，表壳直径为 100mm 或 150mm；就地盘装压力表，一般轴向带边，表壳直径为 100mm 或 150mm。对于重要参数，如锅炉汽包压力，为便于观察，表壳直径为 200mm、250mm。

(3) 远传指示压力表的选项。

1) 测量精确度在 1.6 级以上，用于调节系统的记录和指示时，应选用电动单元组合仪表或气动单元组合仪表的压力变送器。

2) 测量精确度要求不高，可靠性也要求不高时，可选用电阻式或电感式远传压力表。

3) 测量微压力、且要求远传指示时，可选用差动式微压变送器或低差压变送器。

(4) 特殊问题。腐蚀性介质压力的测量必须选用耐腐蚀材质的专用压力测量仪表。

3. 流量仪表的选择

(1) 流量仪表的选择可考虑以下原则。一般流体（气体、水蒸气、液体）流量的测量，如流量仅作为操作的依据，则可选用差压式流量计和标准节流装置。在要求压力损失低、测量精确度高时，可选用非标准节流装置文丘里管；

(2) 大管径管道、低压损的气体、水蒸气、水等介质的流量测量，可选用笛形均速管流量计、旋涡式流量计和插入式涡轮流量计等。

(3) 饱和蒸汽流量的测量，在精确度要求不高时，可选用叶轮式蒸汽流量计；当精确要求较高时，可选用具有温度、压力补偿的流量计量仪表。

(4) 小流量、微小流量就地指示或远传指示时，可选用面积式流量计。

(5) 就地显示水流量，当量程比小于 30：1 时，可采用水表。

流量仪表的具体选择可参考表 27-4。

表 27-4   流量仪表的选择

仪表类型 ＼ 介质	水和洁净液体	水蒸气	气体	重油	大管道水、空气流量	微小流量
标准孔板	√	√	√	×	√	×
文丘里	√	√	√	×	√	×
6.35mm (1/4) 圆喷嘴	√	√	√	×	×	×

续表

介质 仪表类型	水和洁净液体	水蒸气	气体	重油	大管道水、 空气流量	微小流量
笛形均速管	√	√	√	×	√	×
玻璃管转子流量计	√	√	√	×	×	√
金属管转子流量计	√	√	√	×	×	√
插入式涡轮流量计	√	√	√	×	√	×
涡轮流量计	√	√	√	×	×	×
旋涡流量计	√	√	√	×	×	×
椭圆齿轮流量计	√	×	×	√	×	×

注 "√"可选用,"×"不选用。

4. 液位仪表的选择

液位仪表的选择应考虑以下原则。

(1)液位连续测量与自动调节,应选用差压式仪表或浮筒式仪表。测量负压状态下的液位时,应选用浮筒式仪表。

(2)当要求液位直观显示或数字显示时,可选用干簧接点式浮子型测量仪表或电阻式测量仪表。

(3)大、中型常压贮槽的液位测量可选用钢带浮子式流量仪表。

(4)锅炉汽包水位测量和调节,可选用差压式仪表,并注意计算测量范围的正负迁移量。

5. 显示仪表的选择

(1)显示仪表的选择可遵循以下原则。

1)控制室仪表盘上的显示仪表,宜选用条形和长度自动平衡式的。

2)需要高密度安装时,宜选用偏差指示或全量程指示的纵条形显示仪表。

3)要求显示醒目时,宜选用大型显示仪表。

(2)对重要参数要求记录时,宜选用单笔记录仪,对相关的多参数要求记录时,宜选用多笔记录仪。

(3)要求显示速度快、读数直接而醒目时,可选择数字式仪表。

(4)指示仪表、记录仪表的量程,一般按正常生产条件的要求选取,必要时,需考虑开停车和生产不正常情况下波动等因素。为了提高分辨率,可选择带量程切换功能的显示仪表,为了减小读数误差,可选择带量程扩展的显示仪表。

(5)仪表的刻度,液位仪表选用0~100%线性刻度;流量仪表选用线性或方根刻度。对于线性刻度,参数变化的正常值宜在量程范围的50%~70%之内,液位正常值宜在量程的50%左右。

(6)对于方根刻度,参数变化的正常值宜在量程范围的70%~85%之内,最大值可为95%,最小值不能低于30%。温度、压力、流量等参数的显示仪表,都应刻出满量程的标准计量单位。

(7)显示仪表应与变送器或检测元件的信号方式、分度号、量程范围、阻抗匹配、线路电阻等正确配套。

(8)锅炉汽包水位指示要醒目、形象化,可选用0~100%线性刻度的单色带或双色带指示仪。

主要显示仪表的选择可参考表27-5。

表 27-5 主要显示仪表的选择

名 称	功 能	特 性
自动平衡显示仪	(1)与检测元件热电阻、热电偶和毫伏电势信号、毫安电流信号、阻抗信号以及其他信号配合使用。 (2)记录、指示、报警、调节及量程扩展等功能。 (3)多笔、单笔记录及其他功能	(1)可靠性好。 (2)精确度高。 (3)功能全。 (4)具有大、中、小型各种长图及圆图记录功能。 (5)应用广泛

续表

名　称	功　能	特　性
动圈指示仪	(1) 与热电阻、热电偶检测元件，远传压力表，毫伏电势信号、毫安电流信号等配合使用。 (2) 指示、报警、位式或位式 PID 调节	(1) 价廉。 (2) 应用广泛。 (3) 传统的张丝结构不耐振动。 (4) 改进后的新系列，可靠性高，耐振动。 (5) 横条形和纵条形两种兼备
数字式显示仪	(1) 与热电阻、热电偶等检测元件，毫伏电势信号、毫安电流信号、脉冲量以及阻抗变化等信号源配合使用。 (2) 3＋位、4＋位显示、位式调节、报警。 (3) 一般为单点显示，也有多点切换，最多可达数百点，供台式安装	(1) 显示清晰、醒目。 (2) 精确度高。 (3) 可靠性好，无机械可动部件、维护简单。 (4) 有多种外形尺寸，80mm×160mm 横条形应用面较广，盘装

第五节　自动控制系统

一、控制系统功能

（1）集散控制系统（DCS）是采用标准化、模块化和系列化的设计，由过程控制级、控制级和生产管理级组成的一个以通信网络为纽带的集中显示，而操作管理、控制相对分散的系统。它具有如下特点：

1）自主性。系统上各工作站是通过网络接口连接起来的，各工作站独立自主地完成自己的任务，且各站的容量可扩充，配套软件随时可组态加载，是一个能独立运行的高可靠性子系统。

2）协调性。实时高可靠的工业控制局部网络使整个系统信号共享，各站之同在总体功能及优化处理方面具有充分的协调性。

3）在线性与实时性。通过人机接口和 I/O 接口，对过程对象的数据进行实时采集、分析、记录、监视、操作控制，可进行系统结构、组态回路的在线修改、局部故障的在线维修。

4）高可靠性。这是 DCS 的生命力所在。从结构上采用容错设计，使得在任意一个单元失效的情况下，仍然保持系统的完整性，即使全局性通信或管理失效，局部站仍能维持工作。从硬件上包括操作站、控制站、通信链路都采用双重化配置，从软件上采用分段与模块化设计，积木式结构，采用程序卷回或指令复执的容错设计。

5）适应性、灵活性和可扩充性。硬件和软件采用开放式，标准化设计，系统积木式结构，具有灵活的配置，可适应不同用户的需要。工厂改变生产工艺、生产流程时只需改变系统配置和控制方案，相应使用组态软件填写一些表格即可实现。

6）友好性。DCS 软件面向工业控制技术人员、工艺技术人员和生产操作人员，采用实用而简捷的人机会话系统，CRT/LCD 高分辨率交互图形显示，复合窗口技术，画面丰富，纵观、控制、调整、趋势、流程图、回路一览、批量控制、计量报表、操作指导画面、菜单功能等均具有实时性。

（2）控制系统应按照"安全、可用和经济"的原则进行设计，并遵循如下规定：

1）按照联合循环机组运行的要求，宜在少量就地操作和巡回检查人员的配合下，具有较高的自动化水平，能在集中控制室内实现机组的启动、运行工况监视和调整、停机及事故处理。控制室应以操作员站为监视控制中心，配备少量紧急操作开关和按钮，对燃气—蒸汽联合循环机组应实现炉、机、电集中控制。

2）按照联合循环机组"分层分散"控制的要求，可将模拟量控制划分为协调控制、子回路控制和执行操作三级；可将开关量控制划分为机组级控制、功能组控制、子功能组控制和驱动操作四级。积极鼓励采用经过审定的标准设计、典型设计、通用设计和参考设计。

3）按照联合循环机组安全、有效运行的要求，应选用"技术先进、质量可靠"的设备和元件，如选用新产品、新技术，则应为经过试验而获得成功的；如涉及重大设备的选用，则应该在设计采用前，完成技术、经济性能比较、咨询和评价。

（3）控制回路应按照保护、联锁控制优先的原则设计，并遵循如下规定：

1）模拟量控制、顺序控制、保护联锁控制及单独操作在共同作用同一对象时，控制指令优先级依序为：保护联锁控制最高、单独操作次之、模拟量控制再次之、顺序控制最低。

2）模拟量控制、顺序控制、保护联锁控制操作在共用同 1 个开关量信号时，几个共用的开关量信号接入具体回路的优先级或分配次序为保护联锁控制最高、模拟量控制次之、顺序控制最低。

3）控制回路在共同用一个模拟量信号时，模拟量应首先送入模拟量控制回路。

（4）控制站应按控制功能或按工艺系统划分的要求进行设计，并遵循如下规定：

1）分配控制任务应以一个部件（控制器、输入/输出模件）故障时对系统功能影响最小为原则。按工艺系统配置控制器时，任一局部工艺系统控制项目的全部任务宜集中在同一个控制器内完成。按控制功能配置控制器时，任一功能的失效，不应也不能影响整个控制器的正常运行。

2）控制器模件和输入/输出模件（I/O模件）的冗余应根据不同厂商的分散系统结构特点和被控对象的重要性来设置。

3）对于控制器模件通过内部总线带多个 I/O 模件的情况，完成数据采集、模拟量控制、开关量控制的控制器模件均应冗余配置。

4）对于控制器模件本身带有控制输出和相应的信号接口又通过总线与其他输入模件通信情况，完成模拟量控制模件以及完成重要信号输入任务的模件应冗余配置。

5）对电厂安全和有效性方面具有重大影响的测量，应采用三冗余，对异常情况的测量，应采用双冗余。

6）在配置冗余控制器的情况下，当工作控制器发生故障时，系统应能自动切换到冗余控制器工作，并在操作员站报警。

7）冗余控制器的切换时间和数据更新周期，应保证不因控制器的切换而发生控制扰动或延迟。

8）机柜内的模件应能带电插拔而不损坏，且不影响其他模件正常工作。模件的种类和规律尽可能标准化。

二、控制系统功能的基本要求

（一）数据采集系统（DAS）

DAS 是分散控制系统的一部分，采集和处理机组运行所需的全部数据，进行显示、计算、报警和记录，以维持机组安全经济运行。其主要功能如下：

（1）按照规定的扫描周期，完成工艺过程变量的采集和处理。过程变量包括一次参数（如压力、温度、流量、液位、电气量等），二次参数（如平均值、差值、变化率、效率等）以及设备运行状态。对过程变量的处理包括正确性判断、非线性校正、数字滤波、热电偶冷端补偿及开路检查、工程单位变换、开关量的有效性检查等。

（2）报警监视。可以对任一输入过程变量或计算值进行限值检查，按时间顺序以及优先级显示流程图、趋势图、棒状图、报警页面、操作指导画面等。

（3）在 LCD 上可显示系统流程图、趋势图、棒状图、报警页面、操作指导画面等。

（4）可按预定的时间间隔或预定事件自动启动打印，也可人工请求打印。报表和记录内容包括定时报表，报警记录、设备运行状态记录、运行人员操作记录、事故追忆记录、事故顺序记录（SOE）、历史数据记录等。

（5）机组性能计算，其至少应有下列项目。

1）余热锅炉热效率、燃气-蒸汽联合循环发电机组循环综合热效率及厂用电消耗计算得出的机组净热耗率。

2）计算燃气-蒸汽联合循环发电机组整个循环性能，所获得的数据应与主蒸汽温度、压力及排汽压力等偏差进行校正。

3）用焓降的方法计算汽轮机效率。

4）用输入-输出和热量损失的办法，计算余热锅炉效率。并应分别列出可控热量损失和非可控热量损失。

5）用"热交换协会标准"提供的凝汽器清洁系数，计算凝汽器效率。

6）余热锅炉给水泵效率。

7）余热锅炉过热器和省煤器效率。

8）用蒸汽温度、进汽压力、凝汽器压力、给水温度等的偏差，计算热效率与额定热效率的偏差，并计算偏差所引起的费用。

9）计算燃气轮机及其辅机设备的性能。

10）计算余热锅炉、燃气轮机组和汽轮机组等在内的整个机组的性能。

11）发电机有功功率和无功功率。

12）高压工作厂用变压器及高压启动/备用厂用变压器有功功率。

13）变频启动装置及发电机励磁装置有功功率。

14）厂用电率（每小时、每值、每日厂用电率）。

15）厂用电量（每小时、每值、每日厂用电量）。

16）发电机功率因数。

17）主要设备运行小时数。

18）断路器跳合闸次数。

以上这些性能计算应在 25% 以上负荷时进行，每 10min 计算 1 次，计算精确度应小于 0.1%。

（二）模拟量控制系统（MCS）

模拟量控制系统是确保机组安全、经济运行的关键控制系统，主要是指汽轮机和锅炉协调控制、锅炉及汽轮机重要辅机的自动调节。

1. 模拟量控制的基本要求

燃气轮机电厂联合循环机组应有较完善的模拟量控制系统，并将燃气轮机-余热锅炉-汽轮机机组作为一个单元整体进行协调控制，使燃气轮机、余热锅炉和汽轮机同时响应控制要求，确保机组快速和稳定地满足负荷的变化，并保持稳定的运行。

控制系统应划分为若干子系统，子系统设计应遵守"独立完整"的原则，以保持数据通信总线上信息交换量最少。冗余组态的控制系统，在控制系统局部故障时，不应引起机组的危急状态，并将这一影响阻止到最小。

控制的基本方法是必须直接并快速地响应代表负荷或能量指令的前馈信号，并通过闭环反馈控制和其他先进策略，对该信号进行调整或校正以实现静态高精确度和动态补偿。控制系统应具有一切必要的手段，自动补偿及修正机组自身的瞬态响应及其他必需的调整和修正。在自动控制范围内，控制系统应能处于自动方式而不需任何性质的人工干预。

控制系统应能使调节控制装置以达到规定的性能保证指标，控制设备实现性能要求的能力，不应受到控制系统的限制。控制系统应能操纵被控设备，特别是低负荷运行方式的设备，其自动方式能在从最低负荷到满负荷范围内运行。

控制系统应有联锁保护功能，以防止控制系统错误的及危险的动作，联锁保护系统在提供机组及辅机安全运行工况时，应为维护、试验和校正提供最大的灵活性。如系统某一部分必须具备的条件不满足时，联锁逻辑应阻止该部分投"自动"方式，同时，在条件不具备或系统故障时，将控制方式切换到手动。控制系统任何部分运行方式的切换，不论是自动或手动切换，均应平滑运行，不应引起过程变量的扰动，并且不需运行人员的修正。

当系统处于强制闭锁、限制、快速减负荷（Runback）或其他超驰作用时，系统受其影响的部分应随之跟踪，并不再继续其积分作用（积分饱和），同时应提供报警信息，指出引起各类超驰作用的原因。在超驰作用消失后，系统所有部分应平衡到当前的过程状态，并立即恢复其正常的控制作用，这一过程不应有任何延滞，并且被控装置不应有任何不正确的或不符合逻辑要求的动作。

对某些关键参数采用三冗余的测量值，系统应自动选择中值作为被控变量，而其余变送器测得的数值，若与中值信号的偏差超过预先整定的范围时，应进行报警，如其余两个信号与中值信号的偏差均超限报警时，则控制系统受影响部分应切换至手动。运行人员可将三选中的逻辑切换至手动，而任选 3 个变送器中的某 1 个信号供自动用。某些仅次于关键参数的重要参数可采用双冗余变送器测量，若这 2 个信号的偏差超出一定的范围，则应有报警，并将受影响的控制系统切换至手动。运行人员可将二选一逻辑切换至手动，并任选一变送器用作控制。在使用非冗余的测量信号时，如信号丧失或信号超出工艺过程实际可能范围，均应有报警，同时系统受影响部分切换至手动。

控制系统的输出信号应为脉冲量或 4～20mA 连续信号。控制输出应有上下限定，为保证控制系统故障时机组设备的安全。控制系统所需的所有校正作用，不能因为需要调整控制信号使之达到驱动装置的工作范围而有所延迟。控制系统应监视设定值与被控变量之间的偏差和输出信号与控制阀门位置之间的偏差，当偏差超过预定范围时，系统应将控制切换至手动并报警。

泵等设备跳闸，应将与之对应的控制系统切换到手动。当 2 个或 2 个以上的控制驱动装置控制 1 个变量时，可以只有其中的 1 个驱动装置维持自动运行，运行人员还可以将其余的驱动装置投入自动，而不需手动平衡以免干扰系统。当追加的驱动装置投入自动后，自动控制系统的控制作用应自动适应追加的驱动装置的作用，也就是说不管驱动装置在手动或自动方式的数量如何组合变化，自动控制系统的控制作用均应是恒定的。手动切换 1 个或 1 个以上的驱动装置投入自动时，为不产生过程扰动，而保持合适的关系，应使处于自动状态的驱动装置等量并反向作用。

应对多控制驱动装置的运行提供偏置调整，偏置应能随意调整，新建立的关系不应产生过程扰动。在自动状态，设置 1 个控制驱动装置为自动或遥控，不需要进行手动平衡或对其偏置进行调整，并且不论此时偏置设置的位置或过程偏差的幅度如何，不应引起任何控制驱动装置的比例阶跃。系统的设计应能够不需要任何手动平衡和无扰动地从自动切换到手动，反之亦然。

2. 模拟量控制的具体功能

（1）机组协调控制。联合循环机组协调控制运行在汽轮机跟随方式。机组协调控制应协调燃气轮机、余热锅炉、旁路系统、汽轮机及其辅机的运行，以便快速、准确和稳定地响应自动调度系统（AGC）或电厂运行人员的负荷指令，进行有效的生产。同时系统还应考虑诸如辅机故障或设备异常等运行限制条件，以高度适应的方式使负荷性能达到最佳状态，满足连续、安全运行的要求。

（2）机组负荷指令。

1）机组负荷指令是通过输入的 AGC 信号并且根据频率、功率、机组运行工况等要求的限制加以处理后信号的构成。运行人员能在 LCD 键盘和负荷管理控制的画面上实现下列功能：

a. 手/自动方式选择：在自动方式，机组负荷控制响应 ADS 负荷需求指令，在手动方式，机组负荷控制响应运行人员输入的负荷指令。

b. 机组负荷指令的手动调整。

c. 负荷高、低限值的调整。

d. 负荷变化率的设定。

e. 负荷变化方向的指示（增加方向或减少方向）。

f. 负荷高、低限值的指示。

g. 负荷指令与总发电功率的指示。

h. 负荷闭锁增（Block Increase），负荷闭锁减（Block Decrease），快速减负荷（Runback）的指示。

i. 燃气轮机、汽轮机、余热锅炉运行方式的选择和指示。

2）控制系统应可以平稳地实现下列功能：

a. 频率协调：汽轮机转速控制用于维持系统频率的稳定。机组负荷指令应自动跟踪实际测得的发电机负荷，以避免产生扰动。

b. 限制：机组最大负荷指令应与燃气轮机最大负荷、余热锅炉、汽轮机最大负荷的能力相适应。当被控容量或允许出力达到最大或最小限值时应发出闭锁增、闭锁减的控制信号。

c. 辅机故障减负荷（Runback）：应提供余热锅炉给水泵等发生出力故障工况时的 Runback 功能。每种 Runback 应有单独的最大允许负荷或减负荷速率，以适应各种设备的动态特性。运行人员能通过 LCD 得到 Runback 工况时的信息，所有的 Runback 应自动完成。

3）模拟量控制系统应提供与 AGC 的接口以遥控机组负荷，其与 AGC 之间的硬接线信号一般应有以下信号（可根据各电网的要求做调整）：

a. 从 AGC 送往 DCS 的信号：

a）机组负荷指令（4～20mA）。

b）ADS 功能正常（数字量）。

b. 从 MCS 送往 AGC 的信号：

a）机组允许负荷变化速率（4～20mA）。

b）机组允许最大负荷（4～20mA）。

c）机组允许最小负荷（4～20mA）。

c. 机组 AGC 允许投入方式（数字量）。

d. 机组已投入 AGC 方式（数字量）。

e. 机组出力限制和 RUNBACK（数字量）。

f. 机组调节控制故障（数字量）。

（3）旁路系统控制。旁路系统的就地设备如由机岛供货商供货，控制则由 DCS 对旁路系统进行控制，以便满足机组的运行和安全保护的要求。旁路系统的所有控制方案要求机岛供货商负责提供，在 DCS 中实现其功能。下面是旁路系统的基本控制要求：

1）旁路控制系统的基本功能是协调余热锅炉出口和汽轮机进口的主蒸汽流量的不平衡，以保持汽轮机在部分和全部甩负荷时，余热锅炉稳定运行启动时，控制蒸汽压力。

2）根据需要，DCS 控制旁路系统平稳地把余热锅炉投入运行。用控制蒸汽直接流入汽轮机凝汽器的方法实现余热锅炉逐渐暖炉、满足余热锅炉制造厂推荐的启动升温速率、实现压力匹配和实现蒸汽流量从旁路向汽轮机和蒸汽循环的逐渐转换。在正常运行中，余热锅炉顺序启动和切换。

3）在旁路系统控制中，还应对减温水的流量、旁路减温器出口的蒸汽温度进行控制。

4）旁路系统的控制要考虑与汽轮机控制系统的联系。

5）系统设计至少应考虑如下的联锁保护功能，并有相应报警：

a. 减温水压力低。

b. 旁路后温度高。

6）当出现如下事故时，旁路系统应被切除：

a. 凝汽器压力高。

b. 旁路减温器后蒸汽温度高高。

c. 减温水压力低低。

（4）凝汽器水位控制。

1）热井水位为定值调节，通讨控制 2 个并联的热井水位调节阀，以改变由凝结水储水箱到凝汽器的水流量控制热井水位。

2）在热井水位达到高值时，全关调节阀；而热井水位达到低值时，全开调节阀。

（5）余热锅炉及热力系统控制。控制系统不应影响燃气轮机调速器响应系统频率变化的调节特性，并与机岛控制系统相协调。余热锅炉及热力系统控制的主要项目如下：

1）主蒸汽温度控制。

2）再热蒸汽温度控制。

3）高压汽包水位控制（三冗余）。

4）中压汽包水位控制（三冗余）。

5）低压汽包压力和水位控制（三冗余）。

6）给水泵再循环控制。

7）给水加热器再循环控制。

8）连续排污扩容器水位控制。

3. 燃气轮机和汽机控制。

DCS 根据机组负荷指令，向机岛控制系统发出负荷指令信号，并由机岛控制系统中的顺序（功能组）控制执行燃气轮机、汽轮机的控制。

（1）燃气轮机的一般控制功能应有：

1）转速控制。

2）温度控制。

3）加速度控制。

4）负荷控制。

5）进口导叶（IGV）控制。

（2）汽轮机的一般控制功能应有：

1）蒸汽流量控制。

2）排汽温度控制。

3）轴封蒸汽系统控制。

4）汽轮机旁路控制。

5）油系统控制。

6）本体疏水系统控制。

（3）DCS 与机岛控制系统不是同一个供货商时，则要求各供货方仔细审阅来自其他供货商的技术资料，并实现与衔接好各方的设计接口。

DCS 至机岛控制系统之间的硬接线信号至少应有：

1）燃气轮机负荷指令：4～20mA。

2）燃气轮机排气温度匹配值：4～20mA。

3）燃气轮机排汽温度变化率：4～20mA。

4）燃气轮机外部跳闸指令：数字量。

5）燃气轮机外部允许条件：数字量。

6）燃气轮机紧急跳闸按钮：数字量。

7）燃气轮机 Runback：数字量。

8）燃气轮机启动：数字量。

9）燃气轮机停：数字量。

10）自动同期：数字量。

11）同期切除：数字量。

12）预设定负荷：数字量。

13）升速/负荷指令：数字量。

14）降速/负荷指令：数字量。

15）升压指令：数字量。

16）降压指令：数字量。

17）燃气轮机排气温度匹配控制投：数字量。

18）燃气轮机排气温度匹配控制切：数字量。

19）汽轮机外部跳闸指令：数字量。

20）汽轮机紧急跳闸按钮：数字量。

21）选择投入口压力控制：数字量。

（4）机岛控制系统至 DCS 之间的硬接线信号至少应有：

1）燃气启动准备就绪：数字量。

2）燃气已启动：数字量。

3）燃气点火状态：数字量。

4）燃气轮机程控过程中：数字量。

5）燃气轮机程控完成：数字量。

6）燃气轮机报警：数字量。

7）发电机开关状态：数字量。

8）投温度控制：数字量。

9）燃气轮机点火保护现状：数字量。

10）燃气轮机运行/跳闸：数字量。

11）燃气轮机暖机完成：数字量。

12）同期限制：数字量。

13）汽轮机报警：数字量。

14）汽轮机已跳闸：数字量。

15）入口压力控制投入：数字量。

16）功率：4～20mA。

17）无功功率：4～20mA。

18）发电机电压：4～20mA。

19）发电机功率：4～20mA。

20）进口导叶角度：4～20mA。

21）凝汽器压力：4～20mA。

22）金属温度：4～20mA。

23）ATS 建议负荷率：4～20mA。

24）主控制阀阀位：4～20mA。

（三）顺序控制系统（SCS）

1. 顺序控制基本要求

机组的自动启动/停运系统应该满足以下启动方式：

（1）冷态启动方式。

（2）温态启动方式。

（3）热态启动方式。

根据机组特性和运行程序，在整套机组的启动/停运过程中可有若干中断点。在到达顺序的中断点时，顺序停止；运行人员检查和再启动后，机组启动/停运顺序继续进行。

系统应能使机组从冷态自动启动，并连同余热锅炉将燃气轮机/汽机带到冲转产生蒸汽，自动升速、并网达到目标负荷。另外，也可通过可选的自动顺序，使机组从温态或热态重新启动。系统应能按自动顺序停机。

机组自动启动/停运控制将协调负荷监督所有单个控制系统，包括燃气轮机、汽轮机的顺序（功能组）控制系统，以便完成整个联合循环机组的启动/停运过程。机组的顺序（功能组）控制将包括余热锅炉、燃气轮机、汽轮机、热力循环所有有关的辅助设备。在手动顺序控制方式时，应为操作员提供操作指导。这些操作指导应以图形方式显示在 LCD 上，即用反馈装置的颜色改变来显示下一步应被执行的程序步骤和已完成的程序步骤，运行人员通过手动指令，可修改顺序或对执行的顺序跳步，但这种运行方式必须满足安全要求。

控制顺序中的每一步均应通过从设备来的反馈信号得以确认，每一步都应监视预定的执行时间。如果顺序未能在预定的时间内完成，发报警，应禁止顺序进行下去。如果事故消除，在运行人员再启动后，可使程序再进行下去。

在自动顺序控制期间，出现任何故障或运行人员中断信号，应使正在进行的程序中断并回到安全状态，使程序中断的故障或运行人员指令应在 LCD 上显示，并由打印机打印出来，当故障排除后，顺序控制在再启动后将再进行下去。

运行人员应可在 LCD/键盘上操作每一个被控对象，顺序控制是按步进命令逻辑顺序进行的，每步任务的完成都有检查。在正常运行时，顺序一旦启动应至结束。在顺序过程中每一步应有指示，在此步完成后自行熄灭。应有顺序已经完成/没有完成的单独指示。

2. 顺序控制功能

应根据机组运行特性及附属设备的运行要求，构成不同的顺序控制子系统功能组和子组。功能组和子组应满足机组的启动、停止及正常运行工况的控制要求，并能实现机组在事故和异常工况下的控制操作，保证机组安全，具体功能如下：

（1）实现燃气轮机自启停。

（2）实现余热锅炉启停。

（3）实现主/辅机、阀门、挡板的顺序控制及试验操作顺序控制。

（4）实现汽轮机启停。

（5）实现大型辅机与其相关的真空系统、冷却系统、轴封系统、控制油系统、润滑油系统的联锁控制。

（6）在发生局部设备故障跳闸时，联锁启动相关设备。

3. 余热锅炉、热力系统顺序控制

余热锅炉、热力系统顺序控制的主要功能组：

（1）余热锅炉启停。

（2）余热锅炉与热力系统功能子组项：

1）高压蒸发系统。

2）中压蒸发系统。

3）低压蒸发系统。

4）高压主蒸汽系统。

5）中压主蒸汽系统。

6）低压主蒸汽系统。

7）高压给水系统。

8）中压给水系统。

9）低压给水系统。

10）凝结水系统。

11）闭式循环冷却水系统。

12）开式循环冷却水系统。

13）循环水泵子组。

14）循环水补水系统。

15）强制循环余热锅炉的炉水循环泵子组。

16）其他子组（视各工程实际情况确定）。

4. 燃气轮机和汽轮机顺序控制

（1）燃气轮机顺序控制的主要功能组：

1）燃气轮机启/停

2）燃气轮机辅助系统功能子组：

a. 燃气轮机本体燃料模块系统。

b. 燃气轮机天然气前置模块疏水系统。

c. 燃气轮机盘车系统。

d. 吹扫。

e. 氢气系统。

（2）汽轮机顺序控制的主要功能组：

1）汽轮机启/停。

2）汽轮机辅助系统功能子组项：

a. 真空系统。

b. 轴封系统。

c. 控制油系统。

d. 润滑油系统。

e. 汽轮机调节汽门开启。

f. 汽轮机阀门自动试验。

g. 汽轮机辅助系统启动。

顺序控制的主要功能组项，最终可根据各工厂实际情况增减。

（四）保护系统

1. 机组保护

（1）余热锅炉和整个联合循环机组的跳闸保护将由 DCS 实现，当发生下列情况之一，余热锅炉应停止运行：

1）高、中、低压汽包水位低二值。

2）高、中、低压汽包水位高三值。

3）强制循环余热锅炉的循环流量低二值。

4）主汽温度、压力异常。

5）烟气系统出口压力异常。

（2）联合循环机组一旦发生重大事故，机组保护应确保人员、设备和环境的安全。DCS系统的设计应协调由燃气轮机、汽轮机、发电机和余热锅炉的独立保护系统引入的各跳闸保护动作。

根据联合循环机组的运行方式，机组保护联锁应考虑以下工况：

1）余热锅炉停运，燃气轮机和汽轮机将自动停。

2）燃气轮机跳闸，余热锅炉和汽轮机将自动停。

3）发电机跳闸，汽轮机、燃气轮机和余热锅炉将自动停。

（3）机组的保护联锁功能由DCS实现，机组跳闸、重要的联锁和超驰控制的信号，应直接采用硬接线，而不可通过数据通信总线传送。

2. 燃气轮机保护

（1）燃气轮机保护功能满足下列要求：

1）保护功能应通过提供独立的测量信号来保证，在任何时候都是有效的，且独立于其他控制和监视功能。

2）保护系统具有足够的冗余度，处理器、输入信号和通道也为冗余设计，以保证可靠的联锁和跳闸，并避免误动作。

3）保护系统应有事故顺序记录。

4）燃气轮机跳闸保护装置如采用故障安全型处理器，应基于冗余容错原则，确保机组故障时的安全动作。

（2）燃气轮机的跳闸保护包含如下内容：

1）超速保护。

2）透平出口温度（OTC）保护。

3）火焰检测保护。

4）润滑油温度高保护。

5）润滑油压低保护。

6）轴承振动高保护。

7）轴承温度高保护。

8）压气机喘振保护。

9）火灾保护。

10）手动紧急停机等。

3. 汽轮机保护

（1）汽轮机保护应满足下列要求：

1）保护功能在任何时候都是有效的，且独立于其他控制和监视功能。这是通过提供独立的测量信号来保证的。

2）保护系统具有足够的冗余度，处理器、输入信号和通道应都为冗余设计，以保证可靠的联锁和跳闸，并避免误动作。

3）保护系统有事故顺序记录。

4) 汽轮机跳闸装置如采用故障安全型处理器，应基于冗余容错原则，确保机组故障时的安全动作。

5) 保护回路中不应设置运行人员切、投保护的任何操作设备。

6) 所有的跳闸启动指令均是无源触点；对信号状态的故障和异常工况（如短路、开路和接地故障等），进行监视并报警。

7) 能向操作员指示各跳闸通道的状态，并在操作员可能执行调整动作的时候，提供报警措施，避免跳闸工况。

(2) 汽轮机应设置如下保护功能以保障其安全有效的运行：

1) 冷凝器真空低跳闸。

2) 汽轮机排汽温度高。

3) 轴振动高。

4) 轴向位移大。

5) 推力轴承磨损报警。

6) 超速跳闸。

7) 润滑油压低。

8) 汽轮机旁路出口温度高。

9) 手动紧急停机等。

4. 后备操作

应提供安装在控制盘上的用于重要驱动装置和紧急跳闸的硬接线按钮和硬接线保护以便确保机组安全运行。在集中控制室主控台上设有少量用于机组紧急停机和设备保护的后备操作按钮有：

(1) 燃气轮机跳闸。

(2) 汽轮机跳闸。

(3) 发电机-变压器组跳闸。

(4) 汽轮机真空破坏阀开。

(5) 汽包事故放水门开。

(6) 余热锅炉安全门开（机械式可不装）。

(7) 直流润滑油泵启动。

(8) 交流润滑油泵启动。

(9) 柴油发电机启动。

以上控制回路及功能等要求，最终可根据不同供货商配置的系统和各工程的实际情况进行调整。

三、控制系统总体结构和通信网络

（一）控制系统总体结构

控制系统总体结构主要有两种，一种是由余热锅炉及整个热力系统和发电机-变压器组及厂用电源系统的分散控制系统（DCS）加上机岛（燃气轮机、汽轮机和发电机及其辅助设备）随主设备成套提供的控制系统，两个不为同一厂商生产的控制系统，按照组合配置要求，提供完整的机组控制功能；另一种是余热锅炉及整个热力系统和发电机-变压器组及厂用电源系统的分散控制系统（DCS与机岛燃气轮机、汽轮机和发电机及其辅助设备）随主设备成套提供的控制系统，两个为同一厂商生产的控制系统，按照一体化设计要求，提供完整的机组控制功能。当燃气轮机不能实现一体化控制系统的多轴联合循环机组，而汽轮机由国内生产，则汽轮机的控制宜纳入机组DCS。机岛（燃气轮机、汽轮机和发电机及其辅助设备）控制系统，尽管因主设备成套配置的不同而不同，但其基本构成应该相似。余热锅炉及整个热力系统和发电机-变压器组及厂用电源系统的分散控制系统（DCS），应能完成其所控制范围内的数据采集和处理（DAS）、模拟量控制（MCS）、顺序控制（SCS）、联锁保护、汽轮机数字式电调控制（DEH）（机岛控制系统中实现），旁路控制（BPS）、电气控制（ECS）等功能。

（二）通信的基本要求

通信网络必须是实时网络，即网络需要根据通信实时性的要求，在确定的时间内完成信息的传送。通信网络的配置应能方便地实现功能扩展，可靠性传输有效信息，快速地作出实时响应，并能适应恶劣的工业现场环境。

（1）控制系统通信网络的结构应满足的基本要求：

1）为提高控制系统的可靠性、实时性、扩展性，通信网络必须具有分层结构，按照机组控制的特点，宜分系统级网络、控制级网络、模件级或现场级网络。通过通信网络，控制系统应能对操作员站、工程师站、控制器等所构成不同功能的客户机与单元机组设置的冗余数据服务器进行上下层操作。

2）通信网络一般可采用总线形网、环形网与双星型网等的拓扑结构，应能可靠地实现或拓展网络节点和站的互联。

（2）控制系统通信网络的传输介质应满足的基本要求如下：

1）控制系统网络的传输介质应能减少线路上传输时间的延迟，以提高网络的实时性；应有较强的抗干扰能力，以提高网络的可靠性。

2）控制系统网络的传输介质常用双绞线、同轴电缆、光纤。其中，现场级网络可采用双绞线；控制级和系统级网络宜采用同轴电缆或光纤。

（3）通信网络的性能应满足如下技术要求：

1）通信网络系统的最大规模。该指标包含三个参数：通信网络覆盖的最大距离、通信网络所能连接的最大节点数、相邻节点的最大距离。

2）通信网络的最大延时。最大延时是指信息包从源站开始产生直到最后被成功地传送到目的站所需的最大时间，也即运行人员通过键盘、鼠标等手段发出的任何操作指令均应在 1s 或更短的时间内被执行。在机组稳定和扰动的工况下，数据总线的通信速率应保证运行人员发出的任何指令均能在 1s 或更短的时间里被执行。

3）通信网络系统的负荷率。

为确保控制系统网络的实时性，确保控制系统网络不阻塞，确保不发生局部瘫痪、死机等，控制系统通信网络应有较低的负荷率。数据通信网络的负载容量，若采用令牌网，其通信系统最高负荷率不应超过 40%。对于采用 CSMA/CD 的以太网技术，则通信系统最高负荷率不应超过 20%。

（4）通信网络应有容错和连续诊断功能，确保通信的高度可靠性。通信网络系统的容错性能的基本要求是，连接到数据通信网络上的任一系统或设备发生故障，不应导致通信系统瘫痪或影响其他联网系统和设备的工作。通信总线应是冗余的（包括冗余通信总线接口模件），冗余的数据通信总线在任何时候都应同时工作。任何一条通信总线的故障不应引起机组跳闸或使系统不能工作。

（三）通信接口的基本要求

DCS 的数字主时钟用于使系统通信网络上的各个站点的时钟同步，数字主时钟与 GPS 的时钟信号或其他标准时钟信号同步。时钟同步信号可采用 IRIG-B（靶场仪器组 B 码）、UTC（协调世界时）格式。

若 DCS 与机岛控制系统采用不同厂商的产品系列，通信网络应具有与机岛控制系统通信接口，包括必要的支持硬件、软件和数据通信电缆，用以接收机岛控制系统送出的所有带时间标签和不带时间标签的信号，实现机岛控制系统与 DCS 之间监控信息的交换。接口要求如下：

（1）冗余、双向的、带有接口模件，以及必要的网关和交换器。

（2）使用开放型标准和广泛使用的通信协议，例如 TCP/IP。

（3）DCS 发出的操作指令不应由于此通信接口而延迟。

控制系统与厂级实时监控系统的通信接口应有安全防护措施，并应保证厂级实时监控系统的接入不会降低控制系统的性能，如分辨率、响应速度、通信网络的负荷率等。

四、操作员站和工程师站

（一）操作员站的功能要求

操作员站的任务是在标准画面和用户组态画面上，汇集和显示有关的运行信息，供运行人员据此对机组的运行工况进行监视和控制。操作员站的基本功能如下：

(1) 监视系统内每一个模拟量和数字量。

(2) 显示并确认报警。

(3) 显示操作指导。

(4) 建立趋势画面并获得趋势信息。

(5) 打印报表。

(6) 控制驱动装置。

(7) 自动和手动控制方式的选择。

(8) 调整过程设定值和偏置等。

（二）操作员站硬件配置最低要求

(1) 操作员站由 PC 机或工作站、键盘、光标定位装置和其他外设（如打印机）等组成。鼠标（或跟踪球）应作为可选的光标定位装置。

(2) 每台操作员站应配置 1 个键盘、1 套光标定位装置。键盘上除具有完整的数字、字母键外，还应提供若干用户键，使运行人员能直接调出各种所需要的画面。这些用户键或专用按钮的用途，应可由编程人员重新定义。

（三）操作员站的软件及其他要求

(1) 在正常或故障工况下运行人员对顺控或单个设备控制进行手动干预时，所有通过软件方式获取或硬接线方式提供的许可和超驰信号应作为操作提示在操作员画面上显示。

(2) 操作员站的设计应考虑防误操作功能。在任何运行工况按下非法操作键时，系统应拒绝响应，并在画面上给出出错显示。

(3) 每台操作员站应有其独立的显示屏，集中控制室内的所有操作员站应组态相同（全功能），可互为备用。

(4) DCS 公用网络不设置操作员站，公用网络的监控应可在单元机组操作员站完成，单元机组操作员站对公用网络的操作应有必要的安全闭锁。

(5) 若机岛控制系统与联合循环机组 DCS 两个为同一厂商生产的控制系统，按照一体化设计时，每套单元机组 DCS（包括燃气轮机、汽轮机控制系统）在集中控制室应至少配置 3 个操作员站；当多台联合循环机组采用 1 套 DCS 时，则每套机组在集中控制室应配置 2 个操作员站。

(6) 当机岛控制系统与联合循环机组 DCS 不是同一厂商时，每套单元机组 DCS 在集中控制室应至少配置 2 个操作员站，并在集中控制室中需另增设每套燃气轮机组配置 2 个人机接口（HMI）（其中 1 个为就地人机接口），励磁系统、静态启动装置（LCI）控制配置 1 个人机接口（HMI）。燃气轮机、汽轮机的控制设备和人机接口（HMI）通过机组总线组成燃气轮机-汽轮机控制系统。

(7) 每套操作员站都应是冗余通信总线上的 1 个站，且每个操作员站应有独立的冗余通信处理模件，分别与冗余的通信总线相连。

(8) 虽然操作员站的使用各有分工，但任何显示和控制功能均应能在任一操作员站上完成。

(9) 任何 LCD 画面均应能在 2s（或更少）的时间内完全显示出来。所有显示的数据应每秒更新。

(10) 调用任一画面的击键次数，不应多于 3 次。

（11）运行人员通过键盘、鼠标等手段发出的任何操作指令均应在 1s 或更短的时间内被执行。从运行人员发出操作指令到被执行完毕的确认信息在 LCD 上反映出来的时间应在 2s 内。对运行人员操作指令的执行和确认，不应由于系统负载改变或使用了网关而被延缓。

（12）操作员站的设计和布置应符合人机工程学，并适应机组的运行组织，便于运行人员监控机组。

（四）紧急操作设备

（1）应设计机组紧急操作设备，以保证在紧急情况下快速、安全停机。

（2）紧急操作设备应布置在操作员站的桌面上，并应便于操作，同时应带有安全防护罩以防勿动。

（3）紧急操作设备包括燃气轮机跳闸、汽轮机跳闸、发电机跳闸、余热锅炉安全门开（机械式不装）、汽包事故放水门开、真空破坏阀开、柴油发电机启动、直流润滑油泵启动、交流润滑油泵启动等。

（4）所有紧急操作设备应至少提供 2 常开 2 常闭触点输出，接点容量（安培数）应至少满足表 27-6 的要求。

表 27-6　　　　　　　　　　　　　　　按 点 容 量

项　目	230V AC	115V AC	230V DC
Ⅰ—接点闭合（感性回路）	5	10	5
Ⅱ—连续带电	5	5	5
Ⅲ—接点分析	2.5	2	0.5

（五）外围设备

1. 一体化控制系统的打印机设置

一体化控制系统的打印机宜按下列要求设置：

（1）设置 2 台黑白宽行报警打印机，布置在集中控制室。打印机应带微处理器，两台报警打印机都应能互相切换使用。

（2）设置 1 台黑白激光 A3/A4 报表记录打印机，布置在集中控制室。

（3）设置 1 台彩色激光 A3/M 图形打印机。

（4）设置 1 台黑白激光 A3/A4 文件记录打印机，打印机带网络接口，布置在工程师室。

2. 非一体化控制系统的打印机的设置

机岛控制系统不能实现一体化控制系统时，一般机岛控制系统均自带有报警、记录打印机和工程师站的文件记录打印机，分别布置在集中控制室和工程师室。

3. GPS 时钟装置

GPS 时钟装置应包括天线、接收器、整套装置内部设备之间及 GPS 装置至 DCS 系统的连接电缆等附件。装置的时钟输出信号精度应至少为 1μs，GPS 与 DCS 之间应每 1s 进行 1 次时钟同步。

GPS 时钟装置应提供至少 8 路时钟信号输出通道，能支持以下可选的接口形式：IRIGB（调制或非调制）、1PPS、RS-232、RS-422/485、NTP（10 Base-T 以太网接口）。GPS 时钟装置还应配置后备电池，能至少维持 GPS 接收器模件中时钟和存储器（RAM）正常工作 1 个月。当 GPS 时钟装置的实时时钟无法跟踪 GPS 时（失锁 Out-of Lock），装置应提供继电器接点输出报警。

4. 数据存储装置

应提供各种数据存储装置存储系统数据，如硬盘、光盘等。

（六）大屏幕显示器

大屏幕显示器为选配项，可根据各工程要求设置。

（1）大屏幕显示器应作为 DCS 网络上的一个站，并能享受 DCS 数据库和画面，具有与其他操作员站相同的监视和操作功能。每台大屏幕显示器至少应可以分 4 个窗口分别同时显示工艺过程画面、控制系统信息和工业电视信息等，4 幅画面可随意组合。

（2）投影机屏幕上的画面应与 LCD 显示画面完全一样，包括实时参数的刷新和鼠标点击等操作。

（3）大屏幕显示器驱动、管理程序（包括拼图软件）应安装在其相连的 DCS 操作员站上，并能通过操作员站对其进行设置、组态和控制，同时，不应因大屏幕显示器的使用影响操作员站的性能。

（4）由于大屏幕显示器主要显示相对静止的过程画面，提供的设备应适应这种应用要求。

（七）工程师站的功能要求

工程师站的主要功能是对 DCS 进行离线配置和组态工作。在 DCS 工程师站中至少应提供如下组态功能：

（1）硬件配置组态功能。

（2）数据库组态功能。

（3）回路控制组态。

（4）顺序控制组态。

（5）控制算法语言的组态。

（6）操作员站显示画面的生成。

（7）报表生成组态。

（8）组态数据的编译和下载。

（9）操作安全保护组态。

工程师站必须具有对 DCS 系统的运行状态进行监控的功能，包括对各个控制站的运行状态、各个操作员站的运行情况、各级网络通信情况等方面的监控。

工程师站应能在线组态，如上下限制的改变、控制参数的调整、对现场 I/O 站的直接操作、对某个 I/O 点的强制限制，以及在部分代码的方式下能在线修改控制算法及下装等。

（八）工程师站的硬件配置要求

工程师站应采用通用的、标准化的计算机工作站。一体化控制系统时配有工程师站，机岛控制系统不能实现一体化控制系统时，则一般机岛控制系统均自带有工程师站。

（九）工程师站的软件及其他要求

（1）工程师站是在线或离线均能对 DCS 系统的组态进行修改。系统内增加或变换一个测点，应不必重新编译整个系统的程序。

（2）提供一个带有 LCD，键盘/鼠标及 1 台打印机的台式工程师站，用于程序开发、系统诊断、控制系统组态、数据库和画面的编辑及修改。

（3）工程师站应能调出任一已定义的系统显示画面。在工程师站上生成的任何显示画面和趋势图等，应能通过通信总线加载到操作员站。

（4）工程师站应能通过通信总线，即可调出系统内任一分散处理单元（DPU）的系统组态信息和有关数据，还可将组态数据从工程师站上下载到各分散处理单元和操作员站。此外，当重新组态的数据被确认后，系统应能自动地刷新其内存。

（5）工程师站应包括站用处理器、图形处理器及能容纳系统内所有数据库、各种显示和组态程序所需的主存储器和外存设备。还应提供系统趋势显示所需的历史趋势缓冲器。

（6）工程师站应设置软件保护密码，以防一般人员擅自改变控制策略、应用程序和系统数据库。

（7）应提供支撑工程师站的所有辅助设备。

（8）工程师站应具有操作员站的功能。

五、控制系统硬件和软件

（一）硬件要求

1. 总则

系统硬件应采用有现场运行实绩的、先进可靠的和使用以微处理器为基础的分散型的硬件。系统内所有模件均应是固态电路、标准化、模块化和插入式结构。模件的种类和尺寸规格应尽量少，以减少备件的范围和费用支出。模件的插拔应有导轨和联锁，不易造成损坏或引起故障。模件的编址不应受在机柜内的插槽位置所影响，在机柜内任何位置上都应能执行其功能。机柜内的模件应能带电插拔和更换而不损坏，且不影响其他模件正常工作。

2. 处理器模件的基本要求

处理器模件除满足总则中的要求外，还应满足如下要求：

（1）分散处理单元内的处理器模件应各司其职（功能上应分离），以提高系统可靠性。处理器模件应使用 I/O 处理系统采集的过程信息来完成模拟量控制和数字量控制。

（2）处理器模件若使用易失性随机存储器（RAM），则应使用电池作数据存储的后备电源，电池的更换不应丢失数据。

（3）某一处理器模件发生故障，不应影响其他处理器模件的运行。此外，数据通信总线故障时，处理器模件应能继续运行。

（4）对某一个处理器模件的切除、修改或恢复投运，均不应影响其他处理器模件的运行。

（5）为获得高可靠性，所有处理器模件应冗余配置，当使用 I/O 或其他专用模件完成控制功能时，相关的模件也应合理冗余配置。

（6）冗余配置的处理器模件中，当某一工作的处理器模件发生故障时，系统均应能自动地以无扰动方式快速切换至与其冗余的处理器模件，并在操作员站报警。切换时间应保证在毫秒级，并保证系统的控制和保护功能不会因冗余切换而丢失或延迟。

（7）冗余配置的处理器模件与系统均应有并行的接口，即均能接受系统对它们进行组态和在线组态修改。处于后备状态的处理器模件应能不断更新其自身获得的信息。

3. I/O 模件的基本要求

I/O 模件除满足总则中的要求外，还应满足如下要求：

（1）I/O 处理系统应"智能化"以减轻控制系统的处理负荷。I/O 处理系统应能完成扫描、数据整定、数字化输入和输出、线性化、热电偶冷端补偿、过程点质量判断、工程单位换算等功能。

（2）所有模拟量输入信号每秒至少扫描和更新 4 次，所有数字量输入信号每秒至少扫描和更新 10 次。为满足某些需要快速处理的控制回路要求，其模拟量输入信号应达到每秒扫描 8 次，数字量输入信号应达到每秒扫描 20 次。

（3）应提供热电偶、热电阻及 4～20mA 信号的开路、短路以及输入信号超出工艺可能范围的检查功能，这一功能应在每次扫描过程中完成。

（4）所有接点输入模件应有防抖动滤波处理。如果输入接点信号在 4ms 之后仍抖动，模件不应接受该接点信号。

（5）处理器模件的电源故障不应造成已积累的脉冲输入读数的丢失。

（6）应采用相应的手段，自动地和周期地进行零飘和增益的校正。

（7）冗余输入的热电偶、热电阻、变送器信号处理，应由不同的 I/O 模件来完成。工艺上并列运行或冗余配置的设备，其相关 I/O 点应分别配置在不同输入和输出模件上。单个 I/O 模件的故障，不能引起相关被控设备的故障或跳闸。

（8）DCS 系统故障或电源丧失时，其输出应确保被控设备趋于安全状态。

（9）所有输入/输出模件，应能满足 ANSI/IEEE472 "冲击电压承受能力试验导则（SWC）"的规定，在误加 250V 直流电压或交流峰峰电压时，应不损坏系统。

（10）每 8 个模拟量输入点至少有一个单独的 A/D 转换器，每个模拟量输出点应有一个单独 D/A 转换器；每一路热电阻应有单独的桥路。此外，所有的输入通道、输出通道及其工作电源，应互相隔离。

（11）整个运行环境温度范围内，DCS 的 I/O 精度应满足的如下要求：模拟量输入信号（高电平）±0.1％；模拟量输入信号（低电平）±0.2％；模拟量输出信号±0.25％。系统设计应满足在 6 个月内不需要手动校正而保证这 3 个精度的要求。

（12）对于有防爆要求的应用场合，当现场采用本安型仪表设备时，相应的 I/O 通道应考虑配置与之匹配的安全栅；所有与其他控制系统连接的模拟量输入/输出应配置独立的信号隔离器。当安全栅和信号隔离器需外部电源时，则由供货商负责提供该电源。

（13）I/O 模件类型的最基本要求：

1）模拟量输入：$4\sim20mA$ 信号（接地或不接地），最大输入阻抗为 250Ω，系统应提供 $4\sim20mA$ 二线制变送器的 24V 直流电源。对 $1\sim5V$ DC 输入，输入阻抗必须是 $500k\Omega$ 或更大。

2）模拟量输出：$4\sim20mA$ 或 $1\sim5V$ DC 可选，具有驱动回路阻抗大于 600Ω 的负载能力（部分应用回路应具有大于 $1k\Omega$ 的负载能力）。负端应接到隔离的信号地上。系统应提供 24V DC 的回路电源。

3）数字量输入：应能接受接点接通为 1，开回路（电阻无穷大）为 0。负端应接到隔离地，系统应提供对现场输入接点的"查询电压"。"查询电压"为 $24\sim120V$ DC。

4）数字量输出：数字量输出应采用隔离输出，并通过中间继电器驱动电动机、阀门等设备。用于电气直流控制回路的继电器应采用大接点容量的中间继电器。继电器的工作电源应由输出卡件提供。所有中间继电器应至少提供两副 SPDT 接点，接点容量（安培数）应至少满足表 27-7 的要求。

表 27-7	接 点 容 量		A
项目	230V AC	115V DC	230V DC
Ⅰ—触点闭合（感性回路）	5	10	5
Ⅱ—连续带电	5	5	5
Ⅲ—触点分断	2.5	0.25	0.15

5）热电阻（RTD）输入：应有直接接受三线制或四线制（不需变送器）的 $Cu50\Omega$、$Cu100\Omega$、$Pt10\Omega$、$Pt100\Omega$ 等类型的热电阻能力，并且要求控制系统应提供这些热电阻所需的电源。

6）热电偶（T/C）输入：应能直接接受分度号为 E、J、K、T 和 R 型的热电偶（不需变送器）。热电偶在整个工作段的线性化、应在过程站内完成而不需要通过数据通信总线。

7）脉冲量输入每秒应能接受 6600 个脉冲的能力。

（14）分散处理单元之间用于机组跳闸、重要的联锁和超驰控制的信号，应直接采用硬接线，而不可通过数据通信总线发出。所有输入/输出模件应能抗共模干扰电压 500V，继电器输出能抗共模电压 350V。系统应有 90dB 的共模抑制比，60dB 的差模抑制比（50Hz）。

4. 远程控制站或远程 I/O 站基本要求

大型联合循环机组分散控制系统（DCS）宜采用物理分散方案，在部分靠近生产过程的区域设置远程控制站或远程 I/O 站时，其容量和备用量应满足工程区域划分的要求，并考虑便于现场安装和卡件、设备的更换，并且还应考虑有足够的防护等级和防护措施，以保证设备正常工作。远程控制站与 DCS 交换机之间应采用双向冗余的通信连接，通信电缆可采用同轴电缆或光缆。远程 I/O 站和主站之间应采用双向冗余的通信连接，通信电缆应采用光缆。

电子设备间采用物理分散布置时，一般工程区域划分如下：

（1）余热锅炉系统的 DCS 电子设备间，宜布置在余热锅炉的水泵间或余热锅炉附近的其他房间。

（2）汽轮机系统及热力系统部分的远程控制站，宜布置在汽轮机运转层平台的电子设备间。

（3）厂用电源系统的远程控制站，宜布置在相应开关柜附近。

（4）辅助车间（当辅助车间控制系统采用 DCS 时）远程 I/O 站宜布置在各辅助车间内。

（二）软件要求

（1）所有的算法和系统整定参数应驻存在各处理器非易失性存储器内，执行时不需要重新装载。

（2）要求高级编程语言能满足用户工程师开发应用软件的需要。并应提供易于掌握的专用的系统语言。

（3）模拟量控制的处理器模件完成所指定任务的最大执行周期不应超过 250ms 开关量控制的处理器执行周期不应超过 100ms。

（4）对需快速处理的模拟和顺序控制回路，处理能力应分别为每 125ms 和 50ms 执行一次。

（5）模拟量控制回路的组态，应通过驻存在处理器模件中的各类逻辑块的联接，直接采用 SAMA 图或其他类似功能图方式进行，并用易于识别的工程名称加以标明。还可在工程师站上根据指令，打印出已完成的所有系统组态。

（6）在工程师工作站上应能对系统组态进行修改。不论该系统是在线或离线均能对该系统的组态进行修改。系统内增加或变换一个测点，应不必重新编辑整个系统的程序。

（7）在程序编辑或修改完成后，要求能通过通信总线将系统组态程序装入各有关的处理器模件，而不影响系统的正常运行。

（8）顺序控制的所有控制、监视、报警和故障判断等功能，均应由处理器模件提供。

（9）顺序逻辑的编程应使顺控的每一部分都能在操作员站 LCD 上显示，并且各个状态均能在操作员站上得到监视。

（10）所有顺序控制逻辑的组态都应在系统内完成，而不能采用外部硬接线、专用开关或其他替代物作为组态逻辑的输入。

（11）顺控逻辑应采用熟悉的、用户便于掌握的功能符号，以逻辑图或梯形图格式进行组态，并可在工程师站上按指令要求，以图形方式打印出已组态的逻辑。

（12）查找故障的系统自诊断功能应能诊断至模件级故障。报警功能应使运行人员能方便地辨别和解决各种问题。

（13）应配置 1 套完整的程序软件包，包括实时操作系统程序、应用程序及性能计算程序，软件应包括所有必须的软件使用许可证，用户可不受限制地对具体的软件包加以使用。

（三）电子装置机柜及电源要求

（1）电子装置机柜的外壳防护等级，室外应为 IP56，室内应为 IP52。机柜门应有导电门封垫条，有增强抗射频（RFI）干扰的能力。柜门上不应装设任何系统部件。

（2）机柜的设计应满足电缆由柜底或柜顶引入的要求，机柜内的温度检测开关，当温度过高时宜在 DCS 报警汇总表上报警。

（3）电子装置机柜、操作员站和工程师站的电源分别来自两路交流 $220 \times (1 \pm 10\%) V\,AC$，$50Hz \pm 2.5Hz$ 的单相电源。这两路电源中的一路来自交流不间断电源，另一路来自保安段电源。除能接受上述两路电源外，应在各个机柜和站内配置相应的冗余电源切换装置和回路保护设备，并用这两路电源在机柜内馈电。

（4）机柜内应配置 2 套冗余直流电源。这 2 套直流电源都应具有足够的容量和适当的电压，能满足设备负载的要求。2 路直流电源应分别来自 2 套不同的交流电源。

（5）任一路电源故障都应报警，两路冗余电源应能自动无扰动地切换。在一路电源故障时自动切换到另一路电源，保证任何一路电源的故障都不会导致系统的任一部分失电。

（6）电子装置机柜内的馈电应分散配置，以获取最高的可靠性，I/O 模件、处理器模件、通信模件等都应提供冗余的电源。

（7）接受变送器输入信号的模拟量输入通道，应能承受输入端子完全的短路，并不影响其他输入通道，否则应有单独的熔断器进行保护。

（8）无论是4～20mA输出还是脉冲信号输出，都应有过负荷保护措施。此外应在系统机柜内为每一被控设备提供维护所需的电隔离手段。任一控制设备的电源被拆除，均应报警，并将受此影响的控制回路切换到手动。

（9）每一数字量输入输出通道都应有单独的熔断器或采取其他相应的保护措施，当采用熔断器时，熔断器应方便更换而不影响其他通道的正常工作，熔断器熔断时应有指示。每一路变送器的供电回路中应有单独的熔断器，熔断器断开时应报警。在机柜内，熔断器更换应很方便，不需先拆下或拔出任何其他组件。

（四）控制系统的可扩展性要求

控制系统应按如下要求考虑提供系统以后扩展需要的备用量：

（1）每个机柜内的每种类型I/O测点都应有10%～15%的备用余量。

（2）每个机柜内应有10%～15%的模件插槽备用量，该备用插槽应配置必要的硬件，保证今后插入模件能投入运行。

（3）控制器站内的处理器处理能力应有40%余量，操作员站处理器处理能力应有60%余量。

（4）30%～40%电源余量。

（5）网络通信总线负荷率不大于40%（共享式以太网通信的负荷率不大于20%）。

（6）在机柜空间允许范围内提供适量的备用继电器，数量控制在5%。

（五）控制系统接地

联合循环机组自动控制系统的接地要求原则上应按制造厂的接地要求设计。控制系统应在单点接地时可靠工作，各电子机柜中应设有独立的安全地、信号参考地、屏蔽地及相应接地铜排。如制造厂无特殊要求，控制系统采用独立接地网时，其接地极与电厂电气接地网之间应保持10m以上距离，且接地电阻不应超过2Ω。

六、DCS与燃气轮机控制系统的通信

联合循环电厂中，燃气轮机控制系统作为全厂DCS的一个子控制系统，必然与DCS存在通信联系。燃气轮机的运营数据是联合循环电厂的关键数据，它的变化会严重影响后续的余热发电系统。一般燃气轮机的控制系统和DCS都具备标准的数据通信开放功能，仅需在工程实施阶段考虑到两者通信功能的实现。燃气轮机控制系统与DCS交换的信息主要有：

（1）管理信息：主要是燃气轮机控制系统向DCS报告网络通信状况。

（2）事故驱动信息：主要是燃气轮机控制系统向DCS提供报警、系统事故和SOE信息。

（3）周期数据信息：主要是燃气轮机控制系统向DCS提供由DCS定义的数据组。

（4）命令需求信息：主要是DCS向燃气轮机控制系统提供控制指令和报警序列。

第六节　典型燃气轮机控制系统

燃气轮机控制从功能方面（闭环控制）来说，主要是在燃气轮机启动运行过程中实现对燃气轮机的控制与保护，以确保燃气轮机正常工作。主要的控制有启动控制、加速控制、转速控制、负荷控制、排气温度控制、进口导叶（IGV）控制、燃料控制、发电机励磁电压控制、同期控制、排放控制等。燃气轮机主要的保护功能（开环控制）有超速保护、危急遮断保护、灭火保护、转子振动保护、压气机喘振保护、排气超温保护、润滑油温度保护、发电机同期保护等。

各个公司的控制方案有各自的特点，但就功能而言，基本是一致的。启动控制、加速控制等控制仅仅在燃气轮机并网前或解列后使用；并网带负荷运行后，主要起作用的有转速控制、负荷控制、排

气温度控制、进口导叶（IGV）控制等。转速/负荷控制通常使用串级回路，作为大闭环的负荷控制主要通过调整燃料量，实现燃气轮机实际负荷的稳定，通常采用 PI 调节器；内环是转速控制，由于并网后燃气轮机的转速受系统频率的限制，可以认为是恒定的，所以转速闭环采用 P 调节器；进口导叶（IGV）控制用于控制燃气轮机的排汽温度，使之与余热锅炉的参数匹配；负荷持续增加，当进口导叶（IGV）开至最大后，将投入排气温度控制回路，抑制燃料量和负荷进一步增加，保证进口气温在允许范围之内，避免超温对叶片的损害；排放控制的必要性在于，合理组合、分配燃料量，保证燃烧的效率和稳定，抑制污染。

目前的燃气轮机控制系统，通常采用以微处理器为基础的分布式控制系统，普遍都有界面友好的人机接口，提供监视、调试组态的软件；重要的控制器，网络控制器的网络均采用冗余结构，有些控制系统甚至在 I/O 级也实现双重冗余，这些都使燃气轮机的控制变得十分可靠、便捷。

一、GE MARK-Ⅵ 控制系统

1999 年 GE 公司推出 MARK-Ⅵ 控制系统，它是一套具有三重冗余特点的分散控制系统，由现场层、控制层、监控层、企业层 4 个层次网络组成，适合于作为整个电站的集成控制，尤其适用于燃气轮机/汽轮机联合循环电厂的一体化控制，它可以方便的接入第三方控制系统，与被集成的控制设备构成全厂自动化控制系统。

MARK-Ⅵ 控制系统的硬件设计、网络接口、编程方式、页面显示都变得更加人性化，同样具备网络控制和远程故障诊断功能，使得现场维护和二次开发非常方便。MARK-Ⅵ 同样传承了 MARK-Ⅰ～MARK-Ⅴ 控制设计的经典优点，例如：多种信号表决、三重冗余控制器、控制与保护功能、可组态地理环境、开放的通信接口等。

（一）MARK-Ⅵ 主要控制功能

GE 公司设计的 SPEEDTRONIC 燃气轮机控制系统可靠实用，使得燃气轮机从盘车开始，主辅转速上升到清吹转速（约 12% 额定转速）、点火、再继续把转速提升到额定转速，然后控制发电机同期并网。如果用于驱动压气机或其他动力输出，控制系统接受其他相应各种限制，然后把燃气轮机负荷增加到适当的工作点，这一系列过程平衡、自动顺序完成，同时在执行控制程序时，合理地减小燃气轮机高温通道部件和辅助部件中的热应力，确保燃气轮机工作在安全、可靠、高效的状态下。

（1）SPEEDTRONIC 控制系统设计了 4 个功能子系统。

1）主控制系统。

2）顺序控制系统。

3）保护系统。

4）电源系统。

（2）在 SPEEDTRONIC 控制系统的 4 个子功能系统中，控制系统是燃气轮机最重要的控制中枢，主控系统必须完成 4 个基本控制项任务：

1）设定启动和正常运行的燃料极限。

2）控制轮机转子的加速度。

3）控制轮机转子的转速。

4）限制燃气轮机在燃烧区域内的温度。

燃气轮机的燃料流量控制，在每个时刻只能由一个基本控制项起作用。这几个基本控制项通过一个"最小值选择门"进行筛选，最小的一个控制量通过最小选择门而输出，它就是主控系统对燃料供应系统实施的控制。这样可以保证燃气轮机运行在精细化的安全状态下。

（3）下面介绍四个功能子系统的控制作用。

1）主控制系统。燃气轮机的主控策略比常规燃煤机组复杂。燃气轮机主控除了常规的机组启动、转速/功率控制外，还增加了温度主控功能等，确保燃料燃烧正常又不会超过使用极限，维持燃气轮机既处于高效运行状态又保证高温部件不出现过热超温状态。

a. 启动控制。在启动期间为了最佳的点火以及避免过分的热冲击，燃气轮机控制系统设置了燃料限制。启动控制设置了随转速和时间进程而变化的燃料最大极限值。一般在 10%～18% 转速时，选择的燃料/空气比将在燃烧室内产生近于 1000℃ 的温升。

在检测到火焰后，燃料流量将从点火值减小到暖机值并保持 1min，以便对处于冷态的涡轮部件缓慢地加热。暖机周期完成以后，继续慢慢增加燃料流量使轮机进入工作转速。控制燃料缓慢增加是为了使热冲击减至最小。机组接近额定转速时，启动控制将迅速退出控制。

b. 转速控制。燃气轮机可有两类转速调节器：有差控制或无差控制。有的机组设计有两种调节控制器。该项控制使得燃气轮机具备在带负荷的情况下改变调节器类型的能力。有差调节器用在发电机驱动机上，要求有差调节器能够提供电网系统的稳定性。

对于具有固定转速给定点的孤立运行机组，如果负荷由零增加到额定值，则轮机转速将下降 4%。这种有差转速调节器是由比例调节器提供的。这种调节器有一个可调设定点装置，它的最大设定点称为高转速停止（HSS）点，它的最小设定点称为低转速停止（LSS）点。

无差调节器提供了恒定不变的轮机转速，其转速和负荷的大小无关。这种调节器较多的用于机械驱动的机组。或许也可以用在小系统内的发电装置上。无差调节器用一组水平线来代替有差调节的斜线。无差控制是由比例积分调节器给出的。

为了避免由于系统扰动时引起的"熄火"，另外设置了最小燃料极限。正常停机时，最小燃料值提供了一个具有最小火焰的冷机下降周期，避免突然失去火焰，也就可以尽量减小热冲击。如果火焰突然熄灭，强烈的热冲击将降低高温部件的使用寿命。

c. 温度控制。燃气轮机内部的高温区域是在第一级喷嘴处，称为工作温度。由于这里的温度长期维持 1100℃ 以上（9FA 机组根据压比不同分别已达到了 1318℃ 或者 1328℃），在第一级喷嘴入口位置是无法直接测量这个温度，只能通过测量透平的排气温度和压气机出口压力，计算得到这个工作温度值。压气机出口压力反映了透平的压力降，还要根据大气温度进行修正。由于冷空气密度大于暖空气，对于同样的负荷条件，冷天压气机出口压力将比温暖天气更高。因此冷天燃气轮机有较高的压降和温降，所以为了保持同样的工作温度，那么排气温度则必须保持在较低的值。

2）顺序控制系统。顺序控制系统提供了启动、运行、停机和冷机期间，燃气轮发电机组启动设备和辅机的顺序。顺序控制系统监测着保护系统和其他各个系统，如燃料系统和液压油、润滑油系统等，并发出燃气轮机按预定方式启动和停止的逻辑信号。这些逻辑信号包括转速级信号、转速设定点控制、负荷的选择、启动设备控制和计时器信号等，它为主控系统和保护系统提供必要的机组逻辑状态依据。

燃气轮机顺序控制引领了发电机组的"一键启动"功能，机组级顺控逻辑功能设计得严谨完备，确保全厂机组安全可靠。

3）保护系统。设计保护系统是当一些重要的参数超过临界值或者控制设备发生故障时，通过切断燃料流量遮断燃气轮机。切断燃料流量是同时通过两个独立的装置：一个是截止阀，这是主要的；而燃料控制阀（对于液体燃料还包括主燃油泵），这是第二位的。截止阀是通过电气和液压两个信号来关闭的。控制阀和主燃油泵只通过一个电气信号关闭。系统设置了如下主要保护系统：超温保护、超速保护、熄火保护、振动保护、燃烧监测保护。

此外，还有一些保护功能，例如滑油压力过低或滑油温度过高等。虽然这些信号也很重要，同样危及机组的安全，但从保护系统结构上直接采用较简单的元件和方法来实现这些保护系统在启动和运行的整个过程甚至包括盘车过程，随时监视着轮机的状态。一旦参数达到临界值或者任何一个保护子系统出现故障都发出报警信号以至遮断运行。

4）电源系统。为保证整个控制系统的运作，控制系统的电源必须首先是可靠和稳定的。HMI人机接口计算机无论是 Server 或者 Viewer 都采用交流电源供电。轮控盘选择直流和交流（交流电源还可以选择两路）供电方式，但必须保证由 125V 直流蓄电池作为控制用主电源。

当蓄电池给轮控盘供电的同时由厂用交流电源经整流以强充或浮充方式不断向蓄电池充电，以确保控制系统的供电不会间断。为保证机组安全，这些蓄电池还要作为部分泵的供电电源（如应急润滑油泵等）。

连接到轮控盘的交流电源一般都从 UPS 提供。在轮控盘中再次整流和滤波以后引入电源模块。

需要具备黑启动能力的燃气轮机，因为交流 MCC（电动机控制中心）可能处于完全无交流电源的状态。因此，机组的启动拖动设备必须选择柴油机而不可能是启动电机，而且必须配备功率较大的蓄电池。在启动过程中由蓄电池的直流给柴油机的启动电动机、盘车用棘轮泵、直流应急润滑油泵等设备提供电力。而且那些必须使用交流电源的少量设备，如点火器和接口计算机等则需要经过 UPS（或者其他 DC/AC 逆变器）提供有限的交流电源。

（二）MARK-Ⅵ控制系统概貌

GE 公司的 Speed Tronic 控制系统经过多代的技术升级和创新，使得该系列控制系统日趋完善、颇具特色。从 MARK-Ⅳ轮控盘开始数字化，将传统的控制、顺控、保护、监控、编程等功能采用了数字化技术平台。从 MARK-Ⅴ控制系统开始就不再是一个简单的控制盘，引入了先进的 IT 技术和网络技术平台。MARK-Ⅵ控制系统的智能化功能更加完善，各种智能化的子系统可以完成各种电站功能，具有先进的智能分散控制系统和现场总线技术特征。它们包括各种类型的机柜、网络、操作员接口、智能控制器、智能 I/O 板、端子板以及保护模块、组态软件、监控软件等。

典型的 MARK-Ⅵ控制系统的网络拓扑见图 27-3。

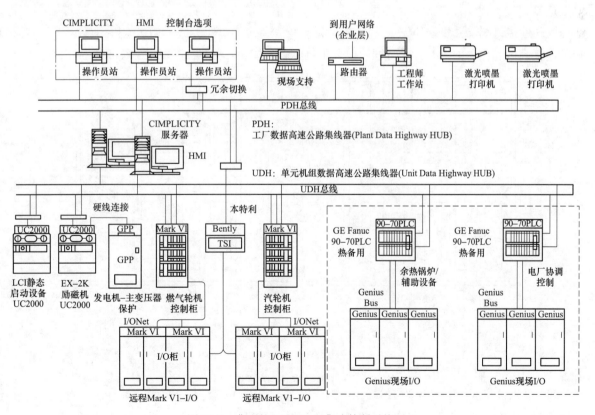

图 27-3 典型的 MARK-Ⅵ集成控制系统图

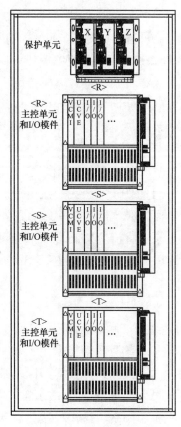

图 27-4 中央控制机柜的布置

图 27-3 中右下方虚线框为第三方控制设备，图中采用了 GE Fanuc 公司的 90-70PLC。现行引进的 S109FA 联合循环机组较多地采用了西屋公司生产的 DCS 设备 Ovation 控制系统或者其他相应设备，用以执行对锅炉和电站辅助支持设备的控制，以及与燃气轮机 MARK-Ⅵ和汽轮机 MARK-Ⅵ的协调运作。

CIMPLICITY 操作员站和 CIMPLICITY 服务器都可以进行画面阅读和操作，通常采用 CIMPLIC1TY 服务器作为机组操作员站，CI-MPLIC1TY 服务器连接在 PDH 和 UDH 冗余总线之间。MARK-Ⅵ控制系统不仅是一套燃气轮机专用控制系统，它同样也可以用于一套完整的联合循环电站控制系统，它的一体化控制集成能力非常强大，软件功能块一应俱全。采用单一品牌控制系统完成电站控制，将会使得电站的控制系统网络简洁，生产数据管理便利，数据传输流畅。

1. 主控制柜

MARK-Ⅵ控制柜有两种结构模式：三重冗余型（TMR）和简化型（Simplex），它们的区别在于控制处理器的配置。三重冗余型结构由 3 套微处理器模块组成，因此这种结构就需要采用三个（对于简化型的 Simplex 则只需要一个）称为 I/O-Net 的高速 I/O 网络链接到它们的远程 I/O 上通过这些控制器的以太网端口连接到 UDH 单元机组高速公路上，见图 27-4。

2. I/O 柜

I/O 机柜包括有单个或者 3 个 I/O-NET 通信接口模块两种形式。现场的 I/O 信号通过各种专用信号电缆连接到端子板，各块端子板再通过 I/O-Net 通信模块连接到各个控制器。这些端子板都布置在 I/O 机柜靠近接口端子模块的地方。一般来说低电平信号的 I/O 都是连接到左侧的 I/O 机柜，而右侧机柜都连接高电平信号的 I/O，同时框内包含了供电电源模块，见图 27-5 和图 27-6。

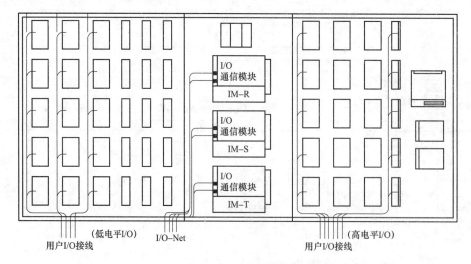

图 27-5 典型的 I/O 机柜配线和布缆图

3. 机组数据总线（UDH）

UDH 单元机组网络总线支持 EthernetGlobal Data（EGD-以太网全局数据）协议，作为用于其他 MARK-Ⅵ、HRSG、励磁机、静态启动设备和电厂协调（BOP-Balance of Plant）控制的通信。

UDH 把 MARK-Ⅵ控制盘和 HMI 或者 HMI 数据服务器连接在一起。网络的介质可以是 UTP 或者光纤以太网。如果提供了作为可选择项目的冗余电缆，那么即使一根电缆出现了故障，机组的连续运行依然不受影响。双电缆的网络仍然是由一个逻辑网络组成。PDH 为独立供电的网络切换以及光纤通信。

UDH 的数据被复制到所有的 3 个控制器，该数据由主通信控制器卡（VCMI）读取然后传送到其他几个控制器。只有指定的这一台处理器来传送 UDH 数据。支持工厂级设备通信和外部上层通信连接。与 UDH 网一样具有冗余配置功能。

4. 人机接口（HMI）

典型的 HMI 是运行 Windows NT 的 PC 计算机，它安装了用于数据总线的通信驱动程序以及 CIM-PLICITY 操作员显示软件。操作员从实时图形显示启动这些命令，就可以在 CIMPLICITY 图形显示上查看轮机的各种实时数据和报警。详细的 I/O 诊断和系统的配置，可以使用在浏览器或者独立的 PC 计算机中的 Control System Toolbox（控制系统工具钮）软件，可以灵活的把某台 HMI 配置成为服务器（Server）或者操作员站（Viewer），将指定的 HMI 装上各种工具软件和各种实用程序软件。

把 HMI 链接到一个数据总线，抑或使用冗余开

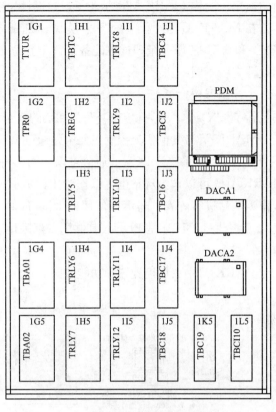

图 27-6　含有端子板、电源的通信模块的
右侧 I/O 柜布置图

关把 HMI 链接到两个数据总线上以便提高可靠性。HMI 可以安放在任意一个控制台或者某个桌面上。CIMPLICITY 服务器可以采集 UDH 中的数据并使用 PDH 实现与操作员站的通信。如果使用两台服务器，其中作为主服务器的一台还需要将同步数据发送到备用服务器，该备用服务器在配置中称为主冗余服务器。

5. 计算机操作员接口软件（COI）

计算机操作员接口软件（COI）是由一套产品和特定的操作应用显示软件组成，它运行在安装了 Windows NT 操作系统的小型 PC 机（10.4 或者 12.1 英寸触屏显示器）上。对于特定应用，它仅仅使用了所需的操作系统部分。因此，在 Windows NT 所有功能和开发方面的优势只用了很少的一部分。要满足研发、安装或者修改则需 GE 公司的控制系统工具包（Control System Toolbox）

6. 三冗余控制器及其模块

GE 公司三冗余控制器具有三重冗余网络表决特点，高度容错、可靠。图 27-7 展示了中央机柜的配置和基本功能，同时还包括了连接到 HMI 操作员接口的 UDH 单元。中央控制柜由＜R＞、＜S＞和＜T＞三台控制处理器、＜P＞保护处理器和输入模块及各自的独立电源组成（Simplex 的简化型仅采用一套控制处理器，以及三重冗余的＜P＞保护处理器）。控制柜使用交流 120/240V（和/或直流 125V）电源转换为直流 125V 给模块供电。

MARK-Ⅵ和 MARK-Ⅴ不同，它取消了通信数据处理器＜C＞，而在＜R＞、＜S＞和＜T＞控制模块分别都包含了专门的通信卡 VCMI。由这块通信卡完成数据网络的数据交换和数据表决，把数据传送到主处理卡 UCVx 单元。

从 MARK-Ⅴ开始通过数据交换网络（DENET）的数据交换和表决实现了数据独立制表和独立表决，以此为基础而实现了 SIFT 的软件容错的新技术。这样大大提高了由于一次元件故障而导致机组遮

断的概率。同样 MARK-Ⅵ也承袭了这种设计思想。

在 MARK-Ⅵ轮控盘中的各个模块分别配备了独立的供电电源。特别对于保护模块的＜X＞、＜Y＞和＜Z＞三重冗余同样也配备了 3 个独立的供电电源，以期提高可靠性。在这点上与 MARK-Ⅴ的设计有所不同。

主控制器包括了＜R＞、＜S＞和＜T＞控制模块，它完成控制、保护和监视的功能。备用保护模块包括了＜X＞、＜Y＞和＜Z＞互为冗余的 3 部分，它完成紧急超速和同期检查的保护功能。

MARK-Ⅵ与其他各个控制单元都是通过 UDH（机组数据总线或称单元数据总线）与服务器通信。整个 MARK-Ⅵ系统和 DCS 的通信可以采用多种方式如采用 RS-232Modbus 通信，以这种方式通信时 MARK-Ⅵ既可以作为从站也可以作为主站方式。或采用以太网 TCP-IP/MODBUS 协议通信，但它只能作为从站进行配置。还可以使用以太网 TCP-IP/GSM 方式，该通信网络称之为 PDH（工厂数据总线）。无论是 UDH 还是 PDH，其共同点都采用双重冗余方式来保证通信的可靠性，通常采用后一种通信方式居多。

MARK-Ⅵ中央机柜配置和功能如图 27-7 所示。

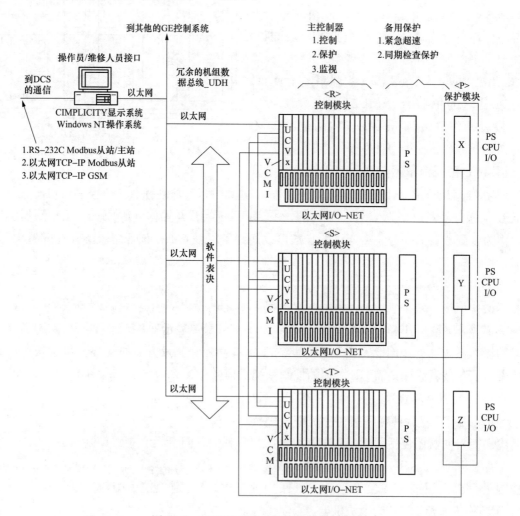

图 27-7　MARK-Ⅵ中央机柜配置和功能图

（三）状态检测和可利用率

在 MARK-Ⅵ的主要电路板上都设置了各种用于状态指示的发光二极管。它们为用户的故障检查提供了许多方便。

1. I/O板

在每块I/O板上都安装了发光二极管，它用于指示电路板所处的各种状态。分别用绿色、橙色和红色表示。其含义分别如下：

（1）绿色——表示正常运行。

正常运行期间，在电路板的前面板上所有的RunLED（运行发光二极管）都一齐闪烁绿光。所有的电路板和所有的机架绿色发光二极管应该都是同步地闪烁。如果有一个发光二极管次序不一致，就应该对这个同步有问题的板进行分析和检查。

（2）橙色——表示存在系统诊断。

如果在某一块电路板上的橙色StatusLED（状态发光二极管）发光了，这就表示这块电路板存在I/O或者系统诊断状态。这并不一定是I/O电路板的故障，但是很可能是传感器有问题.

通过选择ViewDiagnosticAlarms（查看诊断报警），显示出诊断报警表。它将以表格形式显示出下列数据：

1）产生诊断的时间。

2）故障代码。

3）是否仍然处于报警状态。

4）报警的文本简短说明信息。

这个诊断屏幕是一种快照式页面，而不是实时信息。但是可以选择Update（更新）命令来查阅新的数据，根据这些报警和I/O的数值，可以确定问题是存在于端子板还是存在于传感器。如果在某块板上的所有的I/O点都出错，就可能是这块板有故障或电缆连接件/接线松了，还有可能是这块板根本没有经过配置。如果只有几个I/O点出错，那么可能这些I/O点故障或者端子板局部故障。

（3）红色——表示该板没有运行。

如果线路板的红色的Fail LED（故障发光二极管）发光，就表示电路板不在工作。需要对电路板或者电源及其元件进行检查，甚至可能要更换该电路板。

2. 控制器

在UCVE控制器上也有3个状态指示发光二极管。分别指示电源状态、运行状态（闪烁）和VME总线系统故障。如果控制器出现故障，前面板上的闪烁的绿色发光二极管就停了。检查通信卡VCMI和控制器诊断队列中的故障信息，至少需要重新引导。如果重新引导以后控制器仍然有故障，就可能需要更换了。

如果几个LED都停止闪动，这就表示运行时出错，这种情况通常是引导或者下载的问题。在Toolbox工具包中，控制器的Runtime Errors Help（运行时出错帮助）屏幕页面中，还会显示出所有运行时的出错以及建议的处理方法。在有一些型号的控制器还有8个LED的列阵，它们以十六进制编码表示了所发生的出错类型。

如果控制器或者VCMI板有故障，那么在这个通道中的I/O Net就停止发送和接收数据。这将驱使故障通道的各个输出都处于一种自动防故障的状态。该故障并不影响其他两个I/O Net通道，它们仍然维持正常运行状态。

在以太网通信端口上也有状态指示。如果在闪烁表示正常通信，而持续发光则为无效状态。这一点与我们常用计算机的指示方法是相同的。

3. 电源分配模块故障

PDM电源分配模块本身是一个很可靠的模块，因为它不包含任何可调元件。但它有熔丝和回路开关，而且偶尔还会发生电缆连接和接插件的问题。大部分的输出都有指示灯来指示跨接的供电回路电压正常与否。打开PDM模块正面的门就可以观察到指示灯、开关和熔丝。该模块与MARK-V使用的

<PD>模块完全相同。

PDM 诊断信息是由 VCMI 进行采集的，包括 125V 直流母线电压和输送给继电器输出电路板熔断丝的状态。可以在 Toolbox 工具包中单击 VCMI 选取查询。

4. TMR 系统在线维修

系统可靠性和可利用率可以用各个部分的故障率来计算。这个数据对于确定什么时候用 Simplex 系统或者 TMR 系统是很重要的。在线维护方面 TMR 系统具有明显的优势。

TMR 系统所具备的高可用率是来自于能够在线修理的结果。它能够关掉某一个模块进行修理而仍然允许三个二组以全表决方式进行表决，这种方式有效地掩盖了缺失（断电）模块的信号。当然，毕竟还有二些需要格外注意的限制和特殊情况。

许多信号是简单地采用单个的用户接线连接在端子板上的，因此拆卸这种端子板就要暂时断开这些接线。各种类型的端子板必须对与其相关的应用程序和该信号类型进行判断。在某些用户的配线上存在着超过 50V 的电压。如果有故障的信号被表决器掩盖着，任何时候都只能更换某两个控制器通道中的一些端子板。对于其他的端子板，例如继电器输出，可以单独地更换继电器而无须断开端子板。

对于从只有两块 I/O 板中发来的一些单个信号，是没有冗余来掩盖的。它们通常是用于非关键性的功能，例如泵的驱动，其控制输出信号的丢失仅仅会影响泵的连续运转。应用软件的设计者务必在关键性回路里避免使用这种类型的单个信号。TMR 系统是专门设计的，因此 3 个控制器中任何一个都可以发送这些单个信号的输出，即使指定的发送控制器出了故障，仍然可以保持这些功能的运作。

要尽可能快地修理好有故障的模块。虽然 TMR 系统能够经受得住某几个故障而不会强迫停机，但是在还没有修理好第一个故障以前，还有可能存在潜伏的故障问题。在两个模块内出现几个故障不会影响在线修理，因为全部故障都会被其他的表决器所掩盖。可是，一旦在相同的模块组中出现第二个与前一个不相干的故障，那么任何一个故障模块都与已经断电的这一部分同处于一个三信号组之中，从而引出了双重故障，这样就会导致停机。

5. 可靠性

可靠性是用平均故障停机间隔时间（Mean Time Between Forced Outages，MTBFO）表示的。在简化型 Simplex 系统中，控制器或者 I/O 通信的故障也可能导致强迫停机。关键性 I/O 模块的故障将导致强迫停机，但是有些非关键性的 I/O 模块，它们也可能出故障，而不需停机更换。MTBFO 是用各个元部件公布的事故率来进行计算的。可利用率是系统运行时间的百分比数，再考虑故障的维修时间。可利用率按如下进行计算，即

$$\frac{\text{MTBFO} \times 100\%}{\text{MTBFO} + MTTR}$$

式中　MTBFO——两次故障停机之间的平均时间；

$MTTR$——平均维修时间，即导致强迫停机的系统故障的平均维修时间。

对于 TMR 系统，它可以有故障而不会强迫停机，因为该系统能够在连续运行时进行在线修理。MTBFO 的计算是复杂的，因为从本质上它是计算在维修第一个故障的时候，在另一个通道中出现第二个（关键信号）故障的概率。那么修复时间就是计算中的一个重要输入量。

设计优秀的 TMR 同时又能够及时在线维修，那么它的可利用率实际上是 100%。如果在修理完成之前出现第二个关键信号的电路故障，那就仍然可能出现强迫停机。再如果出现类似修理工关错了故障模块的电源，那会出现另一种类型的强迫停机。所以为了避免由于错误关闭模块的电源时出现操作错误而导致强迫停机，应该通过核查诊断报警来准确判定哪一个模块发生了故障。

根据贝利克（Bellcore）TR-332 用于电子设备可靠性预测的方法，系统可靠性是由计算故障时间（FIT）（按 10^9 h 的故障）来确定。MTBFO 故障平均间隔时间可以由 FIT 进行计算。

控制系统的平均强迫停机间隔时间是用于燃气轮机控制和保护电路的一个函数。整套系统的MT-BFO取决于系统的规模大小、单通道电路板的数量以及采用三重冗余传感器的数量。

6. 故障的处理

对于故障的一般处理原则是采用矫正或者默认两种方法避免故障发生。这就意味着当出现故障的时候，如果它们仍然在运行，对控制层从端子螺栓直到I/O板、底板、网络以至于主CPU，在I/O处理器以及主控制器都会有反映。当发现故障时，采用分等级方式复位所有良好状态位（bit）。如果某个信号不好，良好状态位在控制模块级中被置为假（false）；如果电路板不良，与这块板有关的信号，不论输入或输出，它们的良好状态位都被置为假（false）。在I/O机架中情况也相类似。另外，对于所有的输入和输出信号可以规定一些预先配置的默认故障值，因此一般的应用代码就可应付这些故障，而不需要涉及额外的良好状态位。如果相应的信号是TMR信号，就会在TMR系统中表决状态良好位。

（1）简化型的Simplex系统中控制模块的缺失和损坏。如果是在Simplex系统中的某个控制模块发生故障，在出现超时之后输出板转到它们所配置的默认输出状态。这就意味着控制器板的缺失和损坏将会通过I/O Net向下蔓延传播，因此输出板知道该做什么，这是通过关闭I/O Net来完成的。

（2）TMR系统里控制模块的缺失和损坏。如果三冗余TMR系统中控制模块出故障，在通道超时的时候TMR的输出和Simplex的输出都转到它们所配置的默认输出状态。TMR控制器继续用另外两个控制模块运行。

（3）简化型Simplex系统中I/O的VCMI缺失和损坏。如果简化型Simplex系统中接口模块的VCMI出故障，那么输出和输入与TMR系统一样处理。

（4）TMR系统里I/O的VCMI缺失和损坏。如果在TMR系统里接口模块中的VCMI出故障，输出超时就转到它们所配置的默认输出状态。这些输出被设置为它们的默认配置状态因此就可以正确地设定生成的输出（例如UDH）。复位各个输入与输出良好状态位。在机架里的VCMI故障被看成是等同于控制模块本身的故障。

（5）简化型Simplex系统中I/O板的缺失和损坏。如果在简化型Simplex系统中的I/O出故障，在I/O板上的输出硬件把输出量设置成为给定典型应用的低功率默认输出值。在主VCMI板里。输入板把它们的输入值设置成为主VCMI板上预置的默认值。

（6）TMR系统中的Simplex VO板缺失和损坏。如果是在TMR系统中的Simplex的VO板出故障，处理输入与输出的方法就与它们处于Simplex系统一样。

（7）TMR系统中的TMR I/O板缺失和损坏。如果在TMR系统中的丁MR I/O板出现故障，输入与输出如同前面所述的方法处理。TMR的SIFT和硬件输出的表决能够维持该过程继续运行。

（8）简化型Simplex系统中I/O Net缺失和损坏。如果在Simplex系统中的I/O Net出现故障，在I/O机架中的输出板超时并设置成为预先配置的默认输出值。主VCMI板默认这些输入，因而可以正确设置UDH的输出。

（9）TMR系统中I/O Net缺失和损坏。如果在TMR系统中的I/O Net出现故障，其输出按照Simplex系统中控制模块缺失和损坏相同的方法处理，而输入则按照TMR系统中I/O的VCMI缺失和损坏的相同方法处理。

二、西门子 SPPA-T3000 系统

在我国电站中采用西门子的SIMADYN-D、TELEPERM XP系统较多。近年在"全集成自动化"的架构下，西门子推出新一代的SPPA-T3000过程控制系统，将控制系统与保护系统整合在同一个系统平台上，简化了系统体系结构，提高并确保了系统的实时性。已经在国内电厂项目陆续使用。

（一）SPPA-T3000 控制系统概述

SPPA-T3000过程控制系统是根据现代电厂的需求开发的，具有面向所有自动化任务的一体化体系

结构，从工程设计、调试、运行到诊断。它通过被称为嵌入式组件服务（ECS）的基于对象的设计来实现。任何过程对象的所有相关数据都被嵌入到一个高可用率的独立组件中。与过程对象的任何交互操作，无论是运行、过程控制、诊断或者仅仅是查阅数据，都只对此组件进行操作。此设计实现了一个同构系统，简化了系统结构，不再需要传统控制系统中所常用的子系统。传统控制系统基于老式的客户机/服务器结构，与处理所有自动化功能的自动化级有一个实时链接。不同的功能，如监控、存档、报表、诊断和工程设计，在不同的专用 PC 机或工作站中执行。它形成了一个由不同操作系统、软件包和数据库组成的体系结构，通过复杂的中间件和通信机制来集成。目前，新技术实现了最有力和最简单的实现方法：嵌入式组件服务（ECS）。不再有传统的自动化系统、人机接口。工程设计系统和诊断系统之间的分割，人机接口、工程设计、诊断等都只是不同的软件功能，表现为不同的系统视图。

SPPA-T3000 通过基于对象的设计及嵌入式组件服务（ECS），实现了全新的集成系统体系结构。使用 XML 和 Java 技术，其应用不受任何操作系统或硬件平台兼容性的限制，信息从最底层的现场设备直达控制室、办公室或企业层，无须通过不同网关或软件接口，消除映射数据交换和子系统通信，避免了额外的处理时间、管理负荷及多重软件版本而导致的多重故障点和更多的维护工作。SPPA-T3000 提供了一个用于工程设计、组态、调试运行诊断和服务的单一用户界面，每个对象都嵌入了所有必要的信息和接口，无须授权软件。简便的系统体系结构允许软硬件的即插即用，还采用了大量新技术，例如嵌入式互联网技术、TCP/IP 通信等，提供了与公司信息管理一起开发仪控结构的可能性。软件体系结构方面，由于采用了 ECS 方式，没有中央数据库来存储或编辑数据，因此不会引起性能或容量的瓶颈，形成了一个组合单元进行数据的无缝集成和交换。人机接口站可以采用标准 PC、笔记本电脑、移动 PAD，无须装任何系统软件，软件体系结构的主要优势总结为全集成（任何时间的一致性视图，无子系统界定，集成汽轮机控制系统）、硬件平台无关性、开放性。硬件体系结构方面，由如下 4 项组件层构成：用户接口（站）、电力服务（器）、网络（包括工业以太网及 PROFIBUS-DP）、过程接口。其中，过程接口为分散的 ET200M I/O 系统，使用 PROFIBUS-DP 与 SPPA-T3000 相连，PROFIBUS 通信具有开放性，可以自由选择集中与远程安装。

过程接口包括标准 I/O 模件和特殊模件。标准模件为 ET200M 系列 I/O 模件，包括电源模件、总线模件、接口模件、信号模件，可做到冗余及模件热插拔。ET200 站通过安装于主板的 PROFIBUS-DP 通信处理器连接到电力服务器（AP）。特殊模件主要指用于汽轮机控制的 AddFEM 高速 I/O 模件，可以冗余设置，具备模拟量和数字量的输入和输出及转速信号输入，具有短路保护。有快速准确的信号采集时间，与专用的 FM458 自动处理器扩展模件一起，可实现高性能要求的精确应用。

图 27-8 显示了国内某燃气轮机电厂燃气轮机的透平控制系统的硬件系统总貌。可以看出，燃气轮机控制系统实际上是透平控制系统（TCS）的一部分，与通常的电厂控制系统是一致的，采用了以工业总线为代表的 DCS 系统。

（二）SPPA-3000 硬件体系

SPPA-3000 由表 27-8 组件层构成。

表 27-8　　　　　　　　　　　　　　　　**SPPA-3000 硬件体系表**

用户接口	客户机是过程的窗口，显示所有关于工程设计、运行和诊断的信息。能运行 Web 浏览器的标准工业计算机便可完成此任务
电力服务器	应用服务器和自动化服务器用来处理数据及执行控制算法，具有极高的可用率
网络	由采用 TCP/IP 协议的标准工业以太网来实现所有组件之间的高度可用率连接，由 PROFIBUS DP 现场总线提供对过程的访问，以及过程与电力服务器的连接
过程接口	通过 I/O 模件，过程接口提供现场信号的输入以及调节信号和指令的输出

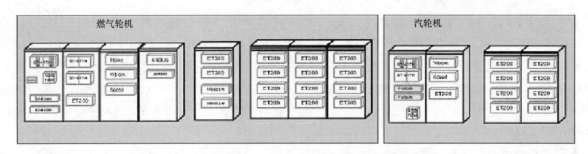

图 27-8　单轴联合循环电厂 SPPA T3000 控制系统总貌

SPPA-T3000 包括：

用户接口：客户机显示所有与工程设计、运行和诊断有关的信息。客户机可以采用任何计算机的 Web 浏览器通过互联网或企业网访问 Web 应用程序，无须在每一台计算机系统内安装应用程序。基于 Web 的客户机端可以采用不同的硬件，如标准 PC 机、工作站、笔记本电脑、PDA，以及其他可运行标准浏览器的设备。现有的 IT 设备也可用做用户接口。

处理数据和控制算法是电力服务器的主要任务。电力服务器还提供其他服务，如存档、组态和工程设计以及报警和诊断。所有电力服务的硬件平台是具有高可用率的应用服务器和自动化服务器。将不同组件连接在一起的网络来提供通信服务。主要通信由采用 TCP/IP 协议的标准以太网实现。与过程接口的通信由 PROFIBUS DP 现场总线建立。即将实现与过程接口的其他标准，如 MODBUS 或者以太网 TCP/IP 网络。现场总线 PROFIBUS DP 直接连到自动化服务器的运行容器。通过 I/O 模块，过程接口提供现场信号的输入以及调节信号和指令的输出。故障安全系统已集成在系统中，它基于西门子安全性集成的安全设备，采用故障安全型输入输出模块。

SPPA-T3000 体系结构的特点如下：

（1）提供一个从操作到自动化的集成系统体系。

（2）采用一种编程语言（Java）。

（3）较低的系统复杂性。

（4）模件化的软件设计。

（三）SPPA-T3000 软件体系

在传统的 DCS 中，为了一个特定的任务通常要使用不同的工具、软件或子系统，并利用多少有些复杂的中间件来进行不同任务之间的同步，将它们糅合在一起。SPPA-T3000 采用嵌入式组件服务的方法，成为 ECS。ECS 的意思是将每一个过程对象的所有数据嵌入对象自身。所有的服务，如电厂画面显示、工程设计、报警等，都通过系统服务来提供当前的数据。

由于采用 Java 编程方法，组成 SPPA-T3000 软件体系的组件原则上可自由地分布在不同的硬件平台上。SPPA-T3000 典型配置以用户接口、应用和技术服务器以及自动化服务器为特点。采用自动化功能和硬件代理（硬件组件驱动器），按照所需顺序和处理周期对自动化逻辑进行工程设计，当有实时要求时，在提供实时运行环境的 SPPA-T3000 自动化服务器中执行，完成时间确定性的控制任务。对于非时间紧迫性的运算，如性能计算、运行时间监测等，自动化逻辑也可以在应用服务器上执行。应用服务器提供的主要系统服务为访问控制、对客户机的数据分配和存档。它还是 OPC 服务器和客户机组件的运行环境，以及永久性工程设计数据管理的运行环境。技术服务器，若与 SPPA-T3000 一起使用，通常为非 DCS 应用程序的主机，传统上不属于仪控系统。在这种情况下，所有必需的 ECS 组件和应用服务器所提供的服务，只是用来强化应用程序，使它具有同样的画面外观及风格。技术服务器包含技术计算容器，它是 SPPA-T3000 中其他容器与非 DCS 应用程序之间的接口，如寿命计算和电厂监控器。操作员与系统的任何交互操作都通过作为单一用户接口的客户机进行。

更改自动化和电厂画面的设置会改变核心对象，所有其他组件会自动继承此变化，无须对其他组件一一更改。

另一个重要优势是，上位机对所有应用程序和控制逻辑保持完全的独立。控制策略的任何重新定义，甚至自动化逻辑的彻底更改，都不会影响上位机软件的设置。上位机依然通过网络浏览器访问数据，接收由各个控制对象的逻辑或计算结果。上位机可以采用标准 PC 机、笔记本电脑、PDA，无须当地安装的系统软件。

模块化软件设计从另一个方面提供了配置的灵活性，它能：

（1）自由适应用户在控制功能上的不同要求。

（2）灵活选择软件包和选项来进行客户化的系统扩展。

（3）个性化设置电厂画面、功能图和操作面板的外观及风格。

（4）根据安全等级 SIL3 的要求集成汽轮机控制和锅炉保护。

（四）SPPA-T3000 接口

1. 耦合 SIMATIC 辅机系统

发电厂通常安装辅机系统来自动地执行某个特定任务，例如压缩机单位和吹灰单元，一般由分包商联通自动化技术一起提供。如果 SIMATIC S7-300 或 S7-400 系统被作为自动化技术实施，那么它们可以通过网络接入 SPPA-T3000。可以通过 PROFIBUS 或工业以太网连接 SIMATIC S7-300/400。与用硬接线来接入各个信号的传统技术相比，其优势如下：

（1）可选用光纤总线系统来进行电隔离。

（2）减少接线费用。

（3）在信号选择上，特别是在机组改造的情况下，具有更大的灵活性。

（4）以相同的系统结构将辅机系统集成到全场的操作员监控系统中。

辅机系统总是在逻辑上连接到 SPPA-T3000 的一台自动化服务器上。数据在自动化服务器上进行格式转换，数据在辅机系统组件与 SPPA-T3000 用户接口之间进行交换。黑匣子系统通信基于带状态信息的 S7 客户机/服务器通信方式，其中 SPPA-T3000 服务器作为客户机，而黑匣子系统作为服务器。通常对通信线路进行监测。

利用 SPPA-T3000 工作平台来建立基础通信。通过 SPPA-T3000 嵌入式组件服务 ECS，采用通信自动化功能对数据交换进行工程设计，而黑匣子系统的通信块则是利用其原来的工程设计工具进行组态。SPPA-T3000 支持单一或冗余的工业以太网通信线路以满足高可用率通信要求。

2. 耦合第三方系统

可以通过通信服务器接收来自其他自动化和控制系统的过程数据，提供了不同的规约对数据进行标准格式转换送入 SPPA-T3000。可以通过通信服务器将第三方自动化和控制系统耦合到 SPPA-T3000。为接入外部系统，通信服务器提供了 MODBUS 规约接口和 IEC60870 遥控规约。为了与 SPPA-T3000 进行通信，通信服务器对第三方系统的数据进行转换。为此目的，通信服务器如同挂在工业以太网上的自动化服务器一样工作，并将自动化数据传输给 SPPA-T3000。通过接口可以与第三方系统交换开关量和模拟量。

3. 耦合 TELEPERM ME

利用 Connect/TME 可直接通过 CS275 总线与 TELEPERM ME 过程控制系统进行信号交换。

CS275 总线连接 TELEPERM ME 过程控制系统的各个组成部分。SPPA-T3000 系统提供了一个与 CS275 总线的接口以便进行 TELEPERM ME 和 SPPA-T3000 之间的信号交换。TELEPERM ME 过程控制系统具有与其总线上其他设备进行周期性或非周期性数据传输的功能块。总线通信功能块 BKS、BKE、AKS、AKE、MKS 和 MKE 用来将数据从一个自动化系统传输到另一个自动化系统，或 SPPA-T3000 自动化功能块。Connect/TME 安装在通信服务器，提供了 SPPA-T3000 必须的规约转换。

（五）SPPA-T3000 保护系统功能

1. 轴承温度保护

监视燃气轮机及压气机轴瓦的金属温度，在每个轴承处设有两个 3 支热点偶，分别用三取二表决原则，在轴承金属温度高时遮断机组，以避免造成机组或轴承的严重损伤。

2. 轴承振动保护

监视燃气轮机及压气机轴承的绝对振动，发出相应的报警或保护信号，以保护机组的安全运行。保护采用二取二冗余原则，即在两个探头均正常的情况下，两路信号都检测到超限才发出保护信号。

3. 透平温度保护

燃气轮机的温度保护通过排气温度的监视实现。排气温度的测量共有 24 个三支热电偶沿圆周分布，取其中的 6 个测点的一支作为燃气轮机排气温度高保护用途。如果 6 个信号中 3 个或 3 个以上达到或超过保护值，则遮断燃气轮机，如在闭环控制系统中计算出的校正排气温度达到保护值，同样遮断燃气轮机。

燃气轮机温度的保护除了排气温度高保护以外，还有冷点和热点保护，用来监测燃气轮机的燃烧状况。冷点保护就是用 1 个测点的测量值与 24 个测点的平均值进行比较，如果相邻的 2 个测点与平均值的偏差值都达到设定值以上，则产生报警，如果相邻的 3 个测点与平均值的偏差超过设定值，则发出关机信号，如果相邻的 4 个测点与平均值的偏差超过设定值，则直接遮断燃气轮机。热点保护也是用 1 个测点的测量值与 24 个测点的平均值进行比较，如果超过设定值，则相应进行报警或遮断机组。

4. 压气机喘振保护

喘振是压气机的一种非稳定工况。在此工况下，正常的气流流动和增压已经被完全破坏，气流参数随时间剧烈变化，并产生巨大的声响和机器振动。在这种工况下运行对设备是极其危险的，而且喘振是持续时间很短的现象，因此对喘振保护的测量和处理逻辑都要求非常迅速。在保护系统中采用了中断保护方式来确保其快速性。保护信号的测量是检测压气机入口高流速处和低流速处之间的压差，当转速达到一定值以后，这两处压力差异很小，则认为喘振很可能发生，因此遮断机组。

5. 进气装置关断闸保护

在燃气轮机正常运行期间，如果透气装置的关断闸门离开全开位置，将有可能在大量空气流动的作用力下关闭，从而产生严重的后果。因此，设置了 3 个位置变送器来监视该闸门的位置，一旦转速达到额定值后发现闸门离开了全开位置，则遮断燃气轮机。

6. 压气机放气阀保护

在燃气轮机启动阶段，没有达到额定转速前会打开压气机的放气阀门，以防止喘振。这些阀门的全开位置是通过位置反馈的三取二表决来监视的，一旦在特定转速范围内放气阀没有打开，则遮断燃气轮机。

7. 密封空气温度保护

密封空气可以实现对燃烧室的冷却。如果密封空气的温度过高，就可能导致燃烧器的过热或损坏，因此设置了对密封空气温度的三取二表决保护，在温度过高时遮断燃气轮机。

8. 超速保护

燃气轮机在压气机轴承座处安装了 6 个测速模件，其中 3 个同时选入 Simadyn D 控制系统的两块 AddFEM 模件中，作为转速的反馈信号用于控制。6 个信号分别为两组三取二表决来实现超速保护。

硬件超速保护是把 3 个通道的超速信号直接送入保护回路中，如果 2 个以上的通道达到保护值，则直接从电路上切断对主燃料阀门驱动电磁阀的电源，不需要经过任何控制器的处理直接跳机。软件超速保护则是把 3 个通道的超速信号送入 95F 保护系统中，用该系统的中断保护功能来实现快速动作跳机。

9. 火焰监视系统

火焰监视保护主要是监视燃烧室的火焰燃烧状况。它不是监视单个燃烧器的燃烧情况，而是检测燃烧器组的状态。如果在机组运行期间两个探头的检测信号均为无火焰，则遮断燃气轮机。点火时增加了时间延迟，在主气阀打开 3s 后才开始检测，如果 9s 内没有检测到火焰燃烧信号，则认为点火失败，遮断燃气轮机。

10. 嗡鸣保护

嗡鸣保护主要是监测燃烧不稳定的状态，通过安装在燃烧室上的两个探头测量脉动压力的方法实现监测。如果两个测点中的一个测量到脉动压力超出允许的压力值，则机组降负荷。如果持续一段时间后仍然存在报警，则机组保护动作。

11. 加速度保护

加速度探头也是测量燃烧室的状态。其保护设置了 4 个设定值，根据不同的设定值有不同的保护动作，从降负荷到保护停机等。保护一，减少燃气轮机负荷约 6MW；保护二，减少负荷约 6MW，如持续 19s 以上则跳机；保护三，减少负荷 15MW，如持续 13s 以上则跳机；保护四，直接停机。

三、三菱 DIASYS 控制系统

三菱重工的 Diasys Netmation 是 Diasys 系列的第 3 代过程控制系统，它将因特网、企业内部信息网、大型数据库、便于使用的人机界面软件等信息通信技术融合在一起，同时结合了设备制造厂家的丰富经验及控制技术，可靠性高，便于维护。Diasys Netmation 控制系统采用三菱独自开发研制的"MHI 卡"通信，可以利用电话线路对工厂进行远程监视以及从三菱重工的工厂进行远程支持，同时对外部又设置了防护墙，以确保安全性。DIASYS-IDOL＋＋软件工具可用于数据库所有信息的管理及集成的电站控制逻辑的设计、维修、监视和诊断。

（一）Diasys Netmation 系统网络结构

三菱公司 M701F 型燃气轮机控制系统框图如图 27-9 所示，该控制系统主要包括以下一些控制方式，分别是负荷自动调节、转速控制、负荷控制、叶片通道温度控制、排烟温度控制、燃料限制、燃气供应温度控制、IGV 控制、燃烧室旁路阀控制等。

M701F 型燃气-蒸汽联合循环机组的控制系统中，主控制系统中 3 个燃料控制信号都送到"最小值选择器"，采用最小值信号控制燃气轮机的燃料来保证燃气轮机的安全运行。将最终输出的燃料控制最小值信号称为燃料控制信号（Control Signal Output，CSO），主控制系统原理框图如图 27-10 所示。

1. 燃料限制模式控制系统

燃料限制模式控制系统，在 M701F 型燃气轮机的控制系统中又称为启动控制系统，要控制燃气轮机点火后的启动和升速至额定转速。燃气轮机先由启动装置加速到额定转速的 20％ 左右，进行吹扫后点火，然后按一定的转速（升速速率）升速，升速速率根据燃气轮机的燃烧情况和燃气轮机叶片通道

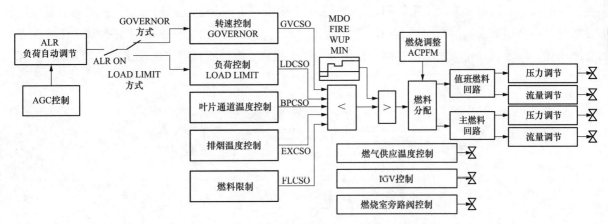

图 27-9 三菱公司 M701F 型燃气轮机控制系统框图

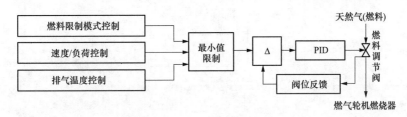

图 27-10 主控制系统原理框图

温度决定。其控制过程采用分段控制和"最小值选择门"控制相结合的方式进行。

2. 速度/负荷控制系统

速度/负荷控制系统用于控制燃气轮机的并网和带一定的负荷，其控制过程和方式都比较简单。对于采用同轴的 M701F 型燃气-蒸汽联合循环机组，该控制方式有点特别，即在负荷小于 50％时只采用自动调节的方式，只有在负荷大于 50％之后才允许采用其他控制方式。

3. 温度控制系统

温度控制系统用于控制燃气轮机带不同负荷时的排气温度。在燃气轮机的控制系统中，温度控制系统特别重要，这是因为燃气轮机的透平叶轮和叶片均在高温、高速下工作，承受着高温及巨大的离心力，而且透平叶轮和叶片的材料强度随着温度的升高而明显降低，同时叶轮和叶片这些受热部件的寿命大为降低，以致引起透平叶片烧毁、断裂等严重事故。

M701F 型燃气轮机为四级透平，如前所述，透平内部温度高限是在第二级喷嘴处，称为工作温度。由于这里的温度经常维持在 1400℃，故无法长期直接测量和控制此温度，因此，通过间接测量燃气轮机的进、出口压力来计算工作温度。

在实际运行中，可通过测量和控制燃气轮机排气温度来达到控制工作温度的目的。温度控制分别为叶片通道温度控制和燃气轮机排气温度控制。在机组刚运行时，由于燃气轮机排气温度测量不是很准确，故在机组启动到带负荷前，采用叶片通道温度控制，当燃气轮机带负荷后转入排气温度控制。两者切换的时间为 10～15min。

由于燃气轮机排气温度的测量点所在位置的温度场是不均匀的，故排气温度的温度传感器设置在两个地方。一处设在透平第 4 级后面，测量透平排气温度，共设有测量点 16 个；另一处设在透平排气温度后方，即测量燃气轮机的出口温度，共设有测量点 6 个。两处均采用取平均值的计算方法得到燃气轮机排气温度。

M701F 型燃气轮机的温度控制指令框图见图 27-11。从图 27-11 中可以看出，被控温度（T_2）设定后分别送至叶片通道温度控制和排气温度控制两个回路，进行偏差和 PI 运算后分别作为主控制系统中温度控制的信号。同时，采用了主控制信号加 5% 的上限设定来限制温度控制信号。这样，当温度控制信号扰动时不会引起燃料量在增加方向的急剧变化，同样也不会因为燃料扰动时引起温度在增加方向的急剧变化，保证燃气轮机的工作温度不会急剧升高，提高了燃气轮机温度的控制质量。

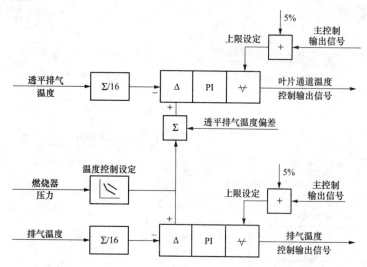

图 27-11　M701F 型燃气轮机的温度控制指令框图

（二）顺序控制系统

M701F 型燃气轮机的顺序控制系统是与主控制系统和保护系统紧密配合相互联系的，其作用是控制燃气轮机在启动和停止时按预先设定的程序进行，如接到启动指令后，能够控制燃气轮机按照规定的程序自动将燃气轮机启动，带动燃气轮机转动、点火、加速到额定转速，期间还涉及一系列辅机的顺序控制。

（三）IGV 控制系统

压气机进口导叶 IGV(Inlet Guide Vane) 控制系统是通过控制 IGV 转角的变化限制进入压气机的空气流量。采用 IGV 控制的目的主要是：在燃气轮机启动和停机过程中，当转子以部分转速旋转时，通过调节 IGV 转角避免压气机出现喘振；通过调节 IGV 转角实现对燃气轮机排气温度的控制；在燃气轮机启动时关闭 IGV，减少机组启动阻力矩，从而减少启动过程中压气机的功耗。

M701F 型燃气轮机的 IGV 转角在 $34°\sim-4°$ 之间，最小开度为 $34°$，最大为 $-4°$。但在实际应用中，为保留余量，最大开度一般设为 $2°\sim-4°$。

在 IGV 控制中，当燃料增加时，IGV 的开度也随着增加，以保证排气温度恒定。同时，由于 M701F 型燃气轮机的 IGV 控制主要用来提高燃气轮机的效率，在调试时一般不改变 IGV-MW 之间的关系。

（四）保护系统

透平保护系统同时提供了对燃气轮机和汽轮机的保护功能，不但包括很多与常规燃煤电厂汽轮机相同的保护，如超速、振动大、润滑油压力低、真空低等较简单的保护跳机信号，还必须包括适应燃气轮机运行需要的超温、熄火、燃烧监测保护等。

三菱公司 MPCP1-M701F 单轴联合循环机组有关汽轮机的保护系统与常规汽轮机保护没有太大差异，也非常成熟。而有关燃气轮机的保护主要具有下列三种功能：

1. 超温保护

透平进口温度 T_a 越高，燃气轮机的输出功率和效率也越高，因此大都希望在尽可能高的 T_a 温度下安全运行。但是如果 T_a 超出了允许的范围，将会对燃气轮机的安全造成威胁，因此在燃气轮机运行过程中必须严格监控 T_a 的变化。三菱公司的 F 级机组的 T_a 温度已达 1400℃ 左右。

M701F 型燃气轮机采用压气机出口压力作为修正参数，为了使 T_a 为恒定的常数，排气温度 T_b 和压气机出口压力之间有一条关系曲线，就是所谓的温控基准线。压气机出口压力有 3 个测点，取其中间值作为温控基准函数的输入。其输出值就是排气温度 T_b 的基准值，系统控制燃料量的增加，以保证排气温度维持在不超出排气温度基准值。这也是各制造厂通常的做法。

但是 M701F 的温度控制分为两类，相应的温度测点也分为两类，即叶片通道温度测点（20 个）和排气温度测点（6 个）。叶片通道温度布置在排气温度的上游，以环形在圆周上均匀布置。由这两类温度分别计算得到的燃料量基准值都送到两个最小值选择器中。而最小值选择器是控制系统和燃料伺服系统沟通的桥梁，它保证了各个燃料指令只能有一个最小的燃料量基准值输出到伺服系统去执行燃料的调节。

而 M701F 的超温保护也同时使用这两类测点。因为叶片通道温度在排气温度的上游，所以其基准温度一般情况下应该比排气基准温度要高一些。把排气基准温度加上一个偏差量即作为叶片通道基准温度（BPREF），M701F 超温保护的具体逻辑运算如下：当同类测点实际测量到的平均值超过其基准温度 45℃，或者排气温度平均值大于 620℃，或者叶片通道温度均值大于 680℃，则都将由保护系统发出跳闸信号，关闭燃料截止阀，执行紧急停机。

2. 熄火保护

（1）M701F 型燃气轮机在第 18 和第 19 号火焰筒中各安装了两个火焰检测器，用于判断点火成功与否。熄火保护逻辑如图 27-12 所示。

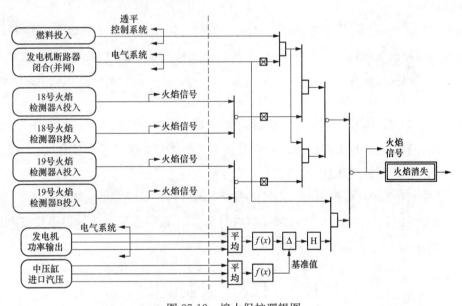

图 27-12　熄火保护逻辑图

M701F 的熄火保护在以下两个不同阶段中分别采用不同的逻辑来判断：

用于启动过程点火开始（燃料开始投入）至并网之前。启动过程中，点火期间监视燃烧室是否点燃是非常重要的。当燃料投入信号为 1（有燃料进入）后，两个燃烧室都至少有 1 个火焰探测器应检测到火焰的存在，就认为点火成功。控制系统进入暖机和加速过程。如果控制系统发出燃料投入指令后，同一燃烧室的 2 个火焰检测器无法在指定时间内检测到火焰的存在（燃气轮机点火为 10s），则火焰消失信号为 1，机组将跳机，以此来防止燃料的集聚。

（2）并网后。"火焰消失"是由逆功率监督算法测出。对于单轴机组，当汽轮机中压蒸汽入口压力换算出来的功率输出比实际发电机功率输出高出 13% 时，即可确认燃气轮机实际出力严重不足。此时机组存在逆功率，则认为燃烧筒中的火焰已经失去，熄火信号置 1，使机组跳闸。

这种逆功率监督算法也是三菱公司机组常用的一种保护算法。三菱公司 600MW 燃煤蒸汽轮发电机组也采用了类似的逆功率算法作为超速保护（OPC）的启动条件。

3. 燃烧监测保护

燃气轮机的透平部分在高温下运行，其火焰筒或过渡段等部件很可能会出现破裂等各种故障。在运行时很难直接对这些高温部件进行检测以及时地发现故障，只能采用透平排气温度和压气机出口温度等参数间接检测来判断高温部件的工作是否仍然正常。

当燃料流量的分配出现故障引起各燃烧室的燃烧温度不均匀时，或者当某个火焰筒破裂或过渡段破裂引起透平进口温度场不均匀时，都会引起透平的进口流场和排气温度场的明显不均匀现象。因此，通过监视排气温度场是否均匀，就可以间接预计燃烧是否出现不正常。

因此，M701F 的处理方法比 GE 公司的方法相对简单，它只单独地判断每个叶片通道温度的分散度是否超过了允许值。某个测点温度的分散度为该点实测温度值与所有测点温度平均值之差。当这个值超过＋30℃或－60℃时，则具备跳机条件。为了避免因某个漏点热电偶本身的失效而导致误跳机，它还需要判断与超限测点相邻的两个测点是否也有一个存在一定程度的分散度（超过±7℃）。举例如下：2 号测点分散度超过＋30℃或－60℃，且相邻的 1 号或 3 号测点分散度超过±7℃时，则因 2 号叶片通道温度波动大而应跳机。

此外，保护系统还监视每个测点温度的变化趋势。当某个测点温度分散变化速度超过规定值时，自动执行正常停机程序。

除了常规的通过温度进行燃烧监测之外，M701F 型燃气轮机还配备了燃烧室压力波动检测器，通过压力来进行燃烧监视。在燃烧室上设置了 20 个压力波动检测传感器（对应于每个火焰筒），另外环形对称布置了 4 个加速度传感器（分别在 3、8、13、18 号火焰筒），分别检测燃烧室的压力波动和压力波动加速度。

当燃烧出现不稳定时，燃烧火焰的脉动会影响到周围空气压力场的变化，甚至会引起火焰筒壳体振动的变化。因此，利用这些特殊的传感器分别对各个火焰筒壳体振动及周围压力波动进行连续不断地检测，可以更加直接地监视燃烧状况。

当这 24 个信号中有 1 个超过报警值，则发出报警，此时操作员应该手动减负荷；当 24 个信号中有 2 个超过减负荷报警值时，机组在 1min 内快速减负荷至 50％额定负荷；如果仍然超过减负荷报警值，则立即跳机。如果 24 个信号中有 2 个超过跳机值，则马上跳机。

第七节　仪表与控制试验室

仪表与控制试验室负责电厂的热工仪表和自动化设备的维护、检修、校验、调整及技术改造等工作。在设计电厂时，对热工试验室的规模、面积和设备配置需作全面的、合理的规划与安排。

一、仪表与控制试验室的规模、面积与位置

仪表与控制试验室的规模应根据电厂的型式、位置、仪表类型和规划容量等因素确定。明确是否按承担检修任务来设置试验室。承担检修任务的仪表与控制试验室的职能是对全厂的热工自动化设备及仪表进行日常维护、定期检定、校准或检验、维修，备品备件管理及技术改造等项工作。不承担检修任务的仪表与控制化试验室，其主要职能是对全厂热工自动化设备仪表进行日常维护，对重要参数的仪表定期检定、校准或检验以及负责备品备件的管理。

（一）仪表与控制试验室的布置

仪表与控制试验室一般设有下列工作室：温度、压力、流量、成分分析等仪表校验室，自动设备校验室，执行机构检修间，储藏室和标准室等，各校验室和检修间供仪表和自动调节设备进行校验、检修和调整工作之用，储藏室供存放热工试验室集中保管的试验设备、备品备件、工具、元件和贵重材料之用，标准室存放标准仪器。

表 27-9 列出了仪表与控制试验室的面积分配，在设计中可根据实际情况适当调整。

表 27-9   仪表与控制试验室的面积分配

序号	工作室名称	面积（m²）	序号	工作室名称	面积（m²）
1	自动设备检验室	15	6	感温元件校验室	15
2	温度显示仪表校验室	15	7	检修间	30
3	成分分析仪表校验室	15	8	试验室	15
4	流量仪表校验室	15	9	储藏室、仪表库	15
5	压力仪表校验室	15		小计	135

仪表与控制试验室可布置在生产办公楼内，也可靠近主厂房布置，但应避免布置在振动大、磁场强、噪声大、腐蚀性强、灰尘大或阴暗潮湿的地方，以保证仪表和设备的校验与检修工作有一个较好的环境。

（二）仪表与控制试验室的环境要求

仪表与控制试验室应远离振动大、灰尘多、噪声大、潮湿或有强磁场干扰的场所。试验室的地面应避免受振动的影响，宜为混凝土或地砖结构。试验室的墙壁应装有防潮层。

除恒温源间、现场维修间和备品保管间外，仪表与控制试验室的室内温度宜保持在 18~25℃，相对湿度在 45%~70% 的范围内，试验室的空调系统应提供足够的、均匀的空气。

标准仪表间入口应设置缓冲间，缓冲间与标准仪表间的两道门之间应留有足够的距离，门与门框之间应装有密封衬垫。应避免标准仪表间与外墙相连，特别要避免标准仪表间强阳光照射。标准仪表间应有防尘、恒温、恒湿设施，室温应保持 20℃±3℃，相对湿度在 45%~70% 范围内。

恒温源间（设置检定炉、恒温油槽的房间）应设排烟、降温装置，并应有洗手池和地漏。现场维修间应设置通风装置、洗手池及地漏设施。

仪表与控制试验室工作间应配备消防设施，对装有检定炉、恒温油槽的标准仪表间，应设置灭火装置，还应有防止火灾蔓延的措施。

（三）仪表与控制试验室的电源配置与接地

仪表与控制试验室可中单独设置交流 380/220V 电源总配电箱，再分别引至除备品保管间外的各工作间的分电源箱内。热工现场维修间应设置交流 380/220V 电源。试验室内所需要的直流 110V 或 220V、48V 或 24V 电源，宜单独由整流调压设备提供，并应配备应急电源。

二、仪表与控制试验室设备配置

试验室内标准器的数量应能满足日常检定工作的需要。为了保证计量的准确性和在标准器送检时不致影响仪表的检定工作，有些设备如标准热电偶、标准压力表和真空表应有备用。

试验室内常用的仪器设备（万用电表、直流毫安表、电阻箱等）的数量可按机组的形式与台数来配置。

仪表与控制试验室设备的配置可参照表 27-10，试验室设备配置只与电厂内最大机组容量有关，与机组台数无关，设计时应一次配齐。

表 27-10　　　　　　　　　　　　　　　　仪表与控制试验室设备的配置

序号	标准计量仪器名称	规范	功能	数量
一	温度仪表的校准仪器和装置			
1	热电偶、热电阻自动检定装置	(1) 热电偶：300～1200℃ (2) 分度号：B、K、N、E、J、S、T。 (3) 电压测量不确定度：≤0.01%。 (4) 分辨率：0.1μV。 (5) 热电偶检定不确定度：≤1.2℃（含二等标准热电偶）。 (6) 热电阻：0℃，50～350℃ (7) 分度号：Pt100、Cu50 (8) 电阻测量不确定度：≤0.01% (9) 分辨率：0.1mΩ。 (10) 热电阻检定不确定度：≤0.05℃（含二等标准热电阻） (11) 切换开关寄生电势：<0.4μV。 (12) 恒温油槽在有效工作区域内温差<0.2V。 (13) 检定炉最高温度：1200℃。 (14) 管式检定炉长度为600mm，加热管内颈约为40mm。 (15) 最高均匀温场中心与炉几何中心（沿轴线）偏离≤10mm，在均匀温场长度不小于60mm、半径为14mm范围内，任意两点间温度差不大于1℃。 (16) 基本配置： 1) 恒温油槽、恒温水槽。 2) 检定炉。 3) 0℃恒温器。 4) 计算机。 5) 标准通信接口。 6) 打印机。 7) 温度测控装置。 8) 六位半数显仪	(1) 可对工业热电偶和两线制、三线制或四线制热电阻进行自动校准，且可在恒温槽中对测低温的热电偶进行检定。 (2) 检定过程中自动控温（升温、恒温），自动检定，自动进行数据处理，自动打印检定记录和检定证书。 (3) 具备冰点和室温冷端温度补偿。 (4) 显示器实时显示炉内或恒温槽内实际温度值和温度曲线，对应毫伏值或电阻值及检定时间。 (5) 具有检定记录存储、预览和管理功能 (6) 可对热电偶或热电阻任一点（整10℃）温度进行检定。 (7) 可对检定装置的不确定度，重复性和温场进行自动认证测试，并整理出相应的结果报表	1套
2	便携式干式温度检定炉	(1) 范围：−25～+105℃。 (2) 插入深度：不少于150mm。 (3) 非线性：±0.21。 (4) 稳定度：0.1℃ (1) 垂直温场：<0.1℃（底部50mm）。 (2) 水平温场：<0.1℃（四孔间温差） (1) 范围：−25t：～+140℃。 (2) 插入深度：155mm。 (3) 稳定度：±0.05。 (4) 插入套管不均衡度：<0.02℃ (1) 范围：−30～+140℃。 (2) 插入深度：不少于150mm。 (3) 不确定度：−0.5～+0.5℃。 (4) 稳定度：±0.05℃。 (5) 配有标准温度元件与指示器	(1) 可对工业热电阻、热电偶、温度开关、液柱式温度计、温包、双金属温度计等感温元件进行现场校准。 (2) 快速升温和快速冷却。 (3) 按设定指令自动升温至设定值，并恒温 （炉井套管孔径，孔数根据具体工程采用的热元件直径而定，在可能的情况下尽量多钻孔） 除了具有上述（1）～（3）项功能外，尚能： 全自动测试温度开关，自动记录开点温度和关点温度，并计算出切换差值	选1套

续表

序号	标准计量仪器名称	规范	功能	数量
3	便携式干式温度检定炉	(1) 范围：环境温度至720℃。 (2) 插入深度：160mm。 (3) 非线性：±1℃。 (4) 稳定度：±0.35℃。 (5) 垂直温场：<1.5℃（底部50mm）。 (6) 水平温场：<0.3℃（四孔间温差）	(1) 可对工业热电阻、热电偶、温度开关、液柱式温度计、温包、双金属温度计等感温元件进行现场校准。 (2) 快速升温和快速冷却。 (3) 按设定指令自动升温至设定值，并恒温。（炉井套管孔径、孔数根据具体工程采用的热元件直径而定，在可能的情况下尽量多钻孔）	选1套
		(1) 范围：35～550℃。 (2) 插入深度：155mm。 (3) 稳定度：0.05℃。 (4) 插入套管不均衡度：−0.03℃～+0.03℃		
		(1) 范围：50～+650℃。 (2) 插入深度：200mm。 (3) 稳定度：0.1℃。 (4) 不确定度：±0.9℃。 (5) 配有标准温度元件与指示器	除了具有上述（1）～（3）项功能外，尚能全自动测试温度开关，自动记录开点温度和关点温度，并计算出切换差值	
4	热电偶校准器	(1) 分度号：K、E、J、T 或 B、S、R、K 或 B、S、E、K（需根据具体工程采用热电偶的分度号选定）。 (2) 不确定度：±0.007%FS（在23℃、200mV）	(1) 测量热电偶温度，以温度及电势值显示。 (2) 输出并显示模拟热电偶电势。 (3) 可用高、低、设定值三点输出模拟热电偶电势值。 (4) 冷点自动补偿	选2个
		分度号：B、S、R、K、E、J、T 不确定度：0.3°>+10μV（热电偶）0.025%FS+1个字（mV）		
5	热电阻校准器	(1) 分度号：Pt100、Cu50（如果厂商的标准产品无Cu50的，需提出特殊要求） (2) 不确定度：±0.25%FS	(1) 测量热电阻温度，以温度及电阻值显示。 (2) 输出并显示模拟热电阻电阻值。 (3) 高、低、设定值三点输出模拟热电阻电阻值。 (4) 能校准二线制、三线制、四线制热电阻	选3套
		(1) 分度号：Pt100、Cu50（如果厂商的标准产品无Cu50的，需提出特殊要求）。 (2) 1年不确定度（±）：0.33℃（热电阻）0.1～1Ω（电阻，量程：15～3200Ω）		
6	二等标准铂铑10-铂热电偶	419.527～1084.62℃，δ=1.0℃	（当选用配有标准温度计的干式检定炉时，本项数量改为1支）	2支
7	二等标准铂热电阻	9～419.527℃、δ=22mK		2支
二	校准压力（真空、压力、差压）流量仪表用校准仪器和设备			
1	手操液压泵	最高35MPa		1个
2	手操液压泵	最高21MPa或20MPa	产生压力，配合校准仪表、校准压力变送器、压力表、压力开关等	1个
3	手操气压泵	最高1.5MPa或1.4MPa		1个
4	脚踏压力泵	最高6MPa		1个
5	压力信号发生器	最高2.5MPa		1个

序号	标准计量仪器名称		规范	功能	数量
6	压力真空信号发生器		$-0.095\sim0\sim+1.2$ MPa	产生真空或压力，配合校准仪表校准压力变送器、差压变送器、压力表、压力开关等，能一次校准测量正负压的仪表	1个
7	低压发生器		最高 0.2MPa	产生压力，配合校准仪表校准压力变送器、差压变送器、压力表、压力开关等	1个
8	真空校准台		(1) 极限压力：6.7Pa。 (2) 抽速：0.5L/s	产生真空，配合校准器校准弹簧管式真空表、真空开关	1套
9	精密压力表		(1) 0～40MPa、0～25MPa、0～6MPa、0～4MPa、0～2.5MPa、0～1.6MPa、0～1MPa、0～0.6MPa、0～0.4MPa＞0～0.25MPa、0～0.16MPa、0～0.1MPa、−0.1～0MPa。 (2) 准确度等级：0.25 级（需根据具体工程所采用的压力表量程来核实和采购相应量程的标准压力表）	与手操泵或压力校验器联用，校准弹簧管式压力表，与真空发生器联用，校准弹簧管式真空表	各1个
10	多功能校准仪（A组）	压力模块	(1) 表压：0～34MPa、0～20.7MPa。 (2) 1年整体不确定度（±）：0.08%FS 0～10MPa、0～6.9MPa、0～3.4MPa、0～2.07MPa、0～0.69MPa、0～207kPa。 (3) 1年整体不确定度（±）：0.05%FS。 (4) 差压：0～103kPa。 (5) 1年整体不确定度（±）：0.05%FS。 (6) 0～34kPa 1 年整体不确定度（±）：0.05%FS。 (7) 0～6.9kPa 1 年整体不确定度（±）：0.15%FS。 (8) 0～2.5kPa 1 年整体不确定度（±）：0.3%FS。 (9) 绝对压力：0～103kPa。 (10) 1年整体不确定度（±）：0.07%FS。 (11) 正负压：±103kPa。 (12) 1年整体不确定度（±）：0.05%FS。 (13) ±34kPa 1 年整体不确定度（±）：0.07%FS。 (14) ±6.9kPa 1 年整体不确定度（±）：0.2%FS	与压力源、校准器配合，校准压力变送器、差压变送器、压力开关、差压开关等。 当工程中未采用绝对压力变送器时，不需要绝对压力模块。选择压力模块，应根据具体工程采用的变送器来选择相应的各种量程的压力模块	各1个
		压力校准器	(1) 压力量程的选择应与压力模块相同，制造商的选择也应与压力模块相同，否则无法配合使用。 (2) 1年不确定度（±）：0.025%。 (3) 提供 24V DC 电源	与压力模块、压力源（真空源）配合，校准压力变送器、差压变送器、压力开关、差压开关等	
		综合校准器	(1) 压力量程的选择应与压力模块相同。制造商的选择也应与压力模块相同，否则无法配合使用。 (2) 直流电流测量：0～30.000mA、0～110.00mA（DC）	与压力模块、压力源（真空源）配合，校准压力变送器、差压变送器、压力开关、差压开关等	

续表

序号	标准计量仪器名称	规范	功能	数量
三	其他电量校准仪器和设备			
1	电流回路校准器	（1）测量：0～24mA。 （2）1年不确定度（±）：0.02%RDG＋2个字。 （3）输出：0～24mA，1年不确定度（±）：0.02%RDG+2个字。 （4）测量：0～28V，1年不确定度（±）：0.025%RDG+1个字。 （5）输出回路电源：24V（DC），不确定度：10%	（1）测量电流或电压，模拟输出电流，提供变送器用24V DC电源。 （2）同时显示 mA 和百分比（即4～20mA 对应于0～100%）。 （3）步进（25%）输出4～20mA（4、8、12、16、20mA 对应于0、25%、50%、75%、100%）。 （4）快速提供4和20mA（0和100%）电流输出	选4个
2	电压回路校准器	（1）测量：0～199.9mV、0～19.99V、1～5V （2）百分比显示： 1）1年不确定度（±）：0.05%+1个字 2）输出：0～199.9mV 和0～19.99mV	测量各种过程电压并可作为电压源模拟过程的输入信号	2个
3	携带式兆欧表	100V、100MΩ，250V、250MΩ，500V、500MΩ		各2个
4	数字万用表	三位半 LCD 显示，V、A、Ω		20个
5	数字电压表	六位半 LCD 显示		4个
6	自耦调压器	0～250V		1个
7	耐电压试验仪	输出功率：不低于0.25kW；输出电压：0～1500V		1个
8	直流稳压电源	30V、2A		1个
9	硅整流设备	输出直流110V、220V；1kW		1个
四	主要检修设备和工具			
1	台式钻床	最大加工直径6mm，最大加工直径20mm		各1个
2	手提式电钻	最大加工直径6mm，最大加工直径12mm		各2个
3	冲击钻	最大加工直径20mm		2个
4	砂轮机	ϕ200		2个
5	手提砂轮机	ϕ150		2个
6	台式虎钳			2个
7	电动吸尘器	320W		2个
8	游标卡尺	0～125mm，分度值0.02mm		2个
9	游标卡尺	0～500mm，分度值0.05mm		2个
10	角度表	10°		1个
11	电锯			1个
12	应急灯	12W 节能灯		4个
13	对讲机			5对
14	小型电焊机	交流220V、1kW		1台
15	电冰箱			1台
16	毛发湿度计			1个
17	大气压力表			1个
18	电动升压表	最高压力为35MPa，流量为0.315m³/h		1台

第八节 动 力 供 应

一、电 源

热工检测和控制系统的电源是指从厂用低压配电装置及直流网络获得可靠的直流与交流电源，构成独立的配电回路，供热工检测和控制系统设备使用。

（一）供电范围、电源类型及电能质量

1. 仪表与控制电源系统的供电范围

（1）仪表。

（2）电动执行机构、电磁阀。

（3）分散控制系统。

（4）可编程控制系统。

（5）仪表取样管路的电伴热系统。

（6）仪表与控制设备的检修电源和照明电源。

（7）其他检测装置、控制系统和被控设备。

2. 仪表与控制电源宜按电压等级及供电性质分类

（1）交流 380V 保安电源。

（2）交流 380V 厂用电源。

（3）交流 220V 不间断电源。

（4）交流 220V 保安电源。

（5）交流 220V 厂用电源。

（6）直流 220V 电源。

（7）直流 110V 电源。

（8）直流 48V 电源。

（9）直流 24V 电源。

3. 仪表与控制电源系统的电能质量应满足的要求

（1）供电电能质量应高于仪表和控制系统对电源质量的要求，即电源的电压、交流电源的频率与波形失真、直流电源的稳压精度等指标应优于用电设备的要求。对电源的电能质量有特殊要求的仪表与控制设备，应配备专用电源设备，其电能质量指标应满足用电设备的要求。

（2）380V 交流电源电能质量应满足下列要求：

1）电压：$380 \times (1 \pm 5\%)\mathrm{V}$；

2）频率：$50\mathrm{Hz} \pm 0.5\mathrm{Hz}$。

（3）220V 交流不间断电源电能质量应满足下列要求：

1）动态电压瞬变范围：$220 \times (\pm 10\%)\mathrm{V}$。

2）输出频率：$50\mathrm{Hz} \pm 0.2\mathrm{Hz}$。

3）电压波形失真度：$\leqslant 3\%$。

4）总切换时间：$\leqslant 4\mathrm{ms}$。

（4）220V 交流电源电能质量应满足下列要求：

1）电压：$220(1 \pm 5\%)\mathrm{V}$。

2）频率：$50\mathrm{Hz} \pm 0.5\mathrm{Hz}$。

（5）直流电源电能质量应满足下列要求：

1) 220V 直流电压：$220 \times (1 \pm 5\%)$V；

2) 110V 直流电压；

3) 24V 直流电源电压：24V±1V；

4) 48V 直流电源电压：48V±2V。

（二）负荷分类及供电要求

1. 仪表与控制电源系统负荷的分类原则

（1）仪表与控制电源的负荷宜按对工艺过程安全运行的影响程度进行分类。

（2）仪表与控制电源的常规负荷宜采用以下方式分类：

1) 重要负荷：机组在启停和运行过程中短时停电可能影响机组或设备安全运行监视和控制，甚至会造成事故的仪表与控制设备负荷。

2) 次要负荷：机组在启停和运行过程中允许短时停电的仪表与控制设备负荷。

3) 一般负荷：停电时间稍长不会直接影响生产运行的负荷。

（3）仪表与控制不间断电源负荷及保安负荷宜采用以下方式分类：

1) 交流不间断电源负荷：机组在启动、运行及停机过程中供电电源不能中断，或中断时间大于继电器（或接触器）作备用电源切换装置的动作时间，会造成因仪表与控制设备不能正常工作而导致机组不能正常运行的负荷，以及对供电电源品质，包括电压、频率、波形等要求高的负荷。

2) 直流保安负荷：机组在全厂事故停电时，为保证机炉设备安全停运，或在停运过程中需及时操作而要求连续供电的直流负荷。

3) 交流保安负荷：机组在全厂事故停电时，为保证机炉设备安全停运，或在停运过程中需及时操作而要求连续供电的交流负荷。

（4）常用仪表与控制设备电源负荷可按表 27-11 进行分类。

表 27-11　　　　　　　　　　　常用仪表与控制设备电源负荷

序号	名称	交流不间断电源负荷	直流电源负荷	交流保安电源负荷	重要负荷	次要负荷	一般负荷	备注
1	机组分散控制系统	√						
2	机组其他控制系统，如汽轮机数字电液控制系统、汽轮机跳闸保护系统、燃气轮机控制系统	√						
3	在全厂停电时，为保证机组安全停运，需连续供电的仪表及检测装置，如汽包水位电视系统、汽轮机安全监视仪表等	√						
4	用于保护联锁回路失电动作的控制设备，如抽汽止回门	√						
5	火灾报警系统及防火阀	√						
6	可燃气体及有毒气体检测报警系统，如天然气、煤气、氢等	√						可单配 UPS
7	机组保护联锁系统的直流电磁阀		√					
8	直流继电器构成的保护联锁系统		√					
9	其他直流控制操作设备		√					
10	全厂停电时，为保证机组安全停运，需连续供电的控制设备，如汽轮机真空破坏门、抽汽阀、疏水阀、锅炉排汽门和水泵的进出口阀门等			√				

续表

序号	名称	交流不间断电源负荷	直流电源负荷	交流保安电源负荷	重要负荷	次要负荷	一般负荷	备注
11	模拟量控制系统用电动执行机构			√				
12	重要控制和检测装置，如旋转机械瞬态数据管理系统、炉管泄漏检测装置、烟气温度探针、凝汽器泄漏检测、汽轮机阀门试验电磁阀等				√			
13	易燃、易爆、有毒气体等危险区域的仪表及控制系统，如制氢站、天然气调压站等				√			宜单配UPS
14	重要辅助车间的仪表及控制系统，如化学水处理、燃油泵房等				√			宜单配UPS
15	其他停电时间不能超过数秒的监控设备				√			
16	其他辅助车间控制系统					√		
17	运行中无须连续经常使用的仪表及控制设备，如保温箱加热、仪表伴热等						√	
18	盘柜内照明及检修电源						√	

2. 仪表与控制系统的供电应符合的要求

（1）重要负荷：应采用双路电源供电，备用电源宜采用自动投入方式。两路电源宜分别来自厂用电源系统的不同母线段。

（2）次要负荷：应采用双路电源供电，备用电源可采用自动切换方式，在不影响运行监视和控制的前提下，也可采用手动切换方式。两路电源宜分别来自厂用电源系统的不同母线段。

（3）一般负荷：可采用单路电源供电，电源宜来自厂用电源系统。

（4）交流不间断电源负荷：应采用双路电源供电，备用电源应采用自动切换方式。两路电源中应有一路来自交流不间断电源。

（5）直流保安负荷：应采用两路直流电源供电，备用电源应采用自动切换方式。两路直流电源宜分别来自不同的直流蓄电池组。

（6）交流保安负荷：应采用双路电源供电，备用电源宜采用自动切换方式。两路电源中至少一路来自厂用交流保安电源。

（三）交流 380V 电源

交流 380V 电源系统的供电宜采用三相四线制（TN 或 TT 系统）或三相三线制（IT 系统）

单元机组主厂房交流 380V 配电柜宜按余热锅炉、汽轮机及除氧给水系统分组；根据工程情况，也可结合用电对象的位置布置。余热锅炉、汽轮机及除氧给水系统的调节型电动执行机构以及在机组安全停运过程中需要操作的开关型电动执行机构，宜单独设置交流 380V 配电柜。

（1）交流 380V 配电柜的供电应符合下列要求：

1）机组调节型电动执行机构以及在机组安全停运过程中需要操作的开关型电动执行机构配电柜的两路电源，宜分别引自厂用低压工作母线和交流保安电源母线。

2）其他电动执行机构配电柜的两路电源，宜分别引自厂用低压工作母线的不同段。

3）母管制或扩大单元制除氧给水系统配电柜的两路电源，宜分别引自厂用电公用系统的不同母线段或不同机组的厂用电母线。

4）减压减温和热网等全厂公用设备的配电柜，其两路电源宜分别引自厂用电公用系统的不同母线段或不同机组的厂用电母线。

5）辅助车间配电柜的两路电源，宜引自相应辅助车间的动力配电母线的不同段，条件不具备时，也可引自同一段配电母线。

6）所有配电柜组的供电电源，宜直接引自厂用电源系统。

（2）交流 380V 配电柜有两路电源进线时，应有防止两路电源并列运行的措施。交流 380V 配电柜的两路电源互为备用，可设自动切换装置，切换时间应满足用电设备安全运行的需要。

交流 380V 电源系统的配电应符合下列要求：

1）配电柜内各电动执行机构及其他用电对象，应由独立馈电回路供电。配电柜内还应留有适当的备用馈电回路。

2）配电柜内馈电回路的配置，宜根据用电对象所属工艺系统、用电对象间的相互关系及地理位置等因素综合考虑确定。

3）配电柜可分为抽屉式配电柜和固定式配电柜：

a. 抽屉式配电柜用于未配有功率控制部分的电动执行机构的供电。每个电动执行机构的馈电回路中，应装设运行/调试切换开关，调试用开、关、停按钮，阀位指示灯，以及相应的保护和控制设。

b. 固定式配电柜用于配有功率控制部分的电动执行机构或其他仪表控制设备的供电，每个馈电回路中，应装设隔离电器和保护断路设备。

（四）交流 220V 电源

交流 220V 电源系统的供电宜采用单相二线制（TN-C 或 TT 系统）或单相三线制系统（TN 系统）。

（1）仪表与控制电源盘的供电应符合下列要求：

1）交流 220V 电源盘应有两路电源进线。

2）对于接有不间断电源负荷的电源盘的两路电源，一路应引自交流不间断电源，另一路引自交流保安电源或第二套交流不间断电源。

3）除接有不间断电源负荷的电源盘外，其他单元机组仪表与控制交流 220V 电源盘的两路电源，宜引自低压厂用母线不同段，其中一路也可引自交流保安电源。

4）多台机组公用系统的交流 220V 电源盘，两路电源宜分别直接引自不同机组的低压厂用母线，或其中一路引自交流保安电源。

5）母管制机组或扩大单元制除氧给水系统的交流 220V 电源盘，两路电源宜分别引自厂用电公用系统的不同母线段或不同机组的厂用电母线。

6）汽轮机监视仪表等重要检测装置的供电，应各有两路电源，一路应引自交流不间断电源，另一路可引自交流保安电源或第二套交流不间断电源。

（2）控制和保护系统的供电应满足下列要求：

1）机组分散控制系统、汽轮机数字电液控制系统，燃气轮机控制系统应各有两路电源，其中一路应引自交流不间断电源，另一路可引自交流保安电源或第二套交流不间断电源。当燃气轮机控制系统、汽轮机数字电液控制系统与机组分散控制系统采用相同硬件时，也可统一设置电源系统。

2）燃气轮机保护系统、汽轮机跳闸保护系统应各有两路电源，其中一路应引自交流不间断电源或直流电源，另一路应引自交流保安电源或第二套交流不间断电源或直流电源。

3）空冷控制系统的供电宜与单元机组分散控制系统统一设计。

4）其他布置在主厂房外的分散控制系统远程柜，可采用车间供电方式，由相应辅助车间的动力配电母线不同段供电，其中一路宜配置独立的交流不间断电源装置。

5）机组分散控制系统、燃气轮机控制系统、汽轮机数字电液控制系统、汽轮机跳闸保护系统的供电电源宜直接引自低压厂用电系统配电盘。

6）多台机组公用分散控制系统应有两路电源，宜分别引自不同机组的交流不间断电源。

7）辅助车间集中控制网络应有两路电源，宜分别引自不同机组的交流不间断电源。当辅助车间集中控制网络服务器不在主厂房内布置时，由相应辅助车间的动力配电母线不同段供电，其中一路宜配置独立的交流不间断电源装置。

8）各辅助车间控制系统均有两路电源，宜分别引自相应辅助车间低压厂用电源系统配电柜，重要辅助车间的控制系统宜配置独立的交流不间断电源装置。

（3）其他仪表和控制设备的供电应符合下列要求：

1）仪表和控制盘柜内的检修电源和照明电源宜合并设置，供电电源宜直接引自厂用电系统照明电源，并应符合 DL/T 5390《火力发电厂和变电站照明设计技术规定》的要求。

2）仪表和测量管路电伴热系统的供电电源，宜采用单相三线制系统供电。

电源盘有两路电源进线时，应有防止两路电源并列运行的措施。当工作电源故障需及时切换至另一路电源时，宜设自动切换装置，切换时间应满足用电设备安全运行的需要。

（4）交流 220V 电源系统的配电应符合下列要求：

1）仪表与控制电源负荷宜采用专用电源盘供电，根据用电负荷的容量和特性，可设置总电源盘和分电源盘进行供电。对用电负荷较大的设备宜由总电源盘直接供电。

2）电源盘的所有馈电支路均应装设隔离电器和保护断路设备。

3）电源盘的馈电回路，应设置适当的备用馈电回路。

4）就地布置的电源盘和配电柜宜设盘（柜）内照明。

5）就地布置的电源盘和配电柜内宜设置检修用交流 220V 电源插座。

（五）直流电源

直流电源盘内所有馈电支路均应装设隔离电器和保护断路设备，并留有适当的备用馈电回路。

直流电源系统的供电应符合下列要求：

（1）直流 110V(220V) 电源应是由直流蓄电池组供电的不接地两线制电源。

（2）直流 110V(220V) 电源盘的母线段应从相应蓄电池组的不同母线段引接两路电源进线。当有两组蓄电池时，两路电源进线应分别引自不同蓄电池组的母线段。对要求提供两路电源的设备，电源盘内可设置两段进线母线，每段进线母线分别引接一路电源进线。

（3）电源盘供电母线的两路电源进线应设有备用自投功能。

（4）两路电源应有防止并列运行的措施，对来自不同蓄电池组的两路直流电源应具有隔离措施。

（5）当燃气轮机保护系统、汽轮机跳闸保护系统等系统的跳闸回路采用直流供电时，应各有两路直流 220V(或 110V) 供电电源，直接接自蓄电池直流盘。两路电源宜分别提供给互为冗余的两个跳闸回路。

（6）直流 24V 电源宜采用 220V(AC)/24V(DC) 稳压装置，由交流 220V 电源转换而来。对冗余配置的直流 24V 电源应有防止并列的措施。

（六）负荷计算

（1）控制盘交流电源负荷总容量按以下 3 个方面估算：

1）机组装设的变送器、显示仪表、自动调节器、执行机构及保护信号回路等设备所消耗的功率中，采用24V直流集中供电的仪表，可根据仪表和执行机构所消耗的电功率选择电源箱（电源箱的供电低压为交流220V)，再根据电源箱的额定功率和数量来确定控制盘的电源负荷。采用DCS、PLC时，操作员站、管理站一般按300W考虑，过程站及继电器柜按1～1.5kW考虑。

2）控制盘内外照明电源负荷（控制盘安装在控制室内时可不考虑）。

3）现场维护、调试等工作用的负荷。

(2）控制室照明电源负荷。根据控制室的面积和照度标准即可估算出控制室照明电源负荷的大小。控制室照明的照度标准为：控制室盘面及操作台照度不应小于150lx；盘后区和室外过道、门廊为50～100lx。

(3）热工试验室电源负荷。热工试验室的电源负荷，应根据试验室的规模大小、试验设备多少来定。一般可按不低于20kW的容量来估算。

二、气源

(一）仪表与控制气源品质要求和用气量统计

气动仪表、电气定位器、气动调节阀、气动开关阀等应采用仪表与控制气源，仪表连续吹扫取样防堵装置宜采用仪表与控制气源。

气源装置提供的仪表与控制气源必须经过除油、除水、除尘、干燥等空气净化处理，其气源品质应符合以下要求：

1）供气压力：0.5～0.8MPa。

2）露点：工作压力下的露点温度应比工作环境的下限值低10℃。

3）含尘：气源中含尘微粒直径应不大于3μm，含尘量应不大于1mg/m³。

4）含油：气源中油分含量应不大于8mg/kg。

5）仪表与控制气源中应不含易燃、易爆、有毒、有害及腐蚀性气体或蒸汽。

仪表与控制气源装置的运行总容量应能满足仪表与控制气动仪表和设备的最大耗气量。当气源装置停用时，仪表与控制用压缩空气系统的贮气罐的容量应能维持不小于5min的耗气量。

(二）配气网络和设备配置

仪表与控制用压缩空气至主厂房及各辅助车间的供气母管，对300MW及以上机组宜采用双母管；对200MW及以下机组可采用环状管网或双母管供气。

配气网络中分支配气母管宜采用单母管供气方式或单母管环形供气方式。采用单母管供气方式或单母管环形供气方式的分支配气母管的气源应引自配气网络的供气双母管。

对分散布置或者耗气量波动较大的用气设备宜采用单线配气方式供气。当用气设备布置较为集中时，可根据用气设备的分布情况设置气源分配器，至各用气设备的配气支管从气源分配器引出。

配气网络隔离阀、过滤减压阀等设备配置应符合下列规定：

(1）以下地点应装设气源隔离阀门：

1）供气母管的进气侧。

2）分支配气母管的进气侧，即供气母管至分支配气母管的供气侧。

3）各配气支管的进气侧。

4）各用气仪表及用气设备过滤减压装置前。

(2）每个功能独立的用气设备前应安装空气过滤减压阀，各空气过滤减压阀应尽量靠近供气点。对用气点集中的场合，可采用有互为备用的大容量集中过滤减压装置。

(3）各用气设备的气源隔离阀应安装在空气过滤减压器上游侧，并尽量靠近各空气过滤减压器。当采用集中过滤减压装置时，集中过滤减压装置的前、后端及集中过滤减压装置下游侧的每个支路上应安装气源隔离阀。

（4）用于机组重要保护的用气设备可装设专用的小型储气罐。

（5）配气网络仪表设置应符合下列规定：

1）配气网络中的供气母管，包括燃气轮机、余热锅炉、汽轮机、化学等工艺系统上应安装压力测量装置。

2）配气网络中的配气分支母管上应安装就地压力表。当采用集中过滤减压装置时，其气源引入侧及引出侧应安装就地压力表。

3）仪用压缩空气母管压力低时应在集中控制室进行报警。

第二十八章　通　信

第一节　通信的基本要求

电力系统通信的定义为利用光及有线、无线或其他电磁系统，为电力系统运行、经营和管理等活动需要的各种符号、信号、文字、图像、声音或任何性质的信息进行传输与交换，满足电力系统要求的专用通信。狭义的电力系统通信仅指系统通信，主要提供发电厂、变电站、调度所、公司本部等单位之间的通信连接，满足生产和管理等方面的通信要求。

电力系统通信为电力调度、水库调度、远方保护、安全自动装置、调度自动化、电能量计量系统、电力市场及其技术支持系统、负荷控制、电力生产信息化管理系统等提供多种信息通道并进行信息交换。通常来讲，电力系统通信主要为电力生产服务，但同时也为基建、防汛、行政管理等服务。

燃气轮机电站电力系统通信的设计，应在电力系统设计基本完成，电网调度管理原则基本确定之后进行。一般宜与系统继电保护及调度自动化等二次部分同期进行。

遵照国家通信技术政策，根据电力生产的特点，电力系统通信传输网络应以数字光纤为主，因地制宜地发展微波通信、移动通信、卫星通信等多种通信方式，将主干网络建成与电力系统相适应的、能满足多种信息的宽带综合业务传送的数字通信网。

对于电力系统发电厂而言，使用最为普遍的为光纤通信和电力线载波通信方式。

第二节　业务分类及传输带宽

一、电力系统通信业务分类及其基本功能要求

（一）通信业务分类

电力系统通信按媒体和应用一般划分为以下 4 大类：

（1）语音业务：包括调度电话、会议电话、生产管理电话及行政电话。

（2）数据业务：包括系统继电保护和电网安全自动装置数据、调度自动化数据、电力市场数据、管理信息系统和办公自动化系统数据、电网动态监视和控制系统数据等。

（3）视频业务：包括会议电视、发电厂及变电站视频监视等。

（4）多媒体业务：包括信息检索、科学计算和信息处理、电子邮件、Web 应用、可视图文、多媒体会议、视频点播、视频广播、电子商务等。

（二）燃气轮机电站通信系统基本功能及特殊要求

1. 调度电话传送

调度电话为燃气轮机电站运行值班人员提供通信联系，调度电话必须保持畅通。调度电话的话务量不大，但性能要求很高，只有特殊的专用通信网才能满足。除要求高度的可靠性和可用性外，一般还应具有以下功能：迅速接通电话、有优先权的用户可以插入呼叫、会议电话、迂回呼叫、自动连选呼叫路由、选择空闲中继线、无阻塞交换、封闭式编号系统、呼叫限制等，有可能时还应能显示主叫用户号码。

在我国，通常电网调度机构与隶属调度的燃气轮机电站之间应具备两条不同路由且相互独立的电力通信电路用于承载电力调度通信业务。一般还应有公用电信固定电话作为备用。

2. 远动信息传输

远动系统需要在电网调度机构采集被控燃气轮机电站的运行数据，还要由电网调度机构向燃气轮机电站发送操作命令。远动系统常以分层结构组成，其数据传输网最好采用网状结构。

为满足电力系统运行的安全性、可靠性及可用性的要求，远动系统的功能应具有极高的安全性、可靠性，还应能迅速更新数据。对远动信息传输的要求是：响应时间快，且可以预报；运行数据的传输采用适当的规约及编码方式；通信介质质量好、传输可靠性高；数据传输网应具有高度的长期可用性（设备故障的影响）及短期可用性（噪声、衰落及干扰等因素的影响）。

通信电路的传输容量应适应电路具有正常的防止差错能力又使总响应时间短的要求。通常被控燃气轮机电站与地区控制中心间数据的传输速率一般是 200～1200bit/s，地区控制中心与区域控制中心间数据的传输速率一般是 600～2400bit/s，区域控制中心与主控制中心间数据的传输速率一般是 1.2～48kbit/s。

通信电路的总可用性指标，主干网（区域控制中心与主控制中心间）应高于 99.99%，区域网（地区控制中心与区域控制中心间）略低，也应高于 99.9%。

为满足长期可用性要求，信息传输应具有完全独立的冗余路由，该冗余路由应是不同的电路分别通过不同路由进入通信地点。

3. 远方保护信号及安全自动装置信号

远方保护及安全自动装置在电网各点间传送信号，将保护信息或命令及安全自动装置信号通过适当的通信介质从一个地点传到另一个地点。对它的基本要求是迅速、可靠、不错误动作。

根据命令信息形式的不同，远方保护系统通常分为模拟比较系统和窄带命令系统两类，使用中以窄带命令系统为主。

在窄带命令系统中，被保护线路两端间传送的信息是开关状态的改变：断开—投入或投入—断开。这种保护系统发布命令有 3 种基本形式，即发跳闸命令（跳闸式）、允许跳闸命令（允许式）和禁止跳闸命令（闭锁式）。

在跳闸式中，接收端收到命令信号后不论本端保护装置的状态如何都可以直接跳闸，也称为直接跳闸式或远方跳闸式；在允许式中，收到命令后只在本端保护装置已动作时才跳闸；而在闭锁式中，只有发生区外故障时才发命令，对端收到命令后即使本端保护装置动作也不允许断路器跳闸。

（1）各种命令保护系统都应具有高度的快速性、可信赖性和安全性。但是，在一定的频带宽度情况下，这些性能是相关的，提高其中一项指标就要降低其他指标。对这些指标的具体要求由远方保护应用方式确定。在规定的可信赖性及通路信噪比情况下，远方保护命令系统的最大传输时间，不包括介质中传播时间在内，应为：

1）闭锁式小于 20ms。

2）允许跳闸式小于 40ms。

3）直接跳闸式小于 60ms。

4）从电力系统的稳定性及安全性考虑，要求传输时间比上述数值小得多。例如闭锁式小于 10ms，允许跳闸式及直接跳闸式小于 20ms。

（2）命令保护系统的可信赖性是正确接收命令的概率 $1-P_{mc}$。其中 P_{mc} 为丢失命令的概率。在上述传输时间及规定的信噪比情况下，丢失命令的概率 P_{mc} 应为：

1）闭锁式小于 10^{-3}。

2）允许跳闸式小于 $10^{-2}～10^{-3}$。

3）直接跳闸式小于 $10^{-3}～10^{-4}$。

安全性是不发生虚假命令或错误命令的概率 $1-P_{uc}$，其中 P_{uc} 为虚假命令的概率。在上述传输时间及规定的信噪比情况下，虚假命令的概率 P_{uc} 应为：

1）闭锁式小于 $10^{-1}\sim10^{-2}$。

2）允许跳闸式小于 $10^{-3}\sim10^{-4}$。

3）直接跳闸式小于 $10^{-5}\sim10^{-6}$。

保护命令在模拟通路中传输的频带宽度一般为 $120\sim480\mathrm{Hz}$，不超过 $4\mathrm{kHz}$。模拟比较系统的安全性、可信赖性要求与命令系统相同或高一些，但对模拟信号波形传输的保真度要求很高，还要求波形变化的传输不失真，因此通路传输频带宽度要大于命令系统。在模拟通路中带宽需为 $4\mathrm{kHz}$，而在数字通路中速率须为 $19.2\sim64\mathrm{kbit/s}$ 或以上。

安全自动装置信号在模拟通路中带宽需为 $4\mathrm{kHz}$，而在数字通路中速率须为 $19.2\sim64\mathrm{kbit/s}$ 或以上，若以网络方式传输时，一般为 $2\mathrm{Mbit/s}$。

用于同一条输电线路上的两套远方保护和安全自动装置信号应尽可能采用两种不同的通信方式进行传送。当只采用光纤通信方式时，应考虑两条不同路由的光纤通信方式。在只有一条光缆路由时，应完全独立安排在不同的纤芯上。当只采用电力线载波通信方式时，则应安排在不同的相导线上。

4. 负荷控制信号

负荷控制管理系统是对负荷进行远方监视和控制，需要时向燃气轮机电站发送信号，有时还要求燃气轮机电站向电网调度机构发送信号，因此需采用单方向或双方向的通信方式。对燃气轮机负荷控制，一般采用双方向的无线电负荷控制系统或配电线载波负荷控制系统。

5. 计算机通信

计算机通信通常由向主计算机输入输出或双向传输的大量数据组成，也可能还有大量的交互式通信。这种以数据通信方式为主的通信网络除应有防止差错和纠错功能外，还必须有防侵扰的网络安全功能。通信网应采用适当的介质，以提高传送速率。

计算机通信可以采用专用电路，或者采用分组交换方式及其他有效方式。

6. 生产管理电话

电力部门对生产管理电话的要求要高于其他行业部门，因为它的电话设施的使用效果直接影响电力企业对用户的供电服务。电力部门的生产管理电话主要用作企业内部的生产组织、燃料供应、燃料运输、接受用户申诉、用电请求等工作。

为适应企业生产管理要求，一般可使用由适当的通信介质与程控交换机组成的专用通信网，并与公用电信网连接。

7. 供电电源

需要为以上通信业务配置与其高度可靠性及安全性要求相适应的通信专用供电电源设备，并应有备用电源，以便电力系统故障时仍可继续维持供电。

8. 电磁兼容性（EMC）

电力系统通信必须充分考虑设置在发电厂、升压站的通信设备的电位隔离和电磁兼容性（EMC）问题，保证通信系统可以安全、可靠地工作。

（1）当发电厂或变电站（换流站）的高压线或母线发生接地故障，在至少有一端位于发电厂或变电站（换流站）的通信线路上出现的地电位升高现象。

（2）由雷电引起的大气过电压或断路器、隔离开关等操作引起的操作过电压通过电源线、通信线及天线传导到通信设备，可能导致地电位升高而在通信设备的输入、输出端产生的冲击电压。

（3）电力线及发电厂或变电站母线中通过的负载电流或故障电流的电磁感应可能产生的影响。

作为电力通信设备本身，也不应向外发出电磁辐射或其他干扰，或将辐射及干扰限制在允许的范围内，以免影响其他设备正常运行。

二、燃气轮机电站常用通信业务属性及承载方式

1. 语音业务

电力通信的语音业务为典型的时分复用（TDM）业务，一般承载在 SDH 层。

2. 电力系统专有业务

专有业务包括系统继电保护/远方保护与安全自动装置等。用于传送各类远方保护及安全稳定控制的信号，是保证电网安全、稳定运行必不可少的传输信号，要求有极高的可靠性、依赖性和较短的传输时延。

专有业务通常也为时分复用（TDM）业务，承载在 SDH 层。此类业务根据保护和安全自动装置的设计，其路由大部分在燃气轮机电站与变电站、升压站与变电站之间。

3. 调度系统业务

调度系统业务包括调度自动化系统、调度员培训系统（反事故演习）、电能量计量系统、广域相量测量系统、保护及故障录波信息管理系统、电力市场运营系统等数据业务。

调度系统业务主要承载在电力调度数据网上，部分也作为 TDM 业务在 SDH 层上传送，一般采用调度数据网与专线通道互为备用的方式。

4. 生产管理系统业务

电力系统的生产管理系统业务包括管理信息系统、办公自动化系统、调度生产管理系统、通信网管系统等数据业务及视频、多媒体业务。

通常发电企业管理信息数据属于企业敏感性信息，对安全性和可靠性要求很高，在传输时延及传输速率上没有特别要求，但对数据传递的完整性却有很高要求，不允许丢失数据。

生产管理系统一般以 IP 方式承载在电力综合数据网上。

5. 通用网络业务

电力系统的通用网络业务主要有 E-mail 服务、Web 服务、FIP 服务、BBS 服务、GIS 服务和视频点播（VOD）、电子商务、远程教育和在线培训等。这些应用一般都是标准的 WWW 应用服务，因此对网络的传输时延和可靠性要求不高（VOD 除外）。

通用网络业务的通信模式多数为双向通信，全部采用标准 TCP/IP 协议。

6. 上述各种通信业务属性及其承载方式（见表 28-1）

表 28-1　　　　　　　　　　　　　　通信业务属性及其承载方式汇总表

序号	业务名称		业务属性	承载方式	备注
一	SDH 承载的 TDM 业务				
1	语音业务	电力调度电话	话音及低速数据	SDH	被控燃气轮机电站与调度中心之间
		生产管理电话	话音及低速数据	SDH	
2	视频业务	会议电视系统	图像及数据	SDH	
3	电力系统专有业务	线路远方保护	数据	SDH	通常在变电站与变电站之间
		安全自动装置	数据	SDH	通常在变电站与变电站之间
二	电力调度数据网＋SDH				
1	调度实时、准实时数据	调度自动化	实时数据	调度数据网＋SDH	通常在变电站与调度中心之间
		功角测量系统	实时数据	调度数据网＋SDH	通常在变电站与调度中心之间
		电能量计量系统	数据	调度数据网＋SDH	通常在变电站与调度中心之间
		保护故障录波系统	数据	调度数据网＋SDH	通常在变电站与调度中心之间
三	电力调度数据网承载的 IP 业务				
1	电力市场报价系统		数据	调度数据网	通常在燃气轮机电站与交易中心之间
2	调度员培训系统（反事故演习）		数据	调度数据网	通常在燃气轮机电站与调度中心之间

续表

序号	业务名称		业务属性	承载方式	备注
四	电力综合数据网承载的 IP 业务				
1	调度相关业务	调度生产管理系统	数据	综合数据通信网	
		统计报表系统	数据	综合数据通信网	
2	视频业务	视频监控	图像及数据	综合数据通信网	
		视频点播	图像及数据	综合数据通信网	
3	信息化业务	管理信息系统（MIS）	数据	综合数据通信网	
		办公自动化系统（OA）	数据	综合数据通信网	
		电网实时数据浏览	数据	综合数据通信网	
		综合查询系统	数据	综合数据通信网	
		计划统计	数据	综合数据通信网	
		人事劳资	数据	综合数据通信网	
		安全监察	数据	综合数据通信网	
		生产和设备管理	数据	综合数据通信网	
		远程办公	数据	综合数据通信网	
		财务系统	数据	综合数据通信网	
		审计系统	数据	综合数据通信网	
		党务系统	数据	综合数据通信网	
4	其他	电网地理信息系统	数据	综合数据通信网	
		远程教育培训系统	数据	综合数据通信网	

三、通道最低数量建议值

通道数量一般是针对模拟制电路和准同步（PDH）电路，由于技术的限制只能是一路一路（按标准 4kHz 或 64kbit/s）地予以分配。表 28-2 给出了通道最低数量建议值。

表 28-2　　　　　　　　发电厂、变电站（换流站）用户电路的最低通道数量建议值

序号	服务内容	燃气轮机电站	变电站（升压站）
1	调度电话	2～10	2～3
2	生产管理电话	10～30	2～4
3	远动	2	2
4	远方保护	每回出线 2	每回出线 2
5	计算机通信	2～30	2～30
6	MIS	30	2～30
7	会议电话	2	2
8	会议电视	6/30	6/30

注　1. 一路通道的传输标准为模拟电路 4kHz，数字电路 64kbit/s。

　　　2. 当用户接受"双重"或"多重"调度时，通道数量应乘以"双重"或"多重"系数。

而基于同步数字系列（SDH）的传输系统，传统的通道数量已不再是关注的焦点，评价的标准是系统传输速率和传输带宽。

1. 主干网络

以准同步数字系列（PDH）或其他方式构成的电力专用通信主干网络，其最低通道数量应不低于

30 路及其整倍数。

2. 用户电路

（1）燃气轮机电站及配套变电站。

燃气轮机电站及配套变电站作为最基层的用户，由上级调度及主管部门对其电路的最低通道数量建议值见表 28-2。

（2）省级、地区级调度。作为上一级调度或主管部门对其下级调度或隶属管理部门用户电路的最低通道数量建议值见表 28-3。

表 28-3 　　　　　　　　　　　**调度级用户电路的最低通道数量建议值**

序号	服务内容	地区级调度	省级调度
1	调度电话	2	2~3
2	生产管理电话	15~30	15~30
3	远动	2~10	5~30
4	保护远传	2	2
5	计算机通信	2~30	5~30
6	MIS	30	30
7	会议电话	2	2
8	会议电视	6/30	6/30

注　1. 一路通道的传输标准为模拟电路 4kHz，数字电路 64kbit/s。

　　2. 当本级调度接受"双重"或"多重"调度时，通道数量应乘以"双重"或"多重"系数。

四、通道传输速率建议值

1. 同步数字系列传输速率

在以同步数字系列（SDH）光纤传输系统和微波接力传输系统为主的通信网中，通道数量的设置除了参考表 28-2 和表 28-3 的规定，还应该根据业务流量及系统速率来确定。SDH 信号比特率与最大通道容量应符合表 28-4 的规定。

表 28-4 　　　　　　　　　　　**SDH 信号比特率与最大通道容量**

SDH 等级	比特率（kbit/s）	最大通道容量（等效话路）
STM-1	155520	1890
STM-4	622080	7560
STM-16	2488320	30240
STM-64	9953280	120960

由同步数字系列（SDH）搭建的主干网络系统速率一般应不低于 622080kbit/s 和 2488320kbit/s，并应留有平滑过渡到 9953280kbit/s 的可能。区域网络系统速率一般为 155520kbit/s 和 622080kbit/s。传输信息容量较大的区域网络系统速率也可设定为 2488320kbit/s。

在网络节点，应能通过合适的光、电接口将 2048~2488320kbit/s 的信号分接至下游用户或最终用户。

2. 网络方式下得最低通道数量建议值

为了便于对各种应用需求的统计，以利于最终确定作为信息传输基础设施通信系统的建设规模，以 2Mbit/s 为基本单位在网络方式下的最低通道数量建议值，见表 28-5。

表 28-5　　　　　　　　　　　　　以 2Mbit/s 为基本单位的通道数量建议值

序号	服务内容	通道数量	备注
1	电网调度实时数据	≥1	独立组网
2	调度电话	≤1	一般用于调度程控组网的通道路数通常以标准话路计
3	生产管理电话	1～10	行政交换组网用于模块局所需 2M 口可能较多
4	远方保护	每回出线 2	按每回出线 2 个 2Mbit/s
5	保护远传/安全自动装置	≥1	按每套远传 1 个 2Mbit/s
6	MIS	1～4	用于生产信息系统
7	计算机通信	1～4	按所需单建系统速率与带宽
8	视频会议	≤1	通常为 384kbit/s～2Mbit/s

注　1. 通道的基本单位为 2Mbit/s。

　　2. 当接受"双重"或"多重"调度时，通道数量应乘以"双重"或"多重"系数。

表中各通道数量取值的依据如下：

（1）电网调度实时数据根据《电力二次系统安全防护规定》国家电力监管委员会 5 号令及《电网和电厂计算机监控系统及调度数据网络安全防护规定》（原国家经济贸易委员会 30 号令）的规定需独立组网，按现有已建成的国家电力调度实时数据网，2Mbit/s 已能满足要求，考虑可能的发展，定为不小于 1 个 2Mbit/s。

（2）现代电网的调度运行主要依赖于日益完善和发展的自动化系统，调度电话仅是不可缺少的辅助手段。至每个被调度的发电厂、变电站一般也只需配置两路调度电话（模拟电路 4kHz，数字电路 64kbit/s），为便于调度员记忆和操作，通常采用"对位键"，只有在调度程控交换机组网，才有可能出现 2Mbit/s 中继连接，因此定为不大于 1 个 2Mbit/s。

（3）生产管理电话是整个行政管理电话的一部分，视组网规模而定。仅作为生产管理用电话，1～10 个 2Mbit/s（作为中继线）能满足 300～3000 个终端用户通话。

（4）保护远传包括远方保护和安全自动装置，尽管传输的信号均为单一信号，传输频带宽度一般也仅为 120～480Hz，不超过 4kHz。但从可靠性及专业管理考虑，在复用通道中定为每个保护通道占用 1 个 2Mbit/s。

（5）MIS 即生产信息系统，一般是以中心计算机为信息中心，包括了企业决策、生产、计划、运营、人事、教育等的综合信息系统。视企业的规模及信息应用水平，定为 1～4 个 2Mbit/s。从实际使用效果来说，更希望是得到传输速率的提高。

（6）计算机通信即利用计算机技术来完成数据的传输，这是一个广义的概念，在这里是指除"电力调度实时数据网""MIS"等以外的应用系统，例如大型企业的财务管理系统，从安全性与保密性来说可能需要完全独立组网。因此定为 1～4 个 2Mbit/s。

（7）由于数字压缩技术的成熟，不管是传统的会议电视系统，还是通过 IP 技术实现的视频传输系统，384kbit/s～2Mbit/s 已能获得相当满意的传输效果，因此定为不大于 1 个 2Mbit/s。

而在实际运用中，除了必需的专用网外，其他多种业务或许会通过 IP 网络传输等方式来实现，以提高传输通道的利用率和节省传输带宽。

第三节　光　纤　通　信

一、概述

电力系统除了采用普通光缆外，更多采用的是电力特种光缆，这些依附于输电线路同杆架设的光缆，不仅充分发挥了光纤通信的优点，而且开发利用了电力系统的杆路资源，降低了工程综合造价，已成为电力系统的主要通信方式。

利用电力线杆路资源开设光纤通信的光缆结构形式有五种：光纤复合架空地线（OPGW）、全介质自承式光缆（ADSS）、架空地线缠绕光缆（GWWOP）、全介质捆绑式光缆（ASF）和光纤复合相线（OPPC）。其中最常用的方式为光纤复架空地线（OPGW）和全介质自承式光缆（ADSS）。

电力特种光缆通信方式其光路系统的设计与普通光缆完全一致，然而由于加挂方式都必须依附于输电线路，因此缆路设计完全不同于普通光缆的缆路设计，而更多的是采用高压线路设计。

无论是采用光纤复合架空地线（OPGW），还是全介质自承式架空光缆（ADSS），都必须满足下述基本条件：

（1）不改变原有输电线路杆塔的基本结构。

（2）不影响原有输电线路的安全。

（3）尚需考虑工程的经济性、可行性等，特别是对已有线路需改造为复合电力特种光缆的输电线路。

二、光纤类型与工作波长

光纤芯数的配置应根据电力系统通信业务需求预测，并综合考虑网络冗余要求、预期的系统制式、系统配置数量、网络可靠性及新业务发展需求等因素分段配置，并留有适当余量。通常在可行性研究或接入系统设计阶段就已有明确的建议，应按审批意见执行。

新建 SDH 主干光缆传输工程中光纤类型宜为：G.652 型色散末位移单模光纤，可应用于 1310nm 和 1550nm 两个波长区；G.653 型色散位移单模光纤，主要应用于 1550nm 工作波长区；G.655 型非零色散位移单模光纤，主要应用于 1550nm 工作波长。

光纤类型的具体选用应根据技术经济比较，结合工程实际，可选用 G.652 和 G.655 光纤。特别是业务量较大的主干光缆应用高速率、多信道的 WDM 系统方式时，宜选用 G.655 光纤。

在工程实际应用中，特别是较长距离的光缆线路，如果单一采用 G.652 光纤，可能不需设计中继站，而若其中采用了 G.655 光纤，经校核计算再生段设计距离可能不能同时满足系统所允许的衰减和色散要求（STM～64 系统还需同时满足极化模色散的要求），就不得不增设中继站，从而出现同一条缆路按不同的纤芯出现"需建站"与"不需建站"等一系列矛盾。因此，工程设计中选用的光缆应尽可能采用同一类型的光纤成缆，当必须采用不同类型的光纤混合成缆时，应认真研究与综合考虑因纤芯性能不一致而对缆路设计的不同影响。

传输系统容量的确定也应以电力通信业务预测为依据，并考虑各区段内原有通信网的利用，且满足网络冗余要求。当有可行性研究或接入系统设计时，应按审批意见执行。工程设计中如考虑配置两个及以上较低速率的 SDH 传输系统时，应论证选用较高速率 SDH 传输系统或波分复用系统的可行性。

标称工作波长的选用应符合以下规定：

（1）应用 G.652 型光纤，短距离传输宜选用 1310nm 工作波长，长距离传输宜选用 1550nm 波长。

（2）应用 G.655 型光纤，应选用 1550nm 波长。

（3）根据目前的光纤技术、系统方式及业务需求的发展趋势，不推荐采用 G.653 型光纤。

三、系统接口

SDH 光纤传输系统的接口包括外部接口和内部接口两部分。

（1）外部接口，即 PCM 终端机的音频部分，应能满足与各种通信设备可靠的接续，保证信息不间断的传输。这类接口至少应包括：

1）与公用电信网的接口。

2）与企业内部程控交换机的接口。

3) 与程控调度交换机的接口。

4) 与电力线载波机的接口。

5) 与远动传输设备的接口。

6) 与远方保护及安全自动装置的接口。

7) 与计算机系统的接口等。

(2) 内部接口，应能满足 PCM 终端机与光端机的接续及光信号输入、输出接口。

1) 电端机与光端机的接口，依据光系统传输的码型要求而设计。

2) 光端机光信号输入、输出接口，应考虑光活动连接器、光纤芯径及光纤种类与光缆的匹配，以满足光路传输中的损耗要求。

(3) SDH 光纤传输系统的光接口分类应符合表 28-6 的要求。光接口参数根据工程实际情况合理选用。选用原则如下：

表 28-6　　　　　　　　　　　　　　　　　光接口分类

序号	波长（nm）	光纤类型	STM-1	STM-4	STM-16	STM-64
1	1310	G. 652	I-1	I-4	I-16	I-64.1r
2	1310	G. 652	—	—	—	I-64.1
3	1550	G. 652	—	—	—	I-64.2r
4	1550	G. 652	—	—	—	I-64.2
5	1550	G. 655	—	—	—	I-64.5
6	1310	G. 652	S-1.1	S-4.1	S-16.1	S-64.1
7	1550	G. 652	S-1.2	S-4.2	S-16.2	S-64.2
8	1550	G. 655	—	—	—	S-64.5
9	1310	0.652	L-1.1	L-4.1	L-16.1	L-64.1
10	1550	G. 652	L-1.2	L-4.2	L-16.2	L-64.2
11	1310	G. 652	—	V-4.1	—	—
12	1550	0.652	—	V-4.2	V-16.2	V-64.2
13	1550	G. 652	—	U-4.2	U-16.2	—

注　表中字母 I 表示局内通信，字母 S 表示短距离局间通信，字母 L 表示长距离局间通信，字母 V 表示很长距离局间通信，字母 U 表示超长距离局间通信；r 表示同类型缩短距离应用。字母后的第一位数字表示 STM 的等级；第二位数字表示工作窗口和所用光纤类型：空白或 1 表示工作波长为 1310nm，所用光纤为 G. 652；2 表示工作波长为 1550nm，所用光纤为 G. 652；5 表示工作波长为 1550nm，所用光纤为 G. 655。

1) 地区网络传输宜选用 I 接口，长距离传输选用 L 接口，超长距离传输应选用 V 或 U 接口，也可采用 L 接口加光放等方式。

2) 考虑到备品、备件的配置及方便维护，光接口类型的选用不宜过多。

(4) SDH 光纤传输系统的电接口包括 PDH 支路 2048kbit/s 电接口、PDH 支路 34368kbit/s 电接口、PDH 支路 139264kbit/s 电接口、2048kHz 同步信号接口、155520kbit/s 电接口等几类。电接口的参数包括标称比特率、比特率容差、码型、抖动和漂移特性等基本要求及输入/输出口规范，电接口参数应根据工程实际应用情况结合传输系统组织、局站设置、容量规模及发展因素综合考虑，合理选用。

四、传输系统性能指标

(1) SDH 光纤传输系统的误码性能应符合以下要求：

假设参考通道国内标准最长核心网 6800km 数字通道的误码性能（长期系统指标）应不劣于表 28-7 的指标（测试时间不少于 1 个月）。实际通道误码可按表 28-7 指标乘以实际通道长度与 6800km 之比进行计算。

表 28-7   **6800km 数字通道的误码指标（长期系统指标）**

速率（kbit/s）	2048	34368	139264/155520	622080	2488320
ESR	1.63E-3	3.06E-3	6.53E-3	待定	待定
SESR	8.16E-5	8.16E-5	8.16E-5	8.16E-5	8.16E-5
BBER	8.16E-6	8.16E-6	8.16E-6	4.08E-6	4.08E-6

注　表中 ESR（Errored Second Ratio）为误码秒比、SESR（Severely Errored Second Ratio）为严重误码秒比、BBER（Background Block Error Radio）为背景误码比。

420km 假设参考数字段的误码性能（长期系统指标）应不劣于表 28-8 的指标（测试时间不少于 1 个月）。实际数字段误码可按表 28-8 指标乘以实际数字段长度与 420km 之比进行计算。实际数字段长度小于 30km 的应按 30km 计算。

表 28-8   **420km 假设参考数字段的误码指标（长期系统指标）**

速率（kbit/s）	2048	34368	139264/155520	622080	2488320
ESR	2.02E-5	3.78E-5	8.06E-5	待定	待定
SESR	1.01E-6	1.01E-6	1.01E-6	1.01E-6	1.01E-6
BBER	1.01E-7	1.01E-7	1.01E-7	5.04E-8	5.04E-8

（2）SDH 光纤传输系统的抖动性能应符合以下要求：

1）SDH 网络接口允许的最大输出抖动（滤波器频响按 20dB/10 倍频程滚降，低频部分按 -60dB/10 倍频程滚降，测试时间为 60s）。

SDH 网络输出口的最大允许输出抖动应不超过表 28-9 中的规定值。

数字段输出口的最大允许输出抖动，应不超过表 28-9 括号中的规定值。

表 28-9   **SDH 网络输出口的最大允许输出抖动**

速率（kbit/s）	网络接口限值		测量滤波器频率		
	B_1（UIp-p）	B_2（UIp-p）	f_1	f_3	f_4
	$f_1 \sim f_4$	$f_3 \sim f_4$	（Hz）	（kHz）	（MHz）
STM-1（电）	1.5（0.75）	0.075（0.075）	500	65	1.3
STM-1（光）	1.5（0.75）	0.15（0.15）	500	65	1.3
STM-4（光）	1.5（0.75）	0.15（0.15）	1000	250	5
STM-16（光）	1.5（0.75）	0.15（0.15）	5000	1000	20

注　UIp-p 是光传送比特率的倒数，为抖动的单位，对应 STM-1 1UI=6.43ns，STM4 1UI=1.61ns，STM-16 1UI=0.402ns。

2）SDH 设备 STM-N 输入口允许的正弦调制输入抖动和漂移容限，应不超过表 28-10 的规定值。

表 28-10   **SDH 设备 STM-N 输入口输入抖动和漂移容限的参数**

STM 等级	抖动幅度（UIp-p）					频率（Hz）									
	A_0	A_1	A_2	A_3	A_4	f_0	f_{12}	f_{11}	f_{10}	f_9	f_8	f_1	f_2	f_3	f_4
STM-1（光）	2800	311	39	15	0.15	1.2E-5	1.78E-4	1.6E-3	1.56E-2	0.125	19.3	500	6.5	65	1.3
STM-1（电）	2800	311	39	1.5	0.075	1.2E-5	1.78E-4	1.6E-3	1.56E-2	0.125	19.3	500	3.25	65	13
STM-4（光）	11200	1244	156	1.5	0.15	1.2E-5	1.78E-4	1.6E-3	1.56E-2	0.125	9.65	1000	25	250	5
STM-16（光）	44790	4977	622	1.5	0.15	1.2E-5	1.78E-4	1.6E-3	1.56E-2	0.125	12.1	5000	100	1000	20

3）PDH/SDH 网络边界的抖动性能。

a. 由 SDH 网络传送的 PDH 信号在 PDH/SDH 网络边界，应符合原有 PDH 网络的抖动性能要求。

b. PDH 网络输出口的最大允许输出抖动应不超过表 28-11 中的规定值（滤波器频响按 20dB/10 倍频程滚降，测试时间为 60s）。

表 28-11 　　　　　　　　　　　PDH 输出口的最大允许输出抖动

速率 （kbit/s）	网络接口限值		测量滤波器频率		
	B_1（UIp-p）	B_2（UIp-p）	f_1	f_3	f_4
	$f_1 \sim f_4$	$f_3 \sim f_4$	（Hz）	（kHz）	（MHz）
2048	1.5	0.02	20	18	100
34368	1.5	0.15	100	10	800
139264	1.5	0.075	200	10	3500

c. SDH 设备 PDH 支路输入口的正弦调制抖动和漂移容限应不超过表 28-12 中的规定值。

表 28-12 　　　　　　　SDH 设备 PDH 支路输入口抖动和漂移容限的参数

速率 （kbit/s）	抖动幅度（UIp-p）				频率（Hz）								伪随机测试信号
	A_0	A_1	A_2	A_3	f_0	f_{10}	f_9	f_8	f_1	f_2	f_3	f_4	
2048	18	1.5	0.2	8.8	1.2E-5	4.88E-3	0.01	1.667	20	2.4	18	100	2E15-1
34368	4	1.5	0.15	1	0.01	0.032	0.13	4.4	100	1.0	10	800	2E15-1
139264	4	1.5	0.075	1	0.01	0.032	0.13	2.2	200	0.5	10	3500	2E23-1

注　1. 2048kbit/s 速率下 f_8、f_9 和 f_{10} 的数值指不携带同步信号的 2048kbit/s 接口特性。

　　2. UIp-p 是光传送比特率的倒数，为抖动的单位，对应 2048kbit/s 1UI＝488ns，34368kbit/s 1UI＝29.1ns，139264kbit/s 1UI ＝7.18ns。

（3）SDH 光纤传输系统的漂移性能应符合以下要求：

在 SDH 网络中任何 STM-N 接口上的漂移限值以最大时间间隔误差（MTIE）来规范，应符合表 28-13 的要求。

表 28-13 　　　　　　　　　　　STM-N 接口的漂移限值

最大时间间隔误差 MTIE（μs）	观察时间（s）
7.5τ	$\tau \leqslant 1/30$
$0.1\tau + 0.25$	$1/30 < \tau \leqslant 17.5$
$5 \times 10^{-3}\tau + 2$	$17.5 < \tau \leqslant 1200$
$1 \times 10^{-5}\tau + 8$	$\tau > 1200$

注　τ 为设定的观测时间段。

五、电力特种光缆

架设方式选用原则如下：

（1）光纤复合架空地线（OPGW）适合于新设计的 110kV 及以上电压等级线路，若使用在已运行的线路上，需将原有地线更换为 OPGW，则必须对承挂的杆塔结构进行复核验算，必要时还需对已有线路杆塔结构进行加固或改造。同时应对 OPGW 的电气及物理性能进行校核。

OPGW 光缆应能承受所架设输电线路的最大短时电流。光缆的电气和机械性能应符合其所取代的地线的电气和机械物理特性参数要求。在 OPGW 设计中要考虑的技术数据主要是光纤类型、光纤芯数、光缆直径、光缆综合截面积、光缆单位质量、极限张力强度、标称故障电流、标称直流电阻、弹性模量、热膨胀系数、最大盘长等。

（2）全介质自承式架空光缆（ADSS）是目前使用较多的一种形式，广泛应用于 110kV 电压等级及以下线路，可在现有的输电线路上加挂，但仍需验算杆塔的承载能力，必要时还需对已有线路杆塔结构进行加固或改造。

ADSS 必须有很强的绝缘性和耐腐蚀性。当电场空间电位在 12kV 以下时，ADSS 的外护套宜采用聚乙烯护套料，当电场空间电位大于 12kV 高场强时，应采用耐电痕黑色聚烯烃护套料。

ADSS 必须根据承挂 ADSS 光缆的输电线路电压等级、相线和地线的位置、相线与地线的牌号、杆塔图、净空要求等参数来进行电场场强分布的计算，以确定加挂位置。同时 ADSS 还应有良好的机械性能、足够大的张力强度，以满足输电线路档距较大的要求。

六、光中继站

光中继站的设置首先需满足光路系统传输距离的要求，在不偏离输电线路基本走向的前提下，应尽可能选择在居民点附近或邻近公路，优先选择在线路附近的变电站内。

野外独立设置的光中继站一般按无人值守站设计，只设生产用房而不设生活用房，站区四周应加围墙、铁丝网。当采用太阳能供电方式时，太阳能电池板的布置应考虑日照的方向，并尽可能布置在机房屋顶，以减少占地面积。

光中继站的主要用房包括光纤通信设备机房、蓄电池室、电力室、油机房、油库等，光中继站面积不宜过大，作为"背靠背"光中继站面积一般可控制在 30m^2，除油机及存油外均可安置在同一机房内。

由于电力系统光纤通信大多采用 OPGW 和 ADSS 架设方式，其防雷接地就较普通光缆更为重要，特别是 OPGW。对于 OPGW 光缆的引入，在光中继站至 OPGW 引下塔之间，需换用全介质引下光缆，目的是避免将雷电流直接由 OPGW 引入中继站。在进入光中继站机房前，必须将光缆穿入金属管水平埋入地中，埋深应大于 0.6m，埋入的长度宜在 10m 以上，金属管并应与光中继站的接地网可靠连接，目的是将可能的雷电流感应可靠引入接地网，以确保人身和设备的安全。

ADSS 的引入措施与 OPGW 是基本一致的，所不同的是 ADSS 在引下塔无须换用全介质光缆。

当有条件时，在光中继站应设置环境监控或视频监控，将信号传送到监控中心或有人值守站，并尽可能集成在缆路的监控系统或网管系统。

第四节　电力线载波通信

一、传输质量指标

电力线载波通道传送话音信号时，应满足可懂串音防卫度不小于 60dB（对于有困难的系统可以降低到 55dB）；不可懂串音防卫度不小于 47dB；采用移频键控（FSK）方式传送远动或数据信号时，串音防卫度应不小于 16dB。

对于传输话音的电力线载波通道，即使在最不良气候条件，信号噪声比均应满足 26dB 以上。对于传送 1200Bd 及其以下速率的移频键控信号（FSK）的远动通道，即使在不良天气情况下，信号噪声比设计值应不低于 16dB。

为了保证音频端信号噪声比，通道衰减在设计时必须留有储备电平，对于不同用途、不同地区自然条件下的通道储备电平建议取值如下：

(1) 一般电话通道：4dB。

(2) 重要调度电话通道：6～9dB。

(3) 无人值班远动通道：6～9dB。

(4) 结冰或严重污染地区的通道：9～13dB。

二、载波通道组织

载波通道组织包括确定通道的路径、耦合方式、结合相别、终端站或枢纽站的选择、中间站的转接方式等。合理的组织通道，可以降低投资，提高通道的利用率及运行的灵活性和可靠性。

1. 载波通道的路由选择

(1) 应满足通道衰减较小、使用方便和宜于组织迂回、备用通道等要求，应尽可能将通道建立在距离短和中间站少的线路上。

(2) 电力线载波通道主要是供各级调度所和所管辖的发电厂、变电站（升压站）之间的通信联络，因此通道组织应充分考虑调度隶属关系，以适应调度管理体制的需要。

(3) 用于传送远方保护和安全自动装置信号的电力线载波通道应予特别优先考虑和安排。

(4) 不同电压等级的输电线路之间不宜组织高频桥路，拟实施频率分区隔离的燃气轮机电站、变电站（升压站）不得组织高频桥路。

2. 载波通道的耦合方式

(1) 330kV 及以下电压等级输电线路一般采用相地耦合方式。

(2) 500kV 电压等级输电线路一般采用相相耦合方式。

到达同一燃气轮机电站、变电站（升压站）的载波通道应尽可能相互独立，当只有一回输电线路时，各载波通道应安排在不同的相上。

当一回输电线路装设有多套远方保护高频装置时，其中一套主保护可以独立占用一相，其他两相宜由保护与通信并机合相运行，或采用话音、远动、保护信号复合传输的方式。

载波通道的枢纽站和终端站，宜选择在电网中接有主干通信电路（数字光纤、数字微波等方式）的燃气轮机电站。

三、噪声和干扰

各电压等级的输电线路上 4kHz 带宽的均方根噪声功率电平建议取值见表 28-14。由于架空线路的一次参数不同，线路表面电位梯度也可能不同，表中数据有较大波动，即使线路结构、高度、已用时间、天气状况不同也会使噪声电平波动较大。

表 28-14 各级电压 4kHz 带宽噪声电平建议取值

电压等级（kV）	噪声电平（dBm）
110	$-39 \sim -30$
220	$-30 \sim -22$
330	$-26 \sim -20$
500	$-15 \sim -10$

注 当现有运行的电力线载波通道有可靠的实测数据的应采用实测值。

如果带宽不同则应用式（28-1）修正，即

$$P_z = 10\lg\frac{\Delta f}{4} \tag{28-1}$$

式中　P_z——噪声功率电平，dBm；

　　　Δf——实际使用带宽，kHz。

对于由 n 个转接段构成的载波通道，应计入白色噪声的累积，以保证在恶劣气候条件下的最低信号噪声比要求。全电路的噪声累积电平按式（28-2）计算，即

$$A_z = 10\lg(n+1) \tag{28-2}$$

式中　n——包括低频、高频转接的次数；

A_z——噪声累积电平，dBm。

电力线载波通道间干扰影响的大小以跨越衰减表示，常用跨越衰减的设计建议取值见表 28-15。

表 28-15 　　　　　　　　　　　　　**跨越衰减设计建议取值 dB**

电力线情况	跨越方式	跨越衰减					
		无阻波器		一只阻波器		两只阻波器	
		近端	远端	近端	远端	近端	远端
同一电力线或同杆架设的双回路线	不同相	17	6	17	6	17	6
同母线不同电力线	同名相	0	0	17	13	26	17
	异名相	17	6	26	13	35	22
不同电压等级的电力线	同名相	22	—	30	—	39	—
	异名相	30	—	39	—	43	—

四、通道总衰减

1. 220kV 及以下电压等级线路载波通道总衰减

220kV 及以下电压等级输电线路上的载波通道总衰减可按式（28-3）计算，即

$$A_{tot} = kl\sqrt{f} + 7.0N_1 + 3.5N_2 + 0.9N_3 + 5.7 + A_{cab} \tag{28-3}$$

式中　A_{tot}——电力线载波通道总衰减，dB；

k——与频率有关的衰减系数，其值与线路电压的关系见表 28-16；

l——输电线路长度，km；

f——工作频率，kHz；

N_1——通道中高频桥路数；

N_2——通道中中间载波机与无阻波器分支线之和；

N_3——发送端并联载波机台数与通道中有阻波器分支线之和；

5.7——终端衰减，dB；

A_{cab}——高频电缆衰减，dB。

表 28-16 　　　　　　　　　　　　　**k 值与线路电压的关系**

电压等级（kV）	35	110	220
k（dB/km）	12.2×10^{-3}	8.7×10^{-3}	6.5×10^{-3}

2. 330kV 及以上电压等级线路载波通道总衰减

（1）330kV 及以上电压等级输电线路上的载波通道总衰减可按式（28-4）计算，即

$$A_{tot} = A + A_{OH} \tag{28-4}$$

式中　A_{tot}——电力线载波通道总衰减，dB；

A——线路衰减，dB，可按式（28-5）计算：

A_{OH}——耦合衰减，dB。

$$A = \alpha_1 l + 2A_c + A_{add} \tag{28-5}$$

式中　α_1——最低损失模式的衰减常数，dB/km，见式（28-6）；

l——输电线路长度，km；

A_c——模式转换损失，dB，如图 28-1 和图 28-2 所示；

A_{add}——由于耦合电路、换位等不连续性引起的附加损失，见表 28-17。

$$\alpha_1 = 7 \times 10^{-2} \left[\frac{\sqrt{f}}{d_c\sqrt{n}} + 10^{-3}f \right] \tag{28-6}$$

式中　f——载波通道工作频率，kHz；

　　　d_c——分裂子导线直径，mm；

　　　n——每相分裂子导线根数。

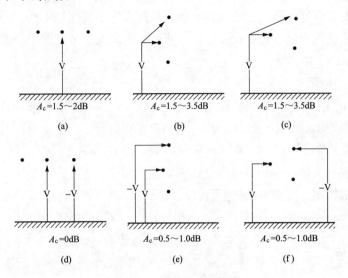

图 28-1　单回路相地耦合

(a) 中相；(b) 中相或顶相 (1)；(c) 中相或顶相 (2)；(d) 中相对边相；(e) 顶相对中相 (1)；(f) 顶相对中相 (2)

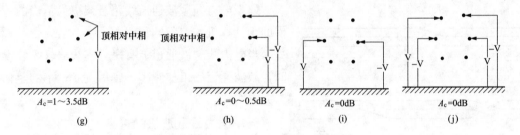

图 28-2　双回路一条回路线路间耦合

(a) 相地耦合；(b) 相相耦合；(c) 中相对中相；(d) 顶相中间相差接耦合

表 28-17　　　　　　　　　不同线路排列及最佳耦合方式的附加损失

不同线路排列及最佳耦合方式 (见图 28-1 和图 28-2)	换位次数			
	0	1	2	3
(a)	0	6	3～8①	—
	0	6	1～10①	—
(b)	0～3	6～12	6～12	6～12
(c)	0～3	6～12	6～12	6～12
(d)	0～4.5	8.5～11	2～10①	—
	0～5.5	8.5～12	0～8①	—
(e)	0～3	4～8	4～8	4～8
(f)	0～3	4～8	4～8	4～8
(g)	2～10	2～10②	2～10②	2～10②
(h)	2～10	2～10②	2～10②	2～10②
(i)	2～10	2～10②	2～10②	2～10②
(j)	0～1	0～4	2～8②	2～8②

① $1 \times f_{max} \leqslant 10^5 \mathrm{km} \times \mathrm{kHz}$（$\leqslant 330\mathrm{kV}$）；$1 \times f_{max} \leqslant 5 \times 10^4 \mathrm{km} \times \mathrm{kHz}$（$>330\mathrm{kV}$）。

② $1 \times f_{max} \leqslant 2 \times 10^5 \mathrm{km} \times \mathrm{kHz}$。

耦合衰减 A_{OH} 可按式（28-7）计算，即

$$A_{OH} = A_{ZB} = A_{JL} + A_{BJ} \qquad (28\text{-}7)$$

式中　A_{ZB}——由两端阻波器引起的分流损失，其最大值不应超过 5.2dB；

　　　A_{JL}——由发送端结合滤波器引起的工作衰减，其最大值不应超过 1.3dB；

　　　A_{BJ}——由并联载波机或远方保护收发信机及通道中由阻波器分支线引起的分流损失，同式（28-3）中 $0.9N_3$ 项。

（2）附加损失 A_{add} 的取值。

1）均匀线路的附加损失。各种排列的线路采用最佳耦合方式时，附加损失 A_{add} 的近似值如下：

a. 单回路，垂直或三角形排列：$A_{add} \leqslant 3dB$，相地及相相耦合。

b. 双回路，垂直或三角形排列：$A_{add} = 2 \sim 10dB$，相地及相相耦合；$A_{add} \leqslant 1dB$，双回路差接耦合。

c. 单回路，水平排列：$A_{add} = 0dB$，相地及相相耦合。

2）不均匀线路的附加损失。在单回路垂直或三角形排列的线路上，如果线路两端的耦合是实接在一根导线上，则附加损失可取：

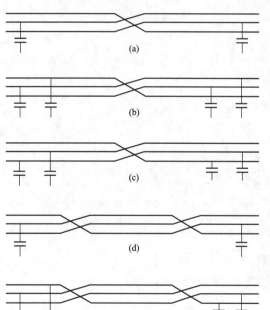

图 28-3　相地耦合、相相耦合的最佳方式
（a）方式一；（b）方式二；（c）方式三；
（d）方式四；（e）方式五

　　a. 相地耦合：$A_{add} = 6 \sim 12dB$；

　　b. 相相耦合：$A_{add} = 4 \sim 8dB$。

在水平排列的线路上，如果采用图 28-3 所示的最佳耦合方式，则附加损失见表 28-17。

（3）电力线载波通道线路衰减更为精确的计算，应借助于计算机和专门的程序。

当电力线载波通道上有短分支线路且无装设阻波器时，载波通道的工作频率不得取为 $75/l_T$ 的整倍数（l_T 为分支线路长度，km）。

五、电力线载波机的选型

（1）模拟式电力线载波机宜选用单边带调幅制、载频抑制或部分抑制。数字式或数字化电力线载波机宜选用数字调制技术。

（2）载波机的发送功率应与输电线路电压等级、噪声水平、通道传输质量等要求相适应。

（3）载波侧的标称阻抗应选用 75Ω（不平衡式）。

（4）音频频带的分配应满足话音、远动、保护等复合信号的传输要求。

（5）载波机一般应具有 -48V 或（和）交流 220V 两种供电方式。

（6）可以带小型呼叫选择器，也可作为长途自动交换网的中继线使用。当采用小型呼叫选择器时，应采用 DTMF 方式。

（7）不同型号的载波机应能相互转接，终端接口能与通信系统中的其他设备相匹配。

六、结合加工设备的选型

1. 线路阻波器

（1）在规定的工业频率下，连续流过阻波器而不会使温升超过限值的最大有效值电流，应不小于阻波器所在线路导线可能有的最大工作电流；在规定时间内额定短时电流流过主线圈不会引起热损坏或机械损坏。

（2）阻波器的阻塞频带应能覆盖设计年限内的工作频带要求，并尽可能地采用宽带阻波器或展宽

型阻波器。阻塞阻抗一般应不小于输电线路特性阻抗的$\sqrt{2}$倍。

2. 结合滤波器

(1) 结合滤波器应能承受设计年限内可能通过的最大载波功率,其非线性失真和交调产物应不超过规定值。

(2) 结合滤波器应与耦合电容器相匹配,满足通道的耦合方式要求。采用相相耦合方式时,差接网络宜放置于其中一台结合滤波器内。

(3) 结合滤波器的工作频带应能覆盖设计年限内的工作频带要求,一般宜采用宽带型,工作频带内的工作衰减不应大于2dB(用于继电保护专用通道时不大于1.3dB)。

3. 耦合电容器

(1) 耦合电容器的额定电压,必须与相连接的输电线路的相电压一致。

(2) 耦合电容器的额定电容应与结合滤波器匹配,满足相应的工作频带宽度要求,并应优先在国家标准系列数值中选取。

(3) 当只作载波信号耦合使用时,应选择耦合电容器;当一次系统要求兼作测量或其他用途时,应选用电容式电压互感器。

4. 高频电缆

(1) 高频电缆的介入衰减应满足通道传输质量指标要求;其有效工作频谱应覆盖电力线载波通信使用的工作频率。

(2) 高频电缆的特性阻抗应与电力线载波终端设备/远方保护收发信机的载波侧标称阻抗相一致。

(3) 高频电缆的屏蔽层及外护层应可靠接地。

七、电力线载波通道传输远方保护信号的特别规定

在电力线载波系统中,远方保护可以是专用一条载波通道,也可以和话音信号等复用一条通道。根据对安全性、可靠性、需要的操作时间、是否经济及可用的频带宽度等方面的要求作出适当选择。

专用于传送远方保护信号的载波机,与传送电话、远动的载波机不同,为了避免电力系统的脉冲噪声干扰,一般将载波机灵敏度设计得很低,不按电晕噪声电平及信噪比来考虑必需的信号接收电平值,而以制造厂提供的最低接收电平值进行通道设计。

远方保护专用机对来自相邻载波通道干扰电平的信号干扰比一般规定为17~20dB,可依此作为抑制其他载波通道对远方保护通道干扰影响的依据。

用于传送远方保护信号的载波通道的线路阻波器,阻塞阻抗应以电阻分量计,一般规定电阻分量的最小值应不小于输电线路特性阻抗的$\sqrt{2}$倍。

在传送远方保护信号的专用载波通道,应采用设备侧串有电容器的结合滤波器;通信与保护合用通道,也应采用设备侧串有电容器的结合滤波器。

用于远方保护通道的专用结合滤波器,工作衰减应不大于1.3dB,而回波损耗应不小于20dB。

远方保护专用收发信机的工作频带,在进行频率分配时,应使它只占用一个载波频率,且中心频率宜与标称载波频带的中心频率一致。在基本载波频带为4kHz的电力线载波系统中,远方保护专用机的中心频率可选为$(4n+2)$kHz,$n=10, 11, 12, \cdots, 124$。

八、电力线载波频率分配的原则

频率分配依据电力线载波通道的要求,在已选定机型的条件下进行。

对于双工工作的载波机,本机收发信频带间隔一般为3~7B(B为基本载波频带),当载波机设有高频差接网络时,本机收发信频带可以紧邻,即无间隔。

相邻通道的载波机互为干扰机和被干扰机,它们之间的频率间隔应考虑发信-发信、发信-收信、收信-收信 3 种情况。

对于每一通道的实际工作频率，应：

（1）优先安排远方保护和重要用户的载波通道频率。

（2）先长通道，后短通道。

（3）在满足信噪比和线路衰减的条件下，选用较高频率，保留较低频率。

（4）对可能覆冰的线路，选择较低频率。

（5）尽可能地重复使用频率。

对于接在同一耦合装置上的载波设备，应注意选择的频率是否在有效工作频带内。

同一厂站内，不论是同一电压等级还是不同电压等级线路上的电力线载波通道，一般均不考虑重复使用频率。在同一电压等级电网中，一般需相隔两段电力线且有阻波器阻塞时，才允许重复使用频率。

如果采用频率分隔装置，在分隔频带内，两区之间跨越衰减达 50～60dB 以上时，可以重复使用频率。

第五节　通信供电电源

一、概述

（1）电力系统通信必须设置独立、可靠的通信专用供电电源，特别是为电力调度实时系统服务的通信设备就不允许有断电情况发生。

（2）通信专用供电电源电压应为交流 220V 或直流 -48V，通信系统的计算机设备及辅助设备一般采用交流 220V 供电，而通信设备采用 -48V 供电。

（3）通信专用供电电源的供电方式可以是交流市电、蓄电池、太阳能或其他能源，也可以是其中数种供电方式的组合，在燃气轮机电站中推荐采用的是蓄电池组与其他供电方式的组合。

（4）通信专用供电电源的主供电源故障，必须有备用电源实现无间断切换。

（5）通信专用供电电源（包括各种供电方式的组合）必须具备运行工况监控告警系统及远传功能。

二、通信用高频开关组合电源

通信 48V 电源应采用高频开关组合电源，高频开关组合电源通常由交流配电单元、高频开关整流模块、直流配电单元和监控单元 4 部分组成。

高频开关组合电源一般应有两路交流输入，并能实现手动和自动切换。高频开关整流模块的数最应为 $N+1$（$N<10$ 时，N 为高频开关整流模块的数量）。

1. 交流输入电压范围

（1）单相三线制 220V：允许变动范围为 187～242V（220V：-15%～+10%）。

（2）三相五线制 380V：允许变动范围为 323～418V（380V：-15%～+10%）。

2. 输入电压频率范围

50Hz 允许 ±5%。

蓄电池配置容量取决于交流供电的可靠性及停电后的恢复时间。高频开关组合电源的蓄电池配置容量参照有关规程执行：

（1）对有人值守的通信站，蓄电池配置容量应在满负载状态下持续供电时间不少于 1～3h。由于设计是按满负载配置，而实际使用容量一般均控制在 50%～70%，这也就意味着，即使两路交流都停供，由蓄电池维持供电的时间仍可以达到 2～6h 以上。

（2）对无人值守的通信站，一般可能只有一路交流输入，且可靠性较差，考虑交通路况及故障恢复时间等因素，蓄电池容量应按在满负载状态下持续供电时间不少于 $8\sim12h$ 配置，因此实际可维持供电的时间将达到 $16\sim24h$ 以上。

高频开关组合电源的交流输入应有防止雷击及过电压保护措施。

三、通信用不间断电源

当电力通信设备需可靠、不间断的交流供电电源时，可设置通信用不间断电源——UPS。

UPS 一般应有两路交流输入，并能实现手动和自动切换。并应满足以下要求：

(1) 交流输入电压可变范围。

1）Ⅰ级：$\pm25\%$。

2）Ⅱ级：$\pm20\%$。

3）Ⅲ级：$-15\%\sim+10\%$。

(2) 输入电压频率范围。

1）$50Hz$ 允许 $\pm4\%$。

2）UPS 应有旁路工作方式，通过旁路为负载供电。其交流输入应有防止雷击及过电压保护措施。

3）UPS 对蓄电池组应具备管理能力。

四、通信用太阳能供电组合电源

1. 太阳能供电组合电源

电力系统通信用的太阳能供电组合电源一般采用以下两种方式：

(1) 当由交流供电时，采用由交流配电单元、直流配电单元、整流器、监控器和太阳能光伏电池电压稳定装置等构成的向通信设备供电的组合电源方式。

(2) 当不具备交流供电时，采用蓄电池组和太阳能光伏电池电压稳定装置等构成的向通信设备供电的组合电源方式。

太阳能供电组合电源的输出电压额定值等级为直流 $-48V$。

2. 在有交流输入的太阳能供电组合电源

(1) 交流输入电压范围。

1）单相三线制 $220V$：允许变动范围 $165\sim275V$（$220V$：$\pm25\%$）。

2）三相五线制 $380V$：允许变动范围 $285\sim475V$（$380V$：$\pm25\%$）。

(2) 输入电压频率范围。

$50Hz$ 允许 $\pm5\%$。

当有两路交流输入时，应能实现手动和自动切换。

交流输入应有防止雷击及过电压保护措施。

对于有交流输入的太阳能供电组合电源，视交流供电的可靠性及故障恢复的时间等因素，光伏电池的配置容量应满足在满负载状态下持续供电时间不少于 $8\sim48h$，实际可维持供电的时间将达到 $16\sim96h$。

对于不具备交流供电的太阳能供电组合电源，其后备电源应市蓄电池组。考虑到连续阴天、雨雪及交通的影响，蓄电池组的配置容量应满足在满负载状态下，持续供电时间不少于 7 天，实际可维持供电的时间将达到 $10\sim14$ 天。

3. 对太阳能光伏电池电压稳定装置的基本要求

(1) 对逐级投入式组合电源，太阳能光伏电池电压稳定装置的直流输出电压应不大于 $56.7V$。

(2) 对变换稳压式组合电源，太阳能光伏电池电压稳定装置应采用直流稳压变换器。

1）输入直流电压范围：$44\sim80V$。

2）输出直流电压可调范围。

a. 浮充范围：43.2～56.4V。

b. 均衡范围：50～57.6V。

（3）组合电源的太阳能光伏电池接口处应有防雷措施。

五、通信用蓄电池

（1）通信专用供电电源的蓄电池组应采用通信用阀控式密封铅酸蓄电池。

（2）阀控式密封铅酸蓄电池在额定年限内正常使用情况下，应无须补水、加酸，在正常工作过程中应无酸雾逸出，并允许与其他通信设备安置于同一机房。

（3）蓄电池组的配置容量应根据满负载工作状态下的放电电流及所要求的供电持续时间来选择，切实满足供电时间要求。

第四篇

经 济 篇

第二十九章 主要设备材料清册及土建工程量

第一节 燃气轮发电机组工程项目划分

一、一般规定

(1) 燃气轮发电机组工程项目划分是对燃气轮发电机组建设预算中项目设置、编排次序和编排位置的规定，与设计的专业划分及分卷分册图纸划分相适应。

(2) 燃气轮发电机组工程建设预算项目划分层次，是在各专业系统（工程）下分为三级：第一级为单项工程，第二级为单位工程，第三级为分部工程。

单项工程是具有独立的设计文件，建成后能够独立发挥生产能力或效益的工程项目。单位工程是具有独立的设计文件，能够独立组织施工，但不能独立发挥生产能力或效益的工程项目，是单项工程的组成部分。

分部工程是根据工程部位和专业性质等的不同将单位工程分解形成的工程项目单元，是单位工程的组成部分。

(3) 编制建设预算时，对各级项目的工程名称不得任意简化，均应按照本项目划分中规定的全名填写。

(4) 项目划分之外确有必要增列的工程项目，应按照设计专业划分，在单项工程或单位工程项目序列之下，在已有项目之后顺序排列。

二、燃气轮发电机组工程（系统）划分次序

燃气轮发电机组建筑工程项目划分见表 29-1，燃气轮发电机组安装工程项目划分见表 29-2。

1. 主辅生产工程

(1) 热力系统。

(2) 燃料供应系统。

(3) 水处理系统。

(4) 供水系统。

(5) 电气系统。

(6) 热工控制系统。

(7) 附属生产工程。

2. 与厂址有关的单项工程

(1) 交通运输工程。

(2) 防浪堤、填海、护岸工程。

(3) 水质净化、海水淡化工程。

(4) 补给水工程。

(5) 地基处理工程。

(6) 厂区、施工区土石方工程。

(7) 临时工程

3. 其他费用项目

具体细项见表 29-3 中相关内容。

三、燃气轮发电机组工程项目划分

燃气轮发电机组工程项目划分分为建筑工程项目划分、安装工程项目划分、其他费用项目划分 3 部分。

1. 燃气轮发电机组建筑工程项目划分

表 29-1   燃气轮发电机组建筑工程项目划分

编号	项目名称	主要内容及范围说明	技术经济指标单位
一	主辅生产工程		
(一)	热力系统		
1	主厂房本体及设备基础		元/m³
1.1	主厂房本体	包括燃气轮发电机组厂房、蒸汽轮发电机组厂房	元/m³
1.1.1	基础工程	包括土石方、基础、基础梁，燃气轮机、汽轮机及机岛平台基础等	元/m³
1.1.2	框架结构	框架柱、框架梁及纵梁、框架的楼板、吊车梁等	元/m³
1.1.3	运转层平台	包括燃气轮发电机组、蒸汽轮发电机组平台及其支撑结构	元/m³
1.1.4	地面及地下设施	包括地面、各类坑、支墩、沟道、电缆隧道、地下室	元/m³
1.1.5	屋面结构	包括屋面及屋架结构	元/m³
1.1.6	围护及装饰工程	包括门、窗及维护墙砌体、隔墙及墙面装饰、金属结构、运转层的面层、楼板的面层	元/m³
1.1.7	固定端	包括燃气轮机、汽轮机、余热锅炉山墙结构	元/m³
1.1.8	扩建端	包括燃气轮机、汽轮机、余热锅炉间围护及封闭结构	元/m³
1.1.9	单元（集中）控制室	设置于厂房内的控制室	元/m³
1.1.10	给排水		元/m³
1.1.11	采暖、通风、空调		元/m³
1.1.12	照明		元/m³
1.2	电控综合楼（集中控制楼）		元/m³
1.2.1	一般土建	包括土石方建筑、基础、结构、建筑	元/m³
1.2.2	给排水		元/m³
1.2.3	采暖、通风、空调		元/m³
1.2.4	照明		元/m³
1.3	天桥		元/m
1.3.1	一般土建	包括土石方建筑、基础、结构、建筑	元/m
1.3.2	采暖、通风、空调		元/m
1.3.3	照明		元/m
1.4	设备基础		元/m³
1.4.1	燃气轮发电机基础	单轴含汽轮机基础	元/m³
1.4.2	旁路烟囱基础		元/m³
1.4.3	余热锅炉基础		元/m³
1.4.4	汽轮发电机基础	单轴机组并入"燃气轮发电机基础"	元/m³
1.4.5	附属设备基础		元/m³
2	热网系统建筑		元/kW
2.1	热网首站		
2.1.1	一般土建		
2.1.2	给排水		
2.1.3	采暖、通风、空调		
2.1.4	照明		
2.2	厂区热网支架、沟道		
(二)	燃料供应系统		
1	燃气供应系统		元/kW

续表

编号	项目名称	主要内容及范围说明	技术经济指标单位
1.1	增（调）压站建筑		元/台（机）
1.1.1	一般土建		
1.1.2	给排水		元/m³
1.1.3	采暖、通风、空调		元/m³
1.1.4	照明		
1.2	增（调）压站设备基础		
（三）	水处理系统		
1	预处理系统		元/kW
1.1	预处理室	包括凝聚、澄清、过滤，以及超滤、反渗透处理等	元/m³
1.1.1	一般土建		元/m³
1.1.2	给排水		元/m³
1.1.3	采暖、通风、空调		元/m³
1.1.4	照明		元/m³
2	锅炉补给水处理系统		元/kW
2.1	锅炉补给水处理室	包括实验楼	元/m³
2.1.1	一般土建		元/m³
2.1.2	给排水		元/m³
2.1.3	采暖、通风、空调		元/m³
2.1.4	照明		元/m³
2.2	酸碱库		元/m³
2.2.1	一般土建		元/m³
2.2.2	给排水		元/m³
2.2.3	采暖、通风、空调		元/m³
2.2.4	照明		元/m³
2.3	室外构筑物	澄清池、无阀滤池、水箱基础、室外沟道等	
3	凝结水精处理系统		元/kW
3.1	凝结水精处理室		元/m³
3.1.1	一般土建		元/m³
3.1.2	给排水		元/m³
3.1.3	采暖、通风、空调		元/m³
3.1.4	照明		元/m³
3.2	凝结水室外构筑物		
3.2.1	凝结水箱基础		座
3.2.2	凝结水管沟		m
4	循环水处理系统		元/kW
4.1	循环水处理室		元/m³
4.1.1	一般土建		元/m³
4.1.2	给排水		元/m³
4.1.3	采暖、通风、空调		元/m³
4.1.4	照明		元/m³
4.2	加氯加酸间		元/m³
4.2.1	一般土建		元/m³
4.2.2	给排水		元/m³
4.2.3	采暖、通风、空调		元/m³
4.2.4	照明		元/m³

编号	项目名称	主要内容及范围说明	技术经济指标单位
5	中水处理系统（石灰深度处理）		元/kW
5.1	曝气生物滤池		元/座
5.2	澄清池		元/座
5.3	过滤器基础		元/座
5.4	泥渣脱水间		元/m³
5.4.1	一般土建		元/m³
5.4.2	给排水		元/m³
5.4.3	采暖、通风、空调		元/m³
5.4.4	照明		元/m³
5.5	石灰乳工艺间		元/m³
5.5.1	一般土建		元/m³
5.5.2	给排水		元/m³
5.5.3	采暖、通风、空调		元/m³
5.5.4	照明		元/m³
5.6	加药间		元/m³
5.6.1	一般土建		元/m³
5.6.2	给排水		元/m³
5.6.3	采暖、通风、空调		元/m³
5.6.4	照明		元/m³
5.7	控制楼		元/m³
5.7.1	一般土建		元/m³
5.7.2	给排水		元/m³
5.7.3	采暖、通风、空调		元/m³
5.7.4	照明		元/m³
5.8	石灰处理泵房		元/m³
5.8.1	一般土建		元/m³
5.8.2	给排水		元/m³
5.8.3	采暖、通风、空调		元/m³
5.8.4	照明		元/m³
5.9	区域建筑	区域道路、地坪、围栏、沟道	
5	中水处理系统（浸没式生物加强超滤处理）		元/m³
5.1	生物加强超滤间		元/m³
5.1.1	一般土建		元/m³
5.1.2	给排水		元/m³
5.1.3	采暖、通风、空调		元/m³
5.1.4	照明		元/m³
5.2	弱酸处理间		元/m³
5.2.1	一般土建		元/m³
5.2.2	给排水		元/m³
5.2.3	采暖、通风、空调		元/m³
5.2.4	照明		元/m³
5.3	控制室		元/m³
5.3.1	一般土建		元/m³

编号	项目名称	主要内容及范围说明	技术经济指标单位
5.3.2	给排水		元/m³
5.3.3	采暖、通风、空调		元/m³
5.3.4	照明		元/m³
5.4	脱水机房		元/m³
5.4.1	一般土建		元/m³
5.4.2	给排水		元/m³
5.4.3	采暖、通风、空调		元/m³
5.4.4	照明		元/m³
5.5	脱碳器及脱碳水池		元/座
5.6	废水收集池		元/座
5.7	加药间		元/m³
5.7.1	一般土建		元/m³
5.7.2	给排水		元/m³
5.7.3	采暖、通风、空调		元/m³
5.7.4	照明		元/m³
5.8	区域建筑	区域道路、地坪、围栅、沟道	
6	海水淡化处理系统		元/kW
6.1	海水淡化车间		元/m³
6.1.1	一般土建		元/m³
6.1.2	给排水		元/m³
6.1.3	采暖、通风、空调	,	元/m³
6.1.4	照明		元/m³
6.2	污泥脱水间		元/m³
6.2.1	一般土建		元/m³
6.2.2	给排水		元/m³
6.2.3	采暖、通风、空调		元/m³
6.2.4	照明		元/m³
6.3	海水提升泵间		元/m³
6.3.1	一般土建		元/m³
6.3.2	给排水		元/m³
6.3.3	采暖、通风、空调		元/m³
6.3.4	照明		元/m³
6.4	加药间		元/m³
6.4.1	一般土建		元/m³
6.4.2	给排水		元/m³
6.4.3	采暖、通风、空调		元/m³
6.4.4	照明		元/m³
6.5	海水淡化车间室外构筑物	淡水箱基础、超滤水箱基础、除盐水箱基础、沟道等	元/kW
6.6	海水原水池		元/座
6.7	电控间		元/m³
6.7.1	一般土建		元/m³
6.7.2	给排水		元/m³
6.7.3	采暖、通风、空调		元/m³
6.7.4	照明		元/m³
6.8	海水反应沉淀池		元/座

续表

编号	项目名称	主要内容及范围说明	技术经济指标单位
6.9	海水清水池		元/座
6.10	厂区管道建筑		元/m
（四）	供水系统		
1	凝汽器冷却系统（直流水冷却）		元/kW
1.1	拦河坝及水闸		元/m
1.2	取水口（头）		元/座
1.3	引水渠（管）		元/m
1.4	进水间	含滤网间，与泵房分开建设时	元/m³
1.4.1	一般土建		元/m³
1.4.2	照明		元/m³
1.5	循环水泵房		元/m³
1.5.1	一般土建		元/m³
1.5.2	给排水		元/m³
1.5.3	采暖、通风、空调		元/m³
1.5.4	照明		元/m³
1.6	直流冷却水沟		元/m
1.7	循环水管道建筑	包括土方、垫层、支墩	元/m
1.8	厂区工业水管道建筑	包括土方、垫层、支墩、各类井	元/m
1.9	进排水隧洞	包括闸门井、调压井等	元/m
1.10	进排水明暗渠	包括渠上桥、涵闸等构筑物	元/m
1.11	循环水井池		
1.11.1	切换（联络）阀门井		元/座
1.11.2	测流井		元/座
1.11.3	虹吸井		元/座
1.11.4	排水工作井		元/座
1.12	排水渠（管/隧道/沟）		元/m
1.13	直流冷却水排水口		元/座
1.14	取排水护岸		元/m
1.15	供水区域附属建筑	包括变电厂、配电室、道路、围墙、桥涵等	
1	凝汽器冷却系统（二次循环水冷却）		
1.1	循环水引水流道		元/m
1.2	循环水泵房	如泵房建在汽机房外坡屋时，仍列入本项目	元/m³
1.2.1	一般土建		元/m³
1.2.2	采暖、通风、空调		元/m³
1.2.3	照明		元/m³
1.3	冷却塔（自然通风冷却塔）	包括填料、除水器、托架、配水管、喷嘴	元/m²
1.3.1	冷却塔水池底板及基础		元/m²
1.3.2	冷却塔筒体		元/m²
1.3.3	冷却塔支柱、基础		元/m²
1.3.4	冷却塔淋水、配水装置		元/m²
1.3.5	塔内玻璃钢烟道支架	适用于排烟冷却塔	元/m
1.3	机力冷却塔		元/段
1.4	冷却塔挡风板及挡风板仓库		元/m²

续表

编号	项目名称	主要内容及范围说明	技术经济指标单位
1.4.1	挡风板		元/m²
1.4.2	挡风板仓库一般土建		元/m²
1.4.3	挡风板仓库照明		元/m²
1.5	冷却塔隔声墙		元/m²
1.6	循环水回水沟	包括冷却塔区、泵房连接区	元/m
1.7	循环水沟		元/m
1.8	循环水管道建筑	包括土方、垫层、支墩、各类井	元/m
1.9	厂区工业水管道建筑	包括土方、垫层、支墩、各类井	元/m
1.10	循环水井池		元/座
1.10.1	切换（联络）阀门井		元/座
1.10.2	测流井		元/座
1	凝汽器冷却系统（直接空冷）		元/kW
1.1	空冷基础、支架	包括土方、排汽管基础、平台基础、支柱、楼梯、地坪等	
1.2	空冷钢桁架及挡风墙	含防腐	元/t
1.3	空冷设备电梯井	井架、封闭结构及屋盖	元/座
1.4	空冷配电间		元/m³
1.4.1	一般土建		元/m³
1.4.2	给排水		元/m³
1.4.3	采暖、通风、空调		元/m³
1.4.4	照明		元/m³
1.5	辅机循环水管道建筑	土方、垫层、支墩、混凝土管、各种井	元/m
1.6	辅机循环水泵房		元/m³
1.6.1	一般土建		元/m³
1.6.2	采暖、通风、空调		元/m³
1.6.3	照明		元/m³
1.7	辅机循环水冷却塔	适用于机力塔、自然塔、水池、塔体、除水器、淋水装置	
1.8	厂区工业水管道建筑	包括土方、垫层、支墩、各类井	元/m
1	凝汽器空冷系统（间接空冷）		元/kW
1.1	循环水泵房		元/m³
1.1.1	一般土建		元/m³
1.1.2	采暖、通风、空调		元/m³
1.1.3	照明		元/m³
1.2	空冷塔		元/m²
1.2.1	冷却塔环型基础及支柱		元/m²
1.2.2	冷却塔塔筒		元/m²
1.2.3	冷却塔冷却装置架构		元/m²
1.2.4	冷却塔膨胀水箱架构		元/m²
1.2.5	冷却塔进风调节墙		元/m²
1.2.6	冷却塔百叶窗支撑系统		元/m²
1.2.7	照明		元/m²
1.3	辅机循环水泵房		元/m³
1.3.1	一般土建		元/m³
1.3.2	采暖、通风、空调		元/m³
1.3.3	照明		元/m³
1.4	辅机循环水冷却塔	适用于机力塔、干冷塔	元/段

续表

编号	项目名称	主要内容及范围说明	技术经济指标单位
1.5	循环水管道建筑	包括土方、支架、沟道、涵管、各类井	元/m
1.6	厂区工业水管道建筑	包括土方、垫层、支墩、各类井	元/m
（五）	电气系统		
1	变配电系统建筑		元/kW
1.1	变压器区域构筑物	主变压器基础、厂用变压器基础、备用变压器基础、防火墙、共箱母线支架、设备支架及基础、事故油池	
1.2	屋内配电装置室		元/m³
1.2.1	一般土建	包括设备基础、支架及沟道	元/m³
1.2.2	给排水		元/m³
1.2.3	采暖、通风、空调		元/m³
1.2.4	照明		元/m³
1.3	屋外配电装置构架	包括设备基础、支架及沟道	元/座
1.4	全厂独立避雷针		元/座
2	控制系统建筑		元/kW
2.1	继电器室		元/m³
2.1.1	一般土建		元/m³
2.1.2	给排水		元/m³
2.1.3	采暖、通风、空调		元/m³
2.1.4	照明		元/m³
（七）	脱硝系统（如有）		
1	工艺系统		元/kW
1.1	氨制备及储存车间		元/kW
1.1.1	一般土建		元/m³
1.1.2	给排水		元/m³
1.1.3	采暖、通风、空调		元/m³
1.1.4	照明		元/m³
1.2	其他建筑		元/kW
（八）	附属生产工程		
1	辅助生产工程		元/kW
1.1	空气压缩机室	包括检修、仪表、化学的空气压缩机室	元/m³
1.1.1	一般土建		元/m³
1.1.2	给排水		元/m³
1.1.3	采暖、通风、空调		元/m³
1.1.4	照明		元/m³
1.2	制（储）氢站	包括储罐间、沟道及区域附属建筑	元/m³
1.2.1	一般土建		元/m³
1.2.2	给排水		元/m³
1.2.3	采暖、通风、空调		元/m³
1.2.4	照明		元/m³
1.3	检修间	包括汽轮机、锅炉、电气、除灰等车间检修间	元/m²
1.3.1	一般土建		元/m²
1.3.2	给排水		元/m²
1.3.3	采暖、通风、空调		元/m²
1.3.4	照明		元/m²
1.4	启动锅炉房	包括烟道、烟囱、区域附属建筑	元/m³

编号	项目名称	主要内容及范围说明	技术经济指标单位
1.4.1	一般土建		元/m³
1.4.2	给排水		元/m³
1.4.3	采暖、通风、空调		元/m³
1.4.4	照明		元/m³
1.5	综合水泵房		元/m³
1.5.1	一般土建		元/m³
1.5.2	给排水		元/m³
1.5.3	采暖、通风、空调		元/m³
1.5.4	照明		元/m³
1.6	柴油发电机室		元/m³
1.6.1	一般土建		元/m³
1.6.2	给排水		元/m³
1.6.3	采暖、通风、空调		元/m³
1.6.4	照明		元/m³
1.7	其他辅助生产工程	包括乙炔站、制氧站等	元/m³
1.7.1	一般土建		元/m³
1.7.2	给排水		元/m³
1.7.3	采暖、通风、空调		元/m³
1.7.4	照明		元/m³
2	附属生产建筑		元/kW
2.1	生产行政综合楼		元/m²
2.1.1	一般土建		元/m²
2.1.2	给排水		元/m²
2.1.3	采暖、通风、空调		元/m²
2.1.4	照明		元/m²
2.2	生产试验楼		元/m²
2.2.1	一般土建		元/m²
2.2.2	给排水		元/m²
2.2.3	采暖、通风、空调		元/m²
2.2.4	照明		元/m²
2.3	材料库		元/m²
2.3.1	一般土建		元/m²
2.3.2	给排水		元/m²
2.3.3	采暖、通风、空调		元/m²
2.3.4	照明		元/m²
2.4	危险品库		元/m²
2.4.1	一般土建		元/m²
2.4.2	给排水		元/m²
2.4.3	采暖、通风、空调		元/m²
2.4.4	照明		元/m²
2.5	棚库		元/m²
2.5.1	一般土建		元/m²
2.5.2	照明		元/m²
2.6	汽车库		元/m²
2.6.1	一般土建		元/m²

续表

编号	项目名称	主要内容及范围说明	技术经济指标单位
2.6.2	给排水		元/m²
2.6.3	采暖、通风、空调		元/m²
2.6.4	照明		元/m²
2.7	警卫传达室库		元/m²
2.7.1	一般土建		元/m²
2.7.2	给排水		元/m²
2.7.3	采暖、通风、空调		元/m²
2.7.4	照明		元/m²
2.8	天桥	生产办公楼至主厂房	元/m
2.8.1	一般土建	柱基础、支架柱、钢衔架、楼面、屋面、围护及装饰工程	元/m
2.8.2	采暖、通风、空调		元/m
2.8.3	照明		元/m
2.9	雨水泵房		元/m³
2.9.1	一般土建		元/m³
2.9.2	给排水		元/m²
2.9.3	采暖、通风、空调		元/m³
2.9.4	照明		元/m³
2.10	自行车棚		元/m²
2.10.1	一般土建		元/m²
2.10.2	照明		元/m²
3	环境保护设施		元/kW
3.1	机组排水槽及水泵间		元/座
3.2	酸碱废水中和池		元/座
3.3	工业废水处理站	包括处理室、澄清池、围墙、沟道等	元/座
3.3.1	一般土建		元/m³
3.3.2	给排水		元/m³
3.3.3	采暖、通风、空调		元/m³
3.3.4	照明		元/m³
3.4	生活污水处理站		元/m³
3.4.1	一般土建		元/m³
3.4.2	给排水		元/m³
3.4.3	采暖、通风、空调		元/m³
3.4.4	照明		元/m³
3.5	含油污水处理站	包括处理室、澄清池、围墙、沟道等	元/座
3.5.1	一般土建		元/m³
3.5.2	给排水		元/m³
3.5.3	采暖、通风、空调		元/m³
3.5.4	照明		元/m³
3.6	厂区绿化		元/m²
4	消防系统		元/kW
4.1	消防水泵房		元/m³
4.1.1	一般土建		元/m³
4.1.2	给排水		元/m³
4.1.3	采暖、通风、空调		元/m³
4.1.4	照明		元/m³

编号	项目名称	主要内容及范围说明	技术经济指标单位
4.2	消防水池		元/座
4.3	厂区消防管路	管道、消防栓、建筑	元/m
4.4	泡沫消防室	含设备及管道	元/m³
4.4.1	一般土建		元/m³
4.4.2	给排水		元/m²
4.4.3	采暖、通风、空调		元/m³
4.4.4	照明		元/m³
4.5	消防车库		元/m²
4.5.1	一般土建		元/m²
4.5.2	给排水		元/m²
4.5.3	采暖、通风、空调		元/m²
4.5.4	照明		元/m²
4.6	特殊消防系统		元/kW
4.6.1	主厂房消防灭火		元/kW
4.6.2	燃气系统消防灭火		元/kW
4.6.3	变压器系统消防灭火		元/kW
4.6.4	电缆沟消防		元/m
4.6.5	移动消防		元/kW
5	厂区性建筑		元/kW
5.1	厂区道路及广场		元/m²
5.2	围墙及大门		元/m
5.3	厂区管道支架		元/m
5.4	厂区沟道、隧道	电缆沟及隧道、生产管沟及支架、暖气沟（管）道	元/m
5.5	生活给排水	包括室外生活上水道、室外生活污水管	元/m
5.6	厂区挡土墙及护坡		元/m²
5.7	防洪建筑	防洪堤、排洪沟等	元/m
5.8	厂区雨水管道		元/m
6	厂区采暖（制冷）工程		元/kW
6.1	采暖加热（制冷）站	含设备及管道	元/m³
6.1.1	一般土建		元/m³
6.1.2	设备及管道	含给排水管道	元/m³
6.1.3	采暖、通风、空调		元/m³
6.1.4	照明		元/m³
6.2	厂区采暖管道及建筑	管道、地沟或支架	元/m
7	厂前公共福利工程		元/kW
7.1	招待所		元/m²
7.1.1	一般土建		元/m²
7.1.2	给排水		元/m²
7.1.3	采暖、通风、空调		元/m²
7.1.4	照明		元/m²
7.2	职工食堂		元/m²
7.2.1	一般土建		元/m²
7.2.2	给排水		元/m²
7.2.3	采暖、通风、空调		元/m²
7.2.4	照明		元/m²

编号	项目名称	主要内容及范围说明	技术经济指标单位
7.3	浴室		元/m²
7.3.1	一般土建		元/m²
7.3.2	给排水		元/m²
7.3.3	采暖、通风、空调		元/m²
7.3.4	照明		元/m²
7.4	检修、夜班宿舍		元/m²
7.4.1	一般土建		元/m²
7.4.2	给排水		元/m²
7.4.3	采暖、通风、空调		元/m²
7.4.4	照明		元/m²
7.5	围墙及大门		元/m
7.6	室外工程	厂前区内道路、广场管沟、给排水	
二	与厂址有关的单项工程		
（一）	交通运输工程		
1	厂外公路	包括桥涵	元/km
1.1	进厂公路		元/km
（二）	防浪堤、填海、护岸工程		
1	防浪堤		元/m
2	填海工程		元/m²
3	护岸		元/m
（三）	水质净化工程		元/t（水）
1	水质净化系统		元/kW
1.1	原水升压泵房		元/m³
1.1.1	一般土建		元/m³
1.1.2	给排水		元/m³
1.1.3	采暖、通风、空调		元/m³
1.1.4	照明		元/m³
1.2	原水综合泵房		元/m³
1.2.1	一般土建		元/m³
1.2.2	给排水		元/m³
1.2.3	采暖、通风、空调		元/m³
1.2.4	照明		元/m³
1.3	原水加药间		元/m³
1.3.1	一般土建		元/m³
1.3.2	给排水		元/m³
1.3.3	采暖、通风、空调		元/m³
1.3.4	照明		元/m³
1.4	风机房		元/m³
1.4.1	一般土建		元/m³
1.4.2	给排水		元/m³
1.4.3	采暖、通风、空调		元/m³
1.4.4	照明		元/m³
1.5	沉淀池		元/座
1.6	机械加速澄清池		元/座
1.7	浓缩池		元/座

续表

编号	项目名称	主要内容及范围说明	技术经济指标单位
1.8	蓄水池	包括原水池、工业水池、生活水池、化学水池、回用水池	元/座
1.9	管道建筑	土方、垫层、支架、支墩等	元/m
（四）	补给水工程		
1	补给水系统		元/kW
1.1	取水口（头）	从江、湖取水时	元/座
1.2	引水渠（管）		元/m
1.3	进水滤网间	与泵房分开建设时	元/m³
1.3.1	一般土建		元/m³
1.3.2	照明		元/m³
1.4	补充水取水泵房		元/m³
1.4.1	一般土建		元/m³
1.4.2	给排水		元/m³
1.4.3	采暖、通风、空调		元/m³
1.4.4	照明		元/m³
1.5	补给水管道建筑	包括土方、支架、沟道、涵管、各类井	元/m
（五）	地基处理		
1	热力系统		元/m³
2	燃料供应系统		元/m³
3	化学水处理系统		元/m³
4	供水系统		元/m³
5	电气系统		元/m³
6	脱硝系统		元/m³
7	附属生产工程		元/m³
（六）	厂区、施工区土石方工程		
1	生产区土石方工程		元/m³
2	施工区土石方工程		元/m³
（七）	临时工程（建筑安装工程取费系数以外的项目）		
1	施工电源		元/km
2	施工水源	永临结合项目列入主体工程项目内	元/km
3	施工道路	永临结合项目列入主体工程项目内	元/km
4	施工通信线路	永临结合项目列入主体工程项目内	元/km
5	施工降水		元/m²
6	施工措施项目		元/m²

2. 燃气轮发电机组安装工程项目划分

表 29-2 　　　　　　　　　　　　　燃气轮发电机组安装工程项目划分

编号	项目名称	主要内容及范围说明	技术经济指标单位
一	主辅生产工程		
（一）	热力系统		
1	燃气轮发电机组		元/kW
1.1	燃气轮发电机组本体	燃气轮机、发电机（多轴）、励磁机（多轴）、进气装置、空气过滤装置、排气装置、隔声保护罩、燃气轮发电机油管道、整套空负荷试运等	元/台（机）

续表

编号	项目名称	主要内容及范围说明	技术经济指标单位
1.2	燃气轮发电机组本体附属设备	前置装置，燃油（气）加热、过滤装置，抑矾装置，二氧化碳保护、压缩空气、油冷却装置，闭式冷却水、水清洗、排污装置，检修起吊设备	元/台（机）
1.3	旁路烟囱	烟道、烟气切换挡板及钢烟囱	
2	燃气-蒸汽联合循环系统		元/kW
2.1	余热锅炉		元/台（炉）
2.1.1	余热锅炉本体	受热面、钢架、汽包、本体管路、平台梯子、各种结构、整体除氧器、内衬保温金属护板、锅炉防雨棚、本体油漆、随机供应的烟道、钢烟囱	
2.1.2	余热锅炉附属设备	吹灰器、密封风机、排汽消声器、排污扩容器、连排扩容器、检修起吊设备等	
2.1.3	分部试验及试运	水压试验、酸洗或碱煮、蒸汽严密性试验	
2.2	汽轮发电机组		元/kW
2.2.1	汽轮发电机组本体	汽轮机、发电机及励磁机、汽轮机油、3S离合器（供热机组）、随机供应的本体管道及空负荷试运等	元/台（机）
2.2.2	蒸汽轮发电机组辅助设备	凝汽器及其清洗装置、凝结水泵、凝结水补充水箱、抽真空设备、油系统设备、轴封冷却器、停机保护装置等	元/台（机）
2.2.3	旁路系统		元/kW
2.2.4	除氧给水装置	分体除氧器，水箱，电动给水泵、再循环水泵等	元/kW
2.2.5	蒸汽轮发电机组其他辅机	疏水箱、疏水扩容器及水泵、厂用减压器、蒸汽联箱、排水泵、生水泵及加热器、起重设备、平台、梯子、支架等	元/台（机）
3	汽水管道		元/t
3.1	主蒸汽、再热蒸汽及给水管道		元/t
3.1.1	主蒸汽管道	包括主蒸汽至高压旁路阀前的管道，主蒸汽至轴封供汽管道（厂供除外）	元/t
3.1.2	热端再热蒸汽管道	包括高温再热蒸汽至低压旁路阀前的管道	元/t
3.1.3	冷端再热蒸汽管道	低温再热蒸汽至轴封供汽管道（本体除外）、高压旁路阀后至低温再热蒸汽的管道	元/t
3.1.4	给水管道		元/t
3.2	余热锅炉排污、疏放水管道		元/t
3.2.1	余热锅炉排污管道		元/t
3.2.2	余热锅炉疏放水管道		元/t
3.3	中、低压汽水管道		元/t
3.3.1	辅助蒸汽管道	辅助蒸汽管道，除氧器启动用汽管道	元/t
3.3.2	中、低压水管道	凝结水管道、凝结水储水箱有关管道、凝结水减温水管道、凝结水杂用水管道、除盐水等	元/t
3.3.3	凝汽器抽真空管道		元/t
3.3.4	汽轮机本体轴封蒸汽及疏水系统	汽轮机轴封蒸汽管道，轴封及门杆漏汽管道，轴封冷却器疏水、对空排汽管道，本体疏水管道，汽轮机启动相关管道，不含随设备本体供应的管道	元/t
3.3.5	蒸汽轮发电机组油、氢气、二氧化碳、外部水冷系统管道	包括润滑油、密封油、油净化、油储存系统，事故排油管道、氮气管道，发电机氢、二氧化碳、外部水冷系统管道等	元/t
3.3.6	主厂房循环水（直流水冷却、二次循环水冷却、间接空气冷却）	循环水管道、凝汽器胶球清洗管道等	元/t
3.3.7	主厂房冷却水管道	开式循环冷却水、闭式循环冷却水管道	元/t

编号	项目名称	主要内容及范围说明	技术经济指标单位
3.3.8	燃气轮机管道	闭式循环冷却水、开式循环冷却水管道，抽油烟机管道，水清洗系统管道，压缩空气系统管道，CO_2灭火系统管道，排污系统杂项管道，燃气轮机排汽管道等	元/t
3.4	排汽管道（直接空冷）	汽轮机排汽装置至空气凝汽器蒸汽分配管，含真空蝶阀、补偿器、薄膜安全阀等	元/t
4	热网系统		元/GJ
4.1	热网设备	供热用加热器、水泵、减温减压器，设备平台梯子、支架等	
4.2	热网管道		
4.2.1	厂房内热网管道		元/t
4.2.2	厂区热网管道		元/m
5	保温油漆		元/m³
5.1	燃气轮发电机组设备保温		元/m³
5.2	余热锅炉本体保温		元/m³
5.3	汽轮发电机组设备保温		元/m³
5.4	汽水管道保温		元/m³
5.5	热网系统保温		元/m³
6	调试工程		元/kW
6.1	分系统调试		元/kW
6.2	整套启动调试		元/kW
6.3	特殊调试		元/kW
（二）	燃料供应系统		
1	燃气供应系统		元/kW
1.1	增（调）压站设备		元/台（机）
1.2	管道		元/t
1.2.1	增压站管道	包括增压机室热水管道	元/t
1.2.2	厂区燃气管道	包括增压站至启动锅炉房燃气管道	元/t
1.2.3	燃气轮机房燃气管道		元/t
1.3	保温油漆		元/m³
2	调试工程		元/kW
2.1	分系统调试		元/kW
2.2	整套启动调试		元/kW
2.3	特殊调试		元/kW
（二）	水处理系统		
1	预处理系统	包括凝聚、澄清、过滤，以及超滤、反渗透处理等	元/kW
1.1	设备		
1.2	管道		元/t
2	锅炉补充水处理系统	包括酸碱储存、计量、输送等	元/t（水）
2.1	设备		
2.2	管道		元/t
3	凝结水精处理系统	包括再生系统	元/t（水）
3.1	设备		
3.2	管道		元/t
4	循环水处理系统		元/kW
4.1	加酸系统	包括加阻垢剂及酸液储存	
4.1.1	设备		

续表

编号	项目名称	主要内容及范围说明	技术经济指标单位
4.1.2	管道	工艺设备间的联络管	元/t
4.2	加氯系统		
4.2.1	设备		
4.2.2	管道	工艺设备间的联络管	元/t
5	给水炉水校正处理		元/kW
5.1	炉内磷酸盐处理系统		
5.1.1	设备		
5.1.2	管道	工艺设备间的联络管	元/t
5.2	给水加药处理系统		
5.2.1	设备		
5.2.2	管道	工艺设备间的联络管	元/t
5.3	汽水取样系统		
5.3.1	设备		
5.3.2	管道	工艺设备间的联络管	元/t
6	厂区管道	往返主厂房之间的管道	元/t
7	保温油漆		元/m³
8	中水处理系统（石灰深度处理）		元/t（水）
8.1	生化处理系统	曝气生物滤池、罗茨风机、反洗水泵等	元/套
8.2	澄清池系统	清水泵、压力式混合器、澄清池、汽水分离器	元/套
8.3	过滤系统	过滤器、压力混合器、过滤器反洗水泵、软化水池	元/套
8.4	排泥系统	废水池、废水回收泵、排泥池、浮箱、排泥输送泵、废水排泥泵	元/套
8.5	石灰乳储存、配置、计量系统	石灰运输车、不带式除尘器、星形给料机、螺旋输粉机、振动料斗、石灰乳箱、石灰乳泵、消石灰储存箱等	元/套
8.6	药品储存和计量系统	凝聚剂加药装置、储凝剂加药装置、硫酸储存罐、硫酸加药装置、电解食盐制次氯酸钠装置、阻垢缓蚀加药装置等	元/套
8.7	压缩空气系统	储气罐、油分过滤器、无油空气压缩机、空气缓冲罐、空气干燥器	元/套
8.8	管道	管道、管件、阀门、支架	元/t
8	中水处理系统（浸没式生物加强超滤处理）		元/t（水）
8.1	加强生物滤池系统	渠道闸门、曝气器、曝气鼓风机、膜组件、出泡沫装置、擦洗鼓风机装置、空气分离器、超滤出水泵、中间水箱、清水泵、排空泵、真空泵等	元/套
8.2	弱酸氢离子交换系统	弱酸氢离子交换器	元/套
8.3	药品储存及计量系统	卸次氯酸钠泵、次氯酸钠储罐、脉冲反洗加次氯酸钠加药泵、高容量次氯酸钠计量泵、柠檬酸计量泵、柠檬酸计量箱等	元/套
8.4	泥渣脱水系统	剩余污泥泵、回流污泥泵、聚丙烯酰胺（PAM）溶解槽、PAM加药计量泵、污泥脱水机、螺旋输送机、污水泵	元/套
8.5	压缩空气系统	储气罐、油分过滤器、无油空气压缩机、空气缓冲罐、空气干燥器	元/套
8.6	管道		元/t
9	海水淡化处理系统（反渗透）		元/t（水）
9.1	超滤前置过滤器		
9.1.1	设备	超滤前置过滤器、自清洗叠片过滤器、超滤本体、超滤反洗系统、超滤化学清洗装置	
9.1.2	管道		元/t

编号	项目名称	主要内容及范围说明	技术经济指标单位
9.2	加药装置		
9.2.1	设备	次氯酸钠加药装置、加酸装置、加碱装置	
9.2.2	管道		元/t
9.3	反渗透系统		
9.3.1	设备	一级海水反渗透单元、二级反渗透单元、反渗透加阻垢剂装置、反渗透加还原剂装置、反渗透冲洗系统、反渗透化学清洗装置	
9.3.2	管道		元/t
9.4	厂区管道		元/t
9	海水淡化处理系统（低温多效）		元/t（水）
9.1	设备		
9.2	管道		元/t
10	调试工程		元/kW
10.1	分系统调试		元/kW
10.2	整套启动调试		元/kW
10.3	特殊调试		元/kW
（四）	供水系统		
1	凝汽器冷却系统（直流冷却系统）		元/kW
1.1	直流取水泵房	拦污栅、滤网、清污机、钢闸门、闸门槽、水泵、起重机等，泵房内管道	元/座
1.1.1	设备		
1.1.2	管道		元/t
1.2	渠上设施	包括闸门、闸门槽、启闭机等	
1.3	循环水管道	主厂房外与水塔或水泵房之间的压力水管、从循环水管引出的厂区生水管、工业冷却水管、热水回流管等	元/m
1.4	厂区工业水管道	从循环水管引出的厂区生水管、工业水管、热水回流管以及厂区内补给水管道等	元/m
1.5	排水设施及管道		
1.5.1	设备	包括闸门、闸门槽、启闭机等	
1.5.2	管道		元/t
1	凝汽器冷却系统（二次循环冷却系统）		元/kW
1.1	循环水泵房	拦污栅、滤网、清污机、钢闸门、闸门槽、水泵、起重机等，泵房内管道	元/座
1.1.1	设备		
1.1.2	管道		元/t
1.2	渠上设施	包括闸门、闸门槽、启闭机等	
1.3	循环水管道	主厂房外与水塔或水泵房之间的循环水管等	元/m
1.4	厂区工业水管道	从循环水管引出的厂区生水管、工业水管、热水回水管以及厂区补给水管道等	元/m
1.5	机力冷却塔设备	凝汽器采用机力塔冷却时	元/段
1	凝汽器冷却系统（直接空冷系统）		元/kW
1.1	直接空冷设备	冷却器、支架、风机、蒸气分配管、电梯、高压冲洗装置及管道等	元/m²

续表

编号	项目名称	主要内容及范围说明	技术经济指标单位
1.2	直接空冷辅机循环冷却水系统		元/段
1.2.1	辅机冷却水泵房设备及管道		
1.2.2	机力冷却塔设备		元/段
1.2.3	辅机循环冷却水厂区管道		元/m²
1.3	汽动给水泵汽轮机凝汽器间接空冷系统	冷却器、百叶窗及执行机构、储水箱、高位膨胀水箱	
1	凝汽器冷却系统（间接空冷系统）		元/kW
1.1	间接空冷设备	冷却器、百叶窗及执行机构、储水箱、高位膨胀水箱	元/m²
1.2	间接空冷循环水泵房		
1.2.1	设备	水泵、起重机等	
1.2.2	管道		元/t
1.3	间接空冷厂区循环水管道		
1.4	直接空冷辅机循环冷却水系统		
1.4.1	辅机冷却水泵房设备及管道		
1.4.2	机力冷却塔设备		
1.4.3	辅机循环冷却水厂区管道		元/m
2	供水系统防腐		元/m²
3	调试工程		元/kW
3.1	分系统调试		元/kW
3.2	整套启动调试		元/kW
3.3	特殊调试		元/kW
（五）	电气系统		
1	发电机电气与引出线		元/kW
1.1	发电机电气与出线间	发电机及励磁机的检查接线、干燥、电气调整出线间内所有电气设备母线及支架，励磁系统设备及交/直流封闭母线	
1.2	发电机出口断路器		
1.3	发电机引出线	从发电机引至主变压器的封闭母线或从出线小室到变压器的母线桥。包括发电机主回路及厂用分支回路离相封闭母线	
2	主变压器系统		元/kVA
2.1	主变压器		
2.2	厂用高压变压器	厂用高压工作变压器、启动/备用变压器	
2.3	联络变压器		
3	配电装置		元/kW
3.1	屋内配电装置	按不同电压等级建分部工程	元/kW
3.2	屋外配电装置	按不同电压等级建分部工程	元/kW
3.3	主变压器、启动/备用变压器至升压站联络线（三相）	主变压器、启动/备用变压器至配电装置的高压电缆、主厂房A排外架空线等	元/m
4	主控及直流系统		元/kW
4.1	集控楼（室）设备	各种屏、台盘等	元/kW
4.1.1	厂用电监控系统		
4.1.2	各种屏、台盘等	机组控制保护盘柜	
4.2	继电器楼设备	各种屏、台盘等	元/kW

编号	项目名称	主要内容及范围说明	技术经济指标单位
4.2.1	网络监控系统		
4.2.2	各种屏、台盘等	升压站控制保护盘	
4.2.3	系统继电保护	线路保护、母线保护、安全稳定控制	
4.2.4	系统调度自动化	远动、同步相量测量系统（PMU）、电能量计量、发电负荷考核、自动电压控制（AVC）	
4.3	直流系统	主厂房220V直流系统、主厂房110V直流系统、继电器楼110V直流系统、输煤系统110V直流系统、辅助厂房110V直流系统	元/kW
5	厂用电系统		元/kW
5.1	主厂房厂用电系统		元/kW
5.1.1	高压厂用母线	高压厂用变压器至6kV进线开关柜、电缆母线、共箱母线、小离相封闭母线等	
5.1.2	高压配电装置		
5.1.3	低压配电装置		
5.1.4	低压厂用变压器		
5.1.5	机炉车间电气设备	车间盘、操作箱、启动器等	
5.1.6	高压变频装置		
5.2	主厂房外车间厂用电	高低压配电装置、低压变压器、车间盘、操作箱、启动器等	元/kW
5.2.1	燃料供应系统厂用电		
5.2.2	水处理系统厂用电		
5.2.3	中水深度处理厂用电		
5.2.4	海水淡化处理厂用电		
5.2.5	凝汽器冷却厂用电（直流、水冷、间接空冷）		
5.2.6	凝汽器冷却厂用电（直接空冷）	含直接空气冷却风机的变频器	
5.2.7	附属生产工程厂用电		
5.3	事故保安电源装置	柴油发电机组及室内油管道	元/kW
5.4	不停电电源装置		元/kW
5.5	全厂行车滑线		元/m
5.6	设备及构筑物照明		
5.6.1	余热锅炉本体照明		元/台
5.6.2	构筑物照明	包括屋外配电装置、变压器区、空冷平台区等照明	
5.6.3	厂区道路广场照明		
5.6.4	检修电源		
6	电缆及接地		元/kW
6.1	电缆		元/m
6.1.1	电力电缆		元/m
6.1.2	控制电缆		元/m
6.2	支架、桥架		元/m
6.3	电缆保护管		元/m
6.4	电缆防火		元/m
6.5	全厂接地		元/m
6.5.1	接地	包括接地沟挖填，接地极、接地网及降阻剂	元/m
6.5.2	阴极保护		
7	厂内通信系统		元/km

续表

编号	项目名称	主要内容及范围说明	技术经济指标单位
7.1	行政与调度通信系统		
7.2	电厂区域通信线路	厂区内通信线路	
7.3	系统通信	厂端、对侧端光纤通信设备及厂区光纤，载波通信	元/km
8	调试工程		元/kW
8.1	分系统调试		元/kW
8.2	整套启动调试		元/kW
8.3	特殊调试		元/kW
（六）	热工控制系统		
1	燃气轮机控制系统		元/kW
2	联合循环控制系统		元/kW
2.1	厂级监控系统	厂级监控信息系统（SIS）	元/套
2.2	分散控制系统	分散控制系统（DCS）	元/I/O点数
2.3	管理信息系统	信息管理系统（MIS）	
2.4	优化控制管理软件		
2.5	全厂闭路电视及门禁系统	主厂房及辅助厂区	
2.6	辅助车间集中控制网络		
2.7	仿真系统	硬件仿真或软件仿真	元/kW
3	机组控制		
3.1	机组成套控制装置	汽轮机安全监视系统（TSI）、汽轮机危急跳闸系统（ETS）、旁路数字电液控制系统（BPS），火灾感温、感烟、报警、控制设备，TV，空调自控，凝结水精处理自控，加药自控，消防控制等	
3.2	现场仪表及执行机构	一次测量仪表、变送器、逻辑开关、风压取样防堵装置、执行机构、电磁阀等	
3.3	电动控制保护屏柜		
4	辅助车间控制系统及仪表		
4.1	辅助车间自动控制装置	含增压站、燃油、化学水、补给水、循环水、综合水、生活污水及工业废水、空冷系统、制氢站、采暖加热站、净化站、雨水泵房、全厂工业电视等	
4.2	现场仪表及执行机构	一次测量仪表、变送器、逻辑开关、执行机构、电磁阀等	
4.3	电动门控制保护屏柜		
5	电缆及辅助设施		元/m
5.1	电缆		元/m
5.2	支架、桥架		元/m
5.3	电缆保护管	电缆保护管及其他电缆保护设施	元/m
5.4	电缆防火		元/m
5.5	其他材料	脉动管、取样管、阀门及附件等	
6	调试工程		元/kW
6.1	分系统调试		元/kW
6.2	整套启动调试		元/kW
6.3	特殊调试		元/kW
（七）	脱硝系统		
1	工艺系统		元/kW
1.1	SCR反应器	反应器壳体、内部装置、吹灰器、起吊装置等	
1.2	催化剂		元/m³
1.3	烟道系统		元/t

续表

编号	项目名称	主要内容及范围说明	技术经济指标单位
1.4	氨制备供应系统	制备、储存设备、管道等	
1.5	氨喷射系统	氨喷射器、风机等	
1.6	保温、防腐、油漆		元/m³
2	电气系统		元/kW
2.1	厂用电系统	配电柜、通信等	
2.2	电缆		元/m
2.3	接地及其他	桥架、支架、导管、防火、接地等	
3	热工控制系统		元/kW
3.1	脱硝热工控制		
3.2	热控电缆		元/m
3.3	其他	支架、桥架、导管、阀门等	
4	调试工程		元/kW
4.1	分系统调试		元/kW
4.2	整套启动调试		元/kW
4.3	特殊调试		元/kW
(八)	附属生产工程		
1	辅助生产工程		
1.1	空压机站		
1.1.1	设备		
1.1.2	管道	站内及厂区	元/t
1.2	制（储）氢站		
1.2.1	设备		
1.2.2	管道	站内及厂区	元/t
1.3	油处理系统		元/kW
1.3.1	设备		
1.3.2	管道		元/t
1.4	车间检修设备	包括机、炉、电等车间检修设备	
1.5	启动锅炉房		元/台（炉）
1.5.1	锅炉本体及辅助设备		元/台（炉）
1.5.2	烟风油（气）管道		元/t
1.5.3	汽水管道	含启动锅炉房与燃机房、水处理室之间的汽水管道，厂区启动蒸汽管道	元/t
1.5.4	启动锅炉水处理系统		
1.5.5	保温油漆		元/m³
1.6	综合水泵房		
1.6.1	设备		
1.6.2	管道		元/t
2	附属生产安装工程		
2.1	试验室设备		元/kW
2.1.1	化学试验室		
2.1.2	金属试验室		
2.1.3	热工试验室		
2.1.4	电气试验室		
2.1.5	环保试验室		
2.1.6	劳保监测站、安全教育室		

编号	项目名称	主要内容及范围说明	技术经济指标单位
2.2	材料库	起重设备	
3	环保保护与监测装置		元/kW
3.1	机组排水槽	设备、管道	
3.2	含油污水处理	设备、管道	
3.3	工业废水处理	设备、管道	
3.4	生活污水处理	设备、管道	
3.5	烟气连续监测系统		
4	消防系统		元/kW
4.1	消防水泵房设备及管道		
4.2	消防车		
5	雨水泵房	设备、管道	
6	调试工程		元/kW
6.1	分系统调试		元/kW
6.2	整套启动调试		元/kW
6.3	特殊调试		元/kW
二	与厂址有关的单项工程		
(一)	交通运输工程		
1	厂外公路	包括桥涵	元/km
1.1	进厂公路		元/km
(二)	防浪堤、填海、护岸工程		
1	防浪堤		元/m
2	填海工程		元/m²
3	护岸		元/m
(三)	水质净化工程		
1	水质净化系统		元/kW
1.1	净化站内机械设备		
1.1.1	设备	水泵、电动机等	
1.1.2	管道	室内、外管道	元/t
1.1.3	保温油漆		元/m³
2	净化站系统厂用电		
(四)	补给水工程		
1	补给水系统		
1.1	补给水取水泵房	拦污栅、滤网、清污机、钢闸门、闸门槽、水泵、起重机等及泵房内管道	元/座
1.1.1	设备		
1.1.2	管道		元/t
1.2	渠上设施	包括闸门、闸门槽、启闭机等	
1.3	补给水输送管道	由补给水泵房外至厂区的管道，包括防腐	元/m
1.4	补给水系统		
1.5	厂外架空动力线	厂外水源地架空动力线	元/kW
1.6	厂外通信线路	厂外水源地通信线路	元/kW

3. 燃气工程其他费用项目划分表

表 29-3   燃气工程其他费用项目划分

序号	项目名称	计算公式及说明	指标单位
1	建设场地征用及清理费		
1.1	土地征用费		元/kW
1.2	施工场地租用费		元/kW
1.3	迁移补偿费		
1.4	余物清理费		
2	项目建设管理费		元/kW
2.1	项目法人管理费		
2.2	招标费		
2.3	工程监理费		
2.4	设备材料监造费		
2.5	工程结算审核费		
2.6	工程保险费		
3	项目建设技术服务费		元/kW
3.1	项目前期工作费		
	其中：可行性研究设计费		
	环境影响评价费		
	地质灾害评价费		
	地震灾害评价费		
	水土保持大纲编制费		
	矿产压覆评估费		
	林地规划勘测费		
	文物调查费		
3.2	知识产权转让与研究试验费		
3.3	设备成套技术服务费		
3.4	勘察设计费		
3.4.1	勘察费		
3.4.2	设计费		
3.5	设计文件评审费		
3.5.1	可行性研究设计文件评审费		
3.5.2	初步设计文件评审费		
3.5.3	施工图文件评审费		
3.6	项目后评价费		
3.7	工程建设检测费		
3.7.1	电力工程质量检测费		
3.7.2	特种设备安全监测费		
3.7.3	环境监测验收费		
3.7.4	水土保持项目验收及补偿费		
3.7.5	桩基检测费		
3.8	电力工程技术经济标准编制管理费		
4	整套启动试运费		元/kW
5	生产准备费		元/kW
5.1	管理车辆购置费		
5.2	工器具及办公家具购置费		
5.3	生产职工培训及提前进厂费		
6	大件运输措施费		元/kW

第二节　燃气轮发电机组工程量清单

根据火力发电厂初步设计文件内容深度规定，设计专业依据初步设计推荐的方案编制《主要设备材料清册》；在实际工作中，为更准确编制项目概算，设计专业也会依据初步设计推荐的方案编制《主要建构筑物工程量清册》。

以下选取某工程建设 3 套 SCC5-2000E 1×1 型燃气-蒸汽联合循环供热机组为案例，简述初步设计推荐的方案以及反映初步设计推荐方案的建筑工程、安装工程工程量清单。

一、初步设计推荐方案的主要系统特征

1. 热力系统

（1）本工程建设 3 套 SCC5-2000E 1×1 型燃气-蒸汽联合循环供热机组，每套机组包括 1 台 SGT5-2000E 型燃气轮机（带 1 台发电机）、1 台余热锅炉、1 台抽凝式汽轮机（带 1 台发电机）。

（2）燃气轮机选用国产 SGT5-2000E 型燃气轮机、重型结构、16 级压气机、4 级透平、筒型燃烧器。

（3）余热锅炉选用双压、无再热、带整体除氧器的卧式自然循环余热锅炉。

（4）汽轮机选用单缸、单排汽、抽汽凝汽式汽轮机。

（5）给水系统采用单元制，每台余热锅炉设 2×100％容量的电动调速给水泵。

2. 燃料供应系统

燃料拟采用天然气，经天然气管道输送至电厂。利用本电厂的场地，在发电装置附近建立一个液化天然气（LNG）气化供气装置，LNG 槽罐车由项目属地某 LNG 接收站提供，需布置 6 个卸车台。在场内设置 1 个 3000m³ 液化天然气低温储罐。

3. 水处理系统

（1）锅炉补给水采用超滤＋反渗透＋一级除盐加混床，系统出力为 284t/h。水处理系统流程为供水专业来澄清水→清水箱→清水泵→高效纤维过滤器→自动清洗过滤器→超滤装置→超滤水箱→超滤水泵→保安过滤器→高压泵→RO 装置→淡水箱→淡水泵→阳离子交换器→阴离子交换器→混合离子交换器→除盐水箱→除盐水泵→主厂房。

（2）不设凝结水精处理系统。

（3）循环水系统设 1 套杀生剂加药装置、1 套阻垢剂加药装置。

（4）设工业废水处理站一座，处理量为 25t/h。

4. 供水系统

（1）供水系统采用带逆流式机力通风冷却塔循环供水系统。

（2）电厂循环水采用带机力通风冷却塔二次循环系统，补给水水源取自田基沙沥河的地表水，补给水泵房设在厂区内。补给水泵房内设 3 台补给水泵。补给水管采用 DN300 钢管双根敷设，单管总长 230m。

（3）生活用水采用城市自来水，经管道输送至电厂。

5. 电气系统

（1）本期新建 3 套 SCC5-2000E 1×1 型燃气-蒸汽联合循环供热机组均以 220kV 电压等级接入系统，220kV 出线目前阶段总共 2 回；不设启动/备用变压器，燃气轮机发电机出口装设断路器（GCB）。

（2）燃气轮机主变压器选用容量为 210MVA 双绕组无载调压变压器，汽轮机主变压器选用容量为 100MVA 双绕组无载调压变压器。高压厂用备用变压器暂按容量为 18MVA 的三相、低压双绕组有载调压变压器。厂内新建 220kV 配电装置拟采用户内气体绝缘开关设备（GIS，又名 SF₆ 封闭式组合

器）、双母线接线形式。

（3）单元机组电气系统由计算机监控系统实现电气设备元件的控制，采用现场总线技术实现就地信号采集。220kV 网络部分采用计算机监控系统方案，并在 220kV 配电装置内设保护网络小室。网络监控系统不设独立的网络控制室，而是在单元控制室内完成对 220kV 升压站设备的监视、控制等。

6. 热工控制系统

（1）全厂设置一个集中控制点，即在集中控制室设置机组 DCS 控制网络、燃气轮机控制网络监控点。余热锅炉、燃气轮机、汽轮机、电气、辅助车间在全厂集中控制室控制。

（2）辅助车间纳入 DCS 公用网络，以实现全厂网络监控一体化。

（3）辅助车间的电子设备间分散布置在各个辅助车间内。在个别复杂辅助车间的电子设备间内将设有工程师站（兼操作员站的功能），仅在系统调试、启动和系统事故等特殊情况下使用。正常情况下采用集控室远方监控方式。

7. 附属生产工程及厂区建筑结构

（1）本工程厂区总平面布置采用两列式布置形式，自东北向西南依次为主厂房→220kV 屋内 GIS，汽机房 A 排朝东北，出线方向为西南。机力通风冷却塔区、生产辅助、附属设施位于主厂房固定端，LNG 接收气化站位于主厂房扩建端。厂区总平面采用模块化、分区集中规划，全厂按照建（构）筑物的使用功能，共分为 5 个模块区：主厂房区、220kV 屋内 GIS 及天然气调压站区、机力通风冷却塔区、辅助生产设施区、LNG 接收气化站区。

（2）主厂房采用钢筋混凝土结构，其他建、构筑物均采用现浇钢筋混凝土框（排）架结构。

8. 地基处理

（1）厂区内均采用真空-堆载联合预压处理，处理深度为 25m。

（2）厂区内绝大部分建（构）筑物均采用桩基础（预应力混凝土管桩，桩长为 50～60m）。

二、建筑、安装工程工程量清单

（1）某 3×248MW 放热电冷多联供项目初步设计建筑工程工程量清单见表 29-4。

表 29-4　　　　　某 3×248MW 级热电冷多联供项目初步设计建筑工程工程量清单

序号	项 目 名 称	单位	数量
	全厂土建		
第一部分	主辅生产工程		
一	热力系统		
1	主厂房本体及设备基础		
1.1	主厂房本体（包括联络栈桥）	m³	157371.00
1.1.1	基础工程		
	机械施工土方主要建筑物与构筑物土方	m³	13821.00
	独立基础钢筋混凝土基础	m³	1296.00
	主厂房混凝土结构钢筋混凝土基础梁	m³	330.00
1.1.2	框架结构		
	楼板与平台板主厂房浇制混凝土板	m²	2257.00
	主厂房混凝土结构钢筋混凝土框架	m³	3150.00
	主厂房钢结构钢结构柱	t	116.30
	主厂房钢结构钢结构吊车梁	t	177.50
	钢轨	t	17.40
1.1.3	运转层平台		
	楼板与平台板汽轮机运转层平台钢梁浇制混凝土板	m²	3546.40
	楼板与平台板汽轮机中间层平台钢梁浇制混凝土板	m²	3546.40

续表

序号	项　目　名　称	单位	数量
	屋面板压型钢板底模	m²	7092.80
	主厂房钢结构钢结构梁	t	165.00
1.1.4	地面及地下设施		
	汽机房与除氧间地下设施耐磨面层	m²	7785.60
	汽机房与除氧间地下设施石英砖面层	m²	524.40
1.1.5	屋面结构		
	屋面板压型钢板有保温	m²	5454.00
	屋面板浇制混凝土板	m²	3358.00
	主厂房钢结构钢结构屋架	t	80.00
	主厂房钢结构钢结构梁	t	98.40
	主厂房钢结构钢结构支撑、桁	t	125.50
	钢结构其他项目钢结构刷防火涂料	t	35.00
1.1.6	围护及装饰工程		
	屋面保温与防水屋面有组织外排水	m²	8812.00
	屋面保温隔热（珍珠岩）	m²	5113.00
	屋面保温与防水聚氯乙烯防水卷材	m²	5113.00
	屋面保温与防水细石混凝土刚性防水	m²	5113.00
	楼面面层耐磨面层	m²	7124.90
	楼面面层石英砖面层	m²	367.10
	天棚吊顶轻钢龙骨	m²	2257.00
	天棚吊顶PVC板面层	m²	2257.00
	加气混凝土砌体外墙	m³	261.51
	彩钢夹心板外墙	m²	16795.10
	内加气混凝土砌体内墙	m³	302.00
	墙体装饰外墙丙烯酸涂料	m²	1046.00
	墙体装饰面砖	m²	355.00
	墙体装饰内墙乳胶漆面	m²	3711.00
	不锈钢栏杆	T	2.5
	窗铝合金窗	m²	1457.00
	门防火门	m²	315.00
	门铝合金门	m²	65.00
	门金属卷帘门	m²	315.00
1.1.7	山墙		
	主厂房混凝土结构钢筋混凝土框架	m³	88.00
	主厂房钢结构钢结构柱	t	42.80
1.1.8	上下水道	m³	157371.00
	给水、排水工程主厂房给排水	m³	157371.00
1.1.9	通风空调	m³	157371.00
	通风、空调工程主厂房通风空调	m³	157371.00
	屋顶通风器18×2.5	台	3.00
	防爆型屋顶通风器13×2.5	台	3.00
	铝合金单层防雨调节百叶窗	m²	330.00
	立柜式空气处理机组户外型 6000m³/h	台	12.00
	组合式空气处理机组户内型 18000m³/h	台	5.00
	组合式空气处理机组户内型 9000m³/h	台	2.00
	消防排烟风机风量：8047m³/h	台	9.00

序号	项 目 名 称	单位	数量
	立柜式空气处理机风量：6000m³/h，制冷量：35kW	台	3.00
	立柜式空气处理机风量：4500m³/h，制冷量：27kW	台	4.00
	立柜式空气处理机风量：3000m³/h，制冷量：18kW	台	1.00
	立柜式空气处理机风量：8000m³/h，制冷量：47kW	台	4.00
	明装立柜式防爆空气处理机风量：5000m³/h，制冷量：25kW	台	6.00
	立柜式空气处理机风量：3000m³/h，制冷量：18kW	台	3.00
	钢制轴流风机 T35-11，No.5.6	台	35.00
	玻璃钢防爆轴流风机 BFT35-11，No.6.3	台	1.00
	玻璃钢防爆轴流风机 BFT35-11，No.3.15	台	3.00
	玻璃钢防爆轴流风机 BFT35-11，No.3.55	台	14.00
	玻璃钢防爆轴流风机 BFT35-11，No.5	台	3.00
	铝合金双层防雨手动调节百叶窗	m²	44.28
1.1.10	照明	m³	157371.00
	照明工程主厂房	m³	157371.00
	主要照明灯具	项	1.00
1.2	集控楼	m³	10240.00
1.2.1	一般土建	m³	10240.00
	机械土方其他建筑物与构筑物土方	m³	1610.00
	条形基础砖基础	m³	45.50
	独立基础钢筋混凝土基础	m³	124.00
	复杂地面耐磨面层	m²	682.80
	普通地面地砖面层	m²	37.20
	楼板浇制混凝土板	m²	1440.00
	屋面板浇制混凝土板	m²	720.00
	屋面有组织外排水	m²	720.00
	屋面保温隔热（珍珠岩）	m²	720.00
	屋面保温与防水聚氯乙烯防水卷材	m²	720.00
	楼面面层石英砖面层	m²	1281.50
	楼面面层防滑砖面层	m²	46.50
	楼面面层防腐面层	m²	112.00
	天棚吊顶轻钢龙骨	m²	938.70
	天棚吊顶 PVC 板面层	m²	218.70
	天棚吊顶金属装饰板面层	m²	720.00
	加气混凝土砌体外墙	m³	274.50
	加气混凝土砌体内墙	m³	338.40
	外墙装饰丙烯酸涂料	m²	1098.00
	墙体装饰面砖	m²	325.00
	控制室内墙装饰	m²	291.60
	墙体装饰防腐涂料	m²	270.00
	内墙乳胶漆面	m²	3595.40
	窗铝合金窗	m²	190.00
	夹板门	m²	30.00
	隔声门	m²	15.00
	复合钢板门	m²	45.00
	钢筋混凝土基础梁	m³	65.00
	钢筋混凝土框架	m³	390.00

续表

序号	项 目 名 称	单位	数量
1.2.2	上下水道	m³	10240.00
	给水、排水工程集控楼给排水	m³	10240.00
1.2.3	通风空调	m³	10240.00
	通风、空调工程集控楼通风空调	m³	10240.00
	风冷冷水机组制冷量：700kW	台	3.00
	激光负离子智能型水处理器 DN250	台	1.00
	全自动清洗过滤装置 DN225	台	1.00
	定压装置 1.2m³	台	1.00
	制冷控制装置	台	1.00
	组合式空气处理机组户外型 25000m³/h	台	2.00
	立式消防排烟风机风量：8047m³/h	台	1.00
1.2.4	照明	m³	10240.00
	照明工程集控楼	m³	10240.00
	主要照明灯具	项	1.00
1.3	燃气轮机基础	座	3.00
	机械施工土方主要建筑物与构筑物土方	m³	8925.00
	设备基础燃气轮机基础	m³	2550.00
1.4	燃气轮机附属设备基础	座	3.00
	机械施工土方主要建筑物与构筑物土方	m³	2025.00
	设备基础主要辅机基础	m³	450.00
1.5	汽轮机基础	座	3.00
	机械施工土方主要建筑物与构筑物土方	m³	9975.00
	设备基础汽轮机基础	m³	2850.00
1.6	汽轮机附属设备基础	座	3.00
	机械施工土方主要建筑物与构筑物土方	m³	6300.00
	设备基础主要辅机基础	m³	600.00
	底板钢筋混凝土	m³	660.00
	混凝土墙钢筋混凝土墙厚 30cm 以外	m³	540.00
1.7	余热锅炉基础	座	3.00
	机械施工土方主要建筑物与构筑物土方	m³	10500.00
	设备基础锅炉基础	m³	3000.00
1.8	余热锅炉附属设备基础	座	3.00
	机械施工土方主要建筑物与构筑物土方	m³	2700.00
	设备基础主要辅机基础	m³	600.00
1.9	溴化锂制冷设备基础	座	6.00
	机械施工土方	m³	1680.00
	设备基础主要辅机基础	m³	480.00
1.10	钢烟囱基础	座	3.00
	机械施工土方主要建筑物与构筑物土方	m³	5100.00
	烟囱基础	m³	1020.00
二	燃料供应系统		
1	LNG 接收气化处理站		
	主要建筑物与构筑物土方	m³	3402.00
	独立基础钢筋混凝土基础	m³	36.00
	设备基础主要辅机基础	m³	700.00
	复杂地面混凝土面层	m²	600.00

序号	项 目 名 称	单位	数量
	屋面板压型钢板无保温	m²	600.00
	其他建筑钢结构支撑、桁架	t	18.50
	外委设计部分	项	1.00
四	化学水处理系统		
1	化水车间	m³	23673.00
1.1	一般土建	m³	23673.00
	机械土方其他建筑物与构筑物土方	m³	2135.00
	条形基础砖基础	m³	75.08
	独立基础钢筋混凝土基础	m³	172.00
	复杂地面耐酸地砖面层	m²	46.20
	普通地面耐磨面层	m²	1642.20
	楼板与平台板其他浇制混凝土板	m²	1600.00
	屋面板浇制混凝土板	m²	1688.40
	屋面有组织外排水	m²	1688.40
	屋面保温隔热（珍珠岩）	m²	1688.40
	卷材防水屋面	m²	1688.40
	楼面面层耐磨面层	m²	1406.50
	楼面面层地砖面层	m²	193.50
	天棚吊顶轻钢龙骨	m²	722.30
	天棚吊顶石膏板面层	m²	628.30
	天棚吊顶 PVC 板面层	m²	94.00
	加气混凝土砌体外墙	m³	651.73
	加气混凝土砌体内墙	m³	536.09
	外墙丙烯酸涂料	m²	2606.90
	墙体装饰面砖	m²	210.00
	内墙防腐涂料面层	m²	554.00
	内墙乳胶漆面	m²	7203.80
	塑钢窗	m²	410.00
	防火门	m²	35.00
	复合钢板门	m²	92.00
	其他建筑混凝土结构钢筋混凝土基础梁	m³	58.00
	其他建筑混凝土结构钢筋混凝土框架	m³	560.00
	其他建筑钢结构钢结构屋架	t	42.80
	其他建筑钢结构其他钢结构	t	10.00
	花岗岩贴砌防腐	m²	575.00
1.2	上、下水道	m³	23673.00
	给水、排水工程化学水处理室给排水	m³	23673.00
1.3	通风空调	m³	23673.00
	通风、空调工程化学水处理室通风空调	m³	23673.00
	立柜式空气处理机风量：4000m³/h，制冷量：23kW	台	1.00
	天花板嵌入式风机盘管风量：1360m³/h 制冷量：7.2kW	台	10.00
	天花板嵌入式风机盘管风量：1020m³/h 制冷量：5.4kW	台	8.00
	天花板嵌入式风机盘管风量：680m³/h 制冷量：3.6kW	台	3.00
	空调冷水系统	套	1.00
	钢制轴流风机 T35-11 型，No.5	台	2.00
	玻璃钢防爆轴流风机 BFT35-11 型，No.5	台	6.00

续表

序号	项 目 名 称	单位	数量
	玻璃钢防爆轴流风机 BFT35-11 型，No.4.5	台	1.00
	玻璃钢防爆轴流风机 BFT35-11 型，No.3.15	台	4.00
	玻璃钢通风柜 L=1500m³/h	台	2.00
	玻璃钢防爆轴流风机 BFT35-11 型，No.2.8	台	2.00
	双层铝合金手动调节百叶窗	m²	8.64
1.4	照明	m³	23673.00
	照明工程化学水处理室	m³	23673.00
2	循环水加药间	m³	400.00
2.1	一般土建	m³	400.00
	机械土方其他建筑物与构筑物土方	m³	175.00
	条形基础砖基础	m³	10.59
	独立基础钢筋混凝土基础	m³	11.36
	复杂地面耐酸地砖面层	m²	80.00
	屋面板浇制混凝土板	m²	80.00
	屋面有组织外排水	m²	80.00
	屋面保温隔热（珍珠岩）	m²	80.00
	卷材防水屋面	m²	80.00
	加气混凝土砌体外墙	m³	38.75
	加气混凝土砌体内墙	m³	10.80
	外墙丙烯酸涂料	m²	155.00
	内墙防腐涂料面层	m²	263.00
	塑钢窗	m²	21.00
	复合钢板门	m²	4.00
	其他建筑混凝土结构钢筋混凝土基础梁	m³	2.84
	其他建筑混凝土结构钢筋混凝土框架	m³	17.00
2.2	上、下水道	m³	400.00
	给水、排水工程化学水处理室给排水	m³	400.00
2.3	通风空调	m³	400.00
	通风、空调工程化学水处理室通风空调	m³	400.00
	玻璃钢防爆轴流风机 BFT35-11 型，No.5	台	2.00
	双层铝合金手动调节百叶窗		
2.4	照明	m³	400.00
	照明工程化学水处理室	m³	400.00
3	室外构筑物		
	除盐水箱基础		
	机械施工土方	m³	2640.00
	设备基础主要辅机基础	m³	480.00
	清水箱基础		
	机械施工土方	m³	495.00
	设备基础主要辅机基础	m³	90.00
	超滤水箱基础		
	机械施工土方	m³	495.00
	设备基础主要辅机基础	m³	90.00
	中间水箱基础		
	机械施工土方	m³	440.00
	设备基础主要辅机基础	m³	80.00

续表

序号	项 目 名 称	单位	数量
	压缩空气罐基础		
	机械施工土方	m^3	66.00
	设备基础主要辅机基础	m^3	12.00
	废水池		
	浇制钢筋混凝土井、池（容积 V） $300<V\leqslant500m^3$	m^3	440.00
	浇制钢筋混凝土井、池（容积 V） $100<V\leqslant200m^3$	m^3	184.00
	花岗岩贴砌防腐	m^2	484.88
	中和池		
	机械施工土方	m^3	896.00
	浇制钢筋混凝土井、池（容积 V） $800m^3$	m^3	237.60
	花岗岩贴砌防腐	m^2	473.00
	卸酸碱平台		
	普通地面混凝土面层	m^2	90.00
五	供水系统		
1	循环水系统		
1.1	循环水泵房	m^3	14015.00
1.1.1	一般土建	m^3	14015.00
	下部结构		
	机械土方	m^3	12503.00
	底板钢筋混凝土	m^3	698.40
	浇制混凝土顶板	m^2	615.00
	钢筋混凝土壁板	m^3	1429.30
	钢筋调整	t	102.29
	钢制平台、栏杆、梯子	t	10.00
	上部结构		
	独立基础钢筋混凝土基础	m^3	14.67
	普通地面耐磨面层	m^2	108.00
	复杂地面耐磨面层	m^2	224.60
	屋面板压型钢板有保温	m^2	621.00
	屋面板浇制混凝土板	m^2	224.60
	屋面有组织外排水	m^2	845.60
	屋面保温隔热（珍珠岩）	m^2	224.60
	卷材防水屋面	m^2	224.60
	加气混凝土砌体外墙	m^3	353.75
	加气混凝土砌体内墙	m^3	14.40
	外墙丙烯酸涂料	m^2	1415.00
	内墙乳胶漆面	m^2	1559.00
	塑钢窗	m^2	105.80
	复合钢板门	m^2	10.80
	金属卷帘门	m^2	9.60
	钢筋混凝土基础梁	m^3	3.67
	钢筋混凝土框架	m^3	163.81
	钢筋调整	t	7.80
	回填混凝土	m^3	842.00
	钢结构屋架	t	9.27
	钢结构吊车梁	t	30.00

续表

序号	项 目 名 称	单位	数量
1.1.2	上、下水道	m³	14015.00
	给水、排水工程循环水泵房给排水	m³	14015.00
1.1.3	通风空调	m³	14015.00
	通风、空调工程循环水泵房通风	m³	14015.00
	风冷热泵立柜式空调机制冷量: 7.9kW	台	1.00
	玻璃钢轴流风机 T35-11 型, No.6	台	2.00
	钢制轴流风机 T35-11 型, No.5	台	2.00
	双层铝合金手动调节百叶窗	m²	2.16
1.1.4	照明	m³	14015.00
	照明工程循环水泵房	m³	14015.00
1.2	循环水沟	m	21.30
	机械土方其他建筑物与构筑物土方	m³	3442.00
	底板钢筋混凝土	m³	285.00
	钢筋混凝土顶板	m²	690.00
	钢筋混凝土壁板	m³	504.00
1.3	机力通风冷却塔	座	7.00
	机械土方其他建筑物与构筑物土方	m³	15843.00
	底板钢筋混凝土	m³	3074.00
	浇制混凝土池顶板	m²	6134.70
	混凝土墙钢筋混凝土墙厚 30cm 以内	m³	394.10
	混凝土墙钢筋混凝土墙厚 30cm 以外	m³	2997.00
	其他建筑混凝土结构钢筋混凝土框架	m³	2545.50
	其他建筑钢结构其他钢结构	t	10.00
1.4	循环水管道建筑	m	2700.00
	机械施工土方主要建筑物与构筑物土方	m³	44050.50
	钢筋混凝土基础梁	m³	2805.00
	垫层级配砂石人工	m³	3360.00
1.5	工业管道建筑	m	3800.00
	供水管道混凝土管管道建筑 φ500～φ300	m	1800.00
	供水管道混凝土管管道建筑 φ300 以下	m	2000.00
2	服务生活水系统		
2.1	综合水泵房	m³	4476.00
2.1.1	一般土建	m³	4476.00
	下部结构		
	机械土方	m³	1923.00
	底板钢筋混凝土	m³	187.30
	浇制混凝土顶板	m²	74.40
	钢筋混凝土壁板	m³	72.36
	钢筋调整	t	10.95
	钢制平台、栏杆、梯子	t	5.00
	上部结构		
	独立基础钢筋混凝土基础	m³	9.18
	普通地面耐磨面层	m²	371.30
	复杂地面耐磨面层	m²	122.40
	屋面板浇制混凝土板	m²	493.70
	屋面有组织外排水	m²	493.70

续表

序号	项 目 名 称	单位	数量
	屋面保温隔热（珍珠岩）	m²	493.70
	卷材防水屋面	m²	493.70
	加气混凝土砌体外墙	m³	312.69
	加气混凝土砌体内墙	m³	21.96
	外墙丙烯酸涂料	m²	938.80
	内墙乳胶漆面	m²	1158.40
	塑钢窗	m²	64.30
	复合钢板门	m²	7.20
	门金属卷帘门	m²	9.60
	钢筋混凝土基础梁	m³	2.30
	钢筋混凝土框架	m³	137.10
	钢筋混凝土吊车梁	m³	18.15
	钢筋调整	t	6.27
	钢轨	t	3.87
2.1.2	上、下水道	m³	4476.00
	给水、排水工程综合水泵房给排水	m³	4476.00
2.1.3	通风空调	m³	4476.00
	通风、空调工程综合水泵房通风	m³	4476.00
	风冷热泵立柜式空调机制冷量：7.9kW	台	1.00
	玻璃钢轴流风机 T35-11 型，No.6	台	1.00
	钢制轴流风机 T35-11 型，No.5	台	1.00
	双层铝合金手动调节百叶窗	m²	2.16
2.1.4	照明	m³	4477.00
	照明工程综合水泵房	m³	4476.00
2.2	工业消防水池	座	2.00
	机械土方其他建筑物与构筑物土方	m³	8624.00
	底板钢筋混凝土	m³	571.20
	浇制混凝土顶板	m²	1142.20
	砖砌体外墙	m³	195.00
	钢筋混凝土壁板	m³	216.00
	钢筋混凝土矩形柱	m³	56.00
	钢筋调整	t	91.39
	水泥砂浆	m²	410.00
2.3	生活水池	座	1.00
	机械土方其他建筑物与构筑物土方	m³	711.10
	底板钢筋混凝土	m³	34.42
	浇制混凝土顶板	m²	68.90
	砖砌体外墙	m³	2.73
	钢筋混凝土壁板	m³	32.50
	钢筋混凝土矩形柱	m³	1.10
	钢筋调整	t	4.48
	水泥砂浆	m²	38.00
六	电气系统		
1	控制系统建筑		
1.1	220kV 室内 GIS 室	m³	6006.00
1.1.1	一般土建	m³	6006.00

序号	项 目 名 称	单位	数量
	机械土方其他建筑物与构筑物土方	m³	4818.00
	独立基础钢筋混凝土基础	m³	115.00
	设备基础 GIS 基础	m³	736.00
	复杂地面耐磨面层	m²	858.00
	屋面板浇制混凝土板	m²	858.00
	屋面有组织外排水	m²	858.00
	屋面保温隔热（珍珠岩）	m²	858.00
	卷材防水屋面	m²	858.00
	加气混凝土砌体外墙	m³	244.00
	外墙丙烯酸涂料	m²	976.00
	内墙乳胶漆面	m²	976.00
	塑钢窗	m²	95.00
	防火门	m²	35.00
	钢筋混凝土基础梁	m³	25.00
	钢筋混凝土框架	m³	210.00
	其他建筑钢结构钢结构吊车梁	t	28.00
1.2	通风空调	m³	6006.00
	通风、空调工程保护室通风空调	m³	6006.00
	风冷立柜式空调机制冷量：20.5kW	台	2.00
	钢制轴流风机 T35-11 型，No.5	台	1.00
	钢制轴流风机 T35-11 型，No.3.55	台	2.00
	双层铝合金手动调节百叶窗	m²	1.08
1.3	照明	m³	6006.00
	照明工程保护室	m³	6006.00
2	变配电系统建筑		
2.1	汽机房 A 排外构筑物		
2.1.1	燃气轮机主变压器基础及油池	座	3.00
	机械施工土方	m³	1170.00
	设备基础变压器基础	m³	390.00
	设备基础变压器油池	m³	363.00
2.1.2	汽轮机主变压器基础及油池	座	3.00
	机械施工土方	m³	720.00
	设备基础变压器基础	m³	240.00
	设备基础变压器油池	m³	216.00
2.1.3	高压厂用变压器基础及油池	座	3.00
	机械施工土方	m³	360.00
	设备基础变压器基础	m³	120.00
	设备基础变压器油池	m³	126.00
2.1.4	封闭母线支架		
	含土方与基础的支架钢管设备支架	t	38.40
2.1.5	防火墙	面	3.00
	围墙与大门防火墙钢筋混凝土结构	m³	150.00
	围墙与大门防火墙砖混结构	m³	240.00
2.1.6	事故油池	座	1.00
	浇制钢筋混凝土井、池（容积 V）10<V≤50m³	m³	74.39
2.2	220kV 屋外配电装置		

续表

序号	项 目 名 称	单位	数量
2.2.1	220kV设备构架、支架及基础		
	设备支架		
	含土方与基础的支架钢管设备支架	t	9.60
	构架		
	含土方与基础的构架钢管构架	t	36.00
	构支架附件与避雷针塔型钢构支架梁	t	16.80
	构架避雷针		
	构支架附件与避雷针塔构支架钢结构附件	t	10.30
2.3	独立避雷针（$H=35m$）	座	5.00
	构支架附件与避雷针塔避雷针塔高50m以内	t	15.00
八	附属生产工程		
1	辅助生产工程		
1.1	空气压缩机室	m^3	6210.00
1.1.1	一般土建	m^3	6210.00
	机械土方其他建筑物与构筑物土方	m^3	945.00
	条形基础砖基础	m^3	17.33
	独立基础钢筋混凝土基础	m^3	70.00
	复杂地面耐磨面层	m^2	230.00
	复杂地面花岗岩砖面层	m^2	230.00
	楼板与平台板其他浇制混凝土板	m^2	920.00
	屋面板浇制混凝土板	m^2	460.00
	屋面有组织外排水	m^2	460.00
	屋面保温隔热（珍珠岩）	m^2	460.00
	卷材防水屋面	m^2	460.00
	楼面面层耐磨面层	m^2	920.00
	加气混凝土砌体外墙	m^3	245.25
	加气混凝土砌体内墙	m^3	135.30
	外墙丙烯酸涂料	m^2	981.00
	内墙防腐涂料面层	m^2	297.00
	墙体装饰内墙乳胶漆面	m^2	2037.00
	窗塑钢窗	m^2	165.00
	复合钢板门	m^2	45.00
	钢筋混凝土基础梁	m^3	50.00
	钢筋混凝土框架	m^3	306.00
1.1.2	上、下水道	m^3	6210.00
	给水、排水工程生产建筑多层给排水	m^3	6210.00
1.1.3	通风空调	m^3	6210.00
	通风、空调工程生产建筑多层通风空调	m^3	6210.00
	钢制轴流风机T35-11型，No.5	台	2.00
	双层铝合金手动调节百叶窗	m^2	2.16
1.1.4	照明	m^3	6210.00
	照明工程生产建筑多层	m^3	6210.00
1.2	雨水泵房（地下式）	座	1.00
	机械施工土方主要建筑物与构筑物土方	m^3	12635.00
	底板钢筋混凝土	m^3	580.20

续表

序号	项 目 名 称	单位	数量
	浇制混凝土顶板	m²	504.00
	钢筋混凝土壁板	m³	1030.60
	钢筋调整	t	97.97
2	附属生产建筑		
2.1	综合办公楼	m²	5594.00
2.1.1	一般土建	m²	5594.00
	机械土方其他建筑物与构筑物土方	m³	2240.00
	条形基础砖基础	m³	45.83
	独立基础钢筋混凝土基础	m³	210.00
	普通地面石英砖面层	m²	768.00
	普通地面地砖面层	m²	128.00
	楼板浇制混凝土板	m²	4480.00
	屋面板浇制混凝土板	m²	896.00
	屋面有组织外排水	m²	896.00
	屋面保温隔热（珍珠岩）	m²	896.00
	卷材防水屋面	m²	896.00
	楼面面层地砖面层	m²	2121.60
	楼面面层石英砖面层	m²	2358.40
	天棚吊顶轻钢龙骨	m²	2793.60
	天棚吊顶石膏板面层	m²	2630.40
	天棚吊顶铝合金板面层	m²	163.20
	加气混凝土砌体外墙	m³	753.10
	加气混凝土砌体内墙	m³	824.88
	隔断墙铝合金隔断	m²	2284.00
	外墙丙烯酸涂料	m²	3012.40
	墙体装饰面砖	m²	1680.00
	内墙乳胶漆面	m²	9581.20
	落地玻璃大门	m²	72.00
	窗铝合金窗	m²	420.00
	夹板门	m²	115.00
	防火门	m²	50.00
	复合钢板门	m²	65.00
	金属卷帘门	m²	18.00
	钢筋混凝土基础梁	m³	70.00
	钢筋混凝土框架	m³	870.00
	钢筋调整	t	53.50
	其他钢结构	t	5.00
	不锈钢栏杆	m	80.00
2.1.2	上、下水道	m²	5594.00
	给水、排水工程生产综合楼给排水	m²	5594.00
2.1.3	通风空调	m²	5594.00
	通风、空调工程生产综合楼通风空调	m²	5594.00
	风冷冷（热）水机组制冷量：450kW	台	2.00
	激光负离子智能型水处理器 DN150	台	1.00
	全自动清洗过滤装置 DN200	台	1.00
	膨胀水箱 3m³	台	1.00
	吊顶式新风空气处理机 2000m³/h 制冷量：30kW	台	5.00

续表

序号	项 目 名 称	单位	数量
	风冷立柜式空调机制冷量	台	2.00
	吊顶式空气处理机 4000m³/h 制冷量：24kW	台	15.00
	天花板嵌入式风机盘管 13603m³/h 制冷量：7.2kW	台	12.00
	天花板嵌入式风机盘管 1020m³/h 制冷量：5.4kW	台	24.00
	天花板嵌入式风机盘管 850m³/h 制冷量：4.5kW	台	97.00
	天花板嵌入式风机盘管 680m³/h 制冷量：3.6kW	台	14.00
	空调冷热水系统	套	1.00
	新风系统空调配件	套	1.00
	轴流风机 T35-11，No.5.25	台	2.00
	轴流风机 T35-11，No.3.15	台	2.00
	管道换气扇	台	101.00
2.1.4	照明	m²	5594.00
	照明工程生产综合楼	m²	5594.00
	主要灯具	项	1.00
2.1.5	电梯	套	2.00
	电梯	套	2.00
2.2	检修材料库	m²	4653.00
2.2.1	一般土建	m²	4653.00
	机械土方其他建筑物与构筑物土方	m³	2555.00
	条形基础砖基础	m³	47.78
	独立基础钢筋混凝土基础	m³	265.50
	普通地面耐磨面层	m²	1332.00
	普通地面石英砖面层	m²	144.00
	普通地面地砖面层	m²	36.00
	楼板浇制混凝土板	m²	3024.00
	屋面板浇制混凝土板	m²	1512.00
	屋面有组织外排水	m²	1512.00
	屋面保温隔热（珍珠岩）	m²	1512.00
	卷材防水屋面	m²	1512.00
	楼面面层水磨石面层	m²	2916.00
	楼面面层地砖面层	m²	36.00
	楼面面层石英砖面层	m²	72.00
	天棚吊顶轻钢龙骨	m²	351.00
	天棚吊顶石膏板面层	m²	279.00
	天棚吊顶铝合金板面层	m²	72.00
	加气混凝土砌体外墙	m³	528.20
	加气混凝土砌体内墙	m³	331.40
	隔断墙铝合金隔断	m²	166.50
	外墙丙烯酸涂料	m²	2112.80
	墙体装饰面砖	m²	108.00
	内墙乳胶漆面	m²	5318.80
	落地玻璃大门	m²	24.00
	窗铝合金窗	m²	249.00
	夹板门	m²	40.00
	防火门	m²	40.00
	复合钢板门	m²	45.00

序号	项 目 名 称	单位	数量
	金属卷帘门	m²	27.00
	防辐射墙面处理	m²	406.00
	钢筋混凝土基础梁	m³	60.00
	钢筋混凝土框架	m³	1150.00
	钢筋调整	t	77.50
	其他建筑钢结构钢结构吊车梁	t	20.00
	其他建筑钢结构其他钢结构	t	10.00
2.2.2	上、下水道	m²	4653.00
	给水、排水工程生活建筑多层给排水	m²	4653.00
2.2.3	通风空调	m²	4653.00
	通风、空调工程生活建筑多层通风空调	m²	4653.00
	玻璃钢离心式屋顶风机 13500m³/h	台	4.00
	铝合金双层防雨手动调节百叶窗	m²	12.96
2.2.4	照明	m²	4653.00
	照明工程生活建筑多层	m²	4653.00
	主要灯具	项	1.00
2.3	警卫传达室（2座）	m²	48.00
2.3.1	一般土建	m²	48.00
	机械土方其他建筑物与构筑物土方	m³	217.00
	条形基础砖基础	m³	3.70
	独立基础钢筋混凝土基础	m³	24.00
	普通地面石英砖面层	m²	48.00
	屋面板浇制混凝土板	m²	48.00
	屋面有组织外排水	m²	48.00
	屋面保温隔热（珍珠岩）	m²	48.00
	卷材防水屋面	m²	48.00
	天棚吊顶轻钢龙骨	m²	48.00
	天棚吊顶石膏板面层	m²	48.00
	加气混凝土砌体外墙	m³	34.50
	外墙丙烯酸涂料	m²	138.00
	内墙乳胶漆面	m²	138.00
	窗铝合金窗	m²	16.00
	复合钢板门	m²	6.00
	钢筋混凝土基础梁	m³	4.40
	钢筋混凝土框架	m³	8.40
2.3.2	上、下水道	m²	48.00
	给水、排水工程生活建筑单层给排水	m²	48.00
2.3.3	通风空调	m²	48.00
	通风、空调工程生活建筑单层通风空调	m²	48.00
	风冷壁挂式空调 KFR-35GW 制冷量：3500W	台	1.00
2.3.4	照明	m²	48.00
	照明工程生活建筑单层照明	m²	48.00
3	环保工程		
3.1	工业废水处理站		
3.1.1	工业废水处理间	m³	1080.00
3.1.1.1	一般土建	m³	1080.00

序号	项 目 名 称	单位	数量
	机械土方其他建筑物与构筑物土方	m³	245.00
	独立基础钢筋混凝土基础	m³	17.10
	复杂地面耐磨面层	m²	216.00
	屋面板浇制混凝土板	m²	216.00
	屋面有组织外排水	m²	216.00
	屋面保温隔热（珍珠岩）	m²	216.00
	卷材防水屋面	m²	216.00
	加气混凝土砌体外墙	m³	75.00
	加气混凝土砌体内墙	m³	16.20
	外墙丙烯酸涂料	m²	300.00
	内墙防腐涂料面层	m²	462.00
	塑钢窗	m²	38.00
	复合钢板门	m²	12.00
	钢筋混凝土基础梁	m³	17.90
	钢筋混凝土框架	m³	44.00
	花岗岩防腐	m²	48.11
3.1.1.2	上、下水道	m³	1080.00
	给水、排水工程化学水处理室给排水	m³	1080.00
3.1.1.3	通风空调	m³	1080.00
	通风、空调工程化学水处理室通风空调	m³	1080.00
	风冷热泵立柜式空调机制冷量 7.9kW	台	1.00
	玻璃钢轴流风机 BFT35-11，No.6.3	台	2.00
	钢制轴流风机 T35-11，No.5.6	台	2.00
	双层铝合金手动调节百叶窗	m²	2.16
3.1.1.4	照明	m³	1080.00
	照明工程化学水处理室	m³	1080.00
3.1.2	室外构筑物遮雨棚	m²	112.00
	其他建筑物与构筑物土方	m³	259.00
	独立基础钢筋混凝土基础	m³	37.00
	复杂地面混凝土面层	m²	112.00
	屋面板压型钢板无保温	m²	112.00
	其他建筑钢结构钢结构柱	t	18.40
3.1.3	室外构筑物		
	污泥浓缩池基础		
	机械施工土方	m³	308.00
	设备基础主要辅机基础	m³	56.00
	澄清池基础		
	机械施工土方	m³	297.00
	设备基础主要辅机基础	m³	54.00
	pH 调节槽基础		
	机械施工土方	m³	82.50
	设备基础主要辅机基础	m³	15.00
	反应槽基础		
	机械施工土方	m³	82.50
	设备基础主要辅机基础	m³	15.00
	废水池		

序号	项 目 名 称	单位	数量
	浇制钢筋混凝土井、池（容积 V）600＜V≤1000m³	m³	1296.00
	花岗岩贴砌防腐	m²	653.40
	最终中和池及澄清池		
	浇制钢筋混凝土井、池（容积 V）100＜V≤200m³	m³	192.00
	花岗岩贴砌防腐	m²	176.00
3.2	生活污水调节池	座	1.00
	浇制钢筋混凝土井、池（容积 V）100＜V≤200m³	m³	180.00
3.3	生活污水处理设备基础	座	1.00
	机械土方其他建筑物与构筑物土方	m³	455.00
	设备基础单体大于 50m³	m³	65.00
3.4	厂区绿化	m²	15000.00
	厂区绿化	项	1.00
4	厂区性建筑		
4.1	厂区生活给排水	m	3100.00
	聚乙烯管（PE）生活水管 DN50～DN125	m	1500.00
	孔网钢塑管 DN300	m	100.00
	混凝土管安装 ϕ350	m	1500.00
	混凝土管建筑 ϕ500～ϕ300	m	1500.00
4.2	厂区雨水系统	m	8200.00
	混凝土管安装 ϕ200	m	300.00
	混凝土管 ϕ200 建筑	m	300.00
	混凝土管安装 ϕ300	m	600.00
	混凝土管 ϕ300 建筑	m	600.00
	混凝土管安装 ϕ400	m	400.00
	混凝土管 ϕ400 建筑	m	400.00
	混凝土管安装 ϕ500	m	400.00
	混凝土管 ϕ500 建筑	m	400.00
	混凝土管安装 ϕ600	m	600.00
	混凝土管 ϕ600 建筑	m	600.00
	混凝土管 ϕ800 安装	m	400.00
	混凝土管 ϕ800 建筑	m	400.00
	混凝土管安装 ϕ900	m	500.00
	混凝土管 ϕ900 建筑	m	500.00
	混凝土管安装 ϕ1000	m	1000.00
	混凝土管 ϕ1000 建筑	m	1000.00
	混凝土管安装 ϕ1100	m	400.00
	混凝土管 ϕ1100 建筑	m	400.00
	混凝土管安装 ϕ1200	m	400.00
	混凝土管 ϕ1200 建筑	m	400.00
	混凝土管安装 ϕ1400	m	400.00
	混凝土管 ϕ1400 建筑	m	400.00
	混凝土管安装 ϕ1600	m	400.00
	混凝土管安装 ϕ1800	m	400.00
	混凝土管管道建筑 ϕ1800～ϕ1600	m	800.00
	混凝土管安装 ϕ2000	m	400.00
	混凝土管 ϕ2000 建筑	m	400.00

序号	项 目 名 称	单位	数量
	砌体井池容积（m³）V>10m³	m³	20.48
	室外管道室外排水、雨水管道直径小于300mm	m	700.00
	砌体井池容积（m³）V>10m³	m³	147.08
	砌体井池容积（m³）V>10m³	m³	392.26
	孔网钢塑管 DN200	m	2300.00
	孔网钢塑管 DN1200	m	200.00
4.3	厂区沟道	m	3040.00
	电缆沟		
	浇制素混凝土沟道	m³	1080.00
	浇制钢筋混凝土沟道	m³	120.00
	化水沟		
	浇制素混凝土沟道	m³	13.74
	浇制钢筋混凝土沟道	m³	1.53
	块料贴砌防腐	m²	83.95
	排水沟		
	浇制素混凝土沟道	m³	1800.00
	浇制钢筋混凝土沟道	m³	200.00
	沟盖板补差价一般地段	m²	3175.20
	沟盖板补差价过道路地段	m²	392.00
4.4	厂区围栅及大门	m	460.00
	围墙		
	围墙与大门钢柱围栅	m²	968.00
	大门		
	围墙与大门电动自动伸缩门	m²	36.00
	围墙与大门钢围栅大门	m²	75.60
4.5	厂区道路及硬化地坪	m²	18000.00
	厂区道路		
	道路与地坪混凝土路面	m³	6600.00
	高韧聚丙烯有纺土工布	m²	17400.00
	厂区硬化地面		
	道路与地坪混凝土路面	m³	1200.00
	钢筋、铁件调整普通钢筋调整	t	2.31
	高韧聚丙烯有纺土工布	m²	5000.00
	人行道		
	道路与地坪预制块路面	m²	2000.00
4.6	浆砌片石护坡	m³	2500.00
	护坡与挡土墙砌体护坡	m³	2500.00
4.7	厂区综合管架		
	钢支架	t	275.50
4.8	厂区防洪墙	m	1540.00
	围墙与大门砖墙安装铁丝网	m²	1694.00
	钢筋混凝土防洪墙	m³	4164.00
5	消防系统		
	主厂房消防	套	1.00
	主厂房消防设备	套	1.00
	燃油系统消防	套	1.00

续表

序号	项 目 名 称	单位	数量
	燃油系统消防设备	套	1.00
	变压器系统消防	套	1.00
	变压器系统消防设备	套	1.00
	全厂移动消防设备	套	1.00
5.1	主厂房消防	套	1.00
	消防工程燃气系统消防	套	1.00
	主厂房消防	套	1.00
5.2	变压器系统消防		
	雨淋阀 DN200	套	9.00
	Y 形过滤器 DN250	套	9.00
	水雾喷头	个	600.00
5.3	消防器材		
	移动消防设备	项	1.00
5.4	消防管道	m	2500.00
	孔网钢塑管 DN300	m	2500.00
	室外消防栓	套	35.00
6	室外冷热水管网	m	600.00
	塑套钢保温管 DN130	m	300.00
7	措施费		
7.1	泵送混凝土	m³	75297.00
	搅拌楼混凝土	m³	67767.30
	罐车（搅拌车）混凝土	m³	60237.60
	泵车浇捣混凝土	m³	48943.05
7.2	排水措施费		
	主厂房区域基坑明排水	套·天	2280.00
	排水橡胶软管 φ120	m	114.00
第二部分	与厂址有关的单项工程		
一	交通运输工程		
1	进场道路	m	1500.00
	道路与地坪混凝土路面	m³	5775.00
	高韧聚丙烯有纺土工布	m²	3000.00
	道路与地坪预制块路面	m²	4500.00
	外购土及运输	m³	20000.00
三	水质净化工程		
1	预处理系统		
1.1	絮凝沉淀池	座	3.00
	机械土方	m³	535.10
	底板钢筋混凝土	m³	300.50
	浇制混凝土顶板	m²	153.90
	钢筋混凝土壁板	m³	632.00
	铁件调整	t	3.00
1.2	排泥泵房	m³	733.00
1.2.1	一般土建	m³	733.00
	下部结构		
	机械土方	m³	1551.00
	底板钢筋混凝土	m³	58.80

续表

序号	项 目 名 称	单位	数量
	钢筋混凝土壁板	m³	85.50
	钢筋调整	t	6.77
	钢制平台、栏杆、梯子	t	2.00
	上部结构		
	独立基础钢筋混凝土基础	m³	6.40
	复杂地面耐磨面层	m²	55.00
	屋面板浇制混凝土板	m²	55.00
	屋面有组织外排水	m²	55.00
	屋面保温隔热（珍珠岩）	m²	55.00
	卷材防水屋面	m²	55.00
	加气混凝土砌体外墙	m³	103.60
	外墙丙烯酸涂料	m²	305.50
	内墙乳胶漆面	m²	305.50
	塑钢窗	m²	11.30
	金属卷帘门	m²	9.60
	钢筋混凝土框架	m³	20.72
	其他建筑混凝土结构钢筋混凝土吊车梁	m³	18.15
	钢筋调整	t	1.26
	钢轨	t	3.84
1.2.2	上、下水道	m³	733.00
	给水、排水工程排泥泵房给排	m³	733.00
1.2.3	通风空调	m³	733.00
	通风、空调工程排泥泵房通风	m³	733.00
	玻璃钢制轴流风机 T35-11 型，No.5.6	台	2.00
	钢制轴流风机 T35-11 型，No.5.6	台	1.00
	双层铝合金手动调节百叶窗	m²	2.16
1.2.4	照明	m³	733.00
	照明工程排泥泵房	m³	733.00
1.3	排泥沟	m	60.00
	浇制钢筋混凝土沟道	m³	480.00
	伸缩缝橡胶止水带延长米	m	33.00
四	补给水工程		
1.1	补给水泵房	m³	5098.00
1.1.1	一般土建	m³	5098.00
	下部结构		
	机械土方	m³	4221.00
	底板钢筋混凝土	m³	135.40
	浇制混凝土顶板	m²	100.00
	钢筋混凝土壁板	m³	526.50
	钢筋调整	t	33.05
	钢制平台、栏杆、梯子	t	10.00
	上部结构		
	独立基础钢筋混凝土基础	m³	11.39
	普通地面耐磨面层	m²	116.60
	复杂地面耐磨面层	m²	57.00
	屋面板压型钢板有保温	m²	287.30

续表

序号	项 目 名 称	单位	数量
	屋面板浇制混凝土板	m²	101.40
	屋面有组织外排水	m²	388.70
	屋面保温隔热（珍珠岩）	m²	101.40
	卷材防水屋面	m²	101.40
	加气混凝土砌体外墙	m³	226.48
	加气混凝土砌体内墙	m³	7.60
	外墙丙烯酸涂料	m²	905.90
	内墙乳胶漆面	m²	981.90
	塑钢窗	m²	48.60
	复合钢板门	m²	7.20
	金属卷帘门	m²	9.60
	钢筋混凝土基础梁	m³	2.85
	钢筋混凝土框架	m³	116.57
	钢筋调整	t	5.63
	回填混凝土	m³	842.00
	钢结构屋架	t	4.64
	钢结构吊车梁	t	20.00
1.1.2	上、下水道	m³	5098.00
	给水、排水工程补给水泵房给排水	m³	5098.00
1.1.3	通风空调	m³	5098.00
	通风、空调工程补给水泵房通风	m³	5098.00
	风冷立柜式空调机制冷量为 13.3kW	台	1.00
	玻璃钢制轴流风机 T35-11 型，No.6.3	台	2.00
	钢制轴流风机 T35-11 型，No.5.6	台	2.00
	双层铝合金手动调节百叶窗	m²	2.16
1.1.4	照明	m³	5098.00
	照明工程补给水泵房	m³	5098.00
1.2	自流引水管建筑	m	200.00
	机械施工土方主要建筑物与构筑物土方	m³	2100.00
	钢筋混凝土基础梁	m³	211.20
	帷幕灌浆防渗处理	项	1.00
1.3	厂内补给水管路建筑	m	230.00
	其他建筑物与构筑物土方	m³	1472.00
	钢筋混凝土基础梁	m³	290.40
五	地基处理		
1	钢筋混凝土管桩		
	汽机房		
	地基处理钢筋混凝土管桩	m³	3248.64
	汽轮机附属设备基础		
	地基处理钢筋混凝土管桩	m³	913.68
	燃气轮机房基础		
	地基处理钢筋混凝土管桩	m³	2131.92
	燃气轮机基础		
	地基处理钢筋混凝土管桩	m³	1827.36
	燃气轮机房附属设备基础		
	地基处理钢筋混凝土管桩	m³	730.94

续表

序号	项 目 名 称	单位	数量
	溴化锂制冷机基础		
	地基处理钢筋混凝土管桩	m³	150.72
	余热锅炉基础		
	地基处理钢筋混凝土管桩	m³	3654.72
	余热锅炉附属设备基础		
	地基处理钢筋混凝土管桩	m³	487.30
	烟囱基础		
	地基处理钢筋混凝土管桩	m³	1522.80
	附属设备区		
	地基处理钢筋混凝土管桩	m³	75.36
	集控楼		
	地基处理钢筋混凝土管桩	m³	487.30
	空气压缩机室		
	地基处理钢筋混凝土管桩	m³	304.56
	燃气轮机主变压器基础		
	地基处理钢筋混凝土管桩	m³	113.04
	汽轮机主变压器基础		
	地基处理钢筋混凝土管桩	m³	75.36
	高压厂用变压器基础		
	地基处理钢筋混凝土管桩	m³	75.36
	变电构支架		
	地基处理钢筋混凝土管桩	m³	188.40
	防火墙		
	地基处理钢筋混凝土管桩	m³	75.36
	封闭母线支架		
	地基处理钢筋混凝土管桩	m³	401.92
	GIS配电室		
	地基处理钢筋混凝土管桩	m³	376.80
	避雷针		
	地基处理钢筋混凝土管桩	m³	31.40
	化水车间		
	地基处理钢筋混凝土管桩	m³	464.72
	化水车间室外管沟		
	地基处理钢筋混凝土管桩	m³	169.56
	循环水加药间		
	地基处理钢筋混凝土管桩	m³	56.52
	工业废水处理间		
	地基处理钢筋混凝土管桩	m³	138.16
	工业废水处理间地下设施		
	地基处理钢筋混凝土管桩	m³	50.24
	天然气调压站		
	地基处理钢筋混凝土管桩	m³	75.36
	综合办公楼		
	地基处理钢筋混凝土管桩	m³	629.42
	检修间		
	地基处理钢筋混凝土管桩	m³	1248.70

续表

序号	项 目 名 称	单位	数量
	厂区综合管架		
	地基处理钢筋混凝土管桩	m³	715.92
	机力通风冷却塔		
	地基处理钢筋混凝土管桩	m³	1871.44
	循环水泵房		
	地基处理钢筋混凝土管桩	m³	326.56
	循环水沟		
	地基处理钢筋混凝土管桩	m³	246.18
	循环水管路建筑		
	地基处理钢筋混凝土管桩	m³	7969.32
	自流引水管路建筑		
	地基处理钢筋混凝土管桩	m³	542.59
	补给水泵房		
	地基处理钢筋混凝土管桩	m³	163.91
	厂内补给水管路建筑		
	地基处理钢筋混凝土管桩	m³	678.24
	絮凝沉淀池		
	地基处理钢筋混凝土管桩	m³	282.60
	排泥沟		
	地基处理钢筋混凝土管桩	m³	90.43
	综合水泵房		
	地基处理钢筋混凝土管桩	m³	263.76
	工业消防水池		
	地基处理钢筋混凝土管桩	m³	553.90
	生活水池		
	地基处理钢筋混凝土管桩	m³	28.26
	生活污水处理设备基础		
	地基处理钢筋混凝土管桩	m³	67.82
	生活污水调节池		
	地基处理钢筋混凝土管桩	m³	28.26
	事故油池		
	地基处理钢筋混凝土管桩	m³	28.26
	排水泵房		
	地基处理钢筋混凝土管桩	m³	339.12
	防洪墙		
	地基处理钢筋混凝土管桩	m³	5124.48
2	厂区软土处理	m²	134512.00
	垫层砂	m³	67256.00
	塑料排水板	m	3883250.00
	真空预压	m²	134512.00
	地基处理水泥搅拌桩	m³	48980.94
	外购土及运输	m³	134512.00
	软基处理实际发生临时设施费用		
	10kV 电力电缆	km	0.50
	室外生活给水钢管道	t	5.76
	进场道路		

序号	项 目 名 称	单位	数量
	路床整理	m²	583.00
	回填外购土及运输运距 29km	m³	1173.00
	机械施工土方碾压回填	m³	1173.00
	垫层毛石干铺	m³	323.00
	机械施工土方场地平整亏方碾	m³	254.40
	软地基处理办公用房填土		
	回填外购土及运输	m³	1997.00
	机械施工土方碾压回填	m³	1997.00
	场外自来水引水		
	三型聚丙烯管（DN75 PPR）引水管	m	839.00
	机械施工土方	m³	411.00
	临时围墙		
	围墙与大门钢柱围栅	m²	5710.00
	A 段堤坝修筑		
	机械施工土方	m³	2840.00
	A 段堤坝修筑		
	机械施工土方	m³	2840.00
	办公区电缆及配电箱安装		
	3×120＋1×70 铠装电缆	m	387.00
	机械施工土方	m³	190.00
	垫层级配砂石人工	m³	190.00
	配电柜 1800×800×600	个	1.00
	水塘排水安装		
	室外生活给水钢管道	t	3.99
	排水泵安装		
	场地排水沟		
	沟道、隧道砌体沟道	m³	2640.00
	供水管道预应力混凝土管安装 ϕ600	m	45.00
	供水管道混凝土管管道建筑 ϕ800～ϕ600	m	45.00
	施工临时道路		
	路床整理	m²	6060.00
	外购碎石粉运距 29km	m³	910.00
	外购砖渣运距 29km	m³	10908.00
	路床整理	m²	1872.00
	垫层级配砂石人工	m³	2621.00
	垫层碎（砾）石干铺	m³	1498.00
	配电箱 WBX-J（630kVA 变压器＋无功补偿 240kvar）	套	2.00
	电力电缆（VV-240）	m	192.00
六	厂区、施工区土石方工程	m³	190000.00
	外购土及运输	m³	669085.00
	机械施工土方场地平整亏方碾	m³	145000.00
	机械施工土方挖淤泥流砂	m³	45000.00
	机械施工土方淤泥运距每增加 1km	m³	45000.00
	场地池塘抽水	项	1.00
	清除植被草	项	1.00

续表

序号	项 目 名 称	单位	数量
七	临时工程		
1	施工水源	m	1095.00
	室外生活给水钢管道	t	13.99
	供水管道预应力混凝土管安装 $\phi400$	m	25.00
	供水管道预应力混凝土管安装 $\phi300$	m	9.00
	供水管道钢管管道建筑 $\phi500\sim\phi300$	m	34.00
	垫层砂	m³	127.32
2	施工电源	km	1.54
	10kV 架空线路	km	1.54
	10kV 电力电缆	km	0.01
	已发生临时设施费用	项	
	10kV 三相电力变压器容量（kVA）1000	台	2.00
	油式变压器 630kVA	个	2.00
	10kV 三相电力变压器容量（kVA）500	台	1.00
	油式变压器 500kVA	个	1.00
3	施工道路	m	360.00
	泥结石路面	m³	1080.00
	砌体沟道	m³	172.80
4	施工通信	km	0.80
	通信线路	km	0.80

（2）某 3×248MW 级热电冷多联供项目初步设计安装工程工程量见表 29-5。

表 29-5　　　　　　　某 3×248MW 级热电冷多联供项目初步设计安装工程工程量

序号	项 目 名 称	单位	数量
	全厂安装		
一	主要生产工程		
（一）	热力系统	kW	744000.00
1	燃气轮发电机组	kW	744000.00
1.1	燃气轮发电机组本体	台（机）	3.00
	燃气轮机型号：SGT5-2000E 型 1～3 号机组	套	3.00
	燃气轮发电机 180MW 18kV QF-180-2	套	3.00
	耗用品、备品备件及专用工具	项	1.00
	型式：工业重型，2×8 个干式低 NO_x 燃烧器，16 级		
	轴流式压气机，4 级透平		
	额定工况出力：158.12MW（发电机端）		
	额定转速：3000r/min		
	排气温度：549.19℃		
	排气流量：1836.6048t/h		
	天然气	m³	400950.00
	除盐水	t	285.00
1.2	燃气轮发电机组本体附属设备	台（机）	3.00
	燃气轮机附属设备（随燃气轮机供货）	套	3.00
	（1）进气系统。包括防雨装置、防冰冻装置、入口滤网、除湿器（百叶窗）、除湿型过滤器、自清洁型过滤器、自清洁装置、膨胀节、从过滤器到压气机入口的气密风道、消声器、支架、滤芯起吊设施等	套	3.00

序号	项 目 名 称	单位	数量
	（2）排气系统。包括排气扩散段、膨胀节、支架等	套	3.00
	（3）燃料系统。包括天然气前置模块、燃气模块、天然气管道等	套	3.00
	（4）润滑油系统。包括下列设备及管道、管件、阀门等		
	1）润滑油箱容量：16m³，包括电加热器	套	3.00
	2）润滑油箱排烟风机形式：离心式、1.5kW、380V	套	6.00
	3）主润滑油泵型式：离心式、容量为 1900L/min（70℃油温时）、出口压力为 0.6MPa、37kW、380V	套	3.00
	4）辅助润滑油泵型式：离心式、容量为 1900L/min（70℃油温时）、出口压力为 0.6MPa、37kW、380V	套	3.00
	5）事故润滑油泵型式：离心式、容量为 1260L/min、出口压力为 0.12MPa、5.5kW、220V DC	套	3.00
	6）顶轴油泵容量为 98L/min、出口压力为 16MPa、45kW、380V	套	6.00
	7）冷油器型式：板式	套	6.00
	8）双联滤油器	套	3.00
	9）油净化装置移动式（3 台燃气轮机公用）	套	1.00
	（5）控制油系统		
	1）控制油箱容量：0.76m³	套	3.00
	2）控制油泵型式：柱塞式、容量为 17L/min、出口压力为 16MPa	套	6.00
	（6）启动系统型式：静态变频启动器、最大功率为 3866kW	套	2.00
	（7）盘车装置型式：液压马达	套	3.00
	（8）在线/离线水洗系统		
	1）水箱容量：0.7m³	套	3.00
	2）水洗泵容量为 80L/min、出口压力为 0.6MPa、3kW、380V	套	3.00
	（9）压缩空气系统包括干燥模块	套	3.00
	（10）燃气轮机罩壳包括保温、通风系统、照明系统	套	3.00
	（11）罩壳	套	3.00
	（12）CO₂ 消防系统	套	3.00
	（13）维护平台	套	3.00
	1）废水泵	台	3.00
	2）电动双梁桥式起重机起重量为 60/20/10t、跨度为 11.1m（燃机房）	台	1.00
1.3	燃气轮机进气冷却系统	台（机）	3.00
	蒸汽型溴化锂吸收式制冷机组型号：SXZ8-735（13.3/7）H2M2 型，制冷量：7350kW，冷凝器、吸收器材质：316L（耐咸水腐蚀）	套	6.00
	进气冷却器型式：表面式、盘管式，换热面积为 12400m²	套	3.00
	冷冻水泵容量	套	9.00
	凝水泵容量	套	6.00
	冷却水电动滤水器容量为 3600m³/h、壳体材质为 Q235-B＋衬胶、滤网材质为 316L（耐咸水腐蚀）	套	3.00
	冷冻水膨胀水箱容量为 5m³	套	3.00
	凝水箱容量：10m³	套	3.00
	仪表控制系统	套	1.00
	阀门、管道及其他	套	3.00
	进气冷却相关管道	t	45.00
2	燃气-蒸汽联合循环系统	kW	502000.00
2.1	余热锅炉	kW	744000.00
2.1.1	余热锅炉本体	套	3.00

序号	项 目 名 称	单位	数量
	1号余热锅炉本体（含入口烟道及膨胀节、出口烟道及膨胀节、烟囱及挡板门）	套	1.00
	2号余热锅炉本体（含入口烟道及膨胀节、出口烟道及膨胀节、烟囱及挡板门）	套	1.00
	3号余热锅炉本体（含入口烟道及膨胀节、出口烟道及膨胀节、烟囱及挡板门）	套	1.00
	型式：双压、无再热、无补燃、卧式、自然循环、带整体式除氧器		
	高压蒸汽参数：8.0434MPa（绝对压力）、529.19℃、231.4872t/h		
	低压蒸汽参数：0.5802MPa（绝对压力）、219.45℃、56.7216t/h		
	排烟温度为96.0℃、烟气侧阻力为3.1kPa（含脱硝装置）、烟囱高度为45m、烟囱出口内径为7m		
2.1.2	余热锅炉附属设备		
	给水泵容量为265t/h（随余热锅炉供货）	台	6.00
	凝结水再循环泵容量为109t/h（随余热锅炉供货）	台	6.00
	连续排污扩容器（随余热锅炉供货）	台	3.00
	定期排污扩容器（随余热锅炉供货）	台	3.00
2.1.3	整套空负荷试验及试运		
	余热锅炉本体分部试验及试运盐酸蒸发量为170~210t/h	套	3.00
	蒸汽	t	480.00
	除盐水	t	12300.00
2.2	蒸汽轮机发电机组		
2.2.1	蒸汽轮发电机本体		
	汽轮机本体型式：次高压、单缸、双压、单轴、单抽汽凝汽式	套	3.00
	额定工况出力：80.244MW（发电机端，纯凝）		
	（1）高压蒸汽参数：7.8039MPa（绝对压力）、527.19C、231.4872t/h。		
	（2）低压蒸汽参数：0.5457MPa（绝对压力）、216.45℃、56.7216t/h		
	汽轮机背压为6.6kPa，额定抽汽压力为1.3MPa（绝对压力），最大能力抽汽量为185t/h，额定转速为3000r/min		
	汽轮发电机（抽气式）为100MW，10.5kV空冷机组	套	3.00
	汽轮机充油	t	66.00
	汽轮机本体附属设备：		
	1. 润滑油系统		
	（1）容量：30m³，包括电加热器	套	3.00
	（2）主油箱排烟风机型式：离心式、容量为420m³/h、出口压力为3kPa（表压）、3kW、380V	套	3.00
	（3）主油泵型式：离心式、容量为190080kg/h、入口压力为0.2MPa（表压）、出口压力为2MPa（表压）	套	3.00
	（4）高压启动油泵型式：齿轮泵、容量为5.22m³/h、出口压力为0.9MPa（表压）4kW、380V	套	3.00
	（5）交流润滑油泵型式：离心式、容量为120m³/h、出口压力为0.3MPa（表压）、22kW、380V	套	3.00
	（6）直流润滑油泵型式：离心式、容量为120m³/h、出口压力为0.3MPa（表压）、22kW、380V DC	套	3.00
	（7）顶轴油泵型式：柱塞式、容量为1560kg/h、出口压力为21MPa（表压）、11kW、380V	套	6.00
	（8）冷油器型式：板式	套	6.00
	2. 轴封蒸汽系统		
	（1）轴封蒸汽冷却器型式：管壳式、换热面积为50m²	套	3.00

续表

序号	项 目 名 称	单位	数量
	（2）轴封排气风机型式：离心式、容量为 1200m³/h、出口压力为 9.32kPa（表压）、7.5kW、380V	套	6.00
	（3）轴封蒸汽调节器型式：气动调节阀、压力调节范围为 0.0207～0.0310MPa（表压）	套	3.00
	（4）轴封供汽联箱	套	3.00
	（5）轴封减温装置	套	3.00
	3. 盘车装置型式 电动盘车 22kW 380V	套	3.00
	4. 抗燃油系统 包括油箱、电加热器、油泵，冷油器、蓄能器、滤油器、再生装置及管子、管件、阀门等	套	3.00
2.2.2	蒸汽轮发电机辅助设备		
	汽轮机辅助及附属设备安装汽轮机辅助及附属设备安装 N100MW 湿冷机组	套	3.00
	凝汽器（不含冷却管）型式：单背压、单壳体、双流程、表面式，换热面积为 8500m²，冷却管材质为钛管，带高压、低压旁路二级减温减压装置（随汽轮机供货，冷却管另行采购）	套	3.00
	凝汽器冷却管数量为 858 根，材质为钛管	套	3.00
	润滑油处理系统		
	润滑油净化装置型式：真空聚结分离式，容量为 6000L/h	套	3.00
	润滑油贮油箱包括脏油室、净油室，总容量为 30m³	套	3.00
	润滑油输送泵型式：齿轮泵、容量为 12m³/h、出口压力为 0.33MPa（表压）、5.5kW、380V	套	3.00
	汽水系统		
	凝结水泵型式为立式筒袋型、多级离心式、容量为 347t/h	套	6.00
	变频器（一拖二）	套	3.00
	水环式真空泵抽干空气量大于 25.49kg/h，冷却器材质为钛管或钛板	套	6.00
	开式循环冷却水电动滤水器容量为 1400m³/h，壳体材质为 Q235-B＋衬胶，滤网材质为钛（耐海水腐蚀）	套	3.00
	闭式循环冷却水泵型式为离心式，容量为 1201m³/h	套	6.00
	闭式循环冷却水换热器板式，材质为钛板，冷侧为 1091t/h，热侧为 1365t/h	套	6.00
	闭式循环冷却水膨胀水箱：5m³	套	3.00
	胶球清洗装置	套	3.00
	胶球输送泵型式：离心式，容量为 90m³/h（耐海水腐蚀）	台	6.00
	收球网，DN1200，壳体材质为 Q235-B＋衬胶，网板材质为钛材（耐海水腐蚀）	台	6.00
	装球室壳体材质：Q235-B＋ 衬胶（耐海水腐蚀）	台	6.00
	分汇器	台	6.00
	CO₂ 储气瓶容量：40L，压力为 14.7/5.9MPa，包括安全阀、减压阀等	件	60.00
	N₂ 储气瓶容量：40L，压力为 14.7/5.9MPa，包括安全阀、减压阀等	件	60.00
	汇流排	套	3.00
2.2.3	汽轮机其他辅机		
	循环水坑排水泵材质为镍铬铸铁（耐海水腐蚀）	套	6.00
	供热减温装置出口流量为 185t/h，入口／出口压力为 1.3/1.3MPa（绝对压力），入口/出口温度为 297.64～324.6/295℃	套	3.00
	减温减压装置出口流量为 2t/h，入口／出口压力为 8.0434/0.6～1.3MPa（绝对压力），入口/出口温度为 529.19/250～300℃	套	3.00

续表

序号	项 目 名 称	单位	数量
	减温减压装置出口流量为15.6t/h，入口/出口压力为1.3/0.9MPa（绝对压力），入口/出口温度为295/180℃	套	1.00
	分汽缸工作压力为1.3MPa（绝对压力），工作温度为295℃，材质为Q245R，筒体直径为DN1400，总长度为12500，带安全阀	套	1.00
	检修起吊设施		
	电动双梁桥式起重机起重量为65/20t，跨度为22.5m（汽机房）	台	1.00
	电动葫芦起重量为3t，起吊高度为4.5m（水环式真空泵检修）	台	3.00
	电动葫芦起重量为3t，起吊高度为4.5m（闭式循环冷却水泵检修）	台	3.00
	电动葫芦起重量为5t，起吊高度为4.5m（循环水电动闸阀检修）	台	6.00
	电动葫芦起重量：3t（余热锅炉检修，配供）	台	3.00
	电动葫芦起重量：10t（给水泵检修，配供）	台	3.00
	电动葫芦起重量为3t，起吊高度为4.5m（冷冻水泵检修）	台	1.00
	电动葫芦起重量为3t，起吊高度为4.5m（冷冻水泵检修）	台	1.00
	电动葫芦起重量为3t，起吊高度为4.5m（空压机检修）	台	1.00
	电动单梁悬挂式起重机起重量为5t，跨度为10m，起吊高度为4m（检修间及材料库）	台	1.00
	环链手拉葫芦起重量为1t（电动滤水器检修）	台	3.00
	液压升降平台（燃机房、汽机房）	台	2.00
	平台扶梯	t	45.00
2.2.4	旁路系统		
	高压蒸汽旁路装置型式：气动、100%容量，包括旁路阀、减温水隔离阀、减温水调节阀等入口流量为231.4872t/h，入口/出口压力为8.0434/0.6MPa（绝对压力），入口/出口温度为529.19℃	台	3.00
	低压蒸汽旁路装置型式：气动、100%容量，包括旁路阀、减温水隔离阀、减温水调节阀等入口流量为56.7216t/h，入口/出口压力为0.5802/0.2MPa（绝对压力），入口/出口温度为219.45℃	台	3.00
2.2.5	汽水管道	t	474.00
2.2.5.1	高压管道	t	45.00
	主蒸汽管道：12Cr1MoVG	t	45.00
2.2.5.2	中低压管道	t	429.00
	低压蒸汽管道	t	21.00
	中低压管道（含支吊架）	t	375.00
	润滑油、仪用压缩空气管道	t	15.00
	开式循环冷却水管道	t	18.00
	阴极保护	m²	834.61
2.2.6	保温油漆	m³	1671.00
	汽轮机本体保温材料	m³	
	保温制品微孔硅酸钙制品	m³	90.00
	保温制品硅酸铝耐火纤维制品	m³	90.00
	汽轮机辅助设备及管道保温材料	m³	
	保温制品硅酸铝管壳	m³	51.00
	保温制品硅酸铝缝毡	m³	150.00
	保温制品硅酸铝纤维绳	m³	240.00
	保温制品岩棉制品	m³	300.00
	余热锅炉辅助设备保温材料		
	保温制品岩棉缝毡	m³	750.00

序号	项 目 名 称	单位	数量
	主厂房辅助设备及管道保护层		
	保温外保护层铝合金板 0.7mm	m²	6000.00
	保温外保护层铝合金板 0.5mm	m²	2100.00
	保温油漆刷色环、介质流向箭头 100MW	台	3.00
3	供热管道	t	65.00
	供热管道	t	65.00
（二）	燃料供应系统	kW	744000.00
1	燃气供应系统	kW	744000.00
1.1	调压站		
	管道天然气调压站处理能力为 157500m³/h（标准状态），入口压力大于或等于 4MPa（表压），出口压力为 2.3～2.5MPa（表压），包括以下设备及相关的阀门、仪表等附件	套	1.00
	入口单元包括绝缘接头、紧急关断阀及压力、温度就地、远传仪表等	套	1.00
	计量单元包括超声波流量计、流量计算机、色谱分析仪等	套	1.00
	旋风分离单元 1×100％容量旋风分离器	套	1.00
	分离/过滤单元 2×100％容量粗精一体分离过滤器，1 台运行 1 台备用	套	1.00
	加热单元 2×100％容量天然气加热器，1 台运行 1 台备用	套	1.00
	调压单元 4×35％调压支路，3 台运行 1 台备用	套	1.00
	凝析系统 1 台 1m³ 凝析罐	套	1.00
	放散系统 1 座 15m 放散塔	套	1.00
	吹扫系统包括氮气瓶组、汇流排等	套	1.00
1.2	厂区燃气管道	t	46.00
	天然气管道碳钢	t	40.00
	天然气管道 0Cr18Ni9	t	6.00
2	LNG 接收气化站		
	LNG 卸车	套	1.00
	LNG 储存	套	1.00
	BOG 处理	套	1.00
	LNG 输送	套	1.00
	LNG 气化	套	1.00
	天然气稳压站	套	1.00
	丙烷补充系统	套	1.00
	火炬系统	套	1.00
（四）	化学水处理系统	kW	744000.00
1	预处理系统	kW	744000.00
1.1	凝聚、澄清、过滤系统		
1.1.1	设备		
	纤维过滤器 ϕ2400、270t/h（钢制衬胶）	台	3.00
	过滤器反洗水泵	台	2.00
1.2	反渗透系统		
1.2.1	设备		
	清水箱体积为 400m³（钢制防腐）	台	1.00
	清水泵 Q=280t/h	台	3.00
	自清洗过滤器 Q=140t/h	台	4.00
	超滤装置（含清洗/加药设备）：Q=127t/h	套	4.00
	超滤水泵 Q=260t/h	台	4.00

续表

序号	项 目 名 称	单位	数量
	超滤反洗水泵：$Q=400t/h$	台	2.00
	超滤水箱：$V=400m^3$（钢制内衬聚脲）	台	1.00
	反渗透装置（含保安过滤器、高压泵带变频器、还原剂加药装置、阻垢剂加药装置、清洗装置）：$Q=95t/h$	套	4.00
	反渗透冲洗水泵 $Q=100m^3/h$	台	1.00
2	锅炉补充水处理系统	t（水）	284.00
2.1	1. 设备部分		
	中间水箱：$V=300m^3$（钢制内衬聚脲）	台	1.00
	中间水泵：$Q=190t/h$	台	3.00
	阳离子交换器	台	4.00
	阴离子交换器	台	4.00
	混合离子交换器	台	3.00
	除盐水箱体积：$500m^3$（钢制内衬聚脲）	台	2.00
	除盐水泵：$Q=150t/h$	台	3.00
	反洗废水输送水泵：$Q=200t/h$	台	2.00
	浓水输送水泵：$Q=200t/h$	台	2.00
	清洗装置	套	2.00
	卸酸泵：$Q=20t/h$	台	1.00
	卸碱泵：$Q=20t/h$	台	1.00
	卸次氯酸钠泵：$Q=20t/h$	台	1.00
	再生水泵：$Q=50t/h$	台	2.00
	碱储存槽：$Q=20m^3$	台	2.00
	酸储存槽：$Q=20m^3$	台	2.00
	次氯酸钠储存槽：$Q=10m^3$	台	1.00
	罗茨风机：$13m^3/min$（标准状态）	台	2.00
	压缩空气贮罐：$Q=6m^3$	台	2.00
	阳床酸计量箱：$V=2.0m^3$，DN1200	台	1.00
	阳床再生酸喷射器	台	1.00
	阴床碱计量箱：$V=2.0m^3$，DN1200	台	1.00
	阴床再生碱喷射器	台	1.00
	混床酸计量箱：$V=1.6m^3$，DN1100	台	1.00
	混床再生酸喷射器	台	1.00
	混床碱计量箱：$V=1.6m^3$，DN1100	台	1.00
	混床再生碱喷射器	台	1.00
	安全淋浴器	台	0.00
	酸雾吸收器	台	0.00
	树脂捕捉器	台	11.00
	气动阀门	套	1.00
	2. 填料部分		
	强碱阴树脂	m^3	47.00
	强酸阳树脂	m^3	59.00
	混床用强碱阴树脂	m^3	9.00
	混床用强酸阳树脂	m^3	18.00
2.2	管道	t	100.00
	水处理系统管道安装过滤、一级除盐加混床管道200t/h 以内	t	100.00
	衬塑钢管	t	50.00

序号	项 目 名 称	单位	数量
	不锈钢管、阀门及附件	t	50.00
3	循环水处理系统	kW	744000.00
3.1	加酸系统		
3.1.1	设备		
	阻垢剂加药装置2箱（加药箱）4泵（计量泵）	套	1.00
3.1.2	管道	t	4.00
	循环水加酸系统管道	t	1.50
	循环水加氯系统管道复合管为主	t	2.50
3.2	加氯系统		
3.2.1	设备		
	次氯酸钠加药装置	套	1.00
	次氯酸钠贮罐：$Q=15m^3$	台	2.00
	卸次氯酸钠泵：$Q=20t/h$	台	1.00
	次氯酸钠加药泵：$Q=700L/h$	台	4.00
3.2.2	管道	t	4.00
	循环水加酸系统管道	t	1.50
	循环水加氯系统管道复合管为主	t	2.50
4	给水锅水校正处理	kW	744000.00
4.1	炉内磷酸盐处理系统		
	磷酸盐加药装置2箱8泵	套	1.00
	炉内水处理管道不锈钢	t	1.00
4.2	给水加药系统		
	给水加氨处理系统2箱4泵	套	1.00
	给水/闭冷水加联氨处理系统2箱6泵	套	1.00
	给水联胺处理管道不锈钢	t	0.50
	给水加氨系统管道不锈钢	t	0.50
	安全淋浴器	台	1.00
	排水泵：$Q=50t/h$，$P=0.5MPa$	台	2.00
4.3	汽水取样系统		
	水汽取样装置（分置式）	套	3.00
	汽水取样管道不锈钢	t	4.50
5	厂区管道	t	28.00
	除盐水厂区衬胶管道	t	15.00
	厂区非衬胶管道不锈钢	t	10.00
	UPVC管	t	3.00
（五）	供水系统	kW	744000.00
1	循环水系统	kW	744000.00
1.1	循环水泵房		
	循环水泵：$Q=2.79m^3/s$（防海水腐蚀）	台	6.00
	排水泵：$Q=30m^3/h$（防海水腐蚀）	台	2.00
	潜水排污泵：$Q=150m^3/h$（防海水腐蚀）	台	2.00
	潜水排污泵：$Q=30m^3/h$	台	6.00
	液压钢闸门：3.8m×2.3m（防海水腐蚀，闸槽6套）	块	3.00
	液压钢闸门：3.5m×3.5m（防海水腐蚀，闸槽2套）	块	1.00
	粗格栅：3800mm×2300mm（防海水腐蚀）	块	6.00
	转刷式清污机：3500mm×8000mm	套	6.00

续表

序号	项 目 名 称	单位	数量
	电动桥式起重机	台	1.00
	手动单轨小车 5t	套	1.00
	手动葫芦 5t	套	1.00
	循环水泵房管道（防海水腐蚀）	t	70.00
	液控蝶阀（防海水腐蚀）	台	6.00
	刚性伸缩节（防海水腐蚀）	个	6.00
1.2	压力水管道	m	2700.00
	循环水管道：DN2000	t	1121.79
	循环水管道：DN1400	t	485.44
	循环水管道：DN900	t	112.21
	蝶阀：D941X-10，DN900	只	14.00
	蝶阀：D941X-10，DN2000	只	3.00
	刚性伸缩节：DN900	个	14.00
	刚性伸缩节：DN2000	个	3.00
	管道防腐环氧煤沥青喷砂除锈加强防腐（内壁）一底二布三油［一层底漆，一层冷（改性沥青）油、一层玻璃纤维布、一层冷（改性沥青）油、一层玻璃纤维布、一层冷（改性沥青）油］	m²	13334.95
	管道防腐环氧煤沥青喷砂除锈加强防腐（外壁）一底二布三油	m²	13589.92
	阴极保护	m²	13334.95
1.3	机力通风冷却塔	台	14.00
	机力通风冷却塔：4300m³/h	台	14.00
（六）	电气系统	kW	744000.00
1	发电机电气与引出线	kW	744000.00
1.1	发电机电气与出线间		
	汽轮发电机循环		
	励磁系统（无刷励磁）（随主机配套）	套	3.00
	发电机电流互感器：LMZ1-10，8000/5A、5P20/5P20/0.2S/0.2S	台	24.00
	电压互感器和避雷器柜每个柜内含设备：电压互感器为（10.5/73）/（0.1/73）/（0.1/73）/（0.1/3）kV 2 台，熔断器为 RN2-10.5 10.5kV、2 台，避雷器为 Y5W-1	面	9.00
	发电机中性点柜：JDZJ-10.5，10.5/0.22kV	台	3.00
	燃气轮发电机循环		
	励磁系统（无刷励磁）（随主机配套）	套	3.00
	发电机电流互感器：8000/5A 5P20/5P20/0.2S/0.2S	组	24.00
	电压互感器和避雷器柜每个柜内含设备：电压互感器为（18/73）/（0.1/73）/（0.1/73）/（0.1/3）kV 2 台，熔断器为 RN2-20 20kV、2 台，避雷器为 Y5W1-19.5/3	面	9.00
	发电机中性点柜（燃汽轮发电机成套）	台	3.00
	汽轮发电机 TV 端子箱：JX（F）-3007，壁挂式	台	3.00
	汽轮发电机 TA 端子箱：JX（F）-3007，壁挂式	台	3.00
1.2	发电机引出线		
	汽轮发电机循环		
	发电机出线主回路离相封闭母线：12kV、8000A、63kA、160kA、φ800	三相米	105.00
	分支回路离相封闭母线：12kV、1000A、100kA、250kA、φ550	三相米	30.00
	发电机出口及中性点裸母排槽型母线	t	0.89
	燃气轮发电机循环		
	发电机出线主回路离相封闭母线：20kV、8000A、63kA、160kA、φ900	三相米	156.00
	分支回路离相封闭母线：20kV、1000A、100kA、250kA、φ600	三相米	45.00

序号	项 目 名 称	单位	数量
1.3	燃气轮发电机出口断路器（GCB）		
	燃气轮发电机出口断路器（GCB）：8000A、63kA（4s）、20kV	台	3.00
2	主变压器系统	kVA	984000.00
2.1	主变压器		
	燃气轮机主变压器		
	主变压器、无载、双绕组	台	3.00
	中性点支持绝缘子：ZSW-126	只	3.00
	高压套管电流互感器	组	9.00
	电流互感器：110kV	台	6.00
	中性点接地保护装置（含隔离开关，放电间隙及避雷器）	套	3.00
	汽轮机主变压器		
	主变压器（抽气式）、无载、双绕组	台	3.00
	中性点支持绝缘子：ZSW-126	只	3.00
	高压套管电流互感器	组	9.00
	中性点电流互感器：150-300/1A	只	6.00
	中性点接地保护装置（含隔离开关，放电间隙及避雷器）	套	3.00
	主变端子箱：XDW2	个	6.00
2.2	厂用高压变压器		
	高压厂用工作变压器、有载调压、双绕组	台	3.00
	高压套管电流互感器	组	9.00
	高压厂用变压器端子箱：XDW2	个	3.00
3	配电装置	kW	744000.00
3.1	220kV 屋内 GIS 配电装置	kW	744000.00
	母联间隔 220kV 3000A，50kA（3s），125kA，泄漏比距为 31mm/kV（按最高运行电压 242kV 计算）	组/三相	1.00
	出线间隔 220kV 3000A，50kA（3s），125kA，泄漏比距为 31mm/kV（按最高运行电压 242kV 计算）	组/三相	2.00
	进线间隔 220kV 3000A，50kA（3s），125kA，泄漏比距为 31mm/kV（按最高运行电压 242kV 计算）	组/三相	6.00
	母线 TA 220kV 3000A，50kA（3s），125kA，泄漏比距为 31mm/kV（按最高运行电压 242kV 计算）	组/三相	1.00
	氧化锌避雷器 Y10W1-200/520（附放电计数器）泄漏比距为 31mm/kV（按最高运行电压 242kV 计算）	只	24.00
	进线软导线 390m：LGJQ-400	t	0.53
	耐张绝缘子串：16（XWP-10）	只	288.00
	悬式绝缘子串：16（XWP-10）	只	48.00
	管母 T 接小金具（GIS 成套）	套	20.00
	检修行车 2t	台	1.00
	220kV 断路器端子箱：JY-ICB2、560mm×520mm×1200mm（宽×深×高）	个	10.00
	220kV TV 端子箱：JY-ICB2、560mm×520mm×1200mm（宽×深×高）	个	2.00
4	主控及直流系统	kW	744000.00
4.1	主（网控）控制室设备	kW	744000.00
	线路保护屏：800（宽）×600（长）×2260（高），微机型（每套 2 面屏）	套	2.00
	母线保护屏：800（宽）×600（长）×2260（高），微机型（每套 2 面屏）	套	1.00
	母联断路器保护屏：800（宽）×600（长）×2260（高），微机型	面	1.00
4.2	单元控制室设备	kW	744000.00

续表

序号	项 目 名 称	单位	数量
	燃气轮机主变压器组保护屏：800（宽）×600（长）×2260（高），微机型（每套2面屏）	套	3.00
	汽轮发电机变压器组保护屏：800（宽）×600（长）×2260（高），微机型（每套3面屏）	套	3.00
	联合循环机组故障录波器屏：800（宽）×600（长）×2260（高），微机型	面	3.00
	汽轮发电机同期装置：800（宽）×600（长）×2260（高），微机型	面	3.00
	联合循环机组电度表屏：800（宽）×600（长）×2260（高）	面	3.00
	联合循环机组变送器屏：800（宽）×600（长）×2260（高）	面	3.00
	厂用电快切装置屏：800（宽）×600（长）×2260（高），微机型	面	3.00
4.3	机组监控系统	kW	744000.00
	机组厂用电监控系统包括通信管理机、6kV测控保护单元、380V智能开关接口装置、网络设备、系统软件、与DCS通信接口费、工程师站等	套	4.00
4.4	网络控制系统		
	220kV网络控制系统包括操作员站、测控单元、网络设备、五防闭锁、系统软件、工程师站、打印机及网络附件、各220kV间隔测控单元、RTU工作站等	套	1.00
4.5	远动装置	kW	744000.00
	关口电度表屏	块	1.00
	220kV线路电度表屏	块	1.00
	电能计费装置屏	套	1.00
	功角监测装置屏	套	1.00
	AVC装置屏	套	1.00
	试验电源屏	套	1.00
	GPS	套	1.00
	其他系统二次配合费用		
	项目属地省中调/备调二次系统配合费	项	1.00
	项目属地地调二次系统配合费	项	1.00
	发电计划曲线下载工作站（含软件）	套	1.00
	网络发令系统（含软件）	套	1.00
	值长管理系统（含软件）	套	1.00
	安全防护设备	套	1.00
4.6	直流系统	kW	744000.00
	机组直流系统		
	220V蓄电池组600Ah，104只/组	组	6.00
	高频开关电源型充电器屏：160A/220V	台	6.00
	220V直流主屏：800×600×2260	面	18.00
	220V直流绝缘监测装置	套	6.00
	逆变电源放电车220V 60A	台	1.00
	220V直流分屏	面	4.00
	网络直流系统		
	220V蓄电池组：200Ah，104只/组	组	2.00
	高频开关电源型充电器：60A/225V	台	3.00
	220V直流主屏：800×600×2260	面	4.00
	220V直流绝缘监测装置	套	2.00
	事故照明切换箱	台	4.00
4.7	就地设备		
	就地控制站	个	120.00

续表

序号	项 目 名 称	单位	数量
	动力控制箱	个	3.00
5	厂用电系统	kW	744000.00
5.1	主厂房厂用电系统	元/kW	0.00
5.1.1	高压配电装置		
	高压真空断路器进线及联络柜 VCB 真空断路器：2000A、25kA(3s)、80kA	台	14.00
	高压真空断路器馈线柜 VCB 真空断路器：630A 25kA(3s) 80kA	台	56.00
	母线 TA 及避雷器柜	台	4.00
	维修小车	台	7.00
	接地小车	台	4.00
5.1.2	低压配电装置		
	机组低压 PC 配电屏抽屉式：额定电流 I_e＝4000A，额定短时耐受电流 I_k＝50kA，配框架开关及塑壳开关	台	36.00
	汽轮机低压电动机控制中心（MCC）配电屏（含保安）抽屉式：I_e＝1000A，I_k＝35kA，配塑壳开关	台	24.00
	燃气轮机 MCC 及余热锅炉 MCC 380/220V 配电装置（燃气轮机厂及余热锅炉厂家成套）	台	45.00
	低压备用 PC 段抽屉式：I_e＝4000A，I_k＝50kA，配框架开关及塑壳开关	台	5.00
	联络母线桥 380/220V 母线桥：I_e＝4000A，I_k＝50kA（配供）	套	3.00
5.1.3	低压厂用变压器		
	机组干式变压器及变压器柜	台	3.00
	低压备用变压器	台	1.00
5.1.4	机炉车间电气设备		
	小型开关箱	台	45.00
	检修电源箱	台	15.00
	配电箱	台	9.00
5.2	主厂房外车间厂用电	kW	744000.00
	低压公用 PC 柜抽屉式：I_e＝3200A，I_k＝50kA，配框架开关及塑壳开关	面	20.00
	低压化水 PC 柜抽屉式：I_e＝3200A，I_k＝50kA，配框架开关及塑壳开关	面	16.00
	低压循环水 PC 柜抽屉式：I_e＝1600A，I_k＝50kA，配框架开关及塑壳开关	面	8.00
	联络母线桥 380/220V 母线桥：I_e＝5000A，I_k＝50kA	套	3.00
	集控楼 MCC 抽屉式：I_e＝1000A，I_k＝35kA，配塑壳开关	面	10.00
	网络保护小室 MCC 抽屉式：I_e＝1000A，I_k＝35kA，配塑壳开关	面	5.00
	办公楼 MCC 抽屉式：I_e＝1000A，I_k＝35kA，配塑壳开关	面	6.00
	工业废水处理站 MCC 抽屉式：I_e＝1000A，I_k＝35kA，配塑壳开关	面	7.00
	综合水泵房及水处理 MCC 抽屉式：I_e＝1000A，I_k＝35kA，配塑壳开关	面	10.00
	补给水处理 MCC 抽屉式：I_e＝1000A，I_k＝35kA，配塑壳开关	面	6.00
	380/220V LNG MCC（含氮气站）抽屉式：I_e＝1000A，I_k＝35kA，配塑壳开关	面	6.00
	公用低压变压器（干式）1600kVA，6.3±2×2.5%/0.4kV，Dyn-11，短路电压 U_d%＝10	台	2.00
	化水低压变压器（干式）	台	2.00
	循环水低压变压器（干式）	台	1.00
5.3	事故保安电源装置	kW	744000.00
	应急低压柴油发电机组（成套）900kW、380V、额定功率因数为 0.8	套	3.00
	柴油发电机成套开关柜含全套控制设备（柴油发电机厂成套）	台	3.00
5.4	不停电电源装置	元/kW	0.00
	单元机组 UPS 系统：60kVA	套	3.00

续表

序号	项 目 名 称	单位	数量
	网络UPS电源装置：220V，15kVA	套	1.00
5.5	全厂行车滑线	m	280.00
	安全滑触线三相	m	280.00
5.6	设备及构筑物照明		
5.6.1	厂区道路照明		
	升高式中竿灯：OPDZ03，8×400W	套	6.00
	路灯：OPD-5/N250-104-1A	套	70.00
	光控照明箱：XGM-2	台	5.00
	路灯电缆：VV22-1-5H0	m	650.00
6	电缆及接地	kW	744000.00
6.1	电缆	m	303040.00
6.1.1	电力电缆	m	93040.00
	电力电缆	m	27000.00
	200MW电力电缆6kV以下	m	65000.00
	220kV电缆：YJLW03-127/220-1X630	m	1160.00
	220kV电缆终端头	套	12.00
6.1.2	控制电缆	m	210000.00
	电气控制电缆	m	210000.00
6.1.3	电缆辅助设施	m	303040.00
	电缆桥架	t	65.00
	电缆支架	t	10.00
	电缆保护管	t	85.00
	金属软管及接头	套	1500.00
	热镀锌费用	t	160.00
6.1.4	电缆防火	m	303040.00
	阻燃槽盒	套	30.00
	阻燃隔板	m²	400.00
	防火堵料	t	20.00
	阻火包：1.16kg/包	t	3.48
	电缆防火材料防火涂料	t	20.00
6.2	全厂接地	m	15550.00
	全厂接地	t	55.36
	扁钢：-60×8、热镀锌、13km	t	49.01
	角钢：Z63×63×6、l=2.5m、热镀锌、200根	m	2861.00
	室内接地干线及接地引下线镀锌扁钢：-40×6，1850m	m	3485.00
	铜绞线：120mm²、200m	t	0.22
7	通信系统	kW	744000.00
7.1	厂内通信系统		
	数字程控交换机本期用户容量300门，可扩容至1024门	套	1.00
	数字调度程控交换机本期用户容量96，可扩容至256门	套	1.00
	无线对讲机	部	30.00
	电源系统		
	高频开关电源：200A、48V	套	2.00
	直流配电装置	台	2.00
	直流配电屏	块	2.00
	蓄电池：500Ah、48V	组	2.00

续表

序号	项 目 名 称	单位	数量
	总配线架 1200 回线，100％保安单元	台	1.00
	配线箱	个	2.00
	交接箱	个	5.00
	电话机	台	300.00
	电话插座	套	400.00
	室内分线盒	个	25.00
	通信电缆	m	125000.00
	电力电缆	m	200.00
	机房外电话线	m	20000.00
	电缆保护管 PVC 管	m	5000.00
	仪器仪表	套	1.00
7.2	系统通信		
	SDH 光设备：STM-4	套	2.00
	PCM 设备	套	2.00
	光缆敷设	m	2500.00
	光缆接续 36 芯以下	头	2.00
	光缆成端 36 芯以下	头	2.00
	进站光缆	m	2500.00
	光配线柜：96 芯	套	1.00
	数字配线架：144 系统	套	1.00
	仪器仪表	套	1.00
	维护终端	套	1.00
	调度管理信息网设备	套	1.00
	调度视频会商系统设备	套	1.00
	调度数据网接入设备	套	2.00
	市话连接		
	市话中继	项	1.00
（七）	热工控制系统	kW	744000.00
1	主厂房内控制系统及仪表	kW	0.00
1.1	厂级管理信息系统		
	厂级管理信息系统 SIS	套	1.00
1.2	分散控制系统		
	单元机组分散控制系统：包括直接连接存储（DAS）、模拟量控制系统（MCS）、［顺序（程序）控制系统 SCS］、信号输入/输出通道（I/O）测点：1800	套	3.00
	公用系统分散控制系统包括：DAS、MCS、I/O、测点：1900	套	1.00
	DCS 成套供货		
	机组操作员站。包括 22″LCD、键盘/鼠标、A3 喷墨彩色打印机、A3 喷墨黑白打印机	套	9.00
	机组工程师站。包括 22″LCD、键盘/鼠标、A3 喷墨彩色打印机、A3 喷墨黑白打印机	套	3.00
	值长台。包括 22″LCD、键盘/鼠标	套	1.00
	燃气轮机控制系统（TCS，随燃气轮机供货）。包括控制装置、就地仪表、设备及其安装材料	套	3.00
1.3	单项自动控制系统		
	汽轮机数字电液调节系统（DEH，与汽轮机成套）	套	3.00
	DEH 成套供货（DEH 与 DCS 硬件不同时）		

续表

序号	项 目 名 称	单位	数量
	（1）操作员站。包括 22″LCD、键盘/鼠标、A3 喷墨彩色打印机、A3 喷墨黑白打印机	套	3.00
	（2）工程师站。包括 22″LCD、键盘/鼠标、A3 喷墨彩色打印机、A3 喷墨黑白打印机	套	3.00
	（3）控制机柜	块	6.00
	汽轮机危急跳闸保护系统（ETS，与汽轮机成套）	套	3.00
	控制机柜	块	3.00
	汽轮机旁路控制系统（BPC，与 DCS 成套）	套	6.00
	控制机柜	块	6.00
	汽包水位工业电视系统两头一尾（与锅炉成套）	套	6.00
	凝汽器胶球清洗控制系统（与设备成套）	块	3.00
	控制机柜	块	3.00
	发电机本体仪表及控制装置（与发电机成套）	套	3.00
	大型电机振动检测装置（TDM）	套	3.00
	水汽取样热工控制。包括就地仪表及取样柜等（与水汽取样装置成套）	套	3.00
	给水、凝结水加药热工控制。包括就地仪表及电控箱等	套	3.00
	余热锅炉就地仪表控制设备。包括就地盘箱柜等全套热工仪表及设备（与余热锅炉成套）	套	3.00
	全厂闭路电视监控系统：86 点	套	1.00
1.4	现场仪表及执行机构		
	智能变送器（压力、差压、温度、液位，进口）	台	260.00
	超声波液位变送器（进口）	台	20.00
	导波雷达（进口）	台	6.00
	双支热电偶	只	150.00
	双支热电阻	只	250.00
	压力表：不锈钢、ϕ150、精度为 1.0 级	块	60.00
	双金属温度计万向抽芯型不锈钢：ϕ150	只	120.00
	就地磁翻板液位计	只	10.00
	电磁流量计	只	5.00
	逻辑开关（压力、差压、温度，进口）	只	70.00
	液位开关（进口）	只	15.00
	孔板及标准喷嘴	套	20.00
	长颈喷嘴	套	6.00
1.5	热控屏、箱、柜		
	数字化仪表墙（选项 1）	套	1.00
	大屏幕显示屏（选项 3）	块	5.00
	电源（继电器）柜	块	3.00
	配电箱	块	6.00
	自制仪表架 80 件 200kg/件	t	12.00
2	辅助车间控制系统及仪表	kW	744000.00
	自制仪表架：100kg/件	t	3.00
	锅炉补给水控制系统。包括 DCS 机柜、UPS 电源、就地仪表等。I/O：800 点（包含在 DCS 公用系统中）	套	1.00
	调试用操作员站（工程师站）。包括 17″笔记本电脑	台	1.00
	控制机柜	块	5.00
	电源柜	台	1.00

序号	项 目 名 称	单位	数量
	电磁阀箱	件	15.00
	自制仪表架，50kg/件	t	0.10
	综合水泵房热工控制系统。包括 DCS 机柜、UPS 电源、就地仪表等。I/O，300点（包含在 DCS 公用系统中）	套	1.00
	控制机柜	块	1.00
	配电箱	台	1.00
	自制仪表架：50kg/件	t	0.10
	原水预处理站热工控制系统。包括 DCS 机柜、UPS 电源、就地仪表等。I/O：120点（包含在 DCS 公用系统中）	套	1.00
	控制机柜	块	1.00
	配电箱	台	1.00
	自制仪表架：50kg/件	t	0.05
	补给水泵房热工控制系统。包括 DCS 机柜、UPS 电源、就地仪表等，I/O：100点（包含在 DCS 公用系统中）	套	1.00
	控制机柜	块	1.00
	配电箱	台	1.00
	暖通空调系统热工控制（随暖通空调系统供货）	套	1.00
	自制仪表架，50kg/件	t	0.10
	空气压缩机站热工控制。包括 DCS 机柜、UPS 电源、就地仪表等。I/O：80点（包含在 DCS 公用系统中）	套	1.00
	控制机柜	块	1.00
	配电箱	台	1.00
	工业废水处理站热工控制。包括 DCS 机柜、UPS 电源、就地仪表等。I/O：200点（包含在 DCS 公用系统中）	套	1.00
	控制机柜	块	1.00
	仪表箱及电磁阀箱	台	0.00
	生活污水处理站热工控制。包括就地仪表及电控箱等（与工艺设备成套）	套	1.00
	控制机柜	块	1.00
	循环水加药热工控制。包括就地仪表及电磁阀箱等（与工艺设备成套）	套	1.00
	控制机柜	块	2.00
	盘、台、柜辅助厂房	块	1.00
	天然气调压站热工控制。包括 PLC 控制系统、PLC 操作员站、就地仪表等（与天然气调压站设备成套）	套	1.00
	LNG 热工控制。包括 PLC 控制系统、PLC 操作员站、就地仪表等（与 LNG 设备成套）	套	1.00
	盘、台、柜辅助厂房	块	1.00
	循环水泵房热工控制。包括 DCS 机柜、UPS 电源、就地仪表等。I/O，100点	套	1.00
	控制机柜	块	1.00
3	电缆及辅助设施	m	370000.00
3.1	电缆	m	370000.00
	控制电缆	m	100000.00
	计算机电缆	m	240000.00
	热控补偿电缆	m	30000.00
3.2	电缆辅助设施	m	370000.00
	电缆保护管	t	124.32
	镀锌费	t	124.32

续表

序号	项 目 名 称	单位	数量
	金属软管 $L=2m$/套	m	2400.00
	金属软管接头	个	1200.00
	接线盒，防雨型	个	320.00
	电缆桥架钢制热镀锌	t	230.00
	镀锌费	t	230.00
	电缆防火材料防火涂料	t	4.00
	电缆防火材料阻火堵料	t	31.00
	电缆防火材料防火泥	t	8.00
	电缆防火材料阻火包	t	3.50
3.3	其他材料		
	热控系统脉动管路	t	19.89
	（1）不锈钢管：$\phi5\times1mm$，3800m	t	0.66
	（2）不锈钢管：1Cr18Ni9Ti，$\phi16\times3mm$，$\phi14\times2mm$、20000m	t	19.24
	其他材料		
	不锈钢仪表阀（单元机组部分 20%进口）	只	240.00
	不锈钢仪表阀	只	960.00
	管接件三通、弯头、中间接头、终端接头等（单元机组部分 20%进口）	个	800.00
	管接件三通、弯头、中间接头、终端接头等	个	3200.00
	平衡容器	只	6.00
	冷凝器	个	6.00
4	MIS 系统	kW	744000.00
	MIS 系统（含基建期与生产期）	套	1.00
（八）	附属生产工程	kW	744000.00
1	辅助生产工程		
1.1	空气压缩机站		
1.1.1	设备		
	仪控用空气压缩机型式：微油螺杆式、容量为 20m³/min（标准状态），出口压力为 0.8MPa（表压）110kW、380V	套	2.00
	检修用空气压缩机型式：微油螺杆式、容量为 20m³/min（标准状态），出口压力为 0.8MPa（表压）110kW、380V	套	1.00
	（1）高效除油器容量：20m³/min（标准状态），压力为 0.8MPa（表压）	套	2.00
	（2）粉尘粗过滤器容量：20m³/min（标准状态），压力为 0.8MPa（表压）	套	2.00
	（3）无热再生干燥器双塔型：容量为 20m³/min（标准状态），压力为 0.8MPa（表压）	套	2.00
	（4）粉尘精过滤器容量：20m³/min（标准状态），压力为 0.8MPa	套	2.00
	仪控用储气罐容量：15m³，压力为 0.8MPa	套	2.00
	检修用储气罐容量：15m³，压力为 0.8MPa	套	1.00
1.3	油处理系统	元/kW	0.00
1.3.1	设备		
	油处理室设备及管道安装硅胶过滤器、1 台滤油机、2 台油箱 3×3m³	套	1.00
	移动式绝缘油净油机：$Q=6000L/h$	台	1.00
1.6	综合水泵房		
1.6.1	设备		
	工业水系统		
	工业水泵：$Q=50m³/h$，$H=50m$（防海水腐蚀）	台	2.00
	化学原水泵：$Q=250m³/h$，$H=30m$（防海水腐蚀）	台	3.00

续表

序号	项 目 名 称	单位	数量
	变频生活水泵组：$Q=50m^3/h$，$H=60m$	台	1.00
	排水泵：$Q=15m^3/h$，$H=15m$（防海水腐蚀）	台	2.00
	排水泵：$Q=200m^3/h$，$H=20m$（防海水腐蚀）	台	2.00
	综合水泵房管道	t	55.00
1.6.2	管道		
	孔网钢塑管：DN400	m	500.00
	孔网钢塑管：DN300	m	500.00
	孔网钢塑管：DN250	m	500.00
	孔网钢塑管：DN200	m	300.00
	孔网钢塑管：DN150	m	300.00
	孔网钢塑管：DN100	m	500.00
2	附属生产安装工程		
2.1	试验室设备	kW	744000.00
2.1.1	化学试验室		
	化学试验室	套	1.00
2.1.2	金属试验室		
	金属试验室	套	1.00
2.1.3	热工试验室		
	热工试验室设备	套	1.00
2.1.4	电气试验室		
	电气试验室（含移动式继电保护试验仪）	套	1.00
2.1.5	安全试验室		
	安全监督、管理设施及设备	项	1.00
2.1.6	环保试验室		
2.1.7	炉、机检修间设备		
	炉、机检修间设备	套	1.00
3	环保保护与监测装置	元/kW	0.00
3.1	烟气连续监测装置		
	烟气连续监测装置（随余热锅炉供货）	套	3.00
3.2	工业废水处理		
	废水泵：$Q=25m^3/h$	台	4.00
	废水池曝气装置：DN310	个	36.00
	pH 调节槽（带搅拌机）：$V=7m^3$、DN1500	台	1.00
	反应槽（带搅拌机）：$V=7m^3$、DN1500	台	1.00
	最终中和池搅拌机	台	1.00
	斜板澄清池：$Q=25m^3/h$	台	1.00
	清净水泵：$Q=25m^3/h$	台	2.00
	浓缩机：$Q=30m^3/h$	台	1.00
	澄清池污泥输送泵：$Q=10m^3/h$	台	2.00
	浓缩机污泥输送泵：$Q=15m^3/h$	台	2.00
	脱水机：$Q=15t/h$	台	1.00
	罗茨风机：$Q=8.3m^3/min$（标准状态），$p=58.8kPa$	台	2.00
	酸溶液箱：$V=1m^3$	台	1.00
	酸计量泵：$Q=50L/h$	台	3.00
	碱溶液箱：$V=1m^3$	台	1.00
	碱计量泵：$Q=50L/h$	台	3.00

续表

序号	项 目 名 称	单位	数量
	凝聚剂溶液箱：$V=1m^3$	台	2.00
	凝聚剂计量泵：$Q=50L/h$	台	2.00
	脱水剂溶液箱：$V=1m^3$	台	2.00
	脱水剂计量泵：$Q=50L/h$	台	3.00
	酸雾吸收器：$\phi350$	台	1.00
	安全淋浴器	台	2.00
	不锈钢管	t	2.00
	碳钢管	t	1.00
	阀门及防腐管	t	8.00
3.3	生活污水处理		
	地埋生活污水处理设备：1t（防海水腐蚀）	套	2.00
	清污机（防海水腐蚀）	套	1.00
	污水泵：$Q=10m^3/h$，$H=10m$（防海水腐蚀）	套	4.00
	回用水泵：$Q=20m^3/h$，$H=20m$（防海水腐蚀）	套	2.00
3.4	排污坑排水泵		
	1号排污坑排水泵：$Q=70m^3/h$，$H=30m$，$N=15kW$（防海水腐蚀）	台	2.00
	2号排污坑排水泵：$Q=70m^3/h$，$H=30m$，$N=15kW$（防海水腐蚀）	台	2.00
	3号排污坑排水泵：$Q=70m^3/h$，$H=30m$，$N=15kW$（防海水腐蚀）	台	2.00
	综合水泵房管道	t	11.00
	孔网钢塑管：DN150，PN1.0MPa	m	500.00
4	消防系统	kW	744000.00
4.1	消防水泵房设备及管道		
	电动消防泵：$Q=64L/s$，$H=100m$	台	2.00
	柴油机消防泵：$Q=128L/s$，$H=100m$	台	1.00
	消防稳压泵（带气压罐）：$Q=18m^3/h$，$H=110m$	台	2.00
	柴油机消防泵用油箱：$V=10m^3$（柴油消防泵配供）	台	1.00
	水泵接合器：SQ-10，DN150	套	2.00
4.2	消防车		
	水罐消防车水罐：容量为7000L	辆	1.00
5	雨水泵房		
5.1	设备		
	雨水排水泵：$Q=6000m^3/h$，$H=12m$	台	2.00
	雨水排水泵：$Q=1000m^3/h$，$H=12m$	台	2.00
	初期雨水回收水泵：$Q=400m^3/h$，$H=20m$	台	3.00
	潜污泵：$Q=70m^3/h$，$H=20m$	台	2.00
	格栅清污机	台	1.00
	综合水泵房管道	t	10.00
	电动蝶阀：DN1200，PN0.6，3.42t/个	台	2.00
	电动蝶阀：DN500，PN0.6，0.6t/个	台	2.00
	电动蝶阀：DN300，PN0.6，0.32t/个	只	3.00
	伸缩节：DN1200，PN0.6，0.6t/个	台	2.00
	伸缩节：DN500，PN0.6，0.25t/个	台	2.00
	伸缩节：DN300，PN0.6，0.15t/个	台	3.00
二	与厂址有关的单项工程	kW	744000.00
（三）	水质净化工程		
1	原水预处理系统		

序号	项 目 名 称	单位	数量
1.1	设备		
	絮凝沉淀池：500t/h（防海水腐蚀）	套	3.00
	排泥阀：DN200（防海水腐蚀）	台	24.00
	自动加药装置（含计量泵）	套	2.00
	液下渣浆泵：$Q=200m^3/h$，$H=25m$（防海水腐蚀）	台	4.00
	电动单梁起重机	台	1.00
	污泥浓缩脱水成套设备：$Q=40m^3/h$（包括污泥泵加药装置防海水腐蚀）	套	2.00
	电动葫芦	台	1.00
	供水设备安装钢闸板	t	3.00
	钢闸门及启闭机：$400\times400mm$（防海水腐蚀）3套	t	3.00
	排污泵：$Q=30m^3/h$，$H=20m$（防海水腐蚀）	台	2.00
	净化水站管道	t	55.00
1.2	管道		
	孔网钢塑管：DN500，PN0.6	m	50.00
	孔网钢塑管：DN400，PN0.6	m	50.00
	孔网钢塑管：DN300，PN0.6	m	200.00
	孔网钢塑管：DN200，PN0.6	m	250.00
	孔网钢塑管：DN50，PN0.6	m	200.00
	ABS塑料管：DN40	m	100.00
（四）	补给水工程		
2.1	设备		
	立式离心泵：$Q=750m^3/h$，$H=15m$，$N=505kW$（防海水腐蚀）	台	3.00
	旋转滤网：XKZ-2000 $B=2m$，$H=9m$（防海水腐蚀）	台	3.00
	旋转滤网冲洗水泵：$Q=150m^3/h$，$H=50m$（防海水腐蚀）	台	2.00
	平板钢闸门（防海水腐蚀）	t	4.40
	潜水排水泵及电动机 $80m^3/h$，$H=20m$	台	2.00
	电动单梁起重机	台	1.00
	补给水泵房管道	t	30.00
	止回阀	只	3.00
	蝶阀	只	5.00
2.2	管道	m	570.00
	厂外补水管道：DN450	t	3.46
	厂外补水管道：DN500	t	43.52
	厂外补水管道：DN600	t	30.58
	管道防腐环氧煤沥青喷砂除锈加强防腐（内壁）	m^2	969.63
	管道防腐环氧煤沥青喷砂除锈加强防腐（外壁）	m^2	1005.43

第三十章 工程概算

第一节 工程概算文件组成

一、工程概算的含义与作用

(一) 工程概算的含义

设计概算是指以初步设计文件为依据,按照建设预算编制办法及概算定额等计价依据,对建设项目总投资及其构成进行的预测和计算。

设计概算是设计文件的重要组成部分,是在初步设计或扩大初步设计阶段,在投资估算的控制下,由设计单位根据初步设计设计图纸及说明书、概算定额(或概算指标)、各项费用定额(或取费标准)、设备及材料预算价格等资料或参照类似工程(快算)文件,用科学的方法计算和确定的建设项目从筹建至竣工交付使用所需全部费用的文件。采用两阶段设计的建设项目,初步设计阶段必须编制设计概算;采用三阶段设计的建设项目,扩大初步设计(或称技术设计)阶段必须编制修正概算。

设计概算是指在初步设计阶段,根据设计意图,通过编制工程概算文件预先测算和确定的工程造价。与投资估算造价相比,概算造价的准确性有所提高,但受估算造价的控制。概算造价一般又可分为建设项目概算总造价、各个单项工程概算综合造价、各单位工程概算造价。

修正概算是指在技术设计阶段,根据技术设计的要求,通过编制修正概算文件,预先测算和确定的工程造价。修正概算是对初步设计阶段的概算造价的修正和调整,比概算造价准确,但受概算造价控制。

设计概算的编制内容包括静态投资和动态投资两个层次。静态投资作为考核工程设计和施工图预算的依据;动态投资作为项目筹措、供应和控制资金使用的限额。

设计概算经批准后,一般不得调整。如果由于下列原因需要调整概算时,应由建设单位调查分析变更原因,报主管部门审批同意后,由原设计单位核实编制调整概算,并按有关审批程序报批。当影响工程概算的主要因素查明且工程量完成了一定量后,方可对其进行调整。一个工程只允许调整一次概算。允许调整概算的原因包括以下几点:

(1) 超出原设计范围的重大变更。

(2) 超出基本预备费规定范围不可抗拒的重大自然灾害引起的工程变动和费用增加。

(3) 超出工程造价价差预备费的国家重大政策性的调整。

(二) 工程概算的作用

设计概算是工程造价在设计阶段的表现形式,但其并不具备价格属性。因为设计概算不是在市场竞争中形成的,而是设计单位根据有关依据计算出来的工程建设的预期费用,用于衡量建设投资是否超过估算并控制下一阶段费用支出。设计概算的主要作用是控制以后各阶段的投资,具体表现为:

(1) 设计概算是编制建设项目投资计划、确定和控制建设项目投资的依据。设计概算投资应包括建设项目从立项、可行性研究、设计、施工、试运行到竣工验收等的全部建设资金。按照国家有关规定,编制年度固定资产投资计划,确定计划投资总额及其构成数额,要以批准的初步设计概算为依据,没有批准的初步设计及其概算的建设工程不能列入年度固定资产投资计划;经批准的建设项目设计总概算的投资额是该工程建设投资的最高限额。

设计概算一经批准,将作为控制建设项目投资的最高限额。在工程建设过程中,年度固定资产投资计划安排、银行拨款或贷款、施工图设计及其预算、竣工决算等，未经规定程序批准，都不能突破这一限额，确保对国家固定资产投资计划的严格执行和有效控制。

（2）设计概算是签订建设工程合同和贷款合同的依据。《中华人民共和国合同法》明确规定，建设工程合同是承包人进行工程建设、发包人支付价款的合同。合同价款的多少是以设计概预算为依据的，而且总承包合同不得超过总概算的投资额。设计概算是银行拨款或签订贷款合同的最高限额、建设项目的全部拨款或贷款以及各单项工程的拨款或贷款的累计总额，不能超过设计概算。如果项目投资计划所列的投资额与贷款突破设计概算时，必须查明原因，之后由建设单位报请上级主管部门调整或追加设计概算总投资。凡未批准之前，银行对其超支部分不予拨付。

（3）设计概算是控制施工图设计和施工图预算的依据。经批准的设计概算是建设项目投资的最高限额，设计单位必须按照批准的初步设计和总概算进行施工图设计，施工图预算不能突破设计概算。如需修改或调整时，须经原批准部门重新审批。竣工结算不能突破施工图预算，施工图预算不能突破设计概算。

（4）设计概算是衡量设计方案技术经济合理性和选择最佳方案的依据。设计部门在初步设计阶段要选择最佳设计方案，设计概算是从经济角度衡量设计方案经济合理性的重要依据。因此，设计概算是衡量设计方案技术经济合理性和选择最佳设计方案的依据。

（5）设计概算是工程造价管理及编制招标控制价（招标标底）和投标报价的依据。以设计概算进行招投标的工程，招标单位以设计概算作为编制招标控制价（标底）及评标定标的依据。承包单位也必须以设计概算为依据，编制投标报价，以合适的投标报价在投标竞争中取胜。

（6）设计概算是考核建设项目投资效果的依据。通过设计概算和竣工决算对比，可以分析和考核投资效果的好坏，同时还可以验证设计概算的准确性，有助于加强设计概算管理和建设项目的造价管理工作。

二、工程概算编制

（一）编制原则

工程概算的编制应遵循的原则是严格执行国家的建设方针和经济政策的原则；完整、准确地反映设计内容的原则；坚持结合拟建工程的实际，反映工程所在地当时价格水平的原则。

（1）在工程概算正式编制之前，必须制定统一的编制原则和编制依据。主要内容包括编制范围、工程量计算依据、定额（指标）和预规选定、装置性材料价格选用、设备价格获取方式、编制基准期确定、编制基准期价差调整依据、编制基准期价格水平等。

（2）建筑工程费，安装工程费的人工、材料及机械价格以电力行业定额管理机构颁布额（指标）及相关规定为基础，并结合相应的电力行业定额管理机构颁布的价格调整规定计算人工、材料及机械价差。

（3）工程概算的取费计算规定应该与所采用的定额（指标）相匹配。首选电力行业定额（指标）和取费标准，涉及其他行业部分选用相应行业定额（指标）和取费标准，不足部分选用工程所在地的地方定额（指标）和取费标准，以及配套的价格水平调整办法和编制规则。如果选用了电力行业之外的定额（指标）和取费标准，应在编制说明中注明。

（4）定额（指标）的调整及补充。

1）定额（指标）中所规定的技术条件与工程实际情况有较大差异时，可根据工程的技术条件和定额规定调整套用相应定额（指标）。

2）定额（指标）中缺项的，应优先参考使用相似建设工艺的定额（指标）。在无相似或可参考子目时，可根据类似工程工程预算或结算资料编制补充定额（指标）。对无资料可供参考的项目，可按工程的具体技术条件编制补充定额（指标）。

3）补充定额（指标）应符合现行定额编制管理规定，并报电力工程定额（造价）管理部门批准后方可使用。

（5）编制工程概算时，工程量的计算应根据定额（指标）所规定的工程量计算规则，按照设计图纸标示数据计算，如果图纸的设备材料汇总统计表中的数据与图示数据不一致，应以图示数据为准。

（6）编制工程概算时，计算建筑、安装工程量时应包括弯曲和预留量，不包括损耗量。

（7）工程概算应按建筑工程费、安装工程费、设备购置费和其他费用分别进行编制。

1）建筑工程费、安装工程费中，如果由于定额价格水平计算原因，需要单独计算编制基准期价差时，费用的汇总计算顺序是直接费、间接费、利润、编制基准期价差、税金。

2）建筑工程费、安装工程费及相应的设备购置费编入表三（表三甲 表30-51 安装工程概算表；表三乙 表30-50 建筑工程概算表），分别汇入表二（表二甲 表30-47 安装工程专业汇总概算表；表二乙 表30-46 建筑工程专业汇总概算表）。

3）取费可以采用单位工程逐项取费、单位工程综合系数取费方式在表三（表三甲 表30-53 安装工程取费表；表三乙 表30-54 建筑工程取费表）中计列，也可以采取按系统汇总后在表二［表二甲 表30-49 安装工程专业汇总概算表（取费）；表二乙 表30-48 建筑工程专业汇总概算表（取费）］中逐项取费的方式。

4）其他费用编入表四（表30-57 其他费用计算表）。

（8）将表二和表四汇入表一（表30-45 发电工程总概算表），加上基本预备费和特殊项目费用，计取动态费用，加上铺底流动资金，计算出项目计划总资金。

（9）为便于技术经济比较，必须按照工程概算项目划分表中规定的技术经济指标单位计算各项指标。技术经济指标单位为"元/kW"的指标，在计算时，千瓦数应以该系统本期的设计容量为准；单位为"元/kVA"的指标，在计算时，千伏安数应以工作变压器的额定容量为准，不包括备用变压器的容量；单位为"元/m""元/km""元/m²""元/m³""元/t"的指标，其数量应为不含施工损耗的设计用量。

（10）发电机（包括主励磁机）、设备及其安装列入热力系统，其电气性的工作列入电气系统内。发电工程中的备用电源（柴油发电机组设备及安装）列入电气系统内。

（11）防洪、防风沙、水库等工程，如专为本工程设置而与工程项目同时设计和施工的项目，按一般工程对待，分别按性质列入相应的建筑、安装工程内；如为本地区各厂矿公共设施，本工程只是分摊部分费用时，应列入特殊项目费用内。

（12）主厂房按照项目划分列入独立的消防系统。

（13）建设电厂而引起电力系统中有关电站或变电站的通信系统扩建的投资，应随设计范围分界确定。

（二）工程概算的内容组成

（1）工程概算由编制说明、总概算表、专业汇总概算表、工程概算表、其他费用概算表、主要技术经济指标以及相应的附表、附件等组成。

（2）工程概算的编制说明要有针对性，文字描述要具体、确切、简练、规范。其内容一般应包括：

1）工程概况：包括设计依据、本期建设规模、规划容量；造价水平年、静态投资及单位投资，动态总投资及单位投资；资金来源；计划投产日期；外委设计项目名称及设计分工界线；项目地址特点、交通运输状况、主要工艺系统特征、公用系统建设规模；自然地理条件（如地震烈度、地耐力、地形、地质、地下水位等）和对投资有较大影响的情况；主要设备容量、型号、台数等。

2）改、扩建工程应根据工程实际补充项目的建设范围、过渡措施方案及其费用，可利用或需拆除的设备、材料、建（构）筑物等情况。

3）编制原则及依据：编制范围、工程量计算依据、定额（指标）和预规选定、装置性材料价格选用、设备价格获取方式、编制基准期确定、编制基准期价差调整依据、编制基准期价格水平等。

4）工程造价水平分析：与同期电力行业参考造价指标的比较、分析；与近期同类机组投资的比较、分析。

5）工程造价控制情况分析：工程预算总投资应控制在批准的初步设计概算投资范围内，初步设计概算投资应控制在已批准的可行性研究投资估算范围内，如果后一阶段总投资超出前一阶段已批准的总投资时，编制单位应修改设计或重新申报前一阶段的设计及总投资；如果因外部条件变化使得后一阶段总投资超出前一阶段已批准的总投资时，应做具体分析，并重点叙述总投资超出的原因及合理性，报原审批单位批准。

6）其他有关重大问题的说明。

（三）工程概算成品文件包含的内容

工程概算成品文件包含的内容见表 30-1。

表 30-1 工程概算成品文件包含的内容

序号	内容组成名称
1	编制说明
2	工程概况及主要技术经济指标表［表五（表 30-15 燃气工程概况及主要技术经济指标）］
3	总概算表（表一）
4	专业汇总概算表（表二甲、乙）
5	安装、建筑工程概算表（表三甲、乙）
6	其他费用概算表（表四）
7	附件及附表
8	投资分析报告

注 建设预算的附件及附表应完整，包括价差预备费计算表、建设期贷款利息计算表、编制基准期价差计算表等，应有必要的附件或支持性文件；外委设计项目的建设预算表（如铁路、公路、码头等）；特殊项目费用的依据性文件及建设预算表等。

三、设计概算的编制依据及要求

（一）设计概算的编制依据

（1）国家、行业和地方政府有关建设和造价管理的法律、法规、规章、规程、标准等。

（2）相关文件和费用资料，包括：

1）初步设计或扩大初步设计图纸、设计说明书、设备清单和材料表等。其中，土建工程包括建筑总平面图、平面图与立面图、剖面图和初步设计文字说明（注明门窗尺寸、装修标准等），结构平面布置图、构件尺寸及特殊构件的钢筋配置；安装工程包括给排水、采暖通风、电气、动力等专业工程的平面布置图、系统图、文字说明和设备清单等；室外工程包括平面图、总图专业建设场地的地形图和场地设计标高及道路、排水沟、挡土墙、围墙等构筑物的断面尺寸。

2）批准的建设项目设计任务书（或批准的可行性研究报告）和主管部门的有关规定。

3）国家或省、市、自治区现行的建筑设计概算定额（综合预算定额或概算指标），现行的安装设计概算定额（或概算指标），类似工程概预算及技术经济指标。

4）建设工程所在地区的人工工资标准、材料预算价格、施工机械台班预算价格，标准设备和非标准设备价格资料，现行的设备原价及运杂费，各类造价信息和指数。

5）国家或省、市、自治区现行的建筑安装工程间接费定额和有关费用标准。工程所在地区的土地征购、房屋拆迁、青苗补偿等费用和价格资料。

6）资金筹措方式或资金来源。

7) 正常的施工组织设计及常规施工方案。

8) 项目涉及的有关文件、合同、协议等。

（3）施工现场资料。概算编制人员应熟悉设计文件，掌握施工现场情况，充分了解设计意图，掌握工程全貌，明确工程的结构形式和特点。掌握施工组织与技术应用情况，深入施工现场了解建设地点的地形、地貌及作业环境，并加以核实、分析和修正。主要包括的现场资料如下：

1) 建设场地的工程地质、地形地貌等自然条件资料和建设工程所在地区的有关技术经济条件资料。

2) 项目所在地区有关的气候、水文、地质地貌等自然条件。

3) 项目所在地区的经济、人文等社会条件。

4) 项目的技术复杂程度，以及新工艺、新材料、新技术、新结构、专利使用情况等。

5) 建设项目拟定的建设规模、生产能力、工艺流程、设备及技术要求等情况。

6) 项目建设的准备情况，包括"三通一平"（通电通路通水、平整），施工方式的确定，施工用水、用电的供应等诸多因素。

（二）设计概算的编制要求

（1）设计概算应按编制时项目所在地的价格水平编制，总投资应完整地反映编制时建设项目实际投资。

（2）设计概算应结合项目所在地设备和材料市场供应情况、建筑安装施工市场变化，还应按项目合理工期预测建设期价格水平，以及资产租赁和贷款的时间价值等动态因素对投资的影响。

（3）设计概算应考虑建设项目施工条件以及能够承担项目施工的工程公司情况等因素对投资的影响。

四、设计概算的一般特征

（1）设计概算总投资应控制在已核准的可行性研究估算投资范围内。根据工程准备和建设程序需要，"四通一平"（通电通路通水通信、平整）工程、与项目有关的单项工程以及提前开工项目的初步设计概算可先行编审。

（2）编制及送审初步设计概算时，项目法人应提供的资料如下：

1) 主要设备、材料的供货价格及供货范围。

2) 建设场地征用及清理费的费用规定及依据文件或协议。

3) 外委设计项目的正式概算，如铁路、公路、码头、航道、水库等。

4) 项目前期工作的各项费用。

5) 当期购电单价。

6) 设计概算编制中需要提供的其他有关资料。

（3）设计概算应满足以下要求：

1) 设计概算工程量计算准确，价格水平符合工程所在地投资编制基准期市场水平，取费符合电力行业有关规定。

2) 满足选定的生产工艺系统和技术方案的要求。

3) 应满足建设预算成品的内容要求。

（4）概算工程量应与初步设计图纸、说明书及设备、材料清单保持一致。对影响投资较大的项目，各专业设计人员应参照建设条件相当的类似工程的施工图工程量，经分析调整后确定。技术经济专业人员应根据掌握的工程预算或竣工结算资料，对设计人员提供的工程量进行复核，如有疑问，应及时反馈，以提高概算工程量的准确性。

（5）引进单项设备，应根据合同分别计算国外段运杂费、保险费、关税及进口相关费用后，按照国内设备价格计算国内段运杂费等费用。

（6）设备价格依次按合同价格、市场信息价格、编制期限额设计参考造价指标中的价格、编制期同类设备的合同价格编制。

（7）安装工程装置性材料价格按照电力行业定额管理机构颁发的规定计算，并按照编制期限额设计参考造价指标中的价格计算材料价差。

（8）建筑工程材料价格按照定额规定的原则计算，并按照电力行业定额管理机构颁发调整规定及项目所在地定额（造价）管理部门发布的价格信息计算材料价差。

第二节　概算表编制

一、三级概算关系及各自构成

设计概算文件的编制应采用单位工程概算、单项工程综合概算、建设项目总概算三级概算编制形式。当建设项目为一个单项工程时，可采用单位工程概算、总概算两级概算编制形式。

三级概算之间的相互关系和费用构成如图 30-1 所示。

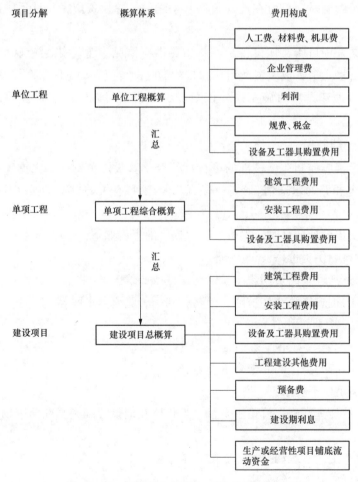

图 30-1　三级概算之间的相互关系和费用构成

（1）单位工程概算。单位工程是指具有独立的设计文件，能够独立组织施工，但不能独立发挥生产能力或使用功能的工程项目，是单项工程的组成部分。单位工程概算是以初步设计文件为依据，按照规定的程序、方法和依据，计算单位工程费用的成果文件，是编制单项工程综合概算（或项目总概算）的依据，是单项工程综合概算的组成部分。单位工程概算按其工程性质可分为建筑工程概算和设备及安装工程概算两大类。建筑工程概算包括土建工程概算，给排水、采暖工程概算，通风、空调工程概算，电气照明工程概算，弱电工程概算，特殊构筑物工程概算等；设备及安装工程概算包括机械设备及安装工程概算、电气设备及安装工程概算、热力设备及安装工程概算、工器具及生产家具购置费概算等。

（2）单项工程概算。单项工程是指在一个建设项目中，具有独立的设计文件，建成后能够独立发挥生产能力或使用功能的工程项目。它是建设项目的组成部分，如生产车间、办公楼、食堂、图书馆、学生宿舍、住宅楼、一个配水厂等。单项工程是一个复杂的综合体，是一个具有独立存在意义的完整工程，如输水工程、净水厂工程、配水工程等。单项工程概算是以初步设计文件为依据，在单位工程概算的基础上汇总单项工程工程费用的成果文件，由单项工程中的各单位工程概算汇总编制而成，是建设项目总概算的组成部分。

单项工程综合概算的组成内容如图30-2所示。

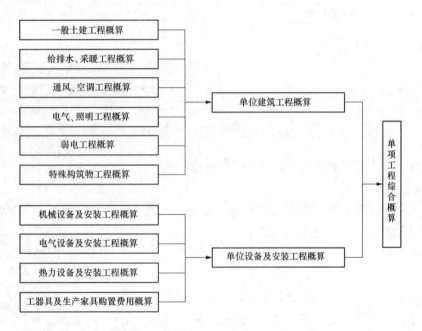

图30-2　单项工程综合概念的组成内容

（3）建设项目总概算。建设项目总概算是以初步设计文件为依据，在单项工程综合概算的基础上计算建设项目概算总投资的成果文件，它是由各单项工程综合概算、工程建设其他费用概算、预备费、建设期利息和铺底流动资金概算汇总编制而成。

若干个单位工程概算汇总后成为单项工程概算，若干个单项工程概算和工程建设其他费用、预备费、建设期利息、铺底流动资金等概算文件汇总后成为建设项目总概算。单项工程概算和建设项目总概算仅是一种归纳、汇总性文件，因此，最基本的计算文件是单位工程概算书。若建设项目为一个独立单项工程，则建设项目总概算书与单项工程综合概算书可合并编制。

建设项目总概算构成如图30-3所示。

二、单位工程概算的编制

单位工程概算应根据单项工程中所属的每个单体按专业分别编制，一般分土建、装饰、采暖通风、给排水、照明、工艺安装、自控仪表、通信、道路、总图竖向等专业或工程分别编制。总体而言，单位工程概算包括单位建筑工程概算和单位设备及安装工程概算两类。其中，建筑工程概算的编制方法有概算定额法、概算指标法、类似工程预算法等；设备及安装工程概算的编制方法有概算定额法、概

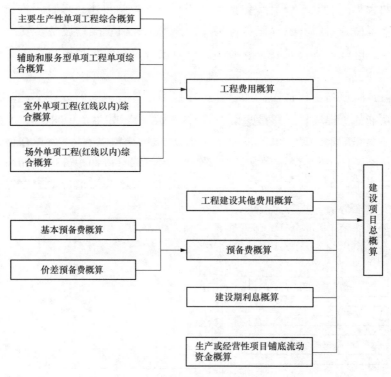

图 30-3 建设项目总概算构成

算指标法、扩大单价法、设备价值百分比法和综合吨位指标法等。

1. 概算定额法

概算定额法又称扩大单价法或扩大结构定额法，是套用概算定额编制建筑工程概算的方法。运用概算定额法，要求初步设计必须达到一定深度，建筑结构尺寸比较明确，能按照初步设计的平面图、立面图、剖面图纸计算出楼地面、墙身、门窗和屋面等扩大分项工程（或扩大结构构件）项目的工程量时，方可采用。

建筑工程概算表的编制，按构成单位工程的主要分部分项工程编制，根据初步设计工程量按工程所在省、市、自治区颁发的概算定额（指标）或行业概算定额（指标），以及工程费用定额计算。概算定额法编制设计概算的步骤如下：

（1）搜集基础资料、熟悉设计图纸和了解有关施工条件和施工方法。

（2）按照概算定额分部分项顺序，列出单位工程中分项工程或扩大分项工程项目名称并计算工程量。工程量计算应按概算定额中规定的工程量计算规则进行，计算时采用的原始数据必须以初步设计图纸所标识的尺寸或初步设计图纸能读出的尺寸为准，并将计算所得各分项工程量按概算定额编号顺序，填入工程概算表内。

（3）确定各分部分项工程项目的概算定额单价。工程量计算完毕后，逐项套用相应概算定额单价和人工、材料消耗指标。然后分别将其填入工程概算表和工料分析表中。如遇设计图中的分项工程项目名称、内容与采用的概算定额手册中相应的项目有某些不相符时，则按规定对定额进行换算后方可套用。

有些地区根据地区人工工资、物价水平和概算定额编制与概算定额配合使用的扩大单位估价表，该表确定了概算定额中各扩大分项工程或扩大结构构件所需的全部人工费、材料费、施工机具使用费之和，即概算定额单价。在采用概算定额法编制概算时，可以将计算出的扩大分部分项工程的工程量，乘以扩大单位估价表中的概算定额单价进行人工费、材料费、机具费的计算。

（4）计算单位工程人工费、材料费、机具费。将已算出的各分部分项工程项目的工程量及在概算定额中已查出的相应定额单价和单位人工、主要材料消耗指标分别相乘，即可得出各分项工程的人、材、机费和人工、主要材料消耗量。再汇总各分项工程的人、材、机费及人工、主要材料消耗量，即可得到该单位工程的人、材、机费和工料总消耗量。如果规定有地区的人工、材料价差调整指标，计算人、材、机费时，按规定的调整系数或其他调整方法进行调整计算。

（5）计算措施费、规费、企业管理费、利润和税金。根据人、材、机费，结合其他各项取费标准，分别计算措施费、规费、企业管理费、利润和税金。具体费（税）基及费（税）基率按建设预算编制与计算规定中的要求计量、计价。

（6）计算单位工程概算造价。

单位工程概算造价＝直接工程费＋措施费＋规费＋企业管理费＋利润＋编制基准期价差＋税金

（7）编写概算编制说明。单位建筑工程概算按照规定的表格形式进行编制，具体格式参见表30-2。

表30-2　　　　　　　　　　单位建筑工程概算表（表三乙形式）

单位工程概算编号：工程名称（单位工程）：共　　页 第　　页

序号	编制依据	项目名称及规范	单位	数量	单价			合价		
					设备费	建筑费	其中：人工费	设备费	建筑费	其中：人工费
		建筑工程								
一		主辅生产工程								
（一）		热力系统								
1		主厂房本体及设备基础								
1.1		基础工程								
	××									
二		×××工程								
二		×××工程								
1	××	×××××								
		小计								
一		直接费								
1		直接工程费								
1.1		人工费								
1.2		材料费								
1.3		施工机械使用费								
2		措施费								
2.1		冬雨季施工增加费								
2.2		夜间施工增加费								
2.3		施工工具用具使用费								
2.4		大型施工机械安拆与轨道铺拆费								
2.6		临时设施费								
2.7		施工机构迁移费								
2.8		安全文明施工费								

续表

序号	编制依据	项目名称及规范	单位	数量	单价			合价		
					设备费	建筑费	其中：人工费	设备费	建筑费	其中：人工费
二		间接费								
	1	规费								
	1.1	社会保险费								
	1.2	住房公积金								
	1.3	危险作业意外伤害保险费								
	2	企业管理费								
三		利润								
四		编年差								
		人工价差								
		材料价差								
		机械价差								
五		税金								
六		合计								
		单位工程概算费用合计								

注 1. 在编制依据栏应注明采用的定额或指标编号，调整使用的应注明调整系数，参照使用的应注明"参＋编号"；采用其他资料时应注明"参××工程"，"补"或"估"字样。

2. 给排水、暖气、通风、空调、照明、消防等项目中的设备购置费列入设备栏中。

3. 单价栏中的数据应保留两位小数，合价栏中的数据只保留整数，有小数时四舍五入。

单位安装工程概算按照规定的表格形式进行编制，具体格式参见表 30-3。

表 30-3　　　　　　　　　　　　单位安装工程概算表（表三甲形式）

单位工程概算编号：　　　工程名称（单位工程）：　　共　页　第　页

序号	编制依据	项目名称	单位	数量	单重	总重	单价				合价			
							设备费	装置性材料	安装费	其中工资	设备费	装置性材料	安装费	其中工资

注 1. 在编制依据栏应注明采用的定额或指标编号，调整使用的应注明调整系数，参照使用的应注明"参＋编号"；采用其他资料时应注明"参××工程"，"补"或"估"字样。

2. 单价栏中的数据应保留两位小数，合价栏中的数据只保留整数，有小数时四舍五入。

2. 概算指标法

概算指标法是用拟建的厂房、住宅的建筑面积（或体积）乘以技术条件相同或基本相同的概算指标得出人、材、机费，然后按规定计算出企业管理费、利润、规费和税金等，得出单位工程概算的方法。

（1）概算指标法适用的情况包括：

1）在方案设计中，由于设计无详图而只有概念性设计时，或初步设计深度不够，不能准确地计算出工程量，但工程设计采用的技术比较成熟时可以选定与该工程相似类型的概算指标编制概算。

2）设计方案急需造价估算而又有类似工程概算指标可以利用的情况。

3）图样设计间隔很久后再来实施，概算造价不适用于当前情况而又急需确定造价的情形下，可按当前概算指标来修正原有概算造价。

4）通用设计图设计可组织编制通用图设计概算指标来确定造价。

（2）拟建工程结构特征与概算指标相同时的计算。在使用概算指标法时，如果拟建工程在建设地点、结构特征、地质及自然条件、建筑面积等方面与概算指标相同或相近，就可直接套用概算指标编制概算。在直接套用概算指标时，拟建工程应符合以下条件：

1）拟建工程的建设地点与概算指标中的工程建设地点相同。

2）拟建工程的工程特征和结构特征与概算指标中的工程特征、结构特征基本相同。

3）拟建工程的建筑面积与概算指标中工程的建筑面积相差不大。

（3）根据选用的概算指标内容，可选用两种套算方法：

1）以指标中所规定的工程每平方米、立方米的造价指标，乘以拟建单位工程建筑面积或体积，得出单位工程的人、材、机费，再行计算其他费用，即可求出单位工程的概算造价。

2）以概算指标中规定的每 $100m^2$ 建筑物面积（或 m^3）所耗人工工日数、主要材料数量为依据，首先计算拟建工程人工、主要材料消耗量，再计算人、材、机费，并取费。在概算指标中，一般规定了 $100m^2$ 建筑物面积（或 m^3）所耗工日数、主要材料数量，通过套用拟建地区当时的人工费单价和主材预算单价，便可得到每 $100m^2$（或 m^3）建筑物的人工费和主材费而无须再作价差调整。

根据人、材、机费，结合其他各项取费方法，分别计算企业管理费、利润、规费和税金。得到 $1m^2$ 建筑面积的概算单价，乘以拟建单位工程的建筑面积，即可得到单位工程概算造价。

（4）拟建工程结构特征与概算指标有局部差异时的调整。在实际工作中，经常会遇到拟建对象的结构特征与概算指标中规定的结构特征有局部不同的情况，因此，必须对概算指标进行调整后方可套用。调整方法如下：

1）调整概算指标中的 $1m^2$（m^3）造价。这种调整方法是将原概算指标中的单位造价进行调整，扣除 $1m^2$（m^3）原概算指标中与拟建工程结构不同部分的造价，增加 $1m^2$（m^3）拟建工程与概算指标结构不同部分的造价，使其成为与拟建工程结构相同的工料单价。计算公式如下：

$$结构变化修正概算指标（元/m^2）=J+Q_1P_1-Q_2P_2$$

式中　　J——原概算指标；

　　Q_1——概算指标中换入结构的工程量；

　　Q_2——概算指标中换出结构的工程量；

　　P_1——换入结构的工料单价；

　　P_2——换出结构的工料单价。

则拟建工程造价为

$$人、材、机费=修正后的概算指标×拟建工程建筑面积（体积）$$

求出人、材、机费后，再按照规定的取费方法计算其他费用，最终得到单位工程概算价值。

2）调整概算指标中的工、料、机数量。这种方法是将原概算指标中 $100m^2$（m^3）建筑面积（体积）中的工、料、机数量进行调整，扣除原概算指标中与拟建工程结构不同部分的工、料、机消耗量，增加拟建工程与概算指标结构不同部分的工、料、机消耗量，使其成为与拟建工程结构相同的每100m²（m³）建筑面积（体积）工、料、机数量。计算公式为

结构变化修正概算指标的工、料、机数量＝原概算指标的工、料、机数量＋换入结构件工程量×相应定额工、料、机消耗量－换出结构件工程量×相应定额工、料、机消耗量

以上两种方法，1）调整概算指标中的每 m²（m³）造价是直接修正概算指标单价的，2）调整概算指标中的工、料、机数量是修正概算指标工、料、机数量的。根据拟建工程的实际情况，选择适合该工程调整概算的一种方式进行修正，计算出拟建工程的造价。

3. 类似工程预算法

类似工程预算法是利用技术条件与设计对象相类似的已完工程或在建工程的工程造价资料来编制拟建工程设计概算的方法。

当拟建工程初步设计与已完工程或在建工程的设计相类似而又没有可用的概算指标时可以采用类似工程预算法。

(1) 类似工程预算法的编制步骤如下：

1）根据设计对象的各种特征参数，选择最合适的类似工程预算。

2）根据本地区现行的各种价格和费用标准计算类似工程预算的人工费、材料费、施工机具费、企业管理费修正系数。

3）根据类似工程预算修正系数和人工费、材料费、施工机具费、企业管理费四项费用占预算成本的比重，计算预算成本总修正系数，并计算出修正后的类似工程平方米预算成本。

4）根据类似工程修正后的平方米预算成本和编制概算地区的利税率计算修正后的类似工程平方米造价。

5）根据拟建工程的建筑面积和修正后的类似工程平方米造价，计算拟建工程概算造价。

6）编制概算编写说明。

(2) 类似工程预算法对条件有所要求，也就是可比性，即拟建工程项目在建筑面积、结构构造特征要与已建工程基本一致，如层数相同、面积相似、结构相似、工程地点相似等，采用此方法时必须对建筑结构差异和价差进行调整。

1）建筑结构差异的调整。结构差异调整方法与概算指标法的调整方法相同。即先确定有差别的部分，再分别按每一项目算出结构构件的工程量和单位价格（按编制概算工程所在地区的单价），然后以类似工程中相应（有差别）的结构构件的工程数量和单价为基础，算出总差价。将类似预算的人、材、机费总额减去（或加上）这部分差价，就得到结构差异换算后的人、材、机费，再行取费得到结构差异换算后的造价。

2）价差调整。类似工程造价的价差调整可以采用两种方法。

a. 当类似工程造价资料有具体的人工、材料、机械台班的用量时，可按类似工程预算造价资料中的主要材料、工日、机械台班数量乘以拟建工程所在地的主要材料预算价格、人工单价、机械台班单价，计算出人、材、机费，再计算措施费、间接费、利润和税金，即可得出所需的造价指标。

b. 类似工程造价资料只有人工、材料、施工机具使用费和企业管理费等费用或费率时，可按下面公式调整，即

$$D = AK \tag{30-1}$$

$$K = a\%K_1 + b\%K_2 + c\%K_3 + d\%K_4$$

式中　　　　　　D——拟建工程成本单价；

　　　　　　　　A——类似工程成本单价；

　　　　　　　　K——成本单价综合调整系数；

$a\%$、$b\%$、$c\%$、$d\%$——类似工程预算的人工费、材料费、施工机具使用费、企业管理费占预算成本的比重，如 $a\%$＝类似工程人工费/类似工程预算成本×100%，$b\%$、$c\%$、$d\%$类同；

K_1、K_2、K_3、K_4——拟建工程地区与类似工程预算造价在人工费、材料费、施工机具使用费、企业管理费之间的差异系数，如 K_1＝拟建工程概算的人工费（或工资标准）/类似工程预算人工费（或地区工资标准），k_2、k_3、k_4类同。

以上综合调价系数是以类似工程中各成本构成项目占总成本的百分比为权重，按照加权的方式计算的成本单价的调价系数。根据类似工程预算提供的资料，也可按照同样的计算思路计算出人、材、机费综合调整系数，通过系数调整类似工程的工料单价，再行计算其他剩余费用构成内容，也可得出所需的造价指标。总之，以上方法可灵活应用。

4. 单位设备及安装工程概算编制方法

单位设备及安装工程概算包括单位设备及工器具购置费概算和单位设备安装工程费概算两大部分。

（1）设备及工器具购置费概算。设备及工器具购置费是根据初步设计的设备清单计算出设备原价，并汇总求出设备总原价，然后按有关规定的设备运杂费率乘以设备总原价，两项相加再考虑工器具及生产家具购置费即为设备及工器具购置费概算。设备及工器具购置费概算的编制依据包括设备清单、工艺流程图；各部门和各省、市、自治区规定的现行设备价格和运费标准、费用标准。

（2）设备安装工程费概算的编制方法。设备安装工程费概算的编制方法应根据初步设计深度和要求所明确的程度而采用，其主要编制方法有：

1）预算单价法。当初步设计较深，有详细的设备清单时，可直接按安装工程预算定额单价编制安装工程概算，概算编制程序与安装工程施工图预算程序基本相同。该法的优点是计算比较具体，精确性较高。

2）扩大单价法。当初步设计深度不够，设备清单不完备，只有主体设备或仅有成套设备重量时，可采用主体设备、成套设备的综合扩大安装单价来编制概算。

上述两种方法的具体编制步骤与建筑工程概算相类似。

3）设备价值百分比法，又称安装设备百分比法。当初步设计深度不够，只有设备出厂价而无详细规格、重量时，安装费可按占设备费的百分比计算。其百分比值（即安装费率）由相关管理部门制定或由设计单位根据已完类似工程确定。该法常用于价格波动不大的定型产品和通用设备产品，其计算公式为

$$设备安装费＝设备原价×安装费率（\%） \tag{30-2}$$

4）综合吨位指标法。当初步设计提供的设备清单有规格和设备重量时，可采用综合吨位指标编制概算，其综合吨位指标由相关主管部门或由设计单位根据已完类似工程的资料确定。该法常用于设备价格波动较大的非标准设备和引进设备的安装工程概算，其计算公式为

$$设备安装费＝设备吨重×每吨设备安装费指标（元/吨） \tag{30-3}$$

单位设备及安装工程概算要按照规定的表格格式进行编制，表格格式如表 30-4 所示。

表 30-4　　　　　　　　**单位设备及安装工程概算表（表三甲格式）**　　　　　　　　单位：元

单位工程概算编号：工程名称（单位工程）：　　共　页　第　页

序号	编制依据	项目名称	单位	数量	单重	总重	单价				合价			
							设备费	装置性材料	安装费	其中工资	设备费	装置性材料	安装费	其中工资
一		设备安装												
1	××	×××××												

序号	编制依据	项目名称	单位	数量	单重	总重	单价				合价			
							设备费	装置性材料	安装费	其中工资	设备费	装置性材料	安装费	其中工资
2	××	×××××												
二		管道安装												
1	××	××××××												
三		防腐保温												
1	××	×××××												
1	××	×××××												
		小计												
一		直接费												
1		直接工程费												
1.1		定额直接费												
1.1.1		人工费												
1.1.2		材料费												
1.1.3		施工机械使用费												
1.2		装置性材料费												
1.2.1		甲供装置性材料费												
2		措施费												
2.1		冬雨季施工增加费												
2.2		夜间施工增加费												
2.3		施工工具用具使用费												
2.4		特殊工程技术培训费												
2.5		大型施工机械安拆与轨道铺拆费												
2.7		临时设施费												
2.8		施工机构迁移费												
2.9		安全文明施工费												
二		间接费												
1		规费												
1.1		社会保险费												
1.2		住房公积金												
1.3		危险作业意外伤害保险费												
2		企业管理费												
3		施工企业配合调试费												
三		利润												
四		编年差												
		人工价差												

续表

序号	编制依据	项目名称	单位	数量	单重	总重	单价				合价			
							设备费	装置性材料	安装费	其中工资	设备费	装置性材料	安装费	其中工资
		材料价差												
		机械价差												
五		税金												
六		安装费												
七		合计												

注：1. 在编制依据栏应注明采用的定额或指标编号，调整使用的应注明调整系数，参照使用的应注明"参＋编号"；采用其他资料时应注明"参××工程""补"或"估"字样。

2. 单价栏中的数据应保留两位小数，合价栏中的数据只保留整数，有小数时四舍五入。

编制人：　　　　　　　　　　　　　　　　　　　　审核人：

三、单项工程综合概算的编制

单项工程综合概算是确定单项工程建设费用的综合性文件，它是由该单项工程的各专业单位工程概算汇总而成的，是建设项目总概算的组成部分。

单项工程综合概算文件一般包括编制说明（不编制总概算时列入）、综合概算表（含其所附的单位工程概算表和建筑材料表）两大部分。当建设项目只有一个单项工程时，此时综合概算文件（实为总概算）除包括上述两大部分外，还应包括工程建设其他费用、建设期利息、预备费的概算。

1. 编制说明

编制说明应列在综合概算表的前面，其内容包括：

（1）工程概况。简述建设项目性质、特点、生产规模、建设周期、建设地点、主要工程量、工艺设备等情况。引进项目要说明引进内容以及与国内配套工程等主要情况。

（2）编制依据。包括国家和有关部门的规定、设计文件、现行概算定额或概算指标、设备材料的预算价格和费用指标等。

（3）编制方法。说明设计概算是采用概算定额法还是采用概算指标法或其他方法。

（4）主要设备、材料的数量。

（5）主要技术经济指标。主要包括项目概算总投资（有引进的项目要给出所需外汇额度）及主要分项投资、主要技术经济指标（主要单位投资指标）等。

（6）工程费用计算表。主要包括建筑工程费用计算表、工艺安装工程费用计算表、配套工程费用计算表、其他涉及工程的工程费用计算表。

（7）引进设备材料有关费率取定及依据。主要是关于国外运输费、国外运输保险费、关税、增值税、国内运杂费、其他有关税费等。

（8）引进设备材料从属费用计算表。

（9）其他必要的说明。

2. 综合概算表

综合概算表根据单项工程所辖范围内的各单位工程概算等基础资料，按照国家或部委所规定统一表格进行编制。对于工业建筑而言,其概算包括建筑工程和设备及安装工程;对于民用建筑而言,其概算包括一般土木工程、给排水、采暖通风及电气照明工程等。

综合概算的一般应包括建筑工程费用、安装工程费用、设备及工器具购置费。当不编制总概算时,还应包括工程建设其他费用、建设期利息、预备费等费用项目。

综合概算表是根据单项工程所辖范围内的各单位工程概算等基础资料,按照国家或部委所规定统一表格进行编制。单项工程综合概算表如表 30-5 所示。

表 30-5   单项工程综合概算表

建设项目名称: 单项工程名称: 单位:万元 共 页 第 页

序号	概算编号	工程项目和费用名称	概算价值								其中:引进部分	
			设计规模和主要工程量	建筑工程	安装工程	设备购置	工器具及生产家具购置	其他	总价		美元	折合人民币
一		主要工程										
1	×	×××××										
2	×	×××××										
二		辅助工程										
1	×	×××××										
2	×	×××××—										
一		配套工程										
1	×	×××××										
2	×	×××××										
		单项工程概算费用合计										

四、建设项目总概算的编制

建设项目总概算是设计文件的重要组成部分,是预计整个建设项目从筹建到竣工交付使用所花费的全部费用的文件。它是由各单项工程综合概算、工程建设其他费用、建设期利息、预备费和经营性项目的铺底流动资金概算所组成,按照主管部门规定的统一表格进行编制而成的。

设计总概算文件应包括编制说明、总概算表、各单项工程综合概算书、工程建设其他费用概算表、主要建筑安装材料汇总表。独立装订成册的总概算文件宜加封面、签署页(扉页)和目录。

(1)封面、签署页及目录。

(2)编制说明。编制说明的内容与单项工程综合概算文件相同。

(3)总概算表。

(4)工程建设其他费用概算表。工程建设其他费用概算按国家或地区或部委所规定的项目和标准确定,并按统一格式编制。

应按具体发生的工程建设其他费用项目填写工程建设其他费用概算表,需要说明和具体计算的费用项目依次相应在说明及计算式栏内填写或具体计算。填写时注意以下事项:

1)土地征用及拆迁补偿费应填写土地补偿单价、数量和安置补助费标准、数量等,列式计算所需费用,填入金额栏。

2)建设项目管理费包括建设单位(业主)管理费,工程质量监督费、工程监理费等,按有关预规或定额列式计算。

3)研究试验费应根据设计需要进行研究试验的项目分别填写项目名称及金额或列式计算或进行说明。

4)单项工程综合概算表和建筑安装单位工程概算表。包括主要建筑安装材料汇总表。针对每一个单项工程列出钢筋、型钢、水泥、木材等主要建筑安装材料的消耗量。

第三节 燃气轮机工程建设概算的表格形式

初步设计概算是指以初步设计文件为依据，按照建设预算编制办法及概算定额等计价依据，对建设项目总投资及其构成进行的预测和计算，形成的技术经济文件为初步设计概算书。

初步设计概算书应编制的表格及宜采用的编排秩序：表一甲——发电工程总概算表；表五甲——发电工程概况及主要技术经济指标；表二甲——安装工程专业汇总表；表二乙——建筑工程专业汇总表；表三甲——安装工程概算表；表三乙——建筑工程概算表；表四——其他费用计算表；安装工程人工、材料、机械价差计算表；建筑工程人工、材料、机械价差计算表；涨价预备费计算表（需要时）。

概算表一甲～表五甲的格式均应按"预算标准"规定的格式编制，分别为：

（1）发电工程总概算表填写的项目名称必须符合"预算标准"的规定，每项费用的数值必须由表二、表四及各类价差计算表等对应位置转接至表一甲。表一甲的名称前注明工程名称。表一甲的技术经济指标必须填写完整。

（2）安装（建筑）工程专业汇总表表二按专业编制，表的名称前注明专业名称。表二除建筑的"主厂房本体"应填写至分项工程外，其余项目一律填写至单位工程。单位工程的名称及编排秩序必须符合"预算标准"的规定。安装、建筑每项费用的数值应由表三对应位置转接至表二。建筑工程中的上下水道、采暖、通风、空调、照明、消防等项目按建筑工程费、设备购置费分别汇总至表二乙，以表二乙合计数汇入表一甲的建筑工程费中。技术经济指标按"预算标准"的规定填写。

（3）安装（建筑）工程概算表安装（建筑）工程概算表（表三甲、表三乙）为概算文件的基本核算表。每一项单位工程应包括直接费、间接费、利润和税金。取费计算可以采用单位工程逐项取费、单位工程综合费率取费或单位工程表二逐项取费等方式。采用综合费率取费时，必须附综合费率构成表。"安装（建筑）工程概算表"的编号、项目名称按"预算标准"的统一规定。"预算标准"中没有的项目，可自行补充，补充的名称应与设计名称相同。编制"安装（建筑）工程概算表"时，应将所采用的定额、材料价格的编号，在"编制依据"栏内注明，采用其他资料也应注明"参×工程""补""估"或相应字样。编制表三甲时"项目名称"栏要填写工程所用设备、材料的名称及规范，而不是定额、价格的名称及规范；编制表三乙时，"项目名称"栏要填写工程项目、工序的名称及技术要求，而不是定额、价格的名称及技术要求。"安装（建筑）工程概算表"的单价栏可以有两位小数，合价不留小数，有小数时四舍五入。

（4）其他费用计算表各项费用必须写明编制和计算依据、必要的计算方法和说明。表四的"工程或费用项目名称"以及编排秩序必须符合"预算标准"的规定。凡"预算标准"中没有的项目需列入时，必须说明其列入依据。

一、总概（估）算表

总概（估）算表见表 30-6。

表 30-6   总预（概、估）算表   万元

机组容量：

序号	工程或费用名称	建筑工程费	设备购置费	安装工程费	其他费用	合计	各项占静态投资（%）	单位投资（元/kW）
一	主辅生产工程							
（一）	热力系统							
（二）	燃料供应系统							
（三）	水处理系统							

序号	工程或费用名称	建筑工程费	设备购置费	安装工程费	其他费用	合计	各项占静态投资（%）	单位投资（元/kW）
（四）	供水系统							
（五）	电气系统							
（六）	热工控制系统							
（七）	脱硝工程							
（八）	附属生产工程							
二	与厂址有关的单项工程							
（一）	交通运输工程							
（二）	防浪堤、填海、护岸工程							
（三）	水质净化工程							
（四）	补给水工程							
（五）	地基处理工程							
（六）	厂区、施工区土石方工程							
（七）	临时工程							
三	编制基准期价差							
四	其他费用							
（一）	建设场地征用及清理费							
（二）	项目建设管理费							
（三）	项目建设技术服务费							
（四）	整套启动试运费							
（五）	生产准备费							
（六）	大件运输措施费							
五	基本预备费							
六	特殊项目费用							
	工程静态投资							
	各项占静态投资（%）							
	各项静态单位投资（元/kW）							
七	动态费用							
（一）	价差预备费							
（二）	建设期贷款利息							
	项目建设总费用（动态投资）							
	其中：生产期可抵扣的增值税							
	各项占动态投资%							
	各项动态单位投资元/kW							
八	铺底流动资金							
	项目计划总资金							

注 如编制基准期价差已经在各单位工程中计算时，本表中"编制基准期价差"可汇总计列，但不得重复计算。

二、专业概（估）算汇总表

安装工程专区汇总概（预）算见表30-7。

表 30-7 安装工程专业汇总概（预）算表 元

序号	工程项目名称	设备购置费	安装工程费				合计	技术经济指标		
			装置性材料费	安装费	其中人工费	小计		单位	数量	指标

注 1. 按单位工程从表三汇入。

2. 技术经济指标按项目划分表中的技术经济指标单位填写。

建筑工程专业汇总预（概、估）算表见表 30-8。

表 30-8 建筑工程专业汇总预（概、估）算表 元

序号	工程项目名称	设备费	建筑费		建筑工程费合计	技术经济指标		
			金额	其中人工费		单位	数量	指标

注 1. 按单位工程从表三汇入。建筑工程中给排水、暖气、通风、空调、照明、消防等项目按建筑费、设备费汇总计入表二，再以建筑工程费（建筑费＋设备费）合计数汇入表一。

2. 技术经济指标按项目划分表中的技术经济指标单位填写。

三、单位工程概算表

安装工程预（概、估）算表见表 30-9，建筑工程预（概、估）算表见表 30-10。

表 30-9 安装工程预（概、估）算表 元

序号	编制依据	项目名称	单位	数量	单重	总重	单价				合价			
							设备费	装置性材料	安装费	其中工资	设备费	装置性材料	安装费	其中工资

序号	编制依据	项目名称	单位	数量	单重	总重	单价				合价			
							设备费	装置性材料	安装费	其中工资	设备费	装置性材料	安装费	其中工资

注　1. 在编制依据栏应注明采用的定额或指标编号，调整使用的应注明调整系数，参照使用的应注明"参＋编号"；采用其他资料时应注明"参××工程""补"或"估"字样。

　　2. 单价栏中的数据应保留两位小数，合价栏中的数据只保留整数，有小数时四舍五入。

表 30-10　　　　　　　　　　　　　　**建筑工程预（概、估）算表**　　　　　　　　　　　　　　元

序号	编制依据	项目名称	单位	数量	设备单价	建筑费单价		设备合价	建筑费合价	
						金额	其中工资		金额	其中工资

注　1. 在编制依据栏应注明采用的定额或指标编号，调整使用的应注明调整系数，参照使用的应注明"参＋编号"；采用其他资料时应注明"参××工程""补"或"估"字样。

　　2. 给排水、暖气、通风、空调、照明、消防等项目中的设备购置费列入设备栏中。

　　3. 单价栏中的数据应保留两位小数，合价栏中的数据只保留整数，有小数时四舍五入。

四、其他工程和费用概（估）算表

其他费用预（概、估）算表见表 30-11。

表 30-11　　　　　　　　　　　　　**其他费用预（概、估）算表**　　　　　　　　　　　　　元

序号	工程或费用项目名称	编制依据及计算说明	合价
1	建设场地征用及清理费		
1.1	土地征用费		
1.2	施工场地租用费		
1.3	迁移补偿费		
1.4	余物清理费		
2	项目建设管理费		
2.1	项目法人管理费		
2.2	招标费		
2.3	工程监理费		
2.4	设计材料建造费		
2.5	工程结算审核费		

续表

序号	工程或费用项目名称	编制依据及计算说明	合价
2.6	工程保险费		
3	项目建设技术服务费		
3.1	项目前期工作费		
3.2	知识产权转让与研究实验费		
3.3	设备成套技术服务费		
3.4	勘察设计费		
	勘察费		
	设计费		
3.5	设计文件评审费		
	可行性研究设计文件评审费		
	初步设计文件评审费		
	施工图文件评审费		
3.6	项目后评价费		
3.7	工程建设检测费		
	电力工程质量检测费		
	特种设备安全监测费		
	环境监测验收费		
	水土保持项目验收及补偿费		
	桩基检测费		
3.8	电力工程技术经济标准编制管理费		
4	整套启动调试费		
4.1	脱硝装置		
	氨液（尿素）材料费		
	其他材料费		
4.2	燃气-蒸汽联合循环电厂		
	燃料费		
	其他材料费		
	厂用电费		
	售出电费		
	售出蒸汽费		
5	生产准备费		
	管理车辆购置费		
	工器具及办公家具购置费		
	生产职工培训及提前进厂费		
6	大件运输措施费		

五、燃气工程概况及主要技术经济指标

燃气工程概况及主要技术经济指标见表 30-12。

表 30-12　　　　　　　　　　　　　燃气工程概况及主要技术经济指标

本期容量		MW	规划容量		MW	
厂区自然条件及主厂房特征						
场地土类别		地震烈度	度	地下水位		m
布置方式		主机布置		框架结构		
汽机房跨度	m	汽机房柱距	m	设备露天程度		
主要工艺系统简况						
燃气轮发电机组系统			余热锅炉系统			
蒸汽轮发电机系统			燃气（油）供应系统			
主蒸汽系统			电气主接线			
化学水系统			供水系统			
附属系统			脱硝系统			
与厂址有关的单项工程						
主要技术经济指标						
静态投资		万元	单位投资		元/kW	
厂区占地		hm²	厂区利用系数		%	
主厂房体积		m³	主厂房指标		m³/kW	
标准气（油）耗（标准状态）		m³（t）/h	厂用电率		%	
发电成本		元/kWh	电厂定员		人	

第四节　燃气轮机电厂费用构成及计算标准

按照国务院有关规范税制、实现结构性减税的总体战略部署，根据财政部、住房城乡建设部及国家税务总局的相关要求，为保证营业税改征增值税在电力工程计价中的顺利实施，电力工程造价与定额管理总站编制了电力工程计价依据营业税改征增值税估价表，并下发《关于发布电力工程计价依据营业税改征增值税估价表的通知》（定额〔2016〕45 号），自 2017 年 1 月 1 日起生效〔原来《关于发布电力工程计价依据适应营业税改征增值税调整过渡实施方案的通知》（定额〔2016〕9 号停止使用）〕。

根据定额〔2016〕45 号的要求，营改增后电力工程发承包及实施阶段的计价活动，适用一般计税方法计税的电力工程执行"价税分离"的计价规则，按照 2013 年版电力建设工程定额估价表进行工程计价；适用简易计税方法计税的电力工程参照原合同价或营改增前的计价依据执行，并执行财税部门的相关规定。

一、适用一般计税方法计税的电力工程各项费用组成

（1）工程造价（建筑安装工程费）＝税前工程造价×（1＋11%）。其中，11% 为建筑业增值税税率，税前工程造价为人工费、材料费、施工机械使用费、措施费、规费、企业管理费和利润等费用之和，各费用项目均以不包含增值税可抵扣进项税额的价格计算。

（2）建筑安装工程费中的税金是指按照国家税法规定应计入建筑安装工程造价内的增值税销项税额。

$$税金＝税前造价（不含进项税）×增值税税率（11\%）\qquad (30\text{-}4)$$

（3）营改增后各套电力工程计价依据的建筑安装工程费用的组成内容除本通知另有规定外，均与原各套概预算定额配套使用的《火力发电工程建设预算编制与计算规定》（简称预规）中规定的内容一致。

（4）企业管理费除包括原组成内容外，本次新增城市维护建设税、教育费附加、地方教育费附加，以及营改增后增加的管理费等。

二、适用一般计税方法计税的电力工程计价规定

（1）本套估价表基于"价税分离"的原则进行编制，即在不改变现行计价依据体系、适用范围及其作用的前提下，分别对定额基价和建筑安装工程各项取费费率进行调整。

1）扣除定额基价中材料费与施工机械使用费的进项税额，给出除税后定额基价，详见各册估价表的定额价目表。

2）扣除建筑安装工程各取费项目所包含的进项税额，给出增值税下各取费项目的费率，详见各册估价表的附录。

（2）《电力建设工程装置性材料预算价格》《电力建设工程装置性材料综合预算价格》（不含税版）中的价格为除税后的价格。

（3）可研估算和初设概算阶段，材料和建筑设备（给排水、暖气、通风、空调、照明、消防等设备）一般按照乙供计算，所有材料和建筑设备均按除税价格计取。若需区分材料和建筑设备供给方式，则单独将甲供材料和甲供建筑设备的含税价格汇总计入建筑安装工程费，但甲供材料的除税价格仍是建筑安装工程各项费用的取费基数，不作为税金的取费基数。

可研估算和初设概算阶段，工艺设备（即安装设备）一般按照甲供计算，将设备含税价格计入设备购置费。若需区分工艺设备供给方式，则将乙供工艺设备除税价格汇入建筑安装工程税前造价，作为税金的取费基数；将甲供工艺设备的含税价格计入设备购置费。

（4）编制基准期价差。

1）价差是建筑安装工程费的组成部分，凡以建筑安装工程费为取费基数的费用项目，计取时应将价差作为其计费的基数。

2）材料和施工机械进行价差调整时均应按除税价格计算，甲供材料除外。现行各套定额调整办法和调整系数，均按照扣除进项税处理，以电力工程造价与定额管理总站发布的相关文件为准。

3）2013版《电力建设工程定额》中建筑工程的材料价差根据不同材料除税定额单价（详见相应估价表的附录）与实际除税单价计算；建筑工程的施工机械除税定额单价已在相应估价表的附录中给出。

（5）营改增后，凡以建筑安装工程费作为取费基数的其他费用及基本预备费等费用项目，取费标准暂不做调整。

三、建设预算费用构成及计算规定

（一）项目计划总资金

项目计划总资金是项目法人单位为工程项目的建设和运营所需筹集的总资金，由项目建设总费用和铺底流动资金构成。项目建设总费用由建筑工程费、安装工程费、设备购置费、其他费用、基本预备费和动态费用构成。

计算公式为

$$项目计划总资金＝项目建设总费用＋铺底流动资金 \qquad (30-5)$$

项目计划总资金具体构成见图30-4。

（二）铺底流动资金

铺底流动资金是指建设项目投产初期所需，为保证项目建成后进行试运转和初期正常生产运行所

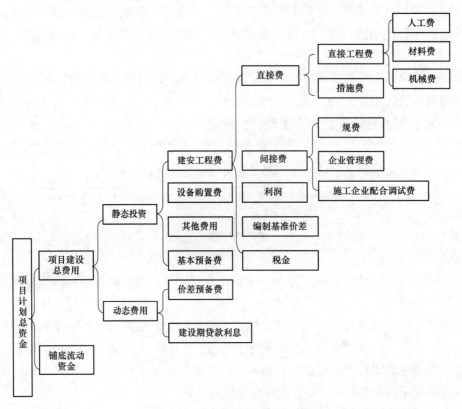

图 30-4 项目计划总资金具体构成

必需的流动资金。铺底流动资金主要用于购买燃料、生产消耗材料、生产用备品备件和支付工资所需的周转性自有资金。

铺底流动资金应按照生产流动资金的 30% 计算。对于火力发电工程，铺底流动资金可简化按照 30 天燃料费用的 1.1 倍计算。

（三）动态费用

动态费用是指对构成工程造价的各要素在建设预算编制基准期至竣工验收期间，因时间和市场价格变化而引起价格增长和资金成本增加所发生的费用，主要包括价差预备费和建设期贷款利息。

计算公式为

$$动态费用＝价差预备费＋建设期贷款利息$$

1. 价差预备费

价差预备费是指建设工程项目在建设期间由于价格等变化引起工程造价变化的预测预留费用。

价差预备费计算公式为

$$C = \sum_{i=1}^{n_2} F_i \left[(1+e)^{n_1+i-1} - 1 \right] \tag{30-6}$$

式中 C——价差预备费；

F_i——第 i 年投入的工程建设资金；

n_2——工程建设周期，年；

i——从开工年开始的第 i 年；

e——年度造价上涨指数；

n_1——建设预算编制水平年至工程开工年时间间隔，年。

注：年度造价上涨指数依据国家行政主管部门及电力行业主管部门颁布的有关规定执行。

2. 建设期贷款利息

建设期贷款利息是指项目法人筹措债务资金时，在建设期内发生并按照规定允许在投产后计入固定资产原值的利息。

计算公式为

建设期贷款利息＝第一台机组发电前建设期贷款利息＋第一台机组发电后建设期贷款利息

(30-7)

其中：

$$第一台机组发电前建设期贷款利息＝\sum\left[（年初贷款本息累计＋本年贷款/2）\times 年利率\right]$$

$$第一台机组发电后建设期贷款利息＝\sum\left[（本年贷款/2）\times 年利率\right]$$

注：（1）计算贷款金额时，应从投资额中扣除资本金。

（2）年利率为编制期贷款实际利率。

（3）发电机组参考投资比例见表30-13。

表 30-13 燃气-蒸汽联合循环电厂参考投资比例 ％

总装机容量（MW）	第1年	第2年	第3年
200	60	40	
400	40	45	15
800	30	45	25

（四）项目建设总费用

项目建设总费用是指形成整个工程项目的各项费用总和。包括静态投资和动态费用，即动态投资。

静态投资是以某一基准年、月的建设要素的价格为依据所计算出的建设项目投资的瞬时值。静态投资包括建筑安装工程费、设备和工器具购置费、工程建设其他费用、基本预备费，以及因工程量误差而引起的工程造价的增减等。静态投资是动态投资最主要的组成部分，也是动态投资的计算基础。

动态投资是指为完成一个工程项目的建设，预计投资需要量的总和。动态投资除包括静态投资外，还包括建设期贷款利息、有关税费、涨价预备费等。动态投资概念较为符合市场价格运行机制，使投资的估算、计划、控制更加符合实际。

计算公式为

项目建设总费用＝静态投资＋动态费用 (30-8)

其中：

静态投资＝建筑工程费＋安装工程费＋设备购置费＋其他费用＋基本预备费

动态费用＝价差预备费＋建设期贷款利息

（五）建筑安装工程费

建筑安装工程包括建筑工程和安装工程。

建筑工程是指构成建设项目的各类建筑物、构筑物等设施工程。

安装工程是指构成建设项目生产工艺系统的各类设备、管道、线缆及其辅助装置的组合、装配和调试工程。其中，调试工程是指设备（材料）在安装过程中及安装结束移交生产前，按设计和设备（材料）技术文件规定进行调整、整定和一系列试验、试运工作，包括单体调试、分系统调试、整套启动调试、特殊调试工程。

建筑工程费是指对构成建设项目的各类建筑物、构筑物等设施工程进行施工，使之达到设计要求及功能所需要的费用。

安装工程费是指对建设项目中构成生产工艺系统的各类设备、管道、线缆及其辅助装置进行组合、装配和调试，使之达到设计要求的功能指标所需要的费用。

建筑安装工程费包括建筑工程费和安装工程费，由直接费、间接费、利润和税金组成。

1. 直接费

直接费是指施工过程中直接耗用于建筑、安装工程产品的各项费用的总和。包括直接工程费和措施费。计算公式为

$$直接费＝直接工程费＋措施费 \tag{30-9}$$

（1）直接工程费是指按照正常的施工条件，在施工过程中耗费的构成工程实体的各项费用。包括人工费、材料费和施工机械使用费。其中，人工费、材料费中的消耗材料费和施工机械使用费包括在定额基价中，材料费中的装置性材料费单独计列。计算公式为

$$直接工程费＝人工费＋材料费＋施工机械使用费 \tag{30-10}$$

1）人工费是指支付给直接从事建筑安装工程施工作业的生产人员的各项费用。包括基本工资、工资性补贴、辅助工资、职工福利费、生产人员劳动保护费。

a. 基本工资：基本工资是指根据国家相关规定计取的生产人员的岗位工资、岗位津（补）贴、技能工资、工龄工资和工龄补贴等，基本工资应按照规定的标准核定。

b. 工资性补贴：工资性补贴是指按照规定标准发放的物价补贴，煤、燃气补贴，交通补贴，住房补贴，以及流动施工津贴等。

c. 辅助工资：辅助工资是指生产人员年有效施工天数以外非作业天数的工资。包括职工学习、培训期间的工资，调动工作、探亲、休假期间的工资，因气候影响的停工工资，病假在 6 个月以内的工资，以及产、婚、丧假期间的工资，女工哺乳期间的工资。

d. 职工福利费：职工福利费是指企业按照工资一定比例提取的专门用于职工福利性补助、补贴和其他福利事业的经费，如书报费、洗理费、取暖费等。

e. 生产人员劳动保护费：生产人员劳动保护费是指按规定标准发放的劳动保护用品的购置费及修理费，服装补贴，防暑降温及保健费，在有碍身体健康环境中施工的防护费用等。

计算规定：

根据建设预算编制的不同阶段分别采用估算指标、概算定额、预算定额计算，并依据《电力工程定额（指标）管理规定》，调整到建设预算的编制基准期价格水平。

人工费：人工费的计算方法执行电力行业定额中的规定。各地区、年度人工费的调整按照电力行业定额（造价）管理部门的规定执行。

2）材料费是指施工过程中耗费的主要材料、辅助材料、构配件、半成品、零星材料，以及施工过程中一次性消耗材料及摊销材料的费用。预规将材料划分为装置性材料和消耗性材料两大类，其价格均为预算价格。

a. 材料预算价格：材料预算价格是工程所需材料在施工现场仓库或堆放地点的出库价格。包括材料原价（或供应价格）、材料运输费、保险保价费、运输损耗费、采购及保管费。

b. 装置性材料：装置性材料是指建设工程中构成工艺系统实体的工艺性材料，也称主要材料。装置性材料在概算或预算定额中未计价，也称未计价材料。

c. 消耗性材料：消耗性材料是指施工过程中所消耗的、在建设成品中不体现其原有形态的材料，以及因施工工艺及措施要求需要进行摊销的施工工艺材料，也称辅助材料。消耗性材料在建设预算定额中已经计价，也称计价材料。

计算规定：

材料费：建设预算中的材料费包括装置性材料费和消耗性材料费两部分。

装置性材料费的计算方法为

$$装置性材料费＝装置性材料用量×装置性材料预算价格 \tag{30-11}$$

装置性材料预算价格按照电力行业定额（造价）管理部门公布的装置性材料预算价格或综合预算价格计算。各地区、各年度装置性材料费的调整按市场价格原则确定。

消耗性材料费的计算方法为

消耗性材料费的计算方法执行电力行业定额中的规定。各地区、各年度消耗性材料费的调整按照电力行业定额（造价）管理部门的规定执行。

3）施工机械使用费是指施工机械作业所发生的机械使用费以及机械的现场安拆费和场外运费。包括折旧费、大修理费、经常修理费、安装及拆卸费、场外运费、操作人员人工费、燃料动力费、车船税及运检费等。

a. 折旧费：折旧费是指施工机械在规定的使用年限内，陆续收回其原值及购置资金的时间价值，按照国家有关规定计提的成本费用。

b. 大修理费：大修理费是指施工机械按规定的大修理间隔台班进行必要的大修理，以恢复其正常功能所需的费用。

c. 经常修理费：经常修理费是指施工机械除大修理以外的各级保养和临时故障排除所需的费用。包括为保障机械正常运转所需替换设备、零件的费用，随机配备工具、附具的摊销和维护费用，机械运转中日常保养所需润滑与擦拭的材料费用，以及机械停滞期间的维护和保养费用等。

d. 安装及拆卸费：安装及拆卸费是指施工机械在现场进行安装与拆卸所需的人工、材料、机械费用，试运转费用，以及辅助设施的折旧、搭设、拆除等费用。

e. 场外运费：场外运费是指施工机械整体或分体自本项目停放地点运至施工现场或由本项目原施工地点运至另一施工地点所发生的运输、装卸、辅助材料及架线等费用。

f. 操作人员人工费：操作人员人工费是指施工机械的操控人员的基本工资、工资性补贴、辅助工资、职工福利费、生产人员劳动保护费等。

g. 燃料动力费：燃料动力费是指施工机械在运转作业中所消耗的固体燃料、液体燃料、气体燃料以及水、电、气体等所花费的费用。

h. 车船税及运检费：车船及运检税费是指按照国家行政主管部门的规定，施工机械应缴纳的车船税（费）、保险费以及年检（含环保检测）费等。

计算规定：

施工机械使用费的计算方法执行电力行业定额中的规定。各地区、各年度施工机械使用费的调整按照电力行业定额（造价）管理部门的规定执行。

（2）措施费。措施费是指为完成工程项目施工而进行施工准备、克服自然条件的不利影响和辅助施工所发生的不构成工程实体的各项费用。包括冬雨季施工增加费、夜间施工增加费、施工工具用具使用费、特殊工程技术培训费、大型施工机械安拆与轨道铺拆费、特殊地区施工增加费、临时设施费、施工机构迁移费、安全文明施工费。

1）冬雨季施工增加费：冬雨季施工增加费是指按照合理的工期要求，建筑、安装工程必须在冬季、雨季期间连续施工而需要增加的费用。其内容包括在冬季施工期间，为确保工程质量而采取的养护、采暖措施所发生的费用；雨季施工期间，采取防雨、防潮措施所增加的费用；因冬季、雨季施工增加施工工序、降低工效而发生的补偿费用。

2）夜间施工增加费：夜间施工增加费是指按照规程要求，工程必须在夜间连续施工所发生的夜班补助、夜间施工降效、夜间施工照明设备摊销及照明用电等费用。

3）施工工具用具使用费：施工工具用具使用费是指施工企业的生产、检验、试验部门使用的不属于固定资产的工具用具和仪器仪表的购置、摊销和维护费用。

4）特殊工程技术培训费：特殊工程技术培训费是指发电安装工程中为进行高温、高压容器及管道焊接，需要对焊工进行技术培训和年度考核所发生的费用。

5）大型施工机械安拆与轨道铺拆费：大型施工机械安拆与轨道铺拆费是指发电工程大型施工机械在施工现场进行安装、拆卸以及轨道铺设、拆除发生的人工、材料、机械费等。

6）特殊地区施工增加费：特殊地区施工增加费是指在高海拔、酷热、严寒等地区施工，因特殊自然条件影响而需额外增加的施工费用。

7）临时设施费：临时设施费是指施工企业为满足现场正常生产、生活需要，在现场必须搭设的生产、生活用临时建筑物、构筑物和其他临时设施所发生的费用，以及维修、拆除、折旧及摊销费，或临时设施的租赁费等。

a. 临时设施包括职工宿舍，办公、生活、文化、福利等公用房屋，仓库、加工厂、工棚、围墙等建、构筑物，厂区围墙范围内的临时施工道路及水、电（含 380V 降压变压器）、通信的分支管线，建设期间的临时隔墙等。

b. 临时设施不包括下列内容（已列入项目划分的临时工程部分）：

厂区及进场施工铁路专用线。

施工电源：施工、生活用 380V 变压器高压侧以外的装置及线路。

水源：厂外供水管道及装置，水源泵房，施工、生活区供水母管。

施工道路：厂外道路，施工、生活区的建筑、安装共用的主干道路。

通信厂外接至施工、生活区总机的通信线路。

8）施工机构迁移费：施工机构迁移费是指施工企业派遣施工队伍到所承建工程现场所发生的搬迁费用。包括职工调遣差旅费和调遣期间的工资，以及办公设备、工器具、家具、材料用品和施工机械等的搬运费用。

9）安全文明施工费。

安全生产费：施工企业专门用于完善和改进企业及项目安全生产条件的资金。

文明施工费：施工现场文明施工所需要的各项费用。

环境保护费：施工现场为达到环保部门要求所需要的各项费用。

计算公式为

措施费＝冬雨季施工增加费＋夜间施工增加费＋施工工具用具使用费＋特殊工程技术培训费＋大型施工机械安拆与轨道铺拆费＋特殊地区施工增加费＋临时设施费＋施工机构迁移费＋安全文明施工费

a. 冬雨季施工增加费

计算公式为

$$\text{冬雨季施工增加费} = \text{取费基数} \times \text{费率（见表 30-14）} \tag{30-12}$$

表 30-14 冬雨季施工增加费费率

工程类别		取费基数	地区及费率（%）				
			I	II	III	IV	V
燃气-蒸汽联合循环	建筑	直接工程费	0.57	0.82	1.25	1.78	2.22
	安装	人工费	5.30	7.51	11.41	15.07	16.80

地区分类见表 30-15。

表 30-15 地区分类表

地区分类	省、自治区、直辖市名称
Ⅰ	上海、江苏、安徽、浙江、福建、江西、湖南、湖北、广东、广西、海南
Ⅱ	北京、天津、山东、河南、河北（张家口、承德以南地区）、重庆、四川（甘孜、阿坝州除外）、云南（迪庆藏族自治州除外）、贵州
Ⅲ	辽宁（盖县及以南地区）、陕西（不含榆林地区）、山西、河北（张家口、承德及以北地区）
Ⅳ	辽宁（盖县以北）、陕西（榆林地区）、内蒙古（锡林郭勒盟锡林浩特市以南各盟、市、旗，不含阿拉善盟）、新疆（伊犁、哈密地区以南）、吉林、甘肃、宁夏、四川（甘孜、阿坝州）、云南（迪庆藏族自治州）
Ⅴ	黑龙江、青海、新疆（伊犁、哈密及以北地区）、内蒙古除四类地区以外的其他地区

b. 夜间施工增加费

计算公式为

$$夜间施工增加费 = 取费基数 \times 费率（见表 30-16）\tag{30-13}$$

表 30-16 夜间施工增加费费率

工程类别		取费基数	费率（%）
燃气-蒸汽联合循环	建筑	直接工程费	0.43
	安装	人工费	1.97

c. 施工工具用具使用费

计算公式为

$$施工工具用具使用费 = 取费基数 \times 费率（见表 30-17）\tag{30-14}$$

表 30-17 施工工具用具使用费费率

工程类别		取费基数	营改增后费率（%）
燃气-蒸汽联合循环	建筑	直接工程费	0.42
	安装	人工费	6.89

d. 特殊工程技术培训费

本费用只在安装工程热力系统各单位工程中计列。计算公式为

$$特殊工程技术培训费 = 人工费 \times 费率（见表 30-18）\tag{30-15}$$

表 30-18 特殊工程技术培训费费率

工程类别		取费基数	营改增前费率（%）	营改增后费率（%）
燃气-蒸汽联合循环	安装	人工费	7.75	7.71

注 分系统调试、整套启动调试、特殊调试工程不计取本费用。

e. 大型施工机械安拆与轨道铺拆费。

本费用只在建筑工程和安装工程的热力系统各单位工程中计列。

计算公式为

$$大型施工机械安拆与轨道铺拆费 = 取费基数 \times 费率（见表 30-19）\tag{30-16}$$

表 30-19 大型施工机械安拆与轨道铺拆费费率

工程类别		取费基数	单机 600MW 及以下费率（%）
燃气-蒸汽联合循环	建筑	直接工程费	1.13
	安装	人工费	15.38

注 1. 本费率适用于 2 机 2 炉，如果本期为 1 机 1 炉时，本费率乘以 1.6 系数，4 机 4 炉时乘以 0.6 系数。

2. 燃气-蒸汽联合循环电厂工程执行单机 600MW 及以下费率。

3. 分系统调试、整套启动调试、特殊调试工程不计取本费用。

f. 特殊地区施工增加费。计算公式为

$$特殊地区施工增加费＝取费基数×费率（见表 30-20） \tag{30-17}$$

表 30-20   **特殊地区施工增加费费率**

工程类别	高海拔地区		高纬度寒冷地区		酷热地区	
	建筑	安装	建筑	安装	建筑	安装
取费基数	直接工程费	人工费	直接工程费	人工费	直接工程费	人工费
营改增后费率（％）	0.78	6.40	0.61	5.38	0.55	4.67

注   1. 高海拔地区指厂址平均海拔高度在 3000m 以上的地区。

      2. 高纬度寒冷地区指北纬 45°以北地区。

      3. 酷热地区指面积在 1 万 km² 以上的沙漠地区，以及新疆吐鲁番地区。

g. 临时设施费。计算公式为

$$临时设施费＝直接工程费×费率（见表 30-21） \tag{30-18}$$

表 30-21   **临时设施费费率**

工程类别		地区及费率（％）				
		I	II	III	IV	V
燃气-蒸汽联合循环电厂	建筑	2.32	2.68	2.94	3.17	3.35
	安装	4.25	4.54	4.82	5.03	5.18

h. 施工机构迁移费。计算公式为

$$施工机构迁移费＝取费基数×费率（见表 30-22） \tag{30-19}$$

表 30-22   **燃气-蒸汽联合循环电厂工程施工机构迁移费费率**

工程类别	取费基数	本期建设容量及费率（MW、％）			
		100 及以下	200 及以下	400 及以下	800 及以下
建筑	直接工程费	0.50	0.44	0.41	0.35
安装	人工费	6.97	6.66	6.09	5.01

i. 安全文明施工费。计算公式为

$$安全文明施工费＝直接工程费×2.63％ \tag{30-20}$$

2. 间接费

间接费是指建筑安装产品的施工过程中，为全工程项目服务而不直接消耗在特定产品对象上的费用。包括规费、企业管理费和施工企业配合调试费。计算公式为

$$间接费＝规费＋企业管理费＋施工企业配合调试费 \tag{30-21}$$

（1）规费。规费是指按照国家行政主管部门或省级政府和省级有关权力部门规定必须缴纳并计入建筑安装工程造价的费用。包括社会保险费、住房公积金和危险作业意外伤害保险费。其他应列而未列入的规费，按实际发生计取。

计算公式为

$$规费＝社会保险费＋住房公积金＋危险作业意外伤害保险费 \tag{30-22}$$

1）社会保险费：社会保险费包括养老保险费、失业保险费、医疗保险费、生育保险费和工伤保险费，由企业按照规定标准为职工缴纳。计算公式为

$$建筑工程社会保险费＝直接工程费×0.2×缴费费率 \tag{30-23}$$

$$安装工程社会保险费＝人工费×1.6×缴费费率 \tag{30-24}$$

注：缴费费率是指工程所在省、自治区、直辖市社会保障机构颁布的以工资总额为基数计取的基本养老保险、失业保险、基本医疗保险、生育保险、工伤保险费费率之和。

2）住房公积金：住房公积金是指企业按照规定标准为职工缴纳的住房公积金。计算公式为

$$建筑工程住房公积金＝直接工程费×0.2×1.1×缴费费率 \qquad (30-25)$$
$$安装工程住房公积金＝人工费×1.6×缴费费率 \qquad (30-26)$$

注：缴费费率按照工程所在地政府部门公布的费率执行。

3）危险作业意外伤害保险费：按照建筑法规定，施工企业为从事危险作业的建筑安装施工人员缴纳的意外伤害保险费。计算公式为

$$建筑工程危险作业意外伤害保险费＝直接工程费×0.17\% \qquad (30-27)$$
$$安装工程危险作业意外伤害保险费＝人工费×2.31\% \qquad (30-28)$$

（2）企业管理费。企业管理费是指建筑安装施工企业为组织施工生产和经营管理所发生的费用，内容包括：

1）管理人员工资：包括管理人员的基本工资、工资性补贴、辅助工资、职工福利费、劳动保护费等。

2）办公经费：企业管理办公用的文具、纸张、账表、印刷、邮电、通信、书报、会议、水电、燃气、集体取暖（包括现场临时宿舍取暖）、卫生保洁等费用。

3）差旅交通费：职工因公出差、调动工作的差旅费、住勤补助费，市内交通费和误餐补助费，职工探亲路费，劳动力招募费，职工离退休、退职一次性路费，工伤人员就医路费，管理用交通工具的使用费等。

4）固定资产使用费：管理和试验部门及附属生产单位使用的属于固定资产的房屋、设备仪器等的折旧、大修、维修或租赁费。

5）工具用具使用费：管理机构和人员使用的不属于固定资产的办公家具、工器具、交通工具和检验、试验、测绘、消防用具等的购置、维修、维护和摊销费。

6）劳动补贴费：由企业支付离退休职工的易地安家补助费、职工退职金，6个月以上的病假人员工资，按规定支付给离休干部的各项经费。

7）工会经费：根据国家行政主管部门有关规定，企业按照职工工资总额计提的工会经费。

8）职工教育经费：为保证职工学习先进技术和提高文化水平，根据国家行政主管部门有关规定，施工企业按照职工工资总额计提的职工教育培训费用。

9）财产保险费：施工管理用财产、车辆的保险费用。

10）财务费：企业为施工生产筹集资金或提供预付款担保、履约担保、职工工资支付担保等所发生的各种费用。

11）税金：企业按规定缴纳的房产税、土地使用税、印花税和办公车辆的车船税费等。

12）其他：工程排污费，投标费，建筑工程定点复测、施工期间沉降观测、施工期间工程二级测量网维护、工程点交、场地清理费，建筑安装材料检验试验费，技术转让费，技术开发费，业务招待费，绿化费，广告费，公证费，法律顾问费，咨询费，竣工清理费，未移交的工程看护费等。

13）营改增后，城市维护建设税、教育费附加、地方教育费附加，以及营改增后增加的管理费等附加税费，采取与企业管理费合并的综合费率方式计取。计算公式为

$$企业管理费＝取费基数×费率（见表30-23） \qquad (30-29)$$

（3）施工企业配合调试费。施工企业配合调试费是指在工程整套启动试运阶段，施工企业安装专业配合调试所发生的费用。计算公式为

$$施工企业配合调试费＝直接费×费率（见表30-24） \qquad (30-30)$$

表 30-23 　　　　　　　　　　　　　　　　企业管理费费率

工程类别	燃气-蒸汽联合循环电厂	
	建筑	安装
取费基数	直接工程费	人工费
营改增前费率（%）	5.75	63.5
营改增后费率（%）	6.13	64.23

表 30-24 　　　　　　燃气-蒸汽联合循环电厂工程施工企业配合调试费费率

本期建设容量（MW）	100 以下	200 以下	400 以下	800 以下
费率（%）	1.26	1.04	0.89	0.68

3. 利润

利润是指施工企业完成所承包工程获得的盈利。

计算公式为

$$利润＝（直接费＋间接费）×利润率（见表 30-25）\tag{30-31}$$

表 30-25 　　　　　　　　　　　　　　　　　利 润 率

工程类别	建筑工程	安装工程
利润率（%）	6.36	7.42

（1）编制基准期价差。建设项目预算编制期与项目预算定额编制期资源价格变动导致的差额。

编制基准期价差是指建设预算编制基准期价格水平与电力行业定额（造价）管理部门规定的取费价格之间的差额。编制基准期价差主要包括人工费价差、消耗性材料价差、施工机械使用费价差和装置性材料价差。

（2）钢结构工程及大型土石方项目。发电工程的钢结构工程和大于 1 万 m³ 的独立土石方工程的取费（含措施费、间接费、利润）实行综合费率。计算公式为

$$综合取费费用额＝直接工程费×费率（见表 30-26）\tag{30-32}$$

表 30-26 　　　　　钢结构工程、大于 1 万 m³ 的独立土石方工程综合费率表

工程类别	钢结构工程	大于 1 万 m³ 的独立土石方工程
费率（%）	9.9	19.24

注 1. 钢结构工程是指主要承重构件由钢材组成的框架式结构工程，其范围包括钢结构本体及其附属钢构件。发电厂中的钢结构工程包括钢结构主厂房、空冷钢桁架平台等。

　 2. 特殊材质钢材按照普通钢材价格取费，超出普通钢材价格部分按照价差处理。

4. 税金

营改增前，税金是指国家税法规定的应计入建筑安装工程造价内的营业税、城市维护建设税、教育费附加以及地方教育附加。计算公式为

$$税金＝（直接费＋间接费＋利润＋编制基准期价差）×税率\tag{30-33}$$

注：税率按照工程所在地税务部门的规定计算。

营改增后，城市维护建设税、教育费附加、地方教育费附加，以及营改增后增加的管理费等附加税费，采取与企业管理费合并的综合费率方式计入企业管理费；建筑安装工程费中的税金是指按照国家税法规定应计入建筑安装工程造价内的增值税销项税额。计算公式为

$$税金＝（直接费＋间接费＋利润＋编制基准期价差）×税率 \qquad (30\text{-}34)$$

税金是指增值税销项税额，税率按照国家"营业税改增值税"相关政策规定计算，当采用一般计税法时，税率为11％。

四、设备购置及其他费用的计算

（一）设备购置费

设备购置费包括设备费和设备运杂费。计算公式为

$$设备购置费＝设备费＋设备运杂费 \qquad (30\text{-}35)$$

1. 设备费

根据市场供货情况及供货价格计算。

2. 设备运杂费

计算公式为

$$设备运杂费＝设备费×设备运杂费费率 \qquad (30\text{-}36)$$

其中：

$$设备运杂费费率＝铁路、水路运杂费费率＋公路运杂费费率$$

（1）铁路、水路运杂费费率。

1）主设备（锅炉、汽轮机、发电机、主变压器）铁路、水路运杂费费率：运距100km以内，费率为1.5％；运距超过100km时，每增加50km费率增加0.08％；运距不足50km按50km计取。

2）其他设备铁路、水路运杂费费率见表30-27。

表 30-27 其他设备铁路、水路运杂费费率

序号	适用地区	费率（%）
1	上海、天津、北京、辽宁、江苏	3.0
2	浙江、安徽、山东、山西、河南、河北、黑龙江、吉林、湖南、湖北	3.2
3	陕西、江西、福建、四川、重庆	3.5
4	内蒙古、云南、贵州、广东、广西、宁夏、甘肃（武威及以东）、海南	3.8
5	新疆、青海、甘肃（武威以西）	4.5

注 以上费率中均不包括因运输超限设备而发生的路、桥加固、改造，以及障碍物迁移等费用。

（2）公路运杂费费率。公路运输的运距在50km以内，费率为1.06％；运距超过50km时，每增加50km费率增加0.35％；运距不足50km按50km计取。

若铁路专用线、专用码头可直接将设备运达现场，主设备不计公路运杂费，其他设备的公路段运杂费费率按0.5％计算。

（3）其他说明。

1）供货商直接供货到现场的，只计取卸车费及保管费，主设备按设备费的0.5％计算，其他设备按设备费的0.7％计算。

2）燃气轮机本体的运杂费费率按照以上燃煤发电工程主设备运杂费费率乘以0.7系数。

（二）其他费用

其他费用包括建设场地征用及清理费、项目建设管理费、项目建设技术服务费、整套启动试运费、生产准备费、大件运输措施费。计算公式为

其他费用＝建设场地征用及清理费＋项目建设管理费＋项目建设技术服务费＋整套启动试运费＋生产准备费＋大件运输措施费

1. 建设场地征用及清理费

建设场地征用及清理费包括土地征用费、施工场地租用费、迁移补偿费、余物清理费。计算公

式为

$$建设场地征用及清理费＝土地征用费＋施工场地租用费＋迁移补偿费＋余物清理费 \quad (30-37)$$

（1）土地征用费。

计算规定：根据有关法律、法规、国家行政主管部门以及省（自治区、直辖市）人民政府规定计算。

（2）计算规定：根据有关法律、法规、国家行政主管部门和工程所在地人民政府规定，按照项目法人与土地所有者签订的租用合同计算。

（3）计算规定：迁移补偿费按照工程所在地人民政府规定计算。

（4）计算公式为

$$余物清理费＝取费基数×费率（见表30-28） \quad (30-38)$$

表 30-28 余物清理费费率

工程类别		取费基数	费率（%）
一般砖木结构及临时简易建筑		拆除工程直接工程费	10
混合结构		拆除工程直接工程费	15
混凝土及钢筋混凝土结构	有条件爆破的	拆除工程直接工程费	20
	无条件爆破的	拆除工程直接工程费	30

注 包括运距在5km及以内运输及装卸费。

2. 项目建设管理费

项目建设管理费包括项目法人管理费、招标费、工程监理费、设备材料监造费、工程结算审核费、工程保险费。计算公式为

项目建设管理费＝项目法人管理费＋招标费＋工程监理费＋设备材料监造费＋工程结算审核费＋工程保险费

$$\quad (30-39)$$

（1）项目法人管理费。计算公式为

$$项目法人管理费＝（建筑工程费＋安装工程费）×费率（见表30-29） \quad (30-40)$$

表 30-29 燃气-蒸汽联合循环电厂项目法人管理费费率

本期建设容量（MW）	200 及以下	400 以下	800 以下
费率（%）	3.75	3.31	2.85

注 扩建工程按表中费率乘以0.9系数。

（2）招标费。计算公式为

$$招标费＝（建筑工程费＋安装工程费＋设备购置费）×费率（见表30-30） \quad (30-41)$$

表 30-30 招标费费率

工程类别	燃气-蒸汽联合循环电厂
费率（%）	0.34

（3）工程监理费。计算公式为

$$工程监理费＝（建筑工程费＋安装工程费）×费率（见表30-31） \quad (30-42)$$

表 30-31 燃气-蒸汽联合循环电厂工程监理费费率

本期建设容量（MW）	100 以下	200 以下	400 以下	800 以下
费率（%）	2.65	2.22	1.98	1.87

（4）设备材料监造费。设备监造的范围包括余热锅炉、汽轮机、发电机、变压器、燃气轮发电机组、调（增）压天然气器、高压加热器、低压加热器、除氧器及水箱、给水泵、凝汽器、凝结水泵、循环水泵等主要设备。材料监造的范围包括四大管道及管件、钢结构、6kV 及以上电缆。如果对其他设备材料进行监造、监制时，本项费用不调整。计算公式为

$$设备材料监造费＝（设备购置费＋装置性材料费）×费率（见表 30\text{-}32） \quad (30\text{-}43)$$

表 30-32　　　　　　　　　　　　　　设备材料监造费费率

工程类别	燃气-蒸汽联合循环电厂
费率（%）	0.2

注　1. 本项费用的计算基数是指全厂的设备购置费＋装置性材料费。

　　2. 成套进口设备不计入取费基数。

（5）工程结算审核费。计算公式为

$$工程结算审核费＝（建筑工程费＋安装工程费）×费率（见表 30\text{-}33） \quad (30\text{-}44)$$

表 30-33　　　　　　　　　　　　　　工程结算审核费费率

工程类别	燃气-蒸汽联合循环电厂
费率（%）	0.25

（6）工程保险费。计算规定：根据项目法人要求及工程实际情况，按照保险范围和费率计算。

3. 项目建设技术服务费

项目建设技术服务费包括项目前期工作费、知识产权转让与研究试验费、设备成套技术服务费、勘察设计费、设计文件评审费、项目后评价费、工程建设检测费、电力工程技术经济标准编制管理费。计算公式为

项目建设技术服务费＝项目前期工作费＋知识产权转让与研究试验费＋设备成套技术服务费＋勘察设计费＋设计文件评审费＋项目后评价费＋工程建设检测费＋电力工程技术经济标准编制管理费

$$(30\text{-}45)$$

（1）项目前期工作费。初步设计阶段根据项目法人与有关单位签订的各项协议费用计列，可行性研究阶段按以下计算公式计算，即

$$项目前期工作费＝（建筑工程费＋安装工程费）×费率（见表 30\text{-}34） \quad (30\text{-}46)$$

表 30-34　　　　　　　　　　　　　　项目前期工作费费率

工程类别	燃气-蒸汽联合循环电厂
费率（%）	3.75

（2）知识产权转让与研究试验费。

计算规定：根据项目法人提出的项目和费用计列。

（3）设备成套技术服务费。

计算规定：按照设备购置费的 0.3% 计列。

（4）勘察设计费。

计算公式为

$$勘察设计费＝勘察费＋设计费 \quad (30\text{-}47)$$

勘察费计算规定：依据国家行政主管部门颁发的工程勘察设计收费规定计算。

设计费计算公式为

$$设计费＝基本设计费＋其他设计费 \quad (30\text{-}48)$$

1) 基本设计费的计算规定：按照国家行政主管部门颁发的工程勘察设计收费规定计算。

2) 其他设计费的计算规定：按照国家行政主管部门颁发的工程勘察设计收费规定计算。具体项目应按照项目法人单位确定的范围计算。

（5）设计文件评审费。设计文件评审费由可行性研究设计文件评审费、初步设计文件评审费和施工图文件审查费组成。计算公式为

$$设计文件评审费＝可行性研究设计文件评审费＋初步设计文件评审费＋施工图文件审查费 \quad (30\text{-}49)$$

可行性研究及初步设计文件评审费计算规定见表 30-35。

表 30-35　　　　　　燃气-蒸汽联合循环电厂可行性研究及初步设计文件评审费费用规定

本期建设容量（MW）	费用规定（万元）	
	可行性研究	初步设计
100 以下	10	30
200 以下	15	45
400 以下	20	60
800 以下	30	80

施工图文件审查费计算公式为

$$施工图文件审查费＝基本设计费×1.5\% \quad (30\text{-}50)$$

（6）项目后评价费。本项目费用应根据项目法人提出的要求确定是否计列。计算公式为

$$项目后评价费＝（建筑工程费＋安装工程费）×费率 \quad (30\text{-}51)$$

费率规定：300MW 级及以下机组费率为 0.15％；600MW 级及以上机组费率为 0.11％。

（7）工程建设检测费。计算公式为

$$工程建设检测费＝电力工程质量检测费＋特种设备安全监测费＋环境监测验收费＋水土保持项目验收及补偿费＋桩基检测费 \quad (30\text{-}52)$$

1) 电力工程质量检测费计算公式为

$$电力工程质量检测费＝（建筑工程费＋安装工程费）×费率（见表 30\text{-}36） \quad (30\text{-}53)$$

表 30-36　　　　　　　　电力工程质量检测费费率

工程类别	燃气-蒸汽联合循环电厂
费率（％）	0.16

2) 特种设备安全监测费计算公式为

$$特种设备安全监测费＝机组额定发电容量×费用规定（见表 30\text{-}37） \quad (30\text{-}54)$$

表 30-37　　　　　　　　特种设备安全监测费费用规定

工程类别	燃气-蒸汽联合循环电厂
费用规定元（kW）	1.5

注　燃气-蒸汽联合循环电厂发电容量按照额定工况下的总发电容量计算。

3) 环境监测验收费计算规定：根据工程所在省、自治区、直辖市行政主管部门的规定计算。

4) 水土保持项目验收及补偿费计算规定：根据工程所在省、自治区、直辖市行政主管部门的规定计算。

5) 桩基检测费计算规定：由项目法人根据工程实际情况审核确定。

（8）电力工程技术经济标准编制管理费。

计算公式为

$$电力工程技术经济标准编制管理费＝（建筑工程费＋安装工程费）×0.1\% \quad (30\text{-}55)$$

4. 整套启动试运费

燃气-蒸汽联合循环电厂计算公式为

机组整套启动试运费＝燃料费＋其他材料费＋厂用电费－售出电费－售出蒸汽费 （30-56）

（1）燃料费计算公式为

燃料费＝发电机额定出力(kW)×台数×整套启动试运小时(h)×规定燃料消耗量(m³/kWh)×燃气价格(元/m³)×1.05

（2）其他材料费计算公式为

其他材料费＝装机容量(MW)×750元/MW

（3）厂用电费计算公式为

厂用电费＝发电机容量×台数×厂用电率×试运购电小时×试运购电价格

（4）售出电费计算公式为

售出电费＝发电机容量×台数×额定容量系数0.75×带负荷试运小时×试运售电价

（5）售出蒸汽费计算公式为

售出蒸汽费＝售出蒸汽吨数×试运售热单价

发电工程整套启动试运小时及试运购电小时见表30-38。

表30-38　　　　　　　　　　　　　　　发电工程整套启动试运小时及试运购电小时

机组类型	燃气-蒸汽联合循环电厂
整套启动试运小时	216
试运购电小时	72
带负荷试运小时	168

注　1. 试运购电价按照从电网购电单价计算。

　　2. 试运售电价、售热价按照以下顺序确定：

　　1）当地物价主管机构核定的试运上网电价和售热单价；

　　2）与电网、热网企业签订的协议试运上网电价和售热单价；

　　3）当地类似工程的试运上网电价和售热单价；

　　4）按照规定的价格计算方法（如标杆电价）确定的变动成本电价和成本热价。

5. 生产准备费

生产准备费包括管理车辆购置费、工器具及办公家具购置费、生产职工培训及提前进厂费。

（1）管理车辆购置费。计算公式为

管理车辆购置费＝设备购置费×费率（见表30-39） （30-57）

表30-39　　　　　　　　　　　　　　燃气-蒸汽联合循环电厂管理车辆购置费费率

本期建设容量（MW）	100以下	200以下	400以下	800以下
费率（%）	0.58	0.50	0.44	0.39

（2）工器具及办公家具购置费。计算公式为

工器具及办公家具购置费＝（建筑工程费＋安装工程费）×费率(见表30-40) （30-58）

表30-40　　　　　　　　　　　　　燃气-蒸汽联合循环电厂工器具及办公家具购置费费率

本期建设容量（MW）		100以下	200以下	400以下	800以下
费率（%）	新建	0.50	0.42	0.34	0.27
	扩建	0.42	0.35	0.28	0.22

(3) 生产职工培训及提前进厂费。计算公式为

　　生产职工培训及提前进厂费＝（建筑工程费＋安装工程费）×费率（见表 30-41）　　（30-59）

表 30-41　　　　　　　　　燃气-蒸汽联合循环电厂生产职工培训费及提前进厂费费率

本期建设容量（MW）	100 以下	200 以下	400 以下	800 以下
费率（%）	3.26	2.72	2.24	1.95

注　扩建工程乘以 0.85 系数。

6. 大件运输措施费

计算规定：按照实际运输条件及运输方案计算。

五、基本预备费

基本预备费计算公式为

　　基本预备费＝（建筑工程费＋安装工程费＋设备购置费＋其他费用）×费率（见表 30-42）　　（30-60）

表 30-42　　　　　　　　　　　　　基本预备费费率

设计阶段	费率（%）
投资估算	5
初步设计概算	3
施工图预算	1.5

六、动态费用和铺地流动资金

（一）动态费用

动态费用包括价差预备费和建设期贷款利息。计算公式为

$$动态费用＝价差预备费＋建设期贷款利息 \qquad (30\text{-}61)$$

1. 价差预备费

价差预备费计算公式为

$$C = \sum_{i=1}^{n_2} F_i \left[(1+e)^{n_1+i-1} - 1 \right] \qquad (30\text{-}62)$$

式中　C——价差预备费；

　　n_2——工程建设周期，年；

　　i——从开工年开始的第 i 年；

　　F_i——第 i 年投入的工程建设资金；

　　e——年度造价上涨指数；

　　n_1——建设预算编制水平年至工程开工年时间间隔，年。

注：年度造价上涨指数依据国家行政主管部门及电力行业主管部门颁布的有关规定执行。

2. 建设期贷款利息

建设期贷款利息计算公式为

建设期贷款利息＝第一台机组发电前建设期贷款利息＋第一台机组发电后建设期贷款利息　（30-63）

其中：

第一台机组发电前建设期贷款利息 $= \sum \left[（年初贷款本息累计＋本年贷款 /2）× 年利率 \right]$

第一台机组发电后建设期贷款利息 $= \sum \left[（本年贷款 /2）× 年利率 \right]$

注：（1）发电机组参考投资比例见表 30-43。

（2）计算贷款金额时，应从投资额中扣除资本金。

（3）年利率为编制期贷款实际利率。

表 30-43　　　　　　　　　　　**燃气-蒸汽联合循环电厂参考投资比例**　　　　　　　　　　　%

总装机容量（MW）	第 1 年	第 2 年	第 3 年
200	60	40	
400	40	45	15
800	30	45	25

第五节　典型案例初步设计概算

以第二十九章第二节选取的某工程建设 3 套 SCC5-2000E1×1 型燃气-蒸汽联合循环供热机组为案例，编制一整套该项目的初步设计概算。

编制说明

一、工程概况

项目属地地理位置概况（省略）（为便于地区划分及定额价格水平调整，假定项目所在地为二类地区某地）。

本工程安装 3 套 SCC5－2000E1×1 型燃气-蒸汽联合循环供热机组，按"一拖一"配置，并在余热锅炉上同步建设脱硝设施，一次建成。电厂出线拟按 220kV 一级电压接入系统，220kV 出线 2 回。

工程投资方、拟进度（省略）。

1. 设计依据

（1）某发电有限公司：《关于××项目热电联产工程项目可行性研究报告的函》。

（2）××省技术经济研究发展中心：《××市××镇热电冷多联供规划》。

（3）DL/T 5427《火力发电厂初步设计文件内容深度规定》。

（4）《火电工程限额设计参考造价指标（2016 年水平）》。

（5）《××集团公司火电工程初步设计编制原则规定》。

（6）××3×24 万 kW 级燃气热电冷多联供工程初步设计原则项目公司评审会会议纪要。

（7）国家有关法令、法规、政策及有关设计规程、规范、规定等。

2. 工程造价

本工程造价水平为编制期价格水平。

静态投资为 235198 万元，单位投资为 3162 元/kW。

二、主要系统特征

见第二十九章第二节初步设计推荐方案的主要系统特征。

三、编制原则

1. 费用标准及项目划分

执行国家能源局 2013 年 8 月发布的《火力发电工程建设预算编制与计算标准》和有关文件。

2. 建筑安装工程量

按设计人员提供的设备材料清册、图纸资料和定额相关计算规则计算工程量。

3. 工程定额

采用电力工程造价与定额管理总站 2017 年 1 月 1 日起生效的 2013 年版电力建设工程定额估价表：《2013 年版电力建设工程定额估价表——建筑工程》《2013 年版电力建设工程定额估价表——热力设备

安装工程》《2013 年版电力建设工程定额估价表——电气设备安装工程》《2013 年版电力建设工程定额估价表——输电线路工程》《2013 年版电力建设工程定额估价表——调试工程》《2013 年版电力建设工程定额估价表——通信工程》。

4. 人工工资

(1) 建筑工程：普通工单价 34 元/工日，技术工单价 48 元/工日。

(2) 安装工程：普通工单价 34 元/工日，技术工单价 53 元/工日。

根据电力工程造价与定额管理总站《关于发布 2013 版电力建设工程概预算定额 2016 年度价格水平调整的通知》（定额〔2016〕50 号），项目属地安装人工调差系数为 20.43%，建筑人工调差系数为 23.87%，按价差计算，人工费调整金额只计取税金。

5. 材料机械价格

可研估算和初设概算阶段所有材料均按除税价格计取，参照《电力建设工程装置性材料综合预算价格》（2013 年不含税版）、《电力建设工程装置性材料预算价格》（2013 年不含税版）计列；建筑工程中计列的设备按含税价计取；安装工程主要材料按《火电工程限额设计参考造价指标（2016 年水平）》中按上述同质装置性材料不含税价格计取价差和税金。

若需区分材料供给方式，则单独将甲供材料的含税价格汇总计入建筑安装工程费，但甲供材料的除税价格仍是建筑安装工程各项费用的取费基数，不作为税金的取费基数。

建筑工程机械采用项目属地市 2016 年电力建设建筑工程施工机械价，计取价差和税金后列入编制基准期价差。

安装工程定额材料、机械费调整及建筑工程机械费调整执行电力工程造价与定额管理总站定额〔2016〕50 号文，建筑工程材料暂按定额价计取（如果项目编制时有属地信息价，可作为市场价进入材料调整）。相关调整计取价差和税金后列入编制基准期价差。

材料和施工机械进行价差调整时均应按除税价格计算，甲供材料除外。现行各套定额调整办法和调整系数，均按照扣除进项税处理，以电力工程造价与定额管理总站发布的相关文件为准。

6. 设备价格及运杂费率

可研估算和初设概算阶段，建筑设备（给排水、暖气、通风、空调、照明、消防等设备）一般按照乙供计算，所有建筑设备均按除税价格计取；工艺设备（即安装设备）一般按照甲供计算，将设备含税价格计入设备购置费。若需区分工艺设备供给方式，则将乙供工艺设备除税价格汇入建筑安装工程税前造价，作为税金的取费基数；将甲供工艺设备的含税价格计入设备购置费。

本项目主要设备价格参考同类工程以及《火电工程限额设计参考造价指标》（2016 年版）。主要设备价格暂按：3 套燃气轮机 19000 万元/套、3 套燃气轮发电机 3550 万元/套、3 套余热锅炉 4100 万元/套；3 套汽轮机 4100 万元/套、3 套汽轮发电机 1850 万元/套；1 套天然气调压装置 1536 万元/套；3 台主变压器 210MVA 676 万元/台、1 套母联间隔 220kV 3000A 220 万元/套；2 套出线间隔 220kV 3000A 220 万元/套；6 套进线间隔 220kV 3000A 220 万元/套；母线 TV 220kV 3000A，50kA（3s），125kA 180 万元/套，共 1 套；

燃气轮发电机组及汽轮发电机组、余热锅炉、主变压器的设备运杂费按 1.05% 计列，主要辅机及其他设备按 3.8% 计列。

7. 其他说明

(1) 编制基准期价差是建筑安装工程费的组成部分，凡以建筑安装工程费为取费基数的费用项目，计取时应将价差作为其计费的基数。

(2) 征地单价按业主提供的征地合同总价 10207.2839 万元（含征地费、协调费及税金等）。

(3) LNG 接收气化处理站按业主外委提供价格计列。

（4）软地基处理试验施工费及检测费、软地基处理施工检测及监测费按业主提供招标合同价格计列。

（5）整套启动试运费及分系统调试费中天然气价按 3.02 元/m³（含税，标准状态）计列。

（6）基本预备费按《火力发电工程建设预算编制与计算标准》计取，初步设计阶段费率为 3%。

（7）价差预备费：根据《国家计委关于加强对基本建设大中型项目概算中"价差预备费"管理有关问题的通知》（国家计委计投资〔1999〕1340 号文），价差预备费为零。

（8）勘察设计费按《电力建设工程项目前期工作费等专业服务费用计列的指导意见》（中电联定额〔2015〕162 号文）的规定计列。

8. 建设期贷款利息

本项目暂不考虑贷款利息

四、投资分析

初设概算与限额设计参考指标对比分析如下：

《火电工程限额设计参考造价指标（2016 年水平）》中新建 2×180MW 等级燃气轮发电机组（9E 级，"一拖一"）单位造价为 2943 元/kW，本次初步设计概算发电工程静态投资为 233559 万元，单位投资为 3139.23 元/kW，高于限额设计参考造价指标，具体分析见表 30-44。

表 30-44　　　　　　　　　　　　限额设计参考指标模块调整表　　　　　　　　金额单位：万元

序号	项目名称	限额设计基本模块		本工程设计模块		千瓦造价指标差额
		模块名称	投资	模块名称	投资	（设计模块-基本模块）
1	燃气轮机进气冷却装置	无	0	燃气轮机进气冷却装置	3870	52.02
2	地基处理	采用 φ400×80PHC 桩，桩长 23~26m，桩数 1096 根	497	采用 φ500/φ600PHC 桩，桩长 50~60m，桩数 4322 根	8630	109.3
3	软地基处理	无	0	厂区软土处理	9036	121.5
4	征地及清理		1742	征地及清理（合同）	10207	113.8
	合计					396.6 元/kW

经调整，本工程设计方案参考造价指标应为 2943 元/kW＋396.6 元/kW＝3339.6 元/kW，本工程初步设计概算投资为 235198 万元，单位投资为 3162 元/kW，低于调整后的参考造价指标 3340 元/kW，投资水平是合理的。

发电工程总概算表见表 30-45，建筑工程专业汇总概率表见表 30-46，安装工程专业汇总概算表见表 30-47，建筑工程专业汇总概算表见表 30-48，安装工程专业汇总概算表见表 30-49，建筑工程概算表见表 30-50，安装工程概算表见表 30-51，建筑工程取费表见表 30-52，安装工程取费表见表 30-53，其他费用计算表见表 30-54。

表 30-45　　　　　　　　　　　发电工程总概算表

表一　　　　　　机组容量：744MW　　　　　　　金额单位：万元

序号	工程或费用名称	建筑工程费	设备购置费	安装工程费	其他费用	合计	各项占静态投资（%）	单位投资（元/kW）
一	主辅生产工程	19162	131965	20420		171547	73.45	2305.74
（一）	热力系统	6875	107228	6152		120255	51.49	1616.33
（二）	燃料供应系统	688	5092	1346		7126	3.05	95.78

续表

序号	工程或费用名称	建筑工程费	设备购置费	安装工程费	其他费用	合计	各项占静态投资(%)	单位投资(元/kW)
(三)	水处理系统	961	2701	1005		4667	2.00	62.73
(四)	供水系统	3427	1949	2408		7784	3.33	104.62
(五)	电气系统	725	11212	5440		17377	7.44	233.56
(六)	热工控制系统		2257	3474		5731	2.45	77.03
(七)	脱硝系统							
(八)	附属生产工程	6486	1526	594		8606	3.68	115.67
二	与厂址有关的单项工程	23144	779	339		24262	10.39	326.10
(一)	交通运输工程	337				337	0.14	4.53
(二)	防浪堤、填海、护岸工程							
(三)	水质净化工程	309	373	184		866	0.37	11.64
(四)	补给水工程	433	406	155		994	0.43	13.36
(五)	地基处理	17665				17665	7.56	237.43
(六)	厂区、施工区土石方工程	4051				4051	1.73	54.45
(七)	临时工程（建筑安装工程取费系数以外的项目）	350				350	0.15	4.70
三	其中：编制基准期价差	828		465		1293	0.55	17.38
四	其他费用				30947	30947	13.25	415.95
1	建设场地征用及清理费				10207	10207		
2	项目建设管理费				4081	4081		
3	项目建设技术服务费				9308	9308		
4	整套启动试运费				4573	4573		
5	生产准备费				1918	1918		
6	大件运输措施费				860	860		
五	基本预备费				6803	6803	2.91	91.44
六	特殊项目费用							
	工程静态投资	42306	132744	20759	37750	233559	100.00	3139.23
	各项占静态投资（%）	18	57	9	16	100		
	各项静态单位投资（元/kW）	569	1784	279	507	3139		
七	动态费用							
1	价差预备费							
2	建设期贷款利息							
	项目建设总费用（动态投资）	42306	132744	20759	37750	233559		
	其中：生产期可抵扣的增值税	3495		1932		5427		
	各项占动态投资（%）	18	57	9	16	100		
	各项动态单位投资（元/kW）	569	1784	279	507	3139		
八	铺底流动资金							
	项目计划总资金	42306	132744	20759	37750	233559		

表 30-46

建筑工程专业汇总概算表

表二乙

金额单位：元

序号	工程项目名称	设备费	建筑费 金额	建筑费 其中人工费	建筑工程费合计	技术经济指标 单位	技术经济指标 数量	技术经济指标 指标
	建筑工程	9965212	413096893	34399595	423062105			
一	主辅生产工程	9727260	181895835	19286295	191623095			
(一)	热力系统	5235308	63519440	5725056	68754748	元/KW	744000.000	92.412
1	主厂房本体及设备基础	5235308	63519440	5725056	68754748			
1.1	主厂房本体（包括联络栈桥）	3530308	40764616	3528569	44294924	元/m³	157371.000	281.468
1.1.1	基础工程		2509434	284159	2509434	元/m³	1626.000	1543.317
1.1.2	框架结构		11512255	1011811	11512255			
1.1.3	运转层平台		4147376	262170	4147376	元/m2	7092.800	584.730
1.1.4	地面及地下设施		3773832	439377	3773832	元/m2	8310.000	454.131
1.1.5	屋面结构		5163777	389256	5163777			
1.1.6	围护及装饰工程		10181000	757111	10181000			
1.1.7	固定端		596981	27452	596981			
1.1.10	给排水		740626	77112	740626	元/m³	157371.000	4.706
1.1.11	采暖、通风、空调	3530308	1128097	193567	4658405	元/m³	157371.000	29.601
1.1.12	照明		1011238	86554	1011238	元/m³	157371.000	6.426
1.2	电控综合楼（集中控制楼）	1705000	4291448	493278	5996448	元/m³	10240.000	585.591
1.2.1	一般土建		3719064	404292	3719064	m3	10240.000	363.190
1.2.2	给排水		57462	5120	57462	元/m³	10240.000	5.612
1.2.3	采暖、通风、空调	1705000	279018	67380	1984018	元/m³	10240.000	193.752
1.2.4	照明		235904	16486	235904	元/m³	10240.000	23.038
1.4	设备基础		18463376	1703209	18463376	元/m³	12750.000	1448.108
1.4.1	燃气轮发电机基础		3818962	266077	3818962	元/m³	2550.000	1497.632

续表

序号	工程项目名称	设备费	建筑费 金额	建筑费 其中人工费	建筑工程费合计	技术经济指标 单位	技术经济指标 数量	技术经济指标 指标
1.4.2	旁路烟囱基础		1420079	144609	1420079	元/m³	1020.000	1392.234
1.4.3	余热锅炉基础		4072809	456796	4072809	元/m³	3000.000	1357.603
1.4.4	汽轮发电机基础		5483412	500737	5483412	元/m³	2850.000	1924.004
1.4.5	附属设备基础		3668114	334990	3668114	元/m³	3330.000	1101.536
(二)	燃料供应系统		6881251	109614	6881251	元/kW	744000.000	9.249
1	燃气供应系统		6881251	109614	6881251	元/kW	744000.000	9.249
1.1	增(调)压站建筑		6881251	109614	6881251	元/台(机)	1.000	6881251.000
1.1.1	一般土建		6881251	109614	6881251			
(三)	水处理系统	197904	9414780	1122912	9612684	元/kW	744000.000	12.920
1	预处理系统	190504	6849682	871434	7040186	元/kW	744000.000	9.463
1.1	预处理室	190504	6849682	871434	7040186	元/m³	23673.000	297.393
1.1.1	一般土建		5983574	702882	5983574	元/m³	23673.000	252.759
1.1.2	给排水		213623	27934	213623	元/m³	23673.000	9.024
1.1.3	采暖、通风、空调	190504	477016	120259	667520	元/m³	23673.000	28.198
1.1.4	照明		175469	20359	175469	元/m³	23673.000	7.412
2	锅炉补给水处理系统	7400	2565098	251478	2572498			
2.1	锅炉补给水处理室	7400	254807	29259	262207			
2.1.1	一般土建		240175	26411	240175	元/m³	400.000	600.438
2.1.2	给排水		3610	472	3610	元/m³	400.000	9.025
2.1.3	采暖、通风、空调	7400	8059	2032	15459	元/m³	400.000	38.648
2.1.4	照明		2963	344	2963	元/m³	400.000	7.408
2.3	室外构筑物		2310291	222219	2310291			
(四)	供水系统	28076	34237492	3857458	34265568	元/kW	744000.000	46.056
1	凝汽器冷却系统（二次循环水冷却)	28076	34237492	3857458	34265568			

续表

序号	工程项目名称	设备费	建筑费		建筑工程费合计	技术经济指标		
			金额	其中人工费		单位	数量	指标
1.2	循环水泵房	28076	7057713	748038	7085789	元/m³	14015.000	505.586
1.2.1	一般土建		6765503	701368	6765503	元/m³	14015.000	482.733
1.2.2	给排水		84576	9951	84576	元/m³	14015.000	6.035
1.2.3	采暖、通风、空调	28076	137234	25367	165310	元/m³	14015.000	11.795
1.2.4	照明		70400	11352	70400	元/m³	14015.000	5.023
1.3	机力冷却塔		17877498	1840228	17877498	元/段	7.000	2553928.286
1.7	循环水沟		1624267	182005	1624267	元/m	21.300	76256.667
1.8	循环水管道建筑		6906933	941979	6906933	元/m	2700.000	2558.123
1.9	厂区工业水管道建筑		592552	126152	592552	元/m	3800.000	155.935
1.10	循环水井水池		178529	19056	178529	元/座	1.000	178529.000
1.10.1	切换（联络）阀门井		178529	19056	178529	元/座	1.000	178529.000
(五)	电气系统	50088	7197663	676463	7247751	元/kW	744000.000	9.742
1	变配电系统建筑	50088	7197663	676463	7247751	元/kW	744000.000	9.742
1.1	变压器区域构筑物		2831734	291462	2831734			
1.2	屋内配电装置室	50088	3096847	325985	3146935	元/m³	6006.000	523.965
1.2.1	一般土建		2907967	297515	2907967	元/m³	6006.000	484.177
1.2.2	给排水		17869	1502	17869			
1.2.3	采暖、通风、空调	50088	63349	19460	113437	元/m³	6006.000	18.887
1.2.4	照明		107662	7508	107662	元/m³	6006.000	17.926
1.3	屋外配电装置构架		995252	39349	995252	元/T	72.700	13689.849
1.4	全厂独立避雷针		273830	19667	273830	元/座	5.000	54766.000
(八)	附属生产工程	4215884	60645209	7794792	64861093	元/kW	744000.000	87.179
1	辅助生产工程	29552	4276511	495713	4306063	元/kW	744000.000	5.788
1.1	空压机室	9576	2451642	292598	2461218	元/m³	6210.000	396.331
1.1.1	一般土建		2217669	262479	2217669	元/m³	6210.000	357.113
1.1.2	给排水		82787	6707	82787	元/m³	6210.000	13.331

续表

序号	工程项目名称	设备费	建筑费 金额	其中人工费	建筑工程费合计	单位	数量	指标
1.1.3	采暖、通风、空调	9576	95464	17947	105040	元/m³	6210.000	16.915
1.1.4	照明		55722	5465	55722	元/m³	6210.000	8.973
1.5	综合水泵房	19976	1824869	203115	1844845	元/m³	4476.000	412.164
1.5.1	一般土建		1731541	188209	1731541	元/m³	4476.000	386.850
1.5.2	给排水		27013	3178	27013	元/m³	4476.000	6.035
1.5.3	采暖、通风、空调	19976	43831	8102	63807	元/m³	4476.000	14.255
1.5.4	照明		22484	3626	22484	元/m³	4476.000	5.023
2	附属生产建筑	2583956	22784715	2596510	25368671	元/kW	744000.000	34.098
2.1	生产行政综合楼	2366100	10468942	1194180	12835042	元/m²	5594.000	2294.430
2.1.1	一般土建		8918839	958705	8918839	元/m²	5594.000	1594.358
2.1.2	给排水		364544	27187	364544	元/m²	5594.000	65.167
2.1.3	采暖、通风、空调	1766100	509128	120887	2275228	元/m²	5594.000	406.726
2.1.4	照明	600000	676431	87401	1276431	元/m²	5594.000	228.179
2.3	材料库	214256	8331215	966849	8545471	元/m²	4653.000	1836.551
2.3.1	一般土建		7543621	873463	7543621	元/m²	4653.000	1621.238
2.3.2	给排水		326090	23684	326090	元/m²	4653.000	70.082
2.3.3	采暖、通风、空调	214256	325675	64677	539931	元/m²	4653.000	116.039
2.3.4	照明		135829	5025	135829	元/m²	4653.000	29.192
2.7	警卫传达室	3600	165692	17990	169292	元/m²	48.000	3526.917
2.7.1	一般土建		154666	16658	154666	元/m²	48.000	3222.208
2.7.2	给排水		4261	323	4261	元/m²	48.000	88.771
2.7.3	采暖、通风、空调	3600	3053	602	6653	元/m²	48.000	138.604
2.7.4	照明		3712	407	3712	元/m²	48.000	77.333
2.9	雨水泵房（地下式）		3818866	417491	3818866	座	1.000	3818866.000

续表

序号	工程项目名称	设备费	建筑费		建筑工程费合计	技术经济指标		
			金额	其中人工费		单位	数量	指标
2.9.1	一般土建		3818866	417491	3818866	元/m³		4.021
3	环境保护设施	27876	2963420	194940	2991296	元/kW	744000.000	
3.3	工业废水处理站	27876	528809	65615	556685	元/座	1.000	556685.000
3.3.1	一般土建		489297	57926	489297	元/m³	1080.000	453.053
3.3.2	给排水		9747	1274	9747	元/m³	1080.000	9.025
3.3.3	采暖、通风、空调	27876	21760	5486	49636	元/m³	1080.000	45.959
3.3.4	照明		8005	929	8005	元/m³	1080.000	7.412
3.4	生活污水处理站		245512	30577	245512	元/座	1.000	245512.000
3.4.1	一般土建		245512	30577	245512	元/m³		
3.5	室外构筑物		989099	98748	989099	元/座		
3.5.1	一般土建		989099	98748	989099	元/m³		
3.6	厂区绿化		1200000		1200000	元/m²	15000.000	80.000
4	消防系统	1574500	4308380	619257	5882880	元/kW	744000.000	7.907
4.2	消防水池		2526498	252126	2526498	元/座	2.000	1263249.000
4.3	厂区消防管路	52500	776376	240025	828876	元/m	2500.000	331.550
4.6	特殊消防系统	1522000	1005506	127106	2527506	元/kW	744000.000	3.397
4.6.1	主厂房消防灭火	1055000	552710	67986	1607710	元/kW	744000.000	2.161
4.6.2	燃气系统消防灭火	97000	214263	27492	311263	元/kW	744000.000	0.418
4.6.3	变压器系统消防灭火	150000	238533	31628	388533	元/kW	744000.000	0.522
4.6.5	移动消防	220000			220000	元/kW	744000.000	0.296
5	厂区性建筑		26312183	3888372	26312183	元/kW	744000.000	35.366
5.1	厂区道路及广场		2491083	333034	2491083	元/m²	18000.000	138.394
5.2	围墙及大门		458528	80106	458528	元/m	460.000	996.800

续表

序号	工程项目名称	设备费	建筑费		建筑工程费合计	技术经济指标		
			金额	其中人工费		单位	数量	指标
5.3	厂区管道支架		2622667	299006	2622667	元/T	275.500	9519.662
5.4	厂区沟道、隧道		4512575	751670	4512575	元/m	3040.000	1484.400
5.5	生活给排水		907716	231002	907716	元/m	3100.000	292.812
5.6	厂区挡土墙及护坡		5861696	883532	5861696	元/m²	8200.000	1153.405
5.8	厂区雨水管道		9457918	1310022	9457918	元/m	744000.000	311.074
二	与厂址有关的单项工程	237952	231201058	15113300	231439010	元/KW		
(一)	交通运输工程		3367490	281961	3367490			
1	厂外公路		3367490	281961	3367490	元/km	1.500	2244993.333
1.1	进厂公路		3367490	281961	3367490	元/km	1.500	2244993.333
(三)	水质净化工程	13376	3072291	369883	3085667	元/t（水）		
1	水质净化系统	13376	3072291	369883	3085667	元/kW	744000.000	4.147
1.1	原水升压泵房	13376	640055	69832	653431	元/m³	733.000	891.447
1.1.1	一般土建		627694	67794	627694	元/m³	733.000	856.336
1.1.2	给排水		4421	520	4421	元/m³	733.000	6.031
1.1.3	采暖、通风、空调	13376	4256	924	17632	元/m³	733.000	24.055
1.1.4	照明		3684	594	3684	元/m³	733.000	5.026
1.5	沉淀池		1661361	177475	1661361	元/座	3.000	553787.000
1.9	管道建筑		770875	122576	770875	元/m	60.000	12847.917
(四)	补给水工程	31576	4294097	431804	4325673	元/kW	744000.000	5.814
1	补给水系统	31576	4294097	431804	4325673	元/m³	5098.000	591.079
1.4	补充水取水泵房	31576	2981747	309010	3013323	元/m³	5098.000	568.026
1.4.1	一般土建		2895797	294838	2895797	元/m³	5098.000	6.035
1.4.2	给排水		30765	3620	30765	元/m³	5098.000	11.995
1.4.3	采暖、通风、空调	31576	29575	6423	61151	元/m³	5098.000	

续表

序号	工程项目名称	设备费	建筑费 金额	建筑费 其中人工费	建筑工程费合计	技术经济指标 单位	技术经济指标 数量	技术经济指标 指标
1.4.4	照明		25610	4129	25610	元/m³	5098.000	5.024
1.5	补给水管道建筑		1312350	122794	1312350	元/m	430.000	3051.977
（五）	地基处理	8000	176645509	13746562	176653509			
1	热力系统		33678971	1223180	33678971	元/m³	15230.736	2211.250
2	燃料供应系统		166639	6052	166639	元/m³	75.360	2211.239
3	化学水处理系统		1527532	55478	1527532	元/m³	690.600	2211.891
4	供水系统		27496953	998657	27496953	元/m³	12435.030	2211.249
5	电气系统		2957857	107425	2957857	元/m³	1337.640	2211.250
7	附属生产工程		20469766	743441	20469766	元/m³	9257.100	2211.250
8	厂区敷土处理	8000	90347791	10612329	90355791	元/m³	134512.000	671.730
（六）	厂区、施工区土石方工程		40510548	148500	40510548			
2	施工区土石方工程		40510548	148500	40510548	元/m³	190000.000	213.213
（七）	临时工程（建筑安装工程取费系数以外的项目）	185000	3311123	134590	3496123			
1	施工电源	185000	2599292	8342	2784292	元/km	1.540	1807981.818
2	施工水源		249953	59809	249953	元/km	1.095	228267.580
3	施工道路		405878	66439	405878	元/km	0.360	1127438.889
4	施工通信线路		56000		56000	元/km	0.800	70000.000
	合计：	9965212	413096893	34399595	423062105			

表30-47
表二甲

安装工程专业汇总概算表

金额单位：元

序号	工程项目名称	设备购置费	安装工程费				合计	技术经济指标		
			装置性材料费	安装费	其中人工费	小计		单位	数量	指标
	安装工程	1327437679	75174620	132422879	20543343	207597499	1535035178			
一	主辅生产工程	1319646721	73239400	130963873	20376070	204203273	1525849994			
(一)	热力系统	1072281118	19186130	42332975	6923377	61519105	1133800223	元/kW	744000.000	1523.925
1	燃气轮发电机组	711620622	5667093	8635578	1404129	14302671	725923293	元/kW	744000.000	975.703
1.1	燃气轮发电机组本体	679882500	1206555	4673902	903534	5880457	685762957	元/台（机）	3.000	228587652.333
1.2	燃气轮发电机组本体附属设备	1023615		436147	60755	436147	1459762	元/台（机）	3.000	486587.333
1.3	燃气轮机进气冷却系统	30714507	4460538	3525529	439840	7986067	38700574			
2	燃气-蒸汽联合循环系统	360660496	417525	17261646	2693782	17679171	378339667	元/kW	744000.000	508.521
2.1	余热锅炉	123615000	198600	11540640	1652762	11739240	135354240	元/台（炉）	3.000	45118080.000
2.1.1	余热锅炉本体	123615000		10326922	1505785	10326922	133941922	套	3.000	44647307.333
2.1.2	余热锅炉附属设备		198600	397757	81832	397757	397757	套	3.000	132585.667
2.1.3	分部试验及试运		218925	815961	65145	1014561	1014561	套	3.000	338187.000
2.2	蒸汽轮发电机组	237045496	218925	5721006	1041020	5939931	242985427	元/kW	744000.000	326.593
2.2.1	蒸汽轮发电机本体	180287955		3572152	687364	3572152	183860107	元/台（机）	3.000	61286702.333
2.2.2	蒸汽轮发电机辅助设备	44786325		1700344	289460	1700344	46486669	元/台（机）	3.000	15495556.333
2.2.3	旁路系统	4531500		120799	12694	120799	4652299	元/kW	744000.000	6.253
2.2.5	蒸汽轮发电机组其他辅机	7439716	218925	327711	51502	546636	7986352	元/台（机）	3.000	2662117.333
3	汽水管道		10661628	5386881	460598	16048509	16048509	元/t	910.000	17635.724
3.1	主蒸汽、再热蒸汽及给水管道		4601150	1487963	27879	6089113	6089113	元/t	52.000	117098.327
3.1.1	主蒸汽管道		4601150	1487963	27879	6089113	6089113	元/t	858.000	11607.688
3.3	中、低压汽水管道		6060478	3898918	432719	9959396	9959396	元/t	858.000	11607.688
3.3.2	中、低压水管道		6060478	3898918	432719	9959396	9959396	元/t	65.000	10953.938
4	热网系统		460460	251546	24432	712006	712006			

续表

序号	工程项目名称	设备购置费	安装工程费				合计	技术经济指标		
			装置性材料费	安装费	其中人工费	小计		单位	数量	指标
4.2	热网管道		460460	251546	24432	712006	712006	t	65.000	10953.938
4.2.2	厂区热网管道		460460	251546	24432	712006	712006	元/m		
5	保温油漆		1979424	1875192	275418	3854616	3854616	元/m³		
5.2	余热锅炉本体保温		268500	564927	88320	833427	833427	元/m³	750.000	1111.236
5.3	汽轮发电机组设备保温		1367043	870573	105471	2237616	2237616	元/m³	921.000	2429.550
5.4	汽水管道保温		343881	439692	81627	783573	783573	元/m2	8100.000	96.737
6	调试工程			8922132	2065018	8922132	8922132	元/kW	744000.000	11.992
6.1	分系统调试	50919815		2214903	597265	2214903	2214903	元/kW	744000.000	2.977
6.2	整套启动调试	50919815		2096208	520578	2096208	2096208	元/kW	744000.000	2.817
6.3	特殊调试	50919815		740470	175020	740470	740470	元/kW	744000.000	0.995
6.4	性能试验			3870551	772155	3870551	3870551	元/kW	744000.000	5.202
(二)	燃料供应系统	50919815	439772	13023844	71559	13463616	64383431	元/kW	744000.000	86.537
1	燃气供应系统	50919815	439772	13023844	71559	13463616	64383431	元/kW	744000.000	86.537
1.1	增(调)压站设备	50919815		12693768	29193	12693768	63613583	元/台（组）	1.000	63613583.000
1.2	管道		439772	330076	42366	769848	769848	元/t	46.000	16735.826
1.2.2	厂区燃气管道		439772	330076	42366	769848	769848	元/t	46.000	16735.826
(三)	水处理系统	27008142	4682057	5369580	798054	10051637	37059779	元/kW	744000.000	49.812
1	预处理系统	15058174		665665	117173	665665	15723839	元/kW	744000.000	21.134
1.1	设备	15058174		665665	117173	665665	15723839			
2	锅炉补充水处理系统	7633463	3815102	2701993	261574	6517095	14150558	元/t（水）	284.000	49825.908
2.1	设备	7633463	1709402	1318449	93386	3027851	10661314			
2.2	管道		2105700	1383544	168188	3489244	3489244	元/t	100.000	34892.440
4	循环水处理系统	453150	106592	192007	35117	298599	751749	元/kW	744000.000	1.010
4.1	加酸系统	151050	53296	93982	16823	147278	298328	套	1.000	298328.000

续表

序号	工程项目名称	设备购置费	安装工程费				合计	技术经济指标		
			装置性材料费	安装费	其中人工费	小计		单位	数量	指标
4.1.1	设备	151050		29870	6150	29870	180920	套	1.000	180920.000
4.1.2	管道		53296	64112	10673	117408	117408	元/t	4.000	29352.000
4.2	加氯系统	302100	53296	98025	18294	151321	453421	套	1.000	453421.000
4.2.1	设备	302100		22456	4924	22456	324556	套	1.000	324556.000
4.2.2	管道		53296	75569	13370	128865	128865	元/t	4.000	32216.250
5	给水锅水校正处理	3863355	143499	403307	71648	546806	4410161	元/kW	744000.000	5.928
5.1	炉内磷酸盐处理系统	322240	26540	35013	5797	61553	383793	套	1.000	383793.000
5.1.1	设备	322240		11716	2778	11716	333956	套	1.000	333956.000
5.1.2	管道		26540	23297	3019	49837	49837	元/t	4.000	12459.250
5.2	给水加药处理系统	520115	26540	83917	16671	110457	630572	套	1.000	630572.000
5.2.1	设备	520115		24995	5950	24995	545110	套	1.000	545110.000
5.2.2	管道		26540	58922	10721	85462	85462	元/t	0.500	170924.000
5.3	汽水取样系统	3021000	90419	284377	49180	374796	3395796	套	3.000	1131932.000
5.3.1	设备	3021000		11533	2055	11533	3032533	套	3.000	1010844.333
5.3.2	管道		90419	272844	47125	363263	363263	元/t	4.500	80725.111
6	厂区管道		616864	361538	38525	978402	978402	元/t	28.000	34942.929
10	调试工程			1045070	274017	1045070	1045070	元/kW	744000.000	1.405
10.1	分系统调试			565529	145321	565529	565529	元/kW	744000.000	0.760
10.2	整套启动调试			479541	128696	479541	479541	元/kW	744000.000	0.645
(四)	供水系统	19488873	14897039	9186775	769451	24083814	43572687	元/kW	744000.000	58.565
1	凝汽器冷却系统（二次循环冷却系统）	19488873	14897039	9186775	769451	24083814	43572687	元/kW	744000.000	58.565
1.1	循环水泵房	6800673	14897039	9020377	751267	23917416	30718089	元/座	1.000	30718089.000
1.1.1	设备	6800673	3746874	1629611	117778	5376485	12177158	套	1.000	12177158.000
1.1.2	管道		11150165	7390766	633489	18540931	18540931	元/t	1727.000	10735.918
1.5	机力冷却塔设备	12688200		166398	18184	166398	12854598	元/段	14.000	918185.571
(五)	电气系统	112122042	20659822	33743253	5581900	54403075	166525117	元/kW	744000.000	223.824

续表

序号	工程项目名称	设备购置费	装置性材料费	安装工程费 安装费	安装工程费 其中人工费	安装工程费 小计	合计	技术经济指标 单位	技术经济指标 数量	技术经济指标 指标
1	发电机电气引出线	4794326	4858275	3212435	335668	8070710	12865036	元/kW	744000.000	17.292
1.1	发电机电气与出线间	1471226		655027	115007	655027	2126253			
1.2	发电机出口断路器	3323100		9558	2024	9558	3332658			
1.3	发电机引出线		4858275	2547850	218637	7406125	7406125			
2	主变压器系统	39315673	4854	867602	105192	872456	40188129	元/kVA	328000.000	122.525
2.1	主变压器	33435346	4854	800408	93767	805262	34240608			
2.2	厂用高压变压器	5880327		67194	11425	67194	5947521			
3	配电装置	22466170	30511	449053	72278	479564	22945734	元/kW	744000.000	30.841
3.1	屋内配电装置	22466170	30511	449053	72278	479564	22945734	元/kW	744000.000	30.841
4	主控及直流系统	15570718		11517574	1959682	11517574	27088292	元/kW	744000.000	36.409
4.1	集控楼（室）设备	3957510		234937	51343	234937	4192447	元/kW	744000.000	5.635
4.1.2	各种屏、台盘等	3957510		234937	51343	234937	4192447			
4.2	继电器楼设备	7300750		67252	14166	67252	7368002	元/kW	744000.000	9.903
4.2.1	网络监控系统	7300750		67252	14166	67252	7368002			
4.3	直流系统	4312458	355486	11215385	1894173	11215385	15527843	元/kW	744000.000	20.871
5	厂用电系统	25634482		1378082	263381	1733568	27368050	元/kW	744000.000	36.785
5.1	主厂房厂用电系统	13095707		804603	158971	804603	13900310	元/kW	744000.000	18.683
5.1.2	高压配电装置	7484704		325988	60163	325988	7810692			
5.1.3	低压配电装置	4098490		385333	79398	385333	4483823			
5.1.4	低压厂用变压器	1409800		58370	11614	58370	1468170			
5.1.5	机炉车间厂用电气设备	102713		34912	7796	34912	137625			
5.2	主厂房外车间厂用电	6497164		190036	38647	190036	6687200	元/kW	744000.000	8.988
5.2.1	燃料供应系统厂用电	6497164		190036	38647	190036	6687200			
5.3	事故保安电源装置	5019506		139995	33897	139995	5159501	元/kW	744000.000	6.935
5.4	不停电电源装置	1007000		17459	3661	17459	1024459	元/kW	744000.000	1.377

续表

序号	工程项目名称	设备购置费	安装工程费				合计	技术经济指标		
			装置性材料费	安装费	其中人工费	小计		单位	数量	指标
5.5	全厂行车滑线		39480	86599	17254	126079	126079	元/m	280.000	450.282
5.6	设备及构筑物照明	15105	316006	139390	10951	455396	470501			
5.6.3	厂区道路广场照明	15105	316006	139390	10951	455396	470501			
6	电缆及接地		14270529	8921795	1188589	23192324	23192324	元/kW	744000.000	31.172
6.1	电缆		11607032	6097956	624872	17704988	17704988	元/kW	93040.000	190.294
6.1.1	电力电缆		8901602	3788027	254831	12689629	12689629	元/m	93040.000	136.389
6.1.2	控制电缆		2705430	2309929	370041	5015359	5015359	元/m	210000.000	23.883
6.2	支架、桥架		625050	653469	119160	1278519	1278519	元/m	303040.000	4.219
6.3	电缆保护管		605525	171402		776927	776927	元/t		
6.4	电缆防火		1140159	1102134	218292	2242293	2242293	元/m	303040.000	7.399
6.5	全厂接地		292763	896834	226265	1189597	1189597	元/m		
6.5.1	接地		292763	896834	226265	1189597	1189597	元/m	15550.000	76.501
7	厂内通信系统	4340673	1140167	1796076	378614	2936243	7276916	元/km		
7.1	行政与调度通信系统	2014503	1097742	1675762	367267	2773504	4788007			
7.3	系统通信	2326170	42425	120314	11347	162739	2488909	元/km	2.500	995563.600
8	调试工程			5600636	1278496	5600636	5600636	元/kW	744000.000	7.528
8.1	分系统调试			3067513	812036	3067513	3067513	元/kW		
8.2	整套启动调试			1261100	297582	1261100	1261100	元/kW		
8.3	特殊调试			1272023	168878	1272023	1272023	元/kW		
(六)	热工控制系统	22570379	9621492	25118988	5975766	34740480	57310859	元/kW	744000.000	77.031
2	联合循环控制系统	13696998		2219365	541928	2219365	15916363	元/kW	744000.000	21.393
2.1	厂级监控系统	2517500					2517500	元/套	1.000	2517500.000
2.2	分散控制系统	4386948		1883128	458362	1883128	6270076	元/IO点数	7300.000	858.915
2.3	管理信息系统	6042000					6042000			
2.5	全厂闭路电视及门禁系统	750550		336237	83566	336237	1086787			
3	机组控制	6809031		929389	215615	929389	7738420			

续表

序号	工程项目名称	设备购置费	装置性材料费	安装工程费 安装费	安装工程费 其中人工费	小计	合计	单位	技术经济指标 数量	技术经济指标 指标
3.1	机组成套控制装置	604200		619760	145718	619760	1223960			
3.2	现场仪表及执行机构	4205936					4205936			
3.3	电动控制保护屏柜	1998895		309629	69897	309629	2308524			
4	辅助车间控制系统及仪表	2064350		329782	75372	329782	2394132			
4.1	辅助车间自动控制装置	2064350		207400	47342	207400	2271750			
4.2	现场仪表及执行机构			122382	28030	122382	122382			
5	电缆及辅助设施		9621492	8395577	1403926	18017069	18017069	元/kW	744000.000	24.216
5.1	电缆		4529080	4138669	684574	8667749	8667749	元/m	370000.000	23.426
5.2	支架、桥架		1969260	1864437	336663	3833697	3833697	元/t	230.000	16668.248
5.3	电缆保护管		940121	266113		1206234	1206234	元/m		
5.4	电缆防火		336614	456050	103989	792664	792664			
5.5	其他材料		1846417	1670308	278700	3516725	3516725			
6	调试工程			13244875	3738925	13244875	13244875	元/kW	744000.000	17.802
6.1	分系统调试			3001236	810621	3001236	3001236	元/kW	744000.000	4.034
6.2	整套启动调试			1213628	327036	1213628	1213628	元/kW	744000.000	1.631
6.3	特殊调试			9030011	2601268	9030011	9030011	元/kW	744000.000	12.137
(八)	附属生产工程	15256352	3753088	2188458	255963	5941546	21197898	元/kW	744000.000	28.492
1	辅助生产工程	1862950	2647470	1173861	98738	3821331	5684281	元/kW	744000.000	7.640
1.1	空压机站	1208400		39386	9250	39386	1247786	元/kW	744000.000	1.677
1.1.1	设备	1208400		39386	9250	39386	1247786			
1.3	油处理系统	60420		11211	2797	11211	71631	元/kW	744000.000	0.096
1.3.1	设备	60420		11211	2797	11211	71631			
1.6	综合水泵房	594130	2647470	1123264	86691	3770734	4364864	座	1.000	4364864.000
1.6.1	设备	594130	1189870	430791	19586	1620661	2214791			
1.6.2	管道		1457600	692473	67105	2150073	2150073	元/t		
2	附属生产安装工程	6495150		64510	16847	64510	6559660			
2.1	试验室至设备设备	6495150		64510	16847	64510	6559660	元/kW	744000.000	8.817

续表

序号	工程项目名称	设备购置费	安装工程费				合计	技术经济指标		
			装置性材料费	安装费	其中人工费	小计		单位	数量	指标
2.1.1	化学试验室	1007000					1007000			
2.1.2	金属试验室	604200					604200			
2.1.3	热工试验室	1007000					1007000			
2.1.4	电气试验室	1007000					1007000			
2.1.5	环保试验室	755250					755250			
2.1.6	劳保监测站、安全教育室	2114700		64510	16847	64510	2179210			
3	环保保护与监测装置	3667796	486155	681128	119950	1167283	4835079	元/kW	744000.000	6.499
3.3	工业废水处理	3284129	137181	413612	80831	550793	3834922			
3.4	生活污水处理	383667	348974	175217	17693	524191	907858			
3.5	烟气连续监测系统		92299	92299	21426	92299	92299			
4	消防系统	1684711		21491	5215	21491	1706202	元/kW	744000.000	2.293
4.1	消防水泵设备及管道	1231561		21491	5215	21491	1253052			
4.2	消防车	453150					453150			
5	雨水泵房	1545745	619463	247468	15213	866931	2412676	座	1.000	2412676.000
二	与厂址有关的单项工程	7790958	1935220	1459006	167273	3394226	11185184	元/kW	744000.000	15.034
(三)	水质净化工程	3727713	1129013	713711	74987	1842724	5570437	元/kW	744000.000	7.487
1	水质净化系统	3727713	1129013	713711	74987	1842724	5570437	元/kW	744000.000	7.487
1.1	净化站内机械设备	3727713	1129013	713711	74987	1842724	5570437	套	1.000	5570437.000
1.1.1	设备	3727713	729813	519048	55264	1248861	4976574			
1.1.2	管道		399200	194663	19723	593863	593863			
(四)	补给水工程	4063245	806207	745295	92286	1551502	5614747	元/kW	744000.000	7.547
1	补给水系统	4063245	806207	745295	92286	1551502	5614747			
1.1	补给水取水泵房	4063245	806207	745295	92286	1551502	5614747	元/座	1.000	5614747.000
1.1.1	设备	4063245	453542	320867	42500	774409	4837654			
1.1.2	管道		352665	424428	49786	777093	777093	元/t	77.560	10019.250
	合计	1327437679	75174620	132422879	20543343	207597499	1535035178			

表 30-48

建筑工程专业汇总概算表（取费）

表二甲

金额单位：元

序号	工程或费用名称	直接费		间接费		利润（6.36%）	编制基准期价差	税金（11%）	合计
		直接工程费	措施费	规费	企业管理费（6.13%）				
	建筑工程	238110886	16479697	21739521	14596195	18502915	8276332	34947609	413096893
一	主辅生产工程	116299229	8293957	10618120	7129140	9052854	4709325	17171288	181895835
（一）	热力系统	42358915	3325173	3867368	2596603	3316619	1399683	6255079	63519440
1	主厂房本体及设备基础	42358915	3325173	3867368	2596603	3316619	1399683	6255079	63519440
1.1	主厂房本体（包括联络栈桥）	27184445	2133981	2481938	1666408	2128488	859350	4010006	40764616
1.1.1	基础工程	1673145	131343	152757	102564	131004	69938	248683	2509434
1.1.2	框架结构	7733174	607054	706038	474044	605492	245599	1140854	11512255
1.1.3	运转层平台	2805207	220209	256116	171959	219642	63242	411001	4147376
1.1.4	地面及地下设施	2513404	197302	229474	154072	196794	108803	373983	3773832
1.1.5	屋面结构	3482363	273365	317940	213469	272662	92252	511726	5163777
1.1.6	围护及装饰工程	6860865	538579	626397	420571	537192	188468	1008928	10181000
1.1.7	固定端	405663	31844	37037	24867	31763	6647	59160	596981
1.1.10	给排水	495719	38915	45259	30388	38814	18136	73395	740626
1.1.11	采暖、通风、空调	741218	58185	67673	45437	58036	45755	111793	1128097
1.1.12	照明	473687	37185	43247	29037	37089	20510	70483	1011238
1.2	电控综合楼（集中整制楼）	2791648	219144	254878	171127	218581	120702	415368	4291448
1.2.1	一般土建	2482809	194901	226680	152196	194399	99523	368556	3719064
1.2.2	给排水	38605	3030	3525	2366	3023	1219	5694	57462
1.2.3	采暖、通风、空调	179713	14107	16408	11016	14071	16053	27650	279018
1.2.4	照明	90521	7106	8265	5549	7088	3907	13468	235904
1.4	设备基础	12382822	972048	1130552	759068	969550	419631	1829705	18463376
1.4.1	燃气轮发电机基础	2577269	202315	235304	157987	201795	65836	378456	3818962
1.4.2	劳路烟囱基础	949862	74563	86723	58227	74372	35603	140729	1420079
1.4.3	余热锅炉基础	2716394	213235	248006	166515	212688	112359	403612	4072809

续表

序号	工程或费用名称	直接费		间接费		利润（6.36%）	编制基准期价差	税金（11%）	合计
		直接工程费	措施费	规费	企业管理费（6.13%）				
1.4.4	汽轮发电机基础	3679439	288837	335933	225550	288093	122159	543401	5483412
1.4.5	附属设备基础	2459858	193098	224586	150789	192602	83674	363507	3668114
（二）	燃料供应系统	730018	49056	66650	44750	56634	26992	107151	6881251
1	燃气供应系统	730018	49056	66650	44750	56634	26992	107151	6881251
1.1	增（调）压站建筑	730018	49056	66650	44750	56634	26992	107151	6881251
1.1.1	一般土建	730018	49056	66650	44750	56634	26992	107151	6881251
（三）	水处理系统	6325868	425095	577551	387774	490756	274738	932998	9414780
1	预处理系统	4592207	308596	419268	281501	356260	213052	678798	6849682
1.1	预处理室	4592207	308596	419268	281501	356260	213052	678798	6849682
1.1.1	一般土建	4021687	270257	367180	246529	312000	172954	592967	5983574
1.1.2	给排水	143221	9625	13075	8779	11111	6642	21170	213623
1.1.3	采暖、通风、空调	309170	20776	28228	18952	23985	28633	47272	477016
1.1.4	照明	118129	7938	10785	7241	9164	4823	17389	175469
2	锅炉补给水处理系统	1733661	116499	158283	106273	134496	61686	254200	2565098
2.1	锅炉补给水处理室	171383	11513	15647	10505	13296	7211	25252	254807
2.1.1	一般土建	161743	10868	14767	9915	12548	6533	23801	240175
2.1.2	给排水	2420	162	221	148	188	113	358	3610
2.1.3	采暖、通风、空调	5224	350	477	320	405	484	799	8059
2.1.4	照明	1996	133	182	122	155	81	294	2963
2.3	室外构筑物	1562278	104986	142636	95768	121200	54475	228948	2310291
（四）	供水系统	23046953	1548756	2104189	1412777	1787966	943947	3392904	34237492
1	凝汽器冷却系统（二次循环水冷却）	23046953	1548756	2104189	1412777	1787966	943947	3392904	34237492
1.2	循环水泵房	4759461	319837	434540	291755	369235	183472	699413	7057713
1.2.1	一般土建	4565072	306773	416792	279839	354155	172417	670455	6765503

续表

序号	工程或费用名称	直接费		间接费		利润 (6.36%)	编制基准期价差	税金 (11%)	合计
		直接工程费	措施费	规费	企业管理费 (6.13%)				
1.2.2	给排水	56902	3824	5196	3488	4414	2371	8381	84576
1.2.3	采暖、通风、空调	90677	6094	8278	5559	7035	5991	13600	137234
1.2.3	照明	46810	3146	4274	2869	3631	2693	6977	70400
1.3	机力冷却塔	12065664	810812	1101596	739625	936046	452111	1771644	17877498
1.7	循环水沟	1093415	73477	99829	67026	84826	44731	160963	1624267
1.8	循环水管道建筑	4619645	310441	421773	283184	358389	229030	684471	6906933
1.9	厂区工业水管道建筑	388402	26100	35461	23809	30132	29927	58721	592552
1.10	循环水井池	120366	8089	10990	7378	9338	4676	17692	178529
1.10.1	切换（联络）阀门井	120366	8089	10990	7378	9338	4676	17692	178529
（五）	电气系统	4869313	327215	444569	298489	377757	167038	713282	7197663
1	变配电系统建筑	4869313	327215	444569	298489	377757	167038	713282	7197663
1.1	变压器区域构筑物	1911095	128426	174483	117150	148261	71697	280622	2831734
1.2	屋内配电装置室	2088299	140332	190662	128013	162009	80637	306895	3096847
1.2.1	一般土建	1962351	131870	179162	120292	152238	73877	288177	2907967
1.2.2	给排水	12133	814	1108	744	941	358	1771	17869
1.2.3	采暖、通风、空调	40421	2716	3691	2478	3136	4629	6278	63349
1.2.4	照明	73394	4932	6701	4499	5694	1773	10669	107662
1.3	屋外配电装置构架	683535	45933	62407	41901	53028	9819	98629	995252
1.4	全厂独立避雷针	186384	12524	17017	11425	14459	4885	27136	273830
（八）	附属生产工程	38968162	2618662	3557793	2388747	3023122	1896927	5769874	60645209
1	辅助生产工程	2875758	193253	262558	176284	223100	121760	423798	4276511
1.1	空压机室	1647152	110690	150386	100971	127785	71703	242955	2451642
1.1.1	一般土建	1490162	100140	136052	91347	115606	64593	219769	2217669
1.1.2	给排水	56263	3781	5137	3449	4365	1588	8204	82787

续表

序号	工程或费用名称	直接费		间接费		利润(6.36%)	编制基准期价差	税金(11%)	合计
		直接工程费	措施费	规费	企业管理费(6.13%)				
1.1.3	采暖、通风、空调	63032	4236	5755	3864	4890	4227	9460	95464
1.1.4	照明	37695	2533	3442	2311	2924	1295	5522	55722
1.5	综合水泵房	1228606	82563	112172	75313	95315	50057	180843	1824869
1.5.1	一般土建	1166523	78390	106504	71508	90498	46524	171594	1731541
1.5.2	给排水	18173	1222	1659	1114	1410	758	2677	27013
1.5.3	采暖、通风、空调	28960	1947	2644	1775	2247	1914	4344	43831
1.5.4	照明	14950	1004	1365	916	1160	861	2228	22484
2	附属生产建筑	14983364	1006879	1367981	918480	1162398	634344	2208079	22784715
2.1	生产行政综合楼	6853613	460559	625736	420127	531698	290737	1010072	10468942
2.1.1	一般土建	5959331	400466	544087	365307	462321	234649	876278	8918839
2.1.2	给排水	248150	16675	22657	15212	19251	6473	36126	364544
2.1.3	采暖、通风、空调	331500	22276	30266	20321	25717	28594	50454	509128
2.1.4	照明	314632	21142	28726	19287	24409	21021	47214	676431
2.3	材料库	5445178	365917	497144	333790	422433	236822	803141	8331215
2.3.1	一般土建	4984809	334979	455112	305569	386718	214643	735001	7543621
2.3.2	给排水	222088	14924	20277	13614	17229	5643	32315	326090
2.3.3	采暖、通风、空调	214318	14403	19567	13138	16627	15348	32274	325675
2.3.4	照明	23963	1611	2188	1469	1859	1188	3551	135829
2.7	警卫传达室	111629	7502	10191	6842	8660	4448	16420	165692
2.7.1	一般土建	104215	7004	9515	6388	8085	4132	15327	154666
2.7.2	给排水	2900	194	265	178	225	77	422	4261
2.7.3	采暖、通风、空调	2010	135	183	123	156	143	303	3053
2.7.4	照明	2504	169	228	153	194	96	368	3712
2.9	雨水泵房(地下式)	2572944	172901	234910	157721	199607	102337	378446	3818866
2.9.1	一般土建	2572944	172901	234910	157721	199607	102337	378446	3818866

续表

序号	工程或费用名称	直接费			间接费	利润（6.36%）	编制基准期价差	税金（11%）	合计
		直接工程费	措施费	规费	企业管理费（6.13%）				
3	环境保护设施	1187743	79818	108441	72809	92144	47712	174753	2963420
3.3	工业废水处理站	354724	23838	32387	21745	27519	16192	52404	528809
3.3.1	一般土建	328697	22089	30011	20149	25500	14362	48489	489297
3.3.2	给排水	6534	439	597	401	507	303	966	9747
3.3.3	采暖、通风、空调	14104	947	1287	865	1094	1307	2156	21760
3.3.4	照明	5389	363	492	330	418	220	793	8005
3.4	生活污水处理站	164720	11070	15039	10097	12779	7477	24330	245512
3.4.1	一般土建	164720	11070	15039	10097	12779	7477	24330	245512
3.5	室外构筑物	668299	44910	61015	40967	51846	24043	98019	989099
3.5.1	一般土建	668299	44910	61015	40967	51846	24043	98019	989099
3.6	厂区绿化								1200000
4	消防系统	2876429	193297	262618	176325	223152	149603	426956	4308380
4.2	消防水池	1706714	114691	155822	104622	132406	61869	250374	2526498
4.3	厂区消防管路	495000	33266	45194	30344	38402	57232	76938	776376
4.6	特殊消防系统	674715	45340	61602	41359	52344	30502	99644	1005506
4.6.1	主厂房消防灭火	371247	24947	33895	22757	28801	16290	54773	552710
4.6.2	燃气系统消防灭火	143672	9655	13117	8807	11146	6633	21233	214263
4.6.3	变压器系统消防灭火	159796	10738	14590	9795	12397	7579	23638	238533
4.6.5	移动消防								
5	厂区性建筑	17044868	1145415	1556195	1044849	1322328	943508	2536288	26312183
5.1	厂区道路及广场	1666464	111987	152148	102154	129283	82183	246864	2491083
5.2	围墙及大门	303555	20397	27714	18608	23549	19265	45440	458528
5.3	厂区管道支架	1766793	118730	161309	108304	137067	70560	259904	2622667

续表

序号	工程或费用名称	直接费		间接费		利润 (6.36%)	编制基准期价差	税金 (11%)	合计
		直接工程费	措施费	规费	企业管理费 (6.13%)				
5.4	厂区沟道、隧道	2494820	167652	227777	152932	193546	181150	375966	4512575
5.5	生活给排水	587760	39497	53662	36030	45598	55215	89954	907716
5.6	厂区挡土墙及护坡	3902013	262215	356253	239193	302715	218418	580889	5861696
5.8	厂区雨水管道	6323463	424937	577332	387628	490570	316717	937271	9457918
二	与厂址有关的单项工程	121811657	8185740	11121401	7467055	9450061	3567007	17776321	231201058
(一)	交通运输工程	1493208	100342	136329	91534	115842	69493	220742	3367490
1	厂外公路	1493208	100342	136329	91534	115842	69493	220742	3367490
1.1	进厂公路	1493208	100342	136329	91534	115842	69493	220742	3367490
(三)	水质净化系统	2063805	138688	188424	126511	160109	90293	304461	3072291
1	水质净化系统	2063805	138688	188424	126511	160109	90293	304461	3072291
1.1	原水升压泵房	431263	28981	39374	26436	33457	17115	63429	640055
1.1.1	一般土建	423052	28429	38624	25933	32820	16632	62204	627694
1.1.2	给排水	2976	199	271	182	231	124	438	4421
1.1.3	采暖、通风、空调	2786	188	255	171	216	218	422	4256
1.1.4	照明	2449	165	224	150	190	141	365	3684
1.5	沉淀池	1120037	75266	102259	68658	86892	43610	164639	1661361
1.9	管道建筑	512505	34441	46791	31417	39760	29568	76393	770875
(四)	补给水工程	2691851	180892	245767	165011	208832	105932	395812	4294097
1	补给水系统	2691851	180892	245767	165011	208832	105932	395812	4294097
1.4	补充水取水泵房	2011925	135200	183690	123332	156084	76027	295489	2981747
1.4.1	一般土建	1954828	131365	178476	119831	151654	72672	286971	2895797
1.4.2	给排水	20698	1390	1890	1269	1606	863	3049	30765

续表

序号	工程或费用名称	直接费		间接费		利润 (6.36%)	编制基准期价差	税金 (11%)	合计
		直接工程费	措施费	规费	企业管理费 (6.13%)				
1.4.3	采暖、通风、空调	19372	1300	1769	1188	1503	1512	2931	29575
1.4.4	照明	17027	1145	1555	1044	1321	980	2538	25610
1.5	补给水管道建筑	679926	45692	62077	41679	52748	29905	100323	1312350
(五)	地基处理	113782039	7646153	10388300	6974839	8827128	3231055	16593446	176645509
1	热力系统	23166411	1556784	2115094	1420101	1797234	285791	3337556	33678971
2	燃料供应系统	114625	7702	10465	7027	8892	1414	16514	166639
3	化学水处理系统	1050727	70609	95931	64410	81515	12963	151377	1527532
4	供水系统	18914052	1271024	1726853	1159431	1467338	233332	2724923	27496953
5	电气系统	2034592	136725	185758	124720	157842	25099	293121	2957857
7	附属生产工程	14080330	946198	1285535	863124	1092342	173702	2028535	20469766
8	厂区软土处理	54421302	3657111	4968664	3336026	4221965	2498754	8041420	90347791
(六)	厂区、施工区土石方工程	1329850	89365	121415	81520	103169	37997	193965	40510548
2	施工区土石方工程	1329850	89365	121415	81520	103169	37997	193965	40510548
(七)	临时工程(建筑安装工程取费系数以外的项目)	450904	30300	41166	27640	34981	32237	67895	3311123
1	施工电源	18764	1261	1713	1150	1456	2045	2903	2599292
2	施工水源	162623	10928	14847	9969	12616	14200	24770	249953
3	施工道路	269517	18111	24606	16521	20909	15992	40222	405878
4	施工通信线路								56000
	合计	238110886	16479697	21739521	14596195	18502915	8276332	34947609	413096893

安装工程专业汇总概算表（取费）

表30-49
表二甲

金额单位：元

序号	工程或费用名称	直接费		规费	间接费		利润(7.42%)	编制基准期价差	税金(11%)	安装费	主材费	合计
		直接工程费	措施费		企业管理费(64.23%)	施工企业配合调试费(0.68%)						
	安装工程	116851796	13099352	15200023	13194992	798403	11808527	4648215	19316141	132422879	75174620	207597499
一	主辅生产工程	114489316	12904749	15076255	13087552	781014	11600346	4604214	18979777	130963873	73239400	204203273
(一)	热力系统	35208339	4871345	5122606	4446885	244044	3702078	1710158	6083600	42332975	19188130	61519105
1	燃气轮发电机组	8500163	1178197	1038915	901872	65813	867025	333304	1417382	8635578	5667093	14302671
1.1	燃气轮发电机组本体	2883855	580242	668526	580340	23556	351450	209740	582748	4673902	1206555	5880457
1.2	燃气轮发电机组本体附属设备	222577	40989	44952	39023	1792	25921	17671	43222	436147		436147
1.3	燃气轮机进气冷却系统	5393731	556966	325437	282509	40465	489654	105893	791412	3525529	4460538	7986067
2	燃气—蒸汽联合循环系统	8523977	1724844	1993130	1730217	69692	1041907	726252	1739102	17261646	417525	17679171
2.1	余热锅炉	5965152	1108862	1222879	1061570	48103	697968	471358	1163348	11540640	198600	11739240
2.1.1	余热锅炉本体	5150484	990700	1114131	967166	41760	613207	426085	1023389	10326922		10326922
2.1.2	余热锅炉附属设备	155989	45315	60547	52561	1369	23431	19128	39417	397757		397757
2.1.3	分部试验及试运	658679	72847	48201	41843	4974	61330	26145	100542	815961	198600	1014561
2.2	蒸汽轮发电机组	2558825	615982	770251	668647	21589	343939	254894	575754	5721006	218925	5939931
2.2.1	蒸汽轮发电机本体	1485462	392680	508581	441494	12771	210801	166366	353997	3572152		3572152
2.2.2	蒸汽轮发电机辅助设备	675587	168805	214172	185920	5742	92767	71686	155615	1700344		1700344
2.2.3	劳路系统	68998	10112	9392	8153	538	7212	4423	11971	120799		120799
2.2.5	蒸汽轮发电机组其他辅机	328778	44385	38106	33080	2538	33159	12419	54171	327711	218925	546636
3	汽水管道	11638300	995365	340797	295842	85908	991031	110873	1590393	5386881	10661628	16048509
3.1	主蒸汽、再热蒸汽及给水管道	4692225	334608	20628	17907	34182	378387	7750	603426	1487963	4601150	6089113
3.1.1	主蒸汽管道	4692225	334608	20628	17907	34182	378387	7750	603426	1487963	4601150	6089113
3.3	中、低压汽水管道	6946075	660757	320169	277935	51726	612644	103123	986967	3898918	6060478	9959396
3.3.2	中、低压水管道	6946075	660757	320169	277935	51726	612644	103123	986967	3898918	6060478	9959396
4	热网系统	508891	45337	18077	15693	3769	43909	5771	70559	251546	460460	712006

续表

序号	工程或费用名称	直接费		规费	间接费		利润 (7.42%)	编制基准期价差	税金 (11%)	安装费	主材费	合计
		直接工程费	措施费		企业管理费 (64.23%)	施工企业配合调试费 (0.68%)						
4.2	热网管道	508891	45337	18077	15693	3769	43909	5771	70559	251546	460460	712006
4.2.2	厂区热网管道	508891	45337	18077	15693	3769	43909	5771	70559	251546	460460	712006
5	保温油漆	2486373	287454	203780	176901	18862	235464	63793	381989	1375192	1979424	3854616
5.2	余热锅炉本体保温	482063	70490	65347	56728	3757	50336	22114	82592	564927	268500	833427
5.3	汽轮发电机组设备保温	1546076	150942	78037	67744	11540	137592	23939	221746	870573	1367043	2237616
5.4	汽水管道保温	458234	66022	60396	52429	3565	47536	17740	77651	439692	343881	783573
6	调试工程	3550635	640148	1527907	1326360		522742	470165	884175	8922132		8922132
6.1	分系统调试	747931	165954	441917	383623		129065	126918	219495	2214903		2214903
6.2	整套启动调试	778338	153344	385175	334367		122521	114731	207732	2096208		2096208
6.3	特殊调试	288935	53431	129497	112415		43353	39459	73380	740470		740470
6.4	性能试验	1735431	267419	571318	495955		227803	189057	383568	3870551		3870551
(二)	燃料供应系统	632084	57205	52946	45963	4687	58832	16406	95493	13023844	439772	13463616
1	燃气供应系统	632084	57205	52946	45963	4687	58832	16406	95493	13023844	439772	13463616
1.1	增（调）压站设备	102192	12627	21599	18751	781	11571	7045	19202	12693768		12693768
1.2	管道	529892	44578	31347	27212	3906	47261	9361	76291	330076	439772	769848
1.2.2	厂区燃气管道	529892	44578	31347	27212	3906	47261	9361	76291	330076	439772	769848
(三)	水处理系统	6508060	600737	590480	512590	45323	612682	185658	996107	5369580	4682057	10051637
1	预处理系统	322667	44660	86696	75260	2498	39458	28459	65967	665665		665665
1.1	设备	322667	44660	86696	75260	2498	39458	28459	65967	665665		665665
2	锅炉补充水处理系统	4639481	369340	193538	168009	34060	401008	65821	645838	2701993	3815102	6517095
2.1	设备	2199111	169201	69096	59982	16105	186501	27798	300057	1318449	1709402	3027851
2.2	管道	2440370	200139	124442	108027	17955	214507	38023	345781	1383544	2105700	3489244
4	循环水处理系统	174487	18737	25984	22556	1313	18037	7895	29590	-92007	106592	298599
4.1	加酸系统	86868	9201	12448	10805	653	8903	3805	14595	93982	53296	147278
4.1.1	设备	13059	2077	4551	3950	103	1762	1408	2960	29870		29870

续表

序号	工程或费用名称	直接费		间接费			利润 (7.42%)	编制基准期价差	税金 (11%)	安装费	主材费	合计
		直接工程费	措施费	规费	企业管理费 (64.23%)	施工企业配合调试费 (0.68%)						
4.1.2	管道	73809	7124	7897	6855	550	7141	2397	11635	64112	53296	117408
4.2	加氯系统	87619	9536	13536	11751	660	9134	4090	14995	98025	53296	151321
4.2.1	设备	9340	1587	3643	3163	74	1321	1103	2225	22456		22456
4.2.2	管道	78279	7949	9893	8588	586	7813	2987	12770	75569	53296	128865
5	给水锅水校正处理	306885	34846	53011	46019	2325	32876	16656	54188	403307	143499	546806
5.1	炉内磷酸盐处理系统	38350	3748	4289	3723	287	3739	1317	6100	35013	26540	61553
5.1.1	设备	4541	844	2055	1784	37	687	607	1161	11716		11716
5.1.2	管道	33809	2904	2234	1939	250	3052	710	4939	23297	26540	49837
5.2	给水加药处理系统	58450	7216	12334	10708	447	6615	3741	10946	83917	26540	110457
5.2.1	设备	9649	1804	4402	3822	78	1466	1297	2477	24995		24995
5.2.2	管道	48801	5412	7932	6886	369	5149	2444	8469	58922	26540	85462
5.3	汽水取样系统	210085	23882	36388	31588	1591	22522	11598	37142	284377	90419	374796
5.3.1	设备	5551	776	1520	1320	43	683	497	1143	11533		11533
5.3.2	管道	204534	23106	34868	30268	1548	21839	11101	35999	272844	90419	363263
6	厂区管道	698527	55443	28505	24745	5127	60276	8820	96959	361538	616864	978402
10	调试工程	366013	77711	202746	176001		61027	58007	103565	1045070		1045070
10.1	分系统调试	202803	41812	107523	93340		33054	30954	56043	565529		565529
10.2	整套启动调试	163210	35899	95223	82661		27973	27053	47522	479541		479541
(四)	供水系统	17470291	1349460	569317	494219	127974	1484836	201032	2386685	9186775	14897039	24083814
1	凝汽器冷却系统 (二次循环冷却系统)	17470291	1349460	569317	494219	127974	1484836	201032	2386685	9186775	14897039	24083814
1.1	循环水泵房	17372117	1339220	555863	482539	127237	1474872	195373	2370195	9020377	14897039	23917416
1.1.1	设备	3994399	297393	87144	75649	29184	332696	27215	532805	1629611	3746874	5376485
1.1.2	管道	13377718	1041827	468719	406890	98053	1142176	168158	1837390	7390766	11150165	18540931
1.5	机力冷却塔设备	98174	10240	13454	11680	737	9964	5659	16490	166398		166398

续表

序号	工程或费用名称	直接费		规费	间接费		利润 (7.42%)	编制基准期价差	税金 (11%)	安装费	主材费	合计
		直接工程费	措施费		企业管理费 (64.23%)	施工企业配合调试费 (0.68%)						
(五)	电气系统	33172708	3352331	4130052	3585254	230155	3299710	1196525	5386340	33743253	20659822	54403075
1	发电机电气引出线	5735700	458962	248362	215600	42125	497195	72966	799800	3212435	4858275	8070710
1.1	发电机电气与出线间	320399	44090	85094	73869	2479	39024	25159	64913	655027		655027
1.2	发电机出口断路器	4114	670	1498	1300	33	565	431	947	9558		9558
1.3	发电机引出线	5411187	414202	161770	140431	39613	457606	47376	733940	2547850	4858275	7406125
2	主变压器系统	504636	54885	77832	67565	3805	52587	24686	86460	867602	4854	872456
2.1	主变压器	471164	50392	69378	60227	3547	48579	22174	79801	800408	4854	805262
2.2	厂用高压变压器	33472	4493	8454	7338	258	4008	2512	6659	67194		67194
3	配电装置	254127	31340	53478	46424	1941	28738	15992	47524	449053	30511	479564
3.1	屋内配电装置	254127	31340	53478	46424	1941	28738	15992	47524	449053	30511	479564
4	主控及直流系统	5735126	770248	1449968	1258704	44237	686965	430944	1141382	11517574		11517574
4.1	集控楼（室）设备	98543	16622	37989	32978	783	13869	10871	23282	234937		234937
4.1.2	各种屏、台盘等	98543	16622	37989	32978	783	13869	10871	23282	234937		234937
4.2	继电器屏设备	29069	4716	10481	9099	230	3977	3015	6665	67252		67252
4.2.1	网络监控系统	29069	4716	10481	9099	230	3977	3015	6665	67252		67252
4.3	直流系统	5607514	748910	1401498	1216627	43224	669119	417058	1111435	11215385		11215385
5	厂用电系统	916926	113574	194876	169169	7009	103996	56225	171793	1378082	355486	1733568
5.1	主厂房厂用电系统	364844	55578	117622	102107	2860	47711	34146	79735	804603		804603
5.1.2	高压配电装置	154704	22177	44515	38643	1203	19384	13057	32305	325988		325988
5.1.3	低压配电装置	169433	26878	58746	50997	1335	22808	16950	38186	385333		385333
5.1.4	低压厂用变压器	26335	4039	8593	7460	207	3460	2492	5784	58370		58370
5.1.5	机炉车间电气设备	14372	2484	5768	5007	115	2059	1647	3460	34912		34912
5.2	主厂房户外厂用电	84387	13213	28595	24823	664	11255	8267	18832	190036		190036
5.2.1	燃料供应系统厂用电	84387	13213	28595	24823	664	11255	8267	18832	190036		190036
5.3	事故保安发电源装置	53363	10170	25080	21772	432	8223	7082	13873	139995		139995

续表

序号	工程或费用名称	直接费		规费	间接费		利润 (7.42%)	编制基准期价差	税金 (11%)	安装费	主材费	合计
		直接工程费	措施费		企业管理费 (64.23%)	施工企业配合调试费 (0.68%)						
5.4	不停电电源装置	7574	1222	2709	2351	60	1033	780	1730	17459		17459
5.5	全厂行车滑线	69866	8113	12767	11082	530	7595	3632	12494	86599	39480	126079
5.6	设备及构筑物照明	336892	25278	8103	7034	2463	28179	2318	45129	139390	316006	455396
5.6.3	厂区道路广场照明	336892	25278	8103	7034	2463	28179	2318	45129	139390	316006	455396
6	电缆及接地	16121124	1336984	879440	763430	118716	1426101	248190	2298339	8921795	14270529	23192324
6.1	电缆	12770074	998369	462344	401355	93625	1092652	132020	1754549	6097956	11607032	17704988
6.1.1	电力电缆	9469840	700376	188550	163678	69157	785897	54600	1257531	3788027	8901602	12689629
6.1.2	控制电缆	3300234	297993	273794	237677	24468	306755	77420	497018	2309929	2705430	5015359
6.2	支架、桥架	800573	77921	88167	76536	5974	77848	24800	126700	653469	625050	1278519
6.3	电缆保护管	605525	41660			4401	48348		76993	171402	605525	776927
6.4	电缆防火	1389265	137427	161515	140209	10382	136439	44847	222209	1102134	1140159	2242293
6.5	全厂接地	555687	81607	167414	145330	4334	70814	46523	117888	896834	292763	1189597
6.5.1	接地	555687	81607	167414	145330	4334	70814	46523	117888	896834	292763	1189597
7	厂内通信系统	1627580	184558	280137	243184	12322	174205	78233	286024	1796076	1140167	2936243
7.1	行政与调度通信系统	1558436	177626	271741	235896	11805	167358	75790	274852	1675762	1097742	2773504
7.3	系统通信	69144	6932	8396	7288	517	6847	2443	11172	120314	42425	162739
8	调试工程	2277489	401780	945959	821178		329923	269289	555018	5600636		5600636
8.1	分系统调试	1064956	228936	600825	521571		179289	167948	303988	3067513		3067513
8.2	整套启动调试	496991	91239	220181	191137		74166	62412	124974	1261100		1261100
8.3	特殊调试	715542	81605	124953	108470		76468	38929	126056	1272023		1272023
(六)	热工控制系统	17293400	2335339	4421467	3838235	97942	2076591	1234756	3442750	25118988	9621492	34740480
2	联合循环控制系统	838553	161580	400972	348080	6801	130294	113148	219937	2219365		2219365
2.1	厂级监控系统											
2.2	分散控制系统	713884	136983	339142	294406	5786	110573	95738	186616	1883128		1883128
2.3	管理信息系统											

续表

序号	工程或费用名称	直接费		规费	间接费		利润(7.42%)	编制基准期价差	税金(11%)	安装费	主材费	合计
		直接工程费	措施费		企业管理费(64.23%)	施工企业配合调试费(0.68%)						
2.5	全厂闭路电视及门禁系统	124669	24597	61830	53674	1015	19721	17410	33321	336237		336237
3	机组控制	369522	66756	159534	138490	2967	54706	45312	92102	929389		929389
3.1	机组成套控制装置	243275	44671	107817	93595	1958	36456	30570	61418	619760		619760
3.2	现场仪表及执行机构											
3.3	电动控制保护屏柜	126247	22085	51717	44895	1009	18250	14742	30684	309629		309629
4	辅助车间控制系统及仪表	132962	23597	55768	48412	1064	19426	15872	32681	329782		329782
4.1	辅助车间自动控制装置	83715	14836	35029	30408	670	12218	9971	20553	207400		207400
4.2	现场仪表及执行机构	49247	8761	20739	18004	394	7208	5901	12128	122382		122382
5	电缆及辅助设施	11733943	1076426	1038764	901742	87110	1100979	292630	1785475	8395577	9621492	18017069
5.1	电缆	5629460	518539	506516	439702	41806	529493	143267	858966	4138669	4529080	8667749
5.2	支架、桥架	2434686	232044	249097	216239	18134	233745	69836	379916	1364437	1969260	3833697
5.3	电缆保护管	940121	64680			6833	75063		119537	266113	940121	1206234
5.4	电缆防火	447141	50698	76941	66792	3385	47856	21299	78552	456050	336614	792664
5.5	其他材料	2282535	210465	206210	179009	16952	214822	58228	348504	1670308	1846417	3516725
6	调试工程	4218420	1006980	2766429	2401511		771186	767794	1312555	13244875		13244875
6.1	分系统调试	1015606	225269	599778	520662		175210	167291	297420	3001236		3001236
6.2	整套启动调试	411926	91035	241974	210055		70860	67509	120269	1213628		1213628
6.3	特殊调试	2790888	690676	1924677	1670794		525116	532994	894866	9030011		9030011
(八)	附属生产工程	4204434	338332	189387	164406	30889	365617	59679	588802	2188458	3753088	5941546
1	辅助生产工程	2814082	212536	73057	63420	20580	236229	22737	378690	1173861	2647470	3821331
1.1	空压机站	15325	2826	6844	5941	123	2305	2119	3903	39386		39386
1.1.1	设备	15325	2826	6844	5941	123	2305	2119	3903	39386		39386
1.3	油处理系统	4106	819	2070	1797	33	655	620	1111	11211		11211
1.3.1	设备	4106	819	2070	1797	33	655	620	1111	11211		11211
1.6	综合水泵房	2794651	208891	64143	55682	20424	233269	19998	373676	1123264	2647470	3770734
1.6.1	设备	1230306	88399	14492	12580	8967	100522	4789	160606	130791	1189870	1620661
1.6.2	管道	1564345	120492	49651	43102	11457	132747	15209	213070	592473	1457600	2150073
2	附属生产安装工程	22455	4775	12465	10821	185	3762	3654	6393	64510		64510

续表

序号	工程或费用名称	直接费		规费	间接费		利润 (7.42%)	编制基准期价差	税金 (11%)	安装费	主材费	合计
		直接工程费	措施费		企业管理费 (64.23%)	施工企业配合调试费 (0.68%)						
2.1	试验室设备	22455	4775	12465	10821	185	3762	3654	6393	64510		64510
2.1.1	化学试验室											
2.1.2	金属试验室											
2.1.3	热工试验室											
2.1.4	电气试验室											
2.1.5	环保试验室											
2.1.6	劳保监测站、安全教育室	22455	4775	12465	10821	185	3762	3654	6393	64510		64510
3	环保保护与监测装置	709588	71815	88751	77044	5313	70677	28418	115677	681128	486155	1167283
3.3	工业废水处理	294178	35735	59807	51918	2243	32936	19393	54583	413612	137181	550793
3.4	生活污水处理	379112	29475	13091	11364	2778	32338	4086	51947	175217	348974	524191
3.5	烟气连续监测系统	36298	6605	15853	13762	292	5403	4939	9147	92299		92299
4	消防系统	8101	1556	3858	3350	66	1256	1174	2130	21491		21491
4.1	消防水泵房设备及管道	8101	1556	3858	3350	66	1256	1174	2130	21491		21491
4.2	消防车											
5	雨水泵房	650208	47650	11256	9771	4745	53693	3696	85912	247468	619463	866931
二	与厂址有关的单项工程	2362480	194603	123768	107440	17389	208181	44001	336364	1459006	1935220	3394226
(三)	水质净化工程	1309711	104483	55485	48164	9617	113337	19315	182612	713711	1129013	1842724
1	水质净化系统	1309711	104483	55485	48164	9617	113337	19315	182612	713711	1129013	1842724
1.1	净化站内机械设备	1309711	104483	55485	48164	9617	113337	19315	182612	713711	1129013	1842724
1.1.1	设备	879586	71110	40891	35496	6465	76689	14863	123761	519048	729813	1248861
1.1.2	管道	430125	33373	14594	12668	3152	36648	4452	58851	194663	399200	593863
(四)	补给水工程	1052769	90120	68283	59276	7772	94844	24686	153752	745295	806207	1551502
1	补给水系统	1052769	90120	68283	59276	7772	94844	24686	153752	745295	806207	1551502
1.1	补给水取水泵房	1052769	90120	68283	59276	7772	94844	24686	153752	745295	806207	1551502
1.1.1	设备	532640	44792	31446	27298	3927	47496	10067	76743	320867	453542	774409
1.1.2	管道	520129	45328	36837	31978	3845	47348	14619	77009	424428	352665	777093
	合计:	116851796	13099352	15200023	13194992	798403	11808527	4648215	19316141	132422879	75174620	20759749

表 30-50　表三　乙建筑工程概算表（表略）。

表 30-51　表三　甲安装工程概算表（表略）。

表 30-52 　　　　　　　　　　　　　**建筑工程取费表**

表三乙　　　　　　　　　　　　　　　　　　　　　　　　　　　　　　金额单位：元

序号	费用名称	计算说明	费率	单位	总价
建筑取费表（热力系统）					
一	直接费			元	45684088
1	直接工程费			元	42358915
1.1	人工费			元	5725056
1.2	材料费			元	33932943
1.3	施工机械使用费			元	2700916
2	措施费			元	3325173
2.1	冬雨季施工增加费		0.570	%	241444
2.2	夜间施工增加费		0.430	%	182143
2.3	施工工具用具使用费		0.420	%	177907
2.4	大型施工机械安拆与轨道铺拆费		1.130	%	478657
2.6	临时设施费		2.320	%	982728
2.7	施工机构迁移费		0.350	%	148256
2.8	安全文明施工费		2.630	%	1114038
二	间接费			元	6463971
1	规费			元	3867368
1.1	社会保险费	费率列已调用 0.20×社会保险费缴费费率变量	6.560	%	2778743
1.2	住房公积金	费率列已调用 0.20×住房公积金缴费费率变量	2.400	%	1016614
1.3	危险作业意外伤害保险费		0.170	%	72011
2	企业管理费		6.130	%	2596603
三	利润		6.360	%	3316619
四	编制基准期价差			元	1399683
1	人工价差			元	1366570
2	材料价差			元	31508
3	机械价差			元	1605
六	税金		11.000	%	6255079
七	甲供设备含税价			元	5235308
八	合计			元	68754748
建筑取费表					
一	直接费			元	208906495
1	直接工程费			元	195751971
1.1	人工费			元	28674539
1.2	材料费			元	131523709
1.3	施工机械使用费			元	35553723
2	措施费			元	13154524

续表

序号	费用名称	计算说明	费率	单位	总价
2.1	冬雨季施工增加费		0.570	％	1115781
2.2	夜间施工增加费		0.430	％	841734
2.3	施工工具用具使用费		0.420	％	822157
2.5	临时设施费		2.320	％	4541446
2.6	施工机构迁移费		0.350	％	685129
2.7	安全文明施工费		2.630	％	5148277
二	间接费			元	29871745
1	规费			元	17872153
1.1	社会保险费	费率列已调用 0.20×社会保险费缴费费率变量	6.560	％	12841332
1.2	住房公积金	费率列已调用 0.20×住房公积金缴费费率变量	2.400	％	4698042
1.3	危险作业意外伤害保险费		0.170	％	332779
2	企业管理费		6.130	％	11999592
三	利润		6.360	％	15186296
四	编制基准期价差			元	6876649
1	人工价差			元	6844614
2	材料价差			元	67203
3	机械价差			元	－35168
六	税金		11.000	％	28692530
七	甲供设备含税价			元	4729904
八	合计			元	354307357

表 30-53　安装工程取费表

表三甲　　　　　　　　金额单位：元

序号	费用名称	计算说明	费率	单位	总价
安装取费表（热力系统）					
一	直接费			元	35888901
1	直接工程费			元	31657704
1.1	定额直接费			元	12471574
1.1.1	人工费			元	4858359
1.1.2	材料费			元	2764684
1.1.3	施工机械使用费			元	4848531
1.2	装置性材料费			元	19186130
1.2.2	乙供装置性材料费			元	19186130
2	措施费			元	4231197
2.1	冬雨季施工增加费		5.300	％	257494
2.2	夜间施工增加费		1.970	％	95710
2.3	施工工具用具使用费		6.890	％	334739
2.4	特殊工程技术培训费		7.710	％	374579
2.5	大型施工机械安拆与轨道铺拆费		15.380	％	747216

续表

序号	费用名称	计算说明	费率	单位	总价
2.7	临时设施费		4.250	%	1345454
2.8	施工机构迁移费		5.010	%	243405
2.9	安全文明施工费		2.630	%	832600
二	间接费			元	6959268
1	规费			元	3594699
1.1	社会保险费	费率列已调用1.6×社会保险费缴费费率变量	52.480	%	2549667
1.2	住房公积金	费率列已调用1.6×住房公积金缴费费率变量	19.200	%	932804
1.3	危险作业意外伤害保险费		2.310	%	112228
2	企业管理费		64.230	%	3120525
3	施工企业配合调试费		0.680	%	244044
三	利润		7.420	%	3179336
四	编制基准期价差			元	1239993
1	人工价差			元	992561
2	材料价差			元	89853
3	机械价差			元	157579
六	税金		11.000	%	5199425
七	安装费			元	33410843
八	主材费			元	19186130
九	合计			元	52596973

安装取费表（调试工程）

序号	费用名称	计算说明	费率	单位	总价
一	直接费			元	12539176
1	直接工程费			元	10412557
1.1	定额直接费			元	10412557
1.1.1	人工费			元	7356456
1.1.2	材料费			元	168109
1.1.3	施工机械使用费			元	2887992
2	措施费			元	2126619
2.1	冬雨季施工增加费		5.300	%	389893
2.2	夜间施工增加费		1.970	%	144921
2.3	施工工具用具使用费		6.890	%	506860
2.5	临时设施费		4.250	%	442534
2.6	施工机构迁移费		5.010	%	368561
2.7	安全文明施工费		2.630	%	273850
二	间接费			元	10168091
1	规费			元	5443041
1.1	社会保险费	费率列已调用1.6×社会保险费缴费费率变量	52.480	%	3860666
1.2	住房公积金	费率列已调用1.6×住房公积金缴费费率变量	19.200	%	1412441

续表

序号	费用名称	计算说明	费率	单位	总价
1.3	危险作业意外伤害保险费		2.310	%	169934
2	企业管理费		64.230	%	4725050
三	利润		7.420	%	1684878
四	编制基准期价差			元	1565255
1	人工价差			元	1502924
2	材料价差			元	3601
3	机械价差			元	58730
六	税金		11.000	%	2855313
七	安装费			元	28812713
九	合计			元	28812713
	安装取费表				
一	直接费			元	81523071
1	直接工程费			元	74781535
1.1	定额直接费			元	18793045
1.1.1	人工费			元	8328528
1.1.2	材料费			元	4943713
1.1.3	施工机械使用费			元	5520804
1.2	装置性材料费			元	55988490
1.2.2	乙供装置性材料费			元	55988490
2	措施费			元	6741536
2.1	冬雨季施工增加费		5.300	%	441410
2.2	夜间施工增加费		1.970	%	164070
2.3	施工工具用具使用费		6.890	%	573835
2.5	临时设施费		4.250	%	3178211
2.6	施工机构迁移费		5.010	%	417257
2.7	安全文明施工费		2.630	%	1966753
二	间接费			元	12066059
1	规费			元	6162283
1.1	社会保险费	费率列已调用1.6×社会保险费缴费费率变量	52.480	%	4370811
1.2	住房公积金	费率列已调用1.6×住房公积金缴费费率变量	19.200	%	1599078
1.3	危险作业意外伤害保险费		2.310	%	192394
2	企业管理费		64.230	%	5349417
3	施工企业配合调试费		0.680	%	554359
三	利润		7.420	%	6944313
四	编制基准期价差			元	1842967
1	人工价差			元	1701517
2	材料价差			元	68917
3	机械价差			元	72533

续表

序号	费用名称	计算说明	费率	单位	总价
六	税金		11.000	%	11261403
七	安装费			元	70199323
八	主材费			元	55988490
九	合计			元	126187813

表 30-54　　　　　　　　　　　**其他费用计算表**

表四　　　　　　　　　　　　　　　　　　　　　　　　金额单位：元

序号	工程或费用项目名称	编制依据及计算说明	合价
1	建设场地征用及清理费	业主提供征地总价（含征地费、协调费及税金）	102072839
1.1	土地征用费		
1.2	施工场地租用费		
1.3	迁移补偿费		
1.4	余物清理费	（建筑拆除工程费＋安装拆除工程费）	
2	项目建设管理费		40806722
2.1	项目法人管理费	（建筑工程费＋安装工程费）×2.85%	17973799
2.2	招标费	（建筑工程费＋安装工程费＋设备购置费）×0.34%	6657531
2.3	工程监理费	（建筑工程费＋安装工程费）×1.87%	11793335
2.4	设备材料监造费	（设备购置费＋甲供装置性材料费含税＋乙供装置性材料费不含税）×0.2%	2805408
2.5	工程结算审核费	（建筑工程费＋安装工程费）×0.25%	1576649
2.6	工程保险费		
3	项目建设技术服务费		93075998
3.1	项目前期工作费	按业主提供审计资料计列	31561900
3.1.1	可行性研究费用		
3.1.2	环境影响评价费用		
3.1.3	建设项目规划选址费		
3.1.4	水土保持方案编审费用		
3.1.5	地质灾害危险性评估费用		
3.1.6	地震安全性评价费用		
3.1.7	文物调查费用		
3.1.8	矿产压覆评估费用		
3.1.9	用地预审费用		
3.1.10	节能评估费用		
3.1.11	社会稳定风险评估费用		
3.1.12	使用林地可行性研究费用		
3.1.13	前期工作管理费用		
3.1.14	安全卫生预评价费用		
3.1.15	水资源论证费用		
3.2	知识产权转让与研究试验费		2905000
3.2.1	软地基处理试验施工及检测费	按业主提供招标价计列	2425000

续表

序号	工程或费用项目名称	编制依据及计算说明	合价
3.2.2	试桩费	按业主提供招标价计列	480000
3.3	设备成套技术服务费	(设备购置费)×0.3%	3982313
3.4	勘察设计费		47085271
3.4.1	勘察费	根据《关于落实〈国家发展改革委关于进一步放开建设项目专业服务价格的通知〉(发改价格〔2015〕299号)的指导意见》(中电联定额(2015)162号文)规定的费用计划	5557260
3.4.2	设计费		39530011
3.4.3	其他设计费	接入系统(一次、二次)及LNG接收站外委设计	1998000
3.5	设计文件评审费		1582073
3.5.1	可行性研究设计文件评审费		300000
3.5.2	初步设计文件评审费		800000
3.5.3	施工图文件审查费	(基本设计费)×1.5%	482073
3.6	项目后评价费	(建筑工程费+安装工程费)×0.11%	693726
3.7	工程建设检测费		4635055
3.7.1	电力工程质量检测费	(建筑工程费+安装工程费)×0.16%	1009055
3.7.2	特种设备安全监测费		1116000
3.7.3	环境监测验收费	根据该项目3×185MW级燃气热电冷多联供项目环境影响报告书	450000
3.7.4	水土保持项目验收及补偿费	根据该项目3×185MW级燃气热电冷多联供项目环境影响报告书	300000
3.7.5	桩基检测费	按业主提供招标价计列	1760000
3.8	电力工程技术经济标准编制管理费	(建筑工程费+安装工程费)×0.1%	630660
4	整套启动试运费		45733908
4.1	燃料费	发电机额定出力(kW)×台数×整套启动试运小时216h×标准燃料消耗量 m^3/kW·h×燃气价格(标准状态,含税)/m^3×1.05	110639082
4.2	其他材料费	装机容量(MW)×750元/MW 注:装机容量按744MW	558000
4.3	厂用电费	发电机容量×厂用电率×试运购电小时×试运购电价	580986
4.4	售出电费	发电机容量×额定容量系数0.75×带负荷试运小时×试运售电价	−66044160
5	生产准备费		19177650
5.1	管理车辆购置费	(设备购置费)×0.39%	5177007
5.2	工器具及办公家具购置费	(建筑工程费+安装工程费)×0.27%	1702781
5.3	生产职工培训及提前进厂费	(建筑工程费+安装工程费)×1.95%	12297862
6	大件运输措施费	施工组织提供,含现场码头租浮吊,码头道路及现场道路整修等	8600000
	小计		309467117

第六节　国内外燃气轮机项目造价参考

1. 国外单循环电站造价❶（见表 30-55）

表 30-55　　　　　　　　　　单循环电站造价（设备按 FOB 价预估）

燃气轮机机型号	ISO 工况（kW）	效率（%）	项目预算价（$）	造价（$/kW）	年份
1×FT8SP30	30892	36.60	12875000	417	2018
1×FT4000SP60	70836	41.30	25500000	360	2018
1×FT8SP25DLN	25371	38.10	12900000	508	2018
2×FT8SP50DLN	51058	38.20	23000000	450	2018
2×FT8SP60	62086	36.80	22100000	356	2018
501-KB5S	3980	29.70	3300000	829	2018
501-KB7S	5380	32.30	4450000	827	2018
6B.03	44000	33.50	17750000	403	2015
6B.03	44000	33.50	17650000	401	2018
6F.03	80300	36.00	30800000	384	2015
6F3-series	77577	35.60	22220000	286	2013
6FA	77577	35.60	23196500	299	2012
6R03	87000	36.50	31100000	357	2018
7E.03	91000	33.90	25750000	283	2018
7F.04	198000	38.60	47000000	237	2018
7F.05	243000	39.80	55500000	228	2018
7HA.01	290000	42.00	57500000	198	2018
7HA.02	384000	42.50	75000000	195	2018
9E	128183	34.20	36559200	285	2012
9E3-series	128183	34.20	35050000	273	2013
9F.03	265000	37.80	59630000	225	2015
9F.05	299000	38.70	70270000	235	2015
9F.05	314000	38.20	65000000	207	2018
9F3-series	261284	37.30	59290000	227	2013
9F5-series	298174	38.50	68490000	230	2013
9F7-series	339366	40.00	78900000	233	2013
9FA	261284	37.30	61999000	237	2012
9FB	298174	38.50	71611200	240	2012
9FB	339366	40.00	82498000	243	2012
9HA.01	446000	43.10	80000000	179	2018
9HA.02	557000	44.00	92000000	165	2018
9R04	288000	38.70	64000000	222	2018
AE64.3A	78000	36.30	27500000	353	2018
AE94.2	185000	36.20	47400000	256	2018

---

❶ 源自 Gas Turbine World GTW Handbook。

燃气轮机机型号	ISO工况（kW）	效率（%）	项目预算价（$）	造价（$/kW）	年份
C200	200	33.10	225000	1125	2018
Centaur40	3515	27.90	3000000	853	2018
Centaur50	4600	29.30	3700000	804	2018
GT13E2	210000	38.00	48000000	229	2018
GT26	345000	41.00	70000000	203	2018
GT36	500000	41.50	85000000	170	2018
GTU-12PG-2	12300	32.60	6460000	525	2018
H-100	118080	38.30	32000000	271	2018
H-25	41030	36.20	15100000	368	2018
LM2500+DLE	31900	38.80	13650000	428	2018
LM2500+G4DLE	34500	39.20	14950000	433	2018
LM2500DLE50Hz	22400	35.40	12400000	554	2018
LM2500DLE60Hz	23200	36.60	12650000	545	2018
LM2500PE	23091	34.00	8705000	377	2010
LM2500PE	23091	35.10	10340400	448	2012
LM2500PE	24049	35.10	10675200	444	2012
LM2500PE	24049	35.10	10130000	421	2013
LM2500PE	24820	35.10	12500000	504	2015
LM6000DLE	45000	42.10	20000000	444	2018
LM6000DLESprint	50000	42.10	21000000	420	2018
LM6000SAC	53000	41.70	22250000	420	2018
LM9000	68000	42.10	25000000	368	2018
LMS100Wet	118000	44.70	40000000	339	2018
M1A-17D	1700	26.90	1550000	912	2018
M501DA	113950	34.90	30500000	268	2018
M501F	185400	37.00	47000000	254	2018
M501GAC	283000	40.00	51250000	181	2018
M501J	330000	42.10	58500000	177	2018
M501JAC	400000	44.00	69250000	173	2018
M701DA	144090	34.80	38600000	268	2018
M701F	385000	41.90	70000000	182	2018
M701J	478000	42.30	86000000	180	2018
M701JAC	493000	42.90	88000000	178	2018
Mars100	11350	32.90	6550000	577	2018
MS5002E	33310	35.90	13400000	402	2018
OP16-3C	1876	24.70	1650000	880	2018
RB211-GT61DLE	32130	39.30	14170000	441	2018
SGT-100	5400	31.00	4250000	787	2018
SGT-300	7901	30.60	4900000	620	2018
SGT-400	14326	35.40	7500000	524	2018
SGT5-2000E	168000	34.70	38625100	230	2010

续表

燃气轮机机型号	ISO工况（kW）	效率（%）	项目预算价（$）	造价（$/kW）	年份
SGT5-2000E	166000	34.70	44892000	270	2012
SGT5-2000E	166000	34.70	43070000	259	2013
SGT5-2000E	172000	35.30	46000000	267	2015
SGT5-2000E	187000	36.20	46500000	249	2018
SGT5-4000F	292000	39.80	67470300	231	2010
SGT5-4000F	289000	39.40	70449700	244	2012
SGT5-4000F	292000	39.80	68160000	233	2013
SGT5-4000F	307000	40.00	70610000	230	2015
SGT5-4000F	329000	41.00	60000000	182	2018
SGT5-8000H	375000	40.00	89300600	238	2012
SGT5-8000H	375000	40.00	85440000	228	2013
SGT5-8000H	400000	40.00	88000000	220	2015
SGT5-8000H	450000	>41	76500000	170	2018
SGT-600	24480	33.60	11450000	468	2018
SGT6-2000E	117000	35.20	31900000	273	2018
SGT6-5000F	250000	39.30	56750000	227	2018
SGT6-8000H	310000	40.00	63000000	203	2018
SGT-700	29060	36.00	10474700	360	2010
SGT-700	31210	36.40	12214300	391	2012
SGT-700	32214	36.90	11950000	371	2013
SGT-700	32820	37.20	12000000	366	2015
SGT-700	32820	37.20	13650000	416	2018
SGT-750	35930	38.80	13743200	382	2012
SGT-750	35930	38.80	13030000	363	2013
SGT-750	37031	39.50	14500000	392	2015
SGT-750	39810	40.40	14525000	365	2018
SGT-800	47000	37.50	15111400	322	2010
SGT-800	47000	37.50	16714600	356	2012
SGT-800	47500	37.70	16040000	338	2013
SGT-800	50500	38.30	18000000	356	2015
SGT-800	50500	38.30	17800000	352	2018
SGT-900	49500	32.70	16819200	340	2012
SGT-900	49500	32.70	15970000	323	2013
SGT-A65DLEtSI	61842	43.40	23450000	379	2018
SGT-A65TRDLE	54020	42.50	22750000	421	2018
Taurus60	5670	31.50	4320000	762	2018
Taurus65	6300	32.90	4500000	714	2018
Taurus70	7965	34.30	5100000	640	2018
Titan130	16450	35.50	8750000	532	2018
Titan250	21745	38.90	11350000	522	2018

2. 国外联合循环电站造价❶ （见表 30-56）

表 30-56　联合循环电厂造价（包括辅助公用设施的整个电厂交钥匙工程预算造价）

装机	电厂静出力 (MW)	全厂静效率 (%)	燃气轮机数量及类别	汽轮机功率 (MW)	电厂预算造价（$）	造价 ($/kW)	年份
106B	64.8	50.40	1×6B	23.3	50505600	779	2012
106FA	106.3	52.30	1×MS6001FA	37.4	72086100	678	2012
106FA	118.4	55.00	1×6FA	41.6	80180600	677	2012
109E	193.2	51.90	1×9E	66.8	115789500	599	2012
109FA	367.4	55.30	1×MS9001FA	132.7	199333800	543	2012
109FA	397.1	57.20	1×9FA	142.4	215235500	542	2012
109FB	454.1	59.30	1×9FB	164.9	243266100	536	2012
1×1 6B.03	68.0	51.60	1×16B.03	25.6	76000000	1118	2018
1×1 6F.03	134.0	56.60	1×16F.03	48.9	120000000	896	2018
1×1 7E.03	142.0	52.50	1×17E.03	53.6	128000000	901	2018
1×1 7F.05	376.0	60.30	1×17F.05	144.7	275000000	731	2018
1×1 7HA.01	438.0	62.30	1×17HA.01	157.3	300000000	685	2018
1×1 9F.06	532.0	62.20	1×19F.06	183.4	360000000	677	2018
1×1 9HA.01	660.0	63.50	1×19HA.01	213.0	425000000	644	2018
1×1 9R03	409.0	58.90	1×19R03	152.6	285000000	697	2018
1×1 AE64.3A	118.0	54.90	1×1AE64.3A	40.5	118500000	1004	2018
1×1 FT8SP30	41.1	49.10	1×1FT8SP30	12.0	56000000	1364	2018
1×1 GT13E2	305.0	55.10	1×1GT13E2	100.3	230000000	754	2018
1×1 GT26-1	505.0	60.50	1×1GT26-1	160.0	345000000	683	2018
1×1 H-100 (50Hz)	169.6	55.80	1×1H-100 (50Hz)	55.0	150000000	884	2018
1×1 LM2500+G4DLE	47.7	N/A	1×1LM2500+G4DLE	14.2	64000000	1342	2018
1×1 LMG000DLE (50)	58.0	55.20	1×1LMG000DLE (50)	14.4	72000000	1241	2018
1×1 LMS100	141.0	53.30	1×1LMS100	25.8	140000000	993	2018
1×1 M501F	285.1	57.10	1×1M501F	102.4	221000000	775	2018
1×1 M501GAC	427.0	60.50	1×1M501GAC	146.2	295000000	691	2018
1×1 M501J	484.0	62.00	1×1M501J	157.8	326500000	675	2018
1×1 M501JAC	575.0	64.00	1×1M501JAC	180.9	370000000	643	2018
1×1 M701DA	212.5	51.40	1×1M701DA	70.4	179000000	842	2018
1×1 M701F	566.0	62.00	1×1M701F	186.7	373000000	659	2018
1×1 M701J	701.0	62.30	1×1M701J	2287	455500000	650	2018
1×1 M701JAC	717.0	63.10	1×1M701JAC	230.0	463000000	646	2018
1×1 SGT5-2000E	275.0	53.30	1×1SGT5-2000E	93.0	225000000	818	2018
1×1 SGT5-8000H	665.0	61.10	1×1SGT5-8000H	N/A	420000000	632	2018
1×1 SGT-600	35.9	49.90	1×1SGT-600	12.6	47000000	1309	2018
1×1 SGT6-2000E	174.0	52.20	1×1SGT6-2000E	60.0	160000000	920	2018
1×1 SGT6-5000F	375.0	59.30	1×1SGT6-5000F	125.0	268000000	715	2018

❶ 源自 Gas Turbine World GTW Handbook。

续表

装机	电厂静出力（MW）	全厂静效率（%）	燃气轮机数量及类别	汽轮机功率（MW）	电厂预算造价（$）	造价（$/kW）	年份
1×1 SGT6-8000H	460.0	60.80	1×1SGT6-8000H	N/A	319000000	693	2018
1×1 SGT-700	45.2	52.40	1×1SGT-700	14.4	58500000	1295	2018
1×1 SGT-750	51.6	53.30	1×1SGT-750	13.5	65500000	1271	2018
1×1 SGT-800	66.6	53.80	1×1SGT-800	21.0	78000000	1171	2018
1×1 SGT-A30RBDLE	42.6	52.80	1×1SGT-A30RBDLE	12.6	57700000	1354	2018
1×1 SGT-A65TRDLE	66.4	53.50	1×1SGT-A65TRDLE	N/A	81900000	1233	2018
1×1 SGT-AG5TRDLEISI	77.5	53.50	1×1SGT-AG5TRDLEISI	N/A	87500000	1129	2018
1×6B.03	67.0	51.50	1×6B.03	25.3	76500000	1142	2015
1×6F.03	123.0	55.30	1×6F.03	44.9	116600000	948	2015
1×9F.03	404.0	58.20	1×9F.03	147.6	276600000	685	2015
1×9F.05	460.0	60.20	1×9F.05	171.2	306900000	667	2015
1×9HA.01	592.0	61.40	1×9HA.01	205.2	392200000	663	2015
1×LM2500+G4RC	50.2	50.30	1×LM2500+G4RC	14.3	63100000	1257	2015
1×LM2500+PR	44.4	53.20	1×LM2500+PR	14.2	58400000	1315	2015
1×LM6000PF	58.5	54.90	1×LM6000PF	14.6	71300000	1219	2015
1×LM6000PFSprint	64.2	54.30	1×LM6000PFSprint	15.6	75200000	1171	2015
1×SGT5-2000E	253.0	52.50	1×SGT5-2000E	89.0	214900000	849	2015
1×SGT5-8000H	600.0	60.00	1×SGT5-8000H	N/A	400000000	667	2015
1×SGT-600	35.9	49.90	1×SGT-600	12.6	48800000	1359	2015
1×SGT6-2000F	171.0	51.30	1×SGT6-2000F	60.0	153500000	898	2015
1×SGT-700	45.2	52.40	1×SGT-700	14.4	57700000	1277	2015
1×SGT-750	48.2	51.80	1×SGT-750	12.8	60600000	1257	2015
1×SGT-800	71.4	55.10	1×SGT-800	23.1	77900000	1091	2015
206B	130.9	50.90	2×6B	47.8	84505800	646	2012
206FA	239.4	55.60	2×6FA	85.6	141494800	591	2012
209FA	798.7	57.50	2×9FA	288.8	367009200	460	2012
209FB	1025.6	61.10	2×9FB	360.0	481795100	470	2012
209FB	913.6	59.70%	2×9FB	337.3	421361900	461	2012
2×1 6B.03	137.0	52.10	2×16B.03	51.6	130000000	949	2018
2×1 6R03	270.0	57.10	2×16R03	101.3	230000000	852	2018
2×1 7E.03	287.0	53.00	2×17E.03	110.0	239000000	833	2018
2×1 7HA.01	880.0	62.60	2×17HA.01	316.2	580000000	659	2018
2×1 7R05	756.0	60.50	2×17R05	293.0	515000000	681	2018
2×1 9F.06	1067.0	62.30	2×19F.06	369.1	650000000	609	2018
2×1 9HA.01	1322.0	63.60	2×19HA.01	461.4	810000000	613	2018
2×1 ΛE64.3A	240.0	56.00	2×1AE64.3A	82.6	205000000	854	2018
2×1 FT8SP-30	83.1	49.60	2×1FT8SP-30	24.6	94000000	1131	2018

续表

装机	电厂静出力 （MW）	全厂静效率 （%）	燃气轮机数量及类别	汽轮机功率 （MW）	电厂预算 造价（$）	造价 （$/kW）	年份
2×1 GT13E2-2	613.0	55.50	2×1GT13E2-2	203.7	385000000	628	2018
2×1 GT26-2	1010.0	60.50	2×1GT26-2	320.0	635000000	629	2018
2×1 GT36-S5	1444.0	61.50	2×1GT36-S5	444.0	850000000	589	2018
2×1 H-100 (50Hz)	344.5	56.70	2×1H-100 (50Hz)	115.3	250000000	726	2018
2×1 LM6000DLE (50)	117.0	55.40	2×1LM6000DLE (50)	29.1	124000000	1060	2018
2×1 M501F	572.2	57.30	2×1M501F	206.8	400000000	699	2018
2×1 M501GAC	856.0	60.70	2×1M501GAC	294.4	560000000	654	2018
2×1 M501J	971.0	62.20	2×1M501J	318.6	625000000	644	2018
2×1 SGT5-2000E	551.0	53.30	2×1SGT5-2000E	186.0	360000000	653	2018
2×1 SGT5-8000H	1335.0	61.20	2×1SGT5-8000H	435.0	800000000	599	2018
2×1 SGT-600	73.3	50.90	2×1SGT-600	26.5	82000000	1119	2018
2×1 SGT6-5000F	750.0	59.30	2×1SGT6-5000F	250.0	505000000	673	2018
2×1 SGT6-8000H	930.0	60.90	2×1SGT6-8000H	325.0	618000000	665	2018
2×1 SGT-700	91.6	53.10	2×1SGT-700	30.0	97000000	1059	2018
2×1 SGT-800	135.4	54.70	2×1SGT-800	44.2	134000000	990	2018
2×1 THM1304-12N	34.0	44.20	2×1THM1304-12N	11.0	49500000	1456	2018
2×1 W501JAC	1153.0	64.20	2×1W501JAC	364.8	714000000	619	2018
2×6B.03	135.0	51.70	2×6B.03	50.7	127100000	941	2015
2×6F.03	245.0	55.70	2×6F.03	88.3	208000000	849	2015
2×9F.03	811.0	58.40	2×9F.03	298.4	524800000	647	2015
2×9F.05	923.0	60.40	2×9F.05	343.8	589500000	639	2015
2×9HA.01	1181.0	61.30	2×9HA.01	405.9	741500000	628	2015
LM2500PE	32.0	50.40	1×LM2500PE	9.4	26083700	815	2010
LM2500PE	30.4	50.50	1×LM2500PE	8.2	27137400	894	2012
LM2500PE	32.0	50.40	1×LM2500PE	9.4	28364400	886	2012
LM2500PE	32.3	47.10	1×LM2500PE	9.0	28022100	868	2012
LM2500PE	32.3	47.10	1×LM2500PE	9.0	38400000	1188	2013
SCC5-2000E1×1	251.0	52.20	1×SGT5-2000E	91.1	134234500	535	2010
SCC5-2000E1×1	250.0	52.40	1×SGT5-2000E	91.1	143000700	572	2012
SCC5-2000E1×1	250.0	52.40	1×SGT5-2000E	91.1	180000000	720	2013
SCC5-2000E2×1	505.0	52.50	2×SGT5-2000E	177.4	231796500	459	2010
SCC5-2000E2×1	505.0	52.50	2×SGT5-2000E	1774	240518400	476	2012
SCC5-2000E2×1	505.0	52.90	2×SGT5-2000E	177.4	282400000	559	2013
SCC6-2000E1×1	171.0	51.50	1×SGT6-2000F	56.0	104570500	612	2012
SCC6-2000E1×1	171.0	51.30	1×SGT6-2000F	56.0	127900000	748	2013
SCC6-2000F1×1	171.0	51.40	1×SGT6-2000F	N/A	98791300	578	2010
SCC6-2000F2×1	342.0	51.60	2SGT6-2000F	N/A	170153500	498	2010

3. 国内联合循环电站造价❶（见表 30-57）

表 30-57   燃气轮机限额设计控制指标一览表

机组等级	年份	机组台数	建设性质	机组容量（MW）	静态投资（万元）	单位静态投资（元/kW）	动态投资（万元）	单位动态投资（元/kW）
300MW 等级燃气轮发电机组（9F 级纯凝）	2013 年	"一拖一"	新建	848	245982	2899	258238	3044
	2014 年	"一拖一"	新建	848	225205	2656	235722	2780
	2015 年	"一拖一"	新建	848	210328	2481	218112	2573
	2016 年	"一拖一"	新建	848	206443	2435	214083	2525
300MW 等级燃气轮发电机组（9F 级供热）	2013 年	"二拖"	新建	836	244330	2922	256208	3064
	2014 年	"二拖一"	新建	836	230911	2762	241695	2891
	2015 年	"二拖一"	新建	836	223448	2673	231717	2772
	2016 年	"二拖一"	新建	836	218697	2616	226790	2713
180MW 等级燃气轮发电机组（9E 级纯凝）	2013 年	"一拖"	新建	382	119047	3116	122642	3211
	2014 年	"一拖一"	新建	366	116014	3147	119297	3236
	2015 年	"一拖一"	新建	366	113174	3070	115712	3139
	2016 年	"一拖一"	新建	366	112435	3050	114957	3119
	2017 年	"一拖一"	新建	366	107433	2915	109842	2980
400MW 等级燃气轮发电机组（9F 级纯凝）	2017 年	"一拖一"	新建	990	205245	2160	212841	2240
400MW 等级燃气轮发电机组（9F 级供热）	2017 年	"二拖一"	新建	990	216906	2283	224933	2368

❶ 源自电力规划设计总院。

第三十一章 财务分析

工程项目的经济效益是可行性研究的核心问题，建设项目的经济分析一般应进行财务评价与国民经济评价，本书重点讨论财务评价，当需要进行国民经济评价时，可参照 2006 年国家发展改革委、建设部发布的《建设项目经济评价方法与参数》。

财务评价是在国家现行财税制度和市场价格体系下，分析预测项目的财务效益与费用，计算财务评价指标，考察拟建项目的盈利能力、偿债能力、财务生存能力，据以判断项目的财务可行性。

第一节 财务评价内容与步骤

财务评价是在确定的建设方案、投资估算和融资方案基础上进行财务可行性研究。财务评价的主要内容与组成如下，结合项目的具体情况可作相应增减。

（1）选取财务评价基础数据与参数，包括燃料价格、其他投入物价格、电价、税率、汇率、机组年利用小时数、机组年供热量、供热价格、工程建设期、项目生产期、固定资产折旧率、无形资产和其他资产摊销年限、基准收益率、目标收益率等评价参数。

（2）成本费用。

（3）销售收入、税金及利润计算。

（4）编制财务报表，主要有现金流量表、财务计划现金流量表、利润和利润分配表、资产负债表。

（5）计算财务评价指标，进行盈利分析和偿债能力分析。

（6）进行不确定分析，包括敏感性分析和盈亏平衡分析。

（7）编写财务评价报表告。

第二节 基础数据与参数选取

财务评价的基础数据与参数选取是否合理，直接影响财务评价的结论，在进行财务计算前，应做好这项工作。

一、财务价格

财务价格应采用以市场价格体系为基础的预测价格。在建设期内，一般应考虑投入的相对价格变动及价格总水平变动。在运营期内，若能合理判断未来的市场价格变动趋势，投入与产出可采用相对变动价格；若难以确定投入与产出的价格变动，一般可采用项目运营期初的价格；有要求时，也可考虑价格总水平的变动。

二、税费

财务评价中合理计算各种税费，是正确计算项目效益与费用的重要基础。在我国，财务评价涉及的税费主要有增值税、企业所得税、城市维护建设税和教育附加税等。进行评价时应说明税种、税基、税率、计税额等。对于减免税优惠，应说明政策依据以及减免方式和减免金额。

（1）增值税是对生产、销售商品的纳税人实行抵扣原则，项目在生产、经营过程中实际发生的增值税征税的税种。

（2）城市维护建设税和教育附加税是以增值税为税基，乘以相应的税率计算的。

（3）企业所得税应按应税所得额乘以所得税税率计算。

三、利率

利率是项目财务评价的重要数据，用以计算借款利息。采用固定利率的借款项目，财务评价直接采用约定的利率计息；尚未约定或采用国内银行融资方式的，按中国人民银行规定的利率计算利息。采用浮动利率的借款项目，进行财务评价时应对借款期内的平均利率进行测算，采用预测平均利率方法计算利息。

四、汇率

汇率的取值，一般采用国家外汇管理部门公布的当期外汇牌价的卖出、买入的中间价。

五、项目计算期

项目计算期包括建设期和运营期。建设期指项目正式开工到建成投产所需的时间，应参照项目建设合理工期或建设进度计划合理确定；运营期指项目投入生产到项目经济寿命结束所需要的时间。

六、生产负荷

发电项目生产负荷一般表现为项目运营期内达到满负荷的利用小时数及年供电量、供热量。逐年利用小时确定的依据是电网规划、区域电源规划研究、市场供需研究的结果。年供电量、供热量的依据是当地热电联产规划及热电机组的供热能力。

七、财务基准收益率设定

财务基准收益率是项目内部收益率的基准和判据，是项目财务是否可行的最低要求，也用作计算财务净现值的折现率。发电项目一般采用行业发布的基准收益率。

第三节　销售收入与成本费用

一、销售收入估算

火力发电项目的财务效益指销售产品所获得的收入。电力行业的销售收入主要包括售电收入、供热收入及其他产品收入。

$$销售收入＝售电收入＋供热收入＋其他产品收入 \tag{31-1}$$

$$年售电收入＝机组容量×设备年利用小时×（1－厂用电率）×电价 \tag{31-2}$$

$$年供热收入＝年供热量×热价 \tag{31-3}$$

二、成本费用估算

火力发电项目所支出的费用主要包括项目总投资、成本费用和税金。

1. 项目总投资

（1）项目总投资指火力发电项目自前期工作开始至项目全部建成投产运营所需要投入的资金总额，包括工程动态投资（含工程静态投资、价差预备费、建设期利息等）和生产流动资金。项目总投资分别形成固定资产、无形资产、其他资产。

（2）资产形成。固定资产投资指项目投产时直接形成固定资产的建设投资，包括工程费用和工程建设其他费用中按规定形成固定资产的费用；无形资产投资指直接形成无形资产的建设投资，主要是专利权、非专利技术、商标权、土地使用权和商誉等；其他资产投资指建设投资中除形成固定资产和无形资产以外的部分，如生产准备及开办费等。

（3）生产流动资金。生产流动资金指火力发电项目为正常生产运行，维持生产所占用的，用于购买燃料、材料、备品备件和支付工资等所需的全部周转资金。生产流动资金在机组投产前安排投入，估算中应将进项税额包括在相应的年费用中。生产流动资金的来源包括自有流动资金和流动资金借款两部分。

（4）流动资金计算公式如下：

$$流动资金 = 流动资产 - 流动负债 \tag{31-4}$$

$$流动资金本年增加额 = 本年流动资金 - 上年流动资金 \tag{31-5}$$

（5）流动资产和流动负债计算公式如下：

$$流动资产 = 应收账款 + 存货 + 现金 \tag{31-6}$$

$$流动负债 = 应付账款 \tag{31-7}$$

$$应收账款 = 年经营成本 \,/\, 周转次数 \tag{31-8}$$

$$存货 = (燃料费 + 其他材料费) \,/\, 周转次数 \tag{31-9}$$

$$现金 = (年工资及福利费 + 年其他费用 + 年保险费) \,/\, 周转次数 \tag{31-10}$$

$$应付账款 = (年燃料费 + 年其他材料费 + 年水费) \,/\, 周转次数 \tag{31-11}$$

$$周转次数 = 360 天 \,/\, 最低周转天数 \tag{31-12}$$

（6）最低周转天数按实际情况并考虑保险系数分项确定。其他材料费指生产运行、维护修理和事故处理等所耗用的各种原料、材料、备品备件和低值易耗品等费用、脱硫剂费用和脱硝剂费用。

2. 成本费用

（1）总成本费用。总成本费用指火力发电项目在生产经营过程中发生的物质消耗、劳动报酬及各项费用。评价中应根据电力行业的有关规定及特点确定，总成本费用包括生产成本和财务费用两部分。

总成本费用可分解为固定成本和可变成本。固定成本指在一定范围内与电、热产量变化无关，其费用总量固定的成本，一般包括折旧费、摊销费、工资及福利费、修理费、财务费用、其他费用及保险费；可变成本指随电、热产量变化而变化的成本，主要包括燃料费、用水费、材料费、脱硫剂费用、脱硝剂费用、排污费用。

生产成本包括燃料费、用水费、材料费、工资及福利费、折旧费、摊销费、修理费、脱硫剂费用、脱硝剂费用、排污费用、其他费用及保险费等，同时要求计算电力和热力的单位生产成本。

（2）纯凝发电项目生产成本。

1）燃料费指电力生产所耗用的燃料费用，对于天然气，一般折成标准气耗计算，发电标准气耗按设计值，并考虑全年平均运行工况。

$$年发电燃料费 = 年发电量 \times 发电标准气耗 \times 标准天然气单价 \tag{31-13}$$

2）用水费指电力生产所耗用的购水费用，按消耗水量和购水价格计算。

$$年用水费 = 年消耗水量 \times 水价 \tag{31-14}$$

3）材料费指生产运行、维护和事故处理等所耗用的各种原料、材料、备品备件和低值易耗品等费用。

$$年材料费 = 年发电量 \times 单位发电量材料费 \tag{31-15}$$

4）工资及福利费指电厂生产和管理人员的工资和福利费，按全厂定员和全厂人均年工资及福利费系数计算。福利费系数指以人均工资总额为基数计取的医疗保险费、养老保险费、失业保险费、工伤保险费、生育保险费等社会保险费和住房公积金中由职工个人缴付的部分的系数总和。

$$年工资及福利费 = 全厂定员 \times 人均年工资总额 \times (1 + 福利费系数) \tag{31-16}$$

5）折旧费指固定资产在使用过程中，对磨损价值的补偿费用，按年限平均法计算。

$$年折旧费 = 固定资产原值 \times 折旧率 \tag{31-17}$$

$$折旧率 = (1 - 固定资产残值率) \,/\, 折旧年限 \times 100\% \tag{31-18}$$

投产年度，折旧费按该年燃料耗量占达产年燃料耗量比例进行折减。

6）摊销费指无形资产及其他资产在有效使用期限内的平均摊入成本。

$$年摊销费＝无形资产及其他资产/摊销年限 \qquad (31\text{-}19)$$

投产年度，摊销费按该年燃料耗量占达产年燃料耗量比例进行折减。

7）修理费指为保持固定资产的正常运转和使用，对其进行必要修理所发生的费用，修理费按预提的方法计算。修理费计算中的固定资产原值应扣除所含的建设期利息。

$$年修理费＝固定资产原值(扣除所含的建设期利息)×修理提存率 \qquad (31\text{-}20)$$

8）其他费用指不属于以上各项而应计入生产成本的其他成本，主要包括公司经费、工会经费、职工教育经费、劳动保险费、待业保险费、董事会费、咨询费、聘请中介机构费、诉讼费、业务招待费、房产税、车船使用税、土地使用税、印花税、研究与开发费等。

9）保险费可以按保险费率进行，即以固定资产净值的一定比例计算，另外也可以按每年固定的额度计算。

（3）热电联产项目生产成本。热电联产项目的电力和热力生产是同时进行的，所发生的成本和费用应按以下原则进行分配：凡只为电力或热力一种产品服务而发生的成本和费用，应由该产品负担；凡为两种产品共同服务而发生的成本和费用，应按电热分摊比加以分配。电热分摊比包括成本分摊比和投资分摊比。

1）成本分摊比用于分摊燃料费、用水费、材料费、脱硫剂费用、脱硝剂费用、排污费用等可变成本和工资及福利费、其他费用等固定成本。

$$发电成本分摊比(\%)＝发电用标准气耗/(发电用标准气耗＋供热用标准气耗)×100\% \qquad (31\text{-}21)$$
$$供热成本分摊比(\%)＝100\%－发电成本分摊比 \qquad (31\text{-}22)$$

2）投资分摊比用于分摊折旧费、摊销费、修理费、保险费及财务费用。

$$发电投资分摊比(\%)＝发电固定资产/(发电固定资产＋供热固定资产)×100\% \qquad (31\text{-}23)$$
$$供热投资分摊比(\%)＝100\%－发电投资分摊比 \qquad (31\text{-}24)$$

3）发电固定资产计算方法

发电固定资产＝汽轮发电机本体系统费用＋循环水系统费用＋电气系统费用－厂用电系统费用

$$(31\text{-}25)$$

4）供热固定资产计算方法

$$供热固定资产＝厂内热网系统费用＋多装锅炉增容费用 \qquad (31\text{-}26)$$

5）公用固定资产计算方法

$$公用固定资产＝总固定资产－发电固定资产－供热固定资产 \qquad (31\text{-}27)$$

6）燃料费计算方法。

$$年发电燃料费＝发电用标准气耗×标准气单价 \qquad (31\text{-}28)$$
$$年供热燃料费＝供热用标准气耗×标准气单价 \qquad (31\text{-}29)$$
$$发电用标准气量＝(年发电量－供热厂用电量)×发电标准气耗 \qquad (31\text{-}30)$$
$$供热用标准气量＝(年供热量×供热标准气耗＋供热厂用电量×发电标准气耗) \qquad (31\text{-}31)$$
$$供热厂用电量＝供热量×单位供热厂用电 \qquad (31\text{-}32)$$

7）用水费计算方法。

$$年发电用水费＝(循环补充水量＋公用补充水量×发电成本分摊比)×水价 \qquad (31\text{-}33)$$
$$年供热用水费＝(供热补充水量＋公用补充水量×供热成本分摊比)×水价 \qquad (31\text{-}34)$$

8）材料费计算方法。

$$年发电材料费＝发电量×热电厂单位发电量综合材料费×发电成本分摊比 \qquad (31\text{-}35)$$
$$年供热材料费＝发电量×热电厂单位发电量综合材料费×供热成本分摊比 \qquad (31\text{-}36)$$

9）工资及福利费计算方法。

$$年发电工资及福利费=全厂定员×发电成本分摊比×人均年工资标准×（1＋福利费系数）$$

(31-37)

$$年供热工资及福利费=全厂定员×供热成本分摊比×人均年工资标准×（1＋福利费系数）$$

(31-38)

10）折旧费计算方法。

$$年发电折旧费=（发电固定资产＋公用固定资产×发电投资分摊比）×折旧率 \qquad (31\text{-}39)$$

$$年供热折旧费=（供热固定资产＋公用固定资产×供热投资分摊比）×折旧率 \qquad (31\text{-}40)$$

11）摊销费计算方法。

$$年发电摊销费=无形资产及其他资产×发电投资分摊比/摊销年限 \qquad (31\text{-}41)$$

$$年供热摊销费=无形资产及其他资产×供热投资分摊比/摊销年限 \qquad (31\text{-}42)$$

12）修理费计算方法。

$$年发电修理费=（发电固定资产＋公用固定资产×发电投资分摊比）×修理提存率 \qquad (31\text{-}43)$$

$$年供热修理费=（供热固定资产＋公用固定资产×供热投资分摊比）×修理提存率 \qquad (31\text{-}44)$$

修理费计算中的固定资产原值应扣除所含的建设期利息。

13）其他费用计算方法。

$$年发电其他费用=全厂其他费用×发电成本分摊比 \qquad (31\text{-}45)$$

$$年供热其他费用=全厂其他费用×供热成本分摊比 \qquad (31\text{-}46)$$

14）保险费计算方法。

$$年发电保险费=全厂保险费×发电投资分摊比 \qquad (31\text{-}47)$$

$$年供热保险费=全厂保险费×供热投资分摊比 \qquad (31\text{-}48)$$

（4）财务费用。财务费用指企业为筹集债务资金而发生的费用，主要包括长期借款利息、流动资金借款利息和短期借款利息等。对热电联产项目，应按投资分摊比进行分摊。

1）长期借款利息可以按等额还本付息、等额还本利息照付以及约定还款方式计算。

a. 等额还本付息方式计算式为

$$A=I_c×\frac{i（1+i)^n}{(1+i)^n-1}=I_c×(A/P,i,n) \qquad (31\text{-}49)$$

式中　　　A ——每年还本付息额（等额年金）；

　　　　　I_c ——还款起始年年初的借款余额；

　　　　　i ——有效年利率；

　　　　　n ——预定的还款期；

$(A/P,i,n)$ ——资金回收系数，可以自行计算或查复利系数表。

其中：

$$每年支付利息=年初借款余额 × 年利率$$

$$每年偿还本金=A-每年支付利息$$

$$年初借款余额=I_c-本年以前各年偿还的借款累计$$

b. 等额还本利息照付方式计算式为

$$A_t=\frac{I_c}{n}+I_c×(1-\frac{t-1}{n})×i \qquad (31\text{-}50)$$

式中　A_t——第 t 年的还本付息额。

其中：

$$每年支付利息=年初借款余额×有效年利率$$

即

$$第\ t\ 年支付利息 = I_c \times (1 - \frac{t-1}{n}) \times i$$

$$每年偿还本金 = \frac{I_c}{n}$$

c. 约定还款方式指除了上述两种还款方式之外的项目法人与银行签订的还款协议约定的方式。

2）流动资金借款利息按期未偿还、期初再借的方式处理，并按一年期利率计息。

$$年流动资金借款利息 = 年初流动资金借款余额 \times 流动资金借款年利率 \tag{31-51}$$

3）短期借款利息的偿还按照随借随还的原则处理，即当年借款尽可能于下年偿还，借款利息的计算同流动资金借款利息。

（5）经营成本是项目财务分析中所使用的特定概念，包括燃料费、用水费、材料费、工资及福利费、修理费、脱硫剂费用、脱硝剂费用、排污费用、其他费用及保险费。

$$经营成本 = 总成本费用 - 折旧费 - 摊销费 - 财务费用 \tag{31-52}$$

三、税费

（1）财务分析应按税法规定计算增值税，计算公式为

$$增值税 = 销项税额 - 进项税额 \tag{31-53}$$

（2）城市维护建设税和教育费附加是地方性的附加税和专项费用，计税依据是增值税，计算公式为

$$城市维护建设税和教育费附加 = 增值税 \times 税率 \tag{31-54}$$

企业所得税是针对企业应纳所得税额征收的税种，进行财务分析时应根据税法规定，并注意正确使用有关的优惠政策。

第四节 财务评价方法

（1）通过编制财务分析基本报表，计算财务指标，分析项目的盈利能力、偿债能力和财务生存能力，判断项目的财务可接受性，明确项目对项目法人及投资方的价值贡献，为项目决策提供依据。财务分析基本报表包括现金流量表、利润与利润分配表、财务计划现金流量表和资产负债表。

（2）现金流量表是反映项目在建设和运营整个计算期内各年的现金流入和流出，进行资金的时间因素折现计算的报表。包括项目投资现金流量表、项目资本金现金流量表和投资各方现金流量表。

1）项目投资现金流量表用来进行项目融资前分析，即在不考虑债务筹措的条件下进行盈利能力分析，分别计算所得税前与税后的项目投资财务内部收益率、项目投资财务净现值和项目投资回收期。项目投资现金流量表中的所得税为调整所得税，调整所得税为以息税前利润为基数计算的所得税，区别于"利润与利润分配表""项目资本金现金流量表"和"财务计划现金流量表"中的所得税。

$$调整所得税 = 息税前利润 \times 企业所得税率 \tag{31-55}$$

2）项目资本金现金流量表在拟定的融资方案下，从项目资本金出资者整体的角度，考察项目的盈利能力，计算息税后资本金财务内部收益率。

3）投资各方现金流量表从投资方实际获利和支出的角度，反映投资各方的收益水平，计算息税后投资各方财务内部收益率。

（3）利润与利润分配表反映项目计算期内各年销售收入、总成本费用、利润总额等情况，以及所得税后利润的分配，用于计算总投资收益率、项目资本金净利润率等指标。火力发电项目的利润分为利润总额和净利润。

$$利润总额 = 销售收入 - 总成本费用 - 城市维护建设税和教育费附加 + 补贴收入 \tag{31-56}$$

年度利润总额实现后的用途依次为弥补以前年度亏损（自发生亏损的下年开始，可延续五年弥补，第六年仍未补完，需用净利润弥补），交纳所得税（自盈利年起），提取法定盈余公积金和任意盈余公积金，偿还短期借款及长期借款本金，各投资方利润分配。

（4）财务计划现金流量表反映项目计算期内各年的投资、筹资及经营活动的现金流入和流出，用于计算累计盈余资金，分析项目的财务生存能力。拥有足够的经营净现金流量是财务可持续的基本条件；各年累计盈余资金不出现负值是财务生存的必要条件。

（5）资产负债表反映项目计算期内各年年末资产、负债及所有者权益的增减变化及对应关系，计算资产负债率、流动比率和速动比率。

（6）盈利能力分析的主要指标包括财务内部收益率（$FIRR$）、财务净现值（$FNPV$）、项目投资回收期、总投资收益率（ROI）、项目资本金净利润率（ROE）。

1）财务内部收益率（$FIRR$）指项目在计算期内各年净现金流量现值累计等于零时的折现率，是考察项目盈利能力的主要动态评价指标，可按下式计算，即

$$\sum_{t=1}^{n} (CI-CO)_t (1+FIRR)^{-t} = 0 \tag{31-57}$$

式中　　n——项目计算期；

　　　　CI——现金流入量；

　　　　CO——现金流出量；

$(CI-CO)_t$——第 t 期的净现金流量。

求出的 $FIRR$ 应与行业的基准收益率（i_c）比较。当 $FIRR \geqslant i_c$ 时，应认为项目在财务上是可行的。

电力行业还可通过给定财务内部收益率，测算项目的上网电价，与政府主管部门发布的当地标杆上网电价对比，判断项目的财务可行性。一般地，项目投产期、还贷期和还贷后为单一电价，即经营期平均电价。

2）财务净现值（$FNPV$）是指按行业基准收益率（i_c），将项目计算期内各年的净现金流量折现到建设期初的现值之和。是反映项目在计算期内盈利能力的动态评价指标，可按下式计算，即

$$FNPV = \sum_{t=1}^{n} (CI-CO)_t (1+i_c)^{-t} \tag{31-58}$$

财务净现值不小于零的项目是可行的。

3）项目投资回收期指以项目的净收益回收项目投资所需要的时间，是考察项目财务上投资回收能力的重要静态评价指标。投资回收期（以年表示）宜从建设期开始算起，可按下式计算，即

$$\sum_{t=1}^{P_t} (CI-CO)_t = 0 \tag{31-59}$$

投资回收期可用项目投资现金流量表中累计净现金流量计算求得。可按下式计算，即

$$P_t = T-1 + \frac{\left| \sum_{i=1}^{T-1} (CI-CO)_i \right|}{(CI-CO)_T} \tag{31-60}$$

式中　T——各年累计净现金流量首次为正值或零的年数。

投资回收期短，表明项目投资回收快，抗风险能力强。

4）总投资收益率（ROI）指项目达到设计能力后正常年份的年息税前利润或运营期内平均息税前利润（$EBIT$）与项目总投资（TI）的比率，表示总投资的盈利水平。可按下式计算，即

$$ROI = \frac{EBIT}{TI} \times 100\% \tag{31-61}$$

式中　$EBIT$——项目正常年份的年息税前利润或运营期内年平均息税前利润；

$\quad\quad\quad TI$——项目总投资。

总投资收益率高于同行业的收益率参考值，表明用总投资收益率表示的盈利能力满足要求。

5）项目资本金净利润率（ROE）指项目达到设计能力后正常年份净利润或运营期内平均净利润（NP）与项目资本金的比率，表示项目资本金的盈利水平。可按下式计算，即

$$ROE = \frac{NP}{EC} \times 100\% \tag{31-62}$$

式中　NP——项目正常年份的年净利润或运营期内年平均净利润；

$\quad\quad\quad EC$——项目资本金。

项目资本金净利润率高于同行业的净利润率参考值，表明用项目资本金净利润率表示的盈利能力满足要求。

（7）偿债能力分析的主要指标包括利息备付率（ICR）、偿债备付率（$DSCR$）、资产负债率（$LOAR$）、流动比率和速动比率。

1）利息备付率（ICR）指在借款偿还期内的息税前利润（$EBIT$）与应付利息（PI）的比值，表示利息偿付的保障程度指标，可按下式计算，即

$$ICR = \frac{EBIT}{PI} \tag{31-63}$$

式中　$EBIT$——息税前利润；

$\quad\quad\quad PI$——计入总成本费用的应付利息。

利息备付率应分年计算。利息备付率高，表明利息偿付的保障程度高。

2）偿债备付率（$DSCR$）指在借款偿还期内，用于计算还本付息的资金（$EBITAD - T_{AX}$）与应还本付息金额（PD）的比值，表示可用于还本付息的资金偿还借款本息的保障程度指标，可按下式计算，即

$$DSCR = \frac{EBITAD - T_{AX}}{PD} \tag{31-64}$$

式中　$EBITAD$——息税前利润加折旧和摊销；

$\quad\quad\quad T_{AX}$——企业所得税；

$\quad\quad\quad PD$——应还本付息金额，包括还本金额和计入总成本费用的全部利息。融资租赁费用可视同借款偿还。运营期内的短期借款本息也应纳入计算。

偿债备付率应分年计算。偿债备付率高，表明可用于还本付息的资金保障程度高。

3）资产负债率（$LOAR$）指各期末负债总额（TL）与资产总额（TA）的比率，是反映项目各年所面临的财务风险程度及综合偿债能力的指标。可按下式计算，即

$$LOAR = \frac{TL}{TA} \times 100\% \tag{31-65}$$

式中　TL——期末负债总额；

$\quad\quad\quad TA$——期末资产总额。

项目财务分析中，在长期债务还清后，可不再计算资产负债率。

4）流动比率是流动资产与流动负债之比，反映项目法人偿还流动负债的能力，可按下式计算，即

$$流动比率 = \frac{流动资产}{流动负债} \times 100\% \tag{31-66}$$

5）速动比率是速动资产与流动负债之比，反映项目法人在短时间内偿还流动负债的能力，可按下式计算，即

$$速动比率 = \frac{速动资产}{流动负债} \times 100\% \tag{31-67}$$

第五节　不确定性分析

不确定性分析指分析不确定性因素变化对财务指标的影响，主要包括盈亏平衡分析和敏感性分析。

1. 盈亏平衡分析

盈亏平衡分析根据项目正常生产年份的产量、固定成本、可变成本、税金等，计算盈亏平衡点，分析研究项目成本与收入的平衡关系。当项目收入等于总成本费用时，正好盈亏平衡，盈亏平衡点越低，表示项目适应产品变化的能力越大，抗风险能力越强。盈亏平衡点通常用生产能力利用率或者产量表示，可按下式计算，即

$$BEP_{生产能力利用率} = \frac{年固定成本}{年销售收入 - 年可变成本 - 年税金及附加} \times 100\% \tag{31-68}$$

$$BEP_{产量} = \frac{年固定成本}{单位产品销售价格 - 单位产品可变成本 - 单位产品税金及附加} \tag{31-69}$$

两者之间的换算关系为

$$BEP_{产量} = BEP_{生产能力利用率} \times 设计生产能力 \tag{31-70}$$

对盈亏平衡分析的计算结果应通过盈亏平衡分析图表示，见图 31-1。

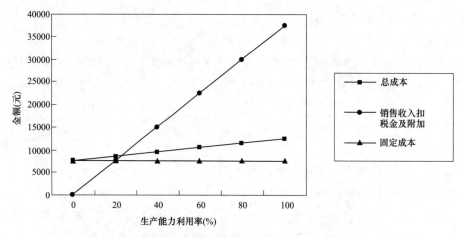

图 31-1　盈亏平衡分析图（生产能力利用率）

2. 敏感性分析

敏感性分析指分析不确定性因素变化对财务指标的影响，找出敏感因素。应进行单因素和多因素变化对财务指标的影响分析，主要分析对内部收益率的影响，并计算敏感度系数和临界点，结论应列表表示，并绘制敏感性分析图。根据发电工程项目特点，不确定性因素主要包括建设投资、年发电量、年供热量、售电价格、供热价格、燃料价格等。

当给定内部收益率测算电价时，敏感性分析主要指建设投资、年发电量、年供热量、供热价格、燃料价格等不确定因素变化时，对售电价格的影响，找出敏感因素。一般考虑单因素变化。

（1）敏感度系数（S_{AF}）指项目评价指标变化率与不确定性因素变化率之比，可按下式计算，即

$$S_{AF} = \frac{\Delta A / A}{\Delta F / F} \tag{31-71}$$

式中　$\Delta F / F$ ——不确定性因素 F 的变化率；

　　　　$\Delta A / A$ ——不确定性因素 F 发生 ΔF 变化时，评价指标 A 的相应的变化率。

（2）临界点指单一的不确定因素的变化使项目由可行变为不可行的临界数值，可采用不确定因素对基本方案的变化率或其对应的具体数值表示。

第六节　相关财务报表及财务分析参数

一、财务分析辅助报表

参见表 31-1～表 31-8。

表 31-1　　　　　　　　　　　　　流动资金估算表金额　　　　　　　　　　单位：万元

序号	项　　目	合计	计　算　期					
			1	2	3	4	…	n
1	流动资产							
1.1	应收账款							
1.2	存货							
1.2.1	原材料							
1.2.2	燃料							
1.2.3	其他							
1.3	现金							
2	流动负债							
2.1	应付账款							
3	流动资金							
4	流动资金本年增加额							

表 31-2　　　　　　　　　　　　投资使用计划与资金筹措总表额　　　　　　　　单位：万元

序号	项　　目	合计	计　算　期					
			1	2	3	4	…	n
1	项目总投资							
1.1	建设投资（静态投资＋涨价预备费）							
1.2	建设期利息							
1.3	流动资金							
2	资金筹措							
2.1	项目资本金							
2.1.1	用于建设投资							
2.1.2	用于流动资金							
2.2	债务资金							
2.2.1	长期借款							
2.2.2	流动资金借款							
2.2.3	其他短期借款							
2.3	其他							

表 31-3 投资使用计划与资金筹措明细表金额 单位：万元

序号	项 目	合计	计 算 期					
			1	2	3	4	...	n
1	建设投资使用计划							
1.1	逐年建设投资使用比例（%）							
1.2	逐年建设投资使用额度							
2	建设投资资金筹措							
2.1	资本金（%）							
2.1.1	投资方 1							
2.1.2	投资方 2							
2.2	债务资金（%）							
2.2.1	借款 1							
	建设期借款利息							
	其中承诺费							
2.2.2	借款 2							
	建设期借款利息							
	其中承诺费							
3	建设期利息合计							
4	流动资金							
4.1	自有流动资金							
4.2	流动资金借款							
5	工程动态总投资							
5.1	其中：固定资产投资							
5.2	无形资产投资							
5.3	其他资产投资							

表 31-4 借款还本付息计划表金额 单位：万元

序号	项 目	合计	计 算 期					
			1	2	3	4	...	n
1	借款 1							
1.1	期初借款余额							
1.2	当期还本付息							
	其中：还本							
	付息							
2	借款 2							
2.1	期初借款余额							
2.2	当期还本付息							
	其中：还本							
	付息							
3	流动资金借款							
3.1	期初借款余额							
3.2	当期还本付息							
	其中：还本							

续表

序号	项 目	合计	计 算 期					
			1	2	3	4	…	n
	付息							
4	短期借款							
4.1	期初借款余额							
4.2	当期还本付息							
	其中：还本							
	付息							
5	借款合计							
5.1	期初借款余额							
5.2	当期还本付息							
	其中：还本							
	付息							
计算指标	利息备付率							
	偿债备付率							

表 31-5　　　　　　　　　　固定资产折旧、无形资产及其他资产摊销估算表金额　　　　　　单位：万元

序号	项 目	合计	计 算 期					
			1	2	3	4	…	n
1	固定资产合计							
1.1	原值							
1.2	折旧费							
1.3	净值							
2	无形资产合计							
2.1	原值							
2.2	摊销费							
2.3	净值							
3	其他资产合计							
3.1	原值							
3.2	摊销费							
3.3	净值							

表 31-6　　　　　　　　　　总成本费用估算表（纯凝发电项目）金额　　　　　　　单位：万元

序号	项 目	合计	计 算 期					
			1	2	3	4	…	n
1	发电部分							
1.1	年发电量（GW·h）							
1.2	厂用电量（GW·h）							
1.3	售电量（GW·h）							
2	生产成本							
2.1	燃料费							
2.2	水费							

序号	项　目	合计	计　算　期					
			1	2	3	4	...	n
2.3	材料费							
2.4	工资及福利费							
2.5	折旧费							
2.6	摊销费							
2.7	修理费							
2.8	其他费用							
2.9	保险费							
2.10	其他							
3	发电单位成本[元/(MW·h)]							
4	财务费用							
4.1	长期借款利息							
4.2	流动资金利息							
4.3	短期借款利息							
4.4	其他							
5	总成本费用							
5.1	固定成本							
5.2	可变成本							
6	经营成本（5−2.5−2.6−4）							

注　本表的成本为不含增值税成本。

表 31-7　　　　　　　　**总成本费用估算表（热电联产项目）金额**　　　　单位：万元

序号	项　目	合计	计　算　期					
			1	2	3	4	...	n
1	年发电量（GW·h）							
2	厂用电量（GW·h）							
3	售电量（GW·h）							
4	供热量（万 GJ）							
5	生产成本							
	其中：发电生产成本							
	供热生产成本							
5.1	燃料费							
5.2	水费							
5.3	材料费							
5.4	工资及福利费							
5.5	折旧费							
5.6	摊销费							
5.7	修理费							
5.8	其他费用							
5.9	保险费							
5.10	其他							

续表

序号	项 目	合计	计 算 期					
			1	2	3	4	⋯	n
6	单位成本							
6.1	发电单位成本[元/(MW·h)]							
6.2	供热单位成本（元/GJ）							
7	财务费用							
7.1	长期借款利息							
7.2	流动资金利息							
7.3	短期借款利息							
7.4	其 他							
8	总成本费用							
8.1	固定成本							
8.2	可变成本							
9	经营成本（8−5.5−5.6−7）							

注 本表的成本为不含增值税成本。

表 31-8 　　　　　　　　　　　**总成本费用估算明细表（热电联产项目）金额**　　　　　　单位：万元

序号	项 目	合计	计 算 期					
			1	2	3	4	⋯	n
1	年发电量（MW·h）							
2	厂用电量（GW·h）							
3	售电量（GW·h）							
4	供热量（万 GJ）							
5	发电生产成本							
5.1	燃料费							
5.2	水费							
5.3	材料费							
5.4	工资及福利费							
5.5	折旧费							
5.6	摊销费							
5.7	修理费							
5.8	其他费用							
5.9	保险费							
5.10	其他							
6	供热生产成本							
6.1	燃料费							
6.2	水费							
6.3	材料费							
6.4	工资及福利费							
6.5	折旧费							
6.6	摊销费							
6.7	修理费							

续表

序号	项　目	合计	计　算　期					
			1	2	3	4	...	n
6.8	其他费用							
6.9	保险费							
6.10	其他							
7	财务费用							
7.1	发电财务费用							
7.1.1	长期借款利息							
7.1.2	流动资金利息							
7.1.3	短期借款利息							
7.1.4	其他							
7.2	供热财务费用							
7.2.1	长期借款利息							
7.2.2	流动资金利息							
7.2.3	短期借款利息							
7.2.4	其他							
8	总成本费用							
8.1	发电总成本费用							
8.1.1	固定成本							
8.1.2	可变成本							
8.2	供热总成本费用							
8.2.1	固定成本							
8.2.2	可变成本							

注 本表的成本为不含增值税成本。

二、财务分析基本报表

参见表 31-9～表 31-15。

表 31-9　　　　　　　　　**项目投资现金流量表金额**　　　　　单位：万元

序号	项　目	合计	计　算　期					
			1	2	3	4	...	n
1	现金流入							
1.1	产品销售（营业）收入							
1.2	补贴收入							
1.3	回收固定资产余值							
1.4	回收流动资金							
2	现金流出							
2.1	建设投资							
2.2	流动资金							
2.3	经营成本							
2.4	城建税及教育附加							
3	所得税前净现金流量（1－2）							

续表

序号	项　目	合计	计　算　期					
			1	2	3	4	⋯	n
4	所得税前累计净现金流量							
5	调整所得税							
6	所得税后净现金流量（3—5）							
7	所得税后累计净现金流量							

计算指标：

项目投资财务内部收益率（%）（所得税前）
项目投资财务内部收益率（%）（所得税后）
项目投资财务净现值（所得税前）（i_c＝%）
项目投资财务净现值（所得税后）（i_c＝%）
项目投资回收期（年）（所得税前）
项目投资回收期（年）（所得税后）

注　1. 调整所得税为以息税前利润为基数计算的所得税，区别于"利润与利润分配表""项目资本金现金流量表"和"财务计划现金流量表"中的所得税。

　　2. 对外商投资项目，现金流出中应增加职工奖励及福利基金科目。

表 31-10　　　　　　　　　　**项目资本金现金流量表金额**　　　　　　　　单位：万元

序号	项　目	合计	计　算　期					
			1	2	3	4	⋯	n
1	现金流入							
1.1	产品销售（营业）收入							
1.2	补贴收入							
1.3	回收固定资产余值							
1.4	回收自有流动资金							
2	现金流出							
2.1	建设投资资本金							
2.2	自有流动资金							
2.3	经营成本							
2.4	长期借款本金偿还							
2.5	流动资金借款本金偿还							
2.6	长期借款利息支付							
2.7	流动资金借款利息支付							
2.8	城建税及教育附加							
2.9	所得税							
3	净现金流量（1—2）							

计算指标

资本金财务内部收益率（%）

注　对外商投资项目，现金流出中应增加职工奖励及福利基金科目。

表 31-11 投资各方现金流量表金额 单位：万元

序号	项 目	合计	计 算 期					
			1	2	3	4	...	n
1	现金流入							
1.1	各投资方利润分配							
1.2	资产处置收益分配							
1.2.1	回收固定资产和无形资产余值							
1.2.2	回收还借款后余留折旧和摊销							
1.2.3	回收自有流动资金							
1.2.4	回收法定盈余公积金和任意盈余公积金							
2	现金流出							
2.1	建设投资资本金							
2.2	自有流动资金							
3	净现金流量							
计算指标								
投资各方财务内部收益率（%）								

表 31-12 利润与利润分配表（纯凝发电项目）金额 单位：万元

序号	项 目	合计	计 算 期					
			1	2	3	4	...	n
1	产品销售收入							
1.1	售电收入							
1.1.1	售电量							
1.1.2	售电价格（不含税）							
1.1.3	售电价格（含税）							
2	销售税金及附加							
2.1	销售税金							
2.2	城建税及教育附加							
3	总成本费用							
4	补贴收入							
5	利润总额（1−2.2−3+4）							
6	弥补以前年度亏损							
7	应纳税所得额（5−6）							
8	所得税							
9	净利润（5−8）							
9.1	法定盈余公积金							
9.2	任意盈余公积金							
9.3	各投资方利润分配							
	其中：投资方1							
	投资方2							

续表

序号	项 目	合计	计 算 期					
			1	2	3	4	...	n
9.4	未分配利润							
10	息税前利润（利润总额＋财务费用）							
11	息税折旧摊销前利润（利润总额＋财务费用＋折旧＋摊销）							

注 1. 对于外商投资项目应由第 9 项减去储备基金、职工奖励与福利基金和企业发展基金后，得出各投资方利润分配。

2. 本表的售电收入为不含增值税收入。

表 31-13　　　　　　　　　　利润与利润分配表（热电联产项目）金额　　　　　　　　单位：万元

序号	项 目	合计	计 算 期					
			1	2	3	4	...	n
1	产品销售收入							
1.1	售电收入							
1.1.1	售电量							
1.1.2	售电价格（不含税）							
1.1.3	售电价格（含税）							
1.2	供热收入							
1.2.1	供热量							
1.2.2	供热价格（不含税）							
1.2.3	供热价格（含税）							
2	销售税金及附加							
2.1	售电销售税金及附加							
2.1.1	销售税金							
2.1.2	城建税及教育附加							
2.2	供热销售税金及附加							
2.2.1	销售税金							
2.2.2	城建税及教育附加							
3	总成本费用							
4	补贴收入							
5	利润总额（1－2.2－3＋4）							
6	弥补以前年度亏损							
7	应纳税所得额（5－6）							
8	所得税							
9	净利润（5－8）							
9.1	法定盈余公积金							
9.2	任意盈余公积金							
9.3	各投资方利润分配							
	其中：投资方 1							
	投资方 2							
9.4	未分配利润							

续表

序号	项 目	合计	计 算 期					
			1	2	3	4	...	n
10	息税前利润（利润总额＋财务费用）							
11	息税折旧摊销前利润（利润总额＋财务费用＋折旧＋摊销）							

注 1. 对于外商投资项目应由第9项减去储备基金、职工奖励与福利基金和企业发展基金后，得出各投资方利润分配。

2. 本表的售电收入、供热收入均为不含增值税收入。

表 31-14 **财务计划现金流量表金额** 单位：万元

序号	项 目	合计	计 算 期					
			1	2	3	4	...	n
1	经营活动净现金流量（1.1－1.2）							
1.1	现金流入							
1.1.1	销售收入							
1.1.2	补贴收入							
1.1.3	回收流动资金							
1.2	现金流出							
1.2.1	经营成本							
1.2.2	城建税及教育附加							
1.2.3	所得税							
1.2.4	其他流出							
2	投资、筹资活动净现金流量（2.1－2.2）							
2.1	现金流入							
2.1.1	项目资本金投入							
2.1.2	建设投资借款							
2.1.3	流动资金借款							
2.1.4	短期借款							
2.1.5	回收固定资产余值							
2.2	现金流出							
2.2.1	建设投资							
2.2.2	流动资金							
2.2.3	借款本金偿还							
2.2.4	各种利息支出							
2.2.5	各投资方利润分配							
2.2.6	其他流出							
3	净现金流量（1＋2）							
4	累计盈余资金							

注 对外商投资项目，经营活动现金流出中应增加职工奖励及福利基金科目。

表 31-15   资产负债表金额   单位：万元

序号	项　目	合计	计　算　期					
			1	2	3	4	⋯	n
1	资产							
1.1	流动资产总额							
1.1.1	应收账款							
1.1.2	存货							
1.1.3	现金							
1.1.4	累计盈余资金							
1.2	在建工程							
1.3	固定资产净值							
1.4	无形资产及其他资产净值							
2	负债及所有者权益							
2.1	流动负债总额							
2.1.1	应付账款							
2.1.2	流动资金借款							
2.1.3	其他短期借款							
2.2	建设投资借款							
	负债合计							
2.3	所有者权益							
2.3.1	资本金							
2.3.2	资本公积金							
2.3.3	累计盈余公积金							
2.3.4	累计未分配利润							

计算指标：

资产负债率（%）								
流动比率（%）								
速动比率（%）								

三、敏感性分析表

参见表 31-16 和表 31-17。

表 31-16   敏感性分析表（给定电价）

序号	不确定因素	变化率	内部收益率	内部收益率变化率	敏感度系数
		1	2	3	4＝3/1
1	基本方案				
2	建设投资（%）				
3	年发电量（%）				
4	年供热量（%）				

续表

序号	不确定因素	变化率	内部收益率	内部收益率变化率	敏感度系数
5	售电价格（%）				
6	供热价格（%）				
7	燃料价格（%）				

表 31-17　　　　　　　　　　　　　　　敏感性分析表（测定电价）

序号	不确定因素	变化率	电价	电价变化率	敏感度系数
		1	2	3	4＝3/1
1	基本方案				
2	建设投资（%）				
3	年发电量（%）				
4	年供热量（%）				
5	供热价格（%）				
6	燃料价格（%）				

四、财务分析参数

1. 计算参数

（1）项目运营期一般按 20 年考虑。

（2）资本金根据国家法定的资本金制度计列，火力发电项目不得低于工程动态投资的 20% 计列。

（3）流动资金估算的有关参数：应收账款年周转 12 次；燃料年周转 12 次；原材料年周转 12 次；现金年周转 12 次；应付账款年周转 12 次，自有流动资金占生产流动资金的 30%。

（4）资产折旧及摊销的有关参数：固定资产折旧年限 11～18 年，一般取 15 年，残值率 5%；无形资产摊销年限 5 年；其他资产摊销年限 5～10 年。

（5）总成本费用估算的有关参数：修理提存率燃气轮机组为 3%～3.5%。

（6）税率：电力产品增值税率 17%；热力产品增值税率 13%；燃料增值税率 13%；燃料运费抵扣税率 7%；水费增值税率 13%；材料增值税率 17%；城市维护建设税市区 7%、县镇 5%、其他地区 1%；教育费附加 3%；所得税率 25%。

（7）利率：按项目法人与银行签订的还款协议中约定的利率，没有签订协议之前，按中国人民银行发布的贷款利率。

（8）法定盈余公积金：按国家的公积金制度取 10%。

（9）标杆上网电价：查阅政府主管部门发布的当地标杆电价。

（10）热价：查阅建设单位与当地政府主管部门签订的供热协议。

2. 判据参数

(1) 财务基准收益率：7.5%。

(2) 利息备付率：一般为 1.5~2，并结合债权人的要求确定。

(3) 偿债备付率：一般应大于 1.3，并结合债权人的要求确定。

(4) 资产负债率：一般为 40%~80%。

(5) 流动比率：一般为 1.0~2.0。

(6) 速动比率：一般为 0.6~1.2。

第三十二章 工程案例

一、投资估算

（一）编制说明

1. 编制原则及依据

（1）编制依据。执行国家能源局发布的《火力发电工程预算编制与计算规定》（2013 版）。

（2）依据标准。电力规划设计总院《火电工程限额设计参考造价指标》（2016 年水平）。

（3）定额选用。执行国家能源局关于颁布 2013 版《电力建设工程定额和费用计算规定》的通知（国能〔2013〕289 号），具体包括《电力建设工程概算定额-建筑工程、电气安装工程、热力设备安装工程、通信工程、调试工程》。

（4）设备价格取定。

2. 投资概况

见第三十章第五节。

3. 有关说明

见第三十章第五节。

（二）投资分析

见第三十章第五节。

（三）投资估算表

见第三十章第五节。

二、资金来源及融资方案

本工程由××发电有限公司投资建设。注册资本金由××发电有限公司出资 20％。其有 80％的投资按银行贷款考虑。

三、财务分析

（一）编制说明

本工程财务评价为某燃气轮机电厂新建工程 3 台×185MW 级燃气-蒸汽联合循环供热机组（E 型）项目的财务评价。

1. 编制依据

（1）国家发展改革委、建设部《关于印发建设项目经济评价方法与参数的通知（第三版)》（发改投资〔2006〕1325 号）。

（2）贷款利息执行中国人民银行决定，从 2015 年 10 月 24 日起上调金融机构贷款利率的通知。

（3）A 燃气轮机电厂提供的有关本工程资料。

2. 贷款偿还计划

贷款偿还期为 18 年，其中宽限期 2 年，还款方式为本金等额还款。

（二）财务评价

1. 原始数据表

原始数据表见表 32-1。

表 32-1		原 始 数 据	
序号	项目名称	单 位	数 量
1	机组	台数	3
2	机组容量	MW	744
3	发电设备年利用小时	h	6600
4	经营期	年	25
5	年发电量	kW·h	23.499×10⁸
6	年供热量	GJ	466.88×10⁴
7	发电标准气耗	m³/(MW·h)	162.9
8	供热标准气耗（标准状态）	m³/GJ	25.53
9	天然气价（含税价）（标准状态）	元/m³	3
10	发电厂用电率	%	2.01
11	供热厂用电率	kW·h/GJ	8.58
12	固定资产形成比例	%	95
13	无形资产形成比例	%	5
14	摊销年限	年	5
15	保险费率	%	0.25
16	总建设工期	月	24
17	第1台机工期	月	18
18	第2台机工期	月	3
19	第3台机工期	月	3
20	资本金：债务比	%	20：80
21	贷款利息	%	4.9
22	计息次数	次	4
23	宽限期	年	2
24	还贷期	年	18
25	还款方式		本金等额
26	逐年投资比	%	60：40
27	流动资金借贷利息	%	4.35
28	流动资金借贷比例	%	70
29	发电投资分摊比	%	75
30	发电成本分摊比	%	76.41
31	发电用水量	万 t/年	125
32	供热用水量	万 t/年	150
33	水费	元/t	0.5
34	大修理费率	%	3.5
35	平均材料费	元/(MW·h)	15
36	其他费用	元/(MW·h)	18
37	定员	人	90
38	工资	万元/人年	5
39	福利费等系数	%	60
40	残值率	%	5
41	折旧	年	15
42	售电销项税率	%	17
43	售热销项税率	%	13
44	所得税率	%	25

2. 经济效益一览表

经济效益见表32-2。

表 32-2   经济效益一览

序号	项目名称	注资方10%
1	机组容量（MW）	744
2	工程动态投资	240734
3	单位造价（元/kW）	3236
	融资前分析（项目投资现金流量分析）	
4	内部收益率（所得税前全部投资）（%）	9.94
5	投资回收期（所得税前全部投资）（年）	10.58
6	净现值（所得税前全部投资）（万元）	38773
7	内部收益率（所得税后全部投资）（%）	8.2
8	投资回收期（所得税后全部投资）（年）	11.67
9	净现值（所得税后全部投资）（万元）	3845
	融资后分析	
10	内部收益率（项目资本金）（%）	18.3
11	投资回收期（项目资本金）（年）	7.33
12	净现值（项目资本金）（万元）	51753
13	内部收益率（注资方）（%）	10
14	投资回收期（注资方）（年）	16.3
15	净现值（注资方）（万元）	17211
16	总投资收益率（%）	6.76
17	资本金净利润率（%）	18.36
18	不含税电价[元/(MW·h)]	550.04
19	含税电价[元/(MW·h)]	643.35
20	不含税热价（元/GJ）	79.65
21	含税热价（元/GJ）	90

3. 财务报表

工程名称：A 燃气轮机供热电厂；建设规模：3×248MW。

（1）基本财务报表。

1）基本报表1：项目投资现金流量表，见表32-3（见文后插页）。

2）基本报表2：项目资本金现金流量表，见表32-4（见文后插页）。

3）基本报表3：投资各方现金流量表-注资方，见表32-5（见文后插页）。

4）基本报表4：利润与利润分配表，见表32-6（见文后插页）。

5）基本报表5：财务计划现金流量表，见表32-7（见文后插页）。

6）基本报表6：资产负债表，见表32-8（见文后插页）。

（2）辅助财务报表。

1）辅助报表1：流动资金估算表，见表32-9（见文后插页）。

2）辅助报表2：投资使用计划与资金筹措总表，见表32-10（见文后插页）。

3）辅助报表3：借款还本付息计划表，见表32-11（见文后插页）。

4）辅助报表4：折旧摊销估算表，见表32-12（见文后插页）。

5）辅助报表5.1：总成本费用估算表-总表，见表32-13（见文后插页）。

6）辅助报表5.2：总成本费用估算表-明细表，见表32-14（见文后插页）。

4. 敏感性分析

任何一个项目的经济效果取决于成本费用和收益两大方面。

火力发电工程项目成本主要是折旧费，影响折旧费变化最大的因素是固定资产投资和折旧年限；影响火力发电工程项目收益的因素很多，其主要因素是销售收入，销售收入主要取决于设备利用小时和上网电价。

以燃料价格、热价、固定资产投资、设备利用小时（电量）4个要素作为项目财务评价的敏感性分析因素，分析测算出当注册资本金内部收益率为10%时的上网电价（含税）。以增减10%变化为步距，其计算结果详见表32-15。

表32-15　　　　　　　　　敏感性分析表结果一览表（注资收益率按10%）

变化因素	不含税电价	含税电价	电价变化率	敏感度系数
	元/(MW·h)			
基本方案	551.03	644.51	0.00	0.00
投资-10%	542.03	633.99	-1.63	0.16
投资10%	561.00	656.14	1.81	0.18
电量-10%	559.19	654.03	1.48	-0.15
电量10%	544.38	636.74	-1.21	-0.12
燃料-10%	491.95	575.37	-10.72	1.07
燃料10%	610.12	713.64	10.72	1.07
热价-10%	567.26	663.48	2.94	-0.29
热价10%	534.81	625.54	-2.94	-0.29

上述结果表明：将投资、燃料、热价、设备年利用小时分别调整±10%所计算出的电价，燃料对电价的影响最大，供热价变化对电价的影响相对次之，工程总投资、年发电量变化对电价的影响相对较小。

5. 评价结论

（1）盈利能力。A燃气轮机电厂工程项目经营期预计20年。通过项目财务评价，测算出当643.35元/(MW·h)上网电价（含税）时，全部投资和项目资本金内部收益率均满足电力行业现行财务内部收益率要求，且财务净现值均大于零。评价结果表明，A燃气轮机电厂新建项目投产后盈利能力是可行的。

（2）清偿能力。A燃气轮机电厂新建工程项目计算期内，按照贷款要求进行还贷。还贷资金由还贷折旧和还贷利润组成。项目拟利用银行贷款，还贷期较长（18年），减轻了项目的还贷压力。按注册资本金内部收益率为10%时的上网电价进行测算，满足贷款偿还要求。

从资产负债计算表32-9可以看出，该项目在经营期内资产负债率低于银行评估企业经营的风险值。由于发电项目在电网的合理调度下，财务上流动资金暂用率相对稳定，又无存货，所以流动比率和速动比率较高，说明项目具有较强的清偿能力。

总之，A燃气轮机电厂新建工程项目财务评价的各项指标均能满足电力行业基本要求。对于区域经济用电负荷增长起到了很好的作用，同时该项目也具有一定的市场竞争能力。

A燃气轮机电厂新建工程可行性研究评价说明项目建设是可行的。

参 考 文 献

[1] 清华大学热能动力机械与工程研究所/深圳南山热电股份有限公司. 燃气轮机与燃气-蒸汽联合 循环装置 [M]. 北京：中国电力出版社，2007.

[2] 中国华电集团公司. 大型燃气-蒸汽联合循环发电技术丛书 综合分册 [M]. 北京：中国电力出版社，2009.

[3] 中国华电集团公司. 大型燃气-蒸汽联合循环发电技术丛书 设备及系统分册 [M]. 北京：中国电力出版社，2009.

[4] 焦树建. 燃气-蒸汽联合循环 [M]. 北京：机械工业出版社，2004.

[5] 《燃油燃气锅炉房设计手册》编写组. 燃油燃气锅炉房设计手册 [M]. 2版. 北京：机械工业出版社，2013.

[6] 《压缩空气站设计手册》编写组. 压缩空气站设计手册 [M]. 北京：机械工业出版社，1993.

[7] 武一琦，杨旭中，张政治，等. 电力设计专业工程师手册—火力发电部分（土水篇）. 北京：中国计划出版社，2011.

[8] 压缩空气站设计手册编写组. 压缩空气站设计手册 [M]. 北京：机械工业出版社，1993.

[9] 焦树健. 燃气-蒸汽联合循环 [M]. 北京：机械工业出版社，2000.

[10] 焦树健，等. 燃气轮机与燃气-蒸汽联合循环装置 [M]. 北京：中国电力出版社，2007.

[11] 孙伟生. 燃气轮机发电厂的废水处理 [J]. 燃气轮机技术，1994，9（3）.

[12] 胡衍利. 含油废水重油回收系统的改造 [J]. 节能技术，2011，3（2）.

[13] 王凤君，高新宇，张志伟. 9FB燃气轮机余热锅炉脱硝装置的研究 [J]. 发电设备，2013，1.

[14] 单建明，王利宏，宋彦君，等. SCR法烟气脱硝装置在联合循环余热锅炉中的应用 [J]. 发电设备，2011，9.

[15] 杨佳财，于静，陈丽春. 联合循环电厂环境空气污染物排放综述 [J]. 环境科学与管理，2007，7.

[16] 何语平. 大型燃气-蒸汽联合循环发电工程的噪声控制 [J]. 中国电力，2001，8.

[17] 侯晓东. 燃气轮机余热锅炉噪声综合治理 [J]. 能源研究与信息，2011，3.

[18] 李培英. 燃气-蒸汽联合循环电厂噪声治理探讨 [J]. 电力勘测设计，2003，3.

[19] 钱达中. 发电厂水处理工程 [M]. 北京：中国电力出版社，1998.

[20] 西北电力设计院. 电力工程水务设计手册 [M]. 北京：中国电力出版社，2005.

[21] 《中小型热电联产工程设计手册》编写组. 中小型热电联产工程设计手册 [M]. 北京：中国电力出版社，2006.

[22] 上海市政工程设计研究院. 给水排水设计手册第三册 城镇给水. [M]. 2版. 北京：中国建筑工业出版社，2004.

[23] 《中小型热电联产工程设计手册》编写组. 中小型热电联产工程设计手册 [M]. 北京：中国电力出版社，2006.

[24] 中国核电工程有限公司. 给水排水设计手册第二册 建筑给水排水. [M]. 3版. 北京：中国建筑工业出版社，2012.

[25] 刘汝以，杜世铃. 发电厂与变电所消防设计实用手册 [M]. 北京：中国计划出版社，1999.

[26] 应震华. 发电厂变电所电气接线盒布置 [M]. 北京：水利电力出版社，1983.

[27] 章素华，等. 燃气轮机发电机组控制系统 [M]. 北京：中国电力出版社，2012.

[28] 中国华电集团公司. 大型燃气-蒸汽联合循环发电技术丛书 控制系统分册 [M]. 北京：中国电力出版社，2009.

[29] 中国华电集团公司编. 大型燃气-蒸汽联合循环发电技术丛书 综合分册 [M]. 北京：中国电力出版社，2009.

[30] 中国华电集团公司编. 大型燃气-蒸汽联合循环发电技术丛书 设备及系统分册 [M]. 北京：中国电力出版社，2009.

[31] 清华大学热能工程系动力机械与工程研究所等编. 燃气轮机与燃气-蒸汽联合循环装置上 [M]. 北京：中国电力出版社，2007.

[32] 清华大学热能工程系动力机械与工程研究所等编. 燃气轮机与燃气-蒸汽联合循环装置下 [M]. 北京：中国电力出版社，2007.

[33] 中国电气工程大典编辑委员会. 中国电气工程大典 火力发电工程（上）[M]. 北京：中国电力出版社，2009.

[34] 中国电气工程大典编辑委员会. 中国电气工程大典 火力发电工程（下）[M]. 北京：中国电力出版社，2009.

[35] 深圳能源集团月亮湾燃机电厂，等. 大型燃气-蒸汽联合循环电厂培训教材：余热锅炉分册 [M]. 重庆：重庆大学

出版社，2014.

[36] 荆永昌. 800MW 燃气-蒸汽联合循环机组单轴和多轴配置的比较 [J]. 北京：中国电力，2014，47（5）：102-106.

[37] 王凯. 北京四大燃气中心新型联合循环机组性能参数研究 [J]. 北京：华北电力技术，2013（7）：64-67.

[38] 张超. 补燃型余热锅炉原理及常见事故分析 [J]. 南京：燃气轮机发电技术，2010，12（3/4）：309-316.

[39] 于朝阳. 带补燃余热锅炉的研制 [J]. 哈尔滨：锅炉制造，2004（1）：28-30.

[40] 于朝阳. 余热锅炉补燃装置的研究 [J]. 哈尔滨：热能动力工程，2004，19（5）：534-536.

[41] 朱新源. 某补燃型余热锅炉的设计特点 [J]. 哈尔滨：电站系统工程，2007，23（5）：49-50.

[42] 臧向东. 能源岛系统中余热锅炉补燃率的确定 [J]. 杭州：浙江电力，2006，25（1）：17-19.

[43] 李善化，等. 火力发电厂及变电站供暖通风空调设计手册供暖通风空调设计手册 [M]. 北京：中国电力出版社，2001.

[44] 陆耀庆. 实用供热空调设计手册. 实用供热空调设计手册 [M]. 2版. 北京：中国建筑工业出版社，2008.

[45] 国家能源局. 火力发电工程建设预算编制与计算规定（2013 年版）[M]. 北京：中国电力出版社，2013.

[46] 电力规划设计总院. 火电工程限额设计参考造价指标（2016 年版）[M]. 北京：中国电力出版社，2016.

[47] 杨旭中，武一琦，刘庆. 火电工程可行性研究指南 [M]. 北京：中国电力出版社出版，2012.